Handbuch der Gerbereichemie und Lederfabrikation

Bearbeitet von

W. Ackermann, Worms · D. Balányi, Waalwijk · M. Bergmann, New York · E. A. Bohne, Weinheim · A. Dahl, Wiesbaden · F. Föhr, Mülheim/Ruhr · W. Freudenberg, Weinheim · O. Gerngroß, Ankara · H. Gnamm, Stuttgart · K. Grafe, Leipzig · W. Graßmann, Dresden · K. H. Gustavson, Valdemarsvik · W. Hausam, Dresden · H. Herfeld, Freiberg i. Sa. · L. Jablonski, Berlin · Th. Körner, Berlin · A. Küntzel, Darmstadt · R. Lauffmann, Freiberg i. Sa. · H. Loewe, Ludwigshafen · F. Mayer, Frankfurt a. M. · F. Mecke, Dresden · W. Mensing, Naunhof i. Sa. · A. Miekeley, Dresden · L. Pollak, Prag. · W. Praetorius †, Leipzig · H. Schelz, Dresden · K. Schorlemmer †, Dresden · G. Schuck, Dresden · Th. Seiz, Berlin · F. Stather, Freiberg i. Sa. · W. Vogel, Freiberg i. Sa. · H. Wacker, Freiberg i. Sa. · A. Wagner, Durlach · Th. Wieschebrink, Freiberg i. Sa. · K. Wolf, Darmstadt · F. Wolff-Malm, Raunheim a. M.

Herausgegeben von

W. Graßmann
Dresden

Zweiter Band: Die Gerbung

2. Teil: Mineralgerbung und andere nicht rein pflanzliche Gerbungsarten

Wien
Verlag von Julius Springer
1939

Mineralgerbung
und andere nicht rein pflanzliche Gerbungsarten

Bearbeitet von

D. Balányi, Waalwijk · **O. Gerngroß,** Ankara · **H. Gnamm,** Stuttgart · **W. Graßmann,** Dresden · **K. H. Gustavson,** Valdemarsvik · **H. Loewe,** Ludwigshafen · **F. Mecke,** Dresden · **W. Mensing,** Naunhof i. Sa. · **A. Miekeley,** Dresden · **L. Pollak,** Prag · **G. Schuck,** Dresden · **Th. Seiz,** Berlin

Mit 109 Abbildungen
und 176 Tabellen

Wien
Verlag von Julius Springer
1939

ISBN 978-3-7091-5275-1 ISBN 978-3-7091-5423-6 (eBook)
DOI 10.1007/978-3-7091-5423-6

Softcover reprint of the hardcover 1st edition 1939

Inhaltsverzeichnis.

Erstes Kapitel.

Die allgemeine Theorie des Gerbvorganges.

Von Ing. K. Helmer Gustavson, Valdemarsvik.

Zweites Kapitel.

Die Gerbung mit Mineralsalzen.

Viertes Kapitel.

Die Fettgerbung.

Von Dr.-Ing. Hellmut Gnamm, Stuttgart.

Fünftes Kapitel.

Künstliche Gerbstoffe.

Von Priv.-Dozent Dr. Leopold Pollak, Prag.

Sechstes Kapitel.

Die Gerbung mit Celluloseextrakten.

Von Priv.-Dozent Dr Leopold Pollak, Prag.

Siebentes Kapitel.

Die Kombinationsgerbung.

Von Ing. K. Helmer Gustavson, Valdemarsvik.

Anhang.

Auszug aus der Patentliteratur.

Von Dr. Arthur Miekeley, Dresden, und Dr. Gertrud Schuck, Dresden.

Erstes Kapitel.

Die allgemeine Theorie des Gerbvorganges.

Von Ing. **K. Helmer Gustavson**, Valdemarsvik.

A. Einleitung.

Die für die Verwendung des Leders besonders wichtigen Eigenschaften, wie Dehnbarkeit, Festigkeit, Abnutzungswiderstand, Beständigkeit gegen Wasser und Fäulnis, sind in erster Linie durch die Faserstruktur der Haut bedingt; sie werden je nach der Behandlung vor und während der Gerbung verändert. Die Gerbung soll die wertvollen Eigenschaften, die in dem Faseraufbau und der Verflechtung der Haut begründet sind, nicht nur erhalten, sondern verstärken, wobei die Struktur so verändert werden muß, daß die Haut gegen Fäulnisfermente und gegen die Aufnahme und Abgabe von Wasser widerstandsfähig wird.

Die neueren Fortschritte der Proteinchemie, besonders in bezug auf die Struktur und die physikalisch-chemischen Eigenschaften der Faserproteine, wie auch unsere erweiterten Kenntnisse der Natur vieler Gerbstoffe und ihrer Wirkungsweise, ermöglichen eine wissenschaftliche Definition des Gerbvorganges. Die bisher übliche Definition durch Festlegung bestimmter Eigenschaften des Leders ist wegen ihrer Subjektivität völlig ungenügend, da dabei der Handelswert und die technische Verwertung des fertigen Produktes ausschlaggebend sind. Heute kann die Fragestellung und ihre Beantwortung auf die Art des Gerbvorganges und auf einige physikalische und chemische Merkmale der veränderten Haut zurückgeführt werden [Stiasny (*2*)].

Für die zweckmäßige Ausführung des Gerbprozesses sind Vorbehandlungen, wie Äschern und Beizen, nötig, und zwar nicht nur zur Entfernung der Oberhaut und anderer nicht lederbildender Bestandteile der Haut, sondern auch zur Erzielung besonderer Veränderungen, durch welche die nachfolgende Gerbung ermöglicht oder erleichtert wird. Aus den neueren Untersuchungen von Marriott (*1*) und von Lloyd (*1*) geht hervor, daß die Vorarbeiten, besonders die alkalische Behandlung der Haut im Äscher, allgemein für die Erzeugung wünschenswerter Eigenschaften bedeutsam sind. Derartige Wirkungen der Vorbehandlung sind die Aufspaltung der Faser in Fibrillen und durchgreifende chemische Veränderungen, wie die Entstehung aktiverer Gruppen in den Hautproteinen sowie Vergrößerungen der Micellarräume. Damit erhält die Haut allerdings strukturell wie auch in bezug auf die reaktionsfähigen Bindungsstellen für die Gerbung ungünstigere Eigenschaften als die Rohhaut, vom Standpunkte des Widerstandsvermögens der Haut gegen äußere Einflüsse beurteilt. Der Vorteil der größeren Reaktionsmöglichkeiten, bedingt durch die Erleichterung der physikalischen Anfangsprozesse, z. B. der Diffusion des Gerbstoffes in die Haut, überwiegt jedoch diese theoretisch fehlerhaften Zustandsveränderungen der Haut, die vor allem in verminderter Faserdichte, größerer Hydrophilie und höherer Reaktionsfähigkeit bestehen.

Es ist das Verdienst von Lloyd (*2*), die Gerbung als Problem der Veränderungen eines biologischen Materials erkannt zu haben. Denn für faserartige Stoffe wie die Haut ist die Struktur und Organisation der Bauelemente in mikro-, makro- und besonders submikroskopischer Hinsicht gleichermaßen bedeutsam wie die einzelnen chemischen Eigenschaften der verschiedenen Hautgruppen. Es ist daher von Interesse, solche Gesichtspunkte in ihrer Allgemeingültigkeit für die Auffassung des Gerbvorganges zu erörtern.

Die Hautfasern setzen sich aus parallel gelagerten Fibrillen zusammen. Unter Fibrillen versteht man nach Küntzel und Prakke mikroskopisch sichtbare Faserelemente, welche mechanisch oder durch Einwirkung von Chemikalien (z. B. durch Behandlung mit Salzlösungen wie Rhodanaten) noch weiter zerlegbar sind. Diese Fibrillen bauen sich aus länglichen Micellen auf, welche parallel der Faserrichtung angeordnet sind. Die Elemente der Micelle sind Polypeptidketten in kristallartiger Anordnung und mit einem Abstand von etwa 11,5 Å. Durch die Wasseraufnahme der Haut (Hydratation) wächst der Abstand bis auf 15 bis 16 Å.; diese Veränderung ist reversibel. Die Hydratation ist ein intramicellarer Vorgang. Der Aufbau des Micellarverbandes ist dabei noch sehr wenig bekannt; jedoch ist der Abstand der Micellen voneinander sicher größer als der Abstand zwischen den Peptidketten der einzelnen Micellen.

Zur Einführung in die biogenetische Betrachtungsweise des Gerbproblems ist es vorteilhaft, die Entwicklung der Gerüstproteine der Haut mit derjenigen funktionell andersartiger Eiweißkörper zu vergleichen. Die kollagenen Fasern stammen aus Fibroblasten, die biochemisch sehr aktiv sind. Wie die Stoffwechselproteine im allgemeinen (z. B. Albumine und Globuline) binden diese Fibroblasten große Mengen Wasser. Demgegenüber sind die Gerüstproteine (wie Kollagen, Keratine, Seidenfibroin) selbst biochemisch träge Körper, die als Schutzorgane für die darunter liegenden Organe vor allem mechanisch widerstandsfähig und elastisch sein müssen. Daraus ergibt sich, daß strukturierte Proteine infolge ihres besonderen Baues und wegen der Eigenschaften ihrer chemischen Gruppen viel weniger Wasser binden können als die formlosen Protoplasmaproteine. Ebenso läuft die biochemische Aktivität parallel der Hydrophilie der verschiedenen Proteine. Nach Lloyd und Phillips binden die embryonalen Gewebe am isoelektrischen Punkt etwa 2000% Wasser, bezogen auf das eigene Gewicht, und Gelatine noch 1300%. Gelatine und Kollagen sind an sich chemisch gleichartig aufgebaut, jedoch wird durch die molekulare, micellare und fibrilläre Organisation des Kollagens sein Wasserbindungsvermögen sehr herabgesetzt, sein entsprechender Bindungswert ist 260%. Die als Endprodukte des Stoffwechsels zu betrachtenden Keratine und Seidenfibroin binden unter denselben Umständen nur 30% Wasser. Werden die Werte der maximalen Wasseraufnahme (Summe der durch Hydratation und Osmose aufgenommenen Wassermenge) im gleichen Gebiet verglichen, so zeigt sich eine außerordentlich verschiedene Wasserbindungskapazität: Gelatine ergibt 6500%, Kollagen dagegen nur 500%, während Keratine und Seidenfibroin, die keine osmotische Quellung zeigen, dieselben Werte wie die für die Hydratation gefundenen, d. h. 30% aufweisen. Dieses unterschiedliche Verhalten der Proteine von ausgesprochener Hydrophilie bis zu starker Hydrophobie wird von Lloyd (*2*) als eine Art natürliche Gerbung aufgefaßt. Es soll schon in diesem Zusammenhang hervorgehoben werden, daß die Annahme einer einfachen Dehydratation der chemisch aktiven Gruppen nicht ausreicht, um die Veränderungen der Haut während des Gerbvorganges zu erklären. Die Unzulänglichkeit der Dehydratationshypothese als gerbtheoretische Grundlage wird besonders von Gordon und Thompson und von Küntzel (*3*) mit vollem Recht hervorgehoben. Eine solche

Betrachtungsweise stellt eine allzu weitgehende Vereinfachung des Gerbungsproblems dar.

Nicht allein für die Frage der Dehydratation der Haut, sondern auch allgemein ist es von Interesse zu wissen, welchen Einfluß die chemische Struktur und das Molekulargefüge der verschiedenen Proteine auf ihr Wasserbindungsvermögen ausübt. Die Faserproteine sind aus kettenförmigen Polypeptiden aufgebaut; die Hauptkette besteht aus —C—C—N-Bindungen, die zickzackartig in einem Winkel von 120⁰ geknickt sind. In der Elementgruppe

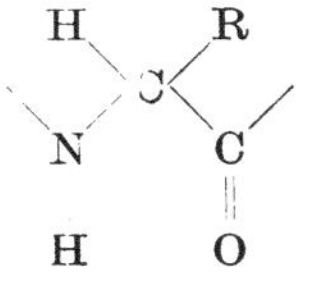

sind die —N—C—C-Gruppen wie auch das Wasserstoffatom der Imino- und das Sauerstoffatom der Ketogruppen in der Ebene des Papiers liegend zu denken, während die gleichfalls zum asymmetrischen Kohlenstoffatom gehörigen H- und R-Gruppen unter bzw. über der Ebene des Papiers liegen müßten. Diese Elementgruppe ist im untenstehenden Schema dargestellt. Die chemi-

Die den asymmetrischen Kohlenstoffatomen zugehörigen H- und R-Gruppen mit ausgezogenen Valenzstrichen liegen **über** der Ebene des Papiers, während die H- und R-Gruppen mit gestrichelten Valenzen **unter** dieser Ebene liegen. Die gestrichelte Gerade soll zeigen, daß Atome desselben Typus, wie z. B. die asymmetrischen Kohlenstoffatome, in einer Ebene liegen. [Nach Lloyd (*2*). Vgl. auch E. W. Merry, S. 114 bis 116.]

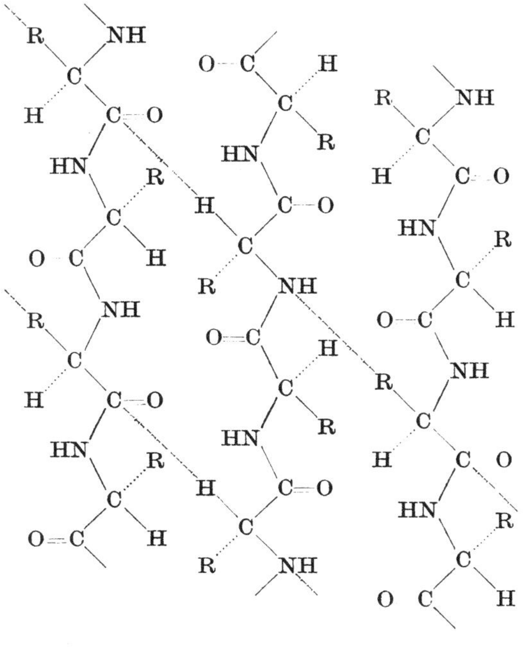

schen Eigenschaften der Proteine als Stoffklasse sind von den Elementargruppen bestimmt, dagegen sind die Arteigenschaften einzelner Proteine hauptsächlich durch die Natur der R-Gruppen bedingt. Enthält die R-Gruppe Sauerstoff- und Stickstoffatome, so besitzen die Proteine großes Wasserbindungsvermögen; bestehen die R-Gruppen dagegen aus Kohlenwasserstoffresten, wie CH_3, so ergibt sich damit eine weit geringere Hydrophilie. Aus der Natur der Proteine als Zwitterionen ergibt sich, daß am isoelektrischen Punkt — bzw. für die Faserproteine im isoelektrischen p_H-Bereich — die Amino- und Carboxylgruppen hauptsächlich in ionisiertem Zustand vorliegen. Durch die elektrische Ladung dieser Gruppen wird eine weitere Nebenvalenzanlagerung von Wassermolekülen ermöglicht und die elektrischen Ladungen erhöhen die Elektronenabgabe bzw. -aufnahme der Amino- und Carboxylionen. Mit anderen Worten, durch Gruppierung von Wasserdipolen um die geladenen Proteingruppen wird eine weitere lockere Wasserbindung an diese Ionen erreicht (osmotische Quellung). Diese Bindungsmöglichkeiten gelten nicht nur für Wassermoleküle, sondern allgemein für Stoffe mit unpaaren Elektronen, wie z. B. Gerbstoffe.

Von besonderer Bedeutung ist die Koordination zwischen Gruppen einander naheliegender Peptidketten oder innerhalb derselben Kette, die besonders bei Carbonyl- und Iminogruppen wahrscheinlich ist (Astbury). Durch Valenzinaktivierung einer CO-Gruppe einer Kette und einer NH-Gruppe einer anderen Kette wird eine Verkittung der Ketten und der micellaren Bauelemente bewirkt, was von allergrößter Bedeutung für die Eigenschaften der Faserproteine ist. Der Grad und die Stärke solcher Vernähungswirkung zwischen einander naheliegenden Peptidketten ist vorzugsweise von sterischen Faktoren bedingt. Besonders hat sich die Natur der in das Protein eingebauten R-Gruppen für das Zustandekommen einer solchen Verfestigung des Proteinaggregates als sehr bedeutungsvoll erwiesen. Der Zusammenhang zwischen der chemischen Natur dieser R-Gruppen und der Hydratation und Struktur verschiedenartiger Eiweißkörper wird besonders durch Lloyd, Marriott und Phillips erwiesen und experimentell gestützt. Da das Wesen der Gerbwirkung als Verfestigung der Bauelemente der Hautfaser aufgefaßt werden darf, ist ein Eingehen auf diese Frage für das Verständnis des Gerbproblems von grundlegender Bedeutung.

In einem Protein, welches, wie Seidenfibroin, hauptsächlich aus Polypeptidketten von Glykokoll und Alanin aufgebaut ist, bestehen die Reste R im wesentlichen aus H- und CH_3-Gruppen. Diese Gruppen beanspruchen nur einen kleinen Raum und die Bildung von Nebenvalenzbrücken zwischen naheliegenden Peptidketten stößt auf keine sterischen Hindernisse. Dadurch wird bei solchen typischen Faserproteinen eine dichte Packung der einzelnen Peptidketten erzielt. Durch das Vorkommen innerer Brücken wird zugleich die Hydratationsneigung der Peptidgruppen vermindert.

Bei Proteinen mit polaren Seitenketten sind weitere Möglichkeiten zur Verfestigung der Faserstruktur gegeben: Geladene Amino- und Carboxylgruppen verschiedener Hauptvalenzketten überbrücken den Abstand unter innerer Kompensation, d. h. durch Bildung von salzartigen Verbindungen vom Typus eines inneren Salzes [—$COO^- \cdot NH_3^+$—]. Die Keratine, welche als Endprodukte der Vernähungsvorgänge aufzufassen sind, zeigen schwache Affinität zu Wasser und geringes chemisches Umsetzungsvermögen, was wahrscheinlich durch das Vorkommen kovalenzartiger Kettenbefestigungen mittels S—S-Gruppen (Cystin) und durch innere Salzbindungen bedingt ist [Speakman; Astbury; Marriott (*2*)]. Bei Wasserentziehung in der Wärme ist außerdem nach Astbury und Marwick für Keratine eine kovalenzartige Bindungsform durch die Bildung von —CO·NH-Gruppen anzunehmen, wodurch sich eine noch stärkere Vernähungswirkung ergibt.

Die, mit der frischen Haut verglichen, viel geringere osmotische Quellung der stark getrockneten Haut soll auch nach Lloyd, Marriott und Pleass auf gleichartige Inaktivierung der säurebindenden Gruppen der Hautproteine zurückzuführen sein, ebenso die Verschiebung des Quellungsmaximums bei niedrigen p_H-Werten mit zunehmender Faserdichte der Proteine. Eine Aufspaltung der salzartigen Bindungen durch Alkalibehandlung der Haut ist anzunehmen. Die Veränderungen in der Hydratation und chemischen Reaktionsfähigkeit bei der Vorbehandlung der Haut mit peptisierenden Neutralsalzen stützen die Auffassung, daß eine Sprengung innerer koordinierter Vernähungsbindungen bei der Peptisierung erfolgt. Diese Fragen sind in gerbtheoretischer Hinsicht bedeutungsvoll und sollen im Zusammenhang mit der Theorie der Gerbung erörtert werden.

In den ausgesprochenen Faserproteinen, wie Haaren, Wolle und Haut, liegen die Hauptvalenzketten in zickzackförmiger Anordnung vor. Dadurch ist eine Verfestigung der Ketten durch verschiedenartige Brückenbildungen unter Erhaltung der Parallellagerung sterisch erleichtert. In der geschrumpften Haut ist ein ungeordneter Kettenaufbau anzunehmen, wodurch eine Verfestigung verhindert ist. Aus der Betrachtung der sterischen Verhältnisse in der molekularen Organisation der Proteine wurde gefolgert, daß die chemische Natur, die Hydratation und Reaktionsfähigkeit der Proteine durch die in die Hauptvalenzketten eingebauten Aminosäurereste (R-Gruppen) bestimmt ist. Einige hinsichtlich dieser Faktoren typische Proteine sollen diese Ansicht erläutern: Wenn die seitenständigen R-Gruppen aus stark polaren und langgestreckten Atomgruppen bestehen, wie aus Arginin-, Histidin- und Lysinresten (als Vertreter typisch basischer Gruppen) oder aus Dicarbonsäuren, wie Glutamin- und Asparaginsäure (als wichtigste Säuregruppen), so zeigen die Proteine ausgesprochen starkes Wasserbindungsvermögen und chemische Reaktionsfähigkeit. Ein typischer Vertreter dieser Klasse ist das biochemisch wichtige Salmin. Die Gelatine hat einen ganz bedeutenden Gehalt an nicht-polaren R-Gruppen (Glykokoll, Alanin und Prolin); dagegen wird durch die polaren, großvolumigen Gruppen, wie die Reste der Dicarbonsäuren, Lysin und Arginin, welche eine Annäherung der Hauptvalenzketten erschweren, die ziemlich ausgesprochene chemische Reaktionsfähigkeit und das Wasserbindungsvermögen der Gelatine bedingt. Kollagen hat annähernd die gleiche Aminosäurezusammensetzung der eingebauten Aminosäuren wie Gelatine. Diese entsteht durch Lockerung der Seitenketten und Koordinationsbrücken infolge alkalischer Hydrolyse des Kollagens und darf daher als Abbauprodukt des Kollagens aufgefaßt werden. Daß das Kollagen eine Faserstruktur ausbildet, ist wahrscheinlich darauf zurückzuführen, daß die sterischen Verhältnisse die innere Koordination gegenüberliegender Polypeptidgruppen und die Bildung kompensierter Valenzpaare begünstigen. Durch eine solche Inaktivierung reaktionsfähiger Gruppen einzelner Ketten ist die größere Hydrophobie und geringere Reaktionsneigung der kollagenen Faser, verglichen mit Gelatine, erklärlich.

Die Entstehung strukturierter Proteinsysteme ist nicht nur für die Wasserbindung der Proteine, nämlich durch die Festlegung und innere Inaktivierung von Proteingruppen, sondern auch für die Reaktionsfähigkeit ausschlaggebend. Mit zunehmender Faserordnung ist für die osmotische Quellung bei verschiedenen p_H-Werten eine Stabilitätszone in einem weiten Bereich um den isoelektrischen Punkt, ein „isoelektrischer Bereich“, kennzeichnend. Die Kollagenfasern zeigen beispielsweise einen Bereich minimaler Quellung und chemischer Affinität etwa von p_H 4,5 bis p_H 8,5 [Lloyd (*3*)].

Bei der Wasseraufnahme der Proteine muß streng zwischen den Bindungsarten des festgehaltenen Wassers unterschieden werden: Abgesehen von kapillar gebundenem Wasser, das mechanisch entfernbar ist, können die Proteine Wasser 1. durch Hydratation und 2. durch osmotische Quellung aufnehmen. Die Hydratation scheint durch Valenzkräfte zustande zu kommen, wobei hauptsächlich Peptidgruppen als Bindungsstellen dienen dürften (Boer und Dippel). Damit läßt sich die Unabhängigkeit des Hydratationsgrades der Proteine vom p_H-Wert und die Beeinflussung durch hydrophile Neutralsalzlösungen zufriedenstellend deuten (Weber und Nachmannsohn). Die osmotische Quellung ist an elektrochemisch aktive Proteingruppen, vorwiegend die ionisierten Amino- und Carboxylgruppen, gebunden; die Quellungskurve zeigt auch deutlich den Zusammenhang zwischen dem Ionisierungsgrad der Proteine und der bei niedrigen und hohen p_H-Werten vor sich gehenden osmotischen Wasseraufnahme. Diese Aufnahme von Quellungswasser wird natürlich durch das Vorhandensein salzartiger Bindungen in den Proteinen beeinflußt, da durch diese die polaren Bindungsstellen des Wassers wegfallen.

Die Unterscheidung der zwei Zustandsformen des vorkommenden gebundenen Wassers in der Haut ist besonders für das Verständnis des Gerbvorganges wesentlich: Das Hydratationswasser wird, wie oben betont wurde, an Peptidgruppen unter Bildung von Molekülverbindungen festgehalten. Die brückenbildenden Peptidbindungen können dafür wegen ihrer gegenseitigen Valenzabsättigung nicht in Frage kommen. Peptisierende Mittel, z. B. wässerige Lösungen gewisser Neutralsalze, wie Calciumchlorid und Kaliumrhodanat, treten unter koordinierter Valenzwirkung mit diesen inneren gepaarten Gruppen in Wechselwirkung. Das Ergebnis ist eine gradweise Auflockerung der Vernähungslücken unter gleichzeitiger Wasseraufnahme (Peptisierung). Die Hydratationszunahme ist theoretisch auswertbar und gestattet, den etwaigen Einfluß koordinierter Valenzwirkung bei der Gerbung zu bestimmen. Daraus ergeben sich gewisse Anhaltspunkte zur Klärung des Gerbvorganges [Gustavson (*1*)].

Aus morphologischen und feinbaulichen Gesichtspunkten ergibt sich, daß man bei den Reaktionen zwischen Haut und anderen Verbindungen, wie Gerbstoffen, intramicellare und intermicellare Reaktionstypen unterscheiden muß. Im ersten Falle findet ein permutoides Durchreagieren statt, wobei die reagierende Verbindung in das Innere der Micellen dringt und im Hautsubstanzgitter eingelagert wird. Im zweiten Falle verläuft die Reaktion und die Einlagerung in den Intermicellarräumen ohne Veränderungen der Peptidketten im Inneren der Micellen. Der intramicellare Bindungstypus ist wahrscheinlich für die Reaktion mit Säuren, Basen und vielen Gerbstoffen, wie Formaldehyd, Chromsalzen und vielen pflanzlichen Gerbstoffen. Aus der Änderung der Micellardoppelbrechung von Kollagen durch pflanzliche Gerbstoffe ist nach Küntzel (*5*) auf eine intramicellare Natur dieser Reaktion zu schließen. Der Dispersitätsgrad und die Adstringenz der pflanzlichen Gerbstoffe sind maßgebend für die Möglichkeit ihres Eindringens in das Innere der Micelle; daneben sind auch die Eigenschaften der Haut und besonders ihr Quellungsgrad und damit die Größe der Micellarräume wichtig [Phillips (*2*)]. Für Chromsalze ist eine intermicellare Fixierung durch die Haut angenommen worden; diese Ansicht wird im Abschnitt über die Theorie der Chromgerbung erwähnt werden. Für den intermicellaren Vorgang bedeutsam sind demnach Gerbstoffanteile, die zu grob dispers sind, um in das Gitter hineindiffundieren zu können. Auch kann durch eine zu rasche Reaktion zwischen Hautsubstanz und Gerbstoff eine Art Totgerbung der Micellen und Fibrillen zustande kommen, da die gegerbte Micellenoberfläche eine weitere Diffusion des Gerbstoffes verhindert. Eine theoretische Aussage über diese komplizierten Verhältnisse ist nicht angebracht, bevor zur Untersuchung nicht feinere Hilfsmittel zur Verfügung stehen.

Für die Reaktion zwischen Haut und Gerbstoff — die Gerbung — sind offenbar alle Reaktionstypen (Ionen-, Ko- und Nebenvalenzwirkungen) möglich. Die relative Bedeutung und der Anteil der einzelnen Typen werden ausschlaggebend von der Natur der Haut, besonders von ihrer Vorgeschichte, und von den chemischen und kolloidchemischen Eigenschaften der einzelnen Gerbstoffgruppen bestimmt. Die Gerbstoffe sind chemisch vollkommen ungleichartige Substanzen; ihre Wirkungen auf die Haut können darum in chemischer und physikalischer Hinsicht nur in allgemeinen Zügen angedeutet werden. Da eine allgemeine Gerbtheorie also unmöglich ist, kommt lediglich eine allgemeine Betrachtungsweise unter besonderer Berücksichtigung der einzelnen Gerbarten in Frage. In jedem Falle scheint eine mehr oder weniger irreversible Veränderung der chemisch aktiven Proteingruppen bei allen Gerbungsarten einzutreten. Angestrebt wird eine Umwandlung ionisierter Gruppen der Hautsubstanz in nicht-ionisierte, um weitere Umsetzungen unter dem Einfluß äußerer Faktoren zu vermindern oder zu verhüten. In einigen Fällen ist eine direkte Inaktivierung koordinierter Bindungsstellen im Hautsubstanzgitter als wahrscheinlich anzunehmen, es ist jedoch nicht sichergestellt, ob derartige Veränderungen für den Gerbprozeß unentbehrlich sind. Im Lichte der besprochenen Beziehungen zwischen der durch eine Verfestigung der Micelle bedingten Faserstruktur und dem chemischen und physikalischen Widerstandsvermögen kann man das Wesen der Gerbung in dem Bestreben sehen, das Hautsubstanzgitter möglichst stabil zu verfestigen, was durch eine Vernähung der verschiedenen Ketten in der gesamten Micelle unter dem Einfluß der Gerbstoffe erreicht wird. Als Folge dieser festen und irreversiblen Bindung reaktionsfähiger Proteingruppen durch die Gerbstoffe ergibt sich chemisch ein erhöhtes Widerstandsvermögen des Leders gegen äußere Einflüsse — wie Einwirkung von chemischen Agenzien, Wasser und Fäulnisfermenten — und physikalisch eine gesteigerte Heißwasserbeständigkeit, sowie weiches, lederartiges Auftrocknen nach wiederholtem Aufweichen. Dies setzt eine irreversible Zustandsänderung der Haut voraus, die am besten aus der Elektronenkonfiguration erklärt werden kann, was besonders Forscher wie Atkin und Chollet, Phillips (*1*), Merry (S. 86 bis 100; 114 bis 116) und Wilson (*1*) versucht haben. In diesem Abschnitt soll die elektronentheoretische Auffassung nur andeutungsweise erwähnt werden, da sie bis jetzt nicht so weit entwickelt zu sein scheint, als daß mit ihr eine streng logische und wissenschaftlich befruchtende Darstellung der Probleme möglich wäre. Sie zielt in ihren ersten Ansätzen hauptsächlich darauf hin, die bekannten Ergebnisse in valenztheoretischer Form darzustellen. Mit den schärferen Bestimmungsmöglichkeiten zur Erfassung der Donator- und Acceptorbeziehungen in den verschiedenen Fällen würde jedoch eine solche Betrachtungsweise unsere gerbtheoretische Darstellung allzusehr über das gebotene Maß erweitern.

Die Bedeutung der Dehydratationserscheinungen der Hautfaser für den Gerbvorgang wird besonders von der Lloydschen Schule hervorgehoben. Jedoch scheint dabei die Dehydratation in weiterem Sinne verstanden zu sein, so daß beide Arten der Hautquellung, nämlich die eigentliche Hydratation und die osmotische Quellung, einbezogen werden. Lediglich die zweite Art der Quellung ist bei der Gerbung grundsätzlich vermindert, da bei den meisten Gerbungsarten die überwiegende Anzahl der Hydratationsstellen in der Haut nicht beeinfluß wird. Die größere Stabilität der gegerbten Haut gegenüber der osmotischen Quellung durch H- und OH-Ionen muß aber auf Grund des Zusammenhanges zwischen Quellungsgrad und Faserstruktur der Proteine als eine indirekte Folgeerscheinung der molekularen Ordnung der Faserelemente angesehen werden. Die Bedeutung der Dehydratationshypothese liegt vielmehr darin, daß durch den Vergleich mit andersartigen Eiweißkörpern zum erstenmal einheitliche Erklärungen für das Problem der Gerbung zur Diskussion gestellt wurden.

Früher wurde, besonders von Meunier und Mitarbeitern, die verminderte Quellung der gegerbten Haut als ein Kriterium der Gerbwirkung aufgefaßt. Dieser Forscher unterscheidet streng zwischen dem von den Fasern gebundenen Wasser (Quellungswasser) und dem ganz locker aufgenommenen kapillaren Wasser, welches durch mechanisches Auspressen und Zentrifugieren entfernbar ist. Eine hydraulische Auspressung des Kapillarwassers wird auch von Thiele

(S. 13) vorgeschlagen und versucht. Meunier faßt die Gerbung als eine irreversible Veränderung der Haut auf, bei welcher eine Verminderung der hydrophilen Eigenschaften der basischen Proteingruppen, vorwiegend der Aminogruppen, herbeigeführt wird. Die experimentellen Untersuchungen von Meunier haben sich vorwiegend mit der Gerbung durch Chinon, vegetabilische Gerbstoffe und Formaldehyd beschäftigt, was offenbar die Bedeutung der basischen Proteingruppen hervortreten ließ, da diese Gerbarten hauptsächlich durch die Inaktivierung basischer Proteingruppen charakterisiert sind. Da ferner von Meunier die verminderte Säurequellung als Maß für die Dehydratation des Leders methodisch festgelegt und benutzt wird, ist seine zu weitgehende Verallgemeinerung, wobei die Bedeutung der Quellungskräfte überschätzt wird, ganz verständlich. Logischerweise ist jede Verminderung der Aktivität der basischen Proteingruppen, die zu verminderter Säurequellung führt, als Gerbwirkung anzusehen. Demnach ist nach Meunier und Schweikert auch ein rein chemischer Eingriff, wie die Desaminierung der Haut, als Gerbung aufzufassen. Die Definition der Gerbwirkung auf Grund der verminderten Säurequellung der Haut ist jedoch nicht einwandfrei; denn es erweist sich hier — wie bei anderen einseitigen Definitionen durch nur *eine* Eigenschaft — als nötig, sie etwa durch die Bestimmung der Hitzebeständigkeit des erzielten Produktes und das Verhalten bei der Proteinasewirkung zu ergänzen. Bungenberg de Jong hat theoretische Betrachtungen über die Dehydratation der Tannin-Protein-Systeme angestellt und sie auf den Gerbvorgang übertragen; doch scheint dies wiederum eine zu weitgehende Vereinfachung der komplizierten Reaktionen zu sein.

Es wird also deutlich, daß es nicht ausreicht, lediglich die zunehmende Hydrophobie der Haut als Merkmal der Gerbung zu betrachten. Neben der Hydrophobisierung reaktionsfähiger Proteingruppen ist der Grad der Strukturausbildung der bei der Gerbung veränderten Haut und ihre intramicellare Verfestigung für die Eigenschaften des Leders bestimmend. Die verminderte Hydrophilie darf bei vielen Gerbarten als Folge der eintretenden Vernähung des Micellarverbandes aufgefaßt werden. Andere Eigenschaften des Leders, wie erhöhte Schrumpfungstemperatur, Heißwasserbeständigkeit, Widerstand gegen Enzyme, weiche lederartige Auftrocknung, Quellungsverminderung und Festigungsgrad, stehen wahrscheinlich in engem Zusammenhang mit der Verfestigung der Hautfaserstruktur.

Von großer Bedeutung für die allgemeine Erfassung des Gerbvorganges sind die Schrumpfungsveränderungen der Haut bei Einwirkung konzentrierter Lösungen gewisser lyotroper Elektrolyte und bei Erhitzung. Die Hitzeschrumpfung der Haut und des Leders wird für die Messung der Intensität der Gerbwirkung allgemein angewandt (Powarnin und Aggeew, Schiaparelli und Careggio). Die Schrumpfungstemperatur der Hautgewebe, bezeichnet mit T_g, wird bei der Gerbung verschieden stark erhöht. Die frische Rindshaut zeigt T_g-Werte von 60 bis 64° C. Durch mäßiges Äschern und Beizen wird eine kleinere Erniedrigung der T_g-Werte der Blöße bewirkt. Diese verminderte Hitzebeständigkeit der geäscherten Haut ist als Folge des Äscherns aufzufassen, wobei die Versteifung des Micellarverbandes durch Lockerung zusammenhaltender Brücken vermindert wird. Die bei der Gerbung eintretende Erhöhung der Hitzebeständigkeit der Faser scheint anderseits mit einer Verstärkung des micellaren Zusammenhanges verbunden zu sein. Die pflanzlich gegerbten Leder zeigen Schrumpfungstemperaturen von 72 bis 88° C, je nach der Natur der verwendeten Gerbstoffe und der Behandlungsweise der Haut (Stather und Schubert). So zeigt quebrachogegerbtes Leder den höchsten T_g-Wert aller lohgaren Leder, nämlich 88° C, und gambirgegerbtes Leder bei vergleichbarer Gerbung den niedrigsten Wert von 74° C. Die Formaldehydgerbung ergibt hohe T_g-Werte, z. B. 80 bis 85° C; noch höher liegen die Werte bei chinongegerbtem Leder. Sattgegerbte Chromleder werden von kochendem Wasser nicht beeinflußt, dagegen zeigen die mit Aluminium, Eisen sowie mit gewissen synthetischen Gerbstoffen gegerbten Leder die niedrigsten Schrumpfungstemperaturen; beim weißgaren Leder ist ohne Lagerung überhaupt keine Hitzebeständigkeit durch Aluminiumgerbung zu erreichen.

Vollgare Leder, die mit Chrom, Formaldehyd, Chinon, synthetischen und pflanzlichen Gerbstoffen erhalten wurden, schrumpfen nicht bei der Behandlung mit starken Salzlösungen lyotroper Verbindungen, wie Calciumchlorid und Alkalirhodanat. Nach den Untersuchungen von Küntzel und Prakke soll das Wesen dieser durch verschiedenartige Behandlung verursachten Schrumpfung gleichartig sein, und die eine Behandlungsweise kann die andere ersetzen und umgekehrt. Nach diesen Forschern sollen die Veränderungen der Hautfaserstruktur ebenfalls mit einer Wasserabgabe verbunden sein. Der Verkürzungsgrad — auf ein Viertel bis ein Drittel der ursprünglichen Faserlänge — ist derselbe für die durch Hitze oder Salzdehydratation hervorgerufene Schrumpfung. Dabei sind zwei Vorgänge zu unterscheiden: ein reversibler und ein zweiter, gleichzeitig stattfindender irreversibler Vorgang. Der erste soll nach den genannten Autoren in einer Entfernung des Strukturwassers der Peptidketten bestehen; dabei soll eine Zusammenkrümmung der einzelnen Ketten ausgelöst werden. Das Wasser kann hierbei auf zwei Arten entzogen werden: 1. durch Erhitzung, 2. durch Einwirkung wasserentziehender Lösungen, wie die lyotroper Substanzen. Der zweite, irreversible Vorgang der Schrumpfung wird als Verleimung der Faser (Denaturierung der Proteine) aufgefaßt. In Übereinstimmung damit kann die Denaturierung durch vorhergehende Behandlung der Hautfaser mit gewissen Gerbstoffen, wie Formaldehyd, verhindert werden. Die Reversibilität der Schrumpfung hängt mit dem Bestreben des Molekülgitters zusammen, sich in die ursprüngliche stabile Form umzuwandeln. Das Zusammenknicken der Proteinketten wird durch die irreversible Anlagerung von Gerbstoffen erschwert, und zwar dadurch, daß das Koordinationswasser, welches an die Peptidvalenzen gebunden zu denken ist, von den Gerbstoffen verdrängt wird. Die Schrumpfung wird verhindert, wenn die Gerbstoffe eine Verfestigung des Hautsubstanzgitters bewirken. Durch eine sehr stabile Vernetzungswirkung, wie sie bei der Chromgerbung auftritt, wird eine vollständige Widerstandsfähigkeit des Leders, sogar gegen kochendes Wasser, erzielt. Wie früher gezeigt wurde, zeigen die meisten sattgegerbten Leder keine Schrumpfung bei der Behandlung mit Lösungen lyotroper Substanzen, was auf die verschiedene Natur der beiden Schrumpfungsvorgänge zurückzuführen ist. Durch die Neutralsalzwirkung kommt, wie eine Anzahl von Untersuchungen zeigen [Stiasny und Ackermann; Gustavson (*1*)], wahrscheinlich eine Hydratation der Proteine zustande. Diese Auffassung vertreten Katz und seine Mitarbeiter auf Grund ihrer Untersuchungen über die von lyotropen Stoffen hervorgerufene Schrumpfung der kollagenen Faser. Die Vorgänge bei der vegetabilischen Gerbung wurden von Jovanovits und Alge durch Schrumpfungsmessungen an vegetabilisch gegerbten Hautfaserbündeln in den verschiedenen Stadien des Gerbprozesses durch eine Behandlung mit 4 n Kaliumrhodanatlösung geklärt. Ihre Feststellungen ergaben, daß der Schrumpfungsgrad in direktem Zusammenhang mit dem Gerbungsgrad der Faser steht. Bei einem Durchgerben der Faser wurde keine Schrumpfung beobachtet.

Die Heißwasserprobe von Fahrion (*2*) ist der erste Versuch einer zahlenmäßigen Ermittlung der Gerbintensität. Sie besteht im wesentlichen darin, daß die organischen Bestandteile des Leders, die von kochendem Wasser bei zehnständiger Behandlung nicht herausgelöst werden, indirekt ermittelt werden. Die dabei gefundene Menge nicht auflösbarer Substanz wird in Prozenten der ursprünglich eingewogenen aschefreien Trockensubstanz angegeben und als die Wasserbeständigkeitszahl (WB) des zu prüfenden Leders bezeichnet. Fahrion (*1*) gibt folgende WB für verschiedene Lederarten an (Tabelle 1).

Tabelle 1. Wasserbeständigkeit verschiedener Leder nach Fahrion (S. 29).

Material	Wasserbeständigkeit (WB)
Hautpulver I	0—5,7
„ II	0,5
„ schwach chromiert .	30,9
Sämischleder	80,5
Lohgares Sohlleder	54,5
„ Oberleder	70,0
Einbad-Chromleder	90,4
Zweibad-Chromleder	86,4
Wolle	98,7

Bei dieser Methode werden locker gebundene Gerbstoffe und andere beigemengte Substanzen herausgelöst und als wasserlöslicher organischer Anteil bestimmt, was jedoch fehlerhaft ist. Die niedrigen WB des lohgaren Sohlleders sind daher nicht überraschend, da diese Lederart viel auswaschbare Stoffe enthält. Die richtige Erfassung des Gerbungsgrades müßte in einer Bestimmung der in Lösung gegangenen Hautsubstanz bestehen und die WB den Prozentanteil ungelöster Hautsubstanz, bezogen auf die ursprünglich vorhandene Hautsubstanz des Leders, wiedergeben. Eine solche Verbesserung der Fahrionschen Methode haben Möller, Powarnin, Gerngroß und Gorges (*1*) vorgeschlagen. Untersuchungen über die verschiedenen Gerbungsarten mit der zuverlässigen Methode von Gerngroß und Gorges sind nur für pflanzlich gegerbtes Leder vorgenommen worden (Stather und Schubert). Diese Forscher erhielten bei Gerbung mit Eichen-, Quebracho- und Kastanienholzextrakten die größte Heißwasserbeständigkeit (HWB) von etwa 92, während die mit Gambir- und Fichtenrindeextrakten gegerbten Leder die niedrigsten HWB-Zahlen, nämlich etwa 72, zeigten. Gerngroß und Gorges (*1*) geben für leicht formaldehydgegerbtes Hautpulver eine HWB von 78 an. Für formaldehydbehandelte Blößen hat der Verfasser eine HWB von 85, für sattgegerbte Chromleder von 98 bis 99 gefunden. Die HWB ergibt vollkommen andere Werte für die Gerbintensität als die prozentuale Schrumpfung der Fläche bei der Kochprobe von Chromleder. So zeigten zwei verschiedene Chromleder, die mit basischem Chromsulfat und Chromchlorid gegerbt worden waren, beide die schon angegebenen HWB-Zahlen, während in der Kochprobe die Flächenverminderung (der Schrumpfungsindex) für das chromchloridgegerbte Leder 45% und für das Chromsulfatleder 0% betrug. Für die Betriebskontrolle bei der Chromgerbung ist es wichtig, die Veränderungen von Fläche und Griff des Chromleders bei Heißwasserbehandlung (Kochprobe) zu überwachen. (Die Bedeutung der Kochprobe für die Theorie der Chromgerbung wird in dem folgenden Abschnitt über die Chromgerbung behandelt.)

Als wichtiges Bestimmungsmerkmal für die Gerbung ist der verminderte Abbau des Leders bei tryptischer Verdauung hervorzuheben, was Thomas und Seymour-Jones in einer Arbeit über die Natur der verschiedenen Gerbarten zur Erforschung der Bindungsverhältnisse zum erstenmal methodisch auswerteten. Die tryptische Spaltung der Proteine wird allgemein als Hydrolyse der Peptidgruppen unter Bildung von Amino- und Carboxylgruppen aufgefaßt. Demnach sollte auf Grund der Widerstandsfähigkeit des Leders bei Trypsineinwirkung in erster Linie die Frage zu beurteilen sein, inwieweit die Peptidgruppen bei den verschiedenen Gerbarten inaktiviert werden. Von dieser Problemstellung sind

Tabelle 2[1]. Pankreatischer Abbau gegerbter Hautpulverproben und vegetabilischer Leder.

A. Hautpulverproben (nach Thomas und Seymour-Jones).

Art der Gerbung	% Gerbstoff auf Kollagen bezogen	Mit Trypsin abgebaute Hautsubstanz in % der gesamten Hautsubstanz
Mäßig chromiert (basisches Chromsulfat)	5	6,9
Stark chromiert	13	3,6
Chinongegerbt	1,3	68
	5,2	50
	8,7	34
Formaldehydgegerbt	3,1	35
	3,7	18
	4,7	8
	5,8	6
Pflanzlich gegerbt (Tannin)	31	48
Mit Kupfersulfat behandelt	0,1	87
	0,7	89
Ohne Behandlung	0	86

B. Lederproben (nach Thiele, S. 47 und 53).

Art der Gerbung	Mit Trypsin abgebaute Hautsubstanz in % der gesamten Hautsubstanz
Reihe I:	
β-Naphthalinsulfosäure und Quebracho	55
Unsulfitierter Quebracho, Gerbtemperatur 40° C	35
Dasselbe, aber bei 18° C	33
Sulfitierter Quebracho	42
Faßgegerbtes unzugerichtetes Riemenleder	26
Chromoberleder	3
Grubengegerbtes unzugerichtetes Riemenleder	15
Reihe II:	
Unsulfitierter Quebracho	6
Sulfitierter „	11
Chromleder	2
Alaunleder	33
Grubengegerbtes Sohlleder	1
Faßgegerbtes Riemenleder	4

Thomas und Seymour-Jones ausgegangen; sie arbeiteten mit einem starken Pankreatinpräparat in schwach saurer Lösung bei einem p_H von 5,9 und mit gegerbtem Hautpulver. Das mit Chinon, Tannin und Formaldehyd gegerbte Hautpulver zeigte einen viel geringeren Abbau als das des Blindversuches, während das mit basischen Chromsulfaten behandelte Hautpulver sich sogar praktisch als unempfindlich gegen Trypsin erwies. In einem mit Kupfersulfat behandelten Hautpulver waren dagegen keine Veränderungen der tryptischen Resistenz festzustellen. Dieser bedeutende Abbau von Haut-Gerbstoff-Verbindungen, in welchen die Carboxylgruppen der Hautsubstanz als Bindungsglied für den Gerbstoff (Cu^{++}) dienen, wie auch die außerordentlich starke peptische Hydrolyse der gegerbten Hautpulver, in welchen die Aminogruppen der Proteine inaktiviert sind, stehen in schärfstem Gegensatz zu der fast vollständigen Unverdaulichkeit der Chromhautpulver. Darnach wäre anzunehmen, daß an der

[1] Die Werte von Reihe I und II sind vergleichbar, nicht dagegen die von A und B.

Bindung von Chromsalzen gewöhnlicher Art durch Hautproteine die Peptidgruppen beteiligt sind.

Unseren erweiterten Kenntnissen von der Natur strukturierter Eiweißkörper erscheint jedoch eine solche Deutung der Trypsinempfindlichkeit nicht als zwingend (Linderström-Lang). Denn durch neuere Forschungen ist festgestellt worden, daß die Spaltung der Proteine durch Trypsin besonders von dem molekularen Aufbau und dem Grad der Faserausbildung der Proteine abhängt. Diese Abhängigkeit wird deutlich bei einem Vergleich der tryptischen Spaltbarkeit von Gelatine und von Haut nach verschiedenartiger Vorbehandlung, sowie eines typischen Faserproteins wie Keratin [Bergmann (*1*), Stiasny und Ackermann; Nauen; Graßmann]: Gelatine wird sehr leicht verdaut, nicht dagegen frische Kollagenfaser bei Behandlung unter 40° C [Marriott (*2*)]. Durch nachfolgendes Äschern oder Behandlung mit Alkalien und peptisierenden Salzen wird der Widerstand der Hautfaser gegen Trypsin bedeutend herabgesetzt. Die Steigerung der Trypsinempfindlichkeit durch Alkalibehandlung ist auf eine Auflösung der salzartigen Brückenbindungen zwischen seitenständigen NH_3^+- und COO^--Gruppen durch Entionisierung der NH_3^+-Gruppen sowie durch eine Lockerung der koordinierten Peptidbrücken zurückzuführen. Die peptisierende lyotrope Salzwirkung läßt sich zufriedenstellend als verminderte Verknüpfung der micellaren Elemente sowie durch die Schrumpfungsvorgänge, die zu einer Desorganisation des Micellenverbandes führen, deuten. Auch die Keratine zeigen keinen tryptischen Abbau; dagegen werden nach Behandlung mit Reduktionsmitteln und Alkalien die für die Faserstruktur notwendigen kovalenten Brückenbindungen der Ketten gesprengt und der nicht mehr vollkommen strukturierte Körper wird nun leicht verdaut (Goddard und Michaelis). Nach dieser Ansicht ist der Spaltungsgrad der Proteine bei tryptischem Abbau als Funktion der Strukturausbildung und -festigkeit der Proteine aufzufassen. Einige Zahlen für gegerbtes Hautpulver aus den Arbeiten von Thomas und Seymour-Jones und einige Werte für Lederproben nach Thiele sind in Tabelle 2 zusammengestellt.

Besonders auffallend ist die hohe Resistenz der chromgegerbten Haut und die außerordentlich große Empfindlichkeit der mit Aluminiumsulfat behandelten Leder. Bei langdauernder vegetabilischer Gerbung nach dem Grubenverfahren wird ein Leder mit größerer Widerstandsfähigkeit gegenüber tryptischer Behandlung erhalten als bei dem Schnellverfahren der Faßgerbung.

Bemerkenswerterweise wird die Trypsinfestigkeit von vegetabilisch gegerbtem Leder erniedrigt, wenn während der Gerbung Naphthalinsulfosäuren zugesetzt wurden. Man könnte annehmen, daß durch die vorzugsweise Bindung der letzteren an die basischen Proteingruppen die Aufnahmefähigkeit für pflanzliche Gerbstoffe und die Strukturmöglichkeiten für Vernähungsvorgänge vermindert wird und damit eine geringe Verfestigung der Struktur resultiert. Wenn wirklich der angenommene Zusammenhang zwischen dem Widerstand gegen die tryptische Verdauung und der Verfestigung der Faserstruktur besteht, dann müßte die Vernähungswirkung der Chromsalze am ausgeprägtesten sein. Ebenfalls wäre bei mit Formaldehyd und pflanzlichen Gerbstoffen behandeltem Leder eine solche Verfestigung des Hautsubstanzgitters durch ein Mehrfachreagieren der größeren Gerbstoffmoleküle mit verschiedenen Peptidketten anzunehmen.

Zuletzt soll noch die Abhängigkeit der physikalischen Eigenschaften der verschiedenen Lederarten von der Gerbstoffbindung im Leder erörtert werden. Die physikalischen Veränderungen der Haut bei der Gerbung sind sehr bedeutungsvoll, aber gerbtheoretisch durchaus unbeachtet geblieben. Die Hautfasern der Blöße trocknen transparent unter vollständiger Faserverklebung, die gegerbten

Hautfasern bleiben jedoch undurchsichtig und die Faserverklebung bei der Trocknung ist gering. Die lederartige Auftrocknung wird von Küntzel (*3*) mit einer Versteifung des Hautfasergewebes in Zusammenhang gebracht, welche bei der Gerbung durch die Vernähungswirkung der Gerbstoffe zustande kommt und irreversibel ist. Da eine reversible Veränderung derselben Art durch mechanische Dehydratation der Haut (z. B. mittels konzentrierter Lösungen von Neutralsalzen, Pickelgemischen und organischen Lösungsmitteln, wie Alkohol und Aceton) erhalten wird, kann die lederartige Auftrocknung nicht allein und ohne Berücksichtigung der Natur des Vorganges, der die Verklebung aufhebt, sowie anderer Eigenschaften als Kriterium der Gerbwirkung gelten. Küntzel vertritt die Meinung, daß die lederartige Auftrocknung nicht als Folge des Hydrophobwerdens der Haut während der Gerbung aufgefaßt werden darf, sondern als Folge der micellaren Verfestigung des Hautgewebes.

Der Zusammenhang zwischen der Gerbart und den physikalischen Eigenschaften der fertigen Leder (z. B. Reißfestigkeit) wird nicht durch die gewöhnlichen Untersuchungen an Lederstreifen geklärt. Denn wie Chernov besonders hervorgehoben und experimentell gezeigt hat, wird die Dehnbarkeit und Reißfestigkeit eines Leders von zwei ganz verschiedenen und voneinander unabhängigen Faktoren bestimmt, nämlich 1. von der Faserverflechtung im ganzen und 2. von den Eigenschaften der einzelnen Faserbündel. Während der erste Faktor besonders von der vorbereitenden Behandlung der Haut, wie dem Äschern, abhängt, gibt das Verhalten der einzelnen Faserbündel bei der physikalischen Eigenschaftsprüfung ein Bild von der Natur der Gerbungsvorgänge: Nach Chernov beträgt die Reißfestigkeit pflanzlich gegerbter Faserbündel 6,9 bis 8,3 kg/qmm, die chromgegerbten Fasern zeigen dagegen Werte von 30 kg/qmm. Bemerkenswert ist, daß die Reißfestigkeit der Faser größenordnungsmäßig in umgekehrtem Verhältnis zur Reißfestigkeit der Lederstreifen steht, für welche Durchschnittswerte von 2,5 kg/qmm und 3,0 kg/qmm bei chrom- bzw. lohgegerbtem Leder und noch niedrigere Zahlen für Formaldehydleder angegeben werden. Eine systematische Untersuchung der Reißfestigkeits- und Dehnbarkeitseigenschaften verschiedenartig gegerbter Lederfaserbündel sollte demnach für die Theorie der Gerbung außerordentlich fruchtbar sein. Die bis jetzt vorliegenden wenigen Zahlen für die Faserfestigkeit stehen im Einklang mit der angeführten Auffassung, daß bei formaldehyd- und lohgarem Leder eine viel schwächere Vernähung auftritt als bei Chromleder. Im Zusammenhang hiermit sei erwähnt, daß Jovanovits und Alge in ihrer Arbeit über Einzelfasern gefunden haben, daß durch pflanzliche Gerbung eine deutliche Festigkeitsabnahme der Faser eintritt. Sie stellten Reißfestigkeitsänderungen von 16 bis 26% nach Einwirkung verschiedener Gerbstoffe auf die Faser fest. Da für die ungegerbte Faser ein Reißfestigkeitswert von 52 kg/qmm ermittelt wurde, und da die pflanzliche Gerbung nur eine Abnahme von höchstens 26% ergab, während die entsprechenden Werte für Lohleder bei etwa 3 kg/qmm liegen, wird es deutlich, daß bei der Festigkeitsprüfung von Lederstreifen die Ergebnisse hauptsächlich von anderen Faktoren als der Festigkeit der einzelnen Faser abhängen, nämlich von Faserdicke, Faserverflechtung und Verwebungsrichtung, d. h. von Größen, die nicht oder nur ganz unbedeutend von der Art der Gerbung bestimmt werden.

Aus den vorstehenden Ausführungen sollte mit aller Deutlichkeit hervorgehen, welche allgemeinen Gesichtspunkte für das Wesen der Gerbung aufgestellt werden können. Andererseits sollte gezeigt werden, daß die verschiedenen Gerbarten nicht in einer allgemeinen Theorie erschöpfend behandelt werden können, sondern daß für eine wissenschaftliche Erfassung des Gerbproblems die einzelnen Momente bei den verschiedenartigen Gerbvorgängen berücksichtigt werden müssen, worauf besonders Meunier und Stiasny (2) hingewiesen haben. In den folgenden Abschnitten sollen daher die besonderen Eigenschaften und die wahrscheinliche Natur der wichtigsten Gerbarten im Lichte unserer jetzigen Kenntnisse erläutert werden. Das Problem der Gerbung wird dann, nach einem Überblick und einer Zusammenfassung unserer Kenntnisse von den Veränderungen und Reaktionen während der Gerbung, in voller Bedeutung erfaßbar, wodurch gleichzeitig eine theoretische Vertiefung des Problems möglich wird.

B. Die Theorien der einzelnen Gerbarten.

I. Die Formaldehydgerbung.

Die primäre Gerbwirkung scheint an die basischen (Amino-) Gruppen der Haut gebunden zu sein. Dabei macht die Auffassung der Proteine als Zwitterionen die Reaktionsverhältnisse, besonders den Einfluß der Wasserstoffionenkonzentration des Milieus auf die Formaldehydfixierung, verständlich [Gustavson (2)]. Die Bindung des Formaldehyds an die Haut erfolgt wahrscheinlich nur mit Hilfe entionisierter Gruppen. Im isoelektrischen Gebiet (von p_H 4 bis 7) sind neben Restgruppen aus Histidin (Imidazolringe) nur die überzähligen Aminogruppen in ungeladenem Zustand vorhanden. Als überzählig sollen dabei solche Aminogruppen bezeichnet werden, die nicht von geladenen Carboxylgruppen unter Bildung vollständiger Valenzpaare (Weber) kompensiert werden. Denn wegen der Elektroneutralität des Systems am isoelektrischen Punkt müssen die im Kollagen vorhandenen, gegenüber den Carboxylgruppen überschüssigen Aminogruppen in diesem p_H-Bereich stets ungeladen sein. Bei p_H-Werten kleiner als 4, bei denen die überzähligen Aminogruppen aufgeladen werden, findet keine merkbare Gerbwirkung statt [Gerngroß und Gorges (2)]. Mit einer Erhöhung des p_H-Wertes von 4 bis 8 ist dagegen, wie die HWB-Zahlen von Gerngroß und Gorges (2) zeigen, eine sehr langsame Steigerung der Gerbwirkung verbunden. Die Reaktion zwischen Formaldehyd und Haut wird in diesem p_H-Bereich wahrscheinlich hauptsächlich von den überzähligen Aminogruppen und anderen basischen Gruppen getragen, jedoch nicht von den Imidazolgruppen [Gerngroß (2)]. Die Entladung der kompensierten NH_3^+-Gruppen durch die Hydroxylgruppen des Mediums beginnt etwa bei p_H 8, gemäß der Reaktionsgleichung:

$$\left|\begin{array}{l} -COO^- - NH_3^+ - \\ -NH_3^+ - COO^- - \end{array}\right| + 2\,OH^- \rightarrow \left|\begin{array}{l} -COO^- \quad NH_2 - \\ -NH_2 \quad \overset{-}{COO} - \end{array}\right| + 2H_2O$$

Die Entladung der Aminogruppen ist etwa bei p_H 12 bis 13 vollständig. Die primäre Gerbwirkung des Formaldehyds zeigt einen starken Zuwachs bei p_H 8, der sein Maximum bei p_H 8 bis 9 erreicht. Das theoretische Maximum bei viel höheren p_H-Werten, bis zu p_H 12, ist bei der gewöhnlichen Formaldehydgerbung nicht zu verwirklichen, wahrscheinlich weil die starke Schwellung der Haut im sehr alkalischen Gebiet sowie eine micellare oder fibrilläre Totgerbung, verursacht durch die erhöhte Gerbgeschwindigkeit, die Durchgerbung der Faser verhindern. Die Zurückdrängung der Schwellung durch Zusatz genügender Mengen Kochsalz zum Gerbbad verursacht denn auch, entsprechend der Theorie, eine Verschiebung des Gerbmaximums zu höheren p_H-Werten [Gerngroß und Gorges (2)].

Die Reaktion zwischen Formaldehyd- und Aminogruppen führt wegen der geringen Stabilität des Reaktionsproduktes sowie aus später zu besprechenden anderen Gründen wahrscheinlich nicht zur Bildung von Methylenaminogruppen und es erweist sich in mancher Hinsicht als vorteilhafter, sie als direkte Anlagerung von Formaldehyd an die Aminogruppen, entsprechend

$$—NH_2 + CH_2O \rightarrow —NH \cdot CH_2OH,$$

zu formulieren. Nach Untersuchungen von Bergmann und Mitarbeitern (*2*) ist eine sekundäre Reaktion des Formaldehyds mit Iminogruppen, etwa aus Peptidgruppen, nach der Gleichung

$$\overset{|}{\underset{|}{N}}—H + CH_2O \rightarrow \overset{|}{\underset{|}{N}}—CH_2OH$$

an einfachen Modellsubstanzen sichergestellt. Dieser Reaktionsverlauf, der bei Diketopiperazinen vorliegt, wird als sekundäre Bindung des Formaldehyds durch die Haut aufgefaßt und sollte von der Wasserstoffionenkonzentration des Milieus unabhängig sein, ebenso wie die dritte mögliche Form der Formaldehydaufnahme durch Proteine, nämlich die Anlagerung von Hochpolymeren an die Peptidgruppen mit Hilfe koordinierter Valenzwirkung (Bildung von Molekülverbindungen).

Es soll besonders hervorgehoben werden, daß die Gerbwirkung verschiedener Aldehyde verschieden stark ist, was wahrscheinlich konstitutionschemisch zu erklären ist. Neben Formaldehyd besitzen Acrolein und besonders Crotonaldehyd gute Gerbwirkung; Benzaldehyd und überhaupt aromatische Aldehyde sollen dagegen im allgemeinen gar nicht oder nur ganz schwach gerben, während Acetaldehyd eine Mittelstellung einnimmt. Formaldehyd neigt sehr zur Hydratisation [Bildung von Methylenglykol $CH_2(OH)_2$ und langkernigen Polymerisationsprodukten vom Polymethylenglykoltypus, wie $HO \cdot CH_2 \cdot O \cdot (CH_2O)_n \cdot CH_2OH$ (Walker; Staudinger)]. Gewöhnliche Formaldehydlösungen bestehen hauptsächlich aus solchen Polymeren, wobei n meistens größer als zehn ist. Durch die Verdünnung solcher Lösungen werden die polymerisierten Hydrate in Methylenglykol (Formaldehyd-Monohydrat) aufgespalten, wobei diese Umwandlung bei Zimmertemperatur ganz langsam vor sich geht und erst nach 12 Stunden das Gleichgewicht erreicht. Das Vorhandensein solcher Aggregate, besonders bei Verwendung frisch verdünnter Lösungen von Formalin mit geringem Methanolgehalt, sowie eine mögliche Polymerisierung des im Hautsubstanzgitter gebundenen Formaldehyds, welcher sich wie eine konzentrierte Lösung verhält, müssen in der Theorie der Formaldehydgerbung berücksichtigt werden. Eine Untersuchung darüber, wie die Gerbwirkung von der nach der Verdünnung verstrichenen Zeitspanne abhängt, wäre wünschenswert; dabei sollte besonders die Schrumpfungstemperatur untersucht werden. Gerngroß [(*1*), S. 467] hat die Ansicht geäußert, daß die polymeren Formaldehydformen mitreagieren. In der vorerwähnten Arbeit von Küntzel und Prakke ist zur Erklärung der Ewaldschen Reaktion (reversibler Schrumpfungsvorgang bei formaldehydbehandelten Faserproteinen) die Annahme einer Vernähungswirkung der Peptidketten durch Formaldehyd herangezogen worden. Die sehr hohen Schrumpfungstemperaturen, der niedrige Trypsinindex und die bedeutenden HWB-Zahlen des Formaldehydleders sind schwerlich aus einer einfachen Inaktivierung der Aminogruppen durch monomeres Formaldehyd abzuleiten.

In alkoholischer Lösung ist die Polymethylenbildung fast aufgehoben. Doch sollen auch solche Lösungen zum Gerben verwendet werden können (Abegg und v. Schröder), was offenbar gegen die unbedingte Notwendigkeit der Verwendung von „Hochpolymeren" zur Gerbung spricht. Eine systematische Untersuchung über den Einfluß von Lösungsmitteln mit verschiedener Dielektrizitätskonstante auf die Formaldehydgerbung wäre nicht nur zwecks Klarlegung dieser Frage sehr wünschenswert, sondern auch zur Erweiterung der Kenntnisse über Entionisierung zwitterionischer Strukturen durch schwach polare Lösungsmittel (Ebert).

Wenn als Folge der Formaldehydfixierung nur eine Inaktivierung der Aminogruppen einträte, so müßte am isoelektrischen Punkt des Kollagens infolge Entionisierung in apolarem Lösungsmittel eine größere Anzahl von Aminogruppen für die Bindung des Formaldehyds verfügbar sein als (vergleichsweise) bei Gerbung in wässeriger Lösung. Dies wäre an der gesteigerten Inaktivierung basischer Proteingruppen zu bemerken.

Wie in dem Kapitel über „Kombinationsgerbung" eingehend besprochen werden soll, erniedrigt eine Formaldehydvorgerbung die nachfolgende Chromaufnahme aus Lösungen basischer Chromsulfate [Gerngroß und Roser; Gustavson (*9*)]. Erwähnenswert ist, daß eine vollkommene Heißwasserstabilität (Kochgare) auch nach einer solchen Formaldehydvorbehandlung innerhalb der gleichen Zeit erreicht wird [Gustavson (*3*)]. Wenn jedoch die Aminogruppen vollständig mit polymeren Sulfogerbsäuren (synthetischen Gerbstoffen) abgesättigt sind, ist das Leder auch nicht durch eine ausgedehnte Chromgerbung kochgar zu gerben. Für die „Kochbeständigkeit" wurde vermutet, daß sie durch das Vorhandensein einer koordinierten Bindung Chromkomplex—Aminogruppen, unter Bildung eines inneren Komplexsalzes, bedingt sei; bei Gültigkeit einer solchen Annahme wäre eine Reaktion vom Typus einer Methyloliminobindung zwischen Formaldehyd und Aminogruppen wahrscheinlich. Denn in einer Gruppe, wie $—NH \cdot CH_2OH$, ist die Möglichkeit für die Absättigung von Koordinationsvalenzen vorhanden. Erwähnenswert ist auch, daß die Reißfestigkeit des Formaldehydleders bei langdauernder Gerbung wesentlich abnimmt, was im Zusammenhang mit den oberwähnten sekundären Gerbwirkungen von Interesse ist.

Endlich soll diskutiert werden, wie die sofortige Fixierung der Hautschwellung in stark saurem Gebiet ($p_H = 2$ bis 3) durch Formaldehyd zustande kommt. Eine Inaktivierung der Aminogruppen ist hierbei ausgeschlossen, die Vernähung der Proteinstrukturen durch polymerisierte Formaldehydbrücken wird von der H-Ionenkonzentration aber nicht beeinflußt, da die Koordinationsfähigkeit der —CO—NH-Gruppen vom p_H-Wert der Lösung unabhängig ist. Ferner sollte die saure Reaktion des Mediums die Polymerisationsneigung des Formaldehyds begünstigen.

Zusammenfassend ist über die Theorie der Formaldehydgerbung folgendes zu sagen: Die Verschiebung des isoelektrischen Punktes von Haut und Gelatine bei Formaldehydeinwirkung (Gerngroß und Bach), das verminderte Säurebindungsvermögen [Stiasny (*3*)], auch die erhöhte Basenbindungskapazität deuten auf eine Verminderung der reaktionsfähigen basischen Gruppen der Haut, vorwiegend die Aminogruppen, hin. Sicher ist, daß durch langdauernde Formaldehydgerbung weitere sekundäre Veränderungen der Haut, besonders ihrer Peptidketten, eintreten. Verschiedene Gründe deuten darauf hin, daß eine Vernähung der Peptidketten oder der Micellarverbände durch Formaldehydpolymerisationsverbindungen stattfindet.

II. Die Chinongerbung.

In vieler Hinsicht ist die Chinongerbung an die Seite der Formaldehydgerbung zu stellen, besonders in bezug auf die p_H-Abhängigkeit der Gerbstoffaufnahme, die auch bei Chinon im alkalischen Bereich ein Maximum zeigt [Thomas und Kelly (*1*)].

Die primäre Reaktion wird allgemein als eine Inaktivierung basischer Proteingruppen aufgefaßt, als eine schnell vor sich gehende Kupplung der Aminogruppen der Haut mit Chinon, analog der Bildung von Aminochinonen (Hilpert und Brauns). Die langsam verlaufende sekundäre Reaktion besteht wahrscheinlich in einer durch die Peptidgruppen vermittelten Fixierung hochmolekularer Umwandlungsprodukte des Chinons, deren Bildung durch eine hohe Alkalität in wässeriger Lösung gefördert wird. Dieser Vorgang setzt nach der ersten Reaktion — der Inaktivierung basischer Proteingruppen — ein, allgemein als die „wahre Gerbwirkung" bezeichnet. Alkoholische Chinonlösungen haben gute Gerbwirkung, die Reaktion führt jedoch dabei nicht über die erste Stufe hinaus [Wilson, (*3*) S. 646]. Eine zufriedenstellende Theorie ist nur durch Einbeziehung der zwitterionischen Auffassung der Proteinreaktionen zu erhalten.

Eingehende Untersuchungen über die chemischen und physikalischen Eigenschaften von Leder mit unterschiedlichem Anteil an Chinon in kovalenter und koordinierter Bindung liegen leider nicht vor. Es wäre besonders wichtig zu wissen, in welcher Weise diese beiden Reaktionsformen bei der Chinongerbung die Heißwasserbeständigkeit und die Trypsinresistenz des Leders beeinflussen. Infolge der bedeutenden Hitzebeständigkeit dieses Leders ist die Annahme einer Vernähungswirkung der hochpolymeren Chinonformen nicht von der Hand zu weisen. Bei den jetzt behandelten Gerbungen, die man als „rein chemische" zu bezeichnen pflegt, treten nach der vorliegenden Literatur als regulierende Faktoren die konstitutionellen Eigenschaften der Gerbstoffe in den Vordergrund, während der Molekulargröße nur eine untergeordnete Rolle zugeschrieben wird. Bei der unten besprochenen vegetabilischen Gerbung spielt jedoch die Molekulargröße der Gerbstoffe nebst der Anwesenheit bestimmter chemischer Gruppen in dem Molekül eine hervorragende Rolle. Die Bedeutung dieser beiden Faktoren für die allgemeine Theorie des Gerbens wurde experimentell und theoretisch besonders von Stiasny (*2*) festgestellt.

III. Die vegetabilische Gerbung.

Die Ansichten über das Wesen der pflanzlichen Gerbung gehen weit auseinander, da durch Ionen-, Ko- und koordinierte Valenzen hervorgerufene Reaktionen sowie Adsorptionskräfte als Erklärung für die Aufnahme der vegetabilischen Gerbstoffe angenommen worden sind. Wahrscheinlich treten alle diese Bindungsarten neben- und nacheinander in verschiedenem Umfange, je nach den besonderen Verhältnissen, auf. Die elektrochemische (physikalisch-chemische) Auffassung nimmt als ersten Vorgang bei der Gerbung eine gegenseitige Entladung der negativ geladenen Gerbstoffaggregate und der positiv geladenen Hautgruppen an, wobei infolge Stabilitätsverminderung der Tannine eine beiderseitige Ausflockung stattfindet. Diese Auffassung wird durch die Procter-Wilsonsche Theorie der vegetabilischen Gerbung vervollständigt, die unter Zugrundelegung der Donnanschen Membrangleichgewichtsbedingungen eine quantitative Deutung der Gerbstoffaufnahme durch die Haut auf der sauren Seite des isoelektrischen Punktes anstrebt. Eine ausführliche Behandlung dieser Hypothese findet sich in diesem Handbuch, Band II, Teil 1, S. 441 bis 443.

Eine gleichartige, halb-quantitative Behandlung, die zu gleichem Endergebnis führt, ist, wie vom Verfasser gezeigt wurde [K. H. Gustavson (*2*)], bei einer zwitterionischen Betrachtungsweise möglich. Dabei ist im isoelektrischen p_H-Gebiet (p_H 4 und darüber) infolge Aufladung der überzähligen Aminogruppen durch die von den Gerbstoffteilchen stammenden H-Ionen eine Reaktion zwischen Gerbstoffanionen und der positiv geladenen Haut gesichert. Bei weiterer p_H-Erniedrigung werden zuerst die freien Valenzpaare und dann die salzartigen Bindungen aus NH_3^+- und COO^--Gruppen in den Proteinketten entladen, wobei die entsprechende Anzahl von überschüssigen NH_3^+-Ionen frei wird. Diese dienen als Bindestelle für die Gerbstoffanionen. Bei einem gegebenen p_H-Wert besitzen die Hautproteine somit eine bestimmte Anzahl reaktionsfähiger Aminogruppen. Die Entladung der COO^--Gruppen oder, was gleichbedeutend ist, die Aktivierung der NH_3^+-Ionen ist im p_H-Bereich 1 bis 2 beendigt. Bei dieser H-Ionenkonzentration sollte demnach die Haut das maximale Gerbstoffbindungsvermögen besitzen. Die maximale Gerbstoffbindung fällt demnach mit dem p_H-Bereich der maximalen Aufladung der Ammoniumionen im Kollagen zusammen. Es wird angenommen, daß durch die Erhöhung der H^+-Konzentration auch die Ladung der Gerbstoffteilchen und damit ihre Stabilität vermindert werden soll, wodurch die Entladungsreaktion bei niedrigem p_H erleichtert würde. Bei diesem Reaktionstypus spielen wahrscheinlich die salzartigen Valenzpaarbrücken des micellaren Verbandes eine große Rolle. Aus den in der Literatur angegebenen Gerbstoffixierungskurven ist ersichtlich, daß solche Brücken nur allmählich gespalten werden und in Reaktion treten. Ein solches Mitreagieren der stabilsten Brückenbindungen ist nur bei sehr langdauernder Gerbung wahrscheinlich. Es muß besonders betont werden, daß die obengenannten Hypothesen nur für die erste Stufe des pflanzlichen Gerbvorganges gelten.

Die elektrochemische Anschauung über die primären Vorgänge bei der pflanzlichen Gerbung wird durch die experimentell festgestellte Tatsache gestützt, daß eine Gerbwirkung der pflanzlichen Gerbstoffe nur in wässeriger Lösung zu finden ist. Gerbstoffe in organischem Lösungsmittel niedriger Dielektrizitätskonstante, wie Äthylalkohol oder Aceton, in welchem die Ionisierung vermindert oder sogar aufgehoben ist, zeigen nur unbedeutende bzw. keine Gerbwirkung (Chambard und Mezey). Die Schlußfolgerung liegt nahe, daß für die Fixierung pflanzlicher Gerbstoffe durch die Haut die Ionisation der Reaktionsteilnehmer unbedingt notwendig ist. Wenn man andererseits die Bildung von Molekülverbindungen annimmt, dann scheint der Einwand berechtigt zu sein, daß die koordinative Valenzwirkung auch von den Dispersitätsverhältnissen und der Natur des Mediums abhängen müsse. In diesem Zusammenhang ist besonders auf die gute Gerbwirkung alkoholischer Chinon- und Formaldehydlösungen zu verweisen. Wenn man die übliche Auffassung zugrunde legt, daß diese Reaktionen an die entionisierten basischen Gruppen der Haut gebunden seien, dann scheint die Annahme des gleichen Reaktionstypus bei der vegetabilischen Gerbung bei p_H-Werten unter 4 mit Rücksicht auf die fehlende Gerbwirkung alkoholischer Tanninlösungen ganz ausgeschlossen.

Von anderer Seite wird eine Wirkung der elektrischen Ladung der pflanzlichen Gerbstoffe ganz abgestritten, eine Ansicht, die Bungenberg de Jong extrem vertritt. Dieser Forscher stellt sich die gegenseitige Ausflockung von Gerbstoffen und Gelatine (oder Kollagen) so vor, daß ein Lyophobmachen und damit eine Dehydratation der hydrophilen Gruppen der Haut bewirkt wird, da die Stabilität hydrophiler Kolloide in erster Linie von der Hydratation der beteiligten Stoffe abhänge. Eine solche Ansicht scheint kaum imstande, die vegetabilische Gerbung verschieden vorbehandelter und vorgegerbter Haut zu erklären und unsere Kenntnisse weiterzuführen.

Diese Auffassung ist in vielen Punkten mit der vorher erwähnten Meunierschen Hypothese verwandt, gegen welche im Prinzip keine Einwände gemacht werden können, besonders da die irreversible Veränderung der Aminogruppen der Hautsubstanz infolge Inaktivierung durch pflanzliche Gerbstoffe hervorgehoben wird. Die Verminderung des hydrophilen Charakters dieser Gruppen führt zu einem Lyophobmachen und einem geringeren Quellungsvermögen der Haut, besonders in saurer Lösung. Entsprechend der in der Kapiteleinleitung dargelegten Unterscheidung zwischen Hydratation und Quellung bezieht sich dieses Lyophobmachen der Haut auf ihre osmotische Quellung, die von der Anzahl der aktiven Aminogruppen abhängt. Bei dieser Gerbung dürfte eine Dehydratation der Hautproteine in höherem Maße nicht stattfinden. Diese auf ausgedehnte experimentelle Arbeiten gestützte Anschauung von Meunier hat erstmalig das Gerbphänomen von einheitlichem Gesichtspunkt aus behandelt, was als bedeutender Fortschritt in der Geschichte der Gerbtheorie anzusehen ist. Neuere Untersuchungen des pflanzlichen Gerbprozesses haben aber gezeigt, daß eine Inaktivierung basischer Gruppen nur als Teilreaktion zu betrachten sei. Im großen und ganzen decken sich in den fundamentalen Punkten die elektrochemische und die Depolarisierungsauffassung, ob dabei elektrische Kräfte zufolge eines Donnanschen Gleichgewichts, eine Freimachung ionisierter Aminogruppen aus innerkompensierten Systemen oder Adsorptionskräfte im Sinne der Auffassung von Langmuir-Harkins als Reaktionsmechanismen in Frage kommen, ist in der Tat Nebensache.

Auch für die Verwendung der Adsorptionsgleichung für die Erfassung der ersten Teilvorgänge der pflanzlichen Gerbung ist dieselbe Einstellung berechtigt. Die Gesetzmäßigkeiten, die der exponentialen Funktion zugrunde liegen, geben ja keine Anhaltspunkte über die Natur des Vorgangs, sondern sagen nur aus, daß er reversibel sein muß. Die pflanzliche Gerbung aber ist unzweifelhaft teilweise doch irreversibler Natur, so daß die Verwendung der Adsorptionsgleichung nicht begründet werden kann. Es wurde aber gezeigt (Kolthoff), daß auch irreversible Reaktionen ionogener Natur einer solchen Exponentialfunktion genügen können.

Beim gegenwärtigen Stand unserer Kenntnisse von den strukturellen und konstitutionschemischen Eigenschaften der beteiligten Stoffe ist die Heranziehung einer Adsorptionstheorie der Gerbung im allgemeinen als überholt zu bezeichnen. Gerbtheoretische Streitfragen über den Adsorptionsbegriff sind besonders in der älteren Fachliteratur reichlich erörtert, haben sich aber als sehr unfruchtbar erwiesen. Übrigens sind die von Freundlich entwickelten Kriterien über die Abhängigkeit des Endgleichgewichts von der Anfangskonzentration bei gerbereichemischen Untersuchungen nicht berücksichtigt worden (Freundlich, S. 235). Werden nach Freundlich zwei Versuche mit derselben Menge Adsorbens angestellt, bei denen einmal 100 ccm Lösung mit einer Konzentration von a Gramm Gerbstoff im Liter verwendet wird, während das zweitemal eine doppelt so konzentrierte Lösung ($2a$ g/l) in dem halben Volumen (50 ccm) zum Adsorptionsgleichgewicht kommt und nach der Adsorption mit demselben Volumen Lösungsmittel (50 ccm) verdünnt wird, so müssen die Endkonzentrationen in beiden Fällen gleich sein, falls ein Adsorptionsgleichgewicht vorliegt.

In Untersuchungen über die Chromaufnahme der Haut aus basischen Chromsulfaten, die der Verfasser ausführte, war die aufgenommene Chrommenge bei gleichartigem Vorgehen wie im Freundlichschen Beispiel erwartungsgemäß je nach der gewählten Anfangskonzentration der Chromlösungen niedriger oder höher, in einigen Fällen auch gleich.

In den obenerwähnten Anschauungen wurde als dominierende Reaktion die Inaktivierung basischer Proteingruppen durch die gebundenen Gerbstoffe herausgestellt, eine Auffassung, für die besonders durch die Arbeiten von Wilson (*3*) und Thomas die experimentelle Grundlage geschaffen wurde. Eine Vorbehandlung der Haut mit Gerbstoffen, die sich nach allgemeiner Ansicht mit den basischen Gruppen der Haut verbinden, wie Formaldehyd, Chinon und synthetische Gerbstoffe des Sulfonsäuretypus, setzt die folgende Aufnahme pflanzlicher Gerbstoffe herab, wie Gerngroß und Roser sowie Thomas und Kelly zeigen konnten [(*4*), S. 672]. Eine Desaminierung der Hautsubstanz verringert auch die irreversiblen Bindungen der pflanzlichen Gerbstoffe bei Gerbung im sauren p_H-Gebiet (Thomas und Foster). Ferner wurde von Gustavson [Wilson (*3*), S. 499] durch Reihenversuche mit Farbstofflösungen verschiedener H-Ionenkonzentration eine Verschiebung des isoelektrischen Punktes von gegerbtem Leder nach der sauren Seite hin nachgewiesen. Von Wilson und Bear wurde festgestellt, daß mit steigendem Gerbungsgrad das Säurebindungsvermögen der gegerbten Haut abnimmt. Bei pflanzlich nachgegerbtem chromgegerbtem Hautpulver wurde nachgewiesen, daß sich der analytisch bestimmte Säureverlust (Schwefelsäure und Salzsäure) des kombiniert gegerbten Hautpulvers mit der in der Lösung gefundenen Säuremenge deckte [Gustavson (*4*)]. Diese Untersuchung wurde mit gereinigter Gerbsäure mit einem p_H-Wert $= 3{,}1$ bei einem Gesamtlöslichen von 80 g/l ausgeführt. Die Restbrühe hatte einen p_H-Wert von 2,0, was einer quantitativen Verdrängung der proteingebundenen Schwefelsäure durch die pflanzlichen Gerbstoffe entspricht. Diese Ergebnisse wurden durch die Bestimmung der Komplexazidität des nachgegerbten Hautpulvers und der chromvorgegerbten Probe ergänzt, die erhaltenen Werte schließen ein Mitreagieren der Acidogruppen des Chromkomplexes aus. Der Befund von Wilson und Bear wurde später von Beek in einer Arbeit über das Säurebindungsvermögen pflanzlich gegerbter Leder von verschiedenen Gerbungsgraden bestätigt. Ein einfacher quantitativer Beweis für die bei der nahestehenden Gelatine-Tannin-Reaktion auftretende Verdrängung der proteingebundenen Säure durch die pflanzlichen Gerbstoffe wurde von Thompson beigesteuert: In einem Gemisch von Gelatine- und Tanninlösung (gereinigte Gerbsäure), beide vom $p_H = 4{,}17$, wurde nach der Ausflockung ein $p_H = 4{,}02$ gefunden. Diese Zahl stimmt genau mit der theoretisch ermittelten überein, wenn man annimmt, daß die Gesamtmenge der gelatinegebundenen Salzsäure durch die Gerbstoffe verdrängt worden sei.

In letzter Zeit wurde in einigen Arbeiten die Ansicht vertreten, daß das maximale Säurebindungsvermögen der Haut durch die pflanzliche Gerbung unverändert bleibe. Demnach sollte die Fixierung der pflanzlichen Gerbstoffe nicht durch die säurebindenden Gruppen der Haut stattfinden (Otto, Felzmann, Miekeley und Thiry). In einigen Fällen, wie bei Ledergerbung mit Sumach und anderen stark puffernden Gerbstoffen, sind bei Bestimmung des Säureäquivalents die für die Neutralisation zugesetzte Säure sowie die vom Leder aufgenommenen puffernden Bestandteile zu berücksichtigen. In anderen Fällen, wie bei Gambir, welcher Gerbstoff, wie die Merrillschen Untersuchungen zeigen, nur in sehr unbedeutendem Grade irreversibel gebunden wird und der bei einer vergleichsweisen Bestimmung des Gerbstoffgehalts nach der Wilson-Kernschen und der offiziellen Analysenmethode unter allen Gerbstoffen die stärksten Differenzen aufweist, ist es nicht überraschend, wenn die maximale Säurebindung unverändert bleibt. Besonders muß in den Versuchsansätzen von Felzmann, dessen Zahlen sich nur auf die Gesamtmenge der aufgenommenen Stoffe und nicht auf den unauswaschbar gebundenen Gerbstoff beziehen, die Menge des irreversibel gebundenen Gerbstoffs sehr klein gewesen sein. Bei seinen Untersuchungen wurde es versäumt, die auswaschbaren Gerb- und Nichtgerbstoffe zu entfernen, so daß die Fehler nicht erfaßt werden, die sich aus der Pufferwirkung von durch die Haut locker gebundenen Substanzen bei der potentiometrischen Messungsmethode ergeben. Deshalb scheint es nach dem jetzigen Stand der Frage nicht ratsam zu sein, eine grundsätzlich andere Auffassung vom Bindungsmechanismus der irreversiblen Gerbstoffixierung auf einige in methodischer Hinsicht nicht ganz einwandfreie p_H-Messungen zu gründen, besonders bei den vielfach gegensätzlichen Befunden einer großen Anzahl von Forschern. Die Möglichkeit, daß die Säurebindung und die Gerbstoffaufnahme durch die Haut in gewissen Fällen voneinander unabhängig sind, sollte wissenschaftlich geprüft werden. Bei einer Arbeit von Thomas und Kelly [(*4*), S. 672] über die gleichzeitige Gerbung mit synthetischen (Sulfosäuretypus) und vegetabilischen Gerbstoffen wurde bei sehr hohen Konzentrationen der synthetischen Gerbstoffe eine beträchtliche Verminderung der irreversiblen Aufnahme von pflanzlichen Gerbstoffen beobachtet. Wenn man die Haut mit diesen Gerbstoffen kräftig vorgerbt, findet man die Menge der aus einem Nachgerbungsbad von Quebracho oder Mimosa irreversibel aufgenommenen pflanzlichen Gerbstoffe deutlich vermindert (unveröffentlichte Versuche des Verfassers). Nachdem das Zustandekommen der Verbindung der Haut mit synthetischen Gerbstoffen allgemein übereinstimmend mit Veränderungen der basischen Proteingruppen in Zusammenhang gebracht wird, sprechen auch die letztgenannten Befunde dafür, dieselben Proteingruppen auch bei der irreversiblen Bindung pflanzlicher Gerbstoffe einzubeziehen.

Wie oben ausgeführt, ergibt Gambir ein Leder, das nur einen sehr kleinen Teil der insgesamt aufgenommenen Stoffe in irreversibel gebundener Form enthält. Diese mehr oder minder leicht auswaschbaren Gerbstoffe (und auch ganz locker aufgenommene Nichtgerbstoffe) sind wahrscheinlich — besonders wenn die Befunde des ausführlich untersuchten mimosagegerbten Leders auch für Gambirleder gelten — als eine Molekülverbindung zwischen Gerbstoff und Haut unter Affinitätsausgleich an den Peptidgruppen der Hautproteine im Leder vorhanden.

Bei einer kritischen Betrachtung der oben erwähnten Gerbhypothesen fällt auf, daß die Molekulargröße und die konstitutionellen Eigenschaften der Gerbstoffe, denen beiden doch hervorragende Bedeutung bei den Gerbvorgängen zukommen, gar nicht beachtet worden sind. Eine Anzahl sicherer Ergebnisse deutet auf die Unzulänglichkeit dieser elektrochemischen und der Dehydratationstheorien hin, die zur Erklärung des pflanzlichen Gerbungsvorganges herangezogen werden. Die Gerbwirkung im alkalischen Bereich war von diesen Gesichtspunkten aus überhaupt nicht zu begründen, ohne zu spekulativen Momenten, wie dem Vorkommen eines zweiten isoelektrischen Punktes des Kollagens, Zuflucht zu nehmen [Wilson, (*3*), S. 453].

In diesem Handbuch, Band II, Teil 1, S. 467, wurde der Einfluß einer der Gerbung vorangehenden Neutralsalzbehandlung der Haut auf ihre Gerbstoffaufnahme erwähnt [Gustavson (*1*)].

Die peptisierende Wirkung lyotroper Neutralsalze, wie der Erdalkalihalogenide, z. B. $CaCl_2$, und der Alkalirhodanate, z. B. Kaliumrhodanat, auf die Haut macht sich in einer Erhöhung der Gerbstoffaufnahme bemerkbar. Diese Peptisierung der Haut wird auf Grund experimenteller Kenntnisse dieser Veränderungen an Eiweißkörpern im allgemeinen als eine Hydratisierung der Proteine aufzufassen sein, welche auf einer Zerlegung der koordinierten Brückenbindungen zwischen den Peptidketten unter koordinierter Wasseranlagerung beruht.

Durch die Neutralsalzwirkung wird die Reaktionsfähigkeit der ionisierten Gruppen der Hautproteine nicht verändert, da das Säurebindungsvermögen der peptisierten Hautproteine nicht beeinflußt wird. Deshalb ist es wahrscheinlich, daß sich diese Gerbstoffaufnahme an anderen Proteingruppen als den basischen vollzieht, und zwar vermutlich an aktivierten Peptidgruppen, wobei sich Molekülverbindungen zwischen Haut und Gerbstoff bilden. Eine solche Auffassung ist gut vereinbar mit der bekannten Bildung von Koordinationsverbindungen zwischen einfachen stickstoff- und sauerstoffhaltigen organischen Substanzen und aromatischen Phenolen. Freudenberg hat auf solche Modellbeispiele für die Verbindungen der Haut mit pflanzlichen Gerbstoffen hingewiesen, bei denen an Stelle des vegetabilischen Gerbstoffs aromatische ein- und mehrwertige Phenole und an Stelle der Haut organische Stickstoffsauerstoffbasen treten und Molekülverbindungen eingehen. Stiasny (*1*), (*2*) betont, daß nicht nur die stickstoffhaltigen Gruppen des Kollagens, sondern auch die sauerstoffhaltigen (Carbonyl-) Gruppen der Peptide für die Valenzwirkung verantwortlich sein können. Diese Auffassung hat durch das häufige Vorkommen von Molekülverbindungen dieser Art — wie die Arbeiten von Pfeiffer zeigen — große Wahrscheinlichkeit für sich. Stiasny stellt als Modell für die Proteinkomponente Sarkosinanhydrid, ein methyliertes Diketopiperazin, auf; diese Verbindung gibt mit mehrwertigen Phenolen, die als Prototypen der Tannine dienen, wohldefinierte Molekülverbindungen (Pfeiffer). Bei einer Substitution der Hydroxylwasserstoffe der Phenole erfolgt keine Reaktion, was darauf deutet, daß der Hydroxylwasserstoff die Koordinationsvalenzwirkung der Gerbstoffkomponente trägt, während bei dem Diketopiperazin (der Kollagenkomponente) der Carbonylsauerstoff diese Rolle übernimmt. Nach Pfeiffer (S. 316) wird diese Molekülverbindung wie folgt gebildet:

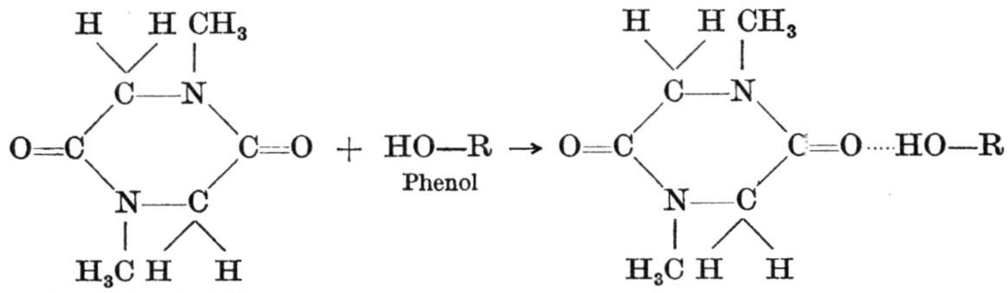

Sarkosinanhydrid.

und analog für die Molekülverbindung aus Hautsubstanz und pflanzlichem Gerbstoff [Stiasny (*1*) S. 435]:

$$\underset{\text{Kollagen.}}{R_1\text{—NH—CO—}R_2} + \underset{\text{Gerbstoff.}}{\text{HO—R}} \rightarrow \underset{\text{Leder.}}{\begin{array}{c}R_1\text{—NH—CO—}R_2\\ \vdots \\ \text{HO—R}\end{array}}$$

Diese Modellbeispiele für die Hautgerbstoffsysteme wurden von Stiasny in systematischen Untersuchungen weitgehendst vertieft. Nebst dem Vorkommen koordinationsfähiger Gruppen in den pflanzlichen Gerbstoffen ist auch, wie er besonders betont, die Molekülgröße der Gerbstoffe in der Lösung von ausschlaggebender Bedeutung für die Erreichung der Gerbwirkung. Stiasny weist darauf hin, daß der Gallussäure, einem den pflanzlichen Gerbstoffen verwandten Stoff, keine gerbende Wirkung zukommt, da die Molekülgröße nicht ausreicht. Damit scheint neben dem Vorhandensein von Phenolgruppen in dem Gerbstoff ein gewisser Dispersitätsgrad des noch in Lösung befindlichen Gerbstoffs unbedingt erforderlich zu sein. Dieser Forscher erläutert diese Bedingung an einem bekannten Beispiel: Die monomolekulare α-Kieselsäure gibt mit Gelatinelösung keinen Niederschlag, während die semikolloidale Lösung der β-Kieselsäure Gelatine ausflockt. Ohne einen solchen Gedankengang entkräften zu wollen, darf man dazu doch bemerken, daß die Fähigkeit eines Stoffes, Gelatine auszuflocken, nicht als Beweis für seine Gerbwirkung angesehen werden darf. Viele sehr wirksame Gerbstoffe, wie die Lösungen der gewöhnlichen basischen Chromsalze, geben mit Gelatinelösung gar keinen Niederschlag, während andere, denen keinerlei Gerbwirkung zuzuschreiben ist, fällend wirken. Dies sei aus gerbhistorischen Gründen erwähnt, da schon Fahrion in seiner Schrift „Neuere Gerbmethoden und Gerbtheorien" (S. 32) Vorsicht anempfiehlt, die gelatinefällende Wirkung mit Gerbwirkung gleichzusetzen. Die Notwendigkeit einer gewissen Molekülgröße des pflanzlichen Gerbstoffs steht außer Frage. Diese Tatsache wird sicher in Zukunft mit fortschreitender Kenntnis der sterischen Verhältnisse bei der Gerbung und der elektronentheoretischen Strukturfragen an Bedeutung gewinnen.

In diesem Zusammenhang ist es von Vorteil, das Problem der irreversiblen Gerbstoffbindung mit den bisherigen Kenntnissen vom Einfluß der Molekülgröße einfacher saurer Stoffe auf ihre Bindungsfestigkeit an die Haut zu vergleichen. Der Grad der Irreversibilität der Bindung verschiedener Säuren durch die Haut wurde als einleuchtendes Beispiel gewählt. Bei demselben p_H-Wert der Reaktionslösung zeigt Salzsäure die geringste Fixierungsirreversibilität, etwas beständiger ist die Schwefelsäure-Haut-Verbindung, während Phosphorsäure eine recht schwer hydrolysierbare Hautverbindung gibt. Die Naphthalinsulfonsäuren werden recht beständig gebunden, die polymeren Naphthalinsulfonsäuren (Gerbsulfosäuren) sind sogar praktisch unauswaschbar an der Haut fixiert. Otto gibt folgende Werte für die Hydrolysationsgrade verschiedener einfacher sowie hochmolekularer Säuren nach dreitägigem Waschen an: Salzsäure = 100, Schwefelsäure = 86, Gerbsulfosäure (ein Kondensationsprodukt aus Naphthalinsulfonsäure und Formaldehyd) = 11, die freie Säure des Diaminechtbraun G. B. = 0,8. In dieser wichtigen Arbeit wurde erstmalig auf die Verschiebung des chemischen Gleichgewichts durch die irreversible Bindung von hochmolekularer Sulfogerbsäure hingewiesen. Bei Bestimmung der Säureaufnahme aus Lösungen von verschiedenem p_H (1,3 bis 2,5) wurde beobachtet, daß die maximale Aufnahme irreversibel gebundener Säure bei einem höheren p_H, als dem p_H-Bereich maximaler Mineralsäurebindung entspricht, erfolgt. Dies bedeutet, daß infolge der Gleichgewichtsverschiebung durch die irreversible Bindung bei höheren p_H-Werten weitere Säuremengen aufgenommen werden können, bis das maximale Säureäquivalent wieder erreicht ist. Diese Beobachtung zeigt, wie durch irreversible Inaktivierung basischer Proteingruppen neue aktive NH_3^+-Gruppen geschaffen werden und die gebundenen Gruppen aufhören, eine Rolle im Gleichgewichtsmechanismus zu spielen. Mit anderen Worten, in dem System Haut—irreversibel gebundene hochmolekulare Säure ist für den irreversiblen Bindungsgrad der Säurepolymere das gewöhnliche maximale Säureäquivalent bei einem bestimmten p_H-Wert nicht maßgebend. Für Salzsäure liegt das Bindungsmaximum an die Haut scharf bei einem p_H-Anfangswert von 1,3. Für die Gerbsulfosäure liegt ein maximaler p_H-Bereich von 1,3 bis 2,5 vor, somit gibt diese Gerbsulfosäure bei einem Anfangs-p_H der Lösung von 2,5 die maximale Säurebindung statt dem (nach der p_H-Fixierungskurve von HCl) erwarteten Wert von nur 69%. Diese Feststellung von Otto ist auch für die pflanzliche Gerbung von Interesse, wo gleichartige Verschiebungen des chemischen Gleichgewichts zwischen NH_3^+- und COO^--Ionen der Hautproteine durch irreversibles Fixieren die langsame Gerbstoffaufnahme bei mäßigen p_H-Werten erklären. Die Puffernatur der Gerbstoffe spielt wahrscheinlich für die weitere Aktivierung der Valenzpaare eine Rolle. Diese von Otto experimentell bewiesene Forderung einer gewissen Größe der Gerbstoffaggregate (analog auch der pflanzlichen Gerbstoffe) wird sicher bei erweiterter Kenntnis der Depolarisationserscheinungen und damit der Elektronenverteilung zwischen Haut und Gerbstoff sowie auch der sterischen Verhältnisse im Hautsubstanzgitter noch präziser formuliert werden können.

Hierher gehören auch die sekundären Veränderungen der Haut-Gerbstoff-Verbindung beim Altern.

Weitere Anhaltspunkte dafür, daß es unzulänglich ist, die pflanzliche Gerbung einseitig als Ionenvorgang, der von dem p_H-Wert der Lösung bestimmt wird, aufzufassen, haben Thomas und Kelly [(4), S. 455] geliefert. Diese Forscher haben gefunden, daß die Natur der bei der Einstellung des p_H-Wertes der Gerblösung zugesetzten Säure einen tiefgehenden Einfluß auf die Gerbstoffaufnahme ausübt. Durch Einstellung des p_H-Wertes mit Salzsäure auf 2,5 wurde bei der Gerbung von Hautpulver mit einer Mimosabrühe von 40 g/l Gesamtlöslichem nach sechsstündiger Gerbung ein Gerbungsgrad von 48 erhalten. Die mittelstarke Ameisensäure gab die entsprechende Zahl von 60, während bei Verwendung der schwachen Essigsäure ein Gerbungsgrad von 80 erzielt wurde. Bei einem p_H-Wert = 3 wurde bei der pflanzlichen Gerbung die zweifache Menge an gebundenem Gerbstoff beim Ansäuern mit Essigsäure als in der salzsäureeingestellten Lösung beobachtet. Ein Einfluß des Säureanions oder der unionisierten Säuremoleküle ist deutlich wahrnehmbar. Diese spezifische Ionen- (oder Molekül-) Wirkung ist um so größer, je schwächer die Säure ist, was auch verständlich ist, da die nötige Konzentration einer schwächeren Säure viel größer sein muß, wenn man einen bestimmten p_H-Wert einstellen will, als die einer starken Säure. Über gleichartige Säurewirkungen hat auch Vogl (S. 49) berichtet.

Aus einem Vergleich der Bindungskurven von Gerbstoff an Haut als Funktion der p_H-Werte im sauren Bereich läßt sich entnehmen, daß die H-Ionenkonzentration, besonders bei kurzer Gerbdauer (nur einige Stunden), von Bedeutung ist, während bei langdauernder Gerbung (Wochen und Monate) diese ausgeprägte p_H-Abhängigkeit der Gerbstoffaufnahme praktisch verschwindet. So ist z. B. bei Quebrachoextrakt nach sechsstündiger Gerbung bei einem p_H der Gerbstofflösung = 2 die Gerbstoffaufnahme um 66% größer als die bei einem $p_H = 5$, wie aus den Kurven von Thomas und Kelly (3) ersichtlich ist. Die entsprechende prozentuelle Erhöhung ist nach 24stündiger Behandlung ca. 15%, während sie bei Versuchen von zweiwöchiger Dauer nur mehr 5% beträgt. Auch für einige andere Gerbstoffe ist eine solche p_H-Unabhängigkeit bei langdauerndem Gerben im p_H-Bereich 2 bis 7 gezeigt worden. Zur Erklärung dieser p_H-Unabhängigkeit einer langsam verlaufenden Gerbung können viele Möglichkeiten herangezogen werden. Bei der obenerwähnten Untersuchung von Otto wurde durch die irreversible Bindung der Sulfosäure an die NH_3-Ionen der Haut das Gleichgewicht zwischen den freien aktiven NH_3^+-Gruppen und der Gesamtmenge der Aminogruppen gestört; neue aktive Gruppen werden, um das Gleichgewicht aufrechtzuerhalten, aus den Valenzpaaren in Freiheit gesetzt. Ein solcher Reaktionstypus ist bei Dauergerbung mit adstringenten pflanzlichen Gerbstoffen, wie z. B. Quebracho, anzunehmen, die große Affinität an die basischen Gruppen zu besitzen scheinen. Durch diese allmählich stattfindende Aktivierung der innerkompensierten Aminoionen ist nach ausgedehnter Gerbdauer bei ganz niedriger H-Ionenkonzentration der Gerblösung (z. B. $p_H = 4$), trotzdem nur ca. 5% der Gesamtmenge basischer Gruppen freigesetzt sind, eine maximale Gerbstoffaufnahme erreichbar. Bei anderen Gerbstoffen milderer Natur, z. B. Gambir, sowie auch in geringerem Grad bei den obengenannten, scheint diese langsam verlaufende Gerbstoffbindung mit einer Bildung von Molekülverbindungen mit den Peptidgruppen der Haut zusammenzuhängen. Dieser Reaktionstypus ist unabhängig von der H-Ionenkonzentration des Mediums.

Eine gleiche p_H-Unabhängigkeit wurde bei der Aufnahme von pflanzlichem Gerbstoff durch stark chromiertes Hautpulver im p_H-Bereich 2 bis 7 beobachtet [Gustavson (4)]. Dies ist vielleicht so zu erklären, daß bei vollständiger Inaktivierung der Carboxylionen der Haut durch die Chromkomplexkationen die inaktivierten NH_3^+-Gruppen freigelegt werden. Bei einer vollständigen inneren komplexsalzartigen Chrombindung der Carboxylionen der Hautproteine müßten alle Aminogruppen in unkompensierter Form vorliegen. Dadurch dürften die H-Ionen bei der nachfolgenden pflanzlichen Gerbung keinen Einfluß auf das Ionengleichgewicht der Hautproteine ausüben. Ein etwaiger Einfluß des p_H-Wertes auf die Eigenschaften der pflanzlichen Gerbstoffe ist zwar nicht außer acht zu lassen, doch ist in vielen Fällen eine mäßige Änderung der H-Ionenkonzentration der Gerbbrühe ohne Einfluß auf die gerbenden Eigenschaften der pflanzlichen Gerbstoffe, wie Vogl (S. 39) gezeigt hat. Bei vergleichenden Gerbversuchen benutzte Vogl einerseits Hautpulver, das bei einem $p_H = 5$, und andererseits solches, das bei einem $p_H = 3$ in Säurelösung gequollen war, worauf die Quellung mit Formaldehyd fixiert wurde. Bei den Versuchen wurden Gerbstofflösungen vom $p_H = 3$ und $p_H = 5$ verwendet. Die gebundene Gerbstoffmenge blieb bei Gerbung mit Brühen von verschiedenen p_H-Werten dieselbe, falls man Hautpulver von gleichem Quellungsgrad verwendete. Demnach findet eine Wirkung der Säure bei mäßigem Säuregrad auf die Dispersität und die gerbenden Eigenschaften der pflanzlichen Gerbstoffe nicht statt, der bestimmende Faktor bei dieser Gerbungsart soll nach Vogl der Quellungsgrad der Haut sein. Dieser Befund ist mit der früher diskutierten Aktivierungsauffassung der Gerbstoffbindung gut in Einklang zu bringen.

Von größter Bedeutung für unsere Kenntnis dieser Gerbung sind die Forschungen von Page und Mitarbeitern (Page und Holland), die sich besonders auf mimosagegerbtes Leder beziehen. Die Hauptergebnisse dieser Arbeit können nur kurz erwähnt werden. In den Pageschen Veröffentlichungen über das Verhalten von mimosagegerbtem Leder zu Wasser wird zwischen wasserlöslichen Stoffen, die an die Haut gebunden sind, und unauswaschbar gebundenen Gerbstoffen unterschieden. Beide Fraktionen sind in der gewöhnlichen Auffassung des Gerbstoffbegriffes als Gerbstoffe zu bezeichnen. Durch die sehr gründliche Auswaschung des Leders bei der Methodik von Page (*1*) werden auch teilweise Stoffe, die bei der Wilson-Kernschen Methode als irreversibel gebundener Gerbstoff erfaßt werden, als gebundenes Wasserlösliches miteinbegriffen. Der Hydrolysengrad dieser letzten Fraktion der von der Haut gebundenen Gerbstoffe wird von dem p_H-Wert des Auswaschungswassers nicht beeinflußt, während die stabilste Form, die irreversibel gebundenen Gerbstoffe, mit erhöhten p_H-Werten der wässerigen Extraktion eine zunehmende Hydrolyse zeigen. Die Summe der beiden Bestandteile ist beinahe konstant und eine Verminderung des einen wird durch eine Vergrößerung der Menge des anderen kompensiert. Man kann sie als „potentielle" Gerbstoffe bezeichnen. Durch eine Behandlung des Leders mit ganz schwachen Schwefelsäurelösungen bei mäßiger Temperatur wird das gebundene Wasserlösliche teilweise in gebundene Gerbstoffe verwandelt. In den ersten Stadien des Gerbvorganges ist deutlich eine vorwiegende Aufnahme der irreversiblen Gerbstoffe vorhanden, sobald jedoch ein Gerbungsgrad von ca. 30 erzielt ist, fällt der Bindung des gebundenen Wasserlöslichen die Hauptrolle zu. Diese Fixierung wird in einem p_H-Bereich von 3 bis 8 von dem p_H der Gerbbrühe nicht beeinflußt. Abhängig ist sie u. a. von der Art der Vorbehandlung der Haut sowie deren Hydratationsgrad. Ist ein bestimmter Wert dieser Fixierung erreicht, so geht sie nicht weiter, auch wenn infolge langdauernder Gerbung die irreversible Gerbstoffbindung weiterläuft. Die erwähnten Ergebnisse deuten darauf hin, daß das gebundene Wasserlösliche als Molekülverbindung aus Haut und Gerbstoff zu betrachten ist, wobei der Gerbstoff wahrscheinlich an den Peptidgruppen haftet. Diese Hypothese wird durch viele weitere Befunde gestützt. Eine vorangehende Peptisierung der Haut durch lyotrope Neutralsalze vergrößert die Aufnahme der locker gebundenen Gerbstoffe. Durch eine Desaminierung der Haut wird nur die irreversible Gerbstoffixierung erniedrigt, ohne daß das gebundene Wasserlösliche davon berührt wird. Eine Temperaturerhöhung bei der Gerbung wirkt sich in einer bedeutenden Zunahme der irreversiblen Gerbstoffixierung auf Kosten einer entsprechenden Abnahme bei der locker gebundenen Fraktion aus. Bei der Untersuchung der Gerbstoffaufnahme durch chromiertes Hautpulver und Chromleder wurde ein linearer Zuwachs der irreversiblen Gerbstoffaufnahme mit steigendem Chromgehalt der Haut beobachtet, wohingegen das gebundene Wasserlösliche die entsprechende (lineare) Verminderung zeigte. Durch zweckmäßige Vorchromierung war es möglich, die theoretisch maximale Mimosagerbstoffaufnahme (120%, auf Kollagen bezogen) bei verhältnismäßig kurzer Gerbdauer zu erzielen. Dieselbe Zahl ist bei der entsprechenden Gerbung unvorherbehandelter Haut erst nach langjähriger Behandlung mit konzentrierten Extraktlösungen erreichbar. Die Deutung dieser vielseitigen Ergebnisse ist bei logischer Betrachtung der früher erwähnten vorherrschenden Ionengleichgewichte und Koordinationsverhältnisse bei der pflanzlichen Gerbung gegeben. Diese Schlußfolgerungen aus den bemerkenswerten Forschungen von Page über den Mimosagerbstoff scheinen im allgemeinen auch für andere pflanzliche Gerbstoffe von gleicher Adstringenz zuzutreffen. Bei milden Gerbstoffen liegt die Sache etwas anders, wie bereits oben betont wurde. Marriott (*3*) und Page haben auch gezeigt, daß sich 8 bis 10% Gerbstoff (auf Kollagen bezogen) durch stark alkalische Lösungen nicht ohne Zerstörung des Leders entfernen lassen. Die Möglichkeit einer kovalenzartigen Bindungsart dieses Anteiles dürfte hier in Betracht kommen, da die Veränderung einer Ionenvalenz in eine Kovalenz durch Depolarisationswirkung elektronentheoretisch begründet ist. Solche Elektronenverschiebungen spielen sehr wahrscheinlich bei den Veränderungen der Haut-Gerbstoff-Verbindungen bei der Lagerung („Altern") eine hervorragende Rolle.

Was die physikalischen Eigenschaften des pflanzlich gegerbten Leders im Zusammenhang mit den vorerwähnten Theorien betrifft, so ist nach Page die Reißfestigkeit eines Leders, das große Mengen von gebundenem Wasserlöslichen enthält, bedeutend herabgesetzt, was möglicherweise auf eine weitgehende Aufspaltung der koordinierten Brücken in den Micellarverbänden zurückzuführen ist. Nach Page ist in solchem Leder die Faserigkeit ganz verlorengegangen, während Leder, das gleiche oder sogar noch größere Mengen Gerbstoff in irreversibel gebundener Form enthält, die normale Faserstruktur und Reißfestigkeit besitzt.

Leider liegen keine systematischen Untersuchungen über mit verschiedenen pflanzlichen Gerbstoffen gegerbtes Leder vor. Über den tryptischen Abbau verschiedenartiger pflanzlich gegerbter Leder hat Thiele berichtet. Grubengegerbtes Leder zeigte ein bemerkenswertes Widerstandsvermögen bei der tryptischen Hydrolyse, während faßgegerbtes Leder nur eine mäßige Resistenz besaß. Die Möglichkeit einer brückenartigen Verfestigung des Hautsubstanzgitters durch eine Polyoxoniumsalzbildung aus Haut und größeren Gerbstoffaggregaten wurde von Küntzel und Rieß (*4*) dargetan.

Bei den bisherigen elektronentheoretischen Betrachtungen der Gerbtheorie ist besonders das Bestreben auffallend, experimentell wohlbegründete Tatsachen in die Sprache der Langmuir-Lewisschen Oktetttheorie zu kleiden. Kürzlich hat Wilson (*1*) versucht, das Donator- und Acceptorprinzip auf diese Gerbung anzuwenden, was einen Fortschritt in der theoretischen Behandlung dieses Problems bedeutet. Allgemein kann gesagt werden, daß diese Anschauungen unsere gerbtheoretischen Kenntnisse bis jetzt nicht erheblich gefördert haben. Wie oben gesagt, wirkt eine Verbindung, in der ein oder mehrere Atome mit unvollständigem Oktett vorhanden sind, als Acceptor, d. h. sie nimmt Elektronen auf, um ihr Oktett zu komplettieren. Eine Verbindung mit freien Elektronenpaaren muß Elektronen abgeben, um die stabile und erstrebte Edelgaskonfiguration zu erreichen, d. h. sie ist ein Donator von Elektronen. Die Proteine zeigen beide Funktionen. Bei saurer Gerbung, wie sie in der Praxis gewöhnlich ist, wirkt Kollagen als ein Acceptor und lagert nach Wilson mit Hilfe der Hydroxylsauerstoffatome, die freie Elektronenpaare tragen, Gerbstoffmoleküle an. Im alkalischen p_H-Bereich treten die Donatoreigenschaften der Hautproteine in Funktion, wobei diese Elektronenpaare auf die Carboxylkohlenstoffatome aufgeteilt sind, d. h. es entsteht eine kovalente Bindung. Im sauren Gebiet wird bei wachsender positiver Ladung die Acceptorfunktion des Kollagens verstärkt, durch eine alkalische Reaktion des Mediums mit folgender Steigerung der negativen Ladung wird die Donatorrolle des Kollagens begünstigt. Demnach sollte eine kovalente Bindung der Gerbstoffe an die Haut im ganzen p_H-Gebiet stattfinden. Weiterhin wird bei Gerbung in sauren Lösungen eine Fixierung der Gerbstoffe durch Ionenvalenzen der Haut angenommen. Wilson stellt sich beim vegetabilisch gegerbten Leder eine Einlagerung ausgedehnter Gerbstoffpolymerer zwischen die Proteinketten vor, wobei mehrere Gruppen des Gerbstoffs in Reaktion mit diesen Proteinketten treten, was eine Versteifung der Micellarverbände bewirken soll. Die verhältnismäßig geringe Heißwasserbeständigkeit und die niedrige Schrumpfungstemperatur des pflanzlich gegerbten Leders ist auf eine Hydrolyse der Gerbstoffaggregate unter dem Hitzeeinfluß zurückzuführen. Bei den obenerwähnten Anschauungen treten die spekulativen Momente stark hervor, sie sind vom chemischen Standpunkt aus bei Berücksichtigung einfacher Modelltypen ganz unwahrscheinlich.

Auch von Lloyd, Marriott und Phillips wurde die elektronentheoretische Betrachtungsweise einbezogen, doch ohne auf Einzelheiten der Bindungsart einzugehen. Lloyd (*4*) hat einen sehr einleuchtenden Erklärungsversuch für den Einfluß der Molekülgröße auf die thermische Beständigkeit und den Grad der Irreversibilität der Gerbung unternommen. Sie geht aus von der Behauptung von Astbury über die kohäsiven Kräfte der Fasern, welche besagt, daß beim Zusammentritt zweier Moleküle die Valenzkräfte einen Zusammenhalt des Molekülverbandes begünstigen, daß aber die kinetische Energie der Einzelmoleküle, die Vibrationskräfte, die gegenteilige Wirkung ausübt. Da aber alle Moleküle dieselbe kinetische Energie besitzen, müssen demnach kleine Moleküle viel stärker schwingen als die großen. Daraus folgt, daß ein größeres Gerbstoffmolekül mit z. B. sechs aktiven Bindungsstellen nach der Depolarisierung dieser Valenzzentren durch Valenzüberführung an die Proteinkette imstande ist, eine stabilere Gerbstoffverbindung hervorzurufen, als wenn das System der sechs entsprechenden Bindungsstellen an der Proteinkette von je einem kleinen Gerbstoffmolekül inaktiviert würde. Überdies ist im ersteren Falle eine Vernähungswirkung des Gerbstoffs ermöglicht.

IV. Die Chromgerbung.

Wie in der Einleitung dieses Kapitels hervorgehoben wurde, stellt die Chromgerbung unter den bis jetzt bekannten die vollkommenste Gerbungsart dar, wenn man das entstandene Produkt nach seiner Wasser- und Heißwasserbeständigkeit, seiner Widerstandsfähigkeit gegen Fäulniserreger sowie nach seiner allgemeinen Dauerhaftigkeit beurteilt. Deshalb ist eine ausführliche Besprechung des jetzigen Standes der Theorie dieses Gerbvorganges von besonderer Bedeutung für die Formulierung allgemeiner Gesetzmäßigkeiten der Gerbprozesse, soweit man eben solche allgemeine Gesichtspunkte zusammenfassen kann. Die Hautproteine wie die Chromsalze ermöglichen alle chemischen Bindungsarten. Nach den vorliegenden Forschungen scheinen je nach den Einzelverhältnissen Elektro-, Koordinations- und Kovalenzkräfte einbegriffen zu sein.

Die grundlegenden Untersuchungen von Stiasny (*6*) und seinen Schülern (S. 321 bis 404) über die Chemie der wichtigsten bei der Chromgerbung verwendeten Chromsalze lieferten die Voraussetzungen, um mit einiger Sicherheit theoretische Betrachtungen über die Vorgänge der Chromgerbung an Stelle reiner Spekulationen aufstellen zu können. Durch diese Forschungen wurde der experimentelle Nachweis eines inneren Zusammenhanges zwischen chemischer Konstitution der Verbindungen einerseits und ihrer Molekülgröße sowie ihrem Reaktionsvermögen andererseits geliefert. Trotz alledem sind natürlich noch viele rein spekulative Elemente in den verschiedenen Auffassungen über diese Gerbung enthalten. Aber nebst diesen erweiterten Kenntnissen auf dem Gebiet der Chromchemie haben die Forschungsergebnisse der letzten Jahre über die Zwitterionennatur der Proteine, über ihr Reaktionsvermögen und über die Eigenschaften der Faserproteine eine gute Grundlage für die wissenschaftlichen Vorstellungen geschaffen.

Betrachtet man die Chemie der Chromsalze (vgl. S. 45ff.), so ist ihre Neigung zur Komplexbildung besonders auffallend. Dieses Bestreben zur Komplexbildung äußert sich nicht nur bei Reaktionen mit anderen Verbindungen, wie den Proteinen, sondern auch in der Eigenschaft der Chromsalze, sich durch Selbstkomplexbildung in aggregierte mehrkernige, völlig beständige Chromkomplexe zu verwandeln. Diese Komplexneigung ist bei der Gerbung von allergrößter Bedeutung. Zwar zeigen auch eine große Anzahl von Schwermetallsalzen komplexbildende Eigenschaften, wie z. B. Kobalt und Nickel, aber sie besitzen kein Gerbvermögen, da bei ihrer Aggregatbildung der erforderliche Grad von Stabilität fehlt, d. h. er darf nicht zu stark oder zu schwach entwickelt sein. In den Kobaltverbindungen ist die Stabilität solcher Verbindungstypen zu weit geführt, bei den Aluminiumsalzen jedoch scheint das gegenteilige Verhältnis die Ursache ihrer fragwürdigen Gerbwirkung zu sein. Von elektronenkonfigurativem Gesichtspunkt aus sind diese stark komplexbildenden Kationen der Schwermetalle, z. B. Eisen, Kobalt, Nickel, Chrom, wie auch die vieler anderer Metalle, durch das Vorhandensein unvollständiger äußerer Elektronenschalen charakterisiert. Um die notwendigen Stabilitätsbedingungen in der Elektronenkonfiguration zu erreichen, wird daher eine Komplettierung dieser Schale durch Einbeziehen der Elektronen anderer Verbindungen angestrebt.

Die Komplexwirkung der basischen Chromsalze ist von vielen Faktoren abhängig, wie z. B. von der Molekülgröße, der Natur des Anions und der Acidogruppen (direkt an Chrom gebundene Säurereste) und von der Beschaffenheit der basischen Gruppen, die aus Hydroxo-, Ol- und Oxogruppen bestehen können (Stiasny und Balányi). Auch der Einfluß der Größe der elektrischen Ladung ist erkennbar. Nach Stiasny fällt den Hydroxo- und Olgruppen die maßgebende Rolle bei der Affinitätswirkung zu, die zur Fixierung des Chroms durch die Hautproteine führt. (Mit „Olgruppe“ bezeichnet man die kovalentig und koordinativ an zwei verschiedene Chromatome angelagerte Hydroxogruppe.) Stiasny (*2*) lenkte die Aufmerksamkeit besonders darauf, daß in konstitutioneller Hinsicht die pflanzlichen wie auch die mineralischen Gerbstoffe und gerbenden Fettstoffe eine gemeinsame Gruppe besitzen, nämlich die Hydroxylgruppe. Bei der Chromgerbung wird in voller Analogie mit der pflanzlichen Gerbung der Gerbvorgang als Bildung von Molekülverbindungen aus Haut und Chromsalzen aufgefaßt. Auch hier ist das Wasserstoffatom der Hydroxylgruppe als der Sitz der Valenzwirkung anzusehen. In der Haut bilden die Imino- oder Ketogruppen der Peptidbindung die Valenzstellen. Nach dieser Ansicht sind hydroxylhaltige oder hydroxylschaffende Gruppen (z. B. durch Hydrolyse der Wassergruppen des Komplexes) für die Gerbwirkung unentbehrlich. Demnach sollte hydroxylfreien

Komplexen, soweit sie nicht infolge sekundärer Vorgänge in der Lösung (Hydrolyse) befähigt sind, hydroxylhaltige Gruppen zu bilden, keine Gerbwirkung zu kommen. Als zweite Bedingung für das Gerbvermögen ist nach der Auffassung von Stiasny eine gewisse Molekülgröße notwendig. Die in der Haut gebundenen basischen Chromsalze sind nach Stiasny hochmolekulare Verbindungen semikolloider Natur, da durch die Verolungen eine Aggregatisierung der Komplexe zustande kommt. Der Einfluß der Molekülgröße müßte nach dieser Ansicht eine Parallele zu der früher erwähnten Verschiedenheit im Gerbvermögen zwischen Gallussäure und Tannin bilden, die in konstitutioneller Hinsicht verwandt sind, aber verschiedene Molekulargröße haben.

Die elektrochemisch aktiven Proteingruppen, die COO^-- und NH_3^+-Ionen, sind demnach bei der Chromfixierung gar nicht verändert. Daß dieser allgemein stattfindende primäre Reaktionsverlauf hier fehlt, erscheint besonders auffällig in einem ionogenen System, wie es in dem System Hautsubstanz—Chromsalz vorliegt. Man sollte eher erwarten, daß sich in Systemen von hoher Ionen- und Koordinationsaffinität die koordinierte Valenzwirkung erst nach Vollzug der Ionenreaktion zwischen Proteinen und Chromsalzen einstellt [Gustavson (*2*)]. Wahrscheinlich ist es eine zu weitgehende Verallgemeinerung des Strukturproblems, wenn man die Unentbehrlichkeit hydroxylhaltiger oder hydroxylerzeugender Chromkomplexe für das Gerbvermögen so stark in den Vordergrund stellt; denn nach dem Befunde von Küntzel und von dem Verfasser weisen auch Oxoverbindungen und andere hydrolysebeständige Salze ohne Hydroxyl- oder Olgruppen, wie die Hexarhodanatochromiate, deutlich gerbende Eigenschaften auf. In neueren Arbeiten wird geltend gemacht, daß die koordinative Valenzwirkung des Chromkomplexes vom Chromation selbst ausgehe [Gustavson (*5*), Küntzel und Rieß (*2*)]. Die spezielle Natur des Chromkomplexes — besonders was die Art der komplexgebundenen Gruppen betrifft — würde demnach die koordinative Affinitätswirkung des Zentralatoms in durchgreifender Weise bestimmen, eine Frage, die später behandelt werden soll.

Eine zu weitgehende Vereinfachung des Gerbproblems, wie in der Wilsonschen Hypothese (*2*), die eine Bindung des Chroms an saure Proteingruppen unter Bildung von einfachen Salzen (den sogenannten Chromkollagenaten) annimmt, ist nicht imstande, die Fragen, die sich im Zusammenhang mit den veränderten Eigenschaften der gegerbten Haut einstellen, zufriedenstellend zu beantworten. In theoretischer Hinsicht steht diese Hypothese, die für die Gerbchemie nur mehr entwicklungsgeschichtliches Interesse bietet, im Widerspruch mit vielen chemischen Tatsachen, was auch von Wilson selbst, der diese „Salzbildungstheorie" aufgestellt hatte, später zugegeben wurde [Wilson (*3*), S. 586]. Die Unzulänglichkeit der Auffassungen, wie sie in den Arbeiten von Elöd entwickelt wurden, in denen immerhin bedeutungsvolle und früher nicht genügend beobachtete Einzelreaktionen untersucht und zu deuten versucht wurden, ist von verschiedenen Seiten diskutiert worden (Küntzel und Rieß; Gustavson). Elöd und Mitarbeiter suchten den Chromgerbungsvorgang vom Standpunkte des Donnanschen Membrangleichgewichts zu deuten. Die entscheidende Reaktion sei eine Bindung der hydrolytisch gebildeten Säure durch die Haut, das Chromsalz dringe hochdispers (molekular) in das Innere der Haut. Infolge der Säurebindung durch die Haut verschiebt sich also das Hydrolysengleichgewicht (Membranhydrolyse), was eine Einlagerung von basischen Chromsalzen geeigneter Dispersität oder von Chromoxydhydrat zur Folge haben soll. Besonders beachtenswert sind, abgesehen von der Bedeutung, die in dieser Hypothese der Säurebindungsfunktion bei der Aufnahme der Chromsalze zugemessen wird, die Befunde, daß bereits sehr kleine Chrommengen (einige Zehntelprozent) befähigt sind, Gelatinegallerten kochfest zu machen, und es wird behauptet, daß dies analog auch für die Gerbung von Haut gilt. Elöd betrachtet die basischen Chromsalze nur als Gerbstoffbildner, da nach seiner Ansicht erst durch sekundäre Veränderungen der Chromsalze in der Haut Gerbwirkung erzielt wird. Diese Anschauungen wurden besonders von Küntzel und Rieß (*1*), (*3*) kritisiert. Elöd hat in seiner Hypothese keine bestimmten Bedingungen für die Chromgerbung angegeben, sondern nimmt nur an, daß die Wechselwirkung zwischen den gerbenden Chromsalzen und den Hautproteinen auf zwischenmolekulare Anziehungskräfte zurückzuführen ist. Die ausschlaggebende Gerbwirkung liegt nach Elöd in einer Dehydratation der Proteine, die durch Wechselwirkung mit dem Gerbstoff stattfindet. Dabei sollen hauptsächlich die Peptidgruppen und erst in zweiter Linie die endständigen Carboxyl- und Aminogruppen der Hautsubstanz dehydratisiert werden. In vieler Hinsicht scheint es, als ob die experimentell wohlbegründete Auffassung ganz unberücksichtigt bliebe, wonach den konstitutionschemischen Eigenschaften der gerbenden Chromsalze ein wesentlicher Einfluß zukommt.

Aus den reaktionskinetischen Ergebnissen bei der Fixierung der Chromsalze durch die Hautsubstanz, wie auch aus der Abhängigkeit der Chromaufnahme von der Art der Hautvorbehandlung geht mit Wahrscheinlichkeit hervor, daß zwei ganz verschiedenartige Reaktionen bei dieser Gerbung zu unterscheiden sind. In Lösungen mäßig basischer Chromsalze (Sulfate, Chloride) ist die Gerbwirkung, wenn man sie nach der Kochprobe (prozentualer Schrumpfungsgrad der Lederfläche) beurteilt, im ersten Stadium (einige Stunden) ganz von der Aktivität der basischen Proteingruppen und von den sterischen Verhältnissen im Hautgewebe (Quellungsgrad) abhängig, obwohl im letztgenannten Fall die Chromfixierung unbeeinflußt bleibt, wie vergleichende Gerbversuche mit Haut von verschiedenem Quellungsgrade bei demselben p_H-Wert gezeigt haben [Gustavson (*3*)]. Eine Aktivitätsminderung der basischen Proteingruppen durch eine Vorgerbung mit Formaldehyd, pflanzlichen Gerbstoffen und Sulfogerbsäuren führt zu verminderter und verzögerter Chromaufnahme in der Anfangsstufe der Chromgerbung. Die bei weiterer Behandlung aufgenommenen Chrommengen sind in allen Fällen während dieser zweiten Reaktion die gleichen, was darauf hinweist, daß die sekundäre Chromaufnahme von der Natur der elektrovalenten Hautgruppen unabhängig ist. In vergleichenden Untersuchungen über die Chromaufnahme durch unbehandelte und mit Neutralsalzen ($CaCl_2$ und KCNS) vorbehandelte Hautpulver wurde bei allen Proben in den ersten Stadien der Gerbung aus denselben Lösungen basischer Chromsulfate die gleiche Chromaufnahme erhalten. Bei fortschreitender Chromgerbung zeigte sich eine Auswirkung des Peptisierungsgrades der Hautpulverproben in einer Erhöhung der Chromaufnahme bei den peptisierten Proben. Diese Versuche können so gedeutet werden, daß die erste Stufe der Reaktion unabhängig von dem Peptisierungsgrad verläuft, aber von der Natur und Anzahl der salzbildenden Proteingruppen bestimmt wird. Die zweite Gerbphase, die allmählich neben der ersten Reaktion aufzutreten beginnt, ist andererseits nicht von dem Vorhandensein bestimmter Proteingruppen beeinflußt, sondern nur vom Peptisierungsgrade der Haut abhängig. Diese sekundäre Chromfixierung beeinflußt das Verhalten der gegerbten Haut zu kochendem Wasser in der Kochprobe nicht, die Eigenschaft der Hitzebeständigkeit wird vielmehr vorwiegend durch den ersten Reaktionsvorgang bestimmt. Die Bindungsverhältnisse der Chromsalze müssen so aufgefaßt werden, daß die erste Reaktionsstufe, die für die besonderen Eigenschaften des Chromleders maßgebend zu sein scheint, durch eine Affinitätsbetätigung der Ionen und kovalentigen Gruppen der Proteine, vorzugsweise der Carboxyl- und Aminogruppen, entsteht. Nach dieser Auffassung müßte die langsame sekundäre Chromaufnahme durch Koordinationskräfte, die wahrscheinlich an den Peptidgruppen lokalisiert sind, zustande kommen. So werden verschiedenartige reaktive Gruppen in der Hautsubstanz für die Chromaufnahme verantwortlich gemacht.

Fahrion [(*1*), S. 132] und Stiasny (*4*) haben schon vor längerer Zeit auf die Möglichkeit einer Komplexsalzbildung zwischen Haut und Chromsalz hingewiesen. Später wurde, wie schon oben angedeutet, durch Stiasny eine allgemeine Theorie der Chromgerbung aufgestellt, doch wurde darin die Chrom-Haut-Verbindung nicht als ein Komplexsalz in dem gewöhnlichen Sinn des Wortes aufgefaßt, sondern als eine Molekülverbindung. Die Hypothese einer inneren Komplexsalznatur der Chrom-Haut-Verbindung wurde bereits 1923 vorgebracht [Gustavson (*5*)]. Als einfache Modelle des Chromleders wurden die bekannten Glykokollverbindungen des Kupfers und Chroms, die von Ley konstitutionell aufgeklärt sind, gewählt.

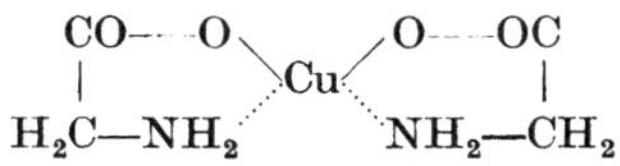

Kupferglykokollate.

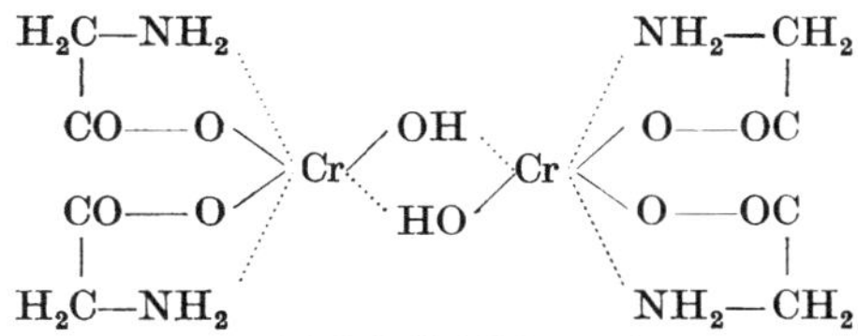

Tetraglykokoll-diol-dichromsalz.

Bei dem Kupfersalz sind die zwei Carboxylionen unter Ladungsaustausch mit dem zweiwertigen Kupferatom kovalentig gebunden. Durch die koordinierte Bindung der zwei Aminogruppen wird die Koordinationszahl des Zentralatoms, die bei Kupfer 4 ist, erfüllt. Diese inneren Komplexsalze sind sehr beständig und nicht oder nur unbedeutend ionisiert. Die oben angegebene zweikernige basische Chromglykokollverbindung darf als Prototyp des Chromleders, sofern man dasselbe als inneres Salz auffaßt, dienen. Dadurch wird auch gleich in einfacher Weise die Neigung der Chromsalze zur Bildung basischer Aggregationsprodukte unter gleichzeitiger Reaktion mit Ionen- und Koordinationsvalenzen angedeutet. Diese auf Analogieschlüsse gegründete Hypothese diente als Arbeitsunterlage für einige experimentelle Untersuchungen über den Reaktionsmechanismus der Chromgerbung. Durch die später vervollkommnete Auffassung von der Zwitterionennatur der Proteine und ihrer Reaktionen wurden die Einwände gegen eine primäre Reaktion zwischen Carboxylgruppen und Chromkomplexkationen im sauren p_H-Bereich entkräftet [Gustavson (*1*)]. Die primäre und wirkliche Gerbwirkung wird in Zusammenhang mit der Bildung solcher inneren Salze gesetzt. Die Hypothese der inneren Komplexsalzbildung wurde neuerdings von Küntzel und Rieß (*2*) bearbeitet. Die Ergebnisse dieser Untersuchung sowie die neuen Gesichtspunkte und Fragestellungen sind für das Verständnis des Wesens der Gerbung im allgemeinen von allergrößter Bedeutung.

In der Arbeit von Küntzel und Rieß (*2*) über die Art der Bindung von basischen Chromsalzen an die Hautsubstanz wurden die Voraussetzungen für die Theorie einer inneren Salzbildung experimentell untersucht, wobei besonders die Lichtabsorptionsverhältnisse von Chromsulfat- und Chromchloridlösungen vor und nach der Reaktion mit Gelatine- und Glykokollösungen bestimmt wurden.

Von praktischen Erfahrungen, die eine komplexartige Natur des Chromleders anzudeuten scheinen, sind folgende besonders erwähnenswert: Beim Hineindiffundieren basischer grüner Chromsalze in Gelatinegel färbt sich die Chromsalzgelatine violett, ungeäscherte Haut und geschrumpfte Blöße zeigen nach einer Gerbung mit diesen grünen Salzen im durchfallenden Lichte ebenfalls eine violette Farbe. Das Einführen von organischen Säureresten, wie Acetaten, Oxalaten u. a. in den Chromkomplex („Maskierungswirkung“) ist im allgemeinen mit einer Violettverschiebung der Lichtabsorption verbunden, weshalb die Annahme naheliegt, die entstandene Violettfärbung auf eine Einbeziehung der Carboxylgruppen des Proteins in den Chromkomplex zurückzuführen. In den Messungen von Küntzel und Rieß (*2*) wurde gezeigt, daß die Reaktionsprodukte aus Gelatine und basischen Chromsalzen dieselben Lichtabsorptionsveränderungen wie die Lösungen aus Glykokoll und denselben Chromsalzen aufweisen, wenn man die Farbverschiebungen der Chromsalze, wie sie mit Hydrolyse-, Aggregations und Acidokomplexänderungen verbunden sind, berücksichtigt. Die Komplexsalzbildung der Chromsalze scheint primär in einer kovalentigen Bindung der Carboxylgruppen der Proteine zu bestehen, weiterhin ist eine koordinative Anlagerung der Aminogruppen anzunehmen. Dazu sei bemerkt, daß in Versuchen mit Chromsalzen und Aminosäuren sowie Tripeptiden mit veresterter Carboxylgruppe keine Farbverschiebungen eintraten, was für einen durchgreifenden Einfluß der Carboxylgruppe spricht. Bei den Chromsalzen ist die Beteiligung der Aminogruppe an der Komplexsalzbildung weniger ausgeprägt als bei den Kupfersalzen und ist, wie die Ionenreaktion der COO-Gruppen, von der H-Ionenkonzentration der Lösung abhängig. Nach den Untersuchungen von Borsook und Thimann über den Einfluß der H-Ionenkonzentration auf die Bildung eines Komplexsalzes zwischen Kupfersalzen und einfachen Aminosäuren ist für die Bildung innerer Komplexsalze das Vorkommen von Carboxylionen und eine Entladung der Aminoionen der Aminosäure Voraussetzung. Folglich sollte eigentlich im alkalischen p_H-Bereich die Reaktion am glattesten verlaufen, da hier die $^{-}OOC \cdot R \cdot NH_2$-Form vorherrscht. Die Instabilität gewöhnlicher Chromsalze in diesem p_H-Bereich schließt aber die Einhaltung dieser optimalen Reaktionsbedingungen für die Chromgerbung aus. In der Gegend des isoelektrischen Punktes ($p_H = 3$ bis 4) ist vorwiegend mit der Zwitterionenform: $COO^- \cdot R \cdot NH_3^+$ zu rechnen. Bei Erniedrigung der p_H-Werte des Mediums auf 1 bis 2 werden die Carboxylionen allmählich entladen. In stark sauren Lösungen ($p_H < 1$ bis 2) liegt die Form $HOCO \cdot R \cdot NH_3^+$ vor, welche nicht zur Komplexsalzbildung befähigt ist. Im p_H-Bereich 2 bis 5 führt die Komplexsalzbildung zur Freimachung eines Wasserstoffions auf je zwei gebundene Kupferionen. Die Komplexsalzbildung scheint zunächst zwischen den Ionen — den COO^--Gruppen und Cu^{++} — zu erfolgen, später wird diese Ionenbindung durch Depolarisation in eine kovalentige Verknüpfung verwandelt. Diese Veränderungen stehen wahrscheinlich auch mit der Einbeziehung von starken Koordinationskräften des Zentralatoms, welches eine Komplettierung seiner Koordinationszahl anstrebt, in Zusammenhang. Aber erst durch eine Entladung der NH_3^+-Gruppen wird eine koordinierte Anlagerung von NH_2-Gruppen möglich. Gleichzeitig werden bei dieser Hydrolyse der Ammoniumionen nach der Gleichung $—NH_3^+ \rightarrow —NH_2 + H^+$ H-Ionen abgespalten, was zu einer Erniedrigung des p_H-Wertes der Lösung führt.

Bei einer Übertragung dieser Gesichtspunkte auf das System Haut—basische Chromsalze müssen jedoch viele individuelle Eigenschaften dieser Substanzen beachtet werden. Die Vorgänge bei der Abspaltung von H-Ionen im sauren p_H-Bereich sind sicherlich auch für die Chromgerbung maßgebend, wenn auch bei dem stufenweise und langsam sich einstellenden Hydrolysengleichgewicht in diesem System die H-Ionenänderung nicht genau verfolgt werden kann. Im isoelektrischen p_H-Gebiet (4 bis 6) ist die überwiegende Anzahl der ionisierten Carboxylgruppen der Hautproteine durch eine äquivalente Anzahl geladener Aminogruppen kompensiert, wobei diese Valenzpaare verschiedene Hydrolysekonstanten besitzen. Die im isoelektrischen Punkt überzähligen Aminogruppen werden durch die Erhöhung der H-Ionenkonzentration allmählich aufgeladen, eine Ionisierung, die bei einem p_H von ca. 4 vollendet ist. Durch eine weitere p_H-Erniedrigung werden die COO^--Gruppen nach und nach entionisiert. Nach der Titrationskurve des Kollagens, die Lloyd (*5*) bestimmte, liegen die Carboxylgruppen im p_H-Bereich 3 bis 4, wie es meistens bei der Gerbung angewendet wird, größtenteils in ionisierter Form vor. Die Ionisierungswerte der Carboxylgruppen betragen bei einem $p_H = 3$ ca. 75% und bei einem $p_H = 4$ ca. 95% der Gesamtmenge der Carboxylgruppen. Deshalb wird die Reaktion zwischen den Kationen des Chromkomplexes und den Carboxylionen der Hautsubstanz bei diesen p_H-Werten sehr begünstigt. Da alle Aminogruppen in ionisierter Form vorliegen, muß zur Bildung des sekundären Innerkomplexsalzes eine Abspaltung von H-Ionen aus diesen Gruppen stattfinden. Bei der Chromgerbung hat man also vor allem zwei Faktoren zu beachten: erstens den Ionisierungsgrad der Carboxyl- und Aminogruppen, zweitens den Einfluß der H-Ionen auf die Bildung basischer Salze, die durch Aggregation in mehrkernige Komplexe verwandelt werden. Nach der Theorie von Stiasny [(*6*), S. 533] sollte nur der zweite Faktor für die Chromaufnahme maßgebend sein, da damit die Gerbwirkung an die Beteiligung der Peptidgruppen gebunden erscheint, die von der H-Ionenkonzentration der Chromlösung nicht beeinflußt werden. Küntzel und Rieß (*2*) haben aber für das Vorhandensein dieser Säurewirkung auf die Proteine experimentelle Belege geliefert. Wenn nämlich die Gerbung nur von dem Vorkommen basischer Chromkomplexe von geeigneter Molekülgröße bestimmt würde und der elektrochemische Zustand der Haut, besonders die ionogene Natur ihrer Carboxylgruppen, keinen Einfluß hätte, so müßte eine Gerbwirkung säurebeständiger Salze auch bei einem sehr niedrigen p_H-Wert der Gerbbrühe feststellbar sein. Im Versuch von Küntzel und Rieß wurde ein mit Säure abgesättigtes Hautpulver mit solchen säurebeständigen Chromsalzen unter weiterer Säurezugabe behandelt und nach vollendeter Einwirkung mit Pickellösung von demselben p_H-Wert wie die Chromlösung gespült. Unter diesen Bedingungen fand keine nennenswerte Chromaufnahme statt. Daraus wurde gefolgert, daß für das Zustandekommen einer Gerbung das Vorhandensein basischer Salze nicht ausreicht, sondern daß daneben die Carboxylgruppen der Haut teilweise ionisiert vorliegen müssen. Beim Basischmachen der Chrombrühe während des Gerbvorganges wird aber die Ionisierung der Carboxylgruppen der Haut erhöht, wodurch weitere Bindestellen für die Kationen des Chromkomplexes geschaffen werden. Fernerhin ist die Reaktion $—NH_3^+ \rightarrow —NH_2 + H^+$ erleichtert, durch diese Reaktion wiederum wird die Einlagerung der entladenen Aminogruppen in den Chromkomplex ermöglicht. Aber die freigesetzten H-Ionen treten in Wettbewerb mit den Chromkationen um die Carboxylionen der Haut, was eine Reaktionsverzögerung herbeiführt. Die auffallend niedrige Geschwindigkeit der fortlaufenden Chromaufnahme ist wohl teilweise durch eine solche entgegenwirkende Reaktion hervorgerufen. Weiterhin ist bei Erhöhung des p_H-Werts der Chrombrühe durch Alkalizugabe ein erhöhter Aggregationsgrad des Chromsalzes zu berücksichtigen. Diesen Veränderungen wird besondere Bedeutung hinsichtlich der gerbenden Eigenschaften zugemessen, wie die folgenden Ausführungen zeigen.

Küntzel und Rieß (*1*) fassen die basischen Chromsulfate und Chromchloride als Isopolybasen auf. Beim Alkalischmachen tritt unmittelbar die schnell verlaufende Reaktion der Verolung der Hydroxogruppen ein. Die Olverbindungen werden beim Altern oder Erhitzen der Lösung in Oxoverbindungen übergeführt, die säurebeständig sind. Nach den Diffusionsmessungen von Rieß und Barth enthalten Lösungen von Chromsulfaten und Chromchloriden mäßiger Basizität nur 2 bis 3 Chromatome im Komplex. Diese mehrkernigen Chromkomplexe diffundieren in das Hautfasergewebe und in das Molekülgitter der Hautfaser, wo mehrere Chromatome im aggregierten Komplex mit mehreren Proteinketten reagieren; dabei werden die Carboxylionen der Ketten durch Ionenvalenz an die Chromatome gebunden und die nach der Abspaltung der Wassergruppen freigesetzten Koordinationsstellen von den Aminogruppen der Haut besetzt. Damit ergibt sich eine Verbindung vom Typus der inneren Komplexsalze. Spiers hatte früher (1933) eine Vernähung verschiedener Peptidketten durch Einlagerung von Carboxyl- und Aminogruppen in dasselbe Chromatom als Erklärung der Kochbeständigkeit des Chromleders vorgeschlagen. Durch diesen Einbau der Chromaggregate im Hautsubstanzgitter wirken die Chromkomplexe als Brücken zwischen zwei oder mehreren verschieden naheliegenden Polypeptidketten. Eine ausreichende räumliche Ausdehnung des Aggregats ist notwendig, um die Einbeziehung der entfernteren Gruppen, besonders der Aminogruppen, denen keine so großen Valenzkräfte wie den Carboxylionen zur Verfügung stehen, zu ermöglichen. Durch diese Vernähung verschiedener Proteinketten wird eine allgemeine Verfestigung der Micellar- und Fibrillenstruktur und damit eine erhebliche Stabilität der Struktur überhaupt erzielt. Diese Gerbwirkung, die sich aus der Vernähung der Hautfeinstruktur erklärt, ist besonders charakterisiert durch:

1. die Aufhebung der Faserverklebung der nassen Haut beim Trocknen („lederartige Auftrocknung“);
2. die hohe Resistenz des Chromleders gegen Säure- und Alkaliwirkung;
3. den erhöhten Widerstand gegen heißes Wasser (Hitzedenaturierung), welcher in vielen Fällen zur vollständigen Beständigkeit gegen kochendes Wasser führt (Kochgare);
4. praktische Unverdaulichkeit des Chromleders durch Trypsin und Fäulniserreger;
5. die irreversible Veränderung des nicht gefetteten Chromleders während der Trocknung, infolge derer es nicht von Wasser benetzt oder aufgeweicht werden kann.

Die obengenannten Eigenschaften des Chromleders sind von prinzipieller Bedeutung für die allgemeine Theorie des Gerbvorganges, der in dieser Gerbart seine höchste Vervollkommnung erreicht hat. Wie in der Einleitung hervorgehoben, ist in den höchst ausgebildeten Faserproteinen, z. B. Seidenfibroin und Keratinen, durch das Vorkommen von Restgruppen mit kleiner Raumbeanspruchung die Möglichkeit einer dichten Packung der Proteinketten gegeben. Dadurch ist beim Seidenfibroin eine starke koordinierte Verkettung ermöglicht. Beim Keratin ist eine sterische Hinderung gegen die Bildung kovalentiger Brücken aus Cystin und salzartiger Brücken aus NH_3^+- und COO^--Gruppen nicht vorhanden. Damit sind die einzelnen Eigenschaften der Faserproteine, wie Heißwasserbeständigkeit, tryptische Unverdaulichkeit und das Ausbleiben einer Faserverklebung beim Trocknen zufriedenstellend erklärt. Die Unterdrückung der Hydratation ist eine sekundäre Folge dieser Versteifung des Micellargitters und wahrscheinlich nicht von direkter Bedeutung für die individuellen Eigenschaften der Faserproteine. Bei der Chromgerbung werden die hydratationsfähigen Peptidgruppen nicht durch eine direkte Valenzwirkung des Chromkomplexes inaktiviert. Deshalb ist es nicht möglich, bei dieser Gerbung von einer beträchtlichen Dehydratation zu sprechen, was besonders Küntzel (*3*) betont hat. Eine Dehydratation der Haut wird, wie oben erwähnt wurde, erst durch die sekundäre Chromaufnahme ermöglicht.

In den reaktionskinetischen Untersuchungen von Thomas, Baldwin und Kelly über die Chromaufnahme durch Hautpulver zeigte sich nur die Verwendung der monomolekularen Reaktionsgleichung $K = \frac{1}{t} \log \frac{a}{a-x}$ (t = Zeit in Stunden, x = Chromaufnahme durch Haut in t Stunden, a = Anfangskonzentration der Chromlösung in Milläquiv./Liter) einigermaßen befriedigend, doch schwankten die Werte der Konstanten immerhin erheblich. Wenn aber die K-Werte in verschiedenen Zeitabschnitten oder in drei Stufen, wie 1. bis zu 6,7% Cr_2O_3 im Hautpulver, 2. von 6,7 bis 13,4% Cr_2O_3, 3. bei größerer Chromaufnahme als 13,4% Cr_2O_3 (alle Zahlen auf Kollagen bezogen) berechnet werden, so erhält man bessere Übereinstimmung in jeder Gruppe. Page (*2*) hat die Reaktionskonstanten K_1, K_2, K_3 zu 0,02 bzw. 0,004 bzw. 0,00025 bestimmt. Die Chromaufnahme durch die freien Carboxylionen der Hautproteine, die sehr schnell vor sich geht, würde demnach der ersten Reaktion entsprechen. Die zweite, etwas langsamere Reaktion der Chromfixierung besteht möglicherweise in der Einbeziehung der COO^--gruppen an gepaarte Valenzgruppen (salzartige Bindung), während die Bildung einer Molekülverbindung aus Chromsalz und Haut mittels ihrer Peptidgruppen als die letzte Reaktionsstufe aufzufassen wäre. Die früher erwähnten Verhältnisse bei der Chromgerbung verschiedenartig vorbehandelter Haut sind nur durch die Annahme vieler Reaktionsarten zu erklären. Die sekundäre Reaktion ist für die besonderen Eigenschaften des so erzeugten Chromleders nicht maßgebend, scheint es jedoch bei der Chromfixierung durch Wolle und Seide zu sein.

Die Hypothese einer inneren Komplexsalzbildung bei der Chromgerbung ist besonders befähigt, die spezifischen Eigenschaften des Chromleders zu deuten. Die Trypsinresistenz vollgarer Chromleder ist kein Zeichen dafür, daß eine Inaktivierung der Peptidgruppen durch eine direkte Valenzwirkung vom Chromkomplex aus eingetreten ist. Seidenfibroin und Keratin werden nicht oder nur unbedeutend durch Trypsin verdaut, was mit dem Vorhandensein starker Brückenbindungen zwischen den einzelnen Peptidketten erklärt wird. Diese mechanische Verfestigung der amikroskopischen Elementarbestandteile wird im Chromleder durch die vernähende Wirkung der Chromkomplexbrücken erzielt, die auch für die Trypsinwiderstandsfähigkeit dieses Leders verantwortlich sein dürfte [Küntzel und Rieß (*4*); Gustavson (*6*)]. Die Bestimmung des Trypsinindex, d. h. der bei gegebenen Verhältnissen der Trypsinverdauung in Lösung gegangenen Hautsubstanz (in Prozenten der eingewogenen Menge Hautsubstanz) ist sehr kompliziert und vor allem zeitraubend, da die Proben durch andauerndes Waschen von nichtgerbenden Stoffen befreit werden müssen, um eine etwaige inaktivierende Wirkung solcher Substanzen auszuschalten. Praktisch verwertbar und wegen ihrer einfachen Ausführung theoretisch bedeutungsvoll ist die Kochprobe, bei welcher das Widerstandsvermögen des Chromleders gegen kochendes Wasser unter bestimmten Verhältnissen durch die prozentuale Flächenverminderung quantitativ ausgedrückt wird.

Das Widerstandsvermögen von Chromleder gegen kochendes Wasser ist von vielen Faktoren abhängig [Gustavson (*3*)]. Die erste Bedingung ist ein bestimmter Chromgehalt, der natürlich je nach der Natur des Chromsalzes und der Haut in weiten Grenzen schwankt, erforderlich ist ein gewisser Grad von Vernähung der einzelnen Ketten durch die Chromkomplexbrücken. Die notwendige Chrommenge wird durch die Anzahl dieser Brücken, die Größe des Komplexes, seine Ladung pro Chromatom und die Natur der komplexbildenden Gruppen, durch das etwaige Vorkommen von Chromkomplexen anderer Ladungsart sowie auch durch die Vorgeschichte der Haut und ihren Zustand beim Beginn der Gerbung bestimmt. In einem Falle z. B. besitzt ein aus zwei Chromatomen bestehender Komplex eine positive Ladung, in einem anderen Falle ist in einem vierkernigen Komplex nur eine positive Ladung vorhanden. Da die Chromsalze heterogene Komplexsysteme darstellen, ist das gleichzeitige Vorhandensein ganz verschiedener

Komplexe nebst ungeladenen und Komplexanionen, welch letztere ein anderes Reaktionsverhalten als die Komplexkationen zeigen, in derselben Lösung möglich. Alle diese Komplikationen lassen es ganz aussichtslos erscheinen, die Ladungsgröße pro Komplex aus dem Chromgehalt und der Zusammensetzung des Chromsalzes auf der Faser abzuleiten. Deshalb ist es klar, besonders wenn man die bestimmenden Faktoren der Hautproteine berücksichtigt — wie die Anzahl ihrer für die Gerbstoffixierung aktiven Gruppen, die je nach p_H-Wert und anderen Verhältnissen der Gerbbrühe verschieden ist —, daß eine bestimmte Angabe über die bei der Chromgerbung für die Kochfestigkeit nötige Chrommenge nicht gemacht werden kann. Weiter folgt aus den genannten Verhältnissen, daß es nicht möglich ist, auf Grund des Chrom- und Hautsubstanzgehalts eines Leders stöchiometrischen Proportionen nachzuspüren. Die Gerbstoffe und die Hautproteine lassen bezüglich Menge und Zahl der maßgebenden Funktionen so viele Möglichkeiten und Kombinationen zu, daß auch bei rein chemischen Reaktionen die stöchiometrischen Proportionen unklar erscheinen. Diese einfache Tatsache muß trotz ihrer Augenfälligkeit besonders betont werden, da in der Literatur immer noch die überholte Auffassung vertreten wird, daß die Existenz stöchiometrischer Verhältnisse bei der Bindung der Gerbstoffe durch die Haut die Grundbedingung für eine chemische Hauptvalenzreaktion sei (Stather und Herfeld).

Tabelle 3. Einfluß einer Nachbehandlung mit Neutralsalzlösungen auf den Schrumpfungsindex von neutralisiertem Leder, das mit basischem Chromchlorid gegerbt worden war. (Nach unveröffentlichten Untersuchungen des Verfassers.)

Analyse des neutralisierten Leders:

7,6% Cr_2O_3, auf Kollagen bezogen.
21,0% Acidität.

Dauer der Neutralsalzbehandlung: 48 Stunden.
Dauer der Kochprobe: 3 Minuten.

Art der Lösung	Schrumpfungsindex in %	Bemerkungen. Aussehen der Lederproben nach der Kochprobe
Wasser	34	Hornig und aufgerollt
n NaCl	21	Etwas hornig
2 n NaCl	12	Weich wie vor der Kochprobe
4 n NaCl	0	,, ,, ,, ,, ,,
Gesättigte NaCl-Lösung	0	,, ,, ,, ,, ,,
n KCl	5	,, ,, ,, ,, ,,
2 n NH_4Cl	0	,, ,, ,, ,, ,,
0,5 n $CaCl_2$	14	,, ,, ,, ,, ,,
n KNO_3	40	Hornig, hart und kautschukartig
0,5 n KCNS	0	Weich wie vor der Kochprobe
n NH_4OCOCH_3	21	Ein wenig hornig
n NH_4OCOH	2	Weich wie vor der Kochprobe
0,5 n $Na_2C_2O_4$	43	Hornig und hart
0,5 n Na_2SO_3	54	,, ,, ,,
0,01 n Na_2SO_4	3	Weich wie vor der Kochprobe
0,25 n Na_2SO_4	+ 4 (Ausdehnung)	,, ,, ,, ,, ,,
0,5 n Na_2SO_4	0	,, ,, ,, ,, ,,
n Na_2SO_4	0	,, ,, ,, ,, ,,
2 n Na_2SO_4	+ 6 (Ausdehnung)	,, ,, ,, ,, ,,
2 n $K_4Fe(CN)_6$	30	,, ,, ,, ,, ,,

Als zweite Bedingung zur Erreichung heißwasserbeständigen Chromleders ist zu beachten, daß eine bestimmte Azidität der Chrom-Kollagen-Verbindung nicht überschritten werden darf. Beispielsweise würde in einer Chromlösung mit einem p_H-Wert von ca. 2,5 wohl die Anzahl der von der Haut gebundenen Chromkomplexe ausreichen, um die nötigen Vernähungsmöglichkeiten durch kovalentige Chromfixierung zu sichern, aber die Peptidketten können keine Brücken bilden, da die Aminogruppen in geladenem Zustand nicht koordinationsfähig sind [Gustavson (*8*)]. Durch ein Abstumpfen der Brühe oder eine milde Neutralisation des Leders werden die NH_3^+-Gruppen entionisiert. Dies ermöglicht eine Vernähung der Peptidketten durch den Chromkomplex. Bei dieser Erhöhung des p_H-Werts von Brühe oder Leder werden auch weitere Aggregationsveränderungen der Chromsalze in der Lösung oder auf der Hautfaser eingeleitet, die eine weitere Strukturverstärkung bewirken.

Als dritter, sehr wichtiger Faktor ist die Konstitution der gerbenden Chromkomplexe zu nennen — ohne Berücksichtigung der obenerwähnten Molekülgröße des Komplexes. Wenn auch die erste und zweite Bedingung erfüllt sind, so ist damit noch nicht eine zufriedenstellende Kochfestigkeit des so gegerbten Leders garantiert. Das mit basischem Chromchlorid gegerbte Leder veranschaulicht diesen Punkt sehr gut. Ein solches Leder, dessen Chromgehalt im Falle einer Gerbung mit Chromsulfat vollkommen ausreichend wäre und aus dem die proteingebundene Säure durch zweckmäßige Neutralisation entfernt wurde, zeigt nämlich einen Schrumpfungsindex von 20 bis 30%. Durch eine nachfolgende Behandlung dieses Leders mit einer mäßig starken Natriumsulfatlösung (eine halbmolare Lösung genügt) während einiger Stunden wird das Leder kochgar gemacht. Dieselbe Wirkung zeigen auch Lösungen aus Alkaliformiaten, Thiosulfaten und in gewissen Fällen auch Alkali- und Erdalkalichloriden sowie Alkalibisulfiten. Eine vergrößerte Schrumpfung des ursprünglichen Leders wird durch

Tabelle 4. Einfluß einer Nachbehandlung mit Neutralsalzlösungen auf den Schrumpfungsindex von neutralisiertem Chromleder, das mit einer basischen Chromsulfatbrühe gegerbt worden war. (Nach unveröffentlichten Untersuchungen des Verfassers.)

Analyse des Leders:

8,2% Cr_2O_3, auf Kollagen bezogen.
34,0% Azidität.

Dauer der Neutralsalzbehandlung: 24 Stunden.
Dauer der Kochprobe: 3 Minuten.

Art der Lösung	Schrumpfungsindex in %	Art der Lösung	Schrumpfungsindex in %
Wasser	0	0,5 n NH_4CNS	40
0,1 n NaCl	4	n Na_2SO_4	0
n NaCl	12		
2 n NaCl	19	Gesättigte Na_2SO_4-Lösung	+ 6 (Ausdehnung)
4 n NaCl	28		
Gesättigte NaCl-Lösung	38	Gesättigte $MgSO_4$-Lösung	0
n NH_4Cl	12	0,01 n Na_2SO_3	36
2 n NH_4Cl	15	0,1 n Na_2SO_3	60
n KCl	20	n Na_2SO_3	54
0,5 n $CaCl_2$	22	n NaOCOH	8
n $CaCl_2$	36	n $NaOCOCH_3$	19
0,5 n $BaCl_2$	21	n $Na_2C_2O_4$	12
n $BaCl_2$	38	2 n $K_4Fe(CN)_6$	44
Gesättigte KNO_3-Lösung	43	2 n $K_3Fe(CN)_6$	20
0,5 n KCNS	36		

ein möglichst kurzes (um weitgehendes Entchromieren zu vermeiden) Belassen in Lösungen komplexbildender Salze, wie Rhodanaten, Oxalaten, Sulfiten, Acetaten, oder in Lösungen nicht komplexbildender Salze, wie Alkalinitrat, Alkaliferro- und -ferricyanid, erreicht. Eine Reihe solcher Schrumpfungsindexe für ein chromchloridgegerbtes Leder mit verschiedener Nachbehandlung in solchen Lösungen ist in Tabelle 3 zusammengestellt. Der Einfluß der Neutralsalze auf ein kochfestes chromsulfatgegerbtes Leder ist aus der Reihe in Tabelle 4 ersichtlich. In Tabelle 5 werden die Analysendaten von Leder gegeben, das mit basischem Chromsulfat gegerbt, mit einer 4%igen Pyridinlösung neutralisiert und mit verschieden starken Lösungen von Natriumchlorid und Natriumnitrat nachbehandelt wurde.

Tabelle 5. Verdrängung der Sulfatreste aus chromsulfatgegerbtem Leder durch Nachbehandlung mit wässerigen Lösungen von Natriumchlorid und Natriumnitrat. (Nach unveröffentlichten Untersuchungen des Verfassers.)

Analyse des Leders:

6,4% Cr_2O_3, auf Kollagen bezogen.
25,0% Azidität des Leders.
25,0% Azidität des Sulfatochromikomplexes.

10 g Lederschnitzel mit einem Wassergehalt von 42% wurden mit 100 ccm Neutralsalzlösung 48 Stunden behandelt. Dann wurde die Menge der in Lösung gegangenen Sulfate in den Restbrühen sowie die Menge der im Leder zurückgehaltenen Sulfate nebst dessen Chromgehalt durch Analyse der behandelten Lederproben bestimmt.

Nr.	Art der Salzlösung	% Sulfat im Leder nach der Behandlung (SO_4 auf Kollagen bezogen)	% Sulfat in der Lösung (SO_4 auf Kollagen bezogen)	Prozentuale Verdrängung der Sulfatgruppen	Schrumpfungsindex bei 3 Minuten Kochprobe
1	Wasser	3,05	0,1	3	0
2	0,1 n $NaNO_3$ . . .	1,8	1,3	40	12
3	0,5 n $NaNO_3$ . . .	1,3	1,8	57	16
4	n $NaNO_3$.	0,1	3,0	97	46
5	2 n $NaNO_3$	0,4	2,7	88	40
6	2 n NaCl	0,7	2,4	77	20
7	4 n NaCl	0,5	2,6	84	26

Gleichartige Veränderungen wie in den obigen Beispielen werden auch durch die Zugabe solcher Neutralsalze während des Gerbprozesses bewirkt. Besonders für die Gerbung mit Chromchloriden wurde vorgeschlagen, allmählich Kochsalz und Glaubersalz zuzugeben. In beiden Fällen wird bei gewöhnlicher Durchführung der Chromgerbung die Chromaufnahme durch die Haut erhöht [Gustavson (7)]. Auf diese Weise ist durch zweckmäßige Kochsalzzusätze ein kochgares Chromleder mittels Chromchlorid erhältlich. Es scheint so, als ob vorwiegend die Natur der Acidogruppen die Stärke der koordinativen Valenzwirkung des Chromatoms bestimmt, da der schwach komplexbildende Nitratrest und stark komplexbildende Salze, wie Oxalate und Sulfite, die Schrumpfung des chloridgegerbten Leders erhöhen. Besonders bemerkenswert ist die stabilisierende Wirkung von starken Lösungen der Chloride. Dadurch wird eine weitere Aggregation erleichtert [Gustavson (7)], was jedoch nur eine untergeordnete Rolle zu spielen scheint. Auch beim sulfatgegerbten Leder sind ganz verschiedene Wirkungen der Neutralsalze vorhanden. Bemerkenswert ist die erhebliche Schrumpfung der mit Nitrat behandelten Lederproben. Die Nitrate zeigen zwar keine merkbare Komplexaffinität zum Chromatom, aber bei der Behandlung von Leder mit konzentrierten Alkalinitratlösungen wird fast das gesamte komplexgebundene Sulfat aus dem Leder verdrängt, wie die in Tabelle 5 zusammengestellten Ergebnisse zeigen. Nach den Untersuchungen von Stiasny (*4*) nimmt die Komplexneigung der Säurereste der Chromsalze in nachstehender Reihenfolge zu: Nitrat, Chlorid, Sulfat, Formiat, Acetat, Oxalat, Tartrat. Diese Reihe scheint aber nur bei praktisch vergleichbaren Konzentrationen gültig zu sein. In den oben wiedergegebenen Versuchen jedoch ist nur mit winzigen Mengen freien Sulfats im Leder zu rechnen, welchen verhältnismäßig ungeheure Konzentrationen der Salzlösungen gegenüberstehen. Dabei tritt der Massenwirkungseffekt in den Vordergrund, so daß eine fest im Komplex verankerte Acidogruppe durch einen ganz schwachen Komplexbildner ersetzt werden kann [Gustavson (*8*)]. Die besprochenen Ergebnisse, welche den Einfluß der Neutralsalzbehandlung auf die Heißwasserbeständigkeit von Chromleder veranschaulichen, sind sehr einfache, aber dabei sehr instruktive Beispiele für den innigen Zusammenhang zwischen der chemischen Konstitution der Chromsalze und ihrer Gerbwirkung.

Als vierter, den Grad der Kochbeständigkeit des Leders bestimmender Faktor ist die Beschaffenheit der Haut zu nennen, d. h. die Natur ihrer ionogenen Gruppen, ihr Quellungsgrad und ihr molekularer Aufbau. Die Chromaufnahme der Haut aus Lösungen basischer Chromsulfate und Chromchloride wird durch die Dauer und die Natur der Äscherung und der Alkalibehandlung der Haut im allgemeinen beeinflußt. Diese Erhöhung des Reaktionsvermögens hängt wahrscheinlich mit einer Lockerung salzartiger Brücken (—$NH_3^+ \cdot COO^-$—) infolge einer Entladung der NH_3-Ionen durch OH-Ionen zusammen, eine Veränderung, welche die kovalentigen und ionenvalentigen Reaktionen der Haut beeinflußt. Gleichzeitig tritt eine Lockerung koordinierter, kettenzusammenhaltender Bindungen, d. h. eine Peptisierung ein, was für den Verlauf der molekülverbindenden Reaktion bestimmend ist. Zu weitgehende Lockerung dieser Bindungen löst die Faserstruktur auf. Durch eine mäßige Äscherung jedoch werden wahrscheinlich nur aktive Carboxyl- und Aminogruppen geschaffen, was die Reaktion der Haut mit den Kationen des Chromkomplexes, besonders die brückenartige Vernähung der Peptidketten, sehr erleichtert. Der Schrumpfungsindex wird ebenfalls in dieser Richtung beeinflußt, wie eine Zusammenstellung unveröffentlichter Arbeiten des Verfassers in Tabelle 6 zeigt. Durch zu weitgehenden Abbau und Zerstörung der Hautfasergewebe und der Micellarketten bei lang dauernder

Tabelle 6. Einfluß des Äscherungsgrades der Haut auf die Kochfestigkeit des Chromleders. (Nach unveröffentlichten Untersuchungen des Verfassers.)

Die Gerbung wurde mit einer basischen Chromsulfatbrühe von 67% Azidität und einer Konzentration von 21 g/l Cr_2O_3 ausgeführt. Die Prozentzahlen Cr_2O_3 sind auf Kollagen bezogen.

Nr.	Dauer der Äscherung	2stündige Gerbung		6stündige Gerbung		24stündige Gerbung	
		% Cr_2O_3	Schrumpfungsind.	% Cr_2O_3	Schrumpfungsind.	% Cr_2O_3	Schrumpfungsind.
1	Nicht geäschert (Haar u. Oberhaut abgespalten) . . .	3,8	43	4,6	38	6,0	5
2	24stünd. Äscherung mit je 3% CaO und 2% Na_2S	4,2	33	4,8	20	6,2	0
3	2 Tage Nachäscherung in Weißkalk	4,4	34	5,1	8	6,7	0
4	7 Tage ,, ,,	5,1	25	5,9	15	7,2	0
5	16 Tage ,, ,,	5,8	46	6,2	18	7,8	0
6	28 Tage ,, ,,	4,9	59	5,8	45	7,0	22

Äscherung wird die Heißwasserbeständigkeit sowie auch die Chromaufnahme vermindert. Diese Veränderungen sind irreversibel und können durch die nachfolgende Verarbeitung der Haut nicht oder nur unbedeutend beeinflußt werden. Eine mäßige Neutralsalzbehandlung der Haut mit ausgeprägt lyotropen Substanzen, wie Lösungen von $CaCl_2$ und KCNS, hat keinen merkbaren Einfluß auf die Kochfestigkeit, vorausgesetzt man führt sie nicht so weit, daß dabei die Faserstruktur des Hautgewebes verschlechtert wird. Dieser Befund steht im Einklang mit der Auffassung, daß die Peptidgruppen — was die primären Eigenschaften des Chromleders, wie Kochfestigkeit und Trypsinresistenz betrifft — keine maßgebende Rolle bei der kationischen Chromgerbung spielen. In diesem Zusammenhang sei bemerkt, daß diese Nichteinbeziehung der Peptidgruppen bei der primären Bindung der Chromkomplexkationen durch eine Vergleichsgerbung von Blöße und Wolle mit solchen Salzen bestätigt wird, da entbastete Wolle bei 6stündiger Gerbung mit der obgenannten Chromlösung nur 0,1 % Cr_2O_3 aufnimmt, während gleichzeitig gegerbte Blöße einen Gehalt von 6% Cr_2O_3 aufweist. Bei 4wöchentlicher Gerbung waren die Werte 3 bzw. 15 % Cr_2O_3. Die p_H-Unabhängigkeit der Chromaufnahme durch Wolle und Seide deutet auf eine Valenzabsättigung an die Peptidgruppen dieser Faserproteine. Hitzegeschrumpfte Haut zeigt keine Verminderung der Chromaufnahme aus mäßig basischen Chromlösungen.

Von besonderem Interesse ist die Tatsache, daß der Quellungsgrad der Haut im Augenblick ihrer Fixierung im Chrombad eine ausschlaggebende Rolle für die thermischen Eigenschaften des Leders spielt. Der Quellungszustand der Haut beeinflußt in saurem Medium nicht die Chrom- und Säureaufnahme der Haut aus dem Chrombad, sondern nur den Grad der Kochfestigkeit der vorbehandelten Haut nach der Gerbung. Dies kann man sehr einfach beweisen, indem man Stückchen gepickelter Blößen von verschiedenem Quellungsgrad nach einer gleichartigen Gerbung auf Kochfestigkeit untersucht. Die erste gepickelte Probe wurde eine Stunde in 10%iger Kochsalzlösung aufbewahrt, während das andere Probestückchen eine Stunde in Wasser belassen wurde, um eine Säurequellung zu erhalten. Die nicht gequollene Probe zeigte Kochfestigkeit, wohingegen die gequollene Haut in diesem Falle bei der Kochprobe einen Schrumpfungsindex von 22% besaß. Nach dem Fertigmachen und Altern zeigten jedoch die Lederproben eine gleichwertige Schrumpfung. Durch die Quellungsveränderung der Haut wird ein Widerstand gegen die Vernähungsneigung der Chromkomplexe geschaffen. Ob dieses Hindernis von der Natur der basischen Gruppen der gequollenen Haut, von dem Vorhandensein elektrostatischer Kräfte oder z. B. von ungünstigen stereochemischen Bedingungen in der gequollenen Haut abhängt, ist noch eine offene Frage. Daß die Natur der Aminogruppen für die Bildung des inneren Komplexsalztypus bedeutungsvoll ist, zeigen einige Versuche über die Kochfestigkeit von Chromledern, die vor der Chromgerbung mit pflanzlichen Gerbstoffen, Formaldehyd und synthetischen Gerbstoffen (Gerbsulfosäuren) behandelt worden waren.

Eine Vorgerbung mit Formaldehyd und pflanzlichen Gerbstoffen verzögert die Erreichung voller Kochbeständigkeit nicht. Da durch solche Vorbehandlungen die nachfolgende Chromfixierung vermindert wird, so wird praktisch bei der vorgegerbten Haut eine Heißwasserbeständigkeit mit niedrigerem Chromgehalt als bei der unvorherbehandelten Haut erreicht. Ganz anders verhält es sich bei einer satten Angerbung mit Sulfogerbsäuren; das chromnachgegerbte Leder kann dann nicht oder nur sehr schwierig kochgar gegerbt werden. Diese Gerbungsart ist wahrscheinlich eine Ionenreaktion mit nachfolgender Depolarisation, die zu einer kovalentigen Bindungsart vom Ammoniumsalztypus führt (Otto), und verändert offenbar die Eigenschaften der Aminogruppe so, daß keine Koordinationsmöglichkeit besteht. Das Vorhandensein ionisierter Aminogruppen scheint eine absolute

Vorbedingung für die Fixierung der Gerbsulfosäuren durch die Haut zu sein. Die komplexe Bindung der Aminogruppe an das Chromatom beim Entstehen des inneren Komplexsalzes ist nach unseren bisherigen Kenntnissen nur mit ungeladenen Aminogruppen zu erwarten; dies ist auch aus elektronentheoretischen Gründen zu erwarten, da im $—NH_3^+$ das neu dazukommende Wasserstoffatom mit dem Stickstoffatom koordiniert ist und weitere Koordinationsmöglichkeiten an diese Gruppe nicht bestehen. Nach den Ergebnissen über die Kochbeständigkeit von nachchromiertem formaldehyd- und pflanzlich gegerbtem Leder dürften diese Gerbungsarten keine weitgehende Veränderung der Aminogruppen verursachen. Die Möglichkeit der Einbeziehung anderer basischer Gruppen, wie der Imidazolringe, die nicht durch Formaldehyd inaktivierbar sind, als Koordinationsvalenzen für den Chromkomplex darf nicht unberücksichtigt bleiben. Andererseits ist bei der Formaldehydbindung die Bildung einer Methylenaminogruppe $—N:CH_2$ durch Kondensationsreaktion nicht wahrscheinlich, sondern es dürfte sich durch Anlagerung eine $—NH \cdot CH_2OH$-Gruppe bilden, die als lockere Bindungsart die relative Unbeständigkeit der Formaldehyd-Haut-Verbindung in saurem Medium sowie auch den ganz verschiedenen Grad der Verminderung der Säureaufnahme aus mineralischen und organischen Säuren besser erklärt. Die besprochenen Faktoren, die für die Vernähung von Einzelbestandteilen der Micellar- und Fibrillenverbände durch den Chromkomplex maßgebend sind, weisen darauf hin, daß es notwendig ist, in Zukunft bei der Lösung des Gerbproblems auch raumchemische Gesichtspunkte zu berücksichtigen.

Die bisherigen Ausführungen behandeln nur die Reaktionen zwischen Chromkomplexen mit positiver Ladung und Haut. Bei gerbenden Chromsalzen mit ungeladenen oder elektronegativen Komplexen ist die Möglichkeit für die Bildung eines inneren Komplexsalzes der beschriebenen Art nicht vorhanden. Diese anionischen Komplexe werden je nach dem Peptisierungsgrade der Haut aufgenommen, was für die Ansicht spricht, daß wahrscheinlich die Peptidbindungen als Bindestelle dienen. Bei der Nachgerbung kationisch gegerbten Hautpulvers mit anionischen Chromsalzen war auch deutlich ein wesensverschiedener Reaktionsmechanismus vorhanden [Gustavson (*10*)]. Die Möglichkeit einer Verfestigung der Hautstruktur durch die Chromkomplexanionen unter kovalentiger Bindung an die basischen Proteingruppen und koordinativer Valenzwirkung an die Peptidgruppen muß ebenfalls in Erwägung gezogen werden. Meistens ist die Heißwasserbeständigkeit des mit negativen Chromkomplexen gegerbten Leders geringer als die des gewöhnlich gegerbten Chromleders.

Aus den Ausführungen über die wahrscheinliche Natur der Reaktion zwischen Chromsalzen und Hautproteinen ist zu ersehen, daß bei dieser wichtigen Gerbung viele Vorgänge stattfinden. Die sogenannte echte Gerbwirkung ist mit einer Versteifung der Strukturelemente der Haut durch eine Vernähung der einzelnen Peptidketten mit Hilfe der Chromkomplexe, die durch kovalentige und koordinierte Valenzkräfte dasselbe Komplexaggregat an verschiedene Proteinketten binden, völlig befriedigend erklärt.

V. Die Aluminiumgerbung.

Die Aluminiumsalze besitzen eine starke Neigung zur Komplexbildung mit anderen Stoffen, aber nicht zur Bildung von inneren Komplexen derselben Art wie die der Chromsalze.

Bei Alkalizugabe zu einer Lösung von Aluminiumsulfat bleibt die Reaktion nicht wie bei den entsprechenden Chromsalzen bei basischen Salzen stehen, sondern die Hydrolyse schreitet unter Bildung von Aluminiumoxydhydraten, welche der beständigeren kristallinen Form nahestehen, weiter fort. Die ausführlichsten modernen Untersuchungen auf diesem Gebiete verdankt man Küntzel (*4*). Die Verwendung maskierender Stoffe vor dem Alkalischmachen führt nicht zur Erreichung einer erhöhten Gerbwirkung. Größere Komplexe werden zwar gebildet, aber rasch in einkernige Komplexe verwandelt. In Ermanglung des notwendigen Aggregationsgrades der Aluminiumsalze ist eine Vernähung der Peptidketten aus sterischen Gründen nicht möglich. Nach Küntzel sollen die Aluminiumsalze sehr schnell mit der Haut reagieren, wodurch eine micellare Totgerbung zustande kommt. Die Natur dieser Gerbung scheint wenigstens teilweise in einer Bindung der Aluminiumsalze durch die Peptidgruppen der Hautproteine zu bestehen, wobei besonders die basischen Salze eine deutliche Irreversibilität ihrer Bindung zeigen. Die alaungegerbte Haut zeigt fast kein Widerstandsvermögen gegen tryptische Enzyme und heißes Wasser; auch trocknet sie nicht lederartig auf. Nach den Untersuchungen von Wilson, Reng und Li über mit organischen Salzen maskierte Aluminiumsulfate erfolgt eine maximale Aufnahme der Salze am isoelektrischen Punkt, was auf die Einbeziehung von Koordinationsvalenzen, wahrscheinlich an die Peptidgruppen, hinweist.

Aus der Besprechung der einzelnen Gerbungsarten geht noch deutlicher als aus der Einleitung hervor, daß man die Gerbwirkung nicht einfach in einer Universaltheorie zusammenfassen kann, was auch Stiasny wiederholt ausdrücklich betont hat (*2*). Wie Küntzel und Rieß (*1*) mit Recht hervorheben, ist es nicht möglich, den Begriff „Gerben“ vom chemischen Standpunkt aus einheitlich zu definieren, da die Gerbstoffe nicht als einheitlich — im Sinne einer chemisch streng begrenzten Stoffklasse — aufgefaßt werden können. In den Arbeiten von Küntzel (*3*) ist auch die Ansicht vertreten, daß bei vielen Gerbungen die inneren Micellen nicht mit den Gerbstoffen reagieren, so daß nur die äußeren Ketten des Micellarverbandes gegerbt sind, und daß diese Veränderung der Randzone der Micellen die allgemeinen Eigenschaften der gegerbten Haut bestimmen. Von diesem Forscher wird als allgemeine Definition der Gerbwirkung „die Gitterverfestigung der äußeren micellaren Zonen“ vorgeschlagen. Daraus erklärt sich die lederartige Auftrocknung, die Irreversibilität der Haut-Gerbstoff-Verbindung, die Verringerung der Säurequellung sowie das Widerstandsvermögen gegen heißes Wasser, Enzyme und Fäulniserreger. Eine tiefergehende Theorie des Gerbproblems ist wohl nur unter Berücksichtigung der Vorgänge bei den einzelnen Gerbprozessen möglich. Die modernen Ansprüche lassen sich nicht mit so allgemeinen Definitionen und Worten, wie Adsorptions- und Oberflächenkräfte, befriedigen, sondern streben nach Zusammenfassung der gesamten Kenntnisse in einem möglichst allgemeinen Prinzip. Diese prinzipielle und gemeinsame Wirkung der Gerbung sehen wir in einer Stärkung oder Erhaltung der Strukturelemente der natürlichen Fasergewebe. Durch eine chemische Inaktivierung gewisser reaktionsfähiger Proteingruppen und eine Verfestigung des Hautsubstanzgitterverbandes durch die mittels Aggregation und Komplexbildungsaffinität vernähungsfähigen Gerbstoffe wird dieser Zweck mehr oder weniger vollständig erfüllt.

Zum Schlusse sei noch bemerkt, daß die gerbtheoretischen Betrachtungen nicht nur vom engen gerbereichemischen Gesichtspunkt aus wichtig sind, sondern daß viele der behandelten Fragen allgemeines chemisches Interesse haben. Besonders eine Anzahl biochemischer und physiologischer Fragen sind von gleichartiger Natur; ein Hauptpunkt ist dabei die Bestimmung des Vorhandenseins und der Lokalisierung bestimmter reaktionsfähiger Gruppen in den Proteinen und den mit ihnen in Reaktion tretenden Verbindungen. Als Fragen solcher Natur sind beispielsweise zu nennen: Die Opsonisationswirkung gewisser chemischer Verbindungen (Gordon und Thompson), viele biochemische Reaktionen, das Problem der Blutgerinnung und deren Aufhebung durch inaktivierende Mittel, wie Formaldehyd und Heparin (Chondroitinschwefelsäure, Fischer), sowie viele immunochemische und chemotherapeutische Fragen.

Auch vom allgemeinen chemischen Gesichtspunkt aus bedeuten die für das Gerbproblem grundlegenden Fragen über den Zusammenhang zwischen chemischer Konstitution, Aggregationsgrad und proteininaktivierenden Eigenschaften der Verbindungen eine Bereicherung und Vertiefung des chemischen Gedankengebäudes.

Literaturübersicht.

Abegg, R. u. P. v. Schröder: Kolloid-Ztschr. **2**, 85 (1901).
Astbury, W. T.: Fundamentals of Fibre Structure, Oxford University Press. London 1933; Trans. Faraday Soc. **29**, 139 (1932).
Astbury, W. T. u. T. C. Marwick: Nature, **130**, 309 (1932).
Atkin, W. R. u. E. Chollet: J. I. S. L. T. C. **18**, 356 (1934).
Auerbach, F. u. H. Barschall: Arbb. kaiserl. Gesundh.-Amts **22**, 584 (1905); **27**, 182 (1907).
Beek, J.: Ind. engin. Chem. **22**, 1373 (1930).
Bergmann, M. (*1*): Collegium **1931**, 239; J. I. S. L. T. C. **18**, 159 (1934); (*2*): Ztschr. physiol. Chem. **131**, 18 (1923); Collegium **1923**, 345.
Boer, J. H. de u. G. J. Dippel: Rec. Trav. chim. Pays-Bas **52**, 214 (1933).
Borsook, H. u. K. V. Thimann: Journ. biol. Chemistry **48**, 671 (1932).
Bungenberg de Jong, H. G.: Rec. Trav. chim. Pays-Bas **42**, 437 (1923); **43**, 35 (1923); **46**, 727 (1927); J. A. L. C. A. **19**, 14 (1924).
Chambard, P. u. E. Mezey: J. I. S. L. T. C. **9**, 27 (1925).
Chernov, N. W.: J. I. S. L. T. C. **20**, 121 (1936).
Ebert, L.: Ztschr. physiol. Chem. **121**, 385 (1926).
Elöd, E. u. T. Cantor: Collegium **1934**, 568.
Elöd, E. u. W. Siegmund: Ebenda **1932**, 1, 135; **1934**, 281.
Elöd, E. u. Th. Schachowskoy: Ebenda **1933**, 701; **1934**, 414; Kolloid-Ztschr. **69**, 79, 205 (1934); **72**, 67, 221 (1935).
Elöd, E., Th. Schachowskoy u. M. Weber-Schäfer: Collegium **1935**, 406.
Fahrion, W. (*1*): Neuere Gerbmethoden und Gerbtheorien, Braunschweig: F. Vieweg u. Sohn, 1915; (*2*): Chem.-Ztg. **32**, 888 (1908).
Felzmann, C: Collegium **1933**, 373.
Fischer, A.: Enzymologia **1**, 85 (1936).
Freudenberg, K.: Collegium **1921**, 353.
Freundlich, H.: Kapillarchemie, 3. Aufl. Leipzig: Akademische Verlagsgesellschaft, 1923.
Gerngroß, O. (*1*): „Gerberei“ in Liesegangs Kolloidchemische Technologie, 2. Aufl. Dresden: Th. Steinkopff, 1931; (*2*): Collegium **1920**, 2, 565.
Gerngroß, O. u. S. Bach: Collegium **1922**, 350; **1923**, 377.
Gerngroß, O. u. R. Gorges (*1*): Ebenda **1926**, 391; (*2*): Ebenda **1926**, 398.
Gerngroß, O. u. H. Loewe: Ebenda **1922**, 229.
Gerngroß, O. u. H. Roser: Ebenda **1922**, 1, 20.
Goddard, D. R. u. L. Michaelis: Journ. biol. Chem. **106**, 605 (1934).
Gordon, J. u. F. C. Thompson: Brit. Journ. Exp. Pathology **17**, 159 (1936).
Graßmann, W.: Kolloid-Ztschr. **77**, 205 (1936).
Gustavson, K. H. (*1*): Collegium **1927**, 466; (*2*): Ebenda **1932**, 775; (*3*): J. I. S. L. T. C. **21**, 4 (1937); (*4*): J. A. L. C. A. **22**, 125 (1927); (*5*): Ebenda **18**, 568 (1923); (*6*): J. I. S. L. T. C. **20**, 403 (1936); (*7*): Ind. engin. Chem. **19**, 1015 (1927); (*8*): J.A. L. C. A. **26**, 635 (1931); (*9*): Ind. engin. Chem. **19**, 243 (1927); (*10*): Ebenda **19**, 81 (1927).
Hilpert, S. u. F. Brauns: Collegium **1925**, 64.
Jovanovits, J. A. u. A. Alge: Collegium **1932**, 215.
Katz, J. R. u. J. F. Wienhoven: Collegium **1933**, 75.
Katz, J. R. u. A. Weidinger: Collegium **1933**, 85.
Kolthoff, J. M.: Kolloid-Ztschr. **30**, 351 (1922).
Küntzel, A. (*1*): Collegium **1934**, 1; (*2*): Ebenda **1936**, 578; (*3*): Ebenda **1936**, 625; (*4*): Ebenda **1935**, 257, 270, 484; (*5*): Ebenda **1929**, 207.
Küntzel, A. u. F. Prakke: Biochem. Ztschr. **267**, 243 (1933).
Küntzel, A. u. C. Rieß (*1*): Collegium **1936**, 646; (*2*): Ebenda **1936**, 138; (*3*): Ebenda **1934**, 640; (*4*): Ebenda **1936**, 635.

Ley, H.: Ztschr. Elektrochem. **10**, 954 (1904).
Ley, H. u. K. Ficken: Ber. Dtsch. chem. Ges. **45**, 377 (1912).
Ley, H. u. H. Hegge: Ber. Dtsch. chem. Ges. 78, 70, (1915); Ztschr. anorg. allg. Chem. **164**, 377 (1927).
Ley, H. u. F. Kenheiden: Ztschr. anorg. allg. Chem. **188**, 240 (1930).
Linderström-Lang, K.: Erg. Physiol. **35**, 415 (1933).
Linderström-Lang, K. u. F. Duspiva: Ztschr. physiol. Chem. **237**, 131 (1935).
Lloyd, D. J. (*1*): J. I. S. L. T. C. **18**, 144 (1934); (*2*): Journ. Soc. chem. Ind. **1932**, 141; (*3*): J. I. S. L. T. C. **17**, 208 (1933); (*4*): Ebenda **19**, **336** (1935); (*5*): Trans. Faraday Soc. **31**, 317 (1935); (*6*): J. I. S. L. T. C. **19**, **345** (1935).
Lloyd, D. J., R. H. Marriott u. W. B. Pleass: Trans. Faraday Soc. **27**, 554 (1933).
Lloyd, D. J. u. H. Phillips: Ebenda **29**, 132 (1933).
Marriott, R. H. (*1*): J. I. S. L. T. C. **19**, 169 (1935); (*2*): Ebenda **16**, 6 (1932); (*3*): Ebenda **16**, 16 (1932).
Merrill, H. B.: J. A. L. C. A. **25**, 173 (1930).
Merry, E. W.: The Chrome Tanning Process. London: A. Harvey, 1936.
Meunier, L.: Cuir techn. **19**, 60 (1930).
Meunier, L. u. K. Le Viet: J. I. S. L. T. C. **14**, 153 (1930).
Meunier, L. u. E. Schweickert: Ebenda **19**, 350 (1935).
Miekeley, A.: Collegium **1935**, 456.
Möller, W.: Ztschr. Leder u. Gerbereichem. **1**, 47 (1921).
Nauen, F.: Collegium **1931**, 151.
Otto, G.: Collegium **1933**, 586.
Page, R. O. (*1*): J. A. L. C. A. **23**, 495 (1928); (*2*): Ebenda **28**, **93** (1933).
Page, R. O. u. H. C. Holland: Ebenda **26**, **143** (1931); **27**, 163, 432 (1932).
Pfeiffer, P.: Organische Molekülverbindungen, 2. Aufl. Stuttgart: F. Enke, 1927.
Phillips, H. (*1*): J. I. S. L. T. C. **16**, 207 (1932); (*2*): Ebenda **18**, 165 (1934).
Powarnin, G.: Collegium **1914**, 650.
Powarnin, G. u. N. Aggeew: Collegium **1924**, 198.
Procter, H. R. u. J. A. Wilson: J. A. L. C. A. **12**, 76 (1917).
Rieß, C. u. K. Barth: Collegium **1935**, 62.
Schiaparelli, C.: J. I. S. L. T. C. **11**, 531 (1927).
Schiaparelli, C. u. L. Careggio: Collegium **1924**, 381.
Sidgwick, N. V.: The Electronic Theory of Valency, Oxford University Press. London 1929.
Speakman, J. B. u. M. C. Hirst: Trans. Faraday Soc. **29**, 148 (1932).
Spiers, C. H.: J. I. S. L. T. C. **18**, 114 (1934).
Stather, F. u. R. Schubert: Collegium **1934**, 609.
Stather, F. u. H. Herfeld: Collegium **1936**, 528.
Staudinger H.: Liebigs Ann. **474**, 218 (1929); Ber. Dtsch. chem. Ges. **64**, 403 (1931).
Stiasny, E.: (*1*): „Tanning" in J. Alexander, Colloid Chemistry, Vol. IV. New York City: Chemical Catalog Co., 1932; (*2*): Collegium **1936**, **3**; (*3*): Ebenda **1908**, 132; (*4*): Ebenda **1923**, 95; (*5*): Ebenda **1928**, 554. (*6*): Gerbereichemie (Chromgerbung). Dresden: Th. Steinkopff, 1931.
Stiasny, E. u. D. Balányi: Collegium **1927**, 99; **1928**, 90.
Stiasny, E. u. W. Ackermann: Collegium **1923**, 33, 74.
Thiele, H.: Diss. Dresden 1933.
Thiry, G.: J. I. S. L. T. C. **19**, 14 (1935).
Thomas, A. W.: Colloid Chemistry. New York City: McGraw Hill Book Co., 1934.
Thomas, A. W., M. E. Baldwin u. M. W. Kelly: J. A. L. C. A. **1920**, **147**.
Thomas, A. W. u. S. B. Foster: Journ. Amer. chem. Soc. **48**, 489 (1926).
Thomas, A. W. u. M. W. Kelly (*1*): Ind. engin. Chem. **16**, 925 (1924); (*2*): Journ. Amer. chem. Soc. **48**, 489 (1926); (*3*): Ind. engin Chem. **15**, **1148** (1923); (*4*): in J. A. Wilson, Die Chemie der Lederfabrikation II. 2. Aufl. Wien: Julius Springer, 1931; (*5*): Ind. engin. Chem. **20**, 632 (1928).
Thomas, A. W. u. F. L. Seymour-Jones: Ind. engin Chem. **16**, 157 (1924).
Thompson, F. C.: J. I. S. L. T. C. **18**, 175 (1934).
Vogl, L.: Diss. Darmstadt 1926.
Walker, F.: Ind. engin. Chem. **23**, 1220 (1931); Journ. physical Chem. **35**, 1104 (1931).
Weber, H. H.: Biochem. Ztschr. **218**, 1 (1930).
Weber, H. H. u. D. Nachmannsohn: Ebenda **204**, 215 (1929).
Wilson, J. A.: (*1*): J. A. L. C. A. **31**, 165, 214, 265, 393 (1936); (*2*): Ebenda **12**, 108 (1917); (*3*): Die Chemie der Lederfabrikation II. 2. Aufl. Wien: Julius Springer, 1931.
Wilson, J. A. u. A. Bear: Ind. engin. Chem. **18**, 84 (1926).
Wilson, E. O., S. L. Reng u. C. F. Li: J. A. L. C. A. **30**, 184 (1935).

Zweites Kapitel.

Die Gerbung mit Mineralsalzen.

A. Die Gerbung mit Chromverbindungen.

I. Komplexchemie.

Von Dr. **Desző Balányi,** Waalwijk.

1. Verbindungen höherer Ordnung.

Bei den verschiedenen Operationen der Gerberei spielen sich vielfach Reaktionen ab, an denen Komplexverbindungen teilnehmen oder gebildet werden. Ganz besonders ist das der Fall bei den Mineralgerbungen: Zirkon-, Wolfram-, Eisen-, Aluminium- und Chromgerbung. Das Verständnis der Chemie des Chrom und somit jener Vorgänge, die bei der Chromgerbung stattfinden, ist kaum ohne die Anwendung der Wernerschen Theorie der Komplexverbindungen möglich. Die Forschungsergebnisse der letzten Jahre fußen meistens auf dieser Theorie und könnten ohne sie gar nicht gedeutet werden. Im Rahmen dieses Buches können nur die Grundrisse dieser Lehre gegeben werden, für ein tieferes Eindringen in dieses Gebiet muß auf die vorhandenen Monographien [A. Werner und P. Pfeiffer, R. Weinland (*1*), R. Schwarz, L. Dede] verwiesen werden.

Gerade das Chrom ist ein typischer Vertreter jener Atome, welche nach Absättigung ihrer normalen Valenzen noch zur Bindung anderer an sich beständiger Moleküle befähigt sind. So bindet z. B. das wasserfreie, pfirsichrote Chromchlorid $CrCl_3$ 6 Moleküle Ammoniak unter Bildung des leicht löslichen gelben Salzes $CrCl_3 \cdot 6\,NH_3$. Diese Verbindung, gebildet aus $CrCl_3$ und NH_3, also aus Verbindungen erster Ordnung, stellt eine Komplexverbindung, eine Verbindung höherer Ordnung dar, indem bei ihrer Bildung an sich selbständige Moleküle teilgenommen haben. Nach der Wernerschen Theorie wird sie folgendermaßen formuliert:

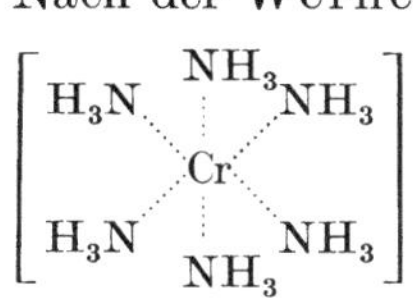

$$Cl_3 = [Cr(NH_3)_6]Cl_3.$$

Die Verbindung ist ein 4ioniges Salz, sie weist nämlich in wässeriger Lösung eine molekulare Leitfähigkeit auf, welche in der Größenordnung eines 4ionigen Salzes liegt. Da alle 3 Cl-Atome die Reaktion der Cl-Ionen geben, indem sie mit $AgNO_3$ fällbar sind, muß das Cr-Atom mit den 6 Molekülen NH_3 ein einziges Ion bilden. Tatsächlich reagiert die wässerige Lösung dieser Verbindung neutral und nicht alkalisch, wie das der Fall wäre, wenn die NH_3-Moleküle nicht eng mit dem Cr-Atom verbunden wären und nicht ein Komplexkation darstellen würden. Das Komplexkation geht aus chemischen Umsetzungen unverändert hervor, es verhält sich also wie jedes andere nichtkomplexe Kation. So kann man mit den entsprechenden Säuren Salze von der Formel $[Cr(NH_3)_6]X_3$ (wobei X irgendein 1wertiges Säureanion bedeutet) darstellen.

Alle diese Eigenschaften des Salzes werden nur durch die Wernersche Koordinationsformel wiedergegeben. Der Komplex wird dadurch angedeutet, daß man ihn in eckige Klammern setzt und die ionogen gebundenen Gruppen außerhalb der Klammern schreibt. Das Atom innerhalb der eckigen Klammer, in diesem Falle das Cr-Atom, an welches die anderen Moleküle, in diesem Falle die 6 NH_3-Moleküle, gebunden sind, wird Zentralatom und die NH_3-Moleküle Liganden genannt. Die Liganden sind symmetrisch direkt an das Zentralatom gebunden mit Kräften, die man Nebenvalenzkräfte nennt, im Gegensatze zu den Hauptvalenzkräften, mit denen die ionogen gebundenen Cl-Reste an das Zentralatom gebunden sind. Die direkte Bindung der Liganden an das Zentralatom bringt mit sich, daß sich diese in der ersten Sphäre des Zentralatoms befinden und die ionogenen Gruppen entfernter, in der zweiten Sphäre. Tritt ein ionogener Säurerest aus der zweiten Sphäre in die erste über, so wird er direkt gebunden, was damit gleichbedeutend ist, daß er nichtionogen wird. Dies ist der Fall bei dem ammoniakärmeren Komplexsalz

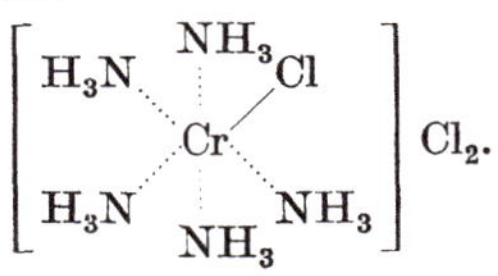

Nun verhält sich aber der komplexgebundene Cl-Rest ebenso wie die übrigen NH_3-Moleküle, so daß sich die Bindungen durch Haupt- oder Nebenvalenzkräfte im Komplex ausgleichen müssen.

Anlagerungs- und Einlagerungsverbindungen.

Die Komplexverbindungen werden in zwei Gruppen eingeteilt, in Anlagerungs- und Einlagerungsverbindungen.

Vereinigt sich Platinchlorid mit Salzsäure, mit Wasser, mit Wasser und Salzsäure oder mit Ammoniak nach folgenden Gleichungen:

$$PtCl_4 + 2\,HCl = [PtCl_6]H_2;\; PtCl_4 + 2\,H_2O = [PtCl_4(OH)_2]H_2;$$
$$PtCl_4 + HCl + H_2O = [PtCl_5OH]H_2;\; PtCl_4 + 2\,NH_3 = [PtCl_4(NH_3)_2],$$

so ist bei der Bildung dieser Verbindungen von verschiedener Zusammensetzung etwas gemeinsam. Die Cl-Atome, die an das Platin in der Verbindung $PtCl_4$ nichtionogen gebunden sind, sind in den gebildeten Komplexverbindungen ebenfalls nichtionogen. Es ist also bei der Bildung dieser Komplexverbindungen in der Bindungsart zwischen Pt und Cl keine Änderung eingetreten, die neu zugetretenen Liganden wurden bloß an das Zentralatom angelagert. Solche Komplexverbindungen werden Anlagerungsverbindungen genannt. Die Bildung solcher Anlagerungsverbindungen ist in der anorganischen Chemie eine der am häufigsten vorkommenden Reaktionen. So vereinigt sich Schwefeltrioxyd mit Wasser zu Schwefelsäure: $SO_3 + H_2O = H_2[SO_4]$, Schwefeltrioxyd mit Kaliumoxyd zu Kaliumsulfat: $SO_3 + K_2O = K_2[SO_4]$, das pfirsichrote, wasserfreie Chromchlorid mit Pyridin (= Py) zu einem grünen Komplexsalz: $CrCl_3 + 3\,Py = [Py_3CrCl_3]$, Kobaltnitrit mit Kaliumnitrit zu einem Komplexsalz mit Kalium als Kation: $Co(NO_2)_3 + 3\,KNO_2 = [Co(NO_2)_6]K_3$. Läßt man auf $PtCl_4$ wie oben 2 NH_3-Moleküle einwirken, so bildet sich die Anlagerungsverbindung $[PtCl_4(NH_3)_2]$. Bei der Einwirkung eines dritten NH_3-Moleküls bildet sich die Verbindung

$[PtCl_3(NH_3)_3]Cl$, in welchem ein vorher nichtionogen gebundenes Cl-Atom ionogen geworden ist, denn es ist mit $AgNO_3$ fällbar. Bei der Bildung dieses Komplexsalzes lagerte sich das dritte NH_3-Molekül zwischen einen Cl-Rest und das Zentralatom ein und verdrängte den ersteren aus dem Komplex. Der verdrängte Säurerest wurde durch diese Einlagerung aus der inneren Sphäre in die äußere geschoben und wurde ionogen. Alle Verbindungen, bei deren Bildung, wie das hier geschah, der Funktionswechsel eines nichtionogen gebundenen Säurerestes stattfindet, werden Einlagerungsverbindungen genannt. Als weitere Beispiele sollen noch die bei nachfolgenden Reaktionen gebildeten Einlagerungsverbindungen gelten:

$$Co(NO_2)_3 + 4\,NH_3 = [(NH_3)_4Co(NO_2)_2]NO_2;$$

$$CrCl_3 + 5\,NH_3 = [(NH_3)_5CrCl]Cl_2;\quad CrCl_3 + 6\,NH_3 = [Cr(NH_3)_6]Cl_3.$$

Bildet man die Anlagerungsverbindung

$$\left[Cr\,\begin{matrix}(H_2O)_3\\(CNS)_3\end{matrix}\right]$$

und lagert nacheinander drei weitere H_2O-Moleküle ein, so bekommt man die folgende Verbindungsreihe:

$$\underset{\text{0wertig.}}{\left[Cr\,\begin{matrix}(H_2O)_3\\(CNS)_3\end{matrix}\right]} \xrightarrow{+H_2O} \underset{\text{1wertig.}}{\left[Cr\,\begin{matrix}(H_2O)_4\\(CNS)_2\end{matrix}\right]CNS} \xrightarrow{+H_2O} \underset{\text{2wertig.}}{\left[Cr\,\begin{matrix}(H_2O)_5\\CNS\end{matrix}\right](CNS)_2} \xrightarrow{+H_2O}$$

$$\underset{\text{3wertig.}}{[Cr\,(H_2O)_6]\,(CNS)_3.}$$

Diese Verbindungsreihe zeigt, daß durch Verdrängung des Säurerestes, CNS, mit H_2O jener aus dem Komplex herauswandert und ionogen wird. Beim Austritt jeden Säurerestes nimmt die positive Ladung des Komplexes um eine Einheit zu, so daß der 0wertige Komplex bei der vollständigen Einlagerung 3wertig geworden ist. Bei dem entgegengesetzten Vorgang, bei welchem die CNS-Reste die komplexgebundenen H_2O-Moleküle verdrängen, nimmt die Ladung des Komplexes mit dem Eintritt jeden CNS-Restes um eine Einheit ab. Die Reihe ist mit der Erreichung der ungeladenen Verbindung nicht beendet, denn die in ihr vorhandenen 3 H_2O-Gruppen können ebenfalls durch CNS-Reste ersetzt werden, wobei der ungeladene Komplex in ein Komplexanion übergeht, dessen Ladung beim Eintritt jeden CNS-Restes einen negativen Ladungszuwachs bekommt.

$$\underset{\text{0wertig.}}{\left[Cr\,\begin{matrix}(H_2O)_3\\(CNS)_3\end{matrix}\right]} \xrightarrow[-H_2O]{+KCNS} \underset{\text{— 1wertig.}}{\left[Cr\,\begin{matrix}(H_2O)_2\\(CNS)_4\end{matrix}\right]K} \xrightarrow[-H_2O]{+KCNS} \underset{\text{— 2wertig.}}{\left[Cr\,\begin{matrix}H_2O\\(CNS)_5\end{matrix}\right]K_2} \xrightarrow[-H_2O]{+KCNS}$$

$$\underset{\text{— 3wertig.}}{[Cr\,(CNS)_6]\,K_3.}$$

Bei den hier geschilderten Vorgängen war der Ein- oder Austritt eines CNS-Restes mit einer Ladungsänderung des Komplexes verbunden, aber die Zahl der Liganden blieb dabei stets konstant. Auf die letztere Erscheinung soll hier nur aufmerksam gemacht werden, ihre Bedeutung wird später behandelt werden.

Auch andere Liganden, und zwar diejenigen, welche selber als Anionenreste auftreten können, z. B. Cl, J, Br, F, (CN), O, (OH), NO_2, NO_3, SO_3, SO_4, CO_3, C_2O_4, CH_3COO, HCOO usw., verleihen durch ihren Eintritt in den Komplex diesem eine negative Ladung. Die Zunahme der negativen Ladung äußert sich nur bei den ungeladenen und negativ geladenen Komplexen als eine wirkliche Zunahme, bei den positiv geladenen Komplexen tritt sie als eine Abnahme der positiven Ladung in Erscheinung. Nimmt man die Beweglichkeit der einzelnen

Komplexionen einer Übergangsreihe als annähernd gleich an, so ist die molekulare Leitfähigkeit des einzelnen Gliedes nur von der Zahl der Ionen im Molekül abhängig. Die Ab- bzw. Zunahme der molekularen Leitfähigkeit um eine fast konstante Größe, bedingt durch die Wanderung des Acidorestes in den Komplex, zeigt also die Zahl der Ionen in dem betreffenden Molekül und damit die Wertigkeit des Komplexes an. Wie gut die Theorie mit dem Experiment übereinstimmt, zeigt Abb. 1.

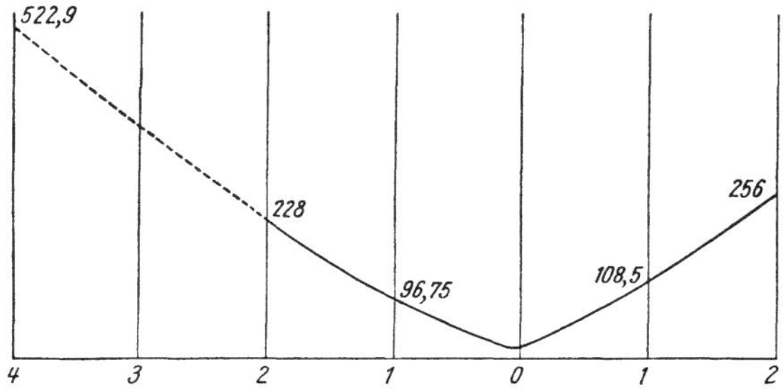

Abb. 1. Die molekulare Leitfähigkeit der Glieder der Übergangsreihe: $[Pt(NH_3)_6]^{4+} Cl_4$, $[Pt(NH_3)_5Cl]^{3+} Cl_3$, $[Pt(NH_3)_4Cl_2]^{2+} Cl_2$, $[Pt(NH_3)_3Cl_3]^{1+} Cl$, $[Pt(NH_3)_2Cl_4]^0$, $[Pt(NH_3)Cl_5]^{1-} K$, $[PtCl_6]^{2-} K_2$, in $^m/_{1000}$ Lösung bei 25° C gemessen.

Es gibt keinen Rest, der durch seinen Eintritt in den Komplex diesem eine positive Ladung erteilen würde. Wird H_2O durch einen Liganden ersetzt, welcher keine negative Wirkung ausübt, so ändert sich die Ladung des Komplexes nicht. So ist es z. B. möglich, in der Verbindung $[Cr(H_2O)_6]Cl_3$ die H_2O-Moleküle durch NH_3-Moleküle zu ersetzen, wobei der 3wertige Chromkomplex keine Ladungsänderung erfährt:

$$\underset{\text{violett.}}{[Cr(OH_2)_6]Cl_3} \xrightarrow[-H_2O]{+NH_3} \underset{\text{(hypothetisch.)}}{\left[Cr\begin{matrix}(OH_2)_5\\ NH_3\end{matrix}\right]Cl_3} \xrightarrow[-H_2O]{+NH_3} \underset{\text{violettrot.}}{\left[Cr\begin{matrix}(OH_2)_4\\ (NH_3)_2\end{matrix}\right]Cl_3} \xrightarrow[-H_2O]{+NH_3}$$

$$\underset{\text{blaßrot.}}{\left[Cr\begin{matrix}(OH_2)_3\\ (NH_3)_3\end{matrix}\right]Cl_3} \xrightarrow[-H_2O]{+NH_3} \underset{\text{orangerot.}}{\left[Cr\begin{matrix}(OH_2)_2\\ (NH_3)_4\end{matrix}\right]Cl_3} \xrightarrow[-H_2O]{+NH_3} \underset{\text{orangegelb.}}{\left[Cr\begin{matrix}OH_2\\ (NH_3)_5\end{matrix}\right]Cl_3} \xrightarrow[-H_2O]{+NH_3} \underset{\text{gelb.}}{[Cr(NH_3)_6]Cl_3}.$$

Der stufenweise Ersatz der H_2O-Moleküle durch NH_3 zeigt die Abhängigkeit der Farbe des Komplexsalzes von den Liganden, da sie von Violett ebenfalls stufenweise ins Gelbe übergeht. Trotzdem die Ladung des Komplexes durch die Bindung von NH_3, H_2O oder ähnlicher Moleküle, die man sinngemäß Neutralteile nennt, nicht geändert wird, können sie durch Verdrängung eines negativen Restes im Komplex dessen Wertigkeit um eine Einheit vergrößern, z. B.:

$$\underset{\text{1wertig.}}{\left[Cr\begin{matrix}(OH_2)_4\\ Cl_2\end{matrix}\right]Cl} \xrightarrow{+H_2O} \underset{\text{2wertig.}}{\left[Cr\begin{matrix}(OH_2)_5\\ Cl\end{matrix}\right]Cl_2} \longrightarrow \underset{\text{3wertig.}}{[Cr(OH_2)_6]Cl_3}.$$

Die Wertigkeitserhöhung des Komplexes kommt dadurch zustande, daß die Cl-Reste, durch H_2O aus der inneren Sphäre in die äußere gedrängt, ionogen werden. Die Ersetzbarkeit komplexgebundener Gruppen, wie des NH_3- und Cl-Restes, durch H_2O ist ein guter Beweis dafür, daß in den Metallsalzhydraten eine bestimmte Anzahl H_2O-Moleküle komplexgebunden sind und in wässeriger Lösung dieser Salze stets nur aquotisierte Ionen und keine Metallionen existieren. Im Falle von Chromchlorid haben wir also stets nur $[Cr(OH_2)_6]^{3+}$ und keine Cr^{3+} in Lösung.

Geradeso wie NH_3 oder H_2O wirken noch zahlreiche Moleküle als Neutralteile, z. B. SO_2, NO, NO_2, CO, S, C_2H_5OH, Pyridin (= Py), $NH_2H_2C - CH_2NH_2$ (= en), C_6H_6, PH_3, $H_2N - NH_2$, NH_2OH, Glykol, Glycerin usw. Es soll noch erwähnt werden, daß in manchen Fällen sogar Neutralsalze die Rolle eines Liganden einnehmen:

$$\left[Cr\begin{matrix}(ClCs)_2\\ (OH_2)_4\end{matrix}\right]Cl_3.$$

Mit dieser Konstitutionsformel steht in bester Übereinstimmung, daß bloß 3 Cl-Reste von den 5 mit $AgNO_3$ fällbar sind. Als weiteres Beispiel soll

$$\left[Co \begin{matrix} NCSAg \\ (NH_3)_5 \end{matrix}\right](NO_3)_3$$

dienen, bei welchem das Ag-Atom an den Rhodanrest gebunden ist und so in wässeriger Lösung dieses Salzes Cl-Ionen keine AgCl-Fällung hervorrufen können. Meistens verhalten sich solche Salzeinlagerungsverbindungen wie lockere Additionsprodukte, indem das Kation des komplexgebundenen Anions in wässeriger Lösung abdissoziiert. Z. B. zerfällt

$$\left[Co \begin{matrix} NO_2K \\ NO_2 \\ (NH_3)_4 \end{matrix}\right](NO_3)_2$$

in folgende Ionen:

$$\left[Co \begin{matrix} NO_2 \\ NO_2 \\ (NH_3)_4 \end{matrix}\right]^+ + K^+ + 2\,NO_3^-$$

Die Wertigkeit eines Komplexes erhält man auf sehr einfache Weise. Bedenkt man, daß die Ladung des Komplexes aus der Summe der Ladungen seiner Komponenten besteht, so braucht man nur die Summe der Ladungen der negativen Liganden von der positiven Ladung des Zentralatoms abzuziehen, um die Wertigkeit des Komplexes zu erhalten:

$\left[Cr \begin{matrix} (NH_3)_4 \\ (CNS)_2 \end{matrix}\right]CNS$;	$\left[Cr \begin{matrix} (NH_3)_2 \\ (CNS)_4 \end{matrix}\right]K$;	$\left[Pt \begin{matrix} (NH_3)_5 \\ Cl \end{matrix}\right]Cl_3$;	$[PtCl_6]K_2$.
$3 - 2 = + 1$wertig.	$3 - 4 = - 1$wertig.	$4 - 1 = + 3$wertig.	$4 - 6 = - 2$wertig.

2. Nomenklatur der Komplexverbindungen.

Die Benennung der Komplexverbindungen geschieht auch heute im großen und ganzen nach A. Werner (S. 13). Die Wertigkeit des Zentralatoms wird nach seinem Vorschlag durch die Endung des Atomnamens angegeben. Die 1wertigen Atome endigen auf a, 2wertige auf o, 3wertige auf i, 4wertige auf e, 5wertige auf an, 6wertige auf on, 7wertige auf in, 8wertige auf en. Diese Endungen führen in manchen Fällen zu Unklarheiten, da sie mit den gewohnten Endungen nicht immer zusammenfallen. So würden das 1wertige Cu^+ nach der üblichen Benennung Cupro-ion und das 2wertige Cu^{2+} Cupri-ion genannt; nach dem vorhin Gesagten heißt aber Cu^+ Cupra-ion und Cu^{2+} Cupro-ion. Um ähnlichen Mißverständnissen aus dem Wege zu gehen, wird heute immer mehr der Vorschlag von Stock befolgt, nach welchem die Wertigkeit des Atoms mit Ziffern angegeben wird, die man in Klammern hinter den Namen des Atoms setzt. Alle negativen Acidoreste bekommen eine o-Silbe an ihren Namen gehängt: z. B. Chloro (Cl), Cyano (CN), Rhodanato (CNS), Sulfato (SO_4), Sulfito (SO_3), Carbonato (CO_3), Oxalato oder Oxalo (C_2O_4), Hydroxo (OH) usw. Die H_2O-Gruppe wird Aquo, die NH_3-Gruppe Ammin (mit „mm" geschrieben, in Gegensatz zu Amin = NH_2) und die O-Gruppe Oxo genannt. Die Komponenten eines Komplexes werden in der folgenden Reihenfolge erwähnt: Man fängt mit den Acidoresten an und dann kommen die Neutralteile, bei denen erst die Aquo-, darauf die ammoniakähnlichen und direkt vor dem Zentralatom die Ammingruppen genannt werden. Die Anzahl der gleichen Liganden wird mit den vorgesetzten Anfangssilben der griechischen Zahlen angegeben. Ist der Komplex ein Kation, so schließt sich an den Liganden der Name des Zentralatoms mit seiner Wertigkeitsziffer in Klammern an und nachher kommt das Anion. Ist der Komplex ein Anion, so wird erst das Kation genannt und nachher das Anion, in welchem das Zentralatom die Endung „at" bzw. bei den 3wertigen Metallen „iat" bekommt.

Es ist vielfach üblich, die Salze mit Komplexanion so zu benennen, daß man dem Namen des Anions das Wort „saures" zufügt und den Namen des Kations zusetzt. Die Bezeichnung der ungeladenen Komplexverbindungen ergibt sich aus dem Gesagten von selber. Beispiele:

$[Cr(NH_3)_5Cl]Cl_2$	Chloro-pentammin-chrom(III)-chlorid.
$[Cr(OH_2)_4Cl_2]Cl$	Dichloro-tetraquo-chrom(III)-chlorid.
$[Pt(OH)_2(NH_3)_4]Cl_2$	Dihydroxo-tetrammin-platin(IV)-chlorid.
$[Fe(HCOO)_6]Na_3$	Natrium-hexaformiato-ferriat oder Hexaformiato-eisensaures Natrium.
$[UO_2Br_4]K_2$	Kalium-tetrabromo-dioxo-uranat oder Tetrabromo-dioxo-uran(VI)-saures Kalium.
$[Cr(OH_2)_4(C_2O_4)_2]K$	Kalium-dioxalato-tetraquochromiat oder Dioxalato-tetraquo-chrom(III)-saures Kalium.
$[Co(NO_2)_3(NH_3)_3]$	Trinitrito-triamminkobalt(III).
$[Cr(Py)_3Cl_3]$	Tripyridin-trichloro-chrom(III).
$[Pt(NH_3)_2Cl_4]$	Tetrachloro-diamminplatin(IV).

3. Koordinationszahl.

Es ist schon früher darauf aufmerksam gemacht worden, daß bei dem Austausch der Liganden in einem Komplex trotz dessen Wertigkeitsänderung die Zahl der Liganden stets konstant geblieben ist (siehe S. 47 und 48). Auf Grund dieser Erscheinung wurde der Begriff der Koordinationszahl eingeführt (A. Werner). Die Koordinationszahl ist diejenige Zahl, welche angibt, wieviel Liganden an ein Element, welches als Zentralatom wirkt, gebunden sind; dabei ist es gleichgültig, ob die Bindung durch Haupt- oder Nebenvalenzkräfte erfolgt ist. Die Zahl der Liganden kann bei ein und demselben Zentralatom verschieden groß sein, aber über eine maximale Größe nicht hinausgehen. Die Zahl, welche die maximale Anzahl der Liganden angibt, wird maximale Koordinationszahl, verkürzt KZ. genannt. Ist die KZ. in einem Komplex erfüllt, so ist dieser koordinativ gesättigt, in anderem Falle koordinativ ungesättigt. Die Konstitution der letztgenannten Verbindungen ist noch sehr wenig erforscht, so daß nur die koordinativ gesättigten Verbindungen behandelt werden können. Ähnlich wie die Ladung eines Atoms seine Wertigkeit angibt, gibt die KZ. die koordinative Wertigkeit, die Zähligkeit, eines Atoms an.

Wie wir gesehen haben, ist die KZ. beim Chrom 6, da maximal nur 6 NH_3-Gruppen eingelagert werden konnten und beim Austausch der NH_3-Gruppen die Zahl der Liganden stets 6 geblieben ist. Unabhängig von der Wertigkeit, den chemischen Eigenschaften und den Liganden findet man bei zahlreichen Elementen ein und dieselbe KZ. So besitzen z. B. die Zentralatome in den folgenden Verbindungen die KZ. 6:

$$[Cr(NH_3)_6]X_3;\quad \left[Cr{}^{F_3}_{(OH_2)_3}\right];\quad [Fe(CN)_6]K_3;\quad [Fe(CN)_6]K_4;\quad [AlF_6]Me;$$
$$[CoF_4(OH_2)_2]NH_4;\quad [RuCl_5NO].$$

(Me bedeutet ein 1wertiges Metallatom und X einen 1wertigen Säurerest.)

In manchen Fällen beeinflußt die Wertigkeit des Zentralatoms die KZ. So ist Platin in den Verbindungen des 2wertigen Platins 4zählig und in den Verbindungen des 4wertigen Platins 6zählig:

$$[Pt(NH_3)_4]X_2;\quad [Pt(NH_3)_6]X_4.$$

In anderen Fällen beeinflussen die Liganden die KZ., so daß manche Elemente von Verbindungsreihe zu Verbindungsreihe wechselnde, innerhalb der einzelnen Verbindungsreihen aber konstante KZ. annehmen:

$$[Cu(NH_3)_4]SO_4 \cdot H_2O;\ [Cu\,en_3](NO_3)_2.$$

Die am weitaus häufigsten vorkommende KZ. ist 6. Der Grund dafür liegt sicherlich in Aufbau und Dimension der Zentralatome. Außer dieser KZ. kommen noch andere, wie 2, 3, 4, 5, 7, 8 und 12 vor, von welchen aber KZ. 2, 5, 7 nur sehr selten sind. KZ. 3 finden wir z. B. bei den Ammoniakaten des Silbers: $[Ag(NH_3)_3]X$ und bei den Kupfer(I)-salzen:

$$\left[Cu\left(S\ C\begin{matrix}NH_2\\NH_2\end{matrix}\right)_3\right]X.$$

Die KZ. 4 kommt schon häufiger vor, sie beherrscht z. B. die Chemie des Kohlenstoffs, Stickstoffs, Bors, Schwefels(VI) und Platins(II). Als Beispiele sollen folgende dienen:

$$[CH_4];\ [NH_4]Cl;\ [BF_4]H;\ [SO_4]H_2;\ [Pt(NH_3)_2Cl_2].$$

Die KZ. 8 zeigen z. B. Blei und die Erdalkalimetalle Calcium, Strontium und Barium in ihren Ammoniakaten:

$$[Pb(NH_3)_8]Cl_2;\ [Ca(NH_3)_8]Cl_2;\ [Sr(NH_3)_8]Cl_2;\ [Ba(NH_3)_8]Cl_2.$$

Die KZ. 12 wird bei den Dodekahydraten, die bei vielen Metallen vorkommen, angenommen [P. Pfeiffer (*1*)]. Ob bei diesen Salzen, zu denen die Alaune

$$[Cr(OH_2)_{12}](SO_4)_2\,Me;\ [Al(OH_2)_{12}](SO_4)_2\,Me;\ [Fe(OH_2)_{12}](SO_4)_2\,Me$$

gehören, die KZ. 12 vorliegt, ist noch nicht entschieden. Die genannten Metalle besitzen sonst die KZ. 6 und es ist sehr leicht möglich, daß hier das Wasser in polymerer Form als Doppelmolekül (H_4O_2) auftritt (A. Werner, S. 194), in welchem Falle die KZ. 6 weiterhin bestehen bleibt:

$$[Cr(O_2H_4)_6](SO_4)_2\,Me \text{ usw.}$$

Alle oben genannten Merkmale: Unabhängigkeit der KZ. von der chemischen Natur der Elemente und meistens auch von den Liganden, weiterhin die Vorherrschaft der KZ. 6, deuten darauf, daß die KZ. als eine Raumzahl aufgefaßt werden muß, welche die Zahl der Liganden angibt, die in der ersten Sphäre eines Zentralatoms Platz finden. Ist der Raum in dieser ersten Sphäre erfüllt, so können die anderen zum Molekül einer Komplexverbindung gehörenden Teile nur in einer entfernter liegenden äußeren Sphäre vorhanden sein, wo die Anziehungskräfte des Zentralatoms nicht mehr so wirksam sind. Auf diese Weise ist es erklärlich, daß die Säurereste, welche sich in dieser zweiten Sphäre befinden, ionogen sind und die in der ersten Sphäre nicht.

Über die räumliche Anordnung der Liganden um das Zentralatom können wir nur bei den KZ. 4 und 6 etwas Sicheres aussagen. Die gut erforschten Isomerieerscheinungen beim Kohlenstoff und Stickstoff lassen nur einen tetraedischen Aufbau ihrer Komplexe zu. Den Mittelpunkt des Tetraeders bildet das Zentralatom und die Ecken sind mit den Liganden besetzt. Der bei KZ. 4 noch mögliche flächige Aufbau ist bei den Platin(II)-salzen vorhanden. Nur eine solche Anordnung steht damit in Einklang, daß Dichloro-diammin-platin(II) in zwei struktur isomeren Formen vorkommt (Abb. 2).

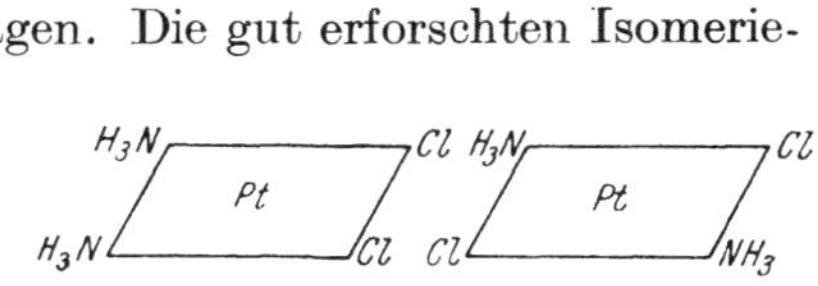

Abb. 2. Strukturisomere des Dichloro-diammin-platins(II).

Bei der KZ. 6 befinden sich die Liganden in den Ecken eines Oktaeders, in dessen Mittelpunkt das Zentralatom steht. Der Beweis für diese räumliche Anordnung konnte durch die Erforschung der Isomeriefälle bei den Salzen des Chroms, Kobalts und Iridiums geführt werden. Sind nämlich zwei Liganden von den übrigen vier verschieden, so treten niemals mehr als die zwei theoretisch vorausgesehenen Isomeren auf. Als Beispiel soll das Dioxalato-diaquo-chromisaure Kalium erwähnt werden, in welchem vier Koordinationsstellen mit zwei Oxalatoresten und zwei mit Aquogruppen besetzt sind:

$$[Cr(OH_2)_2(C_2O_4)_2]\,K.$$

In fester Form ist das eine Salz mehr rosarot und das andere violett gefärbt. Der Unterschied zwischen diesen beiden Verbindungen besteht darin, daß in einem Falle die Aquogruppen zwei benachbarte Ecken des Oktaeders besetzen und in dem anderen Falle axiale Stellung zueinander einnehmen. Das letztere nennt man trans-, und das erstere cis-Salz. Die folgenden Raumformeln der beiden Salze veranschaulichen die Verhältnisse sehr deutlich (Abb. 3).

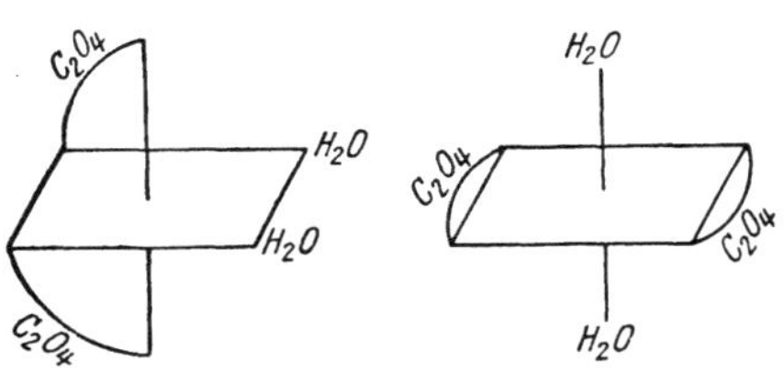

Abb. 3. Cis- und Trans-Dioxalato-diaquo-chrom(III)-saures Kalium.

Welche von den beiden Verbindungen nun die cis-Form und welche die trans-Form besitzt, konnte ebenfalls festgestellt werden. Bei der Behandlung mit Alkali geht die rosa Verbindung in das braune und die violette in das grüne Dioxalato-hydroxo-aquo-chrom(III)-saure Kalium $[Cr(C_2O_4)_2OH_2OH]K_2$ über. Beim trockenen Erhitzen geht das grüne Salz in das Tetroxalato-diol-dichrom(III)-saure Kalium:

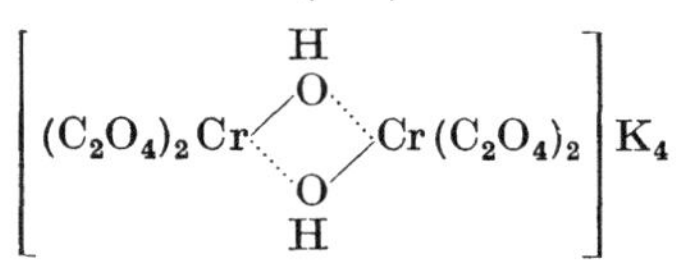

über, während das braune unverändert bleibt. Die Bildung einer Diol-Verbindung ist aber nur dann möglich, wenn in der Ausgangsverbindung die beiden Aquogruppen Nachbarstellung zueinander einnehmen, denn nur in diesem Falle können zwei Hydroxo-aquo-Verbindungen unter Austritt von zwei Aquogruppen so zusammentreten, daß die beiden OH-Gruppen zwei gemeinsame Ecken zweier Oktaeder besetzen (Abb. 4).

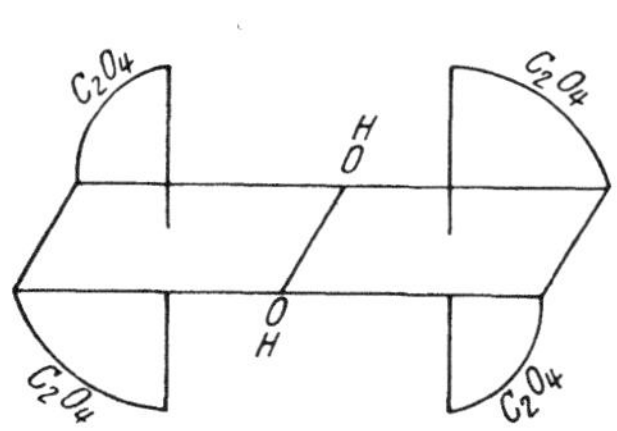

Abb. 4. Raumformel des Tetroxalato - diol - dichrom(III) - sauren Kaliums.

Den direkten Beweis für den oktaedrischen Aufbau erbrachten die röntgenographischen Untersuchungen der Kristalle. Diese Untersuchungen ergaben nicht nur, daß die Liganden tatsächlich in den Ecken eines Oktaeders, dessen Mittelpunkt das Zentralatom bildet, angeordnet sind, sondern auch die Richtigkeit der Wernerschen Auffassung, daß die ionogenen Reste erst in der zweiten Sphäre gebunden sind. Nach den Befunden ist nämlich der Abstand einer ionogenen Gruppe vom Zentralatom größer als der eines Liganden (P. Scherrer und P. Stoll, K. R. Andress und C. Carpenter).

Wie wir gesehen haben, ist der Oxalatorest 2zählig, d. h. er nimmt zwei Koordinationsstellen ein. Es erhebt sich also die Frage, wie vielzählig die Liganden sein können. 1zählig sind alle 1wertigen Säurereste, die Atome ohne Rücksicht auf ihre Wertigkeit und die Peroxogruppe O_2. Die mehrwertigen Säurereste können aber ein- oder mehrzählig sein. So sind z. B. die 2wertigen Reste CO_3, SO_4 in den folgenden Verbindungen: $[Co(NH_3)_4SO_4]Cl$, $[Co(NH_3)_4CO_3]$ 2zählig und in den Verbindungen $[Co(NH_3)_5SO_4]X$, $[Co(NH_3)_5CO_3]X$ bloß 1zählig. Wie die Formelbilder zeigen, erklärt man ihre Einzähligkeit dadurch, daß der 2wertige Säurerest mit einer Hauptvalenzkraft direkt und mit der anderen ionogen in der äußeren Sphäre an das Zentralatom gebunden ist. Der Rest besitzt keine ionogene Eigenschaft, da eine direkte Bindung vorliegt. In Anlehnung an die Zwitterionen-Theorie kann aber die Zähligkeit der 2wertigen Säurereste viel einfacher erklärt werden [P. Pfeiffer (*2*)]. 2zählig sind sie in den Verbindungen, wo sie ungeladen sind:

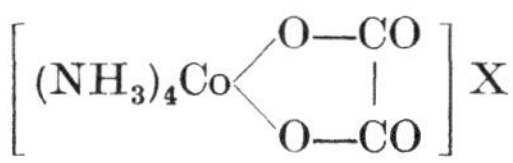

und 1zählig, wo sie einfach negativ geladen sind:

$$[(NH_3)_5Co{-}O{-}CO{-}CO{-}O^-]X.$$

Auf diese Weise hängt die Zähligkeit der mehrwertigen Säurereste nur von ihrer Ladung ab.

Neutralteile, wie die Aquo-, Ammin-, und Amingruppe sind 1zählig, enthalten sie aber mehrere Amin- oder Hydroxylgruppen, so sind sie 2zählig, z. B. Äthylendiamin (en), Propylendiamin (pn), Glykol, Glycerin in den Verbindungen $[Cr(OH_2)_2en_2]X_2$, $[CoNO_2pn_2]$, $[Cr(CH_2OH \cdot CH_2OH)_3]Cl_3 \cdot 3\,H_2O$, $[Cu(Glycerin)_3]SO_4 \cdot H_2O$.

4. Haupt- und Nebenvalenzkraft.

Diejenige Kraft, die die Atome in dem Molekül erster Ordnung zusammenhält, nennt man Hauptvalenzkraft, und diejenige, die sich neben dieser bei der Bildung von Komplexverbindungen betätigt, Nebenvalenzkraft. In den Komplexformeln werden die Hauptvalenzkräfte mit einem Strich und die Nebenvalenzkräfte mit einer Punktreihe angedeutet. Die Bindungsfestigkeit, welche die Nebenvalenzkraft bewirkt, ist von Fall zu Fall verschieden. Es wäre aber sehr verfehlt, wenn man annehmen würde, daß die Bindung durch eine Nebenvalenzkraft stets labiler ist als die durch eine Hauptvalenzkraft. Die frei werdende Energie bei der Betätigung von Nebenvalenzkräften ist in manchen Fällen sogar größer als die bei der Betätigung von Hauptvalenzkräften und es kommt öfters vor, daß Wertigkeitsstufen nur durch die Bildung von Komplexverbindungen beständig werden. Dies ist der Fall beim Kobalt, welches als Kobalt(III) zahlreiche, sehr beständige Komplexverbindungen bildet, aber in Hauptvalenzverbindungen nur als Kobalt(II) stabil ist.

Würde man die Nebenvalenzkräfte als Restvalenzkräfte auffassen, die bei der Betätigung der Hauptvalenzkräfte noch übriggeblieben sind, so müßte man annehmen, daß, je mehr Hauptvalenzkräfte ein Atom betätigt, desto unbeständiger seine Komplexverbindungen sein werden. Meistens ist das Gegenteil der Fall, so daß diese Auffassung nicht richtig sein kann. Z. B. sind die Chrom(III)-, Kobalt(III)- und Kupfer(II)-Komplexe beständiger als die von Chrom(II), Kobalt(II) und Kupfer(I). Als eine Ausnahme muß das Eisen erwähnt werden; die Eisen(II)-Komplexe sind in vielen Fällen beständiger als die von Eisen(III). Entsprechend der Auffassung der KZ. als einer Raumzahl spielt das Volumen des Zentralatoms in bezug auf Bindungsfähigkeit und Bindungsfestigkeit eine Rolle. Ein je größeres Volumen das Zentralatom besitzt, desto größer ist die Bindungsfähigkeit und desto kleiner die Bindungsfestigkeit. Stellen wir uns nämlich vor, daß die Liganden das Zentralatom vollkommen bedecken, wenn dessen KZ. erfüllt ist, so wird dazu bei größerem Atomvolumen eine größere Anzahl Liganden notwendig sein als bei kleinerem. Je größer aber die Zahl der Liganden ist, desto kleiner wird der Anteil, welcher von der Anziehungskraft des Zentralatoms auf den einzelnen Liganden entfällt. Das Atomvolumen des Zentralatoms beeinflußt aber auch dann die Bindungsfestigkeit, wenn die Zahl der Liganden gleich ist. So sinkt die Beständigkeit bei den Hexamminen der folgenden Elemente in derselben Reihenfolge wie ihre Atomvolumina zunehmen; Ni > Co > Fe > Mn > Cu > Cd > Zn > Mg (Ausnahmen sind Mangan und Cadmium) [F. Ephraim (*1*)].

Auf die Bindungsfestigkeit üben scheinbar auch die ionogenen Säurereste eine Wirkung aus. So nimmt die Beständigkeit der Hexamminsalze des Nickels und Zinks in der folgenden Reihenfolge der Anionen ab (F. Ephraim (*2*)].

Nickelsalze: $ClO_4 > J > ClO_3 > NO_3 > Cl > SO_4 > S_2O_6 > H_2PO_2 > CHOO > SCN$.

Zinksalze: $J > Br > Cl > ClO_4 > NO_3 > ClO_3 > SCN$.

Man sieht, daß je nach dem Element die Reihenfolge eine andere ist. Wie die Liganden die Bindungsfestigkeit beeinflussen, ist noch sehr wenig erforscht.

Für das Verhalten der Komplexsalze in wässeriger Lösung spielt die Bindungsfestigkeit eine große Rolle. In Wasser sind die Komplexsalze nicht nur in ihre freien Ionen gespalten, sondern zum Teil auch in ihre Komponenten, welche dann ebenfalls ionisieren können. Wir haben z. B. bei den Salzen $[Cr(CN)_6]K_3$ und $[CdCl_6]K_4$ folgende Gleichgewichte zu erwarten:

$$[Cr(CN)_6]K_3 \rightleftarrows [Cr(CN)_6]^{3-} + 3\,K^+ \qquad (a)$$

$$\begin{array}{lcl} [Cr(CN)_6]K_3 \rightleftarrows Cr(CN)_3 & + & 3\,KCN \\ \quad\quad\quad\quad\quad \downarrow\uparrow & & \downarrow\uparrow \\ \quad\quad\quad Cr^{3+} + 3\,CN^- & & 3\,K^+ + 3\,CN^- \end{array} \qquad (b)$$

$$[CdCl_6]K_4 \rightleftarrows [CdCl_6]^{4-} + 4\,K^+ \qquad (a)$$

$$\begin{array}{lcl} [CdCl_6]K_4 \rightleftarrows CdCl_2 & + & 4\,KCl \\ \quad\quad\quad\quad\quad \downarrow\uparrow & & \downarrow\uparrow \\ \quad\quad\quad Cd^{2+} + 2\,Cl^- & & 4\,K^+ + 4\,Cl^- \end{array} \qquad (b)$$

Ist die Bindungsfestigkeit groß, so geht fast nur die Reaktion a vor sich und b nur in sehr geringem Maße. Deswegen haben wir beim hexacyanochrom(III)-sauren Kalium praktisch nur K^+ und $[Cr(CN)_6]^{3-}$ in der Lösung und können nach den üblichen Reaktionen weder Cr^{3+} noch CN^- nachweisen: diese sind in dem Komplex $[Cr(CN)_6]^{3-}$ maskiert.

Anders ist es mit dem hexachlorocadmiumsauren Kalium. Wegen der geringen Bindungsfestigkeit findet überwiegend die Reaktion b statt, der Komplex ist zerfallen, und Cd^{2+} und Cl^- sind nur in dem Maße maskiert, als das Komplexion $[CdCl_6]^{4-}$ entsprechend der Reaktion a vorhanden ist.

Es darf nicht außer acht gelassen werden, daß bei den obigen Betrachtungen die Fähigkeit des Wassers, Liganden zu verdrängen und als Aquogruppe in den Komplex einzutreten, nicht berücksichtigt wurde. Solche Aquotisierungsvorgänge spielen in wässerigen Lösungen eine große Rolle. So müssen wir uns z. B. den Zerfall des Hexacyanoions in selbständige Ionen wie folgt vorstellen:

$$[Cr(CN)_6]^{3-} + 6\,H_2O \rightleftarrows [Cr(OH_2)_6]^{3+} + 6\,CN^-.$$

Ausgehend von dem Bau der Atome soll nun geschildert werden, wie man sich die Bindung der Atome bzw. Atomgruppen in den Verbindungen erster Ordnung und in den Verbindungen höherer Ordnung, den Komplexverbindungen, vorstellt. Auf Einzelheiten des Atombaues einzugehen würde zu weit führen. Es genügt, wenn man die Atome als eine Art Planetensystem auffaßt, in welchem die negativen Elektronen um den positiv geladenen Atomkern ihre Bahnen ziehen. Von Element zu Element nimmt in der Reihenfolge der Elemente in dem periodischen System die positive Ladung des Atomkerns und somit die Zahl der Elektronen, welche als Träger der negativen elektrischen Ladung die positive Ladung des Atomkerns kompensieren, um eins zu. Die Anordnung der Elektronen um den Atomkern wird durch die Anziehungskraft des Atomkerns auf die Elektronen und durch die von den gleichgeladenen Elektronen aufeinander ausgeübten Abstoßungskräfte bestimmt. Es zeigt sich folgende Gesetzmäßigkeit: Nur eine ganz bestimmte Anzahl Elektronen kann auf gleichem Energieniveau, einfacher gesagt in gleicher Entfernung vom Atomkern, anwesend sein, z. B. vom Atomkern ausgehend auf dem ersten Niveau 2, auf dem zweiten 8, auf dem dritten 8 oder 18 und auf dem vierten Niveau 8, 18 oder 32. Wir brauchen unser Augenmerk meistens nur auf das jeweilige äußerste Niveau zu richten, da für die Entstehung der Verbindungen meistens die Besetzung dieses Niveaus maßgebend ist. Die stabilsten Konfigurationen sind solche, bei denen das äußerste Niveau (Elektronenschale), mit Ausnahme des ersten Niveaus, welches mit 2 Elektronen abgeschlossen ist, mit 8 Elektronen besetzt ist. Diese Elemente sind die Edelgase:

Helium	2	Elektronen	in	der	ersten	Elektronenschale,
Neon	8	,,	,,	,,	zweiten	,, ,
Argon	8	,,	,,	,,	dritten	,, ,
Krypton	8	,,	,,	,,	vierten	,, ,
Xenon	8	,,	,,	,,	fünften	,, .

Die Bildung der Verbindungen erster Ordnung ist darauf zurückzuführen, daß die Atome, deren Außenschale nicht mit 8 Elektronen besetzt ist, das Bestreben haben, die Zahl der Elektronen in dieser Außenschale auf 8 zu bringen, d. h. die nächstliegende Edelgaskonfiguration anzunehmen. Je nach dem, wie dies geschieht, kann man die Verbindungen in zwei Klassen einteilen, und zwar in ionogene Verbindungen (Elektrovalenzverbindungen) und in Covalenzverbindungen.

Die Ionenbindung beruht auf der elektrostatischen Anziehung entgegengesetzt geladener Ionen. Die Ionen sind Atome, deren Aufladung durch Aufnahme bzw. Abgabe von Elektronen erfolgt. Bei NaCl z. B. gibt das Na-Atom, dessen Außenschale nur mit 1 Elektron besetzt ist, 1 Elektron an das Cl-Atom ab, welches durch die Aufnahme dieses Elektrons die Elektronenzahl seiner Außenschale von 7 auf 8 erhöht. Durch die Abgabe des negativen Elektrons geht das Na-Atom in das einfach positiv geladene Na-Ion über, in welchem die mit 8 Elektronen besetzte vorletzte Elektronenschale des Na-Atoms die Außenschale geworden ist, und durch die Aufnahme des Elektrons geht das Cl-Atom in das einfach negativ geladene Cl-Ion über:

$$\mathrm{Na}^{\cdot} + \,:\!\overset{\cdot\cdot}{\underset{\cdot\cdot}{\mathrm{Cl}}}\!\cdot \;=\; :\!\overset{\cdot\cdot}{\underset{\cdot\cdot}{\mathrm{Na}}}\!:^{+} + \,:\!\overset{\cdot\cdot}{\underset{\cdot\cdot}{\mathrm{Cl}}}\!:^{-}$$

In diesen Formeln ist ein Außenelektron mit einem Punkt angegeben[1]. Denkt man die Elektronen im Raum um den Atomkern gleichmäßig verteilt, so bilden die 8 Elektronen die Ecken eines Würfels, man spricht auch von einem Elektronenoktett.

Die Covalenzverbindungen entstehen dann, wenn die reagierenden Atome ihr Oktett so ausbilden, daß sie je 1 Elektron in der Form austauschen, daß die ausgetauschten beiden Elektronen, man spricht von Elektronenpaaren, nunmehr

[1] Es bedeutet also $\mathrm{Na}^{\cdot}$ das Na-Atom, nicht das Na-Ion; die positive Überschußladung wird durch das Zeichen „+“ (Na^{+} = Na-Ion, H^{+} = H-Ion) gekennzeichnet.

den betreffenden Atomen als gemeinsame Elektronen angehören. Z. B. bei H_2O wird das Oktett des Sauerstoffs wie folgt ausgebildet:

$$H^{\cdot} + \cdot\underset{\cdot\cdot}{\overset{\cdot\cdot}{O}}\cdot + {}^{\cdot}H = H:\underset{\cdot\cdot}{\overset{\cdot\cdot}{O}}:H$$

Die beiden Wasserstoffatome erlangen dabei die Struktur des Heliums (2 Elektronen auf dem ersten Niveau). Die Bildung des Ammoniaks wird folgendermaßen formuliert:

$$3\,H^{\cdot} + \cdot\underset{\cdot\cdot}{\overset{\cdot}{N}}\cdot = H:\underset{\cdot\cdot}{\overset{\overset{H}{\cdot\cdot}}{N}}:H$$

Die Nebenvalenzbindung, d. h. die Bindungsart, welche zu Komplexverbindungen führt, beruht nach der Kosselschen Theorie auf elektrostatischer Anziehung, die durch die hohe Ladung des Zentralatoms bedingt wird. Die Bildung der Tetrachlorogoldsäure aus Goldchlorid und Salzsäure: $AuCl_3 + HCl = [AuCl_4]H$ wird so gedacht, daß das dreifach positiv geladene Goldion, welches mit 3 einfach negativ geladenen Chlorionen verbunden ist, das negativ geladene Chlorion der Salzsäure noch an sich zieht und das Komplexanion $[AuCl_4]$ bildet. Denkt man sich die Atome als annähernd kugelförmige Gebilde, so zeigt die schematische Darstellung der obigen Reaktion:

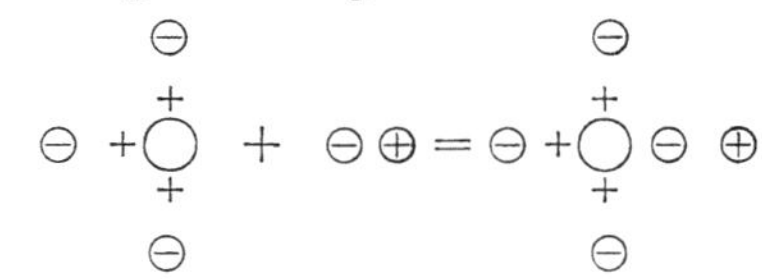

daß das Neutralitätsprinzip nicht durchbrochen wurde, denn 4 negative Ladungen stehen 4 positiven Ladungen gegenüber. Entsprechend der Forderung der Wernerschen Theorie besteht zwischen Haupt- und Nebenvalenz im Komplex kein Unterschied, es sind alle 4 Chloratome auf dieselbe Weise, durch elektrostatische Anziehung, an das Goldatom gebunden. Die elektrostatische Bindungstheorie versagt auch dann nicht, wenn Wasser oder Ammoniak komplexgebunden werden. Diese ausgesprochen covalentigen Verbindungen sind nämlich Dipole, welche, wie der Name schon besagt, einen positiven und einen negativen Pol besitzen: $\overset{+}{H_2}—\overset{-}{O}$, $\overset{-}{N}—\overset{+}{H_3}$ und so von dem Zentralatom angezogen werden können.

Auch die von F. Ephraim [(3), S. 259] aufgestellte Feldvalenztheorie beruht auf elektrostatischer Anziehung der Liganden durch das Zentralatom. An Hand der folgenden Übergangsreihe soll die Auffassung F. Ephraims erläutert werden:

$$[MeCl_6]K_3 \xrightarrow[-KCl]{+H_2O} \left[Me\,{}^{Cl_5}_{OH_2}\right]K_2 \xrightarrow[-KCl]{+H_2O} \left[Me\,{}^{Cl_4}_{(OH_2)_2}\right]K \xrightarrow[-KCl]{+H_2O} \left[Me\,{}^{Cl_3}_{(OH_2)_3}\right] \xrightarrow{+H_2O}$$

$$\left[Me\,{}^{Cl_2}_{(OH_2)_4}\right]Cl \xrightarrow{+H_2O} \left[Me\,{}^{Cl}_{(OH_2)_5}\right]Cl_2 \xrightarrow{+H_2O} [Me(OH_2)_6]Cl_3.$$

Beim ersten Glied der Reihe wird das Elektronenoktett des Zentralatoms, Me, so ausgebildet, daß dieses 3 Elektronen an 3 Cl-Atome abgibt. Diese Bindungen mit Elektrovalenzen sind die Hauptvalenzbindungen. Infolge der Zusammensetzung des Zentralatoms aus dem positiven Atomkern und dem negativen Elektronenoktett wird Me von Kraftfeldern umgeben. Da die Ecken des Oktetts, als Wirkungspunkte der einzelnen Elektronen gedacht, die negativen Pole darstellen, müssen die positiven Kraftzentren, in welchen die positive Ladung des Atomkerns zum Ausdruck kommt, von den negativen Oktettecken am weitesten entfernt, also in den Flächenmittelpunkten des Oktetts liegen. Die Kräfte, die von diesen 6 positiven Polen ausgehen, sind diejenigen, welche man Nebenvalenzkräfte nennt. Ihre Zahl ergibt die KZ. 6. Daraus, daß die Flächenmittelpunkte eines Oktetts die Ecken eines Oktaeders bilden, erklärt sich die oktaedrische Lagerung der Liganden um das Zentralatom (Abb. 5). Mit ähnlichen Überlegungen lassen sich die hohe KZ. bei den großvolumigen Zentralatomen und die KZ. 4 bei den Zentralatomen mit tetraedrischer Struktur erklären.

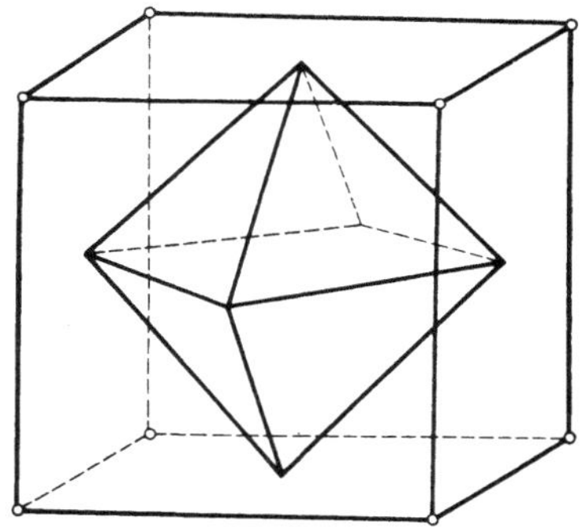

Abb. 5. Räumliche Darstellung der Feldvalenztheorie F. Ephraims.

Sowohl die 3 Chlorogruppen, welche schon mit Hauptvalenzkräften an Me gebunden sind, als auch die anderen 3 Chlorogruppen werden durch die Nebenvalenzkräfte angezogen und verlieren ihren Ionencharakter. Während die letzterwähnten 3 Chloratome, welche ursprünglich aus Ionen des KCl vorhanden waren, durch die Bindung mit Nebenvalenzkräften ihren ionogenen Charakter verlieren und ihre negative Ladung auf den Komplex übertragen, behalten die 3 K^+-Ionen ihren ionogenen Charakter, weil sie sich in der Außensphäre befinden. Wie die Übergangsreihe zeigt, wird die Chlorogruppe durch Wasser aus dem Komplex verdrängt, weil anscheinend bei der Konkurrenz zwischen Wasser und Cl-Gruppe von dem Zentralatom unter Umständen das erstere bevorzugt und mittels einer Nebenvalenzkraft gebunden wird. Bei dieser Bindung wird der negative Pol des Dipols H_2O durch die Feldvalenzkräfte angezogen. Solange die Chlorogruppen nur mit Nebenvalenzkräften gebunden sind, werden sie durch die Bindung des Wassers samt des zugehörigen K-Ions aus der Verbindung entfernt. Sind sie jedoch mit Haupt- und Nebenvalenzkräften an das Zentralatom gebunden, wie 3 der Chlorogruppen, so lösen sich nur die Nebenvalenzbindungen und die Chlorogruppen erlangen ihren ursprünglichen ionogenen Charakter. Entsprechend der Wernerschen Theorie sind die Liganden insofern stets gleichartig gebunden, als sie alle mit Nebenvalenzkräften gebunden sind. Alleinige Hauptvalenzbindungen im Komplexinneren gibt es also nach F. Ephraim nicht, denn diejenigen Liganden, welche durch Hauptvalenzkräfte gebunden sind, müssen auch durch Nebenvalenzkräfte gebunden sein.

In den bis jetzt geschilderten Theorien wurde die Nebenvalenzbindung auf elektrostatische Anziehung zurückgeführt. Sie läßt sich jedoch auch als eine Bindung mit Elektronen auffassen. Diese Theorie von N. V. Sidgwick (S. 112), welche besonders in den Englisch sprechenden Ländern sehr starken Anklang gefunden hat, nimmt die Bindung der Liganden an das Zentralatom, koordinative Bindung, als eine besondere Art covalente Bindung an. Die beiden gemeinsamen Elektronen, durch welche diese koordinative Bindung zustande kommt, stammen nicht wie bei den Covalenzverbindungen von den beiden Verbindungspartnern, sondern von einem derselben. Der Partner, von dem die gemeinsamen Elektronenpaare stammen, heißt Donator und der andere Partner Acceptor. Der Donator muß also mindestens ein freies Elektronenpaar besitzen und der Acceptor muß dieses Elektronenpaar in seine äußerste Elektronenschale einbauen können.

Wie man sich die koordinative Bindung vorstellt, läßt sich am besten an folgendem einfachen Beispiel, der Bildung des Ammonchlorids aus Ammoniak und Salzsäure, darstellen. Der Vorgang ist leichter verständlich, wenn man ihn in zwei Teilvorgänge zerlegt.

$$\mathrm{H:\overset{H}{\underset{\cdot\cdot}{\ddot{N}}}:H + H^{+} + :\overset{\cdot\cdot}{\underset{\cdot\cdot}{Cl}}:^{-} \rightarrow H:\overset{H}{\underset{\cdot}{\ddot{N}}}:H^{+} + H^{\cdot} + :\overset{\cdot\cdot}{\underset{\cdot\cdot}{Cl}}:^{-} \qquad H:\overset{H}{\underset{H}{\ddot{N}}}:H^{+} + :\overset{\cdot\cdot}{\underset{\cdot\cdot}{Cl}}:^{-}}$$ [1]

[1] Siehe Fußnote S. 55.

Der Stickstoff im Ammoniak ist der Donator und das H-Ion der Salzsäure ist der Acceptor. In der ersten Phase gibt der Stickstoff ein Elektron an das H-Ion ab. Dabei wird er positiv aufgeladen und das H-Ion in das ungeladene H-Atom verwandelt. Die zweite Phase geht so vor sich wie bei einer covalentigen Bindung: Einbau der beiden Elektronen in die Elektronenschale der beiden Partner, wobei keine Ladungsänderung auftritt. Aus den beiden Teilvorgängen ergibt sich also, daß die Ladung des Donators um eine positive Ladung und die Ladung des Acceptors um eine negative Ladung erhöht wird. In dem obigen Beispiel wird der Stickstoff aufgeladen und das positiv geladene H-Ion durch die Aufnahme einer negativen Ladung entladen.

Bei dem Chrom als Zentralatom liegen die Verhältnisse komplizierter. Der Aufbau der Elektronenschalen beim Chromatom steht noch nicht einwandfrei fest. Nimmt man diese wie folgt an: 2, 8, 12, 2, so gibt das Chromatom bei der Bildung von $[Cr(OH_2)]^{3+} Cl_3$ 3 Elektronen an 3 Chloratome ab. Das Cr-Atom geht dabei in das dreifach geladene Cr-Ion über und die Cl-Atome verwandeln sich in negativ geladene Cl-Ionen: $:\ddot{\mathrm{Cl}}:^{-}$. Die Elektronenstruktur des Cr-Ions würde demnach: 2, 8, 11 sein. Bei der Bildung des Hexaquoions bleibt die dritte Elektronenschale unvollständig und der Einbau der Elektronen erfolgt in die vierte Schale. Das Unvollständigbleiben einer Zwischenschale ist bei den komplizierter aufgebauten Elementen keine Seltenheit.

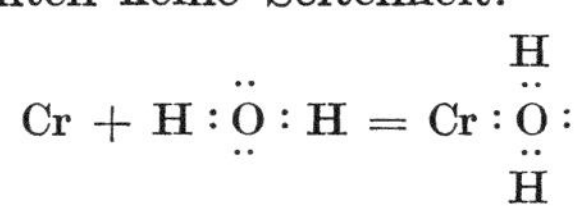

Analog der ersten Aquogruppe werden die übrigen fünf eingebaut:

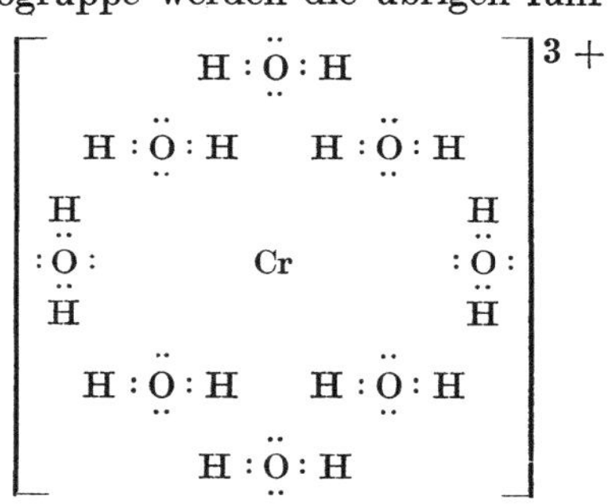

Wie ersichtlich, ist das Hexaquoion dreifach positiv geladen. Dies ergibt sich daraus, daß bei der koordinativen Bindung der 6 Aquogruppen die Sauerstoffatome als Donatoren je eine positive Ladung erhalten, während das dreifach positiv geladene Cr-Ion 6 negative Ladungen erhält, d. h. dreifach negativ geladen wird.

Bei Verdrängung einer Aquogruppe durch einen Cl-Rest ergibt sich:

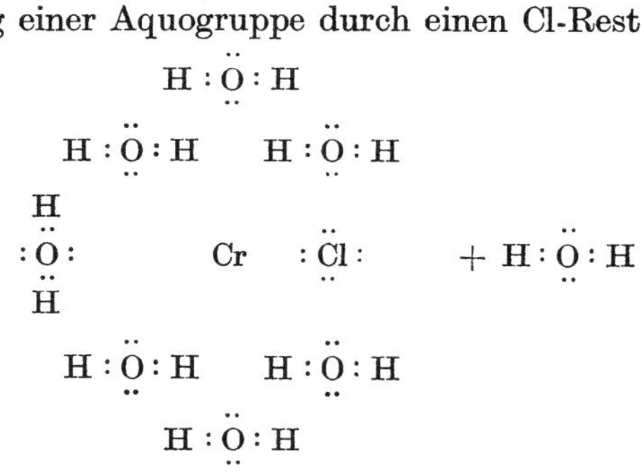

Analog der Bindung der Chlorogruppe erfolgt die koordinative Bindung anderer Acidogruppen. Der Ladungswechsel des Chromkomplexes bei der Bindung der Acidogruppen ergibt sich aus der Überlegung, daß das Chromatom bei vollständiger Besetzung der KZ. 6 stets 3 negative Ladungen trägt, jeder neutrale Ligand je Zähligkeit eine positive Ladung besitzt und die Acidogruppen keine Ladungen aufweisen. Die Forderung der Wernerschen Theorie: gleichartige Bindung der Liganden an das Zentralatom, wird durch die elektronentheoretische Auffassung der Komplexverbindungen ebenfalls befriedigt.

5. Hydrolyse.

Wie oben erwähnt wurde, entstehen die Aquoverbindungen durch Einlagerung von Wasser zwischen den Komponenten eines Salzes: $Me - X + H_2O = [Me \cdots OH_2]X$. Außer dieser Bildungsweise gelangt man auch auf einem anderen Wege zu Aquoverbindungen. Geradeso wie Ammoniak mit einer Säure unter Bildung von Ammoniumsalz reagiert: $NH_3 + HX = [H_3N \cdots H]X$, vereinigt sich Wasser mit einer Säure zu einem Oxoniumsalz: $H_2O + HX = [H_2O \cdots H]X$, in welchem das Wasserstoffatom der Säure an das 2wertige 3zählige Sauerstoffatom des Wassers durch Addition gebunden wurde. In der organischen Chemie ist die Körperklasse der Oxoniumverbindungen sehr groß, außer den Alkohol- bzw. Ätherverbindungen, welche man sich durch Ersatz eines bzw. beider Wasserstoffatome des Wassers mit Alkylresten, R, entstanden denkt:

$$\left[\begin{matrix} R \\ H \end{matrix}\!\!>\!O \cdots H\right]X \quad \text{bzw.} \quad \left[\begin{matrix} R \\ R \end{matrix}\!\!>\!O \cdots H\right]X$$

gehören die Aldehyd-, Keton- und Chinon-Additionsprodukte zu ihr.

Ersetzt man nun ein Wasserstoffatom des Wassers durch ein Metall, so erhält man ein Metallhydroxyd Me—OH, welches mit der Säure, HX, zu der Oxoniumverbindung

$$\left[\begin{matrix} H \\ Me \end{matrix}\!\!>\!O \cdots H\right]X$$

zusammentritt. Es konnte gezeigt werden, daß das so entstandene Oxoniumsalz mit dem Aquosalz, welches durch Einlagerung von Wasser gebildet wird, identisch ist (P. Pfeiffer (*3*)]. Behandelt man nämlich die wässerige Lösung des rotvioletten Tetraquo-dipyridin-chrom(III)-chlorids $[CrPy_2(OH_2)_4]Cl_3$ mit Alkali, so entsteht unter Abspaltung von zwei Molekülen HCl ein graugrünes, in Wasser unlösliches Salz. Dieses Salz, in welchem das Chloratom ionogen ist, könnte seiner Zusammensetzung nach das Dihydroxodiaquo-dipyridin-chrom(III)-chlorid

$$\left[CrPy_2(OH_2)_2(OH)_2\right]Cl \quad \text{oder} \quad \left[CrPy_2(OH_2)_2\right]\begin{matrix}(OH)_2 \\ Cl\end{matrix}$$

sein. Entsprechend der letzteren Formel müßte das Salz eine leicht lösliche, koordinativ ungesättigte Verbindung sein, deren Lösung durch die weitgehende Dissoziation der OH-Gruppen stark alkalisch reagieren müßte. Da das Salz nicht diese Eigenschaften zeigt, muß es als das Dihydroxo-diaquo-dipyridin-chrom(III)-chlorid aufgefaßt werden, in welchem die OH-Gruppen koordinativ gebunden sind. Behandelt man das Hydroxosalz mit Salzsäure, so entsteht das ursprüngliche rotviolette Aquosalz. Um die Entstehung des Aquosalzes aus dem Hydroxosalz erklären zu können, muß man folgende Reaktion annehmen:

$$\left[CrPy_2(OH_2)_2\begin{matrix}OH \\ OH\end{matrix}\right]Cl + 2\,HCl = \left[CrPy_2(OH_2)_2\begin{matrix}OHH \\ OHH\end{matrix}\right]Cl_3.$$

Der Säurewasserstoff lagert sich an die Hydroxogruppe an und bildet nach der Formel (in welcher einfachheitshalber alle Komponenten außer dem Zentralatom und der OH-Gruppe weggelassen wurden):

$$\mathrm{Me{-}OH + HX = \left[Me{-}\overset{\cdot\cdot H}{O}H\right]X}$$

die Oxoniumverbindung, welche mit der Aquoverbindung identisch ist. Die zweite theoretisch mögliche Reaktion:

$$\left[\mathrm{CrPy_2(OH_2)_2}{}^{\mathrm{OH}}_{\mathrm{OH}}\right]\mathrm{Cl} + 2\,\mathrm{HCl} = \left[\mathrm{CrPy_2(OH_2)_2}{}^{\mathrm{Cl}}_{\mathrm{Cl}}\right]\mathrm{Cl} + 2\,\mathrm{H_2O},$$

bei welcher die Hydroxogruppen durch Substitution mit Chlorogruppen ersetzt werden, findet nicht statt. Das Dichloro-diaquo-dipyridin-chrom(III)-chlorid erhält man nur durch Erhitzen des Aquosalzes:

$$[\mathrm{CrPy_2(OH_2)_4}]\mathrm{Cl_3} = [\mathrm{CrPy_2(OH_2)_2Cl_2}]\mathrm{Cl} + 2\,\mathrm{H_2O}.$$

Die hier geschilderten Vorgänge dürfen nicht als Ausnahmefälle betrachtet werden. Wie A. Werner und P. Pfeiffer zeigen konnten, verlaufen sie bei zahlreichen Chrom-, Kobalt-, Platin- und Rutheniumverbindungen analog. Unter Einwirkung von Alkali spaltet ein Aquosalz stets ein Wasserstoffion ab und geht in das Hydroxosalz über, welches mit Säure unter Addition eines Wasserstoffions in das Aquosalz zurückverwandelt wird:

$$\left[\mathrm{Cr}{}^{\mathrm{OHH}}_{(\mathrm{OH_2})_5}\right]\mathrm{X_3} \underset{\mathrm{HCl}\,+}{\overset{+\,\mathrm{NaOH}}{\rightleftarrows}} \left[\mathrm{Cr}{}^{\mathrm{OH}}_{(\mathrm{OH_2})_5}\right]\mathrm{X_2}.$$

Die Umwandlung der Aquosalze in Hydroxosalze unter der Einwirkung von Alkali zeigt, daß die Aquogruppe eine gewisse Neigung besitzt, das Wasserstoffion abzuspalten und in die Hydroxogruppe überzugehen. Diese Neigung der Aquogruppe, ein Wasserstoffion abzuspalten, verursacht, daß die Komplexverbindungen, die Aquogruppen enthalten, in wässeriger Lösung sauer reagieren. Diesen als Hydrolyse bezeichneten Vorgang muß man sich so vorstellen, daß sich in der Lösung ein Gleichgewicht zwischen Aquosalz und Hydroxosalz einstellt und das frei gewordene Wasserstoffion die saure Reaktion hervorruft, z. B.:

$$\left[\mathrm{Cr}{}^{\mathrm{OHH}}_{(\mathrm{OH_2})_5}\right]^{3+} + 3\,\mathrm{X^-} \rightleftarrows \left[\mathrm{Cr}{}^{\mathrm{OH}}_{(\mathrm{OH_2})_5}\right]^{2+} + 3\,\mathrm{X^-} + \mathrm{H^+},$$

$$\left[\mathrm{Cr}{}^{\mathrm{OHH}}_{(\mathrm{NH_3})_5}\right]^{3+} + 3\,\mathrm{X^-} \rightleftarrows \left[\mathrm{Cr}{}^{\mathrm{OH}}_{(\mathrm{NH_3})_5}\right]^{2+} + 3\,\mathrm{X^-} + \mathrm{H^+},$$

$$\left[\mathrm{Co}{}^{\mathrm{OHH}}_{(\mathrm{NH_3})_5}\right]^{3+} + 3\,\mathrm{X^-} \rightleftarrows \left[\mathrm{Cr}{}^{\mathrm{OH}}_{(\mathrm{NH_3})_5}\right]^{2+} + 3\,\mathrm{X^-} + \mathrm{H^+}.$$

Gewöhnlich pflegt man die Hydrolyse im Sinne der Theorie von Arrhenius anzunehmen. Nach dieser Theorie wird in wässeriger Lösung der Salze von schwachen Basen mit starken Säuren die schwache Base durch Bindung von Hydroxylionen bis zu einem gewissen Betrage zurückgebildet. Infolge der Bindung von Hydroxylionen wird das Wassergleichgewicht $\mathrm{H^+ + OH^- \rightleftarrows H_2O}$ gestört und die frei werdenden Wasserstoffionen verursachen die saure Reaktion. Im Falle des Aquo-pentammin-chrom(III)-salzes würde demnach die Hydrolyse nach folgender Gleichung vor sich gehen:

$$\left[\mathrm{Cr}{}^{\mathrm{OH_2}}_{(\mathrm{NH_3})_5}\right]^{3+}\mathrm{X_3^-} + \mathrm{H^+OH^-} \rightleftarrows \left[\mathrm{Cr}{}^{\mathrm{OH_2}}_{(\mathrm{NH_3})_5}\right]{}^{\mathrm{OH}}_{\mathrm{X_2}} + \mathrm{H^+} + \mathrm{X^-}.$$

Man müßte also annehmen, daß das gebildete

$$\left[\mathrm{Cr}{}^{\mathrm{OH_2}}_{(\mathrm{NH_3})_5}\right]{}^{\mathrm{OH}}_{\mathrm{X_2}}$$

eine schwache Base ist. Dies ist aber kaum denkbar. Viel wahrscheinlicher scheint die Annahme, daß es eine starke Base ist, welche wie das ähnlich gebaute Hexamminchrom(III)-hydroxyd $[Cr(NH_3)_6](OH)_3$ weitgehend in ihre Ionen dissoziiert ist und infolgedessen durch Hydrolyse in Arrheniusschem Sinne nicht entstehen kann. Man könnte auch nicht recht einsehen, warum Hexamminchrom(III)-salze, $[Cr(NH_3)_6]X_3$, und andere Komplexe, die keine Aquogruppen enthalten, keine Hydrolyse nach Arrhenius erleiden und in wässeriger Lösung neutral reagieren sollten. Weiterhin wäre es nach dieser Theorie nicht möglich, aus stark essigsauren Lösungen der Aquosalze, in denen die OH-Ionen des Wassers stark zurückgedrängt sind, mit Neutralsalzen Hydroxosalze auszufällen. Solche Ausfällungen konnten aber A. Werner und P. Pfeiffer in zahlreichen Fällen ausführen. So erhält man z. B. aus einer Lösung von Diaquo-dipyridin-diammin-kobalt(III)-chlorid, $[CrPy_2(NH_3)_2(OH_2)_2]Cl_3$, in 50%iger Essigsäure beim Versetzen mit Neutralsalz das Hydroxo-aquo-dipyridin-diamminkobalt(III)-chlorid, $[CoPy_2(NH_3)_2OH_2OH]Cl_2$, welches nur nach der Theorie der Hydrolyse von A. Werner in der Lösung vorhanden sein konnte (A. Werner).

Die Wernersche Hydrolysentheorie zeigt, daß nur Salze, die Aquogruppen enthalten oder in wässeriger Lösung aquotisiert werden, Hydrolyse erleiden können. Der Hydrolysengrad ist entsprechend den oben angegebenen Gleichungen nur von der Konzentration der Ionen, welche die Aquo- bzw. Hydroxogruppe enthalten, und von der der H-Ionen abhängig. Bei den einzelnen Komplexsalzen wird die Tendenz zur Hydrolyse von der Neigung des Wasserstoffs, in der Aquogruppe zu verbleiben oder als Wasserstoffion in die Lösung zu wandern, abhängig sein; $[Cr(H_2O)_6]Cl_3$ hydrolysiert z. B.,

$$\left[Cr \begin{matrix} OH \\ en_2 \\ H_2O \end{matrix}\right] S_2O_6$$

jedoch nicht (E. Stiasny, K. Lochmann und E. Mezey).

An der quantitativen Behandlung der Hydrolysenvorgänge ändert die Wernersche Theorie der Hydrolyse nichts. Durch Anwendung des Massenwirkungsgesetzes gelangt man auch bei ihr zu den Hydrolysengleichungen von Arrhenius [P. Pfeiffer (*4*)].

Faßt man die Säuren nach J. N. Brönsted (*1*) auf, so braucht man bei den Aquokomplexen nicht mehr von Hydrolyse zu sprechen. Nach J. N. Brönsted ist jede Verbindung, welche in der Lage ist, ein Proton H^+ (= Wasserstoffkern, Wasserstoffion) abzugeben, eine Säure. Durch die Abgabe des Protons geht die Säure, A, in die korrespondierende Base, B, über:

$$A \rightleftharpoons B + H.$$

Liest man dieses Gleichgewicht von rechts nach links, so ergibt sich daraus die Definition einer Base. Base ist jeder Stoff, der in der Lage ist, ein Proton aufzunehmen. Da ein Proton an sich nicht existenzfähig ist, kann die Säurefunktion erst dann zum Vorschein kommen, wenn in einer Lösung neben der Säure, A_1, eine Base, B_2, vorhanden ist, welche das Proton aufnimmt:

$$A_1 + B_2 \rightleftharpoons A_2 + B_1.$$

A_2 ist die der Base, B_2, korrespondierende Säure. Bei wässerigen Lösungen ist H_2O selbst die Base, welche durch die Aufnahme des Protons in die Säure, in das Hydroxoniumion H_3O^+, verwandelt wird.

Überträgt man das Gesagte auf einen Aquokomplex, z. B. auf ein Hexaquochromion, so erhält man

$$\left[Cr \begin{matrix} OH_2 \\ (OH_2)_5 \end{matrix}\right]^{3+} + H_2O \rightleftharpoons H_3O^+ + \left[Cr \begin{matrix} OH \\ (OH_2)_5 \end{matrix}\right]^{2+}$$

Das Hexaquoion ist also eine 3wertige Kationsäure und das Hydroxo-pentaquoion eine 2wertige Kationbase.

Die Theorie J. N. Brönsteds ist der klassischen Theorie der Säuren, welche aus den Verhältnissen in wässerigen Lösungen abgeleitet wurde, in mehreren Hinsichten überlegen. So wird sie z. B. den Verhältnissen in nichtwässerigen Lösungen besser gerecht. Weiterhin reiht sie die hydrolysierenden Aquokomplexe in die große Gruppe der Säuren ein und ihre Hydrolyse selbst in die allgemeine Funktion der Säuren.

Nebenbei soll darauf hingewiesen werden, daß das Wesen der Säurefunktion J. N. Brönsteds von den Ansichten A. Werners vollkommen abweicht. Nach A. Werner ist z. B. HCl keine Säure, sondern eine Anhydrosäure, welche durch Anlagerung von Wasser in Säure umgewandelt wird. Nach J. N. Brönsted ist HCl eine stärkere Säure als H_3O^+, womit in Übereinstimmung steht, daß der Vorgang

$$HCl + H_2O \rightleftharpoons H_3O^+ + Cl^-$$

freiwillig verläuft.

Wenn in der Folge doch von Hydrolyse gesprochen wird, so ist dies darauf zurückzuführen, daß J. N. Brönsteds Auffassung in die gerbereichemische Literatur noch keinen allgemeinen Eingang gefunden hat und so ihre konsequente Durchführung dem Leser beim Studium der Originalliteratur vorläufig Schwierigkeiten bereiten könnte.

Beim Zusammenhang zwischen Konstitution des Komplexes und Neigung der Aquogruppe zur Abspaltung eines Wasserstoffions bestehen einige Gesetzmäßigkeiten [J. N. Brönsted (*2*)]. So ist die Neigung zur Hydrolyse um so größer, je höher das Zentralatom geladen ist; deswegen reagieren die Platin(IV)-salze saurer als die entsprechenden Kobalt(III)-salze. Weiterhin scheint die Ladung des Komplexes auch einen Einfluß auszuüben, denn je größer diese ist, desto stärker ist die Hydrolyse. So reagieren z. B. die Lösungen folgender 3wertiger Komplexe:

$$[Co(NH_3)_5OH_2]^{3+}X_3; \quad [Cr(OH_2)_6]^{3+}Cl_3$$

saurer als die entsprechenden niedriger geladenen:

$$[Co(NH_3)_4NO_2OH_2]^{2+}X_2; \quad [Cr(OH_2)_5Cl]^{2+}Cl_2.$$

Auch das Atomvolumen des Zentralatoms spielt eine Rolle, indem die Hydrolyse mit abnehmendem Atomvolumen des Zentralatoms zunimmt.

6. Mehrkernige Komplexverbindungen.

Zahlreiche Metalle besitzen die Fähigkeit Komplexe zu bilden, die mehrere Metallatome enthalten. Diese Verbindungen, in denen die einzelnen Metallatome unter Beibehaltung ihrer KZ. als Zentralatome fungieren, nennt man mehrkernige Komplexverbindungen. Man spricht, je nachdem ob der Komplex 2, 3 oder 4 Metallatome enthält, von 2-, 3- oder 4kernigen Komplexen. Im Gegensatz zu den Kohlenstoffketten, bei denen die einzelnen Kohlenstoffatome miteinander direkt verbunden sind (—C—C—C—), werden die Metallkerne in dem Komplex stets durch einen Liganden zusammengehalten; es gibt keine Komplexverbindung, in welcher Metallatom mit Metallatom direkt verbunden wäre. Die Liganden, welche zwei Metallkerne miteinander verbinden, nennt man Brücken. Als Brücken dienen meistens $=O$, $=O_2$, —OH, =NH, $—NH_2$, $—NO_2$, $=SO_4$, $—OOCH_3$, —OOCH und andere organische Säurereste. Im Falle der 2wertigen Säurereste wie O und SO_4 werden die Kerne durch Hauptvalenzkräfte miteinander verbunden: Me—O—Me, Me—SO_4—Me, bei den 1wertigen Säureresten das eine

Metallatom mit einer Haupt- und das andere mit einer Nebenvalenzkraft, die von dem Sauerstoff- bzw. Stickstoffatom ausgeht:

$$\mathrm{Me{-}\overset{H}{O}\cdots Me;\quad Me{-}\overset{H_2}{N}\cdots Me.}$$

Die Kerne können mit 1, 2, höchstens aber mit 3 Brücken miteinander verbunden sein. So haben wir z. B. bei dem Dekammin-μ-oxo-dichrom(III)-salz

$$\mathrm{[(H_3N)_5Cr{-}O{-}Cr(NH_3)_5]X_5}$$

eine Brücke, bei dem Tetraäthylendiamin-diol-dichrom(III)-bromid

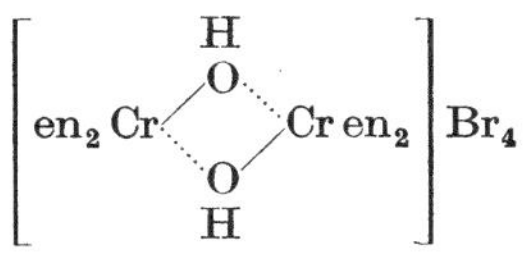

zwei, und bei den Hexammin-hexol-trikobalt(III)-salzen

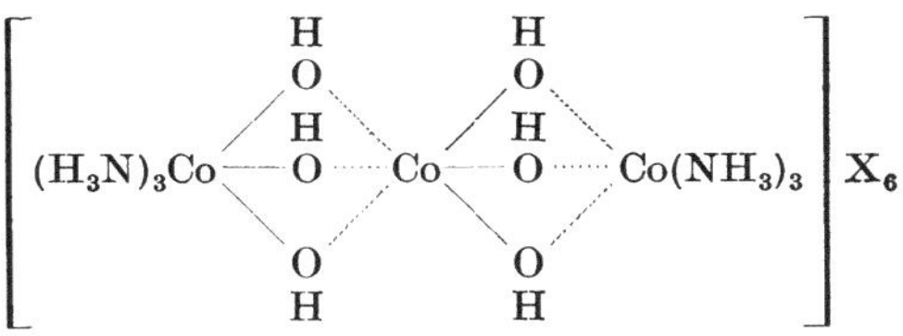

drei. Wie die Namen der genannten 3 Verbindungen zeigen, werden die Brückenglieder unmittelbar vor den Kernen genannt und mit dem griechischen Buchstaben μ gekennzeichnet. Eine Ausnahme bildet die OH-Brücke, die man nicht μ-hydroxo, sondern „ol“ nennt.

Die Konstitution der mehrkernigen Komplexverbindungen weist man durch ihre Synthese oder Abbau nach. Wird z. B. das Dekammin-μ-amino-dikobalt(III)-chlorid mit einem Gemisch von Schwefel- und Salzsäure am Wasserbad behandelt, so zerfällt es in das Chloropentamminkobalt(III)-chlorid und in das Hexamminkobalt(III)-chlorid

$$\mathrm{Cl_2[(H_3N)_5Co{-}\overset{H_2}{N}\cdots Co(NH_3)_5]Cl_3}$$

$$\downarrow$$

$$\mathrm{Cl_2[(H_3N)_5CoCl] + [H_3N\cdots Co(NH_3)_5]Cl_3}$$

Diese Spaltung beweist die Richtigkeit der obigen Konstitutionsformel.

Als Beispiel für die Konstitutionsermittlung durch Synthese soll die Herstellung des Tetraäthylendiamin-diol-chrom(III)-bromids geschildert werden. Erhitzt man das rote cis-Hydroxo-aquo-diäthylendiamin-chrom(III)-bromid, so entsteht unter Wasserabspaltung ein blaues Salz. In diesem blauen Salz, welches die Zusammensetzung $[Cr_2(OH)_2en_4]Br_4$ besitzt, haben die OH-Gruppen einen ganz anderen Charakter als in dem Ausgangsprodukt,

$$\left[\mathrm{en_2\,Cr}\begin{matrix}\mathrm{OH}\\ \mathrm{OH_2}\end{matrix}\right]\mathrm{Br_2},$$

sie reagieren nicht mehr mit Säuren. Die Beständigkeit der OH-Gruppen gegenüber Säuren kann nur durch deren Übergang in eine Ol-Brücke erklärt werden. In der Ol-Brücke ist die KZ. des 3zähligen Sauerstoffatoms erfüllt und eine Addition des Wasserstoffions unter Bildung der Aquogruppe kann nicht eintreten. Die Bildung des Tetraäthylendiamin-diol-dichrom(III)-bromids geht nach folgendem Schema vor sich:

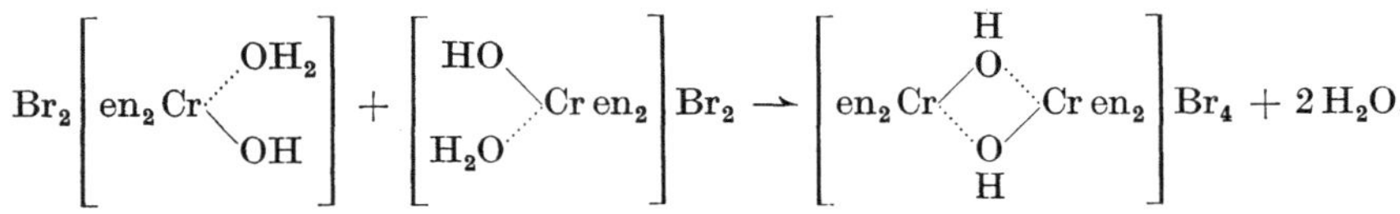

Es treten 2 Moleküle cis-Hydroxo-aquo-diäthylendiamin-chrom(III)-bromid in der Weise zusammen, daß die 2 Aquogruppen austreten und ihre Stellen von den vorhandenen beiden OH-Gruppen eingenommen werden. In der gebildeten Verbindung sind dann die beiden OH-Gruppen an das eine Chromatom mit Haupt- und an das andere Chromatom mit Nebenvalenzkräften gebunden. Die Bildung der Ol-Brücke beansprucht starkes Interesse, da in den Chrombrühen auf demselben Prinzip aufgebaute basische Chromsalze angenommen werden. Unter Umständen kann die Ol-Brücke in die Oxo-Brücke übergehen.

Eine besondere Neigung zur Brückenbildung besitzen die Fettsäurereste. Sie bilden mit Chrom(III) und Eisen(III) 3kernige Verbindungen, welche meistens 6 Fettsäurereste im Komplex enthalten. Jedoch sind von R. Weinland und Mitarbeitern (R. Weinland, S. 345), denen wir die Bearbeitung dieses Gebietes verdanken, auch zahlreiche Salze mit weniger als 6 Säureresten hergestellt worden. Nach A. Werner wird den Hexacido-trichrom-(eisen)-salzen folgende Formel zugesprochen:

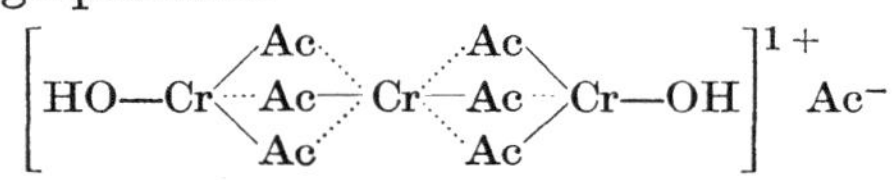

wobei Ac einen beliebigen Fettsäurerest bedeutet. Nach dieser Formel sind zwei von den drei Chromatomen koordinativ ungesättigt. Von den 7 Säureresten sind 6 Brückenglieder, der siebente ist ionogen und kann durch beliebige andere Säurereste ersetzt werden. Die zwei OH-Gruppen sind sehr stabil, ihre Umwandlung in Aquogruppen durch Säurebehandlung gelingt nur unter besonderen Umständen. Das Diaquosalz, $[Cr_3Ac_6(OH_2)_2]X_3$, ist äußerst labil, es spaltet schon in festem Zustand an der Luft 2 Moleküle Säure ab und geht in das Dihydroxosalz, $[Cr_3Ac_6(OH)_2]X$, über. Letzteres erhält man nicht nur aus dem Metallhydroxyd und aus der betreffenden Fettsäure, sondern auch beim Versetzen der Metallsalzlösungen mit dem Alkalisalz der betreffenden Fettsäure (W. D. Treadwell und W. Fisch). Die Brückenbindung durch die Fettsäurereste kommt so zustande, daß ein Kern mit der Carboxylgruppe hauptvalentig und der andere Kern mit dem Carboxylsauerstoff nebenvalentig gebunden wird:

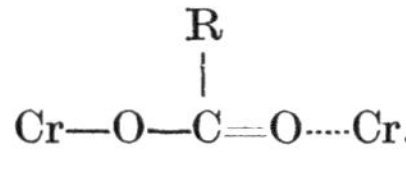

Es gibt auch mehrkernige Halogenide, bei denen die Kerne durch Halogen miteinander verbunden werden. Z. B. nach J. V. Dubsky und E. Wagenhofer in

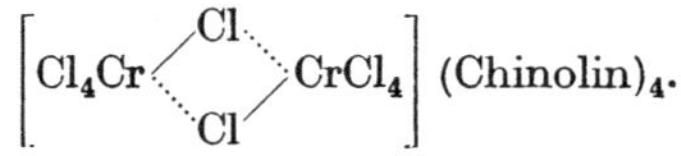

Weiterhin könnten für die in vielen Lösungsmitteln bimolekularen Verbindungen Eisen(III)- und Aluminiumchlorid außer

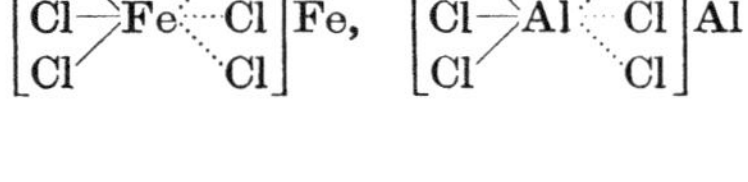

die Formeln

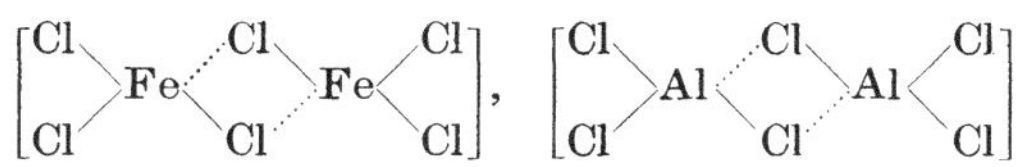

in Frage kommen.

Zu den vom gerbereichemischen Standpunkt wichtigsten, mehrkernigen Komplexverbindungen gehören die Isopolybasen, die Iso- und Heteropolysäuren. Die basischen Chrom-, Aluminium- und Eisensalze sind nämlich Isopolybasen, während die mehr oder weniger gerbend wirkenden Verbindungen bei der Zirkon-, Metaphosphorsäure-, Wolframsäure-, Molybdän-, Silikat- und Phosphorwolframsäuregerbung zu den Isopoly- bzw. Heteropolysäuren gehören (A. Küntzel).

Die Isopolysäuren sind mehrkernige Komplexe, welche sich aus den schwachen, anorganischen, mehrwertigen, sauerstoffhaltigen Säuren bilden. Die klassische anorganische Chemie wußte mit den zahlreichen hierhergehörenden Verbindungen wenig anzufangen. Erst auf Grund der Wernerschen Theorie konnten A. Miolati, H. Copaux, A. Rosenheim und Mitarbeiter ein System aufbauen, welches, wenn auch nicht ganz, doch einigermaßen befriedigte. Sie nahmen an, daß infolge der hohen Ladung des Metallatoms in den Oxyden mit Säureanhydridcharakter, z. B. CrO_3, diese in ihren durch Anlagerung von Wasser gebildeten Säuren, z. B. $H_2O + CrO_3 = H_2[CrO_4]$, durch Austausch der Sauerstoffatome mehrere Säureanhydride anzulagern vermögen. Werden die der betreffenden Säure zugrunde liegenden Säureanhydride angelagert, wie dies z. B. bei der Tetrachromsäure der Fall ist

$$H_2\left[\begin{matrix}O & & O\\ & Cr & \\ O & & O\end{matrix}\right] + 3\,CrO_3 + 6\,H^+ = H_2\left[\begin{matrix}CrO_3 & & O\\ & Cr & \\ CrO_3 & & CrO_3\end{matrix}\right] + 3\,H_2O,$$

so entstehen die Isopolysäuren, werden andere Säureanhydride angelagert, so entstehen Heteropolysäuren, z. B.

$$H_8[SiO_6] + 6\,W_2O_7 + 12\,H^+ = H_8[Si(W_2O_7)_6] + 6\,H_2O.$$

Die so entstandenen Strukturformeln gaben tatsächlich die Haupteigenschaften der Polysäuren, hohe Wertigkeit und hochmolekulare Beschaffenheit, wieder; in anderen Hinsichten erwiesen sie sich jedoch als nicht zufriedenstellend.

Wie verdanken G. Jander und Mitarbeitern [siehe zusammenfassende Mitteilung von G. Jander und K. F. Jahr (*1*), (*2*)] die Erforschung der Vorgänge, die zur Bildung von Iso- und Heteropolysäuren führen. Es handelt sich dabei um Hydrolysenvorgänge, wobei die Hydrolysenprodukte durch Kondensation zu den höher molekularen Polysäuren zusammentreten, z. B.

$CrO_4^{2-} + H_2O \rightleftharpoons HCrO_4^- + OH^-$ Hydrolyse bzw. bei Anwesenheit von Säure Zurückdrängung der Dissoziation:

$$CrO_4^{2-} + H^+ \rightleftharpoons HCrO_4^-,$$

$$2\,HCrO_4^- \rightleftharpoons Cr_2O_7^{2-} + H_2O \text{ Kondensation.}$$

Durch Säurezusatz wird die Hydrolyse gesteigert und damit die Menge der kondensierenden $HCrO_4^-$ erhöht. Mit sinkendem p_H-Wert in stark saurer Lösung entstehen höher polymerisierte Produkte, Tri- und Tetrachromsäuren:

$$3\,Cr_2O_7^{2-} + 2\,H^+ \rightleftharpoons 2\,Cr_3O_{10}^{2-} + H_2O,$$

$$4\,Cr_3O_{10} + 2\,H^+ \rightleftharpoons 3\,Cr_4O_{13}^{2-} + H_2O.$$

Der Wert der Untersuchungen von G. Jander und Mitarbeitern, welche an im Gleichgewicht befindlichen Lösungen ausgeführt wurden, wird noch dadurch erhöht, daß nicht nur die Zusammensetzung der kristallisierten, sondern auch die der in Lösung vorhandenen Verbindungen ermittelt werden konnte. Die bei Hydrolysenvorgängen am meisten gebräuchliche Untersuchungsmethode, die potentiometrische Titration, erwies sich wegen der Pufferwirkung der entstehenden Hydrolysenprodukte als am wenigsten brauchbar. Aufschlußreicher waren die Leitfähigkeitstitration und die thermometrische Titration. Obwohl die Temperaturerhöhung bei letzterer von zusammengesetzter Natur ist, konnte die bei der Kondensation auftretende Wärmeentwicklung meistens deutlich wahrgenommen werden. Über die Molekulargröße gab die Ermittlung der Diffusionskoeffizienten der entstehenden Verbindungen zahlenmäßige Auskunft, indem bei Einhaltung bestimmter Vorsichtsmaßregeln folgendes gilt:

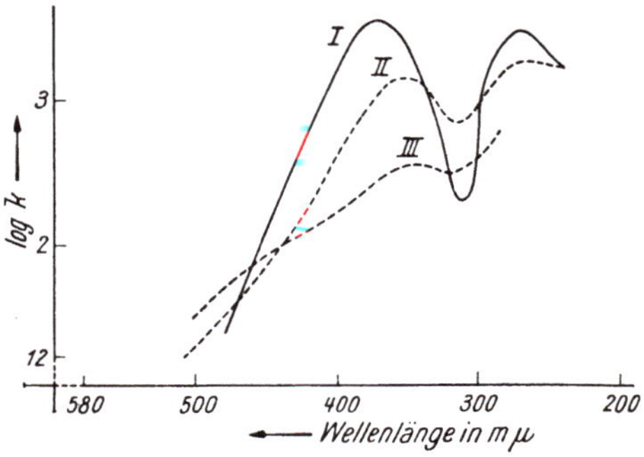

Abb. 6. Verflachung der Absorptionskurve und Verlagerung des Absorptionsmaximums bei zunehmender Aggregation [G. Jander und K. F. Jahr (*1*)]. *I* Monochromat, *II* Bichromat, *III* Polychromat.

$$D \cdot \sqrt{M} = \text{konst.}$$

Hierbei bedeutet M das Molekulargewicht und D den Diffusionskoeffizienten.

Auch die fortlaufende Messung der Absorptionsspektren erwies sich als aufschlußreich. Bei Eintritt von Aggregation wird nämlich bei gleichzeitiger Verflachung der Absorptionskurve das Absorptionsmaximum nach höheren Wellenlängen verschoben (siehe Abb. 6). Die Auswertung der Ergebnisse der genannten Methoden und die Zusammensetzung der unter bestimmten Vorsichtsmaßregeln präparativ hergestellten kristallisierten Verbindungen ergaben ein nahezu vollständiges Bild über den Gang der Hydrolyse und über den Kondensationsgrad der untersuchten Polysäuren.

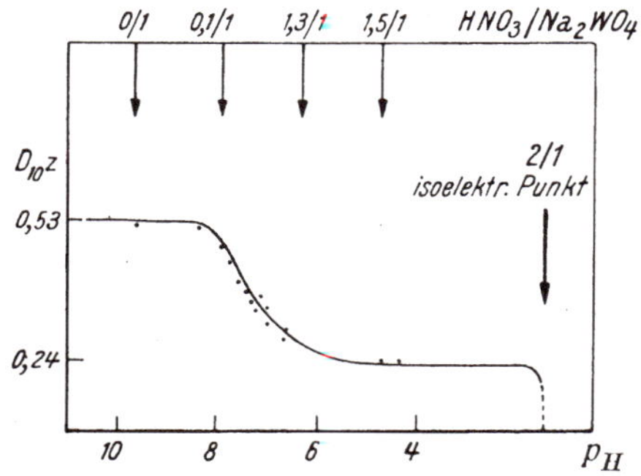

Abb. 7. Diffusionskoeffizienten ($D_{10}z$) der Wolframsäureteilchen in Abhängigkeit vom p_H der Lösung [G. Jander und K. F. Jahr (*1*)]. Die Diffusionsgeschwindigkeit ändert sich nur in dem ziemlich engen p_H-Bereich zwischen ~ 8 und ~ 6, was beweist, daß hier die Aggregation vor sich geht. Oberhalb dieses p_H-Gebietes ist nur die einfach molekulare Wolframsäure und unterhalb nur die polymolekulare Hexawolframsäure anwesend. Die Messungen wurden in einer 0,1 molaren Natriumwolframat-Lösung bei 10° C durchgeführt. Die p_H-Werte wurden mit Salpetersäure eingestellt. $D_{10}z$ stellt den mit der relativen Zähigkeit, z, korrigierten Diffusionskoeffizienten dar.

Wie Tabelle 7 zeigt, sind die auftretenden Aggregationsformen für jedes Element durchaus spezifisch. Sie haben gemeinsam, daß die Kondensation in ganz bestimmten, ziemlich engen p_H-Bereichen stattfindet. Außerhalb dieser Bereiche ist immer nur eine ganz bestimmte Polysäure vorhanden (siehe z. B. Abb. 7). Die genannte Tabelle gibt auch das Reaktionsschema für die einzelnen Polysäuresysteme wieder.

Heteropolysäuren bilden sich dann, wenn in der Lösung neben einer Isopolysäure Säuren wie Phosphor-, Perjod-, Kiesel-, Bor- und Tellursäure vorhanden sind. Diese Säuren muß man nämlich in Lösungen, in welchen entweder ihre Eigenkonzentration hoch ist oder der p_H-Wert durch starke Mineralsäuren sehr stark erniedrigt wird, und solche sind es, in denen sich die Isopolysäuren bilden, als Pseudosäuren auffassen, z. B.

$$\underset{\text{Pseudosäure.}}{Te(OH)_6} \rightleftarrows \underset{\text{Säure.}}{H_2TeO_4 \text{ aq.}}$$

Tabelle 7. Zusammenstellung der Isopolysäuren.

System: **Wolframsäure.**

Monomolekulare Form: $(WO_4 \cdot aq.)^{2-}$, Monowolframsäureion.

Reaktionsschema	Benennung der entst. Polysäure
$6\,(WO_4 \cdot aq.)^{2-} + 7\,H^+ \rightleftarrows (HW_6O_{21} \cdot aq.)^{5-} + 3\,H_2O$	Hexawolframsäure
$(HW_6O_{21} \cdot aq.)^{5-} + 2\,H^+ \rightleftarrows (H_3W_6O_{21} \cdot aq.)^{3-}$	„

Als Zwischenprodukte treten noch Tri- und Dodeka-Wolframsäure auf, in Lösung ist jedoch nur die Monowolframsäure bzw. die Hexawolframsäure beständig.

System: **Molybdänsäure.**

Monomolekulare Form: $(MoO_4 \cdot aq.)^{2-}$, z. B. $Na_2MoO_4 \cdot 2\,H_2O$, Natriummolybdat.

Reaktionsschema	Natriumsalze	Benennung
$6\,(MoO_4)^{2-} + 7\,H^+ \rightleftarrows (HMo_6O_{21} \cdot aq.)^{5-} + 3\,H_2O$	$Na_5HMo_6O_{21} \cdot 18\,H_2O$	Pentanatrium-hexamolybdat
$(HMo_6O_{21} \cdot aq.)^{5-} + H^+ \rightleftarrows (H_2Mo_6O_{21} \cdot aq.)^{4-}$	$Na_4H_2Mo_6O_{21} \cdot 13\,H_2O$	Tetranatrium-hexamolybdat
$(H_2Mo_6O_{21} \cdot aq.)^{4-} + H^+ \rightleftarrows (H_3Mo_6O_{21} \cdot aq.)^{3-}$	$Na_3H_3Mo_6O_{21} \cdot 7{,}5\,H_2O$	Trinatrium-hexamolybdat
$2\,(H_3Mo_6O_{21} \cdot aq.)^{3-} + 3\,H^+ \rightleftarrows (H_7Mo_{12}O_{41})^{3-} + H_2O$	$Na_3H_7Mo_{12}O_{41} \cdot 22\,H_2O$	Trinatrium-dodekamolybdat
$2\,(H_7Mo_{12}O_{41} \cdot aq.)^{3-} + H^+ \rightleftarrows (H_7Mo_{24}O_{78} \cdot aq.)^{5-} + 4\,H_2O$	$Na_5H_7Mo_{24}O_{78} \cdot 12\,H_2O$	Pentanatrium-eikositetramolybdat
$(H_7Mo_{24}O_{78} \cdot aq.)^{5-} + 2\,H^+ \rightleftarrows (H_9Mo_{24}O_{78} \cdot aq.)^{3-}$	$Na_3H_9Mo_{24}O_{78} \cdot 9\,H_2O$	Trinatrium-eikositetramolybdat
$(H_9Mo_{24}O_{78} \cdot aq.)^{3-} + 3\,H^+ \rightleftarrows (H_{12}Mo_{24}O_{78} \cdot aq.)^0$	Isoelektrischer Punkt des Molybdänsäuresystems	

System: **Vanadinsäure.**

Monomolekulare Form: $(VO_4 \cdot aq.)^{3-}$, Monovanadinsäure.

Reaktionsschema	Benennung
$2\,(VO_4 \cdot aq.)^{3-} + 2\,H^+ \rightleftarrows (V_2O_7 \cdot aq.)^{4-} + H_2O$	Divanadinsäure
$2\,(V_2O_7 \cdot aq.)^{4-} + 3\,H^+ \rightleftarrows (HV_4O_{13} \cdot aq.)^{5-} + H_2O$	Tetravanadinsäure
$(HV_4O_{13} \cdot aq.)^{5-} + H^+ \rightleftarrows (H_2V_4O_{13} \cdot aq.)^{4-}$	Tetravanadinsäure
$10\,(H_2V_4O_{13} \cdot aq.)^{4-} + 10\,H^+ \rightleftarrows 5\,(H_4V_8O_{25} \cdot aq.)^{6-} + 5\,H_2O$	Oktovanadinsäure, unbeständig, zerfällt in Pentavanadinsäure
$5\,(H_4V_8O_{25} \cdot aq.)^{6-} + 3\,H_2O \rightleftarrows 8\,(H_3V_5O_{16} \cdot aq.)^{4-} + 2\,H^+$	Langsam verlaufende Zerfallsreaktion
$10\,(H_2V_4O_{13} \cdot aq.)^{4-} + 8\,H^+ \rightleftarrows 8\,(H_3V_5O_{16} \cdot aq.)^{4-} + 2\,H_2O$	Pentavanadinsäure
$(H_3V_5O_{16} \cdot aq.)^{4-} + H^+ \rightleftarrows (H_4V_5O_{16} \cdot aq.)^{3-}$	Pentavanadinsäure
$(H_4V_5O_{16} \cdot aq.)^{3-} + 3\,H^+ \rightleftarrows (H_7V_5O_{16} \cdot aq.)^0$	IsoelektrischerPunkt des Vanadinsäuresystems
$(H_7V_5O_{16} \cdot aq.)^0 + 5\,H^+ \rightleftarrows 5\,(VO_2 \cdot aq.)^+ + 6\,H_2O$	Zerfall in Vanadylionen

Fortsetzung der Tabelle 7.

System: **Tantalsäure.**

Sie existiert nur in stark alkalischer Lösung ($^n/_{10}$-Kaliumtantalatlösung besitzt einen p_H-Wert von 12), und zwar als Pentatantalat: $(Ta_5O_{16} \cdot aq.)$.

Systeme: **Kieselsäure und Zinnsäure.**

In der Lösung der kristalloiden Metasilikate existieren zwei Kieselsäurearten, welche miteinander und mit den $[OH^-]$-Ionen im Gleichgewicht stehen. In stark alkalischen Lösungen ist das Monokieselsäureion vorherrschend $(NaSiO_3 \cdot aq.)^-$, welches in weniger alkalischen Lösungen mit der Dikieselsäure im Gleichgewicht steht:

$$2\,(SiO_3 \cdot aq.)^{2-} + H_2O \rightleftarrows (Si_2O_5 \cdot aq.) + 2\,OH^-.$$

Wird der p_H-Wert einer Silikatlösung (0,1 molar) unter 10,9 gebracht, so entstehen unbeständige Polykieselsäuren, welche in Siliciumoxyhydrate übergehen und ausflocken. Die sich in saurer Lösung ($p_H = 3{,}2$) bildende Monokieselsäure R. Willstätters ist eine monomolekulare Pseudokieselsäure.

Auch die Stannate existieren nur in stark alkalischen Lösungen, in welchen analog der Kieselsäure die Monostannisäure mit der Distannisäure im Gleichgewicht steht:

$$2(SnO_3 \cdot aq.)^{2-} + H_2O \rightleftarrows (Sn_2O_5 \cdot aq.)^{2-} + 2\,OH^-.$$

Bei einem p_H von über 11,6 sind die Stannatlösungen unbeständig.

Tabelle 8. Zusammensetzung der Heteropolysäuren.

Pseudosäure : Isopolysäure	Zusammensetzung der Heteropolysäure
1:1	1 Perjodsäure + 1 Hexawolframsäure 1 Tellursäure + 1 Hexawolframsäure 1 Arsensäure + 1 Hexawolframsäure 1 Phosphorsäure + 1 Hexawolframsäure 1 Phosphorsäure + 1 Oktovanadinsäure
1:2	1 Arsensäure + 2 Hexawolframsäure 1 Arsensäure + 2 Hexamolybdänsäure 1 Kieselsäure + 2 Hexawolframsäure 1 Kieselsäure + 2 Hexamolybdänsäure 1 Borsäure + 2 Hexamolybdänsäure 1 Phosphorsäure + 2 Hexawolframsäure 1 Phosphorsäure + 2 Hexamolybdänsäure
1:3	1 Arsensäure + 3 Hexawolframsäure 1 Arsensäure + 3 Hexamolybdänsäure 1 Phosphorsäure + 3 Hexawolframsäure 1 Phosphorsäure + 3 Hexamolybdänsäure 1 Phosphorsäure + 3 Oktavanadinsäure
2:1	2 Phosphorsäure + 1 Oktavanadinsäure
2:3	2 Phosphorsäure + 3 Hexawolframsäure 2 Phosphorsäure + 3 Hexamolybdänsäure 2 Phosphorsäure + 3 Oktovanadinsäure

Mit Hilfe der OH-Gruppen der Pseudosäuren tritt mit den Isopolysäuren Kondensation, sei es durch Verolung oder durch Wasserabspaltung, ein. Das Primäre ist stets die Bildung der Polysäuren. Meistens sind es die in Lösung beständigen Isopolysäuren, welche als Komponenten der Heteropolysäuren auftreten. Es kommt aber auch vor, daß eine an sich unbeständige Isopolysäure mit der Pseudosäure zu einer Heteropolysäure zusammentritt und dadurch vor Zerfall geschützt wird. Dies ist der Fall mit der Oktovanadinsäure. Mono-, Di-, Tetra- und Pentavanadinsäure bilden keine Heteropolysäuren. Wie Tabelle 8 zeigt, ist das Verhältnis Pseudosäure : Isopolysäure in den Heteropolysäuren sehr verschieden und hängt zum Teil von dem Gehalt der Lösung an beiden Komponenten ab.

Isopolybasen sind mehrkernige Hydrolysenprodukte der mehrwertigen Basen, wie z. B. Chrom, Aluminium und Eisen. Sie entstehen hauptsächlich dann, wenn man die Hydrolyse der Salze dieser Elemente durch Laugenzusatz erhöht. Da die Bildung der Isopolybasen bei den verschiedenen Elementen analog verläuft und dieser Vorgang beim Chrom ausführlich behandelt wird (siehe S. 88 bis 95), erübrigt es sich, an dieser Stelle auf Einzelheiten einzugehen.

Nach Ansicht von E. Stiasny und D. Balányi sind die Isopolybasen Ol-Verbindungen, die sich aus den primären Hydrolysenprodukten, den Hydroxoverbindungen, bilden, z. B.:

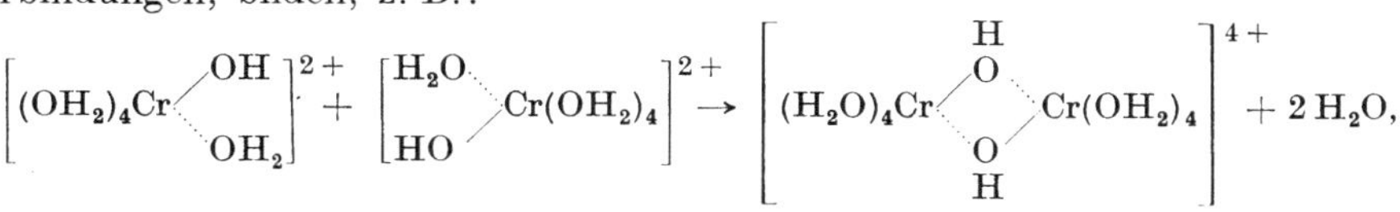

bei weiterer Hydrolyse, d. h. Laugenzusatz:

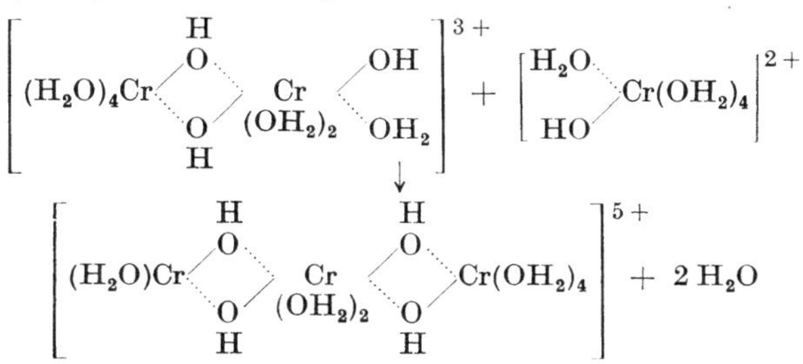

oder

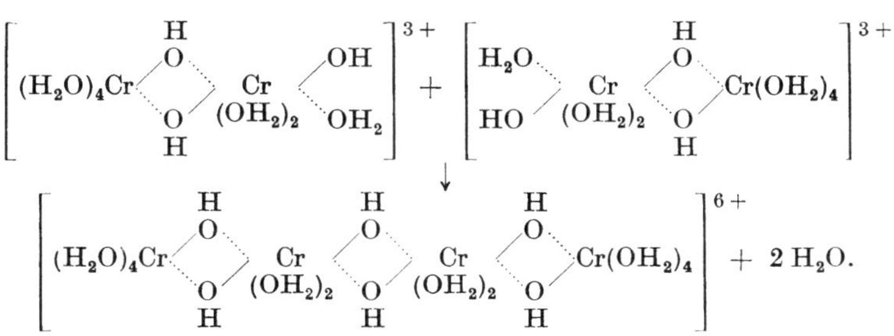

Zur Erklärung der beim Altern oder Erhitzen eintretenden erhöhten Widerstandsfähigkeit der Ol-Gruppe dem H^+-Ion gegenüber wurde durch den Übergang der Ol-Gruppe in μOxo-Gruppe erklärt: Nach Stiasny und Mitarbeitern (E. Stiasny und D. Balányi, E. Stiasny und O. Grimm):

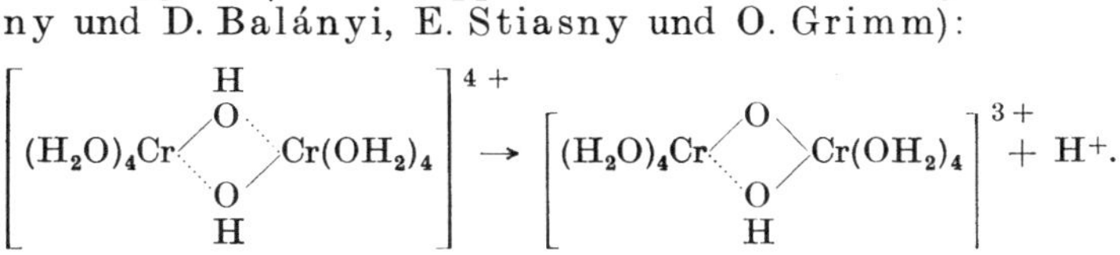

Nach A. Küntzel, C. Rieß und G. Königfeld unter Wasserabspaltung und Entstehung koordinativ ungesättigter Verbindungen:

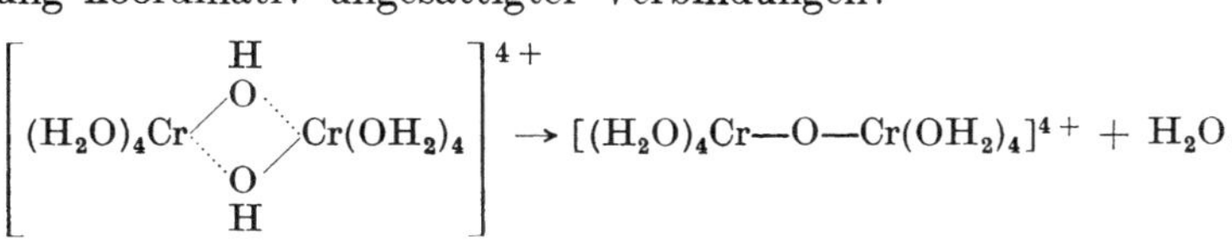

Nach Jander und Mitarbeitern [siehe zusammenfassende Darstellung von G. Jander und K. F. Jahr (*2*)], von denen die Benennung Isopolybasen stammt, entstehen diese folgendermaßen:

$$[Al(NO_3)_2\cdot aq.]^+ + OH^- \rightleftharpoons [Al(NO_3)_2OH\,aq.],$$

$$2\,[Al(NO_3)_2\cdot OH\,aq.] \rightleftharpoons (NO_3)_2Al{-}O{-}Al(NO_3)_2\cdot aq. + H_2O,$$

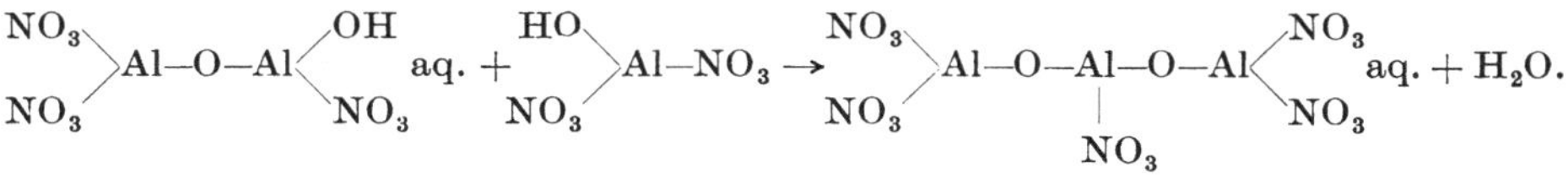

Beide Auffassungen geben die durch fortschreitenden Laugenzusatz (p_H-Erhöhung) hervorgerufene Vergrößerung des Moleküls durch Kondensation gut wieder. Während die Auffassung von E. Stiasny und Mitarbeitern ganz auf Grund der Wernerschen Theorie aufgebaut ist, bevorzugen G. Jander und Mitarbeiter ebenso wie bei den Polysäuren eine weniger starre Formulierung, indem sie vermeiden, mehr oder weniger hypothetische Strukturformeln aufzustellen; sie fassen weder die Hydrolyse noch die Komplexe als solche im Wernerschen Sinne auf.

Aus der Bestimmung des Diffusionskoeffizienten bei wachsenden p_H-Werten ergab sich, daß im Gegensatz zu den Polysäuren in jedem p_H-Gebiet mehrere Isopolybasen vorhanden sind. Die Kondensation wird auch von der Art des Anions beeinflußt, und zwar bei den verschiedenen Elementen in ungleicher Weise, so verhält sich z. B. Ferrichlorid anders als Chromichlorid (K. F. Jahr). Auch die Widerstandsfähigkeit der Brückenbindung gegenüber dem H-Ion ist bei den verschiedenen Elementen unter vergleichbaren Umständen (gleiche Anionen) verschieden, z. B. sind die Isopolybasen des Chrominitrats bzw. des Chromichlorids gegenüber dem H-Ion widerstandsfähiger als die Polybasen des Aluminiumnitrats bzw. des Aluminiumchlorids (A. Küntzel, C. Rieß und G. Königfeld). Auch gegenüber starken Komplexbildnern, z. B. Oxalationen, verhalten sich die Polybasen des Aluminiums anders als die des Chroms. Während die ersteren in das Trioxalato-aluminiumion verwandelt werden und die der Basizität entsprechende Menge OH^- frei wird (F. Feigl und G. Krauß), ist dies beim Chrom nicht der Fall:

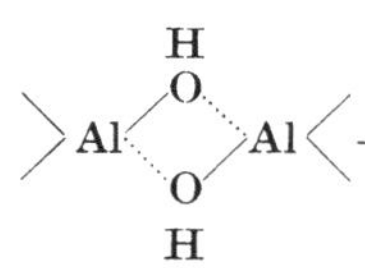 $+ 6\,Ox = 2\,[Al(Ox)_3]^{3-} + 2\,OH^-$ (Ox = C_2O_4-Rest).

7. Innere Komplexverbindungen.

In den Hexacido-trichrom(III)-salzen sind die Fettsäurereste als Brückenglieder mit dem einen Metall durch die Carboxylgruppe hauptvalentig und mit dem anderen durch das Sauerstoffatom der Carbonylgruppe nebenvalentig verbunden.

Bindet nun ein organischer Rest ein und dasselbe Metallatom mit Haupt- und Nebenvalenzkraft, so entsteht eine Verbindung, die man als inneres Komplexsalz bezeichnet (H. Ley). Eine organische Verbindung wird demnach nur dann ein inneres Komplexsalz bilden können, wenn sie außer einer sauren Gruppe, welche Hauptvalenzkräfte zu betätigen befähigt ist, noch eine andere Gruppe im Molekül enthält, in welcher der Sauerstoff oder der Stickstoff Nebenvalenzkraft zu äußern vermag. So bildet z. B. Glykokoll mit Chrom ein rotes inneres Komplexsalz, das Triglycinchrom(III),

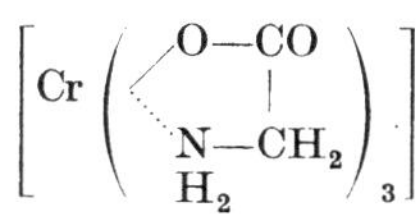

in welchem die Carboxylgruppe hauptvalentig und die Amingruppe, wie Ammoniak in den Ammoniakaten, nebenvalentig an das Chromatom gebunden sind. Infolge der doppelten Bindung ist das Metallatom in solchen Komplexen stark maskiert und zeigt in wässeriger Lösung seine charakteristischen Ionenreaktionen nicht. So ist z. B. das Triglycinchrom(III) gegenüber Alkali sehr beständig und wird nur bei höheren Temperaturen unter Bildung von Chromhydroxyd zersetzt. Selbstverständlich variiert der Maskierungsgrad bei den verschiedenen inneren Komplexverbindungen in weiten Grenzen und ist davon abhängig, wie fest das Metallatom mit dem organischen Molekül verbunden ist.

Charakteristisch ist für die inneren Komplexverbindungen ihre lebhafte Farbe, welche von der Nebenvalenzbetätigung zwischen Metallatom und organischem Rest herrührt. Erinnert man sich an die Farbigkeit der Chromamminsalze, so ist es gar nicht verwunderlich, daß die Nebenvalenzbindung mit selektiver Lichtabsorption verbunden ist. Die Komplexsalze haben ihrer lebhaften Farbe zu verdanken, daß sie in der analytischen Chemie zur Identifizierung der Elemente gern angewandt werden. So ist die rote Farbe des Salzes, welches Nickel mit Dimethylglyoxim bildet, jedem Chemiker bekannt:

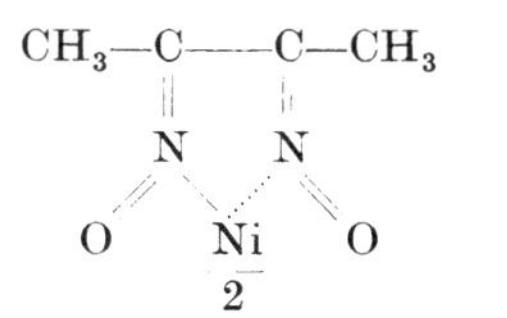

Wie die Strukturformeln zeigen, enthalten die inneren Komplexverbindungen Ringsysteme, welche durch die Verknüpfung zweier verschiedener Atome des organischen Moleküls mit dem Metallatom entstehen. Diese Ringsysteme unterscheiden sich von denen der organischen Chemie dadurch, daß bei diesen die Glieder alle hauptvalentig gebunden sind, in jenen aber auch eine Nebenvalenzbindung vorhanden ist.

Nach P. Pfeiffer [(*5*), S. 1356] nennt man einen solchen Ring, welcher durch die Bindung des Liganden mit Neben- und Hauptvalenz entsteht, *Nebenvalenzring erster Art*. Entsteht der Ring durch Bindung eines Liganden an das Zentralatom mit Nebenvalenzen, z. B. in dem Triäthylendiamin-chromkation

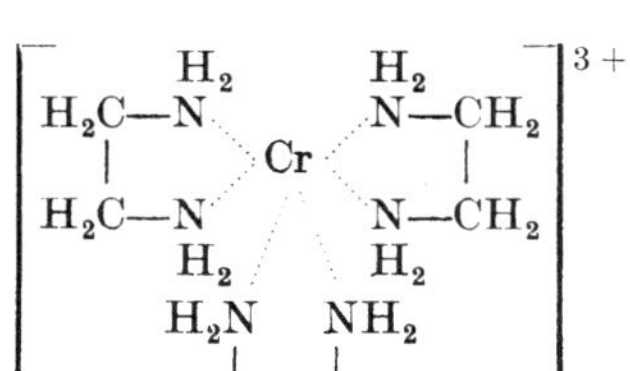

so spricht man von einem *Nebenvalenzring zweiter Art*. *Nebenvalenz-*

ringe dritter Art werden solche genannt, in denen der Ring durch Beteiligung mehrerer Liganden gebildet wird, z. B. in Ol-Verbindungen

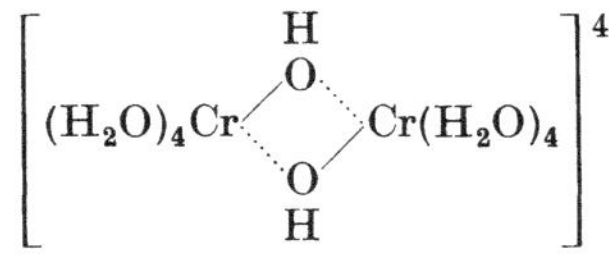

Auch für Nebenvalenzringe erster Art gilt die Baeyersche Spannungstheorie, nach welcher die Fünf- und Sechsringe am beständigsten sind, weil in ihnen die Spannung die geringste ist. Die genannten inneren Komplexe bilden sich nur dann, wenn die Bildung eines Fünf- oder Sechsringes möglich ist. So sind z. B. nur innere Komplexe von α- und β-Aminosäuren bekannt, nicht aber von γ- und δ-Säuren, bei denen Sieben- bzw. Achtringe entstehen müßten: Die Fünfringe sind beständiger als die Sechsringe, sie entstehen auch dort, wo Sechsringe nicht gebildet werden. Man erhält aus Chromchlorid oder aus Chloro-pentammin-chrom(III)-chlorid beim Kochen mit α-Aminosäuren (Glycin, α-Alanin, Asparagin usw.) folgende Verbindungen:

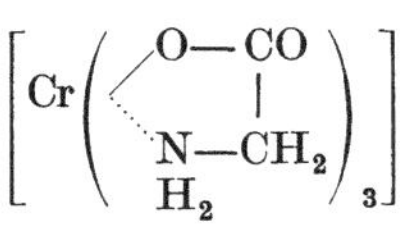

rot.

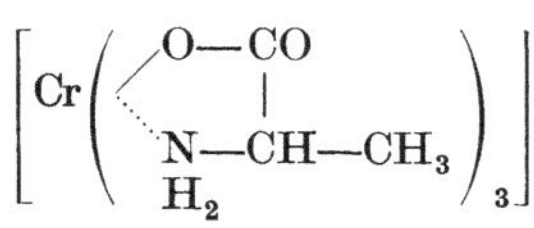

rosarot.

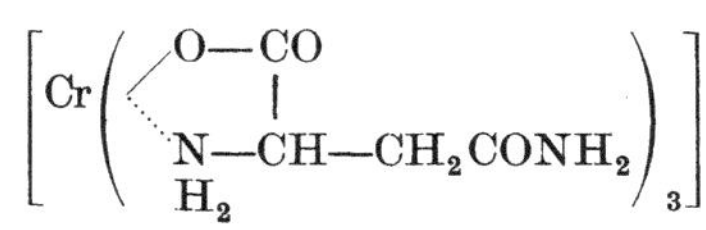

violettrosa.

Mit β-Aminosäuren entstehen jedoch keine gefärbten Verbindungen (L. Tschugajew und E. Serbin).

Zu den inneren Komplexsalzen gehören auch die Dioxalato- und Trioxalato-chrom(III)-salze:

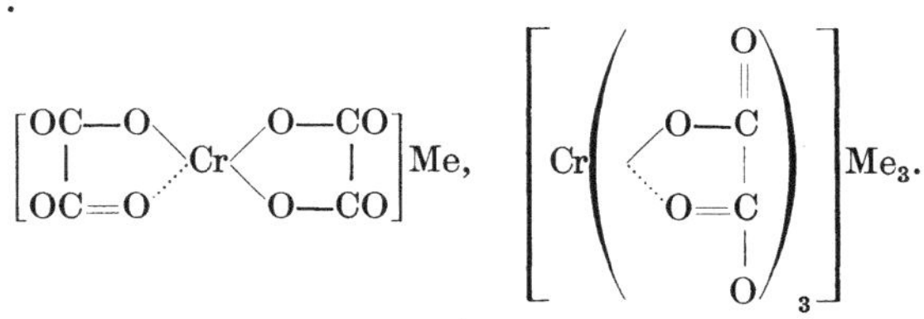

Von den zweibasischen Säuren bildet noch die Malonsäure analoge Komplexe. Die α- und β-Oxysäuren geben ebenfalls innere Komplexe, die nach folgenden Schemenaufgebaut sind:

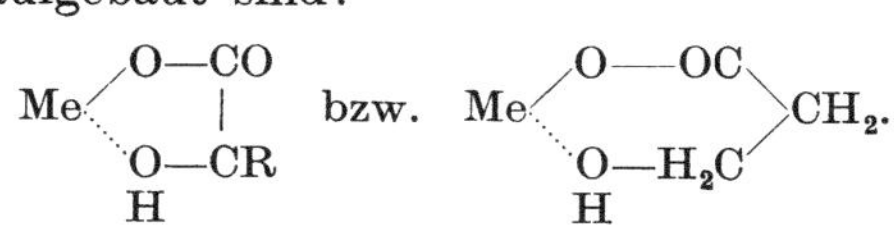

Hierher gehören höchstwahrscheinlich die Metallsalze der Wein- und Zitronensäure.

Als Vertreter der Körperklasse, in welcher die Hauptvalenzbindung durch eine Hydroxylgruppe von saurem Charakter zustande kommt, soll die Brenzkatechinverbindung von Eisen(III) erwähnt werden:

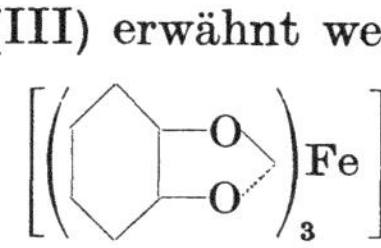

Es gibt zahlreiche organische Verbindungen, bei welchen eine salzbildende und eine zur Nebenvalenzbetätigung befähigte Gruppe in solcher sterischer Anordnung vorhanden sind, daß eine innere Salzbildung möglich wird, z. B.

o-Chinonoxime

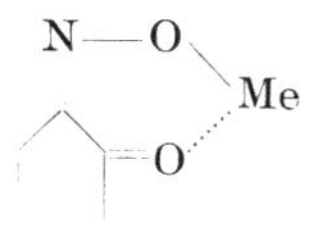

1,3-Diketone in Enolform

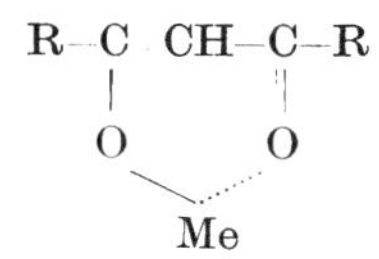

Eine ähnliche Anordnung ist bei den 1-Oxyanthrachinonen, z. B. beim Alizarin, vorhanden:

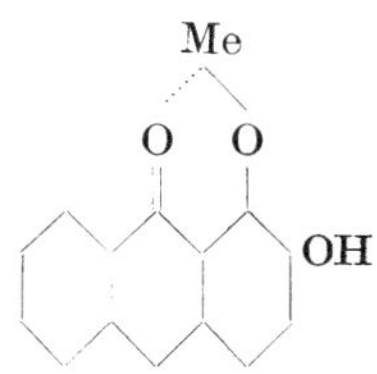

o-Oxycarbonsäuren:

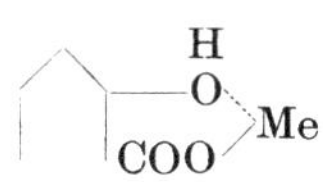

o-Aminophenole:

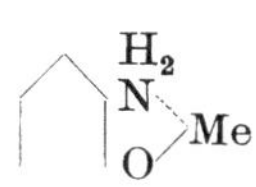

Diese und ähnliche Atomgruppierungen mancher Farbstoffe sind es, die mit den Metallbeizen oder mit dem Chromsalz im Leder beim Färben innere Komplexe, die Lacke, bilden.

8. Isomerieerscheinungen.

Die Isomerieerscheinungen sind in der Chemie der Komplexverbindungen zahlreich. Fast alle konnten auf Grund der Koordinationstheorie von A. Werner erklärt werden und sind deswegen wertvolle Beweise für deren Richtigkeit. Auf ihre ausführlichere Behandlung muß verzichtet werden, es können nur einige für uns wichtigere Fälle herausgegriffen werden. Die Cis- und Transisomerie bei der KZ. 4 (siehe S. 51) und KZ. 6 (siehe S. 52) haben wir schon früher kennengelernt. Es sollen noch die Hydratisomerie, die Ionisationsmetamerie und die Spiegelbildisomerie behandelt werden.

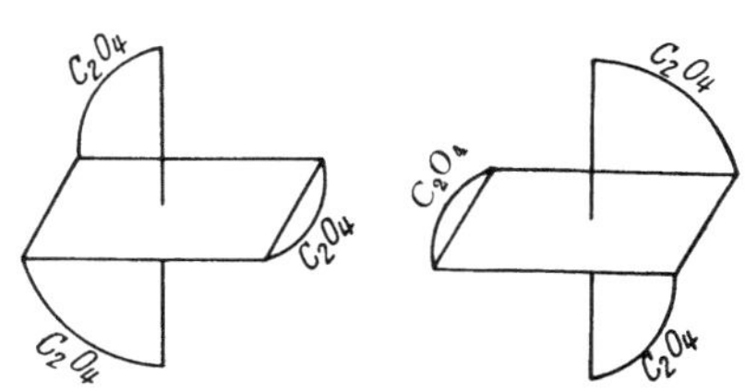

Abb. 8. Räumliche Darstellung der Spiegelbildisomerie beim Trioxalatochrom(III)-sauren Kalium: $[Cr(C_2O_4)_3]K_3$.

Bei der Hydratisomerie ist die Bruttozusammensetzung der Kristalle und somit auch die Summe der Wassermoleküle innerhalb und außerhalb des

Komplexions dieselbe, während die Anzahl komplexgebundener Wassermoleküle verschieden groß ist:

$$[Cr(OH_2)_6]Cl_3, \quad [Cr(OH_2)_5Cl]Cl_2 \cdot H_2O, \quad [Cr(OH_2)_4Cl_2]Cl \cdot 2\,H_2O.$$

Sind in einem Komplex zwei verschiedene Säurereste vorhanden, und zwar der eine ionogen- und der andere komplexgebunden, so können, je nachdem, ob der eine oder der andere Säurerest ionogen gebunden ist, zwei verschiedene Verbindungen von gleicher Zusammensetzung existieren; z. B.:

$$[Cr(NH_3)_5Br]SO_4 \text{ und } [Cr(NH_3)_5SO_4]Br,$$

$$\left[Cr\,\begin{matrix}Cl\\(OH_2)_5\end{matrix}\right]SO_4 \text{ und } \left[Cr\,\begin{matrix}SO_4\\(OH_2)_5\end{matrix}\right]Cl.$$

Diese Isomerieart nennt man Ionisationsmetamerie.

Unter Umständen tritt ein Komplex, dessen Zentralatom die KZ. 6 besitzt und mithin oktaedrisch aufgebaut ist, in zwei verschiedenen Modifikationen auf. Diese verhalten sich zueinander wie Bild und Spiegelbild, weswegen sie nicht zur Deckung gebracht werden können. Die beiden Spiegelbildisomeren sind analog wie die der organischen Chemie optisch aktiv und können aus ihren optisch inaktiven Gemischen, den Racematen, durch Trennung gewonnen werden. Als Beispiele sollen die beiden Modifikationen des Trioxalatochrom(III)-sauren Kaliums: $[Cr(C_2O_4)_3]K_3$ dienen (Abb. 8).

Literaturübersicht.

Andress, K. R. u. C. Carpenter: Ztschr. Krystallogr. Mineral. **87**, 446 (1934).

Brönsted, J. N. (*1*): Ber. Dtsch. chem. Ges. **61**, 2049 (1928); (*2*): Journ. physical Chem. **30**, 777 (1926); Chem. Ztrbl. **1926 II**, 969.

Copaux, H.: Compt. rend. Acad. Sciences **148**, 633 (1909); Ann. Chim. Phys. [8], **17**, 217 (1909); Bull. Soc. chim. France **13**, 820 (1913).

Dede, L.: Komplexchemie. Sammlung Göschen, Bd. 981. Berlin u. Leipzig: Walter de Gruyter und Co., 1928.

Dubsky, J. V. u. E. Wagenhofer: Ztschr. anorgan. allg. Chem. **230**, 112 (1936).

Ephraim, F. (*1*): Ber. Dtsch. chem. Ges. **45**, 1322 (1912); (*2*): Ebenda **46**, 3103 (1913); **48**, 638 (1915); (*3*): Chemische Valenz und Bindungslehre. Handbuch der allgemeinen Chemie, Bd. 6. Leipzig: Akad. Verlagsges. m. b. H., 1928.

Feigl, F. u. G. Krauß: Ber. Dtsch. chem. Ges. **58**, 398 (1925).

Jahr, K. F.: Stiasny-Festschrift. Darmstadt: Ed. Roether, 1937.

Jander, G. u. K. F. Jahr (*1*): Kolloidchem. Beih. **41**, 1, 297 (1934/35); (*2*): Ebenda **43**, 295 (1936).

Küntzel, A.: Angew. Chem. **50**, 308 (1937).

Küntzel, A., C. Rieß u. G. Königfeld: Collegium **1935**, 270.

Ley, H.: Ztschr. Elektrochem. **10**, 954 (1904).

Miolati, A.: Journ. prakt. Chem. **77**, 239 (1908); **100**, 304 (1917).

Pfeiffer, P. (*1*): Ztschr. anorgan. allg. Chem. **105**, 26 (1918); (*2*): Ebenda **192**, 366 (1930); (*3*): Ber. Dtsch. chem. Ges. **39**, 1864 (1906); (*4*): Ebenda **40**, 4036 (1907); (*5*): in K. Freudenbergs Stereochemie. Leipzig u. Wien: Julius Springer, 1933.

Rosenheim, A.: in Abegg, R.: Handbuch der anorganischen Chemie, Bd. 4, 2. Hälfte, S. 977. Leipzig: S. Hirzel, 1920.

Schwarz, R.: Chemie der anorganischen Komplexverbindungen. Berlin u. Leipzig: De Gruyter, 1920.

Scherrer, P. u. P. Stoll: Ztschr. anorgan. allg. Chem. **121**, 319 (1922).

Sidgwick, N. V.: Electronic Theory of Valency. Oxford 1927.

Stiasny, E. u. D. Balányi: Collegium **1927**, 86.

Stiasny, E. u. O. Grimm: Collegium **1927**, 505.

Stiasny, E., K. Lochmann u. E. Mezey: Collegium **1925**, 190.

Tschugajew, L. u. E. Serbin: Compt. rend. Acad. Sciences **151**, 1361 (1910).

Treadwell, W. D. u. W. Fisch: Helv. chim. Acta **13**, 1909, 1219 (1930).

Weinland, R.: Einführung in die Chemie der Komplexverbindungen, 2. Aufl. Stuttgart: Ferd. Enke, 1923.

Werner, A. u. P. Pfeiffer: Neuere Anschauungen auf dem Gebiete der anorganischen Chemie, 5. Aufl. Braunschweig 1923.

II. Chemie der Chromverbindungen.

Von Dr. **Deszö Balányi**, Waalwijk.

1. Herstellung der Alkalichromate.

Zur Herstellung der Chromsalze dient der Chromeisenstein, der auch Chromit genannt wird. Entsprechend seiner Zusammensetzung, $FeO \cdot Cr_2O_3 = [CrO_2]_2Fe$, gehört er zur Gruppe der Spinelle. Chromitlager befinden sich in Rußland, Südrhodesien, Britisch-Indien, Französisch-Indochina, Neukaledonien, Vereinigten Staaten von Amerika, Philippinen, Jugoslawien, Türkei. Die türkischen und jugoslawischen Erze sind hochgradig, die Ablagerungen sind jedoch von geringer Ausdehnung. Eine Chromitablagerung von größter Ausdehnung befindet sich auf den Philippinen (R. Keeler). Die Erzlager in den Vereinigten Staaten von Amerika sind weitgehend abgebaut. In Rußland, welches zurzeit das größte Exportland von Chromit ist, sind ausgedehnte Chromitablagerungen am zahlreichsten. Diese befinden sich im Ural, Nordkaukasus, Transkaukasus, in Sibirien und am Baikalsee.

Um das unlösliche Erz in ein lösliches Chromsalz umzuwandeln, wird es meistens in Alkalibichromat übergeführt. Zu diesem Zwecke wird das Erz fein zerkleinert, mit Kalk und Soda vermischt und in einem Drehrohrofen bei 1100 bis 1200° C geröstet. Es geht dabei folgende Reaktion vor sich:

$$2[CrO_2]_2Fe + 4Na_2CO_3 + 4CaO + 7O = Fe_2O_3 + 4Na_2CrO_4 + 4CaCO_3.$$

Im alkalischen Medium wird das 3wertige Chrom durch den Luftsauerstoff zu 6wertigem oxydiert und als Natriumchromat gebunden. Der Kalkzusatz, welcher an der Oxydationsreaktion praktisch nicht teilnimmt, verhindert das Zusammenschmelzen des Röstgutes, verleiht diesem eine poröse Beschaffenheit, welche den Zutritt des Luftsauerstoffes erleichtert. Nach erfolgter Oxydation wird das Reaktionsprodukt unter Druck ausgelaugt, die Natriumchromatlauge geklärt und konzentriert. Durch den Zusatz der nötigen Schwefelsäuremenge wird das Natriumchromat in Bichromat übergeführt. Das bei diesem Prozeß entstandene Natriumsulfat wird von der Bichromatlauge durch Zentrifugieren oder Abnutschen getrennt. Im Falle der Verarbeitung auf kristallisiertes Natriumbichromat, $Na_2Cr_2O_7 \cdot 2\,H_2O$, wird die Bichromatlauge auf das spez. Gew. 1,7 eingedampft und kristallisieren gelassen.

Zur Gewinnung des meist üblichen geschmolzenen Natriumbichromats wird zur Bichromatlauge so viel Monochromatlauge oder Natriumsulfat gegeben, daß das Endprodukt entsprechend 98 bis 100% Kaliumbichromat 67 bis 68% CrO_3 enthält. In der Lederindustrie wird der Chromgehalt allgemein in Cr oder Cr_2O_3, in der Alkalichromatindustrie in CrO_3 ausgedrückt. Nun wird das Wasser vollständig verdampft, der Rückstand in Eisenschalen erstarren gelassen, zerschlagen und in Fässer gefüllt.

Kaliumbichromat wird fast ausschließlich aus der heißen konzentrierten Natriumbichromatlauge gewonnen, indem diese mit der berechneten Menge Kaliumchlorid versetzt und das Kaliumbichromat auskristallisieren gelassen wird.

Die Herstellung der Chromate konnte an dieser Stelle nur in großen Zügen geschildert werden, in bezug auf Einzelheiten muß auf die einschlägige Literatur (Fr. Ullmann, S. 401; C. B. Kinney) hingewiesen werden.

2. Chromsäure und Alkalichromate.

Das Element Chrom ist in seinen Verbindungen im allgemeinen 2-, 3- oder 6wertig. Nur die Salze des 3wertigen Chroms besitzen die Fähigkeit, die tierische

Haut in Leder umzuwandeln, die beiden anderen Wertigkeitsstufen sind gerberisch unwirksam. Trotz dieses Umstandes besitzen die Alkalisalze des 6wertigen Chroms, die Alkalichromate, für die Chromgerbung die größte Wichtigkeit. Aus ihnen werden nämlich die Chrom(III)-salze, welche dann bei der Einbadgerbung verwendet werden, hergestellt. Weiterhin werden die Blößen bei der Zweibadgerbung im ersten Bad in einer Säure-Alkalibichromat-Lösung behandelt.

Das 2wertige Chrom ist äußerst labil. Es geht spontan durch Oxydation in das 3wertige Chrom über. Seine Reduktionskraft ist so groß, daß Wasser unter Wasserstoffentwicklung zersetzt wird. Von gerbereichemischem Standpunkte haben die Chrom(II)-Salze kein Interesse und brauchen deswegen nicht behandelt zu werden.

Das Anhydrid, welches den Chromsäuren zugrunde liegt, ist das Chromtrioxyd: CrO_3. Es entsteht beim Versetzen einer gesättigten Alkalibichromatlösung mit überschüssiger konzentrierter Schwefelsäure. Die gebildeten Kristalle sind dunkelrot und in Wasser sehr leicht löslich. Löst man Chromsäureanhydrid in Wasser auf, so entsteht eine Chromsäurelösung, in welcher die Monochromsäure mit den Polychromsäuren im Gleichgewicht steht:

$$\text{Mono-} \rightleftharpoons \text{Bi-} \rightleftharpoons \text{Tri-} \rightleftharpoons \text{Tetrachromsäure.}$$

Je verdünnter die Lösung ist, um so mehr verschiebt sich dieses Gleichgewicht nach links zugunsten der Bi- und Monochromsäure, je konzentrierter sie ist, um so mehr verschiebt es sich nach rechts in die Richtung der Tri- und Tetrachromsäure. Auch die „konzentrierteste Lösung", das feste Chromsäureanhydrid, ist allem Anschein nach gar nicht CrO_3, sondern ein Polymeres davon: $(CrO_3)_X$.

Da die Tri- und Tetrachromsäure nur bei höheren Konzentrationen in merkbaren Mengen vorhanden sind, hat man meistens in den Lösungen nur mit Bi- und Monochromsäure zu tun. Beide Säuren sind in der ersten Stufe starke Säuren, denn die Dissoziation:

$$H_2Cr_2O_7 \rightleftharpoons H^+ + HCr_2O_7^- \text{ bzw. } H_2CrO_4 \rightleftharpoons H^+ + HCrO_4^-$$

ist sehr weitgehend: $K_{25} = 1{,}8 \cdot 10^{-1}$ (J. D. Neuß und W. Rieman).

Die weitere Dissoziation von $HCr_2O_7^-$ in $H^+ + Cr_2O_7^{2-}$ ist noch merklich, diejenige von $HCrO_4^-$ in $H^+ + CrO_4^{2-}$ jedoch ist sehr gering. Die Dissoziationskonstante der letztgenannten Reaktion beträgt $3{,}2 \cdot 10^{-7}$, so daß nur in stark verdünnten Lösungen größere Mengen CrO_4^{2-} vorhanden sind. Das Gleichgewicht zwischen der Mono- und Bichromsäure kommt dadurch zustande, daß $HCrO_4^-$ durch Wasserabspaltung in $Cr_2O_7^{2-}$ übergeht: $2\,HCrO_4^- \rightleftharpoons Cr_2O_7^{2-} + H_2O$ bzw. $Cr_2O_7^{2-}$ durch Wasseraufnahme in $HCrO_4^-$ übergeht. Die Gleichgewichtskonstante dieser Reaktion beträgt $2{,}3 \cdot 10^{-2}$ (J. D. Neuß und W. Rieman; E. Endrédy). Mit wachsender Verdünnung verschiebt sich also das Gleichgewicht immer mehr zugunsten des $HCrO_4^-$. Die Tri- und Tetrachromsäuren entstehen analog der Bichromsäure durch Kondensation unter Verbrauch von H^+-Ionen: [G. Jander und K. F. Jahr (*1*); siehe auch S. 65]:

$$CrO_4^{2-} + H^+ \rightleftharpoons HCrO_4^-; \quad 2\,HCrO_4^- \rightleftharpoons Cr_2O_7^{2-} + H_2O,$$

$$Cr_2O_7^{2-} + H^+ \rightleftharpoons HCr_2O_7^-; \quad HCr_2O_7^- + HCrO_4^- \rightleftharpoons Cr_3O_{10}^{2-} + H_2O,$$

$$Cr_3O_{10}^{2-} + H^+ \rightleftharpoons HCr_3O_{10}^-; \quad HCr_3O_{10}^- + HCrO_4^- \rightleftharpoons Cr_4O_{13}^{2-} + H_2O.$$

Die Farbe der Monochromsäure ist gelb, die der Bichromsäure orange und die der höheren Polymeren rot. Sie sind alle nur in Lösung existenzfähig, in fester Form kennen wir sie nur in ihren Salzen, von denen die Alkalisalze der Tetrachromsäure die höchsten bis jetzt dargestellten Polychromate sind.

Das Natriumchromat kristallisiert je nach der Temperatur mit 4, 6, 10 Wasser oder wasserfrei, hingegen das Kaliumchromat stets wasserfrei. Die wässerige Lösung der Alkalichromate ist gelb und reagiert alkalisch.

Die alkalische Reaktion wird durch die Hydrolyse, welche die Alkalichromate in wässeriger Lösung erleiden, hervorgerufen. In der Lösung sind nämlich die Alkalichromate, z. B. Na_2CrO_4 in $2 Na^+ + CrO_4^{2-}$, dissoziiert und ein Teil der Chromationen geht nach folgender Gleichung in Hydrochromationen über, wodurch Hydroxylionen frei werden:

$$CrO_4^{2-} + H_2O \rightleftharpoons HCrO_4^- + OH^-.$$

Die Bildung von Hydroxylionen wird noch dadurch begünstigt, daß die Hydrochromationen teilweise in Bichromationen übergehen:

$$2 HCrO_4^- \rightleftharpoons Cr_2O_7^{2-} + H_2O,$$

wodurch das Gleichgewicht etwas nach rechts verschoben wird. Versetzt man eine Alkalichromatlösung mit überschüssiger Säure, die sogar so schwach wie die Kohlensäure sein kann, so geht das Monochromat in Bichromat über und die gelbe Chromatfarbe der Lösung schlägt augenblicklich in Orange um.

Sowohl in fester Form als auch in Lösung besitzen die Bichromate die orange Farbe des Bichromations. Das Natriumbichromat ist ein leicht lösliches Salz, welches entweder mit zwei Wasser $Na_2Cr_2O_7 \cdot 2 H_2O$ oder ohne Wasser kristallisiert. In der Gerberei wird es in kristallisierter oder in geschmolzener Form verwendet. Sein einziger Nachteil ist die starke Hygroskopizität, weshalb sein Chromgehalt sich an der Luft etwas verändert und vor dem Gebrauch bestimmt werden muß. Das Kaliumbichromat hingegen kristallisiert stets wasserfrei, ist nicht hygroskopisch, löst sich aber nicht so stark in Wasser wie das Natriumbichromat. Die Bichromatlösungen reagieren stets sauer.

Das Bichromat, z. B. $Na_2Cr_2O_7$, ist nämlich in $2 Na^+ + Cr_2O_7^{2-}$ dissoziiert und ein geringer Anteil der Bichromationen hydrolysiert nach der Gleichung:

$$Cr_2O_7^{2-} + H_2O = 2 HCrO_4^-.$$

Trotzdem die Hydrochromsäure eine sehr schwache Säure ist, genügt ihre Dissoziation in $H^+ + CrO_4^{2-}$, um eine saure Reaktion der Lösung hervorzurufen. Versetzt man eine Bichromatlösung mit Alkali, so geht das Bichromat in Monochromat über und die orange Farbe der Lösung schlägt in die gelbe um:

$$Na_2Cr_2O_7 + H_2O = 2 NaHCrO_4,$$

$$2 NaHCrO_4 + 2 NaOH = 2 Na_2CrO_4 + 2 H_2O.$$

Die Bichromate sind starke Oxydationsmittel. Das Natriumbichromat wird in der chemischen Industrie als solches noch immer in großem Maßstabe verwendet (Anthrachinonfabrikation, Campherherstellung aus Camphen), trotzdem es durch elektrolytische und katalytische Oxydationsprozesse immer stärker verdrängt wird. Die Reduktion vollzieht sich nur in saurer Lösung und geht nach folgendem Schema vor sich:

$$Na_2Cr_2O_7 + 8 HX + R = 2 NaX + 2 CrX_3 + RO_3 + 4 H_2O.$$

Unter Abgabe von drei Sauerstoffatomen an die zu oxydierende Substanz R geht das 6wertige Chrom in das Chrom(III)-salz der Säure HX über.

Reicht die anwesende Säure zur Absättigung der drei Valenzen des Chroms nicht aus, so entstehen basische Chromlösungen.

3. Allgemeines über Chrom(III)-salze.

Die eigentlichen Chromgerbstoffe sind die Chrom(III)-salze. Ihre Chemie ist kompliziert; die meisten Chrom(III)-salze und besonders die gerberisch wirksamen, erleiden nämlich in wässeriger Lösung Umwandlungen, welche zu verwickelten Gleichgewichten führen. Die folgenden drei Vorgänge finden dabei statt:

1. Komplexänderung durch Wanderung der Liganden aus dem Komplex bzw. in den Komplex.

2. Hydrolyse.

3. Aggregation der gebildeten Hydroxoverbindungen durch Kondensation (Verolung).

Ad 1. In der Lösung des einfachsten Chromsalzes, des Hexaquochromsalzes der Säure HX, stellt sich folgendes Gleichgewicht ein:

$$[Cr(OH_2)_6]^{3+}X_3^- \rightleftharpoons [Cr(OH_2)_5X]^{2+}X_2^- \rightleftharpoons [Cr(OH_2)_4X_2]^+X^- \rightleftharpoons [Cr(OH_2)_3X_3]^0.$$

Die Lage dieses Gleichgewichts verschiebt sich um so mehr nach rechts zugunsten der Acidosalze, je größer die Komplexaffinität des Restes X zum Chromatom ist. So sind z. B. in der Lösung der Chromoxalate die Oxalatoreste praktisch nur komplexgebunden vorhanden. Für das Chromiperchlorat gilt das Entgegengesetzte. Perchloratochromisalze sind unbekannt. Auch der Nitratorest weist nur eine sehr geringe Komplexaffinität zum Chrom auf, so daß er fast immer, wenn auch nicht ausschließlich, in ionogener Form in der Lösung ist. In

$$[Cr_2(C_2O_4)_3(NO_3)_3(H_2O)_3]H_3(\text{Pyridin})_4 \text{ bzw. } [Cr_2(C_2O_4)_3NO_3(H_2O)_4]H(\text{Chinolin})_2$$

(R. Weinland und W. Hübner)

ist das NO_3 komplexgebunden, so daß unter besonderen Umständen auch mit der Bildung von Nitratochromiverbindungen gerechnet werden muß. In bezug auf ihre Komplexaffinität zum Chrom lassen sich die Säurereste in dieser Reihenfolge anordnen:

$$C_2O_4 > HCOO > CH_3COO > CNS > SO_3 > SO_4 > Cl > NO_3 > ClO_4.$$

Neben der Komplexaffinität des Säurerests beeinflussen sowohl die Temperatur als auch die Konzentration die Lage des Gleichgewichts. Entsprechend dem Massenwirkungsgesetz bewirkt die Konzentrationserhöhung eine Verschiebung des Gleichgewichts in der Richtung der Acidosalze und die Verdünnung in der Richtung des Hexaquosalzes. Durch die erstere wird nämlich die aktive Masse der Säurereste erhöht und demzufolge ihr Eintritt in den Komplex begünstigt. Für die letztere gilt das Entgegengesetzte. In sehr hohen Konzentrationen trägt zur Wanderung des Säurerests in den Komplex auch die Verminderung der aktiven Masse des Wassers bei. Die aktive Masse der Säurereste kann außer durch Konzentrationserhöhung auch durch den Zusatz des Alkalisalzes MeX vergrößert werden, so daß in diesem Falle die folgenden Glieder zum obigen Gleichgewicht hinzukommen können:

$$[Cr(OH_2)_2X_4]^{1-}Me \rightleftharpoons [CrOH_2X_5]^{2-}Me_2 \rightleftharpoons [CrX_6]^{3-}Me_3.$$

Wie bei den Chrom(III)-rhodaniden gezeigt werden konnte [N. Bjerrum (*1*)], sind in der Lösung nach erreichtem Gleichgewicht (dessen Lage von den erwähnten Faktoren abhängig ist) stets mehrere, wenn auch nicht alle sieben Glieder der Reihe gleichzeitig vorhanden. In diesem Zusammenhang ist es erwähnenswert, daß die Neigung des Rhodanatorests, in den Komplex einzutreten, mit der Zahl der in dem Komplex schon vorhandenen Rhodanatoreste abnimmt. Wenn auch diese quantitativ gemessene Affinitätsabnahme nicht ohne weiteres für sämtliche Säurereste verallgemeinert werden darf, scheint sie für die Chloro- und Sulfatoreste zuzutreffen, wenn es sich um Gleichgewichte in nicht allzu konzentrierten Lösungen bei Zimmertemperatur handelt.

Der Eintritt der Säurereste in den Hexaquochromkomplex ist stets mit Farbveränderung verbunden. Durch den Eintritt von Sulfato-, Sulfito- und Halogenoresten schlägt die violette Farbe der Hexaquochromsalze in eine grüne um. Hierbei werden die Maxima in dem Absorptionsspektrum sowohl im langwelligen [N. Bjerrum (*2*)] als auch im kurzwelligen (violett und ultraviolett) Strahlengebiet (A. Byk und H. Jaffe) nach größeren Wellenlängen verschoben. Die Änderung des Absorptionsspektrums ist nicht nur von der Art des Liganden, sondern auch von dessen Bindungsfestigkeit im Komplex abhängig. Der Eintritt verschiedener Acidoreste in den Komplex ruft die gleiche Veränderung im Absorptionsspektrum hervor, wenn die Bindungsfestigkeit dieser Reste im Komplex die gleiche ist (J. P. Mathieu). Organische Reste, wie z. B. Acetato-, Formiato- und Oxalatoreste, verleihen der Chromlösung eher eine violette Farbe, welche jedoch sowohl vom Aufbau des Komplexes als auch von der Anzahl der betreffenden Säurereste abhängig ist.

Ad 2. Außer dem Hexoacidochromsalz enthalten alle Salze der vorher geschilderten Reihe eine größere oder kleinere Anzahl Aquogruppen. In der wässerigen Lösung tritt demzufolge Hydrolyse ein, welche durch Alkalizugabe gefördert werden kann. Auf diese Weise können folgende Hydroxosalze entstehen:

$$\begin{array}{ccccccc}
[Cr(OH_2)_6]X_3 & \rightleftharpoons & \left[Cr{OH \atop (OH_2)_5}\right]X_2 & \rightleftharpoons & \left[Cr{(OH)_2 \atop (OH_2)_4}\right]X & \rightleftharpoons & \left[Cr{(OH)_3 \atop (OH_2)_3}\right] \\
\downarrow\uparrow & & \downarrow\uparrow & & \downarrow\uparrow & & \\
[Cr(OH_2)_5X]X_2 & \rightleftharpoons & \left[Cr{OH \atop (OH_2)_4}X\right]X & \rightleftharpoons & \left[Cr{(OH)_2 \atop (OH_2)_3}X\right] & & \\
\downarrow\uparrow & & \downarrow\uparrow & & & & \\
[Cr(OH_2)_4X_2]X & \rightleftharpoons & \left[Cr{OH \atop (OH_2)_3}X_2\right] & & & & \\
\downarrow\uparrow & & \downarrow\uparrow & & & & \\
[Cr(OH_2)_3X_3] & \rightleftharpoons & \left[Cr{OH \atop (OH_2)_2}X_3\right]Me & & & & \\
\downarrow\uparrow & & \downarrow\uparrow & & & & \\
[Cr(OH_2)_2X_4]Me & \rightleftharpoons & \left[Cr{OH \atop OH_2}X_4\right]Me_2 & & & & \\
\downarrow\uparrow & & \downarrow\uparrow & & & & \\
[CrOH_2X_5]Me_2 & \rightleftharpoons & [CrOHX_5]Me_3 & & & &
\end{array}$$

Die einzelnen Vertikalreihen unterscheiden sich durch die Anzahl der Säurereste im Komplex und die einzelnen Glieder derselben Horizontalreihe durch die Anzahl Hydroxogruppen. In den obigen Reihen wurden nur diejenigen Salze aufgeführt, welche in Chromlösungen unter Umständen tatsächlich vorkommen können. Theoretisch könnten alle Salze, welche noch Aquogruppen enthalten, hydrolysieren. In Wirklichkeit jedoch entstehen die Komplexe, welche mehrere Hydroxogruppen enthalten, nur bei p_H-Werten, die entweder durch ihre starke Alkalität für Chromgerbzwecke unbrauchbar sind oder bei welchen die Lösungen infolge Bildung von Chromhydroxyd oder von anderen schwer löslichen basischen Salzen ausflocken.

Ad 3. Die Aggregation erfolgt durch den Zusammentritt der Hydroxoverbindungen zu mehrkernigen Komplexen, in denen die Hydroxogruppen in Ol- bzw. Oxobrücken übergegangen sind: z. B.

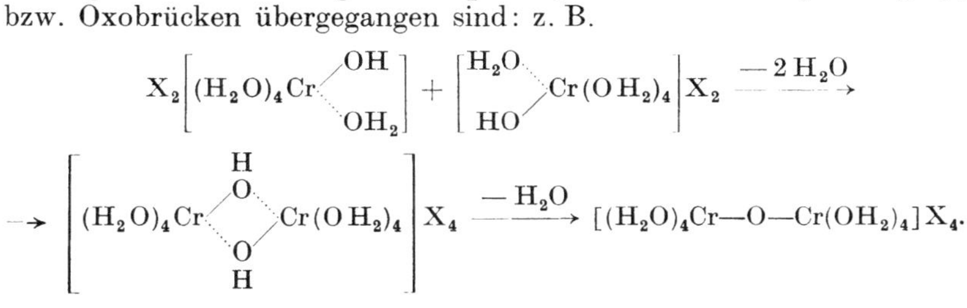

Bei genügend großer Anzahl von Chromkernen können solche mehrkernigen Verbindungen kolloide Teilchengröße erlangen.

Vielfach erfolgen die drei Vorgänge — Wanderung der Säurereste in und aus dem Komplex, Hydrolyse und Aggregation — gleichzeitig, und zwar mit verschiedener Geschwindigkeit, und beeinflussen einander außerdem. Neben den erwähnten Faktoren, Temperatur, Konzentration der Lösung, Art des Säurerestes X, Art der in Lösung befindlichen Neutralsalze, muß der Zeitfaktor ebenfalls berücksichtigt werden.

Zum Gerben werden in der Praxis fast ausschließlich nur Chromchlorid und Chromsulfat verwendet. Chromnitrat wird nicht benutzt, denn es würde keinerlei Vorteil bieten und ist teurer als die beiden genannten Salze. Gewisses Interesse besitzen noch die Sulfitochromsalze. Die Verwendung anderer anorganischer Chromsalze, wie Rhodanid (A. P. 528162), Silikat (D. R. P. 379698), Fluorid (D. R. P. 123556), Phosphat (Can. P. 226670), findet man nur in Patenten[1].

Die Gerbung mit einigen organischen Chromsalzen oder deren Mitverwendung bei der Gerbung scheint Erfolg zu versprechen, indem dem Leder dadurch in mancher Hinsicht günstige Eigenschaften verliehen werden. Die Verwendung von Chromlaktat (D. R. P. 187216) und Chromformiat (D. R. P. 255110, 291884) findet man schon in älteren Patenten, die Verwendung von Phthalatochromsalzen (D. R. P. 643088, 653791; A. O. Jaeger; E. Immendörfer) ist neueren Datums. Hauptsächlich die Untersuchungen von Stiasny und Mitarbeitern über die Gerbwirkung der Oxalato- und Formiatochromsalze haben die Aufmerksamkeit der Praxis auf die Gerbung mit organischem Chromsalz gelenkt. Im folgenden soll die Chemie derjenigen Chromsalze behandelt werden, welche entweder gerberisches Interesse besitzen oder Einblick in die Vorgänge gewähren, die in Chrombrühen stattfinden.

a) Chromnitrate und Chromchloride.

Die ersten Chromleder wurden mit Chromchlorid gegerbt. Gegenwärtig trifft man jedoch in der Praxis nur noch selten Chromchloridbrühen an, diese wurden durch Chromsulfatbrühen verdrängt. Die Bedeutung der Chromnitrate und Chromchloride liegt hauptsächlich darin, daß infolge der geringen Komplexaffinität des Cl- bzw. NO_3-Restes die Verhältnisse weniger kompliziert sind als bei den Sulfaten. Die Komplexänderungen durch Wanderung des Säurerestes (des Cl-Restes) in den Chromkomplex bzw. aus dem Chromkomplex einerseits, die Hydrolyse und Aggregation andererseits verlaufen nicht nebeneinander, so daß die Gesetzmäßigkeiten hierbei getrennt verfolgt werden können, was bei den Chromsulfaten nicht der Fall ist.

Nitrato-aquochromnitrate existieren nicht, das einzige Aquochromnitrat ist das Hexaquosalz: $[Cr(H_2O)_6](NO_3)_3 \cdot 3\,H_2O$.

Bei den Chromchloriden sind sämtliche aus dem Hexaquochromchlorid ableitbaren Chlorosalze bekannt:

$$[Cr(OH_2)_6]Cl_3,\quad [Cr(OH_2)_5Cl]Cl_2,\quad [Cr(OH_2)_4Cl_2]Cl,\quad [Cr(OH_2)_3Cl_3],$$
$$[Cr(OH_2)_2Cl_4]H,\quad [Cr(OH_2)Cl_5]H_2,\quad [CrCl_6]H_3.$$

Die roten Chromchloride, welche man durch Anlagerung von HCl an das Dichlorosalz erhält [A. Recoura (*1*); J. R. Partington und S. K. Tweedy; R. Schwarz und J. Meyer], sind hierbei als anodische Chlorosalze betrachtet. In Salzform ist nur die Pentachloro-aquochromsäure bekannt. Die Ionisierung

[1] In einer nach Drucklegung erschienenen Arbeit, hat K. Lindner auf die Gerbwirkung der Chromkomplexe der Metaphosphorsäure hingewiesen.

der Chlororeste in den Lösungen der Chlorochromsäuren erfolgt sehr rasch, und die rote Farbe geht dabei in grüne über. Sie zerfallen hierbei in Salzsäure und Dichlorochromchlorid. Ähnlich verhält sich auch das Trichlorochromchlorid [A. del Campo und M. A. Mallo; A. Recoura (*2*)], es geht durch Wanderung eines Chlororestes aus dem Komplex in das Dichlorochromchlorid über. Infolge der äußerst geringen Beständigkeit des Trichlorosalzes und der anodischen Chlorosalze braucht man deren Anwesenheit in Chromchloridlösungen keine Rechnung zu tragen und sie können aus den weiteren Betrachtungen ausgeschaltet werden.

Außer den roten Chlorokomplexen gibt es noch grüne Additionsverbindungen von der Zusammensetzung: $[Cr(OH_2)_5Cl]Cl_2 \cdot MeCl$ und $[Cr(OH_2)_4Cl_2]Cl \cdot 2MeCl$ (A. Werner und A. Gubser; N. Larsson). Nach Werner sind sie folgendermaßen aufgebaut:

$$[Cr(OH_2)_5Cl \cdots MeCl]Cl_2 \quad \text{bzw.} \quad \left[Cr(OH_2)_4{}^{Cl \cdots MeCl}_{Cl \cdots MeCl}\right]Cl.$$

Er sagt jedoch, daß sie auch als Salzeinlagerungsverbindungen:

$$[Cr(OH_2)_5MeCl]Cl_3 \quad \text{bzw.} \quad [Cr(OH_2)_4(MeCl)_2]Cl_3$$

aufgefaßt werden können. Zur Erklärung der Wirkung, welche Chloridzusätze auf Chrombrühen ausüben, wurde in diesen die Bildung solcher Additionsprodukte in Betracht gezogen [K. H. Gustavson (*1*)].

Vollständigkeitshalber soll noch das pfirsichrote, wasserfreie Chromchlorid $CrCl_3$ erwähnt werden, welches man beim Durchleiten eines trockenen Chlorstroms durch ein glühendes Gemisch von Kohle und Chromhydroxyd erhält. In technischem Maßstabe wird es direkt aus Chromeisenstein hergestellt. Dieses wasserunlösliche Chromchlorid besitzt die merkwürdige Eigenschaft, durch Spuren von Chrom(II)-salzen (E. Peligot; H. Moissan) oder von Reduktionsmitteln (Pelouze; Jaquelain; K. Drucker) unter beträchtlicher Wärmeentwicklung [A. Recoura (*1*)] in Form des Dichlorochromchlorids in Lösung zu gehen. Der Mechanismus dieses katalytischen Vorgangs ist trotz eingehender Untersuchungen (K. Drucker) noch nicht ganz eindeutig gelöst.

Die Kristalle des Hexaquochromchlorids sind stahlblau, die des Pentaquochlorochromchlorids hellgrün und die des Tetraquodichlorochromchlorids dunkelgrün. Auch die beiden Chlorosalze liegen meistens als Hexahydrate vor, da sich ein bzw. zwei Wassermoleküle außerhalb des Komplexes befinden:

$$[Cr(OH_2)_6]Cl_3, \quad [Cr(OH_2)_5Cl]Cl_2 \cdot H_2O, \quad [Cr(OH_2)_4Cl_2]Cl \cdot 2H_2O.$$

Die Konstitution des Hexaquo- und des Dichlorochromchlorids wurde durch die grundlegende Arbeit von A. Werner und A. Gubser geklärt. Sie konnten zeigen, daß in der violetten Lösung des graublauen Chromchlorids alle drei Chloratome in der Kälte mit Silbernitrat sofort gefällt werden. In der Lösung des dunkelgrünen Chromsalzes wird nur ein einziges Chloratom sofort gefällt, da die beiden anderen komplexgebunden sind. Die außerordentliche Leichtigkeit, mit welcher besonders eine der Chlorogruppen in wässeriger Lösung durch Wasser aus dem Komplex verdrängt wird, erfordert besondere Vorsichtsmaßregeln beim Fällen [J. Olie jun. (*1*); R. Weinland und A. Koch]. Zur Bestimmung der ionogenen Cl-Reste ist die konduktometrische Titration mit Silbernitrat noch geeigneter (N. H. Law). Die Richtigkeit der Konstitutionsformel konnte auch durch kryoskopische Molekulargewichtsbestimmungen und durch die Bestimmung der molekularen elektrischen Leitfähigkeit der beiden Salze bewiesen werden. Die molekulare Leitfähigkeit des Hexaquochromchlorids lag in der Größenordnung eines 4ionigen Salzes und die des Dichlorochromchlorids in der eines 2ionigen Salzes. Auch durch Röntgenstrukturanalyse (O. Stelling) konnte der Unterschied an Kristallen der beiden Salze festgestellt werden. Die Konstitution des hellgrünen Pentaquochlorochromchlorids [N. Bjerrum (*3*)] konnte ebenfalls durch Bestimmung seiner molekularen elektrischen Leitfähigkeit und durch die augenblickliche Fällbarkeit mit Silbernitrat von nur zwei Chloratomen bewiesen werden.

Das Hexaquochromchlorid erhält man am leichtesten, wenn man die kalt gesättigte Lösung eines Hexaquochromsalzes, z. B. des Alauns (G. O. Higley) oder des sehr leicht löslichen Nitrats [N. Bjerrum (*3*)], unter Kühlung mit Salzsäuregas sättigt. Das Pentaquochromchlorid gewinnt man am besten aus dem Chlorochromsulfat. Man gießt dessen Lösung in auf 0° C abgekühlten, mit Salzsäuregas gesättigten Äthyläther und leitet bei der genannten Temperatur Salzsäuregas ein [M. Gutiérrez de Celes, siehe auch N. Bjerrum (*3*); A. del Campo und M. A. Mallo]. Das Tetraquodichlorochromchlorid erhält man am einfachsten aus einer Lösung von Chromsäure in konz. Salzsäure. Beim Kochen dieser Lösung unter Rückflußkühlung oxydiert die Chromsäure einen Teil der Salzsäure zu Chlor und geht in Chrom(III)-chlorid über. Nach Zugabe der der Formel $[Cr(OH_2)_4Cl_2]Cl \cdot 2H_2O$ entsprechenden Wassermenge zum Abdampfrückstand erhält man das Tetraquodichlorochromchlorid [N. Bjerrum (*3*)]. Alle drei Chromchloride sind äußerst hygroskopisch und müssen im Exsiccator aufbewahrt werden.

Die wässerige Lösung des Hexaquochromchlorids ist violett gefärbt und die der beiden Chlorosalze grün. In wässeriger Lösung sind die Chromchloride unstabil. Je nachdem, von welchem der drei Chloride man ausgeht, findet eine Wanderung der Chloratome aus dem bzw. in den Komplex statt, bis sich das Gleichgewicht zwischen den drei Formen:

$$[Cr(OH_2)_4Cl_2]Cl \rightleftarrows [Cr(OH_2)_5Cl]Cl_2 \rightleftarrows [Cr(OH_2)_6]Cl_3$$

einstellt. Es war schon lange bekannt, daß bei Zimmertemperatur und bei nicht sehr hoher Konzentration das Dichlorochromchlorid in das Hexaquosalz übergeht [A. Recoura (*1*); A. Werner und A. Gubser; J. Olie jun. (*1*)]. Wirklich quantitative Messungen über die Lage und Kinetik dieses Gleichgewichts verdanken wir erst den Arbeiten von N. Bjerrum (*3*). Er konnte durch Leitfähigkeitsmessungen, Bestimmung der Menge des Hexaquochromchlorids durch dessen Ausfällung mit Salzsäuregas, dilatometrische Messungen (das spezifische Gewicht einer 1molaren Dichlorochromchloridlösung steigt bei der Umwandlung von 1,125 auf 1,139) den Einfluß der Temperatur, Konzentration, der Zusätze von Salzsäure und deren Salze auf die Lage des Gleichgewichts zeigen.

Tabelle 9. Einfluß der Temperatur und Konzentration auf das Gleichgewicht [N. Bjerrum (*3*)] zwischen den Chromchloriden.

Konzentration Temperatur 25° C	Gehalt der Lösung an		
	$[Cr(OH_2)_6]Cl_3$	$[Cr(OH_2)_5Cl]Cl_2$	$[Cr(OH_2)_4Cl_2]Cl$
	in Prozenten		
1,06molar	85,3	12,2	2,4
0,01molar	99,75	0,25	—
Siedetemperatur (~ 100° C)			
1 Teil $[Cr(OH_2)_4Cl_2]Cl \cdot 2H_2O$:			
in $3^1/_3$ Teilen Wasser (1,06molar)	46,2	54,6	— 0,8
„ $1^1/_3$ „ „	26	52	22
„ 1 Teil „	20	57	23
„ $^3/_4$ Teilen „	10	52	38
„ $^1/_2$ Teil „	· 2,4	47,2	50,4

Wie Tabelle 9 zeigt, ist in sehr verdünnten Lösungen bei 25° C fast ausschließlich nur das Hexaquosalz vorhanden. Auch in 1molarer Lösung ist die Menge des Monochlorosalzes nur sehr gering und die des Dichlorosalzes verschwindend klein. Die Erhöhung der Temperatur verschiebt das Gleichgewicht in die Richtung der Chlorosalze. Dies ist entsprechend dem Le Chatelierschen Prinzip vom kleinsten Zwange in Übereinstimmung mit dem Befund [A. Recoura (*1*)], daß die Umwandlung des Dichlorosalzes in das Hexaquosalz mit Wärmeabgabe verbunden ist. Jedoch selbst die kurz gekochte 1molare Dichlorosalzlösung, welche nach dem Kochen rasch abgekühlt wurde und so annähernd das Gleichgewicht bei 100° C beibehalten hatte, enthält nur Hexaquo- und Monochlorosalz und kein Dichlorosalz. Bei weiterer Erhöhung der Konzentration nimmt die Menge des Hexaquosalzes rasch ab, so daß die Lösungen überwiegend aus den Chlorosalzen bestehen. In Verbindung mit diesen Ausführungen soll darauf hingewiesen werden, daß man allein aus dem Verhalten eines Chromsalzes in trockenem Zustand nicht auf dessen Verhalten in Lösung oder umgekehrt schließen darf. Während nämlich in Lösung das Monochlorosalz bei Zimmertemperatur und mittlerer Konzentration beständiger ist als das Dichlorosalz, ist es in trockenem Zustand nicht haltbar. Es geht spontan in das Dichlorosalz über. Auch das Hexaquochromchlorid geht spontan in das Dichlorosalz über, wenn man seine Kristalle vor dem Zutritt der niemals vollständig trockenen Zimmerluft nicht schützt.

Bei der Umwandlung des Dichlorochromchlorids in das Hexaquochlorid, welche über das Monochlorochlorid als Zwischenstufe erfolgt:

$$[Cr(OH_2)_4Cl_2]Cl + 2\,H_2O \underset{\text{Reaktion a.}}{\rightleftharpoons} [Cr(OH_2)_5Cl]Cl_2 + H_2O \underset{\text{Reaktion b.}}{\rightleftharpoons} [Cr(OH_2)_6]Cl_3,$$

wächst die Zahl der Ionen. Auf Grund des Massenwirkungsgesetzes lassen sich folgende Gleichungen aufstellen:

$$\frac{C_3}{C_2} = k\,\frac{C_{Cl}}{C_{H_2O}^{m_1}}; \quad \frac{C_2}{C_1} = k\,\frac{C_{Cl}}{C_{H_2O}^{m_2}},$$

in denen C_1, C_2, C_3 und C_{Cl} die aktive Masse der Ionen

$$[Cr(OH_2)_6]^{3+}, \quad [Cr(OH_2)_5Cl]^{2+}, \quad [Cr(OH_2)_4Cl_2]^{+}, \quad Cl^- \text{ und } C_{H_2O}$$

die des Wassers sind. Da neben den in den Komplex eintretenden Wassermolekülen eine Anzahl als Hydratationswasser der Ionen an den Reaktionen teilnimmt, wird mit m_1 bzw. m_2 die Anzahl Wassermoleküle bezeichnet, welche an der Reaktion a bzw. b teilnimmt. Gemäß diesen Gleichungen bewirkt jede Erhöhung der Chlorionenkonzentration oder Erniedrigung der aktiven Masse des Wassers die Zunahme der Menge des Dichlorosalzes in der Reaktion a und die des Monochlorosalzes in der Reaktion b. Die aktive Masse des Wassers wird jedoch erst in sehr konzentrierten Lösungen so stark verändert, daß eine starke Verschiebung des Gleichgewichts in Richtung der Chlorosalze erfolgt (siehe Tabelle 9). Bei nicht sehr konzentrierten Lösungen spielt die aktive Masse der Chlorionen die ausschlaggebende Rolle. Dies konnte durch Versuche mit ca. 0,1molaren Chromichloridlösungen, die verschiedene Chloridzusätze erhielten, bewiesen werden. Die Wirksamkeit der Zusätze: KCl, $CaCl_2$, $ZnCl_2$ in bezug auf Verschiebung des Gleichgewichts zugunsten der Chlorosalze nimmt entsprechend der verringerten Chlorionenaktivität in ihren Lösungen in der obigen Reihenfolge ab und nicht zu, wie dies ihrer Hydratisierung entsprechen würde.

Das obige Reaktionsschema I ist nur summarisch, in Wirklichkeit verläuft die Reaktion komplizierter. Beim Lösen des Dichlorochlorids stellt sich das Hydrolysengleichgewicht

$$[Cr(OH_2)_4Cl_2]Cl \rightleftharpoons \left|Cr(OH_2)_3{}^{OH}_{Cl_2}\right| + HCl$$

sofort ein. Nun erfolgt die Wanderung der Chlororeste stufenweise aus diesen beiden Salzen.

$$[Cr(OH_2)_4Cl_2]Cl \underset{\text{Reaktion (1).}}{\longrightarrow} [Cr(OH_2)_5Cl]Cl_2 \underset{\text{Reaktion (2).}}{\longrightarrow} [Cr(OH_2)_6]Cl_3$$

$$\left|Cr(OH_2)_3{}^{OH}_{Cl_2}\right| \underset{\text{Reaktion (3).}}{\longrightarrow} \left|Cr(OH_2)_4{}^{OH}_{Cl}\right|Cl \underset{\text{Reaktion (4).}}{\longrightarrow} \left|Cr{}^{OH}_{(OH_2)_5}\right|Cl_2.$$

Die Geschwindigkeitskonstante der Reaktion (1) ist sehr klein ($k = 0,0027$) und die der Reaktion (2) k_2 sogar unmeßbar klein. Viel größer ist die Geschwindigkeitskonstante der Reaktion (3) ($k_3 = 4,26$) und die der Reaktion (4) ($k_4 = 0,39$). Deswegen ist die Annahme berechtigt, daß die Umwandlung fast ausschließlich über die Hydroxoprodukte vor sich geht. Der Temperaturkoeffizient der Umwandlungsgeschwindigkeit ist sehr groß. Mit der Temperaturerhöhung wird nämlich die Hydrolyse vergrößert und dadurch die Menge des Hydroxosalzes erhöht. Da die Umwandlung hauptsächlich über die Hydroxosalze geht, ist es verständlich, daß die Einstellung des Gleichgewichts in Dichlorochloridlösungen bei 25° C wochenlang und bei 100° C nur wenige Minuten lang dauert. Vereinigt man die Geschwindigkeitskonstanten k_1 und k_3 mit k_1' und k_2 und k_4 mit k_2', so leuchtet es ein, daß k_1' und k_2' während des Verlaufes der Umwandlung nicht konstant bleiben wird, sondern abnehmen muß. Das entstehende Hexaquochromichlorid ist nämlich stärker hydrolysiert als das Dichlorochlorid, die dadurch hervorgerufene Erhöhung der Wasserstoffionenkonzentration drängt die Hydrolyse des Dichlorosalzes zurück und verursacht die Verlangsamung des Umwandlungsvorgangs. Die Verzögerung der Umwandlung durch Säurezugabe zu einer Dichlorochloridlösung ist auf dieselbe Weise zu deuten. Dieser negative katalytische Einfluß des Wasserstoffions kommt dadurch zustande, daß dieses die Hydrolyse zurückdrängt und so die Umwandlung behindert.

Bjerrums Formeln zur Berechnung von k_1' und k_2', die den Einfluß der Wasserstoffionenkonzentration berücksichtigen, sind für konzentrierte Lösungen nicht gültig. Derselbe Forscher konnte nämlich zeigen, daß die Umwandlungsreaktionen in diesen Lösungen viel langsamer verlaufen, als die errechneten Geschwindigkeitskonstanten k_1' und k_2' fordern. In konzentrierteren (0,4- bis 0,85molaren) Lösungen läßt sich die Umwandlung des Dichlorochlorids in das Hexaquosalz auch als ein Vorgang deuten, bei welchem der Übergang des Dichlorochlorids in das Monochlorochlorid so rasch erfolgt, daß man nur die Geschwindigkeit des Übergangs des Monochlorochlorids in das Hexaquochlorid messen kann (A. Heydweiller).

Die Chromchloridlösungen reagieren infolge Hydrolyse sauer:

$$[Cr(OH_2)_6]Cl_3 \rightleftharpoons [Cr(OH_2)_5OH]Cl_2 + HCl,$$

$$[Cr(OH_2)_5Cl]Cl_2 \rightleftharpoons \left[Cr(OH_2)_4{}^{OH}_{Cl}\right]Cl + HCl,$$

$$[Cr(OH_2)_4Cl_2]Cl \rightleftharpoons \left[Cr(OH_2)_3{}^{OH}_{Cl_2}\right] + HCl.$$

Offenbar beeinflußt die verschiedene Zusammensetzung des Komplexkations den Grad der Hydrolyse, denn in äquimolaren Lösungen reagieren die Chlorosalze weniger sauer als das Hexaquosalz.

Die Hydrolysenkonstante beträgt bei 25° C für das Hexaquochromichlorid $0,98 \cdot 10^{-4}$, für das Chloropentaquo-chromichlorid $8 \cdot 10^{-6}$ und für das Dichlorotetraaquochromichlorid 4,3 bis $3,25 \cdot 10^{-6}$ [N. Bjerrum (*3*)]. Etwas andere Werte, nämlich $1,58 \cdot 10^{-4}$ für das Hexaquochromichlorid und $1,9 \cdot 10^{-6}$ für das Dichlorotetraquochromichlorid (A. B. Lamb und G. R. Fonda), ergaben später ausgeführte Untersuchungen. Wie im Falle des Hexaquochromichlorids gezeigt werden konnte, ist die Hydrolysenkonstante von der Konzentration abhängig und nimmt entsprechend der Debye-Hückelschen Theorie mit der Gesamtionenkonzentration ab [J. N. Brönstedt und C. V. King; J. N. Brönstedt und K. Volquartz (*1*)].

Aus der Größenordnung der Hydrolysenkonstanten ist ersichtlich, daß bei der Umwandlung der Chlorochloride in das Hexaquochlorid, d. h. bei der Wanderung des Chlororests aus dem Komplex, die Azidität der Lösung steigt und bei dem Übergang des Hexaquosalzes in die Chlorosalze, d. h. bei der Wanderung des Chlororests in den Komplex, die Azidität der Lösung abnimmt.

Durch die Hydrolyse entstehen nur geringe Mengen Monohydroxosalze. Um zu größeren Mengen oder zu höher basischen Salzen zu gelangen, muß man die Chromlösungen mit Alkali versetzen. Die so basisch gemachten Chromlösungen interessieren uns am meisten, da diese gerbend wirken.

Die Basizität der Chromlösung wird durch die Basizitätszahl ausgedrückt.

Sie gibt den an Hydroxyl gebundenen Anteil des Chroms in Prozenten des Gesamtchroms an (K. Schorlemmer):

$$\text{Basizitätszahl} = \frac{\text{an OH gebundenes Chrom}}{\text{Gesamtchrom}} \cdot 100.$$

(Cr in Äquivalenten OH ausgedrückt: 1 Cr = 3 OH.)

So besitzt eine Chromisalzlösung von der Bruttozusammensetzung CrX_3 die Basizität 0%, CrX_2OH 33,3% und $CrX(OH)_2$ 66,6%. In Amerika wird häufig der Ausdruck Azidität gebraucht [K. H. Gustavson (*2*)], der die an die Säurereste gebundenen Anteile des Chroms in Prozenten des Gesamtchroms angibt und so gleich 100 — Basizitätszahl ist.

Man wäre geneigt anzunehmen, daß beim Basischmachen der Chromichloridlösungen folgende Verbindungen entstehen:

$$[Cr(OH_2)_6]Cl_3 \xrightarrow{+\,NaOH} [Cr(OH_2)_5OH]\,Cl_2 \xrightarrow{+\,NaOH} [Cr(OH_2)_4(OH)_2]Cl \xrightarrow{+\,NaOH} [Cr(OH_2)_3(OH)_3],$$

$$[Cr(OH_2)_5Cl]\,Cl_2 \xrightarrow{+\,NaOH} \left[Cr(OH_2)_4{}^{OH}_{Cl}\right] Cl \xrightarrow{+\,NaOH} \left[Cr(OH_2)_3{}^{(OH)_2}_{Cl}\right],$$

$$[Cr(OH_2)_4Cl_2]\,Cl \xrightarrow{+\,NaOH} \left[Cr(OH_2)_3{}^{OH}_{Cl_2}\right].$$

Bedenkt man aber, daß die Umwandlung der Hydroxochlorosalze in die Hydroxoaquosalze mit ziemlicher Geschwindigkeit erfolgt, so ist man nicht überrascht, daß Alkalizusätze zu Chlorochromichloridlösungen ein rasches Herauswandern des Chlororestes verursachen. Es war schon lange bekannt, daß in einer Dichlorochromichloridlösung beim Fällen des Chroms mit drei Molekülen Alkali pro Chromatom alle Chlororeste durch Aquogruppen aus dem Komplex verdrängt werden und beim Lösen des Niederschlags durch Zusatz der dem Alkali äquivalenten Salzsäuremenge eine violette Hexaquochromchloridlösung entsteht [A. Recoura (*1*)]. Zum selben Resultat führt nicht nur das Basischmachen bis zur Ausflockungsgrenze [Olie jun. (*2*)], sondern auch ein solches bis zur 33%igen Basizität [E. Stiasny und D. Balányi (*1*)]. Im letzteren Falle geht zwar der Vorgang nicht augenblicklich vor sich, aber nach nicht allzu langer Zeit sind sämtliche Chlororeste aus dem Komplex gewandert. Eine solche 33%basische Dichloro-chromchloridlösung (10 g Cr/l) ist in jeder Beziehung mit einer 33% basischen Hexaquochromchloridlösung von gleichem Chromgehalt identisch. Die EMK. der Kette

Hg	HgCl	33% basische Lösung aus Dichlorochromchlorid	gesättigte KCl-Lösung	33% basische Lösung aus Hexaquochromchlorid	HgCl	Hg

ist Null. Auch durch die Leitfähigkeitstitration äquimolarer Dichloro- und Hexaquochloridlösungen läßt sich zeigen, daß man zu chlorfreien Chromkomplexen gelangt, wenn man das Dichlorosalz über 33% basisch macht [H. Knoche; A. Küntzel, C. Rieß und G. Königfeld (*1*)]. Die sehr verschiedene Leitfähigkeit der beiden Lösungen — die Leitfähigkeit des 2ionigen Dichlorosalzes ist natürlich viel geringer als die des 4ionigen Hexaquosalzes — wird nämlich bei Basizitäten über 33% miteinander identisch, wodurch die Titrationskurven ineinander übergehen (Abb. 9).

Gustavson teilt diese Ansicht nicht. Auf Grund seiner Permutitversuche [K. H. Gustavson (*3*), (*4*)] und der Azidität des aus basischen Chromchloridlösungen vom Kollagèn aufgenommenen Chromkomplexes [K. H. Gustavson (*5*)] schließt er darauf, daß es basische Chromchloridlösungen gibt, die zwar bei hohen Basizitäten nur sehr geringe Mengen, bei Basizitäten zwischen 33 bis 50% jedoch ca. 10% Azidität entsprechende Mengen komplexgebundenen Chlors enthalten.

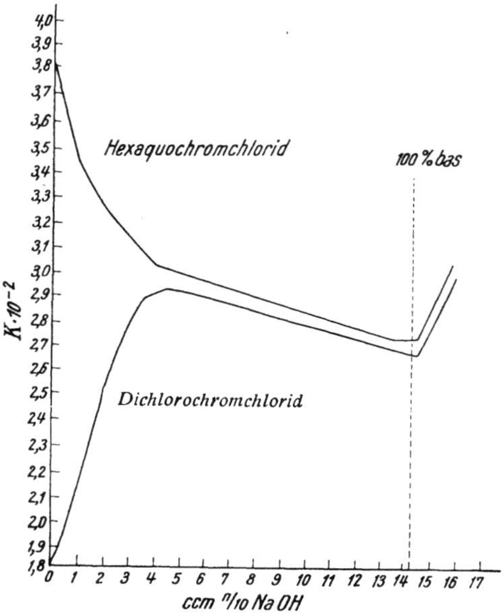

Abb. 9. Leitfähigkeitstitration von Hexaquo- und Dichlorochromchlorid [A. Küntzel, C. Rieß und G. Königfeld (*1*)]. Die Werte für $K \cdot 10^{-2}$ (K = reziproke Ohm) sind keine absoluten, sondern relative Leitfähigkeitswerte.

Zur Erforschung der Zusammensetzung der in der Lösung befindlichen Chromkomplexe erscheint die Permutitmethode auf den ersten Blick sehr geeignet. Bei näherer Untersuchung zeigt sich jedoch, daß sie bei p_H-Werten, welche Chromchlorid- und Chromsulfatlösungen besitzen, versagen muß. Permutite besitzen bekanntlich die Eigenschaft, ihre Natriumionen mit anderen Kationen auszutauschen, wenn man sie mit einer Lösung behandelt, welche diese Kationen enthält. Bei der Behandlung mit einer Chromlösung würde man also erwarten, daß die Chromkomplexe durch Austausch von Natriumionen in das Gerüst des Permutits eingebaut werden. Durch Ermittlung der aufgenommenen Chrommenge und der Menge der Säurereste im Permutit ließe sich also die Azidität der Chromkomplexe, d. h. die Menge der komplexgebundenen Säurereste feststellen. Weiterhin könnte man aus der Differenz der Natriummenge vor und nach dem Austausch die Ladung des Chromkomplexes ermitteln: $\frac{\text{aufgenommene Cr-Menge in Molen}}{\text{ausgetauschte Na-Menge in Molen}}$ = Wertigkeit des Cr-Komplexes. Die Permutite weisen jedoch einen bevorzugten Austausch für H-Ionen auf (H. Jenny; H. Pallmann; A. Renold), so daß durch die Bindung der H-Ionen die Chromkomplexe einerseits basischer gemacht werden, als sie ursprünglich waren, andererseits eine höhere Wertigkeit für sie vorgetäuscht wird. Durch letzteres ist Gustavsons Befund, daß in 36% basischer Chromchloridlösung die Komplexe überwiegend 3valentig sind, was auf die Anwesenheit ionogen gebundener OH-Gruppen zurückzuführen wäre: $[Cr(OH_2)_6]^{OH}_{Cl_2}$, hinfällig geworden.

Der Befund von komplexgebundenen Cl-Resten wird durch eine die Basizität erhöhende Wirkung der H-Ionenbindung nicht beeinträchtigt. Man würde dadurch eher das Herauswandern komplexgebundener Cl-Reste erwarten. Als einzige Fehlerquelle bliebe die Möglichkeit, daß durch die Einwirkung der hydrolytisch gebildeten Salzsäure der Permutit zum Teil zerstört wird (E. Stiasny und L. Pakkala) und ein Teil des Aluminiums als basisches Aluminiumchlorid im Permutit zurückbleibt. Dies würde natürlich komplexgebundene Cl-Reste vortäuschen.

Die Anwesenheit komplexgebundener Cl-Reste in mit basischen Chromchloriden gegerbtem Leder konnte bestätigt werden (A. Küntzel, C. Rieß, A. Papayannis und H. Vogl). Dies spricht jedoch nicht dafür, daß infolge der Bindung des Chromkomplexes an Kollagen Chlororeste in OH-haltige Chromkomplexe wandern. Entsprechend den Aussagen spektroskopischer Untersuchungen wandern die Cl-Reste nicht bei der Umwandlung des Kollagens in Leder in den Chromkomplex (E. Elöd und Th. Schachowskoy), sondern erst beim Trocknen des Leders (A. Küntzel und C. Rieß). Im Hinblick auf die Wanderung der Chlororeste in den Komplex läßt sich nämlich das Trocknen des

Tabelle 10.

Abdampfrückstand von	B. Z. vor dem Eindampfen	B. Z. nach dem Eindampfen	% Cl komplex gebunden	% Cl ionogen gebunden	% Cl ionogen gebunden nach 1tägigem Altern
Hexaquochromchlorid	0	15,8	24,5	75,5	99,75
1/3 basisches Hexaquochromchlorid	33,3	40	7,5	92,5	99,2
2/3 basisches Dichlorotetraquochromchlorid	33,3	40	0	100	100

Leders als ein Vorgang deuten, der dem Einengen basischer Chromchloridlösungen analog ist. Wie die Tabelle 10 zeigt, werden durch die starke Konzentrationserhöhung Cl-Reste komplexgebunden, wenn man eine 33% basische Chromchloridlösung abdampft [E. Stiasny, E. Gergely und A. Dembo (A. Menkus)]. Die Menge der komplexgebundenen Cl-Reste ist jedoch sehr gering und beim Altern wandern diese aus dem Komplex. Ob die Erhöhung der Chlorionenkonzentration in basischen Chromchloridlösungen durch Chloridzusatz zu basischen Chlorokomplexen führt, wurde bis jetzt experimentell nicht geprüft.

Wird eine kalt bereitete Hexaquo- oder Dichlorochromchloridlösung mit Natronlauge basisch gemacht, so trübt sie sich bei ungefähr 33% Basizität. Durch die der 33%igen Basizität entsprechenden Laugenmenge entsteht das Monohydroxochlorid:

$$\left.\begin{matrix}[Cr(OH_2)_6] \\ [Cr(OH_2)_5Cl] \\ [Cr(OH_2)_4Cl_2]\end{matrix}\right\} \xrightarrow{a} [Cr(OH_2)_5OH]Cl_2,$$

welches mit dem Dihydroxochlorid und Trihydroxochrom in hydrolytischem Gleichgewicht steht:

$$[Cr(OH_2)_5OH]Cl_2 \underset{b}{\rightleftharpoons} [Cr(OH_2)_4(OH)_2]Cl \underset{c}{\rightleftharpoons} [Cr(OH_2)_3(OH)_3].$$

Die Einstellung dieses Gleichgewichts erfolgt momentan. Seine Lage ist so, daß schon bei zirka 33% Basizität so viel Trihydroxochrom (Chromhydroxyd) entsteht, daß die Löslichkeitsgrenze dieses praktisch unlöslichen Salzes (das Löslichkeitsprodukt beträgt $54 \cdot 10^{-34}$) überschritten wird und es sich in Form einer Trübung ausscheidet. Bei weiterer Alkalizugabe wird infolgedessen nicht die Menge des Dihydroxochromchlorids vergrößert, sondern die des Trihydroxochroms in Form einer Fällung. Dieser Vorgang wird durch die von N. Bjerrum (*3*) ausgeführte potentiometrische Titration veranschaulicht (Abb. 10). Bis zu einer Zugabe von 1 Mol NaOH pro Mol Cr bleibt die Lösung klar und der p_H-Wert nimmt infolge der Neutralisation der hydrolytisch gebildeten Salzsäure stetig zu (aufsteigender Kurvenast). Hierbei findet vorwiegend die Reaktion a

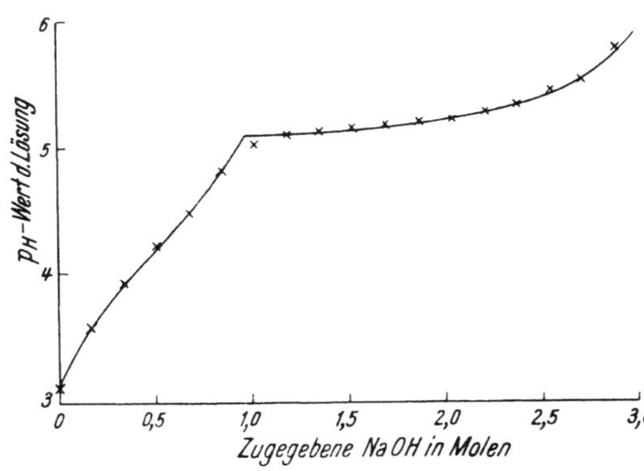

Abb. 10. Potentiometrische Titrationskurve einer 0,01096 molaren Hexaquochromchloridlösung [N. Bjerrum (*3*)].

und daneben in der Nähe des Knickpunktes in geringem Umfange die Reaktion b statt. Bei der weiteren Alkalizugabe geht fast ausschließlich die Reaktion c vor sich. Die Löslichkeitsgrenze des Trihydroxochroms wird überschritten, die Lösung wird trüb und flockt bei 3 Mol Alkali pro Mol Cr vollkommen aus. Der p_H-Wert der Lösung ändert sich dabei nur wenig (flacher Kurvenast), weil die zugesetzte Laugenmenge fast ausschließlich nur zur Überführung des Monohydroxochromchlorids in das Trihydroxochrom verbraucht wird. Mit Hilfe der Gleichgewichtskonstanten der Reaktionen a, b, c:

$$K = 0{,}62 \,.\, 10^{-4}, \quad K = 0{,}59 \,.\, 10^{-6}, \quad K = 0{,}98 \,.\, 10^{-4},$$

konnte aus der zugegebenen Alkalimenge der ganze Verlauf der Kurve ziemlich gut errechnet werden. Diese Tatsache darf als Beweis für die Bildung des Monohydroxopentaquochromchlorids, des Dihydroxotetraquochromchlorids und des Trihydroxotriaquochroms, auf deren Existenz auf Grund der Wernerschen Theorie geschlossen wurde, angesehen werden. Der Schnittpunkt der beiden Kurvenäste, der den Ausflockungspunkt darstellt, ist von der Konzentration der Chromchloridlösung abhängig und wird mit steigender Konzentration nach geringeren Basizitäten verschoben. Er liegt jedoch auch bei Konzentrationen von 1 bis 20 g Chrom pro Liter bei ca. 33% Basizität [E. Stiasny und D. Balányi (*1*)].

Würde bei dem Basischmachen von Chromchloridlösungen nur die geschilderte Bildung der Hydroxochromsalze stattfinden, so könnte man keine Chromchloridbrühen herstellen, deren Basizität höher als 33% wäre. Dies ist jedoch nicht der Fall. Beim Stehen verschwindet die bei 33% Basizität gebildete Trübung bald und die klare Lösung läßt sich mit Lauge sehr hoch basisch machen. Beim Stehen findet ein sekundärer Vorgang statt, welcher dann das weitere Basischmachen der Lösung ermöglicht.

Der primäre Vorgang, die Hydrolyse, d. h. die Bildung der Hydroxoverbindung, ist eine schnelle, momentan verlaufende Reaktion, welche durch eine dem Alkalizusatz entsprechende Salzsäuremenge sofort rückgängig gemacht werden kann, indem die Hydroxogruppen in Aquogruppen zurückverwandelt werden. Der sekundäre Vorgang ist eine langsam verlaufende Reaktion, welche mit Aziditätserhöhung verbunden ist [N. Bjerrum (*4*)]. Durch die entstandene Säure wird die bei 33% Basizität entstandene Trübung gelöst. Es dauert bei Zimmertemperatur wochen- bzw. monatelang, bis sich das neue Gleichgewicht einstellt und das p_H bei weiterem Altern nicht mehr abnimmt [N. Bjerrum (*4*)]; E. Stiasny und D. Balányi (*1*); E. Stiasny und O. Grimm (*1*); A. Küntzel, C. Rieß und G. Königfeld (*2*)]. In den hierbei entstehenden Verbindungen sind die OH-Gruppen verändert, denn sie reagieren im Gegensatz zu Hydroxogruppen mit verdünnter Salzsäure nur sehr langsam. Dies zeigt sich ganz eindeutig, wenn man eine Chromlösung mit Natronlauge potentiometrisch titriert,

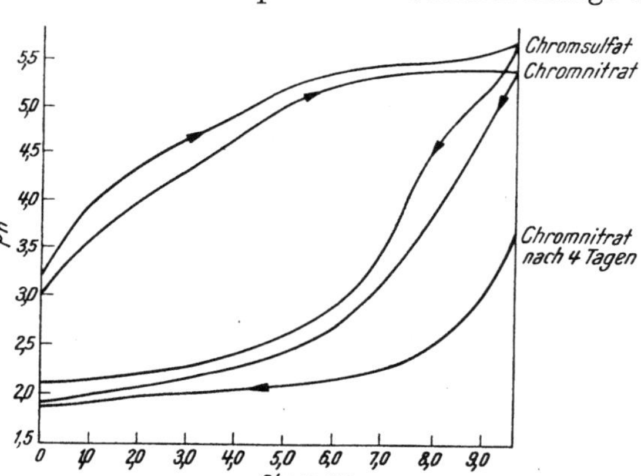

Abb. 11. Potentiometrische Hin- (bis 66,6% Basizität) und Rücktitrationskurven von Chromlösungen [A. Küntzel, C. Rieß und G. Königfeld (2)].

die Rücktitration mit Säure nach verschiedener Alterungsdauer ausführt und die graphische Darstellung der Hin- und Rücktitration miteinander vergleicht [N. Bjerrum (*4*); E. Stiasny und O. Grimm (*1*); A. Küntzel, C. Rieß und G. Königfeld (*2*)]. Würden beim Zusatz von Natronlauge nur Hydroxochromsalze entstehen, so müßte die bei der Hintitration erhaltene Kurve mit der bei der Rücktitration erhaltenen zusammenfallen, denn die Hydroxogruppen reagieren mit H-Ionen augenblicklich. Wie die Abb. 11 zeigt, divergieren die beiden Kurven, und zwar divergieren sie um so mehr, je später die Rücktitration erfolgt, d. h. je länger die Lösung nach dem Basischmachen altert, um so mehr sind solche OH-Gruppen vorhanden, welche mit Säure nicht sofort reagieren.

N. Bjerrum (*4*), der als erster die Veränderung der primär gebildeten Hydroxogruppen beim Altern erkannt hat, nannte diese OH-Gruppen „versteckt" bzw. „latent" basisch. Stiasny und Balányi faßten diese als Olgruppen auf, welche sich entsprechend der Wernerschen Theorie nach folgendem Schema bilden:

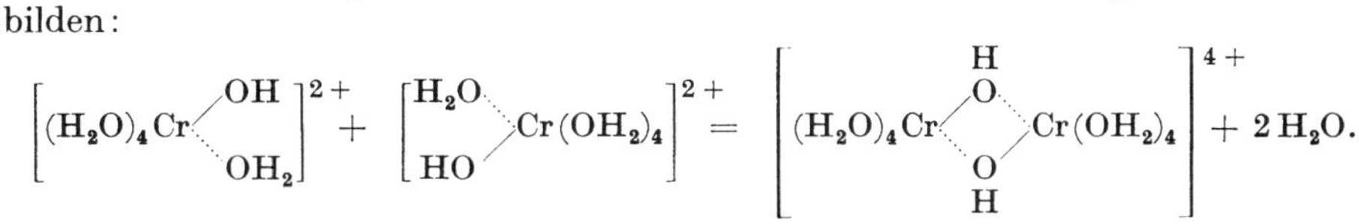

Die Vereinigung der Hydroxoverbindungen wurde Verolung genannt. Hierbei geht die an das Chromatom hauptvalentig gebundene Hydroxogruppe unter Wasseraustritt in die Olbrücke über, die an das eine Chromatom hauptvalentig und an das andere nebenvalentig gebunden ist. Bei der Verolung selbst werden keine H-Ionen frei. Beim Altern nimmt das p_H deswegen ab, weil der primäre Vorgang, die Hydrolyse z. B.:

$$[\cdots Cr\cdots OH_2] \rightleftarrows [\cdots Cr{-}OH] \quad \ldots \text{(Gleichgewicht I}^{1}\text{)},$$

durch den sekundären Verolungsvorgang

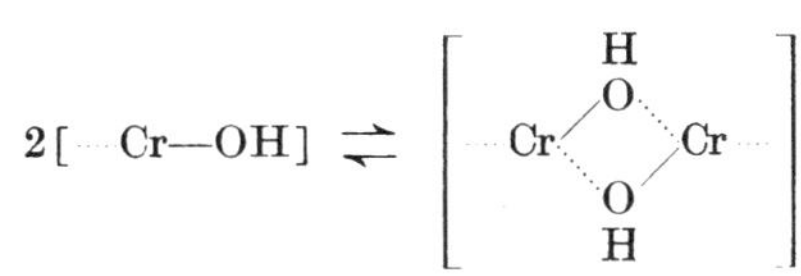

. . . (Gleichgewicht II)

gestört wird und die nach (II) verschwindenden Hydroxoverbindungen entsprechend (I) unter Bildung von H^+ nachgebildet werden. Dieser Vorgang wiederholt sich so oft, bis sich Gleichgewicht II einstellt. In diesem Fall ändert sich nämlich die Konzentration der Hydroxoverbindungen nicht mehr, so daß die Nachhydrolyse entsprechend (I) aufhört. Da die Verolung fast vollständig verläuft (siehe S. 98), ist die Konzentration der Hydroxoverbindungen im Gleichgewicht äußerst gering. Die Aziditätszunahme in Chromlösungen beim Altern ist also nicht, wie man früher glaubte, auf den langsamen Verlauf der Hydrolysenreaktion zurückzuführen, sondern auf die Störung dieser augenblicklich verlaufenden Reaktion durch die langsam verlaufende Verolungsreaktion.

Die Verolung wird rückgängig gemacht, wenn man die H-Ionenkonzentration durch Salzsäurezusatz erhöht. Die Olbrücken werden langsam in Hydroxogruppen umgewandelt, welche sofort in Aquogruppen zurückverwandelt werden. Diese Umwandlung der Olbrücken in Aquogruppen wird Entolung genannt [E. Stiasny und D. Balányi (*1*); E. Stiasny und O. Grimm (*1*)]. Die Ent-

[1] Der Einfachheit halber wurden alle Liganden, welche an dieser und den folgenden Reaktionen nicht beteiligt sind, weggelassen.

olung kommt dadurch zustande, daß die H-Ionen entsprechend (I) mit den in sehr geringen Konzentrationen stets noch vorhandenen Hydroxoverbindungen sofort reagieren und die Hydroxogruppen in Aquogruppen verwandeln. Durch das Verschwinden der Hydroxoverbindungen wird das Gleichgewicht II gestört und die Olverbindungen gehen in die Hydroxoverbindungen über. Dieser Vorgang wiederholt sich so lange, bis entsprechend dem Massenwirkungsgesetz die beiden folgenden Bedingungen gleichzeitig erfüllt sind:

(beim Gleichgewicht I) . . $K_h = \frac{[\cdots Cr{-}OH][H^+]}{[\cdots Cr{-}OH_2]}$,

(beim Gleichgewicht II) . . $K_o =$ 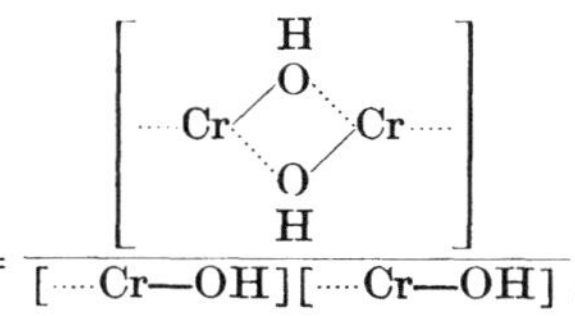

Dadurch, daß die Reaktion II in beiden Richtungen nur langsam verläuft, erscheinen die Olgruppen gegenüber Säure widerstandsfähig.

Bei der Verolung findet unter Umwandlung von Hydroxogruppen in Olgruppen eine Kondensation statt: einkernige Chromkomplexe gehen in mehrkernige über. In 0% basischen Lösungen spielt diese Kondensation bei Zimmertemperatur nur eine geringe Rolle, da die Menge der durch Hydrolyse entstandenen Hydroxoverbindungen nur gering ist. In einer 0,19molaren Hexaquochromchloridlösung nimmt die Menge der Hexaquoverbindung durch Hydrolyse nur um 1,9% ab und nach Einstellung des Verolungsgleichgewichts steigt diese Abnahme auf 2,9% [E. Stiasny und O. Grimm (*1*)]. Beide Zahlen sind aus den gemessenen p_H-Werten berechnet. Anders ist es in den basisch gemachten Lösungen, in welchen die Menge der primär gebildeten Hydroxogruppen mit wachsendem Laugenzusatz steigt. Solange beim Basischmachen nur ein Monohydroxochromkomplex entsteht, d. h. bis nahezu 33% Basizität, findet folgende Verolungsreaktion statt:

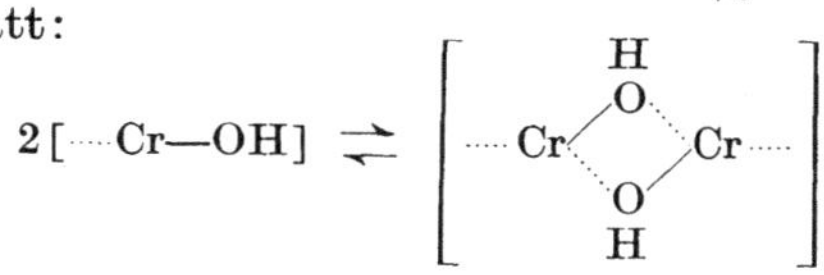

Bei höheren Basizitäten sind die Verhältnisse komplizierter. Die Verolung kann nun auf drei verschiedene Weisen vor sich gehen.

1. Die Olverbindungen verolen weiter:

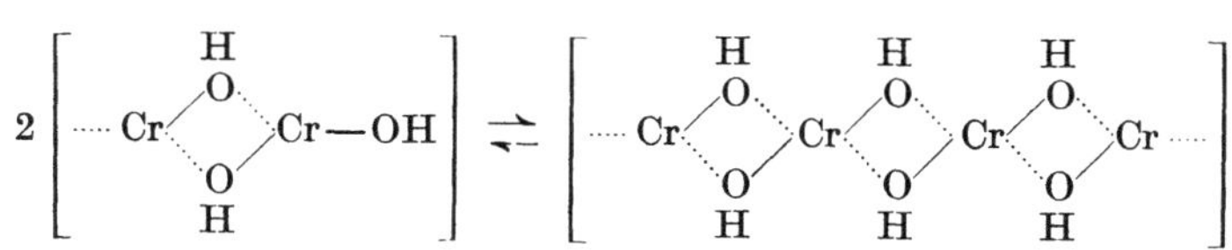

2. Da infolge der geringen Verolungsgeschwindigkeit auch noch Hydroxoverbindungen vorhanden sind, kann eine Olverbindung mit einer Hydroxoverbindung kondensieren:

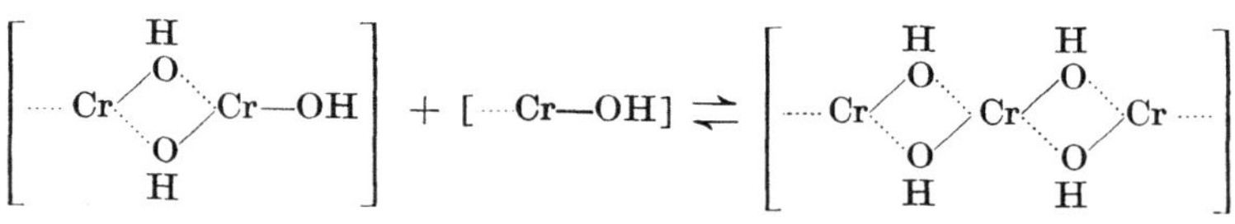

3. Es treten mehrere Hydroxoverbindungen zu Olverbindungen zusammen, z. B.:

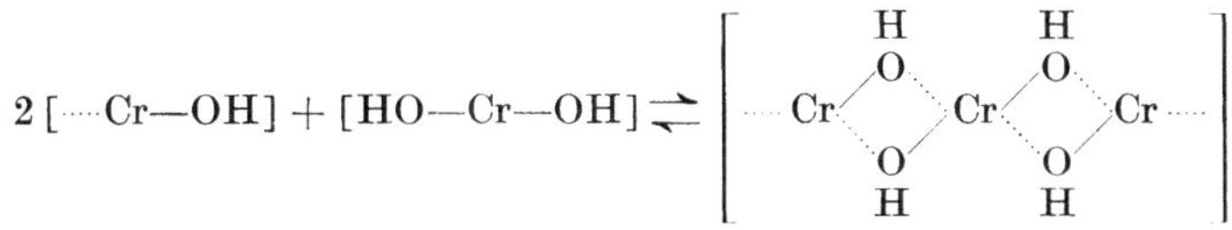

Diese Art der Verolung ist nicht sehr wahrscheinlich, weil man hierbei mit einer polymolekularen Reaktion zu tun hätte.

Mit Hilfe der genannten Kondensationsart:

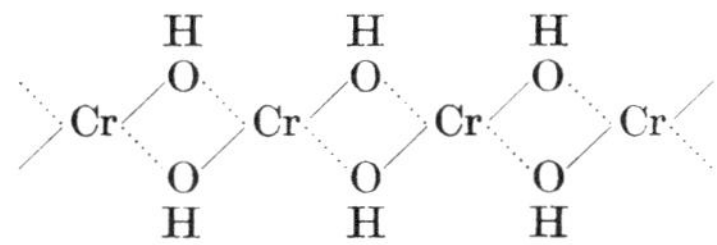

d. h. maximal 2 OH-Gruppen pro Chromatom, könnte man höchstens die Bildung einer 66% basischen Olverbindung erklären. Bei höheren Basizitäten müssen deshalb folgende Bindungsarten auftreten:

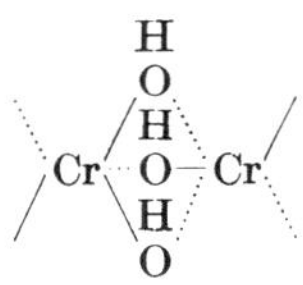

bzw.

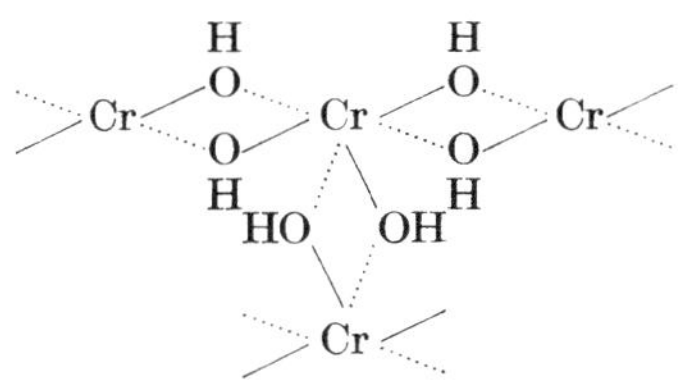

Wie jede Reaktion, geht auch das Altern bei erhöhter Temperatur, d. h. beim Erhitzen bzw. Kochen der Chromlösungen unter Rückflußkühlung, viel schneller vor sich als bei Zimmertemperatur [N. Bjerrum (*4*)]. Durch die Temperaturerhöhung wird nicht nur die Verolungsgeschwindigkeit, sondern auch der Hydrolysengrad erhöht. Das sich bei thermischem Altern einstellende Gleichgewicht wird also mit dem, welches sich bei Zimmertemperatur einstellt, nicht identisch sein, denn die durch die erhöhte Hydrolyse entstehenden Hydroxogruppen verolen ja ebenfalls. Die Temperaturerhöhung wirkt demnach basischmachend. Diese Art des Basischmachens unterscheidet sich von dem mit Lauge dadurch, daß die H-Ionen hierbei nicht neutralisiert werden; sie verbleiben in der Lösung und erniedrigen deren p_H stark. Die Folgen davon sind Komplikationen, von denen später die Rede sein wird (siehe S. 113 bis 115). Außer der p_H-Erniedrigung tritt noch eine Veränderung auf. Es entstehen Chromverbindungen, welche eine noch höhere Unempfindlichkeit gegenüber Säure aufweisen als die Olverbindungen. Sie werden nicht nur durch kalte verdünnte Salzsäure [E. Stiasny und O. Grimm (*1*)], sondern unter Umständen auch durch Kochen mit dieser Salzsäure nicht vollständig entolt (B. H. Perkins und A. W. Thomas). Aus der Erhöhung der Säurebeständigkeit schlossen Stiasny und Mitarbeiter darauf, daß in diesen Verbindungen Olbrücken in Oxobrücken übergegangen sind:

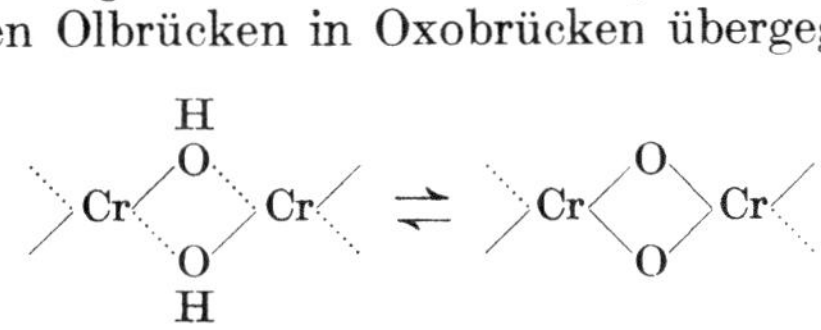

Stiasny und Balányi (*1*) nahmen auf Grund der vermeintlichen analogen Umwandlung der Rhodosalze in Erythrosalze an, daß diese Umwandlung unter Abspaltung von H-Ionen vor sich geht:

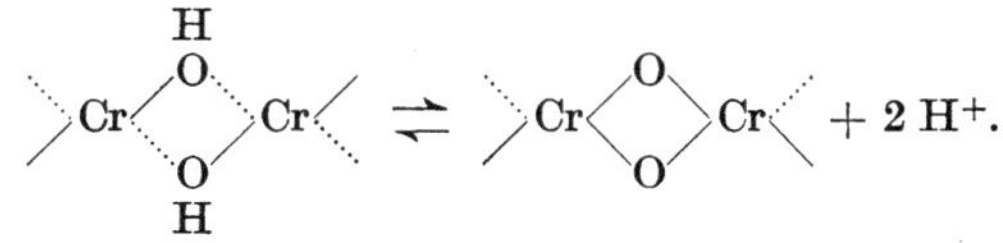

Diese Auffassung läßt sich gegenwärtig nicht mehr aufrechterhalten. Wie K. A. Jensen nachweisen konnte, lassen sich zwar die Rhodo- und Erythrosalze durch Umlagerung ineinander verwandeln:

$$\left[(NH_3)_5Cr\text{—}\overset{H}{O}\text{—}Cr(NH_3)_5\right]^{5+} \rightleftharpoons [(NH_3)_5Cr\text{—}O\text{—}Cr(NH_3)_5]^{4+}$$

Rhodochromion (neutral). Bas. Rhodochromion.

$$\uparrow\downarrow \qquad\qquad \downarrow\uparrow$$

$$\left[(NH_3)_5Cr\text{—}\overset{H_2}{N}\text{—}Cr\begin{matrix}(NH_3)_4\\OH_2\end{matrix}\right]^{5+} \rightleftharpoons \left[(NH_3)_5Cr\text{—}\overset{H_2}{N}\text{—}Cr\begin{matrix}(NH_3)_4\\OH\end{matrix}\right]^{4+}$$

Erythrochromion (stark sauer). Bas. Erythrochromion.

Sie sind jedoch ganz verschiedenartig aufgebaut. Die Rhodosalze sind Ol- bzw. μ-Oxoverbindungen und die Erythrosalze sind μ-Amminoverbindungen. Das Gleichgewicht zwischen der normalen Rhodo- und basischen Rhodoverbindung entspricht zwar vollständig der Umwandlung der Olverbindungen in die Oxoverbindungen nach Stiasny und Balányi (*1*), die Lösungen der Rhodoverbindung reagieren jedoch neutral (p_H ca. 6,8), so daß die Hydrolyse der Olgruppe nur äußerst gering ist. Da in den verolten Chromverbindungen Aquogruppen vorhanden sind, ist die starke p_H-Erniedrigung beim thermischen Altern auf die bei erhöhter Temperatur stark angewachsene Hydrolyse [A. Küntzel, C. Rieß und G. Königfeld (*2*)] und auf erneute Störung des primären Hydrolysengleichgewichts durch eine ebenfalls langsam verlaufende Umwandlung der Olverbindungen in Oxoverbindungen zurückzuführen:

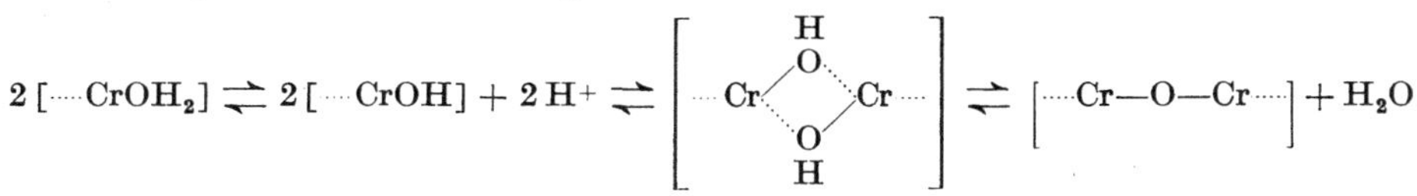

Wie ersichtlich, geht die Umwandlung der Olgruppen in eine Oxogruppe unter Wasserabspaltung vor sich. Mit dieser Formulierung glückte es Küntzel, Rieß und Königfeld, die Stiasnysche Verolungstheorie mit der alle Isopolybasen — zu denen auch die von gerbereichemischem Standpunkt aus wichtigen basischen Aluminium-, Eisen- und Zirkonverbindungen gehören — umfassenden Kondensationstheorie von Jander [zusammenfassende Darstellung G. Jander und K. F. Jahr (*2*)] zu vereinigen.

Jander und Mitarbeiter gehen davon aus, daß das Hexaquosalz, z. B. $[Cr(OH_2)_6](NO_3)_3$, in wässeriger Lösung nur in erster Stufe dissoziiert und das Kation, $[Cr(OH_2)_6(NO_3)_2]^+$, hydrolysiert:

$$[Cr(OH_2)_6(NO_3)_2]^+ \rightleftharpoons [Cr(OH_2)_5(NO_3)_2OH]^0 + H^+.$$

Während die positiv geladenen Ionen $[Cr(OH_2)_6(NO_3)_2]^+$ einander abstoßen, ist dies bei den primär entstandenen Hydrolysenprodukten, $[Cr(OH_2)_5(NO_3)_2OH]$, welche nur in geringem Maße zur Dissoziation neigen und somit ungeladen sind, nicht der Fall. Diese können dadurch so nahe aneinander kommen, daß sie unter Wasseraustritt zusammentreten:

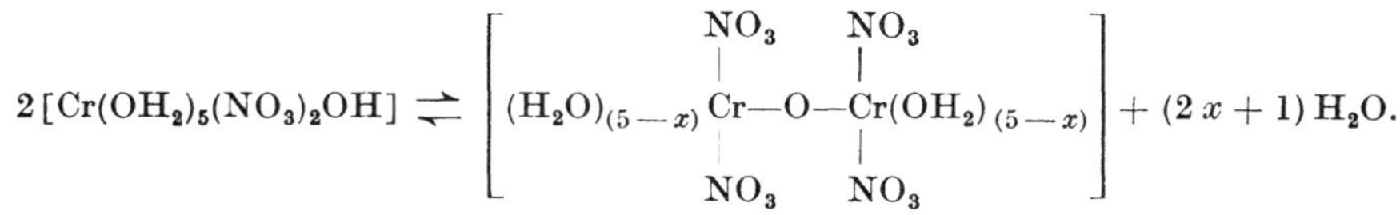

In dem auf diese Weise entstandenen Produkt sind vier negative Gruppen, $4\,NO_3^-$, angehäuft, deshalb neigt es zur Dissoziation:

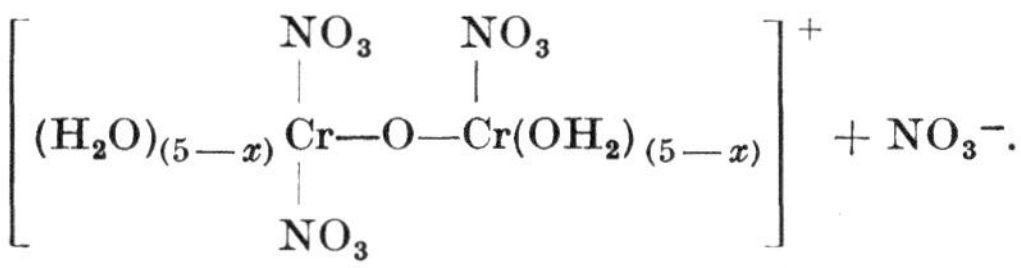

Bei Erhöhung des p_H durch Laugenzusatz tritt Hydrolyse ein und das neue Hydrolysenprodukt ist wiederum unter Entstehung einer neuen Oxobrücke zur Kondensation befähigt:

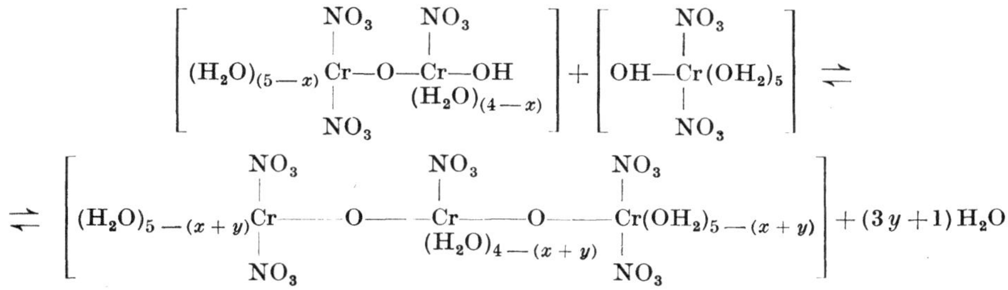

Auf diese Weise entstehen mit zunehmendem Laugenzusatz immer länger werdende Kettenmoleküle:

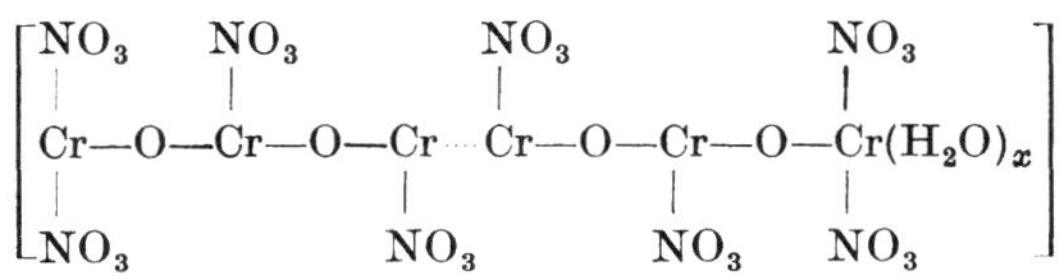

Bei 66,7% Basizität ist die Zusammensetzung der Chromverbindung annähernd

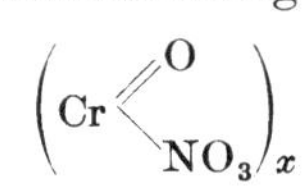

Bei weiterer Erhöhung der Basizität werden NO_3-Gruppen durch OH-Gruppen ersetzt und diese OH-Gruppen, welche sich in benachbarten, parallel gelagerten Kettenmolekülen befinden, können dann miteinander kondensieren, wodurch Kettenmoleküle zu bündelförmigen Gebilden zusammentreten.

Die Annahme, daß die Aggregationsprodukte bei Chrom kettenförmig, bzw. bei sehr hohen Basizitäten bündelförmig sind, stützt sich darauf, daß bei Eisen(III) und Aluminium, deren basische Verbindungen in Lösung analoge Aggregationserscheinungen aufweisen, Beobachtungen gemacht worden sind, welche die genannte Bauweise sehr wahrscheinlich machen. So zeigen z. B. Aluminiumhydroxyd- und Eisen(III)-hydroxydteilchen starken Strömungsdichroismus, so daß diese Stäbchen- bzw. Lamellenform haben müssen (H. Freundlich). Auch das Verhalten von Eisen(III)-solen im magnetischen Feld kann nur so gedeutet werden, daß die Teilchen in ihnen anisodimensional sind (Qu. Majorana). Aus basischen Eisensalzlösungen scheiden sich im Laufe der Hydrolyse und des Alterns unter bestimmten Umständen Mikrokristalle aus, die beim Schütteln der Lösung deutliche Schlierenbildung zeigen, was auf langgestreckte Teilchen deutet. Sie erwiesen sich unter dem Mikroskop bei 1000facher Vergrößerung als Stäbchen [G. Jander und K. F. Jahr (*2*)]. Die Bruttozusammensetzung der Kristalle: $Fe\genfrac{}{}{0pt}{}{\diagup\!\!\diagup O}{\diagdown OH}$ bzw. $Fe_2O_3 \cdot H_2O$ und ihr Debye-Scherrer-Diagramm ergaben, daß diese mit Goethit, dem Endprodukt der Umwandlung der Eisenhydroxyde, identisch sind. In Lösung findet demnach die analoge Umwandlung statt wie beim gefällten Hydroxyd. Bei den aus nicht basischen Lösungen schnell gefällten Hydroxyden des Eisens und des Aluminiums, bei den Orthohydroxyden: $Fe(OH)_3 \cdot x\,H_2O$ bzw. $Al(OH)_3 \cdot x\,H_2O$, welche man als Trihydroxotriaquosalze bezeichnen kann [siehe auch G. Jander und K. F. Jahr (*2*)]:

$$[Fe(OH)_3(OH_2)_3] \cdot (x-3)H_2O \text{ bzw. } [Al(OH)_3(OH_2)_3] \cdot (x-3)H_2O,$$

und welche infolge der geringen Ordnungsgeschwindigkeit und großer Häufungsgeschwindigkeit amorph ausfallen, erfolgt das Altern langsam und kompliziert (R. Fricke; A. Krause). Die Entstehung des Goethits, $\left(Fe\genfrac{}{}{0pt}{}{\diagup\!\!\diagup O}{\diagdown OH}\right)_x$, weist weiterhin noch darauf, daß mit zunehmender Kondensation die Kondensationsprodukte auch noch durch Abstoßung von Aquogruppen wasserärmer werden. Die Kondensationsprodukte sind also im Wernerschen Sinne koordinativ ungesättigte Komplexe.

b) Alterungsvorgänge in Chromlösungen.

Das frisch gefällte Chromhydroxyd altert beim Stehen. Unmittelbar nach der Fällung ist es leicht löslich in verdünnten Säuren, und zwar mit blauvioletter Farbe, d. h. unter Bildung des Hexaquosalzes. Beim Stehen oder noch schneller beim thermischen Altern (K. Klanfer und F. Pavelka; E. Stiasny und F. Tacheci) nimmt die Löslichkeit ab, das Alterungsprodukt wird erst in schwachen Säuren, später auch in starken unlöslich [N. Bjerrum (*4*)]. Das aus gealterten basischen Chromlösungen gefällte Chromhydroxyd ist mit dem aus Hexaquochromlösungen schnell gefälltem Hydroxyd nicht identisch. Die Farbe des ersteren ist grün, die des letzteren mehr violettstichig, die Löslichkeit des ersteren ist viel geringer als die des letzteren [N. Bjerrum (*4*)]. Auch die Wärmetönung, die beim Lösen in Salzsäure auftritt, ist verschieden. Mit Isomerieverschiedenheit (A. Hantzsch und E. Torke) lassen sich diese Unterschiede nicht gut erklären. Vielmehr verhält sich das aus basischen Chromlösungen gefällte Hydroxyd deshalb anders als das aus Hexaquolösungen schnell gefällte, weil es ein gealtertes Kondensationsprodukt mit verolten OH-Gruppen ist und kein Trihydroxo-triaquochrom (Orthohydroxyd), $[Cr(OH)_3\,(OH_2)_3] \cdot x\,H_2O$ (siehe auch H. W. Kohlschütter und O. Melchior). Beim letzteren geht die Kondensation erst im festen Zustand vor sich, während diese beim ersteren zum Teil schon durch Altern in der Lösung vorweggenommen wurde. Das Alterungsziel bei Chromhydroxyd ist wohl, ähnlich wie beim Eisen- und Aluminiumhydroxyd, das Oxymonohydrat, $Cr_2O_3 \cdot H_2O$ (A. Simon, O. Fischer und Th. Schmidt). Das Chromhydroxyd kann man jedoch erst durch Erhitzen mit hochgespanntem Wasserdampf unter Wasserabspaltung in das kristalline Oxymonohydrat verwandeln, während die Hydroxyde des Eisens und Aluminiums in der Kälte in die analogen Oxymonohydrate übergehen.

Wie schon erwähnt, ist das Endprodukt der Alterung nach der Verolungstheorie, schematisch wiedergegeben: —Cr— O— Cr— O— Cr—, identisch mit dem nach Jander entstehenden Kondensationsprodukt. Ist es nun berechtigt, die an Zwischenstufen reiche Verolungstheorie aufrechtzuerhalten, wenn die einfachere Kondensationstheorie zu demselben Ziel führt? Aus dem Vorangehenden ist ersichtlich, daß die Kondensationstheorie hauptsächlich auf Grund der bei Lösungen der Eisen- und Aluminiumverbindungen wahrgenommenen Erscheinungen entwickelt worden ist. Ihre Übertragung auf Chrom ist wohl berechtigt, es muß jedoch berücksichtigt werden, daß die Alterungszwischenprodukte beim Chrom nur sehr langsam in die beständigen Endprodukte übergehen, so daß sie eine lange Lebensdauer besitzen. Dies geht schon daraus hervor, daß das Chromhydroxyd bei einer Verolungsstufe stehenbleibt und nicht spontan in das kristalline $Cr_2O_3 \cdot H_2O$ übergeht. Auch das aus gealterten Chromlösungen gefällte, verolte Chromhydroxyd tut dies nicht, während der analoge Vorgang, wie schon erwähnt, beim Eisen- und Aluminiumhydroxyd bei Zimmertemperatur freiwillig verläuft. Aus basischen Chromlösungen fällt auch kein kristallines Oxymonohydrat aus, wie dies unter bestimmten Umständen bei Eisen(III)-lösungen der Fall ist. Der gesamte Alterungsvorgang geht in Chromlösungen langsamer vor sich als in den entsprechenden Aluminiumlösungen und die gebildeten Alterungsprodukte weisen in jeder Hinsicht, sei es Säuren oder komplexbildenden Salzen gegenüber, eine bedeutend größere Widerstandsfähigkeit auf als die entsprechenden Alterungsprodukte des Aluminiums [A. Küntzel; A. Küntzel und G. Königfeld; A. Küntzel, C. Rieß und G. Königfeld (*2*)]. Die Aufrechterhaltung der Stiasnyschen Verolungstheorie mit der Modifikation [A. Küntzel, C. Rieß und G. Königfeld (*2*)]: Oxobrücken entstehen aus Olbrücken durch Wasserabspaltung, ist demnach berechtigt. Durch die erwähnte Modifikation werden gleichzeitig die beiden Theorien: die Stiasnysche und Jandersche, vereinigt.

Die Untersuchung des Alterungsvorganges in Chromlösungen geschah durch laufende Messung der folgenden drei, diesen Vorgang charakterisierenden Merkmale, nämlich

1. der p_H-Erniedrigung;
2. der Umwandlung der primär gebildeten, mit H-Ionen sofort reagierenden Hydroxogruppen in die mäßiger p_H-Erniedrigung gegenüber mehr oder weniger widerstandsfähigen, d. h. mit H-Ionen nur langsam reagierenden Ol- bzw. Oxobrücken (Verolung);
3. der Molekülvergrößerung durch Bestimmung der Molekülgröße der Kondensationsprodukte und fraktionierte Trennung der Chromverbindungen.

p_H-Erniedrigung: Die Erkenntnisse qualitativer Natur, welche durch Verfolgung der p_H-Erniedrigung beim Altern der Chromchlorid- und Nitratlösungen gewonnen wurden, sind schon vorweggenommen worden (siehe S. 88). Aussagen quantitativer Art hat allein N. Bjerrum (*4*) gemacht, indem er auf Grund der gemessenen p_H-Werte durch Anwendung des Massenwirkungsgesetzes die Zahl der Olgruppen („latentbasische" OH-Gruppen) pro Chromatom und die Zahl der Chromatome in den gebildeten Kondensationsprodukten errechnete. Nach diesen Berechnungen entsteht beim Kochen von 0,02- bis 0,01molaren Chromchloridlösungen eine Olverbindung mit einer Olgruppe pro Cr-Atom und mit zwei Cr-Atomen pro Molekül, also eine Dioldichromverbindung. Durch Zusatz von 1 bis 2 Molekülen NaOH pro Cr-Atom, also in dem Basizitätsbereich von 33,3 bis 66,7%, entstehen Kondensationsprodukte, die 2 Olgruppen pro Cr-Atom und 6 Cr-Atome im Molekül enthalten: Dodekol-hexaquochromverbindungen. Durch Zusatz von 2,6 Molekülen NaOH pro Cr-Atom bilden sich Olverbindungen mit 2,5 Olgruppen pro Cr-Atom, in denen 12 Chromatome im Molekül vorhanden sind, also Dodekachromverbindungen. Die beiden letztgenannten Befunde konnten durch experimentelle Bestimmung der Molekülgröße (siehe S. 110) nicht ganz bestätigt werden. Dies ist gar nicht so sehr überraschend, denn infolge der Vielzahl der möglichen Kondensationspartner bei höheren Basizitäten mußten mehrere Annahmen gemacht werden, welche die Berechnungen immerhin unsicher machten.

Verolung: Der Umstand, daß die Hydroxogruppen beim Zusatz von Salzsäure augenblicklich unter Verbrauch äquivalenter H-Ionen in Aquogruppen umgewandelt werden, während die Ol- bzw. Oxobrücken mit H-Ionen nicht sofort, sondern nur langsam reagieren, ermöglicht die Bestimmung der letztgenannten Gruppen neben Hydroxogruppen, und damit die zeitliche Verfolgung des Überganges der Hydroxogruppen in Olgruppen beim Altern. Hierbei werden mit Olgruppen sämtliche säurewiderstandsfähigen Gruppen, also sowohl Ol- als auch Oxogruppen, bezeichnet. Diese beiden Gruppen können nicht getrennt bestimmt werden, da sie nur einen graduellen Unterschied in bezug auf Säurewiderstandsfähigkeit aufweisen. Die beim ersten Versuch zur Verfolgung des Verolungsvorganges [E. Stiasny und O. Grimm (*1*)] verwendete Methode: Zusatz einer bestimmten Menge Salzsäure zu der Chromlösung, Bestimmung der H-Ionenkonzentration vor und nach dem Säurezusatz mit der Wasserstoffelektrode, Berechnung der H-Ionenkonzentration in der mit Säure versetzten Lösung unter Annahme vollständiger Verolung ($[H]_{ber.}$ = H-Ionenkonzentration vor dem Säurezusatz + H-Ionenkonzentration, die entstehen würde, wenn die Säure anstatt der Chromlösung destilliertem Wasser zugesetzt würde) und Vergleich der so erhaltenen Wasserstoffkonzentration, $[H]_{ber.}$, mit der in der mit Säure versetzten Lösung experimentell gefundenen Wasserstoffionenkonzentration, $[H]_{gef.}$, konnte nur ein qualitatives Bild geben. Zu quantitativen Ergebnissen führte die mengenmäßige Erfassung der Hydroxogruppen durch Bestimmung der bei Salzsäurezusatz sofort verbrauchten Säuremenge. Die von E. Stiasny und G. Königfeld (*1*) entwickelte Methode bestand im Zusatz von 25 ccm $^n/_{10}$-Salzsäure zu 50 ccm der 0,1% Cr enthaltenden Chromchloridlösung und der Rücktitration der unverbraucht gebliebenen Salzsäure mit $^n/_{10}$-Natronlauge unmittelbar nach dem Säurezusatz. Um zu vermeiden, daß die Natronlauge neben der unverbrauchten Salzsäure auch zum Basischmachen des Chromsalzes verbraucht wird, wurde ein Indikator gewählt, welcher bei p_H 2,8, dem p_H einer 0,1% Chrom enthaltenden Hexaquochromchloridlösung, umschlägt. Stiasny und Königfeld waren sich dessen bewußt, daß durch das niedrige p_H als Titrationsendpunkt unter Umständen eine gewisse Salzsäuremenge nicht erfaßt wird. Sie glaubten jedoch, daß der hiermit verbundene Fehler so gering ist, daß er vernachlässigt werden kann. Beim Ersetzen der kolorimetrischen Titration durch konduktometrische [E. R. Theis und E. J. Serfass (*1*)] hat sich herausgestellt, daß diese Voraussetzung nicht zutrifft [E. R. Theis und E. J. Serfass (*1*); C. Rieß]. Der Fehler bei der Methode von Stiasny und Königfeld ist in manchen Fällen sehr beträchtlich (siehe Abb. 12).

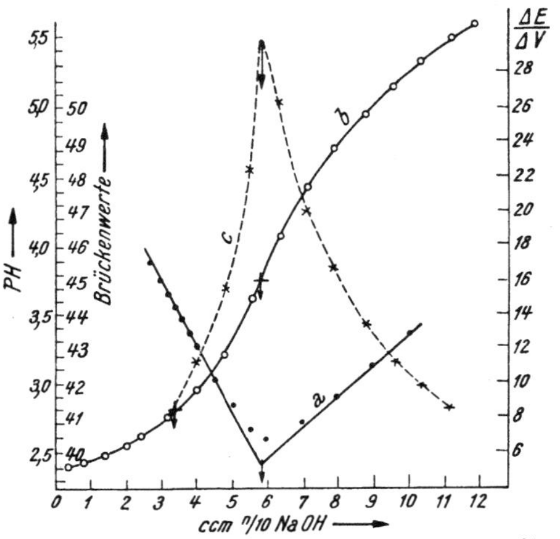

Abb. 12. Verolungsbestimmung in einer 21,5% basischen 0,1% Cr enthaltenden Lösung von festem Chromsulfat (in lamellis) [C. Rieß].
a konduktometrische Titrationskurve, *b* potentiometrische Titrationskurve, *c* potentiometrische Differenztitrationskurve (vom Verf. konstruiert auf Grund der exp. Werte von C. Rieß). Pfeil bei p_H 2,8 = Titrationsendpunkt nach E. Stiasny und G. Königfeld.

Faßt man die hydrolysierenden Chromkomplexe als schwache Säuren auf und die Hydrolyse als Dissoziation dieser schwachen Säuren (J. N. Brönstedt, vgl. S. 61), z. B.

$$[Cr(OH_2)_6]^{3+} + H_2O \rightleftarrows [Cr(OH_2)_5OH]^{2+} + H_3O^+$$
Dissoziationskonstante (= Hydrolysenkonstante) = 0,98 · 10,

so ist die Rücktitration der unverbrauchten Salzsäure nichts anderes als die Bestimmung einer starken Säure (der Salzsäure) in Gegenwart schwacher Säuren (der Chromkomplexe). Durch konduktometrische oder potentiometrische Titration ist diese Aufgabe leicht zu lösen.

Die beiden Titrationsarten unterscheiden sich dadurch, daß die potentiometrische streng spezifisch für H-Ionen ist, während durch die konduktometrische sowohl die Änderung der H-Ionenkonzentration als auch alle anderen Vorgänge gleichzeitig angezeigt werden, welche mit Leitfähigkeitsänderung der Lösung verbunden sind, z. B. der Komplexzerfall, Ladungsänderung des Komplexes und die damit verbundene Wanderung negativer Liganden in den oder aus dem Komplex. Dieser Nachteil wird jedoch bei der Titration puffernder Lösungen — und die Chromlösungen sind solche — dadurch aufgehoben, daß die hierbei noch aus anderen Gründen auftretenden Leitfähigkeitsänderungen die durch die langsame Abnahme der H-Ionenkonzentration hervorgerufene kontinuierlich erfolgende Leitfähigkeitsänderung stark akzentuieren, wodurch der Titrationsendpunkt scharf wahrnehmbar wird. Praktisch erhält man mit beiden Methoden dieselben Resultate, die Unterschiede fallen in die Fehlergrenze (C. Rieß). Wenn man nur die beiden Kurven *a* und *b* in Abb. 12 betrachtet, so wäre man geneigt, sich der Auffassung von Rieß: die konduktometrische Titration sei bei der Verolungsbestimmung der potentiometrischen überlegen, anzuschließen. Der Wendepunkt der S-förmigen Kurve bei der potentiometrischen Titration, welche dem Knick bei der konduktometrischen entspricht [C. Rieß; E. R. Theis und E. J. Serfass (*2*)], ist nämlich schwerer auffindbar als der Knick. Trägt man jedoch auf die Ordinate nicht das p_H bzw. die elektromotorische Kraft E auf, sondern, wie dies bei der potentiometrischen Titration üblich ist, die Differenz der beiden elektromotorischen Kräfte, dE, welche man bei zwei aufeinanderfolgenden Laugenzusätzen erhält, $\frac{dE}{dV}$, so entsteht eine Kurve (siehe *c* in Abb. 12), die steil in die Höhe geht und beim Überschreiten des Titrationsendpunktes steil absinkt. Dieser Endpunkt, die Kurvenspitze, ist ebenso deutlich wahrnehmbar wie der Knickpunkt bei der konduktometrischen Titration.

Durch die beschriebene Methode erhält man die Menge der Hydroxogruppen. Um die Menge der Olgruppen zu erhalten, muß man die Gesamtmenge der OH-Gruppen (1 Oxogruppe = 2 OH) pro Cr-Atom kennen. Die Differenz zwischen der Gesamtmenge OH- und Hydroxogruppen entspricht der Olgruppenmenge. Als Maß der Verolung dient die Verolungszahl, worunter man die Menge der Olgruppen, ausgedrückt in Prozenten der Gesamtmenge OH-Gruppen, versteht [E. Stiasny und G. Königfeld (*1*)]:

$$\frac{\text{Olgruppen}}{\text{Hydroxogruppen} + \text{Olgruppen}} \cdot 100 = \text{Verolungszahl.}$$

Ursprünglich haben E. Stiasny und G. Königfeld (*1*) dieses Maß der Verolung Verolungsgrad genannt, später jedoch [E. Stiasny und G. Königfeld (*2*)] beide Ausdrücke hierfür gebraucht.

Bei Lösungen, die man aus 0% basischen Chromsalzen herstellt, ist die Gesamtmenge OH-Gruppen mit der zum Basischmachen verbrauchten Lauge, ausgedrückt in Äquivalenten NaOH pro Cr-Atom, identisch. In allen anderen Fällen erhält man die Gesamtmenge OH-Gruppen bei der Basizitätsbestimmung, d. h. aus der oxydimetrischen Bestimmung des Chromgehaltes und aus der Titration der Chromlösung in der Siedehitze mit Natronlauge unter Verwendung von Phenolphthalein als Indikator. Diese Titration mit Natronlauge läßt sich auch konduktometrisch durchführen (A. W. Thomas und S. B. Foster; vgl.

W. R. Atkin und D. Burton). Diese Art der Bestimmung läßt sich mit der der Hydroxogruppen kombinieren [E. R. Theis und E. J. Serfass (*1*), (*2*); B. H. Perkins und A. W. Thomas]. Der erste Knickpunkt bei der Rücktitration der mit Säure versetzten Lösung entspricht nämlich der unverbrauchten Säure, der zweite der Überführung des Chromsalzes in das Hydroxyd, $Cr(OH)_3$.

Bei der Titration mit $^n/_{10}$-Natronlauge werden die an Chrom gebundenen Säurereste bestimmt, z. B. $CrOHCl_2 + 2\,NaOH = Cr(OH)_3 + 2\,NaCl$. Um die Gesamtmenge der an Chrom gebundenen OH-Gruppen zu erhalten, wird in derselben Menge Chromlösung, wie bei der Laugentitration, das Chrom zu Bichromat oxydiert, dieses oxydimetrisch z. B. mit $^n/_{10}$-Natriumthiosulfat titriert und vom Thiosulfatverbrauch der Laugenverbrauch abgezogen. Dies ergibt sich aus folgender Überlegung. Das Chrom ist 3wertig, wird also mit drei Äquivalenten OH abgesättigt. Die oxydimetrische Wertigkeit des Chroms im Bichromat ist ebenfalls drei, so daß bei der Chrombestimmung ebensoviel Natriumthiosulfat (drei Äquivalente) pro Cr-Atom verbraucht werden wie NaOH bei der Verwandlung eines Chromsalzes, CrX_3, in Chromhydroxyd, $Cr(OH)_3$. Der Thiosulfatverbrauch bei der Titration entspricht also der OH-Gruppenmenge, die vorhanden wäre, wenn das Chrom als $Cr(OH)_3$ vorliegen würde. Da das Chrom in der Lösung zum Teil an Säure gebunden ist und diese Säuremenge dem Laugenverbrauch bei der Titration entspricht, ergibt der Thiosulfatverbrauch, vermindert um den Laugenverbrauch, die Gesamtmenge der OH-Gruppen pro Cr-Atom.

Führt man für die bei der Verolungsbestimmung erhaltenen Titrationsergebnisse die folgenden Bezeichnungen ein:

a = Thiosulfatverbrauch in Kubikzentimetern $^n/_{10}$-$Na_2S_2O_3$ bei der Cr-Bestimmung,
b = Laugenverbrauch in Kubikzentimetern $^n/_{10}$-NaOH bei der Titration in der Hitze, Indikator: Phenolphthalein,
c = Säurezusatz in Kubikzentimetern $^n/_{10}$-HCl,
d = Laugenverbrauch in Kubikzentimetern $^n/_{10}$-NaOH für die überschüssige Säure bei der Rücktitration bis zum ersten Knickpunkt,
e = Laugenverbrauch in Kubikzentimetern $^n/_{10}$-NaOH bei der Rücktitration bis zum zweiten Knickpunkt,

so sind:

$a - b$ bzw. $a + c - e$ = die Gesamt-OH-Menge = Ol- + Hydroxogruppen,
$c - d$ = die Menge Hydroxogruppen,
$a + d - (c + b)$ bzw. $a + d - e$ = Hydroxogruppen — Gesamtmenge OH = Olgruppen.

$$\text{Verolungszahl} = 100 \cdot \frac{\text{Olgruppen}}{\text{Hydroxogruppen} + \text{Olgruppen}} = 100 \cdot \frac{a + d - (c + b)}{a - b} \quad \text{bzw.} \quad 100 \cdot \frac{a + d - e}{a + c - e}.$$

$$\text{Basizitätszahl} = 100 \cdot \frac{\text{An OH geb. Cr}}{\text{Gesamt-Cr}} = 100 \cdot \frac{a - b}{a} \quad \text{bzw.} \quad 100 \cdot \frac{a + c - e}{a}.$$

Schon Stiasny und Mitarbeiter [E. Stiasny und O. Grimm (*1*); E. Stiasny und G. Königfeld (*2*)] stellten fest, daß die Verolung bei Chrom- (chlorid-) Lösungen während des Basischmachens einsetzt und größtenteils während der ersten 48 Stunden vor sich geht. Die mit der genaueren konduktometrischen Methode ausgeführten Untersuchungen [E. R. Theis und E. J. Serfass (*1*); C. Rieß] ergaben, daß die Verolung praktisch vollständig ist; schon nach ca. 20 Stunden erhält man eine Verolungszahl von 100. Die Bestimmung der Verolungsgeschwindigkeit in 33,3% basischen Chromchloridlösungen (C. Rieß; B. H. Perkins und A. W. Thomas) unter Annahme bimolekularer Reaktion entsprechend der Gleichung:

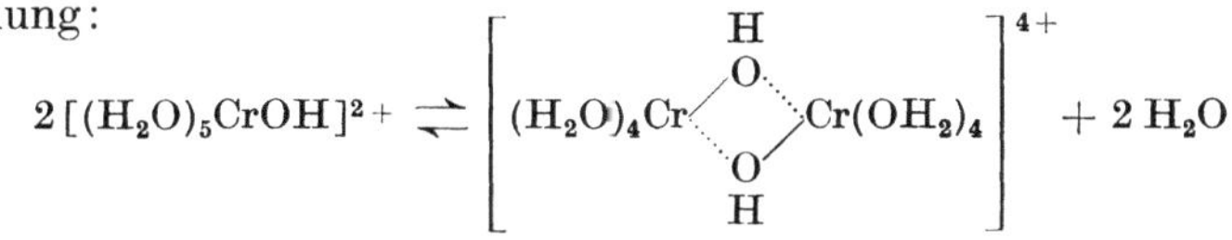

ergab, daß die Verolungsgeschwindigkeit bis zu einer Verolungszahl von 50 von der Konzentration unabhängig ist, was wohl mit einer monomolekularen, aber nicht mit einer bimolekularen Reaktion in Übereinstimmung steht (Abb. 13). Der Befund von E. Stiasny und G. Königfeld (*2*), daß die Verolung mit wachsender Konzentration zunimmt, läßt sich aus den Resultaten in Abb. 13 nicht ableiten.

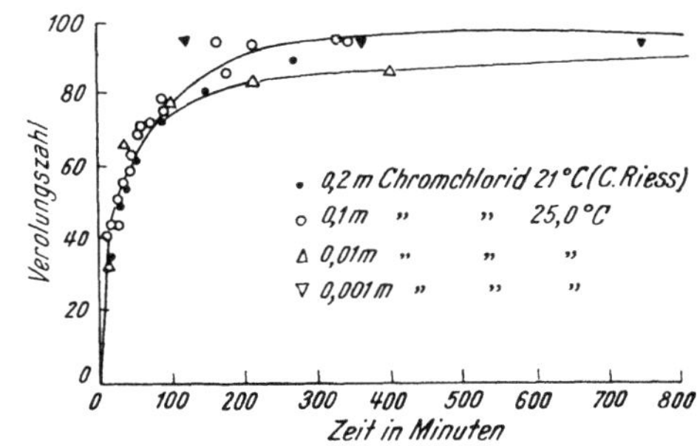

Abb. 13. Einfluß der Konzentration auf die Verolungsgeschwindigkeit (B. H. Perkins und A. W. Thomas).

Wie schon erwähnt, weisen die Olgruppen nur eine relative Säurewiderstandsfähigkeit auf. Sie reagieren mit Säure nur langsam:

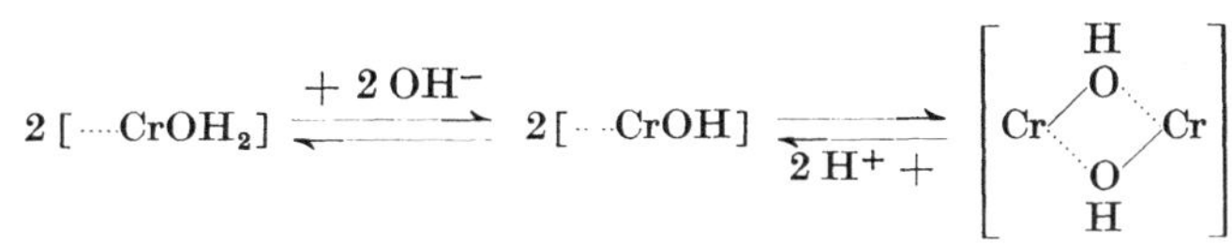

Der Verolungs- bzw. Entolungsvorgang stellt also eine umkehrbare Reaktion dar, die langsam verläuft. Mit Hilfe der konduktometrischen Verolungsbestimmung konnte gezeigt werden, daß die Entolung stark von der Verolungszahl abhängig ist. In gealterten Brühen mit hohen Verolungszahlen erfolgt die Entolung nur langsam, während sie in wenig gealterten Brühen mit niedrigen Verolungszahlen viel rascher vor sich geht (Tabelle 11). Obwohl die Entolung bei den Chromchloriden und Chromnitraten viel langsamer verläuft (B. H. Perkins und A. W. Thomas) als bei den Chromsulfaten (C. Rieß), muß bei der Verolungsbestimmung die zugesetzte Säure, um eine teilweise Entolung zu verhüten, sofort zurücktitriert werden. Wie Rieß gezeigt hat, ergeben sich aus der Nichtbeachtung dieses Umstandes [E. R. Theis und E. J. Serfass (*2*)] Resultate, die zu irrtümlichen theoretischen Auslegungen führen. Da bei der von Th. Fasol und E. Überbacher empfohlenen direkten Methode zur Bestimmung der Verolungszahl durch

Tabelle 11. Entolung bei 25° C durch Zusatz von $^{n}/_{10}$ HCl zu basischen Chromchloridlösungen (B. H. Perkins und A. W. Thomas).

Lösung Nr.	Einwirkungsdauer der Säure in Minuten	Verolungszahl
10	10	88,3
10	37	88,5
10	62	87,5
10	625	89,0
10	1610	83,5
11	15	42,0
11	40	35,2
11	65	29,7
23	5	98,0
23	550	97,0
2[1]	15	96,0
2	1450	92,9

[1] 66,7% basisch.

Tabelle 12. Verhalten einer 75% basischen durch Dialyse bereiteten Chromnitratlösung beim Kochen mit Salzsäure (B. H. Perkins und A. W. Thomas).

Alter der Lösung in Tagen	Dauer des Kochens mit HCl in Stunden	Verolungszahl
4	0	95,7
4	0	92,0 [1]
6	4,5	56,3
6	6,1	41,5
6	0	95,2 [2]
6	7,0	35,8
6	0	94,5 [3]
10	0	93,3
10	0	93,8
11	0	90,5
18	0	96,1

Titration der Hydroxogruppen mit Salzsäure die Resultate durch Entolung nicht beeinflußt werden können, ist diese Methode der indirekten überlegen. Allerdings kann sie nur dann angewendet werden, wenn die Verolungszahlen nicht in der Nähe von 100 liegen. In diesem Falle sind nämlich nur wenige Hydroxogruppen vorhanden und der Säureverbrauch ist zu gering, um eine genügende Anzahl Punkte an dem einen Ast der konduktometrischen Titrationskurve zu erhalten. Bei sofortiger Rücktitration nach dem Säurezusatz erhält man mit der indirekten Methode natürlich dieselben Resultate wie mit der direkten (C. Rieß; B. H. Perkins und A. W. Thomas).

Wie langsam und unvollständig die Entolung bei hochbasischen (Chromnitrat-) Lösungen verläuft, zeigt die Tabelle 12. Selbst mehrtägiges Kochen mit Säure führt zu keiner vollständigen Entolung.

Daraus folgern Perkins und Thomas, daß folgende zwei auf der Annahme vollständiger Entolung fußende Methoden nicht zuverlässig sind:

1. Die Bestimmung der Gesamtmenge der OH-Gruppen durch Erhitzen der Chromchlorid- oder Chromnitratlösung mit wenig überschüssiger Salzsäure ($= c$) unter Rückflußkühlung 1 [E. Stiasny und G. Königfeld (*1*), (*2*)] bzw. 3 Stunden lang [E. R. Theis und E. J. Serfass (*2*)] und Rücktitration der unverbrauchten Säure (f) in der abgekühlten Lösung: $c—f =$ Gesamtmenge der OH-Gruppen.

2. Die Bestimmung des Chromgehaltes dadurch, daß man die konduktometrische Rücktitration mit Lauge in der mit Säure gekochten Lösung nicht nur bis zum ersten Knickpunkt ($f =$ unverbrauchte Säuremenge), sondern weiter bis zum zweiten Knickpunkt [$g =$ Umwandlung des Chroms in das Hydroxyd, $Cr(OH)_3$] durchführt:

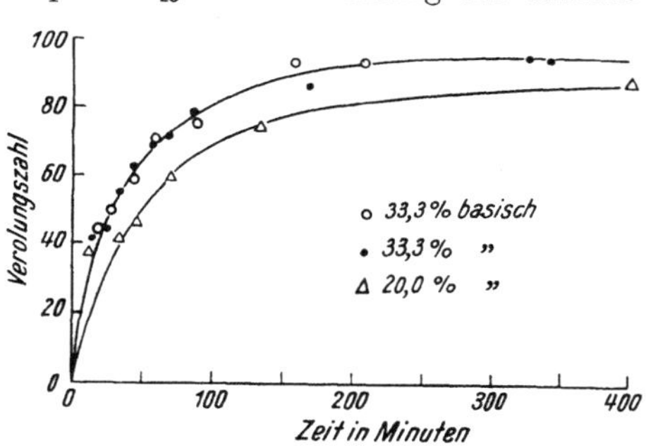

Abb. 14. Einfluß der Basizität der Chromchloridlösung (0,1 M.) auf die Verolungsgeschwindigkeit bei 25° C (B. H. Perkins und A. W. Thomas).

$g—f =$ die Menge NaOH, welche für die Überführung des durch die vollständige Entolung in einen OH-gruppenfreien Komplex umgewandelten Chroms in Chromhydroxyd nötig ist und welche bei jodometrischer Chrombestimmung dem Natriumthiosulfatverbrauch entsprechen würde (siehe S. 98).

Den Einfluß, den die Basizität auf die Verolungsgeschwindigkeit ausübt, zeigt Abb. 14. Mit wachsender Basizität nimmt die Verolungsgeschwindigkeit zu [E. Stiasny und G. Königfeld (*2*); B. H. Perkins und A. W. Thomas]. Auch die Art des basischmachenden Mittels beeinflußt die Verolungsgeschwindigkeit. Nach N. Bjerrum (*1*) verläuft die Verolung beim Basischmachen mit Ammoniak und Natriumbikarbonat schneller als beim Basischmachen mit Kalilauge. Aus dem Ausbleiben der vorübergehenden Fällung bei

[1] Vor Bestimmung der Verolungszahl wurde die Lösung mit der Säure bei Zimmertemperatur 24 Stunden stehengelassen.

[2] Die Lösung wurde vor der Bestimmung $^1/_2$ Stunde gekocht.

[3] Die Lösung wurde vor der Bestimmung 5 Stunden gekocht.

Tabelle 13. Einfluß des Basischmachens mit Soda auf die Verolung einer 33,3% basischen Chromchloridlösung (1% Cr) [E. Stiasny und G. Königfeld (*2*)].

Alterungsdauer	NaOH	Na_2CO_3 (ohne Schütteln)	mg CO_2 pro Cr-Atom	Na_2CO_3 (mit Schütteln)	mg CO_2 pro Cr-Atom
1 Stunde.	42,4	35,7	25,1	37,5	—
5 Stunden	64,1	55,9	—	60,2	19,9
24 ,, ...	70,9	63,7	24,5	67,5	15,3
5 Tage	75,3	67,5	22,9	73,8	12,5
4 Wochen	77,5	72,2	10,2	74,4	6,7

ca. 30% Basizität, wenn man eine Chromchloridlösung mit Soda basisch macht, schlossen auch E. Stiasny und D. Balányi (*1*) auf die schnellere Verolung der sich hierbei bildenden Carbonatochromkomplexe. Durch Bestimmung der Verolungszahlen haben jedoch E. Stiasny und G. Königfeld (*2*) das Entgegengesetzte gefunden. Wie die Tabelle 13 zeigt, nehmen die Verolungszahlen in der mit NaOH basisch gemachten Lösung beim Altern schneller zu als in der mit Soda basisch gemachten. Bei Verminderung des Gehaltes an Carbonatogruppen, sei es durch Schütteln beim Basischmachen oder durch Zerfall beim Altern, gleichen sich die Verolungszahlen der mit Soda basisch gemachten Lösung an die Verolungszahlen der mit Lauge basisch gemachten an.

Der Zusatz von Kochsalz beeinflußt die Verolungsgeschwindigkeit nicht. In Chromchloridlösungen (1% Cr), die pro Cr 0 bis 6 Mole NaCl enthielten, wurden beim Altern keine Unterschiede in den Verolungszahlen gefunden, und zwar gleichgültig, ob der Zusatz vor oder nach dem Basischmachen erfolgte [E. Stiasny und G. Königfeld (*2*)]. Anders ist es beim Zusatz von Natriumsulfat. Durch den Sulfatzusatz erhalten die Chromchloridlösungen den Charakter der Chromsulfatlösungen, in welchen die Verolung schneller verläuft als in den Chromchloridlösungen. Wie die Tabelle 14 zeigt, kommt die beschleunigende

Tabelle 14. Einfluß von Natriumsulfat auf die Verolung einer 33,3% basischen Chromchloridlösung (1% Cr) [E. Stiasny und G. Königfeld (*2*)].

Alterungsdauer	Ohne Zusatz	Na_2SO_4-Zusatz in Molen pro Cr-Atom						
		Zusatz vor dem Basischmachen		Zusatz nach dem Basischmachen				
		sofort nach Zusatz 1½ Mol	5 Tage nach Zusatz 1½ Mol	¼ Mol	½ Mol	1 Mol	1½ Mol	3 Mol
1 Stunde	42,2 [1]	43,2 [1]	55,6 [1]	42,2 [1]	43,1 [1]	40,0 [1]	44,0 [1]	44,9 [1]
5 Stunden	65,1	66,5	77,8	64,3	65,1	67,3	67,3	68,9
24 Stunden	73,2	75,1	87,5	72,5	73,2	75,1	76,0	78,5
5 Tage	77,0	83,8	89,3	77,0	80,9	82,8	84,5	87,4
4 Wochen	78,3	87,4	91,1	77,9	82,9	84,5	88,2	91,5

Die zur Einstellung der Basizität nötige Lauge wurde auf einmal zugesetzt, auf die eintretende vorübergehende Trübung oder Fällung wurde keine Rücksicht genommen.

Wirkung des Natriumsulfatzusatzes erst dann zum Vorschein, wenn man die Lösung mit dem Zusatz (24 Stunden) altern läßt. Dies gilt auch für den Zusatz nach dem Basischmachen. Da sowohl die Wirkung des Basischmachens mit

[1] Lösung opaleszierend.

Soda als auch die Wirkung der Neutralsalzzusätze auf die Verolung mit der als fehlerhaft erkannten kolorimetrischen Methode verfolgt wurden, wäre Nachprüfung der diesbezüglichen Befunde von Stiasny und Königfeld mit der konduktometrischen Methode wünschenswert.

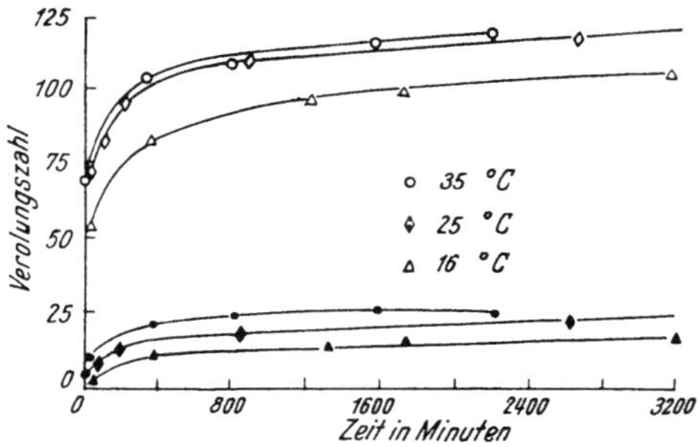

Abb. 15 Einfluß der Temperatur auf die Verolungsgeschwindigkeit in einer 0,01 molaren Chromchloridlösung (B. H. Perkins und A. W. Thomas).

Die unteren Kurven geben die der freien Säure entsprechenden Verolungszahlen wieder. Mit diesen Zahlen müssen die oberen Kurven korrigiert werden.

Temperaturerhöhung beschleunigt die Verolung [N. Bjerrum (*4*); E. Stiasny und O. Grimm (*1*); E. Stiasny und G. Königfeld (*2*); B. H. Perkins und A. W. Thomas]. Mit wachsender Temperatur nimmt die Verolungsgeschwindigkeit zu (siehe Abb. 15). Das thermische Altern, z. B. das Altern einer Chromchloridlösung beim Kochen unter Rückflußkühlung, unterscheidet sich noch vom Altern bei Zimmertemperatur auch dadurch, daß hierbei eine sehr starke Erhöhung der Hydrolyse eintritt. Die so gebildeten Hydroxogruppen verolen ebenfalls. Die Nachhydrolyse, welche dadurch stattfindet, ist jedoch erheblich größer als bei Zimmertemperatur [E. Stiasny und O. Grimm (*1*)]. Das Gleichgewicht, schematisch und vereinfacht (siehe S. 89) als

$$2[\text{—Cr—OH}_2]^{3+} \rightleftharpoons 2[\text{—Cr—OH}]^{2+} \rightleftharpoons \left[\text{—Cr}\begin{smallmatrix}\text{H}\\ \text{O}\\ \diagup\ \ \diagdown\\ \diagdown\ \ \diagup\\ \text{O}\\ \text{H}\end{smallmatrix}\text{Cr—}\right]^{4+}$$

dargestellt, ist bei Kochtemperatur viel stärker nach rechts verschoben als bei Zimmertemperatur. Schon durch kurzes Kochen wird das Gleichgewicht bei Zimmertemperatur überschritten. Wird eine gekochte Lösung auf Zimmertemperatur abgekühlt, so muß sich ein der Zimmertemperatur entsprechendes Gleichgewicht einstellen. Die bei Kochtemperatur durch Hydrolyse und Verolung gebildete Säure wandelt die sehr geringen noch vorhandenen Hydroxogruppen sofort beim Abkühlen in Aquogruppen um. Die noch übriggebliebene Säure verhält sich in jeder Hinsicht so wie freie Säure, z. B. wie der Säureüberschuß, der bei der indirekten Bestimmung der Verolungszahl in der Chromlösung vorhanden ist. Sie läßt sich wie dieser titrieren [E. Stiasny und O. Grimm (*1*); E. Stiasny (*1*); E. R. Theis und E. J. Serfass (*1*), (*2*); C. Rieß;

Tabelle 15. Verhalten gekochter 0% basischer Chromchloridlösungen (10 g Cr/l) beim Verdünnen auf das 10fache (1 g Cr/l) [E. Stiasny und O. Grimm (*1*)].

	Nicht erhitzt H^+-Konzentration	5 Minuten gekocht H^+-Konzentration	60 Stunden gekocht H^+-Konzentration
Unverdünnt	$3{,}70 \cdot 10^{-3}$	$3{,}89 \cdot 10^{-2}$	$5{,}25 \cdot 10^{-2}$
Sofort nach Verdünnung	$1{,}26 \cdot 10^{-3}$	$4{,}17 \cdot 10^{-3}$	$5{,}25 \cdot 10^{-3}$
nach 24 Stunden	$1{,}29 \cdot 10^{-3}$	$4{,}08 \cdot 10^{-3}$	$5{,}37 \cdot 10^{-3}$
„ 48 „	$1{,}32 \cdot 10^{-3}$	$3{,}98 \cdot 10^{-3}$	$5{,}25 \cdot 10^{-3}$
„ 72 „	$1{,}32 \cdot 10^{-3}$	$3{,}98 \cdot 10^{-3}$	$5{,}37 \cdot 10^{-3}$
„ 4 Wochen	$1{,}29 \cdot 10^{-3}$	$3{,}72 \cdot 10^{-3}$	$4{,}90 \cdot 10^{-3}$
„ 5 Monaten	$1{,}26 \cdot 10^{-3}$	$3{,}24 \cdot 10^{-3}$	$4{,}10 \cdot 10^{-3}$

B. H. Perkins und A. W. Thomas] und wirkt beim Altern entolend [E. Stiasny und O. Grimm (*1*); E. Stiasny und G. Königfeld (*2*)]. Auch das Verhalten gekochter Chromchloridlösungen beim Verdünnen zeigt, daß man es mit freier Säure zu tun hat (Tabelle 15). Verdünnt man eine Hexaquochromchloridlösung auf das Zehnfache, so ist in dieser Lösung die H-Ionenkonzentration nicht zehnmal kleiner geworden als die der ursprünglichen Lösung, da der Hydrolysengrad beim Verdünnen zunimmt. Verdünnt man jedoch dieselbe Lösung nach 60stündigem thermischem Altern bei Kochtemperatur auf das Zehnfache, so wird auch die H-Ionenkonzentration zehnmal kleiner: ein hydrolytisches Gleichgewicht zwischen Chromkomplex und Säure ist also nicht mehr vorhanden (bzw. das Gleichgewicht stellt sich nur sehr langsam ein). Auch in der verdünnten Lösung ist die Säurekonzentration genügend groß, um eine wahrnehmbare Hydrolyse zu verhindern. Wird die Lösung nur drei Stunden gekocht, so reicht bei 10facher Verdünnung die Säurekonzentration zur vollständigen Verhinderung der Hydrolyse nicht mehr aus, diese ist jedoch kleiner als bei der ungekochten Lösung. Die Menge der „freien Säure" braucht also von der Verdünnung nicht absolut unabhängig zu sein. E. R. Theis und E. J. Serfass (*1*) fanden z. B. eine linear proportionale Zunahme der freien Säure (in einer Chromsulfatlösung) mit der Verdünnung. Der Fehler, den man dadurch begeht, daß man die freie Säure nicht in der ursprünglichen, sondern in einer etwas verdünnteren Lösung bestimmt, ist nicht nennenswert (C. Rieß; B. H. Perkins und A. W. Thomas).

Die freie Säure wird entweder konduktometrisch [E. R. Theis und E. J. Serfass (*1*)] oder potentiometrisch (siehe Abb. 12) bestimmt. Die kolorimetrische Titration auf p_H 3 [E. Stiasny (*1*)] ist ungenau. Die freie Säure wird meistens in Aziditätszahlen ausgedrückt:

$$\frac{\text{freie Säure in Äquivalenten pro Cr}}{\text{Cr ausgedrückt in Säureäquivalenten } (1\,\text{Cr} = 3\,\text{Säureäquivalente})}.$$

Über die freie Säure in Chromlösungen sind in der Literatur widersprechende Angaben vorhanden. Nach E. Stiasny (*1*) und C. Rieß kann freie Säure nur bei vollständiger Verolung vorhanden sein, da ihre Anwesenheit das Vorhandensein von Hydroxogruppen ausschließt. Versetzt man eine freie Säure enthaltende Chromlösung, z. B. eine gekochte Chromchloridlösung, mit Säure, so findet man bei der Rücktitration mit Lauge die zugesetzte und die freie Säure quantitativ wieder. Dies konnten auch B. H. Perkins und A. W. Thomas bestätigen. Sie fanden jedoch, daß auch nicht vollständig verolte Chromlösungen freie Säure, allerdings in geringer Menge, enthalten können. Nach E. R. Theis und E. J. Serfass (*1*), (*2*) sind freie Säure und Hydroxogruppen nebeneinander vorhanden, da man beim Zusatz größerer Säuremengen bei der Rücktitration mit Lauge weniger Säure findet als die Summe der freien und zugesetzten Säure.

Besieht man diese Befunde im Lichte der Verolungstheorie und läßt die Gründe nicht außer acht, die einen Knick in der graphischen Darstellung einer konduktometrischen Titration verursachen können, so lassen sich die Widersprüche aufklären. In den in der Kälte vollständig verolten Lösungen ist die Menge der Hydroxogruppen so gering, daß die zur Umwandlung dieser Gruppen in Aquogruppen nötige Säuremenge unmeßbar klein ist: die zugesetzte Säure erhält man also bei der Rücktitration quantitativ zurück. Wird eine gekochte Chromlösung abgekühlt, so wandelt die entstandene freie Säure die noch in minimalen Mengen vorhandenen Hydroxogruppen sofort in Aquogruppen um. Die noch übriggebliebene freie Säure findet man natürlich auch nach dem Zusatz von Säure bei der Rücktitration quantitativ zurück. In nicht vollständig verolten Lösungen sind noch Hydroxogruppen vorhanden. Die durch die teilweise Verolung entstandene Aziditätserhöhung täuscht die Anwesenheit eines Chromkomplexes vor, dessen Hydrolysenkonstante größer ist als die der tatsächlich anwesenden Chromkomplexe, mit anderen Worten, es wird die Anwesenheit zweier Säuren vorgetäuscht, von denen die eine etwas stärker ist als die andere. Man erhält also einen Knick bei der konduktometrischen Titration. Versetzt man eine solche teilweise verolte Lösung mit Säure, so reagieren mit dieser die noch anwesenden Hydroxogruppen, und bei der Rücktitration mit Lauge findet man nur einen Teil der vorher gefundenen freien Säure wieder. Es soll betont werden, daß es sich hierbei immer nur um sehr kleine Mengen freier Säure handeln kann. Auch eine Entolung, die unter Umständen eintritt, wenn man nicht unmittelbar nach dem Säurezusatz die Rücktitration ausführt, wirkt sich als Verlust an freier Säure aus. Es soll noch darauf hingewiesen werden, daß nicht jeder „erste“ Knick die Anwesenheit freier Säure anzeigt. Man erhält bei der konduktometrischen Titration einer Hexaquochromchloridlösung mit Alkali (siehe Abb. 16) einen Knick bei ca. 30% Basizität. Würde man kritiklos jeden ersten Knick als Endpunkt der Titration der freien Säure ansehen, so müßte eine Hexaquochromchloridlösung einen Gehalt an freier Säure von nicht weniger als 30% Azidität aufweisen. Wie schon erwähnt, wird durch diese konduktometrische Titration nur angezeigt, daß die Hydrolysenkonstante des Hexaquochromions viel größer ist als die des Monohydroxochromions, mit anderen Worten, das Hexaquoion ist eine stärkere Kationensäure als das Monohydroxoion.

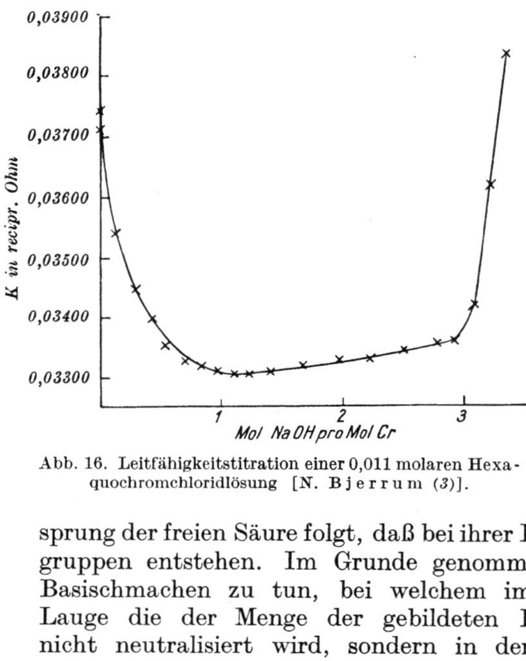

Abb. 16. Leitfähigkeitstitration einer 0,011 molaren Hexaquochromchloridlösung [N. Bjerrum (3)].

Aus dem hydrolytischen Ursprung der freien Säure folgt, daß bei ihrer Bildung äquivalente Mengen Hydroxylgruppen entstehen. Im Grunde genommen hat man also hierbei mit einem Basischmachen zu tun, bei welchem im Gegensatz zum Basischmachen mit Lauge die der Menge der gebildeten Hydroxylgruppen äquivalente Säure nicht neutralisiert wird, sondern in der Lösung verbleibt. Bei der Bestimmung der Basizitätszahl ging man davon aus, daß die bei der Titration der Chromlösung mit Lauge in Siedehitze erfaßte Säuremenge an Chrom gebunden ist. Die durch die primäre Hydrolyse der Aquogruppen entstehende Basizitätserhöhung wurde stillschweigend als zu geringfügig vernachlässigt. E. Stiasny hat nun die Frage aufgeworfen, ob die infolge Verolung, und zwar besonders beim thermischen Altern entstehende obenerwähnte Basizitätserhöhung vernachlässigt werden kann oder nicht. Um den wirklichen durchschnittlichen Basizitätsgrad der in der Lösung vorhandenen Chromkomplexe zu erhalten, muß man die bei der Basizitätsbestimmung erhaltene OH-Menge pro Cr-Atom um diejenige Menge erhöhen, welche der freien Säure entspricht. Der Zusammenhang zwischen Basizitätszahl der Lösung (BZ.) und durchschnittlichem Basizitätsgrad (BG.) der Chromkomplexe ergibt sich aus folgendem:

a = Thiosulfatverbrauch in ccm $^n/_{10}$ $Na_2S_2O_3$ bei der Cr-Bestimmung;
b = Laugenverbrauch in ccm $^n/_{10}$ NaOH bei der Titration in der Hitze;
h = Laugenverbrauch in ccm $^n/_{10}$ NaOH für die freie Säure;

$$\text{BZ.} = \frac{\text{an OH geb. Cr}}{\text{Gesamtchrom}} \cdot 100 = \frac{a-b}{a} \cdot 100,$$

$$\text{BG.} = \frac{\text{an OH geb. Cr}}{\text{Gesamtchrom}} \cdot 100 = \frac{a+h-b}{a} \cdot 100.$$

Bei der BZ. wird die an OH gebundene Chrommenge unter der Annahme berechnet, daß sämtliche titrierbare Säure in der Lösung, gleichgültig, ob diese in freier, in im hydrolytischen Gleichgewicht befindlicher oder in an Chrom gebundener Form vorhanden ist, an Chrom gebunden ist. Beim BG. wird die an OH gebundene Cr-Menge unter der Annahme berechnet, daß die freie Säure nicht an Chrom gebunden ist.

Tabelle 16. Basizitätszahl und Basizitätsgrad erhitzter basischer Chromalaunbrühen (10 g Cr/l); Kochdauer 5 Minuten [E. Stiasny (*1*)].

Basizitätszahl der Brühe	Basizitätsgrad des Chromsalzes
0	22
16	24
28,2	31,4
37,9 [1]	40,1

Wie die Tabelle 16 zeigt, ist in Chromlösungen nach dem Kochen bei niedrigen Basizitäten zwischen Basizitätszahl und Basizitätsgrad ein erheblicher Unterschied vorhanden. In ungekochten Lösungen ist der Unterschied dagegen so gering, daß er vernachlässigt werden kann.

Auch bei der Bestimmung der Verolungszahl erhält man durch die Vernachlässigung der OH-Gruppen, welche bei der Bildung freier Säure entstehen, Resultate, die der Tatsache nicht entsprechen. Wie schon erwähnt, findet man in einer vollständig verolten Chromlösung, die auch noch freie Säure enthält, nach Zusatz von Salzsäure bei der Rücktitration mit Lauge die zugesetzte und die freie Säure quantitativ wieder. Man titriert also mehr Säure zurück, als man zugegeben hat. Folglich erhält man Verolungszahlen über 100. So fanden z. B. E. Stiasny und G. Königfeld (*2*) in einer 33% basischen Chromchloridlösung (1% Cr) nach 15 Minuten bzw. 24 Stunden langem Kochen Verolungszahlen von 103,7 bzw. 123,9. Natürlich ist eine Verolung über 100% nicht möglich. Der wirkliche Verolungsgrad der Chromkomplexe in den genannten Lösungen ist 100%. Berücksichtigt man die Menge Hydroxogruppen, die der freien Säure entsprechen, und setzt anstatt (siehe S. 98)

$$100 \cdot \frac{a+d-(c+b)}{a-b} \;(=\text{Verolungszahl}) \quad \frac{a+d-(c+b)}{a+h-b},$$

so erhält man den richtigen Verolungsgrad: nämlich $h = d - c$ und daher

$$\frac{a+h-b}{a+h-b} \cdot 100 = 100.$$

Obwohl Verolungszahlen über 100 nicht den wirklichen Verolungsgrad angeben, besagen sie mehr als der auf genannte Weise errechnete wirkliche Verolungsgrad. Bei den beiden 33% basischen Lösungen mit den Verolungszahlen von 103,7 und 123,9 würde man denselben Verolungsgrad, nämlich 100, finden. Daß die beiden Lösungen nicht identisch sind, kommt nicht zum Ausdruck. Um den Unterschied zwischen den beiden Lösungen anzudeuten, müßte man noch die Menge der freien Säure angeben. Die Verolungszahlen 103,7 und 123,9 dagegen, sinngemäß ausgelegt, geben sowohl den Verolungsgrad als auch die Menge der freien Säure an, nämlich: beide Lösungen sind vollständig verolt und besitzen daher den Verolungsgrad 100, in der einen Lösung entspricht die Menge der freien Säure einer Verolungszahl von 3,7 und in der anderen einer solchen von 23,9. Drückt man diese Zahlen in Aziditätsprozenten aus — die Basizitätszahl beider Brühen ist 33% — und addiert diese zu der Basizitätszahl, so erhält man den durchschnittlichen Basizitätsgrad der Chromkomplexe: 33,3 + 1,23 = 34,6 bzw. 33,3 + 8 = 41,3. Aus der Verolungszahl kann

[1] Diese Brühe war zwecks Vermeidung einer Ausflockung nur 2 Minuten gekocht worden.

man den Basizitätsgrad auch auf folgende Weise errechnen: $\frac{33{,}3 \times 103{,}7}{100} = 34{,}6$ bzw. $\frac{33{,}3 \times 123{,}9}{100} = 41{,}3$. Auf Grund der hier genannten Berechnungsweise lassen sich vollständig verolte Chromlösungen durch Angabe der Basizitätszahl und freien Säure eindeutig charakterisieren.

Aus dem Beispiel der erwähnten 15 Minuten bzw. 24 Stunden lang gekochten 33,3% basischen Chromchloridlösungen ist ersichtlich, daß die Dauer des thermischen Alterns nicht gleichgültig ist. Mit der Erhitzungsdauer wächst die Menge der freien Säure bzw. der Basizitätsgrad. Beim Altern der abgekühlten Lösungen nimmt die Geschwindigkeit der Entolung mit wachsender Erhitzungsdauer ab, was sich am besten mit der Anwesenheit von Oxogruppen erklären läßt [E. Stiasny und O. Grimm (*1*); E. Stiasny und G. Königfeld (*2*)]. Das für die hohe Temperatur gültige Gleichgewicht stellt sich nur sehr langsam ein, und zwar nimmt, wie N. Bjerrum und C. Faurholt gezeigt haben (siehe S. 113), die zur Einstellung nötige Zeit mit wachsender Basizitätszahl zu. Auch die Konzentration der Chromlösung spielt eine Rolle. Entsprechend der Zunahme des Hydrolysengrades mit der Verdünnung können in verdünnten Lösungen mehr OH-Gruppen verolen als in konzentrierteren, so daß die Menge der freien Säure mit der Verdünnung zunimmt (C. Rieß, siehe Tabelle 17).

Tabelle 17. Einfluß der Konzentration auf die Bildung freier Säure beim Kochen einer Chromnitratlösung; Kochdauer 5 Minuten (C. Rieß).

Konzentration in Gramm Cr/l	Freie Säure in Prozenten Azidität
0,1	17,5
0,2	16,4
0,5	13,9
1,0	12,1
2,0	9,9

Auch der Einfluß des Kochens vor dem Basischmachen bzw. vor und nach dem Basischmachen wurde untersucht [E. Stiasny und O. Grimm (*1*)], und zwar in 33% basischen Chromchloridlösungen. Das Kochen vor dem Basischmachen bedeutet Basischmachen ohne Neutralisierung der gebildeten Salzsäure. Beim Basischmachen mit Lauge wird diese Säure neutralisiert, die noch reichlich vorhandenen Hexaquochromionen werden in Monohydroxoionen umgewandelt und diese verolen dann. Durch das Basischmachen wird also die Wirkung der thermischen Vorbehandlung stark verwischt. Das Kochen vor dem Basischmachen übt nur insofern eine Wirkung aus, als solche Lösungen, wahrscheinlich infolge Bildung von Oxogruppen beim Kochen, beim Säurezusatz eine etwas geringere Entolung aufweisen als ungekochte Lösungen. Werden Chromchloridlösungen nach dem Basischmachen gekocht, so ist es gleichgültig, ob sie vorher schon gekocht wurden oder nicht.

Molekülvergrößerung: Bekanntlich lassen sich basische Chromlösungen durch Dialyse nahezu 100% basisch machen. Das Chrom ist in diesen Lösungen in kolloider Form vorhanden. Auch durch NaOH-Zusatz gelingt es, Chrom(chlorid)-lösungen über 90% basisch zu machen [E. Stiasny und O. Grimm (*1*)], wenn man den Laugenzusatz beim Auftreten einer Trübung abbricht und mit dem weiteren Zusatz jedesmal so lange wartet, bis die Trübung beim Altern verschwindet. Das Chrom ist in solchen hochbasischen Lösungen in kolloidaler Form vorhanden, es diffundiert durch eine Diffusionshülse aus Pergament nicht und läßt sich mit Kochsalz aussalzen. Daraus, daß das Chrom in sehr hochbasischen Lösungen in kolloidaler Form vorliegt, folgt, daß mit wachsender Basizität die Teilchengröße der Chromverbindung durch Aggregation zunimmt. Wie ist nun die Teilchengröße der Chromsalze bei Basizitäten, welche beim Gerben angewendet werden, d. h. bis zu ca. 50%? Sind die Chromverbindungen in diesen Lösungen noch kristalloid oder nahezu an der kolloiden Teilchengröße, d. h. semikolloid? Bevor auf diese aus gerbtheoretischen Gründen sehr wichtigen Fragen eingegangen wird, sollen Aggregationsvorgänge im allgemeinen näher behandelt werden.

Wird die Löslichkeitsgrenze einer Verbindung überschritten, so tritt Aggregation ein und die betreffende Verbindung scheidet sich aus. Ist bei der Aggregation die Ordnungsgeschwindigkeit größer als die Häufungsgeschwindigkeit, so erhält man Kristalle, im umgekehrten Fall einen amorphen Niederschlag. In beiden Fällen sind es zwischenmolekulare Anziehungskräfte, welche die Einzelmoleküle im Aggregat zusammenhalten. Der Vorgang:

gelöstes Einzelmolekül → makroskopische Fällung

verläuft natürlich über Zwischenstufen, erst lagern sich wenige und dann immer mehr Moleküle aneinander. Durch die Auswahl geeigneter Versuchsbedingungen läßt sich die Aggregation manchmal bei einer Zwischenstufe festhalten, bei welcher die Teilchen kolloidale Dimensionen besitzen, und man erhält auf diese Weise kolloidale Lösungen. So kann man typische kristalloide Verbindungen, z. B. $BaSO_4$, bei geeigneten Fällungsbedingungen in kolloidaler Form erhalten.

Eine andere Art der Aggregation ist es, wenn die Einzelmoleküle durch Polymerisation oder durch Kondensation zu neuen chemischen Individuen zusammentreten. Bei genügend großer Anzahl von Bausteinen können Makromoleküle entstehen, die kolloidale Dimensionen besitzen. Die Bausteine im Makromolekül werden nicht durch intermolekulare Anziehungskräfte, sondern durch Valenzkräfte, sei es durch Austausch oder Einbau von Elektronen, zusammengehalten.

Bei basischen Chromverbindungen trifft man beide Arten der Aggregation an. Fällt man eine Lösung von Chromchlorid, -nitrat oder -perchlorat schnell mit NaOH, so erhält man das Orthochromhydroxyd, im Wernerschen Sinne Trihydroxochrom, $[Cr(OH)_3(OH_2)_3]$. Da hier die Häufungsgeschwindigkeit die Ordnungsgeschwindigkeit übertrifft, erhält man das Hydroxyd in amorpher Form. Die Einzelmoleküle des monomolekularen Trihydroxochroms werden in dieser Hydroxydfällung durch intermolekulare Kräfte zusammengehalten. Daß beim Altern des Hydroxyds Verolungsvorgänge (Kondensation) auftreten, ist eine sekundäre Erscheinung. A. Küntzel, C. Rieß und G. Königfeld (*2*) fassen das frischgefällte Chromhydroxyd als eine riesige Olverbindung auf. Nach ihnen tritt sofort beim Basischmachen Aggregation durch Verolung ein und die säureempfindlichen Olgruppen werden durch das Altern in säurebeständige Oxogruppen verwandelt. Einen Beweis für diese Auffassung können sie allerdings, wie sie selbst zugeben, nicht erbringen. Obwohl G. Jander und K. F. Jahr (*2*) das frisch gefällte Eisen(III)- und Aluminiumhydroxyd als Orthohydroxyd, d. h. Trihydroxoeisen bzw. Trihydroxoaluminium, betrachten, schließen sie sich in bezug auf das frisch gefällte Chromhydroxyd der Auffassung von A. Küntzel, C. Rieß und G. Königfeld an, und zwar deshalb, weil das frisch gefällte Hydroxyd außerordentlich wasserreich ist. Die Resultate, die N. Bjerrum (*3*) auf Grund der von ihm ausgeführten potentiometrischen Titration einer Chromchloridlösung (siehe S. 87) erhielt, und mit welchen er auch die von J. Sand und F. Grammling aufgestellte polymere Formel des Chromchlorids widerlegen konnte, sprechen gegen eine sofortige Kondensation beim Basischmachen.

Die Aggregation durch den Verolungsvorgang stellt eine Kondensation dar. Die sich jeweilig bildenden Olverbindungen, deren Art von verschiedenen Faktoren, wie Basizität, Temperatur, Alterungsdauer, Konzentration, abhängen, sind chemische Individuen. Vielfach wird die Entstehung einer Fällung durch Alkalizugabe oder durch Kochen darauf zurückgeführt, daß die hierbei sich bildenden Olverbindungen eine so hohe Teilchengröße erreicht haben, daß sie ausfallen. Diese Vorstellung ist nur dann richtig, wenn man sie so auffaßt, daß die auffallenden Teilchen sowohl aus vielen Einzelmolekülen von kristalloiden Dimensionen als auch aus wenigen Teilchen von hochkolloiden Dimensionen bestehen können. Zusammengehalten werden sie in beiden Fällen durch zwischenmolekulare Kräfte. Auf Grund einer Flockungserscheinung kann man jedoch niemals mit Sicherheit auf Anwesenheit von Molekülen hoher (kolloidaler) Teilchengröße schließen. Die Ausflockung einer Chromchloridlösung, die entsteht, wenn man sie ohne Zwischenpausen ca. 70 bis 75% basisch macht, bedeutet z. B. nicht, daß hierbei Verbindungen so großer Teilchengröße entstanden sind, daß sie ausflocken müßten. Wie erwähnt, kann man ja eine Chromchloridlösung über 90% basisch machen, ohne daß sie ausflockt. Die Molekülgröße der Verbindungen, welche bei 70 bis 75% Basizität entstanden sind, ist nicht so hoch wie die derjenigen, die über 90% Basizität entstehen. Sie sind jedoch, da sie keine Zeit gehabt haben zu altern und somit in andere Verbindungen überzugehen, in solchen Mengen entstanden, daß ihre Löslichkeitsgrenze überschritten wurde.

Die Verolung ist mit Molekülvergrößerung verbunden. Solange man offenlassen mußte [E. Stiasny und D. Balányi (*1*)], ob bei der Verolung Kettenmoleküle oder ringförmige Moleküle entstehen, konnte man durch die Bestimmung des Verolungsgrades über die Molekülgröße keine Auskunft erhalten. Bei Ringmolekülen kann nämlich bei gleicher Basizität und gleichem Verolungsgrad die Molekülgröße sehr verschieden sein [E. Stiasny (*2*), S. 350]. Es wären z. B. folgende zwei Verbindungstypen möglich:

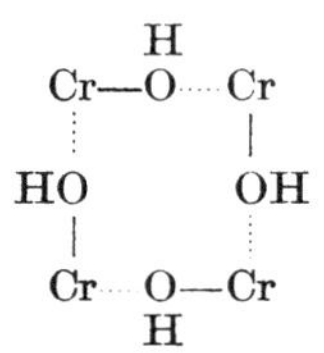

Verolungsgrad: 100%,
Basizitätsgrad: 33,3%,
Molekülgröße: *a*.

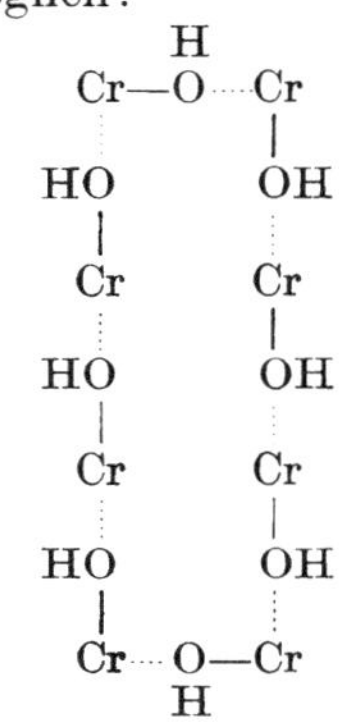

Verolungsgrad: 100%,
Basizitätsgrad: 33,3%,
Molekülgröße: 2*a*.

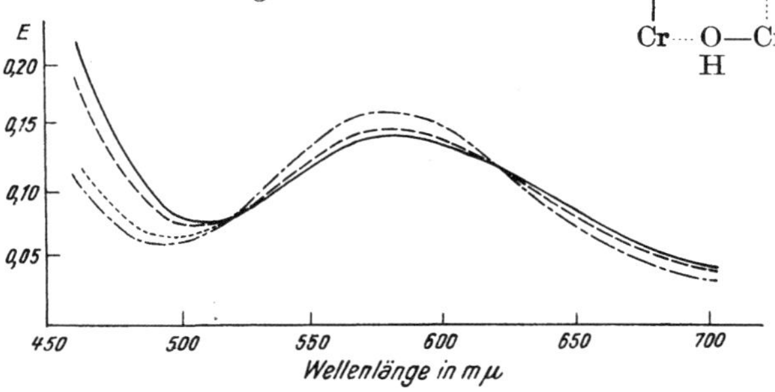

Abb. 17. Einfluß der Alterung basischer Chromkomplexe auf die Extinktion (A. Küntzel und C. Rieß).

Die relative Extinktion gegen Wasser, $E = \log \frac{I_0}{I}$ (I Intensität des einfallenden, I_0 Intensität des austretenden Lichtes), ist auf eine 1 cm dicke Schicht einer 0,05% Cr enthaltenden Lösung umgerechnet. Lösung: 25% basische Chromchloridlösung.

——— sofort gemessen, - - - - - nach einigen Tagen, — — — nach einigen Stunden, —·—·— kurz aufgekocht.

Die Änderung der Molekülgröße ist mit Änderung der Lichtabsorption im sichtbaren und ultravioletten Teil des Spektrums verbunden (G. Jander und Th. Aden). Die Verfolgung dieser Änderung beim Altern von Chromlösungen gibt über die hierbei stattfindende Molekülvergrößerung qualitative Auskunft (L. Meunier und M. Lesbres; A. Küntzel und C. Rieß). Wie die Abb. 17 zeigt, tritt durch die Molekülvergrößerung beim Altern in der Extinktionskurve im violetten Gebiet eine Verflachung und im Gebiet der maximalen Absorption eine Erhöhung der Absorption ein.

Zahlenmäßige Auskunft über die Molekülgröße gelöster basischer Chromverbindungen erhält man durch die Bestimmung ihrer Diffusionskoeffizienten.

Bekanntlich verhalten sich die Diffusionskoeffizienten chemisch verwandter Stoffe umgekehrt proportional wie die Wurzel ihrer Molekulargewichte (E. Riecke):

$$\frac{D_1}{D_2} = \frac{\sqrt{M_2}}{\sqrt{M_1}} \quad \text{und hieraus} \quad \frac{D_1^2}{D_2^2} = \frac{M_2}{M_1}.$$

M_1 und M_2 sind hierbei die Molekulargewichte solcher chemisch verwandter Stoffe und D_1 und D_2 die zu diesen gehörigen Diffusionskoeffizienten. Ist M_1 bekannt und wurden D_1 und D_2 experimentell ermittelt, so läßt sich M_2 berechnen:

$$M_2 = \frac{D_1^2 M_1}{D_2^2}.$$

Diese Gesetzmäßigkeit ist auch für Ionen gültig, wenn man die elektrostatische Verkettung des Kations mit dem Anion durch Zusatz eines geeigneten Elektrolyten, dessen Konzentration mindestens die 10fache von der des zu untersuchenden Ions betragen muß, praktisch aufhebt (R. Abegg und E. Bose). Natürlich muß dieser fremde Elektrolyt vollständig indifferent gegenüber dem Ion sein, dessen Größe ermittelt werden soll. Bei Chromverbindungen sind also alle Salze, deren Anionen die Neigung zur Wanderung in den Chromkomplex besitzen, von vornherein ausgeschlossen. Am besten hat sich Kaliumnitrat bewährt. Der Diffusionskoeffizient ist jedoch von der Konzentration der Lösung an Fremdelektrolyt nicht unabhängig. Mit wachsender Konzentration des Fremdelektrolyten nimmt der Diffusionskoeffizient ab (H. Brintzinger und W. Eckhard). Diffusionskoeffizienten, die bei verschiedener Fremdelektrolytkonzentration ermittelt wurden, dürfen also nicht ohne weiteres in Beziehung zueinander gebracht werden. Da der Logarithmus des Diffusionskoeffizienten eine gradlinige Funktion des Fremdelektrolyten ist, braucht man nur zwei Diffusionskoeffizienten bei verschiedener Fremdelektrolytkonzentration zu ermitteln, um den Diffusionskoeffizienten bei beliebiger Fremdelektrolytkonzentration interpolieren zu können. Praktisch verfährt man bei der Ermittlung von M_2 am einfachsten so, daß man den zum Bezugsion, M_1, zugehörigen Diffusionskoeffizienten, D_1, und den zu M_2 zugehörigen D_2 bei derselben Fremdelektrolytkonzentration bestimmt. Auf diese Weise ermittelt man die tatsächliche Größe des Ions in der Lösung, also samt seinem Hydratationswasser. Man erhält sie natürlich nur dann, wenn die zu untersuchende Lösung das Ion in einheitlicher Form enthält. Ist dies nicht der Fall, tritt z. B. in der Lösung Polymerisation, Kondensation oder Disproportionierung ein, so erhält man das mittlere Molekulargewicht der in Lösung befindlichen Ionen. Bei hydrolysierenden Systemen, also bei Chromlösungen, muß die Flüssigkeit, in welche beim Versuch das zu untersuchende Ion hineindiffundiert, nicht nur dieselbe Fremdelektrolytkonzentration, sondern auch dasselbe p_H besitzen wie die Versuchslösung. Das p_H wird durch Säurezusatz eingestellt.

Die beiden Methoden zur Ermittlung des Diffusionskoeffizienten, die zur Bestimmung der Teilchengrößen angewendet werden, unterscheiden sich dadurch, daß in einem Falle die Flüssigkeit, in welche die Diffusion erfolgt, von der Versuchslösung durch eine auch für kolloidale Teilchengröße gut durchlässige Membran getrennt ist (Dialysenmethode), während im anderen Falle eine solche Trennung nicht vorhanden ist (freie Diffusionsmethode). Letztere nach L. W. Oeholm wurde hauptsächlich von Jander und Mitarbeitern [siehe G. Jander und K. F. Jahr (*1*), (*2*), (*3*)] verwendet. Sie ist umständlicher als die Dialysenmethode, weil sie einen absolut erschütterungsfreien Raum erfordert und sehr lange, mehrere Wochen, dauert. Die Dialysenmethode erfordert keinen erschütterungsfreien Raum und ein Versuch läßt sich nötigenfalls in sehr kurzer Zeit, 10 bis 30 Minuten, ausführen. Hierdurch ist sie für Systeme, bei welchen rasche Zustandsänderungen stattfinden, anwendbar. Als Membran wurden Pergament, Cellophan, Cuprophan (H. Brintzinger und E. Trömer; H. Brintzinger), Glasfritt und Aluminiumoxyd (H. J. Northrop und M. L. Anson; J. W. McBain und Th. Liu; J. W. McBain und Ch. R. Dawson) benutzt. Nach H. Brintzinger und H. Beier sind Cuprophan- und Cellophanmembranen wegen ihrer größeren Durchlässigkeit Ionen gegenüber geeigneter als Membranen aus Glasfritt oder Aluminiumoxyd, bei denen anscheinend Adsorptionserscheinungen auftreten.

Tabelle 18. Molekülgröße basischer Chromnitrate in Lösung (G. Jander und W. Scheele).

Zusatz Mol NaOH pro Mol $Cr(NO_3)_3$	p_H sofort	p_H nach Einstellung des Gleichgewichts	Diffusionskoeffizient bei 10° C	Molekülgewicht	Anzahl Cr-Atome in den gebildeten Verbindungen unter Annahme, daß sie sich von folgenden Typen ableiten: $[Cr(H_2O)_6(NO_3)_2]^+$ $M = 284$	$[Cr(H_2O)_4ONO_3]$ $M = 202$	$[CrO(NO_3)]$ $M = 130$
0	—	—	0,31	284	1		
0,235	3,53	2,73	0,29	325	1,1		
0,469	3,39	2,88	0,28	348	1,2		
0,703	4,24	2,99	0,28	348	1,2		
0,938	4,72	3,10	0,26	404	1,4		
1,00	—	—	0,25 [1]	440	1,6	2,2	
1,17	4,76	3,18	0,23	516		2,5	
1,41	4,79	3,32	0,23	516		2,5	
1,64	5,03	3,40	0,16	1090		5,4	
1,88	5,23	3,51	0,15	1210		6,0	
2,00	—	—	0,125 [1]	1750		9	13
2,11	5,24	3,67	0,09	3370			26
2,35	5,34	4,10	0,018	84000			650

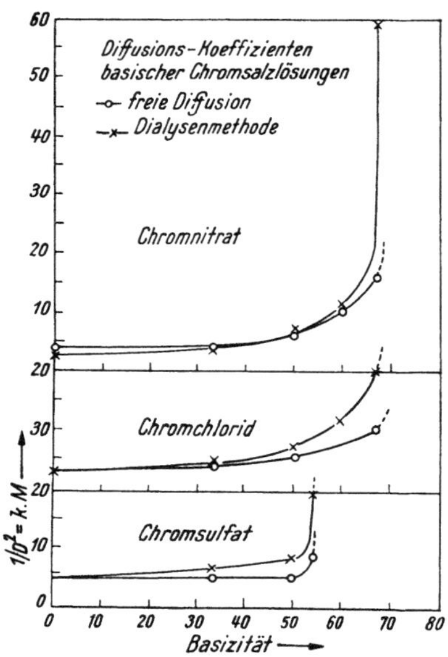

Abb. 18. Einfluß der Basizität auf die relative Molekülgröße der Chromverbindungen (C. Rieß und K. Barth). Experimentelle Einzelheiten siehe Tabelle 19.

Die Tabellen 18 und 19 zeigen die Resultate, welche bei ausgealterten, also im Gleichgewicht befindlichen Chromlösungen erhalten wurden (G. Jander und W. Scheele; C. Rieß und K. Barth). Im großen und ganzen stimmen die mit der Methode der freien Diffusion und die mit der Dialysenmethode erhaltenen Resultate überein. Bei hohen Basizitäten sind jedoch die Differenzen erheblich, was auf die starke Polydispersität dieser Lösungen zurückgeführt werden muß. Die Werte für Molekülgröße und Zahl der Chromatome im Molekül sind nur als Annäherungswerte zu betrachten. Einerseits geben sie für die Molekülgröße wegen der Heterodispersität der Lösung nur das mittlere Molekulargewicht der vorhandenen Chromverbindungen an, andererseits wurde die Teilchengröße des Bezugsstoffs, M, deren Kenntnis zur Berechnung nötig ist, je nach Ansicht der betreffenden Forscher in Rechnung gestellt. In beiden Fällen diente als M_1 das Hexaquosalz. Während Jander und Scheele dieses in Lösung einstufig dissoziiert annahmen: $[Cr(OH_2)_6(NO_3)_2]^+$, setzten Rieß und Barth gar keine Dissoziation voraus: $[Cr(OH_2)_6]X_3 \left(X = NO_3, Cl, \frac{SO_4}{2}\right)$. H. Brintzinger und H. Oswald dagegen, die ihre Versuchsanordnung so zu wählen wußten, daß solche hypothetische Annahmen vermieden werden konnten, fanden bei Natrium- bzw. Ammoniumchromalaun eine Ionengröße, welche $[Cr(OH_2)_{18}]^{3+}$, einem hydratisierten Hexaquoion, entsprach.

[1] = Interpoliert.

Trotz dieser Unstimmigkeiten erbrachten die Resultate in Tabelle 19 zwei von gerbereichemischem Standpunkte aus sehr wichtige Erkenntnisse:

1. Im Basizitätsgebiet, in dem die Chromeinbadgerbung in der Praxis ausgeführt wird (Basizitäten bis zu ca. 50%), sind die Chromverbindungen (Chlorid, Nitrat, Sulfat) nicht semikolloid, sondern durchaus kristalloid (Molekülgröße um 1000)[1].

2. Über 50% Basizität nimmt die Teilchengröße des Chromkomplexes so rasch zu (Abb. 18), daß geringe Basizitätsänderungen große Änderungen in der Teilchengröße verursachen. Dies macht die Bedeutung des Pickelns verständlich. Wird doch durch das Pickeln verhindert, daß dem Chromsalz bei der Gerbung seitens der Blöße allzuviel Säure entzogen wird und dadurch eine allzu starke Teilchenvergrößerung eintritt. Auch die beträchtlichen Veränderungen in der Verteilung des Chroms im Querschnitt des Leders, welche bei höheren Basizitäten durch kleinere Basizitätsschwankungen hervorgerufen werden [W. Schindler und K. Klanfer (*1*)], sind auf die rasche Teilchenvergrößerung in diesem Basizitätsgebiet zurückzuführen.

Die Zunahme der Teilchengröße mit wachsender Basizität und die rasche Teilchenvergrößerung über 50% Basizität bei geringer Basizitätserhöhung läßt sich durch die Bildung von Kettenmolekülen bei der Verolung ausgezeichnet erklären.

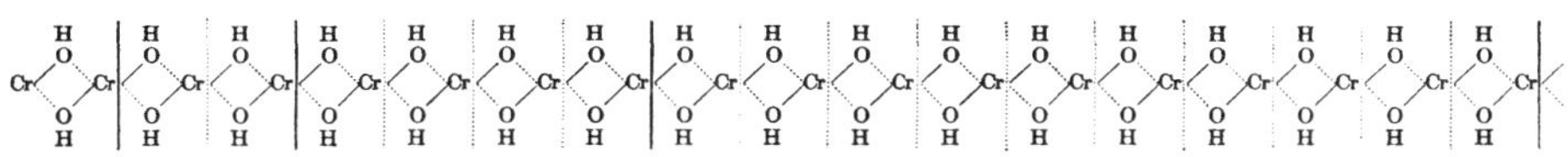

Wie schon erwähnt, sind die im Gleichgewicht befindlichen basischen Chromlösungen praktisch vollständig verolt, so daß die Basizitätszahl solcher Lösungen gleichzeitig auch die pro Chromatom vorhandenen Olgruppen angibt. Entsprechend der obigen schematischen Bildungsweise der Olverbindungen geht die Teilchenvergrößerung so vor sich, daß zwei beim Basischmachen bis auf ca. 33,3% entstehende Monohydroxochromionen zu einer Olverbindung kondensieren, die im Molekül 2 Cr-Atome und 2 Olgruppen enthält. Bei weiterem Basischmachen kondensieren zwei solche 2kernige Olverbindungen zu einer mit 4 Cr-Atomen und 6 Olgruppen im Molekül, dann zwei solche 4kernige Olverbindungen zu einer mit 8 Cr-Atomen und 14 Olgruppen im Molekül, dann zwei solche 8kernige Olverbindungen zu einer mit 16 Cr-Atomen und 30 Olgruppen im Molekül usw. (2 Olgruppen = 1 Oxogruppe). In den bei zunehmenden Basizitäten sich bildenden Olverbindungen (in obiger Formel durch ausgezogene Scheidungsstriche kennbar gemacht) nimmt die Zahl der Cr-Atome entsprechend folgender divergierender geometrischer Reihe zu: $2,\ 2 \times 2,\ 2 \times 2^2,\ 2 \times 2^3, \ldots$ Die Zahl der Olgruppen in jedem Glied dieser geometrischen Reihe beträgt: 2 × Anzahl Cr-Atome — 2. Die Laugenmenge, ausgedrückt in Molen pro Chromatom, die nötig ist, um von einem Glied zum anderen zu kommen, bildet eine konvergierende geometrische Reihe: $1,\ ^1/_2,\ ^1/_4,\ ^1/_8,\ ^1/_{16}, \ldots$ Daraus, daß die Anzahl Cr-Atome in den aufeinander folgenden Olverbindungen entsprechend einer divergierenden geometrischen Reihe zunimmt, während die Laugenmenge pro Cr-Atom, welche beim Basischmachen zur Bildung dieser Verbindungen nötig ist, entsprechend einer konvergierenden geometrischen Reihe abnimmt, erklärt sich die starke Teilchenvergrößerung in über 50% basischen Lösungen bei geringen Basizitätserhöhungen.

Die auf Grund der beschriebenen Gesetzmäßigkeit errechnete Anzahl Cr-Atome pro Molekül stimmt beim Chromchlorid bis 59% Basizität mit der aus den experimentell gefundenen Diffusionskoeffizienten berechneten (siehe Tabelle 19) gut überein. Bei höheren Basizitäten wächst jedoch die Anzahl der Cr-Atome pro Molekül nicht so schnell an, wie dies die angegebene schematische Bildungs-

---

[1] Hierzu soll erwähnt werden, daß R. Wintgen bei ber Ultrafeinfiltration einer 33,3% basischen Chrombrühe unter 75 at Druck neben kristalloiden auch kolloide Chromteilchen fand.

Tabelle 19. Diffusionskoeffizienten der Chromverbindungen in basischen Chromnitrat-, -chlorid- und -sulfatlösungen, ihr mittleres Molekulargewicht und Anzahl der Cr-Atome in ihnen (C. Rieß und K. Barth).

Basizität	Chromnitrat		Chromchlorid		Chromsulfat		Mittlere Molekulargewichte			Cr-Atome pro Molekül		
	D_{30} freie Diffusion	D_{30} Dialysenmethode	D_{30} freie Diffusion	D_{30} Dialysenmethode	D_{30} freie Diffusion	D_{30} Dialysenmethode	Chromnitrat	Chromchlorid	Chromsulfat	Chromnitrat	Chromchlorid	Chromsulfat
0	0,50	0,65	0,65	0,64	0,47	0,48	346	267	608	1	1	2
33,3	0,49	0,51	0,49	0,47	0,45	0,39	442	484	796	1,7	2,3	3,7
50	0,39	0,37	0,42	0,36	0,42	0,35	758	737	947	3,4	4,0	5,2
54	—	—	—	—	0,34	0,23	—	—	1906	—	—	11,0
59,5	0,31	0,30	—	0,29	—	—	1190	1320	—	5,9	7,8	—
66,6	0,25	0,13	0,31	0,22	—	—	4080	1700	—	22,1	10,8	—

Die Lösungen wurden aus den Hexaquosalzen hergestellt, das Basischmachen geschah mit NaOH und die Bestimmung der Diffusionskoeffizienten erfolgte, als die Lösungen durch mehrwöchiges Stehen ins Gleichgewicht gekommen waren (p_H-Werte nahezu konstant). Die Werte der freien Diffusion wurden bei 8 bis 13° C bestimmt und mittels des Temperaturkoeffizienten der Diffusion (2,6% pro Grad Celsius) auf 30° C umgerechnet. Cr-Konzentration 0,7%, KNO_3-Konzentration 10%.

$$M_2 = \frac{D_1^2 M_1}{D_2^2}, \quad D_1^2 M_1 = \text{Konstante } (k), \text{ also } M_2 = k \cdot \frac{1}{D_2^2}.$$

weise der Olverbindungen verlangen würde. Die nur beschränkte Gültigkeit der erörterten Gesetzmäßigkeit ist durchaus nicht überraschend, wenn man bedenkt, daß diese unter sehr vereinfachten Annahmen abgeleitet wurde. Da die Verolung verhältnismäßig langsam verläuft, sind beim Basischmachen beim Überschreiten von 33,3% Basizität nicht nur die Olverbindungen, sondern auch noch unverolte Hydroxoverbindungen vorhanden, so daß bei weiterem Basischmachen sowohl 2 Diolverbindungen als auch 1 Diol- und 1 Hydroxochromion miteinander kondensieren können. Auf diese Weise können auch solche Chromverbindungen entstehen, die im obigen Schema mit gebrochenen Scheidungsstrichen angedeutet sind. Wahrscheinlich beruht hierauf die Heterodispersität basischer Chromlösungen, von der noch die Rede sein wird.

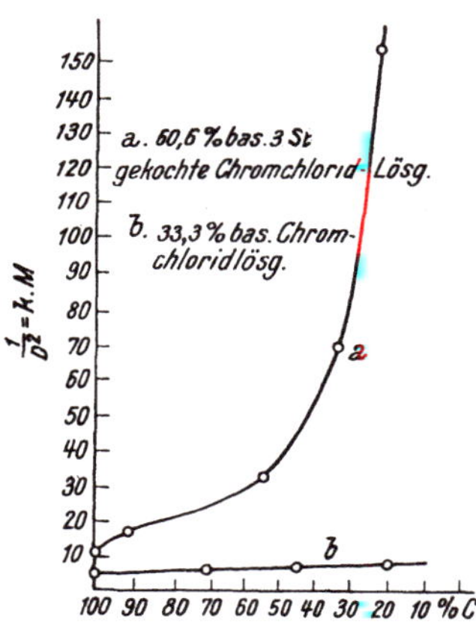

Abb. 19. Fraktionierte Dialyse basischer Chromsalzlösungen (C. Rieß und K. Barth).

Mit der Dialysenmethode läßt sich die Heterodispersität eines Systems leicht nachweisen. Man braucht nur den Diffusionskoeffizienten nach verschiedenen Diffusionszeiten zu ermitteln. Bei Isodispersität bleibt der so ermittelte Diffusionskoeffizient konstant. Bei Heterodispersität diffundieren die kleinteiligen Bestandteile der Lösung rascher als die mit höherer Teilchengröße, so daß mit wachsender Diffusionsdauer der Diffusionskoeffizient abnimmt (siehe Abb. 19). Die Ermittlung einer mittleren Molekulargröße bei heterodispersen Systemen hat nur dann einen Sinn, wenn die Größe der tatsächlich vorhandenen Moleküle voneinander nicht sehr verschieden ist. Dies ist z. B. der Fall bei einer 33,3% basischen ausgealterten Chromlösung (siehe Abb. 19). Anders ist es bei einer gekochten

66,7% basischen Lösung (C. Rieß und K. Barth). Die Abnahme des Diffusionskoeffizienten D, d. h. die Zunahme von $1/D^2$ bei wachsender Diffusionsdauer, zeigt die starke Heterodispersität der Lösung an, die beim längeren Kochen basischer Chromlösungen durch Disproportionierung eintritt (N. Bjerrum und C. Faurholt). Würde man die Molekülgröße der Chromkomplexe in dieser gekochten 66,7% basischen Lösung auf Grund eines nach willkürlich gewählter Diffusionsdauer ermittelten Diffusionskoeffizienten berechnen, so würde man mit wachsender Diffusionsdauer wachsende Molekülgrößen erhalten. Wie irreführend derartige auf diese Weise erhaltene Resultate sein können, zeigt die Tabelle 20. Aus den bei der 66,7% basischen Lösung gefundenen Werten würde man schließen, daß die Teilchengröße der Chromkomplexe durch Kochen nicht verändert wird. Die Abb. 20 gibt ein Bild von den Dispersitätsverhältnissen in ungealterten und thermisch gealterten Lösungen. Da die Alterungsvorgänge zum Teil schon während des Basischmachens und während des Diffusionsversuches vor sich gehen, erhält man nur über die Dispersitätsverhältnisse in teilweise gealterten und thermisch gealterten Lösungen Auskunft. Aus dem Kurvenverlauf ist zu ersehen, daß durch Kochen die nach kürzerer Diffusionsdauer erhaltenen Diffusionskoeffizienten stärker abnehmen als die nach längerer Diffusionsdauer erhaltenen. A. Küntzel, C. Rieß und G. Königfeld (*2*) schließen hieraus, daß durch Kochen teilweise verolter Chromlösungen die Menge der höchstdispersen Anteile infolge Kondensation, sei es miteinander oder mit größeren Teilchen, abnimmt. Diese Feststellung kann jedoch nur für die von ihnen untersuchte Kochdauer und Basizitätsgrad gelten. Ihre Übertragung auf längere Kochdauer ist nämlich mit den Befunden von N. Bjerrum und C. Faurholt nicht vereinbar.

Tabelle 20. Einfluß des Erhitzens auf die Molekülgröße in basischen Chromchloridlösungen (7 g Cr/l) (C. Rieß und K. Barth).

Basizität	Werte für $1/D$		
	gealtert, nicht erhitzt	5 Minuten gekocht	60 Minuten gekocht
0	2,4	3,5	4,1
33,3	4,3	4,6	3,6
50	6,6	7,3	7,0
66,6	15,2	15,3	12,5

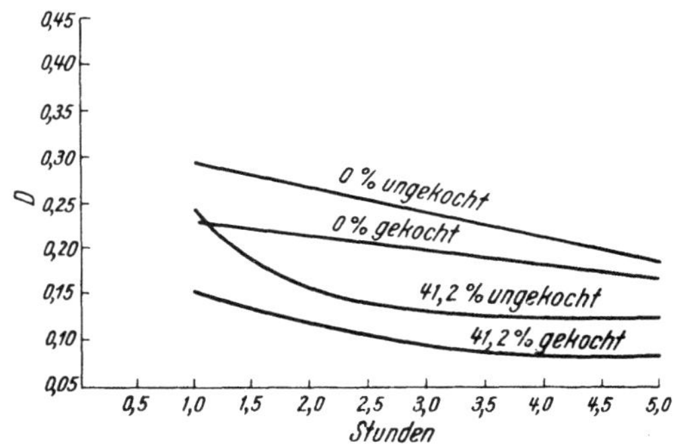

Abb. 20. Änderung des Diffusionskoeffizienten D, bei fraktionierter Dialyse in 0% und 41.2% basischen Chromchloridlösungen (1% Cr) [A. Küntzel, C. Rieß und G. Königfeld (*2*)].

E. Stiasny und O. Grimm (*1*) stellten fest, daß auch durch 60stündiges Kochen einer 33,3% basischen Chromchloridlösung (1% Cr) die Teilchengröße der Chromkomplexe nicht so stark erhöht wird, daß das Diffusionsvermögen der Komplexe durch eine Diffusionshülse aus Pergament nennenswert geändert würde. Anders ist es, wenn man basische Chromlösungen sehr lang dauerndem thermischem Altern unterwirft. N. Bjerrum und C. Faurholt konnten durch fraktionierte Fällung der Chromverbindungen (Tabelle 21) nachweisen, daß in diesem Falle Chromkomplexe von kolloider Teilchengröße entstehen. Bei nichtbasischen oder niedrig basischen (Basizität 16,7%), nicht allzu verdünnten Lösungen entstehen auch nach monatelangem Erhitzen keine kolloiden Olverbin-

Tabelle 21. Zusammensetzung verschieden lang bei 75° C gealterter Chromnitratlösungen (N. Bjerrum und C. Faurholt).

Basizität	Molarität der Lösung	Erhitzungsdauer in Tagen	Art der Cr-Verbindungen in Prozenten		
			Hexaquochrom	veroltes Chrom	
				nicht kolloidal	kolloidal
0%	0,1	1,5	81,8	18,2	0
		4,4	82,4	17,6	0
		72	83,3	16,7	0
		98	80,0	20,0	0
	0,05	4,4	78,4	21,6	0
		6,4	79,9	20,1	0
		81	77,7	22,3	0
	0,01	1,5	70,0	30,0	0
		4,4	68,6	31,4	0
		28	69,1	30,9	0
16,7%	0,1	1,6	54,0	46,0	0
		4,6	54,5	45,5	0
		97	51,8	48,2	0
	0,05	4,7	52,7	47,3	0
		9,5	50,4	49,6	0
		107	51,7	48,3	0
	0,01	1,7	49,7	50,3	0
		4,7	50,0	50,0	0
		9,5	47,0	53,0	0
		107	48,3	30,4	20,7
33,3%	0,1	2,8	30,5	69,5	0
		105	37,0	47,7	15,3
	0,05	9,5	33,0	59,9	7,1
		114	41,4	34,0	24,6
	0,01	3	35,9	55,9	8,2
		7,5	32,1	53,4	14,5
		21	36,8	33	30
		42	38,4	28,5	33,1
		92	39,2	18,6	42,2
		133	41,5	10,5	48
66,7% (E. Manegold u. R. Hofmann)	0,103	4,2	3 bis 4	26 bis 27	70
	0,05	2,8	10,9	30	59
		105	18,9	4,8	76,3
	0,01	2,9	10,7	25,0	64,3
		11	13,4	15,3	71,3
		31	14,9	7,1	78,0
		82	13,3	3,8	82,9
		133	9,1	3,0	88

Fraktionierungsmethode: Fällung des Hexaquochromions als Cäsiumchromalaun durch Zusatz von Cäsiumsulfat, Äthylalkohol und Schwefelsäure. — Fällung der kolloidalen Chromverbindungen mit Äthylalkohol und Schwefelsäure. — Nichtkolloidale Chromverbindungen = Gesamtchrom (Hexaquochrom + kolloidales Chrom.)[1]

[1] In Verbindung hiermit soll erwähnt werden, daß das Oxalato-dinitrito-diamminko-

dungen. Werden jedoch höher basische Lösungen längere Zeit bei 75° C gealtert, so bilden sich kolloidale Olverbindungen. In den Lösungen, in denen keine kolloidalen Olverbindunnge entstehen, stellt sich das Gleichgewicht schon in wenigen Tagen ein. Dies ist nicht der Fall in den basischeren Lösungen, in denen mit wachsender Alterungsdauer kolloide Olverbindungen entstehen. Nicht einmal nach monatelangem Erhitzen sind Anzeichen eines Gleichgewichtszustandes vorhanden. Mit fortschreitender Bildung der kolloiden Olverbindungen nimmt die Menge der nichtkolloiden Olverbindungen ab und die der Hexaquoverbindungen zu.

Diese Disproportionierung kann nur so erklärt werden, daß bei der Bildung kolloider Olverbindungen so viel Säure entsteht, daß kleinteilige Olverbindungen entolt und in Hexaquochromsalz umgewandelt werden. Diese Erklärung wird auch durch die Beobachtungen unterstützt, die beim thermischen Altern einer 0,1 molaren 66,7% basischen Chromnitratlösung bei Kochtemperatur wahrgenommen wurden. Nach 38tägigem Erhitzen war die Lösung noch klar und enthielt 83% des Chroms in Form von kolloider Olverbindung. Nach 68tägigem Erhitzen flockte die Lösung aus. Das Filtrat enthielt nur 10% des ursprünglichen Chromgehaltes, und zwar 8,5% in Form von Hexaquochromsalz und nur 1,5% in Form von kolloider Olverbindung. Da die Säureabspaltung durch Übergang von Olbrücken in Oxobrücken bei Chromkomplexen, die noch Aquogruppen enthalten, für unwahrscheinlich erachtet wird (siehe S. 92), kann die Säure also nur durch Hydrolyse entstehen, und zwar so, daß beim Erhitzen Olverbindungen gebildet werden, deren Hydrolysengrad jedenfalls bei der hohen Temperatur größer ist als der der kleinteiligeren Chromkomplexe.[1] Die so entstandene Säure wirkt entolend auf die kleinteiligen Olverbindungen und verwandelt sie zum Teil in Hexaquochromsalze. Die auf diese Weise verbrauchte Säure wird entsprechend dem Massenwirkungsgesetz durch weitere Hydrolyse nachgebildet. Mehrmalige Wiederholung dieser Vorgänge führt zur Disproportionierung: einerseits wächst die Menge des Hexaquosalzes, andererseits entstehen großteilige hochbasische Olverbindungen — bei hoher Basizität nimmt ja die Teilchengröße durch geringe Basizitätserhöhung stark zu —, deren Menge mit der Erhitzungsdauer zunimmt. Dies alles geht auf Kosten der kleinteiligen Olverbindungen. Tritt Fällung ein, so muß entsprechend dem Massenwirkungsgesetz der ausgefallene Chromkomplex nachgebildet werden. Es entsteht wieder Säure, so daß in der Lösung in diesem Falle die Menge des Hexaquochromkomplexes stark anwächst und die Menge der kolloiden Olverbindungen stark abnimmt. Aus dem Erörterten geht deutlich hervor, daß zwischen dem thermischen Altern und Altern bei Zimmertemperatur wesentliche Unterschiede bestehen.

c) Chromsulfate.

Die schwefelsauren Salze des Chroms sind die wichtigsten Chromgerbsalze. Die Einbadgerbung wird in der Praxis meistens mit Chromsulfatbrühen ausgeführt. Allerdings enthalten diese Brühen vielfach neben SO_4-Resten auch andere Säure-

---

balt(III)-ion mit dem Hexaquochromion ein unlösliches Salz bildet: $[Cr(OH_2)_6][Co(NH_3)_2(NO_2)_2ox]$, so daß es in Form seines Alkalisalzes zur Bestimmung des Hexaquochromions sehr geeignet ist [J. N. Brönsted und K. Volquartz (*2*)]. Auch auf die Möglichkeit zur Fraktionierung gelöster Chromkomplexe nach der Teilchengröße soll hierbei hingewiesen werden (J. N. Brönsted; J. N. Brönsted und E. Warming).

[1] Über die Hydrolyse der Olverbindungen wissen wir wenig. N. Bjerrum (*4*) nahm an, daß die Größenordnung ihrer Hydrolysenkonstante ungefähr die gleiche ist wie die der Hydroxochromkomplexe. E. Stiasny und A. W. Fischer fanden, daß sich der p_H-Wert in Chromchloridlösungen, die mit feuchtem Silberoxyd basisch gemacht wurden, innerhalb 25 bis 60% Basizität nicht ändert. Sie schlossen hieraus, daß der Hydrolysengrad der entstandenen basischen Chromchloride von ihrem Basizitätsgrad unabhängig ist. Bedenkt man jedoch, daß mit zunehmender Kondensation die Konzentration des Chromkomplexes abnimmt und trotzdem das p_H keine Änderung erfährt, so muß dies auf den höheren Hydrolysengrad der Olverbindungen zurückgeführt werden. Besonders gilt dies für das Basizitätsgebiet zwischen 50 und 60%, wo die Konzentration des Chromkomplexes durch starke Kondensation mit Basizitätserhöhung schnell abnimmt.

reste, die meistens bei der Herstellung dieser Brühen entstehen und zum Teil durch das Chrom komplexgebunden sind.

Dem Hexaquochromchlorid analog ist das Hexaquochromsulfat, $[Cr(OH_2)_6]_2(SO_4)_3 \cdot x H_2O$, aufgebaut. Der einzige Unterschied besteht darin, daß die Kristalle außer den an Chrom koordinativ gebundenen Wassermolekülen auch noch nicht komplexgebundenes Kristallwasser enthalten, dessen Anzahl, x, je nach der Herstellungsweise variiert, meistens jedoch 5 oder 6 beträgt. Die Untersuchungen über die Art und Festigkeit ihrer Bindung führten bis jetzt zu keinem endgültigen Resultat (E. Moles und M. Crespi; F. Krauß, H. Querengässer und P. Weyer). Von den zahlreichen Methoden zur Gewinnung des Hexaquosulfats [J. Koppel (*1*), S. 133] ist die Fällung einer konzentrierten Hexaquochromnitratlösung in der Kälte mit konzentrierter Schwefelsäure die bequemste.

Das Hexaquochromsulfat bildet mit Alkalisulfaten, Me_2SO_4 (Me = K, Na, Rb, Cs, T, NH_4), die Alaune des Chroms, die die Formel $[Cr(OH_2)_6](SO_4)_2Me \cdot 6 H_2O$ besitzen. Die überschüssigen Wassermoleküle werden mit Recht außerhalb des Komplexes geschrieben. Nach neueren Untersuchungen können sie kaum als Aquogruppen (Annahme von KZ. 12 beim Chrom) oder in Form von Doppelwassermolekülen im Komplex untergebracht werden (E. Moles und M. Crespi; F. Krauß, A. Fricke und H. Querengässer). Auch mit Schwefelsäure bildet das Hexaquochromsulfat ein den Alaunen entsprechendes violettes Doppelsalz: $[Cr(OH_2)_6](SO_4)_2H \cdot 6 H_2O$ bzw. $2 H_2O$ (R. F. Weinland und R. Krebs). Der Kaliumchromalaun dient vielfach zur Herstellung von Einbadchrombrühen und besitzt deshalb vom gerbtechnischen Standpunkt aus das größte Interesse. Seine Formulierung und die der Alaune im allgemeinen als instabiler Sulfatochromkomplex (siehe z. B. F. Ephraim, S. 504): $[Cr(SO_4)_2]K \cdot 12 H_2O$, muß abgelehnt werden. In wässeriger Lösung ist das Salz in Hexaquochromsulfat und Kaliumsulfat gespalten, und die Lösung verhält sich in jeder Hinsicht so, als ob sie aus diesen beiden Komponenten hergestellt wäre. Alle Vorgänge, die bei verschiedener Behandlung des Alauns oder seiner Lösung stattfinden, sind mit denen des Hexaquochromsulfats wesensgleich, nur darf die Anwesenheit von 1 Molekül K_2SO_4 pro Cr im Chromalaun nicht vernachlässigt werden.

Der Kaliumchromalaun wurde früher aus den Abfallaugen, die in der chemischen Industrie bei den Oxydationsvorgängen mit Kaliumbichromat und Schwefelsäure entstehen, als Nebenprodukt gewonnen. Statt Kaliumbichromat wird jetzt das billigere Natriumbichromat zur Oxydation verwendet. Um aus den Abfalllaugen Kaliumchromalaun herzustellen, wird das Chrom als Chromhydroxyd ausgefällt, in Schwefelsäure gelöst und mit der entsprechenden Menge Kaliumsulfat versetzt. Nicht kristallisierbare Lösungen können durch Behandlung mit 0,1 bis 5% schwefliger Säure eventuell unter Druck zur Kristallisation gebracht werden. Neben diesem Gewinnungsverfahren wird der Kaliumchromalaun auch aus Ferrochrom mit Schwefelsäure und Kaliumsulfat hergestellt. Auch ein elektrolytisches Verfahren aus Bichromat und Schwefelsäure ist bekannt.

Sulfatochromsulfate, welche nur Sulfatogruppen oder Sulfato- und Aquogruppen enthalten, sind in kristalliner Form unbekannt. Als einziges kristallines Aquosulfatochromsalz ist in der Literatur das Sulfatopentaquochromion in Form seines Chlorids beschrieben (R. F. Weinland und Th. Schumann): $[Cr(OH_2)_5 \cdot SO_4]Cl$. Erwähnt sei jedoch, daß der Versuch zu seiner Herstellung nach den Vorschriften von Weinland und Schumann erfolglos blieb [E. Stiasny und D. Balányi (*2*)]. Das erhaltene Salz enthielt den Cl-Rest und nicht den SO_4-Rest komplexgebunden.

Nach der Wernerschen Theorie sind infolge der Ein- oder Zweizähligkeit des Sulfatorestes verschiedene Typen Sulfatochromsalze möglich, z. B.:

a) $[Cr(OH_2)_5SO_4^-]_2\,SO_4$ und b) $[Cr(OH_2)_4SO_4]_2SO_4$,

neben diesen beiden Typen kommt noch eine dritte in Betracht, nämlich eine, in welcher der Sulfatorest als Brückenglied zwei Chromatome miteinander verbindet:

c) $[(H_2O)_5Cr—SO_4—Cr(OH_2)_5]SO_4$.

Durch Austausch von Aquogruppen mit Sulfatoresten lassen sich aus den Typen a, b und c alle theoretisch möglichen Sulfatochromsalze ableiten.

Das Fehlen kristalliner Sulfato(aquo)chromsalze ist nicht durch die Zweizähligkeit des Sulfatorestes bedingt. Wäre dies nämlich der Fall, so müßte man bei den Chromsalzen einer aromatischen Sulfosäure, die als solche der Schwefelsäure sehr ähnlich ist, kristalline Acidosalze darstellen können. Versuche mit dem Chromsalz der p-Toluolsulfosäure führten jedoch trotz der Einzähligkeit des p-Toluolsulfosäurerestes zu keinen einheitlichen kristallinen Acidosalzen (G. Jantsch und K. Meckenstock).

Zu den Sulfatochromsäuren der empirischen Formel $Cr_2(SO_4)_3 \cdot x\,H_2SO_4 \cdot y\,H_2O$ gehören die von A. Recoura (*3*) in amorpher Form erhaltenen Verbindungen, denen W. R. Whytney folgende Formeln zuschrieb:

$$H_2[Cr_2(SO_4)_3] \cdot y\,H_2O, \quad H_4[Cr_2(SO_4)_5] \cdot y\,H_2O, \quad H_6[Cr_2(SO_4)_6] \cdot y\,H_2O,$$

d. h. sie gehören Typ c zu, wenn man die zur Absättigung der Koordinationszahl des Cr-Atoms nötige Anzahl H_2O-Moleküle als komplexgebunden betrachtet.

Eine merkwürdige Klasse der Sulfatochromsäuren bilden diejenigen, welche pro Mol $Cr_2(SO_4)_3$ mehr als 6 Moleküle Schwefelsäure in komplex gebundener Form enthalten und in Wasser gelöst eine kolloide Lösung ergeben [A. Recoura (*3*); W. R. Whytney; G. Wyrouboff (*1*); P. M. Strong]. Erwähnenswert ist noch der wasserunlösliche Körper, der beim Kjeldahlisieren von Chromleder aus dem Chromsalz und Schwefelsäure entsteht (D. Burton, R. P. Wood und A. Glover). Er besitzt gewisse Ähnlichkeit mit der von C. F. Cross und A. Higgins hergestellten Verbindung, $2\,Cr_2(SO_4)_3 \cdot 7\,H_2SO_4$, seine Analyse ergab jedoch keinen eindeutigen Aufschluß über seine Konstitution. Auch das dem wasserfreien Chromchlorid entsprechende unlösliche Sulfat, $Cr_2(SO_4)_3$, ist bekannt.

Auch bei der Reduktion der Chromsäurelösung oder einer Alkalibichromatlösung mit SO_2 entstehen Sulfatochromsalze, in welchen sämtliche SO_4-Reste komplexgebunden sind (Näheres siehe S. 145). Die Reduktionsgleichungen:

$$2H_2CrO_4 + 3SO_2 = Cr_2(SO_4)_3 + 2H_2O$$

bzw.

$$K_2Cr_2O_7 + 3SO_2 + H_2O = 2CrOHSO_4 + K_2SO_4$$

sind nur als Bruttogleichungen aufzufassen, die über die Konstitution der gebildeten Sulfatochromkomplexe keine Aussagen machen. Außerdem finden noch Nebenreaktionen statt (vgl. S. 141).

Auch beim Erhitzen des ungelösten Hexaquochromsulfats (bzw. Chromalauns) oder wenn Chromsulfatlösungen, gleichgültig ob sie basisch oder nichtbasisch sind, weitgehend bzw. bis zur Trockne eingedampft werden, entstehen Sulfatochromsalze, in welchen sämtliche SO_4-Reste maskiert, d. h. komplex gebunden sind, so daß ihre Lösungen keine SO_4^{2-}-Reaktionen geben (Näheres siehe S. 145).

Das Verhalten 0% basischer Hexaquochromsulfatlösungen. Aus den Messungen mit der Wasserstoffelektrode ergibt sich für das Hexaquochromsulfat eine etwas kleinere Hydrolysenkonstante als die des Hexaquochromchlorids: $K_{25°C} = 0{,}25 \cdot 10^{-4}$ (H. G. Denham). Berücksichtigt man jedoch neben der eigentlichen Hydrolyse

$$[Cr(OH_2)_6]_2(SO_4)_3 \rightleftarrows 2\left[Cr{}^{OH}_{(OH_2)_5}\right]SO_4 + H_2SO_4$$

auch das Gleichgewicht[1]:

$$HSO_4^- \rightleftharpoons H^+ + SO_4^{2-},$$

so erhält man einen Wert, der mit dem der Hydrolysenkonstante des Hexaquochromchlorids übereinstimmt [N. Bjerrum (*4*)].

Wird eine Hexaquochromsulfatlösung oder eine Chromalaunlösung gekocht, so geht die violette Farbe der Lösung in grüne über, die Azidität erhöht sich stark, und ein Teil der SO_4-Reste, die vor dem Kochen sämtlich in ionogener Form vorhanden waren, wird komplexgebunden. Da in Übereinstimmung mit der Wernerschen Theorie durch die komplexgebundenen SO_4-Reste H_2O-Gruppen aus dem Komplex wandern und dieser bei der gleichzeitig eingetretenen Kondensation, von der später die Rede sein wird, ebenfalls wasserfrei wird, tritt Dilatation ein, und das spez. Gew. der Lösung erniedrigt sich (Lecoq de Boisbaudran; Favre und Valson; M. D. Dougal; Sprung; Gerlach; A. Rakusin und A. Rosenfeld). Der auffällige Farbumschlag von Violett nach Grün, welcher beim Kochen eintritt, hat die Aufmerksamkeit der Forscher schon frühzeitig auf sich gezogen. Zur Untersuchung der hierbei stattfindenden Vorgänge wurden neben rein chemischen Untersuchungsmethoden hauptsächlich physikalisch-chemische angewendet: Leitfähigkeitsmessungen [Monti; A. Colson (*1*); W. R. Whytney; J. Koppel (*2*); H. H. Hosford und H. C. Jones; M. A. Graham; K. Grinakowski; A. Sénéchal], kryoskopische Messungen [Th. W. Richards und F. Bonnet; A. Colson (*1*); H. G. Denham], Aziditätsbestimmungen (Th. W. Richards und F. Bonnet; W. R. Whytney; H. G. Denham), dialytische Messungen (G. Doyer van Cleef; M. D. Dougal; Th. W. Richards und F. Bonnet), kalorimetrische Messungen [Favre und Valson; A. Recoura (*3*); A. Colson (*1*), (*2*)], spektroskopische Messungen (H. W. Vogel; M. A. Graham).

Nach Recoura, Colson und Whytney tritt beim Kochen einer Hexaquochromsulfatlösung, unabhängig von deren Konzentration, unter Abspaltung von Schwefelsäure Kondensation ein, die zu einem basischen Salz führt, in welchem zwei Drittel der vorhandenen SO_4-Reste in komplexgebundener Form vorliegen:

$$2\,Cr_2(SO_4)_3 + H_2O \rightarrow [Cr_4(SO_4)_4O]SO_4 + H_2SO_4.$$

Diese Annahme stützt sich einerseits darauf, daß nach dem Kochen nur ein Drittel des Gesamt-SO_4 in einer mit Bariumchlorid in der Kälte fällbarer Form vorliegt (Favre und Valson), andererseits gerade ein Sechstel des Gesamt-SO_4 als freie Schwefelsäure vorhanden ist (siehe Reaktionsformel). Man findet nämlich bei der Titration mit Natronlauge dieselbe Wärmetönung, die bei der Neutralisation der erwähnten Schwefelsäuremenge frei wird [A. Recoura (*3*)], und bei der Leitfähigkeitstitration nach Zusatz einer Menge Natron- oder Barytlauge, die einem Sechstel der Gesamt-SO_4-Reste äquivalent ist, einen Knick (W. R. Whytney). Der Knick, den W. J. Chater und J. S. Mudd bei der Leitfähigkeitstitration einer gekochten Kaliumchromalaunlösung bei 14% Basizität fanden, ist ebenfalls auf das Vorhandensein freier Schwefelsäure zurückzuführen. Die Bestimmung der freien Säure in Chromlösungen durch konduktometrische Titration ist also keineswegs neueren Datums (vgl. dazu S. 103). Auf Grund seiner Leitfähigkeitsmessungen nimmt A. Colson (*1*) an, daß in sehr verdünnten Lösungen beim Kochen neben der erwähnten vollständig verlaufenden Kondensationsreaktion weitere Hydrolyse stattfindet, die zu folgendem Gleichgewicht führt:

$$[Cr_4(SO_4)_4O]SO_4 + H_2O \rightleftharpoons [Cr_4(SO_4)_4O_2] + H_2SO_4.$$

[1] Die thermodynamische Dissoziationskonstante dieses Gleichgewichts ist: $K_{25^\circ C} = 0{,}012$. Sie läßt sich für andere Temperaturen nach folgender Gleichung berechnen: $\log K = -1387,6/T + 1,15612 \log T - 0{,}00001355\,T - 0{,}000038182\,T + 3{,}7632$ (W. J. Hamer).

Diese Auffassung, nach welcher beim Kochen ein sauerstoffhaltiges Kondensationsprodukt entsteht, bestreitet Denham. Er wies durch Aziditätsbestimmungen mit der Wasserstoffelektrode nach, daß das Freiwerden von 1 Mol H_2SO_4 pro 4 Cr-Atome nur für den Konzentrationsbereich ($^1/_6$- bis $^1/_{30}$molarer Hexaquochromsulfatlösungen) zutrifft, in welchem Recoura und Whytney gearbeitet haben. Die Menge der gebildeten Säure ist jedoch von der Konzentration der Lösung abhängig und ist oberhalb des erwähnten Konzentrationsbereiches geringer, unterhalb desselben größer als 1 Mol pro 4 Cr-Atome. Nach Denham entsteht beim Kochen ein Sulfatochromsalz:

$$2\,Cr_2(SO_4)_3 \rightarrow [Cr_4(SO_4)_4](SO_4)_2,$$

welches entsprechend der Gleichung:

$$[Cr_4(SO_4)_4](SO_4)_2 + 2\,H_2O \rightleftarrows [Cr_4(SO_4)_4]^{(OH)_2}_{SO_4} + H_2SO_4$$

hydrolysiert. In sehr verdünnten Lösungen geht die Hydrolyse noch weiter:

$$[Cr_4(SO_4)_4]^{(OH)_2}_{SO_4} + 2\,H_2O \rightleftarrows [Cr_4(SO_4)_4](OH)_4 + H_2SO_4.$$

Zur Unterstützung seiner Auffassung über das beim Erhitzen einer Hexaquochromsulfatlösung entstehende Kation, $[Cr_4(SO_4)_4]^{4+}$, erwähnt Denham, daß diese Formulierung den Befunden von Th. W. Richards und F. Bonnet gerecht wird. Diese fanden nämlich bei Überführungsversuchen, daß der beim Kochen entstehende Chromkomplex nach der Kathode wandert, also ein Kation ist, und pro Chromatom eine positive Ladung besitzt. Da Th. W. Richards und F. Bonnet in den Lösungen, in denen sie die Überführungsversuche ausführten, die freie Schwefelsäure mit Chromhydroxyd neutralisierten, ist ihr Befund hinsichtlich Ladungsgröße des Chromkations kaum als gesichert zu betrachten.

Denhams Auffassung über die Hydrolyse, wobei ionogen gebundene OH-Gruppen entstehen sollen, läßt sich mit der Wernerschen Theorie nicht vereinigen. Formuliert man die Hydrolyse richtig (die Anzahl H_2O-Gruppen im Komplex wurde hierbei so gewählt, daß die Sechszähligkeit der Chromatome erhalten bleibt):

$$[Cr_4(SO_4)_4(H_2O)_8]^{4+} \rightleftarrows [Cr_4(SO_4)_4(H_2O)_7OH]^{3+} +$$
$$+ H^+ \rightleftarrows [Cr_4(SO_4)_4(H_2O)_6(OH)_2]^{2+} + 2\,H^+$$

und betrachtet diese zweistufige Reaktion als eine einstufige:

$$[Cr_4(SO_4)_4(H_2O)_8]^{4+} \rightleftarrows [Cr_4(SO_4)_4(H_2O)_6(OH)_2]^{2+} + 2\,H^+$$

mit der von Denham angegebenen Hydrolysenkonstante, $K = 0{,}21$, so müßte das Tetrasulfato-tetrachromkation, als eine Kationensäure aufgefaßt, eine sehr starke Säure sein, z. B. eine viel stärkere als das Bisulfation, HSO_4^-. Dies ist zwar sehr unwahrscheinlich, doch war es von Interesse nachzuprüfen, ob der analoge Vorgang, die Wanderung des Acidorestes in den Chromkomplex, in bezug auf Hydrolyse beim Chromsulfat die entgegengesetzte Wirkung ausübt als beim Chromchlorid. Bekanntlich ist die Hydrolysenkonstante der Chlorochromchloride kleiner als die des Hexaquochromchlorids. Dies konnte leicht festgestellt werden, da das Mono- und Dichlorochromchlorid zur Verfügung standen. Bei den Chromsulfaten sind jedoch keine Aquosulfatosalze bekannt, so daß der Beweis nur auf einem Umweg geführt werden konnte [E. Stiasny und D. Balányi (*2*)]. Die Aziditätserhöhung, die man in einer gekochten Hexaquochromsulfatlösung findet, braucht nämlich keineswegs durch die stärkere hydrolytische Spaltung der Sulfatochromsulfate hervorgerufen zu sein. Wie in einer Hexaquochromchloridlösung die Azidität durch die beim Kochen eintretende Verolung steigt, muß dies auch der Fall in einer ebenso behandelten Hexaquochromsulfatlösung sein. Beim Kochen einer Hexaquochromsulfatlösung tritt jedoch neben Verolung auch Wanderung ionogener SO_4-Reste in den Komplex ein. Um allein die Wirkung der Wanderung der Sulfatoreste in den Komplex auf die Azidität der Lösung feststellen zu können, muß die Verolung verhindert werden. Da diese als sekundäre Folge der Hydrolyse auftritt, kann sie durch Zurückdrängung der Hydrolyse durch Schwefelsäurezusatz zu einer Hexaquochromsulfatlösung ausgeschaltet werden. Beim Altern wandern SO_4-Reste in den Komplex. Neutralisiert man den Säurezusatz mit Natron- oder Barytlauge nach verschiedener Alterungsdauer und bestimmt den p_H-Wert der Lösung, so läßt sich feststellen, ob durch die Wanderung der Sulfatoreste in den Komplex die Azidität der Lösung steigt oder sinkt. Wie die Tabelle 22 zeigt, nimmt der p_H-Wert mit wachsender Menge komplexgebundener SO_4-Reste zu, d. h. sowohl beim Chromchlorid als auch beim Chromsulfat ist das Hexaquosalz stärker hydrolytisch gespalten als das betreffende Aquoacidochromsalz. Die Azidität einer gekochten Hexaquochromsulfatlösung ist deshalb größer als die der ungekochten Lösung, weil die mit der Verolung verbundene Aziditätserhöhung, die mit der Wanderung der SO_4-Reste in den Komplex bedingte Aziditätserniedrigung übertönt.

Das nach der Recouraschen Auffassung entstehende Polymerisationsprodukt, $[Cr_4(SO_4)_4O]SO_4$, oder in der Schreibweise Sénéchals $[Cr_4(SO_4)_4(OH)_2]SO_4$, läßt sich sehr gut als ein Kondensationsprodukt, und zwar als ein veroltes Sulfatochromsulfat auffassen, in welchem neben Oxo- bzw. Olbrücken auch Sulfatobrücken die Verkettung der Chromatome bewirken [E. Stiasny und D. Balányi (*2*); W. R. Atkin und E. Chollet]. Mit der Verolungstheorie in Übereinstimmung ist die gebildete Schwefelsäure in der abgekühlten Lösung als

Tabelle 22. p_H-Erhöhung bei Wanderung der SO_4-Reste in den Chromkomplex, wenn Hydrolyse und dadurch Verolung ausgeschaltet werden [E. Stiasny und D. Balányi (*2*)].

Zeit	p_H der Lösung	Nach Neutralisation der zugesetzten Säure			
		mit NaOH		mit Ba(OH)	
		p_H	Komplexgebundene SO_4-Reste in $^1/_2$ Mol SO_4 pro Cr-Atom	p_H	Komplexgebundene SO_4-Reste in $^1/_2$ Mol SO_4 pro Cr-Atom
Sofort	1,08	2,98	0,00	2,90	0,00
Nach 4 Tagen . .	1,08	3,16	0,18	3,03	0,20
,, 21 ,, . .	1,07	3,24	0,43	3,12	0,47
,, 28 ,, . .	1,07	3,25	0,49	3,12	0,51
,, 49 ,, . .	1,07	3,28	0,494	3,17	0,52

6,7406 g Hexaquochromisulfat wurden in 150 ccm $^n/_{2,5}$ H_2SO_4 gelöst und mit Wasser auf 300 ccm verdünnt. Endkonzentration: 1% Cr; H_2SO_4 $^n/_5$.

Neutralisation mit NaOH: In je 20 ccm der Lösung wurde die vorhandene H_2SO_4 mit 20 ccm $^n/_5$ NaOH neutralisiert, der p_H-Wert gemessen und 5 ccm zur SO_4-Bestimmung verwendet. Die p_H-Werte beziehen sich also auf eine in bezug auf Cr 0,5%ige Lösung.

Neutralisation mit $Ba(OH)_2$: In je 20 ccm der Lösung wurde die vorhandene H_2SO_4 mit 20 ccm $^n/_5$ $Ba(OH)_2$ vorsichtig neutralisiert, das $BaSO_4$ durch 5 Minuten langes Zentrifugieren entfernt, der p_H-Wert gemessen und 10 ccm der Lösung zur SO_4-Bestimmung verwendet. Mit dem $BaSO_4$ wurde auch etwas Chromisulfat mitgerissen, deshalb sind die Werte für die komplexgebundenen SO_4-Reste etwas zu hoch ausgefallen. Die p_H-Werte beziehen sich auf eine in bezug auf Chrom 0,5%ige Lösung.

freie Säure vorhanden. Dies wurde außer durch die Bestimmung der bei der Neutralisation dieser Säure auftretenden Neutralisationswärme [A. Recoura (*3*)] und durch konduktometrische Titration [W. R. Whytney; W. J. Chater und J. S. Mudd; W. R. Atkin und E. Chollet; A. Küntzel, C. Rieß und G. Königfeld (*1*)], auch durch potentiometrische Titration (W. R. Atkin und E. Chollet) und durch das Verhalten der Lösung beim Verdünnen [E. Stiasny und O. Grimm (*2*); W. R. Atkin und E. Chollet] nachgewissen.

Die Recourasche Formulierung des beim Kochen stattfindenden Vorganges:

$$2\,Cr_2(SO_4)_3 + H_2O \rightarrow [Cr_4(SO_4)_4O]SO_4 + H_2SO_4$$

ist insofern mit den Tatsachen nicht in Übereinstimmung, als sowohl die Menge der komplexgebundenen SO_4-Reste [E. Stiasny und D. Balányi (*2*); W. R. Atkin und E. Chollet] als auch die Menge der freien Säure (H. G. Denham) von der Konzentration der Hexaquochromsulfatlösung vor dem Kochen abhängig ist. Damit wäre der Recouraschen Formulierung des gebildeten Verolungsproduktes jegliche Stütze genommen, wenn Atkin und Chollet bei der potentiometrischen Titration gekochter und nichtgekochter Chromalaunlösungen (siehe Abb. 21) nicht gefunden hätten, daß in der ungekochten Lösung bei Erreichung eines p_H-Wertes von 7 bis 8 sämtliche SO_4-Reste abhydrolysiert sind (Verbrauch 3 Mole NaOH pro Cr-Atom), während in der gekochten Lösung der Chromkomplex auch etwas über p_H 8 noch ein Viertel SO_4-Rest pro Cr-Atom enthält (Verbrauch 2,5 Mole NaOH pro Cr-Atom), was 1 SO_4 pro 4 Cr-Atome entspricht. Hieraus folgt, daß die Haftfestigkeit dieses SO_4-Restes eine größere ist als die der übrigen komplexgebundenen SO_4-Reste, welche während der Titration abhydrolysiert wurden. Ein schlüssiger Beweis dafür, daß beim Kochen wirklich ein 4kerniger, verolter Sulfatochromkomplex entsteht, wurde hierdurch auch nach der Meinung von Atkin und Chollet nicht geliefert. Über die wirkliche Molekülgröße und damit über die Zahl der Chromatome in dem beim Kochen entstehenden Komplex, weiterhin über die Einheitlichkeit der Lösung könnte wahrscheinlich die Bestimmung der Molekülgröße nach der Brintzingerschen Dialysenmethode entscheiden.

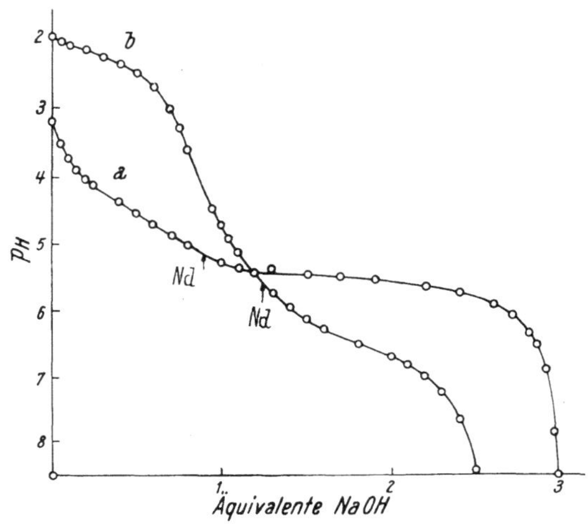

Abb. 21. Potentiometrische Titrationskurven von Chromalaunlösungen, erhalten mit der Chinhydronelektrode bei Titration mit $^n/_{10}$ NaOH (W. R. Atkin und E. Chollet). *a* kaltbereitete 1%ige Chromalaunlösung, *b* eine 10 Minuten lang am Rückflußkühler gekochte und abgekühlte 1%ige Chromalaunlösung.

Zwischen Konzentration der Chromalaunlösung, Menge der komplexgebundenen SO_4-Reste bzw. p_H der Lösung besteht eine einfache Gesetzmäßigkeit. Trägt man auf die Abszisse den Logarithmus der Chromalaunkonzentration und auf die Ordinate den Logarithmus der komplexgebundenen SO_4-Menge, bzw. den p_H-Wert der Lösung auf, so entstehen zwei Gerade (W. R. Atkin und E. Chollet). Die Beziehung zwischen den Gleichungen dieser beiden Geraden und der Menge der freien Säure in der Lösung, welche man durch konduktometrische Titration erhält (siehe Abb. 22), läßt sich mathematisch formulieren und man braucht von den vier Größen: Konzentration der Chromalaunlösung, komplexgebundene SO_4-Reste, H-Ionenkonzentration und Menge der freien Säure, nur eine dieser Größen zu wissen, um die anderen drei berechnen zu können (siehe Abb. 23).

Zur Bestimmung von komplexgebundenen SO_4-Resten sind zwei auf Fällungsreaktion beruhende Methoden bekannt.

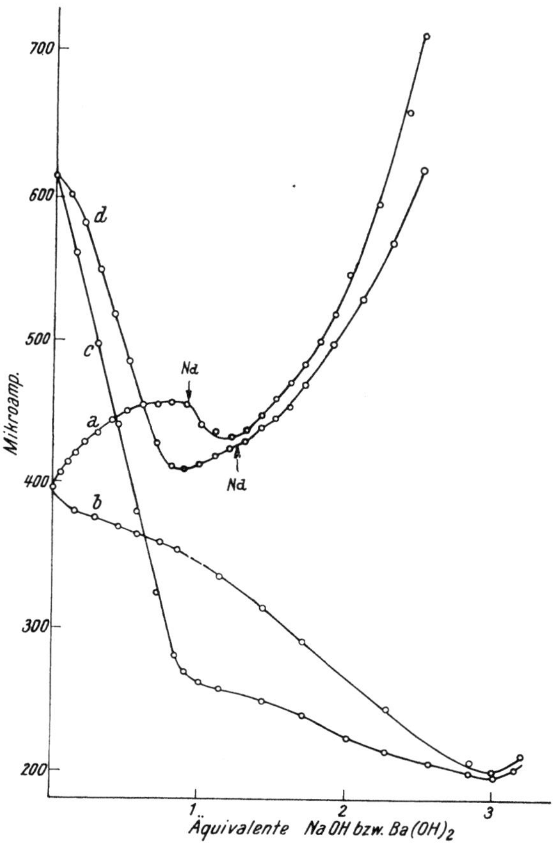

Abb. 22. Leitfähigkeitstitrationskurven von Chromalaunlösungen (W. R. Atkin und E. Chollet).

Kaltbereitete Lösung: *a* Titration mit $^n/_1$ NaOH. *b* Titration mit 2,85 $^n/_{10}$ $Ba(OH)_2$. Am Rückflußkühler gekochte und abgekühlte Lösung: *c* Titration mit $^n/_1$ NaOH, *d* Titration mit 2,85 $^n/_{10}$ $Ba(OH)_2$.

1. Bariumsulfatmethode. Nachdem das ionogene SO_4 in der Kälte mit überschüssigem Bariumchlorid gefällt und der Niederschlag abfiltriert wurde, wird das komplexgebundene SO_4 im Filtrat beim Kochen durch das vorhandene Bariumchlorid als Bariumsulfat gefällt und nach der gewöhnlichen Behandlung als solches gewogen [W. Schindler und K. Klanfer (*2*)]. Die Bestimmung des ionogenen SO_4 mit Bariumchlorid kann auch konduktometrisch ausgeführt werden (E. R. Theis, E. J. Serfass und C. L. Weidner). Die Lösung wird mit einer bekannten Bariumnitratmenge versetzt und das überschüssige Bariumnitrat wird konduktometrisch mit Lithiumsulfat zurücktitriert. Dem Vorteil der schnellen Ausführung steht im letzteren Falle gegenüber, daß die Methode, zur Bestimmung des komplexgebundenen SO_4 angewendet, eine doppelt indirekte ist: das ionogene SO_4 wird indirekt bestimmt und hieraus und aus der Gesamt-SO_4-Menge, also wiederum indirekt, die komplexgebundene SO_4-Menge ermittelt.

2. Benzidinmethode. Benzidin bildet mit SO_4-Ionen unter Einhaltung bestimmter Maßregeln das praktisch unlösliche Bezidinsulfat (F. Raschig). In der Hitze ist das Salz etwas löslich und hydrolytisch gespalten. Entfernt man die so entstehenden H-Ionen durch Neutralisation, so läßt sich die gesamte SO_4-Menge des Benzidinsulfats abhydrolysieren. Man fällt das ionogene SO_4 in der Kälte mit Benzidinchlorid, filtriert das Benzidinsulfat ab und braucht nur den Niederschlag in der Hitze mit Natronlauge zu titrieren, um die ionogen gebundene SO_4-Menge zu erhalten [Einzelheiten siehe E. Stiasny und D. Balányi (*2*); W. R. Atkin und E. Chollet]. Hieraus und aus der Gesamtmenge der SO_4-Reste läßt sich die an Chrom komplexgebundene SO_4-Menge errechnen. Diese indirekte Methode läßt sich in eine direkte umwandeln (E. Stiasny und F. Prakke). Man fällt das ionogene SO_4 mit Benzidinchlorhydrat, filtriert den Niederschlag ab und fällt im Filtrat das komplexgebundene SO_4 nach Entfernung desselben aus dem Komplex mit Benzidinchlorhydrat. Die SO_4-Reste können aus dem Chromkomplex entweder durch längeres Kochen mit Salzsäure [W. Schindler und K. Klanfer (*2*)] oder durch kurzes Aufkochen mit Natriumformiat bzw. Natriumacetat (G. Knorre) entfernt werden.

Sowohl die Bariumsulfat- als auch die Benzidinmethode beruhen darauf, daß das komplexgebundene SO_4 keine Reaktionen der SO_4-Ionen gibt und somit nicht gefällt werden kann. Da jedoch zwischen komplexgebundenem SO_4 und SO_4-Ionen in der Lösung ein Gleichgewicht besteht, wird dieses Gleichgewicht durch Fällung der ionogenen SO_4-Reste gestört und SO_4-Reste wandern aus dem Komplex. Die Genauigkeit der genannten beiden Methoden ist also davon abhängig, wie groß die Geschwindigkeit des Herauswanderns bei denselben ist. Durch mehrere Arbeiten (A. Kling, D. Florentin und P. Huchet; P. Job und G. Urbain; A. Kling und D. Florentin) wurde nachgewiesen, daß bei der Bariumsulfatmethode, sei es durch die äußerst geringe Löslichkeitsgrenze des Bariumsulfats oder durch den katalytischen Einfluß des Bariumions, die SO_4-Reste schnell aus dem Komplex wandern, während dies bei der Benzidinmethode nicht der Fall ist. Die Benzidinmethode ist auch deshalb vorzuziehen, weil das Bariumsulfat in Lösungen, die Sulfatochromkomplexe enthalten, auch Chrom mitreißt (Th. W. Richards und F. Bonnet). Beide Fällungsmethoden sind in Lösungen, die anodische Sulfatochromkomplexe enthalten, nicht anwendbar, da diese Komplexe sowohl mit Barium- als auch mit Benzidinionen unlösliche Fällungen geben (E. Stiasny und E. Gergely).

Eine dritte Methode, die zur Bestimmung komplexgebundener Säurereste empfohlen wurde (W. Ackermann), beruht darauf, daß diese bei der Titration der Chromlösung in der Kälte mit Natronlauge nicht abhydrolysiert werden, während dies bei der Titration in der Hitze der Fall ist. Zur Bestimmung der komplexgebundenen SO_4-Reste müßte man also die gewöhnliche Heißtitration der Chromlösung bei der Basizitätsbestimmung nur so ausführen, daß man erst in der Kälte so lange titriert, bis der Umschlag des Phenolphthaleins eintritt und erst dann in der Hitze weitertitriert. Die Differenz der beiden Alkalimengen würde der Menge der komplexgebundenen SO_4-Reste entsprechen.

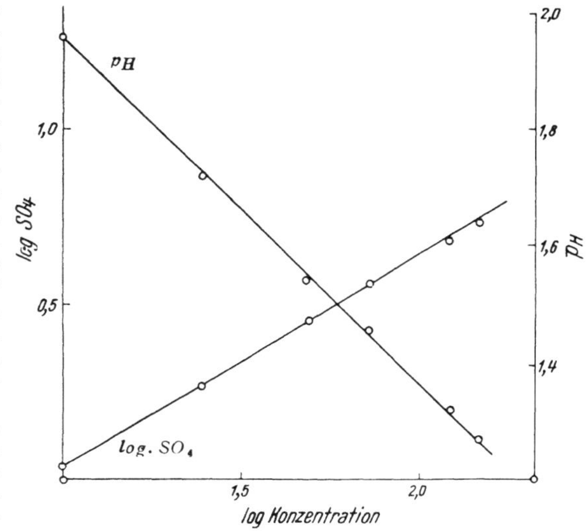

Abb. 23. Zusammenhang zwischen Konzentration, Menge der komplexgebundenen SO_4-Reste, p_H der Lösung und OH-Gruppen im Komplex in gekochten Chromalaunlösungen unmittelbar nach dem Kochen und Abkühlen (W. R. Atkin und E. Chollet).

A = Konzentration der Lösung in Gramm Chromalaun/Liter, B = H-Ionenkonzentration 10^{-2} (p_H Bestimmung), C = Anzahl komplexgebundener SO_4-Reste pro 4 Cr-Atome (indirekte Bestimmung, Benzidinmethode), D = SO_4-Reste als freie Säure bzw. $^1/_2$ OH-Gruppen pro 4 Cr-Atome (Bestimmung der freien Säure durch konduktometrische Titration).

Bekannt:

A	B
$B = \frac{A^{0,588}}{3,517}$,	$A = \sqrt[0,588]{3,517 \times B}$,
$C = 2,213 \times A^{0,12}$,	$C = 2,213(3517 \times B)^{02042}$,
$D = \frac{6 - (2,213 \times A^{0,12})}{2}$.	$D = \frac{6 - 2,213\,(3517 \times B)^{0,2042}}{2}$.

C	D
$A = \frac{\sqrt[0,12]{C}}{749,9}$,	$A = \frac{\sqrt[0,12]{6 - 2D}}{749,9}$,
$B = \frac{\sqrt[0,2042]{C}}{172,02}$,	$B = \frac{\sqrt[0,2042]{6 - 2D}}{172,02}$,
$D = \frac{6 - C}{2}$.	$C = 6 - 2D$.

Atkin und Chollet fanden in einer gekochten Chromalaunlösung, 10 g/l, 2,95 SO_4-Reste pro 4 Cr-Atome nach der Benzidinmethode und bei der potentiometrischen Titration bis zum p_H ca. 8,3 (Umschlagspunkt des Phenolphthaleins) 2,5 Mole NaOH pro Cr-Atom (siehe Abb. 21), d. h. nach der Ackermannschen Methode 1 komplexgebundenen SO_4-Rest pro 4 Cr-Atome. Vergleicht man die nach beiden Methoden für die Menge der komplexgebundenen SO_4-Reste erhaltenen Zahlen miteinander, so ist ersichtlich, daß bei der Titration mit Natronlauge in der Kälte ein Teil der komplexgebundenen SO_4-Reste hydrolysiert wird und nur derjenige Anteil im Komplex verbleibt, der eine starke Komplexhaftfestigkeit besitzt. Aus den konduktometrischen Titrationskurven (siehe Abb. 22), die Atkin und Chollet bei der Titration mit Baryt- bzw. Natronlauge erhalten haben, ist weiterhin noch zu ersehen, daß bei Anwesenheit von Bariumionen auch diese fester komplexgebundenen SO_4-Reste aus dem Komplex herausgeholt werden: Umschlagspunkt bei der Titration mit BaOH bei 3 Äquivalenten pro Cr, während bei der Titration mit NaOH die Leitfähigkeit ohne deutlichen Knickpunkt schon bei ca. 2,5 Äquivalenten pro Cr schnell ansteigt.

Auf Grund der erhaltenen Werte für komplexgebundenes SO_4, p_H-Wert und freie Säure bzw. OH-Gruppen im Komplex und unter der Annahme, daß beim Kochen wirklich ein 4kerniger Chromkomplex entsteht, in welchem sämtliche sechs Koordinationsstellen der Chromatome besetzt sind, versuchten Atkin und Chollet die Zusammensetzung gekochter Chromalaunlösungen formelmäßig auszudrücken. Für die folgenden beiden Konzentrationen kamen sie zu diesen Formulierungen:

bei 10 g Kaliumchromalaun/l:

$$4K^+ + 2SO_4^{2-} + [Cr_4(OH)_3(SO_4)_3\,12\,H_2O]^{3+} + 3H^+ + 3SO_4^{2-},$$

bei 150 g Kaliumchromalaun/l:

$$4K^+ + 2SO_4^{2-} + [Cr_4(OH)_2(SO_4)_4\,12\,H_2O]^{2+} + 2H^+ + 2SO_4^{2-}.$$

Sieht man von den SO_4-Ionen in dem vorhandenen Kaliumsulfat ab, so ist die eine Hälfte der ionogenen SO_4-Reste an den Chromkomplex und die andere Hälfte an Wasserstoffionen gebunden.

In der Literatur findet man öfters basische, amorphe Chromsulfate als einheitliche Verbindungen angegeben; z. B. soll nach F. Williamson die beim Zusatz von 2 bis 5 Molen NaOH zu 1 Mol Chromalaun entstehende Fällung die folgende konstante Zusammensetzung haben: $(Cr_2O_3)_7(SO_3)_5 \cdot 25\,H_2O$. P. Nicolardot erhitzte eine Hexaquochromsulfatlösung mit Bariumcarbonat, filtrierte den Niederschlag ab und erhielt aus dem Filtrat eine zähe grüne Masse von der Zusammensetzung

$$Cr_2O_3 \cdot 2{,}5\,SO_3 \cdot 7{,}5\,H_2O.$$

Atkin und Chollet formulieren dieses Produkt, welches nach P. Nicolardot eine Säure ist und weder die Reaktion des Chromions noch die des SO_4-Ions aufweist, als $[Cr_4(OH)_3(SO_4)_5(H_2O)_8]H + 5\,H_2O$.

Kühlt man eine gekochte Hexaquochromsulfatlösung ab und läßt sie altern, so tritt wie in einer analog behandelten Chromchloridlösung Entolung ein, wodurch das p_H der Lösung steigt. Gleichzeitig wandern auch SO_4-Reste aus dem Komplex. Das p_H steigt so lange, bis es den Wert erreicht, den eine Hexaquochromsulfatlösung nach längerem Altern in der Kälte aufweist. Es konnte durch Messung der Inversionsgeschwindigkeit von Rohrzuckerlösungen gezeigt werden (Th. W. Richards und F. Bonnet), daß nach ca. einmonatigem Altern bei 33^0 C eine $^1/_4$molare gekochte und nichtgekochte Hexaquochromsulfatlösung dieselbe Wasserstoffionenaktivität besitzt. Spätere Untersuchungen bewiesen, daß nicht nur der mit der Wasserstoffelektrode gemessene p_H-Wert [E. Stiasny und O. Grimm (*2*)], sondern auch die Menge der an Chrom komplexgebundenen SO_4-Reste nach längerer Alterungsdauer in gekochten und ungekochten Lösungen identisch wird [E. Stiasny und D. Balányi (*2*)]. Wie die Abb. 24 zeigt, nähern sich die Kurven *I* und *II* sehr stark. Interessant ist, daß die Anwesenheit von Säure die Wanderung der SO_4-Reste in den Komplex hemmt, bzw. das Herauswandern der SO_4-Reste aus diesem begünstigt. Die Veränderung der grünen Farbe der gekochten Hexaquochromsulfatlösung in eine grünviolette deutet ebenfalls darauf hin, daß zwischen den verolten Sulfatochromkomplexen und dem Hexaquochromkomplex beim Altern ein Gleichgewicht entsteht (Lecoq de Boisbaudran; M. Graham; L. Meunier). Ganz eindeutig läßt sich die Umwandlung veralter 0% basischer Sulfatochromsulfate im Falle des Kaliumchromalauns beweisen. Löst man eine Chromalaunmenge, welche die Löslichkeitsgrenze dieses Salzes bei Zimmertemperatur übersteigt, in kochendem Wasser auf und läßt diese Lösung in der Kälte stehen, so kristallisiert nach einiger Zeit Kaliumchromalaun aus. Durch Beobachtung des Absorptionsspektrums mit dem Stufenphotometer läßt sich die Einstellung des Gleichgewichts messend verfolgen [E. Montemartini und E. Vernezza (*1*)]. Die Umwandlung ist mit Erhöhung der Leitfähigkeit verbunden und parallel damit nimmt die Ausflockungszahl — diejenige Alkalimenge, die eine bleibende Trübung hervorruft — zu (L. Meunier und P. Caste).

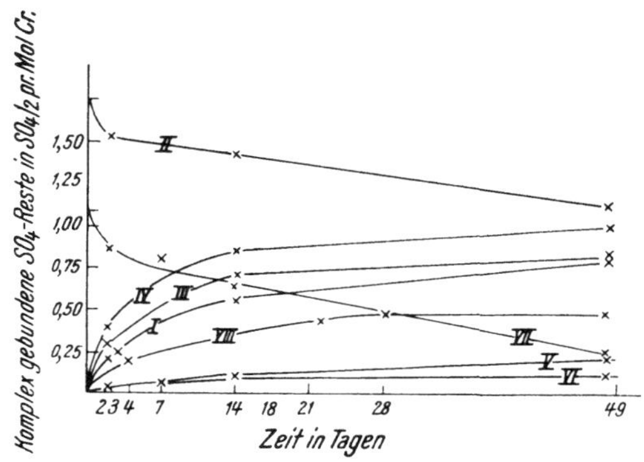

Abb. 24. Änderung der komplexgebundenen SO_4-Menge in verschieden behandelten Hexaquochromsulfatlösungen (1% Cr) beim Altern bei Zimmertemperatur [E. Stiasny und D. Balányi (*2*)].

I Hexaquochromosulfat, kalt, ohne Zusatz, *II* Hexaquochromosulfat, 3 Stunden gekocht, ohne Zusatz, *III* Hexaquochromosulfat, kalt, in bezug auf Na_2SO_4 $^{M}/_{10,4}$, *IV* Hexaquochromosulfat, kalt, in bezug auf Na_2SO_4 $^{M}/_{2}$, *V* Hexaquochromosulfat, kalt, in bezug auf HCl $^{n}/_{2}$, *VI* Hexaquochromosulfat, kalt, in bezug auf HCl $^{n}/_{1}$, *VII* Hexaquochromosulfat, kalt, in bezug auf HCl $^{n}/_{1}$, *VII* Hexaquochromosulfat, 3 Stunden gekocht, in bezug auf HCl $^{n}/_{1}$, *VIII* Hexaquochromosulfat, kalt, in bezug auf H_2SO_4 $^{n}/_{5}$ (mit NaOH neutralisiert).

Natürlich darf man nicht jedes Violettwerden einer gekochten grünen Chromsulfatlösung als Zurückbildung des Hexaquosalzes deuten. Der Umschlag ins Violette, der eintritt, wenn man bestimmte komplexbildende organische Salze zu der Lösung gibt, z. B. Natriumacetat, ist auf die Komplexbildung mit dem organischen Säurerest und nicht, wie dies G. Grasser meinte, auf die Rückverwandlung des verolten Sulfatochromsalzes in das Hexaquosalz zurückzuführen.

Das Gleichgewicht zwischen veroltem Chromsulfat und Hexaquochromsulfat hängt von der Temperatur der Lösung ab. Schon bei 0° C ist eine Umwandlung des Hexaquochromsalzes bemerkbar [E. Montemartini und E. Vernezza (*1*)]. Außer der Lage des Gleichgewichts hängt auch die Geschwindigkeit seiner Einstellung von der Temperatur ab. Bei Kochtemperatur stellt es sich schon nach einigen Minuten ein, andauerndes Kochen z. B. ändert das p_H nicht: nach 5 Minuten Kochen ist das p_H einer aus Hexaquochromsulfat bereiteten Lösung (10 g Cr/l) 1,21 und nach 60 Stunden Kochen ebenfalls 1,21.

Montemartini und Vernezza verwendeten zum Studium des Gleichgewichts zwischen dem verolten Sulfatochromsulfat und Hexaquochromsulfat außer der schon erwähnten optischen Methode auch andere: 1. Bestimmung des Hexaquoanteils durch Fällung des Hexaquochromkomplexes als Kaliumchromalaun bei Anwesenheit von Alkohol [E. Montemartini und E. Vernezza (*2*)]. Diese Methode stammt von N. Bjerrum (*3*). 2. Verfolgung der Geschwindigkeit der CO_2-Entwicklung und Bestimmung der Menge der entwickelten CO_2 beim Zusatz von Zinkcarbonat zu der Lösung [E. Montemartini und E. Vernezza (*1*)]. Es ist noch zu erwähnen, daß nach Montemartini und Vernezza (*3*) das Hexaquochromsulfat mit Zinkcarbonat bzw. Zinksulfat ein violettes, nur in Säure lösliches Salz von folgender Zusammensetzung gibt: $Cr_2O_3 \cdot 4ZnO \cdot SO_3$. Durch Kochen mit den entsprechenden Alkalisalzen kann man den Sulfatrest durch andere Säurereste ersetzen.

Basisch gemachte Chromsulfatlösungen. Will man eine kalt bereitete Hexaquochromsulfatlösung 33% basisch machen, so entsteht schon viel früher als bei einer Hexaquochromchloridlösung eine Trübung. Schon beim Kaliumchromalaun ist es aufgefallen, daß sich seine kalt bereitete Lösung beim Basischmachen mit Natronlauge vor der Erreichung einer Basizität von 33% trübt (J. R. Blockey). Die Trübung in der Hexaquochromsulfatlösung (10 g Cr/l) entsteht bei ganz geringer Basizität (ca. 12%). Die Ursache dieser Erscheinung ist die Bildung des schwer löslichen Dihydroxotetraquochromsulfats $[Cr(OH_2)_4 \cdot (OH)_2]_2SO_4$. Das Salz stellt man durch Fällung einer natriumsulfathaltigen Chromalaunlösung mit Pyridin her (A. Werner, J. Jovanovits, G. Aschkinasy und J. Posselt). Es entsteht auch durch Versetzen einer Hexaquochromacetatlösung mit Natriumsulfat; das Hexaquochromacetat ist in wässeriger Lösung so weit hydrolysiert, daß auch die Dihydroxostufe in einer mit Natriumsulfat als Dihydroxotetraquochromsulfat fällbaren Menge vorhanden ist. Der Niederschlag, der beim Basischmachen einer Hexaquochromsulfatlösung entsteht, verschwindet beim Altern der Lösung durch die eintretende Verolung, allerdings langsamer als der beim Basischmachen einer Hexaquochromchloridlösung entstehende Niederschlag.

Da der Verolungsvorgang beim Chromchlorid ausführlich erörtert wurde, wird im folgenden hauptsächlich auf die Unterschiede eingegangen, die bei diesem Vorgang zwischen dem Chromchlorid und dem Chromsulfat bestehen. Obwohl die Verfolgung der Verolungsvorgänge durch p_H-Messungen [E. Stiasny und O. Grimm (*2*)] durch das Gleichgewicht, $H^+ + SO_4^{2-} = HSO_4^-$, und infolgedessen auch durch die Änderung der Konzentration der SO_4-Ionen bei der Wanderung der SO_4-Reste in den bzw. aus dem Komplex beeinträchtigt wird, konnten E. Stiasny und O. Grimm (*2*) feststellen, daß sowohl die Verolung, welche nach dem Basischmachen eintritt, als auch die Entolung beim Säurezusatz zu basischen Chromsulfaten viel schneller verlaufen. Beide Befunde konnten durch quantitative Verolungsbestimmungen [kolorimetrisch: E. Stiasny und G. Königfeld (*2*); konduktometrisch: E. R. Theis und E. J. Serfass (*1*); C. Rieß] bestätigt werden. Wie die Tabelle 23 zeigt, ist die Verolung bei den Chromsulfaten auch weitergehender als bei den Chromchloriden, so daß freie Säure auftritt. Temperaturerhöhung beschleunigt die Verolung. Neutralsalzzusätze wirken analog wie bei den Chromchloriden: Natriumchloridzusatz ist wirkungslos, Natriumsulfatzusatz erhöht die Verolungsgeschwindigkeit, wenn man entsprechend den Befunden von E. Stiasny und G. Königfeld (*2*) den SO_4-Ionen durch Altern ermöglicht, in den Chromkomplex zu wandern. Die Bildung der Carbonatokomplexe beim Basischmachen mit Soda verlangsamt auch bei den Chromsulfaten die Verolung. Das thermische Altern wirkt ähnlich wie bei den Chromchloriden. Durch Basischmachen nach dem Kochen wird der Unterschied zwischen un-

Tabelle 23. Verolung einer basischen Chromsulfatlösung beim Altern nach dem Basischmachen mit NaOH (C. Rieß).

Alterungsdauer nach dem Basischmachen	Freie Säure in Aziditätsprozenten	Verolungszahl	Basizitätsgrad des gelösten Chromsalzes
10 Minuten . . .	—	68,4	33,5
53 „ . . .	—	91,4	33,5
17 Stunden . . .	0,4	100	33,9
22 „ . . .	1,2	100	34,7
40 „ . . .	1,2	100	34,7
11 Tage	0,9	100	34,4

Chromalaunlösung 0,988% Cr, 33,5% basisch. Der Chromalaun wurde warm gelöst, abgekühlt und dann basisch gemacht.

gekochten und gekochten Lösungen einigermaßen ausgeglichen. Alle Unterschiede, die durch verschiedene Vorbehandlung der Chromsulfatlösungen bedingt sind, verschwinden vollständig, wenn die Lösungen nach dem Basischmachen gekocht werden. Was die Wirkung der Dauer des thermischen Alterns anbelangt, so sind die p_H-Werte, welche man in verschieden lang gekochten 33% basischen, aus Hexaquochromsulfat bereiteten Lösungen (10 g Cr/l) erhält, wie folgt: nach 5 Minuten 2,41, nach 1 Stunde 2,35, nach 3 Stunden 2,28, sie sind also voneinander nicht sehr verschieden und diese Unterschiede verschwinden beim Altern der Lösungen in der Kälte [E. Stiasny und O. Grimm (*2*)]. Trotz dieses Umstandes ist die Dauer des thermischen Alterns keineswegs gleichgültig. So läßt sich z. B. eine mit Natronlauge 33% basisch gestellte Hexaquochromsulfatlösung höchstens 3 Stunden lang am Rückflußkühler kochen. Kocht man sie länger, so beginnt sie auszuflocken. Dies weist darauf hin, daß analog wie bei den Chromchloriden auch bei den Chromsulfaten mit wachsender Kochdauer Disproportionierung eintritt, und zwar viel schneller als bei den Chromchloriden. Eine auf erwähnte Weise 50% basisch gestellte Hexaquochromsulfatlösung beginnt schon nach kurzer Kochdauer auszuflocken.

Die durch die Methode der freien Diffusion und durch die Dialysenmethode gewonnenen Resultate (siehe Abb. 18) zeigen (C. Rieß und K. Barth), daß die mittlere Teilchengröße der in der Lösung befindlichen Chromkomplexe durch das Basischmachen einer Hexaquochromsulfatlösung bis auf ca. 50% Basizität sehr wenig zunimmt, um dann beim Überschreiten dieser Basizitätszahl außerordentlich steil in die Höhe zu gehen. Bei gleicher Basizität ist die Zahl der Cr-Kerne im Komplex in den Chromsulfatlösungen größer als in den Chromnitrat- oder Chromchloridlösungen. Chromsulfate, die im Komplex mehr als 10 bis 13 Chromatome und keine Sulfatogruppen enthalten, sind sehr wenig löslich [G. Jander und K. F. Jahr (*2*)]. Versetzt man eine Chromnitrat- oder Chromchloridlösung, deren Basizität über 59% beträgt, mit Natriumsulfat, so entsteht sofort eine Fällung. Eine Teilchenvergrößerung durch Verolung kann hierbei natürlich nicht in Frage kommen. Es handelt sich vielmehr um eine Aggregation, die bei der Bildung eines unlöslichen Körpers eintritt (vgl. S. 107). Die Fällung entsteht deshalb, weil Chromsulfate, die im Komplex mehr als 10 bis 13 Chromatome und keine Sulfatogruppen enthalten, unlöslich sind und somit ausfallen müssen.

Die Neigung des SO_4-Restes, in den Chromkomplex zu wandern, ist viel größer als die des Chlororestes. Nicht nur gekochte basische und nichtbasische Chromsulfatlösungen enthalten komplexgebundene SO_4-Reste, sondern auch in der Kälte basisch gemachte. Die Anwesenheit von OH-Gruppen im Komplex verhindert die Wanderung von SO_4-Resten in den Komplex nicht. Es gibt sogar basische Chromsulfatlösungen, in welchen der Chromkomplex neben OH-Gruppen soviel SO_4-Reste enthält, daß die Zahl der negativen Liganden pro Cr-Atom 6 übersteigt und der Komplex bei Überführungsversuchen eine anodische Wanderung aufweist. Durch die Untersuchung des zur Kathode gewanderten Anteils auf SO_4-Reste in reinkathodisch wandernden Brühen konnte nachgewiesen werden, daß nicht nur gekochte nichtbasische oder basische Chromsulfatlösungen komplexgebundene SO_4-Reste enthalten, sondern auch in der Kälte basisch gemachte Hexaquochromsulfatlösungen (E. Stiasny und K. Lochmann). Die Wanderung von SO_4-Resten in den Komplex in Lösungen, welche in der Kälte basisch gemacht wurden, konnte auch durch die Behandlung von Permutit mit basischen Chromalaunlösungen festgestellt werden. Der aus diesen Lösungen durch Austausch von Natriumionen aufgenommene kationische Chromkomplex enthielt komplexgebundene SO_4-Reste [K. H. Gustavson (*4*)]. Die Anwesenheit komplexgebundener SO_4-Reste konnte auch durch deren Bestimmung in den genannten Lösungen bestätigt werden [E. Stiasny und D. Balányi (2); W. Schindler und K. Klanfer (2)].

Die Wanderung der SO_4-Reste erfolgt sogar während des Basischmachens [E. Stiasny und D. Balányi (2)]. Hierauf weist auch der Verlauf der Kurve, der die Leitfähigkeitstitration einer kalt bereiteten Kaliumchromalaunlösung mit Natronlauge wiedergibt (Abb. 22) (W. R. Atkin und E. Chollet). Die Wanderung komplexgebundener Cl-Reste aus dem Komplex beim Basischmachen von Chlorochromchloridlösungen einerseits und die Wanderung von SO_4-Ionen in den Komplex beim Basischmachen von Hexaquochromsulfatlösungen andererseits läßt sich auf dieselbe Ursache zurückführen: in beiden Fällen wird die Einstellung des Gleichgewichts durch die Anwesenheit von OH-Gruppen im Komplex beschleunigt. Infolge der geringen Komplexaffinität des Cl-Restes ist bei den Chromchloriden die Lage des Gleichgewichts so, daß in den basischen Lösungen nur Cl-freie Komplexe vorhanden sind. Die größere Komplexaffinität des SO_4-Restes ermöglicht dessen Anwesenheit in Chromkomplexen, die OH-Gruppen enthalten, und durch den katalytischen Einfluß der OH-Gruppe auf die Einstellung des Gleichgewichts wird die Wanderung des SO_4-Restes in den Komplex beschleunigt. Die gekochten bzw. in der Kälte gealterten Chromsulfatlösungen enthalten mehr SO_4-Reste, als es dem Gleichgewicht nach dem Basischmachen entsprechen würde, deshalb wandern nach dem Basischmachen und Altern solcher Lösungen SO_4-Reste aus dem Komplex [E. Stiasny und D. Balányi (2); W. Schindler und K. Klanfer (2)]. Allem Anschein nach stellt sich beim Altern basischer Chromsulfatlösungen dasselbe Gleichgewicht ein, gleichgültig, ob man vor dem Basischmachen die Lösung gekocht hat oder nicht. Sowohl in kalt bereiteten als auch in gekochten basischen Lösungen nimmt die Menge der komplexgebundenen SO_4-Reste mit steigender Basizität ab. Je mehr Koordinationsstellen des Chroms nämlich mit OH-Gruppen besetzt werden, um so weniger freie Stellen bleiben für die SO_4-Reste übrig. Ihre Menge könnte mit steigender Basizität nur dann unbeeinflußt bleiben oder gar anwachsen, wenn das Chromatom genügend starke Neigung besitzen würde, um durch Basischmachen solche Sulfatochromkomplexe zu bilden, in welchen die Zahl der negativen Liganden 3 übersteigt. Dies ist jedoch nicht der Fall. Durch Basischmachen gekochter oder ungekochter Hexaquochromsulfatlösungen mit Natronlauge entstehen solche anodisch wandernde Chromkomplexe nicht. Die anodische Wanderung, die in Chromsulfatlösungen nach dem Basischmachen mit Soda oder mit Bicarbonat neben der kathodischen Wanderung auftritt [K. H. Gustavson (6)], ist wahrscheinlich auf die Bildung von basischen Sulfatocarbonatochromkomplexen zurückzuführen. Selbst diese anionischen Komplexe sind so unstabil, daß sie beim Altern durch Verlust von CO_2- oder SO_4-Resten bald in kationische übergehen.

Sowohl die Verolung beim Basischmachen als auch die Entolung beim Säurezusatz geht in Chromsulfatlösungen schneller vor sich als in Chromchloridlösungen. Durch die Anwesenheit von SO_4 erfährt also die langsam verlaufende Gleichgewichtsreaktion:

$$\text{Hydroxochromverbindung} \underset{\text{Entolung}}{\overset{\text{Verolung}}{\rightleftarrows}} \text{Olchromverbindung}$$

eine katalytische Beschleunigung. Aus der verhältnismäßig schnellen Entolung schlossen Stiasny und Mitarbeiter, daß bei Chromsulfaten die Olgruppen nicht in Oxogruppen übergehen [E. Stiasny und O. Grimm (2); E. Stiasny und G. Königfeld (2)]. Ob man dies auch nach den Forschungsergebnissen von Jander und Mitarbeitern (vgl. S. 92) aufrechterhalten kann, ist fraglich. Die

Erhöhung der Reaktionsgeschwindigkeit gibt natürlich über die Lage des Gleichgewichts keine Auskunft. Daß bei basisch gemachten Chromsulfatlösungen beim Altern freie Säure auftritt (Tabelle 23), während bei basisch gemachten Chromchloridlösungen dies nicht der Fall ist, weiterhin, daß bei Chromsulfatlösungen zur vollständigen Entolung — insofern dies möglich ist — viel größere Säurezusätze nötig sind als zur Entolung von Chromchloriden, weist darauf hin, daß bei den Chromsulfaten das obengenannte Gleichgewicht noch stärker nach rechts zugunsten der Olverbindungen verschoben ist als bei den Chromchloriden.

Die Wanderung der SO_4-Reste in den Chromkomplex geht mit dem Verolungsvorgang parallel, und zwischen beiden Vorgängen sind gewisse Gesetzmäßigkeiten feststellbar [E. Stiasny und D. Balányi (*2*)]. Kalt bereitete basisch gemachte Lösungen aus Hexaquochromsulfat weisen nach dem Basischmachen komplexgebundene SO_4-Reste auf. Die Verolung und Wanderung der SO_4-Reste in den Komplex erfolgt gleichzeitig. Ebenso wie der Verolungsvorgang in den ersten 24 Stunden beendet ist, erreicht auch die Menge des komplexgebundenen SO_4-Restes während dieser Zeit ihr Maximum (siehe Abb. 25). Verläuft jedoch der Verolungsvorgang, wie dies bei niedriger Basizität und 0% Basizität der Fall ist, nur allmählich, dann nimmt auch die komplexgebundene SO_4-Menge beim Altern langsam zu. Eingriffe, die die Verolung verhindern, wie Säurezugabe zu 0% basischen Lösungen (Abb. 24, Kurve *V*, *VI*, *VIII*), oder Eingriffe, die eine Entolung hervorrufen, wie das Altern erhitzter Chromsulfatlösungen mit oder ohne Säurezusatz (Abb. 24, Kurve *II*, *VII*), sind von einer Verminderung der komplexgebundenen SO_4-Menge begleitet.

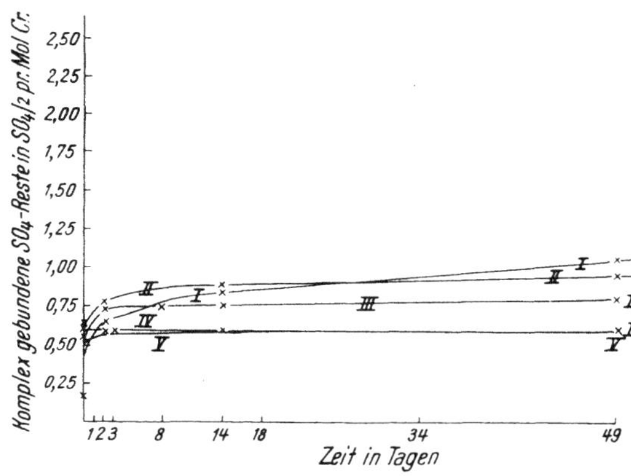

Abb. 25. Zusammenhang zwischen Verolung und Wanderung von SO_4-Resten in den Chromkomplex bei basischen Chromsulfatlösungen (1% Cr) [E. Stiasny und D. Balányi (*2*)]. *I* 12% basische kalte Hexaquochromisulfatlösung, *II* 16,6% basische kalte Hexaquochromisulfatlösung, *III* 33,3% basische kalte Hexaquochromisulfatlösung, *IV* 50% basische kalte Hexaquochromisulfatlösung, *V* 50% basische kalte Hexaquochromisulfatlösung (mit Soda basisch gemacht).

Die katalytische Beschleunigung des Verolungs- und Entolungsvorganges durch den im Komplex anwesenden Acidorest hängt auch von der Komplexhaftfestigkeit dieses Restes ab. Bei Chromkomplexen, die keine Acidoreste enthalten, z. B. bei den Chromkomplexen in basischen Chromchlorid-, Chromnitrat-, Chromperchloratlösungen, verlaufen die erwähnten Reaktionen langsam. Bei den Sulfatochromkomplexen tritt durch Anwesenheit des Sulfatorestes eine Beschleunigung ein. In den Oxalatochromkomplexen ist infolge der viel stärkeren Komplexhaftfestigkeit dieses Restes die Beschleunigung noch größer. Stiasny und Balányi (*2*) versuchten die schnellere Verolung bzw. Entolung bei den Chromsulfaten durch die Bildung von SO_4- und Olbrücken zwischen zwei Chromatomen zu erklären: $Cr\overset{OH}{\underset{SO_4}{\diamond}}Cr$. Diese Annahme, deren experimentelle Nachprüfung nicht möglich ist, da man, jedenfalls zurzeit, keine Reaktion zur Unterscheidung der SO_4-Gruppen von den SO_4-Brücken kennt, hat den Nachteil, daß die noch größere Beschleunigung bei Anwesenheit von Oxalatoresten im Chromkomplex, z. B. bei den Dioxalatosalzen, mit einer analogen Hypothese nicht zu erklären ist, da bei diesen keine Bildung von Oxalatobrücken stattfindet.

Einfluß von Salzzusätzen auf den komplexgebundenen SO_4-Rest und dessen Verdrängung bzw. die Verdrängung eines negativen Liganden durch einen anderen im allgemeinen. Die Menge der komplexgebundenen SO_4-Reste wird durch die Anwesenheit anderer Anionen in der Lösung beeinflußt. Zwei Faktoren sind hier maßgebend: die Komplexaffinität (Komplexhaftfestigkeit) und die Konzentration des Fremdions. Die Komplexaffinität K läßt sich folgendermaßen definieren: $K = \frac{F \times \text{Cr-Komplex}}{\text{Cr} - F\text{-Komplex}}$. F bedeutet hierbei die Konzentration des Fremdions, Cr-Komplex die Konzentration des Hexaquochromkomplexes und Cr — F-Komplex die Konzentration des gebildeten Komplexes, der das Fremdion als Acidorest enthält. Durch Alkalisulfatzusätze zu Chromsulfatlösungen wird die komplexgebundene SO_4-Menge erhöht [E. Stiasny und D. Balányi (*2*)]. Dies wird auch dadurch bestätigt, daß bei genügend starker Erhöhung der SO_4-Ionenkonzentration durch Wanderung von SO_4-Resten in den Komplex anionische Sulfatochromkomplexe entstehen und bei dem Überführungsversuch sowohl eine kathodische als auch eine anodische Wanderung auftritt [K. H. Gustavson (*7*)]. Die von W. Schindler und K. Klanfer (*1*), (*2*) gefundene Verminderung der Menge komplexgebundener SO_4-Reste durch Zusatz von Natriumsulfat könnte nur durch die Annahme erklärt werden, daß der Sulfatzusatz neben Verschiebung des Gleichgewichts zwischen ionogenen SO_4-Resten und komplexgebundenen SO_4-Resten auch die Einstellung dieses Gleichgewichts beschleunigt. In einer nicht im Gleichgewicht befindlichen Chromsulfatlösung, welche mehr SO_4-Reste komplexgebunden enthält, als es der Lage des Gleichgewichts nach Zusatz von Natriumsulfat entspricht, z. B. in einer gekochten und abgekühlten Chromsulfatlösung, wandert durch diesen Zusatz das Zuviel an SO_4-Resten aus dem Komplex.

Tabelle 24. Einfluß von Na_2SO_4-Zusatz auf die Wanderungsrichtung des Chromkomplexes bei dem Überführungsversuch in einer durch Reduktion mit Glukose bereiteten 37% basischen Chromsulfatlösung [K. H. Gustavson (*7*)].

Molarität der Lösung an Na_2SO_4	Wanderungsrichtung
0,00	kathodisch
0,25	kathodisch
0,50	kathodisch und schwach anodisch
1,00	kathodisch und ausgesprochen anodisch

Ordnet man die Säurereste nach zunehmender Komplexaffinität zum Chrom in einer Reihe an (vgl. dazu S. 78):

$$ClO_4 < NO_3 < Cl < SO_4 < SO_3 < \text{Formiat} < \text{Acetat} < \text{Phthalat} < \text{Oxalat} \simeq \text{Lactat} \simeq \text{Citrat} \simeq \text{Tartrat} < OH,$$

so können alle Säurereste, die in dieser Reihe hinter dem SO_4-Rest stehen, diesen mehr oder weniger aus dem Komplex drängen, und zwar wird dazu deren Konzentration in der Chromlösung um so geringer sein müssen, je größer die Komplexaffinität des betreffenden Acidorestes zum Chrom ist. An und für sich ist die Anwesenheit mehrerer Acidoreste im Komplex möglich. So enthalten z. B. die basischen Sulfato-, Sulfito-, Oxalato-, Formiatochromkomplexe OH und die betreffenden Acidoreste nebeneinander. Weiterhin soll auf die Existenz von Sulfitosulfato- und Sulfatocarbonatochromkomplexen hingewiesen werden. Bei Wanderung von Acidoresten in den Komplex können die Aquogruppen ausgetauscht werden. Erhöht man jedoch die Konzentration solcher Anionen in der Chromlösung, die eine deutlich stärkere Komplexaffinität aufweisen als die des Sulfatorestes, z. B. durch Zusatz von Alkaliformiaten, -acetaten, -oxalaten,

Tabelle 25. (SO_4)-Werte bei NaCl-Zusatz $\left(1\,so_4 = \frac{SO_4}{2}\right)$
[W. Schindler und K. Klanfer (1)].

Zeit nach dem Salzzusatz	0	5 Min.	1 Std.	2 Std.	6 Std.	24 Std.	3 Tage
(so_4)-Werte ohne Salzzusatz . . .	1,665	—	—	—	—	1,661	—
(so_4)-Werte mit Salzzusatz . . .	—	1,66	1,634	1,621	1,581	1,567	1,5

Einer nach dem Aufkochen 8 Tage lang gealterten Chromalaunlösung (7,4 g Cr/l) wurde soviel NaCl zugesetzt, daß diese in bezug auf NaCl 1 molar war.

-tartraten, -citraten, so können sämtliche SO_4-Reste aus dem Komplex gedrängt werden. Aber auch Säurereste, die eine geringere Komplexaffinität besitzen als der Sulfatrest, z. B. der Cl-Rest, können bei starker Erhöhung ihrer Konzentration die Menge des komplexgebundenen SO_4-Restes etwas erniedrigen (siehe Tabelle 25).

Die Verdrängung eines Liganden aus dem Komplex durch einen Acidorest ist nicht nur mit Ladungsänderung des Komplexes, sondern vielfach auch mit Aciditätsänderungen verbunden. Besondere Rücksicht muß darauf genommen werden, daß die meisten Acidoreste mit hoher Komplexaffinität Anionen schwacher Säuren sind. Wird der Austausch von Aquogruppen durch Zusatz von schwacher Säure, HX, bewirkt, so erniedrigt sich der p_H-Wert, da durch die Komplexbildung eine mehr oder weniger undissoziierte Säure verschwindet und eine starke Chromisäure bzw. Mineralsäure entsteht:

$$[Cr(OH_2)_6]^{3+} + 6\,HX = [CrX_6]H_3 + 6\,H_2O + 3\,H^+$$

bzw. z. B.

$$[Cr(OH_2)_6]Cl_3 + 3\,HX = [Cr(OH_2)_3X_3] + 3\,HCl + 3\,H_2O.$$

Wird die Säure basischen Chromlösungen zugesetzt, so werden OH-Gruppen in Aquogruppen verwandelt, wobei Säure verbraucht wird. Durch den Austausch von Aquogruppen durch die überschüssige Säure tritt dann p_H-Erniedrigung ein. Bei Leitfähigkeitsmessungen nach dem Säurezusatz erhält man Leitfähigkeitsänderungen, die durch die Überlagerung beider gleichzeitig verlaufenden Vorgänge hervorgerufen werden und nicht so eindeutig interpretiert werden können, wie dies E. R. Theis und E. J. Serfass getan haben.

Verwendet man anstatt der freien Säure deren Alkalisalz zur Einführung des Acidorestes in den Komplex, so spielen sich folgende zwei Vorgänge ab:

1. Die Alkalisalze der schwachen Säuren reagieren infolge der Hydrolyse alkalisch und machen die Chromlösung basisch [N. Bjerrum (3); A. Küntzel, C. Rieß und G. Königfeld (1)]:

$$[Cr(OH_2)_6]^{3+} + NaX = \left[Cr\,{OH \atop (OH_2)_5}\right]^{+} Na + HX.$$

Bei dieser Reaktion wird die schwache Säure frei und ihre Dissoziation wird durch das im Überschuß vorhandene Alkalisalz zurückgedrängt. Es entsteht ein Puffer, der weitere Mengen (hydrolytisch gebildeter) H-Ionen abzufangen in der Lage ist.

Die basischmachende Wirkung hängt von der Dissoziationskonstante der schwachen Säure ab. Versetzt man z. B. eine Hexaquochromchloridlösung bei 25° C mit äquimolarem Natriumacetat, so erhält man eine Basizität von 23,3% [N. Bjerrum (3)]: Die eckigen Klammern bedeuten Konzentrationen. Die von $[Cr(OH_2)_6]^{3+}$ wird mit [Cr] und die von $[Cr(OH_2)_5OH]^{2+}$ mit [CrOH] bezeichnet.

$$[H]\cdot[CH_3COO] = 0{,}18.10^{-4}\cdot[CH_3COOH] \quad (0{,}18.10^{-4} = \text{Dissoziationskonstante der Essigsäure}). \qquad (1)$$

$$[H]\cdot[CrOH] = 0{,}98.10^{-4}\cdot[Cr] \quad (0{,}98.10^{-4} = \text{Hydrolysenkonstante des Hexaquochromchlorides}). \qquad (2)$$

Dividiert man (1) durch (2) und berücksichtigt, daß praktisch $[CrOH] = [CH_3COOH]$ und $[Cr] = [CH_3COO]$ ist, so erhält man:

$$\frac{[CrOH]}{[Cr]} = \sqrt{\frac{0,98}{0,18}} = 2,33$$

$$\alpha = \frac{[CrOH]}{[CrOH] + [Cr]} = \frac{\frac{[CrOH]}{[CrOH]}}{\frac{[Cr]}{[CrOH]} + \frac{[CrOH]}{[CrOH]}} = \frac{1}{\frac{1}{2,33} + 1} = \frac{2,33}{3,33} = 0,7.$$

War 1 Mol Hexaquochromchlorid in der Lösung, so sind davon 0,7 Mole, d. h. 70% in Monohydroxochromchlorid umgewandelt worden. Wären 100% in Form von Monohydroxochromchlorid vorhanden, so wäre die Lösung 33,3% basisch; bei 70% Monohydroxochromchlorid ist also die Basizität 23,3%.

2. Die Maskierung des Chroms durch Wanderung des Acidorestes in den Komplex: z. B. X = Oxalation (= ox):

$$[Cr(OH_2)_6]Cl_3 + 3\,Na_2ox = [Cr(ox)_3]Na_3 + 3\,NaCl + 6\,H_2O.$$

Diese Reaktion ähnelt in gewisser Hinsicht der Neutralisation einer Chromlösung mit Lauge [A. Küntzel, C. Rieß und G. Königfeld (*1*)]. Hierbei werden die an Chrom gebundene abhydrolysierbare Säure in ein Neutralsalz und das Chrom in Chromhydroxyd umgewandelt. Bei der Maskierung wird die Aquosäure, z. B. $[Cr(H_2O)_6]^{3+}$, in einen Komplex verwandelt, der eine verminderte Hydrolyse (Dissoziation), bzw. bei vollständiger Verdrängung der Aquogruppen gar keine Hydrolyse aufweist. Die abhydrolysierbare Säure wird hierbei ebenfalls in ein Neutralsalz umgewandelt. Beide Vorgänge: die Maskierung und die Pufferwirkung, erhöhen den p_H-Wert der Lösung. Während basisch machende Wirkung (Neutralisationswirkung), jedenfalls beim Chrom, augenblicklich nach dem Zusatz des Maskierungsmittels eintritt, ist die Maskierung ein langsam verlaufender Vorgang. Dies läßt sich daran erkennen, daß die Maskierung auch beim Zusatz stark maskierend wirkender Salze (siehe Tabelle 26) nicht sofort eintritt. Das

Tabelle 26. Maskierungsversuche mit Natriumacetat und Kalium-Natrium-Tartrat [A. Küntzel, C. Rieß und G. Königfeld (*1*)].

	Lösung	Verhalten gegen Ammoniak nach einer Alterungszeit von			
		1 Stunde	4 Stunden	24 Stunden	10 Tagen
Mol Acetat pro Cr-Atom:					
1 Mol	Cr	flockt	flockt	schwach trüb	schwach trüb
	Al	,,	,,	flockt	flockt
2 Mole	Cr	,,	klar	klar	klar
	Al	,,	flockt	flockt	flockt
3 Mole	Cr	,,	klar	klar	klar
	Al	,,	flockt	zuerst klar, dann Flockung	zuerst klar, dann Flockung
Mol Tartrat pro Cr-Atom:					
1 Mol	Cr	flockt	flockt	trüb	klar
	Al	klar	klar	klar	,,
2 Mole	Cr	flockt	flockt	,,	,,
	Al	klar	klar	,,	,,
3 Mole	Cr	flockt	flockt	,,	,,
	Al	klar	klar	,,	,,

Zu 5 ccm der 0,384 molaren Cr- bzw. Al-Nitratlösung wurden 5, 10 und 15 ccm der ebenfalls 0,384 molaren Lösung des Maskierungssalzes zugesetzt.

Chrom wird als maskiert bezeichnet, wenn es sich in einem Komplex befindet, der durch Zusatz von Alkali nicht sofort zu Chromhydroxyd hydrolysiert wird. Das Verhalten der Chromlösung nach dem Alkalizusatz, d. h. ob sofort eine Fällung bzw. Trübung eintritt oder nicht, gibt Aufschluß darüber, ob eine Chromlösung maskiert oder nicht maskiert ist. Die Art des Alkalis, bzw. das von ihm erzeugte p_H spielt dabei eine Rolle. Bei solchen Lösungen, die sofort nach dem Alkalizusatz klar bleiben und erst mit der Zeit trüb werden, kann man die Zeit, nach welcher die Trübung erscheint, als Maß des Maskierungsgrades benutzen. Auf diese Weise erhält man natürlich nur qualitative Resultate.

Säuert man das als Zusatz zur Chromlösung verwendete Alkalisalz der komplexbildenden Säure mit der freien Säure an, so erhält man vielfach die in Abb. 26 angegebene Kurve. Die am Kurvenbeginn wahrgenommene Erniedrigung des p_H-Wertes erklärten A. W. Thomas und T. H. Whitehead; T. H. Whitehead und J. P. Clay; A. W. Thomas und C. v. Wicklen damit, daß der gebildete Komplex stärker hydrolysiert ist als der ursprünglich vorhandene Chromkomplex. Die bei weiterem Zusatz eintretende p_H-Erhöhung führten sie darauf zurück, daß OH-Gruppen durch Acidoreste aus dem Komplex verdrängt wurden. Ob diese Erklärung oder die andere [A. Küntzel, C. Rieß und G. Königfeld (*1*)], nach welcher die bei geringen Zusätzen des Säure-Salz-Gemisches gefundene p_H-Erniedrigung durch die bei der Komplexbildung mit der schwachen Säure entstandene starke Acidochromisäure hervorgerufen wird, und zwar trotz der Pufferwirkung des in geringen Mengen vorhandenen Alkalisalzes, läßt sich ohne Kenntnis des sich bildenden Chromkomplexes nicht ohne weiteres entscheiden. Die bei weiterem Zusatz gefundene p_H-Erhöhung darf nicht in allen Fällen auf die Verdrängung von OH-Gruppen aus dem Komplex durch Acidoreste zurückgeführt werden. Bei nichtbasischen Chromlösungen, bei welchen OH-Gruppen nur in ganz geringen Mengen vorhanden sind, muß die Ursache der p_H-Erhöhung die Pufferwirkung sein. Bei basischen Lösungen ist eine Verdrängung von OH-Gruppen aus dem Komplex durchaus möglich. Steigt z. B. der p_H-Wert der Lösung nach dem Zusatz über den p_H-Wert der zur Komplexbildung angewendeten angesäuerten Salzlösung, so ist es sicher, daß OH-Gruppen aus dem Komplex verdrängt wurden (A. W. Thomas und C. von Wicklen; C. v. Wicklen). Eine vollständige Verdrängung der OH-Gruppen aus dem Komplex bei basischen Chromlösungen ist zum Unterschied zu den basischen Aluminiumkomplexen nicht möglich [A. Küntzel, C. Rieß und G. Königfeld (*1*)]. Nur ein Teil der im Komplex anwesenden OH-Gruppen wird frei. Hier zeigt sich also ganz deutlich, daß die basischen Chromkomplexe beständiger sind als die basischen Aluminiumkomplexe, da bei ihnen durch Anbietung der Komplexkomponente eine vollständige Zerstörung des in Lösung befindlichen mehrkernigen Komplexes durch Bildung eines einfachen einkernigen Komplexes nicht eintritt. Bei den basischen Aluminiumsalzen läßt sich der mehrkernige Olkomplex

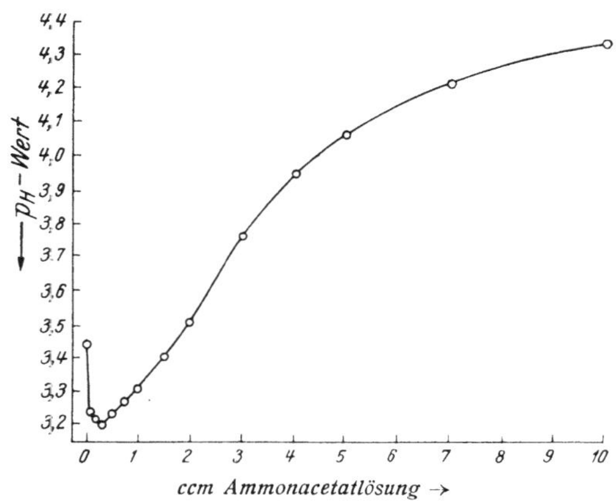

Abb. 26. Potentiometrische Titration von 10 ccm Aluminiumchloridlösung (22,7 g $[Al(OH_2)_6]Cl_3/l$) mit Ammonacetatlösung (94 g $C_2H_3O_2 \cdot NH_4 \cdot C_2H_4O_2/l$) [A. Küntzel, C. Rieß und G. Königfeld (*1*)].

durch Zusatz von Kaliumoxalat in das Kaliumtrioxalatochromiat verwandeln und die vorher im Komplex befindlichen OH-Gruppen können, da sie ionogen geworden sind, mit Säure titriert und dadurch bestimmt werden (F. Feigl und G. Krausz).

Im Sinne der klassischen Wernerschen Theorie versteht man unter Sulfatochromsalzen Komplexe, in welchen eine oder mehr Koordinationsstellen des 6zähligen Chromatoms mit Sulfatoresten besetzt sind. Diese Theorie, die hauptsächlich auf Grund der Zusammensetzung der Komplexverbindungen in festem, kristallisiertem Zustande abgeleitet wurde, kann allen Erscheinungen, die man in Lösungen wahrnimmt, nicht immer gerecht werden und mußte sinngemäß erweitert werden. Der Einfluß des Lösungsmittels und der Lösungsgenossen, d. h. der zugesetzten Salze, ist deutlich. So findet man z. B. in einer $^1/_{10}$molaren Chromalaunlösung, die durch Ammonium- bzw. Natriumsulfatzusatz in bezug auf diese Salze 2molar gestellt wurde, mit Hilfe der Dialysenmethode ein sehr hohes, auch bei verschiedenen Diffusionszeiten konstantes Molekulargewicht: 3000 [H. Brintzinger und H. Osswald (*2*)]. Bei anderen Zentralionen, wie Mn, Fe, Co, Ni, Cu, Zn, Cd, konnten die in sulfathaltigen Lösungen vorgefundenen Molekulargewichte entsprechend der klassischen Wernerschen Theorie gedeutet werden, bei dem Chromalaun war dies jedoch nicht möglich. Man muß vielmehr annehmen, daß, im Falle ein Zentralatom nach Absättigung seiner Zähligkeit noch elektrostatische Anziehungskräfte zu äußern vermag, das Komplexion Anionen eines mitgelösten Fremdelektrolyten in einer zweiten Sphäre anlagern kann, z. B.

$$\left[\begin{array}{c} SO_4 \\ SO_4\,\boxed{Cr(NH_3)_6}\,SO_4 \\ SO_4 \end{array}\right].$$

Solche Komplexe nennt man nach Brintzinger zweischalige Komplexe [H. Brintzinger und H. Osswald (*3*)].

Die mit Hilfe der Dialysenmethode festgestellten Molekulargewichte und auf Grund derselben aufgestellten Konstitutionsformeln solcher zweischaliger Verbindungen ließen sich in mehreren Fällen auch auf andere Weise stützen, z. B.:

1. durch Erhöhung der Löslichkeit einiger schwer löslicher Komplexverbindungen in Salzlösungen, die Anionen enthielten, welche in der zweiten Schale gebunden werden können;
2. durch die Stabilisierung unstabiler Komplexverbindungen, wenn diesen die Bildung zweischaliger Komplexe ermöglicht wird;
3. durch die Änderung des Ladungssinnes infolge Bildung zweischaliger Komplexionen:

$$[Cr(NH_3)_6]^{3+} \longrightarrow \left[\begin{array}{c} SO_4 \\ SO_4\,\boxed{Cr(NH_3)_6}\,SO_4 \\ SO_4 \end{array}\right]^{5-}.$$

4. durch präparative Darstellung zweischaliger Komplexe.

Wie schon erwähnt, können zweischalige Komplexe dann gebildet werden, wenn das koordinativ abgesättigte Zentralatom noch Anziehungskräfte besitzt. Dies erkennt man daran, daß in diesen Fällen in wässeriger Lösung Hydrate gebildet werden, die über die Koordinationszahl hinaus Aquomoleküle enthalten. Hierzu gehören die Chromkomplexe, und zwar nicht nur die Hexammine bzw. Komplexe mit ammoniakähnlichen Stickstoffverbindungen (Äthylendiamin, Propylendiamin), sondern auch solche Chromkomplexe, die Acido- und OH-Gruppen enthalten. Z. B. bildet auch das Hexacetatotrichromkation mit SO_4-Resten einen zweischaligen Komplex (H. Brintzinger und F. Jahn):

$$\left(\left[Cr_3{}^{(Az)_6}_{(OH)_2}\right](SO_4)_4\right)^{7-}.$$

Nicht jeder Ligand ist befähigt, solche zweischalige Komplexe zu bilden. Die folgenden Anionen NO_3, Cl, S_2O_3, CrO_4 besitzen die Fähigkeit nicht, während die Anionen SO_4, C_2O_4, PO_4, F diese besitzen [H. Brintzinger und H. Osswald (*1*)].

Die Grenze zwischen ein- und zweischaligen Komplexen kann nicht scharf gezogen werden, da mit Übergängen gerechnet werden muß. Die Bindung der Säurereste in der zweiten Schale wird man im Gegensatz zu der Bindung in der ersten Schale (Elektronenbindung) als eine rein elektrostatische annehmen müssen. In Übereinstimmung damit verändert sich das Absorptionsspektrum der einschaligen Komplexe nicht, wenn diese in zweischalige übergehen (Befunde bei Cu, Ni und Co von A. Kiss). Allerdings soll erwähnt werden, daß auch Befunde vorliegen, nach welchen die Absorptionsmaxima im Spektrum einer Verbindung durch Lösungsgenossen auch ohne Komplexbildung verschoben werden können (W. Weyl und H. Rudow).

Verhalten nichtgelöster Chromsulfate beim Erhitzen. Wird das violette Hexaquochromsulfat im Trockenschrank erhitzt, so verliert es Wasser und geht dabei in ein grünes Salz über. Dieses grüne Salz löst sich in kaltem Wasser nur langsam und gibt sofort nach dem Lösen mit Bariumchlorid keine Reaktion auf SO_4-Ionen. Alle SO_4-Reste sind demnach komplexgebunden [A. Recoura (*3*)]. In der Literatur wird dieses Sulfatochromsalz vielfach als Trisulfatodichrom, $\left[Cr_2{(SO_4)_3 \atop (OH_2)_6}\right]$, aufgefaßt.

Diese Annahme gründet sich neben der Tatsache, daß sämtliche SO_4-Reste komplexgebunden sind, darauf, daß das bei 30° C im Vakuum oder bei 55° C ohne Vakuum gewonnene Salz eine der obigen Formel entsprechende Zusammensetzung besitzt (A. Sénéchal). Es sind Salze mit 4, 5, 6 und 8 Molekülen Wasser erhalten worden. Die Angaben der verschiedenen Forscher in bezug auf Wassergehalt weichen auch für dieselbe Gewinnungstemperatur voneinander ab [Schrötter; A. Etard; G. Doyer van Cleef; A. Recoura (*3*); G. Wyrouboff (*2*); A. Colson (*1*); A. Kling, D. Florentin und P. Huchet]. Je höher das Hexaquochromsulfat erhitzt wird, um so schwerer löst es sich nachher im Wasser. Schon das bei 150° C getrocknete Salz ist unlöslich, trotzdem es erst bei weit höherer Temperatur vollständig wasserfrei wird. Chromalaun verhält sich analog dem Hexaquochromsulfat beim Entwässern in der Hitze. Das bei 100° C gewonnene grüne Salz hat 2 Moleküle Wasser und enthält ebenfalls keine ionogenen SO_4-Reste [A. Recoura (*3*)]. Diesem Salz wird die Formel $\left[Cr{(SO_4)_2 \atop (OH_2)_2}\right]K$ zugeschrieben. Das Verhalten des grünen, aus Hexaquochromsulfat gewonnenen amorphen Salzes entspricht nicht den theoretischen Forderungen, welche die Formel $\left[Cr_2{(SO_4)_3 \atop (OH_2)_6}\right]$ erwarten läßt. Als ungeladener Komplex dürfte es keine oder nur eine durch sekundäre Vorgänge (Hydrolyse, Ionogenwerden von Sulfatoresten) bedingte sehr geringe Leitfähigkeit besitzen und bei der Elektrophorese weder nach der Anode noch nach der Kathode wandern. Die wässerige Lösung des Salzes zeigt jedoch eine größere Leitfähigkeit als das fünfionige Hexaquochromsulfat, $[Cr(OH_2)_6]_2(SO_4)_3$, in an Chrom äquimolarer Lösung [A. Colson (*1*)]. Die Leitfähigkeit rührt aber keineswegs davon her, daß die SO_4-Gruppen in der Lösung langsam in ionogenen Zustand übergehen. Die mit Bariumchlorid fällbare SO_4-Menge wächst entschieden langsamer, als dies die Leitfähigkeit tut, so daß schon eine beträchtliche Leitfähigkeit vorhanden ist, bevor SO_4-Ionen auftreten (A. Kling, D. Florentin und P. Huchet). Nach A. Colson findet sich das Salz in festem Zustand in polymerer Form und in Wasser gelöst depolymerisiert es sich. Die Azidität einer Lösung des Salzes, die 10 g Chrom pro Liter enthält, ist beträchtlich, das p_H beträgt nämlich 1,46. Sie kann kaum durch eine Hydrolyse:

$$\left[Cr_2{(SO_4)_3 \atop (OH_2)_6}\right] \rightleftarrows \left[Cr_2{(SO_4)_3 \atop (OH_2)_5}OH\right]^- + H^+$$

erklärt werden, denn während die Azidität in sieben Tagen nur wenig gesunken ist, schlägt die der Formel $\left[Cr_2{(SO_4)_3 \atop (OH_2)_6}\right]$ widersprechende anodische Wanderung bei der Elektrophorese in die kathodische um, zum Zeichen dafür, daß weitgehende konstitutionelle Änderungen stattgefunden haben (D. Balányi). Allem Anschein nach findet beim Erhitzen des Hexaquochromsulfats Hydrolyse, Verolung und Maskierung sämtlicher SO_4-Reste statt, etwa

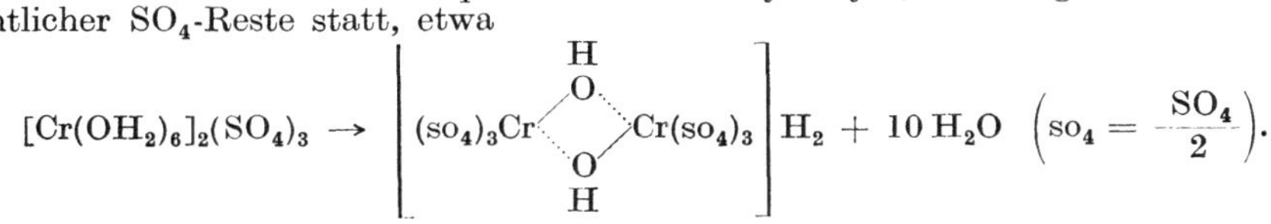

Tabelle 27. Verhalten der Abdampfrückstände von Chrom-

Chrombrühe, hergestellt aus	Abdampfweise	Bruttoformel	Cr : OH : SO_4	Löslichkeit in kaltem Wasser
$CrO_3 + H_2SO_4 + H_2O_2$	Wasserbad	$Cr_2(SO_4)_3$	1 : 0 : 1,5	ziemlich leicht löslich
$[Cr(OH_2)_6]_2(SO_4)_3$	Wasserbad	$Cr_2(SO_4)_3$	1 : 0 : 1,5	ziemlich leicht löslich
K-Chromalaunlösung	Wasserbad	$[Cr(SO_4)_2]K$	1 : 0 : 2	sehr wenig löslich
K-Chromalaunlösung 5 Minuten gekocht	Vakuum 50° C	$[Cr(SO_4)_2]K$	1 : 0 : 2	ziemlich leicht löslich
$CrO_3 + H_2SO_4 + + H_2O_2 + K_2SO_4$	Wasserbad	$[Cr(SO_4)_2]K$	1 : 0 : 2	langsam vollständig löslich
NH_4-Chromalaunlösung	Wasserbad	$[Cr(SO_4)_2]NH_4$	1 : 0 : 2	langsam vollständig löslich
NH_4-Chromalaunlösung + $(NH_4)_2SO_4$	Wasserbad	$[Cr(SO_4)_3](NH_4)_3$	1 : 0 : 3	leicht löslich
$CrO_3 + H_2SO_4 + H_2O_2$	Wasserbad	$CrOHSO_4$	1 : 1 : 1	sehr wenig löslich
$CrO_3 + H_2SO_4 + H_2O_2$	Vakuum 40° C	$CrOHSO_4$	1 : 1 : 1	leicht löslich
$Na_2Cr_2O_7 + SO_2$	Wasserbad, dann bei 105° C	$[Cr_2(OH)_2(SO_4)_3]Na_2$	1 : 1 : 1,5	langsam vollständig löslich
$CrO_3 + H_2SO_4 + + H_2O_2 + K_2SO_4$	Wasserbad	$[CrOH(SO_4)_2]K_2$	1 : 1 : 2	sehr wenig löslich
K-Chromalaun + + KOH	Vakuum 50° C	$[CrOH(SO_4)_2]K_2$	1 : 1 : 2	langsam vollständig löslich
K-Chromalaun + + NaOH	Wasserbad	$[CrOH(SO_4)_2]NaK$	1 : 1 : 2	ziemlich leicht löslich
$CrO_3 + H_2SO_4 + + H_2O_2 + Na_2SO_4$	Wasserbad	$[CrOH(SO_4)_2]Na_2$	1 : 1 : 2	ziemlich leicht löslich

Diese Formel wird den Tatsachen eher gerecht. Der so aufgebaute Körper muß in Wasser gelöst anodisch wandern, starke Azidität und hohes Leitvermögen aufweisen. Beim Altern der Lösung werden die SO_4-Reste zum Teil ionogen, der anodische Komplex geht in einen kathodischen über. Die langsame p_H-Erhöhung, die man beim Altern der Lösung findet, wird durch die entolende Wirkung der bei der Umwandlung entstehenden Schwefelsäure hervorgerufen. Auch das beim Erhitzen des festen Chromalauns entstehende Salz muß als ein veroltes Sulfatochromsalz aufgefaßt werden. Beim Altern der Lösung des durch Erhitzen von Hexaquochromsulfat gewonnenen Sulfatochromsalzes wird diese identisch mit einer gealterten Hexaquochromsulfatlösung von gleicher Konzentration. Die Leitfähigkeit beider Lösungen ist dieselbe (W. R. Whytney). Das genannte grüne Sulfatochromsalz übt eine stark maskierende Wirkung auf Metallsulfate, z. B. auf Kaliumsulfat, aus [A. Recoura (*4*)]. In stark verdünnter Kaliumsulfatlösung werden pro Mol des zugegebenen grünen Sulfatochromsalzes eine sehr große Anzahl SO_4-Ionen maskiert, unter bestimmten Umständen über 2000 SO_4 pro Cr-Atom, und geben keine Re-

sulfatlösungen (E. Stiasny, E. Gergely und A. Dembo).

Mit $BaCl_2$	Mit HCl + $BaCl_2$	Mit NH_3	Mit KCl	Wanderung
Fällung	klar, nach 15 Minuten Fällung	Fällung	klar	anodisch
,,	klar, nach 15 Minuten Fällung	,,	,,	,,
,,	klar, nach 20 Minuten trüb	,,	,,	,,
,,	klar, nach 30 Minuten trüb	,,	,,	,,
mit viel BaCl vollständige Fällung	klar	,,	,,	,,
vollständige Fällung	,,	,,	,,	,,
Fällung	klar, Fällung schwer zu verhindern	,,	Fällung	,,
,,	klar, nach 15 Minuten Fällung	Fällung etwas verzögert	klar	,,
,,	klar, nach 20 Minuten trüb	einige Sek. klar, dann kolloide Fällung	,,	,,
,,	trüb, beim Erwärmen klar	opaleszent, dann trüb	,,	,,
,,	trüb, beim Erwärmen klar	klar, nach 2 Min. opaleszent, nach 3 Min. trüb	Fällung	,,
,,	trüb	klar, nach 5 Min. opaleszent, dann Fällung	,,	,,
,,	,,	klar, nach 7 Min. opaleszent, dann trüb, Fällung	,,	,,
,,	Fällung schwer zu verhindern	Fällung	,,	,,

aktion auf SO_4-Ionen. Die maskierende Wirkung ist sowohl von der Azidität der Lösung als auch von der Konzentration des Metallsulfats abhängig. Durch die Umwandlung beim Altern verliert das Salz seine maskierende Wirkung. Die Maskierung einer so großen Anzahl SO_4-Reste pro Cr-Atom kann durch komplexchemische Überlegungen nicht erklärt werden. Die Erklärung von E. Stiasny, E. Gergely und A. Dembo, daß man es hierbei mit einer kolloidchemischen Fällungsverhinderung zu tun hat, die durch den beim Erhitzen entstandenen kolloiden Sulfatochromkomplex ausgeübt wird (Schutzkolloidwirkung), ist sehr plausibel.

Verhalten gelöster Chromsulfate beim Eindampfen bis zur Sirupdicke bzw. zur Trockne und die Art der gebildeten Sulfatochromsalze. Nicht nur durch Erhitzen von festem Hexaquochromsulfat und Chromalaun werden sämtliche vorhandenen SO_4-Reste komplexgebunden, sondern auch beim Einengen ihrer Lösung bis zur Sirupdicke oder bis zur

Trockne. Die gebildeten Komplexe enthalten das Chrom in Form eines anodischen Sulfatochromkomplexes, denn sie wandern im elektrischen Felde nach der Anode (E. Stiasny, E. Gergely und A. Dembo). Diese Maskierung der SO_4-Reste erfolgt nicht momentan. Engt man z. B. eine Chromalaunlösung im Vakuum bei Zimmertemperatur ein, so erhält man Chromalaunkristalle, die sich infolge der nicht allzu starken Löslichkeit des Chromalauns ausscheiden, bevor die Lösung die Sirupdicke erreicht. Erhitzt man jedoch die Chromalaunlösung vorher und dampft sie dann bei Zimmertemperatur im Vakuum ein, so werden die SO_4-Reste komplexgebunden.

Das Verhalten der Eindampfprodukte von Chromsulfatlösungen zeigt (siehe Tabelle 27), daß dieses von der Temperatur, der Art des Kations, der Menge der komplexgebundenen SO_4-Reste und der Basizität abhängig ist. Mit wachsender Eindampftemperatur nimmt die Löslichkeit ab. Abdampfrückstände basischer Lösungen sind schwerer löslich als solche 0% basischer Lösungen. Die Löslichkeit nimmt in folgender Reihenfolge der Kationen ab: H^+, Na^+, NH_4^+, K^+. Wie die Tabelle 27 zeigt, geben Lösungen der Abdampfrückstände ebenso wie die Lösungen, die bei der Reduktion von 6wertigem Chrom mit schwefliger Säure entstehen (siehe S. 145), mit Bariumchlorid eine Fällung. Die grüne Fällung ist jedoch kein Bariumsulfat, sondern das Bariumsalz der jeweilig gebildeten Sulfatochromkomplexe. Die Fällung läßt sich verhindern, wenn man das Bariumchlorid der mit Salzsäure angesäuerten Lösung zugibt. In manchen Fällen, und zwar wenn viel SO_4-Reste pro Cr-Atom maskiert sind, ist das Bariumsalz des Komplexes so unlöslich, daß seine Fällung auch in angesäuerter Lösung nur durch Erhöhung der Temperatur verhindert werden kann.

Auch in den Abdampfrückständen der nichtbasischen Chromsulfatlösungen ist der Chromkomplex basisch. Einen solchen OH-haltigen Sulfatochromkomplex konnten E. Stiasny, E. Gergely und A. Dembo auch in kristalliner Form isolieren. Dampft man nämlich eine Chromalaunlösung, zu welcher pro Mol Alaun noch 2 Mole Kaliumsulfat zugesetzt wurden, am Wasserbad bis zur Sirupdicke ein, verdünnt sie dann etwas mit warmem (60 bis 65° C) Wasser und kühlt die Lösung auf 40° C ab, so erhält man bei genauer Einhaltung der Vorschriften der genannten Forscher den kristallinen basischen Sulfatochromkomplex, allerdings in schlechter Ausbeute. Daß dieses Salz ein basisches ist, läßt sich durch Basizitätsbestimmung nachweisen. Seine Basizität beträgt 33,3%. Wie sämtliche durch Eindampfen gewonnenen Chromsulfatrückstände, gibt auch das kristalline Salz ein unlösliches Benzidin- und Bariumsalz, in dem das Kalium durch Barium bzw. Benzidin ersetzt wird. Entsprechend der Basizität von 33,3% wurde in diesen Salzen das Verhältnis von $Cr:SO_4:Ba$ (bzw. Benzidin) als 1 : 2 : 1 (experimentell gefunden: 1 : 2,02 : 0,996 bzw. 1 : (2) : 0,989) gefunden. Das kristalline Kaliumsalz enthält 2,5 Moleküle Wasser, wovon 1,5 Mole schon bei 70 bis 80° C entweichen, also loser gebunden sind als das übrige 1 Mol, welches erst bei Temperaturen über 115° C entfernt werden kann. Im elektrischen Feld wandert der Chromkomplex zur Anode. Entsprechend diesen Resultaten muß das Salz als $[CrOH(SO_4)_2]K_2 \cdot 2{,}5\,H_2O$ formuliert werden. Daraus, daß in wässeriger Lösung dieses Salzes der Chromkomplex kein Dialysiervermögen besitzt, folgt, daß er sich in kolloidem Zustand befindet, also hochmolekular sein muß. Die obige Formulierung muß also in $[Cr_n(OH)_n(SO_4)_{2n}]K_{2n}$ verändert werden. Als Brücken zwischen den Chromatomen können sowohl die SO_4-Reste als auch die OH-Gruppen dienen. Die OH müssen als Olgruppen vorhanden sein; sie reagieren mit Säure nicht sofort. Die Maskierung des Chroms ist stark, denn sogar bei Zusatz von konzentriertem Ammoniak tritt erst nach Stunden Fällung ein. Aus der Herstellungsmethode des 2 n-Kalium-2 n-sulfato-n-ol-n-chromiats folgt, daß beim Eindampfen von Chromsulfatlösungen Wanderung von SO_4-Resten in den Komplex, Hydrolyse und Verolung eintreten, und zwar werden auch die SO_4-Reste, welche zu dem zugesetzten Kaliumsulfat gehören, maskiert. Wieviel von den maskierten SO_4-Resten pro Cr-Atom komplexgebunden werden können, läßt sich experimentell nicht nachweisen.

Verdünnt man zur Sirupdicke eingeengte basisch oder nichtbasisch gemachte Chromsulfatlösungen, bzw. löst man die Abdampfrückstände bis zur Trockne eingedampfter Lösungen auf, so stellt sich ein der Lösungstemperatur und Konzentration entsprechendes Gleichgewicht ein. Die hierbei stattfindenden Vorgänge sind deswegen wichtig, weil die basischen Chromextrakte des Handels, abgesehen davon, daß einige von ihnen durch ihre Bereitung (Reduktion von Bichromat-

Schwefelsäure-Gemischen mit organischen Reduktionsmitteln) noch organische Säurereste enthalten können, nichts anderes als zur Sirupdicke bzw. zur Trockne eingedampfte basische Chromsulfatlösungen sind. Vor dem Gebrauch müssen diese verdünnt bzw. aufgelöst werden, so daß die in diesen Lösungen stattfindenden Komplexänderungen von praktischem Interesse sind. In dem Konzentrationsgebiet, in welchem die Gerbung stattfindet (20 bis 40 g Cr_2O_3/l) sind die Sulfato-ol-chromiatanionen unbeständig. Sulfatoreste wandern aus dem Komplex, es tritt Hydrolyse und demzufolge Verolung ein und die kolloidale Teilchengröße des Chromkomplexes nimmt ab. Da diese Vorgänge gleichzeitig, wenn auch mit verschiedenen Geschwindigkeiten, stattfinden, sind die Verhältnisse kompliziert. Darauf, daß die Zerfallgeschwindigkeit des Komplexes von dessen Art abhängig ist, wurde schon hingewiesen (siehe S. 138).

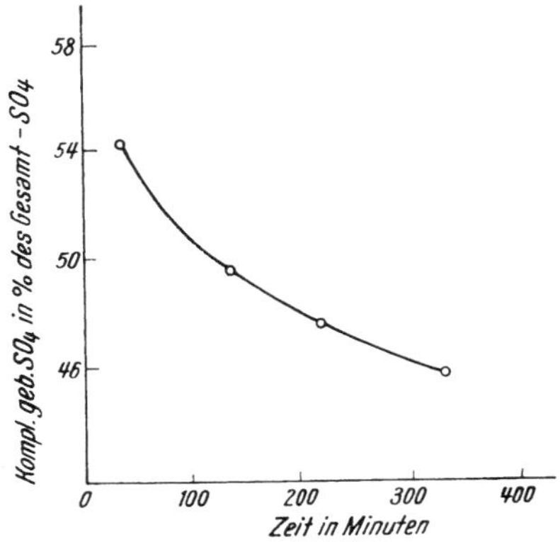

Abb. 27. Einfluß des Alterns bei 20° C auf die komplexgebundene SO_4-Menge in einer 35% basischen Chromsulfatlösung, welche aus dem Abdampfrückstand eines mit Glucose reduzierten Bichromat-Schwefelsäuregemisches bereitet wurde (E. R. Theis, E. J. Serfass und C. L. Weidner). Die Lösung des Abdampfrückstandes geschah bei 20° C, ungelöste Anteile wurden abfiltriert. Die Chromkonzentration des Filtrates betrug 0,75%. Bestimmung der ionogenen SO_4-Menge: 25 ccm obiger Lösung wurde mit 35 ccm $^n/_5$ $Ba(NO_3)_2$ versetzt und das überschüssige $Ba(NO_3)_2$ 7 Minuten nach dem Zusatz mit $^n/_5$ Li_2SO_4 konduktometrisch zurücktitriert (vgl. hiezu S. 122).

Die Wanderung der SO_4-Reste aus dem Komplex kann qualitativ durch die Fällbarkeit des ionogen gewordenen SO_4-Restes mit Bariumchlorid in der mit Salzsäure angesäuerten Lösung nachgewiesen werden (E. Stiasny, E. Gergely, A. Dembo). E. R. Theis, E. J. Serfass und C. L. Weidner stellten fest, daß die Menge der komplexgebundenen SO_4-Reste beim Altern der Lösung abnimmt (Abb. 27). Die Abhängigkeit der komplexgebundenen SO_4-Menge von der Temperatur zeigt Abb. 28. Die Wirkung der Erhöhung der Lösungstemperatur besteht darin, daß sich das Gleichgewicht mit wachsender Temperatur schneller einstellt. Deshalb findet man z. B. bei 80° C weniger SO_4-Reste komplexgebunden als bei 20° C. Die komplexgebundene SO_4-Menge ist nach Ansicht des Verfassers deshalb höher bei 100° C als bei 80°, weil die Lösungen bei diesen Lösungstemperaturen schon während der Lösungsdauer (1 Stunde) soweit ins Gleichgewicht gekommen sind, daß der dem Gleichgewicht bei höheren Temperaturen entsprechende höhere Gehalt an komplexgebundenen SO_4-Resten zum Vorschein kommt. Die Resultate von E. R. Theis, E. J. Serfass und C. L. Weidner geben zwar die Richtung der Vorgänge: Abnahme der komplexgebundenen SO_4-Menge mit der Alterungsdauer und mit der wachsenden Lösungstemperatur, richtig wieder; inwiefern jedoch die erhaltenen Zahlenwerte beeinflußt sind, läßt

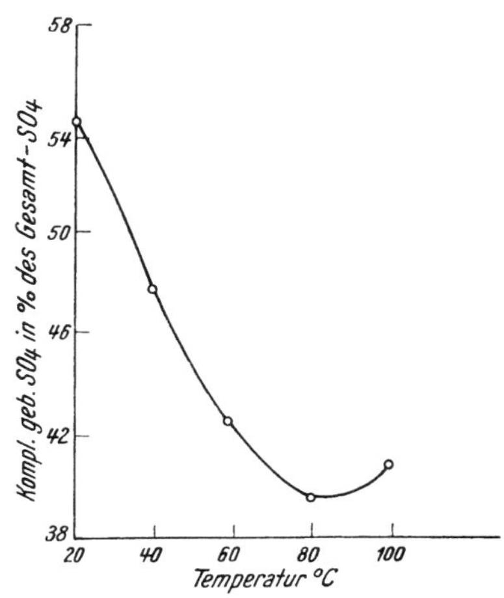

Abb. 28. Einfluß der Temperatur auf die komplexgebundene SO_4-Menge (E. R. Theis, E. J. Serfass und C. L. Weidner). Einzelheiten über die Chromsulfatlösung und Bestimmung der ionogenen Menge (siehe Abb. 27).

sich nicht sagen, da sie nicht berücksichtigt haben, daß bei der von ihnen angewendeten Bestimmungsmethode der ionogenen SO_4-Reste (Einzelheiten siehe Abb. 27) auch der noch vorhandene Sulfato-ol-chromiatkomplex als Bariumsalz gefällt wird.

Die OH-Gruppen in den durch Abdampfen der Lösungen gebildeten Sulfatochromiatkomplexen sind als Olgruppen vorhanden (E. Stiasny, E. Gergely und A. Dembo). Werden die Abdampfrückstände aufgelöst, so enthalten sie freie Säure (C. Rieß), zum Zeichen dafür, daß sie vollständig verolt sind. Im Gegensatz hierzu fanden E. R. Theis, E. J. Serfass und C. L. Weidner zwar eine sehr weitgehende, doch keine vollständige Verolung. Die von letzteren gefundenen Verolungszahlen nehmen mit wachsender Lösungstemperatur von 88% (in der bei 20° C bereiteten Lösung) bis ca. 98% (in der bei 100° C bereiteten Lösung) zu. Beim Altern der Lösungen gleichen sich die Verolungszahlen aus und betragen 96 bis 98%. Beim Altern tritt auch Hydrolyse ein, denn der p_H-Wert nimmt ab. Bei dem von Stiasny und Mitarbeitern hergestellten kristallinen Kalium-sulfato-ol-chromiat kommt diese Aziditätserhöhung dadurch zustande, daß beim Herauswandern der SO_4-Reste die frei gewordenen Koordinationsstellen durch Wassermoleküle ersetzt werden. Es tritt dann Hydrolyse und sekundär Verolung ein. Schematisch läßt sich dieser Vorgang wie folgt darstellen:

$$[Cr(OH)(SO_4)_2]K_2 + H_2O = [Cr(OH)_2(SO_4)]K + KHSO_4.$$

Dampft man basische Chromsulfatlösungen ein, z. B. am Wasserbad, so nimmt infolge der erhöhten Temperatur die Hydrolyse zu und die Hydroxogruppen verolen. Die gebildete Säure konzentriert sich jedoch beim Eindampfen und wirkt entolend. Infolge dieser Entolung enthält die Lösung des Abdampfrückstandes nur wenig freie Säure. Beim Altern tritt jedoch Hydrolyse und Verolung ein, so daß die freie Säure zunimmt (C. Rieß). So enthielt z. B. die 0,1% Cr enthaltende Lösung eines durch Abdampfen gewonnenen Chromsulfats (in lamellis von E. Merck, Basizität 21,5%) in Aziditätsprozenten ausgedrückt sofort nach Bereitung der Lösung im Mittel 4% und nach 16stündigem Altern im Mittel 11% freie Säure. Daß nach dem Lösungsvorgang nur wenig Säure vorhanden ist, deren Menge dann beim Altern zunimmt, konnten auch E. R. Theis, E. J. Serfass und C. L. Weidner bestätigen.

Was die Teilchenverkleinerung des Chromkomplexes anbelangt, die beim Altern der Lösung der durch Abdampfen gewonnenen Sulfatochromiate eintritt, läßt sich soviel sagen, daß ein Zusammenhang zwischen dieser Teilchenverkleinerung und der Wanderung von Sulfatoresten aus dem Komplex sowie Aziditätserhöhung nicht in Erscheinung tritt. Dies scheint darauf zu deuten, daß die Aneinanderkettung der Chromkerne in den Chromiatkomplexen nicht nur durch OH-, sondern auch durch Sulfatogruppen zustande gekommen ist. Bei der Teilchenverkleinerung werden dann die Sulfatobrücken in Sulfatogruppen umgewandelt. In den Abdampfrückständen verschiedener Chromsulfatlösungen sind je nach der Basizität und Anwesenheit von Neutralsulfat verschiedene Sulfatochromiatkomplexe vorhanden. Hieraus erklärt sich, daß die Geschwindigkeit des Zerfalls in kleinteiligere Komplexe bei den verschiedenen Sulfatochromiaten nicht dieselbe ist. So zerfällt z. B. das kristalline Kaliumsulfato-ol-chromiat in einer kalt bereiteten Lösung nur verhältnismäßig langsam, denn auch nach 6stündiger Dialyse einer gesättigten Lösung sinkt die Teilchengröße nicht so weit, daß Chromkomplexe die Dialysiermembran durchqueren könnten (E. Stiasny, E. Gergely und A. Dembo). Beim Abdampfrückstand einer 35% basischen Glucose-Chromsulfat-Brühe geht der Zerfall in kleinteilige Komplexe schneller vor sich. Die Abb. 29 zeigt die von E. R. Theis, E. J. Serfass und C. L. Weidner erhaltenen Resultate. Die mittlere Teilchengröße des bei 20° C gelösten Abdampfrückstandes fällt innerhalb 3 Stunden auf die Hälfte. Die Teilchengröße hängt stark von der Lösungstemperatur ab. Temperaturerhöhung erhöht die Zerfallgeschwindigkeit, so daß die mittlere Teilchengröße nach dem Lösungsvorgang mit wachsender Lösungstemperatur abnimmt. Beim Altern gleichen sich die Unterschiede in der Teilchengröße ziemlich aus. Die beim Altern bei 100° C eintretende Teilchenvergrößerung wird durch Theis und Mitarbeiter auf die bei dieser Temperatur eintretende Verolung zurückgeführt. Aus der mitgeteilten Versuchsmethode glaubt der Verfasser entnehmen zu können, daß Theis und Mitarbeiter den Zusatz eines Fremdelektrolyts bei der Dialysenmethode unterlassen haben. Unter diesen Umständen kann von einer unabhängigen Diffusion der Chromkomplexe nicht gesprochen werden. Das schnell wandernde Kation zieht das langsam wandernde großteilige Sulfatochromiatanion mit sich, so daß der erhaltene Diffusionskoeffizient nicht der wirkliche mittlere Diffusionskoeffizient der Chromiationen ist und somit die auf Grund dessen berechnete mittlere Teilchengröße nicht die wirkliche mittlere Teilchengröße der Chromkomplexe ist.

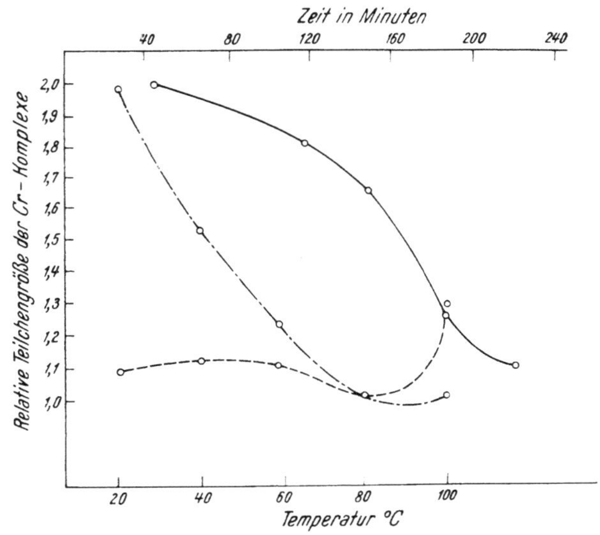

Abb. 29. Einfluß der Lösungstemperatur bzw. Alterungszeit auf die mittlere relative Teilchengröße (Dialysenmethode, siehe S. 109) der Chromkomplexe (E. R. Theis, E. J. Serfass und C. L. Weidner). Art der Chromsulfatlösung (siehe Abb. 27).
—·—·—· Lösungstemperatur/relative Teilchengröße, – – – – – Lösungstemperatur/relative Teilchengröße nach 10stündigem Altern, ——— Alterungseinfluß auf eine bei 20° C bereitete Lösung.

Wie Stiasny, Gergely und Dembo feststellen konnten, gerbt das kolloidale Sulfatochromiat infolge seines fehlenden Dialysiervermögens nur die Außenschichten der Blöße und läßt die inneren ungegerbt. Wendet man zu Gerbversuchen anstatt Blößen Hautpulver an, so erhält man infolge dessen starker Oberflächenentwicklung eine hohe Chromaufnahme, weil hierbei die Diffusion keine große Rolle spielt. Aus diesem Grunde sind die Resultate von Theis, Serfass und Weidner, die ihre Gerbversuche mit Hautpulver ausgeführt haben, nicht sehr aufschlußreich. Der Befund von Stiasny und Mitarbeitern, daß die Chromiate sofort nach dem Lösen nur die Außenschichten angerben und erst dann normale Gerbwirkung aufweisen, wenn sie zerfallen, ist für die Praxis wichtig. Wendet man Chromextrakte an, so soll man diese kochend lösen. Sirupdicke Extrakte sollen verdünnt und vor Gebrauch altern gelassen werden, besser ist es noch, sie nach dem Verdünnen aufzukochen und dann etwas altern zu lassen.

Chromkomplexe, die bei der Reduktion des 6wertigen Chroms mit schwefliger Säure entstehen. Bei Reduktion mit schwefliger Säure kann sowohl Sulfat als auch Dithionat entstehen:

$$H_2SO_3 + O \rightarrow 2\,H^+ + SO_4^{2-},$$
$$2\,H_2SO_3 + O \rightarrow 2\,H^+ + S_2O_6^{2-} + H_2O.$$

Bei langsam wirkenden milden Oxydationsmitteln entsteht hauptsächlich Dithionat und bei energisch wirkenden in der Hauptsache Sulfat. In den meisten Fällen entstehen beide Oxydationsprodukte. Auch bei der Reduktion des 6wertigen Chroms mit schwefeliger Säure können beide Produkte entstehen. Die Bildung von Dithionat bei dieser Reaktion hat schon Berthier wahrgenommen. Die bei der Reduktion der Chromsäure bzw. eines Alkalibichromats, z. B. des

Kaliumbichromats, mit schwefliger Säure verlaufenden Reaktionen werden schematisch durch folgende Gleichungen wiedergegeben:

$$2\,H_2CrO_4 + 3\,H_2SO_3 = Cr_2(SO_4)_3 + 5\,H_2O,$$
$$2\,H_2CrO_4 + 6\,H_2SO_3 = Cr_2(S_2O_6)_3 + 8\,H_2O,$$
$$K_2Cr_2O_7 + 3\,H_2SO_3 = 2\,CrOHSO_4 + K_2SO_4 + 2\,H_2O,$$
$$K_2Cr_2O_7 + 6\,H_2SO_3 = 2\,CrOHS_2O_6 + K_2S_2O_6 + 5\,H_2O.$$

Die entstehenden Chromsulfate wurden absichtlich mit Bruttoformeln bezeichnet. Sie sind eigentlich keine Sulfate, sondern Sulfatochromiatkomplexe.

Aus den angegebenen Gleichungen geht hervor, daß bei der Bildung des Sulfats pro Cr-Atom $1^1/_2$ Mole H_2SO_3 verbraucht werden, während bei der Bildung von Dithionat der Verbrauch pro Cr-Atom 3 Mole H_2SO_3 beträgt. Bestimmt man die bei der Reduktion des 6wertigen Chroms oxydierte Menge schwefliger Säure und zieht diese von der angewendeten Menge schwefliger Säure ab, so erhält man die Menge der oxydierten schwefligen Säure. Ist der Verbrauch höher als $1^1/_2$ Mole H_2SO_3 pro Cr, so ist der Mehrverbrauch auf die Bildung von Dithionat zurückzuführen. Auf Grund der Verhältniszahlen bei der Oxydation zu Sulfat bzw. Dithionat läßt sich aus dem genannten Mehrverbrauch an H_2SO_3 die Menge des entstehenden Dithionats berechnen (H. Basset). Natürlich läßt sich die entstandene Dithionatmenge auch durch direkte Bestimmung des Dithionats ermitteln (E. Stiasny und E. Gergely; H. Basset und A. J. Henry). Nach Basset und Mitarbeitern (H. Basset; H. Basset und A. J. Henry) ist die Menge der bei der Reduktion des 6wertigen Chroms entstehenden Dithionatmenge unabhängig von der Temperatur (geprüfter Temperaturbereich 0 bis 85° C), der Chromkonzentration, der Form, in welcher das 6wertige Chrom vorliegt (Chromsäure, Alkalibi- oder -monochromat) und auch davon, ob das 6wertige Chrom im Überschuß vorhanden ist. Nach den genannten Forschern wird von der schwefligen Säure, und zwar gleichgültig, ob die Reduktion mit einer wässerigen Lösung der schwefligen Säure oder mit SO_2-Gas durchgeführt wird, 95 bis 96% zu Sulfat und nur 4 bis 5% zu Dithionat oxydiert. Das konstante Verhältnis, $\frac{\text{gebildetes Dithionat}}{\text{gebildetes Sulfat}}$, erklärt sich daraus, daß es von der Art des Metalls abhängig ist und nicht von der Azidität der Lösung und Konzentration der reagierenden Stoffe. Nach E. Stiasny und E. Gergely ist die sich bildende Dithionatmenge von der Bichromatkonzentration abhängig. Bei sehr verdünnten Bichromatlösungen, z. B. bei 10 g $K_2Cr_2O_7$/l und Reduktion mit wässeriger schwefliger Säurelösung, entsteht nur Dithionat. Das Chrom ist nach Reduktion in Form von Chromdithionat vorhanden und wandert kathodisch. Die Lösung gibt auf Zusatz von Bariumchlorid auch in Abwesenheit von Salzsäure keine Fällung, zum Zeichen dafür, daß weder SO_4-Ionen noch anionische Sulfatochromkomplexe anwesend sind. Die letzteren würden nämlich ohne Salzsäurezusatz als schwer lösliche Barium-sulfatochromiate ausfallen. Bei der Reduktion sehr konzentrierter Bichromatlösungen, z. B. bei der Reduktion einer gesättigten Natriumbichromatlösung mit SO_2-Gas, in welcher auch noch Bichromat als Bodenkörper vorliegt, entsteht nur sehr wenig Dithionat. Das Chrom wandert anodisch und das Sulfatochromianion fällt ohne Zusatz von Salzsäure beim Versetzen der Lösung mit Bariumchlorid als Bariumsulfatochromiat aus. Nach Stiasny und Gergely wird also bei der Reduktion die schweflige Säure je nach der Bichromatkonzentration von 0 bis 100% zu Dithionat oxydiert. Da bei der Bereitung von Chrombrühen die Reduktion des Bichromats bei hoher Konzentration ausgeführt wird, beträgt die Menge des gebildeten Dithionats sowohl nach H. Basset und Mitarbeitern als auch nach Stiasny und Gergely nur wenige Prozente.

Entsprechend den Gleichungen:

$$K_2Cr_2O_7 + 3\,H_2SO_3 = 2\,CrOHSO_4 + K_2SO_4 + 2\,H_2O,$$

$$K_2Cr_2O_7 + 6\,H_2SO_3 = 2\,CrOHS_2O_6 + K_2S_2O_6 + 5\,H_2O,$$

müßte bei der Reduktion des Alkalibichromats mit schwefliger Säure ein 33% basisches Chromsalz entstehen. Tatsächlich findet man in der reduzierten Lösung bei der üblichen Basizitätsbestimmung, bei der die hydrolysierbare Säure durch Titration mit Lauge in der Siedehitze bestimmt wird, eine Basizität von 33%. Bestimmt man jedoch die Basizität nach der Burtonschen Methode, bei der die Chromlösung unter Zusatz überschüssiger Natronlauge mit H_2O_2 oxydiert und die unverbrauchte Laugenmenge mit Säure zurücktitriert wird, so erhält man niedrigere Basizitätszahlen als 33%. z. B. in einer Reduktionsbrühe, die durch Einleiten von SO_2-Gas in 10%ige Kaliumbichromatlösung bereitet wurde, ergab die Burtonsche Methode nach vorheriger Vertreibung der überschüssigen SO_2 durch Luftdurchleiten eine Basizität von 22,8%. Die Differenz zwischen den beiden Methoden kommt dadurch zustande, daß die reduzierte Lösung komplexgebundene schweflige Säure enthält, die bei der Burtonschen Methode zu Schwefelsäure oxydiert wird und so die Basizität der Lösung erniedrigt. Bei der Basizitätsbestimmung in verdünnter Lösung in der Siedehitze werden die gebildeten Sulfitokomplexe zerstört und die entstehende schweflige Säure entweicht in die Luft.

Die Bildung von Sulfitosulfatochromkomplexen bei der Reduktion läßt sich auf verschiedene Weise feststellen. So findet man z. B. bei Zusatz von Jodlösung zu einer mit schwefliger Säure reduzierten Bichromatlösung einen höheren Jodverbrauch, wenn man die Lösung mit dem Jodzusatz stehen läßt und dann erst den Jodüberschuß zurücktitriert, als dann, wenn die Rücktitration direkt nach dem Jodzusatz erfolgt (H. Basset). Bei der Rücktitration unmittelbar nach dem Jodzusatz reagiert nämlich nur die überschüssige freie schweflige Säure, während beim Stehen mit dem Jodzusatz auch die komplexgebundene schweflige Säure reagiert. Zwischen komplexgebundener und freier SO_2 besteht nämlich ein Gleichgewicht. Wird die freie schweflige Säure entfernt, so zerfällt der Sulfitokomplex langsam, indem die frei werdende SO_2 sofort mit dem vorhandenen Jod reagiert, wodurch das Gleichgewicht immer wieder zerstört wird. Die Anwesenheit komplexgebundener Sulfitoreste ist auch daran zu erkennen, daß durch Luftdurchleiten die reduzierte Lösung nicht vollständig von SO_2 befreit werden kann (E. Stiasny und A. Georgiu). Komplexgebundene SO_2 findet man auch dann, wenn man zu einer Bichromatlösung weniger schweflige Säure zugibt, als zu ihrer vollständigen Reduktion nötig ist (H. Basset). Daß komplexgebundene SO_2 vorhanden ist, wenn die Reduktion unter Vermeidung eines SO_2-Überschusses ausgeführt wird, haben auch Stiasny und Georgiu festgestellt. Die Bildung der Sulfitokomplexe hängt von der Azidität der Lösung ab. Bei der Reduktion von Chromsäurelösungen oder Bichromatlösungen, die vor der Reduktion mit Schwefel- oder Salzsäure angesäuert wurden, ist keine komplexgebundene SO_2 nachweisbar (H. Basset). Wie die Tabelle 28 zeigt, nimmt die Menge der komplexgebundenen SO_2 zu, wenn man zur Erhöhung der Basizität zur Bichromatlösung vor der Reduktion Soda zusetzt, bzw. wenn man anstatt Bichromat- eine Monochromatlösung nimmt. Nach E. Stiasny und A. Georgiu ist sogar die schweflige Säure, welche man in Lösungen findet, die bei Reduktion von konzentrierter Bichromatlösung mit SO_2 entstehen, fast ausschließlich als komplexgebundene SO_2 vorhanden. Die freie SO_2-Menge ist so gering, daß die Differenz zwischen der Burtonschen Methode und der Titration mit Lauge in der Hitze als Maß der komplexgebundenen SO_2-Menge angenommen werden kann. Be-

Tabelle 28. Zusammenhang zwischen Basizität und komplexgebundenem SO_2 (E. Stiasny und A. Georgiu).

Brühe	1 Theoretische Basizität %	2 Basizität in heißer, verdünnter Lösung	3 Basizität nach Burton	Differenz zwischen 2 und 3	Basizitätserniedrigung, durch SO_2-Bestimmung berechnet	Ionogene SO_2 in % Basizität	Komplexgeb. SO_2 vor dem Eindampfen, in % Basizität	Komplexgeb. SO_2 nach dem Eindampfen, in % Basizität
I	33,3	34,0	25,5	8,5	7,5	0,1	7,4	5,7
II	50,0	49,0	37,4	11,6	11,1	1,0	10,1	9,0
III	66,7	67,0	39,4	27,6	27,6	3,0	24,6	16,6

Ansatz I: 60 g $Na_2Cr_2O_7$ + 100 ccm H_2O, mit SO_2 ohne Kühlen vollständig reduziert; zu erwartende Basizität = 33,3%.

Ansatz II: 60 g $Na_2Cr_2O_7$ + 10,6 g Na_2CO_3 + 100 ccm H_2O, ohne Kühlen vollständig reduziert; zu erwartende Basizität = 50%.

Ansatz III: 136,8 g Na_2CrO_4 + 100 ccm H_2O, ohne Kühlen vollständig reduziert; zu erwartende Basizität = 66,6%.

merkenswert ist, daß die Sulfitokomplexe in konzentrierten Lösungen im Gegensatz zu denen in verdünnten Lösungen (siehe S. 155) sehr beständig sind. Wie die Tabelle 28 zeigt, bleiben sie beim Eindampfen der Lösung bis zur Trockne (bei 45° C im Vakuum) zum größten Teil erhalten.

Die frühere Auffassung von Stiasny und Gergely, nach welcher die Differenz zwischen den beiden Basizitätsmethoden (Burtonsche und Titration mit Lauge in der Hitze) auf den Zerfall des Dithionats beim Erhitzen und nicht auf komplexgebundene SO_2 zurückzuführen ist, läßt sich nicht mehr aufrechterhalten. Sie formulierten die Dithionatbildung bei der Reduktion auf folgende Weise:

$$K_2Cr_2O_7 + 7\,H_2SO_3 = Cr_2(S_2O_6)_3 + K_2SO_3 + 7\,H_2O.$$

Durch Kochen, sei es daß dieses während der üblichen Basizitätsbestimmung oder, wie in der Praxis üblich, zur Vertreibung der überschüssigen SO_2 geschieht, zerfällt das Chromdithionat in Chromsulfat und schweflige Säure. Das vorhandene Alkalisulfit reagiert mit dem entstandenen 0% basischen Chromsulfat, macht dieses 33% basisch, während die hierbei entstehende und beim Zerfall des Dithionats entstandene schweflige Säure in die Luft entweicht:

$$Cr_2(S_2O_6)_3 = Cr_2(SO_4)_3 + 3\,SO_2,$$
$$Cr_2(SO_4)_3 + K_2SO_3 + H_2O = 2\,CrOHSO_4 + K_2SO_4 + SO_2,$$
$$Cr_2(S_2O_6)_3 + K_2SO_3 + H_2O = 2\,CrOHSO_4 + K_2SO_4 + 4\,SO_2.$$

Wird die überschüssige SO_2 nicht durch Kochen, sondern durch Durchleiten eines nicht oxydierenden Gases, z. B. Stickstoff, entfernt und dann die Basizitätsbestimmung nach Burton ausgeführt, wobei das Alkalisulfit durch das Peroxyd zu Sulfat oxydiert wird und so nicht mehr basisch wirken kann, so muß die erhaltene Basizität niedriger werden, und zwar um so niedriger, je mehr Dithionat bei der Reduktion entstanden ist. Wird Luft statt Stickstoff zur Entfernung der überschüssigen schwefligen Säure verwendet, so wird ein Teil des Natriumsulfits zu Sulfat oxydiert, wodurch dann nach dem Aufkochen eine Basizitätserniedrigung gefunden wird. Wohl ist das Dithionat säureempfindlich und wird beim Kochen langsam zerstört, indem es in SO_2 und SO_4^{2-} zerfällt: $S_2O_6^{2-} \rightarrow SO_4^{2-} + SO_2$. Diese Zerstörung ist jedoch eine Funktion des p_H-Wertes. Bei p_H-Werten, wie sie in den durch Reduktion von Bichromat mit schwefliger Säure erhaltenen Chromlösungen vorliegen, ist die Zerstörungsgeschwindigkeit so gering, daß die Dithionate durch kurzes Aufkochen der Lösung nicht zerstört werden (H. Basset und A. J. Henry). Auch die Formulierung, wonach bei der Reduktion ein 0% basisches Chromdithionat und daneben Natriumsulfit entsteht, läßt sich nicht aufrechterhalten. Die Dithionsäure ist nämlich eine starke Säure, und zwar eine stärkere als die Schwefelsäure (H. Hertlein, zitiert nach J. Meyer), so daß bei dem Reduktionsvorgang ebenso wie bei der Bildung von Sulfat ein basisches Chromdithionat ohne Bildung von Alkalisulfit entstehen muß.

Die bei der Reduktion von 6wertigem Chrom mit schwefeliger Säure sich bildenden Hauptprodukte sind die anionischen Sulfatochromkomplexe, die in die Klasse derjenigen Sulfatochromiate gehören, welche beim Abdampfen von Chromsulfatlösungen bis zur Sirupdicke bzw. bis zur Trockne entstehen. Auch sie enthalten sämtliche Sulfatoreste komplexgebunden, geben ohne Ansäuern mit Salzsäure mit Bariumchlorid eine Fällung, die aus Bariumsulfatochromiat besteht. Die Maskierung gegenüber verdünntem Ammoniak ist in den verdünnten Lösungen nicht nennenswert, sie nimmt jedoch mit der Konzentration der Lösung zu (siehe Tabelle 29). Gibt man zu der Bichromatlösung vor der Reduktion Schwefelsäure oder Alkalisulfat zu, so werden auch die auf diese Weise zugesetzten SO_4-Reste bei der Reduktion maskiert (H. Basset).

Beim Stehen, besonders in verdünnter Lösung, zerfällt das Sulfatochromiat, SO_4-Reste wandern aus dem Komplex, die anionische Wanderung geht in kationische über. Viel-

Tabelle 29. Verhalten von mit SO_2 reduzierten Bichromatlösungen (E. Stiasny und E. Gergely).

Lösung Nr.	Herstellungsart		+ $^n/_2$ NH_3	+ $^n/_2$ $BaCl_2$	+ 2n HCl + $^n/_2$ $BaCl_2$	Wanderungsrichtung im elektrischen Feld
1	10 g/l $K_2Cr_2O_7$ + H_2SO_3 (verd.)	kalt	sofortige Fällung	keine Fällung	keine Fällung	rein kathodisch
2	10 g/l $K_2Cr_2O_7$ + SO_2	,,	sofortige Fällung	Fällung	Fällung	kathodisch u. anodisch
3 4 5	25 g/l 50 g/l 130 g/l } $K_2Cr_2O_7$ + SO_2	,,	sofortige Fällung	,,	keine sofortige Fällung; die Maskierung dauert einige Minuten	anfangs überwiegend anodisch, dann zunehmend kathodisch; nach 10 Std. rein kathodisch
6	400 g/l $Na_2Cr_2O_7 \cdot 2H_2O$ + SO_2	,,	keine Fällung	,,	keine Fällung; die Maskierung dauert einige Wochen	noch nach mehreren Wochen überwiegend anodisch
7	Gesättigte $Na_2Cr_2O_7$-Lösung + SO_2	,,	keine Fällung	,,	keine Fällung; die Maskierung dauert einige Monate	nach langem Stehen fast vollständig anodisch
8	400 g/l $Na_2Cr_2O_7 \cdot 2H_2O$ + SO_2	ohne Kühlg. (ca. 100° C)	keine Fällung	,,	keine Fällung	überwiegend anodisch
9	400 g/l $Na_2Cr_2O_7 \cdot 2H_2O$ + SO_2, dann zur Sirupdicke eingeengt	kalt	keine Fällung	,,	,,	rein anodisch

fach ist dieser Zerfall mit Aziditätserhöhung verbunden, welche durch Hydrolyse und nachherige Verolung derjenigen Aquogruppen hervorgerufen wird, die die Sulfatogruppen verdrängt haben. Der Zerfall wird durch Erhitzen in verdünnter Lösung beschleunigt. Man darf annehmen, daß man zu demselben Gleichgewicht gelangt, gleichgültig, ob man von den Chromiaten oder von den aus Chromsulfat bzw. Chromalaun bereiteten Lösungen ausgeht. In konzentrierten Lösungen sind die Chromiate ziemlich beständig, auch nach monatelangem Stehen geben sie beim Zusatz von Bariumchlorid und Salzsäure keine Reaktion auf SO_4-Ionen (E. Stiasny und E. Gergely), die anionische Wanderung bleibt erhalten, wenn auch nach längerer Zeit daneben auch eine kationische auftritt (F. L. Seymour-Jones). Die Umwandlung des Chromiats in kathodische Chromkomplexe und die Wanderung der komplexgebundenen SO_4-Reste aus dem Komplex läßt sich am einfachsten bei dem Produkt verfolgen, welches man bei der Reduktion einer Chromsäurelösung mit SO_2 erhält. So konnte A. Colson (*3*) bei einer bei 0^0 C mit SO_2-Gas reduzierten Lösung feststellen, daß die 3 komplexgebundenen SO_4-Reste pro 2 Cr-Atome beim Stehen nacheinander durch Aquogruppen verdrängt werden. Die grüne Lösung wird dabei violett (H. Basset) und durch Alkoholzusatz kann eine beträchtliche Menge des Hexaquochromsulfats gefällt werden [A. Colson (*3*)]. Wird die Reduktion in konzentrierter Lösung ausgeführt, so kristallisiert in dieser nach längerem Stehen Hexaquochromsulfat aus (unveröffentlichter Versuch des Verfassers).

Die anodische Wanderung des Chromkomplexes in der durch Reduktion von Chromsäure mit SO_2 erhaltenen Lösung weist darauf hin, daß in ihr eine basische Sulfatochromisäure und nicht das ungeladene Trisulfatochrom vorhanden ist. Das Mono- und Disulfatochromsulfat erhielt Colson durch Eindampfen solcher gealterter Lösungen im Vakuum, die eben 1 bzw. 2 SO_4-Reste in ionogenem Zustand enthielten. Diese Darstellungsweise leistet keine Gewähr für die Einheitlichkeit der gewonnenen Salze, besonders wenn man bedenkt, daß dem entstandenen Dithionat gar keine Rechnung getragen wurde. Während es Colson nicht glückte, aus der mit SO_2 reduzierten Lösung ein kristallines Salz herzustellen, erhielten F. Krauß, H. Querengässer und P. Weyer aus einer bei 0 bis 5^0 C mit SO_2 reduzierten konzentrierten Chromsäurelösung ein kristallines, grünes Chromsulfat. Nach Angaben der genannten Forscher ist die Leitfähigkeit dieses Salzes ebenso groß wie die des Hexaquochromsulfats. Beim Zusatz von Bariumchlorid wird schon in der Kälte der größte Teil des SO_4 ausgefällt. Die hohe Leitfähigkeit bestätigt, daß man es nicht mit einem ungeladenen Komplex, sondern mit einer Sulfatochromisäure zu tun hat. Es ist anzunehmen, daß durch Bariumchlorid das Bariumsalz der Sulfatochromisäure und kein Sulfation gefällt wird. Allerdings ist es merkwürdig, daß durch Ansäuern der Lösung mit Salzsäure die Fällung mit Bariumchlorid erhöht wird.

Die Verwechslung des Bariumchromiats mit Bariumsulfat ist sehr plausibel, denn das Bariumsulfatochromiat ist sehr unbeständig und zerfällt im Laufe der Fällung und beim Waschen in Bariumsulfat und Chromsulfat (E. Stiasny und E. Gergely). Auch die Fällungsbedingungen, z. B. Konzentration der zugesetzten Bariumchloridlösung, sind von Einfluß. Wäre das Bariumsulfatochromiat nicht so unbeständig, so könnte man die Zusammensetzung des bei der Reduktion entstandenen Sulfatochromiatkomplexes einfach durch die Analyse des Bariumsulfatochromiats erhalten. Da dies nicht der Fall ist, konnte seine Zusammensetzung, $[Cr_2(OH)_2(SO_4)_3]Na_2$, mit Hilfe der Bariumsulfato-chromiatfällung nur auf einem Umweg bewiesen werden (E. Stiasny und E. Gergely). Ist nämlich die Fällung tatsächlich $[Cr_2(OH)_2(SO_4)_3]Ba$ und zerfällt diese zum Teil nach folgender Gleichung:

$$[Cr_2(OH)_2(SO_4)_3]Ba \rightarrow BaSO_4 + 2\,CrOHSO_4,$$

so besteht der zu untersuchende Niederschlag aus unverändertem Bariumchromiat und aus dessen Zerfallsprodukt, dem Bariumsulfat; im Filtrat muß jedoch, wenn die

Formeln und Annahme der Reaktionsvorgänge richtig sind, das Verhältnis Cr : SO_4 wie 1 : 1 sein. Dies ist tatsächlich auch der Fall. Auch durch Bestimmung des Verhältnisses $\frac{\text{Cr im Filtrat der BaCl-Fällung}}{\text{Cr in der ursprünglichen Lösung}}$ und durch Vergleichen von diesem mit der Verhältniszahl, die sich aus der Zusammensetzung der Bariumchloridfällung ergibt, kann die Formel, $[Cr_2(OH)_2(SO_4)_3]Na_2$, bewiesen werden (Einzelheiten siehe Originalveröffentlichung von Stiasny und Gergely).

d) Carbonato-Chromisalze.

Zum Basischmachen einer Chromlösung kann man außer Natronlauge jedes Natriumsalz einer schwachen Säure verwenden, da es in wässeriger Lösung durch Hydrolyse in Natronlauge und in die betreffende schwache Säure gespalten wird. Es ist durchaus nicht gleichgültig, ob man eine Chromlösung mit Natronlauge oder mit einem Natriumsalz irgendeiner schwachen Säure basisch macht. Wird eine Chromlösung mit Soda, Natriumbicarbonat, Natriumsulfit oder Borax versetzt, so ist es unter Umständen möglich, daß diese Salze nicht nur als Alkali, d. h. basisch machend, wirken, sondern mehr oder weniger zur Bildung von Carbonato-, Thiosulfato-, Sulfito- oder Borato-Chromkomplexen verbraucht werden.

Wird eine Chromalaunlösung basisch gemacht, so verträgt sie mehr Soda als Natronlauge, bevor sie auszuflocken beginnt. Vergleicht man, wie sich eine kalt bereitete und eine gekochte Chromalaunlösung beim Basischmachen verhalten (Tabelle 30), so findet man, daß die zur Ausflockung nötige Alkalimenge beim Basischmachen mit Natronlauge für die gekochte Lösung größer ist als für die kalt bereitete, während beim Basischmachen mit Soda umgekehrt für die kalt bereitete Lösung mehr benötigt wird als für die gekochte (D. Burton).

Tabelle 30. NaOH- bzw. Na_2CO_3-Mengen, die nötig sind, um in 25 ccm einer 3%igen, kalt bereiteten bzw. gekochten Chromalaunlösung eine bleibende Trübung hervorzurufen (D. Burton).

	$^n/_{10}$-Na_2CO_3 ccm	$^n/_{10}$-NaOH ccm
Kalt bereitete Lösung . .	25	13,2
Gekochte Lösung	21,8	17,8

Beim Basischmachen von kalt bereiteter Hexaquochromlösung entsteht bei niedrigen Basizitätsgraden stets ein vorübergehender Niederschlag, der erst beim Stehen zufolge des Verolungsvorganges verschwindet. Führt man aber das Basischmachen mit Soda aus, so bleibt die vorübergehende Fällung aus; bei höherer Basizitätszahl entsteht eine bleibende Fällung.

Die Bildung von Carbonato-Chromkomplexen kann auch direkt bewiesen werden. Befreit man eine mit Soda basisch gemachte Chromlösung von der gelösten Kohlensäure durch Evakuieren oder durch Durchleiten von kohlensäurefreier Luft, so kann man die komplexgebundene Kohlensäuremenge nach Zerstören des Carbonato-Chromkomplexes durch Kochen mit Schwefelsäure qualitativ oder quantitativ nachweisen [E. Stiasny und D. Balányi (*1*)].

Das eingehende Studium der mit Soda basisch gemachten Chromlösungen (E. Stiasny, E. Olschansky und St. Weidmann) hat viel Wertvolles über das Verhalten der Carbonato-Chromkomplexe erbracht. Die Reaktionen, die beim Basischmachen mit Soda sich abspielen, veranschaulichen die beiden folgenden Gleichungen:

$$CrX_3 + Na_2CO_3 + H_2O = [Cr(OH)_2]X + 2\,NaX + CO_2, \qquad (I)$$

$$2\,CrX_3 + 2\,Na_2CO_3 + H_2O = \left[\begin{matrix} Cr-OH \\ \quad >CO_3 \\ Cr-OH \end{matrix}\right]X_2 + 4\,NaX + CO_2. \qquad (II)$$

Sie geben den Vorgang, der in der Wirklichkeit viel komplizierter ist, nur schematisch wieder. Nach der Gleichung I entsteht eine 66,6% basische Brühe, da hierbei Soda nur als Alkali wirkt, nach der Gleichung II eine Brühe, welche durch den komplexgebundenen Carbonatorest eine Basizitätszahl von 33,3% besitzt. Die wirkliche Basizitätszahl der Brühe ist stets niedriger als diejenige, welche man aus der Sodazugabe (nach I) berechnet, denn die beiden Vorgänge (I und II) verlaufen nebeneinander. Je größer die Sodazugabe ist, d. h. je basischer eine Brühe gestellt wird, desto größere Kohlensäuremengen werden komplexgebunden, d. h. mit wachsender Basizität wächst die Differenz zwischen wirklicher und berechneter Basizitätszahl (Tabelle 31). Die wirkliche Basizitätszahl erhält man, wenn man die Lösung von gelöster Kohlensäure befreit, die bei der Zerstörung des Carbonato-Chromkomplexes freiwerdende Kohlensäure bestimmt und von der Basizitätszahl, welche man durch die übliche Methode (Titration in der Hitze mit NaOH) bestimmt, abzieht. In den meisten Fällen kommt man mit der Formol-Bariumchlorid-Methode zum Ziel.

Tabelle 31. Einfluß des Alterns, Erhitzens und Rührens auf den Gehalt an Carbonato-Chromkomplexen (E. Stiasny, E. Olschansky und St. Weidmann).

Herstellung der Brühe aus	Ohne Beachtung der Carbonato-Chromkomplexe erwartete Basizitätszahl	Wirkliche Basizität (aus dem CO_2-Gehalt der Carbonato-Chromkomplexe berechnet) nach dem Sodazusatz: 30 Min.	24 Std.	72 Std.	8 Tage	1 Monat
Chromsulfat + Soda	50	35,9	39,0	—	46,9	49,2
„ + „	50	36,5	40,2	41,8	47,0	—
Chromsulfat + Soda	33	25,0	25,4	—	30,1	32,6
„ + „	33	23,7	—	28,3	31,7	—
„ + „	33	24,3	25,6	—	29,8	—
Chromsulfat + Soda	16,6	14,4	—	—	15,1	16,5
Chromsulfat + Soda nach dem Basischmachen 1/4 Stunde gekocht	33,3	33,3 (keine CO_2-Entwicklung)				
Chromsulfat + Soda stark gerührt . . .	33,3	30,9	—	—	—	—

Die Formol-Bariumchlorid-Methode beruht darauf, daß Ammonsalze mit Formalin in Hexamethylentetraminsalze umgesetzt werden. Das Hexamethylentetramin ist jedoch eine so schwache Base, daß die an dieses gebundene starke Säure praktisch infolge Hydrolyse als freie Säure betrachtet und titriert werden kann. Das Chrom wird in der Hitze mit Ammoniak gefällt, und im Filtrat wird die an Chrom gebundene Säure mit NaOH titriert:

$$2\,CrOHSO_4 + 4\,NH_4OH = 2\,Cr(OH)_3 + 2\,(NH_4)_2SO_4,$$
$$2\,(NH_4)_2SO_4 + 6\,HCHO = (CH_2)_6N_4 + 2\,H_2SO_4 + 6\,H_2O.$$

Da in Anwesenheit von Carbonato-Chromkomplexen bei der Fällung auch Ammoncarbonat entsteht und dieses nicht formoltitrierbar ist, muß man es mit Bariumchlorid in das äquivalente Bariumchlorid umsetzen:

$$[Cr_2CO_3(OH)_2]SO_4 + 4\,NH_4OH = 2\,Cr(OH)_3 + (NH_4)_2SO_4 + (NH_4)_2CO_3,$$
$$(NH_4)_2SO_4 + (NH_4)_2CO_3 + 2\,BaCl_2 = BaSO_4 + BaCO_3 + 4\,NH_4Cl,$$
$$4\,NH_4Cl + 6\,HCHO = (CH_2)_6N_4 + 4\,HCl + 6\,H_2O.$$

Um bei der Fällung den Fehler zu vermeiden, der durch Absorption von Luftkohlensäure entstehen würde, wird die Fällung nicht mit Ammoniak und Bariumchlorid, sondern mit einer Ammoniak-Ammonchlorid-Pufferlösung und Bariumchlorid ausgeführt. Natürlich muß bei der Berechnung auf den Ammonchloridzusatz Rücksicht genommen werden.

Die Beständigkeit der Carbonato-Chromkomplexe ist ziemlich gering, sie wandeln sich beim Altern der Chromlösung langsam und beim Erhitzen sehr rasch in Hydroxo(ol)chromkomplexe um und die wirkliche Basizitätszahl erreicht die berechnete: Bei dieser Umwandlung wird der Carbonatorest im Komplex durch OH-Gruppen ersetzt, z. B.

$$\left[\begin{matrix} Cr & OH \\ & \rangle CO_3 \\ Cr & OH \end{matrix}\right] X_2 + H_2O = 2[Cr(OH)_2]X_2 + CO_2.$$

Das Rühren beim Basischmachen beeinflußt die Bildung des Carbonato-Chromkomplexes, da die gelöste Kohlensäure, die für die Bildung des Komplexes notwendig ist, dadurch entfernt wird (Tabelle 32). Die Beeinflussung der zur Ausflockung nötigen Sodamenge durch Rühren und Temperatur (L. Meunier; G. Grasser und K. Hirose) steht mit dem Gesagten in Übereinstimmung.

Tabelle 32. Einfluß des Erhitzens vor dem Basischmachen mit Soda auf den Gehalt an Carbonato-Chromkomplexen (E. Stiasny, E. Olschansky und St. Weidmann).

Brühe aus Chromsulfat + Soda	Ohne Beachtung der Carbonato-Chromkomplexe erwartete Basizitätszahl	Wirkliche Basizität (aus dem CO_2-Gehalt der Carbonato-Chromkomplexe berechnet) 30 Min.	24 Std.	72 Std.	8 Tage
		nach dem Sodazusatz			
Kalt gelöst	50	36,1	39,3	42,6	47,2
4 Stunden vor dem Basischmachen gekocht	50	39,1	41,2	45,2	47,2
Kalt gelöst	33,3	24,9	—	28,3	30,3
4 Stunden vor dem Basischmachen gekocht	33,3	28,8	29,7	—	31,5
Kalt gelöst	16,6	14,3	—	—	15,1
4 Stunden vor dem Basischmachen gekocht	16,6	15,8	—	—	15,9

Das Kochen vor dem Basischmachen verringert die komplexgebundene Kohlensäuremenge (siehe Tabelle 32), was wahrscheinlich auf die beim Kochen stattgefundene Verolung und Bildung von SO_4-haltigen Komplexen zurückzuführen ist. Daß die Chromisulfate weniger komplexgebundene CO_3-Reste enthalten als die entsprechenden Chromichloride, deutet auf die hemmende Wirkung, welche die komplexgebundenen SO_4-Reste auf die Bildung von Carbonatokomplexen ausüben (Tabelle 33). Chromichloridlösungen, die Natriumsulfatzusätze erhielten, verhalten sich so wie die Chromisulfate. Trotz der Erhöhung der komplexgebundenen SO_4-Menge, die durch Natriumsulfatzusatz zu Chromsulfatlösungen bewirkt wird, beeinflußt der Natriumsulfatzusatz die Menge der komplexgebundenen Kohlensäure nicht. Stiasny und Mitarbeiter halten es für wahrscheinlich, daß der hemmende Einfluß der SO_4-Reste durch die p_H-erniedrigende Wirkung des Natriumsulfatzusatzes, die wiederum für die Bildung von Carbonato-Chromkomplexen günstig ist, kompensiert wird. Natriumchlorid-

Tabelle 33. Einfluß des Neutralsalzzusatzes auf den Gehalt an Carbonato-Chromkomplexen (E. Stiasny, E. Olschansky und St. Weidmann).

Herstellung der Brühe aus	Ohne Beachtung der Carbonato-Chromkomplexe erwartete Basizitätszahl	Wirkliche Basizität (aus dem CO_2-Gehalt der Carbonato-Chromkomplexe berechnet)				
		30 Min.	24 Std.	72 Std.	8 Tage	1 Monat
		nach dem Sodazusatz				
Hexaquochromsulfat . .	50	36,1	39,3	42,6	47,2	49,2
Hexaquochromsulfat + + Na_2SO_4 (1/2 Mol.) . .	50	32,8	37,2	41,7	45,7	49,5
Hexaquochromsulfat + + NaCl	50	34,2	37,4	40,6	45,0	—
Hexaquochromchlorid . .	50	32,4	33,6	35,9	38,2	46,5
Hexaquochromchlorid + + Na_2SO_4	50	35,3	38,4	42,5	45,6	48,3
Hexaquochromchlorid + + NaCl	50	32,4	34,4	36,3	39,8	44,4
Dichlorotetraquochromchlorid	50	32,0	32,7	36,9	—	41,3
Dichlorotetraquochromchlorid + Na_2SO_4. . .	50	flockt aus		—	—	—
Dichlorotetraquochromchlorid + NaCl. . . .	50	32,3	31,7	—	37,8	43,6
Dichlorotetraquochromchlorid	33,3	18,5	21,5	—	22,5	28,5
Dichlorotetraquochromchlorid + Na_2SO_4. . .	33,3	24,1	25,9	28,7	—	32,8
Hexaquochromsulfat (zum Vergleich mit der letzten Reihe)	33,3	24,9	—	28,3	30,3	32,6

zusatz beeinflußt die Bildung von Carbonato-Chromkomplexen wenig, bei Chromisulfatlösungen scheint er sie etwas zu fördern.

Wie weit die Bildung von Carbonato-Chromkomplexen die Gerbwirkung beeinflußt, ist noch nicht bekannt. Die Vermutung, daß die Gerbwirkung durch die Carbonato-Chromkomplexe kaum beeinflußt werden kann, weil diese wenig beständigen Verbindungen durch die mechanische Rühr- und Knetwirkung im Faß zersetzt werden dürften (E. Elöd), konnte experimentell widerlegt werden [E. Stiasny (*2*), S. 428].

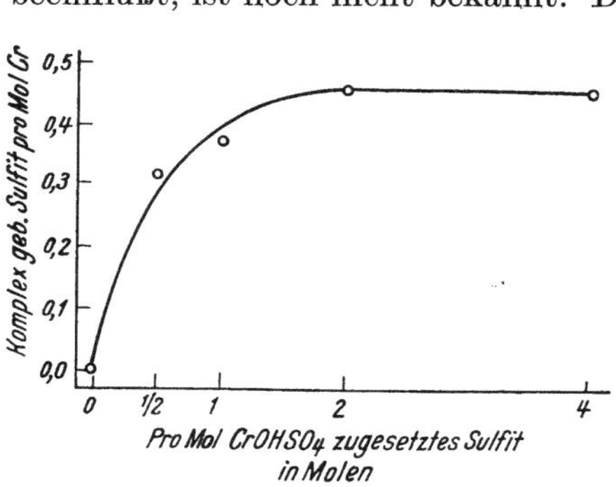

Abb. 30. Komplexgebundene Sulfitmenge bei wachsendem Sulfitzusatz (E. Stiasny und L. Szegö).

e) Sulfitochromisalze.

Kristallisierte Verbindungen des Chroms mit schwefliger Säure sind nicht bekannt. Durch Zusätze von Natriumsulfit zu Chromlösungen entstehen Chromkomplexe, die Sulfitoreste enthalten. Die Bildung von Sulfito-Chromkomplexen äußert sich dadurch, daß bei genügendem Sulfitzusatz mit Ammoniak keine sofortige Fällung des Chroms eintritt. Diese Maskierung des Chroms wächst mit zunehmendem Natriumsulfitzusatz und ist von mehreren Faktoren, wie von der Art und Menge des Fällungsmittels und der Temperatur, abhängig [A. Recoura (*6*)]. Erst als es sich herausstellte, daß Sulfito-Chromkomplexe beträchtliche Gerbwirkung aufweisen, wurden sie eingehender untersucht (E. Stiasny und L. Szegö). Stiasny und Szegö stellten ihre Untersuchungen mit Lösungen (2,5 g Cr/l) an, die aus Hexaquochromisulfat bereitet und vor dem Basischmachen mit Soda auf 33,3% eine halbe Stunde gekocht wurden. Durch Versetzen der Lösungen mit Natriumsulfit wurden die in der Tabelle 34 angegebenen molaren Verhältnisse von Chrom zu Sulfit erhalten. Die kathodische Wanderung der Chromlösung geht bei 1 Mol Sulfit pro Chromatom in eine rein anodische über. Gleichzeitig wird die Lösung gegenüber $^n/_{10}$ Natronlauge unempfindlich, die Ausflockungszahl, d. i. diejenige Anzahl Kubikzentimeter $^n/_{10}$ Natronlauge, die in 25 ccm einer Chromlösung (1 g Cr/l) eine bleibende Trübung verursacht, wird unendlich. Das Chrom ist demnach in der Lösung in Form eines Sulfitochromanions vorhanden. Die Abb. 30 zeigt, daß die komplexgebundene Sulfitmenge mit zunehmendem Sulfitzusatz anwächst und bei 2 Mol Sulfit pro Chromatom ihr Maxi-

Tabelle 34. Maskierungsgrad, Ausflockungszahl und Wanderungsrichtung der Chromkomplexe in Sulfitochromsulfatlösungen, die durch Natriumsulfitzusatz zu 33,3% basischen Chromsulfatlösungen bereitet wurden (E. Stiasny und L. Szegö).

Art der Chromlösung (2,5 g/l Cr)	Maskierung gegen Ammoniak		p_H	Ausflockungszahlen mit				Wanderungsrichtung
	5 ccm Brühe + 3 ccm $^n/_{10}$ NH_3	5 ccm Brühe + 10 ccm $^n/_{10}$ NH_3		$^n/_{10}$ NaOH	$^n/_{10}$ Na_2CO_3	$^n/_{10}$ $NaHCO_3$	$^n/_{10}$ Borax	k = kathodisch a = anodisch
$Cr_2(SO_4)_3$ violett	—	—	—	4,25	8,88	10,55	7,0	k
$Cr_2(SO_4)_3$ grün (1/2 Std. gekocht)	—	—	—	6,9	9,0	9,95	7,0	anfangs k u. a, später k
$CrOHSO_4$ aus violettem Sulfat .	—	—	—	2,5	3,35	3,6	2,5	k
$CrOHSO_4$ aus grünem Sulfat . .	sofortige Fällung	sofortige Fällung	2,7	2,6	3,4	3,6	2,55	k
$CrOHSO_4$ + 1/4 Mol Sulfit . .	„ „	„ „	3,4	2,0	3,0	3,25	2,1	k
$CrOHSO_4$ + 1/2 „ „ . .	„ „	„ „	3,7	1,15	2,10	2,80	1,60	k u. a, sehr langsam
$CrOHSO_4$ + 1 „ „ . .	nach 1^h Trübung	„ „	4,4	2,30[1]	3,50[1]	3,75[1]	2,55[1]	a
$CrOHSO_4$ + 1 1/2 „ „ . .	„ 24^h klar	nach 2^h Fällung	5,6	∞	∞	∞	∞	a
$CrOHSO_4$ + 3 „ „ . .	„ 24^h „	„ 24^h Trübung	7,1	∞	∞	∞	∞	a
$CrOHSO_4$ + 10 „ „ . .	„ 24^h „	„ 24^h klar	8,1	∞	∞	∞	∞	a

Die Ausflockungszahlen wurden in 25 ccm der in bezug auf Cr 0,1% verdünnten Lösung ausgeführt.

[1] Es handelt sich nicht um eine Flockung, sondern um eine feine Trübung, die bei weiterem Zusatz von Alkali nicht mehr zunimmt.

mum erreicht. An diesem Maximum kommt auf 2 Chromatome 1 Mol komplexgebundenes Sulfit. Auf Grund der anodischen Wanderung, der Basizitätszahl von 33% und des Verhältnisses von Chrom zu komplexgebundenem Sulfit vermuten Stiasny und Szegö (mit Vorbehalt), daß dem gebildeten Chromkomplex die Formel $[Cr_2(OH)_2SO_3(SO_4)_2]Na_2$ zukommen dürfte. Im Gegensatz zu Stiasny und Szegö kommt E. Preis auf Grund von spektroskopischen Messungen zu dem Resultat, daß nicht nur bei einem Sulfitzusatz von 2 Mol, sondern auch bei 200 Mol pro Chromatom noch kein Maximum in bezug auf komplexgebundenes Sulfit eintritt.

In der Lösung ist zwischen dem komplexgebundenen und freien (nicht komplexgebundenen) Sulfit ein Gleichgewicht vorhanden. Entfernt man das freie Sulfit durch Jod, so wandern Sulfitoreste aus dem Komplex. Dieser verliert dadurch seine Beständigkeit gegenüber Alkali und kann mit Ammoniak gefällt werden. Da das freie Sulfit durch Titration mit Jod bestimmt wird, ist es auch bei raschem Arbeiten kaum zu vermeiden, daß ein gewisser Anteil des komplexgebundenen Sulfits mitreagiert. Aus diesem Grund haftet der Bestimmung der komplexgebundenen Sulfitmenge, die man als Differenz der Gesamtsulfitmenge (Titration mit Jod nach Zerstörung des Komplexes mit Salzsäure) und der freien Sulfitmenge erhält, eine gewisse Ungenauigkeit an.

Der Sulfitzusatz wirkt nicht nur komplexbildend, sondern auch basisch machend. Sieht man von der Bildung der Sulfitochromkomplexe ab, so zeigt folgende schematische Gleichung die hierbei stattfindende Reaktion:

$$[Cr(OH_2)_6]X_3 + Na_2SO_3 = [Cr(OH_2)_5OH]X_2 + NaHSO_3 + NaX.$$

Ein Teil des in Lösung vorhandenen Sulfits wandert in den Komplex. Ob das nicht komplexgebundene Sulfit in Form von H_2SO_3, HSO_3^- oder als SO_3^{2-} vorhanden ist, läßt sich auf Grund der Dissoziationskonstanten der schwefligen Säure,

$$K_1 = \frac{[H^+][HSO_3^-]}{H_2SO_3} = 1{,}7 \cdot 10^{-2}$$ (K. Jellinek)[1] und

$$K_2 = \frac{[H^+][SO_3^{2-}]}{HSO_3^-} = 1{,}0 \cdot 10^{-7}$$ (J. M. Kolthoff),

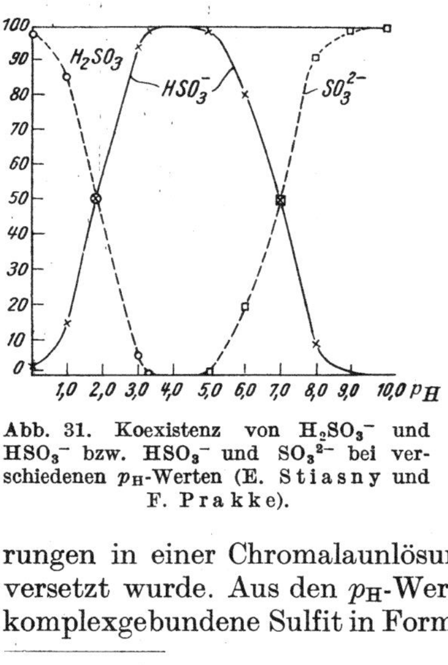

Abb. 31. Koexistenz von $H_2SO_3^-$ und HSO_3^- bzw. HSO_3^- und SO_3^{2-} bei verschiedenen p_H-Werten (E. Stiasny und F. Prakke).

aus dem p_H-Wert der Lösung ableiten (E. Stiasny und F. Prakke). Wie die Abb. 31 und Tabelle 35 zeigen, kann H_2SO_3 nur unterhalb p_H 3,3 vorhanden sein, von p_H 3,3 bis 5 ist praktisch nur HSO_3^- vorhanden und in höheren p_H-Bereichen HSO_3^- und SO_3^{2-} nebeneinander. Als Grenze kann hier ein p_H von ca. 7 angenommen werden, denn wie Stiasny und Szegö gezeigt haben, besitzt eine 2,5 g Cr/l enthaltende 33,3% basische Chromsulfatlösung bei 3 Molen Na_2SO_3 pro Cr ein p_H 7,1 und bei 10 Molen Na_2SO_3 pro Cr ein p_H von 8,1.

Die Tabelle 35 gibt Auskunft über die Menge des komplexgebundenen und freien Sulfits, des komplexgebundenen SO_4 und deren Änderungen in einer Chromalaunlösung, die mit verschiedenen Natriumsulfitmengen versetzt wurde. Aus den p_H-Werten ist ersichtlich, daß diese Lösungen das nicht komplexgebundene Sulfit in Form von HSO_3^- enthalten. Allerdings muß bemerkt

[1] H. F. Johnstone und P. W. Leppla berechneten unter Inachtnahme der Aktivität der Ionen K bei 25° C und erhielten den Wert $1{,}3 \cdot 10^{-2}$.

Tabelle 35. Gelöste Menge H_2SO_3, HSO_3^-, SO_3^{2-} bei verschiedenem p_H (E. Stiasny und F. Prakke).

p_H	% H_2SO_3	% HSO_3^-	% SO_3^{2-}	p_H	% H_2SO_3	% HSO_3^-	% SO_3^{2-}
0,0	98,3	1,7	—	5,0	—	99,0	1,0
1,0	85,5	14,5	—	6,0	—	80,9	19,1
1,77	50,0	50,0	—	7,0	—	50,0	50,0
3,0	5,5	94,5	—	8,0	—	9,0	91,0
3,3	0,2	99,8	—	9,0	—	1,0	99,0
4,0	—	100,0	—	10,0	—	0,1	99,9

werden, daß die Bestimmung des p_H-Wertes mit dem Folienkolorimeter nur annähernde Werte liefern kann, denn genaue p_H-Werte erhält man in diesen Lösungen nur mit der Glaselektrode [A. L. Zaides (*1*)]. Wie aus der Tabelle 36 ersichtlich

Tabelle 36. Einfluß des Alterns auf die Zusammensetzung von Sulfitochromsulfatlösungen (C. van der Hoeven).

Zeitpunkt der Messungen	Mole ionogengeb. SO_3/Cr	Mole komplex-geb. SO_3/Cr	Mole Gesamt-SO_3/Cr	Mole ionogengeb. SO_4/Cr	p_H-Wert
1 Mol Chromalaun + 1/2 Mol Na_2SO_3.					
Sofort nach Herstellung	0,46	0,04	0,50	1,97	4,3
Nach einigen Stunden.	0,41	0,07	0,48	1,89	3,85
,, 1 Tag	0,24	0,18	0,42	1,83	3,55
,, 2 Tagen	0,21	0,19	0,40	1,85	—
,, 3 ,, ...	—	—	—	—	3,3
,, 4 ,, ...	0,15	0,15	0,30	1,89	—
,, 5 ,, ...	—	—	—	—	3,1
,, 6 ,, ...	0,07	0,13	0,20	1,99	—
,, 7 ,, ...	—	—	—	—	2,9
,, 12 ,, ...	gering	0,03	0,03	2,07	2,85
1 Mol Chromalaun + 1 Mol Na_2SO_3 (im offenen Kolben).					
Sofort nach Herstellung	0,85	0,17	1,02	1,96	4,9
Nach einigen Stunden.	0,66	0,33	0,99	1,90	4,00
,, 1 Tag	0,55	0,42	0,97	1,92	3,7
,, 2 Tagen	0,51	0,41	0,92	1,92	3,6
,, 3 ,, ...	0,49	0,38	0,87	1,95	—
,, 5 ,, ...	0,44	0,36	0,80	2,00	3,45
,, 7 ,, ...	0,37	0,28	0,65	2,11	3,4
,, 12 ,, ...	0,05	0,19	0,24	2,41	—
,, 14 ,, ...	—	—	—	—	3,2
1 Mol Chromalaun + 1 Mol Na_2SO_3 (im verschlossenen Kolben).					
Nach einigen Stunden.	0,64	0,35	0,99	1,81	—
,, 1 Tag	0,55	0,39	0,94	1,92	—
,, 3 Tagen	0,52	0,37	0,89	—	—
,, 5 ,, ...	0,50	0,36	0,86	1,96	—
,, 7 ,, ...	0,49	0,37	0,86	1,97	—
,, 12 ,, ...	0,31	0,32	0,63	2,12	—
1 Mol Chromalaun + 1 1/2 Mole Na_2SO_3.					
Sofort nach Herstellung	1,19	0,33	1,52	2,03	5,2
Nach einigen Stunden.	1,03	0,49	1,52	—	4,3
,, 1 Tag	0,92	0,57	1,49	—	3,85
,, 2 Tagen	0,84	0,60	1,44	2,05	—
,, 3 ,, ...	0,77	0,57	1,34	2,10	3,8
,, 5 ,, ...	0,71	0,55	1,26	2,17	3,7
,, 7 ,, ...	0,61	0,49	1,10	2,28	—
,, 10 ,, ...	0,42	0,40	0,82	2,47	—
,, 17 ,, ...	—	—	—	—	3,1

Fortsetzung der Tabelle 36.

Zeitpunkt der Messungen	Mole ionogengeb. SO_3/Cr	Mole komplex-geb. SO_3/Cr	Mole Gesamt-SO_3/Cr	Mole ionogengeb. SO_4/Cr	p_H-Wert
1 Mol Chromalaun + 2 Mole Na_2SO_3.					
Sofort nach Herstellung	1,45	0,54	1,99	2,05	5,5
Nach einigen Stunden.	1,34	0,68	2,02	—	4,9
„ 1 Tag.	1,22	0,76	1,98	—	4,7
„ 2 Tagen. . . .	1,16	0,78	1,94	2,09	—
„ 3 „	1,14	0,79	1,93	2,12	4,45
„ 5 „	—	—	—	—	4,35
„ 7 „	1,07	0,82	1,89	2,16	4,2
„ 9 „	—	—	—	—	4,2
„ 10 „	1,02	0,70	1,72	2,24	—
„ 12 „	—	—	—	—	4,15
„ 25 „	0,77	0,55	1,32	2,62	—
1 Mol Chromalaun + 3 Mole Na_2SO_3.					
Sofort nach Herstellung	2,50	0,50	3,01	2,07	6,9
Nach einigen Stunden.	2,38	0,62	3,00	—	6,35
„ 1 Tag.	2,31	0,65	2,96	2,05	6,2
„ 3 Tagen. . . .	2,16	0,67	2,83	2,17	6,00
„ 5 „	2,02	0,72	2,74	2,31	5,8
„ 7 „	1,86	0,76	2,62	—	5,65
„ 9 „	1,67	0,81	2,48	—	5,4
„ 12 „	1,56	0,73	2,29	2,79	5,2
„ 14 „	—	—	—	—	4,95

Herstellung der Lösungen: Je 38 g Chromkaliumalaun wurden durch ca. 15 Minuten langes Schütteln in 300 ccm Wasser von 18° C gelöst. Zu diesen Lösungen wurde die angegebene Natriumsulfitmenge in 50 bis 125 ccm Wasser gelöst zugegeben und die Lösung auf 500 ccm verdünnt; 200 ccm hiervon wurden auf 1 l verdünnt und zur Untersuchung verwendet.

ist, braucht die Wanderung des Sulfitorestes in den Komplex Zeit. Nach Erreichen eines Maximums nimmt die Menge der komplexgebundenen SO_3-Reste ab. Diese Abnahme muß auf die Oxydation der freien Bisulfitionen zurückgeführt werden. Die p_H-Erniedrigung beim Altern wird nicht nur durch die Verolung, sondern auch durch die Umwandlung der HSO_3^- in $HSO_4^- \rightleftarrows H^+ + SO_4^{2-}$ hervorgerufen und die Gesamtmenge des Sulfits in der Lösung nimmt ab. Die von van der Hoeven gefundene Abnahme der komplexgebundenen Sulfitmenge beim Altern infolge Oxydation des ionogenen Sulfits bestätigt den Befund der grundlegenden Arbeit von Stiasny und Szegö, daß zwischen komplexgebundenem und ionogenem Sulfit ein Gleichgewicht besteht. Bei potentiometrischer Titration einer gekochten Chromsulfatlösung mit Natriumsulfit erhält man eine p_H-Kurve, die der Kurve ähnelt, welche man bei der Neutralisation einer Säure mit Lauge erhält. Der Wendepunkt liegt bei 5 Molen Na_2SO_3 pro Cr-Atom [A. L. Zaides (*1*)]. Mit wachsenden Sulfitzusätzen wächst die elektrische Leitfähigkeit der Lösung und das Absorptionsmaximum wird nach Rot verschoben. Die Sulfitochromkomplexlösungen haben eine typische grasgrüne Farbe. Beim Altern der Lösungen nimmt die Leitfähigkeit und die Extinktion im gelben Spektralgebiet zu [A. L. Zaides (*1*)]. Die Viskosität der Lösung nimmt mit steigendem Sulfitzusatz zu. Bei hohen Chrom- oder Sulfitkonzentrationen besitzen die Lösungen typisch kolloide Eigenschaften [K. H. Gustavson (*8*); A. L. Zaides (*2*)]. Die Neigung zu kolloiden Lösungen scheint eine spezifische Eigenschaft der Sulfitokomplexe zu sein, denn z. B. das kristallisierte trisulfitokobaltisaure Lithium (das entsprechende Chromsalz konnte nicht dargestellt werden) löst sich kolloidal in Wasser (G. Jantsch und K. Abresch).

Beim Altern erstarren die Lösungen der Sulfitochromkomplexe vielfach zu einem Gel, welches sich bei weiterem Altern verflüssigt [E. Stiasny und L. Szegö; K. H. Gustavson (*8*); A. L. Zaides (*1*)]. Die Gelatinierung faßt Gustavson als eine Teilchenvergrößerung auf. Wie aus der Tabelle 37 ersichtlich ist, tritt bei niedrigem Sulfitzusatz beim Altern keine Teilchenvergrößerung ein, sondern eine Teilchenverkleinerung (C. Rieß und K. Barth). Allerdings kann die Verflüssigung der gelatinierten Lösung, die bei längerem Altern eintritt, ebenfalls als Zeichen einer Teilchenverkleinerung aufgefaßt werden. Mit den Änderungen in den mit Sulfit versetzten Chromsulfatlösungen steht das Gerbvermögen dieser Lösungen in engem Zusammenhang. Solange beim Altern die komplexgebundene Sulfitmenge zunimmt, wächst auch die vom Hautpulver gebundene Chrommenge (C. van der Hoeven). Bei längerem Altern (Teilchenverkleinerung) nimmt die Chromaufnahme ab (E. Stiasny und L. Szegö; E. Preis). Es ist nicht gleichgültig, ob man von basisch gemachten oder 0% basischen Chromsulfatlösungen ausgeht. So fanden Stiasny und Szegö bei ersterer (Basizität 33%) die maximale Chromaufnahme durch Hautpulver bei $1^1/_2$ Mol Sulfit pro Cr-Atom, während van der Hoeven bei 0% basischen Chromsulfatlösungen bei 3 Molen Sulfit pro Cr-Atom größere Chromaufnahme erhielt als bei $1^1/_2$ Molen Sulfit pro Cr-Atom.

Tabelle 37. Einfluß des Alterns auf die Molekülgröße der Chromverbindungen in einer 33,3% basischen, 0,5 Mol Na-Sulfit pro Liter Cr enthaltenden Chromalaunlösung (C. Rieß und K. Barth).

Alter der Brühe	$1/D^2$-Werte
2 Stunden . . .	16,4
3 Tage	14,4
14 „	10,4
25 „	6,4

Die Stabilität der Sulfitochromsulfatlösungen ist nicht an ein bestimmtes Verhältnis von Chrom zum Sulfitzusatz gebunden, sondern hängt von den Arbeitsbedingungen bei ihrer Bereitung ab; z. B. von der Konzentration der Sulfitlösung oder davon, ob man die Sulfitlösung zur Chromlösung bzw. die Chromlösung zur Sulfitlösung gießt (E. Stiasny und L. Szegö). Zur Bereitung beständigerer Lösungen von Sulfitochromkomplexen werden Sulfitlösungen, deren p_H-Wert unter 7 liegt, d. h. Gemische von Sulfit und Bisulfit, empfohlen (E. Preis). Bei Zusatz alkalischer Sulfitlösungen tritt die anodische Wanderung bei geringerem Sulfitzusatz auf als bei Zusatz neutraler Sulfitlösungen. Sulfitochromlösungen sind hitzeempfindlich, ihre Beständigkeit beim Erhitzen hängt sowohl von der zugesetzten Sulfitmenge als auch von den Arbeitsbedingungen bei ihrer Herstellung ab. Wie schon erwähnt, sind Sulfitochromsulfatlösungen, die bei der Reduktion konzentrierter Bichromatlösungen mit SO_2 entstehen, ziemlich hitzebeständig (E. Stiasny und A. Georgiu, siehe S. 144).

Auch beim Basischmachen von Chromlösungen in der Kälte mit Natriumthiosulfat entstehen Sulfitochromverbindungen (E. Stiasny und F. Prakke). Die basischmachende Wirkung beruht auf dem Zerfall des S_2O_3-Ions im sauren Medium.

$$S_2O_3^{2-} + 2\,H^+ \rightleftarrows H_2SO_3 + S \qquad \text{(I)}$$
$$\downarrow$$
$$SO_2 + H_2O$$
$$S_2O_3^{2-} + H^+ \rightleftarrows HSO_3^- + S, \qquad \text{(II)}$$
$$5\,S_2O_3^{2-} + 6\,H^+ \rightleftarrows 2\,S_5O_6^{2-} + 3\,H_2O. \qquad \text{(III)}$$

Die Gleichgewichte, welche zur Bildung von schwefliger Säure führen, sind von der Konzentration der H-Ionen, von der der S_2O_3-Ionen und davon abhängig, ob bei der Reaktion undissoziierte H_2SO_3-Moleküle, bzw. SO_2- oder HSO_3-Ionen entstehen. Aus den Dissoziationskonstanten der schwefligen Säure läßt sich

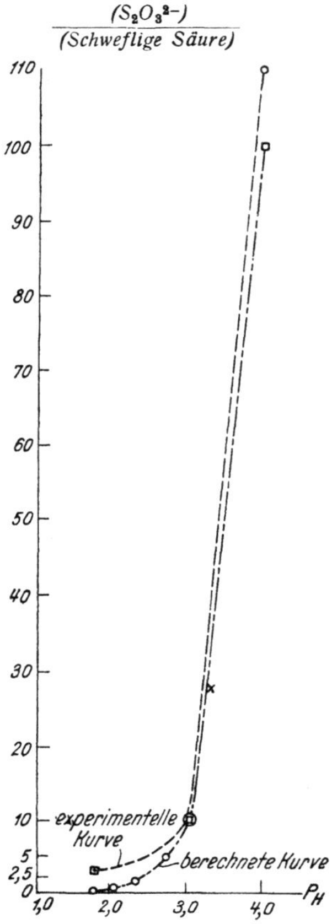

□ Experimentelle Werte bei 18° C,
× Experimentelle Werte bei 11° C (F. Foerster und R. Vogel),
○ berechnete Werte.

Abb. 32. Zerlegung des Natriumthiosulfats durch Säure in Abhängigkeit vom p_H (E. Stiasny und F. Prakke).

der Bruch $\frac{S_2O_3^{2-}}{\text{Gesamtschweflige Säure}}$, d. h. der prozentuelle Zerfall des Thiosulfats in Abhängigkeit vom p_H berechnen (E. Stiasny nnd F. Prakke). Die so erhaltenen Werte stimmen mit den experimentell erhaltenen bei $p_H > 2{,}8$ gut überein (siehe Abb. 32). Der Zerfall beginnt praktisch bei ca. p_H 4. Bei p_H 3 ist das Gleichgewicht II noch stark nach der linken Seite verschoben. Bei $p_H < 3$ ist das Gleichgewicht I stark nach der rechten Seite verschoben. Die Bildung von Pentathionat III geht langsam vor sich und spielt bis $p_H < 3$ keine wesentliche Rolle. Die Wichtigkeit dieser Reaktion III wird am besten dadurch gekennzeichnet, daß 90% des bei p_H 3 zersetzten Thiosulfats zur Bildung von Pentathionat verbraucht wird. Bei $p_H > 5$ wird kein Polythionat aus Thiosulfat gebildet.

Die Basizität einer Chromlösung wird nur durch die Reaktion I und III erhöht. Die Wirkung von I ist nur geringfügig, da bald ein p_H-Wert erreicht wird, bei welchen keine undissoziierte H_2SO_3, bzw. freies SO_2 entsteht. Die Reaktion II führt deswegen zu keiner Basizitätserhöhung, weil die entstandene HSO_3^- weitgehend zur Bildung von Sulfitokomplexen verbraucht wird (Tabelle 38), wobei wie die folgende Gleichung schematisch zeigt, die bei der Zersetzung von S_2O_3-Ionen verbrauchten H-Ionen wieder frei werden:

$$HSO_3^- + [Cr(OH_2)_6]^{3+} = \left[Cr \begin{matrix}(OH_2)_4 \\ SO_3\end{matrix}\right]^+ + H^+ + 2\,H_2O.$$

Die Basizitätserhöhung kommt also hauptsächlich durch die Bildung von Polythionat zustande.

Der Unterschied zwischen dem Zerfall von $S_2O_3^{2-}$ in einer Säurelösung und dem in einer Chromlösung besteht darin, daß infolge der Komplexbindung von

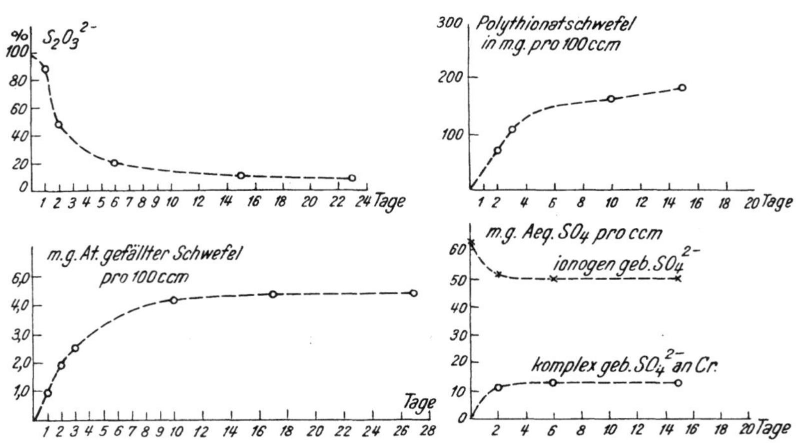

Abb. 33. Verlauf der Änderungen, die beim Altern von mit Thiosulfat versetzten Chromalaunlösungen eintreten (E. Stiasny und F. Prakke).

SO_3 Gleichgewicht II mehr nach rechts verschoben wird und so mehr $S_2O_3^{2-}$ nach II zersetzt wird als in einer Säurelösung. Beim Basischmachen mit Thiosulfat erhält man auch bei hohen Zusätzen keine Fällung, denn die Basizität der Lösungen ist viel geringer als die, welche aus dem Thiosulfatzusatz unter der Annahme $1\,Na_2S_2O_3 = 2\,NaOH$ errechnet wird (siehe Tabelle 38). Die entstehenden

Tabelle 38. Art und Zusammensetzung der untersuchten Reaktionsgemische.

Bezeichnung der Lösung	Zusammensetzung der Lösung	Berechnete Basizität, wenn $1\,Na_2S_2O_3$ gleichgesetzt wird $2\,NaOH$
I	10% an Chromalaun 2,5% „ Thiosulfat	33%
II	10% „ Chromalaun 5% „ Thiosulfat	66%
III	10% „ Chromalaun 10% „ Thiosulfat	133%
IV	7,5% „ Chromalaun 20% „ Thiosulfat	355%
V	5% „ Chromalaun 1,25% „ Thiosulfat	33%
VI	15% „ Chromalaun 3,75% „ Thiosulfat	33%

Analysenergebnisse.

mg Mol (Ion oder Atom) pro 100 ccm	I	II	III	IV	V	VI
$S_2O_3^{2-}$ vor der Zerlegung	10,3	20,8	42,0	82,4	5,2	15,3
SO_4^{2-} vor der Zerlegung	41,2	41,6	42,0	30,9	20,6	61,2
Chrom	20,6	20,8	21,0	15,5	10,3	30,6
Nach 2 Monaten Reaktionsdauer:						
$S_2O_3^{2-}$ ionogen gebunden	1,25	3,4	15,3	52,2	0,38	0,80
$S_2O_3^{2-}$ komplex gebunden	0,55	1,0	1,6	4,2	0,20	0,28
SO_3^{2-} ionogen gebunden	0,2	0,2	0,6	1,6	0,05	0,16
SO_3^{2-} komplex gebunden	4,3	6,6	7,2	7,0	1,84	6,0
Entwichenes SO_2	0,7	0,7	0,5	0,0[1]	0,9	2,0
Gefällter Schwefel	6,4	13,5	20,5	23,6	3,5	12,1
Polythionat	2,0	3,9	5,3	3,6	0,7	2,1
SO_4^{2-} ionogen gebunden	33,5	36,4	39,7	34,1	17,9	52,6
SO_4^{2-} komplex gebunden	7,8	7,2	10,4	8,6	3,3	9,9
Gesamt-SO_4^{2-}	41,3	43,6	50,1	42,7	21,2	62,5
Gebildetes SO_4^{2-}	0,1	2,0	8,1	11,8	0,6	1,3
p_H (Chinhydronelektrode)	2,9				3,2	3,1
p_H (Wulff Folienkolorimeter)		3,4	3,6	4,5	3,1	3,1
Qualitative Reaktion auf Pentathionat	pos.	pos.	pos.	neg.	pos.	pos.
„ Trithionat	neg.	neg.	neg.	neg.	neg.	neg.
Basizität in Prozenten	12	23	30	34	13	11
$\frac{\text{Komplex gebundene } SO_3}{\text{Gesamt-}SO_3} \cdot 100$	96	97	92	81	97	97
$\frac{\text{Komplex gebundene } SO_4}{\text{Gesamt-}SO_4} \cdot 100$	19	17	20	20	16	16

[1] Im verschlossenen 100 ccm Meßkolben, sodaß SO_2 nicht entweichen konnte und nicht absorbiert wurde.

Chromverbindungen sind verolte Sulfito-Sulfato-Chromsalze. Auch Thiosulfatreste werden komplex gebunden und es sind auch gewisse Anzeichen da, daß dies auch bei Polythionatresten der Fall ist. Wie die Tabelle 38 zeigt, ist die entstandene Sulfitmenge weitgehend an Chrom komplex gebunden. Wie die Abb. 33 zeigt, verlaufen die Änderungen bei mit Thiosulfat versetzten Chromalaunlösungen nur langsam. Dies gilt besonders für die Bildung von Polythionat.

Über Zusammensetzung mit Natriumthiosulfat basischgemachter Chromalaunlösungen vgl. E. Stiasny und F. Prakke.

f) Chromioxalate.

Fällt man eine Hexaquochromisalzlösung mit Alkalioxalat, so erhält man das in kaltem Wasser unlösliche Hexaquochromioxalat, $[Cr(OH_2)_6]_2(C_2O_4)_3 \cdot x\,H_2O$ (wobei $x = 13$, 4 oder 0 sein kann) [G. Wyrouboff (*2*), A. Rosenheim und R. Cohn]. In kochendem Wasser löst es sich unter Umwandlung der ionogen gebundenen Oxalatoreste in komplexgebundene auf.

Die Chromverbindungen, die neben Aquogruppen Oxalatoreste komplexgebunden enthalten, leiten sich von den Mono-, Di- und Trioxalatoverbindungen ab: $[Cr(OH_2)_4C_2O_4]X$; $[Cr(OH_2)_2(C_2O_4)_2]Me$; $[Cr(C_2O_4)_3]Me_3$. Von diesen drei Verbindungstypen kristallisieren sowohl die Dioxalato- als auch die Trioxalatosalze gut, so daß ihre Konstitution und die bei ihnen auftretenden Isomerieerscheinungen: cis-trans-Isomerie und Spiegelbildisomerie (siehe S. 73), aufgeklärt werden konnten (A. Werner; A. Werner, W. J. Bowis, A. Hoblik, H. Schwarz und H. Surber). Dem Monoxalat analog aufgebaute Komplexe, die als Neutralteile auch Ammoniak oder Äthylendiamin enthalten, sind in kristallisiertem Zustand bekannt (A. Werner, E. Bindschedler usw.). Die Versuche, Oxalatotetraquochromsalze kristallisiert zu erhalten, schlugen fehl, ihre Existenz in Lösung konnte aber nachgewiesen werden (M. Abendstern).

Die Komplexaffinität des Oxalatorestes ist sehr groß. Das Gleichgewicht zwischen komplexgebundenem und ionogenem Oxalatorest ist in einer Oxalatochromisalzlösung so weit zugunsten des komplexgebundenen Oxalatorestes verschoben, daß der Nachweis ionogener Oxalatoreste nur durch Konzentrationsketten, z. B.

Ag	$^{n}/_{10}$ $AgNO_3$	gesättigtes NH_4NO_3 oder gesättigtes KNO_3	$[Cr(C_2O_4)_3]K_3$-Lösung, gesättigt mit $Ag_2C_2O_4$	Ag

(W. Thomas und R. Fraser), nicht aber durch gewöhnliche analytische Reaktionen (z. B. Fällung mit Calciumchlorid) gelingt. Praktisch sind demnach sämtliche Oxalatoreste komplexgebunden und ein Gleichgewicht zwischen ionogenem und komplexgebundenem Oxalatorest, wie dies z. B. in einer Sulfitochromsalzlösung zwischen komplexgebundenem und freiem Sulfit vorhanden ist, besteht nicht.

Monoxalatochromisalze. Von gerbtechnischem Standpunkt sind von den Oxalatochromsalzen die Monoxalate am wichtigsten, da sie bei geeigneter Basizität gute Gerbwirkung aufweisen.

Durch Zusammenkochen stellte M. Abendstern aus folgenden Ausgangsmaterialien eine Reihe Monoxalatochromlösungen ($^1/_5$ Mol Chrom = 1,04 g Cr/l) her:

Lösung I aus frischgefälltem Chromhydroxyd, Oxalsäure und Salzsäure:

$$Cr(OH)_3 + H_2C_2O_4 + HCl + H_2O = [C_2O_4Cr(OH_2)_4]Cl.$$

Lösung I_{KCl} aus Hexaquochromichlorid und Kaliumoxalat:

$$[Cr(OH_2)_6]Cl_3 + K_2C_2O_4 \cdot H_2O = [C_2O_4Cr(OH_2)_4]Cl + 2\,KCl + 3\,H_2O.$$

Lösung II aus Dihydroxotetraquochromisulfat und Oxalsäure:

$$\left[Cr\begin{matrix}(OH)_2\\(OH_2)_4\end{matrix}\right]_2 SO_4 + 2\,H_2\,C_2O_4 = [C_2O_4Cr(OH_2)_4]_2SO_4 + 4\,H_2O.$$

Lösung II a aus Chromalaun und Kaliumoxalat:

$$2\,([Cr(OH_2)_6](SO_4)_2K\cdot 6\,H_2O) + 2\,(K_2C_2O_4\cdot H_2O) =$$
$$= [C_2O_4Cr(OH_2)_4]_2SO_4 + 3\,K_2SO_4 + 18\,H_2O.$$

Lösung II b aus Dihydroxotetraquochromisulfat, Oxalsäure und Kaliumsulfat:

$$\left[Cr\begin{matrix}(OH)_2\\(OH_2)_4\end{matrix}\right]_2SO_4 + 2\,H_2C_2O_4 + 3\,K_2SO_4 = [C_2O_4Cr(OH_2)_4]_2SO_4 + 3\,K_2SO_4 + 4\,H_2O.$$

Lösung II c aus Chromalaun, dioxalatodiaquochromisaurem Kalium und Kaliumsulfat:

$$[Cr(OH_2)_6](SO_4)_2K\cdot 6\,H_2O + [(C_2O_4)_2Cr(OH_2)_2]K\cdot 3\,H_2O + 2\,K_2SO_4 =$$
$$= [C_2O_4Cr(OH_2)_4]_2SO_4 + 3\,K_2SO_4 + 9\,H_2O.$$

II a, II b und II c, in den folgenden als $II_{K_2SO_4}$ bezeichnet, sind identisch, da sie praktisch in bezug auf p_H-Wert, Ausflockungszahl, Verhalten beim Überführungsversuch keine Differenzen aufweisen und in Konzentrationsketten gegeneinander geschaltet keine Spannung ergeben. I und II sind neutralsalzfrei, I_{KCl} und $II_{K_2SO_4}$ enthalten Kaliumchlorid bzw. Kaliumsulfat.

Es wäre denkbar, daß I, I_{KCl}, II und $II_{K_2SO_4}$ keinen Monoxalatochromkomplex, sondern ein Chromsalz enthalten, welches gemäß der Gleichung:

$$2\,[C_2O_4Cr(OH_2)_4]^+X^- = [Cr(OH_2)_6]^{3+}\begin{matrix}X_2^-\\ [(C_2O_4)_2Cr(OH_2)_2]^-\end{matrix}$$

den Monoxalatochromkomplex nur vortäuscht und, abgesehen von dem Säurerest, X, aus einem Dioxalato- und einem oxalatofreien Chromkomplex zusammengesetzt ist. Abendstern konnte durch Überführungsversuche diese Annahme widerlegen. In der Lösung des erwähnten hypothetischen Salzes würde der oxalatofreie, positiv geladene, violett gefärbte Chromkomplex kathodisch und der rote, negativ geladene Dioxalatochromkomplex anodisch wandern. Entsprechend der Zusammensetzung des Dioxalatochromkomplexes würde in dem nach der Anode gewanderten roten Anteil das Verhältnis von Chrom zum Oxalatorest 1 : 2 sein. Durch Überführungsversuche ließ sich jedoch zeigen (Tabelle 39), daß in I, II und $II_{K_2SO_4}$ (entweder sofort nach ihrer Herstellung oder nach dem Altern) ein roter Anteil zur Kathode wandert.

Tabelle 39. Wanderungsrichtung und Farbe des gewanderten Anteils, erhalten bei Überführungsversuchen mit auf verschiedene Weise bereiteten Monoxalatochromlösungen (M. Abendstern).

Lösung	Richtung	Sofort nach dem Abkühlen	Nach 4 Wochen
I	anodisch	—	—
	kathodisch	stark rot	stark rot
II	anodisch	stark grünstichig rot	schwach rot
	kathodisch	stärker, aber langsamer rot	stark rot
$II_{K_2SO_4}$	anodisch	mäßig stark grünrot	schwach grünrot
	kathodisch	—	sehr schwach rot

Die kathodische Wanderungsrichtung (positive Ladung) und die von dem Oxalatorest stammende rote Farbe zeigen an, daß der gewanderte Komplex ein Monoxalatochromkomplex ist. Das Verhältnis vom Chrom zum Oxalatorest in dem gewanderten Anteil wurde bei einer Lösung geprüft, die aus dem Trockenrückstand von II bereitet wurde. Hier tritt durch sekundäre Veränderungen (siehe später) neben der kathodischen auch eine anodische Wanderung auf. Sowohl in dem kathodisch als auch in dem anodisch gewanderten Anteil ist das Verhältnis von Chrom zu Oxalat annähernd 1 : 1. Als eine weitere Stütze für die Existenz von Monoxalatochromkomplexen betrachtet Abendstern das Absorptionsspektrum der Monoxalatochromlösungen, welches von dem charakteristischen Absorptionsspektrum der Dioxalatochromsalze (W. Lapraik) deutlich abweicht.

Infolge der Hydrolyse und Wanderung von Säureresten ($X = Cl, SO_4$) in den Komplex entstehen in I, I_{KCl}, II, $II_{K_2SO_4}$ aus dem Oxalatotetraquochromkomplex noch andere Komplexe:

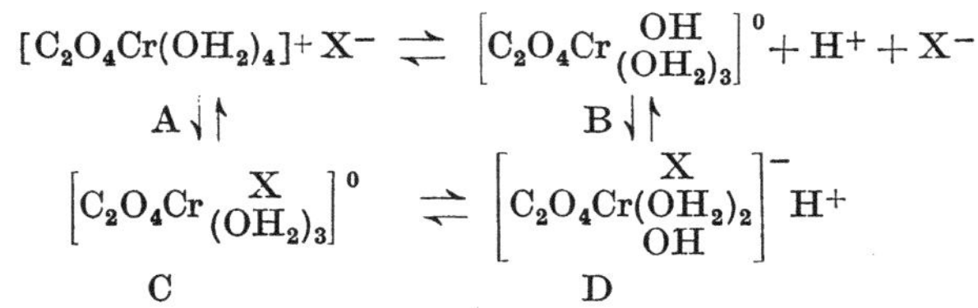

Die Anwesenheit von A wird durch die kathodische Wanderung und die Anwesenheit von D durch die anodische Wanderung angezeigt. Enthalten die Lösungen A bzw. D, so kann man auf die Anwesenheit von A bzw. auf die von B schließen, denn durch die stets vorhandene Hydrolyse entsteht aus A B, bzw. D ist aus C entstanden. Das Gleichgewicht zwischen B und D spielt nur eine geringe Rolle.

Bei dem Überführungsversuch wandert I nur kathodisch (Tabelle 39) und der gewanderte Anteil ist chlorfrei. Die Lösung enthält demnach hauptsächlich A. Die Anwesenheit von B wird durch den niedrigen p_H-Wert angezeigt. Es könnte wohl noch durch die Wanderung des Cl-Rests in den Komplex eine geringe Menge von C vorhanden sein. Dies ist jedoch wegen der geringen Komplexaffinität des Cl-Rests kaum anzunehmen. Was über I gesagt wurde, gilt auch für I_{KCl}. Der niedrigere p_H-Wert in der letzteren Lösung ist auf die bekannte p_H-erniedrigende Neutralsalzwirkung des Kaliumchlorids zurückzuführen.

Die Verhältnisse in den Monoxalatochromsulfatlösungen sind etwas komplizierter als in den Chloridlösungen. Die Herstellungsart (Zusammenkochen) bringt mit sich, daß eine starke Wanderung von SO_4-Resten in den Komplex eintritt. Es entsteht C und aus diesem durch Hydrolyse auch D. Tatsächlich weist II nach der Herstellung sowohl eine kathodische als eine anodische Wanderung auf (Tabelle 39). Der kathodisch wandernde Anteil, der entsprechend den theoretischen Forderungen keinen SO_4-Rest enthält, besteht aus A und der anodisch wandernde Anteil aus D. Beim Altern strebt die bei Kochtemperatur bereitete Lösung dem Gleichgewicht bei Zimmertemperatur zu. Durch Austritt von SO_4-Resten aus dem Komplex nimmt C ab und A zu. Die Konzentrationsverminderung von C bewirkt dann die Abnahme von D. In Übereinstimmung damit nimmt die anodische Wanderung in II beim Altern tatsächlich ab.

$II_{K_2SO_4}$ zeigt nach der Herstellung nur eine anodische Wanderung, zum Zeichen dafür, daß die erhöhte SO_4-Ionenkonzentration eine starke Verschiebung des Gleichgewichts von A nach C verursacht. Das Ausbleiben einer kathodischen Wanderung deutet darauf, daß A in der Lösung nicht vorhanden ist. Erst die Wanderung des SO_4-Restes aus dem Komplex beim Altern führt zur Rückbildung von A, somit zum Auftritt einer kathodischen Wanderung. Daß die p_H-Werte in $II_{K_2SO_4}$ höher sind als in II, rührt vermutlich hauptsächlich von der p_H-erniedrigenden Wirkung des Kaliumsulfats her.

Einfachheitshalber wurde eine Komplikation, die durch den SO_4-Rest bedingt ist, noch nicht erwähnt. Wie üblich, bezeichnet X in den Formeln einen 1zähligen Säurerest. Der SO_4-Rest ist aber 2zählig, so daß C und D als 2kernige Komplexe mit einem Brücken-SO_4-Rest formuliert werden müssen:

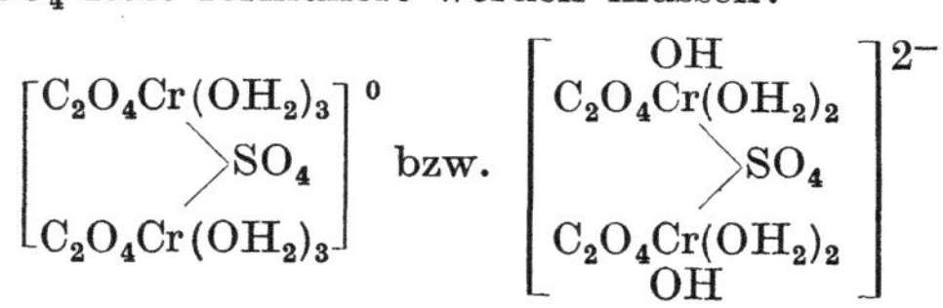

Das Basischmachen der Monoxalatochromlösungen mit Kalilauge stößt auf Schwierigkeiten. Schon bei 20% Basizität entsteht eine Trübung. Durch Erwärmen geht sie in Lösung und bei vorsichtigem Arbeiten ist eine Basizität von 33,3% erreichbar. Außer $II_{K_2SO_4}$ sind die Lösungen bei dieser Basizität nicht stabil. Nach wenigen Tagen tritt die Bildung eines Niederschlags ein, der durch Erwärmen nicht mehr in Lösung gebracht werden kann. Abendstern fand in dem Niederschlag, der beim raschen Basischmachen von II entstand, ein Verhältnis von Chrom zu Oxalat 1 : 1. Die 33,3% basisch gestellte $II_{K_2SO_4}$ ist sehr beständig und kann bis 45% Basizität weiter basisch gemacht werden.

Auch die basisch gemachten Monoxalatolösungen verolen. Die langsame Zunahme des p_H-Werts in einer gealterten 33,3% basischen, mit Salzsäure versetzten Monoxalatosulfatlösung (siehe Tabelle 40) deutet auf einen Entolungsvorgang hin. Wäre nämlich beim Altern (ohne Säurezusatz) keine Verolung eingetreten, so müßten die OH-Gruppen mit der zugesetzten Säure sofort reagieren und nicht erst langsam.

Ähnlich wie bei den Chromsulfaten der komplexgebundene Sulfatorest, so bewirkt bei den Monoxalatochromsalzen der komplexgebundene Oxalatorest eine verhältnismäßig rasche Entolung (siehe Tabelle 40). Daß die Entolung bei den Oxalaten noch rascher ist als bei den Sulfaten, deutet darauf hin, daß die Entolungsgeschwindigkeit mit steigender Affinität des komplexgebundenen Säurerestes zu Chrom abnimmt.

Tabelle 40. Entolung bei einer 33% basischen Monoxalatochromlösung bei Zusatz von HCl (M. Abendstern).

Zeit	p_H	H	$H_a - H_n$	% entolt
Sofort	1,67	0,0215	—	—
1 Stunde	1,74	0,0183	0,0032	6,4
2 Tage	2,08	0,0083	0,0132	26
10 „	2,38	0,0042	0,0173	35

Die Entolung ist durch die Menge der gesprengten Olbrücken pro 100 Cr-Atome angegeben. Sie wurde aus der Differenz der Wasserstoffionenkonzentration sofort nach dem Säurezusatz, H_a, und nach verschiedener Alterungsdauer, H_n, entsprechend der Formel: $\frac{H_a - H_n}{\text{Molarität an Cr}} \cdot 100$ berechnet.

Schon bei den 0% basischen Monoxalatochromlösungen muß man Verolung, die durch das Kochen bei der Bereitung dieser Lösungen hervorgerufen wird, annehmen. Dies wird dadurch angezeigt, daß in sämtlichen Lösungen beim Altern keine p_H-Erniedrigung, sondern eine p_H-Erhöhung stattfindet. Diese p_H-Erhöhung tritt infolge der Entolung durch die beim Kochen gebildete (Verolung) Säure ein.

Wie die Tabelle 41 zeigt, ändert sich die mittlere Teilchengröße der Chromkomplexe durch ihre Umwandlung in Oxalatochromkomplexe nicht nennenswert.

Tabelle 41. Einfluß von Natrium-Oxalatzusätzen auf die Teilchengröße der Chromverbindungen (Werte für 1/D²). (C. Riess und K. Barth.)

mol Oxalat pro 1 Cr-Atom	0% bas. Cr-Nitrat	33,3% bas. Cr-Nitrat
0	2,4	4,1
0,5	1,9	4,6
1	1,9	4,7
1,5	2,0	—
2	2,2	7,0

Werden die Monoxalatochromlösungen statt mit Lauge mit Soda basisch gemacht, so bilden sich Carbonatokomplexe. Sie konnten, wie bei den Chromsulfaten und Chloriden, nach Entfernung der gelösten Kohlensäure durch Zerstören des Komplexes mit Schwefelsäure und Auffangen der frei werdenden Kohlensäure nachgewiesen werden. Infolge der Bildung von Carbonatokomplexen sind die Monoxalatolösungen gegenüber Sodazusätzen sehr beständig. Ihre Ausflockungszahl ist gegenüber Soda nicht eine bestimmte (zahlenmäßig ausdrückbare), wie gegenüber Natronlauge, sondern unendlich. Man kann demnach Monoxalatochromlösungen mit Soda, wenn man sie nur als Lauge betrachtet und von der Bildung von Carbonatokomplexen absieht, sehr hoch basisch machen. Allerdings tritt bei 66,6% Basizität nach einigen Tagen und bei 50% Basizität etwas später Ausflockung ein. Eine 33% basische Lösung bleibt aber auch nach längerem Stehen (über 4 Wochen) klar.

Dioxalatochromsalze. Die Dioxalatodiaquochromisalze sind wohl definierte kristallisierte Körper, in denen sich das Chrom im Anion befindet: $[(C_2O_4)_2Cr\cdot(OH_2)_2]^-Me^+$. Die Salze treten in zwei stereoisomeren Formen, cis- und trans-Form, auf (A. Werner, Konfigurationsbeweis, siehe S. 52). Von beiden Formen konnten mehrere Metallsalze isoliert werden.

Die Dioxalatodiaquochromsalze stellt man am besten durch Reduktion von Bichromat mit Oxalsäure nach folgender Gleichung dar (H. Croft):

$$Me_2Cr_2O_7 + 7\,(H_2C_2O_4\cdot 2\,H_2O) = 2\,[(C_2O_4)_2Cr(OH_2)_2]\,Me + 6\,CO_2 + 17\,H_2O.$$

Wie ersichtlich, dienen von den sieben Oxalsäuremolekülen fünf zur Überführung des 6wertigen Chroms in das 3wertige.

Versetzt man eine mit Chromhydroxyd heiß abgesättigte Oxalsäurelösung mit 1 Mol Alkalioxalat pro 3 Mol Oxalsäure, so gelangt man auch zu dem Dioxalatodiaquochromsalz (A. Rosenheim und R. Cohn):

$$3\,H_2C_2O_4 + 2\,Cr(OH)_3 = Cr_2(C_2O_4)_3\cdot 6\,H_2O,$$
$$Cr_2(C_2O_4)_3\cdot 6\,H_2O + Me_2C_2O_4 = 2\,[(C_2O_4)_2Cr(OH_2)_2]Me + 2\,H_2O.$$

Das Zwischenprodukt $Cr_2(C_2O_4)_3\cdot 6\,H_2O$, Chromoxalsäure genannt, faßt E. Stiasny (*2*) (S. 398) als

$$\left[(C_2O_4)_3Cr_2{(OH)_2 \atop (OH_2)_4}\right]^{2-}H_2^+$$

auf.

Der Herstellungsart der Monoxalatochromlösungen analog erhält man neutralsalzhaltige Dioxalatochromlösungen, wenn man eine Chromsalzlösung mit 2 Molekülen Alkalioxalat versetzt und die Lösung aufkocht oder altern läßt, z. B.:

$$[Cr(OH_2)_6]X_3 + 2\,Me_2C_2O_4 = [(C_2O_4)_2Cr(OH_2)_2]Me + 3\,MeX + 4\,H_2O.$$

Auch bei den Dioxalaten kann der Säurerest in den Komplex hereinwandern. Dies ist z. B. der Fall bei dem SO_4-Rest.

Je nachdem, wie man die Croftsche Methode ausführt, erhält man das violettrote cis- oder das rote trans-Dioxalatodiaquochromisalz (A. Werner) (gemeint ist hier das Kaliumsalz). Hierüber Näheres bei M. Abendstern sowie J. Meisenheimer, L. Angermann und H. Holsten.

Die Dioxalatodiaquochromisäure, $[(C_2O_4)_2Cr(OH_2)_2]^-H^+$, die den Dioxalatochromsalzen zugrunde liegt, entsteht nach folgender Gleichung:

$$H_2Cr_2O_7 + 7\,(H_2C_2O_4\cdot 2\,H_2O) = 2\,[(C_2O_4)_2Cr(OH_2)_2]H + 6\,CO_2 + 17\,H_2O.$$

Diese freie Säure als solche ist nur in Lösung bekannt. Dampft man zu ihrer Gewinnung die Lösung ab, so zerfällt sie in Oxalsäure und Chromoxalsäure:

$$2\,[(C_2O_4)_2Cr(OH_2)_2]H + H_2O = [(C_2O_4)_3Cr_2(OH)_2]H_2 + H_2C_2O_4 + 3\,H_2O.$$

Nach den p_H-Messungen von Abendstern ist die Dioxalatodiaquochromisäure eine recht starke Säure, die eine etwas größere Dissoziationskonstante als 10^{-2} besitzt. Die 0,05molare Lösung (= 2,6 g Cr/l) hat p_H 1,32.

Die 1basische Dioxalatodiaquochromisäure vermag mit drei Molekülen Alkali zu reagieren. Durch das erste Mol Kalilauge wird sie in das Kaliumsalz umgewandelt, das zweite Mol führt das dioxalatodiaquochromisaure Kalium in das dioxalatohydroxoaquochromisaure Kalium und das dritte Mol in dioxalatodihydroxochromisaures Kalium über:

$$[(C_2O_4)_2Cr(OH_2)_2]^-K^+ \xrightarrow[-\,H_2O]{+\,KOH} \left[(C_2O_4)_2Cr{OH \atop OH_2}\right]^{2-}K_2^+ \xrightarrow[-\,H_2O]{+\,KOH} [(C_2O_4)_2Cr(OH)_2]^{3-}K_3^+.$$

Die Einwirkung des Alkalis auf das cis-dioxalatodiaquochromisaure Kalium führt zu dem grünen cis-Monohydroxo- und hellgrünen cis-Dihydroxosalz. Aus trans-dioxalatodiaquochromisaurem Kalium entstehen die entsprechenden braunen Monohydroxo- und hellblauen bis grünlichen Dihydroxoverbindungen. Sämtliche Verbindungen konnten A. Werner, W. J. Bowis usw. in kristallinem Zustand isolieren.

Über die zwischen dem Dioxalatodiaquo-, Dioxalatohydroxoaquo- und Dioxalatodihydroxochromiat bestehenden Gleichgewichte vergleiche M. Abendstern.

Ein wesentlicher Unterschied zwischen trans- und cis-Form besteht darin, daß die letztere verolen kann: z. B.

$$K_2\left[(C_2O_4)_2Cr{OH \atop H_2O}\right] + \left[{H_2O \atop OH}Cr(C_2O_4)_2\right]K_2 = \left[(C_2O_4)_2Cr{\overset{H}{O} \atop \underset{H}{O}}Cr(C_2O_4)_2\right]K_4 + 2\,H_2O.$$

Beim Erhitzen des Dioxalatohydroxoaquochromiats in festem Zustand geht diese Umwandlung quantitativ vor sich. Sie verläuft aber auch in der Lösung beim Altern sehr weitgehend. Infolge des Gleichgewichts, welches zwischen trans- und cis-Formen in einer Dioxalatohydroxoaquochromiatlösung ebenfalls vorhanden ist, können auch Lösungen der trans-Verbindung verolen. Die trans-Verbindung wandelt sich zum Teil in die cis-Form um, die dann in die Olverbindung (tetroxalato-diol-dichromisaures Kalium) übergeht.

Die rasche Entolung, die durch Salzsäurezusatz in einer verolten Dioxalatohydroaquochromiatlösung hervorgerufen wird, zeigt aufs neue, daß die Entolungsgeschwindigkeit von der Komplexaffinität und Zahl der Säurereste im Komplex im stärksten Maße beeinflußt wird.

Man wäre geneigt anzunehmen, daß in einer Dioxalato-dihydroxochromiatlösung mangels Aquogruppen im Komplex keine Verolung eintreten kann. Bedenkt man jedoch, daß in der Lösung die Dioxalatohydroxoverbindung mit der Dioxalatohydroxoaquoverbindung im Gleichgewicht steht, so ist eine Verolung doch möglich:

$$[(C_2O_4)_2Cr(OH)_2]K_3 \xrightleftharpoons{+\,H_2O} \left[(C_2O_4)_2Cr{OH \atop OH_2}\right]K_2 + KOH.$$

↓ verolt.

Was die Gerbwirkung der Dioxalatochromkomplexe anbelangt, so fanden M. Abendstern, E. Stiasny und L. Pakkala, sowie C. Rieß und A. Papayannis im Gegensatz zu K. H. Gustavson (*9*), daß Dioxalatochromkomplexe, gleichgültig, ob diese basisch gemacht worden sind oder nicht, keine Gerbwirkung besitzen. Auch E. Elöd und T. Cantor konnten bei einer Brühe, die sie aus einer 33% basischen Chromsulfatlösung durch Altern mit 2 Mol Natriumoxalat pro Cr-Atom hergestellt haben, keine Chromaufnahme durch die Haut feststellen, während direkt nach dem Oxalatzusatz, also wenn der Komplexbildung nicht genügend Zeit gelassen wurde, Chromaufnahme erfolgte.

Die Trioxalatochromisalze $[Cr(C_2O_4)_3]^{3-}Me_3^+$ besitzen kein gerbtechnisches Interesse, da sie keine Gerbwirkung aufweisen[1]. Erwähnenswert ist es jedoch, daß der Trioxalatochromkomplex mit Glykokoll schwer lösliche Salze liefert (M. Bergmann und S. W. Fox), von folgender Zusammensetzung:

$$[Cr(C_2O_4)_3]_9K_{18}\cdot(C_2H_5O_2N)_9HCl,\quad [Cr(C_2O_4)_3]_6K_{13}(C_2H_5O_2N)_5\cdot 3\text{–}4\,H_2O.$$

Da andere Aminosäuren die analogen Salze nicht bilden, können die erwähnten Salze zur Trennung des Glykokolls von den anderen Aminosäuren dienen.

Manche Befunde deuten darauf, daß die Ableitung der Oxalatochromisalze von den Mono-, Di- und Trioxalatochromiaten nicht in jedem Fall zutrifft. Schon

[1] Anmerkung. Auf der Bildung von Trioxalatochromisäure beim Kochen einer Chromlösung mit Oxalsäure beruht eine kolorimetrische Chrom- bzw. Basizitätsbestimmungsmethode (E. Ueberbacher und K. Th. Dröscher), die nach der Drucklegung veröffentlicht wurde.

die Chromoxalsäure $\left[(C_2O_4)_3Cr_2{(OH_2)\atop (OH_2)_4}\right]H_2$ (Formulierung nach Stiasny) ist eine Verbindung, welche pro Cr-Atom 1,5 Moleküle Oxalsäure enthält. Weiterhin konnten R. Weinland und W. Hübner Salze, z. B.

$$\left[(C_2O_4)_3Cr_2{NO_3 \atop (H_2O)_4}\right]H\,Chin_2{}^{1} \qquad Cr\begin{matrix} C_2O_4 \\ C_2O_4 \\ C_2O_4 \end{matrix}Cr$$

herstellen, in denen sie Oxalatobrücken für möglich halten. Die erwähnte Verbindung besitzt noch deswegen ein Interesse, weil sie scheinbar als Ausnahme einen komplexgebundenen Nitratorest enthält.

Mit Malonsäure und Phthalsäure, bzw. durch Zusatz von deren Alkalisalzen zu Chromlösungen erhält man Malonato- bzw. Phthalatochromkomplexe, die den Oxalatochromkomplexen analog aufgebaut sind. Die Phthalatochromkomplexe sind weniger beständig als die Oxalatochromkomplexe. Die basischen Monophthalatochromkomplexe besitzen sehr gute Gerbeigenschaften, die auch technisch ausgenutzt werden (A. O. Jaeger, E. Immendörfer).

g) Chromiformiate.

Die Eigenschaften der Chromiformiate und ihr Verhalten in Lösung läßt sich am besten schildern, wenn man von den folgenden gut kristallisierten Verbindungstypen:

Hexaquochromiformiat:	$[Cr(OH_2)_6](HCOO)_3$,
Hexaformiatodihydroxochromisalz:	$\left[Cr_3{(HCOO)_6 \atop (OH)_2}\right]X$ (X = ein 1wertiger Säurerest),
Hexaformiatochromiat:	$[Cr(HCOO)_6]Me_3$ (Me = ein 1wertiges Metall)

ausgeht.

Hexaquochromiformiat. Zur Herstellung des Hexaquochromiformiats versetzt man eine eisgekühlte konzentrierte Hexaquochrominitratlösung (80 g Salz in 100 ccm Wasser) unter stetigem Rühren tropfenweise mit gesättigter Natriumformiatlösung (E. Stiasny und G. Walther). Diese Herstellungsmethode ist bequemer und einfacher als die klassische (A. Werner, J. Jovanovits, G. Aschkinasy und J. Posselt), die im Verreiben von Dihydroxotetraquochromisulfat mit Ameisensäure besteht.

Die Kristalle des Hexaquochromiformiats sind graugrün und verhältnismäßig wenig löslich (die gesättigte Lösung ist etwas konzentrierter als 0,1 molar). Die grüne Farbe, mit der sich das Hexaquochromiformiat in Wasser löst, stammt von dem hydrolytisch gebildeten Hydroxopentaquochromiformiat.

Letzteres entsteht deswegen in größeren Mengen, weil ein Teil der hydrolytisch abgespaltenen Wasserstoffionen mit Formiationen zu undissoziierter Ameisensäure zusammentritt und, um eine dem Hydrolysengleichgewicht entsprechende Wasserstoffionenkonzentration zu erreichen, eine starke Hydrolyse des Hexaquochromikomplexes eintritt.

$$[Cr(OH_2)_6]^{3+}(HCOO)_3^- \rightleftharpoons \left[Cr{OH \atop (OH_2)_5}\right]^{2+}(HCOO)_2^- + \underbrace{H^+ + HCOO^-}_{\rightleftharpoons\; HCOOH}$$

Nennenswerte Mengen des Dihydroxotetraquochromikomplexes entstehen bei der Hydrolyse des Hexaquochromiformiats nicht, denn beim Versetzen seiner Lösung mit Natriumsulfat fällt kein schwer lösliches Dihydroxotetraquochromisulfat aus, wie dies z. B. in einer Lösung des Hexaquochromiacetats der Fall ist:

$$2\,[Cr(OH_2)_6](CH_3COO)_3 \rightleftharpoons 2\left[Cr{OH \atop (OH_2)_5}\right](CH_3COO)_2 + 2\,CH_3COOH \rightleftharpoons$$

$$\rightleftharpoons 2\left[Cr{(OH)_2 \atop (OH_2)_4}\right]CH_3COO + 4\,CH_3COOH$$

$$2\left[Cr{(OH)_2 \atop (OH_2)_4}\right]CH_3COO + Na_2SO_4 \rightleftharpoons \left[Cr{(OH)_2 \atop (OH_2)_4}\right]_2SO_4 + 2\,CH_3COONa.$$

[1] Chin = Chinolin.

Die frisch bereitete grüne Lösung des Hexaquochromiformiats wird beim Altern erst violett und dann grün. Gleichzeitig sinkt auch der p_H-Wert der Lösung (siehe Tabelle 42). Die violette Farbe wird von den Formiatochromkomplexen verursacht, in die der Hexaquochromkomplex und sein Hydrolysenprodukt, der Hydroxopentaquochromkomplex, durch Eintritt von ionogenen Formiatoresten umgewandelt werden. Die Zahlen in der Tabelle 43 beweisen diese Umwandlung. Die Menge des Hexaquochromkomplexes und dessen primären Hydrolysenprodukts — beide sind mit Kaliumbisulfat und Alkohol als Chromalaun fällbar — nimmt mit zunehmendem Altern schließlich bis auf minimale Spuren ab. Die Wanderung der ionogenen Formiatoreste in den Komplex konnten Stiasny und Walther durch Titration mit $^n/_{10}$ Natronlauge gegen Phenolphthalein verfolgen. Je konzentrierter die Lösungen sind, desto schneller dringen die Formiatoreste in den Komplex. In demselben Maße wie die Umwandlung des Hexaquochromikomplexes fortschreitet, wächst die Alkalibeständigkeit der Lösung; die Ausflockungszahl nimmt beim Altern zu und wird schließlich unendlich (in 0,1molarer Lösung nach 5 Monaten).

Tabelle 42. Änderung der Farbe und des p_H-Werts in 0,1molarer Hexaquochromiformiatlösung beim Altern (E. Stiasny und G. Walther).

Zeit der Beobachtung	Farbe	p_H-Wert
Sofort nach erfolgter Lösung	grün	4,18
Nach 1 Stunde	,,	4,15
,, $2^1/_2$ Stunden	,,	4,10
,, 4 ,,	,,	4,05
,, 8 ,,	violett	3,92
,, 10 ,,	,,	3,86
,, 18 ,,	,,	3,79
,, 3 Tagen	,,	3,40
,, 6 ,,	,,	3,32
,, 14 ,,	,,	3,26
,, 80 ,,	grün	3,22
,, 150 ,,	,,	3,22
,, 360 ,,	,,	3,23

Tabelle 43. Bestimmung des Hexaquochromikomplexes in 0,1molarer Lösung als Alaun durch Fällung mit $KHSO_4$ + Alkohol (E. Stiasny und G. Walther).

Zeit der Fällung	Farbe der Lösung	Vom Gesamtchrom als Alaun gefällt %
Sofort nach erfolgter Lösung	grün	89,2
Nach 2 Stunden	,,	62,7
,, 7 ,,	grün-violett	31,7
,, 9 ,,	violett	22,8
,, 22 ,,	,,	5,7
,, 48 ,,	,,	3,9
,, 3 Monaten	,,	0,58

Die Versuche von Stiasny und Walther zur Isolierung der violetten Formiatochromikomplexe sind erfolglos geblieben. Sichergestellt ist, daß sie formiatorestärmer sind als der Hexaformiatodihydroxotrichromkomplex. Bei den Chromacetaten (R. Weinland und E. Büttner) und Chrompropionaten (R. Weinland und K. Höhn) sind violette 3kernige Chromkomplexe mit 3 und 5 Acetato- bzw. Propionatoresten isoliert worden. Sie enthalten außer den Säureresten noch mehrere OH-Gruppen (in Form von Hydroxogruppen und Ol-Brücken). Es erscheint nicht unwahrscheinlich, daß die violetten Formiatochromisalze, die auch in Lösungen der Hexaformiato-dihydroxochromiformiate entstehen (siehe später), in die analoge Gruppe gehören.

Nach E. Ageno-Valla und B. Raposio kann man aus Hexaquochromiformiatlösungen ein grünes kristallines Umwandlungsprodukt isolieren, in dem fünf Formiatreste auf drei Chromatome kommen. Die genannten Autoren beschreiben auch ein anderes grünes, kristallines Salz in dem das Verhältnis von Formiat zu Chrom 1 zu 1 sein soll.

Im Gegensatz zu Weinland und Mitarbeitern, die die Fettsäurereste als Brückenglieder betrachten, nehmen Stiasny und Walther in den violetten Formiatochromkomplexen keine Formiatobrücken an und führen die violette Farbe auf diese nicht brückenartig doppeltgebundenen Formiatoreste zurück.

Die Umwandlungen, die beim Altern von Hexaquochromformiatlösungen langsam vor sich gehen, verlaufen beim Erhitzen viel rascher und bei genügend langer Erhitzungsdauer auch weitgehender. Schon nach 1 bis 2 Minuten Erwärmen auf 60 bis 80° C schlägt die grüne Farbe einer gesättigten Lösung ins Violette um und beim Abkühlen der auf dem Wasserbad eine halbe Stunde eingeengten Lösung scheiden sich grüne Kristalle des Hexaformiatodihydroxotrichromsalzes ab. Erhitzt man eine nur etwas verdünntere (0,1molare) Lösung am Rückflußkühler, so geht die grüne Farbe in violette und diese dann wieder in grüne über (Tabelle 44). Bei längerer Erhitzungsdauer bleibt die Umwandlung: Hexaquochromiformiat → Hydroxopentaquochromiformiat → violetter Formiatokomplex (siehe Schema, S. 172) beim letzteren nicht stehen. Schon aus der 12 Stunden lang erhitzten Lösung kristallisiert kein Hexaformiatodihydroxotrichromsalz aus. Es spalten sich nämlich Formiatoreste ab und unter weitgehendem Ersatz von

Tabelle 44. Änderung von Farbe, p_H-Wert und Ausflockungszahl durch Erhitzen in ca. 0,01molarer (0,5 g Cr/l) Hexaquochromiformiatlösung (E. Stiasny und G. Walther).

Dauer des Erhitzens	Farbe	p_H-Wert	Ausflokkungszahl
0 Minute . . .	grün	4,15	2,73
1 „ . . .	violett	3,28	4,43
1/2 Stunde . . .	„	3,09	4,74
1 „ . . .	„	3,05	4,92
6 Stunden . . .	blaugrün	2,89	5,54
12 „ . . .	grün	2,83	5,74
60 „ . . .	„	2,71	6,03

Zur Bestimmung der Ausflockungszahl wurden 25 ccm der Lösungen mit n/10 NaOH bis zur Trübung titriert.

Tabelle 45. Dialysierversuche mit verschieden lang erhitzten Hexaquochromiformiatlösungen (0,68 g Cr/l) (E. Stiasny und G. Walther).

Dauer des Erhitzens in Stunden	Dialysat				Rückstand		
	% vom Gesamt-Cr	% vom Gesamt-HCOOH	Basizität des Salzes 0% + α ccm freie Säure	% vom Gesamt-Cr dialysierbar	% vom Gesamt-Cr	% vom Gesamt-HCOOH	Basizität des Salzes %
0	90,4	91,5	0,5	99,4	8,0	7,0	12,4
1/2	71,7	82,7	4,25	78,8	10,15	8,15	20,0
1 1/2	57,7	77,6	7,75	63,4	28,7	9,93	65,5
6	39,8	75,0	13,9	43,7	60,7	14,0	77,0
12	25,3	76,4	20,0	27,8	75,4	15,7	79,0
60	8,9	76,4	26,5	9,8	91,4	15,7	82,7

Je 10 ccm der Lösungen wurden in kleinen Dialysierhülsen (Schleicher & Schüll) in Bechergläsern mit 100 ccm Außenwasser 60 Stunden dialysiert. Im Dialysat und im Dialysierrückstand wurde Chrom und Ameisensäure bestimmt. Die Zahlen in Spalte 4 bedeuten 0% basisches Salz + freie Säure in Kubikzentimetern n/100 NaOH. Die Zahlen in Spalte 5 sind berechnet aus wirklich dialysiertem Chrom im Verhältnis zu maximal dialysierbarem Chrom bei Einstellung des vollständigen Gleichgewichts.

Formiatobrücken durch Olbrücken und weitere Verolung entstehen stark verolte, formiatrestarme Chromsalze. Der Niederschlag, der nach 30stündigem Erhitzen entsteht, enthält auf ca. 10 Chromatome bloß einen einzigen Formiatrest.

Die Niederschlagsbildung nach längerer Erhitzungsdauer beweist, daß durch Verolung sehr hochmolekulare Komplexe gebildet werden. Die Menge der großteiligen, kolloidalen, nichtdialysierenden Verbindungen wächst mit der Erhitzungsdauer an. Sowohl dies als auch die Abspaltung von Ameisensäure zeigt die Tabelle 45.

Daß beim Erhitzen tatsächlich Verolung eintritt, beweist nach Stiasny und Walther der mit wachsender Erhitzungsdauer abnehmende Verbrauch an zugesetzter Salzsäure (siehe Tabelle 46). Sie schließen aus der verhältnismäßig

Tabelle 46. Änderung des p_H-Werts in verschieden lang erhitzten ca. 0,01molaren (0,5 g Cr/l) Hexaquochromiformiatlösungen auf Zusatz von Salzsäure (E. Stiasny und G. Walther).

Dauer des Erhitzens	p_H-Wert vor HCl-Zusatz *a*	p_H-Wert berechnet *b*	p_H-Wert sofort nach HCl-Zusatz *c*	Zunahme des p_H-Werts *c—b*
0 Minute	3,65	1,99	2,90	0,91
1 „	3,38	1,98	2,65	0,67
1/2 Stunde	3,17	1,97	2,30	0,33
1 „	3,10	1,97	2,20	0,23
6 Stunden	2,91	1,96	2,00	0,04
12 „	2,85	1,95	1,93	0,00
60 „	2,71	1,92	1,86	0,00

Meßmethodik: Zu je 50 ccm der nach dem Erhitzen abgekühlten Lösungen wurden 0,5 ccm $^n/_1$ HCl gegeben und der p_H-Wert sofort gemessen.

guten Übereinstimmung der berechneten (p_H-Wert der Lösung vor dem Zusatz + + p_H-Wert, der von dem Salzsäurezusatz in dem entsprechenden Volumen Wasser hervorgerufen wird) und gemessenen p_H-Werte auf eine vollständige Verolung in Lösungen, die über 6 Stunden erhitzt wurden.

Ebenso wie Hexaquochromichloridlösungen können auch Hexaquochromiformiatlösungen mit Natronlauge erst dann höher basisch gestellt werden, wenn die bei niedriger Basizitätszahl (26 bis 27% in einer 0,1molaren Lösung) entstehende Trübung von Chromhydroxyd in Lösung gegangen ist. Das Verschwinden der Trübung ist mit Violettwerden der grünen Lösung verbunden. Die Bildung von violetten Chromkomplexen beim Natronlaugezusatz geht ziemlich rasch vor sich, so daß auch ohne vorübergehende Fällung die Basizität von 50% zu erreichen ist, wenn man die Natronlauge sehr langsam zugibt. Wie die Tabelle 47 zeigt, nimmt die Azidität in den basisch gemachten Lösungen zu. So-

Tabelle 47. Aziditätsänderung aus Hexaquochromiformiat bereiteter 0,1molarer basischer Lösungen beim Altern (E. Stiasny und G. Walther).

Zeit der Beobachtung	Basizität 16,6% p_H-Wert	33,3% p_H-Wert	50% p_H-Wert
Sofort nach der Beendigung des Basischmachens	4,66	5,20	5,64
Nach 12 Stunden	—	4,60	5,23
„ 24 „	3,89	4,53	—
„ 2 Tagen	—	—	5,16
„ 4 „	3,80	4,32	5,00
„ 45 „	3,64	4,21	4,91
„ 7 Wochen	3,61	4,16	4,83

fort nach dem Basischmachen wandern die Lösungen rein kathodisch. Beim Altern tritt auch eine anodische Wanderung auf, und zwar desto früher und desto stärker, je basischer die Lösungen sind. In demselben Maße, wie sich die kathodischen Komplexe in die anodischen umwandeln, nimmt die Empfindlichkeit der Lösungen gegenüber Ammoniakzusatz ab. Sofort nach dem Basischmachen werden die Lösungen durch verdünnten Ammoniak gefällt, in einigen Tagen tritt jedoch vollständige Maskierung auf. Bemerkenswert ist die damit verbundene Verminderung der Chromaufnahme bei Gerbversuchen.

Hexaformiato-dihydroxo-trichromformiat. Mit Chrom bilden zahlreiche Monocarbonsäuren (sowohl gesättigte als ungesättigte, aliphatische und aromatische, hetero- und carbozyklische), Dicarbonsäuren (mit Ausnahme der Oxalsäure und Malonsäure) und Tricarbonsäuren das Hexacido-dihydroxo-trichrom-kation: $\left[Cr_3{}^{(Az)_6}_{(OH)_2}\right]^+$ (Az = Carbonsäure). Dieser Komplex ist für die Salze des Chroms mit gesättigten Fettsäuren viel charakteristischer als das Hexaquosalz, welches sich schon in festem Zustand desto schneller zersetzt, je länger die Kette des Fettsäureanions ist. Das Hexaquochromiformiat ist z. B. noch einige Monate haltbar, das Propionat zersetzt sich aber bald nach seiner Herstellung.

Das in charakteristischen spitzen Nadeln kristallisierende Hexaformiato-dihydroxo-trichromformiat, im folgenden kurz Trichromformiat genannt, gewinnt man durch Erhitzen von Chromhydroxyd mit Ameisensäure (C. Haeussermann; A. Werner, J. Jovanovits, G. Aschkinasy und J. Posselt; R. Weinland und P. Dinkelacker). Es scheidet sich auch in Hexaquo-chromiformiat- und Natriumhexaformiato-chromiatlösungen beim Altern aus. Das ziemlich schwer lösliche Trichromformiat (die kalt gesättigte Lösung enthält 0,6 bis 0,7 g Cr/l, entsprechend einer Molarität von $\sim$ 0,04) bildet sich nämlich als Zwischenprodukt bei der Umwandlung von Hexaquochromiformiat und Natriumhexaformiatochromiat und fällt in nicht zu verdünnten Lösungen deswegen aus, weil es in einer Menge entsteht, die sein Löslichkeitsprodukt überschreitet.

Dem Trichromformiat können verschiedene Formeln zugrunde gelegt werden. Weitaus am häufigsten ist in der Literatur die Wernersche Formulierung

$$\left[\begin{array}{ccccc} & HCOO & & HCOO & \\ HO\,Cr & HCOO & Cr & HCOO & Cr\,OH \\ & HCOO & & HCOO & \end{array}\right]^+ HCOO^- \cdot x\,H_2O$$

anzutreffen. Auch Weinland, der erst die folgende Formulierung

$$\left[\begin{array}{c} OH \\ | \\ Cr \cdot Cr \cdot Cr \\ | \\ OH \end{array}\right] HCOO \cdot 5\,H_2O$$

vorgeschlagen hat, benutzt in seinen späteren Veröffentlichungen die Wernersche Formel. E. Stiasny [(2), S. 390] bevorzugt dagegen die folgende ringförmige Formulierung[1]:

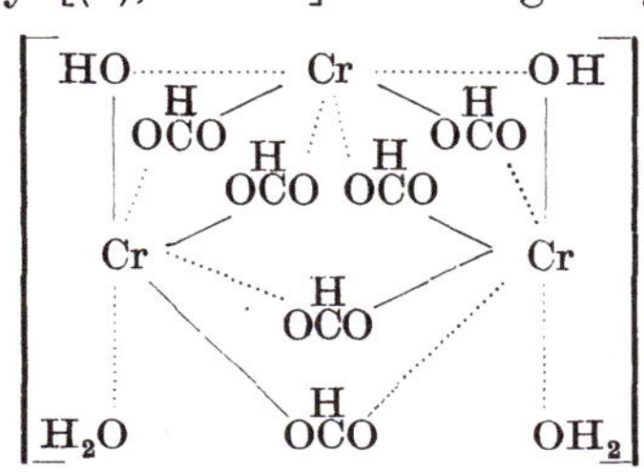

HCOO · 3 H_2O.

[1] Eine ringförmige Formulierung hat R. Weinland erstmalig vorgeschlagen.

In der Wernerschen Formel ist nur das mittlere Chromatom 6zählig, also koordinativ gesättigt, die beiden anderen sind bloß 4zählig, also koordinativ ungesättigt. Die beiden an diese Chromatome gebundenen OH-Gruppen werden als Hydroxogruppen aufgefaßt. Für die Wernersche Formulierung sprechen der spannungslose sterische Aufbau (H. Reihlen) und der Umstand, daß Verbindungen wie $\left[Cr_3{}^{Az_6}_{(OH)_2}\alpha_3\right]X$ (α = NH_3 oder Pyridin, Az = Essigsäurerest [siehe R. Weinland und E. Gußmann, R. Weinland und E. Büttner]) zwanglos formuliert werden können, was bei der Stiasnyschen Formulierung nur unter Aufspaltung einer Brückenbindung möglich ist.

In der Stiasnyschen Formel werden die beiden OH-Gruppen als Olbrücken aufgefaßt und zwei Wassermoleküle komplexgebunden angenommen, um die Sechszähligkeit des Chroms zu wahren. Auch Werner war anfangs der Ansicht, daß die beiden OH-Gruppen Olbrücken sind, später jedoch, als R. Weinland und P. Dinkelacker sowohl das Hexaformiato-diaquo-trichromformiat als auch das Hexaformiato-hydroxo-aquo-trichromformiat herstellen konnten und das Trichromformiat als das dritte Glied der folgenden Reihe:

$$\left[Cr_3{}^{(HCOO)_6}_{(OH_2)_2}\right](HCOO)_3,\quad \left[Cr_3\begin{matrix}(HCOO)_6\\ OH_2\\ OH\end{matrix}\right](HCOO)_2,\quad \left[Cr_3{}^{(HCOO)_6}_{(OH)_2}\right]HCOO$$

als Hexaformiato-dihydroxo-trichromformiat formulierten, schloß er sich dieser Anschauung an.

Die überaus leichte Umwandlung der Diaquoverbindung in das Trichromformiat spricht für die Annahme von Olbrücken. Ebenso muß der Umstand, daß bei der Behandlung des Trichromformiats mit verschiedenen Säuren zahlreiche Salze von der Zusammensetzung

$$\left[Cr_3{}^{(HCOO)_6}_{(OH)_2}\right]X\ \left(X = NO_3,\ J,\ Br,\ Cl,\ \frac{SO_4}{2},\ \frac{PtCl_6}{2}\right)$$

hergestellt werden konnten, zugunsten dieser Annahme bewertet werden. Hydroxogruppen müßten nämlich bei der Behandlung mit konzentrierten starken Säuren in Aquogruppen übergehen und so das Diaquosalz, nicht aber das Dihydroxosalz ergeben.

Weder die Wernersche noch die Stiasnysche Formulierung des Trichromformiats vermag die Verbindung $\left[Cr_3{}^{(HCOO)_6}_{(OH)_2}F\right]$ (R. Weinland und J. Lindner) ohne Aufspaltung von Brückenbindung zu formulieren.

Beim Altern geht die grüne Farbe der frisch bereiteten Trichromformiatlösung in violette über, der p_H-Wert nimmt ab (siehe Tabelle 49) und die Empfindlichkeit gegenüber Alkali wird größer. Die violette Farbe stammt von den violetten formiatorestärmeren Komplexen, mit denen der Trichromkomplex in

Tabelle 48. Änderung der Farbe und des p_H-Werts der ca. 0,04molaren (0,6 g Cr/l) Trichromformiatlösung beim Altern (E. Stiasny und G. Walther).

Zeit der Beobachtung	Farbe	p_H-Wert
Sofort nach erfolgter Lösung	grün	4,81
Nach 10 Minuten	,,	4,74
,, 20 ,,	,,	4,57
,, 30 ,,	,,	4,40
,, 2 Stunden	,,	4,19
,, 4 ,,	,,	4,06
,, 7 ,,	,,	3,90
,, 24 ,,	,,	3,76
,, 48 ,,	blaugrün	3,68
,, 80 ,,	,,	3,63
,, 96 ,,	violett	3,61
,, 120 ,,	,,	3,61
,, 63 Tagen	,,	3,61
,, 115 ,,	,,	3,61

Gleichgewicht steht (siehe Schema, S. 172). Das Gleichgewicht ist weitgehend zugunsten der violetten Komplexe verschoben.

Die Umwandlung des Trichromkomplexes kann verfolgt werden. Versetzt man eine Trichromchloridlösung mit der zur folgenden doppelten Umsetzung nötigen Natronlauge (ein Überschuß muß vermieden werden),

$$\left[Cr_3{}^{(HCOO)_3}_{(OH)_2}\right]Cl + NaOH = \left[Cr_3{}^{(HCOO)_3}_{(OH)_2}\right]OH + NaCl,$$

so scheidet sich das schwerlösliche Trichromhydroxyd aus[1]. Ist ein Teil des Trichromkomplexes schon umgewandelt, so bleibt dieser Anteil in Lösung und seine Menge läßt sich nach Abfiltrieren des Trichromhydroxyds mit Hilfe einer iodometrischen Chrombestimmung feststellen. Die Tabelle 49 zeigt, daß schon nach 18stündigem Altern über 90% des Trichromkomplexes sich umgewandelt hat. Daß diese Umwandlung unter Aufspaltung von Formiatobrücken und Ionisierung dieser Formiatogruppen vor sich geht, läßt sich mit Hilfe der Rotfärbung, die Formiationen mit Ferriionen geben, nachweisen. Auf Zusatz von etwas stark verdünnter Eisenchloridlösung tritt in frisch bereiteter Trichromsalzlösung keine Rotfärbung auf; gealterte Lösungen geben aber Rotfärbung, die desto stärker ist, je länger die betreffende Lösung gealtert wurde. Da das Trichromformiat einen Formiatorest ionogen gebunden enthält, kann diese Prüfung nur mit einem anderen Trichromsalz, z. B. Trichromchlorid, ausgeführt werden. Annähernd quantitativ läßt sich die allmähliche Abspaltung von Ameisensäure beim Altern durch Titration gegen Phenolphthalein bestimmen. Man läßt eine Trichromformiatlösung altern, entnimmt von Zeit zu Zeit Proben und titriert die frei gewordene Ameisensäure mit $^n/_{10}$ Natronlauge (siehe Tabelle 50).

Tabelle 49. Messung der Umwandlung des Trichromkomplexes in 10%iger Trichromchloridlösung durch die Abnahme seiner Fällbarkeit als Trichromhydroxyd (E. Stiasny und G. Walther).

Zeit der Fällung	Ungefälltes Chrom in % des Gesamtchroms
Sofort nach erfolgter Lösung	15,9
Nach 10 Minuten.	37,2
,, 5 Stunden	86,3
,, 18 ,, ...	93,0
,, 5 Tagen	99,8

Tabelle 50. Änderung der mit Natronlauge und Phenolphthalein titrierbaren Ameisensäure (E. Stiasny und G. Walther).

Alter der Lösung	ccm $^n/_{10}$ NaOH	Pro Mol Trichromsalz abgespaltene komplexgebundene HCOO-Reste in Molen
16 Stunden	1,2	0,41
40 ,, ...	2,0	1,36
64 ,, ...	2,3	1,71
6 Tage.	2,8	2,30
18 ,, ...	2,9	2,43 [2]
2 Monate	2,9	2,43 [2]

Es wurden 20 ccm ca. 0,04molarer (0,66 g Cr/l) Trichromformiatlösung rasch mit $^n/_{10}$ NaOH und 1 ccm 1%igen Phenolphthaleins bis zur deutlichen Rotfärbung titriert.

Beim Erhitzen von Trichromformiatlösungen geht die Umwandlung des Trichromkomplexes rascher und weitgehender vor sich, sie führt, wie bei den Hexaquochromiformiatlösungen, unter Farbwechsel und p_H-Erniedrigung (siehe Tabelle 51) zu hochverolten nichtdifundierenden, kolloiden, grünen Verbindungen, deren Menge mit wachsender Erhitzungsdauer zunimmt (siehe Tabelle 52). Über die Änderung der Ausflockungszahlen und des p_H-Werts auf Zusatz von Salzsäure gibt die Tabelle 53 Aufschluß.

[1] Beim Trichromformiat geschieht dies nicht, siehe E. Stiasny und G. Walther.
[2] Lösung nach dem Rotwerden noch klar, flockt aber dann sehr rasch aus.

Tabelle 51. Änderung der Farbe und Azidität einer Trichromformiatlösung (0,5 g Cr/l) beim Erhitzen (E. Stiasny und G. Walther).

Dauer des Erhitzens	Farbe	p_H-Wert		
		sofort	nach 15 Tagen	nach 40 Tagen
0	grün (nach 40 Tagen violett)	4,78	3,63	3,63
Zum Kochen erhitzt	violett	3,52	3,62	3,63
1 Minute	„	3,41	3,58	3,63
1/2 Stunde	blaugrün	3,15	3,27	3,30
1 „	„	3,06	3,13	3,14
10 Stunden	grün	2,84	2,87	2,88
60 „	„	2,71	2,71	2,72
170 „	„	2,67	2,67	2,68

Tabelle 52. Dialysierversuche mit verschieden lang erhitzten ca. 0,04-molaren (0,59 g Cr/l) Trichromformiatlösungen (E. Stiasny und G. Walther).

Dauer des Erhitzens	Dialysat				Rückstand		
	% vom Gesamt-Cr	% vom Gesamt-HCOOH	Basizität des Salzes 0% + α ccm freie Säure	% vom Gesamt-Cr dialysierbar	% vom Gesamt-Cr	% vom Gesamt-HCOOH	Basizität des Salzes in %
0 Minute . .	81,7	77,5	26,0%	90,0	8,6	6,3	42,7
1 „ . .	80,0	77,5	24,2%	88,0	9,6	7,0	42,6
1 Stunde . .	34,7	76,5	0 + 8,5 ccm	38,2	34,4	14,0	68,0
5 Stunden . .	15,7	73,5	0 + 14,2 „	17,3	69,6	19,1	78,7
60 „ . .	2,66	74,0	0 + 18,7 „	3,0	93,7	21,2	82,5

Tabelle 53. Einfluß des Erhitzens von Trichromformiatlösung (0,5 g Cr/l) auf ihre Ausflockungszahl und Änderung des p_H-Werts auf Zusatz von Salzsäure (E. Stiasny und G. Walther).

Dauer des Erhitzens	Ausflockungszahl	p_H-Wert vor HCl-Zusatz *a*	p_H-Wert berechnet *b*	p_H-Wert sofort nach HCl-Zusatz *c*	Zunahme des p_H-Werts *c—b*
0 Minute . . .	∞	3,69	1,99	2,92	0,93
1 „ . . .	2,90	3,55	1,99	2,74	0,75
1/2 Stunde . . .	3,55	3,26	1,98	2,38	0,40
1 „ . . .	3,82	3,15	1,97	2,24	0,27
6 Stunden . . .	4,45	2,93	1,96	2,03	0,07
12 „ . . .	4,55	2,87	1,95	1,94	0,00
60 „ . . .	4,82	2,74	1,93	1,90	0,00

Zur Spalte 2 vgl. Tabelle 44 und zur Spalte 5 Tabelle 46.

Es ist sehr wahrscheinlich, daß sowohl die beim Altern als auch die beim Erhitzen von Hexaquochromiformiat- und Trichromformiatlösungen nach Ablauf verschiedener Zeiten entstehenden violetten Zwischenprodukte einander sehr ähnlich und die Endprodukte sogar gleich sind (siehe Schema, S. 172). Natürlich enthalten die Lösungen, wenn die gleichen Komplexe entstanden sind, verschiedene Mengen freier Ameisensäure: im Hexaquochromiformiat ist nämlich das Verhältnis Cr zu HCOO = 1 zu 3 und beim Trichromformiat 1 zu 2,33.

Natriumhexaformiato-chromiat. Das von R. Weinland und H. Reihlen erstmalig hergestellte Natriumhexaformiato-chromiat entsteht, wenn man eine konzentrierte Hexaquochrominitratlösung ohne Rühren in starkem Überschuß mit einer Natriumformiatlösung versetzt und stehen läßt (E. Stiasny und G. Walther). In der an Natriumformiat konzentrierten Lösung geht der Hexaquochromikomplex in den Hexaformiatochromikomplex über und dieser kristallisiert als Natriumhexaformiatochromiat in Rhomboedern mit 4 Mol Kristallwasser aus: $[Cr(HCOO)_6]Na_3 \cdot 4\ H_2O$. Über konzentrierter Schwefelsäure aufgehoben, gehen die überschüssigen 4 Wassermoleküle weg, wobei die dunkelviolette Farbe des Salzes ohne Komplexänderung in eine blaugrüne übergeht.

Die Entstehung des Natriumhexaformiatochromiats läßt darauf schließen, daß es in nichtnatriumformiathaltiger Lösung unbeständig ist. Tatsächlich kann man in einer 0,1molaren Lösung nach 30 Minuten Stehen keinen Hexaformiatochromikomplex als Silberhexaformiatochromiat nachweisen. Die blaugrüne Farbe der frisch bereiteten Lösung schlägt innerhalb 24 Stunden in violette über, Formiatoreste wandern aus dem Komplex, die Lösung wird grün und nach ca. 1monatigem Altern scheiden sich grüne Kristalle des Trichromformiats aus. Je konzentrierter die Lösung ist, desto schneller geht die Umwandlung vor sich. Sie wird durch Säurezusatz gefördert und durch Alkalizusatz gehemmt. Die sehr große Alkaliempfindlichkeit der frisch bereiteten Lösung nimmt beim Altern rasch ab.

Beim Erhitzen verhalten sich die Hexaformiatochromiatlösungen wie die Hexaquochromiformiatlösungen. Kurzes Kochen führt zu Trichromsalz und längeres zu gegen Säure und Alkali ziemlich unempfindlichen, nicht dialysierenden stark verolten Verbindungen.

Der Zusammenhang zwischen den verschiedenen Chromiformiaten läßt sich aus dem folgenden Schema ersehen:

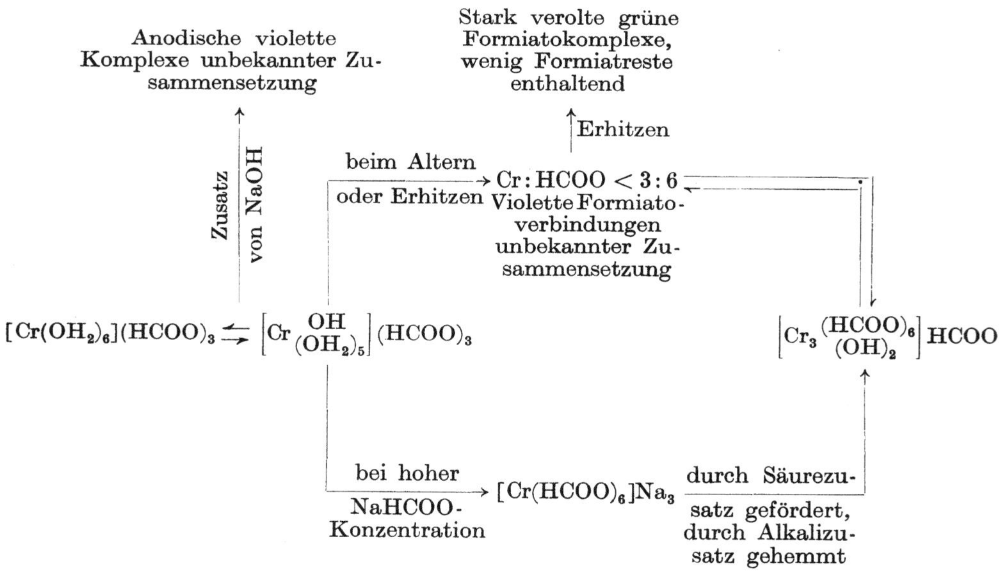

Gerbtechnisch verhalten sich die verschiedenen Chromformiate ganz verschieden. Schon 0% basische Hexaquochromiformiat- und Natriumhexaformiatochromiatlösungen ergeben beträchtliche Chromaufnahme und kochbeständiges Leder. Mit wachsender Basizität der aus Hexaquochromiformiat bereiteten Lösung nimmt die Chromaufnahme zu. Auch bei dem Natriumhexaformiatochromiat erhöht Alkalizusatz die Chromaufnahme. Durch Altern oder Erhitzen von nichtbasischen und basischen Hexaquochromiformiatlösungen wird die von der Hautsubstanz aufgenommene Chrommenge herabgesetzt.

Trichromformiatlösungen, die ihrer Formel gemäß 26% basisch sind, weisen kein nennenswertes Gerbvermögen auf. Stellt man die Lösung 50% basisch, so wird zwar von der Hautsubstanz etwas Chrom gebunden, das erzeugte Leder besitzt aber sehr geringe Heißwasserbeständigkeit.

Tabelle 54. Einfluß von Natriumformiatzusätzen auf die Teilchengröße der Chromverbindungen (Werte für $1/D^2$) (C. Rieß und K. Barth).

Mol Formiat pro Liter Cr	0% basisches Cr-Nitrat	33,3% basisches Cr-Nitrat
0	2,4	4,1
1	2,8	4,6
2	3,6	4,1
4	4,0	8,6

Formiatochrombrühen werden meistens durch Natriumformiatzusätze zu Chromlösungen hergestellt. Hierbei ist nicht gleichgültig, ob man von Chromsulfat- oder Chromchloridlösungen ausgeht. So werden z. B. basische Chromsulfatlösungen durch Formiatzusätze stabilisiert, während stark basische Chromchloridlösungen (Basizität über 50%) dadurch ausgeflockt werden [K. H. Gustavson (*5*)]. Die Tabelle 54 zeigt, daß die mittlere Teilchengröße der Chromkomplexe durch Formiatokomplexbildung nicht wesentlich beeinflußt wird (C. Rieß und K. Barth).

Literaturübersicht.

Abegg, R. u. E. Bose: Ztschr. physikal. Chem. **30**, 545 (1899).
Abendstern, M.: Diss. T. H. Darmstadt 1927. Auszugsweise publiziert Stiasny, E. (*2*) S. 392.
Ackermann, W.: Collegium **1932**, 345.
Ageno-Valla, E. u. B. Raposio: Boll. R. Staz. Industria Pelli **4**, 75 (1926).
Atkin, W. R. u. D. Burton: J.I.S.L.T.C. **6**, 14 (1922).
Atkin, W. R. u. E. Chollet: J.I.S.L.T.C. **18**, 356 (1934).
Balányi, D.: Diss. T. H. Darmstadt 1928.
Basset, H.: Journ. chem. Soc. London **83**, 692 (1903).
Basset, H. u. A. J. Henry: Journ. chem. Soc. London **1935**, 914.
Bergmann, M. u. S. W. Fox: Journ. biol. Chem. **109**, 317 (1935).
Berthier: Ann. Chim. Phys. **7**, 77 (1843).
Bjerrum, N. (*1*): Ztschr. anorg. allg. Chem. **118**, 131 (1921); **119**, 39, 54, 179 (1921); (*2*): Ztschr. anorg. allg. Chem. **63**, 140 (1909); (*3*): Ztschr. physikal. Chem. **59**, 336, 581 (1907); **73**, 724 (1910); (*4*): Habilitationsschrift. København: W. Prior, 1908.
Bjerrum, N. u. C. Faurholt: Ztschr. physikal. Chem. **130**, 584 (1927).
Blockey, J. R.: J.I.S.L.T.C. **2**, 205 (1918).
Brintzinger, H.: Naturwiss. **19**, 354 (1930).
Brintzinger, H. u. H. Beier: Ztschr. anorg. allg. Chem. **230**, 381 (1937).
Brintzinger, H. u. W. Eckhard: Ztschr. anorg. allg. Chem. **231**, 337 (1937).
Brintzinger, H. u. F. Jahn: Ztschr. anorg. allg. Chem. **230**, 176 (1936).
Brintzinger, H. u. H. Osswald (*1*): Ztschr. anorg. allg. Chem. **225**, 312 (1935); (*2*): Ztschr. anorg. allg. Chem. **221**, 21 (1934); (*3*): Ztschr. anorg. allg. Chem. **223**, 253 (1935); **224**, 283 (1935); **225**, 33 (1935).
Brintzinger, H. u. E. Trömer: Ztschr. anorg. allg. Chem. **181**, 239 (1929).
Brönsted, J. N.: Ztschr. physikal. Chem., Bodenstein-Festband 257 (1931).
Brönsted, J. N. u. C. V. King: Ztschr. physikal. Chem. **130**, 699 (1927).
Brönsted, J. N. u. K. Volquartz (*1*): Ztschr. physikal. Chem. **134**, 97 (1928); (*2*): Ztschr. physikal. Chem. **134**, 109 (1928); **155**, 211 (1931).
Brönsted, J. N. u. E. Warming: Ztschr. physikal. Chem. **155**, 343 (1931).
Burton, D.: J.I.S.L.T.C. **4**, 207 (1920).
Burton, D. u. A. M. Hey: J.I.S.L.T.C. **4**, 272 (1920).
Burton, D., R. P. Wood u. A. Glover: J.I.S.L.T.C. **7**, 116 (1923).
Byk, A. u. H. Jaffe: Ztschr. physikal. Chem. **68**, 323 (1910).
Campo, A. del u. M. A. Mallo: Ann. Soc. Espagnola Fisica Quim. **25**, 186 (1927).
Chater, W. J. u. J. S. Mudd: J.I.S.L.T.C. **12**, 272 (1928).
Colson, A. (*1*): Bull. Soc. chim. France (4), **1**, 438 (1907); **3**, 90 (1908); Ann. Chim. Phys. (8), **12**, 433 (1907); (*2*): Compt. rend. Acad. Sciences **144**, 637 (1907); (*3*): Bull. Soc. chim. France (4), **1**, 438 (1907).

Croft, H.: Philos. Magazine **21,** 197 (1847).
Cross, C. F. u. A. Higgins: Journ. chem. Soc. London **41,** 113 (1882).
Denham, H. G.: Ztschr. anorg. allg. Chem. **57,** 361 (1908).
Dougal, M. D.: Proc. Chem. Soc. **1896,** 183; Chem. News **74,** 278 (1896).
Doyer van Cleef, G.: Journ. prakt. Chem. (2), **23,** 69 (1881).
Drucker, K.: Ztschr. physikal. Chem. **36,** 173 (1901).
Elöd, E. u. T. Cantor: Collegium **1934,** 568.
Elöd, E. u. Th. Schachowskoy: Kolloid-Ztschr. **72,** 67 (1935).
Endrédy, E.: Math.-naturw. Anz. Akad. Wiss. Budapest **54,** 459 (1936).
Ephraim, F.: Anorganische Chemie, 5. Aufl. Dresden-Leipzig: Th. Steinkopff, 1934.
Etard, A.: Bull. Soc. chim. France (2), **31,** 200 (1879).
Fasol, Th. u. E. Überbacher: Collegium **1932,** 232.
Favre u. Valson: Compt. rend. Acad. Sciences **77,** 579, 1873.
Feigl, F. u. G. Krausz: Ber. Dtsch. chem. Ges. **58,** 398 (1925).
Foerster, F. u. R. Vogel: Ztschr. anorg. allg. Chem. **155,** 161 (1926).
Freundlich, H.: Ber. Dtsch. chem. Ges. **61,** 2219 (1928).
Fricke, R.: Kolloid-Ztschr. **69,** 312 (1934).
Gerlach: Ztschr. analyt. Chem. **26,** 503 (1887).
Graham, M. A.: Amer. Chem. Journ. **48,** 145 (1912).
Grasser, G.: Cuir techn. **17,** 538 (1928).
Grasser, G. u. K. Hirose: Cuir techn. **19,** 228 (1930).
Grinakowski, K.: Journ. Russ. phys.-chem. Ges. [russ.] **44,** 802 (1912) nach Chem. Zbl. **1912** II, 695.
Gustavson, K. H. (*1*): J.A.L.C.A. **18,** 568 (1923); (*2*): J.A.L.C.A. **19,** 574 (1924); (*3*): J.A.L.C.A. **19,** 446 (1924); (*4*): Collegium **1926,** 97; J.A.L.C.A. **19,** 446 (1924); (*5*): J.A.L.C.A. **22,** 60 (1927); (*6*): J.A.L.C.A. **21,** 366 (1926); (*7*): J.A. L.C.A. **21,** 559 (1926); (*8*): J.A.L.C.A. **21,** 336 (1926); (*9*): J.A.L.C.A. **20,** 382 (1925); **21,** 22 (1926); Journ. Amer. chem. Soc. **48,** 2963 (1926).
Gutiérrez de Celes, M.: Anales Soc. espan. fis-quim. **34,** 553 (1936).
Haeussermann, C.: Journ. prakt. Chem. (2), **50,** 383 (1894).
Hamer, W. J.: Journ. Amer. chem. Soc. **56,** 860 (1934).
Hantzsch, A. u. E. Torke: Ztschr. anorg. allg. Chem. **209,** 60 (1932).
Hertlein, H.: Ztschr. physikal. Chem. **19,** 287 (1896).
Heydweiller, A.: Ztschr. anorg. allg. Chem. **91,** 66 (1915).
Higley, G. O.: Journ. Amer. chem. Soc. **26,** 613 (1904).
Hoeven, C. van der: Collegium **1932,** 843.
Hosford, H. H. u. H. C. Jones: Amer. Chem. Journ. **46,** 240 (1911).
Immendörfer, E.: Collegium **1937,** 689.
Jaeger, A. O.: J.A.L.C.A. **31,** 302 (1936).
Jander, G. u. Th. Aden: Ztschr. physikal. Chem. A, **144,** 197 (1929).
Jander, G. u. K. F. Jahr (*1*): Kolloidchem. Beih. **41,** 1 (1934); (*2*): Kolloidchem. Beih. **43,** 295 (1936); (*3*): Kolloidchem. Beih. **41,** 297 (1935).
Jander, G. u. W. Scheele: Ztschr. anorg. allg. Chem. **206,** 241 (1932).
Jantsch, G. u. K. Abresch: Ztschr. anorg. allg. Chem. **179,** 345 (1928).
Jantsch, G. u. K. Meckenstock: Monatsh. Chem. **52,** 169 (1929).
Jaquelain: Compt. rend. Acad. Sciences **24,** 679 (1847).
Jellinek, K.: Ztschr. physikal. Chem. **76,** 257 (1911).
Jenny, H.: Kolloidchem. Beih. **23,** 428 (1927).
Jensen, K. A.: Ztschr. anorg. allg. Chem. **232,** 257 (1937).
Job, P. u. G. Urbain: Compt. rend. Acad. Sciences **170,** 993 (1920).
Johnstone, H. F. u. P. W. Leppla: Journ. Amer. chem. Soc. **56,** 2233 (1934).
Keeler, R.: Eng. Mining. Journ. **136,** 612 (1935).
Kinney, C. B.: J.A.L.C.A. **19,** 579 (1924).
Kiss, A.: Ztschr. anorgan. allg. Chem. **226,** 141 (1936).
Klanfer, K. u. F. Pavelka: Kolloid-Ztschr. **57,** 324 (1931).
Kling, A. u. D. Florentin: Compt. rend. Acad. Sciences **170,** 993 (1920).
Kling, A., D. Florentin u. P. Huchet: Compt. rend. Acad. Sciences **159,** 60 (1914).
Knoche, H.: Kolloid-Ztschr. **67,** 201 (1934).
Knorre, G.: Ztschr. analyt. Chem. **12,** 461 (1910).
Kohlschütter, H. W. u. O. Melchior: Angew. Chem. **49,** 865 (1936).
Kolthoff, J. M.: Ztschr. anorg. allg. Chem. **109,** 69 (1920).
Koppel, J. (*1*): Abeggs Handbuch der anorganischen Chemie, Bd. IV, 2. Hälfte. Leipzig: S. Hirzel, 1921; (*2*): Ber. Dtsch. chem. Ges. **39,** 3778 (1906).
Krause, A.: Kolloid-Ztschr. **72,** 18 (1935).

Krauß, F., A. Fricke u. H. Querengässer: Ztschr. anorg. allg. Chem. **181**, 38 (1929).
Krauß, F., H. Querengässer u. P. Weyer: Ztschr. anorg. allg. Chem. **179**, 413 (1929).
Küntzel, A.: Collegium **1934**, 518.
Küntzel, A. u. G. Königfeld: Collegium **1935**, 257.
Küntzel, A. u. C. Rieß: Collegium **1936**, 138.
Küntzel, A., C. Rieß u. G. Königfeld (*1*): Collegium **1935**, 484; (*2*): Collegium **1935**, 270.
Küntzel, A., C. Rieß, A. Papayannis u. H. Vogl: Collegium **1934**, 261.
Lamb, A. B. u. G. R. Fonda: Journ. Amer. chem. Soc. **43**, 1154 (1921).
Lapraik, W.: Journ. prakt. Chem. (2), **47**, 305 (1893).
Larsson, N.: Ztschr. anorg. allg. Chem. **110**, 153 (1920).
Law, N. H.: Trans. Faraday Soc. **32**, 1461 (1936).
Lecoq de Boisbaudran: Compt. rend. Acad. Sciences **79**, 1491 (1874); **80**, 764 (1875).
Lindner, K.: Collegium **1938**, 145.
Majorana, Qu.: Atti R. Accad. naz. Lincei, Rend. **1**, 374, 463, 531; **2**, 90, 139 (1902).
Manegold, E. u. R. Hofmann: Kolloid-Ztschr. **51**, 308 (1930).
Mathieu, J. P.: Bull. Soc. chim. France (5), **3**, 463 (1936).
McBain, J. W. u. Ch. R. Dawson: Journ. Amer. chem. Soc. **56**, 52 (1934).
McBain, J. W. u. Th. Liu: Journ. Amer. chem. Soc. **53**, 59 (1931).
Meisenheimer, J., L. Angermann u. H. Holsten: Liebigs Ann. **438**, 219 (1924).
Meyer, J.: Ztschr. anorg. allg. Chem. **222**, 337 (1935).
Meunier, L.: J.I.S.L.T.C. **5**, 103 (1921).
Meunier, L. u. P. Caste: J.I.S.L.T.C. **5**, 222 (1921); Compt. rend. Acad. Sciences **172**, 1488 (1921).
Meunier, L. u. M. Lesbres: Compt. rend. Acad. Sciences **181**, 183 (1930).
Moissan, H.: Ann. Chim. Phys. (5), **25**, 401 (1882).
Moles, E. u. M. Crespi: Ztschr. physikal. Chem. **130**, 342 (1927).
Monti: Ztschr. anorg. allg. Chem. **12**, 75 (1894).
Montemartini, E. u. E. Vernezza (*1*): L'industria Chimica **1931**, 1, 124; (*2*): L'industria Chimica **1932**, 432, 857; (*3*): L'industria Chimica **1931**, 352, 380, 396, 492, 630, 862.
Neuß, J. D. u. W. Rieman: Journ. Amer. chem. Soc. **56**, 2238 (1934).
Nicolardot, P.: Compt. rend. Acad. Sciences **145**, 1338 (1907).
Northrop, H. J. u. M. L. Anson: Journ. gen. Physiol. **12**, 4 (1929).
Olie, J. jr. (*1*): Ztschr. anorgan. allg. Chem. **52**, 48 (1907); (*2*): Ztschr. anorg. allg. Chem. **51**, 29 (1906); **52**, 62 (1907); **53**, 268 (1907).
Pallmann, H.: Kolloidchem. Beih. **30**, 334 (1930).
Partington, J. R. u. S. K. Tweedy: Journ. chem. Soc. London **1927**, 2899.
Peligot, E.: Compt. rend. Acad. Sciences **19**, 609, 734 (1844); Ann. Chim. Phys. (3), **14**, 240 (1844).
Pelouze: Ann. Chim. Phys. (3), **14**, 251 (1845).
Perkins, B. H. u. A. W. Thomas: Stiasny-Festschrift. Darmstadt: Ed. Roether, 1937.
Preis, E.: Westnik **1929**, 692, n. Ref. Collegium **1932**, 120.
Rakusin, A. u. A. Rosenfeld: Chem.-Ztg. **51**, 638 (1927).
Raschig, F.: Angew. Chem. **16**, 617, 818 (1903).
Recoura, A. (*1*): Compt. rend. Acad. Sciences **100**, 1227 (1887); Ann. Chim. Phys. (6), **10**, 1 (1887); (*2*): Compt. rend. Acad. Sciences **194**, 229 (1932); (*3*): Ann. Chim. Phys. (7), **4**, 494 (1895); Bull. Soc. chim. France (3), **7**, 200 (1892); (*4*): Compt. rend. Acad. Sciences **174**, 1460 (1922); (*5*): Compt. rend. Acad. Sciences **169**, 1163 (1919); **170**, 1494 (1920); (*6*): Bull. Soc. chim. France (3), **19**, 168 (1898).
Reihlen, H.: Ztschr. anorg. allg. Chem. **114**, 65 (1920).
Renold, A.: Kolloidchem. Beih. **43**, 1 (1935).
Richards, Th. W. u. F. Bonnet: Ztschr. physikal. Chem. **47**, 29 (1904).
Riecke, E.: Ztschr. physikal. Chem. **6**, 564 (1890).
Rieß, C.: Collegium **1936**, 129.
Rieß, C. u. K. Barth: Collegium **1935**, 62.
Rieß, C. u. A. Papayannis: Collegium **1934**, 226.
Rosenheim, A. u. R. Cohn: Ztschr. anorg. allg. Chem. **28**, 337 (1901).
Schindler, W. u. K. Klanfer (*1*): Collegium **1929**, 127; **1931**, 380; (*2*): Collegium **1928**, 97.
Schorlemmer, K.: Collegium **1920**, 536.
Schrötter: Pogg. Ann. **53**, 513 (1841).

Schwarz, R. u. J. Meyer: Ztschr. anorg. allg. Chem. **116**, 190 (1927).
Sénéchal, A.: Compt. rend. Acad. Sciences **159**, 243 (1914).
Seymour-Jones, F. L.: Ind. engin. Chem. **15**, 265 (1923).
Simon, A., O. Fischer u. Th. Schmidt: Ztschr. anorg. allg. Chem. **185**, 107 (1929).
Sprung: Arch. Sciences physiques nat., Genève (2), **53**, 112.
Stelling, O.: Ber. Dtsch. chem. Ges. **60**, 650 (1927); Ztschr. physikal. Chem., B **7**, 210 (1930); Ztschr. Elektrochem. **36**, 605 (1930).
Stiasny, E. (*1*): Collegium **1930**, 574; (*2*): Gerbereichemie (Chromgerbung). Dresden: Th. Steinkopff, 1931.
Stiasny, E. u. D. Balányi (*1*): Collegium **1927**, 86; (*2*): Collegium **1928**, 72.
Stiasny, E. u. A. W. Fischer: V(ereinigung) A(kademischer) G(erbereichemiker) DA(rmstadt), Jahresbericht **1927—1929**, 11.
Stiasny, E. u. A. Georgiu: V(ereinigung) A(kademischer) G(erbereichemiker) DA(rmstadt), Jahresbericht 1932, 32.
Stiasny, E. u. E. Gergely: Collegium **1931**, 444.
Stiasny, E. u. O. Grimm (*1*): Collegium **1927**, 505; (*2*): Collegium **1928**, 49.
Stiasny, E. u. G. Königfeld (*1*): Collegium **1932**, 897; (*2*): Collegium **1932**, 902.
Stiasny, E. u. K. Lochmann: Collegium **1926**, 200.
Stiasny, E. u. L. Pakkala: Collegium **1932**, 543.
Stiasny, E. u. F. Prakke: Collegium 1933, 465; Rec. Trav. Chim. Pays-Bas **52**, 616, 640 (1933).
Stiasny, E. u. L. Szegö: Collegium **1926**, 41.
Stiasny, E. u. F. Tacheci: Collegium **1933**, 265.
Stiasny, E. u. G. Walther: Collegium **1928**, 389.
Stiasny, E., E. Gergely u. A. Dembo (A. Menkus): Collegium **1931**, 458.
Stiasny, E., E. Olschansky u. St. Weidmann: Collegium **1929**, 565.
Strong, P. M.: Compt. rend. Acad. Sciences **150**, 1172 (1910).
Theis, E. R. u. E. J. Serfass (*1*): J.A.L.C.A. **29**, 543 (1934); (*2*): J.A.L.C.A. **28**, 260 (1933).
Theis, E. R., E. J. Serfass u. C. L. Weidner: J.A.L.C.A. **32**, 166 (1937).
Thomas, A. W. u. S. B. Foster: J.A.L.C.A. **15**, 510 (1920).
Thomas, A. W. u. T. H. Whitehead: Journ. physical Chem. **35**, 27 (1931).
Thomas, A. W. u. C. von Wicklen: Journ. Amer. chem. Soc. **56**, 794 (1934).
Thomas, W. u. R. Fraser: Journ. chem. Soc. London **1923**, 2973.
Ueberbacher, E. u. K. Th. Dröscher: Collegium **1939**, 433.
Ullmann, Fr.: Enzyklopädie der technischen Chemie, 2. Aufl., Bd. III. Berlin u. Wien: Urban & Schwarzenberg, 1929.
Vogel, H. W.: Ber. Dtsch. chem. Ges. **11**, 913 (1878).
Weinland, R. F. u. E. Büttner: Ztschr. anorg. allg. Chem. **75**, 326 (1912).
Weinland, R. F. u. P. Dinkelacker: Ber. Dtsch. chem. Ges. **42**, 2997 (1909).
Weinland, R. F. u. E. Gußmann: Ztschr. anorg. allg. Chem. **67**, 167 (1910).
Weinland, R. F. u. K. Höhn: Ztschr. anorg. allg. Chem. **69**, 158 (1910).
Weinland, R. F. u. W. Hübner: Ztschr. anorg. allg. Chem. **178**, 275 (1929).
Weinland, R. F. u. A. Koch: Ztschr. anorg. allg. Chem. **39**, 296 (1904).
Weinland, R. F. u. R. Krebs: Ztschr. anorg. allg. Chem. **49**, 157 (1906).
Weinland, R. F. u. J. Lindner: Ztschr. anorg. allg. Chem. **190**, 285 (1930).
Weinland, R. F. u. Th. Schumann: Ztschr. anorg. allg. Chem. **58**, 176 (1908).
Werner, A. u. A. Gubser: Ber. Dtsch. chem. Ges. **34**, 1579 (1901).
Werner, A., W. J. Bowis, A. Hoblik, H. Schwarz u. H. Surber: Liebigs Ann. **406**, 261 (1914).
Werner, A., J. A. Jovanovits, G. Aschkinasy u. J. Posselt: Ber. Dtsch. chem. Ges. **41**, 3447 (1908).
Weyl, W. u. H. Rudow: Ztschr. anorg. allg. Chem. **226**, 341 (1936).
Whitehead, T. H. u. J. P. Clay: Journ. Amer. chem. Soc. **56**, 1844 (1934).
Whytney, W. R.: Ztschr. physikal. Chem. **20**, 40 (1896).
Wicklen, C. v.: J.A.L.C.A. **29**, 194 (1934).
Williamson, F. S.: Journ. physical Chem. **27**, 384 (1923).
Wintgen, R.: Collegium **1925**, 1.
Wyrouboff, G. (*1*): Bull. Soc. chim. France (3), **27**, 666, 689; (*2*): Bull. Soc. Franc. Minéral. **24**, 86 (1901).
Zaides, A. L. (*1*): Ovladenie Tekhnikoi. Kozhevennoe Proizvodstovo **1931**, 24, n. Ref. Chem. Abstracts **27**, 5670 (1933); (*2*): Journ. Gen. Chem. (U. S. S. R.) **6**, 1325 (1936), n. Ref. Chem. Abstracts **31**, 1719 (1937).

III. Die Theorie und Praxis der Chromgerbung.

Von Ing. **K. Helmer Gustavson**, Valdemarsvik.

1. Einleitung.

Schon heute wird die Hauptmenge des Schuhoberleders — schätzungsweise 80 bis 90% des Gesamtverbrauchs — aus Chromleder angefertigt und die Verbreitung des chromgaren Leders befindet sich noch in stetem Wachsen. Dieser große Erfolg ist in Anbetracht der Tatsache, daß die Chromgerbung einfach ist, schnell verläuft und das erzeugte Leder besondere, hervorragende Eigenschaften besitzt, nicht überraschend. Das Chromleder ist leicht, lichtecht, wasser- und hitzebeständig, läßt sich ausgezeichnet färben und zurichten und ist sehr dauerhaft. Sein vorzüglicher Stand, Sprung und Griff machen es für Schuhwerk besonders geeignet. Seine Verwertung ist jedoch damit nicht erschöpft, sondern es findet in immer steigendem Maße Verwendung für Bekleidungsleder, waschbares Handschuhleder, Sohl-, Treibriemen- und technische Leder, sowie für viele andere Zwecke.

Die Geschichte dieses führenden Zweiges der Mineralgerbung geht auf die Mitte des vorigen Jahrhunderts zurück, wo die Gerbwirkung der 3wertigen Chromsalze erkannt wurde; der technische Ausbau der Chromgerbung fand aber erst um die Wende des Jahrhunderts statt. Die ersten systematischen Versuche über die Verwendung von Chromsalzen zum Gerben der Blöße wurden von dem deutschen Technologen F. L. Knapp angestellt. Aus seiner im Jahre 1858 veröffentlichten Arbeit „Die Natur und das Wesen der Gerberei und des Leders" geht eindeutig hervor, daß ihm die jetzt bekannten prinzipiellen Anforderungen an eine gerbende Chromsalzlösung wohl bekannt waren. Nach seiner Erfahrung waren die normalen Chromsalze nicht als Gerbmittel geeignet, da sie ein dünnes und narbenbrüchiges Leder ergaben. Basische Chromsalze, vorwiegend Chloride und Sulfate, bewirkten eine bessere Aufnahme und Bindung des Gerbmittels und durch sie konnte ein beständiges und geschmeidiges Leder erzeugt werden. Die wesentlichen Bedingungen und Eigenschaften des Chromgerbbades, d. h. die Anwesenheit des Chromsalzes in basischer Form, sowie die Rolle des Kochsalzgehalts der Brühen waren von F. L. Knapp erkannt worden. Er patentierte auch die Verwendung von basischen Chrom- und Eisensalzen in Verbindung mit Fettsäuren, aber seine Arbeit hatte keinen praktischen Erfolg. Sein Interesse wandte sich vorwiegend der praktischen Verwendung der Eisensalze bei der Gerbung zu. Es unterliegt jedoch keinem Zweifel, daß F. L. Knapp die Ehre gebührt, die gerbenden Eigenschaften der 3wertigen Chromsalze entdeckt zu haben. Es ist jetzt auch erklärlich, daß das Problem der Chromgerbung nicht nach rein wissenschaftlichen Gesichtspunkten erfolgreich gelöst werden konnte, da es mit dem technischen Fortschritt der Gerbereipraxis eng verbunden war. Die Voraussetzungen für wirtschaftlich verwendbare Chromgerbverfahren wurden erst mit der späteren Entwicklung der Einzelprozesse geschaffen, wie der Lederfettung, der Zurichtung und vor allem der maschinellen Ausrüstung, die zuerst in den Vereinigten Staaten durch bedeutende Neuschaffungen ausgebaut wurde. Dadurch wurden neue Wege in der Gerbereitechnik beschritten, die sich dieser neuen, dem vorherrschenden Lohgerbverfahren ganz wesensfremden Gerbungsart anpaßten und für sie speziell ausgearbeitet wurden. Mit dem im Jahre 1884 A. Schultz erteilten Patent (A. P. 291784) auf ein Chromgerbverfahren war eine praktische Lösung im Prinzip gefunden. Das Verfahren bestand in einer Behandlung der Blöße mit Chromsäurelösung und nachfolgender Reduktion der von der Blöße aufgenommenen Chromsäure zu basischem Chromsalz. Unermüdliche Arbeit und kostspielige Versuche bilden den Hintergrund der Entwicklungsgeschichte in dieser

Umwälzungsperiode der Lederfabrikation. Die Schultzsche Methode der sog. Zweibad-Chromgerbung wurde allmählich nach vielen Schwierigkeiten in großem wirtschaftlichem Maßstab durchgeführt.

Die Knappschen Ideen der Einbad-Chromgerbung, d. h. die Gerbung der Blöße in einem Bad mit 3 wertigen Chromsalzen, wurden von M. Dennis (A. P. 495028) im letzten Jahrzehnt des vorigen Jahrhunderts praktisch verwertet. Die inzwischen durch Vervollkommnung der Zweibadmethode gewonnenen praktischen Erfahrungen und Neuerungen haben dabei dem Einbadverfahren gute Dienste geleistet. Das Problem der Einbadgerbung war damit in kurzer Zeit gelöst und die allgemeine Einführung dieser Arbeitsweise für Kalb- und Rindleder begonnen. Die Entwicklung der Chromgerbung zu einer Großindustrie wird immer mit den Namen der Pioniere der Chromgerbung, R. Foerderer, der Gebrüder Burke und White, verbunden sein. Das Einbadverfahren hat sich im Laufe der Jahre eine dominierende Stellung unter den Mineralgerbungen verschafft und allmählich die ältere Gerbmethode, das Zweibadverfahren, bei allen Ledern, mit Ausnahme der Chevreauxfabrikate, fast vollständig verdrängt. Die Entwicklung und Verbreitung der Chromgerbung in Europa hat H. R. Procter sehr gefördert. Die komplizierte Herstellungsmethode der Chrombrühe nach M. Dennis wurde von H. R. Procter (*1*) vereinfacht, auch gebührt ihm das Verdienst, die heute im großen angewandten Glukose- und Chromalaunbrüheverfahren ausgearbeitet und empfohlen zu haben.

Für die eingehende Darstellung der Geschichte der Chromgerbung wird auf das Buch von J. Jettmar, „Die Chromgerbung“, und das Werk von M. C. Lamb, „Die Chromlederfabrikation“, verwiesen. In dem Büchlein von S. Hegel, „Die Chromgerbung“, findet sich eine Zusammenstellung und Besprechung der bis 1897 auf dem Gebiete der Chromgerbung erteilten Patente.

Die Schwierigkeiten, mit denen die Chromgerbung früher zu kämpfen hatte, waren durch den Mangel an Kenntnissen über die beim Gerben ablaufenden Reaktionen verursacht. Zur Zeit der Einführung der Chromgerbung waren die chemischen Kenntnisse in der Lederindustrie sehr bescheiden und manche Probleme, die in der Pionierzeit viel Schwierigkeiten machten, erscheinen uns jetzt äußerst einfach.

Die theoretischen und praktischen Untersuchungen auf dem Gebiete der Chromgerbung wurden erst verhältnismäßig spät aufgenommen. Grundlegende, praktische Untersuchungen verdanken wir W. Eitner, aufklärende Forschungen wurden um die Jahrhundertwende von H. R. Procter und E. Stiasny ausgeführt. Eine neue Entwicklungslinie bedeuten die vor etwa 25 Jahren begonnenen Forschungen von J. A. Wilson und A. W. Thomas, bei denen die physikalisch-chemische Betrachtungsweise auf die Gerbreaktionen angewandt wurde. Die Deutung der außerordentlich komplizierten Vorgänge bei der Chromgerbung und der Chemie der gerbtechnisch wichtigen Chromsalze wurde auch erst mit der Kenntnis der komplex-chemischen Natur der Chromsalze möglich. Diese letzte Periode der theoretischen Chemie der Chromgerbung fängt mit der vor 20 Jahren begonnenen Forschungsarbeit von E. Stiasny und seinen Schülern an. Der Zeitpunkt ist erreicht, bei dem im Gegensatz zu den Verhältnissen vor etwa 25 Jahren die theoretischen Fortschritte sich schneller als die praktische Arbeitsweise entwickeln.

2. Die Theorie der Chromgerbung.

Im ersten Kapitel dieses Bandes wurde bereits eine kurze Zusammenfassung über die Theorien der Strukturbildung bei der mit Chromsalzen gegerbten Blöße gegeben. Hier sollen nur einige für die Auffassung des Chromgerbvorganges bedeutungsvolle Fragestellungen kurz gestreift werden. Die Faserproteine sind aus kettenförmigen Peptidgruppen aufgebaut, und es sind demnach die durch die Kondensation der einzelnen Aminosäuren entstandenen —CO—NH-Gruppen ihr wesentlichster Strukturbestandteil. Die Koordination der Hautproteine mit anderen Verbindungen wird durch die freien Peptidgruppen bewirkt. Die in den Faserproteinen zweifellos vorkommende Sekundärstrukturausbildung ist teilweise durch eine innere Koordination nahe beisammenliegender —CO—NH-Gruppen ermöglicht. Die Reaktionsfähigkeit der Proteine, besonders was die Ionenreaktionen betrifft, wird durch die Natur der in den Hauptvalenzketten eingebauten Aminosäurereste bestimmt. Kollagen hat einen bedeutenden Gehalt an Dicarbon- und Diaminosäuren, wodurch elektrisch geladene Seitenketten entstehen. Durch die Bildung kompensierter Valenzpaare durch benachbarte, positiv und negativ geladene Seitenketten (salzartige Bindung) kommt eine weitere Verstärkung der Sekundärstruktur zustande. Wie W. Graßmann besonders hervorhebt, wirken diese Seitenketten sicherlich richtunggebend auf Art und Stabilität der Strukturausbildung. Letzten Endes soll die Struktur der Eiweißstoffe auf die Reihenfolge der einzelnen Aminosäurereste innerhalb der Peptidkette, die Periodizität, zurückzuführen sein [M. Bergmann (*2*), (*3*), M. Bergmann und C. Niemann, W. Graßmann und K. Riederle]. Eine Darstellung der für die vorliegende Frage der Reaktion zwischen Chromsalzen und Hautproteinen bedeutsamen Strukturform und Reaktionsmöglichkeiten gibt nachstehendes Schema:

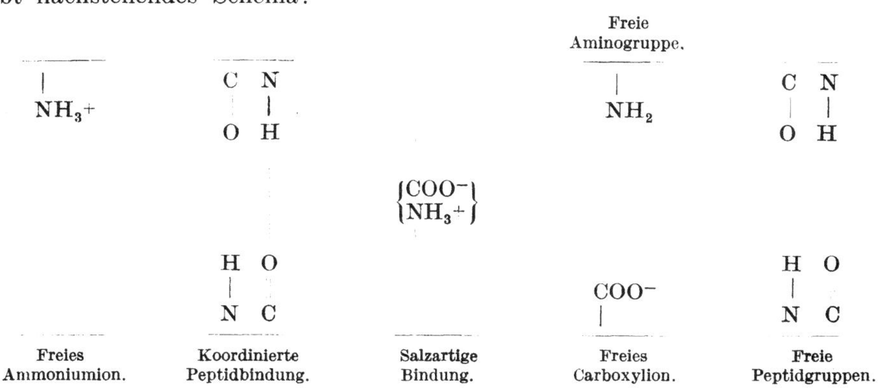

Bei der Hautblöße bestehen folgende Reaktionsmöglichkeiten: 1. Ionenvalenzwirkung durch freie ionisierte Carboxyl- und Ammoniumgruppen. 2. Ionenreaktion durch die Aufspaltung salzartiger Bindungen. 3. Koordinationsvalenzwirkung an die freien hydratisierten Peptidgruppen und weitere Koordination nach der Freilegung innerkompensierter Peptidgruppen benachbarter Peptidketten. Die bei der Gerbung verwendeten Chromsalze, in erster Linie die basischen Chromsulfate und -chloride, besitzen auch mindestens zwei Reaktionsmöglichkeiten. 1. Durch Elektrovalenz, 2. durch Koordinationsvalenz. Unsere Kenntnisse über das Reaktionsvermögen dieser Chromsalze stehen im Einklang mit der Auffassung, daß primär Ionenreaktion eintritt, wenn Möglichkeiten für eine solche vorhanden sind. Erst in zweiter Linie kommt die Koordinationsneigung des Chromatoms oder Chromkomplexes zur Geltung. Kollagen besitzt reaktive ionogene Gruppen und als erste Reaktion zwischen Kollagen und Chromsalz ist die Entladung solcher freier Seitenketten zu erwarten. Nach Inaktivierung der freien Ionengruppen der Proteine läuft die Reaktion weiter, teils unter allmählicher Entladung der in Salzform vorliegenden kompensierten Seitenketten und teils durch eine Anlagerung des Chromsalzes an die Peptidgruppen der Proteine durch direkte Koordination an das Chromatom. Die Vernähung bei einzelnen Peptidketten und die Verfestigung der Micellarstruktur durch die Bildung von stabilen Chromkomplexbrücken zwischen den Ketten, worin die primäre Gerbwirkung besteht, bewirkt eine erhebliche Stabilität der Struktur. Die sekundäre Reaktionsform, die Koordinationswirkung zwischen Kollagen und Chromsalz, wäre für die Gerbwirkung entbehrlich. Diese Strukturbildung und die dadurch hervorgerufene Stabilität der feinstrukturellen Elemente bedingt aber das Widerstandsvermögen des Chromleders gegen hydrothermische Einflüsse und tryptische Verdauung, zwei für Chromleder charakteristische Eigenschaften. Der Zusammenhang zwischen thermischer Denaturierung (Schrumpfung) und tryptischer Angreifbarkeit der Hautblöße wurde von W. Graßmann bewiesen. M. Bergmann (*1*) hat experimentell gezeigt, wie diese Eigenschaften der Hautblöße von der Vorbehandlung der Haut beeinflußt werden. In beiden Fällen ist die Frage der Vernähungswirkung bestimmend. Bei den für die Lederherstellung notwendigen Veränderungen, wie der Spaltung der Fibrillen, der Hydratation und der Freilegung innerkompensierter Ionengruppen, geht die ursprüngliche Trypsinresistenz der natürlichen Haut verloren und ihr Widerstandsvermögen gegen Schrumpfung vermindert sich. Durch die Gerbung sollen diese Eigenschaften wieder bedeutend verstärkt werden und das Ziel der Chromgerbung ist es, eine so hohe Stabilität zu erreichen, wie sie bei den dichtgepackten Bauelementen des Seidenfibroins vorliegt.

In den Faserproteinen, wie Wolle (Keratin), Seide (Seidenfibroin) und Hautblöße (Kollagen) stellen sich die möglichen Reaktionen in verschiedenem Grade ein. Im Seidenfibroin kommen ionogene Gruppen nur spärlich vor und die Koordinationswirkung bestimmt die Reaktionen. Im Keratin (Wolle) wird die Faserstruktur durch die Beteiligung kovalentiger und ionogener Gruppen (salzartiger Bindungen) und koordinationsaktiver Peptidgruppen bedingt. Das verschiedene Reaktionsvermögen der Faserproteine gegen basische Chromsalze liefert die Möglichkeit zu entscheiden, welche der jetzigen Anschauungen über die Natur der Chromgerbung den gegebenen Gesetzmäßigkeiten entspricht. Die experimentellen Beiträge verschiedener Forscher haben in den folgenden drei Haupthypothesen ihren Niederschlag gefunden.

1. Die Hypothese der inneren Komplexsalzbildung. Die kationischen Chromkomplexe reagieren mit den Carboxylionen der Hautproteine unter gleichzeitiger Koordination der Komplexe an die basischen Proteingruppen. Der Einbau von Chromkomplexen im Proteingitter bewirkt eine Verfestigung der Hautfaserketten. Diese Anschauung wurde eingehend im ersten Kapitel dieses Bandes behandelt [A. Küntzel (*1*), (*2*), A. Küntzel und C. Rieß (*1*), (*2*), (*3*), K. H. Gustavson (*1*), (*2*), S. 99].

2. Die Molekülverbindungshypothese. Das Chromsalz wird durch Koordinationsvalenzkräfte an die Peptidgruppen der Haut verankert [E. Stiasny (*8*), S. 533, (*1*)].

3. Die Säurebindungshypothese. Als entscheidende Reaktion bei der Chromaufnahme wird eine Fixierung der hydrolytisch gebildeten Säure durch die Haut angesehen. Das Chromsalz gelangt hochdispers in das Hautinnere. Infolge der Säurebindung durch die Haut verschiebt sich das Hydrolysengleichgewicht (Membranhydrolyse), was die Einlagerung hochbasischer Chromsalze zur Folge haben soll [D. Burton (*1*), E. Elöd und Mitarbeiter, G. D. McLaughlin und D. H. Cameron, S. 240].

Es sei bemerkt, daß in der Anschauung 1 auch der p_H-Einfluß auf die Chromaufnahme berücksichtigt wird. Aber die Gerbwirkung und die Chromfixierung werden nicht als eine sekundäre Folge der Säureentziehung durch die Haut aufgefaßt, sondern diese letztere scheint hauptsächlich ein in dem Anfangsstadium der Gerbung mit der Chromreaktion konkurrierender Prozeß zu sein, welcher für das Zustandekommen der Gerbwirkung belanglos ist.

Abb. 34 zeigt den Einfluß des Zeitfaktors auf die Chromaufnahme durch entbastete Wolle, Seide und isoelektrische Hautblöße. Vorausgeschickt sei, daß die maximale Säurebindung dieser Proteine bei p_H-Endwerten der Säurelösungen von 1,0 die folgenden Zahlen ergaben. 100 g Wolle banden 80 Mill. Äquivalente HCl, die entsprechenden Werte bei Seide und Hautblöße waren 20 bzw. 100 pro 100 g Protein. Das Säuregleichgewicht wurde bei der Blöße in 24 Stunden erreicht, bei Wolle und Seide war eine Einwirkungsdauer von mindestens 72 Stunden nötig. Die Messungen wurden bei Zimmertemperatur (20^0 C) ausgeführt. In den entsprechenden Systemen: HCl-Wolle und HCl-Seide stellte sich das Gleichgewicht bei einer Temperatur von 60^0 in 4 Stunden ein. Bei Blöße können selbstverständlich so hohe Pickeltemperaturen nicht angewendet werden. Das verschieden schnelle Fortschreiten der Säureaufnahme durch diese Faserproteine deutet darauf hin, daß in Wolle und Seide die säurebindenden Gruppen nur allmählich freigelegt werden, im Gegensatz zum Kollagen, in dem aktive Gruppen für die Säurebindung wahrscheinlich in freier oder leicht kompensierter Form vorliegen. Bemerkenswert ist, daß die mit Salzsäure gesättigte Seide viel schneller hydrolytisch Säure abspaltet als dies bei den entsprechenden Wolle- und Hautblößesystemen der Fall ist, ein Verhalten, das vielleicht mit verschiedenartigen Säurebindungsformen in diesen Proteinen im Zusammenhang steht. Für das Verständnis der Chromaufnahmekurven ist wesentlich, daß die bei der Behandlung verwendeten Chromsalze durch Wolle und Seide ohne topochemische Komplikationen aufgenommen wurden. Hochmolekulare Chromsalze, wie Sulfitoverbindungen, werden durch Wolle und Seide nicht aufgenommen, was vielleicht darauf hindeutet, daß die Interfibrillarräume von Wolle und Seide kleiner als die der Hautblöße sind, da die Sulfitoverbindungen mit der Hautblöße reagieren.

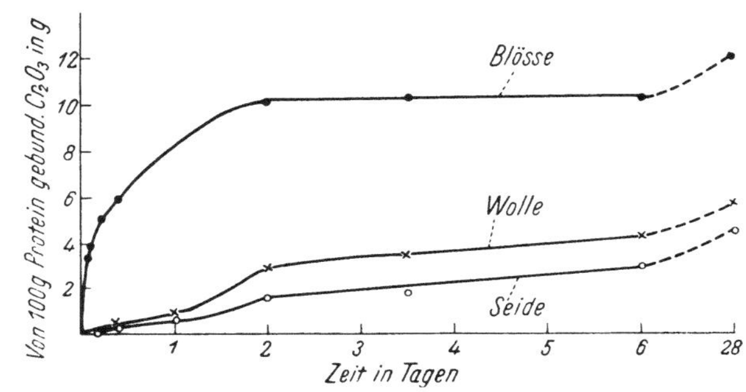

Abb. 34. Verlauf der Chrombindung durch Hautblöße, entbastete Wolle und Seide bei 28tägiger Behandlung mit einer 33%igen basischen Chromsulfatbrühe mit 16 g Cr_2O_3 im Liter [K. H. Gustavson (*10*)].

Bemerkenswert ist, daß Wolle und Seide mit dem in der Lösung vorhandenen Chromsulfat nur träge reagieren. In den ersten 6 Stunden nehmen diese Faserproteine praktisch gar kein Chrom auf, während die entsprechende Chromaufnahme durch die Blöße ungefähr 65% der gesamten Chromaufnahme beträgt. Nach 72stündiger Einwirkungsdauer ergibt sich für Kollagen, Keratin (Wolle) und Seidenfibroin eine auf Protein bezogene Chromaufnahme von 12 bzw. 4 und 3% Cr_2O_3. Diese Zahlen zeigen keine direkte Abhängigkeit von dem Säureäquivalent dieser Proteine.

Den Einfluß des Basizitätsgrades der Chromsalze auf die Chromaufnahme dieser Faserproteine zeigen Abb. 35 und 36. Die mit wachsender Basizität der Chromsalze stark steigende Chromaufnahme durch die Hautblöße steht in scharfem Gegensatz zu der praktisch basizitätsunabhängigen Chromaufnahme der

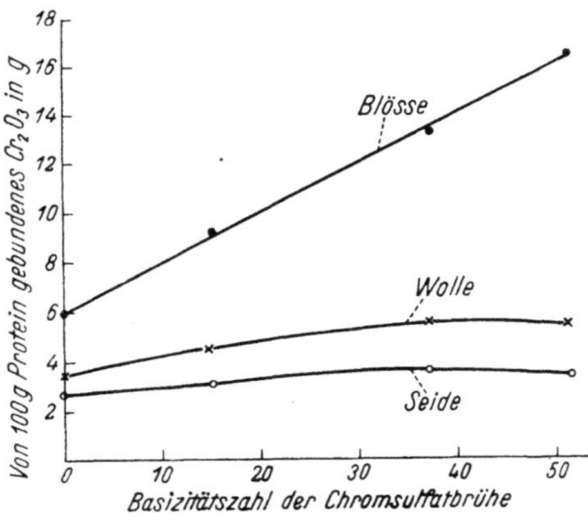

Abb. 35. Chromaufnahme durch Hautblöße, entbastete Wolle und Seide aus Chromsulfatbrühen mit 23 g Cr_2O_3 im Liter als Funktion der Basizität der Chrombrühe. Gerbdauer 20 Tage [K. H. Gustavson (*10*)].

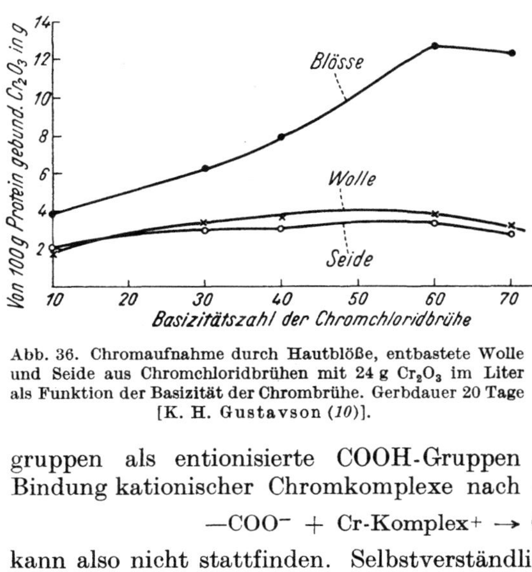

Abb. 36. Chromaufnahme durch Hautblöße, entbastete Wolle und Seide aus Chromchloridbrühen mit 24 g Cr_2O_3 im Liter als Funktion der Basizität der Chrombrühe. Gerbdauer 20 Tage [K. H. Gustavson (*10*)].

Wolle und Seide. Diese Kurven können nur durch die Annahme verschiedenartiger Bindungsformen der Chromsalze bei Kollagen einerseits und bei Keratin und Seidenfibroin andererseits erklärt werden. Die Verminderung der Anzahl aktiver basischer Proteingruppen durch Formaldehydvorgerbung oder Desaminierung der Haut erniedrigt ihre Aufnahmefähigkeit für Chromsalze [A. W. Thomas und M. W. Kelly (*2*), K. H. Gustavson (*8*)], wie in Kapitel 1 und 7 ausgeführt ist. Formaldehydvorbehandelte Wolle besitzt, wie Tabelle 55 zeigt, ungefähr die ursprüngliche Affinität für Chromsalze. Die entbastete Wolle wurde 48 Stunden mit 5%iger Formaldehydlösung behandelt. Die Chromgerbung wurde mit einer basischen Chromsulfatbrühe (Basizität 33%, Konzentration 25 g pro Liter Cr_2O_3) und mit einer basischen Chromchloridbrühe (Basizität 40%, Konzentration 25 g pro Liter Cr_2O_3) ausgeführt.

Zuletzt soll nur andeutungsweise das Verhalten säuregesättigter Wolle gegen Chromsalze besprochen werden. Faßt man die Reaktion der Proteine mit den Mineralsäuren zwitterionisch auf, so muß die säuregesättigte Haut alle Carboxylgruppen als entionisierte COOH-Gruppen enthalten, eine Aufnahme und Bindung kationischer Chromkomplexe nach der Gleichung

$$—COO^- + Cr\text{-}Komplex^+ \rightarrow Cr\text{-}Komplex\text{-}COO—$$

kann also nicht stattfinden. Selbstverständlich kommt also eine weitere Säurebindung und eine durch diese ermöglichte Chromaufnahme nicht in Frage. Die nicht p_H-abhängige Reaktion der Chromsalze mit den —CO—NH-Gruppen der Haut wird jedoch durch die Säureabsättigung der Haut nicht verhindert, sondern

Tabelle 55. Einfluß einer Formaldehydvorgerbung auf die Chromaufnahmefähigkeit der Wolle [nach K. H. Gustavson (*10*)].

Nr.	Natur der Wolle	Cr-Brühe	Von 100 g Wolle aufgenommene Menge Cr_2O_3 in Gramm		
			24 Stunden	48 Stunden	7 Tage
1	Natürliche Wolle. . .	Cr-Sulfat	1,8	2,5	4,0
1	Formaldehyd-Wolle .	Cr-Sulfat	1,9	2,4	3,8
2	Natürliche Wolle. . .	Cr-Chlorid	0,6	1,7	2,6
2	Formaldehyd-Wolle .	Cr-Chlorid	1,2	1,6	2,8

es wird nur die Hydrolyse, und dadurch auch die Chromaufnahme vermindert. Um eindeutige Versuchsbedingungen zu schaffen und besonders um eine etwaige Störung des Gleichgewichts zwischen Haut und Säure zu vermeiden, soll bei Chromgerbung der säuregesättigten Proteine der p_H-Wert der Chromsalzlösung auf den p_H-Endwert der Restsäurelösung eingestellt werden. Dabei müssen die Chromsalze gegen die entolende Wirkung der zugesetzten Säure durch weitgehende Verolung vor dem Säurezusatz geschützt werden. Ein kurzes Aufkochen der basischen Chromsalzlösung führt zur Säurebeständigkeit. Man verfährt folgendermaßen: Die Proteine werden mit HCl oder H_2SO_4 bei einem p_H von ca. 1,0 vorbehandelt, worauf die Probe je nach der Säurevorbehandlung in der Lösung eines säurebeständigen Chromchlorids oder -sulfats gegerbt wird. Durch Säurezugabe zu dem vollständig verolten Chromsalz wird das Bad auf einen p_H-Wert von 1,0 eingestellt. Vergleichsversuche mit neutraler Wolle und Seide wurden in Chromsalzlösungen ohne Säurezusatz ausgeführt. Die Ergebnisse solcher Versuche mit Wolle sind in Tabelle 56 zusammengestellt. Die theoretisch sehr interessanten Ergebnisse der Versuche mit säuregesättigter Hautblöße finden sich im Abschnitt über den Einfluß des Pickelns auf die Chromgerbung.

Tabelle 56. Verhalten säuregesättigter Wolle und Seide gegen Chromsalze.

Nr.	Natur des Substrates	Von 100 g Protein gebundenes Cr_2O_3 in Gramm bei Gerbung mit			
		basischem Chromsulfat Basizität 33%		basischem Chromchlorid Basizität 40%	
		Konzentration 20 g/l Cr_2O_3	Konzentration 94 g/l Cr_2O_3	Konzentration 20 g/l Cr_2O_3	Konzentration 90 g/l Cr_2O_3
1	Wolle	2,0	0,7	2,3	0,8
1a	Säuregesättigte Wolle	2,5	1,8	2,7	2,0
2	Seide	1,8	2,2	1,9	2,0
2a	Säuregesättigte Seide.	1,7	2,7	2,6	2,8

Wolle und Seide wurden bei einem Flottenverhältnis 500 : 5 72 Stunden in 0,15 n HCl oder H_2SO_4 behandelt und die Proben nach Abpressen der Flüssigkeiten 24 Stunden in basischen Chromchlorid- oder Chromsulfatlösungen gegerbt. Die säurebeständigen Chromlösungen enthielten zusätzlich 0,15 n HCl bzw. H_2SO_4.

Diese Ergebnisse sind im Hinblick auf die später besprochenen Versuche mit säuregesättigter Blöße interessant. Die HCl-Haut nimmt aus schwach basischen Chromchloridlösungen niedriger Konzentration gar kein Chrom auf, während aus hochkonzentrierter Lösung eine kleine Chrommenge gebunden wird. Die mit Schwefelsäure gesättigte Haut bindet aus einer schwach basischen Chromsulfatlösung niedriger Konzentration kleine Chrommengen, während sie aus hochkonzentrierten Chromsulfatbrühen beinahe ebensoviel Chrom aufnimmt wie unbehandelte Blöße aus Lösungen ohne Säurezusatz.

Säuregesättigte Wolle und Seide nehmen aus Lösungen der basischen Chromchloride und -sulfate im allgemeinen größere Chrommengen auf als die unbehandelten Faserproteine aus entsprechenden Chromlösungen ohne Säurezusatz. Der Ionisationsgrad der säurebindenden Gruppen übt also nach den in Tabelle 55 und 56 enthaltenen Zahlenangaben keine Wirkung auf die Chromaufnahme der Wolle und Seide aus. Die Chromfixierung erfolgt wahrscheinlich durch die p_H-unabhängigen Peptidgruppen, die Bildung koordinativer Verbindungen zwischen Chromsalz und Faserprotein würde die gefundenen Reaktionsverhältnisse zufriedenstellend erklären. Bei der Gerbung der Blöße mit Chromchloriden üblicher Konzentration und Basizität liegt diese Art der Chromaufnahme nicht vor, sondern die Bindung ist von ionisierten Hautgruppen abhängig. Dieser Einfluß des Ionisationsgrades der Carboxylgruppen auf die Chromaufnahme steht sowohl mit der Annahme einer Reaktion zwischen Kationkomplex und COO^--Gruppen der Hautproteine wie mit der Säurebindungs- und Ausflockungshypothese in Einklang. Wie in späteren Abschnitten dieses Kapitels gezeigt werden wird, sprechen viele Befunde gegen die Auffassung, wonach die Säureaufnahmefähigkeit der Blöße und die damit verbundene Hydrolysenverschiebung der wesentliche Faktor bei der Chromgerbung wäre. Andererseits steht eine große Anzahl von Ergebnissen mit der Annahme im Einklang, wonach die primäre Funktion der COO^--Gruppen in der Entladung und Fixierung der kationischen Chromkomplexe besteht. Zuletzt soll noch bemerkt werden, daß in dem System: Hautblöße—basische Chromsulfatlösung zwei Reaktionsformen der Chromaufnahme angedeutet sind. 1. In mäßig konzentrierten Lösungen besteht die Hauptreaktion wahrscheinlich in einer Entladung der Chromkomplexkationen durch die negativ geladenen Carboxylionen der Hautblöße. 2. Dazu tritt eine p_H-unabhängige Reaktion (Koordinationswirkung), die praktisch die Hauptreaktion bei der Gerbung mit hochkonzentrierten Chromsulfatlösungen bildet.

Die sehr träge Reaktion der Seide mit Chromsalzen ist verständlich, weil die — sterisch begünstigten — stabilen Koordinationsbindungen zwischen benachbarten Peptidgruppen nur sehr schwer so weit aufgelockert werden können, um als Bindungsstelle für das Chromsalz zu dienen. Da Wolle trotz ihres großen Säurebindungsvermögens nur eine im Vergleich zur Blöße ganz unbedeutende Affinität zu Chromsalzen besitzt, kann die Auffassung nicht aufrechterhalten werden, daß die Chromfixierung durch die Säurebindung bedingt sei. Für das Fehlen einer ionogenen Reaktion der Wolle mit den Chromsalzen scheint der Mangel an aktiven Carboxylgruppen — die Titrationskurve der Wolle deutet darauf hin — verantwortlich zu sein. Auch in diesem Fall tritt eine Aktivierung der kompensierten —CO—NH-Gruppen nur stufenweise ein. Das erhebliche Reaktionsvermögen des Kollagens ist mit dem Vorkommen aktiver und nur leicht kompensierter Carboxylgruppen (salzartige Bindungen) in Zusammenhang zu bringen. Nur eine konstitutionschemische Betrachtung des Gerbproblems bietet die Möglichkeit, die eigenartigen Eigenschaften des Leders zu erklären, während die Säurebindungshypothese wie auch die Molekülverbindungsanschauung nur ganz allgemeine Aussagen erlauben, ohne daß dabei auf das noch nicht in allen Einzelheiten gelöste Problem der Natur der Gerbwirkung eingegangen werden kann.

In den zahlreichen Arbeiten über die Natur der Chromgerbung werden Gelatinelösungen, feste Gelatine, Hautpulver und Blößen verschiedener Dicke als Proteinsubstrat angewandt. Für gewisse Arbeitsmethoden, wie optische Messungen (E. Elöd und Mitarbeiter; A. Küntzel und Mitarbeiter) ist die Verwendung von Lösungen der den Hautproteinen genetisch nahestehenden Gelatine besonders geeignet. Solche Messungen erlauben es, die beim Gerbvorgang stattfindenden Reaktionen zu erfassen, ohne den Reaktionsvorgang selbst irgendwie zu beeinflussen. Wahrscheinlich ist jedoch eine Übertragung der mit Gelatinelösungen erhaltenen Ergebnisse auf die Reaktion zwischen Chromsalz und Hautproteinen nur in einigen Einzelheiten zulässig. In dem homogenen System: Gelatinelösung—Chromsalz ist der durch die makroskopische Struktur der Hautblöße bedingte topochemische Faktor ganz ausgeschaltet, ein Vorteil, der für die Untersuchung mancher Teilvorgänge der Chromgerbung nicht zu vernachlässigen ist.

Am günstigsten hat sich für solche Untersuchungen aber das Hautpulver erwiesen. Die Micellar-, Fibrillen- und Faserstruktur ist im Hautpulver beibehalten, aber die Diffusionsverhinderung der reagierenden Chromsalze ist nur unwesentlich, was das Erfassen der primären Reaktionstypen der Chromgerbung erleichtert. Durch Ausschalten des komplizierenden Einflusses, den das Netzwerk aus kompakter Hautblöße auf die Diffusion und Reaktion der Chromsalze ausübt, sind die Hauptvorgänge nicht von belanglosen Nebenreaktionen verdeckt.

Bei Gerbversuchen mit Blöße sind vielfach unmittelbare praktische Folgerungen neben der theoretischen Auswertung möglich. Wie in den folgenden Abschnitten gezeigt werden wird, sind jedoch häufig bei der Verwendung dicker Blößenstücke die Nebenreaktionen vorherrschend und der Hauptverlauf des Prozesses tritt infolge der schichtenmäßigen Verteilung des diffundierenden Chromsalzes und anderer topochemischer Einflüsse in den Ergebnissen nicht richtig in Erscheinung. Die Hautblöße bildet mit ihrer äußeren Schicht eine feste Grenzfläche, welche das Vordringen des Gerbmittels erheblich verlangsamt, was in extremen Fällen zur Totgerbung führt. Entsprechende Versuche mit Hautpulver zeigen eine davon ganz verschiedene Chromaufnahme. Da aber die Chromaufnahme nicht als Maßstab für die Gerbwirkung aufgefaßt werden darf, sondern der Gerbeffekt aus den Eigenschaften des erzeugten Leders, wie lederartiges Auftrocknen, Heißwasserbeständigkeit, Kochfestigkeit, Widerstandsvermögen gegen Proteinasen usw., bestimmt wird, ist es zweckmäßig, für die Beurteilung der Gerbwirkung dünne Blöße zu verwenden. In den folgenden Ausführungen über die einzelnen für die Chromgerbung wichtigen Faktoren sind Versuche mit Hautpulver und Blöße zusammengestellt und, soweit dies möglich ist, verglichen.

Als Beispiel für den Einfluß der makroskopischen Hautstruktur auf die Gerbwirkung sei erwähnt, daß nur 0,3% Cr_2O_3 nötig sind, um Gelatine kochgar zu machen (A. u. L. Lumière und A. Seyewetz), während die entsprechende Chrommenge für Hautpulver mindestens 3,4% Cr_2O_3, bezogen auf Kollagen, beträgt (M. C. Lamb und A. Harvey).

a) Einfluß des Peptisierungsgrades der Hautblöße auf ihre Chromaufnahmefähigkeit.

Für das Verständnis des Chromgerbprozesses ist die Frage von besonderer Bedeutung, welchen Einfluß Veränderungen der reaktionsfähigen Gruppen der Haut auf ihn ausüben. In diesen Fragenkomplex fällt vor allem die Aktivität der Peptidgruppen und der ionogenen Seitenketten, die in erster Linie Reaktionsvermögen, Hydratation und Struktur der Hautproteine bestimmen. Solche Veränderungen der Blöße finden bei der Behandlung mit lyotropen Stoffen sowie mit H- und OH-Ionen statt.

Bei der Einwirkung von Lösungen lyotroper Stoffe, wie gewisser Neutralsalze (vor allem von Alkali- und Erdalkalihalogeniden), kommt eine mehr oder minder ausgeprägte Peptisierung der Hautproteine zustande. Die Annahme, daß die Veränderungen der Hautproteine in einer Lockerung und Sprengung koordinierter Bindungen zwischen benachbarten Peptidketten bestehen, stimmt mit den Versuchergebnissen gut überein. Bei der Koordination von Aquogruppen an die freigewordenen Peptidgruppen tritt wahrscheinlich eine Vergrößerung der Hydratation und damit eine Störung der Faserstruktur ein (E. Stiasny). Nach den Untersuchungen von E. Stiasny scheinen aber die ionisierten Gruppen der Hautproteine dabei nicht verändert zu werden. So wird zum Beispiel das Säurebindungsvermögen des Kollagens durch diese Neutralsalzbehandlung nicht verändert. Das Reaktionsvermögen einer mit solchen Salzen vorbehandelten Haut gegen Substanzen, die mittels Koordinationsvalenzen mit der Haut reagieren, müßte also nach dieser Auffassung vergrößert werden, während ihre Affinität zu ionogen reagierenden Verbindungen unverändert bliebe. Die Untersuchung der Reaktionsverhältnisse zwischen unvorbehandelter bzw. verschieden stark peptisierter Blöße und verschiedenen Chromsalzlösungen bereichert unsere Kenntnis des Chromgerbvorganges. In Tabelle **57** sind Untersuchungsreihen über die Chromaufnahme peptisierter Hautpulverproben aus Lösungen verschiedener Chromsalze zusammengestellt. In diesen Versuchen sind die drei Hauptklassen der gerbenden Chromverbindungen vertreten, nämlich:

1. Molekular-disperse Lösungen kationischer basischer Chromsalze.
2. Hochbasische Chromsalze größeren Aggregationsgrades.
3. Hochmolekulare anionische Chromkomplexe.

Das Hautpulver wurde 14 Tage lang mit molaren Neutralsalzlösungen vorbehandelt, darauf gründlich gewaschen und gegerbt. Der Peptisierungsgrad der verschiedenen Proben wurde durch Bestimmung des Proteinstickstoffs in den Salzlösungen ermittelt. Die Neutralsalze erwiesen sich hierbei gemäß der Hofmeisterschen Reihe wirksam, die Reihenfolge für Kationen war: $Ca^{\cdot\cdot} > Sr^{\cdot\cdot} > Ba^{\cdot\cdot} > Mg^{\cdot\cdot} > Na^{\cdot}, K^{\cdot}$; die für Anionen: $CNS' > J' > Br' > Cl' > SO_4'', S_2O_3''$. Alle untersuchten Neutralsalze, mit Ausnahme der Alkalisulfate und -thiosulfate, zeigten peptisierende Wirkung. Die Hautsubstanzverluste waren dabei größer als bei der Vergleichsreihe mit Wasser.

Tabelle 57. Einfluß einer Neutralsalzbehandlung des Hautpulvers auf seine Chromaufnahmefähigkeit [nach K. H. Gustavson (*11*), S. 79].

Art der Vorbehandlung, molare Lösungen von	Bei einer Gerbdauer von 48 Stunden von 100 g Kollagen gebundenes Cr_2O_3 in Gramm			
	37% basische Chromsulfatbrühe 14 g/l Cr_2O_3. Kationische Wanderung	30% basische Chromchloridbrühe 13 g/l Cr_2O_3. Kationische Wanderung	60% hochbasische Chromsulfatbrühe 15 g/l Cr_2O_3. Kationische + stark anionische Wanderung	Anionische Sulfitochrombrühe 3 Na_2SO_3 : 1 Cr_2O_3 11 g/l Cr_2O_3
Na_2SO_4	11,4	5,1	18,2	16,8
H_2O	11,6	5,2	23,7	20,8
NaCl	11,5	5,1	24,2	21,3
KCl	11,6	5,3	24,1	21,5
KBr	11,5	5,1	26,5	23,7
KJ	11,2	5,2	30,8	26,0
KCNS	11,3	5,2	32,2	31,3
$SrCl_2$	11,5	5,3	27,1	26,3
$BaCl_2$	11,4	5,2	28,3	28,4
$CaCl_2$	11,2	5,1	29,8	30,6

E. Stiasny und E. Heinrichs fanden, daß die Chromaufnahme aus mäßig basischen kationischen Chromsulfatbrühen durch Neutralsalze nicht beeinflußt wird, was die obigen Ergebnisse bestätigt. Nimmt man an, daß die Neutralsalze nur auf die Koordinationsvalenzen (Peptisierung) der Peptidgruppen, nicht aber auf Elektrovalenzen (Hydrolyse) wirken, so würde die Unabhängigkeit der Chromaufnahme von der Vorbehandlung bedeuten, daß die Reaktion zwischen Hautblöße und Chromsalz ausschließlich durch Ionenvalenzen bedingt ist. Wenn aber eine Beeinflussung vorhanden ist, so müssen Koordinationsvalenzen abgesättigt werden, da nur diese Valenzkräfte durch die Neutralsalzbehandlung geändert werden.

Molekular-disperse Chromsalze, wie schwach basische Sulfate und Chloride, die nach Untersuchungen von C. Rieß und K. Barth nur 2 bis 5 Chromatome im Komplex enthalten, reagieren mit peptisiertem Hautpulver nicht stärker, was darauf hindeutet, daß koordinationsvalentige Bindungen bei der üblichen Chromgerbung nicht auftreten. Ganz anders verhalten sich die hochbasischen Chromsulfat- und die hochaggregierten anionischen Sulfitochrombrühen, bei denen die Chromaufnahme durch das Hautpulver weitgehend von der Neutralsalzbehandlung abhängig ist. Die verwendete Konzentration liegt an der Ausflockungsgrenze der hochbasischen Chromsulfatbrühe und es sind sicherlich zum Teil großkernige Chromkomplexe vorhanden. In solchen Brühen verläuft wahrscheinlich neben der Chromaufnahme durch primäre Ionenreaktion sekundär unter Bildung einer Molekülverbindung eine Anlagerung hochbasischer Chromsalze an die Peptidgruppen der Haut, worauf weiter unten angeführte Versuche mit säuregesättigter Haut hindeuten. Bei der Gerbung mit anionischen Sulfitbrühen ist vermutlich das Vorkommen mehrkerniger Komplexe für die erhöhte Chromaufnahme verantwortlich.

b) Einfluß der ionogenen Gruppen der Haut auf ihre Chromaufnahmefähigkeit.

Für die Chromgerbung ist auch der Einfluß der bei den vorbereitenden Arbeiten eintretenden Veränderungen der ionogenen Gruppen der Hautproteine auf ihre Chromaufnahme von großer Bedeutung. Solche Veränderungen des Reaktionsvermögens finden bei Einwirkung von Säuren und Alkalien auf die Haut, also insbesondere beim Äscher, statt.

Die Alkaliwirkung auf die Haut erfolgt in zweierlei Richtung. Die innerkompensierten salzartigen Bindungen werden durch die OH-Ionen gelockert:

$$\left\{\begin{matrix} | \\ COO^- \\ NH_3^+ \\ | \end{matrix}\right\} + OH^- = \begin{matrix} | \\ COO^- \\ NH_2 \\ | \end{matrix} + H_2O$$

Durch die Entladung der NH_3^+-Gruppen wird die Festigkeit der Hautstruktur geschwächt. Von physikalisch-chemischen Gesichtspunkten aus ist die Bildung der ungeladenen basischen NH_2-Gruppen in der Nachbarschaft geladener Carboxylgruppen eine sehr wichtige Veränderung, da eine Verstärkung der ionisierten Säuregruppen durch die nahegelegenen basischen Gruppen bewirkt wird (E. J. Cohn, A. Green und M. H. Blanchard). Die Entionisierungswirkung der Hydroxylionen verschiebt den isoelektrischen Punkt des Kollagens in die Richtung niedrigerer p_H-Werte, da die saure Funktion des Kollagens verstärkt wird. Diese Veränderung ist irreversibel. Außerdem werden bei der alkalischen Behandlung auch die Koordinationsbindungen zwischen den Peptidgruppen infolge der durch die Hydroxylionen verursachten Schwellung gelockert und hydratisiert, was zu einer weiteren Schwächung der Faserstruktur führt. Bei langdauernder Alkalibehandlung hydrolysieren auch die Peptidgruppen, sowie die im Kollagen stark vertretenen Amidbindungen, wenn auch diese Hydrolyse bei einer Säureeinwirkung auf die Haut viel deutlicher hervortritt.

Der Einfluß der H-Ionen auf die Hautblöße scheint vorwiegend mit Valenzänderungen der Peptidgruppen (Peptisierung) verbunden zu sein, während der Entladung der in Salzform vorliegenden COO-Ionen keine so bedeutungsvolle und irreversible Wirkung wie den OH-Ionen zukommt.

Abb. 37 zeigt die Chrommenge, die von verschiedenartig vorbehandeltem Hautpulver bei 48stündiger Gerbung aus Chromsalzlösungen der drei Hauptklassen (siehe Beschreibung zu Tabelle 57, S. 186) aufgenommen wurde.

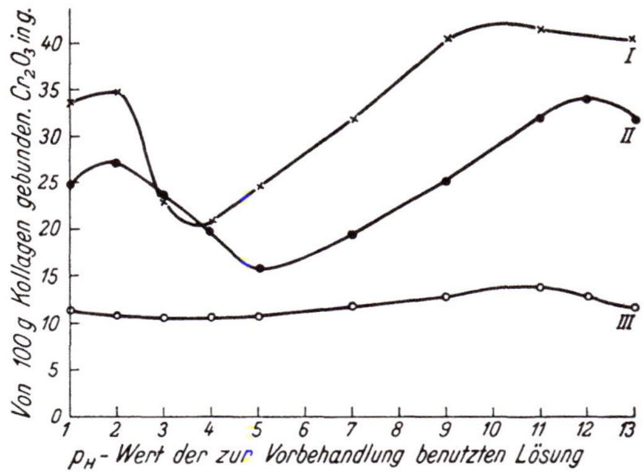

Abb. 37. Einfluß des p_H-Wertes der zur Vorbehandlung von Hautpulver benutzten Lösung auf die nachfolgende Chromaufnahme bei der Chromgerbung nach Entfernung der Lösung. Dauer der Vorbehandlung 24 Tage. Gerbdauer 48 Stunden [K. H. Gustavson (*10*); J. A. Wilson (*3*), S. 566].

Chrombrühe *I*. 60% basische Chromsulfatbrühe. 10 g Cr_2O_3 im Liter. Chrombrühe *II*. Natrium-sulfito-chromiat, 33% basische Chromsulfatbrühe mit Zusatz von 3 Mol Na_2SO_3 pro 1 Mol Cr_2O_3. Konz. 11 g Cr_2O_3 im Liter. Vorwiegend anodische Wanderung. Chrombrühe *III*. 37% basische Chromsulfatbrühe. 10 g Cr_2O_3 im Liter.

Die Hautpulverproben wurden 24 Tage lang mit gepufferten Lösungen (Phosphorsäure-Phosphat und Phosphat-Natriumhydroxyd) von p_H 1,0 bis 14 behandelt, die sauer behandelten Proben darauf neutralisiert und schwach alkalisch gemacht. Dann wurden sämtliche Proben mit Ammonchloridlösung neutralisiert, auf p_H 5 gebracht und die Salze herausgewaschen.

In Tabelle 58 sind die Ergebnisse einer gleichartigen siebentägigen Vorbehandlung auf das Chrombindungsvermögen von Hautblöße zusammengestellt, wobei aber 3 Vol.-% Kochsalz zugesetzt wurde, um Komplikationen durch Schwellung zu vermeiden. Nachdem die Blößen auf p_H 5 gebracht waren, wurden sie 48 Stunden lang gegerbt.

Tabelle 58. Einfluß einer Vorbehandlung der Blöße mit Säuren und Alkalien auf ihr Chrombindungsvermögen [K. H. Gustavson (*10*)].

Art der Vorbehandlung (20 g Kollagen in 1 l Lösung)	Von 100 g Kollagen gebundenes Cr_2O_3 in Gramm bei Gerbung mit:		
	Chromsulfatbrühe. Basizität: 37%. Konz.: 16 g/l Cr_2O_3	Hochbasische Chromsulfatbrühe. Basizität: 60%. Konz.: 15 g/l Cr_2O_3	Anionische Sulfitochrombrühe $3\,Na_2SO_3 : 1\,Cr_2O_3$ 11 g/l Cr_2O_3
1,0 n HCl	11,3	10,8	13,6
0,6 n HCl	10,6	10,7	12,6
0,1 n HCl	10,7	10,3	11,5
0,025 n HCl	10,4	10,1	11,2
0,5 n $H \cdot COOCH_3$	14,6	15,4	18,0
3% NaCl	10,5	9,5	9,8
0,1 n NaOH	17,2	17,0	22,4
0,5 n NaOH	16,7	15,2	17,8
1,0 n NaOH	13,2	13,2	13,8
Palitzsche Pufferlösung von p_H 9	14,8	14,5	16,5

Bei Auswertung dieser Ergebnisse muß man das Verhalten dieser Chromsalzlösungen gegen verschieden stark peptisiertes Hautpulver (Tabelle 57) berücksichtigen. Das Reaktionsvermögen molekular-disperser mittelbasischer Chromsulfatbrühen wurde durch den Peptisierungsgrad des Hautpulvers nicht beeinflußt. Eine Vorbehandlung des Hautpulvers mit H-Ionen war ohne Wirkung. Eine alkalische Vorbehandlung vergrößert jedoch das Chrombindungsvermögen der Hautsubstanz, und zwar dürfte die Aktivierung der ionogenen Proteingruppen durch die OH-Ionen für die erhöhte Chromaufnahme verantwortlich sein. Gegenüber hochbasischer Chromsulfatbrühe und anionischer Sulfitochrombrühe, die beide aggregierte Komplexe enthalten, zeigt die sauer vorbehandelte Haut ein größeres Reaktionsvermögen. Die Mehrentnahme an Chrom entfällt wahrscheinlich zum größten Teil auf die mit Koordinationsvalenzen angelagerten mehrkernigen Chromsalze. Die alkalisch vorbehandelte Haut bindet in allen Fällen eine größere Chrommenge. Beim Gerben mit hochaggregierten, stark basischen und anionischen Brühen ist die Mehraufnahme an Chromsalzen durch die bei hohen p_H-Werten vorbehandelte Haut von zwei Faktoren bedingt:

1. Von der erhöhten Aufnahme kationischer und anionischer Komplexe durch die aktivierten COO^-- und NH_2-Gruppen und

2. von der Peptisierung der Haut, wodurch die Aufnahme des grobdispersen Anteiles der Chromsalze erleichtert wird. Die letztgenannten Lösungen zeigten bei Versuchen mit neutralsalzbehandelter Haut Abhängigkeit von dem Peptisierungsgrade des Substrats.

Das Verhalten verschieden stark peptisierter Hautproben gegen die in der Praxis angewandten schwach basischen Chromsalze steht mit der Auffassung im Einklang, daß diese Chromsalze primär durch die Carboxylionen der Haut gebunden werden, während eine Koordination mittels der —CO—NH—-Gruppen der Haut für die primäre Fixierung völlig oder nahezu bedeutungslos ist. Bei der Gerbung mit großkernigen Chromkomplexen scheinen daneben auch solche Koordinationsvalenzkräfte einbezogen zu werden.

Vergleichende Versuche mit Mineralsäuren und Alkalien ergaben, daß ihre Bindung von Veränderungen des Peptisierungsgrades der Haut durch Neutralsalzbehandlung unabhängig war, während die mit H- und OH-Ionen behandelte Haut eine erhöhte Bindungskapazität für Säuren und Alkalien zeigte.

c) Einfluß des Äscherns.

Bei der Lederfabrikation muß eine Reihe verschiedenartiger Verfahren aufeinander abgestimmt werden, um zufriedenstellende Ergebnisse zu erhalten. Die ersten Prozesse, die Arbeiten der Wasserwerkstatt, üben selbstverständlich einen entscheidenden Einfluß auf das hergestellte Leder aus, besonders was die physikalischen Eigenschaften wie Stand, Griff und Narbenbildung im allgemeinen betrifft. Beim Chromleder spielt die Art des Narbens eine entscheidende Rolle, vor allem seine Geschlossenheit, Festigkeit, Glätte und Feinheit. Da die zweckmäßigste Arbeitsweise beim Äschern für die unterschiedlichen Chromleder je nach der Natur der Rohware, der nachfolgenden Behandlungsart und den erstrebten Eigenschaften des fertigen Leders verschieden sein muß, kann eine allgemeine Regel für die Äschermethode nicht aufgestellt werden, sondern es gilt für jeden Betrieb ein Standardverfahren auszuarbeiten.

So ist es nur möglich, einige allgemeingültige Prinzipien zu streifen. Bei Oberleder, wie Chromkalbleder, soll das Äschern nur kurz dauern, übermäßige Schwellung der Blöße und Narbenzug müssen vermieden werden, da eine feine und glatte Narbenbildung wesentlich für die Qualität des Fertigprodukts ist. Kurze Äscherarbeit unter mäßigem Zusatz von Schwefelnatrium und schwellungsmindernder Stoffe, wie Kochsalz[1], führt zu den für Oberleder dieser Klasse notwendigen Eigenschaften, was Griff, Stand und geringe Zügigkeit betrifft. Anderseits ist beim Äschern getrockneter Häute und Felle, z. B. aus tropischen Ländern, sowie bei der Verarbeitung von Ziegenfellen, eine langdauernde Einwirkung stark angeschärfter Kalklösung notwendig, um die verklebten Fasern

[1] Kochsalz hat jedoch in alkalischer Lösung keine quellungshemmende Wirkung, wie die Arbeit von A. Küntzel und J. Philips zeigt.

in dem gewünschten Maß zu trennen und mäßig aufzuspalten. Bei der Herstellung weicher und zügiger Ledersorten, wie z. B. Handschuhleder, wird hauptsächlich ein langdauernder Weißkalkäscher verwendet. Für Lackleder gilt das Entgegengesetzte, die erwünschte Beschaffenheit dieses Leders wird am zweckmäßigsten durch eine kurze, ganz scharfe Äscherarbeit erzielt. Üblich ist eine ganz kurze — je nach der Schwefelnatriumkonzentration 6 bis 10stündige — Behandlung der Häute in einem starken (0,5 bis 2,5% Na_2S) Schwefelnatriumbad, auf die ein Nachäschern in Weißkalk folgt. Bei diesem Verfahren wird der Haarlockerungsprozeß getrennt von der Wirkung des Äschers auf die Hautblöße durchgeführt. Dasselbe Prinzip findet bei der Herstellung von Boxkalbleder, bei dem nach Anschwöden und Enthaaren die Blöße nachgeäschert wird, allgemeine Anwendung.

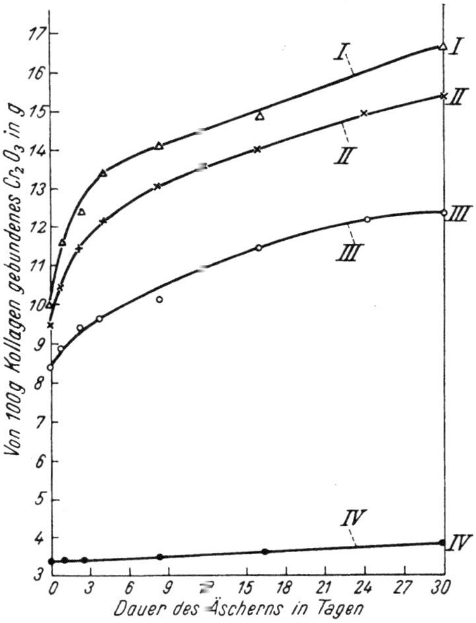

Abb. 38. Einfluß der Dauer des Äscherns von Rindshaut auf die Chromaufnahme während der nachfolgenden 48stündigen Chromgerbung [K. H. Gustavson und P. J. Widen (*1*)]. Äscher: gesättigtes Kalkwasser mit Kalküberschuß (10% CaO auf Hautgewicht). Entkälkung: 2%ige Ammoniumchlorid- und 2%ige Borsäurelösung. Als Vergleich wurde ein Hautstück mit abgespaltener Oberhaut verwendet. Die Gerbung wurde im gemeinsamen Bade vorgenommen.

Chrombrühe *I*. Natriumsulfitochromiat, 37% basische Chromsulfatbrühe mit einem Zusatz von 3 Mol Na_2SO_3 pro 1 Mol Cr_2O_3. Konz. [illegible]3 g Cr_2O_3 im Liter. Chrombrühe *II*. 50% basische Chromsulfatbrühe, 16 g Cr_2O_3 im Liter. Chrombrühe *III*. 40% basische Chromsulfatbrühe, 20 g Cr_2O_3 im Liter. Chrombrühe *IV*. Chromalaunlösung, 0% basisch, 13 g Cr_2O_3 im Liter.

Bei der Fabrikation von Chromkalbleder muß durch zweckmäßiges Arbeiten in der Wasserwerkstatt das starke Hervortreten der Mastfalten so weit wie möglich verhindert werden. Zwar sind die Mastfalten schon am lebenden Tier vorhanden, aber das mehr oder minder starke Hervortreten dieser Fehler beim Fertigleder ist auf die Äscherarbeit zurückzuführen. Wahrscheinlich steht das stärkere Hervortreten der Mastfalten nach übermäßiger Schwellung damit im Zusammenhang, daß in den Mastfalten mehr elastisches Gewebe vorhanden ist, da Elastin im alkalischen Gebiet eine bedeutend geringere Schwellung als Blöße zeigt. Um ein Leder ohne stark hervortretende Mastfalten zu erzielen, soll deshalb die Schwellung beim Äschern nicht übermäßig groß sein (W. T. Roddy).

Der Einfluß des Äscherns auf Charakter und Beschaffenheit des erzeugten Leders kann leider nicht durch Laboratoriumsversuche zahlenmäßig, sondern nur durch Kalkulation betriebsmäßig ausgewertet werden. Mit der Art des Äscherns steht auch das nachfolgende Beizen der Blöße in innigem Zusammenhang, da es möglich ist, die erstrebten Eigenschaften des Fertigleders durch einen entsprechend dem Äschern modifizierten Beizgang nachträglich bis zu gewissem Grad zu verbessern.

Die Kenntnis über den Einfluß des Äschergrades auf das Chrombindungsvermögen der Blöße ist zwar theoretisch wichtig, für den praktischen Betrieb jedoch nur von untergeordneter Bedeutung. Da aber in manchen Fällen ein gewisser Zusammenhang zwischen der zahlenmäßig ausdrückbaren Chromaufnahme der Blöße und subtileren Eigenschaften des Leders besteht, hat diese Frage doch auch praktisches Interesse. Vorausgeschickt muß aber dabei werden, daß die vom Leder gebundene Chrommenge keinen Anhaltspunkt für die Qualität des Erzeugnisses bietet.

Abb. 38 gibt die Zusammenstellung einiger Versuchsreihen über den Einfluß der Äscherdauer auf die Chromaufnahme durch die Blöße aus verschiedenen Chrombrühen bei 48stündiger Gerbung. Tabelle 59 zeigt die Ergebnisse von Versuchen, in denen die Azidität und Kochbeständigkeit des so erzeugten Leders besonders studiert wurde. Stückchen von Rindshaut wurden in einer Lösung aus 5% Kalk (als CaO) und 0,3% Schwefelnatrium (als Na_2S) geäschert und die Proben nach vollständiger Entkälkung zusammen in einer Chromsulfatbrühe (Basizität 37%, Konzentration 25 g/l Cr_2O_3) 48 Stunden lang gegerbt.

Tabelle 59. Einfluß der Äscherdauer auf die Azidität des gebundenen Chromsalzes, die Chromaufnahmefähigkeit und Kochbeständigkeit des Leders [K. H. Gustavson und P. J. Widen (*1*)].

Art der Vorbehandlung	% Cr_2O_3 im Leder, bezogen auf Kollagen	% Azidität des Chromsalzes auf der Faser
Rohhaut (Haare weggeschnitten)	12,2	64
2 Tage geäschert	12,7	60
7 „ „	13,3	59
14 „ „	14,6	58
28 „ „	15,7	55

Art der Vorbehandlung	2stündige Gerbung			24stündige Gerbung		
	% Cr_2O_3 im Leder	Azidität des Chromsalzes auf der Faser	% Schrumpfung in der Kochprobe	% Cr_2O_3 im Leder	Azidität des Chromsalzes auf der Faser	% Schrumpfung in der Kochprobe
Rohhaut	3,6	76	43	6,0	68	5
1 Tag geäschert	4,2	72	33	6,2	60	0
2 Tage geäschert	4,3	70	29	6,7	60	0
7 „ „	5,1	68	22	7,2	58	0
16 „ „	5,8	68	47	7,8	57	0
28 „ „	4,9	71	49	7,0	61	22

Wie früher in diesem Kapitel angedeutet wurde, bestehen die physikalisch-chemischen Veränderungen der Hautblöße bei Behandlung mit alkalischen Lösungen in dem Freisetzen kompensierter Carboxylionen und Aminogruppen unter gleichzeitiger Lockerung der koordinierten Peptidgruppen der Hautproteine (Peptisierung). Beim Äschern wirken die OH-Ionen ebenso, außerdem verläuft gleichzeitig eine Auflockerung der Fasergewebe, Aufspaltung der Faser in Teilfasern und Beseitigung gewisser Begleitproteine, Veränderungen, welche die Diffusion der Chromsalze ins Hautinnere erleichtern.

Aus den Kurven in Abb. 38 ist zu ersehen, daß der Einfluß des Äscherns auf die Chromaufnahmefähigkeit der Blöße mit steigender Basizität und Aggregation der Chrombrühe zunimmt. Bei der schwach basischen Chrombrühe ist die gesteigerte Chromaufnahme vorwiegend durch die erhöhte Aktivität der ionogenen Gruppen der Haut verursacht, während die verhältnismäßig größere Zunahme der Chromfixierung beim Gerben mit hochbasischer Brühe oder mehrkernigen Sulfitochromkomplexen neben der erleichterten Salzbildung auch auf die durch Alkaliwirkung zur Koordination mit den Chromkomplexen freigemachten Peptidgruppen zurückzuführen ist. Bei steigendem Äscherungsgrad nimmt die

Blöße stärker basische Chromsalze auf. Von praktischer Bedeutung ist es, einen für kochfestes Leder optimalen Äscherungsgrad der Haut zu erzielen, und zwar hat sich mäßiges Äschern als günstig erwiesen.

In direktem Zusammenhang mit dem Äschern, wobei die Hautfasern anpeptisiert werden, steht das Beizen, das besonders Narben und Griff des erzeugten Leders beeinflußt. Die Durchführung der Beize ist natürlich von der Art der Rohware, der Äscherarbeit und der gewünschten Beschaffenheit des Leders bedingt. In der Regel erhält die für Chromkalb- sowie die für Chromrindleder bestimmte Blöße eine mäßige Beize, während Ziegenfelle für Chromchevreaux sehr stark gebeizt werden. Die Veränderungen der Kollagenfasern durch eine mäßige Beize beeinflussen die nachfolgende Chromaufnahme nicht merkbar. Aus Tabelle 60 ist der Einfluß einer starken Trypsinbehandlung (5 Stunden bei 40^0 C) auf die Chromaufnahmefähigkeit von Hautpulver zu ersehen. Die Gerbdauer betrug 60 Stunden, durch die tryptische Behandlung war ungefähr ein Drittel der Hautpulvermenge in Lösung gebracht worden.

Tabelle 60. Einfluß einer Vorbehandlung mit Trypsin auf das Chrombindungsvermögen von Hautpulver [nach J. A. Wilson (*3*), S. 602 und K. H. Gustavson (*10*)].

Art der Vorbehandlung	Von 100 g Kollagen gebundenes Cr_2O_3 in Gramm nach Gerbung mit:	
	37% basischer Chromsulfatbrühe 20 g/l Cr_2O_3	59% basischer Chromsulfatbrühe 12,5 g/l Cr_2O_3
Keine	12,6	22,6
Trypsin bei p_H 8,0	12,0	18,7
Kontrollversuche ohne Trypsin bei p_H 8,0	12,9	24,7

Eine weitgehende Trypsinbehandlung des Hautpulvers hat praktisch keinen Einfluß auf die Chromaufnahme aus mäßig basischen Chromsulfatbrühen. Bei der Gerbung mit niedrig dispersen hochbasischen Chrombrühen und Sulfitochrombrühen zeigt sich die Chrombindung des trypsinbehandelten Hautpulvers deutlich vermindert. J. A. Wilson [(*3*), S. 602] neigt zu der Ansicht, daß Trypsin die hochpeptisierten Anteile des Hautpulvers herauslöse, so daß in dem behandelten

Tabelle 61. Einfluß des Feinheitsgrades auf das Chrombindungsvermögen von Hautpulver [K. H. Gustavson (*10*)].

Feinheitsgrad des Hautpulvers	Von 100 g Kollagen gebundenes Cr_2O_3 in Gramm beim Gerben mit:		
	Chromsulfatbrühe 20 g/l Cr_2O_3 (Basizität: 37%)	Chromsulfatbrühe 12,5 g/l Cr_2O_3 (Basizität: 59%)	Sulfitochrombrühe 3 Na_2SO_3 : 1 Cr_2O_3 15 g/l Cr_2O_3
Grob (bei einer Maschenweite von 5 Maschen/qcm im Sieb zurückgehalten)	12,0	19,3	17,8
Mittelfein (fällt bei einer Maschenweite zwischen 5 bis 20 Maschen/qcm durch das Sieb durch)	12,2	21,5	22,6
Fein (fällt bei einer Maschenweite von 20 Maschen/qcm durch das Sieb durch)	12,9	24,7	27,0

Hautpulver weniger reaktionsfähiges Kollagen vorhanden sei. Diese Behauptung wird durch die in Tabelle 61 mitgeteilten Untersuchungsergebnisse über den Einfluß des Feinheitsgrades von Hautpulver auf sein Verhalten gegen Chrombrühen gestützt. Die Versuchsbedingungen bei der Gerbung waren dieselben wie in Tabelle 60 angegeben.

Das feinste Hautpulver nimmt aus der mehrkernigen Chromsulfat- und der Sulfitobrühe bedeutend größere Chrommengen als die groben und mittelfeinen Proben auf, während bei der Gerbung mit der feinteiligen Chromsulfatbrühe die Chromaufnahme vom Feinheitsgrad des Hautpulvers unabhängig ist. Nach der in den früheren Abschnitten diskutierten Theorie sind diese Ergebnisse dahin zu deuten, daß beim feinkörnigen Hautpulver die Bauelemente stärker aufgespalten sind als beim grobkörnigen, wodurch die Anzahl freier Peptidgruppen und die Oberflächenwirkung erhöht werden. Die Erhöhung der Chromaufnahme aus grobteiligen Chrombrühen mit steigendem Feinheitsgrad des Hautpulvers wird auf zusätzliche koordinative Bindung solcher Komplexe zurückgeführt. Die Herabsetzung der Chromaufnahme durch Trypsinbehandlung dürfte also vorwiegend auf Herauslösen dieser feinsten Hautpulverfraktion zurückzuführen sein, wie Wilson richtig erkannt hat.

d) Einfluß des Pickelns auf die Chromgerbung.

Die Bedeutung des Pickelns der Hautblöße für die nachfolgende Chromgerbung wurde im Kapitel „Pickeln" (siehe dieses Handbuch, Bd. I/2, S. 303) behandelt. In diesem Abschnitt sollen nur ergänzungsweise einige Fragestellungen besprochen werden, die von besonderem Interesse für den Chromgerbprozeß sind. Durch das Pickeln wird die Azidität der nach dem Beizen schwach alkalischen Hautblöße an die saure Chrombrühe angeglichen. Zwischen dem Säurebindungsgrad der Blöße und der Geschwindigkeit ihrer Chromaufnahme, die in der Regel mit abnehmendem Säuregehalt der Blöße wächst, besteht ein direkter Zusammenhang. Beim Angerben ist eine langsame Chromaufnahme wesentlich, was teilweise durch geeignetes Pickeln der Blöße erreicht wird.

Dieser Zusammenhang zwischen Säurebindung und Chromaufnahme bei der Blöße wurde erst durch E. Stiasny (*2*) nachgewiesen und ausdrücklich betont, dessen Befunde später in allen Einzelheiten durch die eingehenden Arbeiten von E. R. Theis und Mitarbeitern bestätigt wurden. Der Einfluß des Säurebindungsvermögens der Hautblöße auf die Chromaufnahme wurde auch in den theoretischen Ausführungen von E. Elöd und Mitarbeitern, sowie neuerdings von G. D. McLaughlin und seinen Mitarbeitern besonders hervorgehoben.

Solange die H-Ionenkonzentration der bei der Gerbung verwendeten Chromsalzlösung größer als die der gepickelten Blöße (der Pickelrestbrühe) ist, muß die Blöße aus physikalisch-chemischen Gründen weitere Säuremengen aus der Chrombrühe aufnehmen, bis das Gleichgewicht erreicht ist. Dies bedeutet weiter, daß eine gepickelte Blöße, die einen niedrigeren p_H-Wert als die Chromsalzlösung besitzt, an das Chrombad Säure abgeben wird. Wenn man, wie E. Elöd und G. D. McLaughlin, die Chromaufnahme als eine Folge der Säurebindung durch die Haut ansieht, so dürfte in diesem letztgenannten Falle keine Chromaufnahme stattfinden, was aber durch die praktische Erfahrung widerlegt wird.

Durch die Säureaufnahme werden die Carboxylionen der Blöße entionisiert und dadurch die Bindungsmöglichkeiten der Chromkomplexkationen verschlechtert, da diese für ihre Reaktion COO-Gruppen benötigen. In dem Chromgerbbad besteht, besonders im Anfangsstadium, eine Konkurrenz zwischen Chromkomplex-Kationen und H-Ionen um die Carboxylionen des Kollagens. Dennoch ist die regulierende Wirkung der H-Ionenkonzentration der Blöße und Brühe auf die Geschwindigkeit der Chromaufnahme ganz verständlich. Die p_H-Änderungen im Verlauf der Gerbung hängen erstens mit dem Ionisationsgrad der Hautproteine (—COO^- und — NH_2) und zweitens mit gleichzeitig stattfindenden Veränderungen von Konstitution und dadurch bedingtem Gerbvermögen des Chromsalzes zusammen, wie A. Küntzel und Mitarbeiter ausdrücklich hervorheben.

Für das Verständnis der Säurewirkung beim Pickeln und der Natur des Chromgerbvorgangs überhaupt ist das Verhalten der mit Säure gesättigten Hautblöße gegen Chromsalze besonders interessant und bedeutungsvoll. Wie in einem früheren Abschnitt erwähnt wurde, ist das Chrombindungsvermögen der Wolle und Seide von ihrem Säuregehalt unabhängig. Demnach haben die ionogenen Gruppen dieser Faserproteine auf ihre Reaktion mit den Chromsalzen keinen Einfluß, sondern die Chrombindung erfolgt wahrscheinlich mittels der Peptidgruppen unter Bildung von Molekülverbindungen.

Bei diesen Versuchen wurde die Blöße auf die Azidität von Säurelösungen (HCl und H_2SO_4) vom p_H ca. 1,0 gebracht. Die Standardkonzentration der Pickellösung war 10%. Den säurebeständigen Chromsalzlösungen waren 0,1 n Säure und 3% Neutralsalz (NaCl bzw. Na_2SO_4) zugesetzt, um Komplikationen durch Schwellung der Blöße zu verhindern. Die Gerbung dauerte 6 Stunden; bei den Vergleichsversuchen mit neutraler Blöße in Chromsalzlösungen ohne Säurezusatz wurden ebenfalls 3 Vol.-% Neutralsalz zugesetzt.

Tabelle 62. Einfluß des Säuregrades der Blöße auf ihre Chromaufnahmefähigkeit [nach K. H. Gustavson (*10*)].

Säurebeständige Chromchloridbrühe, Basizität 40%.			Säurebeständige Chromsulfatbrühe, Basizität 33%.		
Konz. der Chromlösung in g/l Cr_2O_3	Von 100 g Kollagen gegundenes Cr_2O_3 in Gramm		Konz. der Chromlösung in g/l Cr_2O_3	Von 100 g Kollagen gebundenes Cr_2O_3 in Gramm	
	Blöße	säuregesättigte Blöße (HCl + Gerblösung von $p_H \sim 1{,}0$)		Blöße	säuregesättigte Blöße (H_2SO_4 + Gerblösung von $p_H \sim 1$)
16	4,8	0	14	4,2	1,0
40	5,0	0,4	23	4,5	2,1
80	5,4	1,0	47	4,6	3,2
132	6,9	2,1	93	4,9	4,3

Aus der Tabelle 62 ist zu ersehen, daß die salzsäuregesättigte Blöße aus einer mäßig konzentrierten basischen Chromchloridlösung, die denselben p_H-Wert wie die Pickelrestbrühe besitzt ($p_H \sim 1$), kein Chrom oder nur winzige Mengen aufnimmt, während bei Gerbung mit hochkonzentrierten Lösungen doch ein geringes Reaktionsvermögen vorhanden ist. Im Gegensatz zu dem Verhalten des Chromchlorids zeigt die basische Chromsulfatbrühe eine deutliche Affinität zu schwefelsäuregesättigter Blöße. Mit steigender Konzentration der Sulfatbrühe nimmt die Chrombindungsfähigkeit der H_2SO_4-Blöße stark zu, um schließlich bei hochkonzentrierter Brühe Werte zu erreichen, die wenig unter den mit unbehandelter Blöße erhaltenen liegen.

Nach diesen Ergebnissen muß die Reaktion zwischen Chromchloridlösungen und Hautblöße ausschließlich durch das Vorkommen ionisierter Carboxylgruppen in der Hautsubstanz bedingt sein. Bei der Gerbung mit basischer Chromsulfatbrühe herrscht diese Reaktionsform in mäßig konzentrierten Lösungen vor, aber auch eine nicht zu vernachlässigende p_H-unabhängige Chromaufnahme ist deutlich wahrnehmbar. Durch Konzentrationserhöhung der Chromsulfatbrühe wie auch durch Steigerung der Basizität des Chromsalzes nimmt der Anteil dieser

Koordinationsreaktion auf Kosten des ionogenen Reaktionsanteils stetig zu, um in hochkonzentrierten Brühen schließlich zu überwiegen. Der letztere Befund ist nicht ohne Bedeutung für das Verhalten der gepickelten Blöße gegen starke Angerbbrühen, wie bei der in der Praxis verwendeten Trockengerbung. In dem Kapitel „Kombinationsgerbung" wird im Zusammenhang mit dem Einfluß der Vorgerbung der Blöße mit Chinon, pflanzlichen Gerbstoffen und Formaldehyd auf den zeitlichen Verlauf der Chromaufnahme darauf hingewiesen, daß bei der Gerbung mit Chromsulfat zwei Reaktionen nebeneinander zu verlaufen scheinen, und zwar 1. eine durch die Aktivität der Carboxylionen regulierte Fixierung der Chromkomplexkationen, 2. eine von den ionisierten Gruppen unabhängige Chrombindung, die als eine Verankerung des Chromsalzes durch die Peptidgruppen aufzufassen ist. Diese Annahme wird durch die oben angeführten Befunde und viele andere Reaktionsverhältnisse, die im Zusammenhang mit den für die Chromgerbung maßgebenden Faktoren später erläutert werden sollen, gestützt.

Aus diesen Ausführungen geht hervor, daß der Einfluß des Pickelns auf die nachfolgende Chromaufnahme durch die Blöße weitgehend von Azidität und Konzentration der Gerbbrühe abhängig sein muß, wie auch aus den Zahlen der Tabelle 63 zu ersehen ist.

In diesen Versuchsreihen wurde die Gerbung mit Chromsalzlösungen, die bei Chromsulfat 3% Na_2SO_4 und bei Chromchlorid 3% NaCl enthielten, vorgenommen. Für die Sulfatgerbung wurden Blößenstücke mit einem Säuregehalt von 4,5% bzw. 1,5% Schwefelsäure, bezogen auf Kollagen, verwendet. Die für die Chromchloridgerbung benutzte Blöße enthielt 1,4% Salzsäure, bezogen auf Kollagen. Unbehandelte Vergleichsstücke derselben Blöße wurden zusammen mit den gepickelten Proben in gemeinsamem Bade behandelt. Die Gerbdauer betrug 24 Stunden bei einem Flottenverhältnis 100:10.

Tabelle 63. Einfluß des Pickelns auf die Chromaufnahme der Blöße.

Art der Chrombrühe	Von 100 g Kollagen gebundenes Cr_2O_3 in Gramm		
	Blöße	Leicht gepickelte Blöße (1,5% H_2SO_4)	Stark gepickelte Blöße (4,5% H_2SO_4)
Chromsulfatbrühe, Basizität: 37%:			
Konzentration 11 g/l Cr_2O_3	5,4	4,3	4,0
„ 110 „ Cr_2O_3	6,0	6,2	5,3
Chromsulfatbrühe, Basizität: 60%:			
Konzentration 80 g/l Cr_2O_3	7,6	8,1	6,9
	Blöße	Gepickelte Blöße (1,4% HCl)	
Chromchloridbrühe, Basizität: 40%:			
Konzentration 25 g/l Cr_2O_3	4,9	3,5	
„ 150 „ Cr_2O_3	6,8	4,1	
Chromchloridbrühe, Basizität: 70%:			
Konzentration 30 g/l Cr_2O_3	6,3	4,8	

Durch eine leichte Pickelvorbehandlung der Blöße wird die Chromaufnahme beim Gerben mit mäßig konzentrierten Chromchloriden und Chromsulfaten vermindert, was im Einklang mit den physikalisch-chemischen Postulaten steht; beim Gerben mit konzentrierten Chromsulfatbrühen dagegen wird sie nicht beeinflußt. Dieser Befund wird erklärlich, wenn man die früher erwähnte Tatsache in Betracht zieht, daß das Chromsalz aus konzentrierten Brühen vorwiegend in p_H-unabhängiger Form fixiert wird. In diesen Versuchen wurde ein größeres Flottenverhältnis, als in der Praxis gebräuchlich, angewandt, infolgedessen stellte sich die Chromaufnahme durch die gepickelte Blöße im Vergleich zur betriebsmäßigen Gerbung in den Laboratoriumsversuchen günstiger dar.

Für die Praxis der Chromgerbung sind vor allem die Quellung der Blöße im Pickel und bei der Angerbung außerordentlich wichtig. Zwar wurden darüber Arbeiten veröffentlicht (E. R. Theis und E. J. Serfass), sie haben aber, wie D. Balányi betont, nur einen bedingten Wert, da die Art der Angerbung nicht berücksichtigt wurde (siehe dieses Handbuch, Bd. I/2, S. 304). Die praktische Erfahrung lehrt, daß der Schwellungszustand der gepickelten Blöße bei der Angerbung mitbestimmend auf die Eigenschaften des erzeugten Leders, wie auch auf die Verteilung des gebundenen Chromsalzes im Inneren des Leders wirkt.

In besonderem Maß gilt dies für die Narbenbeschaffenheit des Leders, wie Narbenfestigkeit und Geschlossenheit des Narbens, aber auch für andere physikalische Eigenschaften, wie Stand und Zügigkeit, die nicht weniger wichtig sind. Diese praktische Frage hat in der gerbereichemischen Literatur nicht den ihr gebührenden Platz gefunden, vielleicht aus demselben Grund, aus dem dies auch für die Äscherwirkung auf die physikalischen Eigenschaften des Leders der Fall ist, nämlich dem Fehlen quantitativer Methoden zur Erfassung dieser Probleme. In einer interessanten Arbeit von E. Mezey über die quantitative Bestimmung der Schwellung der Blöße im Pickel wird besonders ihre Bedeutung für die Qualität des fertigen Leders betont. Vor allem soll nach der Ansicht von Mezey ein glattes Leder ohne Narbenzug erzielt, sowie Porenfeinheit, Narbenfestigkeit und Fülle durch den Schwellungsgrad der Blöße in den Anfangsstadien des Chromgerbens reguliert werden. Die praktische Erfahrung bestätigt diese Meinung voll und ganz. Ein übermäßiges Schwellen im Pickel und im Chrombad führt zu unansehnlichem Leder mit verzogenem, sehr rauhem und platzendem Narben, blößen- oder kautschukartigem Griff und geringem Rendement. Besondere Aufmerksamkeit verdient die Narbenelastizität, da ein nichtzügiges Leder häufig einen brüchigen Narben ergibt. Der Schwellungsgrad der Blöße muß natürlich den Gerbbedingungen und der gewünschten Beschaffenheit des Fertigleders zweckmäßig angepaßt werden. Weitere Einzelheiten über die praktische Bedeutung der Blößenschwellung finden sich im Abschnitt „Praxis der Chromgerbung“ (S. 209).

Wie E. Mezey erwähnt, bestimmt die Zusammensetzung des Pickelbades die Schwellung der Blöße. Besondere technische Effekte werden durch Anwendung eines Ameisensäurepickels mit geringem Kochsalzzusatz erzielt. Wird z. B. ein Pickel aus 1% Ameisensäure und 6 bis 10% Kochsalz verwendet, so nimmt die Blöße überwiegend Salzsäure auf, was auf die Umsetzung des im Überschuß vorhandenen Kochsalzes mit der Ameisensäure zurückzuführen ist. Ein solcher Pickel verhält sich wie ein Salzsäure-Kochsalz-Pickel und der Schwellungsgrad der Blöße wird eindeutig von der Kochsalzkonzentration bestimmt. Ein ganz andersartiges System stellt der kochsalzarme Pickel, z. B. mit 1% Ameisensäure und 1 bis 2 Vol.-% Kochsalz dar; aus ihm nimmt die Blöße vorwiegend Ameisensäure auf und der Schwellungsgrad ist hauptsächlich von Art und Menge der verwendeten Säure, nicht aber vom Kochsalzgehalt abhängig.

Die dem Pickeln nachfolgende Chromgerbung wird auch durch die Natur der in den Blößen vorhandenen Säure beeinflußt, besonders wenn organische Säuren, die eine maskierende Wirkung auf das Chromsalz ausüben können, verwendet werden; praktisch kommt wohl nur Ameisensäure in Betracht. Daß der von manchen Praktikern bevorzugten Ameisensäurepickel eine milde Angerbung und zarten Narben erzeugen soll, ist vielleicht damit zu erklären, daß sich durch Einwirken der mit der Blöße eingeschleppten Ameisensäure auf die Chrombrühe mildgerbende Formiatkomplexe bilden, die eine natürliche Fixierung des Narbens verursachen. Dieser Gesichtspunkt ist nach Ansicht von D. Balányi (*1*) ausschlaggebend für die vorteilhafte Wirkung des Ameisensäurepickels auf das Gerben (siehe dieses Handbuch, Bd. I/2, S. 303).

Durch Regulierung der Blößenquellung im Pickel können auch die Chromaufnahmegeschwindigkeit sowie die schichtweise Verteilung des gerbenden Chroms im Leder beeinflußt werden. Die nachstehende Tabelle zeigt den Einfluß der Blößenquellung im Pickel auf die schichtweise Verteilung des Chroms im Leder bei konstanter Säure- und wechselnder Kochsalzkonzentration des Pickels.

Tabelle 64. Einfluß des Schwellungsgrades der Blöße auf die Verteilung des gebundenen Chromsalzes im Lederinnern [K. H. Gustavson (*10*)].

Gramm NaCl in 100 ccm Pickellösung	% Cr_2O_3 im trockenen Leder		
	Narbenspalt	Mittelspalt	Fleischspalt
1	4,6	3,6	4,8
2	4,2	3,5	4,6
3	4,0	3,4	4,1
4	3,9	3,7	3,8
8	4,0	4,1	4,1

4 mm dicke Rindshautkernstücke wurden in 0,05 n Schwefelsäure mit 1 bis 8% Kochsalzzusatz 24 Stunden lang gepickelt und darauf in Chromsulfatbrühe (Basizität: 55%, 40 g/l Cr_2O_3) 8 Stunden lang gegerbt. Die Lederproben wurden in drei gleichdicke Schichten gespalten, die einzeln analysiert wurden.

Die in Lösungen mit 1 bis 2% Kochsalzzusatz behandelten Blößenstücke waren stark gequollen, die aus den 4 und 8% Kochsalz enthaltenden Brühen hatten die Eigenschaften einer gepickelten Blöße. Durch die übermäßige Schwellung wurde das Chrom in den äußeren Lederschichten angereichert, während die nichtgequollenen Proben eine regelmäßige Chromverteilung in den verschiedenen Spalten zeigten. In dieser Versuchsreihe wurden die gequollenen Blößen mit einer hochbasischen, sehr chromreichen Brühe gegerbt, was infolge der Anreicherung an Glaubersalz (ca. 6 Vol.-% Na_2SO_4) und der adstringierenden Wirkung des Chromsalzes im Anfangsstadium des Gerbvorgangs eine mäßige Entquellung der stark gequollenen Blößenstücke bewirkte. Verwendet man zur Angerbung aber eine chromarme, niedrigbasische Chromsulfatbrühe, so wird die ursprüngliche Schwellung in den ersten Gerbstunden fixiert und es findet ein Totgerben der Lederaußenschicht statt. Solche Leder werden in der Angerbbrühe weitgehend peptisiert und das Leder zeigt minderwertige Eigenschaften, wie rauhen, platzenden Narben, blößenartigen Griff und mangelnde Elastizität, da es praktisch überhaupt nicht zügig ist. Das so erzeugte Leder sieht wie ein stark notgares Leder nach der Kochprobe aus. Auch bei der Gerbung hitzegeschrumpfter Blöße findet eine gleichartige Totgerbung statt.

3. Die Praxis der Chromgerbung.

a) Die Einbadgerbung.

Die bei der Einbadgerbung verwendeten Chrombrühen.

Als Rohmaterial für die Herstellung der in der Praxis üblichen Chrombrühen dienen vorwiegend Alkalibichromate, Chromalaun und chromhaltige Abfallprodukte der organisch-chemischen Großindustrie. Zur Erzielung einer Gerbwirkung muß ein gewisser Basizitätsbereich eingehalten werden und nur basische Chromsalze, hauptsächlich Sulfate werden in der Praxis verwertet. Um die Chromsalze irreversibel an die Hautblöße zu fixieren und die Haut dadurch in Leder zu überführen, scheint eine gewisse Molekulargröße unbedingt notwendig zu sein. Der innige Zusammenhang zwischen Gerbwirkung und Basizität der Chromsalze wurde schon von F. L. Knapp erkannt, die grundlegenden theoretischen Fragenkomplexe jedoch erst in den letzten zwei Jahrzehnten auf Grund der vorbildlichen Arbeiten von E. Stiasny und seinen Schülern in ihrer ganzen Bedeutung erfaßt. Auch unsere Kenntnisse der Chemie der gerbenden Chromsalze fußen hauptsächlich auf diesen Forschungen.

Einbadchrombrühen aus Bichromaten.

Bei dieser wichtigsten Klasse der Chrombrühen werden Bichromate, meist Natriumbichromat, verwendet, die in schwefelsaurer Lösung durch ein geeignetes Reduktionsmittel zu dreiwertigem Chrom reduziert werden. In der Praxis werden teils organische Reduktionsmittel, wie Glucose, Rohrzucker, Melasse, Glycerin, und teils anorganische, wie Schwefeldioxyd, Bisulfit und Thiosulfat, verwendet. Die Eigenschaften der erzeugten Brühen sind bis zu gewissem Grad von der Art des Reduktionsmittels und der Reduktionsmethode abhängig. Besonders zeigt bei Verwendung von organisch reduzierten Chrombrühen das damit hergestellte Leder je nach der Reduktionsmethode eine deutlich verschiedene Beschaffenheit.

Die Reduktionsgleichung von Bichromat ist:

$$Na_2Cr_2O_7 \rightarrow Na_2O + Cr_2O_3 + 3\ O.$$

Die vollständige Oxydation der Glucose erfolgt nach der Gleichung:

$$C_6H_{12}O_6 + 6\ O_2 \rightarrow 6\ H_2O + 6\ CO_2.$$

Für die Herstellung einer Chrombrühe vom Typus $Cr_2(OH)_2(SO_4)_2 \cdot Na_2SO_4$, d. h. einer Brühe mit einer Basizität von 33,3% oder Azidität von 66,7%, sind die molaren Proportionen durch folgende Gleichung gegeben:

$$Na_2Cr_2O_7 + 3\ H_2SO_4 = Na_2SO_4 + Cr_2(OH)_2(SO_4)_2 + 2\ H_2O + 3\ O.$$

Die theoretische Gleichung des gesamten Glucosereduktionsvorganges ist also:

$$4\ Na_2Cr_2O_7 + 12\ H_2SO_4 + C_6H_{12}O_6 \rightarrow 4\ Cr_2(OH)_2(SO_4)_2 + 4\ Na_2SO_4 + 6\ CO_2 + 14\ H_2O.$$

(Das Kristallwasser des Natriumbichromats wurde in diesen Gleichungen weggelassen.)

Wenn Reaktionsbedingungen und Art des Reduktionsmittels so gewählt werden, daß — wie bei obiger Reaktion — durch die Reduktion keine Säure verbraucht oder gebildet wird, so berechnet sich die für eine gewisse Basizität (B) erforderliche Menge 100%iger Schwefelsäure (S) für je 100 kg Natriumbichromat als

$$S = 132{,}9 - B.$$

Die zur vollständigen Reduktion von 100 kg Natriumbichromat theoretisch erforderliche Glukosemenge wäre nach dieser Gleichung 15 kg 100%ige Glukose.

Um bei Erzeugung eines rein basischen Chromsulfats Bildung organischer Säuren oder säureartig wirkender Stoffe zu vermeiden und dabei nur die zur vollständigen Reduktion erforderliche Minimalmenge an Reduktionsmittel zu verwenden, ist auf die Reduktionsbedingungen zu achten, besonders auf Säuremenge, Reduktionstemperatur, Art und Reihenfolge des Reduktionsmittelzusatzes. Um bei der Herstellung basischer Chromsulfatbrühen ohne organische Azidität mit einem Minimum an Säure auszukommen, muß man optimale Bedingungen in bezug auf Temperatur, Konzentration und zweckmäßigen Reduktionsmittelzusatz einhalten. Bei Reduktion mit Glucose und Rohrzucker liegt diese Grenze praktisch bei einer Basizität von 40 bis 45%. Die Natur der basischen Chromsalze bedingt für die vollständige Reduktion ein bestimmtes Minimum an Schwefelsäure, nicht nur weil unlösliche Verbindungen hochbasischer

Chromsulfate entstehen, sondern auch weil sich die Reaktionsgeschwindigkeit mit abnehmender Säurezugabe verringert, was zur unvollständigen Oxydation des Zuckers führt, so daß schließlich eine Brühe von noch höherer organischer Azidität resultiert. Die Bildung dieser organischen Säuren in der Brühe wird durch mildere Reduktionsbedingungen, z. B. niedrige Ausgangstemperatur und Konzentration, sowie durch eine zu rasche oder zu langsame Zersetzung des Reduktionsmittels begünstigt. Um eine hochbasische Brühe, z. B. von 55% Basizität, herzustellen, verfährt man am besten so, daß man eine Brühe von ca. 40% Basizität erzeugt und diese reine Sulfatbrühe dann mit Soda auf den gewünschten Basizitätsgrad abstumpft. Es ist aber auch möglich, eine kochende, konzentrierte Bichromat-Schwefelsäurelösung zu 80 bis 90% durch Zucker zu reduzieren und die Reduktion der restlichen Chromsäure durch Schwefeldioxyd oder Bisulfit zu vollenden. Im letzteren Fall wird die Basizität durch die bei der anorganischen Reduktion gebildete Schwefelsäure etwas erniedrigt, die durch weiteren Sodazusatz neutralisiert werden muß. Die bei der Reduktion gebildete organische Säure wird aus der Differenz zwischen der titrimetrisch gefundenen Basizität und der nach der Formel $S = 132{,}9 - B$ berechneten Basizitätszahl ermittelt.

Da für die Ausgerbung organisch reduzierte Brühen ohne nennenswerte zusätzliche Azidität am besten geeignet sind, hat die oben beschriebene Herstellungsweise hochbasischer zuckerreduzierter Brühen auch praktischen Wert. Die Betriebserfahrung lehrt, daß durch Ausgerben mit maskierten zuckerreduzierten Brühen oft ein „aufgeblasenes" Leder entsteht. Nach den Untersuchungen von E. Stiasny und M. Ziegler (*1*) bilden sich bei diesem Reduktionsverfahren ausschließlich flüchtige organische Säuren, vorwiegend Ameisen- und Essigsäure. Schon H. R. Procter (*1*) hat darauf aufmerksam gemacht, daß sich bei Brühen dieser Art Rohrzucker der Glucose als Reduktionsmittel überlegen zeigt, da die letztere häufig mit Säuren, z. B. mit Gluconsäure, verunreinigt ist. Nach den Befunden von E. Stiasny und M. Ziegler (*1*) erfolgt allerdings bei der Verwendung von mit Dextrin verunreinigter Glucose als Reduktionsmittel keine erhöhte Säurebildung. Ob Rohrzucker oder Glucose gewählt wird, ist meistens eine reine Preisfrage; aber bei gleichem Preis der Reduktionseinheit sollte unbedingt Rohrzucker vorgezogen werden, besonders bei der Herstellung reiner Chromsulfatbrühen, da dieser den großen Vorteil der konstanten Zusammensetzung aufweist. Dadurch ist es möglich, mit kleinem Reduktionsmittelüberschuß zu arbeiten. Die zur vollständigen Reduktion nötige Reduktionsmittelmenge liefert einen Anhalt, bis zu welchem Grad Oxydation und Reaktionsverlauf vollständig sind. Wenn das Reduktionsmittel keine Säure bildet, erfordert die betriebsmäßige Herstellung ca. 16 Gew.-% Rohrzucker und 18% Glucose (100%ig rein, bezogen auf Bichromat), doch ist in der Praxis bei Herstellung nicht maskierter Chrombrühen ein Sicherheitskoeffizient üblich und es werden daher meist 20 bzw. 25% angewendet.

Die Vor- und Nachteile des aus dem organischen Reduktionsmittel stammenden Gehalts an organischen Säuren liegen eigentlich nicht in der Basizitätserniedrigung selbst, sondern ausschließlich in der Maskierung des Chromsalzes, die dadurch eintritt. Die bei der Reduktion als Nebenprodukte vorwiegend entstandenen Säuren sind wirksame Bildner von Komplexen, unter denen die Formiatokomplexe für viele Gerbzwecke sehr geeignet sind. Die Chromacetatkomplexe besitzen keine so vorzüglichen Eigenschaften wie die Formiatsalze, sie zeigen kaum gerbende Wirkung.

Der Eintritt dieser Säurereste in den Komplex bewirkt eine Adstringenzverminderung der Chrombrühe und solche maskierte, mild wirkende Chrombrühen haben sich für Angerbzwecke sehr gut bewährt. Die beschriebene Reduktionsmethode ist jedoch für die Spezialherstellung solcher Angerbbrühen nicht die zweckmäßigste, da die Reduktion infolge der großen Schwefelsäure- und Chromsäuremengen im Bade dabei zu stürmisch verläuft. Empfehlenswerter ist ein Verfahren, bei dem Reduktionsmittel und Natriumbichromat zusammen in der Lösung vorliegen und die Reduktion durch allmähliche Zugabe der für die bestimmte Basizitätszahl nötigen Menge an verdünnter Schwefelsäure richtig geleitet werden kann. Durch langsames Zufließenlassen der Säure, mäßige Chromkonzentration des Bades und niedrige Anfangstemperatur, die meist nicht viel über Zimmertemperatur liegt, wird die Bildung zusätzlicher organischer Säure erleichtert. Wie aus den Untersuchungen von E. Stiasny und M. Ziegler (*1*) hervorgeht, werden bei dieser Reduktionsmethode ebenfalls vorwiegend flüchtige organische Säuren gebildet, daneben entsteht aber auch eine erhebliche Menge der nichtflüchtigen Oxalsäure. Da diese eine tiefgehende maskierende Wirkung besitzt, zeichnen sich auch diese Brühen durch ihren hohen Maskierungsgrad aus. Die vorteilhafte Gerbwirkung der Oxalatochromverbindungen wurde von E. Stiasny [(*8*), S. 474] und M. Abendstern, wie auch praktisch von A. Hirsch (S. 18) bewiesen. Brühen dieser Art eignen sich am besten für die Angerbung zarter Leder. Tabelle 65 gibt eine zusammenfassende Darstellung über den Einfluß der Reduktionsmethode auf die Zusammensetzung der erzeugten Chrombrühen. Für diese Brühen wurde unter der Voraussetzung, daß die Glukose vollständig zu CO_2 und H_2O oxydiert würde, eine theoretische Basizitätszahl von 33% gewählt.

Tabelle 65 [nach E. Stiasny und M. Ziegler (*1*)].

	Herstellungsart (Zusammensetzung in Gewichtsteilen)	Basizitätszahlen			Organische Säuren	
		Berechnet	Heiß titriert	Formol-$BaCl_2$-Methode	flüchtige	nichtflüchtige
A	100 Bichromat + 100 Schwefelsäure 22,0 Glucose	33,3	33,4	27,0	6,3	—
B	100 Bichromat + 100 Schwefelsäure 24,2 Glucose	33,3	33,1	25,1	8,2	—
C	100 Bichromat + 90 Schwefelsäure 24,2 Glucose	43,3	43,4	33,0	10,3	—
D	100 Bichromat + 23,3 Glucose 100 Schwefelsäure	33,3	30,7	18,6	11,9	2,6
E	100 Bichromat + 25,7 Glucose 100 Schwefelsäure	33,3	31,3	16,5	14,9	2,0
F	100 Bichromat + 25,7 Glucose 90 Schwefelsäure	43,3	39,5	26,9	13,3	3,8

Alle Brühen enthielten nur kationische Chromkomplexe. Die Brühen A, B und C wurden durch Zugabe von Glukoselösung zu einem Bichromat-Schwefelsäure-Gemisch hergestellt. Für die Brühen D, E und F wurde einer Bichromat-Glucose-Mischung Schwefelsäure zugesetzt. Bei Bestimmung der Basizitätszahlen der ersten Gruppe zeigt sich gute Übereinstimmung zwischen den theoretischen und den durch die übliche Heißtitration ermittelten Zahlen. Die zusätzliche Azidität scheint nur bei der Formol-Bariumchlorid-Methode auf; da die flüchtigen Säuren bei der üblichen Titrationsmethode nicht mit erfaßt werden, so ist diese für die Analyse solcher maskierten Brühen nicht verwendbar, wie aus den Zahlen der Tabelle hervorgeht. Der Oxalsäuregehalt der Brühen der zweiten Gruppe wird durch die Heißtitration mit erfaßt.

Die mit Melasse reduzierten Brühen besitzen eine etwas mildere Gerbwirkung als die zuckerreduzierten, was wahrscheinlich mit den stickstoffhaltigen Verunreinigungen der Melasse zusammenhängt. Unter Einhaltung lebhafter Reduktionsbedingungen sind diese Brühen im allgemeinen geeigneter als die teureren zuckerreduzierten Brühen. Glycerin diente bei einigen der ersten marktfähigen Chrombrühen als Reduktionsmittel, wird aber jetzt nicht mehr viel verwendet. Gewisses Interesse verdienen die mit Formaldehyd reduzierten Brühen. Der Formaldehyd wird meist nur gegen Ende der Reaktion zur teilweisen Reduktion verwendet; diese Brühe ergibt zarten Narben und weiches Leder, was wahrscheinlich auf das Vorkommen maskierter Formiatokomplexe zurückzuführen ist. Dasselbe Ziel würde man billiger und besser kontrollierbar durch Zugabe von Natriumformiat zu einer reinen Chromsulfatbrühe erreichen, doch haben solche Brühen in die Praxis noch keinen Eingang gefunden.

Die mit organischen Stoffen reduzierten Chrombrühen, die mit Recht die größte Verbreitung gefunden haben, zeichnen sich komplexchemisch durch die große Beständigkeit ihrer komplexgebundenen Sulfatreste aus. Dies ist für die Zurichtung und besonders für die Herstellung von Leder, das pflanzlich nachgegerbt werden soll, von praktischem Wert. Auf die vorzügliche Kochbeständigkeit solcher Leder wird im Kapitel „Kombinationsgerbung" hingewiesen.

Mit Schwefeldioxyd und Sulfiten reduzierte Chrombrühen.

Schwefeldioxyd reduziert Bichromatlösung unter Bildung eines 33% basischen Chromsulfats nach der Gleichung:

$$Na_2Cr_2O_7 + 3\,SO_2 + H_2O \longrightarrow Cr_2(OH)_2(SO_4)_2 + Na_2SO_4.$$

[L. Balderston, H. R. Procter (*1*), S. 267.]

Diese Gleichung erfaßt nur die einfachste Reaktion, doch kann diese viel komplizierter verlaufen. Die Herstellung dieser Brühen ist viel einfacher als durch organische Reduktion und es treten nicht so viele Komplikationen dabei auf. Ein bedeutender Vorteil der Schwefeldioxydbrühe ist, daß sich bei vollständiger Reduktion immer eine konstante Basizität von 33,3% einstellt. Unregelmäßigkeiten beim Wiegen der Ausgangsstoffe und schwankende Zusammensetzung derselben spielen hier keine Rolle. Von praktischer Bedeutung ist auch die Tatsache, daß Säurezugabe nicht nötig ist; etwa überschüssiges Schwefeldioxyd kann durch Kochen leicht vertrieben werden und auch ein Überschuß verändert die Gerbwirkung nicht so durchgreifend, als dies bei Verwendung der unter unkontrollierbaren Bedingungen hergestellten zuckerreduzierten Brühen der Fall ist.

Das mit dieser Brühe gegerbte Leder weist nicht gleiche Fülle und Stand wie das mit entsprechend zusammengesetzten zuckerreduzierten Brühen erzeugte auf. Für glattes Leder, ganz allgemein für die Herstellung eines leeren Leders sowie für Sohlleder und pflanzlich nachgegerbtes Chromleder hat sich diese Brühe jedoch in der Praxis gut bewährt. Nach den Forschungsergebnissen der Stiasnyschen Schule über die Maskierungs- und infolgedessen gerbverbessernde Wirkung gewisser organischer Komplexbildner wird man vielleicht in Zukunft die Gerbwirkung dieser Brühen ganz einfach durch Zusätze solcher maskierender Stoffe in der gewünschten Richtung beeinflussen können. Dadurch würde sich der Anwendungsbereich der mit Schwefeldioxyd reduzierten Brühen noch erweitern.

Die oben für den Reduktionsvorgang angegebene Gleichung hat sich in Wirklichkeit als bedeutend komplizierter erwiesen, gründliche Untersuchungen darüber verdanken wir H. Bassett und E. Stiasny und Mitarbeitern. Besonders ausschlaggebend für die Zusammensetzung der erzeugten Brühe haben sich Bichromatkonzentration und Reaktionstemperatur erwiesen. In kalter, schwacher Bichromatlösung verläuft vorwiegend eine Oxydation der schwefeligen Säure zu Dithionsäure:

$$2\,H_2SO_3 + O \rightarrow H_2S_2O_6 + H_2O.$$

Die Oxydation in heißer, konzentrierter Bichromatlösung führt, wie E. Stiasny und E. Gergely gezeigt haben (s. auch dieses Kapitel, S. 141), zur Bildung von Schwefelsäure:

$$H_2SO_3 + O \rightarrow H_2SO_4.$$

In verdünnter Lösung überwiegt bei Zimmertemperatur die Bildung von kationischem Dithionat.

$$Na_2Cr_2O_7 + 7\,H_2SO_3 \rightarrow Cr_2(S_2O_6)_3 + Na_2SO_3 + 7\,H_2O.$$

Beim Kochen dieser Lösung entweicht Schwefeldioxyd und 33% basisches Chromsulfat wird gebildet. Die Reduktion der hochkonzentrierten gekühlten Bichromatlösung erfolgt zum größten Teil nach der Gleichung:

$$Na_2Cr_2O_7 + 3\,SO_2 + H_2O \rightarrow \left[Cr_2{}^{(OH)_2}_{(SO_4)_3}\right] Na_2.$$

Bei dieser Reaktion bilden sich anionische Chromkomplexe (E. Stiasny und E. Gergely), bemerkenswerterweise entsteht kein Glaubersalz.

Aus den oben angeführten Reaktionsgleichungen ist zu ersehen, daß aus der zur Reduktion angewandten Schwefeldioxydmenge die Dithionatbildung berechnet werden kann. Aus den aufschlußreichen Untersuchungen von E. Stiasny und E. Gergely geht hervor, daß man je nach den Arbeitsbedingungen kationische oder anionische Chromkomplexe mit Sulfat oder komplexen Schwefel-Sauerstoff-Säuren erhält. Konzentrationserhöhung begünstigt die anionische Chromkomplexbildung. Unter den in der Praxis bewährten Reduktionsbedingungen haben jedoch diese Komplikationsmöglichkeiten eigentlich nur theoretisches Interesse. Die betriebsmäßige Reduktionsmethode ist folgende:

100 kg Natriumbichromat werden in ca. 300 l Wasser von ca. 40° C gelöst und am besten aus einer Druckbombe verflüssigtes Schwefeldioxydgas eingeleitet. Es ist praktisch, die Bombe auf eine Waage zu setzen, da auf diese Weise Zuströmungsgeschwindigkeit und Menge des Gases leicht reguliert werden können. Ungefähr 65 bis 70 kg Gas wird langsam in die Lösung eingeleitet und diese, wenn die Probe auf Chromsäure negativ ausfällt, zum Kochen erhitzt, um etwa überschüssiges Schwefeldioxyd zu vertreiben und, was noch wichtiger ist, um etwa vorhandene Dithionate und anionische Sulfate in kationisches, 33% basisches Chromsulfat zu verwandeln.

Die mit Natriumbisulfit reduzierte Brühe ähnelt der Schwefeldioxydbrühe in mancher Hinsicht, jedoch ist ihr Glaubersalzgehalt bedeutend höher, wie folgende Gleichung zeigt:

$$2\,Na_2Cr_2O_7 + 6\,NaHSO_3 + 3\,H_2SO_4 \rightarrow 2\,Cr_2(OH)_2(SO_4)_2 + 5\,Na_2SO_4 + 4\,H_2O.$$

In der Praxis wird etwas mehr Schwefelsäure, als aus der Gleichung berechnet, zugesetzt, um einen glatten Reaktionsverlauf zu erzielen. Nach den Angaben von E. Stiasny [(*8*), S. 440] verläuft die Reduktion auch ohne Säurezusatz vollständig, wenn man kalte Lösungen und 5 Mole $NaHSO_3$ pro Mol Bichromat verwendet. Die überschüssigen 2 Mole $NaHSO_3$ werden für die Bildung von Sulfitochromikomplexen verbraucht. Diese gemischte Brühe enthält vorwiegend anionische Chromkomplexe und zeigt die für Sulfitochromiate charakteristische Eigenschaft, sich allmählich unter Gelbildung zu aggregieren, weshalb solche Brühen kein praktisches Interesse besitzen. Diese Gelbildung kann nach den Angaben von E. Stiasny und K. Buchheimer weitgehend aufgehoben werden, wenn man die Reduktion in einer anderen Chrombrühe statt in

Wasser durchführt. Die so erhaltene Brühe soll wertvolle Gerbeigenschaften besitzen.

Früher wurde in großem Maßstabe die auch heute noch in vereinzelten Fällen verwendete sog. Thiosulfat-Chrom-Brühe benutzt. Diese Brühe stellt man her, indem man das durch Schwefelsäurezugabe in Dichromsäure übergeführte Natriumbichromat mittels Thiosulfatlösung, die man unter ständigem Rühren zufließen läßt, reduziert. Eine zu rasche Thiosulfatzugabe führt zu einer unerwünscht großen Schwefelabscheidung, während bei sachgemäßer Arbeitsweise eine solche anfangs vermieden wird. Durch Änderungen in der Säurezugabe ist auch eine Einstellung der Basizität bis zu gewissen Grenzen möglich. Als vorteilhaft hat sich erwiesen, die Reduktion in möglichst heißem, hochkonzentriertem Dichromsäurebad auszuführen. Die Ausgangsmaterialien werden in stark schwankenden Mengenverhältnissen angewandt, nachfolgend sind praktisch erprobte Mittelwerte angegeben: Auf 100 kg Natriumbichromat kommen 110 bis 130 kg Thiosulfat und 80 bis 90 kg Schwefelsäure. Diese Thiosulfatbrühe hat sich in der Praxis gut bewährt und das erzeugte Leder soll besonders in bezug auf Griff und Stand den anderen mittels anorganisch reduzierter Brühen hergestellten Ledern überlegen sein.

Die Chromalaunbrühe.

In den zwei auf dem Gebiet der Chromlederfabrikation führenden Ländern, Deutschland und den Vereinigten Staaten, wurden in bezug auf die Chromgerbmittel verschiedene Wege eingeschlagen. In den Vereinigten Staaten werden vorwiegend organisch reduzierte Chrombrühen verwendet, während in Deutschland, wie auch auf dem übrigen Kontinent die Chromalaunbrühe eine hervorragende Stellung einnimmt.

Chromalaun wird vorwiegend als basisches Salz, sog. Chromalaunbrühe, für die Voll- und Ausgerbung benutzt, als normales Salz aber nur zum Angerben von Blöße. Bei Verwendung von Chromalaun ohne Zusatz basisch machender Mittel übt die Art der Auflösung desselben einen deutlichen Einfluß auf die Gerbwirkung aus. Heißgelöste Chromalaunlösungen sind stärker verolt und damit weitgehender hydrolytisch gespalten als die entsprechenden kaltgelösten. Die Löslichkeit von Chromalaun in Wasser von Zimmertemperatur beträgt 22,5 Vol.-% [E. Stiasny (*8*), S. 421]. Für heiß bereitete Chromalaunlösungen können keine bestimmten Zahlen genannt werden, da die nichtkristallinischen verolten Verbindungen keine eindeutige Lösungsgrenze zeigen. Dieser Vorteil der besseren Heißwasserlöslichkeit wird in der Praxis für die Herstellung basischer Chrombrühen ausgenutzt. Bei starkem Basischmachen zeigen die entstandenen Brühen stets gleiche Komplexität und Gerbwirkung, unabhängig davon, ob man vom Hexaquochromi- oder Sulfatochromisalz ausgegangen ist. In schwach basischen Brühen sind jedoch deutliche Unterschiede in Sulfatkomplexität und Gerbwirkung je nach der Natur des verwendeten Chromalauns vorhanden.

Bei der Angerbung gepickelter Blöße mit Chromalaunlösung wirkt diese hauptsächlich wie ein Pickel, wobei nur kleine Chrommengen fixiert werden. Verwendet man sehr verdünnte Chromalaunlösungen ohne Neutralsalzzusatz, so üben diese Angerbbrühen eine schwellungsregulierende Wirkung auf die Blöße aus. Von praktischer Seite wird die Ansicht vertreten, daß der heißgelöste Chromalaun der kaltbereiteten Lösung besonders in bezug auf Narbenbeschaffenheit, wie z. B. Geschlossenheit und Feinheit, und auf Fülle des erzeugten Leders überlegen ist. Kalt hergestellte Lösungen sollen ein zügiges Leder ergeben. Die für Schuhoberleder unerwünschte große Zügigkeit der mit Hexaquosalz vorgegerbten Hautblöße hängt wahrscheinlich mit der verhältnismäßig kleinen

Schwellwirkung des kaltlöslichen Chromalauns zusammen, da die Angerbung üblicherweise in neutralsalzarmem Bade vorgenommen wird. Die stärker saure heißbereitete Chromalaunlösung übt eine quellende Wirkung auf die Blöße aus und eine während des Pickelns oder der Angerbung gequollene Blöße zeigt weniger Zügigkeit.

Beim Basischmachen der Chromalaunlösung für Ausgerbungszwecke wird natürlich die freie Säuremenge vermindert und der Gehalt an gerbenden basischen Chromverbindungen erhöht. Im vorangehenden Abschnitt wurde die Bedeutung der Verschiebung des Gleichgewichtes zwischen der zuerst gebildeten Hydroxoverbindung und der sekundär entstehenden Olverbindung beim Basischmachen eingehend erörtert (vgl. S. 107 ff.). Die basische Brühe enthält ein Gemisch verschiedener Komplexe. Neben Konzentration und Basizitätszahl ist der Verolungsgrad und der dadurch bedingte Aggregationsgrad der Brühe für ihre besondere Gerbwirkung von Bedeutung. Auch die Art der beim Basischmachen verwendeten Alkalien und die Zusatzbedingungen müssen berücksichtigt werden. Für die Abstumpfung kommt hauptsächlich Soda in Betracht. So wird z. B. nach einem Verfahren eine kalte, verdünnte Sodalösung langsam der kalten Chromalaunlösung zugesetzt. Beim Basischmachen mit Soda entstehen nicht nur Hydroxo- und Olverbindungen, sondern es finden gleichzeitig wichtige komplexchemische Veränderungen statt, da Carbonatoreste in den Chromkomplex eintreten. Die übliche Heißtitration des Basizitätsgrades liefert trotzdem mit dem aus dem Mengenverhältnis Chromalaun/Soda berechneten Wert gut übereinstimmende Ergebnisse, da die Carbonatogruppen von den Hydroxogruppen verdrängt werden und als Kohlensäure entweichen. Die Basizitätsbestimmung nach der Formol-Bariumchlorid-Methode, die von E. Stiasny, E. Olschansky und St. Weidmann speziell für solche komplexe Chromsalze ausgearbeitet wurde, erfaßt auch die Carbonatoreste mit. War z. B. eine berechnete Basizität von 50% vorhanden, so ist doch die Basizitätszahl in Wirklichkeit bedeutend niedriger — hier z. B. 36 —, wie die Zahlenwerte eines Versuches von E. Stiasny und St. Weidmann zeigen. Nach den Arbeiten von C. Rieß und A. Papayannis (*1*) nimmt die Blöße aus solchen nichterhitzten Carbonatobrühen eine reichliche Menge an Carbonato-Chromkomplexen auf, wie durch Bestimmung der Gesamtsäuremenge im Chromleder nach der Ammoniak-Formol-Methode sichergestellt wurde. Bei nachfolgender Erhitzung der Brühe oder langdauerndem Altern entweicht infolge der Umwandlung der Carbonatokomplexe in Hydroxokomplexe Kohlendioxyd. Es ist besser, den Chromalaun heiß zu lösen und nach dem Erkalten Soda zuzusetzen, wie es auch in der Praxis gebräuchlich ist.

Die Entstehung solcher Carbonatokomplexe gibt eine Erklärung für die einst paradox erscheinenden Befunde über ein verschiedenes Verhalten von kalt- und heißbereiteten Chrombrühen gegenüber Soda- und Natriumhydroxydlösungen (Ausflockungszahl) [D. Burton (*1*)]. Die übliche heißgelöste Chromalaunbrühe benötigt bei der Bestimmung der Ausflockungszahl (vgl. S. 280) viel mehr Natronlauge als die kaltgesättigte. Bei Sodazusatz ist das Verhalten umgekehrt, da die kaltbereitete Chromalaunlösung eine höhere Ausflockungszahl besitzt als die heißgelöste. Die bahnbrechenden Untersuchungen von E. Stiasny und Mitarbeitern auf diesem Gebiet sind ein Musterbeispiel für die Klärung einer erfahrungsmäßig einfach erscheinenden Reaktion, die aber letzten Endes nur formelmäßig erfaßt worden war, trotzdem man behauptete, von ihr alles zu wissen.

Von großer praktischer Bedeutung war einst die sog. Chromalaun-Thiosulfatbrühe, die von W. Eitner vorgeschlagen wurde. Nach der Erfahrung von

M. C. Lamb (S. 103) hat sich diese heißbereitete Brühe technisch ausgezeichnet bewährt. Das damit erzeugte Leder soll qualitätsmäßig dem mit sodabasischer Chromalaunbrühe hergestellten überlegen sein und ähnelt in seinen charakteristischen Eigenschaften dem Leder, das mittels thiosulfatreduzierter Brühe erhalten wird. Üblich ist eine Menge von 25 Gew.-% Thiosulfat, bezogen auf Chromalaun. E. Stiasny und F. Prakke haben in einer sehr eingehenden Untersuchung über das Verhalten von Natriumthiosulfat als Neutralisationsmittel auch die Frage der Einwirkung von Thiosulfat auf Chromalaunlösungen behandelt (vgl. auch S. 155 und 261). Ihre Ergebnisse zeigen, daß zwischen kalt- und heißbereiteten Lösungen ein bedeutender Unterschied besteht, und zwar ist es für die Gerbwirkung der erzeugten Mischkomplexbrühen von Vorteil, Thiosulfat- und Chromalaunlösung kalt zu mischen. Diese Schlußfolgerungen stehen im Gegensatz zu den praktischen Befunden von M. C. Lamb. Da die heißen Lösungen größerer hydrolytischer Spaltung unterliegen als die kaltbereiteten, entstehen und entweichen im ersteren Fall größere Schwefeldioxydmengen. E. Stiasny und F. Prakke haben bewiesen, daß bei p_H-Werten unter 3 die Reaktion zwischen Thiosulfat und Säure vorwiegend zur Bildung von schwefliger Säure führt. In schwach saurer Lösung ($p_H > 3$) tritt die Polythionatbildung in den Vordergrund, und zwar hauptsächlich infolge der durch Thiosulfat bewirkten Basizitätserhöhung der Chromalaunlösung. In stark sauren Lösungen bilden sich anfangs Sulfitoverbindungen, die aber nicht hitzebeständig sind und zerfallen. In den kalt vermischten Lösungen sind diese wertvollen Komplexe, die für die besondere Gerbwirkung dieser Brühe verantwortlich sind, beständig. In heißer Lösung bilden sich auch erhebliche Mengen von Schwefelwasserstoff, der mit dem Schwefeldioxyd unter Schwefelabscheidung weiter reagiert. Bei Einwirkung eines großen Thiosulfatüberschusses in der Hitze kommt es zur Ausflockung von Chromhydroxyd. Kaltgemischte Lösungen vertragen solche Überschüsse ohne Chromfällung, da die H-Ionenkonzentration wahrscheinlich nicht hoch genug ist, um das Thiosulfat zerlegen zu können.

Die praktische Erfahrung bestätigt diese in Theorie und Laboratoriumsversuchen abgeleiteten Anschauungen. Durch Verwendung von Thiosulfat zum Basischmachen am Ende des Gerbprozesses ergeben sich hauptsächlich komplexchemische Veränderungen, die weiter auf die Funktion der säurebindenden Gruppen der Hautblöße vorteilhaft einwirken und nur eine unbedeutende Basizitätserhöhung verursachen.

Gebrauchsfertige Chromgerbextrakte.

Von der chemischen Großindustrie werden aus den Abfallprodukten der Chromsäureoxydation gebrauchsfertige basische Chromextrakte hergestellt und meist in fester Form in den Handel gebracht. Gleichartige Extrakte werden auch von Spezialfabriken ausschließlich für Chromgerbzwecke produziert. Die Verwendung dieser Extrakte, die meistens in bezug auf Chromgehalt und Basizitätszahl einheitliche und konstante Zusammensetzung aufweisen, hat gewisse Vorteile für Betriebe ohne chemische Kontrolle. Aus volkswirtschaftlichen Gründen wird auch mit Recht die Notwendigkeit hervorgehoben, die Oxydationsenergie der Bichromate ausnutzen, da bei der Reduktion der Brühen im Betrieb nicht nur diese Energie, sondern auch häufig wertvolle Nährstoffe verlorengehen. Dieser Ansicht steht entgegen, daß dieser wirtschaftliche Gewinn durch die Verluste in der Lederqualität vielfach wettgemacht wird. Bei der Herstellung mancher Ledersorten haben sich diese Extrakte gut bewährt, besonders für glattes Kalbleder, das eher leer als voll erwünscht ist. Für die Erzeugung voller Leder von erheblichem Stand und Fülle, wie Boxkalb, Rindleder und vieler

Sportleder, sind diese trockenen Chromgerbextrakte den im Betrieb selbst mit Zucker reduzierten Chrombrühen weit unterlegen. Vom Standpunkt des Gerbers aus sind nicht ein konstanter Chromgehalt und eine unveränderliche Basizitätszahl das Wichtigste an einem Chromgerbmittel, sondern die Gerbeigenschaften seiner Chromgerbstoffe.

In einer Arbeit von E. Stiasny, E. Gergely und A. Dembo wurde die Zusammensetzung von trockenen Chromgerbextrakten eingehend untersucht. Die Ergebnisse sind im Abschnitt über die Chemie der Chromverbindungen zusammengefaßt. Beim Abdampfen einer basischen Chromsulfatlösung werden erhebliche Mengen stark maskierter anionischer und ungeladener Chromverbindungen, vorwiegend Sulfatochromiatkomplexe, gebildet. Besonderes Interesse verdient das Hydroxodisulfatokaliumchromiat, das gut kristallisiert, in Lösung aber ausgesprochen kolloidal ist. Die kaltbereitete Lösung zeigt hohe Adstringenz, aber sie ist nicht fähig, in die Hautblöße hineinzudiffundieren, wie aus den in Tabelle 66 zusammengestellten Ergebnissen ersichtlich ist. Die Vergleichsversuche wurden mit 33% basischer Chromalaunlösung durchgeführt, die Konzentration der Gerblösungen betrug nur 0,8 g/l Cr_2O_3.

Tabelle 66. Chromaufnahme aus Kaliumsulfatochromiatlösungen (nach E. Stiasny, E. Gergely und A. Dembo).

Gerbdauer in Stunden	Chromaufnahme durch Hautpulver in % Cr_2O_3, bezogen auf trockenes Hautpulver		Chromaufnahme durch Blöße in % Cr_2O_3, bezogen auf trockenes Leder	
	Sulfato-Chromiat	Chrom-alaun	Sulfato-Chromiat	Chrom-alaun
1/4	0,9	0,5	—	—
1	1,5	—	0,9	0,5
2	1,8	0,9	—	—
5	3,1	—	0,9	0,5
20	5,2	1,9	2,5	1,1

Der hohe Chromgehalt der Hautpulverproben ist auf die Fixierung des komplexen hochmolekularen Chromiats an der Oberfläche zurückzuführen. Bei den Versuchen mit Blöße trat eine Totgerbung ein, die Mittelschicht zeigte eine Schrumpfungstemperatur von 68° C. Die in Tabelle 66 angegebenen Zahlen wurden von R. Kinzer als Beweis für die gerbende Wirkung anionischer Sulfatochromkomplexe aufgefaßt. Berücksichtigt man jedoch, daß diese Chromaufnahme offenbar nur auf oberflächlicher Adsorption beruht, so erscheint dieser Beweis für eine Gerbwirkung nicht stichhaltig.

Wie E. Stiasny, E. Gergely und A. Dembo zeigen konnten, verhält sich eine aufgekochte und dann abgekühlte Hydroxodisulfatochromiatlösung wie eine gewöhnliche 33% basische Chromalaunlösung. In der erwähnten wichtigen Arbeit wurde des weiteren festgestellt, daß die trockenen Chromgerbextrakte vorwiegend solche anionischen Chromkomplexe, daneben aber auch ungeladene verolte Hydroxosulfatochromkomplexe enthalten. Daraus folgt, daß die trockenen Chromgerbextrakte beim Lösen gut aufgekocht werden sollen, damit sich die hochmolekularen, nichtgerbenden anionischen Chromkomplexe in kleinteilige, gerbereitechnisch wertvolle verwandeln. Es ist empfehlenswert, die gekochte Lösung vor dem Gebrauch einige Tage stehen zu lassen.

Wie in der Arbeit von E. Stiasny, E. Gergely und A. Dembo hervorgehoben wird, spielt die Art des Einengens der Chrombrühe eine bedeutende Rolle bei Entstehen und Umfang dieser Bildung von anionischen und ungeladenen Chromkomplexen.

Bei der Verwendung solcher trockener Extrakte hat sich öfters gezeigt, daß die für die Gerbwirkung wichtigen Eigenschaften großen Schwankungen unterliegen, was besonders in ungleichmäßiger Heißwasserstabilität (Kochprobe) des erzeugten Leders zum Ausdruck kommt. Die Schwankungen stehen wahrscheinlich mit beim Trocknungsprozeß eintretenden Komplikationen im Zusammenhang. Auch eine direkte Auswirkung einer derartigen Behandlungsweise auf die Komplexstabilität der erzeugten Extrakte konnte beobachtet werden (s. Abschnitt über Neutralsalzwirkung, S. 245). Wie in Kapitel 1 dieses Bandes erwähnt wurde, hängt die Kochbeständigkeit eines Leders eng mit Art und Stabilität seiner Chromkomplex-Acidogruppen zusammen. Im allgemeinen kann gesagt werden, daß ein mit festem Chromgerbextrakt gegerbtes Leder einen Teil seiner im Chromkomplex gebundenen Sulfatgruppen leicht austauscht, wie sich bei einer Behandlung des Leders mit Kochsalzlösungen zeigt. Bei der Einwirkung pflanzlicher Gerbstoffe auf ein solches Chromleder werden die labilen Sulfatogruppen [wie in Kapitel 7 dieses Bandes (S. 599) beschrieben] verdrängt, weshalb sich die betriebsfertigen Chromgerbextrakte nicht zur Herstellung pflanzlich nachgegerbten Chromleders eignen. Wie schon früher erwähnt, ergibt dagegen die organisch reduzierte Chrombrühe ein Chromleder, dessen Chromkomplexe höchste Beständigkeit besitzen.

Andere Chrombrühen.

In der Patentliteratur werden zahlreiche Verfahren zur Reduktion der Bichromate mit verschiedenen Abfallstoffen, wie Zellstoffablauge, ausgelaugter Lohe, Holzabfall, Falzspänen, „Teadust" usw., vorgeschlagen. Solche Verfahren haben jedoch, wie es scheint, keine nennenswerte Verwendung gefunden. Der Wert der Rohstoffe, besonders des Bichromats steht in keinem Verhältnis zu der ganz geringen Ersparnis bei Verwendung solcher nicht standardisierter Abfallprodukte, da bei deren Gebrauch ein großes Risiko in Kauf genommen werden muß. Von praktischer Bedeutung hingegen sind die aus Restbrühen zurückgewonnenen Chrombrühen. Die Restbrühen werden gesammelt und durch Kalklösung Chromhydroxyd ausgefällt, das dann durch Schwefelsäurezugabe in basisches Chromsulfat verwandelt, oder noch besser, in einer Chrombrühe aufgelöst wird.

Richtlinien für die Praxis der Einbadgerbung.

Für die Herstellungsverfahren der verschiedenen Chromleder sind in der Praxis zahlreiche Abänderungen, je nach der Natur der zu gerbenden Häute und Felle, ihrer Vorbehandlung in der Wasserwerkstatt und beim Pickeln, sowie natürlich auch der gewünschten Natur des Fertigleders, ausgearbeitet worden. Deshalb kann im folgenden die Arbeitsweise bei der Chromgerbung nur im Prinzip beschrieben werden. Die Ausführungen in den folgenden Abschnitten über den Einfluß verschiedener Faktoren, wie Basizität und Konzentration der Chrombrühe, ihres Neutralsalzgehalts und Maskierungsgrads, machen die fast unbegrenzten Variationsmöglichkeiten bei der Chromgerbung verständlich. Betriebsmäßig hat es sich jedoch von Vorteil erwiesen, die für besondere Chromleder charakteristischen Eigenschaften bereits durch zweckmäßige Arbeitsweise im Äscher- und Beizprozeß auszubilden. Infolgedessen ist die Hauptaufgabe der eigentlichen Gerbung, diese vorteilhaften und erwünschten Eigenschaften bei der Verwandlung der leicht zerstörbaren Blöße in dauerhaftes Leder beizubehalten. Dies ist ein an sich schwieriges Problem, da es für das Chromleder wesentlich ist, daß ein vorzüglicher Narben und die besonderen Eigenschaften des Hautgeflechts sicher erreicht und beibehalten werden. Bei einer zweckmäßigen und der betreffenden Ledersorte angepaßten Vorbehandlung der zum Gerben gelangenden Blöße können natürlich durch die eigentliche Gerbung, besonders zu Beginn, recht weitgehende Veränderungen an Narben und Hautgeflecht der Blöße erzielt werden.

In der ersten Entwicklungsperiode des Einbadverfahrens wurde vorwiegend mit basischen Chromchloridbrühen gegerbt. Daß die basischen Chromchloride den entsprechenden Sulfaten vorgezogen wurden, ist nach der Angabe des Erfinders der Einbadgerbung, M. Dennis, erklärlich; nach seiner Ansicht sollten nämlich nur die Chromchloride, nicht aber die Chromsulfate, eine gerbende Wirkung auf Blöße ausüben, obzwar F. L. Knapp schon drei Jahrzehnte früher die gute Gerbwirkung der basischen Sulfate betont hatte. Nach unseren jetzigen Kenntnissen wirkt diese Einstellung überhaupt überraschend, da die Gerbwirkung der Chromsulfatbrühen nicht nur in bezug auf die Heißwasserbeständigkeit des erzeugten Leders, sondern auch was den Ledercharakter, wie Fülle, Weichheit und Stand anbelangt, derjenigen der Chromchloridbrühen bedeutend überlegen ist. Allerdings muß man bedenken, daß in dieser Zeit chemische Kenntnisse über die Gerbeigenschaften der verschiedenen Chromsalze praktisch völlig fehlten. Ausschlaggebend für die in der jetzigen Praxis dominierende Stellung der basischen Chromsulfate war die allmähliche Verbreitung der von H. R. Procter (*1*) vorgeschlagenen glukosereduzierten Chromsulfat- und der Chromalaunbrühen mit ihrer vorzüglichen Gerbwirkung. Wie in den folgenden Abschnitten gezeigt werden wird, verläuft die Fixierung dieser zwei Chromsalztypen verschiedenartig. Bei der Gerbung mit basischen Chromchloriden kommt die Chromaufnahme durch die Blöße hauptsächlich durch Ionenreaktionen zustande, während bei den Chromsulfaten eine sekundäre Bindungsform neben der Ionenreaktion für die besonderen Vorzüge dieser Gerbart verantwortlich zu sein scheint. Aus den früheren praktischen Verfahren geht auch hervor, daß die Basizität der damals verwandten Chromchloride zu gering war, um eine wirklich gute Gerbwirkung zu erzielen. Nach unseren jetzigen Erkenntnissen müssen die Chromchloride viel basischer gestellt werden als die Chromsulfate. Die Instabilitätsgrenzen bei entsprechender Konzentration liegen für Chromchloride bei einer Basizität von 70 bis 75%, während beim Basischmachen der Chromsulfate bei Basizitätszahlen von 55 bis 60% Ausflockung eintritt.

Beim Einbadverfahren kommen die gepickelten Blößen in eine basische Chromsulfatlösung, aus der sie freie Schwefelsäure und basisches Chromsalz aufnehmen. Die Chromsalze oder Chromkomplexe werden von der Blöße irreversibel fixiert, während die Schwefelsäure oder die hydrolysierbaren Sulfate in reversibler Bindung mit der Hautsubstanz vorliegen. Die relative Aufnahmegeschwindigkeit der Chromkomplexe, sowie der Schwefelsäure und der hydrolysierbar gebundenen Sulfatgruppen hängt von dem Mineralsäuregehalt und der Dicke der Blöße, von Basizität, Konzentration und Neutralsalzgehalt der Chromgerblösung und von den mechanischen Bedingungen der Gerbung ab. Bei fortschreitender Gerbung mit nicht stark basischer Chromsulfatbrühe mäßiger Konzentration tritt eine allmähliche Erniedrigung der Basizität der Chromgerblösung ein, da die Blöße sich mit einem höher basischem Chromsalz als dem ursprünglich zugegebenem verbindet. Die mit den gepickelten Blößen ins Chrombad eingeschleppte Säure hat eine noch größere Basizitätserniedrigung zur Folge. Im Prinzip soll bei der Chromgerbung eine zarte Angerbung der Blößen mit milde wirkenden Chrombrühen und eine satte Ausgerbung mit adstringierenden Chrombrühen erzielt werden. Die Schwierigkeiten liegen bei der Chromgerbung in den Anfangsstadien, in denen Narbenbeschaffenheit und Fülle des Leders besonders beeinflußt werden. Besonders bei der Erzeugung von Chromoberleder spielen die Eigenschaften des Leders eine für die Kalkulation ausschlaggebende Rolle, da diese meist wertvollen Chromleder nach dem äußeren Ansehen des Leders, wie

Narbenbeschaffenheit, Stand und Griff, beurteilt werden. Bei der Ausgerbung kommt es darauf an, die Narbenbildung zu fixieren und die erwünschte Fülle und physikalische Eigenschaften des Leders, wie z. B. Heißwasserbeständigkeit, zu erreichen. In diesem Endstadium der Chromgerbung muß der Regulierung des Basizitätsgrads der Brühe besondere Aufmerksamkeit geschenkt werden. Die adstringierende Wirkung der Chromsulfate wächst nämlich mit der Basizitätserhöhung und da während des Gerbverlaufs eine Basizitätserniedrigung eintritt, so muß die Basizität irgendwie wieder erhöht werden, damit eine zweckmäßige Ausgerbung erreicht und die Chrombrühe ausgenutzt werden kann. Gewöhnlich geschieht dies durch Zusatz von Alkalien, wie Natriumbicarbonat oder Soda. Den einzigen Gefahrenpunkt der Ausgerbung bildet eine zu starke oder zu schnelle Zugabe des Abstumpfungsmittels. Durch unsachgemäßen Alkalizusatz kann einerseits eine Ausflockung der Chromsalze herbeigeführt, anderseits die Außenschicht des Leders überneutralisiert werden, zudem ist noch mit Narbenbrüchigkeit und schließlich einem Absetzen der ausgeflockten Chromsalze auf dem Narben zu rechnen. Diese sog. Chromflecken bedeuten eine erhebliche Qualitätsminderung des Fertigleders, besonders bei Sorten, die auf farbige Ware verarbeitet werden sollen.

Mit abnehmender Basizität der Chrombrühe nimmt auch ihr Gerbvermögen ab. Sehr stark basische Chrombrühen gerben schnell und kräftig, daher ist es nicht empfehlenswert, sie zum Angerben zu verwenden. Nur zur Herstellung weicher Ledersorten sind bei hochgepickelter Blöße stark basische Chrombrühen (Basizitätszahl über 50), vorzugsweise in hoher Konzentration, direkt verwendbar. Andererseits besitzen sehr schwach basische Chrombrühen nur eine geringe Affinität zur gepickelten Hautblöße. Für die Praxis haben sich deshalb vorwiegend die mäßig basischen Chrombrühen bewährt, wobei die Basizitätszahl mit dem Fortschreiten des Gerbprozesses reguliert wird.

Setzt man eine der betreffenden Ledersorte angepaßte Vorarbeit voraus, so ist die Beschaffenheit des erzeugten Leders vor allem von den zu Beginn der Gerbung, d. h. ungefähr während der ersten Stunde, an der gepickelten Blöße eintretenden Veränderungen abhängig. Von besonderem Interesse ist dabei der Schwellungsgrad der Blöße. In der gerbereitechnischen Literatur ist die Frage kaum behandelt, in den auf dem Chromgerbungsgebiet führenden Spezialwerken nicht einmal angedeutet. In einer kürzlich erschienenen Arbeit von E. Mezey wird auf die Wichtigkeit des Schwellungszustands der gerbfertigen Blöße für den Ausfall des Fertigleders hingewiesen. Der erwünschte Schwellungsgrad, welcher je nach Ledersorte und Arbeitsweise in ganz weiten Grenzen schwankt, kann beim Pickeln oder Angerben geregelt werden, indem in beiden Fällen die Konzentration der schwellungshemmenden Neutralsalze — meist Kochsalz — verändert wird. E. Mezey betont, daß vorwiegend Narbenbeschaffenheit, Fülle und Griff des Leders beeinflußt werden. Die Erzielung eines glatten und Vermeidung eines gezogenen Narbens, Porenfeinheit oder grobkörniges Aussehen, fester oder loser, zugfester oder platzender Narben, zügiges oder zugfestes, volles oder flaches Leder stehen in engem Zusammenhang mit dem Schwellungszustand der gepickelten Blöße im Angerbbad. Mit zunehmendem Quellungsgrad der Blöße bis zu einem gegebenen Grenzwert treten vor allem Fülle, Glatt- und Festnarbigkeit im Fertigleder stark hervor. Bei übermäßiger Schwellung nimmt das Leder auch bei vollster Ausgerbung ein blößenartiges Aussehen an, wozu noch häufig ein brüchiger und springender Narben tritt. Ein solches Leder kann nur sehr schwierig auf Kochbeständigkeit gegerbt werden, obgleich die Basizitätszahl des auf der Faser gebundenen Chromsalzes und der Chromgehalt genügen würden, um bei vergleichbaren Ledern, die ohne übermäßige Quellung gegerbt wurden, volle Kochbeständigkeit zu erzielen [K. H. Gustavson (2), S. 99].

Bei Bemessung der Kochsalzmenge für die Angerbung muß das mit der gepickelten Blöße in das Chrombad miteingebrachte Kochsalz berücksichtigt werden. Die Blöße nimmt im Pickel kapillar ansehnliche Kochsalzmengen, und zwar direkt proportional zum Kochsalzgehalt der Pickellösung, auf. Bei 100% Flotte und einem Kochsalzdurchschnittsgehalt von 2 bis 3%, bezogen auf das Pickelgewicht, enthält das Angerbungsbad schon 2 bis 3 Vol.-% Kochsalz. Wenn dann z. B. die Angerbung mit 1% Cr_2O_3 in Form einer 30% basischen Brühe von der Zusammensetzung $Cr_2(OH)_2(SO_4)_2 \cdot Na_2SO_4$ durchgeführt wird, so kommt noch ungefähr 1% Natriumsulfat hinzu. Die Gesamtmenge der Neutralsalze und die Neutralsalzwirkung des Chromsalzes, die nicht vernachlässigt werden darf, reichen in diesem Fall aus, um eine übermäßige Quellung der gepickelten Blöße zu verhindern und eine nur mäßige Anquellung bei der Angerbung zu erzielen. Es sei noch bemerkt, daß ein direkter, formelmäßiger Zusammenhang zwischen dem Quellungsgrad der Blöße und dem Neutralsalzgehalt des Angerbbades nicht vorliegen kann, da die adstringierende Wirkung der Chromsalze einen komplizierenden, formelmäßig nicht erfaßbaren Faktor bildet. Solche einfache Formeln wurden von E. Mezey vorgeschlagen. Wie E. Mezey besonders hervorhebt, ist folgende Frage zu stellen: Erfolgt in den ersten Minuten der Angerbung die Gerbwirkung und die Fixierung des Narbens unter einem osmotischen Überdruck von außen nach innen oder unter einem osmotischen Überdruck von innen nach außen? In jedem Fall sind plötzliche Änderungen des Schwellungsgrades der Blöße für den Ausfall des Leders ungünstig.

Für die Angerbung eignen sich am besten maskierte Chrombrühen. In der Praxis hat sich vor allem die natürlich maskierte Glukosebrühe bewährt, und zwar ist eine durch Zufließenlassen einer Natriumbichromatlösung zu einem Schwefelsäure-Glukose-Gemisch hergestellte Brühe infolge ihres höheren Maskierungsgrades vorzuziehen. Für Ausgerbungszwecke hat sich eine basische zucker- oder glukosereduzierte Brühe, die möglichst frei von maskierenden Beiprodukten ist, oder eine hochbasische Chromalaunbrühe (Basizitätszahlen von ca. 50) als vorteilhaft erwiesen. Die berechnete Basizität solcher organisch reduzierter Brühen soll nicht über 40% liegen (100 Teile Natriumbichromat auf mindestens 100 Teile technische Schwefelsäure von 66° Bé); um eine vollständige Oxydation des organischen Reduktionsmittels zu gewährleisten, soll das kochende konzentrierte Bichromat-Schwefelsäure-Gemisch mit dem Reduktionsmittel so versetzt werden, daß die Reaktion stürmisch verläuft. Die endgültige Basizität wird durch Sodazugabe eingestellt.

Bei der oben beschriebenen Arbeitsweise kann nach beendigter Angerbung die Ausgerbung durch Zugabe von basischer Chrombrühe direkt zu dem Angerbungsbad erfolgen, oder sie kann in frischem Bad vorgenommen werden. Die Nachgerbung im neuen Bad hat den Vorteil, daß eine salzarme Lösung von genau eingestellter hoher Basizitätszahl verwendet wird, wodurch eine sattere Ausgerbung und eine gleichmäßigere und leichter kontrollierbare Gerbwirkung erzielt wird.

Eine andere Arbeitsweise besteht in dem Einbringen der Blößen in eine Lösung aus 75 bis 100% Wasser und 3 bis 5% Kochsalz, bezogen auf das Blößengewicht. Die Blößen werden in dieser Salzlösung einige Minuten lang bewegt, worauf allmählich mit ungefähr halbstündigen Pausen die Chrombrühe zugesetzt wird. Durch die Salzlösung wird eine Blößenschwellung vermieden und die Angerbgeschwindigkeit vermindert, und zwar zum Teil dadurch, daß die hinausdiffundierende Pickelsäure basizitätsmindernd wirkt, zum Teil auch, weil die Ausflockungszahl durch Kochsalz erhöht und damit die Chromfixierung verlangsamt wird. Erzielt wird eine zarte Angerbung des Narbens. Nach beendigter

Brühezugabe wird die Ausgerbung durch Sodazugabe beschleunigt. Dieses Arbeitsverfahren ist für Leder geeignet, von denen man keinen erheblichen Sprung, Stand und größere Fülle verlangt.

Nur selten wird die Chromgerbung in der Pickelrestbrühe vorgenommen. Bei der Chromgerbung im Faß beträgt die gesamte Brühenmenge etwa 100 bis 150%. Die Flottenverhältnisse werden jedoch von der verwendeten Chrommenge und von der Arbeitsweise, wie z. B. der Art der Zugabe der Chrombrühe, bestimmt. Für volle Ausgerbung berechnet man insgesamt ca. 2 bis 3% Cr_2O_3 vom Pickelgewicht. Kalbfelle sind in der Regel nach 8 bis 10stündiger Gerbdauer vollgar, für leichtere Felle, wie Schaffelle, reicht ein noch kürzeres Walken aus, um eine satte Gerbung zu erreichen. Dicke Häute, z. B. Rindshäute, benötigen eine 8- bis 10stündige Behandlung unter Bewegung. In diesem Fall ist es üblich, die ausgegerbten Leder noch über Nacht im Faß zu belassen. Am Ende der Gerbung wird die Kochfestigkeit des Leders bestimmt. Tritt dabei eine starke Schrumpfung des Leders ein, so wird die Brühe mit Soda abgestumpft. Bei der oben angegebenen Chrommenge und mäßig gepickelter Blöße werden in der Regel 0,25 bis 1% Soda verwendet. Die Zugabe der Sodalösung, die nicht stärker als 5%ig sein soll, muß vorsichtig geschehen. Von Vorteil ist es, für die Sodamenge eine Sicherheitsgrenze durch Bestimmung der Ausflockungszahl der Gerblösung festzustellen (vgl. S. 280) und eine standardisierte Sodalösung zu benutzen. Wenn man die aus der Ausflockungszahl berechnete Sodamenge vorsichtig in vielen Portionen zugesetzt hat, wird man feststellen, daß nunmehr weitere Sodamengen vertragen werden, ohne daß Ausflockung eintritt. Dies hängt mit der Tatsache zusammen, daß sich aus dem Chromsalz neue Säure gebildet hat, nachdem alle freie Säure neutralisiert worden war. Eine gewisse Sicherheit bietet die Verwendung von Natriumbicarbonat statt Soda. In den Vereinigten Staaten ist Bicarbonat das gebräuchliche Neutralisationsmittel beim Chromgerbbad.

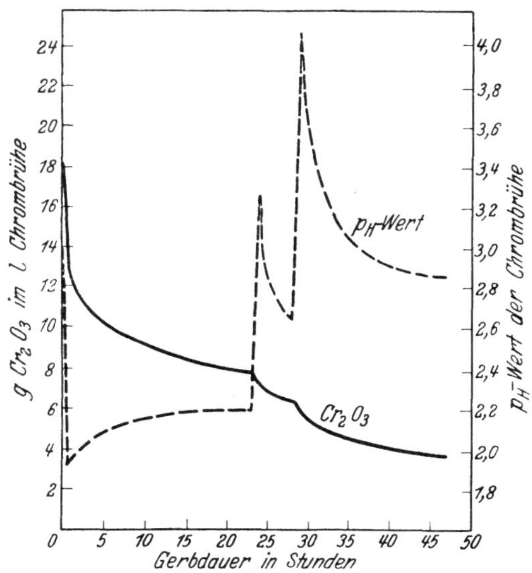

Abb. 39. Änderung der Konzentration und des p_H-Wertes einer Chrombrühe während der Gerbung einer Partie gepickelter Kalbsblößen im Faß [J. A. Wilson (3), S. 566]

Wie früher erwähnt, verbleiben dickere Ledersorten im allgemeinen über Nacht im Gerbbad. Nach beendeter Gerbung wird in der Regel nicht gespült, sondern das Leder direkt auf den Bock geschlagen. Nach der Gerbung finden wahrscheinlich sekundäre Reaktionen statt; und im Hinblick auf diese Gerbwirkung ist das Lagern der gegerbten Blößen zweckmäßig, auch wird dadurch die Heißwasserbeständigkeit des Leders verbessert. Vor Beendigung der Chromgerbung wird die Kochbeständigkeit des Leders geprüft. Nach der allgemeinen Ansicht soll beim 1 bis 5 Minuten langen Kochen eine nur ganz unbedeutende Schrumpfung (5 bis 10% der Fläche) und keinerlei Verhornung der Lederprobe eintreten. Im Hinblick auf die fortschreitende Nachgerbung beim Lagern und die bedeutende Verbesserung der Kochbeständigkeit des Leders nach dem Neutralisieren braucht keine absolute Kochbeständigkeit unmittelbar nach der Chromgerbung gefordert zu werden. Die Kochprobe hat vorwiegend Bedeutung als einfache Kontrollmethode für die Gleichmäßigkeit der Gerbung, aber unsere Kenntnisse reichen noch nicht aus, um bestimmte Anforderungen an die Kochbeständigkeit als Maßstab für vorzügliche Lederqualität aufzustellen. Verlängert man die Gerbdauer, um absolute Kochbeständigkeit zu erreichen, zu weitgehend, so ist dies in manchen Fällen sogar direkt nachteilig für die Lederqualität.

Die Änderungen der Konzentration und des p_H-Werts einer Chromgerblösung während der betriebsmäßigen Faßgerbung einer Partie gepickelter Kalbsblößen sind aus Abb. 39 ersichtlich.

Die Felle waren in 12%iger Kochsalzlösung bis zum Gleichgewicht bei einem p_H-Endwert von 1,5 gepickelt worden. Die gepickelten Felle wurden anschließend daran ins Faß gegeben und eine 33% basische Chrombrühe auf einmal zugesetzt. Die Anfangspunkte der Cr_2O_3-Kurve und der p_H-Kurve entsprechen den Werten der ursprünglichen Brühe vor der Zugabe in das Walkfaß. Unmittelbar nach der Zugabe der Chrombrühe zeigt sich eine erhebliche Erhöhung der H-Ionenkonzentration, was auf die Diffusion der Pickelsäure aus den Blößen in die Gerbflüssigkeit zurückzuführen ist. Nach ungefähr 1 Stunde beginnt der p_H-Wert wieder zuzunehmen, wahrscheinlich infolge der Wiederherstellung der stark puffernden Wirkung des basischen Chromsulfats. Nach 23stündiger Gerbdauer wurde die Ausflockungszahl unter Verwendung einer 4%igen Natriumbicarbonatlösung ermittelt. Die entsprechende Natriumbicarbonatmenge — pro Liter Chromlösung waren 4 g nötig — wurde dann vorsichtig im Verlauf einer Stunde zugegeben. Natürlich trat dadurch eine starke Erhöhung des p_H-Werts ein, die wiederum von einem Abfall gefolgt war. Nach 28 Stunden wurde nochmals dieselbe Menge Bicarbonat zugesetzt, und es ergaben sich die gleichen p_H-Änderungen wie beim erstenmal. Mit der Basizitätserhöhung wird die Chromaufnahme stark erhöht, wie die Kurve deutlich zeigt.

b) Die bestimmenden Faktoren bei der Chromgerbung.

Den Verlauf der Chromaufnahme durch die Blöße und die Gerbwirkung der gebräuchlichen Chromsalze, basischer Chromsulfate und -chloride, bestimmen vorwiegend folgende Faktoren: Konzentration, Basizitätsgrad, Neutralsalzgehalt, Temperatur, Flottenverhältnisse, Anwesenheit maskierender Verbindungen und Gerbdauer. Im voraus soll bemerkt werden, daß für die theoretische Arbeit laboratoriumsmäßige Versuche mit großen Flottenverhältnissen, d. h. großen Chromüberschüssen, notwendig sind, um zu ermöglichen, das Problem auf je einen einzelnen Faktor zurückzuführen. Bei der praktischen Gerbung mit verhältnismäßig kleiner Flotte und mit gepickelter Blöße liegen sehr komplizierte Systeme vor, die beim heutigen Stand unseres Wissens nicht ganz zu überblicken sind.

Basizitätszahl.

Die Lösungen der bei der Chromgerbung üblichen Chromsalze reagieren infolge ihrer hydrolytischen Spaltung sauer und bilden ein Puffersystem, das imstande ist, allmählich H-Ionen abzugeben. Durch Zugabe von Alkalien werden die normalen Chromsalze, wie der Chromalaun, in basische Verbindungen übergeführt. Die Stabilitätsverhältnisse dieser basischen Salze bedingen den „Neutralisations“grad, der möglich ist, ohne daß Ausflockung eintritt. Die Chromchloride vertragen einen viel größeren Alkalizusatz als die Sulfate, und folglich können die Chromchloride viel stärker basisch als die Chromsulfate gestellt werden.

Die Basizitätszahl gibt das Verhältnis des an OH gebundenen Chroms zum Gesamtchrom in Prozenten an. Da bei der analytischen Ermittlung der Zusammensetzung dieser Chromsalze die hydrolysierbaren Säurerestgruppen bestimmt werden, wäre es richtiger, mit dem Verhältnis der an Chrom gebundenen Säureäquivalente zu den Gesamtvalenzen des Chroms zu rechnen. Dieses Verhältnis ist die Aziditätszahl der Chrombrühe. In diesem Kapitel sowie in Kapitel 1 und 7 werden beide Ausdrucksformen verwendet, da sich z. B. besonders für die Behandlung der Zusammensetzung der vom Leder gebundenen Chromkomplexe die Aziditätszahl besser geeignet erwies als die Basizitätszahl. Aus der oben gegebenen Definition folgt, daß die BZ. (Basizitätszahl) = 100 — Aziditätszahl ist.

Bei Chromlösungen mit einem größeren Gehalt an freier Mineralsäure ist zwischen der BZ. der Chrombrühe und dem Basizitätsgrad (BG.) des Chromsalzes zu unterscheiden [E. Stiasny (*2*)]. Die BZ. gibt die Gesamtmenge an gebundener und freier Säure an, während der BG. die in der Brühe vorhandene freie Säure nicht miteinbegreift. Diese freie Säure wird durch Titration (bei $p_H \sim 3$) ermittelt und die durch Titration erhaltene BZ. mit diesem Wert korrigiert. In Chromsalzlösungen mit p_H-Werten unter 2,8 bis 3,0 muß also

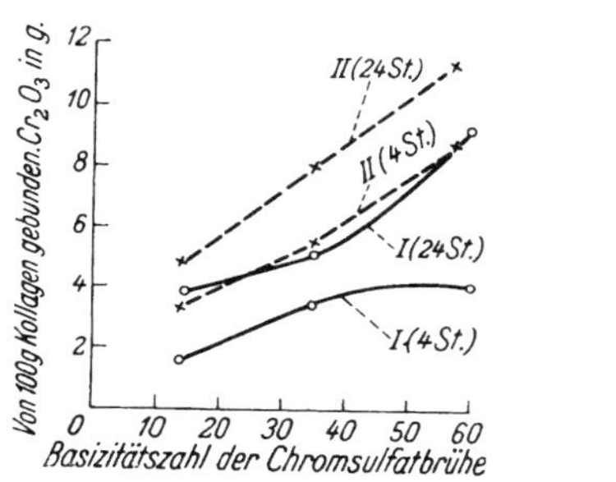

Abb. 40. Chromaufnahme durch Hautblöße aus Chromsulfatbrühen als Funktion ihrer Basizität [K. H. Gustavson (*10*)].

I Chromsulfatbrühe, 10 g Cr_2O_3 im Liter. *II* Chromsulfatbrühe, 80 g Cr_2O_3 im Liter.

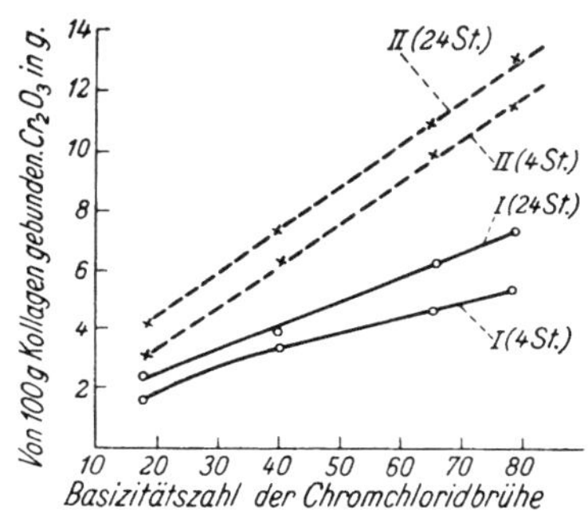

Abb. 41. Chromaufnahme durch Hautblöße aus Chromchloridbrühen als Funktion ihrer Basizität [K. H. Gustavson (*10*)].

I Chromchloridbrühe, 10 g Cr_2O_3 im Liter. *II* Chromchloridbrühe, 80 g Cr_2O_3 im Liter.

nicht nur die BZ., sondern auch der BG. bestimmt werden; bei den meisten in der Praxis bewährten Chrombrühen fallen die beiden Werte zusammen.

Zur praktischen Erläuterung soll folgendes Beispiel dienen: Für die Angerbung wird eine 25% basische, zuckerreduzierte Chromsulfatbrühe verwendet. BZ. und BG. dieser Brühe stimmen miteinander überein. Dieselbe BZ. wird erhalten, wenn eine 50% basische Chromsulfatbrühe mit Schwefelsäure auf eine Basizität von 25% eingestellt wird. Diese Brühe hat dann eine BZ. von 25%, aber einen BG. von 50%. Die Gerbwirkung der letzten Brühe ist ganz anders und viel schwächer als die der durch Reduktion hergestellten 25% basischen Chrombrühe.

Für die Gerbwirkung der üblichen Chromsulfate und -chloride ist es unbedingt notwendig, einen bestimmten Basizitätsbereich einzuhalten. Die Grenzzahlen dieser optimalen Basizität werden von den praktischen Gerbbedingungen und der Natur des Chromsalzes bestimmt. Schon von F. L. Knapp wurde klar erkannt, daß ein bestimmter Basizitätsgrad erforderlich sei. Mit erhöhter BZ. einer Chrombrühe treten viele Veränderungen des in der Lösung vorhandenen Chromsalzes ein; diese wurden vom physikalisch-chemischen sowie auch vom komplex-chemischen Standpunkt aus im vorangehenden Kapitel erläutert. Die Chromaufnahme durch neutrale Blöße als Funktion der BZ. der Chromsulfatbrühen und Chromchloridbrühen wird in Abb. 40 und 41 veranschaulicht.

Aus den Kurven geht hervor, daß die Chromaufnahme durch die Blöße mit steigender BZ. der Brühen wächst, besonders tritt diese Zunahme bei den höchsten Basizitätszahlen von Chromsulfatbrühe hoher Konzentration hervor. Die Chromchloride zeigen regelmäßigere Kurven linearer Form als die Chromsulfate, die je nach Konzentration und Gerbdauer verschiedenartige und recht komplizierte Funktionen ergeben.

Von allen Faktoren spielt bei der Chromgerbung der Basizitätsgrad des Chromsalzes und die im Zusammenhang damit stehende Ausflockungszahl die größte Rolle. Dies ist verständlich, da der BG. der Ausdruck der primären Eigenschaften des Chromsalzes ist. Steigender BG. des Chromsalzes bringt stets komplexchemische Veränderungen mit sich, die Molekülgröße und Valenzwirkung der Komplexe weitgehend beeinflussen. Durch Basizitätserhöhung wird die Alkalistabilität erniedrigt, was leichtere Ausflockbarkeit des Chromsalzes und damit eine erhöhte Adstringenz bedeutet. Zu Beginn der Gerbung spielen Verschiebungen im hydrolytischen Gleichgewicht der Chromsalzlösung eine entscheidende Rolle. Nach der Untersuchung von C. Rieß und K. Barth über das Diffusionsvermögen verschiedener basischer Chromsulfate sind im Basizitätsbereich von 0 bis 50% durchschnittlich 2 bis 5 Chromatome in den Chromkomplexen vorhanden. Der BG. hat in diesem Bereich keinen weitgehenden Einfluß auf die Molekülgröße von Chromsulfaten und -chloriden. Erhöht man jedoch die Basizität auf über 50%, so tritt eine bedeutende Aggregation der Chromsulfate ein, ihre Stabilität wird vermindert und schon eine kleine Verschiebung des Hydrolysengleichgewichts führt zur Ausflockung. Solche Störungen bewirkt aber die Blöße, indem sie Säure bindet. Die Säureaufnahmefähigkeit der Blöße und die Alkalistabilität der Chromlösung sind Faktoren, die besonders bei der Angerbung berücksichtigt werden müssen. Dieser Teilvorgang der Chromgerbung wurde von E. Stiasny (*2*) schon vor etwa 30 Jahren in seinen weitgehenden Auswirkungen klar umrissen. Es scheint jedoch, als ob in letzter Zeit diesem Faktor allzuviel Bedeutung zugemessen wird [D. Burton (*1*), E. Elöd, G. D. McLaughlin und Mitarbeiter]. Zwar bildet die Säurebindung durch die Haut sicher besonders bei der Angerbung einen wichtigen Teilvorgang der Chromaufnahme, aber bei fortschreitender Gerbung kommt diesem Einfluß geringere Bedeutung zu. Wie im Abschnitt über Pickeln gezeigt wurde, kommt die Chromaufnahme durch die Blöße nicht ausschließlich durch solche Hydrolyseverschiebungen zustande und das Säurebindungsvermögen der Blöße bei der Chromgerbung kann daher nicht als Grundlage für eine allgemeine Theorie dieses Prozesses dienen. Besonders ist die gute Gerbwirkung vieler maskierter alkalibeständiger Chromsalze im p_H-Bereich 5 bis 7, in dem der Lösung durch die Blöße keine Säure entzogen werden kann, mit einer regulierenden Wirkung der Säureaufnahme der Haut nicht in Einklang zu bringen. Ferner wurde im Abschnitt „Theorie der Chromgerbung" zahlenmäßig bewiesen, daß die Chromaufnahmefähigkeit der Faserproteine von ihrem Säurebindungsvermögen unabhängig ist. In der Praxis werden täglich gepickelte Blößen zufriedenstellend gegerbt, bei denen der p_H-Endwert der Restpickelbrühe niedriger als derjenige der für die Gerbung verwendeten Chromsalzlösungen war. Wenn wirklich die Chromaufnahme als eine Funktion und Folge der Säureaufnahme durch die Blöße zu betrachten wäre, dann dürfte in der Regel in unseren Betrieben keine Chromaufnahme stattfinden.

Die Ladung der kationischen Chromkomplexe nimmt mit steigender Basizität ab. Das Hexaquochromikation $[Cr(OH_2)_6]^{3+}$ besitzt drei Ladungen pro Chromatom. Die durchschnittliche Zusammensetzung des 33% basischen Chromsulfatkations ist $[Cr_2(OH)_2SO_4]^{2+}$, was nur mehr eine Ladung pro Chromatom ergibt, und das 50% basische Salz zeigt im einfachsten Fall ein Kation vom allgemeinen Typus $[Cr_4(OH)_6(SO_4)_2]^{2+}$, also nur eine Ladung auf zwei Chromatome. Bei diesen basischen Chromsulfaten wird die Azidität des Sulfatochromikomplexes zu 33% angegeben, ein Durchschnittswert, der sich aus den Arbeiten von E. Stiasny und D. Balányi (2) sowie aus Untersuchungen des Verfassers ergibt. Natürlich muß mit abnehmender Ladungsgröße der Kationkomplexe eine größere Chrommenge auf jedes Carboxylion der Haut kommen. Setzt man aus schematischen Gründen für Hautblöße COO^-—P und wird die p_H-Funktion der Ionisation der Hautproteine nicht berücksichtigt, so erhält man mit dem 0% basischen Hexaquochromisulfat eine Verbindung von der Formel $[Cr(OH_2)_6](COO—P)_3$, während das 33% basische Sulfat eine Chromkollagenverbindung $[Cr_2(OH)_2SO_4](COO—P)_2$ und das 50% basische Sulfat $[Cr_2(OH)_3SO_4](COO—P)$ ergibt. Bei der Entladung jedes Carboxylions der Hautproteine durch das hochbasische Sulfat wird sechsmal soviel Chrom gebunden, als bei der durch Hexaquochromsulfat. Um den primären Vorgang der Chromaufnahme durch die Hautproteine, der als Ionenreaktion aufzufassen ist, quantitativ zu behandeln, sind Kenntnisse über die Aktivität der basischen Chromsalze erforderlich, doch liegen darüber noch keine vollständigen Bestimmungen vor. Die oben angeführten Verbindungstypen sind unter der Annahme aufgestellt, daß die Chromsulfate aller Basizitätsgrade vollständig ionisiert sind.

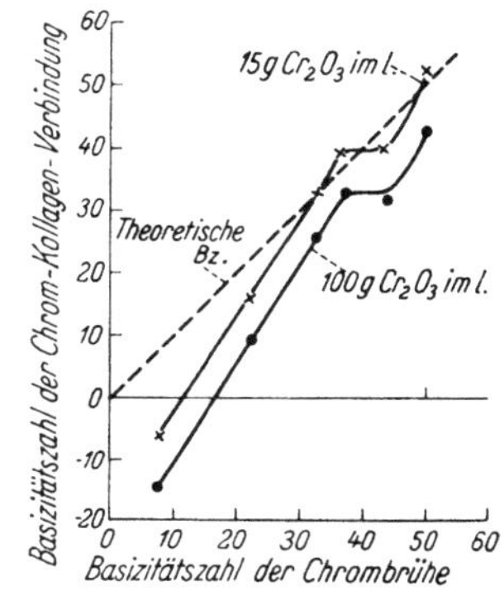

Abb. 42. Basizität des vom Hautpulver aufgenommenen Chromsulfats aus Lösungen von Chromsulfatbrühen verschiedener Basizität bei Konzentrationen von 15 und 100 g Cr_2O_3 im Liter. [K. H. Gustavson und P. J. Widen (2)].

Die Linie der theoretischen Basizitätszahl, welche die Aufnahme des ursprünglichen Chromsalzes durch das Hautpulver veranschaulicht, ist zum Vergleich angeführt. Gerbdauer 48 Stunden.

In der folgenden Gleichung ist die Reaktion zwischen Hautprotein und 33% basischem Salz schematisch dargestellt; die H-Ionenaufnahme wird dabei nicht berücksichtigt:

$$[Cr_2(OH)_2SO_4]^{2+} + SO_4^{2-} + (COO^-)_2\cdot P\cdot(NH_3^+)_2 \rightarrow$$
$$\rightarrow [Cr_2(OH)_2SO_4]\ (COO)_2\cdot P\cdot(NH_3)_2SO_4.$$

Aus der Titrationskurve der Hautblöße gegen Schwefelsäure wird bei einem gegebenen p_H-Wert die gebundene Schwefelsäure, welche aus der Hydrolyse des Chromsulfats stammt, berechnet. Der bei der Analyse ermittelte Gehalt an gebundenem Sulfat besteht dann aus: 1. proteingebundener Säure, 2. komplexgebundenen Säureresten. Die proteingebundene Schwefelsäure stammt, wie obige Gleichung zeigt, aus verschiedenen Reaktionen, und zwar: 1. der Bindung der freien Schwefelsäure, die im hydrolytischen Gleichgewicht mit dem Chromsulfat steht, 2. der Aufnahme der dem kationischen Sulfatochromikomplex zugehörigen Sulfatanionen durch die basischen Gruppen der Haut.

Basizitätserhöhung erleichtert auch die sekundäre Reaktion zwischen Haut und Chromsalz. Durch Aggregation der Komplexsalze wird die Koordinationsfähigkeit erhöht, was die mit steigender Basizität wachsende Chromaufnahme durch Ionenreaktion infolge vermehrter Koordinationsbindungen noch weiter begünstigt.

Die Basizität der an die Haut gebundenen Chromsalze ist von der Basizitätszahl der Brühe abhängig. Bei der Gerbung mit Chromsulfaten nimmt die Blöße aus sehr schwach basischen Brühen mittlerer Konzentration ein Salz auf, das stärker basisch ist als die verwendete Brühe; das aus mäßig basischen Brühen aufgenommene Salz weist ungefähr die Basizität der Brühe auf, während das aus hochbasischer Brühe nicht so stark basisch wie die ursprüngliche Chrombrühe ist. Die Chromchloride geben in der Regel bei entsprechender Basizität höher basische Chrom-Kollagen-Verbindungen als die Sulfate, was vermutlich darauf zurückzuführen ist, daß die Chloro-Chromi-Komplexe eine im Vergleich zu den entsprechenden Sulfaten niedrigere Azidität besitzen. Abb. 42 zeigt den

Zusammenhang zwischen dem Basizitätsgrad der von der Blöße aufgenommenen Chromsalze mit der Basizität der Chromsulfatbrühen.

Der Zusammenhang zwischen der BZ. der Chrombrühe und der Chromaufnahme kann also zufriedenstellend erklärt werden, wenn man die primäre Chromaufnahme als chemische Reaktion (innere Komplexsalzbildung) auffaßt. Die Basizitätssteigerung bringt eine stetige Steigerung des Äquivalentgewichts der Chromkomplexe mit sich, was eine größere Chrommenge für jede reaktive Säurerestgruppe der Haut bedeutet. Dazu kommt, daß mit steigender Basizität der Chrombrühe die H-Ionenkonzentration der Lösung abnimmt. Der p_H-Wert der Umgebung bestimmt die Anzahl der ionisierten Carboxylgruppen der Hautproteine. Da die Ionisation durch erhöhte p_H-Werte begünstigt wird, vergrößert sich das Reaktionsvermögen der Hautproteine mit wachsender Basizität. Eine verminderte H-Ionenkonzentration erleichtert auch die Entladung der NH_3^+-Gruppen. Schließlich muß aus räumlichen Gründen eine Einlagerung des Chromsalzes in das Hautproteingitter unter mehrfacher Bindung begünstigt werden, da bei Basizitätserhöhung Polymerisationsreaktionen stattfinden.

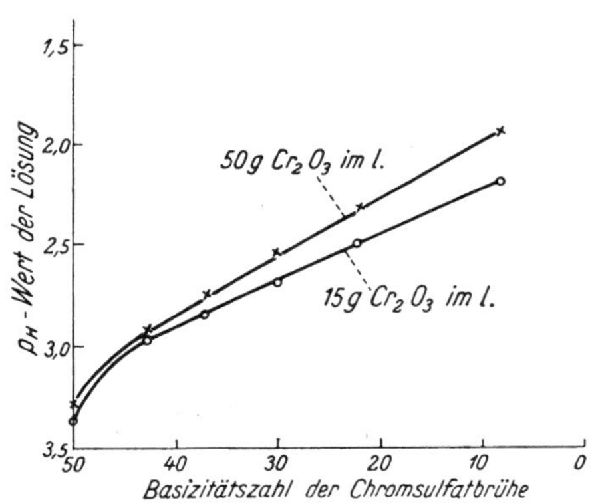

Abb. 43. Wasserstoffionenkonzentration von im Gleichgewicht befindlichen Chromsulfatbrühen als Funktion ihrer Basizität [K. H. Gustavson und P. J. Widen (*2*)].

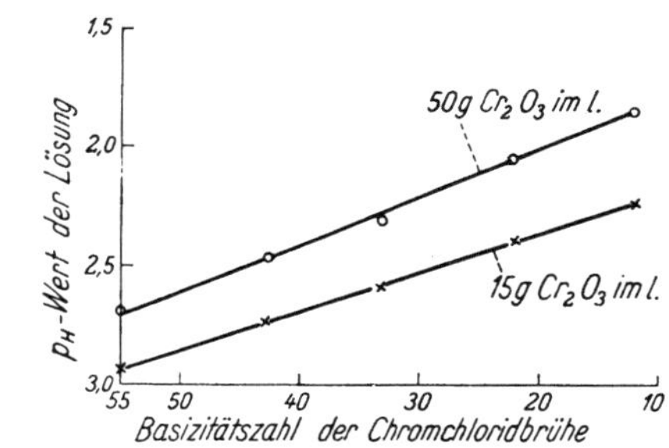

Abb. 44. Wasserstoffionenkonzentration von im Gleichgewicht befindlichen Chromchloridbrühen als Funktion ihrer Basizität [K. H. Gustavson und P. J. Widen (*3*)].

Abb. 43 gibt den Zusammenhang zwischen der BZ. der Chromsulfatbrühen und ihrer H-Ionenkonzentration (p_H-Wert) wieder. Die Chrombrühen mit einer Basizität von 0 bis 45% waren sämtlich mit Zucker reduziert worden und zeigten keine zusätzliche organische Azidität. Aus der Kurve kann man deutlich eine lineare Funktion herauslesen. Abb. 44 zeigt die entsprechenden Daten von Chromchloridbrühe.

Wie früher betont wurde, muß der Wahl einer geeigneten BZ. besonders bei der Angerbung Aufmerksamkeit geschenkt werden. Hochbasische Brühen sind in diesem Gerbstadium nicht zu verwenden, da sie infolge ihrer Adstringenz die Narbenschicht zu stark angerben, was zu gezogenem und brüchigem Narben führt. Für die Angerbung ist eine schwach oder mäßig basische Brühe am Platz. Die hochbasischen Brühen eignen sich ausgezeichnet für die Ausgerbung, bei der die vorteilhaften Eigenschaften dieser Art von Brühen zur Geltung kommen, da die Narbenbildung bereits fixiert ist. Diese Frage steht in innigem Zusammenhang mit der Ausflockbarkeit der Chrombrühen. Wie Tabelle 67 zeigt, sinkt mit Basizitätszunahme die Ausflockungszahl. Für den Versuch wurde eine Chromsulfatbrühe mit 16 g/l Cr_2O_3 verwendet.

Die in Tabelle 67 angeführten Chrombrühen wurden bei einer Untersuchung der genannten Verfasser über die Chromverteilung im Innern des Leders studiert.

Das wichtigste Ergebnis in bezug auf die BZ. der Brühen war, daß bei Verwendung von Brühen mit einer BZ. über 50 bei Verwendung leichtgepickelter Blöße eine Übergerbung der Narbenschicht zustande kommt. Die Ausführungen von W. Schindler und K. Klanfer stehen mit den erwähnten Befunden von C. Rieß und K. Barth gut in Einklang, wonach bei der kritischen Basizitätsgrenze von 50% sprunghaft eine Aggregation des Chromsulfats eintritt.

Tabelle 67. Beziehung zwischen BZ. der Chromsulfatbrühen und ihrer Ausflockungszahl (nach W. Schindler und K. Klanfer).

BZ.	AZ.	Bemerkung
9	8,7	Die AZ. gibt hier die Menge 0,1 n NaOH in Kubikzentimetern an, die in 100 ccm der auf 1 g/l Cr_2O_3 verdünnten Chrombrühe eine bleibende schwache Trübung hervorruft.
24	6,8	
41	2,3	
43	1,2	
48	0,4	

Für die optimalen Basizitätszahlen bei der Chromgerbung können keine allgemeingültigen Regeln aufgestellt werden. Die Natur der Blöße und der Hautart, ihre Vorbehandlung, besonders die Ausführung des Pickelprozesses und die gewünschten Eigenschaften des Leders lassen viele Abänderungsmöglichkeiten zu. Auch die Art der Chromlösung, das Vorhandensein von Salz und maskierenden Stoffen sind bei der Wahl der günstigen BZ. der Chrombrühe von Bedeutung; besonders beachtet werden muß aber die Konzentration der Brühe. Ganz allgemein gilt, daß, je verdünnter die Brühe, desto niedriger die noch statthafte Basizitätsgrenze ist. So ist es z. B. möglich, eine 60% basische Chromsulfatbrühe in hoher Konzentration ($>$ 50 g/l Cr_2O_3) für die Gerbung zu verwenden, während dieselbe Brühe bei zehnfacher Verdünnung stark ausflocken würde. Für die Gerbung mit hochkonzentrierten Brühen (Trockengerbung) können also viel höher basisch gestellte Chrombrühen verwendet werden als für die übliche Faßgerbung.

Zusammenfassend kann man sagen, daß schwach basische Chrombrühen ein dünnes, leeres Leder mit schönem Narben ergeben. Hochbasische Brühen dagegen liefern, wenn keine Angerbung vorangeht, ein Leder mit über- oder sogar totgegerbter Narbenschicht. Bei Gerbung mit mäßig basischen Brühen sind die in den Extremfällen möglichen Komplikationen nicht zu befürchten.

Einfluß der Konzentration.

Bei Konzentrationsverschiebungen einer Chromsalzlösung treten viele Veränderungen ein. Zu dem für alle gelösten Stoffe eintretenden Verdünnungseinfluß kommen bei hydrolysierbaren Systemen, wie sie die Chromsalzlösungen darstellen, auch konstitutions- und physikalisch-chemische Veränderungen hinzu. Die Hydrolyse der Chromsalze wächst mit der Verdünnung. Dadurch werden neue basische Gruppen im Chromkomplex geschaffen, welche allmählich verolen und sich dem Hydrolysengleichgewicht entziehen. Eine weitere Teilreaktion ist die Verdrängung von Acidogruppen. Besonders bedeutungsvoll ist die Erhöhung des Basizitätsgrades des Chromsalzes, die infolge Anreicherung der Hydroxo- und Ol-Gruppen im Chromkomplex stattfindet. Da das Chromsalz mit zunehmendem BG. zu erhöhter Verolung neigt, wird die Brühe beim Verdünnen stärker adstringierend. Die Verhältnisse bei den Chromsalzen liegen hier grundsätzlich entgegengesetzt wie bei pflanzlichen Gerbstoffen, welche bei Verdünnung mildere Gerbwirkung zeigen. Deshalb soll man nicht mit schwacher Chromlösung angerben, was besonders E. Stiasny [(*8*), S. 455] nachdrücklich betont, sondern mit mäßiger bis ganz starker Brühe beginnen. Die Angerbungsgeschwindigkeit wird vorteilhaft durch eine zweckmäßige Einstellung der BZ.

der Chrombrühe geregelt. Die praktischen Bedingungen erfordern häufig Abänderungen, wie im vorangehenden Abschnitt ausgeführt wurde.

Eine zehnfache Verdünnung einer 0,1 molaren Chromalaunlösung vom p_H 2,7 würde eine p_H-Erhöhung um eine Einheit verursachen, wenn nur mit dem Verdünnungseinfluß zu rechnen wäre. Der gefundene p_H-Wert ist aber niedriger (3,1 statt dem theoretischen $\sim$ 3,7), was zufolge der erhöhten Hydrolyse verständlich ist. Durch die Anhäufung von Hydroxogruppen im Chromkomplex, die durch die Verdünnung begünstigt wird, wird natürlich nicht die BZ. der Brühe verändert, sondern nur der BG. des Chromsalzes, welches eine kleinere Anzahl gebundener Sulfatgruppen enthält, da durch die Hydrolyse SO_4-Ionen in die Lösung als H_2SO_4 austreten. Daneben werden auch komplexgebundene Sulfatgruppen durch Wasser aus dem Komplex verdrängt.

Mit zunehmender Konzentration wird also die Anzahl der Hydroxo- und Ol-Gruppen vermindert, die der Sulfato-Gruppen jedoch vermehrt. Die relative Größenordnung dieser Veränderungen bestimmt, ob die Ladung des Chromkomplexes erhöht oder vermindert werden wird. Bei basischen Chromsulfaten ist mit einer Verminderung der Anzahl positiver Ladungen pro Chromatom zu rechnen. Die Aziditätserhöhung der Sulfato-Chrom-Komplexe ist also die vorherrschende Reaktion. Diese Veränderungen sind schematisch im folgenden Beispiel wiedergegeben ($\rightarrow$ bedeutet Konzentrationserhöhung; die Ladungen pro Cr-Atom sind 2 bzw. 1 bzw. 0).

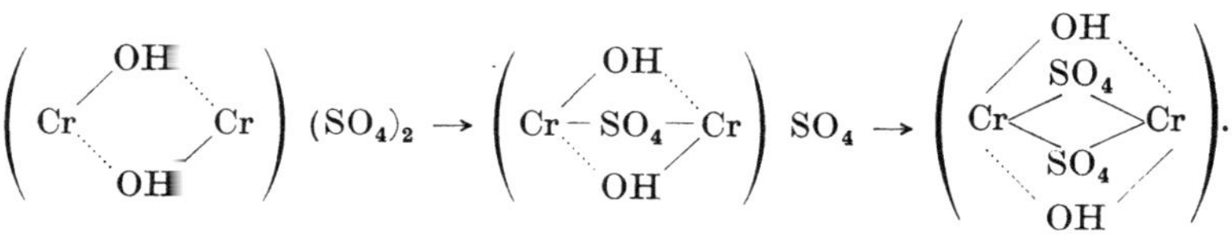

Wenn man bei der Konzentrationserhöhung der Brühe nicht berücksichtigt, daß mit zunehmender H-Ionenkonzentration die Aktivität der COO^--Gruppen der Haut sich vermindert, sondern einfach die Aktivität der Hautproteine als konstant annimmt, so ergibt sich, daß mit erhöhter Konzentration der Chrombrühe pro Carboxylionenladung der Haut eine größere Chrommenge zum Ladungsausgleich nötig ist. Faßt man die primäre Chromaufnahme durch die Hautblöße als eine durch Ionenvalenzen zustande kommende Reaktion auf, so folgt auf Grund der oben gezeigten Ladungsabnahme der kationischen Komplexe, daß sich infolge der Konzentrationserhöhung zunächst eine vergrößerte Chromaufnahme einstellt. Dann wird ein Maximum erreicht und zuletzt erfolgt bei weitgehender Konzentrationserhöhung eine allmähliche Abnahme in der Chromfixierung, da stufenweise ungeladene und anionische Chromkomplexe in der Lösung gebildet werden.

Die komplizierten Veränderungen in der Chromsalzlösung bei Konzentrationserhöhung müssen natürlich auf die Gerbwirkung großen Einfluß ausüben. Besondere Aufmerksamkeit ist dabei der einfachen Konzentrationszunahme, der Hydrolysengeschwindigkeit, den Ladungsveränderungen des Komplexes, der erhöhten Azidität des gelösten Chromsalzes und der absoluten H-Ionenkonzentrationserhöhung zu schenken. Nach der Ionentheorie dürften auch die Aktivitätsveränderungen des Chromsalzes bei solchen Konzentrationserhöhungen eine bedeutsame Rolle spielen. Leider sind aber die Ionisationsverhältnisse solcher Chrombrühen nicht bekannt, was die theoretischen Schlußfolgerungen lückenhaft macht.

In der Gerbereipraxis wird die nötige Chromsalzmenge in Prozenten Cr_2O_3, bezogen auf Pickel- oder Blößengewicht, berechnet. In Anbetracht der oben besprochenen Tatsachen können Änderungen im Flottenverhältnis nicht gleichgültig sein. Bei 2,5% Cr_2O_3 und 200% Gesamtbrühenvolumen ergibt sich eine bestimmte Gerbwirkung, während für dieselbe Chrommenge in 80% Flotte ganz andere Gerbverhältnisse vorliegen. Erwähnt sei, daß der Adstringenzwirkung als Funktion der Brühenkonzentration in der Praxis nur eine untergeordnete Bedeutung im Vergleich zu anderen, ebenfalls von der Brühenkonzentration abhängigen Eigenschaften zugemessen wird. Dies gilt besonders für die Schwellwirkung bei der Angerbung, die für die Erzeugung von Ledern von kräftigem Stand und Fülle notwendig ist. Bei Angerbung mit mäßig bis stark konzentrierten Chrombrühen kann diese primäre Schwellung nicht stattfinden, weshalb man die Chrombrühe am besten portionsweise zugibt, um Angerbung und Fixierung der Blöße in schwacher, neutralsalzarmer Lösung zu bewirken. Es scheint, als ob diese Angerbung mit chromarmen Brühen unter allmählicher Verstärkung der Chromlösung nicht einfach traditionsmäßig aus den goldenen Regeln des Lohgerbers übernommen worden sei, sondern daß sich diese Methode auf Grund praktischer Erfahrungen und Beachtung des End-

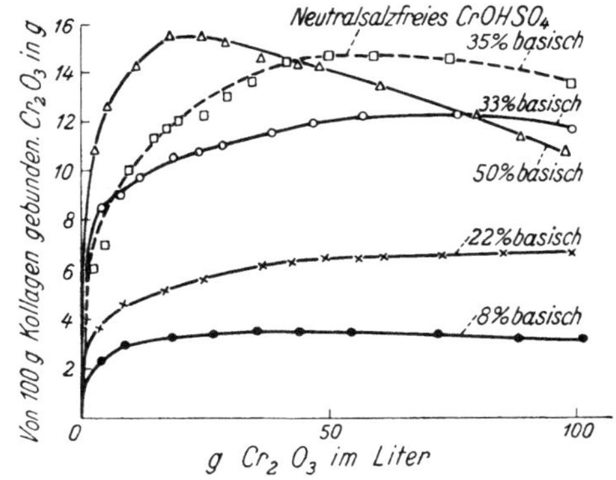

Abb. 45. Einfluß der Konzentration der Chromsulfatbrühe auf die Chromaufnahme durch Hautpulver [K. H. Gustavson und P. J. Widen (2)]. Gerbdauer 48 Stunden. Die Zusammensetzung der Chrombrühen mit Ausnahme der alkalisulfatfreien Lösung entsprach der allgemeinen Formel: $Cr_2(OH)m(SO_4)nNa_2SO_4$.

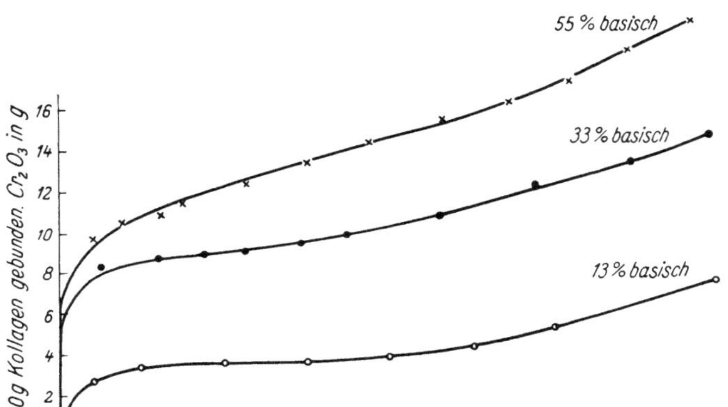

Abb. 46. Einfluß der Konzentration der Chromchloridbrühe auf die Chromaufnahme durch Hautpulver [K. H. Gustavson und P. J. Widen (3)]. Gerbdauer 48 Stunden. Die Zusammensetzung der Chrombrühen entsprach der allgemeinen Formel: $Cr_2(OH)_mCl_n$ 2 NaCl.

erzeugnisses eingeführt hat. Für die Herstellung weicher Ledersorten ohne nennenswerten Stand dagegen erfolgt die Angerbung ganz stark gepickelter Blößen mit stärkeren Chrombrühelösungen.

In den Abb. 45 und 46 ist die Chromaufnahme durch Hautpulver aus basischen Chromsulfat- und Chromchloridlösungen verschiedener Konzentration als Funktion der Konzentration der Chrombrühen dargestellt. Für die in der Praxis herrschenden Verhältnisse sind die Abb. 47 und 48 von größerem Interesse, da diese Versuche mit Blößenstücken ausgeführt wurden.

Die Abb. 45 und 46 zeigen, daß der Konzentrationseinfluß bei den Chromchloriden ganz andersartig ist als bei den Chromsulfaten. Die Chromaufnahme durch die Hautblöße aus basischen Chromchloridbrühen nimmt mit wachsender Brühenkonzentration stetig zu. Bei den Chromsulfaten findet anfangs eine zunehmende Chromfixierung durch die Blöße statt, bis bei einer bestimmten Brühenkonzentration ein Maximum erreicht wird. Bei weiterer Konzentrationserhöhung nimmt die Chromaufnahme ab. Lage und Schärfe des Maximums ist von der Basizität der Chrombrühen abhängig. M. E. Baldwin, die diesen interessanten Kurvenverlauf entdeckte, erklärte die Chromabnahme bei höherer Konzentration durch die mit zunehmender Chromkonzentration eintretende Erhöhung der H-Ionenkonzentration der Lösung.

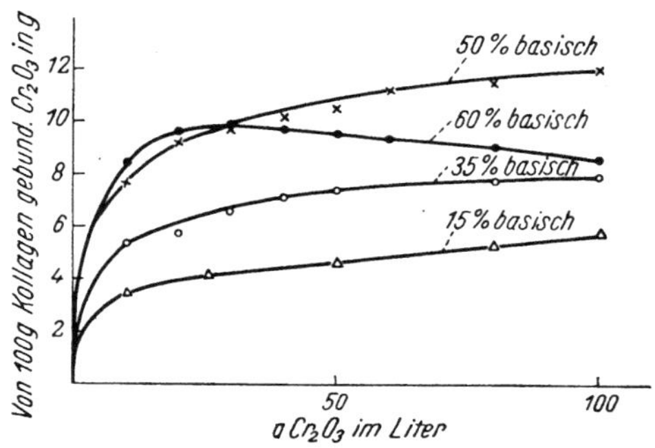

Abb. 47. Einfluß der Konzentration der Chromsulfatbrühe auf die Chromaufnahme durch Hautblöße [K. H. Gustavson (*10*)]. Gerbdauer 24 Stunden.

A. W. Thomas und Mitarbeiter führten diese Untersuchungen weiter, wobei sie der Versuchsmethodik und der negativen Adsorption besondere Beachtung schenkten. J. A. Wilson und E. A. Gallun hatten die Neutralchloridwirkung bei der Chromaufnahme auf p_H-Erniedrigung zurückgeführt und sahen auch in diesem Fall den verringerten p_H-Wert als Hauptgrund für die verminderte Chromaufnahme an. Abb. 49 weist jedoch darauf hin, daß hochbasische Chrombrühen, die in den Chromaufnahmekurven scharfe Maxima ergaben, mit erhöhter Chromkonzentration nur eine ganz unbedeutende Zunahme der H-Ionenkonzentration zeigen, während die schwach basischen Brühen, die gar keine oder nur schwach entwickelte Bereiche maximaler Chromaufnahme haben, mit zunehmender Konzentration der Chrombrühen eine bedeutende Erhöhung der H-Ionenzahl aufweisen. Deshalb kann wahrscheinlich nicht der Einfluß der p_H-Werte für die Entstehung der verschiedenartigen Maxima verantwortlich sein [K. H. Gustavson und P. J. Widen (*2*)]. Ferner war mit steigender H-Ionenkonzentration der Chromchloridlösungen eine stetige Zunahme der Chrombindung bei wachsender Konzentration der Chromchloridlösungen vorhanden. A. W. Thomas und S. B. Foster (*1*) suchten die abnehmende Chromaufnahme mit der Bildung von Komplexen geringerer Gerbwirkung zwischen Chromsalz und Natriumsulfat im höheren Konzentrationsbereich, wo sich das Natriumsulfat stark anreichert, zu erklären.

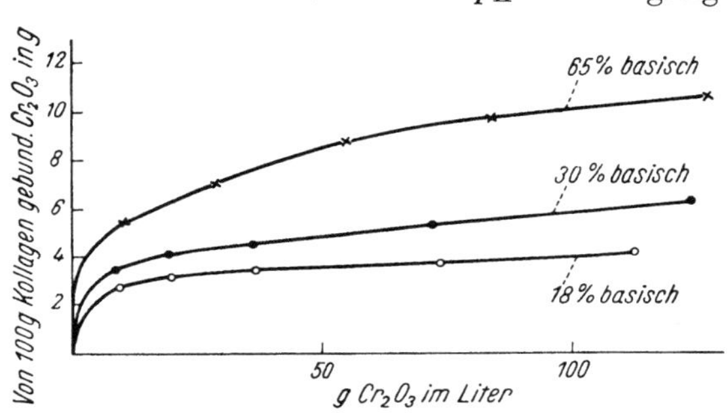

Abb. 48. Einfluß der Konzentration der Chromchloridbrühe auf die Chromaufnahme durch Hautblöße [K. H. Gustavson (*10*)].

Der verschiedenartige Verlauf der Chromaufnahme aus Chromchloridlösungen einerseits und Chromsulfatlösungen andererseits als Funktion ihrer Konzentration wurde mit der unterschiedlichen Komplexaffinität dieser beiden Salze in Zusammenhang gebracht [K. H. Gustavson und P. J. Widen (*1*)]. Bei basischen Chromchloriden ist kein Maximum der Chromaufnahme vorhanden. Bei Konzentrationserhöhung treten nur allmählich und in geringer Menge Cl-Reste in den Komplex ein, da die Affinität des Cl-Atoms zum Chromatom eines basischen Komplexes nur sehr schwach oder gar nicht entwickelt ist, und der optimale Ladungsgrad wird auch in hochkonzentrierten Lösungen nicht erreicht. Bei den basischen Chromsulfaten liegen komplexchemisch ganz andere Verhältnisse vor. Es wurde oben erwähnt, daß mit wachsender Konzentration immer mehr SO_4-Gruppen in den Chromkomplex eintreten. Es bilden sich schwächer geladene kationische Chromkomplexe, die bei weiterem Eintritt von SO_4-Gruppen über ungeladene Komplexe in anionische übergehen. Nach der Ionentheorie der Reaktion zwischen Haut und Chromsalz bewirkt die anfängliche Verringerung der positiven Ladung der Chromkomplexe eine Erhöhung der Chromaufnahme, da auf jede abzusättigende Valenz des Kollagens (COO-Gruppe) mit abnehmender Ladung des Chromkomplexes mehr Chrom entfällt. Dieser Veränderung des Komplexes entspricht der ansteigende Ast der Chromaufnahmekurve, wie Abb. 45 zeigt. Die sich bei weiterer Konzentrationserhöhung bildenden ungeladenen und negativen Komplexe, die eine kleinere Affinität zu Kollagen besitzen, verursachen dann das Absinken der Chromaufnahmekurve. Als ein weiterer Faktor muß der Einfluß der Erhöhung der H-Ionenkonzentration mit der Chromkonzentration auf die Aktivität der Hautproteine, vorwiegend auf ihre COO-Gruppen, in Betracht gezogen werden.

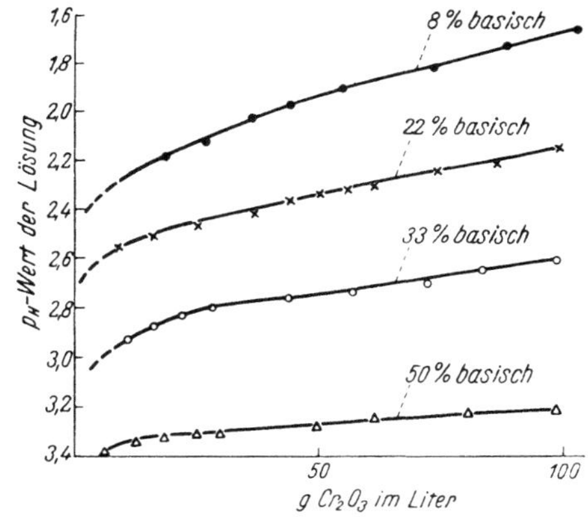

Abb. 49. Einfluß der Konzentration auf die Wasserstoffionenkonzentration der Chromsulfatbrühe bei erreichtem Gleichgewicht [K. H. Gustavson und P. J. Widen (*3*)].

Durch eine Untersuchung von A. Küntzel, R. Kinzer und E. Stiasny wurden weitere Beiträge zu diesem interessanten Problem geliefert. Diese Autoren vertreten die Ansicht, daß die sich in der Brühe anreichernden Neutralsalze (Natriumsulfat) eine wichtige Rolle bei der Chromaufnahme spielen. Sie konnten zeigen, daß eine stetig zunehmende Chromaufnahme auch aus hochbasischen Chromsulfatbrühen stattfindet, wenn diese neutralsalzfrei oder -arm sind. Bei Zusatz von Neutralsalzen tritt das Chromaufnahmemaximum wieder auf. Abb. 50 zeigt zwei in der Kinzerschen Dissertation angegebene Chromaufnahmekurven aus Gerbversuchen mit (I) einem neutralsalzfreien basischen Chromsulfat und mit (II) demselben Sulfat bei Zusatz von 0,55 Mol Na_2SO_4 pro Cr nach 48stündiger Gerbung. Wie in Abb. 45 gezeigt wurde, prägt sich mit steigendem

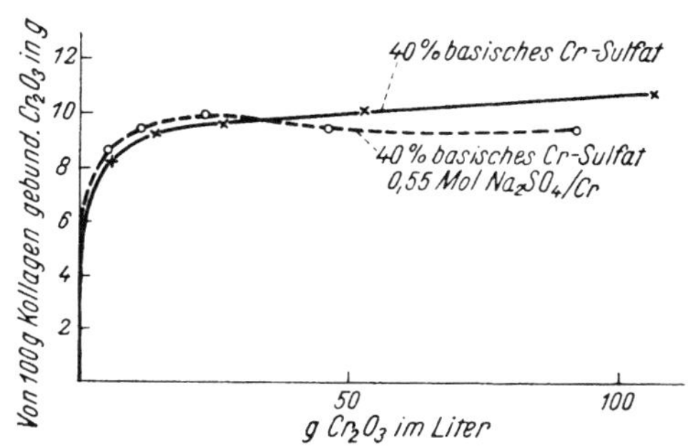

Abb. 50. Chromaufnahme durch Hautpulver aus 40%iger basischer Chromsulfatbrühe verschiedener Konzentration mit und ohne Natriumsulfatgehalt (R. Kinzer, S. 16). Die neutralsalzfreie 40%ige basische Chromsulfatbrühe war aus CrO_3—H_2SO_4 durch Reduktion mit H_2O_2 hergestellt worden. Gerbdauer 48 Stunden.

Basizitätsgrad der Chromsulfatbrühe das Maximum stärker aus, was von diesen Autoren mit dem größeren Natriumsulfatgehalt dieser Brühen erklärt wird, der beim Basischmachen mit Soda gebildet wird. Das Absteigen der Chrombindungskurve mit wachsendem Na_2SO_4-Gehalt der Chrombrühe steht nach A. Küntzel, R. Kinzer und E. Stiasny im Zusammenhang mit der Pickelwirkung von Säure und Natriumsulfat, durch die eine Dehydratisierung der Blöße bewirkt wird. Die Chromaufnahme soll also durch die Quellung der Blöße reguliert werden. Die genannten Autoren geben auch an, daß die Quellungskurve der Hautblöße in Chrombrühen verschiedener Konzentration mit der Chromaufnahmekurve weitgehend übereinstimmt. Durch die in der Chrombrühe hydrolytisch gebildete Säure wird eine Quellung der Blöße bewirkt und durch die Anwesenheit von Natriumsulfat kommt eine Pickelwirkung zustande, die um so ausgeprägter wird, je größere Mengen der Pickelkomponenten mit zunehmender Chromkonzentration zur Verfügung stehen. Dadurch nimmt mit der Konzentrationserhöhung die Quellung der Blöße ab. Sind in der Chrombrühe keine Neutralsalze vorhanden, dann bleibt auch bei höheren Brühenkonzentrationen die Pickelwirkung aus. In solchen Fällen wird nach diesen Autoren keine verminderte Chromaufnahme beobachtet und Quellungskurve wie Chrombindungskurve zeigen denselben Verlauf (siehe Abb. 51).

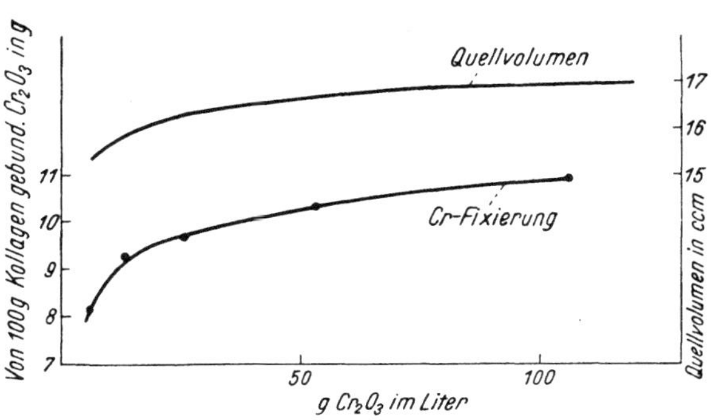

Abb. 51. **Quellvolumina von 1,25 g Hautpulver nach der Gerbung mit 40%igen basischen neutralsalzfreien Chromsulfatbrühen verschiedener Konzentration und die entsprechende Chromaufnahme** (R. Kinzer, S. 29).

Die Verfasser vermuten, daß die Hautblöße nur in hydratisiertem Zustand Chromsalze zu binden vermöge, so daß also die Dehydratisierung der Blöße durch Pickelwirkung eine verminderte Chromaufnahme bewirken würde. Nach dieser Auffassung könnte der Pickelwirkung bei der Gerbung mit Chromchloriden nur geringere Bedeutung zukommen. Die Chromaufnahmekurven durch Blöße aus Chromchloridlösungen verlaufen, wie aus Abb. 48 hervorgeht, grundsätzlich ganz anders als die der Chromsulfatlösungen, indem sie nämlich nicht zu einem Maximum führen. Die genannten Autoren erklären diesen Unterschied damit, daß die Chromchloridbrühen durch den wachsenden NaCl-Gehalt bei Konzentrationserhöhung adstringenter werden. Dies beruht nach der Ansicht von A. Küntzel, R. Kinzer und E. Stiasny auf dem hochkolloiden Charakter der basischen verolten Chromchloridbrühen, die durch NaCl-Zusätze ausgesalzen werden können.

Gegen die interessanten Ausführungen von A. Küntzel, R. Kinzer und E. Stiasny können viele Einwände erhoben werden. Die in Abb. 45 wiedergegebenen Kurven leiten sich aus Versuchen her, die mit Chromsulfatbrühen ausgeführt wurden, welche bei allen Basizitätsgraden gleichartig waren, gleichen Na_2SO_4-Gehalt aufwiesen und die der allgemeinen Formel $Cr_2(OH)_m(SO_4)_n \cdot Na_2SO_4$ entsprachen. Der stark abweichende Kurvenverlauf bei den verschiedenen Basizitäten kann also nicht auf einen verschiedenen Na_2SO_4-Gehalt der Chromsulfatlösungen zurückgeführt werden. Auch die durch Angerbung mit Formaldehyd und pflanzlichen Gerbstoffen fixierte Blöße ergibt im großen und ganzen denselben Verlauf der Chromaufnahmen wie die unvorbehandelte [A. W.

Thomas und M. W. Kelly (*2*); K. H. Gustavson (*8*)]. In der Arbeit von A. Küntzel, R. Kinzer und E. Stiasny wurde auch Seide zu den Versuchen verwendet. Dieses quellungs- und reaktionsträge Protein ergab eine Chromaufnahmekurve von demselben Typus wie die Blöße. In diesem letztgenannten Fall kann die Hydratisierung der Proteine von einem verschiedenen Na_2SO_4-Gehalt nur unbedeutend beeinflußt werden, aber trotzdem zeigen die Chromaufnahmekurven die Ausbildung des Maximums bei Konzentrationserhöhung der hochbasischen Chromsulfatbrühen. Was die Chromchloride betrifft, so sind in den mäßig basischen Salzen nach den Untersuchungen von C. Rieß und K. Barth nur 2 bis 3 Chromatome im Chromkomplex vorhanden. Die Salzwirkung auf kolloidale Bestandteile kann demnach nicht zur Erklärung der mit der Konzentration steigenden Chromaufnahme erklärt werden. Aus den Arbeiten von A. W. Thomas und M. W. Kelly (*1*) über den Einfluß von Na_2SO_4 auf die Chromaufnahme durch Hautpulver aus basischen Chromsulfatbrühen verschiedener Konzentration geht hervor, daß die durch Na_2SO_4 verursachte Verminderung der Chromaufnahme aus starken Chromlösungen (100 g/l Cr_2O_3) ganz unbedeutend ist, während bei mäßigen und niedrigen Konzentrationen das Neutralsulfat stark herabsetzend wirkt. Bei Versuchen mit Blöße hat sich bisweilen eine erhöhte Chromaufnahme bei einem größeren Na_2SO_4-Gehalt hochkonzentrierter Chromsulfatbrühen gezeigt. Diese Ausführungen deuten darauf hin, daß die Anschauungen von A. Küntzel, R. Kinzer und E. Stiasny nicht die endgültige Antwort in dieser verwickelten Frage geben.

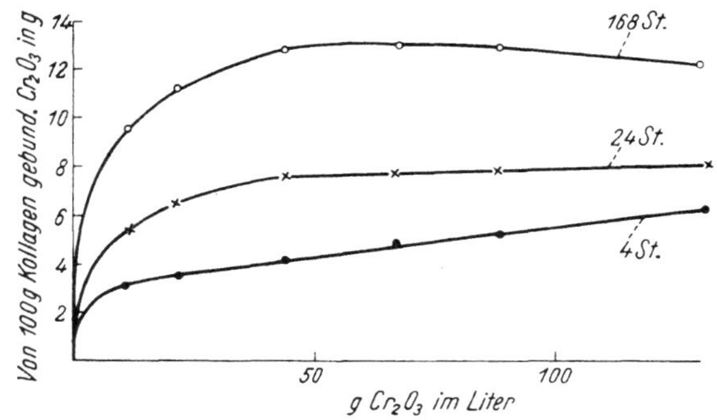

Abb. 52 a. Chromaufnahme durch Hautblöße aus 37% basischer Chromsulfatbrühe verschiedener Konzentration nach 4-, 24- und 168stündiger Gerbung ohne weiteren Zusatz von Na_2SO_4 [K. H. Gustavson (*10*)].

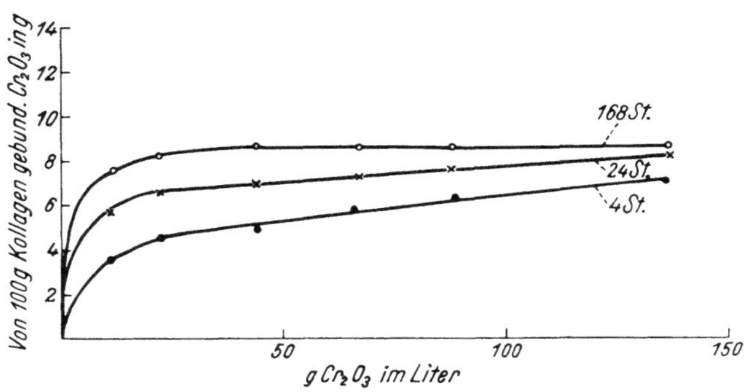

Abb. 52 b. Wie Abb. 52 a, aber unter Zusatz von 0,8 Mol Na_2SO_4 pro Cr_2O_3. Die Cr_2O_3-Werte der beiden Reihen sind nicht direkt vergleichbar, da die mechanischen Bedingungen verschieden waren.

Aus Abb. 52 a und b geht deutlich hervor, daß bei Gerbversuchen mit einer Chromsulfatbrühe üblicher Art bzw. derselben Brühe mit einem zusätzlichen Gehalt von 0,8 Mol Na_2SO_4 pro Cr_2O_3 sich kein Maximum in den Chromaufnahmekurven bei einer Gerbdauer von 4 und 24 Stunden einstellt. Bei langdauernder Gerbung (168 Stunden) ist ein Maximum bei der Chromaufnahmekurve aus der üblichen Chrombrühe schwach angedeutet. Diese Ergebnisse deuten darauf hin, daß die bei den hochbasischen Chrombrühen beobachteten Maxima sekundär entstehen. Bei der primären Chromaufnahme erhöht sich die von der Blöße gebundene Chrommenge bei Konzentrationserhöhung der Brühe. Bei langdauernder Gerbung tritt eine sekundäre Chromaufnahme ein, die in einem bestimmten mittleren Konzentrationsbereich besonders ausgeprägt ist, worauf schon früher (vgl. S. 184) hingewiesen wurde. Bei den Chromchloriden kommt der sekundären Fixierung des Chromsalzes durch Koordinationswirkung keine Bedeutung zu. Deshalb sind die Chromfixierungskurven der Chromchloride als Funktion der Chromkonzentration bei jeder Gerbdauer parabelförmig.

Der am Ende des Abschnitts über die Theorie der Chromgerbung erwähnte Unterschied zwischen dem Reaktionsverhalten von Blöße und Hautpulver gegenüber Chromsalzen ist beim vorliegenden Problem besonders auffallend. Vergleicht man die in Abb. 45 veranschaulichte Chromaufnahme durch Hautpulver aus verschieden basischen Chromsulfatbrühen als Funktion der Brühenkonzentration mit der entsprechenden Chromaufnahme durch Blöße bei 24stündiger Gerbung, wie sie Abb. 47 zeigt, so ist der verschiedenartige Verlauf der Chromaufnahme in den beiden Fällen sehr deutlich. Es ist ersichtlich, daß sich die Chromaufnahme durch die Blöße mit wachsender Chromkonzentration der Brühen stetig erhöht. Wie schon früher erwähnt, findet sich bei ausgedehnter Gerbdauer (168 Stunden) auch bei den Versuchen mit Blöße die Andeutung eines Maximums (Abb. 52a).

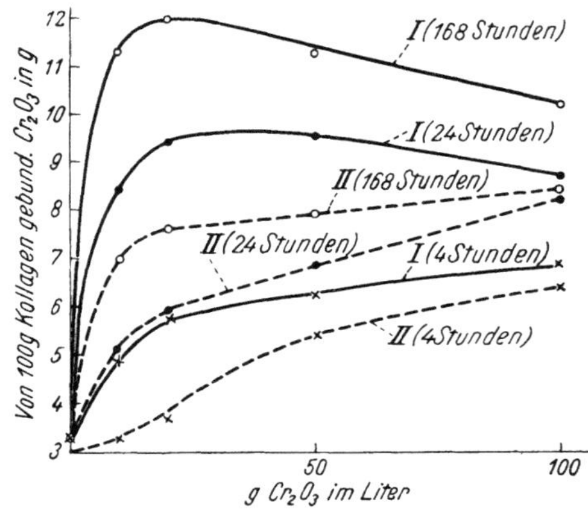

Abb. 52c. Chromaufnahme durch Hautblöße aus 60% basischer Chromsulfatbrühe verschiedener Konzentration nach 24- und 168stündiger Gerbung [K. H. Gustavson (*10*)]. Die Zusammensetzung der Chrombrühe war $Cr_2(OH)_{3,6}(SO_4)_{1,2} \cdot 1,8\ Na_2SO_4$. Kurve *I*: Ohne weiteren Zusatz von Na_2SO_4. Kurve *II*: Die Lösungen waren in Bezug auf Na_2SO_4 halbmolar.

Dieser verschiedenartige Kurvenverlauf ist wahrscheinlich darauf zurückzuführen, daß die sekundäre Chromaufnahme durch Hautpulver stark begünstigt wird, was im Hinblick auf seine große Oberflächenaktivität und Reaktionsfähigkeit verständlich ist. Bei der Gerbung von Blöße tritt diese Sekundärreaktion nur gegen Ende der Gerbung in Erscheinung. Bei den in Abb. 52a, b und c veranschaulichten Versuchen waren die mit den mäßig und stark basischen Brühen gegerbten Blößenstücke kochfest und zeigten eine völlig gleichmäßige Chromverteilung. In der Arbeit von R. Kinzer (S. 23) finden sich ganz gleichartige Beispiele für den großen Einfluß der Gerbdauer auf den Verlauf der Chromaufnahme. Nach 24stündiger Gerbung von Blößenstücken in einer 50%igen basischen Chrombrühe war kein Chromaufnahmemaximum vorhanden, während ein solches bei Ausdehnung der Gerbdauer auf 3 Tage beobachtet werden konnte. R. Kinzer vertritt die Ansicht, daß der Grund für die Abwesenheit eines Maximums bei der kürzeren Gerbdauer in einer Totgerbung der Blöße im Bereich, in dem das Maximum zu erwarten wäre (13 bis 15 g/l Cr_2O_3), zu suchen sei. Das in 24stündiger Gerbung erzeugte Leder enthielt in den Außenschichten 7,5% Cr_2O_3 und in der Mittelschicht 5,7% Cr_2O_3, also Werte, die gegen die Annahme einer Totgerbung sprechen. Die in der Abb. 53 angegebenen Kurven, welche aus einer Untersuchung von D. H. Cameron und G. D. McLaughlin stammen, wurden bei 48stündiger Gerbung von feinen Kalbsblößestücken bei 32° C und einem Flottenverhältnis von 250:25 erhalten. Diese Kurven sind besonders interessant, da sie nach der McLaughlinschen Methodik (Entfernung löslicher Bestandteile der gegerbten Blöße durch hohen Druck) ermittelt wurden. Bei der Gerbung der Blöße durch D. H. Cameron und G. D. McLaughlin tritt kein Maximum auf. Da die Pickelwirkung ein schnell ablaufender Prozeß ist, dürfte in Anbetracht der Ergebnisse, die Abb. 52c zeigt, sowie der Resultate von D. H. Cameron und G. D. McLaughlin und von R. Kinzer die Hypothese von A. Küntzel, R. Kinzer und E. Stiasny nicht zutreffend sein.

Die Zusammenhänge zwischen der Chromaufnahme durch die Blöße und der Konzentration der Chromlösung sind noch nicht geklärt. Die bei den Konzentrationsveränderungen eintretenden Komplexverschiebungen, die Anreicherung der Neutralsalze, die Aktivitätsverhältnisse der Chromverbindung und der Hautproteine sowie die physikalischen Eigenschaften der Blöße und die mehr oder minder stark hervortretenden Sekundärreaktionen der Chromsalze üben ihre Wirkungen auf die Chromaufnahme durch die Hautblöße in noch nicht übersehbarer Weise aus.

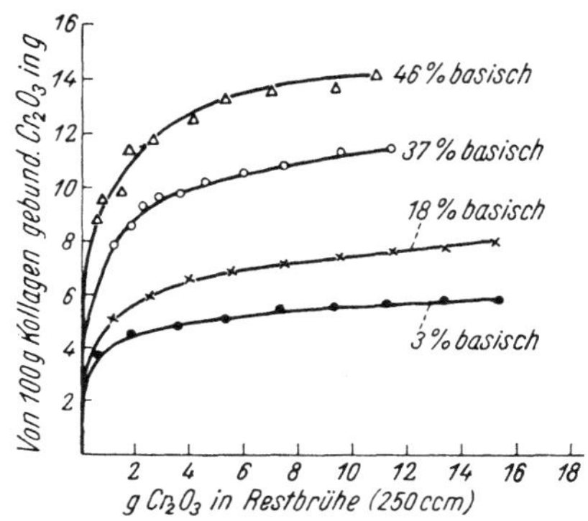

Abb. 53. Chromaufnahme durch Hautblöße aus Chromsulfatbrühen als Funktion der Konzentration der Restbrühen (D. H. Cameron und G. D. McLaughlin). Arbeitsweise: 25 g Hautsubstanz als Blöße wurden in je 250 ccm Chrombrühe 48 Stunden bei 32° C gegerbt. Das Leder wurde durch Pressen von der Restbrühe befreit.

Im Zusammenhang mit dem Konzentrationsfaktor bei der Chromgerbung steht die Frage der sog. Trockengerbung. Diese Arbeitsweise, die sich praktisch eingeführt hat, wurde von K. Schorlemmer (*1*) beschrieben. Nach diesem Verfahren werden ungepickelte Blößen mit einer basischen Chromsulfatbrühe (2 bis 3% Cr_2O_3, bezogen auf das Blößengewicht) in einem kleinen Gerbbrühevolumen — etwa 25 bis 30% vom Blößengewicht — gegerbt. Die ursprüngliche Brühenkonzentration wird also in den Konzentrationsbereich von 80 bis 100 g/l Cr_2O_3 fallen. Die gesamte Brühe wird auf einmal in das Faß gegeben und die Gerbung nach 1- bis 2stündigem Walken als beendet angesehen. Dann werden die Blößen mindestens 24 Stunden auf dem Bock gelagert, um eine Nachgerbung zu sichern. Nach den Erfahrungen des Verfassers in Großbetrieben ist es zur zweckmäßigen Ausführung dieses Verfahrens empfehlenswert, die Blöße leicht mit Pickel vorzubehandeln. Die Chromtrockengerbung zeigt im Vergleich zu der üblichen Arbeitsweise mit verdünnten Brühen deutliche Vorteile, wie Zeitersparnis und einen hervorragenden Ausnutzungsgrad der Chrombrühen. Als Nachteile können angeführt werden, daß die loseren Teile der Haut etwas dünn ausfallen und daß der Stand des dabei erzeugten Leders für manche Ledersorten ungenügend ist. J. A. Wilson [(*3*), S. 564] vertritt die Meinung, daß der größte Nachteil dieses Verfahrens in der Schwierigkeit liege, die Konzentration bei dem geringen Volumen der Chrombrühe zu kontrollieren.

Die Verwendung hochkonzentrierter Brühen bei der Chromtrockengerbung hat sicher manchen Praktiker in Erstaunen versetzt, besonders in Anbetracht der goldenen Gerberregel, die besagt, daß die Angerbung mit schwachen Brühen beginnen und dann allmählich die Brühenstärke gesteigert werden soll. Wie E. Stiasny [(*8*), S. 452] besonders betont, ist diese Regel für die Chromgerbung umzukehren, d. h. man soll die Gerbung mit kleinteiligen Chrombrühen beginnen, was gleichbedeutend mit der Verwendung mäßig bis stark chromreicher Brühen ist. Die Adstringenzwirkung der Chrombrühe vermindert sich mit der Konzentrationserhöhung; mit der Verdünnung wächst nämlich die Hydrolyse, und die entstandenen Hydroxoverbindungen werden zu vielkernigen Komplexen.

Die Chromtrockengerbung ist deshalb, wie E. Stiasny hervorhebt, für die Angerbung besonders geeignet, da dabei ein Narbenziehen nicht zu befürchten ist. Deshalb ist es möglich, bei der Trockengerbung mit ungepickelter Blöße zu arbeiten, was wegen der Entstehung eines ziehenden und rauhen Narbens bei der üblichen Gerbung ausgeschlossen ist.

In Abb. 54 ist die Abhängigkeit der Basizität der von der Blöße aufgenommenen Chromverbindung von der Konzentration von Chrombrühen verschiedener Basizitätszahl graphisch dargestellt. Mit erhöhter Chromkonzentration wird die Basizitätszahl der an die Faser gebundenen Chromsalze erniedrigt. Im Konzentrationsbereich der Trockengerbung nimmt die neutrale Blöße ein Salz auf, das stärker sauer ist als das in der ursprünglichen Lösung vorhandene. Die Chromtrockengerbung ist also eine stärker saure Gerbung als die nach der üblichen Arbeitsweise und deshalb ist es möglich und auch empfehlenswert, mit höher basischen Brühen als bei der gewöhnlichen Gerbung zu arbeiten. Dies wird dadurch erleichtert, daß stark konzentrierte Lösungen viel höher basisch gestellt werden können, ohne daß Ausflockung eintritt, als die entsprechenden verdünnten Chrombrühen (J. Berkmann). Verläuft, wie oben angedeutet, die Chromaufnahme durch die Blöße aus konzentrierten Lösungen hochbasischer Chrombrühen anders als aus verdünnten Lösungen, so sollten auch die Eigenschaften des bei der Trockengerbung erzeugten Leders einen anderen Charakter als die des wie üblich gegerbten Leders aufweisen. Es scheint jedoch, als ob die bei der Gerbung vorhandenen Bedingungen, welche die physikalischen Eigenschaften des Leders, wie Stand, Quellungsgrad, Narbendichtigkeit und -geschlossenheit hervorrufen, sich am deutlichsten auswirken. Besonders auffallend ist der tiefgreifende Einfluß höherer Kochsalzzusätze auf die Trockengerbung, wie J. Berkmann hervorhebt, der sich vor allem in größerer Weichheit und Veränderung der Farbe ins Grünstichige bemerkbar macht. Dies steht wahrscheinlich damit in Zusammenhang, daß bei Anwesenheit großer Natriumchloridmengen in hochkonzentrierten Chromsulfatbrühen bevorzugt basische Chromchloride gebildet werden.

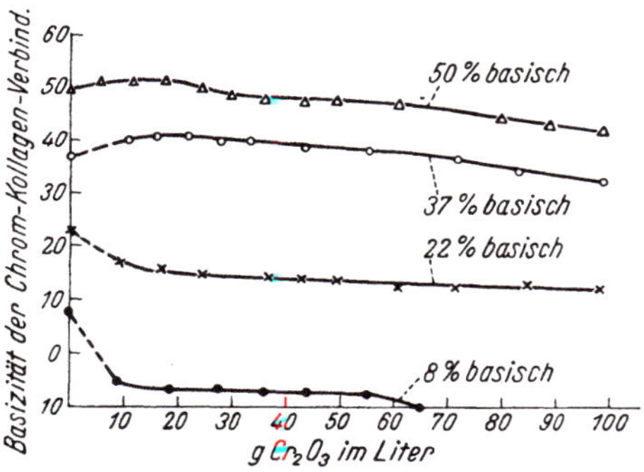

Abb. 54. Basizität der vom Hautpulver aus basischer Chromsulfatbrühe aufgenommenen Chromsalze als Funktion der Konzentration der Chrombrühe nach 48stündiger Gerbung [K. H. Gustavson und P. J. Widen (2)].

Neutralsalzwirkung.

Bei der Chromgerbung muß immer mit Neutralsalzwirkungen gerechnet werden. Die technischen Chrombrühen enthalten mindestens 1 Mol Na_2SO_4 pro Mol Cr_2O_3, da ihre Zusammensetzung meist der Formel $Cr_2(OH)_m(SO_4)_n \cdot Na_2SO_4$ entspricht. Ferner werden mit der gepickelten Blöße nicht unbedeutende Neutralsalzmengen in das Chrombad eingeschleppt und in der Regel erfolgen auch weitere Kochsalz- oder Glaubersalzzusätze. Zu unterscheiden ist zwischen der Neutralsalzwirkung auf die Blöße und der Wirkung auf die Chrombrühe. Die Bedeutung des Neutralsalzgehalts der Chromgerblösungen wurde erst verhältnismäßig spät erkannt. Zwar hatten H. R. Procter und R. W. Griffith schon in einer Anfang dieses Jahrhunderts veröffentlichten Arbeit auf die wichtige Rolle des Kochsalzzusatzes zu Chrombrühen hingewiesen, aber die Gesetzmäßigkeiten des Neutralsalzeinflusses wurden erst in den in physikalisch-chemischer Hinsicht grundlegenden Arbeiten von J. A. Wilson, A. W. Thomas und ihren Mitarbeitern studiert. Heute ist es verständlich, daß diese komplizierte Frage nicht nur rein physikalisch-chemisch erklärt werden kann, da sie eng mit der Komplexchemie des Chroms und der Chromgerbung zusammenhängt. Die Arbeiten von E. Stiasny und seinen Mitarbeitern auf dem Gebiet der Komplexchemie der Chromchloride und -sulfate haben wirksam zur Kenntnis dieser Neutralsalzwirkung beigetragen. Unsere jetzigen Kenntnisse reichen aber doch nicht aus, um eine zufriedenstellende Erklärung der anscheinend recht verwickelten Verhältnisse zu ermöglichen.

Im voraus soll bemerkt werden, daß bei der Erforschung der Chromgerbung ausnahmslos neutralsalzhaltige Brühen zur Verwendung gekommen sind. Deshalb wurden gewisse Funktionen der Neutralsalzwirkung, die in Wirklichkeit von allergrößter Bedeutung sind, in den Hintergrund geschoben; so ist besonders die quellungshemmende Wirkung der Neutralsalze, die auch in sehr geringen Konzentrationen bedeutend ist, völlig unberücksichtigt geblieben. Wirkungen kleiner Neutralsalzkonzentrationen auf die Blöße ziehen weitgehende Konsequenzen für die nachfolgende Chromgerbung mit sich.

Bei den Gerbversuchen, deren Ergebnisse in Tabelle 68 zusammengestellt sind, wurden neutrale Blößenstücke mit neutralsalzfreien Chromsulfatlösungen von 28% Basizität und einer Konzentration von 20 g/l Cr_2O_3 24 Stunden lang gegerbt. Außerdem wurden vergleichende Versuche mit Na_2SO_4-Zusätzen zu

Tabelle 68. Einfluß des Na_2SO_4-Gehalts der Chromsulfatlösung auf die Chromverteilung des gerbenden Chromsalzes im Lederinnern [nach K. H. Gustavson (*10*)].

Nr.	Art der Chromlösung	Art der Blöße	% Cr_2O_3 im Leder (Durchschnittswert)	Cr_2O_3 in Prozenten, bezogen auf das Trockengewicht des Leders		
				Narbenschicht	Mittelschicht	Fleischschicht
1	28% basisches Chromsulfat (neutralsalzfrei)	neutrale Blöße	2,9	3,4	1,8	3,4
2	Wie Nr. 1	formaldehydangegerbte Blöße	3,0	3,0	2,9	3,1
3	28% basisches Chromsulfat mit Na_2SO_4-Zusatz (die Brühe war 0,3 n in bezug auf Na_2SO_4) . .	Blöße	3,1	3,2	2,8	3,2
4	Wie Nr. 3	formaldehydangegerbte Blöße	2,7	2,8	2,6	2,8
5	28% basisches Chromsulfat (neutralsalzfrei) mit Na_2SO_4-Zusatz (die Brühe war n in bezug auf Na_2SO_4)	Blöße	3,5	3,5	3,4	3,6
6	33% basisches Chromsulfat $[Cr_2(OH)_2(SO_4)_2 \cdot Na_2SO_4]$	Blöße	4,0	4,1	4,1	4,0
7	Wie Nr. 6	formaldehydangegerbte Blöße	3,4	3,6	3,4	3,5

diesem Chromsulfat ausgeführt sowie auch Gerbungen mit Blöße, die in einer 1%igen Formaldehydlösung bei einem p_H von ~ 7 24 Stunden lang vorgegerbt worden war. Die Lederproben wurden in drei gleichdicke Schichten gespalten, um die Chromverteilung im Leder bei den verschiedenen Gerbungen festzustellen. Die Blößenstücke, die in der neutralsalzfreien Lösung gegerbt wurden, waren nach der Gerbung gequollen und glasig und zeigten eine hochgradige Totgerbung. Die mit Neutralsalz versetzten Chromlösungen sowie die formaldehyd-fixierten Hautproben ergaben Leder mit gewöhnlichen Qualitätsmerkmalen. Auch vergleichende Versuche mit neutralsulfathaltigen technischen Chrombrühen ergaben normales Leder.

Diese Versuche beweisen, daß beim Gerben mit neutralsalzfreien basischen Chromsulfaten eine Säurequellung der Blöße eintritt, die das Eindringen des Chromsalzes ins Blößeninnere erheblich erschwert, so daß sich eine Totgerbung ergibt. Wie die gleichmäßige Verteilung des Chroms in dem mit der technischen Chrombrühe gegerbten Leder zeigt, reicht der in solchen Brühen normalerweise vorhandene Na_2SO_4-Gehalt (in diesem Fall ca. 2 Vol.-%) aus, um die Schwellung der Blöße zu verhindern. Die formaldehyd-angegerbte Blöße ist gegen die Säurequellung beständig und zeigt auch beim Gerben mit einer neutralsalzfreien Lösung eine gleichmäßige Chromverteilung im erzeugten Leder, das normale Eigenschaften besitzt. Diese Neutralsalzwirkung ist mit erhöhter Chromaufnahme verbunden. Wie später gezeigt werden wird, setzt Na_2SO_4-Zusatz zu Chromsulfatbrühen die Chromaufnahme herab, was als eine Folge der Neutralsulfatwirkung auf das Chromsulfat gedeutet wird.

Für die Praxis kommen neutralsalzfreie Chromlösungen nicht oder nur selten in Betracht, und im allgemeinen sind deshalb auch keine Komplikationen bei der Chromaufnahme infolge übermäßiger Schwellung der Blöße zu befürchten, da bei Angerbung mit sehr verdünnten neutralsalzarmen Chromlösungen in der Regel Neutralsalz zugesetzt wird. Bei der Angerbung gepickelter Blöße mit verdünnten Chrombrühen (5 bis 10 g/l Cr_2O_3) reicht der Na_2SO_4-Gehalt der Brühe (0,5 bis 1,0 Vol.-%) nicht aus, um die Schwellung der Blöße zu unterdrücken. Bei der Herstellung mancher Ledersorten ist jedoch, wie früher erwähnt, eine solche Vorschwellung der Blöße bei der Angerbung erwünscht und eine Neutralsalzzugabe kommt nicht in Frage. Wieder bei anderen Ledersorten muß, besonders wenn Weichheit und Geschmeidigkeit erstrebt wird, die Angerbung ohne Quellen der Blöße vorgenommen werden, was nur in stark neutralsalzhaltigem Gerbbad durchzuführen ist.

Bei der Neutralsalzwirkung auf das Chromsalz muß man verschiedene Systeme unterscheiden, und zwar je nach der Art des Neutralsalzes (Kochsalz oder Natriumsulfat) und je nach der Art des Chrombades (Chromchlorid- oder Chromsulfatbrühe); dabei sind auch Teilfaktoren, wie Basizitätszahl und Konzentration der Chrombrühe, besonders zu berücksichtigen.

Die in anderem Zusammenhang besprochene peptisierende Wirkung der Neutralsalze auf die Hautblöße spielt unter den bei der Chromgerbung vorliegenden Bedingungen nur eine untergeordnete Rolle. Dieser lyotrope Einfluß macht sich vorwiegend am isoelektrischen Punkt des Kollagens bemerkbar, ist jedoch in dem bei der Chromgerbung in Frage kommendem p_H-Bereich (p_H 2,5 bis 3,5) infolge Überwiegens der H-Ionen zu vernachlässigen. Dieser Einfluß der Neutralsalze äußert sich vorzugsweise als Pickelwirkung.

Einfluß von Kochsalz auf Chromchloridbrühen.

Der Einfluß der Neutralsalze auf die hydrolytisch gebildete Säure der Chromsalzlösung und auf die Zusammensetzung des Chromsalzes, besonders was seine

Komplexänderungen betrifft, kann am besten am Beispiel des Kochsalzzusatzes zu einer 0% basischen Hexaquochromichloridlösung erläutert werden. Der p_H-Wert wird erniedrigt, die NaCl-haltige violette Lösung färbt sich beim Erhitzen grün und bleibt auch nach dem Abkühlen grün. Erhitzt man dieselbe Lösung ohne Kochsalzzusatz, so wird sie zwar ebenfalls grün, beim Abkühlen kehrt aber die violette Farbe wieder. Im ersten Fall bilden sich grüne Chloro-Chromkomplexe, im letzteren wird jedoch die grüne Farbe durch Bildung der Hydroxoverbindung (unter Hydrolyse) hervorgerufen; beim Abkühlen wurde dann das Hexaquosalz zurückgebildet. Die Wirkung des Natriumchlorids auf das Chromchlorid macht sich also in einer Wanderung von Cl-Resten in den Komplex bemerkbar. Bei Kochsalzzugabe zu salzsauren Lösungen tritt eine Erhöhung der H-Ionenkonzentration der Lösung ein, die nach J. A. Wilson (*1*) durch

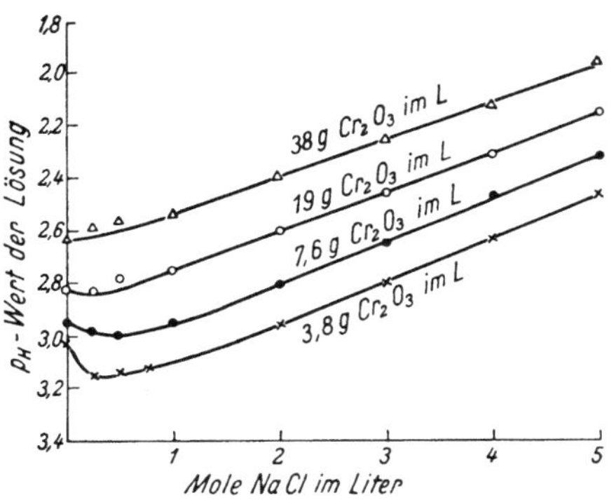

Abb. 55. Einfluß der Natriumchloridkonzentration auf den p_H-Wert von 56% basischen Chromchloridlösungen verschiedener Konzentration nach erreichtem Gleichgewicht der Wasserstoffionenkonzentration [K. H. Gustavson (*3*) und J. A. Wilson (*3*), S. 537].

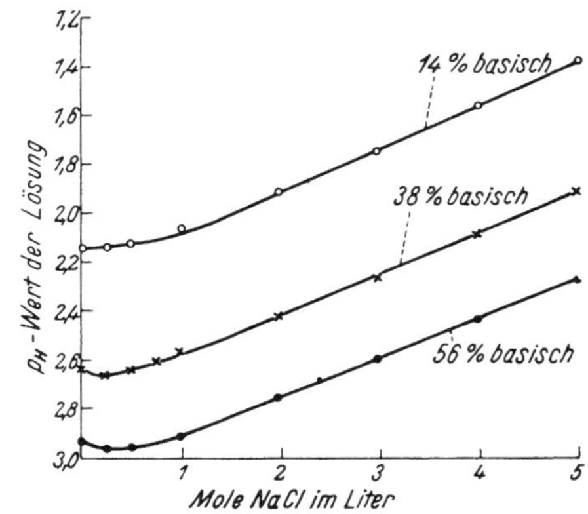

Abb. 56. Einfluß der Natriumchloridkonzentration auf den p_H-Wert von Chromchloridlösungen verschiedener Basizität bei einer Konzentration von 10 g Cr_2O_3 im Liter im Gleichgewicht [K. H. Gustavson (*3*)].

Hydratation des Kochsalzes verursacht wird. Das Kochsalz entzieht der Lösung Wasser und infolgedessen tritt Konzentrationserhöhung aller gelösten Substanzen ein; andererseits fördert das Kochsalz aber auch das Entstehen der wenig hydrolysierbaren Chlorochromchloride, was eine Verminderung der H-Ionenkonzentration erwarten läßt. Bei kleinen NaCl-Konzentrationen findet sich diese Kochsalzwirkung auch angedeutet, aber bei höherer NaCl-Molarität ist nur die viel stärkere Hydratationswirkung des Natriumchlorids bemerkbar.

Abb. 55 zeigt die p_H-Werte einer 56% basischen Chromchloridlösung verschiedener Konzentration bei Zusatz wechselnder NaCl-Mengen. Die Kurven der verdünnten Chromchloridlösungen zeigen, daß bei kleinen NaCl-Zusätzen (weniger als 1 Mol) eine p_H-Erhöhung eintritt, während bei weiterer NaCl-Zugabe die Hydratationswirkung des Kochsalzes überwiegt und eine bedeutende p_H-Erniedrigung verursacht. Diese Erklärung der anfänglichen p_H-Erhöhung setzt das Vorkommen von Chloro-hydroxo-Chromkomplexen voraus, was nach den Angaben von E. Stiasny und D. Balányi (*1*) nicht wahrscheinlich ist (siehe den Abschnitt „Chemie der Chromverbindungen"). Nach E. Stiasny [(*8*), S. 461] handelt es sich bei den in der Abb. 56 wiedergegebenen Versuchsergebnissen wahrscheinlich um die Wirkung von Kochsalz auf die hydrolytisch gebildete Salzsäure. In Abb. 56 sind die p_H-Werte verschieden basischer Chromchloride als Funktion ihres NaCl-Gehalts wiedergegeben.

Die grundlegenden Arbeiten von J. A. Wilson und Mitarbeitern über den Einfluß der Neutralsalze auf die Chromgerbung gehen aus von einer Beobachtung von W. Klaber, der fand, daß man Chrombrühen höher basisch machen kann, ohne daß sie ausflocken, wenn man Neutralsalz zugibt, als das ohne dessen Zusatz möglich ist. Diese Erhöhung der Ausflockungszahl wurde nach der Hydratationshypothese erklärt. Darnach wäre zu erwarten, daß alle Chrombrühen bei Neutralsalzzugabe eine erhöhte Ausflockungszahl zeigen müßten, wenn wirklich die Hydratation der Neutralsalze der Hauptfaktor wäre. Es wurde jedoch gefunden, daß eine neutralsalzbedingte Erhöhung der Alkalistabilität bei Chromchloridlösungen nicht vorhanden ist. Tabelle 69 zeigt den Einfluß steigender NaCl-Zusätze zu basischen Chromchloridlösungen auf ihre Ausflockungsazidität.

Tabelle 69. Einfluß von NaCl auf die Ausflockbarkeit von Chromchloridlösungen. [K. H. Gustavson (*3*)].

Molkonzentration von NaCl	56% basische Chromchloridbrühe					14% basische Chromchloridbrühe		
	Konzentration der Lösung in g/l Cr_2O_3							
	1,9	3,8	7,6	19,1	38,2	4,2	8,4	16,8
	Prozent Ausflockungsazidität							
0	11	11	17	20	24	11	11	13
0,25	19	20	21	23	25	33	25	38
0,5	25	23	23	25	25	35	58	37
1,0	28	25	27	26	26	52	54	38
2,0	31	28	29	28	27	55	58	47
3,0	31	31	31	29	28	57	58	56
5,0	32	33	33	30	27	57	58	61

Durch NaCl-Zusatz wird die Ausflockungszahl der Chromchloridbrühen herabgesetzt. Die in Tabelle 69 für die Ausflockungsazidität mitgeteilten Zahlen, d. h. die aus der Ausflockungszahl berechnete Aziditätszahl, bei der die Ausflockung beginnt, zeigen, daß diese mit NaCl-Zugabe erhöht wird. Die Chromchloridlösungen flocken in Anwesenheit von Kochsalz leichter aus als die ohne Zusatz; dies zeigt sich nicht nur bei der stark (56%) basischen Lösung, sondern auch bei der von niedriger Basizität (14% basisch). E. Stiasny und M. Ziegler (*2*) konnten diese Befunde bestätigen. Bei dieser Neutralsalzwirkung ist ein direkter Zusammenhang zwischen Ausflockungszahl und H-Ionenkonzentration der Lösung nicht vorhanden.

Der ausflockungsfördernde Einfluß von NaCl auf Chromchloridlösungen steht wahrscheinlich, wie E. Stiasny und M. Ziegler (*2*) betonen, im Zusammenhang mit der ausflockenden Wirkung von NaCl auf die sich bei der Alkalizugabe bildenden hochbasischen hochmolekularen Chromkomplexe. Diese aussalzende Wirkung der Alkalichloride auf hochbasische Chromchloride wurde bei Gerbversuchen mit solchen Salzpaaren beobachtet [Gustavson (*4*)]. Die Erniedrigung der Ausflockungszahl durch die Alkalichloride überdeckt die kleine Erhöhung der Ausflockungszahl, die sich aus der Hydratation des Kochsalzes ableiten würde.

Da die Chromaufnahme durch die Blöße in erster Linie von dem Alkalistabilitätsgrad der Chromlösung abhängt, müßte NaCl-Zusatz erhöhte Chromaufnahme bedingen. Das ist auch der Fall, wie Abb. 57a zeigt. Die Chromaufnahme durch Hautpulver wird durch Anwesenheit von NaCl und Neutralchloriden im allgemeinen erhöht, besonders in verdünnten Chromchloridlösungen ist eine bedeutende Steigerung bemerkbar. Bei den höchsten NaCl-Konzentrationen (über 3 Mol NaCl) ist für die hochbasischen Chromchloride statt der stetigen Zunahme ein Absinken der Chromfixierungskurve angedeutet, was auf die aussalzende Wirkung konzentrierter NaCl-Lösungen auf die hochbasischen, semikolloidalen Bestandteile der Chromchloride zurückgeführt wird. In Gerbversuchen mit gewöhnlichem und mit in molarer Kaliumrhodanidlösung peptisiertem Hautpulver wurden die Veränderungen des Aggregationsgrades von

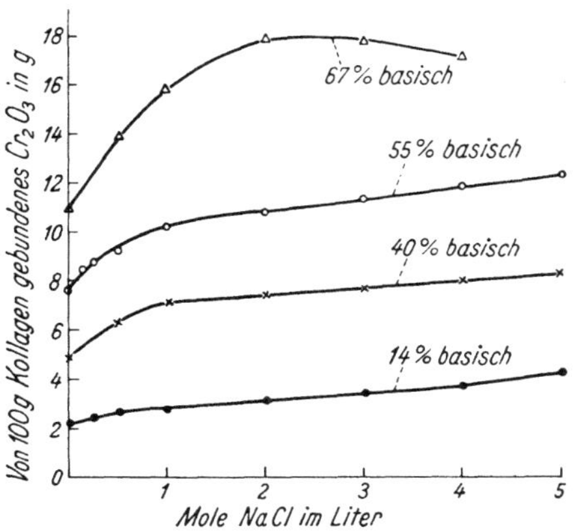

Abb. 57 a. Chromaufnahme durch Hautpulver aus basischen Chromchloridlösungen mit 8 g Cr_2O_3 im Liter als Funktion der Natriumchloridkonzentration der Lösung. Gerbdauer 48 Stunden [K. H. Gustavson (*4*)].

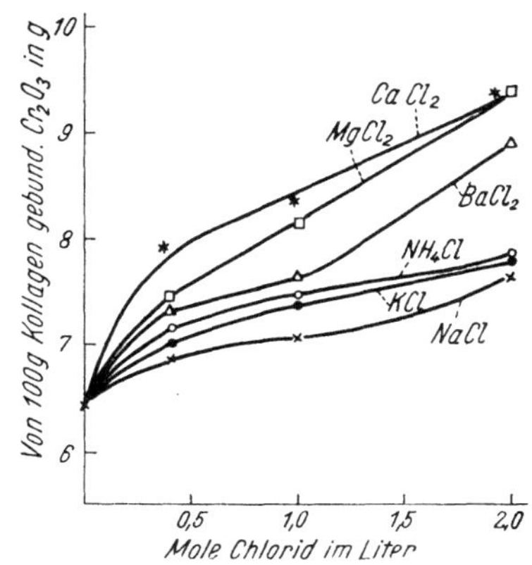

Abb. 57b. Einfluß einer Zugabe steigender Mengen verschiedener Chloride auf die Chromaufnahme durch Hautpulver aus einer 38% basischen Chromchloridlösung mit 8 g Cr_2O_3 im Liter. Gerbdauer 48 Stunden [K. H. Gustavson (*4*)].

basischen Chromchloriden durch NaCl untersucht (Tabelle 70). Wie schon früher erwähnt, werden niedrig disperse basische Chromsalzlösungen durch peptisiertes Hautpulver in höherem Maß aufgenommen als durch gewöhnliches.

Tabelle 70. Einfluß von NaCl auf den Aggregationsgrad basischer Chromchloride [K. H. Gustavson (*4*)].

Nr.	Basizitätszahl der Chromchloride	Konzentration der Lösung in g/l Cr_2O_3	NaCl-Zusatz in Molen	Von 100 g Kollagen gebundenes Cr_2O_3 in Gramm	
				Hautpulver	mit KCNS vorbehandeltes Hautpulver
1	33	10	0	5,4	5,4
2	33	10	4	10,4	11,7
3	56	10	0	6,4	7,0
4	56	10	4	14,4	17,8
5	67	10	0	12,5	15,0
6	67	10	4	20,7	30,6

Bei mittelbasischen Chromchloridlösungen ist die Chromaufnahme vom Peptisierungsgrad des Hautpulvers unabhängig; in diesen Lösungen kommt also keine nennenswerte Menge hochmolekularer Bestandteile vor. Nach Zusatz von NaCl deutet ein Zuwachs der Chromfixierung auf eine geringe Erhöhung des Aggregationsgrades des Chromchlorids hin. Bei dem 56% basischen Chromchlorid bewirkt NaCl eine deutliche Zunahme an hochmolekularen Verbindungen. Hochbasisches (67%) Chromchlorid zeigt in seiner Reaktionsfähigkeit mit den Hautpulvern deutlich das Vorkommen koordinationsaktiver hochmolekularer Bestandteile in erheblicher Menge. Durch Zusatz von NaCl wird dieses Verhalten weiter verstärkt, wie die in Tabelle 70 angegebenen Cr_2O_3-Werte des gewöhnlichen und peptisierten Hautpulvers zeigen. Auf Grund dieser Ergebnisse und der Kurven aus Abb. 57 a kann man die von NaCl bewirkte Chromaufnahmeerhöhung bei hochbasischen Brühen als eine Folge der Teilchenvergrößerung ansehen. Diese hochmolekularen Verbindungen lagern sich durch Sekundärreaktionen an das Hautpulver an; bei zu weitgehender Teilchenvergrößerung vermindert sich die Chromaufnahme, da wahrscheinlich diese groben Teilchen nicht in das Innere des Hautpulvers hineindiffundieren können. Für die 14 und 40% basischen Chromchloride, die in 5molarer NaCl-Lösung doppelt soviel Chrom als in salzfreier aufnehmen, können solche dispersitätserniedrigende Effekte nicht zur Erklärung der Erhöhung der Chromaufnahme herangezogen werden. Wahrscheinlich finden in diesen Fällen komplexchemische Veränderungen durch die NaCl-Zugabe statt, die auch für die erhöhte Reaktionsfähigkeit verantwortlich sind. Dabei soll es sich um Ladungsverminderung der kationischen Chromkomplexe durch den Eintritt von Cl-Resten in den Komplex handeln.

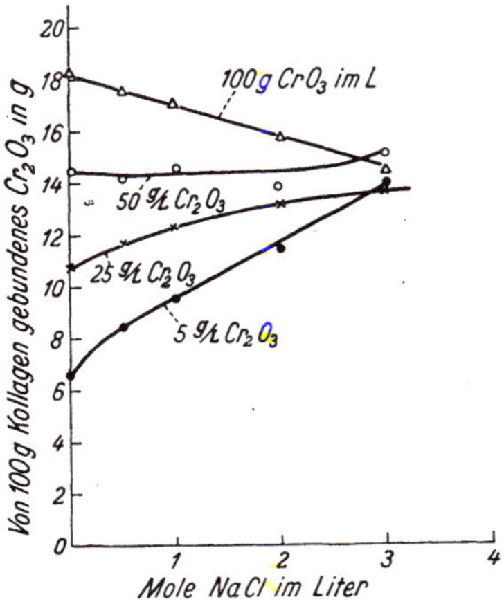

Abb. 58. Chromaufnahme durch Hautpulver aus 48% basischen Chromchloridlösungen verschiedener Konzentration als Funktion der zugesetzten Natriumchloridmenge. Gerbdauer 48 Stunden [K. H. Gustavson (4)].

Der Einfluß von NaCl auf die Chromaufnahme durch Hautpulver aus Chromchloridlösungen verschiedener Konzentration wird in Abb. 58 wiedergegeben. Die mit steigender NaCl-Menge erfolgende Erhöhung der Chromaufnahme aus verdünnten und mäßig konzentrierten Chromchloridlösungen macht in konzentrierter Chromchloridlösung (100 g/l Cr_2O_3) einer verminderten Chromfixierung Platz. Der steile Anstieg der Kurve bei verdünnter Lösung ist mit einer durch NaCl bewirkten Aggregation zu erklären; diese Aggregationswirkung nimmt mit der Konzentrationserhöhung des Chromsalzes ab, bis zuletzt in der hochkonzentrierten Lösung die Hydratisierung unter p_H-Erniedrigung überwiegt. Die früher erwähnte komplexchemische Auffassung scheint jedoch eine bessere Deutung dieser Befunde zu ermöglichen.

Durch die Gerbung in neutralsalzreichem Chromchloridbad wird eine erhöhte Heißwasserbeständigkeit des erzeugten Leders erzielt und seine physikalischen Eigenschaften in mancher Hinsicht, besonders was Stand und Fülle anbetrifft, verbessert. Die nachfolgende Arbeitsweise bei der Chromchloridgerbung nutzt in richtiger Weise die Neutralsalzwirkung aus. Die Angerbung wird in kochsalzarmen, verdünnten Chromchloridbrühen begonnen, um eine mäßige Säurequellung der mit HCl—NaCl gepickelten Blöße zu erzielen. Nach vollendeter Angerbung wird die Hauptmenge des Chromchlorids in Form einer hochbasischen Lösung mit soviel Kochsalzzusatz, daß die Endmolarität der Gerblösung 1 bis 2 beträgt, zugegeben. Die Ausgerbung wird durch Alkalizusatz beschleunigt, sie geht in 6 bis 12% NaCl-haltigem Bad sehr schnell vor sich [K. H. Gustavson (4)].

Mit der Neutralsalzwirkung des Natriumchlorids auf Chromchloride stehen die im ersten Kapitel angeführten Ergebnisse über die Nachbehandlung von mit Chromchlorid gegerbtem Leder in Kochsalzlösungen in Zusammenhang. Auf diese Weise wurde ein sehr stark schrumpfendes Leder kochfest gemacht. In Tabelle 71 finden sich die Ergebnisse eines Versuches über den Einfluß von NaCl-Lösungen auf den Schrumpfungsindex des Leders bei einer solchen Nachbehandlung. Kalbsblöße wurde 60 Stunden lang in einer 40% basischen Chromchloridlösung (24 g/l Cr_2O_3) gegerbt und nach dem Spülen mit 2% Borax neutralisiert. Darauf folgte eine 24stündige Nachbehandlung in einer 2molaren NaCl-Lösung. Die Lederproben wurden nach leichtem Spülen bzw. 2tägigem Waschen analysiert.

Tabelle 71. Einfluß einer Kochsalznachbehandlung auf die Zusammensetzung und Heißwasserbeständigkeit von Chromchloridleder [K. H. Gustavson (*2*), S. 99].

	Ursprüngliches Leder	In 2 n NaCl-Lösung nachbehandeltes Leder	
		leicht gespült	Cl-frei gewaschen
	in Prozenten		
Cr_2O_3	6,2	6,0	6,2
Gebundenes Cl	2,3	2,6	2,8
NaCl	0,5	4,0	0,2
Azidität des auf der Faser gebundenen Chromsalzes	27	32	33
Azidität des Chlorochromkomplexes im Leder	10	23	6
Schrumpfungsindex	38	0	49

Diese Ergebnisse zeigen mit aller Deutlichkeit, daß die Kochbeständigkeit eines Chromleders konstitutionschemisch bedingt ist. Das mit NaCl nachbehandelte Leder ist nur kochgar in Anwesenheit eines NaCl-Überschusses im Leder, da wahrscheinlich eine Stabilisierung der komplexgebundenen Chlorrestgruppen eintritt, wodurch eine koordinative Verfestigung der Micellar- und Peptidketten ermöglicht wird. Durch langdauerndes Waschen wird das überschüssige Kochsalz entfernt und es findet eine allgemeine Hydrolyse der Chloro-Chrom-Komplexe statt, wobei die Kochfestigkeit verlorengeht. Diese Ergebnisse sind nur schwer zu deuten, wenn man nicht komplexgebundene Chlorogruppen annimmt.

Der Einfluß der Neutralchloride bei der Gerbung mit Chromchloridbrühen zerfällt in viele Teilreaktionen. Die H-Ionenkonzentration der Lösung wird erhöht, die Ausflockungszahl erniedrigt und die Hautquellung unterdrückt. Die teilchenvergrößernde Wirkung des NaCl-Zusatzes, sowie sein stabilisierender Einfluß auf die unbeständigen Chloro-Chrom-Komplexe im Leder, führt beim Gerben mit verdünnten bis mäßig konzentrierten Chromchloridlösungen zu erhöhter Chromaufnahme.

Einfluß von Natriumsulfat auf Chromchloridbrühen.

Die Sulfatgruppe neigt bedeutend stärker dazu, in den Chromkomplex einzutreten, als der Chloridrest. Nach mäßigem Zusatz von Na_2SO_4 zu basischen Chromchloridlösungen hat man vorwiegend mit Sulfatochromkomplexen zu tun, die H-Ionenkonzentration wird zunächst vermindert, aber bei weiterem Natriumsulfatzusatz tritt wieder eine Zunahme der H-Ionenkonzentration ein, wie die p_H-Kurve in Abb. 59 zeigt. Im allgemeinen wird die Ausflockungszahl bei niedrigen Na_2SO_4-Konzentrationen erniedrigt, erreicht ein Minimum und nimmt dann bei erhöhter Neutralsalzzugabe wieder zu, wie aus Abb. 59 zu ersehen ist. Die Herabsetzung der Ausflockungszahl hängt damit zusammen, daß bei gleichem Basizitätsgrad die Chromsulfate leichter ausflockbar sind als die Chromchloride. In Chromchloridlösungen mit Basizitätszahlen über 60 wirkt Na_2SO_4-Zugabe unmittelbar ausflockend. Die Veränderungen in der Alkalistabilität der Chromchloridbrühen sind bei niedriger Na_2SO_4-Molarität sehr erheblich, am stärksten ist der Einfluß in Anwesenheit äquivalenter Cr- und SO_4-Mengen. Bei weiterem Na_2SO_4-Zusatz liegt im großen und ganzen ein System aus basischem Chromsulfat mit überschüssigem Natriumsulfat vor. Der Wendepunkt in der Ausflockungskurve ist mit der stabilisierenden Wirkung des Na_2SO_4 auf das basische Chromsulfat zu erklären, die Verminderung der H-Ionenkonzentration bei Zusatz von weniger als 1 Mol Na_2SO_4 mit dem Einfluß des Na_2SO_4 auf die hydrolysierte Säure des Chromsulfats. Die Reaktion $H^+ + SO_4^{2-} \rightarrow \rightarrow HSO_4^-$ wird dadurch begünstigt, es sollten sich also höhere p_H-Werte ergeben. Durch den Eintritt der SO_4-Gruppe in den Chromkomplex wird die Ladung des

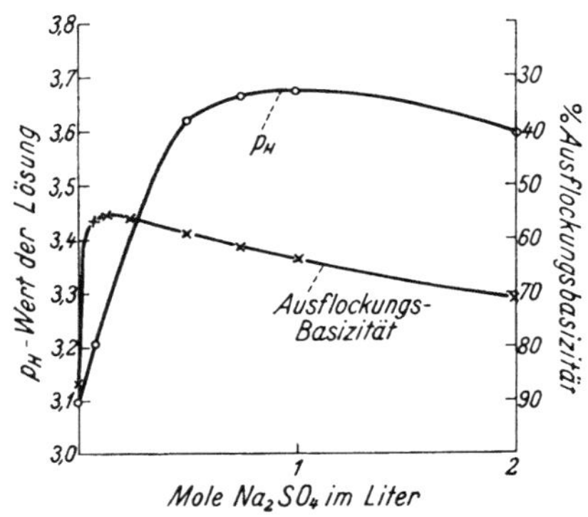

Abb. 59. Ausflockungsbasizität und p_H-Werte einer Chromchloridlösung (56% Basizität und 8 g Cr_2O_3 im Liter) als Funktion der Molarität von Natriumsulfat [K. H. Gustavson (5)].

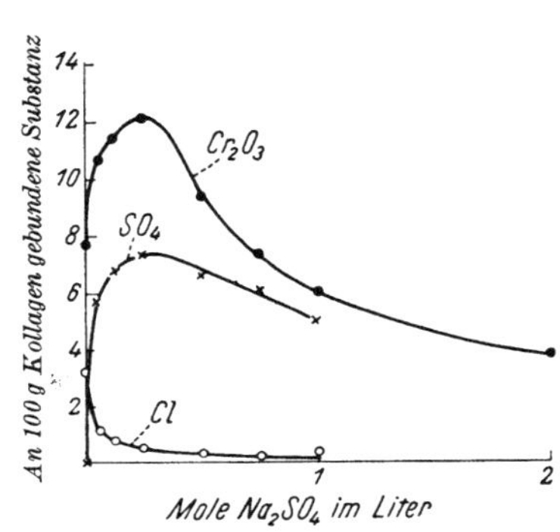

Abb. 60. Die aus Chromchloridlösungen (56% Basizität und 8 g Cr_2O_3 im Liter) durch Hautpulver gebundenen Mengen Cr_2O_3, Cl und SO_4 als Funktion der Molarität der zugesetzten Na_2SO_4. Gerbdauer 48 Stunden [K. H. Gustavson (5)].

kationischen Komplexes vermindert und gleichzeitig die Verolung erleichtert, was zur Aggregation der Komplexe führen muß. Die kataphoretische Wanderung der Chromchloride ist normalerweise immer kationisch, schlägt aber bei größerer Natriumsulfatzugabe teilweise in eine anodische um. Bei den in Abb. 59 angegebenen Versuchen war bei molarer Na_2SO_4-Konzentration die anodische Wanderungsrichtung der Chromkomplexe vorherrschend. In konzentrierten Chromchloridlösungen sind die Verhältnisse bei Na_2SO_4-Zusatz viel komplizierter, und man muß den Kurvenverlauf der einzelnen Chromchlorid- und Chromsulfatlösungen genau kennen, um das Endergebnis voraussagen zu können. Dies gilt besonders für die Chrombindungskurve, da, wie im Abschnitt über den Konzentrationsfaktor gezeigt worden war, die Chromaufnahme durch die Blöße mit steigender Konzentration bei Chromchloriden und Chromsulfaten je nach der Basizitätszahl der Brühen ganz verschiedenartig verläuft.

Abb. 60 veranschaulicht die aus 56% basischen Chromchloridlösungen (mit 8 g/l Cr_2O_3) durch 100 g Kollagen gebundenen Mengen Cr, Cl und SO_4 (in Gramm) als Funktion der Molarität des Na_2SO_4. Im allgemeinen kann man sagen, daß durch geringe Sulfatzusätze eine bedeutende Erhöhung der Chromaufnahme aus verdünnten Chromchloridlösungen erfolgt, und zwar tritt dies um so stärker in Erscheinung, je größer die Basizitätszahl und je geringer die Konzentration der Brühen ist. Die Kurven der gebundenen Sulfat- und Chloridmengen zeigen, daß auch bei verhältnismäßig kleiner Na_2SO_4-Zugabe das Cl durch SO_4 beinahe quantitativ verdrängt wird. In hochbasischen Chromchloridlösungen mit größerem Chromgehalt führt der Na_2SO_4-Zusatz bisweilen zu verminderter Chromaufnahme, was auch verständlich ist, da die Konzentrationserhöhung die Chromaufnahme durch Hautblöße aus Chromsulfat- und Chromchloridlösungen verschieden beeinflußt.

Wie schon früher hervorgehoben wurde, wirken die Chromchloride weniger adstringierend als die Chromsulfate gleicher Basizität und Konzentration. Da die Chromchloride durch Zusatz von Na_2SO_4 quantitativ in Chromsulfate übergeführt werden, ergibt sich die praktische Möglichkeit, eine allmähliche Adstringenzerhöhung einer Chromchloridlösung während des Gerbverlaufes zu bewirken, indem man Na_2SO_4 zugibt. Eine solche praktische Ausnutzung der Theorie, die sich in der Praxis gut bewährt hat, ist z. B. das folgende Verfahren, bei welchem mit Chrombrühen hoher Ausflockungszahl angegerbt und mit adstringierenden Brühen ausgegerbt wird, ohne daß ein Alkalischmachen der Chromlösung während der Gerbung nötig ist:

Die in einer Kochsalz-Salzsäure-Lösung gepickelten Blößen kommen zuerst in eine mäßig basische (ca. 50%) Chrombrühe mit geringem Chromgehalt. Nach der Angerbung wird die Hauptmenge der Chromchloridbrühe und dann nach und nach eine Glaubersalzlösung zugegeben, so daß die Ausgerbung also in einer adstringierenden Sulfatbrühe vollendet wird. Alkalizugabe gegen Schluß der Gerbung ist dabei überflüssig, da die Ausgerbungsgeschwindigkeit durch den Neutralsalzzusatz und die Anfangsbasizitätszahl der Chromchloridbrühe geregelt wird; die Ausgerbungsbrühe unterscheidet sich praktisch nicht von einer Sulfatbrühe. Die Basizitätszahl der Chromchloridbrühe und die richtige Na_2SO_4-Menge müssen gut aufeinander abgestimmt werden, um das Ausflocken basischer Chromsulfate zu vermeiden. Falls sehr stark basische Chromchloridbrühen erwünscht sind, ist eine Zugabe von Aluminiumsulfat empfehlenswert, das, wenn man es in mäßiger Menge zusetzt, trotz Erhöhung der H-Ionenkonzentration die Gerbwirkung steigert. Auch eine Nachbehandlung chromchloridgegerbten Leders mit schwachen Glaubersalzlösungen, um die Heißwasserbeständigkeit des Leders zu verbessern (Kochprobe), ist praktisch ausführbar. Aber durch eine solche Nachbehandlung bekommt das Leder nicht die Fülle, den vorzüglichen Stand und Griff, als wenn man die Maßnahmen im Chrombad durchführt.

Einfluß von Natriumchlorid auf Chromsulfatbrühen.

Diese Neutralsalzwirkung ist für die praktische Ausführung der Chromgerbung von besonderer Bedeutung, da Kochsalzzusätze bei der betriebsmäßigen Gerbung üblich sind. Die ersten systematischen Untersuchungen dieser Neutralsalzwirkung wurden von J. A. Wilson und A. W. Thomas und ihren Mitarbeitern ausgeführt. J. A. Wilson und E. A. Gallun stellten fest, daß der p_H-Wert basischer Chromsulfatlösungen bei Zugabe von Neutralchloriden abnimmt. Dieselbe Wirkung von Kochsalz auf Schwefelsäurelösungen wurde noch früher von A. W. Thomas und M. E. Baldwin (*1*) beobachtet. Diese Erhöhung der H-Ionenkonzentration durch Neutralchloride wurde auf Hydratisierung des Neutralsalzes zurückgeführt. Abb. 61 gibt den Einfluß von NaCl auf die p_H-Werte einer Chromsulfatbrühe wieder.

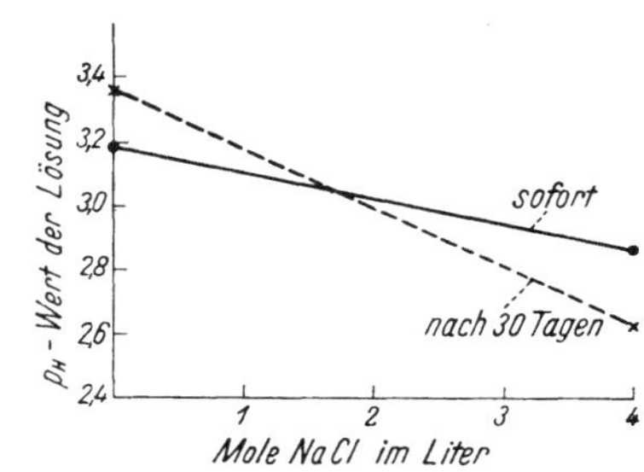

Abb. 61. Einfluß von Natriumchlorid auf die Wasserstoffionenkonzentration von 40% basischen Chromsulfatbrühen mit 14 g Cr_2O_3 im Liter sofort nach Zugabe des Salzes bzw. nach Wiedereinstellung des Gleichgewichtes (nach 30 Tagen) [A. W. Thomas und M. E. Baldwin (*1*)].

Wie früher erwähnt wurde, hatte W. Klaber festgestellt, daß eine Chromsulfatbrühe mit Kochsalzzusatz stärker basisch gemacht werden kann ohne auszuflocken, als ohne solchen Zusatz. J. A. Wilson und E. J. Kern konnten im Anschluß an diese Feststellung zeigen, daß Neutralsalze die Alkalistabilität der Chromsulfatbrühen erhöhen, d. h. ihre Widerstandsfähigkeit gegen Ausflockung durch Alkali verbessern. Sie schreiben die ausflockungshemmende Wirkung der Chloride zum Teil ihrer Fähigkeit zu, die H-Ionenkonzentration der Chromlösung zu erhöhen.

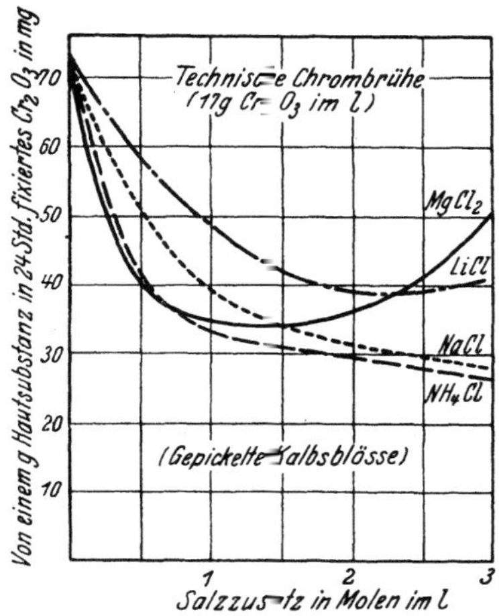

Abb. 62. Einfluß von Neutralchloriden auf die Chromaufnahme durch gepickelte Kalbsblöße aus einer 47% basischen Chromsulfatbrühe (17 g Cr_2O_3 im Liter) bei 24stündiger Gerbung (J. A. Wilson und E. A. Gallun).

Im Zusammenhang mit dieser Frage untersuchten J. A. Wilson und E. A. Gallun den Einfluß von Neutralchloriden auf die Chromaufnahme und die Gerbwirkung der basischen Chromsulfatbrühen (11 g/l Cr_2O_3), wobei eine leicht gepickelte Kalbsblöße verwendet wurde. Abb. 62 zeigt den Einfluß steigender Konzentrationen von Ammonium-, Natrium-, Lithium- und Magnesiumchlorid auf die von der Blöße in 24 Stunden aufgenommene Chromoxydmenge. Diese Salze besitzen in wässeriger Lösung einen verschieden großen Hydratationsgrad, was auch teilweise in dem Kurvenverlauf zum Ausdruck kommt. Um die Wirkung von NaCl auf die Chromaufnahme durch Hautpulver aus Chromsulfatbrühen verschiedener Konzentration zu zeigen, ist Abb. 63 wiedergegeben. Bei allen NaCl-Kurven tritt in 1molarer NaCl-Lösung ein Minimum der Chromaufnahme auf, dem ein Anstieg folgt. J. A. Wilson und E. A. Gallun führten die Wirkung der Neutralchloride zum Teil auf ihre Hydratation zurück, welche die Aktivität aller ionogen vorhandenen Stoffe — einschließlich Chromsalz und H-Ionen — erhöht. In Anbetracht des vorher besprochenen Konzentrationseinflusses auf die Chromaufnahme aus stark basischen Chromsulfatbrühen (die von Wilson und Gallun verwandte Brühe war 47% basisch und enthielt 11 g/l Cr_2O_3) war diese Erklärung auch ganz logisch. Später jedoch, als sich die komplexchemischen Veränderungen als bedeutungsvoll erwiesen, hat Wilson diese Auffassung weiter ergänzt [J. A. Wilson (*3*), S. 561]. Er führt aus, daß die Wirkung der Neutralsalze auf Chrombrühen zum Teil mit einem Eindringen des Neutralsalzanions in den Chromkomplex zu erklären ist. Wichtig ist ferner die schwellungshemmende Wirkung des Kochsalzes auf die Hautblöße, sowie die durch die Salzzugabe bewirkte Verminderung der Potentialdifferenz zwischen Kollagengel und Chrombrühe (J. A. Wilson). E. Stiasny [(*8*), S. 464] vertritt die Meinung, daß eine Veränderung der Sulfatchromkomplexe infolge einer Verdrängung von SO_4-Gruppen durch Cl-Atome a priori sehr unwahrscheinlich

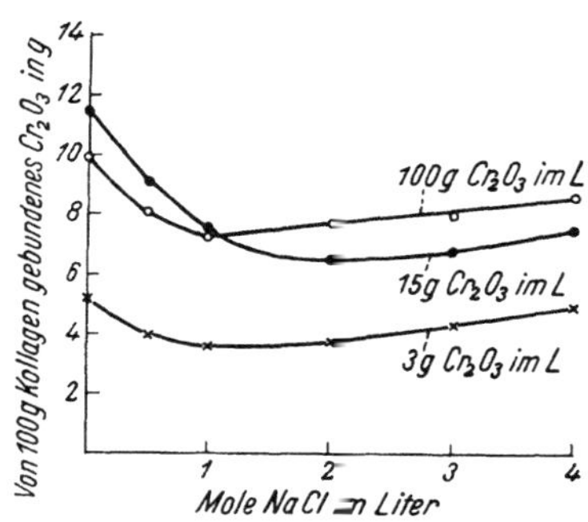

Abb. 63. Von Natriumchlorid hervorgerufene Verzögerung der Chromaufnahme durch Hautpulver aus einer 33% basischen Chromsulfatbrühe verschiedener Konzentration [A. W. Thomas und S. B. Foster (*1*)]. Versuchsbedingungen: mit Schwefeldioxyd reduzierte Chrombrühe. Gerbdauer 3 Stunden.

ist, da Chlor in Hydroxochromkomplexen keine Haftbeständigkeit besitzt. Ferner hebt er hervor, daß Kochsalzzusatz in erster Linie die Säureschwellung der Blöße verhindert, des weiteren die Chromaufnahme durch die Blöße vermindert und eine erhöhte Säureaufnahme bewirkt. Aus den Ergebnissen von A. W. Thomas und S. B. Foster (*1*), die in Abb. 63 wiedergegeben sind, geht hervor daß die Verminderung der Chrombindung durch die Blöße aus NaCl-haltigen verdünnten und konzentrierten Chromsulfatbrühen ganz unbedeutend ist, während bei Kochsalzzusatz zu mäßig konzentrierten Brühen die Chromaufnahme stark herabgesetzt ist. Der allgemeine Verlauf der Kurven, der ein ausgeprägtes Minimum bei mäßigen NaCl-Molaritäten zeigt, ist nach der Hydratationshypothese nicht erklärlich. Die deutliche Steigerung der Chromaufnahme bei höheren NaCl-Molaritäten steht wahrscheinlich mit der Bildung von Chromchloriden in Zusammenhang, wie später genauer ausgeführt werden soll.

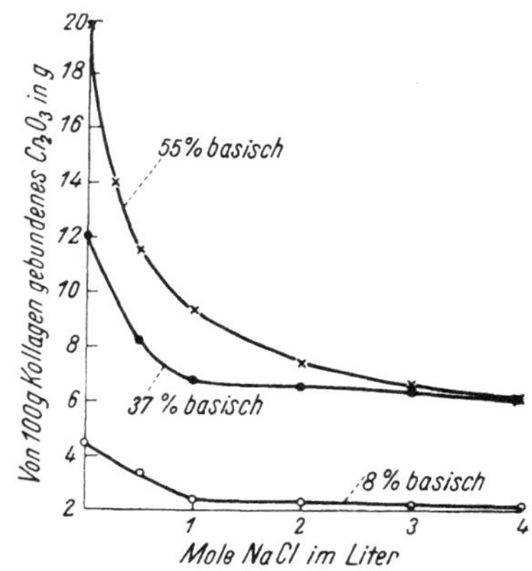

Abb. 64 a. Von Natriumchlorid hervorgerufene Verzögerung der Chromaufnahme durch Hautpulver aus Chromsulfatbrühen verschiedener Basizität [K. H. Gustavson (*10*)]. Gerbdauer 48 Stunden. Die Lösungen waren im p_H-Gleichgewicht.

Abb. 64a zeigt die Chromaufnahme durch Hautpulver aus Chromsulfatbrühen verschiedener Basizitätsgrade als Funktion der NaCl-Molarität der Lösungen.

Theoretisch sowie praktisch bedeutungsvoll sind die Untersuchungen von Wilson und Gallun über die Heißwasserbeständigkeit von Kalbsblöße, die in Chrombrühe mit verschiedenem NaCl-Gehalt gegerbt wurde. Die in neutralchloridhaltigem Bad gegerbten Proben schrumpften bei der Kochprobe alle innerhalb 5 Minuten, während die ohne Neutralsalzzusatz gegerbten Stücke

Tabelle 72. Einfluß von NaCl und Na_2SO_4 auf die Chromaufnahme durch Blöße [K. H. Gustavson (*10*)].

Nr.	Art der Lösung	Cr_2O_3 in Prozenten vom Trockengewicht des Leders	Azidität des Chromsalzes im Leder in Prozenten		Schrumpfung bei der Kochprobe in Prozenten
			SO_4	Cl	
1	33% basische Chromsulfatbrühe, 24 g/l Cr_2O_3, ohne Zusatz (Blindversuch)	7,0	60	0	0
2	Dieselbe Lösung, mit NaCl auf 1 n gebracht	5,1	58	12	17
3	Dieselbe Lösung, mit NaCl auf 2 n gebracht	4,2	57	15	52
4	Dieselbe Lösung, mit NaCl auf 3 n gebracht	4,6	58	13	40
5	Dieselbe Lösung, mit NaCl auf 4 n gebracht	5,0	57	16	32
6	Dieselbe Lösung, mit Na_2SO_4 auf 0,5 n gebracht	6,2	64	0	0
7	Dieselbe Lösung, mit Na_2SO_4 auf 1 n gebracht .	5,3	70	0	0
8	Dieselbe Lösung, mit Na_2SO_4 auf 1,5 n gebracht	4,7	73	0	0

kochfest waren. Der Schrumpfungsgrad der Lederproben entsprach ungefähr dem Verlauf der Chromaufnahmekurven aus diesen neutralsalzhaltigen Brühen, der in Abb. 62 veranschaulicht ist. Die stärkste Schrumpfung fiel mit dem Minimum der Chromaufnahme durch die Blöße zusammen. Die Neutralsalzwirkung der Chloride führt im allgemeinen zu einer verminderten Gerbwirkung, was besonders dann auffällt, wenn die Kochprobe als Kriterium für die Gerbwirkung genommen wird.

Die gerbverzögernde und gerbmindernde Wirkung der Neutralchloride kann jedoch nicht mit mangelnder Chromaufnahme oder erhöhter Azidität des von der Haut aufgenommenen Chromsalzes erklärt werden, denn auch bei ganz bedeutendem Chromgehalt des Leders und nach Neutralisieren des in NaCl-reichen Chrombrühen gegerbten Leders ist keine Kochfestigkeit vorhanden. Dies geht aus den Zahlen der Tabelle 72 deutlich hervor. Kalbsblöße wurde mit einer 33% basischen Chromsulfatbrühe, in einer Konzentration von 24 g/l Cr_2O_3

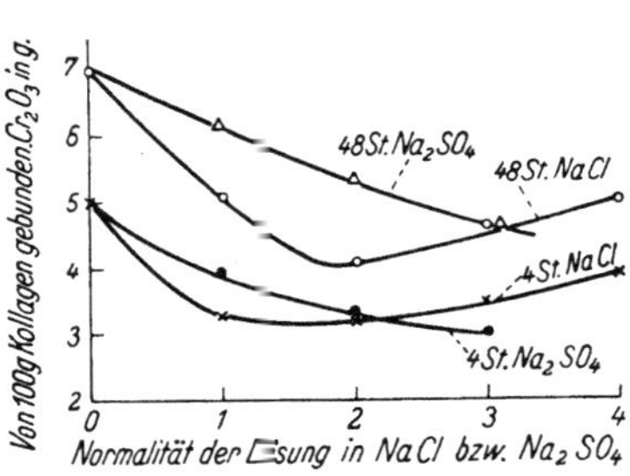

Abb. 64 b. Vergleichende Zusammenstellung des Einflusses von NaCl- und Na_2SO_4-Zusätzen auf die Chromaufnahme durch Hautblöße aus einer 33% basischen Chromsulfatbrühe, 25 g Cr_2O_3 im Liter [K. H. Gustavson (10)]. Versuchsbedingungen: Trockener Handelschromextrakt von 33% Basizität wurde im Flottenverhältnis 200 : 25 verwendet. Gerbdauer 4 und 48 Stunden, die Chromlösungen waren im p_H-Gleichgewicht.

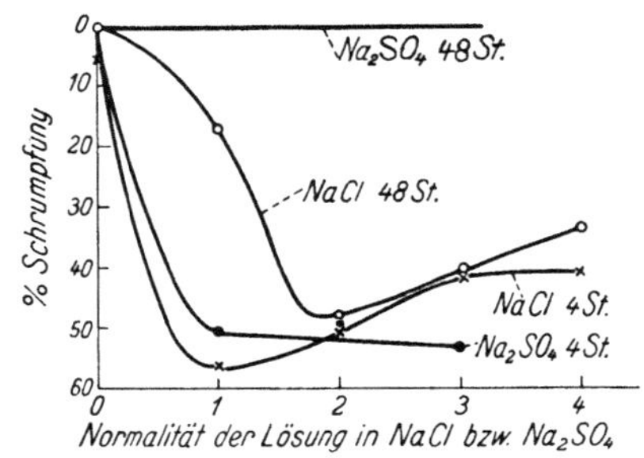

Abb. 64 c. Kochbeständigkeitsgrad der Lederprobe als Funktion der zur Chrombrühe zugesetzten Menge Na_2SO_4 und NaCl [K. H. Gustavson (10)]. Die Lederproben waren aus den in Abb. 64 b beschriebenen Versuchen entnommen. Nach gründlichem Spülen wurden die Lederproben 3 Minuten in kochendes Wasser gelegt. Die Flächenschrumpfung der Proben wurde festgestellt und der Flächenverlust in Prozenten der ursprünglichen Fläche angegeben.

unter Zugabe von NaCl und Na_2SO_4 48 Stunden lang gegerbt. Die entsprechenden Versuche mit Na_2SO_4-Zusätzen sind zu Vergleichszwecken angeführt.

Die Proben 1, 4, 5 und 7 wurden nach dem Entfernen der proteingebundenen Säure durch eine 6stündige Behandlung der Lederstückchen in 5%iger Pyridinlösung eingehend untersucht. Die Zusammensetzung der Chromkomplexe im Leder (Tabelle 73) ist in diesem Zusammenhang von größtem Interesse.

Tabelle 73. Chemische Zusammensetzung der mit Pyridin neutralisierten Lederproben.

	Nr. 1	Nr. 4	Nr. 5	Nr. 7
	in Prozenten			
Cr_2O_3	6,3	4,0	6,0	4,2
Gebundenes Sulfat (als H_2SO_4)	3,3	2,0	2,7	3,0
Gebundenes Chlorid (als Cl)	0	1,0	1,7	0
Azidität des Chromkomplexes im Leder:				
SO_4	26	25	23	35
Cl	0	17	20	0
Gesamt	26	42	43	35
Schrumpfung bei der Kochprobe	0	23	15	0

Aus diesen Zahlen ist zu ersehen, daß der gerbhemmende Einfluß des Kochsalzes nicht durch die verminderte Chromaufnahme der Blößen verursacht wird, denn die in Na_2SO_4-Lösungen gegerbten Proben mit ungefähr gleichem Chromgehalt waren kochfest. Dies geht auch deutlich aus den Versuchen in Abb. 64 b und c hervor. Bei der Gerbung mit kochsalzreichen Brühen wird die Azidität des auf der Faser gebundenen Chromsalzes erhöht. Das Leder war jedoch auch nach Entfernen der proteingebundenen Säure nicht kochbeständig. Die Zusammensetzung der Chromkomplexe im Leder bei den angeführten Beispielen zeigt, daß eine Verdrängung von Sulfatogruppen durch Chlorreste nur in ganz unbedeutendem Maße stattgefunden hat, deutlich vorhanden ist aber eine Cl-Anlagerung an den Komplex.

Art, Konzentration und Basizitätsgrad der bei der Gerbung verwandten Chrombrühe sind für die mehr oder minder weitgehende Wirkung des Kochsalzes auf die basische Chromsulfatbrühe und ihr Gerbverhalten maßgebend. In den soeben erwähnten Versuchen hat nur eine kleine Verdrängung komplexgebundener Sulfatreste stattgefunden. Bei den in Tabelle **74** angeführten Versuchen wurde mit einer 57% basischen Chromsulfatbrühe mit 80 g/l Cr_2O_3 24 Stunden lang gegerbt. Darauf wurden die Lederproben mit 5%iger Pyridinlösung 4 Stunden lang behandelt, um die proteingebundene Säure zu entfernen.

Tabelle 74. Einfluß von NaCl-Zusätzen zur Chromsulfatbrühe auf die Zusammensetzung der Chromkomplexe im erzeugten Leder [K. H. Gustavson (*10*)].

	Blindversuch (ohne NaCl-Zusatz)	Lösung mit NaCl auf 1,5 m gebracht	Lösung mit NaCl auf 3,0 m gebracht
	in Prozenten		
Cr_2O_3	8,8	7,0	6,8
Gesamtsulfat (als H_2SO_4)	5,3	3,6	3,6
Neutralsulfat (als H_2SO_4)	0,4	0,5	0,6
Gebundenes Sulfat (als H_2SO_4)	4,9	3,1	3,0
Gebundenes Cl	0	0,6	0,8
Azidität der Acido-Chromkomplexe im Leder	SO_4 28, Cl 0 } 28	SO_4 22, Cl 6 } 28	SO_4 22, Cl 8 } 30
Schrumpfungsindex	0	16	25

Bei diesen Gerbversuchen äußert sich die Neutralchloridwirkung in einer teilweisen Verdrängung der Sulfatogruppen, ohne daß, wie bei den in Tabelle **73** angeführten Versuchen, eine Anlagerung von Chlororesten stattfand.

Die gerbverzögernde Wirkung der Neutralchloride, die sich in verminderter Heißwasserbeständigkeit des Leders äußert, kommt wahrscheinlich durch eine Einlagerung von Chlororesten in den Chromkomplex zustande, die bisweilen unter Verdrängung von Sulfatogruppen erfolgt. Dadurch wird die Koordinationsfähigkeit der Chromkomplexe vermindert, was zu einer schwächeren Vernähung der Peptid- und Micellarketten durch die Chromkomplexe führt.

Bei der Nachbehandlung von chromsulfatgegerbtem Leder mit Kochsalzlösungen werden die Sulfatogruppen der im Leder vorhandenen Chromkomplexe beinahe quantitativ verdrängt, wie im ersten Kapitel gezeigt wurde. Dabei tritt der Massenwirkungseffekt in den Vordergrund, so daß auch die ganz fest im Komplex gebundene Sulfatogruppe durch den ganz schwach komplexbindenden Chlororest verdrängt werden kann; dabei wird ein kochfestes Leder in ein stark schrumpfendes verwandelt. Die Zusammensetzung eines in 2molarer NaCl-Lösung behandelten chromsulfatgegerbten Leders ist in Tabelle **75** angegeben.

Tabelle 75. Einfluß einer Behandlung von chromsulfatgegerbtem Leder mit Kochsalzlösungen [K. H. Gustavson (2)].

	Ursprüngliches Leder	4 Stunden lang in 2n NaCl-Lösung behandeltes Leder	
		leicht gespült	gründlich gewaschen
	in Prozenten	in Prozenten	
Cr_2O_3	5,0	5,1	5,1
Gebundenes Sulfat (als H_2SO_4)	4,2	1,2	1,2
Gebundenes Cl	0	1,2	0,4
NaCl	0	4,7	0,6
Azidität des auf der Faser gebundenen Chromsalzes: SO_4	42	12	12
Cl	0	18	6
Gesamtazidität	42	30	18
Schrumpfungsindex	16	10	46

Die SO_4-verdrängende Wirkung der NaCl-Behandlung tritt sehr stark in Erscheinung. Durch langdauerndes Waschen werden jedoch die komplexgebundenen Chlororeste aus dem Leder größtenteils entfernt und bei der Kochprobe schrumpft das Leder, dem der stabilisierende NaCl-Gehalt fehlt, erheblich. Durch diese Behandlung wird eine Neutralisation des Leders bewirkt. Solche Veränderungen sind, wenn auch in geringerem Umfang, sicher auch bei der Neutralsalzwirkung in der Chromgerbung zu berücksichtigen, wie Tabelle 73 und 74 gezeigt haben.

Einfluß von Natriumsulfat auf Chromsulfatbrühen.

Die H-Ionenkonzentration einer Schwefelsäurelösung wird durch Na_2SO_4-Zugabe vermindert [A. W. Thomas und M. E. Baldwin (2)]. Demnach müssen Neutralsulfate auch dieselbe Wirkung auf Chromsulfatlösungen, die durch Hydrolyse freigesetzte Schwefelsäure enthalten, haben. J. A. Wilson und A. W. Thomas und Mitarbeiter haben diese p_H-erhöhende Wirkung der Neutralsulfate bei Chromsulfatlösungen auch wirklich festgestellt.

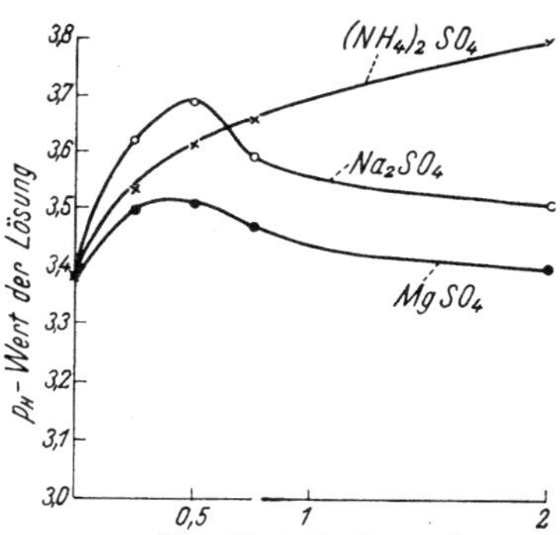

Abb. 65. Einfluß von Neutralsulfaten auf die Wasserstoffkonzentration von 40% basischer Chrombrühe mit 14 g Cr_2O_3 im Liter [A. W. Thomas und M. E. Baldwin (1)]. Die mit Neutralsulfaten versetzten Lösungen waren im p_H-Gleichgewicht.

Nach den Versuchen von J. A. Wilson und E. J. Kern wird dabei auch die Ausflockungszahl erhöht, und zwar übt Natriumsulfat einen stärkeren Einfluß aus als das Kochsalz. Diese Ausflockungserhöhung muß von ganz anderer Art sein, als die durch Neutralchloride hervorgerufene. Im letzteren Fall wurde die Ionenhydratation des Neutralchlorids als Ursache für die Erhöhung der H-Ionenkonzentration herangezogen, steigende H-Ionenkonzentration sollte eine erhöhte Ausflockungszahl zu Folge haben. Diese Erklärung versagt aber vollständig bei der Wirkung von Na_2SO_4 auf die H-Ionenkonzentration und Ausflockungszahl der Chromsulfatbrühe. Denn bei Na_2SO_4-Zusatz zu Chromsulfatlösungen findet keine Erhöhung der H-Ionenkonzentration statt, sondern im Gegenteil eine Erniedrigung, wie aus Abb. 65 zu ersehen ist. Die erhöhten p_H-Werte sind auf die Umwandlung der stark sauern H_2SO_4 in das schwächer sauere

$NaHSO_4$ mit nachfolgender Zurückdrängung der Ionisation des $NaHSO_4$ durch überschüssiges Na_2SO_4 zurückzuführen. Wenn die Ausflockbarkeit nur durch die H-Ionenkonzentration bedingt wäre, müßte also Na_2SO_4-Zugabe die Ausflockungszahl der Chromsulfatbrühe verringern. Die Erhöhung ist jedoch ganz erheblich. Es ist klar, daß die beobachtete Erhöhung der Ausflockungszahl nicht auf Hydratation des Neutralsulfats zurückgeführt werden kann, sondern daß diesem Verhalten eine ganz andere Deutung gegeben werden muß. In erster Linie kommen dabei komplexchemische Veränderungen in Frage. Bei Natriumsulfatzusatz zu einer Chromsulfatlösung treten Sulfatreste in den Komplex und diese sulfatreicheren Chromkomplexe sind schwerer ausflockbar als die sulfatärmeren Chromkomplexe in der Lösung ohne Na_2SO_4-Zusatz, wie E. Stiasny und M. Ziegler (*2*) erwähnen.

A. W. Thomas und S. B. Foster (*1*) haben die Wirkung von Natriumsulfat auf die Chromgerbung eingehend untersucht. Abb. 66 zeigt den Einfluß steigender Natriumsulfatmengen auf die Chromaufnahme durch Hautpulver aus 33% basischen Chromsulfatbrühen verschiedener Konzentration. A. W. Thomas und S. B. Foster vertreten die Ansicht, daß außer der Hydratation des Neutralsulfats noch andere Faktoren für die verminderte Chromaufnahme bei Anwesenheit von Na_2SO_4 in der Chrombrühe verantwortlich sein müssen. Als Erklärung wurde angeführt, daß sich möglicherweise zwischen Na_2SO_4 und Chromsulfat Komplexverbindungen bilden, die keine größere Affinität zum Hautprotein besitzen.

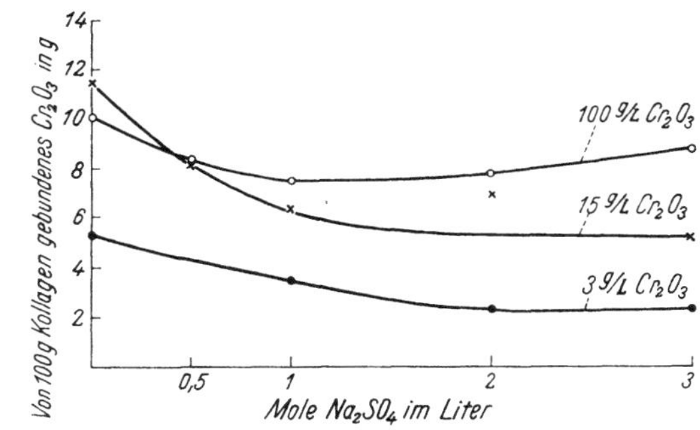

Abb. 66. Die von Natriumsulfat hervorgerufene Verzögerung der Chromaufnahme bei verschiedenen Konzentrationen der Chromsulfatbrühe [A. W. Thomas und S. B. Foster (*1*)]. Versuchsbedingungen: 33% basische Chromsulfatbrühe mit Schwefeldioxyd reduziert; Gerbdauer 48 Stunden, Flottenverhältnis: 200 : 5.

Selbstverständlich ist die Auffassung, daß durch SO_4-Anreicherung im Chromkomplex die positive Ladung des kationischen Chromkomplexes verringert werde, nicht imstande, die Verminderung der Chromaufnahme bei Na_2SO_4-Zugabe zu erklären. Im Gegenteil sollte nach der Ionentheorie der Chromgerbung bei mäßiger Na_2SO_4-Zugabe eine erhöhte Chromaufnahme stattfinden, wenn die Ladungsänderung für die Chromaufnahme bestimmend wäre. Diese Neutralsalzwirkung steht anscheinend mit der Bildung von weniger gerbfähigen Komplexen in Zusammenhang.

In Tabelle 73 (Leder Nr. 7) ist die Zusammensetzung eines Leders, das in Na_2SO_4-reicher Brühe gegerbt wurde, angegeben. Die Na_2SO_4-Zugabe bewirkt eine Aziditätserhöhung der Sulfato-Chromkomplexe des Leders. Auch die Azidität des auf der Faser gebundenen Chromsulfats wird bei der Gerbung mit Na_2SO_4-reichen Brühen gesteigert. Die letztgenannte Erhöhung ist auf die Zunahme der im Komplex gebundenen SO_4-Reste zurückzuführen, da aus der Na_2SO_4-reichen Lösung infolge des größeren p_H-Werts weniger Schwefelsäure durch das Protein gebunden werden kann. Das Problem der Azidität des an die Hautblöße gebundenen Chromsalzes kann also nicht gelöst werden, wenn man lediglich das hydrolytische Verhalten des Gerbsystems berücksichtigt. In Tabelle 76 sind die verschiedenen Wirkungen von Na_2SO_4 bei der Gerbung mit Chromsulfatbrühen zusammengestellt.

Tabelle 76. Einfluß von $NaSO_4$ auf die Gerbung mit Chromsulfatbrühen [K. H. Gustavson (*5*)].

Je 10 g Hautpulver wurden mit 200 ccm 35% basischer neutralsalzfreier Chromsulfatlösung mit 15 g/l Cr_2O_3 48 Stunden lang gegerbt.

Nr.	Na_2SO_4-Gehalt der Lösung in Mol/2	p_H	Ausflockungsazidität	Kataphoretische Wanderungsrichtung	Von 100 g Kollagen gebundenes Cr_2O_3 in Gramm	Azidität der Chrom-Kollagen-Verbindung in Prozenten
1	0	2,83	56	kathodisch	12,3	58
2	0,125	3,4	53	„	10,8	62
3	0,25	3,9	51	„	9,9	64
4	0,5	3,16	49	kathodisch und anodisch	8,0	67
5	1,0	3,15	46	„ „ „	5,2	76
6	1,85	3,12	44	kathodisch und stark anodisch	4,2	84

Der Einfluß von Na_2SO_4-Zusätzen zu einer basischen Chromsulfatbrühe auf die Azidität der Sulfatochromkomplexe des von der Blöße gebundenen Chromsalzes wurde in Tabelle 73 gezeigt. Die Blöße nahm beim Blindversuch mit Chromsulfatbrühe ohne Na_2SO_4-Zusatz Chromkomplexe mit einer durchschnittlichen Azidität von 26% auf. Dieselbe Chromlösung, mit Natriumsulfat auf 1 n gebracht, ergab bei der Gerbung ein Leder mit Sulfatchromkomplexen von 35% Azidität. Die Anwesenheit des Neutralsulfats im Gerbbad bewirkt also eine erhebliche Zunahme der komplexgebundenen Sulfatgruppen in dem von der Blöße aufgenommenen Chromsalz. Die von E. Stiasny und D. Balányi (*2*) dabei beobachtete Erhöhung der komplexgebundenen SO_4-Menge wurde im Zusammenhang mit dem Verhalten basischer Chromsulfate bei Neutralsalzzusatz im Abschnitt über die Chemie der Chromverbindungen eingehend besprochen.

Von praktischem Interesse ist der Einfluß von Na_2SO_4 auf die Chromaufnahme durch Kalbsblöße bei verschiedenen Chromkonzentrationen. Tabelle 77 enthält die Ergebnisse einiger Versuche mit einer 37% basischen Chromsulfatbrühe bei 4- und 48stündiger Gerbdauer.

Tabelle 77 [K. H. Gustavson (*10*)].

Zusätzlicher Na_2SO_4-Gehalt der Lösung in Molen	Chromkonzentration der Lösung 12 g/l		Chromkonzentration der Lösung 50 g/l		Chromkonzentration der Lösung 100 g/l	
	4 Stunden	48 Stunden	4 Stunden	48 Stunden	4 Stunden	48 Stunden
	Von der Blöße gebundenes Cr_2O_3 in Prozenten, bezogen auf Kollagen					
0	3,6	6,6	6,0	8,1	5,4	7,8
0,4	2,6	5,7	4,8	6,2	4,9	7,2
0,8	3,0	5,4	5,5	6,6	5,0	7,1
1,6	2,1	4,6	6,0	6,3	5,2	7,9

In verdünnten Chrombrühen ist die verzögernde Wirkung von Na_2SO_4 auf die Chromaufnahme ganz erheblich. Die Neutralsulfatwirkung ist in hochkonzentrierten Chrombrühen bei mäßiger Sulfatzugabe nur sehr unbedeutend und selbst bei Sättigung mit Na_2SO_4 noch nicht beachtlich. Diese Befunde können vielleicht dahin erklärt werden, daß die Chromfixierung aus verdünnten Chromlösungen vorwiegend auf Ionenreaktionen zurückzuführen ist, während in konzentrierten Brühen eine andere Bindungsart — Koordination zwischen Hautproteinen und Chromsalz — vorherrscht. Bei Na_2SO_4-Zugabe zu chromarmer Lösung finden weitgehende Änderungen von Zusammensetzung und Konstitution der Chromkomplexe statt. Vor allem ist zu erwarten, daß die verminderte Aktivität des Chromsalzes und die schwächere Hydrolyse einen bestimmenden Einfluß ausüben. Die mit der Komplexänderung zusammenhängende Erhöhung der Alkalistabilität müßte auch in verdünnter Lösung eine Verzögerung der Chromaufnahme durch die Blöße bewirken. Alle diese Einflüsse sind erwartungsgemäß in hochkonzentrierten Systemen viel geringer. Mit den derzeitigen Kenntnissen ist es nicht möglich, die Neutralsulfatwirkung zufriedenstellend zu erklären. Über eine etwaige Komplexbildung zwischen Chromsulfat und Neutralsulfat und ihre Abhängigkeit von der Chromkonzentration und Basizität ist infolge experimenteller Schwierigkeiten nichts bekannt. Im Hinblick auf die Befunde von H. Brintzinger und H. Osswald, die bei der Untersuchung einer Chromalaunlösung, welche in bezug auf Na_2SO_4 doppeltmolar gestellt worden war, Molekulargewichte in der Größenordnung um 3000 fanden, ist mit durchgreifenden Veränderungen der Chromsulfate durch die Anwesenheit von Neutralsulfaten sicher zu rechnen. Aus den Zahlen der Tabelle 76 ist zu ersehen, daß die H-Ionenkonzentration der Lösung durch mäßige Na_2SO_4-Zugabe erheblich vermindert wird, während bei wachsender Na_2SO_4-Konzentration der Lösung ein Ansteigen der H-Ionenkonzentration zu bemerken ist. In 0,1 n-Schwefelsäurelösung findet man mit zunehmender Molarität des Natriumsulfatzusatzes einen stetigen Anstieg des p_H-Werts der Säurelösung [A. W. Thomas und M. E. Baldwin (*2*)]. Dieses unterschiedliche Verhalten der Chromsulfatlösungen bei höherer Na_2SO_4-Molarität steht also nicht mit einer unmittelbaren Wirkung des Natriumsulfats auf die hydrolytisch erzeugte Säure in Zusammenhang, sondern muß wahrscheinlich auf komplexchemische Veränderungen zurückgeführt werden. Im Wendepunkt der p_H-Kurve beginnt die Bildung anionischer Chromkomplexe. Die durch Na_2SO_4 bewirkte verminderte Chromaufnahme durch die Blöße geht jedoch mit der Ladungsveränderung der Chromkomplexe nicht parallel, da in Lösungen mit kleiner Na_2SO_4-Konzentration, in denen nur kationische Chromkomplexe vorhanden sind, die Chromaufnahme verhältnismäßig stärker herabgesetzt wird, als in Na_2SO_4-reichen Lösungen, die ansehnliche Mengen anionischer Chromkomplexe enthalten. Bei zunehmender Konzentration der Chrombrühe tritt dieser Umstand, wie schon vorher bemerkt, sehr hervor. Im Hinblick auf die früher besprochenen zweierlei Arten der Chromaufnahme durch die Hautproteine ist dieser unregelmäßige Einfluß der Neutralsulfate nicht überraschend.

Wie in der Einleitung dieses Abschnitts gezeigt wurde, ist die Wirkung einer Na_2SO_4-Zugabe auf neutralsulfatfreies Chromsulfat auch durch die Hautstruktur bedingt. Scheinbare Unstimmigkeiten in der Literatur über diese Frage hängen wahrscheinlich mit der verschiedenen Auswirkung dieses Faktors zusammen. Bei Verwendung von Hautpulver ist diese Komplikation zu vernachlässigen, aber in Versuchen mit Blöße ist sie manchmal entscheidend. Die in Tabelle 76 angegebenen Zahlen über die Cr_2O_3-Aufnahme stammen aus Versuchen mit Hautpulver. Die schwellungshemmende Wirkung der Na_2SO_4-Zugabe, die für die Chromaufnahme günstig ist, kommt nicht zum Vorschein, da in diesem Falle die Diffusion keine große Rolle spielt. Anders liegen die Verhältnisse bei der Gerbung von Blößen, besonders von dicken, wie aus dem oben Gesagten (siehe Tabelle 68) hervorgeht. Durch den Zusatz von Na_2SO_4 wird die durch die neutralsulfatfreie Chromlösung hervorgerufene Schwellung der Blöße zurückgedrängt und die Diffusion erleichtert, wodurch die Chromaufnahme vorwiegend bestimmt wird; dieser Effekt der Entquellung überwiegt bei weitem die Herabsetzung der Gerbwirkung durch das Natriumsulfat, so daß sich eine vermehrte Chrom-

Tabelle 78. Einfluß von Neutralsulfat auf die Chromaufnahme durch Blöße aus 33% basischer Chromsulfatbrühe (salzfrei) von der Zusammensetzung $Cr_2(OH)_2(SO_4)_2$, Konzentration 19 g/l Cr_2O_3 [G. Otto (*1*)].

Mole Na_2SO_4 im Liter Lösung	p_H	Cr_2O_3 im Leder in Prozenten
0	3,38	7,25
0,1	3,45	8,20
1,0	3,52	9,40
2,0	3,42	7,90

fixierung bei mäßiger Na_2SO_4-Zugabe ergibt. Bei hoher Na_2SO_4-Molarität ist die unmittelbare Wirkung des Neutralsulfats auf das Chromsulfat für die Reaktion ausschlaggebend, die entgegengesetzte Beeinflussung der Diffusion ist dabei verhältnismäßig gering und wird durch die erhebliche Neutralsalzwirkung aufgehoben.

In diesem Zusammenhang sind die Untersuchungen von G. Otto (*1*) über die Wirkung von Na_2SO_4 auf neutralsalzfreies 33% basisches Chromsulfat, die mit Blößenstücken ausgeführt wurden, besonders lehrreich (Tabelle 78).

Tabelle 79 zeigt den Zusammenhang zwischen Ausflockungszahl und Neutralsalzkonzentration verschiedener salzfreier und technischer Chromsalze. Konz. 19 g/l Cr_2C_3.

Tabelle 79. Neutralsalzwirkung und Ausflockungszahl (in Kubikzentimetern $^n/_{10}$ NaOH pro 10 ccm Chromlösung) [nach G. Otto (*1*)].

Angewandte Lösung (je 10 ccm)	Ohne Salzzusatz	Bei Zusatz von 0,02 Mol NaCl	Bei Zusatz von 0,02 Mol Na_2SO_4
Salzfreies 33% basisches Chromchlorid $Cr_2(OH)_2Cl_4$ . .	4,8	3,4	0,9
Salzfreies 33% basisches Chromsulfat $Cr_2(OH)_2(SO_4)_2$ . .	3,4	2,7	3,2
Dasselbe + 0,25 Mol Na_2SO_4	3,7	5,0	6,2
Technische 33% basische Chromsulfatbrühe $Cr_2(OH)_2(SO_4)_2 \cdot Na_2SO_4$	3,9	7,8	10,0
Technische Chromsulfatbrühe (nach J. A. Wilson und E. J. Kern)	3,7	5,4	11,4

Aus Tabelle 79 ersieht man, daß Salzzusatz bei salzfreien Chrombrühen anfänglich einen durchaus anderen Einfluß auf die Ausflockungszahl der Chromlösung hat als bei technischen Brühen, die bereits Neutralsulfat enthalten. Neutralsalzzugabe vermindert die Alkalistabilität der reinen Chromsulfatlösungen, während sich bei neutralsulfatenthaltenden Chromsulfatbrühen eine entgegengesetzte Wirkung ergibt, wie schon früher gezeigt wurde, und auch aus den Zahlen der Tabelle hervorgeht. Die von G. Otto bei Zusatz von Na_2SO_4 zu salzfreier Chromsulfatlösung beobachtete Vermehrung der Chromaufnahme darf also nicht nur der schwellungshemmenden und damit topochemisch günstigen Wirkung des Neutralsulfats zugeschrieben werden, sondern auch der unmittelbare (ausflockungsfördernde) Einfluß des Neutralsulfats auf die Gerbeigenschaften des Chromsulfats ist zu beachten. Nach den Erfahrungen des Verfassers sind neutralsalzfreie basische Chromsulfatlösungen bedeutend instabiler als die entsprechenden neutralsalzhaltigen Chromsulfatbrühen. Bei Neutralsalzzusatz zu basischem salzfreiem Chromsulfat scheint eine Aussalzung stattzufinden.

Wie im Zusammenhang mit der Wirkung von NaCl auf Chromsulfatbrühe erwähnt wurde, wird die Erreichung der Kochbeständigkeit von in Na_2SO_4-haltigen Brühen satt gegerbtem Leder nur ganz unbedeutend verzögert im Vergleich zu dem entsprechenden System NaCl-Chromsulfatbrühe, wie die Kurven in Abb. 64 b und 64 c deutlich zeigen. Zu Beginn der Gerbung wird jedoch durch die Anwesenheit von Na_2SO_4 eine erhebliche Verzögerung der Kochbeständigkeit verursacht, was aber nicht oder nur unbedeutend von komplexchemischen Änderungen, sondern vorwiegend von der anfänglichen starken Minderung der Chromaufnahme abzuhängen scheint. Die Kochbeständigkeit eines Chromleders ist, wie im ersten Kapitel anläßlich der Heißwasserbeständigkeit von gegerbter Blöße erwähnt wurde, konstitutionschemisch bestimmt.

Bei der Gerbung mit Chromsulfatbrühen, in deren Chromkomplexen ein Teil der Sulfatgruppe locker komplexgebunden ist, wird bei langdauernder Gerbung die Kochbeständigkeit des Leders durch Natriumsulfatzugabe gefördert, was wahrscheinlich mit der stabilisierenden Wirkung von Na_2SO_4 auf diese locker gebundenen Sulfatogruppen zusammenhängt. Behandelt man ein sulfatgegerbtes Chromleder mit Natriumsulfatlösungen nach, so ist diese Wirkung sehr deutlich, wie aus den in Tabelle 80 zusammengestellten Ergebnissen hervorgeht. Das Leder wurde mit einer 33% basischen Chromsulfatbrühe (aus trockenen, gerbfertigen Extrakten) leicht gegerbt und dann mit einer $^n/_4$ Na_2SO_4-Lösung 72 Stunden lang behandelt, nachdem die im Leder vorhandenen löslichen Salze durch Waschen entfernt worden waren. Nach der Behandlung wurde das Leder gewaschen.

Tabelle 80. Einfluß der Nachbehandlung eines chromsulfatgegerbten Leders mit Na_2SO_4 auf seine Kochbeständigkeit [K. H. Gustavson (*2*)].

	Ursprüngliches Leder	Mit $^n/_4$ Na_2SO_4-Lösung nachbehandeltes Leder
	in Prozenten	in Prozenten
Cr_2O_3	5,2	5,2
Gebundenes Sulfat (als H_2SO_4)	4,9	4,8
Neutralsulfat (als Na_2SO_4)	1,1	2,9
Azidität des auf der Faser gebundenen Chromsalzes	50	49
Azidität der im Leder enthaltenen Sulfatochromkomplexe (Pyridinmethode)	21	29
Schrumpfungsindex (alle Proben ausgewaschen)	48	0

Die schlechte Kochbeständigkeit des ursprünglichen Leders kann im Hinblick auf die unveränderten analytischen Ergebnisse der mit Na_2SO_4 behandelten Probe nicht durch Chrommangel oder durch die Azidität des von der Blöße gebundenen Chromsalzes verursacht sein. Der einzige Unterschied in der Zusammensetzung der beiden Proben liegt in der Azidität der Sulfatochromkomplexe, demnach scheint die stabilisierende Wirkung des Natriumsulfats auf die im Komplex locker gebundenen Sulfatgruppen für die erhöhte Heißwasserbeständigkeit verantwortlich zu sein. Für das Ausmaß dieser Wirkung spielt die Natur der Gerbbrühe eine führende Rolle. In der Regel tritt bei den nicht entsäuerten Ledern diese Wirkung der Neutralsalze stärker hervor als bei den entsäuerten. Manche Leder, besonders die mit Lösungen aus trockenen gerbfertigen Chromextrakten hergestellten, zeigen eine direkte Abhängigkeit zwischen Na_2SO_4-Gehalt und Kochbeständigkeit. Mit der vollständigen Entfernung des Natriumsulfats aus dem Leder geht seine Kochbeständigkeit wieder verloren. Für die Kochbeständigkeit eines Leders scheint das Vorhandensein von Säureresten mittlerer Haftfestigkeit im Chromkomplex notwendig zu sein, ferner daß die Affinität dieser Acidogruppen bis zu gewissem Grad beansprucht wird, dies besonders im Hinblick auf die verschiedene Stabilität der im Komplex gebundenen Sulfatgruppen, wie Tabelle 80 zeigt. Heißwasserbeständigkeit wird aber nicht nur durch Sulfatreste bewirkt, sondern auch durch andere Säurereste, die ähnliche Affinität zum Chromatom wie die Sulfatgruppe aufweisen: so sind z. B. Formiat und stabilisierte Restgruppen — wie der schwach komplexfähige Cl-Rest in Gegenwart von NaCl-Überschuß — befähigt, die für die Kochbeständigkeit erforderliche Bindungsstabilität zwischen Hautproteinen und Chromsalzen zu bewirken.

A. Küntzel und C. Rieß (*2*) haben in ihrer Arbeit über die Ursache der Kochbeständigkeit chromgegerbten Leders eine interessante Ansicht über die Rolle der Sulfatgruppen vorgebracht, die mit der hier zur Diskussion gestellten Frage der Neutralsalzwirkung in direktem Zusammenhang zu stehen scheint. Wie in Kapitel 1 hervorgehoben wurde, hängt die Kochbeständigkeit eines Leders weder mit der Bildung unlöslicher Verbindungen, noch mit der Menge oder Basizität des gebundenen Chromsalzes zusammen, sondern ist auf die Neigung des Sulfatrests, in den Komplex einzutreten, zurückzuführen, wie auch A. Küntzel und C. Rieß (*2*) besonders betonen. Die stabile Gittervernähung durch die Sulfatchromkomplexe, die zur Kochfestigkeit des Leders führt, wird von Küntzel und Rieß damit erklärt, daß der Sulfatrest nur an ein Chromatom des vielkernigen gerbenden Chromkomplexes komplexgebunden ist und dadurch diesem eine negative Ladung erteilt. Dieser so gebildete anionische Rest des Chromaggregats ermöglicht eine zusätzliche Verankerung der Chromkomplexe durch Salzbildung mit einer naheliegenden geladenen NH_3-Gruppe der Hautproteine. Die Chromsulfatbrühe ist darnach ein zwitterionischer Gerbstoff, der außer basischen Eigenschaften (Ionenbindung an COO^--Gruppen der Hautproteine) infolge der Gegenwart anionischer Chromatome auch saure Eigenschaften (salzartige Bindung an NH_3^+-Gruppen der Hautproteine) besitzt. Das folgende Schema zeigt Formelbilder eines gewöhnlichen hochbeständigen Leders mit Sulfatogruppen und eines überneutralisierten (oder chloridgegerbten) Leders ohne Acidogruppen nach der Auffassung von A. Küntzel und C. Rieß (*2*).

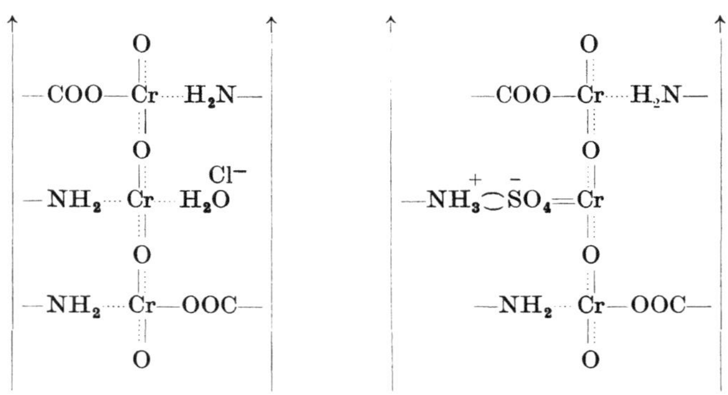

Typus eines nicht kochfesten Leders (Chromchloridleder) [A. Küntzel und C. Rieß (*2*)].

Typus eines kochfesten Chromsulfatleders.

Die Wirkung einer Na_2SO_4-Behandlung soll demnach mit einer Anlagerung der Sulfatgruppe an ein Chromatom im Chromaggregat unter Ausbildung einer Sulfatchromiatstruktur im Komplexaggregat verbunden sein. Die Kochfestigkeit nichtentsäuerter Chromleder (aus Lösungen von ca. p_H 3,0), in denen kaum entionisierte Aminogruppen vorhanden sein können und infolgedessen eine Koordination nicht möglich ist, wäre nach der angegebenen Hypothese verständlich, ebenso auch der Befund, daß Na_2SO_4 auf unentsäuertes Chromleder besonders stabilisierend wirkt.

Tabelle 81 gibt eine Übersicht über die Neutralsalzeinflüsse auf die H-Ionenkonzentration, Ausflockungszahl und Gerbwirkung von Chromchlorid- und Chromsulfatlösungen.

Tabelle 81. Neutralsalzwirkung bei der Chromgerbung.

	p_H-Werte	Ausflokkungszahl	Gerbwirkung
Chromchloridlösungen			
Zusatz von NaCl	vermindert	vermindert	Im allgemeinen erhöht (nur in hochkonzentrierten Lösungen vermindert)
Zusatz von Na_2SO_4	im allgemeinen erhöht (bei starker Zugabe später unbedeutend vermindert)	vermindert	Im allgemeinen erhöht (nur in hochkonzentrierten, hochbasischen Lösungen vermindert)
Chromsulfatlösungen			
Zusatz von NaCl	vermindert	erhöht	erheblich vermindert
Zusatz von Na_2SO_4	erhöht	erhöht	vermindert (in hochkonzentrierten Lösungen nur sehr unbedeutend)

Einfluß von komplexbildenden Stoffen auf die Chromgerbung.

Bei den besprochenen Neutralsalzwirkungen waren die Veränderungen der Chrombrühen in konstitutionschemischer Hinsicht nicht so tiefgehend, da Neutralchloride und -sulfate mit mäßiger Komplexbildungsfähigkeit auf Chromchloride und -sulfate ohne allzu stark ausgeprägte Komplexaffinität zur Einwirkung kamen. Es ist das große Verdienst von E. Stiasny und seinen Mitarbeitern, die weitgehende praktische Bedeutung der maskierenden Wirkung anderer Salze von starker Komplexaffinität durch systematische Untersuchungen aufgezeigt zu haben. Nach den Versuchen von E. Stiasny [(8), S. 339] nimmt die Neigung der Säurereste zum Eintritt in den Komplex in nachstehender Reihenfolge zu: NO_3, Cl, SO_4, SO_3, CNS, CH_3COO, HCOO, C_2O_4, OH. Besonders bei Verwendung von Formiat, Oxalat und Sulfit als Maskierungsmittel für die üblichen Chrombrühen bilden sich komplexe Chromsalze mit eigenartiger Gerbwirkung (E. Stiasny). Solche maskierte Brühen von besonders zarter Gerbwirkung sind einfach durch Zusatz von Alkalisalzen dieser komplexbildenden Säuren zu der Chrombrühe herzustellen, besonders in Betracht kommen Natriumformiate und -oxalate. Die Zusammensetzung der Chrombrühe, vor allem ihre Basizitätszahl und Konzentration, und die Menge des zugesetzten Maskierungsmittels bestimmen Art und Grad der hervorgerufenen Veränderung der Gerbeigenschaften. Mit Oxalaten tritt deutliche Komplexbildung schon bei Zimmertemperatur auf; bei der Verwendung von Formiaten ist es vorteilhaft, das Gemisch zu erhitzen, um einen maximalen Maskierungsgrad zu erreichen. In der Regel besitzen die mit organischen Säureresten maskierten Chrombrühen manche vorteilhafte Eigenschaften, besonders geringere Adstringenz als die üblichen Chromsulfate. Dadurch wird die Angerbung verlangsamt und ein zarter Narben fixiert. Unter den mit anorganischen Säureresten maskierten Chrombrühen hat die Sulfitochromiatbrühe praktische Bedeutung, die größere Adstringenz besitzt und sich deshalb besser für die Ausgerbung eignet. Diese Sulfitobrühen müssen bei nur mäßiger Temperatur bereitet werden, auch ist es ratsam, das Natriumsulfit zur Chromlösung unmittelbar vor Gebrauch zuzusetzen, da die fertige Brühe beim Stehen leicht ausflockt.

Nach den Erfahrungen von E. Stiasny [(8), S. 474] ergeben die mit Oxalat und Sulfit maskierten Chrombrühen ein sehr festes Leder mit dicht geschlossenem Narben, während die formiatmaskierten Brühen ein weiches Leder mit etwas breiterem Narben liefern (E. Stiasny). Es hat sich also gezeigt, daß die verschiedenen Maskierungsmittel ganz charakteristische Eigenschaften der damit versetzten Chrombrühen ergeben. Durch Kombination mehrerer Komplexbildner ist es möglich, das Gerbvermögen weitgehendst zu variieren. Bei Laboratoriumsversuchen im Darmstädter Institut hat sich eine Angerbung mit Chromsulfatbrühen, die mit 0,5 Mol Oxalat und 0,5 Mol Formiat maskiert waren, als ausgezeichnet erwiesen (E. Stiasny). Weitere günstige Kombinationen waren ein Gemisch von 1 Mol Formiat mit 0,5 Mol Sulfit, ferner von 0,5 Mol Formiat mit 0,25 Mol Sulfit. Bei diesen Versuchen wurde die Ausgerbung in einer 50%igen basischen Glukosebrühe vorgenommen. Nach den Erfahrungen des Verfassers ist besonders die Formiato-Sulfato-Chrombrühe für die Erzeugung weicher Ledersorten, z. B. „Elkleder", sowie von weißem Chromleder sehr geeignet. Die formiatmaskierten Brühen ergeben auch Leder von größerer Heißwasserbeständigkeit als die mit Oxalat und Sulfit maskierten.

Bei dieser Maskierungswirkung ist der Maskierungsgrad der Chrombrühe für die Gerbwirkung maßgebend. Bei Zusatz größerer Mengen wirken diese komplexbildenden Stoffe in extremen Fällen entgerbend, was z. B. mit Oxalsäure und Weinsäure eintreten kann (H. R. Procter und J. A. Wilson). Bei mäßigem Zusatz dieser Stoffe wird die Gerbwirkung der ursprünglichen Brühe nur gemildert, was ja bei der Verwendung der Komplexbildner erstrebt wird. Die Maskierung ändert die Alkalibeständigkeit der Brühen weitgehend und man erzielt mit den alkalibeständigen maskierten Brühen in der Regel die beste Gerbwirkung. Im Falle der Oxalate und Sulfite handelt es sich um anionische Chrombrühen, d. h. die kationische Chromsulfatbrühe wird durch genügenden Oxalat- oder Sulfitzusatz in eine anionische Oxalato- oder Sulfito-Chromsulfat-Brühe verwandelt. Der Maskierungsgrad, der das Verhältnis von Maskierungsmittel zum Chromgehalt der Brühe ausdrückt, wird am zweckmäßigsten in Molen Maskierungsmittel pro Chromatom angegeben.

Tabelle 82 enthält eine Zusammenstellung von 24stündigen Gerbversuchen mit einer 33% basischen Chromsulfatbrühe bei verschiedenem Natriumoxalatzusatz. Die Konzentration betrug 3,7 g/l Cr_2O_3. Die 0% basische Chromsulfatlösung wurde nach dem Oxalatzusatz gekocht und dann mit Soda 33% basisch gestellt.

Tabelle 82. Einfluß der Natriumoxalatmaskierung einer Chromsulfatbrühe auf ihre Gerbwirkung (E. Stiasny und L. Szegö).

Art der Chromlösung	Ausflokkungszahl 0,1 n NaOH	Wanderungsrichtung	p_H	Cr_2O_3 im Hautpulver in Prozenten	Wasserbeständigkeit (Fahrion-Gerngroß)
$CrOHSO_4$ aus grünem Sulfat .	2,6	kathodisch	2,7	3,5	87
$CrOHSO_4$ + 0,25 Mol Oxalat .	1,8	„	3,6	4,4	83
$CrOHSO_4$ + 0,5 Mol Oxalat. .	1,0	kathodisch und anodisch	3,7	4,5	84
$CrOHSO_4$ + 1,0 Mol Oxalat. .	~	anodisch	4,7	4,5	80
$CrOHSO_4$ + 1,5 Mol Oxalat. .	~	„	5,6	2,6	58
$CrOHSO_4$ + 3,0 Mol Oxalat. .	~	„	8,1	0,6	11
$CrOHSO_4$ + 1,5 Mol Oxalat + + NaOH (p_H = 8,1)	~	„	8,1	0,9	38
$CrOHSO_4$ + 3 Mol Oxalat + + H_2SO_4 (p_H = 4)	~	„	4,0	1,2	53

Aus dieser Zusammenstellung geht hervor, daß mit steigender Oxalatzugabe die Alkalistabilität der Lösungen verbessert wird. Die Bildung anionischer Chromkomplexe führt zu vollständiger Alkalistabilität; mit dem Maskierungsgrad erhöhen sich die p_H-Werte der Lösungen. Die Chromaufnahme durch das Hautpulver nimmt bei geringen Oxalatzusätzen etwas zu, sinkt aber bei größerer Oxalatmolarität scharf ab. Daß die Gerbwirkung nicht nur von der zugesetzten Oxalatmenge, sondern auch von der H-Ionenkonzentration der Lösung abhängig ist, geht aus den beiden letzten Untersuchungsreihen hervor. Bemerkenswert ist die gute Gerbwirkung der Oxalato-Sulfato-Chromkomplexe in einem p_H-Bereich, der in der Nähe des isoelektrischen Punkts von Kollagen liegt, sowie die Tatsache, daß ein durch Alkali nicht ausflockbares Chromsalz vorzügliche Gerbwirkung zeigt. Dieser Befund ist für die Theorie der Chromgerbung von Bedeutung, besonders als Beweis gegen die Auffassung, daß die Verschiebung der Hydrolyse des Chromsalzes den einzigen bestimmenden Einfluß auf die Chromaufnahme ausübe. Für die Gerbwirkung dieser Art von maskierten Chromsalzen sind zwei Faktoren maßgebend: der Maskierungsgrad des Chromsalzes und die H-Ionenkonzentration der Lösung, welche die Ionisation der Hautproteine reguliert.

Besonderes Interesse verdienen die Sulfitochrombrühen, die beim Zusatz von Natriumsulfit zu basischen Chromsulfatbrühen entstehen und die eingehend von E. Stiasny und L. Szegö studiert wurden. Bei steigendem Sulfitzusatz nimmt die Chromaufnahme stetig zu, um nach Überschreiten eines Grenzwertes von 3 Mol Sulfit pro Mol Cr_2O_3 dann wieder abzunehmen. Im Bereich maximaler Chromaufnahme liegen alkalistabile anionische Sulfito-Sulfato-Chromkomplexe vor. Die Sulfitochromgerbung bietet ein Beispiel für die besonderen Verhältnisse, die beim Gerben mit maskierten anionischen Chrombrühen vorliegen und für welche die Gesetzmäßigkeiten der klassischen Gerbart mit kationischen Chromchlorid- und Sulfatbrühen nicht mehr allgemein gültig sind. Bei den üblichen Chrombrühen steigt die Chromaufnahme mit abnehmender Ausflockungszahl. Dieser Zusammenhang zwischen der Chromaufnahme der Haut und der Ausflockungszahl ist verständlich, wenn man das Säurebindungsvermögen der Hautblöße und die Konstitutionsänderungen der Chromsalze bei Basizitätserhöhung berücksichtigt. Bei den anionischen Chrombrühen liegen die Verhältnisse gerade umgekehrt. Sie werden nicht durch Alkali ausgeflockt und die Chromaufnahme findet ohne merkbare Hydrolysenverschiebung oder Säureaufnahme durch die Hautblöße statt. Maximales Gerbvermögen und größte Chromaufnahme wird nicht beim Gerben mit unmaskierter kationischer Brühe, sondern, wie die Ergebnisse in der nachfolgenden Tabelle zeigen, mit der vorwiegend anionischen, praktisch unausflockbaren Sulfitochrombrühe erzielt.

Tabelle 83. Gerbwirkung von Sulfito-Sulfato-Chrombrühen [K. H. Gustavson (*2*), S. 99].

Die angegebenen Natriumsulfitmengen wurden zu einer 34% basischen, organisch reduzierten Chromsulfatbrühe zugesetzt. Die Konzentration war 17,5 g/l Cr_2O_3.

Mole Na_2SO_3 pro 1 Mol Cr	Wanderungsrichtung	2stündige Gerbdauer		8stündige Gerbdauer	
		Cr_2O_3-Gehalt im Leder in Prozenten	Schrumpfung bei der Kochprobe in Prozenten	Cr_2O_3-Gehalt im Leder in Prozenten	Schrumpfung bei der Kochprobe in Prozenten
0	kathodisch	4,7	34	7,0	4
0,25	kathodisch + schwach anodisch	5,0	28	7,6	0
0,5	kathodisch + anodisch . . .	5,1	21	8,6	0
1,0	schwach kathodisch + stark anodisch	5,3	38	9,5	0
1,5	anodisch	2,5	51	4,6	49
2,0	anodisch	2,4	55	2,8	51

Im allgemeinen ergeben die anionischen Chromverbindungen kein so gut heißwasserbeständiges Leder wie die kationischen Brühen. Die Bindung der anionischen Chromsalze durch die Hautblöße ist wahrscheinlich von ganz anderer Art als die der kationischen Sulfatochromkomplexe. Bindungsstellen sind im ersten Fall die basischen Gruppen der Haut sowie auch vorwiegend ihre Peptidgruppen.

Von praktischer Bedeutung ist die gute Gerbwirkung dieser alkalistabilen maskierten Chrombrühen besonders bei vielen Kombinationsgerbungen, in denen optimale Bindungsbedingungen am isoelektrischen Punkt der Haut vorliegen. Es ist klar, daß eine Angerbung mit diesen Komplexen ohne vorhergehendes Pickeln der Blöße möglich ist. Der Vorschlag, die Zweibadgerbung durch ein Einbadverfahren mit solchen maskierten Chrombrühen zu ersetzen (E. Stiasny), soll bei der Zweibadgerbung besprochen werden.

Kürzlich wurde die Verwendung von Natriumsalzen aromatischer Polycarbonsäuren als Maskierungsmittel für Chrombrühen empfohlen (E. Immendörfer). Besonders Phthalsäuresalzen wurde vorzügliche Wirkung zugeschrieben, da sie intensiv gerbende und stark füllende Eigenschaften besitzen sollen. Bei der Verwendung von 5% Cr_2O_3 auf das Blößengewicht werden die Chrombrühen bei kurzer Flotte fast vollständig erschöpft; solche Leder zeigen einen sehr hohen Chromgehalt (über 10% Cr_2O_3) und die Chromkomplexe sind sehr fest mit der Haut verbunden. Bemerkenswert ist die Angabe von E. Immendörfer, daß ein solches Leder auch nach erschöpfender Elektrodialyse seine mechanischen Eigenschaften beibehält und völlig kochfest bleibt, was bei ebenso behandelten gewöhnlichen Chromledern nicht der Fall ist.

Ein solches mechanisch einwandfreies Leder, das praktisch säure- und elektrolytfrei ist, hat für verschiedene Zwecke praktische Bedeutung. Diese Maskierungsmethode müßte sich besonders für Velourleder eignen, da ein sehr volles und dichtes Leder mit gut schleifbarem Fasergefüge erzeugt werden soll. Ferner wurden die Chromphthalate auch für die Nachgerbung pflanzlich gegerbter Leder, Sämisch- und Glacéleder empfohlen; bei letzteren spielt auch die verbesserte Farbaufnahme eine Rolle (siehe unten).

Die Vollheit des mit diesen Salzen gegerbten Leders tritt besonders bei Verwendung größerer Gerbstoffmengen hervor und es werden sogar Volumzunahmen von 30% erzielt. Ferner werden nach der Angabe von Immendörfer die Flämen und andere losere Teile der Felle dabei voller, eine Wirkung, die bei losen Fellen ausgeprägter als bei kernigen ist.

Als geeignete Arbeitsweise schlägt Immendörfer vor, Angerbung und Ausgerbung wie gewöhnlich auszuführen, gegen Ende der Ausgerbung einige Prozente Natriumphthalat zuzusetzen und schließlich, wenn nötig, mit der üblichen Sodamenge abzustumpfen. Der p_H-Endwert soll nach dem letzten Sodazusatz ungefähr 4,1 betragen. Es wurde auch vorgeschlagen, das Phthalat dem Pickelbad zuzusetzen. Verwendet man zum Gerben anionische Komplexe, so ist die Menge der proteingebundenen Säure stark vermindert, da dieselbe bei der Gerbung verdrängt wird. Deshalb genügt bei der Phthalatgerbung, die wahrscheinlich anionischer Natur ist, eine weit geringere Menge ($^1/_3$ bis $^1/_2$) des Entsäuerungsmittels als sonst erforderlich.

Die Egalisierungswirkung der Phthalate ist vorzüglich und das mit diesen Chromkomplexen gegerbte Leder nimmt die Farbstoffe sehr gleichmäßig auf. Da der p_H-Wert des Leders höher als beim gewöhnlichen Chromleder liegt, ist auch das Durchfärbungsvermögen der Farbstoffe größer. Die Farbe muß deshalb durch erhöhten Ameisensäurezusatz bei der Färbung verstärkt werden, um bei den gebräuchlichen Ledersorten volle Nuancen zu erhalten.

Bei solchen vollen Gerbungen ist immer Narbenbrüchigkeit zu befürchten und deshalb sind bei der Fettung besondere Vorsichtsmaßnahmen zu treffen.

Von A. O. Jäger wurde vorgeschlagen, die puffernde Wirkung von Phthalsäure und ihren Salzen besonders zum Basischmachen bei der Chromgerbung auszunutzen.

Einfluß der Temperatur auf die Chromgerbung.

Der Einfluß der Temperatur auf Geschwindigkeit und Art der Chromaufnahme durch die Blöße hat von Seiten der Wissenschaftler nicht die Beachtung gefunden, die er infolge seiner Wichtigkeit verdient. Die Ursache liegt wahrscheinlich darin, daß die bei der Gerbung allmählich eintretende Temperatursteigerung von der Arbeitsweise und den äußeren Bedingungen des Gerbverlaufes abhängig ist und deshalb nicht als unmittelbarer Faktor erfaßt wurde. Des weiteren können die Betriebsbedingungen in Laboratoriumsversuchen nicht zufriedenstellend reproduziert werden. In der Praxis der Chromgerbung wird die Temperaturkontrolle nicht oder nur wenig beachtet, obgleich dem Praktiker der bedeutende Einfluß der Temperatur auf Fülle und Kochfestigkeit des zu erzeugenden Leders wohl aus Erfahrung bekannt ist.

Bei den gerbfertigen Chromsalzlösungen wird meistens eine Temperatur von 20 bis 25° C eingehalten. Die Anfangstemperatur richtet sich nach den einzelnen Betriebsbedingungen, wie dem Blößengewicht, dem Flottenverhältnis — das je nach der Ausführungsform der Gerbung (im Faß oder im Haspel) großen Veränderungen unterliegt —, der Umdrehungszahl des Fasses, seinen Ausmaßen, der Gerbdauer, der Alkalizugabe während der Gerbung und den erwünschten Eigenschaften des Fertigleders. In der Praxis hat sich allgemein eine Anfangstemperatur von ca. 25° C eingeführt. Durch die erhebliche Reibung der Blößen beim Walken wird allmählich während der vielstündigen Gerbdauer eine ansehnliche Temperaturerhöhung hervorgerufen, und zwar besonders bei großer Tourenzahl und Fallhöhe des Fasses, erheblichem Blößengewicht und kleinem Flottenverhältnis. Temperatursteigerungen von 15 bis 20° C kommen häufig vor. Diese ganz allmählich erreichte Temperaturerhöhung hat einen nicht zu vernachlässigenden Einfluß auf das Leder, insbesondere für Fülle und Stand des Fertigleders ist eine Ausgerbung in warmen Brühen günstig. Bei höheren Temperaturen nimmt nämlich die Blöße größere Chrommengen auf als bei niedrigen, auch ist das von der Blöße fixierte Chromsalz höher basisch. Im Hinblick auf die erhöhte Basizität des von der Haut gebundenen Chromsalzes ist es verständlich, daß durch die Ausgerbung in warmen Brühen die Fülle des Leders verbessert und durch die Temperaturerhöhung Kochbeständigkeit beschleunigt erzielt wird. Bei der Haspelgerbung, bei der die mechanische Reibung nur unbedeutend ist und praktisch keine Temperatursteigerung erzeugt wird, ist es gebräuchlich, die Brühe gegen Ende des Gerbprozesses zu erhitzen, um die Ausgerbung zu beschleunigen und dem Leder bestimmte erwünschte Eigenschaften zu verleihen.

Nur wenige Autoren behandeln dieses wichtige Problem. Im Zusammenhang mit der Untersuchung anderer Fragen wurde der Temperatureinfluß von W. Schindler und K. Klanfer, G. Otto (*1*) und K. H. Gustavson und P. J. Widen (*3*) berührt. Diese Autoren fanden, daß mit erhöhter Temperatur des Gerbbades die Chromaufnahme beschleunigt sowie die Basizität der auf der Faser gebundenen Chromsalze gesteigert wird. Die erste ausführliche Arbeit auf diesem Gebiet verdanken wir H. B. Merrill und H. Schroeder, die mit gepickelten Blößen arbeiteten. Ohne Kenntnis der zitierten grundlegenden Arbeit haben später C. Otin und G. Alexa eingehende entsprechende Versuche mit Hautpulver ausgeführt, leider waren dabei Methodik und Wahl der Chrombrühe nicht einwandfrei.

H. B. Merrill und H. Schroeder gerbten gepickelte Kalbsblößenstücke in einer in großem Überschuß angewendeten 49% basischen Chromsulfatbrühe (fertiger Chromextrakt) mit einer Konzentration von 15 g/l Cr_2O_3 bei Temperaturen von 10 bis 45° C 4 Stunden bis 5 Tage lang. Die Lederproben wurden analysiert, um die Bestandteile festzustellen, die von der Kalbsblöße aus der Chrombrühe aufgenommen worden waren. Das bei diesen Versuchen angewandte große Flottenverhältnis von 40 : 1 gestattet es nicht, die Ergebnisse unmittelbar in die Praxis zu übertragen, bietet aber theoretisch ideale Bedingungen, da bei einer solchen Arbeitsweise nur eine Variable, nämlich die Temperatur, vorhanden ist.

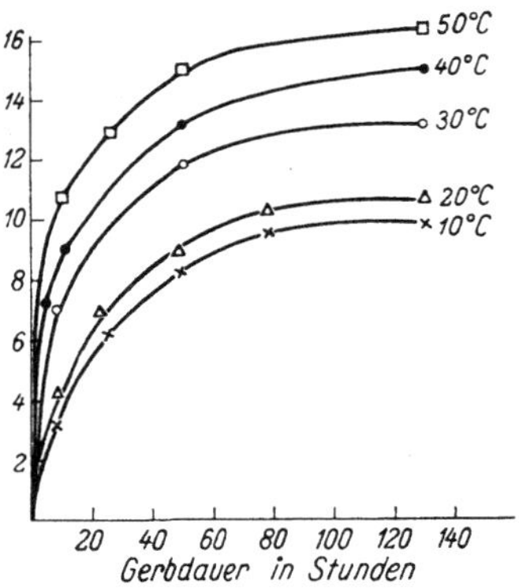

Abb. 67. Einfluß von Temperatur und Zeit auf die Chromaufnahme durch gepickelte Kalbsblöße (H. B. Merrill und H. Schroeder).

In Abb. 67 ist die Chromaufnahme durch die Blöße bei verschiedenen Gerbtemperaturen als Funktion der Gerbdauer dargestellt. Aus den Kurven ist eine bedeutende Erhöhung der Chromaufnahme mit wachsenden Temperaturen zu ersehen. Die größte Zunahme erfolgt zwischen 20 und 30° C, also in dem Temperaturbereich, in dem die Gerbung gewöhnlich vorgenommen wird. Bei sehr lange dauernder Gerbung ist eine Konvergenz der Kurven angedeutet.

Abb. 68 zeigt den Einfluß der Temperatur auf die durch Blöße gebundene Chrommenge bei verschiedener Gerbdauer. Es tritt die scharfe Zunahme der Chromfixierung durch Erhöhung der Gerbtemperatur von 20 auf 30° C, ins-

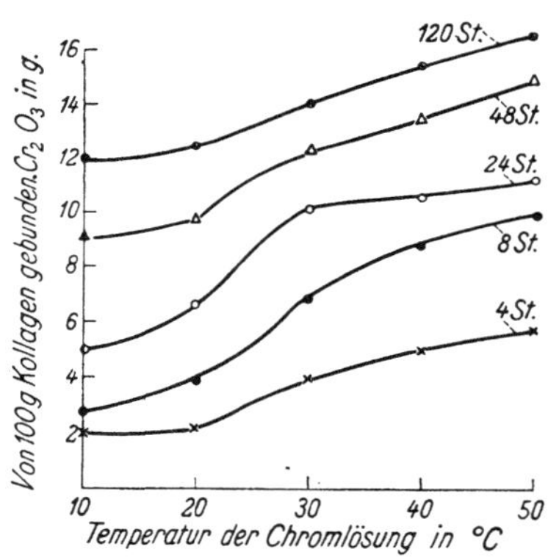

Abb. 68. Verlauf der Chromaufnahme durch gepickelte Kalbsblöße bei verschiedener Gerbdauer als Funktion der Chrombadtemperatur (H. B. Merrill und H. Schroeder).

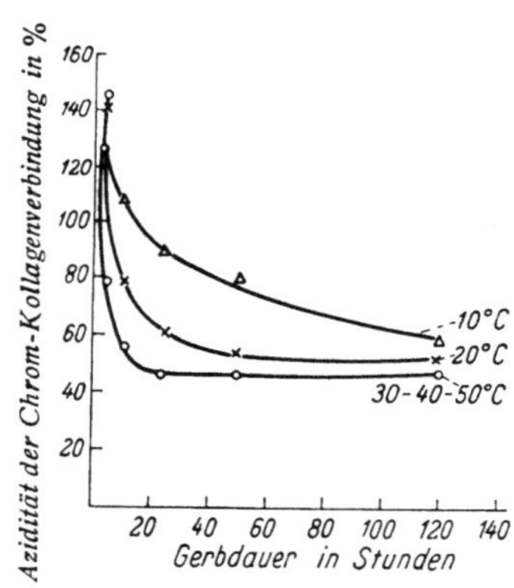

Abb. 69. Azidität der auf der Faser gebundenen Chromsalze in bei verschiedenen Temperaturen gegerbten Ledern als Funktion der Gerbdauer (H. B. Merrill und H. Schroeder).

besondere gleich zu Beginn der Gerbung hervor. Die Basizitätszahlen der vom Leder aufgenommenen Chromverbindungen bei verschiedenen Gerbtemperaturen ergeben sich aus Abb. 69, aus der zu ersehen ist, daß die Blöße aus warmen Chrombrühen höher basische Chromsalze als aus kalten Brühen aufnimmt. Die zu Beginn des Gerbens stattfindende scharfe Basizitätserhöhung kann darauf zurückgeführt werden, daß die Pickelsäure bei der Gerbung verdrängt wird. Mit zunehmender Temperatur wird erheblich schneller eine Basizitätskonstanz der gebundenen Chromsalze erreicht. Bei einer Brühentemperatur von 50° C war das Leder nach 4stündiger Gerbdauer kochgar; bei 40° C benötigte es 8 Stunden und bei 20° C 48 Stunden, um Kochfestigkeit zu erreichen. Bei so hohen Temperaturen wie 50° C muß die Gerbwirkung sehr bedeutend sein, da anderenfalls die Blöße bei dem in der Chromsalzlösung vorhandenem p_H von 3 sehr schnell verleimen würde.

Bemerkenswert ist, daß C. Otin und G. Alexa eine ausgeprägte Steigerung der Chromaufnahme mit der Temperatur aus hochbasischen Brühen fanden, die wahrscheinlich größtenteils auf eine Verwandlung der bei niedriger Temperatur ganz beständigen Carbonato-Chromsulfate in höher basische unbeständige Chromsulfate infolge Entweichens der Kohlensäure bei Temperaturerhöhung zurückzuführen ist. Zu diesen Versuchen wurden nämlich kalt mit Soda basisch gemachte Chromalaunbrühen verwendet.

Mit der Temperaturzunahme vergrößert sich Hydrolyse und Aggregation der Chromlösung, was mit einer Adstringenzerhöhung gleichzusetzen ist. Für die Lederherstellung in der Praxis ist, wie schon erwähnt, die durch Temperaturerhöhung bewirkte Steigerung der Basizitätszahl des gebundenen Chromsalzes im Leder besonders wichtig.

Die Beeinflussung der Hautproteine durch Temperaturerhöhung und die allgemeine Reaktionskinetik ionogener Systeme als Funktion der Temperatur wurden theoretisch noch nicht eingehend behandelt, spielen aber zweifellos eine maßgebende Rolle. Es gibt eine Anzahl von Faktoren, die für die Steigerung des Reaktionsvermögens der Blöße gegen Chromsalze durch Temperaturerhöhung verantwortlich sind.

Einfluß der Zeit auf die Chromgerbung.

Zu Beginn der Einbadchromgerbung (in den ersten 2 bis 3 Stunden) nimmt die Blöße aus einer mittelbasischen Chrombrühe die freie Schwefelsäure viel schneller als den basischen Anteil auf. Im weiteren Gerbverlauf ist das Verhältnis der von der Blöße gebundenen Cr- und SO_4-Mengen praktisch konstant. Die Basizitätszahl des von der Blöße zu einem gegebenen Zeitpunkt aufgenommenen Chromsalzes ist von der Basizitätszahl der Chrombrühe, ihrer Konzentration, Temperatur, ihrem Neutralsalzgehalt und von vielen anderen Teilfaktoren abhängig. Der Einfluß der Zeit auf die Reaktion der verschiedenen Bestandteile der Chrombrühe mit der Hautblöße wurde zuerst von E. Stiasny (*2*) systematisch untersucht, seine weitgehenden Auswirkungen klar erfaßt und gedeutet. Eingehende Versuche in dieser Richtung, welche die Befunde Stiasnys voll und ganz bestätigen, verdanken wir A. W. Thomas, M. E. Baldwin und M. W. Kelly. Abb. 70 zeigt die fortschreitende Aufnahme der Bestandteile einer technischen Chrombrühe (17 g/l Cr_2O_3, 35% Basizität) durch Hautpulver. Der Basizitätsgrad des von der Blöße gebundenen Chromsalzes zu verschiedenen Zeitpunkten ergibt sich aus Abb. 71.

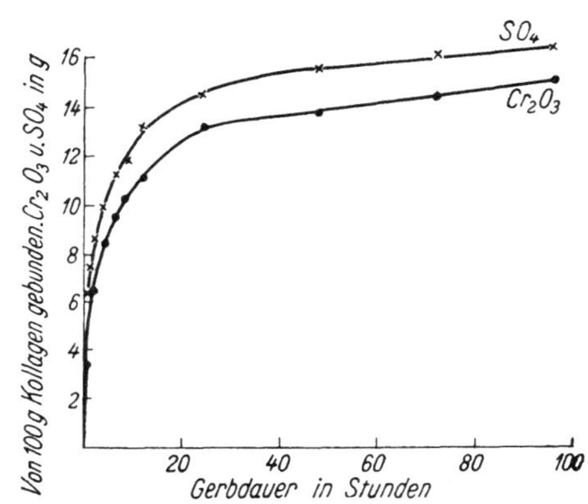

Abb. 70. Bindungsverlauf der Bestandteile einer 40% basischen Chromsulfatbrühe durch Hautpulver bei 4tägiger Gerbdauer (A. W. Thomas, M. E. Baldwin und M. W. Kelly). Konzentration der Chrombrühe: 17 g Cr_2O_3 im Liter.

Aus der Chromaufnahmekurve geht hervor, daß das Hautpulver nach 6stündiger Gerbung ungefähr 70% der nach 4tägiger Gerbung aufgenommenen

Chrommenge gebunden hat. Die Reaktion geht also zu Beginn der Gerbung sehr schnell vor sich, besonders prägt sich dies bei wachsender Konzentration und abnehmender Basizitätszahl der Chrombrühe aus, wie Abb. 72 und 73 zeigen, die aus Versuchen mit Kalbsblöße stammen. Vergleicht man die beiden Abbildungen, so geht deutlich hervor, daß sich das Gleichgewicht der Chromaufnahme bei den Chromchloriden schneller als bei den Sulfaten einstellt.

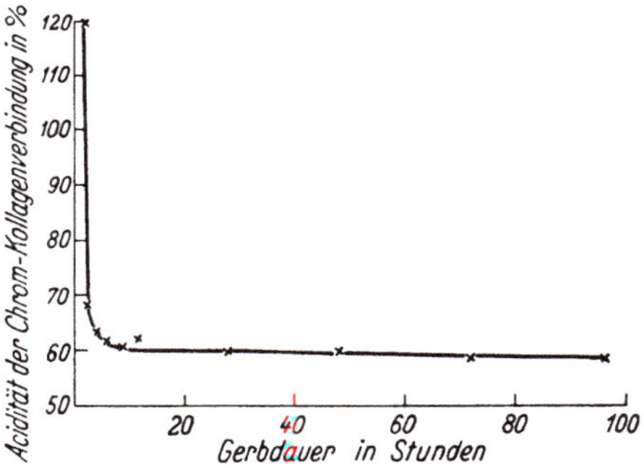

Abb. 71. Änderung der Azidität der von Hautpulver gebundenen Chromverbindung mit der Zeit (A. W. Thomas, M. E. Baldwin und M. W. Kelly). Versuchsbedingungen wie in Abb. 72.

Bei der in Abb. 34 veranschaulichten Gegenüberstellung, wobei die Reaktionsfähigkeit von Hautblöße, Wolle und Seide gegenüber Chromsulfatbrühe als Funktion der Gerbdauer verglichen wurde, war das äußerst träge Reaktionsvermögen der letztgenannten Faserproteine besonders auffallend. Diese Befunde stehen wahrscheinlich mit der geringen Carboxylionenanzahl dieser Faserproteine in Zusammenhang. Die Chromfixierung wird dabei durch die allmählich eintretende Aktivierung der kompensierten Peptidgruppen geregelt und in den ersten 6 Stunden wird praktisch kein Chrom gebunden. In scharfem Gegensatz hierzu steht die starke Chromaufnahme der Hautblöße in der ersten Periode, in der ca. zwei Drittel der von der Blöße während 7tägiger Gerbung gebundenen

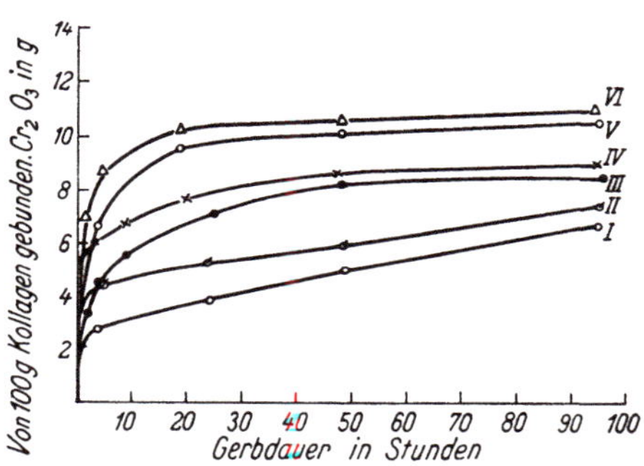

Abb. 72. Verlauf der Chromaufnahme durch Kalbsblöße aus basischen Chromsulfatbrühen verschiedener Basizität und Konzentration bei 4tägiger Gerbdauer (K. H. Gustavson (*10*)).

Kurve *I* 12% basische Chromsulfatbrühe, 25 g Cr_2O_3 im Liter; Kurve *II* 12% basische Chromsulfatbrühe, 100 g Cr_2O_3 im Liter; Kurve *III* 35% basische Chromsulfatbrühe, 25 g Cr_2O_3 im Liter; Kurve *IV* 35% basische Chromsulfatbrühe, 100 g Cr_2O_3 im Liter; Kurve *V* 60% basische Chromsulfatbrühe, 25 g Cr_2O_3 im Liter; Kurve *VI* 60% basische Chromsulfatbrühe, 100 g Cr_2O_3 im Liter.

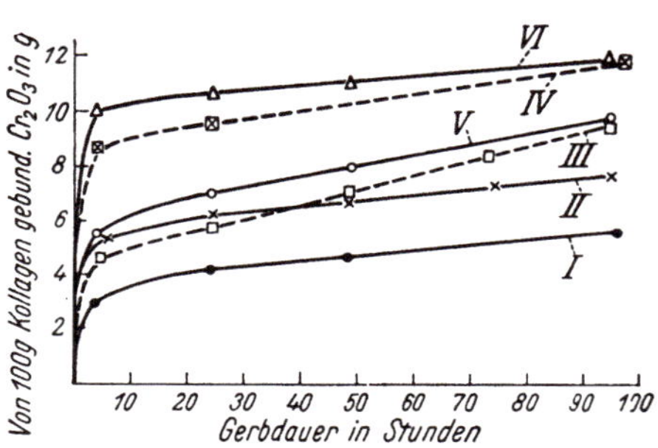

Abb. 73. Verlauf der Chromaufnahme durch Kalbsblöße aus basischen Chromchloridbrühen verschiedener Basizität und Konzentration bei 4tägiger Gerbdauer [K. H. Gustavson (*10*)].

—●——●— Kurve *I* 30% basische Chromchloridbrühe, 20 g Cr_2O_3 im Liter; —×——×— Kurve *II* 30% basische Chromchloridbrühe, 100 g Cr_2O_3 im Liter; —□——□— Kurve *III* 50% basische Chromchloridbrühe, 20 g Cr_2O_3 im Liter; —⊠——⊠— Kurve *IV* 50% basische Chromchloridbrühe, 100 g Cr_2O_3 im Liter; —○——○— Kurve *V* 65% basische Chromchloridbrühe, 20 g Cr_2O_3 im Liter; —△——△— Kurve *VI* 65% basische Chromchloridbrühe, 100 g Cr_2O_3 im Liter.

Chrommenge fixiert wurde, was wahrscheinlich durch das Vorkommen freier und leicht aktivierbarer Ionengruppen in den Hautproteinen bedingt wird.

Bei vergleichenden Gerbversuchen mit Blöße und formaldehyd-angegerbter Blöße macht sich die verminderte Chromaufnahme durch die inaktivierte Blöße besonders stark in den ersten 4 bis 6 Stunden der Gerbung geltend. Im weiteren

Verlauf werden in beiden Fällen ungefähr die gleichen Chrommengen fixiert. Dieser Befund kann vielleicht so gedeutet werden, daß die Reaktionen der ionogenen Proteingruppen besonders in den Anfangsstadien der Chromfixierung zum Ausdruck kommen. Die sekundäre Chromaufnahme bei längerer Gerbdauer ist von diesem Faktor augenscheinlich unabhängig (siehe Kapitel 1 und 7).

Um den Einfluß der Zeit auf die Reaktionsverhältnisse theoretisch auszuwerten, sind genaue Bestimmungen der verschiedenen Formen der in der Lederanalyse als gebundenes Sulfat erfaßten Menge erforderlich, eine schwierige Frage, die bisher weder analytisch noch theoretisch gelöst ist.

In der Praxis ist bei der Faßgerbung eine Gerbdauer von mindestens 6 bis 10 Stunden unter Bewegen üblich. Es ist vorteilhaft, das Leder über Nacht im Faß zu belassen, besonders wenn in der Restbrühe noch eine erhebliche Chrommenge vorhanden ist, da bei dieser Arbeitsweise eine weitere Chromaufnahme stattfindet und die bereits im Leder vorhandenen Chromverbindungen fixiert werden. Diese sekundäre Chromfixierung ist bei der Erzeugung voller und weicher Leder von Wichtigkeit.

Einfluß des Flottenverhältnisses auf die Chromgerbung.

Das Flottenverhältnis, d. h. die bei der Gerbung verwandte Gesamtflüssigkeitsmenge, bezogen auf das Blößengewicht, hält sich bei der Faßgerbung in engen Grenzen, die von der Gesamtmenge der Chrombrühe, der gewünschten Konzentration des Gerbbades und der Form des Fasses bestimmt werden. Bei der üblichen Arbeitsweise ist in der Betriebspraxis mit Schwankungen des Flottenverhältnisses von ca. 75 bis 200% zu rechnen, bei ungünstigeren Fällen in der Haspelgerbung bis zu 400%. Ein besonderer Charakter des Leders wird nicht durch Regulieren der Chrommenge an sich erzielt, sondern bei gleichartigen übrigen Bedingungen durch die Art der Brühe und andere Einzelfaktoren, wie z. B. die Konzentration der Chrombrühe. Aus wirtschaftlichen und praktischen Gründen wird ein mäßiges Flottenverhältnis erstrebt. Bei der Gerbung mit technischen Chromsulfatbrühen spielen die Flottenverhältnisse bei gegebener und konstanter Chromkonzentration der Lösung keine größere Rolle für die Chromaufnahme und die Eigenschaften des erzeugten Leders, beim Gerben einer neutralen Blöße überhaupt keine. Aber da in der Praxis stets gepickelte Blößen zur Gerbung gelangen, ist für die Schwellwirkung der Brühe und die anfängliche Chromaufnahme bei veränderten Flottenverhältnissen mit verschiedenen Bedingungen zu rechnen, besonders in bezug auf die Verteilung von Salz und Säure, die mit den gepickelten Blößen ins Gerbbad eingeschleppt wurden, zwischen der Blöße und der Flüssigkeit.

Die Frage, welchen Einfluß das Volumen der Gerblösung auf die Chromaufnahme durch die Blöße ausübt, ist in theoretischer Hinsicht besonders interessant. Leider ist sie jedoch in den vorliegenden theoretischen Untersuchungen der Chromgerbung sehr wenig berücksichtigt worden, während bei textilchemischen Untersuchungen die Angabe des Flottenverhältnisses für eine vollständige Beschreibung der Versuchsbedingungen als unentbehrlich betrachtet wird. Ein Textilchemiker, E. Elöd, war es auch, der in die Gerbliteratur den Ausdruck „Flottenverhältnis" einführte und seine allgemeine Bedeutung für die Charakteristik der chromgerbenden Systeme besonders betonte. Gemäß der von E. Elöd und Mitarbeitern vertretenen Anschauung über die Natur des Chromgerbvorgangs ist diese Frage ja auch von entscheidender Bedeutung. Wenn man — wie E. Elöd das tut — die Chromaufnahme durch die Blöße als eine durch Säurebindung der Haut zustande kommende Reaktion auffaßt, so muß naturgemäß das Flottenverhältnis einen maßgebenden Faktor für die

Chromaufnahme bilden. Mit zunehmendem Flottenverhältnis müßte nämlich die Beeinflussung des Hydrolysengrades des Chromsalzes durch die Aufnahme der Säure vermindert werden, was eine verringerte Chromfixierung durch die Blöße ergeben würde. Die Verhältnisse würden demnach ungefähr so liegen, als ob man eine bestimmte Brühemenge bzw. deren 10faches beidemal mit der gleichen Alkalimenge basisch stellen würde. Die Basizitätserniedrigung wird natürlich im letzteren Fall nur ein Zehntel der ersten ausmachen.

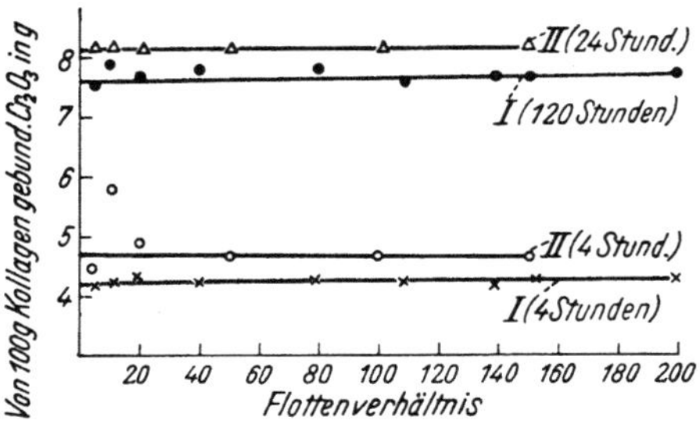

Abb. 74. Einfluß des Flottenverhältnisses auf die Gerbung von Kalbsblöße mit Chromsulfatbrühen [K. H. Gustavson (*10*)]. Gerbdauer 4, 24 und 120 Stunden. (Das Flottenverhältnis gibt das Volumen der Chromlösung auf das Trockengewicht der Blöße an.)

Kurve *I* 35% basische Chromsulfatbrühe, 20 g Cr_2O_3 im Liter; Kurve *II* 57% basische Chromsulfatbrühe, 20 g Cr_2O_3 im Liter.

In einer Arbeit von G. Otto (*1*) liegen einige Bestimmungen über den Einfluß des Flottenverhältnisses auf die Chromaufnahme durch neutrale Blöße aus einem 33% basischen Chromchlorid, mit 19 g/l Cr_2O_3, bei 8stündiger Gerbdauer vor. Die Ergebnisse sind in Tabelle 84 zusammengestellt.

Die Abnahme der Chromaufnahme mit steigender Flottenmenge ist deutlich. Der Befund wurde als eine Bestätigung der von E. Elöd und Mitarbeitern vertretenen Anschauung über den Verlauf der Chromgerbung aufgefaßt. Bemerkt sei, daß in den theoretischen Arbeiten das Flottenverhältnis nicht wie in der Praxis auf das Blößengewicht, sondern auf das Gewicht der Hautsubstanz bezogen wird, was ein 3- bis 4mal größeres Flottenverhältnis ergibt.

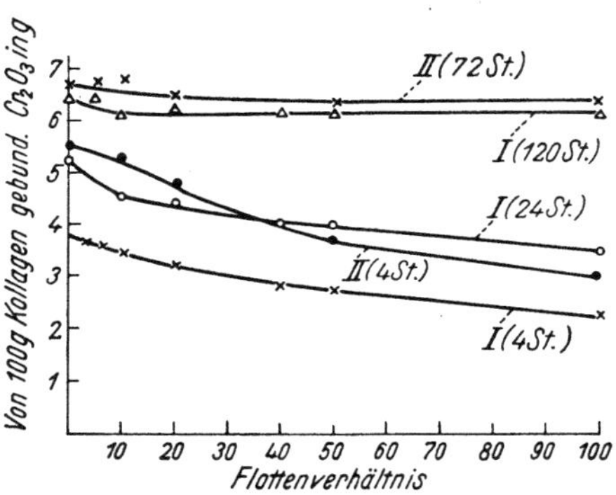

Abb. 75. Einfluß des Flottenverhältnisses auf die Gerbung von Kalbsblöße mit Chromchloridbrühe [K. H. Gustavson (*10*)]. Versuchsbedingungen wie in Abb. 74.

Kurve *I* 40% basische Chromchloridbrühe; Kurve *II* 60% basische Chromchloridbrühe.

Tabelle 84. Einfluß des Flottenverhältnisses auf die Chromgerbung.

Versuch Nr. 4	ccm Chrombrühe pro 1 g Blöße	Cr_2O_3-Gehalt im Leder in Prozenten
1	10	11,3
2	30	10,0
3	100	8,8
4	600	7,5

Einige Zahlen aus einer eingehenden Untersuchung dieser Frage sind in Abb. 74 und 75 in Kurvenform wiedergegeben und lassen den Einfluß des Flottenverhältnisses in verändertem Licht erscheinen. Bei diesen Versuchen wurden die Flottenverhältnisse so gewählt, daß in allen Fällen eine maximale Chromaufnahmefähigkeit der Blöße gesichert war.

Die Kurven der Chromsulfate bewiesen, daß bei dieser Gerbung die Chromaufnahme von dem Flottenvolumen unabhängig ist. Bei sehr kurz dauernder Gerbung (2 bis 4 Stunden) hat sich bisweilen eine Andeutung des von G. Otto (*1*) gefundenen Einflusses bemerkbar gemacht. Anders liegen die Verhältnisse bei der Chromchloridgerbung. Bei dieser ist zu Beginn der Gerbung eine deutliche Abhängigkeit der Chromaufnahme von dem Flüssigkeitsvolumen vorhanden;

bei langdauernder Gerbung gleichen sich die Unterschiede jedoch praktisch aus. Diese Befunde sind mit der Auffassung gut vereinbar, daß die Chromsulfate durch Blöße auf zweierlei Art gebunden wurden und daß bei der Chromchloridgerbung die Ionenreaktion vorherrscht (vgl. S. 195).

c) Die Zweibadgerbung.

Die Zweibadchromgerbung wurde im großen und ganzen bereits in ihrer jetzigen Form 1884 von A. Schultz patentiert und wird heute hauptsächlich für Chevreaux (Chromziegenleder) und Chromschafleder verwendet. Bei diesem Verfahren wird die Blöße im ersten Bad, das aus einer Lösung von Alkalibichromat und Mineralsäure (Salzsäure oder Schwefelsäure) besteht, so lange bewegt, bis die Blöße mit Chromsäure gesättigt ist. Nach beendeter Chromaufnahme wird die von der Blöße aufgenommene Chromsäure in einem zweiten Bad reduziert. Vorwiegend wird Fixiersalz als Reduktionsmittel benutzt und nur ausnahmsweise, besonders für schwere Leder, kommt Natriumsulfit in Betracht. Das Endergebnis ist die Bildung basischer Chromsulfate in der Blöße selbst.

Im folgenden können nur einige allgemeine Gesetzmäßigkeiten dieses Verfahrens gestreift werden. Für eingehendere Angaben sei auf die grundlegenden Arbeiten von E. Stiasny und seinen Mitarbeitern über die Chemie des Reduktionsbades sowie auch auf die Untersuchungen von L. Meunier und seinen Schülern über die Einzelheiten des ersten Bades verwiesen.

Mit dem Zweibadverfahren begann der Triumphzug der neuen Mineralgerbung. Für den Erfolg waren besonders die im Zusammenhang mit dem eigentlichen Gerbprozeß ausgearbeiteten und vervollkommneten Fettungs- und Zurichtungsmethoden verantwortlich. Diese Neuerungen auf technischem und maschinellem Gebiet sollten sich später auch für die weitere Entwicklung des Einbadverfahrens als ausschlaggebend erweisen.

Die Vorgänge im ersten Bad.

Das erste Bad besteht aus Bichromat und Mineralsäure; im Originalverfahren wurden 5% Kaliumbichromat und 2,5% Salzsäure (30%ig) empfohlen. Die für die vollständige Freisetzung der Chromsäure nötige Menge 30%iger Salzsäure würde 4% betragen. Demnach ist ein bedeutender Bichromatüberschuß vorhanden, was aus rein theoretischen Gründen als unwirtschaftlich zu bezeichnen ist, da die Blöße aus einer Bichromat-Chromsäure-Lösung nur die Chromsäure aufnimmt. Im Betrieb wurde jedoch, trotz vieler Versuche und Vorschläge, stöchiometrische Verhältnisse der Einzelkomponenten unter Neutralsalzzusatz einzuführen, an einem mäßigen Bichromatüberschuß festgehalten. Früher wurde behauptet, daß die überschüssige Menge Bichromat schwellungshemmend wirken würde. In diesem Fall wäre es vorteilhaft, statt teuerem Bichromat eine äquivalente Menge des billigen Kochsalzes im ersten Bad zu verwenden. Nach den Untersuchungen von L. Meunier und P. Chambard übt Chromsäure aber überhaupt keine Schwellwirkung auf die Blöße, sondern gerade das Gegenteil aus, da mit Mineralsäure geschwellte Blöße im Chromsäurebad verfällt. Die chromsäuregesättigte Blöße besitzt auch lederartige Eigenschaften und die Chromsäure liegt in einer teilweise irreversiblen Bindung mit der Haut vor [R. F. Innes (*2*), S. **43**, (*3*)]. Der Einfluß des praktisch bewährten Bichromatüberschusses ist also, wie später gezeigt werden wird, auf andere Weise zu erklären.

Die Chromaufnahme durch die Blöße wird ausschließlich von den folgenden drei Faktoren bestimmt: 1. der Konzentration der Bichromatlösung, 2. der zugesetzten Mineralsäuremenge, 3. dem Neutralsalzgehalt des Bades.

Mit steigender Chromsäurekonzentration erhöht sich die Chromaufnahme durch die Hautblöße, wie Abb. 76 zeigt. Der Maximalwert sollte dann erreicht werden, wenn die basischen Gruppen der Blöße mit Chromsäure abgesättigt sind. In Anbetracht der teilweisen Irreversibilität der Bindung [R. F. Innes (*1*)] und der Polysäurenatur der Chromsäure sowie wegen der kapillar aufgenommenen Chromsäure kann aber infolge der anderen Bindungsmöglichkeiten für die Chromsäure an die Hautproteine eine weitere Bindung, über die der äquivalenten Säurebindungsfähigkeit hinaus, erfolgen. Im neutralsalzfreien Bad wird nach R. F. Innes [(*1*), (*2*), S. 34] die optimale Ausnutzung des ersten Bades bei einer Chromsäurekonzentration, die 4,3 Vol.-% Natriumbichromat entspricht, erreicht. Dabei werden 76% des Gesamtchromgehalts ausgenutzt. Bei der praktischen Gerbung mit salzhaltiger Brühe ist der entsprechende Wert nur 66%. Die Chromsäurekonzentration darf nicht zu hoch sein, da dies mürbes Leder ergeben würde [R. F. Innes (*1*), (*2*), S. 36].

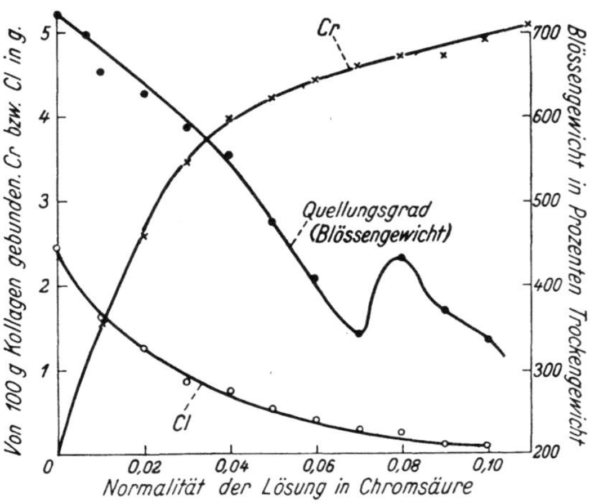

Abb. 76. Aufnahme von Chrom- und Salzsäure durch Blöße als Funktion der Konzentration der Chromsäurelösung und Quellunggewichte der behandelten Blößenstücke [R. F. Innes (*1*)]. Arbeitsweise: 3 g mit Aceton dehydratisierte Blößenstücke wurden in 300 ccm 0,02 n Salzsäure eingelegt, die durch Zusatz von Chromsäure auf die in der Abszisse angegebenen Chromsäurenormalitäten eingestellt wurde. Behandlungsdauer 120 Stunden. Der Quellungsgrad der Blöße ist in Prozenten „Trockengewicht" der ursprünglichen Blöße ausgedrückt.

Das fertige Zweibadleder enthält gewöhnlich nur 2,5 bis 3,5% Cr_2O_3, bezogen auf das lufttrockene Leder. Die entsprechenden Werte für Einbadleder liegen meistens bedeutend höher, so ist z. B. für Chromkalbleder ein Chromgehalt von 6 bis 8% die Regel. Nach den praktischen Erfahrungen müssen auf jedes Prozent Cr_2O_3 im Fertigleder je 1 bis 1,5% Natriumbichromat auf das Blößengewicht für das erste Bad berechnet werden. In der Praxis sind 5 bis 7% Natriumbichromat üblich. Selbstverständlich ist der Ausnutzungsgrad der Chromsäure bei einem auf das Blößengewicht bezogenen Prozentsatz in erster Linie von dem Flottenverhältnis abhängig. Bei der Haspelgerbung mit Flotten bis zu 400% ist die Ausnutzung viel schlechter als bei der Faßgerbung, in der Flotten von nur 125 bis 175% des Blößengewichts zur Verwendung kommen. In Amerika wird vorwiegend im Faß gearbeitet, während in Europa die Haspelgerbung vorgezogen wird. Letzteres hat den Nachteil, daß zur gleichen Chromaufnahme durch die Blöße, verglichen mit der Faßgerbung, eine größere Chrommenge erforderlich ist. Dieser Umstand kann jedoch dadurch verbessert werden, daß man die Restbrühen für eine folgende Partie verwendet. Eine chemische Kontrolle der Restbrühen ist dabei unerläßlich, da sich Salz und Bichromat in den Restbrühen anreichern. Die Haspelgerbung besitzt jedoch deutliche Vorteile gegenüber der Faßgerbung, da zarte Blößen mechanisch nicht so stark beansprucht werden und der Reaktionsverlauf leichter zu überwachen ist. Bei großer Produktionskapazität haben sich wiederum bestimmte Vorteile der Faßgerbung gegenüber dem Haspelverfahren ergeben, besonders in bezug auf die Materialersparnis, die Verwendung stets neuer Bäder von konstanter Zusammensetzung und schließlich geringere Arbeitskosten.

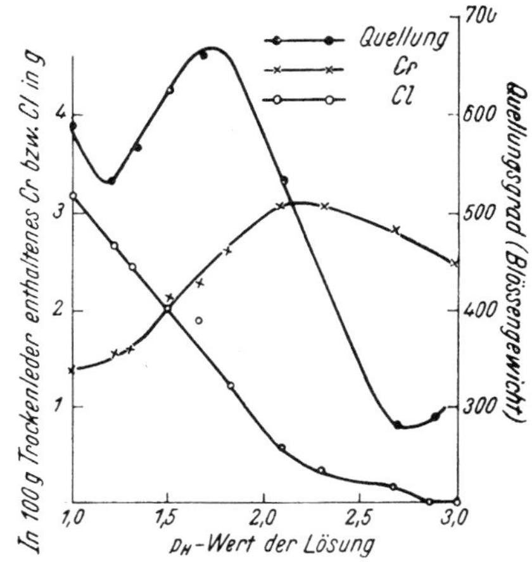

Abb. 77. Aufnahme von Chrom- und Salzsäure durch Blöße und Quellungsgrad der behandelten Blöße als Funktion der Wasserstoffionenkonzentration der Lösung [R. F. Innes (1)]. Versuchsbedingungen: 3 g mit Aceton dehydratisierte Blöße wurden 48 Stunden in 300 ccm Chromsäure-Salzsäure-Lösung behandelt. Die Chromsäuremenge war konstant (0,52 g CrO_3 im Liter) und die Lösung wurde auf die verschiedenen p_H-Werte durch Salzsäurezugabe eingestellt. Der Quellungsgrad wurde wie im Versuch der Abb. 76 bestimmt.

Der zweite wichtige Faktor für den Verlauf der Chromsäureaufnahme durch die Blöße ist der Mineralsäuregehalt des Bades. Das optimale Verhältnis liegt bei stöchiometrischem Verhältnis zwischen Bichromat und Salzsäure, da nur Chromsäure, aber kein Bichromat von der Blöße gebunden wird. Bei größeren Mineralsäuremengen nimmt die Blöße auch Mineralsäure unter Verminderung der Chromsäurebindung auf. Abb. 77 zeigt den Einfluß des p_H-Wertes des Chromsäure-Salzsäure-Bades auf die Aufnahme von Chromsäure (als % Cr) und Salzsäure (als % Cl) durch Blöße. Im Chromsäure-Mineralsäure-Bad tritt auch Schwellung der Blöße ein.

Ist eine Neutralsalzkonzentration vorhanden, die größer ist als die bei stöchiometrischem Reaktionsverhältnis zwischen Bichromat und Mineralsäure gebildete NaCl- oder Na_2SO_4-Menge, so wird die Chromsäureaufnahme durch die Blöße erheblich herabgesetzt, wie die Zahlen in der nachfolgenden Tabelle 85 zeigen, welche der Dissertation von P. Chambard entnommen ist (S. 71 und 72).

Nach diesen Ergebnissen erhöht sich die von der Blöße aufgenommene Salzsäure- und Schwefelsäuremenge mit steigender Kochsalz- bzw. Glaubersalzkonzentration der Lösung. Diese Mineralsäurebindung geschieht auf Kosten der Chromsäureaufnahme der Blöße. Durch übermäßige Neutralsalzzugabe wird ein flaches, blechiges Leder erzeugt. Diese Befunde geben Antwort auf die Frage, ob der gewöhnlich verwendete Bichromatüberschuß durch die entsprechende Neutralsalzmenge ersetzt werden kann: Die durch die Neutralsalzwirkung verringerte Chromaufnahme gleicht die Ersparnis an Bichromat im ersten Bad aus und die Lederqualität wird vermindert. Damit ist die Berechtigung des in der Praxis angewendeten Bichromatüberschusses klar bewiesen.

Tabelle 85. Einfluß von Neutralsalzzusätzen auf die Chromaufnahme durch Blöße (nach P. Chambard).

Je 10 g Kollagen entsprechende Blößenstückchen wurden in 150 ccm 1,3%igen CrO_3-Lösungen mit den angegebenen NaCl- und Na_2SO_4-Zusätzen 24 Stunden lang geschüttelt.

Nr.	Zusammensetzung des Chrombades		Von 10 g Kollagen aufgenommene CrO_3- und Mineralsäuremengen	
	CrO_3 in Gramm	NaCl in Gramm	CrO_3 in Gramm	HCl in Gramm
1	1,97	0,58	1,12	0,095
2	1,97	1,16	1,05	0,131
3	1,97	2,32	0,97	0,206
4	1,97	4,64	0,84	0,300
		Na_2SO_4 in Gramm		SO_3 in Gramm
5	1,97	0,70	1,05	0,203
6	1,97	1,40	1,00	0,236
7	1,97	2,79	0,89	0,321
8	1,97	5,59	0,80	0,551

Die bevorzugte Aufnahme starker Mineralsäuren durch die Blöße aus einer neutralsalzhaltigen Chromsäurelösung (L. Meunier und P. Chambard) ist ebenso zu erklären wie die teilweise Aufnahme von Salzsäure aus einer Pickellösung, die Kochsalz und eine mäßig starke organische Säure, wie z. B. Ameisensäure, enthält. Wie E. Stiasny und A. Papayannis besonders bei der Besprechung der Befunde P. Chambards betonen, nimmt die Blöße vorwiegend diejenigen Ionenpaare auf, für die sie ein ausgeprägtes Bindungsvermögen besitzt. Das Gemisch von Bichromat und Kochsalz, die beide starke Elektrolyte sind, besteht aus vier Ionen: H^+, $Cr_2O_7^{2-}$, Na^+ und Cl^-. In diesem Fall werden bevorzugt HCl und $H_2Cr_2O_7$ von der Blöße gebunden. Die Ionenpaare NaCl und $Na_2Cr_2O_7$ werden nur kapillar adsorbiert. Je größer die Kochsalzkonzentration ist, desto größere Mengen Cl^- und damit HCl stehen für die Blöße zur Verfügung und desto größere Salzsäuremengen werden auf Kosten der Chromsäurebindung aus der Lösung aufgenommen. Auch R. F. Innes [(*2*), S. 35] ist auf Grund ausgedehnter praktischer Erfahrungen und theoretischer Forschung auf dem Gebiet der Zweibadgerbung nicht der Meinung, daß der Bichromatüberschuß in dem praktisch bewährten prozentualen Verhältnis Natriumbichromat : Salzsäure = 2 : 1 durch Salzzusatz ersetzt werden könne. Innes (*1*) hat auch gezeigt, daß die Blöße aus einer stöchiometrischen Bichromat-Salzsäure-Lösung zu Beginn der Reaktion Salzsäure fixiert. Diese wird zwar allmählich im weiteren Reaktionsverlauf von der Chromsäure verdrängt, aber die eintretende Schwellung hat auf die Narbenbildung und die anderen Eigenschaften des erzeugten Leders einen nicht zu vernachlässigenden Einfluß. Dieses Verhalten ist aus der nachfolgenden Tabelle 86, die der Abhandlung von E. Stiasny und A. Papayannis entnommen ist, deutlich zu ersehen. Für diese Versuche wurden neutrale Blößenstückchen verwendet.

Tabelle 86. Abhängigkeit der Aufnahme von Chromsäure und Salzsäure durch die Blöße von der Zeit (nach E. Stiasny und A. Papayannis).

Nr.	Zusatz zum 1. Bad (5% Bichromat + 100% Wasser)	Behandlungsdauer in Stunden	Von 100 g Hautsubstanz aufgenommene Mengen in Gramm		
			CrO_3	$K_2Cr_2O_7$	HCl
1	2,5% Salzsäure (30%ig)	1/2	9,0	0	0,4
2	2,5% Salzsäure (30%ig)	2	9,2	0	0,3
3	2,5% Salzsäure (30%ig)	6	9,0	1,3	0
4	4% Salzsäure (30%ig) + 1,9% Kochsalz	6	10,5	0	0,6

Vergleicht man Versuch Nr. 4 mit Versuch Nr. 3, so tritt auch der Einfluß eines mäßigen Kochsalzzusatzes zu einer Chromsäurelösung ($Na_2Cr_2O_7$ + 2 HCl) auf die Salzsäureaufnahme durch die Blöße deutlich hervor.

Zur Herstellung eines einwandfreien Einbadchromleders ist eine vorhergehende Pickelbehandlung erforderlich, bei der Zweibadgerbung ist diese jedoch nicht nötig. Wenn gepickelte Blößen zum Gerben gelangen, so muß selbstverständlich die mit den gepickelten Blößen ins Bad eingeschleppte Säuremenge berücksichtigt werden. In diesem Fall wird dem ersten Bad eine geringe Kochsalzmenge zugesetzt, um die Schwellung der Blöße zu verhindern.

Die technische Ausführung des Chrombades ist nur kleinen Änderungen unterworfen. Zu Beginn der Entwicklung des Zweibadverfahrens wurde ausschließlich Kaliumbichromat verwendet. Jetzt hat sich ganz allgemein die Anwendung des billigeren Natriumbichromats durchgesetzt. Der frühere Nachteil, daß das Natriumsalz stark hygroskopisch ist, wurde mit der Qualitätsverbesserung des

Natriumbichromats größtenteils behoben. Von praktischer Seite wird auch hervorgehoben, daß das Kaliumsalz eine besondere milde Wirkung auf die Blöße ausüben und dadurch eine zarte schöne Narbenbildung zustande kommen soll. Diese übernommene Auffassung findet in den jetzigen Kenntnissen über Neutralsalzwirkung keine Stütze. Ferner ist die bei der Zweibadgerbung ursprünglich verwendete Salzsäure in vielen Betrieben durch die billigere Schwefelsäure ersetzt worden. Die Gerbdauer im ersten Bad richtet sich nach der Natur der Blöße und den Chromierungsbedingungen. Im Faß wird die Blöße etwa 4 Stunden gewalkt. Nach den Ausführungen von R. F. Innes (*1*) soll die mechanische Behandlung der Blöße, z. B. die Dauer und Beanspruchung beim Walken, für die Ledereigenschaften der Blöße von allergrößter Bedeutung sein. Demnach ist für die Gerbdauer nicht nur die Erreichung des Gleichgewichts in der Chromaufnahme maßgebend, da durch sie auch der Grad der lederartigen Beschaffenheit der chromsäureimprägnierten Blöße geregelt werden soll. Die Lederartigkeit steht wahrscheinlich mit dem Anteil an irreversibel in der Blöße gebundener Chromsäure im Zusammenhang. Die Chromsäure dürfte sich in ihrer Wirkung an die gerbenden Polysäuren, z. B. die Wolframsäuren, anschließen [A. Küntzel und C. Rieß (*3*)]. Bei gebeizter Blöße werden in der Praxis ungefähr folgende Verhältniszahlen angewendet: 5% Natriumbichromat, 2,5 bis 3% Salzsäure (30%ig) in 150% Wasser. Das Bichromat-Säure-Gemisch wird in 3 Teilen zugegeben. Nach beendeter Chromsäureaufnahme werden die Felle auf den Bock geschlagen und in der Regel 2 Tage lang gelagert, wodurch eine gleichmäßige Verteilung der Chromsäure im Blößeninnern und eine Fixierung der Außenschicht des Leders erzielt wird. Die chromierten Blößen sind in diesem Zustand vor direktem Licht zu schützen, da dieses eine partielle Reduktion der Chromsäure hervorruft, was später zu vielen Komplikationen führt. Nach dem Ausrecken der Felle, wodurch die nicht gebundenen Stoffe, besonders Bichromat und Salz, entfernt werden und eine gewisse Lederartigkeit erzeugt wird, ist die Ware für das Reduktionsbad fertig. Um die Verluste, die durch Herauslösen der Chromsäure im zweiten Bad eintreten, zu vermindern, werden die Blößen bisweilen durch eine Fixiersalzlösung, die eine geringe Säuremenge enthält, gezogen, wodurch eine leichte oberflächliche Reduktion erzielt wird. Nach R. F. Innes (*1*) besteht das „Bluten" in einer Abgabe von Bichromat und nicht in Chromsäureverlusten. Bei rationeller Arbeitsweise im Reduktionsbad ist, wie R. F. Innes ausdrücklich betont, die Gefahr eines „Ausblutens" praktisch zu vernachlässigen. Für diese Angerbung der Blößen ist die Art der Säurezugabe im Vorreduktionsbad von besonderer Bedeutung.

Die Vorgänge im Reduktionsbad.

Thiosulfat wird ausschließlich bei der Chevreauxgerbung als Reduktionsmittel verwendet. Für Kalb- und Spezialleder hat sich Natriumsulfit und -bisulfit eingeführt, deren Reduktionswirkung durch Säurezusatz (Schwefelsäure oder Salzsäure) gefördert wird.

Das Thiosulfat erfüllt zwei verschiedene Funktionen. Zu Beginn des Prozesses wirkt es als Reduktionsmittel, gegen Ende mehr als Neutralisationsmittel.

Für das Verständnis des Reduktionsvorgangs sind Kenntnisse über die Reaktionsmöglichkeiten von Thiosulfat mit Säure notwendig. Eingehende Untersuchungen dieser komplexen Reaktionen verdanken wir E. Stiasny und F. Prakke (vgl. auch S. 155 und 205).

Die Reduktion des Bichromats durch Thiosulfat zu 3wertigem Chromsalz geht nur in saurem Medium vor sich:

$$Cr_2O_7^{2-} + 8\,H^+ \rightleftarrows 2\,Cr^{3+} + 3\,O + 4\,H_2O.$$

Diese Abhängigkeit des Reaktionsgleichgewichts von der Wasserstoffionenkonzentration des Mediums bedingt, daß die Reduktion bei niedrigen p_H-Werten glatter verläuft als bei mittleren. Im ersten Fall folgt die Reaktion der Gleichung I:

$$S_2O_3^{2-} + 4\,O + H_2O \rightarrow 2\,SO_4^{2-} + 2\,H^+. \qquad (I)$$

Bei mäßiger H-Ionenkonzentration wird die verbrauchte Oxydationskraft der Chromsäure durch die folgende Gleichung II veranschaulicht:

$$2\,S_2O_3^{2-} + O + 2\,H^+ \rightarrow S_4O_6^{2-} + H_2O. \qquad (II)$$

Diese Gleichungen zeigen, daß bei starker Oxydation (I) Säure bei der Reduktion gebildet wird, während bei gelinder Oxydation Säure vom Thiosulfat verbraucht wird (II). Bei schneller Zugabe der Säure tritt die starke Oxydationswirkung in den Vordergrund. Andererseits wird die säurebindende Reaktion durch einen niedrigen Säuregrad des Bades (langsame Säurezugabe) begünstigt. Wie E. Stiasny und A. Papayannis gezeigt haben, kann die Basizitätszahl des auf der Faser gebundenen Chromsalzes je nach der H-Ionenkonzentration des Bades in gewissen Grenzen verändert werden. Bei schneller Säurezugabe wird von der Haut ein mäßig basisches Chromsalz aufgenommen. Eine vorsichtige Säuredosierung führt zur Bildung eines hochbasischen Chromsulfats. Die von E. Stiasny und A. Papayannis ermittelten Basizitätszahlen der in den beiden extremen Fällen gebundenen Chromsulfate stehen im Einklang mit den beiden oben angeführten Reaktionsgleichungen. In Reaktion I (starke Oxydation des Thiosulfats) wird Säure freigesetzt, was zusätzliche Säure im Chromsalz bedeutet. Bei der Reaktion II wird Säure verbraucht, was einer geringeren Menge gebundener Sulfatgruppen entspricht (erhöhte Basizitätszahl).

In Tabelle 87 sind die Befunde von E. Stiasny und A. Papayannis über den Einfluß der Art der Säurezugabe auf die Zusammensetzung des Leders angeführt. Das erste Bad bestand aus 3,7% Chromsäure in 100%iger Flotte. Die Zusammensetzung des Reduktionsbades war: 16% Thiosulfat, 200% Wasser, 9% Salzsäure (30%ig). Die Basizitätszahl des auf der Faser fixierten Chromsalzes wurde nach der Methode von C. Rieß und A. Papayannis (*2*) bestimmt.

Tabelle 87. Einfluß der Art der Säurezugabe auf die Zusammensetzung des Leders (E. Stiasny und A. Papayannis).

Art der Säurezugabe im Reduktionsbad	Von 100 g Kollagen gebundene Mengen in Gramm		Basizitätszahl des Chromsalzes im Leder	Schrumpfung
	Cr	H_2SO_4		
Langsam	7,0	4,4	67	kochbeständig
Schnell	6,8	7,6	43	,,

Um die oben angegebenen Ergebnisse der Versuche mit Blößenstückchen zu bestätigen, wurde auch ein Gerbversuch mit zwei Hälften einer Ziegenblöße ausgeführt. Sie wurden im gemeinsamen Bad chromiert und darauf in getrennten Bädern reduziert. Die Zusammensetzung der Lösungen war dieselbe wie bei den vorhergehenden Versuchen.

Tabelle 88.

Blößenhälfte	Art der Säurezugabe im Reduktionsbad	Basizitätszahl des Chromsalzes im Leder	Schrumpfungstemperatur °C
Linke Hälfte	schnell	45	99
Rechte Hälfte	langsam	65	100

Die linke Hälfte zeigte glatteren Narben und ausgeprägteren Chevreauxcharakter als die rechte, welche dagegen einen volleren Griff aufwies.

In erster Linie bestimmen die Thiosulfat- und Säuremengen die Natur des erzeugten Leders. Die Bildung eines hochbasischen Chromsalzes im Leder ergibt ein volles, weiches Leder, aber der Narben wird häufig grob und rinnend. Wird an die Hautproteine ein mäßig basisches Chromsalz gebunden, so ist gewöhnlich mit glatter Narbenbildung und gutem Stand des Leders zu rechnen.

Nach E. Belavsky und J. Makarius wird mit steigendem Chromgehalt des Zweibadleders die Zügigkeit vergrößert und die Fülle verbessert. Nach dem Zwicken in der Schuhfabrikation zeigten jedoch Leder mit hohem Chromgehalt einen abgehobenen Narben. Bei Ledern mit kleinerem Chromgehalt ist die Zügigkeit geringer, der Narben tief und glatt, im allgemeinen chevreauxähnlicher, aber das Leder ist flach und leer.

Um die im Reduktionsbad nötigen Mengen Thiosulfat und Säure zu berechnen, müssen die Hauptreaktionsgleichungen aufgestellt werden. In der grundlegenden Arbeit von E. Stiasny und B. M. Das wurden die mannigfaltigen Oxydationsmöglichkeiten des Thiosulfats berücksichtigt (vgl. S. 155 und 205).

Es ergeben sich folgende Oxydationsgleichungen:

$$Na_2S_2O_3 + O = Na_2SO_4 + S, \quad \text{(a)}$$

$$Na_2S_2O_3 + 2\,O_2 + H_2O = Na_2SO_4 + H_2SO_4, \quad \text{(b)}$$

$$2\,Na_2S_2O_3 + O + H_2SO_4 = Na_2S_4O_6 + Na_2SO_4 + H_2O. \quad \text{(c)}$$

Die Gleichung der Chromsäurereduktion ist, wie früher erwähnt:

$$H_2Cr_2O_7 + 2\,H_2SO_4 + X = Cr_2(OH)_2(SO_4)_2 + X\,O_3 + 2\,H_2O,$$

wobei X das Reduktionsmittel bedeutet.

Setzt man die Gleichungen (a), (b) und (c) in diese Grundgleichung ein, so ergibt sich:

A. $H_2Cr_2O_7 + 2H_2SO_4 + 3Na_2S_2O_3 = Cr_2(OH)_2(SO_4)_2 + 3Na_2SO_4 + 3S + 2H_2O,$

B. $4H_2Cr_2O_7 + 5H_2SO_4 + 3Na_2S_2O_3 = 4Cr_2(OH)_2(SO_4)_2 + 3Na_2SO_4 + 5H_2O,$

C. $H_2Cr_2O_7 + 5H_2SO_4 + 6Na_2S_2O_3 = Cr_2(OH)_2(SO_4)_2 + 3Na_2S_4O_6 + 3Na_2SO_4 + 5H_2O.$

Diese komplizierten Reaktionen spielen sich nebeneinander ab. Die Konzentration der Lösung, die Säure- und Thiosulfatmenge bestimmen die relative Größenordnung der einzelnen Reaktionsformen. Normalerweise soll nach E. Stiasny [(*8*), S. 481)] die Reaktion nach Gleichung A ca. 30 bis 40% der Gesamtreaktion betragen. Nach Reaktion B verläuft nur höchstens 10 bis 20%, nach C ungefähr die Hälfte. Besonders bemerkenswert ist, daß die im Reduktionsbad gebildete freie Schwefelmenge viel geringer ist als die aus den Gleichungen berechnete. Diese Unstimmigkeit zwischen Theorie und Praxis wurde früher mit der Bindung des freigesetzten Schwefels durch Tetrathionat unter Bildung von Pentathionat sowie mit der Anwesenheit kolloidalen Schwefels in Zusammenhang gebracht (E. Stiasny und B. M. Das). In der Arbeit von E. Stiasny und F. Prakke ergaben sich jedoch experimentelle Anhaltspunkte dafür, daß das Ausbleiben der Schwefelabscheidung im Anfangsstadium des zweiten Bades hauptsächlich auf Oxydation des hochdispersen Schwefels beruht und daß das gebildete Pentathionat nicht sekundär aus Tetrathionat und Schwefel, sondern direkt durch Umwandlung des Thiosulfats durch Säure entsteht. Die Hauptmenge des Schwefels wird infolge Einwirkung der Mineralsäure auf das überschüssige Thiosulfat abgeschieden.

Bei Verwendung von Salzsäure statt Schwefelsäure bilden sich im Leder auch basische Chromsulfate (E. Stiasny und B. M. Das). Wie im Abschnitt über die Neutralsalzwirkung bei der Einbadchromgerbung erwähnt wurde, verhalten sich basische Chromchloride in Anwesenheit von Neutralsulfaten als basische Chromsulfate, was auf Grund der ganz verschiedenen Komplexaffinität der Cl-

und SO_4-Gruppen verständlich ist. Die Gleichungen Stiasnys decken sich im großen und ganzen mit den aus der Praxis stammenden Befunden.

Nach den Gleichungen A, B und C müßten sich die im Leder vorhandene Chromsäure und die benötigten Mengen an 30%iger Salzsäure und Thiosulfat zueinander wie 1 : 2 : 3,5 verhalten. In der Praxis sind jedoch die entsprechenden Zahlen 1 : 3 : 6. Der Säure- und Thiosulfatüberschuß ist wohl begründet, da dadurch die Reaktionsgeschwindigkeit gesteigert wird, was das Ausbluten größerer Chromsäuremengen verhindert. Die Reaktionsgeschwindigkeit ist von der Konzentration des Bades und besonders von der Art der Säure- und Thiosulfatzugabe abhängig. Besonders die Art der Säurezugabe ist, wie früher erwähnt wurde, von allergrößter Bedeutung für den Basizitätsgrad des im Leder gebildeten Chromsulfats. Bei zu schneller Reduktion ist immer mit der Gefahr zu rechnen, daß sich der Narben des erzeugten Leders zieht und abhebt. Die gesamte Thiosulfatmenge, die betriebsmäßig bei einem Salzsäuregehalt von 6 bis 13% (30%iger) Säure 15 bis 25% auf das Blößengewicht beträgt, wird meist zusammen mit einem Drittel der Säure auf einmal zugegeben. Das zweite Säuredrittel wird dann nach kurzer Zeit langsam zugesetzt und der letzte Teil nach einigen Stunden. Von praktischer Bedeutung ist die Wirkung des überschüssigen Thiosulfats gegen Ende der Zweibadbehandlung, wo es vorwiegend als Neutralisationsmittel wirkt (E. Stiasny und F. Prakke). Ferner werden in der Brühe und auf der Faser basische Sulfitochromkomplexe gebildet, die gute Gerbwirkung besitzen. In der Praxis wird manchmal die Reduktion so geführt, daß Ein- und Zweibadverfahren gewissermaßen kombiniert werden. Durch die Bindung der anionischen Sulfitochromkomplexe an die Hautblöße kommt eine ideale Neutralisation des Leders zustande, so daß das Leder nur mehr gespült, aber nicht eigens neutralisiert werden muß. Diese Einstellung des Reduktionsbades wurde besonders von dem amerikanischen Gerbereichemiker A. Grynkraut theoretisch und praktisch ausgewertet.

Die Reduktion ist nach einigen Stunden beendigt. Bemerkt sei, daß bei Säuremangel Störungen in der Reaktion auftreten können; so ist nach E. Stiasny mit der Bildung von Chromi-Chromat-Sulfat zu rechnen, das verolt und sich nachher nur schwer reduzieren läßt. Andere Komplikationen im Reduktionsbad treten bei Verwendung arsenikhaltiger Säure auf. Der anormale Verlauf des Reduktionsvorganges in diesem Fall wird mit einer katalytischen Polymerisation der Thioschwefelsäure durch das Arsenik in Zusammenhang gebracht. Die Thioschwefelsäure setzt sich nämlich ohne Schwefeldioxydbildung in Pentathionsäure um und die Reaktion stockt.

Von neueren vielversprechenden Verfahren ist besonders die Methode von E. Stiasny und A. Papayannis bemerkenswert, bei der vorgeschlagen wird, sowohl im ersten als auch im zweiten Bad organische Säuren statt Mineralsäuren zu verwenden. Hauptsächlich wurden Versuche mit Ameisensäure gemacht. Das erzeugte Formiato-Zweibadleder war weich und voll; es war kochbeständig bei einem Chromgehalt von 3% Cr_2O_3 und einer Basizitätszahl des im Leder gebundenen Chromsalzes von 30 bis 50%. Das Formiato-Leder hat nur schwache „Chrom"-Farbe und soll sich vorzugsweise in Kombination mit anderen Gerbarten ausgezeichnet für weißes Leder eignen.

Die Natur des Zweibadleders.

In der früher erwähnten Arbeit von E. Belavsky und J. Makarius, in der besonders die Eignung des Chromziegenleders für die Fließbandarbeit der Schuhfabrikation besprochen wurde, finden sich interessante Angaben über die wünschenswerten Eigenschaften des Zweibadleders. Wie früher erwähnt, spielt der Chromoxydgehalt des fertigen Leders eine ausschlaggebende Rolle. Die Verfasser haben eingehend die Frage studiert, welches die kleinste erforderliche Chrommenge ist, um richtiges Chevreauxleder zu erhalten. Sie betrachten die Kochbeständigkeit des Leders als eine unumgängliche Notwendigkeit. Kochgares Leder soll ein gleichbleibendes Produkt garantieren, was besonders für eine erfolgreiche Fließbandarbeit mit ihren Temperatur- und Feuchtigkeitsunterschieden wichtig ist. Dem Schuhoberleder muß zuerst ein Wassergehalt von 25 bis 30% verliehen werden, um das Zwicken und andere Maschinenarbeiten zu erleichtern. Nachher, im fertigen Schuhwerk, wird das Leder auf einen Feuchtigkeitsgehalt von 10 bis 15% gebracht. Diese bedeutenden Schwankungen im Wassergehalt verursachen Flächenänderungen, die nach den Erfahrungen von E. Belavsky und J. Makarius bei kochgarem Leder am kleinsten sind. Die Verfasser kommen nach ihren umfassenden praktischen Erfahrungen zu dem Schluß, daß für ein gutes Chevreauxleder ein Mindestgehalt von 3% Cr_2O_3 im Fertigprodukt notwendig ist.

Der verschiedene Charakter des Einbad- und Zweibadleders wurde früher auf die Abscheidung von Schwefel im Zweibadleder zurückgeführt. Dadurch sollte die Weichheit, der charakteristische Griff und der zarte Narben des zweibadgegerbten Chromleders erzielt werden. Wie E. Stiasny [(*8*), S. 485] betont, ist diese Erklärung nicht befriedigend, da die Schwefelabscheidung größtenteils sekundär erfolgt und von der Ausführungsart der Reaktion nicht abhängt. E. Stiasny meint, daß die Chromverteilung durch das ganze Leder und die Basizität des auf der Faser gebundenen Chromsalzes eine bedeutende Rolle für den Unterschied zwischen den beiden Lederarten spielen. Die molekulare Chromsäure wird gleichmäßig von der Blöße aufgenommen und die Reduktion findet in situ statt, was auch eine gleichmäßige Chromverteilung im Inneren des Leders ermöglicht. Bei der Erzeugung von Einbadchromleder tritt der topochemische Faktor hervor, da für die Einbadgerbung mehrkernige Chromkomplexe verwandt werden und infolge der Siebwirkung der äußeren Blößenschichten in diesen eine Anreicherung an grobdispersen Chromverbindungen stattfindet.

Was die Basizitätszahl der von der Blöße gebundenen Chromverbindungen anlangt, so ist die allgemeine, auch von E. Stiasny geteilte Ansicht, daß das Zweibadleder weniger basisch ist als das Einbadleder. Je nach der Arbeitsweise im Reduktionsbad sind jedoch die Änderungen so groß, daß dem Basizitätsunterschied sicher nicht allgemeine Bedeutung zukommt. Von R. F. Innes (*3*) wird mit Recht hervorgehoben, daß die üblichen Säurebestimmungsverfahren durch oxydative Zerstörung des Leders und nachfolgende Sulfatbestimmung irreführende Werte ergeben, da ansehnliche Mengen von Polythionverbindungen und Schwefel im Leder als Fehlerquellen auftreten. Korrigiert man diese oder verwendet man eine zweckmäßigere Methode, so erhält man Basizitätszahlen von derselben Größenordnung wie bei Einbadleder.

Wichtiger als die angeführten Erklärungsmöglichkeiten scheint nach E. Stiasny der Verolungsgrad des an die Faser gebundenen Chromsalzes zu sein. Mit zunehmender Verolung wächst die Molekülgröße, besonders wenn eine kritische Basizitätszahl (50,0%) erreicht wird. Die in der Blöße gebildeten basischen Chromsulfate entstehen unter sehr milden Reaktionsbedingungen, was besonders aus den grundlegenden Versuchen von E. Stiasny und D. Balányi (*2*) hervorgeht. Die Einbadgerbbrühen sind polydisperse Systeme und die stark verolten mehrkernigen Komplexe, welche den größten Adstringenzgrad besitzen, werden zu Beginn der Gerbung bevorzugt durch die Blöße fixiert. Die Angerbung der Blöße setzt viel stärker als bei den Zweibadvorgängen ein, wodurch ein gröberer und nicht so dicht geschlossener Narben gebildet wird. Nach dieser

Auffassung müßte eine zweckmäßige Maskierung der üblichen Einbadchrombrühen denselben Gerbendeffekt wie die Zweibadgerbung ergeben. E. Stiasny, der diese Ansicht experimentell nachgeprüft hat, gibt an, daß er beim Einbadprozeß mit maskierten Chrombrühen einwandfreie Chevreauxleder erhalten habe.

d) Die Entsäuerung des Chromleders.

Die eigentliche Chromgerbung hängt innig mit den nachfolgenden Vorgängen, dem Waschen und Entsäuern, auch Neutralisieren genannt, zusammen. Dadurch werden auch günstige Vorbedingungen für die weiteren Arbeiten, wie Färben, Fetten und Zurichten, geschaffen. Die Aufgabe der Entsäuerung ist es, den Gerbvorgang abzuschließen.

Durch das Waschen werden kapillar aufgenommene wasserlösliche Stoffe und lose gebundene Substanzen, z. B. ungebundene Chromsalze und Neutralsalze (vorwiegend Natriumsulfat) entfernt. Dabei kommt auch je nach der Natur des Leders (Gehalt an freier und proteingebundener Säure), der Arbeitsweise und der Arbeitsbedingungen (in erster Linie Dauer und Temperatur des Waschens und Härte des Wassers) eine mehr oder minder bedeutende Entsäuerung zustande. Die praktische Erfahrung lehrt, daß ein mäßig hartes Wasser (Bicarbonathärte) für gute Endergebnisse besser als ein weiches ist. Nach den Angaben von R. F. Innes [(*2*), S. 44] löst weiches Wasser, z. B. Kondensationswasser, Chrom aus dem Leder heraus, ein Nachteil, der vermutlich auf den im Vergleich zu hartem Wasser niedrigen p_H-Wert eines solchen Wassers zurückzuführen ist. Mäßig hartes Wasser, besonders eines in dem die Bicarbonathärte überwiegt, wirkt in schwach alkalischem Gebiet (p_H 7 bis 8,5) als Puffer, wodurch bisweilen der gewünschte Entsäuerungsgrad schon durch das Waschen erzielt wird. Beim Waschen wird angestrebt, die nicht gebundenen Chromsalze möglichst vollständig zu entfernen, da diese sonst bei der nachfolgenden Behandlung im alkalischen Entsäuerungsbad ausgeflockt werden und durch Einlagerung in den Narben Komplikationen beim Färben, Fetten und Zurichten verursachen können. Unmittelbar auf das Spülen erfolgt das Entsäuern, das gewöhnlich im Faß ausgeführt wird.

Um das Verständnis zu erleichtern, sollen einige Bemerkungen über die Natur der im Leder gebundenen Chromverbindungen und über die Bindungsmöglichkeiten der in hydrolysierbarer Form vorhandenen Mineralsäure vorausgeschickt werden. Nach dem jetzigen Stand unserer Kenntnisse kommt die im Chromleder bei der Analyse als gebunden erfaßte hydrolysierbare Schwefelsäure hauptsächlich in zwei Formen vor:

1. Proteingebundene Schwefelsäure, 2. komplexgebundene Schwefelsäurereste [K. H. Gustavson (*6*)]. Die proteingebundene Säure stammt teils aus der hydrolytisch entstandenen Säure, teils aus den Sulfatresten, welche die kationischen Chromkomplexe kompensieren und, gleichzeitig mit deren Fixierung an die Carboxylionen der Hautproteine, von den basischen Proteingruppen gebunden werden. Die komplexgebundene Schwefelsäure ist vorwiegend in Form von Sulfatogruppen im Chromkomplex vorhanden. Die Anwesenheit eines durch Koordinationsbindungen angelagerten basischen Chromsulfats im Leder würde eine dritte Bindungsmöglichkeit für das hydrolysierbare Sulfat ergeben — im Chromsalz ionogen gebundenes Sulfat. Nach den Untersuchungen von A. Küntzel, C. Rieß, A. Papayannis und H. Vogl enthalten die im trockenen Leder gebundenen Chromkomplexe keine ionogen gebundene Säure. Demnach müßte das an die Peptidgruppen der Haut koordinierte Chromsalz durch die Bindung des Chroms an die Hautsubstanz weitgehende Änderungen in der Komplexzusammensetzung erfahren, die schematisch durch die nachstehende Gleichung wiedergegeben sind:

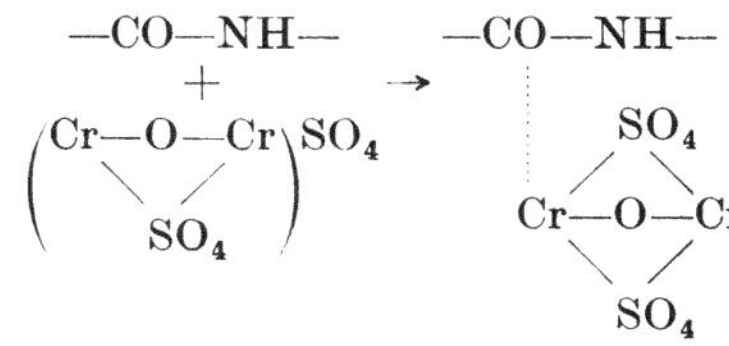

Diese Hypothese konnte jedoch nicht aufrechterhalten werden, da E. Elöd und Th. Schachowskoy bewiesen, daß sie mit den beobachteten Farbänderungen von entsprechenden Chrom-Gelatine-Gemischen nicht in Übereinstimmung steht. In einer späteren Arbeit haben A. Küntzel und C. Rieß (*1*) diese Vorstellung modifiziert und angenommen, daß die an Chrom ionogen gebundene Säure erst beim Trocknen des Leders in komplex gebundene Form übergeht. Das Trocknen des Leders mußte demnach dem Vorgang beim Einengen einer Chrombrühe wesensverwandt sein. Im letztgenannten Fall treten bisweilen die ionogenen Säuregruppen unter Bildung ungeladener und anionischer Chromverbindungen in den Chromkomplex ein (E. Stiasny und E. Gergely).

Nach der Anschauung von A. Küntzel und C. Rieß (*1*) würde die folgende Gleichung diese Veränderung beim Trocknen des Leders veranschaulichen (X = Säurerest):

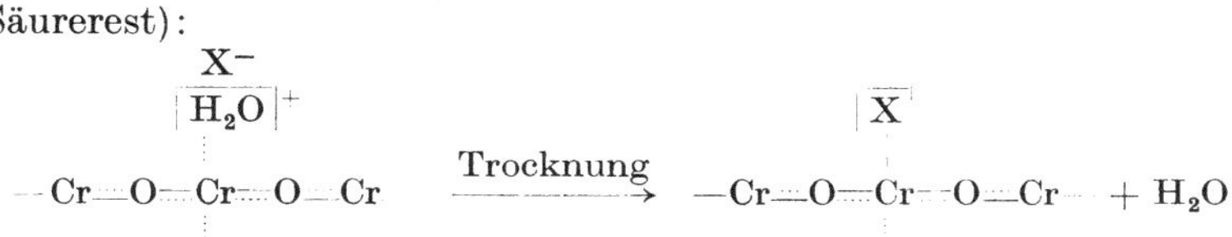

Nach dieser Auffassung wird angenommen, daß die Bindung des Chromkomplexes an die Hautproteine nicht vermittels des komplexbildenden, sondern durch ein anderes Chromatom des Komplexes erfolge. Im nassen Leder, also auch beim Entsäuerungsvorgang, mußten also ionogene Säuregruppen im Chromkomplex vorhanden sein und diese Gruppen müßten sich beim Neutralisieren wie die einer wässerigen Chromsalzlösung verhalten. Die Möglichkeit einer stufenweisen Ionisierung der Chromsalze, z. B.

$$[Cr_2X_2(OH)_2]X_2 \rightleftarrows [Cr_2X_2(OH)_2]X^+ + X^-,$$

würde auch bedeuten, daß solche ionogene Säuregruppen in den von den Hautproteinen entladenen Chromkomplexen vorkommen. Diese Frage nach der Zusammensetzung der Komplexe im nassen und trockenen Chromleder ist aber bei dem jetzigen Stand unserer Kenntnisse vorwiegend spekulativer Art. Für die praktische Deutung des Entsäuerungsvorganges ist eine Unterscheidung ebenfalls ratsam, aber es genügt zwischen komplexgebundenen Säuregruppen und leicht hydrolysierbarer Säure zu unterscheiden.

Das Problem des Neutralisierens liegt darin, die proteingebundene Säure unter möglichst milden Bedingungen zu beseitigen, so daß die komplexgebundenen Sulfatgruppen nicht in Reaktion treten. Es hat sich erwiesen, daß die Zusammensetzung der Chromkomplexe, besonders die Azidität der Sulfato-Chrom-Komplexe, die Eigenschaften des erzeugten Leders bestimmend beeinflußt, wie im ersten Kapitel dieses Bandes hervorgehoben wurde. Die Stabilität dieser Gruppen zeigt je nach der Natur der Chromgerbbrühen und der Arbeitsweise bei der eigentlichen Gerbung erhebliche Schwankungen. Wie früher erwähnt wurde, enthalten fertige trockene Chromextrakte Sulfato-Chrom-Komplexe mit Acidogruppen verschiedener Stabilität; ein Teil dieser Gruppen ist leicht verdrängbar. Bei den organisch reduzierten Brühen ist in der Regel mit einem weit höherem Stabilitätsgrad der Sulfatogruppen zu rechnen. Das oben gestreifte Problem des Neutralisierungsvorgangs wird infolge der geflechtartigen Struktur des Leders noch durch topochemische Einflüsse kompliziert, eine äußerst wichtige Frage, der besonders W. Schindler, K. Klanfer und E. Flaschner in ihrer Untersuchung über das Entsäuern Aufmerksamkeit geschenkt haben.

Ganz allgemein kann gesagt werden, daß zur Entsäuerung des Chromleders jede Lösung ausreicht, deren p_H-Wert oberhalb des isoelektrischen Punkts der Hautblöße, d. h. oberhalb p_H 5 bis 6, liegt [G. Otto (2)]. Aus anderen, später besprochenen Gründen soll die Anfangsalkalität der Neutralisationsflüssigkeit p_H 9 bis 9,5 nicht überschreiten. Der Hauptzweck des Neutralisationsprozesses beim Chromleder ist, die leicht hydrolysierbare Säure zu beseitigen. Deshalb ist auch in erster Linie die entsäuernde Wirkung der gewöhnlich verwandten Alkalien zu berücksichtigen, obwohl gleichzeitig noch andere Alkaliwirkungen auftreten.

Die entsäuernde Wirkung verschiedener Neutralitätsmittel auf Chromleder ist aus Tabelle 89, die eine Zusammenstellung der obengenannten Arbeit von W. Schindler, K. Klanfer und E. Flaschner zeigt, zu ersehen.

Tabelle 89. Entsäuernde Wirkung verschiedener Alkalien auf Chromleder (nach W. Schindler, K. Klanfer und E. Flaschner).

Art des Entsäuerungsmittels	Angewandte Menge in Prozenten, bezogen auf Leder	Temperatur in °C	Dauer in Stunden	Abnahme des Säuregehalts in Prozenten, bezogen auf den ursprünglichen Säuregehalt	
				in der Narbenschicht	in der Mittelschicht
$NaHCO_3$	1	20	2	32	12
$NaHCO_3$	2	20	1/2	56	29
$NaHCO_3$	2	20	2	45	36
$NaHCO_3$	4	20	2	71	52
$NaHCO_3$	2	40	1/2	77	35
$NaHCO_3$	2	40	2	55	26
$NaHCO_3$	2	60	1/2	67	37
$NaHCO_3$	2	60	2	47	32
Na_2CO_3	2[1]	20	1/2	59	15
Na_2CO_3	2	20	2	51	20
Na_2CO_3	4	20	1/2	96	31
Na_2CO_3	4	20	2	89	50
$Na_2B_4O_7$	2	30	1/2	67	8
$Na_2B_4O_7$	2	30	2	67	21
$Na_2B_4O_7$	4	60	1/2	82	35
$Na_2B_4O_7$	4	60	2	87	62
Wasserglas	2	20	1/2	100	20
Wasserglas	2	20	2	103	22
E. Stiasnys Puffermischung:					
$NH_3 + 2\,NH_4Cl$	2	20	2	18	2
$NH_3 + 1/2\,(NH_4)_2SO_4$	2	20	2	26	—8

Die Gleichmäßigkeit der Entsäuerung wurde durch Analyse von in Schichten gespaltenen entsäuerten Lederproben bestimmt. Die Hauptergebnisse dieser wichtigen Untersuchung sind folgende: Soda und Bicarbonat wirken zu Anfang der Entsäuerung auf die Außenschicht des Leders viel stärker neutralisierend als auf die Mittelschicht; bei langdauernder Behandlung wird jedoch das Leder dann gleichmäßig neutralisiert. Borax verhält sich wie Soda und andere starke Alkalien, welche vorwiegend die Außenschicht des Leders entsäuern, während die inneren Teile meist gar nicht betroffen werden. Die Autoren konnten sich dieses ganz überraschende Verhalten von Borax nicht erklären und zogen die

[1] Auf $NaHCO_3$ umgerechnet; dies gilt für alle folgenden Zahlen.

Möglichkeit komplexchemischer Veränderungen durch den Eintritt von Boratgruppen in den Chromkomplex unter teilweisər Verdrängung der Sulfatogruppen in Betracht, eine Ansicht, die auch von E. Stiasny in seiner Gerbereichemie [(*8*), S. 491] vertreten wird. Wie C. Rieß und A. Papayannis (*1*) später zeigen konnten, hat jedoch die Carbonatgruppe größere Neigung zur Komplexbildung mit dem Chromatom als die Boratgruppe. Diese Frage wurde von G. Otto (*2*) weiter untersucht und geklärt, indem er die Änderung der H-Ionenkonzentration während des Entsäuerungsvorgangs bei Verwendung äquivalenter Mengen der gebräuchlichen Neutralisationsmittel potentiometrisch verfolgte. Die Neutralisationskurven der auf Alkali bezogenen 0,1 normalen Lösungen sind in Abb. 78 wiedergegeben. Aus dieser ist zu ersehen, daß die Neutralisation durch Soda zu Anfang in einen sehr hohen p_H-Bereich, nämlich zwischen p_H 9 bis 10,3 fällt, die letzte Stufe liegt dann bei p_H-Werten zwischen 6 und 7. Borax übt seine neutralisierende Wirkung bei einem p_H

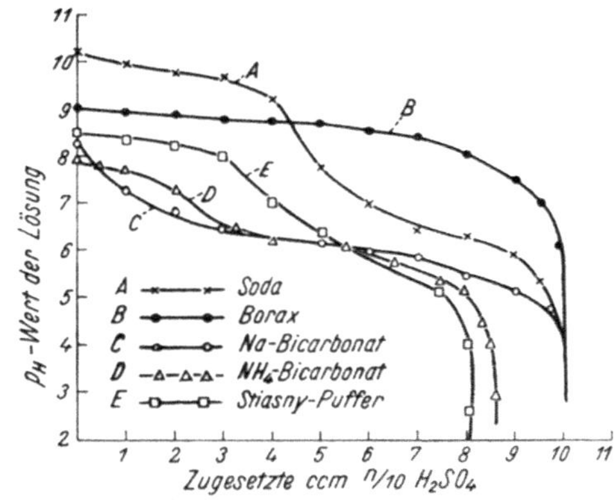

Abb. 78. Neutralisationskurven von n/10 Alkalilösungen [G. Otto (*2*)]. Die p_H-Messung wurde mit der Antimonelektrode ausgeführt.

Art der Neutralisation (% vom Falzgewicht bei 200% Neutralisationsflotte)	p_H vor	p_H nach Leder A	p_H nach Leder C	p_H-Werte nach der Entsäuerung im Lederquerschnitt (schem. dargest.): 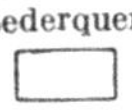 = p_H unter 4,4; 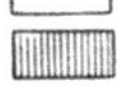 = p_H zwischen 4,4 u. 5,3; 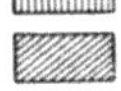 = p_H über 5,3 — Leder A	Leder C	Technische Beurteilung des gefärbten und gelikkerten Chromleders A	C
10 Min. Spülen mit Rheinwasser (8° Härte)	—	—	—	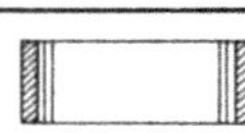	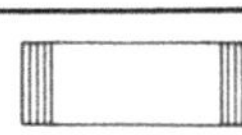	Färbung sehr unegal. Fettflecken.	Färbung sehr unegal. Fettflecken.
2% Borax	9,2	7,8	8,2	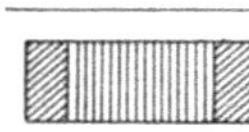	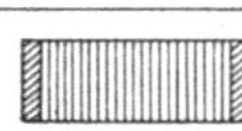	Färbung egal. Guter Griff.	Färbung mäßig egal. Neigung zu Fettflecken.
1,2% Natriumbicarbonat	9,1	7,4	7,5	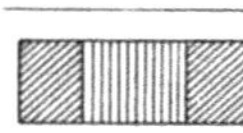	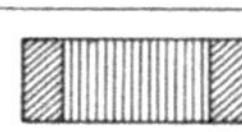	Färbung egal. Flämen etwas lappiger als oben.	Färbung egal. Guter Griff.
1,3% Ammoniumbicarbonat	8,2	7,3	7,3	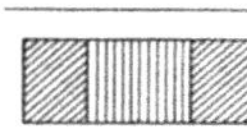	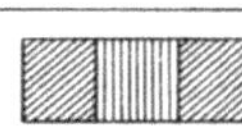	Färbung egal. Flämen etwas lappig.	Färbung egal. Guter Griff.
4% Ammoniumbicarbonat	8,5	7,9	7,9	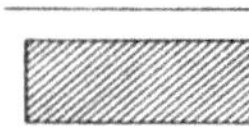	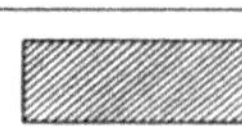	Färbung etwas leer, hohe Saugfähigkeit, Fettung zu mager, Flämen lappig.	

Abb. 79. p_H-Werte im Lederquerschnitt bei Entsäuerung mit verschiedenen Neutralisationsmitteln und technische Beurteilung des Fertigleders [G. Otto (*2*)].

von 8 bis 9 aus, Natriumbicarbonat in dem niedrigen p_H-Bereich von 6 bis 7, was seine milde, aber tiefgehende Entsäuerungswirkung erklärt. Ammoniumbicarbonat, das in manchen Betrieben Verwendung findet, sowie die Puffergemische von E. Stiasny (z. B. gleiche Teile Soda und Ammoniumchlorid), zeigen große Ähnlichkeit mit Natriumbicarbonat. Bei beiden treten infolge der Flüchtigkeit des freigesetzten Ammoniaks Alkaliverluste auf. Borax und Natriumbicarbonat zeigen gleiche p_H-Ausgangswerte für äquivalente Lösungen, der p_H-Wert der äquivalenten Ammoniumbicarbonatlösung liegt merklich tiefer und die Pufferwirkung ist größer. Bei Verwendung der dreifachen Menge liegt der p_H-Wert noch unter 8,5. Dieses Neutralisierungsmittel bewirkt auch eine gleichmäßige und tiefgehende Entsäuerung.

Abb. 79 zeigt die p_H-Werte der Lederschichten von mit verschiedenen Alkalien entsäuerten Ledern, sowie den Einfluß dieser Neutralisationswirkungen auf die Eigenschaften der Fertigleder.

Beim Neutralisieren liegen die Neutralisationsmittel im Vergleich zu den winzigen Mengen an freien Sulfatgruppen der Chromkomplexe des Leders in erheblicher Konzentration vor. Außerdem sind die gebräuchlichen Entsäuerungsmittel Alkalisalze, deren Anionen, wie Carbonat- und Boratgruppen, zur Komplexbildung neigen. Wie früher gezeigt wurde (siehe den Abschnitt über Chemie der Chromverbindungen) können auf Grund des Massenwirkungsgesetzes schwache Komplexbildner, wie die Neutralchloride, die verhältnismäßig stabilen Sulfatgruppen aus dem Chromkomplex des Leders verdrängen. Demnach sind gleichartige Austauschreaktionen zwischen den Sulfatogruppen des Chromkomplexes und den anionischen Resten der Neutralisationsmittel zu erwarten. Daß dies möglich sei, wurde von E. Stiasny und W. Schindler, K. Klanfer und E. Flaschner angedeutet. Klärende Versuche in dieser Richtung wurden von C. Rieß und A. Papayannis (*1*) angestellt, bei denen sich die Formol-Ammoniak-Methode für die Gesamtsäurebestimmung im Leder als besonders geeignet erwies, da mit dieser eine Unterscheidung der im Leder vorhandenen verschiedenen anionischen Reste möglich war. Bei den in Tabelle 90 zusammengestellten Ergebnissen entsprachen die zur Entsäuerung verwendeten Neutralisationsmittelmengen immer 4% Natriumbicarbonat, bezogen auf das Gewicht des feuchten Hautpulvers.

Aus diesen Ergebnissen geht hervor, daß neben der entsäuernden Wirkung der Neutralisationsmittel ein mehr oder weniger erheblicher Austausch der Anionen der Alkalien gegen die Sulfatogruppen stattfindet. Die stärkste Neigung

Tabelle 90. Zusammensetzung der im Leder vorhandenen Chromkomplexe nach verschiedener Entsäuerung [nach C. Rieß und A. Papayannis (*1*)].

Neutralisationsmittel	Basizität bzw. Azidität in Prozenten, bezogen auf die aufgenommene Menge Cr_2O_3				Farbe des Cr-Hautpulvers nach der Entsäuerung
	% OH	% SO_4	% X[1]	X[1]	
Gerbung: 33% basische Chromalaunbrühe, Cr-Gehalt des Leders: 4,8% Cr_2O_3					
Nicht neutralisiert	35	65	—	—	violett
$NaHCO_3$	74	6	20	CO_3	blauviolett
Na_2HPO_4	77	12	11	PO_4	grün
Na_2CO_3	81	3	16	CO_3	blauviolett
$Na_2B_4O_7$	85	5	10	B_4O_7	grün
Wasserglas	90	6	4	SiO_4	violett
$Na_2C_2O_4$	61	6	33	C_2O_4	blauviolett
Gerbung: 50% basische Chromalaunbrühe, Cr-Gehalt des Leders: 8,0% Cr_2O_3					
Nicht neutralisiert	54	46	—	—	grün
$NaHCO_3$	68	11	21	CO_3	,,
Na_2CO_3	73	4	23	CO_3	,,
Na_2HPO_4	80	15	5	PO_4	,,
$Na_2B_4O_7$	84	12	4	B_4O_7	,,
Wasserglas	88	8	4	SiO_4	,,
$Na_2C_2O_4$	74	9	17	C_2O_4	,,

[1] X = Säurereste der Entsäuerungsmittel.

in den Komplex einzutreten haben unter diesen Bedingungen die Carbonatreste (Soda und Bicarbonat), dann folgen Phosphat und Borat. Die gute Übereinstimmung zwischen den Zahlen von C. Rieß und A. Papayannis mit den in Tabelle 90 angegebenen, die aus der Arbeit von W. Schindler, K. Klanfer und E. Flaschner stammen, ist deutlich sichtbar. Daß die Entsäuerungsmittel hinsichtlich ihrer entsäuernden Wirkung und ihres sulfatverdrängenden Einflusses die gleiche Reihenfolge zeigen, beweist die praktische Bedeutung der Änderungen in der Zusammensetzung der im Leder enthaltenen Chromkomplexe.

Im Kapitel 1 wurde der Einfluß verschiedener Neutralsalze auf die Zusammensetzung des Leders und seine Heißwasserbeständigkeit eingehend behandelt. Solche Austauschreaktionen beim Neutralisieren beeinflussen auch die Eigenschaften des Leders. Ein ideales Entsäuerungsmittel sollte nach unseren theoretischen Vorstellungen seine entsäuernde Wirkung in möglichst niedrigem p_H-Bereich (5 bis 7) entfalten und seine Komplexaffinität sollte nicht besonders ausgeprägt sein, um die unerwünschte Verdrängung der Sulfatogruppen, sowie auch andere Veränderungen der im Leder gebundenen Chromkomplexe möglichst weitgehend zu vermeiden. Es sei jedoch bemerkt, daß experimentell nicht festgestellt ist, ob eine Wanderung von Säureresten der Neutralisationsmittel in den Chromkomplex nachteilige Wirkung auf das behandelte Leder hat. Tatsachen aus der praktischen Erfahrung deuten darauf hin, daß dabei eine Qualitätsverschlechterung nicht zu befürchten ist, wenn die verdrängenden Acidogruppen ungefähr dieselbe Neigung zur Komplexbildung wie die Sulfatogruppen besitzen. Dies scheint bei der Verwendung gewisser Gerbsulfosäuren (synthetischer Gerbstoffe vom Sulfosäuretypus) der Fall zu sein.

Zwischen Theorie und Paxis liegen auf diesem Gebiet gewisse Unstimmigkeiten vor, wie besonders von G. Otto (*3*) in seinen aufklärenden Arbeiten über den Zusammenhang zwischen dem Entsäuerungsgrad des Chromleders und seiner Färbbarkeit hervorgehoben wurde. Theoretisch ist eine schonende, durchgreifende Entsäuerung, wie z. B. die mit 4% Ammoniumbicarbonat erzielte, anzustreben. Wie G. Otto (*2*) erwähnt, ergibt aber eine solche gleichmäßige und vollständige Entsäuerung unerwünschte Veränderungen des Griffes, lappige Flämen und geringen Stand und Sprung des Fertigleders (siehe Abb. 79). In der Praxis sucht man, besonders bei der Erzeugung von Schuhoberleder, in der Regel nur eine mäßige Entsäuerung des Lederinnern zu bewirken.

Die Meinungen der Praktiker über den zweckmäßigen Neutralisationsgrad und die Unterschiede der Säuregrade in den einzelnen Lederschichten gehen weit auseinander, was wahrscheinlich mit dem erwünschten besonderen Charakter des einzelnen Leders und der verschiedenartigen Arbeitsweise bei den vorhergehenden und nachfolgenden Prozessen zusammenhängt. In manchen Betrieben, z. B. den Boxkalb- und Rindsleder erzeugenden, wird, wie gesagt, eine milde Entsäuerung der Lederaußenschichten vorgezogen. Andere halten ein durchgreifendes Neutralisieren für unentbehrlich, z. B. bei der Fabrikation weicher Ledersorten, wie Bekleidungsleder, oder bei der Erzeugung durchgefärbter Sorten, wie der Samtleder. Für Boxkalb- und Rindsleder ist ein hoher Grad von Stand und Sprung wesentlich. Entsäuerungsgrad und Gleichmäßigkeit der Neutralisation sind für die folgende Fettung, besonders was die Fettaufnahme und die Fettverteilung im Lederinnern betrifft, von ausschlaggebender Bedeutung, wie die Untersuchungen von H. B. Merrill und J. G. Niedercorn klar zeigen. Fettanreicherung in den Außenschichten des Leders verbessert seinen Stand und Sprung. Eine solche Verteilung wird am einfachsten durch eine zweckmäßige Ausführung der Entsäuerung, d. h. eine gelinde Neutralisation der Ledermittelschicht, geregelt. Das gleiche Ziel kann man erreichen, wenn man beim Fettlickern die nicht sulfonierten Bestandteile auf Kosten der sulfonierten Öle erhöht, doch ist betriebstechnisch die erstgenannte Arbeitsweise erheblich überlegen. Als allgemeine Regel gilt, daß eine milde, nicht zu tiefgehende Entsäuerung einer starken vorzuziehen ist, besonders im Hinblick auf Qualität, Narbenbeschaffenheit und unter Berücksichtigung des Rendements auch im Hinblick auf die Kalkulation des Leders.

Unter den für den Betrieb in Frage kommenden Entsäuerungsmitteln nehmen Borax und Natriumbicarbonat den ersten Platz ein. In der Praxis sind Mengen von 1 bis 2% Bicarbonat und 2 bis 4% Borax, bezogen auf das Falzgewicht des Leders, üblich. Die p_H-Anfangswerte liegen bei Verwendung einer 150%igen Flotte und der geringen Entsäuerungsmittelmengen für Borax bei ca. 9,0 und für Natriumbicarbonat bei ca. 8,5. D. McCandlish, W. R. Atkin und R. Poulter konnten bei ihren Entsäuerungsversuchen mit äquivalenten Mengen Borax bzw. Natriumbicarbonat keinen deutlichen Unterschied zwischen den erzeugten Ledern finden. G. Otto (*2*) teilt mit, daß analytische Befunde über einen deutlich hervortretenden Unterschied zwischen der entsäuernden Wirkung von Borax und Natriumcarbonat auch betriebsmäßig bestätigt sind. In einem Großbetrieb entsäuert man die für farbig vorgesehenen Leder zum Zweck egaler Anfärbung mit Natriumbicarbonat, während die für Schwarz bestimmten Leder mit Borax neutralisiert werden, um größere Farbtiefe zu erzielen. Da die Gleichmäßigkeit der Aufnahme sauerziehender Farbstoffe sich mit Verlangsamung der Farbstoffaufnahme verbessert, ist die Überlegenheit von Natriumbicarbonat als Entsäuerungsmittel für das farbige Leder durch die dabei stattfindende Entsäuerung des Leders (höherer p_H-Wert) verständlich. Die Farbtiefe hingegen wird durch Herabsetzung des p_H-Wertes des Leders begünstigt. Die verhältnismäßig leicht neutralisierende Wirkung von Borax begünstigt die Färbung der Lederoberfläche, seine Anwendung im obigen Fall erscheint also zweckmäßig.

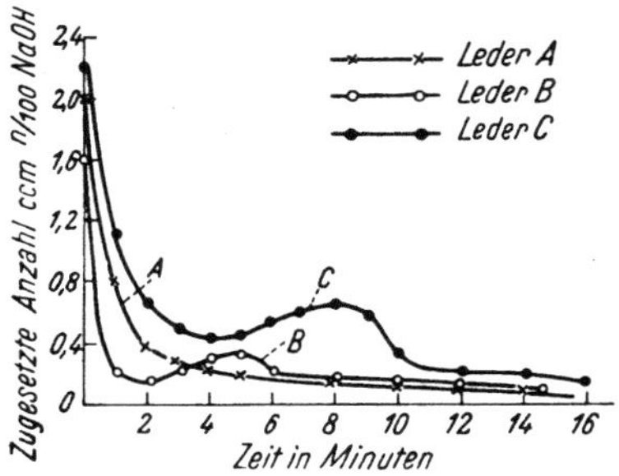

Abb. 80. Entsäuerungsgeschwindigkeit verschiedener Chromleder des Handels [G. Otto (*2*)].

Es kann nicht bestritten werden, daß sich in der Gerbereipraxis Borax besser als Bicarbonat als Neutralisationsmittel bewährt hat, obgleich das letztere ein milderes Alkali ist. Dieses Verhalten hängt wahrscheinlich damit zusammen, daß das Boratanion nur geringe Neigung zur Komplexbildung zeigt.

Es wurde früher erwähnt, daß die im Chromleder gebundenen Chromkomplexe je nach der Natur der zum Gerben verwandten Chrombrühe Acidogruppen verschiedener Stabilitätsgrade aufweisen können. G. Otto (*2*) berichtet über einen verschiedenartigen Entsäuerungsverlauf bei verschieden gegerbten Chromledern, der wahrscheinlich auf die unterschiedliche Komplexstabilität der verschiedenen Leder zurückzuführen ist. Bei der Untersuchung einer Reihe von betriebsmäßig hergestellten Chromledern wurden im wesentlichen zwei vom Standpunkt der Entsäuerungsgeschwindigkeit grundsätzlich verschiedene Ledertypen festgestellt. Abb. 80 zeigt die potentiometrische Titration von 0,2 g Lederschnitzeln in 10 ccm Wasser mit 0,01 n NaOH als Funktion der Zeit. Die Kurven *A* und *B* veranschaulichen diese beiden gegensätzlichen Ledertypen. Leder *A* zeigt ein normales Absinken der Säureabgabe des Leders bei fortlaufender Behandlung, während sich bei Leder *B* im weiteren Neutralisationsverlauf eine Zunahme der Säureabgabe einstellt. Im letzteren Fall ist wahrscheinlich ein Teil der Sulfatogruppen so locker gebunden, daß eine Abspaltung von Schwefelsäure aus dem Komplex bereits bei p_H-Werten von 5 bis 6 vor sich geht. Wird die protein- und anders ionogen gebundene Schwefelsäure weggeschafft, so tritt eine Neuverteilung der hydrolysierbaren Sulfatgruppen zwischen dem Chromkomplex des Leders und den Hautproteinen ein. Diese Gleichgewichtsstörung in den Chromkomplexen macht sich je nach der Natur der zum Gerben verwandten Chrombrühen mehr oder weniger bemerkbar. Die Schwierigkeit, die zwei Formen der im Chromleder enthaltenen, gebundenen Sulfatmengen analytisch zu erfassen, hängt wahrscheinlich mit solchen Verschiebungsreaktionen zusammen [K. H. Gustavson (*1*)]. Bei der Einwirkung von Natriumchloridlösungen auf chromsulfatgegerbtes Leder konnten verschiedene Stabilitätsgrade der Sulfatogruppen experimentell festgestellt werden [K. H. Gustavson (*2*), S. 99]. Beim Nachsäuern des Chromleders treten wahrscheinlich neben der Diffusion aus den tieferen Schichten des Leders auch solche Verschiebungen zwischen komplex- und proteingebundenen Sulfaten ein. Beim Überneutralisieren des Leders verdrängen die Hydroxylionen des Neutralisationsmittels die Sulfatogruppen aus dem Komplex.

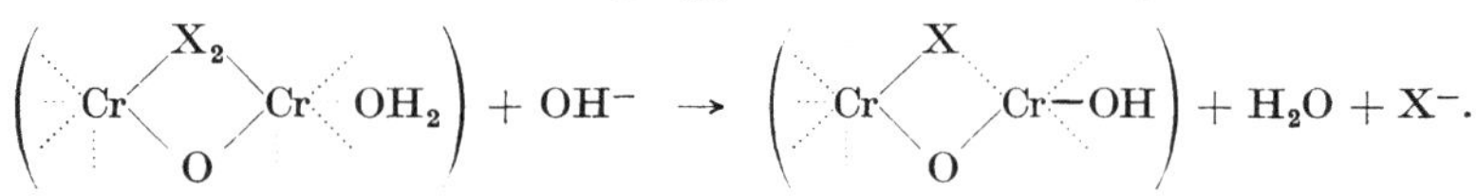

Die Koordinationsaktivität des Chromkomplexes wird dadurch erwartungsgemäß erheblich herabgesetzt und ein teilweises Entgerben und Zusammenziehen des überneutralisierten Leders („gummiartiger Griff") verursacht.

Im Hinblick auf diese Ausführungen scheint es, als ob die in der Praxis allgemein eingeführte Arbeitsweise der Entsäuerung im alkalischen Bad der besonderen Natur des Chromleders nicht angepaßt wäre. Wie früher gezeigt wurde, steht das Hydroxylion an der Spitze der stark komplexbildenden Gruppen; seine Haftintensität im Chromkomplex ist so erheblich, daß für eine Koordinationsbetätigung der Chromatome kein Raum bleibt. Bei der Verwendung alkalisch reagierender Entsäuerungsmittel ist stets mit solchen Verdrängungsreaktionen des Hydroxylions zu rechnen. Das Eintreten solcher lokaler, nicht erwünschter Veränderungen der Narbenschicht ist bei einem Material wie Leder mit seinem geflechtartigen Aufbau und stark hervortretenden topographisch verursachten Reaktionsbedingungen nicht von der Hand zu weisen. Deshalb sind auch prinzipiell andere Entsäuerungsmethoden mitunter beachtlich. Bei einigen solcher Verfahren wird die Säure aus dem Chromleder im neutralen oder schwach sauren Bad entfernt, um die schädliche Wirkung der Alkalien zu vermeiden. Die in praktischer Hinsicht wichtigste Methode verwendet höhermolekulare, gerbend wirkende Sulfosäuren (synthetische Gerbstoffe) oder deren Neutralsalze zu Entsäuerungszwecken. In den Vereinigten Staaten werden vorwiegend die synthetischen Gerbstoffe als Neutralisationsmittel verwendet, während sich in der europäischen Praxis ihre Neutralsalze, besonders um gewisse Farbnuancen leichter zu erzielen, besser eingeführt haben.

Wie in Kapitel 1 erwähnt wurde, sind durch die Untersuchungen von G. Otto und C. Felzmann bindende Beweise für die Fixierung der Gerbsulfosäuren durch die basischen Gruppen der Hautproteine geliefert worden. Die entsäuernde Wirkung der synthetischen Gerbstoffe kommt dadurch zustande, daß sie irreversibel gebunden werden, wodurch die hydrolysierbar gebundene Schwefelsäure verdrängt wird. Die Neutralsalze dieser Stoffe setzen sich zuerst mit der hydrolysierbaren Säure unter Bildung freier Gerbsulfosäuren um, welche dann von der Hautblöße irreversibel fixiert werden. Der Neutralisationsvorgang spielt sich also in schwach saurem Medium ab, was schonend auf die Narbenbildung wirkt. Die dadurch zugleich hervorgerufene leichte Nachgerbung hat sich besonders bei der Verarbeitung naß genagelter Leder als vorteilhaft erwiesen. Es wurde auch ein teilweises Verdrängen der locker gebundenen Sulfatogruppen durch Gerbsulfosäurereste beobachtet. Eine solche Stabilisierung der Chromkomplexe durch eine komplexchemisch der Sulfatogruppe nahestehende Restgruppe hat sich für die nachfolgenden Prozesse, besonders das Färben, in mancher Hinsicht als wertvoll erwiesen. Bei der Nachgerbung von Chromleder mit pflanzlichen Gerbstoffen ist, wie in Kapitel 7 gezeigt werden soll, die Verdrängung der lockeren Sulfatogruppen durch Bestandteile der Lohbrühe bisweilen sehr erheblich. Eine leichte Nachbehandlung des Chromleders mit synthetischen Gerbstoffen stabilisiert die Chromkomplexe, wodurch ein gleichmäßiger Säuregrad des Leders erzeugt wird. Außerdem werden Verdrängungsreaktionen, die sich in teilweiser Entgerbung, Narbenverschlechterung und Festigkeitsabnahme der Lederfaser äußern, praktisch ausgeschaltet.

Wesensverwandt mit der beschriebenen Methode ist es, anionische Chromkomplexe, wie z. B. Oxalato-Sulfato-Verbindungen (basische Chromsulfatbrühe mit zugesetztem Natriumoxalat) zur Entsäuerung von Chromleder zu verwenden [K. H. Gustavson (7)]. Bei diesem Verfahren findet neben einer direkten Umsetzung der hydrolysierbaren Schwefelsäure des Leders mit den Oxalatoverbindungen eine Nachgerbung des Leders statt. Da diese anionischen Chromsalze weiterhin eine maskierende Wirkung auf die im Leder kapillar enthaltene Chromlösung ausüben, ist eine bessere Ausnutzung der Chrombrühe möglich. Dabei ist ein Waschen des Leders nicht erwünscht, sondern erst nach beendetem Prozeß wird gründlich gespült. Diese Arbeitsweise eignet sich am besten zur Herstellung weicher und voller Leder. Verwendet man Sulfitochromiate als Nachbehandlungsmittel, so wird das färberische Verhalten — dies trifft auch zu geringerem Grad bei der Oxalatmethode zu — erheblich verändert, worauf besonders beim Schwärzen geachtet werden muß.

Beim Beizen des Chromleders mit Lösungen pflanzlicher Gerbstoffe (ein Verfahren, von dem man aber mehr und mehr abkommt) tritt eine Verdrängung der Säure durch die pflanzlichen Gerbstoffe, bisweilen auch durch die Nichtgerbstoffe gewisser Extrakte (Sumach) ein. Wie D. Burton (2) zeigt, finden bei dieser Nachbehandlung außer einer Basizitätserhöhung des auf der Faser gebundenen Chromsalzes auch andere Veränderungen im Leder statt. Die Verdrängung der proteingebundenen Säure ergibt eine erhöhte H-Ionenkonzentration der Restbrühe und gleichzeitig steigt der Säuregrad des Leders, der nach der Methode von F. C. Thompson und W. R. Atkin bestimmt wird. Die p_H-Erniedrigung des Leders nach Verdrängung des hydrolysierbaren Sulfats erscheint paradox, kann jedoch durch die Annahme erklärt werden, daß sich das Gleichgewicht zwischen chromgebundenen Sulfatoresten und der Haut infolge der Verdrängung labiler Sulfatogruppen durch die pflanzlichen Gerbstoffe verschiebt, wodurch Schwefelsäure freigesetzt wird. Solche Verdrängungsreaktionen werden in Kapitel 7 bei der Besprechung der pflanzlichen Nachgerbung auf Grund der vorliegenden experimentellen Ergebnisse eingehend behandelt.

Von Interesse ist auch eine im D.R.P. 352285 vorgeschlagene Arbeitsweise, das Chromleder mittels sodahaltiger Formalinlösung zu entsäuern. Eine Formalinnachbehandlung des Chromleders hat sich für bestimmte Zwecke (siehe Kapitel 7) als wertvoll erwiesen.

Eine andere Neutralisationsweise gründet sich darauf, den labilen Anteil der Sulfatgruppen im Chromleder durch eine Behandlung mit mäßig konzentrierten Neutralsalzlösungen, hauptsächlich kommt Kochsalz in Betracht, zu verdrängen. Kapitel 1 enthält eine eingehende Übersicht des Einflusses von Neutralsalzlösungen auf Chromleder. Infolge des Massenwirkungseffekts der Neutralsalzanionen wird der Eintritt einer verhältnismäßig schwach komplexbildenden

Restgruppe, wie des Chlorrestes, in den Chromkomplex unter Verdrängung der verhältnismäßig fest im Chromkomplex verankerten Sulfatogruppen ermöglicht. Durch eine mehrstündige Behandlung von gewaschenem Chromleder in einer 5 bis 10%igen Kochsalzlösung findet ein mehr oder weniger weitgehender Anionenaustausch statt, dessen Umfang vorwiegend von dem Haftfestigkeitsgrad der im Leder vorhandenen Acidogruppen bestimmt wird. Das Endergebnis ist ein Chloro-Sulfato-Chromkomplex, in dem der Chlororest die am leichtesten hydrolysierbaren Sulfatogruppen verdrängt hat. Die Chlororeste sind nur bei Anwesenheit eines großen Natriumchloridüberschusses existenzfähig. Entfernt man das Kochsalz durch Waschen des behandelten Leders, so wandern die Cl-Reste aus dem Komplex und Hydroxogruppen nehmen ihren Platz ein, wie das nebenstehende Schema zeigt.

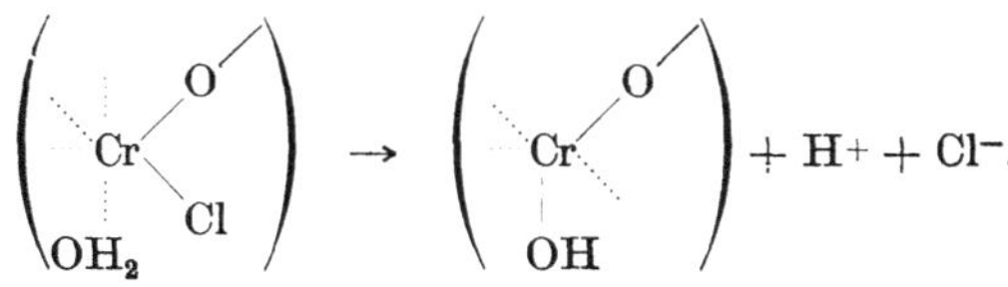

Die Salzsäure wird mit dem Wasser entfernt. Auch eine Verdrängung der proteingebundenen Schwefelsäure durch Umsetzung mit dem Kochsalz, wobei sich an Hautblöße gebundene Salzsäure bildet, findet statt. Da im Vergleich zur entsprechenden Schwefelsäureverbindung die Hautsalzsäureverbindung schneller hydrolysiert, vermindert sich die proteingebundene Mineralsäure. Die Analysenwerte von kochsalzbehandeltem Leder deuten im allgemeinen auf eine erhebliche Basizitätserhöhung des auf der Faser fixierten Chromsalzes. Vergleicht man ein solches „entsäuertes" Leder mit einem pyridinneutralisierten (aus dem nur die proteingebundene Säure entfernt wird), so erweist sich bisweilen die Basizitätszahl des salzbehandelten Leders als höher, trotzdem in diesem Fall das Leder deutlich eine saure Reaktion besitzt, während das mit Pyridin behandelte Leder neutral reagiert. Dies ist so zu erklären, daß infolge der Kochsalzbehandlung des Leders teils die proteingebundene Schwefelsäure um ein weniges abnimmt, teils die Acidogruppen des Chromkomplexes vermindert werden. Die Gesamtsumme der durch Neutralsalzbehandlung verursachten Abnahme an gebundenen Säuregruppen ist bisweilen größer als die vorhandene hydrolysierbar gebundene Säuremenge, wodurch eine scheinbare Überneutralisation eintritt. Die in Tabelle **91** angegebenen Werte eines durch NaCl-Behandlung in seiner Zusammensetzung veränderten Leders deuten auf eine vollständige Neutralisation desselben.

Das Leder war betriebsmäßig mit der Lösung eines 33% basischen, trockenen gerbfertigen Chromsulfats gegerbt worden. Nach zweistündigem Waschen wurden die Lederproben 4 Stunden lang in 2- und 4-molaren Kochsalzlösungen behandelt; die eine Hälfte der Proben wurde darauf nur leicht gespült, die andere Hälfte bis zum Verschwinden der Chloridreaktion gewaschen.

Tabelle 91. Einfluß einer Kochsalznachbehandlung auf die Zusammensetzung von chromsulfatgegerbtem Leder [K. H. Gustavson (*2*), S. 99].

	Ursprüngliches Leder	Mit 2 m NaCl-Lösung behandeltes Leder		Mit 4 m NaCl-Lösung behandeltes Leder	
		Leicht gespült	Gründlich gewaschen	Leicht gespült	Gründlich gewaschen
Cr_2O_3 . . . . . %	5,0	5,1	5,1	5,0	5,1
Gebundenes Sulfat (als H_2SO_4) . %	4,2	1,2	2,0	1,0	1,0
Na_2SO_4 . . . . %	0	0,3	0	0,4	0
Gebundenes Cl %	0	1,2	0,4	1,3	0,8
NaCl . . . . . %	0	4,7	0,6	5,9	0,4

Fortsetzung der Tabelle 91.

	Ursprüngliches Leder	Mit 2 m NaCl-Lösung behandeltes Leder		Mit 4 m NaCl-Lösung behandeltes Leder	
		Leicht gespült	Gründlich gewaschen	Leicht gespült	Gründlich gewaschen
Azidität des auf der Faser gebundenen Chromsalzes SO_4	42	12	12	10	10
Azidität des auf der Faser gebundenen Chromsalzes Cl	0	18	6	19	11
Azidität des auf der Faser gebundenen Chromsalzes (Summe)	42	30	18	29	21
Schrumpfungsindex	16	10	46	11	45

Die Vorbehandlung des Leders scheint für den Verlauf der Kochsalzwirkung auf das Leder bestimmend zu sein. Die für die Versuche in Tabelle 92 verwendete Chromextraktlösung wurde 2 Stunden unter Rückfluß gekocht, für die Gerbung wurden Kalbsblößestückchen benutzt. Das gewaschene Leder wurde 15 Stunden lang mit einer 4-molaren NaCl-Lösung behandelt, die eine Hälfte wurde noch ein zweitesmal mit Kochsalzlösung derselben Stärke behandelt. Das ursprüngliche Leder enthielt 4,0% Cr_2O_3, bezogen auf Kollagen, die Azidität des auf der Faser gebundenen Chromsalzes war 40%. Die in Tabelle 92 angeführten Ergebnisse wurden durch Analyse der gründlich gewaschenen Lederproben erhalten.

Tabelle 92. Einfluß einer Kochsalznachbehandlung auf die Zusammensetzung von Leder, das mit einer aggregierten 33% basischen Chromsulfatbrühe (Gerbextrakt) gegerbt worden war.

	Mit 4 m NaCl-Lösung behandeltes Leder	Zweimal nacheinander mit 4 m NaCl-Lösung behandeltes Leder
Cr_2O_3 . . . . %	4,0	4,0
Gebundenes Sulfat (als H_2SO_4) %	1,7	1,2
Gebundenes Cl . . . . %	1,4	2,3
NaCl . . . . %	0,7	1,0
Azidität des auf der Faser gebundenen Chromsalzes SO_4 . .	22	15
Azidität des auf der Faser gebundenen Chromsalzes Cl . . .	26	41
Azidität des auf der Faser gebundenen Chromsalzes (Summe)	48	56
Azidität der Acido-Chromkomplexe . . . . %	17	12
Schrumpfungsindex	50	52

In diesem Fall tritt eine starke Verdrängung von Sulfatogruppen ein, aber gleichzeitig wird die proteingebundene Säure erhöht. Offensichtlich ist bei diesem abnormalen Chromledertyp eine Salzbehandlung zur Entsäuerung des Leders nicht empfehlenswert.

Alle im sauren oder neutralen p_H-Bereich stattfindenden Entsäuerungsverfahren unterscheiden sich wesentlich von den im alkalischen Medium vorgenommenen Neutralisierungen. Bei alkalischer Entsäuerung tritt eine Vergrößerung der im Leder gebundenen Chromkomplexe ein, was für die Verfestigung der Lederstruktur wichtig ist, da die Raumerfüllung dadurch begünstigt und das Mitreagieren der verschiedenen Proteingruppen nahe beisammenliegender Ketten erleichtert wird [A. Küntzel und C. Rieß (*3*)]. Solche Aggregationen finden bei saurer oder neutraler Entsäuerung nicht oder nur in sehr unbedeutendem Maß statt.

Verwendet man diese letztere Arbeitsweise, so ist jedoch eine nachfolgende leichte Entsäuerung meistens zu empfehlen. Im D.R.P. 658413 ist ein Verfahren zur Herstellung von schweißechtem Chromoberleder unter Verwendung des oben angegebenen Prinzips beschrieben. Ein schweißbeständiges Chromleder wird darnach einfach durch

Behandlung des Leders mit Lösungen von Alkalisalzen, die Sulfatogruppen zu verdrängen imstande sind, erzeugt. Es wird vorgeschlagen, das Leder in 10%iger Kochsalzlösung zu behandeln, wobei die SO_4-Reste durch das Kochsalz in Form von Natriumsulfat aus dem Leder entfernt werden. Des weiteren wird hervorgehoben, daß ein Teil der im Leder vorhandenen Sulfatreste sehr fest gebunden ist, während andere Säuregruppen in leicht abspaltbarer Form vorliegen. Die stabilen Sulfatreste sollen keine verschlechternde Wirkung auf die Schweißechtheit des Leders ausüben und daher wird nur die Entfernung der leichter abspaltbaren Sulfatgruppen angestrebt.

Bei der Behandlung von Chromledern mit Kochsalzlösungen treten an Stelle der schwerer abspaltbaren Sulfatreste leicht abspaltbare Chlorreste in den Chromkomplex ein, wodurch der Säuregehalt bisweilen erhöht wird. Nach der Kochsalzbehandlung wird das Leder für gewöhnlich, um Störungen auszuschalten, entsäuert.

Eine zweckmäßige Entsäuerung ist vor allem für das nachfolgende Färben, aber auch für das Fetten des Leders von allergrößter Bedeutung. Der Einfluß des Entsäuerungsgrades auf das färberische Verhalten von Chromleder wurde besonders von G. Otto (*3*) eingehend erörtert. Bei gleicher Entsäuerung werden von Ledern, die verschiedene Entsäuerungsgeschwindigkeiten, d. h. Komplexbeständigkeitsgrade der Acidogruppen in den Chromkomplexen aufweisen, die Farbstoffe auch stark verschieden aufgenommen. Bei unterschiedlichem Entsäuerungsgrad des Leders wird das färberische Verhalten der sauren und substantiven Farbstoffe in ganz verschiedenem Maß beeinflußt. Nach G. Otto dürften die im Leder vorhandenen Chromkomplexe keinen wesentlichen Einfluß auf die Färbbarkeit des Leders ausüben, doch scheint diese Schlußfolgerung durch die praktischen Tatsachen nicht bestätigt zu werden. Unzweifelhaft findet beim Färben, besonders wenn man substantive Farbstoffe mit günstiger Hydroxyl- und Carboxylgruppenanordnung, z. B. die auf Salicylsäure aufgebauten oder die der Alizarinklasse, verwendet, eine Umsetzung zwischen Farbstoff und Liganden der Chromkomplexe statt. Die praktische Erfahrung steht also im Einklang mit der von J. A. Wilson vertretenen Ansicht [(*3*), S. 786], daß in vielen Farbstoffen konstitutive Reaktionsbedingungen vorliegen, die eine Koordination der Farbstoffe mit dem Chromkomplex begünstigen. J. A. Wilson vertritt die Meinung, daß sich die sauren Farbstoffe mit Chromleder in zwei Formen verbinden, und zwar 1. durch direkte Säurebindung an die basischen Proteingruppen (Salzbildung) und 2. durch den Eintritt aktiver Gruppen der Farbstoffe in den Chromkomplex des Leders (Komplexkoordination). Nach den Befunden von G. Otto reagieren diese beiden Farbstoffklassen im Prinzip gleichartig mit der Haut und beide zusammen werden von ihm als „anionisch aufziehende Farbstoffe" bezeichnet. Dabei scheint die konstitutionschemische Eigenheit der einzelnen Farbstoffe dafür maßgebend zu sein, ob es vorherrschend zur Salzbildung oder zur Chromkomplexbildung kommt.

e) Die Betriebskontrolle bei der Chromgerbung.

In der Praxis besteht in manchen Betrieben die Betriebskontrolle hauptsächlich darin, den Zustand der in der Gerbung begriffenen Blößen zu beobachten. Farbänderungen, Durchgerbungsgrad und Schlaffheit der Blößen, sowie der Zeitpunkt des Eintretens von Kochbeständigkeit geben dem erfahrenen Fachmann bestimmte gute Anhaltspunkte für die Art des Gerbverlaufs. Eine Ergänzung dieser subjektiven Kontrolle durch chemische Analysen bietet einen wichtigen Sicherheitsfaktor für eine gleichmäßige Produktion. Die komplizierten Reaktionsbedingungen und die unvermeidlichen Unterschiede in der Rohware sind wissenschaftlich und technisch noch nicht in vollem Ausmaß erfaßbar. Deshalb sollen unter allen Umständen die wissenschaftlichen Kontrollmethoden in enger Verbindung mit der praktischen Erfahrung angewendet werden.

Aus praktischen Gründen kommt für die chemische Kontrolle der Chromgerbung hauptsächlich nur die Bestimmung der Chromkonzentration, des Basizitätsgrads, der Basizitätszahl und der Ausflockungszahl der Chromgerblösungen in Betracht. Die Analyse des Leders ist zu zeitraubend, um bei der unmittelbaren Kontrolle des Gerbprozesses eine größere Rolle spielen zu können. Angaben über die Zusammensetzung des Leders, besonders über Chromgehalt, Basizitätsgrad des auf der Faser gebundenen Chromsalzes und seine Komplexazidität, sind jedoch für die Standardisierung des Verfahrens und die Ausschaltung der beim Gerben begangenen Fehler ein wichtiges Hilfsmittel. Durch Analyse des Fertigleders kann festgestellt werden, inwiefern maßgebende Eigenschaften des Leders von seiner chemischen Zusammensetzung abhängig sind. Infolgedessen ist es von besonderer Wichtigkeit, Normalwerte für die Zusammensetzung der verschiedenen Ledersorten aufzustellen, z. B. für das Leder unmittelbar nach vollendeter Gerbung, nach dem Waschen oder in entsäuertem Zustand. Die Ursache für eine unrichtige Arbeitsweise ist in der Regel nicht durch eine direkte Analyse der Brühen festzustellen; vergleicht man aber die analytische Zusammensetzung des mangelhaften Leders mit den Normalwerten der entsprechenden Ledersorte, so ist es häufig möglich, die Umstände der fehlerhaften Arbeitsweise aufzuklären. Durch analytische Untersuchung verschiedener Schichten des gespaltenen Leders, besonders durch Bestimmen von Chromgehalt und Basizitätsgrad des im Leder gebundenen Chromsalzes, können weitgehende und wesentliche Schlüsse auf die Art der Unregelmäßigkeiten während der Gerbung oder der anderen Prozesse gezogen werden.

Kontrolle der Chrombrühen.

Chrombestimmung.

(Nach F. W. Alden.) Man verdünnt die Brühe bis sie zirka 0,1% Cr_2O_3 enthält. 25 ccm der klaren filtrierten Lösung werden in einen Erlenmeyerkolben pipettiert und mit ca. 100 ccm Wasser verdünnt. Unter Umschwenken des Kolbens werden dann nach und nach 2 bis 3 g Natriumsuperoxyd zugesetzt, bis die Lösung rein gelb geworden ist. Man kocht so lange, bis alles Superoxyd zersetzt ist, d. h. bis die Entwicklung der kleinen Blasen aufgehört hat und große Dampfblasen aufzusteigen beginnen. Bei ungenügender Superoxydzugabe bildet sich ein brauner flockiger Niederschlag aus basischem Chromichromat, der nicht weiter oxydiert werden kann. In solchen Fällen ist es zu empfehlen, eine neue Bestimmung mit größerer Na_2O_2-Zugabe anzusetzen. Billiger ist das modifizierte Verfahren nach K. Schorlemmer, bei dem die Lösung mit so viel verdünnter Natronlauge versetzt wird, bis sich das ausgefallene Chromhydroxyd wieder löst; dann setzt man 20 bis 30 ccm 3%iges Wasserstoffsuperoxyd zu und verfährt weiter wie oben.

Die maßanalytische Bestimmung des sechswertigen Chroms wird nach der folgenden Methode ausgeführt:

Die oxydierte Lösung wird gekühlt, in eine Glasstöpselflasche gespült, mit konzentrierter Salzsäure stark angesäuert und mit 10 ccm 10%iger Kaliumjodidlösung versetzt. Die Lösung wird 10 Minuten im Dunkel stehen gelassen und dann mit $^n/_{10}$ Natriumthiosulfatlösung bis zur schwachen Gelbfärbung titriert. Dann werden einige Kubikzentimeter einer 2%igen Stärkelösung zugegeben und bis zum Umschlag der blauen Farbe in die schwach grüne Eigenfarbe der Lösung fertigtitriert.

$$1 \text{ ccm } ^n/_{10} \text{ Natriumthiosulfat} = 0{,}00173 \text{ g Cr} = 0{,}00253 \text{ g } Cr_2O_3$$

Bei stark eisenhaltiger Brühe verfährt man nach O. L. Barnebey wie folgt: Man gibt an Stelle von Salzsäure zu der oxydierten Lösung 3 n Phosphorsäure und erhitzt so lange, bis sich das Ferrihydrat gelöst hat. Dann wird weiter wie oben verfahren.

Bestimmung der Basizitätszahl.

[Nach E. Stiasny (*5*).] In einer etwa 1 l fassenden Porzellanschale werden ca. 400 ccm Wasser mit ca. 1 ccm einer 5%igen Phenolphtaleinlösung zum Sieden erhitzt und einige Tropfen Natronlauge bis zur schwachen Rötung zugesetzt. Man pipettiert 25 ccm der Brühe ein und titriert die siedende Lösung unter lebhaftem Umrühren mit $^{n}/_{10}$ Natronlauge auf Rosa. Den Endpunkt erkennt man an dem Auftreten einer grauvioletten Farbe in der umgerührten Lösung oder aus der Rosafärbung der über dem abgesetzten Niederschlag stehenden Lösung.

Werden bei der Chrombestimmung a ccm $^{n}/_{10}$ Natriumthiosulfat verbraucht und bei der Basizitätsbestimmung b ccm $^{n}/_{10}$ NaOH, so ergibt sich die Basizitätszahl aus der Formel:

$$\text{Basizitätszahl} = \frac{(a - b) \times 100}{a}$$

$$\text{und \% Azidität} = \frac{b \times 100}{a}.$$

In Abb. 81 sind verschiedene früher verwendete Basizitätsmaßstäbe graphisch dargestellt, um eine Umrechnung solcher Ergebnisse in die allgemein angenommene Berechnungsweise von K. Schorlemmer (2) zu erleichtern.

Nach A. W. Thomas und S. B. Foster (2) wird die Basizitätszahl durch Leitfähigkeitstitration mit $^{n}/_{10}$ Bariumhydroxydlösung in der Kälte bestimmt. Der Endpunkt der Titration wird durch das Leitfähigkeitsminimum bestimmt. Dieses Verfahren liefert genauere Werte als die gewöhnliche Heißtitrationsmethode. A. W. Thomas und S. B. Foster konnten später feststellen, daß die Heißtitration zu den gleichen Ergebnissen wie die Leitfähigkeit führt, wenn vor der Titration der Lösung 50 g Natriumchlorid zugesetzt werden. Diese Kochsalzzugabe wurde von B. B. Dhavale und S. R. Das vorgeschlagen und später auch von D. Woodroffe empfohlen. Die letzten Spuren der komplexgebundenen Sulfatgruppen werden bisweilen nicht abgespalten und bei der gewöhnlichen Methode nicht mittitriert, so daß sich eine zu niedrige Basizitätszahl ergibt. Werden diese letzten Sulfatreste durch Natriumchlorid verdrängt, so bilden sich instabile Chlorokomplexe, die leichter hydrolysieren als die festgebundenen Sulfatreste, und die Gesamtmenge der hydrolysierbaren Sulfate wird infolgedessen durch die Titration erfaßt.

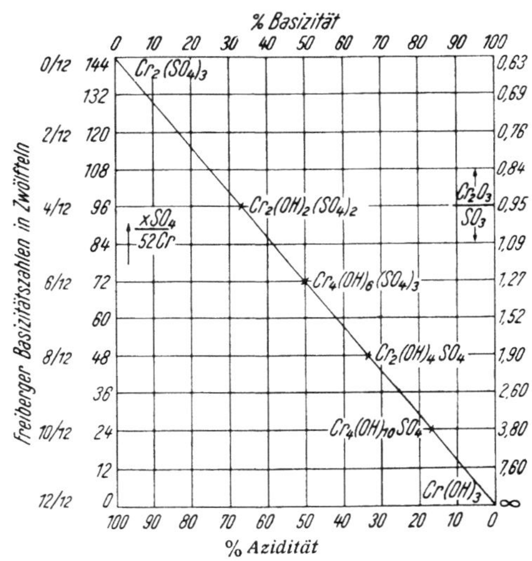

Abb. 81. Umrechnungstafel für Basizitätszahlen.

Bei Anwesenheit von Aluminium-, Magnesium- und Ammoniumsalzen wird die an diese Basen gebundene Säure bei der Heißtitration miterfaßt. In diesen Fällen muß deshalb eine Korrektur angebracht werden. Bei Gegenwart von flüchtigen Säuren, wie schweflige Säure, Ameisen- und Essigsäure, gibt diese Methode zu niedrige Werte, da die flüchtigen Säuren vor und während der Titration entweichen (besonders tritt dies bei den Glucosebrühen hervor). Wird nach D. Burton und A. M. Hey in der Kälte mit NaOH auf Rot titriert und dann erst gekocht und zu Ende titriert, so werden auch die flüchtigen Säuren miterfaßt. Die Differenz zwischen dem NaOH-Verbrauch bis zum Endpunkt der Heißtitration und der in der Kälte verbrauchten NaOH steht in direkter Beziehung zu der Menge der an Chrom komplex gebundenen Säurereste (W. Ackermann; vgl. S. 123).

Eine Spezialmethode zur Bestimmung der Basizität von Chrombrühen, die erhebliche Mengen an Carbonatokomplexen enthalten, wurde von E. Stiasny, E. Olschansky und St. Weidmann vorgeschlagen. Diese sog. Formol-Bariumchloridmethode erfaßt sämtliche flüchtigen und nicht flüchtigen Säuren, ist aber für alkalibeständige Chrombrühen (z. B. Oxalatoverbindungen) nicht verwendbar.

Bestimmung der Basizitätszahl nach der Formol-Bariumchloridmethode (Vagda-Kalender, S. 149).

Prinzip der Methode. Die zu untersuchende Chromlösung wird mit Ammoniak gefällt, wobei die Säurereste als Ammoniumsalze ins Filtrat gehen, welche dann formoltitriert werden. Um hierbei die Kohlensäure mitzuerfassen, wird Bariumchlorid zugesetzt, wodurch die Carbonate und Sulfate als Bariumsalze ausfallen, während die äquivalente Menge Ammoniumchlorid in Lösung geht.

Arbeitsweise:

50 ccm Chromlösung (ca. 1% Cr) werden mit 25 ccm ca. $^{n}/_{1}$ Ammoniak, 12 ccm ca. $^{n}/_{1}$ Ammoniumchlorid und ca. 6,8 g Bariumchlorid, das in wenig Wasser gelöst wurde, versetzt und am Rückflußkühler aufgekocht. Darauf läßt man mehrere Stunden stehen und filtriert dann rasch durch einen Büchnertrichter. Schwach getrübt durchgelaufene Lösung wird auf das Filter zurückgebracht und darnach das Saugrohr des Trichters in einen 1 l Meßkolben eingetaucht, der mit 30 ccm $^{n}/_{5}$ Salzsäure beschickt wurde. Nach beendeter Filtration wäscht man den Niederschlag gut aus und füllt zur Marke auf. In einen anderen 1 l-Meßkolben gibt man ebensoviel Ammoniumchlorid und Salzsäure wie beim Hauptversuch und füllt mit Wasser zur Marke auf. Nun werden aus jedem Kolben je 100 ccm abpipettiert und beide Proben formoltitriert, indem man 5 ccm 40%ige Formaldehydlösung zugibt und mit $^{n}/_{5}$ NaOH auf stark Rot titriert. Dann wird mit einigen Tropfen $^{n}/_{5}$ HCl auf blaßrosa und schließlich mit einigen Tropfen $^{n}/_{5}$ NaOH wieder auf deutlich Rot titriert. Die Differenz beider Bestimmungen gibt die in der Chromlösung vorhandene Säurenmenge an.

Bestimmung der Ausflockungszahl.

[E. Stiasny (*4*); Vagda-Kalender, S. 153.]

Prinzip der Methode. Die Chrombrühe wird allmählich so lange mit $^{n}/_{10}$ NaOH versetzt, bis eine eben bleibende leichte Trübung eintritt. Die Ausflockungszahl ist bis zu gewissem Grad ein Maß für die Adstringenz der Chromlösung.

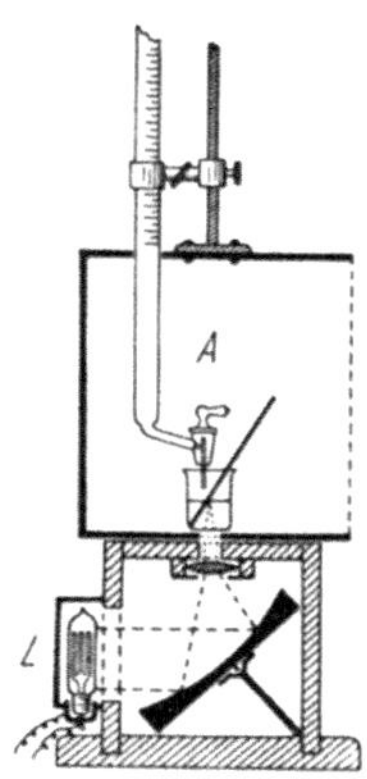

Abb. 82. Ausflockungsapparat (E. Stiasny).

Arbeitsweise. 25 ccm der filtrierten Chromsalzlösung (0,1% Cr) werden in einem 100 ccm Becherglas unter starkem Umrühren mit $^{n}/_{10}$ NaOH langsam titriert (ca. 1 Tropfen in der Sekunde; 1 ccm = 30 Tropfen), bis eben eine Trübung auftritt, was man am besten feststellen kann, indem man ein bedrucktes Papierblatt durch die Lösung durch beobachtet. Zur genauen Bestimmung des Endpunktes eignet sich das Zeißsche Nephelometer [E. Stiasny und M. Ziegler (*2*)].

Folgende Einrichtung erleichtert auf einfache Weise die Feststellung des Endpunktes [E. Stiasny (*4*)]. Ein innen geschwärztes, an einer Seite offenes Blechgehäuse (*A*) ist mit einer Öffnung in der Bodenmitte versehen, über die ein kleines Becherglas mit der zu untersuchenden Brühe gestellt wird, wie Abb. 82 zeigt. Unter dem Blechkasten sind eine ca. 25kerzige elektrische Lampe (*L*) und ein Hohlspiegel, der die Lichtstrahlen kegelförmig durch die Lösung wirft, eingebaut. Da dabei viele Chrombrühen, auch wenn der Ausflockungspunkt noch weit entfernt ist, einen schwachen Tyndalleffekt zeigen, ist es zweckmäßig, hinter dem Becherglas eine gegen das Auge des Beobachters abgeblendete 2 Volt-Glühlampe anzubringen, um die Empfindlichkeit des Apparates abzuschwächen. Um vergleichbare Werte zu erhalten, müssen, wie schon erwähnt, bestimmte Vorschriften eingehalten werden.

Die Ausflockungszahl wird in ccm $^{n}/_{10}$ NaOH pro 25 mg Cr angegeben [E. Stiasny (*4*)]. Für Vergleichszwecke ist es am besten, die Ausflockbarkeit einer Chrombrühe in Ausflockungsbasizität, welche die Basizitätszahl am Ausflockungspunkt angibt (A. Fritsch), oder in Ausflockungsazidität [K. H. Gustavson (*3*)] anzugeben.

Wenn a und b die oben genannten Zahlen bedeuten und c die für die gleiche Chrommenge bei der Ausflockungsbestimmung verbrauchte Menge $^{n}/_{10}$ NaOH darstellt, so sind

$$\text{Ausflockungsbasizität} = \frac{(a - b + c) \times 100}{a},$$

$$\text{Ausflockungsazidität} = \frac{(b - c) \times 100}{a}.$$

In der amerikanischen Praxis wird manchmal als Ausflockungszahl angegeben, wieviel Pfund Natriumbicarbonat zu einer Gallone Chrombrühe zugesetzt werden können, ohne daß Ausflockung eintritt. Da weder eine bestimmte Chromkonzentration, noch Art und Stärke der Alkalilösung vorgeschrieben sind, eignet sich diese Ausdrucksweise natürlich nicht für vergleichende Bestimmungen anderer Betriebe, oder als Vergleichsmaß für Gerbwirkung. Für die technische Kontrolle ist es zweckmäßig, die Ausflockbarkeitsgrenze mit Alkali von der bei der Gerbung verwendeten Stärke festzustellen. Theoretisch ist die Verwendung von Natronlauge wegen der Möglichkeit von Änderungen im Komplex (wie dies z. B. mit Carbonaten der Fall ist) wohl begründet. Bei Angabe der Ausflockungszahl soll immer die Art ihrer Bestimmung mitgeteilt werden.

Bestimmung des p_H-Wertes.

Die H-Ionenkonzentration der Chromsalzlösung wird elektrometrisch mit Hilfe der Wasserstoff- oder Glaselektrode bestimmt. Der p_H-Wert der Chrombrühe gibt wichtige Anhaltspunkte über das etwaige Vorkommen freier zusätzlicher Säure, die durch Titration mit $^{n}/_{10}$ NaOH auf p_H 2,8 bis 3,0 ermittelt wird. Solche Bestimmungen sind besonders wertvoll für die Kontrolle des Gerbprozesses, besonders im Anfangsstadium, wenn die Pickelsäure der Blößen in das Chrombad hinausdiffundiert. Bei den gebräuchlichen Chrombrühen ist nur mit der hydrolytisch gebildeten Säure zu rechnen, da die p_H-Werte der gerbfertigen Brühen im allgemeinen über 2,8 liegen. Basizitätszahl und Basizitätsgrad der betriebsmäßigen Brühen sind also in der Regel identisch.

Kontrolle der Chromrestbrühen.

Die Bestimmung von Chromgehalt, Basizitätszahl und p_H-Wert der gebrauchten Chrombrühen ist für die Kontrolle der Regelmäßigkeit der Gerbung, besonders des Ausnutzungsgrades, wichtig. Der p_H-Wert ist am sichersten mit der Glaselektrode zu bestimmen, die Chrombestimmung erfordert in diesem Fall eine besondere Ausführung. Die Gegenwart geringer Mengen von Proteinabbauprodukten in gebrauchten Chromlösungen kompliziert die Oxydation, da diese Stoffe auf das Superoxyd stabilisierend wirken. Infolgedessen wird das überschüssige Superoxyd nicht zerstört. Häufig kommen in diesen Brühen auch Calciumsalze vor, was weitere Schwierigkeiten mit sich bringt, da Calciumsuperoxyd, das nur schwer zersetzbar ist, gebildet wird. Für die Chrombestimmungen in den Restbrühen haben sich die folgenden Oxydationsmethoden bewährt.

Verfahren nach K. Feigl, K. Klanfer und L. Weidenfeld.

Bei dieser Modifikation des Aldenschen Verfahrens wird der Superoxydüberschuß katalytisch zerstört (durch Zugabe von Nickelnitrat). Nach der üblichen Oxydation wird die Lösung abgekühlt und ca. 5 ccm einer 5%igen Nickelnitratlösung zugegeben. Dann wird die Lösung nochmals ca. 3 Minuten gekocht und das sechswertige Chrom wie üblich bestimmt.

Verfahren nach M. Bergmann und F. Mecke.

Bei sehr erheblicher Proteinverunreinigung führt die Perchlorsäuremethode zu genauen Ergebnissen. Die übliche Menge Chromsalzlösung wird in einem 300 ccm Kjeldahlkolben vorsichtig mit 5 ccm technischer Perchlorsäure (60%ig) versetzt und erhitzt, bis die gesamte organische Substanz oxydiert und die Farbe der Lösung rein gelb geworden ist. Hierauf verdünnt man mit etwa 70 ccm Wasser, kocht das Chlor vollständig aus und bestimmt die Chromate nach der üblichen Methode.

Verfahren nach E. Stiasny und F. Prakke.

Die Bestimmung des Chroms in thiosulfathaltigen Brühen wird durch Oxydation der sauren Lösung mit Bromwasser ausgeführt. Das überschüssige Brom wird durch Kochen völlig vertrieben, die Lösung alkalisch gemacht und wie oben mit Superoxyd oxydiert.

Die Bestimmung der Basizitätszahl gebrauchter Chromlösungen hat wenig praktischen Wert, da die Basizitätszahl solcher chromarmer Lösungen vorwiegend eine Funktion der Chromkonzentration ist und in der Regel sehr unregelmäßige Werte erhalten werden.

Kontrolle der Zweibadgerbung.

Die folgenden Methoden eignen sich sowohl für die Untersuchung der Handelsbichromate, als auch für die Analyse des ersten Bades der Zweibadgerbung.

Chrombestimmung.

5 g der Handelsware löst man in einen 1 l-Kolben und füllt bis zur Marke auf. Man verwendet 25 ccm dieser Lösung, bzw. 25 ccm der aufs zehnfache verdünnten Restbrühe des ersten Bades. Das sechswertige Chrom wird wie üblich bestimmt.

$$1 \text{ ccm } {}^{n}/_{10} \text{ Natriumthiosulfatlösung} = 0{,}0049 \text{ g } K_2Cr_2O_7$$
$$= 0{,}00497 \text{ g } Na_2Cr_2O_7 \cdot 2\,H_2O$$

Säurebestimmung.

100 ccm obiger Lösung werden mit einigen Tropfen Phenolphtalein versetzt und dann mit $^{n}/_{10}$ Natronlauge bis zur deutlichen Rotfärbung titriert

$$1 \text{ ccm } {}^{n}/_{10} \text{ Natronlauge} = 0{,}01471 \text{ g } K_2Cr_2O_7$$
$$= 0{,}01490 \text{ g } Na_2Cr_2O_7 \cdot 2\,H_20$$

Tabelle 93. Berechnung der Komponenten des ersten Bades bei der Zweibadgerbung [H. R. Procter (*2*), S. 140].

Verhältnis von $a : b$	Die Lösung enthält	Berechnung der Komponenten
$b = 0$	Monochromat allein	$a \times 0{,}0065$ g K_2CrO_4
$a = 3\,b$	Bichromat allein	$\left.\begin{array}{l} a \times 0{,}0049 \text{ g} \\ b \times 0{,}0147 \text{ g}\end{array}\right\}$ g $K_2Cr_2O_7$
$a = 3\,\frac{b}{2}$	Chromsäure allein	$\left.\begin{array}{l} a \times 0{,}0033 \\ b \times 0{,}0050\end{array}\right\}$ g CrO_3
$a > 3\,b$	Chromat und Bichromat . . .	$(a - 3\,b) \times 0{,}0065 =$ g K_2CrO_4 $b \times 0{,}0147 =$ g $K_2Cr_2O_7$
$3\,\frac{b}{2} < a < 3\,b$	Bichromat und Chromsäure . .	$(2\,a - 3\,b) \times 0{,}0049 =$ g $K_2Cr_2O_7$ $(3\,b - a) \times 0{,}0033 =$ g CrO_3
$a < \frac{3\,b}{2}$	Chromsäure und Salzsäure . .	$a \times 0{,}0033 =$ g CrO_3 $\left(b - \frac{2\,a}{3}\right) \times 0{,}00365 =$ g HCl

Die Zusammensetzung des ersten Bades ist nach Tabelle **93** zu berechnen, und zwar bedeutet a = ccm $^{n}/_{10}$ Natriumthiosulfatlösung, b = $^{n}/_{10}$ Natronlauge der Aziditätsbestimmung in demselben Flüssigkeitsvolumen.

Literaturübersicht.

Abendstern, M.: Diss. T. H. Darmstadt, 1927.
Ackermann, W.: Collegium **1932**, 828.
Alden, F. W.: J.A.L.C.A. **1**, 174 (1906).
Balányi, D. (*1*): Diss. T. H. Darmstadt, 1928; (*2*): Collegium **1929**, 153.
Balderston, L.: J.I.S.L.T.C. **3**, 37 (1919).
Baldwin, M. E.: J.A.L.C.A. **14**, 439 (1919).
Barnebey, O. L.: Journ. Amer. chem. Soc. **39**, 604 (1917).
Bassett, H.: Journ. chem. Soc. London **83**, 692 (1903).
Bassett, H. u. A. J. Henry: Journ. chem. Soc. London **1935**, 914.
Belavsky, E. u. J. Makarius: Collegium **1934**, 87.
Bergmann, M. (*1*): Collegium **1932**, 75; (*2*): Journ. biol. Chemistry **110**, 471 (1935); (*3*): Chem. Reviews **22**, 423 (1938).
Bergmann, M. u. F. Mecke: Collegium **1933**, 609.
Bergmann, M. u. C. Niemann: Journ. biol. Chemistry **115**, 77 (1936).
Bergmann, M. u. G. Pojarlieff: Biochem. Ztschr. **249**, 1 (1932).
Berkmann, J.: Collegium **1925**, 174.
Blockey, J. R.: J.I.S.L.T.C. **2**, 205 (1918).
Brintzinger, H. u. H. Osswald: Ztschr. anorg. allg. Chem. **221**, 21 (1934).
Burton, D. (*1*): J.I.S.L.T.C. **4**, 205, 217 (1920); **5**, 192, 245 (1921); **6**, 157, 164 (1922); **8**, 459 (1924); **12**, 210 (1928); J.A.L.C.A. **18**, 359, 376 (1923); (*2*): J.I. S.L.T.C. **20**, 451 (1936).
Burton, D. u. A. Glover: J.I.S.L.T.C. **6**, 6 (1922).
Burton, D., R. P. Wood u. A. Glover: J.I.S.L.T.C. **6**, 92, 281 (1922); **7**, 37, 53 (1923).
Burton, D. u. A. M. Hey: J.I.S.L.T.C. **4**, 272 (1920).
Cameron, D. H. u. G. D. McLaughlin: Journ. physical Chem. **41**, 961 (1937).
Cameron, D. H., G. D. McLaughlin u. R. S. Adams: J.A.L.C.A. **32**, 98 (1937).
Chambard, P.: Diss. Lyon, 1924.
Chambard, P. u. M. Queroix: J.I.S.L.T.C. **9**, 218 (1925).
Cohn, E. J., A. A. Green u. M. H. Blanchard: Journ. Amer. chem. Soc. **59**, 509 (1937).
Dhavale, B. B. u. S. R. Das: J.I.S.L.T.C. **5**, 177 (1921).
Eitner, W.: Gerber **1901**, 58.
Eitner, W. u. E. Stiasny: Gerber **1905**, 125; **1900**, 295.
Elöd, E. u. T. Cantor: Collegium **1934**, 568.
Elöd, E. u. Th. Schachowskoy: Collegium **1933**, 701; **1934**, 414; Kolloid-Ztschr. **69**, 205 (1934); **72**, 221 (1935).
Elöd, E., Th. Schachowskoy u. M. Weber-Schäfer: Collegium **1935**, 406.
Elöd, E. u. W. Siegmund: Collegium **1932**, 1, 135; **1934**, 281.
Fahrion, W.: Neuere Gerbmethoden und Gerbtheorien. Braunschweig: F. Vieweg & Sohn, 1915.
Feigl, K., K. Klanfer u. L. Weidenfeld: Collegium **1929**, 593.
Felzmann, C.: Collegium **1933**, 373.
Fritsch, A.: Collegium **1925**, 277.
Graßmann, W.: Kolloid-Ztschr. **77**, 205 (1936).
Graßmann, W. u. K. Riederle: Biochem. Ztschr. **284**, 183 (1936).
Gustavson, K. H. (*1*): J.A.L.C.A. **26**, 635 (1931); (*2*): Stiasny Festschrift. Darmstadt: E. Roether, 1937; (*3*): Ind. engin. Chem. **17**, 945 (1925); (*4*): Ebenda **19**, 1015 (1927); (*5*): Collegium **1926**, 97; (*6*): J.A.L.C.A. **21**, 559 (1926); (*7*): Ebenda **22**, 60 (1927); (*8*): Ebenda **21**, 22 (1926); (*9*): Ind. engin. Chem. **19**, 243 (1927); (*10*): Unveröffentlichte Arbeit; (*11*): Colloid Symposium Monograph, Vol. IV. New York City: The Chemical Catalog Co., 1926.
Gustavson, K. H. u. P. J. Widen (*1*): Collegium **1926**, 562; (*2*): Ind. engin. Chem. **17**, 577 (1925); (*3*): Collegium **1926**, **153**.
Hegel, S.: Die Chromgerbung. Berlin: Julius Springer, 1898.
Heinrichs, E.: Diss. T. H. Darmstadt, 1930.
Hirsch, A.: V(ereinigung) A(kademischer) G(erbereichemiker) Da(rmstadt) 1925 bis 1926, S. 18.

Hudson, F.: J.I.S.L.T.C. **11**, 133 (1927).
Jaeger, A. O.: J.A.L.C.A. **31**, 302 (1936).
Jettmar, J.: Die Chromgerbung, 3. Aufl. Leipzig: P. Schulze, 1924.
Immendörfer, E.: Collegium **1937**, 689; **1926**, 421.
Innes, R. F. (*1*): J.I.S.L.T.C. **14**, 55 (1930); (*2*): Merry, E. W.: The Chrome Tanning Process. London: A. Harvey, 1936; (*3*): J.I.S.L.T.C. **19**, 55 (1935); (*4*): Ebenda **3**, 104 (1919).
Kinzer, R.: Diss. T. H. Darmstadt, 1932.
Klaber, W.: J.A.L.C.A. **12**, 458 (1917).
Knapp, F. L.: Natur und Wesen der Gerberei. J. G. Cotta, 1858. Sonderabdruck in Collegium **1919**, 133.
Küntzel, A. (*1*): Angew. Chem. **50**, 308 (1937); (*2*): Collegium **1936**, 625.
Küntzel, A. u. J. Philips: Collegium **1932**, 267.
Küntzel, A., R. Kinzer u. E. Stiasny: Collegium **1934**, 213.
Küntzel, A. u. C. Rieß (*1*): Collegium **1936**, 138; (*2*): Ebenda **1936**, 635; (*3*): Ebenda **1936**, 646.
Küntzel, A., C. Rieß, A. Papayannis u. H. Vogl: Collegium **1934**, 261.
Lamb, M. C.: Die Chromlederfabrikation. Deutsche Bearbeitung von E. Mezey. Berlin: Julius Springer, 1925.
Lamb, M. C. u. A. Harvey: Collegium (London) **1916**, 201.
Lumière, A. u. L. u. A. Seyewetz: Ztschr. Photogr. **2**, 16 (1908); zit. nach Elöd, E. u. Th. Schachowskoy: Collegium **1935**, 701.
McCandlish, D., W. R. Atkin u. R. Poulter: J.I.S.L.T.C. **18**, 516 (1934).
McLaughlin, G. D. u. D. H. Cameron: Stiasny-Festschrift. Darmstadt: E. Roether, 1937.
McLaughlin, G. D., D. H. Cameron u. R. S. Adams: J.A.L.C.A. **29**, 658 (1934).
Merrill, H. B. u. J. G. Niedercorn: Ind. engin. Chem. **21**, 364 (1929).
Merrill, H. B., J. G. Niedercorn u. R. Quarck: J.A.L.C.A. **23**, 187 (1928).
Merrill, H. B. u. H. Schroeder: Ind. engin. Chem. **21**, 1225 (1929).
Merry, E. W.: The Chrome Tanning Process. London: A. Harvey, 1936.
Meunier, L. u. P. Chambard: Le Cuir techn. **12**, 7 (1923); **13**, 327 (1924); J.I.S.L.T.C. **7**, 75 (1923); **14**, 450 (1930).
Meunier, L. u. C. Vaney: La Tannerie. Paris: Gauthier-Villars, 1936.
Meunier, L. u. M. Queroix: J.I.S.L.T.C. **8**, 209 (1924).
Mezey, E.: Collegium **1937**, 277.
Orthmann, A. C.: J.A.L.C.A. **21**, 301 (1926).
Otin, C. u. G. Alexa: J.I.S.L.T.C. **14**, 450 (1930).
Otto, G. (*1*): Diss. T. H. Karlsruhe, 1928; (*2*): Collegium **1934**, 597; (*3*): Ebenda **1935**, 371; (*4*): Ebenda **1933**, 586.
Procter, H. R. (*1*): Journ. Soc. chem. Ind. **16**, 152 (1897); **18**, 1036 (1899); Principles of Leather Manufacture, 2. Aufl. New York City: D. van Nostrand Co., 1922; (*2*): Taschenbuch für Gerbereichemiker. Dresden: Th. Steinkopff, 1914.
Procter, H. R. u. R. W. Griffith: Journ. Soc. chem. Ind. **19**, 223 (1900); Abdruck in J.A.L.C.A. **12**, 612 (1917).
Procter, H. R. u. E. F. Hamer: Journ. Soc. chem. Ind. **19**, 226 (1900).
Procter, H. R. u. J. A. Wilson: Journ. Soc. chem. Ind. **35**, 156 (1916).
Rieß, C. u. K. Barth: Collegium **1935**, 62.
Rieß, C. u. A. Papayannis (*1*): Collegium **1934**, 226; (*2*): Ebenda **1933**, 719.
Roddy, W. T.: J.A.L.C.A. **31**, 379 (1936).
Schindler, W. u. K. Klanfer: Collegium **1929**, 121.
Schindler, W., K. Klanfer u. E. Flaschner: Collegium **1929**, 472.
Schorlemmer, K. (*1*): Collegium **1922**, 375; (*2*): Ebenda **1921**, 430.
Seymour-Jones, F. L.: Ind. engin. Chem. **15**, 265 (1923).
Stiasny, E. (*1*): Collegium **1936**, 2; (*2*): Ebenda **1908**, 337; (*3*): Ebenda **1930**, 574; (*4*): Ebenda **1924**, 106; (*5*): Gerber **1903**, 33; (*6*): Tanning in J. Alexander: Colloid Chemistry, Vol. IV. New York City: The Chemical Catalog Co., 1932; (*7*): Collegium **1912**, 293; **1926**, 420; (*8*): Gerbereichemie (Chromgerbung). Dresden: Th. Steinkopff, 1931.
Stiasny, E. u. D. Balányi (*1*): Collegium **1927**, 99; (*2*): Ebenda **1928**, 90.
Stiasny, E. u. K. Buchheimer: V(ereinigung) A(kademischer) G(erbereichemiker) D(armstadt) 1927 bis 1929, S. 22.
Stiasny, E. u. B. M. Das: Collegium **1912**, 461.
Stiasny, E. u. E. Gergely: Collegium **1931**, 444.
Stiasny, E., E. Gergely u. A. Dembo: Collegium **1931**, 458.
Stiasny, E. u. O. Grimm: Collegium **1927**, 505; **1928**, 49.

Stiasny, E. u. C. Lochmann: Collegium **1925**, 200.
Stiasny, E., K. Lochmann u. E. Mezey: Collegium **1925**, 190.
Stiasny, E., E. Olschansky u. St. Weidmann: Collegium **1929**, 565.
Stiasny, E. u. A. Papayannis: Collegium **1934**, 69.
Stiasny, E. u. F. Prakke: Collegium **1933**, 465.
Stiasny, E. u. L. Szegö: Collegium **1926**, 41.
Stiasny, E. u. G. Walther: Collegium **1928**, 389.
Stiasny, E. u. M. Ziegler (*1*): Collegium **1931**, 438; (*2*): Ebenda **1933**, 327.
Theis, E. R. u. A. W. Goetz: J.A.L.C.A. **26**, 505 (1931); **27**, 109, 570 (1932); **28**, 193 (1933).
Theis, E. R. u. E. J. Serfass: J.A.L.C.A. **30**, 166, 235, 341, 478, 600 (1935).
Thomas, A. W. (*1*): J.A.L.C.A. **18**, 423 (1923); (*2*): Colloid Chemistry. New York City: McGraw-Hill Book Co., 1934.
Thomas, A. W. u. M. E. Baldwin (*1*): J. A.L.C.A. **13**, 192 (1918); (*2*): Journ. Amer. chem. Soc. **41**, 1981 (1919).
Thomas, A. W., M. E. Baldwin u. M. W. Kelly: J.A.L.C.A. **15**, 147 (1920).
Thomas, A. W. u. S. B. Foster (*1*): Ind. engin. Chem. **14**, 132 (1922); (*2*): J.A.L.C.A. **15**, 510 (1920); **16**, 61 (1921).
Thomas, A. W. u. M. W. Kelly (*1*): Ind. engin. Chem. **13**, 31, 65 (1921); (*2*): Journ. Amer. chem. Soc. **48**, 1312 (1926); (*3*): J.A.L.C.A. **15**, 487 (1920); (*4*): Ind. engin. Chem. **13**, 31 (1921); **14**, 621 (1922).
Thompson, F. C. u. W. R. Atkin: J.I.S.L.T.C. **6**, 207 (1922).
Vagda Kalender: Gerbereichemisches Taschenbuch, 4. Aufl. Dresden: Th. Steinkopff, 1938.
Wilson, J. A. (*1*): Journ. Amer. chem. Soc. **42**, 715 (1920); (*2*): J.A.L.C.A. **12**, 108 (1917); (*3*): Die Chemie der Lederfabrikation, 2. Aufl. Wien: Julius Springer, 1930.
Wilson, J. A. u. E. J. Kern: J.A.L.C.A. **12**, 445 (1917).
Wilson, J. A. u. E. A. Gallun: J.A.L.C.A. **15**, 273 (1920).
Wilson, J. A. u. G. O. Lines: J.A.L.C.A. **21**, 299 (1926).
Wilson, J. A. u. H. B. Merrill: Analysis of Leather and Materials used in Making it. New York City: McGraw-Hill Book Co., 1931.
Woodroffe, D.: J.I.S.L.T.C. **9**, 480 (1925).

B. Die Gerbung mit Aluminiumsalzen.

Von Dr. **Theo Seiz**, Berlin.

I. Die Theorie der Aluminiumgerbung.

1. Die für die Gerberei wichtigsten Aluminiumverbindungen.

Die Alaun- oder Weißgerbung ist eine schon seit dem Altertum bekannte Gerbart, welche bis zum heutigen Tag zur Herstellung gewisser Ledersorten und bei der Pelzgerbung Verwendung findet.

Ägypter und Römer haben nicht nur mit pflanzlichen Gerbstoffen Leder erzeugt, sondern kannten auch die Verwendung von Alaun zur Herstellung von weißem Leder. Im 17. Jahrhundert kam dann in Frankreich die sog. Glacégare auf, eine kombinierte Fett-Alaungerbung zur Herstellung von feinen Handschuhledern.

In der Neuzeit hat die Alaungerbung keine grundsätzlichen Änderungen erfahren, ist jedoch gegenüber der Chromgerbung immer mehr zurückgetreten.

Von den vielen Aluminiumsalzen finden meist nur der Alaun und das Aluminiumsulfat bei der Alaungerbung Verwendung. Der wichtigste Alaun ist der Aluminium-Kalium-Alaun (Alumen) $KAl(SO_4)_2 + 12\ H_2O$.

Er kristallisiert aus Wasser in großen, durchsichtigen Oktaedern, welche sich in 8 Teilen Wasser von normaler Temperatur oder in $^1/_3$ kochendem Wasser lösen. Die Lösung reagiert sauer und schmeckt süßlich-zusammenziehend. Bei 92,5° schmilzt er in seinem Kristallwasser, verliert dann alles Wasser und bildet eine weiße, voluminöse Masse — gebrannter Alaun.

Aus dem in der Nähe von Rom (bei Tolfa) und in Ungarn in beträchtlichen Ablagerungen vorkommenden Alaunstein oder Alunit $K(AlO)_3(SO_4)_2 + 3\ H_2O$ wird Alaun im großen folgendermaßen gewonnen:

Man erhitzt Alaunstein auf höhere Temperaturen, zieht mit heißem Wasser aus, wobei Alaun in Lösung geht, während Aluminiumhydroxyd zusammen mit oft eisenhaltigen Verunreinigungen ungelöst bleibt. Aus der Lösung kristallisiert Alaun in einer Kombination von Oktaedern mit Würfeln aus. Das Aluminiumsulfat $Al_2(SO_4)_3$ kristallisiert aus der wässerigen Lösung gewöhnlich mit 18 Mol H_2O in dünnen, perlmutterglänzenden Blättchen, die in Wasser leicht löslich sind, in der Hitze schmelzen und dann alles Wasser verlieren.

Das schwefelsaure Aluminium $Al_2(SO_4)_3 \cdot 8\,H_2O$ wird im großen durch Auflösen von Bauxit (Aluminiumhydroxyd), welcher im Basalt des Vogelsberges, im Karst, in Irland und in Amerika vorkommt, in Schwefelsäure oder durch Zersetzen von reinem Aluminiumsilicat (Porzellanton, Kaolin, Chinaclay) mit Schwefelsäure gewonnen; die Lösung wird von der Kieselsäure getrennt und verdampft.

2. Die Hydrolyse von Aluminiumsalzen.

In wässeriger Lösung sind Aluminiumsalze stark hydrolysiert und enthalten dann freie Säure. Nach Untersuchungen von E. O. Wilson und R. C. Kuan über die Hydrolyse von Aluminiumsalzen in Abhängigkeit von Verdünnung, Konzentration der zugesetzten Neutralsalze und der zugesetzten Säure oder Base, steigt mit zunehmender Verdünnung bei Aluminiumsulfat und bei Kalialaun der p_H-Wert der Lösung. Beim Stehen der Lösungen sinkt der p_H-Wert der Aluminiumsulfatlösung, während der p_H-Wert der Alaunlösung größer wird. Durch den Zusatz von Natriumchlorid fällt der p_H-Wert von Aluminiumsulfat- und Alaunlösung mit steigender Salzkonzentration ab, während derselbe durch den Zusatz von Kaliumsulfat erhöht wird. Beim Stehen dieser Lösung wird der p_H-Wert bei der mit Kaliumsulfat versetzten Alaunlösung größer, während die mit Natriumchlorid versetzten Lösungen keine Veränderungen des p_H-Wertes aufweisen. Durch den Zusatz von Säure oder Alkali zu Aluminiumsalzlösungen wird die Hydrolyse verkleinert bzw. vergrößert.

Zur Aufklärung der durch den Zusatz von Alkalichlorid oder -sulfat zu Aluminiumsalzlösungen auftretenden Veränderungen bestimmten A. W. Thomas und T. H. Whitehead elektrometrisch die p_H-Werte von Aluminiumsulfat- und -chloridlösungen vor und nach dem Zusatz von verschiedenen Mengen NaCl, KCl, Na_2SO_4 und K_2SO_4 und stellten dabei folgendes fest:

Die Wasserstoffionenkonzentration von Aluminiumchlorid- und -sulfatlösungen nimmt durch den Zusatz von geringen Mengen Chlor- oder Sulfationen ab. Der Zusatz von festem NaCl erhöht die Wasserstoffionenkonzentration, während ein Zusatz von festem Na_2SO_4 dieselbe erniedrigt. Nach Ansicht von A. W. Thomas und T. H. Whitehead sind beim Zusatz von NaCl zu Aluminiumchlorid unter Zugrundelegung der Wernerschen Theorie der Komplexsalze, nach welcher Aluminiumchlorid in wässeriger Lösung nach folgender Gleichung hydrolysiert:

$$\left[\begin{matrix} H_2O & & H_2O \\ H_2O & Al & H_2O \\ H_2O & & H_2O \end{matrix}\right]^{3+} Cl_3 \rightleftarrows \left[\begin{matrix} H_2O & & OH \\ H_2O & Al & H_2O \\ H_2O & & H_2O \end{matrix}\right]^{2+} Cl_2 + HCl$$

zwei Vorgänge zu unterscheiden: Werden zu dem in der Lösung vorhandenen Pentaquohydroxoaluminiumchlorid Chlorionen zugegeben, so suchen dieselben die Hydroxogruppe aus dem Kern zu verdrängen, die Hydroxogruppe verbindet sich mit dem H-Ion der äußeren Lösung zu Wasser und die Wasserstoffionenkonzentration nimmt ab:

$$\left[\begin{matrix} H_2O & & OH \\ H_2O & Al & H_2O \\ H_2O & & H_2O \end{matrix}\right]^{2+} Cl_2 + HCl + NaCl \rightleftarrows \left[\begin{matrix} H_2O & & Cl \\ H_2O & Al & H_2O \\ H_2O & & H_2O \end{matrix}\right]^{2+} Cl_2 + NaCl + H_2O.$$

Bei höheren Salzkonzentrationen wird diese Wirkung durch eine Hydratationswirkung der Na- und Cl-Ionen überdeckt. Bei einem Zusatz von Sulfationen zu einer Aluminiumsalzlösung ist zunächst die Neigung des Sulfations, in den Komplexkern einzutreten, zu beachten, wodurch die Wasserstoffionenkonzentration der Lösung abnimmt. Ferner vereinigt sich das Sulfation mit dem H-Ion zum Hydrosulfation, wodurch die Wasserstoffionenkonzentration auch erniedrigt wird, und schließlich muß noch der Hydratationsfaktor der Ionen, der eine Zunahme der Wasserstoffionenkonzentration bedingt, berücksichtigt werden.

3. Die Gerbwirkung der Aluminiumverbindungen.

Im Gegensatz zu den Chromsalzen gehen bekanntlich die Aluminiumsalze keine stabilen Verbindungen mit den Eiweißstoffen der Haut ein und finden daher nicht die vielseitige Verwendung wie die Chromsalze.

Die Forschungsergebnisse über den chemischen Reaktionsverlauf bei der Alaungerbung führten im Laufe der Zeit zu den verschiedenartigsten theoretischen Ansichten:

F. Knapp war der Ansicht, daß Alaun von der Haut unmittelbar aufgenommen werde und daß ein Kochsalzzusatz diese Aufnahme beschleunige. Er stellte ferner zusammen mit Reimer fest, daß bei der Gerbung mit Aluminiumsalzen die Hautfasern ein mehr basisches Salz aufnehmen und ein mehr saures Salz zurücklassen.

W. Eitner fand, daß Aluminiumsalze sehr rasch die Blöße durchdringen und die Hautfibrillen isolieren und daß sie in großer Menge von der Haut absorbiert werden können, daß jedoch wenig an den Fasern selbst haften bleibt. Er stellte im Alaunleder 6 bis 8% Tonerde und nach dem Auswaschen nur noch $1^1/_2$% fest, welche fest gebunden sind und sich nicht mehr auswaschen lassen, und fand, daß bei der Gerbung mit Aluminiumsalzen ein basisches Salz in der Lösung zurückbleibt und ein saures Salz in der Faser gebunden wird. Zur Klärung dieser, der Ansicht von F. Knapp und Reimer gerade entgegenstehenden Theorie W. Eitners, stellte Philip Versuche an, indem er auf Hautpulver eine 2%ige Aluminiumsulfatlösung einwirken ließ und das Verhältnis von $SO_3 : Al_2O_3$ in der Lösung vor und nach der Einwirkung auf die Haut bestimmte. Dabei konnte Philip F. Knapps Ansicht bestätigen, daß sich in der Hautfaser ein basisches Salz ablagert und ein saures Salz in Lösung bleibt.

H. R. Procter erklärt die Wirkung von Alaun und Kochsalz folgendermaßen: Wird Hautblöße in eine Alaunlösung eingehängt, so entzieht sie dieser Lösung gierig Schwefelsäure und schwillt an. Sobald die freie Säure aufgenommen ist, hydrolysiert ein weiterer Teil des normalen Salzes, da ein Gleichgewichtszustand zwischen der freien Säure und dem Salz besteht. Diese hydrolytische Spaltung schreitet fort, bis die Blöße sämtliche Säure, welche sie überhaupt zu absorbieren vermag, aufgenommen hat, soweit dies eben mit Rücksicht auf das hydrolytische Gleichgewicht bei der schwachen Konzentration möglich ist; erst darnach kommt die hydrolytische Spaltung zum Stillstand. Gleichzeitig wird auch das basische Salz, das bei der Hydrolyse gebildet wird, von der Blöße absorbiert. Die Säure verbindet sich mit einer oder mehreren Aminogruppen der Kollagenmoleküle. In welcher Weise die basischen Gruppen gesättigt werden, ist nicht bekannt.

Nach H. R. Procters Ansicht sind beide Vorgänge voneinander unabhängig. Wenn das Salz ursprünglich basisch war, vermag die Blöße mehr davon zu absorbieren, als wenn dasselbe normal gewesen ist, da die Aufnahmefähigkeit der Hautmoleküle für Säure in umgekehrtem Verhältnis zu ihrer Absorptionsfähigkeit für das basische Salz steht. Durch Zusatz von Kochsalz werden nach Procters Ansicht zwei Wirkungen erzielt, welche beide die Gerbung unterstützen: Wie beim Pickeln erhöht Kochsalz die Säureaufnahme und verhindert die Schwellung. Dabei entwässert und isoliert es gleichzeitig die Hautfasern, wodurch die Lederbildung beschleunigt wird. Die erhöhte Säureabsorption ermöglicht ein weiteres Fortschreiten der Hydrolyse unter gleichzeitiger Bildung weiterer basischer Verbindungen, welche auch von der Blöße aufgenommen werden. Nach Procters Ansicht ist also die Weißgerbung als eine Kombination des Pickelns und der echten Mineralgerbung anzusehen.

W. Möller versuchte, die Alaungerbung im Sinne seiner „Peptisationstheorie“ zu erklären. Schwefelsaure Tonerde ist in wässeriger Lösung zum Teil in Schwefelsäure und Aluminiumhydroxyd gespalten, letzteres müßte eigentlich ausgeschieden werden, bleibt aber in Form von komplexen Doppelsalzen in Peptisationsverbindungen mit den nicht dissoziierten Anteilen des Aluminiumsulfats gelöst. Beim Auflösen der schwefelsauren Tonerde entsteht zunächst eine wahre Lösung, welche in ein Sol übergeht. Werden dieser Lösung auch nur teilweise die freien SO_4-Ionen entzogen, wie dies beim Gerbprozeß der Fall ist, so sind sofort alle Zustandsbedingungen für den Depeptisationsprozeß gegeben. Man erhält bei der Weißgerbung eine viel intensivere Gerbung, wenn man analog der Chromgerbung die freien SO_4-Ionen durch Neutralisation mit Soda beseitigt; dabei entsteht sofort eine kolloidale peptisierte Lösung von Aluminiumhydroxyd. Einer solchen Lösung braucht die Hautsubstanz nicht erst selbst die SO_4-Ionen zu entziehen und man vermeidet so die Schwächung ihres Aufnahmevermögens für den wahren Peptisator des Aluminiumhydroxyds, nämlich das Aluminiumsulfat.

H. R. Procter und D. J. Law ließen im Anschluß an Versuche mit Chromsalzen Aluminiumsalze in Gelatinegallerten diffundieren und stellten dabei fest, daß die Säurediffusion immer der Diffusion der basischen Anteile vorangeht. Sie schlossen daraus, daß die Säure und die kolloidale Base unabhängig voneinander von Gelatine oder Hautfaser aufgenommen werden können.

A. und L. Lumière und A. Seyewetz untersuchten die Verbindungsgewichte sowohl von Chrom- als auch von Aluminiumsalzen mit Gelatine und fanden bei ihrer Versuchsanordnung eine maximale Aufnahme von 3,6% Al_2O_3. Sie fanden ferner, daß in heißen Gelatinelösungen Aluminiumsalze keine Fällung hervorrufen, daß jedoch beim Abkühlen eine Gelatinierung eintritt und daß diese Ausfällungen in kochendem Wasser nicht mehr löslich sind und trotz guten Auswaschens mit Wasser eine größere Menge Aluminium enthalten.

A. Gutbier, E. Sauer und F. Schelling untersuchten ausführlich die Einwirkung von Alaun auf tierischen Leim, insbesondere im Hinblick auf die dabei erfolgenden Änderungen der Viskosität und anderer technisch wichtiger Eigenschaften des Leims. Auf ihre Arbeit kann nur hingewiesen werden.

E. Stiasny bestätigte durch Versuche mit Aluminiumsulfatlösungen verschiedener Konzentration an Hautpulver die schon von Havrez und von G. v. Georgievics an Wolle gemachten Beobachtungen, daß, wie bei Wolle, aus verdünnten Tonerdelösungen auch von Hautpulver ein basischer Anteil, aus konzentrierten jedoch ein saurer Anteil aufgenommen wird.

Die verdünnte Lösung enthielt 0,04%, die konzentrierte 1,3% $Al_2(SO_4)_3$. Die Ergebnisse dieser Versuche sind aus Tabelle 94 zu ersehen.

J. A. Wilson zieht seine Theorie der Chromgerbung zur Aufklärung der Gerbung mit Aluminiumsalzen heran und glaubt, daß dieselbe dafür gut anwendbar ist. Da nach seiner Ansicht das Aluminiumhydroxyd eine schwächere Base ist als das Chromhydroxyd, werden sich die drei Valenzen des Aluminiums nicht so bereitwillig mit den Hautproteinen absättigen wie die des Chroms. Beim Aluminium werden sich wahrscheinlich nur zwei absättigen und eine

Tabelle 94. (Nach E. Stiasny.)

	Verhältnis von $Al:SO_4$	
	Verdünnte Aluminium-sulfatlösung (0,04%)	Konz. Aluminium-sulfatlösung (1,3%)
In der ursprünglichen Lösung	27,1:129,7	27,1:127,2
In der zurückbleibenden Lösung	27,1:154,3	27,1:120,2
Im aufgenommenen Anteil	27,1:118,1	27,1:274,8

weniger stabile Verbindung entstehen lassen. Wird dann das Alaunleder getrocknet und längere Zeit gelagert, so wird auch die dritte Valenz abgesättigt und die Stabilität des Leders wird, wie es die Praxis lehrt, erheblich vergrößert.

A. W. Thomas und M. W. Kelly bestimmten die von Hautsubstanz unter verschiedenen Bedingungen irreversibel gebundenen Mengen Aluminium. Sie benützten für ihre Untersuchungen mit Chloroform entfettetes, amerikanisches Standardhautpulver und Lösungen von eisenfreiem Aluminiumsulfat und Aluminiumchlorid.

Zunächst wurde der Einfluß des p_H-Wertes der Gerblösung auf den Gerbeffekt bestimmt. Gerbversuche ergaben, daß aus Lösungen der normalen Salze nur sehr wenig Aluminium irreversibel von Hautsubstanz gebunden wird, mit zunehmender Basizität der Gerblösungen aber die Menge des irreversibel gebundenen Aluminiums stark ansteigt. Eine zwei Gramm Trockensubstanz entsprechende Hautpulvermenge nahm aus $Al_2(SO_4)_3$-Lösungen, die 7,5 g Aluminium im Liter enthielten, folgende Mengen, als Al_2O_3 berechnet, auf:

bei p_H	3,2	3,41	3,65	3,81
	2	32	124	170 mg Al_2O_3.

Zur Bestimmung des Einflusses der Konzentration der Gerblösung auf den Gerbeffekt wurde eine konzentrierte Aluminiumsalzlösung mit Natronlauge auf $p_H = 3,6$ gebracht, zur Lösung des ausfallenden Hydroxyds 48 Stunden stehen gelassen, von einem geringen ungelösten Rest abfiltriert und mit einer Lösung von verdünnter Schwefelsäure von $p_H = 3,65$ verdünnt. Auf diese Weise konnten größere Schwankungen im p_H-Wert, wie auch, mit Ausnahme der drei am stärksten verdünnten Lösungen, Ausflockungen vermieden werden. Das Optimum der irreversiblen Aluminiumaufnahme durch Hautsubstanz wurde bei einer Konzentration von ca. 1,5 g Al im Liter festgestellt.

Es wurde weiter der Einfluß eines Natriumchlorid- oder Natriumsulfatzusatzes auf die irreversible Aufnahme von Aluminium durch Hautsubstanz untersucht.

Bei basischen Lösungen nimmt mit zunehmendem Neutralsalzgehalt der Gerblösung die von Hautsubstanz gebundene Aluminiummenge ab, bei Natriumsulfat stärker als bei Natriumchlorid. Bei den nichtbasischen Lösungen ist ein Einfluß des Salzzusatzes nicht festzustellen. Zur Bestimmung des Zeitfaktors wurde Hautpulver mit Aluminiumsulfatlösungen ($p_H = 3,7$ und 3,4) mit und ohne Zusatz von Neutralsalz 6 Stunden bis 18 Tage gegerbt:

Bei den normalen Aluminiumsulfatlösungen war nach 6 Stunden das Gleichgewicht bei sehr geringer Aluminiumaufnahme erreicht, bei weiterem Behandeln des Hautpulvers mit der Lösung bis zu 18 Tagen trat eine starke Zersetzung ein.

Die Gegenwart von Neutralsalzen war ohne merklichen Einfluß auf die Aluminiumfixierung. Bei basischen Aluminiumsulfatlösungen wird praktisch in 18 Stunden das Gleichgewicht erreicht; Neutralsalz verlangsamt vor allem in den ersten Stunden der Einwirkung die Aluminiumaufnahme. Mit basischen Lösungen wird immer ein gut gegerbtes Hautpulver erhalten. Die maximale irreversible Aufnahme von Aluminium durch Hautpulver beträgt nach den angestellten Untersuchungen 3,5 g Al_2O_3 für 100 g Hautsubstanz, ein Wert, der mit den von F. Knapp für Haut und von A. und L. Lumière und A. Seyewetz für Gelatine ermittelten Zahlen übereinstimmt.

Eine Arbeit von K. H. Gustavson führte zu folgenden interessanten Ergebnissen: Versuche mit 33% basischem Aluminiumsulfat zeigen, daß die Aufnahme von Aluminiumoxyd durch Hautpulver von dessen Aggregationsgrad abhängt; auch die Geschwindigkeit der Aluminiumaufnahme von Hautpulver, das mit Neutralsalzen vorbehandelt ist, entspricht dem Grade der Peptisation, und zwar in bezug auf die Neutralsalzbehandlung im Sinne der Hofmeisterschen Reihe. Das entsprechende Chromsalz von 33% Basizität zeigt dagegen für die verschieden vorbehandelten Hautpulver gleiche Chromaufnahme. Dieses verschiedene Verhalten der Aluminium- und Chromsalze ist nicht unerwartet, da die Neigung zur Bildung kathodischer Mizellen von beträchtlicher Aggregation (Kolloidionen) und elektronegativer Komplexe beim Aluminium sehr viel ausgesprochener ist. Daß der Aluminiumkomplex negativ geladen sein muß, um mit der in saurer Umgebung positiv geladenen Haut einen Ladungsausgleich eingehen zu können, wurde durch eine Arbeit von W. Pauli und M. Adolf nachgewiesen.

Dieser Nachweis wurde dadurch erbracht, daß in einer Lösung von Aluminiumsalzen [durch Peptisation von $Al(OH)_3$ mit HCl hergestellt] aluminiumhaltige Kationen und Anionen nachgewiesen wurden. Diesen Salzen wurden auf Grund von Überführungsversuchen folgende Formeln zugeschrieben:

$$[AlCl_4]^- AlO^+ \text{ bzw. } [Al(OH)_2Cl_2]^- AlO^+ \text{ oder } [Al(OH)_3Cl]^- AlO^+.$$

A. Küntzel und G. Königfeld stellten Untersuchungen an, um die bekannten Verschiedenheiten von Aluminium- und Chromsalzen hinsichtlich des technischen Gerbvermögens in Zusammenhang mit Unterschieden im chemischen und physikochemischen Verhalten der wässerigen Lösungen dieser Salze zu bringen.

Die Ergebnisse dieser Untersuchungen waren folgende:

1. Gibt man zu Lösungen von $AlCl_3$ und $Al(NO_3)_3$ Alkalihydroxyd zu, so entsteht mit jedem zugegebenen Tropfen eine Flockung, die beim Umschütteln in stäbchenförmige, Strömungsdoppelbrechungen gebende Teilchen zerfällt und wieder verschwindet. Bei der Lösung der entsprechenden Cr(III)-Salze tritt erst bei bestimmten Basizitätsstufen im sog. Ausflockungspunkt eine damit vergleichbare Trübung auf, die aber auch wieder verschwindet, wenn man die Lösung sich selbst überläßt.

2. Beim Basischmachen von Aluminiumsalzlösungen mit Soda entstehen zunächst ebenso wie bei Cr(III)-Salzlösungen Carbonatokomplexverbindungen, die klar löslich sind. Sie zerfallen jedoch sehr schnell, wobei wieder diejenigen Trübungen auftreten, die bei der NaOH-Zugabe sofort erscheinen.

3. Die Lösungen der Sulfate von Al und Cr^{III} zeigen in mancher Hinsicht beim Basischmachen ein abweichendes Verhalten gegenüber den Chloriden und Nitraten, bedingt durch die Bildung von unlöslichen Dihydroxotetraquosalzen. Es gibt infolgedessen bei den Sulfaten Grenzen für die ohne Niederschlagsbildung erreichbare Höchstbasizität, während die Lösungen der Chloride und Nitrate fast 100% basisch gemacht werden können (auf dem Wege der Herstellung kolloidaler Aluminium- und Chromhydroxydsole).

4. Das verschiedene Fällungsverhalten ist auf eine verschiedene Abstufung der Hydrolysenkonstanten der Aluminium- und Chromsalze zurückzuführen. Die Chromsalze sind in der ersten Stufe wesentlich stärker hydrolysiert als in der zweiten und dritten; die Aluminiumsalze dagegen sind in allen drei Hydrolysenstufen etwa gleich stark hydrolysiert.

5. Die Rückbildung der Fällungen bzw. Trübungen wird im wesentlichen durch diejenige Säure bewirkt, die sich durch langsame Nachhydrolyse bildet.

Eine Arbeit von A. Küntzel, C. Rieß und G. Königfeld „Über Alterungserscheinungen in basischen Aluminium- und Chromsalzlösungen" hat zu folgenden Ergebnissen geführt:

1. Die Alterungsvorgänge in basischen Chrom- und Aluminiumsalzlösungen zeigen weitgehende Übereinstimmung. Sie äußern sich am auffälligsten in der Aziditätserhöhung der basischen Lösungen beim Stehen (langsame Hydrolyse) und beim Erhitzen. Die durch langsame Hydrolyse gebildete Säure ist für die Auflösung der beim Basischmachen entstehenden Flockungen und Trübungen verantwortlich zu machen.

2. Die Nachhydrolyse wird durch Bildung von höher molekularen Aggregaten, die durch Alterung säureunempfindlich werden und aus dem Hydrolysengleichgewicht ausscheiden, ermöglicht. Die Alterung dieser Aggregate steht in völliger Analogie zu den Alterungserscheinungen der Hydroxyde des Chroms und Aluminiums.

3. Die Teilchengröße der Aggregate in basischen Chrom- und Aluminiumsalzlösungen ist nicht einheitlich. Diese Lösungen stellen polydisperse Systeme dar. Mit wachsender Basizität nimmt die mittlere Teilchengröße zu, wobei in Aluminiumsystemen die mittlere Teilchengröße kleiner ist als die in Chromsalzsystemen gleicher Basizität.

4. Die Bildung der Aggregate und ihre Alterung verläuft in Aluminiumsalzlösungen viel schneller als in Chromsalzlösungen. Die Säurebeständigkeit der gealterten Aggregate ist jedoch bei Chrom viel größer als bei Aluminium. Verolungsgradbestimmungen sind nur in Chromsalzlösungen, dagegen nicht in Aluminiumsalzlösungen ausführbar.

A. Dohogne und G. Rezabek glaubten durch eine Erhöhung der Basizität von Aluminiumsalzlösungen eine bessere Bindung des Aluminiums an die Haut

Tabelle 95. (Nach A. Dohogne und G. Rezabek.)

	Basizität nach Schorlemmer	Al_2O_3	Konzentration der Lösung an: $Al_2(SO_4)_3 + 18\,H_2O$	$Al_2(SO_4)_3K_2SO_4 + 24\,H_2O$
Aluminiumsulfat	51,20	2,04	13,56	—
	42,90	1,37	8,90	—
	39,60	1,16	7,54	—
	36,30	0,80	5,20	—
	33,00	0,66	4,30	—
	29,70	0,49	3,18	—
	23,10	0,32	2,08	—
Alaun	39,37	0,91	—	8,46
	31,50	0,50	—	4,65
	28,12	0,34	—	3,16
	20,25	0,26	—	2,41
	17,20	0,22	—	2,04
	15,75	0,14	—	1,30
	13,50	0,097	—	0,90

erzielen zu können und untersuchten zur Klärung dieser Frage, bis zu welchen Grenzwerten der Basizität die Lösungen von Aluminiumsulfat bzw. Alaun durch den Zusatz von Soda gebracht werden können, ohne daß ein bleibender Niederschlag entsteht. Das Ergebnis dieser Untersuchung ist aus Tabelle 95 ersichtlich.

Die Ergebnisse stellen die Grenzwerte der Basizität dar, bei denen in der Lösung bei Zimmertemperatur nach eintägigem Stehen kein bleibender Niederschlag entstanden ist. Wie ersichtlich, nimmt diese maximal erreichbare Basizität mit zunehmender Verdünnung immer mehr ab.

E. Elöd und Th. Schachowskoy untersuchten die Einwirkung verschiedener Metallverbindungen auf Gelatine und stellten dabei fest, daß die bisher als Kriterium einer Gerbwirkung angewandte Kochprobe bei Kollagen oder die Bestimmung der von der zu gerbenden Substanz irreversibel gebundenen Metallsalzmenge oder die Schmelzpunktserhöhung von Gelatine zu falschen Schlüssen führen. Sie benutzten zur Bestimmung der Gerbwirkung verschiedener Metallverbindungen die Veränderung der Lösungsdauer von Gelatinefilmen bei 42° C. Da die Lösungsgeschwindigkeit der so vorbehandelten Gelatine von der Art und Menge der Metallverbindungen abhängig ist, soll dieser Vorgang nach Ansicht der Verfasser ,,die eigentliche Gerbung" erkennen lassen.

Die verschiedensten Metallsalze wurden mit der Lösungsprobe auf ihre gerbenden Eigenschaften untersucht. Dabei wurde festgestellt, daß $Al_2(SO_4)_3$, $Fe(NH_4)(SO_4)_2$, $SnCl_4$, $Th(NO_3)_4$ und $UO_2(NO_3)_2$ eine deutliche Gerbwirkung aufwiesen. Wird der p_H-Wert der Gelatinelösung verändert und die Lösungsdauer der Filme nach der Gerbung mit verschiedenen Salzen festgestellt, so durchläuft jede ,,Gerbungs-

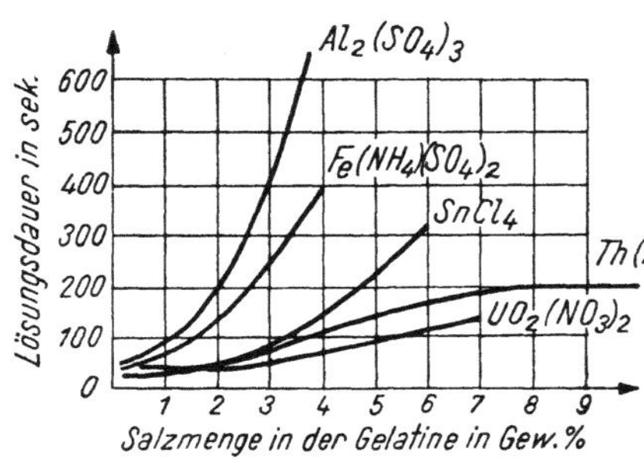

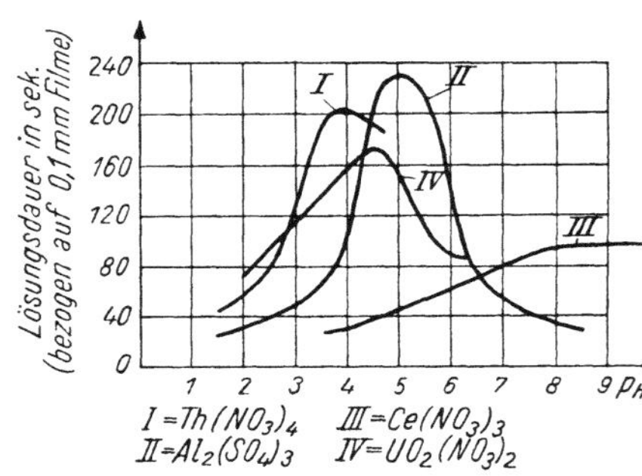

Abb. 83. Abb. 84.

Abhängigkeit der Lösungsdauer der mit Metallsalzen behandelten Gelatine vom p_H-Wert. (Nach E. Elöd und Th. Schachowskoy.)

kurve" ein charakteristisches Maximum (Abb. 83 und 84): Die Gerbwirkung steht also in keinem Zusammenhang mit dem isoelektrischen Punkt der Proteinsubstanz, dagegen zeigt das Gerbungsmaximum mit dem Fällungs-p_H-Wert des entsprechenden Metallhydroxyds gute Übereinstimmung. Vergleicht man die p_H-Werte, bei denen das Metallhydroxyd auszufallen beginnt, mit dem p_H-Wert der maximalen Gerbungswirkung der entsprechenden Metallverbindung (Ta-

Tabelle 96. (Nach E. Elöd und Th. Schachowskoy.)

Metallverbindung	Fällungs-p_H der Hydroxyde	p_H-Wert der max. Gerbung
$Al_2(SO_4)_3$	4,14	4—6
$Th(NO_3)_4$	3,58	3,5—4
$UO_2(NO_3)_2$	4,2	4,1—5
$Ce(NO_3)_3$	7,41	7,5—9
$Fe(NH_4)(SO_4)_2$	2,3	(2,3—3)
$Cr(NO_3)_3$, $CrCl_3$ } 0% basisch .	5,3	4,5—5

belle 96), so ergibt sich ein unverkennbarer Zusammenhang zwischen diesem, und zwar in dem Sinne, daß das Maximum der Gerbungswirkung sich stets in der Nähe des Fällungs-p_H-Werts des entsprechenden Metallhydroxyds zeigt.

Die Verfasser nehmen an, daß es zwei Arten von Hydroxyden gibt: die „wahren" Hydroxyde einerseits, bei denen die OH-Gruppen an das Metall gebunden sind — zu dieser Gruppe gehören z. B. $\mathrm{HO{-}Fe}\Big\langle{}^{\mathrm{OH}}_{\mathrm{OH}}$, $\mathrm{HO{-}Al}\Big\langle{}^{\mathrm{OH}}_{\mathrm{OH}}$, und die „Oxydhydrate" andererseits, zu denen z. B. $TiO_2 \cdot x\,H_2O$, $PbO_2 \cdot x\,H_2O$ usw. gehören. Nach ihrer Ansicht hängt die Intensität der Wechselwirkung während des Gerbens in hohem Maße von den spezifischen Eigenschaften des Zentralatoms ab und nimmt in der Reihenfolge (Co und Cr) $\gg\!\!>$ (Al, Fe) $>$ Sn $>$ Th $>$ U usw. ab.

Obgleich nur die Kobalt(III)- und Chrom(III)-Verbindungen kochbeständige Gelatinefilme ergaben, sind die Verfasser der Ansicht, daß die Gerbung mit Aluminiumsalzen grundsätzlich von keiner anderen Natur ist als die Chromgerbung.

Tabelle 97. (Nach E. O. Wilson, S. L. Peng und C. F. Li.)

a) Einwirkung der Konzentration (Abb. 85).

g Al_2O_3 pro Liter	p_H-Wert		g Al_2O_3 auf 100 g Kollagen	Gerbwirkung
	vor	nach		
0,5	4,63	4,59	0,413	gering
1,0	4,63	4,52	1,309	„
2,0	4,63	4,45	2,183	gut
2,5	4,63	4,48	3,162	„
5,0	4,63	4,46	4,672	„
7,5	4,63	4,46	3,890	„
10,0	4,63	4,49	3,240	„
12,5	4,63	4,42	3,040	„
30,0	4,63	4,32	2,870	„

b) Einwirkung des p_H-Wertes (Abb. 86).

p_H-Wert		g Al_2O_3 auf 100 g Kollagen	Gerbwirkung
Lösung	Filtrat		
3,0	3,55	1,154	schlecht
4,0	4,05	1,540	gering
4,5	4,50	2,640	gut
5,0	4,91	10,640	sehr gut
6,0	5,95	7,980	„ „
7,0	6,86	2,910	gering
8,0	7,75	0,577	schlecht

c) Einwirkung des NaCl-Zusatzes (Abb. 87).

NaCl Mol/l	p_H des Filtrats	g Al_2O_3 auf 100 g Kollagen	Gerbwirkung
0,0	4,99	5,26	sehr gut
0,2	4,77	4,74	„ „
0,4	4,8	4,12	gut
0,6	4,68	4,03	„
0,8	4,77	2,98	„
1,0	4,76	2,65	„
2,0	4,71	3,01	„
3,0	4,69	2,86	„

E. O. Wilson, S. L. Peng und C. F. Li untersuchten die gerbende Wirkung von Aluminaten. Durch Behandlung von frisch gefälltem Aluminiumhydroxyd mit Oxalsäure und Versetzen mit Natriumoxalat wurden Lösungen von Dioxalatonatriumaluminat $Na\left[Al\,{}^{Ox_2}_{(OH_2)_2}\right]$ hergestellt und Hautpulvergerbungen bei verschiedener Aluminatkonzentration, verschiedenem p_H-Wert und verschiedenem NaCl-Zusatz ausgeführt und folgende Werte ermittelt (Tabelle 97).

Im weiteren Verlauf dieser Arbeit wurden noch „maskierte" Aluminiumsalzlösungen durch Zusatz von Natriumtartrat, -acetat und -formiat zu einer $^1/_3$basischen Aluminiumsulfatlösung in der Weise hergestellt, daß diese Zusätze in einem Molverhältnis von Mol-Salz : Al = 0, 0,25, 0,5, 1,0, 1,5 und 3 erfolgten.

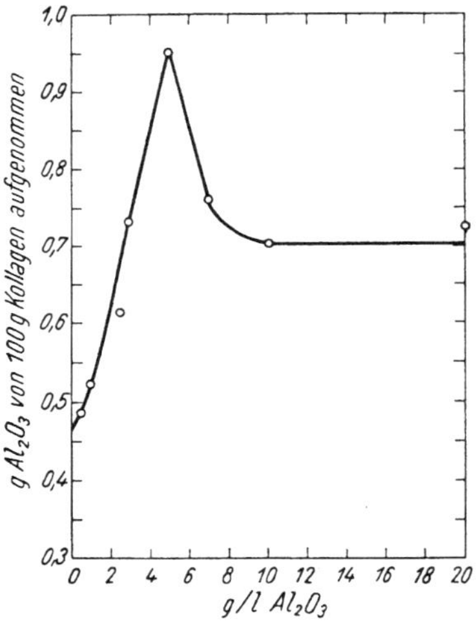

Abb. 85.

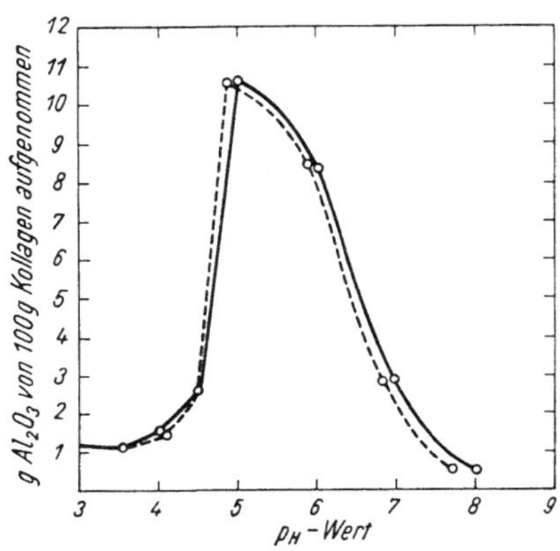

Abb. 86.

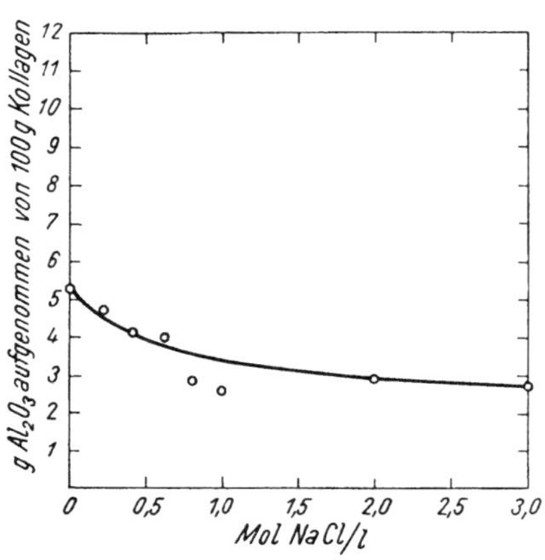

Abb. 87.

Die mit Natriumformiat und -acetat versetzten Lösungen wurden vom Maskierungsgrad 1 an trübe, bzw. zeigten eine Abscheidung. Die mit Natriumtartrat versetzten Lösungen blieben noch beim Maskierungsgrad 1,5 klar und zeigten erst beim Zusatz von 3 Molen Salz eine Fällung von $Al(OH)_3$ und eine kristalline Abscheidung. Bei den Gerbversuchen mit Hautpulver wurde das Gerbprodukt nur qualitativ geprüft und bei den niederen Maskierungsgraden als flockig (fluffy) befunden. Mit der mit Natriumtartrat versetzten Aluminiumsulfatlösung, die einen „unendlichen Ausflockungswert" aufwies und daher die stabilsten Komplexe gegenüber den anderen maskierten Brühen besaß, wurden Gerbversuche angestellt. Dabei wurde bei einer Konzentration von 5 g Al_2O_3 ein Maximum der Gerbung (ca. 1% Al_2O_3), bei der Untersuchung der p_H-Abhängigkeit eine maximale Aufnahme bei $p_H = 4$ (2,68% Al_2O_3) gefunden. Bei einer Blößengerbung mit diesen Lösungen konnte jedoch kein lederähnliches Produkt erhalten werden. Dagegen wurden mit Lösungen von $Al(OH)SO_4$, die mit Tartrat und Acetat bzw. Tartrat und Formiat versetzt worden waren, befriedigende Blößengerbungen mit einer Schrumpfungstemperatur zwischen 81 und 85° C erhalten. Nach neueren patentierten Verfahren wird die Gerbung mit basischen Aluminiumsalzen in Gegenwart von organischen Säuren, z. B. Phtalsäure, Naphtalindisulfosäure, Glykolsäure (F. P. 832311), Zitronensäure (It. P. 338146) u. dgl., oder deren Salzen vorgenommen. Die so hergestellten Leder sind wesentlich beständiger gegen Wasser als das normale Alaunleder.

II. Die Praxis der Aluminiumgerbung.

Die praktische Verwendung der Aluminiumsalze zur Herstellung von Leder führte im Laufe der Jahre zu den verschiedenartigsten Ausführungsformen, von welchen nachfolgend die wichtigsten angeführt werden:

1. Gewöhnliche Weißgerbung.

Bei der gewöhnlichen Weißgerberei werden, soweit es sich um die

Herstellung von haarlosem Leder handelt, die Reinmachearbeiten in ähnlicher Weise, wie es bei der Loh- und Sämischgerbung üblich ist, ausgeführt. Nach einem 3- bis 5tägigen, gewöhnlich mit Schwefelnatrium und Arsenik angeschärften Kalkäscher (gegebenenfalls auch nach einer Schwöde mit anschließendem Nachäscher) müssen die Blößen vor der Gerbung gut entkälkt und gebeizt werden, da durch die Anwesenheit von Kalk in der Blöße bei der nachfolgenden Gerbung infolge Gipsbildung ein hartes und brüchiges Leder entstehen würde. Man behandelt hierzu die Blößen mit sauren Beizen (vergorene Kleienbeize) oder mit handelsüblichen Enzymbeizen oder organischen oder anorganischen Säuren. Nach der Beize werden die Blößen entfleischt und nach kurzem Spülen mit lauwarmem Wasser von Hand auf dem Streichbaum gestrichen und geglättet, um sämtlichen Grund und Gneist zu entfernen, da nur ganz reine Blößen für die Herstellung von weißem Leder Verwendung finden können.

Die Blößen werden nun in der Alaunbrühe ausgegerbt. Auf 100 kg Blößen werden 8 bis 10 kg Kalialaun oder 5,5 bis 7 kg schwefelsaure Tonerde gerechnet. Das Verhältnis von Kochsalz zu Alaun wird verschieden angegeben. Das richtige Verhältnis beträgt 25 bis 35 Teile Kochsalz auf 100 Teile Alaun. Wird zu wenig Salz angewendet, so ist auch die Alaungerbung ungenügend, während bei zu großem Salzzusatz auf dem Leder Salzausschläge entstehen. Zum Auflösen des Alauns nimmt man etwa die 6- bis 10fache Wassermenge des Alaungewichts.

Die Gerbung selbst kann man in verschiedener Weise ausführen: Bei einer geringen Fellzahl nimmt man einfach eine Mulde oder einen Bottich, füllt ihn mit der lauwarmen Alaunbrühe und gibt die Blößen nacheinander hinein. Man zieht jede Blöße mehrmals durch die Gerbbrühe, wobei man darauf achtet, daß die ganze Haut gleichmäßig benetzt wird. Man schlägt dann die Blößen auf den Bock und läßt sie abtropfen. Die Brühe wird weiter verwendet, wobei fortlaufend frische Alaunbrühe zugebessert wird.

Da dieses alte Verfahren zeitraubend und umständlich ist, wurde vielfach das Tauchverfahren angewendet.

Hierbei wird eine längliche Kufe verwendet, welche so tief und breit ist, daß man in ihr eine Haut frei aufhängen kann, ohne daß die Wandungen berührt werden. Die zu gerbenden Häute werden an den beiden Hinterklauen an einem dünnen Stab, der auf den Kufenrändern aufliegt, aufgehängt. An einer Schmalseite der Kufe ist ein gegen die Kufe geneigtes Brett angebracht. Man taucht die Häute in die Alaunbrühe ein, bewegt ab und zu und hängt sie an ein über dem geneigten Brett angebrachtes Gestell, so daß die von den Häuten ablaufende Brühe wieder in das Tauchbad zurückfließt. Nach einiger Zeit werden die Häute wieder eingetaucht und dieses Verfahren abwechselnd wiederholt.

Heute wird die Gerbung nur noch im Haspel oder im Walkfaß ausgeführt. Insbesondere empfiehlt es sich bei kleineren Fellen im Haspel zu gerben. Nach ein- bis zweistündigem Laufen, je nach Stärke der Felle und der Brühenkonzentration, sind die Blößen gar.

Man kann die Gerbung auch mit basischen Aluminiumverbindungen ausführen, ähnlich wie bei der Chromgerbung. Das basische Aluminiumsalz bereitet man sich durch Zusatz von Sodalösung zu Kalialaun oder schwefelsaurer Tonerde, bis sich ein bleibender Niederschlag zu bilden beginnt.

Ebenso kann man mit Alaun und Kochsalz in üblicher Weise gegerbte Alaunleder mit Alkalilösungen nachbehandeln. Man läßt hierzu die aus der Alaunbrühe genommenen Leder erst abtropfen und gibt sie dann in ein Walkfaß oder eine Haspel, in welcher, auf das Ledergewicht berechnet, ca. 2% Borax in genügender Menge lauwarmem Wasser gelöst sind. Besser noch verwendet man nach E. Stiasnys Vorschlag eine gleiche Teile Ammonsulfat und Soda (auf 100 kg Haut je 1 kg) enthaltende Lösung. Man kann auch diese beiden Verfahren derart miteinander kombinieren, daß man mit der basischen Alaunbrühe ausgerbt und die Leder dann noch mit Soda neutralisiert.

Nach der Gerbung läßt man die Felle gut abtropfen und bringt sie ohne vorausgehendes Auswaschen zum Trocknen.

Dem Trocknen selbst ist große Aufmerksamkeit zu schenken, da sich bei zu rascher Trocknung an den Außenseiten des Leders Salz ausscheidet, was besonders den glatten Narben beeinträchtigt; die Leder werden dadurch „krätzig". Wird die Trocknung bei zu hohen Temperaturen vorgenommen, so wird das Leder brüchig. Getrocknet wird im allgemeinen bis ca. 40° C und starker Luftbewegung. Hängen die Leder zu dicht und wird die Luft nicht bewegt, so entstehen Faulstellen (Säurehydrolyse).

Die getrockneten Alaunleder erscheinen steif und spröde und müssen nun weich gemacht werden; außerdem soll das Leder eine gleichmäßige Stärke aufweisen. Zu diesem Zweck werden die Leder durch lauwarmes Wasser gezogen und dann gestollt und geschlichtet. Das Stollen wird heute vielfach mit der Maschine ausgeführt, doch wird bei leichteren Ledern regelmäßig mit der Hand nachgestollt. Wenn sich die Häute nicht stollen lassen, ist der Grund in einer ungenügenden Gerbung zu suchen. Man hilft dem Fehler damit ab, daß man das Leder nochmals in Wasser gut aufweicht und dann wieder mit einer Alaunbrühe nachgerbt.

Das Schlichten dient dazu, die Leder weich und geschmeidig zu machen. Man führt dasselbe am besten im Schlichtrahmen in der Weise aus, daß das glatteingespannte Fell auf der Aasseite mit dem Schlichtmond bearbeitet wird. Nun werden die Felle zur Entfernung der anhaftenden Faserteilchen noch „ponciert", d. h. mit dem Bimsstein abgeschliffen, was am besten und gleichmäßigsten mit einer rotierenden Bimswalze mit grob- und feinkörniger Schmirgelschicht ausgeführt wird. Die so fertiggestellten Alaunleder erhalten noch einen Auftrag von Talkum oder Chinaclay, oder werden noch gefärbt.

2. Ungarisches Weißgerbverfahren.

Die ungarische Weißgerberei soll zuerst in Ungarn in Anwendung gekommen sein und sich von dort aus verbreitet haben. Nach diesem Verfahren wurden meist schwere Rinds- und Pferdehäute für Geschirr- und Sattlerleder verarbeitet.

Die Häute werden nach dem Weichen nicht durch Äschern haarlässig gemacht, sondern das Haar wird einfach mit einem scharfen Messer weggeschabt. Die abgeschorenen Felle werden dann 24 Stunden in fließendes Wasser eingehängt und zum Schwellen mit saurer Kleienbeize behandelt. Zur Gerbung der geschwellten Häute werden auf 100 kg Hautgewicht ca. 10 bis 12 kg Kalialaun und 4 bis 8 kg Kochsalz in lauwarmem Wasser gelöst und die Häute mit der 30 bis 35° C warmen Brühe gewalkt. Diese Behandlung wird bis zur vollständigen Sattgerbung wiederholt, dann werden die Häute auf Stangen zum Trocknen aufgehängt und gut gestollt. Zum nachfolgenden Einfetten werden die Häute ausgebreitet, mit heißem Talg gleichmäßig auf beiden Seiten eingerieben, wozu ca. 3 kg Talg pro Haut benötigt werden, auf dem Boden aufgeschichtet und in Stößen so lange liegen gelassen, bis das Fett gleichmäßig bis ins Innere der Haut eingedrungen ist. Die Leder werden dann an der Luft langsam, aber vollständig ausgetrocknet. Das ungarisch gegerbte Leder zeigt eine unansehnliche, gelbe Färbung, welche man gewöhnlich durch eine Lohnachgerbung verdeckt, worauf die Leder häufig geschwärzt werden.

3. Anwendung von Aluminiumverbindungen in der Pelzgerbung.

Bei der Pelzgerbung finden die Aluminiumsalze ebenfalls in reichlichen Mengen Verwendung.

In früherer Zeit wurde die sog. „Beizen"gerbung ausgeführt, mit der meistens Schaffelle gegerbt wurden. Dabei werden die getrockneten Felle durch 8- bis 24stündiges Wässern unter ständigem Wasserwechsel gut aufgeweicht, dann läßt man dieselben abtropfen und wäscht die Wolle ab, wobei man die schmutzigen Stellen mit Seife behandelt. Man legt dann die Felle mit der Wolle nach oben auf einen Tisch und kartätscht sie besonders an den schmutzigen Stellen vorsichtig mit einer Wollkratze, wäscht nochmals aus und schlägt sie auf einen Bock zum Abtropfen. Hierauf werden die Felle auf der sogenannten Fleischbank mit dem halbstumpfen Fleischeisen entfleischt, wobei das Fleisch zusammen mit dem Fett entfernt wird. Die sauber entfleischten Felle legt man auf den Boden mit der Haarseite nach unten und beizt dieselben, d. h. sie werden mit einer Lösung von 200 g Alaun in 2 l Wasser bestrichen, worauf dann die eigentliche Gerbung nach zwei Arten ausgeführt werden kann:

Bei dem einen Verfahren werden die entfleischten Felle mit der Fleischseite nach oben auf einem Tisch ausgebreitet und ihre ganze Fläche mit Gerstenschrot oder einer Mischung von 3 Teilen Weizenkleie und 2 Teilen Roggenmehl bestreut. Man schlägt dann den Kopf, die Seiten und die Hinterklauen nach innen, rollt die Felle mit der Wollseite nach außen zusammen und legt sie in einen Bottich. Ist dieser gefüllt, so übergießt man die Felle mit einer starken Kochsalzsole (30 kg Salz auf 100 l Wasser) und läßt sie 24 Stunden an einem kühlen, frostfreien Platz stehen. Dann rollt man die Felle auf, legt sie in der Mitte, mit der Wollseite nach innen, zusammen und gibt sie in ein Faß. Dieses Umlegen wird 10 bis 14 Tage lang wiederholt. Wenn die Felle gar sind, nimmt man sie aus dem Faß heraus, schüttelt das Mehl ab, preßt das Wasser aus und trocknet sie ab.

Bei dem zweiten Verfahren wird die Fleischseite der Felle mit einer konzentrierten Kochsalzlösung gleichmäßig bestrichen oder, falls man die Wolle nicht zu schonen braucht, werden sie durch die Kochsalzlösung gezogen. Dann werden die Felle mit der Wolle nach unten auf den Tisch gelegt, mit Weizenkleie und Gerstenschrot eingestreut, mit der Wolle nach innen zusammengelegt, eingerollt und in ein Faß gelegt, worauf sie mit der Salzsole begossen werden. Die Felle werden jeden Tag umgelegt, damit der Prozeß gleichmäßig vor sich geht. Sobald die Felle weich sind, werden sie ausgedrückt und getrocknet.

Beim Trocknen schrumpfen die Felle zusammen. Nach dem Einlegen in feuchte Späne und Aufstollen reibt man die Fleischseite mit Roggenmehl ab, klopft die Felle zusammen und läßt sie so liegen. Dann zieht man sie noch an einem scharfen Eisen ab, reibt die weiße Wolle mit Kreide ein, klopft sauber aus und trocknet völlig ab.

In neuerer Zeit werden die meisten Pelzfelle auf einfachere Art und Weise nur mit Alaun und Kochsalz gegerbt: Man bestreicht die abgestoßenen Felle wiederholt mit Salzwasser, bis sie genügend weich sind. Das Salzwasser bereitet man sich durch Auflösen von 1 kg Kochsalz in 5 l Wasser. Die geweichten Felle werden nun entfleischt, mit Mehl eingestreut und dann getrocknet. Darauf erhalten die mit Kochsalz geweichten und entfleischten Felle noch eine Alaungare, indem man sie mit Alaunlösung bestreicht oder mit Alaunmehl einreibt, worauf sie dann mit Mehl eingestreut werden. Es können dabei die verschiedenartigsten Abänderungen getroffen werden, welche alle darauf hinauslaufen, die Felle alaungar zu machen. Die getrockneten Felle werden dann der Länge und Breite nach gestollt, eingefettet, getrocknet, geläutert und zuletzt wird das Haar zugerichtet.

4. Verfahren der Patentliteratur[1].

Außerdem seien von den aus der Patentliteratur bekannt gewordenen Weißgerbeverfahren noch folgende genannt:

C. Ziegel ließ sich ein Verfahren zum Gerben von Häuten schützen, bei welchem in Wasser lösliche Tonerdesalze und Borax bei Gegenwart von Chlornatrium, Glycerin und Wasser in der Weise angewendet werden, daß die mit Tonerdesulfat und Natriumchlorid gesättigten Häute nach dem Abtropfen in eine Mischung aus 1 Teil Borax und 2 Teilen Glycerin, welche mit Wasser auf das spezifische Gewicht von 1,175 eingestellt wird, so lange (ca. 2 bis 3 Tage) eingehängt werden, bis eine vollständige Umsetzung von in Wasser unlöslicher, borsaurer Tonerde und löslichem Natriumsulfat eingetreten ist. Dann werden die Leder ausgewaschen und auf übliche Weise zugerichtet.

Bei dem Verfahren von J. S. Billwiller werden die in üblicher Weise rein gemach-

---

[1] Vgl. auch den Auszug aus der Patentliteratur, S. 661.

ten Blößen 24 Stunden lang mit einer Lösung von schwefelsaurer Tonerde behandelt, dann leicht ausgewrungen und ca. 5 bis 15 Minuten in eine 3%ige Natriumbicarbonatlösung gelegt. Sodann werden die Häute noch einmal ca. 5 bis 15 Minuten in einem geschlossenen Walkfaß zur vollständigen Tränkung mit denselben Lösungen gewalkt. Zur Entfernung der oberflächlich niedergeschlagenen Aluminiumverbindungen werden nun die Häute durch eine 1%ige Salzsäurelösung gezogen und rasch mit Wasser ausgewaschen. Die so behandelten Leder werden nun einer vegetabilischen Nachgerbung unterzogen, indem sie zuerst mit einer 1,5%igen, hierauf 3 bis 4 Tage mit einer 2%igen und dann mit einer 3%igen Gerbbrühe behandelt werden, welche zur Vollendung des Gerbprozesses genügt. In der letzten Brühe bleiben dünnere Häute 3 bis 4 Wochen, dickere 8 bis 10 Wochen, worauf die Durchgerbung erzielt ist. Die Zurichtung erfolgt in der üblichen, bekannten Weise.

H. Schaaf hat ein Schnellgerbverfahren entwickelt, bei welchem er eine auf 112° C erhitzte Mischung von 6 kg Kalialaun, 3 kg Kochsalz und 1 l Wasser mittels eines Schöpflöffels auf die Fleischseite der Blöße aufträgt und dann die Schmelze mit einer Bürste schnell und gleichmäßig verteilt. Nach $^1/_4$stündiger Einwirkung soll dann die Gerbung beendet sein, worauf die Haut 2 Stunden zum Abkühlen liegenbleibt, innerhalb von 2 Tagen getrocknet und dann ausgereckt wird.

U. von Günzburg verwendet zur Gerbung Aluminiumsulfit, und zwar werden die Blößen in ein Bad aus 10 Teilen Wasser und 1 Teil Aluminiumsulfit getaucht. Zur Entwicklung von schwefliger Säure wird nun dem Bad Salzsäure zugesetzt, wobei Aluminiumchlorid gebildet wird. Das frei gewordene Anhydrid der schwefligen Säure schwellt und bleicht nun gleichzeitig die Blößen.

Je nach der Stärke der Häute werden dieselben 10 bis 40 Minuten der Einwirkung des Aluminiumsulfitbades ausgesetzt, dann herausgenommen und nach dem Abtropfen in ein Ammoniakbad gebracht. Durch den Ammoniakzusatz wird die in der Haut befindliche Säure neutralisiert und gleichzeitig Aluminiumhydroxyd ausgefällt, das die Haut gerbt und auch für die etwa nachfolgende Färbung als Beize dient. Nach dem Ammoniakbad werden die Leder getrocknet und wie üblich zugerichtet.

L. Ziegel stellt ein gegen Wasser beständiges Leder her, wobei die gebeizten Blößen mit einer angesäuerten Lösung von Aluminiumphosphat und Kaliumchlorid ca. 4 Stunden gegerbt, hierauf in halbfeuchtem Zustand auf der Fleischseite mit einer Seifenlösung eingerieben und dann kräftig gewalkt werden. Hierbei soll sich neben Kaliumsulfat freie Fettsäure bilden, welche den Lederfasern eine solche Geschmeidigkeit verleiht, daß sie ohne Stollen ein weiches, volles und zügiges Leder ergeben.

A. Endler arbeitete ein Verfahren zum Gerben von Pelzfellen aus, bei welchem zum Alaunbad wasserlösliche Säuren oder saure Salze, z. B. Phosphorsäure, Oxalsäure u. dgl., zugesetzt werden, wodurch die Haarwurzeln und die Haare gleichzeitig gegen Insektenfraß konserviert werden.

Nach diesem Verfahren werden die Felle nach dem Entfleischen in das aus 2 Teilen Alaun, 1 Teil Kochsalz, 1 Teil Weinstein und 100 Teilen Wasser bestehende Gerbbad eingehängt. Sie sind nach einer Woche gegerbt und gleichzeitig konserviert und werden dann wie üblich zugerichtet.

E. W. Merry verwendet zur Gerbung neben Alaun Natriumpyrophosphat. Nach seinen Angaben werden die Häute nach dem Äschern mit Borsäure entkälkt, dann mit einer wässerigen Lösung von Borax oder Borsäure bei 32 bis 38° C wiederholt ca. 10 Minuten lang behandelt und hierauf mit Wasser von 27 bis 32° C ausgewaschen. Nun kommen die Häute in ein Gerbfaß, welches, auf das Blößengewicht berechnet, 10% Ammoniumalaun, 1,66% pyrophosphorsaures Natrium, 27% Wasser und 5% Kochsalz enthält, und werden 45 Minuten bewegt, worauf die Lösung in einen Bottich abgelassen wird und die Häute noch auf 3 bis 4 Stunden dort eingebracht werden. Die Leder werden dann getrocknet und zugerichtet.

O. Roehm ließ sich ein Verfahren zum Gerben mit Aluminiumsalzen schützen, bei welchem zu den Gerbbrühen Salze der niederen Fettsäuren, insbesondere Formiate oder Acetate der Alkalien oder Erdalkalien zugesetzt werden. Man wendet beispielsweise auf 100 kg abgetropfte Blößen 8 kg Alaun, 2,5 kg Salz, 500 g Natriumformiat, 10 kg Talkum und 50 l Wasser an. Man walkt die Felle 1 Stunde in dieser Brühe und läßt sie über Nacht darin liegen. Am anderen Morgen werden sie noch kurz bewegt und dann getrocknet. — Ebenso wurde gefunden, daß man auf das Lagern des mit überschüssigem Gerbstoff aufgetrockneten Leders verzichten kann, wenn man dasselbe mit einer Lösung eines Salzes der niederen Fettsäuren behandelt. Die Einwirkung dieser Salze kann in verschiedenen Zeitpunkten der Lederherstellung geschehen: Bei der Glacélederherstellung kann man den üblichen Zusatz von Weizenmehl entweder ganz fortlassen oder ihn durch feinpulverige, mineralische Stoffe, wie Talkum od. dgl., ersetzen. Ebenso kann an der Fettung gespart werden, in vielen Fällen kann dieselbe sogar ganz unterbleiben. Auch dienen diese Salze zum Aufbroschieren von feuchten und trockenen Pelzen und trockenem Alaunleder.

Nach einem anderen Verfahren von O. Roehm werden zum Neutralisieren von alaungaren Ledern Alkali- oder Erdalkalicarbonate unter Zusatz von Formaldehyd oder niederen fettsauren oder oxyfettsauren Salzen der Alkalien oder Erdalkalien oder solchen anderer schwacher anorganischer Säuren als der Kohlensäure angewendet. Man gerbt z. B. 100 kg Blößen mit einer Lösung von 8 kg Kalialaun, 3 kg Salz in 100 l Wasser, läßt abtropfen und bewegt dieselben in einem frischen Bad aus 200 l Wasser, 1 kg Natriumsulfit und 1 kg Soda, bis Neutralisierung eingetreten ist.

O. Roehm verwendet bei einem weiteren Verfahren zur Herstellung von mineralisch gegerbtem Leder eine Lösung von Aluminiumsalzen zusammen mit kieselsauren Salzen, wobei Formaldehyd vor, während oder nach der Gerbung mitverwendet werden soll.

Zur Herstellung der Aluminiumsilikatlösung werden 2 kg Alaun in 20 l Wasser gelöst, ebenso werden 10 kg Wasserglas von 36° Bé mit 100 l Wasser verdünnt und die Lösung mit konz. Salzsäure so lange versetzt, bis dieselbe Methylorange schwach rot färbt, wozu ca. 2 kg Salzsäure benötigt werden. Nach Vermischen der Alaunlösung mit der angesäuerten Wasserglaslösung werden 100 kg Blößen mit dieser Gerbbrühe 6 Stunden lang gewalkt. Nach 1tägigem Stehen in der Gerbbrühe werden die Blößen kurz gewaschen, gefettet, getrocknet und dann zugerichtet. Ebenso kann man auch die Blößen zunächst mit einer Aluminiumsalzlösung behandeln und dann die gewünschte Wasserglaslösung langsam zusetzen.

Schließlich ist noch ein der Firma Roehm und Haas A. G. geschütztes Verfahren anzuführen, bei welchem zu Gerbbrühen aus Aluminiumsalzen und kieselsauren Salzen mehr als 2wertige Säuren in solchen Mengen zugesetzt worden, daß keine störende Fällung eintritt. Ebenso können Salze von mehr als 2wertigen Säuren, sei es für sich allein, oder in Verbindung mit mehr als 2wertigen Säuren und 1- oder 2wertige organische Säuren allein, oder in Verbindung mit mehr als 2wertigen Säuren, oder mit Salzen von mehr als 2wertigen Säuren, oder mit Gemischen aller zu diesen Lösungen zugesetzt werden. Beispielsweise bereitet man zur Gerbung eine Lösung aus 8 kg Alaun, 0,25 kg Natriumphosphat und 0,1 kg Oxalsäure in 40 l Wasser. 3 kg käufliches Wasserglas werden mit Wasser verdünnt und etwa auf p_H 8,4 eingestellt. Sodann wird die Wasserglaslösung in die Alaunlösung geschüttet und diese Lösung wird auf 200 l mit Wasser aufgefüllt. Mit dieser Lösung werden 100 kg Blößen gegerbt.

5. Glacégerbung.

Eine Sonderstellung zwischen der vorausgehend beschriebenen reinen Aluminiumgerbung und der in zwei Arbeitsstufen ausgeführten Kombinationsgerbung nimmt die aus Frankreich stammende Glacégerbung ein, welche nach der Ansicht der Weißgerber aus dem Grunde nicht als eine kombinierte Gerbung angesehen werden kann, weil die Glacégerbung gleichzeitig in einem einzigen Arbeitsprozeß zur Ausführung kommt (vgl. auch 7. Kapitel, S. 641).

Glacéleder, auch Brüsseler oder Erlanger Leder genannt, wird fast ausschließlich aus Lamm- und Zickelfellen hergestellt und dient zur Anfertigung von Handschuhen, zuweilen auch von feinstem Schuhwerk, sowie neuerdings als Hut- und Bekleidungsleder. Außer einheimischen Rohfellen werden in großen Mengen Felle der genannten Arten aus Italien, Kleinasien, Nordafrika und Südamerika verarbeitet. Es handelt sich bei diesen Fellen meistens um getrocknete Ware. Felle mit geringwertiger Wolle, wie die Felle junger Lämmer, welche als Schmaschen bezeichnet werden, insbesondere die südamerikanischen, liefern ein ausgezeichnetes Glacéleder.

Zur Herstellung von gerbfertigen Blößen werden die Felle nach einer vorausgehenden angeschärften Weiche zur Schonung der Wolle auf der Fleischseite mit einem aus Kalk und Schwefelarsen bestehenden Schwödebrei behandelt. Die angeschwödeten Felle werden dann mit der Fleischseite nach innen zusammengelegt, in einer Äschergrube aufeinandergeschichtet, worauf die Grube mit einer dünnen Kalkbrühe abgetränkt wird, so daß die Felle vollständig von der Kalkbrühe zugedeckt sind. Die Felle bleiben je nach der Stärke und Provenienz zwischen 5 und 30 Tage in diesem sog. Setzäscher. Da das Setzäscherverfahren eine erhebliche Schädigung der Wolle bedingt, geht man neuerdings bei Wollfellen zur Entwollung durch Schwöde über. Hierzu werden die Felle auf der Aasseite mit einem Schwödebrei bestrichen (oder einer Schwefelnatriumlösung bepinselt) und Fleischseite auf Fleischseite zusammengelegt, wobei sie nur so hoch zu stapeln sind, daß nicht infolge des Druckes Teile des schädigenden Breies herausgepreßt werden können und die Felle nicht warm werden. Um auch Schädigungen durch solche etwaige Berührung mit Breispuren auszuschließen, empfiehlt es sich, zumindest die Randwolle unmittelbar nach Beendigung der Schwöde auf geeignete Art zu waschen. Die entwollten Felle müssen dann einen Nachäscher mit Kalk und gegebenenfalls etwas Schwefelnatrium erhalten, dessen Länge sich nach der Art der herzustellenden Leder richtet. Nach dem Äschern werden die Felle in weichem Wasser gewaschen, beschnitten (geputzt), in lauwarmem Wasser geläutert und dann gebeizt. Infolge der wenig hygienischen Arbeitsweise mit den früher üblichen Kotbeizen hat das Beizen mit den künstlichen Enzympräparaten heute allgemeine Verbreitung gefunden. Daran anschließend wird entfleischt und von Hand geglättet, wobei der Schmutz und Gneist möglichst gut herausgestrichen werden muß.

Die so vorbereiteten Blößen erhalten nunmehr die Glacénahrung oder Glacégare, welche aus Wasser, Alaun, Kochsalz, Eigelb und Weizenmehl besteht, wobei Alaun und Kochsalz die bekannte Alaungerbwirkung, das Eigelb infolge seines Gehalts an Eieröl eine fettende und gleichzeitig mit dem Mehl füllende Wirkung ausüben.

Nach den Anschauungen von F. Knapp soll jedoch die Hautsubstanz aus dem Weizenmehl nur den Kleber aufnehmen, während die Stärke in der Brühe zurückbleibt und sich höchstens auf den Außenseiten der Felle absetzt, so daß dieselbe beim Stollen der Leder wieder mit dem Stollmehl entfernt wird. Ebenso soll die Stärke in der Gare die durch den Alaun niedergeschlagenen Eiweißstoffe am Zusammenballen verhindern und dieselben so lange in Suspension halten, bis sie von der Blöße aufgenommen sind.

Was die Menge der einzelnen Bestandteile der Gare betrifft, so gehen die vorgeschlagenen und in den Gerbereien verwendeten Mengen weit auseinander. Nur das Verhältnis von Alaun und Kochsalz ist annähernd fest. Man rechnet auf 1 Teil Kochsalz 3 bis 4 Teile Alaun oder entsprechende Mengen von kristallisierter schwefelsaurer Tonerde. Die weiteren Mengenangaben schwanken in weiten Grenzen, wie aus nachfolgender Tabelle, welche für hundert mittelstarke Felle (50 bis 60 kg Blößengewicht) berechnet ist, ersichtlich ist.

Die Gare soll folgende mittlere Zusammensetzung haben (Tabelle 98):

Tabelle 98.

	Nach					
	Eitner	Procter	Steyer	Stohmann	Villon	Päßler
	in Kilogramm					
Wasser	40	15	40	60	15	60
Alaun	3	2,5	5	10	9	7,5
Kochsalz	1	1	1,5	4	2	2,5
Mehl	6	5	6	5	6	10
Eigelb	1	0,7	1,5	1	0,5	2

In Deutschland werden für Schuh- und Handschuhleder im allgemeinen rund 4 bis 8 % Eigelb und 6 bis 8 % Mehl auf 100 kg Blöße verwendet.

Die Zusammensetzung der Gare richtet sich nach der Beschaffenheit der zu gerbenden Felle. Harte, starke Felle verlangen mehr Gare, besonders mehr Mehl und Eigelb, als weiche Felle.

Unregelmäßigkeiten in der Äscherung können ebenfalls eine Änderung in der Zusammensetzung der Gare erforderlich machen.

Im allgemeinen läßt sich über die Menge und Zusammensetzung der Gare folgendes sagen: Man soll mit dem Mehl und Eigelb nicht allzu sparsam sein, da mit einer größeren Menge dieser Bestandteile die Qualität des Leders zunimmt. Das Mehl soll die Blößen bedecken, damit die Gare auf ihnen sitzt. Namentlich hinsichtlich des Eigelbs besteht aber auch eine obere Grenze, da zu reichliche Mengen auf dem Leder sog. „Eierflecken" erzeugen. Im übrigen entstehen diese besonders bei schlechtem und verfälschtem Eigelb und zu kurzer Walkzeit. Sollen die Felle nach dem Gerben nicht allzu lange lagern, sondern bald gefärbt werden, so gibt man mehr Alaun und Kochsalz zu. Zur Erzielung eines vollen Leders verwendet man weniger Wasser und nimmt also eine dickere Nahrung. Eine allzu dünne Nahrung ist unter allen Umständen zu vermeiden, weil dieselbe sonst beim Trocknen der Felle abtropft. Zu geringe Wassermengen verhindern eine gleichmäßige Verteilung und Aufnahme der Gare, so daß notgare Stellen im Leder verbleiben. Bei der Herstellung der Gare werden zunächst in einem bestimmten Teil der Wassermenge Alaun und Kochsalz in der Wärme gelöst. Nach erfolgter Lösung wird mit kaltem Wasser auf die doppelte Menge verdünnt. Die Lösung muß dann soweit abgekühlt werden, daß beim Einrühren des Mehls keine Verkleisterung stattfindet (30 bis 35° C). Man bringt das Mehl in ein Faß, läßt durch ein Filtertuch die Hälfte der Alaun- und Kochsalzlösung zufließen und arbeitet das Gemisch gut durch, bis alle Klümpchen zerteilt sind. Dann wird das Eigelb, das zuvor mit Wasser auf die doppelte Menge verdünnt und durch ein Haarsieb filtriert worden ist, sowie der Rest der Alaun-Kochsalz-Lösung und die noch fehlende Wassermenge hinzugegeben und dann die ganze Mischung gut durchgearbeitet.

Die so hergestellte Gare wurde in früheren Zeiten in großen Holzfässern mit den Füßen in die Blößen eingetreten, während man die Gerbung heute nur noch in Walkfässern ausführt. Nach dem Einwalken der Gare, wozu ca. 1 bis 2 Stunden notwendig sind, läßt man die Felle über Nacht im Faß liegen. Am anderen Morgen bewegt man die Häute noch kurz, faltet sie mit der Narbenseite nach innen auf die Hälfte zusammen und hängt sie auf Stangen zum Trocknen auf. Nach einigen Stunden werden die Felle umgehängt, so daß auch die andere Seite des Fells auf die Stange zu liegen kommt. Dadurch wird eine gleichmäßige Trocknung erzielt. Nach zwei Tagen ist die Trocknung beendet, dann werden die Felle in einen zweiten Raum von normaler Luftwärme gebracht, damit sie wieder Feuchtigkeit anziehen und die richtige Lufttrockne erhalten. Man läßt hierauf die Leder in einem kühlen dunklen Raum, meistens im trockenen Keller, 3 bis 4 Wochen lagern, damit die Gare sich mit den Hautfasern besser verbindet.

Zum Zurichten werden die gelagerten Felle bündelweise kurze Zeit in kaltes Wasser getaucht, schwache Felle wenige Sekunden, starke Felle bis zu einigen Minuten. Man läßt gut abtropfen, schüttelt dieselben gut durch und legt sie für einige Stunden auf Haufen, um so ein gutes Durchziehen der Feuchtigkeit zu erzielen. Hierauf werden sie in Kisten eingetreten und öfters umgepackt. Nach weiteren 6 bis 12 Stunden werden die Felle durch Treten auf einer Trethorde mit den Füßen oder in einer Kurbelwalke mechanisch weich gemacht. Nach nochmaligem Eintreten in Kisten auf die Dauer von 12 bis 24 Stunden werden die Felle wiederum getreten oder gewalkt und sind dann zum Stollen fertig. Beim Stollen werden die Leder über dem auf dem Stollpfahl angebrachten Stollmond oder auf der Stollmaschine nach allen Richtungen auseinandergezogen, wodurch sie erst das Aussehen und die Beschaffenheit des Glacéleders erhalten. Gleichzeitig werden die auf der Fleischseite anhaftenden, losen Fasern mit entfernt. Nach dem Stollen werden die Felle in einen mäßig angewärmten Raum zum leichten Antrocknen über Stangen gehängt, wieder in Kisten eingetreten und nochmals gestollt. Hierauf werden sie mit der Narbenseite nach oben auf einen Ziehbock gelegt und der Narben geglättet. Nach längerem Lagern werden die so zugerichteten Felle je nach Beschaffenheit und Größe in der Weise aussortiert, daß die narbenreinen Leder zu Glacé- und die narbenbeschädigten Felle zu Chairleder verwendet werden.

Waschbares Glacéleder. Da sich bekanntlich farbiges Glacéleder mit dem bei weißem Glacéleder zum Reinigen gebräuchlichen Benzin nur unter starker Beeinträchtigung der Farbe behandeln läßt, versuchte man Glacéleder, das gegen Wasser unbeständig war, durch eine geeignete Nachbehandlung waschbar zu machen. Das schon fertige Glacéleder, welches schon längere Zeit gelagert hat, wird gut aufbroschiert, d. h. im Walkfaß mit lauwarmem Wasser aufgeweicht und mit einer schwachen Milchsäurelösung oder unter Ammoniakzusatz ausgewaschen, um die ungebundenen Gerb- und Füllstoffe zu entfernen bzw. gleichmäßig im Leder zu verteilen. Zur Nachgerbung verwendet man für farbige Leder im allgemeinen Chromsalze, für weiße waschbare Handschuhe meist Formaldehyd. Außerdem kommen als Nachgerbmittel für weißes waschbares Leder noch Zirkonsalze (Blancorol WL der I. G.-Farben) (siehe auch S. 330ff.) oder Aluminiumsalze in Verbindung mit Glykolsäure (Blancorol A der I. G.-Farben) in Frage (siehe auch S. 294). Im Falle einer Formaldehydnachgerbung wird diese in einer verdünnten Formaldehydlösung unter Zusatz von Borax vorgenommen, wobei der Alkalizusatz als wesentlich für die Erzielung eines weichen und zügigen Leders erscheint. Die Alkali-Formaldehyd-Lösung wird portionsweise zugesetzt und die Gerbung ca. 24 Stunden bei einer Temperatur von 40 bis 45° C ausgeführt. Im allgemeinen kann man eine ausreichende Waschbarkeit bei Temperaturen von 80 bis 85° C erzielen, ohne daß die Qualität des Leders unter der Nachbehandlung leidet. Nach dem Nachgerben werden die Leder gut neutral gewaschen, bekommen noch eine Nachgare aus Eigelb und Mehl und werden nach dem Trocknen in üblicher Weise zugerichtet (vgl. auch 7. Kapitel, S. 642).

Das Mochaleder wurde gegen Ende des vergangenen Jahrhunderts in den Vereinigten Staaten hergestellt. Es ist ein Glacéleder mit abgeschliffenem Narben, welches an Stelle des Rehleders zur Herstellung von Handschuhen und Schuhen verwendet wird. Es besitzt einen feinen tuchartigen Griff und eine samtartige Beschaffenheit, große Zähigkeit und Haltbarkeit und stellt im Aussehen ein Mittelding zwischen Sämisch- und Chairleder dar. Das mexikanische wird meistens aus Ziegenfellen, das amerikanische größtenteils aus Schaffellen hergestellt.

Bei dem amerikanischen Fabrikationsverfahren wird unter mehrmaligem Strecken gut geweicht. Die noch hartnarbigen Felle kommen dann zuerst in einen zum Nachäschern gebrauchten alten Kalkäscher, dann für weitere 14 Tage in einen frisch angestellten reinen Kalkäscher. Nachdem die Blößen gut entkälkt und gebeizt sind, werden sie in einem Alaunbad, welches 30 g Alaun und 10 g Kochsalz im Liter enthält, zuerst $^1/_2$ Stunde gewalkt und erhalten in demselben Faße eine spärliche Glacénahrung, welche aus 40 Eidottern und 12 kg Mehl auf 120 bis 140 Felle bestehen soll. In dieser Gare werden die Felle etwa $1^1/_2$ Stunden behandelt und dann zum Trocknen aufgehängt. Die getrockneten Felle werden einige Tage gelagert, angefeuchtet, anziehen gelassen, mit wenig Mehl gewalkt und gestollt. In noch feuchtem Zustande werden die Felle auf der Schmirgelscheibe abgeschliffen, wobei der Narben selbst leicht aufgerauht wird. Nun wird das Leder eingeweicht, in Wasser aufbroschiert und eine zweite Gare aus 120 Eidottern und 25 kg Mehl für 120 bis 140 Felle zugesetzt. Man trocknet erneut auf, feuchtet an, stollt und schleift zum zweiten Male, worauf die weißen Leder fertig sind. Farbige Leder werden nach dem Färben zum dritten Male geschliffen.

Chairleder oder auch Dänischleder ist ein Glacéleder, welches mit der Fleischseite nach außen getragen wird. Außer den bei der Glacéfabrikation anfallenden, narbenbeschädigten Fellen werden zur Herstellung von Chairleder Wildfelle von afrikanischen und asiatischen Provenienzen verwendet.

Die wie üblich reingemachten Blößen werden mit einer Gare von 3% Alaun, 0,75% Salz, 5% Mehl und 0,75% Eigelb im Faß gegerbt. Eine bedeutend bessere Lederqualität erhält man jedoch, wenn man die Blößen vor der Alaungare mit einer Lösung von 2% Formaldehyd und 50% Wasser 2 Stunden vorbehandelt und dann erst die Eigelb-Alaun-Gare einwirken läßt. Durch diese Vorbehandlung wird ein bedeutend feinerer Samtschliff erzielt, ferner läßt sich das Leder deckender und egaler färben und wird bedeutend zäher und kerniger. Nach dem Auftrocknen werden die Chairleder in der für Glacéleder üblichen Weise zugerichtet.

Da die beiden Hauptbestandteile der Glacégare, Eigelb und Weizenmehl, sehr wichtige Nahrungsmittel darstellen, war man schon frühzeitig bemüht, einen Ersatz für diese Stoffe zu finden.

An Stelle von Mehl oder der vielfach verwendeten Reisstärke, welche ein Leder von reinerem Weiß als Weizenmehl ergibt, wurden fein gemahlene, weiße Mineralstoffe unter den verschiedenartigsten Decknamen in den Handel gebracht. Alle diese Ersatzstoffe sind jedoch nichts anderes als fein gemahlene weiße und dabei indifferente Mineralien, wie z. B. weiße Pfeifenerde, Bolus, Kieselerde, Kaolin (Chinaclay), welchen mehr oder weniger Weizenmehl oder Reisstärke zugesetzt wurden.

Ebenso liegt eine Reihe von Vorschlägen bekannter Gerbereichemiker vor, welche schon lange bemüht waren, einen vollwertigen Ersatz für das Eigelb zu finden. F. Kathreiner hat bereits 1874 empfohlen, Eigelb durch Olivenöl und Glycerin zu ersetzen. A. Müller-Jakob verwendet Alkalisulfoleate oder Alkalisulforizinoleate an Stelle von Eigelb. O. Roehm ließ sich ein Verfahren zum Ersatz des Eigelbs bei der Herstellung von Glacéleder schützen, bei welchem man sulfonierte Öle, gegebenenfalls unter Zusatz von flüchtigen, öllöslichen Stoffen, wie Toluol, Essigester u. dgl., anwendet, nachdem man die Seifen entfernt und den sulfonierten Anteil durch Verdünnung mit unverändertem Öl herabgesetzt hat.

Die Erfindung Roehms beruht auf der Beobachtung, daß die ungenügende Wirkung der sulfonierten Öle einmal darauf zurückzuführen ist, daß bei dem Sulfonierungs- und nachfolgendem Neutralisierungsprozeß immer Seifen entstehen, welche bei der Gerbung fettsaures Aluminium bilden, ein Vorgang, der beim Eigelb nicht eintritt. Ebenso wirkt der sulfonierte Anteil, welcher als öllösendes Mittel unentbehrlich ist, alaunfällend und damit schädlich. Hieraus folgt, daß man die Seifen auf irgendeine Art, z. B. durch Dialyse, entfernen und außerdem den sulfonierten Anteil durch Verdünnung des entseiften, sulfonierten Öls mit unverändertem Öl soweit als möglich herabsetzen muß. Beispielsweise können auf 1 Teil entseiftes, sulfoniertes Öl 5 Teile unverändertes Öl zugesetzt werden. Der Grad der Verdünnung hängt von dem angewandten Öl und dessen Sulfonierung ab. Durch den Zusatz flüchtiger Stoffe soll eine feinere Verteilung des Fetts eintreten und dadurch eine gesteigerte Fettwirkung erzielt werden. Vor kurzem wurde in einem neueren Patent auch vorgeschlagen, bei der

Glacégerbung an Stelle von Eigelb Fischmilch, insbesondere Heringsmilch, zu verwenden.

Nach dem Verfahren von E. Simon soll Glacéleder in der Weise hergestellt werden, daß an Stelle von Eigelb eine glycerinfreie, alkoholische Lösung von fettsaurem Ammonium angewendet wird. Zur Herstellung von Leder werden die gebeizten Blößen mit einer Lösung von fettsaurem Ammonium, die einen Zusatz von Natriumphosphat enthält, ca. 3 bis 4 Stunden gewalkt und dann abgepreßt. Dann bekommen die Häute eine Gare aus Alaun, Soda, Weizenmehl und Kochsalz und werden nach dem Abpressen in üblicher Weise zugerichtet.

Da das in der Gare verwendete Kochsalz die alkoholische Lösung des fettsauren Ammoniaks zum Ausflocken bringt, wodurch eine Fettausscheidung auf der Narbenseite des Leders entstand, verwendete E. Simon eine neues Produkt, welches in der Weise hergestellt wird, daß man an Stelle von reinem Ammoniak eine ammoniakalische Lösung von Eiweiß, Casein u. dgl. zur Verseifung der glycerinfreien, alkoholischen Fettsäuren anwendet.

Literaturübersicht.

Dohogne, A. u. G. Rezabek: Cuir techn. **22**, 122 (1933).
Eitner, W.: Gerber **1896**, 14; **1900**, 71.
Elöd, E. u. Th. Schachowskoy: Kolloid-Ztschr. **72**, 221 (1935).
Georgievics, G. v.: Ztschr. angew. Chem. **1895**, 119.
Gustavson, K. H.: Collegium **1927**, 481ff.
Gutbier, A., E. Sauer u. F. Schelling: Kolloid-Ztschr. **30**, 376 (1922).
Kathreiner, F.: Gerber **1874**, 75, 170.
Knapp, F.: Dinglers polytechn. Journ. **181**, 313ff. (1866).
Küntzel, A. u. G. Königfeld: Collegium **1935**, 257.
Küntzel, A., C. Rieß u. G. Königfeld: Collegium **1935**, 270.
Küntzel, A.: Collegium **1934**, 518.
Lumière, A. u. L. u. A. Seyewetz: Bull. Soc. chim. France **35**, 676 (1906).
Möller, W.: Collegium **1915**, 358.
Pauli, W. u. M. Adolf: Kolloid-Ztschr. **29**, 281 (1921); Collegium **1924**, 269.
Philip: Ztschr. angew. Chem. **10**, 680 (1897).
Procter, H. R.: Die Lederfabrikation, S. 62ff. Prag 1916.
Procter, H. R. u. D. J. Law: Journ. Soc. chem. Ind. **1909**, No. 6, 297.
Stiasny, E.: Collegium **1908**, 341ff.
Thomas, A. W. u. M. Kelly: Ind. engin. Chem. **20**, 628 (1928); Collegium **1928**, 643.
Thomas, A. W. u. T. H. Whitehead: J.A.L.C.A. **25**, 127 (1930).
Wilson, J. A.: Die moderne Chemie in der Lederfabrikation, S. 359. Leipzig: Paul Schulze, 1925.
Wilson, E. O. u. R. C. Kuan: J.A.L.C.A. **25**, 15 (1930).
Wilson, E. O., S. L. Peng u. C. F. Li: J.A.L.C.A. **30**, 184 (1935).

C. Die Gerbung mit Eisensalzen.

Von Gewerbestudienrat a. D. **Wilhelm Mensing,** Nannhof b. Leipzig, und
Dr. **Ferdinand Mecke,** Dresden.

I. Einleitung.

Schon Mitte des 18. Jahrhunderts sind die ersten Versuche unternommen worden, mit Hilfe von Eisensalzen Leder herzustellen. Wohl konnte man damals durch Lohgerbung ein vorzügliches Leder erhalten; aber die Durchführung der damaligen Grubengerbung war mühsam und zeitraubend. Es gab auch schon Gerbverfahren, wie Alaun- und Sämischgerbung, mit deren Hilfe man in kurzer Zeit aus Häuten und Fellen Leder machen konnte. Jedoch waren diese beiden Lederarten nur für sehr engbegrenzte Verwendungszwecke brauchbar. Die Hoffnung aller derjenigen, die sich seit der Mitte des 18. Jahrhunderts mit der Eisengerbung beschäftigten, war nun, daß sie durch die Eisengerbung ein dem lohgaren Leder in seinen Eigenschaften ebenbürtiges Leder bekommen würden, wobei sie dies in sehr viel kürzerer Zeit und auf einfachere Art und Weise zu erhalten hofften.

Die ersten Eisengerbversuche wurden ohne irgendwelche Kenntnis der Grundlagen der Gerbung und mit noch weniger Wissen über das chemische Verhalten der Eisensalze durchgeführt. Daher ist es nicht verwunderlich, daß diese ersten Versuche zu Mißerfolgen führen mußten. Je mehr nun im Laufe des 19. Jahrhunderts die Grundlagen der Gerbung aufgeklärt und die chemischen Vorgänge erforscht waren, mit um so besseren Kenntnissen konnten Eisengerbversuche unternommen werden. Und so können wir seit über 150 Jahren verfolgen, daß einzelne Praktiker und Wissenschaftler immer wieder zum Teil ganz ausgedehnte Eisengerbversuche unternommen haben. Obwohl hierbei beachtliche technische Fortschritte auch hinsichtlich der Lagerbeständigkeit von Eisenleder festgestellt werden können, ist es der Gerbereipraxis noch nicht gelungen, dem Eisenleder im Handel eine bemerkenswerte Bedeutung sicherzustellen und den Vorsprung, den inzwischen das Chromleder vor dem Eisenleder gewonnen hat, wenigstens teilweise einzuholen. Abgesehen von vielen anderen zum Teil auch rein wirtschaftlichen Umständen dürfte die Hauptschwierigkeit für die praktische Einführung der Eisengerbung in den gegenüber den Chromsalzen andersartigen Eigenschaften der Eisensalze mit zu suchen sein. Bevor wir daher an die Besprechung der verschiedenen Eisengerbverfahren herantreten, ist es zweckmäßig, die Chemie der Eisenverbindungen zu erläutern.

II. Chemie der Eisenverbindungen.

Das Eisen tritt in seinen Verbindungen vorwiegend 2- und 3wertig auf. Vom 2wertigen Eisen leiten sich ein Oxyd FeO und ein Hydroxyd $Fe(OH)_2$ sowie Salze mit zahlreichen Säuren ab. Auch vom 3wertigen Eisen leiten sich ein Oxyd Fe_2O_3 und ein Hydroxyd $FeO(OH)$ ab, welches ebenfalls Salze mit zahlreichen Säuren bildet. Außerdem ist es in der Lage, in geringem Maße mit Alkalien und anderen elektropositiven Stoffen Salze zu bilden, welche die allgemeine Formel $M^I(FeO_2)$ (Bezeichnung Ferrite) besitzen. Dazu kommen noch die Ferrate $M^I_2(FeO_4)$, in denen das Eisen in 6wertiger Form vorliegt. Jedoch sind die beiden letzteren Verbindungen für die Eisengerbung nicht von Bedeutung.

Die Eisen(II)-verbindungen werden auch als Ferroverbindungen und die Eisen(III)-verbindungen als Ferriverbindungen bezeichnet. Die Oxyde, Hydrooxyde sowie die Phosphate, das Carbonat und die Sulfide sind unlöslich. Dagegen sind die Salze des 2- und 3wertigen Eisens mit den Sauerstoffsäuren des Chlors, Schwefels und Stickstoffs in Wasser leicht löslich. Ebenso verhalten sich die Halogenide mit Ausnahme des Eisen(II)-fluorids.

In beiden Wertigkeitsstufen bilden die Eisensalze mit Salzen stärker elektropositiver Stoffe leicht Doppelsalze. In ausgesprochenem Maße tun dies die Eisensalze schwacher Säuren. In manchen Fällen, z. B. bei den Cyanverbindungen, sind die Doppel- bzw. Komplexsalze sehr leicht rein zu erhalten, während die Gewinnung der ihnen zugrunde liegenden einfachen Salze in reiner Form nicht gelungen ist.

Manche Eisenverbindungen sind in der Lage, Ammoniak anzulagern. Z. B. nehmen Eisen(II)- und Eisen(III)-chlorid in trockenem Zustand je 6 Mol NH_3 auf. Beim Lösen in Wasser werden die Ammoniakate zersetzt. Dagegen sind die Komplexe, die das Eisen mit zahlreichen hydroxylhaltigen organischen Stoffen eingeht, in Lösung wesentlich beständiger. Wenn solche Verbindungen, die z. B.

durch Einwirkung von Eisensalzen auf Zucker, Weinsäure, Citronensäure, Milchsäure u. dgl. erhalten werden, in stärkeren Konzentrationen vorliegen, so wird die Ausfällung des Eisens aus solchen Lösungen stark herabgesetzt, bzw. ganz unterbunden. Manche von diesen Salzen spielen in der Eisengerbung eine erhebliche Rolle.

In verschiedenen Verbindungen vermag das Eisen Kohlenoxyd und noch häufiger Stickoxyd anzulagern. Besonders die letzteren Verbindungen sind auch für die Eisengerbung von Bedeutung.

1. Oxyde und Hydroxyde.

Eisen bildet die Oxyde FeO, Fe_2O_3 und Fe_3O_4 und die Hydroxyde $Fe(OH)_2$ und FeO(OH).

Eisen(II)-oxyd, FeO, erhält man als schwarzes Pulver durch Erhitzen von Eisen(II)-oxalat bei Luftabschluß. Es ist sehr reaktionsfähig; z. B. zersetzt es Wasser, besonders in der Wärme. Durch starkes Erhitzen verliert es seine große Reaktionsfähigkeit.

Eisen(II)-hydroxyd, $Fe(OH)_2$, entsteht beim Versetzen von Eisen(II)-salzen in luftfreier wässeriger Lösung mit Alkali als weißer, flockiger Niederschlag, der äußerst begierig Sauerstoff aufnimmt, wobei die Farbe zunächst in ein sich mehr und mehr verdunkelndes, schmutziges Grün und zum Schluß in die rotbraune Färbung des Eisen(III)-oxydhydrats übergeht. Das bei der Oxydation entstehende intensiv gefärbte Zwischenprodukt enthält 2- und 3wertiges Eisen nebeneinander. Diese starke Färbung bildet ein typisches Beispiel für die Erscheinung, daß Verbindungen, die ein- und denselben Stoff in zwei verschiedenen Oxydationsstufen enthalten, sich durch intensive Färbung auszuzeichnen pflegen. Durch Ammoniak wird Eisen(II)-hydroxyd nur unvollständig und, wenn die Lösung größere Mengen von Ammonsalzen enthält, überhaupt nicht gefällt.

Eisen(III)-oxydhydrat, FeO(OH) bzw. $Fe_2O_3H_2O$, findet sich in der Natur in Form von Brauneisenerz (Brauneisenstein). Durch Zugabe von Ammoniak zu Eisen(III)-salzlösungen erhält man Eisen(III)-oxydhydrat als rotbraunen, schleimig-amorphen Niederschlag, der infolge seiner starken Oberflächenaktivität bei seiner Fällung sehr leicht andere Stoffe aus der Lösung mit niederreißt. Ferner läßt es sich sehr leicht in kolloide Lösung überführen. Durch Behandlung des frisch gefällten Eisen(III)-oxydhydrats mit heißer, starker Alkalilösung geht es unter Bildung von Kalium- bzw. Natriumferrit, $K(FeO_2)$ und $Na(FeO_2)$, zum Teil in Lösung.

Eisen(III)-oxyd, Fe_2O_3, wird durch Glühen von Eisen(III)-oxydhydraten als braunrotes Pulver oder bei stärkerem Glühen als dunkelgraue, glänzende, kristalline Masse erhalten. In der Natur findet es sich als Roteisenstein, der als Ausgangsmaterial für die technische Gewinnung des Eisens von erheblicher Bedeutung ist.

Eisen(II, III)-oxyd, Fe_3O_4, ist eine Doppelverbindung von FeO und Fe_2O_3. Natürlich bildet es als Magnetit (Magneteisenstein, Schwarzeisenerz) ein wichtiges Eisenerz. Eine unreine Form ist der sogenannte Hammerschlag, der sich beim Bearbeiten von glühendem Schmiedeeisen mit dem Hammer bildet.

2. Eisen(II)-salze.

Die löslichen Eisen(II)-salze erhält man am einfachsten durch Auflösen von metallischem Eisen in den betreffenden Säuren. Sie sind in Lösung und in kristallwasserhaltigem Zustand blaßgrün gefärbt. Dies ist also die Farbe der Eisen(II)-Ionen. Infolge hydrolytischer Spaltung reagieren die Lösungen sauer. Die meisten

Eisen(II)-salze bilden Doppel- bzw. Komplexsalze, vor allem mit Alkali- und Ammoniumsalzen. An der Luft sind die Eisen(II)-salze meistens nicht absolut haltbar; beständiger sind schon die Doppelsalze. Durch starke Oxydationsmittel werden Eisen(II)-salze sehr leicht in Eisen(III-)salze übergeführt. Auffallend ist, daß man bei der Auflösung von Eisen in Säuren, die, wie z. B. Salpeter-, Überchlor-, Chlor-, Brom- und Jodsäure, ausgesprochenes Oxydationsvermögen besitzen, Eisen(II)-salze und nicht Eisen(III)-salze erhält, wenn diese Säuren in ziemlicher Verdünnung und in der Kälte zur Einwirkung gebracht werden. Das Eisen(II)-Ion besitzt an und für sich keine große Neigung, zum Eisen(III)-Ion oxydiert zu werden. Die Tatsache, daß für gewöhnlich Eisen(II)-verbindungen in starkem Maße oxydiert werden, ist im wesentlichen auf Störungen der Oxydationsgleichgewichte zurückzuführen, die durch die erhebliche Schwerlöslichkeit des in wässeriger Lösung infolge Hydrolyse sich sehr leicht bildenden Eisen(III)-oxydhydrats hervorgerufen werden. Wenn man durch Überschuß von Säure die Hydrolyse zurückdrängt, wird die Beständigkeit der Eisen(II)-salze in wässeriger Lösung sehr stark erhöht.

Eisen(II)-chlorid, $FeCl_2$, erhält man durch Überleiten von trockenem Chlorwasserstoffgas über Eisenfeilicht bei Rotglut oder durch Erhitzen von Eisen(III)-chlorid im Wasserstoffstrom in wasserfreiem Zustand als farblose Masse. Es ist an der Luft zerfließlich und in Wasser und Alkohol leicht löslich.

Eisen(II)-nitrat, $Fe(NO_3)_2$, bildet sich beim Lösen von Eisen in kalter verdünnter Salpetersäure.

Eisen(II)-sulfat, $FeSO_4$, erhält man durch Auflösen von Eisen in verdünnter Schwefelsäure oder indem man Schwefelkies, FeS_2, unter häufigem Befeuchten an der Luft verwittern läßt. Gewöhnlich kristallisiert Eisen(II)-sulfat aus wässeriger Lösung mit 7 Molekülen Wasser als Eisenvitriol, $FeSO_4$, 7 H_2O, der das technisch wichtigste Eisensalz darstellt. Mit Alkalisulfaten bildet Eisen(II)-sulfat Doppelsalze, von denen das bekannteste, an der Luft nicht verwitternde Ammoniumdoppelsalz $(NH_4)_2SO_4$, $FeSO_4$, 6 H_2O, als Mohrsches Salz in der Maßanalyse Verwendung findet.

Eisen(II)-carbonat, $FeCO_3$, findet sich in der Natur als Spateisenstein. Er ist in Wasser unlöslich, löst sich aber in kohlensäurehaltigem Wasser wie Calciumcarbonat unter Bildung von saurem Eisen(II)-carbonat [Eisenbicarbonat, $Fe(HCO_3)_2$], das in manchen Quellwässern enthalten ist. An der Luft treten bei solchen Wässern sehr bald Ausscheidungen von Eisenoxydhydrat ein, indem die überschüssige Kohlensäure entweicht und das darnach sich ausscheidende Carbonat hydrolytisch gespalten und durch den Luftsauerstoff oxydiert wird. Infolge derselben Zersetzung färbt sich auch der zunächst weiße Niederschlag von Eisen(II)-carbonat, den man beim Zusatz von löslichen Carbonaten zu Eisen(II)-salzlösungen erhält, bei Luftzutritt schnell dunkel und zum Schluß braun.

Eisen(II)-phosphat, $Fe_3(PO_4)_2$, erhält man durch Zugabe von Natriumphosphat zu Eisen(II)-salzlösungen als weißen, wasserunlöslichen Niederschlag.

Cyanoferroate. Das gewöhnliche Eisen(II)-cyanid ist nicht bekannt. Bei der Einwirkung von Fe(II)- und CN-Ionen aufeinander bilden sich sofort Komplexe. Bei Anwesenheit genügender CN-Ionen entsteht immer der besonders stabile Hexacyanoferroat-Komplex $[Fe^{II}(CN)_6]^{4+}$, von dem zahlreiche Salze bekannt sind. Kaliumcyanoferroat, genauer Kaliumhexacyanoferroat, $K_4Fe(CN)_6$ (Kaliumferrocyanid, Ferrocyankalium oder gelbes Blutlaugensalz) ist das bekannteste dieser Salze. Die in den wässerigen Lösungen vorliegenden komplexen $[Fe(CN)_6]^{4+}$-Ionen sind praktisch undissoziiert und geben demgemäß weder die üblichen Reaktionen auf Fe^{2+} noch auf CN^-.

Beim Versetzen einer Eisen(III)-salzlösung mit einer Lösung von gelbem Blutlaugensalz entsteht ein dunkelblauer Niederschlag: Berlinerblau. Dies ist eine der bekanntesten Reaktionen zur Prüfung auf 3wertige Eisenionen.

3. Eisen(III)-salze.

Durch Oxydation der entsprechenden Eisen(II)-salze (z. B. mit Salpetersäure oder Wasserstoffsuperoxyd) oder durch Auflösung von frisch gefälltem Eisen(III)-oxydhydrat in den betreffenden Säuren werden die Eisen(III)-salze gebildet. Die wässerigen Lösungen von Eisen(III)-salzen sind bei Abwesenheit von überschüssiger Säure gelblichbraun bis dunkelbraun. Dies ist aber nicht die Farbe der Eisen(III)-Ionen, sondern sie stammt von kolloid in Lösung befindlichem Eisen(III)-oxydhydrat, welches durch Hydrolyse entstanden ist. Infolge der Hydrolyse, die bei den Eisen(III)-salzlösungen in noch stärkerem Maße stattfindet als bei den entsprechenden Eisen(II)-salzlösungen, reagieren sie stark sauer. Wenn durch Säurezusatz die Hydrolyse zurückgedrängt wird, hellen sich die Lösungen ganz erheblich auf. Die Farbe der mit überschüssiger Säure versetzten Lösungen ist von der Natur der zugesetzten Säure abhängig. Z. B. sind mit Salzsäure versetzte Eisen(III)-fluoridlösungen rosa, Eisen(III)-chloridlösungen gelb. Im übrigen sind mit überschüssiger Säure versetzte Eisen(III)-salzlösungen farblos. Durch Einwirkung von Reduktionsmitteln (z. B. Schwefelwasserstoff, Zinnchlorür, Zink und dgl.) in saurer Lösung werden die Eisen(III)-salze sehr rasch und vollständig in Eisen(II)-salze übergeführt. Mit Hilfe dieser Reaktionen sind verschiedene maßanalytische Eisenbestimmungen ausgearbeitet.

Eisen(III)-chlorid, $FeCl_3$, erhält man am einfachsten durch Erhitzen von metallischem Eisen in einem trockenen Chlorstrom. Das entstandene Eisen(III)-chlorid sublimiert und setzt sich in Form schwarzbrauner Flitter ab. Das gewöhnliche gelbe Eisenchlorid des Handels ist das Hexahydrat, $FeCl_3$, 6 H_2O. An der Luft zieht Eisenchlorid sehr energisch Wasser an und zerfließt dabei zu einer dunkelbraunen Flüssigkeit. Die technische Darstellung des gelben Eisenchlorids erfolgt gewöhnlich durch Auflösen von Eisen in Salzsäure und anschließendes Einleiten von Chlor zwecks Oxydation des vorhandenen Eisen(II)chlorids.

Eisen(III)-nitrat, $Fe(NO_3)_3$, wird durch Auflösen von Eisen in 20- bis 30%iger Salpetersäure erhalten. Je nach Säuregehalt und Konzentration der Lösung kristallisiert es entweder als $Fe(NO_3)_3$, 6 H_2O oder als $Fe(NO_3)_3$, 9 H_2O. Im Wasser löst es sich mit brauner Farbe, die durch Hydrolyse hervorgerufen ist.

Eisen(III)-sulfat, $Fe_2(SO_4)_3$ wird entweder durch Oxydation des Eisenvitriols mit Salpetersäure oder durch Auflösung von Eisenoxyd in konzentrierter Schwefelsäure gewonnen. In wässeriger Lösung erfolgt weitgehende hydrolytische Spaltung und man kann aus den Lösungen eine ganze Anzahl von basischen Sulfaten gewinnen.

Eisenalaune. Mit Alkalisulfaten bildet Eisen(III)-sulfat Doppelsalze, von denen die wichtigsten die zur Klasse der Alaune gehörenden Doppelsalze der allgemeinen Formel $M^{I}Fe(SO_4)_2$, 12 H_2O sind. Technische Bedeutung haben Eisenammoniumalaun, $NH_4Fe(SO_4)_2$, 12 H_2O, und Eisenkaliumalaun, $KFe(SO_4)_2$, 12 H_2O.

Eisen(III)-phosphat, $FePO_4$, fällt aus einer Eisen(III)-chloridlösung auf Zusatz von Dinatriumphosphat, Na_2HPO_4 als gelblichweißer, in Wasser schwer löslicher Niederschlag aus. Bei Zusatz von Phosphorsäure zu einer Eisen(III)-chloridlösung tritt dagegen keine Fällung, sondern eine fast vollständige Entfärbung infolge Bildung von farblosen Phosphato-ferri-komplexverbindungen ein.

Eisen(III)-rhodanid, $Fe(SCN)_3$. Bei der Zugabe von Rhodanionen zu Eisen(III)-salzlösungen tritt eine intensive blutrote Verfärbung ein, die mit Äther oder Amylalkohol ausschüttelbar ist. Sie beruht auf der Bildung von Eisen(III)-rhodanid. Dieser Nachweis ist äußerst empfindlich; schon unwägbare Spuren von Eisen(III)-Ionen geben eine leichte Rotfärbung. Bei Anwesenheit von Hg(II)-Ionen versagt er infolge Bildung von farblosen $Hg(SCN)_4$-Ionen. Konzentrierte Salpeter- und salpetrige Säure geben ebenfalls mit Rhodanionen eine mit Äther und Amylalkohol ausschüttelbare Rotfärbung, die aber zum Unterschied von der durch Eisen(III)-salze hervorgerufenen nach einiger Zeit wieder verschwindet. Sie rührt von Zersetzungsprodukten der Rhodanwasserstoffsäure her.

Cyanoferriate. Das wichtigste dieser Salze ist das rote Blutlaugensalz, $K_3Fe(CN)_6$, Kaliumhexacyanoferriat oder auch Ferricyankalium, welches durch Oxydation des gelben Blutlaugensalzes, des Kaliumhexacyanoferroats, in salzsaurer Lösung durch Chlor, Kaliumpermanganat oder dgl. erhalten wird. Eine Lösung von rotem Blutlaugensalz gibt auf Zusatz von Eisen(II)-salzlösungen einen dunkelblauen Niederschlag, das sog. Turnbullsblau. Dies ist eine sehr empfindliche Reaktion auf Eisen(II)-Ionen.

Prussidverbindungen sind komplexe Eisencyanide, die nur fünf Cyangruppen enthalten, während die sechste Cyangruppe durch eine andere Gruppe ersetzt ist. Die bekannteste ist Nitroprussidnatrium, $Na_2Fe(CN)_5(NO)$, 2 H_2O, das durch Einwirkung von Salpetersäure auf gelbes Blutlaugensalz gewonnen werden kann. Es dient als Reagens auf S^{2-}- bzw. SH^--Ionen, mit denen es sehr ausgeprägte Violettfärbung ergibt. Freier Schwefelwasserstoff gibt die Reaktion nicht. Auch mit SO_3-Ionen erzeugt es eine Rotfärbung, besonders bei Anwesenheit von Zinksulfat oder Zinknitrat. Da die Thiosulfate diese Reaktionen nicht geben, kann sie zur Unterscheidung der Sulfite von den Thiosulfaten dienen.

4. Organische Verbindungen des Eisens.

Im vorhergehenden Abschnitt sind die für die Eisengerbung wichtigsten anorganischen Verbindungen kurz erläutert worden. Außerdem ist aber noch eine sehr große Anzahl organischer Eisenverbindungen bekannt, von denen nur diejenigen angeführt werden sollen, die mit der Eisengerbung in irgendeinem Zusammenhang stehen. Im Gegensatz zu den meisten anorganischen Verbindungen, die fast alle in wässerigen Lösungen der Hydrolyse unterworfen sind, zeichnen sich viele organische Verbindungen in wässerigen Lösungen durch ihre große Beständigkeit gegenüber hydrolytischen Einflüssen aus. In vielen Fällen ist die Beständigkeit so weitgehend erhöht, daß aus solchen wässerigen Lösungen das Eisen auf Zusatz von Alkali nicht mehr als Hydroxyd oder Oxydhydrat abgeschieden werden kann. Dies beruht darauf, daß das Eisen mit organischen Stoffen sehr leicht Komplexverbindungen eingeht, die je nach den Versuchsbedingungen zum Teil mit ein und derselben organischen Verbindung in zahlreichen und äußerst komplizierten Formen auftreten.

Eisen(III)-formiate. Das einfache Eisen(III)-formiat, $Fe(HCO_2)_3$, existiert höchstwahrscheinlich nicht. Dagegen bilden sich meistens Formiate der Hexaformiatotrieisen(III)-base. Auch das gewöhnliche Eisenformiat, $Fe_3(HCO_2)_6(OH)_2$-HCO_2, 4 H_2O, leitet sich von dieser Base ab. Außerdem bestehen noch folgende Formiate, die noch anorganische Reste enthalten: Eisen(III)-chloridformiate von der Zusammensetzung $Fe(HCO_2)_2Cl$, H_2O und $Fe(HCO_2)_2Cl$, 1.5 H_2O, sowie Eisen(III)-nitratformiat, $Fe(HCO_2)_3(NO_3)(OH)_2$, 3 H_2O.

Eisen(III)-acetate. Ein normales Acetat, $Fe(CH_3CO_2)_3$ existiert nicht. In den blutroten Lösungen, die man durch Einwirkung von Essigsäure verschiedener Konzentration auf Eisen(III)-oxydhydrat oder durch Zusatz von Alkaliacetaten zu Eisen(III)-salzlösungen erhält, sind nur Acetate einer Hexacetatotrieisen(III)-base enthalten, und zwar sind folgende Acetate bekannt: 1. $[Fe_3(CH_3CO_2)_6](CH_3CO_2)_3$,

2. $[Fe_3(CH_3CO_2)_6(OH)](CH_3CO_2)_2$ und 3. $[Fe_3(CH_3CO_2)_6(OH)_2]CH_3CO_2$. Außer diesen drei Acetaten sind noch solche vorhanden, die als Doppelverbindungen von 2 und 3 oder von 1 und 2 aufgefaßt werden können. Die ionogen gebundenen Acetatreste können durch Reste anderer organischer und anorganischer Säuren ersetzt werden. In wässerigen Lösungen zerfallen alle diese Acetate mehr oder weniger schnell vollständig und zum Schluß liegt das gesamte Eisen als Eisenhydroxydsol vor. Oft ist dieser Übergang noch mit einer Verdickung zu sirupähnlicher Konsistenz verbunden. Von Bedeutung sind noch die Verbindungen von Salzen der Hexacetatobasen mit organischen Basen, und zwar besonders diejenigen mit Harnstoff. Im allgemeinen enthalten sie folgendes einwertiges Kation, $[Fe_3(CH_3CO_2)_6(OH)_2(CO(NH_2)_2)_3]$, mit dem sowohl Acetat- als auch anorganische Reste verbunden sein können.

Eisen(III)-lactate. Hiervon soll nur ein definiertes basisches Eisen(III)-lactat, $[Fe_3(CH_3CHOHCO_2)_6(OH)_2]\,CH_3CHOHCO_2\,FeOOH\ 4\,H_2O$, und ein Natriumeisen(III)-lactat, $Na[Fe(CH_3CHOHCO_2)_2]\ 2\,H_2O$, welches durch Einwirkung von $FeCl_3$, Milchsäure und Soda gebildet wird, bekannt sein. Dagegen spielen die wässerigen Lösungen von Eisen(III)-salzlösungen unter Zusatz von wechselnden Mengen Milchsäure für manche Eisengerbungen eine gewisse Rolle.

Eisen(III)-glykolate. Glykolsäure bildet mit 3wertigem Eisen eine Di- und Triglykolatoeisen(III)-säure sowie ein komplexes Hexaglykolatotrieisen(III)-kation. Sie betätigt gegenüber den 3wertigen Metallen beide Wasserstoffatome, wirkt also als 2basische Säure. Für die Bildung kationischer Eisenglykolsäurekomplexe ist erforderlich, daß die Lösungen Eisen im Überschuß enthalten.

Eisen(III)-oxalate. Durch Einwirkung von wässeriger Oxalsäurelösung auf frisch gefälltes Eisenoxydhydrat unter Lichtausschluß bekommt man eine grüngelbe Lösung, die Eisen und Oxalsäure im Verhältnis 2 : 3 als $Fe_2(C_2O_4)_3$ enthält. Diese Lösung zersetzt sich bei intensiver Belichtung rasch unter Bildung von CO_2 und FeC_2O_4; d. h. es findet eine Reduktion des 3wertigen Eisens zu 2wertigem statt.

Eisen(III)-tartrate. Diese werden teils als saure, teils als basische Tartrate formuliert, je nachdem, ob zwei oder vier Wasserstoffatome der Weinsäure als substituierbar angesehen werden. Für das neutrale Salz ist das Verhältnis Eisen zu Weinsäure bei Annahme von vier ersetzbaren Wasserstoffatomen $4:3 = 1{,}33$, bei zwei ersetzbaren Wasserstoffatomen $2:3 = 0{,}66$. Eindeutig als basisch oder sauer können nur solche Tartrate bezeichnet werden, für die das Verhältnis Eisen : Weinsäure außerhalb dieser Grenzen liegt. Bekannt sind folgende Eisen(III)-tartrate mit folgendem Verhältnis: 1. $Fe(C_4H_5O_6)_3\,5\,H_2O = 0{,}33$; 2. $Fe_2(C_4H_4O_6)_6 = 0{,}66$; 3. $Fe_6(C_4H_4O_6)_9 \cdot Fe_2O_3 = 0{,}89$; 4. $Fe_4(C_4H_4O_6)_6 \cdot Fe_2O_3 = 1{,}0$; 5. $H(FeC_4H_2O_6) = 1{,}0$; 6. $2\,Fe_2(C_4H_4O_6)_3 \cdot 3\,Fe(OH)_3 \cdot 3\,H_2O = 1{,}17$ und 7. $Fe_2(C_4H_4O_6)_3 \cdot Fe_2O_3 \cdot 6\,H_2O = 1{,}33$.

Eisen(III)-citrate. Ein normales Eisen(III)-citrat existiert nicht. Vielmehr bilden sich komplexe Dicitratodiaquotrieisen(III)-kationen, die den komplexen mehrkernigen Kationen des 3wertigen Eisens mit Ameisen-, Essig-, Benzoesäure und anderen organischen Säuren entsprechen. Das Dicitratodiaquotrieisen(III)-citrat besitzt folgende Zusammensetzung:

$$[Fe_3(C_6H_5O_7)_2(OH)_2(H_2O)_2]_3C_6H_5O_7 \cdot 18\,H_2O.$$

Dies wären die wichtigsten organischen Eisen(III)-verbindungen, die bei manchen Eisengerbverfahren eine gewisse Rolle spielen. Wie man sieht, enthalten sie als einen Baustein immer irgendeine aliphatische Carbonsäure. Außerdem existiert noch eine ganze Anzahl Eisensalze aromatischer Carbonsäuren (Benzoe-, substituierte Benzoe-, Salicylsäure u. dgl.). Eine gewisse Rolle spielen noch die Eisensalze aromatischer Sulfonsäuren. Außerdem gibt es noch eine Unzahl innerkomplexer Eisensalze mit organischen Verbindungen der verschiedensten Zusammensetzung (Keto-, Oxim-, Nitrosoverbindungen, o-Oxy- und o-Carboxyverbindungen heterozyklischer Stickstoffverbindungen).

III. Gerbverfahren mit Eisenverbindungen.

Die ersten Eisengerbversuche wurden um die Mitte und gegen das Ende des 18. Jahrhunderts unternommen. In jener Zeit wollte der Lohgerber I. Bautsch in Wartenberg Kuhhäute zu Sohlleder mit Eisenvitriol angerben und mit pflanzlichen Gerbstoffen ausgerben.

Im Jahre 1770 erhielt der Engländer Johnson ein Patent auf Mineralgerbung, bei dem ebenfalls Eisenvitriol unter Zusatz von Salz- und Salpetersäure als Gerbmittel verwendet werden sollte. Auch hier war eine Lohgerbung dazwischengeschaltet.

Ashton erhielt 1794 in England ein Patent auf Eisengerbung. Er arbeitete mit Eisensalzen, die durch Auflösen von rostigem Eisen und eisenhydroxydhaltigen Eisenerzen in Schwefel- und Salpeter- sowie in Essigsäure erhalten wurden. Das mit Eisenacetat arbeitende Verfahren soll das beste, aber auch das teuerste gewesen sein. Die Gerbdauer soll bei Ochsenhäuten 4 Monate, bei Kuh- und Roßhäuten 2 bis 3 Monate und bei Kalbfellen 3 bis 4 Wochen, je nach der Stärke der Brühen, betragen haben. Aus einer schwächeren Brühe und bei entsprechend längerer Gerbdauer wurde ein feineres und weicheres Leder erzielt als bei Verwendung stärkerer Brühen. Schon hier wird darauf hingewiesen, daß aller Kalk vor Beginn der Eisengerbung aus den Blößen entfernt werden müsse.

In Frankreich hat d'Arcet am Ende des 18. Jahrhunderts die Eisengerbung empfohlen. Im Jahre 1842 erhielt J. Bordier ein englisches Patent. Zur Anwendung kamen Brühen, die durch Behandlung von gelöstem Eisenvitriol mit Braunstein oder Salpetersäure unter Zusatz von Eisenoxydhydrat hergestellt waren.

Bei dem Patent von R. Molac und I. D. Friedel vom Jahre 1855 wurde die Gerbflüssigkeit durch Mischen von Eisenvitriol, Braunstein, Schwefelsäure und Zusatz von Eisenacetat hergestellt. Zur Abstumpfung der bei der Gerbung sich in der Brühe anreichernden Säure wurde Eisenhydroxyd zugesetzt.

Fast das gleiche Verfahren wurde A. E. Bellford in England patentiert. Zur Beschleunigung der Gerbung wurden die Brühen bis auf 14^0 Bé verstärkt und die Blößen einem Druck ausgesetzt, der von Zeit zu Zeit aufgehoben wurde. Dadurch sollte ein zu starkes Schwellen der Häute verhindert und die Durchdringungsgeschwindigkeit der Gerbbrühen erhöht werden.

Pfannhauser nahm 1864 ein Patent auf die Herstellung eines basischen Eisen(III)-sulfats und die Verwendung dieses Salzes zur Gerbung.

C. Paresi schlug 1876 die Gerbung mit Eisenchlorid unter Zusatz von Kochsalz vor.

Diese bisherigen Eisengerbversuche waren alle mehr oder weniger ohne wissenschaftliche gerbereichemische Untersuchungen unternommen. Seit dem Jahre 1856 hat sich F. Knapp sehr lange mit dem Studium der Gerbvorgänge befaßt. Dabei hat er auch ganz ausgiebige Eisengerbversuche, deren Ausführungen in zahlreichen Patenten niedergelegt sind, unternommen. Ihm gebührt das Verdienst, als erster klar erkannt zu haben, daß die basisch gemachten Gerblösungen eine bessere Gerbwirkung besitzen als die nicht mit Soda abgestumpften Lösungen. F. Knapp hat bei der Darstellung seines durch Oxydation von Eisenvitriol mit Salpetersäure gewonnenen basischen Ferrisulfates die Ausfällung von basischen Salzen durch eine nachträgliche Zugabe von Eisenvitriol verhindert.

Es ist anzunehmen, daß er gerade dadurch die schlechte Lagerbeständigkeit seiner Eisenleder auch bei der späteren zusätzlichen Anwendung von Eisenseifen und anderen organischen Stoffen (Blut, Serum, Urin u. dgl.) bewirkt hat. Außerdem suchte er durch neuartige Fettungsmethoden die Eigenschaften der Eisenleder zu verbessern.

E. Harke (D. R. P. 19633) behandelte 1881 Blößen zuerst mit einer Lösung aus einem sog. Hartharz (besonders Colophonium) in Steinkohlenkreosot oder Karbolsäure und Ätzkali oder Natronlauge bis zur Sättigung. Anschließend kamen die Blößen in ein Bad von Tonerdesalz und zum Schluß in eine Lösung von Eisenchlorid oder Eisenoxydsalzlösung.

P. F. Reinsch (D. R. P. 70226) gerbte 1892 mit basisch gemachten Eisenchloridbrühen in Gegenwart von Kochsalz.

S. Chadwick erhielt 1896 ein amerikanisches Patent (A. P. 561044) auf eine Chrom-Eisen-Kombinationsgerbung. Die Blößen kamen zuerst in eine Chromsäure- und darnach in eine Eisenvitriollösung, wobei die Chromsäure- oder die Eisenbrühe oder auch beide Brühen etwa 60% Essigsäure enthielten. Bei Abwesenheit von Essigsäure trat nämlich Totgerbung ein, da das Eisensalz nur in den Außenschichten abgelagert wurde.

J. Bystron und K. Vietinghoff nahmen im Jahre 1911 eine ganze Reihe von Patenten (D. R. P. 255320 u. ff.). Bei ihren ersten Versuchen behandelten sie Blößen zuerst mit Ferrosalzlösungen und anschließend oxydierten sie das von den Blößen aufgenommene 2wertige Eisen mit Stickstoffdioxyd oder salpetriger Säure. Später oxydierten sie auch das Ferrosalz durch nachträgliche Zugabe von Ferrinitrat, -bichromat oder -chlorat. Außerdem arbeiteten sie aber auch noch umgekehrt; d. h. sie behandelten die Blößen zuerst mit Ferribichromat oder -chloratlösungen in Gegenwart von neutralen Alkalisalzen und darnach mit Ferrosalzlösungen.

W. Mensing erhielt seit 1915 einige Patente auf Verfahren zur Herstellung zäher und lagerbeständiger Eisenleder jeder Art mit Ferrisalzen in Gegenwart eines Überschusses an Oxydationsmitteln (Chromsäure, Salpetersäure, Chloraten u. dgl.; D. R. P. 314487 u. a.). Es muß also während der ganzen Gerbung überschüssiges Oxydationsmittel in der Gerbflotte vorhanden sein. Dadurch soll unter allen Umständen vermieden werden, daß Eisen(II)-verbindungen in den Brühen und im Leder entstehen, welche als Ursache der schlechten Lagerbeständigkeit erkannt werden. Außerdem brachte er noch einige neue Vorschläge zur Nachbehandlung von Eisenledern. Insbesondere legte er großen Wert darauf, daß die Eisensalze bei der Gerbung nicht zu stark hydrolytisch gespalten sind. Dies erreichte er dadurch, daß schon die Herstellung der Eisengerbbrühen bei nicht zu hoher Temperatur (nicht über 35°) vorgenommen wird und dann die Eisenlösungen sofort abgekühlt werden. Bei der Gerbung selbst dürfen die Eisenbrühen nicht zu verdünnt sein. Sie sollen mindestens einen Gehalt von 1 bis 2% Eisenoxyd (Fe_2O_3) besitzen. Ferner kann diese Eisengerbung zusammen mit einer Gerbung mittels pflanzlicher, synthetischer oder ähnlicher (z. B. Sulfitablauge-) Gerbstoffen kombiniert werden. Nach der Gerbung sollen die Eisenleder zunächst nicht ausgewaschen, sondern nur durch Auspressen oder Ausrecken soweit als möglich von der Restbrühe befreit werden. Nach leichtem Antrocknen der Eisenleder können sie später ausgewaschen werden. Beim Fetten soll der Narben nur mit Mineralöl und die Fleischseite unter Zusatz von sulfonierten Ölen abgeölt werden. Für besondere Zwecke wird eine Imprägnierung mit Ceresin, Paraffin oder ähnlichen Mineralfetten empfohlen.

W. Moos und D. Kutsis arbeiteten im Jahre 1917 ein Eisengerbverfahren (D. R. P. 339028) aus, bei dem sie die Blößen mit Eisen(II)-salzlösungen in Gegenwart von Sulfitablauge und Natriumnitrat behandelten.

Die chemischen Fabriken Worms A. G. haben die Verwendung von Eisenformiaten für die Herstellung von Eisenleder empfohlen. Die Gerblösungen wurden hergestellt, indem man Eisen(III)-chlorid in Wasser löste und dazu eine Natriumformiatlösung zugab oder aber indem gefälltes Eisenhydroxyd in Ameisensäure gelöst wurde.

Nach dem Verfahren der chemischen Fabriken vormals Weiler-ter Meer vom Jahre 1921 soll die Anwendung von Ferriverbindungen für die Eisengerbung sehr günstig sein, wenn man die Bildung basischer Verbindungen weitgehend verhindert. Zu diesem Zweck werden verschiedene Verfahren empfohlen: die Anwendung wenig hydrolysierender Doppelsalze des Eisens, z. B. Eisenammoniumalaun; der Zusatz von Chrom(III)-salzen zu Eisen(III)-salzlösungen. Besonders günstig sollen sich diejenigen Eisenbrühen verhalten, die außer Eisen(III)- und Chrom(III)-salzen Oxydations- und Zersetzungsprodukte der Glucose oder anderer Zuckerarten enthalten, wie sie z. B. bei der Oxydation von Glucose durch Bichromat entstehen.

Seit dem Jahre 1916 hat sich O. Röhm sehr eingehend mit der Eisengerbung befaßt und auf Grund dieser Untersuchungen wurde eine ganze Anzahl von Patenten genommen. Bei den ersten Verfahren handelte es sich um eine Gerbung mit basischem Eisen(III)-chlorid unter vorhergehendem oder gleichzeitigem Zusatz von Formaldehyd. Durch die Kombination mit Formaldehyd ist es möglich, jede gewünschte Menge Eisenoxyd (bis zu 30% und mehr) der Haut einzuverleiben, ohne daß das Leder wesentlich an Fläche verliert, indem man abwechslungsweise das Eisensalz wirken läßt und dann mit Ammoniak, Alkalien oder alkalischen Salzen neutralisiert. Diese Eisenaldehydgerbung läßt sich noch mit einer Gerbung mittels Phenolen, Naphtholen, aromatischen Carbonsäuren und pflanzlichen Gerbstoffen verbinden. Ferner können durch Stoffe, die mit dem Eisen unlösliche Verbindungen geben, die Eigenschaften des Eisenleders verschieden beeinflußt werden, wie z. B. durch Seifen, oder mit Hilfe von Sulfiden und Polysulfiden kann Schwefel eingelagert werden. Die mit Sulfiden oder Polysulfiden nachbehandelten Eisenleder können noch einer Oxydation durch Lagern der feuchten Leder an der Luft oder durch Einwirkung anderer Oxydationsmittel unterzogen werden. Ein weiteres Verfahren beruht auf der Anwendung von Eisensalzen zusammen mit kieselsauren Salzen. Man verwendet auf 1 Teil Eisensalz bis zu 4 Teile Wasserglas zum Gerben und je nach dem Mischungsverhältnis soll Leder von verschiedenen Eigenschaften entstehen, und zwar um so volleres und derberes Leder, je mehr Wasserglas im Verhältnis zum Eisensalz zur Anwendung kommt. Diese Eisensilikatgerbung kann außerdem noch mit einer Gerbung mit Sulfitablauge kombiniert werden. In einem Mineraleinbad-Gerbverfahren werden Eisensalze zusammen mit Orthophosphorsäure, Arsensäure sowie Salzen oder Estern dieser Säure als vorteilhaft empfohlen. Als Salze der Arsen- oder Phosphorsäure kommen hauptsächlich Alkaliarsenate und Phosphate und als Ester z. B. Glycerinphosphorsäure in Frage. Da das Eisen(III)-chlorid, welches O. Röhm bei seinen Eisengerbversuchen verwendete, den großen Nachteil hat, daß es sehr leicht Wasser anzieht, hat Röhm ein neues lagerbeständiges Eisensalz ($FeSO_4Cl \cdot 6\,H_2O$) hergestellt. Ferner wurde ein Verfahren zum Neutralisieren von Eisenleder mit Phosphaten oder Neutralisierungsmitteln, die Phosphate enthalten, ausgearbeitet. Zur Behebung des Gleitens von Eisenledersohlen werden die eisengaren Leder mit trocknendem Öl oder Mischungen von trocknenden Ölen, wie z. B. Holzöl oder Leinöl, imprägniert.

Die Firma Reischach u. Co. hat im Jahre 1928 ein Gerbverfahren patentieren lassen (D. R. P. 479620), bei dem man die Blößen in eine Lösung von Eisen(II)-sulfat oder anderen geeigneten Ferrosalzen hineinlegt, dann Stickstoffmonoxyd einleitet, wobei jede Zufuhr von Sauerstoff vermieden werden muß.

Das Stickstoffmonoxyd muß praktisch von höheren Stickoxyden frei sein. Erst wenn die dunkelviolett gefärbte Lösung des komplexen Ferrosalzes die Blöße vollständig durchdrungen hat, wird mit Sauerstoff (Anblasen der Blößen mit Luft oder Zuführung von Sauerstoff unter Druck) oxydiert. Je nach der Dicke werden die Blößen 2 bis 24 Stunden in der Eisenlösung belassen. Man kann auch die Blößen erst nach dem Einleiten von Stickstoffmonoxyd in die Eisen(II)-salzlösung einbringen. Es genügt, wenn auf 1 cbm Brühe (180 bis 400 g $FeSO_4 \cdot 7\,H_2O$ im Liter) etwa 1 cbm Stickstoffmonoxyd absorbiert wird.

C. Stürmer arbeitet seit 1930 nach demselben Verfahren (A. P. 1763596), nur mit dem Unterschied, daß er die Blößen, nachdem sie mit der Eisen(II)-salzlösung vollständig durchtränkt sind, in Kammern einhängt, in die Stickstoffmonoxyd eingeleitet wird. Die mit der Eisenbrühe getränkten Häute nehmen das Stickstoffmonoxyd begierig auf. Es ist vorteilhaft, mehrere Kammern hintereinanderzuschalten, wodurch das Stickstoffmonoxyd besser ausgenützt wird. Ein Zusatz zur Eisenbrühe von anorganischen Salzen, die nicht vom Stickstoffmonoxyd reduziert werden und mit dem Eisen keinen Niederschlag geben, soll vollere und weichere Leder mit besserer Farbe ergeben.

E. Stiasny und B. Jalowzer schreiben den Komplexverbindungen, die das Eisen mit organischen Säuren eingeht, besondere Vorteile bei der Gerbung zu. Als komplexe Eisensalze eignen sich Salze des Eisens mit Essig-, Milch-, Oxal-, Wein-, Malon-, Butter-, Citronen-, Salicylsäure u. dgl. (D. R. P. 487670).

Diese Zusätze wie auch die von Kohlenhydraten (Zuckermelasse) bewirken durch Komplexbildung eine Herabsetzung der Hydrolyse, welche unter anderem an der geringeren Azidität der wässerigen Lösungen sowie der vollständigen oder teilweisen Verhinderung bzw. Verzögerung der Eisenreaktion zu erkennen ist. Durch diese starke Maskierung ist es möglich, hochbasische Eisenbrühen herzustellen. Näher untersucht wurden diese Verhältnisse auch von V. Casaburi (*2*) am Beispiel der Weinsäure. Er konnte feststellen, daß sich sogar 100% basische Eisensalze durch Weinsäure in Lösung halten lassen. Besonders günstig für die Gerbung hat sich z. B. folgendes Mischungsverhältnis erwiesen: 1 Mol Ferrisulfat, 1 Mol Weinsäure und 5 Mol kalz. Soda. Ohne den Zusatz von 1 Mol Weinsäure flockt die Lösung dagegen sofort aus.

Derartige Brühen haben sich als besonders vorteilhaft für gewisse Kombinationsgerbungen erwiesen. Sie können z. B. erfolgreich in Kombination mit pflanzlichen und synthetischen Gerbstoffen verwendet werden.

Außerdem haben E. Stiasny und B. Jalowzer noch ein zweites Eisengerbverfahren (D. R. P. 499458) entwickelt, das auch mit stark maskierten Eisenverbindungen, den Sulfitoeisenverbindungen, zu arbeiten gestattet. Die Herstellung dieser Komplexverbindungen kann auf sehr verschiedene Art erfolgen; z. B. durch Einwirkung von Alkalisulfiten, Bisulfiten, Sulfit-Bisulfit-Gemischen, Gemischen alkalisch reagierender Stoffe mit Sulfiten, Bisulfiten oder beiden auf Eisen(III)-salze oder basische Eisen(III)-salze. Bei Verwendung von Sulfiten ist es zweckmäßig, gewöhnliches oder schwach basisches Eisen(III)-sulfat zu benutzen, während sich stark basische Eisen(III-)salze besser für Bisulfit eignen. Die Basizität und Beständigkeit kann durch die Wahl der Mengenverhältnisse von Sulfit bzw. Bisulfit zu Eisensalz eingestellt werden. Wie auch bei dem ersten Verfahren führt die Mitverwendung anderer organischer Stoffe (Kohlenhydrate) zu besonderen Gerbeigenschaften der Eisengerbbrühen.

Im Kaiser-Wilhelm-Institut für Lederforschung in Dresden wurde 1929 ein Eisengerbmittel ausgearbeitet, mit dem man besonders gut gefüllte lagerbeständige Eisenleder bekommt (D. R. P. 529419). Dieses Gerbmittel wird durch Einwirkung von Salpetersäure auf Eiweißstoffe in Gegenwart von Eisen(III)-

salzen gewonnen. Als Eiweißstoffe kommen z. B. Leimleder, Leim, Falzspäne, Horn, Haare und ähnliche Stoffe in Frage. Statt Salpetersäure kann man auch Stickoxyde sowie Gemische von anderen Säuren mit Oxydationsmitteln verwenden. Die Eiweißstoffe werden bei dieser Behandlung teilweise hydrolysiert. Sie werden aber von der Salpetersäure auch noch anderweitig verändert und gehen mit dem Eisen eine Verbindung ein, wodurch das Eisen mehr oder weniger stark maskiert wird. Durch eine leichte Chromnachgerbung von Eisenledern, die mit diesem Eisengerbmittel vorgegerbt sind, bekommt man für manche Zwecke besonders geeignete Leder.

In neuerer Zeit hat die I. G. Farbenindustrie sich verschiedene Verfahren zur Herstellung von Eisenledern patentieren lassen. Eines von diesen Verfahren deckt sich weitgehend mit dem im Kaiser-Wilhelm-Institut für Lederforschung in Dresden ausgearbeiteten Verfahren. Das heißt, auch bei diesem Verfahren werden Gemische von abgebauten Eiweißstoffen mit Eisensalzen zur Gerbung empfohlen. Bei einem zweiten Verfahren (D. R. P. 642728) kann man Gemische oder Umsetzungsprodukte aus Eisenverbindungen und solchen Polycarbonsäuren verwenden, die mindestens eine Doppelbindung im Molekül enthalten, bzw. die Salze dieser Säuren. Man kann aber auch die Polycarbonsäuren und die Eisensalze in beliebiger Reihenfolge auf die Häute und Felle einwirken lassen. Als Polycarbonsäuren bzw. deren Salze finden z. B. Phthalsäure, Maleinsäure, Dinatriumphthalat und Natriumphthalat Verwendung, während als Eisen(III)-salze Chlorid, Nitrat und Sulfat in Frage kommen. Bei einem dritten Verfahren handelt es sich um komplexe Eisenverbindungen, die im Komplex organische Substitutionsprodukte des Ammoniaks enthalten, wie z. B. Hexaharnstoffeisenchlorid. An Stelle von Harnstoff können auch andere organische Stickstoffverbindungen (Säureamide, Urethane, Amine und ähnliche Verbindungen) in den Eisensalzen komplex gebunden sein. Die Durchgerbung der Blößen mit den genannten komplexen Eisensalzen ist in wenigen Stunden beendet. Durch Nachbehandlung dieser Leder mit synthetischen Gerbstoffen — zweckmäßig solchen, die neutral oder schwach sauer sind — erhält man in vielen Fällen ein weicheres und volleres Leder. Statt die Blößen mit den synthetischen Gerbstoffen erst nach der Durchgerbung mit den Eisensalzen nachzugerben, kann man beide Behandlungen gleichzeitig vornehmen. Hierbei werden die außerhalb der Eisenkomplexsalze stehenden anorganischen Säurereste ganz oder teilweise durch Reste solcher Säuren ersetzt, die eine hohe Affinität zur Haut haben. Als weitere hochaffine Säuren können noch Kondensationsprodukte von aromatischen Sulfonsäuren mit Aldehyden und Ketonen Anwendung finden. Mit diesen hochmolekularen Sulfonsäuren entstehen in Wasser leicht lösliche, komplexe Eisenverbindungen, bei deren Verwendung man vollgriffige, gut gefärbte und festnarbige Leder mit hohem Rendement (bis zu 50%) erhält. Es lassen sich auch Hängefarben aus diesen Eisenverbindungen herstellen. Über Gerbung mit Fe-Salzen polymerer Phosphorsäuren vgl. S. 338.

E. Elöd hat eine von den bisherigen Verfahren erheblich abweichende Eisengerbung ausgearbeitet. Hierbei werden die gerbfertigen Blößen zuerst mit Aceton entwässert und darnach mit einer methylalkoholischen Lösung von Eisenmethylat getränkt. Nach mehrstündigem Liegen werden die Leder mit warmem Wasser kurz gewalkt oder es werden alkalisch wirkende Mittel, z. B. in Alkohol gelöstes Ammoniak, angewendet.

Die angeführten Eisengerbverfahren lassen sich in der Hauptsache in vier große Gruppen einteilen:

Zur ersten Gruppe gehören alle diejenigen Verfahren, bei denen die Blößen zuerst mit Eisen(II)-salzlösungen getränkt werden und darnach durch geeignete Oxydationsmittel das 2wertige Eisen zu 3wertigem Eisen in der Blöße oxydiert wird.

Die zweite Gruppe enthält die Gerbverfahren, bei denen die Gerbung durch Einwirkung von gewöhnlichen Eisen(III)-salzlösungen durchgeführt wird.

Als dritte Gruppe kann man diejenigen Verfahren ansehen, bei denen zu der eigentlichen Gerbung mit Eisensalzen noch eine zusätzliche Gerbung mit mineralischen und pflanzlichen Gerbmitteln oder sonstigen Mitteln, die gerbend wirken, wie z. B. Formaldehyd, zur Anwendung gelangt. Es handelt sich also bei diesen Verfahren schon nicht mehr um reine Eisengerbungen, sondern um Kombinationsgerbungen (vgl. 7. Kapitel, S. 644). Gerade bei diesen Verfahren sind die größten Variationsmöglichkeiten gegeben. Z. B. können die Blößen zuerst mit Eisensalzen vorgegerbt und dann mit irgendeinem Gerbmittel nachbehandelt werden oder umgekehrt. Ferner erfolgt bei manchen Verfahren die Einwirkung von zwei verschiedenen Gerbmitteln gleichzeitig. Außerdem kann das Verhältnis von Eisengerbung zu der noch dazukommenden zusätzlichen Gerbung in großem Maße variiert werden. Daher ist es auch verständlich, daß manche der nach solchen Verfahren hergestellten Leder schon weitgehend den Charakter von Eisenleder verloren haben.

Zur vierten Gruppe gehören hauptsächlich diejenigen Verfahren, die in jüngster Zeit ausgearbeitet worden sind. Allen diesen Verfahren ist gemeinsam, daß sie nicht mehr mit den einfachen Eisensalzlösungen arbeiten, sondern daß die Gerblösungen das Eisen in gebundener oder komplexer Form enthalten.

IV. Chemie der Eisengerbung.

Im Gegensatz zu den zahlreichen ausgearbeiteten Gerbverfahren sind bisher nur sehr wenig Arbeiten durchgeführt, die sich mit der Chemie der Eisengerbung beschäftigen. Dagegen haben sich die Gerbereichemiker in ausgedehntem Maße mit der Chromgerbung befaßt, und über diese Gerbung sind zahlreiche ausführliche Untersuchungen angestellt. Bei der überragenden Bedeutung der Chromgerbung ist dies auch nicht weiter verwunderlich.

Schon sehr bald hatte man erkannt, daß sämtliche Eisen(II)-salzlösungen überhaupt kein Gerbvermögen besitzen. Bestätigt wurden diese Beobachtungen in neuerer Zeit von E. Elöd, der Gelatinefilme mit Eisen(II)- und Eisen(III)-salzlösungen behandelte und die gerbende Wirkung durch Ermittlung der Lösungsdauer der Gelatinefilme in Wasser prüfte. Es zeigte sich, daß Eisen(II)-salze, sofern ihnen durch Sauerstoffausschluß die Möglichkeit genommen wird, in die höhere Wertigkeitsstufe überzugehen, keine Gerbwirkung besitzen, während die 3wertigen Salze die Lösungsdauer der Gelatinefilme mehr oder weniger stark erhöhen.

Ebenso ist die Gerbwirkung von gewöhnlichen Eisen(III)-salzlösungen sehr gering. Zuerst hat F. Knapp eindeutig festgestellt, daß durch Zusatz von Soda zu Eisen(III)-salzlösungen die Gerbwirkung sehr erheblich gesteigert wird. Dies beruht darauf, daß analog zur Chromgerbung die basischen Eisensalze als die wirksam gerbenden Eisensalze anzusehen sind. Durch Vergleichsversuche von W. Fahrion (S. 138) mit Chromi- und Ferrisulfat wurde festgestellt, daß Chromisulfat einen erheblich größeren Zusatz von Soda zu seiner wässerigen Lösung verträgt, ohne einen bleibenden Niederschlag zu geben, und trotzdem viel rascher in die Haut eindringt. Nach E. Stiasny ist hierfür die zu weitgehende Hydrolyse der Ferrisalze verantwortlich. Ferner wurde von verschiedenen Seiten (D. D. Jackson und T. P. Hou) eindeutig festgestellt, daß kolloidales Eisenoxyd nicht in die Haut einzudringen vermag und daher auch keine gerbenden Eigenschaften besitzt.

Eine der ausgedehntesten Untersuchungen stammt von A. W. Thomas und

M. W. Kelly (*1*). Sie machten sich dabei die Untersuchungsmethoden der Chrom- und Alaungerbung zunutze. Sie stellten sich eine Stammlösung von Ferrisulfat her und von dieser wurden sämtliche für die Versuche benutzten Lösungen genommen. Zu den Untersuchungen wurden nur klare Lösungen verwendet. Im allgemeinen schüttelten sie 2 g Hautpulver mit 400 ccm der betreffenden Gerbbrühe eine bestimmte Zeit. Nach Auswaschen des gegerbten Hautpulvers im Wilson-Kern-Extraktionsapparat und Trocknen an der Luft wurde das Hautpulver verascht, um auf diese Weise das aufgenommene Eisen als Fe_2O_3 zu bestimmen.

Zuerst bestimmten sie den Einfluß der Basizität, worunter sie das Verhältnis von äquivalentem Hydroxyl zu Ferrieisen verstehen. Z. B. hätte eine 67% saure Ferrisulfatlösung eine Basizität von 0,33 oder 33%. Die basischen Lösungen wurden durch langsame Zugabe der berechneten Menge Natriumhydroxydlösung zu der Stammlösung unter intensivem Rühren hergestellt. Im allgemeinen bildete sich zu Anfang ein Niederschlag, der nach einigen Minuten Rühren in Lösung ging. Die auf den gewünschten Basizitätsgrad eingestellten Lösungen wurden dann auf das gewünschte Volumen verdünnt. Die Gerbdauer betrug 48 Stunden und die Konzentration der Gerblösung war 0,138 molar. Bis zu einer Basizität von 19% blieben die Eisen(III)-sulfatlösungen beim Stehen während 24 Stunden klar, während bei den höheren Basizitäten das Eisen immer stärker ausflockte. Aus diesen Untersuchungen ergab sich eindeutig, daß mit zunehmender Basizität steigende Mengen von Eisen aufgenommen werden. Der allgemeine Verlauf der Aufnahme und auch die Menge der gebundenen Grammäquivalente Eisen ist von der gleichen Größenordnung, wie A. W. Thomas und M. W. Kelly (*2*) bei ihren Untersuchungen über die Alaungerbung gefunden haben.

Zwecks Feststellung des Einflusses der Konzentration wurden drei Versuchsreihen von 0%, 10% und 16% Basizität durchgeführt. Der allgemeine Verlauf der Eisenaufnahme ist in weitestem Maße dem Verlauf der Chrom- und Alaunaufnahme ähnlich. Bei niedrigen Konzentrationen erhält man Maxima der Aufnahme und die Gerbwirkung steigert sich mit zunehmender Basizität, so daß die 16% basischen Lösungen die höchste Eisenaufnahme ergaben.

Zur Untersuchung des Einflusses der Zeit wurden eine 0% und eine 16% basische Eisen(III)-sulfatlösung verwendet. Die Annäherung an das Gleichgewicht erfolgt sehr rasch, wobei die 16% basische Lösung sich sehr viel langsamer dem Gleichgewicht nähert als die Lösung des 0% basischen Salzes.

Zur Feststellung des Einflusses von Neutralsalzen wurden vier Versuchsserien angesetzt, und zwar zwei mit Natriumchlorid und zwei mit Natriumsulfat. Bei einem Versuch mit jedem Salz wurde eine 0% basische Eisen(III)-sulfatlösung und bei dem zweiten Versuch eine 9,4% basische Eisen(III)-sulfatlösung genommen. Durch Kochsalz wird bei allen Konzentrationen die Eisenaufnahme herabgesetzt, während Natriumsulfat bei niedriger Konzentration die Gerbwirkung des 0% basischen Eisen(III)-sulfats begünstigt. Diese Erhöhung der Gerbwirkung kann durch den Eintritt von Sulfationen in den Eisenkomplex hervorgerufen sein, wodurch die Bildung eines Komplexes mit höherem Gerbvermögen begünstigt worden ist.

Nach den Untersuchungen von D. D. Jackson und T. P. Hou muß die Basizität der Eisensalze in sehr viel engeren Grenzen gehalten werden als die Basizität der Chromsalze. Das Verhältnis von äquivalenten Hydroxylgruppen zu sauren Gruppen soll im Eisensalz zwischen 1 : 3 und 1 : 5 bleiben.

Wer Gerbversuche mit Gemischen von Eisen(III)-sulfat und Chrom(III)-sulfat in der dem Eisen(III)-sulfat angepaßten Basizität und entsprechend schwachen Gerbbrühen ausführt, wird beobachten, daß ihre Farbe bei fortschreitender Ausnutzung sich immer stärker von rostbraun nach grün durch das an der Gerbung weniger beteiligte basische Chromsulfat verändert. Diese geringere Gerbwirkung des basischen Chrom(III)-sulfats im Vergleich zum Eisen(III)-sulfat gleicher Basizität findet ihren Maßstab in der höheren Ausflockungszahl des Chrom(III)-sulfats. (Über die Ausflockungszahl siehe S. 280). Hierbei sei auch erwähnt, daß die Basizität als Maßstab für das Gerbvermögen bereits versagt, wenn das Eisen(III)-Ion nicht an Schwefelsäure, sondern an Salzsäure gebunden ist. Während das Eisen(III)-sulfat auch in stärksten Lösungen schon bei einer Basizität von ca. 30% auszuflocken beginnt, liegt unter sonst gleichen Bedingungen bei dem Eisen(III)-chlorid der Ausflockungspunkt über einer Basizität von 66%. Die Basizität kann daher als Maßstab für das Gerbvermögen nur bei einheitlichen Salzen bekannten Charakters verwendet werden. Dieses in der Praxis beobachtete Verhalten der mit Chromsäure oxydierten Eisengerbbrühen bestätigt die von V. Casaburi (*3*) in seinen Eisenledern festgestellte geringe Gerbwirkung des Chromsalzes in Gemischen mit Eisensalzen. Es bestätigt aber auch den für alle Gerbstoffe gültigen Satz, daß bei der Gerbung mit Gerbstoffgemischen der der Ausflockung am nächsten stehende Gerbstoff zuerst und reichlicher aufgenommen bzw. gebunden wird als leichter lösliche Gerbstoffanteile.

Der größte Unterschied der Chromverbindungen gegenüber den Eisenverbindungen besteht in der Fähigkeit der Eisensalze, leicht aus der 2wertigen Form in die 3wertige Form und umgekehrt überzugehen. Außerdem besitzen die Eisensalze die Fähigkeit, katalytische Reaktionen auszulösen und Autoxydationen hervorzurufen.

Die katalytischen Wirkungen von Eisensalzen betreffen hauptsächlich: 1. Oxydationen mit molekularem Sauerstoff, 2. Oxydationen mit Wasserstoffperoxyd und anderen Peroxyden und 3. Zersetzung des Wasserstoffperoxyds. Die einfachste Erklärung für diese drei Wirkungen ist die Annahme, daß die Katalyse nur durch den Valenzwechsel des Eisens bedingt ist. In der ersten Teilreaktion reduziert das Substrat das 3wertige Eisen zum 2wertigen und in der zweiten Teilreaktion wird das Eisen durch das Oxydationsmittel wieder in die 3wertige Stufe übergeführt. Es gibt Fälle, bei denen diese einfache Erklärung ausreicht. Andere Ergebnisse stehen aber dazu in starkem Widerspruch. Die beiden wichtigsten sind die fast immer gefundene Überlegenheit des 2wertigen gegenüber dem 3wertigen Eisen und die Erscheinung des sog. Primärstoßes. Hierunter versteht man den Fall, daß Oxydationen bei Gegenwart von Eisen(II)-Ionen zu Anfang bedeutend rascher verlaufen als in der Folgezeit. Bei Übergang des 2wertigen Eisens in 3wertiges Eisen werden viel mehr Äquivalente des Substrates umgesetzt als den Eisenäquivalenten entsprechen. Für die Deutung dieser Befunde gibt es drei wichtige Theorien:

1. Theorie von W. Manchot. Nur das 2wertige Eisen ist imstande, Peroxyde vom Typus Fe_2O_5 oder Anlagerungsprodukte, z. B. $Fe^{II} . H_2O_2$, zu bilden. Derartige Stoffe können entweder zwei Äquivalente Substrat oxydieren und unmittelbar darauf mit überschüssigem H_2O_2 unwirksames Fe^{III} bilden oder das Peroxyd liefert mit überschüssigem H_2O_2 Sauerstoff und wird wieder zu Fe^{II} reduziert, ähnlich etwa wie H_2O_2 auch Permanganate oder Mangandioxyd zu reduzieren vermag.

2. Theorie von H. Wieland. Fe^{II} bildet mit dem Substrat einen Komplex, in den vielleicht zugleich auch das Oxydationsmittel eintritt. Durch die Komplexbildung wird der Wasserstoff des Substrats aktiviert und für den Angriff des Oxydationsmittels zugänglich. Der Primärstoß kommt dadurch zustande, daß das wirksame Fe^{II} im Komplex kurze Zeit gegen den Übergang in unwirksames Fe^{III} geschützt ist. So ist ein Fe(II)-Ion imstande, eine größere Zahl von Substrat-

molekülen zu oxydieren, indem die oxydierten Moleküle abdissoziieren und durch neue Substratmoleküle ersetzt werden.

3. Kettentheorie. J. A. Christiansen war der erste, der Kettenreaktionen annahm, und zwar sollen die Moleküle der Reaktionsprodukte unmittelbar nach der Reaktion einen Energiegehalt besitzen, der weit höher ist als der durchschnittliche Energiegehalt bei der betreffenden Temperatur („angeregte Moleküle"). Die freie Energie der Reaktion erscheint zum Teil in Form erhöhter kinetischer Energie der Reaktionsprodukte, die ihre überschüssige Energie auf andere Moleküle übertragen, wodurch diese reaktionsfähig werden. So wird eine neue Reaktion ausgelöst, wodurch wieder Reaktionsprodukte mit hoher Energie gebildet werden usw.

F. Haber, J. Frank und R. Willstätter haben die Kettentheorie weiterentwickelt, indem sie an Stelle der Theorie der Energieketten diejenige der Radikalketten einführten. Darnach sollen die Kettenglieder nicht Moleküle mit besonders hoher kinetischer Energie sein, sondern valenzmäßig ungesättigte Moleküle, also Radikale, die beim Übergang in das Oxydationsprodukt ihre Energie an ein anderes Molekül abgeben, wobei ein neues Radikal entsteht. Dieses Radikal erzeugt aus dem Substrat wieder das erste Radikal und der Prozeß beginnt von neuem. Z. B. formulieren F. Haber und J. Weiß die Zersetzung des Wasserstoffperoxyds folgendermaßen:

$$Fe^{II} + H_2O_2 = Fe^{III}OH + OH$$
$$OH + H_2O_2 = H_2O + O_2H$$
$$O_2H + H_2O_2 = O_2 + H_2O + OH$$
$$Fe^{II} + OH = Fe^{III}OH$$

Welche von den drei Theorien im allgemeinen zutreffen mag, ist noch nicht entschieden. Eins erscheint aber sicher, daß nicht alle Oxydationsvorgänge gleichartig verlaufen. Bei kombinierten Oxydationssystemen sind die Verhältnisse in vielen Fällen sehr verwickelt. Nach H. Wieland und W. Franke ist es möglich, die katalytische Wirkung von Metallsalzen bei Oxydation durch Zusatz bestimmter organischer Stoffe bedeutend zu verstärken. Mit dem Auftreten solcher verstärkt wirksamen, kombinierten Systeme muß bei freiwillig verlaufenden Oxydationen organischer Stoffe gerechnet werden, wobei der Hilfsstoff während der Oxydation selbst entstehen kann.

Zweifellos sind diese katalytischen Wirkungen für die mangelhafte Lagerbeständigkeit gewisser Eisenleder die Ursache. In besonderem Maße dürften alle diejenigen Eisenleder, die nach Gerbverfahren hergestellt sind, bei denen Oxydationsmittel nicht mitverwendet werden, diesen katalytischen Einflüssen besonders stark ausgesetzt sein, da D. D. Jackson und T. P. Hou eindeutig festgestellt haben, daß bei Gerbungen mit Eisen(III)-salzen ohne Zusatz von Oxydationsmitteln schon während der Gerbung erhebliche Mengen von Eisen(II)-salzen gebildet werden. Jedoch ist auch bei denjenigen Eisenledern, die nach Gerbverfahren unter Zusatz von Oxydationsmitteln hergestellt sind, nicht ausgeschlossen, daß bei der Lagerung Eisen(II)-salze gebildet werden können. Im allgemeinen werden bei diesen Gerbverfahren wasserlösliche Oxydationsmittel verwendet, die natürlich bei den nach der Gerbung folgenden Arbeiten zum größten Teil wieder ausgewaschen werden, so daß auch der Zusatz von Oxydationsmitteln während der Gerbung nur ein bedingter Schutz gegen die Bildung von Eisen(II)-salzen in den Ledern während der Lagerung sein dürfte. Auch bei denjenigen Eisenledern, die sofort nach der Gerbung keine Eisen(II)-salze enthalten, dürften während der Lagerung mehr oder weniger große Mengen an Eisen(II)-salzen durch bisher noch nicht aufgeklärte Vorgänge entstehen, da man in allen Eisenledern nach einer gewissen Lagerzeit Eisen(II)-salze, und wenn nur in Spuren, feststellen kann. Für die Aufklärung der Lagerbeständigkeit von Eisenledern dürften Untersuchungen über die Entstehung dieser Eisen(II)-salze wertvolle Dienste leisten. Ganz besonders wertvoll sind natürlich Untersuchungen, die darüber Aufklärung verschaffen, durch welche Mittel bzw. Nachbehandlung der Eisenleder die Bildung dieser Eisen(II)-salze unbedingt verhindert werden kann.

Zweifellos ist die vielfach beobachtete geringe Lagerbeständigkeit von Eisenledern mitunter auch auf die leichte Hydrolysierbarkeit der bei der Gerbung verwandten anorganischen Eisensalze zurückzuführen (vgl. z. B. M. Bergmann, A. Miekeley und N. Jambor). Je nach den Begleitumständen (Zusammensetzung des Leders, Lagerungsbedingungen usw.) wird man entweder Autoxydation oder Säurewirkung für die Schädigung des Leders verantwortlich machen müssen; in vielen Fällen werden sich aber beide Vorgänge überlagern.

V. Allgemeine Richtlinien für die Eisengerbung in der Praxis.

Für die praktische Ausführung der Eisengerbung können die in der Gerberei üblichen Gerbfässer, Haspel oder Hängefarben angewendet werden. Bei neuen oder bisher für die Gerbung mit pflanzlichen Gerbstoffen benutzten Holzgefäßen müssen diese nach sorgfältiger Reinigung mit einer Eisen(III)-salzlösung 1 bis 2mal ausgespült oder ausgebürstet werden, damit die ersten Lederpartien keine zu ungünstige Farbe erhalten und auch sonst keinen Schaden erleiden. Aus den gleichen Gründen müssen bei der Gerbung und Zurichtung Eisenleder unbedingt getrennt von lohgaren Ledern bearbeitet werden. Dagegen stört das Arbeiten mit Eisenbrühen das gleichzeitige Arbeiten mit Chrombrühen nicht, da hierbei keinerlei Verfärbungen auftreten. Im übrigen kann man die in Fässern, Haspeln oder sonstigen Gefäßen festsitzenden Eisensalze leicht durch mehrmaliges Spülen der betreffenden Gegenstände mit verdünnter Salzsäure, oder noch besser Oxalsäure, reinigen.

Die Vorbereitung der Häute und Felle bis zur gerbfertigen Blöße ist im allgemeinen die gleiche wie sie für die in Frage kommenden Ledersorten bei Verwendung anderer Gerbarten üblich ist. Bei den für die Eisengerbung bestimmten Blößen achte man in der Wasserwerkstatt aber darauf, daß bei Verwendung von Schwefelalkalien zur Beschleunigung der Haarlockerung diese vor der Gerbung sorgfältig beseitigt werden. Im allgemeinen läßt man vor der Gerbung erst einen Pickel vorausgehen. Im laufenden Betrieb wird man zweckmäßig die Gerbung mit bereits gebrauchten Brühen beginnen und mit frisch angesetzten Brühen beenden. Den Fortschritt der Gerbung kann man sehr einfach am Schnitt verfolgen, da die angegerbten Zonen eine deutliche rostbraune Färbung annehmen. Leider hat man keine derartig einfache Prüfung für die vollständige Durchgerbung wie bei den Chromledern, da die Eisenleder nicht kochbeständig sind. Vielmehr schrumpfen die Eisenleder je nach dem angewendeten Gerbverfahren verschieden hoch und manche sollen noch gegen 90^0 warmes Wasser beständig sein. Jedoch liegen im allgemeinen die Schrumpfungstemperaturen der meisten Eisenleder erheblich niedriger, und zwar zwischen 70 bis 80^0. Die in reiner Eisengerbung ausgegerbten Leder werden am besten nicht sofort gespült. Man läßt sie einige Stunden auf dem Bock abtropfen und entfernt den größten Teil des im nassen Leder vorhandenen ungebundenen Gerbstoffs durch Abwelken auf einer Abwelkpresse oder man reckt sie von der Fleisch- und Narbenseite auf einer Ausreckmaschine aus. Durch diese Arbeitsweise wird die beim Spülen von Eisenleder so leicht auftretende Hydrolyse vermieden. Sehr angebracht ist bei vielen Gerbverfahren, die abgewelkten Eisenleder vor dem Weiterverarbeiten weitgehend anzutrocknen, da dadurch der Gehalt an gebundenem Eisen bedeutend erhöht wird, wie Versuche von R. A. Dulitskaya ergeben haben. Solange Eisenleder nicht vollständig ausgetrocknet sind, lassen sie sich sehr leicht und ziemlich rasch vollständig wieder aufweichen, wobei die nicht gebundenen Eisensalze entfernt werden. Der Verlust durch Waschen soll nach Versuchen von A. S. Kostenko und Mitarbeitern 12,0% des Gesamteisengehalts vor dem Waschen betragen.

Von vielen Seiten war behauptet worden, Eisenleder dürften nicht mit den in der Chromgerbung üblichen Neutralisationsmitteln behandelt werden. Vielmehr genüge es, die Eisenleder mit Lösungen von Neutralsalzen, insbesondere Natriumsulfat, nachzubehandeln. Dagegen haben Versuche von A. S. Kostenko und Mitarbeitern ergeben, daß Natriumphosphat das beste Neutralisationsmittel für Eisenleder ist, darauf folgen Ammoniak und Ammoniumchlorid. Dagegen wird durch Natriumbicarbonat ein schädlicher Einfluß auf die Qualität des Eisenleders hervorgerufen, während Natriumsulfat überhaupt keinen Einfluß ausübt und auch die Güte des Leders in keiner Weise verbessert.

Nach dem Neutralisieren erfolgt die weitere Zurichtung im allgemeinen in der für die entsprechenden Ledersorten anderer Gerbarten üblichen Weise. Beim Abölen und Fetten ist aber zu beachten, daß nur solche Öle und Fette angewendet werden dürfen, die keine starke Sauerstoffaufnahmefähigkeit und keine Neigung zum Ausschlagen besitzen. Schon W. Eitner hat festgestellt, daß die Reißfestigkeit von geschmiertem Eisenleder sehr rasch abnimmt. Durch die Fettung mit der gewöhnlichen Schmiere aus Tran, Talg und Dégras wird also die Gebrauchsfähigkeit und Lagerbeständigkeit des eisengaren Leders sehr stark herabgesetzt. Diese schlechte Haltbarkeit soll auf der Einwirkung des Trans auf das Eisenleder beruhen. Wenn z. B. Eisenleder nur mit Tran geschmiert wird, erhitzt es sich beim Liegen in gleicher Weise wie Sämischleder auf der Brut; es tritt der bei der Oxydation von Tran merkbare senfartige Geruch auf und der Tran verdickt sich; das Leder aber wird mürbe. Dagegen wird das Leder nicht mürbe, wenn es mit Mineralöl oder auch sulfoniertem Tran behandelt wird. Fettemulsionen sollen möglichst nicht mit Seifen, die sehr leicht gespalten werden, sondern mit sulfonierten Ölen neutraler bis alkalischer Reaktion angesetzt werden.

Zu ähnlichen Ergebnissen kamen auch V. Kubelka und V. Němec bei der Untersuchung des Einflusses verschiedener Fette auf die Lagerbeständigkeit von mit Eisen und Chrom gegerbten Ledern. Während sich Eisen-Chrom-Leder, bei denen das Verhältnis von $Cr_2O_3 : Fe_2O_3$ 1,2 : 7,2 war, im ungefetteten Zustand bei der hydrothermischen Lagerprüfung sehr beständig erwiesen, wurde die Widerstandsfähigkeit nach dem Einbrennen mit Fettstoffen je nach Art des angewandten Fetts mehr oder weniger stark herabgesetzt. Der Wirkungsgrad der Fette ist von deren Sättigung und Neutralität abhängig; indifferente Fettungsmittel, wie Mineralöl oder Paraffin, riefen keine, Tran, Ricinusöl, Stearin, Talg usw., eine starke Schädigung hervor.

Bei Anwendung von Farbstoffen und sonstigen Zurichtungsmitteln ist darauf zu achten, daß nur diejenigen Mittel angewendet werden, die auf Eisensalze nicht reduzierend einwirken und den p_H-Wert des Leders nicht herabdrücken. Von künstlichen Farbstoffen eignen sich besonders die sauren und substantiven Farbstoffe. Bei Mitverwendung von Holzfarbstoffen ist Vorsicht geboten. Besonders wenn noch ungebundenes Eisensalz im Leder vorhanden ist, verursachen sie leicht wie beim Chromleder einen härteren und gröberen Narben.

Die Trocknung von Eisenleder erfolgt im allgemeinen nach den gleichen Grundsätzen, wie sie bei den anderen Gerbarten für die entsprechenden Ledersorten in der Praxis üblich sind. Das Abölen des Narbens unmittelbar vor der Trocknung ist auch bei eisengaren Ledern zu empfehlen. Sonnenlicht, hohe Temperaturen, zu starke Zugluft, wie überhaupt große Beschleunigung der Trocknung, soll man auch bei eisengaren Ledern möglichst vermeiden, besonders wenn sie sich noch im feuchten Zustand befinden.

Bei der Lagerung im trockenen Zustand tritt wie bei allen mineralgaren Ledern eine noch festere Bindung der Gerbung ein. Eine solche Lagerung der getrockneten Eisenleder vor der weiteren Zurichtung kann bei bestimmten Ledersorten von Vorteil sein.

Zu der Ausführung der Eisengerbung in der Praxis gehört eine sorgfältige Betriebskontrolle, die sich bei der reinen Eisengerbung auf die Art und Zusammensetzung des verwendeten Eisensalzes, auf seine Oxydationsstufe, auf die an Eisen gebundene Säure, Basizitätszahl, Ausflockungszahl, p_H-Wert, Neutralsalzgehalt, sonstige Beimengungen, Gesamttrockenrückstand, Trockenrückstand der löslichen Bestandteile, Unlösliches und Asche erstrecken kann. Welche dieser Untersuchungen im laufenden Betrieb erforderlich sind, ist entsprechend der Zusammensetzung der Gerbbrühen sowie der Arbeitsweise bei der Gerbung von Fall zu Fall zu entscheiden.

Eisen(II)-salze, die als Ausgangsstoffe für die Herstellung der Stammlösungen benutzt werden, untersucht man auf Eisengehalt am besten maßanalytisch nach dem Oxydationsverfahren entweder mit eingestelltem Kaliumpermanganat oder Kaliumbichromat in bekannter Weise.

Die an das Eisen gebundene Säure wird nach dem für die Chromsalze üblichen Verfahren zur Basizitätsbestimmung mit $^n/_{10}$ NaOH-Lösung ermittelt. Bei der praktischen Durchführung hat sich aber ergeben, daß bei Eisensalzen die Titration nicht wie bei den Chromsalzen bei 90 bis 100°, sondern nur bei 30 bis 35° durchgeführt werden kann, um den Farbumschlag gut zu erkennen und gut übereinstimmende Werte zu erhalten. Hinsichtlich des Verdünnungsgrades der zur Titration verwendeten Lösungen gelten hier die gleichen Regeln wie bei Chromsalzen.

Den Eisengehalt kann man auch unter Verwendung der bei der Säurebestimmung erhaltenen Niederschläge gewichtsanalytisch bestimmen. Bei Anwesenheit von erheblichen Mengen an Chrom- und Aluminiumsalzen neben Eisen müssen Trennungsverfahren zur Anwendung gelangen. Wenn nur Chromsalze in den Eisenbrühen enthalten sind, kann die Bestimmung des Eisens neben Chrom auf einfache Weise nach M. Bergmann und F. Mecke durchgeführt werden. Bei dieser Methode wird zuerst das in den Brühen vorhandene Chrom mit Überchlorsäure zu Bichromat oxydiert und dieses durch Titration mit Ferroammoniumsulfatlösung nach L. A. Sarver und I. M. Kolthoff unter Zusatz von Diphenylamin als Indikator bestimmt. Darauf reduziert man die titrierte Lösung mit Zinnchlorür nach Zimmermann-Reinhardt (S. 525) und titriert das zweiwertige Eisen mit Kaliumbichromatlösung wiederum unter Zusatz von Diphenylamin als Indikator. Nach Abzug des für die Reduktion des Chroms verbrauchten Eisens erhält man dann sofort den Wert für den Eisengehalt der Brühe. Die Bestimmung des 2wertigen Eisens neben 3wertigem Eisen in reinen Eisenbrühen kann nach obiger Methode auf einfache Weise durchgeführt werden. Bei dieser Bestimmung wird die zu untersuchende Brühe direkt mit Kaliumbichromat titriert und dadurch der Gehalt an 2wertigem Eisen bestimmt. Anschließend wird die titrierte Brühe mit Zinnchlorür reduziert und nunmehr das Gesamteisen bestimmt. Nach Abzug des zuerst gefundenen 2wertigen Eisens erhält man den Gehalt an 3wertigem Eisen. Bei Gegenwart von organischen Beimengungen (z. B. in zur Gerbung benutzten Brühen) oder von Brühen, in denen das Eisen nicht in einfacher Form, sondern mehr oder weniger stark komplex gebunden vorliegt, muß man die organischen Beimengungen, bzw. die Eisenkomplexe vor der eigentlichen Bestimmung erst zerstören. Die einfachste und schnellste Methode hierfür ist von G. F. Smith und V. R. Sullivan ausgearbeitet. Zur Zerstörung der organischen Stoffe, bzw. zum Aufschluß der Komplexe dient eine Mischung von Überchlor-, Schwefel- und Salpetersäure (siehe auch Lederanalyse).

Neben der Basizitätszahl kann auch die Ausflockungszahl, wie sie im Vagdakalender, 4. Aufl., 1938, S. 153, für Chromsalze beschrieben ist, zur Betriebskontrolle herangezogen werden.

Die Bestimmung des p_H-Werts ist bei der Herstellung von Eisenleder sowohl in den Brühen als auch in den fertigen Ledern zur Beurteilung des Gehalts an freier Säure von Bedeutung. Die genauesten Werte erhält man durch elektrometrische Messungen mit der Chinhydron- oder Glaselektrode, während man durch kolorimetrische Messungen und durch Messungen mit Folien oft sehr abweichende Werte erhält (ausführliche Beschreibungen dieser verschiedenen Meßmethoden siehe Vagdakalender, 4. Aufl., 1938, S. 20).

Der Gehalt an Neutralsalzen wird im laufenden Betrieb im allgemeinen nicht festgestellt. Man begnügt sich mit Feststellung des spezifischen Gewichts der Gerbbrühen, weil durch Untersuchung der Ausgangsstoffe die Art der vorhandenen Neutralsalze meistens bekannt ist, bzw. Kochsalz oder Glaubersalz in bekannten Mengen zugesetzt wird. Soll in besonderen Fällen der Neutralsalzgehalt angegeben werden, so ermittelt man ihn rechnerisch aus der Differenz der Gesamtsäure und der an Eisen, Chrom und Aluminium gebundenen Säure. Der Säurerest wird dann auf das in der Hauptmenge vorhandene Neutralsalzkation verrechnet.

Beimengungen, wie sie z. B. zur Bildung von Komplexverbindungen mit Eisensalzen für zahlreiche Eisengerbverfahren vorgeschlagen sind, gestalten auch die Betriebskontrolle schwieriger. Insbesondere müssen dann die Bestimmungen des Eisengehalts abgeändert werden, wie schon vorher ausgeführt worden ist. Ferner müssen die Bestimmungen der Basizität und Ausflockungszahl nach besonders für jeden Spezialfall ausgearbeiteten Methoden vorgenommen werden, da sich die Brühen je nach ihrer Herstellung und Zusammensetzung außerordentlich verschieden verhalten.

VI. Prüfung, Beurteilung und Behandlung von Eisenleder.

Die Prüfung und Beurteilung der Eisenleder richtet sich darnach, nach welchem Gerbverfahren die Leder hergestellt sind. Leder, die in reiner Eisengerbung gewonnen sind, werden wie mineralgare Leder untersucht und man kann daher bei ihnen die Untersuchungsmethoden und Bestimmungen anwenden, die für Chromleder ausgearbeitet worden sind. Zu dieser Klasse gehören auch noch diejenigen Leder, die in Kombination mit anderen mineralischen Gerbstoffen (wie z. B. Chrom, Alaun, Kieselsäure und Phosphat) ausgegerbt worden sind. In solchen Ledern wird man Feuchtigkeit, Fett, Asche, Fe_2O_3-Gehalt und Gehalt der anderen Oxyde von gerbenden Stoffen, Hautsubstanz und p_H-Wert des wäßrigen Auszugs bestimmen. Je nach dem Verwendungszweck wird man auch physikalische Prüfungsmethoden (Reißfestigkeit, Dehnung, spezifisches Gewicht, Schrumpfungstemperatur u. dgl.) heranziehen. Bei der Bestimmung des Fe_2O_3-Gehalts von Eisenledern, die nach den verschiedensten Verfahren hergestellt sein können, hat sich der Aufschluß nach G. F. Smith und V. R. Sullivan infolge der einfachen und schnellen Durchführung außerordentlich bewährt. Bei diesem Aufschluß wird 1 g lufttrockenes Leder in einem 300 ccm Kjeldahlkolben mit 10 ccm 60%iger Überchlorsäure, 5 ccm 80%iger Schwefelsäure und 5 ccm konz. Salpetersäure übergossen und zuerst mit kleiner Flamme erhitzt, damit die Salpetersäure auf das Leder einwirkt und nicht aus dem Kolben heraussiedet. Sobald die Entwicklung von braunen Dämpfen beendet ist, erhitzt man stärker, bis alle organischen Substanzen zersetzt sind und die Lösung vollkommen klar und farblos geworden ist.

Je nach der Zusammensetzung der zu untersuchenden Eisenleder (Gehalt an Fett, Wachsen, pflanzlichen oder künstlichen Gerbstoffen) erfolgt der Aufschluß verschieden schnell. Bei hohem Gehalt an organischen Stoffen oder bei Gegenwart schwer aufschließbarer Stoffe tritt eine Verkohlung ein, sobald die Salpetersäure verbraucht ist. In diesem Fall muß man den Aufschluß sofort unterbrechen und nach dem Abkühlen erneut Salpetersäure zugeben, bis nach dem Verbrauch der Salpetersäure keine Bildung von kohligen Massen mehr auftritt. Erst darnach darf man stärker erhitzen. Würde man in solchen Fällen nicht erneut Salpetersäure zugeben, so würde der Aufschluß sehr lange dauern, da in der Hauptsache die Salpetersäure die Zersetzung der im Leder vorhandenen organischen Stoffe bewirkt. Im allgemeinen ist der Aufschluß in 20 bis 30 Minuten beendet, selbst wenn es sich um schwer zerstörbare Leder, wie z. B. stark gefettete, handelt. Bei Gegenwart von Chrom wird die aufgeschlossene Lösung nicht farblos, sondern tiefrot. Nach beendetem Aufschluß ist die gesamte überschüssige Salpetersäure vollständig aus dem Kolben entwichen, so daß man unbesorgt die erhaltene Lösung zur Bestimmung des Eisens mit Bichromatlösung titrieren kann. Ebenso kann man bei Gegenwart von Chrom dieses mit Ferroammoniumsulfatlösung bestimmen. Die weitere Verarbeitung des Aufschlusses erfolgt genau so wie M. Bergmann und F. Mecke dies für ihre Bestimmung von Chrom und Eisen in Brühen und Leder angegeben haben. Im übrigen eignet sich dieser Aufschluß auch für andere Lederarten, insbesondere z. B. für Chromleder, da man für die Bestimmung des Cr_2O_3-Gehalts die betreffenden Leder nicht zu veraschen braucht und dann erst die Asche aufschließen muß.

Bei den anderen kombiniert gegerbten Eisenledern müssen die Untersuchungsmethoden je nach ihrer Herstellung variiert werden. Insbesondere müssen diejenigen Eisenleder, bei deren Herstellung größere Mengen von pflanzlichen oder künstlichen Gerbstoffen sowie Sulfitcelluloseextrakte mitverwendet worden sind, mehr nach den Methoden, die für die Untersuchung der lohgaren Leder in Frage kommen, untersucht werden, da diese Leder wohl immer eine erhebliche Menge von auswaschbaren Stoffen und gebundenem Gerbstoff besitzen.

Nach G. Grasser hatten verschiedene Eisenleder folgende Zusammensetzung:

Wasser in %	17,32	16,85	16,54	16,70	23,34	16,22	15,22
Asche in %	6,97	11,00	20,28	31,71	6,69	19,62	16,93
Fe_2O_3 in %	6,00	7,90	17,06	17,28	6,17	8,31	8,55
Fett in %	18,02	—	—	—	0,89	—	—
Hautsubstanz in %	62,00	70,40	47,60	46,66	68,30	56,16	57,05

Nach J. A. Wilson (S. 622) hatte ein kombiniert gegerbtes Eisenleder, das sehr gut aussah: 10,6% Wasser, 6,0% Fe_2O_3, 1,4% Al_2O_3, 1,0% Na_2SO_4, 0,6% H_2SO_4, 0,5% $CaSO_4$, 0,6% Fett, 45,9% Hautsubstanz, sowie 7,5% auswaschbare organische Stoffe und 25,9% gebundene organische Stoffe.

Für die Behandlung fertiger Eisenleder gelten die gleichen Regeln wie für die verschiedenen Ledersorten anderer Gerbarten. Bei der Lagerung von Eisenleder hat man ebenfalls darauf zu achten, daß die Leder vollkommen lufttrocken sind, d. h. einen Wassergehalt von etwa 18% besitzen. Die Einlagerung soll kühl, trocken und vor starker Sonnenbestrahlung geschützt in nicht zu hohen Lederstapeln unter Abdeckung mit Tüchern erfolgen. Bei Einhaltung dieser allgemein üblichen Vorschriften wird selbst bei längerer Lagerdauer von sachgemäß hergestellten Eisenledern eine Schädigung vermieden. Stark gefettete Leder können sich ebenso wie Leder anderer Gerbarten selbst erhitzen. Daher empfiehlt es sich, Lederstapel aus solchen Ledern von Zeit zu Zeit umzusetzen. Diese Maßnahme ist auch bei allen anderen Ledersorten zweckmäßig, besonders bei solchen Ledern, die frisch eingelagert worden sind. Bei Schimmelbildung auf feuchten Ledern sind die Leder zu feucht und müssen besser getrocknet werden. Den Schimmel selbst entfernt man durch Abreiben mit einem trockenen Lappen. Schimmelpilze und zu hohe Feuchtigkeit können auch bei Eisenleder nach längerer Einwirkung Zersetzungsvorgänge im Leder verursachen, die sich ungünstig auf das Aussehen und die Haltbarkeit des Leders auswirken. Anhaltende Sonnenbestrahlung führt zu stärkerer Austrocknung, wodurch das Eisenleder in der Faser spröde wird. Ferner können aber auch, besonders bei höherem Feuchtigkeitsgehalt des Leders, Zersetzungserscheinungen im Leder eingeleitet werden, die sich bei längerer Lagerung nachteilig bemerkbar machen können. Wenn auch im gut getrockneten Zustand fettarme Leder verschiedener Gerbarten durch längere Berührung bei der Lagerung keinen Schaden erleiden, sollte man doch möglichst für eine getrennte Lagerung Sorge tragen. Unter allen Umständen dürfen aber stark gefettete oder imprägnierte Eisenleder mit weniger gefetteten Ledern nicht längere Zeit in Berührung sein, da sonst das Aussehen der weniger gefetteten Leder durch Fettflecken Schaden erleiden würde.

VII. Eigenschaften der Eisenleder.

Je nach dem Herstellungsverfahren haben die Eisenleder unterschiedliche Eigenschaften. Den ausgeprägtesten Charakter als Eisenleder zeigen natürlich diejenigen Leder, welche in reiner Eisengerbung hergestellt worden sind. Sie besitzen in vieler Hinsicht die typischen Eigenschaften von mineralgarem Leder und kommen daher dem Chromleder sehr nahe. Der größte Unterschied gegenüber dem Chromleder besteht in der erheblich niedrigeren Heißwasserbeständigkeit. Daher darf man bei der Herstellung von eisengarem Oberleder beim Färben und Lickern mit der Temperatur nicht zu hoch gehen. Beim Trocknen ziehen sich feuchte Eisenleder erheblich zusammen und werfen sich oft ziemlich stark. Daher ist es meistens angebracht, sie aufgenagelt trocknen zu lassen. Im allgemeinen besitzen die eisengaren Oberleder eine erheblich härtere Struktur und sind auch gewöhnlich etwas flacher. Daher benötigen sie meistens auch eine stärkere Fettung als Chromleder. Diese Nachteile lassen sich durch eine nachträgliche leichte Chromnachgerbung vollständig beseitigen, wobei man mit sehr geringen Chrommengen auskommt. Außerdem sind derartig nachgegerbte Leder besonders voll in den Flämen, so daß für manche Oberleder diese Kombinationsgerbung sehr günstige Ergebnisse liefert. Bei der Herstellung von Unterledern bekommt man natürlich nur ungefähr dasselbe Rendement wie beim Chromleder. Infolgedessen müssen derartige Leder genau wie Chromleder, wenn sie z. B. für Sohlleder Verwendung finden sollen, imprägniert werden. Durch diese Imprägnierung werden auch die Eisenleder genau so wie die Chromleder vollkommen wasserdicht. Allerdings ist die Luftdurchlässigkeit auch vollkommen unterbunden, so daß derartige Leder für manche Zwecke (z. B. für Militär u. dgl.) bis heute nicht in Frage kommen, obwohl die Tragfähigkeit gegenüber lohgarem Sohlleder ganz erheblich größer ist. Infolgedessen hat man gerade für eisengare Sohlleder zahlreiche Kombinationsgerbungen (Kieselsäure, Sulfitcelluloseextrakt, pflanzliche Gerbstoffe u. dgl.) vorgeschlagen. Allerdings hat sich bis heute kein Verfahren in der Praxis durchsetzen können.

Bei der Verarbeitung zeigen die eisengaren Leder den verschiedenen Ledersorten entsprechend ein ähnliches Verhalten wie die chromgaren Leder und sind auch demgemäß von Fall zu Fall zu behandeln. Allerdings ist auch hier wieder zu beachten, daß Eisenleder sich bei höheren Temperaturen eher wie lohgare Leder verhalten. In vielen Fällen können sie mit Ledern anderer Gerbarten unter normalen Bedingungen unbedenklich verarbeitet werden. Allerdings können bei Verarbeitung von hellen lohgaren Ledern mit Eisenledern Verfärbungen eintreten, sobald sie längere Zeit oder öfter mit Wasser in Berührung kommen.

VIII. Schlußwort.

Zusammenfassend kann festgestellt werden, daß eine größere Zahl von Eisengerbverfahren ausgearbeitet worden sind, die zwar einfach und in kurzer Zeit durchgeführt werden konnten, die aber Leder ergaben, welche schon nach ihrer äußeren Beschaffenheit nicht als marktfähig bezeichnet werden konnten. Es ist dann F. Knapp gelungen, durch die Herstellung basischer Ferrisalze, deren vorzeitige hydrolytische Spaltung und Ausflockung durch einen nachträglichen Zusatz von Ferrosalz verhindert wurde, eine stärkere Gerbung und damit Leder von zunächst marktfähiger äußerer Beschaffenheit zu erzielen. Bei der Lagerung wurden diese Leder jedoch brüchig und mürbe. Für diese Erscheinung wurden die verschiedensten Einflüsse verantwortlich gemacht. F. Knapp erklärte die Brüchigkeit der Lederfaser physikalisch mit der spröden Beschaffenheit des trockenen Eisengerbsalzes, wie z. B. der Docht einer Stearinkerze durch das in der Kälte erstarrte Stearin hart und brechbar wird. Seine Verbesserungsvorschläge bewegten sich daher alle in der Richtung, durch die Verbindung der basischen Eisengerbsalze mit Seifen und verschiedenen anderen organischen Stoffen eine größere Geschmeidigkeit des Eisengerbsalzes im trockenen Leder zu bewirken. Daneben haben F. Knapp und später auch H. R. Procter und V. Casaburi (*1*) auf die sauerstoffübertragenden Eigenschaften der Ferrisalze auf gewisse organische Stoffe hingewiesen. In der Praxis wurde aber diesen Vorgängen keine Bedeutung beigemessen. Die Gegenwart von Ferrosalzen ist damals sicher als unbedenklich für die Lagerbeständigkeit betrachtet worden, da sowohl F. Knapp als auch andere Erfinder mit einem nachträglichen Zusatz von Ferrosalz arbeiteten. Für die schlechte Lagerbeständigkeit der Eisenleder machte man ganz allgemein die leichte Hydrolysierbarkeit der Eisensalze und die damit verbundene Säurewirkung allein verantwortlich.

Erst in den Mensingschen Patenten wird dann auf den schädlichen Einfluß der Ferroverbindungen in den Gerbbrühen und im Leder hingewiesen und durch die Gegenwart eines entsprechenden Überschusses von Oxydationsmittel neben dem Ferrisalz die Herstellung lagerbeständiger Eisenleder ermöglicht. Wo in der Praxis bei der Eisengerbung dieser Überschuß eines Oxydationsmittels neben dem Ferrisalz nicht eingehalten wurde oder durch leicht oxydierbare Stoffe im Leder die Reduktion der Ferriverbindungen zu Ferroverbindungen eingeleitet wurde, dürfte mit Eisenleder von ungenügender Lagerbeständigkeit zu rechnen sein.

In Anlehnung an die Fortschritte der Chromgerbung wurde in neuerer Zeit die leichte Hydrolysierbarkeit der basischen Eisensalze durch die Bildung von organischen Eisenkomplexverbindungen noch weiter zurückgedrängt und zum Teil daneben auch durch oxydative Behandlung der organischen Zusätze die Bedingungen für eine genügende Lagerbeständigkeit der Eisenleder erfüllt. Im Gegensatz zu der früher oft vertretenen Ansicht, daß sich Eisenleder nicht in demselben Maße wie Chromleder neutralisieren lassen, kann dies heute einwandfrei durchgeführt werden.

Einer Aufklärung bedürfen immerhin noch die katalytischen Einflüsse der Autoxydation von Eisenverbindungen auf organische Substanzen. Da nun im Eisenleder kompliziert aufgebaute Eiweißstoffe in inniger Bindung mit Eisenverbindungen vorhanden sind, ist nicht von der Hand zu weisen, daß hier unter gewissen Bedingungen Umsetzungen eine Rolle spielen, die, wenn auch langsam, auf die Güte der Eisenleder nachteilig einwirken können. Infolgedessen darf man für die Zukunft den größten Fortschritt in der Eisengerbung von der Aufklärung dieser autoxydativen Vorgänge, die sich im Eisenleder abspielen dürften, erwarten.

Literaturübersicht.

Bergmann, M. u. F. Mecke: Collegium **1933**, 609.

Bergmann, M., A. Miekeley u. N. Jambor: Collegium **1934**, 451.

Casaburi, V. (*1*): J. I. S. L. T. C. **3**, 61, 74 (1919); (*2*): Ledertechn. Rdsch. **1934**, 57, 66; (*3*): Collegium **1920**, 295.

Christiansen, J. A. u. H. A. Kramers: Ztschr. physikal. Chem. **104**, 451 (1923); Journ. physical. Chem. **28**, 145 (1924).

Dulitskaya, R. A.: Tsentr. Nauch. Issled. Inst. Kozhevennoi Prom. Sbornik Rabot, Nr. 8, 74 (1935), ref. nach J. A. L. C. A. **33**, 51 (1938).

Eitner, W.: Häute- u. Lederberichte **5**, 37 (1919).

Elöd, E.: Kolloid-Ztschr. **72**, 224 (1935).

Fahrion, W.: Neuere Gerbmethoden und Gerbtheorien. Braunschweig: Friedr. Vieweg u. Sohn, 1915.

Grasser, G.: Collegium **1920**, 166.

Haber, F. u. J. Frank: Sitzungsber. preuß. Akad. Wiss. Physik.-math. Kl. Berlin **1931**, 250.

Haber, F. u. J. Weiß: Naturwiss. **20**, 948 (1932).

Haber, F. u. R. Willstätter: Ber. Dtsch. chem. Ges. **64**, 2844 (1931).

Jackson, D. D. u. T. P. Hou: J. A. L. C. A. **15**, 63, 139, 202, 209 (1920).

Jettmar, J.: Cuir techn. **8**, 74, 106 (1919).

Knapp, F.: Natur und Wesen der Gerberei und des Leders. Stuttgart: J. G. Cotta, 1858. Sonderabdruck Collegium **1919**, 133, 166.

Kostenko, A. S., P. S. Konovalenko u. S. B. Shimenovich: Tsentr. Nauch. Issled. Inst. Kozhevennoi Prom. Sbornik Rabot, Nr. 8, 104 (1935), ref. nach J. A. L. C. A. **33**, 52 (1938).

Kubelka, V. u. V. Němec: Collegium **1937**, 542.

Manchot, W.: Ztschr. anorg. allg. Chem. **27**, 404 (1901); Liebigs Ann. **325**, 102 (1902); Ztschr. anorg. allg. Chem. **211**, 1 (1933).

Procter, H. R.: The principles of leather manufacture. 2. Ausg. London: E. u. F. N. Spon, 1922.

Sarver, L. A. u. I. M. Kolthoff: Journ. Amer. chem. Soc. **53**, 2906 (1931).

Smith, G. F. u. V. R. Sullivan: J. A. L. C. A. **30**, 442 (1935).

Thomas, A. W. u. M. W. Kelly (*1*): Ind. engin. Chem. **20**, 632 (1928); (*2*): Ebenda **20**, 628 (1928).

Vagda, Kalender, Gerbereichemisches Taschenbuch. 4. Aufl., Dresden: Th. Steinkopff, 1938.

Wieland, H. u. W. Franke: Liebigs Ann. **464**, 101 (1928).

Wilson J. A., F. Stather u. M. Gierth: Die Chemie der Lederfabrikation. 2. Bd., 2. Aufl. Wien: Julius Springer, 1931.

Wintgen, R. u. E. Meyer: Kolloid-Ztschr. **36**, 369 (1925); **40**, 136 (1926).

Zimmermann-Reinhardt: Treadwell, Analytische Chemie. Bd. II. Leipzig u. Wien: F. Deuticke, 1923.

Weitere Literaturquellen:

Remy, H.: Lehrbuch der Anorganischen Chemie. Leipzig: Akademische Verlagsgesellsch. 1932.

Gmelin, L.: Handbuch der Anorganischen Chemie. 8. Aufl. Berlin: Verlag Chemie, 1932.

Jettmar, J.: Die Eisengerbung, ihre Entwicklung und jetziger Zustand. Leipzig: Schulze u. Co., 1920.

D. Die Gerbung mit anderen Mineralstoffen.

Von Dr. **Hermann Loewe,** Ludwigshafen a. Rhein.

I. Einleitung.

Die Erforschung der gerberischen Wirkung anderer Mineralstoffe als der Verbindungen des Chroms, Aluminiums und Eisens erscheint aus wissenschaftlichen und praktischen Gründen geboten. Von der wissenschaftlichen Durchdringung des Gebiets ist ein tieferer Einblick in das Wesen der Mineralgerbung und in die Phänomene der Gerbung überhaupt zu erwarten. Arbeiten, die sich mit der Theorie der Mineralgerbung beschäftigen und dabei über das Gebiet der Chromgerbung hinausgehend auch andere Mineralgerbstoffe berücksichtigen, liegen in den Veröffentlichungen von E. Elöd und Mitarbeitern vor. Arbeiten von A. Küntzel und Mitarbeitern beschäftigen sich nicht nur mit der Chromgerbung, sondern auch mit der Gerbwirkung „anderer Mineralstoffe", wie der Verbindungen des Kupfers, und ferner der Polysäuren des Molybdäns, Wolframs, Vanadins sowie der Metaphosphor- und Kieselsäure.

Indessen liegt eine geschlossene systematische Bearbeitung des gesamten Gebiets auf wissenschaftlicher Grundlage noch nicht vor. Dies wird verständlich, da die Aufklärung der Chromgerbung infolge ihrer überragenden Bedeutung als Mineralgerbung zunächst im Vordergrund des Interesses steht. Es ist jedoch festzustellen, daß mit der fortschreitenden Aufklärung des Gerbvorgangs bei der Chromgerbung das Interesse sich auch der Aufklärung von Gerbvorgängen mit anderen Mineralstoffen zugewendet hat, wie aus mehreren Ansätzen bereits ersichtlich ist.

In praktischer Beziehung hat die Durcharbeitung des Gebiets der „anderen Mineralstoffe" bereits zu gewissen Ergebnissen geführt; zur Herstellung weißer lichtechter Leder empfiehlt die I. G. Farbenindustrie Aktiengesellschaft das Blancorol WL, ein Zirkonsalz; die Firma J. A. Benckiser in Ludwigshafen a. Rh. hat neuerdings das Coriagen, ein Produkt auf Metaphosphorsäurebasis, in den Handel gebracht.

Die Einteilung des Gebiets der „Gerbung mit anderen Mineralstoffen" ist, wie aus den Ausführungen hervorgeht, schwierig, da es bisher an einer wissenschaftlichen Durchdringung fehlt. Im Folgenden wird eine Einteilung vorgenommen, die sich bemüht, die bisher erworbenen Kenntnisse auf dem Gebiet der Mineralgerbung zu verwerten. Es sollen zunächst solche Verbindungen besprochen werden, bei denen basische Metallsalzverbindungen als Polybasen gerbende Wirkungen zeigen. Dieser Abschnitt soll eingeleitet werden durch eine systematische Arbeit von E. Elöd und Th. Schachowskoy (*1*), die sich mit der Gerbwirkung einer ganzen Reihe von Metallverbindungen dieser Art beschäftigt.

Im zweiten Abschnitt sollen solche Verbindungen beschrieben werden, die eine gerbende Wirkung infolge ihrer Säurenatur ausüben; es handelt sich dabei um Polysäuren. Diese Gerbvorgänge sind durch die Arbeiten von A. Küntzel und Mitarbeitern gerbtheoretisch untersucht worden, weshalb diese Arbeiten als Einleitung des Abschnitts behandelt werden sollen.

Schließlich sind solche Gerbmethoden angeführt, bei denen eine Gerbung in dem Sinne, daß eine chemische Umsetzung zwischen Hautsubstanz und Gerbstoff eintritt, nicht oder in nur untergeordnetem Maßstab stattfindet. Es findet im wesentlichen eine Einlagerung von in Wasser unlöslichen Substanzen im Hautgefüge statt.

II. Gerbende basische Metallverbindungen (Polybasen).

E. Elöd und Th. Schachowskoy (*1*) untersuchen die gerbende Wirkung der verschiedensten Metallverbindungen auf Gelatine. Als Kriterium für eine Gerbwirkung wird die Lösegeschwindigkeit von Gelatine-Metallverbindungen in Wasser von 42^0 C genommen und nicht die Kochbeständigkeit. Es wird gefunden, daß die zweiwertigen Salze des Ni, Zn, Mn, Co, Cu, Mg, Pb, Fe und Sn nicht gerben. Schwache Gerbwirkung zeigen: $Bi(NO_3)_3$, $Ce(NO_3)_3$ und $La(NO_3)_3$. Deutlich gerben: $Al_2(SO_4)_3$, $Fe(NH_4)(SO_4)_2$ und $SnCl_4$. Das Maximum der gerberischen Wirkung liegt bei einem p_H-Wert, der mit dem Fällungs-p_H-Wert der Metallhydroxyde gute Übereinstimmung zeigt, und zwar zwischen p_H 3,7 und 7,5. Die p_H-Werte stehen in keinem Zusammenhang mit dem isoelektrischen Punkt der Proteinsubstanzen. Es wird geschlossen, daß die für die Gerbwirkung verantwortlich gemachten molekularen Attraktionskräfte abhängig sind von den Dipolkräften, der Polarisierbarkeit usw. der Metallsalze.

1. Metalle der seltenen Erden.

Die Gerbwirkung der Salze der Metalle seltener Erden ist zuerst von F. Garelli (*1*) 1907 beobachtet worden. Die Metalle der seltenen Erden gehören in die Gruppe der Erdmetalle, zu denen auch das Aluminium gehört. Die Metalle der seltenen Erden lassen sich verhältnismäßig leicht von anderen Stoffen trennen. Dagegen zeigen die einzelnen Glieder so wenig Unterschiede im analytischen Verhalten, daß ihre analytische Trennung erst nach 100jähriger Arbeit gelungen ist. Die wichtigsten Vertreter sind Cer und Thorium. Das wichtigste Vorkommen dieser beiden Metalle ist der Monazitsand, in dem sie am leichtesten zugänglich sind.

F. Garelli (*1*) stellte fest, daß die Salze des Ceriums, Lanthans, Neodyms und Thoriums gerbende Wirkung aufweisen; auch Zirkonsalze, die nicht zu den Verbindungen der seltenen Erden zählen, werden erwähnt. Er schreibt besonders den Cer-Salzen gute Gerbwirkung zu. In Monazitsandrückständen, die von Thorium für die Herstellung von Glühkörpern befreit worden sind und die bis zu 50% Cercarbonat enthalten, ist das Cer leicht zugänglich. Bei der Gerbung mit Cercarbonaten wurden Leder erhalten, die dem Alaunleder in bezug auf Wasserbeständigkeit überlegen sind. M. Parenzo bereitet aus den erwähnten Rückständen Gerblösungen durch Einwirkung von Salpeter- sowie Salzsäure in solcher Weise, daß die Carbonate im Überschuß vorhanden sind, um zu neutralen oder selbst basischen Lösungen zu gelangen. Die Gerblösungen werden durch Filtration vom Unlöslichen befreit. Die an Hautpulver vorgenommenen Gerbversuche zeigen, daß die Aufnahme der Nitrate durch Zusatz von Kochsalz gefördert wird. Bei Chloriden wird die Aufnahme durch Kochsalz nicht gefördert. Je verdünnter die Lösungen angewendet werden, um so mehr Gerbstoff wird von der Haut aufgenommen. Wenn auch W. Eitner (*1*) bei dem Versuch, Gerbungen mit Cerchlorid und -sulfat durchzuführen, kein befriedigendes Resultat erhielt, so konnte F. Garelli (*2*) zeigen, daß es bei richtiger Arbeitsweise gelingt, Cerleder herzustellen. Die von ihm beschriebene Gerbmethode ist folgende: Die normal bereiteten Blößen werden mit wässerigen Lösungen von Cernitrat mit 2—3% Kochsalz versetzt. Man beginnt mit 1%igen Cerlösungen, die man langsam auf 5%ige verstärkt. Auf diese Weise erhält man rein weiße Leder, die weich und elastisch sind und einen vollen Griff bei guter Narbenbildung aufweisen. Das so bereitete Leder enthält 9% Ce_2O_3. Es wird angenommen, daß die neutralen bzw. schwach basischen Lösungen durch die Hautproteine hydrolysiert werden.

Eine Verbesserung der Gerbwirkung der Verbindungen seltener Erden durch die Anwendung von basischen Acetaten erstrebt F. W. Weber. Als Beispiel wird angeführt, daß die zu gerbenden Blößen in eine Lösung gebracht werden, die neben 10% Kochsalz oder Natriumsulfat 5% basische Acetate einer oder mehrerer seltener Erden enthält. Er macht für die Gerbwirkung die Bildung von basischen Metallverbindungen verantwortlich. Beim Trocknen verdunstet nach seiner Auffassung die Essigsäure, so daß eine festere Bindung der basischen Metallverbindungen mit der Hautsubstanz und damit ein Gerbeffekt eintritt. Durch Verwendung von Eigelb und Mehl erhält man nach entsprechender Zurichtung ein Leder ähnlich Glacéleder.

Die Arbeiten und Patente auf dem Gebiet der seltenen Erden für Gerbzwecke lassen erkennen, daß diesen Verbindungen unter geeigneten Bedingungen zweifellos eine gerbende Wirkung zukommt. Da gewisse seltene Erden sich zur Herstellung weißer Leder eignen, wäre eine technische Auswertung dann gegeben, wenn es gelänge, Leder von wesentlich besserer Wasserbeständigkeit als Alaunleder zu erhalten.

2. Titan.

M. C. Lamb verwendet, wie aus einem französischen Patent hervorgeht, Titansalze als Gerbmittel. Der I. G. Farbenindustrie A. G. wurde ein Verfahren zur Herstellung von Titangerbstoffen geschützt. In diesem Patent (D. R. P. 517446) wird ausgeführt, daß wesentlich für das Zustandekommen einer guten Gerbwirkung die Innehaltung der richtigen Basizität ist, ähnlich wie bei der Chromgerbung. Wird die geeignete Basizität bei der Angerbung benutzt, so kann man durch Zugabe geringer Alkalimengen während der Gerbung der Blöße eine ausreichende Menge Titanoxyd zuführen. Bei folgender Darstellungsweise gelangt man zu Titanschwefelsäureverbindungen mit geeigneten Basizitäten. Um die günstigsten Basizitäten, die zwischen 55 und 70% liegen, zu erhalten, geht man von Lösungen aus, die so zusammengesetzt sind, daß auf ein Titanoxyd ein Schwefelsäurerest kommt. Durch Abstumpfen eines Teiles der an Titan gebundenen Schwefelsäure mittels Alkali unter solchen Bedingungen, daß weder Titanverbindungen ausfallen noch Natriumsulfat auskristallisiert, erhält man Laugen, aus denen ein festes, leicht wasserlösliches Präparat von guter Gerbwirkung erhalten werden kann. Bei der Überführung in eine feste Form ist zu beachten, daß keine wasserunlöslichen Verbindungen erhalten werden; die Abscheidung muß daher mit größerer Geschwindigkeit erfolgen als die Hydrolyse. In technischer Weise läßt sich dies durch Walzentrockner oder durch Verdampfen im Vakuum durchführen. Die Gerbung mit solchen Präparaten wird folgendermaßen durchgeführt: Die mit $1^1/_2$% HCl und 8% NaCl gepickelten Blößen werden mit 4,5% TiO_2 gegerbt, wobei man mit 1% Natriumbicarbonat abstumpft. Nach 4 Stunden ist die Gerbung beendet.

3. Zirkonium.

Die Röhm & Haas Company, Philadelphia, hat ein Patent (A. P. 1940610) auf ein Verfahren zum Gerben mit Zirkoniumsalzen erhalten. Darnach werden gepickelte Blößen mit Zirkoniumsalzen allein oder in Kombination mit anderen Gerbmitteln gegerbt.

100 kg gepickelte Blößen ($p_H = 2$) werden im Faß mit 300 l 5%iger Kochsalzlösung und ca. 30 kg Zirkonsulfat 6 Stunden gegerbt. Die gegerbten Blößen werden solange gespült, bis sie einen p_H-Wert von 4,5 aufweisen und dann wie üblich weiterverarbeitet. Oder: 100 kg gepickelte Blößen ($p_H = 2$) werden im Faß mit 300 l 10%iger Kochsalzlösung unter Zugabe von 25 kg Zirkonnitrat, das durch Lösen von basischem

Zirkoncarbonat in Salpetersäure und Einstellen auf einen Gehalt von 20% Zirkonoxyd bereitet worden ist, in 5 Raten in ca. 6 Stunden gegerbt. Hierauf werden die Leder in 300 l einer 5%igen Kochsalzlösung, der man zunächst 2,5 kg Gluconsäure und dann Boraxlösung so lange zusetzt bis ein p_H-Wert von 5 erreicht ist, gewalkt. Nach dem Fetten werden die Leder aufgetrocknet und wie üblich weiterverarbeitet.

Die I. G. Farbenindustrie A. G. beschreibt in einem Patent (D. R. P. 643087) eine Gerbung mit Zirkoniumsalzen, die dadurch gekennzeichnet ist, daß man zunächst mit basischen Zirkonchloriden gerbt und dem Gerbbad Sulfate zusetzt. Der eigentliche Gerbeffekt wird durch die Bildung basischer Zirkonsulfate ausgelöst.

Ein basisches Zirkonchlorid ist das Blancorol WL, das von der I. G. Farbenindustrie A. G. auf den Markt gebracht wird, und das sich in der Praxis bereits bewährt hat. Blancorol WL enthält 33% Zr_2O_3 und ist $^6/_{12}$ basisch.

Es gelingt mit Hilfe der Blancorolgerbung weiße Leder herzustellen, die eine ähnliche Beschaffenheit aufweisen wie Chromleder. Die Lichtechtheit der Leder ist eine gute. Die Fixierung des Gerbstoffs ist eine irreversible gegenüber Wasser, ein Umstand, der die Überlegenheit der Blancorolgerbung gegenüber der Alaungerbung erkennen läßt. Das Blancorolleder weist eine Beständigkeit gegen 70 bis 90° C heißes Wasser auf.

Die Anwendung der Blancorolgerbung erstreckt sich auf die Herstellung aller jener Lederarten, bei denen auf ein weißes lichtechtes Leder Wert gelegt wird. Als solche wären zu nennen: Schuhoberleder aller Art, besonders in Velour- und Nubukzurichtung, ferner Handschuh- und Gürtelleder. Die gute Reißfestigkeit von Blancorol-WL-Ledern gestattet ferner eine Verwendung für Treibriemenleder.

Bei der Ausführung der Gerbung ist auf Sauberkeit aller Gefäße zu achten. Die Reinheit des Wassers ist von ausschlaggebender Bedeutung, besonders störend wirkt sich Wasser aus, das eisenhaltige Schwebestoffe enthält. Entsprechende Vorsichtsmaßnahmen sind daher in solchen Fällen zu treffen.

Bei den Vorarbeiten für die Blancorolgerbung ist darauf zu achten, daß die Blößen rein in die Gerbung gelangen. Eine stärkere Durchäscherung, als es im allgemeinen bei den Blößen erforderlich ist, die für eine Chromgerbung bereitet werden, ist notwendig, da die Blancorolgerbung den Ledern einen größeren Stand verleiht als die Chromgerbung. Die Entfettung von naturfetthaltigem Material erscheint stets angebracht.

Bei der Blancorolgerbung haben sich im Lauf der Zeit mehrere Arbeitsverfahren entwickelt. Die Blößen werden gepickelt, wobei die Verwendung von Schwefelsäure im allgemeinen nicht vorteilhaft ist. Der Pickel ist stärker anzusetzen als bei der Chromgerbung und auf vollständige Durchpicklung zu achten. Bei der Gerbung benötigt man außer dem Blancorol WL zur Erzielung des Gerbeffekts reines, vor allem eisenfreies Natriumsulfat. Durch die Umsetzung beider Komponenten während der Gerbung wird der eigentliche Gerbeffekt ausgelöst. Dies kann auf zweierlei Weise geschehen, entweder beginnt man die Gerbung mit Natriumsulfat und setzt Blancorol WL nach oder man verfährt umgekehrt.

Die Überwachung des Gerbprozesses erfolgt durch Einlege-, Heißwasser- und Phosphatprobe.

Bei der Einlegeprobe verfährt man so, daß man einen Lederstreifen aus dem dicksten Teil des Leders nach Ausquetschen in kaltes Wasser legt. Nicht gegerbte Stellen zeigen sich durch das Auftreten glasiger, geschwollener Stellen an.

Gut gegerbtes Leder soll beim Einlegen in 80° C heißes Wasser während 2 Minuten nicht schrumpfen.

Die Phosphatprobe dient der Kontrolle des Gerbbades auf Erschöpfung. Man fügt zu

4 ccm Gerbflotte,
2 „ konz. HCl, versetzt mit
2 „ einer 10%igen Natriumphosphatlösung.

Ein Niederschlag zeigt die Anwesenheit von Blancorol WL im Bad an.

Für Kalb-, Rind-, Roß- und Ziegenleder haben sich folgende Verfahren entwickelt, die genauer beschrieben werden sollen, da es sich um eine neue, praktisch wertvolle Gerbung handelt.

1. Gerbung in getrennter Pickel- und Gerbflotte.

Pickel: 100% Wasser,
10% Kochsalz,
2% Ameisensäure techn., 85%ig.

Laufzeit 1 bis 2 Stunden, über Nacht in der Brühe belassen, am andern Morgen nochmals kurz aufwalken und zum Abtropfen 1 Stunde auf den Bock schlagen.

Gerbung: 60% Wasser,
2% Kochsalz,
4% Duisburger Natriumsulfat TE.

In diese Brühe werden die Blößen gegeben und das Faß in Bewegung gesetzt.

Nachsatz: 1 bis 1,5% einer Lösung 1 : 1000 von Säureviolett 4 BL (also 1 bis 1,5 g Farbstoff auf 100 kg Blöße).

Anschließend gibt man:

7 bis 10% Blancorol WL, gelöst in
20 bis 30% Wasser, mit Schwefelsäure auf $^{3}/_{12}$ Basizität gestellt, in 4 Anteilen mit je $^{1}/_{2}$ Stunde Abstand durch die hohle Achse zu.

Zum Ansäuern auf eine Basizität von $^{3}/_{12}$ verbraucht 1 kg Blancorol WL 115 g Schwefelsäure 66° Bé.

Gerbdauer: 6 bis 8 Stunden Laufzeit, dann über Nacht in der Brühe belassen und am andern Morgen noch 1 Stunde walken. Anschließend 24 Stunden aufbocken.

2. Gerbung durch Weiterarbeiten in der Pickelbrühe.

a) Pickel: 100% Wasser,
4% Kochsalz,
6% Duisburger Natriumsulfat TE.

Die Blößen werden ins Faß gegeben und durch die hohle Achse

1,5% einer Lösung 1 : 1000 von Säureviolett 4 BL (also 1,5 g Farbstoff auf 100 kg Blöße) nachgesetzt. Nach einigen Minuten erfolgt Nachsatz von
2,0% Ameisensäure techn., 85%ig.

Nach 1 bis 2 Stunden Laufzeit ist auf völlige Durchpicklung zu prüfen. Die Felle können über Nacht in der Brühe bleiben oder auf den Bock geschlagen werden. Am andern Morgen werden ca. 40% der Pickelbrühe verworfen.

Gerbung: Die Blößen werden in der restlichen Pickelbrühe gegerbt durch Nachsatz von

7 bis 10% Blancorol WL, gelöst in
20 bis 30% Wasser und mit Schwefelsäure 66° Bé $^{4}/_{12}$ basisch gestellt (77 g Schwefelsäure 66° Bé pro kg Blancorol WL).

Der Zusatz erfolgt in 4 Anteilen mit je $^{1}/_{2}$ Stunde Abstand. Nach 6 bis 8 Stunden Laufzeit kommen die Leder 24 Stunden über den Bock.

b) Pickel: 100,0% Wasser,
10,0% Salz,
3,5% Ameisensäure, 85%ig.

Die Leder werden nach einer Laufzeit von 2 bis 3 Stunden im Pickel über Nacht in der Brühe belassen oder auch auf den Bock geschlagen.

Die Gerbung wird in der Pickelbrühe fortgesetzt, nachdem ungefähr die Hälfte derselben abgelassen wurde.

Vor der Gerbung wird folgende Stammlösung angesetzt:

6% Blancorol WL,
3% Natriumsulfat TE werden in
30% Wasser gelöst.

Dieser Lösung werden
6% Tanigan supra DLN auf einmal zugegeben. Ein auftretender flockiger Niederschlag geht im Verlauf der Gerbung zurück.

Die Zugabe der obengenannten Stammlösung erfolgt in 4 Anteilen nach je 30 Minuten; die Lösung ist vor jeder Zugabe umzurühren. In 1 bis 2 Tagen ist die Gerbung beendet. Die Leder kommen 1 bis 2 Tage auf den Bock. Nach dem Falzen wird $^1/_2$ Stunde gespült, gefettet und nochmals zweckmäßig über Nacht liegen gelassen.

Die Leder werden in üblicher Weise abgewelkt, abgelüftet, ausgestoßen und ohne zu spannen aufgenagelt.

Die Zurichtung kann in üblicher Weise erfolgen.

3. Bei dem oben angeführten Arbeitsverfahren 1 bis 2 wurde durchwegs erst Natriumsulfat und erst zum Schluß Blancorol zugesetzt. Man kann jedoch auch in anderer Reihenfolge verfahren:

Man gibt das Blancorol WL (in der vorliegenden Basizität von $^6/_{12}$) nach normaler Durchpicklung der Blößen unmittelbar der Pickelbrühe zu, walkt etwa 2 Stunden und setzt erst dann, als eine Art Abstumpfung, das Natriumsulfat in 1 : 10 verdünnter Lösung in kleinen Portionen im Verlauf von 3 bis 4 Stunden nach, und zwar braucht man an Natriumsulfat etwa die Hälfte der Blancorolmengen. Dann walkt man noch etwa 1 Stunde, läßt über Nacht in der Brühe im Faß und walkt am anderen Morgen nochmals etwa $^1/_2$ Stunde. Wenn die Leder gar sind, kommen sie auf den Bock.

Die Blancorol-WL-Gerbung ergibt einen schönen Weißton, der aber nicht, wie bei gebleichtem Chromleder, einen Blaustich, sondern einen leichten Stich nach Gelb aufweist. Es liegt in der Natur einer Mineralgerbung, daß sich die Eigenfarbe des Blößenmaterials im Fertigprodukt auswirkt. Dies ist besonders bei der Gerbung von roten Kalbfellen der Fall.

Zweckmäßig werden die Blößen vor der Gerbung $^1/_2$ Stunde gebleicht durch Walken mit $^1/_2$% Kaliumpermanganat in 200% Wasser von 25 bis 28° C. Nach gründlichem Spülen (10 Minuten) wird mit

3,0% Bisulfit-Pulver,
0,3% Ameisensäure, 85%ig,
5,0% Kochsalz in 200% Wasser.

$^3/_4$ bis 1 Stunde nachbehandelt und zum Schluß 10 Minuten gespült.

Wird ein blaustichiges, kaltes Weiß gewünscht, so wird dieses durch Bläuen erzielt. Die Bläuung erfolgt derart, daß dem Pickelbade vor Zusatz der Säure 1 bis 1,5% einer Lösung von 1 g Säureviolett 4 BL 1 : 1000 zugegeben wird. Nachdem sich der Farbstoff gleichmäßig verteilt hat, wird die Säure nachgesetzt.

Neutralisation und Nachbehandlung der Leder.

Die mindestens 24 Stunden auf dem Bock gelagerten Leder werden abgewelkt, gefalzt, gewogen und ca. 10 Minuten gespült.

Nachbehandlung: a) für Leder mit vollerem Griff:

300,0% Wasser, 25 bis 30° C,
0,5% Tamol Z (in heißem Wasser leicht löslich)
oder
2 bis 4% Tanigan supra DLN,
15 Minuten, Nachsatz von:
1,5% Wasserglas, 38° Bé.

Der Zusatz des 1 : 10 verdünnten Wasserglases erfolgt in drei Abständen von je 15 Minuten, Gesamtlaufzeit $1^1/_2$ Stunden.

b) für Leder mit trockenerem Griff:

300% Wasser 25 bis 30° C.
2 bis 3% Wasserglas 38° Bé, 1 : 10 verdünnt.

Zusatz in drei Anteilen mit je 15 Minuten Abstand.

Die Leder werden anschließend so lange gespült, bis der Lederschnitt einen p_H-Wert von 4,5 zeigt. Auf den Lederschnitt gepreßtes Kongopapier darf höchstens noch graue Reaktion ergeben. Alsdann wird gefettet.

Für die Fettung kommen speziell Produkte in Frage, die lichtecht und möglichst farblos sind, wie Monopolbrillantöl MB und Ceripol D bzw. W.

4. Molybdän (dreiwertiges).

Mit der Gerbwirkung von Molybdänverbindungen beschäftigt sich eine Arbeit von J. G. Niedercorn. Er untersucht die Gerbwirkung von purpurroten und grünen Sulfaten des dreiwertigen Molybdäns. 40 g Molybdänsäureanhydrid werden durch Kochen mit 54 ccm Schwefelsäure (1,84 D) und einigen Tropfen Salpetersäure gelöst und auf einen Liter Wasser verdünnt und bei einer Stromdichte von 8 Ampère auf 1 qdcm bei 15 Volt Spannung bis zur purpurroten bzw. grünen Farbe der Lösung elektrodialysiert. Der p_H-Wert der roten Lösung ist kleiner als 0, der der grünen 0,5. Die Messung ist indessen nicht ganz fehlerfrei. Die grünen Lösungen zeigen keinen scharfen Flockungspunkt bei Sodazugabe, bei p_H 3 tritt beachtliche Flockung auf, die jedoch bei p_H 9 noch nicht beendet ist. Rote Lösungen zeigen einen scharfen Ausflockungspunkt bei p_H 2,5. Die Gerbwirkung der grünen Lösungen liegt zwischen p_H 2 und 2,5, die der roten zwischen 1 bis 1,5. Man erhält dunkelbraune Leder, die kochbeständig sind. Beim Lagern an der Luft geht die Kochbeständigkeit zurück.

5. Kobalt.

E. Elöd und Th. Schachowskoy (*2*) untersuchen die Vorgänge bei der Mineralgerbung in Modellversuchen, indem sie die Einwirkung von Kobaltverbindungen auf Gelatine studieren. Als Untersuchungsmethode dient die Verfolgung der Änderung der Lichtabsorption mit Hilfe des Pulfrichschen Photometers während der Wechselwirkung zwischen den gerbenden Verbindungen und der Proteinsubstanz. Durch die gewählte Methodik ist die Möglichkeit gegeben, die Vorgänge ohne jeden Eingriff in das reagierende System zu beobachten und zu kontrollieren. Sie fanden dabei, daß Kobaltkomplexe als solche nicht gerbend wirken, sondern, daß sie beim Gerben eine Veränderung erleiden, derart, daß erst die dabei entstehenden Kobaltverbindungen mit den Proteinsubstanzen reagieren. Aus den Absorptionskurven wurde geschlossen, daß bei der Gerbung $Co(OH)_3$ oder ein im wesentlichen aus diesem bestehendes Produkt auftritt. $Co(OH)_3$ erleidet bei der Wechselwirkung mit Gelatine keine Veränderung. Die Gerbwirkung komplexer Kobaltverbindungen ist demnach geknüpft an die Fähigkeit dieser Verbindungen, Veränderungen zu erleiden, die zu basischen Verbindungen führen. Beständige Komplexe gerben daher, wie auch aus Versuchen hervorgeht, nicht. Die Verfasser kommen zu dem Schluß, daß bei der Gerbung mit Metallverbindungen die Metallhydroxyde eine entscheidende Rolle spielen, daß diese allein jedoch nicht für das Zustandekommen einer Gerbwirkung verantwortlich gemacht werden können. Sie treten vielmehr nur deswegen in den Vordergrund, weil sie die stabilste Endstufe der bei der Gerbung entstehenden Produkte darstellen und gleichzeitig wasserunlöslich sind. Die Verfasser fordern als allgemeine Voraussetzung für einen Gerbstoff:

1. Der Gerbstoff muß genügend Attraktionskräfte aufweisen, um gegen das Wasser erfolgreich konkurrieren zu können.

2. Der Gerbstoff muß hinreichend stabil sein, um dem Wasser (Hydrolyse) erfolgreich konkurrieren und der Wärme Widerstand leisten zu können.

III. Polysäuren als Gerbmittel.

Die Gerbwirkung von Iso- und Heteropolysäuren ist von A. Küntzel und Mitarbeitern mehrfach behandelt worden. In einer Arbeit von H. Erdmann wird das Verhalten der Iso- und Heteropolysäuren des Wolframs, Molybdäns und Vanadins gegenüber Gelatine und Hautsubstanz gerbtheoretisch untersucht. Isopolysäuren sind Aggregationsprodukte schwach saurer Metalloxyde wie des Wo, Mo und Va. Sind bei der Bildung geeignete Metalloidsäuren wie Phosphor-, Bor- und Arsensäure zugegen, so entstehen entsprechende Heteropolysäuren. Der Fortschritt der Aggregation beim Ansäuern der Salze solcher Säuren erfolgt stufenweise, wobei wohldefinierte chemische Individuen entstehen können.

Es wird gezeigt, daß den Iso- und Heteropolysäuren im Bereich der $(H^+) = 10^{-5}$ Gerbwirkung zukommt. Diese Säuren sind in jenem p_H-Bereich mehrfach negativ geladene Anionen mit ausreichend sauren Haftgruppen zu den Aminogruppen des Proteins. Die Art der Bindung wird demnach als mehrfache Salzbindung der Säureanionen, die 5 bis 6 Metallatome im Komplex enthalten, mit den Aminogruppen des Proteins aufgefaßt. Es wird auf die Analogie zu den Vorgängen bei der Gerbung mit Metaphosphorsäure, Metakieselsäure und gewissen synthetischen Gerbstoffen hingewiesen. Zwischen den Isopoly- und Heteropolysäuren der einzelnen Elemente werden keinerlei Abweichungen in bezug auf die Lage der optimalen Gerbwirkung gefunden.

Charakteristisch für die Gerbung mit den verschiedenen Poly- und Heteropolysäuren ist die Farbe des Leders. Man erhält bei der Wolfram- und Phosphorwolframgerbung weiße, bei der Molybdängerbung himmelblaue, bei der Phosphormolybdängerbung olivgrüne, bei der Vanadingerbung zitronengelbe, bei der Phosphorvanadingerbung schokoladenbraune Leder. Es wird ferner darauf hingewiesen, daß Phosphorwolframsäure als kristallisierte Verbindung gerbende Eigenschaften zeigt.

1. Wolframsäuren.

E. Simoncini studiert in einer Arbeit die Gerbwirkung der Phosphorwolframsäure. Er stellt fest, daß nichtchromiertes Hautpulver Phosphorwolframsäure irreversibel fixiert und 33% Wolframoxyd aufnimmt. Es werden Gerbversuche mit Schaf- und Rindsblößenstücken mit 30% Phosphorwolframsäure, bezogen auf Blößengewicht, ausgeführt. Die Gerbung wird so geleitet, daß die Gerbflotte nach und nach verstärkt wird. Es werden dabei Leder erhalten, die 48,65% Wolframoxyd aufweisen. Die Leder trocknen ohne Schrumpfung auf; sie werden als weiß, lichtecht, weich und elastisch und voll im Griff beschrieben.

Ein Patent (F. P. 769458) der A. G. Lawrence Leather Comp., U. S. A., schützt ein Verfahren, das sich ebenfalls mit den gerbenden Eigenschaften von Wolframverbindungen befaßt. Bei der Gerbung werden beispielsweise 10% Bleiwolframat auf die Blöße einwirken gelassen. Durch Zusatz von Essigsäure wird die Gerbflüssigkeit so sauer eingestellt, daß diese Lakmuspapier deutlich rötet. Nach 3 Stunden wird 10% Aluminiumsulfat hinzugefügt und weitere 3 Stunden gewalkt. Die so gegerbten Leder werden gut gespült und wie üblich weiterverarbeitet. Die für die Gerbung günstigsten p_H-Werte sollen zwischen p_H 3 und 4, aber auch etwas unterhalb von 8 liegen. Die fertigen Leder enthalten 14 bis 18% Wolframoxyd. Das Leder ist weiß, auch im Schnitt. Auf die Möglichkeit der Kombination der Wolframgerbung mit der Chromgerbung wird hingewiesen.

Die gerbende Wirkung der Phosphorwolframsäure wird in einem Patent (F. P. 769434). der Imperial Chemical Industries Ltd. verwertet.[1]

[1]) Vgl. Bd. III/1, S. 925.

Die Phosphorwolframsäure dient zum Nachgerben von Chromledern als Beize für basische Farben. Es wird darin ausgeführt, daß die Gerbwirkung eine ähnliche sein soll, wie die natürlicher oder synthetischer Gerbstoffe.

In weiteren Arbeiten beschäftigen sich V. Casaburi und E. Simoncini mit der Gerbwirkung von Wolframverbindungen. Sowohl die Wolfram- als auch die Hetero-Wolframsäuren sind gerbende Verbindungen. Es bildet sich bei deren Einwirkung auf Haut ein Leder, das wasser-, luft- und lichtbeständig ist. Die Versuche bestätigen die Befunde von Simoncini, über die bereits berichtet wurde. Es werden weiße Leder erhalten, die ohne Schrumpfung auftrocknen. Nach der Ansicht der Verfasser sollte es möglich sein, alle Arten von Leder mit Hilfe der Wolframgerbung herzustellen. Die Eigenschaften der Wolframleder stehen zwischen denen vegetabilischer und chromgarer Leder. Durch geeignete Führung des Äschers sollte es daher möglich sein, dem Leder die gewünschte Beschaffenheit in bezug auf Stand und Weichheit zu erteilen. Bei der Analyse der Leder ergeben sich hohe Aschewerte, bei Gerbung mit Metawolframsäure findet man 30,25%, bei der mit Phosphorwolframsäure 59,95% Asche im Leder. Lösungen vegetabilischer Gerbstoffe und von Wolframsäuren haben gleiche Teilchengrößen. Auf die Fällbarkeit basischer Farbstoffe mit Wolframsäuren und auf die Möglichkeit, die Wolframgerbung mit anderen bekannten Gerbmethoden zu kombinieren, wird hingewiesen.

Diese Arbeiten lassen keinen Zweifel daran aufkommen, daß in Säuren des Wolframs wahre Gerbmittel vorliegen. Der Verfasser konnte sich selber von der hervorragenden Gerbwirkung der Wolframgerbung überzeugen, die es gestattet, Leder der verschiedensten Typen zu erzeugen. Der praktischen Verwertung der Gerbung dürfte indessen der hohe Preis der Wolframverbindungen im Wege stehen, es sei denn, daß sich besondere Vorteile zeigen, die andere Lederarten nicht aufweisen. In einer weiteren Arbeit weist V. Casaburi, wie in diesem Zusammenhang erwähnt sei, darauf hin, daß Leder, die mit Wolframverbindungen gegerbt sind, sich leicht wieder aufwalken lassen im Gegensatz zu Chromledern. Auch bei der Kombination der Chrom- mit der Wolframgerbung soll man leicht wieder aufwalkbare Leder erhalten.

2. Molybdänsäuren.

Die gerbende Wirkung von Phosphormolybdänsäuren wird in dem bereits erwähnten Patent der Imperial Chemical Industries Ltd. ebenfalls neben der der Wolframsäure beschrieben. Der Gerbvorgang bei der Verwendung von Molybdänsäuren ist nach der erwähnten Arbeit von H. Erdmann ein gleicher wie bei der von Wolframsäuren.

3. Kieselsäure.

Die fällende Wirkung von Kieselsäure auf Gelatinelösungen erkannte T. Graham. Er gab zu einer Gelatinelösung langsam eine Lösung von Kieselsäure, wobei sich ein Niederschlag bildete, der aus 92 Teilen Gelatine und 100 Teilen Kieselsäure besteht. Da der Niederschlag im feuchten Zustand der Fäulnis nicht mehr unterliegt und da sich die Kieselsäure nicht mehr durch Auswaschen aus der Gelatine entfernen läßt, wird ein Gerbvorgang angenommen.

Die ersten Gerbversuche mit Kieselsäure führte A. T. Hough durch. Er bereitete kolloidale Kieselsäurelösungen, indem er eine 30%ige Natriumsilikatlösung zu einer 30%igen Salzsäurelösung so lange zufließen ließ, bis die Konzentration der freien Säure $^{n}/_{10}$ war. Wird umgekehrt verfahren, so wird die Kieselsäure ausgefällt, wenn der Neutralpunkt erreicht ist. An Stelle von Salzsäure kann auch Schwefelsäure genommen werden, organische Säuren dagegen lassen sich nicht verwenden. Die Gerbung wird nach folgendem Ansatz vorgenommen: auf 100 Teile Blöße kommen 500 Teile Wasser und 50 Teile Natriumsilikat 30° Bé, 25 Teile Natriumchlorid und 17 Teile Salzsäure. Die Gerbung von dünnen Blößen, etwa Schafsblößen, ist nach 3 bis 5 Tagen beendet, die von dicken etwa in einem Monat. Eine zu hohe Aufnahme von Kieselsäure muß vermieden werden, da man dann schlechte Leder erzielt. Man erhält ein weißes Leder, das sich wie gewöhnliches Chromleder verarbeiten lassen soll. Bei der Kombination der Kieselgerbung mit der vegetabilischen werden ungünstige Resultate erzielt, dagegen ist eine Kombination mit gerbenden Chromsalzen möglich.

Auf die Unbeständigkeit der mit Kieselsäure gegerbten Leder weist U. J. Thuau (*1*) in einer Besprechung der verschiedensten Lederarten hin. Nach einigen Monaten Lagerzeit geht nach seinen Beobachtungen die Reißfestigkeit von mit Kieselsäure gegerbtem Leder erheblich zurück.

Die Mitverwendung der Kieselsäure bei der Eisengerbung wird von O. Röhm in einem Patent (D. R. P. 378450) geschützt. Lösungen von Eisenchlorid werden mit verdünnten Lösungen von Wasserglas versetzt. Man kann auf einen Teil Eisenchlorid bis zu 4 Teilen verdünntes Wasserglas geben, ohne daß eine dauernde Ausflockung eintritt. Die Gerbwirkung solcher Lösungen ist abhängig von dem Mischungsverhältnis der beiden Komponenten. Auch auf die Chromgerbung läßt sich das Verfahren übertragen. In einem weiteren Patent (D. R. P. 492847) von O. Röhm wird die Herstellung von Gerbbrühen beschrieben, die als gerbende Bestandteile Metallverbindungen, wie die des Chroms, Eisens und Aluminiums, und ferner Silikate enthalten. Diesen Gerblösungen werden zum Stabilisieren mehrwertige Säuren oder ein- und zweiwertige organische Säuren oder deren Salze zugesetzt. Als solche Säuren werden genannt H_3BO_3, H_3PO_4, CH_3COOH, Milchsäure, Oxalsäure, Salicylsäure und als Salze Phosphate, Borate, Arseniate, Antimoniate, Zinnsalze. Diese Zusätze stabilisieren den kolloidalen Zustand der Gerblösungen; dadurch wird die Gelatinierung saurer Silikatlösungen verhindert. Als Beispiel sei angeführt: $FeCl_3$ wird unter Zusatz von H_3PO_4 in Wasser gelöst, dazu gießt man unter stetem Umrühren eine wässerige Wasserglaslösung. Man erhält so eine Gerblösung von guter Wirkung.

Als Neutralisationsmittel für Chromleder hat sich Wasserglas nicht durchzusetzen vermocht, da es den Narben zu rauh macht, die Farbe des Leders tiefgrün gestaltet und verfestigend auf das Leder wirkt. Wie aus den Untersuchungen von W. Schindler, K. Klanfer und E. Flaschner hervorgeht, scheint es sich bei der Neutralisierung von Chromledern mit Wasserglas nicht nur um eine reine Neutralisationswirkung, sondern auch um eine Verdrängung der im Leder gebundenen SO_4-Reste zu handeln. Als Neutralisationsmittel für die Blancorol WL-Gerbung hat sich dagegen in bestimmten Fällen Wasserglas bewährt, wie bereits bei der Beschreibung der Blancorolgerbung erwähnt wurde.

I. R. Geigy A. G., Basel, beschreibt ein Verfahren (D. R. P. 514240) zum Gerben mit Salzen der Kieselfluorwasserstoffsäure in Kombination mit anderen Gerbmitteln, wie beispielsweise synthetischen Gerbstoffen.

4. Säuren des Phosphors.

Die Firma J. A. Benckiser & Co. beschreibt erstmalig in einer Anmeldung Anfang 1936 (D. R. P. 671712) eine Gerbung mit Hilfe von polymeren Metaphosphorsäuren oder deren wasserlöslichen Salzen mit mono- oder polyvalenten Metallen oder Ammonium bzw. organischen Basen. Es wird erkannt, daß polymeren Metaphosphorsäuren und ihren Salzen eine gerbende Wirkung zukommt bei p_H-Werten zwischen 3,5 und 5. Man erhält Leder vom Charakter der Alaunleder. Eine solche Gerbung wird als Ersatz für die Leipziger Zurichtung vorgeschlagen, bei der die Pelze mit Schwefelsäure und Kochsalz gepickelt werden, wobei als Vorteil die schwachsaure Reaktion der Phosphorsäuregerbung hervortritt. Als Beispiel einer Alleingerbung mit Metaphosphorsäure wird angegeben, Ziegenblöße mit 20% Natriumhexametaphosphat bei einer Flottenmenge von 150% zu behandeln. Der Anfangs-p_H-Wert wird durch Zusatz von Ameisensäure auf 4,5 eingestellt, der End-p_H-Wert durch Sodazusatz auf 5,5. Die gespülten Leder ergeben nach Fettung ein weißes Handschuhleder. Weiter wird vorgeschlagen mit komplexen Metaphosphorsäureverbindungen des dreiwertigen Eisens und Chroms zu gerben, wobei man Leder von weißer bzw. heller Farbe erhält. In weiteren Anmeldungen wird der Anspruch auf Polyphosphorsäuren überhaupt ausgedehnt. Als Beispiel wird eine Gerbung mit 20% Natriumpolyphosphat $Na_2P_5O_{16}$, 3% Salz und 150% Wasser angeführt. Die Gerbung verläuft bei p_H 2,5; gegen Ende wird etwas abgestumpft. In weiteren ergänzenden Anmeldungen werden Kombinationen der Polyphosphorsäuren mit Kieselsäure bzw. wasserlöslichen Silikaten angegeben. Inzwischen hat die Firma ein Gerbmittel auf der Basis von polymeren Phosphorsäuren unter der Bezeichnung Coriagen auf den Markt gebracht, das als Hilfsmittel bei der Chromgerbung zur Verbesserung der Fülle der Leder und als Angerbstoff bei der vegetabilischen Gerbung zur Beschleunigung der Durchgerbung und Verbesserung der Durchgerbungszahl Verwendung findet.

Eine Arbeit von J. A. Wilson beschäftigt sich fast zur gleichen Zeit mit den Vorgängen bei der Einwirkung von polymeren Phosphorsäuren auf Haut. Es wurden Versuche mit polymeren Metanatriumphosphaten, die in Mischung mit geringen Anteilen Natriumtriphosphat vorlagen, an Hautpulver durchgeführt. Zur Anwendung gelangten Lösungen, die in bezug auf P_2O_5 molar waren. Durch Zugabe von Salzsäure bzw. Ätznatron wurden Lösungen von verschiedenen p_H-Werten (p_H 2 bis 8) bereitet. Je 20 g trockenes Hautpulver wurden mit 20 ccm der Phosphorsäurelösungen 24 Stunden geschüttelt und die aufgenommene Menge P_2O_5 ermittelt, wobei das Hautpulver vor der Bestimmung 24 Stunden mit destilliertem Wasser im Wilson-Kernextraktor gewaschen wurde. Wie aus den Versuchen hervorgeht, ist die Aufnahme des P_2O_5 eine Funktion des p_H-Wertes der angewendeten Lösung. Die Versuchsergebnisse zeigen, daß die Bindung mit abnehmenden p_H-Werten zunimmt. Bei p_H 5, dem isoelektrischen Punkt der Haut, ist ein steiler Knick in der Kurve; bei p_H-Werten über 5 werden geringe, bei solchen unter 5 höhere Mengen Phosphat gebunden. Weiterhin wurde die Aufnahme des Phosphats durch Blöße als Funktion des p_H-Wertes und der Zeit untersucht. Das Gleichgewicht stellt sich in fast allen Fällen innerhalb von 8 Stunden ein, die vorher beschriebene p_H-Abhängigkeit wird bestätigt; bei p_H 2,5 tritt maximale Bindung ein. Der Einfluß der angewandten Menge auf gebundenes P_2O_5 zeigt, daß bei Anwendung von mehr als 4% des Phosphorsäurepräparates, 5,8% P_2O_5 gebunden werden.

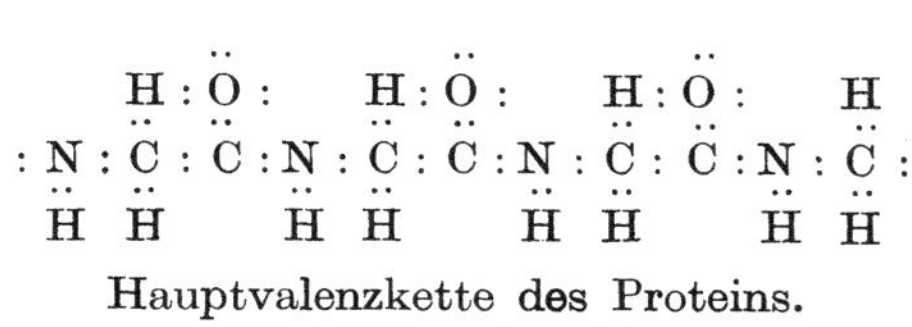

Hauptvalenzkette des Proteins.

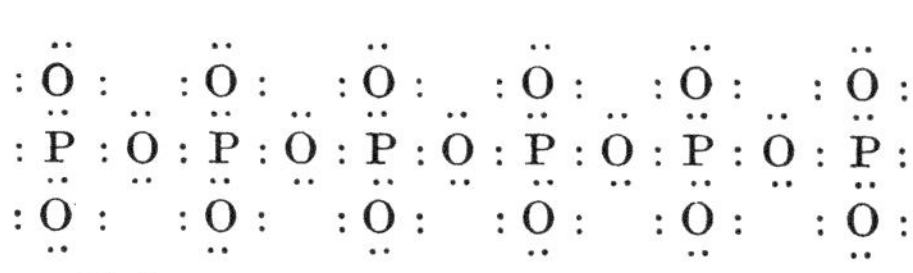

Polymeres Natriummetaphosphat.

Bei der theoretischen Auslegung der Befunde kommt der Verfasser zu der Auffassung, daß nur polymere Phosphorsäuren zu einer irreversiblen Bindung mit der Haut befähigt sind. Es findet nach seiner Anschauung ein Ladungsaustausch zwischen der durch Säure positiv aufgeladenen Hautsubstanz und den negativ geladenen Metaphosphationen statt (elektrovalente Bindung). Ferner wird koordinativ kovalente Bindung angenommen Es wird vorstehendes Bindungsschema aufgeführt (siehe S. 338).

Beim Verschieben des Phosphatschemas senkrecht nach oben gelangt jedes dritte Sauerstoffatom mit einem Kohlenstoffatom in Kontakt, wobei dessen Elektronenschale zu einem Elektronenoktett ergänzt wird.

Einen Beweis, daß lediglich das polymere Metaphosphat für die Gerbwirkung verantwortlich gemacht werden kann, liefert folgende Tabelle 99:

Tabelle 99.

	Gebundenes P_2O_5/100 g Haut
Trinatriumphosphat	0,00
Tetranatriumpyrophosphat	0,40
Pentanatriumtriphosphat	0,60
Calgonglas (78,2% Metaphosphat)	5,00
Calgonflocken (86,4% Metaphosphat) . . .	5,81

Über die Eigenschaften des Calgonleders werden folgende Angaben gemacht: weiße Farbe, hohe Reißfestigkeit, gute Abnutzungsfestigkeit, dichte Narbenstruktur. Das Leder trocknet hart aber stollbar auf, nimmt schnell Wasser an, seine Schrumpfungstemperatur in Wasser liegt bei 65° C. Durch Kombination des Calgons mit Formaldehyd oder Alaun in der Gerbung können die Nachteile des harten Auftrocknens und der leichten Wasseraufnahme vermieden werden.

C. Rieß (S. 366) unterzieht die erwähnten Arbeiten von J. W. Wilson einer Nacharbeitung und bestätigt deren Ergebnisse vollauf. Es werden jedoch noch einige ergänzende Beobachtungen gemacht, ferner kommt der Verfasser zu einer etwas abweichenden theoretischen Deutung der Gerbvorgänge. Das hornige Auftrocknen der Haut nach der Gerbung mit Metaphosphorsäure wird als Anzeichen dafür angesehen, daß ein nur unvollkommener Gerbeffekt vorliegt. Dieses hornige Auftrocknen konnte durch Salzzusätze ($^{n}/_{1}$ NaCl, $^{n}/_{1}$ Na_2SO_4) zur Metaphosphorsäurelösung verhindert werden. Es wird hierin eine gewisse Analogie zur Alaungerbung gesehen; jedoch werden Unterschiede aufgedeckt. Ungepickelte Alaunlösungen schwellen die Haut stark im Gegensatz zu stark sauren Metaphosphorsäurelösungen; ferner schwillt ein mit Alaun-Kochsalz gegerbtes Leder in Essigsäure, ein mit Metaphosphorsäure gegerbtes dagegen nicht. Es wird angenommen, daß die Metaphosphorsäuregerbung eine Mittelstellung zwischen einer Alaun-Kochsalzgerbung und einer echten Mineralgerbung einnimmt. Weiter wird beobachtet, daß bei einer Gerbung mit Metaphosphorsäure das Säurebindungsvermögen der Haut praktisch aufgehoben wird. Es wird hieraus geschlossen, daß beim Gerben mit Metaphosphorsäure salzartige Bindungen mit den freien Aminogruppen der Haut eintreten. Als weiterer Beweis hierfür wird herangezogen, daß die Menge der gebundenen Phosphorsäure ziemlich genau dem Säureäquivalent der Haut entspricht (0,930 Milliäquivalente HPO_3 pro 1 g Kollagen gegen 0,927 Milliäquivalente des Säurebindungsvermögens des verwendeten Hautpulvers). Die etwas kleinere Zahl, die Wilson findet (0,814 Milliäquivalente HPO_3 pro 1 g Kollagen), wird dadurch erklärt, daß beim langen Waschen des Hautpulvers nach der Gerbung bis zu einem gewissen Grade Hydrolysevorgänge eintreten. Die Metaphosphorsäuregerbung wird in Analogie gesetzt zu einer solchen mit den einfachen synthetischen Gerbstoffen, den Iso- und Heteropolysäuren und der Kieselsäure.

Es wird darauf hingewiesen, daß alle diese Säuren als Polysäuren ein verhältnismäßig hohes Molekulargewicht besitzen, bei gleichzeitigem Vorhandensein mehrerer ionisierter H-Atome, was sie zur Verbindung der Hauptvalenzketten der Proteine unter Mehrfach-Salzbindung befähigt. Es wird ferner mitgeteilt, daß nur die Metaphosphorsäure hinreichende Molekülgröße besitzt, um eine mehrfache Salzbindung zu vollführen. Ortho-, Pyro- und Triphosphate haben, wie Wilson schon zeigte, keinerlei Gerbwirkung. Es wird zugegeben, daß neben der in erster Linie bei der Gerbung mit Metaphosphaten anzunehmenden Mehrfach-Salzbildung auch andere Bindungsmöglichkeiten in Wirksamkeit treten können.

IV. Einlagerung von Mineralstoffen.

1. Magnesium.

Ein Gerbverfahren mit Magnesiumsalzen wurde von J. Hell im Jahre 1923 patentiert (D. R. P. 377536). Der Blöße werden kohlensaure Verbindungen des Magnesiums in der zur Erzielung des Gerbeffekts notwendigen Menge einverleibt. Man verfährt so, daß man lösliche Magnesiumsalze, z. B. Magnesiumsulfat oder -chlorid und lösliche kohlensaure Salze, z. B. Natriumbicarbonat oder -carbonat, in Gegenwart von Wasser auf die Haut einwirken läßt. Wesentlich für das Zustandekommen einer Gerbwirkung ist die Innehaltung möglichst hoher Konzentrationen. Man nimmt auf Blößengewicht bezogen 21 bis 22% Magnesiumoxyd und 7% Natriumbicarbonat in möglichst konzentrierter Lösung. Man kann entweder mit dem Gemisch beider Lösungen gerben oder die Gerbung mit der Magnesiumlösung beginnen und die Carbonatlösung nachsetzen. Die in 4 bis 6 Stunden gegerbten Leder werden ohne Spülen 10 Stunden verlüftet und dann in bekannter Weise weiterverarbeitet. Die so hergestellten Leder eignen sich für solche Zwecke, bei denen hohe Ansprüche an Zähigkeit gestellt werden, wie Binde- und Schlagriemenleder.

In einem weiteren Patent (D. R. P. 451988) werden die löslichen Carbonate durch unlösliche ersetzt.

Es sind in der Praxis Magnesiumleder hergestellt worden, die sich für Spezialzwecke bewährt zu haben scheinen. Es muß jedoch bezweifelt werden, ob es sich um eine Gerbwirkung in dem Sinne handelt, daß die Proteinsubstanzen mit den Magnesiumsalzen reagieren. Es scheint sich vielmehr um eine Imprägnierung der Blöße mit unlöslichen Magnesiumverbindungen zu handeln, woraus auch erklärlich erscheint, daß relativ hohe Mengen Magnesiumoxyd in hoher Konzentration angewendet werden müssen. Nach den Erfahrungen des Verfassers ist das Magnesiumleder gegen heißes Wasser wenig beständig.

2. Schwefel.

Die Mitverwendung des Schwefels bei der Herstellung gewisser Lederarten ist dem Praktiker bekannt. Bei der Zweibadchromgerbung wird durch die Zersetzung des Thiosulfats im Reduktionsbad Schwefel im Leder abgelagert. Gutes Chevreauxleder ist bisher nach einem Einbadverfahren kaum zu erhalten. Es scheint demnach, daß die Ablagerung von Schwefel im Leder eine wichtige Rolle spielt. Bei der Herstellung gewisser technischer Leder, besonders von Schlagriemenleder, wird die Einführung von Schwefel in die Blöße geschätzt. Der technische Vorteil, der in der Mitverwendung von Schwefel beobachtet wird, ist die Erzielung eines besonders reißfesten Leders. Es gibt eine ganze Reihe von Arbeiten, die sich mit der Frage beschäftigen, ob bei der Einwirkung von Schwefel in Blöße ein Gerbvorgang vorliegt oder nicht. Es ist zweifellos von Vorteil, in die Wirkungsweise des Schwefels auf die Haut einen Einblick zu gewinnen und die unter dem obigen Gesichtspunkt durchgeführten Arbeiten sind daher zu begrüßen. Im übrigen sollte man sich vor Augen halten, daß es auch gelingt, zu technisch für ganz bestimmte Zwecke brauchbaren Werkstoffen aus Haut zu gelangen, die lederartige Beschaffenheit haben, ohne daß eine Gerbung im Sinn einer chemischen Wechselwirkung zwischen Proteinsubstanz und dem angewendeten Stoff zustandekommt. So kann eine Blöße durch Imprägnieren mit Fetten zu äußerst reißfesten Näh- und Binderiemen verarbeitet werden. Auch bei der Leipziger Zurichtung werden Pelze in lederartige Gebilde verwandelt, ohne daß eine eigentliche Gerbung durch das Pickeln mit Schwefelsäure eintritt. Bei der Verwendung von Schwefel scheint es ähnlich zu liegen, nur mit dem Unterschied, daß der Schwefel stets mit wahren Gerbmitteln zusammen zur Anwendung gelangt. Aus den folgenden Arbeiten geht hervor, daß Schwefel in kolloidaler Form von der Blöße aufgenommen und auch gebunden wird, ohne daß offenbar eine Gerbung im chemischen Sinn eintritt.

W. Eitner (*2*) behauptet, daß durch die Einwirkung des Schwefels auf Haut eine Gerbung stattfinde durch Umlagerung der Fasern. C. Apostolo stellt Versuche an mit frisch gefälltem Schwefel, der durch Ansäuern konzentrierter Lösungen von Thiosulfat mit kleinen Mengen Milchsäure erhalten wird. Der sich dabei bildende Schwefel, der die Lösung trübt, wird von der Blöße aufgenommen. Durch Wiederholung des Vorgangs konnte er den gesamten bei der Zersetzung des Thiosulfats gebildeten Schwefel in die Blöße hineinbringen. Das so erhaltene Produkt hat in bezug auf Weichheit und Aussehen lederartige Eigenschaften. Beim Einlegen in kaltes Wasser tritt keine Veränderung, bei der Einwirkung von kochendem Wasser dagegen Zerstörung ein. Bei Extraktion mit Schwefelkohlenstoff wurde nur 1% des eingelagerten Schwefels entfernt.

A. M. Gallardo ließ auf mit Salzsäure und Salz gepickelte Blößen Thiosulfat einwirken und erhielt dabei ein weiches Leder guter Reißfestigkeit. U. J. Thuau (*1*) arbeitete ebenso und legte darnach das so erhaltene Leder in zwei Schwefelsole verschiedener Bereitung. Er beobachtete bei beiden Solen gute Gerbwirkung. A. W. Thomas beschäftigt sich in einer Arbeit eingehend mit dem Problem der Einwirkung von Schwefel auf Haut. Er untersucht die Einwirkung eines nach der Methode S. Odéns hergestellten Schwefelsols auf Hautpulver. Das eingehend untersuchte Sol besteht in der dispersen Phase aus Schwefel, der an Polythionsäuren gebunden ist. Es wird die Abhängigkeit der Schwefelaufnahme von Konzentration und Zeit beobachtet. Untersucht wird das behandelte und gewaschene Hautpulver, wobei der Schwefelgehalt durch Gewichtszunahme bestimmt wird. Aus den Versuchen geht hervor, daß die irreversibel aufgenommene Schwefelmenge gering ist und mit steigender Konzentration zunimmt. Die Extraktion des Hautpulvers mit Schwefelkohlenstoff läßt keinen eindeutigen Schluß zu. Die Ergebnisse der Untersuchung sind in Tabelle 100 zusammengestellt.

Tabelle 100. Bindung von Schwefel durch Hautpulver (2 g Trockensubstanz).

Probe	Wasser ccm	S-Sol ccm	Verfügbarer Schwefel in g	Zeit in Stunden	Gebundener Schwefel	Durch CS_2 extrahierbarer Schwefel
1	75	25	0,245	1,5	0,010	—
2	75	25	0,245	12,0	0,038	0,058
3	50	50	0,490	1,5	0,057	—
4	50	50	0,450	12,0	0,100	0,109
5	25	75	0,735	1,5	0,061	—
6	25	75	0,735	12,0	0,191	0,179

Da das Schwefelsol von S. Odén nur in saurer Lösung beständig ist, konnte vermutet werden, daß die Blöße die im Sol vorhandenen Polythionsäuren aufnehmen könnte, unter einer Ausfällung des Schwefels auf dieser. Um diese Möglichkeit zu klären, wurde eine weitere Versuchsreihe angesetzt, bei der die Blöße vor der Einwirkung des Schwefelsols schwach sauer gestellt wurde. Die Blöße wurde dazu vor der Einwirkung des Sols einer Behandlung mit $^{n}/_{40}$ H_2SO_4 unterworfen. Die Proben wurden nach 12stündigem Schütteln mit dem Schwefelsol untersucht. Wie Tabelle 101 zeigt, war kein besonderer Effekt zu beobachten. Es findet somit keine Ausfällung des Sols durch Säureentzug statt.

Tabelle 101. Bindung des Schwefels durch säurevorbehandeltes Hautpulver (2 g Trockensubstanz-Hautpulver).

Probe	Wasser ccm	S-Sol ccm	Verfügbarer Schwefel in g	Gebundener Schwefel
7	75	25	0,245	0,019
8	50	50	0,490	0,106
9	25	75	0,735	0,158

In einer weiteren Versuchsreihe studiert A. W. Thomas die Wirkung der Veränderung des p_H-Werts des Schwefelsols auf die Aufnahme des irreversibel gebundenen Schwefels. Es zeigt sich, daß mit abnehmender Wasserstoffionenkonzentration weniger Schwefel aufgenommen wird. Die Ergebnisse sind in Tabelle 102 zusammengestellt.

Tabelle 102. Einfluß der Acidität auf die Schwefelaufnahme. 24 Stunden (2 g Trockensubstanz-Hautpulver + 50 ccm S-Sol).

Probe	+ 0,1 n NaOH ccm	Wasser ccm	Gebundener Schwefel
10	—	50,0	0,112
11	2,5	47,5	0,082
12	5,0	45,0	0,074
13	7,5	42,5	0,062
14	10,0	40,0	0,032

Zur vollständigen Neutralisation von 50 ccm Schwefelsol werden 13,1 ccm 0,1 n NaOH benötigt.

Hinsichtlich der Qualität der mit Hilfe von Schwefelsolen erzeugten Leder wird kein Schluß gezogen, da die Versuche mit Hautpulver durchgeführt wurden. A. W. Thomas schließt aus den Untersuchungen, daß kolloidaler Schwefel nicht zu den Gerbmitteln zählt, die von der Haut gebunden werden.

Vom praktischen Gesichtspunkt aus erscheinen die Befunde von A. W. Thomas interessant, daß die Einlagerung von Schwefel eine Funktion des Säuregrades des verwendeten Schwefelsols ist. Sauere Reaktion des Sols begünstigt offenbar die Aufnahme. Diejenigen praktischen Verfahren, bei denen die Blößen zunächst durch Pickeln sauergestellt werden, müßten demnach zu günstigeren Ergebnissen führen als diejenigen, bei denen die Blößen erst mit Thiosulfat und dann mit Säure behandelt werden. Das letztere Verfahren scheint in der Tat seltener geübt zu werden.

P. Chambard und A. Abassi haben weitere Versuche zur Aufklärung der Vorgänge bei der Schwefelgerbung angestellt. Vollständig entkälkte und mit Kochsalz-Schwefelsäure gepickelte Blößenstücke werden durch Zugabe einer konz. Lösung von Thiosulfat in fünf Portionen in Abständen von je 30 Minuten gegerbt. Während der Zugabe von Thiosulfat werden die Blößen gut geschüttelt und nach der letzten Zugabe noch drei Stunden weiterbewegt. Es wird eine Reihe von Versuchen durchgeführt, wobei die im Pickel verwendete Schwefelsäuremenge 0,2, 0,5, 1, 2, 4, 6 und 8%, bezogen auf Blöße, beträgt. Die Thiosulfatmengen werden im Überschuß angewendet. Neben Schwefel und schwefliger Säure entstehen bei der Zersetzung des Thiosulfats auch Polythionsäuren, die 3 bis 4 Schwefelatome enthalten. Die Schwefelaufnahme durch die

Haut hängt außer von der Konzentration der Schwefelsäure im Pickel von der Geschwindigkeit des Thiosulfatzusatzes ab. Bei zu schneller Zugabe scheidet sich Schwefel aus, der infolge Teilchenvergrößerung von der Blöße nicht mehr aufgenommen wird. Der Schwefel wird also nur in Solform aufgenommen. Die Blößen werden ohne Spülen auf gebundenen und freien Schwefel untersucht. Als freier Schwefel wird der in Petroläther extrahierbare ermittelt, der gebundene Schwefel wird durch Oxydation als Sulfat gefunden. Es zeigt sich, daß die Aufnahme des Gesamtschwefels umgekehrt proportional der Säurekonzentration im Pickelbad ist. Gebundener und freier Schwefel stehen etwa im Verhältnis 1 : 1. Nur bei den Versuchen mit 6 bis 8% Schwefelsäure tritt lederartiges Auftrocknen ein. Die Verfasser bezeichnen die Schwefelgerbung der vegetabilischen als unter-, dagegen der Alaungerbung als überlegen. Durch Nachbehandlung der Schwefelleder mit Tran wird die Qualität der Leder wesentlich verbessert. Die Verfasser nehmen an, daß dabei Umsetzungen zwischen Tran und Schwefel eintreten, ähnlich wie beim Vulkanisieren von Kautschuk.

Literaturübersicht.

Apostolo, C.: Collegium **1913**, 420.
Casaburi, V.: Boll. uff. R. Staz. sperim. Ind. Pelli Materie concianti **14**, 74 (1936).
Casaburi, V. u. E. Simoncini: J. I. S. L. T. C. **20**, 2 (1936).
Chambard, P. u. A. Abassi: J. I. S. L. T. C. **19**, 382 (1935).
Eitner, W. (*1*): Collegium **1911**, 455; (*2*): Gerber **1911**, 1, 15, 43, 59.
Elöd, E. u. Th. Schachowskoy (*1*): Kolloid-Ztschr. **72**, 221 (1935); (*2*): Collegium **1934, 414.**
Erdmann, H.: Diss. T. H. Darmstadt **1937**.
Gallardo, A. M.: Hide and Leather **68**, 40 (1924).
Garelli, F. (*1*): Atti R. Accad. dei Lincei Roma **16**, 532 (1907); (*2*): Collegium **1912**, 418.
Graham, T.: Journ. chem. Soc. London **15**, 246 (1862).
Hell, J.: Collegium **1923**, 264.
Hough, A. T.: Cuir techn. **8**, 209, 257, 314 (1919).
Küntzel, A.: Angew. Chem. **50**, 30, 1937.
Küntzel, A. u. C. Rieß: Collegium **1936**, 647, 651, 655, 659, 664.
Niedercorn, J. G.: Ind. engin. Chem. **20**, 257 (1928).
Odén, S.: Nova acta regiae soc. sci. Upsala **3**, 1 (1913); Chem. Ztrbl. **1913**, II 1, 654.
Parenzo, M.: Collegium **1910**, 121.
Rieß, C.: Stiasny Festschrift. Darmstadt: Eduard Roether, 1937.
Röhm, O. (*1*): Collegium **1923**, 266; (*2*): Ebenda **1923**, 295.
Schindler, W., K. Klanfer u. E. Flaschner: Collegium **1929**, 490.
Simoncini, E.: Boll. uff. R. Staz. sperim. Ind. Pelli Materie concianti **12**, 169 (1934).
Thomas, A. W.: Ind. and Eng. Chem. **18**, 259 (1926).
Thuau, U. J. (*1*): Cuir techn. **10**, 10, 80, 102 (1921); (*2*): Ebenda **13**, 402 (1924).
Weber, F. W.: Collegium **1931**, 658.
Wilson, J. A.: J. A. L. C. A. **32**, 113 (1937).

Drittes Kapitel.

Die Aldehyd- und Chinongerbung.

Von Prof. Dr. **Otto Gerngroß**, Ankara.

A. Die Gerbung mit Formaldehyd und anderen Aldehyden.

I. Historisches. Allgemeine Einführung.

Die Tatsache, daß Formaldehyd tierische Gewebe härtet, wurde schon 1875 von Busch in Straßburg beobachtet (A. Gansser-J. Jettmar, S. 221).

Auf die antiseptische Wirkung — geprüft am Harn — machte 1888 O. Löw (*1*) und bald darauf J. J. Trillat (*1*) aufmerksam (Th. Weyl, Bd. 8, S. 1135). J. J. Trillat (*2*) stellte 1891 auch fest, daß Formaldehyd von frischer Haut aus seiner Lösung aufgenommen wird und sprach die Vermutung aus, daß dabei eine wahre Verbindung in ähnlicher Weise wie beim Leder zwischen Haut und Gerbstoff entstehe. Somit scheint J. J. Trillat das Verdienst zuzukommen, dem Formaldehyd den Weg in das Gerbereigewerbe gewiesen zu haben.

1897 publizierte W. Eitner seine praktischen Versuche mit Formaldehyd zur Härtung des Narbens von böhmischen Fichtenterzen (Halbsohlledern). Erst ein Jahr später ließen sich J. und E. E. Pullmann die Gerbung mit Formaldehyd in alkalischer Lösung patentieren (D. R. P. 111408, E. P. 2872). Der Patentanspruch lautet:

„Verfahren zum Herstellen und Appretieren von Leder, gekennzeichnet durch die Anwendung einer in Wasser gelösten Mischung von Formaldehyd mit einem alkalischen Salz wie Na_2CO_3, CaO, $Mg(OH)_2$ und ähnlichen, welche Mischung nach und nach in die die Häute oder Felle enthaltende rotierende Trommel eingeführt wird."

Dieses Verfahren wurde auch von der englischen Pullmann Comp. in Godalming ausgeübt [J. Jettmar (*1*), S. 101]. 1899 wurde R. Combret ein Patent (D. R. P. 112183) auf die Formaldehydgerbung unter gleichzeitiger Anwendung von Säure erteilt. Das betreffende Verfahren ist aber unverwendbar, da ein brauchbares Formaldehydleder nur in neutraler oder schwach alkalischer Lösung erhalten wird (vgl. S. 373).

Im äußeren Ansehen gleicht das Formaldehydleder dem Sämischleder, es ist jedoch weiß und bei richtiger Herstellung von besonders weicher Beschaffenheit und sehr hoher Wasserbeständigkeit. Vergleichsversuche ergeben, daß es die meisten anderen Lederarten an Wasserfestigkeit übertrifft [G. Grasser (*1*), C. Schiaparelli und L. Careggio]. Es läßt sich in kaltem und sogar in heißem Wasser ohne oder mit Seife waschen und selbst kochen, ohne sich zu ändern [J. Jettmar (*1*), S. 101]. Es verträgt auch trockenes Erhitzen auf 110° C (E. E. M. Payne). Es ist sehr leicht und weist eine entsprechend niedrige Rendementzahl auf. Es eignet sich besonders für die Erzeugung von Fensterleder, für Bandagen und zur Fütterung von Etuis.

Zur Herstellung von Formaldehydleder können die verschiedensten, nicht zu starken Häute verwendet werden: z. B. Schaf-, Ziegen-, Reh-, Hirsch-, Schlangen- und Reptilienhäute, leichte Rindshäute und Kipse. Auch Pelze werden vielfach mit Formaldehyd gegerbt.

In Kombination mit anderen Gerbstoffen spielt der Formaldehyd eine nicht unbeträchtliche Rolle. Es muß aber gesagt werden, daß die technische Verwendung der Formaldehydgerbung als Allein- und Hauptgerbung im Vergleich zu den anderen Gerbarten ziemlich gering ist, und daß sie in Deutschland von den Produktionserhebungen in der Lederindustrie für sich nicht erfaßt wird.

Während des Gerbstoffmangels zur Zeit des Weltkrieges wurden in Deutschland jedoch beträchtliche Mengen Formaldehyd zur Herstellung verschiedener Lederarten verwendet (Näheres siehe S. 376).

II. Herstellung des Formaldehyds und seine Eigenschaften in Dampfform und in wässerigen Lösungen[1].

Formaldehyd wird technisch durch Überleiten eines Gemisches von Methanoldämpfen mit Luft über erhitzte Katalysatoren, vor allem Kupfer und Silber, die in Form von spiraligen bzw. zylindrischen Drahtgeweben angewendet werden, in einer exothermen Reaktion erzeugt. Der einmal eingeleitete Prozeß läuft ohne Wärmezufuhr von selbst weiter.

Formaldehyd ist bei Zimmertemperatur ein stechend riechendes Gas, das bei starker Abkühlung zu einer Flüssigkeit vom Siedep. von -21^0, Schmelzp. -92^0 sich verdichtet. In der Gasphase ist Formaldehyd monomolekular (F. Auerbach und W. Plüddemann) und nicht hydratisiert [F. Walker (*1*)].

Aus Gründen, wie sie bei Chinon (S. 386) erörtert werden, interessiert auch bei dem Formaldehyd vor allem der Zustand in wässeriger Lösung, in welcher er zur Gerbung verwendet wird. Man verdankt F. Auerbach (*1*) die wesentlichsten Aufklärungen. Demnach besteht in wässeriger Lösung ein Gleichgewicht zwischen dem monomolekularen Hydrat $CH_2\cdot(OH)_2$ und hydratisierten Polymeren $(CH_2\cdot O)nH_2O$ [F. Auerbach und H. Barschall (*1*)]. In wässeriger Lösung ist vorwiegend das einfache Hydrat, das Methylenglykol, $CH_2(OH)_2$, vorhanden [F. Walker (*2*)], jedoch bis zu 38% auch das trimere Produkt $(CH_2O)_3H_2O$. Temperaturerhöhung und Verdünnung verschieben das Gleichgewicht zugunsten des monomeren $CH_2(OH)_2$ [F. Walker (*2*)].

100 g Wasser lösen etwa 50 g Formaldehyd. Wässerige Formaldehydlösungen trüben sich besonders bei niederer Temperatur allmählich infolge der Bildung von Polymerisationsprodukten, insbesondere von Paraformaldehyd. Methanol verzögert diese Erscheinung und aus diesem Grunde wird den handelsüblichen Lösungen meist Methylalkohol zugefügt. Die wichtigsten Handelssorten sind:

a) 40volumprozentiger Formaldehyd, der etwa 40 g Formaldehyd in 100 ccm Lösung enthält, also rund 37gewichtsprozentig ist. Dieses Produkt enthält im Sommer etwa 7 bis 10, im Winter, in welchem bei Kälte die Gefahr der Trübung durch schwerlösliche Polymerisationsprodukte in verstärktem Maße besteht, etwa 11 bis 13 Gewichtsprozent besonders zugefügten Methanols.

b) 30gewichtsprozentige Ware mit etwa 32,75volumprozentigem Formaldehyd, der von Methanol frei ist.

[1] Vgl. dazu L. Vanino und E. Seitter; F. Ullmann, Bd. V, S. 430.

c) 35gewichtsprozentiger, der Pharmakopöe entsprechender methanolhaltiger Formaldehyd. Für Sonderzwecke können auch methanolfreie Formaldehydlösungen höherer Konzentration hergestellt werden.

Bisweilen treten bei starker Formaldehydlösung trotz des Zusatzes von Methanol bei Temperaturen unter 0^0 geringe Trübungen auf. Man kann sie zum Verschwinden bringen, wenn man die trüben Lösungen einige Tage unter öfterem Umschütteln in einem geheizten Raum aufbewahrt. Wenn allerdings das Produkt mehr als 8 bis 10 Tage in der Kälte gestanden hat, so läßt sich der ausgeschiedene Paraformaldehyd trotz Erwärmung und Bewegung nicht mehr lösen.

Für die Methoden des Nachweises und der quantitativen Bestimmung von Formaldehyd (S. 349) ist folgendes von Wichtigkeit: Beim Destillieren wässeriger Formaldehydlösungen von beliebiger Konzentration zeigte es sich, daß das Destillat stets weniger Formaldehyd, der Destillationsrückstand stets mehr Formaldehyd als die ursprüngliche Lösung enthielt. Der Siedepunkt wässeriger Formaldehydlösungen fällt mit zunehmender Konzentration bei normalem Atmosphärendruck von 100 bis 99^0 [F. Auerbach (*2*)]. Zu anderen Resultaten kamen allerdings W. Ledbury und E. W. Blair. Sie fanden, daß bei der Destillation von Lösungen mit einer geringeren Konzentration als etwa 30% Formaldehyd das Destillat jederzeit konzentrierter als die zurückbleibende Lösung war, während Lösungen mit höherem Gehalt an Formaldehyd als 30% bei der Destillation Rückstände hinterließen, die jeweils konzentrierter waren als die Destillate. Nach J. A. Wilkinson und J. A. Gibson liegt die Konzentration, bei welcher Umkehr erfolgt, nicht bei 30%, sondern bei 8% Formaldehyd.

Durch Eindampfen oder durch einfaches Verdunsten bei Zimmertemperatur scheidet sich aus den konzentrierten Lösungen des Formaldehyds „Paraformaldehyd" in Form von weißen, amorphen, in Wasser unlöslichen Massen ab.

III. Polymere des Formaldehyds.

Paraformaldehyd. Das käufliche Produkt, das auch als „Paraform" und unrichtig als „Trioxymethylen" bezeichnet und durch Eindampfen wässeriger Formaldehydlösungen erzeugt wird, besteht vielleicht aus einem Gemisch von α-, β- und wenig γ-Polyoxymethylen [F. Auerbach und H. Barschall (*1*), (*2*)]. Es ist ein amorpher Stoff, der bei 150 bis 160^0 C schmilzt. Bei 18^0 lösen 100 Teile Wasser 20 bis 30 Teile Paraformaldehyd auf. In Alkohol ist Paraformaldehyd unlöslich. Beim Erhitzen mit Säuren oder Laugen findet Rückverwandlung in Formaldehyd statt.

Polyoxymethylene. Sie entstehen durch Einwirkung von konzentrierter Schwefelsäure auf Formaldehydlösungen. Sie sind kristallisierbar und mikrokristallin. Auch sie riechen nach Formaldehyd und zerfallen in wässerigen Lösungen und im Dampfzustand zum Teil in Formaldehyd. Es sind Gemische verschiedener Polymerisationsstufen des Formaldehyds und auch von Derivaten dieser eigentlichen Polyoxymethylene (vgl. unten). Sie enthalten in ihren hochmolekularen Bestandteilen 100 und mehr Formaldehydmoleküle kettenartig aneinandergereiht (H. Staudinger), wobei die Verknüpfung der Formaldehydmoleküle durch Sauerstoffatome erfolgt.

$$\ldots —CH_2—O—CH_2—O—CH_2—O—CH_2—O—CH_2—O— \ldots$$

α-Polyoxymethylen:

Es wird durch Zusatz von 1 Vol. konz. Schwefelsäure zu 10 Vol. käuflicher Formaldehydlösung, ferner aus Paraformaldehyd durch Erwärmen mit 25%iger Schwefelsäure gewonnen. Auch durch Einwirkung von Alkalien auf methanolarme, 30%ige Formaldehydlösung wird α-Polyoxymethylen gebildet. Es ist eine undeutlich kristallinische Substanz vom Schmelzpunkt 163 bis 168^0 (zugeschmolzenes Röhrchen).

β-Polyoxymethylen:

Es fällt aus konz. Formaldehydlösungen bei Zusatz von größeren Mengen Schwefelsäure aus. Es ist ein Schwefelsäureester eines Polyoxymethylens.

γ-*Polyoxymethylen*:

Es wird aus methanolhaltigen Formaldehydlösungen durch Schwefelsäure gefällt und ist ein Polyoxymethylen-dimethyläther.

δ-*Polymethylen*

entsteht aus γ-Polyoxymethylen durch Kochen mit Wasser.

ε-*Polyoxymethylen*

ist ein hochkondensiertes Polyoxymethylen (D. L. *Hammick* und A. R. *Boeree*).

α-*Trioxymethylen* [F. *Auerbach* und H. *Barschall* (*1*), (*2*), und D. L. *Hammick* und A. R. *Boeree*] entsteht durch Erhitzen von käuflichem Paraformaldehyd oder von Polyoxymethylenen und Einleiten der Dämpfe in Eiswasser. Es ist eine kristallisierte, gut definierte, unzersetzt destillierbare Verbindung, deren Eigenschaften auf eine ringförmige Struktur weisen.

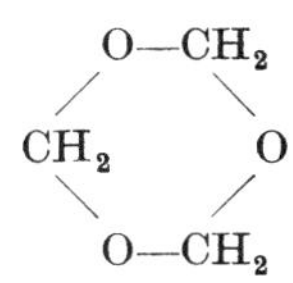

Dementsprechend zeigt sie keine der im folgenden besprochenen Aldehydreaktionen. Ihr Schmelzpunkt liegt bei 63 bis 64° (zugeschmolzenes Röhrchen). Die Verbindung ist in Äther, Alkohol und vielen organischen Lösungsmitteln und auch in Wasser gut löslich. 100 ccm Wasser lösen bei 18° 17,2 g Trioxymethylen auf.

IV. Allgemeine chemische Reaktionen des Formaldehyds.

Der Formaldehyd $H{-}C{\lesssim}^{O}_{H}$ ist als das Anfangsglied der homologen Reihe aliphatischer Aldehyde von besonderer Reaktionsfähigkeit. Dies äußerst sich ja auch in seiner *desinfizierenden* und *gerbenden* Wirkung, mit der er alle anderen Aldehyde praktisch unvergleichbar überragt.

Hier seien ganz kurz die allgemeinen Aldehydreaktionen des Formaldehyds angeführt, die für den *Gerbereichemiker* Bedeutung haben können und die er gelegentlich in Theorie und Praxis berücksichtigen muß. Die Reaktion mit den Eiweißbausteinen, den Eiweißabbauprodukten und den Proteinen, welche in nächster Beziehung zur Gerbwirkung des Formaldehyds stehen, werden im Abschnitt VIII eingehend behandelt.

Die charakteristische, reaktionsfähige Gruppe des Aldehyds ist die Carbonylgruppe $>C=O$. Sie besitzt eine Doppelbindung, die zu Additionsreaktionen besonders befähigt ist.

1. Es seien als *Additionsreaktionen* genannt:

a) Die Addition von Wasserstoff unter Vermittlung von Katalysatoren oder durch naszierenden Wasserstoff. Sie führt unter völliger Verwandlung der Aldehydgruppe zum Methylalkohol.

$$H\cdot C{\lesssim}^{O}_{H} + H_2 = H\cdot CH_2\cdot OH.$$

b) Die Anlagerung von Wasser, von der bereits auf S. 345 bei den Eigenschaften des Formaldehyds in wässeriger Lösung die Rede war.

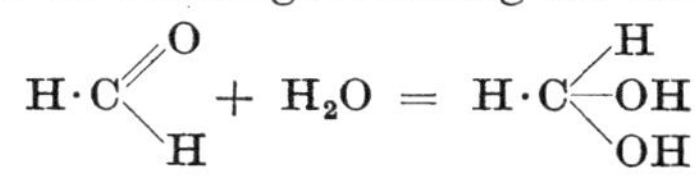

c) Die Anlagerung von Natriumbisulfit, die eine Blockierung der wirksamen Aldehydgruppe bedeutet.

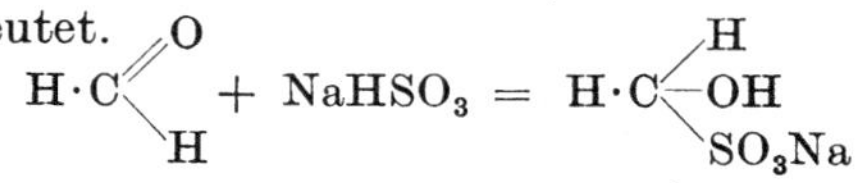

Durch verdünnte Säuren und Alkalien läßt sich der Aldehyd wieder abspalten. Die Reaktion hat auch praktisches Interesse (S. 380).

d) Die Anlagerung von Cyanwasserstoffsäure, die zu Cyanhydrinen führt.

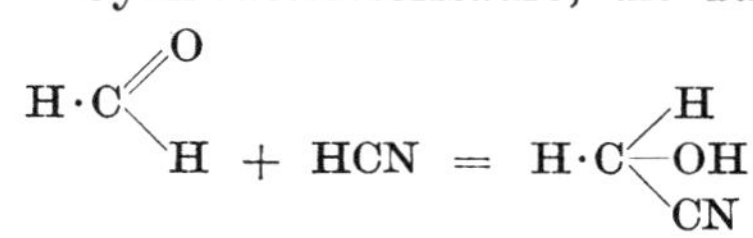

Die analoge Reaktion mit Cyankalium wird analytisch verwendet (S. 353).

2. Oxydierbarkeit. Der Aldehyd, der als Oxydationsstufe zwischen dem Methylalkohol und der Ameisensäure steht, ist bedeutend leichter oxydierbar als reduzierbar. Formaldehyd ist autoxydabel und seine Lösungen enthalten immer etwas Ameisensäure.

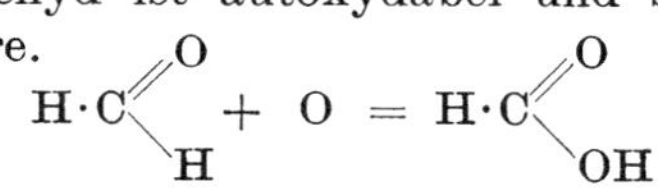

Schwermetallsalze, wie die des Quecksilbers, Silbers, Goldes, werden unter Abscheidung des Metalls reduziert, Fehlingsche Lösung unter Abscheidung des Cuprooxyds. Auch diese Reaktionen haben Bedeutung für den Nachweis von Formaldehyd (siehe S. 353).

3. Dismutation. Eine besondere Art des Übergangs in Ameisensäure ist die Bildung durch Dismutation gemäß der nach ihrem Entdecker benannten Cannizzaroschen Reaktion. Die Reaktion findet in alkalischer Lösung statt. Es ist eine Oxydo-Reduktion, bei der aus 2 Molekülen Formaldehyd je 1 Molekül Methanol und Ameisensäure entstehen.

$$H\cdot COH + H\cdot COH + H_2O = H\cdot CH_2\cdot OH + H\cdot COOH.$$

4. Reaktion mit Aminogruppen. Mit aminogruppenhaltigen Verbindungen, zu denen ja das Eiweiß gehört, reagiert Formaldehyd (vgl. S. 356) in verschiedenartiger Weise. Es reagiert mit Hydroxylamin $NH_2\cdot OH$, Hydrazin $NH_2\cdot NH_2$, Phenylhydrazin $C_6H_5\cdot NH\cdot NH_2$, Semicarbazid $H_2N\cdot NH\cdot CO\cdot NH_2$. Mit Ammoniak selber bildet es in komplizierter Reaktion das schön kristallisierende, in Wasser gut lösliche Hexamethylentetramin, auch Urotropin genannt.

$$6\,CH_2O + 4\,NH_3 = 6\,H_2O + C_6H_{12}N_4.$$

Es spaltet allmählich in geringer Menge Formaldehyd ab und dient als inneres Desinfiziens.

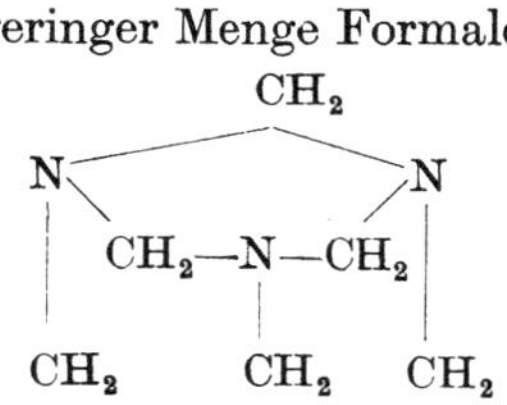

Hexamethylentetramin.

5. Aldolkondensation. Über die große Polymerisationsfähigkeit des Formaldehyds und seine hochmolekularen Polymerisationsprodukte ist anläßlich des Verhaltens des Formaldehyds in wässeriger Lösung eingehend berichtet worden. Hier sei noch eine besondere Art der Formaldehydpolymerisation erörtert, die unter dem Einfluß schwacher Alkalien, z. B. von Kalkmilch, also unter gerberisch üblichen Bedingungen stattfindet und für die Chemie der Zuckerarten größte Bedeutung hat. Es ist die Aldolkondensation. Nach O. Löw (*2*), (*3*) entsteht unter den genannten Bedingungen ein Gemenge verschiedener Zucker.

$$6\,CH_2O = C_6H_{12}O_6.$$

V. Untersuchung, Dichte und quantitative Bestimmung von Formaldehydlösungen.

Die technischen Lösungen enthalten in der Regel bis zu 0,2% Ameisensäure und manchmal geringe Mengen Kupfer. Das deutsche Arzneibuch VI fordert das Bestehen folgender Reinheitsprüfung:

1 ccm Formaldehydlösung darf nach Zusatz von 2 Tropfen Phenolphthaleinlösung zur Neutralisation höchstens 0,05 ccm n Kalilauge verbrauchen. Die 1 : 5 verdünnte wässerige Lösung darf weder durch Silbernitrat (Chlorionen) noch durch Bariumnitratlösung (Sulfationen), noch durch Schwefelwasserstoff-Wasser (Kupfer-Ionen) verändert werden. Beim Verdampfen von 20 ccm Formaldehydlösung und Glühen des Rückstandes darf nicht mehr als 2 mg Glührückstand verbleiben.

Tabelle 103. Spezifische Gewichte rein wässeriger Formaldehydlösungen, 18°/4° [F. Auerbach (*2*)].

CH_2O in 100 ccm Lösung	in Gramm	Spezifisches Gewicht
2,24	2,23	1,0054
4,66	4,60	1,0126
11,08	10,74	1,0311
14,15	13,59	1,0410
19,89	18,82	1,0568
25,44	23,73	1,0719
30,17	27,80	1,0853
37,72	34,11	1,1057
41,87	37,53	1,1158

Die spezifischen Gewichte rein wässeriger Formaldehydlösungen bei 18°, bezogen auf Wasser von 4°, hat F. Auerbach (*2*) festgestellt (Tabelle 103).

Die Dichte wässeriger Lösungen von 1 bis 40%igen Formaldehydlösungen bei 18,5° C sind nach Lüttke die folgenden (Tabelle 104).

Tabelle 104. Dichte wässeriger Lösungen des Formaldehyds bei 18,5° C [nach Lüttke (S. 310)].

Prozent	Spezifisches Gewicht	Prozent	Spezifisches Gewicht	Prozent	Spezifisches Gewicht
1	1,002	15	1,036	29	1,073
2	1,004	16	1,039	30	1,075
3	1,007	17	1,041	31	1,076
4	1,008	18	1,043	32	1,077
5	1,015	19	1,045	33	1,078
6	1,017	20	1,049	34	1,079
7	1,019	21	1,052	35	1,081
8	1,020	22	1,055	36	1,082
9	1,023	23	1,058	37	1,083
10	1,025	24	1,061	38	1,085
11	1,027	25	1,064	39	1,086
12	1,029	26	1,067	40	1,087
13	1,031	27	1,069		
14	1,033	28	1,071		

Etwas andere Werte enthält die Tabelle 105.

Tabelle 105. Spezifische Gewichte wässeriger Formaldehydlösungen bei 18°, bezogen auf Wasser von 4° (F. Ullmann, Bd. 5, S. 414).

CH_2O in 100 ccm Lösung in Gramm		Spezifisches Gewicht	CH_2O in 100 ccm Lösung in Gramm		Spezifisches Gewicht
0,5	0,5	1,000	21,4	22,8	1,065
2,1	2,1	1,005	23,0	24,6	1,070
3,7	3,8	1,010	24,6	26,5	1,075
5,4	5,4	1,015	26,2	28,3	1,080
7,0	7,1	1,020	27,8	30,1	1,085
8,6	8,8	1,025	29,3	32,0	1,090
10,2	10,5	1,030	30,9	33,8	1,095
11,8	12,2	1,035	32,5	35,7	1,100
13,4	14,0	1,040	34,0	37,6	1,105
15,0	15,7	1,045	35,6	39,5	1,110
16,7	17,5	1,050	37,2	41,4	1,115
18,2	19,3	1,055	38,7	43,4	1,120
19,8	21,0	1,060	40,3	45,3	1,125

Auf Grund von Messungen des Laboratoriums der Holzverkohlungs-Industrie-A. G. seien auch die spezifischen Gewichte der Formaldehydlösungen bei steigendem Methanolgehalt wiedergegeben (H. Gradenwitz, G. Maue) (Tabelle 106).

Tabelle 106. Spezifische Gewichte $\left(D_{15}^{15}\right)$ methanolhaltiger Formaldehydlösungen.

Methanol	Formaldehyd							
	10%	12%	14%	16%	18%	20%	22%	24%
0%	1,0313	1,0376	1,0438	1,0501	1,0563	1,0626	1,0689	1,0751
2%	1,0273	1,0335	1,0397	1,0459	1,0521	1,0583	1,0644	1,0706
4%	1,0235	1,0297	1,0358	1,0419	1,0481	1,0542	1,0603	1,0664
6%	1,0198	1,0258	1,0318	1,0378	1,0438	1,0498	1,0558	1,0618
8%	1,0162	1,0222	1,0281	1,0340	1,0399	1,0458	1,0517	1,0576
10%	1,0128	1,0187	1,0245	1,0303	1,0361	1,0419	1,0477	1,0535
12%	1,0095	1,0153	1,0210	1,0266	1,0323	1,0380	1,0436	1,0493
14%				1,0229	1,0285	1,0340	1,0396	1,0451
16%					1,0247	1,0301	1,0355	1,0409
18%						1,0262	1,0315	1,0368
20%						1,0223	1,0274	1,0325

Methanol	Formaldehyd							
	26%	28%	30%	32%	34%	36%	38%	40%
0%	1,0814	1,0877	1,0940	1,1003	1,1066	1,1128		
2%	1,0768	1,0830	1,0892	1,0953	1,1015	1,1077		
4%	1,0725	1,0786	1,0847	1,0908	1,0969	1,1030		
6%	1,0678	1,0739	1,0799	1,0860	1,0921	1,0983	1,1045	
8%	1,0636	1,0695	1,0755	1,0815	1,0875	1,0935	1,0996	1,1058
10%	1,0593	1,0652	1,0711	1,0770	1,0829	1,0888	1,0947	1,1006
12%	1,0550	1,0607	1,0664	1,0721	1,0779	1,0836	1,0894	1,0952
14%	1,0507	1,0562	1,0618	1,0674	1,0730	1,0787	1,0843	1,0899
16%	1,0464	1,0518	1,0573	1,0628	1,0684	1,0740	1,0796	1,0852
18%	1,0421	1,0474	1,0527	1,0580	1,0635	1,0691	1,0747	
20%	1,0377	1,0429	1,0481	1,0534	1,0587	1,0641	1,0695	

Die Bestimmung des Formaldehydgehalts wässeriger Lösung mit Hilfe ihres spezifischen Gewichts ist bei technischen Formaldehydlösungen nicht ganz einfach, da sie wechselnde Mengen Methanol enthalten. Man ist deshalb des öfteren genötigt, quantitative Formaldehydbestimmungen durchzuführen. Es gibt zu diesem Zweck eine außerordentlich große Zahl von Methoden, von denen aber nur die vier zuverlässigsten und gebräuchlichsten maßanalytischen Methoden hier angegeben werden.

1. Für konzentriertere Formalinlösungen und wenn nicht besondere Genauigkeit verlangt wird, ist die einfache und billige „Natriumsulfitmethode" nach G. Lemme durchaus zu empfehlen. Bei Verdünnungen des Aldehyds unter 0,01 n ist die Methode allerdings nicht mehr brauchbar.

Das Prinzip beruht auf der Bildung von Natronlauge bei der Umsetzung von Formaldehyd mit Natriumsulfit. Die entstandene Lauge wird mit Säure titriert.

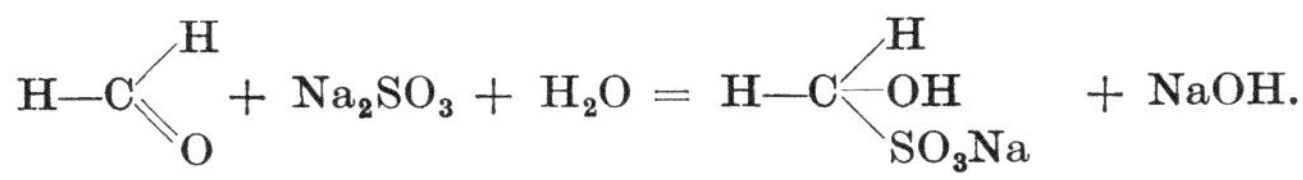

Bei dieser Methode muß die von der jeweiligen Wassermenge abhängige Hydrolyse des bei der Reaktion unverbrauchten Natriumsulfits berücksichtigt werden [F. Auerbach und H. Barschall (*1*)]. Aus diesem Grund ist es zweckmäßig, die Sulfitlösung und die zur Rücktitration verwendete Säurelösung auf gleicher Normalität (einfach normal) zu halten. So kann die unverbrauchte Menge Natriumsulfit leicht abgelesen werden.

Man titriert z. B. 3 ccm einer handelsüblichen Formaldehydlösung nach Zusatz eines Überschusses von $^1/_n$ Natriumsulfitlösung mit $^1/_n$ Salzsäure zurück. Für den Blindversuch füllt man das Quantum Natriumsulfitlösung, das als Überschuß ermittelt wurde, auf das Endvolumen der Titration auf und ermittelt den Säureverbrauch in dieser verdünnten Natriumsulfitlösung mit $^1/_n$ Salzsäure, der vom Ergebnis der Haupttitration abzuziehen ist. Als Indikator ist Phenolphtalein oder noch besser Rosolsäure (G. Doby) brauchbar.

$$1 \text{ ccm } ^1/_n \text{ Salzsäure} = 0{,}03002 \text{ g Formaldehyd.}$$

Die Reaktion zwischen Formaldehyd und Sulfit braucht bis zur Einstellung des Gleichgewichtes eine gewisse Zeit. Es findet bei der Titration gegen Phenolphthalein nach der Titration auf farblos zuweilen noch eine Nachrötung statt. Es empfiehlt sich daher, 3 bis 5 Minuten nach der Titration zu warten und bei auftretender Rötung bis zu einer schwach rötlichen Nuance als Endpunkt zu titrieren. Vor dem Sulfitzusatz ist die zu untersuchende Formalinlösung wegen des stets vorhandenen Ameisensäuregehaltes auf die gleiche Farbnuance zu neutralisieren. Die Natriumsulfitlösung ist nicht haltbar und daher täglich neu anzusetzen.

2. Bei Formaldehydlösungen, welche schwächer als 0,1 n sind, ist das jodometrische Verfahren nach G. Romijn (*1*), das sehr genau arbeitet, zu empfehlen. Konzentriertere Formaldehydlösungen sind vor der Untersuchung entsprechend zu verdünnen.

Die Methode beruht auf der Oxydation des Formaldehyds durch Jod in alkalischer Lösung nach den Gleichungen:

1. $2\,NaOH + J_2 = NaOJ + NaJ + H_2O.$
2. $H \cdot CHO + NaOJ + NaOH = H \cdot COONa + NaJ + H_2O.$

Das Verfahren wurde von W. Fresenius und L. Grünhut (*1*) nachgeprüft und es wurde eine Ausführungsform empfohlen, die sich eng an die des „Vereins für chemische Industrie" anschließt.

25 g oder ccm Formaldehydlösung werden in ein tariertes Wägeglas mit eingeriebenem Glasstopfen genau eingewogen und alsdann verlustlos in einen Meßkolben von 500 ccm Inhalt übergespült und in diesem mit Wasser auf 500 ccm aufgefüllt. 5 ccm dieser Lösung bringt man in eine Stöpselflasche mit gut eingeriebenem Glasstopfen und fügt schnell 30 ccm n Natronlauge hinzu, die man nur mit dem Meß-

zylinder abzumessen braucht. Sogleich läßt man unter beständigem Umschwenken aus einer Bürette etwa 50 ccm $^1/_5$ n Jodlösung zufließen, bis die Flüssigkeit lebhaft gelb erscheint. Man verstopft die Flasche, schüttelt noch $^1/_2$ Minute lang gut um, säuert mit 40 ccm n Schwefelsäure (im Meßzylinder gemessen) an und titriert nach kurzem Stehen — währenddessen die Flasche verstopft bleibt — den Überschuß des Jods mit $^1/_{10}$ n Natriumthiosulfatlösung zurück.

1 ccm $^1/_5$ n Jodlösung = 0,003002 g Formaldehyd.

Nach dem deutschen Arzneibuch VI wird das jodometrische Verfahren, das auch vom Verfasser bei seinen Untersuchungen am meisten angewendet wurde, vorgeschrieben, wobei aber das Reaktionsgemisch nach der Zugabe der Jodlösung 15 Minuten lang bei Zimmertemperatur verweilen soll.

Unter Verwendung der Erfahrungen anderer Autoren (K. A. Hofmann und H. Schibsted) empfiehlt es sich bei Untersuchungen, die große Genauigkeit erfordern, folgendermaßen zu arbeiten:

Die Natronlauge muß, um jede Möglichkeit einer Jodoformbildung durch Alkohol zu vermeiden, aus Natrium und Wasser hergestellt werden. Die Formaldehydlösung wird mit der ungefähr doppelten Menge Jodlösung, die für die Reaktion nötig wäre, vermischt, dann wird eine bei allen Versuchen gleiche Menge 25%iger Natronlauge hinzugefügt. Die Mischung wird 10 Minuten im Erlenmeyerkolben mit eingeschliffenem Glasstopfen stehengelassen, dann wird die überschüssige Natronlauge mit verdünnter Salzsäure unter Eiskühlung vorsichtig neutralisiert, um ein Verdampfen von Jod durch die auftretende Neutralisationswärme zu verhindern.

Bei Lösungen, welche größere Mengen hydrolysierter Hautsubstanz enthalten, ist die Methode nicht verwendbar, da, wie man sich leicht überzeugen kann, jodverbrauchende Substanzen in Lösung gehen (vgl. auch F. R. Kühl). Allerdings werden bei einer kräftigen und nicht zu lange ausgedehnten laboratoriumsmäßigen Formaldehydgerbung nur so wenige Hydrolysenprodukte abgespalten, daß sie nicht stören. Bei betriebsmäßigen Untersuchungen ist dies anders.

Äthylalkohol, Aceton und Acetaldehyd erhöhen die Analysenresultate, wirken also störend.

3. Wasserstoffsuperoxydmethode nach O. Blank und H. Finkenbeiner in der Ausführung von W. Fresenius und L. Grünhut (*2*).

Die Methode beruht auf der Oxydation des Aldehyds zu Ameisensäure durch Wasserstoffsuperoxyd und Titration der Ameisensäure.

$$2\,H\cdot CHO + 2\,NaOH + H_2O_2 = 2\,H\cdot COONa + H_2 + 2\,H_2O.$$

Ungefähr 3 g Formaldehyd werden in ein zylindrisches Wägeröhrchen mit eingeschliffenem Glasstopfen eingewogen. Man mißt nunmehr in einen Erlenmeyerkolben von 500 ccm Inhalt aus einer Bürette 25 bis 30 ccm kohlensäurefreie, doppelt n Natronlauge ein und läßt dann das geöffnete Wägeröhrchen vorsichtig so hineingleiten, daß nichts von seinem Inhalt ausfließt und daß es aufrecht auf dem Boden des Kolbens steht. Nun erst vermischt man durch Kippen und Umschwenken mit der Lauge. Sofort beginnt man aber auch mit der Zugabe von 50 ccm 3%igem Wasserstoffsuperoxyd, das man unter Umschwenken durch einen Trichter einfließen läßt und dessen Zufluß so geregelt werden muß, daß die ganze Menge im Verlauf von 3 Minuten zugesetzt wird. Man läßt dann noch 2 bis 3 Minuten — bzw. bei Ware von geringerem Gehalt als 30 Vol.-% 10 Minuten — stehen, spült Trichter und Kolbenwandungen mit kohlensäurefreiem Wasser ab und titriert den Überschuß der Lauge mit n Schwefelsäure unter Verwendung von guter Lackmustinktur als Indikator zurück. Eine etwaige Acidität des Formaldehyds sowie des verwendeten Wasserstoffsuperoxyds ist mit Hilfe von $^1/_{10}$ n Lauge zu ermitteln und entsprechend zu berücksichtigen.

1 ccm n Natronlauge = 0,03002 g Formaldehyd.

Die Umrechnung der Resultate aus Gewichtsprozenten auf die vielfach üblichen Volumprozente (d. h. Gramm in 100 ccm) erfolgt mit Hilfe des spezifischen Gewichts, das im Pyknometer bei 15° zu bestimmen ist (vgl. S. 349). Man kann anstatt doppelt normale auch einfach normale Lösungen anwenden (Gerbereichemisches Taschenbuch, S. 163). Methanol, Äthanol und Chloroform beeinflussen die Bestimmung nicht, während Aceton und Acetaldehyd die Bestimmung stören.

4. Bei Gegenwart größerer Mengen von Eiweißabbauprodukten ist nur als genau und zuverlässig die „Kaliumcyanidmethode" von G. Romijn (2) zu empfehlen. Die Methode hat zudem den Vorteil, durch Acetaldehyd und Aceton nicht gestört zu werden und überhaupt in unreinen Lösungen brauchbar zu sein.

Das Prinzip dieser wichtigen Methode besteht darin, daß Kaliumcyanid eine äquivalente Menge Silber in Form des Silbercyanids AgCN fällt, das unlöslich wie Silberchlorid ist. Es wird also einer Silbernitratlösung durch Kaliumcyanid eine äquivalente Menge Silber entzogen. Formaldehyd reagiert jedoch mit Kaliumcyanid nach der Gleichung:

$$CH_2O + KCN = N \vdots C \cdot CH_2 \cdot OK.$$

Durch Zusatz von Formaldehyd zu einer Kaliumcyanidlösung wird demnach ein Äquivalent Kaliumcyanid ausgeschaltet und das Fällungsvermögen der Cyanidlösung für die Silberlösung entsprechend vermindert.

Die Analyse wird folgendermaßen durchgeführt:

10 ccm $^1/_{10}$ n Silbernitratlösung werden mit 2 Tropfen 50%iger Salpetersäure versetzt, in einen 50-ccm-Meßkolben gebracht und 10 ccm einer Kaliumcyanidlösung zugefügt, die 3,1 g Kaliumcyanid in 500 ccm Wasser enthält. Es wird mit Wasser auf 50 ccm aufgefüllt, umgeschüttelt und vom Silbercyanid in einen trockenen Kolben abfiltriert. In 25 ccm des klaren Filtrats wird das vorhandene Silber mit $^1/_{10}$ n Kaliumrhodanidlösung in üblicher Weise mit Eisenammoniumalaun als Indikator titriert.

Für die eigentliche Formaldehydtitration gebraucht man ebenfalls 10 ccm der oben beschriebenen Kaliumcyanidlösung, setzt eine genau abpipettierte Menge der zu untersuchenden Formaldehydlösung zu, läßt einige Minuten stehen, fügt wie oben 10 ccm $^1/_{10}$ n Silbernitratlösung und 3 Tropfen 50%iger Salpetersäurelösung zu, füllt ebenfalls wie oben auf 50 ccm auf, filtriert und bestimmt auch hier in 25 ccm Filtrat den Silbergehalt mit $^1/_{10}$ n Kaliumrhodanidlösung. Die Differenz zwischen den zwei Silberbestimmungen mit 2 multipliziert ergibt den Formaldehydgehalt.

1 cm $^1/_{10}$ n Silbernitratlösung = 0,003002 g Formaldehyd.

Über die zahlreichen anderen Methoden zur Bestimmung von Formaldehyd vergleiche man Berl-Lunge, III. Bd, S. 805.

Über die Bestimmung des Methylalkoholgehalts in Formaldehydlösungen haben G. Lockemann und F. Croner nach Kritik bestehender Verfahren eine Methode angegeben, die auf der Oxydation des Methylalkohols durch Kaliumpermanganat beruht (vgl. auch Berl-Lunge, III. Bd., S. 812).

VI. Erkennungsreaktionen des Formaldehyds[1].

Die reduzierenden Eigenschaften des Formaldehyds gegenüber Schwermetallverbindungen ermöglichen den qualitativen Nachweis, ohne allerdings spezifisch zu sein. So wird Fehlingsche Lösung unter Abscheidung von rotem Kupferoxydul entfärbt. Schärfer ist die Reaktion mit dem Tollensschen Reagens — natron- oder kalilaugehaltige ammoniakalische Silbernitratlösung —, wobei folgende Ausführungsform sich bewährt:

Man bereitet eine ammoniakalische Silberlösung aus 3 g Silbernitrat und der eben zur Lösung notwendigen Menge Ammoniak vom spez. Gew. 0,923. Von dieser Lösung werden 10 bis 15 Tropfen zu 10 ccm einer 15%igen Kalilauge vorsichtig zugetropft, wobei man nach jedem einfallenden Tropfen schüttelt, bis Lösung erfolgt ist. Falls am Schluß eine bräunliche Trübung aufgetreten sein sollte, wird sie mit etwas Ammoniak behoben. Mit diesem Reagens geben selbst sehr verdünnte Formalinlösungen schon in der Kälte Dunkelfärbungen (S. Rothenfußer).

[1] Vgl. E. Mercks Reagenzienverzeichnis. 8. Aufl., 1936.

Auf der Abscheidung von metallischem Quecksilber beruht die Reaktion nach Feder.

Man bereitet eine Lösung von 20 g Quecksilberchlorid in 1 l Wasser und ferner eine Lösung, welche 80 g Ätznatron und 100 g Natriumsulfit in einem Liter enthält. Vor dem Gebrauch werden gleiche Teile dieser Lösungen gemischt. Bei Zusatz formaldehydhaltiger Lösungen zu diesem Reagens bildet sich eine Trübung von metallischem Quecksilber.

Besonders zu empfehlen ist die Reaktion mit fuchsinschwefliger Säure nach H. Grosse-Bohle:

Man löst 1 g Rosanilinhydrochlorid oder essigsaures Rosanilin in 500 ccm Wasser und gibt 25 g kristallisiertes Natriumsulfit, dann 15 ccm Salzsäure pr. anal., spez. Gew. 1,124 bis 1,126 dazu und füllt kalt auf 1 l auf. Nach 1- bis 2stündigem Stehen hat sich die Lösung entfärbt und ist dann brauchbar. Formaldehyd erzeugt mit diesem Reagens eine violette Färbung. Empfindlichkeitsgrenze ist = 1 : 500000 (H. Fincke u. E. Mercks Reagenzienverzeichnis, S. 179 und 229).

Außerordentlich empfindlich ist auch die auf den Tryptophangehalt des Eiweiß begründete Salkowskische Reaktion:

In der zu untersuchenden Lösung wird ein wenig (eine Messerspitze) Pepton aufgelöst und zu dieser Lösung werden 3 Tropfen Ferrichlorid zugefügt. Beim Versetzen dieser Mischung mit etwa dem halben Volumen Salzsäure (1,19) und Erhitzen zum Sieden findet bei spurenweiser Gegenwart von Formaldehyd Violett- bis Blaufärbung statt.

Eine andere Ausführungsform ist folgende: 50 ccm 15%ige Salzsäure werden mit 1 bis 4 ccm der zu untersuchenden Lösung versetzt. 3 ccm einer etwa 1%igen Caseinatlösung werden mit der gleichen Menge dieses Reagens vermischt und vorsichtig mit 2 ccm konz. reiner Schwefelsäure unterschichtet. Bei vorsichtigem Umschwenken findet heftige Salzsäureentwicklung (Vorsicht!) und prachtvolle Violettfärbung der Lösung statt, wenn Formaldehyd zugegen war.

Manche Phenole geben empfindliche und charakteristische Färbungen mit Formaldehyd.

Beim Arbeiten mit Cohns Reagens werden 5 ccm der zu prüfenden Flüssigkeit mit 2 mg Resorcin versetzt und vorsichtig mit 2 ccm Schwefelsäure unterschichtet. Enthält die Lösung, die man unter Umständen durch Destillation gewonnen hat, nur $^1/_2$ mg Formaldehyd, so bildet sich an der Berührungsstelle ein aus weißen Flöckchen bestehender Ring und darunter eine violettrote Zone. Empfindlichkeitsgrenze = 1 : 100000 (E. Mercks Reagenzienverzeichnis, S. 105).

Nach Lebbin verfährt man in folgender Weise:

Einige Kubikzentimeter der zu prüfenden Flüssigkeit erhitzt man mit dem gleichen Volumen 50%iger Natronlauge und 0,05 g Resorcin zum Sieden. Bei Anwesenheit von Formaldehyd entsteht erst Gelb-, dann Rotfärbung. Empfindlichkeitsgrenze = 1 : 10000000.

Auch beim Versetzen von 5 ccm der zu prüfenden Lösung mit einem Tropfen Phenollösung und Überschichten über reiner konzentrierter Schwefelsäure äußert sich die Anwesenheit von Formaldehyd durch Bildung eines karmoisinroten Ringes.

Mit Phenylhydrazin in saurer Lösung und Eisenchlorid geben Formaldehydlösungen eine allmählich stärker werdende Rotfärbung.

Man versetzt 5 ccm der zu prüfenden Flüssigkeit mit 0,03 g salzsaurem Phenylhydrazin, 4 Tropfen Eisenchlorid, 10 Tropfen konz. Schwefelsäure und soviel Alkohol oder Schwefelsäure, bis sich die trübe Flüssigkeit klärt. Die Rotfärbung ist noch bei der Verdünnung 1 : 4000 wahrnehmbar (C. Arnold u. C. Mentzel).

Endlich seien auch die scharfen Reaktionen, die Formaldehyd mit gewissen Alkaloiden gibt, erwähnt.

Ein brauchbares Reagens ist die Lösung von 0,35 g Morphinsulfat in 100 ccm kalter, reiner konz. Schwefelsäure. Das Reagens muß frisch bereitet sein. Die zu prüfende Flüssigkeit wird mit 1 ccm dieses Reagens vermischt. Bei Anwesenheit von Formaldehyd entsteht eine Rosafärbung, die in Blau übergeht. Kentmanns Reagens ist eine Lösung von 1 g Morphinchlorhydrat in 10 ccm konz. Schwefelsäure. Beim vorsichtigen Überschichten dieses Reagens mit einer formaldehydhaltigen Lösung färbt sich diese Lösung in einigen Minuten rotviolett. Eine Lösung von Codein in Schwefelsäure wird durch Formaldehyd blau gefärbt.

Im Gegensatz zu Acetaldehyd wird Formaldehyd aus seinen Lösungen nicht durch eine Merkurioxyd-Natriumsulfit-Lösung gefällt (A. Leys, S. M. Auld und A. Hantzsch).

VII. Nachweis des Formaldehyds in Leder und Leimleder.

Der Formaldehyd ist im Gegensatz zu seinen Verbindungen mit Aminosäuren und Diketopiperazinen (vgl. S. 357) im allgemeinen an der Proteinsubstanz sehr fest gebunden. Man ist genötigt, durch energische Behandlung mit Säure den Formaldehyd abzuspalten, wenn man ihn nachweisen will; doch zeigt die Praxis insbesondere beim Leimleder und Leim, daß der Formaldehydnachweis auch dann nicht immer positiv ist, wenn das Material bestimmt mit Formaldehyd vorbehandelt war.

Beim Leder bedient man sich zum Nachweis des Formaldehyds am besten der schon besprochenen Reaktion nach H. Grosse-Bohle, beim Leimleder der Salkowskischen Reaktion mit Hilfe von tryptophanhaltigem Eiweiß.

Nachweis von Formaldehyd in Leder nach P. Chambard. (E. Mercks Chem. Techn. Untersuchungsmethoden für die Lederindustrie, S. 117.) 0,5 g einer gut zerkleinerten Probe werden mit 7 ccm Wasser und 1 ccm Salzsäure (1,12) aufgekocht. Nach dem Abkühlen setzt man 1 ccm des Reagens nach H. Grosse-Bohle (vgl. oben S. 354) hinzu. Das Vorhandensein von Formaldehyd zeigt sich durch blaugraue Färbung an, die allmählich in Blauviolett übergeht. Sind nur Spuren von Formaldehyd vorhanden, so tritt erst nach 30 bis 40 Minuten Färbung ein. Auch bei länger gelagerten Ledern erscheint die Farbe langsam. Das Leder färbt sich intensiver als die Lösung. Bei gefärbten Ledern versagt die Probe.

Nachweis des Formaldehyds in Leimleder nach O. Hehner und F. Fillinger [vgl. auch G. Grasser (*2*), S. 189]. Die Leimlederprobe wird fein zerhackt, mit der gleichen Gewichtsmenge 20%iger Phosphorsäure verrührt und die Mischung etwa bis zur Hälfte abdestilliert. Etwa 35 ccm des Destillats versetzt man mit 0,1 g Pepton (Witte). Zu 10 ccm der Lösung gibt man einen Tropfen 5%iger Eisenchloridlösung und unterschichtet vorsichtig mit 10 ccm konz. Schwefelsäure. Beim Vorhandensein von Formaldehyd entsteht an der Berührungsstelle ein violettblauer Ring, der allmählich stärker wird. Sehr geringe Formaldehydmengen bewirken beim Durchschütteln eine rötlichviolette Färbung.

Nach E. Goebel (O. Gerngroß-E. Goebel, S. 394) ist der Formaldehydnachweis im Leimleder und Leim „selbst bei Verwendung von Formaldehyd nur selten positiv“.

Nachweis von Formaldehyd im Leder nach A. Küntzel [(*1*) und Gerbereichemisches Taschenbuch, S. 178]. Die Methode macht sich die Erscheinung zunutze, daß mit Formaldehyd gegerbte kollagene Fasern in kochendem Wasser auf etwa ein Drittel ihrer Länge wie ungegerbtes Kollagen schrumpfen (Schnurren der kollagenen Fasern), sich aber beim Einbringen in kaltes Wasser auf etwa zwei Drittel ihrer ursprünglichen Länge ausdehnen. Dieser Wechsel zwischen Schrumpfung und Wiederausdehnung kann beliebig oft wiederholt werden. Bei Lederstücken ist diese

Erscheinung viel weniger deutlich als bei gegerbten Sehnen. Deutlicher zu ersehen ist bei Leder die wiederholte Verkürzung bei erneutem Einbringen in heißes Wasser, die viel schneller erfolgt als die Ausdehnung. Am besten eignen sich für die Beobachtung der Kontraktion und Ausdehnung lockere Lederstücke aus den Flanken.

Die Untersuchung wird folgendermaßen ausgeführt:

Das Lederstück (bei dicken Ledern schneidet man eine Schicht des Narbens ab) wird kurz geweicht, dann in kochendes und darauf zum Wiederausdehnen in kaltes Wasser gegeben. Leder, die nicht mit Formol gegerbt sind, behalten, sobald sie einmal geschrumpft sind, beim Wechsel zwischen kaltem und heißem Wasser ihre Form.

VIII. Chemische Vorgänge bei der Formaldehydgerbung.

Für das Studium der chemischen Vorgänge bei der Gerbung und des Wesens der Gerbung ganz im allgemeinen wurde vielfach die Formaldehydgerbung herangezogen. Es handelt sich bei ihr um einen gerbenden Stoff relativ einfacher Zusammensetzung, der besonders zur Untersuchung einlädt, da die anderen gerbenden Substanzen, insbesondere die Chromgerbstoffe und die pflanzlichen Gerbstoffe von äußerst komplizierter, zum Teil noch gar nicht erforschter Konstitution sind. Für das Studium der Formaldehydgerbung dienten neben dem Kollagen selbst vor allem die niedrigsten Eiweißabbauprodukte, die Aminosäuren und Diketopiperazine, ferner verschiedene wasserlösliche Proteine, welche durch ihre Löslichkeit die Anwendung von Methoden gestatten, die für das unlösliche Kollagen nicht in Betracht kommen und in Lösung leichter und vollkommener als dieses mit Formaldehyd reagieren. Unter diesen verdient die Gelatine infolge ihres genetischen Zusammenhangs und der weitgehenden Analogie mit dem Kollagen in ihrem mizellaren Aufbau (O. Gerngroß, K. Herrmann und W. Abitz) besonderes Interesse.

1. Formaldehyd und Aminosäuren. Polypeptide und Diketopiperazine.

Schon früh wurde von F. Blum und A. Benedicenti angenommen, daß bei der Einwirkung von Formaldehyd auf Proteine eine chemische Reaktion unter Bildung von Methylenaminoverbindungen nach folgender Gleichung stattfindet:

$$R \cdot NH_2 + OCH_2 = R \cdot N : CH_2 + H_2O.$$

H. Schiff studierte diese Reaktion eingehend an einfachen Aminosäuren und fand dabei tatsächlich den erwarteten Reaktionsmechanismus. Er stellte auch fest, daß mit dieser Verwandlung der basischen Aminogruppen die Azidität der außerordentlich schwach sauren Aminosäuren zunimmt und die resultierenden Methylenaminosäuren eine wesentlich höhere Säuredissoziationskonstante besitzen. Auch bei der Einwirkung von Formaldehyd auf Gelatine und Eieralbumin fand er eine Zunahme der sauren Funktion und nahm dafür den gleichen Vorgang wie bei den einfachen Aminosäuren an. Auf den Ergebnissen von H. Schiff baut sich die bekannte Formoltitrationsmethode von S. P. L. Sörensen auf, die es ermöglicht, lösliche Aminosäuren gegen Phenolphthalein mit Alkali, wie KOH, $Ba(OH)_2$, zu titrieren und das Auftreten von freien Amino- bzw. Carboxylgruppen, z. B. bei der Hydrolyse von Proteinen, zu verfolgen.

Dieser Ausbau der an sich schon lange bekannten „Schiffschen Reaktion" zu einem der wichtigsten messenden Hilfsmittel der Eiweißchemie wurde durch die Beobachtung S. P. L. Sörensens ermöglicht, daß die Reaktion nur bei alkalischer Reaktion des Milieus (und angemessenem Überschuß des Aldehyds) quantitativ, dagegen im sauren Gebiet höchst unvollkommen verläuft. Er schrieb deshalb als Indikatoren für die Titration Phenol- und Thymolphthalein vor, deren Umschlagsbereich weit im alkalischen Gebiet liegt, um die Reaktion im alkalischen Milieu zu vollenden. Diese Abhängigkeit der Reaktion zwischen Aminosäure und Formaldehyd vom p_H-Wert beherrscht, wie wir sehen werden, Theorie und Praxis der Formalingerbung.

So wie Aminosäuren reagieren auch Peptide, sofern sie freie Amino- und Carboxylgruppen besitzen. Aus dem Verhältnis von formoltitrierbarem Stickstoff zum Gesamtstickstoff kann man auf die Art des Peptids (Di-, Tri-, Tetra- usw. Peptid) schließen. Dieses Verhältnis ist bei Monoaminosäuren gleich 1, bei Dipeptiden gleich 0,5, bei Tripeptiden gleich 0,33 usw. Bei Diaminosäuren ist nur eine Aminogruppe formoltitrierbar; die andere reagiert wohl mit Formaldehyd, ohne jedoch eine meßbare Aziditätserhöhung zu verursachen. Prolin, Oxyprolin, Diketopiperazin geben keine Aziditätserhöhung bei der Formoltitration [E. Stiasny (*2*), S. 79].

Formaldehyd reagiert aber nicht nur mit freien Aminogruppen, sondern auch mit Säureamiden unter Bildung von Methylolverbindungen (A. Einhorn; A. Einhorn und A. Hamburger).

$$R \cdot CO \cdot NH_2 + CH_2O = R \cdot CO \cdot NH \cdot CH_2OH.$$

E. Cherbuliez und E. Feer, M. Bergmann (*1*), (*2*), und M. Bergmann, M. Jacobsohn und H. Schotte zeigten, daß auch zyklische Peptidbindungen in gleicher Weise reagieren, indem sie auf Diketopiperazin Formaldehyd einwirken ließen. So reagiert Formaldehyd mit den beiden Säureamidgruppen des Diketopiperazins unter Bildung von Dimethylol-Diketopiperazin:

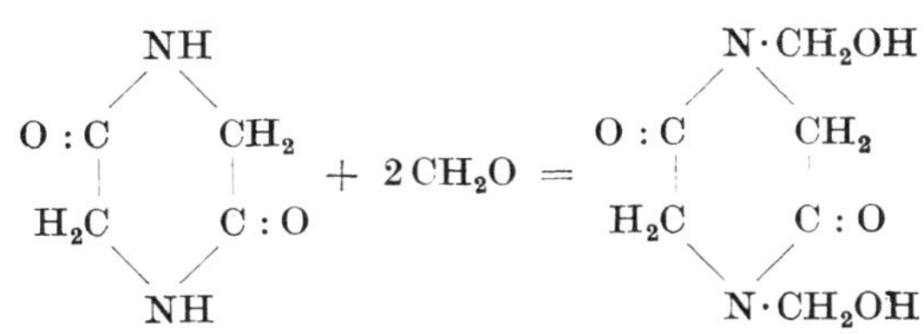

Diketopiperazin. Dimethylol-Diketopiperazin.

Diese Verbindung wurde von M. Bergmann in Form von farblosen, zwischen 179 und 180° C unter Zersetzung schmelzenden Nadeln isoliert. Wird ihre wässerige Lösung zum Sieden erhitzt, mit Säuren oder Ammoniak versetzt, so findet Spaltung unter Rückbildung von Diketopiperazin statt, das unter Umständen weiter verändert wird.

Bei der Bildung von Methylenaminoverbindungen aus primären Aminen und Formaldehyd tritt, wie M. Bergmann zeigte, primär eine Verbindung auf, die auf jede Aminogruppe 3 Moleküle Formaldehyd enthält. Eine derartige Verbindung bereitete M. Bergmann aus Glykokolläthylester; er nannte diese Verbindung Triformalglycinester und schrieb ihr folgende Strukturformel zu:

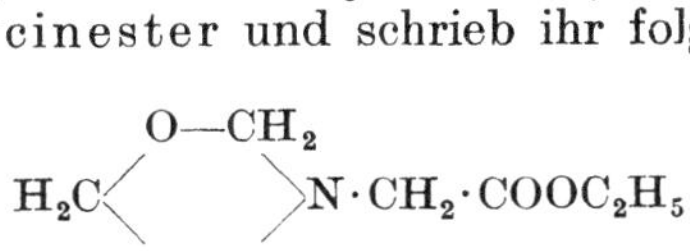

Triformal-Glycinester.

Daß der Sechsring nicht durch Kohlenstoff-Kohlenstoffbindung, sondern durch Verkettung mit den Sauerstoffatomen gebildet ist, folgt daraus, daß in saurer und alkalischer Lösung wieder Formaldehyd abgespalten wird. Nicht nur mit Aminosäureestern, sondern auch mit Aminosäuren, deren Carboxylgruppe amidartig festgelegt ist, entstehen Triformalverbindungen. Durch Amidieren des Triformal-Glycinesters erhielt M. Bergmann (*1*) das Triformalglycinamid in kristallisierter Form:

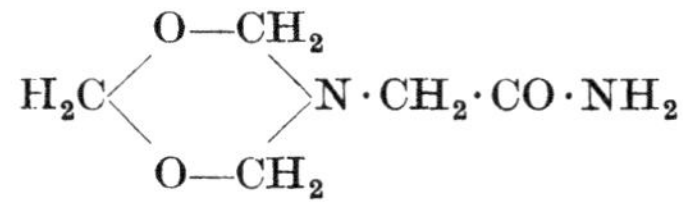

Triformal-Glycinamid.

Er stellte auch die Triformalverbindungen des Serinesters und des γ-Aminopropylenglykols dar.

Durch verdünnte Salzsäure werden diese Verbindungen unter Freiwerden des gesamten Formaldehyds leicht gespalten. In alkalischer Lösung findet Spaltung unter Bildung der Salze der Methylenaminosäuren statt.

Beachtenswert ist die Fähigkeit des Methylen-methyl-diketopiperazins, bei der Behandlung mit wässerigem Formaldehyd auf je 6 Kohlenstoffatome genau 1 Mol Formaldehyd aufzunehmen. Dabei verwandelt sich dieses Diketopiperazin in ein Produkt, das durch vorsichtiges Eindampfen und Fällen mit Alkohol in einen in kaltem Wasser quellbaren, gelatineähnlichen Stoff verwandelt wird [M. Bergmann (*3*)]. Er bildet Filme, die mit Bichromat sensibilisierbar und für die Herstellung von Lichtdruck verwendbar sind.

Der nach van Slyke bestimmbare Stickstoff in Aminosäuren, Peptiden und Proteinen wird naturgemäß durch die Reaktion mit Formaldehyd vermindert (M. Freeman).

Die Geschwindigkeit der Reaktion zwischen Aminosäuren und Formaldehyd ist von der Konstitution der Aminosäuren abhängig und besonders groß bei Histidin und Tyrosin. Die optische Drehung der Aminosäuren und Proteine wird durch Formaldehyd nur wenig oder gar nicht beeinflußt (M. Freeman, H. F. Holden und M. Freeman).

Die bereits erwähnte Abhängigkeit der Reaktion zwischen den Aminogruppen der Aminosäuren und Polypeptide mit Formaldehyd von der aktuellen Azidität der Lösungen ist als eine Stütze für die Auffassung der amphoteren Aminosäuren und Proteine in ihren wässerigen Lösungen als „Zwitterionen" (F. W. Küster, G. Bredig) betrachtet worden.

Die Zwitterionentheorie sieht im isoelektrischen Stadium die Ampholyte, zu denen die Aminosäuren und Proteine gehören, nicht als entladen, sondern als maximal geladen an. Die positiven und negativen Ladungen neutralisieren einander in diesem Stadium, doch die Gesamtladung hat einen Höchstwert.

$H_2N \cdot R \cdot COOH$	$^{+}NH_3 \cdot R \cdot COO^{-}$
Isoelektrisches Molekül nach alter Auffassung.	Isoelektrisches Molekül nach der Zwitterionentheorie.

Nach dieser Auffassung (N. Bjerrum) bilden die basischen und saueren Gruppen der Aminosäuremoleküle innere Salze und die wahrnehmbare basische, bzw. saure Reaktion ist nur der Ausdruck der Hydrolyse dieser Salze in wässeriger Lösung. Die tatsächlich gefundenen Dissoziationskonstanten aliphatischer Aminosäuren stimmen mit dieser Auffassung gut überein.

L. J. Harris zeichnete nun die elektrometrischen Titrationskurven von Glykokoll und anderen Aminosäuren und auch von Polypeptiden (Th. W. Birch und L. J. Harris) in Abwesenheit und Gegenwart von Formaldehyd auf.

Dabei zeigte sich, daß die Kurvenäste der beiden Versuchsreihen nur im sauren Gebiet zusammenfallen, im alkalischen Gebiet aber voneinander abweichen, und zwar ist — wie zu erwarten — der alkalische Kurventeil nach niedereren p_H-Werten verschoben. Es findet also — wie hinreichend bekannt — nur im alkalischen Gebiet eine Reaktion zwischen Formaldehyd und Aminogruppen statt und dies wird im Sinne der Zwitterionentheorie dadurch gedeutet, daß nur die alkalische Seite der Titrationskurve der Aminogruppe zugehört, die sauere Seite der Carboxylgruppe.

$$Cl^- + {}^+H_3N\cdot R\cdot COOH \xleftarrow{+HCl} {}^+H_3N\cdot R\cdot COO^- \xrightarrow{+NaOH} H_2N\cdot R\cdot COO^- + Na^+ + H_2O.$$

Nach dieser Auffassung entsteht die formaldehydreaktive NH_2-Gruppe erst dann, wenn die Aminosäure im alkalischen Milieu zu dem Anion: $NH_2\cdot R\cdot COO^-$ umgewandelt ist.

Auch K. H. Gustavson steht durchaus auf dem Boden der Zwitterionentheorie bei Erörterungen über die Reaktion der Gerbstoffe mit Aminosäuren und Proteinen.

H. Anderson macht den Einwand, daß eine Beeinflussung der basischen Aminogruppe z. B. im Glykokoll durch den Aldehyd auch die Dissoziation der Carboxylgruppe beeinflussen müßte, wie dies z. B. bei Acetylierung oder Benzoylierung von Glykokoll der Fall ist. Das Titrationsergebnis von L. J. Harris erkläre sich dadurch, daß auf der saueren Seite vom isoelektrischen Punkt Formaldehyd nicht mit Aminosäuren und Proteinen reagiere. Man könne dies feststellen durch den Nachweis, daß Formaldehyd unterhalb des isoelektrischen Punktes von Hautpulver nicht adsorbiert werde und daß man wohl aus sauren Gelatinelösungen, nicht aber aus alkalischen, Formaldehyd in größeren Mengen abdestillieren könne. Als Ergänzung zu diesem Einwand dürfen wir schon hier erwähnen, daß der isoelektrische Punkt von Kollagen und Gelatine nach den Untersuchungen von O. Gerngroß und R. Gorges (*1*) und von A. W. Thomas, M. W. Kelly und S. B. Foster bezüglich Gerbung und Gerbstoffbindung keine besondere Stellung einnimmt, wie man dies auf Grund der Erörterungen von L. Harris annehmen sollte.

2. Formaldehyd und Proteine.

Wenn man Formaldehyd auf Proteine einwirken läßt, so werden je nach Wahl der Versuchsbedingungen und Art der Proteine wechselnde Mengen Formaldehyd gebunden. Dabei erleiden die Proteine die bekannten auffallenden Veränderungen, die die Formaldehydhärtung und -gerbung kennzeichnen. In diesem Sinn wirkt Formaldehyd nicht nur in wässeriger, sondern auch in alkoholischer Lösung und endlich auch in gasförmigem Zustand. In letzterem Fall erfolgt die Einwirkung langsamer als in Lösung.

Als besonders typisch sei die Wirkung auf Gelatine erwähnt; sie wird „gehärtet", d. h. sie büßt ihre starke Quellfähigkeit ein und wird in heißem Wasser unlöslich. Dieser Vorgang hat vielfache praktische Bedeutung besonders in der photographischen Industrie zum Härten von Platten, Filmen und Papieren gewonnen. Auf der Formaldehydhärtung des durch Hitze und Druck plastizierten und geformten Labkaseins beruht die Galalithfabrikation (R. E. Liesegang, S. 522).

Der Formaldehydgerbung liegt nun eine der Gelatinehärtung ganz analoge Wirkung des Formaldehyds auf Kollagen zugrunde. Ein wichtiger Unterschied ist jedoch hervorzuheben. Während aus formolgegerbter Gelatine durch kochendes Wasser allmählich der Formaldehyd abgespalten wird, wobei die Gelatine wieder in Lösung geht, erweist sich die formaldehydgare Blöße gegen kochendes Wasser als äußerst widerstandsfähig. So lassen sich die Abfälle von formaldehydgegerbtem Leder, ja selbst zwecks Desinfektion eines nur schwach mit Formaldehyd behandelten Leimleders nicht mehr zu Leim verkochen (O. Gerngroß und E. Goebel, S. 156 und 235).

Die Angaben verschiedener Autoren über die von verschiedenen Proteinen gebundenen Formaldehydmengen sind leider nicht vergleichbar, da sie nicht unter denselben Versuchsbedingungen gemessen wurden. Temperatur, Versuchsdauer, Formaldehyd- und Proteinkonzentration, p_H, Zerteilungsgrad, d. h. spezifische Oberfläche usw., beeinflussen die Formaldehydaufnahme wesentlich. Die stärkste Formaldehydaufnahme, über die in der Literatur berichtet wird, zeigt Serumalbumin in salzfreier Lösung bei zweimonatiger Einwirkungsdauer (L. Schwarz): Auf 100 Atome Gesamtstickstoff entfallen 43 Moleküle gebundenen Formaldehyds, d. i. 14% vom Eigengewicht des Serumalbumins. Hautpulver bindet nach A. W. Thomas, M. W. Kelly und S. B. Foster in 10%iger Formaldehydlösung und bei dem nach diesen Forschern für die Aufnahme günstigsten $p_H = 9$ 13,5% Formaldehyd, d. s. 35 Moleküle je 100 Atome Gesamtstickstoff. Diese Mengen sind wohl recht groß, doch ist nach den Befunden an den einfachen Aminokörpern, wonach Aminogruppen mit je drei und Peptidbindungen mit je 1 Molekül Formaldehyd reagieren, noch eine stärkere Formaldehydaufnahme denkbar. Von trockener Gelatine werde nnach A. u. L. Lumière und A. Seyewetz maximal 4 bis 4,8% Aldehyd gebunden. In formaldehydgarem Leder konnten Formaldehydgehalte bis 5% festgestellt werden [G. Grasser (*3*), S. 90)]. Wolle bindet in 6%iger Formaldehydlösung maximal 3% (H. S. J. Bell). Auffallend ist der Befund von L. Schwarz, daß jodiertes Eieralbumin keinen Formaldehyd bindet. Die Ursache dafür kann nicht in einer Besetzung der Stickstoffatome durch Jod liegen, da auf 48 N-Atome nur $5^1/_2$ Jodatome entfallen.

Bei allen Proteinen steigt mit der Konzentration des Aldehyds auch die gebundene Formaldehydmenge (Lumière und Seyewetz, Thomas, Kelly und Foster, Bell). A. G. Brotmann fand, daß Gelatinegallerten um so mehr Formaldehyd aufnehmen, je verdünnter sie sind; von 100 g trockener Gelatine wurden 0,98 g, von 10%iger 1,12 g, von 7,5%iger 1,82 g und von 5%iger 2,12 g Formaldehyd gebunden. A. G. Brotmann schloß aus diesen Versuchen, daß neben der chemischen auch eine adsorptive Bindung stattfindet, die naturgemäß mit der spezifischen Oberfläche, die in verdünnten Lösungen größer ist als in konzentrierten, zunimmt. A. W. Thomas, M. W. Kelly und S. B. Foster deuteten diesen Befund durch die Annahme, daß sich an der Oberfläche der Gallerten sehr rasch eine durchgerbte Schicht bildet, die bei hohen Gelatinekonzentrationen für Formaldehyd weniger durchlässig ist und somit die weitere Durchgerbung hindert (Totgerbung).

Die Geschwindigkeit der Gerbung von Gelatine in Abhängigkeit von der Formaldehydkonzentration untersuchten R. Abegg und P. v. Schroeder. Als Maß für die Durchgerbung betrachteten sie die Erhöhung des Schmelzpunktes der Gelatine. Sie fanden sie ungefähr proportional der Formaldehydkonzentration. Bringt man ein 5%iges Gelatinesol auf eine Gesamtformaldehydkonzentration von 2 bis 3%, so ist in 2 Minuten Härtung feststellbar (L. Reiner). Auf die außerordentliche Raschheit der Gerbwirkung machten O. Gerngroß und R. Katz (*1*) aufmerksam. Sie dehnten Gelatinegallerten [O. Gerngroß und R. Katz (*2*)] und trockneten die dünnen Lamellen. Während solche, z. B. auf 300% der ursprünglichen Länge gedehnten Streifen beim Einwerfen in Wasser sich sehr rasch infolge der Quellung kontrahierten, wurde die Dehnung der Gelatine samt den bei der Dehnung auftretenden Röntgenindifferenzen beim

Einwerfen in 15%ige Formaldehydlösung fixiert, ein Zeichen für die schlagartig einsetzende „Härtung".

3. Erhöhung der Azidität von Proteinen durch Formaldehydeinwirkung.

Wir sahen, daß schon H. Schiff eine Erhöhung der Azidität von löslichen Proteinen bei der Einwirkung von Formaldehyd konstatierte. E. Stiasny (*1*) zeigte nun, daß sich die Trennung der basischen und sauren Funktion durch Formaldehyd auch an wasserunlöslichen Proteinen nachweisen läßt. Er bestimmte die Aziditätserhöhung nicht wie bei der Sörensenschen Formolmethode durch Titrieren mit Alkali, sondern durch die Abnahme des Säurebindungsvermögens des Proteins. O. Gerngroß (*1*), (*2*) konnte die Versuche von E. Stiasny bestätigen und baute sie weiter aus. Er fand, daß in weitgehender Analogie mit der Formoltitration durch Steigerung der Formaldehydkonzentration seine Reaktion mit dem Protein begünstigt wird und dies äußert sich in einer Verminderung der Säureaufnahme durch Hautpulver mit wachsender Aldehydzugabe, wie nebenstehende Tabelle 107 zeigt.

Tabelle 107. Verminderung der Säureadsorption von Hautpulver mit steigender Aldehydkonzentration [O. Gerngroß (*1*)].

Säure in ccm	Hautpulvermenge	Formaldehydlösung in ccm	Säureaufnahme in ccm $^1/_{10}$ n HCl
85 ccm 0,0588 $^n/_1$-HCl	3g = 2,5512g Trockensubstanz	0	18,84
		1	18,31
		$2^1/_2$	17,39
		5	16,88
		10	15,78

O. Gerngroß und H. Löwe zeigten, daß ferner in völliger Analogie zur Formoltitration auch eine Zunahme der Alkalibindung bei formolbehandeltem Hautpulver resultiert. Untersucht wurde die Aufnahme von KOH, NaOH, $Ca(OH)_2$ und $Ba(OH)_2$. Die erhöhte Alkalibindung äußert sich auch dadurch, daß ein mit Formaldehyd bei alkalischer Reaktion gegerbtes Hautpulver beim Auswaschen mit neutralem Wasser bis zur neutralen Reaktion der Waschflüssigkeit beträchtlich größere Mengen Aschebildner zurückbehält als ein völlig gleich, aber ohne Formaldehyd behandeltes Hautpulver. Die erhöhte Alkalibindung konnten später auch S. R. Trotmann und J. Brown an formaldehydbehandelter Wolle feststellen.

4. Verschiebung des isoelektrischen Punktes von Gelatine durch Formaldehydeinwirkung.

Daß die im vorigen Abschnitt behandelten Erscheinungen, welche eine Verminderung der basischen und eine Erhöhung der sauren Funktionen des Proteins anzeigen, tatsächlich durch die Einwirkung des Formaldehyds auf die intakten Proteine hervorgerufen und nicht etwa durch ihre löslichen Abbauprodukte vorgetäuscht werden, konnten O. Gerngroß und St. Bach (*1*) nachweisen, indem sie zeigten, daß der isoelektrische Punkt der Gelatine durch Formaldehyd nach der sauren Seite hin verschoben wird. Alle Kriterien, welche zu seiner Messung verwendet wurden, so die durch Fällung mit Tannin ermittelte Kataphorese, ferner die Feststellung des Trübungs- und Gelatinierungsmaximums werden nämlich nur von den intakten Gelatinekomplexen, nicht aber von ihren Abbauprodukten gezeigt. Die durch Formaldehyd bewirkte Verschiebung des isoelektrischen Punktes nach der sauren Seite kann aus der bereits bekannten

Erscheinung der Aziditätserhöhung gefolgert werden. In der Gleichung des isoelektrischen Punktes:

$$I = \sqrt{\frac{K_s}{K_b} \cdot K_w},$$

drückt sich letztere in einer Erhöhung der Säure-Dissoziationskonstanten K_s aus und bewirkt somit eine Erhöhung des Wertes von I. (Da I eine Wasserstoffionenkonzentration $[H^\cdot]$ ausdrückt und $p_H = -\log [H^\cdot]$ definiert ist, wird durch eine Erhöhung von $[H^\cdot]$ bzw. I eine Verminderung von p_H angezeigt.)

Die Wasserstoffionenkonzentration konnte bei Gegenwart von Formaldehyd nicht elektrometrisch gemessen werden. Es wurde daher die Indikatorenmethode verwendet; weder die Gelatine noch der Formaldehyd zeigten einen Einfluß auf die Farbtiefe des angewandten Indikators, γ-Dinitrophenol. Die Einstellung der p_H-Werte erfolgte mit Essigsäureacetatpuffer. Die Kataphorese wurde an zwei verschiedenen Gelatinesorten, die sich durch die Lage ihres isoelektrischen Punktes unterschieden, in $^1/_2$%igen Lösungen bei Gegenwart von 10% Formaldehyd nach $2^1/_2$- bis 3stündigem Stromdurchgang festgestellt. Die Formaldehydkonzentration wurde so hoch gewählt, da dies die Reaktion von Formaldehyd mit Gelatine im Sinne einer Vereinigung günstig beeinflußt (vgl. S. 357 und 361).

Bei der einen Gelatinesorte ergab sich eine Verschiebung des isoelektrischen Punkts von 4,75 nach 4,3, bei der anderen von 5,05 nach 4,6.

Einen ähnlichen Effekt fand K. H. Gustavson an Hautpulver.

5. Verminderung der Affinität der Proteine zu pflanzlichen Gerbstoffen und sauren Farbstoffen. Erhöhung der Affinität zu basischen Farbstoffen.

Einen Spezialfall der Verminderung der Säureaufnahmefähigkeit der mit Formaldehyd gegerbten Proteine stellt die Verminderung der Aufnahmefähigkeit für pflanzliche Gerbstoffe und saure Farbstoffe dar, der naturgemäß eine erhöhte Aufnahmefähigkeit für basische Farbstoffe gegenübersteht. Es handelt sich dabei, im Gegensatz zu den im vorigen Kapitel besprochenen Elektrolyten molekulardisperser Natur, zum Teil um semikolloide oder um Stoffe kolloider Teilchengröße und um Vorgänge, die erhebliches praktisches Interesse besitzen.

Die Mitteilungen über den Einfluß des Formaldehyds auf die nachträgliche pflanzliche Gerbung sind widerspruchsvoll. J. Jettmar (*1*) empfiehlt den Formaldehyd außer zur Konservierung der Rohhaut, zur Fixierung der Schwellung und Härtung des Narbens und zur Beschleunigung der Loh- und Mineralgerbung. G. Grasser (*4*) berichtet von Beschleunigung und Erhöhung der Gerbstoffaufnahme, desgleichen H. Zeidler (S. 120) und B. Kohnstein (*1*). Dahingegen findet U. J. Thuau (*1*) wohl raschere Angerbung der mit Formaldehyd behandelten Haut, aber stark verminderte Gerbstoffaufnahme. J. von Schroeder stellt stark verminderte Tanninaufnahme an Formaldehyd-Lederpulver fest, was er durch das Unlöslichwerden des Hautpulvers durch die Formaldehydgerbung erklärt. Auch A. Gagnard und E. Moegele finden starke Beeinträchtigung der pflanzlichen Gerbstoffaufnahme durch Formalin (vgl. S. 19 und 629).

O. Gerngroß und H. Roser untersuchten zur Klärung dieser Widersprüche eingehend die Tanninaufnahme durch verschieden intensiv mit Formaldehyd gegerbtes Hautpulver und ihre Geschwindigkeit bei steigenden Tanninkonzentrationen. Für die Versuche wurden drei verschieden stark formaldehydgegerbte Hautpulver verwendet. Als Maß für die verschiedene Intensität der Formalingerbung ist in Tabelle 108, in der letzten Kolonne, die „Wasserbeständigkeit" angegeben.

Tabelle 108. Die verwendeten Hautpulver (zu Abb. 88).

Benennung des Hautpulvers	Wassergehalt in Prozenten	Aschegehalt in Prozenten	Azidität in ccm $^1/_{10}$ n NaOH	Wasserbeständigkeit[1] in Prozenten
I	12,33	0,36	1	5,3
II	15,29	0,26	2,8	45,5
III	15,25	0,66	1,8	78,7

I war ein unbehandeltes Hautpulver; II eines der damals üblichen weißen, stark mit Formaldehyd behandelten Analysenhautpulver; III wurde folgendermaßen hergestellt: 150 g Hautpulver wurden in 1200 g Wasser aufgeweicht und allmählich mit 80 ccm einer 15%igen Formaldehydlösung und 200 g $^1/_2$ n Sodalösung versetzt. Nach erfolgter Gerbung wurde abgenutscht und so lange mit destilliertem Wasser gewaschen, bis weder Alkali noch Formaldehyd nachweisbar waren. Schließlich wurde bei Zimmertemperatur auf Filtrierpapier getrocknet. Die drei Hautpulverproben wurden vor allen Versuchen auf die gleiche Azidität gebracht.

Bei allen Versuchen zeigte Hautpulver mit steigender Formolbehandlung eine abnehmende Tanninadsorption. In Abb. 88 sind diese Verhältnisse graphisch dargestellt.

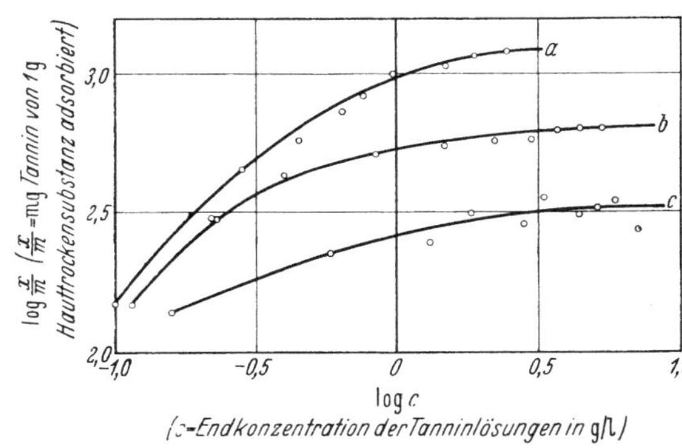

Abb. 88. Tanninadsorption nach 48 Stunden an verschieden stark gegerbte Hautpulver (O. Gerngroß und H. Roser). *a* Hautpulver I (ohne Formaldehyd), *b* Hautpulver II (schwach gegerbt), *c* Hautpulver III (stark gegerbt).

Auch die Geschwindigkeit der Tanninaufnahme durch formaldehydbehandeltes Hautpulver war etwas geringer als die von schwächer oder ungegerbtem Hautpulver und zwar in dem Sinn, daß die Einstellung des Gleichgewichts im System Hautpulver, Tannin, Wasser schon nach zwei Tagen praktisch erreicht ist, während dies im System Hautpulver, Tannin, Wasser und Formaldehyd unter sonst gleichen Bedingungen nach zwei Tagen noch nicht der Fall ist, doch ändert sich die Tanninkonzentration auch in den nächsten fünf Tagen nur sehr wenig, d. h. die weitaus größte Menge des Tannins ist auch bei Gegenwart von Formaldehyd schon nach zwei Tagen adsorbiert.

Vergleichsversuche mit Blößen zeigten ebenfalls verminderte Tanninaufnahme und eine Verzögerung der Einstellung des Gleichgewichts. Die Adsorptionsunterschiede waren in diesem Fall zu Beginn geringer, nahmen aber mit der Versuchsdauer zu.

Diese Ergebnisse veranlaßten O. Gerngroß und H. Roser, auch die Verwendbarkeit von verschiedenen, mit Formaldehyd präparierten Analysenhautpulvern zu überprüfen. Es zeigte sich, daß die Gerbstoffanalyse von Eichenholzextrakt, mit den drei Hautpulversorten I, II und III gemessen, verschiedene Resultate ergab, wobei auch das Verhältnis zwischen Gerbstoffen und Nichtgerbstoffen nicht konstant blieb. Dies ist aus Tabelle 109 ersichtlich.

Es empfiehlt sich daher, nur ein Analysenhautpulver zu verwenden, das keine größere Wasserbeständigkeit als 10 bis 20 besitzt.

[1] Über genaue Definition und Bestimmung der Wasserbeständigkeit vgl. S. 365.

Tabelle 109. Gerbstoffanalyse eines Eichenholzextraktes mit verschieden stark formaldehydgegerbten Hautpulvern (O. Gerngroß und H. Roser).

Benennung des Hautpulvers	Wasserbeständigkeit in Prozenten	Gerbende Stoffe in Prozenten	Nichtgerbstoffe in Prozenten	Unlösliches
I	5,3	19,77	8,84	0
II	45,5	18,65	9,96	0
III	78,7	15,02	13,59	0

A. Kann zeigte zuerst an Wolle, daß durch die Behandlung mit Formaldehyd ihre Adsorptionskraft gegen saure Farbstoffe stark vermindert wird. Auf dieser Tatsache beruht die Reservage, ein technisches Verfahren zur Verminderung der Anfärbung der Wolle beim Färben und Drucken. Die Reservage gelingt auch mit tierischer Haut [O. Gerngroß (*3*)].

Mischt man z. B. gleiche Teile von formaldehydbehandeltem und nicht mit Formaldehyd behandeltem Hautpulver und schüttelt dieses Gemisch mit einer Lösung eines sauren Farbstoffes, so erhält man eine Mischung von intensiv gefärbten Hautpartikeln mit fast ungefärbten.

Die intensiv gefärbten sind die nicht mit Formalin gegerbten, die ungefärbt verbliebenen sind die gegerbten Teilchen.

O. Gerngroß und L. von Müller zeigten auch, daß durch die Formaldehydbehandlung in Analogie zu dem Verhalten gegen Laugen (vgl. S. 361) die Aufnahme von basischen Farbstoffen, z. B. Methylenblau, stark begünstigt wird.

IX. Einfluß des p_H-Wertes auf die Formaldehydbindung und die Intensität der Gerbung.

In ähnlicher Weise wie bei der Formoltitration, welche nur im alkalischen Gebiet quantitativ verläuft, ist auch bei der Einwirkung von Formaldehyd auf Proteine die Wasserstoffionenkonzentration von grundlegendem Einfluß[1]. Durch konzentrierte Salzsäure wird der von Gelatine gebundene Formaldehyd restlos abgespalten (A. u. L. Lumière und A. Seyewetz).

Tabelle 110. Zunahme der Säureadsorptionsverminderung von formaldehydgegerbtem Hautpulver mit abnehmender Dissoziationskonstante der angewandten Säuren [O. Gerngroß (*1*)].

Angewandte Säure (85 ccm 0,0588 n-Säure + 3 g Hautpulver	Verminderung der Säureaufnahme in Prozenten der normalen Aufnahme	Dissoziationskonstante
Salzsäure	16,27	—
Schwefelsäure	12,12	$4{,}5 \cdot 10^{-1}$
Dichloressigsäure	12,22	$5 \cdot 10^{-2}$
Oxalsäure	14,16	$3{,}8 \cdot 10^{-2}$
Chloressigsäure	21,61	$1{,}5 \cdot 10^{-3}$
Ameisensäure	25,77	$2{,}1 \cdot 10^{-4}$
Essigsäure	39,41	$1{,}7 \cdot 10^{-5}$
Propionsäure	51,67	$1{,}3 \cdot 10^{-5}$

O. Gerngroß (*1*) zeigte durch Adsorptionsversuche, daß mit steigender Wasserstoffionenkonzentration die Bindung zwischen Formaldehyd und Hautpulver mehr und mehr zurückgedrängt wird. Es wurde die Säureadsorption durch formolgegerbtes und unbehandeltes Hautpulver, welche mit äquivalenten Mengen verschieden starker Säuren bis zur Einstellung des Adsorptionsgleichgewichts in der Gerbflüssigkeit geschüttelt wurden, verglichen. Dabei ergab sich, daß diejenigen Säuren, welche die größte Dissoziationskonstante, somit auch in

[1] Vgl. S. 357 und 358.

äquivalenten Verdünnungen die größte Wasserstoffionenkonzentration besitzen, die geringste Verringerung der Säureadsorption bewirken. Da diese Verringerung, wie wir bereits sahen, als Maß für die Wechselwirkung zwischen Protein und Aldehyd betrachtet werden kann, folgt aus den in Tabelle 110 zusammengestellten Versuchsergebnissen, daß tatsächlich mit ansteigender Wasserstoffionenkonzentration die Reaktion zwischen Formaldehyd und Hautpulver zurückgedrängt wird.

Am deutlichsten zeigte sich der Einfluß der Wasserstoffionenkonzentration bei der Verwendung verschieden konzentrierter Salzsäure. 0,2941 n HCl bewirkte eine Abnahme der Säureadsorption auf 4,67%, während letztere bei einer 0,0588 n-HCl noch 16% der Aufnahme durch ungegerbtes Hautpulver betrug.

A. M. Hey fand bei praktischen Versuchen mit Blößen, daß der p_H-Wert für den Ausfall des Leders ausschlaggebend ist. In saurer Lösung von $p_H = 4{,}8$ war gar keine Gerbwirkung zu beobachten. Das beste Leder erhielt er bei einem p_H von 7. Bei $p_H = 9$ wurde das Leder hart und brüchig, was A. M. Hey mit Recht auf die Fixierung der starken Schwellung der Haut und eine Art Totgerbung zurückführte. Er hielt den isoelektrischen Punkt für einen Wendepunkt, dessen Überschreitung nach beiden Richtungen zu einer Abnahme der Gerbwirkung führt.

Eingehender wurde die Abhängigkeit der Formaldehydbindung durch Gelatine von dem p_H-Wert von A. W. Thomas, M. W. Kelly und S. B. Foster untersucht. Eine geringe Formaldehydaufnahme durch Gelatine war bereits bei $p_H = 4$ zu konstatieren; mit weiter zunehmendem p_H folgte ein starker Anstieg mit einem Maximum zwischen $p_H = 6$ und 9. Von $p_H = 9$ an zeigte sich wieder eine starke Abnahme der Formaldehydbindung. Hautpulver wies ebenfalls ein Maximum der Formaldehydbindung zwischen $p_H = 7$ und 9 auf. Bei Versuchen mit höherem p_H machte sich die starke Hydrolyse des Hautpulvers störend bemerkbar.

O. Gerngroß und R. Gorges (*1*) untersuchten den Einfluß des p_H auf den Gerbungsgrad von Hautpulver durch Messung der Beständigkeit des Hautpulvers gegen kochendes Wasser, also der Wasserbeständigkeit („WB.“). W. Fahrion (*1*) hat mit einem Verfahren zur Bestimmung der Wasserbeständigkeit von Leder als erster eine Methode zur zahlenmäßigen Ermittlung der Intensität der Gerbung angegeben. Seine Methode wurde von O. Gerngroß und R. Gorges (*2*) verfeinert und lieferte in ihrer neuen Form Werte von einer Fehlerbreite von maximal $\pm$ 1%.

Demnach ist die Wasserbeständigkeit eines Leders definiert durch die „bei der Erhitzung mit Wasser unter bestimmten Bedingungen ungelöst gebliebene Hautsubstanz des Leders, ausgedrückt in Prozenten der ursprünglich vorhandenen Gesamthautsubstanz dieses Leders“. Zur Bestimmung der Wasserbeständigkeit wird die 1 g Hauttrockensubstanz entsprechende Menge Leder in Form kleiner Lederschnitzel in einen 100 ccm fassenden Jenaer Kolben eingewogen und mit 80 ccm destilliertem Wasser 7 Stunden lang im siedenden Wasserbad unter mechanischer Rührung erhitzt. Sodann wird der Kolben mit siedendem Wasser auf 100 ccm aufgefüllt und die Hautsubstanzlösung nach Umschütteln sofort durch einen vorbereiteten, geheizten Trichter durch Leinwand filtriert. Von dieser Lösung werden zur Analyse je 2 ccm mit vorgewärmten Pipetten bei Wasserbadtemperatur sofort in mehrere 50 ccm Mikro-Kjeldahl-Kolben abpipettiert. In bekannter Weise wird dann der Stickstoffgehalt nach der Mikro-Kjeldahl-Methode bestimmt und unter Zugrundelegung eines Stickstoffgehalts von 17,8% die in Lösung gegangene Hautsubstanzmenge berechnet. Der Gehalt des zu untersuchenden Leders an Hauttrockensubstanz wird gleichfalls durch die Kjeldahl-Stickstoffbestimmung des Leders ermittelt.

Zur Gerbung wurden jedesmal 3 g Hautpulver 5 Stunden lang in 100 ccm einer 1%igen Formaldehydlösung bei verschiedenen Wasserstoffionenkonzentrationen belassen und dann die Wasserbeständigkeit gemessen. Ihre Werte in Abhängigkeit vom p_H sind aus Abb. 89 ersichtlich.

Das bei $p_H = 3$ behandelte Hautpulver geht in kochendem Wasser zu 90% in Lösung, besitzt also eine WB. von 10; bis $p_H = 6{,}3$ steigt die WB. langsam und stetig und erreicht dort den Wert 37. Zwischen $p_H = 6{,}3$ und 6,6 findet ein jäher Anstieg der WB. von 37 auf 65 statt; sie nimmt dann noch weiter zu und erreicht bei $p_H = 8{,}7$ ein Maximum. Bei noch weiter steigendem p_H bleibt die WB. nunmehr annähernd konstant. Es ist also nicht, wie A. M. Hey annimmt und wie man auch nach der Zwitterionentheorie erwarten sollte, der isoelektrische Punkt als Wendepunkt in dem Sinn zu betrachten, daß nur bei höheren p_H-Werten wesentliche Gerbung stattfindet, nicht aber oder nur unvollständig bei kleineren p_H-Werten.

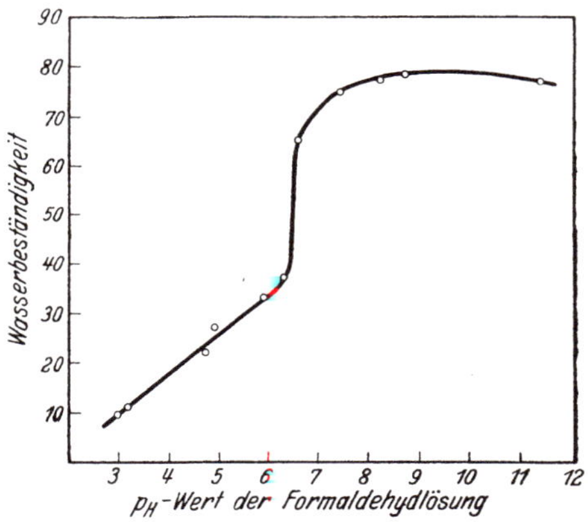

Abb. 89. Einfluß des p_H-Wertes auf die Gerbung von Hautpulver mit Formaldehydlösungen, gemessen an der Wasserbeständigkeit [O. Gerngroß und R. Gorges (*1*)].

Auch mit Hilfe der Bestimmung des Gelatinierungspunktes (C. Schiaparelli und L. Careggio) läßt sich, wie M. R. Gellée an Versuchen mit Kaninchenfellen zeigte, eine Zunahme des Durchgerbungsgrades mit steigender Alkalität feststellen (Tabelle 111).

Der Gelatinierungspunkt wird folgendermaßen bestimmt: Über einem Gefäß von ca. 400 ccm Inhalt, welches mit 300 ccm Wasser gefüllt ist, wird ein Thermometer so befestigt, daß es in das Wasser eintaucht. Dann wird ein kleines Stückchen Fell mit einem Faden so im Wasser befestigt, daß es sich in gleicher Höhe mit der Kugel des Thermometers befindet. Bei Nichteinhaltung letzterer Bedingung werden trotz Rührens Temperaturunterschiede von mehreren Graden erhalten. Es wird möglichst langsam erwärmt und die Temperatur abgelesen, bei der sich das Fellstückchen kontrahiert.

Tabelle 111. Erhöhung des Gelatinierungspunktes von formaldehydgegerbten Kaninchenfellen mit steigenden, bei der Gerbung anwesenden Natriumcarbonatmengen. Dauer der Gerbung = 24 Stunden (M. R. Gellée).

Nr. der Gerbbrühe	Formaldehyd in Prozenten	Na_2CO_3 in Prozenten	Gelatinierungspunkt in °C
I	0,5	0,5	50
II	0,5	1	69
III	0,5	2	85
IV	0,5	3	93
V	0,5	4	96

X. Einfluß von Salzen auf die Formaldehydgerbung.

A. W. Thomas, M. W. Kelly und S. B. Foster fanden, daß hohe Kochsalzkonzentrationen die Aufnahme von Formaldehyd durch Gelatine begünstigten. Niedrige Salzkonzentrationen waren ohne wesentlichen Einfluß.

O. Gerngroß und R. Gorges (*1*) fanden in vier Fünftel gesättigten Kochsalzlösungen eine Abnahme der Gerbintensität im alkalischen Gebiet; bei $p_H = 8{,}8$ war die WB. um 20% niedriger als in salzfreien Lösungen. Im sauren Gebiet zeigte Kochsalz keine merkliche Wirkung.

Der gleiche Effekt wurde mit verdünntem Kaliumrhodanid erzielt: $^1/_{10}$n KCNS verringerte bei $p_H = 8{,}5$ die WB. um 20%, $^n/_1$ KCNS bei $p_H = 8{,}2$ um 22%.

Während bei praktischen Versuchen mit Schafblößen in Übereinstimmung mit den Ergebnissen von Hey bei $p_H = 9$ ohne Salzzusatz ein schlechtes, brüchiges Leder erhalten wurde, konnte bei Gegenwart von konzentriertem Kochsalz selbst bei $p_H = 11{,}2$ vor und 8,6 nach der Gerbung ein gutes Leder gewonnen werden, welches eine WB. von 87 aufwies. Es scheint also in extrem alkalischen Lösungen NaCl einer ungünstigen Fixierung der Schwellung und der Totgerbung entgegenzuwirken.

XI. Physikalisch-chemische Veränderungen an Proteinlösungen durch Formaldehydzusatz.

Lösungen von Eieralbumin, die mit Formaldehyd versetzt werden, verlieren nach A. Bach (*1*) die Eigenschaft der Hitzekoagulierbarkeit. Das gleiche fand L. Schwarz für salzfreie Serumalbuminlösungen. F. Blum fand überdies eine Abnahme der Alkohol- und Acetonfällbarkeit bei Behandlung von Eialbuminlösungen mit Formaldehyd.

L. Reiner und A. Marton stellten bei Blutserum verschiedener Tiere (Kaninchen, Pferd), ferner bei Eialbuminlösungen Abnahme der Hitze- und Alkoholfällbarkeit fest. Dies spräche für eine Stabilisierung des Systems, eine Erhöhung der Hydrophilie. Doch treten nach diesen Autoren auch Erscheinungen auf, die eine gegenteilige Wirkung anzeigen. So fanden sie, daß Formaldehydalbumin durch Magnesiumsulfat leichter geflockt wird als unbehandeltes Albumin. Auch die Leitfähigkeit von Proteinen soll durch Formaldehyd erniedrigt werden. Der Einfluß auf die Oberflächenspannung des Proteins ist gering.

Die Mitteilungen über den Einfluß des Formaldehyds auf die Viskosität der Proteine sind ebenfalls widersprechend. Nach R. Abegg und P. v. Schroeder wird die Viskosität vermindert, während es wohl bekannt ist, daß in konzentrierten Solen Formaldehyd die Viskosität von Gelatine stark erhöht (R. H. Bogue, S. 199), bis diese ∞ wird, d. h. bis es zur Bildung unschmelzbarer Gele kommt. Der Viskositätsanstieg wurde außer an Gelatine auch an Eialbumin festgestellt.

Es handelt sich dabei ohne Frage um einander überlagernde Erscheinungen (O. Gerngroß-E. Goebel, S. 83). Einerseits wird durch die Gerbung die Hydrophilie vermindert, was sich in einer Abnahme der Viskosität äußert. Auch bei der Chinongerbung (L. Meunier und K. Le Viet) ist ähnliches beobachtet worden. Andererseits tritt bei höheren Gelatinekonzentrationen das bekannte Unlöslichwerden der Formaldehydgelatine in Wasser ein, was den Viskositätsanstieg bis ∞ erklärt.

Formaldehyd erhöht ferner auch den Tyndalleffekt und bewirkt eine Abnahme der Gelatinierungsgeschwindigkeit. Wie O. Gerngroß fand, werden Lösungen von 2%iger Gelatine, die ohne Formaldehydzusatz alsbald gelatinieren, nach Zusatz geringer Mengen von schwach alkalisch gemachtem Formaldehyd stabilisiert, d. h. sie bleiben flüssig und haltbar. Auf dieser Beobachtung beruht die durch Patente (O. Gerngroß D.R.P. 396701 und D.R.P. 340534) geschützte Anwendung von nicht gelatinierenden Formaldehyd-Gelatine-Lösungen als Ersatz für alkoholische Schellacklösungen bei der Herstellung eines Fixiermittels („Fixativ") für Bleistiftzeichnungen und Pastelle, ferner als Ersatzmittel für Schellack in der Formerei zur Erleichterung des Ablösens des Gipsgußes aus der Form.

XII. Theorie der Formaldehydgerbung.

Aus dem Verhalten des Formaldehyds gegen einfache Aminosäuren, Polypeptide und Diketopiperazine und seiner Reaktivität mit freien Amino- und Iminogruppen kann man wohl mit Sicherheit annehmen, daß mit den Proteinen analoge chemische Reaktionen stattfinden, und zwar sowohl mit den freien Aminogruppen als auch mit den Peptidgruppen.

Der zeitliche Verlauf der Formaldehydgerbung legt die Annahme nahe, daß die Reaktion des Formaldehyds mit diesen beiden Gruppen verschieden rasch verläuft. Es zeigte sich, daß die Dehnung von Sehnen und Gelatinestreifen [O. Gerngroß und J. R. Katz (*1*)] durch Einwerfen in 15%ige Formaldehydlösung schlagartig fixiert wird. Es muß daher der Formaldehyd, wenigstens mit einem wesentlichen Teil der reaktiven Gruppen des Proteins, sehr rasch reagieren. Bei Verfolgung des zeitlichen Reaktionsverlaufs zeigt sich nach Versuchen von L. Schwarz, daß ein Teil des Formaldehyds nur langsam mit Eiweiß reagiert. Er fand, daß Serumalbumin schon in wenigen Minuten mehr als die Hälfte der Formaldehydmenge bindet, während der Rest erst im Laufe von zwei Monaten aufgenommen wird. Es wäre, der Natur der beiden Gruppen entsprechend, naheliegend, den rasch reagierenden Aminogruppen die plötzliche Reaktion mit Formaldehyd zuzuschreiben, den Peptidgruppen hingegen die allmähliche. Doch spricht gegen eine so einfache Deutung des Vorgangs der hohe Betrag der bei ganz kurzer Einwirkungsdauer gebundenen Formaldehydmenge, welche 24% des Gesamtstickstoffs äquivalent ist, also einen viel zu hohen Prozentsatz für die freien Aminogruppen anzeigt.

Außer durch die Modellversuche an einfachen Aminoverbindungen wird die Annahme einer chemischen Reaktion des Formaldehyds mit dem Protein auch durch die Befunde der Aziditätszunahme, der Verschiebung des isoelektrischen Punktes nach der sauren Seite, der Affinitätsabnahme gegen saure Gruppen, der Affinitätssteigerung für basische Gruppen gestützt (vgl. S. 361 ff).

Es ist aber nicht ganz von der Hand zu weisen, daß bei der Formaldehydgerbung neben den hauptvalenzchemischen Reaktionen auch nebenvalentige (Bildung von „Molekülverbindungen") und Kolloidreaktionen sekundäre Bedeutung haben können, wobei den Polymeren, mit denen der Formaldehyd in wässerigen Lösungen im Gleichgewicht steht, eine Rolle zuzuweisen wäre (S. 345).

Als Argument für diese Vermutung kann der Umstand gelten, daß diejenigen Aldehyde, welche in hohem Grade Polymerisation aufweisen, z. B. Formaldehyd, Acrolein, Acetaldehyd, stärkere Gerbwirkung zeigen als solche, bei denen dies nicht der Fall ist. So fand L. Schwarz eine nur sehr geringe Benzaldehydaufnahme durch Serumalbumin.

Eine gewisse Kombination rein chemischen, raschen Durchreagierens (vgl. weiter unten) des Formaldehyds und einer lockeren Bindung höher molekularer Polymerer findet ihre Parallele auch in der Chinongerbung (S. 386). Man darf annehmen, daß bei allen Gerbvorgängen, die ja mizellare Reaktionen vorstellen, Überlagerungen von rein chemisch formulierbaren Reaktionen mit Erscheinungen eine Rolle spielen, bei denen die Teilchengröße der gerbenden Systeme von Bedeutung ist. Allerdings gerbt der Formaldehyd auch in rein alkoholischer Lösung [W. Fahrion (*2*)], in der Polymere sicher nur in sehr untergeordnetem Maße auftreten.

Die Ansichten, welche die Adstringenz eines Gerbstoffs — bei der pflanzlichen Gerbung und der Gerbung mit Chromgerbstoffen — mit seiner Molekulargröße in Parallele bringen (D. J. Lloyd) und bei diesen Gerbarten Bedeutung haben, treffen bei der Aldehydgerbung nicht zu, selbst wenn wir geneigt sein sollten, dem polymeren Formaldehyd eine größere Rolle zuzuschreiben als wir auf Grund bisheriger Versuche berechtigt wären. Eine auf W. T. Astbury zurückgehende Theorie besagt, daß den Valenzkräften, welche die Moleküle zweier sich verbindender Stoffe zusammenhalten, die kinetische Energie der Eigenbewegung der Einzelmoleküle im Sinn der Lockerung der Verbindung entgegenwirken. Viele kleine monovalente Einzelmoleküle entwickeln naturgemäß eine viel größere kinetische Energie als z. B. ein polyvalentes großes Gerbstoffmolekül. Die Verbindung eines Gerbstoffs von bedeutender Teilchengröße mit dem Kollagen wird demnach fester sein als die Verbindung eines kleinteiligen Gerbstoffs.

Die bewiesene schlagartig einsetzende Reaktion zwischen Formaldehyd und Gelatine und Kollagen ist zusammen mit den früher erörterten chemischen Begründungen wohl ein Beweis dafür, daß der schnell diffundierende Formaldehyd die Hauptrolle bei der Formaldehydgerbung übernimmt und daß im Gegensatz zur pflanzlichen Gerbung und Chromgerbung hochmolekulare Anteile des Gerbstoffs nur eine unwesentlichere Bedeutung haben können.

Als historische Reminiszenz sei erwähnt, daß W. Moeller (*1*) in umfangreichen, bezüglich der Betonung der mizellaren Struktur der Hautfaserelemente seiner Zeit vorauseilenden, aber experimentell nicht begründeten Arbeiten und Polemiken die Auffassung vertrat, daß die Formaldehydgerbung und alle anderen Gerbarten als vorwiegend kolloid-physikalische Phänomene aufzufassen seien. Es sollte sich um eine Umhüllung der Fibrillen mit chemisch nicht reaktiven, hochmolekularen Stoffen handeln (Umkleidungs- und Peptisationstheorie).

Betrachten wir nun, wie dies unerläßlich ist, den Gerbvorgang auf Grund der heutigen Anschauungen über den Feinbau der hochmolekularen Naturstoffe (K. H. Meyer und H. Mark, S. 186), die wir vor allem der Röntgenspektrographie zu danken haben. Dabei sei zuvor bemerkt, daß das Kollagen des Hautfasergewebes und ungedehnte Gelatine einerseits und Sehnenkollagen und gedehnte Gelatine andererseits fast das gleiche Röntgendiagramm aufweisen [J. R. Katz und O. Gerngroß (*1*); O. Gerngroß, K. Herrmann und W. Abitz].

Diesen Anschauungen zufolge enthalten die ungegerbten Kollagenfibrillen Bündel parallel gelagerter Polypeptidketten, die durch lockere Bindung gittermäßig quer verbundene Kristallite bilden. Bei der Quellung lagert sich Wasser an lyophile Gruppen der Polypeptidketten an und drängt die Ketten der primären Fibrillen und Fasern auseinander. Die gittermäßige Ordnung läßt sich durch den ziemlich gut definierten Interferenzring bei der Röntgenaufnahme feststellen.

Das Auseinanderdrängen der Polypeptidketten bei der Quellung kann man experimentell beobachten, da nur eine der Röntgeninterferenzen des Gelatinediagramms, die offenbar den parallel orientierten Achsen der Aminosäureketten zugehört (Netzebenenabstand 11,3 Å), mit zunehmender Quellung mehr und mehr kontrahiert wird, ein Zeichen dafür, daß eine Ausweitung der Gitterebenenabstände erfolgt. Beim Trocknen findet der umgekehrte Vorgang statt [O. Gerngroß, K. Herrmann und W. Abitz; J. J. Trillat (*4*)].

Bei der Hydrolyse von Kollagen und Gelatine wird nun diese gittermäßige Verbindung weitgehend gestört. Bei der Gerbung dahingegen werden die im ungegerbten Kollagen oder in ungegerbter Gelatine bestehenden lockeren Qerverbindungen zwischen den Ketten dadurch stabilisiert, daß eine feste „Vernähung", „Vernetzung" (K. H. Meyer und H. Mark, S. 277) der Ketten untereinander erfolgt; gleichzeitig werden auch lyophile Gruppen in lyophobe verwandelt und die Quellungsfähigkeit des Proteins wird vernichtet (L. Meunier und K. Le Viet). Es verdient hervorgehoben zu werden, daß offenbar K. H. Meyer das Verdienst zukommt, 1929 als erster den Gedanken der Vernetzung der Moleküle des Eiweißgitters ausgesprochen zu haben.

Es ist sehr wohl vorstellbar, daß — ähnlich wie bei der Chinongerbung (S. 388) beschrieben — ein Mol Formaldehyd z. B. durch Reaktion mit je einer freien Aminogruppe zweier benachbarter Polypeptidketten eine feste „Methylenbrücke" zwischen den beiden nebeneinanderliegenden Ketten schlägt und so die feste Vernähung der Kristallite in sich bewirkt. Es würde sich also dabei um ein Durchreagieren des Formaldehyds mit den einzelnen Molekülen (Primärteilchen) des Eiweiß handeln.

Hier sei auch eine rein schematische Formulierung gegeben, derzufolge die Brückenbildung zwischen den regelmäßig sich wiederholenden Peptidbindungen (vgl. auch S. 357) erfolgt [A. Küntzel (2)].

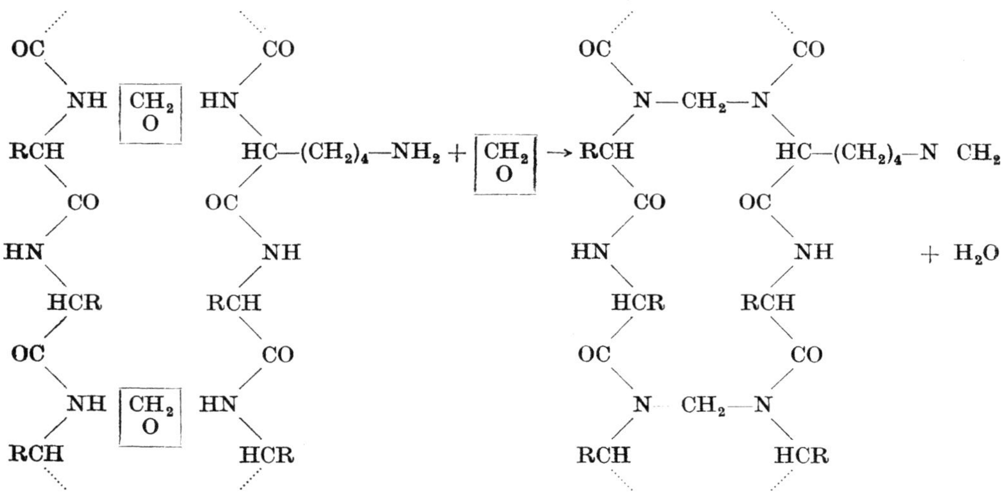

Wir dürfen allerdings nicht übersehen, daß man über eine Modellreaktion zwischen Aminosäuren oder Aminosäurederivaten und Formaldehyd im Sinne solcher oder auch nur ähnlicher Methylenbrückenbildungen bisher nicht verfügt! Über die Chinongerbung ist hingegen zu sagen, daß die auf S. 388 beschriebene Modellreaktion zwischen Benzochinon und Aminosäureester (E. Fischer und H. Schrader) im Sinne der Theorie der Chinongerbung sehr wohl eine Chinonbrücke zwischen 2 Aminosäurederivaten darstellt. Es besteht aber deswegen kein Grund, auf den so plausiblen Gedanken der Vernetzung der Polyptidketten bei der Formaldehydgerbung zu verzichten. Sie erklärt besser als die einfache Verwandlung der hydrophylen in hydrophobe Gruppen allein die Kriterien der Lederbildung: Resistenz gegen Quellung, gegen Schrumpfung der Faser bei erhöhter Temperatur und vor allem den Widerstand gegen Hydrolyse und das lederartige Auftrocknen.

Es sei noch bemerkt, daß die Röntgenaufnahmen von Formaldehydleder, formaldehydgegerbten Sehnen und formaldehydgegerbter gedehnter Gelatine keinerlei Verschiedenheit des Diagramms im Vergleich zu ungegerbter Haut, Sehne oder Gelatine erkennen lassen [J. R. Katz und O. Gerngroß (2)]. Man könnte 'daraus schließen, daß der Formaldehyd nicht mit dem gittermäßig gefügten Anteil des Micells, der aus regelmäßig sich wiederholenden Molekülteilchen gebildet ist, reagiere. Denn z. B. die Nitrierung der Cellulose, bei welcher offenbar solch ein Durchreagieren der kristallinen Bestandteile mit der Salpetersäure stattfindet, wirkt sich im allgemeinen deutlich im Kristallspektrum der Nitrocellulose aus.

Ein solches Reagieren, eine solche Veränderung der molekularen Zusammensetzung, sollte man folgern, müsse sich auch bei der Gerbung im Diagramm zeigen. Da dies, wie die Versuche von O. Gerngroß und seinen Mitarbeitern zeigen, im kristallinisch gefügten Bereich des Micells nicht der Fall ist, könnte man sich genötigt fühlen, die Reaktion an anderer Stelle des Micells zu suchen. Es wäre möglich, daß sich der Gerbprozeß mit Formaldehyd in jenem Teil des Kollagens und der Gelatine auswirkt, der sich im Röntgeninterferenzbild in Form des „Flüssigkeits-Halos" als amorph ausweist. In der amorphen Materie, in der keine Kristallinterferenzen zu bemerken sind, kann man auch keine Änderung des Diagramms durch die Gerbreaktion erwarten. Solch ein Reagieren lediglich mit dem amorphen Bestandteil ist auch tatsächlich erwogen worden (R. O. Herzog und W. Jancke).

Es ist aber auch möglich, daß eine Gerbreaktion, auch wenn sie den gittermäßig gefügten „kristallinen" Teil des Micells betrifft, sich nicht unbedingt im Röntgendiagramm auswirken müsse. Eine überschlagsmäßige Berechnung unter Anlehnung an Befunde von J. J. Trillat (*3*) bei Nitrocellulosen lehrt nämlich, daß eine die Gerbwirkung erklärende „Vernetzung" im Sinn von K. H. Meyer und H. Mark stattfinden kann, ohne daß sich diese in Anbetracht der außerordentlichen Molekulargröße der Primärteilchen der Micelle im Röntgenbild auswirkt (O. Gerngroß und P. Köppe).

Erwähnt sei auch ein Befund von A. Küntzel, nach dem formaldehydgegerbte Kollagenfasern beim Durchtränken mit Flüssigkeiten wie Anilin, Nelkenöl, Nitrobenzol geradeso wie ungegerbtes Kollagen eine Umkehr der Micellardoppelbrechung zeigten. Im Gegensatz dazu fand bei vegetabilisch gegerbten Fasern keine Umkehrreaktion mit der Durchtränkungsflüssigkeit mehr statt. A. Küntzel (*4*) glaubte, aus diesem Befund damals schließen zu dürfen, daß bei der Formaldehydgerbung kein Durchreagieren der Kollagenfaser mit Formaldehyd stattfindet, während er die Verhinderung der Umkehrreaktion durch pflanzliche Gerbstoffe als Beweis für ein permutoides Durchreagieren mit den Einzelmolekülen (Primärteilchen) des Eiweiß auffaßte.

Zusammenfassend läßt sich folgendes sagen:

Man ist mit Recht geneigt anzunehmen, daß der echte Gerbvorgang im allgemeinen in zweierlei besteht: in einer festen Verankerung des gerbenden Stoffes im Eiweißgitter einerseits und in einer Ausfüllung der Micellarzwischenräume der Fibrillen andererseits (vgl. z. B. A. Küntzel (*3*)]. Die Wasserbeständigkeit eines Leders wird vor allem durch die Festigkeit der Querverbindungen im Gitter veranlaßt, die Fülle und Schwere des Leders durch die grobteiligen Gerbstoffteilchen, die sich intermicellar einlagern.

Von diesem Gesichtspunkt aus steht die eben erörterte Theorie der Formaldehydgerbung mit dem Verlauf der Gerbung und mit dem Charakter des Formaldehydleders wohl im Einklang. Das chemische Durchreagieren des monomolekularen Formaldehyds spielt bei dieser Gerbart die Hauptrolle und erklärt die Raschheit der Gerbung und die besondere Resistenz gegen Hydrolyse. Das Auffüllen der Micellarzwischenräume mit hochmolekularen Polymerisationsprodukten hat hingegen nur untergeordnetere Bedeutung, wie die geringe Gewichtszunahme bei der Gerbung und die geringe Rendementszahl des Formaldehydleders beweist.

XIII. Gerbwirkung anderer Aldehyde.

Außer Formaldehyd zeigt noch eine Reihe anderer aliphatischer Aldehyde Gerbwirkung. So fand L. Schwarz, daß von Serumalbumin, auch bei ganz kurzer Einwirkungsdauer von wenigen Minuten, mehr Acetaldehyd als Formaldehyd gebunden wird. Nach zwei Monaten betrug die Aufnahme 46,5 Moleküle Acetaldehyd pro 100 Atome Gesamtstickstoff; in der gleichen Zeit wurden nur 43 Moleküle Formaldehyd pro 100 Atome N gebunden. Nach einem patentierten Verfahren (D.R.P. 480228 und E. P. 266622) können mit Aceton entwässerte Häute auch mit gasförmigem Acetaldehyd gegerbt werden. Dabei tritt Gelbfärbung auf. Auch bei der Alkoholgerbung z. B. mit Äthylalkohol soll nach E. O. Sommerhoff die Gerbwirkung auf den durch die oxydierende Wirkung des Lichts und der Luft aus dem Alkohol gebildeten Acetaldehyd zurückzuführen sein. A. W. Thomas und M. W. Kelly fanden, daß gambir- und chinongares Leder bei der Extraktion mit Alkohol schwerer wurde, obwohl ein Teil des Gerbstoffs dabei entfernt wurde. Sie führen die Gewichtszunahme auf die Fixierung des durch Oxydation aus dem Alkohol gebildeten Acetaldehyds zurück. A. Kann fand, daß Acetaldehyd ähnlich wie Formaldehyd, nur in geringerem Maße, die Widerstandsfähigkeit von Wolle gegen heißes Wasser und Laugen erhöht und die Affinität zu sauren Farbstoffen vermindert. Wirksamer noch als Formaldehyd war Acrolein. B. A. Tarachowski berichtet, daß praktische Gerbversuche mit Acrolein sehr gute Resultate ergaben.

A. W. Thomas, M. W. Kelly und S. B. Foster fanden, daß Hautpulver durch Furfurol unter irreversibler Färbung gegerbt wurde, wobei ebenso wie mit Formaldehyd zwischen $p_H = 6$ und 9 eine maximale Bindung stattfindet. L. Schwarz untersuchte die Bindung von Benzaldehyd durch Serumalbumin und fand bei einstündiger Einwirkung die nur sehr geringe Aufnahme von 4 Molekülen Benzaldehyd auf 100 Atome Gesamtstickstoff.

Nach Versuchen von O. Gerngroß und A. Ritter zeigt Furfurol nur eine außerordentlich schwache Gerbwirkung, Benzaldehyd überhaupt gar keine. Hingegen ist der o-Protocatechualdehyd imstande, den WB.-Wert des Hautpulvers von 0 auf 20 zu erhöhen und auch Blöße in Leder zu verwandeln. Diese Gerbwirkung ist jedoch, wie diese Autoren nachwiesen, nicht an die Aldehydgruppe, sondern an den Brenzcatechinrest gebunden, denn o-Vanillin und o-Guajakol, in denen ein Phenolhydroxyl ausgeschaltet ist, gerben nicht, während Brenzcatechin sogar eine ziemlich starke Gerbkraft (WB. 46) entfaltet.

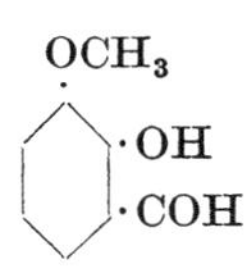

o-Vanillin.

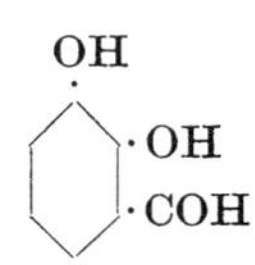

o-Protocatechualdehyd.

Tabelle 112. Vergleich der Gerbwirkung von o-Protocatechualdehyd und Brenzcatechin einerseits, o-Vanillin und o-Guajakol andererseits (O. Gerngroß und A. Ritter).

Hautpulver behandelt mit	Untersuchung der behandelten Hautpulverproben				
	Wasser in Prozenten	Asche in Prozenten	Wasserlösliches in Prozenten	WB.	Farbe
o-Protocatechualdehyd (0,548 g)	15,7	2,7	66	20	orangegelb
o-Vanillin (0,608 g)	15,8	1,6	82,5	0	gelb
o-Brenzcatechin (0,44 g)	17 1	1,9	43,8	46	graubraun
o-Guajakol (0,496 g)	17,9	1,8	81,3	0	farblos

Protocatechualdehyd, der gerberisch ein erhöhtes Interesse besitzt, weil er neben dem Aldehyd- auch den Polyphenolcharakter der pflanzlichen Gerbstoffe besitzt, bildet mit Glycyl-glycin-äthylester und l-Tyrosin-methylester stark gelb gefärbte Kondensationsprodukte:

$$(OH)_2 \cdot C_6H_3 \cdot CH = N \cdot CH_2 \cdot CO \cdot NH \cdot CH_2 \cdot COO \cdot C_2H_5$$

2,3-Dioxybenzyliden-glycyl-glycinester.

$$(OH)_2 \cdot C_6H_3 \cdot CH = N \cdot CH \cdot (CH_2 \cdot C_6H_4 \cdot OH) \cdot COO \cdot CH_3$$

2,3-Dioxybenzyliden-l-tyrosinmethylester.

Ihre Farbe entspricht ganz der intensiven orangegelben Hautfärbung, die dieser Phenolaldehyd irreversibel auf der Haut hervorruft. Die Frage, ob diese Hautfärbung durch den Aldehydrest oder nicht etwa infolge Salzbildung durch die Phenolhydroxyle veranlaßt ist, konnte nicht mit Sicherheit entschieden werden. Formaldehydvorgerbung verhindert diese Färbung, dies erweist aber nur, daß der Formaldehyd die Aminogruppen besetzt. Diese Blockade kann sich aber ebenso in einer Verhinderung der nachträglichen Reaktion mit dem Phenolaldehyd wie in der hier wiederholt besprochenen „Säureadsorptionsverminderung“ (S. 361) auswirken.

XIV. Praxis der Formaldehydgerbung.

1. Allgemeine Prinzipien.

Die **Wasserstoffionenkonzentration** spielt, wie in einem besonderen Abschnitt (S. 364) bereits eingehend gewürdigt wurde, bei der Formaldehydgerbung eine wesentliche Rolle. Dies drückt sich bei den Vorschriften der Praxis deutlich aus.

Schon bei den beiden ersten patentierten Verfahren aus dem Jahre 1898 (J. Pullmann; D. R. P. 111408 und E. P. 2872) und 1899 (Combret; D. R. P. 112183) bildet die Mitverwendung von Alkali bzw. Säure ein wesentliches Merkmal der Erfindung. Es zeigte sich bald, daß das Pullmannsche Verfahren, welches die Lehre enthielt, daß man in alkalischer Lösung arbeiten müsse, ein gutes, weiches, dem Sämischleder ähnliches Produkt lieferte, während das später angemeldete Combretsche Verfahren, das saure Lösungen vorsieht, sich als unverwendbar erwies. Am günstigsten verläuft die Gerbung in neutraler oder schwach alkalischer Lösung (vgl. S. 366).

Zum Alkalischmachen der Brühen eignet sich vor allem Soda. Sie ist verdünnter Natronlauge vorzuziehen. Nach J. W. Lamb soll Ätznatron die Gerbung verlangsamen. Es werden auch Mischungen von Soda und Ammoniumsulfat verwendet. Nach dem Verfahren von J. Pullmann läßt sich die Soda durch Calcium- und Magnesiumhydroxyd ersetzen. A. Gansser (S. 374) empfiehlt, nur so viel Soda zu nehmen, daß die während der Gerbung auftretende Acidität neutralisiert wird. Bekanntlich sind die käuflichen Formaldehydlösungen stets nicht unbeträchtlich sauer. Nach einem Verfahren von O. Dujardin (*2*) zum Gerben von Schaffellen wird erst 40 Stunden in ganz schwacher Salzsäurelösung gegerbt, dann bis zur schwach alkalischen Reaktion mit Soda versetzt und 24 Stunden weitergegerbt. R. Griffith empfiehlt anstatt Sodazusatz beim Gerben den Zusatz von Natriumbisulfit.

Die **Formaldehydkonzentration,** die bei der Gerbung anzuwenden ist, hängt von der Art und Stärke des Leders und auch von dem p_H der Brühe ab und schwankt nach den Literaturangaben zwischen 0,5 und 3,5%. In den meisten Fällen wird sie mit 1 bis 1,5% angegeben. Es ist nach den Erfahrungen des Verfassers ratsam, die Gerbung mit niedrigerer Formaldehydkonzentration einzuleiten und die Konzentration allmählich bis auf 1% zu verstärken. Im gleichen

Maß muß aber auch der Sodazusatz zur Erhaltung eines p_H-Werts von etwa 7,5 gesteigert werden.

Als **Formaldehydmenge** ist im allgemeinen 1 bis 2% CH_2O, auf das Blößengewicht gerechnet, zu empfehlen. Nach A. Gansser (S. 222) soll die Gerbbrühe ungefähr 2% vom Blößengewicht an Formaldehyd enthalten, bei schweren Häuten bis 5% und noch mehr. Die verwendeten Formaldehydbäder können nach entsprechender Verstärkung wieder verwendet werden.

Besonders bei der Verwendung höherer Formaldehydkonzentrationen ist darauf zu achten, daß nach der Gerbung der Formaldehyd restlos ausgewaschen wird, da sonst verschiedene Mängel auftreten. So führt J. W. Lamb die Brüchigkeit mancher Formalinleder auf mangelhaftes Auswaschen zurück. M. R. Gellée berichtet, daß eine zu hohe Formaldehydkonzentration bei der Gerbung von Kaninchenfellen ein pergamentartiges und sprödes Leder gibt. L. Meunier und A. Seyewetz fanden, daß aldehydgares Leder zwar unmittelbar nach der Gerbung weich ist, aber beim Lagern infolge allmählicher Entgerbung hart und brüchig wird. U. J. Thuau bestätigte diesen Befund und konnte in Formaldehydleder regelmäßig noch freien Formaldehyd nachweisen. Der Aldehyd kann bei längerem Lagern des Leders auch am Geruch erkannt werden. A. Gansser (S. 222) hatte bei seinen im Jahre 1907 ausgeführten Versuchen das mit Formaldehyd ausgegerbte Leder mit einer Bisulfitlösung behandelt, wodurch er ein Leder erhielt, das seine Weichheit und Festigkeit nicht einbüßte und auch nach längerem Lagern keinen Formaldehydgeruch mehr aufwies. Es sei erwähnt, daß W. Moeller (*2*) annahm, daß infolge ungenügenden Auswaschens Spuren von Methylenaminosäuren im Leder zurückbleiben, die vermöge ihres sauren Charakters die Fasern allmählich hydrolisieren.

Die **Gerbdauer** hängt von der Stärke der Häute ab. Bei leichten Häuten genügen wenige Stunden, schwerere Häute müssen oft tagelang gegerbt werden. Den Endpunkt der Gerbung erkennt man am Schnitt, ferner wie üblich daran, daß das Leder den Blößencharakter verloren hat, sich gut auspressen läßt, und daß die ausgepreßten Stücke trocken und weiß erscheinen. Auch die Gelatinierungstemperatur (C. Schiaparelli und L. Careggio) und Heißwasserprobe kann zur Beurteilung herangezogen werden (vgl. S. 365 und 366).

Nach der Gerbung wird überschüssiges Alkali zweckmäßig mit Ammoniumsulfat neutralisiert und das Leder gut gewässert.

Wichtig bei der Formaldehydgerbung ist die nachträgliche **Fettung**. Das Leder wird im allgemeinen nach der Gerbung je nach Verwendungszweck des herzustellenden Leders mit mehr oder weniger Fettlicker behandelt. Am besten eignen sich dazu Seife, sulfonierte Öle und Klauenfett. Die Fettung kann bei 50 bis 60° erfolgen. Auf diese Weise wird dem an und für sich etwas harten Formaldehydleder größere Geschmeidigkeit verliehen. An Stelle der üblichen Seife, von Degras, mit Soda und Wasser emulgiertem Klauenöl, Fischöl, Türkischrotölen, von Moellon mit Harz- oder Mineralölzusatz wird Elgon, Formitan und Neoline 15 empfohlen, und es werden ausführliche Gebrauchsanweisungen gegeben [Cuir technique (*1*)].

2. Gerbung mit Formaldehyd allein.

Ein ausführlich beschriebenes Gerbverfahren mit Formaldehyd stammt von W. Eitner aus dem Jahre 1899.

Nach seiner Vorschrift werden die vorbereiteten Blößen 24 Stunden in einer Brühe behandelt, welche auf 100 Teile Wasser 0,5 Teile käuflichen 40%igen Formaldehyd enthält. Die Häute kommen sauer heraus und man muß sie mit irgendeinem schwach alkalischen Salz (Soda, Kreide, Borax, Natriumphosphat), am besten mit Ammonsulfat und Soda behandeln. Dann wäscht man sie in reinem Wasser ungefähr 40 Minuten aus, nimmt sie heraus, schlägt sie über den Bock zum Abtropfen und fettet sie mit einer Seifenbrühe ein. Man erhält auf diese Weise ein weiches, dem alaungaren Leder ähnliches Produkt, das sich durch einen schönen, geschlossenen Narben von hohem Glanze auszeichnet (H. Gnamm, S. 345). Wird die Fleischseite mit Schmirgel aufgerauht, so erhält sie ein velourartiges, dem Sämischleder ähnliches Aussehen. Derartige Leder, welche sich durch besondere Wasserbeständigkeit auszeichnen, wurden als Sämischledersatz unter der Bezeichnung „Kaspin" auf den Markt gebracht.

Nach W. Eitner kann durch Formaldehydgerbung eine Imitation des Japanleders erhalten werden. Man kann das Formaldehydleder auch zu einer Art Mochaleder verarbeiten, indem man an Stelle einer nachfolgenden Glacégare nur eine Fettung mit einer Mischung von 2 Teilen Knochenöl und 1 Teil Moellon vornimmt; dann wird der Narben abgeschliffen, gefärbt und zuletzt eventuell ein wenig mit Moellon nachgefettet. Auf ähnliche Weise können auch Leder für Bandagen, lithographische Walzen und Schlagriemen hergestellt werden [J. Jettmar (*1*), S. 101].

Nach einer Vorschrift von O. Dujardin (*1*) liefert Schlangenhaut bei der Formaldehydgerbung ein gutes Schuhleder.

Ein neueres, von J. W. Lamb mitgeteiltes Formaldehydgerbverfahren für Häute und Felle sei ausführlich angegeben.

Zu 100 kg Blöße in 225 bis 270 l Wasser von 35° C fügt man in 4 Teilen jede Viertelstunde 7,2 kg Natriumcarbonat und 4,5 l 40%igen Formaldehyd in 36 l Wasser. Bei leichten Häuten ist die Gerbung in 3 bis 6 Stunden und bei schweren in $^1/_2$ bis 2 Tagen beendet. Die Temperatur läßt man gegen Ende der Gerbung auf 50° C ansteigen. Man behandelt dann mit einer Lösung von 1%igem Ammonsulfat bei 50° C, schlägt über den Bock und behandelt im Faß mit einer Lösung von 2,25 kg weicher und neutraler Seife und 2,25 kg Kochsalz bei 50° C, 2 bis 3 Stunden bei leichten und längere Zeit bei schweren Ledern. Man kann auch eine Emulsion von Tran oder Olivenöl mit Seife verwenden; man gibt dann die Kochsalzlösung getrennt nach.

J. A. Wilson (Bd. II, S. 738) empfiehlt, die gebeizten Häute 24 Stunden in einer Lösung, welche 10 bis 50 g Formaldehyd im Liter enthält, bei einem *p*H-Wert von 7 zu behandeln. Die Häute werden dann mit einer verdünnten Sodalösung gewaschen, gelickert und gefärbt. Ein ähnliches Verfahren wird für Pelze empfohlen, wobei eine Bearbeitung mit Eigelb auf der Fleischseite nachträglich vorzunehmen ist.

Für die Gerbung von Pelzen läßt sich Formaldehyd sehr gut verwenden, da er den Narben härtet und auf diese Weise das Haar in der Haut festigt. Ein Verfahren zum Gerben von Kaninchenfellen mit Formaldehyd beschreibt M. R. Gellée folgendermaßen:

Die Felle werden in einen Trog gebracht, der 10 l Wasser und 50 g Kochsalz enthält. Nach 2 Tagen werden sie herausgenommen, entfleischt und sodann in eine 2%ige Sodalösung von 30° C gegeben, worin sie 10 Minuten lang unter ständigem Rühren verbleiben; dabei werden die Haare entfettet. Dann werden die Felle in kaltem Wasser gründlich gewaschen und gelangen nun zur eigentlichen Gerbung. Dazu werden sie in eine Lösung, welche 12,5 ccm gegen Phenolphthalein neutralisierten Formaldehyd in 5 l Wasser enthält, gegeben und eine Nacht darin belassen. Am nächsten Morgen werden sie herausgenommen und zu der Gerblösung werden weitere 12,5 ccm Formaldehyd hinzugefügt; dann werden die Felle wieder in die Lösung gebracht und bis zum nächsten Tag darin belassen. Zu der Formaldehydlösung wird dann soviel Soda, als 150 g wasserfreiem Na_2CO_3 entspricht, hinzugefügt, und zwar derart, daß von der in wenig heißem Wasser gelösten Soda zuerst nur die Hälfte hinzugegossen wird, der Rest erst nach 4 Stunden. Am folgenden Tage werden die Felle herausgenommen und in kaltem Wasser gut gewaschen. Sodann werden sie während einer Nacht über den Bock geschlagen. Hierauf gelangen sie für 1 bis 2 Stunden in eine Lösung von 100 g Ammonsulfat in 5 l Wasser, welches auf 35 bis 40° C erwärmt wurde und werden darin von Zeit zu Zeit bewegt, alsdann in kaltem Wasser gut ausgewaschen und getrocknet. Wenn sie beinahe trocken sind, werden sie gestollt, indem man sie mit der Fleischseite über eine stumpfe Klinge zieht; dies soll nach allen Richtungen vorgenommen werden und besonders an harten Stellen und an den Rändern. Die gestollten Felle werden nun gefettet. Für die Fettung eignet sich am besten Klauenfett. Die Felle werden auf einer Tafel aufgespannt und das Fett mit einem kleinen Lappen auf der Fleischseite eingerieben; man muß dabei darauf achten, daß das Fett richtig in die Haut eindringt. Wenn die Fettung beendet ist, werden die Felle in den Rahmen gespannt und gründlich trocknen gelassen. Dann werden sie nochmals gestollt und entfettet, indem die Fleischseite mit pulverisierter Kreide bestreut wird. Die Verwendung einer Lösung ist nicht zweckmäßig, da die Haare bereits vor der Gerbung entfettet wurden. Nach kurzer Zeit schüttelt man die Felle aus oder schlägt sie mit einem biegsamen Rohr aus. Nachdem sie nun entfettet sind, werden sie auf der Fleischseite sorgfältig abgeschliffen, auf diese Weise erhält man ein Fell, das von gleichmäßiger Dicke ist und sich weich anfühlt.

Erwähnt sei endlich auch ein Verfahren (D.R.P. 480228 und E.P. 243089), nach welchem mit gasförmigem Formaldehyd gegerbt wird. Der Patentanspruch lautet:

„Verfahren zur Herstellung von Leder unter Verwendung von Formaldehyd in gasförmigem Zustand, dadurch gekennzeichnet, daß die Häute vor der Formaldehydbehandlung mit flüchtiger, wasserentziehender Flüssigkeit, wie Aceton, entwässert werden. An Stelle von Formaldehyd kann auch Acetaldehyd, Brom, Chlor u. dgl. verwendet werden.“

Im Zusammenhang mit diesem Verfahren sei an die in China übliche Rauchgerbung erinnert. Diese wird einfach so vorgenommen, daß die Blößen dem beim Verbrennen von Stroh entwickelten Rauch ausgesetzt werden. Auf diese Weise wird ein weiches, gutes Leder erhalten. Die Gerbwirkung soll bei diesem Verfahren von dem aus dem verbrannten Stroh gebildeten Formaldehyd ausgehen (L. S. Ts'ai und E. O. Wilson).

3. Formaldehydgerbung in Kombination mit anderen Gerbungen.

Während der Formaldehyd als Alleingerbstoff eine beschränkte Anwendung findet, hat er in Kombination mit anderen Gerbverfahren größere Bedeutung gewonnen (vgl. S. 628ff.).

Die charakteristischen Vorteile insbesondere einer Vorbehandlung mit Formaldehyd liegen in seiner Fähigkeit, den eben herrschenden Quellungszustand der Haut rasch zu fixieren. Die stabilisierte, vergrößerte Oberfläche bietet dem Gerbstoff günstige Adsorptionsverhältnisse. Weitere allgemeine Vorteile für die Kombinationsgerbungen sind die Härtung des Narbens, Verhinderung der Entstehung loser Narben insbesondere bei Schafleder, ferner die starke Erhöhung der Wasserfestigkeit des Leders.

Für die pflanzliche Gerbung wird nicht selten eine Formaldehydvorgerbung vorgenommen. O. Gerngroß und H. Roser haben zwar durch ihre Versuche die auch theoretisch begründete Tatsache aufgezeigt, daß die Formaldehydgerbung die Aufnahmefähigkeit der tierischen Haut für pflanzliche Gerbstoffe herabsetzt. Diese Tatsache kann sich aber bei der praktischen Anwendung günstig auswirken. So ist man in der Lage, nach einer Formaldehydvorbehandlung bei der vegetabilischen Schnellgerbung sogleich höher konzentrierte Gerbbrühen zu gebrauchen, da infolge des verminderten Bindungsvermögens kein Zugerben der Außenschicht erfolgt und der Gerbstoff Gelegenheit hat, mehr in die Tiefe zu diffundieren. In günstiger Weise wirkt sich dabei auch die schon erwähnte Fixierung der sauren Quellung aus, die eine größere, konstant adsorbierende Hautfläche dem pflanzlichen Gerbstoff zur Verfügung stellt.

In der Unterledergerberei wird die Formaldehydvorgerbung besonders empfohlen, um die Schwellung der Häute zu fixieren, die vor der Gerbung durch

Einhängen in Sauerbrühen erzeugt wird [Cuir technique (*2*)]. Ein Zurückgehen der Schwellung, Schrumpfung und Narbenziehen werden durch die Formaldehydvorbehandlung verhindert, eine Beschleunigung der Gerbung wird erreicht, da man die Ausgerbung mit starken Gerbbrühen vornehmen kann [L. Houben (*1*)].

Die Vermeidung der Narbenbrüchigkeit bei Anwendung einer Formaldehydvorgerbung und nachfolgender Schnellgerbung mit Extraktlösungen kann wohl auch durch Verhinderung der Ansammlung übermäßiger Mengen pflanzlicher Gerbstoffe in der Narbenschicht erklärt werden. Niedrige Formaldehydkonzentrationen bei der Vorbehandlung sollen sich vor allem in einer Härtung des Narbens auswirken, ferner in einer Vermeidung des Narbenziehens und endlich insbesondere bei Schafleder in einer Vermeidung der Entstehung von Ledern mit losen Narben (U. J. Thuau (*2*)].

Patentiert (H. Krull; D. R. P. 636544) wurde auch eine leichte Vorbehandlung der Häute mit Formaldehyd, dann das Überziehen des Narbens mit einer schützenden Filmschicht, Ausgerbung mit pflanzlichen Gerbstoffen, Entfernung des Films vom Narben zwecks Färbung und weiterer Zurichtung.

Empfohlen wird auch die Kombination der Formalingerbung mit einer Entkälkung, wobei natürlich Entkälkungsmittel, die mit Formaldehyd reagieren, wie Ammoniumsalze oder Bisulfit (S. 348), nicht gebraucht werden dürfen.

Zu dem genannten Zwecke wird die Blöße in einem Bad, das $^1/_2$% Borsäure, 1 Vol.-% Phenol und 1 Vol.-% Formalin enthält, behandelt; dann wird 24 Stunden mit einer Sulfitablauge von 9° Bé und endlich mit einem pflanzlichen Extrakt von 10° Bé ausgegerbt. Ein anderes Verfahren sieht Fixierung der alkalischen Schwellung mit Formaldehyd vor, dann 24stündige Gerbung mit einer Quebrachobrühe von 9° Bé, die mit 25 Teilen Borax auf 100 Teile Extrakt alkalisch gemacht ist. Diese Brühe ist alsdann mit 4‰ Ameisensäure über Nacht zu neutralisieren und das Leder einer Füllung mit Gerbstoff zu unterwerfen [L. Houben (*1*)].

Zahlreich sind die Kombinationen der Formalin- mit der Sämischgerbung [B. Kohnstein (*2*)]. Eine Vorgerbung mit Formaldehyd in sodaalkalischer Lösung vermag die nachfolgende Sämischgerbung abzukürzen und man ist in der Lage, statt des energischen Einwalkens des Trans in der Kurbelwalke mit einem kurzen Einwalken im Walkfaß sein Auslangen zu finden [Gerberei-Technik (*1*)]. Verständlich ist es, daß die erhöhte Resistenz, welche die Formaldehydgerbung der Haut gegen Alkalien verleiht, sich günstig auswirken wird. So kann man bei den genannten Kombinationen höhere Alkalikonzentration bei der nachträglichen Enttranung zur Anwendung bringen als bei der gewöhnlichen Sämischgerbung. Beim praktischen Gebrauch sämischgaren Leders, vor allem als Fensterleder, bei welchem alkalische Flüssigkeiten nicht selten mitverwendet werden, wird die Lebensdauer des Leders erhöht. Endlich soll die nicht immer erwünschte Elastizität des Sämischleders durch Formaldehydvorgerbung vermindert werden [L. Houben (*2*)].

Die für die Sämischgerbung charakteristische Zähigkeit soll nur dann erhalten bleiben, wenn man bloß eine leichte Formaldehydvorgerbung und kräftige Nachgerbung durchführt [Gerberei-Technik (*2*)]. Für die Vorgerbung werden die Häute oder Haarfelle 1 bis 2 Tage in eine Lösung von $1^1/_2$ bis 2% Formaldehyd, 1% Phenol und $^1/_2$% Borsäure eingelegt und dann der Fettgerbung unterworfen. Die Einfettung geschieht im alkalischen Bad [L. Houben (*3*)].

Bei der Färbung mit Schwefelfarbstoffen wirkt sich die Alkaliresistenz des Formaldehydleders günstig aus; man ist nicht wie bei der reinen Sämischgerbung zu besonderer Vorsicht beim Gebrauch von schwefelnatriumhaltigen Lösungen gezwungen. Auch sonst sollen die Möglichkeiten für die Färbung des Sämischleders durch die Vorbehandlung erweitert sein [G. Grasser (*5*)].

Zur Vorgerbung vor der Fettgerbung ist auch Paraldehyd an Stelle von Formaldehyd vorgeschlagen worden (A. P. 1957020), ferner gibt es Patente, welche ein Gemisch von Formaldehyd und Eieröl zur Erzielung eines weichen, samtartig weißen Waschleders empfehlen.

Bei der Glacégerbung wird die Erhöhung der Wasserbeständigkeit durch Formaldehydgerbung besonders empfohlen. Man erhält ein waschbares Glacéleder. Die Formaldehydgerbung wird hier im Gegensatz zur vegetabilischen und Sämischleder-Kombinationsgerbung nicht als Vor-, sondern als Nachgerbung benutzt [G. Grasser (*5*)]. Auch die färberischen Eigenschaften werden im Vergleich zur einfachen Glacégerbung verbessert und man ist imstande, waschechte Färbungen zu erzielen, was mit den bei einer Glacégare üblichen Holzfarbstoffen nicht möglich ist [Gerberei-Technik (*3*)].

Es darf allerdings bemerkt werden, daß die Glacéformaldehydgerbung in der Praxis vorwiegend für weiße Leder verwendet wird, während für gefärbte Glacéleder die Kombinationsgerbung mit Chrom häufiger gebraucht wird.

Bekannt ist die Erzeugung von Tornisterkalbledern durch Formaldehydvorgerbung und Alaunnachgerbung. Sonst wird bei reiner Alaungerbung auch vielfach die Nachgerbung mit Formaldehyd zwecks Erhöhung der Wasserbeständigkeit und Verbesserung des Leders vorgeschlagen [G. Grasser (*5*); vgl. auch A.P. 1941485; Ö.P. 99202; Cuir techn. (*3*)].

Auch die Erzeugung von weißem Sohlenleder und Treibriemenleder durch Alaunvor- und Formaldehydnachgerbung (Ö.P. 99202 und Cuir techn. (*4*)] wird empfohlen, wobei geringes spezifisches Gewicht und Haltbarkeit des Leders gerühmt werden.

An dieser Stelle sei auch ein Verfahren zur Herstellung aldehydgarer Reiber für Spinnereien und Färbereien erwähnt, das dadurch gekennzeichnet ist, daß die vorbereitete Haut zunächst einer starken Pickelung und nachfolgender Formaldehydgerbung unterworfen wird (F.P. 670007).

Die Formaldehydgerbung mindert nicht nur die absolute Aufnahmefähigkeit der Hautsubstanz für pflanzliche Gerbstoffe, sondern auch für Chromgerbstoffe [O. Gerngroß (*2*); O. Gerngroß und H. Roser; K. H. Gustavson]. Trotzdem ist auch bei der Chromgerbung die Aldehydvorbehandlung empfehlenswert. Es tritt bei der Formaldehydvorbehandlung die Festigung des Narbens günstig in Erscheinung [E. Stiasny, (*2*) S. 320]. Durch die Kombination der Chrom- mit der Formaldehydgerbung läßt sich waschbares Chromleder erzielen [Cuir techn. (*5*)]. Es liegen auch Angaben über die Verminderung der Festigkeit von reinem Formaldehydleder bei nachfolgender Chromgerbung vor, ferner über Verminderung der Dehnbarkeit des Leders durch Formaldehydgerbung und Erhöhung der Dehnbarkeit durch Chromgerbung, endlich über Erhöhung der Elastizität von Formaldehyd-Chromleder im Vergleich zu reinem Formaldehydleder (G. Powarnin, L. Kopeliowitsch und A. Eidling). Für die Gerbung von Reptilienhäuten wird eine Kombination der Formaldehydgerbung mit Chrom- oder Aluminiumgerbung empfohlen (B. Köhler).

Große Vorteile soll eine Kombination der Formaldehydgerbung mit der Eisengerbung bieten. Die Formaldehydgerbung kann als Vor- und als Mitgerbung für die Gerbung mit basischem Eisenchlorid verwendet werden und soll das Auftreten der bekannten Nachteile mancher Eisengerbungen verhindern. Bei der Verwendung des Formaldehyds zur Nachgerbung bei gleichzeitiger Neutralisation des Eisenbades erzielt man einen zarten und sehr zähen Narben (D.R.P. 338477; 342096; 349335; 378450).

Vielfach sind die Empfehlungen einer Kombination von Formaldehyd mit Kieselsäuregerbverfahren. So soll ein sehr zug- und reißfestes Leder erhalten werden, das auch durch heißes Wasser und Schweiß nicht entgerbt wird und sich für orthopädische und chirurgische Zwecke besonders gut eignet, wenn man eine Emulsion als Gerbmittel anwendet, die Formaldehyd, ein Fett oder Öl und Magnesiumsilikat enthält (D.R.P. 272678). Auch die Eisen-Wasserglas-Gerbung (D.R.P. 378450) und eine Chrom- oder Aluminium-Wasserglas-Gerbung (D.R.P. 379698), beide in Verbindung mit Formalin, wurden vorgeschlagen. Ein neueres Patent beschreibt die Kombination von Formaldehyd- und Kieselsäuregerbung (D.R.P. 630124), das beispielsweise für die Durchführung solcher Kombinationsgerbungen angeführt sei. Die Patentansprüche lauten:

1. Verfahren zur Herstellung von weißem Leder, dadurch gekennzeichnet, daß die gerbfertigen Hautblößen zunächst mit einer Formaldehydgerbung vorgegerbt, gegebenenfalls unter Zusatz von Alkalien auf die p_H-Zahl von 7 bis 9,8 eingestellt und nach dem Auswaschen mit Wasser mit einer angesäuerten Wasserglaslösung nachgegerbt werden.

2. Verfahren nach Anspruch 1. dadurch gekennzeichnet, daß die Leder noch mit einer wässerigen Natriumsulfitlösung nachbehandelt werden.

Ausführungsbeispiel:

Die Häute werden zunächst in bekannter Weise gebeizt und dann gepickelt. Eine Pickelung ist jedoch nicht unbedingt notwendig. Hierauf werden die Felle in ein Formaldehydbad folgender Zusammensetzung ins Faß gebracht: 85% Wasser und 2% Formaldehyd (bezogen auf das Blößengewicht). Man läßt das Faß während 1 Stunde laufen und fügt dann im Laufe von ungefähr 4 Stunden eine 3,5 bis 4,0 n Sodalösung hinzu, bis die Felle einen konstanten p_H-Wert erreicht haben, der beispielsweise für ein weiches Oberleder zwischen 7 und 9,8 liegt. Sobald der gewünschte p_H-Wert erreicht ist, läßt man das Gerbfaß noch 2 Stunden laufen. Hierauf läßt man die Häute in der Brühe noch 12 Stunden liegen. Hierauf läßt man das Faß 10 Minuten laufen, spült ungefähr eine Stunde lang in fließendem Wasser aus, nimmt die Häute aus dem Faß, reckt dieselben aus, falzt und wiegt für die darauffolgende Gerbung mit der angesäuerten Wasserglaslösung. Die zum Gerben verwendete Wasserglaslösung wird in der Weise hergestellt, daß man zu einer verdünnten Salzsäurelösung unter Bewegung eine Natriumsilikatlösung zusetzt, welche nach folgenden Gewichtsverhältnissen hergestellt ist: 62,5% Wasser und eine solche Menge Natriumsilikat, daß der SiO_2-Gehalt der Lösung 7,5% des Falzgewichtes der Haut beträgt. Die Menge der benötigten Salzsäure hängt von der Alkalimenge des angewendeten Silikats ab und kann auf Grund einer vorangegangenen Analyse des letzteren errechnet werden. Man muß so viel Salzsäure anwenden, daß in der hergestellten Gerbbrühe 0,15 bis 0,2 Mol freie Salzsäure pro Liter vorhanden sind. Zu dieser angesäuerten Wasserglaslösung werden nun die mit Formaldehyd vorbehandelten Blößen gegeben und das Faß weitere 4 Stunden bewegt. Hierauf setzt man Natriumsulfit in einer Menge von 2% (bezogen auf das Falzgewicht) zu, läßt das Faß noch eine weitere Stunde laufen, spült hierauf die Häute mit fließendem kaltem Wasser gut nach und richtet die Leder in der allgemein üblichen Weise zu. Die so behandelten Häute enthalten ungefähr 15% SiO_2 (bezogen auf das trockene Gewicht) und besitzen die Eigenschaften von gutem Oberleder. Die Schrumpfungstemperatur beträgt 85° C. Bei der Herstellung von weißem Leder ist darauf zu achten, daß für die Fettung ein farbloses Fett verwendet wird. Soll das Verfahren für die Herstellung von Sohlleder benutzt werden, so ist eine größere Menge Kieselsäure anzuwenden, so daß die von den Häuten aufgenommene SiO_2-Menge etwa 15 bis 20% ihres Trockengewichtes beträgt.

Ein altes Verfahren patentiert die Behandlung der Häute mit Formaldehyd und α- oder β-Naphthol (A. Weinschenk; D.R.P. 184449).

Hier muß erwähnt werden, daß der Formaldehyd als chemisches Reagens eine überragende Rolle bei der Synthese künstlicher Gerbstoffe spielt, wobei aber die gerberisch wirksame Aldehydgruppe durch Kondensation verschwunden ist. Doch mag es vorkommen, daß in Fällen, in denen der synthetische Gerbstoff nicht isoliert, sondern das Reaktionsgemisch direkt als solches verwendet wird, der Aldehyd an der Gerbwirkung beteiligt ist.

Eine gute, übersichtliche Zusammenstellung über Kombinationsgerbungen, wobei auch die Formaldehyd Kombinationsgerbungen ausgiebig berücksichtigt werden, findet man in dem Forschungsbericht über die Arbeiten der Jahre 1921 bis 1936 von H. Herfeld.

Formaldehyd ist auch als Zusatz zu den Gerbbrühen, um das Schimmeln und Sauerwerden zu verhindern, also zur Brühenkonservierung vorgeschlagen, aber von P. Jakimoff und N. Kojalowitsch wegen der Einwirkung auf die Haut abgelehnt worden.

Ein Rezept für die Konservierung von Rohhaut für Museumszwecke unter Mitverwendung von Formaldehyd ist folgendes: Um ein Dauerpräparat in feuchtem Zustand im Glase zu erhalten, wird die Rohhaut in 90%igen Alkohol, dem man 10% Formalin zugesetzt hat, dauernd eingelegt. Trockenpräparate erzeugt man durch Tränken mit Kresol- oder Phenolwasser und darauf folgendes Tränken mit Formaldehyd und anschließendes Trocknen.

Es sei endlich noch darauf aufmerksam gemacht, daß aus gesundheitlichen Gründen die Formaldehydgerbung wegen der sich entwickelnden, stechend riechenden Formaldehyddämpfe womöglich in geschlossenen Gefäßen vorgenommen werden soll. Mit konzentrierten Formaldehydlösungen muß vorsichtig umgegangen werden. Bei andauerndem Arbeiten mit solchen schütze man nach Möglichkeit die Hände. Wie der Verfasser aus eigener Erfahrung weiß, entstehen sonst an den Händen unangenehme Geschwüre, wobei nicht entschieden ist, ob diese Geschwüre unmittelbar durch die Einwirkung des Aldehyds auf das Gewebe oder sekundär durch Infektionen der spröde und rissig werdenden Haut entstehen.

4. Formaldehydgerbung (-härtung) von Gelatine und Leim.

Die photographischen Schichten erfordern stets eine gewisse Gerbung, um das lange Auswaschen mit Wasser besonders im Sommer und insbesondere in heißen Klimaten zu vertragen. Auch die alkalischen Entwickler und andere photographische Bäder würden eine ungehärtete photographische Gelatineschicht zu stark beeinflussen. Besonders die neuzeitlichen Photopapiere, die heiße Schwefeltonbäder und rasche Trocknung aushalten sollen, müssen stark gegerbt sein. Für die Härtung verwendet man Chromalaun, aber auch vielfach Formaldehyd, da größere Mengen Chrom eine zu starke Vergrünung der Schicht bewirken würden. Besonders seit dem Erlöschen der Scheringschen Patente wird in der Praxis für die Erzeugung photographischer Papiere vielfach Formaldehyd gebraucht.

Auch die Kombination Chromalaun und Formaldehyd wird verwendet. Bei diesem Härtungsverfahren ist — wie leicht zu verstehen — der p_H-Wert der Gelatine und der Gerblösung ähnlich wie bei der Gerbung tierischer Häute zu berücksichtigen. An und für sich sind verschiedene Photogelatinesorten der Gerbung mehr oder weniger zugänglich und müssen auf ihre Härtbarkeit geprüft werden (R. E. Liesegang in O. Gerngroß-E. Goebel, S. 331).

Auch die Zufügung von Formaldehydbisulfit zu Gelatine, Auftragung der Gelatine in dünner Schicht und Trocknung wird empfohlen. Beim Behandeln mit Alkali wird Formaldehydabspaltung und Härtung der Bildschicht bewirkt (J. B. Meyer).

In der Papier- und in der Sperrholzindustrie verwendet man die Formalinhärtung, d. h. das Unlöslichwerden von Leimschichten in Wasser. Einer der Hauptnachteile der Leimung von Holz mit Warmleim (Glutinleim) besteht ja darin, daß die betreffenden Holzverleimungen nicht wasserresistent sind. Ein vorheriger Zusatz von Formaldehyd zum Leim würde aber seine Klebkraft vernichten.

Da die Formaldehydgerbung zwar im Vergleich zu anderen Gerbarten sehr schnell, aber doch immerhin in einer Zeitreaktion verläuft, kann man Härtung und dennoch gute Verleimung dadurch erzielen, daß man die Fuge mit Leim bestreicht, so daß er in einem dünnen Film auftrocknet und ihn unmittelbar vor der Verleimung mit etwa 1 bis 2%igem neutralisiertem Formaldehyd statt mit Wasser anfeuchtet. Die leimende Verbindung erfolgt in diesem Falle rascher als die nachher sich doch vollkommen auswirkende Formalingerbung. So werden z. B. in der Sperrholzindustrie für die Mittellagen die Stirnkanten mit Hautleim und wässerigem Formaldehyd gefügt, und man kann auf ähnliche Weise mit Glutinleim oder anderen Eiweißleimen vorgummierte Papiere und Kartons wasserfest auf die Unterlage bringen (vgl. auch Bd. I, 2. Teil, S. 337).

Unbedingt zu vermeiden ist die Verwendung von Formaldehyd zur Konservierung von Leimleder. Mit Formaldehyd behandeltes Material verhärtet mit der Länge der Kälkung, die ja bei Leimleder üblich ist, immer mehr. Beim Siedeprozeß zeigt derartiges Leimleder korkzieherartige Kontraktionserscheinungen. Es läßt sich im Gegensatz zu den unbehandelten Hautstücken nicht lösen und fühlt sich fest oder schwartenartig an. Beim Verdacht auf Formaldehyd im Rohmaterial ist es am besten, dieses nicht einzukälken, sondern nach gründlicher Wäsche, eventuell unter Zusatz von Säure, die man wieder auswaschen kann, möglichst bald zu versieden, um zu retten, was noch zu retten ist (E. Goebel in O. Gerngroß-E. Goebel, S. 132 und 156).

Der Zusatz von Formaldehyd zu Gelatine bei der Erzeugung von Gelatinefolien — ein für die moderne Verpackungsindustrie bedeutend gewordener Industriezweig — zwecks Konservierung der Gelatinelösungen „ist zwar wirksam, aber infolge seiner härtenden Wirkung nicht in allen Fällen verwendbar" (St. Bach in O. Gerngroß-E. Goebel, S. 337).

Literaturübersicht.

Abegg, R. u. P. v. Schroeder: Kolloid-Ztschr. **2**, 85 (1907).
Anderson, H.: Collegium **1934**, 469.
Arnold, C. u. C. Mentzel: Ztschr. Unters. Nahrungs- u. Genußmittel **5**, 353 (1902).
Astbury, W. T.: Fundamentals of fibre structure. London: Oxford U. P., 1933.
Auerbach, F. (*1*): Ber. Dtsch. chem. Ges. **38**, 2833 (1905); (*2*): Arb. Kais. Gesundheitsamt **22**, 584 (1905).
Auerbach, F. u. H. Barschall (*1*): Arb. Kais. Gesundheitsamt **22**, 584 (1905); Chem. Ztrbl. **1905**, II, 1081; (*2*): Arb. Kais. Gesundheitsamt **27**, 183 (1907); Ztschr. analyt. Chem. **47**, 515 (1908).
Auerbach, F. u. W. Plüddemann: Arb. Kais. Gesundheitsamt **47**, 116 (1914).
Auld, S. M. u. A. Hantzsch: Ber. Dtsch. chem. Ges. **38**, 2684 (1905).
Bach, A. (*1*): Moniteur scient. 669 (**1893**), durch Chem.-Ztg. 21, 8 (**1897**); (*2*): Moniteur scient. 157 (**1897**), durch Journ. chem. Soc. London 74, 287 (**1898**).
Bell, H. S. J.: Soc. Dyers Col. **43**, 76 (1927).
Benedicenti, A.: Arch. (Anat. u.) Physiol. **1897**, 217.
Bergmann, M. (*1*): Collegium **1923**, 210; (*2*): Ebenda **1924**, 209; (*3*): Ebenda **1926**, 494.
Bergmann, M., M. Jacobsohn u. H. Schotte: Ztschr. physiol. Chem. **131**, 18 (1923).
Berl E. - G. Lunge: Chemisch-technische Untersuchungsmethoden. 8. Aufl. Berlin: Julius Springer, 1932.
Birch, Th., W. u. L. J. Harris: Biochemical Journ. **24**, 1086 (1930); Chem. Ztrbl. **1931**, I. 592.
Bjerrum, N.: Ztschr. physikal. Chem. **104**, 147 (1923).
Blank, O. u. H. Finkenbeiner: Ber. Dtsch. chem. Ges. **31**, 2979 (1898) u. **32**, 2141 (1899).
Blum, F.: Ztschr. physiol. Chem. **22**, 127 (1896).
Bogue, R. H.: Chemistry and Technology of Gelatin and Glue, New-York: McGraw-Hill, Book Comp., Inc., 1922.

Bredig, G.: Ztschr. Elektrochem. **6**, 35 (1899).
Brotmann, A. G.: J. I. S. L. T. C. **5**, 363 (1921).
Chambard, P.: J. I. S. L. T. C. **14**, 285 (1930).
Cherbuliez, E. u. E. Feer: Helv. chim. Acta **5**, 678 (1922).
Cuir techn. (*1*): **23**, 284 (1934); (*2*): Ebenda **22**, 138 (1933); (*3*): Ebenda **23**, 181 (1934); (*4*): Ebenda **23**, 213 (1934); (*5*): Ebenda **23**, 116 (1934).
Doby, G.: Angew. Chem. **20**, 353 (1907).
Dujardin, O. (*1*): Leather Manufacturer **40**, 37 (1929); (*2*): Ebenda **40**, 123 (1929).
Einhorn, A.: Liebigs Ann. **343**, 207 (1905).
Einhorn, A. u. A. Hamburger: Ber. Dtsch. chem. Ges. **41**, 24 (1908).
Eitner, W.: Gerber **1907**, 227.
Fahrion, W. (*1*): Chem.-Ztg. **32**, 888 (1908); (*2*): Neuere Gerbmethoden und Gerbtheorien, Vieweg 1915.
Fincke, H.: Biochem. Ztschr. **51**, 260 (1913); **52**, 218 (1913).
Fischer, E. u. H. Schrader: Ber. Dtsch. chem. Ges. **43**, 525 (1910).
Freeman, M.: Austral. Journ. exper. Biolog. med. Science **7**, 117 (1930); Chem. Ztrbl. **1931**, I, 470.
Freeman, M., H. F. Holden u. M. Freeman: Austral. Journ. exper. Biolog. med. Science **8**, 189 (1931).
Fresenius W. u. L. Grünhut (*1*): Ztschr. analyt. Chem. **44**, 20 (1905); (*2*): Ebenda **44**, 13 (1905).
Gagnard, A.: Collegium **1909**, 216.
Gansser, A. u. J. Jettmar: Taschenbuch des Gerbers. Leipzig: Bernh. Friedr. Voigt, 1917.
Gellée, M. R.: Halle aux Cuirs (Suppl. techn.) **1931**, 43—51.
Gerbereichemisches Taschenbuch: 3. Aufl. Dresden u. Leipzig: Th. Steinkopff, 1932.
Gerbereitechnik (*1*): **1935**, Nr. 31 u. Nr. 48; (*2*): **1936**, Nr. 17; (*3*): **1935**, Nr. 29.
Gerngroß, O. (*1*): Collegium **1920**, 2; (*2*): Ebenda **1921**, 489; (*3*): Ebenda **1921**, 169.
Gerngroß, O. u. St. Bach (*1*): Collegium **1923**, 377; Biochem. Ztschr. **143**, 533 (1923); (*2*): Collegium **1922**, 350; Biochem. Ztschr. **143**, 377 (1923).
Gerngroß, O. u. E. Goebel: Chemie und Technologie der Leim- und Gelatinefabrikation. Dresden u. Leipzig: Th. Steinkopff, 1933.
Gerngroß, O. u. R. Gorges (*1*): Collegium **1926**, 398; (*2*): Ebenda **1926**, 391; (*3*): Ebenda **1926**, 402.
Gerngroß, O., K. Herrmann u. W. Abitz: Biochem. Ztschr. **228**, 409 (1930).
Gerngroß, O. u. J. R. Katz (*1*): Ambronn-Festschr., Kolloidchem. Beih. **23**, 375 (1926); (*2*): Kolloid-Ztschr. **39**, 182 (1926); (*3*): Kolloidchem. Beih. **23**, 368 (1926).
Gerngroß, O. u. P. Köppe: Angew. Chem. **44**, 983 (1931).
Gerngroß, O. u. H. Löwe: Collegium **1922**, 229.
Gerngroß, O. u. L. v. Müller: Chem.-Ztg. **46**, 597, 1922.
Gerngroß, O. u. A. Ritter: Biochem. Ztschr. **108**, 82 (1920); Collegium **1920**, 565.
Gerngroß, O. u. H. Roser: Collegium **1922**, 1 u. 28.
Gerngroß, O., O. Graf Triangi u. P. Köppe: Ber. Dtsch. chem. Ges. **63**, 1603 (1930).
Gnamm, H.: Die Gerbstoffe und Gerbmittel. Stuttgart: Wissenschaftl. Verlags-Ges. m. b. H., 1925.
Gradenwitz, H.: Pharmaz. Ztg. **63**, 241 (1918); Ztschr. Unters. Nahrungs- u. Genußmittel **35**, 241 (1918).
Grasser, G. (*1*): Journ. Coll. Agric. Hokkaido Imp. Univ. Sapporo **20**, Pt. 2, 49 (1927), durch Collegium **1930**, 190; (*2*): Handbuch f. gerbereichem. Laboratorien. 3. Aufl. Wien: Julius Springer 1929; (*3*): Einführung in die Gerbereiwissenschaft. Leipzig: Paul Schulze, 1928; (*4*): Collegium **1920**, 357; (*5*): Gerbereitechnik **1935**, Nr. 23.
Griffith, R. W.: Leather Trades Review **12**, 1908.
Grilliches, E.: Collegium **1922**, 286.
Grosse-Bohle, H.: Ztschr. Unters. Nahrungs- u. Genußmittel **14**, 89 (1907).
Gustavson, K. H.: Durch J. A. Wilson: The Chemistry of Leather Manufacture, The Chemical Catalog Company, Inc.: New York, 1929.
Hammick, D. L. u. A. R. Boeree: Journ. chem. Soc. London **121**, 2738 (1922).
Harris, L. J.: Biochem. Journ. **24**, 1080 (1930).
Hehner, O. u. F. Fillinger: Pharmaz. Zentralhalle **49**, 50 (1908).
Herfeld, H.: Collegium **1936**, 602.
Herzog, R. O. u. W. Jancke: Ber. Dtsch. chem. Ges. **59**, 2489 (1926).
Hey, A. M.: J. I. S. L. T. C. **6**, 131 (1922).
Hofmann, K. A. u. H. Schibsted: Ber. Dtsch. chem. Ges. **51**, 1389 (1918).

Houben, L. (*1*): J. I. S. L. T. C. **18**, 509 (1934); (*2*): Ebenda **19**, **3** (1935); (*3*): Collegium **1935**, 569.
Jakimoff, P. u. N. Kojalowitsch: Collegium **1932**, 13.
Jettmar, J. (*1*): Moderne Gerbmethoden. 2. Aufl. Wien: A. Hartleben, 1921; (*2*): Collegium **1913**, 234; (*3*): Technikum **1913**, 77.
Kann, A.: Färber-Ztg. **25**, 73 (1914).
Katz, J. R. u. O. Gerngroß (*1*): Naturwiss. **13**, 900 (1925); (*2*): Kolloid-Ztschr. **40**, 332 (1926).
Köhler, B.: Cuir techn. **23**, 49 (1930); Collegium **1931**, 232.
Kohnstein, B. (*1*): Ref. nach Ledertechn. Rdsch. **1922**, 37; (*2*): Gerbereitechnik **1932**, 50.
Kühl, F. R.: Collegium **1922**, 133.
Küntzel, A. (*1*): Collegium **1932**, 344; (*2*): Angew. Chem. **50**, 309 (1937); (*3*): Collegium **1934**, 15; (*4*): Ebenda **1929**, 207.
Küster, F. W.: Ztschr. anorg. allg. Chem. **13**, 135 (1897).
Lamb, J. W.: Halle aux Cuirs **1926**, 6—16.
Ledbury, W. u. E. W. Blair: Journ. chem. Soc. London **127**, 26, 2832 (1925).
Lemme, G.: Chem.-Ztg. **27**, 896 (1903).
Leys, A.: Journ. Pharm. et Chim. (6), **22**, 107 (1905).
Liesegang, R. E.: Kolloidchemische Technologie, 2. Aufl. Dresden u. Leipzig: Th. Steinkopff, 1932.
Lloyd, D. J.: J. I. S. L. T. C. **19**, 336 (1934); **20**, 345 (1935).
Lockemann, G. u. F. Croner: Ztschr. analyt. Chem. **54**, 15 (1915).
Löw, O.: (*1*) Journ. prakt. Chem. **33**, 221 (1886); (*2*): Ber. Ges. Morphol. u. Physiol. München (1888); (*3*) Ber. Dtsch. chem. Ges. **21**, 270 (1888).
Lüttke: Gerbereichem. Taschenbuch (Vagda-Kalender). 3. Aufl., S. 311. Dresden u. Leipzig: Th. Steinkopff, 1932,
Lumière, A. u. L. u. A. Seyewetz: Bull. Soc. chem. **35**, 872 (1906).
Maue, G.: Pharmaz. Ztg. **63**, 197 (1918).
Mercks Chem.-techn. Untersuchungsmethoden für die Lederindustrie. Darmstadt, 1937.
Meunier, L. u. K. Le Viet: Compt. rend. Acad. Sciences **189**, 911 (1930); J. I. S. L. T. C. **14**, 153, 524 (1930).
Meunier, L. u. A. Seyewetz: Collegium **1908**, 208.
Meyer, J. B.: Kunststoffe **20**, 27 (1930); Chem. Ztrbl. **1932**, 197.
Meyer, K. H.: Biochem. Ztschr. **208**, 23 (1929).
Meyer, K. H. u. H. Mark: Der Aufbau der hochpolymeren organ. Naturstoffe. Leipzig: Akadem. Verlagsgesellschaft, 1930.
Moegele, E.: Collegium **1913**, 241.
Moeller, W. (*1*): Collegium **1918**, 25, 61; Ebenda **1918**, 287, 309; Ebenda **1918**, **315**, **343**; Ebenda **1919**, 270; Ebenda **1920**, 185; Ebenda **1921**,67; Ztschr. Leder- u. Gerbereichem. **2**, 266 (1922/23); (*2*): Collegium **1921**, 20.
Payne, E. E. M.: Collegium **1906**, 28.
Powarnin, G., Kopeliowitsch L. u. A. Eidling: Ref. Collegium **1932**, 355.
Reiner, L.: Kolloid-Ztschr. **27**, 195 (1920).
Reiner, L. u. A. Marton: Kolloid-Ztschr. **32**, 273 (1923).
Romijn, G. (*1*): Ztschr. analyt. Chem. **36**, 18 (1897); (*2*): Ebenda **36**, 21 (1897).
Rothenfußer, S.: Ztschr. Unters. Nahrungs- u. Genußmittel **16**, 590 (1908).
Sabalitschka, T. u. C. Harnisch: Pharmaz. Zentralhalle **67**, 289—387 (1926); Ztschr. analyt. Chem. **70**, 67 (1927).
Schiaparelli, C. u. L. Careggio.: Cuir techn. **13**, 70, 134 (1924); Ref. Collegium **1924**, 381.
Schiff, H.: Liebigs Ann. **310**, 25 (1900); **319**, 59, 287 (1901); **325**, 348 (1902).
Schroeder, J. v.: Kolloidchem. Beih. **1**, 55 (1909).
Schwarz, L.: Ztschr. physiol. Chem. **31**, 460 (1900).
Sörensen, S. P. L.: Biochem. Ztschr. **7**, 45 (1908).
Sommerhoff, E. O.: Collegium **1914**, 5.
Staudinger, H.: Ber. Dtsch. chem. Ges. **59**, 3022 (1926); Naturwiss. **15**, **379** (1927); Die hochmolekularen organischen Verbindungen. Berlin: Julius Springer, 1932.
Stiasny, E. (*1*): Collegium **1908**, 132; (*2*): Gerbereichemie. Dresden u. Leipzig: Th. Steinkopff, 1931.
Tarachowski, B. A.: Westnik **2**, 192/103 (1925), durch Collegium **1927**, 542.
Thomas, A. W. u. M. W. Kelly: Ind. engin. Chem. **16**, **31** (1924); **18**, 383 (1926).
Thomas, A. W., M. W. Kelly u. S. B. Foster: J. A. L. C. A. **21**, 57 (1926).

Thuau, U. J. (*1*): Collegium **1909**, 211; Cuir techn. **2**, 201 (1909); (*2*): Ebenda **10**, 80 (1922).
Trillat, J. J. (*1*): Münch. med. Wchschr. **1889**, 20; (*2*): Halle aux Cuirs **1891**, März; (*3*): Journ. Phys. Radium (7), **1**, 340 (1930); (*4*): Journ. Chim. physique **29**, 1 (1932).
Trotmann, S. R. u. J. Brown: Journ. Soc. Dyers Colourists **44**, 49—52 (1928).
Ts'ai, L. S. u. E. O. Wilson: J. A. L. C. A. **24**, 21 (1929). The Leather Manufacturer **47**, 94 (1930).
Ullmann, F.: Enzyklopädie der technischen Chemie. 2. Aufl. Bd. V. Berlin u. Wien: Urban & Schwarzenberg, 1930.
Vanino, L. u. E. Seitter: „Der Formaldehyd. Seine Darstellung und Eigenschaften, seine Anwendung in der Technik und Medizin." Chem. Techn. Bibliothek. 2. Aufl. Bearbeitet von A. Menzel. Wien-Pest-Leipzig: Hartlebens Verlag, 1927.
Walker, F. (*1*): Journ. physical Chem. **35**, 1104 (1931) u. Chem. Ztrbl. **1932**, I, 212 u. 515; (*2*): Ind. engin. Chem. **23**, 1220 (1931).
Weyl, Th.: Handbuch der Hygiene. 2. Aufl. Leipzig: J. H. Barth, 1922.
Wilkinson, J. A. u. J. A. Gibson: Journ. Amer. chem. Soc. **43**, 695 (1921).
Wilson, J. A.: The Chemistry of Leather Manufacture. 2. Aufl. New York: The Chemical Catalog Comp., Inc. 1929.
Zeidler, H.: Die moderne Lederfabrikation. Leipzig: B. H. Voigt, 1914.

B. Die Chinongerbung.

Von Prof. Dr. **Otto Gerngroß**, Ankara.

I. Allgemeines.

A. u. L. Lumière und A. Seyewetz (*1*) stellten 1906 fest, daß das für photographische Entwickler verwendete Pyrogallol (Pyrogallussäure) nicht als solches die Fähigkeit besitzt, in alkalischer Lösung Gelatine unlöslich zu machen, sondern daß diese Eigenschaft „seinem Oxydationsprodukt" zukommt. Auch bei anderen Phenolen mit Entwicklereigenschaften, so dem Hydrochinon — das als besonders wirksam befunden wurde —, wurde die Erscheinung bestätigt, daß die Härtung nur bei alkalischer Reaktion und bei Gegenwart von Luft auftrat, bei Luftabschluß jedoch ausblieb.

Im Verfolg dieser wichtigen und originellen Beobachtung studierten diese Forscher eine große Anzahl Phenole — auch solche, die keine Entwicklereigenschaft besaßen: Phenol, p-Kresol, α- und β-Naphthol, Resorcin, Gallussäure, Tannin, Dioxynaphthalin, Phloroglucin, Salicylsäure, p-Nitrophenol und verschiedene naphtholsulfonsaure Natriumsalze. Aber nur bei Gallussäure, Tannin, α- und β-Naphthol, Resorcin, Phloroglucin und Dioxynaphthalin beobachteten sie den Härtungseffekt bei Zusatz von Sodalösung.

Es besitzt ein gewisses gerbereihistorisches Interesse, daß Tannin [A. u. L. Lumière und A. Seyewetz (*2*)] auch in den Kreis der Untersuchungen gezogen und daß betont wurde, daß auch dieser Pflanzengerbstoff „n'exerce son action insolubilisante qu'en présence de l'air et en milieu alcalin". An diese den Tatsachen nicht gerecht werdende Mitteilung schloß sich die Vermutung an, daß der Luftsauerstoff bei der Gerbung tierischer Haut ganz allgemein „eine wichtige Rolle spiele", bekanntlich eine unzutreffende Auffassung, die aber doch weitere Kreise zog.

L. Meunier und A. Seyewetz setzten diese Untersuchungen fort. Sie stellten Fällungen von Gelatine mit einer großen Zahl von Phenolen her und zeigten, daß Gallussäure, α- und β-Naphthol, Resorcin, Hydrochinon, Pyrogallol und Diaminophenol bei Luftzutritt und in alkalischer Lösung härteten, und es ist ihr Verdienst, die Schlußfolgerung gezogen und durch den Versuch bestätigt zu haben, daß speziell beim Hydrochinon der gerbende Wirkstoff das Benzochinon ist. Auch Chinhydron erwies sich, wenn auch in etwas geringerem

Maße als Chinon, wirksam. In der gleichen Arbeit stellten die beiden Forscher auch die starke Gerbwirkung des Chinons auf tierische Blößen fest und ließen sich das Verfahren patentieren [D.R.P. 206957 (1907)]. Der Patentanspruch lautet:

„1. Verfahren zum Gerben von Häuten mit Hilfe von Phenolen, dadurch gekennzeichnet, daß die Häute mittels mehrwertiger Phenole bekannter Zusammensetzung, wie z. B. Hydrochinon, Brenzkatechin, Pyrogallol, deren Homologer oder Substitutionsprodukten mit Ausnahme des Tannins, entweder für sich allein oder in Verbindung mit anderen Gerbmethoden unter Bedingungen behandelt werden, unter denen eine Oxydation der Phenole stattfindet.

2. Eine Ausführungsform des Verfahrens nach Anspruch 1, dadurch gekennzeichnet, daß an Stelle der mehrwertigen Phenole, deren Oxydationsprodukte, wie die Chinone, Chinhydrone, Chinonchlorimide usw., verwendet werden."

Dem chinongegerbten Leder werden wertvolle Eigenschaften nachgerühmt. So übertrifft es an Widerstandsfähigkeit gegen kochendes Wasser, Seife, verdünnte Säuren und Laugen, wie schon L. Meunier und A. Seyewetz in ihrer ersten Arbeit feststellten, alle anderen Lederarten. Es besitzt ferner eine hohe Zugfestigkeit, einen festen Narben und guten Griff und läßt sich mit Anilinfarben besonders gut färben. Auch bei tierischen Faserstoffen wird diese Verbesserung der Anfärbbarkeit bestätigt. Äußerlich gleicht es dem lohgaren Leder. Die zur Gerbung erforderlichen Chinonmengen sind sehr gering; nach L. Meunier und A. Seyewetz kann man mit 1% Chinon vom Blößengewicht schon weitgehendste Wasserbeständigkeit erzielen. Nach W. Fahrion (*1*) erreicht man das Optimum der Wasserbeständigkeit, wenn man auf 100 Teile wasser- und aschefreien Kollagens 5,1 Teile Chinon nimmt. Man erhält daher bei der Chinongerbung ein Leder von besonders niedriger Rendementszahl.

Infolge des hohen Chinonpreises hat diese Gerbungsart noch keinen wesentlichen Eingang in die Praxis gefunden. Es soll aber Chinon zur Vorbehandlung von Häuten, besonders für die Schnellgerbung, verwendet werden. Dabei entfaltet es bereits in sehr niedriger Konzentration eine beträchtliche Wirksamkeit, besonders in Hinsicht auf die Zugfestigkeit des Leders.

II. Chemische Vorgänge bei der Chinongerbung.

Das p-Benzochinon, das gerberisch vor allem interessiert, kristallisiert in goldgelben Prismen vom Schmelzp. 116°. Es besitzt einen eigentümlich stechenden Geruch, ist mit Wasserdämpfen flüchtig und leicht sublimierbar. Es ist in Alkohol und Äther und auch im warmen Wasser leicht löslich, in kaltem Wasser schwerer löslich. An der Luft und besonders unter Lichtwirkung ist es zersetzlich. Am besten läßt es sich aus Petroläther umkristallisieren. Die Substanz greift Haut und Schleimhäute an und ist für niedere und höhere Tiere giftig. Seine Giftigkeit erstreckt sich aber auch auf verschiedene Pflanzen, Keimpflanzen und Mikroorganismen (T. Furuta).

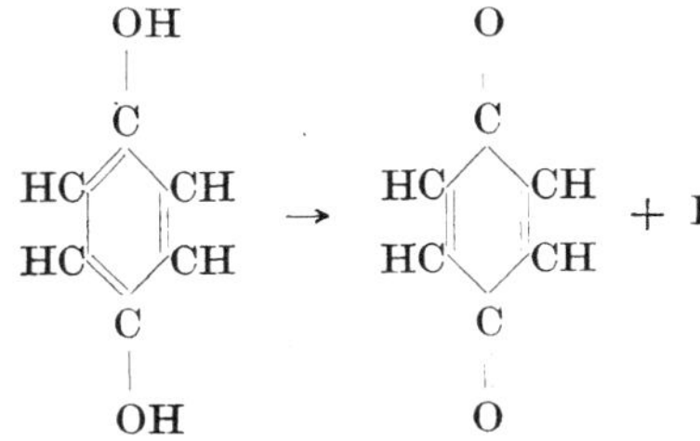

Hydrochinon (p-Dioxybenzol). p-Benzo-chinon.

Das p-Benzochinon entsteht bei kräftiger Oxydation aus Benzol. Aus Hydrochinon und aus vielen anderen p-substituierten Derivaten des Benzols wird es durch gelinde Oxydation gebildet.

Von den verschiedenen möglichen Konstitutionsformeln ist die oben angeschriebene, die das Chinon als ein ungesättigtes Diketon dargestellt, die experimentell am meisten begründete. Auch das auf ähnliche Weise wie das p-Chinon entstehende und analog konstituierte o-Chinon besitzt Gerbwirkung, hat aber bisher kein gerberisches Interesse gefunden.

Die Chinongerbung verdient ähnlich wie die Formaldehydgerbung besonderes theoretisches Interesse, da auch bei ihr eine wohl definierte, einfache einheitliche chemische Substanz zur Anwendung gelangt, während die Konstitution der im technischen Ausmaße gebrauchten pflanzlichen Gerbstoffe und Chromgerbstoffe noch nicht aufgeklärt, aber sicher ungemein kompliziert ist. Die pflanzlichen technischen Gerblösungen stellen zudem unentwirrbare Gemische vor.

Diese Betrachtung über die Einfachheit des gerbenden Stoffs gilt jedoch nur zum Teil für die Chinongerbung, da das an sich einheitliche Chinon in wässeriger Lösung sehr zu Veränderungen neigt und in den für die Gerbung gebrauchten Lösungen im allgemeinen auch nicht in einheitlichem reinem Zustand vorliegt. Es muß daher bei dem Studium der Chinongerbung mehr als bei der Formaldehydgerbung die Wirkung des Chinons selbst von der seiner Umwandlungsprodukte getrennt betrachtet werden, was auch durchaus möglich ist.

Läßt man eine wässerige Chinonlösung längere Zeit stehen, so nimmt sie eine rote Färbung an, die allmählich in Braun übergeht. Dabei bilden sich amorphe, dunkelgefärbte, in Wasser schwer, in Alkohol leicht lösliche Stoffe. Sauerstoff und Alkali begünstigen diese Zersetzung, die durch Licht katalysiert wird. Durch etwas höhere Säurekonzentrationen wird sie verzögert. In den auf diese Weise entstandenen oxydativen Zersetzungsprodukten der Chinone, den „Tannomelanen", ist nach S. Hilpert und F. Brauns der Chinonring noch erhalten, da sie bei der Einwirkung von naszierendem Wasserstoff unter Entfärbung reduziert werden; durch Spuren Sauerstoff wird wieder Braunfärbung der Lösung bewirkt. Es handelt sich offenbar um oxydative Polymerisationserscheinungen. Diese polymeren Oxychinone zeigen viele Eigenschaften hochpolymerer pflanzlicher Gerbstoffe: sie werden durch Leim, Alkaloide, Säuren und Salze gefällt und von der tierischen Haut vollkommen aufgenommen. Nach W. Fahrion (*1*) wird dabei allerdings die Wasserbeständigkeit von Hautpulver nur unwesentlich erhöht.

Einen rein chemisch überblickbaren Gerbvorgang wird man also nur bei der Anwendung von reinen Chinonlösungen, die frei von Polymeren sind, erwarten können. Dies ist aber nur in alkoholischen und — nur bis zu einem gewissen Grade — in wässerigen sauren Lösungen der Fall.

L. Meunier und M. Queroix fanden nämlich bei der Untersuchung von wässerigen Chinonlösungen, daß die Bildung der polymeren Oxydationsprodukte, welche von einer Hydrochinonbildung begleitet ist, auch bereits im sauren Gebiet beginnt. Sie erhielten bei Verwendung zweier verschiedener Pufferlösungen abweichende Resultate. In einer Phosphatpufferlösung war erst bei $p_{\mathrm{H}} = 6{,}5$ eine Umwandlung des Chinons in seine polymeren Oxydationsprodukte bemerkbar; in Acetatpufferlösungen erfolgte sie rascher, begann bereits bei $p_{\mathrm{H}} = 5$ und wies bei $p_{\mathrm{H}} = 6{,}5$ ein Minimum auf. Auch A. W. Thomas und S. B. Foster beobachteten, daß Chinonlösungen von $p_{\mathrm{H}} = 6$ bis 7, welche, frisch hergestellt, vollkommen klar waren, nach einer Woche bereits eine leichte Bräunung aufwiesen. Es dürfte demnach in geringem Maße eine allmähliche Polymerisation des Chinons auch in schwach saurer Lösung stattfinden.

Von größter Bedeutung für die Verfolgung der chemischen Vorgänge bei der Chinongerbung ist die Beobachtung von L. Meunier und A. Seyewetz, daß bei der Gerbung mit Benzochinon regelmäßig und rasch Hydrochinon gebildet wird, das im ätherischen Auszug der verbrauchten Gerbbrühe erscheint.

Sie nahmen deshalb an, daß das Chinon zuerst die Aminogruppen des Kollagens oxydiert, wobei das Chinon selbst zu Hydrochinon reduziert wird; das Protein sollte sich dann mit dem überschüssigen Chinon nach folgenden Gleichungen verbinden:

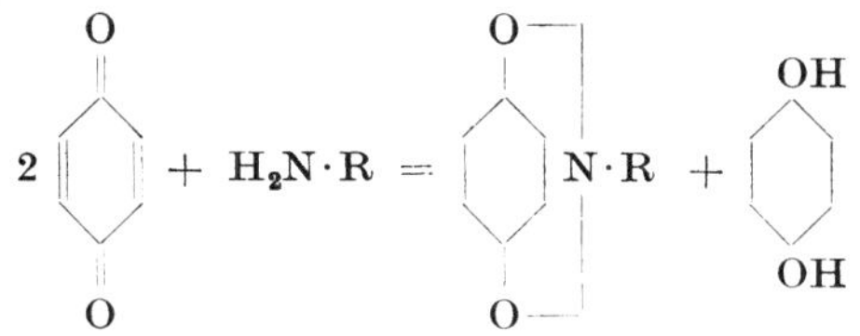

2 Benzochinon + 1 Protein.

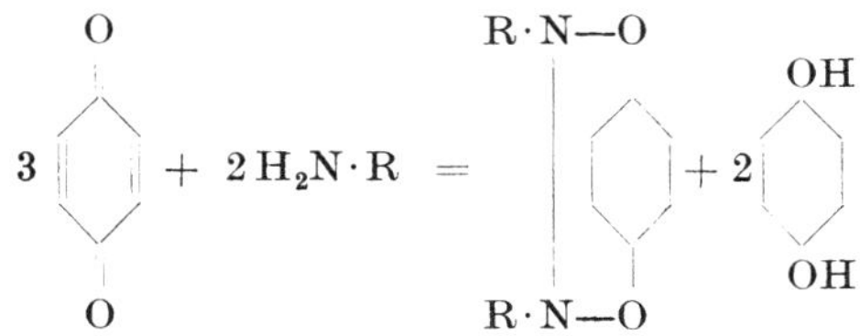

2 Benzochinon + 2 Protein.

Formulierung nach L. Meunier und A. Seyewetz (veraltet).

Als Modellreaktion nahmen die beiden Forscher die analoge Reaktion mit 2 Molekülen Chinon und 1 bzw. 2 Molekülen Anilin an, die zu Anilinochinon bzw. Dianilinochinon und zu Hydrochinon, und zwar nach ihrer Ansicht gemäß der folgenden Formel, führt.

$$C_6H_5{-}NH_2 + 2\,C_6H_4\left\langle\begin{matrix}O\\|\\O\end{matrix}\right. = (C_6H_5N)\left(C_6H_4\left\langle\begin{matrix}O\\O\end{matrix}\right.\right) + C_6H_4\left\langle\begin{matrix}OH\\OH\end{matrix}\right.$$

$$2\,(C_6H_5{-}NH_2) + 2\,C_6H_4\left\langle\begin{matrix}O\\|\\O\end{matrix}\right. = (C_6H_5N)_2\left(C_6H_4\left\langle\begin{matrix}O\\O\end{matrix}\right.\right) + C_6H_4\left\langle\begin{matrix}OH\\OH\end{matrix}\right.$$

Das Monoanilinochinon entsteht in saurer oder neutraler, das Dianilinochinon in alkalischer Lösung.

Wir haben hier die Schreibweise der Originalabhandlung der beiden um die Chinongerbung besonders verdienten französischen Autoren aus dem Jahre 1908 wiedergegeben, die, obwohl sie veraltet und konstitutiv chemisch nicht zutreffend ist, bereits die wesentliche Erkenntnis des chemischen Vorgangs enthält: Kondensation von Aminogruppen der Hautproteine mit dem Chinonkern unter Wasserstoffabspaltung durch ein Oxydationsmittel[1] — wobei aus jeder der beiden Verbindungen ein Wasserstoffatom fortoxydiert wird.

Wir dürfen hier daran erinnern, daß W. Fahrion (*2*) in der pflanzlichen Gerbung einen analogen Vorgang sah, bei welchem die pflanzlichen Gerbstoffe als Phenole durch den Luftsauerstoff zu Chinon oxydiert werden und ähnlich wie Benzochinon mit dem oxydierten Kollagen reagieren sollten.

J. Jány zeigte aber, daß pflanzliche Gerbbrühen phenolischen Charakters durch den Luftsauerstoff wohl oxydiert werden — in beträchtlichem Maß allerdings erst bei $p_H = 9$ —, daß aber durch Zusatz von Hautpulver kein merklicher Mehrverbrauch an Sauerstoff festgestellt werden kann. Es findet somit bei der pflanzlichen Gerbung offenbar keine Oxydation des Kollagens statt.

[1] Vgl. über die Begriffsbestimmung der „Kondensation im engeren und weiteren Sinne" R. Kempf in Houben: „Die Methoden der organischen Chemie". 3. Aufl. Leipzig: Georg Thieme 1925, S. 718 und 776.

S. Hilpert und F. Brauns befaßten sich eingehender vom organisch-chemischen Standpunkt mit der Einwirkung von Chinon auf Proteine.

In diesem Sinne ist für die Beurteilung der chemischen Vorgänge bei der Chinongerbung die Betrachtung der Reaktion von Chinon mit Aminosäuren oder deren Derivaten von besonderer Bedeutung. Wie W. Traube gezeigt hatte, werden die Aminosäuren durch Benzochinon zu Aldehyd, Ammoniak und Kohlensäure abgebaut. E. Fischer und H. Schrader konnten jedoch bei der Anwendung von Aminosäureestern gut kristallisierende Diaminochinone nach folgender Formel erhalten:

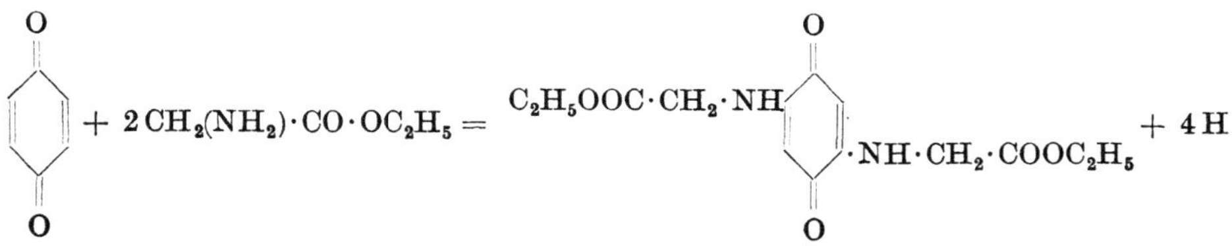

Benzochinon. Glykokolläthylester. Di-Glykokolläthylester-Benzochinon.

Man erhält natürlich bei dieser Reaktion keinen freien Wasserstoff, sondern die entsprechende Menge, d. i. 2 Mole, Hydrochinon. E. Fischer und H. Schrader stellten auch die Bildung von Hydrochinon bei dieser Reaktion fest. Sie stellten außerdem kristallisierte Diäthylester des Di-alanino-chinons und Di-glycino-toluchinons dar.

S. Hilpert und F. Brauns verwendeten für ihre Modellversuche das bequemer als die Aminosäureester zu handhabende, in Wasser nicht leicht lösliche, mäßig alkalische Glycinanilid. Es gelang ihnen, mit Benzochinon, Toluchinon und p-Naphthochinon reine, kristallisierte Verbindungen des gleichen Typs herzustellen, wie sie von E. Fischer und H. Schrader mit Aminosäureestern bereitet worden waren; doch erhielten sie nur Mono-anilidoverbindungen:

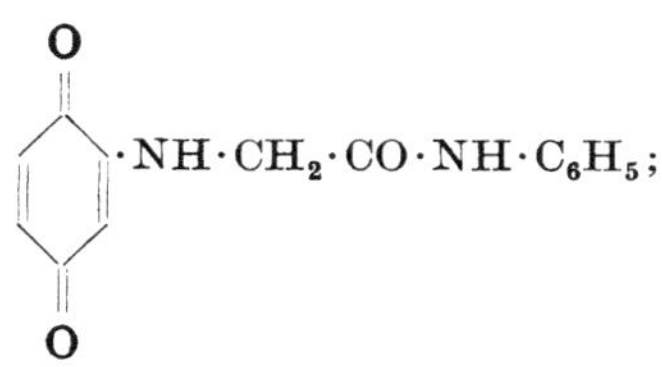

Mono-Glycinanilidochinon.

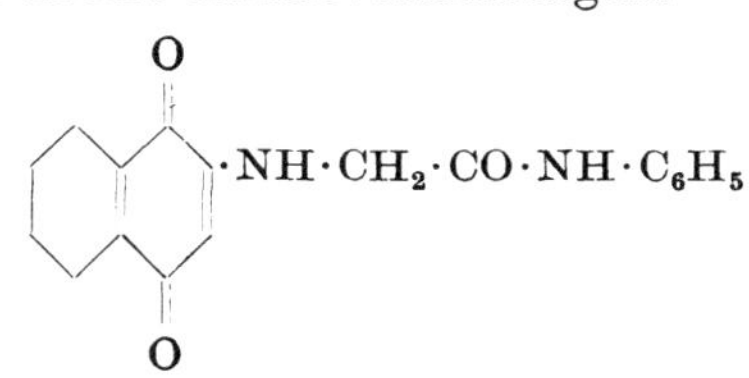

Mono-Glycinanilido-Naphthochinon.

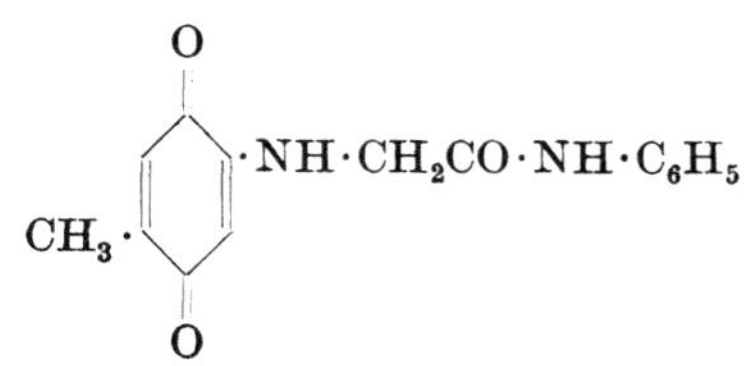

Mono-Glycinanilido-Toluchinon.

Sie wiesen darauf hin, daß das Chinon mit den Aminogruppen des Kollagens wahrscheinlich in ähnlicher Weise reagiert. Dies ist um so wahrscheinlicher, als die Begleitreaktionen für diese Annahme sprechen. So fanden A. W. Thomas und M. W. Kelly (*2*), daß ein Überschuß an Hydrochinon, welches stets im Verlauf der Chinongerbung als Nebenprodukt auftritt, die Reaktion zwischen Chinon und Kollagen zurückdrängt.

S. Hilpert und F. Brauns versuchten ferner auf Grund ihrer Modellversuche aus der Menge des verbrauchten Chinons und des gleichzeitig gebildeten Hydrochinons auf den Typus der Gerbreaktion, die sie an Hautpulver studierten, zu schließen. Tritt nur eine Aminogruppe in den Chinonkern, so entsteht auf zwei angewandte Chinonmoleküle ein Molekül Hydrochinon in der Lösung; bei der Bildung von Di-substitutionsprodukten sollten auf drei Mole angewandtes Chinon zwei Mole Hydrochinon nach folgenden Gleichungen entstehen:

I. $2\,C_6H_4O_2 + NH_2 \cdot R = C_6H_3O_2(NH \cdot R) + C_6H_6O_2$.

II. $3\,C_6H_4O_2 + 2NH_2 \cdot R = C_6H_2O_2(NH \cdot R)_2 + 2\,C_6H_6O_2$.

In wässeriger schwach mineralsaurer und in alkoholischer Lösung reagierte das Chinon mit den Aminogruppen der Haut nach Gleichung I. In neutraler oder schwach essigsaurer Lösung war die gebildete Hydrochinonmenge um $^1/_3$ kleiner als in schwach mineralsaurer.

Durch weitere Versuche wurde aber festgestellt, daß das in schwach mineralsaurer Lösung gebildete Reaktionsprodukt zwischen Hautpulver und Chinon in neutraler Lösung noch Hydrochinon band, und zwar etwa in der Menge, wie sie dem Unterschied der Reaktion in saurer und alkalischer Lösung entsprach. Welcher Art diese Bindung des Hydrochinons ist, ob vielleicht chinhydronähnlich, stellten die Verfasser nicht fest. Daß im Gerbprodukt (Chinon-Hautpulver) der Chinonring noch erhalten ist, schlossen die Autoren daraus, daß es Jodwasserstoff, wenn auch sehr langsam, oxydierte.

Man müßte also zusammenfassend aus diesen Versuchen schließen, daß diese rein chemische Reaktion zwischen Hautpulver und Chinon in alkoholischer, neutraler und in schwachsaurer Lösung nur nach Gleichung I stattfindet, nach welcher eine Aminogruppe mit einem Chinonmolekül reagiert und nicht zwei Aminogruppen mit einem Chinonmolekül reagieren.

In alkalischer Lösung konnte infolge Polymerisation der Chinonlösung die Art der chemischen Reaktion mit dem Protein nach der gleichen Methode nicht ermittelt werden. Die polymeren Oxychinone wurden von der Haut allmählich aufgenommen. Die Chinongerbung läßt sich demnach in zwei verschiedene Arten der Gerbung trennen:

1. die eigentliche, primäre Chinongerbung, welche in der Kupplung der Aminogruppen des Proteins mit Chinon besteht, und
2. die sekundäre Chinongerbung, bei der die polymeren Oxychinone, wie die Autoren meinen, salzartig ohne chemische Veränderung an das Proteinmolekül gebunden werden.

Die primäre Gerbung verläuft sehr rasch, am raschesten im Neutralpunkt; mit steigender Azidität wird sie wesentlich langsamer. Die sekundäre Gerbung erfolgt unvergleichlich langsamer als die primäre. Da nach den Befunden von L. Meunier und A. Seyewetz die Gerbung in schwach alkalischen Lösungen rascher verläuft als in sauren, dürfte im alkalischen Gebiet neben der sekundären auch die primäre Gerbung stattfinden. Dafür spricht auch die Bildung von Di-anilidochinonen in alkalischer Lösung.

L. Meunier und M. Queroix zeigten, daß in vollkommen klaren Chinonlösungen von $p_H = 4$, welche keine polymeren Oxychinone enthielten, eine offenbar rein chemische Gerbung erfolgt, wenn auch langsam, daß also nicht, wie W. Moeller annahm, die hochmolekularen Umwandlungsprodukte des Chinons für die Gerbung allein verantwortlich zu machen seien. Dagegen spricht auch die Beobachtung, daß Benzochinon in alkoholischer Lösung gerbt.

Im Anschluß an diese Erörterungen über die Chinongerbung in wässerigem und alkalischem Milieu interessiert die Feststellung W. Fahrions (*2*), daß schon Chinondämpfe Kollagen unter rosa Färbung angreifen. Läßt man festes Chinon und trockenes Hautpulver in einer Entfernung von einigen Zentimetern liegen, so färbt sich letzteres deutlich rosa. L. Meunier und G. Rey zeigten aber, daß bei Verwendung von vollkommen trockenen Substanzen keine Gerbung stattfand, sondern nur dann, wenn die Chinondämpfe oder das Hautpulver feucht waren.

III. Einfluß der Wasserstoffionenkonzentration auf die Chinongerbung.

A. W. Thomas und M. W. Kelly (*2*) fanden, daß die Chinonaufnahme durch Hautpulver stark mit der Wasserstoffionenkonzentration der Lösung variiert und untersuchten diese Abhängigkeit eingehend im Bereich von p_H 1 bis 13. Bei sämtlichen Versuchen wurden gesättigte, etwa 1,37%ige Chinonlösungen verwendet. Es sei bemerkt, daß die Löslichkeit mit steigendem p_H zunimmt.

p_H-Messungen wurden nicht vorgenommen, sondern Serien von Phosphat-Pufferlösungen verwendet, in denen bestimmte Mengen Hautpulver mit den Chinonlösungen in geschlossenen Gefäßen bei Zimmertemperatur rotierend geschüttelt und nach abgemessener Zeit im Wilson-Kern-Auslauger so lange mit destilliertem Wasser gewaschen wurden, bis die hochempfindliche Reaktion auf Chinon mit Jodkali und Stärke negativ ausfiel. Das gegerbte Hautpulver wurde zuerst an der Luft und dann 16 Stunden im Vakuum bei 110° getrocknet. Das gebundene Chinon wurde aus der Gewichtszunahme unter Berücksichtigung des gemessenen Hydrolysengrades des Hautpulvers ermittelt. Die Ergebnisse bei sechsstündiger Gerbdauer sind in Tabelle 113 zusammengestellt.

Tabelle 113. Abhängigkeit der Chinonbindung durch Hautpulver von den p_H-Werten bei sechsstündiger Einwirkungsdauer.

Nr.	p_H der Lösung	Aussehen der Gerblösung	Beschaffenheit des gegerbten feuchten Hautpulvers	Gewichtsänderung von 2 g trockenem Hautpulver in Gramm	Gebundenes Chinon in Gramm
1	1,0	gelb-orange, klar	gelatinös, weiß	— 0,103	0,003
2	2,0	rötlich-gelb, klar	gelatinös, weiß	— 0,083	
3	3,0	rötlich-gelb, klar	gelatinös, rötlich	— 0,030	0,031
4	4,0	weinfarben, klar	gelatinös, rötlich	— 0,029	
5	5,0	weinfarben, klar	gelatinös, rötlich	— 0,012	0,036
6	6,0	dunkelbraun, schmutzig	gut gegerbt, schwärzlich	+ 0,107	
7	7,0	dunkelbraun, schmutzig	gut gegerbt, schwärzlich	+ 0,236	0,280
8	8,0	dunkelbraun, geringer Niederschlag	gut gegerbt, schwärzlich	+ 0,402	
9	9,0	dunkelbraun, geringer Niederschlag	gut gegerbt, schwärzlich	+ 0,399	0,431
10	10,0	dunkelbraun, geringer Niederschlag	gut gegerbt, schwärzlich	+ 0,420	
11	11,0	dunkelbraun, weniger Niederschlag	gut gegerbt, schwärzlich	+ 0,408	0,446
12	12,1	grünlich-schwarz, kein Niederschlag	gut gegerbt, schwärzlich	+ 0,314	0,364

In allen Filtraten konnte Chinon nachgewiesen werden.

Man ersieht aus diesen Werten, daß bei den Versuchen 3 bis 5 trotz der Gewichtsabnahme, welche durch hydrolytischen Abbau des Kollagens veranlaßt ist. Chinonbindung stattfand; für diese spricht auch die leichte Färbung dieser Proben.

Diese Versuchsergebnisse und auch die bei längerer Gerbdauer sind in Abb. 90 graphisch dargestellt. Die 6- und 24-Stunden-Kurven sind auch unter Berücksichtigung der Hydrolyse eingetragen.

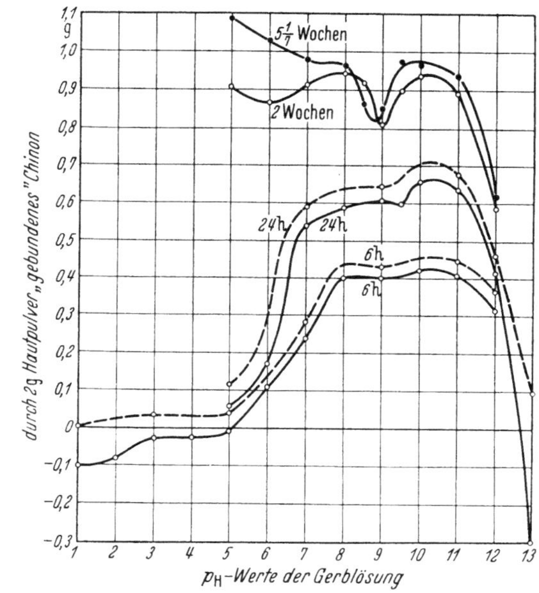

Abb. 90. Einfluß der p_H-Werte auf die Bindung von Chinon durch Hautpulver.

Auffallend ist die Ähnlichkeit der 6-Stunden-Kurve mit der Formaldehydgerbungskurve (O. Gerngroß und R. Gorges), besonders wenn man berücksichtigt, daß die in extrem alkalischen Lösungen sinkenden Werte der Chinonkurve infolge der beträchtlichen Hydrolyse nicht mehr die gleiche Genauigkeit beanspruchen können; so betrug die Hydrolyse bei p_H 13 nach 24 Stunden 20%. Der fast identische Verlauf dieser beiden Kurven läßt darauf schließen, daß es sich bei beiden Gerbungsarten um einen ähnlichen Vorgang handelt, nämlich, wie auch aus den Modellversuchen mit einfachen Aminokörpern folgt, um eine Reaktion mit den basischen Aminogruppen des Proteins. Eine Reihe weiterer Befunde lassen ebenfalls diese Analogie zwischen der Formaldehyd- und der Chinongerbung erkennen. So zeigten A. W. Thomas und M. W. Kelly (*3*), daß Hautpulver, welches mit Chinon vorbehandelt wurde, ähnlich wie formaldehydgares, eine verminderte Tanninadsorption aufwies. Die Ergebnisse sind in der Kurventafel Abb. 91 gleichzeitig mit der p_H-Tanningerbungskurve von unbehandeltem Hautpulver dargestellt.

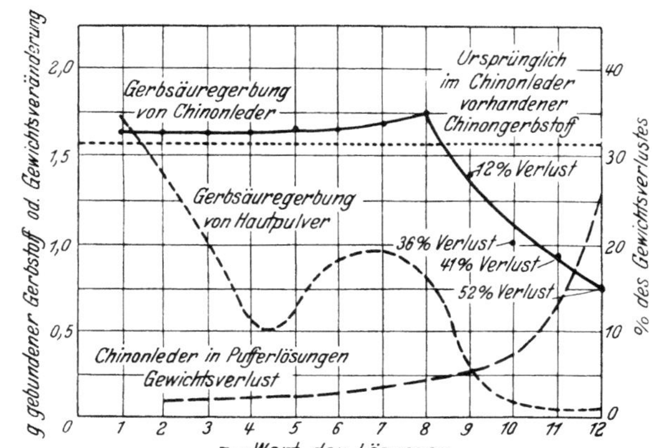

Abb. 91. Einfluß der p_H-Werte auf die Tanningerbung von chinongarem und unbehandeltem Hautpulver. Einfluß der p_H-Werte auf die Extraktion von Chinonhautpulver mit wässerigen Pufferlösungen.

I. Im chinongegerbten Hautpulver ursprünglich vorhandener Chinongerbstoff, *II*. Gerbsäuregerbung des chinongegerbten Hautpulvers, *III*. Gerbsäuregerbung von reinem Hautpulver. *IV*. Gewichtverlust des chinongegerbten Hautpulvers bei der Extraktion mit wässerigen Pufferlösungen.

Man ersieht aus Abb. 91 die stark verminderte Tanninadsorption von chinongegerbtem Hautpulver. Das starke Absinken des Kurvenastes von $p_H = 8$ angefangen, erklärt sich daraus, daß bei höheren p_H-Werten beträchtliche Mengen offenbar chinoider Substanzen ausgewaschen werden. Die Ergebnisse beim Auswaschen chinongegerbten Hautpulvers mit Pufferlösungen von steigenden p_H-Werten sind zum Vergleich in Abb. 91 graphisch dargestellt.

Auch der Befund von A. W. Thomas und F. L. Seymour-Jones, wonach formaldehyd-, chinon- und vegetabilisch gegerbtes Leder, im Gegensatz zu chromgegerbtem, durch Trypsin hydrolysiert werden, deutet darauf hin, daß das Chinon und der Formaldehyd mit den gleichen Gruppen des Proteins reagieren wie die vegetabilischen Gerbstoffe.

A. W. Thomas und M. W. Kelly (*3*) untersuchten ferner mit derselben Methode der Ermittlung der Gewichtszunahme den Einfluß von Neutralsalzen (NaCl, Na_2SO_4) auf die Chinonbindung durch Hautpulver. Es ergab sich bei Kochsalz eine Gewichtsabnahme, bei Glaubersalz eine Gewichtszunahme. Dieser Befund hat offenbar nichts mit der Chinongerbung zu tun, sondern zeigt nur die bekannte, peptisierende Wirkung von Kochsalz und die gegenteilige von Glaubersalz.

IV. Einfluß der Desaminierung von Hautpulver auf seine Chinonaufnahme.

Einen weiteren Beitrag zu der Auffassung, daß das Chinon mit den Aminogruppen des Proteins reagiert, lieferten A. W. Thomas und S. B. Foster, indem sie zeigten, daß durch die Desaminierung von Hautpulver seine Chinonaufnahme beträchtlich vermindert wird (vgl. Abb. 92).

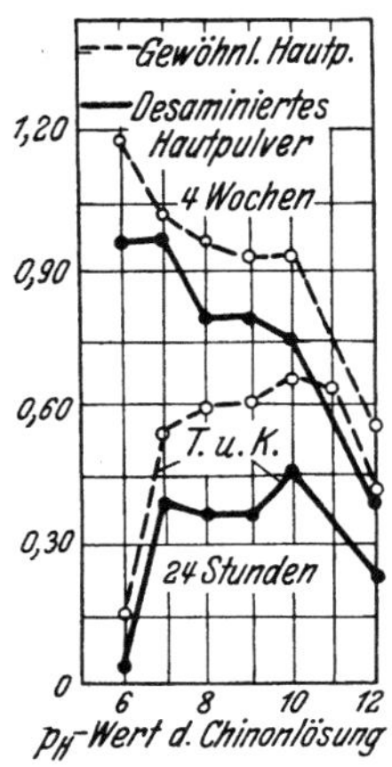

Abb. 92. Abhängigkeit der Chinonaufnahme durch desaminiertes und normales Hautpulver von den p_H-Werten.

Nach 24-stündiger Einwirkung war die Chinonaufnahme durch desaminiertes Hautpulver bei $p_H = 6$ minimal; im alkalischen Gebiet war sie wesentlich größer, da dort infolge des Eintritts der sekundären Gerbung die Chinonaufnahme nicht mehr an die Anwesenheit von Aminogruppen gebunden ist. Bei vierwöchiger Einwirkung von Chinon auf Desaminokollagen war die Aufnahme auch im sauren Gebiet bei $p_H = 6$ sehr beträchtlich, ja sogar höher als im alkalischen Gebiet. Es ist nun aber möglich, daß nach 4 Wochen auch bei $p_H = 6$ bereits die Bildung von polymeren Oxychinonen in beträchtlichem Maße stattgefunden hat, welche für die Chinonaufnahme verantwortlich zu machen ist. Daß sich bei $p_H = 6$ noch polymere Oxychinone bilden, wurde von L. Meunier und M. Queroix und auch A. W. Thomas und S. B. Foster beobachtet (vgl. S. 386). Sollte aber die Chinonaufnahme durch Desaminohautpulver im sauren Gebiet nicht auf die polymeren Oxychinone zurückzuführen sein, so müßte man neben den Aminogruppen noch andere Gruppen im Kollagen annehmen, die mit dem Chinon reagieren.

V. Zusammenhang zwischen der Chinongerbung und der pflanzlichen Gerbung.

Die Procter-Wilsonsche Gerbtheorie erklärt die vegetabilische Gerbung durch den Ausgleich der freien, positiven Ladungen an den Grenzflächen des Proteingels mit den negativen Ladungen der Gerbstoffteilchen unter Bildung einer undissoziierten Verbindung. So ist es auch verständlich, daß im isoelektrischen Punkt, bei $p_H = 5$, in welchem das Protein keine freie Ladung besitzt, ein Minimum der Gerbung vorliegt. Der neuerliche Anstieg der Gerbung mit zunehmendem p_H im alkalischen Gebiet wurde durch die Annahme einer Umlagerung des Proteins in eine stärker basische „Solform“, deren isoelektrischer Punkt erst bei $p_H = 8$ liegt, gedeutet. Es dürfte daher nach der Procter-Wilsonschen Theorie bei einem $p_H > 8$ keine Gerbstoffaufnahme mehr stattfinden.

Die Tatsache, daß noch bis zu dem p_H-Wert von 12, bei dem eine entgegengesetzte Ladung von Protein und Gerbstoff selbst bei Hinzuziehung der Wilsonschen Theorie des 2. isoelektrischen Punkts unmöglich zu erwarten ist, eine Gerbstoffixierung erfolgt, versuchten A. W. Thomas und M. W. Kelly (*3*) durch die Annahme zu erklären, daß die bei $p_H > 8$ aufgenommenen Stoffe anderer Natur sind; und zwar sollten es chinonartige Körper sein, die aus den in vegetabilischen Gerbbrühen vorhandenen Nichtgerbstoffen in alkalischer Lösung durch Oxydation mit Hilfe des Luftsauerstoffs entstehen und in alkalischer Lösung gerben. Für diese Auffassung sprach auch das verschiedene Verhalten von Hautpulver, welches in saurer und solchem, welches in alkalischer Lösung gegerbt worden war, bei der Extraktion mit Alkohol.

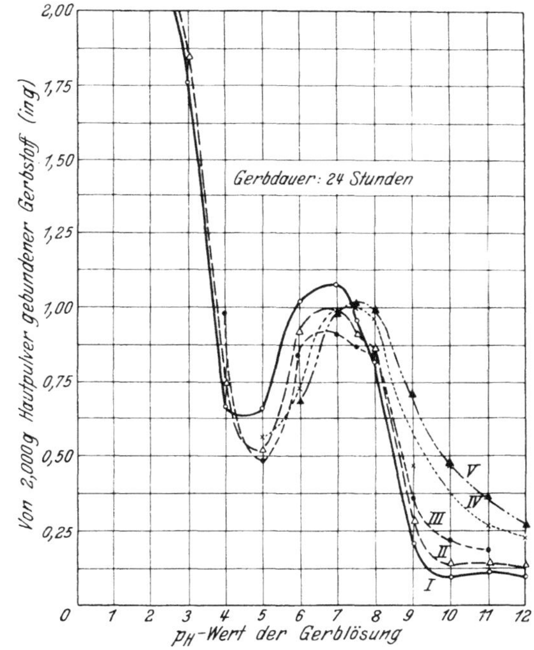

Abb. 93. Gerbung von Hautpulver mit Mischungen von Tannin und Chinon in Abhängigkeit von den p_H-Werten. *I* Gerbung mit reinem Tannin, *II* Gerbung mit einer Mischung aus 10 g Tannin und 0,8 g Chinon, *III* aus 10 g Tannin und 2 g Chinon, *IV* aus 10 g Tannin und 3,425 g Chinon, *V* aus 5 g Tannin und 3,425 g Chinon.

Um ihre Annahme zu stützen, wiesen A. W. Thomas und M. W. Kelly (*4*) darauf hin, daß Tannin bei $p_H > 8$ in viel geringerem Maß aufgenommen wird, wenn es frei von Nichtgerbstoffen ist, als ein technisches Gerbstoffprodukt, das Nichtgerbstoffe enthält, und um diese Verhältnisse weiter zu klären, versetzten sie reines Tannin mit steigenden Mengen Chinon und untersuchten die Aufnahme dieser Mischungen durch Hautpulver mit steigenden p_H-Werten. Es zeigte sich mit zunehmendem Chinongehalt in dem Bereich von $p_H = 8$—12 eine wachsende Gewichtszunahme, und die Form der p_H-Gerbungskurve näherte sich ständig der für die vegetabilische Gerbung typischen. Diese Verhältnisse sind in Abb. 93 graphisch dargestellt.

VI. Theorie der Chinongerbung.

Es wurde auf S. 386 hervorgehoben, daß die Chinongerbung ein besonderes gerbereitheoretisches Interesse besitzt. Wie aus den bisher besprochenen Untersuchungen hervorgeht, ist diese Gerbart durch zwei voneinander verschiedene Vorgänge charakterisiert, die ihre erste Ursache darin haben, daß das Chinon in den gerbenden Lösungen eine Umwandlung erleidet und daß sowohl das unzersetzte Chinon als auch die Umwandlungsprodukte Gerbwirkung haben.

1. Der eine Teil der Gerbung ist der wohldefinierten Chinonsubstanz zuzuschreiben. Er besteht in einem als chemische Umsetzung verfolgbaren Vorgang

und zwar reagieren, entsprechend den Beobachtungen und Anschauungen, die wir L. Meunier und A. Seyewetz zu danken haben, Aminogruppen des Hautproteins mit dem Chinon unter Kondensation, ähnlich wie Anilin mit Chinon unter oxydativer Kondensation reagiert. Bei dieser Kondensation wird 1 Wasserstoffatom von der Aminogruppe des Proteins und 1 Wasserstoffatom vom Chinonkern geliefert, während 1 Mol Chinon als Wasserstoffakzeptor unter Hydrochinonbildung auftritt.

S. Hilpert und F. Brauns haben durch Modellversuche an Aminosäurederivaten — wie sie schon durch E. Fischer und H. Schrader durchgeführt waren — diese Theorie gestützt. Demzufolge liegen im Chinonleder Verbindungen zwischen Hautprotein und Chinon nach Typus I oder II vor, je nachdem, ob eine oder zwei Aminogruppen der Polypeptidketten des Hautproteins mit einem Molekül Chinon verbunden sind.

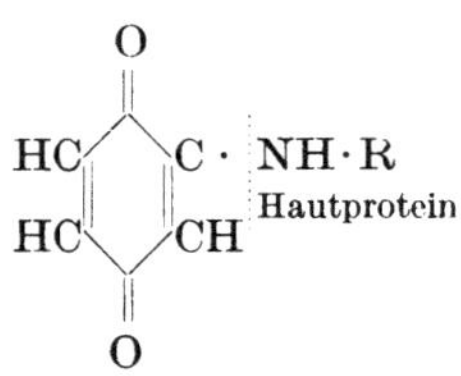

Chinon.

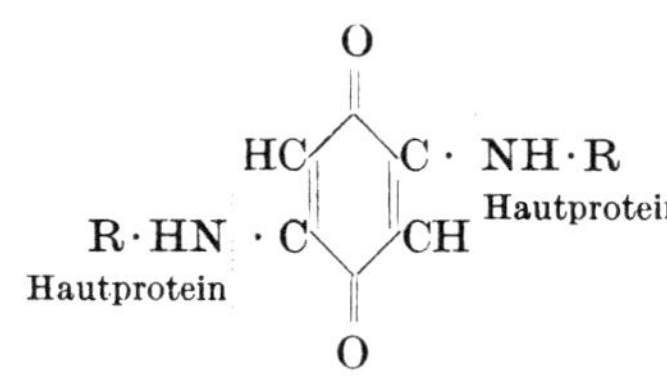

Chinon.

Die Reaktion, welche zu Schema I führt, tritt wie S. Hilpert und F. Brauns durch das Experiment zeigten, im alkalischen, neutralen und schwachsauren Milieu auf. Es ist wahrscheinlich, aber nicht experimentell erwiesen, daß bei alkalischer Reaktion die Umsetzung auch zur Kondensation im Sinne des Schemas II führt.

2. Neben dieser sehr rasch verlaufenden, primären, weitgehend geklärten „chemischen Gerbung", erfolgt eine sekundäre Gerbung, welche durch die Bildung polymerer oxydativer Umwandlungsprodukte nicht genau definierten Charakters, durch Oxychinone, veranlaßt ist, die auch Gerbstoffeigenschaften haben und von den Hautproteinen adsorbiert werden.

Haben wir demnach im Sinne der heutigen gerbtheoretischen Anschauung (vgl. z. B. E. Stiasny) im primären Vorgang der Chinongerbung eine typische hauptvalentige Gerbung vor uns, so sehen wir im sekundären Vorgang den Typus der nebenvalentigen Reaktion zwischen aktiven Gruppen des Kollagens und Hydroxylgruppen der Gerbstoffe. Besonders durch den primären Vorgang, aber auch durch den sekundären, wird einerseits durch Verwandlung lyophiler Gruppen in lyophobe Gruppen und andererseits durch Brückenbildung und „Vernähungen" der parallel angeordneten Polypeptidketten der Hautproteine der Gerbeffekt begründet. Eine solche Vernetzung und Brückenbildung ist besonders gegeben, wenn wir uns die Reaktion eines Chinonmoleküls mit je einer Aminogruppe (vgl. das Formelbild II) zweier benachbarter Polypeptidketten im Molekülaggregat des Proteins vorstellen (vgl. die Ausführungen über Theorie der Formaldehydgerbung auf S. 369ff.). Die Festigkeit der Bindung durch die Kondensationsreaktion zwischen Chinon und Polypeptid erklärt vielleicht diese erwiesene besondere Reißfestigkeit des Chinonleders, von der im folgenden Abschnitt die Rede ist. Die Herabsetzung der Hydrophilie des Proteins bei der Chinongerbung, die durch Veränderung lyophiler Aminogruppen in lyophobe Gruppen erklärt ist, wurde von L. Meunier und K. Le Viet durch steigende Viskositätsabnahmen von Gelatinelösungen mit steigenden Chinongaben demonstriert — vorausgesetzt, daß diese Zusätze nicht so groß waren, daß sie ein Unlöslichwerden der Gelatine bewirkten.

Der rein chemische Vorgang bei der Chinongerbung, welcher der primären Gerbung entspricht, weist große Ähnlichkeit mit der Formaldehydgerbung auf, doch ist er unklarer und weniger untersucht. So ist bis jetzt, wie bereits erwähnt, nicht festgestellt, ob in alkalischer Lösung eine oder zwei Aminogruppen des Proteins in den Chinonring eintreten; ferner ist nicht untersucht, ob die Peptidgruppen bei der Chinongerbung eine ähnliche Rolle spielen wie bei der Formaldehydgerbung. Daß aber außer den Aminogruppen noch andere Gruppen des Proteins mit Chinon reagieren, wird durch den Befund von A. W. Thomas und S. B. Foster wahrscheinlich gemacht, wonach desaminiertes Hautpulver in saurer Lösung, in welcher die sekundäre, adsorptive Gerbung noch unbeträchtlich ist, eine starke Chinonbindung aufweist.

Die bekannte Abhängigkeit der Kondensationsreaktion zwischen Chinon und Amin von der aktuellen Acidität der Lösungen einerseits und die Abhängigkeit der oxydativen Verwandlungen des Chinons in wässeriger Lösung von dem gleichen Umstand andererseits erklären hinreichend die weitgehende Beeinflussung der Chinongerbung durch die p_H-Werte der Lösungen. Es soll aber erwähnt werden, daß K. H. Gustavson die Chinongerbung im Lichte der „Zwitterionischen Auffassung der Proteine" erörterte und annahm, daß die wesentlichste hauptvalentige Reaktion zwischen dem Chinon und den Aminogruppen des Proteins in einem p_H-Bereich stattfindet, der höher als 9 ist. Erst in diesem Bereich wird die Mehrzahl der NH_3^+-Gruppen des Proteins durch OH^- entladen, und es entstehen freie Aminogruppen, welche dann im besprochenen Sinn mit Chinon reagieren können.

$$\underset{\text{Zwitterion.}}{NH_3^+ \cdot R \cdot COO^-} + OH^- = \underset{\uparrow\text{Entladene reaktive Aminogruppe.}}{NH_2} \cdot R \cdot COO^- + H_2O.$$

Auch unter Berücksichtigung der Elektronentheorie auf Grund der neueren Anschauungen über den Atombau der Elemente und die Ausdehnung dieser Anschauung auf komplizierte organochemische Moleküle durch Lewis-Langmuir ist unsere Gerbart in ihrer p_H-Abhängigkeit diskutiert worden (J. A. Wilson).

VII. Praxis und Durchführung der Chinongerbung.

Ein Charakteristikum der Gerbung durch Chinon ist seine energische Wirkung in geringsten Mengen und Konzentrationen. Um dies zahlenmäßig zu zeigen, seien Versuche L. Meuniers mitgeteilt, der jedesmal 100 g abzentrifugierter Blöße in schwach alkalischer Lösung mit steigenden Mengen Chinon bei Luftzutritt gerbte, die Häute dann in essigsaurer Standardlösung (p_H ca. 2,6) ins Gleichgewicht brachte und vor und nach der Gerbung zentrifugierte. Nach dem Abzentrifugieren des Kapillarwassers ermittelte er die restlichen Wassermengen bezogen auf 100 Teile der trockenen Hautsubstanz.

Tabelle 114. (Nach L. Meunier.)

Chinonmenge in g pro 100 g zentrifugierter Haut	Schwellungsvermögen
0	443,9
0,0005	435,8
0,005	419,0
0,05	340,7
0,5	276,4
1,0	261,1

Man sieht, daß ein deutlicher Effekt, d. h. eine Abnahme der Hydrophylie, schon bei 0,005 Teilen Chinon auf 100 g ursprünglicher, ungegerbter zentrifugierter Haut eintritt. Vergleichsweise sei mitgeteilt, daß die Adstringenz von 1 Teil Chinon auf 100 Teile abzentrifugierter Haut den hohen Wert von 41,2 aufwies, während 1 Teil Quebrachoextrakt auf 100 Teile Haut, in optimaler Konzentration angewendet, nur die Adstringenzzahl 29 hatte. Die Adstringenzzahl nach L. Meunier ergibt sich aus der Formel $\frac{(a-b) \cdot 100}{b}$, wenn a das ursprüngliche Schwellungsvermögen unter den obengenannten Bedingungen, b das nach der Gerbung ermittelte vorstellt.

Trotz des starken Effekts und der weiter unten geschilderten besonderen Eigenschaft als Gerbstoff hat das Chinon bisher nur geringe Bedeutung in der Gerbereipraxis gewonnen. Dies liegt am hohen Preis des Stoffes von etwa 10 bis 20 Mark für 1 kg. Als Alleingerbstoff liefert zudem das Chinon ein leeres Leder bei sehr geringer Rendementzahl.

Die Vorteile der Chinongerbung — Erzeugung besonderer Wasserbeständigkeit, Alkali- und Säureresistenz und vor allem großer Zugfestigkeit — lassen sie für Vor- und Kombinationsgerbungen (H. Herfeld) geeignet erscheinen, besonders für Riemen, Geschirr und technische Leder. A. Gansser (S. 223 und 224) hat mit vegetabilischer, mineralischer und kombinierter Chrom- und vegetabilischer Gerbung Versuche mit und ohne Chinonvorgerbung gemacht und gezeigt, daß das mit Chinon vorgegerbte Leder am Dynamometer bessere Zugfestigkeit hatte als das nicht mit Chinon vorbehandelte.

Besonders für die Sämischgerbung wird die Vorgerbung mit Chinon empfohlen, da sie die Sämischgerbung sehr beschleunigen soll, doch soll auch bei den anderen Gerbarten die Vorgerbung beschleunigend wirken. Für die Praxis wurde das folgende Verfahren empfohlen (E. Andreis).

Die Blößen werden wie üblich vorbereitet, nur müssen sie vollkommen alkalifrei sein. Um die Lösung des Chinons zu erleichtern und um etwaige Spuren von Alkali zu zerstören, wird dem Wasser 1‰ Essigsäure oder Milch-, Ameisen- oder Buttersäure zugegeben. Für die Chinonbehandlung rechnet man 4‰ Chinon vom Blößengewicht.

Eine vollständige Gerbung mit Chinon würde man mit 1,5 bis 2% Chinon erreichen; aber schon bei 4‰ werden die Vorteile, die man durch diese Vorbehandlung erreichen will, bereits erzielt. L. Meunier empfiehlt, das Chinon in einem kleinen Beutel an der Innenseite der Faßtür gut zu befestigen. Das Chinon wird sich vollkommen auflösen und in wenigen Stunden von der Haut aufgenommen sein. Sonst verlangt die darauf folgende Gerbung keine weiteren Maßnahmen irgendwelcher Art.

Jedenfalls folgt aus den wissenschaftlichen Untersuchungen, daß man die praktische Chinongerbung am besten nahe der neutralen Reaktion der Lösung ausführt. Der Konzentration der verwendeten Chinonlösung ist dadurch nach oben eine Grenze gesetzt, daß wässerige Lösungen schon bei einem Gehalt von 1,37% gesättigt sind.

Einen praktischen Gerbversuch mit Chinon beschreibt J. A. Wilson (J. A. Wilson-F. Stather-M. Gierth, S. 646). Eine gebeizte Kalbsblöße wurde in eine wässerige Chinonlösung, die durch die Gegenwart eines Überschusses ungelösten Chinons in gesättigtem Zustand gehalten wurde, eingelegt. Der p_H-Wert der Lösung wurde durch Zugabe von 4 g Natriumphosphat pro Liter und die nötige Menge Salzsäure auf 6,10 gebracht. Die Flüssigkeit wurde jeden Tag zweimal umgerührt und die Blöße so lange darin gelassen, bis ein Probestreifen in kochendem Wasser nicht mehr die Neigung zeigte, sich zu winden, was nach 7 Tagen der Fall war. Die Haut hatte eine dunkle, lederartige Farbe angenommen. Sie wurde dann ausgewaschen, der Fettlickerung unterzogen, gefärbt und zugerichtet. Die Gewichtsausbeute war praktisch der der Chromgerbung gleich.

Das zugerichtete Leder enthielt 64,2% Kollagen, 12,2% Wasser, 11,8% Fett, 2,5% lösliche organische Substanz, 0,7% Schwefelsäure, 0,4% Aluminiumoxyd, 0,1% Calciumoxyd und 8,1% gebundenes Chinon, aus der Differenz berechnet. Die Schwefelsäure wurde offenbar mit dem Aluminiumsulfatbad, das vor der Gerbung angewandt wurde, eingeführt. Das scheinbare spezifische Gewicht des Leders betrug 0,706 g. Das Leder zeigte eine ganz ausgezeichnete Festigkeit; ein Streifen aus dem Schulterteil, der 0,91 mm dick war, zeigte eine Zerreißfestigkeit von 523 kg pro Quadratzentimeter und dehnte sich bei einer Belastung von 225 kg um 22%. Das erhaltene Leder ließ sich als verkaufsfähig bezeichnen.

Ein brauchbares Leder läßt sich auch beim Gerben in konzentrierter alkoholischer Chinonlösung gewinnen. Die Kalbshautstreifen wurden mit Alkohol entwässert und dann in alkoholische Chinonlösung gehängt. Bei hohen Konzentrationen kann die Gerbung in wenigen Stunden abgeschlossen sein. Die so hergestellten Leder waren sehr voll und fest und hatten Ähnlichkeit mit vegetabilisch gegerbten Ledern.

Beim Hantieren mit festem Chinon ist große Vorsicht zu beobachten, da es auf Augen und Lungen eine heftige Reizwirkung ausübt; dies ist auch bei heißen wässerigen Lösungen zu berücksichtigen, da das Chinon mit Wasserdämpfen flüchtig ist. Auf die Giftigkeit ist schon auf S. 385 hingewiesen worden.

Literaturübersicht.

Andreis, E.: Sulla previa concia e concia al Chinone, Bibliotheca del conciatore, Turin **1913**.

Fahrion, W. (*1*): Neuere Gerbmethoden und Gerbtheorien, Braunschweig: F. Vieweg & Sohn, 1915; (*2*): Angew. Chem. **22**, 2083, 2135, 2187 (1909).

Fischer, E. u. H. Schrader: Ber. Dtsch. chem. Ges. **43**, 525 (1910).

Furuta, T.: Bull. Coll. Agrik. Tokio **4**, 407 (1902); Chem. Ztrbl. **1902**, II, 385.

Gansser, A.: Taschenbuch des Gerbers, 1. Aufl. Leipzig: B. F. Voigt, 1917.

Gerngroß, O. u. R. Gorges: Angew. Chem. **39**, 1434, Fußnote 18a (1926).

Gustavson, K. H.: Collegium **1932**, 779.

Herfeld, H.: Collegium **1936**, 607.

Hilpert, S. u. F. Brauns: Collegium **1925**, 64.

Jány, J.: Collegium **1930**, 453.

Lumière, A. u. L. u. A. Seyewetz (*1*): Bull. de la société française de photographie 1900; (*2*): Collegium **1906**, 205.

Meunier, L.: Cuir techn. **19**, 60 (1930); Collegium **1931**, 329.

Meunier, L. u. M. Queroix: Cuir techn. **13**, 520 (1924); Collegium **1925**, 219.

Meunier, L. u. G. Rey: J. I. S. L. T. C. **8**, 149 (1924).

Meunier, L. u. A. Seyewetz: C. R. hebd. Seances Acad. Sci. **146**, 987 (1908); Collegium **1908**, 195, 200.

Meunier, L. u. K. LeViet: Chim. et Ind., C. r. XII. Congrès de Chim. industr. 1930.

Moeller, W.: Collegium **1918**, 71, 210.

Stiasny, E.: Collegium **1930**, 12.

Thomas, A. W. u. S. B. Foster: Journ. Amer. chem. Soc. **48**, 489 (1926); Collegium **1926**, 334.

Thomas, A. W. u. M. W. Kelly (*1*): Ind. engin. Chem. **16**, 31 (1924); (*2*): Ebenda **16**, 925 (1924); Collegium **1924**, 477; (*3*): Ind. engin. Chem. **18**, 383 (1926); (*4*): Ebenda **18**, 625 (1926); Collegium **1926**, 385.

Thomas, A. W. u. F. L. Seymour-Jones: Ind. engin. Chem. **16**, 157 (1924).

Traube, W.: Ber. Dtsch. chem. Ges. **44**, 3145 (1911).

Wilson, J. A.: J. A. L. C. A. **31**, 214 (1936).

Wilson, J. A., F. Stather u. M. Gierth: Chemie der Lederfabrikation, 2. Aufl., 2. Bd. Wien: Julius Springer, 1931.

Viertes Kapitel.

Die Fettgerbung.

Von Dr.-Ing. **Hellmut Gnamm,** Stuttgart.

A. Die Methoden der Fettgerbung.

Die Fette und Öle sind vielleicht die ältesten „Gerbmittel", wenn man darunter solche Naturprodukte verstehen will, mit denen die Menschen die in ihrem Gebrauch befindlichen tierischen Häute und Felle geschmeidig zu machen und vor Fäulnis zu schützen suchten. In den ältesten Zeiten benutzten sie hierzu das Hirn und Fett von Land- und Seetieren, wobei das Hirn eine ausgesprochen konservierende Wirkung besaß. Noch heute findet man bei einzelnen Naturvölkern die Verwendung von Fetten und Ölen zur Hautkonservierung. Einige Indianerstämme Südamerikas „gerben" jetzt noch mit Fett und Hirn Pelze aus, die Kaffern benutzen ein Gemisch von Hirn, Fett, Leber und Moos als Gerbmittel, die Hereros behandeln die rohe Tierhaut mit Fett und Milch und bei den Polarvölkern werden die geschabten Felle außer mit Hirn und Leber des Renntiers mit Seevögeleigelb und Fischrogen gegerbt. Bei den meisten dieser Völker wird das Fett durch fortgesetztes Stampfen mit den Füßen in die Felle hineingewalkt.

Haben nun die Fette und Öle eine Gerbwirkung wie die heute verwendeten pflanzlichen oder mineralischen Gerbmittel?

Betrachtet man als charakteristische Eigenschaft eines Gerbmittels seine Fähigkeit, tierische Haut so zu verändern, daß sie der natürlichen Zersetzung nicht mehr verfällt, daß sie beim Kochen keinen Leim mehr gibt und daß aus der zu Leder gewordenen Haut sich das benutzte Gerbmittel nicht mehr auswaschen läßt (von einem Überschuß abgesehen), so darf man nur wenige Fette und Öle als wahre Gerbmittel bezeichnen.

Das Fett der Landsäugetiere hat fast keine gerbende Wirkung. Bei der ausgedehnten Verwendung dieser Fette, vor allem des Rindertalgs, bei der Lederfabrikation handelt es sich nicht um eine Fettgerbung, sondern um ein Einfetten des bereits mit anderen Gerbmitteln gegerbten Leders. Bestimmte Ledersorten erhalten beim sog. Einbrennen oder beim Faßschmieren beträchtliche Fettmengen einverleibt, die sich zwischen den Faserbündeln des Ledergewebes einlagern. Das Leder wird hierdurch besonders geschmeidig und widerstandsfähig gegen Feuchtigkeit; eine gerbende Wirkung übt das Fett aber nicht aus. Durch geeignete Lösungsmittel läßt es sich aus dem Leder nahezu vollständig wieder entfernen.

Eine ganz ähnliche Rolle spielt das Fett der Landtiere (vor allem Rinder- und Pferdetalg) bei der Herstellung des sog. „fettgaren Leders". Solche Leder, für die keine pflanzlichen Gerbmittel, sondern meist nur etwas Alaun verwendet wird, werden ebenfalls stark gefettet. Das Fett füllt die Zwischenräume zwischen den Hautfasern aus und macht das Leder dadurch geschmeidig. Eine Gerbung findet aber auch hier nicht statt. Das Fett verhindert ein Auswaschen des Alauns und erhöht dadurch in gewissem Sinn die Wirkung der Alaungerbung. Behandelt man aber fettgares Leder mit Benzin oder Tetrachlorkohlenstoff, so wird das hineingebrachte Fett herausgelöst und ein alaungares Leder bleibt zurück. Ist kein Alaun verwendet worden, so erhält man nach der Fettextraktion die Blöße in ihrem ursprünglichen Zustand wieder.

Diese „Scheingerbung", die auf diese Weise mit Fetten erzielt wird, läßt sich sehr deutlich beobachten, wenn man ein Stück dünne Blöße folgendermaßen behandelt: Man entwässert sie zunächst mit Alkohol von steigender Konzentration und schüttelt sie dann mit einer alkoholischen Stearinlösung. Nach Verdunsten des Alkohols, der als Fettlösungsmittel gedient hat, ist das Stearin zwischen den Hautfasern eingelagert. Diese sind dadurch isoliert und das Hautstück fühlt sich weich und geschmeidig an. Ein richtiges Leder ist aber nicht entstanden; denn durch Einlegen in Alkohol wird alles Stearin wieder herausgelöst und man erhält die Blöße in ihrem ursprünglichen Zustand wieder. Auch beim Kochen würde das Stearin sich ausscheiden und die Haut würde in Leim übergehen.

Das Fett hat in diesem Fall nur die Rolle des Quellungswassers in der Blöße übernommen. Es wirkt als Schmiermittel zwischen den Hautfasern und macht sie gegeneinander verschiebbar. Da die Haut in ihrem ursprünglichen Zustand noch vorhanden ist, hat sie auch ihre hohe Reiß- und Zugfestigkeit behalten, welche durch die Behandlung mit pflanzlichen Gerbstoffen beeinträchtigt wird. Aus diesem Grunde wird für manche Zwecke „fettgares" Leder auch heute noch in geringerem Ausmaß hergestellt (Näh-, Binde-, Peitschenriemen u. dgl.).

Eine ganz andere Wirkung haben nun Fette und Öle, die sich durch einen mehr oder weniger hohen Gehalt an ungesättigten Glyceriden auszeichnen, wie Trane, Eidotter, Leinöl, Rüböl und andere. Behandelt man die tierische Haut mit diesen Ölen, so läßt sich eine deutliche wahre Gerbung feststellen, deren Intensität bei den einzelnen Ölen verschieden ist.

Diese wahre Fettgerbung nennt man „Sämischgerbung". Das Sämischleder läßt sich nicht mehr in Blöße zurückverwandeln. Ein Teil des zur Gerbung benutzten Fetts ist an die Hautfaser gebunden. Es handelt sich bei der Bildung dieses Leders um einen Vorgang ähnlich dem Gerbprozeß, wie er sich zwischen der Haut und anderen Gerbstoffen abspielt. Das Sämischleder unterscheidet sich also von dem fettgaren Leder wesentlich. Es ist das Produkt eines wahren Gerbvorgangs, auf dessen Natur später noch näher eingegangen werden soll. Das fettgare Leder ist eine mit Fett getränkte Blöße, die ihren „Blößencharakter" beibehalten hat. Zwischen diesen beiden Produkten stehen solche fettgare Leder, zu deren Herstellung Fettgemische aus gesättigten und ungesättigten Glyceriden verwendet worden sind. Solche Fettgemische wurden z. B. bei der Herstellung des sog. „Kronenleders" benutzt. Ein Leder, das dem Sämischleder nahe verwandt ist, ist das „Japanleder".

I. Fettgares Leder.

Das im Sinne der einleitenden Erläuterungen als „fettgar" bezeichnete Leder, das im Gegensatz zum echten Sämischleder die Fettstoffe nicht in gebundener Form enthält, wird heute nur noch in unbedeutendem Umfang für besondere Verwendungszwecke hergestellt. Infolge seiner außerordentlichen Zähigkeit wird fettgares Leder für Näh- und Binderiemen, für manche Geschirrleder, für Peitschenleder u. dgl. verwendet.

Zur Herstellung fettgarer Leder werden die Blößen fast immer mit Alaun vorgegerbt. Art und Umfang dieser Alaunvorgerbung ist sehr verschieden. Wird sie richtig ausgeführt, so werden auf 100 Teile Alaun 25 bis 35 Teile Kochsalz verwendet. Mehr Kochsalz erzeugt die auch an fettgarem Leder häufig auftretenden Ausschläge (Auswitterungen).

Nach der Alaungerbung werden die Leder mitunter noch mit einer Sodalösung behandelt. Eine aus dem Jahre 1916 stammende Vorschrift empfiehlt Lösungen von 50 g Kristallsoda im Liter Wasser. Durch die Einwirkung der Sodalösung entstehen zum Teil basische Aluminiumverbindungen, die schwer löslich sind und infolgedessen aus dem Leder nicht so leicht ausgewaschen werden können.

Das eigentliche „Fettgarmachen" des Leders besteht in einer intensiven Behandlung des alaungegerbten Leders mit Fett bzw. Fettgemischen. Hierbei wird in der Hauptsache Rindertalg, aber auch Vaseline, Pferdefett, Palmöl und sonstige Fette verwendet. Durch Mitverwendung von Fischtran wird das Leder leicht gelb gefärbt. Bei der Verwendung von Tran-Fettgemischen tritt teilweise eine echte Fettgerbung ein. Das fertige Produkt enthält bis zu 40% Fett.

Kronenleder. Die Herstellung eines besonderen fettgaren Leders, des Kronenleders, das, wie schon erwähnt, zwischen dem Sämischleder und dem gewöhnlichen fettgaren Leder steht, sei hier noch näher beschrieben, da dieses Leder sich früher eines besonderen Rufes erfreute. Wie alle fettgaren Leder hat es heute nur noch geringe Bedeutung. Das Verfahren ist ein Beispiel für die bei der Herstellung fettgarer Leder übliche Arbeitsweise.

Es wurde erstmals von einem Deutschen namens Klemm im Jahre 1852 hergestellt und zur Anfertigung von Riemen und Gürteln empfohlen. Klemm verkaufte seine Erfindung an den Engländer Preller, der in Southwork eine Gerberei errichtete und für das Leder die Krone als Schutzmarke einführte, weshalb das Leder im Handel als „Crown-Leather" bezeichnet wurde. Später kam der Name „Schweizer Leder" auf.

Die ursprüngliche Herstellung des Kronenleders war folgende:

Die Häute wurden in üblicher Weise geweicht, geäschert, enthaart und dann geschwellt. Hierauf wurden sie auf der Fleischseite mit einem aus folgenden Stoffen bestehenden Gemisch bestrichen:

28	Teile	Klauen- oder Pferdefett,
23	„	Rinderhirn,
6,5	„	ungesalzene Butter,
12,5	„	Milch,
26	„	Gerstenmehl,
4	„	Kochsalz oder Salpeter.

Die mit dieser teigförmigen Masse bestrichenen Häute wurden zusammengebündelt und in Walktrommeln unter Zuführung von warmer Luft etwa 10 Stunden lang gewalkt. Dann wurden sie herausgenommen und in der Wärme getrocknet, wieder mit Fett bestrichen und erneut in der Trommel gewalkt. Für Ochsenhäute soll ein viermaliges Walken in der Trommel erforderlich sein, um ein biegsames, leichtes und dabei festes Leder zu erhalten.

Nach einem späteren Verfahren wurden die Häute nur geschwödet und enthaart, dann ausgewaschen und ausgestrichen und in einer Kleienbeize geschwellt. Die Blößen kamen mit einer warmen Lösung von Alaun und Kochsalz in die Walke. Anschließend wurde der überschüssige Alaun ausgewaschen. Die auf diese Weise leicht vorgegerbten Häute wurden dann in einem Gemisch von 7 kg Mehl, 4 kg Hirn, 0,25 kg Pferdefett (pro Haut) gewalkt, bis das Fett und die Eiweißstoffe des Mehls aufgenommen waren. Am anderen Tag wurden die Häute aufgehängt und angetrocknet. Durch Reiben wurde die Mehlkleie entfernt. Dann trocknete man die Leder vollständig auf.

Bei den erwähnten Gemischen übt das Hirn die stärkste Gerbwirkung aus, da es die meisten ungesättigten Verbindungen enthält, dann folgen Pferdefett und Butter. Vom Mehl wird nur der Kleber durch die Haut aufgenommen. Die Salze waren wohl ursprünglich als Konservierungsmittel gedacht. Eine gerbende Wirkung haben sie nicht. Anstatt Mehl wurde auch Pfeifenton oder sonst ein gemahlener Ton, mit etwas Ocker vermischt, verwendet.

W. Eitner (*3*) hat seinerzeit das Kronenleder untersucht. Er entfernte die Eiweißstoffe (vom Mehl stammend) mit Alkalilösung und stellte fest, daß im Kronenleder eine Art Sämischleder vorlag, das aber nicht den Gerbungsgrad erreicht hat wie echtes Sämischleder. Dies leuchtet ohne weiteres ein, da im Vergleich zu den bei der Sämischlederherstellung verwendeten stark gerbend wirkenden hoch ungesättigten Tranfettsäuren die wenigen schwach ungesättigten Verbindungen der beim Kronenleder benutzten Fette nur eine geringe Gerbwirkung aufweisen.

Aus starken Häuten erhält man ein Kronenleder, das sich zu Riemen, Schuhwerk, Tornistern, Skibindungen und Ähnlichem verarbeiten läßt. Schaf-, Ziegen- und Rehfelle liefern ein sehr weiches und geschmeidiges Leder. Das Kronenleder besitzt eine erstaunlich hohe Wasserbeständigkeit und eine große Zähigkeit. Es ist heute durch verschieden zugerichtete Chrom- und andere Leder verdrängt worden.

II. Sämischleder.

Die Bezeichnung „Sämischgerbung" wird neuerdings von dem holländischen Wort „seem" = weich, abgeleitet. Der französische Name für Sämischleder ist „chamois". Er ist wohl dadurch entstanden, daß sehr viel Sämischleder aus den Fellen der Gemsen hergestellt wurde. Es haben jedoch stets auch Hirsch-, Reh- und Ziegenfelle als Rohmaterial für Sämischleder gedient. Später wurden dann Rindhäute und Schaffelle sämisch gegerbt, von den letzteren namentlich in England die Felle von schottischen und Kapschafen. Sie wurden gespalten; der Narbenspalt wurde mit Chrom auf Oberleder, der Fleischspalt zu Sämischleder verarbeitet.

In Finnland, Norwegen und Schweden werden viel Renntierfelle sämisch gegerbt und als Bekleidungsleder verwendet. In Rußland wurden vor dem Weltkrieg beträchtliche Mengen Sämischleder hergestellt. Ischma, im Gouvernement Archangelsk, war ein Hauptsitz der Sämischlederhändler, die ihre Ware alljährlich im April nach Moskau brachten.

In Böhmen wurden früher im Jahr bis zu 300000 Felle Sämischleder hergestellt, die namentlich zu Militärhandschuhen verarbeitet wurden.

In Amerika hat man in neuerer Zeit auch die Häute von Pferden, Hunden sowie ostindische Kipse für verschiedene Zwecke sämischgegerbt. Auch sämischgegerbtes Büffelleder wurde als Schleifleder und Klaviertastenleder in den Handel gebracht.

In der Hauptsache wurde und wird Sämischleder für Handschuhe, Reithosenbesätze, Bandagen, Einfassungen und für gewisse Luxuswaren verwendet. Die Abfälle dienen als Putzleder (Fensterleder). Der Bedarf an Sämischleder ist jedoch in den letzten 20 Jahren ganz bedeutend zurückgegangen, da es von den modernen Feinledersorten weitgehend verdrängt wurde.

In den meisten Fällen wird für die Herstellung von Sämischleder die Narbenschicht abgespalten, da sie infolge ihres dichteren Gewebes nicht so weich und biegsam wird wie die darunterliegenden Hautschichten. Das meiste Sämischleder ist daher narbenlos. Nur bei ganz dünnen Lammfellen wird der Narben belassen, da er sehr dünn und geschmeidig ist. Die Entfernung des Narbens erleichtert bei der Gerbung das Eindringen des Fetts in die Haut. Der Gerbprozeß wird dadurch verkürzt.

Die Anschauung, daß die Arbeit in der Wasserwerkstatt bei der Sämischgerberei nicht die Bedeutung habe wie bei anderen Ledersorten, ist nicht richtig. Im Gegenteil spielt das Äschern gerade beim Sämischleder eine außerordentlich wichtige Rolle, da die erforderliche Geschmeidigkeit und Zügigkeit sowohl durch zu geringes als auch durch zu starkes Äschern beeinträchtigt wird.

Das Weichen der Felle erfolgt wie gewöhnlich in frischem Wasser. Sie kommen dann in eine Äschergrube mit Kalkmilch, wo sie je nach ihrer Stärke 3 bis 6 Tage verbleiben. Am besten eignen sich für diese ersten Äscher saubere, alte, milde und schwache Kalkbrühen, die aber kein Ammoniak enthalten sollen. Sie geben der Haut die nötige seidenartige Weichheit. Frische Äscher machen die Häute hart (Leather Trades Review 1914, Bd. XLVII, Nr. 1).

Nach dem Äscher werden die Felle abgespült und von anhaftenden Fleischteilchen befreit. Die Wolle, bzw. das Haar, wird von der Narbenseite abgestrichen. Anschließend wird der Narben auf einer Spaltmaschine abgespalten. Bei Lammfellen, die einen sehr zarten Narben haben, erfolgt das Abspalten mitunter auch mit dem Messer. Nach erneutem Abspülen kommen die Blößen in einen zweiten Äscher.

Der zweite Äscher besteht aus einer frischen Kalkbrühe, in der die Blößen 24 bis 48 Stunden verbleiben. Die hierbei erfolgende leichte Schwellung soll das Hautgefüge für die spätere Fettgerbung lockern. Nach kurzem Waschen in lauwarmem Wasser werden die Blößen in die Beizbrühe gegeben.

Als Beize wird gewöhnlich irgendeines der üblichen Beizmittel verwendet, durch das die Häute gleichzeitig entkälkt werden. Früher wurde besonders eine saure Kleienbeize empfohlen, die aber als wirksame Stoffe nur die durch die Gärung entstandenen Säuren enthielt.

Man beizt im Haspelgeschirr bei einer Temperatur von etwa 35^{0} und läßt dabei abwechselnd die Felle ruhen und laufen. Die Beizdauer ist verschieden. Die Blößen sollen nach dem Beizen kalkrein sein und einen gleichmäßigen, milden Griff aufweisen. Manche Sämischgerbereien benutzten früher zum Beizen eine Kurbel- oder Hammerwalke, wie sie zur eigentlichen Fettgerbung Verwendung findet (siehe Abb. S. 403). Es sollte damit eine Lockerung des Hautgewebes bezweckt werden, welche die Aufnahme des Fetts durch die Haut erleichtert. Ob dadurch Arbeit und Kosten gespart wurden, ist jedoch sehr fraglich.

Nach dem Beizen werden die Blößen nochmals ausgewaschen, abgepreßt und dann aufgehängt, wobei man sie leicht antrocknen läßt. Die angetrockneten Felle werden nochmals gewalkt und sind dann für die Fettgerbung fertig.

Die geschilderte Arbeitsfolge in der Wasserwerkstatt ist ein Anhalt für die Vorbehandlung der Felle. Sie erfährt heute zweifellos in diesem oder jenem Betrieb manche Abweichungen, die aber an den Grundsätzen der Vorbehandlung in der Wasserwerkstatt nichts Wesentliches ändern werden.

Gerbung. Die Gerbung des Sämischleders besteht darin, daß die Blößen mit Tran durch und durch gefettet werden. Über die Chemie dieses Gerbprozesses siehe S. 417. Die Blöße wird dadurch in Leder übergeführt, daß die ungesättigten Verbindungen des Trans mit dem Kollagen der Haut in Reaktion treten. Die Art dieser Reaktion ist, wie der Gerbprozeß überhaupt, noch nicht eindeutig aufgeklärt.

Das Durchwalken der Blößen mit Tran erfolgt in besonderen Apparaten, von denen die Hammer- und die Kurbelwalke die bekanntesten sind (siehe Abb. 94, 95 und 96). Die Hammerwalke entwickelte sich aus den ursprünglich benutzten Pochen und einfachen Handstampfen. Bei den heute in Betrieb befindlichen Hammerwalken werden die Stampfhämmer durch Dauben, die auf einer Welle angebracht sind, gehoben; ihr freier Fall wird durch die Querbalken gemildert, um die in der Walke laufenden Häute zu schonen. Die Hämmer und die Kufen sind aus Hartholz. Das Anlaufenlassen und Abstellen der Hämmer

Abb. 94. Hammerwalke der Maschinenfabrik W. Sexauer Söhne, Hersfeld.

erfolgt mittels einfacher Vorrichtungen, und zwar so, daß jeder Hammer für sich in Betrieb genommen werden kann. Man kann also die einzelnen Kufen, aus denen die Hammerwalke besteht, getrennt leeren und wieder füllen.

Abb. 94 zeigt eine Hammerwalke. Die Maschine wird mit 2 bis 4 Kufen in Breiten von 400 bis 700 mm ausgeführt.

Abb. 95. Kurbelwalke (Moenus A. G., Frankfurt a. M.).

Es sind auch noch andere Arten von Hammerwalken entwickelt worden. Sie unterscheiden sich von den üblichen Hammerwalken dadurch, daß die Walkhämmer durch den absolut freien Fall eine außerordentlich intensive Wirkung auf die zu bearbeitenden Blößen ausüben, ohne dabei das zu walkende Leder zu beschädigen. Die Hämmer, deren Ausheben und Feststellen durch eine einfache, leicht zu bedienende Fangvorrichtung bewirkt wird, sind an den unteren Enden mit stufenförmig abgesetzten Gußschuhen versehen, um eine nachhaltige Walkwirkung zu erzielen. Auch bei diesen Walken kann während des Ganges jede einzelne Kufe zum Entleeren oder Beschicken außer Betrieb gesetzt werden.

Das Heben der Hämmer geschieht durch Hebedaumen, welche auf der mit Stirnrädern angetriebenen Heberwelle versetzt angeordnet sind. Der Fall der Hämmer ist in den tiefsten Stellungen zwangsläufig begrenzt, um eine Beschädigung der Kufen auszuschließen.

Die Kurbelwalken bestehen aus einem Trog, der mitunter ebenfalls in mehrere Kufen abgeteilt ist. In jeder dieser Kufen bewegen sich zwei pendelnd gelagerte Hämmer, die durch eine gekröpfte Kurbelwelle angetrieben werden (Abb. 95 und 96).

Diese Kurbelwalke wird sowohl in der Sämischgerberei wie in der Glacélederfabrikation verwendet. Sie hat vor der Hammerwalke den Vorteil, daß sie die Felle in den Seitenteilen durch geeignete Ausbildung der Hämmer sehr schont.

Abb. 96. Kurbelwalke (Meister, Hof i. B.).

Die Walke wird in verschiedenen Größen hergestellt. Die größte faßt 8 Kuhhäute oder 40 Kalbfelle oder 400 Zickelfelle. Die Umdrehungszahl beträgt 100 bis 120 in der Minute.

In diesen Walken wird der Tran in die Blößen mechanisch hineingetrieben. Durch das fortwährende Zusammendrücken und Hin- und Herziehen der Haut wird der Tran bald aus dem Gewebe ausgepreßt, bald von diesem eingesaugt, bald gewaltsam hineingetrieben. Die Endwirkung des Walkens besteht darin, daß das Quellwasser aus der Blöße herausgepreßt und die ganze Haut gleichmäßig von Tran durchdrungen und vollständig durchgefettet wird.

Die Sämischgerbung wird in den einzelnen Ländern verschieden ausgeführt. Man hat eine Zeitlang hauptsächlich zwischen dem „deutschen" und dem „französischen" Verfahren unterschieden. Der Unterschied sollte darin bestehen, daß man in Deutschland die gesamte für die Gerbung erforderliche Tranmenge auf einmal zum Einschmieren der Blößen verwendet, diese 1 bis $1^1/_2$ Tage walkt und sie dann in die sog. „Brut" (siehe später) bringt, während man in Frankreich den Tran in verschiedenen Anteilen in die Walke gibt, die Blößen 6- bis 12mal walkt und sie dann weiterbehandelt. Zwischen dem Walken werden die Blößen aufgehängt (siehe z. B. F. Ullmann, S. 551).

Ob man heute noch diese beiden Verfahren so scharf trennen kann, ist, wie das unten beschriebene deutsche Verfahren zeigt, zweifelhaft, und zwar besonders deshalb, weil der ursprünglich nur als Nebenprodukt abfallende Degras, d. h. der aus der Sämischgerbung zurückbleibende überschüssige Tran, heute ein wertvolles Hauptprodukt geworden ist und sogar in dem Maße, daß besonders in Frankreich die Degraserzeugung der wichtigste Teil der Sämischgerbung geworden ist. Man verwendet daher soviel wie möglich Tran, um die Ausbeute an Degras zu erhöhen.

Der Verlauf des Gerbprozesses, wie er als „deutsches" Verfahren z. B. im „Gerber" 1919, S. 148, beschrieben wird, ist folgender:

Man breitet so viel Häute, als in den benutzten Stampftrog hineingehen, auf einen Tisch mit der Narbenseite nach oben aus, bringt auf die oberste Haut einen Teil des Trans und verteilt ihn mit der flachen Hand. Dann faltet man die Blöße vierfach zusammen und wiederholt dieses Verfahren bei den nächsten Fellen. Sind 3 oder 4 Felle auf diese Weise eingefettet, so wickelt man die herabhängenden Enden um die Felle herum, so daß sie einen Packen bilden, und wirft diesen in die Walke, die darauf in Bewegung gesetzt wird.

Die Felle werden das erstemal 2 bis 3 Stunden lang gewalkt; die Dauer richtet sich teils nach der Lufttemperatur, teils nach der Natur der Felle. Je lockerer das Hautgefüge ist, um so kürzer wird gewalkt. Dann nimmt man die Häute aus der Walke, schwingt sie, damit sie sich ausbreiten, und hängt sie in der freien Luft auf Leinen. Sie kühlen ab und trocknen leicht an, wobei durch das Verdunsten der Feuchtigkeit das Eindringen des Trans erleichtert wird und bereits dessen Oxydation beginnt. Nach $^1/_2$ bis 1 Stunde, je nach der Witterung, nimmt man die Felle fort, wickelt sie wieder in Knäuel zusammen und walkt sie erneut 1 bis 2 Stunden, ohne Tran zuzusetzen, und hängt sie wieder an die Luft.

Ob die Felle genügend durchgewalkt sind, erkennt man an dem nach einiger Zeit auftretenden scharfen Geruch, der auf Acroleinbildung zurückzuführen ist. Die Blößen sollen beim Aufhängen nur allmählich ihre Feuchtigkeit verlieren, weil das zu weit aufgetrocknete Fell den Tran schwerer aufnimmt und ein längeres Walken erfordert als das feuchtere Fell. Gegen Ende des Prozesses, wenn die Felle den größten Teil des Wassers verloren haben, bringt man sie bei feuchtem Wetter zweckmäßig in eine Trockenkammer.

Bei der Fettung rechnet man auf ein Dutzend Schaffelle[1] etwa $4^1/_2$ kg Tran. Nach W. Fahrion (*1*) kommen auf 100 Teile fertiges Leder 100 bis 150 Teile Tran. Es ist also ein großer Überschuß zu verwenden.

Wie später (im Abschnitt über die Untersuchung des Sämischleders) erwähnt wird, nimmt die Haut bei Sämischgerbung selten mehr als 5% Fett (berechnet auf das lufttrockene Leder) auf. Sieht man von der Degrasgewinnung ab, zu deren Gunsten absichtlich mit großem Tranüberschuß gearbeitet wird, so erhebt sich die Frage, ob die Trangerbung nicht auch mit weniger Tran durchgeführt werden kann, da ja nur etwa 10% der verwendeten Tranmenge im Sämischleder verbleiben.

Der große Tranüberschuß ist bei der Sämischgerbung nicht entbehrlich. Der Oxydationsprozeß — als der eigentliche Gerbvorgang — vollzieht sich bei Gegenwart von viel Tran rascher, als wenn nur etwa die theoretisch notwendige Tranmenge auf die Blöße einwirkt. Geht die Gerbung aber zu langsam vor sich, so besteht die Gefahr, daß die Blößen durch Fäulnis Schaden leiden. Weiter ist ein Überschuß von Tran in der Walke notwendig, damit sich die Felle richtig bewegen.

Es sei noch eine englische Vorschrift für die Fettwalke bei der Sämischgerbung angeführt (Leather Trades Review, Bd. 67, Nr. 1):

Man bringt einige Felle in ein Gefäß, begießt sie mit Tran, wirft wieder einige Felle hinein, gießt wieder Tran darauf und so fort, bis das Gefäß gefüllt ist. Aus diesem Gefäß heraus werden die Felle direkt in die Walkvorrichtung gebracht. Dann wird diese in Bewegung gesetzt. Die Felle sollen nach einer halben Stunde und dann wieder 15 Minuten später geprüft werden. Nach einer zweiten halben Stunde ist sämtlicher Tran aufgenommen. Dann werden die Felle in das Gefäß zurückgebracht, aus dem sie herausgenommen worden waren, und dort einige Stunden liegen gelassen. Anschließend walkt man sie nochmals $^1/_2$ bis $^3/_4$ Stunde. Nun kommen die Felle in einen Trockenraum. Dabei ist darauf zu achten, daß sie an keiner Stelle vollständig austrocknen. Sind sie leicht angetrocknet, so bringt man sie erneut zum Walken und gibt eine weitere Menge Tran zu.

Man sieht, die einzelnen Vorschriften weichen zwar in den Einzelheiten voneinander ab, erstreben aber mehr oder weniger den gleichen Endzweck: langsames Ersetzen des Quellwassers in der Blöße durch Tran. Ob dies mit zwei-, drei- oder zehnmaligem Walken erreicht wird, ist von zahlreichen Faktoren, wie Walkdauer, Temperatur, Wassergehalt der Blöße, Zeit des Trocknens, Walkgeschwindigkeit und ähnlichem, abhängig. Und diese Faktoren werden in den einzelnen Betrieben immer verschieden sein. Auch hier spielen, wie vielfach

---

[1] Ein Schaffell ist dabei 0,250 kg schwer gerechnet.

im Gerbereibetrieb, mitunter Gewohnheiten eine Rolle, deren Berechtigung oft kaum nachzuweisen ist. Die genannten Vorschriften mögen daher mehr als Anhalt für den Arbeitsgang des Fettwalkens angesehen werden.

Die eigentliche Gerbung der nun mit Fett angefüllten Blößen erfolgt aber erst durch Erwärmen in der sog. „Brut". Diese Arbeit ist die wichtigste des ganzen Prozesses. Denn hierbei spielt sich zwischen Kollagenfaser und den ungesättigten Verbindungen des Trans der Vorgang ab, der die Blöße in Leder verwandelt.

Die aus der letzten Walke genommenen Häute oder Felle werden ausgeschwungen und dann in die Wärmekammer gebracht. Dort breitet man auf dem Boden ein Tuch aus und schichtet darauf die Felle zu einem Stapel auf, indem man sie flach aufeinanderlegt. Der Stapel wird sorgfältig mit Tüchern zugedeckt. Bei kühlem Wetter wärmt man die Felle durch vorheriges Aufhängen in der Wärmekammer an und schichtet sie dann erst auf einen Haufen.

Im Innern des Stapels tritt sehr bald eine merkliche Erhitzung der Felle ein. Gleichzeitig macht sich eine Gelbfärbung der Felle bemerkbar („Färben in der Brut"). Der Prozeß muß sorgfältig überwacht werden, wenn ein brauchbares Sämischleder erzielt werden soll. Die Felle müssen vor allem gut zugedeckt sein, damit nicht einzelne Stellen völlig austrocknen, die dann nur gefettet bleiben und nicht sämischgar werden. Wenn sich der Bruthaufen zu stark überhitzt, so entsteht ein mehr oder weniger mürbes und brüchiges Leder. Die Temperatur muß daher von Zeit zu Zeit kontrolliert werden; in der Regel geschieht dies dadurch, daß man mit der Hand den Grad der Erhitzung im Innern des Haufens dem Gefühl nach feststellt. Ist die Temperatur zu hoch geworden, so müssen die Leder möglichst rasch umgesetzt werden. Man wirft sie auseinander und setzt sie auf einen neuen Stapel, damit sie sich nicht zu rasch abkühlen. Dabei sollen die Felle, die vorher im Innern des Stapels waren, jetzt oben aufgesetzt werden. Der neue Stapel bleibt wieder eine Zeitlang unter Überwachung seiner Temperatur liegen und wird dann wieder umgesetzt. Das Umsetzen wird so lange wiederholt, bis die Felle die richtige Färbung angenommen haben und eine Erhitzung nicht mehr eintritt, ein Beweis dafür, daß die Gerbung der Haut erfolgt ist.

Nach der englischen Methode läßt man die „Brut" in besonderen Kästen vor sich gehen. Die Häute werden in diese Kästen (box) verpackt und der Selbsterhitzung überlassen. Auch hierbei ist natürlich eine Überwachung der Temperatur erforderlich. Hat die Erhitzung einen bestimmten Grad erreicht, so müssen die Häute in eine andere Box umgesetzt werden. Das Verfahren ist also im Prinzip das gleiche wie in Deutschland.

In Frankreich werden die durchgefetteten Felle dagegen nicht aufgeschichtet, sondern einzeln an Haken in geheizten Trockenkammern aufgehängt. Dabei geht der Gerbprozeß langsamer vor sich, kann aber sehr leicht überwacht werden.

Die Frage erscheint berechtigt, welche Temperatur bei dem als „Brut" bezeichneten Gerbprozeß eigentlich die richtige ist. Da in der Praxis anscheinend planmäßige Messungen mit dem Thermometer nicht vorgenommen und auch genaue Versuche nicht durchgeführt oder nicht bekannt worden sind, fehlen in der Literatur zuverlässige Angaben. F. Wiener ist der Ansicht, daß die geeignetste Temperatur für das Durchfärben in der Brut zwischen 30 und 40^0 liegt und daß diese Grenzen weder nach unten noch nach oben überschritten werden dürfen, wenn man ein brauchbares Sämischleder herstellen will.

Vielfach wird die Temperatur und die Dauer der Brut lediglich an der Farbveränderung des Lederschnittes kontrolliert. Ehe nicht das Leder durch und durch gelb gefärbt ist, gilt der Gerbprozeß nicht als beendet. Weit zuverlässiger aber wird die Beendigung des Gerbprozesses dadurch angezeigt, daß sich die Temperatur im Innern der Fellhaufen nicht mehr erhöht.

Die Entfernung des überschüssigen Fetts aus den gegerbten Fellen bildet die dritte Phase der Sämischgerbung. Wenn das Leder aus der Brut kommt, so enthält es noch einen bedeutenden Überschuß an Tran, der entfernt werden muß. Vorher erfährt das Leder aber noch eine mechanische Bearbeitung. Man hängt die Felle in besonderen Streichrahmen auf und streicht sie mit einem Schlichtmond auf der Narbenseite aus. Dabei werden besonders bei Hirsch-, Reh- oder Ziegenleder etwa noch zurückgebliebene Reste des Narbens entfernt, der bei diesen Fellen bedeutend stärker ist als bei Schaf- und Lammfellen. Solche Narbenreste würden beim Auftrocknen hart und brüchig werden. Das feine, wollige Aussehen des Leders würde darunter leiden. Gleichzeitig wird beim Streichen ein Teil des überschüssigen Trans aus den Leder herausgepreßt.

Die Hauptmenge des nicht gebundenen Trans kann man jedoch durch Ausstreichen nicht entfernen. Man behandelt deshalb die Leder mit einer Pottasche- oder Sodalösung. Die angewandten Mengen sind verschieden. Man kann auf ein Dutzend Schaffelle etwa $^1/_2$ kg kalzinierte oder 1,4 kg Kristallsoda rechnen. Eine englische Vorschrift gibt auf $2^1/_2$ Dutzend Felle $^1/_2$ kg Pottasche. Ätznatron wird nicht verwendet. Früher hat man die Felle mehrmals in die Sodalösung eingetaucht und mit der Hand ausgewunden. Heute benutzt man hierzu auch Walkfässer.

Die zurückbleibende Flüssigkeit enthält den überschüssigen Tran in emulgierter Form. Man nennt die milchig getrübte Brühe „Weißbrühe“ oder „Urläuter“. Sie ist das Ausgangsprodukt für die Herstellung von Moellon bzw. Degras (siehe dieses Handbuch, III. Bd., 1. Teil, S. 430).

Sämischgares Schweinsleder. In neuester Zeit werden die Häute von Wildschweinen durch Sämischgerbung zu Handschuhleder verarbeitet. Eine Methode zur Herstellung derartiger Leder hat B. Kohnstein beschrieben.

Die Häute der Wildschweine bedürfen einer besonderen Bearbeitung in der Wasserwerkstatt. Schon beim Weichprozeß wird dem letzten Weichwasser 1 kg festes Ätznatron für 100 kg nasse Häute zugesetzt. Die in 4 bis 5 Tagen gut durchgeweichten Häute werden durch Schaben der Fleischseite von den anhängenden Fetteilen befreit und kommen dann erst in die Äscher. B. Kohnstein empfiehlt einen 14tägigen Äscher, wobei die Häute 4 Tage in geschärften Äscherbrühen hängen sollen.

Im Anschluß an die üblichen Arbeiten in der Wasserwerkstatt werden die Blößen gespalten, hierauf mit 1% Natriumbisulfat und 0,3% Salzsäure entkälkt und mehrere Stunden gebeizt. Die Blößen sind dann für die Tranbehandlung in der Kurbelwalke fertig.

Sie werden einzeln mit braunblankem Dorschtran, dem man etwas Grünspan zusetzt, eingerieben. Je 6 Häute werden zusammengebunden und in die Kurbelwalke gebracht. Der weitere Arbeitsprozeß gleicht der bereits geschilderten Methode. Man rechnet bei viermaligem Walken auf 1000 leichte gespaltene Wildschweinhäute:

für das 1. Walken	68 kg Tran	für das 3. Walken	40 kg Tran
„ „ 2. „	40 „ „	„ „ 4. „	80 „ „

Zur Gerbung von 1000 Schweinshäuten werden also etwa 230 kg Tran benötigt. Nach der Sämischgerbung werden die Leder mit Alaun und den bei der Weißgerbung üblichen Füllstoffen nachbehandelt und als Handschuhleder zugerichtet.

Bleichen. Nach der Gerbung wird das Sämischleder, das durch die Umwandlungsprodukte des Trans ein dunkles, unerwünschtes Aussehen erhalten hat, gebleicht. Das Bleichen von Sämischleder ist im Band III, Teil 1 des Handbuchs, S. 20, näher beschrieben. Es sollen deshalb hier nur einige grundsätzliche Angaben gemacht werden.

Früher wurde das Sämischleder in der Sonne gebleicht. Die mit schwachen Sodalösungen behandelten Leder wurden dem direkten Sonnenlicht ausgesetzt.

Je stärker die Sonnenbestrahlung war, um so rascher ging der Bleichprozeß vor sich.

Heute bleicht man das Sämischleder mit Chemikalien, die Sauerstoff entwickeln. Man behandelt die Leder im Faß oder Haspel mit einer Lösung von Kaliumpermanganat und Schwefelsäure (auf 100 l Wasser 120 g Kaliumpermanganat, 20 g Schwefelsäure). Die Leder färben sich bei der Behandlung mit Kaliumpermanganat durch die Entstehung von Braunstein vollständig braun. Sie müssen daher in einem zweiten Bad nachbehandelt werden, in dem durch eine Bisulfitlösung der Braunstein in lösliches Mangansulfat übergeführt wird. Dabei erhalten die Leder eine schöne, helle Farbe.

Auch andere Oxydationsmittel, wie Wasserstoffperoxyd, Natriumperoxyd, Natriumperborat, schweflige Säure, Metabisulfit und Hypochlorit werden zum Bleichen von Sämischleder verwendet. Nach dem Bleichprozeß müssen die Leder gründlich mit frischem Wasser ausgewaschen werden.

Zurichtung. Auf die verschiedenen Arten der Zurichtung soll hier nicht weiter eingegangen werden. Das Sämischleder wird zunächst gestollt, damit es die erforderliche Weichheit und Geschmeidigkeit erhält, die beim Auftrocknen teilweise verlorengegangen ist. Anschließend wird es noch geschliffen. Über das Färben von Sämischleder siehe Band III des Handbuchs, Teil 1, S. 241.

Im Anschluß an die Schilderung des Sämischgerbprozesses sollen noch einige Patente kurz erwähnt werden, welche sich mit der Herstellung von Sämischleder befassen.

Im Jahre 1912 erhielten J. Lewkowitsch und I. T. Wood ein englisches Patent auf ein Verfahren zur Herstellung von Sämischleder mittels Tranfettsäuren (E. P. 13126 vom 9. Mai 1912). Die Fettsäuren wurden „durch Verseifen von Handelsölen nach den bei der Erzeugung von Seifen und Kerzen bekannten Prozessen" hergestellt. Das Patent erstreckte sich außerdem auf die Verwendung eines Fettmaterials, welches aus den bei der Gerbung benutzten Fettsäuren gewonnen wurde. Das Verfahren wurde seinerzeit in der großen Lederfabrik Turney Broth. Ltd. in Nottingham ausprobiert und ergab ein sehr gutes Sämischleder. Nur zeigte das abfallende Sodoil (Degras) eine wenig gute Qualität.

W. Fahrion erhielt im Jahre 1916 ein Patent (D.R.P. 252178) auf ein Verfahren der Sämischgerbung, dadurch gekennzeichnet, daß in den zur Gerbung verwendeten Tranen oder anderen Ölen oder in der zur Gerbung verwendeten Fettsäure eine gewisse Menge Metall, vorwiegend Blei, Mangan oder Kobalt, auf irgend eine Weise gelöst wird, welches den Gerbprozeß katalytisch beschleunigt. W. Fahrion war davon ausgegangen, daß für die Autoxydation der ungesättigten Tranfettsäuren die gleichen Gesetzmäßigkeiten gelten wie für die der ungesättigten Leinölfettsäuren und hatte diese Annahme durch Versuche bestätigt gefunden, bei denen er dem Tran 3 bis 5% Trockenstoffe einverleibt hatte. Geprüft wurden die leinölsauren und harzsauren Salze der genannten Metalle. Die besten Resultate erzielte W. Fahrion mit Bleimangansalzen. Er gibt an, daß, wenn man eine Blöße vor der Fettbehandlung mit Alkohol entwässert und eine metallhaltige Tranfettsäure verwendet, sich die Gerbung derart beschleunigen lasse, daß die mechanische Bearbeitung der Blöße (Walken) überflüssig sei. Die Verwendung von Katalysatoren scheint sich jedoch in der Praxis wenig eingeführt zu haben, da der Prozeß schwierig zu überwachen ist (L. Klenow).

O. Röhm (Darmstadt) hat sich ein Verfahren der Fettgerbung patentieren lassen, bei dem die zu verwendenden Öle durch Verreiben mit hochkolloidalem Ton oder ähnlichen Mineralien, gegebenenfalls unter Zusatz von flüchtigen Fettlösungsmitteln emulgiert werden (D.R.P. 313803, 1919). Das Verfahren findet hauptsächlich bei der Herstellung von alaun- und fettgaren Ledern Verwendung. In einem weiteren Patent (D.R.P. 344016, 1915) wird die Verwendung von ganz schwach sulfurierten Ölen empfohlen.

Nach einem Verfahren von R. Dobschall, Mülheim-Ruhr (D.R.P. 410261, 1923), wird Sämischleder hergestellt, indem man die vorbereiteten Blößen durch Abpressen mit einem Druck von 150 Atü stark entwässert, sie in einem geschlossenen Raum einem Luftstrom von — 8° bis — 10° aussetzt und hierauf unter Zuführung komprimierter Luft, deren Temperatur allmählich auf + 30° erhöht wird, mit Tran behandelt.

Wenn die Temperatur von 30° erreicht ist, wird die Zuführung der komprimierten Luft unterbrochen. Die Blößen werden dann der Selbsterhitzung bis auf 38° überlassen.

Ein amerikanisches Patent (A.P. 1595872, 1926) schützt folgendes Verfahren von A. Rogers und B. N. Mathur: Die Felle werden mit Pasten aus teilweise verseiftem Tran behandelt. Man erhitzt z. B. Robben- oder Haifischtran auf 75° und gibt soviel Natronlauge hinzu, bis eine homogene Masse entsteht, die aus Tranfettsäuren, unverseiftem Tran, Glycerin und Natriumsalzen zusammengesetzt ist. Die mit der Paste bestrichenen Häute werden 2 Stunden gewalkt, über Nacht in einem wärmeren Raum aufgehängt und wieder 2 Stunden gewalkt, dann wie üblich weiterbehandelt.

A. J. Clermontel erhielt 1925 ein französisches Patent (F.P. 595954, 1925) auf folgendes Verfahren zur Herstellung von Sämischleder: Die Blößen werden innerhalb 5 Stunden zweimal mit 15%iger Sodalösung bestrichen und dann für 6 Stunden aufeinander geschichtet. Anschließend werden sie mit Wasser ausgewaschen. Um sie in einen halbtrockenen Zustand zu bringen, werden die Felle 2 Stunden lang in einer rotierenden Trommel mit Sägespänen oder Calciumsulfatmehl (Gips) gewalkt. Dann werden sie mit Leinöl eingerieben und im Sonnenlicht aufgehängt oder bei 40° gedämpft. Zum Schluß werden sie wieder mit Sägemehl oder Gipsmehl im Faß gewalkt und dabei entfettet. Das anfängliche Beizen mit Soda soll die Arbeitszeit verkürzen. Das Verfahren wird hauptsächlich für Handschuhleder empfohlen.

Nach dem D.R.P. 524211 der I. G. Farbenindustrie A. G. (1931) werden zur Sämischgerbung Emulsionen verwendet, die aus wässerigen Methylcelluloselösungen und verschiedenen Fettstoffen hergestellt werden. So kann z. B. eine Emulsion von 100 Teilen Tran in 100 Teilen einer niedrigviskosen 5%igen Methylcelluloselösung zum Gerben von Sämischleder Verwendung finden, indem man die Blößen mit dieser Emulsion gleichmäßig durchtränkt, dann sie an der Luft trocknen und die Oxydation vor sich gehen läßt. Die Oxydation des Trans verläuft infolge der Schutzwirkung der Methylcellulose langsamer als ohne Methylcellulose, dafür aber gleichmäßiger. Das nach dieser Methode hergestellte Sämischleder soll besonders griffig sein.

A. Rogers hat sich in dem amerikanischen Patent 1841633 ein Verfahren zur Beschleunigung der Sämischgerbung schützen lassen. Zu diesem Zweck setzt er Hexamethylentetramin oder eine Mischung von Ammoniak und Formaldehyd verseiften Ölen zu. Es werden z. B. 60 kg auf 65° erhitzter Leber- oder Robbentran mit einer Lösung von 3 kg Ätznatron in 15 l Wasser verseift. Zu der auf 50° abgekühlten Seifenlösung gibt man zuerst eine Lösung von 3 kg Ammoniak in 17 l Wasser und hierauf nach gründlichem Durchrühren 2 kg Formalin. Zur Gerbung setzt man 50% dieser Paste (auf das Blößengewicht berechnet) in mehreren Anteilen den im Faß bewegten Häuten zu und trocknet anschließend über Nacht in einem auf 40 bis 50° erwärmten Trockenraum.

Nach dem Verfahren des amerikanischen Patents 1908116 (National Oil Products Co., Harrison, New Jersey, 1933) wird eine Beschleunigung des Sämischgerbprozesses durch Verwendung einer Mischung von Tran, sulfoniertem Tran, Oxydationsmitteln, Oxydationsbeschleunigern und Formaldehyd erreicht. Als Oxydationsmittel werden Natrium- oder Kaliumbichromat, Natriumperoxyd, Natriumperborat, Natriumnitrat sowie Salpetersäure, als Oxydationsbeschleuniger Terpentinöl oder Mineralöl (Kerosenöl) verwendet. So werden die Blößen z. B. mit einer Mischung von 2 Teilen Natriumbichromat, 1 Teil Wasser, 6 Teilen Formaldehyd, 25 Teilen Kerosenöl, 30 Teilen sulfoniertem Tran und 36 Teilen gewöhnlichem Tran $1^1/_2$ bis 2 Stunden gewalkt. Anschließend werden die Blößen in einer 24%igen Sodalösung etwa 1 Stunde gewalkt und dann zur Oxydation im Trocknen aufgehängt. Die Oxydation soll in 5 Stunden beendet sein.

A. C. Loges empfiehlt in seinem amerikanischen Patent Nr. 2015943 eine besondere Methode zum Weichmachen von Sämischleder. Das Leder wird mit einer Mischung von 30 Teilen Petroleumkohlenwasserstoffen (D = 0,8—0,9) und 70 Teilen niedrig siedenden organischen Lösungsmitteln wie Aceton, Chloroform, Naphta, Äthylendichlorid, Tetrachlorkohlenstoff behandelt. Durch diese Behandlung soll das Leder besonders weich und geschmeidig gemacht werden. Insbesondere sollen auch alte, hart gewordene Sämischleder auf diese Weise wieder weich gemacht werden können. Nach dem Einziehen des Lösungsmittelgemisches wird das Leder getrocknet, abgebimst und gebürstet.

Die Wahl des Fetts, das zur Sämischgerbung benutzt wird, ist von außerordentlicher Bedeutung. Nicht jeder „Fischtran" kann verwendet werden. Man nahm früher an, daß sowohl Dorschlebertran wie Robben-, Walfisch-,

Delphin- und Heringstran für die Sämischgerbung gleich geeignet sei. W. Eitner (*1*) hat aber durch seine Untersuchungen festgestellt, daß für die Herstellung eines guten Sämischleders nur Dorschlebertran brauchbar ist. Er kam bei diesen Versuchen zu folgendem Ergebnis:

1. Das mit Haitran gegerbte Fell wird hart und steif, läßt sich nicht stollen und liefert Leim. Nach der Brut nimmt es keine Gelbfärbung an, sondern bleibt weiß.

2. Durch Waltran werden Felle gegerbt, doch hat das Leder eine gewisse Steifheit. Es ist eher einem sumachgarem als einem sämischgaren Leder ähnlich. Es verfärbt sich in der Brut kaum und läßt sich schlecht stollen.

3. Der Robbentran gerbt gut. Das Leder wird überall gleichmäßig weich. Trotzdem bleibt der Griff etwas holzig.

4. Die beste Wirkung zeigt der Dorschlebertran, der ein völlig gares, weiches und mildes Leder ergibt. Er verfärbt sich in der Brut am besten.

W. Eitner hat auch andere Öle auf ihre Brauchbarkeit für die Sämischgerbung untersucht, jedoch ohne Erfolg. Bei Verwendung von Olein fand keine Spur von Gerbung statt. Nach dem Entfetten wurde wieder die vollkommen rohe Blöße erhalten. Bei Vaselinöl war eine geringe Gerbwirkung festzustellen. Die entfettete Blöße war nicht ganz so hornig wie bei der Verwendung von Olein. Ein Gerbversuch mit Teeröl ergab zwar kein Sämischleder, doch gerbte es die Blöße und lieferte ein Produkt, das Leder ähnlich war. Reiner Moellon, zur Hälfte mit Vaselinöl vermischt, gab ein gutes, mildes Sämischleder, und zwar mit der Hälfte der sonst erforderlichen Fettmenge.

P. Chambard und L. Michallet haben ebenfalls mit verschiedenen Ölen Gerbversuche angestellt. Sie rieben gepickelte Blößenstücke auf beiden Seiten mit Öl ein und sahen die Gerbung in dem Augenblick als beendet an, in dem sich die Schrumpfungstemperatur nicht mehr änderte. Die Versuchsergebnisse sind in Tabelle 115 angegeben.

Tabelle 115. Fettgerbversuche mit verschiedenen Ölen (P. Chambard und L. Michallet).

Gerbmittel	Schrumpfungstemperatur in °C				Gebundenes Fett nach 15 Tagen	Bemerkungen
	nach 1 Tag	nach 2 Tagen	nach 3 Tagen	nach 15 Tagen		
Olivenöl	50	50	50	50	0,19	Keine Gerbung, hornig
Leinöl	50	50	58	64	10,28	Gerbung, Leder genüg. weich
Lebertran . . .	50	50	61	64	5,41	Gerbung, Leder sehr weich
Leinölfettsäuren.	51	54	57	57	11,26	Gerbung, wenig weich, rauh
Tranfettsäuren .	56	57	59	59	7,77	Gerbung, wenig weich, rauh
Blindversuch ohne Öl . . .	50	50	50	50	—	—

Demnach kommt dem Olivenöl keine Gerbung zu. Auch Versuche mit dessen Fettsäuren führten zu keinem Ergebnis (siehe auch den Abschnitt über die Chemie der Fettgerbung, S. 417).

N. Zaganiaris hat festgestellt, daß auch Sulfuröle kein Gerbvermögen besitzen. Dies gilt sowohl für frische Sulfuröle wie für Öle, die aus frischen oder aus älteren, längere Zeit gelagerten Olivenkernen hergestellt sind.

In erster Linie ist wohl der Gehalt an hoch ungesättigten Glyceriden für die Wirkung eines Trans bei der Sämischgerbung maßgebend. Im allgemeinen geht die Gerbung um so besser vor sich, je größer der Gehalt an ungesättigten Verbindungen ist. Das heißt, der Sämischgerber muß einen Tran mit hoher Jodzahl verwenden. Die Praxis hat gezeigt, daß Trane mit Jodzahlen zwischen 120 und 160 die geeignetsten sind. Liegt die Jodzahl unter 120, so geht der Gerbprozeß zu langsam vor sich, und liegt sie über 160, so verläuft er zu stürmisch.

Daß die Jodzahl aber nicht allein für die Gerbwirkung eines Trans ausschlaggebend ist, haben die Untersuchungen von L. Klenow gezeigt. Er hat Gerbversuche mit verschiedenen Robbentranen ausgeführt und dabei den Tranen mit niederen Jodzahlen Metallkatalysatoren zugesetzt. Dabei zeigte sich, daß ein Robbentran mit einer Jodzahl von 135 ohne Katalysator besser gerbte als ein Tran mit der Jodzahl 153, der zum Schluß einen geringen Katalysatorzusatz erhalten hatte. Die Analyse der beiden Trane ergab, daß der erste eine Säurezahl von 16,4, der zweite von 4,08 (Ölsäureprozente) hatte. Als der Tran mit der geringeren Säurezahl mit Milchsäure auf einen ähnlichen Säuregehalt wie der erste Tran gebracht worden war, wurden seine gerbenden Eigenschaften bedeutend erhöht, wenn sie auch die des „natürlich" sauren Trans mit der Jodzahl 135 nicht erreichten.

Demnach ist also nicht nur die Jodzahl, sondern auch die Säurezahl des Trans von Einfluß auf seine Gerbwirkung.

L. Klenow hat die p_H-Werte in verschiedenen Stadien der Gerbung festgestellt. Er fand, daß der p_H-Wert der Blöße im Lauf der Gerbung von 12 auf etwa 3,5 fällt. Solange der p_H-Wert größer als 6 ist, ist er ohne Einfluß auf den Gerbvorgang. Sobald er aber unter den Wert 5,5 sinkt, tritt eine Veränderung der Blöße ein und die Gerbung „beginnt". Zur weiteren Klärung des Einflusses der p_H-Werte auf die Sämischgerbung hat L. Klenow mehrere Blößen mit Borsäure entkälkt und dann mit Wasser gut ausgewaschen, so daß sie einen p_H-Wert von etwa 7,5 aufwiesen. Diese Blößen wurden mit einem Robbentran gegerbt, dessen Jodzahl 143,4 und dessen Säurezahl 8,3 betrug. Dabei zeigte sich, daß durch diesen Tran die entkälkten Blößen besser und schneller als nicht entkälkte Blößen durch den gleichen Tran mit Katalysatorzusatz gegerbt wurden.

Nach diesen Untersuchungen von L. Klenow muß nicht nur der Jodzahl, sondern auch der Säurezahl der für die Sämischgerbung verwendeten Trane ein Einfluß auf den Verlauf des Gerbprozesses zugesprochen werden. Auch die oft aufgeworfene Frage, ob man vor der Sämischgerbung die Blößen entkälken soll oder nicht, erfährt eine Beantwortung dahin, daß dies von dem Säuregrad des verwendeten Trans abhängt.

F. Stather und H. Sluyter haben 14 verschiedene Trane nach folgender Methode auf ihr Gerbvermögen untersucht:

7,5 g lufttrockenes unchromiertes Hautpulver wurden mit 7,5 g Tran zu einem trockenen Brei verrührt und solche Proben einmal 30 Tage bei 30° und einmal 15 Tage bei 60° unter täglichem intensivem Durchrühren stehengelassen. Die Hautpulverproben wurden dann 5 Stunden mit Äther im Soxhletapparat extrahiert. In dem extrahierten Hautpulver wurde das gebundene Fett nach W. Fahrion (*1*) ermittelt. Das Ergebnis der Versuche ist in Tabelle 116 zusammengestellt.

Die Versuchsergebnisse zeigen, daß bei einer Behandlungstemperatur von 30° das Gerbvermögen der Trane — mit Ausnahme von Dorschtran Nr. 3 — gemessen an der Menge des gebundenen Fetts größere Unterschiede nicht aufweist. Dagegen ist bei einer Temperatur von 60° bei einzelnen Tranen eine teilweise sehr erhebliche Steigerung des Gerbvermögens festzustellen.

Ein Vergleich des Gerbvermögens bei 60° mit der Jodzahl der Trane zeigt, daß die Jodzahl allein nicht als Maß für die gerbenden Eigenschaften eines Trans

Tabelle 116. Gerbende Eigenschaften verschiedener Trane (nach F. Stather und H. Sluyter).

Versuchs-Nr.	Tranart	Jodzahl (Hanus)	Tranbehandlung 30 Tage bei 30°		Tranbehandlung 15 Tage bei 60°	
			gebundenes Fett in Prozenten	Aussehen des behandelten und extrahierten Hautpulvers	gebundenes Fett in Prozenten	Aussehen des behandelten und extrahierten Hautpulvers
1	Dorschtran . . .	150	0,93	leicht gelblich	0,70	leicht gelblich
2	Dorschtran . . .	153	0,40	weiß-gelblich	0,40	leicht gelblich
3	Dorschtran . . .	168	1,28	gelbbraun	1,27	gelbbraun
4	Robbentran . .	143	0,33	weiß-gelblich	0,37	weiß-gelblich
5	Robbentran . .	137	0,37	leicht gelblich	0,40	leicht gelblich
6	Haitran	112	0,40	weiß	0,27	weiß
7	Haitran	104	0,32	weiß-gelblich	0,35	weiß-gelblich
8	Sardinentran . .	169	0,33	gelblich	10,63	intensiv gelb
9	Sardinentran . .	168	0,30	gelblich	7,10	intensiv gelbbraun
10	Heringstran . .	140	0,20	weiß-gelblich	0,28	weiß-gelblich
11	Heringstran . .	141	0,30	weiß-gelblich	0,27	gelbbraun
12	Waltran	118	0,30	weiß-gelblich	2,29	weiß-gelblich
13	Waltran	119	0,23	weiß-gelblich	1,29	gelblich
14	Spermwaltran . .	79	0,27	weiß	0,37	weiß

gewertet werden darf. Zwar zeigen die beiden Trane (Sardinentrane) 8 und 9 mit den höchsten Jodzahlen auch die höchste Gerbwirkung. Dagegen ist die Gerbwirkung des Dorschtrans 3, mit einer gleich hohen Jodzahl wie Tran 9, ganz wel sentlich geringer, während die Gerbwirkung des Waltrans 12 mit einer Jodzahvon nur 118 fast doppelt so groß ist wie die von Tran 3 mit der Jodzahl 168. Es müssen also, wie L. Klenow gezeigt hat, noch andere Faktoren als die Jodzahl die Gerbwirkung der Trane beeinflussen.

Soweit bekannt geworden, ist bis jetzt noch nicht der Versuch gemacht worden, die Beziehungen zwischen der Rhodanzahl der Trane und ihrem Gerbvermögen aufzuklären. Es ist mit Sicherheit anzunehmen, daß unter den ungesättigten Anteilen eines Trans die hochungesättigten Verbindungen bei der Sämischgerbung eine besondere Rolle spielen, wenn auch der gleichzeitige Einfluß anderer Faktoren neben diesen Verbindungen bestehen bleibt.

E. S. Nowik-Bam hat zur Bewertung der Gerbeigenschaften von Tranen die Menge Oxysäuren bestimmt, welche vor und nach dem Oxydieren des Trans

Tabelle 117. Beziehungen zwischen Gerbvermögen und Oxydationsfähigkeit von Tranen (nach E. S. Nowik-Bam).

	Stockfischtran	Seehundtran	Ein nichtgerbender Tran aus einer Lederfabrik
Säurezahl	1,87	16,36	7,38
Verseifungszahl	186,70	195,00	204,70
Jodzahl	153,00	144,80	125,10
Unverseifbares in %	0,18	0,04	0,28
Gehalt an Oxyfettsäuren:			
vor dem Oxydieren (in %)	0,36	0,63	0,71
nach dem Oxydieren (in %)	1,17	1,09	0,73
Zunahme der Oxyfettsäuren in %	225,00	74,00	2,80

mit Luftsauerstoff nachgewiesen werden können. Zu diesem Zweck wurde durch eine 5 bis 7 cm hohe Transchicht in einem 32 mm weiten Reagensglas 6 Stunden lang heiße Luft geblasen. Es wurde festgestellt, daß Trane mit guten Gerbeigenschaften eine starke Zunahme des Gehalts an Oxyfettsäuren zeigen. Die Ergebnisse der mit drei Tranen vorgenommenen Versuche sind in Tabelle 117 zusammengestellt.

Zusammensetzung und Untersuchung des Sämischleders. Das Sämischleder besteht in lufttrockenem Zustand aus Hautsubstanz, Fettstoffen, anorganischen Substanzen (Asche) und Wasser. Der Wassergehalt wechselt mit der Witterung und Jahreszeit und beträgt im Mittel 22%.

Die anorganischen Stoffe stammen aus der Blöße (Äschern) sowie von der Behandlung mit Sodalösung zur Entfernung des überschüssigen Fetts.

Die Fettstoffe rühren zum größten Teil von der Gerbung her. Ein geringer Teil besteht aus dem natürlichen, in der Blöße vorhandenen Fett.

Im Sämischleder sind zwei Arten von Fettstoffen enthalten:

a) Fette, die sich mit den üblichen Fettlösungsmitteln entfernen lassen,

b) Fette, die durch Fettlösungsmittel aus dem Leder nicht herausgelöst werden können.

Die Untersuchung von Sämischleder kann sich erstrecken auf:

1. Wasserbestimmung,
2. Aschebestimmung,
3. Bestimmung des in Schwefelkohlenstoff löslichen Fetts,
4. Bestimmung des gebundenen Fetts und der Hautsubstanz.

Tabelle 118. Zusammensetzung verschiedener Sämischleder (nach J. Paeßler und J. v. Schroeder).

Zusammensetzung	Büffelleder	Kalbleder	Rehleder I	Rehleder II	Schafleder I	Schafleder II	Mittlere Zusammensetzung
	in Prozenten						
In völlig trockenem Leder:							
Fettsubstanz mit Schwefelkohlenstoff extrahierbar	2,07	3,43	4,88	2,46	4,74	6,69	—
Asche	6,26	7,17	6,75	5,49	4,19	5,23	—
Stickstoffgehalt auf aschefreies und entfettetes Leder berechnet	17,23	16,14	15,59	16,68	16,27	16,71	—
Stickstoffgehalt auf asche- und fetthaltiges Leder berechnet	15,79	14,43	13,78	15,35	14,82	14,72	—
Stickstoffgehalt der Hautsubstanz	17,80	17,80	17,70	17,40	17,10	17,10	—
Asche	6,26	7,17	6,75	5,49	4,19	5,23	5,85
Fett in Schwefelkohlenstoff löslich	2,07	3,43	4,88	2,46	4,74	6,69	4,05
Fett in Schwefelkohlenstoff unlöslich (von der Hautfaser geb.)	2,96	8,33	9,17	3,83	4,40	2,00	5,11
Hautsubstanz	88,71	81,07	79,20	88,22	86,67	86,08	84,99
In lufttrockenem Leder mit einem Wassergehalt von	22,00	22,00	22,00	22,00	22,00	22,00	22,00
Asche	4,88	5,59	5,27	4,28	3,27	4,08	4,56
Fett in Schwefelkohlenstoff löslich	1,62	2,68	3,81	1,92	3,70	5,22	3,16
Fett in Schwefelkohlenstoff unlöslich (von der Hautfaser gebunden)	2,31	6,50	7,15	2,99	3,43	1,56	3,99
Hautsubstanz	69,19	62,23	61,77	68,81	67,60	67,14	66,29

Die Tabelle 118 enthält die Zusammensetzung einer Reihe von verschiedenen Sämischledern, die von J. Paeßler und J. v. Schroeder untersucht worden sind.

Die Wasser- und Aschebestimmung kann nach einer der üblichen Methoden erfolgen. Das in Schwefelkohlenstoff lösliche Fett wird durch Extraktion, am besten in einem Soxhletapparat, bestimmt.

Zur Ermittlung des gebundenen Fetts und der Hautsubstanz kann man folgendermaßen verfahren:

Das mit Schwefelkohlenstoff extrahierte Leder wird völlig getrocknet. Man wägt zwei Proben zu je 0,5 g ab und bestimmt darin nach der Methode von Kjeldahl den Stickstoffgehalt. Aus beiden Analysenergebnissen wird das Mittel gezogen. In einer getrockneten und entfetteten Lederprobe wird der Aschegehalt bestimmt. Dann kann man den Wert für die Hautsubstanz in Prozenten des aschefreien, trockenen, entfetteten Leders ausrechnen. Die Differenz zwischen dieser Zahl und 100 gibt den Prozentwert des aschefreien, trockenen, entfetteten Leders an gebundenem Fett.

Wie die Zahlen der Tabelle 119 zeigen, sind die von der Haut als „Gerbstoffe" aufgenommenen Fettstoffe sehr gering. Während vollkommen trockenes lohgares Leder etwa 35%, weißgares Leder etwa 20% gebundene Gerbstoffe enthält, nimmt das Sämischleder selten mehr als 5% gebundene Fette auf, weshalb sein Rendement gering ist. Bei einem gleichartigen Hautmaterial erhält man etwa (Tabelle 119):

Tabelle 119.

Ledersorte	Aus 100 Teilen trockener Hautsubstanz	Aus 100 Teilen Blöße
Gutes Sohlleder	223 Teile	55,8 Teile
Ungefettetes Oberleder .	221 „	55,3 „
Weißgares Leder . . .	170 „	42,5 „
Sämischleder	151 „	37,8 „

Die Zahlen (Gerber 1917, 212) können nur als Durchschnittswerte betrachtet werden.

Neusämischgerbung. Unter der Bezeichnung „Neusämischgerbung" sind in der letzten Zeit vielfach Verfahren beschrieben worden, nach denen die Blößen vor der Behandlung mit Tran eine kürzere oder längere Formalingerbung erhalten.

Die Menge des angewandten Formalins und die Gerbdauer werden recht verschieden angegeben. L. Houben schlägt vor, die Blößen im Anschluß an die Behandlung in der Wasserwerkstatt 24 bis 28 Stunden in einer Lösung vorzugerben, die aus

1,5 bis 2% Formalin,
1% Phenol (krist.), das in 5% Wasser gelöst ist,
0,5% Borsäure

besteht. Im Anschluß an diese Vorgerbung wird mit folgendem Gemisch zu Ende gegerbt:

8 Teile Fischtran,
2 „ Derminol (oder ein anderer sulfonierter Fettalkohol),
1 Teil Oxylinoleatlösung.

Die Oxylinoleatlösung erhält man durch Lösen von 50 Teilen Manganoxylinoleat in 100 Teilen Terpentinöl.

Am dritten Tag werden die Leder in einen Trockenraum mit einer Temperatur von 40° gebracht. Sie verbleiben dort 6 Tage und sind dann für die weitere Zurichtung fertig.

Nach anderen Angaben wird eine Vorgerbung mit weniger oder aber mit mehr Formalin, mit Natriumbikarbonat- oder mit Sodazusatz, mit oder ohne Kochsalz empfohlen. A. Kemmler (E.P. 266622) gerbt die Blößen mit einem Gemisch von Eieröl und Formalin. A. Ernst (A.P. 1771490) gerbt $^3/_4$ bis 1 Stunde mit Formalin vor und gibt dann eine Lösung von Degras, Seife und Soda in die Gerbbrühe. Nach einem anderen Verfahren A. Ernst's (A. P. 1784828) werden die Blößen zunächst 45 Minuten mit einer wässerigen Lösung von Formaldehyd und Holzgeist im Faß bewegt. Dann werden auf je 100 Teile Blöße zugesetzt: 0,5 Teile Seife, 2,25 Teile Degras, 2,5 Teile oxydiertes Öl (?), 2 Teile Natriumsulfat und 2,75 Teile Natriumbikarbonat. Nach 24 Stunden gibt man einen weiteren Zusatz von 4,5 Teilen Magnesiumsulfat und behandelt die Leder wie üblich weiter.

Das mit Formalin vorgegerbte Sämischleder soll reißfester und gegen alkalische Lösungen beständiger sein als das gewöhnliche Sämischleder.

S. H. Friestedt empfiehlt in seinem geschützten Verfahren eine Vorgerbung mit Crotonaldehyd oder dessen Substitutionsprodukten (A. P. 2009255).

Auch Kombinationen von Chrom- und Sämischgerbung sind vorgeschlagen worden. Das mit Chromsalzen vorgegerbte Sämischleder ist nach P. Powarnin und K. Syrin sehr elastisch. Das mit Chromsalzen nachbehandelte Sämischleder dagegen ist hart und besitzt eine geringe Dehnfähigkeit. Diese mangelhaften Eigenschaften treten um so deutlicher hervor, je länger die Sämischgerbung vor der Chromgerbung dauert.

III. Japanleder.

In Japan wird seit den ältesten Zeiten ein „Koshi" oder „shirotan" genanntes weißes Leder hergestellt, das durch Fettgerbung erzeugt wird. Dieses als „Japanleder" bekannte Produkt zeichnet sich durch seine schöne weiße Farbe sowie Weichheit und Reißfestigkeit aus. Da das Leder mit alaungarem Leder große Ähnlichkeit hat und in Japan nur an einer Stelle, in dem bei Himeji gelegenen Dorf Takagi-Hanada, hergestellt wird, so hielt man es lange Zeit für eine Art Alaunleder, das durch Einhängen in das angeblich tonerdehaltige Wasser des an dem Dorfe vorbeifließenden Flusses gegerbt werde. Man vermutete, daß unter dem Fluß ein Alaunbett liege. J. Paeßler erhielt bei seinen Untersuchungen über das Japanleder in der Asche nur Spuren von Tonerde (siehe S. 416). Er stellte fest, „daß im Japanleder ein Leder ohne jeden Gerbstoff vorliege". Zur gleichen Anschauung kam W. Eitner (*2*); er fand, „daß es keinen Gerbstoff enthalte, sondern als zugerichtete Blöße anzusprechen sei". Die eigentliche Gerbwirkung wurde der Sonne zugeschrieben, der das Leder bei der Herstellung wiederholt ausgesetzt wird.

W. Fahrion [(*1*), S. 52] konnte dann durch seine Untersuchungen den Beweis dafür erbringen, daß das Japanleder als eine Art sämischgares Leder anzusehen ist, bei dessen Herstellung das Rüböl als Gerbmittel dient. Infolge seiner geringeren Jodzahl wirkt das Rüböl naturgemäß weniger intensiv als der Tran, auch schwächer als Leinöl. Dieser Mangel wird aber teilweise ausgeglichen durch die später näher beschriebene, starke mechanische Bearbeitung, durch welche das Rüböl mit der Hautfaser in innige Berührung gebracht wird. Auch die wiederholte Einwirkung des Sonnenlichts scheint die Gerbwirkung zu beschleunigen und zu verstärken.

Das Japanleder wird folgendermaßen hergestellt [G. Grasser, W. Eitner (*2*), M. Ray]:

Als Rohware kommen Rindshäute aus Korea, China, Japan, Indien, Südamerika und Australien zur Verwendung. Die rohen Häute werden in den Ischakawa, einen Gebirgsfluß mit reinem, klarem Wasser, zum Weichen eingehängt. Als beste Zeit für das Einarbeiten gilt der Frühling und der Herbst. Der Fluß besitzt ein sehr breites Bett (etwa 100 m), das bis zu $1^1/_2$ m Tiefe mit Wasser gefüllt ist. Im Flußbett befinden sich zahlreiche Sandbänke, die das Wasser in viele kleine Arme teilen. Überall sind Hautpartien zu sehen, die im Wasser zum Weichen hängen.

Je nach der Jahreszeit und den Witterungsverhältnissen bleiben die Häute 1 bis 4 Wochen im Wasser, bis sie haarlässig werden. Die Haare werden mit einfachen stumpfen Messern abgeschabt. Dann werden die Häute nochmals gewaschen und mit einem hobelartigen Werkzeug entfleischt. Eine eigentliche Äscherung erfahren die Häute also nicht. Die Haarlässigkeit wird durch einen Fäulnisprozeß erreicht, dessen unerwünschte Ausdehnung durch das die Häute ständig umspülende frische Flußwasser verhindert wird.

Die Blößen werden hierauf ausgebreitet und mit Salz bestreut, nach anderem Bericht in Salzlösungen getaucht, die pro Haut 1,7 kg Salz enthalten (M. Ray). Jedenfalls aber werden die Häute durch ausgiebiges Treten mit den Füßen, was meist von den Frauen besorgt wird, mit Salz gründlich durchgeknetet. Anschließend läßt man sie 1 bis 2 Tage an der Sonne liegen und so lange trocknen, bis sich ein deutlicher Salzbelag auf den Häuten zeigt. Dieser tritt nach 24 bis 48 Stunden auf. Während dieses Trockenprozesses wird abwechslungsweise die Fleisch- und die Narbenseite der Sonne zugekehrt.

Die Häute werden nun wieder mit Wasser abgespült und erneut durch Treten gewalkt. Dabei wird jede Haut mit etwa 200 g Rapsöl auf beiden Seiten eingerieben. Die Tretarbeit wird stunden- und tagelang fortgesetzt. Mitunter werden die Häute auch über eine etwa 60 cm über dem Boden angebrachte Stange gelegt und mit den Knien bearbeitet, so daß eine Art Stollwirkung erzielt wird. Nach einem kurzen Trocknen werden die Häute wieder gestollt, dann nochmals getrocknet und erneut ins Wasser gehängt, damit das Kochsalz ausgewaschen wird. Es folgt dann ein leichtes Nachölen und abermaliges Bleichen in der Sonne. Dazu werden die Häute an Pflöcken aufgespannt. Mit einem nochmaligen Stollen der trockenen Häute findet die Zurichtung ihre Beendigung.

Das Trocknen, Auswaschen, Wiedertrocknen, Stollen und Bleichen ist in seiner Dauer von den Witterungsverhältnissen abhängig. Die Wiederholung der einzelnen Prozesse ist ganz verschieden. Je weiter der Gerbprozeß fortschreitet, um so mehr verschwindet das Salz aus der Haut, um so mehr macht sich die Wirkung der Fettgerbung bemerkbar. Im Winter dauert die Gerbung drei Monate, im Sommer eine wesentlich kürzere Zeit.

Das Japanleder hat nach W. Fahrion (*1*) folgende durchschnittliche Zusammensetzung:

Wasser	16,4%
Asche	0,5%
Lösliches Fett	5,2%
Gebundenes Fett	1,3%
Hautsubstanz	46,6%

W. Fahrion hat Japanleder mit Äther extrahiert und das erhaltene dicke gelbe Öl untersucht. Die in Tabelle 120 angegebenen Werte des extrahierten und des gewöhnlichen Rüböls zeigen deutlich, daß das extrahierte Öl eine Veränderung erfahren hat.

Tabelle 120. Eigenschaften von gewöhnlichem und von aus Japanleder extrahiertem Rüböl (W. Fahrion).

	Rüböl	Öl aus Japanleder
Säurezahl	2,8	60,9
Jodzahl	100,1	36,0
Oxysäuren, in Petroläther unlöslich.	0,8%	26,6%

J. Paeßler fand in der Asche des Japanleders folgende Bestandteile:

Tonerde, Al_2O_3 (einschließlich Fe_2O_3)	0,14%	Magnesia, MgO	0,09%
Kalk, CaO	0,08%	Chlornatrium	0,02%
		Schwefelsäure, SO_3	0,17%

Das Japanleder spielte schon in den ältesten Zeiten eine hervorragende Rolle. Es wurde zur Herstellung von Schwertgriffen, Scheiden, Sätteln und Rüstungen verwendet. In den Museen Japans sind noch gut erhaltene Lederrüstungen zu finden. Heute werden Taschen und Mappen sowie Teile von Hosenträgern, Strumpfbändern u. dgl. aus Japanleder hergestellt. Auch in Europa und Amerika wird es verarbeitet (G. Grasser).

Man hat vielfach versucht, das Japanleder auch auf dem Wege anderer Gerbmethoden herzustellen. So hat W. Eitner (*2*) eine Aldehydgerbung mit besonderer Zurichtung vorgeschlagen. Ein anderes Verfahren suchte durch eine Metallsalzgerbung (Magnesiumsalze, Verfahren J. Hell, Eßlingen, D. R. P. 377536) ein dem Japanleder ähnliches Produkt zu erzeugen.

Die charakteristischen Eigenschaften des Japanleders wurden aber nicht erreicht. Auch durch bestimmte Chromgerbungen konnte Japanleder nicht hergestellt werden.

Literaturübersicht.

Chambard, P. u. L. Michallet: J. I. S. L. T. C. **11**, 559 (1927).
Eitner, W. (*1*): Gerber **1938**, 243; (*2*): Gerber **1907**, 337; (*3*): Gerber **1878**, 2.
Fahrion, W. (*1*): Neuere Gerbemethoden und Gerbetheorien. Braunschweig: Vieweg & Sohn, 1915; (*2*): Chem.-Ztg. **1895**, 1002.
Grasser, G.: Collegium **1927**, 433.
Houben, L.: J. I. S. L. T. C. **19**, 3 (1935).
Jettmar, J.: Kombinationsgerbungen. Berlin: Julius Springer, 1914.
Klenow, L.: Collegium **1926**, 201.
Kohnstein, B.: Gerbereitechnik (Beilage der „Lederzeitung und Berliner Berichte“), **1932**, Nr. 50 und 51.
Nowik-Bam, E. S.: Beherrschung der Technik **1932**, Nr. 8, 37.
Paeßler, J.: Collegium **1905**, 257.
Paeßler, J. u. J. v. Schroeder: Gerber **1917**, 211.
Powarnin, G. u. K. Syrin: Westnik **1930**, 398.
Procter, H. R.: Principles of Leather Manufacture London.: E. & F. N. Spon, 1903, 378.
Ray, M.: J. A. L. C. A. **11**, 22 (1916).
Stather, F. u. H. Sluyter: Collegium **1935**, 60.
Ullmann, F.: Enzyklopädie der techn. Chemie. Bd. 3. Berlin u. Wien: Urban u. Schwarzenberg, 1930.
Wiener, F. - V. Mikuška: Die Weißgerberei, Sämischgerberei und Pergamentfabrikation. 3. Aufl., S. 294. Wien: A. Hartlebens Verlag, 1910.
Zaganiaris, N.: Praktika **11**, 24—26 (1936); nach Fette und Seifen **1937**, 314.

B. Die Chemie der Fettgerbung.

In der Chemie der Gerbprozesse bilden die Untersuchungen über die Fettgerbung ein besonders interessantes Kapitel, weil deren Ergebnis von vielen Forschern als ein Beweis für die Richtigkeit der chemischen Auffassung des Gerbvorgangs angesehen wird. Das ist nicht verwunderlich. Es ist eine Tatsache, daß von den Fettstoffen nur diejenigen eine wahre Gerbung der Haut herbeiführen, in denen Glyceride ungesättigter Fettsäuren enthalten sind[1]. Der Prozeß der Fettgerbung ist demnach von dem Vorhandensein chemisch aktiver Gruppen abhängig, wie sie die Moleküle der ungesättigten Fettsäuren der Trane, des Rüböls, des Leinöls und ähnlicher Fettstoffe in Form von substituierten Äthylengruppen besitzen.

[1] Die ungesättigten, nicht an Glycerin gebundenen Fettsäuren haben zwar auch eine gerbende Wirkung; sie kommen aber in der Praxis kaum zur Verwendung (siehe S. 408).

Die Anschauungen über den chemischen Ablauf des Fettgerbprozesses, wie er zwischen diesen Gruppen und dem Kollagen der Hautsubstanz vor sich geht, haben naturgemäß im Lauf der Zeit manche Wandlung erfahren. Auch bis heute hat der Vorgang bei der Fettgerbung eine zweifelsfreie Aufklärung noch nicht gefunden. Es lohnt sich daher wohl, auf die Entwicklung der sich ablösenden und manchmal auch sich gegenseitig bekämpfenden Meinungen über die Vorgänge näher einzugehen, die sich bei der Fett-, d. h. bei der Sämischgerbung, zwischen Hautsubstanz und Fettstoff abspielen.

Die älteste Erklärung des Sämischgerbprozesses stammt wohl von Vallet d'Artois. In einer Schrift über die Handschuhfabrikation aus dem Jahre 1836 erklärt er, daß die Ursache der Sämischgerbung in einer Erwärmung des verwendeten Öls bestehe, wodurch eine Gärung einträte und neue Produkte entständen. Durch die Gärung der Haut würde Ammoniak freigemacht, das sich mit dem Öl zu einer Art Ammoniakseife verbinden würde. Diese Seife besitze eine starke Affinität zur Haut. Vallet d'Artois hat also zum erstenmal die Ansicht ausgesprochen, daß die Sämischgerbung ein chemischer Prozeß ist, wenn auch seine Gedankengänge uns heute abwegig erscheinen.

Prechtel unterschied die Fettgerbung scharf von der Loh- und Alaungerbung. Bei den letztgenannten Gerbarten nahm er einen chemischen Prozeß an, während er bei der Fettgerbung das Fett nur als eine Füllsubstanz ansah, die sich in den Zwischenräumen zwischen den Hautfasern ablagert, wodurch die Haut weich und biegsam bleibe.

Sowohl die Anschauungen von Vallet d'Artois wie die von Prechtel beruhten aber nur auf theoretischen Betrachtungen, nicht auf wissenschaftlichen Versuchen.

F. Knapp (S. 160) war wohl der erste, der auf Grund von Versuchen sich ein Bild des Gerbprozesses im allgemeinen und der Fettgerbung im besonderen zu machen suchte. Er unterschied bei der Fettgerbung zwei Phasen. Zuerst wird das Gerbmaterial (die Fettstoffe) rein mechanisch von der Hautsubstanz aufgenommen und die Faser mit Fett durchtränkt. Dann geht unter dem Einfluß der atmosphärischen Luft eine Oxydation des Fetts vor sich, mit welcher der Gerbprozeß in engem Zusammenhang steht. Diese Anschauung kam den heute geltenden Theorien von der Sämischgerbung schon recht nahe.

Frühzeitig suchte man in den Vorgang bei der Fettgerbung dadurch Einblick zu gewinnen, daß man das bei der Sämischgerbung entstehende Produkt, den Degras, untersuchte. Diesen Weg hat zuerst der französische Chemiker F. Jean beschritten. Er fand im Degras eine Substanz, die in den nichttrocknenden Ölen nicht zu finden und auch in frischem Tran nur in ganz geringen Mengen vorhanden war. Er bezeichnete sie nach ihrem Aussehen als „matière resinoide", harzartige Substanz, womit freilich noch nicht viel erklärt war. Charakteristisch war ihre Unlöslichkeit in Petroläther, wodurch sie sich von normalen, durch Verseifung hergestellten Fettsäuren unterschied. Aus alkalischer wässeriger Lösung wurde sie durch Kochsalz nicht ausgesalzen. Man konnte sie aus Degras als eine amorphe, braune, zähe Masse isolieren.

Die Vermutung lag nahe, daß diese „matière resinoide" durch einen Oxydationsprozeß entstehe. Jean nahm dies auch an. W. Eitner sowohl wie F. Simand widersprachen dieser Auffassung. Sie gaben dem Jeanschen Harzprodukt den ebenfalls wenig besagenden Namen „Degrasbildner" und beschrieben seine Eigenschaften folgendermaßen [nach W. Fahrion (*1*), S. 47]: Hellbraun, in Alkalien und Ammoniak löslich, beim Ansäuern als hellbrauner, flockiger Niederschlag wieder ausfallend, fast unlöslich in kaltem Wasser, nicht unbeträchtlich löslich in heißem und besonders in angesäuertem Wasser, löslich in Alkohol, Eisessig,

Anilin, unlöslich in Petroläther, Benzol, fast unlöslich in Äther, unschmelzbar, in geringer Menge auch schon in den Tranen enthalten, in alten mehr als in frischen, in dunkeln mehr als in hellen.

Aus der Tatsache, daß Degras in Petroläther löslich ist, schloß F. Simand, daß der Degrasbildner im Degras in Form einer fettähnlichen Verbindung enthalten sein müsse. Ferner fand F. Simand in seinem Degrasbildner Stickstoff. Übereinstimmende Werte des Stickstoffgehalts erhielt er allerdings nicht. Er nahm deshalb an, daß an der Entstehung des Degrasbildners die Hautsubstanz beteiligt sein müsse und bestritt eine Oxydation des Trans als Hauptvorgang bei der Sämischgerbung.

Interessant sind die Versuche F. Simands, in denen er seinen Degrasbildner aus Sämischleder isolierte:

100 g mit Petroläther vollständig entfettete Sämischlederschnitzel wurden mit 2 l 0,5%iger Kalilauge auf dem Wasserbad bis zur Lösung der Schnitzel erwärmt. Das etwas trübe Gemisch wurde mit Essigsäure angesäuert und dann erneut auf dem Wasserbad mehrere Stunden digeriert. Es hatte sich ein brauner flockiger Niederschlag abgeschieden, der filtriert, ausgewaschen und mit alkoholischer Kalilauge vollständig verseift wurde. Die Seifenlösung wurde mit verdünnter Säure zerlegt und Fettsäuren und Degrasbildner bestimmt. F. Simand erhielt aus 100 g Leder 2,74 g Fettsäuren und 1,115 g Degrasbildner.

Nach den Untersuchungen von R. Jahoda und J. Wladika bestand der Simandsche Degrasbildner aus 64,34% (65,16) C, 7,56 (7,35) H und 4,28 (2,31) N. Sie nahmen die Formel $C_{18}H_{25}NO_5$ bzw. $C_{34}H_{45}NO_{10}$ an. Da der Reinheitsgrad der untersuchten Stoffe nicht bekannt ist, kann diesen Formulierungen kaum Bedeutung zuerkannt werden.

Daß die Simandsche Anschauung über die Entstehung des sog. Degrasbildners nicht richtig war, konnte W. Fahrion (*2*) zeigen, der durch seine umfangreichen Untersuchungen sehr viel zur Aufklärung des Sämischgerbprozesses beigetragen hat. Er hatte schon im Jahre 1891 die Vorgänge bei der Sämischgerbung folgendermaßen zu erklären versucht [nach W. Fahrion (*1*), S. 48]. Dadurch, daß der Tran in die Poren der Haut eindringt, wird er an der Oberfläche der Haut in seiner Verteilung der Berührung mit Luft ausgesetzt. Durch Sauerstoffaufnahme gehen die ungesättigten Fettsäuren des Trans in Oxyfettsäuren über, welche entweder für sich oder in Form ihrer Glyceride die Eigenschaft besitzen, sich mit der tierischen Haut zu Leder zu verbinden. Diese Eigenschaft scheinen sie allerdings nur im statu nascendi zu besitzen, weil sonst durch schon oxydierten Tran, durch Degras, die Sämischgerbung sich leicht durchführen lassen müßte, was aber nicht der Fall ist.

Zunächst wurde gegen diese Theorie von W. Fahrion der Einwand erhoben, daß, wenn sie der Wirklichkeit entspräche, man ja dann mit jedem Öl, das ungesättigte Glyceride enthalte, Sämischleder müßte herstellen können (W. Eitner). Tatsächlich konnte W. Fahrion zeigen, daß man auch mit Leinöl ein dem Sämischleder ähnliches Produkt erhält. Er erklärte aber die Trane deshalb für besonders geeignet, weil sie im Unterschied zu allen anderen Ölen hochungesättigte Fettsäuren enthalten. Damals war die fünffach ungesättigte Clupanodonsäure noch nicht bekannt. Als sie später von M. Tsujimoto in verschiedenen Tranen aufgefunden wurde, erhielt die Fahrionsche Anschauung eine starke Stütze. L. Meunier (siehe später) bestätigte dann weiterhin die Bedeutung der hochungesättigten Säuren bei der Fettgerbung.

Nach W. Fahrion (*1*) war also der sog. Degrasbildner als das Autoxydationsprodukt einer stark ungesättigten Fettsäure anzusehen. Der von F. Simand gefundene Stickstoff stammte aus Verunreinigungen, Hautfasern, Leim und Abbauprodukten. Wird der Degras verseift, so gehen diese stickstoffhaltigen

Körper in wasserlösliche Peptone über. Säuert man darauf die wässerige Seifenlösung an, so mischt sich eine gewisse Menge dieser Peptone den abgeschiedenen Fettsäuren und, wenn diese durch Petroläther entfernt werden, auch dem Degrasbildner bei. Man kann aber den Degrasbildner vollkommen stickstofffrei erhalten, wenn man den Degras zunächst reinigt, indem man ihn mit Petroläther oder Äther schüttelt, die Fettlösung filtriert und dann verseift. Daß ein Autoxydationsprodukt einer ungesättigten Tranfettsäure vorlag, schloß W. Fahrion daraus, daß sich der sog. Degrasbildner auch beim Einleiten von Luft in erwärmten Tran bildet, und zwar in um so größerer Menge, je länger das Einleiten der Luft dauert. Aus diesem Grund schlug er für „Degrasbildner" die Bezeichnung „Oxyfettsäuren" oder kurz „Oxysäuren" vor.

Den Gerbvorgang selbst dachte sich W. Fahrion damals folgendermaßen: Die Englersche Autoxydationstheorie (1900) besagte, daß ungesättigte Verbindungen für jede Doppelbindung zwei Sauerstoffatome aufnehmen, daß aber die so entstandenen Peroxyde die Hälfte des aufgenommenen Sauerstoffs an andere oxydable Substanzen (Acceptoren) leicht wieder abgeben. Diese Anschauung veranlaßte W. Fahrion (*1*) zur Annahme, daß auch die stark ungesättigte Tranfettsäure sich so verhält und daß die Haut den aktiven Sauerstoff des primär entstandenen Peroxyds in statu nascendi aufnimmt und sich gleichzeitig mit dem Rest des Peroxyds zu Sämischleder verbindet.

Weiterhin nahm er an, daß zu dem chemischen Prozeß, als dessen Produkt er das Sämischleder betrachtete, auch die Carboxylgruppe der oxydierten Tranfettsäure notwendig sei, daß also nur die freien Tranfettsäuren gerbend wirken. Der zum Gerben verwendete Tran enthält solche freien Fettsäuren in ziemlicher Menge. Bei der Oxydation des Trans wird außerdem regelmäßig eine gewisse Menge Glycerin abgespalten, so daß der Degras mehr freie Fettsäuren enthält als der ursprüngliche Tran.

So kam W. Fahrion zu dem Ergebnis: Das Sämischleder ist in gewissem Sinn ein Salz, bei welchem die teilweise oxydierte Hautfaser die Rolle der Base, eine ungesättigte und ebenfalls teilweise oxydierte Tranfettsäure die Rolle der Säure spielt. Er erklärte damit den Fettprozeß als einen rein chemischen Vorgang.

Gegen diese von W. Fahrion im Jahre 1903 aufgestellte These wurde von verschiedener Seite Widerspruch erhoben. E. Stiasny nahm eine primäre Adsorption und nachherige Oxydation des Fetts an. Nach F. K. Kopecky sollte die Bildung des Sämischleders einfach dadurch bedingt sein, daß sich die Fettschicht auf die Hautfaser niederschlägt. R. Griffiths zeigte, daß die Kopeckysche Anschauung unhaltbar war, da das Sämischleder eine Behandlung mit verdünnter Alkalilauge, welche die obige Fettschicht auflösen müßte, ohne Veränderung aushielt. Th. Koerner gab eine Autoxydation der ungesättigten Tranfettsäuren zwar zu, betonte aber, daß eine solche Autoxydation immer stattfindet, wenn Tran in dünner Schicht der Luft ausgesetzt wird. Durch diesen chemischen Vorgang würden die als Gerbstoff wirkenden Substanzen in Form amorpher (kolloidaler) Oxydationsprodukte gebildet, die dann von der Haut adsorbiert werden. H. R. Procter sah in dem bei der Einwirkung von Tran auf die Haut entstehenden Acrolein den eigent lichen wirksamen Gerbstoff. Später hat H. R. Procter diese Theorie aufgegeben.

In seiner zweiten Arbeit aus dem Jahre 1909 hat W. Fahrion einen Teil dieser Einwände widerlegen können. Er gab gleichzeitig die Ansicht, daß die bei der Autoxydation entstehenden Peroxyde nur in statu nascendi wirken, auf. Es gelang ihm diese Peroxyde darzustellen, indem er flüssige Tranfettsäuren in dünner Schicht längere Zeit der Luft aussetzte. In dem stark verdünnten Reaktionsprodukt konnte er den aktiven Sauerstoff durch Jodkalium nachweisen.

Dieses Reaktionsprodukt erwies sich als gutes Gerbmittel. Wurde aber der aktive Sauerstoff durch längeres Erhitzen oder durch Verseifung zerstört, so war mit dem Umlagerungsprodukt kein richtiges Sämischleder mehr herzustellen.

Um zu beweisen, daß auch die Carboxylgruppe der durch Autoxydation entstehenden Perclupanodonsäure zur Sämischgerbung notwendig ist, stellte W. Fahrion (*1*) Gerbversuche mit flüssiger Tranfettsäure und mit ihrem Äthylester an. Unter Einwirkung von Luftsauerstoff war im ersten Fall die Gerbung normal, im zweiten nur gering. Auch bei einem Gerbversuch mit Terpentinöl, das bei seiner Autoxydation ebenfalls Peroxyde liefert, entstand ein nur wenig gegerbtes Leder.

Daß das Glycerin für den Gerbprozeß überflüssig ist, zeigte die Tatsache, daß mit den freien Tranfettsäuren die gleiche Gerbwirkung zu erzielen ist. Gerbversuche mit Ölsäure ergaben deutlich, daß nur Fettsäuren mit mehr als einer Doppelbindung, vor allem aber die hochungesättigten Tranfettsäuren fähig waren, unter Mitwirkung des Luftsauerstoffs die Blöße gelb zu färben und in wasserbeständiges Sämischleder überzuführen. Auf die hiervon abweichende Ansicht F. Garellis wird nachher noch einzugehen sein.

W. Fahrion hat seine Auffassung von den Vorgängen bei der Sämischgerbung wie folgt zusammengefaßt: Das Gerbmittel bei der Sämischgerbung ist ein saurer Tran, der primäre Gerbstoff besteht aus hochungesättigten Fettsäuren mit mehr als zwei Doppelbindungen, der sekundäre Gerbstoff ist ein Peroxyd dieser Fettsäure. Die Mitwirkung der Luft ist notwendig, das Licht wirkt beschleunigend.

Die Einzelphasen der Gerbung, wie sie W. Fahrion sich dachte, lassen sich durch folgendes Schema ausdrücken (B. N. Mathur):

1. Infolge der Oxydation durch den Luftsauerstoff bilden die ungesättigten Fettsäuren Di-Peroxyde[1]:

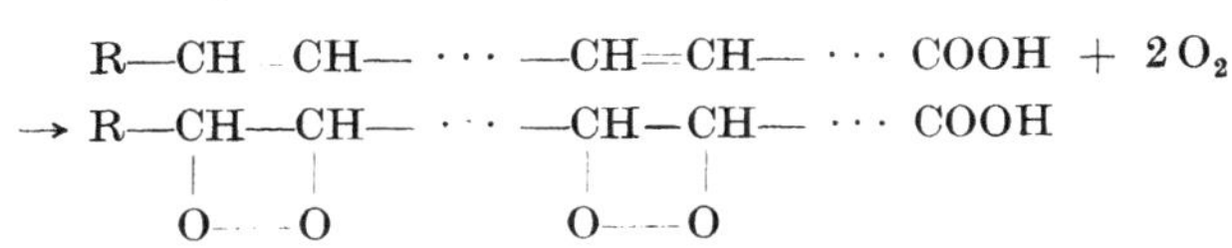

(1)

2. Ein Teil der so entstehenden Di-Peroxyde reagiert nun mit dem Molekül des Kollagens ($R'NH_2$). Dabei entsteht der Komplex:

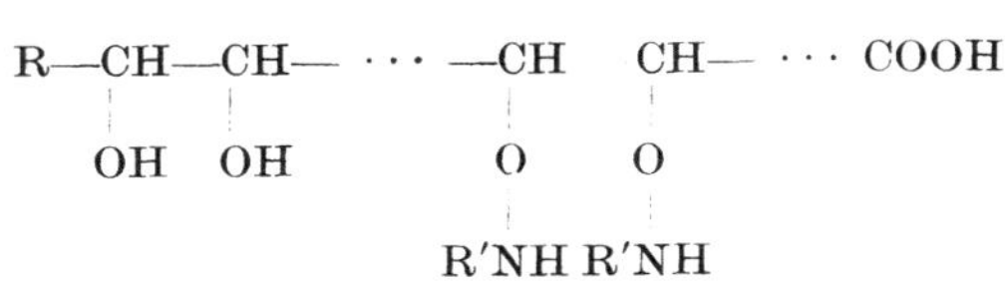

(2)

3. Der Rest der Di-Peroxyde erfährt eine molekulare Umlagerung im Sinne der Gleichung:

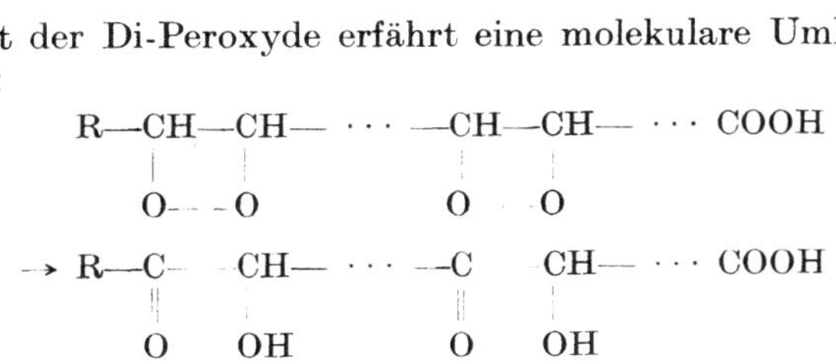

(3)

[1] In den Formeln bedeutet R = Hauptteil des Moleküls der ungesättigten Fettsäure, R' = Hautradikal.

4. Endlich findet innerhalb des Produkts von der Formel (2) eine Lactonbildung statt:

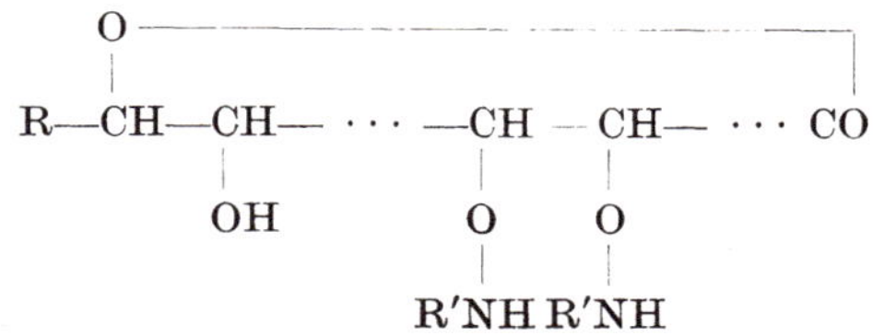

(4)

Wenn auch W. Fahrion diese seine Anschauung vom Verlauf des Sämischgerbprozesses auf sehr zahlreiche ernsthafte Versuche gründete, deren Ergebnisse den einen oder andern Teilvorgang erklärten, so fehlen doch für eine so eindeutige Formulierung des ganzen Prozesses die Beweise. Nach den Formeln müßte sich das Sämischleder vom Hydroxylamin ableiten. Dies hätte, wenn es zutreffen würde, unschwer nachgewiesen werden können.

Dagegen ist wohl Fahrion der erste gewesen, der die Bedeutung der hochungesättigten Fettsäuren bei der Sämischgerbung richtig erkannt hat.

W. Moeller betrachtete den Vorgang der Sämischgerbung im Lichte seiner Peptisationstheorie, was zu recht lebhaften Auseinandersetzungen mit W. Fahrion führte. Er vertrat die Anschauung, daß im Fischöl Stoffe enthalten sind, die ihrer chemischen Natur nach den Lactonen oder Säureanhydriden sehr ähnlich sind und sich mit Ammoniak zu Säureamiden verbinden. Das Ammoniak sollte während des Gerbprozesses durch eine leichte Zersetzung der Haut oder des Fischöls entstehen. Die sich auf diese Weise bildenden Säureamide spielen nach W. Moeller beim Gerbprozeß die Rolle von Peptisatoren, die dem als Gerbstoff verwendeten Öl erst seine gerbenden Eigenschaften verleihen. W. Fahrion hat diese Anschauung energisch bekämpft.

F. Garelli und C. Apostolo gelangten auf Grund ihrer Versuche zu der Überzeugung, daß die Anschauung W. Fahrions, nur Fettsäuren mit mehr als einer Doppelbindung hätten gerbende Wirkung, nicht richtig sei. Sie erhielten nach ihren Angaben auch mit Ölsäure und ebenso mit Palmitinsäure, Stearinsäure und Caprinsäure ein weiches Leder, das allerdings gegen heißes Wasser nicht beständig war. Das Fett war mit Äther und Alkohol nicht vollständig extrahierbar. F. Garelli und C. Apostolo gaben zu, daß die Gerbwirkung von gesättigten und einfach ungesättigten Fettsäuren weit geringer ist als die Wirkung von Fettsäuren mit mehreren Doppelbindungen. Sie sehen aber auch die mit gesättigten Glyceriden behandelte Haut als echtes Leder an.

Man kann dieser Anschauung nicht beistimmen. Die Unbeständigkeit gegen heißes Wasser zeigt deutlich, daß eine derartig behandelte Haut, die eben nur „fettgar" ist, nicht als echtes Leder bezeichnet werden kann. Das aus einer wahren Gerbung entstandene Leder gibt beim Kochen mit Wasser keinen Leim.

L. Meunier vertritt die Ansicht, daß die gerbende Eigenschaft der Trane durch Fettsäuren mit vier Doppelbindungen bedingt ist, von denen mindestens zwei die Fähigkeit besitzen müssen, sich unter Sauerstoffaufnahme in Peroxyde umzuwandeln. Entwässert man eine Blöße mit Alkohol und gerbt sie dann in einer alkoholischen Ölsäurelösung, so erhält man zunächst ein weiches Leder. Wird jedoch der Alkohol und die überschüssige Ölsäure entfernt, so erhält man ein Produkt, das nicht mehr die charakteristischen Eigenschaften von Leder aufweist, also z. B. gegen heißes Wasser nicht mehr beständig ist. Wenn man jedoch die Ölsäure durch Rüböl ersetzt, so erhält man ein wasserbeständiges gelbes Leder. Die meisten Fettsäuren des Rüböls enthalten zwei, die Linolsäure drei Doppelbindungen. Benutzt man zu dem Gerbversuch statt Rüböl ein Leinöl mit seinem hohen Linolsäuregehalt, so ist das entstehende Leder in noch höherem Grad wasserbeständig. Die Wasserbeständigkeit des mit Leinöl gegerbten Leders reicht allerdings an die eines mit Tran gegerbten Sämischleders nicht heran.

Diese Versuche zeigen, daß für eine gute Fettgerbung die Tranfettsäuren mit ihren vier, vermutlich sogar fünf Doppelbindungen geeigneter sind als Rüböl und Leinöl.

Von den neueren Untersuchungen über die Vorgänge bei der Fettgerbung sind neben den Fahrionschen Arbeiten besonders die Untersuchungen von B. N. Mathur hervorzuheben. Allerdings stehen die Anschauungen der beiden Forscher zueinander im Gegensatz. Die Arbeiten B. N. Mathurs zeichnen sich durch besondere Gründlichkeit aus. Sie sollen daher in den folgenden Abschnitten etwas eingehender erörtert werden, zumal B. N. Mathur mit ihnen den Beweis zu erbringen sucht, daß beim Prozeß der Sämischgerbung keinerlei Oxydation eine Rolle spielt.

Für die zahlreichen Versuche, die B. N. Mathur ausgeführt hat und deren Ergebnisse die Grundlagen für seine Theorie der Sämischgerbung bildeten, wurde fast ausschließlich ein heller Robbentran (Öl von Callorhinus Alascanus) verwendet, obwohl er gleich zu Beginn seiner Untersuchungen die Feststellung machte, daß ein dunkler, fast schwarzer Tran (von einem Robbenspeck, der mehrere Monate gelagert hatte) eine höhere Gerbwirkung besitzt als der helle Tran. Jedenfalls besaß das mit dem dunklen Tran gegerbte Leder eine höhere Zerreißfestigkeit.

Um festzustellen, ob geblasener Tran eine besondere Gerbwirkung aufweist, wurde eine Probe 12 Stunden lang mit Luft geblasen. Das Öl nahm dabei eine bräunliche Farbe an. Hierauf wurden Ziegenspalte in einer Luftatmosphäre 14 Stunden mit dem Öl geschüttelt. Eine Gerbwirkung war jedoch nicht wahrzunehmen, obwohl das Öl seine braune Färbung verloren hatte und wieder hell geworden war. Dasselbe Ergebnis lieferte ein Gerbversuch in einer Stickstoff- und in einer Kohlensäureatmosphäre.

Ferner suchte B. N. Mathur die Rolle des Glycerinrestes bei der Fettgerbung aufzuklären. Er verseifte eine größere Menge hellen Robbentrans und trennte die Fettsäuren mit verdünnter Salzsäure aus der Seife ab. Das Säuregemisch ließ er über Nacht in einer verschlossenen Flasche stehen, wobei sich etwa 16% fester Säuren auf dem Boden der Flasche abschieden. Die überstehenden flüssigen, größtenteils ungesättigten Fettsäuren wurden zu dem Gerbversuch verwendet. Hierzu wurden mehrere Schafspaltstücke, die mit Wasser angefeuchtet waren, mit den Fettsäuren eingerieben und 3 Stunden in einer geschlossenen Trommel gewalkt. Beim Öffnen der Trommel war keinerlei stechender Geruch bemerkbar; die Annahme der Acroleinbildung in dieser Phase der Gerbung hält B. N. Mathur daher nicht für berechtigt. Nach dem Walken wurden die Hautstücke aufgehängt und angetrocknet. Der ganze Prozeß wurde dann wiederholt. Nach dem zweiten Trocknen bei gewöhnlicher Temperatur waren die Hautstücke gegerbt. Sie zeigten nach der Entfernung des überschüssigen Fetts alle Eigenschaften des Sämischleders. B. N. Mathur hat somit, wie auch andere Forscher, festgestellt, daß das Glycerinradikal der Glyceride an dem Prozeß der Sämischgerbung nicht beteiligt ist.

Alle bisherigen Theorien der Sämischgerbung waren auf der Annahme begründet, daß das Öl während des Gerbprozesses oxydiert wird und daß die hierbei entstehenden Oxydationsprodukte dann als die eigentlichen Gerbstoffe anzusehen seien, die mit der Hautsubstanz irgendwie reagieren. Nach B. N. Mathurs Ansicht mußte deshalb der Gerbprozeß beschleunigt werden, wenn dieser Oxydationsvorgang schon vor der Gerbung durchgeführt wurde, wenn man also die Haut von Anfang an mit dem oxydierten Öl in Berührung brachte. Er erhitzte

Tran auf 120°, um die Feuchtigkeit zu vertreiben, und ließ ihn dann in einer flachen Schale bei 80° an der Luft stehen. Der Tran wurde dabei dickflüssig, verlor aber seine helle Farbe nicht. Gerbversuche mit Hautstücken, die dreimal wiederholt wurden, zeigten, daß der auf diese Weise trocken oxydierte Tran keinerlei Gerbwirkung besaß. Die erhaltenen Lederstücke waren hart und brachen beim Liegen. Durch Oxydation an der Luft unter Ausschluß von Wasser konnten sich demnach im Tran nicht die für die Sämischgerbung erforderlichen Stoffe bilden.

Der Rolle des Wassers schrieb B. N. Mathur überhaupt von Anfang an eine besondere Bedeutung zu. Um den Einfluß der Feuchtigkeit auf den Gerbprozeß festzustellen, wurden Hautstücke mit den flüssigen Fettsäuren des Trans eingerieben und zum Teil zeitweise befeuchtet. Nur die befeuchteten Stücke zeigten die charakteristische, tief gelbe Färbung. Ein anderer Versuch ergab, daß bei der Behandlung des Trans mit Wasser unter der Einwirkung der Luft die Jodzahl abnimmt. B. N. Mathur kam daher zur Überzeugung, daß die Fettsäuren unter der Einwirkung von Wasser teilweise in Oxysäuren übergehen. Er stellte feste Oxyfettsäuren her, indem er ungesättigte Tranfettsäuren verseifte, die Seife in Wasser löste und die Lösung mit Permanganat behandelte. Die Oxydationswirkung wurde nach 10 Minuten mit einem Reduktionsmittel abgestoppt. Das abfiltrierte Gemisch fester Oxyfettsäuren wurde zu einem Gerbversuch verwendet. Die Oxyfettsäuren zeigten deutlich gerbende Eigenschaften. Auch die auf diese Weise aus Leinöl und Olivenöl hergestellten Oxyfettsäuren ließen diese Gerbwirkung erkennen.

Durch weitere, sehr umfangreiche Versuche wollte B. N. Mathur feststellen, ob die COOH-Gruppe für den Gerbvorgang irgendwelche Bedeutung hat. Hierzu verseifte er verschiedene Trane (Robben-, Leber-, Haifischtran) und benutzte die Seifen zu Gerbversuchen. In allen Fällen erhielt er ein regelrechtes Sämischleder, obwohl die von Alkali gebundenen COOH-Gruppen der Seifen eine Lactonisierung der Oxyfettsäuren (siehe W. Fahrion) nicht mehr zuließen. Die Lactonbildung ist somit kein notwendiger Teilvorgang der Sämischgerbung.

Durch die gleichzeitige Einwirkung von Luft und Feuchtigkeit auf die Transeifen, die auf einem Baumwolltuch ausgestrichen waren, erhielt B. N. Mathur eine braune Substanz, die bei Abwesenheit von Wasser nicht entstand und ein ausgesprochenes Gerbvermögen zeigte. Auch diese aus den Transeifen erhaltene braune Substanz ergab beim Gerbversuch ein richtiges Sämischleder. Um das Vorhandensein von Hydroxylgruppen in der braunen Seife nachzuweisen, führte B. N. Mathur die Oxysäuren mit Phosphorpentachlorid in die Chlorverbindungen über und konnte zeigen, daß tatsächlich die Hydroxylgruppe durch Chlor ersetzt wird. Die in den Transeifen enthaltene braune Substanz enthält also mindestens eine Hydroxylgruppe.

Es blieb nun noch die Frage eindeutig zu beantworten, ob der Sauerstoff der Luft für die Bildung der Hydroxylgruppen notwendig ist oder nicht. Die Wege, auf denen sich die Hydroxylgruppen bilden können, sind folgende:

1. Nach W. Fahrion: siehe Formeln auf S. 421.

2. Nach der Aldehydtheorie: Bildung der OH-Gruppe in Gegenwart von Luft und unter katalytischer Wirkung des Wassers, oder aber Bildung von Aldehyd während des Gerbprozesses, analog dem Vorgang:

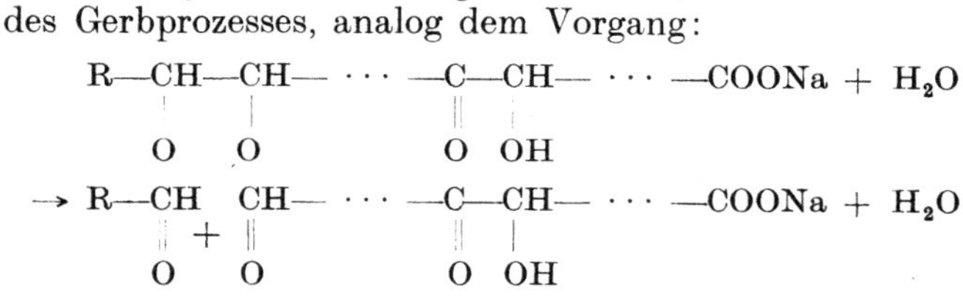

3. Bildung der OH-Gruppe durch die Einwirkung von Wasser und von Luftsauerstoff:

$$\mathrm{R{-}CH : CH{-}\cdots{-}CH : CH{-}\cdots{-}COONa + 2\,H_2O + 2\,O}$$

$$\rightarrow \mathrm{R{-}\underset{OH}{CH}{-}\underset{OH}{CH}{-}\cdots{-}\underset{OH}{CH}{-}\underset{OH}{CH}{-}\cdots{-}COONa}$$

4. Bildung der OH-Gruppe durch die Einwirkung von Wasser ohne Luftsauerstoff:

$$\mathrm{R{-}CH : CH{-}\cdots CH : CH{-} \ldots COONa + 4\,H_2O}$$

$$\rightarrow \mathrm{R{-}\underset{OH}{CH}{-}\underset{OH}{CH}{-}\ldots\ \underset{OH}{CH}{-}\underset{OH}{CH}{-}\cdots COONa + 2\,H_2}$$

5. Oder aber:

$$\mathrm{R{-}CH : CH{-}\cdots{-}CH : CH{-}\cdots{-}COONa + 2\,H_2O}$$

$$\rightarrow \mathrm{R{-}\underset{H}{CH}{-}\underset{OH}{CH}{-}\cdots{-}\underset{H}{CH}{-}\underset{OH}{CH}{-}\cdots{-}COONa}$$

Eine nähere Betrachtung dieser chemischen Vorgänge zeigt, daß bei ihnen entweder teils Sauerstoff verbraucht (1, 2, 3), teils Wasserstoff freigemacht wird (4), oder aber, daß, wie bei 5, keinerlei gasförmige Komponenten an der Reaktion beteiligt sind. Läßt man diese chemischen Umsetzungen, wie sie hier für die Hydroxylbildung angenommen werden, in einem geschlossenen Gefäß sich abspielen, dessen Innendruck auf irgendeine Weise meßbar ist, so müßte man feststellen können, daß bei den Reaktionen 1, 2, 3, bei denen Sauerstoff aus der Luft des Gefäßes verbraucht wird, der Innendruck geringer wird, bei Reaktion 4, bei der Wasserstoff erzeugt wird, der Innendruck ansteigt, während er bei Reaktion 5 gleichbleiben müßte.

B. N. Mathur hat diese Versuche durchgeführt. Er nahm die Gerbung der mit den Transeifen eingeriebenen Blößenstücke in besonderen Flaschen vor, deren Innenraum mit einer geeigneten Vorrichtung zur Kontrollierung des Drucks in Verbindung stand. Er stellte in einer Reihe von Versuchen fest, daß bei der Gerbung weder eine Druckabnahme noch eine Druckzunahme in den Gerbgefäßen vor sich ging, obwohl die Hautstücke teilweise gegerbt waren. Die Versuche zeigten weiterhin, daß die Entstehung der erwähnten braunen Substanz bzw. die Gerbung erst beim teilweisen Austrocknen der Hautstücke einsetzt. Daß die Luft, d. h. deren Sauerstoff, an der Gerbung nicht beteiligt ist, ergaben Versuche, bei denen in einer Wasserstoff-, Stickstoff- und Kohlensäureatmosphäre bei wiederholter Behandlung mit Transeife ein einwandfreies Sämischleder erhalten wurde. Keiner der Gerbversuche war mit irgendeiner Gasbildung oder Gasabsorption verbunden. Die Luft spielt also beim Vorgang der Sämischgerbung nach diesen Untersuchungen B. N. Mathurs keine Rolle.

Auf Grund aller dieser Versuche kommt B. N. Mathur zu folgender Erklärung des Sämischgerbprozesses: Bezeichnet man die Hautsubstanz mit der Formel $R'NH_2$ und nimmt man zunächst einmal die Ölsäure, $CH_3 \cdot (CH_2)_7 \cdot CH : CH \cdot (CH_2)_7 \cdot COOH$, als wichtigsten Bestandteil des gerbenden Öls an, so kommen bei der Gerbung folgende Reaktionen in Betracht:

a) Bei der Verwendung von Glyceriden ungesättigter Fettsäuren (Öl).

1.
$$\begin{array}{l} \mathrm{CH_3\cdot(CH_2)_7\cdot CH:CH\cdot(CH_2)_7\cdot CO\cdot OCH_2} \\ \qquad\qquad\qquad\qquad\qquad\qquad\quad | \\ \mathrm{CH_3\cdot(CH_2)_7\cdot CH:CH\cdot(CH_2)_7\cdot CO\cdot OCH} + 3\,\mathrm{H_2O} \\ \qquad\qquad\qquad\qquad\qquad\qquad\quad | \\ \mathrm{CH_3\cdot(CH_2)_7\cdot CH:CH\cdot(CH_2)_7\cdot CO\cdot OCH_2} \end{array}$$
$$\rightarrow 3\left\{\mathrm{CH_3\cdot(CH_2)_7\cdot CH:CH\cdot(CH_2)_7\cdot COOH}\right\} + \text{Glycerin}$$

2.
$$\mathrm{CH_3\cdot(CH_2)_7\cdot CH:CH\cdot(CH_2)_7\cdot COOH} + \mathrm{H_2O}$$
$$\rightarrow \mathrm{CH_3\cdot(CH_2)_7\cdot}\underset{\substack{|\\ \mathrm{H}}}{\mathrm{CH}}\cdot\underset{\substack{|\\ \mathrm{OH}}}{\mathrm{CH}}\mathrm{\cdot(CH_2)_7\cdot COOH}$$

3.
$$\mathrm{CH_3\cdot(CH_2)_7\cdot}\underset{\substack{|\\ \mathrm{H}}}{\mathrm{CH}}\cdot\underset{\substack{|\\ \mathrm{OH}}}{\mathrm{CH}}\mathrm{\cdot(CH_2)_7\cdot COOH} + \underset{\text{(Kollagen)}}{\mathrm{R'NH_2}}$$
$$\rightarrow \mathrm{CH_3\cdot(CH_2)_7\cdot}\underset{\substack{|\\ \mathrm{H}}}{\mathrm{CH}}\cdot\underset{\substack{|\\ \mathrm{R'NH}}}{\mathrm{CH}}\mathrm{\cdot(CH_2)_7\cdot COOH} + \mathrm{H_2O}$$

b) Bei der Verwendung ungesättigter Fettsäuren spielen sich die gleichen Vorgänge wie bei a) 2 und 3 ab.

c) Bei der Verwendung von Natriumseifen des Öls:

1.
$$\mathrm{CH_3\cdot(CH_2)_7\cdot CH:CH\cdot(CH_2)_7\cdot COONa} + \mathrm{H_2O}$$
$$\rightarrow \mathrm{CH_3\cdot(CH_2)_7\cdot}\underset{\substack{|\\ \mathrm{H}}}{\mathrm{CH}}\cdot\underset{\substack{|\\ \mathrm{OH}}}{\mathrm{CH}}\mathrm{\cdot(CH_2)_7\cdot COONa}$$

2.
$$\mathrm{CH_3\cdot(CH_2)_7\cdot}\underset{\substack{|\\ \mathrm{H}}}{\mathrm{CH}}\cdot\underset{\substack{|\\ \mathrm{OH}}}{\mathrm{CH}}\mathrm{\cdot(CH_2)_7\cdot COONa} + \underset{\text{(Kollagen)}}{\mathrm{R'NH_2}}$$
$$\rightarrow \mathrm{CH_3\cdot(CH_2)_7\cdot}\underset{\substack{|\\ \mathrm{H}}}{\mathrm{CH}}\cdot\underset{\substack{|\\ \mathrm{R'NH}}}{\mathrm{CH}}\mathrm{\cdot(CH_2)_7\cdot COONa} + \mathrm{H_2O}$$

Nach dieser Anschauung von B. N. Mathur spielt sich der Prozeß der Sämischgerbung lediglich zwischen den Molekülen des Kollagens, der ungesättigten Fettsäuren und des Wassers derart ab, daß zuerst die durch Hydrolyse des Öls gebildete Fettsäure durch Einwirkung von Wasser ohne Mitwirkung der Luft in Oxyfettsäure übergeht, und diese Oxyfettsäure dann durch eine chemische Reaktion mit der Hautsubstanz die Bildung des Sämischleders bewirkt.

Im Gegensatz zu W. Fahrion (siehe S. 420) bestreitet also B. N. Mathur die Bildung der Oxysäuren durch Autoxydation mittels Luftsauerstoff. Sie erfolgt nach seiner Ansicht lediglich durch die Einwirkung des Wassers auf die ungesättigten Säuren. Dabei macht er die Feststellung, daß bei einem Überschuß an Wasser keine Bildung der Oxysäuren eintritt. Den Beweis dafür, daß der eigentliche Lederbildungsprozeß zwischen Hautsubstanz und Oxyfettsäure tatsächlich eine so einfache Kondensationsreaktion ist, wie sie durch die Formeln a, 3 oder c, 2 (siehe oben) ausgedrückt ist, bleibt allerdings sowohl W. Fahrion wie B. N. Mathur schuldig.

In weiteren Versuchen prüfte B. N. Mathur den Einfluß der Stellung und der

Zahl der OH-Gruppen auf den Gerbvorgang. Das Natriumsalz der aus Olivenöl hergestellten Dioxystearinsäure zeigt eine beträchtliche Gerbwirkung, während das durch Sulfonieren und Entsulfonieren aus Ölsäure erhaltene Gemisch von α- und β-Oxystearinsäure keinerlei Gerbwirkung besitzt. Die OH-Gruppe in α- oder β-Stellung scheint also gerberisch unwirksam zu sein.

Diese Erfahrungen weisen darauf hin, daß die Jodzahl kein einwandfreies Maß für die gerbende Wirkung eines Öls ist (siehe S. 411). Aus Untersuchungen von A. Eckert und O. Halla ging schon hervor, daß die Jodzahl den ungesättigten Charakter eines Öls nicht einwandfrei anzeigt. Sie fanden, daß die Jodzahl der 2,3-Ölsäure 9,04, die der 3,4-Ölsäure 19,27, die der 4,5-Ölsäure 26,96 und die der 9,10-Ölsäure 89,4 ist. S. R. Trotman und H. Peters haben schon gezeigt, daß Dorschtrane um so ungeeigneter für die Sämischgerbung sind, je größer ihre Oxydierbarkeit ist. Die Stellung der Doppelbindungen in den ungesättigten Glyceriden eines Öls scheint jedenfalls einen wichtigen Einfluß auf dessen Gerbwirkung auszuüben. B. N. Mathur nimmt an, daß die weniger stark ungesättigten Fettsäuren ein besseres Gerbvermögen haben und daß die zwischen der COOH-Gruppe und dem 9. C-Atom liegenden Doppelbindungen nicht sehr aktiv sind, während die oberhalb des 9. C-Atoms liegenden Doppelbindungen schon bei gewöhnlicher Temperatur Wasser anlagern können. Je weiter eine Doppelbindung vom 9. C-Atom entfernt liegt, um so leichter soll sie unter der Einwirkung des Wassers eine OH-Gruppe anlagern. Deshalb hält B. N. Mathur für die Sämischgerbung die Säuren am geeignetsten, die der Ölsäurereihe angehören und deren Doppelbindung an der für die OH-Anlagerung wirksamsten Stelle liegt.

Zu ähnlichen Anschauungen über die Theorie der Sämischgerbung wie B. N. Mathur kam Y. H. Li auf Grund sehr umfangreicher Untersuchungen, die er vor allem mit Naphthalinderivaten ausführte. Allerdings galten seine Untersuchungen nicht nur der Fettgerbung, sondern ganz allgemein dem Gerbprozeß, ohne Rücksicht auf das Gerbmittel. Nach Li muß die Hydroxylgruppe eine zentrale Stellung im Molekül einnehmen, wenn sie der Träger der Gerbwirkungsein soll.

Durch die Untersuchungen B. N. Mathurs hat unsere Kenntnis von der Sämischgerbung zweifellos eine wesentliche Bereicherung erfahren. Trotzdem aber bedürfen nach A. Rogers noch einige Punkte der Aufklärung. So ist es nicht recht verständlich, warum die einen ungesättigten Öle gerben, während andere nur eine geringe oder gar keine Gerbwirkung aufweisen. Während man mit Lebertran, Haifischtran und Robbentran ein gutes Sämischleder erhält, haben Leinöl, Olivenöl und andere pflanzliche Öle eine ganz ungenügende gerbende Wirkung.

In jüngster Zeit haben P. Chambard und L. Michallet noch eine Reihe von aufschlußreichen Untersuchungen über die Sämischgerbung ausgeführt. Aus ihren Ergebnissen schlossen sie, daß der Gerbprozeß aus zwei ganz verschiedenen Phasen bestehe. Die erste Phase bedeute die eigentliche Gerbung, die in einer chemischen Reaktion zwischen dem Hautkollagen, den freien Fettsäuren eines oxydierbaren Öls, Sauerstoff und Wasser bestehe. Dabei wird das Kollagen in ein Protein übergeführt, das gegen Hydrolyse widerstandsfähiger ist als die ursprüngliche Hautsubstanz. Die zweite Phase ist ein Adsorptionsvorgang. Ob der Gerbprozeß der ersten Phase mit der Bildung von Peroxyden entsprechend der Fahrionschen Theorie verbunden ist, bleibt unentschieden. Durch die in der zweiten Phase adsorbierten Stoffe soll das Sämischleder seine charakteristischen Eigenschaften erhalten. Die Stoffe entstehen durch vollkommene Oxydation und Polymerisation neutraler Glyceride und Fettsäuren. Die ersteren sollen helle, amorphe Produkte geben, die ein gutes Leder erzeugen, die letzteren liefern braune, harzartige Stoffe, die zwar sehr rasch gerben, aber das Leder hart und steif machen.

Chambard und Michallet haben besonders den Einfluß der Feuchtigkeit und des Luftsauerstoffs auf die Sämischgerbung untersucht. Als Maß für den Gerbungsgrad diente die vom Leder aufgenommene Fettmenge.

Die Angaben der Tabelle 121 zeigen, daß der Feuchtigkeitsgehalt die Fixierung des Fetts begünstigt. Die stärkste Gerbung wird in einer Atmosphäre mit 100% relativer Feuchtigkeit erreicht, d. h. wenn sie also mit Wasserdampf gesättigt ist. Die Versuchsergebnisse der Tabelle 122 zeigen weiter den Unterschied in der Gerbwirkung zwischen Ölen und den entsprechenden freien Fettsäuren. Die freien Fettsäuren scheinen schneller zu gerben als die Öle.

Der Unterschied zwischen der Sämischgerbung in Gegenwart von Sauerstoff und der Gerbung in einer Stickstoffatmosphäre ist aus den in Tabelle 121 enthaltenen Versuchsergebnissen der genannten Forscher ersichtlich.

Tabelle 121. Einfluß der Feuchtigkeit auf die Sämischgerbung (nach P. Chambard und L. Michallet).

Relative Luftfeuchtigkeit in Prozenten	Schrumpfungstemperatur in °C			Fettgehalt der Leder in Prozenten nach 15 Tagen
	nach 4 Tagen	nach 8 Tagen	nach 15 Tagen	
	Gerbung mit Lebertran.			
0	46	48	53	4,32
20	48	48	53	5,41
40	50	52	61	5,46
70	48	49	63	7,05
100	48	48	65	7,30
	Gerbung mit den Fettsäuren des Lebertrans.			
0	55	56	55	7,09
20	55	59	58	7,35
40	55	59	58	9,05
70	55	62	63	8,95
100	55	63	64	9,10

Tabelle 122. Einfluß des Luftsauerstoffs auf die Sämischgerbung (nach P. Chambard und L. Michallet).

Gerbmittel	Atmosphäre	Schrumpfungstemperatur in °C	Bemerkungen
Lebertran	trockene Luft	56—57	gegerbtes Aussehen
	feuchte Luft	55	gegerbtes Aussehen
Tranfettsäuren	trockene Luft	58—59	gegerbtes Aussehen
	feuchte Luft	57—58	gegerbtes Aussehen
Lebertran	trockener Stickstoff	51	keine Gerbung
	feuchter Stickstoff	50	keine Gerbung
Tranfettsäuren	trockener Stickstoff	50	keine Gerbung
	feuchter Stickstoff	50	keine Gerbung

Die gleichen Verfasser haben außerdem die Gerbwirkung der Mono- und Dioxystearinsäure (hergestellt aus Ölsäure) und der Tetra- und Hexaoxystearinsäure (hergestellt aus Leinöl) untersucht. Die Säuren wurden in alkoholischer Lösung und als Pasten mit Blößen in Berührung gebracht. Mit reinem Alkohol und mit alkoholischer Stearinsäurelösung wurden Vergleichsversuche ausgeführt. Alle Versuchsstücke zeigten ein lederartiges Aussehen, das dem Stearinsäureleder glich. Nach der Entfettung nahmen sie in Wasser aber wieder Blößencharakter an. Eine Gerbung hatte also nicht stattgefunden.

Die Ergebnisse der Untersuchungen von P. Chambard und L. Michallet stehen im Widerspruch zu den Feststellungen B. N. Mathurs. In einer ausgedehnten Versuchsreihe hat der letztere bewiesen, daß die Gasatmosphäre, in der die Gerbung erfolgt, auf den Gerbprozeß keinerlei Einfluß hat, daß also auch in einer Stickstoffatmosphäre eine Gerbwirkung vorhanden ist.

Zusammenfassend läßt sich über den Mechanismus der Sämischgerbung heute folgendes sagen: Als eigentliche Gerbstoffe sind gewisse Oxyfettsäuren anzusehen, die aller Wahrscheinlichkeit nach nicht durch Oxydation, sondern unter der Einwirkung von Wasser entstehen. Dies geht daraus hervor, daß für die Erzeugung von Sämischleder zwar die Gegenwart von Wasser, nicht aber von Luft oder Sauerstoff erforderlich ist. Welche Öle die für die Sämischgerbung geeignetsten Oxyfettsäuren liefern, d. h. inwieweit Zahl und Lage der Doppelbindungen im Fettsäuremolekül die gerbende Wirkung beeinflussen, ist zwar wiederholt Gegenstand von Untersuchungen gewesen, konnte aber bis jetzt nicht zweifelsfrei aufgeklärt werden. Die praktische Erfahrung lehrt, daß die geeignetsten Fettsäuren in den Fischölen vorhanden sein müssen, weil diese das beste Sämischleder liefern.

Der eigentliche Gerbvorgang zwischen Hautkollagen und den als Gerbstoffe wirkenden Oxyfettsäuren bedarf noch der Aufklärung. Die von W. Fahrion und von B. N. Mathur angenommene Reaktion zwischen der Hydroxylgruppe der Oxyfettsäuren und einer NH_2-Gruppe des Kollagens, dessen Struktur wir ja noch nicht kennen, ist noch nicht bewiesen.

Daß neben diesen rein chemischen Vorgängen auch noch eine Adsorption bestimmter, während der Sämischgerbung anwesender oder entstehender Stoffe vor sich geht, ist möglich, aber mit Sicherheit nicht festgestellt. Die bisherigen Untersuchungen lassen erkennen, daß der Vorgang der Sämischgerbung vorwiegend chemischer Natur sein muß.

Literaturübersicht.

Chambard, P. u. L. Michallet: J. I. S. L. T. C. **11**, 559 (1927).
Eckert, A. u. O. Halla: Monatsh. Chem. **34**, 1815 (1913).
Eitner, W.: Gerber **1891**, Nr. 409.
Eitner, W. u. F. Simand: Gerber **1890**, Nr. 375 u. 390.
Engler, C.: Ber. Dtsch. chem. Ges. **33**, 1101 (1900).
Fahrion, W. (*1*): Neuere Gerbmethoden und Gerbtheorien, Braunschweig: Vieweg & Sohn, 1915; (*2*): Angew. Chem. **3**, 172 (1891); Ebenda **4**, 446 (1891); Chem. Ztg. **17**, 521 (1893); Ebenda **17**, 1848 (1893); Collegium **1903**, 267.
Garelli, F. u. C. Apostolo: Collegium **1913**, 425.
Griffiths, R.: Collegium **1908**, 46.
Jahoda, R. u. J. Wladika: Gerber **1890**, 267.
Jean, F.: Monit. scientif. **15**, 889 (1880).
Knapp, F.: Die wissensch. Anschauungen über den Gerbprozeß.
Koerner, Th.: Beiträge zur Kenntnis der wiss. Grundlagen der Gerberei, 10., 11. und 14. Jahresbericht d. Deutschen Gerberschule, Freiberg 1899, 1900, 1903; Zeitschr. Angew. Chem. **1900**, 544.
Kopecky, F. K.: Collegium **1907**, 277.
Li, Y. H.: J. A. L. C. A. **22**, 380 (1927).
Mathur, B. N.: J. A. L. C. A. **22**, 2 (1927).
Meunier, L.: Chim. et Industr. **1918**, 71 u. 272.
Moeller, W.: Collegium **1920**, 12.
Prechtel: Techn. Enzyklop. IX, 238.
Procter, H. R.: Principles of Leather Manufacture. London: E. & F. N. Spon. 1902, S. 378.
Rogers, A.: J. A. L. C. A. **22**, 471 (1927).
Stiasny, E.: Chem. Ztg. **1907**, 1218 u. 1270; Collegium **1908**, 117.
Trotman, S. R. u. H. Peters: Journ. Soc. chem. Ind. **21**, 693 (1902).
Tsujimoto, M.: Journ. Coll. Engin., Tokyo, **1906**, Heft 1; **1908**, Heft 5; Journ. Soc. chem. ind. **1906**, 818.
Vallet d'Artois: Nach „Der Gerber" **1916**, 213.

Fünftes Kapitel.

Künstliche Gerbstoffe[1].

Von Priv.-Doz. Dr. **Leopold Pollak**, Prag.

A. Historisches.

Versuche, künstliche Gerbstoffe herzustellen, dürften seit altersher mit einem zeitweise auftretenden Mangel an pflanzlichen Gerbrohstoffen zusammengefallen sein. Trat aus irgendeinem Grunde Mangel an pflanzlichen Gerbstoffen ein, so darf man wohl der Vermutung Raum geben, daß von berufener und meistens wohl auch von unberufener Seite Versuche einsetzten, den so wertvollen und insbesondere kriegswichtigen Naturstoff zu ersetzen. Diese Anfänge sind vollkommen unbekannt. Erst um die Wende des 18. Jahrhunderts findet man in der wissenschaftlichen Literatur Angaben über Herstellung und Verwendung künstlicher Gerbstoffe, vermutlich Wiederaufnahme früherer Versuche altüberlieferter Vorschriften. Der ungeheure Lederbedarf der Koalitions- und Napoleon-Kriege, die dadurch bewirkte Erschöpfung der europäischen Schälwälder, der Mangel an Arbeitskräften, um Rinden, dort wo sie noch vorhanden waren, zu ernten, der eben erst begonnene und durch die Kontinentalsperre sofort unterbundene Import überseeischer Gerbrohstoffe waren Grund genug, nach Ersatzstoffen zu suchen und pflanzliche Gerbstoffe durch Kunsterzeugnisse zu ersetzen.

Tatsächlich stammen die ersten uns überlieferten Versuche, künstliche Gerbstoffe herzustellen, aus dieser bewegten Zeit. Nach G. Grasser [(5), S. 685] verwendete Resch den Erfurter Torf im Gemisch mit Eichenrinde zum Gerben; dies ist die erste Nachricht über Versuche, den pflanzlichen Gerbrohstoff zu strecken. Ganz instinktiv fand Resch in dem Torf ein Naturprodukt, das Humin- und Mellitsäure enthält, jene Säuren, die in den Versuchen der folgenden Jahre wichtig wurden. Im Jahre 1805 teilte Ch. Hatchett der Royal Society in London mit, daß es ihm gelungen sei, aus verschiedenen kohlenstoffreichen Substanzen durch Einwirkung oxydierender Säuren künstliche Gerbstoffe herzustellen. Ch. Hatchett behandelte Pech, Lack, fossile Kohle, Tierkohle, Holzkohle u. dgl. einige Tage lang mit Salpetersäure. Nach Vertreibung der Säure blieb eine braune, harzartige, in Wasser und Alkohol leicht lösliche Substanz von zusammenziehendem Geschmack übrig, die selbst nach mehrmaligem Eindampfen mit Wasser und Entfernung aller Spuren Salpetersäure noch sauer reagierte, Gelatine- und Metallsalzlösungen fällte, sich demnach wie ein pflanzlicher Gerbstoff verhielt. Durch die Einwirkung der Salpetersäure

---

[1] Zusammenfassende Literatur über das Gebiet der künstlichen Gerbmittel ist bereits reichlich vorhanden. Die wichtigsten Bücher sowie zusammenfassende bzw. Fortschrittsberichte in Zeitschriften, die im Text zumeist nicht gesondert angezogen werden, sind in der Literaturübersicht zu diesem Kapitel unter A auf S. 515 zusammengestellt.

bilden sich jedenfalls neben den organischen Säuren Nitrophenole. Ein anderer Versuch mit Terpentin und Schwefelsäure, Sägemehl und Schwefelsäure und nachträglicher Behandlung mit Salpetersäure führte Ch. Hatchett ebenfalls zu gerbstoffähnlichen Produkten, mit welchen es sogar gelang, Häute in brauchbares Leder überzuführen. In ganz ähnlicher Richtung bewegen sich die Versuche von M. E. Chevreuil und Vogel und später H. C. Jennings, der Torf mit Salpetersäure oxydierte, von W. Skey, welcher bituminöse Kohle und Lignit mit Salpetersäure behandelte und in neuerer Zeit E. E. M. Payne (D.R.P. 200539 v. 1908), der wiederum Torf mit Salpetersäure zu behandeln versuchte. Unter den sich bildenden Nitrophenolen befand sich jedenfalls auch Pikrinsäure, welche gerbende Eigenschaften besitzt, wie dies bereits V. Kletzinsky im Jahre 1864 erkannte. [Siehe auch die diesbezüglichen Zusammenstellungen: G. Grasser (*5*) V. Bd., S. 685 und G. Grasser (*11*) 2. Halbband des V. Bandes, S. 398.]

Keiner dieser Versuche, die sich über das ganze 19. Jahrhundert erstreckten, führte zu einer erfolgreichen Lösung der gestellten Aufgabe. E. Stiasny war es vorbehalten, die ersten künstlichen Gerbstoffe herzustellen, die in der Folge die Grundlage einer immer größer werdenden chemischen Industrie werden sollten. Anläßlich der Londoner Versammlung des Internationalen Vereins der Lederindustriechemiker (Britische Sektion) im Jahre 1913 zeigte E. Stiasny die von ihm erfundenen „Syntane“, welche er durch vorsichtige Kondensation von Phenolsulfosäuren mit Formaldehyd erhalten hatte. Damit wies E. Stiasny einen ganz neuen Weg, der erfolgreich technisch durchführbar war. Das erste nach diesem Verfahren durch die Badische Anilin- und Sodafabrik hergestellte Handelsprodukt war das Neradol D. Der bald darauf ausbrechende Weltkrieg führte in erheblichem Umfange zur Erprobung künstlicher Gerbstoffe, deren wissenschaftliche und technische Vervollkommnung jedoch erst der Friedensarbeit vorbehalten blieb, wobei die wichtigen Bestrebungen der Selbstversorgung diese Arbeiten maßgebend beeinflußten, so daß die künstlichen Gerbstoffe nunmehr ein unentbehrlicher Bestand der Ledererzeugung geworden sind.

Die nach dem Erscheinen des ersten Handelsproduktes (Neradol D) an dieses geknüpften Erwartungen [L. Pollak (*1*)] konnten sich wohl nicht gänzlich erfüllen, da es sich nicht, wie z. B. beim künstlichen Indigo, um eine vollständige Synthese des Naturprodukts handelte, sondern um Herstellung von chemischen Erzeugnissen mit gerbstoffähnlichen Eigenschaften, aber mit ganz anderem chemischen Aufbau.

Die ursprüngliche Bezeichnung „Synthetische Gerbstoffe“ führte zu einer falschen Einstellung gegenüber diesen Erzeugnissen, namentlich auch wegen der fast gleichzeitig erfolgten Synthese des Tannins durch Emil Fischer. Im Laufe der Zeit wurde man sich jedoch bewußt, daß man es zwar noch nicht mit einem vollständigen Ersatz pflanzlicher Gerbstoffe zu tun hat, aber mit besonders wertvollen Hilfsprodukten, mit welchen es möglich wurde, ganz neue Wege in der Gerbung einzuschlagen. Später gelang es dann, künstliche Gerbstoffe herzustellen, die es gestatten, als vollwertige Ersatz- und Austauschgerbstoffe die pflanzlichen Gerbstoffe ganz oder teilweise zu ersetzen, und durch die es möglich geworden ist, in Alleingerbung die verschiedensten Lederarten in vollwertiger Qualität herzustellen. A. Küntzel sagt mit Recht: „In zäher, stetiger Arbeit ist es den Forschungslaboratorien der großen chemischen Fabriken gelungen, Produkte zu entwickeln, die in ihren gerberischen Eigenschaften den pflanzlichen Gerbstoffen nicht nur nahekommen, sondern in mancher Hinsicht, z. B. was die Farbe und Lichtechtheit betrifft, diese noch übertreffen“ (Lederkalender 1937).

Die künstlichen Gerbstoffe sind befugt, den Haushalt mit pflanzlichen Gerbstoffen den jeweiligen Bedürfnissen und Verhältnissen entsprechend zu regeln, sie unterstützen die Bestrebungen der Selbstversorgung ganz außerordentlich und können heute in der Gerbereiwirtschaft gar nicht mehr entbehrt werden.

Bezeichnenderweise wurden die historischen Versuche Ch. Hatchetts wieder aufgenommen. Schon 1886 nahm P. F. Reinsch in Erlangen das D.R.P. 37022 zur Herstellung eines Gerbstoffs aus bituminösem Schiefer und nannte dieses Produkt „Pyrofuscin". Es folgte der bereits erwähnte E.E.M. Payne (1908), und ungefähr 1920 begannen die ausgedehnten Versuche, um aus verschiedenen Kohlen mittels Salpetersäure oder Nitrosegasen, diesmal in wissenschaftlicher und wirtschaftlicher Weise, zu künstlichen Gerbstoffen zu gelangen (Höchst-I. G.).

Anmerkung. Im Jahre 1931 wurden die synthetischen Gerbstoffe der I. G. Farbenindustrie A. G. einheitlich benannt und heißen seither „Tanigane" mit dem betreffenden Zusatzzeichen, z. B. Tanigan F usf. (siehe „Der Gerber", 1931, S. 122). Die zunehmende Kenntnis der Wirkungsweise der verschiedenartigen Erzeugnisse führte 1937 zu einer weiteren Unterteilung in: Tanigan-Marken, Tanigan-supra-Marken und Tanigan-extra-Marken.

Die erste Gruppe der Tanigan-Marken enthält die Hilfs- und Kombinationsgerbstoffe; sie sind nicht ohne weiteres als Ersatz von Naturgerbstoffen aufzufassen, sondern fördern vielmehr durch anteilige Verwendung bei vegetabilischen, Chrom- und anderen Gerbungen den Gerbvorgang und beeinflussen den Ledercharakter in vorteilhafter Weise.

Die Gruppe der Tanigan-supra-Marken sind Spezialgerbstoffe, die sich durch eine gute Lichtechtheit und gute Füllwirkung auszeichnen, sie finden daher besonders zur Herstellung von weißen Qualitätsledern Verwendung.

Die Tanigan-extra-Marken sind ausgesprochene Austauschgerbstoffe für pflanzliche Gerbstoffe. Sie liegen in ihrem chemischen Aufbau den pflanzlichen Gerbstoffen hinsichtlich günstiger Anteilzahl, geringem Aschengehalt, geringem Säuregrad und füllenden sowie gewichtsgebenden Eigenschaften so nahe, daß sie in vielen Fällen dieselben sehr weitgehend ersetzen können.

Da der überwiegende Teil aller älteren Arbeiten und wohl auch der neueren, welche künstliche Gerbstoffe betreffen, sich auf Erzeugnisse der I. G. Farbenindustrie A. G. beziehen und darin die ursprünglichen Namen der Handelsmarken enthalten sind, wobei damit sogar bestimmte Begriffe verbunden wurden, z. B. Neradol-Typ, mußten jene alten Bezeichnungen fallweise beibehalten werden. Im „Beschreibenden Teil" wurden den neuen Benennungen die wichtigsten alten Namen hinzugefügt, so daß dort nachgesehen werden kann. Bei älteren Patenten wurde der ursprüngliche Name des Inhabers beibehalten, trotzdem der größte Teil der betreffenden Fabriken in die I. G. Farbenindustrie A. G. aufgenommen wurde; dies dürfte das Aufsuchen der Patente erleichtern.

B. Theoretischer Teil.

I. Bildung durch Kondensation.

Die Synthese gerbender Stoffe, welche industriellen, gerberischen Zwecken dienen können, geht auf Arbeiten von H. Schiff zurück, der im Jahre 1875 gerbstoffähnliche, leimfällende Kondensationsprodukte aus Phenolsulfosäuren herstellte. Seither sind die aromatischen Sulfosäuren das klassische, meistverwendete Ausgangsmaterial für jene Gruppe von Erzeugnissen der organischen Großindustrie geworden, die unter dem Namen „Synthetische Gerbstoffe", „Künstliche Gerbstoffe oder Gerbmittel", „Tanigane", „Syntane" usf. weite Verbreitung gefunden haben.

Eine Besprechung und Erörterung dieser Präparate ist nur an Hand der großen Anzahl Patente möglich, die im Laufe der letzten 25 Jahre erteilt wurden. Hierbei kann man eine Anzahl größerer Gruppen erkennen, die eine Einteilung ermöglichen, wie dies auf S. 456 geschieht.

In sämtlichen Verfahren ist jedoch ein ganz allgemeines Prinzip, eine leitende Idee zu erkennen, welche, aus den Erfahrungen der pflanzlichen Gerbung stammend, für die Herstellung brauchbarer synthetischer Gerbstoffe als besonders wichtig erkannt wurde, wenn diese den Vergleich mit den natürlichen pflanzlichen Gerbstoffen aushalten sollen. Dies ist: Bildung eines möglichst großen Moleküls bei gleichzeitiger guter Wasserlöslichkeit, wobei kolloidale bzw. semikolloidale Lösungen entstehen. — Während die Wasserlöslichkeit meist durch salzbildende Gruppen, gewöhnlich die Sulfo- oder Sulfongruppe, neuerdings aber auch durch gehäufte phenolische OH-Gruppen erzielt werden kann, sind für die Bildung eines möglichst großen Moleküls mannigfache Wege eingeschlagen worden.

Der Aufbau des größeren Moleküls aus der nichtgerbenden, auch Gelatine nichtfällenden o- bzw. p-Phenolsulfosäure zu dem bereits Gelatine fällenden Kondensationsprodukt zweier Moleküle durch H. Schiff bildet demnach den Ausgangspunkt zur Herstellung gerbender Stoffe, die, und dies ist ausschlaggebend, durch billige Ausgangsrohstoffe, leichte Herstellungsweise und wirtschaftliche Ausbeute den Vergleich mit den immerhin noch reichlich vorhandenen pflanzlichen Gerbstoffen aushalten können. Obwohl das Schiffsche „Didepsid" (diese Bezeichnung wird natürlich nur vergleichsweise gebraucht) bereits Gelatine fällte, war es doch noch kein Gerbstoff, da es die Haut nicht in brauchbares Leder überführte. Die Bildung des „Didepsids", das H. Schiff als „ätherisches Phenolsulfosäureanhydrid" bezeichnete, geht nach folgendem Schema vor sich:

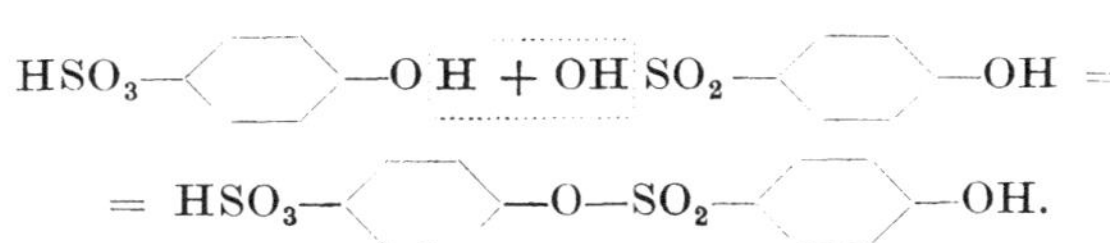

Die saure Sulfogruppe greift, genau wie bei der Depsidsynthese von Emil Fischer, in die Hydroxylgruppe des zweiten Moleküls ein; unter Wasserabspaltung entsteht ein bereits zweikerniger Körper. Das von H. Schiff hergestellte Kondensationsprodukt war jedoch nicht rein (H. Bamberger). Erst auf Grund der Synthese E. Fischers war es möglich, das reine „Didepsid" auf dem Umweg über Carbomethoxyphenolsulfochlorid und phenolsulfosaures Natron durch Kondensation in Gegenwart der berechneten Menge Natronlauge herzustellen:

$$CH_3{-}O{-}\overset{\overset{\displaystyle O}{\|}}{C}{-}O{-}C_6H_4SO_2Cl + NaO{-}C_6H_4{-}SO_3Na =$$

$$= CH_3{-}O{-}\overset{\overset{\displaystyle O}{\|}}{\underset{H}{C}}{-}\underset{H}{O}{-}C_6H_4SO_2{-}O{-}C_6H_4{-}SO_3Na.$$

Verseifung!

Diese Verbindung, mit Soda verseift, liefert das reine „Didepsid" neben Natriumacetat. Das „Didepsid" fällt beim Ansäuern in weißen Nadeln aus. Führt man diese Verbindung mittels Phosphorpentachlorid in das Sulfochlorid über und kondensiert in gleicher Weise mit einem weiteren Molekül Phenolsulfosäure, so erhält man das entsprechenden „Tridepsid" in verfilzten weißen Nadeln; ihm kommt folgende Formel zu:

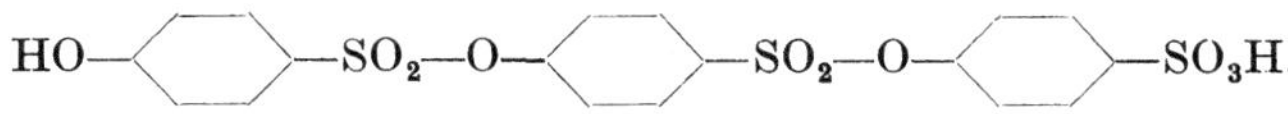

Diese Verbindung verhält sich bereits wie ein wirklicher Gerbstoff.

Es dauerte mehr als 40 Jahre, bis es gelang, derartige Verbindungen technisch herzustellen, der Zeitpunkt fällt praktisch mit der obigen Synthese der reinen Verbindungen zusammen.

Zu ähnlichen Verbindungen gelangt man auch, indem man Chlorsulfonsäure auf Alkalisalze der Phenolsulfosäuren einwirken läßt. Das hierbei entstehende Sulfochlorid reagiert mit einem weiteren phenolsulfosauren Alkalisalz nach folgender Gleichung:

$$NaO \cdot C_6H_4 \cdot SO_2Cl + NaO \cdot C_6H_4 \cdot SO_3Na = NaO \cdot C_6H_4 \cdot SO_2 \cdot O \cdot C_6H_4 \cdot SO_3Na + NaCl.$$

Diese zweikernige Verbindung kann in gleicher Weise mit einem Molekü $NaO \cdot C_6H_4 \cdot SO_2Cl$ zur Reaktion gebracht werden und liefert das Natriumsalz der gerbenden dreikernigen „tridepsid"artigen Verbindung.

Die D.R.P. 260379, 265415, 266124 und 266139 der Badischen Anilin- und Sodafabrik beschreiben Verfahren zur Herstellung derartiger kondensierter Phenol- bzw. Kresolsulfosäuren mit und ohne Verwendung von Vakuum, die D.R.P. 293042 und 293693 der Dtsch.-Kolon. Gerb- und Farbstoff G. m. b. H. verwenden Naphtholsulfosäuren. Andere spätere Verfahren verwenden tricyclische Verbindungen, im allgemeinen möglichst hochmolekulare aromatische Sulfosäuren (z. B. D.R.P. 349727 der B. A. S. F.). Man muß annehmen, daß in diesen technischen Produkten die Verkettung der Kerne viel weiter ging als bis zu dreikernigen Verbindungen, so daß „Polydepside" vorlagen.

Neue Wege zur Vereinigung von zwei oder mehreren Kernen aromatischer Sulfosäuren und damit zur Vergrößerung des Moleküls bot die Erfindung E. Stiasnys (1911), der an die Beobachtungen von A. v. Baeyer (von 1872) anknüpfend, Phenol- bzw. Kresolsulfosäuren mit Formaldehyd kondensierte, wobei bei Einhaltung gemäßigter Reaktionsbedingungen nur wasserlösliche Körper entstanden. Auf dieser Reaktion, bei Verwendung technischer Kresole, beruht die Darstellung des ersten künstlichen Gerbstoffes, der im Fabrikbetrieb hergestellt wurde, es war das „Neradol D" (jetzt „Tanigan D") der B. A. S. F. — Hierbei soll nach G. Grasser [(*1*), S. 15] folgende Reaktion vor sich gehen:

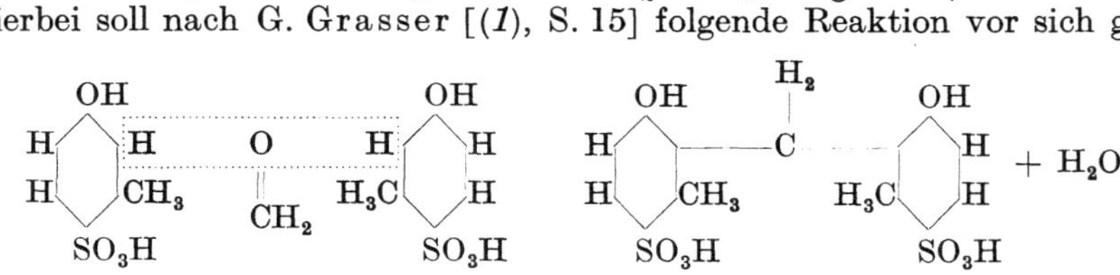

Wahrscheinlich verläuft die Reaktion nicht so einfach und einheitlich, da dies mit dem hohen Gerbwert dieser Erzeugnisse nicht in Einklang zu bringen wäre. Tatsächlich fand G. Sándor, daß rein hergestellte, kristallisierte Dikresylmethandisulfosäure sich anders verhält als die aus technischem „Neradol D" hergestellte Sulfosäure und als „Neradol D" selbst. Auch aus den diesbezüglichen Arbeiten von L. Meunier und C. Gastellu kann dies gefolgert werden. In Anbetracht des außerordentlich großen Lösungsvermögens des „Neradol D" für schwer lösliche Verbindungen ähnlicher Zusammensetzung und andere, z. B. schwer lösliche pflanzliche Gerbstoffe, kann man annehmen, daß das technische Neradol D und die meisten ähnlich hergestellten Verbindungen neben der Dikresylmethandisulfosäure polymere oder kondensierte, schwer- oder unlösliche Verbindungen enthalten, vermutlich von geringem Sulfonierungsgrad oder auch gar nicht sulfoniert, sondern nur kondensiert, die im Überschuß der leicht wasserlöslichen Verbindung gelöst sind. — Einen ähnlichen Vorgang beschreibt J. R. Zink in seinem D.R.P. 344033; hier werden die durch mehr als $^1/_2$ Mol Formaldehyd auf 1 Mol Resorcin entstehenden unlöslichen Kondensationsprodukte durch die leicht löslichen, unter Einwirkung von nur $^1/_2$ Mol Formaldehyd entstandenen Verbindungen in Lösung gehalten. Eine große Anzahl derartiger Beispiele wurde in der Patentliteratur niedergelegt. Andererseits können aber auch Anteile der Ausgangsrohstoffe, z. B. Kresol, enthalten sein, die nicht in Sulfosäuren übergeführt wurden (I. Binko).

Neben der meist angenommenen Bildung einer Diphenylmethanverbindung kann man nach C. Gastellu auch zwei andere Möglichkeiten ins Auge fassen, nämlich die Bildung eines Äthers oder eines Esters. Bei Einwirkung von Formaldehyd auf Phenolsulfosäure entsteht nach dieser Auffassung zuerst die Sulfosäure eines Phenolalkohols (Saligenin):

$$C_6H_4\begin{array}{l}\diagup OH\\ \diagdown SO_3H\end{array} + CH_2O = C_6H_3\begin{array}{l}\diagup OH\\ -CH_2OH,\\ \diagdown SO_3H\end{array}$$

Diese Verbindung reagiert mit einem Molekül Phenolsulfosäure:

$$C_6H_3\begin{array}{l}\diagup OH\\ -CH_2OH\\ \diagdown SO_3H\end{array} + OH\cdot C_6H_4\cdot SO_3H = C_6H_3\begin{array}{l}\diagup OH\\ -CH_2\cdot O\cdot C_6H_4\cdot SO_3H\\ \diagdown SO_3H\end{array} + H_2O;\quad \text{Äther.}$$

Diese Verbindung gibt mit einem weiteren Molekül Formaldehyd:

$$\begin{array}{l}C_6H_3\begin{array}{l}\diagup OH\\ \diagdown CH_2\cdot O\cdot C_6H_3\begin{array}{l}\diagup SO_3H\\ \diagdown CH_2OH\end{array}\end{array}\\ |\\ SO_3H\end{array}$$

und nach weiterer Ätherifizierung mit einem Molekül Phenolsulfosäure:

$$\begin{array}{l}C_6H_3\begin{array}{l}\diagup OH\\ \diagdown CH_2\cdot O\cdot C_6H_3\begin{array}{l}\diagup SO_3H\\ \diagdown CH_2\cdot O\cdot C_6H_4\cdot SO_3H\end{array}\end{array}\\ |\\ SO_3H\end{array}$$

eine dreikernige gerbende Verbindung in Ätherform.

Die Bildung esterartiger Verbindungen stellt sich C. Gastellu folgendermaßen vor:

$$C_6H_3\begin{array}{l}\diagup OH\\ -CH_2OH\\ \diagdown SO_3H\end{array} + HO_3S\cdot C_6H_4\cdot OH = \begin{array}{l}C_6H_3\begin{array}{l}\diagup OH\\ \diagdown CH_2\cdot O_3S\cdot C_6H_4\cdot OH\end{array}\\ |\\ SO_3H\end{array} + H_2O;\quad \text{Ester.}$$

Diese Verbindung reagiert mit 1 Mol Formaldehyd unter Bildung des Phenolalkohols:

$$\begin{array}{l}C_6H_3\begin{array}{l}\diagup OH\\ \diagdown CH_2\cdot O_3S\cdot C_6H_3\begin{array}{l}\diagup OH\\ \diagdown CH_2OH\end{array}\end{array}\\ |\\ SO_3H\end{array}$$

und mit 1 Mol Phenolsulfosäure zu:

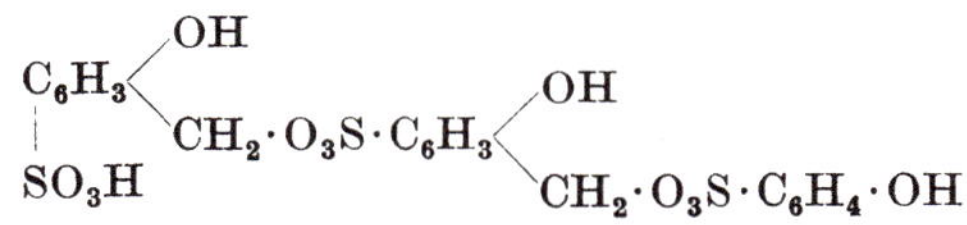

eine dreikernige gerbende Verbindung in Esterform.

Die entsprechende dreikernige Verbindung in Diphenylmethanform müßte folgendermaßen aussehen:

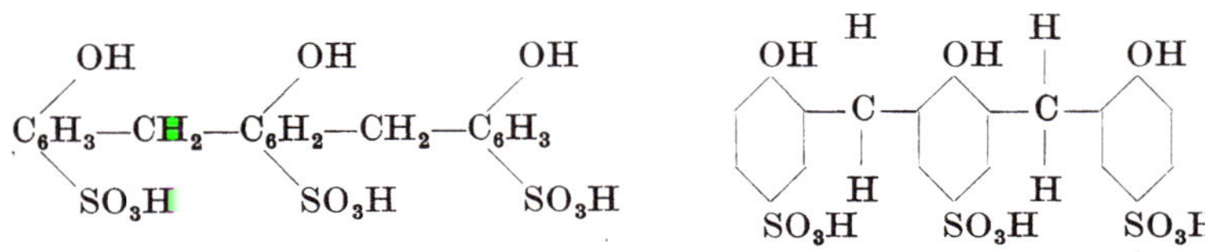

Diese drei möglichen Formen dreikerniger Gerbstoffe dieser und ähnlicher Herstellungsverfahren unterscheiden sich durch die verschiedene Anzahl der freien Phenol- bzw. Sulfogruppen. Die Ätherform besitzt 1 Phenol- und 3 Sulfogruppen, die Esterform 3 Phenol- auf nur 1 Sulfogruppe, während die Diphenylmethanform auf 3 Phenolgruppen 3 Sulfogruppen aufweist. — Diese Formulierung gestattet eine viel bessere Beurteilung der Kondensationsvorgänge, die zu der größeren Anzahl bekannter künstlicher Gerbstoffe führen, namentlich würde dadurch auch die Bildung gerbender Verbindungen aus Rohstoffen ohne phenolische Hydroxylgruppen (z. B. Naphthalin) verständlich.

Die Richtigkeit vorstehender Annahmen und Bedenken, die Neradolformel von G. Grasser betreffend, wurde erst in allerletzter Zeit durch H. Schütte (S. 370) bestätigt. Nach Arbeiten von L. Blangey konnten nach beendeter Kondensation von p-Kresol mit Schwefelsäure und Formaldehyd folgende Verbindungen rein isoliert werden:

a) Dioxyditolylmethandisulfosäure.

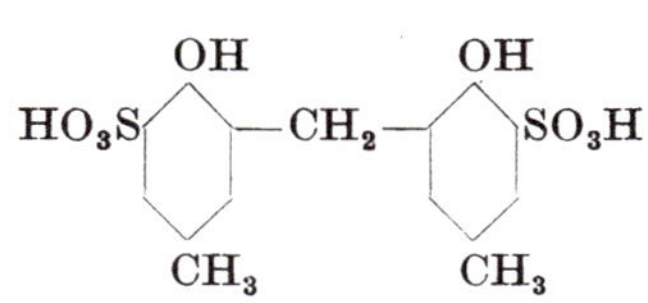

b) Trioxytritolyldimethandisulfosäure.

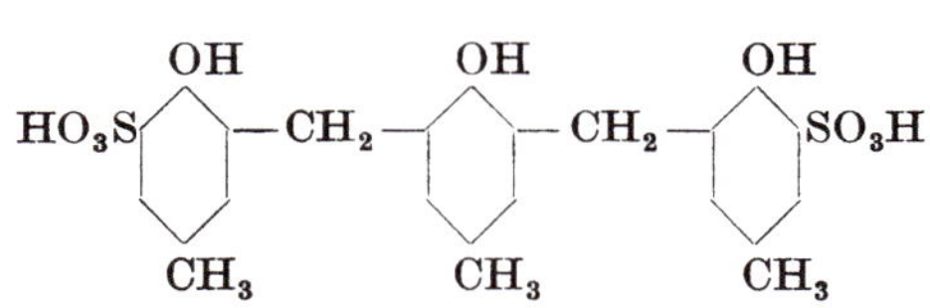

c) Tetroxytetratolyltrimethandisulfosäure.

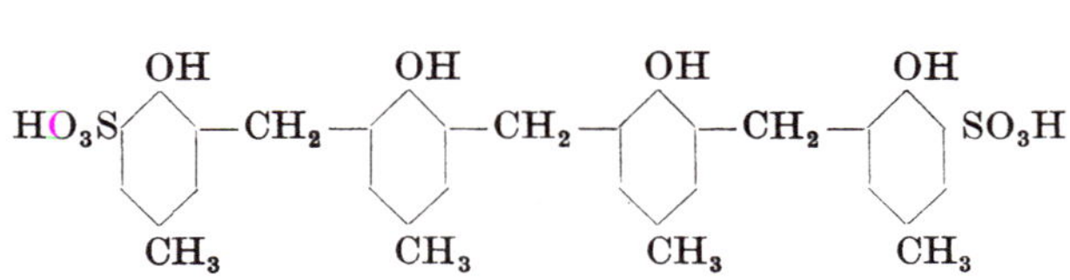

d) Pentoxypentatolyltetramethandisulfosäure.

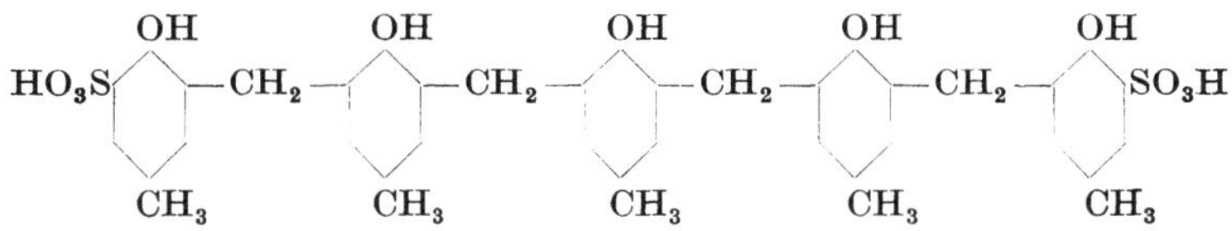

Die Verbindungen a und b sind kristallin, bei c und d ist das Kristallisationsvermögen fraglich. In allen vier Verbindungen sind immer nur zwei wasserlöslich machende Sulfogruppen im Molekül enthalten. Die Bildung der höhermolekularen Verbindungen b, c und d läßt sich damit erklären, daß einerseits ein Teil des p-Kresols unsulfoniert bleibt, andererseits die Sulfogruppe aus den nicht endständigen Kresolkernen durch Formaldehyd verdrängt wurde, dies unter Rückbildung freier Schwefelsäure.

Aus 100 g p-Kresol, 100 g konz. Schwefelsäure und 46,3 g Formaldehyd (30%ig) erhält man: 26 g p-Kresolsulfosäure, 22 g freie Schwefelsäure, 72 g Verbindung a, 47 g Verbindung b, 21 g Verbindungen c und d. Es überwiegen demnach die rein kristallinen Verbindungen.

Es ist sehr bemerkenswert, daß die einzelnen reinen Verbindungen für sich allein eine geringere Gerbwirkung aufweisen als das Gesamtprodukt.

Eine ganz ähnliche Beobachtung konnte auch bei der Herstellung phenolfreier Sulfosäuren nach F.P. 523266 gemacht werden (Sulfonierung der Rückstände von der Anthracenreinigung).

Die Reindarstellung solcher kristalliner Verbindungen auf direktem Wege bildet den Inhalt verschiedener Patente. So schützt das D.R.P. 409984 (B. A. S. F.) Verbindungen, die durch Sulfonieren von Dioxydiarylmethanen erhalten werden, z. B. auch aus Dioxyditolylmethan:

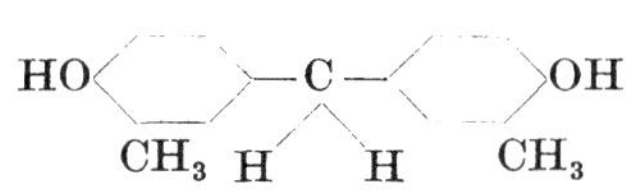

Hierher wären auch jene gerbenden Verbindungen zu rechnen, die nach dem D.R.P. 285772 (Ciba) hergestellt werden können. Dioxydiaryläthane, Diphenyloldimethylmethan, Dioxytriphenylmethan gehen bei Behandlung mit Formaldehyd und neutralen Sulfiten in gerbend wirkende Verbindungen über, die als Methansulfosäuren aufzufassen sind (H. Bamberger).

Die hier geschilderte Verwendung von Sulfiten zwecks Einführung der Sulfogruppe ist in einer ganzen Anzahl von Patenten enthalten: D.R.P. 265855 und 265915 (beide Röhm u. Haas A. G.), D.R.P. 282850 (B. A. S. F.), D.R.P. 368521 (Chem. Fabr. Worms A. G.), D.R.P. 427999 (Agfa), D.R.P. 416277 (Agfa), D.R.P. 475827 (I. G.), E.P. 297830 und F.P. 658874 (I. G.) u. a. Nach einem alten D.R.P. 87335 erhält man aus Phenol, Formaldehyd und neutralen Sulfiten wasserlösliche Körper, welche viel später erst als Gerbstoffe erkannt wurden und deren Verwendung zum Gerben durch das D.R.P. 265855 geschützt wurde. Hierbei tritt angeblich der Methylsulfonsäurerest in den Benzolkern ein. Es ist auf Grund dieser Erklärung allein nicht verständlich, weshalb die so entstehende einfache Verbindung gerben sollte, und man darf annehmen, daß gleichzeitig weitere Kondensationen stattfinden oder bereits vor Eintritt des Methylsulfonsäurerestes in den Kern stattfanden, so daß schließlich ähnliche Verbindungen, wie bei Einwirkung von Formaldehyd und neutralem Sulfit auf vorgebildete alkalilösliche Kondensationsprodukte aus Phenol und Formaldehyd, entstehen (D.R.P. 265915). Wahrscheinlich ist der nach D.R.P. 87335, Beispiel 4, entstehende Körper ungefähr folgendermaßen zusammengesetzt:

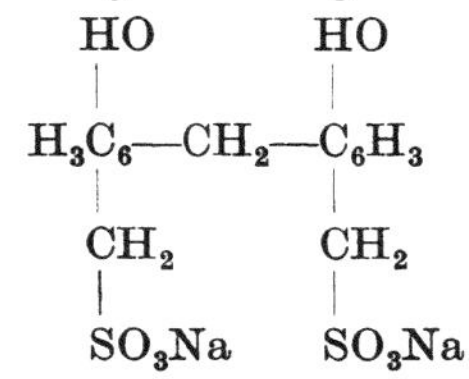

Die einfache Verbindung, die angeblich nach obigem Patent entstehen soll:

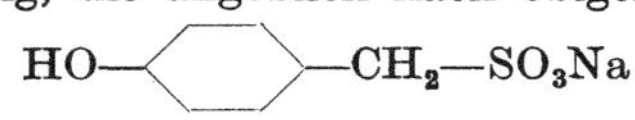

kann auf diesem Wege nicht gewonnen werden. Zu ihrer Herstellung müßte man folgendermaßen vorgehen:

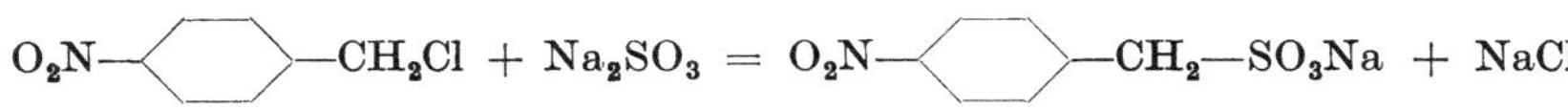

reduzieren:

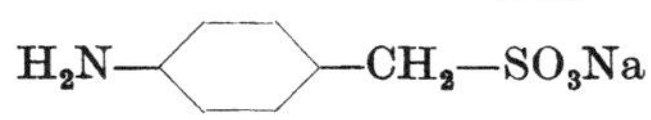

diazotieren und verkochen:

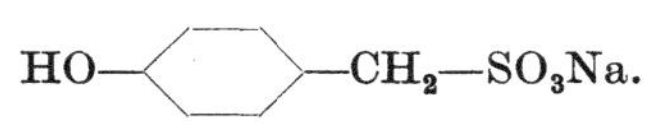

Diese Verbindung besitzt jedoch keinen Gerbstoffcharakter.

Die neutralen Sulfite können durch Bisulfit ersetzt werden, die Kondensation gelingt sowohl bei Temperaturen unter 100° C und bei gewöhnlichem Druck als auch bei Temperaturen über 100° C und unter Druck. Bei allen derartigen Kondensationen (sowie auch schon bei Sulfonierungen über 110° C) muß man sich vor Augen halten, daß nicht nur Verkettungen zweier oder mehrerer Kerne durch den Formaldehyd stattfinden, sondern daß nebenher auch „depsid“-artige Verkettungen eintreten werden, so daß das Bild der Reaktion verworren ist.

Die Herstellung löslicher Verbindungen durch Sulfit- und Bisulfitbehandlung bildet bekanntlich den Inhalt des in der Quebrachoextraktindustrie so nützlichen Verfahrens zur Herstellung kaltlöslicher Quebrachoextrakte (D.R.P. 91603 und 167095, Lepetit, Dollfuß und Gansser) [L. Pollak (*2*), S. 676].

II. Bildung aus unlöslichen Kunstharzen.

Es besteht ein enger Zusammenhang zwischen den gerbenden Verbindungen in der Art der Dioxydiphenylmethandisulfosäure und den von L. H. Baekeland hergestellten unlöslichen Kondensationsprodukten aus Phenol und Formaldehyd, die bekanntlich die Grundlage der Kunstharzindustrie bilden. Nach L. H. Baekeland und H. L. Bender beginnt die Reaktion zwischen Phenolen und Aldehyden mit der Bildung acetalartiger Verbindungen, die sich im weiteren Verlauf umlagern, wobei der Aldehydrest in den Kern wandert und das isomere Dioxydiphenylmethanderivat entsteht.

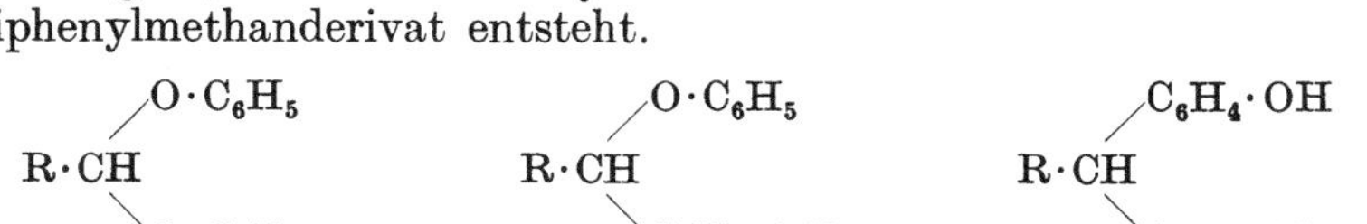

Acetal. Halbacetal. Dioxydiphenylmethanderivat.

An dem Butyraldehyd-Phenol-Produkt konnten L. H. Baekeland und H. L. Bender nachweisen, daß das Halbacetal mit Natronlauge nur ein Mononatriumsalz bildet, während das Endprodukt ein Dinatriumsalz liefert.

Derartige unlösliche Produkte können durch nachträgliche Sulfonierung in lösliche gerbende Verbindungen übergeführt werden, z. B. nach den E.P. 182823 und 182824, wobei es ohne Einfluß sein soll, ob das ursprüngliche unlösliche Produkt durch saure oder alkalische Kondensation erhalten wurde. Wie auf S. 446 erörtert werden soll, können dadurch Unterschiede in der Gerbwirkung erwartet werden. Derartig nachträglich durch Sulfonierung löslich gemachte Produkte haben jedenfalls im unlöslichen, polymerisierten, harzartigen Zustand ein größeres Molekül als die unmittelbar wasserlöslich erhaltenen gerbenden Verbindungen, da letztere nicht bis zur Polymerisation bzw. Verharzung gelangten, vorausgesetzt, daß sie unter mäßigen Temperaturbedingungen hergestellt wurden.

Diese wichtige Frage ist, wie so manche andere auf dem Gebiete der synthetischen Gerbstoffe, nahezu ungeklärt. Vielleicht läßt sich aber mit der verschiedenen Molekülgröße jener Unterschied in der Gerb- und Füllwirkung erklären, den E. Wolesensky (*1*) in dem ausführlichen Bericht des Bureau of Standards in Washington beschreibt.

E. Wolesensky unterscheidet zwischen A-Syntanen und B-Syntanen. Erstere sind solche, die durch Kondensation von Phenolsulfosäuren und Formaldehyd erhalten werden, zum Unterschied von den B-Syntanen, die durch nachträgliche Sulfonierung der unlöslichen Phenol-Formaldehyd-Kondensate hergestellt wurden. Diese füllen angeblich besser, gerben aber langsamer, während die A-Syntane schnell gerben und wenig füllen. Diese Beobachtung ist wichtig und bestätigt den leitenden Gedanken dieser Abhandlung (S. 433). Es sei aber dahingestellt, ob der nachträgliche Abbau so komplizierter, großer Moleküle, wie er durch die Sulfonierung eintritt, einigermaßen gleichmäßig vor sich geht und zu Abbauprodukten führt, die gerbereitechnisch den synthetisch aufgebauten Verbindungen (A-Syntane) gleichkommen, und es erweist sich deshalb als vorteilhafter, die Bildung schwerer löslicher, höher molekularer Kondensationsprodukte nachträglich innerhalb der wasserlöslichen Verbindungen einzuleiten bzw. solche zuzusetzen (S. 440).

Die Phenol-Formaldehyd-Harze besitzen selbst gerbende Eigenschaften, wie dies bereits G. Grasser [(*1*), S. 45] zeigte und zuerst von A. Weinschenk (D.R.P. 184449) und später durch das D.R.P. 432051 der Chem. Fabriken Dr. Kurt Albert geschützt wurde; hierbei muß man Lösungen der Harze in organischen Lösungsmitteln oder in Alkalien zum Gerben verwenden (siehe auch S. 477). G. Grasser (*6*) untersuchte auch die Kondensation von Phenolen und verschiedenen Aldehyden in alkoholischer Lösung und anderen organischen Lösungsmitteln.

Die durch Sulfonierung unlöslicher, harzartiger Verbindungen erhaltenen wasserlöslichen Gerbstoffe kann man mit abgetrennten und nachträglich sulfitierten Quebrachophlobaphenen vergleichen. Bekanntlich gerben aber diese hochmolekularen, in Lösung gebrachten pflanzlichen Gerbstoffe außerordentlich schlecht, sie besitzen eine geringe Affinität zur Haut und halten keinen Vergleich mit einem normalen sulfitierten Quebrachoextrakt aus, in welchem sich sowohl lösliche Gerbstoffe als auch die Phlobaphene im sulfitierten Zustand befinden. Auf Grund dieser auf praktische Erfahrungen gegründeten Überlegung muß, wie oben bereits angedeutet, die Feststellung E. Wolesenskys (*1*) so gewertet werden, daß es für den Ausfall der Gerbung wichtig ist, synthetische, wasserlösliche Verbindungen aufzubauen, die eine gewisse Menge schwerer löslicher Körper gelöst (bzw. peptisiert) enthalten, z. B. gerbende Verbindungen, bei denen nach L. Meunier und C. Gastellu 5 Mol Formaldehyd auf 2 Mol Phenol kommen. Daß nach I. Binko hierbei ein hartes Leder entstehen kann, stört nicht in allen Fällen.

Bei nachträglicher Sulfonierung unlöslicher Verbindungen bekannter Zusammensetzung, die keine so großen Verbände bilden wie Phenolharze, kommen die früher geäußerten Bedenken nicht in Betracht. Verfahren, in denen zum Teil unlösliche Verbindungen entstehen, die im weiteren Verlauf der Reaktion wieder löslich werden, behandeln z. B. folgende Patente: D.R.P. 349727 (B. A. S. F.), 354864 (Bitterfeld), 402942 und 409984 (B. A. S. F.). In einzelnen Verfahren wird dies besonders hervorgehoben. Bei der Sulfonierung von Naphthalin, Anthracen, Rohanthracen, Phenanthren, Fluoren, Carbazol, Reten usw. entstehen anfangs wasserlösliche Verbindungen, die in einer späteren Phase des Prozesses unlöslich und hierauf wieder löslich werden. Hierbei tritt eine Zunahme der Gelatinefällung ein, was darauf hinweist, daß, vermutlich durch Kondensation (Depsid-Typus) oder Sulfonbildung, größere Verbände entstehen, die eine bessere Gerbwirkung besitzen. Bei diesen Verfahren wird kein Aldehyd mitverwendet und die Ausgangsstoffe enthalten keine Hydroxylgruppen. Hierher gehören die D.R.P. 306341 (Hassler-B. A. S. F.), 433292 (I. G.) und die bekannten „Ordoval-Typen" (jetzt Tanigan O). Welche Vorgänge sich bei der Herstellung dieser Körper abspielen und insbesondere auf welcher Gruppierung im Molekül die Gerbwirkung beruht, ist bisher nicht festgestellt worden, vermutlich entstehen doch Oxyverbindungen.

In neuerer Zeit wurde die Mitverwendung schwer löslicher Verbindungen systematisch bei der Herstellung synthetischer Gerbstoffe herangezogen. Dies betrifft nicht nur die eben erwähnten und die an anderer Stelle zu erörternden Verbindungen mit Harnstoff usw., sondern direkte Zusätze schwer löslicher Phenolharze u. dgl., um die füllenden Eigenschaften zu heben. Ein derartiges Erzeugnis ist z. B. Tanigan H. — Andererseits wurden Verfahren beschrieben, nach welchen harzartige Körper verschiedener Art durch Sulfosäuren oder ähnliche Verbindungen in Lösung gebracht werden. Die betreffenden harzartigen Verbindungen sollen jedoch unter milden Bedingungen hergestellt sein und nicht fortgeschrittene Kondensationsprodukte vorstellen (z. B. E.P. 444591 der I. G.), d. h. man trachtet, die Größe des Moleküls auch nach oben zu begrenzen und bestimmte Teilchengrößen einzuhalten, die für den guten Ausfall der Gerbung am vorteilhaftesten sind. Der dadurch geschaffene labile Zustand künstlicher Gerbstoffe, d. h. leichtes Übergehen aus dem leicht löslichen Zustand in den schwer löslichen, harzartigen Zustand, läßt sich am besten mit der Unbeständigkeit pflanzlicher Gerbstoffe vergleichen, die zur Abscheidung unlöslicher, das Ledergewicht erhöhender Spaltprodukte, z. B. Ellagsäure, führt bzw. mit der langsamen Kondensation von zur Ablagerung gelangenden Catechingerbstoffen zu Phlobaphenen innerhalb der Faser. A. Küntzel hat diese Vorgänge als besonders wichtig bei der Herstellung fester Leder hervorgehoben und gleichzeitig bemerkt, daß sie bei synthetischen Gerbstoffen nicht nachgeahmt werden können. Dies kann jedenfalls nicht verallgemeinert werden, wenn man synthetische Gerbstoffe, die in harzartige Körper übergehen können, in Betracht zieht. Tatsächlich enthält mit solchen Gerbstoffen hergestelltes Leder beträchtliche Mengen schwer löslicher Stoffe, die weder in warmen Alkohol noch in kalte 1%ige Sodalösung übergehen, demnach eher noch fester gebunden bzw. schwerer löslich sind als Phlobaphene oder Ellagsäure (L. Pollak und V. Schaufeld).

L. Pollak und V. Schaufeld gerbten Rindsblöße unter ganz gleichen Bedingungen mit verschiedenen Taniganen aus und bestimmten in den fertigen Ledern: Feuchtigkeit, Asche, Hautsubstanz; die Differenz zu 100% wurde als Gesamtgerbstoff angenommen. Dieselben Leder wurden in üblicher Weise mit Wasser ausgelaugt, hierauf vorsichtig an der Luft wieder getrocknet und hintereinander zuerst mit warmem

60%igem Alkohol und dann in der Kälte mit 1%iger Sodalösung dreimal nachbehandelt. Nach neuerlichem vorsichtigem Trocknen bei Zimmertemperatur wurden die Analysen in gleicher Weise wie bei den frischen Ledern vorgenommen. Hierbei konnte in allen Fällen ein ganz beträchtlicher Gerbstoffanteil festgestellt werden, welcher entweder als besonders schwer löslich oder als besonders fest gebunden bezeichnet werden kann, namentlich, wenn man in Betracht zieht, daß bei gleicher Behandlung pflanzlich gegerbte Leder (reines Kastanien- und Mimosaextraktleder) bedeutend weiter entgerbt werden konnten.

Leder gegerbt mit Tanigan	Gesamtgerbstoff vor den Extraktionen	Gesamtgerbstoff nach den Extraktionen
FC	27,04%	14,59%
NCBI	27,18%	11,75%
LL	27,31%	9,26%
O	23,48%	9,00%

Der Gedanke, schwer lösliche Verbindungen in den Gerbsulfosäuren zu lösen, bzw. mit letzteren zu peptisieren, führte zu der Verwendung von Äthylenoxyd, welches in die alkalische Lösung harzartiger Kondensationsprodukte eingeleitet wird.

Ferner wurden Sulfone verschiedenster Art in das große Molekül eingebaut, z. B. Dioxydiphenylsulfon

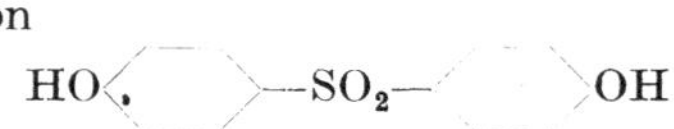

und Dioxydikresylsulfon u. a. m.

III. Synthese und Aufbau.

Die Bildung der synthetischen Gerbstoffe ist nur in den wenigsten Fällen einwandfrei bekannt. Nur bei Verfahren, wo es sich um die Vereinigung wohlbekannter Komponenten handelte, war es bisher möglich, Einblick in die Konstitution dieser Verbindungen zu erlangen. Alle Verfahren, welche Aldehyde oder Ketone und Phenole zur gegenseitigen Einwirkung bringen, eignen sich wegen der Polymerisations- und Kondensationsfähigkeit wenig oder gar nicht zur Aufklärung dieser Verbindungen, bzw. der Vorgänge, die sich bei deren Bildung abspielen.

H. Bamberger ersetzte die OH-Gruppe durch die salzbildende Arylsulfaminogruppe und erhielt eine Arylsulfaminobenzylsulfosäure aus technischen Gemischen von o- und p-nitrobenzylsulfosaurem Na durch Reduktion und nachfolgender Kondensation mit p-Toluolsulfochlorid:

$$NaSO_3—CH_2—C_6H_4—NO_2 \rightarrow NaSO_3—CH_2—C_6H_4—NH\,H + Cl\,O_2S—C_6H_4—CH_3$$

gibt

$$NaSO_3—CH_2—C_6H_4—NH—SO_2—C_6H_4—CH_3.$$

Man erhält ein Gemisch der o- und p-Arylsulfaminobenzylsulfosäuren:

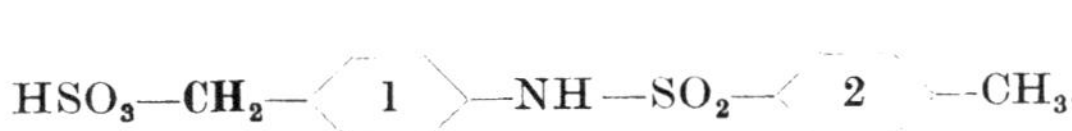

para.

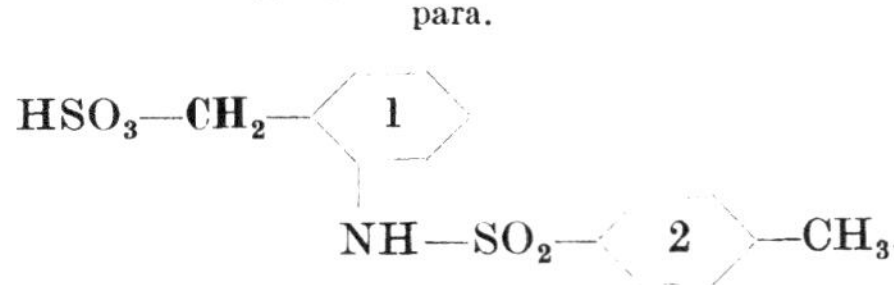

ortho.

Diese zweikernigen Verbindungen zeigen gute gerbende Eigenschaften. Dagegen gerbt die ebenfalls zweikernige Arylsulfamino**benzol**sulfosäure nicht, obzwar sie Gelatinelösungen fällt:

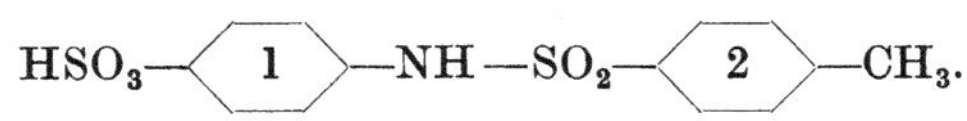

Das gleiche gilt von der zweikernigen Arylsulfoxybenzolsulfosäure:

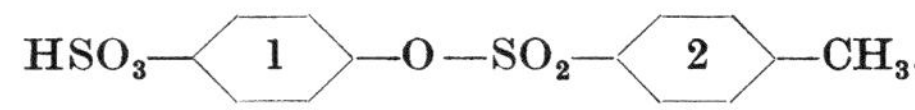

Erst solche Verbindungen, welche die Sulfaminogruppe zwei- oder mehreremal neben einer Sulfogruppe besitzen, wobei eine —NH—SO_2-Gruppe durch die Sulfoxygruppe —SO_2—O— ersetzt sein kann, zeigen wirklichen Gerbstoffcharakter (W. Herzog).

Man kuppelt z. B. Sulfanilsäure in sodaalkalischer Lösung mit Nitrotoluolsulfochlorid,

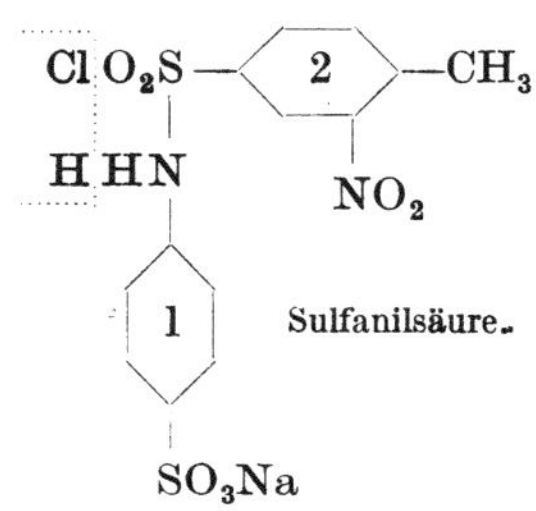

Nitrotoluolsulfochlorid.

Sulfanilsäure.

reduziert die Nitrogruppe und kuppelt wieder in alkalischer Lösung mit der äquivalenten Menge p-Toluolsulfochlorid:

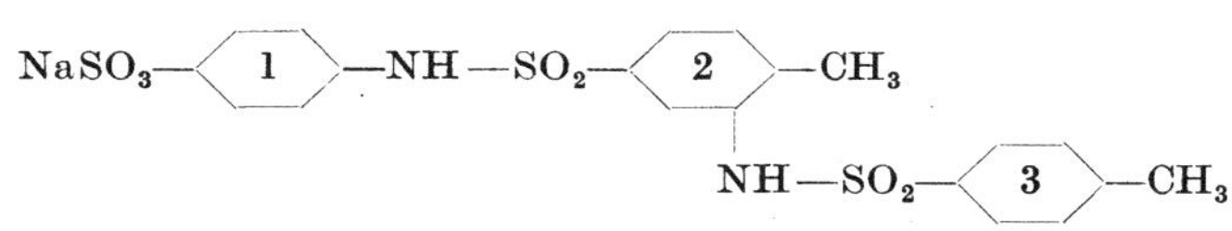

Zu einer Verbindung mit einer Sulfoxy- und einer Sulfaminogruppe gelangt man, wenn man anstatt von der Sulfanilsäure von der p-Oxyphenolsulfosäure ausgeht:

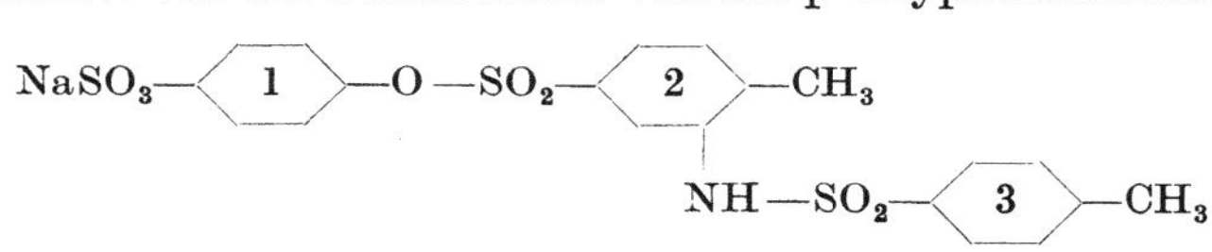

Diese dreikernigen Verbindungen zeigen wirklichen Gerbstoffcharakter. Anstatt je zwei Kerne durch die Sulfaminogruppe miteinander zu verketten, kann man auch zwei H-Atome der Aminogruppe in der Sulfanilsäure durch den Toluolsulfosäurerest ersetzen und erhält so nach dem E. P. der British Dyestuffs Corp. Nr. 293781 ebenfalls dreikernige Verbindungen.

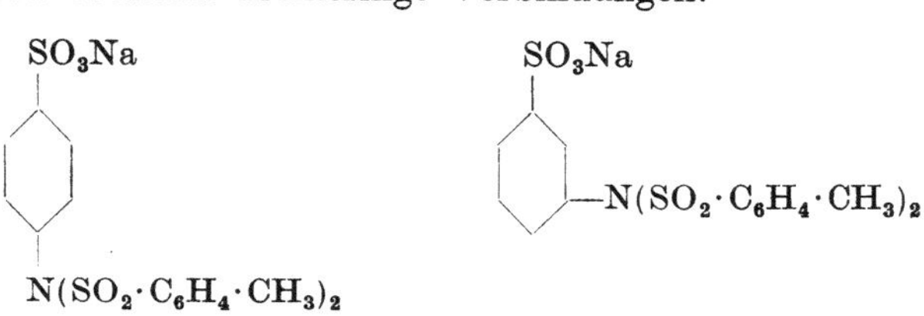

p- und m-Toluolsulfonyl-Sulfanilsäure.

Der auffallende Unterschied zwischen der zweikernigen Benz y l verbindung, welche gerbend wirkt, und der nichtgerbenden zweikernigen Benz o l verbindung ist vielleicht der Methylengruppe —CH_2— zuzuschreiben, welche bekanntlich unter gewissen Bedingungen sehr reaktionsfähig sein kann und als „saures Methylen" bewegliche Wasserstoffatome besitzt. Diese wandern an den benachbarten Sauerstoff und es entstehen saure Enolformen. Solche reaktionsfähige Methylengruppen sind vielfach studiert worden, z. B. die Methylengruppe zwischen zwei Carbonylgruppen (im Acetylaceton, Benzoylacetylmethan usw.) oder zwischen Carbonyl- und Phenylrest (z. B. im Desoxybenzoin). Solche saure Methylengruppen sind natürlich befähigt, Salze zu bilden. Im vorliegenden Spezialfall ist die —CH_2—-Gruppe p- oder o-ständig und unterliegt dadurch der Aktivierung durch die reichlich vorhandenen negativen Substituenten. Ein H-Atom kann sich den Sauerstoff sowohl aus der Sulfo- als auch aus der Sulfaminogruppe holen. Durch diese Betrachtung ergibt sich ein Zusammenhang mit der —CH_2—-Gruppe der Dikresylmethandisulfosäure des „Neradol D-Typus", deren Reaktionsfähigkeit außer Zweifel steht, wenn man die Carbonylform der Phenole annimmt.

An Hand der wenigen Beispiele, durch welche man allenfalls einen Einblick in die Konstitution der gerbenden Verbindung gewinnt, wird man aktiven Methylengruppen immer wieder begegnen. Im D.R.P. 426424 (Höchst-I. G.) werden Verbindungen beschrieben, welche durch Einwirkung von m-Kresol auf 2-oxy-naphthalin-1-ω-methylsulfosaures Na entstehen. Es bildet sich der m-Kresyläther des 2-Oxy-1-methylol-naphthalins, wobei die ω-ständige (endständige) SO_3H-Gruppe gegen den O-Arylrest ausgetauscht wird. Die in Stellung 6 eingeführte Sulfogruppe macht diesen kristallisierten Körper wasserlöslich. Er besitzt gut gerbende Eigenschaften:

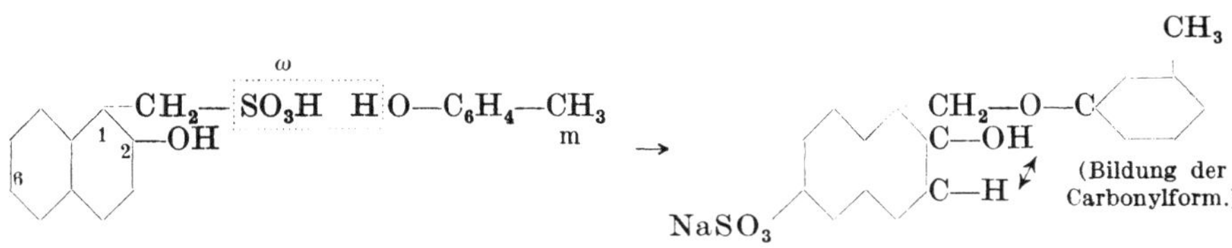

Ein anderes Beispiel beschreibt folgenden Gerbstoff, der auf Grund der auf S. 438 angeführten Formel der einen Komponente eine Verbindung vorstellt, in welcher Methylengruppen mehrfach enthalten sind. Läßt man nämlich auf das Reaktionsprodukt aus Phenol, Formaldehyd und neutralem Sulfit das Dinatriumsalz der p-Phenolsulfosäure bei 140 bis 150° C einwirken, so tritt Kondensation ein und es entsteht:

$$\begin{array}{lcl} HO\text{-}C_6H_3\text{-}CH_2\text{-}\,\boxed{SO_3Na \; + \; Na}\,O\text{-}C_6H_4\text{-}SO_3Na & & HO\text{-}C_6H_3\text{-}CH_2\text{-}O\text{-}C_6H_4\text{-}SO_3Na \\ \quad | & & \quad | \\ \quad CH_2 & \longrightarrow & \quad CH_2 \\ \quad | & & \quad | \\ HO\text{-}C_6H_3\text{-}CH_2\text{-}\,\boxed{SO_3Na \; + \; Na}\,O\text{-}C_6H_4\text{-}SO_3Na & & HO\text{-}C_6H_3\text{-}CH_2\text{-}O\text{-}C_6H_4\text{-}SO_3Na \end{array}$$

Zur Erklärung der Resorcin-Formaldehyd-Kondensation nach dem bereits auf S. 435 angezogenen D.R.P. 344033 (J. R. Zink) kann die von D. Vorländer beschriebene „Methon-Reaktion" auf Aldehyde herangezogen werden, die auch als „Dimedonverfahren" bekannt ist. Methon ist 5,5-Dimethyldihydroresorcin und reagiert in alkoholisch-wässeriger Lösung mit Aldehyd im Verhältnis: 1 Mol Aldehyd + 2 Mol Methon — 1 H_2O. Hierbei entstehen bei aliphatischen

Aldehyden hydrierte Abkömmlinge des Diphenylmethans vom Enolsäurencharakter, welche sich mit Eisenchlorid färben:

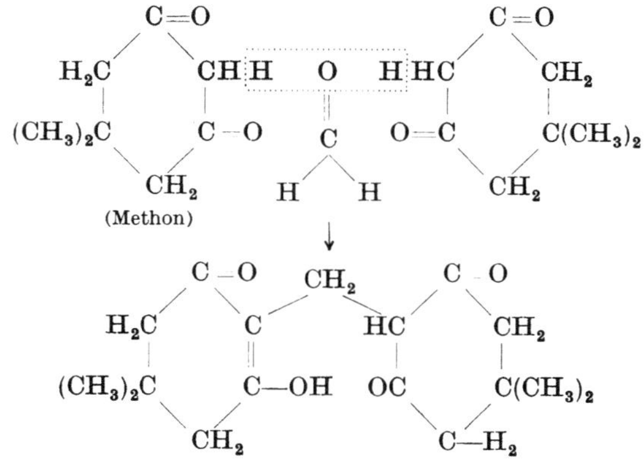

Führt man die Kondensation in Eisessiglösung aus, so treten 2 Mol Wasser aus und es entsteht eine Verbindung, die nicht mehr sauer reagiert und mit Eisenchlorid keine Färbung gibt (Hydroxanthenderivat).

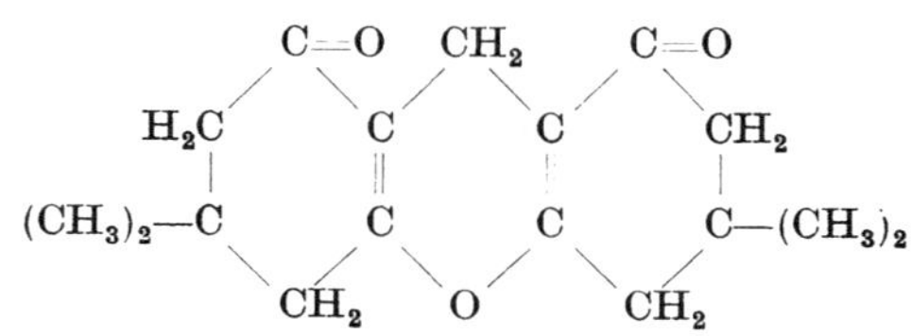

Das hier bestehende Reaktionsverhältnis 2 Mol Methon und 1 Mol Aldehyd entspricht den im D.R.P. 344033 verwendeten Verhältnis $^1/_2$ Mol Aldehyd auf 1 Mol Resorcin, so daß ein Rückschluß möglich erscheint.

Für gerbende Verbindungen, die durch Kondensation aromatischer Oxysäuren, z. B. der Salicylsäure mit Formaldehyd ohne Eintritt einer Sulfogruppe, entstehen (z. B. D.R.P. 510445 bzw. 512405), kann man nach C. Gastellu folgende drei möglichen Formeln annehmen:

Ätherform:

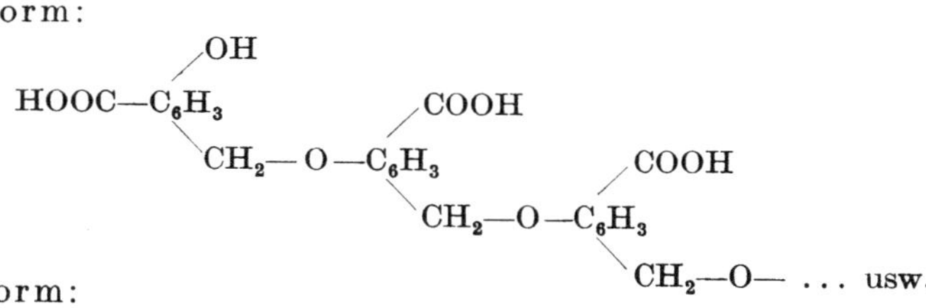

Esterform:

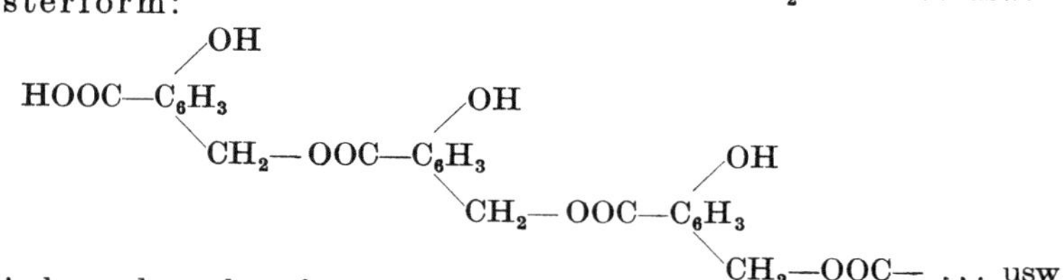

Diphenylmethanform:

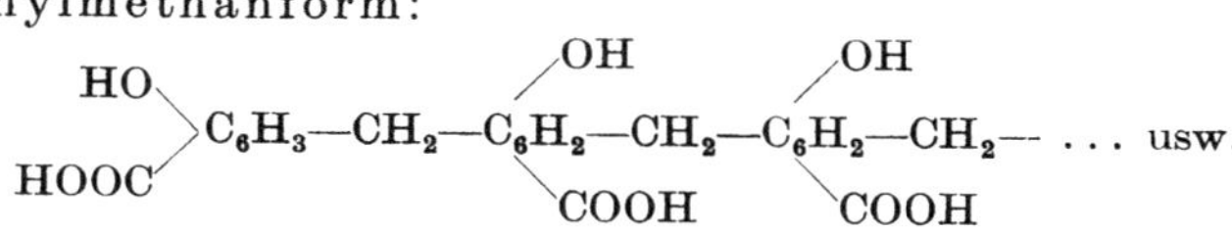

Auf Grund vorstehender Überlegungen würden die Kondensationsprodukte aus Resorcin und Formaldehyd nur in der Äther- und Diphenylmethanform möglich sein:

Ätherform:

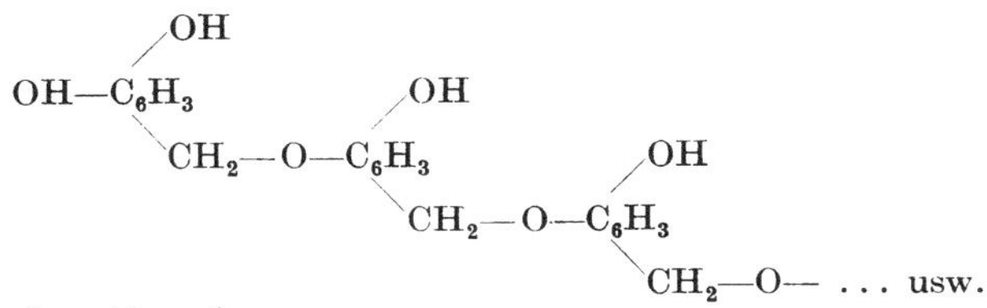

Diphenylmethanform:

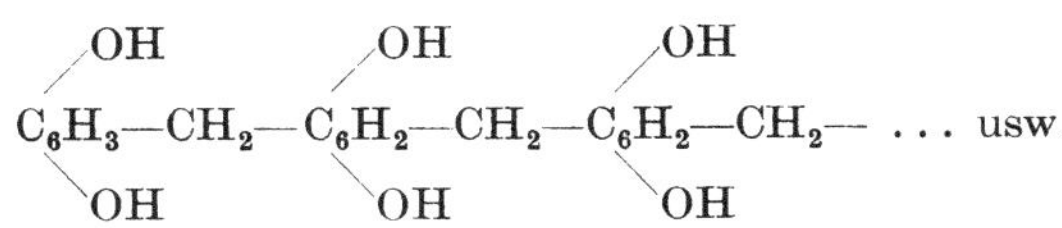

Diese verschiedenen Formelbilder lassen ebenfalls verschiedene Auslegungen betreffs der Eigenschaften, Löslichkeit, Verharzungsmöglichkeit usw. zu. Auch hier entstehen Verbindungen mit reaktionsfähiger Methylengruppe. Der Zusammenhang gerbender Eigenschaften mit dieser Gruppe bedarf noch weiterer Aufklärung. L. Pollak und H. Basel führten in diesem Zusammenhang folgende Versuche aus:

Unter Zugrundelegen der schematischen „Neradol-Formel" auf Basis von Phenol:

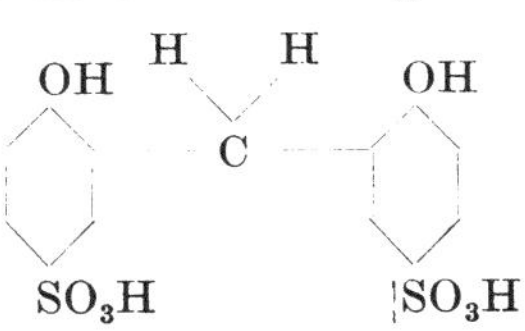

müßten sich bei der Kondensation von je 2 Mol. Phenolsulfosäure mit Acetaldehyd bzw. mit Aceton Verbindungen ergeben, in welchen je ein bzw. zwei Atome Wasserstoff der Methylengruppe durch CH_3 ersetzt sind, während die mit Formaldehyd erhaltene Verbindung die unveränderte Methylengruppe besitzt. Hierbei ist es wichtig, eine Phenolsulfosäure zu verwenden, die bei höchstens 110° C hergestellt wurde und keine Gelatinefällung gibt, demnach nicht polymerisiert ist. Von den so erhaltenen Verbindungen gab die mit Formaldehyd kondensierte die stärkste Gelatinefällung, jene mit Aceton die schwächste, und sie unterschieden sich auch bei der Gerbung. Dies deckt sich mit einer Reihe von Angaben, die sich im Schrifttum verstreut vorfinden, namentlich über die schlechte Gerbkraft der Acetaldehydverbindung, z. B. G. Grasser [(*1*), S. 145].

Diese Unterschiede werden jedoch leicht verdeckt, wenn man bereits polymerisierte Phenolsulfosäuren verwendet, die z. B. durch 12stündiges Erhitzen auf 160° C erhalten wurden, oder wenn man Phenol mit den beiden Aldehyden und wenig Säure zu harzartigen Verbindungen vorkondensiert und hierauf sulfoniert. Im letzteren Fall entstehen Verbindungen, die keinerlei Schlüsse zulassen, da Polymerisation und Verharzung jede Beurteilung verhindern.

Dies zeigt, wie wichtig die genaue Kenntnis der Bausteine und die Vermeidung aller Einflüsse, welche Polymerisation und Verharzung begünstigen, für die Beurteilung des Wesentlichen eines Verfahrens zur Herstellung gerbender Stoffe ist.

Viel übersichtlicher gestalteten sich die Versuche, als L. Pollak und H. Basel die Sulfonierung reiner kristallisierter Verbindungen vornahmen, die durch Kondensation von 2 Mol Phenol mit 1 Mol Acetaldehyd bzw. 1 Mol Aceton erhalten werden können. Die bei niedriger Temperatur erhaltene Sulfosäure des α,α-Di-(4-oxyphenyl)-äthans (I) (aus Phenol und Acetaldehyd) zeigte bessere gerbende Eigenschaften als die Sulfosäure des p-Diphenoldimethylmethans (II) (aus Phenol und Aceton). Die kristallisierten Ausgangsstoffe lassen sich durch folgende Formeln ausdrücken:

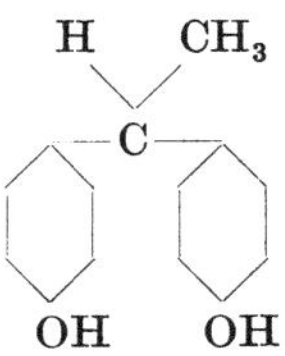

I

Schmelzpunkt: 121 bis 122° C.

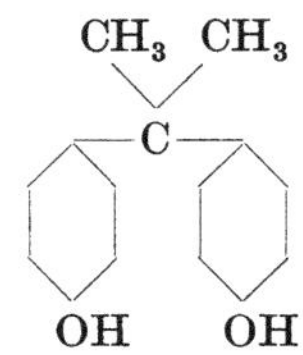

II

Schmelzpunkt: 152 bis 153° C.

Siehe auch G. Otto (*5*).

Daß die Sulfosäure der unter Verwendung von Aceton hergestellten kristallisierten reinen Verbindung keine genügende Gerbwirkung besitzt, geht aus dem D.R.P. 637732 (I. G.) hervor, in welchem nur von deren leimfällenden Eigenschaften die Rede ist und sie zwecks Verbesserung der gerbenden Eigenschaften mit Kondensationsprodukten des Harnstoffes und Formaldehyds in saurer Lösung vereinigt wird. Dies ist wieder ein Beispiel für den günstigen Einfluß des vergrößerten Moleküls auf die Gerbwirkung, abgesehen von der später zu erörternden Wirkung des Harnstoffes.

Auf S. 439 wurde bereits erwähnt, daß in vielen Verfahren bei nachträglicher Sulfonierung von Phenol-Aldehyd-Harzen kein Unterschied gemacht wird, ob die vorhergegangene Kondensation mit Hilfe saurer oder alkalischer Kondensationsmittel erfolgte, wie dies z. B. in den A.P. 1695655 (Niacet Co.) und A.P. 1437726 (Croad-McArthur) bzw. dem diesbezüglichen E.P. 182823 von 1921 und F.P. 549869 beschrieben wird. Während jedoch die sauren Kondensationsprodukte Gemische von Acetalen, Halbacetalen und Methylendiphenolen vorstellen, denen noch unveränderte Phenole bzw. Spaltprodukte der Kondensationsprodukte beigemengt sind, enthalten die basischen Kondensationsharze verschiedene Phenolalkohole und unverändertes Phenol (J. Scheiber, K. Sändig, S. 111 und 112, L. Lederer, O. Manasse, A. Dianin), D.R.P. 85588 (Bayer & Co.). Es ist deshalb zu erwarten, daß die durch nachträgliche Sulfonierung so verschiedener Substanzen erhaltenen gerbenden Stoffe ebenfalls verschiedenartig zusammengesetzt sind und verschiedenartige Wirkungen auf die Haut ausüben.

Man ist jedoch versucht, die Neigung zu leichter Verharzbarkeit synthetischer Gerbstoffe als eine ihrer wichtigsten Eigenschaften anzusehen und diese zusammenfassend wie folgt zu beschreiben: Polymerisationsfähigkeit, Kondensationsfähigkeit und Anwesenheit einer „resinogenen" Gruppe (J. Scheiber und K. Sändig, S. 37; A. Eibner).

Daß ein großer Teil der bisher bekannten synthetischen Gerbstoffe nicht Endglieder, sondern Anfangsglieder einer Verbindungsreihe sind, zeigen die Versuche von L. Meunier und C. Gastellu in der bereits auf S. 435 angeführten Arbeit. Werden auf Phenolsulfosäure größere Mengen Formaldehyd zur Einwirkung gebracht (mehr als 1 Mol auf 2 Mol Phenol), so entstehen nach dreitägigem Stehen Verbindungen ansteigender Viskosität. Die Auslaufzeit beträgt bei:

1,33 Mol	Formaldehyd	auf	2 Mol.	Phenol	16 Sekunden
1,50 „	„	„	2 „	„	36 „
1,60 „	„	„	2 „	„	44 „

gegenüber nur 10 Sekunden, wenn das Verhältnis 1:2 ist. Eine Verbindung des Verhältnisses 1,71:2 ist bereits eine feste Gallerte. Im Verhältnis der ansteigenden Viskosität nimmt auch die Wasserlöslichkeit ab, bereits die Verbindung 1,33:2 löst sich mit schwacher Opaleszenz. L. Meunier und C. Gastellu nehmen an, daß hierbei mehrere Gruppen aneinandergekettet werden:

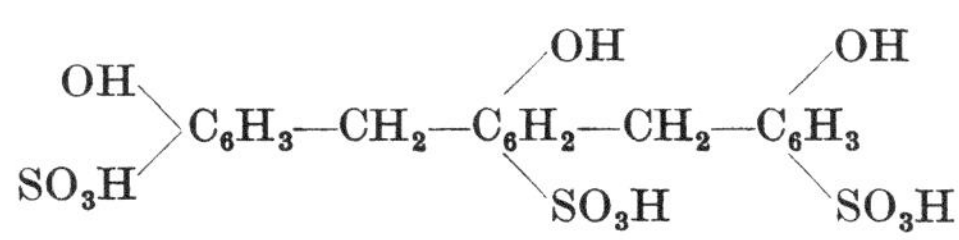

oder:

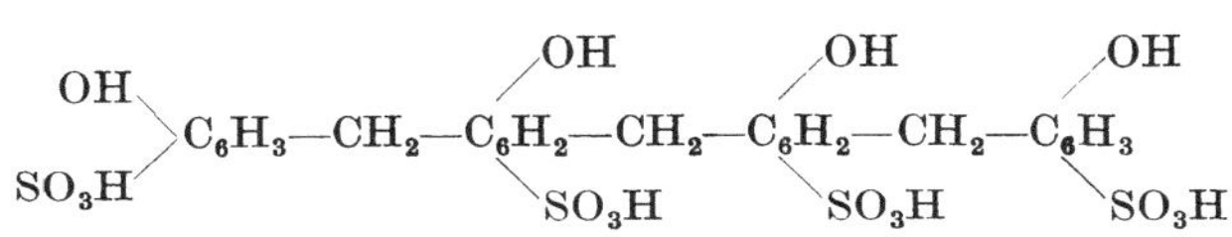

usw.

Das gleiche gilt für die nach dem wiederholt angezogenen D.R.P. 344033 (J. R. Zink) hergestellten Verbindungen, die bei Verwendung von mehr als $^1/_2$ Mol Formaldehyd auf 1 Mol Resorcin schwer- bzw. unlöslich werden, und auch für jene Verbindungen, die L. Pollak aus Resorcin, Formaldehyd und Harnstoff bei gleichzeitiger Kondensation erhielt (D.R.P. 537451).

Zwischen dem Anfangsglied von größter Löslichkeit und dem unlöslichen harzartigen Endglied solcher Reihen liegen die wertvollsten Gerbstoffe, nämlich jene, die höher molekulare, schwer lösliche Kondensationsprodukte peptisiert bzw. gelöst enthalten. Diese werden nicht nur gerbende, sondern auch füllende Eigenschaften haben.

Damit wäre auch das ausgezeichnete Gerbvermögen der durch künstliche Gerbstoffe gelösten pflanzlichen, ursprünglich schwer löslichen Gerbextrakte erklärt. Durch die Lösung bzw. Peptisierung mittels synthetischer Gerbstoffe wird das große Molekül des schwer löslichen pflanzlichen Gerbstoffes nicht verändert, wie z. B. bei dem bekannten Sulfitierungsvorgang, wobei der pflanzliche Gerbstoff schließlich sogar molekulardispers werden kann [E. Stiasny und F. Orth (*1*)].

Das System „leicht löslicher synthetischer Gerbstoff — schwer löslicher synthetischer Gerbstoff" hat seine Analogie in den pflanzlichen Gerbstoffen, die erwiesenermaßen aus Fraktionen verschiedener Teilchengröße und Löslichkeit bestehen (E. Stiasny und O. E. Salomon).

Bekanntlich steht auch die Adstringenz der Gerbstoffe in direktem Verhältnis zur Teilchengröße oder zur Menge schwerer löslicher, höher molekularer Gerbstoffteile. Dies auf synthetische Gerbstoffe übertragen, führt wieder zur leitenden Idee, große Moleküle zu bilden.

Man suchte und fand hierfür Ausgangsrohstoffe in verschiedenen Teeren, Pechen, Destillationsrückständen, Säureharzen und schließlich auch in den Sulfitablaugen, die alle zwar keine einheitlichen Gebilde vorstellen, aber des billigen Preises halber vorteilhaft verwendet werden können.

So erhielt z. B. M. Melamid durch Oxydation, Sulfonierung, Kondensation und Veresterung von Anthracenöl oder Weichpech gerbende Verbindungen (D.R.P. 451534). — Namentlich russische Herstellungsverfahren für künstliche Gerbstoffe fußen auf der Verwendung von Roh- und Abfallstoffen der Teer- und Petroleumdestillation. Diese wurden in eine Art System gebracht und in einer großen Anzahl Arbeiten und Patenten genau beschrieben. Da darin einige Anhaltspunkte über die möglichen chemischen Vorgänge enthalten sind, müssen sie in diesem Abschnitt erwähnt werden, obwohl sie eher in den Abschnitt „Rohstoffe" gehören.

A. Nastjukow und A. Dawydow benennen die durch Kondensation ungesättigter Kohlenwasserstoffe des Erdöles mit Formaldehyd erhältlichen gerbenden Verbindungen Formolite, jene durch Kondensation mit Kohlehydraten, Cellulose u. dgl. erhaltenen Verbindungen Desoxyne bzw. Sulfodesoxyne.

Die Desoxynbildung aus Cellulose und Benzol soll sich nach A. Kogan durch nachstehende Formel darstellen lassen:

$$C_6H_{10}O_5 + 2\,C_6H_6 - 3\,H_2O = C_{18}H_{16}O_2.$$

Nach A. Kogan sollen die von A. Nastjukow beschriebenen Syntane I und V Desoxyne der Furanreihe vorstellen und dem Tanigan O (früher Ordoval 2 G) nahestehen. Näheres in den Originalarbeiten, im D.R.P. 532893. — Ya. Dodonow und E.M. Soshestvenskaya berichten über Produkte aus dem Bitumen des Kaspischen Meeres. In einer P. P. gezeichneten Arbeit wird über die Formolite und Desoxyne berichtet, die aus nicht schmierendem Rohöl hergestellt werden, wobei als Nebenprodukt 40% Schmieröl entsteht. J. Berkmann, W. Babun und D. Tolkatschew befaßten sich mit der Charakteristik des „Bestan AS". Es wird aus Anthracen hergestellt, das als Nebenprodukt jenes Öles abfiltriert wird, welches man zum Imprägnieren der Eisenbahnschwellen verwendet. Dieses Rohanthracen enthält eine Mischung von 30 bis 35 Teilen Phenanthren, 10 bis 17 Teilen Carbazol, 8 bis 12 Teilen Anthracen. In dem sulfonierten und mit Formaldehyd kondensierten, schließlich mit Bichromat oxydierten Endprodukt werden die Verbindungen der aromatischen und heterocyclischen Sulfosäuren als die aktiven gerbenden Stoffe bezeichnet. F. Ossipenko und E. Lipkina wiesen darauf hin, daß man Teer nicht vollständig verwerten kann, am besten eignen sich die höheren Phenole aus der 240 bis 280° C-Fraktion. — G. Powarnin, P. S. Konowalenko, O. J. Borodina und A. Pisstschulina untersuchten die Sulfonierung pyrogenetischer Teere aus dem Krackprozeß, Ölschieferteer, Laub- und Nadelholzteer; Torfteer- und Generatorteerdestillate, die Oxyverbindungen enthalten, eignen sich am besten, Naphthalin, seine Derivate und Oxydationsprodukte gaben keine befriedigenden Ergebnisse. Nadelholzteer verhält sich günstig. Die Sulfonate wurden mit Formaldehyd, Furfurol, Glucose, Sulfitcelluloseextrakten usw. kondensiert. — J. Berkmann und A. Ssawitzki (*1*) kondensierten Rohanthracen mit Chlorschwefel. Sie untersuchten den Einfluß der Substituenten im Naphthalinkern auf die gerbenden Eigenschaften der Naphthalinsulfosäuren und fanden, daß Chlor und OH-Gruppen die Adsorption erhöhen, eine zweite Sulfogruppe diese aber herabsetzt. In einigen Arbeiten werden sogar Elementaranalysen der betreffenden gerbenden Erzeugnisse mitgeteilt, trotzdem doch außer Zweifel steht, daß keine einheitlichen Verbindungen vorliegen. Ein verläßliches Bild über die Art und die Eigenschaften dieser Gerbmittel läßt sich aus den zahlreichen Angaben trotzdem nicht zusammenstellen. Durch Oxydation von Torfteer mit Salpetersäure und Chromsäure erhielten P. A. Jakimow und R. Tatarskaja gerbende Stoffe[1].

Ein weiteres derartiges Ausgangsmaterial ist der sog. Edeleanu-Extrakt aus der Petroleumraffination mit schwefliger Säure [z. B. D.R.P. 545968 (Pott u. Co.)].

Etwas übersichtlicher ist die Verwendung di-, tri-, polycyclischer und hydroaromatischer Verbindungen, Einführung von hochmolekularen aliphatischen Seitenketten, Veresterung und Verkettung mittels verschiedener Gruppen. Namentlich wurde die Veresterung mittels p-Toluolsulfochlorid, einem Abfallstoff der Saccharinfabrikation, vielfach versucht (W. Herzog). Eine Anzahl Patente haben die Esterifizierung der Rohstoffe und Zwischenprodukte zwecks Vergrößerung des Moleküls und nachträglicher Sulfonierung zum Inhalt

[1] Ausführlich in dem Buche: Sovietsynthetische Gerbstoffe von J. Berkmann. Kiew 1935.

(D.R.P. 380825, 386297, 388546 usw.). Nicht nur schwere Anthracenöle u. dgl. wurden in Ester umgewandelt, auch Sulfitablauge wurde esterifiziert und dadurch ihre Gerbwirkung angeblich erhöht. O. Beyer nimmt dabei an, daß durch den Eintritt des sauren Sulfotolylrestes die benachbarten Hydroxyle der Ligninsulfosäure Säurecharakter von der Stärke einer organischen Säure annehmen (vorausgesetzt, daß benachbarte Hydroxyle vorhanden sind).

Die Verwendung von Kohlehydraten, wie Zucker, Dextrin, Cellulose, Sägemehl, im Rahmen der Phenolsulfosäurekondensation bezweckt ebenfalls die Vergrößerung des Moleküls. Teils dachte man die Aldehydeigenschaften der Aldosen auszunutzen, teils schwebte wohl der Eintritt von Zuckermolekülen in der Art der Fischerschen Synthese den Erfindern vor. Hier sind folgende Patente zu nennen: D.R.P. 358126, 360426, 417972 u. a. m.; ferner das A.P. 1460422 (Röhm u. Haas Corp., Philadelphia), in welchem die Bildung einer Penta-p-phenolsulfonyl-glykose behauptet wird!

Die Einführung von Schwefel, der nicht in Form eines Sulfosäurerestes oder als Sulfon im Molekül enthalten ist, bildet den Inhalt einer großen Anzahl von Patenten. Hierbei sind jene Verbindungen am wertvollsten, die ungefärbt sind und nicht färben. Bei der Phenol-Schwefel-Schmelze tritt nach R. Möhlau (J. Scheiber u. K. Sändig, S. 159) die Mercaptangruppe in o-Stellung zur Oxygruppe und bildet Mercaptane, die dann in Polysulfide übergehen:

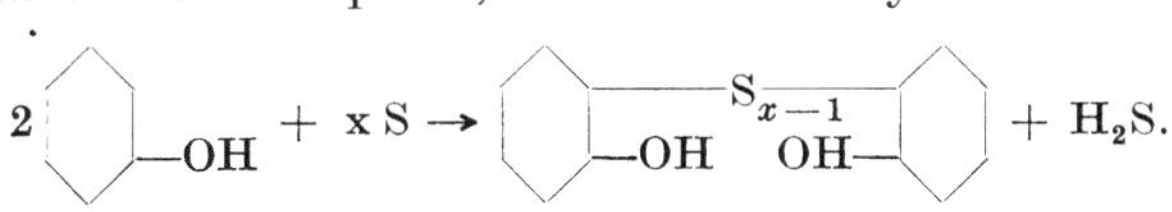

Hierher sind eine große Anzahl Patente zu zählen: D.R.P. 386297 (Melamid), 388186 (Höchst), 388628 (Höchst), 389360 (Höchst), 389579 (Höchst), 399063, 400242 (Bayer), 407994, 410973 (Haßler), E.P. 297830 (I. G.), F.P. 658874 (I. G.), E.P. 252694 (I. G.), E.P. 269970, 269971 (Schiedam) und D.R.P. 491064 (Schiedam), D.R.P. 535048 (Schiedam), F.P. 730541 (I. G.), D.R.P. 562502 (Sandoz), D.R.P. 564215 usw.

Der Schwefel kann auch als Schwefelwasserstoff, Natriumsulfid, Ca- oder Ba-Sulfid in Reaktion gebracht werden, aber auch Metallsalze kommen in Betracht.

Schließlich werden auch Thioaldehyde und Thiophenolsulfosäuren verwendet (A.P. 1600525, Grasselli-Dyestuff Corp.). Die gerbende Wirkung der Thioaldehyde untersuchte W. Moeller (*9*) und führte deren gerbende Eigenschaften darauf zurück, daß z. B. der Trithioformaldehyd als ein im status nascendi befindliches Kolloid sich an die Mizellen der Hautfaser anlagert. Dem Trithioformaldehyd kommt folgende Formel zu:

$$\begin{array}{c} S{-}CH_2 \\ H_2C\langle \qquad \rangle S \\ S{-}CH_2 \end{array}$$

Die allgemeine Formel der Trithioaldehyde lautet demnach:

$$\begin{array}{c} S{-}CH{-}R \\ R{-}HC\langle \qquad \rangle S \\ S{-}CH{-}R \end{array}$$

E. Schell glaubt einen Zusammenhang zwischen den schwefelhaltigen synthetischen Gerbstoffen, die sich von Thiophenolen ableiten, und dem von E. Croissant und Bretonnière (de Laval) im Jahre 1874 entdeckten braunen Baumwollfarbstoff „Cachou de Laval" zu erblicken, der durch Schmelzen von Sägemehl, Stärke, Kleie u. dgl. mit Schwefelnatrium entsteht. Nach R. Nietzki enthält dieses Produkt einen schwach sauren schwefelhaltigen Farbstoff (R. Nietzki, S. 336). Ein ähnliches

Produkt erhielt auch E. Kopp durch Schmelzen von Natriumacetat mit Schwefel. [Dem alten Cachou de Laval entspricht der Katigenfarbstoff „N extra konz.“ (I. G.).] Die Abkömmlinge der Thiophenole sind unempfindlich gegen Eisensalze.

Die Sulfitcelluloseablauge fand vielfaches Interesse wegen der darin vorgebildeten Sulfosäuren, Ketone, Aldehyde, Zuckerstoffe und insbesondere, weil sie Abfallprodukt ist. Tatsächlich gelang es, eine Anzahl wertvoller Gerbstoffe mit Hilfe dieses Ausgangsmaterials herzustellen.

Hierher gehören die D.R.P. 423096 (Riebeck), 441770 (I. G.), 451534 (I. G.), 459617 (Hein & Co.), 466440 (I. G.), 479162 (Pollak) und eine Anzahl neuerer Verfahren.

Auch Natronzellstoffablauge wurde herangezogen: D.R.P. 451609 (I. G.), D.R.P. 472680 (V. Casaburi, E. Simoncini).

Neben diesen für die Erforschung der Konstitution gerbender Stoffe nahezu unbrauchbaren Verfahren soll auf eine Gruppe hingewiesen werden, welche für unsere Kenntnisse über die Zusammensetzung synthetischer Gerbstoffe wichtig ist. Es handelt sich um kettenartige Verbände, in welchen die Sulfimidgruppe die Arylkerne verknüpft, von der allgemeinen Formel:

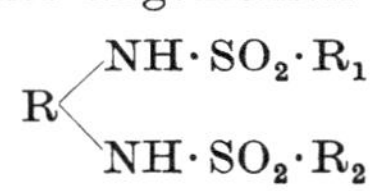

In der Patentbeschreibung wird das Na-Salz der Bis-(1,2-dichlorbenzol-4-sulfonyl-3′-aminobenzol-1′-sulfonyl-)benzidin-m-m′-disulfosäure von folgender Formel angeführt (A.P. 1938022, D.R.P. 593053). Möglicherweise liegt diese Verbindung dem Tanigan LL zugrunde.

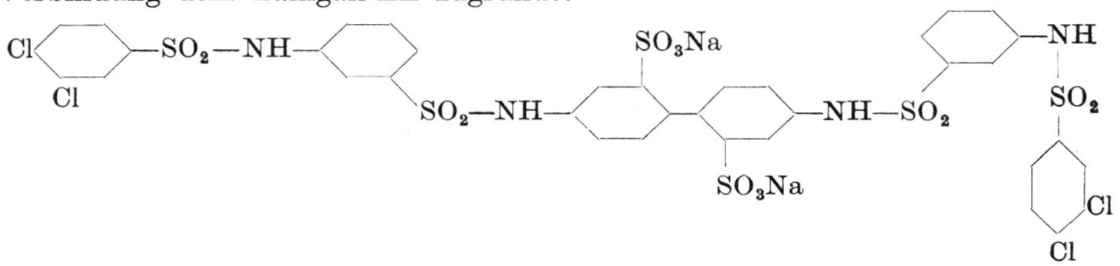

Lichtechte Leder liefernde Gerbstoffe folgender Zusammensetzung beschreibt das F.P. 811738 (I. G.).

1.
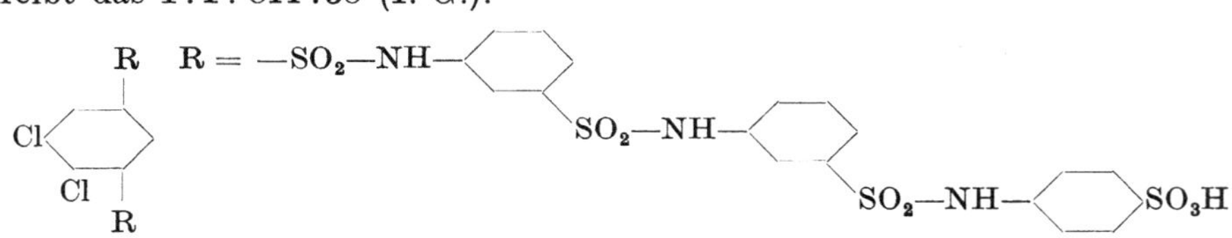

2.
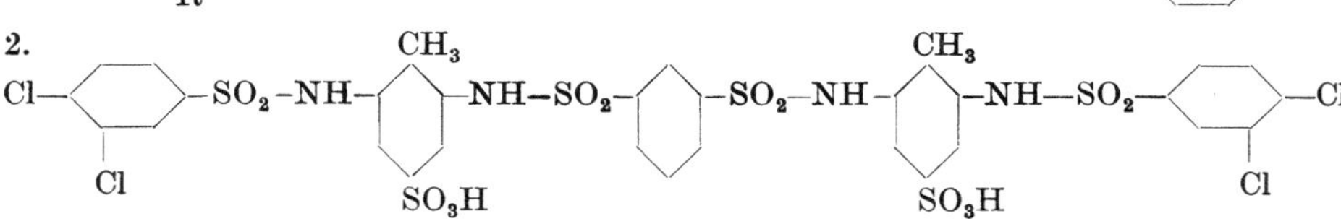

3.
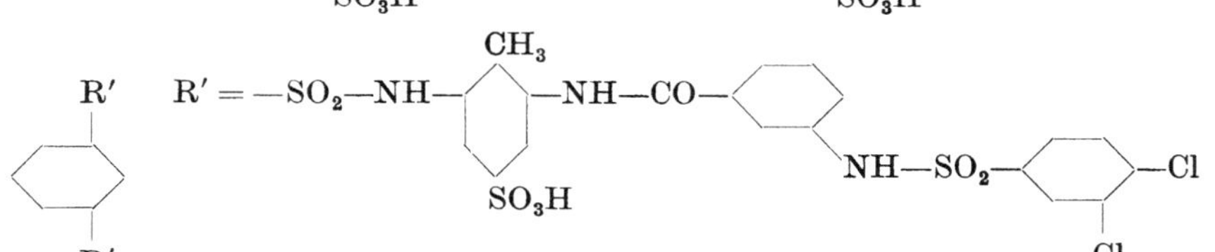

Die Einführung von Harnstoff in das Gerbstoffmolekül war ein ganz bedeutender Fortschritt in der Herstellung künstlicher Gerbstoffe. Abgesehen von der dadurch bewirkten Vergrößerung des Moleküls wurde überdies auch die leichtere Möglichkeit zur Bildung labiler Verbindungen eingeleitet und die Bildung höher molekularer Verbände bis zur Harzbildung vorbereitet. In dieser Eigenschaft, schließlich in unlösliche Verbindungen überzugehen, liegt die Verwandtschaft der meisten künstlichen Gerbstoffe mit den kondensierten pflanzlichen Gerbstoffen (Catechingerbstoffen), welche ebenfalls derartige labile Verbindungen vorstellen. Letztere stehen den meisten künstlichen Gerbstoffen dadurch näher als den hydrolysierbaren pflanzlichen Gerbstoffen (Gallotanninen).

Bei Verwendung von Thioharnstoff oder schwefelhaltiger Zusätze erhält man sehr lichtechte Leder liefernde Gerbstoffe. Hier sind zu nennen: D.R.P. 493795 (Geigy), 537451 (Pollak), 637732 (I. G.), F.P. 720712 und 723318 (Progil) usw. Harnstoff und seine Homologen und Abkömmlinge können sowohl in Verbindung mit kondensierten Gerbsulfosäuren als auch mit Polyoxybenzolen (z. B. Resorcin) verwendet werden.

Eine Klasse künstlicher Gerbstoffe, die ganz aus dem bisher beschriebenen Rahmen herausfällt, sind jene Produkte, die durch Oxydation, hauptsächlich mit Salpetersäure oder nitrosen Gasen, Chlor, Bichromaten, Chromsäure usw., aus verschiedenen Kohlen erhalten werden. Bekanntlich gehen derartige Versuche bis auf Ch. Hatchett, 1805, zurück. Welche Verbindungen bzw. Gruppen hier für die gerbenden Eigenschaften verantwortlich gemacht werden können, kann man vorläufig nicht sagen. Es entstehen jedenfalls Verbindungen mit einer sehr großen Anzahl von Carboxylgruppen und Hydroxylgruppen (Nitrophenole), von denen die einfachste wohl die Mellitsäure ist. Wie die Verkettung, Anhydridbildung, Lactonbildung usw. beschaffen ist, wurde bisher nicht festgestellt.

Tatsächlich besitzen aber diese Körper gute gerbende Eigenschaften, insbesondere in Verbindung mit künstlichen Gerbstoffen der Sulfosäuretypen und mit Resorcingerbstoffen oder aber im Gemisch mit pflanzlichen Gerbstoffen, letzteres nur, wenn sie von Eisen befreit wurden. Hierher sind auch jene gerbenden Stoffe zu zählen, die durch Aufschluß von Kohle mit Sulfit und folgende Oxydation mit Chlor in Gegenwart von Ätznatron erhalten werden (D.R.P. 531800, 547744).

IV. Bindung künstlicher Gerbstoffe an die Haut.

Systematische Untersuchungen über die Gerbung mit künstlichen Gerbstoffen und genaue Untersuchung der so hergestellten Ledersorten sind erst in neuerer Zeit ausgeführt worden. Über eine derartige Versuchsreihe, die vielerlei Gerbversuche und die Ausarbeitung einer Gerbmethodik umfaßt, berichtet J. Berkmann (*2*), wobei nicht nur Sulfosäuregerbstoffe, sondern auch chlorierte und chromierte Verbindungen verwendet wurden.

Sehr wichtige Feststellungen über die beschleunigende Wirkung künstlicher Gerbstoffe auf die Gerbung gelangen M. Bergmann, W. Münz und L. Seligsberger. Darnach beeinflussen Sulfogerbstoffe nicht nur die Teilchengröße der pflanzlichen Gerbstoffe in der Lösung [Herabsetzung der Teilchengröße nach E. Stiasny (*2*)], sondern sie üben außerdem eine spezifische Wirkung auf die Haut aus in dem Sinne, daß diese die wässerige Lösung der Sulfogerbstoffe schneller hindurchtreten läßt als reines Wasser. Bei der Gerbbeschleunigung durch Sulfosäuregerbstoffe tritt demnach eine Veränderung der Diffusionseigenschaften der Haut ein; die Hautfaser verquillt nicht — wodurch der Diffusion größerer Widerstand entgegensetzt würde — sondern die Durchströmung der Haut wird beschleunigt. Diese diffusionsbeschleunigende Wirkung synthetischer Gerbstoffe konnte auch H. Phillips durch vergleichende Versuche feststellen. Der sehr ausgeprägten Gerbwirkung der gerbenden Sulfosäuren in wässeriger Lösung steht dagegen eine sehr geringe Gerbwirkung in alkoholischer Lösung gegenüber, wie dies G. Grasser und H. Nakanishi an Neradol ND feststellten. Wertvolle Mitteilungen über künstliche Gerbstoffe machte F. G. A. Enna. In einer großangelegten Arbeit über das Problem der Gerbung befaßten sich L. Meunier und K. Le Viet auch mit der Gerbwirkung künstlicher Gerbstoffe. An Hand der von ihnen ausgearbeiteten neuen Methode zur Bestimmung der Adstringenz durch vergleichende Quellungsmessungen kamen die beiden Forscher zu dem Schluß, daß die Gerbwirkung künstlicher Gerbstoffe gering sei, und nahmen an, daß eine leicht dissoziierbare Verbindung zwischen den Aminogruppen der Haut und der Sulfogruppe entsteht, so daß der Gerbstoff zu einem großen Teil wieder ausgewaschen werden kann. Dieser überraschende Befund deckt sich allerdings nicht mit den Erfahrungen der Praxis und den Arbeiten C. Felzmanns (*1*); er steht wahrscheinlich in Zusammenhang mit dem Säureäquivalent der Haut, welches, im Gegensatz zur pflanzlichen Gerbung, nur eine ganz bestimmte irreversible Bindung mit Gerbsulfosäuren zuläßt. Die Affinität von Gerbsulfosäuren zur Hautsubstanz hängt in weit erheblicherem Maße von dem p_H der gerbenden Lösung ab, als dies z. B. bei sulfitiertem Quebrachoextrakt der Fall ist. Wie W. Graßmann und R. Bender in einer sehr lehrreichen Untersuchung nachwiesen, liegt die Adsorptionskurve von Tanigan FC bei $p_H = 2{,}09$ sehr nahe der Adsorptionskurve von Fichtenrindenextrakt bei dessen natürlichem $p_H = 4{,}10$. Bei gleichem $p_H = 4{,}0$ verhält sich Tanigan FC den pflanzlichen Gerbstoffen einigermaßen ähnlich, es unterscheidet sich nur durch den vom p_H bedingten geringeren Gerbstoffgehalt.

Erst größere Arbeiten der letzten Jahre brachten Klarheit über die Wirkung der künstlichen Gerbstoffe vom Sulfosäuretypus auf die Haut und die Art der Bindung derselben. C. Felzmann (*1*) bewies in exakter Weise, daß gerbende Sulfosäuren in gleichem Maße von der Hautsubstanz maximal gebunden werden, wie Mineralsäuren oder einfache organische Sulfosäuren, und daß ihre Aufnahme durch das Säureäquivalent bestimmt wird, unbeeinflußt durch den parallel verlaufenden Vorgang der Gerbung. Diese Bindung ist durch eine chemische Reaktion zwischen den Aminogruppen der Haut und den Sulfogruppen der gerbenden Sulfosäure bedingt, sie ist, im Gegensatz zu der reversiblen Bindung von Mineralsäuren und einfachen organischen Säuren, irreversibel und kann nicht mehr hydrolytisch aufgespalten werden. Das Säureäquivalentgewicht der Haut errechnet sich zu 1200. Bereits bei der ersten Behandlung der Haut mit Gerbsulfosäuren werden davon 85 bis 90% irreversibel gebunden. Durch mehrfache Wiederholung der Einwirkung läßt sich die Hautsubstanz vollkommen irreversibel mit Gerbsulfosäuren absättigen, vorausgesetzt, daß letztere ein genügend großes Molekül besitzen. Daß die Aminogruppen einer derart abgesättigten Haut tatsächlich blockiert sind, zeigt sich darin, daß deren Aufnahmevermögen gegenüber Mineralsäuren auf 10 bis 15% des Säureäquivalents herabgesetzt wird und daß die Aufnahme von Farbsäuren ebenfalls nur auf Bruchteile des Säureäquivalents beschränkt ist; letzteres wird durch Beobachtungen der Praxis erhärtet, wonach mit künstlichen Gerbstoffen hergestellte Leder sich nur schwach mit sauren Farbstoffen anfärben lassen.

Die für gerbende und färbende Sulfosäuren festgestellte maximale Aufnahme durch isoelektrische Hautsubstanz gilt auch für Hautsubstanz, die mit pflanzlichen Gerbstoffen irgendwelcher Art und Menge vorgegerbt wurde, woraus geschlossen werden darf, daß die pflanzliche Gerbung ganz andere Gruppen der Hautsubstanz beeinflußt als die Gerbsulfosäuren.

Die gleiche Ansicht über die irreversible Bindung der Gerbsulfosäuren $R(SO_3H)$ vertritt C. Gastellu und erweitert diese noch für gerbende Säuren der allgemeinen Formel R(COOH) (C. Gastellu, S. 557).

Auch G. Otto (*1*) konnte feststellen, daß die Molekulargröße der Sulfosäure eine entscheidende Rolle für die irreversible Bindung spielt. G. Otto wies in sehr klarer Weise nach, daß bei der Einwirkung irreversibel fixierbarer Säuren auf Hautsubstanz der isoelektrische Punkt von $p_H = 4{,}9$ nach der sauren Seite hin verschoben wird. Eine mit Gerbsulfosäure vollständig abgesättigte Hautsubstanz besitzt den Eigen-p_H-Wert von 3,0 und keinen amphoteren Charakter mehr. Eine derartige Haut nimmt aus Lösungen gleicher Konzentration weniger Mineralsäure auf als pflanzlich gegerbte Haut und letztere wird beim Lagern in stärkerem Maße angegriffen als die mit Gerbsulfosäure gegerbte Haut, so daß man von einer Schutzwirkung der Gerbsulfosäure gegenüber der Einwirkung von Mineralsäuren sprechen kann. Andererseits können Gerbsulfosäuren hydrolysierbare Mineralsäuren aus ihrer labilen reversiblen Verbindung mit der Hautsubstanz verdrängen (Entsäuerung von Chromleder).

G. Otto hielt es zuerst nicht für wahrscheinlich, daß man es bei der Gerbung mit künstlichen Gerbstoffen des Sulfosäuretyps, welche die für Formaldehydkondensationsprodukte charakteristische Methylengruppe enthalten, nur mit einer spezifischen Wirkung derselben zu tun hat (siehe S. 443), da auch Fettsulfonate, denen diese Gruppe fehlt, von der Haut festgehalten werden. Ohne Zweifel ist die Bindung durch die Gerbsulfosäure vorherrschend. Für die Mitwirkung der Methylengruppe spricht unter anderem die Feststellung J. Berkmanns und A. Ssawitzkis (*3*), daß die Kondensation mit Formaldehyd zwar nicht die Adsorption der freien Gerbsulfosäure erhöht, jedoch eine erhöhte Adsorption der gerbsulfosauren Salze zur Folge hat. Da bei Salzen die Sulfogruppe für die Bindung ausscheidet, ist es nicht unwahrscheinlich, daß die Methylengruppe an der erhöhten Salzaufnahme beteiligt ist, und man wird die grundlegenden Ansichten C. Felzmanns und G. Ottos über die irreversible Bindung der Sulfogruppe dahin ergänzen können, daß auch andere Gruppen des großen Moleküls mit der Hautsubstanz in Wechselwirkung treten, wobei namentlich die phenolischen Hydroxylgruppen und die Methylengruppe als geeignete Gruppen in den Vordergrund treten.

M. Bergmann steht ebenfalls auf dem Standpunkt, daß gerbende Sulfosäuren und deren Salze mit der Haut chemische Verbindungen von stark ausgesprochener elektrochemischer Natur eingehen. Der Trypsinindex solcher Leder ist höher als bei pflanzlicher Gerbung, doch wirkt die Sulfogruppe in sulfitiertem Quebrachoextrakt bereits ganz ähnlich. Dies beweist wiederum, daß Gerbsulfosäuren die Haut in ganz anderer Weise gerben als dies bei pflanzlichen Gerbstoffen aller Klassen der Fall ist.

F. Stather und K. Löchner befaßten sich sehr ausführlich mit der Bindung künstlicher Gerbstoffe an die Haut und fanden, je nach der Art derselben, recht unterschiedliche Werte, die kleiner waren als jene pflanzlicher Gerbstoffe. Die Menge des von Hautsubstanz irreversibel gebundenen Gerbstoffes ist abhängig von der Gerbdauer, der Konzentration und dem p_H-Wert der Gerblösung. Für das Eindringungsvermögen künstlicher Gerbstoffe in die tierische Haut gilt die auch für pflanzliche Gerbstoffe festgestellte Gesetzmäßigkeit, daß die Eindringungstiefe aus verdünnten Lösungen, solange eine stärkere Gerbwirkung noch nicht in Erscheinung tritt, gleich einer für den betreffenden künstlichen Gerbstoff unter bestimmten Bedingungen charakteristischen Konstanten ist, multipliziert mit der Quadratwurzel der Gerbdauer. Die Eindringungsgeschwindigkeit der einzelnen künstlichen Gerbstoffe ist verschieden und nimmt mit zunehmender Konzentration der Gerblösung zu, ohne der Konzentration direkt proportional zu sein. Bei der Wertung dieser Ergebnisse muß in Betracht gezogen werden, daß F. Stather und K. Löchner nicht nur ausgesprochene Gerbsulfosäuren untersuchten und verglichen, sondern bereits künstliche Gerbstoffe eines anderen Typus verwendeten. Diese Arbeit fand ihre willkommene Ergänzung durch F. Stather und H. Herfeld (*2*), wobei namentlich die Austauschgerbstoffe einer genauen systematischen Untersuchung unterzogen wurden (Tabellen im Original). W. Schiller sättigte Hautpulver in der Filterglocke so lange mit Gerbstofflösungen verschiedener Art, bis kein Gerbstoff mehr aufgenommen wurde. Hierbei konnte er bemerkenswerte Unterschiede in der Gerbstoffaufnahme feststellen. Von künstlichen Gerbstoffen wurde nur Tanigan FC untersucht und hierbei gefunden, daß dieses das Hautpulver in kürzerer Zeit absättigt und hierauf keine Gerbstoffaufnahme mehr stattfindet. Demzufolge wird auch weniger Gerbstoff aufgenommen als aus pflanzlichen Gerbstofflösungen, was wiederum für das von C. Felzmann festgestellte bestimmte Säureäquivalent der Haut spricht und neuerlich beweist, daß pflanzliche Gerbstoffe in anderer Weise von der Haut gebunden werden als Gerbsulfosäuren. Die von W. Schiller aufgenommenen Kurven sulfitierter Quebrachoextrakte ähneln der Tanigan-FC-Kurve.

Das genaue Studium der als Gerbsulfosäuren zu bezeichnenden künstlichen Gerbstoffe führte, wie bereits hervorgehoben, zu der Annahme, daß auch andere in den betreffenden Verbindungen enthaltene Gruppen als die Sulfogruppe für die Gerbwirkung verantwortlich gemacht werden können.

Künstliche und natürliche pflanzliche Gerbstoffe besitzen negative Ladung und es scheint, daß gerade eine Häufung schwach negativ geladener Gruppen eine besonders innige Bindung höher molekularer Körper an das Kollagen ermöglicht, die als Gerbung bezeichnet werden kann [G. Otto (*5*)]. Durch vergleichendes Studium der Dissoziationsverhältnisse natürlicher und künstlicher Gerbstoffe war es G. Otto (*5*) möglich, wichtige Aufklärungen zu geben. Durch Vornahme von potentiometrischen Titrationen, bei Anwendung der Wasserstoffelektrode bzw. der Glas-Platin-Elektrode nach G. Parsy in Verbindung mit dem Ultra-Ionographen von Lautenschläger unter Ausschluß von Kohlensäure gelang es reproduzierbare Kurven aufzunehmen, deren Verlauf angibt, in welchem p_H-Bereich und in welchem Grade die verschiedenen anionischen Gruppen dissoziiert sind. Durch eine Anzahl von Modellversuchen mit einfachen aromatischen Verbindungen von bekannten Dissoziationskonstanten wurde festgestellt, inwieweit die in Betracht kommenden anionischen Gruppen durch den Eintritt weiterer Gruppen von negativer Ladung beeinflußt werden, bzw. wie sich dadurch die Dissoziationskonstante ändert. So wurden Beobachtungen bei Häufung phenolischer Hydroxylgruppen bei Eintritt der Carboxyl- oder der Sulfogruppe, aber auch bei Eintritt anderer negativer Reste, der Cl- und NO_2-Gruppe gemacht, und festgestellt, daß die Dissoziation sehr schwach saurer Gruppen durch Einführung weiterer phenolischer OH-Gruppen und anderer negativer Gruppen gesteigert und der Säurecharakter immer ausgeprägter wird. Besonders wichtig für die Beurteilung der Gerbwirkung ist natürlich hier der Einfluß der Sulfogruppe auf die Dissoziation der schwach sauren Gruppen.

Sie steigert z. B. die Dissoziation phenolischer OH-Gruppen weit mehr als der Eintritt einer Carboxylgruppe. In diesem Zusammenhang verweist G. Otto (*5*) auch auf die Beeinflussung der am Brückenkohlenstoff befindlichen dissoziationsfähigen Wasserstoffatome der aktiven Methylengruppe durch die Sulfogruppe, welche somit auch für die Gerbwirkung verantwortlich gemacht werden können (L. Pollak und H. Basel).

Ähnliche Verhältnisse können auch eintreten, wenn bei der Herstellung der künstlichen Gerbmittel Sulfone folgender Zusammensetzung verwendet wurden: $Ar \cdot CH_2—SO_2—R$ bzw. $Ar \cdot SO_2—CH_2—SO_2 \cdot R$, welche CH_2 zwischen zwei aktiven Gruppen enthalten. Auf diese Verbindungen wiesen R. Connor, C. L. Fleming jr. und Temple Clayton hin, nachdem bereits R. L. Shriner, H. C. Struck und W. J. Jorison festgestellt hatten, daß Methylendisulfone Na-Verbindungen bilden können und sich alkylieren lassen.

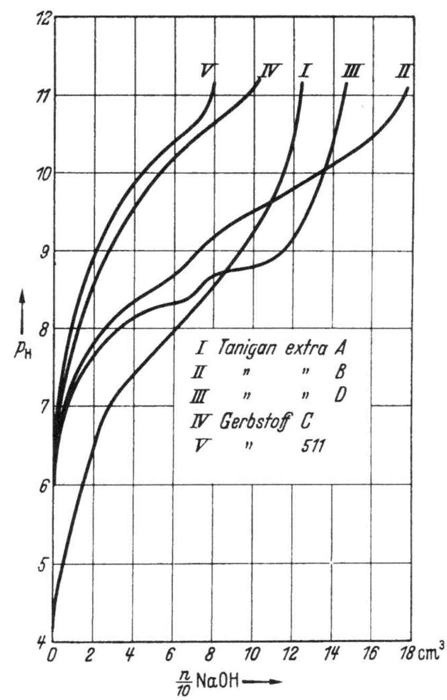

Abb. 97.

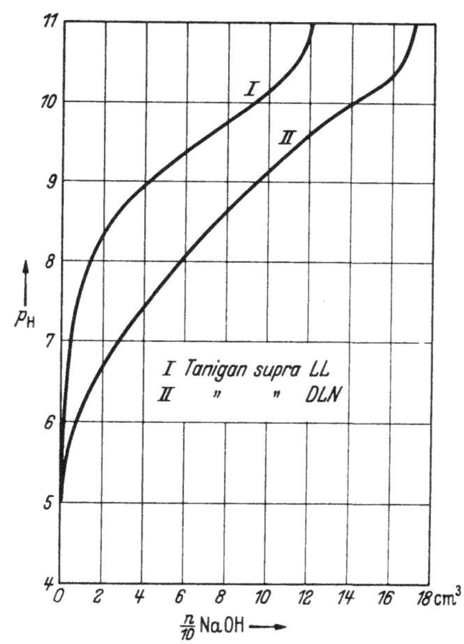

Abb. 98.

Die von G. Otto (*5*) aufgenommenen Titrationskurven zeigten, daß Gerbsulfosäuren von stark saurem Charakter, wie z. B. Tanigan FC, sehr steile Kurven liefern, während die neuartigen, keine aktive Sulfogruppe tragenden, sog. Austauschgerbstoffe, wie Tanigan extra A oder B, aber auch die Tanigan-supra-Marken, welche sich durch größte Lichtechtheit auszeichnen, nur schwach sauren Charakter besitzen und Dissoziationskurven liefern, welche mit jenen pflanzlicher Gerbstoffe große Ähnlichkeit haben. Dies zeigt sich namentlich an der Länge und Lage des querverlaufenden Kurvenabschnittes, der die Stärke der titrierten Gruppen kennzeichnet (siehe die Abb. 97 und 98).

Wenn auch die Dissoziationsverhältnisse allein für die Beurteilung des gerberischen Wertes nicht maßgebend sind, so sind sie neben dem Säuregrad, der Pufferkapazität der Nichtgerbstoffe und dem Verhältnis von Gerbstoff zu Nichtgerbstoffen, dem Aschengehalt und der Zusammensetzung der Asche außerordentlich wichtige Eigenschaften, welche gestatten, die sog. Austauschgerbstoffe der Tanigan-extra-Marken und der Tanigan-supra-Marken von den bisher allein bekannten Gerbsulfosäuren genau zu trennen. Damit wurde auf dem Gebiete der künstlichen Gerbstoffe ein neuer erfolgreicher Weg eingeschlagen, welcher zu weitgehender Annäherung der künstlichen Gerbstoffe an die pflanzlichen, natürlichen Gerbstoffe führt, da ihre Gerbwirkung auf ähnliche schwach saure Gruppen zurückgeführt werden kann, wie sie in den pflanzlichen Gerbstoffen vorliegen.

Schließlich muß auf die heute so wichtige Lichtechtheit hingewiesen werden, welche in vielen Fällen für die Verwendung künstlicher Gerbstoffe maßgebend ist. Man stellt an die Lichtechtheit eines Leders, namentlich eines weißen Leders, bereits außerordentlich hohe Ansprüche; als Vergleich dient mit bestem Sumachextrakt ausgegerbtes Leder, welches bekanntlich außerordentlich lichtecht ist. Die mit einer Anzahl Gerbsulfosäuren erzielten Effekte waren wohl zuerst überraschend, doch mußte sich die Industrie der künstlichen Gerbstoffe den immer größer werdenden Ansprüchen der Feinlederindustrie anpassen und ihre Erzeugnisse von Jahr zu Jahr verbessern. Man kann die Lichtechtheit durch die Wahl der Rohstoffe beeinflussen und findet hierfür wichtige Anhaltspunkte bei der Kunstharzindustrie, welche die gleichen Bestrebungen verfolgt. So dürften Thioharnstoff und seine Derivate hierbei eine gewisse Rolle spielen, aber auch zahlreiche andere Zusätze. Maßgebend für die Lichtechtheit ist natürlich auch die chemische Zusammensetzung der betreffenden künstlichen Gerbstoffe bzw. deren Aufbau. Da z. B. die Tanigan-supra-Gruppe eine sehr hohe Lichtechtheit besitzt, darf man annehmen, daß bei der Herstellung dieser Gerbstoffe bereits genaue Erfahrungen über bestimmten Einfluß bestimmter Bausteine vorliegen. Zahlenmäßige Unterlagen über die Lichtechtheit solcher Leder sind von F. Stather und K. Löchner veröffentlicht worden.

Die in neuester Zeit hergestellten Gemische künstlicher Gerbstoffe mit negativ geladenen anorganischen Kolloiden, z. B. kolloider Kiesel- oder Zinnsäure, schwer löslichen kolloiden Metallsalzen, sind namentlich wegen der Verwendung kolloidaler Kieselsäure sehr beachtenswert (z. B. D.R.P. 647823, Geigy). Diese Zusätze dürften auf die Lichtechtheit der betreffenden Leder einen günstigen Einfluß ausüben.

C. Technischer Teil.

I. Überblick.

Auf Grund der Auswahl ihrer Rohstoffe und des Wesentlichen bei ihrer Bildung kann man die künstlichen Gerbstoffe folgendermaßen einteilen:

1. Kondensierte Sulfosäuren von Oxyarylen ohne Formaldehyd oder andere Aldehyde (Depsidtypus).
2. Sulfosäuren von Oxyarylen mit Formaldehyd oder anderen Aldehyden, Ketonen, Furfurol kondensiert.
3. Wie unter 2; die Einführung der Sulfogruppe erfolgt aber durch Sulfite.
4. Wie 2 und 3; die Sulfosäuren enthalten auch andere Gruppen außer der OH-Gruppe, z. B. Sulfamino-, Nitrogruppen usw. oder Halogene.
5. Sulfosäuren aromatischer Kohlenwasserstoffe mit und ohne Kondensation mit Formaldehyd oder anderen Aldehyden, Ketonen usw.
6. Kondensationsprodukte von aromatischen Sulfosäuren mit Kohlenhydraten, Oxysäuren u. dgl.
7. Veresterte Sulfosäuren, acetylierte Sulfosäuren mit und ohne Aldehyde kondensiert.
8. Sulfosäuren, die im Kern hochmolekulare aliphatische Ketten besitzen, mit Aldehyden, Ketonen u. dgl. kondensiert.
9. Durch Sulfonierung von Teerölfraktionen und Kondensation mit Aldehyden usw. gewonnene Gerbmittel.

10. Abkömmlinge von Rohöl, Säureharzen, Naphthensäuren, Naphtha, Mineralölen, Bitumen, verschiedenen Pecharten u. dgl., Edeleanuextrakt.

11. Chrom-, Aluminium-, Zink-, Eisen- und Cer-Salze, Salze anderer Metalle der Kondensationsprodukte.

12. Sulfonierungsprodukte von Phenol-Aldehyd-Harzen, natürlichen Harzen und dergleichen.

13. Gerbstoffe, welche einen Teil des Schwefels nicht als Sulfogruppe enthalten (Sulfone, Thioverbindungen).

14. Unter Mitverwendung von Sulfitcellulose- und anderen Zellstoffablaugen hergestellte Gerbstoffe.

15. Natriumsalze der kondensierten Sulfosäuren mit anderen Säuren, sauren Salzen oder Salzen der Kieselfluorwasserstoffsäure vermischt.

16. Künstliche Gerbstoffe aus aromatischen Oxyverbindungen (z. B. Polyoxybenzolen) ohne Sulfogruppe.

17. Harnstoffhaltige künstliche Gerbstoffe.

18. Humusgerbstoffe (Oxydationsprodukte von Kohle, Torf u. dgl.).

Diesbezüglich siehe auch R. Strauß, dessen Einteilung nach ähnlichen Gesichtspunkten erfolgt.

II. Rohstoffe.

Für die Herstellung technisch verwertbarer künstlicher Gerbstoffe ist die Billigkeit der Rohstoffe bei durchschnittlich günstiger Gerbwirkung der Produkte heute noch immer die maßgebende Richtlinie, wenn auch eine große Anzahl herstellbarer Gerbstoffe trotz höheren Preises Anspruch auf größere Beachtung verdienen, insbesondere jene ohne Sulfogruppe, weil sie die größte Ähnlichkeit mit den pflanzlichen Gerbstoffen besitzen. Der Durchschnittspreis für 1 kg pflanzlichen Gerbstoff in einem Gerbereibetrieb ist derzeit ungefähr 40 Pfennige, was als Richtlinie bei der Bewertung eines Verfahrens zur Herstellung künstlicher Gerbstoffe berücksichtigt werden muß. Die im Handel befindlichen künstlichen Gerbstoffe beschränken sich deshalb auf verhältnismäßig wenige Produkte, deren Zahl in keinem Verhältnis zu der sehr großen Menge geschützter Verfahren steht, so daß deren Verwertung in der Art der Farbstoffpatente heute noch ein Ding der Unmöglichkeit ist. Um nur ein Beispiel zu erwähnen: Die zweite OH-Gruppe im Resorcin, aus welchem z. B. nach dem D.R.P. 382217 der B. A. S. F.-I. G. ausgezeichnete, dem Quebracho ähnliche Gerbstoffe ohne Sulfogruppe hergestellt werden können, stellt sich im Vergleich mit den in der Natur reichlich gebildeten und billigen Pflanzengerbstoffen mit zwei und mehr OH-Gruppen viel zu teuer, so daß diese Gerbstoffe für sich allein keine praktische Verwendung finden können. Die Erzeugung künstlicher Gerbstoffe war deshalb von Beginn an vor die Frage gestellt, möglichst billige und in größeren Mengen verfügbare Rohstoffe zu verwenden. Schon das erste Verfahren von E. Stiasny (*5*) verwendete kein reines Phenol, sondern die billigen Rohkresole. Auf der Suche nach billigen Bezugsquellen für Phenole als wichtigstes Ausgangsmaterial gelangte man schließlich zur direkten Verwendung von gewissen Fraktionen der Teerdestillation (z. B. Anthracenöle), um schließlich direkt Teer, Urteer, die alkalischen, phenolhaltigen Waschwässer des Teers usw. zu verwenden. Man fand im Naphtholpech, in Anthracenrückständen, Weichpech u. dgl. willkommenen Sammelstätten der verschiedenartigsten Phenole hochmolekulare Körper, die gut verwendbare Sulfosäuren lieferten, schließlich kam man auch auf Mineralöle. Die „Säureharze", das sind die Rückstände der Schwefelsäureraffination des Petroleums, wurden in einer ganzen Serie von Patenten als Ausgangsrohstoff geschützt (z. B. Renner-Moeller), ebenso lassen sich auch die Naphthensäuren, die Rückstände der alkalischen Raffinierung des Petroleums, verwenden. Viel Hoffnung brachte man auch der Veresterung vorhandener Rohstoffe durch das billig und in beträchtlichen Mengen bei der Saccharinfabrikation abfallende p-Toluolsulfochlorid entgegen, wie dies von W. Herzog vorgeschlagen und von M. Melamid, von den Riebeckschen Montanwerken und anderen in Verfahren niedergelegt wurde. Schließlich wurde die Sulfitcelluloseablauge und andere Zellstoffablaugen in die Rohstoffe mit einbezogen und als letztes Kohle in verschiedener Form.

Das zweite Ausgangsmaterial, die Aldehyde, insbesondere Formaldehyd, kommt wegen der geringen zur Erzeugung nötigen Mengen weniger für die Preisstellung in Betracht. Doch auch hier konnte eine Verbilligung des Verfahrens dadurch erzielt werden, daß z. B. der teure Acetaldehyd im Verlauf der Kondensation direkt aus Acetylen bei Gegenwart von Katalysatoren erzeugt wurde, z. B. D.R.P. 383189 (Weiler-ter Meer), 422904 (Chem. Fabrik Güstrow), 441399 (Riebecksche Montanwerke). Hier wären auch die Kohlenhydrate Zucker, Stärke, Dextrin, Sägespäne u. dgl. anzuführen, welche als billigerer Ersatz der Aldehyde herangezogen wurden, gleichzeitig aber als Füllmittel und zur Vergrößerung des Moleküls.

Die Möglichkeit, billiges Furfurol herzustellen (Quaker Oats Co.), bot den gewünschten Anlaß zu dessen Verwendung bei der Herstellung künstlicher Gerbstoffe. Über die Unterschiede bei der Kondensation von Furfurol mit α- und β-Naphthalinsulfosäure berichten D. Deribaß und G. Schiller. Die Kondensation mit der β-Säure mißlingt, dagegen glückt sie mit der α-Säure. R.P. 28279, A.P. 1770635 (Röhm u. Haas). In letzter Zeit ist auch Äthylenoxyd

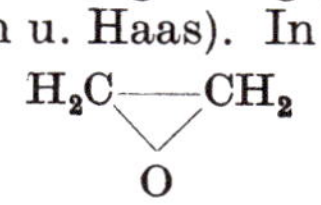

zu nennen.

Bei den Kohle- und Humusgerbstoffen ist die Salpetersäure das teure Rohmaterial und die Wirtschaftlichkeit dieser Verfahren, bzw. Verwendungsmöglichkeit dieser Gerbstoffe im Konkurrenzkampfe mit pflanzlichen Gerbstoffen hängt von der Möglichkeit ab, den größten Teil der Salpetersäure zurückzugewinnen. Dagegen ist das Chlor wohl selbst nicht teuer, doch sind sehr große Mengen nötig.

Es ist leicht einzusehen, daß die Herstellung der künstlichen Gerbstoffe sozusagen in einer Hand liegt, wenn man von kleineren, doch erfolgreichen Erzeugungsstellen im Auslande absieht (namentlich I. R. Geigy A. G., Basel). Die Verwertung geeigneter Neben- und Abfallprodukte als Rohstoff kann nur dort von Erfolg begleitet sein, wo solche in großen Mengen auftreten und ständig kontrolliert, bzw. in geeigneter Form gewonnen werden. Das frühere Privileg der Badischen Anilin- und Sodafabrik auf die Erzeugung künstlicher Gerbstoffe im Rahmen der I. G. Farbenindustrie A. G. ist auch heute noch bei dieser Stelle verblieben und der allergrößte Teil der im Handel befindlichen Gerbstoffe wird in Ludwigshafen a. Rhein und Leverkusen hergestellt.

Eine vollzählige Angabe sämtlicher in Betracht kommender Rohstoffe ist ein Ding der Unmöglichkeit; die wichtigsten sind:

Phenol und Kresole: Das reine Phenol kommt wegen seines höheren Preises als Rohstoff nur in vereinzelten Fällen, wobei es sich mehr um gewisse Spezialprodukte handelt, in Betracht, bzw. wenn von dem künstlichen Gerbstoff besondere Eigenschaften verlangt werden. Für Verfahren, wo alkalische Reaktion erwünscht ist, z. B. bei Verwendung neutraler Sulfite, kann man die alkalische Phenolfraktion aus dem Teer direkt verwenden. — Kresole kommen meist als technische Kresole zur Verwendung. Sie enthalten die drei Isomeren in wechselndem Verhältnis. Das m-Kresol zeigt bekanntlich die größte Reaktionsfähigkeit. Neben den Kresolen sind in dem technischen Gemisch auch homologe Phenole enthalten.

Naphthole:

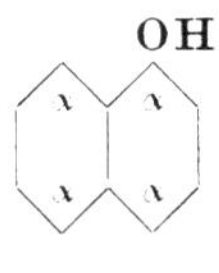

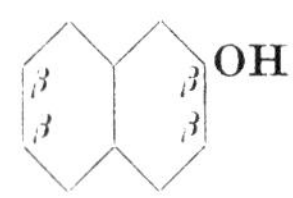

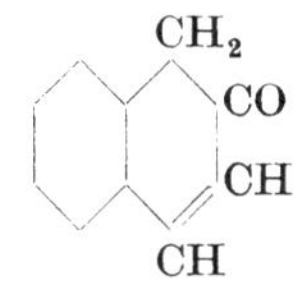

Carbonylform des β-Naphthols.

An den verschiedenen Naphtholderivaten hat Yun Hua Li seine „Hydroxyltheorie" zur Erklärung des Gerbvorganges studiert. Darnach ist eine Verbindung, die eine oder mehrere OH-Gruppen in „ausbalanzierter" Stellung enthält, befähigt, mit der Haut beständige Verbindungen einzugehen und zeigt Gerbstoffcharakter. α-Naphtholverbindungen besitzen darnach gerbende Eigenschaften, β-Naphtholverbindungen nicht. Von den Kohlenwasserstoffen mit kondensierten Kernen, di- und tricyclischen Systemen, kommen als Ausgangsmaterialien in Betracht:

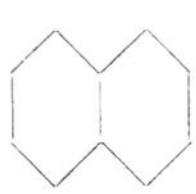

Naphthalin.

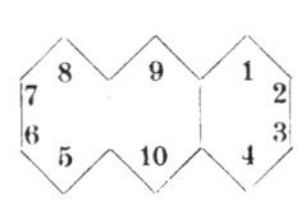

Anthracen.

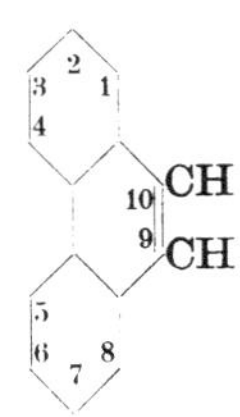

Phenanthren.

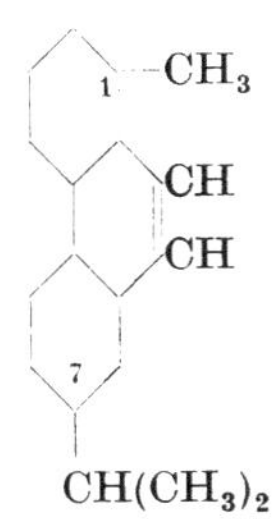

Reten (1-Methyl-7-Isopropylphenanthren).

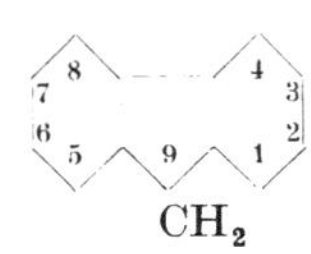

Fluoren.

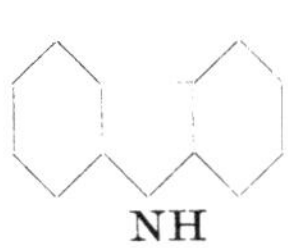

Carbazol.

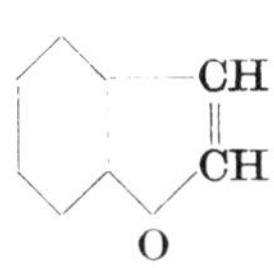

Cumaron.

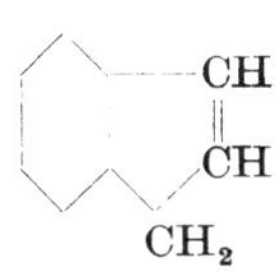

Inden.

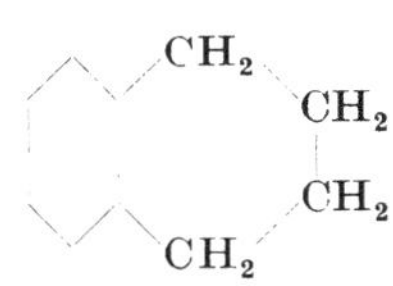

Tetrahydronaphthalin.

Wie bereits einleitend gesagt, verwendet man diese Ausgangsrohstoffe nicht in reinem Zustand, sondern in Form der betreffenden Teerfraktion, was insbesondere von den hochmolekularen Verbindungen gilt. Selbst das Naphthalin wird gerne im Gemisch mit Methylnaphthalin, so wie es im Schweröl enthalten ist, sulfoniert. Anthracen, Phenanthren, Methylanthracen, Carbazol finden sich im Anthracenöl, welches als solches Ausgangsrohstoff einer ganzen Anzahl von Verfahren zur Herstellung künstlicher Gerbstoffe wurde. Reten, welches die Isopropylgruppe enthält, scheint dieser Gruppe das große Lösungsvermögen für schwerlösliche pflanzliche Gerbstoffe zu verdanken, welches der aus diesem Kohlenwasserstoff hergestellte Gerbstoff (D.R.P. 290965) zeigt. Die Isopropylgruppe im Naphthalinkern wird z. B. in D.R.P. 393697 (B. A. S. F.)

und A.P. 1722904 (Röhm u. Haas Corp., Philadelphia) als besonders wertvoll für Lösungszwecke hervorgehoben. (Ähnlich wirkt der Isopropylrest in den verschiedenartigen Netzmitteln[1]). — Das Fluoren sei deshalb hervorgehoben, weil seine zwischen den Benzolringen eingezwängte Methylengruppe reaktionsfähige Wasserstoffatome besitzt. Cumaron und Inden finden sich in der Solventnaphtha II, es sind sehr leicht und weitgehend polymerisierfähige Stoffe, die bekanntlich zur Herstellung des Cumaronharzes dienen. Hierzu nimmt man Solventnaphtha II als solches. Allein oder in Verbindung mit Säureharzen, Phenolen u. dgl. kann es zu Gerbstoffen verarbeitet werden, wenn man einen Überschuß von rauchender Schwefelsäure verwendet. Dies behandeln z. B. die E.P. 172048 von 1920 und 148750 von 1920 (Renner-Moeller).

Teer kommt in jeder Form als Ausgangsrohstoff in Betracht: Steinkohlen- und Braunkohlenteer, Tieftemperaturteer und schließlich Holzteer (D.R.P. 336895, Holzverkohlungs A. G.); Holz- bzw. Pflanzenteer ist in den verschiedenen Verfahren von C. Graf geschützt worden (siehe auch G. Powarnin und Mitarbeiter).

Die Di- und Polyoxybenzole werden hauptsächlich durch Resorcin und Pyrogallol vertreten. Doch diese Rohstoffe sind noch zu teuer. Als Oxysäuren kommen hauptsächlich Salicylsäure und Milchsäure in Betracht.

Die von H. Renner und W. Moeller als Rohstoff vorgeschlagenen und vielfach geschützten Säureharze sind, wie bereits erwähnt, Rückstände saurer Raffinierung von Mineralölen. Die Verwendung des harzartigen Schlammes der Petroleumraffinerien für die Herstellung künstlicher Gerbstoffe wird auch durch das Pol.P. 11030 (J. Klipper, St. Suknarowski und F. Chierer) geschützt. Nach Scheiber-Sändig (J. Scheiber und K. Sändig, S. 93) entstehen die Säureharze aus Kohlenwasserstoffen, teilweise unbekannter Konstitution, die konjugierte Doppelbindungen besitzen und deswegen durch Polymerisation leicht in harz- und pechähnliche Verbindungen übergehen. Sie enthalten mehr oder weniger große Mengen freier Schwefelsäure, so daß dieses Rohstoffgemenge entweder durch Erhöhung der vorhandenen Schwefelsäure in ein sulfoniertes, lösliches Harz übergeführt werden kann, oder es entstehen durch Hinzufügung von Phenolen, eventuell Aldehyden, lösliche Produkte, die bereits Gerbstoffcharakter besitzen und weiter durch Lösung der harzartigen Polymerisationsprodukte (im Säureharz) in Körper mit großem Molekül und guter Löslichkeit übergehen, wobei die Gerbkraft zunimmt.

Von hydrierten Kohlenwasserstoffen kommen hauptsächlich verschiedene hydrierte Naphthaline in Betracht.

Auch die bei der Benzolwäsche durch Schwefelsäure entfernten Säureharze bilden das Rohmaterial eines Verfahrens (D.R.P. 403647, Koholyt A. G.). Hier handelt es sich natürlich auch um eine Art Cumaronharz.

Die Sulfitcelluloseablauge in rohem oder gereinigtem Zustand, meist in Form eines dickflüssigen oder trockenen Extraktes, dient in verschiedenen Verfahren als Rohstoff; diese wird an anderer Stelle ausführlich behandelt (vgl. S. 520 ff.).

Die Ablaugen der Natronzellstoffabrikation (Schwarzlaugen) sind auch in den Bereich der Rohstoffe einbezogen worden. Sie bilden z. B. nach dem Verfahren von Casaburi-Simoncini das eine Ausgangsmaterial für die verschiedenen „Alfa“-Gerbstoffe (D.R.P. 472680).

---

[1] In diese Gruppe können auch jene Produkte eingereiht werden, welche hochmolekulare aliphatische Ketten (Fettalkohole, Fettsäuren, ungesättigte Fettsäuren usw.) im Kern enthalten (D.R.P. 543431, 569344).

Petroleum, Paraffinöl, Mineralöle, Naphthensäuren gehören ebenfalls zu den Rohstoffen, aus denen nach mancherlei Verfahren gerbende Substanzen erhalten werden können.

Von Interesse wären noch die natürlichen Harze, z. B. Colophonium (D. R. P. 436446, A. Kämpf), auch D. R. P. 468266 (Ed. Jena), E. P. 321190 (I. G.), A. P. 1523390 (Röhm u. Haas Corp., Philadelphia), welch letzteres unter den natürlichen Harzen auch Kino aufzählt, welches bekanntlich zu den pflanzlichen Gerbrohstoffen gezählt wird, und aus dem durch die übliche Behandlung mit Sulfit und Bisulfit (Sulfitierung) in kaltem Wasser lösliche Gerbextrakte hergestellt werden können (D. Coghill). Die Verwendung von Colophonium verdient deshalb besonderer Erwähnung, weil durch Destillation desselben mit Schwefel und Selen Reten (1-Methyl-7-Isopropylphenanthren) entsteht (E. Hägglund, S. 157; O. Diels und A. Karstens), dem wir hier neuerlich begegnen, was Zusammenhänge vermuten läßt.

Was die für die Oxydationsverfahren als Ausgangsrohstoff dienende Kohle rezenter oder fossiler Natur anbelangt, so werden verschiedene Anforderungen an diese gestellt. Der Eisengehalt soll unter 1% liegen, da dieser sonst die gleichzeitige Verwendung pflanzlicher Gerbstoffe beeinträchtigen würde (Schwärzung) (D.R.P. 406204, Höchst), doch dürfte diese Grenze nicht die nötige Sicherheit geboten haben, denn spätere Verfahren befassen sich mit der Entfernung des Eisens durch Ausfällung (D.R.P. 429179, I. G.) oder durch Auskochen mit 20%iger Schwefelsäure vor der Oxydation (D.R.P. 433162, I. G.). Wird anstatt der Braunkohle rezente Holzkohle verwendet, so wird solche mit einem Sauerstoffgehalt verwendet, der größer als 9% ist; dadurch wird angeblich Salpetersäure erspart und der entstehende Gerbstoff ist von hellerer Farbe (D.R.P. 438199, I. G.).

Huminstoffe verschiedener Art dienen ebenfalls als Rohstoff. Hier kommen außer wirklichen Humuskohlen, z. B. der Wellmitzer Humuskohle, die bekannten aus dem „Kapuziner", einer im Tagbau sich vorfindenden stark verwitterten Braunkohle (z. B. Hugoschacht in Settenz bei Teplitz-Schönau), gewonnenen, stark färbenden Huminstoffe, die unter dem Namen Kaßlerbraun oder Nußbeize bekannt sind, in Betracht. Siehe D.R.P. 406364 (Höchst), 420645 (B. A. S. F.), 443339 (Löw-Beer), 478272 (Melamid). Hierher ist auch das F.P. 544253 der Soc. Anon. des Matières Colorantes, St. Dénis zu zählen, da bei der Behandlung von Kohlenhydraten mit Schwefelsäure Huminstoffe entstehen.

Harnstoff wird in reiner Form verwendet, aber auch als Metalldicyandiamid.

Im Anschluß an die Rohstoffe sollen die als Kondensationsmittel verwendeten Verbindungen aufgezählt werden. In der Mehrzahl aller Verfahren dient die Schwefelsäure sowohl als Kondensationsmittel als auch zur Sulfonierung. Die Mehrzahl der übrigen Kondensationsmittel sind saurer Natur, wie Phosphorchlorid, Phosphoroxychlorid, Aluminiumchlorid, Zinkchlorid, Thionylchlorid, Chlorschwefel, Chlorsulfonsäure, schweflige Säure, Salzsäure. Von basischen Kondensationsmitteln kommen meist nur jene in Betracht, die zur basischen Kondensation der Phenol-Aldehyd-Harze dienen, demnach Natron- oder Kalilauge, Ammoniak usw.

III. Herstellungsverfahren von künstlichen Gerbstoffen.

Über die Herstellung der im Handel befindlichen künstlichen Gerbstoffe ist wenig bekannt geworden. Man muß sich an die oft recht ausführlichen Patentbeschreibungen halten. Die Herstellung der meisten, auf Kondensation von

Phenolsulfosäuren und Formaldehyd beruhenden Verbindungen geht folgendermaßen vor sich: Die betreffende Phenolsulfosäure wird durch Mischung des Phenols mit Schwefelsäure im Überschuß und Erwärmen auf ungefähr 110° C hergestellt und nach dem Abkühlen die berechnete Menge Formaldehyd ($^1/_2$ Mol) langsam eingerührt, wobei die Temperatur durch Kühlung unter 35° C gehalten wird. Diese Temperatur scheint für eine ganze Anzahl derartiger Kondensationen die obere Grenze zu sein. Man läßt das Reaktionsgemisch unter Umrühren gekühlt stehen, bis der Formaldehydgeruch verschwunden ist. Hierauf entfernt man mit Kalkmilch die überschüssige Schwefelsäure, wobei Gips ausfällt; das Ca-Salz des künstlichen Gerbstoffes ist in Wasser löslich. Man entfernt einen Überschuß von Kalk mittels Soda oder Natriumphosphat und stellt nach dem Filtrieren den fertigen Gerbstoff auf einen bestimmten Säuregrad ein, der früher je 1 g 10 bis 15 ccm $^n/_{10}$ Natronlauge betrug (Phenolphthalein). Größere Gleichmäßigkeit würde man bei Bezug auf 1 g Trockenrückstand erzielen. Der p_H-Wert ist natürlich verläßlicher. Er liegt bei älteren künstlichen Gerbstoffen des Handels, in analytischer Lösung bestimmt, zwischen p_H 1,9 bis 2,5, während die neueren Austauschgerbstoffe, z. B. die Tanigan-extra-Marken p_H-Werte von 3,0 bis 3,5 aufweisen, demnach im p_H-Bereich pflanzlicher Gerbstoffe liegen.

Abb. 99. Sulfonier-Apparat aus dem Tanigan-Betrieb der I. G. Farbenindustrie A.-G., Ludwigshafen a. Rh.

Die aus Säureharzen, Naphtha, Anthracenöl u. dgl. hergestellten künstlichen Gerbstoffe sind meist sehr dunkel. Eine Vorbehandlung der Ausgangsrohstoffe mit konz. Schwefelsäure gibt zwar hellere Endprodukte, doch ist der Verlust an Schweröl und Anthracenöl sowie der Mehrverbrauch von Schwefelsäure so groß, daß sie nicht in Frage kommt [J. Berkmann (*1*), (*2*)]. Man kann allerdings auch bleichen, wobei Oxalsäure, Zinkstaub, Hypochlorit und Chlor in Betracht kommen (D.R.P. 433292, I. G.).

Die als freie Sulfosäuren hergestellten künstlichen Gerbstoffe können durch Zusätze so verändert werden, daß die Wirkung der Sulfosäure abgeschwächt, gleichzeitig das zu schnelle Anfallen derselben an die Haut verhindert und dadurch eine mildere Gerbung erzielt wird. Man vermengt sie hierfür mit Neutralsalzen (Glaubersalz) oder anderen die Gerbung verzögernden Beimengungen.

I. R. Geigy A. G. schützten ein Verfahren, bei welchem die Wirkung der Sulfosäure durch Zusatz von in wässeriger Lösung kongosauer reagierenden Salzen der Kieselfluorwasserstoffsäure zur neutralisierten Sulfosäure aufgehoben werden soll (D. R. P. 515664, E. P. 256628, E. P. 276014, F.P. 519598, 620732, 639097).

An dieser Stelle sollen die „Metallsalze" Erwähnung finden, meist Tonerde- und Chromsalze, welche durch Umsetzung der freien Sulfosäuren mit Oxyden, Hydroxyden des Aluminiums, Chroms, Cers usw. entstehen (siehe auch S. 456). Chromsalze kann man auch durch direkte Oxydation mit Bichromat erhalten.

Abb. 100. Kondensier-Apparate aus dem Tanigan-Betrieb der I. G. Farbenindustrie A. G., Ludwigshafen a. Rh.

Die so erhaltenen künstlichen Gerbstoffe besitzen gute gerbende Eigenschaften. Hierher gehören insbesondere die Verfahren der ehemaligen Chemischen Fabrik Worms A. G., D.R.P. 382905, 386469 (Ceri-[1], Magnesium-, Ferri- und Zinksalze), 386470 (basische, komplexe Salze), 417972, ferner das D.R.P. 427999 (Agfa-I. G.), D.R.P. 472680 (Casaburi-Simoncini) und eine Anzahl amerikanischer, englischer, französischer und Schweizer Patente von Geigy, Renner-Moeller, Croad-McArthur usw. Die bekanntesten derartigen Produkte sind: Tannesco (früher „Esco"), Synthesco, Sellatan der Firma J. R. Geigy A. G., Basel, Depsal AC, CI und das nicht mehr im Handel befindliche Wormatol (früher Corinal). Bei Verwendung derartiger Metallsalzgerbstoffe wird vermutlich eine Art kombinierte Gerbung erzielt; nach Angaben des D.R.P. 382905 besitzen die Natronsalze der zugrunde liegenden künstlischen Gerbstoffe

[1] Über die gerbende Wirkung der Cer-Salze (Cerisulfat u. a.) siehe: W. Eitner (*1*) und F. Garelli.

gar keine oder ungenügende Gerbkraft. C. Schorlemmer nahm eine Peptisierung des Cr_2O_3-Gels durch den synthetischen Gerbstoff an. Nach V. Casaburi (*1*) vereinigt sich die gerbende Wirkung des Chromsalzes mit jener des synthetischen Gerbstoffes unter gleichzeitigem Säureschutz der Hautfaser. Die Einführung von Metallsalzen, insbesondere Chrom, in das Molekül synthetischer Gerbstoffe erweckte in den Zeiten der erregten Meinungskämpfe über die mögliche Schädigung der Haut durch die freien Sulfosäuren berechtigte Hoffnungen, da man auf diese Weise kongoneutrale Produkte erhielt und außerdem die Gerbwirkung steigerte.

Auch bei einzelnen Verfahren zur Herstellung von Gerbstoffen aus Kohle oder Humusstoffen werden Tonerde- und Chromsalze bzw. Oxyde zum Abstumpfen der Säuren herangezogen (Essig- und Mellitsäure, D. R. P. 405799, Höchst-I. G.). Ähnliches bezweckt letzten Endes die Verwendung von Bichromat oder Chromsäure, wobei zuerst eine Oxydation vorgenommen wird. Hierbei können sich unter Umständen auch Chinone bilden, die, wenn auch nur in geringen Mengen vorhanden, zur Erhöhung des Gerbeffekts und der Beständigkeit des Leders beitragen. Die Chlorierung von Sulfitcelluloseablauge bezweckt auch nichts anderes. Die Gerbung mit Chloranilen bildet den Inhalt des D.R.P. 353076 (Renner).

Näheres über die Herstellungsweise der Humus- oder Kohlengerbstoffe ist nicht bekannt geworden, doch dürfte die Patentbeschreibung des D.R.P. 441432 (I. G.) darüber Auskunft geben:

Mit Benzol extrahierte Braunkohlenrückstände (Brocken) werden in einem mit Deckel verschlossenen Gefäß unter Durchleiten von warmer Luft auf etwa 90° C gebracht und gleichzeitig durch eine rote rauchende Salpetersäure berieselt. Die Abgase werden in 50%iger HNO_3, dann in 25%iger HNO_3 und zuletzt, vor dem Entweichen in die Luft, mit Wasser gewaschen. Die Waschflüssigkeiten werden durch Zutropfen der nächstverdünnteren Waschflüssigkeit auf ziemlich konstanter Menge und Konzentration gehalten. Die angewandte HNO_3-Menge ist lediglich von der Größe der mit Kieseln und Ringen gefüllten Wäsche abhängig und wird bei den folgenden Arbeitsgängen wieder benutzt. Sobald die Löslichkeit herausgenommener Proben des entstandenen Oxydationsprodukts nicht mehr zunimmt, wird die Berieselung eingestellt. Die heiße Luft entführt die letzten nitrosen Gase aus dem Reaktionsgut, so daß dieses ohne weitere Reinigung verwendet werden kann. Gegebenenfalls wird es zur Abtrennung unlöslicher Bestandteile, besonders Gangart, aus Wasser umgelöst und durch Eindampfen in völlig in Wasser löslicher Form wiedergewonnen. Das gelbbraune Produkt bildet ein Gemisch von organischen Säuren mit hohem Gehalt an Carboxylgruppen (etwa 38% COOH) und enthält meist nicht mehr Stickstoff als die Ausgangskohle (etwa 2,5%). Oxydiert man grubenfeuchte bis lufttrockene Braunkohle, so erhält man neben den in einer Ausbeute von 50% gebildeten, in Wasser löslichen Säuren ein zweites, nur in Alkali und Alkaliacetat lösliches braunes Säuregemisch. Ebenso lassen sich bitumenfreie Stoffe, also wesentlich aus Huminsäure bestehende Produkte, für sich allein oxydieren (Chem. Ztrbl. **1927**, I, 2150).

IV. Verwendung künstlicher Gerbstoffe in der Gerbung.

Es war vorauszusehen, daß sich das konservative Gerbergewerbe nach dem ersten Auftauchen der künstlichen Gerbstoffe mehr als zurückhaltend verhalten werde. Bei der langen Dauer der pflanzlichen Gerbung, namentlich schwerer Ledersorten, ist es allerdings nicht leicht, irgendein neues Präparat zu beurteilen, überdies ist der Einfluß eines solchen auf die Güte, namentlich auf die Lagerfähigkeit des Leders auch erst nach längerer Zeit erkennbar. Nur Großversuche konnten ein richtiges Urteil liefern, dazu konnten sich nur wenige Fabriken entschließen. Leichter wäre natürlich die Beurteilung der künstlichen Gerbstoffe bei der Schnellgerbung von Kleintierfellen gewesen.

Schwerwiegender als die Bedenken der ledererzeugenden Industrie waren aber für die Einführung künstlicher Gerbstoffe jene Angriffe, die mit den Waffen der Chemie lange Zeit geführt wurden und oft genug nur Konkurrenzmanövern entsprangen. Es handelte sich hierbei um die grundlegende Frage, ob durch diese neuen Gerbmittel freie Schwefelsäure in das Leder gelange und ob die Sulfogruppe eine schädigende proteolytische Wirkung auf die Haut ausübe. Die diesbezüglichen Abhandlungen, contra und pro, können hier nur aufgezählt werden: W. Moeller (*1*) bis (*8*), H. Büttner (*1*), (*2*), C. Immerheiser (*1*), S. Kohn, J. Breedis und E. Crede (*1*), (*2*), (*3*), T. A. Faust, R. B. Croad, C. van der Hoeven (*1*), (*2*), L. E. Stacy.

Der erregte Kampf verebbte erst um 1925. Eine wissenschaftlich begründete Entscheidung konnte damals nicht getroffen werden, da insbesondere die wichtige Frage der freien Schwefelsäure im Leder erst viel später geklärt werden konnte, denn zu jener Zeit verfügte man noch nicht über geeignete analytische Methoden (hierüber im „Analytischen Teil", S. 498).

Erst nach Festlegung einer brauchbaren Methode zur Bestimmung freier, starker Säuren im Leder und namentlich auch nach der wissenschaftlichen Feststellung C. Felzmanns (*1*) über die irreversible Bindung von Gerbsulfosäuren durch bestimmte Gruppen der Haut konnten die Bedenken der Industrie zerstreut werden.

Bei Verwendung von Gerbsulfosäuren und bei Beurteilung ihrer Wirkung muß man sich vor allem klar sein, daß man es mit chemischen Verbindungen zu tun hat, die ganz anders zusammengesetzt sind als die natürlichen pflanzlichen Gerbstoffe und mit diesen in keinerlei direktem Zusammenhang stehen. Sie können letztere demnach nicht kurzerhand ersetzen, nicht nur ihr chemischer Aufbau, sondern auch ihre Wirkung sind durchaus verschieden, doch ergänzen sie sich in ganz ausgezeichneter Weise. Man könnte vielleicht Zucker und Saccharin als Vergleich heranziehen: die Sulfosäure Saccharin kann den Zucker als Nährstoff nicht ersetzen, doch ist sie ihm als Süßstoff überlegen. Es war deshalb nicht zweckentsprechend, diese neuen Erzeugnisse als synthetische Gerbstoffe zu bezeichnen, und in Erkenntnis dessen wurde von der I. G. Farbenindustrie A. G. die alte Benennung aufgegeben und die Bezeichnung „Tanigan-Gerbstoffe" eingeführt. Diese Bezeichnung soll nicht als Handelsmarke aufgefaßt werden, sondern als Begriff für eine neuartige Gerbstoffgruppe gelten mit ganz spezifischen Eigenschaften und Wirkungen [C. Felzmann (*2*)]. — Während pflanzliche Gerbstoffe durch Vorhandensein von mehr oder weniger starken Anhäufungen von Hydroxylgruppen bei gleichzeitig schwach saurem Charakter gerbend wirken, ist bei den hydroxylfreien Gerbsulfosäuren die Sulfogruppe meistens allein gerbaktiv und sowohl für die Wasserlöslichkeit als auch für den stark sauren Charakter allein maßgebend.

Einen ganz großen Fortschritt mußte demnach die Herstellung künstlicher Gerbstoffe bedeuten, die nicht mehr als Gerbsulfosäuren bezeichnet werden können (siehe S. 455), nur schwach sauren Charakter besitzen und sich in vieler Hinsicht den natürlichen Gerbstoffen so weit nähern, daß sie als Austauschgerbstoffe gelten können.

Man kann demnach, was die Verwendungsmöglichkeit anbelangt, bei künstlichen Gerbstoffen bereits drei Gruppen unterscheiden:

1. Hilfsgerbstoffe, das sind stark saure Gerbsulfosäuren, sie können pflanzliche Gerbstoffe nicht ersetzen, beschleunigen jedoch den Gerbvorgang, beeinflussen in günstiger Weise die Farbe des Leders und verbessern gewisse Eigenschaften des Leders infolge ihrer von den pflanzlichen Gerbstoffen verschiedenen Bindung an die Haut. Sie haben überdies meist klärende und lösende Wirkung auf trübe, schlammende Gerbbrühen und wirken bakterizid.

2. Kombinationsgerbstoffe sind ebenfalls Gerbsulfosäuren mit weniger saurem Charakter, stärker füllenden Eigenschaften und können in größeren oder kleineren Mengen je nach Art des Leders und der verwendeten pflanzlichen Gerbstoffe, ihren besonderen Eigenschaften angepaßt, anteilig bei der pflanzlichen Gerbung mitverwendet werden.

3. Austauschgerbstoffe enthalten keine freien Sulfosäuregruppen, sie besitzen daher schwächer sauren Charakter, ein günstiges Verhältnis von Gerbstoff zu Nichtgerbstoffen und geringen Aschengehalt. Sie können pflanzliche Gerbstoffe in vielen Fällen in jedem beliebigen Verhältnis ersetzen und zeigen zum Teil eine ganz bedeutende Lichtechtheit.

Bei allen Gerbsulfosäuren, welche auch im Vergleich mit sulfitiertem Quebrachoextrakt geringe Teilchengrößen besitzen, kann man beobachten, daß die Haut schneller und gleichmäßiger als bei pflanzlichen Gerbstoffen durchdrungen wird, was wohl auch auf deren eindeutige chemische Bindung zurückzuführen ist. Das bestimmte Säureäquivalent gegenüber der Haut hat ein geringes Rendement zur Folge. Die Mitverwendung auch geringer Mengen in gewissen Stadien der Gerbung hat oft ganz bedeutende Vorteile und ermöglicht ganz bestimmte Effekte, die auf andere Weise nicht erzielt werden können.

Man muß sich bei gemeinsamer Anwendung von Gerbsulfosäuren mit pflanzlichen Gerbstoffen erst einmal darüber klar werden, daß es sich hierbei um eine Art Kombinationsgerbung, eine Gerbung mit zwei ganz und gar verschiedenen Stoffklassen handelt (H. Herfeld).

Bei der praktischen Anwendung künstlicher Gerbstoffe in der pflanzlichen Gerbung kann man deren Wirkung folgendermaßen umgrenzen:

1. Die grob dispersen Anteile der Gerbbrühen werden durch Gerbsulfosäuren in Lösung gebracht und damit gerberisch wirksam. Aber auch die Teilchengröße der löslichen Gerbstoffanteile und deren Elektrolytempfindlichkeit wird verändert und günstig beeinflußt. Schlamm- und Schimmelbildung wird häufig herabgesetzt; dadurch können die pflanzlichen Gerbstoffe besser ausgenutzt werden, der Gerbvorgang wird beschleunigt und verbilligt, Totgerbung kann vermieden werden [siehe auch F. Stather und K. Löchner, F. Stather und H. Herfeld (*1*), H. Herfeld, G. Chiera, J. A. Sagoschen].

2. Künstliche Gerbstoffe dienen als p_H-Regulatoren pflanzlicher Gerbbrühen, haben aber vor Mineralsäuren und organischen Säuren den Vorteil, daß die p_H-Senkung ohne Gerbstoffausflockung erfolgt und gleichzeitig die Adstringenz herabgesetzt wird [J. A. Wilson, F. Stather, M. Gierth (Fußnote 49, S. 660ff.); A. Dahl, H. Herfeld, L. Pollak (*11*)]. Im Gegensatz zur Schwellung durch Säuren, wie Salzsäure, findet eine Quellung dabei nicht statt, wodurch die beschleunigte Gerbwirkung erklärt wird (M. Bergmann, W. Münz, L. Seligsberger; C. H. Spiers), sowie auch die bessere und gleichmäßigere Durchgerbung. Dadurch und mehr noch infolge der sehr hellen Eigengerbung künstlicher Gerbstoffe erhält man sehr helle und gleichmäßig gefärbte Leder.

3. Künstliche Gerbstoffe, namentlich Gerbsulfosäuren, eignen sich in den meisten Fällen zur direkten Bleiche pflanzlich gegerbter Leder, wobei neben der durch Dispergierung der im Narben angehäuften pflanzlichen Gerbstoffe verursachten narbenreinigenden und aufhellenden Wirkung eine Nachgerbung erfolgt; der Narben bleibt geschmeidig und wird bruchfester.

4. Die Reißfestigkeit des Leders und Bruchfestigkeit des Narbens des unter Zusatz geeigneter künstlicher Gerbstoffe hergestellten Leders wird in vielen Fällen erhöht. Bei Gerbsulfosäuren könnte man dies mit der Bindung an die von pflanzlichen Gerbstoffen nicht besetzten NH_2-Gruppen der Haut erklären, wodurch eine weitere Verfestigung der gegerbten Faser erwartet werden kann.

5. Gerbsulfosäuren schützen das pflanzlich gegerbte Leder gegen die schädliche Einwirkung von Mineralsäuren, da die Fähigkeit der Haut, als Base zu reagieren, bei der Gerbung mit Gerbsulfosäuren zurückgeht und schließlich ganz aufgehoben wird [C. Felzmann (*1*), G. Otto (*2*)]. Gegenüber schädlichen Einflüssen von Gasen aus der Atmosphäre wirken Gerbsulfosäuren dadurch günstig ein, daß die Pufferkapazität des Leders erhalten bleibt; die Aufnahmsfähigkeit für saure Gase wird verringert bzw. ganz aufgehoben [G. Otto (*2*), R. W. Frey und C. W. Beebe]. Dadurch wird die Lagerfähigkeit selbstverständlich erhöht.

6. Die sogenannten Austauschgerbstoffe können in allen Stadien der Gerbung in angemessenen Prozentsätzen, beispielsweise bis zu 25%, an Stelle der pflanzlichen Gerbstoffe verwendet werden.

Bei der Chromgerbung kann man die Wirkung künstlicher Gerbstoffe folgendermaßen umschreiben:

1. Herstellung rein weißer Leder durch Vor- und Nachgerbung mit besonders lichtechten Gerbstoffen.

2. Erzielung eines volleren, weniger dehnbaren Leders, namentlich in den abfälligen Teilen bzw. Erzielung eines Chromleders mit elastischerem Griff und größerer Fülle. Man erhält einen glatten und feinen Narben und kann bis zu einem gewissen Grad (bei Sohlen) das Gleiten vermeiden (A. Dahl, H. Herfeld).

3. Die Entsäuerung des Chromleders, gewöhnlich mit Alkalien vorgenommen, kann mit Gerbsulfosäuren ausgeführt werden, da diese die reversibel gebundenen hydrolysierbaren Säuren (z. B. Schwefelsäure) verdrängen [G. Otto (*2*), C. Felzmann (*1*)]. Dadurch wird eine Überneutralisierung, die leicht zu blechigem Leder und spießigem Narben führen kann, vermieden. Gleichzeitig tritt eine Nachgerbung ein, und bei folgender Färbung werden saure und substantive Farbstoffe gleichmäßiger, basische Farbstoffe in erhöhtem Ausmaße gegenüber den sonst üblichen Vorbehandlungen mit Sumach u. dgl. aufgenommen.

Die Verwendung künstlicher Gerbstoffe als Alleingerbstoffe hat mit dem außerordentlichen Aufschwung der Luxuslederzeugung eine besondere Bedeutung erlangt. Namentlich wäre die Herstellung von Reptilien-, Fisch- und Schlangenleder ohne Verwendung vollkommen weiß und gleichzeitig lichtecht gerbender künstlicher Erzeugnisse unmöglich gewesen. Für diese Ledersorten spielt auch der Preis keine so maßgebende Rolle als bei der Herstellung von Sohlenleder u. dgl., so daß man die teureren lichtechten Marken verwenden kann.

Seitdem die sogenannten Austauschgerbstoffe auf den Markt gekommen sind, ist auch die Herstellung von Gebrauchsleder, wie Blankleder, Fahlleder, Vachettenleder und anderer mittlerer bzw. leichter Ledersorten, bei hoher anteiliger Verwendung dieser Gerbstoffe möglich.

Schließlich erkannte man auch den Wert gewisser künstlicher Gerbstoffe für die Pelzgerbung, namentlich als Ersatz für die sog. Leipziger Zurichtung und Chromgerbung.

1. Verwendung künstlicher Gerbstoffe in der pflanzlichen Gerbung.

Das Maßgebende für die Einfügung künstlicher Gerbstoffe in den normalen Gang einer pflanzlichen Gerbung ist die außerordentlich schnelle Gerbwirkung derselben. Es ist unmöglich, einheitliche Richtlinien für deren Mitverwendung in pflanzlichen Gerbbrühen zu geben, da deren chemische, kolloidale und physikalische Beschaffenheit von Betrieb zu Betrieb wechselt und von der Art der verwendeten pflanzlichen Gerbstoffe abhängig ist. Namentlich bestehen über die

Verwendung künstlicher Gerbstoffe im Farbengang sehr verschiedene Meinungen.

Infolge des schnellen Eindringungsvermögens in die Haut bewirken künstliche Gerbstoffe, im Farbengang richtig angewandt, eine Fixierung der Fasern in gequollenem Zustand, so daß die pflanzlichen Gerbstoffe leicht nachdringen können und infolge der vergrößerten Faseroberfläche besser ausgenutzt werden. Dadurch wird Gewicht und Rendement erhöht. Das bedeutende Lösungsvermögen künstlicher Sulfosäuregerbstoffe für schwer lösliche pflanzliche Gerbstoffe (Phlobaphene) bewirkt, daß die Farbbrühen, in welchen die schwer löslichen Gerbstoffe bereits vorherrschen, klar werden und der normalerweise nur teilweise ausnutzbare pflanzliche Gerbstoff doch noch der Haut zugeführt wird (J. A. Sagoschen). Des weiteren tritt ein Bleicheffekt ein, welcher den meisten künstlichen Gerbstoffen eigen ist. Schließlich verhindern die leicht keimtötenden Eigenschaften dieser Verbindungen die Zersetzung pflanzlicher Gerbstoffe durch Bakterien und dadurch beträchtliche Verluste. Besonders wichtig ist aber die Säureregulierung des Farbenganges, welche bei genauer p_H-Kontrolle mit künstlichen Gerbstoffen leicht und gleichmäßig erzielt wird. Über die keimtötende Wirkung in: Cuir techn. 1928, 256, sowie „Thiophene" und V. Casaburi (*3*).

Ein Umstand, der bei Verwendung mancher künstlicher Gerbstoffe zu Beginn der Gerbung, insbesondere in den Farben, zu einer gewissen Vorsicht zwingt, ist die Möglichkeit, daß unerwünschte Mineralsalze und Nichtgerbstoffe angereichert werden. Dies kommt besonders dann in Betracht, wenn gebrauchte Faßbrühen, die künstliche Gerbstoffe mit höherem Asche- und Nichtgerbstoffgehalt enthielten, zur Stellung der Farben verwendet werden sollen. Man kann den Nichtgerbstoffgehalt einer Brühe für jedes Zwischen- und für das Endstadium nach einer Formel berechnen (E. Immendörfer). Die Salzanreicherung kann nach Feststellungen E. Immendörfers durch einen stark sulfitierten Quebrachoextrakt beträchtlich größer sein als bei richtiger Verwendung eines relativ nichtgerbstoffreichen künstlichen Gerbstoffs. Enthalten jedoch die künstlichen Gerbstoffe anstatt Natronsalzen Ammonsalze, so wirken diese als Nährstoffe für säurebildende Bakterien, deren Wachstum und Wirkung sie günstig beeinflussen.

Die von den verschiedenen Erzeugerfirmen ausgearbeiteten und den Gerbern zur Verfügung gestellten Gerbvorschriften für Sohl- und Vacheleder unterscheiden sich dementsprechend meist darin, ob künstliche Gerbstoffe im Farbengang, im Versenk oder Versatz bzw. im Faß verwendet werden sollen; andererseits haben sich in der Praxis Verfahren ergeben, die auf Erfahrungen, guter Beobachtung und chemischer Kontrolle fußen.

a) Sohl- und Vacheleder.

Besonders wichtig ist für jede Verwendung künstlicher Gerbstoffe, daß diese erst auf völlig entkälkte Blößen zur Einwirkung gelangen. Die Entkälkung muß daher bei Unterleder entweder getrennt, außerhalb des Farbenganges erfolgen oder, falls die Entkälkung im ersten Stadium des Farbenganges durch die schlechtesten Farben bewirkt wird, darf der künstliche Gerbstoff erst den letzten, besten Farben zugesetzt werden, wo die Blößen genügend kalkfrei sind und deren Schwellung bereits eine gewisse Fixierung durch die An- und Durchgerbung erfahren hat[1]. — Man kann aber auch den künstlichen Gerbstoff

[1] Da der größte Teil der künstlichen Gerbstoffe sehr kalkempfindlich ist, darf man für die Farben u. dgl. keine ungeschützten Zement- und Betongeschirre verwenden. Derartige Farben usw. müssen mit Steinkohleteerpech u. dgl. gut ausgestrichen bzw. asphaltiert oder mit glasierten Platten ausgelegt werden.

einer getrennt gehaltenen Farbe zusetzen, die man zwischen Farbengang und Versenk, bzw. zwischen Farbengang und Faßgerbung einschaltet. Die Einstellung dieser Farbe richtet sich nach der Stärke der letzten vorhergehenden normalen Farbe und kann z. B. durch Verstärkung der pflanzlichen Brühe mit 2 bis 4% Tanigan V_1 vom Blößengewicht erfolgen. Eine solche Zwischenfarbe läßt sich nach jedesmaliger entsprechender Verstärkung (pflanzlicher Gerbstoff + 2 bis 4% künstlicher Gerbstoff) für mehrere Partien verwenden und kann schließlich zur Gerbung von Abfall- und Spaltleder usw. oder als anteiliger Zusatz zur Faßbrühe aufgebraucht werden. Eine Störung des Farbenganges durch Salze wird auf diese Weise auch bei künstlichen Gerbstoffen mit höherem Aschengehalt völlig vermieden.

Hierauf kommt das Leder in die üblichen Versenke und Gruben (Satz). Hat man in oder nach den Farben keine künstlichen Gerbstoffe verwendet, so kann man im ersten Versenk, bei schweren Häuten auch noch im folgenden Versenk 2 bis 3% (z. B. Tanigan V_1) oder 5 bis 8% (Tanigan U), auf Blößengewicht bezogen, zusetzen. Die Verwendung zur Abtränkbrühe in der Grube (Versatz) muß jedoch wohl überlegt werden, weil die keimtötenden Eigenschaften der meisten Gerbsulfosäuren die natürliche Säuerung verhindern können und die Sauerlohe nicht mehr für die Herstellung von Sauerbrühen Verwendung finden kann. Hat man im Versenk und allenfalls im ersten Versatz Gerbsulfosäuren zugesetzt, so soll man die folgenden Sätze davon freihalten.

Andererseits muß man sich die Frage stellen, ob die anfangs vorhandene keimtötende Wirkung künstlicher Gerbstoffe auch anhält, nachdem der größte Teil derselben infolge der schnell vor sich gehenden Aufnahme durch die Haut aus den Brühen verschwunden ist.

Während man früher in den Versenken mit synthetischen Produkten des „Ordoval-Typus“ (jetzt Tanigan O) arbeitete, welche jedoch keine besonders schöne Farbe auf dem Leder hervorriefen, besitzt man jetzt in neueren Erzeugnissen, wie Tanigan U und V_1, Hilfsstoffe, die mit 6 bis 8% bzw. 3 bis 4% vom Blößengewicht angewendet, sich in jeder Hinsicht gut bewähren. Bei ausgesprochener Vachegerbung, demnach: langer Farbengang mit folgender Faßgerbung, kann man an Stelle der Einschaltung einer getrennt gehaltenen Farbe eine Faßzwischengerbung der bereits gut durchgebissenen Häute mit 10% unverdünntem Tanigan U, Dauer $^1/_2$ bis 1 Stunde, an den Farbengang anschließen, wodurch das Leder ungleich aufnahmsfähiger für die folgende Durchgerbung mit pflanzlichen Gerbstoffen wird. — Es ist unmöglich und auch nicht der Zweck dieser Abhandlung, irgendeine festliegende Arbeitsweise als maßgebend für eine bestimmte Ledersorte hier niederzulegen. Bei der schnell fortschreitenden Ausgestaltung dieses neuen Gebietes und der Möglichkeit, Produkte mit ganz bestimmten gerbenden, füllenden oder bleichenden Eigenschaften herzustellen, kann nur auf bestimmte Wirkungen hingewiesen werden, welche vermutlich bestimmte Typen der künstlichen Gerbstoffe hervorrufen. Daß es solche gibt, wurde im theoretischen Teil gesagt, wenn darüber Unklarheit herrscht, so muß das Laboratorium und eine Versuchsgerbung darüber Klarheit schaffen. Die größte Verwendung künstlicher Gerbstoffe bei der Sohl- und Vacheledergerbung ist im Faß bei der Durchgerbung, Nachgerbung und Füllung; von da können aber die künstlichen Gerbstoffe, wenigstens die der Extraklasse, unbedenklich in die Farben gelangen. Zur Durch- und Nachgerbung verwendet man, wenn es der Preis zuläßt, auch 30% künstliche Gerbstoffe und mehr. Hierfür eignen sich außer den älteren Taniganen U, FC usw., die jedoch nur in kleineren Prozentsätzen angewandt werden dürfen, vor allem die als sogenannte Austauschgerbstoffe bezeichneten Tanigane extra A, extra E und allenfalls auch extra B, die große Mengen pflanzlicher Gerbstoffe im Gemisch ersetzen und im allgemeinen ohne Bedenken in die Farben und Versenke gelangen können. — Bei der Nachgerbung und Füllung werden bereits beträchtliche Mengen künstlicher Gerbstoffe mitverwendet, weil dadurch die Viskosität erniedrigt wird, aber auch, weil ein stark gefülltes Leder sich viel besser bleichen läßt, wenn die Nachgerbe- oder Füllmischung z. B. 20% eines geeigneten künstlichen Gerbstoffes enthält. Namentlich bei der Herstellung geschmeidiger Vacheleder für Damenschuhe (Ago) und für Nähvache ist dies für die Erzielung eines guten Gewichts maßgebend. Für diese geschilderten Zwecke findet Tanigan US eine ausgedehnte Verwendung.

Daß die Austauschgerbstoffe tatsächlich große Mengen pflanzlicher Gerbstoffe ersetzen können, ohne die Zusammensetzung und Güte des Leders zu beeinflussen, demnach tatsächlich gegen pflanzliche Gerbstoffe ausgetauscht werden können, zeigen folgende Lederanalysen:

Es handelt sich um Wildvache aus einem norddeutschen Betrieb. Die eine Probe wurde nach dem normalen Farbengang mit einer ungefähr 11,5° Bé starken Brühe ausgegerbt, die folgendermaßen zusammengesetzt war:

70 Teile pflanzliche Gerbbrühe und
30 „ Tanigan-extra-A-Brühe (1:2 gelöst).

(Bezeichnung: extra A.)

Die Vergleichsprobe wurde in normaler Gerbung, aber ohne Taniganzusatz fertiggestellt. (Bezeichnung: normal.)

		extra A	normal
Wasser		16,00%	16,00%
Asche		1,63%	1,55%
Fett		0,47%	0,35%
Auswaschbare organische Stoffe	Gerbstoff	8,14%	8,52%
	Nichtgerbstoffe	5,00%	4,13%
Hautsubstanz		36,63%	37,90%
Gebundener Gerbstoff		32,13%	31,55%
		100,00%	100,00%
Asche im Auswaschbaren		1,10%	1,35%
Anfangs-p_H		4,27	4,41
Nach 10facher Verdünnung p_H		4,46	4,53
Differenzzahl		0,19	0,12
Durchgerbungszahl		87,7	83,2
Rendementszahl		273	264

Die Werte der Lederanalyse sind nahezu gleich, die Durchgerbungs- und auch die Rendementszahl sind jedoch bei der Tanigan-extra-A-Gerbung höher als bei normaler Gerbung.

Die sehr geringen Differenzzahlen der unter Mitverwendung von Austauschgerbstoffen hergestellten Leder sind bemerkenswert, ebenso wie auch das hohe Anfangs-p_H; ein Unterschied gegenüber der normalen Gerbung besteht nicht. (Näheres über die Differenzzahl im Analytischen Teil, S. 499.) Ähnliche Ergebnisse fanden F. Stather und H. Herfeld (*2*).

Im Vergleich mit der Wirkung der Austauschgerbstoffe ist es von Interesse, den Einfluß eines sog. Kombinationsgerbstoffes auf die Gerbung festzustellen. Hierzu eignet sich Tanigan US, welches nach G. Otto (*5*) eine Titrationskurve gibt, welche bereits einen flach verlaufenden Anteil aufweist. Die folgenden Vergleichsanalysen betreffen zwei süddeutsche Vachelederproben. Die eine wurde unter anteiliger Mitverwendung von 13% Tanigan US in der Faßgerbung hergestellt (Bezeichnung: US), während die andere Probe die normale Gerbung ohne Taniganzusatz vorstellt (Bezeichnung: normal).

		US	normal
Wasser		16,00%	16,00%
Asche		2,17%	2,55%
Fett		0,51%	0,23%
Auswaschbare organische Stoffe	Gerbstoff	11,26%	10,69%
	Nichtgerbstoffe	5,81%	4,68%
Hautsubstanz		34,26%	33,30%
Gebundener Gerbstoff		29,99%	32,55%
		100,00%	100,00%
Asche im Auswaschbaren		0,89%	2,80%
Anfangs-p_H		3,25	3,24
Nach 10facher Verdünnung p_H		3,58	3,73
Differenzzahl		0,33	0,49
Durchgerbungszahl		87,5	97,7
Rendementszahl		292	300

Hier liegen Durchgerbungszahl und Rendementszahl der Tanigangerbung tiefer als bei normaler Gerbung, jedoch ist das Gesamtergebnis sehr beachtenswert; namentlich auch das Anfangs-p_H und die Differenzzahl.

Die Wasseraufnahme beider Leder belief sich auf:

nach 1/2 Stunde	4,88%	5,18%
„ 1 „	6,50%	6,54%
„ 4 Stunden	10,57%	11,17%
„ 12 „	16,26%	16,35%
„ 24 „	19,50%	19,35%

Die bisherigen Erfahrungen betreffs Verwendung künstlicher Gerbstoffe bei der Herstellung von Sohlleder aller Arten sind durchaus günstig; man erhält bei richtiger Anwendung und entsprechender Auswahl der künstlichen Gerbstoffe, insbesondere bei Verwendung der Austauschgerbstoffe Leder, die sowohl vom fachmännischen als auch vom chemischen und analytischen Standpunkt aus begutachtet, jeden Vergleich aushalten.

b) Riemenleder, Blankleder, Fahlleder.

Hier handelt es sich darum, durch einen gutbemessenen, nicht zu hohen Zusatz künstlicher Gerbstoffe die Faser zu festigen und das Leder für die Fettaufnahme geeignet zu machen. Demnach wird die Verwendung in der Vorgerbung Platz greifen und man wird für Riemen solche künstliche Gerbstoffe verwenden, welche festmachen, z. B. Tanigan U oder DX; letzteres eignet sich auch zur Mitverwendung bei der Gerbung von Fahlleder in allen Gerbstadien. Bei sachgemäßer Verwendung dieser Produkte und gutem Wässern vor dem Fetten wird man eine erhöhte Reißfestigkeit und erhöhte Fettaufnahme feststellen können. Beim Wässern soll man streng darauf achten, daß das Leder nicht zu sauer ist, das p_H des wässerigen Extrakts muß höher als 3,5 sein, da sonst das Fett schlecht aufgenommen wird und bei Riemen überdies die Leimstellen schlecht halten.

Für Blankleder leistet eine Angerbung (vor dem Farbengang) z. B. mit Tanigan extra D, HN oder auch Sellatan (J. R. Geigy), und zwar 3% vom Blößengewicht in 1- bis 1 1/2%iger Lösung, gute Dienste, weil dadurch der Narben gefestigt, die Reißfestigkeit erhöht und die spätere Färbung erleichtert wird.

Eine gleiche Angerbung ist auch für jene Fahlleder von Vorteil, die mit der Fleischseite nach außen getragen und nicht als Blöße, sondern erst in der Farbe gespalten werden. Außer bei der Angerbung können bei Riemen-, Blank- und Geschirrleder, Fahlleder, künstliche Gerbstoffe in allen Stadien der Gerbung als Hilfsstoffe mitverwendet werden (z. B. Tanigan FC, H, DX, U). Besonders gut eignen sich für diese Lederarten die Austauschgerbstoffe, wie z. B. Tanigan extra A, B und D, welche hier bis zu 50% der pflanzlichen Gerbstoffe ersetzen können. Da bei derartig gegerbten Ledern die Faserzwischenräume weniger verstopft sind als bei rein pflanzlicher Gerbung, zeichnen sich solche Leder durch besonders gute Fettaufnahme, gleichmäßige Farbstoffaufnahme und durch erhöhte Reißfestigkeit aus.

c) Oberleder, Feinleder.

Eine ebenfalls sehr ausgedehnte Verwendung finden die künstlichen Gerbstoffe bei der Erzeugung von Ober-, Galanterie- und Feinleder jeder Art.

Hier kommt es nicht auf gewichtgebende Eigenschaften an, sondern auf eine gute Füllung und Griffigkeit, eine helle Lederfarbe und in den meisten Fällen vor allem auf eine gute Lichtechtheit. Bei Leder, das gefärbt wird, ist auch ein gutes Aufnahmevermögen der Farbstoffe sowie eine gute Egalisierwirkung erwünscht. Die meisten künstlichen Gerbstoffe bilden nahezu weißes bis schwachrosa gefärbtes Leder, welches somit alle Möglichkeiten der Färbung und Verzierung seiner Oberfläche zuläßt. Besonders gute Dienste leisten hier die künstlichen Gerbstoffe z. B. bei der Gerbung weißer Schaffelle mit gleichzeitiger Verwendung von Sumach und Galläpfeln, wobei man mindere Sorten von Sumach, z. B. bulgarischen anstatt sizilianischem, und weniger Galläpfel verwenden und dadurch die Gestehungskosten bedeutend herabsetzen kann. In den meisten Fällen wird eine Vorgerbung mit reinem künstlichen Gerbstoff Platz greifen, welche gleich an den Pickel angeschlossen wird. Hierdurch wird der Narben fixiert und gefestigt und ein schnelles Eindringen der folgenden Gerbbrühen vorbereitet. Das Fortschreiten der Gerbung kann durch Bestreichen des Schnittes mit Indigotinlösung 1:1000 verfolgt werden. Der noch ungegerbte Teil färbt sich blau. Die Farbe eines so vorgegerbten Leders bleibt auch weiter außerordentlich hell, da die helle Tönung der Vorgerbung von der pflanzlichen nachfolgenden Gerbung nicht wesentlich verändert wird.

Die gut entkälkten und gebeizten Blößen erhalten z. B. folgenden Pickel:

1,2 bis 1,5% Salzsäure oder Ameisensäure,
8 bis 10% Kochsalz,
100% Wasser. Dauer etwa 1 Stunde.

Der Pickel wird abgelassen und auf 100 kg der gepickelten Blößen eine Lösung von 6 bis 8 kg Tanigan FC oder 3 bis 5 kg Tanigan H in 100 bis 120 l Wasser gebracht, in welcher man die Blößen 2 bis 4 Stunden laufen läßt. Nach dieser Zeit ist der Gerbstoff aufgezehrt und man kann die Flüssigkeit ablassen. Ohne abzuspülen bringt man die Leder in 2 bis 4° Bé starke Brühen, die zu drei Viertel aus bulgarischem Sumach und einem Viertel Galläpfel bestehen. Einen Teil des Sumachs kann man durch nahezu weißgerbende Spezial-Quebracho- und Mimosaextrakte ersetzen: z. B. $^1/_8$ Quebracho, $^5/_8$ Sumach, $^2/_8$ Galläpfel, doch wird die Lichtechtheit dadurch geringer. Je nach Ausfall der Farbe kann man den Sumachanteil gegenüber den Galläpfeln verschieben. Die Brühe soll gegen Schluß der Gerbung 4° Bé spindeln. Man fettet mit $^1/_2$% eines sauern sulfonierten Öls, spült ab und richtet wie üblich zu. Die allgemeinen Vorsichtsmaßregeln gegenüber Beton sind hier besonders zu beachten, da sonst Graustich entstehen könnte, ebenso vermeide man alkalische Fettemulsionen (Seifen). Legt man nicht auf rein weiße Farbe Gewicht, so kann folgende Extraktmischung verwendet werden: $^1/_3$ Sumach, $^1/_3$ Mimosa „Elefant“, $^1/_3$ Spezial-Quebracho. Hierbei erhält das Leder einen zart rosa Stich. Weiße Schaffutterleder kann man auch durch Angerbung mit 3% Tanigan HN und Fertiggerbung mit Spezial-Quebrachoextrakt herstellen, wobei man außerdem in der Ausgerbung zwecks Verbesserung der Farbe und der Fülle des Leders etwa $^1/_3$ des Spezial-Quebrachoextraktes durch Tanigan SK ersetzen kann. Der Pickel kann bei Vorgerbung mit Tanigan HN wegfallen. Bei Schaffellen mit hohem Naturfettgehalt muß man diesen bereits im Äscher (Schwöde) berücksichtigen, indem man z. B.

etwas Seife zusetzt, oder man sucht durch Temperaturerhöhung nach der Angerbung das Fett zu erweichen und abzupressen. Man gerbt z. B. mit einem geeigneten Tanigan oder Sellatan (Geigy) und etwas alter Gerbbrühe an, bis der Narben fixiert ist, legt hierauf für 10 Minuten in warmes Wasser von 43° C und preßt hierauf 8 bis 9 Stunden lang in der hydraulischen Presse ab und läßt anschließend im Faß in Wasser von 38° C laufen. Hierbei kann ein großer Teil des Fetts entfernt werden und die Felle sind jetzt weich genug, um mit einem geeigneten Gemisch sehr hell gerbender Quebracho- und Mimosaextrakte fertig gegerbt zu werden. Man verwendet hierbei Brühen von ungefähr 2 bis 3° Bé, die Gerbung ist in 50 Stunden beendet. Bei der Zurichtung verwendet man kolloidalen Kaolin oder auch Talkum, was den Weißton noch erhöht. Sind die Leder nicht hell genug ausgefallen, so kann man mit etwas Oxalsäure und Antichlor nachbleichen.

Entfettet man vor dem Färben, so darf man nach Verwendung irgendeines künstlichen Gerbstoffs nicht mit Soda im lauwarmen Bade arbeiten, sondern man muß Benzin, Tetrachlorkohlenstoff, Trichloräthylen (Tri) u. dgl. verwenden. Siehe auch die D. R. P. 600940 und 649146/Kl. 28 von Dr. Alexander Wacker G. m. b. H.

Steht keine Entfettungsanlage zur Verfügung, so kann man diese Arbeit auch im Walkfaß vornehmen. Man arbeitet wie folgt:

Die gefalzten und sortierten Leder werden gewogen und mit 200% Wasser von 30° C 10 Minuten gewalkt. Das Wasser wird abgelassen, das Faß wieder geschlossen, in Bewegung gesetzt und durch die Achse 5% Benzin (Tetrachlorkohlenstoff u. dgl.) mit 30 l Wasser von 30° C vermischt, zugesetzt, hierauf 1 Stunde weitergewalkt. Die Leder werden dann ohne Spülung mit der Brühe in einem Bottich zur Ausreckmaschine gebracht, einzeln herausgenommen und auf Narben und Fleisch fest ausgereckt. Die so entfetteten Leder walkt man 3 Stunden in einer frischen Sumachbrühe und bringt sie zur Färbung.

Sehr wertvolle Angaben über die Herstellung weißer Schaf- und Ziegenleder gibt G. Desmurs (*2*).

Die Gerbung lohgarer Schaf- und Ziegenleder kann unter Mitverwendung künstlicher Gerbstoffe erfolgreich vorgenommen werden. Für Schaffelle eignen sich besonders solche Produkte, die dem Leder eine gewisse Fülle und Stand geben, z. B. Tanigan extra D; für weiche Ziegenleder empfiehlt es sich, Tanigan extra B oder H oder auch Sellatan (Geigy) zu nehmen.

Man verwendet 5 bis 7% des Blößengewichts und verringert demgemäß die Menge der pflanzlichen Gerbstoffe. Eine geeignete Mischung besteht z. B. aus:

100	Teilen	Kastanien- oder Eichenholzextrakt 32° Bé,
20	,,	Quebrachoextrakt ,,Triumph",
5	,,	Tanigan extra B,
2	,,	Milchsäure.

Aus dieser Mischung bereitet man sich die Gerbbrühe von 4° Bé und verwendet diese in Haspel oder Faß. Die Brühe ist nach 5 Tagen erschöpft und dient zum Angerben der neuen Partie. Fallweise kann man auch unter Zusatz von Kochsalz und Ameisensäure in der Gerbbrühe arbeiten, wobei man angeblich den Pickel weglassen kann.

Die Menge der mitverwendeten künstlichen Gerbstoffe kann natürlich auch höher bemessen werden, dies hängt von der gewünschten Qualität des Leders ab und ist Erfahrungssache. Weitere Angaben über die Mitverwendung künstlicher Gerbstoffe bei der Bearbeitung von Kleintierfellen geben A. Eckardt, ,,Prefex" und Ungenannt (*2*), (*3*) über die Gerbung von Zahmschweinfellen und Tornisterkalbfellen sowie von weißem Chairleder mittels Tanigan supra LL, Irgatan, Telaon AF 6 bzw. Telaon S 4.

Sehr bemerkenswert ist eine Vorschrift zur Herstellung von Blankleder, Kofferleder u. dgl., wobei die Blößen zuerst 2 Stunden in einem Antichlorbad laufen (5% des Blößengewichts) und hierauf in einem 5° Bé starken Bad eines künstlichen Gerbstoffs gegerbt werden. Dies ist eigentlich eine Kombination mit Schwefelgerbung, das Leder soll besonders fest werden [Ungenannt (*4*)].

d) Fisch- und Reptilienleder.

Hier finden nur die weißes Leder liefernden synthetischen Produkte Verwendung. Sie müssen überdies gute Füllwirkung besitzen, lichtecht sein und die schöne Zeichnung der Fisch- bzw. Reptilhäute erhalten (H. Loewe). Hierzu eignen sich namentlich das schnell gerbende Tanigan supra DLN und das langsamer gerbende Tanigan supra LL, das überdies nahezu frei von Nichtgerbstoffen ist. Sehr geeignet ist die Mitverwendung von Sumachextrakten bester Qualität (z. B. Geigy); trotz der besonderen Lichtechtheit so gegerbter Leder empfiehlt es sich, die ganze Gerbung in Räumen vorzunehmen, die vor Licht geschützt sind. — Für diese besondere Gerbung eignen sich auch Irgatan G bzw. Irgatan LV und FL. Für diese Produkte wird eine Vorgerbung mit Formaldehyd empfohlen. Es ist wichtig, nach dieser Formaldehydvorgerbung bis zur vollständigen Alkalifreiheit zu waschen und dann erst mit Irgatan auszugerben. Vermutlich tritt eine Wechselwirkung zwischen Formaldehyd und den Bestandteilen des Irgatans ein. — B. Köhler empfiehlt für Reptilhäute, auf Blößengewicht berechnet: 15% Tanigan SNA, Tanigan H und Sumachextrakt. (Die Originalvorschrift nennt nach alter Bezeichnung: Gerbstoff T und N.) Nach D. Woodroffe (*2*) sollen die chromgaren Reptilienhäute mit Tamol NNO gebleicht werden. — Für Fischleder gibt G. Rado folgende Vorschrift: Die gepickelten Blößen werden im Faß mit 80% Wasser und 1% eines sulfonierten, nicht vergilbenden Öls gewalkt, dann mit 60 bis 90% (vom Blößengewicht) eines Gemisches von 40 Teilen Tannat XSS (Sumachextrakt Geigy) und 60 Teilen Irgatan fertiggegerbt.

Da für die Beurteilung von mit künstlichen Gerbstoffen hergestelltem Leder dessen durch die Differenzzahl ausgedrückter Säuregrad besonders wichtig ist, wurden in der folgenden Tabelle weitere Werte zusammengestellt, aus welchen namentlich auch der schwach saure Charakter der sog. Austauschgerbstoffe in seiner Wirkung auf das Leder hervorgeht.

Tabelle 123.

	Leder Nr.					
	I	II	III	IV	IVa	V
Anfangs-p_H des wässerigen Auszuges . . .	4,21	4,52	4,60	5,10	5,00	4,78
In 10facher Verdünnung p_H	4,69	4,74	4,62	5,27	5,02	4,86
Differenzzahl	0,48	0,22	0,02	0,17	0,02	0,08

Leder Nr. I: Blankleder, unter ausschließlicher Verwendung von Eichen- und Fichtenrinde mit Tanigan extra A, extra B und Tanigan SNA ausgegerbt.

Leder Nr. II: Vacheleder mit den gleichen Gerbmaterialien wie Nr. I ausgegerbt, und zwar: Farbengang, Faßgerbung und anschließend Versatz. Gesamtgerbdauer 2 Monate. Das Leder wurde weder beschwert noch fixiert oder mit Säure gebleicht.

Leder Nr. III: Vachettenleder, unter ausschließlicher Verwendung von künstlichen Gerbstoffen gegerbt, und zwar unter Mitverwendung von Tanigan extra A, Tanigan extra B und Tanigan SNA.

Leder Nr. IV: Fahlleder, pflanzliche Vorgerbung im Farbengang und pflanzliche Ausgerbung im Faß. Die Abtränkbrühen der Versenke erhielten Zusatz von Tanigan extra A und extra B.

Leder Nr. IVa: Rein pflanzliche Vergleichsgerbung zu Nr. IV.

Leder Nr. V: Vacheleder, Angerbung im Farbengang unter ausschließlicher Verwendung künstlicher Gerbstoffe, und zwar: Tanigan extra A, FC und V_1. Ausgerbung in zwei Sätzen mit Eichen- und Fichtenrinde und etwas Valonea als Streumaterial.

F. Stather und H. Herfeld (*2*) bestätigten in einer ausgedehnten systematischen Untersuchung, daß Leder, die allein mit sog. Austauschgerbstoffen oder anteilig im Gemisch mit pflanzlichen Gerbstoffen hergestellt worden waren,

Aziditätsverhältnisse besitzen, die den Ledern rein pflanzlicher Gerbung entsprechen; sie enthalten, auch bei ausschließlicher Verwendung künstlicher Gerbstoffe, keine stark wirkenden freien Säuren (siehe die diesbezüglichen Tabellen im Original).

e) Färbung von mit künstlichen Gerbstoffen gegerbtem Leder.

Über die Färbung von mit künstlichen Gerbstoffen gegerbtem Leder sind wichtige Beobachtungen gemacht worden. Näheres hierüber in größeren Arbeiten von G. E. Knowles (*1*), D. McCandlish und H. Salt sowie von „Thiophene". — Farbstoffe, die Amidogruppen enthalten, sollen auf solchen Ledern besser aufziehen. — Die gleiche Beobachtung macht G. E. Knowles (*5*), welcher feststellte, daß die besten sauren Farbstoffe, die sich für die Färbung von mit künstlichen Gerbstoffen gegerbtem Leder eignen, gleichzeitig saure und mindestens gleich viel basische Gruppen enthalten müssen. Solche mit nur sauren Gruppen ziehen nicht gut auf. Das gleiche gilt für Direktfarbstoffe. Für dunkle Töne eignen sich besonders basische Farbstoffe (McNeil).

Nach D. Woodroffe (*2*) eignen sich künstliche Gerbstoffe, namentlich Sulfosäuren, zur besseren Fixierung der Farbstoffe auf dem Leder; er empfiehlt eine Nachgerbung, namentlich beim Färben heller Töne (z. B. für Lichtbeige 0,3% Azo Acid Brown mit 0,2% Tamol NNO).

Für die Färbung von Chromleder (H. C. Merrill) eignen sich künstliche Gerbstoffe als Beize für basische Farbstoffe, das Leder wird vor der Färbung damit behandelt. Um die Farbe von substantiven, sauren oder Alizarinfarbstoffen zu vertiefen, muß man die Behandlung mit künstlichen Gerbstoffen nach der Färbung vornehmen. Bei beiden Arbeitsweisen kann der Einfluß des p_H festgestellt werden.

Nach G. Otto (*1*) kann man mit Hilfe einer von ihm ausgearbeiteten Methode Rückschlüsse auf die verschiedene Affinität färbender und gerbender Sulfosäuren zur Hautsubstanz ziehen. In der Lederfärberei spielen nach G. Otto (*4*) die künstlichen Gerbstoffe und ihre Neutralsalze (Tamole) dadurch eine bedeutende Rolle, weil sie entweder den Säuregrad des Leders regeln, dessen Reaktionsfähigkeit verändern und den Verteilungsgrad der Farbstoffe, bzw. die Beweglichkeit oder Netzfähigkeit der Farbflotte beeinflussen. Daß künstliche Gerbstoffe bei der Färbung heller Pastelltöne den Sumach ersetzen können, stellte Th. Fasol fest.

2. Verwendung künstlicher Gerbstoffe in der Chromgerbung.

Künstliche Gerbstoffe können sowohl in der Kombinationsgerbung als auch zur Vor- und Nachgerbung und zur Bleiche von Chromleder verwendet werden. Auf die Vorteile der Entsäuerung von Chromleder mit diesen Produkten wurde bereits hingewiesen (S. 453 und 467). Die Kombination von Chromgerbung mit künstlichen Gerbstoffen verfolgt hauptsächlich den Zweck, ein volleres und weniger dehnbares Leder zu erhalten. Die Kombination kann entweder gemeinsam oder aber in getrennten Bädern vorgenommen werden. Bei Verwendung eines gemeinsamen Bades gerbt man die in üblicher Weise gepickelten Blößen mit einer normalen Chrombrühe an und fügt nach der zweiten Chromzugabe den künstlichen Gerbstoff hinzu. Ist das Bad erschöpft, so schlägt man über den Bock und neutralisiert am folgenden oder übernächsten Tag. Man kann hierbei 7 bis 10% des Blößengewichts von geeigneten künstlichen Gerbstoffen verwenden. Allenfalls kann man Gerbbrühen aus abgestumpftem Chromalaun mit künstlichen Gerbstoffen ansetzen.

Eine Vorgerbung mit 1 bis 2° Bé starken Brühen künstlicher Gerbstoffe während 2 Stunden in der Haspel und folgende normale Ausgerbung in einer geeigneten Chrombrühe liefert einen besonders feinen Narben bei beträchtlichen Ersparnissen an Chromgerbstoff (20 bis 30%). Näheres über diese Arbeitsweise: Ungenannt (*4*).

Am wichtigsten und erfolgreichsten ist jedoch die Nachgerbung von Chromleder mit künstlichen Gerbstoffen, die eigentlich auch als Kombinationsgerbung bezeichnet werden kann (vgl. S. 467). Die Nachgerbung wird entweder nach dem Entsäuern des Leders mit Antichlor vorgenommen (z. B. mit Tanigan extra B) oder man entsäuert bereits mit einem geeigneten künstlichen Gerbstoff (z. B. Tanigan supra DLC) und gibt mit dem gleichen Gerbstoff eine Nachbleiche. Verwendet man hierbei vollkommen weiß gerbende Produkte von großer Lichtechtheit, so kann man vollkommen weiße Leder von ausgezeichneten Eigenschaften erhalten.

Hierfür eignen sich besonders Tanigan supra LL und supra DLC, Irgatan LV und Diaclar S. — Nach A. C. Orthmann zeigt voller Narben und Schnitt mit durchgehenden weißen Fasern eine Verwendung künstlicher Gerbstoffe an.

Die Herstellung weißen Nubukleders aus der mit Chromosal B gegerbten Blöße durch Nachgerbung mit Tamol NNO und weiterer Nachbehandlung mit Oxalsäure beschreibt F. Klinger. In sehr ausführlicher Weise schildert G. Desmurs (*2*) die Mitverwendung künstlicher Gerbstoffe in der Chromgerbung; er unterscheidet genau zwischen Kombinationsgerbung und Bleiche des Chromleders. Im ersteren Fall wird das chromgegerbte und mit Thiosulfat entsäuerte Leder mit 30% künstlichem Gerbstoff, auf Naßgewicht bezogen, nachgegerbt, während für die Bleiche nur 8% und 1% Oxalsäure verwendet werden. Die gleichzeitige Verwendung eines Tanigans (DX) im Chrombad und die Fertiggerbung mit Tanigan LL empfiehlt C. Felzmann (*3*).

Ähnliche oder gleiche Wirkungen erzielt man mit den chromhaltigen künstlichen Gerbstoffen Tanesco und Synthesco (Geigy). Diese werden entweder allein verwendet oder aber auch zum Nachgerben pflanzlich gegerbter Leder und in Kombination mit Chrom. Synthesco eignet sich besser für die Vorgerbung. Die mit chromhaltigen künstlichen Gerbstoffen gegerbten Leder verhalten sich wie chromgare Leder, sie dürfen demnach nach erfolgter Gerbung bzw. Neutralisation nicht getrocknet werden, sondern kommen direkt zur Färbung und Zurichtung. Nimmt man jedoch eine pflanzliche Nachgerbung vor, so können diese Leder auch getrocknet werden. — Will man pflanzlich gegerbte Leder mit Tanesco nachgerben, so entfernt man vorher den überschüssigen pflanzlichen Gerbstoff durch Waschen mit Natriumbicarbonat. Eine Lösung überschüssiger pflanzlicher Gerbstoffe durch chromhaltige künstliche Gerbstoffe tritt nicht ein.

Über die Gerbung mit chromhaltigen künstlichen Gerbstoffen in Rußland liegt eine Anzahl Arbeiten vor. Diese Produkte werden durch Oxydation der kondensierten Gerbsulfosäuren mit Bichromat erhalten und haben einen Chromgehalt von 2,5% Cr (demnach niedriger als Tanesco). Der wichtigste Gerbstoff wird mit „Bestan AC“ bezeichnet. Näheres darüber: S. Tumaschew und Romanow, S. Schiljanski, J. Berkmann, W. Babun und D. Tolkatschew, J. Berkmann (*2*) sowie auch S. Ramm.

Der Vollständigkeit halber sei auf eine Arbeit von E. Stiasny und A. Papayannis hingewiesen, in welcher der Einfluß von Zusätzen künstlicher Gerbstoffe im Reduktionsbad der Zweibadgerbung studiert wurde; es waren keine nennenswerten Veränderungen feststellbar.

In diesem Zusammenhang dürfen auch die Komplexverbindungen der Chromisalze mit Harnstoff erwähnt werden, die zur Fixierung bzw. Ausfällung löslicher

Gerbstoffe im Leder Verwendung finden (D.R.P. 589175). Diese sind nach A. Küntzel und C. Rieß Chromverbindungen mit stabiler Komplexfiguration, d. h. mit schwer austauschbaren Liganden, die infolgedessen überhaupt nicht gerben, jedoch in gemeinsamer Lösung mit künstlichen Gerbstoffen von der Haut aufgenommen und fixiert werden.

Ganz ähnlich wie die chromhaltigen künstlichen Gerbstoffe verhalten sich die tonerdehaltigen, die, entsprechend den Chrompräparaten, Aluminiumsalze sind. Das älteste Produkt dieser Art war das „Corinal", später in „Wormatol" umbenannt (ehemalige Chem. Fabriken Worms A. G.). Am meisten Verwendung findet das „Sellatan" (Geigy). Sie eignen sich besonders gut zur Angerbung pflanzlich gegerbter Leder aller Arten, ohne daß die Blößen gepickelt werden müssen. Da hierbei der Narben sehr gut fixiert wird, wird z. B. Sellatan bei der Herstellung von Fahlleder und Blankleder gerne verwendet. Siehe auch das D.R.P. 566671 (I. G.).

3. Entwicklung künstlicher Gerbstoffe aus ihren Bestandteilen in der Haut.

Diese Arbeitsweise, welche viel Verlockendes hat, wurde bereits von A. Weinschenk versucht und bildete seither den Inhalt einer ganzen Anzahl geschützter Verfahren, wobei insbesondere schwer lösliche Kondensationsprodukte, die als solche, weil in Wasser unlöslich, zur Gerbung nicht Verwendung finden können, innerhalb der Blöße gebildet werden. Hierher gehört z. B. die Naphthol-Formaldehyd-Gerbung und andere neuere Verfahren. Die Imprägnierung von Leder mit Phenol-Formaldehyd-Harzen ist bei Temperaturen von 45 bis 50° C versucht worden. Es entsteht hierbei ein Leder, das nur geringe Wasseraufnahme zeigt, aber trotzdem im Wasser quillt. Zu starke Imprägnierung liefert ein brüchiges Leder (A. P. Pisarenko).

Diese Verfahren haben die größte Ähnlichkeit mit der sog. alkalischen Gerbung (P. Pawlowitsch), wobei gleichfalls die Bildung unlöslicher Stoffe in statu nascendi im Innern der Blöße wesentlich ist. Siehe z. B. auch E.P. 302408 von 1927.

4. Verwendung künstlicher Gerbstoffe zur Lösung schwer löslicher pflanzlicher Gerbstoffe und Gerbextrakte.

Eine der wichtigsten und besten Anwendungsmöglichkeiten künstlicher Gerbstoffe ist die Ausnutzung ihres bedeutenden Lösungsvermögens für schwer lösliche Pflanzengerbstoffe, insbesondere für die Phlobaphene des Quebrachoextraktes. Es ist naheliegend, daß die Lösung der Phlobaphene durch einen ebenfalls gerbenden Stoff einen großen Vorteil gegenüber dem chemisch verändernden Aufschluß mittels Natriumsulfit und Bisulfit haben muß. Daß es sich hier tatsächlich um eine kolloidale Lösung und nicht um eine chemische Veränderung handelt, wurde von der Erfinderin dieser Verfahren, der Badischen Anilin- und Sodafabrik, festgestellt und in der Folge bestätigt [L. Pollak (*3*)]. Die nur wenig veränderte Essigätherzahl des Quebrachoextraktes beweist, daß dieser sich nur in hochdisperser, chemisch unveränderter Form befindet, denn bereits eine ganz schwache Sulfitierung setzt die hohe Essigätherzahl des Quebrachogerbstoffs weit herab, durch starke Sulfitierung wird sie sogar gleich Null.

Über die Unterscheidung klar löslicher, mit Hilfe künstlicher Gerbstoffe hergestellter Gerbextrakte, von solchen, die durch Sulfitierung oder Klärung erhalten werden, berichtet L. Pollak (*9*).

Tabelle 124.

Art des Verfahrens	Procter-Hirst-Reaktion	SO_2	p_H	Asche in Prozenten
Chemische Verf. (Sulfitierung) .	negativ	positiv	5,5—6,2	3,0—6,0
Löseverfahren	positiv	positiv	3,0—5,7	$<$ 6,0
Klärverfahren	negativ	negativ	3,4—4,8	$>$ 2,0

Im sulfitierten Quebrachogerbstoff liegt demnach ein chemisch veränderter Gerbstoff vor, während der mit künstlichen Gerbstoffen behandelte Quebrachogerbstoff in unverändert natürlicher Form, jedoch in jenem Dispersitätsgrad, welcher für die Aufnahme durch die Haut am günstigsten ist, dieser zugeführt wird. In den Abb. 101 und 102 ist die verschiedenartige Wirkung des Lösungsvorganges deutlich ersichtlich. Sie stellen ultramikroskopische Aufnahmen von mit künstlichen Gerbstoffen gelöstem (Abb. 101) und sulfitiertem Quebrachoextrakt (Abb. 102) vor. Bei der Aufnahme des sulfitierten Extraktes mußte stark ab-

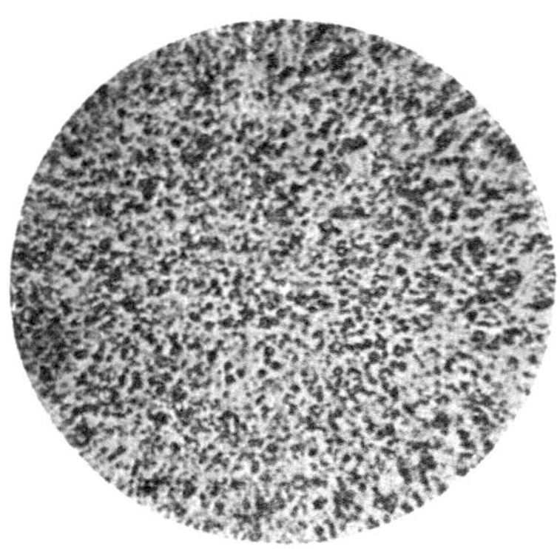

Abb. 101. Quebracho-Extrakt mit künstlichem Gerbstoff gelöst.

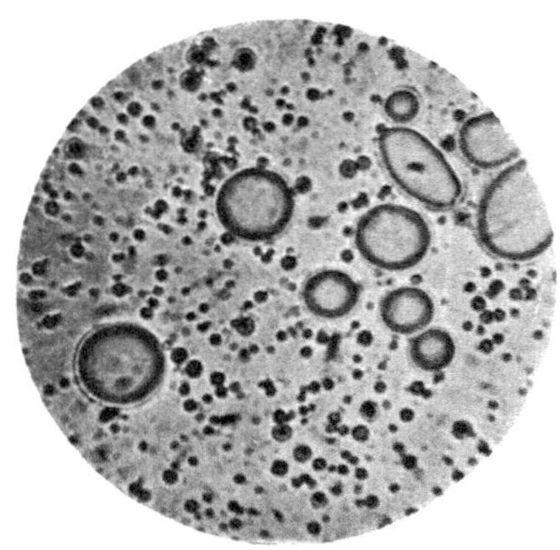

Abb. 102. Quebracho-Extrakt sulfitiert.

geblendet und lange belichtet werden; durch die Brownsche Bewegung erscheinen infolge der langen Belichtung die einzelnen Teilchen etwas vergrößert (Vergrößerung: 200mal Dunkelfeld). Durch Verwendung künstlicher Gerbstoffe beim Lösen von Quebrachoextrakt wird demnach eine bessere Füllung des Leders erzielt und man erhält ein gutes Gewicht. Gleichzeitig wird auch die Lederfarbe günstig beeinflußt, insbesondere, wenn solche künstliche Gerbstoffe mitverwendet werden, die an und für sich dem Leder eine helle Farbe verleihen. Die lösende Wirkung künstlicher Gerbstoffe auf schwer lösliche pflanzliche Gerbextrakte wurde durch eine große Anzahl Patente geschützt: D.R.P. 284119 (1912) und Zus.P. 299857, 299988, 393697 (1921), D.R.P. 292531 (1913) und Zus.P. 318948, sämtliche der B. A. S. F.-I. G. und die dazugehörigen Auslandspatente, z. B. Schwz.P. 87972 (1920), E.P. 144677, 144657 (1921). Ein späteres D.R.P. 437054 (1920) der I. G. enthält die Verwendung kristalliner Sulfo- oder Carbonsäuren nichtsubstituierter, mindestens tricyclischer aromatischer Kohlenwasserstoffe, z. B. Rohanthracensulfosäure, Phenanthrensulfosäure und deren Alkalisalze, Carbazolsulfosäuren usw. Das D.R.P. 381414 (1913) von F. Haßler schützt die Verwendung von Kondensationsprodukten, erhalten durch längeres Erhitzen aromatischer Sulfosäuren, z. B. des Naphthalins, sog. Sulfon-Sulfosäuren, das D.R.P. 392387 (1914) von W. Moeller schützt die Verwendung der Kondensationsprodukte aus „Säureharzen", das D.R.P. 426842 (1923) von H. Renner enthält die Verwendung geringer Mengen von aromatischen Sulfosäuren unter Druck.

Von den im Handel befindlichen künstlichen Gerbstoffen wird zur Lösung schwer löslicher pflanzlicher Gerbextrakte namentlich Tanigan U empfohlen, welches das größte Lösungsvermögen für Phlobaphene besitzt. Für hellere Leder wird Tanigan-F- oder -FC-Pulver beigemischt, für Leder, die einen weichen Griff haben sollen, z. B. Blankleder, kann man auch Tanigan H verwenden, bzw. können alle übrigen künstlichen Gerbstoffe des „Neradol-D-Typus" zum Lösen der Phlobaphene verwendet werden. Für „Diaclar S" werden entsprechende Vorschriften mitgeteilt und auch die Cresyntan- und Maxyntan-Gerbstoffe eignen sich hierzu.

Folgende Arbeitsweise hat sich am besten bewährt: Man verwendet einen hölzernen Lösebottich mit Rührwerk und kupferner geschlossener Dampfschlange. Zu beiden Seiten des Rührwerkes befinden sich Kupfersiebe, in welche der grob zerschlagene Quebrachoextrakt gebracht wird. Anstatt der teuren Kupfersiebe kann man auch einen Lattenboden in halber Höhe des Lösebottichs anbringen und die Extraktstücke darauf verteilen. Dieser Lattenboden muß ebenso wie die Kupfersiebe so angebracht sein, daß das heiße Wasser denselben berührt. Dem Wasser werden 2% Natriumsulfit wasserfrei zugesetzt und hierauf der Dampf und das Rührwerk angestellt. Der geringe Natriumsulfitzusatz erweist sich als vorteilhaft, um eine schnellere Verteilung des schwer löslichen Quebrachoextraktes herbeizuführen, eine wirkliche Sulfitierung kann in der kurzen Einwirkungszeit nicht eintreten, es handelt sich viel eher um eine alkalische Peptisierung der Phlobaphene, da neutrales Natriumsulfit bekanntlich ein $p_H = 8$ besitzt. Nach Verlauf von 4 bis 5 Stunden ist der Quebracho-Festextrakt vollkommen gelöst, jedoch keinesfalls kaltlöslich, da er durch Zusatz schwacher Säuren ausgeflockt werden kann. Nunmehr setzt man den künstlichen Gerbstoff zu, z. B. auf 1000 kg Quebrachoextrakt fest je 300 kg Tanigan U und Tanigan F oder statt dessen die entsprechende Menge der Trockenmarke Tanigan FC, stellt den Dampf ab und rührt noch $^1/_2$ Stunde weiter. Trotzdem die künstlichen Gerbstoffe stark sauer sind, tritt jetzt keine Ausflockung ein, die schwer löslichen Phlobaphene bleiben in Lösung. Dies hat den großen Vorteil, daß man einen derartig behandelten Extrakt auch mit stark sauren Brühen und Ledersorten zusammenbringen kann, ohne Gefahr zu laufen, daß Brühen und Geschirre verschlammen. Analytisch läßt sich hierbei feststellen, daß das Gemisch aus pflanzlichem Gerbextrakt (Quebrachoextrakt) und künstlichem Gerbstoff bedeutend mehr löslichen Gerbstoff enthält als sich aus dem Gerbstoffgehalt der Komponenten rechnerisch ergibt, da die in der Analyse des Quebrachoextraktes als „Unlösliches" ausgewiesenen Phlobaphene im Gemisch als „lösliche Gerbstoffe" wiedergefunden werden. Da bei rohen unbehandelten Quebrachoextrakten das analytisch als „Unlösliches" Festgestellte weit hinter dem praktisch als Schlamm sich abscheidenden Phlobaphenanteil zurückbleibt, gibt die offizielle Gerbstoffanalyse in diesem Falle kein richtiges Bild von dem lösenden Einfluß der künstlichen Gerbstoffe auf Phlobaphene. Man muß deshalb Sedimentationsproben sowohl mit dem unbehandelten Extrakt als auch mit dem künstlichen Gerbstoffgemisch ausführen. Hierbei kann man sofort feststellen, daß im Bereiche von 2 bis 10° Bé bei dem künstlichen Gerbstoffgemisch nur ganz geringe leicht flockige Schlammabscheidungen stattfinden, die höchstens 2 bis 3 Vol.-% betragen, während bei entsprechend hergestellten Lösungen von z. B. Quebrachoextrakt ordinary (warm löslicher, unbehandelter Extrakt) klebrige Schlammausscheidungen bis zu 25% auftreten können. Durch die offizielle Gerbstoffanalyse wird dagegen nur ein Unterschied von 5 bis 6% ausgewiesen. Derartige Unterschiede zwischen analytisch festgestelltem „Unlöslichen" und dem durch die Sedimentationsprobe festgestellten fanden bei verschiedenen Gerbextrakten des Handels V. Kubelka und E. Bělavsky, E. Bělavsky und G. Waněk, K. Fiksl, W. Vogel und J. A. Sagoschen. Die Verwendung künstlicher Gerbstoffe zur Verhinderung dieser verlustreichen Schlammbildung ist demnach für die vollkommene Ausnutzung der pflanzlichen Gerbstoffe und Extrakte außerordentlich wertvoll.

L. Sody gibt dem Löseverfahren mit künstlichen Gerbstoffen den Vorzug, da die so hergestellten Extrakte die gleichen günstigen Eigenschaften wie sulfitierte Extrakte besitzen, aber eine längere und deshalb widerstandsfähigere Lederfaser liefern.

Die Lösevorschriften für den französischen künstlichen Gerbstoff Diaclar S sehen eine Vorbehandlung des pflanzlichen Gerbextraktes mit 4% Natriumsulfit vor; dies dürfte etwas hoch gegriffen sein und könnte die nur lösende Wirkung des künstlichen Gerbstoffes verwischen. Andererseits hängt dies aber wohl auch mit der hauptsächlichen Verwendung dieses Produkts in Verbindung mit Quebrachoextrakt für helle, leichte Ledersorten zusammen. Für die künstlichen Gerbstoffe der Firma J. R. Geigy A. G. und der Britischen Fabriken werden keine besonderen Lösevorschriften mitgeteilt.

5. Künstliche Gerbstoffe in der Lederbleiche.

Bereits die Verwendung künstlicher Gerbstoffe in der Vorgerbung oder während der Gerbung überhaupt ergibt in den meisten Fällen eine bedeutende Aufhellung der Lederfarbe. Die bleichende Wirkung, die sich auch beim Lösen der Gerbextrakte bemerkbar macht, läßt sich auch direkt auf dem Leder verwerten. Für die Lederbleiche eignen sich insbesondere neben Tanigan DX und extra D alle künstlichen Gerbstoffe des „Neradol-D-Typus", die Cresyntane, Diaclar S, Dermatanol, Maxyntane, Syntane; von anderen Typen das Sellatan, die Irgatane, die Tanigan-F-Typen (Tanigan FC und FCBI), Tanigan H und sämtliche Tanigan-supra-Marken.

Der große Vorteil einer Bleiche mit künstlichen Gerbstoffen liegt in ihrer sauren Reaktion. Bei der meist üblichen Bleiche mit Soda und Säure wird durch die Soda dem Leder immer Gerbstoff entzogen, der hierbei auftretende Gerbstoffverlust ist nicht unbeträchtlich, auch das folgende Säurebad und die Spülung sind Verlustquellen. Des weiteren hat die alkalische Behandlung leicht einen rauhen Narben zur Folge.

Der Vorgang des Bleichens mit künstlichen Gerbstoffen besteht in einer Auflösung des im Narben abgelagerten und dunkel aufgetrockneten pflanzlichen Gerbstoffes, in einer gleichmäßigen Verteilung desselben, wodurch der Narben gereinigt wird. Gleichzeitig wird die Lederfarbe durch die helle Eigengerbung der künstlichen Gerbstoffe aufgehellt.

Bei stark beschwertem Leder wird dadurch Narbenbruch vermieden. Diese Art von Lederbleiche wirkt überdies nachgerbend und kann in vielen Fällen das Nachsumachieren ersetzen oder sie kann mit diesem kombiniert werden, wodurch sich das Leder besser färben läßt. Die Bleiche wird entweder im Faß oder in der Haspel ausgeführt. Man kann aber auch das Leder in die Bleichflüssigkeit einhängen oder auch Narben und Fleischseite mit der Lösung der künstlichen Gerbstoffe abbürsten. Im Faß und in der Haspel bleicht man vorteilhaft leichte Leder in 3 bis 5 Bé starken Lösungen. Unterleder bleicht man nach dem Abwelken und Ablüften, indem man es in Gerbstofflösungen von größerer Stärke, z. B. 5 bis 10 Bé, kurze Zeit taucht, sofort leicht abspült, ausstößt und schließlich mit einem nicht alkalischen Öl fettet (abölt); verwendet man schwächere Gerbstofflösungen von ca. 3 Bé, so kann man das Leder 2 bis 3 Stunden einhängen und verfährt dann weiter wie vorher beschrieben. Die Gerbstofflösungen werden am besten lauwarm verwendet. — Für ganz besondere Bleichwirkungen wird auch die Mitverwendung von etwas Bisulfit vorgeschlagen oder eine Nachgerbung mit einem besonders zubereiteten „Bleichextrakt", wie solche insbesondere in England (Calder u. Mersey Co.) hergestellt und in großen Mengen verwendet werden.

Schließlich kann man die bleichende Wirkung künstlicher Gerbstoffe mit der Nachgerbung und Füllung des Leders verbinden, indem man nach Aufnahme des Nachgerbextraktes z. B. 2 bis 3% (vom Abwelkgewicht) Tanigan FCBI oder extra D in wenig Wasser angeteigt ins Faß bringt und dieses so lange laufen läßt, bis alles vom Leder aufgesogen ist. Die Temperatur des Fasses muß hierbei wie bei jeder Nachgerbung ungefähr 45° C betragen. Hierauf erfolgt der übliche Fettzusatz. — Eine Anzahl der im Handel befindlichen Nachgerbextrakte enthalten bereits künstliche Gerbstoffe beigemengt. Über die günstige Bleichwirkung der sog. Tamole, das sind Natriumsalze künstlicher Gerbstoffe, wurde an anderer Stelle berichtet. Wie bereits früher erwähnt, kann das sog. „Sumachieren" mit Vorteil durch eine gleichartige Arbeit mit künstlichen Gerbstoffen ersetzt werden.

Leder, die mit Sumach und künstlichen Gerbstoffen kombiniert gegerbt wurden und einen grünlichen Stich besitzen, können nach dem D.R.P. 555019 (Chem. Fabrik Schwalbach A. G.) durch Extraktion mit Äther gebleicht werden. Es kann sich hierbei wohl nur um Verwendung minderwertiger Sumachextrakte oder bulgarischen Sumachs handeln.

D. Analytischer Teil.

I. Quantitative Analyse.

Die Anwendung der offiziellen Gerbstoffanalyse bzw. der Filterglockenmethode bei der Untersuchung künstlicher Gerbstoffe wird durch die Art derselben beeinflußt. Jene Gerbstoffe, welche als Gerbsulfosäuren bezeichnet werden, haben zum Hautpulver eine ganz andere Affinität und werden in ganz anderer Weise gebunden als die neuen, den pflanzlichen Gerbstoffen näherstehenden Austauschgerbstoffe.

Es sei vorausgeschickt, daß der größte Teil aller älteren Arbeiten, die sich mit der Analyse künstlicher Gerbstoffe befaßten, nur die Gerbsulfosäuren behandelt.

Die mehr oder weniger großen Beimengungen sulfosaurer Salze und Mineralsalze boten Schwierigkeiten. Die Analysenwerte ergaben kein wirkliches Bild des Gerbwertes, sondern konnten nur als Vergleichswerte gelten. Der wirkliche Gerbwert künstlicher Gerbstoffe liegt in den meisten Fällen höher als der analytisch ermittelte Gerbstoffgehalt andeutet. Der verschiedene p_H-Wert ist ebenfalls von großem Einfluß, jedoch nicht in dem Maße wie die Salze, da ja auch die pflanzlichen Gerbstoffe verschiedene p_H-Werte besitzen, ohne daß man die analytische Lösung auf einen bestimmten p_H-Wert einstellen würde, allerdings werdeu hier die Ergebnisse durch das p_H viel weniger beeinflußt.

G. E. Knowles (*2*) führte Untersuchungen künstlicher Gerbstoffe bei verschiedener Säureeinstellung aus und fand, wie zu erwarten war, bedeutende

Unterschiede. Die Frage einer rationellen chemischen Analyse künstlicher Gerbstoffe wurde deshalb bald ein dankbares Feld chemischer Forschung. E. Wolesensky (*2*) schlug folgende Bestimmungen vor: 1. Gesamtsäure, 2. Schwefelsäure, 3. Sulfate, 4. Gesamtschwefel, 5. organische und anorganische Stoffe, 6. nichtflüchtige Bestandteile, 7. Gerbstoff.

E. Wolesensky (*3*) befaßte sich namentlich auch mit der Einwirkung des Natriumsulfats auf das Hautpulver. Dieses nimmt sowohl Schwefelsäure aus einer schwachen Säurelösung auf als auch aus Natriumsulfatlösung, wenn diese mit Essigsäure angesäuert wurde. Diese Säure kann man durch Waschen mit Wasser oder künstlicher Gerbstofflösung nicht entfernen. Andererseits kann man künstliche Gerbstoffe durch Säure oder angesäuertes Natriumsulfat herauswaschen. Die Haut verbindet sich demnach sowohl mit Schwefelsäure als auch mit Gerbsulfosäuren, wenn diese Sulfat enthalten. Die Analysenfehler werden daher durch das Sulfat hervorgerufen und man sollte dieses vor der Analyse durch Bariumacetat ausfällen. Letzteres ist aber infolge der fällungshindernden Eigenschaften künstlicher Gerbstoffe nicht möglich (siehe auch S. 483).

Wie auf S. 452 ersichtlich, wurde ein Teil obiger Feststellungen durch spätere Forschungen von C. Felzmann (*1*) und G. Otto (*2*) widerlegt. E. Wolesensky gab folgende Ausführungsvorschriften an:

Die Azidität soll mit $^{n}/_{1}$ NaOH gegen Kongo- bzw. Lackmuspapier titriert werden. Zur Bestimmung des Gesamtschwefels oxydiert man mit Salpetersäure und fällt mit Bariumchlorid als Sulfat. Die anorganischen Stoffe bestimmt man, indem man genau mit NaOH neutralisiert, eindampft und mit Schwefelsäure abraucht. Das Filtrat nach der Fällung mit Bariumacetat wird erst zur Gerbstoffbestimmung mit Hautpulver genommen [Wolesensky (*2*)].

Die vorstehenden Angaben E. Wolesenskys sind das zusammengefaßte Ergebnis einer Anzahl sehr bemerkenswerter Arbeiten amerikanischer und englischer Chemiker. Als erste dieser Forschungen ist die Arbeit von S. Kohn, J. Breedis und E. Crede (*1*) zu nennen, welche sich mit einer kritischen Untersuchung über die Bestimmung der wirksamen Bestandteile künstlicher Gerbstoffe nach dem Hautpulververfahren befaßt. Hier wird ein Unterschied zwischen Sulfosäuren ... Verbindungsgerbstoffen und Salzen ... Adsorptionsgerbstoffen gemacht. Die Adsorption letzterer ist in hohem Maße von der Konzentration abhängig; sie können durch Wasser nach und nach ausgewaschen werden. Tritt Säure hinzu, so wird die Sulfosäure in Freiheit gesetzt und aus den Adsorptionsgerbstoffen werden Verbindungsgerbstoffe. Sehr wichtige Mitteilungen machte R. B. Croad, der die Hautpulvermethode für künstliche Gerbstoffe auch für ungenügend hält, da sie durch den Säuregrad beeinflußt wird. Er empfiehlt, um ein brauchbares Bild zu erhalten, folgendes festzustellen: 1. Beziehung zwischen Säuregehalt und spezifischem Gewicht, 2. Untersuchung der Nichtgerbstoffe mittels verschiedener Indikatoren, 3. Untersuchung der Nichtgerbstoffe nach Zusatz von Essigsäure; sie müssen dann mit Gelatine eine Fällung geben. 4. Untersuchung des Gesamtlöslichen; wird dieses beim Erhitzen auf 100° C rot, so ist dies bei Phenolabkömmlingen ein Beweis, daß freie Schwefelsäure vorhanden ist. 5. Es ist stets eine Gerbung vorzunehmen. Letzteres empfiehlt auch G. E. Knowles (*3*), der die Hautpulvermethode ebenfalls wegen der Säureabhängigkeit für ungenügend hält. β-Naphthalinsulfosäure gibt z. B. mit Hautpulver hohe analytische Werte, aber gerbt die Haut nicht. Auch L. Meunier empfiehlt, jedesmal eine Gesamtanalyse des zu verwendenden künstlichen Gerbstoffs auszuführen und eine Versuchsausgerbung vorzunehmen. Enthalten künstliche Gerbstoffe freie Schwefelsäure, wie dies in den Anfängen dieser Industrie manchesmal der Fall war, so tritt eine weitere Störung der Gerbstoffanalyse nach dem

Hautpulververfahren dadurch ein, daß keine Gewichtskonstanz beim Trocknen des Gesamtlöslichen erreicht werden kann. Es treten Polymerisationen der Sulfosäure ein, der Rückstand schwärzt sich.

R. Escourrou hat dies an zwei verschiedenen synthetischen Gerbstoffen studiert und Vergleiche mit Quebrachoextrakt aufgestellt. Diese Versuche wurden mit „Cleartan", einer kondensierten Sulfosäure (vermutlich Depsidtypus) und „Maxyntan", dem Kondensationsprodukt einer Sulfosäure mit Formaldehyd, vorgenommen. Der Abdampfrückstand von „Cleartan", bei 90° C getrocknet, bläht sich auf, wird schwarz und unlöslich, spaltet Wasser und schweflige Säure ab, so daß er für die Analyse wertlos ist. Selbst nach 60 Stunden Trockenzeit ändert sich das Gewicht; vermutlich bilden sich immer neue Kondensationsprodukte, wobei Wasser abgespalten wird. „Maxyntan" verhält sich ganz anders, hier scheiden sich weiße Flocken ab, die sich gegen Ende des Eindampfens wieder lösen, der Rückstand riecht deutlich nach Phenol, ist aber gegen die Hitze im Trockenschrank bei 90° C weniger empfindlich, da durch die Formaldehydkondensation vermutlich ein stabilerer Körper entstanden ist, der sich bei Hitzewirkung vermutlich zu Harzen weiter verändert. Trocknet man bei niederer Temperatur im Vakuumtrockenschrank, so erhält man brauchbare Werte, immerhin treten auch hier noch wie bei „Cleartan" Polymerisationen u. dgl. auf.

Besonders eingehend befaßten sich in neuerer Zeit J. Berkmann und A. Kiprianoff mit der „rationellen chemischen Analyse künstlicher Gerbstoffe", insbesondere wurde von J. Berkmann (*1*) auch die Frage der in den künstlichen Gerbstoffen enthaltenen Salze und deren Einfluß auf die Analyse genau studiert. J. Berkmann und A. Kiprianoff gehen von der Annahme aus, daß die künstlichen Gerbstoffe im einfachsten Fall ein Gemisch von Sulfosäure, Natronsalz der Sulfosäure und Natriumsulfat sind und wollen zur rationellen Untersuchung diese drei Bestandteile quantitativ bestimmen. Die Sulfosäure wird als die eigentliche gerbende Substanz angesehen. Das Sulfosalz wird zwar in bedeutenden Mengen von der Haut adsorbiert, es gerbt jedoch nach Ansicht dieser Forscher nicht; es spielt aber als Puffer eine wichtige Rolle. Die Mineralsalze (Natriumsulfat, Kochsalz usw.) werden nur schwach adsorbiert. Sie besitzen jedoch einen Einfluß auf die Durchgerbungsgeschwindigkeit, auf die Schwellungsverhinderung und infolgedessen auf die Weichheit des Leders. Eine direkte Bestimmung des Sulfatschwefels ist infolge der Schutzwirkung durch die kolloidalen Sulfosäuren nicht durchführbar, obwohl das Ba-Salz der Sulfosäuren genügend löslich wäre. J. Berkmann und A. Kiprianoff haben zwecks genauer quantitativer Untersuchung folgende Methode ausgearbeitet, die, was die Bestimmung des anorganisch gebundenen Schwefels anbelangt, mit dem Vorschlag von E. Wolesensky (*2*) übereinstimmt.

Nach dieser Methode bestimmt man: 1. Gesamtschwefel, 2. Schwefel in der Asche des genau neutralisierten Produkts. Letztere enthält das ursprünglich vorhanden gewesene Natriumsulfat, das beim Veraschen unverändert bleibt, und außerdem Natriumsulfat, das beim Veraschen der Sulfosalze entsteht. Letzteres zeigt genau die Hälfte des organisch gebundenen Schwefels an, da:

$$2\,RSO_3Na \rightarrow Na_2SO_4 + SO_2.$$

Bedeutet x den organisch gebundenen, y den anorganisch gebundenen Schwefel, so ergibt die Bestimmung des Gesamtschwefels die Gleichung: $x + y = a$, die Bestimmung des Schwefels in der Asche der neutralisierten Substanz die Gleichung: $x/2 + y = b$, wobei $a > b$ sein muß. Aus diesen Gleichungen berechnet sich: $x = 2\,(a - b)$ und $y = 2\,b - a$. Die genaue Neutralisation ist für Erzielung richtiger Werte besonders wichtig. Diese wird durch Titration mit $^n/_2$ Lauge und Tüpfeln auf Methylorangepapier vorgenommen. Man verwendet zu diesem Zweck starkes Papier, das nur schwach mit Methylorange durchtränkt und hierauf getrocknet wird und titriert in konz. Lösung, bis zu 20° Bé unverdünnt, da bei Titration verdünnter Lösungen zu niedrige Zahlen erhalten werden. Am genauesten wäre natürlich die elektrometrische Titration, bei welcher bis $p_H = 7$—7,5 titriert wird. Besteht der Gerbstoff nur aus Sulfosäure, Sulfosalz und Sulfat, so kann man die Methode vereinfachen und muß den Schwefel in der Asche der neutralisierten Substanz nicht bestimmen, da die Asche nur aus Natriumsulfat bestehen kann. Man kann sogar noch weiter gehen, indem man die Asche des nicht neutralisierten Gerbstoffes bestimmt und die durch genaue Neutralisation berechnete Säure als Natriumsulfat ausdrückt und zur Asche hinzuzählt.

Da manche Gerbstoffe auch Chlor enthalten, wurde dies auch in den Bereich der rationellen Analyse gezogen. In diesem Fall gingen J. Berkmann und A. Kiprianoff derart vor, daß sie den Gerbstoff mit konz. Schwefelsäure durchfeuchteten und so veraschten. Hierdurch gelingt es, das Chlor quantitativ durch Schwefelsäure zu ersetzen. Die Analyse wird in diesem Falle folgendermaßen ausgeführt:

1. Die Einwage des rohen Gerbstoffs wird mit konz. Schwefelsäure durchfeuchtet und vorsichtig verascht. 2. Säuretitration, Endpunkt durch Tüpfeln auf Methylorangepapier, Berechnung des Alkaliverbrauchs als Natriumsulfat, das zur Asche zugezählt wird. 3. Bestimmung des Gesamtchlors in bekannter Weise durch Veraschen mit Soda, Ansäuern mit Salpetersäure, Vertreiben der Kohlensäure durch Kochen und Titrieren des Chlorions nach Vollhardt mit Rhodanammon. Das Natriumchlorid wird auf Natriumsulfat umgerechnet und von der Summe der Sulfate nach 1. und 2. abgezogen. Chloride wurden im Tanigan O und Tanigan F gefunden.

Da durch diese Methode die Gesamtschwefelsäure und die organisch gebundene Säure bestimmt werden konnten, ist es nunmehr möglich, den „organischen Grundkörper" zu bestimmen. Man zieht von dem trockenen neutralisierten Gerbstoff den mineralischen Anteil ab und erhält so das reine Sulfosalz; zieht man hiervon den SO_3Na-Rest ab und ersetzt ihn durch ein H, so erhält man den „organischen Grundkörper".

Beispiel: (J. Berkmann u. A. Kiprianoff) Ordoval GG (jetzt Tanigan O). Trockenes neutralisiertes Ordoval GG enthält nach obiger Analysenmethode: Gesamt-SO_3: 37,18%; gebundenes SO_3: 14,18%; mineralischer Anteil: 48,84%. Hieraus berechnet sich: 51,16% Sulfosalz. Aus dem gebundenen SO_3 berechnet sich: $\frac{14{,}18 \cdot 103}{80} = 18{,}25\%$ SO_3Na und $\frac{14{,}18 \cdot 1}{80} = 0{,}18\%$ H. Daraus ergibt sich: $51{,}16 - 18{,}25 + 0{,}18 = 33{,}09\%$ „organischer Grundkörper". Aus der Gesamtschwefelsäure und dem „organischen Grundkörper" kann man sich annähernd ein Bild über das bei der Synthese vorhanden gewesene Verhältnis organischer Ausgangsrohstoff : Schwefelsäure machen.

Tabelle 125.

	Gehalt an H_2SO_4 in Prozenten	Organische Stoffe in Prozenten	H_2SO_4 : Organische Stoffe
Neradol D[1]	43,20	50,46	0,86
Neradol FB . . .	44,88	46,50	0,97
Gerbstoff FC . .	48,72	38,44	1,27
Ordoval GG . . .	45,54	33,09	1,38
Ordoval G	50,12	32,05	1,56
Gerbstoff F . . .	41,65	27,78	1,50
Neradol ND . . .	39,75	44,51	0,81

Auf Grund einer Reihe bemerkenswerter Überlegungen und Berechnungen gelangen J. Berkmann und A. Kiprianoff schließlich zu Werten, durch welche eine Anzahl künstlicher Gerbstoffe in ihre Komponenten aufgelöst werden; dies bedeutet einen neuen Weg zu deren Kenntnis und Beurteilung. Diese Werte sind in der folgenden Tabelle 126 zusammengefaßt.

Trotzdem Tabelle 126 gewiß nicht im einzelnen der tatsächlichen Zusammensetzung der betreffenden künstlichen Gerbstoffe entspricht und Werte enthält, die aufgeklärt werden müssen, z. B. die unerklärliche Schwefelsäure in Gerb-

[1] Alte Bezeichnungen, siehe Anm. S. 432.

stoff FC trocken und der Gehalt an Sulfosalz bei Ordoval G trocken, soll auf die relativ gute Übereinstimmung der Werte „Sulfosäure“ mit den als „Gerbstoff“, insbesondere nach der Filtermethode, gefundenen Werten hingewiesen werden; bei Neradol D und den Ordovalen ist die Übereinstimmung schlechter.

Tabelle 126.

	Wasser in Prozenten	Wirkliche Asche		Sulfosalz in Prozenten	Sulfo-säure in Prozenten
		Na_2SO_4 in Prozenten	NaCl in Prozenten		
Neradol D	41,85	9,84	—	21,86	26,45
Neradol FB trocken .	7,94	23,52	—	6,68	61,86
Neradol ND	62,22	0,34	3,01 $CaSO_4$	4,83	29,60
Gerbstoff FC trocken.	6,63	37,10	0,56 H_2SO_4	—	55,71
Gerbstoff F.	68,10	11,52	6,34	0,15	13,89
Ordoval GG trocken.	4,92	40,22	7,88	6,05	40,95
Ordoval GG flüssig .	74,14	8,82	2,62	5,51	8,91
Ordoval G trocken .	5,03	32,34	6,12	32,56	23,94
Ordoval G flüssig . .	73,18	9,48	2,64	3,93	10,77

Tabelle 127.

	Sulfosäure in Prozenten	Gerbstoff[1] in Prozenten	
		Filtermethode	Schüttel-methode
Neradol D	26,45	36,7	31,5
Neradol FB trocken	61,86	63,7	59,0
Neradol ND.	29,60	31,6	29,4
Gerbstoff FC trocken	55,71	57,7	51,0
Gerbstoff F	13,89	15,8	12,0
Ordoval GG trocken	40,95	44,7	35,5
Ordoval GG flüssig	8,91	13,8	10,2
Ordoval G trocken	23,94	41,8	35,5
Ordoval G flüssig	10,77	12,4	9,4

Demgegenüber sollen Werte angeführt werden, die H. van der Waerden nach der Methode von Löwenthal fand:

Neradol D	7,7%	Gerbstoff nach Löwenthal
Neradol ND.	0,6%	,, ,, ,,
Gerbstoff F	0,5%	,, ,, ,,
Ordoval G	0,3%	,, ,, ,,

Dies sind unmögliche Werte.

Besonders wichtig für die Bewertung der künstlichen Gerbstoffe ist die Beantwortung der Frage, ob die enthaltenen Sulfosalze von der Haut aufgenommen werden. Die Ergebnisse der praktischen Gerbung weisen deutlich darauf hin, daß der nach der Hautpulvermethode gefundene Gerbstoffgehalt zu niedrig ist, d. h. daß der Gerbwert irgendeines künstlichen Gerbstoffs mit einem bestimmten Gerbstoffgehalt größer ist als nach diesem Gerbstoffgehalt erwartet werden könnte. Dies kann nicht allein auf die anorganischen Salze (Natriumsulfat usw.) zurückgeführt werden, durch welche die Gerbgeschwin-

[1] Die gefundenen Gerbstoffwerte beziehen sich auf Analysen der betreffenden Gerbstoffpräparate, die im Jahre 1931 ausgeführt wurden; sie stehen in keinem direkten Zusammenhang mit den im „Beschreibenden Teil“ enthaltenen, neuen Werten.

digkeit beschleunigt würde, sondern kann nur durch Adsorption der Sulfosalze erklärt werden. G. Grasser (*2*) wies nach, daß die Mineralsalze die Gerbgeschwindigkeit der künstlichen Gerbstoffe nicht beschleunigen, denn er fand für Neradol D (mit ungefähr 14% Asche) und Neradol ND (mit ungefähr 2% Asche) nahezu gleiche Gerbgeschwindigkeiten und für ein Neradol D, das auf nur 4,4% Asche gebracht wurde, ebenfalls annähernd denselben Wert. Grasser fand folgende Gerbgeschwindigkeiten (C):

Neradol D	0,70—0,76
Neradol ND.	0,73—0,95
Neradol D mit 4,4% Asche	0,69—0,71
Ordoval G	0,57—0,88
Basisches Chromsulfat	0,66—0,78
Pflanzliche Gerbstoffe	0,40—0,50

Da Neradol D und ND nicht ohne weiteres vergleichbar sind, bei dem auf niedrigen Aschengehalt gebrachten Neradol D (4,4% Asche) aber nicht ersichtlich ist, wieviel Sulfosalze es enthält, wäre der Beweis klarer gewesen, wenn sowohl dem Neradol D als auch dem Neradol ND mehr Natriumsulfat zugefügt worden wäre.

Es ist jedoch aus der praktischen Gerbung mit sulfitierten Quebrachoextrakten bekannt, daß die darin enthaltenen Natriumsalze organischer Sulfosäuren von der Haut aufgenommen werden. Wie aus noch unveröffentlichten Untersuchungen von L. Pollak und W. Springer hervorgeht, lassen sich derartige Extrakte in einen sauren und einen nahezu alkalischen Anteil zerlegen, der alkalische Anteil hält den sauren, meist schwerer löslichen Anteil in Lösung. Ganz ähnlich verhält es sich mit Fichtenrindenextrakten, die mit kleinen Mengen Borax behandelt wurden, und sogar in der Fichtenrinde ist ein Teil des Gerbstoffs an Alkalien gebunden. Dies sind vermutlich auch jene Gerbstoffanteile geringerer Adstringenz, die beim Aussalzen in Lösung bleiben oder sich in dem letzten ausgesalzenen Anteil befinden. Ein Rückschluß auf die in den künstlichen Gerbstoffen enthaltenen Sulfosalze wird der Wahrheit nahekommen. In einer Arbeit über Adsorption und Gerbvermögen der künstlichen Gerbstoffe befaßt sich J. Berkmann (*1*) mit der Adsorption der Sulfosalze. Er führt aus, daß die Adsorption der drei Bestandteile künstlicher Gerbstoffe verschieden stark ist. Die Sulfosäure wird vollkommen adsorbiert, die Mineralsalze fast gar nicht und die Sulfosalze ziemlich stark und individuell, d. h. das Hautpulver ist je nach Art der Sulfosäure für deren Salz aufnahmefähiger oder weniger aufnahmefähig, an zweiter Stelle ist auch das Kation maßgebend, indem Natriumsalze stärker als Kaliumsalze, Ammonsalze stärker als Natriumsalze, und besonders stark Aluminium- und Chromsalze adsorbiert werden. Hierbei tritt eine Spaltung des Salzes ein. Berkmann untersuchte die Adsorption mit vollständig neutralisierten künstlichen Gerbstoffen und fand regelmäßig, daß der Kationengehalt des nichtadsorbierten Anteils bedeutend größer war als dem Gehalt an organischer Substanz entspricht. Bei einem gereinigten Na-Salz von Neradol D betrug der Na-Gehalt des adsorbierten Teils nur die Hälfte der berechneten Menge. Die Arbeit J. Berkmanns enthält leider keine analytischen Zahlen, die diese Angaben belegen würden. Nähere Angaben hierüber, insbesondere über die verschieden starke Adsorption je nach Art der im Sulfosalz vorhandenen Sulfosäure, wären für die Beurteilung der Sulfosalzadsorption überhaupt sehr wichtig, denn es scheint aus den angedeuteten Adsorptionsversuchen mit „unkondensierten“ und „kondensierten“[1]

[1] Diese Bezeichnung steht in keinem Zusammenhang mit der Gruppenbezeichnung pflanzlicher Gerbstoffe.

Gerbstoffen hervorzugehen, daß die „individuelle" Adsorption tiefere Gründe hat [J. Berkmann (*1*)] und ein Zusammenhang mit den auf S. 443 und 455 niedergelegten theoretischen Erwägungen besteht.

Die verschieden starke Adsorption des Kations soll bei der Herstellung der englischen „Maxyntane" angeblich berücksichtigt werden (siehe „Beschreibender Teil").

Auf Grund der beiden vorerwähnten Arbeiten und den Vorschlägen einer späteren Arbeit von E. Wolesensky (*3*) und G. A. Bravo (*2*) entsprechend, wird es zwecks genauer Kenntnis eines künstlichen Gerbstoffes wichtig sein, derartige ausführliche Untersuchungen vorzunehmen. Die auf S. 485 wiedergegebene Tabelle mit der Gegenüberstellung der nach J. Berkmann und A. Kiprianoff ermittelten Sulfosäuren und den Ergebnissen der Filter- und Schüttelmethode spricht für die Verwendbarkeit der Gerbstoffanalyse.

F. Stather und K. Löchner beurteilten die Methode von J. Berkmann und A. Kiprianoff dahin, daß diese, soweit es sich um Sulfosäuren handelt, Anhaltspunkte über deren Zusammensetzung, nicht aber über ihr Verhalten tierischer Haut gegenüber liefert.

Immerhin ist die Hautpulvermethode für künstliche Gerbstoffe zumindest so verläßlich wie für irgendeinen Nachgerbextrakt. Ihre Verwendbarkeit ist allerdings von der Einwage des betreffenden künstlichen Gerbstoffes abhängig, dies gilt namentlich von den älteren Hilfsgerbstoffen, während die den pflanzlichen Gerbstoffen in ihrer Wirkung näherstehenden neuen Erzeugnisse bei der Einwage einen größeren Spielraum gestatten [F. Stather und H. Herfeld (*2*)]. Nichtsdestoweniger kann ein Teil dieser neueren Austauschgerbstoffe nicht bei einer den offiziellen Vorschriften des Filterverfahrens entsprechenden Einwaage analysiert werden, da bei einer solchen Ansatzmenge nur unvollständige Entgerbung der Analysenlösung eintritt; hierbei wurde ein Einfluß der Anteilzahl festgestellt [F. Stather und H. Herfeld (*2*)].

Das Verhalten künstlicher Gerbstoffe bei der Gerbstoffanalyse konnten W. Graßmann und R. Bender an der Adsorptionskurve für Tanigan FC studieren und fanden, daß diese bei Verwendung von 7 g Hautpulver normal und in ähnlicher Weise wie bei nieder affinen pflanzlichen Gerbstoffen verläuft. — Sehr bemerkenswerte Beobachtungen machte auch W. Schiller, indem er eine bestimmte Menge Hautpulver in der Filterglocke so lange mit analysenstarken Gerbstofflösungen behandelte, bis keine Aufnahme mehr stattfand. Die Absättigung mit Tanigan FC erfolgte früher als mit pflanzlichen Gerbstoffen, was sich durch das Säureäquivalent der Haut und der andersartigen Bindung der Gerbsulfosäure erklären läßt. — Im Zusammenhang damit steht auch der Vorschlag von F. Stather und K. Löchner, daß künstliche Gerbstoffe bei einer den offiziellen Vorschriften der quantitativen Gerbstoffanalyse entsprechenden Ansatzmenge analysiert werden müssen, da bei einer auf Trockensubstanz bezogenen gleich gewählten Ansatzmenge keine vergleichbaren Ergebnisse erwartet werden können, weil, zum Unterschied von pflanzlichen Gerbstoffen, die Analysenwerte bei zunehmender Konzentration der Analysenlösungen bedeutenden Schwankungen ausgesetzt sind. Durch die vorerwähnten späteren Feststellungen F. Stathers und H. Herfelds mit neueren Erzeugnissen muß dieser Vorschlag eingeschränkt werden.

Gerbwertbestimmungen nach W. Appelius (d. i. Gerbstoffaufnahme in Gramm durch 100 g Trockenhautsubstanz) liegen in den ausführlichen und systematischen Arbeiten von F. Stather und K. Löchner und F. Stather und H. Herfeld (*2*) vor. Die Gerbwerte liegen bei den eigentlichen Gerbsulfosäuren beträchtlich tiefer als bei pflanzlichen Gerbstoffen, bei den neuartigen

Erzeugnissen (Austauschgerbstoffen) nähern sie sich denselben. So z. B.: Tanigan S 38, Tanigan FC und O 45, Tanigan H 57, Tanigan supra LL 64. Der Gerbwert ist bei 3stündiger Ausgerbung beträchtlich niedriger als bei 24stündiger Ausgerbung, z. B. bei Tanigan extra B 48 bzw. 78 (siehe die Originalarbeiten).

Die Beeinflussung der Gerbstoffanalyse durch künstliche Gerbstoffe in Gemischen bildet den Inhalt vieler, sehr bemerkenswerter Arbeiten. E. Stiasny (*1*) untersuchte den Einfluß künstlicher Gerbstoffe auf das Unlösliche. Hierbei konnte eine teilchenverkleinernde Wirkung bei den Gerbstoffen des Ordoval-Typs festgestellt werden, die besonders durch Verringerung der ersten Aussalzfraktion zum Ausdruck kommt, demnach einer Verringerung der Adstringenz gleichkommt. Gerbstoffe des Neradol-Typs bewirken keine wesentliche Teilchenverkleinerung, doch wird dies durch in Lösung gegangene Phlobaphene ausgeglichen.

Einen sehr bemerkenswerten Einfluß auf die Irreversibilität der Gerbstoffaufnahme (Unauswaschbarkeit der Gerbung) stellten E. Stiasny und F. Orth (*2*) für einige künstliche Gerbstoffe fest. Die irreversible Bindung pflanzlicher Gerbstoffe wird durch künstliche Gerbstoffe bedeutend erhöht und, wie Orth beobachten konnte, in verschiedener Weise. So werden pflanzliche Gerbstoffe von mäßig starker Adstringenz, wie Kastanien- und Gambirextrakt, durch Tanigan F derart beeinflußt, daß deren irreversible Aufnahme stark erhöht wird, während dies bei pflanzlichen Gerbstoffen starker Adstringenz, wie Quebracho und Eichenrinde, nicht nennenswert ist [E. Stiasny und F. Orth (*3*), E. Stiasny (*2*)].

A. W. Thomas (*1*) beobachtete ebenfalls die sehr gesteigerte fixierende Wirkung künstlicher Gerbstoffe auf Quebracho- und Mimosarindenextrakt, führte diese aber auf p_H-Einflüsse zurück, da angesäuerte pflanzliche Gerbstofflösungen ebenfalls an Wirkung zunehmen.

E. Stiasny (*3*) stellte bei Verwendung des Darmstädter Apparates an Gemischen von Quebrachoextrakt und Tanigan F und verschiedenartigen Hautpulvern gute Übereinstimmung fest. — Auf die Untersuchung von Gemischen beziehen sich auch die Arbeiten von A. W. Thomas und M. W. Kelly (*1*). Sie fanden, daß Quebrachogerbstoff in Gegenwart kleiner Mengen künstlicher Gerbstoffe von Hautpulver in größeren Mengen aufgenommen wird als aus reiner Quebracholösung von gleichem p_H und auch aus einer solchen, die Natriumsulfat enthält. Bei Mimosarindengerbstoff ist die Aufnahme nur höher als aus einer natriumsulfathaltigen Lösung von gleichem p_H. Sie stellten schließlich fest, daß künstliche Gerbstoffe infolge Herabsetzung des p_H der pflanzlichen Gerbstofflösungen die Bindung an die Haut erhöhen. Der dadurch bedingte Vorteil ist aber größer als bei einer nur durch Säure bewirkten p_H-Herabsetzung, da gleichzeitig eine vorteilhafte Einwirkung durch die organische Substanz bemerkbar wird, die bisher nicht näher erklärt werden konnte, aber eine gewisse Ähnlichkeit mit der von A. W. Thomas und M. W. Kelly (*2*) beobachteten günstigen Einwirkung von Pyrogallol auf die Gerbung hat.

Neuere Forschungen haben diese Beobachtung damit erklären können, daß die in künstlichen Gerbstoffen vorhandenen dissoziierten, schwach sauren Gruppen, z. B. phenolische Hydroxylgruppen, an der Gerbung mitbeteiligt sind [G. Otto (*5*)].

F. Stather und K. Löchner sowie F. Stather und H. Herfeld (*2*) haben die Wirkung künstlicher Gerbstoffe in Gemischen mit pflanzlichen Gerbstoffen einer systematischen Prüfung unterzogen und stellten namentlich für die neueren Erzeugnisse, die berufen sein sollen, pflanzliche Gerbstoffe ganz oder anteilmäßig zu ersetzen, fest, daß die Gerbstoffaufnahme und irreversible Bindung durch dieselben günstig beeinflußt wird. Das Hautpulver nimmt aus den Gemischen mehr Gerbstoff auf, als aus den Komponenten für sich zu erwarten gewesen wäre, die Werte entsprechen größenordnungsmäßig den reinen pflanzlichen Gerbstoffen. Ein anteiliger Ersatz letzterer ist demnach ohne praktisch in Betracht kommende Verminderung der Bindung des Gerbstoffs an die Haut und ohne Verminderung der gewichtgebenden Eigenschaften möglich. Diese günstige Eigenschaft der sog. Austauschgerbstoffe dürfte mit deren stärkerer Aussalzbarkeit, im Vergleich mit älteren künstlichen Hilfsgerbstoffen, zusammenhängen.

Die vorerwähnten Arbeiten von F. Stather und Mitarbeitern geben keinen Aufschluß über unterschiedliche Beeinflussung pflanzlicher Gerbstoffe hoher und geringer Adstringenz durch künstliche Gerbstoffe, da sie ein Standardgemisch aus sulfoniertem Quebracho-, Kastanien- und Valoneaextrakt verwendeten.

Die Vervollkommnung der p_H-Meßmethoden und der potentiometrischen Titration trugen viel dazu bei, die analytischen Methoden zur Bewertung künstlicher Gerbstoffe zu erweitern. — G. A. Bravo (*2*) schlug folgende Bestimmungen vor: Gesamtsäure und p_H, potentiometrische Titration mit der Antimonelektrode. Bei der normalen Gerbstoffbestimmung dürfen die Abdampfrückstände nur im Vakuum getrocknet werden, oder aber man neutralisiert dieselben mit genau eingestellter Soda- oder Laugenlösung und bringt eine Korrektur an (siehe auch R. Escourrou, S. 483). Besonderen Wert legt Bravo auf eine Probeausgerbung allein und in Extraktgemischen. — Für die direkte Titration der Säure hatte G. A. Bravo (*1*) die Titration im filtrierten UV-Licht vorgeschlagen. Diese Methode wurde von A. Borgialli ausgebaut. Die besten Ergebnisse wurden mit folgenden Indikatoren erzielt: Thioflavin (p_H 7 bis 6,6 von farblos nach hellgelb), Säure Phosphin R (p_H 6 bis 7 von farblos nach grünlichgelb). Eigenfluoreszenz bildet keine Schwierigkeit, der Umschlag ist auch bei schwachen Säuren scharf. L. Pollak (*13*) schlug vor, die p_H-Bestimmung auch in Verdünnung 1:10 vorzunehmen und die Differenzzahl zu bestimmen.

Was die Auswahl der Elektrode bei der p_H-Messung anbelangt, so gehen die Meinungen auseinander. Es handelt sich namentlich um Ausschaltung des Meßfehlers durch Vergiftung der Elektrode bei Anwesenheit gewisser Schwefelverbindungen, aber auch um Bildung neuer Verbindungen, z. B. mit Chinhydron, wie solche von G. Otto (*2*) oberhalb p_H 5,7 bis 6,0 mit pflanzlichen Gerbstoffen vermutet wurden. Nach J. A. Gilman eignet sich überhaupt keine p_H-Meßmethode für künstliche Gerbstoffe, jedenfalls sei es wichtig, diese nicht bei jenen hohen Konzentrationen zu messen, die für pflanzliche Gerbstoffe vorgeschrieben sind und es sei überhaupt fraglich, ob man künstliche Gerbstoffe nach deren p_H beurteilen darf. A. Dahl erhielt verläßliche Werte mit der Chinhydronelektrode bei ausreichenden Mengen Chinhydron und auch G. Otto (*2*) stellte fest, daß die Chinhydronelektrode zur Bestimmung freier starker Säuren und der Pufferkapazität im Leder einwandfrei brauchbar sei. Diesbezügliche weitere Angaben auf S. 502.

Die großen Fortschritte, die in jüngster Zeit in der Vervollkommnung der Glaselektrode erzielt wurden, haben deren Verwendung in den Vordergrund gebracht. Über ihre Anwendung bei p_H-Messungen künstlicher Gerbstoffe liegen bereits eine große Anzahl günstiger Berichte vor, aber es fehlt auch nicht an berechtigten Einwänden. Letztere beziehen sich zumeist auf die mehr oder weniger leichte Alkaliabgabe des Glases, so daß z. B. in Lederauszügen, die wenig puffernde Substanzen enthalten, beim Messen der 10fachen Verdünnung leicht zu hohe p_H-Werte und damit zu hohe Differenzzahlen gefunden werden, welche die Gegenwart starker Säuren vortäuschen. Es wird demnach von der Beschaffung eines entsprechenden Glases abhängen, ob sich die Glaselektrode überall durchsetzt. Neue Vorschläge betreffen die Verwendung eines Lithiumglases. G. Otto (*2*) stellte bei der p_H-Messung von Lederauszügen jedenfalls fest, daß bis aufwärts zu p_H-Werten von 5,7 bis 6,0 vollkommene Übereinstimmung zwischen der Chinhydron- und der Glaselektrode besteht und daß demnach die Chinhydronelektrode bis zu diesen p_H-Bereichen gut zu verwenden ist.

II. Qualitative Analyse.

Die für künstliche Gerbstoffe ausgearbeiteten qualitativen Reaktionen zwecks Nachweis in Lösung und im Leder beschränken sich auf jene Erzeugnisse, die als Phenol- oder Naphthalinabkömmlinge bzw. Gerbsulfosäuren des Dioxydiphenylmethan- oder Dinaphthylmethantypus anzusprechen sind und über zwanzig Jahre nach der Erfindung E. Stiasnys nahezu allein den Markt beherrschten. Eine Ausnahme bildeten die kondensierten Sulfosäuren hochmolekularer Kohlenwasserstoffe (Ordoval-Typus).

Die Anwendung der meisten Reaktionen wird durch Anwesenheit pflanzlicher Gerbstoffe oder Ligninextrakte erschwert oder ganz unmöglich.

Künstliche Gerbstoffe mit Phenolcharakter geben mit Eisensalzen Blaufärbung. Der Phenolcharakter des ersten künstlichen Gerbstoffes (Neradol D) hatte zur Folge, daß für diesen Gerbstofftyp mehrere Reaktionen leicht aufgefunden werden konnten. W. Appelius und R. Schmidt benutzen die von Bader ausgearbeitete Reaktion auf Phenole mit Diazolösung.

Sie stellten die Diazolösung nach A. Tschirch und J. Edner her [G. Grasser (*1*), S. 115]: 5 g p-Nitroanilin versetzt man mit 25 ccm Wasser, 6 ccm konz. Schwefelsäure, schüttelt durch, fügt noch 100 ccm Wasser hinzu und läßt unter Kühlung 3 g Natriumnitrit, in 25 ccm Wasser gelöst, langsam zutropfen. Hierauf füllt man auf 500 ccm auf und läßt die gebrauchsfertige Lösung im Dunkeln stehen. Zur Ausführung der Reaktion versetzt man 50 ccm einer analytischen Lösung des Neradol-D-Typs (Sulfosäure des Dikresylmethans) mit 15 ccm dieser Diazolösung, filtriert einen sich bildenden Niederschlag ab und fügt zum Filtrat Natronlauge bis zur alkalischen Reaktion hinzu. Größere Mengen des künstlichen Gerbstoffes werden durch blutrote Färbung angezeigt. Geringe Mengen stellt man derart fest, daß man Filtrierpapier mit der Gerbstoff-Diazolösung tränkt und nach dem Trocknen mit Lauge betupft. Ein rosa Fleck zeigt die Anwesenheit des Gerbstoffes an.

E. Seel und A. Sander gaben zwei Reaktionen für die gleiche Gerbstoffgruppe an. Die erste beruht auf der Bildung blauer Farbstoffe aus Phenol und diazotiertem p-Amidophenol in alkalischer Lösung [G. Grasser (*1*), S. 116]. Empfindlicher und allgemeiner verwendbar ist die zweite, sog. Indophenolreaktion. Man versetzt 5 ccm der analytischen Lösung mit 1 Tropfen 0,6%iger Dimethyl-p-phenylendiaminlösung, macht mit Natronlauge alkalisch, fügt 1 bis 2 Tropfen einer 5%igen Ferricyankaliumlösung hinzu, wobei der betreffende Gerbstoff durch eine Blaufärbung angezeigt wird, die nach kurzer Zeit eintritt.

Einen anderen Weg schlugen W. Appelius und R. Schmidt ein, indem sie die unlöslichen Fällungen heranzogen, die gewisse künstliche Gerbstoffe mit Cinchoninsulfat in saurer Lösung geben. Diese Fällung ist zum Unterschied vom Niederschlag aus Ligninextrakten grobsandig (anstatt klumpig zusammengeballt). Eine Unterscheidung zwischen künstlichen Gerbstoffen und Ligninextrakten ist mit dieser Methode nicht durchführbar.

Die vorerwähnten Farbreaktionen wurden durch R. Lauffmann (*1*) einer eingehenden Überprüfung und Anpassung an die Praxis unterworfen, insbesondere dehnte er die Methoden auch auf den Nachweis eines nicht phenolischen Naphthalinabkömmlings (Neradol ND) aus, wofür es bis dahin brauchbare Reaktionen nicht gab. R. Lauffmann beseitigt den störenden Einfluß pflanzlicher Gerbstoffe auf folgende Weise:

Man verdünnt die Gerbstofflösung auf ungefähr 3% organischer Substanz und fällt 30 ccm derselben mit 30 ccm einer 10%igen Lösung von Aluminiumsulfat und 30 ccm 10%igem Ammoniak. Der voluminöse Niederschlag wird abfiltriert und das Filtrat zur Trockne eingedampft. Verschieden große Mengen des Trockenrückstandes werden auf drei Uhrgläsern verteilt in je 5 ccm Wasser gelöst und mit je 5 Tropfen konz. Ammoniak, 2 Tropfen einer 0,6%igen Dimethyl-p-phenylendiaminlösung und 2 Tropfen einer 5%igen Lösung von Ferricyankalium gut vermischt.

Phenolabkömmlinge (wie Neradol D) werden durch eine sogleich auftretende Blaufärbung angezeigt, die, je nach Zusammensetzung der Gerbstofflösung, mehr oder weniger schnell in Braun übergeht und mißfarbig wird.

Zum Nachweis des Naphthalinproduktes (Neradol ND) zog R. Lauffmann eine alte, von H. Ditz beschriebene allgemeine Reaktion auf Kohlenwasserstoffe heran.

Die auf den Uhrgläsern verteilten Trockenrückstände werden bis zur vollständigen Lösung mit 2 bis 5 Tropfen 3%igem Wasserstoffsuperoxyd verrieben und 3 bis 4 ccm konz. Schwefelsäure möglichst schnell hinzugerührt, wobei man den Boden des Uhrglases kräftig reiben muß. Das Naphthalinprodukt wird durch eine deutliche violette Färbung angezeigt, die mehr oder weniger schnell umschlägt.

Nahezu sämtliche künstlichen Gerbstoffe zeigen die Procter-Hirst-Reaktion, d. h. sie geben mit salzsaurem Anilin ebenso eine Fällung wie Ligninextrakte. Das Eintreten dieser Reaktion bei den einzelnen künstlichen Gerbstoffen ist im Abschnitt „Beschreibender Teil" in den Tabellen angeführt. Da einige der im Handel befindlichen Erzeugnisse jedoch schon durch Salzsäure allein gefällt werden, muß man in einem solchen Fall den sich bildenden Niederschlag abfiltrieren und erst dann Anilin zusetzen, demnach die Reaktion in umgekehrter Reihenfolge ausführen. Der vorerwähnte Niederschlag mit Salzsäure tritt bei solchen künstlichen Gerbstoffen ein, die schwerer lösliche Bestandteile durch geringen Alkalizusatz gelöst enthalten. Man kann die Procter-Hirst-Reaktion aber auch nach dem Vorschlag von G. E. Knowles (*4*) mit Ameisensäure ausführen oder nach G. Grasser mit einer Lösung von Anilinchlorid. G. Grasser (*3*) stellte durch elektroosmotische Reinigung von Neradol D fest, daß das gereinigte Produkt keine Procter-Hirst-Reaktion mehr gibt, folglich diese auf Verunreinigungen zurückgeführt werden kann. Dieses reine Produkt gibt mit Eisenchlorid eine grünschwarze Fällung, weshalb G. Grasser annimmt, daß die ursprüngliche Blaufärbung auf beigemischtes Phenol zurückzuführen sei.

Zur Unterscheidung von Neradol D und Ligninextrakt gab E. Stiasny folgenden Weg an:

10 ccm einer 5%igen Lösung des Extrakts werden mit 1 bis 2 Tropfen 1%iger Alaunlösung und etwa 5 g festem Ammonacetat kräftig durchgeschüttelt. Bei reinem Neradol bleibt die Lösung auch nach 24stündigem Stehen klar, während Ligninextrakte eine starke flockige Fällung geben, die in Mischungen um so rascher auftritt, je reichlicher der Gehalt an Ligninextrakt ist. Bei einem Gehalt von 5 bis 10% an letzterem wurde nach 2- bis 3stündigem Stehen stets deutliche Fällung erzielt. Tritt beim Stehen über Nacht keine Fällung ein, so kann man bestimmt auf Abwesenheit von Ligninextrakt schließen. Eine positive Procter-Hirst-Reaktion würde in diesem Falle auf Anwesenheit von Neradol D oder anderen ähnlichen Produkten hindeuten [G. Grasser (*4*), S. 297, E. Stiasny (*5*)].

R. Lauffmann (*2*) untersuchte die Acetylaufnahme der Gerbstoffauszüge und fand, daß die Aufnahme bei pflanzlichen Gerbstoffen 35 bis 41, bei den damals bekannten künstlichen Gerbstoffen (Neradole, Ordovale) 6 bis 12, bei Ligninextrakten 23 bis 24 beträgt. Die Acetylprodukte der künstlichen Gerbstoffe und der Ligninextrakte sind wasserlöslich, jene der pflanzlichen Gerbstoffe unlöslich. Die wasserlöslichen Acetylprodukte geben nach dem Eindampfen, Neutralisieren, nötigenfalls nochmals filtriert, die Procter-Hirst-Reaktion.

Eine Anzahl besonderer Reaktionen künstlicher Gerbstoffe ist in den betreffenden Patentschriften enthalten. So berichteten E. Simoncini und V. Casaburi (*2*) über Reaktionen der italienischen Gerbstoffe „Alfa" und „Alfa NB".

Systematische Untersuchungen und tabellarische Zusammenstellungen einer Anzahl Reaktionen künstlicher Gerbstoffe sind in den ausführlichen Arbeiten von F. Stather und K. Löchner und von F. Stather und H. Herfeld (*2*) enthalten. Außer der Reaktion von Procter-Hirst und der Cinchoninfällung, die nahezu sämtlichen Erzeugnissen gemein sind, wurden noch folgende, aus der qualitativen Analyse pflanzlicher Gerbstoffe bekannten Reaktionen angegeben:

Eisenchloridreaktion, Bleiacetatreaktion in essigsaurer Lösung, Bromwasserreaktion, Schwefelsäurereaktion, Formaldehyd-Salzsäure-Reaktion.

Die Eisenchloridreaktion gibt, wie erwartet werden muß, beträchtliche Unterschiede, je nachdem, ob das betreffende Erzeugnis Phenolcharakter besitzt oder nicht. Es ist wichtig, diese Reaktion bei Gegenwart genügender Mengen von Ammonacetat auszuführen. Die Bleiacetatprobe wird bei Gegenwart von Sulfaten unübersichtlich. Die Bromwasserreaktion verläuft durchwegs negativ. Am aussichtsreichsten für die Erkennung künstlicher Gerbstoffe ist die Schwefelsäurereaktion, welche Färbungen von Gelb über Rot bis Braun bzw. keine Färbung (Tanigan FC) hervorruft. Über die Formaldehyd-Salzsäure-Reaktion siehe unten.

Die Beeinflussung der verschiedenen Reaktionen pflanzlicher Gerbstoffe (und Ligninextrakte) durch künstliche Gerbstoffe wurde vielfach studiert. R. Lauffmann (*3*) untersuchte das Verhalten der Procter-Hirst-Reaktion, die Erhöhung der Nichtgerbstoffe und der Asche bei Gegenwart der damals bekannten künstlichen Gerbstoffe, ferner die Beeinflussung der Zuckerbestimmung durch diese reduzierend wirkenden Erzeugnisse und fand, daß künstliche Gerbstoffe in der üblichen Mischungsmenge die Zuckerwerte nicht beeinflussen [R. Lauffmann (*4*)]. H. van der Waerden fand, daß die Gelatineempfindlichkeit von Quebracho durch Beimischung gewisser künstlicher Gerbstoffe etwas erhöht wird, besonders deutlich bei Tanigan F. Die Essigätherzahl wird verringert. Die Schwefelammonprobe wird nicht beeinflußt. Die Ammonacetat-Alaun-Fällung fällt meistens positiv aus.

Aus einer Gemeinschaftsarbeit der internationalen Kommission für qualitative Gerbstoffanalyse [O. Gerngroß (*2*), O. Gerngroß und H. Herfeld (*1*), (*2*)] ging hervor, daß sowohl die Procter-Hirst-Reaktion als auch die Cinchoninfällung von Ligninextrakten durch künstliche Gerbstoffe gestört werden, so daß der Nachweis von Ligninextrakten bei Gegenwart künstlicher Gerbstoffe unmöglich wird. Die Procter-Hirst-Reaktion tritt bei folgenden künstlichen Gerbstoffen nicht ein: Resorcingerbstoffe, Tannesco, Gerbstoff nach Dr. Karpati. Die Cinchoninfällung ist bei den Resorcingerbstoffen negativ.

Einen neuartigen Weg zur Bestimmung künstlicher Gerbstoffe neben Ligninextrakten und pflanzlichen Gerbstoffen schlug C. van der Hoeven (*6*) ein. Er fußt auf dem Methoxylgehalt der Ligninsulfosäure. Mittels Schwefelsäure wird Methylalkohol freigemacht und dieser in Formaldehyd übergeführt, dessen Färbung mit fuchsinschwefliger Säure im Tintometer von Lovibond gemessen wird. Künstliche Gerbstoffe geben (falls sie nicht aus Ligninsulfosäure hergestellt wurden) praktisch Nullwerte, Ligninextrakte sehr hohe Werte, pflanzliche Gerbstoffe verschieden niedrige Zahlen.

Die Formaldehyd-Salzsäure-Fällung in der zuerst von E. Stiasny (*4*) beschriebenen Form, bzw. die quantitativ ausführbare Formaldehydfällungszahl nach R. Lauffmann (*5*) kann zur Unterscheidung einiger künstlicher Gerbstoffe herangezogen werden. Mehr oder weniger starke Fällungen geben u. a. die Tanigane S, US, DVL, extra B, extra D und SNA, Irgatan FL und LF, einige englische Erzeugnisse usw. Die von L. Pollak (*4*) eingeführte Abänderung der Fällung durch Zusatz von Harnstoff ermöglicht eine weitere Unterscheidung. Unter diesen Bedingungen geben z. B. die Tanigane D, H, DX, HN starke Fällungen. Auch die verschiedenen Irgatane lassen sich auf diese Weise auseinanderhalten (siehe Beschreibender Teil, Tabelle S. 506 ff.). Dies hängt davon ab, ob die betreffenden Erzeugnisse mit Harnstoff größere Molekülverbände eingehen können (Theoretischer Teil, S. 451) und kann für deren Verwendungsmöglichkeit von Wert sein [L. Pollak (*13*)].

Die Fluoresceinreaktion nach L. Jablonski und H. Einbeck (*1*), (*2*) oder in der von L. Pollak und W. Springer verbesserten Weise durch Kalischmelze des Formaldehyd-Salzsäure-Niederschlags und Ausziehen mit Essigäther kann zum Nachweis von Resorcingerbstoffen dienen.

Auf den von R. Kobert versuchten biologischen Nachweis auch künstlicher Gerbstoffe sei hingewiesen.

Die schnell fortschreitende Vervollkommnung der künstlichen Gerbstoffe verlangte eine Ausweitung der qualitativen und quantitativen Analyse. Folgende Bestimmungen sind für die Beurteilung wichtig:

Stickstoff: Sowohl die Bestimmung des Ammoniak-Stickstoffes als auch des organisch gebundenen Stickstoffes ist für die Erkennung einzelner Erzeugnisse maßgebend, da sowohl Ammonsalze als auch Harnstoff darin enthalten sein können. [Betreffs Ammonsalze siehe auch F. Stather und H. Herfeld (*2*)].

Chlor: Die Bestimmung des Chlors hat heute eine viel größere Bedeutung als früher, wo es eine mehr zufällige Beimengung vorstellte (siehe S. 484). Die Verwendung z. B. chlorhaltiger Phenole als Rohstoff ist für erhöhte Dissoziation der OH-Gruppen der daraus hergestellten künstlichen Gerbstoffe maßgebend [G. Otto (*5*)].

p_H-Bestimmung: Diese gibt in analytischer Lösung ausgeführt an, ob man es mit einem gerbenden Hilfsstoff oder mit einem Austauschgerbstoff zu tun hat. Einen Einblick in die Dissoziationsverhältnisse gibt die Bestimmung des p_H auch in Verdünnung 1 : 10 und Berechnung der Differenzzahl [L. Pollak (*13*), F. Stather und H. Herfeld (*2*); siehe S. 489 und 506ff.].

Schwefel: Siehe S. 482ff.

Es wird sich empfehlen, die qualitative Analyse künstlicher Gerbstoffe auf quantitativer Grundlage auszubauen und nicht bei Farbreaktionen stehenzubleiben.

Eine wichtige Bereicherung unserer Kenntnisse für den Nachweis künstlicher Gerbstoffe bedeutete die Auffindung der Fluoreszenzerscheinungen dieser Produkte durch O. Gerngroß und seine Mitarbeiter [O. Gerngroß, N. Bán und G. Sándor, O. Gerngroß und G. Sándor (*1*), (*2*)].

Die verschiedenen künstlichen Gerbstoffe zeigen noch in sehr starker Verdünnung im filtrierten Ultraviolettlicht (UV-Licht) der Analysenquarzlampe (Wilh. C. Heräus G. m. b. H., Hanau) (vgl. dieses Handbuch, III. Bd., 1. Teil, S. 224), bzw. der Wood-Lampe starke, schöne, verschiedenfarbige Fluoreszenz. O. Gerngroß und seine Mitarbeiter führten die „Fluoreszenzprobe" in wässerigen Lösungen 1:1000 sowohl in ursprünglicher als auch in schwach saurer und alkalischer Lösung, welche sie in flachen Glasschälchen beobachteten, aus. Hierbei fanden sie aber auch eine ganze Anzahl Erzeugnisse, die keine Fluoreszenz zeigten. Siehe auch „Beschreibender Teil", Tabelle.

Besonders aussichtsreich erschien der Nachweis künstlicher Gerbstoffe mittels der Fluoreszenzprobe in Gemischen mit pflanzlichen Gerbstoffen. Da diese zum Teil Eigenfluoreszenz besitzen [L. Meunier und A. Bonnet, O. Gerngroß und G. Sándor (*1*), (*2*)] und die beiden Fluoreszenzen sich teilweise gegenseitig auslöschen, ist der Nachweis schwierig. O. Gerngroß, N. Bán und G. Sándor fanden für solche Gemische Grenzwerte, bei welchen die Fluoreszenz noch deutlich sichtbar war. Viel besser gelingt der Nachweis künstlicher Gerbstoffe nach Entfernung der störenden pflanzlichen Bestandteile. L. Meunier und A. Jamet (*1*) fanden folgenden Weg (der sich auch für Ligninextrakte eignet):

Man löst 25 g Seignettesalz in 100 ccm Wasser und tropft eine 10%ige Lösung von neutralem Bleiacetat (Bleizucker) so lange ein, bis der anfänglich sich lösende

Niederschlag als leichte Trübung bestehen bleibt; hierzu sind ungefähr 20 ccm der Bleilösung nötig. Zu 10 ccm einer Gerbstofflösung, die ungefähr 15 g Gerbextrakt von 30° Bé im Liter gelöst enthält, fügt man 10 ccm der durchgeschüttelten Blei-Seignettesalz-Lösung und etwas Kaolin hinzu, mischt durch und filtriert. Die nur schwach gefärbte Lösung kann unter der Analysenlampe geprüft werden und gibt meist gute Ergebnisse.

Auch in der von R. Lauffmann beschriebenen Weise (S. 490) gelingt es, die störenden pflanzlichen Gerbstoffe zu entfernen und hierauf die meist farblose Lösung unter der Quarzlampe zu beobachten. Dies ist jedenfalls sicherer als irgendeine Farbreaktion, die oft durch irgendeine Beimengung beeinflußt wird (L. Pollak, unveröffentlicht).

Die von L. Meunier und A. Bonnet bei Quebracho und von O. Gerngroß, G. Sándor und K. Tsou bei Fichtenrinde beobachtete gelbe bzw. violette an Cellulose, Seide usw. haftende Fluoreszenz oder Faserlumineszenz tritt in geringem Ausmaß auch bei einigen künstlichen Gerbstoffen auf (Tanigan O).

Außer wässerigen Lösungen künstlicher Gerbstoffe wurden auch deren Lösungen in Aceton [L. Meunier und A. Jamet (*2*)], ferner in Essigäther, Schwefeläther und Alkohol unter der Quarzlampe untersucht (V. Kubelka und Vl. Němec) (Tabellen 128 und 129).

Die von C. van der Hoeven (*5*) mit der Analysen-Ultralampe von Dr. Ir. Müller beobachteten Abweichungen der Lumineszenzfarbe bei einigen künstlichen Gerbstoffen dürfte auf Unterschiede der Strahlenfilter zurückzuführen sein.

Nach G. Grasser (*8*) wirken ultraviolette Strahlen auf Phenol- und Naphtholsulfosäure in Gegenwart von Formaldehyd schon in der Kälte kondensierend ein. Dies ist auch der Inhalt des D.R.P. 372899.

Aus dem Bericht einer Gemeinschaftsarbeit der internationalen Kommission für qualitative Gerbstoffanalyse [O. Gerngroß (*2*), O. Gerngroß und H. Herfeld (*1*), (*2*)] geht hervor, daß es gewöhnlich vorteilhafter ist, die billige wässerige Lösung künstlicher Gerbstoffe unter der Quarzlampe zu beobachten, namentlich auch, weil bei einigen Erzeugnissen die Farbenunterschiede der Lumineszenz deutlicher sind. Bei gleichzeitiger Anwesenheit von Ligninextrakten in Gemischen versagt die Fluoreszenzprobe, da der Blei-Seignettesalz-Niederschlag deren fluoreszierenden Bestandteil nicht entfernt.

Die Fluoreszenzprobe bedarf noch für künstliche Gerbstoffe eines systematischen Studiums mit reinen Verbindungen. Hierbei müßte sowohl die Lumineszenz der Lösung als auch die Faserlumineszenz an verschiedenartigen Fasern beobachtet werden, wie dies für pflanzliche Gerbstoffe von L. Meunier und A. Jamet, O. Gerngroß, G. Sándor und K. Tsou begonnen wurde.

L. Pollak (*14*) verwendete zu diesem Zweck einen Wollstoff mit verschiedenartigen Durchzügen und konnte hierbei folgendes beobachten:

	Grund Wolle	Kette Echtseide	Kette und Schuß Cellulosefasern
Tanigan FC	schwach lila	graubraun	graugelb
Tanigan LL	grauweiß	graubraun	graugelb
Tanigan T und N . . .	lila	grau	graugelb
Tanigan O	weiß leuchtend	graulila	graulila
Sellatan	grauweiß	dunkelgraubraun	graugelb
Tanesco	schwach lila	schwarzbraun	graugelb

Die Fluoreszenzanalyse läßt sich nach W. Graßmann und O. Lang durch Kombination mit der „chromatographischen Adsorptionsanalyse“ bedeutend verfeinert und leistungsfähiger gestalten. Hierbei erhält man „Fluoreszenz-

Chromatogramme". An Tonerde wurden z. B. folgende Farbreihen erhalten, wobei die Zahlen in Klammern die Dicke der gefärbten Schicht in Millimetern angeben:

Tanigan O: schwarz (9), schwefelgelb (7), dunkelbraun (6), rotbraun (15), schwefelgelb (24), hellgelbgrün (4), hellviolett (40).
Tanigan FC: violett (24), rotbraun (3), violettblau (9), seegrün (1).
Tanigan LL: crèmefarben braun (10), weißlila (32).
Tanigan DX: reingrau (24), apfelgrün (13), blaugrau (18).
Neradol ND: blauviolett (35), lila (25).

L. Pollak und A. Patzenhauer konnten ähnliche Schichten mit wechselnder Lumineszenzfarbe an dem aus der Filterglocke herausgeblasenen feuchten Hautpulver nach der Gerbstoffanalyse feststellen.

Tabelle 128. Fluoreszenz der ätherischen und der Äthylacetatauszüge künstlicher Gerbstoffe (V. Kubelka und Vl. Němec).

	Ätherische Auszüge			Äthylacetatauszüge		
	rein	alkalisiert	angesäuert	rein	alkalisiert	angesäuert
Ordoval G	hellblau	blau	blau	hellblau	blau	blau
Ordoval 2 G	hellblau	blau	blau	hellblau	blau	blau
Neradol ND	violett	blauviolett	violett	blauviolett	grauviolett	grauviolett
Neradol D	blauviolett	violett	violett	blauviolett	grauviolett	grauviolett
Neradol FB	blauviolett	violett	violett	blauviolett	blau	grauviolett
Gerbstoff F	blauviolett	violett	blauviolett	blaugrau	blaugrün	schwach grün
Gerbstoff FC	blauviolett	violett	blauviolett	blauviolett	blau	schwach braun
Vitan	grün	grün	blau	blaugrau	—	grau
Tanesco	schwach violett	—	—	blaugrau	grün	grau
Sellatan	grün	grün	blau	blaugrau	—	grau

Tabelle 129. Fluoreszenz der alkoholischen Auszüge (V. Kubelka und Vl. Němec).

	Ursprüngliche Lösung	Watte, angefeuchtet in der ursprünglichen Lösung	Alkalisierte Lösung	Watte, angefeuchtet in der alkalisierten Lösung
Ordoval G	hellblau	weiß	hellblau	weiß
Ordoval 2 G	hellblau	weiß	blau	weiß
Neradol ND	blauviolett	violett	violett	blau
Neradol D	blauviolett	violett	violett	blau
Neradol FB	blauviolett	violett	violett	blauviolett
Gerbstoff F	blauviolett	blau	graublau	blauviolett
Gerbstoff FC	blauviolett	blau	blauviolett	blau
Vitan	graugrün	schwach grün	blau	grün
Tanesco	grauviolett	schwach blau	blau	grün
Sellatan	graugrün	schwach grün	blau	grün

Über das Wesen der Lumineszenz ist noch wenig bekannt. Es genügen oft feinste Strukturänderungen, um Fluoreszenz hervorzurufen oder auszulöschen. O. Gernoß und G. Sándor führen als Beispiel Pyron und α-α'-Diphenylpyron an:

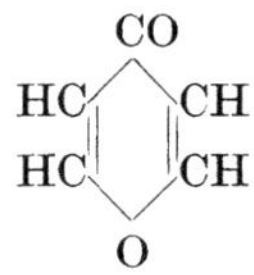

Pyron fluoresziert nicht.

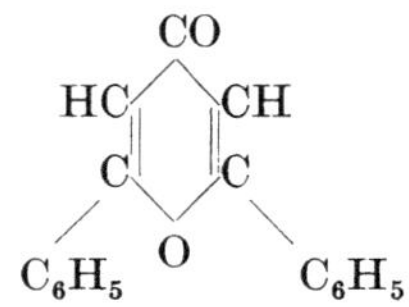

α-α'-Diphenylpyron fluoresziert.

Für die Abhängigkeit der Fluoreszenz von Strukturisomerie führten O. Gerngroß und G. Sándor das Beispiel des Fluoresceins und des isomeren Hydrochinonphthaleins an:

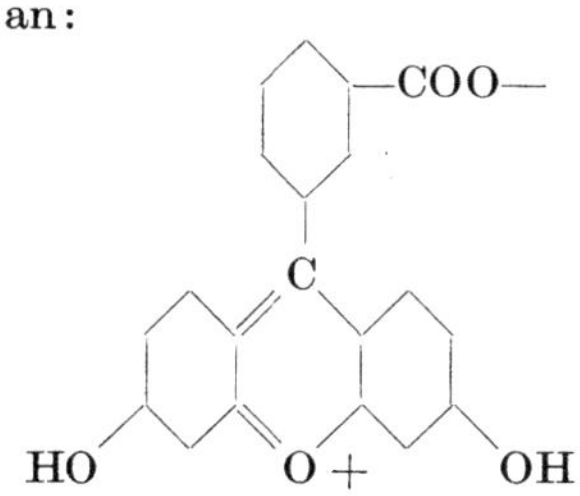

Fluorescein fluoresziert.

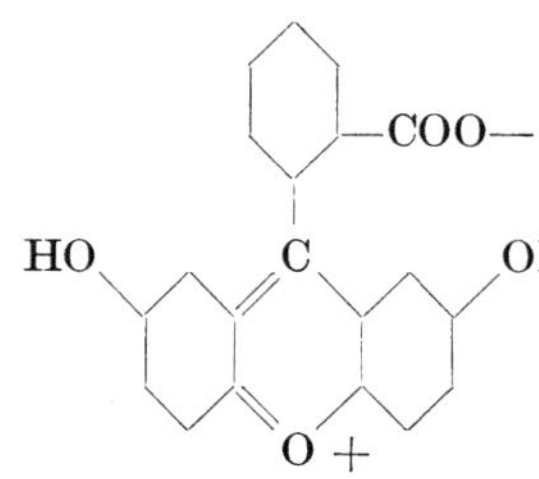

Hydrochinonphthalein fluoresziert nicht.

Ed. Bayle und R. Fabre untersuchten die Fluoreszenz einer Anzahl organischer Verbindungen, von denen einige als Bausteine der künstlichen Gerbstoffe von Interesse sind:

	Fluoreszenz
Benzol	0
Phenol	0
o-Dioxybenzol (Brenzcatechin)	dunkelviolett
m-Dioxybenzol (Resorcin)	0
p-Dioxybenzol (Hydrochinon)	dunkelveilchenblau
o-Oxybenzoesäure (Salicylsäure) . . .	hellviolett
m-Oxybenzoesäure	hellviolett
p-Oxybenzoesäure	veilchenblau
Methylsalicylat	grünlich.

Nach Versuchen, die L. Pollak und H. Basel ausführten, konnten an Kondensationsprodukten aus β-Naphthol-Monosulfosäure mit Formaldehyd, Acetaldehyd und Aceton folgende Lumineszenzen beobachtet werden:

Kondensiert mit	Schwach saure Lösung	Alkalische Lösung
Formaldehyd	leuchtend gelbgrün mit schwacher Faserlumineszenz (Papier)	leuchtend hellblau mit starker Faserlumineszenz (Papier)
Acetaldehyd.	leuchtend veilchenblau mit schwach lila Faserlumineszenz (Papier)	leuchtend hellblau mit starker Faserlumineszenz (Papier)
Aceton	leuchtend violett mit starker Faserlumineszenz (Papier)	leuchtend hellblau mit starker Faserlumineszenz (Papier)

Die Kondensation wurde im Verhältnis 2 Mol Naphthol und 1 Mol Aldehyd bzw. Aceton vorgenommen.

Die Lumineszenz der beiden Naphthole wurde in alkoholischer Lösung beobachtet:

	Alkoholische Lösung	Lösung alkalisch
α-Naphthol	hellviolett mit schwacher Faserlumineszenz (Papier)	leuchtend hellblau mit starker Faserlumineszenz (Papier)
β-Naphthol	schwach hellviolett ohne Faserlumineszenz (Papier)	leuchtend hellviolettblau mit starker Faserlumineszenz (Papier)

Von besonderem Interesse ist der große Unterschied in der Fluoreszenz des Formaldehydprodukts gegenüber dem Acetaldehydprodukt sowie die an Papier beobachteten Haftungen (Faserlumineszenz), welche jenen von Quebracho- bzw. Fichtenrindengerbstoff sehr ähnlich sind.

Eine ausführliche Zusammenstellung der Fluoreszenzerscheinungen gibt G. Desmurs (*1*) unter Berücksichtigung der verschiedenartigsten Anwendungen, wobei er die Fluoreszenz an verschieden gebeizten Garancinestreifen mit heranzieht.

III. Nachweis künstlicher Gerbstoffe im Leder.

Diese Aufgabe wird dem Chemiker oft gestellt werden. Hierzu dient die von R. Lauffmann (*1*) ausgearbeitete Methode, welche auf S. 490 mitgeteilt wurde. Um dem Leder den Gerbstoff zu entziehen, behandelt man es nach dem Entfetten durch Petroläther mit Natronlauge. 10 g des fein zerkleinerten Leders werden mit 100 ccm 2%iger Natronlauge unter häufigem Umrühren 6 Stunden stehen gelassen, filtriert, dann fällt man in 30 ccm des Filtrates nacheinander mit 10%iger Aluminiumsulfat- und 10%iger Ammoniaklösung und filtriert. Das eingedampfte Filtrat kann nach E. Seel und A. Sander mittels der Indophenolreaktion oder mit Wasserstoffsuperoxyd auf Phenolabkömmlinge des Neradoltyps geprüft werden.

Viel einfacher und sicherer gelingt der Nachweis, wenn man das Filtrat entweder direkt unter der Analysenquarzlampe prüft oder eindampft und den Rückstand prüft.

Anstatt mit schwefelsaurer Tonerde und Ammoniak zu fällen, kann man das alkalische Filtrat des Leders mit Essigsäure neutralisieren und mit der von L. Meunier und A. Jamet (*2*) verwendeten Seignettesalz-Bleiacetat-Lösung von den pflanzlichen Gerbstoffen befreien, filtrieren und das Filtrat unter der Lampe prüfen, bzw. eindampfen und den Rückstand dazu verwenden.

M. Cuccodoro (*1*) untersuchte die Lumineszenz von Lederproben, welche nach besonderer Vorschrift mit künstlichen Gerbstoffen ausgegerbt wurden und stellte fest, daß die meist bläulichweiße Lumineszenz nicht spezifisch sei und demnach keinen Anhaltspunkt für die Beurteilung gestatte. M. Cuccodoro (*2*) stellte überdies fest, daß künstliche Gerbstoffe mit Sulfogruppen, die Naphthalin- oder Anthracenabkömmlinge sind, in Verdünnung 1:100000 in der Regel violette Lumineszenz zeigen.

Nach unveröffentlichten Versuchen von L. Pollak gelingt es, einzelne künstliche Gerbstoffe aus Gemischen bzw. in Lederauszügen zu isolieren, indem man die Gerbstoffauszüge (Lederauszüge) mit gelöschtem Kalk und Sand (ähnlich wie beim Glycerinnachweis in Bier und Wein) zur Trockne eindampft, bei 100° C trocknet und im Soxhlet mit absolutem Alkohol extrahiert. Im Alkoholrückstand lassen sich künstliche Gerbstoffe durch die bekannten Reaktionen oder unter der Lampe nachweisen.

Der von G. Grasser [(*4*), S. 377] mitgeteilte Nachweis von Ordoval im Leder gelingt selten.

IV. Bestimmung der „freien Schwefelsäure“ in mit künstlichen Gerbstoffen gegerbtem Leder.

Die Bestimmung der freien Schwefelsäure im Leder ist eine der wichtigsten analytischen Bestimmungen der Lederindustrie. Seit Einführung der künstlichen Gerbstoffe fand sie besondere Beachtung, denn nahezu sämtliche Einwände und Angriffe, die während der Versuchsjahre gegen die künstlichen Gerbstoffe vorgebracht wurden, fußten auf dem schwerwiegenden Vorwurf, daß durch diese neuartigen Produkte Schwefelsäure in das Leder gelange oder daß beim Lagern solcher Leder freie Schwefelsäure durch Abspaltung entstünde (vgl. S. 465). Ebensowenig wie der Einfluß freier Schwefelsäure auf das Leder in damaliger Zeit einwandfrei geklärt war — auch heute bestehen noch sehr verschiedene Ansichten darüber — ebensowenig gab es zur Zeit der Einführung künstlicher Gerbstoffe in die Betriebe eine einwandfreie Analysenmethode, welche wirklich nur die freie Schwefelsäure im Leder anzeigte. Als maßgebend galt die Methode von H. R. Procter und A. B. Searle (vgl. dieses Handbuch, Band III/1, S. 868), welche für die ursprünglichen pflanzlichen Gerbverfahren ausgearbeitet worden war und hierbei sehr gute Dienste leistete. H. R. Procter schränkte später diese Methode selbst für jene Fälle ein, in denen das Leder Sulfate von Aluminium, Chrom, Eisen, Ammonsalze oder künstliche Gerbstoffe enthält [R. F. Innes (*1*)]. Ebensowenig gibt diese Methode brauchbare Werte bei Leder, das mit sulfitierten Extrakten gegerbt und mit sulfonierten Ölen behandelt wurde. Dies ist bei der nahezu allgemeinen Verwendung solcher Produkte in der neuzeitlichen Schnellgerbung sehr wichtig.

Wie R. F. Innes (*1*) in vergleichender Arbeit mit M. F. Cooper feststellte, kann man selbst bei genauer Befolgung der Arbeitsvorschrift stark voneinander abweichende Werte nach der Procter-Searle-Methode erhalten. R. F. Innes führt dies auf die Art der Veraschung zurück. So wurden z. B. bei einem Riemenleder folgende Werte gefunden:

Innes: 0,76, 0,49, 0,47, 0,71, 0,27% H_2SO_4,
Cooper: 0,66, 0,78, 0,56, 0,22% H_2SO_4.

Nichtsdestoweniger wird die Procter-Searle-Methode noch immer vielfach vorgeschrieben, sogar von militärischen und amtlichen Stellen; die als obere Grenze zugelassenen Schwefelgehalte der verschiedenen Ledersorten werden aber bei einer ganzen Anzahl neuzeitlicher Gerbverfahren und insbesondere bei der Gerbung mit künstlichen Gerbstoffen fast stets überschritten. Es liegt hier der ganz besondere Fall vor, daß die Einführung und Verwendung wertvoller chemischer Erzeugnisse in die Lederindustrie am Mangel einer Untersuchungsmethode zu scheitern drohte, einer Untersuchungsmethode, die zwar an und für sich sehr genau ist, aber für diesen besonderen Fall ein falsches Bild ergibt.

Derartige Fehlurteile kann man auch nach der Methode von A. Balland und Maljean erwarten, die auf ähnlichen Voraussetzungen wie die Procter-Searle-Methode beruht. Dies bestätigt der Bericht, den M. Fièvez und M. G. Colchen abgaben, worin sie an Stelle dieser in Belgien vorgeschriebenen Methode jene von C. Immerheiser (*2*) vorschlugen. Die Methode C. van der Hoevens (*3*), (*4*) ist, wie aus diesem Bericht ersichtlich, für künstliche Gerbstoffe ebenfalls nicht anwendbar.

Von den vielen in Vorschlag gebrachten Methoden zur Bestimmung freier Schwefelsäure im Leder unter besonderer Berücksichtigung der in den künstlichen Gerbstoffen enthaltenen organischen Sulfosäuren sollen nur jene angeführt werden, mit welchen neue Wege betreten wurden. Als erste verdient die Methode von

C. Immerheiser (2) wegen ihrer ausgezeichneten Idee besonders hervorgehoben zu werden. Sie beruht auf der Bildung von Äthylschwefelsäure aus wasserfreiem Äther und freier Schwefelsäure, welche durch Wasser aus dem Leder ausgezogen wird.

Ebenfalls neuartige Ideen beinhalten die Methoden von A. W. Thomas (2) und C. van der Hoeven (3), (4). In beiden Methoden wird anstatt Wasser, welches die freie Schwefelsäure dem Leder nicht vollständig entzieht, eine Lösung von saurem Natriumphosphat, NaH_2PO_4, verwendet, mit welcher die freie und anorganisch gebundene Schwefelsäure extrahiert wird (Verdrängungsverfahren).

Alle diese Methoden vermitteln jedoch kein Bild über die Verteilung der Schwefelsäure im Leder, bzw. über den Säuregrad desselben, besonders auch, weil die Behandlung des Leders oder der betreffenden Auszüge bei höherer Temperatur erfolgt, wodurch Abspaltung organisch gebundener Schwefelsäurereste eintreten kann.

Einen großen Fortschritt bedeutete die von S. Kohn und E. Crede ausgearbeitete Methode, in welcher zum erstenmal der p_H-Wert zur Beurteilung mitherangezogen wurde. S. Kohn und E. Crede bestimmen den p_H-Wert eines bei Zimmertemperatur hergestellten wässerigen Auszuges von 4,9 g Leder in 100 ccm Wasser, ohne das Leder herauszunehmen und titrieren mit $^n/_{10}$ Natronlauge, wobei jeweilig das p_H bestimmt wird (als normales p_H wird $p_H = 3{,}0$ angenommen). Aus der „Titrationskurve" wird geschlossen, ob freie Schwefelsäure vorliegt oder ob nur schwache organische Säuren vorhanden sind, da die Titrationskurve starker Säuren sehr steil, fast senkrecht ansteigt, die von schwachen Säuren aber ganz allmählich. — Diese Methode wurde von R. H. Pickard und A. E. Caunce in der Weise abgeändert, daß der p_H-Wert in der vom Leder abgegossenen Lösung bestimmt und außerdem zwei- und dreimal extrahiert wird. Dies geschieht deshalb, weil in Gegenwart des Leders nach dem Laugenzusatz das Gleichgewicht erst nach längerer Zeit eintritt, somit die p_H-Messung lange dauert. Aber auch diese abgeänderte Methode gibt nach R. F. Innes (1) keinen brauchbaren Wert, sobald in der zu untersuchenden Lösung Puffer enthalten sind, da diese die Titrationskurve beeinflussen. Bei den meisten handelsüblichen Ledersorten sind Puffer im wässerigen Auszug enthalten.

Auf der Suche nach einer brauchbaren Methode, um freie Schwefelsäure und alle anorganischen SO_3-Radikale bei Zimmertemperatur aus dem Leder zu extrahieren, gelangte R. F. Innes (1) zu der von ihm als „gravimetrische Methode" bezeichneten Arbeitsweise. Er stellte fest, daß 400 ccm Wasser in 24 Stunden unter häufigem Rühren aus 2 g Leder rund 70 bis 75% der gesamten Schwefelsäure entziehen (aus schwefelsäurehaltiger Blöße ungleich weniger, da diese mehr freie NH_2-Gruppen als Leder besitzt). Dagegen können mit $^2/_{10}$ n Natriumbicarbonat unter gleichen Bedingungen sämtliche freie Schwefelsäure und die löslichen Sulfate extrahiert und nach dem Ansäuern mit Bariumchlorid gefällt werden. Weit wichtiger ist aber die von R. F. Innes (1) gleichzeitig ausgearbeitete „physikalische Methode" oder „Differenzzahlmethode" (vgl. dieses Handbuch Band III/1, S. 869).

R. F. Innes untersuchte eine Anzahl von Ledern, die im Laboratorium mit künstlichen Gerbstoffen gegerbt worden waren, und fand folgende Werte (siehe Tabelle 130).

Wie ersichtlich, geben die mit künstlichen Gerbstoffen hergestellten Leder zwar hohe Differenzzahlen, enthalten demnach stark ionisierte Säuren, die gravimetrische Methode zeigt jedoch, daß so gut wie keine durch Bicarbonat extrahierbaren SO_3-Radikale zugegen sind, demnach kann nicht auf freie Schwefelsäure geschlossen werden, allenfalls auf freie starke Säure. Dagegen könnte man bei dem mit sulfitiertem Quebrachoextrakt gegerbtem Leder auf freie Schwefelsäure schließen. Hierbei zeigt sich aber das vollkommene

Tabelle 130.

Leder	Vor der Verdünnung p_H	Nach der Verdünnung p_H	Differenzzahl	Procter-Searle H_2SO_4 in Prozenten	Gravim. H_2SO_4 in Prozenten
M 1	2,97	3,88	0,91	3,45, 3,50	0,06
M 2	2,66	3,69	1,03	4,36	0,05
M 3	3,10	4,00	0,90	5,29	0,04
K	2,47	3,35	0,88	4,92	0,06
Mit sulf. Quebracho	3,36	4,36	1,00	1,10, 0,98	1,14, 1,16

Versagen der Procter-Searle-Methode bei Verwendung künstlicher Gerbstoffe. Hier liegen keine Angaben über Leder vor, das gleichzeitig mit künstlichen Gerbstoffen und sulfitiertem Quebrachoextrakt hergestellt wurde und eine Beschwerung mit Bittersalz erhielt. Dies würde natürlich die gravimetrische Methode beeinflussen.

In ähnlicher Weise, wie dies in den Methoden von S. Kohn und E. Crede bzw. R. H. Pickard und A. E. Caunce durchgeführt wurde, untersuchte E. Büttgenbach wässerige Lederauszüge, die nach der Vorschrift Procters hergestellt wurden. E. Büttgenbach bestimmte darin die Wasserstoffionenkonzentration und das Pufferungsvermögen, wodurch Angaben über die Natur (Stärke) der in Lösung befindlichen Säuren möglich werden, und kommt zu dem Schluß, daß aus dem Verlauf der Pufferungskurven die Abwesenheit oder die Gegenwart für das Leder noch schädlicher Mengen starker Säuren im wässerigen Lederauszug mit Sicherheit erkannt werden. Die p_H-Messungen wurden mit einer Gold-Platin-Elektrode nach W. Mozolowski und J. K. Parnas vorgenommen, die ganz mit Chinhydron umgeben war, und mit Messungen mittels des Folienkolorimeters nach P. Wulff (Lautenschläger) und des Doppelkeil-Kolorimeters nach N. Bjerrum-O. Arrhenius (Lautenschläger) verglichen.

Es sei auch auf eine Untersuchung von H. Dackweiler hingewiesen, in welcher ebenfalls versucht wurde, das p_H des wässerigen Lederextrakts mit dem Schwefelgehalt bzw. dem Gehalt an freier Schwefelsäure in Verbindung zu bringen. H. Dackweiler bestimmte das p_H in zwei verschiedenen Verdünnungen, ohne jedoch dabei die grundlegende Idee R. F. Innes' zu erfassen.

D. Woodroffe (*1*) schlug ebenfalls die Verbindung der Procter-Searle-Methode mit einer p_H-Bestimmung im wässerigen Lederextrakt vor und verwies auf die hohen Werte, die nach Procter-Searle in mit künstlichen Gerbstoffen hergestellten Ledern gefunden werden, ohne daß freie Schwefelsäure vorhanden ist.

Die von H. Bradley und A. Cohen ausgearbeitete Methode der British Boot and Shoe Research Association benutzt ein Thymolblaupapier, welches gegen den feuchten Lederschnitt gepreßt wird. Thymolblau reagiert im p_H-Bereich 1,2 bis 2,8 und schlägt erst bei p_H 2,8, somit außerhalb des p_H-Bereiches pflanzlicher Gerbstoffe, nach Gelb um und wird von diesen nicht gefällt. Eine Rötung des Papiers zeigt ein $p_H < 2,8$ an und somit die Möglichkeit, daß eine starke Säure (Mineralsäure) anwesend ist.

Nach D. Burton sind die von R. F. Innes ausgearbeiteten Methoden unzuverlässig, insbesondere bei Anwesenheit von Bittersalz und von Oxalsäure neben künstlichen Gerbstoffen. Oxalsäure würde sowohl nach Procter-Searle als auch nach der gravimetrischen Methode negative Resultate ergeben, künstliche Gerbstoffe dagegen würden nach Procter-Searle positiv, nach der gravimetrischen Methode negativ reagieren, so daß man darnach auf alleinige Anwesenheit künstlicher Gerbstoffe schließen würde.

W. R. Atkin und F. C. Thompson (*1*), (*2*) übertrugen ihre für die kolorimetrische p_H-Messung ausgearbeitete Verdünnungsmethode auf das Leder und führten einen neuen Begriff „Acid Figure“, d. i. Säuregrad des Leders ein. Bei dieser Methode wird nicht nur freie Schwefelsäure in Betracht gezogen, sondern freie Säure überhaupt, da die Erfahrung gezeigt hat, daß z. B. auch Oxalsäure zu Zerstörung von Leder bei längerem Lagern Anlaß gibt. Die Einführung der „Acid Figure“ ist ein Versuch, den p_H-Wert eines festen Stoffes, des Leders, zu bestimmen. In der vorerwähnten Arbeit hatten W. R. Atkin und F. C. Thompson gefunden, daß man bei kolorimetrischen p_H-Messungen an Stelle der gefärbten ursprünglichen Lösung die 2-, 4-, 8- und 16fach verdünnten, nur noch schwach gefärbten Lösungen verwenden kann. Um von den so gefundenen Werten auf das p_H der ursprünglichen Lösung zu gelangen, trägt man die p_H-Werte auf der Ordinate, die dekadischen Logarithmen der Verdünnungen auf der Abszisse auf und extrapoliert nun auf den Logarithmus der Verdünnung 0, d. h. auf die ursprüngliche Konzentration. Vgl. dazu auch V. Kubelka und K. Ziegler (*2*). Dieser Vorgang auf Leder übertragen bildet die Grundlage der Methode von W. R. Atkin und F. C. Thompson zur Bestimmung des „Säuregrades“ des Leders. Näheres über die Arbeitsweise in der Originalarbeit und in Band III, 1. Teil dieses Handbuches, S. 869.

Als vorläufige untere Grenze für den „Säuregrad“ nahmen W. R. Atkin und F. C. Thompson $p_H = 2{,}5$ an. Diese Grenze deckt sich ungefähr mit dem p_H-Wert, den H. Bradley und A. Cohen ihrer Thymolblaumethode zugrunde legten, sie erwies sich in der Folge als zu niedrig. Die Kritik dieser Methoden siehe J. Bennett.

Die systematischen Arbeiten von V. Kubelka gemeinsam mit R. Wollmarker, K. Ziegler (*1*) bis (*4*), E. Weinberger und O. Heger trugen ganz besonders dazu bei, die Säurebestimmung im Leder in den Rahmen der offiziellen Lederanalyse einzubeziehen, indem sie den wässerigen Auszug der Bestimmung des Auswaschverlustes, unverdünnt und in zehnfacher Verdünnung, zur Bestimmung der Differenzzahl nach R. F. Innes heranzogen und, in folgerichtiger Erwägung, im Einvernehmen mit R. F. Innes außerdem den Einfluß des Anfangs-p_H dieser Lösung (initial p_H) für die Beurteilung der Anwesenheit freier, starker Säuren in den Vordergrund stellten. Diese Arbeiten wurden allerdings ohne besondere Berücksichtigung künstlicher Gerbstoffe vorgenommen und müssen deshalb in mancher Hinsicht den bestimmten Verhältnissen angepaßt werden [V. Kubelka und K. Ziegler (*4*), L. Pollak (*8*)].

Die nach der gemeinsamen Methode von R. F. Innes und V. Kubelka ursprünglich festgesetzten Grenzwerte wurden von R. F. Innes (*2*) in einer Tabelle übersichtlich zusammengestellt. Die Beschlüsse des Kongresses in Amsterdam trennten die Arbeitsweise nach R. F. Innes und V. Kubelka wieder von der offiziellen Lederanalyse ab und schrieben eine vereinfachte Arbeitsweise vor.

L. Pollak (*7*) schlug vor, das Anfangs-p_H und die Differenzzahl in einen einzigen Ausdruck zusammenzuziehen, indem man die Differenzzahl auf der Abszisse, das Anfangs-p_H auf der Ordinate aufträgt und die beiden Punkte verbindet. Der Cotangens des Neigungswinkels, d. i. der Quotient aus Differenzzahl und Anfangs-p_H, wird um so kleiner, je steiler dieser Winkel ist, demnach je kleiner die Differenzzahl und je größer das Anfangs-p_H ist. Gleichzeitig verwies L. Pollak auf den wichtigen Zusammenhang zwischen der acid figure (Säuregrad) nach W. R. Atkin und F. C. Thompson und dem Neigungswinkel der Geraden in der graphischen Darstellung, da z. B. bei gleichem p_H (des Säuregrades) eine die Ordinate in steilem Winkel schneidende Gerade mit bezug auf den Säuregehalt des Leders anders gedeutet werden müßte als eine unter flachem Winkel schneidende Gerade. W. R. Atkin und F. C. Thompson (*3*) haben auf diesen Zusammenhang besonderen Wert gelegt. In dieser Arbeit ist die Feststellung besonders wichtig, daß die von R. F. Innes und V. Kubelka wiederholt gebrauchte Bezeichnung „stark ionisierte“ Säuren nicht ausschließlich „starke“ Säuren betreffen muß, da schwache Säuren bei entsprechend weitgehender Verdünnung ebenfalls „stark ionisiert“ sind; bei den meisten künstlichen Gerbstoffen handelt es sich um stark ionisierte Säuren und es wäre wichtig, die Art derselben festzustellen. W. R. Atkin und F. C. Thompson (*3*) betrachteten auch weiterhin die ursprünglich angegebene untere Grenze der acid figure von p_H 2,5 als entsprechend. Auf Grund einer großen Anzahl praktischer Untersuchungen hatte L. Pollak diese Grenze auf 2,7 bis 2.8

hinaufgesetzt [siehe V. Kubelka und K. Ziegler (*2*)]; es dürfte für die praktische Beurteilung entsprechen, die Grenze mit p_H 3,0 anzunehmen.

In sehr bemerkenswerter Weise änderten E. Müller und A. Luber die von R. F. Innes und V. Kubelka vorgeschlagene Bestimmung der freien starken Säure in Leder ab.

Die potentiometrische Titration der wässerigen Lederauszüge gestattet nach G. Otto (*1*) die Bestimmung freier Säure nicht nur eindeutiger als die eben geschilderten Methoden, sondern sie gestattet auch die Bestimmung der Pufferkapazität, welche für die Lagerfähigkeit des Leders große Bedeutung hat (siehe S. 453). Die als natürlicher Schutz gegen zerstörende Angriffe der verunreinigten Atmosphäre wirkenden Puffersubstanzen, welche in pflanzlichem Leder vorliegen und aus den Nichtgerbstoffen und gewissen Salzen bestehen, bleiben erhalten, wenn die Gerbung unter Zusatz künstlicher Gerbstoffe vorgenommen wurde. Die Aufnahmefähigkeit gegenüber sauren Gasen wird verringert bzw. ganz aufgehoben [G. Otto (*2*)]. Außerdem konnte G. Otto (*3*) die von V. Kubelka und E. Weinberger ausgearbeitete wichtige Methode zur Messung des Zerstörungsgrades von Leder durch die Bestimmung der löslichen Hautsubstanz (LH) in ihrer Anwendung bei Gegenwart künstlicher Gerbstoffe erproben und feststellen, daß die Grenze 0,8% nicht überschritten wurde.

Führt man den von R. F. Innes (*3*) beschriebenen Peroxydtest mit Sohlleder aus, das unter Zusatz künstlicher Gerbstoffe (Tanigan V und U) gegerbt ist, so zeigt sich im Gegensatz zu rein pflanzlicher Gerbung, daß der Narben kaum verändert wird und nur die Ecken leicht gelatinieren [L. Pollak (*11*)]. Dies deckt sich mit den Beobachtungen G. Ottos (*3*) betreffs Erhaltung der Pufferwirkung und mit den Befunden von R. W. Frey und C. W. Beebe.

Von neueren Methoden zur Bestimmung freier starker Säuren im Leder sei die Acetonmethode von R. F. Innes (*4*) genannt, welche verschieden beurteilt wurde. Für künstliche Gerbstoffe liegen noch wenig Beobachtungen vor, es liegt aber im Bereich der Möglichkeit, daß störende Kondensationen mit Aceton eintreten können. Eine nahezu vollständige Zusammenstellung der neueren diesbezüglichen Arbeiten befindet sich im Kommissionsbericht 1935/36 von V. Kubelka. Ebendaselbst auch die Zusammenstellung der neueren Arbeiten über die Bestimmung der Pufferungsfähigkeit des Leders.

V. Untersuchungsergebnisse an länger gelagerten Ledern, die mit künstlichen Gerbstoffen gegerbt wurden.

Säurebestimmungen in länger gelagerten Ledersorten konnten erst vorgenommen werden, als brauchbare Methoden hierfür vorhanden waren. L. Pollak (*5*), (*6*) untersuchte sieben Lederproben, die in verschiedenen Betrieben unter Mitverwendung künstlicher Gerbstoffe hergestellt worden waren, nach siebenjähriger Lagerzeit (unter ungünstigen Verhältnissen). Die in Tabelle 131 (samt Hilfstabellen) enthaltenen Ergebnisse gestatten den Vergleich der Methoden von Procter-Searle, gravimetrische Methode von R. F. Innes (*1*), Differenzzahl von Innes-Kubelka und Säuregrad (acid figure) nach W. R. Atkin und F. C. Thompson (*1*), (*2*). — Obwohl bei den Lederproben I und VI sehr hohe Differenzzahlen gefunden wurden, darf man unter Berücksichtigung der in allen Fällen sehr hohen Anfangs-p_H-Werte annehmen, daß keine freie starke Säure vorhanden ist, dies um so mehr und mit größter Sicherheit, wenn man den Säuregrad (acid figure) mit berücksichtigt, der sogar über 3,0 liegt.

Die äußere Beschaffenheit dieser Leder war vollkommen unverändert, sie zeigten einen fleckenlosen Narben ohne Ausschlag und unveränderte Farbe. Sohl- und Vacheleder waren nicht brüchig, Treibriemen-, Blank-, Fahl- und Patronentaschenleder geschmeidig und in jeder Hinsicht unverdächtig und von normaler

Beschaffenheit. Aus den analytischen Werten der Lederanalyse in Tabelle **131** ist ersichtlich, daß auch die chemische Zusammensetzung der sieben Lederproben vollkommen normal ist; die Leder waren nur stark ausgetrocknet, wie aus den Wassergehalten hervorgeht. Wie es scheint, hatte in einzelnen Fällen auch eine sogenannte „Fettverdunstung" stattgefunden, z. B. bei dem Treibriemenleder.

Aber auch die mechanischen und physikalischen Eigenschaften der untersuchten Leder wurden durch die Lagerung in keiner Weise ungünstig beeinflußt, wie die gefundenen Werte für Reißfestigkeit und Dehnug zeigen. Diese müssen unter Berücksichtigung der bedeutenden Austrocknung und der eingetretenen „Fettverdunstung" gewertet werden. Über die Unterschiede in der Reißfestigkeit ausgetrockneter und feuchter Leder siehe D. Burton und auch L. Houben.

An drei Reststücken vorerwähnter Lederproben stellte L. Pollak (*12*) auch nach zehnjähriger Lagerung fest, daß sich weder Säuregrad noch Reißfestigkeit verändert hatten.

Aus diesen Feststellungen ging zum erstenmal zahlenmäßig hervor, daß die Verwendung künstlicher Gerbstoffe das Leder in keiner Weise schädigt und daß dasselbe mehrere Jahre gelagert werden kann, ohne sich zu verändern.

Im Anschluß an diese älteren Feststellungen sollen zwei Lederanalysen mitgeteilt werden, bei welchen die Bestimmung der Differenzzahl nach Innes-Kubelka nach mehr als dreijähriger Lagerung wiederholt wurde:

	Eichenlohgrubengerbung mit Tanigan V	Quebrachogerbung mit Tanigan U
Wasser	16,00%	16,00%
Fett	0,46%	0,42%
Asche	0,82%	1,36%
Auswaschbares:		
Gerbstoff	5,80%	7,80%
Nichtgerbstoffe	2,11%	6,00%
Hautsubstanz	43,79%	38,48%
Gebundener Gerbstoff	31,02%	29,94%
	100,00%	100,00%

	Eichenlohgrubengerbung mit Tanigan V	Quebrachogerbung mit Tanigan U
Bittersalz	0,00%	2,85%
Anfangs-p_H	3,52	4,33
p_H 1 : 10	3,87	4,70
Differenzzahl	0,35	0,37
nach drei Jahren:		
Anfangs-p_H	3,70	4,54
p_H 1 : 10	3,82	4,66
Differenzzahl	0,12	0,12

Ein Schaffutterleder, das mit Tanigan H vorgegerbt wurde, zeigte folgende Zusammensetzung (im Jahre 1932):

Wasser	16,00%
Fett	3,36%
Asche	0,40%
Auswaschbares: Gerbstoff	3,24%
Auswaschbares: Nichtgerbstoffe	0,95%
Hautsubstanz	51,10%
Gebundener Gerbstoff	24,95%
	100,00%

Anfangs-p_H	3,79
p_H 1 : 10	4,38
Differenzzahl	0,58
nach 5 Jahren:	
Anfangs-p_H	4,10
p_H 1 : 10	4,51
Differenzzahl	0,41

Einige Ledermuster, die mit Tanigan supra LL ausgegerbt worden waren, hatten nach fünfjähriger Lagerzeit folgende Differenzzahlen:

	Schafleder Pickel, 50% Tanigan supra LL	Kalbleder ohne Pickel, 40% Tanigan supra LL	Kalbleder Pickel, 40% Tanigan supra LL
Anfangs-p_H	4,46	4,50	4,42
p_H 1 : 10	4,50	4,56	4,58
Differenzzahl	0,04	0,06	0,16

Ein Ziegenleder, welches nach einem Salzsäurepickel eine Vorgerbung mit Tanigan FC (8%) erhalten, mit einem Gemisch gleicher Teile Sumach-, Mimosa- und sulfitiertem Quebrachoextrakt ausgegerbt und schließlich mit 5% Klauenöl gefettet worden war, hatte nach siebenjähriger Lagerung folgende Differenzzahl:

Anfangs-p_H . . . . 3,50, p_H 1 : 10 . . . . . 3,90, Differenzzahl . . . 0,40.

Diese Befunde lassen an Deutlichkeit nichts zu wünschen übrig; sie decken sich mit den Feststellungen von E. L. Wallace, J. R. Kanagy und C. L. Critchfield. Sie sind um so bemerkenswerter, weil es sich hierbei, mit Ausnahme der drei Tanigan-supra-LL-Gerbungen, um ausgesprochene Gerbsulfosäuren handelt.

Tabelle 131.

	Leder Nr.						
	I	II	III	IV	V	VI	VII
Wasser (gefundenes) . %	12,70	10,75	10,65	9,80	10,85	11,70	13,08
Wasser . . . . %	18,00	18,00	18,00	18,00	18,00	18,00	18,00
Asche . . . . %	0,70	0,91	2,37	0,65	0,68	1,25	1,13
Fett . . . . %	1,62	12,31	0,75	10,50	9,13	2,41	0,96
Auswaschb.: Gerbstoff %	1,88	3,82	6,39	2,62	2,18	5,13	3,92
Bei 35 bis 40° C: Nichtgerbstoffe . . . . . %	0,98	1,53	3,45	1,89	0,83	2,60	2,86
Hautsubstanz . . . . %	50,87	39,45	44,02	42,07	44,73	40,19	46,88
Gebundener Gerbstoff %	25,95	23,98	25,02	24,27	24,45	30,42	26,25
	100,00	100,00	100,00	100,00	100,00	100,00	100,00
Durchgerbungszahl . . .	51,0	60,7	56,8	57,6	55,4	75,7	56,0
Rendementszahl	196	253	227	237	223	248	213
In der Asche:							
Kalk (CaO) . . . . . %	0,13	0,07	0,12	0,11	0,27	0,14	0,19
Bittersalz ($MgSO_4$, 7 aqu.) . . . . . . %	0,00	0,00	0,00	0,00	0,00	1,41	0,00
Schwefelsäure (H_2SO_4):							
Nach Procter-Searle . %	1,20	1,45	2,31	0,81	1,20	2,40	0,81
Gravimetr. Methode (Innes) . . . . . . %	0,52	0,54	0,20	0,05	0,03	1,08	0,76
Differenzzahl (diff. figure)	1,32	0,41	0,73	0,27	0,67	1,16	0,52
Säuregrad (acid figure) .	3,55	3,48	2,90	3,25	4,25	3,12	3,66
Mechanische Prüfung							
Reißfestigkeit kg/qmm .	—	2,37	—	2,63	2,90	—	—
Dehnung beim Riß . %	—	32,00	—	35,00	48,00	—	—

Tabelle 132. Bestimmung des „Säuregrades" (acid figure). (Zahlentafel zur Abb. 103.)

Leder Nr.	Log. d. Verdünnung bei 1 g Einwage	p_H	Log. d. Verdünnung bei 2 g Einwage	p_H	Log. d. Verdünnung bei 4 g Einwage	p_H	Säuregrad (acid figure)
I	2,90	4,42	2,60	4,31	2,30	4,22	3,55
II . . .	2,97	4,35	2,67	4,25	2,37	4,19	3,48
III . . .	2,97	4,77	2,67	4,61	2,37	4,40	2,90
IV . . .	3,01	4,66	2,71	4,48	2,41	4,38	3,25
V	2,96	4,83	2,66	4,76	2,37	4,71	4,25
VI . . .	2,93	4,90	2,63	4,69	2,33	4,52	3,12
VII . . .	2,88	4,55	2,58	4,45	2,28	4,35	3,66

Einen besonderen Standpunkt nimmt W. Moeller (*10*) ein, welcher nicht nur die Wasserstoffionen, sondern auch die Anionen, namentlich die SO_4- und SO_3-Ionen, bei der Beurteilung der Säurewirkung und deren Messung berücksichtigt wissen will, da diese ebenfalls hydrolysierend wirken können. Schließlich sei auf den zusammenfassenden Bericht über die Säurewirkung im Leder von W. Emley hingewiesen, in welchem als Maß die Abnahme der Reißfestigkeit nach längerer Lagerung angenommen wird.

Tabelle 133. Berechnung der „Differenzzahl" (difference figure).

Leder Nr.	Vor der Verdünnung (Anfangs-p_H)	Verdünnung 1:10 p_H	Differenzzahl (difference-figure)
I . .	4,65	5,97	1,32
II . .	5,07	5,48	0,41
III .	4,80	5,53	0,73
IV .	5,07	5,34	0,27
V . .	5,24	5,91	0,67
VI .	4,80	5,96	1,16
VII .	4,74	5,26	0,52

Bezeichnung der in den Analysentabellen 131-33 und Abb. 103 angeführten Leder (gegerbt 1924).

Muster I: Patronentaschenleder, gegerbt unter Mitverwendung von Neradol ND.

Muster II: Treibriemenleder, gegerbt unter Mitverwendung von Ordoval 2 G.

Muster III: Vacheleder, gegerbt unter Mitverwendung von Ordoval G.

Muster IV: Fahlleder, gegerbt unter Mitverwendung von Gerbstoff F.

Muster V: Blankleder, gegerbt unter Mitverwendung von Gerbstoff F.

Muster VI: Vacheleder, gegerbt unter Mitverwendung von Gerbstoff F.

Muster VII: Wildsohlleder, gegerbt unter Mitverwendung von Gerbstoff F.

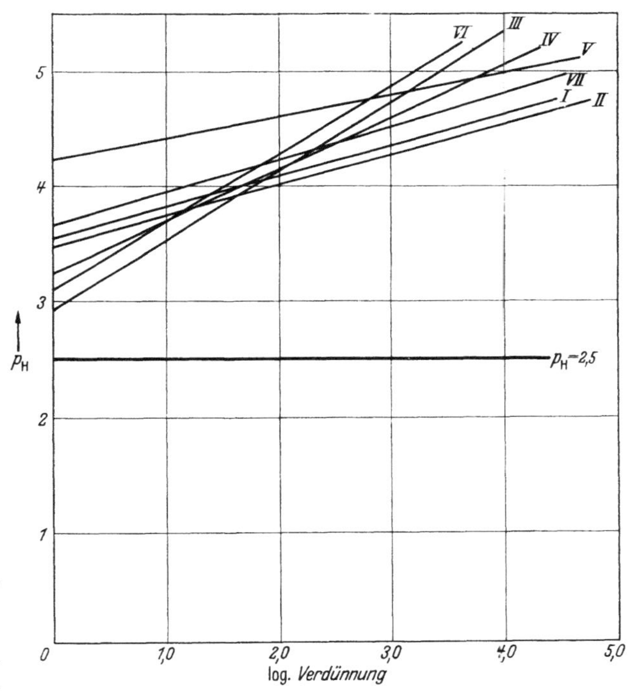

Abb. 103.

E. Beschreibender Teil.

I. Die wichtigsten künstlichen Gerbstoffe des Handels.

In diesem Abschnitt werden nur jene im Handel befindlichen künstlichen Gerbstoffe beschrieben, deren Untersuchung durch Originalproben möglich war. Die in den Tabellen 134 bis 140 zusammengestellten Untersuchungsergebnisse bieten somit eine Übersicht der im Handel befindlichen Erzeugnisse ungefähr zur Zeit der Herausgabe dieses Bandes.

Leider war es nicht möglich, sämtliche Handelsprodukte zu erhalten, so daß z. B. die in den U. S. A. hergestellten künstlichen Gerbstoffe hier keine Berücksichtigung finden konnten.

Tabelle 134. Künstliche Gerbstoffe der I. G. Farbenindustrie A. G.

Art	Einwage g/1000 ccm	Dichte Bé/18° C	Filtermethode: Gerbstoff in Prozenten	Filtermethode: Nichtgerbstoffe in Prozenten	Schüttelmethode: Gerbstoff in Prozenten	Schüttelmethode: Nichtgerbstoffe in Prozenten	Wasser in Prozenten	Lumineszenz der analytischen Lösung (Quarzlampe): sauer	Lumineszenz der analytischen Lösung (Quarzlampe): alkalisch	Formaldehydzahl: ohne Harnstoff	Formaldehydzahl: mit Harnstoff	1 g Extrakt verbr. ccm n/10 NaOH (Kongorot)	p_H p_H 1:10 Differenzzahl	Asche in Prozenten	Auf den künstlichen Gerbstoff bezogen: SiO_2 in Prozenten	R_2O_3 bzw. Fe_2O_3 in Prozenten	CaO in Prozenten	MgO in Prozenten
Tanigan supra DVL	15	15,5	22,6	3,0	19,0	6,6	74,4	schwach bläuliche L., keine Faser-L.	unverändert	7,96	15,10	3,98	2,14 — 2,56 0,42	2,99	0,06	Fe_2O_3 0,025	0,28	0,016
Tanigan S	12	22,3	25,5	13,8	21,7	17,6	60,7	schwach bläuliche L., keine Faser-L.	schwach grünliche L., keine Faser-L.	26,84	29,09	10,22	1,94 — 2,56 0,62	8,13	0,04	Fe_2O_3 0,014	0,018	0,011
Tanigan F	12	22,6	14,3	15,3	12,4	17,2	70,4	schwach bläuliche L., keine Faser-L.	unverändert	0	0	5,66	2,32 — 2,68 0,36	5,24	0,05	Fe_2O_3 0,023	0,029	0,018
Tanigan U	20	8,5	12,0	2,1	10,4	3,7	85,9	schwach bläuliche L., keine Faser-L.	unverändert	0	0	4,00	2,10 — 2,48 0,38	2,54	0,058	Fe_2O_3 0,028	0,25	Spuren
Tanigan US	12	7,6	14,8	4,1	11,4	7,5	81,1	schwach bläuliche L., keine Faser-L.	schwach grünliche L., keine Faser-L.	42,74	41,08	2,00	2,70 — 3,05 0,35	1,35	0,008	Fe_2O_3 0,018	0,32	Spuren
Tanigan HN	12	31,1	29,0	15,0	27,0	17,0	56,0	schwach bläuliche L., keine Faser-L.	schwach grünliche L., keine Faser-L.	Trübung	23,61	33,33	2,46 — 2,62 0,16	13,88	0,01	Spuren	0	0
Tanigan supra DLN	12	29,1	23,3	16,6	19,4	20,5	60,1	schwach bläuliche L., keine Faser-L.	unverändert	0	0	7,16	2,78 — 2,96 0,18	13,12	0,04	Spuren	0,15	0,14
Tanigan Vl	15	17,9	32,0	3,0	30,5	4,5	65,0	schwach bläuliche L., keine Faser-L.	unverändert	0	0	10,80	1,84 — 2,36 0,52	3,48	0,048	Fe_2O_3 0,03	0,65	Spuren
Tanigan supra LL	12	20,6	25,0	1,0	22,5	3,5	74,0	schwach bläuliche L., keine Faser-L.	unverändert	0	Trübung	2,33	2,90 — 3,18 0,28	0,05	0	0	0	0
Tanigan H	12	teigartig	36,0	19,0	33,0	22,0	45,0	hellblaue L., keine Faser-L.	schwach rosa L., keine Faser-L.	Trübung	25,82	10,25	2,14 — 2,48 0,34	10,80	0,09	Fe_2O_3 0,04	0,033	Spuren
Tanigan DX	6	teigartig	26,0	21,2	25,2	22,0	52,8	schwach bläuliche L., keine Faser-L.	grünlichgelbe L., keine Faser-L.	Trübung	37,26	10,33	2,08 — 2,74 0,66	0,28	0	0	0	0

Tanigan FC	6	fest	49,3	46,0	48,0	47,3	4,7	bläuliche L., keine Faser-L.	unverändert	0	0	21,83	1,96 — 2,32 0,36	39,39	0,08	R_2O_3 0,07	0	Spuren
Tanigan NCBI	6	fest	49,6	40,0	48,0	41,6	10,4	bläuliche L., keine Faser-L.	unverändert	0	0	30,66	1,96 — 2,30 0,34	13,97	0,04	R_2O_3 0,29	0	Spuren
Tanigan FCBI	6	fest	53,2	38,0	48,1	43,1	8,8	bläuliche L., keine Faser-L.	unverändert	0	0	35,16	2,08 — 2,50 0,42	23,92	0,25	R_2O_3 0,58	0,075	0
Tanigan GBL	6	fest	38,7	50,0	36,6	52,1	11,3	stark bläuliche L., keine Faser-L.	unverändert, nur stärkere L.	0	0	4,55	3,30 — 3,30 0,00	29,80	0,08	Spuren	0	0
Tanigan extra A	6	fest	60,0	12,0	wurde nicht bestimmt		28,0	gelbliche L., keine Faser-L.	grüngelbe L., grüngelbe Faser-L.	0	0	—	3,05 — 3,32 0,27	6,37	0	Fe_2O_3 0,008	0,40	0,62
Tanigan extra B	12	24,2	40,0	12,6	31,5	21,1	47,4	schwach bläulich, fast ohne Lumineszenz, keine Faser-L.	unverändert	9,88	131,4	5,61	2,70 — 2,95 0,25	0,05	0	Spuren	0,03	0,02

Tabelle 135. Künstliche Gerbstoffe der I. G. Farbenindustrie A. G.

Art	Einwage g/1000 ccm	Dichte Bé/18° C	Filtermethode		Schüttelmethode		Wasser in Prozenten	Lumineszenz der analytischen Lösung (Quarzlampe)		Formaldehydzahl		1 g Extrakt verbr. ccm $^n/_{10}$ NaOH (Kongorot)	p_H	Asche in Prozenten	Auf den künstlichen Gerbstoff bezogen			
			Gerbstoff in Prozenten	Nichtgerbstoffe in Prozenten	Gerbstoff in Prozenten	Nichtgerbstoffe in Prozenten		sauer	alkalisch	ohne Harnstoff	mit Harnstoff				SiO_2 in Prozenten	R_2O_3 bzw. Fe_2O_3 in Prozenten	CaO in Prozenten	MgO in Prozenten
Tanigan O	15	21,4	13,8	13,2	10,2	16,8	73,0	hellblaumilchig, starke Faser-L.	unverändert	0	wurde nicht bestimmt	4,20	2,30	12,66	wurde nicht bestimmt	wurde nicht bestimmt	0	0
Tanigan O	6	fest	44,7	47,8	35,5	57,0	7,5	hellblaumilchig, starke Faser-L.	unverändert	0		7,20	2,30	48,24			0	0
Tanigan D	10	34,3	36,7	16,5	31,5	31,7	46,8	keine L., keine Faser-L.	veilchenblau, keine Faser-L.	0		15,70	2,50	13,80			0	0

Tabelle 136. Künstliche Gerbstoffe der I. G. Farbenindustrie A. G.

Art	Einwage g/1000 ccm	Dichte Bé/18° C	Filtermethode: Gerbstoff in Prozenten	Filtermethode: Nichtgerbstoffe in Prozenten	Schüttelmethode: Gerbstoff in Prozenten	Schüttelmethode: Nichtgerbstoffe in Prozenten	Wasser in Prozenten	Lumineszenz der analytischen Lösung (Quarzlampe): sauer	Lumineszenz der analytischen Lösung (Quarzlampe): alkalisch	Formaldehydzahl: ohne Harnstoff	Formaldehydzahl: mit Harnstoff	1 g Extrakt verbr. ccm $n/_{10}$ NaOH (Kongorot)	p_H / p_H 1:10 / Differenzzahl	Asche in Prozenten	Auf den künstlichen Gerbstoff bezogen: SiO_2 in Prozenten	R_2O_3 bzw. Fe_2O_3 in Prozenten	CaO in Prozenten	MgO in Prozenten
Tanigan extra D	10	23,6	32,4	13,9	25,4	20,9	53,7	ohne L., keine Faser-L.	schwach violett	48,5	57,5	7,95	3,10 — 3,57 0,47	0,19	0	0,004	Spuren	Spuren
Tanigan supra DLC	12	26,6	24,8	15,4	21,0	19,2	59,8	grau, ohne L., keine Faser-L.	etwas bläulicher	0	5,5	7,58	2,50 — 2,50 0,00	11,83	0	0,06	Spuren	0
Tanigan-HP-Pulver	6	—	49,4	46,5	43,6	52,3	4,1	stark violettblau, keine Faser-L.	grau	0	Trübung	11,30	2,10 — 2,36 0,26	35,47	0	0,08	0	0
Tanigan SNA	12	23,5	20,6	17,8	18,6	19,8	61,6	grau, ohne L., keine Faser-L.	leuchtend hellgrün	24,5	31,5	8,50	2,37 — 3,08 0,71	9,10	0	R_2O_3 0,40	0,15	0

Tabelle 137. Künstliche Gerbstoffe der I. G. Farbenindustrie A. G. (ältere Marken, nicht mehr im Handel oder nie im Handel gewesen).

Art	Einwage g/1000 ccm	Dichte Bé/18° C	Filtermethode: Gerbstoff in Prozenten	Filtermethode: Nichtgerbstoffe in Prozenten	Schüttelmethode: Gerbstoff in Prozenten	Schüttelmethode: Nichtgerbstoffe in Prozenten	Wasser in Prozenten	Lumineszenz der analytischen Lösung (Quarzlampe): sauer	Lumineszenz der analytischen Lösung (Quarzlampe): alkalisch	Formaldehydzahl: ohne Harnstoff	Formaldehydzahl: mit Harnstoff	1 g Extrakt verbr. ccm $n/_{10}$ NaOH (Kongorot)	p_H	Asche in Prozenten	Auf den künstlichen Gerbstoff bezogen: SiO_2 in Prozenten	R_2O_3 bzw. Fe_2O_3 in Prozenten	CaO in Prozenten	MgO in Prozenten
Neradol ND	12	17,8	31,6	2,0	29,4	4,2	66,4	veilchenblaue L., keine Faser-L.	hellblaue L., keine Faser-L.	0	wurde nicht bestimmt	13,00	2,20	2,48	wurde nicht bestimmt	wurde nicht bestimmt	geringe Mengen	0
Neradol FB	6	fest	63,7	28,3	59,0	33,0	8,0	veilchenblaue L., keine Faser-L.	hellblaue L., keine Faser-L.	0		28,30	1,90	26,16			Spuren	0
Ewol	12	19,4	23,3	8,4	19,3	12,4	68,3	hellviolette L., geringe Faser-L.	unverändert	0		12,80	2,50	8,06			Spuren	0
Ordoval G	12	22,4	12,4	14,7	9,4	17,7	72,9	hellblaumilchig, starke Faser-L.	unverändert	0		9,20	2,50	14,20			0	0

Ordoval G	6	fest	41,8	49,5	35,5	55,8	8,7	hellblaumilchig, starke Faser-L.	unverändert	0	wurde nicht bestimmt	25,00	2,30	52,20	wurde nicht bestimmt	wurde nicht bestimmt	0	0
Gerbstoff RL	12	22,1	18,9	14,9	16,2	17,6	66,2	keine L.	hellblauviolett, keine Faser-L.	48,80		8,40	2,30	10,06			Spuren	0
Humuskohle-Gerbstoff	6	fest	89,3	4,7	79,0	15,0	6,0	grünliche L., keine Faser-L.	unverändert	2,30		103,00	1,90	0,74		0,14	0	0
Phlobasol	6	fest	36,3	57,7	32,0	62,0	6,0	hellblauviolette L., keine Faser-L.	hellblaue L., keine Faser-L.	0		23,00	6,30	64,66		0	Spuren	0

Sämtliche Muster zeigen die Procter-Hirst-Reaktion.

Tabelle 138. Künstliche Gerbstoffe der J. R. Geigy A. G., Basel, und der British Dyewood Co., Ltd., Glasgow.

Art	Einwage g/1000 ccm	Dichte Bé/18° C	Filtermethode		Schüttelmethode		Wasser in Prozenten	Lumineszenz der analytischen Lösung (Quarzlampe)		Formaldehydzahl		1 g Extrakt verbr. ccm $n/_{10}$ NaOH (Kongorot)	p_H p_H 1:10 Differenzzahl	Asche in Prozenten	Auf den künstlichen Gerbstoff bezogen			
			Gerbstoff in Prozenten	Nichtgerbstoffe in Prozenten	Gerbstoff in Prozenten	Nichtgerbstoffe in Prozenten		sauer	alkalisch	ohne Harnstoff	mit Harnstoff				SiO_2 in Prozenten	R_2O_3 bzw. Fe_2O_3 in Prozenten	CaO in Prozenten	MgO in Prozenten
Irgatan FL	12	27,8	24,7	18,4	22,0	21,1	56,9	keine L., keine Faser-L.	keine L., keine Faser-L.	2,28	2,86	6,50	2,08 — 2,70 0,62	9,94	0,016	0	0	0
Irgatan LV	12	23,0	25,1	11,6	18,9	17,8	63,3	schwach bläuliche L., keine Faser-L.	grünlichgelb, keine Faser-L.	6,89	24,79	1,08	3,54 — 3,76 0,22	9,58	0,14	Spuren	0,03	0
Irgatan F	12	21,5	20,3	13,0	18,6	14,7	66,7	bläuliche L., keine Faser-L.	rosa, keine Faser-L.	Niederschlag in heißem H_2O lösl.		1,16	3,14 — 3,44 0,30	9,41	0,25	Spuren	0,05	Spuren
Tannesco	6	fest	36,6	52,7	31,5	57,8	7,8	grünlichmilchige L., violette Faser-L.	hellblaue L., hellblaue Faser-L.	0	0	24,00	2,90 — 3,30 0,40	54,43	0	7,73 Cr_2O_3	0	0
Synthesco	6	fest	31,5	55,7	24,1	63,1	11,5	gelbgrüne L., bläuliche L.	hellblaue L., hellblaue Faser-L.	0	0	42,00	2,70 — 2,90 0,20	53,28	0	15,06 Cr_2O_3	0	0
Sellatan	6	fest	35,4	50,5	23,2	62,7	13,6	violette L., keine Faser-L.	unverändert	Trübung	16,18	4,83	2,70 — 2,75 0,05	37,84	3,91	13,12 Al_2O_3	0	0
Syn Vex Vua	12	26,2	22,5	19,2	18,3	23,4	58,3	bläulich, keine Faser-L.	violett, keine Faser-L.	Trübung	43,69	8,33	2,06 — 2,48 0,42	11,30	0	0	0	Spuren
Syn Vex O	12	23,7	28,6	8,4	25,3	11,7	63,0	bläulich, keine Faser-L.	unverändert	0	0	21,00	1,94 — 2,08 0,14	6,63	0	0	0	Spuren

Tannesco: 2,9% Unlösliches. — Synthesco: 1,3% Unlösliches. — Sellatan: 0,5% Unlösliches. — Keine Procter-Hirst-Reaktion zeigen: Syn Vex O, Tannesco, Synthesco.

Tabelle 139. Künstliche Gerbstoffe der königl. Versuchsanstalt für Lederindustrie Napoli, der Midland Tar Destillers, Ltd., Queens Ferry, Chester, der Howroyd, McArthur & Co., Ltd., Aintree-Liverpool und der Soprotan Soc. Anon., Paris.

Art	Einwage g/1000 ccm	Dichte Bé/18° C	Filtermethode		Schüttelmethode		Wasser in Prozenten	Lumineszenz der analytischen Lösung (Quarzlampe)		Formaldehydzahl		1 g Extrakt verbr. ccm $^{n}/_{10}$ NaOH (Kongorot)	p_H p_H 1:10 Differenzzahl	Asche in Prozenten	Auf den künstlichen Gerbstoff bezogen			
			Gerbstoff in Prozenten	Nichtgerbstoffe in Prozenten	Gerbstoff in Prozenten	Nichtgerbstoffe in Prozenten		sauer	alkalisch	ohne Harnstoff	mit Harnstoff				SiO_2 in Prozenten	R_2O_3 bzw. Fe_2O_3 in Prozenten	CaO in Prozenten	MgO in Prozenten
Alfa NK	12	24,2	21,2	15,6	19,4	17,4	63,2	schwach bläuliche L., keine Faser-L.	schwach grünliche L., keine Faser-L.	19,60	wurde nicht bestimmt	20,00	1,95	7,64	geringe Mengen	0,03 Fe_2O_3	0	0
Alfa C	12	24,5	24,0	10,3	21,1	13,2	65,7	veilchenblaue L., veilchenblaue Fas.-L.	hellblaue L., hellblaue Faser-L.	0		17,00	2,14	9,66	geringe Mengen	0,13 Fe_2O_3	0	0
Alfa Cromo	10	28,2	19,8	13,0	13,1	19,7	67,2	hellviolette L., hellviolette Faser-L.	hellblaue L., hellblaue Faser-L.	0		20,00	2,74	14,74	wurde nicht bestimmt	Spuren Fe_2O_3 2,18 Cr_2O_3	0	0
Syntan Nr. 1	10	37,1	24,0	34,8	20,6	38,2	41,2	schwach bläulichgrüne L., keine Faser-L.	blauviolette L., keine Faser-L.	9,86		17,00	1,98	18,36		0,04 Fe_2O_3	0	0
Syntan Nr. 2	10	37,6	27,8	32,6	24,6	35,8	39,6	schwach bläulichgrüne L., keine Faser-L.	blauviolette L., keine Faser-L.	10,60		18,50	1,91	18,12		geringe Mengen	0	0
Syntan Nr. 3	10	38,5	29,6	32,0	26,6	35,0	38,4	schwach bläulichgrüne L., keine Faser-L.	blauviolette L., keine Faser-L.	10,60		20,00	1,91	17,94		Spuren Fe_2O	0	0
Maxyntan C	10	25,2	27,8	16,6	25,4	19,0	55,6	veilchenblaue L., keine Faser-L.	hellblaugrüne L., keine Faser-L.	33,50		14,50	2,02	7,70		0,025 Fe_2O_3	0	0
Maxyntan KR	12	23,1	23,8	19,5	22,5	20,8	56,7	veilchenblaue L., keine Faser-L.	hellblaugrüne L., keine Faser-L.	28,80		11,00	2,14	4,48		0,021 Fe_2O_3	0	0
Diaclar S	8	teigig	83,7	1,5	75,0	10,2	14,8	veilchenblaue L., keine Faser-L.	hellblaue L., keine Faser-L.	20,30		47,50	1,38	0,03	0	0	0	0
Diaclar (Calnel)	12	14,5	29,0	1,3	26,0	4,3	69,7	grau, keine Faser-L.	schwach grünlich, keine Faser-L.	11,63	13,94	14,91	1,90—2,10 0,20	0,018	0	0	0	0

Alle Muster zeigen die Procter-Hirst-Reaktion.

Tabelle 140. Künstliche Gerbstoffe der Calder & Mersey Extract Co., Ltd. Ditton, der Depsal G. m. b. H., Frankfurt a. M. und von Andreas Žuffa & Söhne, Liptovský Svaté Mikuláš, Slowakische Republik.

Art	Einwaage g/1000 ccm	Dichte Bé/18° C	Filtermethode: Gerbstoff in Prozenten	Filtermethode: Nichtgerbstoffe in Prozenten	Schüttelmethode: Gerbstoff in Prozenten	Schüttelmethode: Nichtgerbstoffe in Prozenten	Wasser in Prozenten	Lumineszenz der analytischen Lösung (Quarzlampe): sauer	Lumineszenz der analytischen Lösung (Quarzlampe): alkalisch	Formaldehydzahl: ohne Harnstoff	Formaldehydzahl: mit Harnstoff	1 g Extrakt verbr. ccm n/10 NaOH (Kongorot)	p_H / p_H 1:10 Differenzzahl	Asche in Prozenten	Auf den künstlichen Gerbstoff bezogen: SiO_2 in Prozenten	R_2O_3 bzw. Fe_2O_3 in Prozenten	CaO in Prozenten	MgO in Prozenten
Cresyntan ordinary	12	26,3	28,6	14,9	24,1	19,4	56,5	schwach bläuliche L., keine Faser-L.	unverändert	Trübung	32,44	12,60	2,10 — 2,10 0,00	9,58	0	Spuren	0	0
Cresyntan special	12	19,0	36,0	2,0	33,0	5,0	62,0	bläuliche L., keine Faser-L.	unverändert	11,13	39,35	17,40	2,05 — 2,10 0,05	0,64	0	0,01 Fe_2O_3	0	0
Cresyntan SS	12	24,6	23,6	20,2	18,7	25,1	56,2	bläuliche L., keine Faser-L.	unverändert	Trübung	36,26	7,00	2,10 — 2,30 0,20	0,30	0	0,0066 Fe_2O_3	0	0
Depsal A	12	28,8	21,7	13,1	18,0	16,8	61,9	milchigweiße L., gelbliche Faser-L.	unverändert	0	0	11,67	1,90 — 2,30 0,40	12,66	0,26	0,36 R_2O_3	0	0
Depsal AZ	12	30,1	25,7	24,1	20,8	29,0	50,2	keine L., keine Faser-L.	grünliche L., grünliche Faser-L.	3,88	5,49	4,83	2,10 — 2,50 0,40	10,85	0	0	0	0
Depsal AC	12	33,6	18,1	25,0	wurde nicht bestimmt		55,4	keine L., keine Faser-L.	grünliche L., keine Faser-L.	3,06	3,70	3,17	2,70 — 2,90 0,20	15,33	0	Cr_2O_3 vorhanden	0	0
Depsal CI	12	25,8	8,4	15,6	wurde nicht bestimmt		73,3	lila L., keine Faser-L.	unverändert	0	0	1,00	2,90 — 3,30 0,40	15,01	0	Cr_2O_3 vorhanden	0	0
Dermatanol	12	35,9	30,7	30,4	22,2	38,9	38,9	schwach bläulich, keine Faser-L.	etwas heller	19,30	40,66	13,08	2,10 — 2,25 0,15	15,73	0	0,05 Fe_2O_3	0	Spuren
Dermatan	12	teigig	40,3	24,0	35,6	28,7	35,7	milchigviolett, geringe Faser-L.	unverändert	0	0	18,83	1,90 — 2,10 0,20	19,00	0	0,08 Fe_2O_3	Spuren	Spuren

Depsal A: 3,3% Unlösliches. — Depsal AC: 1,5% Unlösliches. — Depsal CI: 2,7% Unlösliches. — Mit Ausnahme von Depsal CI zeigen alle übrigen Gerbstoffmuster die Procter-Hirst-Reaktion.

Die Tanigane der I. G. Farbenindustrie A. G. (die früheren Benennungen in der Klammer).

Tanigan F (Gerbstoff F), ein Naphthalinabkömmling, ist ein flüssiger brauner Extrakt.

Tanigan FC (Gerbstoff FC, Pulver), ein Naphthalinabkömmling, ist ein graugelbes feines Pulver.

Nach G. Grasser [(*5*), S. 686] sind Tanigan F und FC neradolartige Kondensationsprodukte, die weniger vollständig neutralisiert wurden und einen Zusatz von Natriumsulfat zwecks milderer Gerbung erhielten.

Tanigan FCBI, ein Naphthalinabkömmling, ist ein graugelbes feines Pulver mit stärker bleichender Einstellung als Tanigan FC.

Tanigan NCBI, ein Naphthalinabkömmling, ist ein festes, weißes, feines Pulver mit geringerem Aschengehalt als Tanigan FCBI.

Tanigan H (Gerbstoff NH), ein Phenolabkömmling, ist eine violettrot gefärbte Paste.

Tanigan HP, ein rosa Pulver mit Geruch nach Naphthalin, ist die Trockenmarke von Tanigan H.

Tanigan S (der fabrikatorisch etwas abgeänderte Gerbstoff T) ist eine braune Flüssigkeit, die beim Stehen, namentlich in der Kälte, einen kristallinen Bodensatz absondert. Geruch süßlich.

Tanigan SNA, eine bräunliche, leicht bewegliche Flüssigkeit mit aromatischem Geruch, ist eine verbesserte Marke von Tanigan S.

Tanigan D (Neradol D), ein Kresolabkömmling, der älteste künstliche Gerbstoff, ist eine dicke hellbraune Flüssigkeit, die einen süßlichen, an Kresol erinnernden Geruch besitzt.

Tanigan O (Ordoval 2 G), eine kondensierte Sulfosäure hochmolekularer Kohlenwasserstoffe, ist eine dunkelbraune Flüssigkeit mit süßlichem Geruch.

Tanigan O, trocken (Ordoval 2 G, trocken), eine kondensierte Sulfosäure hochmolekularer Kohlenwasserstoffe, ist ein grobes braunes Pulver.

Die Tanigane O enthalten nach C. Immerheiser (*1*) 0,25% Stickstoff und nach J. Berkmann und A. Kiprianoff etwas Chlor (siehe S. 484).

Tanigan Vl, ein Naphthalinabkömmling, angeblich nach D.R.P. 292531 hergestellt, ist eine dunkelbraune Flüssigkeit. Geruch süßlich.

Tanigan CBL (Tamolan BBI) ist ein gelblichweißes Pulver mit Geruch nach schwefliger Säure.

Tanigan DX ist braun, teigartig, praktisch aschenfrei.

Tanigan U ist eine dünne, schwarzbraune Flüssigkeit von eigentümlichem Geruch.

Tanigan US ist eine dunkle Flüssigkeit, die im Gegensatz zu den meisten Taniganen gegen höhere Salzkonzentration empfindlich ist.

Tanigan HN ist eine dicke, rotbraune Flüssigkeit mit Geruch nach schwefliger Säure.

Taniga nsupra LL, angeblich ein Benzidinabkömmling, ist ein rötlichweißer dicker Sirup, der schwach sauer riecht (siehe S. 450).

Tanigan supra DLN ist eine hellbraune bewegliche Flüssigkeit, die vollkommen weiß und lichtecht gerbt; Geruch schwach aromatisch.

Tanigan supra DLC ist eine rötlichbraune, bewegliche Flüssigkeit, die Chromleder vollkommen weiß und lichtecht gerbt; Geruch schwach aromatisch.

Tanigan supra DVL ist eine braune, dünne Flüssigkeit.

Tanigan extra A, in Stücken und Pulver, ähnlich pflanzlichen Gerbextrakten. Es gibt auch eine flüssige Form. Geruch säuerlich.

Tanigan extra B ist ein rötlicher, dicker Sirup mit Teergeruch, fast aschenfrei.

Tanigan extra C ist eine dicke dunkelbraune Flüssigkeit von phenolartigem Geruch.

Tanigan extra D, milchig gelatinöse Masse, Geruch nach Kresol und schwefliger Säure; praktisch aschenfrei.

Tanigan extra E ist ein zähflüssiger dunkelbrauner Sirup mit Geruch nach schwefliger Säure.

Tamol NNO, ein neutralisiertes Tanigan auf Naphthalinbasis. Gelblichweißes, geruchloses Pulver.

Depsale der Depsal G. m. b. H., Frankfurt a. M.

Aus dem „Corinal“ bzw. „Wormatol“ der ehemaligen Chem. Fabrik Worms A. G. hervorgegangen und durch eine Anzahl Patente beschrieben. Zum größten Teil aus chloriertem Naphthalin hergestellt.

Depsal A, braune, leicht bewegliche Flüssigkeit mit aromatischem Geruch.

Depsal AZ, goldgelbe, visköse Flüssigkeit mit leicht stechendem Geruch.

Depsal AC, schwarzgrüne, leicht bewegliche Flüssigkeit mit aromatischem Geruch.

Depsal CI, schwarz-grünstichige Flüssigkeit, leicht beweglich mit aromatischem Geruch.

Synthetische Gerbstoffe der Firma Andreas Žuffa & Söhne, Liptovský Svaté Mikuláš, Slovak. Rep.

Dermatanol A, ein Phenolabkömmling, braungelbe, trübe, geruchlose Flüssigkeit.

Dermatan, ein Naphthalinabkömmling, hellbrauner, geruchloser Teig.

Künstliche Gerbstoffe der Firma J. R. Geigy A. G., Basel.

Tanesco (Esco-Extrakt, flüssig; Collegium 1917, 124, Ztschr. Leder- und Gerbereichem. **1922**, 203) stellt ein braunes Pulver vor, das äußerlich einem pflanzlichen Gerbextrakt gleicht und geruchlos ist.

Synthesco (Lackesco), braunes, geruchloses Pulver, ähnlich einem pflanzlichen Gerbextrakt.

Sellatan, weißes Pulver mit schwachem Kresolgeruch (Vitan).

Nach Mitteilungen der Firma J. R. Geigy A. G. liegen dem Sellatan folgende Patente zugrunde: D.R.P. 515664, A.P. 1706325, E.P. 276014, F.P. 639097, Schwz.P. 130434. Für Sellatan-Applikation: D.R.P. 514240, A.P. 1650541, E.P. 256628, F.P. 620732.

Irgatan F, gelbbraune Flüssigkeit, die Satz abscheidet, mit schwachem Kresolgeruch.

Irgatan FL, hellgelbe, klare, geruchlose Flüssigkeit.

Irgatan LV, rötlichbraune Flüssigkeit mit schwachem Geruch, die etwas kristallinen Satz ausscheidet.

Nach Mitteilungen der Firma J. R. Geigy A. G. liegen dem Irgatan folgende Patente zugrunde: D.R.P. 493795, E.P. 305013, F.P. 660008, Schwz.P. 138885.

Künstliche Gerbstoffe der „Soprotan Soc. Anon.", Paris.

Die Erzeugnisse dieser Fabrik sind unter den Bezeichnungen „Diaclar" und „Clarex" bekannt. Eine Schwestergesellschaft, Les Usines de Callenelle in Callenelle, Belgien, stellt die gleichen Gerbmittel auch unter dem Namen „Calnel" her. Die früheren Gerbmittel „Diatan" der Firma C. Peufailli, Paris, gehören auch hierher.

Diaclar S ist ein silbergrauer Teig mit Kresolgeruch.

Diaclar (Usines de Callenelle) ist eine braune, leicht bewegliche Flüssigkeit mit schwachem Naphthalingeruch.

Künstliche Gerbstoffe der „Calder & Mersey Extract Co., Ltd.", Ditton.

Cresyntan ordinary ist eine dunkelbraune, nach Kresol riechende Flüssigkeit.

Cresyntan Special ist eine dunkelbraune, süßlich riechende Flüssigkeit.

Cresyntan S. S., dunkelbraune, süßlich riechende Flüssigkeit. Nach Mitteilungen der Calder & Mersey Extract Co., Ltd., werden obige Gerbmittel auf Grund von Lizenzen nach Stiasnys Verfahren und mannigfachen Verbesserungen hergestellt.

Künstliche Gerbstoffe der „Howroyd, McArthur & Co., Ltd.", Aintree-Liverpool.

Maxyntan C ist eine rötlichbraune Flüssigkeit, die nach Kresol und schwefliger Säure riecht.

Maxyntan KR zeigt die gleichen Eigenschaften.

Laut Mitteilungen der Howroyd, McArthur & Co., Ltd., werden diese Gerbmittel nach folgenden Patenten hergestellt: A.P. 1437726 und 1443697, E.P. 182823/1921 und E.P. 182824/1922, F.P. 549869 und 549870. Es handelt sich demnach um sulfonierte Phenol-Formaldehydharze, wobei es wichtig sein soll, daß keine Verkohlung eintritt (siehe auch S. 439).

Künstliche Gerbstoffe der „Midland Tar Distillers Ltd., Chemical Works", Queens Ferry, Chester.

Syntan Nr. 1 ist eine braune, leicht grünlich schillernde Flüssigkeit mit schwachem Kresolgeruch.

Syntan Nr. 2 ist Nr. 1 ganz ähnlich.

Syntan Nr. 3 ist eine braune, nach Kresol und schwefliger Säure riechende Flüssigkeit.

Nach Mitteilung der Midland Tar Distillers, Ltd. (früher Joseph Turner & Co., Ltd.) werden diese Gerbmittel nach dem E.P. Stiasnys 368038 hergestellt. Von anderer Seite wird das E.P. 8511/1912 hierfür angegeben.

Künstliche Gerbstoffe der „British Dyewood Co., Ltd.“, Glasgow.

Syn Vex O ist eine braune Flüssigkeit mit Naphthalingeruch.

Syn Vex Vun ist eine graugelbe Flüssigkeit ohne Geruch, die einen weißen Satz abscheidet.

Künstliche Gerbstoffe der königl. Versuchsanstalt für Lederindustrie, Napoli.

Alfa C ist eine braune, säuerlich riechende Flüssigkeit.

Alfa Cromo ist von gleicher Beschaffenheit.

Alfa NK ist eine braune, nach Kresol riechende Flüssigkeit.

Diese von Casaburi und Simoncini erfundenen Gerbstoffe entsprechen dem D.R.P. 472680. Sie sind Kondensationsprodukte aromatischer Sulfosäuren mit Abfallaugen der Natroncellulose (Schwarzlaugen) und Formaldehyd, wobei das Lösungsvermögen der aromatischen Gerbsulfosäuren für die durch Mineralsäure aus der Schwarzlauge fällbaren Ligninabkömmlinge u. dgl. ausgenutzt wird.

II. Ältere zum Teil nur im Schrifttum genannte künstliche Gerbstoffe.

Tanigan V (Neradol ND), ein Naphthalinabkömmling, ist eine leicht bewegliche braune Flüssigkeit ohne bestimmten Geruch.

Neradol FB, Pulver, die feste Form von Neradol ND, ein schwach gelbes Pulver, das am Licht nachdunkelt.

Ewol, ein Naphthalinabkömmling, wurde früher vom Elektrochemischen Werk Bitterfeld hergestellt. Braune, nach Naphthalin riechende Flüssigkeit, die Bodensatz bildet.

Ordoval G, dunkelbraune, süßlich riechende Flüssigkeit.

Ordoval G, trocken, dunkelbraune, bröcklige Masse mit süßlichem Geruch.

Gerbstoff RL, dünnflüssig, braun, nach Phenol riechend.

Es ist der wiederholt genannte Resorcingerbstoff, allerdings nicht in reiner Form, und war nie im Handel.

Humuskohlegerbstoff ist ein braunes Pulver, ähnlich pflanzlichen Gerbextrakten. Er befand sich nie im Handel.

Phlobasol, Lösesalz für schwerlösliche pflanzliche Gerbstoffe, ähnlich den früheren Solvenol und Solutionssalz, ein gelbliches, geruchloses Pulver, ist ein sulfithaltiger, neutralisierter Gerbstoff auf Naphthalinbasis. Nach G. Grasser (*5*), S. 690, sollte es benzylsulfanilsaures Natrium vorstellen.

Alle vorstehenden Präparate wurden von der I. G. Farbenindustrie A. G. hergestellt.

Die analytischen Zahlen sämtlicher hier angeführter künstlicher Gerbstoffe befinden sich in den Tabellen.

III. Statistik.

Nach J. Sändig wurden im Jahre 1932 1850 Tonnen, im Jahre 1934 8517 Tonnen künstliche Gerbstoffe in Deutschland verbraucht. (Die Zahl für 1934 ist fast genau die Hälfte der gleichzeitig verbrauchten Chromgerbstoffe und nahezu 11% der pflanzlichen Gerbextrakte.)

Die Einfuhr belief sich im Jahre 1935 auf 15,3 Tonnen im Werte von 13000 RM, dagegen wurden 2180,4 Tonnen im Werte von 1336000 RM ausgeführt.

Hierzu muß gesagt werden, daß die Verbrauchszahl von 1932 tatsächlich nur künstliche Gerbstoffe unter Ausschluß der Gerbstoffe aus Sulfitcelluloseablaugen vorstellt, während dies für 1934 leider nicht ersichtlich ist.

Literaturübersicht.

A.

Blackadder, T.: J. A. L. C. A. **18**, 537 (1923). Synthetic Tanning Materials.

Berkmann, J.: Soviet Synthetische Gerbstoffe. Kiew, 1935.

Bloemen, A.: Gerber **55**, **162** (1929). Synthetische Gerbstoffe; Ebenda **56**, 1, 11 (1930). Synthetische Gerbstoffe; Cuir techn. **19**, 170 (1930). Tanins Synthétiques.

Casaburi, V.: Tannini Sintetici. Napoli, 1925.

Gastellu, C.: Tanins Synthétiques, in La Tannerie. 2. Aufl. Bd. I. S. 534. Paris: Gauthier-Villars, 1936.

Gerngroß, O.: Angew. Chem. **41**, 221, 254 (1928). Fortschritte auf dem Gebiete der Gerbereichemie und -technik.

Grasser, G.: Synthetische Gerbstoffe, Berlin: Hermann Meußer, 1920; Synthetische Gerbstoffe, in „Ullmann: Chemische Enzyklopädie". 2. Aufl. Bd. V. S. 685. Berlin: Urban & Schwarzenberg, 1930; Synthetische Gerbstoffe, in „Grafes Handbuch. 2. Halbbd. des V. Bd. S. 398. Stuttgart: Poeschel, 1929; Kunststoffe **3**, 401 (1913). Synthetische Gerbstoffe.

Hadyk, M. J.: Die Technologie der Gerbextraktindustrie. S. 350. Moskau: Staatlicher Verlag für Leichtindustrie, 1935.

Herfeld, H.: Angew. Chem. **48**, 3, 46, 60 (1935). Fortschritte auf dem Gebiete der Gerbereichemie und -technik 1928 bis 1934.

Hooley, L. J.: Chem. Age **25**, Nr. 641. Neue technische Fortschritte; Dyestuffs Monthly Suppl. **1931**, 20. Neue technische Fortschritte.

Illjinski, M. A.: Journ. chem. Ind. (russ.) **8**, 577 (1931). Zur Frage der Herstellung synthetischer Gerbstoffe.

Lauffmann, R.: Kunststoffe **5**, 205 (1915). Nachweis und Unterscheidung von Kunstgerbstoffen für sich und neben pflanzlichen Gerbstoffen; Chemische Ind. **43**, 235, 245 (1920). Die künstlichen Gerbstoffe und ihre Bedeutung für die Lederindustrie.

Nihoul, E.: Chim. et Ind. **2**, 1024 (1919). Les Tanins Synthétiques et leur Emploie en Tannerie.

Paeßler, J.: Chemische Ind. **39**, 15 (1916). Über die Anwendung und Bedeutung künstlicher Gerbstoffe.

Pooth, P.: Umschau **20**, 526 (1916). Gerbstoffersatzmittel und künstliche Gerbstoffe.

Röhm & Haas Corp.: J. A. L. C. A. **19**, 111 (1924). Synthetic Tans.

Strauß, R.: Collegium **1934**, 399. Fortschritte in der Herstellung synthetischer, künstlicher und mineralischer Gerbstoffe 1930 bis 1933.

Süvern, K.: Kunststoffe **7**, 43 (1917). Die synthetischen Gerbstoffe (mit tabellarischer Übersicht der Patentliteratur).

Trotman, S. R.: Ind. Chemist chem. Manufacturer **4**, 499 (1929). Synthetische Gerbstoffe.

Ungenannt: Boll. uff. R. Staz. sperim. Ind. Pelli Materie concianti **9**, 6 (1931). I Tannini sintetici.

Wilhelm, R.: Kunststoffe **10**, 13 (1920). Die synthetischen Gerbstoffe (Patenttabellen).

B.

Andreis, E.: Gerber **1926**, 117.

Appelius, W.: Ledertechn. Rdsch. **1911**, **377**.

Appelius, W. u. R. Schmidt: Collegium **1914**, 597.

Atkin, W. R. u. F. C. Thompson (*1*): J. I. S. L. T. C. **13**, 297 (1929); (*2*): Ebenda **13**, 300 (1929); (*3*): Ebenda **16**, 591 (1932).

Baekeland, L. H. u. H. L. Bender: Ind. engin. Chem. **17**, 225 (1925); Kunststoffe **15**, 216 (1925); Chem. Ztrbl. **1925 I**, 2729.

Baeyer, A. v.: Ber. Dtsch. chem. Ges. **5**, 280, 1096 (1872).

Balland, A. u. Maljean: C. R. hebd. Séances Acad. Sci. **119**, 913 (1894).

Bamberger, H.: Chem.-Ztg. **43**, 318 (1919).

Basel, H.: Dissertation Dtsch. Techn. Hochsch., Prag (1933).

Bayle, Ed. u. R. Fabre: C. R. hebd. Séances Acad. Sci. **178**, 632 (1924); Chimie et Industrie **17**, 191 (1927).

Bělavsky, E. u. G. Waněk: Gerber **1930**, 83, 90.

Bennett, J.: J. I. S. L. T. C. **15**, 31 (1931).

Bergmann, M.: J. I. S. L. T. C. **18**, 159 (1934).

Bergmann, M., W. Münz u. L. Seligsberger: Collegium **1930**, 520.

Berkmann, J. (*1*): Collegium **1929**, 49 bis 54; (*2*): Ebenda **1929**, 35; Westnik **1928**, 211, 293.

Berkmann, J. u. A. Kiprianoff: Collegium **1928**, 177.
Berkmann, J. u. A. Ssawitzki (*1*): Chem. Ztrbl. **1932 I**, 1613; (*2*): Russ. Anilinfarb.-Ind. **1931**, 4, 11; (*3*): J. I. S. L. T. C. **19**, 574 (1935).
Berkmann, J., W. Babun u. D. Tolkatschew: J. A. L. C. A. **30**, 275 (1935); Chem. Ztrbl. **1936 I**, 3253.
Beyer, O.: Schwz. Chem.-Ztg., Beilage z. „Technik u. Industrie" **1922**, 572.
Binko, I.: Technická Hlídka **1937**, 14.
Blangey, L.: siehe Schütte, H.
Borgialli, A.: Boll. R. Staz. Industria Pelli **13**, 245 (1935).
Bradley, H. u. A. Cohen: J. I. S. L. T. C. **8**, 340 (1924).
Bravo, G. A. (*1*): Boll. R. Staz. Industria Pelli **7**, 45 (1929); (*2*): Ebenda **14**, 28 (1936).
Büttgenbach, E.: Collegium **1928**, 444.
Büttner, H. (*1*): Ztschr. Leder- und Gerbereichem. **II**, 131 bis 135 (1922/23); (*2*): Ebenda **II**, 136 bis 142 (1922/23).
Burton, D.: J. I. S. L. T. C. **13**, 178 (1929).
Casaburi, V. (*1*): Ledertechn. Rdsch. **16**, 53 (1924); (*2*): Boll. R. Staz. Industria Pelli **5**, 377 (1927); (*3*): Ebenda **9**, 381 (1931).
Chevreuil, M. E.: Ann. Chim. **73**, 36 (1810).
Chiera, G.: Boll. R. Staz. Industria Pelli **12**, 211 (1934).
Coghill, D.: A Survey of the Tanning Materials of Australia, Melbourne 1927 (Council for Scientific and Industrial Research). Bull. Nr. **32**, 56.
Connor, R., C. L. Fleming jr. u. Temple Clayton: Journ. Amer. chem. Soc. **58**, 1386 bis 1388 (1936); Chem. Ztrbl. **1936 II**, 4111.
Cooper, M. F.: siehe Innes, R. F. (*1*).
Croad, R. B.: Journ. Soc. chem. Ind. **42**, 203 bis 207 (1923); J. I. S. L. T. J. **7**, 349 (1923); Chem. Ztrbl. **1923 IV**, 513.
Cuccodoro, M. (*1*): Boll. R. Staz. Industria Pelli **10**, 247 (1932); (*2*): Ebenda **10**, 237 bis 250 (1932).
Dackweiler, H.: Cuir techn. **15**, 249 (1926); Bourse aux Cuirs de Bruxelles **1925**, 3071.
Dahl, A.: Gerber **1933**, 50, 90.
Danckwortt, P. W.: Lumineszenzanalyse. 1. Aufl. Leipzig: Akad. Verlagsges. m. b. H., 1928.
Deribaß, D. u. G. Schiller: Westnik **1931**, 347 bis 351; Collegium **1932**, 593,
Desmurs, G. (*1*): Cuir techn. **19**, 150 (1930); (*2*): Ebenda **22**, 159, 223 (1933).
Dianin, A.: Ber. Dtsch. chem. Ges. **25**, 334 (1892).
Diels, O. u. A. Karstens: Ber. Dtsch. chem. Ges. **60**, 2323 (1927); Chem. Ztrbl. **1928 I**, 794.
Ditz, H.: Chem.-Ztg. **31**, 445, 486 (1907).
Dodonow, Ya. u. E. M. Soshestvenskaya: J. A. L. C. A. **30**, 552 (1935).
Eckardt, A.: Allg. Lederind.-Ztg. **37**, 17 (1935); Gerber **1934**, 84.
Eibner, A.: Angew. Chem. **36**, 33 (1923).
Eitner, W. (*1*): Gerber **1911**, 199, 213; (*2*): Ebenda **1913**, 155, 169.
Emley, W. E.: J. A. L. C. A. **30**, 620 (1935).
Enna, F. G. A.: Cuir techn. **26**, 236 (1937).
Escourrou, R.: Chim. et Ind. **XVI**, 373 (1926).
Fasol, Th.: Allg. Lederind.-Ztg. **1935**, Juni.
Faust, T. A.: J. A. L. C. A. **17**, 622 (1922); Chem. Ztrbl. **1923 II**, 545.
Felzmann, C. (*1*): Collegium **1933**, 373; (*2*): Kolloquiumbericht Nr. 3, Darmstadt 1936; (*3*): Cuir techn. **22**, 356 (1933).
Fiévez, M. u. M. G. Colchen: J. I. S. L. T. C. **12**, 252 (1928); Collegium **1930**, 614.
Fiksl, K.: Gerber **1930**, 113, 121.
Fischer, E.: Untersuchungen über Depside und Gerbstoffe. Berlin: Julius Springer, 1919.
Frey, R. W. u. C. W. Beebe: J. A. L. C. A. **30**, 459 (1935).
Garelli, F.: Collegium **1912**, 418.
Gastellu, C.: La Tannerie **1936 I**, 543, 550.
Gerngroß, O. (*1*): Papierfabrikant **26**, 380 (1928); Collegium **1929**, 230; (*2*): Ebenda **1930**, 525.
Gerngroß, O., N. Bán u. G. Sándor: Collegium **1925**, 565.
Gerngroß, O. u. G. Sándor (*1*): Collegium **1926**, 1; (*2*): Ebenda **1927**, 12.
Gerngroß O., G. Sándor u. K. Tsou: Collegium **1927**, 21.
Gerngroß O. u. H. Herfeld (*1*): Collegium **1931**, 832; (*2*): Ebenda **1931**, 524.
Gilman, J. A.: J. I. S. L. T. C. **18**, 90 (1934).
Grasser, G. (*1*): Synthetische Gerbstoffe. Berlin: Herman Meusser, 1920; (*2*): Collegium **1921**, 58; (*3*): Ebenda **1920**, 17; (*4*): Handbuch für gerbereichemische

Laboratorien. 3. Aufl. Wien: Julius Springer, 1929; (*5*): In Ullmann: Enzyklopädie d. techn. Chemie. 2. Aufl. Berlin u. Wien: Urban & Schwarzenberg, 1930; (*6*): Journ. Faculty Hokkaido Imp. Univ. **24**, 73 (1929); Chem. Abstracts **23**, 3593 (1929); J. A. L. C. A. **26**, 500 (1929); Boll. R. Staz. Industria Pelli **8**, 84 (1930); (*7*): Cuir techn. **20**, 141 (1931); (*8*): Chem.-Ztg. **58**, 929 (1934); (*9*): Ebenda **59**, **53**, **413** (1935); (*10*): Ebenda **60**, 12 (1936); (*11*): In V. Grafe, Handbuch der org. Warenkunde, Stuttgart: Verlag C. Poeschel, 1929.

Grasser, G. u. H. Nakanishi: Cuir techn. **18**, 270 bis 273, 348 bis 351 (1929); Chem. Ztrbl. **1930 I**, 3851.

Graßmann, W.: Lederind. **1936**, 16.

Graßmann, W. u. R. Bender: Collegium **1935**, 521.

Graßmann, W. u. O. Lang: Collegium **1935**, 114.

Hägglund, E.: Holzchemie. Leipzig: Akad. Verlagsges. m. b. H., 1928.

Hatchett, Ch.: Gehlens Journal **1**, 545 (1805); siehe auch Andreis, E.

Herfeld, H.: Collegium **1936**, 593.

Herzog, W.: Collegium **1926**, 203.

Hoeven, C. van der (*1*): Chem. Weekbl. **21**, 296 bis 297 (1924); (*2*): Collegium **1924**, 251, 281; (*3*): Ebenda **1921**, 458 bis 468; Ebenda **1922**, 282; (*4*): Ebenda **1923**, 159; (*5*): Ebenda **1930**, 418; (*6*): Ebenda **1935**, 471.

Houben, L.: Cuir techn. **18**, 11 (1929).

Immendörfer, E.: Collegium **1932**, 494.

Immerheiser, C. (*1*): Collegium **1921**, 132; (*2*): Ebenda **1918**, 293.

Innes, R. F. (*1*): J. I. S. L. T. C. **12**, 256 (1928); (*2*): Ebenda **15**, 303 (1931); (*3*): Ebenda **17**, 730 (1933); (*4*): Ebenda **18**, 457 (1934); **19**, 183 (1935).

Jablonski, L. u. H. Einbeck (*1*): Collegium **1921**, 188, 289; (*2*): Ebenda **1925**, 131.

Jakimow, P. A. u. R. Tatarskaja: J. A. L. C. A. **30**, 403 (1935); Chem. Ztrbl. **1936 I**, 3252.

Jennings, H. C.: Jahrber. Chem. **1858**, 666.

Karrer, P. u. H. Fritzsche: Helv. chim. Acta **19**, 481 bis 483 (1936); Chem. Ztrbl. **1936 II**, 102.

Kletzinsky V.: Dingl. Polyt. Journ. **1864**, 170.

Klinger, F.: Gerbereitechnik **23** (1932).

Knowles, G. E. (*1*): Journ. Soc. Dyers Colourists **41**, 308 (1925); J. A. L. C. A. **21**, 176 (1926); (*2*): J. I. S. L. T. C. **6**, 19 bis 23 (1922); (*3*): Leather World **1922**, 724; J. I. S. L. T. C. **6**, 446 (1922); (*4*): Ebenda **4**, 13 (1920); (*5*): Ebenda **14**, 562 (1930).

Kobert, R.: Collegium **1916**, 213.

Kogan, A.: Westnik **1930**, 155; Collegium **1932**, 362.

Köhler, B.: Cuir techn. **19**, 49 (1930); Collegium **1931**, 231.

Kohn, S., J. Breedis u. E. Crede (*1*): J. A. L. C. A. **17**, 166 (1922); Chem. Ztrbl. **1922 II**, 1236; (*2*): J. A. L. C. A. **17**, 450 (1922); Chem. Ztrbl. **1922 IV**, 1071; (*3*): J. A. L. C. A. **18**, 21 (1923); Chem. Ztrbl. **1923 II**, 882.

Kohn, S. u. E. Crede: J. A. L. C. A. **18**, 189 (1923).

Kopp, E., P. A. Bolley, B. Meyer u. R. Guchen: Die künstlich erzeugten organischen Farbstoffe. Braunschweig: Vieweg, 1867—1910.

Kubelka, V.: Collegium **1937**, 429.

Kubelka, V. u. E. Bělavsky: Collegium **1925**, 75, 111.

Kubelka, V. u. Vl. Němec: J. I. S. L. T. C. **13**, 113 (1929); Collegium **1929**, 300.

Kubelka, V. u. R. Wollmarker: Collegium **1931**, 96.

Kubelka, V. u. K. Ziegler (*1*): Collegium **1931**, 544; (*2*): Ebenda **1931**, 550; (*3*): Ebenda **1931**, 876; (*4*): Ebenda **1932**, 63.

Kubelka, V. u. E. Weinberger: Collegium **1933**, 89.

Kubelka, V. u. O. Heger: Collegium **1935**, 289.

Küntzel, A.: Collegium **1936**, 378.

Küntzel, A. u. C. Rieß: Collegium **1936**, 646.

Lauffmann, R. (*1*): Collegium **1917**, 233; (*2*): Ebenda **1925**, 370; (*3*): Ebenda **1924**, 133; (*4*): Ebenda **1924**, 22; (*5*): Ebenda **1917**, 322.

Lederer, L.: Journ. prakt. Chem. **50**, 223 (1894).

Li, Yun Hua: J. A. L. C. A. **22**, 380 (1927).

Loewe, H.: Gerber **1936**, 34.

Mali, A.: Gerber **1930**, 28, 37.

Manasse, O.: Ber. Dtsch. chem. Ges. **27**, 2409 (1894).

McCandlish, D. u. H. Salt: J. I. S. L. T. C. **9**, 520 (1925).

McNeil, Chas. A.: J. A. L. C. A. **23**, 361 (1928).

Merrill, H. C.: Dyestuffs **32**, 52 (1931); Chem. Ztrbl. **1932 I**, 1326.

Meunier, L.: J. I. S. L. T. C. **8**, 507 (1924); The Leather. Tr. Review **1924**, 268.

Meunier, L. u. A. Bonnet: J. I. S. L. T. C. **9**, 340 (1925).
Meunier, L. u. A. Jamet (*1*): J. I. S. L. T. C. **10**, 166 (1926); (*2*): Cuir techn. **15**, 165 (1926); J. I. S. L. T. C. **10**, 166 (1926).
Meunier, L. u. C. Gastellu: Cuir techn. **17**, 3 (1928); Halle aux Cuirs, (Suppl. techn.) **1928**, 68.
Meunier, L. u. K. Le Viet: J. I. S. L. T. C. **14**, 153, 524 (1930); Cuir techn. **19**, 60 (1930); Collegium **1930**, 564.
Möhlau, R.: Chem.-Ztg. **31**, 936 (1907).
Moeller, W. (*1*): Collegium **1920**, 520; Ledertechn. Rdsch. **1920**, 154, 161; (*2*): Collegium **1921**, 232; Ledertechn. Rdsch. **1921**, 50; (*3*): Ebenda **1921**, 121; (*4*): Ztschr. Leder- und Gerbereichem. **I**, 203 (1921/22); (*5*): Ebenda **I**, 303 (1921/22); (*6*): Ebenda **I**, 217 (1921/22); **II**, 179 (1922/23); (*7*): Collegium **1919**, 111; Ebenda **1920**, 465; Ledertechn. Rdsch. **1921**, 115; (*8*): Ztschr. Leder- und Gerbereichem. **II**, 1 (1922/23); (*9*): Ebenda **II**, 177 (1922/23); (*10*): Cuir techn. **23**, 208, 240 (1934).
Mozolowski, W. u. J. K. Parnas: Biochem. Ztschr. **169**, 352 bis 354 (1926); Chem. Ztrbl. **1926 I**, 3169.
Müller, E. u. A. Luber: Collegium **1933**, 401.
Nastjukow, A. u. A. Dawydow: Westnik **1929**, 599; Collegium **1932**, 111.
Nietzki, R.: Chemie der organischen Farbstoffe. 3. Aufl. Berlin: Julius Springer, 1897.
Orthmann, A. C.: J. A. L. C. A. **31**, 253 (1936).
Ossipenko, F. u. E. Lipkina: Chem. Ztrbl. **1936 I**, 3253.
Otto, G. (*1*): Collegium **1933**, 586; (*2*): Ebenda **1935**, 450; (*3*): Ebenda **1934**, 602; (*4*): Angew. Chem. **49**, 175, 187 (1936); (*5*): Collegium **1937**, 449.
P. P.: Westnik **1928**, 213 bis 214; Collegium **1929**, 667.
Pawlowitsch, P.: Westnik (1928), 37; Collegium **1929**, 669.
Phillips, H.: Leather World **1932**, 454; Chem. Ztrbl. **1932 II**, 1403.
Pickard, R. H. u. A. E. Caunce: J. I. S. L. T. C. **8**, 156 (1924).
Pisarenko, A. P.: Journ. Zentral-Inst. f. Lederforschung, Moskau I, 18 bis 19 (1932); J. A. L. C. A. **29**, 595 (1934).
Pollak, L. (*1*): Collegium **1913**, 482; (*2*): In Ullmann: Enzyklopädie d. techn. Chemie. 2. Aufl. Berlin u. Wien: Urban & Schwarzenberg, 1930; (*3*): Gerber **1926**, 230; (*4*): Ebenda **1930**, 57; J. I. S. L. T. C. **14**, 299 (1930); (*5*): Gerber **1926**, 1; (*6*): Ebenda **1930**, 137, 150; (*7*): Gerbtechn. Rdsch. (Technická Hlídka) **1933**, 1; (*8*): Collegium **1932**, 72; (*9*): Gerber **1931**, 99; (*10*): Ebenda **1936**, 84; (*11*): Vortrag Königgrätz (*12*): Gerber **1933**, 63; (*13*): Ebenda **1936**, 68; **1937**, 80; (*14*): Collegium **1933**, 628.
Pollak, L. u. W. Springer: Collegium **1927**, 46.
Pollak, L. u. H. Basel: Festschr. d. Wiener Versuchsanstalt, 147 (1934).
Pollak, L. u. A. Patzenhauer: Gerber **1938**, 73.
Powarnin, G., P. S. Konowalenko, O. J. Borodina u. A. Pisstschulina: Russ. Led. Ber. **1935**, 88; Collegium **1936**, 482.
"Prefex": The Leather Trades Review **68**, 893, 1025, 1507 (1935).
Procter, H. R. u. A. B. Searle: Journ. Soc. chem. Ind. **20**, 287 (1901); Leather Tr. Rev. **34**, 19 (1901); Gerbereichem. Taschenbuch (Vagda). 4. Aufl. Dresden-Blasewitz: Th. Steinkopff, 1938.
Rado, G.: Cuir techn. **21**, 107, 153 (1932); Collegium **1932**, 652.
Ramm, S.: J. A. L. C. A. **30**, 547 (1935); Chem. Ztrbl. **1936 I**, 3253.
Reinsch, P. F.: In Gansser-Jettmar: Taschenbuch des Gerbers. Leipzig: Bernh. Friedr. Voigt, 1917.
Resch: Scherers Journ. **6**, 495 (1801).
Sändig, J.: Die Lederindustrie in Deutschland, Lederkalender 1937, 134.
Sagoschen, J. A.: Collegium **1934**, 639.
Sándor, G.: Dissert. Techn. Hochschule Berlin-Charlottenburg 1927.
Schaufeld, V.: Dissert. Dtsch. Techn. Hochschule Prag 1937.
Scheiber, J. u. K. Sändig: Die künstlichen Harze. Stuttgart: Wissenschaftl. Verlagsgesellschaft, 1929.
Schell, E.: Cuir techn. **19**, 198 (1930).
Schiff, H.: Liebigs Ann. **1875**, 171.
Schiljanski, S.: Russ. Led. Schuh **4**, 199 (1932); Chem. Ztrbl. **1934 II**, 695; Collegium **1934**, 192.
Schiller, W.: Gerber **1937**, 27.
Schorlemmer, C.: Collegium **1917**, 124.
Schütte, H.: Stiasny-Festschr. Darmstadt: Ed. Roether, 1937.
Seel, E. u. A. Sander: Angew. Chem. **29**, 333 (1916).
Shriner, R. L., H. C. Struck u. W. J. Jorison: Journ. Amer. chem. Soc. **52**, 2060 (1930); Chem. Ztrbl. **1930 II**, 1223.

Simoncini, E.: Boll. R. Staz. Industria Pelli 8, 337 (1928).
Skey, W.: Journ. prakt. Chem. **1866**, 752.
Sody, L.: Cuir techn. **24**, 358 (1935).
Spiers, C. H.: J. I. S. L. T. C. **17**, 193 (1933).
Stacy, L. E.: J. A. L. C. A. **19**, 506 (1924).
Stather, F. u. K. Löchner: Collegium **1934**, 374.
Stather, F. u. H. Herfeld (*1*): Collegium **1936**, 507; (*2*): Ebenda **1937**, 570.
Stiasny, E. (*1*): Collegium **1925**, 142; (*2*): Ebenda **1926**, 415; (*3*): Ebenda **1928**, 387; (*4*): Gerber **1905**, 186, 202, 216, 231; Collegium **1906**, 396; (*5*): Ebenda **1913**, 144.
Stiasny, E. u. O. E. Salomon: Collegium **1923**, 326 bis 336, 642.
Stiasny, E. u. F. Orth (*1*): Collegium **1924**, 23ff., 95; (*2*): Ebenda **1925**, 150; (*3*): Ebenda **1927**, 189.
Stiasny, E. u. A. Papayannis: Collegium **1934**, 73.
Strauß, R.: Collegium **1934**, 399.
"Thiophene": Leather World **1929**, 871; Collegium **1930**, 349.
Thomas, A. W. (*1*): J. I. S. L. T. C. **11**, 358 (1927); (*2*): J. A. L. C. A. **15**, 504 (1920).
Thomas, A. W. u. M. W. Kelly (*1*): Ind. engin. Chem. **1929**, 698; (*2*): Ebenda **1925**, 41.
Thompson, F. C. u. W. R. Atkin: J. I. S. L. T. C. **13**, 297 (1929).
Tumaschew, S. u. Romanow: Russ. Led. Schuh **6**, 312 (1932).
Ungenannt (*1*): Cuir techn. **17**, 256 (1928); (*2*): Gerbereitechn. **1935**, Nr. 49 u. 51; (*3*): Ebenda **1936**, Nr. 8; (*4*): Cuir techn. **22**, 139 (1933).
Vogel, W.: Gerber **1930**, 129.
Vogel: Journ. Chim. physique **6**, 101 (1812).
Vorländer, D.: Ztschr. analyt. Chem. **77**, 241 (1929); Chem. Ztrbl. **1929 II**, 1047.
Waerden, H. van der: Collegium **1924**, 345.
Wallace, E. L., J. R. Kanagy u. C. L. Critchfield: J. A. L. C. A. **30**, 510 (1935).
Weinschenk, A.: Chem. Ztg. **32**, 266, 509 (1908).
Wilson, J. A., F. Stather, M. Gierth: Die Chemie der Lederfabrikation, 2. Aufl. Wien: Julius Springer, 1930.
Wolesensky, E. (*1*): Techn. Paper **309**, Bureau of Standards 275 (1926); J. A. L. C. A. **21**, 266 (1926); Techn. Paper **302**, Bureau of Standards **1925**, 45; J. A. L. C. A. **21**, 264 (1926); (*2*): Techn. Paper **316**, Bureau of Standards **1926**, 510; J. I. S. L. T. C. **10**, 476 (1926); (*3*): Techn. Paper **20**, Bureau of Standards **1926**, 529; J. I. S. L. T. C. **10**, 494 (1926).
Woodroffe, D. (*1*): J. I. S. L. T. C. **11**, 394 (1927); (*2*): Cuir techn. **20**, 12 (1931).

Sechstes Kapitel.

Die Gerbung mit Celluloseextrakten[1].

Von Priv.-Doz. Dr. **Leopold Pollak**, Prag.

A. Einleitung.

Die Bezeichnung „Celluloseextrakt" ist lediglich die Abkürzung des ursprünglichen Ausdrucks „Sulfitcelluloseextrakt", d. h. eines Extrakts, bzw. Auszugs, der bei der Herstellung des Zellstoffs nach dem Sulfitverfahren als sog. Sulfitablauge anfällt, wobei der Sulfitzellstoff gewonnen wird. Fichtenholz wird mit „Sulfitlauge", meistens Ca-Bisulfitlauge, unter hohem Druck gekocht; diese zum Kochen verwendete „Sulfitlauge" darf nicht mit der nach dem Kochen entstandenen Sulfitablauge verwechselt werden. Die Abkürzung in „Celluloseextrakt" ist zwar bequem, aber falsch, denn es handelt sich nicht um einen cellulosehaltigen Extrakt. Auch die vielfach verwendete Bezeichnung „Fichtenholzextrakt" ist in Verbindung mit seinem Zweck nicht richtig, denn der Gerber verbindet damit die Vorstellung von Fichtenholzgerbstoff, der im Fichtenholz in technisch brauchbaren Mengen nicht vorhanden ist. Da jedoch in den U. S. A. die Bezeichnung „spruce" bzw. „spruce-extract" allgemein gebräuchlich ist und als Gattungsnamen für diese Art Extrakte gilt, selbst wenn sie nicht aus „spruce", d. i. Fichtenholz, hergestellt wurden, mag die Übersetzung Fichtenholzextrakt immerhin gelten. Für europäische Begriffe ist allerdings eine Verwechslung mit Fichtenrindenextrakt viel leichter möglich als in Amerika, wo genau zwischen „spruce-extract" und „pine-bark-extract" unterschieden wird.

Da der gerbende Bestandteil der „Celluloseextrakte" lediglich die Ligninsulfosäure ist, entspricht die in letzter Zeit gewählte Bezeichnung „Ligninextrakte" am besten den Tatsachen und auch der sinnentsprechenden und überdies bequemen Bezeichnung „Ligningerbung" für die Verwendung dieser Ligninextrakte.

Wirtschaftliches. Die Verwendung der Ligninextrakte bei der Ledererzeugung ist neueren Datums. Da die Verwertung der Sulfitablaugen eine der größten volkswirtschaftlichen Aufgaben ist, muß jede Neuverwendung derselben beachtet werden, selbst wenn es sich hierbei um geringe Prozentsätze handelt. Die von W. Vogel (*2*) berechneten Mengen in Deutschland allein verfügbarer Sulfitablaugen ergaben (1933) die Möglichkeit, daraus 2000000 t flüssige Ligninextrakte mit 50% Trockensubstanz herzustellen, dies würde bei Zugrundelegung von nur 20% Gerbstoff 400000 t Gerbstoff ausmachen (das entspricht der

[1] Gleichbedeutend sind die Bezeichnungen Fichtenholzextrakte, Sulfitcelluloseextrakte, Ligninextrakte (Extraits de Cellulose Sulfitique, Wood-Extracts, Pulp-Extracts, Spruce-extracts).

$6^1/_2$fachen Menge pflanzlichen Gerbstoffs, der 1925 in Deutschland verbraucht wurde). Bei der im Laufe der Jahre 1935 bis 1937 erfolgten ganz bedeutenden Vergrößerung der Zellstofferzeugung, nicht nur in Deutschland, sondern auf der ganzen Welt, kann man sich ein Bild von den ungeheuren Reserven machen, die allenfalls für Gerbzwecke zur Verfügung stehen. Diese Mengen übertreffen wohl auch die bisher als pflanzliche Gerbstoffreserven angesehenen großen Mangrovedickichte. Nach W. Vogel wurde der wirkliche Verbrauch an flüssigem Ligninextrakt auf höchstens 10000 t geschätzt, betrug daher nur 0,5% der damals verfügbaren Mengen. W. Vogel geht davon aus, daß mindestens 20% des in Deutschland jährlich verbrauchten pflanzlichen Gerbstoffs durch Celluloseextrakt ersetzbar sei; es würde also nur 16% der unbedenklich anwendbaren Menge tatsächlich verwertet werden. Durch die inzwischen eingetretenen Verhältnisse in allen Ländern mit gebundener Devisenbewirtschaftung, die Selbstversorgungsbestrebungen und Sparmaßnahmen, teils durch Verordnungen anbefohlen, teils freiwillig gewählt, darf der von W. Vogel geschätzte Verbrauch absolut wahrscheinlich höher angenommen werden, dürfte jedoch infolge des vermehrten Anfalls an Ablaugen anteilig wenig verändert sein. Eine andere Angabe über den Verbrauch an Ligninextrakten in Deutschland gibt J. Sändig (Lederkalender 1937) für das Jahr 1932, sie ist niedriger, 3747 t. Eine ähnliche Aufstellung machte L. Masner 1937 für die damalige Tschechoslowakei.

Ähnliche Verhältnisse bestehen in sämtlichen waldreichen Ländern. Jedenfalls spielen heute Ligninextrakte eine nicht zu unterschätzende Rolle in den Bestrebungen, die Gerbstoffwirtschaft von der Einfuhr ausländischer Gerbrohstoffe einigermaßen unabhängig zu machen oder zumindest die Gerbstoffbewirtschaftung zu erleichtern. Hierzu äußerten sich wiederholt W. Graßmann, A. Küntzel, G. Grasser (*6*) u. a. m.

Es ist bemerkenswert, daß die erhöhte und klaglose Mitverwendung der Ligninextrakte mit deren erhöhter wissenschaftlicher Erforschung zusammenfällt. Bekanntlich wurde diesen Extrakten lange Zeit jeder Gerbwert abgesprochen. Auch heute steht fest, daß sie als Alleingerbstoffe nicht in Betracht kommen. Nach dem Beschluß der Hauptversammlung des Internationalen Vereins der Lederindustrie-Chemiker von 1912, durch welchen die Bezeichnung „Gerbstoff" in den Analysen dieser Extrakte verboten wurde, waren sie für viele Gerber ein Tabu, und tatsächlich fürchtete man ihre Mitverwendung. Mit Recht oder Unrecht? Wohl waren damals diese Extrakte nicht das, was sie heute schon sind, namentlich konnte man sich auch nicht Rechenschaft über den Säuregehalt und den Einfluß der Mineralstoffe geben. Nichtsdestoweniger muß sich der ernst denkende Gerber die Frage stellen, ob die, heute sogar durch Verordnung vorgeschriebene Mitverwendung der Ligninextrakte nur Zwang oder auch Vorteil bedeutet, insbesondere da damit zu rechnen ist, daß dies auch in Zukunft so bleiben wird, denn was im Gerbereibetrieb einmal eingebürgert ist, läßt sich schwer wieder abschaffen. Die Antwort kann nur dahin lauten, daß die Mitverwendung der Ligninextrakte von guter und gleichbleibender Fabrikation in begrenztem Ausmaß und unter fortgesetzter chemischer Kontrolle auch bei wiederkehrenden normalen Verhältnissen Vorteile bieten wird, die nicht nur vom Standpunkt der Volkswirtschaft gewertet werden müssen.

Ältere Versuche zur Verwertung der Sulfitablaugen. Die Ablaugen der Sulfitcellulosefabrikation boten seit Erfindung des Bisulfitverfahrens durch Tilghman (E.P. 2924/1866) das oft und vielfach vergeblich studierte Problem, die darin enthaltenen organischen und anorganischen Stoffe zu verwerten oder zumindest soweit unschädlich zu machen, daß die Flußläufe durch dieselben nicht verunreinigt werden. Die ungeheuer großen Mengen Sulfitablaugen bildeten seit Jahren und bilden auch heute noch eine nur zum Teil gelöste Schwierigkeit; die Verwertung für Zwecke der Gerberei betrifft, wie erwähnt, nur einen ganz geringen Prozentsatz der vorhandenen Mengen. Die unzähligen Versuche und Verfahren zur Verwertung der Sulfitablaugen wurden bis 1910 von M. Müller in dem Buch: Literatur der Sulfitablauge übersichtlich zusammengestellt. Die Fortsetzungen besorgten: 1912 bis 1924 A. Schrohe, 1924 bis 1931 W. Schmid (siehe auch: Die Deutschen Reichspatente der Klasse 28, Gerberei, F. H. Haenlein).

Die Heranziehung der Sulfitablaugen für Gerbereizwecke wurde zuerst von A. Mitscherlich vorgeschlagen, doch beziehen sich die beiden D.R.P. 4178, Kl. 28a, 13, vom 23. 1. 1878, und 4179 (Zusatz zu 4178, identisch mit dem Sächs. P. 3912 vom 5. 2. 1875) eigentlich nicht auf solche Ablaugen, wie sie heute zur Herstellung von Sulfitcelluloseextrakten Verwendung finden, da A. Mitscherlich von Eichenholz ausging und die Herstellung von Cellulose aus demselben mit der gleichzeitigen Extraktion des enthaltenen Gerbstoffs verband, indem er dasselbe mit Calciumbisulfit behandelte und in der Ablauge den Gerbstoff mittels Schwefelsäure in Freiheit setzte. In diesem ersten Sulfitcelluloseextrakt war demnach wirklicher Gerbstoff neben Ligninsulfosäure enthalten. Näheres über dieses Verfahren bei E. Kirchner, St. Mierzinski, A. Ganswindt.

Es blieb den rastlosen Arbeiten A. Mitscherlichs vorbehalten, durch sein D.R.P. 72161, Kl. 12 vom 7. 8. 1891 den Grundstein zu der in neuerer Zeit sich ausbreitenden Industrie der Sulfitcelluloseextrakte zu legen. Dieses Verfahren beruht auf einer osmotischen Trennung der anorganischen Salze und organischen Zuckerstoffe, Säuren u. dgl., welche durch eine Membran diffundieren, von den kolloidalen Bestandteilen der neutralisierten Ablauge, welche innerhalb der Membran zurückbleiben und nach Abscheidung des Kalks zu „gerbenden" Produkten verarbeitet wurden, während die diffundierten Zucker für die Alkoholherstellung in Betracht kamen. Die so erhaltenen gerbstoffähnlichen Erzeugnisse wurden in der ersten Zeit wohl weniger zum Gerben verwendet als zur Herstellung des sog. „Gerbleimes", welcher an Stelle des Harzleims in der Papierfabrikation Verwendung fand, indem billige tierische Leime mit diesen „Gerbstoffen" gefällt wurden. Das Verfahren führte zu einem heftigen Streit mit C. D. Ekman (D.R.P. 81643) in Northfleet. Ein ähnliches Produkt „Gelalignosin" stellten C. F. Cross und E. J. Bevan her (E.P. 1548 von 1883). Im Jahre 1893 nahm C. Opl in Hruschau das D.R.P. 75351, Kl. 28a, auf ein Verfahren zum Gerben mit Sulfitablauge, in welcher die gerbenden Stoffe mit Metallsulfaten (Alaun, Eisensulfat usw.) umgesetzt waren. Ein den neueren Verfahren bereits nahestehendes Patent wurde D. Kempe in Nacka bei Stockholm im Jahre 1897 erteilt. Es handelt sich um das Schwed. P. 8422/1897, dem kein D.R.P. gegenübersteht, jedoch das Ö. Priv. 3962 vom 14. 10. 1897. Die Sulfitablauge wird darnach mit Kalk unter Druck gekocht; es bildet sich unlösliches Calciumsulfit, das sich ausscheidet, worauf die Lösung unter Druck mit Sulfaten der schweren Metalle bzw. mit Alaunen gekocht wird „zu dem Zwecke, diesen Teil der Lauge zu einem zum Gerben verwendbaren Produkt umzusetzen".

Die unmittelbare Anwendung der Sulfitcelluloseablauge in der Gerberei ließ sich A. Ziegler in Pilsen durch das D.R.P. 105669, Kl. 28a, 6/1897 schützen. A. Ziegler ließ abwechselnd Sulfitcelluloseablauge und Metallsalzlösungen, insbesondere wasserlösliche Salze des Chroms, Eisens und des Aluminiums, in getrennten Bädern auf die Haut einwirken. Die Arbeiten von Max Hönig, den man als den Schrittmacher dieser Industrie bezeichnen kann, beginnen wohl um 1898, vielleicht sogar schon früher, denn 1897 wird in einem Bericht der Wiener Versuchsanstalt für Lederindustrie bereits auf Arbeiten über Sulfitablaugengerbstoff hingewiesen. Das erste diesbezügliche D.R.P. 132224, Kl. 28a/1901, Ö.P. 7325/1901, enthält bereits die wichtige Verbesserung der Farbe der Extrakte durch Behandlung mit Zinkstaub, wodurch hydroschweflige Säure entsteht, welche bleichend wirkt.

Seither ist die Behandlung der Sulfitcelluloselaugen für Zwecke der Gerberei ein vielfach bearbeitetes Feld geworden und eine große Anzahl Patente schützen die verschiedenartigen Verfahren. M. Hönig schlug 1903 vor, die Sulfitcelluloseablauge zur Extraktion von Gerbrohstoffen zu verwenden (D.R.P. 152236/1903, Ö.P. 12970), in Anlehnung an die bekannten Verfahren zur Extraktion von

Gerbrohstoffen unter Zusatz von Natriumbisulfit, welche auch heute noch, namentlich in Rußland, ausgeführt werden. Ein ähnliches Verfahren schlug auch D. Stewart vor (Ö.P. 40528). Diese Verfahren bildeten den indirekten Ausgangspunkt zu der wichtigen Verwendung der Sulfitcelluloseextrakte bei der Lösung schwer löslicher pflanzlicher Gerbextrakte, insbesondere des Quebrachoextrakts. Während die ursprünglichen Verfahren in der Hauptsache darauf eingestellt waren, die Sulfitcelluloseablaugen von schwefliger Säure, Kalk und Eisen zu befreien und dies meist durch Zusätze von Kalk, Soda, Schwefelsäure oder organischen Säuren usw. erreicht wurde, sind in neuerer Zeit Verfahren bekannt geworden, nach welchen die Sulfitcelluloseablauge weitgehend chemisch verändert wird, z. B. durch Chlorierung, Behandeln mit Bichromat, Kondensation mit Formaldehyd, Verbindung mit aromatischen Sulfosäuren zu künstlichen Gerbstoffen, gemeinsame Verwertung mit Schwarzlaugen des Sulfatprozesses. Im Verlauf der letzten 20 Jahre ist die Herstellung von gereinigten Sulfitcelluloseextrakten für Zwecke der Gerberei eine Großindustrie geworden, welche aus frachtlichen Gründen meist an die großen Zellstoffbetriebe angeschlossen wird, denn es ist unwirtschaftlich, die dünne Abfallauge an einen anderen Erzeugungsort zu verfrachten. Aus ähnlichen Erwägungen ist man in neuester Zeit auch dazu übergegangen, Sulfitcelluloseextrakte in fester bzw. pulverförmiger Form herzustellen.

B. Verarbeitung der Sulfitcelluloseablaugen für Gerbereizwecke.

I. Allgemeines über die Aufbereitungsverfahren.

Das älteste Mitscherlichsche Verfahren, welches die Dialyse zur Abtrennung der unbrauchbaren organischen und anorganischen Stoffe heranzog, konnte nicht zur Erzeugung großer Mengen in Betracht kommen. Die ersten technisch durchführbaren Verfahren beruhen auf folgender Reaktion zwecks Bindung der schwefligen Säure und Entfernung des Kalkes:

$$\underset{\text{lösliches Calciumbisulfit.}}{Ca(HSO_3)_2} + Ca(OH)_2 = \underset{\text{unlösliches Calciumsulfit.}}{2\,CaSO_3} + 2\,H_2O.$$

Durch Neutralisation der Ablaugen mit Kalkmilch wird die schweflige Säure gebunden und gleichzeitig das schwerlösliche Calciumsulfit ausgeschieden. Die Behandlung mit Kalk kann auch bei Temperaturen über 100° C unter Druck vorgenommen werden (V. B. Drewsen, D.R.P. 67889, Kl. 55b/1891), etwa noch in Lösung befindliches Calciumsulfit durch Oxydation zu Sulfat (Frank, mittels Kamingasen) und überschüssiger Kalk durch Saturation mit Kohlensäure abgeschieden werden (J. Novák, D.R.P. 74030, Kl. 12/1893).

Der billige Kalk wird in manchen Verfahren durch Ammoniak oder Ammoncarbonat ersetzt (A. Stutzer, D.R.P. 236035, Kl. 22i/1910), wobei außerdem die vollständige Entfernung des Calciumsulfits durch Eindampfen und nochmalige Filtration der ausgeschiedenen unlöslichen Salze erreicht wird. In einem späteren D.R.P. 246658 empfiehlt A. Stutzer anstatt Ätzkalk die Carbonate der alkalischen Erden zu verwenden. Bei diesen Verfahren wird die Farbe der Ablauge unter dem Einfluß der alkalischen Zusätze und gleichzeitiger Sauerstoffaufnahme dunkel und muß in der Folge gebleicht werden.

Anstatt die schweflige Säure zu binden, kann man sie, soweit es sich um freie Säure handelt, durch Kochen oder durch Einblasen von Luft oder Kohlensäure vertreiben. Jener Teil schwefliger Säure, der anorganisch gebunden ist, kann durch Zusatz einer stärkeren Mineralsäure — in den meisten Fällen verwendet man Schwefelsäure — in Freiheit gesetzt und ebenfalls durch Auskochen oder durch Luft aus der Ablauge ausgetrieben werden. Hierbei bildet sich Calciumsulfat (bei Verwendung von Schwefelsäure), welches sich unlöslich ausscheidet. Die entweichende schweflige Säure kann zur Herstellung neuer Bisulfitlaugen herangezogen werden.

Die Bildung des schwer löslichen Calciumsulfits tritt aber auch schon beim Kochen der Ablauge nach der Vertreibung der freien schwefligen Säure ein, wobei die Hälfte der an Kalk gebundenen schwefligen Säure entweicht. Diesen Vorgang haben eine Anzahl älterer geschützter Verfahren zum Inhalt. Das D.R.P. 183415, Kl. 28a/1905, A. Kumpfmiller, beschreibt ein Verfahren, in welchem die Ablauge ohne Zusatz einer Base, durch Erhitzen von schwefliger Säure befreit wird, wodurch das Calciumsulfit ausfällt; der Rest des gebundenen Kalkes wird durch Zusatz einer ein unlösliches Kalksalz bildenden, organischen Säure, und zwar Essigsäure, in kleinem Überschuß bei 70° C, abgeschieden. Das Eindampfen wird in einem Zirkulationsverdampfer im Vakuum vorgenommen. Das D.R.P. 194872/1906, Zusatz zu dem vorstehenden Patent, empfiehlt die Verwendung von Milchsäure an Stelle der Essigsäure; das lösliche Calciumlactat soll den Gerb- und Füllprozeß nicht nachteilig beeinflussen. Der von A. Kumpfmiller verwendete Gegenstrom-Vakuumverdampfapparat wird in dem Ö. Priv. 5849 näher beschrieben. Er ist mit Material gefüllt, welches die Verteilung der Ablauge auf eine möglichst große Oberfläche bewirken soll und besitzt einen Einspritzkondensator, der mit Kalkwasser zwecks Bindung der schwefligen Säure gespeist wird. A. Kumpfmiller veränderte später seinen Apparat dahin, daß er die vorgewärmte Ablauge kontinuierlich oder mit Unterbrechungen in kleinen Mengen in einen evakuierten Raum einspritzte (D.R.P. 203648, Kl. 28a/1906; Ö.P. 40657/1906). Dadurch wurde erreicht, daß die schweflige Säure schnell entfernt wurde und Calciumsulfit ausfiel. Bei diesem Verfahren wird infolge der verringerten Koch- und Eindampfzeit sowie auch infolge der dabei beobachteten niedrigen Temperatur die Farbe der Ablauge geschont: man erhält hellere Extrakte. A. Kumpfmiller versuchte außerdem, den letzten Rest der durch Erhitzen im Vakuum nicht mehr zu entfernenden schwefligen Säure durch Oxydation mit Ozon zu entfernen und die gebildete Schwefelsäure mit Bariumcarbonat auszufällen (D.R.P. 207776, Kl. 28a/1906). Der Gedanke, die letzten Reste der schwefligen Säure wegzuoxydieren, taucht einige Jahre später in dem amerikanischen Verfahren von H. V. Tartar auf, welches die Verwendung von Kaliumpermanganat für diesen Zweck angibt. Bereits A. Kumpfmiller hatte in seinem Ö.Priv. 5849 beschrieben, die Ablaugen zwecks Entfernung der schwefligen Säure auf eine große Oberfläche zu verteilen. Dieser Gedanke wurde ebenfalls in späteren Verfahren wieder aufgenommen und unter anderem auch versucht, die Ablaugen auf Gradierwerken aus Reisig u. dgl. herabrieseln zu lassen. W. H. Philippi führt die Ablauge einen langen, mit verschiedenartigen Widerständen versehenen Weg (D.R.P. 321331/1915), auf dem Zusatz der Chemikalien erfolgt. Das Verfahren der Chem. Fabrik Waldhof-Hans Clemm (D.R.P. 345774/1920) verwendet zu diesem Zwecke cellulosehaltiges Material, insbesondere zerkleinertes Holz, mit Vorteil solches, das später auf Zellstoff verarbeitet werden soll, wobei nach längerer Berührung mit den Ablaugen der größte Teil der schwefligen Säure entzogen und eine Neutralisation erzielt wird. Die weitere Verfolgung des Gedankens, die Ablauge auf große Oberfläche zu verteilen und auf diese Weise die schweflige Säure zu entfernen, führte vermutlich zu der Beobachtung, daß deren Eisengehalt dadurch verringert werden konnte, namentlich, wenn man die Ablauge über gerbstoffhaltiges Material filtrierte, wobei das Eisen durch den Gerbstoff festgehalten werden soll. Als erster schlug dies D. Stewart in Inverness vor (A.P. 909343/1909 und Ö.P. 40528/1907). Die zu diesem Verfahren verwendeten Ablaugen sollten nicht mehr als 6% Fe_2O_3 in der Asche enthalten, welches durch Perkollieren mit gerbstoffhaltigem Material entfernt wird. Bei höherem Eisengehalt erfolgte ein Zusatz von Kalk. Die Filtration der Ablauge über Gerbmaterial oder Erhitzen derselben mit Gerbmaterialien schlug M. Hönig in seinem Ö.P. 43742, Kl. 28b von 1910, ebenfalls vor, wobei er darauf hinwies, daß Knoppern und Myrobalanen die Eigenschaft besitzen, Eisen in unlöslicher Form zurückzuhalten.

Wiedergewinnung der schwefligen Säure wurde vielfach versucht, wobei rein konstruktive Fragen gelöst werden mußten. In Zusammenhang damit soll das Verfahren von H. Achenbach (Ö.P. 64335) genannt werden, nach dem die eingedickte Lauge zerstäubt wird, und jenes von M. Müller (Ö.P. 64543), in welchem der beim Eindicken entstehende Abdampf durch die Ablauge streicht und die schweflige Säure heraustreibt. Ebenfalls durch Zerstäubung soll ein Pulver frei von schwefliger Säure durch das Verfahren von W. H. Dickerson und Atomized Products Corp. erhalten werden (E.P. 143874/1920 und F.P. 515242/1920; D.R.P. 392386/1920). Ob bei der Zerstäubung tatsächlich die schweflige Säure entfernt werden kann, ist zweifelhaft. Nach dem A.P. 1592062 von 1922, Webster E. B. Baker, wird der bereits vorher zerstäubten Lauge nachträglich soviel Kalk zugesetzt, als zur Bindung der freien schwefligen Säure nötig ist, um Sulfit zu bilden; das p_H ist schließlich 9,0. Die basische Flüssigkeit wird filtriert, konzentriert, unterhalb 40° C mit Schwefelsäure von 32 bis 35° Bé schwach sauer eingestellt und wieder filtriert. Bezeichnend in diesem Verfahren ist der Kalkzusatz zwecks Bindung der freien schwefligen Säure, trotz vorhergegangener Zerstäubung. Nachgewiesenermaßen enthalten pflanzliche Gerbextrakte, z. B. sulfitierter Quebrachoextrakt, auch nach fabrikmäßig durchgeführter Zerstäubung zu Pulverextrakt freie schweflige Säure, sogar noch nach längerer Lagerung. Die Austreibung bzw. Wiedergewinnung der schwefligen Säure wurde bereits in den Anfängen der Sulfitablaugenverwertung für Gerbzwecke für besonders wichtig gehalten, um die Gestehungskosten zu vermindern.

In neuerer Zeit ist dies bei dem Verfahren von M. Hönig und W. Fuchs (D.R.P. 420802/1921) wiederum besonders betont und auf die Gewinnung organischer flüchtiger Säuren ausgedehnt worden. So beschreibt A. Kumpfmiller einen Vakuumzirkulationsapparat, wie er in der Kaliindustrie verwendet wird. Von einem oben offenen Heizkörper gelangt die einzudampfende Flüssigkeit in einen Vakuumverdampfkörper, von wo sie dann wieder in den Heizkörper zurückfließt (ähnlich dem Verdampfer „System Vogelbusch"). Bei guter Reinigung sollen sich hierbei die Röhren niemals mit Krusten belegen. Die Ablauge wird beim Kochen „durchgepeitscht", wobei die schweflige Säure entweicht. Bei dem bereits kurz erwähnten Verfahren (D.R.P. 252412) von H. Achenbach wird die Ablauge während ihres Ausfließens aus dem Zellstoffkocher in einem geschlossenen Behälter durch ihren eigenen Druck zerstäubt und die sich dabei abspaltende schweflige Säure aufgefangen. In die vom Kocher kommende Ablaugenleitung ist eine Zerstäubungsvorrichtung eingeschaltet, welche von einem mit Gasabzugsrohr und Laugenabflußrohr versehenem Behälter umgeben ist. Die schweflige Säure zieht durch ersteres ab.

Das ebenfalls bereits kurz erwähnte Verfahren von M. Müller (D.R.P. 241282) beschreibt eine „Auftriebsverdampfung" unter hohem Vakuum in von außen beheizten Röhren. Hierbei handelt es sich um eine ganz normale Verdampfung in einem Röhrenverdampfer (Ein-, Zwei- oder Dreikörper) unter Vakuum, wie solche in der Gerbextraktindustrie seit nahezu 60 Jahren üblich sind. Die dabei mögliche und tatsächlich bewirkte Trennung und Wiedergewinnung der flüchtigen Säure hatte J. Jedlička bereits im Jahre 1909 für Eichenholzextrakt und Essig- bzw. Ameisensäure beschrieben und auch noch heute wird in einigen Eichenholzextraktfabriken durch Zwischenschaltung von Kalkwäschern (zwischen je zwei Verdampfkörper) Essigsäure in nicht unbeträchtlicher Menge als Nebenprodukt gewonnen [J. Jedlička (*1*), L. Pollak (*1*), G. Vié (*1*)].

Der Gehalt der Ablaugen an schwefliger Säure richtet sich nach der Führung des Kochprozesses und soll eigentlich sehr gering sein, denn das Fortschreiten des Kochprozesses wird nach der Abnahme der schwefligen Säure verfolgt und bis zu einem gewissen Minimum fortgesetzt. Die Ablaugen der „harten Kochung" (siehe S. 528) enthalten mehr schweflige Säure als jene der „weichen Kochung".

Die Entfernung der schwefligen Säure aus den Ablaugen vor deren Eindickung ist vom Standpunkt der Werkstoffauswahl außerordentlich wichtig, weil bei Anwesenheit schwefliger Säure verbleite Apparate verwendet werden müßten. Allerdings tritt der Angriff der Werkstoffe durch schweflige Säure in den Hintergrund gegenüber der starken Säurewirkung der Ligninsulfosäure.

L. Masner und V. Samec (*1*) haben sich ausführlich mit dieser Frage befaßt und kamen zu dem Schluß, daß sich nur nichtrostender Stahl wirklich in jeder Hinsicht bewährt. Es handelt sich bei der Herstellung gereinigter Extrakte für Gerbzwecke nicht nur darum, einen widerstandsfähigen Werkstoff zu verwenden, sondern auch einen solchen, der die Brühen nicht verfärbt und im Gange der Gerbung nicht zu Flecken Anlaß gibt (z. B. Kupfer). Da bei saurer Verdampfung vergärbarer Zucker durch Hydrolyse gebildet wird, der für die Gerbung wertvoll ist, legt man großen Wert darauf, die Brühen in nichtneutralisiertem Zustand einzudicken. Für Rohrleitungen eignet sich Lärchenholz sehr gut; da heiße Ablaugen das Holz natürlich stark angreifen würden, wird empfohlen, dort, wo dies möglich ist, einen Kühler vorzuschalten. Um Schädigung der Stahl-, Blei- und Bronzearmaturen durch elektrische Beeinflussung zu verhindern, ist es zweckmäßig, als Trennungsmaterial Gummi zu verwenden. Über die Corrosion der Leichtmetalle machten F. Stather und H. Herfeld wichtige Angaben.

Apparate aus gewöhnlichem Eisen kann man wohl mit eisenfreien, säurefesten Steinen u. dgl. auslegen oder mit einem Anstrich versehen, doch hält letzterer die Temperaturen über 80° nicht aus. Belag aus Hartgummi und Kunstharzen ist noch nicht genügend erprobt.

Über Verdampfung mit Zirkulation berichtete W. B. Badger.

Entfernung des organisch gebundenen Kalks. Die Bildung freier Ligninsulfosäure bzw. ihrer Natrium-, Magnesium-, Aluminium- oder Chromsalze (allenfalls Eisensalze) kann auf verschiedene Weise erfolgen [V. Kubelka (*1*)]:

1. Fällung mit Säuren, die unlösliche Kalksalze bilden, wobei namentlich Schwefelsäure in Betracht kommt. Oxalsäure und Phosphorsäure sind zu teuer.

2. Fällung mit sauren oder neutralen Salzen dieser Säuren, einschließlich der Ammonsalze; hierbei werden die entsprechenden Salze der Ligninsulfosäure gebildet.

3. Fällung mit Soda oder anderen Alkalicarbonaten und Bicarbonaten.

4. Fällung mit Salzen des Aluminiums und des Chroms, namentlich mit Sulfaten.

Die Zersetzung des ligninsulfosauren Kalks geht also folgendermaßen vor sich: (L) bedeutet das Ligninmolekül][1].

Zu 1. $$\left.\begin{matrix}(L){-}SO_3\\(L){-}SO_3\end{matrix}\right\rangle Ca + H_2SO_4 = 2\,(L)\,SO_3H + CaSO_4,$$

[1] Die in dieser Arbeit wiederholt genannten „A. P." sind als amerikanische Patente in die Literatur übernommen worden; es handelt sich um österreichische Patente (Austrian Patents).

zu 2. $\begin{matrix}(L)-SO_3 \\ (L)-SO_3\end{matrix}\!\!>\!Ca + Na_2SO_4 = 2\,(L)\,SO_3Na + CaSO_4$; bei Verwendung von Bisulfat entsteht: $(L)\,SO_3K + (L)\,SO_3H + CaSO_4$;

zu 3. $\begin{matrix}(L)-SO_3 \\ (L)-SO_3\end{matrix}\!\!>\!Ca + Na_2CO_3 = 2\,(L)\,SO_3Na + CaCO_3$.

Die von V. Kubelka (*1*) aufgestellte schematische Formel setzt voraus, daß in der Ligninsulfosäure nur eine Sulfogruppe enthalten ist. Die Anwesenheit von mindestens zwei Gruppen würde zu der Annahme berechtigen, daß es möglich wäre, saure Salze der Ligninsulfosäure zu bilden; dies wird auch in einigen Verfahren mehr oder weniger deutlich ausgesprochen und kann z. B. bei der Fällung mit Bisulfat eintreten.

Bisher fanden nur die auf Fällung beruhenden Reinigungsverfahren technische Verwendung. Das Bestreben, vollkommen kalk- und eisenfreie und schließlich möglichst aschearme Extrakte herzustellen, führte auch zu Versuchen, die mineralischen Bestandteile elektrolytisch zu entfernen. Dies behandelt das D.R.P. 347201, welchem das Norw.P. 31955 entspricht. Bei 2 Amp. und 15 bis 20 Volt soll es möglich sein, eine nahezu kalkfreie Flüssigkeit im Anodenraum zu erhalten. Auch Permutitbehandlung wurde vorgeschlagen. Mit der weitgehenden Entkalkung und Enteisenung der Ablauge und schließlicher Bildung freier Ligninsulfosäure und ihrer Alkalisalze ist die wichtigste Arbeit für die im Handel befindlichen Sulfitcelluloseextrakte beendet. Die große Anzahl bekanntgewordener, meist patentierter Verfahren enthält nicht nur die Reinigung der Ablaugen und deren Einstellung für Zwecke der Gerbung in der bisher beschriebenen Art, sondern vielfach auch noch andere chemische Behandlungen, die weitgehende Veränderungen derselben zur Folge haben. Hierher gehören vor allem jene Arbeitsweisen, welche eine Verminderung der Nichtgerbstoffe bezwecken. Dies kann z. B. durch Vergärung eines Teiles der Zuckerstoffe geschehen, oder durch Ausfrieren und auch durch Ausfällung der Ligninsulfosäure und Trennung von den Nichtgerbstoffen. Damit kann auch eine Verminderung des Aschengehalts verbunden sein. Eine zweite Gruppe solcher Verfahren beschreibt eine weitgehende Chlorierung bzw. Oxydation mit anderen Oxydationsmitteln zwecks Erhöhung der Gerbwirkung. Hier handelt es sich neben rein chemischer Einwirkung um Teilchenverkleinerung. Es sei erwähnt, daß zu diesen Verfahren meist vorgereinigte, von Kalk und Eisen befreite Ablaugen verwendet werden.

II. Die technisch wichtigsten Herstellungsverfahren für Gerbmittel aus Sulfitablaugen.

1. Übersicht.

Die Verfahren, welche die Herstellung von Gerbmitteln aus Sulfitcelluloseablaugen oder die Verwendung derartiger Gerbmittel zum Inhalt haben, sind im Patentregister im einzelnen aufgeführt; sie lassen sich innerhalb weiterer Grenzen in acht Gruppen einteilen, wobei viele dieser Verfahren infolge ihrer ausgedehnten Patentansprüche in mehrere Gruppen eingereiht werden müssen. Es können folgende Gruppen gebildet werden:

Gruppe I: Behandlung mit Schwefelsäure oder anderen Mineralsäuren.

Gruppe II: Behandlung mit organischen Säuren.

Gruppe III: Behandlung mit Alkali-, Ammon- und Magnesiumsalzen von Mineralsäuren (Kochsalz, Sulfate usw.) und organischen Säuren (Ammonoxalat).

Gruppe IV: Behandlung mit Soda, Ammoniak usw.

Gruppe V: Behandlung mit Salzen des Aluminiums, Eisens, Chroms.

Gruppe VI: Verschiedene chemische und mechanische Behandlung.

Gruppe VII: Behandlung mit Chlor und oxydierenden Mitteln.

Gruppe VIII: Verwendung der Sulfitcelluloseextrakte als Gerbmittel, bei den vorbereitenden Arbeiten der Gerbung, als Lösemittel für schwer lösliche Gerbstoffe usw.

Bei dieser Einteilung wurde die Vorbehandlung mit Kalk zwecks Bindung der freien schwefligen Säure in den meisten Fällen vorausgesetzt, so daß nur die weitere Behandlung der Sulfitablaugen in diese Gruppen fällt.

Die große Anzahl geschützter Verfahren beweist nur, welches Interesse der Lösung der Frage entgegengebracht wurde, die Sulfitablaugen und in der Folge auch die Natronzellstoffablaugen bzw. Schwarzlaugen für Gerbzwecke nutzbar zu machen. Trotzdem wird die Mehrzahl der im Handel befindlichen Gerbextrakte aus Sulfitablaugen nur nach zwei Verfahrenstypen hergestellt, wie dies auch P. Pawlowitsch [(*1*), S. 194] in seinem Buch angibt. Über die wirkliche Ausführung dieser Verfahren ist wenig bekannt und man kann nur annehmen, daß aus den verschiedenen Patenten der betreffenden Firmen das Beste herausgeschält und zu dem technischen Verfahren vereinigt wurde.

2. Richtige Auswahl der Ablaugen.

Die Sulfitabfall-Laugen sind je nach Art der Kochung verschieden zusammengesetzt, man unterscheidet je nach Aufschluß des Holzes „harte“ bzw. „weiche“ Kochung, die Ablaugen werden, teils vergoren, teils unvergoren, zur Herstellung der Sulfitcelluloseextrakte herangezogen. Die vorerwähnten papiertechnischen Ausdrücke „harte“ und „weiche“ Kochung besagen, daß bei einer weniger langen Kochung, bei welcher weniger Lignin aus dem Holz ausgelöst wird, harter und ungebleichter Zellstoff entsteht („harte Kochung“), während bei der „weichen Kochung“ durch weitergeführten Abbau mehr Lignin gelöst wird, wodurch man weichen, gebleichten Zellstoff erhält. Bei der „harten“ Kochung wird demnach das Fichtenholz nicht so weit aufgeschlossen wie bei der „weichen“ Kochung.

Die „harte“ Ablauge enthält größere Mengen schwefliger Säure und besitzt eine hellere Farbe. Die Ansichten, welche Ablauge sich für die Herstellung gerbender Extrakte besser eignet, sind sehr verschieden. Nimmt man an, daß bei der harten Kochung weniger Lignin in die Ablauge übergeht, so daß diese weniger Ligninsulfosäure und dafür mehr andere Extraktivstoffe enthält, so würde dies, trotz hellerer Farbe, gegen Verwendung einer solchen Ablauge sprechen. Ist jedoch die Ansicht richtig, daß die Menge des gelösten Lignins gleich ist, aber der Abbau desselben bei „harter Kochung“ nur weniger weit geht, so daß ein für die Gerbung vorteilhaftes, größeres Molekül in der Ablauge vorhanden ist [L. Masner und V. Samec (*1*)], dann müßte man der harten Ablage unbedingt den Vorzug geben.

A. Küntzel (*1*) ist jedoch anderer Ansicht und behauptet, daß im Gegenteil das Molekül der Ligninsulfosäure zu groß sei und diese deshalb langsam in die Haut eindringe. Die normale Gerbstoffbestimmung in einer harten bzw. weichen Ablauge zeigt keine besonderen Unterschiede (siehe Zusammensetzung der Ablaugen von Hinterberg, S. 536). Auch die Affinitätskurven sind identisch (W. Graßmann, A. Miekeley, H. Schelz und V. Windbichler).

Die richtige Auswahl der Sulfitablauge ist demnach für die sachgemäße und vorteilhafte Zusammensetzung der daraus zu erzeugenden Extrakte maßgebend. Namentlich wird es sich auch darum handeln, vergorene Ablaugen mitzuverwenden, wodurch die Auswahl erhöht wird. Man kann hier verschiedener Meinung sein; dort, wo auf die Gegenwart vergärbarer Zucker zwecks Säurebildung in der Vorgerbung Wert gelegt wird, muß man es vermeiden, vergorene Ablaugen mitzuverwenden; handelt es sich um die Füllwirkung bei der Nachgerbung, so ist die in Celluloseextrakten enthaltene Zuckermenge eigentlich zu gering, um für die Füllung verantwortlich gemacht zu werden. Ein zu hoher Zuckergehalt in Celluloseextrakten kann wegen der bedeutenden Wasseranziehung überdies einen ungünstigen Einfluß auf das Leder ausüben.

Ebenso maßgebend für die Güte des zu erzeugenden Sulfitcelluloseextrakts wie die Auswahl der Sulfitablaugen ist die weitere chemische Behandlung derselben, namentlich die vollständige Ausfällung des Kalks und des Eisens, ohne daß dabei wesentliche Mengen organischer Substanzen niedergeschlagen oder zerstört werden, welche für die Gerbung von Wert sind. Es ist leicht einzusehen, daß wiederholte Fällungen, Klärungen, Filtrationen usw. schließlich auch zu einem Extrakt führen können, der zwar kalk- und eisenfrei ist, aber keinerlei gerbende Eigenschaften besitzt, da die hierfür wichtigen organischen Bestandteile kolloidaler Natur bei den Reinigungsarbeiten mit entfernt wurden. Andererseits spielen auch rein chemische Vorgänge mit hinein, sowohl was die Ligninsulfosäure anbelangt, als auch was die Zuckerstoffe betrifft; schließlich muß auch die Farbe der Ablauge genau beobachtet werden, damit sie nicht dunkel wird.

3. Saures Verfahren.

Faßt man zuerst das sog. saure Verfahren ins Auge, wobei nach Entfernung der schwefligen Säure, was meist durch Kalk geschieht, der organische an die Ligninsulfosäure gebundene Kalk mit Schwefelsäure gefällt wird, so kann man theoretisch am schnellsten zum Ziele gelangen, da die durch Analyse festgestellte Menge Schwefelsäure den ganzen Kalk ausfällen sollte und die geklärte oder filtrierte Brühe nur freie Ligninsulfosäure enthalten müßte. Führt man dies in den dünnen Ablaugen aus, so macht der Schwefelsäurezusatz keine Schwierigkeiten und schwärzt nicht, was bei eingedickten Brühen meist der Fall ist, aber infolge der bedeutenden Löslichkeit des Calciumsulfats in Wasser bleibt ein beträchtlicher Teil in Lösung und scheidet sich erst beim Eindampfen aus, wodurch dieser Arbeitsgang außerordentlich gestört wird und nur in Spezialapparaten möglich ist. Führt man die Säuregabe erst in teilweise eingedickter Ablauge aus, so besteht die Gefahr der Schwärzung, überdies setzt sich der ausgeschiedene Gips nur langsam ab und man kommt nicht um das Filtrieren herum, was eine weitere Erschwerung und Verteuerung bedeutet. Die Menge des in Lösung bleibenden Calciumsulfats ist wohl geringer, aber immer noch groß genug, um die Verdampfapparate schnell zu verkrusten und zu verlegen. Der große Vorteil des sauern Verfahrens liegt darin, daß man einen aschearmen Extrakt erhält.

4. Alkalisches Verfahren.

Das alkalische Verfahren ist technisch leichter durchzuführen und findet deshalb mehr Anwendung. Man hat es hierbei auch in der Hand, die schweflige Säure als Natriumsulfit im Extrakt zu erhalten und dadurch Extrakte herzustellen, die neben der Lösewirkung durch Ligninsulfosäure und deren Salze auch noch eine sulfitierende Wirkung besitzen [L. Masner und V. Samec (*1*)]. Bei Zusatz von Soda zu der Ablauge können beträchtliche Veränderungen derselben eintreten. Erstens wird die Farbe beeinflußt, und zwar in der Hitze bedeutend stärker und irreversibel, d. h. die dunkle Färbung verschwindet nicht mehr vollständig, wenn man mit Säure wieder neutralisiert, vermutlich infolge Humifizierung des Zuckers. Die Unterschiede treten erst bei über $p_H = 7{,}0$ stärker auf, demnach im deutlich alkalischen Medium. Die für die Gerbung wertvollen

Zucker zersetzen sich demnach zu meist unbestimmbaren Stoffen, die nutzlos sind und nur die Nichtgerbstoffe erhöhen (L. Masner und V. Samec). Eine zu hohe Alkalinität hat aber auch einen Einfluß auf die Ligninsulfosäure selbst. Denn wenn man eine bei ungefähr $p_H = 9,5$ alkalisch gemachte Ablauge stehen läßt und dann mit Säure auf das ursprüngliche p_H zurückbringen will, braucht man immer weniger Säure als früher Lauge. L. Masner und V. Samec nahmen an, daß saure Gruppen frei werden und dadurch das Molekül der Ligninsulfosäure verkleinert wird. Sie bestätigten damit eine ältere Beobachtung von H. Seidel, welcher feststellte, daß Sulfitablauge, schwach alkalisch gemacht, beim Stehen bei gewöhnlicher Temperatur erst neutral und schließlich wieder schwach sauer wird. H. Seidel nahm an, daß Lignin regeneriert und dabei schweflige Säure aus der Sulfogruppe abgespalten wird, an deren Stelle eine Hydroxylgruppe tritt (siehe auch S. 543, M. Hönig-W. Fuchs). Bei zu heißer Neutralisation mit Soda kann man daher leicht die Ligninsulfosäure schädigen, was sich durch oft unerwünschte Neubildung von schwefliger Säure bemerkbar macht, denn diese braucht neuerdings Soda zur Neutralisation, wodurch der Aschegehalt erhöht wird. Diese Zersetzung nimmt nach Zusatz von mehr als 50 Äquivalenten Lauge bei einem p_H von rund 10 einen konstanten Wert an [L. Masner und V. Samec (*1*)]. Demgegenüber sei auf Verfahren hingewiesen, in welchen gerade die alkalische Kochung als besonders wichtig und günstig bezeichnet wird (z. B. Ö.P. 125675, M. Hönig-W. Fuchs).

Über die Menge der zur Kalkfällung nötigen Soda haben L. Masner und V. Samec ebenfalls Versuche ausgeführt und festgestellt, daß ein Sodazusatz von rund 2% genügt, um etwa 90% des in der Ablauge enthaltenen Kalks (0,62%) zu fällen, was für die Ansprüche der Gerbpraxis vollkommen genügt.

Ein weiterer großer Vorteil der alkalischen Laugenreinigung ist der, daß mit dem Kalk auch das Eisen ausfällt. Letzteres ist in Ablaugen größerer Zellstofffabriken nur mehr in sehr geringen Mengen enthalten, da sich in diesen Betrieben nichtrostender Stahl bereits gut eingeführt hat. Während in älteren Angaben noch bis 6% Eisen genannt wurden, kann man heute Ablaugen finden, die in rohem Zustand nur 0,005% Fe enthalten. Dies hängt natürlich auch von der Wahl des Kalks für die Herstellung der Kochlauge ab. Zur Entfernung des Eisens wurde unter anderem auch die Verwendung von Alkali- und Erdalkalisulfiden vorgeschlagen (D.R.P. 451913). Betreffs Entfernung des Eisens durch Filtration über Gerbrinden usw. siehe S. 525.

Die technische Ausführung des alkalischen Verfahrens kann, ebenso wie beim sauren Verfahren, entweder mit den dünnen Brühen oder mit voreingedickten Brühen vorgenommen werden. Solange die zu behandelnde Ablauge noch freie schweflige Säure enthält, wird sie in verbleiten Holzbottichen, die mit Deckel und Holzkaminen versehen sind und ein senkrechtes Rührwerk besitzen, mit den betreffenden Chemikalien behandelt, oder aber in großen, mit Schutzanstrich versehenen Betongruben. Man bringt die kalzinierte, klumpenfreie Soda unter starkem Rühren in die Ablauge, die am besten 25 bis 35° C warm ist, wobei der kohlensaure Kalk in nicht zu feiner Form ausfällt und sich gut absetzt. Der Lösungskoeffizient des kohlensauren Kalks ist verhältnismäßig gering (0,0014) gegenüber 0,208 des schwefelsauren Kalks (H. Herfeld), so daß die Ausfällung nahezu quantitativ ist, wenn auch vielleicht der Lösungskoeffizient gegenüber Ablauge etwas anders ist. Die alkalische Ablauge wird möglichst schnell filtriert, damit sie sich nicht oxydiert und zersetzt, und kommt in die Zersetzungsbottiche, in welchen sie mit Schwefelsäure auf das für die Gerbung günstigste p_H gebracht wird. Hierbei wird die Ligninsulfosäure in Freiheit gesetzt. Nach A. Römer sollen sich die sauren ligninsulfosauren Salze am besten für die

Gerbung eignen, demnach müßte bei Annahme einer z. B. zweibasischen Ligninsulfosäure nur eine saure Gruppe durch Schwefelsäure in Freiheit gesetzt werden (R. Schmidt). Einige Angaben über den erwünschten Säuregrad findet man in den Patentbeschreibungen, z. B. sauer gegen Methylviolett (Umschlag nach Grün), demnach p_H ungefähr 1,5 (A. P. 1555782). Über vergleichende Untersuchungen, das p_H und die Gesamtazidität von Sulfitcelluloseextrakten betreffend, berichtet G. A. Bravo. Meistens wird auf ungefähr $p_H = 3{,}0$ eingestellt. Diesbezüglich die Zusammenstellung von W. Vogel (2).

Abb. 104. Reinigungs- und Filtrieranlage der Zellstoffabrik Waldhof, Abtlg.: Hansaextrakte, Mannheim-Waldhof.

Nunmehr erfolgt bei Verwendung dünner Ablaugen das Eindampfen in Mehrkörper-Vakuumverdampfern, die in diesem Fall aus säurebeständigen Werkstoffen sein müssen. Darüber S. 526 und bei L. J. Reznik und W. T. Morgunow.

Tatsächlich ist das Eindampfen in saurem Zustand jenem im alkalischen Zustand vorzuziehen. Wird die alkalische Ablauge eingedampft, so tritt eine bedeutende Verdunklung der Farbe ein, überdies, wie bereits erörtert, Zersetzung des Zuckers und zum Teil der Ligninsulfosäure, Abspaltung von schwefliger Säure, welche, falls nicht genügend überalkalisiert wurde, verlorengeht und die Apparate angreift. Die alkalischen Ablaugen selbst greifen Eisen- und Kupferverdampfer wenig an.

Abb. 105. Verdampfstation der Zellstoffabrik Waldhof, Abtlg.: Hansaextrakte, Mannheim-Waldhof.

Arbeitet man demnach so, daß die dünnen alkalisierten Ablaugen erst auf die gewünschte Dichte eingedampft werden, 28 bis 33 Bé, so bringt man diese dicken Extrakte in Holzbottiche mit Spezialrührwerk und nimmt hier das Ansäuern vor, wobei sehr vorsichtig gearbeitet werden muß, damit der Extrakt nicht leidet. Bei Verwendung von Salzsäure ist die Gefahr nicht so groß.

Will man Sulfitcelluloseextrakte herstellen, welche sich besonders zum Lösen schwer löslicher pflanzlicher Gerbstoffe eignen, so kann man das Ansäuern mit schwefliger Säure vornehmen, wodurch Natriumsulfit gebildet wird.

Über die Herstellung von Sulfitcelluloseextrakten sind namentlich in der russischen Literatur zahlreiche Angaben enthalten, da man sich dort schon vor mehreren Jahren mit der Frage des Ersatzes pflanzlicher Gerbmittel durch diese Extrakte befaßte. Es seien folgende Arbeiten genannt: P. Jakimow, N. Schtschekoldin, A. Nastjukow.

Beim Eindampfen der sauren Ablaugen scheiden sich bereits Kristallkrusten von Natriumsulfat ab und beim Stehen und Lagern der dicken Extrakte, namentlich im Winter, treten oft Kristallausscheidungen auf. Die Herstellung von Fest- oder Pulverextrakten kann auf die gleiche Weise vorgenommen werden, wie dies bei pflanzlichen Gerbextrakten der Fall ist, immer unter Berücksichtigung der richtigen Werkstoffauswahl. Namentlich die Herstellung von Pulverextrakten auf Walzentrocknern hat sich in den letzten Jahren eingeführt. Man trocknet ohne Vakuum, die Einstellung der Umdrehungszeit und des Dampfdrucks innerhalb der Walze muß man den besonderen Eigenschaften des Extrakts anpassen, namentlich seinem Zuckergehalt. Zerstäubungsanlagen dürften für derartige Massenerzeugungen noch zu teuer arbeiten, doch ist ihre Einführung bald zu erwarten. Die beiden Abbildungen zeigen eine Reinigungs- und Filtrieranlage (Abb. 104) sowie eine Verdampfstation (Abb. 105) der Zellstoffabrik Waldhof, Abtlg.: Hansaextrakte, Mannheim-Waldhof.

5. Ohne Verwendung von Calciumbisulfit arbeitende Verfahren.

Bisher war immer von Ablaugen die Rede, die aus Kochungen mit Calciumbisulfit erhalten wurden und die den allergrößten Anteil aller verfügbaren Ablaugen bilden. Dies ist eine Frage der Wirtschaftlichkeit. Vom Standpunkt der Gerberei wäre es allerdings zu begrüßen, Ablaugen anderer Kochung verwenden zu können, namentlich solcher Kochungen, die kalkfreie Ablaugen liefern, so daß zu deren Reinigung keinerlei Klärarbeiten notwendig sind, welche die kolloidalen Eigenschaften der betreffenden Ablaugen verändern (siehe S. 529).

Mit dieser wichtigen Frage befaßten sich A. Küntzel (*1*) und auch O. J. Borodina in ausführlicher Weise und wiesen darauf hin, daß bei jeder Zellstoffkochung die schweflige Säure das eigentliche Wirksame ist und die in der Kochlauge enthaltenen Basen nur den Zweck haben, die durch Disproportionierung der schwefligen Säure bei höherer Temperatur sich bildende Schwefelsäure aufzufangen und unschädlich zu machen. Nach F. Förster und seinen Mitarbeitern kann man aber auch so vorgehen, daß man die Menge der schwefligen Säure erhöht. Je höher der Gehalt an schwefliger Säure, desto besser die Farbe der Ablauge, da keine Schwarzkochung eintreten kann und desto besser die Zusammensetzung für Gerbzwecke, weil weniger Base enthalten ist. Außerdem besteht die Möglichkeit, die Base zu variieren, man kann Natronlauge, aber auch Ammoniak zusetzen.

Natriumbisulfitkochung. Diese Verfahren finden erst seit wenigen Jahren praktische Anwendung. Eine Zusammenstellung siehe bei E. Hägglund (*1*), S. 224 bis 226. Darnach geht dieses Verfahren auf das E.P. 4984/1880 (C. F. Cross) zurück. Dieses Verfahren fand aber keine industrielle Verwertung, vermutlich weil die Frage der Wiederverwendung der teueren Natriumsulfite nicht gelöst werden konnte.

Erst 1923 gelang es Linn Bradley und E. P. McKeefe, den Holzaufschluß mit Alkalisulfiten technisch durchzuführen. Diese als „Keebra“- bzw. „Semi-Keebra“-Verfahren bekanntgewordene Kochweise (D.R.P. 375035, Kl. 55b, Can.P. 219557 und 238395) wurde erst wirtschaftlich, als es gelang, die Natriumsulfite zurückzugewinnen (A.P. 1605926, 1605927, 1605928, 1606501, 1637515, V. Drewsen bzw. Bradley-McKeefe Corp.). Nach A.P. 1628448 erhielt Drewsen mit Natriumsulfit lösliche Gerbstoffe. Ein älterer Vorgänger dieser Verfahren ist das D.R.P. 122171/1900 (W. Schacht).

In neuerer Zeit wurde der Natriumbisulfitkochung in Zusammenhang mit der Verwertung von Hartholzabfall größere Aufmerksamkeit geschenkt; es sei hier auf zahlreiche Verfahren der I. G. Farbenindustrie A. G. hingewiesen.

Die auf Natronbasis erhaltenen Ablaugen können im Vergleich mit Calciumbisulfitablaugen größere Mengen reduzierender Zucker enthalten. Nach F. Förster und seinen Mitarbeitern verursachen die entstandenen Thiosulfationen, die in der Natriumbisulfitlösung mit geringer Wasserstoffionenkonzentration beständig sind, eine rasche Zersetzung des Sulfits. Es handelt sich hierbei um einen autokatalytischen Vorgang, wobei Schwefelsäure und Schwefel entsteht. Diese plötzliche Steigerung der Azidität hat eine Vermehrung des Gehalts an reduzierendem Zucker zur Folge. Zwischen der 8. und 10. Kochstunde bei 140° C steigt sowohl der Schwefelsäure- als auch der Zuckergehalt plötzlich steil an.

Der seit einigen Jahren von der Firma Philippi (Wiesbaden) in den Handel gebrachte Sulfitcelluloseextrakt (Philcotan-, früher Solexextrakt) wird aus Natriumbisulfitlaugen hergestellt. Eine solche Ablauge wurde von L. Pollak untersucht und zeigte folgende Zusammensetzung:

	Dichte	6,1 Bé
Filtermethode: Einwage: 50 ccm	Gerbstoff	3,9%
	Nichtgerbstoffe	8,1%
	Unlösliches	0,0%
	Wasser	88,0%
		100,0%
Tintometergrade nach Lovibond:	rot. 1,8; gelb	6,1
	Asche	1,34%
	Kalk (CaO)	0,029%
	Eisen (Fe_2O_3)	0,00058%
	Anorgan. gebundene SO_3	0,67%
Die Ablauge enthält:	Freie schweflige Säure (SO_2)	0,09%
	Anorgan. gebundene SO_2	0,062%
	p_H der analytischen Lösung	2,40

Ammonbisulfitkochung. Diesem bemerkenswerten Verfahren liegen die E.P. 202016/1922 und Zus. P. 229002/1925 von C. F. Cross und A. Engelstad zugrunde (D.R.P. 401418), nach welchem der schwefligen Säure eine sehr geringe Menge Ammoniak zugesetzt wird, und zwar auf 53 g SO_2 in 100 ccm: 0,25 g NH_3 in 100 ccm.

Die nach diesem Verfahren erhaltene Ablauge ist besonders hell. Die geringe Menge Ammoniak wirkt, nach Angaben der Erfinder, als „Katalysator", und man gelangt zu anderen Ergebnissen, wenn man den Ammoniak durch äquivalente Calcium- bzw. Natriumhydroxydmengen ersetzt (R. S. Hilpert und J. Jordan). Entweder wirkt hier Ammoniak als spezifischer Katalysator oder es tritt eine Wechselwirkung des Ammoniaks mit durch die Kochung freigewordenen Aldehydgruppen unter Bildung von Aldehydammoniak, bzw. Schiffschen Basen ein. Nach russischen Arbeiten bedeutet dies eine Verbesserung der gerbenden Eigenschaften [L. Masner und V. Samec (*1*)]. Das Verfahren ist nur wirtschaftlich, wenn billiger Ammoniak zur Verfügung steht. Es wird in Norwegen von der Toten-Cellulosefabrik A/S in Oslo, welche zum Norsk Hydrokonzern gehört, ausgeführt. Die dort verfügbaren Ablaugen bilden den Rohstoff des Totaninextrakts der J. Poulsson & Son A/S in Oslo. Eine solche Ablauge wurde von L. Pollak untersucht und hatte folgende Zusammensetzung:

	Dichte	7,4 Bé
Filtermethode:	Gerbstoff	7,8%
Einwage: 50 ccm	Nichtgerbstoffe	5,9%
	Unlösliches	0,0%
	Wasser	86,3%
		100,0%
Tintometergrade nach Lovibond: rot. . 1,2; gelb		2,1
	Asche	0,23%
	Kalk (CaO)	0,02%
	Eisen (Fe_2O_3)	0,005%
Die Ablauge enthält:	Ammoniak (NH_3)	0,48%
	Freie schweflige Säure (SO_2)	0,35%
	Anorgan. gebund. SO_2	0,18%
	p_H der analytischen Lösung	2,71

Bezeichnenderweise gibt diese ammoniakhaltige Ablauge bedeutend höhere Cinchoninwerte als kalkhaltige Ablaugen. Näheres darüber im analytischen Teil.

A. Küntzel (*1*) und seine Mitarbeiter führten systematische Kochversuche unter verschiedenartigen Bedingungen durch und kamen zu dem Ergebnis, daß sich die Kochbedingungen viel stärker im Zellstoff auswirken als in den Ablaugen und daß es möglich ist, auch bei Ca-Bisulfitkochung ähnlich helle Ablaugen zu erhalten wie bei Na- und NH_4-Bisulfitkochungen.

C. Zusammensetzung roher Ablaugen und gereinigter Ligninextrakte.

Nach älteren Angaben von P. Klason (*1*), V. Kubelka (*1*) enthält die Ca-Bisulfitablauge von 1 t trockenem Zellstoff folgendes:

600 kg Lignin, welches ca. 200 kg schweflige Säure und 90 kg Kalk bindet, über 325 kg Kohlehydrate, 15 kg Proteinkörper und 30 kg Harz und Fett, zusammen 1260 kg Trockensubstanz.

Nach Angaben von M. Hönig und W. Fuchs (einem Zirkular entnommen, welches die Wirtschaftlichkeit des Verfahrens nach D.R.P. 420802, Ö.P. 88650 darlegt), fallen bei Herstellung von 1 kg lufttrockenem Zellstoff 8 l Sulfitablauge ab, welche bei einem spezifischen Gewicht von 1,060 oder 7,1 Bé folgende Zusammensetzung hat:

Gesamttrockenrückstand	12,61	Gew.-%
Davon organisch	11,04	Gew.-%
Davon anorganisch	1,57	Gew.-%
Gesamtschweflige Säure (SO_2)	0,17	Gew.-%
Gesamtfreie Säure	0,53	Gew.-%
Gesamtzucker	2,74	Gew.-%
Gärfähiger Zucker	1,71	Gew.-%

Dies ergibt auf 1 t lufttrockenen Zellstoff berechnet:

Gesamttrockenrückstand	1069	kg
Davon organisch	936	„
Davon anorganisch	133	„
Gesamtschweflige Säure (SO_2)	14,4	„
Gesamt freie Säure	42,4	„
Gesamtzucker	232,4	„
Gärfähiger Zucker	145,0	„

Diese Zahlen sind von den obigen Klasonschen Zahlen nicht sehr verschieden, auffallend ist hauptsächlich der große Unterschied im Gehalt an schwefliger Säure. Hönig und Fuchs geben des weiteren an, daß je Kubikmeter Ablauge 2 bis 8 kg Essig- und Ameisensäure als Nebenprodukt in Form der Kalksalze erhalten werden und daß aus 1 cbm Ablauge 10 l Alkohol von 95 Vol.-% durch Vergärung hergestellt werden können. Aus 1 cbm Ablauge werden hierbei 150 bis 160 kg Extrakt von 27 bis 28 Bé und 27,5 bis 29% Gerbstoff erhalten. Wird die Ablauge vergoren, so vermindert sich der Trockenrückstand der Ablauge um 12 bis 15 %, wodurch sich die Extraktausbeute um ungefähr 12 kg je Kubikmeter Ablauge verringert. Die schweflige Säure wird zurückgewonnen, so daß 15 bis 20% des Schwefels wieder zum Kocher zurückkehren. Die Angaben, die freie Säure betreffend, sind auf Untersuchungen von M. Hönig aus dem Jahre 1912 zurückzuführen. Hönig fand, daß der Gehalt an Essig- und Ameisensäure sehr verschieden sein kann und in 1 l Ablauge 2,151 bis 9,078 g (als Essigsäure berechnet) beträgt. Das Verhältnis Ameisensäure zu Essigsäure schwankt ungefähr zwischen 1 : 6 und ungefähr 1 : 14. Nach E. Hägglund und C. B. Björkman ist das Verhältnis ein anderes, und zwar 2,6 bis 4,2% Essigsäure und 0,04 bis 0,09% Ameisensäure. Nach weiteren Untersuchungen von E. Hägglund ist die Essigsäure fast mit ihrem Höchstbetrag bereits in sehr frühen Stadien der Kochung in der Ablauge enthalten, demnach zu einer Zeit, wo noch wenig Lignin in Lösung gegangen ist [E. Hägglund (*1*), S. 209].

Tabelle 141. Zusammensetzung einiger Sulfitablaugen aus Ca-Bisulfitkochungen [ältere Angaben: Kubelka (*1*)].

Nr.	Trockenrückstand	Rohasche	CaO	Ges. S	SO_2	Gerbstoff	Nichtgerbstoffe	Spez. Gewicht	Bé
	in Prozenten								
1	12,18	1,44	0,87	0,85	0,24	nicht bestimmt		1,056	7,5
2	12,61	1,04	0,62	nicht bestimmt		2,23	9,31	1,055	7,5
3	12,23	1,56	0,79	,,	,,	1,96	8,75	1,050	7,0

(Analyse Nr. 1 von A. Stutzer, Nr. 2 und 3 von V. Kubelka.)

M. Hönig und W. Fuchs geben folgende Analysen der Sulfitablaugen von Rattimau und Aschaffenburg:

Tabelle 142. Zusammensetzung von rohen Sulfitablaugen (M. Hönig-W. Fuchs).

	Lauge Rattimau	Lauge Aschaffenburg
Spezifisches Gewicht	1,0473	1,0389
Bé	6,9	5,5
Kalk im Liter	6,816 g	10,057 g
Trockenrückstand im Liter	114,91 g	86,33 g
Kalk im Trockenrückstand in Prozenten	5,93	10,06
Schwefel im Trockenrückstand in Prozenten	6,29	5,58
Kupferzahl	32,5	10,0

Tabelle 143. Sulfitablaugen der Fabrik Zellstoff-Waldhof[1].

Spezifisches Gewicht bei 15° C	1,04	1,05
Gesamtschweflige Säure	0,230%	0,800%
Davon gebundene schweflige Säure	0,210%	0,670%
Davon lose gebundene und freie schweflige Säure	0,020%	0,130%
Gerbstoff	5,7%	4,3%
Nichtgerbstoffe	4,9%	4,3%
Reduktionssubstanz (zuckerartige Stoffe)	3	2

(Die Reduktionssubstanz ist zu ca. 40 bis 60% vergärbar.)

Tabelle 144. Sulfitablaugen der Zellulosefabrik Emil Fürth u. Sohn, Nestersitz a. Elbe[1].

Bé	Ges.-SO_2	Trocken-substanz	Anorgan. Bestandteile	Zucker
	in Prozenten			
5,7	0,32	8,2	1,1	wurde nicht bestimmt
5,9	0,32	wurde nicht bestimmt		1,48
—	0,28			1,67
6,0	0,22			1,95
—	0,16			2,47
—	0,12			1,92
—	0,10			1,84
—	0,06			1,71
—	0,06			1,54

Tabelle 145. Sulfitcellulose-Ablaugen der Zellulosefabrik A. G. Hinterberg bei Leoben (Ostmark)[1].

	Harte Kochung hell	Weiche Kochung dunkel
	Filtermethode, 50 ccm je Liter	
Spezifisches Gewicht	7,7 Bé	7,3 Bé
Gerbstoff	5,8%	6,1%
Nichtgerbstoffe	6,5%	5,8%
Unlösliches	0,0%	0,0%
Wasser	87,7%	88,1%
	100,0%	100,0%
Farbe im Tintometer von Lovibond:		
rot	0,5	1,0
gelb	0,7	2,3
p_H der analytischen Lösung	3,10	3,25
Asche	1,38%	1,31%
Reduzierender Zucker	2,00%	2,06%
Zuckerzuwachs nach der Inversion	0,09%	0,06%
Gesamtzucker	2,09%	2,12%
Kalk (CaO) (Vol.-%)	0,63%	0,66%
Eisen (Fe_2O_3) (Vol.-%)	0,02%	0,03%

[1] Die Ablaugen und Analysen der Tabellen 143 und 144 wurden dem Verfasser in entgegenkommender Weise zur Verfügung gestellt.

Die im Handel befindlichen Ligninextrakte sind, je nach Art der dazu verwendeten Ablauge und je nach Art des dabei verwendeten Verfahrens, sehr verschieden zusammengesetzt. Die hauptsächlichsten Unterschiede beziehen sich auf das Verhältnis der von der Haut aufnehmbaren Stoffe, kurz als „Gerbstoff" bezeichnet, zu den Nichtgerbstoffen; damit im Zusammenhang steht der Gehalt an Nichtgerbstoffen bzw. Asche; er ist ebenfalls großen Schwankungen ausgesetzt. Der Kalk- und Eisengehalt ist in den meisten Handelsextrakten außerordentlich gering und dient zur Beurteilung des Reinheitsgrades. Der p_H-Wert und demgemäß der Säuregehalt kann ebenfalls sehr verschieden sein, er wird bei gut hergestellten Extrakten innerhalb gewissen Grenzen liegen, welche für seine Verwendung maßgebend sind. Der Zuckeranteil der Nichtgerbstoffe ist davon abhängig, ob die Ablauge vergoren wurde und auch ob Natriumbisulfitablaugen verwendet wurden. Eine Anzahl solcher älterer Extrakte wurde von L. Pollak untersucht [L. Pollak (*2*)] und die in Tabelle 146 enthaltenen Werte gefunden.

Tabelle 146.

Celluloseextrakt	Hansa	Hansa L	Deka I	Deka II	Zell-Wildhausen	Englisch	Lithosol
Nr.	1	2	3	4	5	6	7
Bé-Grade	29,4	28,9	28,8	29,8	29,1	33,0	31,8
Gerbstoff in %	22,5	16,5	31,4	22,7	28,2	23,3	24,5
Nichtgerbstoffe in %	23,2	27,3	17,9	24,0	20,0	29,5	27,2
Unlösliches in %	0,0	0,0	0,0	0,0	0,0	0,0	0,0
Wasser in %	54,3	56,2	50,7	53,3	51,8	47,2	48,3
Asche in %	10,36	12,11	13,68	9,77	7,07	14,36	11,34
Kalk (CaO) in %	0,20	0,02	0,15	0,29	0,06	0,04	0,28
Eisen (Fe) in %	0,0055	0,0027	0,0256	0,0008	0,0320	0,0014	0,0028
Anorgan. Schwefel (SO_3) in %	2,94	4,02	2,67	3,03	3,85	5,84	5,72
Gesamt-Schwefel (SO_3) in %	4,32	5,73	5,12	4,38	7,38	7,39	7,05
Cinchoninwert	41,44	38,11	49,61	41,22	49,14	40,73	39,49
Entspr. % der Trockensubstanz	90,68	87,01	100,67	88,27	101,95	77,14	76,40
Reduzierender Zucker	6,07	3,98	3,20	6,64	2,98	3,62	3,42
Tintometer, gelb	16,0	7,4	14,6	2,0	16,2	23,2	6,5
Tintometer, rot	6,0	2,4	3,7	0,8	5,0	6,0	2,2
Schweflige Säure (SO_2)	vorhanden		vorhanden		vorhanden		
Freie schweflige Säure	vorhand.	nicht vorhanden	vorhanden		nicht vorhanden		

Die folgende Tabelle 147 enthält die Zusammensetzung einiger wichtiger im Handel befindlicher Ligninextrakte neueren und neuesten Datums (L. Pollak). Darin bedeutet: F. = Filtermethode, Sch. = Schüttelmethode. Reihenfolge alphabetisch nach den Erzeugerfirmen.

Wie aus den beiden Tabellen 146 und 147 hervorgeht, weisen die verschiedenen Ligninextrakte (mit Ausnahme der Löseextrakte), was Gerbstoff und Nichtgerbstoffe anbelangt, keine maßgebenden Unterschiede auf. Dagegen schwanken die Aschengehalte ganz beträchtlich und es besteht die Möglichkeit, daraus Schlüsse auf die Herstellungsweise des Extrakts zu ziehen.

Wenn man z. B. in Tabelle 146 das Verhältnis des anorganisch gebundenen Schwefels zum Gesamtschwefel feststellt, findet man, wenn der Gesamtschwefel mit 100% angenommen wird:

Celluloseextrakt Nr.	1	2	3	4	5	6	7
Anorgan. SO_3 %	68,1	70,2	52,1	69,2	52,1	79,4	81,1

Tabelle 147.

	Einwage in g	Bé	Gerbstoff		Nichtgerbstoffe		1 g verbr. ccm n/10 Lauge	p_H	Lovibond		Asche	Kalk CaO	Eisen Fe_2O_3
			F.	Sch.	F.	Sch.			rot	gelb			
			in Prozenten		in Prozenten						in Prozenten		
1.[1]	10	29,1	28,8	23,3	21,8	27,3	—	3,30	1,9	6,8	8,83	0,26	0,004
2.	10	30,2	24,2	20,0	23,9	28,1	7,2	3,31	—	—	11,69	0,08	—
3.	10	30,2	20,4	16,0	26,4	30,8	1,5	6,63	—	—	18,56	0,11	—
4.	12	24,0	30,1	26,7	12,0	15,4	10,0	2,75	5,2	19,0	2,50	0,80	0,035
5.	6	—	70,6	—	22,7	—	5,8	2,76	7,2	19,1	4,39	1,24	0,052
6.	10	29,1	21,4	19,5	23,8	25,7	8,8	3,32	3,5	7,0	12,90	0,02	0,029
7.	6	—	44,0	—	39,0	—	—	4,48	1,2	3,4	—	0,14	0,05
8.	10	29,4	18,4	14,4	27,0	31,0	3,0	6,79	2,7	5,7	18,60	Spur	0,24
9.	10	31,9	28,8	21,1	27,6	31,3	3,0	3,94	—	—	10,00	0,21	0,022
10.	10	31,3	28,2	23,4	25,4	30,2	5,0	—	—	—	7,38	0,48	0,002
11.	15	17,7	19,2	—	8,8	—	—	—	1,6	4,2	6,00	—	—
12.	10	34,4	27,0	24,2	32,0	34,8	4,5	3,17	2,6	8,1	8,94	—	—
13.	10	35,4	21,9	19,0	27,5	30,4	3,0	3,55	2,3	5,9	9,28	0,12	0,001
14.	10	33,6	25,2	20,3	31,0	35,9	—	3,30	1,9	3,9	9,50	0,07	0,010
15.	12	32,0	32,0	29,8	28,5	30,7	1,4	3,60	1,2	5,6	0,52	0,08	0,005
16.	15	30,0	28,8	23,7	22,3	27,4	5,6	2,84	3,7	12,7	3,02	0,03	0,003

Die beiden Extrakte, Nr. 3 und 5, in welchen der anorganisch gebundene Schwefel einen niedrigen Prozentsatz des Gesamtschwefels ausmacht, besitzen auch ein günstiges Verhältnis Gerbstoff : Nichtgerbstoffen, der anorganisch gebundene Schwefel (Natriumsulfat) erhöht, wie zu erwarten war, die Nichtgerbstoffe. Berechnet man die in Tabelle 146 enthaltenen Werte des anorganisch gebundenen Schwefels als Natriumsulfat (wasserfrei) und zieht dieses von der gefundenen Asche ab, so erhält man Werte, welche ebenfalls in den Mechanismus der Herstellung Einblick gewähren:

Celluloseextrakt Nr.	1	2	3	4	5	6	7
Asche %	10,36	12,11	13,68	9,77	7,07	14,36	11,34
Anorgan. SO_3 als Na_2SO_4 % . . .	5,22	7,13	4,74	5,38	6,84	10,36	10,15
Rest der Asche %.	5,14	4,98	8,94	4,39	0,23	4,00	1,19
Na_2SO_4 bildet Anteil der Asche %	50,4	58,9	34,7	55,1	96,8	72,2	89,6

In anderer Weise konnten L. Pollak und A. Patzenhauer den Einfluß der mineralischen Bestandteile, namentlich des Natriumsulfats, auf die chemische

[1] In dieser Tabelle bedeuten:

1. Gerbextrakt „Curtidol“, Chem. Werke Zell-Wildhausen G. m. b. H., Düsseldorf.
2. Deka-Extrakt, Deutsch-Koloniale Gerb- u. Farbstoff-Ges. m. b. H., Karlsruhe.
3. Löseextrakt Queol BL., Deutsch-Koloniale Gerb- u. Farbstoff-Ges. m. b. H., Karlsruhe.
4. Hansa-Extrakt D, Zellstoffabrik Waldhof, Abteilung Hansa-Extrakte.
5. Hansa-Extrakt D, Pulver, Zellstoffabrik Waldhof, Abteilung Hansa-Extrakte.
6. Hansa-Extrakt N, Zellstoffabrik Waldhof, Abteilung Hansa-Extrakte.
7. Hansa-Extrakt O, Pulver, Zellstoffabrik Waldhof, Abteilung Hansa-Extrakte.
8. Löseextrakt Hansa L, Zellstoffabrik Waldhof, Abteilung Hansa-Extrakte.
9. Saxonia-Extrakt, Kübler & Niethammer, Gröditz bei Riesa.
10. Saxonia-Extrakt EF, Kübler & Niethammer, Gröditz bei Riesa.
11. Marathon-Extrakt, Marathon-Extraktfabrik, Rothschild (Wis.), USA.
12. Concentrated Wood Extract, David Owen & Son, Liverpool.
13. Owen's Special Extract, David Owen & Son, Liverpool.
14. Philcotan-Extrakt, Robert Philippi & Co., Wiesbaden.
15. Totanin-Extrakt, J. Poulsson & Son A. S. Oslo.
16. Super-Spruce-Extrakt, Robeson Process Company, New York, USA.

Bei den Löseextrakten Nr. 3 und 8 kommen infolge des hohen p_H-Wertes die Gerbstoffgehalte nicht entsprechend zum Ausdruck.

Zusammensetzung und auf einige physikalische Eigenschaften der Ligninextrakte studieren und bedienten sich hierzu des auf Ammonbisulfitbasis hergestellten Totaninextraktes, welchen sie mit verschieden großen Mengen Natriumsulfat versetzten und genau untersuchten. Hierbei zeigte sich, daß das Natriumsulfat nahezu quantitativ in den Nichtgerbstoffen der Analyse auftrat, demnach nicht von der Haut zurückgehalten wird, das gleiche gilt von dem anorganisch gebundenen Ammoniak in Totaninextrakt, der durch Lauge ausgetrieben werden kann. Der Einfluß des Natriumsulfats auf die Viskosität der Extrakte ist außerordentlich groß, so daß man rückschließen darf, daß die natürliche Viskosität der Ligninsulfosäure bzw. ihrer Salze sehr hoch ist. Wie aus den Tabellen 148 und 149 ersichtlich, nähert sich die Viskosität des Totaninextrakts nach Zusatz von 10% Natriumsulfat der Viskosität der bekannten Handelsextrakte auf Kalk- bzw. Natriumbisulfitbasis. Bestimmt man die Asche der Nichtgerbstoffe der letzteren Extrakte und vergleicht sie mit den Extraktaschen, so ergibt sich die überraschende Tatsache, daß die Extraktasche viel höher ist, demnach mineralische Bestandteile von der Haut zurückgehalten werden (Tabelle 150). Diese können kein Natriumsulfat sein, denn dieses wird, wie oben gezeigt, nicht zurückgehalten. Es handelt sich voraussichtlich um Salze der Ligninsulfosäure, die, ähnlich wie die Salze der Gerbsulfosäuren, von der Haut adsorbiert werden. Dies tritt bei Celluloseextrakten auf Ammonbisulfitbasis für den an die Ligninsulfosäure gebundenen Ammoniak ebenfalls ein.

Tabelle 148. Einfluß von Natriumsulfat auf chemische Zusammensetzung und physikalische Eigenschaften von Ligninextrakt nach dem Ammon-Bisulfit-Verfahren (Totanin).

Filtermethode, Einwage 12 g	Totanin 32,4 Bé	Totanin 32,4 Bé 8% Na_2SO_4	Totanin 32,4 Bé 10% Na_2SO_4	Totanin 32,4 Bé 12% Na_2SO_4
	in Prozenten			
Gerbstoff	21,2	23,4	22,8	20,3
Nichtgerbstoffe	39,3	30,3	29,5	30,7
Wasser	39,5	46,3	47,7	49,0
Asche des Extrakts	0,52	6,82	7,39	8,50
Asche der Nichtgerbstoffe	0,0	6,66	7,20	8,00
Ammoniak (NH_3)	2,20	1,75	1,68	1,59
Ammoniak der Nichtgerbstoffe	2,07	wurde nicht bestimmt		
Tintometergrade nach Lovibond:				
rot	2,3	1,9	2,0	2,2
gelb	8,2	5,6	5,3	5,5
p_H der analytischen Lösung	3,90	3,41	3,45	3,50
Viskosität bei 25° C, Engler	231,2	65,9	61,8	40,2

Tabelle 149. Viskositäten.

	Hansa N	Philcotan	Totanin
	in Engler-Graden		
Viskosität bei 32,4 Bé/25° C	54,1	58,0	231,2
Viskosität bei 25 Bé/25° C	2,23	2,45	4,24

Tabelle 150. Verteilung der mineralischen Bestandteile in Ligninextrakten.

Filtermethode, Einwage 12 g	Hansa O 32,4 Bé	Philcotan 32,4 Bé	Hansa N 29,1 Bé
	in Prozenten		
Gerbstoff	21,8	19,3	21,5
Nichtgerbstoffe	30,6	35,5	24,9
Wasser	47,6	45,2	53,6
Asche des Extrakts	13,07	8,20	11,88
Asche der Nichtgerbstoffe	10,17	6,70	6,27
Reduzierender Zucker	1,46	7,22	1,14
Zuckerzuwachs nach der Inversion	0,60	0,60	0,26
p_H der analytischen Lösung	4,30	3,38	3,32

Eine ganz andere Zusammensetzung zeigen die russischen Ligninextrakte, über welche im Schrifttum vielfach berichtet wird (Tabelle 151).

Tabelle 151. Zusammensetzung russischer Ligninextrakte (nach M. J. Hadyk, S. 481).

Bezeichnung	Trockenrückstand	Wasser	Gerbstoff	Nichtgerbstoffe	CaO	Asche
	in Prozenten					
NIKP Nr. 1	83,03	16,97	26,51	56,17	0,97	23,54
	81,86	18,27	23,97	57,91	1,03	25,13
	79,29	20,71	29,62	50,09	0,78	26,62
	79,14	20,86	27,86	51,28	0,57	27,44
NIKP Nr. 4	80,89	19,11	31,43	49,46	2,17	13,70
	79,90	20,10	29,04	47,85	2,40	12,85
	79,45	20,95	31,40	48,06	2,57	14,27
Ampetsch	80,80	19,20	26,30	54,50	0,14	19,10
	69,20	30,80	24,10	45,10	0,08	15,10
Amsok	84,80	15,20	24,80	60,00	0,20	16,20
	85,00	15,00	29,40	55,60	—	—

Die Zusammensetzung der russischen Extrakte ist weniger günstig als die europäischer und amerikanischer Fabrikate.

Extrakt NIKP Nr. 1 wird nach dem Kalk-Soda-Verfahren hergestellt, während Extrakt NIKP Nr. 4 nur mit Soda behandelt wird. Die Extrakte „Ampetsch“ und „Amsok“ dürften mit Ammoniak behandelt sein und die auch von L. Masner und V. Samec (*1*) erwähnten Aldehydammoniake enthalten (S. 533).

Nach R. Schmidt kann man die im Handel befindlichen europäischen und amerikanischen Extrakte in alkalisch und in sauer hergestellte einteilen. Zu den ersteren kann man die Extrakte der Deutsch-Kolonialen Gerb- und Farbstoff-Ges. m. b. H. (Deka-Extrakte) und der Chem. Werke Zell-Wildshausen G. m. b. H. (Curtidol) zählen. Zu den sauren Verfahren namentlich die Extrakte der Robeson-Extrakt Co. (Super-Spruce). Die Extrakte der Zellstoff-Fabrik Waldhof, Abtlg. Hansa-Extrakte, sollen angeblich nach beiden Arten hergestellt werden. Der von der Firma Philippi in den Handel gebrachte Philcotanextrakt wird angeblich aus englischen Natriumbisulfitablaugen hergestellt. Die in der Slowakischen Republik hergestellten „Svitanid-Extrakte“ der Svit A. G. in Batizovce werden ebenfalls nach dem alkalischen

Verfahren erzeugt. Über die Herstellungsweise anderer Handelsprodukte ist zu wenig bekannt, als daß eine einwandfreie Einreihung in eine der beiden Klassen möglich wäre.

Nach einem amerikanischen Verfahren wird die Ligninsulfosäure mit Kalkmilch vollständig ausgefällt und der abfiltrierte Kalkniederschlag mit der äquivalenten Säuremenge wieder zersetzt, wodurch ein Extrakt mit wenig Nichtgerbstoffen entsteht (Marathonextrakt) (siehe Tabelle 147, S. 538).

D. Theoretisches.

I. Zur Konstitution des Lignins.

Es ist nicht der Zweck dieses Kapitels, die Theorie der Sulfitzellstoffkochung darzulegen, sondern es können nur Hinweise auf Arbeiten vorgenommen werden, welche sich mit der Ligninsulfosäure (bzw. dem Lignin) befassen, die als der gerbende Anteil der Sulfitcelluloseextrakte angesehen wird. Eine ausgezeichnete Zusammenstellung befindet sich in dem bereits erwähnten Buch von E. Hägglund (*1*), S. 106 usw. und S. 195 usw. und Ausführliches in W. Fuchs (*1*), ferner in K. Freudenberg (*2*), S. 127 und 133 usw., auf welche sich ein Teil der folgenden Angaben stützt.

Einige wichtigere Arbeiten, die zur Aufklärung der Konstitution des Lignins beitrugen, sind: E. Hägglund (*1*), S. 112, E. Hägglund und H. Urban (*1*), K. G. Jonas, W. J. Powell und H. Whittaker, W. Fuchs (*3*), (*4*), K. Freudenberg (*4*), (*5*), [(*6*), S. 1)], gemeinsam mit M. Harder und L. Markert.

Die systematischen Arbeiten Freudenbergs und seiner Mitarbeiter, sowie H. Hibberts und seiner Mitarbeiter führten schließlich zu Ergebnissen, welche geeignet sind, die weitere Erforschung der Sulfitcelluloseextrakte in neue Richtungen zu leiten und viele Unklarheiten zu beheben.

Der heutige Stand unserer Kenntnisse über die Konstitution des Lignins läßt sich folgendermaßen zusammenfassen:

Die aromatische Natur des Lignins kann auf Grund der Arbeiten von K. Freudenberg, H. Hibbert und ihrer Mitarbeiter als gesichert gelten. Die von R. S. Hilpert und H. Hellwage mit zahlreichen Mitarbeitern vertretene Theorie, daß das Lignin in der Pflanze, namentlich im Holz, nicht vorgebildet sei, sondern als Reaktionsprodukt empfindlicher Kohlenhydrate und starker konzentrierter Säuren zu betrachten wäre, konnte bisher nicht genügend bewiesen werden und wurde vielfach bekämpft (K. Storch, E. Wedekind). Nach K. Freudenberg (*3*) dürfte es ausgeschlossen sein, daß während der Aufbereitung mit Säure Zucker in Phenylpropanderivate übergeht.

Nach K. Freudenberg (*1*) bildet sich das große Molekül durch Ätherbindung und folgende Kondensation von Einheiten mit 10 Kohlenstoffatomen. Die Bausteine sind Derivate des 3,4-Dioxyphenyl-propans. Im Benzolkern ist die Anordnung des Vanillins und Piperonals erwiesen (siehe auch H. Hibbert und G. H. Tomlinson II), die des Isovanillins möglich. Bei einzelnen Ligninarten (z. B. Buche) kommen methylierte Pyrogallolreste hinzu. Die Seitenkette enthält drei Kohlenstoffatome, die folgendermaßen angeordnet sein können:

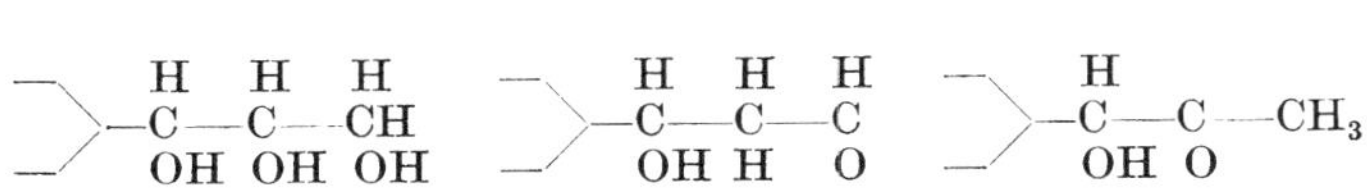

Das Prinzip der Verätherung und des sekundären Kondensationsvorgangs geht aus den Formelbildern I bis V hervor. Bei der Kondensation entstehen Benzofuran- oder Benzopyransysteme.

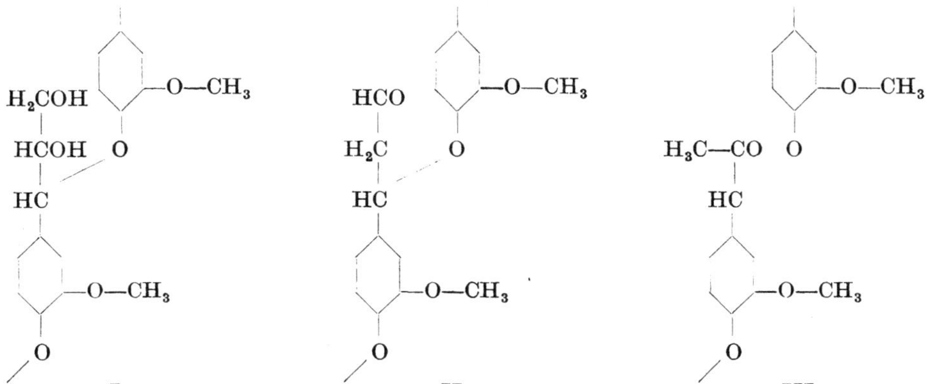

I II III

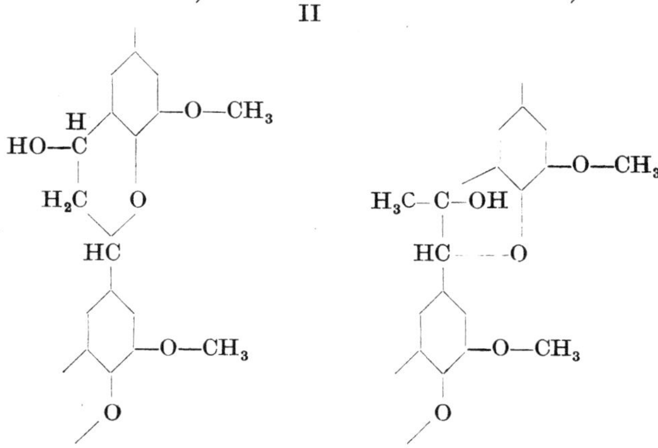

IV V

Nach K. Freudenberg (*3*) sind im Fichtenlignin zunächst 7 Einheiten (C_{10}) durch Ätherbindung verkettet. Jede 7. Einheit ist ein Piperonalsystem. Diese Vorstufe wird im lebenden Gewebe teilweise im Sinne der Schemata IV und V kondensiert. Bei postmortalen Vorgängen und chemischen Eingriffen vollziehen sich weitere Kondensationen (Ausbildung dreidimensionaler Makromoleküle).

H. Hibbert und H. W. Mackinney gaben dem nativen Lignin folgende Gesamtformel:

$$C_{33}H_{24}O_6\underset{A.}{(OH)_2}\underset{B.}{(OCH_3)_4}[> CH—C_6H_3(OCH_3)(OH)](CH_2OH)_2.$$

Von den zwei OH-Gruppen (A) ist eine glucosidischer Natur, während von den vier OCH_3-Gruppen (B) drei phenolischen oder enolischen Charakter besitzen. Der Komplex $C_{33}H_{24}O_6$ muß Gruppen heterocyclischer O-Ringe enthalten, deren Natur noch unbekannt ist, doch ist die Anwesenheit eines Hydropyronringes möglich.

Der Vollständigkeit halber sollen im Anschluß an diese neuesten Ergebnisse der Ligninforschung zwei hypothetische Formeln wiedergegeben werden:

P. Klasons Formel fußt auf der Annahme, daß Lignin nach dem Flavontypus gebaut sein könnte; eine solche Verbindung wäre durch Kondensation von zwei Molekülen Koniferylaldehyd möglich:

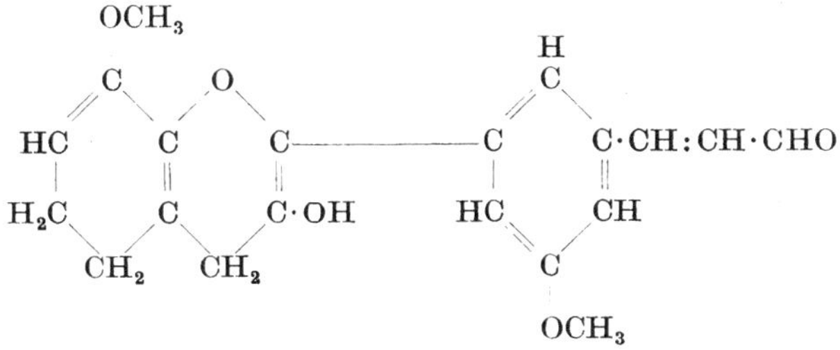

Auf die zahlreichen Arbeiten P. Klasons (*3*), (*4*), (*5*), (*6*), (*7*) über α- und β-Lignin sowie auf seine Koniferylaldehydhypothese kann nur hingewiesen werden. Hierzu auch: W. Fuchs (*2*) und K. Melander (*3*), der sich hierbei auch mit der Bindung der schwefligen Säure (als Schwefligsäureester, nicht an der Aldehydgruppe) befaßte. In Anlehnung an die Arbeiten K. Freudenbergs stellte P. Klason (*7*) schließlich die Hypothese auf, daß sich der autoxydable Koniferylalkohol in den Aldehyd umwandelt und dieser sich zu ligninähnlichen Körpern polymerisiert.

Diese Hypothese legte A. Cleve von Euler seiner Ligninformel zugrunde, wobei er die Verwandtschaft des Lignins mit den Gerbstoffen darlegen wollte:

α-Lignin:

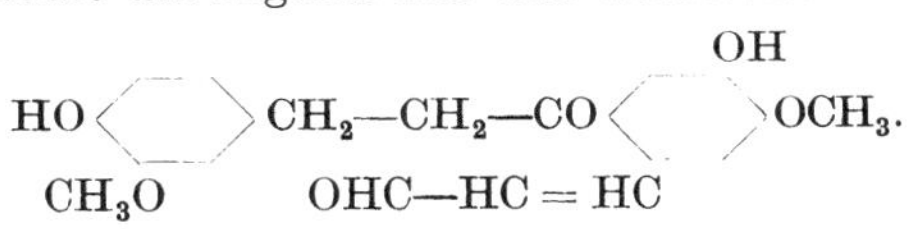

β-Lignin:

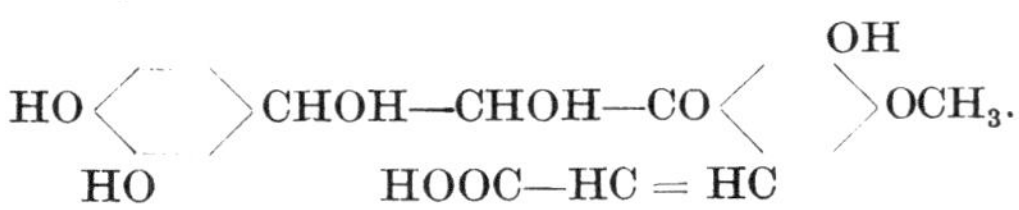

II. Bindung der schwefligen Säure; Konstitution der Ligninsulfosäure.

Als erster sprach N. Pedersen die Ansicht aus, daß sich beim Kochprozeß die schweflige Säure mit der organischen Substanz vereinigt; die Bildung einer Ligninsulfosäure bewiesen als erste B. Tollens und J. B. Lindsey. Sie konnten die Säure durch Fällung mit Alkohol, Salzsäure oder über das Bleisalz isolieren und gaben die Bruttoformel $C_{26}H_{30}SO_{12}$ an. Nach E. Streeb war die Zusammensetzung eine andere, nämlich $C_{18}H_{25}O_{11}S$. Bereits 1893 befaßte sich P. Klason (*2*) mit der Bindung der schwefligen Säure an das Lignin. Weitere Auskunft über die Zusammensetzung der Ligninsulfosäure vermittelten Untersuchungen von M. Hönig und J. Spitzer, M. Hönig und W. Fuchs, welch letztere unter den Spaltprodukten 13 bis 19% Protocatechusäure feststellten, nebenher geringe Mengen eines nach Vanillin riechenden Körpers. Beim Kochen mit gesättigter Barytlösung erhielten M. Hönig und W. Fuchs eine Säure, welche den Charakter eines Catechingerbstoffs besitzt und der folgende Formel zugeschrieben wurde: $C_{16}H_{27}O_4(OCH_3)$ (COOH) (SO_3H); sie wird zu 70% von Hautpulver zurückgehalten und geht bei der Kalischmelze in Protocatechusäure über. Die Bildung dieser Säure bei der Kalischmelze der Ligninsulfosäure oder des Lignins wurde wiederholt beobachtet: Hierzu die Arbeiten von L. Hochfelder, P. Klason, E. Hägglund, B. Holmberg und T. Wintzell aus den Jahren 1915 bis 1918, K. H. A. Melander (*1*), E. Heuser und A. Winsvold (letztere fanden auch Brenzcatechin, welches sekundär aus Protocatechusäure entsteht), siehe auch das diesbezügliche Schwed. P. 54200/1920 von K. H. A. Melander und

J. H. Wallin sowie K. Freudenberg mit seinen Mitarbeitern M. Harder und L. Markert. Auf das den Catechingerbstoffen ähnliche Verhalten der Celluloseextrakte bei der Oxydation mit Wasserstoffsuperoxyd wiesen L. Pollak und W. Springer (*1*) hin.

Auf spektroskopischem Wege versuchten R. Herzog und A. Hillmer die Konstitution der Ligninsulfosäure aufzuklären. Durch Dialyse einer durch Einwirkung von schwefliger Säure auf Holz erhaltenen Sulfitablauge gelangten Ch. Dorée und L. Hall (*1*) zu einer kolloiden Sulfosäure, die von Pentosen, Hexosen und Schwefelsäure befreit war. Sie gaben ihr die Bruttoformel $C_{26}H_{30}O_{12}S$ mit zwei Methoxylgruppen und führten die Reaktionsfähigkeit des Lignins auf Doppelbindungen zurück, die in hydroaromatischen Ringen liegen. Die Auslösung des Lignins aus dem Holz beruht nach Ansicht dieser Forscher darauf, daß aus —CH : CH— durch Addition von H_2SO_3 eine Verbindung —$CH_2 \cdot C(SO_3H)$— entsteht.

Diese mit schwefliger Säure nach einem patentierten Verfahren von C. F. Cross und A. Engelstad (*1*) hergestellte Sulfitablauge unterscheidet sich in mancher Hinsicht von einer mit Bisulfit gewonnenen. Hierbei bleibt „Lignon" im Zellstoff, demnach sind auch die Ablaugen anders zusammengesetzt. C. F. Cross und A. Engelstad verbesserten das Verfahren, indem sie feststellten, daß ein Zusatz von Ammoniak zur schwefligen Säure den Holzaufschluß qualitativ und quantitativ bedeutend verbessert, und zwar in viel höherem Maße als Zusatz irgend einer anderen Base (siehe S. 533, R. S. Hilpert und J. Jordan). Der hierbei entstehende Zellstoff enthält nur noch Spuren von „Lignon", und die betreffenden Ablaugen sind besonders hell, wahrscheinlich wirkt der Ammoniak katalytisch auf den Ligninkomplex ein [C. F. Cross und A. Engelstad (*2*) D. R. P. 495 146, Kl. 55 b/1924, bzw. E. P. 229 002/1925, siehe S. 533].

Bei Einwirkung der Sulfitkochlauge auf das Holz treten verschiedene Reaktionen auf, es erfolgt Bindung schwefliger Säure, bzw. von Bisulfit. Nach E. Hägglund (*2*) addiert das Holzlignin schon unter 100° C SO_2 bzw. Sulfit an eine Äthylenbindung, die, weil die Addition leicht erfolgt, im Ligninmolekül vorgebildet sein muß und nicht erst durch intramolekulare Umlagerung entsteht. Die entstandene Sulfonsäure geht aber erst in Lösung, wenn sie hydrolytisch von dem im Molekül vorhandenen Kohlenhydratrest abgespalten wird.

Es treten demnach zwei Reaktionen ein: 1. Addition von Sulfit, 2. hydrolytische Spaltung des Ligninsulfosäure-Kohlenhydrats.

Für die Geschwindigkeit der zweiten Reaktion, der Hydrolyse, ist das p_H der Kochlauge und die Kochtemperatur maßgebend.

Die nach etwa 10 Stunden auftretende Erhöhung der Azidität (vermindertes p_H) ist damit zu erklären, daß die gebildete Ligninsulfosäure eine stärkere Säure ist als die verbrauchte schweflige Säure, außerdem bildet sich Schwefelsäure. Schließt man nur mit schwefliger Säure bei 115° auf, so daß die hydrolytische Wirkung schon bei dieser niedrigen Temperatur groß ist, so geht nur Zucker in die Ablauge, während die Ligninsulfosäure in der Holzfaser unlöslich verharzt. Bei der gewöhnlichen normalen Sulfitkochung dagegen geht die Sulfitaddition schneller als die Hydrolyse vor sich und die Ligninsulfosäure geht löslich in die Ablauge.

Das an die Äthylengruppe gebundene Sulfit ist sehr fest verankert und kann nicht durch Kochen mit verdünnten Säuren abgespalten werden. Das Ligninmolekül bindet Sulfit aber auch in loser Form und dieses SO_2 kann durch Säuren und Alkalien leicht abgespalten werden.

Die verschiedenartige Bindung des SO_2 in den Sulfitablaugen wurde bereits von W. Kerp und P. Wöhler erforscht, welche schweflige Säure in freier und gebundener Form annahmen. Hierbei wird unter freier schwefliger Säure die durch Jod titrierbare Säure verstanden, demnach die freie als Anhydrid oder als

Salz anwesende Säure, jedoch nicht die organisch gebundene. (In der Gerbextraktindustrie ist es üblich, unter freier SO_2 nur das freie Anhydrid zu bezeichnen, man unterscheidet außerdem zwischen anorganisch und organisch gebundener SO_2.) Nach W. Kerp und P. Wöhler liegt in den Ablaugen eine typische aldehydschweflige Säure vor; als organische Komponenten, mit denen SO_2 in den Ablaugen verbunden ist, kommen Aldehyde, wie Furfurol und Vanillin, ferner Zuckerarten, wie Xylose, Mannose, Galaktose und Fructose, in Betracht. Das ligninsulfosaure Ca ist nach W. Kerp und P. Wöhler keine einheitliche Substanz, sondern als ein Gemisch anzusehen.

Auch K. H. A. Melander (*3*) beobachtete Unterschiede in der Bindung der SO_2 zwischen den mit Kochsalz gefällten Anteilen der Ligninsulfosäure und dem in Lösung gebliebenen Teil. In letzterem ist SO_2 schwächer gebunden. Nach W. Fuchs (*2*) addiert sich SO_2 entweder an Doppelbindungen oder tritt mit der Carbonylgruppe zu den bekannten Additionsverbindungen zusammen, oder endlich sie verwandelt Phenol-Hydroxyle in leicht lösliche Schwefelsäureester. Tatsächlich ist in den Ligninsulfosäuren die SO_2 teilweise locker und leicht abspaltbar, esterähnlich, ein anderer Teil ist aber fest in Form von aromatischer Sulfosäure gebunden.

Die Phenolkerne im Ligninkomplex reagieren nach W. Fuchs vermutlich gegenüber SO_2 in ihrer tautomeren Form als ungesättigte zyklische Ketone. Die dabei gebildeten Doppelbindungen binden SO_2 in Form der Sulfogruppe. Die Carbonylgruppen treten mit Bisulfit zu fester oder lockerer gebauten Additionsverbindungen zusammen. W. Fuchs stützt sich bei dieser Annahme auf sein ausgedehntes Versuchsmaterial zur Tautomerie der Phenole [W. Fuchs und B. Elsner, W. Fuchs (*5*)].

Insbesondere ist das Studium der Sulfitanlagerung an Resorcin von Interesse. Bei 100^0 C entsteht die Disulfitverbindung einer 3,5-Diketohexamethylensulfosäure-1, die sich von der tautomeren Form des Resorcins ableitet und gegen Säuren beständig ist. Durch Alkali kann man 1 Molekül Bisulfit sofort abspalten, während das zweite Molekül erst nach mehrstündiger Einwirkung abgetrennt werden kann. Es bleibt das Na-Salz der Dihydroresorcinsulfosäure übrig.

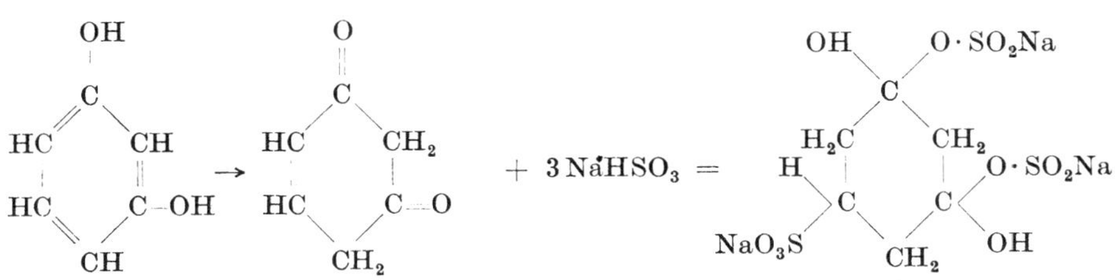

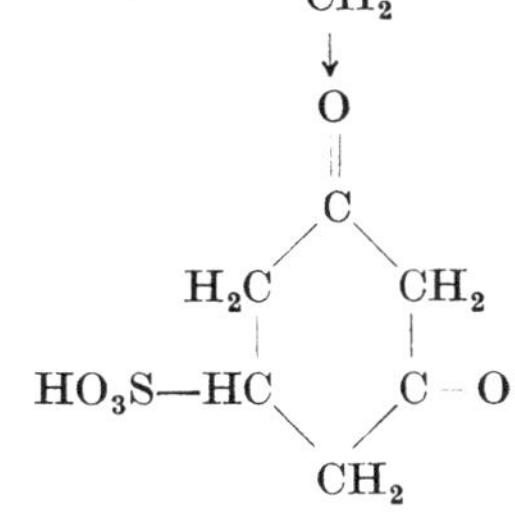

Das hier angeführte Beispiel des Resorcins wurde deshalb gewählt, weil ähnliche Verhältnisse bei der Sulfitierung von Quebrachoextrakt, dessen Gerbstoff bekanntlich einen Resorcinkern enthält, durch M. Bergmann und G. Pojarlieff festgestellt wurden. H. Th. Bucherer erklärte die Reaktion zwischen Bisulfit und Resorcin auf die Weise, daß SO_2-Ester vom Typus $R \cdot O \cdot SO_2Na$ entstehen. Siehe auch J. Herzig und S. Zeisel, und W. Fuchs (*6*). M. Samec und M. Rebek (*2*) untersuchten die Zustandsform der schwefligen Säure in der Sulfitablauge und fanden, daß das Lignin und die Kohlenhydrate derselben mit SO_2 Verbindungen nach der Art einer sulfo-

bzw. aldehydschwefligen Säure bilden, die sich nicht durch Jod nachweisen lassen. Daneben ist auch noch „freie SO_2“ (im Sinne der Auffassung von W. Kerp und P. Wöhler) vorhanden, welche durch Alkali oder Na-Acetatzusatz vermehrt werden kann. Mit steigender Verdünnung nimmt ihre relative Menge zu, und zwar mehr in saurer als in alkalischer Lösung.

Sehr wichtige Feststellungen machten in dieser Richtung M. Hönig und W. Fuchs. Sie fanden, daß die von M. Samec und M. Rebek ebenfalls beobachtete Vermehrung der „freien“ durch Jod titrierbaren SO_2 in alkalischer Lösung eine außerordentliche Steigerung erfährt, wenn man die Ablauge in ca. 1%iger alkalischer Lösung stehen läßt, ansäuert und mit Jod titriert. Die so festgestellten SO_2-Mengen lassen sich aus den Zuckerarten und Aldehydmengen der Ablauge nicht erklären und man muß hierfür die Ligninsulfosäure mit verantwortlich machen. Dies konnte dadurch bewiesen werden, daß rohe und vergorene Sulfitablauge, nach Entfernung der flüchtigen Verbindungen, etwa die gleiche Menge organisch gebundener SO_2 enthielten. Die analytischen Daten deuten auf ein bestimmtes stöchiometrisches Verhältnis zwischen fest und locker gebundenem Schwefel in der Ligninsulfosäure hin. In der Rohlauge besteht zwischen dem Gesamtschwefel des Trockenrückstandes und dem locker gebundenen Schwefel etwa das Verhältnis 2 : 1. Es ist nicht sehr wahrscheinlich, daß eine Aldehydgruppe im Molekül der Ligninsulfosäure die lockere Bindung der SO_2 bewirkt, da durch sorgfältige Dialyse eine Ligninsulfosäure erhalten werden konnte, welche die verschwindend kleine Cu-Zahl 2 ergab. Viel wahrscheinlicher ist die Erklärung mit Hilfe der tautomer reagierenden Phenolhydroxyle, wobei außer der locker gebundenen SO_2 auch fest gebundener Schwefel in Form einer Sulfosäure angenommen werden kann. Dies würde auch die Beobachtung erklären, daß neutralisierte Sulfitablauge beim Stehen oder Erhitzen wieder saure Reaktion annimmt, da der Komplexzerfall der einbasischen carbonylschwefligen Säure eben zweibasische schweflige Säure liefert. Diese Beobachtung zeigt einen Weg, um die locker gebundene schweflige Säure aus der Ablauge zu entfernen bzw. zurückzugewinnen. (Siehe S. 530, L. Masner und V. Samec, bzw. H. Seidel.)

Obwohl E. Hägglund beim Kochen von Holz mit einer Kochsäure, die Sulfit und SO_2 in sehr großem Überschuß enthielt, beobachten konnte, daß eine größere Menge SO_2 sekundär an Lignin gebunden wurde, die nicht so fest haftete als die primär gebundene, erklärt er dies damit, daß die Anlagerung an einer zweiten Äthylenbindung des Lignins erfolgt und daß gegen den Vergleich mit der Sulfitaddition an Polyphenole verschiedene Tatsachen sprechen [E. Hägglund (*3*)]. Nach E. Hägglund müßte zu erwarten sein, daß mindestens ebensoviel schweflige Säure locker wie fest gebunden vorhanden wäre, wenn sich das Lignin tatsächlich in der Art der Polyphenole verhalten würde, dies ist jedoch nicht der Fall [E. Hägglund (*1*), S. 196]. Nach Feststellungen von E. Hägglund und C. B. Björkman kann normal zusammengesetzte Ligninsulfosäure weitere Mengen SO_2 aufnehmen und fest binden, wenn sie mit großem Überschuß von SO_2 unter Druck erhitzt wird. Auch P. Klason (*7*) berichtet, daß man durch wiederholtes Sättigen der Ablauge mit SO_2 und Kochen bei 120^0 C daraus β-Naphthylaminsalze mit erhöhtem S-Gehalt herstellen kann (bis 8,34% S). Man darf deshalb wohl annehmen, daß ein Teil der in der Literatur enthaltenen Unstimmigkeiten auf verschieden zusammengesetzte Ablaugen, bzw. Ligninsulfosäuren zurückzuführen sind. Es ist aus der Technik der sulfitierten Quebrachoextrakte ebenfalls bekannt, daß je nach Menge und gegenseitigem Verhältnis der verwendeten Sulfite und Bisulfite und je nach Temperatur und Dauer der Sulfitierung sulfitierte Extrakte erhalten werden können, die sich untereinander durch ihren Schwefelgehalt, ihre Essigätherzahl, Formaldehydzahl u. dgl. unterscheiden.

Die Bildung der Ligninsulfosäure, bzw. der Eintritt der Sulfogruppe in das Ligninmolekül ist erst in neuester Zeit geklärt worden. Auf Grund des Freudenbergschen Aufbauschemas (S. 542) berechnete A. Küntzel (*1*) den Schwefelgehalt der Ligninsulfosäure zwischen 4,3 bis 7,75% S und fand in chemisch reiner Ligninsulfosäure, die über die Chinolinverbindung erhalten wurde, einen Schwefelgehalt von 5,06 bis 5,15%.

K. Freudenberg, M. Meister und E. Flickinger konnten durch Modellversuche mit Erdtmannscher Säure das Verhalten der Sauerstoffringe bei der Bildung der Sulfosäure erklären und wichtige Rückschlüsse auf das Lignin ziehen. Die Erdtmannsche Säure (VI) nimmt unter Aufspaltung des sauerstoffhaltigen Ringes schweflige Säure unter Bildung der Sulfosäure (VII) auf. Aus (VI) geht hervor, daß der Brückensauerstoff der Erdtmannschen Säure einem α-Phenyl-carbinoläther angehört. In diesem Zusammenhang sind die Versuche von B. Holmberg von Bedeutung, der gefunden hat, daß Phenylmethylcarbinol, Diphenylcarbinol und ihre Äther (VIII) unter gleichen Bedingungen glatt mit Bisulfit analog reagieren. Da dieselbe Reaktion auch das Lignin zeigt, kann man auch für das Ligninmolekül folgern, daß es die Anordnung eines Phenylcarbinoläthers aufweist, d. h. daß der Äthersauerstoff an das dem Benzolkern benachbarte C-Atom gebunden ist. Ligninbausteine mit nur ätherartiger Verknüpfung (z. B. II und III, siehe S. 542) würden demnach unter Bildung einer Sulfosäure einerseits, eines phenolischen Spaltstücks andererseits aufgespalten werden.

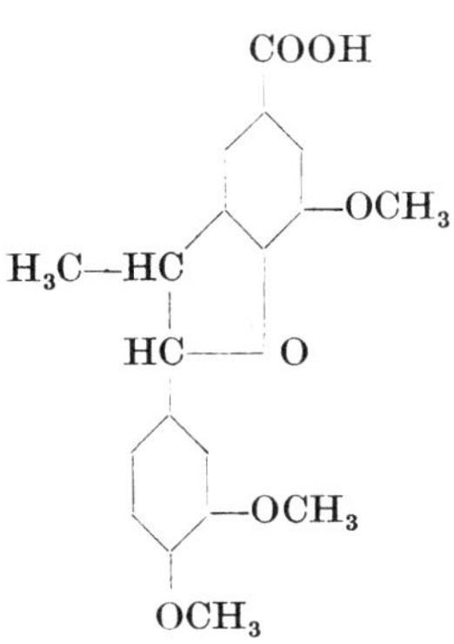

VI

Erdtmannsche Säure.

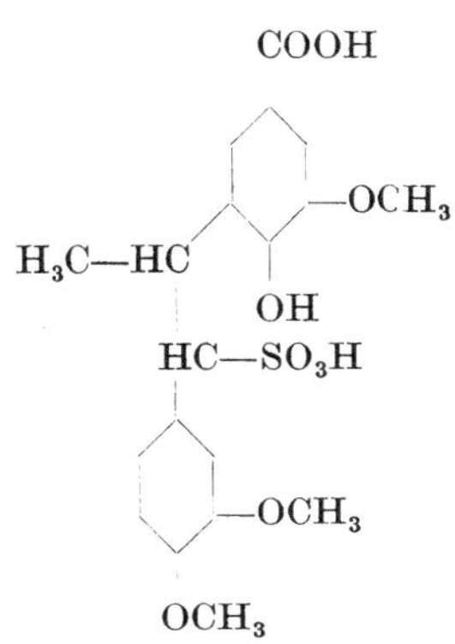

VII

Erdtmannsche Sulfosäure.

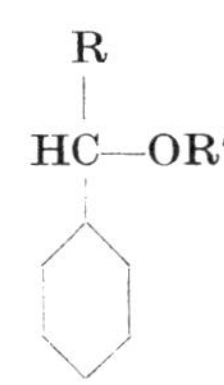

R = CH_3 oder C_6H_5

VIII

Holmbergs Carbinole.

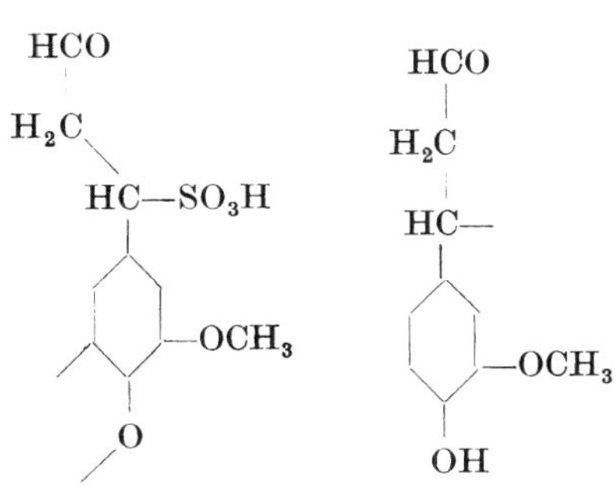

Sulfosäure und Spaltstück aus II.

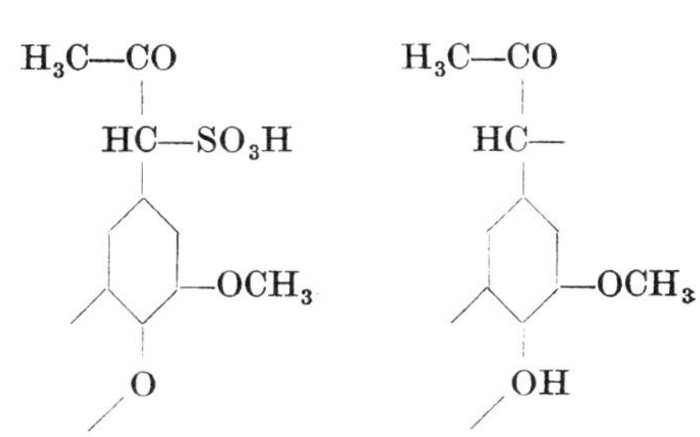

Sulfosäure und Spaltstück aus III.

Die kondensierten Bausteine (IV und V) liefern Sulfosäuren ohne Verkleinerung des Moleküls, indem der sauerstoffhaltige Ring gesprengt wird:

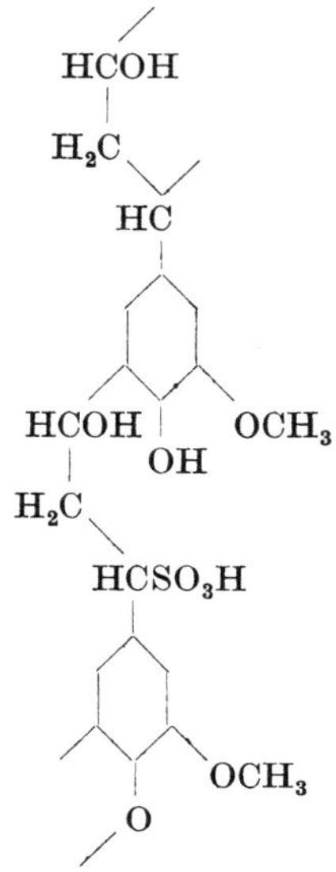

Sulfosäure aus IV.

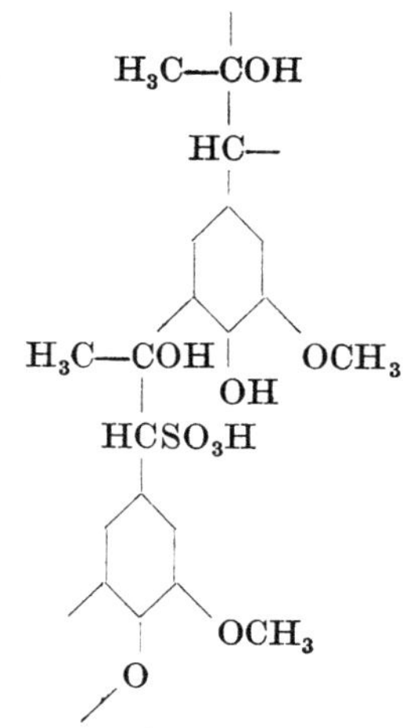

Sulfosäure aus V.

Das Bemerkenswerteste bei dieser Auffassung ist, daß die SO_3H-Gruppe in die Seitenkette eintritt und nicht in den Kern, sie ist demnach keine aromatische Sulfosäure, wie sie in künstlichen Gerbstoffen meistens enthalten sind. Bei ihrer Bildung werden Phenolgruppen freigelegt. Während bei der Bildung der Sulfosäure aus den kondensierten Bausteinen das Ligninmolekül keinen Abbau erfährt, ist die Sulfosäurebildung aus den ätherartigen Bausteinen mit einer Abtrennung von Spaltstücken verbunden. Trotzdem ist die Ligninsulfosäure ziemlich hochmolekular, denn sie dialysiert selbst im Stromgefälle nicht durch Membranen. Phenolhydroxyle sind spärlich und oft in großen Entfernungen über das Molekül verstreut. Die Phenolgruppen können ihre gerberischen Fähigkeiten erst infolge der Sulfogruppe entfalten. Letztere besitzen selbst gerbende Eigenschaften, die durch die Größe des Moleküls gesteigert werden (weshalb solche Sulfosäuren vermutlich zu irreversibler Bindung an die Haut geeignet sind). Je eine Sulfogruppe entfällt auf 3 bis 5 Bauelemente C_{10}. Sekundäre und tertiäre Hydroxyle erhöhen die Löslichkeit. Ligninsulfosäure ist, wie pflanzliche Gerbstoffe, einer Selbstkondensation fähig; diese tritt möglicherweise auf der Haut ein [K. Freudenberg (*1*)].

Die Versuche mit Holmbergs Carbinolen ließen erkennen, daß die Sulfogruppe in Nachbarstellung zum Benzolkern eintritt. Dies deckt sich mit der Annahme von H. Hibbert und G. H. Tomlinson II., wonach die Sulfogruppe dem Vanillin bildenden Kern benachbart ist. Es wäre demnach folgende Gruppierung möglich:

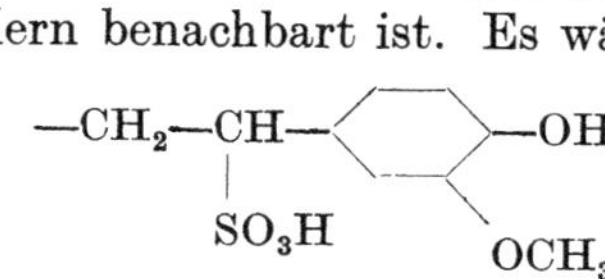

H. Hibbert, Fr. Brauns und E. G. King schlugen für Ligninsulfosäure folgende Gesamtformeln vor:

$$C_{42}H_{32}O_6(OH)_5(OCH_3)_4HSO_3H \text{ bzw. } (OCH_3)_5 \quad \text{oder}$$
$$C_{42}H_{31}O_6(OH)_4(OCH_3)_4HSO_3H \text{ bzw. } (OCH_3)_5.$$

Die Säure enthält eine freie Phenol- oder Enolgruppe.

Nach Fr. Brauns stehen die von K. Freudenberg ermittelten Äquivalentgewichte 962 und 933 für Ligninsulfosäure in guter Übereinstimmung mit den Werten von H. Hibbert, Fr. Brauns und E. G. King.

Über die Frage, ob Ligninsulfosäure ein- oder zweibasisch sei, siehe die Arbeiten von P. Klason (*7*), Ch. Dorée gemeinsam mit E. C. Barton-Wright. Auf dem Wege der Dialyse untersuchten auch M. Samec mit J. Ribarić und M. Rebek (*1*) die Ligninsulfosäure. Sie gaben der freien Säure ein Mol-Gew. von 1100 bis 1136. Das Mol-Gew. des Ca-Salzes beträgt nach P. Klason (*8*) 904 bzw. 1060, das der freien Säure nach K. Melander (*2*) 682. Weitere Arbeiten über die Veränderung der Ligninsulfosäure bei der Dialyse, namentlich Erhöhung der Aussalzbarkeit: M. Samec, P. Jakimow und P. Tolski.

Über den Dispersitätsgrad der Ligninsulfosäure geben folgende Arbeiten Aufschluß: E. Hägglund (*5*), R. Herzog und A. Hillmer (Spektrum im Ultraviolett), W. Nippe und A. Ogait, K. Freudenberg [(*2*), S. 127].

F. Stather und O. Endisch stellten an einer Anzahl von Ligninextrakten fest, daß die Teilchengröße etwas geringer aber größenordnungsmäßig nicht stark verschieden von jener der pflanzlichen Gerbextrakte ist. Eine Ausnahme macht unbehandelter Quebrachoextrakt.

Von Interesse ist eine weitere Untersuchung von Ch. Dorée und L. Hall (*2*), in welcher sie Phenole und phenolartige Körper bei Gegenwart von Salzsäure auf Sulfitablaugen einwirken ließen und schwer lösliche Kondensationsprodukte erhielten. Viel wichtiger erscheint jedoch die Feststellung, daß die Ligninsulfosäure auch befähigt ist, mit sich selbst Kondensationen einzugehen, wenn man sie mit Schwefelsäure eindampft und hierauf wieder auf das frühere Volumen verdünnt. Ch. Dorée und L. Hall führten die hierbei festgestellte erhöhte Viskosität auf eine derartige Kondensation zurück. Diese Beobachtung wäre für die Herstellung der Celluloseextrakte von Bedeutung. Bereits 1914 vermutete L. Pollak ähnliche Vorgänge, welche den Inhalt einer österreichischen Patentanmeldung bildeten.

III. Reaktion von Procter und Hirst.

Bedeutung für die Kenntnis der Ligninsulfosäure hat schließlich eine Reaktion gewonnen, die eigentlich zum Nachweis der Sulfitcelluloseextrakte in pflanzlichen Gerbextrakten ausgearbeitet wurde. H. R. Procter und S. Hirst fanden, daß die Ligninsulfosäure mit salzsaurem Anilin eine unlösliche Fällung gibt, welche pflanzliche Gerbstoffe nicht zeigen; dieser als Procter-Hirst-Reaktion viel verwendete Nachweis wurde von den Entdeckern nicht näher erklärt. Am nächsten lag es, die Bildung Schiffscher Basen anzunehmen, indem die Aldehydgruppe der Ligninsulfosäure reagiert:

$$HO_3S\cdot R\cdot C\begin{matrix}\nearrow O\\ \searrow H\end{matrix} + NH_2—R_1 = HO_3S\cdot RCH{:}NR_1 + H_2O.$$

Dieser Ansicht war ursprünglich auch S. V. Hintikka (*1*), doch gab er später diese Ansicht auf und nahm an, daß die bei der Untersuchung der Ligninsulfosäure meist herangezogene β-Naphthylaminverbindung ein normales Salz der Säure sei. P. Klason (*9*) befaßte sich als erster mit dem Fällungsprodukt aus Ligninsulfosäure und β-Naphthylamin und nahm zur Erklärung an, daß im Lignin eine Aldehydgruppe als Acroleinrest enthalten sei, der sich bei der Bildung der Ligninsulfosäure derart umsetzt, daß die schweflige Säure sich an der Doppelbindung anlagert:

$$R\cdot CH{:}CH\cdot CHO + HSO_2OH = R\cdot \underset{\beta}{CH_2}\cdot \underset{\alpha}{C}(HSO_2OH)CHO.$$

Außerdem soll die schweflige Säure in reversibler Form an die Aldehydgruppe treten, erst nach Entfernung derselben kann die wieder freigelegte Aldehydgruppe mit β-Naphthylamin reagieren, wobei ein zunächst weißer Niederschlag entsteht, der als normales Aminsalz der Ligninsulfosäure angesprochen wurde und durch Ringbildung in ein cyclisches Ammonsalz übergehen soll, in welchem der Aminrest an den Aldehydrest gekuppelt ist. Diese Verbindung ist gelb gefärbt:

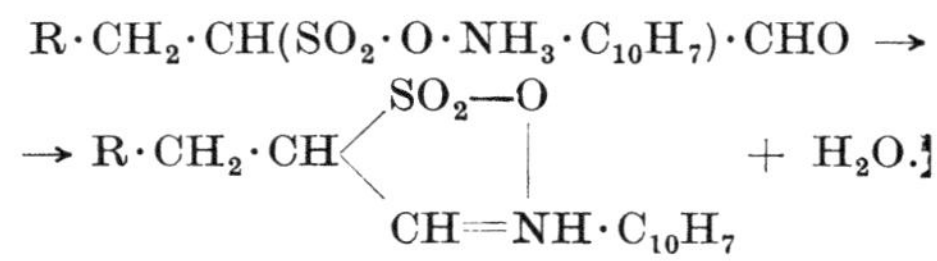

Als einfachstes Beispiel führte Klason (*3*) den Zimtaldehyd an, der ähnliche Verbindungen liefert. Weitere Versuche zur Aufklärung dieser Reaktion sind in folgenden Arbeiten enthalten, auf welche nur hingewiesen werden kann: S. V. Hintikka (*2*), K. H. A. Melander (*4*), Ch. Dorée und L. Hall (*2*), E. Hägglund (*4*), ferner in einer viel älteren Arbeit von Th. Rosenthal und späteren Arbeiten von P. Klason (*7*), E. Hägglund und H. Urban (*2*). Derartig einfache Verbindungen können aber bei der Procter-Hirst-Reaktion kaum angenommen werden, man muß zumindest gleichzeitige Polymerisation annehmen, ähnlich wie eine solche von A. Eibner und E. Koch an Schiffschen Basen studiert wurde. Hierbei können selbst höher polymerisierte Komplexe auftreten, wobei Anilin abgespalten wird:

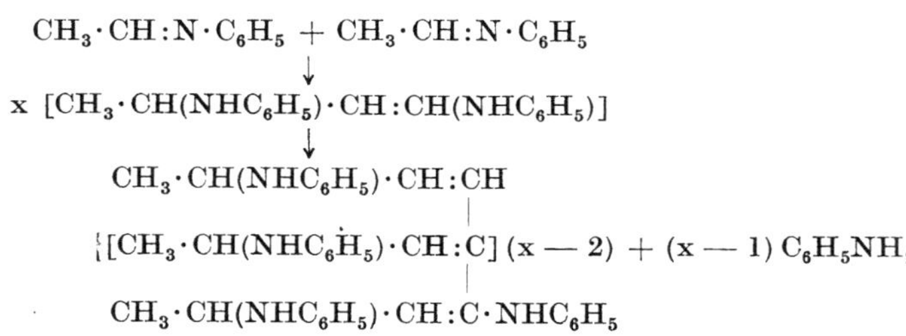

Solche Polymere können auch durch Verkettung monomerer Moleküle entstehen, in der Art, wie sie H. Staudinger z. B. für Polystyrole und Polymethylene annimmt:

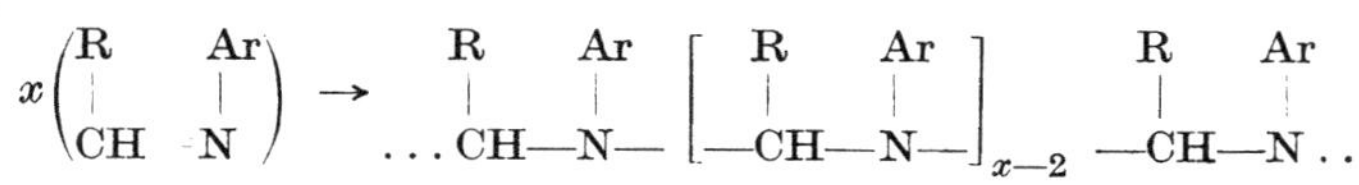

Im Falle der Ligninsulfosäure übt die Sulfogruppe einen entscheidenden Einfluß auf die Bildung des β-Naphthylaminsalzes aus und es wäre verfehlt, das für normale Schiffsche Basen Angeführte in Bausch und Bogen auf die Ligninsulfosäure zu übertragen.

E. Gerbtechnische Verwendung und Wirkungsweise der Ligninextrakte.

Wie nahezu alle Neueinführungen in der Gerberei, stießen die Ligninextrakte zuerst auf heftigen Widerstand und ausgesprochenes Mißtrauen. Dies erscheint nicht verwunderlich, denn das, was zu jener Zeit als Celluloseextrakt dem Gerber geboten wurde, war mehr oder weniger ungereinigte eingedickte Ablauge. Andererseits wußte man damit nicht umzugehen, trotz aller Anpreisungen und Vorschriften, weil der damalige Stand der Gerbereiwissenschaft eine Beurteilung in der Weise, wie dies heute geschieht, nicht gestattete.

W. Eitner (*1*), (*2*) beurteilte die Wirkung auf die Haut nicht als wahre Gerbung, da kein brauchbares Leder erhalten wurde. Er bemerkte wohl, daß die mit Celluloseextrakt „durchgefärbte" Haut sich nicht wieder vollständig auswaschen ließ, demnach eine gewisse Bindung vorlag, lehnte aber die Bezeichnung „Gerbstoff" dafür ab. Dagegen beobachtete Eitner, vielleicht als erster, eine Beschleunigung der Gerbung, hervorgerufen durch die Erhöhung der Brühendichte und dadurch bedingte größere Diffusionsgeschwindigkeit, und stellte außerdem nicht nur keinen Gerbstoffverlust, sondern einen Gerbstoffgewinn durch Lösung schwer löslicher Gerbstoffe im Gemisch mit pflanzlichen Gerbstoffen fest. Letztere Beobachtung stand im Gegensatz zu den Feststellungen von J. H. Yocum und T. A. Faust, welche meist Gerbstoffverluste fanden; beim Studium der betreffenden Tabellen fällt auf, daß das Unlösliche kaum verändert wird, und es ist nicht ausgeschlossen, daß die beiden amerikanischen Forscher kalkhaltige Celluloseextrakte verwandten. G. Grasser (*1*) wollte Celluloseextrakte nicht ohne weiteres für die Gerbung, insbesondere nicht für die Nachgerbung und Füllung verwenden und empfahl sie zur Angerbung. L. Sody (*1*) beurteilte diese Extrakte ähnlich wie W. Eitner und vermutete, daß lediglich die kolloidalen Eigenschaften der Extrakte wirksam wären. Obwohl das Rendement des Leders von 66,3 auf 70,9 erhöht werden konnte, liegt nach Ansicht von Sody doch keine Gerbung vor, da die einverleibten Bestandteile aus dem Leder wieder ausgewaschen werden können. Dagegen wurde eine Verbesserung der Farbe durch Aufhellung derselben festgestellt. J. Paeßler (*1*) bezweifelte die günstige Beeinflussung der Gerbung durch Celluloseextrakte, welche für sich allein kein brauchbares Leder geben, dagegen empfahl J. G. Parker gewissenhafte Überprüfung dieser Erzeugnisse und deren gründliches Studium und wollte deren Anwendung in der Weise durchführen, daß das Leder zur Hälfte mit pflanzlichen Gerbstoffen vorgegerbt, dann mit Celluloseextrakt behandelt und schließlich mit pflanzlichen Gerbstoffen fertig gegerbt werde. Dieser Ansicht schloß sich auch U. J. Thuau an. Ähnlich äußerte sich F. M. Loveland.

Auch W. O. Walker sprach die Meinung aus, daß Celluloseextrakte für sich allein nicht gerben, dagegen, gemeinsam mit pflanzlichen Gerbstoffen verwendet, gerbend und lederfüllend wirken. Die gerbende Wirkung wird nach R. T. Mohan durch Zusatz von Milchsäure verbessert und man erhält, je nach Säuregrad, harte, helle bis lappige, dunkle Leder. Die gleiche Wirkung von Milchsäure stellte A. Stutzer fest, doch geben die von ihm erhaltenen Zahlen infolge der sehr hohen Zusätze an Milchsäure und der willkürlich gewählten Analyseneinwagen kein sicheres Bild, was auch von F. Abraham bemängelt wurde, der die Erhöhung des Gerbwertes bzw. der vom Hautpulver zurückgehaltenen Stoffe lediglich auf eine Schwellwirkung zurückführen wollte.

Es war den Arbeiten Römers vorbehalten, die Wichtigkeit des richtigen Säuregrades für die Brauchbarkeit eines Celluloseextrakts festzustellen (R. Schmidt). Römer stellte fest, daß insbesondere die sauren ligninsulfosauren Salze die beste Gerbwirkung besitzen. Den Einfluß der Essigsäure und die damit verbundene Erhöhung der Gerbwirkung beobachtete W. H. Dickerson und stellte im Gemisch mit Kastanienholzextrakt eine Erhöhung des Gerbstoffgehalts fest.

W. Moeller (*1*), (*2*) bekämpfte die Annahme, daß Celluloseextrakte gerbend wirken und erregte eine heftige Aussprache in den Fachblättern. Er verfocht den Standpunkt, daß lediglich die durch Anilin und Salzsäure fällbaren Körper, demnach die α-Ligninsulfosäure, von der Haut zurückgehalten werden und daß diese nur einen geringen Anteil der Extrakte ausmachen. Für sich allein, aus den Celluloseextrakten isoliert, gerben sie auch nicht besser. Er behauptete auch, daß die Nichtgerbstoffe des Celluloseextrakts das Eindringen der Gerbstoffe ins Leder verhindern und verurteilte jede Verwendung, sowohl im Farbengang als auch im Faß; bei der Nachgerbung trete keine Füllung wie bei wirklichen Gerbstoffen, sondern eine Beschwerung oder Imprägnierung ein. Als Beweis dafür, daß die Celluloseextrakte keine wirklichen Gerbstoffe sind, führte W. Moeller (*3*) unter anderem auch die Beobachtung W. Eitners (*3*) an, daß mit Celluloseextrakten nachgegerbte Leder sich nicht „leimen" lassen, weil sie hierbei spröde und brüchig werden, denn Celluloseextrakte werden durch Leim nicht gefällt.

Von Wichtigkeit ist die Beobachtung Moellers (*1*), daß im wäßrigen Auszug eines mit Celluloseextrakt gegerbten Leders der Nachweis durch die Procter-Hirst-Reaktion nicht gelingt, weshalb man auf feste Bindung der Ligninsulfosäure mit der Haut schließen kann. In späteren Arbeiten stellte W. Moeller (*4*) eine Anzahl wichtiger Zusammenhänge zwischen Celluloseextrakten, bzw. der Ligninsulfosäure und Huminstoffen fest und nahm mit Bezug auf die Zunahme der kolloiden Beschaffenheit nach der Gärung der Ablaugen und der damit verbundenen Bildung von Huminsubstanz einen gemäßigteren Standpunkt ein.

Die von W. Moeller entfachte Aussprache hatte natürlich eine ganze Anzahl Entgegnungen zur Folge, unter denen jene von J. H. Schulte, P. Gulden und R. Philippi erwähnt werden sollen. In seinem Gutachten „Reiner oder mit Sulfitcellulose versetzter Quebrachoextrakt?" bemerkte H. Becker, daß bei sachgemäßer Verwendung von Celluloseextrakten in Verbindung mit pflanzlichen Gerbstoffen sehr gute Leder erzeugt werden können und daß die generelle Behauptung, daß Celluloseextrakte die Gerbung nachteilig beeinflussen, nicht erwiesen sei. Dieser Meinung war auch J. Groß. B. Kohnstein verglich die Wirkung der Celluloseextrakte mit jener sulfitierter Gerbextrakte und empfahl die Vorgerbung mit Brühen, die mittels Celluloseextrakts hergestellt wurden, und hierauf erst die süße Gerbung. Über das zu erzielende Lederrendement gab R. H. Wisdom Aufschluß. Darnach geben Celluloseextrakte (für sich allein verwendet) das niedrigste Rendement, Quebracho naturel 125,7%, Kastanie 124,5%, wenn Celluloseextrakt 100% gesetzt wird. Im Laufe der Zeit lernte man mit Celluloseextrakten umgehen. Ein ungenannter Autor berichtete über Erfolge in der Vorgerbung bei Vacheleder und über eine „Zwischengerbung", sogar bei Grubenleder. Dagegen wollte G. Vié (*2*) günstige Eigenschaften nur durch die aufhellende Wirkung bei der Nachgerbung festgestellt haben und berichtete über Gerbstoffverluste in Gemischen. Nach M. Smaić und J. Wladika werden Celluloseextrakte in beträchtlichen Mengen von der Haut aufgenommen, ohne diese im eigentlichen Sinne zu gerben, sie begünstigen jedoch das Eindringen der Gerbstoffe in die Haut und tragen dadurch zur Beschleunigung der Gerbung bei. R. Lauffmann (*1*) beschäftigte sich ebenfalls mit den Eigenschaften und der Verwendung der Celluloseextrakte. W. Eitner (*4*) untersuchte die Möglichkeit, Celluloseextrakte bei der Gerbung von Riemenleder mit Fichtenrinde mitzuverwenden und gab Anleitungen für Zusätze im Faß und Versenk sowie auch bei der Rindenextraktion. W. Bruckhaus sprach sich sehr günstig über die Verwendung von Celluloseextrakten aus, weil diese den Gerbstoff aus den Bädern in das zu gerbende Material drängen und, obzwar selbst nicht Gerbstoff, diesen in erhöhtem Maße auf die Haut übertragen sollen.

Viel früher als in Europa scheint sich Celluloseextrakt in den U. S. A für die Sohlledergerbung eingeführt zu haben. Es ist ein Verdienst des Bureau of Standards in Washington, daß zahlenmäßige Unterlagen über die Eigenschaften von mit Celluloseextrakten gegerbten Sohlledersorten bekannt wurden [R. C. Bowker, O. Riethof, A. Deforge (*1*)]. Bei diesen fabrikmäßig ausgeführten Versuchen wurden verschiedenartig gegerbte Sohlleder mit Celluloseextrakten nachgegerbt, allerdings nicht in der bei uns üblichen Weise der Faßnachgerbung mit dicken Extrakten, sondern in Brühen von höchstens 7 bis 10 Bé. Aus den Lederanalysen geht hervor, daß der Auswaschverlust wenig verändert wird, Aschen- und Zuckergehalt ist etwas höher als in unbehandeltem Leder. Die Extraktivstoffe werden fest an die Faser gebunden und das so erzeugte Leder verändert sich auch bei längerer Lagerung in keiner Weise. Besonders wichtig sind die Versuche zur Bestimmung der Tragdauer und Haltbarkeit und die bemerkenswerte Feststellung, daß in dieser Hinsicht kein praktischer Unterschied zwischen Leder rein pflanzlicher und mit Celluloseextrakt nachbehandelter Gerbung besteht. L. Pollak (*3*) sah größere Vorteile für die Anwendung von Celluloseextrakt in der Vorgerbung als in der Nachgerbung, insbesondere veranlaßt übermäßige Füllung mit Celluloseextrakt oft Brüchigkeit des Leders.

Wiederholt schrieb W. Petrie über seine Erfahrungen mit Celluloseextrakten in England. Petrie berichtete unter anderem über ein automatisches Gerbverfahren in der „Wilson-Maschine", wobei die Blößen in reinen Brühen aus Celluloseextrakt bestimmten Säuregrades angefärbt und dann im Gemisch mit Quebracho- und Mangroveextrakt ausgegerbt werden. Namentlich wies er darauf hin, daß in Verbindung mit Gallotanninen keine günstige Farbe erzielt wird und man deshalb eine Zwischenbehandlung mit Catechingerbstoffen einschalten soll, bevor man Celluloseextrakt auf das Leder bringt. Vermutlich handelt es sich bei etwaiger Mißfärbung um geringe Eisenmengen, gegen welche z. B. Kastanien- und Myrobolanenextrakte viel empfindlicher sind als Quebrachoextrakt. Schließlich behandelte W. Petrie die wichtige Verwendung der Celluloseextrakte in der Füllgerbung mit sehr starken, heißen Gerbstoffbrühen (hot-pitting sections), wobei eine bedeutende Verbilligung erzielt wird und infolge der geringen Oxydierbarkeit der Celluloseextrakte stärkere Brühen als sonst verwendet werden können. Der darauf folgende Bleichprozeß kann verkürzt werden. Allerdings bleichen mit Ligninextrakten gegerbte Leder in der Soda-Säure-Bleiche weniger gut als solche rein pflanzlicher Gerbung. Petrie empfahl die Leder in die heißen Brühen zu hängen und darin auskühlen zu lassen, damit sich der Celluloseextrakt im Leder befestigen kann. Hierzu darf bemerkt werden, daß dies überhaupt nur bei Gegenwart von Celluloseextrakten möglich ist, da ein Abkühlen in reinen Brühen von ordinary Quebrachoextrakt zu Bildung von Krusten Anlaß gibt, die sich nur schwierig wegbleichen lassen.

V. Casaburi (*1*) beschrieb ausführlich die Herstellung und Verwendung der Sulfitcelluloseextrakte unter besonderer Berücksichtigung ihrer Vermischung mit den Ablaugen des Natronzelluloseprozesses und die Herstellung der Alfa-Gerbstoffe.

Systematische Versuche wurden von E. L. Wallace und R. C. Bowker (*1*) (Bureau of Standards, Washington) ausgeführt. Hier wird wiederum die Verwendung von Celluloseextrakten in der Vorgerbung empfohlen und Ausgerbung mit pflanzlichen Gerbextrakten, oder auch die Verwendung von mit Celluloseextrakten gemischten pflanzlichen Gerbextrakten; in letzterem Fall kann ein Drittel des Gerbstoffs durch Celluloseextrakt ersetzt werden. Gerbstoffverlust tritt nicht ein. Die Farbe des Leders ist günstig, ebenso auch dessen mechanische Eigenschaften. Die Gerbdauer wird verkürzt und das Verfahren verbilligt. Es wird besonders darauf hingewiesen, daß die Bindung der Celluloseextrakte in der Haut ebenso fest erfolgt wie bei pflanzlichen Gerbstoffen und daß der Nachweis im wäßrigen Lederauszug nach Procter-Hirst bei Ledersorten, die entweder mit Celluloseextrakten vorgegerbt oder mit gemischten Extrakten gegerbt wurden, sofort nach Fertigstellung der Leder möglich ist, jedoch beim Lagern nach einigen Monaten versagt (im Gegensatz zu den Befunden von W. Moeller). Dagegen geben Leder, die mit Celluloseextrakten nicht gegerbt, sondern nur gefüllt wurden, noch nach 6 Jahren eine deutliche Procter-Hirst-Reaktion. P. Pawlowitsch (*2*) untersuchte die Rolle der Nichtgerbstoffe und anorganischen Salze bei der Schwellung und Durchgerbung und hob die füllenden Eigenschaften der Ligninsulfosäure hervor.

Eine bemerkenswerte Zusammenstellung veröffentlichte R. Escourrou. Er beschrieb auch die Verwendung von Celluloseextrakt im Farbengang und erwähnte, daß im Gemisch mit Quebrachoextrakt ein festes Leder mit dunklem Schnitt erzielt werden kann, gegenüber einem schwammigen Leder, wenn mit Quebrachoextrakt allein gegerbt wurde. Des weiteren wird Celluloseextrakt gemeinsam mit Quebracho und Kastanie für die Nachgerbung empfohlen. Die ausführlichen Artikel von A. Deforge (*2*) enthalten in der Hauptsache die bereits erwähnten Arbeiten von E. L. Wallace-R. C. Bowker und R. Escourrou.

Der Wunsch, sich vom Bezug ausländischer Gerbstoffe unabhängig zu machen, eigene Rohstoffe vollkommen zu verwerten und die Gestehungskosten des Leders herabzusetzen, war der Leitgedanke groß angelegter Versuche in Sowjetrußland. A. J. Schemotschkin (*1*) untersuchte Leder, das mit 60% Quebracho- und 40% Celluloseextrakt zuerst in Farben von 1 bis 12 Bé und schließlich im Faß ausgegerbt wurde. Die mechanische Prüfung des Leders erwies dessen Gleichwertigkeit mit solchem rein pflanzlicher Gerbung. Der SO_3-Gehalt ist etwas erhöht. Die Gerbung gelingt nur bei Anwesenheit geeigneter Säuremengen, der Celluloseextrakt dringt bei dicken Häuten nicht immer gleichmäßig ein; das Leder läßt sich durch Waschen nicht entgerben. Eine ausführliche Zusammenstellung über die „Ligningerbextrakte" gab P. Jakimow. Sehr beachtenswerte Mitteilungen machte P. Pawlowitsch (*3*). Er fand, daß bei der Gerbung mit Celluloseextrakten das p_H eine entscheidende Wirkung ausübt, die Geschwindigkeit der Durchfärbung ist am größten bei $p_H = 2{,}0$ (für einen bestimmten deutschen Extrakt) und nimmt bereits bei $p_H = 3{,}0$ schnell ab. Bei $p_H = 5$ bis 6, demnach dem p_H des Quebrachoextrakts, gerbt dieser Celluloseextrakt überhaupt nicht. Wichtig ist auch die Beobachtung, daß mit Ligninextrakt vorgegerbtes und mit Quebrachoextrakt nachgegerbtes Leder mehr Cellulosegerbstoff enthält, als wenn man in umgekehrter Reihenfolge gegerbt hätte. Hierbei wurde der Quebrachoextrakt auf $p_H = 3{,}0$ eingestellt.

E. Bělavský und K. Fiksl fanden, daß sich Sulfitcelluloseextrakte als saure Komponente bei der alkalischen Gerbung sehr gut bewähren, weil sie selbst gerbende Eigenschaften besitzen, die Löslichkeit der pflanzlichen Gerbstoffe und deren Ein- und Durchdringungsvermögen erhöhen sowie auch die Farbe günstig beeinflussen. Diese Wirkung dürfte auf die stabilisierende Wirkung der Sulfitcelluloseextrakte auf pflanzliche Gerbbrühen zurückzuführen sein. Die Optimalbedingungen für schnelle Blößendurchfärbung gab P. Pawlowitsch (*4*) mit 10 bis 14 Bé und $p_H = 2$ an. Er befaßte sich mit den hygroskopischen Eigenschaften von Leder reiner Sulfitcellulosegerbung, die ungünstig beurteilt werden müssen. Dagegen verhält sich Leder, das mit pflanzlichen Gemischen 1:1 hergestellt wurde, vollkommen normal. J. Baß (*1*) hatte mit Sulfitcelluloseextrakt im Farbengang keinen Erfolg, selbst in sehr geringen Mengen von 5% im Gemisch, dagegen gute Erfolge bei Nachgerbung pflanzlich gegerbter Leder. J. Waisberg betonte die Wichtigkeit des p_H-Wertes bei der Gerbung, die bei p_H 2 bis 3 gut ausfällt. Die Beobachtung dieser niedrigen p_H-Einstellung wird namentlich bei russischen Berichten immer wieder in den Vordergrund gestellt. N. Grosnodumow und A. Gurewitsch schreiben sogar 2 bis 2,5 vor; die Blößen müssen durch einen Pickel und durch Ansäuern des Celluloseextraktes mit Salzsäure (kongosauer) auf dieses p_H gebracht werden. T. J. Korotew fand die höchste Fixierung an die Haut bei p_H 2,0, unabhängig von der Konzentration. Nach L. J. Reznik und E. Kelle-Schaginova gerben Gemische mit pflanzlichen Gerbstoffen am besten bei $p_H = 2{,}5$, nur jenes mit Eichenextrakt 1:2 bei $p_H = 4{,}0$.

G. A. Arbusow studierte eingehend den Einfluß des Pickels und der Vorbehandlung mit verschiedenen Salzen auf die Diffusion und die Bindung des Sulfitcelluloseextraktes. Die Diffusion, gemessen an der Eindringtiefe, ist erhöht und direkt abhängig vom Säuregehalt des Pickels und dem p_H der Gerbbrühe. Bei gepickelten Blößen können in der ersten Gerbphase Brühen mit höherem p_H verwendet werden. Die Bindung des Celluloseextrakts an die Haut hängt ebenfalls vom p_H des Pickels und der Brühe ab. Erhöhung des Kochsalzgehalts in Brühen von $p_H = 2{,}0$ wirkt diffusionserhöhend, bei steigendem p_H schwächt sich die Salzwirkung ab. Erhöhung des Salzgehaltes schwächt die Gerbstoffbindung am wenigsten bei $p_H = 2{,}0$, am stärksten bei $p_H = 6{,}0$. Kochsalzzusatz bei höherem p_H als 3,5 bis 4,0 kann die Gerbung stören (Verringerung der Dispersität und Beständigkeit der Gerbbrühe, Verringerung der Potentialdifferenz Gerbstoff-Kollagen). Siehe dagegen: J. Baß (*1*).

V. Casaburi (*2*) fand, daß die Gerbung mit Celluloseextrakten bei Gegenwart von Tragasol beschleunigt und verbessert werden kann, da das Kolloid Tragasol die sauern und adstringierenden Bestandteile des Extraktes bindet, so daß man sofort in starke Gerbbrühen gehen kann.

In den meisten Fällen wird über Vor- oder Nachgerbungen mit pflanzlichen Gerbstoffen berichtet; unter letzteren nehmen in russischen Berichten selbstverständlich Eichenholzextrakt, aber auch Weidenrinde einen besonderen Platz ein. Abgesehen von der milden Wirkung des Weidenrindengerbstoffes wird auch ihrem Gehalt an 10% Salicylsäure ein besonders günstiger Einfluß auf die Gerbung zugeschrieben [L. Sody (*2*)]. — Siehe hierzu: A. J. S. Schemotschkin (*2*), A. J. S. Schemotschkin und G. K. Baidan. L. J. Reznik stellte in reiner Celluloseextraktgerbung durch Niedrighalten des p_H ein elastisches Fahlleder her und behob das zu starke Austrocknen des Narbens durch Einhängen des ausgewaschenen Leders in schwache Weiden- oder Eichenholzbrühe. M. G. Rusakow und A. S. Jemotschkin schilderten die Herstellung von Sohlleder in kombinierter Brühen-Faßgerbung unter Verwendung der russischen Extrakte „Ampetsch" und „Amsok" (siehe Tabelle 151, S. 540) gemeinsam mit Eichenholzextrakt.

E. L. Wallace und R. C. Bowker (*2*) stellten fest, daß reine Sulfitcellulosegerbung praktisch wohl ohne Bedeutung sei, da das Leder immer etwas narbenbrüchig und kurzfaserig sei, dagegen die Verwendung in Gemischen mit pflanzlichen Gerbstoffen gutes Leder liefert. Die gute Vorbehandlung der Haut in der Wasserwerkstatt ist für den guten Gerbausfall sehr wichtig, namentlich gutes Entkälken und Ausstreichen. Ein Kochsalz-Salzsäure-Pickel wird empfohlen, Schaf- und Kalbfelle werden vor dem Pickel gebeizt. Nach dem Pickel kann man sofort mit Brühen von 5 bis 6 Bé angerben und steigert langsam auf 13 bis 15 Bé. Die Gerbextraktmischung soll nicht mehr als ein Drittel flüssigen Celluloseextrakt enthalten, bei der Nachgerbung soll der Anteil 20 bis 25% nicht übersteigen.

L. Masner und V. Samec (*2*) stellten ein eigentümliches Verhalten der Blöße in Celluloseextrakten hoher Konzentration fest. Es tritt eine Verhornung der inneren Schicht ein und es findet überhaupt keine Gerbung statt. Dies soll auf das Eindringen großer Mengen kristalloider Neutralsalze zurückzuführen sein, welche die Bindung der Ligninsulfosäure an die Haut verhindern. Beweis dafür ist, daß nach dem Auswaschen und dadurch bewirkter Entfernung der Salze und Nichtgerbstoffe wieder weitergegerbt werden kann. Hinsichtlich der Wirkung der Neutralsalze gehen die Meinungen auseinander [siehe G. A. Arbusow, bzw. J. Baß (*1*)]. Bei der Gerbung im Gemisch mit pflanzlichen Gerbextrakten stellten L. Masner und V. Samec (*2*) fest, daß die Blöße beide Anteile aufnimmt, zuerst den pflanzlichen, dann die Ligninsulfosäure; einmal adsorbierte Ligninsulfosäure kann durch pflanzliche Gerbstoffe nicht verdrängt werden. Letzteres hatten auch P. Pawlowitsch (*5*) und seine Mitarbeiter festgestellt. Günstige Erfolge bei der Gerbung von Schafleder mit Celluloseextrakten hatte Prefex.

Die ausgedehntesten und wohl auch maßgebendsten praktischen Gerbversuche wurden von W. Vogel (*2*) ausgeführt. Er stellte rein cellulosegare Leder aus Rindsblöße, Kalb- und Schaffellen her und untersuchte die fertigen Leder dieser „Ligningerbung" nach jeder Hinsicht genau. Was die Vorbehandlung dieser Blößen anbelangt, so steht W. Vogel auf demselben Standpunkt wie E. L. Wallace und R. C. Bowker; auch was Stärke der Gerbbrühen anbelangt, besteht kein großer Unterschied. Wesentlich gefördert wird die Ligningerbung durch Zusatz von wasserlöslichem Öl. Wichtig ist ferner ein gründliches Auswaschen nach beendeter Gerbung, da sonst ein narbenbrüchiges Leder erhalten wird. Weiche Leder müssen überdies genügend stark gefettet werden. Der Gerbwert der Celluloseextrakte steht hinter jenem der pflanzlichen Gerbextrakte zurück. Den hohen Ansprüchen, die in Europa und Amerika an das Leder gestellt werden, entsprechen diese Leder nicht. Für die Bewertung dieses Leders ist die

Feststellung W. Vogels wichtig, daß man durch mehrstündiges Spülen den Aschengehalt ganz bedeutend, bis auf normale Werte, herabsetzen kann. Ein Rindlederkernstück reiner Ligningerbung hat nach Vogel folgende Zusammensetzung:

		Spülung ½ Stunde	Spülung 2 Stunden
	Wasser	14,0%	14,0%
	Asche	3,0%	2,1%
	Fett	3,0%	3,3%
Organischer Auswaschverlust	Gerbstoff	2,2%	1,3%
Organischer Auswaschverlust	Nichtgerbstoffe	3,1%	4,1%
	Hautsubstanz	54,4%	55,2%
	Gebundener Gerbstoff	20,3%	20,0%
		100,0%	100,0%
	p_H des Auswaschbaren	3,3	3,4
	Rendementszahl	184	181
	Durchgerbungszahl	37	36,2

W. Vogel führte im Anschluß an die reine Ligningerbung Großversuche aus, durch welche erwiesen wurde, daß Celluloseextrakte in allen Stadien der pflanzlichen Gerbung verwendet werden können.

W. Vogel erhielt gutes Leder von normaler Zusammensetzung durch Ausgerbung von 20/2 Kernstücken süddeutscher Häute in der Gewichtsklasse 60 bis 70 Pfund in einem Mischextrakt aus Quebracho ordinary in Ligninextrakt gelöst, wobei der Extrakt sowohl im Farbengang als auch im Faß verwendet wurde.

Die wichtige Frage, wie viel Ligninextrakt verwendet werden darf, ohne die Güte des Leders zu verändern, beantwortet W. Vogel dahin, daß bei der eigentlichen Gerbung 20 bis 30% sich durch Beschleunigung der Gerbung, Erhöhung der Löslichkeit der pflanzlichen Gerbstoffe, Aufhellung der Lederfarbe vorteilhaft bemerkbar machen, während die weniger guten Eigenschaften zurücktreten. Eine Mehrverwendung führt zu blechigem Leder mit brüchigem Narben.

Anders muß man bei der Nachgerbung vorgehen. Da hierbei nicht nur die gerbende Substanz, sondern auch große Mengen Nichtgerbstoffe und Salze vom Leder aufgenommen werden, muß man bei der Bemessung des Zusatzes vorsichtig sein. W. Vogel hält einen Zusatz von 20 bis 25% Ligninextrakt für feste (pulverförmige) Nachgerbeextrakte für angemessen. Mit Ligninextrakten allein nachzugerben empfiehlt sich nicht, weil dadurch der Aschegehalt des Leders stark ansteigt und mit ihm auch der Auswaschverlust; dagegen sinkt der Gehalt an gebundenem Gerbstoff.

W. Vogel kombinierte die Ligningerbung durch Vor- oder Nachbehandlung mit Formalin-, Fett-, Chrom- und Eisengerbung, mit Leinöl und Füllung mit Schwefel. Die so erhaltenen Leder waren von beachtenswerter Güte. Die Zusammensetzung ist aus den Originaltabellen ersichtlich.

Verwendet man als Zusatz zur pflanzlichen Gerbung oder zum Lösen von Quebrachoextrakt ordinary einen sog. aschearmen Ligninextrakt auf Ammonbisulfit-Basis (z. B. Totanin), so ist eine Erhöhung des analytisch erfaßten Aschegehalts des Leders auch bei der Nachgerbung nicht zu befürchten. J. S. Aabye und O. V. Rasmussen zeigten durch systematische Gerbversuche, daß derartig hergestellte Leder 0,2 bis 0,5% Asche besitzen. Obwohl ein Teil dieser Gerbungen mit einem viel höheren Zusatz des Ligninextrakts vorgenommen wurde, als W. Vogel vorschlug, sind die Durchgerbungszahlen recht gut und stimmen mit den von F. Stather und O. Endisch festgestellten Werten überein. L. Masner und V. Samec (*3*) fanden bei reiner Ligningerbung

Durchgerbungszahlen zwischen 40 und 50. Diese erhöhen sich auf 50 bis 60 durch fraktionierte Gerbung, Chromvorgerbung, verlängerte Gerbung oder durch Mitverwendung pflanzlicher Gerbstoffe. Nach E. Bělavský erzielt man bei reiner Ligningerbung Durchgerbungszahlen von 41, wenn man 50% Extrakt (vom Blößengewicht) verwendet, dagegen eine Durchgerbungszahl von 72,4 bei Verwendung von 200% Extrakt. Am besten eignen sich Ligninextrakte auf Ammonbasis.

Die technische Verwendung von Ligninextrakten in der kombinierten Gerbung bildet den Inhalt einer größeren Anzahl von Arbeiten:

I. Isakson und L. Minski erzielten bei Chromkombinationsgerbung erhöhte Reißfestigkeit. Chrom-Lignin-Gerbung von Roßschilden beschrieb A. A. Friedland. — G. A. Arbusow fand, daß mit steigendem Cr_2O_3-Gehalt die Diffusion des Ligninextrakts zunimmt, bei p_H 4,5 und 6 besser als bei nicht chromierten Blößen, deren Diffusionsoptimum bei p_H 2 liegt. Ligningerbstoff verdrängt bei p_H 2 bis zu 20%, bei p_H 6 bis zu 30% des aufgenommenen Chromoxydes. Vermutlich beruht dies auf einer größeren Affinität des Chroms zur Ligninsulfosäure; es bilden sich Chromkomplexe. Betreff Kombinationen mit Urtit- und Nephelingerbung und mit Eisengerbung liegen verschiedene Mitteilungen vor [J. Baß (*2*), N. Tschernow].

Eine Kombinationsgerbung mit Ligninextrakt stellt auch das von O. Röhm patentierte Telaon-Leder vor.

Die Imprägnierung von Unterleder mit einem Gemisch von Ligninextrakt, pflanzlichen Gerbextrakten, gering viskosem Leim bei p_H 6 bis 8 und folgender Säurefixierung schilderten A. A. Ptschelin und E. P. Isotowa. Dies ist nichts anderes als das Tannodermverfahren [L. Pollak (*4*)].

H. Herfeld faßt seine Ansicht über Ligninextrakte folgendermaßen zusammen: Sie wirken füllend, aufhellend, teilchenverkleinernd, der Gerbprozeß wird verbilligt und verkürzt. Als Gerbextrakt haben sie eine schutzkolloide Wirkung auf leicht ausflockende Gerbstoffe und eine lösende Wirkung (was wohl in Zusammenhang steht). Der Zusatz soll 25 bis 35%, höchstens 40% der gebrauchsfertigen Extraktmischung mit 30 bis 40% Gerbstoffgehalt betragen. Wichtig ist die Einstellung der Gerbbrühe auf ein niedriges p_H (2 bis 4), bei Löseextrakt auf p_H 4 bis 7. Die Phlobaphene bleiben chemisch unverändert, sie werden nur auf eine kleinere Teilchengröße gebracht, ohne daß ihre Affinität zur Haut verringert wird. Als Nachgerbextrakte eignen sich Ligninextrakte wegen ihrer geringen Viskosität. Hierzu soll das Leder ganz trocken sein, wird dann mit lauwarmem Wasser durchfeuchtet und schließlich mit flüssigem Ligninextrakt im vorgewärmten Faß nachgegerbt, oder man bringt den fein pulvrigen Extrakt direkt auf das Leder, wodurch Zeit und Arbeitslohn gespart wird.

F. Stather und O. Endisch stellten in ihrer umfassenden Untersuchung über das gerberische Verhalten der Ligninextrakte fest, daß die häufig vertretene Ansicht, solche Extrakte kämen nur als Füllstoffe für pflanzlich gegerbtes Leder in Betracht, unzutreffend ist. Denn die Ligninsulfosäure vermag wie echte Gerbstoffe eine irreversible Bindung mit der Hautsubstanz einzugehen. Die nach W. Appelius ermittelten Gerbwerte liegen allerdings beträchtlich niedriger als die der meisten pflanzlichen Gerbextrakte. Die Menge der aus Ligninextraktlösungen von Hautsubstanz aufgenommenen und irreversibel gebundenen Stoffe ist abhängig von der Gerbdauer, der Konzentration und dem p_H-Wert der Gerblösung. Mit zunehmender Gerbdauer wird mehr Gerbstoff aufgenommen, ebenso auch aus konzentrierten Lösungen. Mit ansteigendem p_H wird der Bindungsgrad — das Verhältnis der insgesamt aufgenommenen Stoffe zu den irreversibel gebundenen — größer, da die Menge der aufgenommenen Gerbstoffe in stärkerem Maße abnimmt als die der irreversibel gebundenen.

Für die Eindringungsgeschwindigkeit in die tierische Haut gilt die für pflanzliche und künstliche Gerbstoffe festgestellte Gesetzmäßigkeit. Solange eine stärkere Gerbwirkung noch nicht eingetreten ist, berechnet sich die Eindringungstiefe aus verdünnten Lösungen aus dem Produkt einer für den Ligninextrakt charakteristischen Konstanten und der Quadratwurzel aus der Gerbdauer. Die ermittelten Diffusionskonstanten liegen niedriger als bei den meisten pflanzlichen Gerbextrakten und auch niedriger als bei manchen künstlichen Gerbstoffen. Das Diffusionsvermögen der Ligninextrakte in die Hautblöße nimmt mit zunehmender Konzentration zu, ohne dieser direkt proportional zu sein.

Die Aufnahme und irreversible Bindung pflanzlicher Gerbstoffe an Hautsubstanz wird durch die Gegenwart von Ligninextrakten sehr deutlich beeinflußt. Sie ist abhängig von der Art der angewandten pflanzlichen Gerbmittel und äußert sich z. B. bei Quebrachoextrakt in einer Erhöhung, bei Eichenholz- und Mimosaextrakt in einer Erniedrigung der tatsächlich aufgenommenen Werte gegenüber den aus der Gerbung mit den einzelnen Komponenten errechneten. Auch das Diffusionsvermögen der pflanzlichen Gerbstoffe wird, wie von F. Stather und O. Endisch festgestellt wurde, durch die Anwesenheit von Ligninextrakt, wenn auch unbedeutend, herabgesetzt. Damit im Zusammenhang steht auch die Beeinflussung der Teilchengröße der pflanzlichen Gerbstoffe. Gegenüber den unlöslichen Anteilen pflanzlicher Gerbstoffe, namentlich bei Quebrachoextrakt, besitzen Ligninextrakte eine gut lösende Wirkung, die mit ansteigender Menge und Temperatur größer wird. Dagegen steigt die Teilchengröße der löslichen Anteile pflanzlicher Gerbstoffe nach Zusatz von Ligninextrakten beträchtlich an, wie schon von E. Stiasny (*4*) durch Aussalzungsversuche mit Kochsalz nachgewiesen und von F. Stather und O. Endisch bestätigt werden konnte.

Das Ansteigen der Teilchengröße der löslichen Anteile in pflanzlichen Gerbstoffen in Gegenwart von Ligninextrakten ist überraschend und man ist versucht, dies lediglich einer Säureeinwirkung zuzuschreiben. G. A. Arbusow, der beim Zusammenkochen von Eichenholz- und Ligninextrakt eine Steigerung des p_H feststellte, erklärte dies mit der Einwirkung der H-Ionen auf den Gerbstoff, wobei Hydrolyse und Kondensation eintritt. Auch diese Beobachtung kann zur Erklärung obiger Feststellung dienen. [Siehe Bericht der Versuchsanstalt von St. Gallen (*1*), und E. Stiasny und O. E. Salomon, E. Stiasny (*4*)].

Daß sich die gerbenden Bestandteile der Ligninextrakte und die natürlichen Gerbstoffe in Mischung gegenseitig beeinflussen und die gerbenden Eigenschaften der einzelnen Komponenten verändert werden, ergibt sich auch aus Untersuchungen von W. Graßmann, A. Miekeley, H. Schelz und V. Windbichler, die die Messung der Affinität von reinen Ligninextrakten und von Mischungen davon mit pflanzlichen Gerbstoffen zur Hautsubstanz nach der von W. Graßmann und R. Bender beschriebenen Methode zum Gegenstand hatten. W. Graßmann und R. Bender hatten gezeigt, daß der Verlauf der Adsorption gleich konzentrierter und auf gleiches p_H eingestellter Gerbstofflösungen an steigende Mengen Hautpulver nach der Natur der Gerbstoffe sehr unterschiedlich ist. Während z. B. ein hochaffiner Gerbstoff, wie Quebracho, schon von sehr geringen Mengen Hautpulver restlos aufgenommen wird und die Adsorptionskurve dementsprechend einen sehr steilen Verlauf nimmt, werden Catechin, Fichtenrinde und in noch ausgesprochenerem Maße Ligninextrakte wegen ihrer geringen Affinität erst von verhältnismäßig großen Mengen Hautpulver einigermaßen vollständig adsorbiert. Ihre Adsorptionskurven verlaufen dementsprechend flach. Der Vergleich der Adsorption von gleich konzentrierten und auf gleiches p_H eingestellten Gerbstofflösungen von reinen Ligninextrakten und von reinen vegetabilischen Extrakten sowie von Gemischen davon an steigende Mengen Hautpulver ergab nun eindeutig, daß die Bestandteile der Mischung nicht unabhängig voneinander adsorbiert werden, indem die Hautsubstanz etwa dem Gemisch zunächst den hochaffinen Gerbstoff entzieht und sich der Ligningerbstoff in der Restbrühe anreichert, sondern führte zu der Vorstellung, daß hochaffine Pflanzengerbstoffe und Ligninsulfosäure in ihren Mischungen zu Teilchen von mittlerer Affinität vereinigt sind.

Die Durchgerbung bei Verwendung von Mischextrakten verläuft, wie W. Graßmann und Mitarbeiter feststellten, langsamer als bei reiner pflanzlicher Gerbung. Dies bedeutet aber nicht, daß durch die Anwendung von Ligninextrakten in der Praxis die Gerbung verzögert wird. Da die Affinität der hochwertigen Gerbextrakte zur Hautsubstanz durch Zusatz von Ligninextrakten herabgesetzt wird, ist es möglich, die Gerbung mit ziemlich konzentrierten Brühen durchzuführen, ohne daß ein zu rascher Anfall oder gar Totgerbung befürchtet werden muß, so daß letzten Endes doch eine schnellere Gerbung bei Anwendung von Gemischen mit Ligninextrakten erzielt wird.

In Übereinstimmung mit den neueren Untersuchungen von W. Vogel, F. Stather und O. Endisch u. a. und den Erfahrungen der Praxis kamen W. Graßmann und Mitarbeiter ebenfalls zu dem Ergebnis, daß Ligninextrakte nicht als Alleingerbstoffe verwendet werden können, jedoch pflanzliche Gerbstoffe in Gemischen in beträchtlichen Mengen ersetzen können, ohne daß bei sachgemäßer Anwendung dadurch die chemischen und physikalischen Eigenschaften des Leders schlechter werden.

Das unterschiedliche Verhalten von pflanzlichen Gerbstoffen und Ligninextrakten in ihren gerberischen Eigenschaften dürfte mit der verschiedenen Bindungsweise der beiden Gerbstofftypen an Hautsubstanz zusammenhängen. Während für die Bindung der ersteren vorwiegend die CO-NH-Bindungen im Eiweißmolekül verantwortlich zu machen sein dürften (W. Graßmann, Peh Chuan Chü und H. Schelz), werden letztere vorzugsweise salzartig an die freien Aminogruppen gebunden. Dies wird durch die Feststellung bestätigt, daß das Säurebindungsvermögen der Hautsubstanz nach der Gerbung mit Ligninsulfosäuren ganz beträchtlich herabgesetzt wird [A. Küntzel (*2*), G. Otto (*1*), A. Miekeley (*1*), (*2*)], wohingegen es nach der Gerbung mit vegetabilischen Gerbstoffen der ungegerbten Haut gegenüber so gut wie unverändert bleibt [C. Felzmann, G. Otto (*2*)].

Aus den aufgezählten Arbeiten geht hervor, daß Ligninextrakte sowohl in der Vorgerbung, eigentlichen Gerbung als auch in der Nachgerbung und Imprägnierung verwendet werden können. Sie eignen sich für die Säureregulierung der Vorgerbung, namentlich im Farbengang, ihre Verwendung war dort nur deshalb beschränkt, weil die Anhäufung von Salzen befürchtet wurde. Meistens kommt der Ligninextrakt aus der gebrauchten Faßbrühe in die Farben und man darf sich dabei nicht von dem hohen spezifischen Gewicht täuschen lassen, das durch Salze und Nichtgerbstoffe beeinflußt wird. Solche Brühen müssen deshalb nicht nur gespindelt, sondern auch auf ihren Gerbstoffgehalt geprüft werden; auch die Bestimmung der Asche wird von Vorteil sein. Die gebrauchte Faßbrühe enthält aber mehr Salze und mehr Nichtgerbstoffe als der reine Celluloseextrakt. Wenn man diesen in reiner Form als Säureregulator der Farbe zusetzt, wird man nicht nur weniger Salze u. dgl. in die Farbbrühe hineinbringen, sondern auch neben der Säurewirkung eine Entschlammung der Farbe herbeiführen. Bei Verwendung eines Celluloseextrakts auf Ammonbisulfitbasis kommt die Gefahr der Salzanreicherung weniger stark in Betracht, unter Umständen wird man damit sogar einen Vorteil verbinden. Die in solchen Celluloseextrakten enthaltenen Ammonsalze dienen nämlich den Säure bildenden Bakterien als Nährstoffe und unterstützen dadurch deren Wachstum. Tatsächlich wurde aus

Betrieben berichtet, daß der an und für sich geringe Gehalt an Ammonsalzen der Farben stetig zurückgeht und nahezu vollständig verschwindet.

Wenn früher Mißerfolge mit Celluloseextrakten eintraten, so waren diese entweder darauf zurückzuführen, daß der betreffende Extrakt nicht sachgemäß hergestellt worden war, oder aber es wurde zu viel Celluloseextrakt und außerdem vielleicht noch an unrichtiger Stelle verwendet. Die größten Fehler konnten darauf zurückgeführt werden, daß stark ausgezehrte, celluloseextrakthaltige Faßbrühen zu lange im Farbengang verwendet wurden, und es soll deshalb das früher Gesagte nochmals betont werden: Bei der geringen Adstringenz der Celluloseextrakte kann der Gerber ohne Bedenken auch einmal frischen Extrakt in der Farbe verwenden!

Bei der Durchgerbung im Faß und bei der Nachgerbung, der Verwendung als Füllextrakt, werden die gröbsten Fehler durch übermäßigen Zusatz hervorgerufen. Da die verschiedenen Extrakte je nach Zusammensetzung verschieden stark hygroskopisch sind, empfiehlt sich deren Überprüfung in der von E. Anacker mitgeteilten Weise [Über die Hygroskopizität von Celluloseextrakt-Leder berichtete auch P. Pawlowitsch (*3*)]. Im Zusammenhang damit sei das D.R.P. 514723 von 1927 (Otto L. Steven) erwähnt, nach welchem der Celluloseextrakt im Leder durch Nachbehandlung mit carbocyclischen Basen, z. B. Anilinchlorhydrat, β-Naphthylaminchlorhydrat usw. fixiert werden kann. Neben der sachgemäßen Verwendung im Farbengang ist wohl die vorteilhafteste Anwendung von Celluloseextrakt in der Faßgerbung zu erblicken, und zwar in der bereits erwähnten Menge von 20 bis 33% auf die flüssigen Extrakte berechnet. Bei leichtem Leder (Maßleder), Feinleder u. dgl. soll nicht mehr als 10 bis 15% (auf das flüssige Extraktgemisch bezogen) verwendet werden. Da ein Großteil der käuflichen Nachgerbeextrakte ungefähr 20 bis 25% Celluloseextrakt enthält, darf dieser Prozentsatz als Maßstab für Nachgerbeextrakte gelten, die sich der Gerber selbst zusammenmischt. Hierbei muß berücksichtigt werden, daß Celluloseextrakte Salze und Zucker enthalten, so daß der Zusatz von Traubenzucker, Syrup usw. und insbesondere von Bittersalz entsprechend verringert werden muß. Die von den führenden Celluloseextraktfabriken herausgegebenen Vorschriften sind heute bereits sachgemäß ausgearbeitet, es darf deshalb auf diese verwiesen werden; der erfahrene Gerber wird sich das für seinen Betrieb Passende herauszusuchen wissen.

Die wichtigsten günstigen Eigenschaften der Ligninextrakte sind demnach: Verbilligung der Gerbkosten, Verkürzung der Gerbzeit, Lösung schwer löslicher Gerbstoffe und damit verbundene Klärung der Brühen, bessere Ausnutzung derselben und schnellere Durchgerbung, Herabsetzung der Adstringenz der pflanzlichen Gerbstoffe, Aufhellung der Lederfarbe, Erhöhung des Lederrendements und, wie auch aus den Versuchen von G. A. Arbusow und P. Schipkow [siehe P. Pawlowitsch (*3*)], E. L. Wallace und R. C. Bowker, W. Vogel, F. Stather, W. Graßmann und deren Mitarbeitern hervorgeht, eine tatsächliche Ersparnis an pflanzlichem Gerbstoff.

Schließlich sollen Vorschriften für das Auflösen schwer löslicher Gerbstoffe, insbesondere von Quebrachoextrakt, wiedergegeben werden, wie sie für die im Handel befindlichen Löseextrakte ausgearbeitet wurden. Letztere unterscheiden sich durch ihren hohen p_H-Wert von rund 7 von den übrigen Ligninextrakten. Sie enthalten mehr oder weniger große Mengen von Natriumsulfit, welches durch nachträglichen Zusatz von schwefliger Säure zu der mit Soda alkalisierten Ablauge entstanden sein kann [L. Masner und V. Samec (*1*)] oder auch als solches zugesetzt wird. Das hohe p_H kann auch mit Soda eingestellt werden. (Zusammensetzung siehe S. 538, Tabelle 147 und L. Pollak und A. Patzenhauer.)

Löseextrakt „Hansa L" (Zellstoffabrik Waldhof, Abtlg.: Hansaextrakte, Mannheim-Waldhof). 35 Gew.-Teile Löseextrakt (flüssig) werden mit 35 Teilen Wasser vermischt und auf 90 bis 95° C erhitzt. In diesen warmen Extrakt streut man 30 Teile vorher zerkleinerten Quebrachoextrakt und beläßt das Gemisch unter gutem Rühren so lange bei dieser Temperatur, bis eine entnommene Probe vollkommen klar löslich ist. Dies dauert je nach Größe der Extraktmengen 5 bis 10 Stunden. Ist die Löslichkeit erreicht, so ersetzt man das verkochte Wasser wieder auf 100 Gew.-Teile und erhält auf diese Weise einen 20 bis 22 Bé starken Mischextrakt mit ungefähr 30% Gerbstoff. Für die Gerbung muß man auf 100 kg dieses Extrakts 1,5 kg konz. Schwefelsäure (mit 2 Gew.-Teilen Wasser verdünnt) oder 6,5 kg Milchsäure (43,5%ig) zusetzen, damit er das für die Gerbung erwünschte p_H besitzt.

Löseextrakt „Queol BL" (Deutsch-Koloniale Gerb- und Farbst. G. m. b. H., Karlsruhe). 100 Teile fester warm löslicher Quebrachoextrakt werden in 100 Teilen kochendem Wasser wie üblich gelöst, 100 Teile Queol BL zugegeben und noch $1^1/_2$ bis 2 Stunden unter Umrühren gekocht bis die Mischung in kaltem Wasser löslich ist.

Andere Lösevorschriften gehen von den gewöhnlichen Celluloseextrakten aus und empfehlen diese vorerst durch Zusatz von Soda auf ein p_H ca. 8 zu bringen, die Lösung des Quebrachoextraktes in gewohnter Weise auszuführen und schließlich die der Soda äquivalente Menge Schwefelsäure zuzusetzen. Anstatt Schwefelsäure kann auch Milchsäure genommen werden, aber auch Ameisensäure, was in letzter Zeit vielfach mit Vorteil gemacht wird. Es sei dahingestellt, ob diese Lösevorschrift sich für Gerbereibetriebe eignet, die ohne chemische Kontrolle arbeiten.

Es ist aber gar nicht nötig, besondere Löseextrakte zu verwenden oder die Celluloseextrakte alkalisch zu machen und es entspricht auch nicht dem eigentlichen Zweck dieses Lösevorgangs, die rein kolloidale Wirkung, nämlich die Erhöhung der Dispersität der schwer löslichen Gerbstoffanteile, durch chemische Nebenwirkung zu verdecken.

Die Herstellung genügend kaltlöslicher Quebrachoextrakte gelingt auch mit den gewöhnlichen Celluloseextrakten, vorausgesetzt, daß sie überhaupt Lösevermögen besitzen. Bei Verwendung gleicher Gewichtsteile festen Quebrachoextrakts und flüssigen Celluloseextrakts mit ungefähr 50% Trockensubstanz kann man durch mehrstündiges Erwärmen bei 90 bis 95° C einen genügend kaltlöslichen Mischextrakt erhalten, der das für die meisten Zwecke der Gerbung erwünschte p_H besitzt. Einen Mischextrakt von guter Löslichkeit erhält man z. B., wenn man 50 Gewichtsteile Quebrachoextrakt ordinary in 100 Teilen Wasser heiß löst und bei 70° C 100 Gewichtsteile z. B. Totaninextrakt flüssig einrührt und längere Zeit bei dieser Temperatur einwirken läßt. Die auf die eine oder die andere Weise erhaltenen Mischextrakte haben durchwegs günstige Zusammensetzungen. Nicht nur wird ein Gerbstoffgewinn durch Löslichwerden des ursprünglich Unlöslichen aus dem Quebrachoextrakt erzielt, sondern der Gerbstoffanteil des zugesetzten Celluloseextrakts berechnet sich im Mischextrakt höher als seiner Analyse entsprechen würde. In diesem Zusammenhang kann man ebenfalls bemerkenswerte Beobachtungen über die gegenseitige Beeinflussung pflanzlicher und Celluloseextrakte machen (L. Pollak und A. Patzenhauer).

Nach L. J. Reznik zeigt ein Gemisch pflanzlicher Gerbextrakte mit Celluloseextrakt andere Eigenschaften, wenn es nach dem Vermischen aufgekocht wurde, als wenn es durch bloßes Vermischen und Auflösen der beiden Extrakte gewonnen wurde. Dies gilt namentlich für Gemische mit Eichenholzextrakt und kann auch bei Kastanienextrakt beobachtet werden.

Lagerfähigkeit des Leders. Betreff der Haltbarkeit und Lagerfähigkeit des unter Zusatz von Celluloseextrakten gegerbten Leders galten die gleichen Bedenken wie bei Verwendung künstlicher Gerbmittel; es handelte sich demnach um die Einwirkung der Sulfogruppe auf die Kollagenfaser. Die Bestimmung der freien Säure und die damit verbundene Beurteilung des Leders erfolgt in gleicher Weise, wie dies im Kapitel „Künstliche Gerbstoffe" angegeben wurde.

Die dort angeführten Literaturstellen enthalten auch Angaben über Leder der „Ligningerbung". Ausführliche Angaben über die Lagerfähigkeit machte H. B. Merrill. Er stellte fest, daß die Reißfestigkeit von Leder, das unter Zusatz von Celluloseextrakten gegerbt worden war, nach vierjähriger Lagerzeit um weniger als 5% abgenommen hatte. Das p_H des wäßrigen Extrakts war nach dieser Lagerzeit etwas höher, der Schwefelgehalt des Leders hatte abgenommen. Merrill bestätigte dadurch die Ergebnisse von E. L. Wallace, I. R. Kanagy und C. L. Critchfield.

Die hygroskopischen Eigenschaften eines solchen Leders sind bei zu trockener Lagerung nur günstig, da sie eine zu weitgehende Verringerung des Wassergehalts verhindern (A. A. Claflin). Die Wasseraufnahme von anscheinend mit reinen Ligninextrakten gegerbten Ledern ist nahezu 40% höher als bei lohgarem Leder (I. G. Manochin und P. P. Schlikow).

Dies bestätigt auch W. Vogel (*2*). W. Graßmann und Mitarbeiter fanden bei reinem Mimosarindenextrakt- und reinem Ligninextraktleder nach 2 Stunden keinen Unterschied, nach 24 Stunden um ungefähr 30% höhere Wasseraufnahme bei Ligninextraktleder. Bis zu 50% Ligninextraktzusatz hatte keinen Einfluß auf die Wasseraufnahme des Leders.

Die Schutzwirkung von Celluloseextrakten gegen Säureschädigung des Leders untersuchte G. Otto (*1*) und stellte fest, daß diese geringer sei als jene künstlicher Gerbmittel. R. W. Frey und C. W. Beebe fanden, daß die Nichtgerbstoffe der Ligninextrakte einbadchromgegerbtes Leder gegen schädliche Gase nicht schützen. Nach A. Miekeley (*1*), (*2*) bindet mit Celluloseextrakt gegerbtes Hautpulver bedeutend weniger Mineralsäure, doch ist kein besonderer Einfluß dieser Eigenschaft in bezug auf die Widerstandsfähigkeit des Leders bei der Hydrolyse zu bemerken. Die Reißfestigkeit eines mit Celluloseextrakt gegerbten und mit 4% Schwefelsäure behandelten Leders nahm um 70% ab.

F. Analytischer Teil.

I. Quantitative Gerbstoffbestimmung in Ligninextrakten.

Da die Celluloseextrakte eine beträchtliche Menge Stoffe enthalten, welche vom Hautpulver zurückgehalten werden, konnte deren Untersuchung nach den üblichen vereinbarten Gerbstoffbestimmungsmethoden durchgeführt werden. Der Widerstand, der sich bald bemerkbar machte, führte zu langwierigen Verhandlungen und Kämpfen, die auch heute noch nicht endgültig ausgetragen sind. Im Jahre 1911 führte R. Lepetit die Bezeichnung „Pseudogerbstoff" für die durch das Hautpulver zurückgehaltenen Stoffe der Ligninextrakte ein und es wurde anläßlich der Hauptversammlung der Lederindustriechemiker in London 1912 beschlossen [A. Gansser (*2*)], bei festgestellter Gegenwart von Celluloseextrakt auf den Analysenattesten nicht „Gerbstoff", sondern „vom Hautpulver aufgenommene Stoffe" anzuführen und die Gegenwart von Celluloseextrakt besonders zu vermerken.

Das amerikanische Komitee zur Prüfung der Analyse und des Nachweises von Sulfitcelluloseextrakt kam auf Grund einer Anzahl von Reaktionen, durch welche sich Celluloseextrakt von pflanzlichen Gerbextrakten unterscheidet, zu dem Beschluß, nur jene Stoffe vegetabilischen Ursprungs als Gerbstoffe zu bezeichnen, die vom Hautpulver festgehalten werden und die Haut in Leder verwandeln, dabei soll das Leder nicht ein verkäufliches Produkt vorstellen, sondern als ein der Fäulnis nicht unterworfenes weiches, nicht transparentes Umwandlungsprodukt der Haut verstanden werden [F. H. Small (*1*)]. Nach

F. H. Small wird das analytische Ergebnis bei Celluloseextrakt durch verschieden große Mengen Hautpulver stärker beeinflußt als bei pflanzlichen Extrakten und es wird daraus geschlossen, daß ein relativ großer Anteil des Gerbstoffs durch Hautpulver nur lose aufgenommen, nicht aber fixiert wird. In dem gleichen amerikanischen Komiteebericht bemerkt H. C. Reed, daß Hautpulver aus gleich starken Lösungen weniger Celluloseextrakt als pflanzlichen Gerbextrakt aufnehme (10 : 18), nach G. A. Kerr nur ein Fünftel; demgegenüber fand H. H. Hurt, daß der Auswaschverlust von mit Celluloseextrakt gegerbtem Hautpulver nur 17 bis 23% gegenüber 37% bei Kastanienholzextrakt beträgt, und A. W. Hoppenstedt fand, daß der Auswaschverlust des Hautpulvers bei reiner Celluloseextraktgerbung geringer sei als bei Quebracho-Celluloseextrakt-Gemischen [F. H. Small (*1*)]. Auf Antrag J. H. Yocums nahmen auch die amerikanischen Chemiker den Vorschlag an, bei Celluloseextrakten nicht „Gerbstoff", sondern „vom Hautpulver aufgenommener Anteil" in die Analysenatteste zu setzen. Die Beeinflussung der Analyse durch Säure und Einwagemenge wurde bereits anläßlich der Arbeit von A. Stutzer erwähnt. J. Paeßler (*2*) beschäftigte sich als erster systematisch mit der Anpassung der offiziellen Gerbstoffanalyse für die Zwecke der Untersuchung von Celluloseextrakten, mit Bezug auf die vereinbarten Vorschriften, nach welchen die Analysenmenge so zu wählen ist, daß die Gerbstoffmenge in 100 ccm analytischer Lösung zwischen 0,35 und 0,45 g liegt. Dies bereitet infolge der geringeren Affinität der vom Hautpulver zurückgehaltenen Stoffe bei Celluloseextrakten Schwierigkeiten, da man oft zu starke Lösungen erhielt. Allerdings bedingt hier eine wechselnde Einwage viel größere Schwankungen der Analysenergebnisse als bei Gerbextrakten, überdies Schwankungen ungleichmäßiger Art. Letzteres wurde auch von E. Anacker bestätigt. Da es bei einzelnen Celluloseextrakten notwendig erschien, analytische Lösungen herzustellen, welche bis 100 g Trockensubstanz je Liter enthielten, um der offiziellen Vereinbarung zu genügen, und dadurch die Analyse überhaupt unmöglich wurde, weil stark gefärbte Lösungen der Nichtgerbstoffe auftraten, schlugen A. Gansser, J. Jovanovits und F. Kauffungen im Namen des VESLIC (Verein Schweizerischer Lederindustriechemiker) vor, einen Gesamttrockenrückstand von 10 g im Liter nicht zu überschreiten (entsprechend 20 bis 25 g flüssigem oder 11 bis 12 g Fest- [Pulver-] Extrakt). Die Menge der zum Liter gelösten Substanz wäre bei der Untersuchung solcher Extrakte auf dem Gutachten zu vermerken. Vorstehender Vorschlag erfolgte mit der Begründung, daß bei zu hoher Einwage die Zusammensetzung der Celluloseextrakte in ungebührlich schlechtem Licht erscheinen würde, da die prozentuale Menge der vom Hautpulver aufnehmbaren Stoffe mit steigender Konzentration stark fällt. J. Paeßler (*3*) empfahl in seinem Bericht auf der Hauptversammlung in Dresden 1924, die von der Deutschen Sektion gehandhabte Einwage von 20 g im Liter beizubehalten, da diese den Schweizer Vorschlägen entspräche; um jedoch möglichst genau zu arbeiten, sollte jeweilig eine Wasserbestimmung der Analyse vorausgehen, durch welche der Gesamttrockenrückstand und dadurch die zu bewerkstelligende Einwage genau festgestellt wird. Die Einwage soll auf dem Analysenattest vermerkt werden. Anläßlich der provisorischen Regelung der internationalen Gerbstoffbestimmungsmethode im Jahre 1927 wurde festgelegt, daß die analytische Lösung 3,75 bis 4,25 g Gerbstoff im Liter enthalten muß, bzw. möglichst nahe bei 4 g liegen soll. Als ungefähre Einwage für flüssige Celluloseextrakte wurden 16 bis 18 g im Liter vorgeschlagen (Wilson-Stather-Gierth, S. 366). V. Kubelka und Vl. Němec gaben eine Einwage von 12 bis 20 g an [V. Kubelka und Vl. Němec (*1*), S. 23]. F. Stather empfahl in den Vorschlägen zur Neufestsetzung der Vorschriften für das Filterverfahren ebenfalls 16 bis 18 g Einwage.

W. Vogel (*1*) stellte auf der Hauptversammlung in Amsterdam 1933 den Antrag, den Beschluß der Londoner Konferenz von 1912 aufzuheben und in den Analysenattesten in Zukunft wieder die Bezeichnung „Gerbstoff" bzw. „Gerbende Stoffe" aufzunehmen und überdies die Ansatzmenge den pflanzlichen Gerbextrakten anzupassen. W. Vogel schlug für flüssige Extrakte 15 bis 17 g, für feste Celluloseextrakte 5 g Einwage vor, da bei diesen Mengen eine vollständige Entgerbung eintritt; diese Ansatzmengen decken sich nahezu mit dem im Jahre 1927 vorgeschlagenen. Dieser Vorschlag wurde jedoch abgelehnt, weil er eine Abweichung von der international geregelten Analysenmethode bedeutet hätte und das Prinzip der genau festgelegten Extrakteinwage als eine der wichtigsten Voraussetzungen für den Wert der Gerbstoffanalyse aufrechterhalten bleiben muß und nicht zugunsten eines Extrakts, der besondere Bedingungen erfordert, verlassen werden kann. Nach einer russischen Angabe von W. E. M. nimmt man zur Herstellung analysenstarker Lösungen 7,5 g festen Celluloseextrakt, wenn die Analyse bei $p_H = 2$, und 10 g je Liter, wenn die Analyse bei „natürlichem" p_H durchgeführt wird. Die Einstellung soll mit Salzsäure vorgenommen und im Analysenbericht vermerkt werden. Da es bei Celluloseextrakten kein „natürliches" p_H gibt, dürfte darunter das bei den russischen Extrakten genau festgelegte p_H der vier normalisierten Extrakte zu verstehen sein (siehe Tabelle 151, S. 540).

Die Angabe des p_H bei der Gerbstoffanalyse von Celluloseextrakten ist unbedingt notwendig, da dieses eben kein natürliches p_H ist, sondern bei der Herstellung der Extrakte willkürlich eingestellt wird, demnach keinen natürlichen Bedingungen wie bei pflanzlichen Gerbextrakten entspricht. Auch bei sulfitierten Quebrachoextrakten liegt kein natürliches p_H vor, denn es hängt nicht nur von der Menge Bisulfit, sondern auch von dem Säurezusatz ab und müßte berücksichtigt werden, wenn auch bei sulfitierten Quebrachoextrakten Schwankungen des p_H keine bedeutenden Unterschiede im Gerbstoffgehalt herbeiführen können. Dagegen sind diese Schwankungen bei Celluloseextrakten ganz bedeutend.

Die Untersuchungen von W. Graßmann und R. Bender und W. Graßmann, A. Miekeley, H. Schelz und V. Windbichler über die Affinität verschiedener Gerbstoffe zur Hautsubstanz bieten eine willkommene Handhabe, die endgültige Lösung dieser heute besonders wichtigen Aufgaben zu erleichtern. Auch die neuartigen Betrachtungen J. von Schroeders sollen in diesem Zusammenhang erwähnt werden.

Obwohl die Vereinheitlichung der Einwage von großem Wert für die Übereinstimmung der Analysen wäre, muß bei Ligninextrakten überdies darauf Rücksicht genommen werden, ob die Lösung der Nichtgerbstoffe gefärbt ist oder nicht, bzw. mit Gelatine-Kochsalz-Lösung eine Trübung oder Fällung gibt. Beim Filterverfahren kann man durch besonders festes Stopfen der Filterglocke verhindern, daß das Filtrat gefärbt abtropft, bei der Schüttelmethode hat man dies nicht in der Hand. Die internationale offizielle Methode sieht in § 28 vor, daß, falls 10 ccm des Filtrats der Nichtgerbstoffe mit 1 bis 2 Tropfen des Reagens eine Trübung geben, dies im Analysenbericht mitgeteilt werden soll; dadurch wird die unvollständige Entgerbung berücksichtigt. In der Vorschrift F. Stathers für das Filterverfahren ist in § 24 nur vorgesehen, daß die entgerbte Lösung mit Gelatine-Kochsalz-Lösung keine Trübung geben darf. Diese beiden Vorschriften lassen verschiedene Deutungen zu und es wird notwendig sein, eine Übereinstimmung zwischen vereinbarter Einwage und den Eigenschaften der entgerbten Lösung zu erzielen. F. Stather und O. Endisch haben auch diese Frage erörtert, ohne eine Lösung herbeizuführen. Sie stellten neuerlich fest, daß das Ergebnis der quantitativen Analyse in hohem Maße von der gewählten

Analysenkonzentration abhängt und mit zunehmender Ansatzmenge der Gerbstoffgehalt ab-, der Gehalt an Nichtgerbstoffen zunimmt. Bei einer den internationalen Vorschriften entsprechenden Ansatzmenge sind die Nichtgerbstofflösungen mehr oder weniger stark gefärbt, woraus geschlossen werden kann, daß nicht alle vom Hautpulver aufnehmbaren Stoffe von diesem tatsächlich aufgenommen werden, weil ein Teil dieser Stoffe eine geringere Affinität zur Hautsubstanz besitzt. Dies ist bei den von F. Stather und O. Endisch untersuchten Extrakten bei Einwagen von 8 g Trockensubstanz im Liter der Fall. Bei 4 g und 6 g Trockensubstanz je Liter sind die entgerbten Lösungen nicht gefärbt, bzw. hellfarbig. Eine Beurteilung von Ligninextrakten hinsichtlich des Gerbstoffgehaltes ist demnach nur bei Kenntnis der genauen Analysenansatzmenge möglich.

Der Vollständigkeit halber sei auch noch auf die Löwenthalsche Analysenmethode hingewiesen, welche bei Ligninextrakten nur sehr niedrige Werte ergibt.

Bereits H. R. Procter und S. Hirst (*2*) gaben an, daß der Gallussäurefaktor für Celluloseextrakte zwischen 0,090 und 0,137 liegt, während dieser bei pflanzlichen Extrakten: 0,395 für Fichtenrinde, 0,527 für Eichenholzextrakt, 0,604 für Kastanienholzextrakt und 0,588 bis 0,612 für Quebrachoextrakte erreicht. Diese großen Unterschiede wurden zum Nachweis der Celluloseextrakte in Gemischen vorgeschlagen und sind in älteren Werken hierfür angegeben (L. Jacomet, S. 64 bis 65). R. Lauffmann (*2*) bestätigte diese Befunde. Um aus den niedrigen Löwenthal-Werten auf die Gerbstoffwerte der Schüttelmethode zu gelangen, ist im Mittel ein Gallussäurefaktor 9,4 nötig, während er bei Quebracho nur 1,53 beträgt [Versuchsanstalt St. Gallen (*1*)][1]. Dagegen gibt die Löwenthal-Titration der Nichtgerbstofflösung bei Quebrachoextrakten überhaupt keine Nichtgerbstoffe, was als Kriterium der Reinheit gegenüber den hohen Werten bei Celluloseextrakten verwertet werden kann [Versuchsanstalt St. Gallen (*2*)]. Auch L. Sody (*1*) fand, daß nach der Löwenthal-Methode bei Celluloseextrakten nur der sechste Teil der Hautpulverwerte als Gerbstoff gefunden wird. Einen anderen Weg betraten L. E. Levy und A. C. Orthmann, welche nach vielfachen Versuchen ein Chromsalz herstellten, welches nur pflanzliche Gerbstoffe, jedoch nicht Celluloseextrakte fällen sollte. Sie benannten dieses Salz „Reagens 33“ und gaben ihm die folgende Formel: $Cr_2(SO_4)(C_2H_3O_2)_2CrO_4$. Es ist nicht ausgeschlossen, daß dieses Reagens in der qualitativen Gerbstoffanalyse neuerdings Beachtung finden wird. Das Levy-Orthmann-Verfahren wurde von R. Lauffmann (*3*) überprüft, für die quantitative Analyse jedoch als ungenau befunden. V. Kubelka (*2*) versuchte die Analyse der Celluloseextrakte refraktometrisch vorzunehmen. Hierbei griff er auf ähnliche Bestimmungen zurück, wie sie K. G. Zwick für Gerbstoffe ausgeführt hatte. Während das refraktometrische Äquivalent der pflanzlichen Gerbstoffe 0,16 bis 0,20 beträgt, liegt es bei Celluloseextrakten nur zwischen 0,088 und 0,097. Dagegen ist die Refraktion der entgerbten Lösung der Celluloseextrakte sehr hoch (17,0 bis 18,2), während die bei pflanzlichen Gerbstoffen verbleibenden entgerbten Lösungen nur eine von Wasser wenig abweichende Refraktion besitzen.

II. Qualitativer Nachweis der Sulfitcelluloseextrakte.

Eine der häufigsten Aufgaben, die dem Lederindustriechemiker gestellt werden, ist der Nachweis der Celluloseextrakte in käuflichen Gerbextrakten;

[1] Für die Filtermethode bei pflanzlichen Gerbbrühen im Durchschnitt 1,66, bei Celluloseextrakten 8,72 (Vagda-Taschenbuch, IV. Aufl., S. 131).

weniger oft wird der Nachweis im Leder verlangt. Für den Nachweis dieser Erzeugnisse besitzen wir eine Anzahl Reaktionen, die mehr oder weniger verläßlich sind.

1. Reaktion von E. Stiasny.

Diese wurde ursprünglich für den Nachweis geringer Mengen von Aluminium ausgearbeitet und beruht auf der Ausflockung der Tannin-Tonerde-Komplexe durch Elektrolyte. Wenn 5 ccm einer verdünnten Tanninlösung (0,1%) mit 10 ccm $^n/_1$ Natriumsulfatlösung bei Gegenwart von 2 bis 5 ccm einer ganz verdünnten aluminiumhaltigen Lösung (0,01 mg Al_2O_3 pro Kubikzentimeter) gekocht oder anstatt des Natriumsulfats mit einer 10%igen Natriumacetatlösung in der Kälte behandelt werden, tritt Ausflockung ein. Celluloseextrakte verhalten sich dabei vollkommen anders, sie flocken nicht aus. Die in den Sulfitcelluloseablaugen enthaltenen sehr geringen Mn- und Al-Verbindungen genügen jedoch, um bei Gegenwart von pflanzlichen Gerbstoffen die Reaktion auszulösen. Tritt demnach beim Kochen von 5 ccm einer Gerbstofflösung mit 10 ccm Na-Acetat (10%ig) keine Flockung ein, so sind auch keine beträchtlichen Mengen Celluloseextrakt darin enthalten. Tritt Flockung ein, so können nach Stiasny (*1*) 10 bis 20% Ablauge im Gerbextrakt nur vermutet werden, da die Flockung auch auf Aluminiumsalzen beruhen kann, die zum Klären bzw. Aufhellen dem Gerbextrakt zugesetzt worden sind. Die Brauchbarkeit der Reaktion dürfte somit eine sehr bedingte sein.

Unter abgeänderten Bedingungen, nämlich bei sehr viel höherer Konzentration des Ammonacetats ergibt Sulfitcelluloseextrakt in Gegenwart von Aluminiumionen eine Fällung. Diese Reaktion wurde zur Unterscheidung von Sulfitcelluloseextrakt und dem künstlichen Gerbstoff Neradol D herangezogen: 10 ccm einer 5%igen Lösung des fraglichen Extrakts versetzt man mit 1 bis 2 Tropfen 1%iger Alaunlösung, fügt 5 g festes Ammonacetat hinzu und schüttelt gut durch. Bei Anwesenheit von Sulfitcelluloseextrakt tritt eine flockige Fällung auf (innerhalb 24 Stunden), während reines Neradol D klar bleibt [E. Stiasny (*2*)].

2. Reaktion von Procter-Hirst.

Über die chemische Erklärung dieser Reaktion wurde bereits auf S. 549 ausführlich berichtet. Die von Procter-Hirst (*1*) angegebene Ausführungsform ist folgende:

5 ccm der analytischen Gerbstofflösung werden mit $^1/_2$ ccm frischem, reinem Anilin kräftig geschüttelt und hierauf 2 ccm konz. Salzsäure hinzugefügt. Pflanzliche Extrakte bleiben hierbei vollkommen klar, während bei Gegenwart von Celluloseextrakten eine mehr oder weniger starke Trübung auftritt. Nach kurzer Zeit bilden sich graugelbe Flocken, welche meistens an die Oberfläche steigen. Als Beobachtungszeit für den Eintritt der Reaktion wurden 15 Minuten angegeben.

Diese auf den ersten Blick einfach scheinende Reaktion hat ihre Schwierigkeiten und bildete seit ihrem Bekanntwerden ein ebensooft gelobtes als auch geschmähtes Untersuchungsobjekt; es gibt wohl kaum eine andere Reaktion, über die so viel verhandelt wurde. Die Procter-Hirst-Reaktion ist eine Ligninreaktion, es konnte deshalb nicht wundernehmen, daß, falls bei der Erzeugung von Gerbextrakten aus Hölzern und Rinden zeitweilig Lignin in aufgeschlossener Form in den einen oder den anderen Extrakt gelangte, sofort der Wert der Reaktion bezweifelt wurde. Die in der Fachliteratur enthaltenen Arbeiten können aus der folgenden Zusammenstellung entnommen werden:

E. Stiasny (*3*) bestätigte die Brauchbarkeit der Procter-Hirst-Reaktion in Verbindung mit der Formaldehyd-Salzsäure- und der Bleiacetatprobe.

J. Paeßler (*1*) stellte fest, daß die Procter-Hirst-Reaktion bei genauer Einhaltung der vorgeschriebenen Mengen gute Dienste leistet. Führt man die Reaktion direkt mit salzsaurem Anilin aus, so tritt manchmal Fällung ein, ohne daß Celluloseextrakt anwesend ist. Paeßler stellte ferner fest, daß beim Kochen von Quebrachoholz durch 12 Stunden und bei 2 atü ohne Zusatz von Bisulfit oder 5 Stunden bei 2 atü unter Zusatz von 4% Bisulfit in der erhaltenen Gerbbrühe keine Procter-Hirst-Reaktion eintritt, jedoch bei 6 atü und Gegenwart von Bisulfit (demnach unter technisch nie vorkommenden Bedingungen). G. Grasser (*1*) untersuchte neben einer Anzahl anderer Reaktionen der Sulfitcelluloseextrakte auch die Procter-Hirst-Reaktion. L. Pollak (*5*) wies nach, daß in dem sog. roten Kastanienholz Korsikas, welches keineswegs faules oder modriges Holz vorstellt, in Wasser lösliche Substanzen enthalten sind, welche die Procter-Hirst-Reaktion geben. Sie gehen in die Diffusionsbrühen über, lassen sich jedoch durch die Blutentfärbung gleichzeitig mit den gefärbten Stoffen entfernen. Nach Hoppenstedt [Bericht des amerikanischen Komitees, F. H. Small (*1*)] ist die Procter-Hirst-Reaktion noch bei 5% Celluloseextrakt in pflanzlichen Extrakten verläßlich, falls frisches Anilin verwendet wird.

Nach Ch. Monnet ist es notwendig, die Procter-Hirst-Reaktion durch andere Reaktionen zu kontrollieren. Eine erste systematische Überprüfung verdanken wir J. Jedlička (*2*), insbesondere für Eichenholzextrakt, bei welchem sich infolge botanischer und technischer Verhältnisse oft Zweifel an seiner Reinheit einstellten. J. Jedlička betonte die Wichtigkeit, genau nach der Vorschrift zu arbeiten, namentlich die Reagenzien nicht nach dem Augenmaß abzumessen. Die Salzsäure muß 22,5 Bé stark sein, solche von 18 Bé gibt noch richtige Resultate. Je älter Eichenextrakt ist, desto leichter tritt Trübung ein; wenn diese nach 2 Stunden nicht eintritt, so kann der betreffende Eichenholzextrakt als frei von Lignin bezeichnet werden. Spuren von Lignin sind in allen Holzextrakten, auch ohne Verwendung faulen Holzes, vorhanden. Als Bestätigung einer positiv ausfallenden Procter-Hirst-Reaktion empfahl Jedlička, die Erhöhung des Zucker- und Aschengehalts zur Beurteilung mit heranzuziehen.

Die von Jedlička empfohlene Beobachtungszeit von 2 Stunden entspricht nicht den von H. R. Procter und S. Hirst gemachten Angaben und ist durch spätere Arbeiten als unrichtig erwiesen worden. A. Gansser (*4*) stellte fest, daß Kastanienholzbrühe, die aus vermodertem Holz hergestellt worden war, bei 0,9 Bé keine, nach dem Eindampfen im Vakuum auf 4 Bé, nach einiger Zeit und nach dem Eindicken auf 25 Bé sofort die Procter-Hirst-Reaktion gab (alle bei gleicher Verdünnung). Er fand ferner, daß besonders gut gereinigte Celluloseextrakte die Reaktion schneller geben als kalkhaltige Ablauge. Versetzt man sulfitierten Quebrachoextrakt und Kastanienextrakt mit der gleichen Menge Celluloseextrakts, so tritt bei dem sulfitierten Extrakt die Procter-Hirst-Reaktion schneller ein. A. Gansser verwies auf eine Anzahl organischer Sulfosäuren und Methylenprodukte, welche die Reaktion ebenfalls geben, insbesondere auch künstliche Gerbstoffe (Neradole), welche die Sicherheit der Reaktion für Celluloseextrakte sehr beeinträchtigen. Sehr beachtenswert ist auch der Hinweis G. Baldraccos auf das von F. Czapek beschriebene Hadromal, das alle Reaktionen des Lignins gibt. Dieser als Äther mit der Cellulose des Holzes verbundene Körper kann durch das Mycelium gewisser Pilze losgelöst werden, was zur Erklärung der Procter-Hirst-Reaktion in Brühen aus faulem oder vermodertem Holz herangezogen werden könnte. Dies vermochte A. Gansser (*5*) an unter Abschluß von Luft und Licht durch Schimmelpilze vermodertem Quebrachoholz, bzw. an daraus hergestellten Brühen zu bestätigen. Siehe dazu auch A. Gansser [(*6*), S. 147 bis 151] sowie H. Becker und J. Groß. Nach dem Bericht der Sulfitcelluloseextrakt-Kommission der ALCA ist aus Arbeiten von R. H. Wisdom zu entnehmen, daß mittels der Procter-Hirst-Reaktion noch 5% Celluloseextrakt in Gemischen nachgewiesen werden kann, nach H. C. Reed sogar 2 bis 3% (aber auch ein reiner Extrakt gab die Reaktion), nach Lloyd Balderston bis 2%. Zwischen frischem und vier Jahre altem Anilin bestand kein Unterschied. Nach F. H. Small (*2*) tritt die Reaktion noch bei 1 g Gesamtlöslichem in 2000 ccm Wasser ein. Die Schärfe der Reaktion wechselt bei verschiedenen Gemischen, so daß der Versuch einer quantitativen Schätzung mißlang. W. Moeller (*5*) nahm zu der von H. Becker auf der Hauptversammlung des IVLIC in London 1912 (Collegium 1912, 613) vorgebrachten Vermutung, daß es im Handel Celluloseextrakte gäbe, welche die Procter-Hirst-Reaktion nicht zeigen, Stellung und vertrat die Ansicht, daß man wohl solche Extrakte herstellen könnte; es sind aber gerade die durch salzsaures Anilin fällbaren Stoffe, welche durch Hautpulver zurückgehalten werden und sich demnach gerbend verhalten. Er verwies auch darauf, daß im Betrieb einer Gerbextraktfabrik sich Bedingungen einstellen können, die jenen der Sulfitcelluloseerzeugung ähnlich sind, so daß manchmal auch reine Gerbextrakte die Procter-Hirst-Reaktion geben können [siehe auch L. Pollak (*2*)]. F. Hodes (*1*) bestritt den Wert der Reaktion, da Salzsäure allein in manchen Extrakten eine Fällung gibt.

W. Moeller (*2*) fand, daß die Lösung der Nichtgerbstoffe neutraler und alkalischer Celluloseextrakte die Procter-Hirst-Reaktion zeigen und daß diese Reaktion dadurch verschärft werden kann, daß man 50 g Celluloseextrakt von 30 Bé mit 50 ccm Wasser und 300 g Alkohol nach und nach vermischt. Es scheiden sich nur jene Stoffe in Form eines Öls ab, welche die Reaktion geben. Man löst diese in 20 ccm Wasser, fällt nochmals mit 100 g Alkohol, löst den Niederschlag in wenig Wasser und führt die Reaktion nach Procter-Hirst aus. Es gelingt auf diese Weise, noch 2 bis 3% Celluloseextrakt in Gemischen nachzuweisen. F. Hodes (*2*) nahm nochmals Stellung zu dieser Reaktion und bestritt ihren Wert, da Huminsubstanz durch Säure allein gefällt wird. W. Moeller (*6*) hatte in umfangreichen Abhandlungen Zusammenhänge zwischen Humussäure und Gerbsäure entwickelt und stellte auch fest, daß die Procter-Hirst-Reaktion gebenden Anteile der Celluloseextrakte durch Huminsäure gefällt werden (50 ccm Huminsäurelösung auf 100 ccm Celluloseextrakt); es bestünde demnach die Möglichkeit, diese Anteile zu entfernen, indem man die Ablauge über Torf u. dgl. leitet. Die Procter-Hirst-Reaktion kann auch zum Nachweis von Huminstoffen dienen, insbesondere auch solcher, die aus mehrwertigen Phenolen durch Oxydation in alkalischer Lösung entstehen (z. B. aus Pyrogallol). J. H. Yocum und E. S. Nelson führen die vielfach gemachte Beobachtung, daß in sulfitierten Quebrachoextrakten die Procter-Hirst-Reaktion auftritt, auf das SO_3-Radikal zurück; natürliche Gerbstoffe geben sonst keine Reaktion. Nach dem amerikanischen Kommissionsbericht für 1919 eignet sich weder die Procter-Hirst-Reaktion noch die Cinchoninreaktion (siehe S. 570) zur Unterscheidung von Celluloseextrakten und künstlichen Gerbstoffen (C. M. Kernahan). G. E. Knowles wollte die durch die starke Salzsäure möglichen Gerbstofffällungen dadurch vermeiden, daß er Ameisensäure verwendete. Die Reaktion wird mit 5 ccm 0,4%iger Gerbstofflösung, 0,5 ccm Anilin und 1 ccm Ameisensäure (70%ig) ausgeführt. Nach M. Smaić und J. Wladika bietet die Procter-Hirst-Reaktion keine absolute Sicherheit.

G. Grasser (*2*) konnte an faulem Eichen- und Kastanienholz nachweisen, daß, je nach Art der Extraktion und Härte des verwendeten Wassers, Brühen erhalten werden, welche die Procter-Hirst-Reaktion mehr oder weniger stark geben, bei hartem Wasser weniger stark. Die Brühen aus faulem Holz geben keine Gelatinefällung und ebenso auch nicht eine Fällung mit Bromwasser, die in Lösung gegangenen Huminsäuren werden durch die Procter-Hirst-Reaktion angezeigt. G. Grasser schlug vor, die Reaktion mit einer konz. Lösung von salzsaurem Anilin auszuführen, welche im Überschuß sowohl Huminsäuren als auch Sulfitcelluloseablauge fällt. Die Fällung wird in der Hitze wachsförmig, ballt sich zusammen und steigt an die Oberfläche. Eine Sicherheit bietet die Reaktion nicht, da bei Verwendung von Alkali oder Sulfiten bei der Gerbstoffextraktion auch von gesundem Holz Brühen erhalten werden, welche die Procter-Hirst-Reaktion geben. Nach L. Jablonski bewirken verschiedene Sulfosäuren oder deren Salze teils eine Beschleunigung und Verstärkung der Ausflockung bei der Procter-Hirst-Reaktion, teilweise wird sie dagegen verhindert.

R. Lauffmann (*2*) stellte im Rahmen seines ausführlichen Kommissionsberichtes fest, daß die Procter-Hirst-Reaktion in Gemischen verschiedener Gerbextrakte mit Celluloseextrakten immer positiv ausfällt. Die Arbeit enthält genaue Angaben über die Empfindlichkeit der Reaktion, sowohl in reinen Celluloseextrakten wie in Gemischen mit unbehandelten und sulfitierten Quebrachoextrakten. Beachtenswert sind die Ergebnisse des Kommissionsberichtes der Versuchsanstalt von St. Gallen (*1*). Die Procter-Hirst-Reaktion aller Gemische ist positiv, nach Abtrennung der Säurefällung negativ. Hierzu kann bemerkt werden, daß mit Säure ausgefällte Gerbstoffe ebenso wie auch Huminsäure jene Stoffe der Celluloseextrakte, welche die Procter-Hirst-Reaktion geben, niederschlagen. Der Ausfall dieser Reaktion sowie auch die in besagter Arbeit beobachtete Viskositätserhöhung und Vergrößerung der ersten Aussalzfraktion in Gemischen mit Celluloseextrakten hängt jedenfalls mit der auf S. 165 des Berichtes mitgeteilten Arbeitsweise für die Herstellung der Mischextrakte zusammen, nach welcher die betreffenden Extrakte trocken gemischt und sofort auf 1 Liter aufgelöst wurden. Das folgende Aufkochen genügt keinesfalls, um einen wirklichen Mischextrakt herzustellen, bei welchem der lösende Einfluß des Celluloseextrakts zur Wirkung gelangt. Die starke Säure mußte demnach den Quebrachogerbstoff ausfällen, wodurch die Ligninbestandteile mit niedergeschlagen wurden. Auch H. van der Waerden (*1*) berichtete im Zusammenhang mit den erwähnten Kommissionsarbeiten über seine mehr oder weniger guten Erfahrungen mit der Procter-Hirst-Reaktion. Weiteres im zusammenfassenden Bericht E. Stiasnys (*4*).

Im Zusammenhang mit der Herstellung acetylierter Gerbstoffe fand R. Lauffmann (*4*), daß in dem löslichen acetylierten Anteil, welcher in Gemischen den Celluloseextrakten entspricht, nach dem Eindampfen und Neutralisieren die Procter-Hirst-Reaktion eintritt. Durch die Fluoreszenzprobe nach O. Gerngroß (O. Gerngroß, N. Bán und G. Sándor) wurde festgestellt, daß ein Zusammenhang zwischen Fluoreszenz und Ausfall der Procter-Hirst-Reaktion nicht besteht. In eingehender Weise untersuchte die holländische Reichsanstalt die Bedingungen für die Procter-Hirst-Reaktion [H. van der Waerden (*2*)], wobei festgestellt wurde, daß ein Gehalt von $2^1/_2\%$ Sulfitcelluloseextrakt durch Niederschlagsbildung innerhalb 10 Minuten gefunden werden konnte.

L. Pollak (*2*) fand, daß beim Sulfitieren von fabriksmäßig gewonnenem Quebrachoschlamm Extrakte entstehen, welche die Procter-Hirst-Reaktion deutlich geben. Er führte dies auf Holzstaub zurück, der beim Ausfallen der Phlobaphene mitgerissen und darin eingehüllt wird. Beim Sulfitieren unter Druck herrschen ganz ähnliche Verhältnisse wie bei der Zellstoffkochung, das Holz wird aufgeschlossen. Es gelang, Holzteilchen zu isolieren und in Mikrophotographien festzuhalten. Nur Holzstaub, nicht die Gegenwart von Phlobaphenen oder Harzen bei der Sulfitierung sind die Ursachen einer solchen vorgetäuschten Reaktion. Es zeigte sich, daß sich die Huminsäuren gegen Anilin und Salzsäure ganz ähnlich wie die Ligninsulfosäure verhalten, sie werden nur schon bei einer geringeren Konzentration an Anilinchlorhydrat unlöslich gefällt.

Bei einer so einfach auszuführenden Reaktion war es auffällig, daß so viele und verschiedenartige Schwierigkeiten bei ihrer Verwendung auftraten. Da es sich um eine Trübung bzw. Flockung handelte, nach welcher die Reaktion bewertet wird, mußte vorausgesetzt werden, daß die zu untersuchende Lösung vorher auch vollkommen klar sei. Procter und Hirst haben dies nicht besonders hervorgehoben und in der Fachliteratur finden sich nur zwei diesbezügliche Hinweise: der eine von R. Lauffmann (*5*), der andere von M. Dujardin. R. Lauffmann schrieb ausdrücklich klare Gerbstofflösungen vor und als Beobachtungszeit höchstens 15 Minuten. M. Dujardin verlangte ausdrücklich filtrierte Lösungen. Nach der offiziellen amerikanischen Vorschrift von 1930 wird die Reaktion mit einer einwandfreien Vergleichslösung pflanzlicher Gerbstoffe verglichen. Die erwünschte Klärung dieser wichtigen Frage wurde durch systematische Gemeinschaftsarbeiten des IVLIC und gleichzeitige wissenschaftliche Erforschung der Procter-Hirst-Reaktion durch O. Gerngroß und H. Herfeld (*1*), (*2*), (*3*), (*4*) erbracht. Das Wesentliche der Reaktion besteht darin, daß die Fällung des Celluloseextraktes mit Anilin und Salzsäure im Überschuß des Anilinchlorhydrates unlöslich, jene der pflanzlichen Gerbstoffe löslich ist. Sie ermöglicht den Nachweis von noch 1% Sulfitcelluloseextrakt in pflanzlichen Gerbextrakten. Sulfitierte Gerbextrakte beeinflussen die Reaktion nicht, dagegen Gerbstoffauszüge, welche Huminsäuren enthalten, welche bei der Extraktion faulen Holzes in die Extrakte gelangten (siehe oben).

Für das Gelingen der Reaktion ist es besonders wichtig, daß das Anilin stets rein und frisch (Merck „pro analysi“) verwendet wird. Von Zeit zu Zeit empfiehlt es sich, eine Blindprobe mit Wasser zu machen. Die Gerbstofflösungen müssen bis zur absoluten Klarheit filtriert werden. Als Beobachtungszeit wurden 15 Minuten festgesetzt, es genügt eine deutliche Trübung, Flocken müssen nicht entstehen.

Es gelang, die durch Huminsäuren veranlaßte Störung bei der Anilin-Salzsäure-Reaktion durch eine besondere Ausführungsform zu beseitigen, wobei allerdings die Genauigkeit des Nachweises von 1% auf 5% Sulfitcelluloseextrakt im Gemisch verschoben wurde. Dies geschieht durch vorhergehendes Ansäuern. O. Gerngroß und H. Herfeld (*2*) gaben folgende Vorschrift:

10 ccm der einmal filtrierten, demnach nicht unbedingt vollkommen klaren Lösung von Analysenstärke werden mit 0,2 ccm 25%iger Salzsäure kräftig durchgeschüttelt und nach 10 Minuten filtriert. In 5 ccm des klaren Filtrats wird die Reaktion mit 0,5 ccm Anilin und 2 ccm konz. Salzsäure in bekannter Weise ausgeführt und nach 15 Minuten die Feststellung der Trübung vorgenommen.

Außer der Beeinflussung der Procter-Hirst-Reaktion durch Huminsäuren kommt noch jene durch schwach sulfitierte, nicht säurebeständige Quebrachoextrakte in Betracht. Ferner, allerdings sehr selten, die Bildung von Ligninsulfosäure bei der Extraktion von Gerbrohstoffen, namentlich Fichtenrinde, unter Zusatz von Natriumbisulfit. Das leichtere Eintreten der Reaktion bei Gegenwart pflanzlicher Gerbstoffe findet ihr Gegenstück in der besseren Fällbarkeit durch Cinchonin in Gegenwart von Tannin.

3. Cinchoninreaktion von Appelius und Schmidt.

Cinchonin $C_{19}H_{21}(OH)N_2$ leitet sich vom Chinin ab, es besitzt eine Methoxylgruppe weniger. Cinchoninsulfat gibt in Celluloseextrakten Niederschläge, die sich in der Hitze zu schwarzen klebrigen Klumpen zusammenballen. Die Löslichkeit des Niederschlages wird bei Gegenwart von pflanzlichen Gerbstoffen bedeutend herabgesetzt, deshalb führt man die Reaktion in reinen Celluloseextrakten unter Zusatz von Tannin aus. Nach A. Küntzel (*1*) enthält 1 g Cinchoninniederschlag 662 mg Ligninsulfosäure, deren Äquivalentgewicht sich hieraus mit 578 berechnet. Bei genügendem Cinchoninüberschuß ist die Fällung quantitativ, der Niederschlag ist frei von Tannin, so daß dieses nur für die Beschleunigung der Fällung verantwortlich ist.

Nach der ursprünglichen Vorschrift [W. Appelius und R. Schmidt (*1*)] arbeitet man folgendermaßen:

Man entfernt aus 100 ccm der zu untersuchenden Lösung von Analysenstärke durch 2 Minuten langes Kochen mit 5 ccm 40%iger Salzsäure die fällbaren Gerbstoffe (und Huminsäuren), filtriert und kühlt gut ab. Zu 50 ccm des klaren Filtrats fügt man 10 ccm einer 1,5%igen Tanninlösung und (bei Zimmertemperatur) 10 ccm Cinchoninsulfatlösung (15 g Cinchonin krist. Kahlbaum werden mit 100 ccm Wasser aufgerührt und tropfenweise konz. Schwefelsäure bis zur Lösung hinzugefügt, schließlich zu 1 l aufgefüllt) und erhitzt zum Sieden. Bei Anwesenheit von Celluloseextrakt bilden sich braunschwarze Klümpchen. welche teils am Glas festkleben oder an die Oberfläche steigen. Hierbei soll das Glas nicht bewegt und die Lösung nicht gerührt werden [F. Müller (*1*)]. Nach R. Schmidt genügt das kurze Kochen der ursprünglichen Vorschrift nicht. Bei wiederholter Ausführung der Reaktion erlangt man bald Übung in der Beurteilung, es ist notwendig, so lange zu kochen, bis der Klumpen festsitzt. Bei manchen Quebrachoextrakten entstehen auch bei Abwesenheit von Celluloseextrakten hie und da geringe Rückstände, welche meist zu Boden sinken. Nach R. Lauffmann (*2*) findet man derartige Rückstände nur bei Quebrachoextrakten, welche mit Bisulfit und Metabisulfit hergestellt wurden (Sulfitierungsfehler). Bei Vermeidung der Bewegung während des Kochens soll die Reaktion ohne Bildung dieser störenden Rückstände verlaufen. Keinesfalls darf auf derartig geringe Rückstände, insbesondere wenn sie nicht klumpig und klebrig sind, bei der Beurteilung eines Extraktes auf Reinheit Rücksicht genommen werden.

L. de Hesselle versuchte die Cinchoninreaktion quantitativ auszubauen und stellte an einer großen Anzahl Analysen fest, daß 1 g Cinchoninniederschlag im Mittel 1,35 g Celluloseextrakt Trockensubstanz entspricht. Leider ist diese Methode bei der großen Verschiedenheit der Celluloseextrakte nicht ohne weiteres anwendbar, sie kann aber bei Reihenversuchen unter gleichbleibenden Bedingungen ganz brauchbare Vergleichswerte liefern. L. Pollak (*2*) fand, daß ein Faktor 1,52 bessere Übereinstimmung gibt. Niederschlagsmengen, die weniger als 5% Celluloseextrakt, bezogen auf die Trockensubstanz, entsprechen, dürfen nicht als positiver Befund gewertet werden. Bezüglich der Ausführungsvorschriften der de Hesselleschen Methode sei auf die Originalarbeit verwiesen.

Die sehr ausführlichen Arbeiten von O. Gerngroß und H. Herfeld (*4*), (*5*) trugen viel zur besseren Kenntnis und richtigen Ausführung dieser Reaktion bei, die möglicherweise geeignet ist, die Ligninsulfosäure bzw. den gerbwichtigen Anteil der Celluloseextrakte besser zu erfassen als die bisherigen Methoden. O. Gerngroß und H. Herfeld befaßten sich namentlich mit der Ausschaltung des „Sulfitierungsfehlers“ durch Erhöhung der Azidität und Herabsetzung der Fällungstemperatur, doch findet hierbei durch Lösungsvorgänge eine Verminderung der Reaktionsschärfe statt, indem die Nachweisgrenze von 3% auf 6 bis 7% Celluloseextrakt im Gemisch zurückgeht. Bei der neuen Fällungsvorschrift wurde die von F. Müller (*2*) gewählte Fällungstemperatur von 70° C zugrundegelegt, welcher 2 Minuten langes Sieden folgt.

Die von O. Gerngroß und H. Herfeld (*4*) gemachte Annahme, daß die Cinchoninfällung bei Gegenwart pflanzlicher Gerbstoffe eine Kombinationsverbindung zwischen Sulfitcelluloseablauge, pflanzlichem Gerbstoff und Cinchoninsalz vorstellt, befindet sich im Gegensatz zu den vorerwähnten späteren Feststellungen A. Küntzels, doch liegen bei den beiden Arbeiten ganz verschiedene Versuchsbedingungen vor und es scheint die leichte Flockung des unbehandelten Quebrachoextrakts gegenüber dem schwer ausflockbaren Tannin für die Unterschiede maßgebend zu sein, vielleicht aber auch prinzipielle chemische Unterschiede zwischen Gerbstoffen der Catechinreihe und den Gallussäuregerbstoffen, ähnlich wie sie bei der Formaldehyd-Salzsäure-Fällung vorliegen.

A. Küntzel (*1*) versuchte die Cinchoninfällung in anderer Weise quantitativ zu gestalten, indem er in dem Niederschlag den Stickstoff bestimmte und als Cinchonin in Abzug brachte. Dadurch erhielt er Werte, die der Ligninsulfosäure entsprechen müßten. Bestimmt man überdies den Schwefel, so kann man den „Sulfitierungsgrad" der Ligninsulfosäure berechnen. Da die Stickstoffbestimmung in Cinchonin nach Kjeldahl ungenau ist, kann diese vielversprechende Methode vorläufig nicht ohne weiteres ausgeführt werden.

L. Pollak und A. Patzenhauer untersuchten den Einfluß der verwendeten Cinchoninmenge auf die Zusammensetzung und Menge der Fällung. Hierbei konnte festgestellt werden, daß nach der Arbeitsweise von L. de Hesselle mit der verbesserten Fällungsmethode nach F. Müller die vorgeschriebenen 10 ccm der starken Cinchoninlösung eine untere Grenze vorstellen und ein Maximum erst bei 20 ccm erreicht wird. Es wurden überdies Unterschiede in der Menge und Zusammensetzung der Cinchoninniederschläge gefunden, je nachdem Celluloseextrakte auf Kalk-, Natron- oder Ammonbisulfitbasis vorlagen. Aus dem bedeutend höheren Stickstoffgehalt des Cinchoninniederschlages bei Ammonbisulfit-Celluloseextrakt darf geschlossen werden, daß der Ammoniak organisch gebunden ist.

4. Nachweis von Celluloseextrakt im Leder mittels der Procter-Hirst- und der Cinchoninreaktion.

Celluloseextrakte entziehen sich leicht dem Nachweis im Leder, da jene Bestandteile, welche die charakteristischen Reaktionen geben, vermutlich weitgehenden Veränderungen nach erfolgter Gerbung ausgesetzt sind (F. M. Loveland). A. Gansser (*3*) führte die Procter-Hirst-Reaktion nach dreistündigem Schütteln des Leders mit Wasser aus und konnte bei 5% Celluloseextrakt sofort, bei 2% erst nach einigen Minuten die Flocken feststellen. Die divergierenden Resultate bei diesem Nachweis sind aller Wahrscheinlichkeit darauf zurückzuführen, daß es nicht gleichgültig ist, ob das betreffende Leder mit Celluloseextrakt direkt oder im Gemisch gegerbt, oder aber erst nach beendeter Gerbung mit Celluloseextrakt beschwert wurde. Im letzteren Fall gelingt meist der Nachweis, während im ersteren Fall die Bindung der charakteristischen Gruppen erfolgt ist, was eine intensivere chemische Behandlung für den Nachweis verlangt. Ganz ähnliche Verhältnisse liegen auch bei Leder vor, das mit künstlichen Gerbstoffen gegerbt wurde. W. Moeller (*1*) gab eine Vorschrift, nach welcher das Leder durch 12 bis 24 Stunden mit 2%iger NaOH bei nicht zu hoher Temperatur behandelt wird. Nach dem Ansäuern mit Salzsäure und Filtrieren wird die Procter-Hirst-Reaktion ausgeführt. In einer späteren Arbeit änderte W. Moeller (*8*) die Vorschrift dahin ab, daß alkoholische Kalilauge (absol. Alkohol + 10% $^{n}/_{1}$ KOH) zur Extraktion verwendet werden soll.

R. Lauffmann (*6*) versuchte den Nachweis mit Cinchonin in wäßrigen kalten Auszügen von feingemahlenem Leder, jedoch ohne Erfolg, die Reaktion trat höchstens ganz schwach auf. Dagegen gab ein heißer wäßriger Auszug von würfelförmig geschnittenem Leder eine deutliche Reaktion [W. Appelius und R. Schmidt (*2*)]. Zur Ausführung der Cinchoninreaktion genügt es, das grob geschnittene Leder, 5 bis 10 g, mit 100 ccm Wasser einmal aufzukochen; dann muß man filtrieren, das Filtrat mit 5 ccm 25%iger Salzsäure nochmals zum Sieden erhitzen, abkühlen, klar filtrieren und 50 ccm nach Zusatz von Tannin mit 20 ccm Cinchoninlösung, ohne den Kolben zu bewegen, zum Sieden erhitzen. Die Behandlung des Leders mit Natronlauge nach W. Moeller eignet sich nach W. Appelius und R. Schmidt für die Cinchoninreaktion nicht.

R. Lauffmann (*7*) unterzog sämtliche Ausführungsvorschriften einer Überprüfung und stellte insbesondere fest, daß nur geschnittenes, und nicht, wie er ursprünglich angab, gemahlenes Leder verwendet werden darf (siehe auch F. Stather). Bei der Arbeit mit Lauge muß mindestens auf das Fünffache verdünnt werden, da sonst die Gerbstoffkonzentration für die Procter-Hirst-Reaktion nicht eingehalten wird. Es dürfte aber das Aufkochen von 10 g Leder mit 50 ccm Wasser in den meisten Fällen für den Nachweis genügen. W. Moeller (*7*) machte darauf aufmerksam, daß bei der Lederextraktion, ähnlich wie aus Gelatine und Milchsäure, Huminstoffe gebildet werden können, die durch die Procter-Hirst-Reaktion nachgewiesen werden; dies kann man jedoch nach O. Gerngroß und H. Herfeld leicht beheben. Nach W. Moeller (*9*) genügt das von R. Lauffmann vorgeschlagene einfache Auskochen mit Wasser nicht. Als Unterschied zwischen Celluloseextrakt und dem künstlichen Gerbstoff Neradol wird angeführt, daß die mit Alkohol ausfällbaren Stoffe von Celluloseextrakt schwer, jene von Neradol leicht löslich sind und sich ausschütteln lassen. In der auf S. 553 angezogenen ausführlichen Überprüfung von mit Celluloseextrakten gegerbten Ledersorten durch E. L. Wallace und R. C. Bowker (*1*) wurde ebenfalls bestätigt, daß es für den Ausfall der Procter-Hirst-Reaktion maßgebend sei, ob der Celluloseextrakt zur Angerbung und Ausgerbung, bzw. nur zur Füllung verwendet wurde. Nur im letzteren Fall ist der Nachweis im rein wäßrigen Auszug möglich. Bei länger gelagertem Leder fällt der Nachweis fast immer negativ aus.

5. Fluoreszenzprobe.

Einen Fortschritt für den Nachweis von Celluloseextrakten bedeutete die Auffindung der Fluoreszenz durch O. Gerngroß und seine Mitarbeiter (O. Gerngroß, N. Bán und G. Sándor). Sämtliche Celluloseextrakte des Handels besitzen in Lösungen 1 : 1000 eine mehr oder weniger starke violette Fluoreszenz unter der Hanauer Analysenquarzlampe bzw. im Woodschen Licht, welche nach Zusatz von Alkali in ein leuchtendes Grasgrün übergeht. In Gemischen mit pflanzlichen Gerbstoffen, wie Mimosa, Kastanie, Eiche, Quebracho, Mangrove, konnten 30 bis 40% Celluloseextrakt durch direkte Fluoreszenz nachgewiesen werden. In einer weiteren Untersuchung stellten O. Gerngroß und G. Sándor (*1*) fest, daß Celluloseextrakte zum Unterschied von Fichtenrindenextrakt keine Faserfluoreszenz zeigen. Die violette Fluoreszenz des Celluloseextrakts bewirkt im Gemisch mit Quebrachoextrakt nicht Umwandlung der gelben Faserfluoreszenz des letzteren in Weiß, wie dies bei Fichtenrindenextrakt der Fall ist, bei kräftigem Abdrücken der Watte kommt die gelbe Fluoreszenz selbst bei Überschuß von Celluloseextrakt zum Durchbruch. Trotzdem dürfte aus botanischen Gründen ein Zusammenhang zwischen der violetten Fluoreszenz der Celluloseextrakte und jener der Fichtenrinde bestehen. Eine geringe Haftung der violetten Fluoreszenz an Watte, Papier (Filterpapier) kann man bei sämtlichen Celluloseextrakten beobachten, namentlich aber an ungereinigten Ablaugen der Ca-Bisulfitkochung (harte Kochung) (siehe auch die Untersuchung des „Curtidol"-Extrakts durch O. Gerngroß). Ausführliche Angaben finden sich in weiteren Arbeiten von O. Gerngroß und G. Sándor (*2*). Aus dem reichen Tabelleninhalt ist zu ersehen, daß die Fluoreszenz sämtlicher Celluloseextrakte in unveränderter Lösung mehr oder weniger stark violett, in alkalischer Lösung grasgrün ist. Leider findet in Gemischen mit natürlichen Gerbstoffen eine Auslöschung der Fluoreszenz statt. Durch die Methode von L. Meunier und A. Jamet, welche die pflanzlichen Gerbstoffe mittels einer Seignettesalz-Bleiacetatlösung fällten und das nahezu farblose Filtrat unter der Lampe beobachteten, wurde es trotzdem möglich, bis zu 5% Celluloseextrakte in Gemischen an der Fluoreszenz zu entdecken (siehe „Künstliche Gerbstoffe", S. 493). Leider ist dies nur bedingt der Fall und mit Sicherheit auch nur an Hand bekannter Vergleichslösungen möglich. Die gelbe Faserlumineszenz des Fisetins wird durch obige Fällung nicht vollständig entfernt und stört die Beobachtung, doch kann man sich durch Ansäuern etwas helfen; dagegen wird aber die violette Faserlumineszenz der Fichtenrinde (Violettin) überhaupt nicht beseitigt und dies würde die Beurteilung unmöglich machen, d. h. Celluloseextrakte bei Nichtanwesenheit vortäuschen. Basisches Bleiacetat fällt sowohl Fichtenrindengerbstoff als auch Celluloseextrakt und kann demnach hier nicht verwendet werden, man muß ein Mittel finden, welches nur die Fichte fällt [O. Gerngroß (*1*)]. Diese Ergebnisse wurden von L. Pollak bestätigt und auf die von R. Lauffmann vorgeschlagene Fällung mit Tonerdesulfat und Ammoniak ausgedehnt. Die Fluoreszenz der Celluloseextrakte behandeln außerdem folgende Arbeiten, welche teilweise im Kapitel „Künstliche Gerbstoffe" besprochen sind. [E. Stiasny (*5*), O. Gerngroß (*2*); V. Kubelka und Vl. Němec (*2*)]. In letzterer Arbeit sind manche Farbenunterschiede sowohl in ätherischer als auch in alkoholischer Lösung, aber auch bei der Faserlumineszenz bemerkenswert (blauviolett und blau).

C. van der Hoeven (*1*) arbeitete mit der Analysen-Ultra-Lampe von F. Müller. Wahrscheinlich sind die abweichenden Fluoreszenzfarben (intensiv gelb und hellgrün) auf die Verschiedenheit der Spektra (hier kontinuierliches Spektrum) zurückzuführen.

Gemeinschaftsarbeiten und Untersuchungen von O. Gerngroß und H. Herfeld (*5*) ergaben, daß die Fluoreszenzprobe nicht genügend eindeutig und mit zahlreichen Fehlerquellen behaftet sei. Sie kann mit der Procter-Hirst- und mit der Cinchoninreaktion nicht in Wettbewerb treten, hat jedoch als Bestätigungsreaktion ihren Wert. Auch die von L. Meunier und K. Le Viet vorgeschlagene Verbesserung, bei Verdunkelung und Seitenbeleuchtung zu beobachten, ergab nur Genauigkeiten bis 6 bis 7%.

W. Graßmann und O. Lang beschrieben das chromatographische Bild der Sulfitablauge folgendermaßen (auf Al_2O_3): hell lila Fluoreszenz neben wenig ausgeprägten ins Grünliche gehenden Schichten.

L. Pollak (*9*) beobachtete auf Wollstoff mit Durchzügen verschiedener Fasern ebenfalls lila Fluoreszenz bis graulila.

Was den Nachweis von Celluloseextrakt im Leder mittels der Fluoreszenzprobe anbelangt, so ist dies nach Mitteilungen der Lederfabrik C. F. Roser möglich. Man stellt den Lederauszug in der auf S. 572 bis 573 beschriebenen Weise her und entgerbt nach Meunier-Jamet oder nach Lauffmann (490), doch ist es nicht ausgeschlossen, daß Abbaustoffe des Leders störend wirken und es ist empfehlenswert, sich Vergleichslösungen herzustellen.

Leder reiner Ligningerbung zeigen unter der Quarzlampe meist eine deutliche lila Fluoreszenz.

Die Fluoreszenzfarben verschiedener Handelsextrakte sind in der folgenden Tabelle 152 zusammengestellt.

Sowohl die Anilin-Salzsäure-Reaktion nach Procter-Hirst als auch die Cinchoninfällung und die Fluoreszenzprobe sind keine spezifischen Reaktionen für Celluloseextrakte, sondern treten auch bei den meisten künstlichen Gerbmitteln (Gerbsulfosäuren) ein, wodurch die Anwesenheit von Celluloseextrakten vorgetäuscht werden kann und der Wert der Reaktionen beeinträchtigt wird.

Tabelle 152. Fluoreszenzbeobachtungen bei Handelsextrakten.

Name des Celluloseextraktes	Originallösung 1:1000	Alkalisch 1:1000	Faserlumineszenz an Cellulose/Papier
Deka	hellviolett	hellgrün	schwache Haftung
Hansa D	hellblauviolett	,,	,, ,,
Hansa N	,,	,,	,, ,,
Hansa L.	,,	,,	,, ,,
Queol BL	hellviolett	,,	ohne Haftung
Owens' conc. woodextract	hellblauviolett	,,	schwache Haftung
Owens' Special.	,,	,,	,, ,,
Saxonia	hellviolett	,,	ohne Haftung
Saxonia EF	,,	,,	schwache Haftung
Philcotan	,,	,,	geringe Haftung
Curtidol	deutlich violett	bläulichhellgrün	deutliche Haftung
Totanin	violettblau	hellgrün	ohne Haftung
Super-Spruce	schwach grauviolett	grün	,, ,,

6. Andere Reaktionen zum Nachweis und zur Bestimmung von Celluloseextrakten.

a) Bestimmung des Lignins und der Ligninsulfosäure in Extrakten nach L. Pollak (*7*).

Diese Methode besteht in der Bestimmung des Phloroglucinadsorptionswerts, welcher für Celluloseextrakte zwischen 4,07 bis 7,88 liegt, während reine Quebrachoextrakte, aber auch mehr oder weniger stark sulfitierte Extrakte, nur Werte von 0,0 bis 0,59 geben, so daß sich diese Bestimmung für den Nachweis von Celluloseextrakten in Quebrachoextrakten eignet, nicht aber in Eichen- und Kastanienholz- sowie in Fichtenrindenextrakten, deren eigene Adsorptionswerte höher liegen [G. Grasser (*4*), S. 294].

b) Aussalzprobe.

Die Aussalzprobe wird nach den Angaben von E. Stiasny und O. E. Salomon ausgeführt. Reine Celluloseextrakte geben erst bei $^3/_3$ Salzmenge eine schleimige Fällung, die sich nicht filtrieren läßt. In Gemischen mit Quebrachoextrakt wird eigentümlicherweise die erste Fraktion erhöht, trotzdem das Gegenteil erwartet werden konnte. E. Stiasny erklärte dies damit, daß gelöste Phlobaphene mitfallen, die in unvorbehandelten Quebrachoextrakten in anderer Form enthalten sind. Da aber die Vermehrung der ersten Fraktion größer ist als durch gelöste Phlobaphene erklärt werden kann, muß angenommen werden, daß die Celluloseextrakte auf die kleinteiligen, löslichen Quebrachoanteile teilchenvergrößernd wirken, so daß Anteile, die im reinen Quebrachoextrakt durch $^1/_3$-Kochsalzsättigung nicht gefällt werden, im Gemisch mit Celluloseextrakt ausfallen. Dies konnte von A. Kurmeier bestätigt werden [Versuchsanstalt St. Gallen (*1*), (*2*), E. Stiasny (*4*)]. Siehe die späteren, ähnlichen Feststellungen S. 558, von E. Stiasny (*4*), F. Stather und O. Endisch, W. Graßmann und Mitarbeitern.

Damit erklärt sich voraussichtlich auch die erhöhte Viskosität der mit Celluloseextrakten vermischten pflanzlichen Gerbextrakte [M. Dujardin, Versuchsanstalt St. Gallen (*1*)], trotzdem die meisten Celluloseextrakte mit hohem Aschegehalt selbst sehr niedrige Viskositäten besitzen [L. Pollak (*6*)].

Die Erhöhung des Tropfpunktes durch Celluloseextrakte beobachteten E. C. Bingham, G. F. Rolland und G. E. Helbert. Diese Erscheinungen sind zum Teil Funktionen des p_H.

c) Bestimmung des Methoxylgehaltes.

Einen beachtenswerten Nachweis für Celluloseextrakte, welcher auch geeignet ist, diese von künstlichen Gerbmitteln zu unterscheiden, verdanken wir C. van der Hoeven (*2*). Die Methode beruht auf der Bildung von Methylalkohol aus den Methoxylgruppen der Ligninsulfosäure und Oxydation des Alkohols zu Formaldehyd, welcher mit fuchsinschwefliger Säure kolorimetrisch im Tintometer von Lovibond bestimmt wird. Celluloseextrakte geben sehr hohe Werte, künstliche Gerbmittel praktisch 0,0 (vgl. S. 492).

d) Weitere Reaktionen.

Von anderen Reaktionen und Versuchen zum Nachweis der Ligninextrakte werden folgende angeführt: Die Reaktion von Hayes mit 2%iger Gelatinelösung (40 ccm) und 30 ccm Eisessig [F. H. Small (*1*), (*2*)], welche jedoch ungünstig beurteilt wurde. R. Kobert versuchte einen biologischen Nachweis durch vergleichende Einwirkung verschiedener Gerbstoffe auf Blutkörperchen; Ligninextrakte besitzen gar keine oder sehr schwache Wirkung. Nach G. Grasser (*3*) gelingt es auf elektroosmotischem Weg ein anodisches Dialysat zu erhalten, das die Procter-Hirst-Reaktion deutlich zeigt und mit Bariumchlorid eine starke Schwefelsäurefällung gibt. — Nitrosomethylurethan reagiert mit Ligninextrakten nicht, letztere behindern auch nicht die diesbezügliche Reaktion von W. Vogel und C. Schüller. — Die Bestimmung der Pentosen und Methylpentosen nahm H. van der Waerden (*1*) vor. — G. Grasser (*4*) beschrieb einen besonders genauen Nachweis der Ligninextrakte, welcher auf dem Vanillingehalt derselben aufgebaut ist. Versuche zum Nachweis durch Bildung von Vanillin schlug auch M. Bergmann vor, doch waren diese bisher nicht von Erfolg begleitet, obwohl die Herstellung von Vanillin aus den Rohablaugen bereits industriell verwertet wird, z. B. in der Marathon-Extraktfabrik in Rothschild, Wis. (USA.), und unter anderen auch H. Hibbert Verfahren durch Patente schützen ließ. Einen weiteren Nachweis schlug auch noch G. Grasser (*5*) vor, doch fehlen über alle letztgenannten Vorschläge überprüfende Angaben.

Nach der Formaldehyd-Harnstoff-Methode von W. Graßmann, Peh Chuan Chü und H. Schelz, die auf der Fällung des Gerbstoffs mit einem wasserlöslichen Formaldehyd-Harnstoff-Kondensationsprodukt und nephelometrischer Messung der entstandenen Trübung beruht, geben Celluloseextrakte im Gegensatz zu pflanzlichen Gerbstoffen keine Reaktion.

Die von Vl. Němec abgeänderte Bestimmung der Furfurolzahl [nach R. Lauffmann (*8*)], bei welcher das Filtrieren und Waschen der Niederschläge fortfällt, gibt wohl für Celluloseextrakte ganz spezifische (negative) Werte, ist jedoch für den Nachweis in Gemischen nicht scharf genug.

Gegenüber Jodsäure verhalten sich Celluloseextrakte ähnlich wie Catechingerbstoffe; sie scheiden sehr geringe Mengen Jod ab und geben nach F. F. Marshall niedrige Werte (0,63%).

H. Herfeld gibt folgende Zusammenstellung der wichtigsten Reaktionen reiner Sulfitcelluloseextrakte:

Gelatinelösung	hellgelber Niederschlag.
Eisenalaun	schwache grünschwarze Färbung.
Bromwasser	dunkelrotbraune Färbung; kein Niederschlag.
Formaldehyd und Salzsäure	kein Niederschlag.
Natriumnitrit und Salzsäure	dunkelrotbraune Färbung.
Normales Bleiacetat	in der Hitze schnell, in der Kälte nach längerer Zeit Trübung.
Essigsäure-Bleiacetat-Probe	kein Niederschlag.
Kaliumbichromat	dunkelrotbraune Färbung.
Basische Farbstoffe	vollständige Fällung.
Phthalsäureanhydridprobe	negativ.
Schwefelammon	nicht charakteristisch.
Äthylacetatzahl	0 bis 5.
Alkoholzahl	30 bis 70.

Die von F. Stather und O. Endisch mitgeteilten Reaktionen weichen bei Eisenalaun- und Essigsäure-Bleiacetat von obigen Angaben ab.

III. Beeinflussung allgemeiner Gerbstoffreaktionen durch Celluloseextrakte.

1. **Die Gelatinereaktion.** Die Gelatine- bzw. Gelatine-Kochsalz-Fällung ist im Überschuß löslich und tritt bei den verschiedenartig zusammengesetzten Ligninextrakten verschieden stark ein.

2. Die **Bromwasserreaktion** wird durch Ligninextrakte verhindert, namentlich bei sulfitiertem Quebrachoextrakt; dies dient unter Umständen zum Nachweis der Ligninextrakte [Versuchsanstalt St. Gallen (*2*)].

3. Die **Bleiacetat-Essigsäure-Reaktion** wird durch Ligninextrakte nicht wesentlich beeinflußt.

4. Die **Ammonacetat-Reaktion** wird durch Ligninextrakte verstärkt. Sie dient außerdem zum Nachweis derselben neben künstlichen Gerbstoffen des Neradol-Typs. (Hierfür die Ausführungsform in 2,5%iger Lösung nach M. Dujardin.)

5. Die **Essigätherzahl** wird infolge der zwischen 0 bis 5,0 liegenden Essigätherzahl der Ligninextrakte entsprechend herabgesetzt. Die Essigätherzahl nach der Kalischmelze beträgt nach L. Pollak und W. Springer (*2*) ungefähr 15,0.

6. Die **Molybdänzahl** wird beeinflußt, da Ligninextrakte durch molybdänsaures Ammon nicht gefällt werden. Da auch sulfitierte Quebrachoextrakte sehr geringe Molybdänzahlen besitzen, eignet sich diese Kennzahl nicht zum Nachweis von Ligninextrakten in solchen Gemischen.

7. Die **Formaldehydfällungszahl** wird stark herabgesetzt, da Ligninextrakte keine Fällung geben. Bei einem höheren Gehalt von Ligninextrakt wird die Formaldehyd-Salzsäure-Fällung schleimig und läßt sich nicht filtrieren. Im Gemisch mit Quebrachoextrakt, wie dies in Nachgerbextrakten häufig der Fall ist, tritt bei 25 Teilen Quebracho- und 75 Teilen Ligninextrakt überhaupt keine Fällung mehr ein. Eine solche gelingt erst nach Zusatz von Harnstoff [L. Pollak (*8*)].

Näheres über die einzelnen Reaktionen bei: R. Lauffmann (*2*), Versuchsanstalt St. Gallen (*1*), (*2*), H. van der Waerden (*1*), E. Stiasny (*4*), O. Gerngroß (*1*), O. Gerngroß und H. Herfeld (*1*). Farbreaktionen sind in Gemischen meist wertlos und fanden deshalb keine Berücksichtigung.

IV. Verhalten der schwefelhaltigen Bestandteile der Ligninextrakte im Leder.

Die schwefelhaltigen Bestandteile sind ein Teil des gerbenden Moleküls (Ligninsulfosäure). Nach H. B. Merrill und J. L. Bowlus lassen sich diese Anteile selbst durch langes Waschen nicht entfernen und sind nicht leichter hydrolysierbar als der „Gesamtgerbstoff".

Über den Schwefelgehalt von Leder, das unter Zusatz von Ligninextrakt gegerbt wurde, machten W. Graßmann, A. Miekeley, H. Schelz und V. Windbichler wichtige Feststellungen und konnten die vorstehenden Befunde von H. B. Merrill und J. L. Bowlus bestätigen. Sie konnten auch aus dem Schwefelgehalt die im Leder enthaltene Ligninsulfosäure berechnen (reine Ligningerbung 1,91% Schwefel). Bei nicht zu langem Auswaschen solcher Leder wird Ligninsulfosäure nicht stärker ausgewaschen als pflanzliche Gerbstoffe (Mimosa); bei längerem, gründlichem Auswaschen geht allerdings Ligninsulfosäure schneller in Lösung. Wie neuere Versuche zeigten, ist in mit Ligninextrakten gegerbtem Leder keine freie Schwefelsäure nachweisbar, doch eignet sich die Procter-

Searle-Methode nicht für deren Nachweis. Die Eignung der Methode von W. R. Atkin und F. C. Thompson wurde durch sehr genaue Untersuchungen von H. B. Merrill und R. G. Henrich bestätigt. Ausführliches über „freie Säure" im Leder und deren Bestimmung im Kapitel „Künstliche Gerbstoffe" (S. 498), in diesem Handbuch, Band III/$_1$, S. 866, und bei L. Pollak (*8*).

Literaturübersicht.

Aabye, J. S. u. O. V. Rasmussen: Collegium **1937**, 227.
Abraham, F.: Collegium **1913**, 599.
Anacker, E.: Collegium **1928**, 465.
Anonymus: Siehe Ungenannt.
Appelius, W. u. R. Schmidt (*1*): Collegium **1914**, 597, 706; (*2*): Ebenda **1915**, 80.
Arbusow, G. A.: Collegium **1936**, 477.
Atkin, W. R. u. F. C. Thompson: J. I. S. L. T. C. **13**, 300 (1929).
Badger, W. B.: Ind. engin. Chem. **19**, 777 (1927).
Baldracco, G.: Collegium **1913**, 251.
Baß, J. (*1*): Collegium **1932**, 534; Westnik **1**, 43 (1931); (*2*): Collegium **1932**, 589; Ebenda **1933**, 42; Westnik **10**, 461 (1931).
Becker, H.: Collegium **1914**, 762; Ledertechn. Rdsch. **1914**, 42.
Bělavský: E.: J. I. S. L. T. C. **22**, 162 (1938). Collegium **1938**, 209.
Bělavský, E. u. K. Fiksl: Collegium **1932**, 54; Gerber **1931**, 193, 203.
Bergmann, M.: Collegium **1929**, 6.
Bergmann, M. u. G. Pojarlieff: Collegium **1931**, 239; Gerber **1931**, 40.
Bingham, E. C., G. F. Rolland u. G. E. Helbert: Ind. engin. Chem. **17**, 952 (1925); J.A.L.C.A. **20**, 520 (1925).
Borodina, O. J.: Collegium **1935**, 625.
Bowker, R. C.: Gerber **1922**, 91; J. I. S. L. T. C. **6**, 447 (1922); Hide and Leather **1922**, 13.
Brauns, F.: Pulp Paper Mag. Canada **37**, 569 (1936); Paper Trade Journ. **103**, Nr. 11, 41 (1936).
Bravo, G. A.: Boll. R. Staz. Industria Pelli **14**, 86 (1936).
Bruckhaus, W.: Chem. techn. Ind. **3**, 1 (1920); Seifensieder-Ztg. **47**, 508 (1920); Chem. Ztrbl. **1921 II**, 885.
Bucherer, H. Th.: Ber. Dtsch. chem. Ges. **53**, 1457 (1920); Chem. Ztrbl. **1920 III**, 621.
Casaburi, V. (*1*): Concianti alla cellulosa **1926**, 972; (*2*): Collegium **1931**, 373. 11. Colloquium Dresden-Freiberg.
Claflin, A. A.: Collegium **1931**, 679; Leather Manufacturer **41**, 123 (1930); Chem. Ztrbl. **1930 II**, 680.
Cross, C. F. u. A. Engelstad (*1*): Chem. Ztrbl. **1924 II**, 1785; Journ. Soc. chem. Ind. **43**, 253 (1924); (*2*): Chem. Ztrbl. **1925 II**, 786; Journ. Soc. chem. Ind. **44**, 267 (1925).
Deforge, A. (*1*): Halle aux Cuirs (Suppl. techn.) **1926**, 73; (*2*): Ebenda **1928**, 292.
Dickerson, W. H.: Collegium **1915**, 278; J.A.L.C.A. **9**, 489 (1914).
Dorée, Ch. u. L. Hall (*1*): Chem. Ztrbl. **1924 II**, 1786; Journ. Soc. chem. Ind. **43**, 257 (1924); (*2*): Chem. Ztrbl. **1925 II**, 787; Journ. Soc. chem. Ind. **44**, 270 (1925).
Dorée, Ch. u. E. C. Barton-Wright: Chem. Ztrbl. **1929 I**, 1439; Journ. Soc. chem. Ind. **48**, 9 (1929).
Dujardin, M.: J.I.S.L.T.C. **11**, 120 (1927).
Eibner, A. u. E. Koch: Chem. Ztrbl. **1927 I**, 819; Ztschr. angew. Chem. **39**, 1514 (1926).
Eitner, W. (*1*): Gerber **1911**, 227, 241, 255; (*2*): Ebenda **1913**, 43, 57; (*3*): Ebenda **1913**, 1; (*4*): Häute u. Lederber. **13**, 7 (1920).
Escourrou, R.: Cuir techn. **17**, 155 (1928).
Euler-Cleve, A. v.: Chem. Ztrbl. **1922 I**, 825; Cellulosechemie **2**, 128 (1921); **3**, 1 (1922).
Felzmann, C.: Collegium **1933**, 373.
Förster, F. u. Mitarbeiter: Ztschr. anorgan. allg. Chem. **128**, 245 (1923). Hägglund, E.: Holzchemie. Leipzig: Akad. Verlagsges., 1928.
Freudenberg, K. (*1*): Collegium **1937**, 3; (*2*): Tannin, Cellulose, Lignin. Berlin: Julius Springer, 1933; (*3*): Ber. Dtsch. chem. Ges. **69**, **1415** **(1936)**; (*4*) Angew. Chem. **52**, 362 (1939); (*5*) Annual Review of Biochemistry (Stanford, U. S. A.) **8**, 81 (1938); (*6*) in: Fortschritte der Chemie organischer Naturstoffe, 2. Band, Wien: Julius Springer, 1939.
Freudenberg, K., M. Harder u. L. Markert: Chem. Ztrbl. **1928 II**, 2550; Ber. Dtsch. chem. Ges. **61**, 1760 (1928).
Freudenberg, K., M. Meister u. E. Flickinger: Ber. Dtsch. chem. Ges. **70**, 500, 514 (1937).

Frey, R. W. u. C. W. Beebe: J.A.L.C.A. **30**, 459 (1935).
Friedland, A. A.: Collegium **1934**, 57.
Fuchs, W. (*1*): Die Chemie des Lignins. Berlin: Julius Springer, 1926; (*2*): Chem.-Ztg. **45**, 192 (1921); Collegium **1921**, 264; Ber. Dtsch. chem. Ges. **54**, 484 (1921); (*3*): Brennstoff-Chem. 8, **12**, 187 (1927); Chem. Ztrbl. **1928 I**, 1955; (*4*): Ebenda **1927 I**, 3065; Ber. Dtsch. chem. Ges. **60**, 957 (1927); (*5*): Chem. Ztrbl. **1921 I**, 564; Ber. Dtsch. chem. Ges. **54**, 245 (1921); (*6*): Chem. Ztrbl. **1921 I**, 564; Ber. Dtsch. chem. Ges. **54**, 249 (1921).
Fuchs, W. u. B. Elsner: Ber. Dtsch. chem. Ges. **52**, 2281 (1919); Chem. Ztrbl. **1920 I**, 251; Ber. Dtsch. chem. Ges. **53**, 886 (1920); Chem. Ztrbl. **1920 III**, 134.
Gansser, A. (*1*): Cuir techn. **22**, 205 (1933); Boll. R. Staz. Industria Pelli **11**, 224 (1933); (*2*): Collegium **1912**, 616; (*3*): Ebenda **1912**, 482; (*4*): Ebenda **1913**, 249; (*5*): Ebenda **1914**, 324; (*6*): -Jettmar, Taschenbuch des Gerbers. Leipzig: Bernh. Friedr. Voigt, 1917.
Gansser, A., J. Jovanovits u. F. Kauffungen: Collegium **1922**, 251.
Gerngroß, O. (*1*): Collegium **1930**, 524; Gerber **1930**, 194; (*2*): Collegium **1929**, 512.
Gerngroß, O. u. G. Sándor (*1*): Collegium **1926**, 1; (*2*): Ebenda **1927**, 12.
Gerngroß, O. u. H. Herfeld (*1*): Collegium **1931**, 524; (*2*): Ebenda **1932**, 237; (*3*): Ebenda **1932**, 710; (*4*): Ebenda **1933**, 66; (*5*): Ebenda **1933**, 441.
Gerngroß, O., N. Bán u. G. Sándor: Collegium **1925**, 565.
Grasser, G. (*1*): Collegium **1912**, 551; Technikum **1912**, 156; (*2*): Ztschr. Leder- und Gerbereichem. **I**, 377 (1922); (*3*): Collegium **1920**, 200; (*4*): Handbuch für Gerberei-Laboratorien, III. Aufl. Wien: Julius Springer, 1929; (*5*): Gerber **1931**, 13; Journ. Fac. Hokk. Univ. XXIII, **5**, 152 (1930); (*6*): Chem.-Ztg. **60**, 12 (1936).
Graßmann, W. u. O. Lang: Collegium **1935**, 114.
Graßmann, W. u. R. Bender: Collegium **1935**, 521; Ebenda **1936**, 372.
Graßmann, W., A. Miekeley, H. Schelz u. V. Windbichler: Collegium **1937**, 136.
Graßmann, W., Peh Chuan Chü u. H. Schelz: Collegium **1937**, 530.
Grosnodumow, N. u. A. Gurewitsch: Collegium **1933**, 44.
Groß, J.: Collegium **1914**, 765.
Gulden, P.: Ledertechn. Rdsch. **6**, 14 (1914).
Hadyk, M. J.: Die Technologie der Gerbextraktindustrie. Moskau: Staatl. Verlag f. d. Leichtindustrie, 1935.
Haenlein, F. H.: 12. und 22. Jahresber. Deutsche Gerberschule.
Hägglund, E. (*1*): Holzchemie. Leipzig: Akad. Verlagsges., 1928; (*2*), (*3*): Tekn. Tidskr. 57, Avd. Kemi 56 (1927); Chem. Ztrbl. **1927 II**, 1775; (*4*): Cellulosechemie **6**, 29 (1925); Chem. Ztrbl. **1925 II**, 161; (*5*): Biochem. Ztschr. **158**, 350 (1925); Chem. Ztrbl. **1925 II**, 914.
Hägglund, E. u. C. B. Björkman: Svensk Kem. Tidskr. **36**, 133 (1924); Chem. Ztrbl. **1925 I**, 590.
Hägglund, E. u. H. Urban (*1*): Cellulose Chemie **8**, 69 (1927); Chem. Ztrbl. **1927 II**, 1468; (*2*): Biochem. Ztschr. **207**, 1 (1929); Chem. Ztrbl. **1929 II**, 2320.
Herfeld, H.: Ledertechn. Rdsch. **25**, 49, 61, 78 (1933).
Herzig, J. u. S. Zeisel: Ber. Dtsch. chem. Ges. **54**, 1403 (1921); Chem. Ztrbl. **1921 III**, 406.
Herzog, R. u. A. Hillmer: Ber. Dtsch. chem. Ges. **60**, 365 (1927); Chem. Ztrbl. **1927 I**, 1573.
Hesselle, L. de: Collegium **1921**, 425.
Heuser, E. u. A. Winsvold: Ber. Dtsch. chem. Ges. **56**, 902 (1923); Chem. Ztrbl. **1923 I**, 1570; Cellulosechemie **4**, 49, 62 (1923); Chem. Ztrbl. **1923 III**, 1150.
Hibbert, H., Fr. Brauns u. E. G. King: Canadian Journ. Res. **13**, Sect. B. 88 (1935); Chem. Ztrbl. **1935 II**, 3775.
Hibbert, H. u. G. H. Tomlinson II: Journ. Amer. chem. Soc. **58**, 348 (1936); Chem. Ztrbl. **1936 I**, 3144.
Hibbert, H. u. H. W. Mackinney: Canadian Journ. Res. **14**, Sect. B. 55 (1936); Chem. Ztrbl. **1936 II**, 2380.
Hilpert, R. S. u. J. Jordan: Ztschr. angew. Chem. **46**, 73 (1933); Chem. Ztrbl. **1933 I**, 2484.
Hilpert, R. S. u. H. Hellwage: Ber. Dtsch. chem. Ges. **68**, 380 (1935); Chem. Ztrbl. **1935 I**, 2011.
Hintikka, S. V. (*1*): Cellulosechemie **4**, 93 (1923); Chem. Ztrbl. **1924 I**, 758; (*2*): Cellulosechemie **2**, 63 (1921); Chem. Ztrbl. **1921 III**, 619.
Hochfelder, L.: Diss. München 1915.

Hodes, F. (*1*): Collegium **1914**, 384; (*2*): Ebenda **1916**, 393.
Hoeven, C. van der (*1*): Collegium **1930**, 414; (*2*): Ebenda **1935**, 598.
Hönig, M.: Chem.-Ztg. **36**, 889 (1912).
Hönig, M. u. W. Fuchs: Chem. Ztrbl. **1927 I**, 2026; Ber. Dtsch. chem. Ges. **60**, 782 (1927).
Hönig, M. u. J. Spitzer: Monatsh. Chem. **39**, 1 (1918).
Holmberg, B.: Svensk. kem. Tidskr. **57**, 257 (1935); Ebenda **58**, 207 (1936).
Isakson, I. u. L. Minski: Westnik **12**, 525 (1930); Collegium **1932**, 358.
Jablonski, L.: Ledertechn. Rdsch. **15**, 60 (1923).
Jacomet, L.: Matières tannantes, Cuirs. Paris u. Liège: Ch. Béranger, 1911.
Jakimow, P.: Collegium **1929**, 667; Westnik **2/3**, 93 (1928).
Jakimow, P. u. P. Tolski: Westnik **12**, 695 (1929); Collegium **1932**, 121.
Jedlička, J. (*1*): Collegium **1913**, 33; (*2*): Ebenda **1913**, 317.
Jonas, K. G.: Wchbl. Papierfabr. **56**, Nr. 24 A, 83 (1925); Chem. Ztrbl. **1925 II**, 1148.
Kernahan, C. M.: Collegium **1920**, 393; J.A.L.C.A. **14**, 512 (1919).
Kerp, W. u. P. Wöhler: Arb. a. d. Kais. Gesundheitsamte **1909**, 54; Chem.-Ztg. Rep. **33**, 522 (1909).
Kirchner E., St. Mierzinski u. A. Ganswindt: Gerb- und Farbholzextrakte. Wien: A. Hartleben, 1889
Klason, P. (*1*): Papierfabrikant **7**, **26**, 627, **796** (1909); Papier-Zeitung **35**, 2116 (1910); (*2*): Tekn. Tidskr. Abd. Kemi **1893**, **53**; (*3*): Ber. Dtsch. chem. Ges. **53**, 706 (1920); Chem. Ztrbl. **1920 III**, 97; Ber. Dtsch. chem. Ges. **53**, 1862 (1920); Chem. Ztrbl. **1920 III**, 891; (*4*): Ber. Dtsch. chem. Ges. **53**, 1864 (1920); Chem. Ztrbl. **1920 III**, 891; (*5*): Ber. Dtsch. chem. Ges. **55**, 448 (1922); Chem. Ztrbl. **1922 I**, 1077; (*6*): Ber. Dtsch. chem. Ges. **56**, 300 (1923); Chem. Ztrbl. **1923 I**, 900; (*7*): Ber. Dtsch. chem. Ges. **58**, 375 (1925); Chem. Ztrbl. **1925 I**, 1488; Ber. Dtsch. chem. Ges. **58**, 1761 (1925); Chem. Ztrbl. **1925 II**, 2258; Ber. Dtsch. chem. Ges. **61**, 171 (1928); Chem. Ztrbl. **1928 I**, 1280; Ber. Dtsch. chem. Ges. **61**, 614 (1928); Chem. Ztrbl. **1928 I**, 2379; Ber. Dtsch. chem. Ges. **62**, 635 (1929); Chem. Ztrbl. **1929 I**, 1925; (*8*): Beiträge zur Kenntnis der chemischen Zusammensetzung des Fichtenholzes. Berlin: 1911; Ark. Kemi, Mineral. Geol. **6**, Nr. 15, 5 (1917); (*9*): Ber. Dtsch. chem. Ges. **53**, 1864 (1920); Chem. Ztrbl. **1920 III**, 891; Svensk Kem. Tidskr. **32**, 156 (1920).
Knowles, G. E.: Collegium **1921**, 54; J.A.L.C.A. **15**, 13 (1920).
Kobert, R.: Collegium **1916**, 213.
Kohnstein, B.: Collegium **1914**, 385.
Korotew, T. J.: J.A.L.C.A. **30**, 555 (1935).
Kubelka, V. (*1*): Gerber **1916**, 51, 83, 115, 142, 181, 211; (*2*): Collegium **1916**, 225.
Kubelka, V. u. Vl. Němec (*1*): Quantitative Gerbmittelanalyse. Wien: Julius Springer, 1930; Gerber **1929**, 32; (*2*): Collegium **1929**, 300; J.I.S.L.T.C. **13**, 113 (1929).
Küntzel, A. (*1*): Kolloquium, Vortrag, Juni 1935; (*2*): Collegium **1935**, 593.
Lauffmann, R. (*1*): Chemische Ind. **43**, 235, 245 (1920); (*2*): Collegium **1924**, 121; (*3*): Ebenda **1915**, 457; Ledertechn. Rdsch. **7**, 38 (1915); (*4*): Collegium **1925**, 370; (*5*): Ledertechn. Rdsch. **17**, 105 (1925); (*6*): Ebenda **6**, **379** (1914); (*7*): Collegium **1915**, 227; (*8*): Ebenda **1919**, 118; Ledertechn. Rdsch. **10**, 49/50 (1918).
Lepetit, R.: Tanners Year Book. London: E. Charles u. J. Gordon Parker, 1911.
Levy, L. E. u. A. C. Orthmann: Collegium **1912**, 33; Ebenda **1913**, 79; Ebenda **1913**, 264; Ebenda **1913**, 401.
Loveland, F. M.: Collegium **1913**, 399; J.A.L.C.A. **8**, 132 (1913).
Manochin, J. G. u. P. P. Schlikow: Collegium **1934**, 62.
Masner, L.: Obuv-Kůže-Guma **1937**, 33.
Masner, L. u. V. Samec (*1*): Techn. Hlídka **1935**, 81, 96, 109; Gerber **62**, 77, 87 (1936); Collegium **1935**, 434; (*2*): Collegium **1935**, 439; (*3*): J. I. S. L. T. C., **22**, 154 (1938); Collegium **1938**, 100.
Marshall, F. F.: J.A.L.C.A. **24**, 567 (1929); Collegium **1930**, 607.
Melander, K. H. A. (*1*): Cellulosechemie **2**, 125 (1921); Chem. Ztrbl. **1921 I**, 679; (*2*): Hägglund, E. Holzchemie. Leipzig: Akad. Verlagsges., 1928, S. 112; (*3*): Papierfabrikant **19** (1921); Cellulosechemie **2**, 41 (1921); Chem. Ztrbl. **1921 IV**, 438; (*4*): Cellulosechemie **2**, 69 (1921); Chem. Ztrbl. **1921 IV**, 721.
Merrill, H. B.: J.A.L.C.A. **31**, 272 (1936).
Merrill, H. B. u. J. L. Bowlus: J.A.L.C.A. **25, 57** (1930); Ind. Eng. Chem. **21**, 1291 (1929).
Merrill, H. B. u. R. G. Henrich: J.A.L.C.A. **25**, 511 (1930).

Meunier, L. u. A. Jamet: Cuir techn. **15**, 166 (1926); J.I.S.L.T.C. **10**, 177, 212 (1926).
Meunier, L. u. K. Le Viet: Cuir techn. **20**, 312 (1931); Ebenda **21**, 38 (1932).
Miekeley, A. (*1*): Collegium **1935**, 456; (*2*): Stiasny-Festschrift, S. 266. Darmstadt: Ed. Roether, 1937.
Moeller, W. (*1*): Collegium **1914**, 152; (*2*): Ebenda **1914**, 488; (*3*): Ebenda **1914**, **319**; (*4*): Ebenda **1917**, 177; Gerber **1917**, **3**, 20; (*5*): Collegium **1914**, 382; (*6*): Ebenda **1916**, 385; Gerber **1916**, 143, 199, 267, 291; (*7*): Collegium **1916**, 452; (*8*): Ebenda **1915**, 99; (*9*): Ebenda **1917**, 74.
Mohan, R. T.: Journ. Soc. chem. Ind. **32**, 389 (1913); Collegium **1913**, 442.
Monnet, Ch.: Collegium **1913**, 224.
Müller, F. (*1*): Collegium **1929**, 6; (*2*): Ebenda **1932**, 711.
Müller, M.: Literatur der Sulfitablauge. Berlin: Verlag d. Papierzeitung, C. Hofmann, 1911.
Nastjukow, A.: Westnik **1929**, 597; Collegium **1932**, 110; Chem. Ztrbl. **1931 I**, 403.
Němec, Vl.: Collegium **1932**, 663; J.I.S.L.T.C. **15**, 440 (1931).
Nippe, W. u. A. Ogait: Cellulosechemie **11**, 38 (1930); Chem. Ztrbl. **1930 II**, 40.
Otto, G. (*1*): Collegium **1935**, 449; (*2*): Ebenda **1933**, 586.
Paeßler, J. (*1*): Collegium **1912**, 262; (*2*): Ebenda **1914**, 593; (*3*): Ebenda **1925**, 92.
Parker, J. G.: Collegium **1912**, 611.
Pawlowitsch, P. (*1*): Die Gerbextrakte. Wien: Julius Springer, 1928; (*2*): Collegium **1927**, 548; Westnik **1926**, 5, 16; (*3*): Gerber **1930**, 97, 105, 114; (*4*): Collegium **1932**, 100; (*5*): Gerber **1930**, 105.
Pedersen, N.: Papier-Ztg. **15**, 422 (1890).
Petrie, W.: Leather World **1924**, 112; J.I.S.L.T.C. 8, 310 (1924); Leather World **1925**, 680; J.I.S.L.T.C. **9**, 492 (1925); Halle aux Cuirs (Suppl. techn.) **1926**, 154.
Philippi, R.: Gerberei-Technik **4**, 7 (1914).
Pollak, L. (*1*): Collegium **1913**, 86; (*2*): Gerber **1927**, 53; (*3*): Ebenda **1923**, 73; (*4*): Ebenda **1929**, 168; (*5*): Collegium **1913**, 291; (*6*): Ztschr. Leder- und Gerbereichem. **II**, 121 (1923); Gerber **1925**, 1; Collegium **1925**, 122; (*7*): Ebenda **1915**, 435; (*8*): Gerber **1930**, 57; J.I.S.L.T.C. **14**, 305 (1930); (*9*): Collegium **1933**, 628.
Pollak, L. u. W. Springer (*1*): Collegium **1932**, 259; Gerber **1932**, 34, 41, 46, 53; J.I.S.L.T.C. **16**, 218 (1932); (*2*): Collegium **1927**, 46.
Pollak, L. u. A. Patzenhauer: Collegium **1939**, 379.
Powell, W. J. u. H. Whittaker: Journ. Chem. Soc. **127**, 132 (1925); Chem. Ztrbl. **1925 I**, 2383.
Prefex: Leather Trades' Rev. **1935**, 1151.
Procter, H. R. u. S. Hirst (*1*): Journ. Soc. chem. Ind., **28**, 293 (1909); Collegium **1909**, 185; (*2*): Ebenda **1909**, 187.
Ptschelin, A. A. u. E. P. Isotowa: Collegium **1933**, 183.
Reznik, L. J.: Collegium **1934**, 58.
Reznik, L. J. u. W. T. Morgunow: Beherrsch. Leder. Techn. **2**, 46 (1932); Collegium **1933**, 426.
Reznik, L. J. u. E. Kelle-Schaginova: J.A.L.C.A. **30**, 556 (1935); Collegium **1934**, 57.
Riethof, O.: Gerber **1922**, 91.
Röhm, O.: Gerber **1936**, 68.
Rosenthal, Th.: Liebigs Ann. **233**, 37 (1886).
Roser, C. F.: Collegium **1928**, 647; Ledertechn. Rdsch. **20**, 137 (1928).
Rusakow, M. G. u. A. S. Jemotschkin: Collegium **1936**, 479.
Sändig, J.: Lederkalender 1937.
Samec, M.: Kolloid-Ztschr. **59**, 266 (1932); Chem. Ztrbl. **1932 II**, 1142.
Samec, M. u. M. Rebek (*1*): Kolloidchem. Beih. **19**, 106 (1923); Chem. Ztrbl. **1924 I**, 2034; (*2*): Kolloidchem. Beih. **16**, 215 (1922); Chem. Ztrbl. **1923 IV**, 617.
Samec, M. u. J. Ribarić: Kolloidchem. Beih. **24**, 157 (1927); Chem. Ztrbl. **1927 II**, 519.
Schemotschkin, A. J. (*1*): Collegium **1929**, 664; Westnik **1928**, 368; (*2*): Collegium **1934**, 57; J.A.L.C.A. **28**, 620 (1933).
Schemotschkin, A. J. u. G. K. Baidan: Collegium **1933**, 182.
Schmid, W.: Schriften d. Ver. d. Zellstoff- u. Papierchem. Berlin: Otto Elsner — Verlagsges. m. b. H., 1931.
Schmidt, R.: Vortrag über Sulfit-Cellulose-Extrakte 1930, 6.
Schroeder, J. von: Collegium **1935**, 360.
Schrohe, A.: Schriften d. Ver. d. Zellstoff- u. Papierchem. Berlin: Otto Elsner — Verlagsges. m. b. H., 1924.

Schtschekoldin, N.: Collegium **1930**, 137.
Schulte, J. H.: Collegium **1914, 312, 493.**
Seidel, H.: Ztschr. angew. Chem. **13**, 1307 (1900).
Smaić, M. u. J. Wladika: Collegium **1921**, 88.
Small, F. H. (*1*): Collegium **1913**, 167; (*2*): Ebenda **1914, 252**; J.A.L.C.A. **9**, 36 (1914).
Sody, L. (*1*): Collegium **1912**, 529; J.A.L.C.A. **7**, 7 (1912); (*2*): Collegium **1936**, 278.
Stather, F.: Collegium **1930**, 480.
Stather, F. u. O. Endisch: Collegium **1937**, 193.
Stather, F. u. H. Herfeld: Collegium **1937**, 9.
Staudinger, H.: Ber. Dtsch. chem. Ges. **59**, 3019 (1926).
Staudinger, H. u. E. Dreher: Ber. Dtsch. chem. Ges. **69**, 1729 (1936); Chem. Ztrbl. **1936 II**, 3080.
Stiasny, E. (*1*): Collegium **1908**, 348, 357; (*2*): Ebenda **1913**, 142; (*3*): Ebenda **1911, 430**; (*4*): Ebenda **1925**, 142; (*5*): Ebenda **1927**, 184.
Stiasny, E. u. O. E. Salomon: Collegium **1923**, 326.
Storch, K.: Ber. Dtsch. chem. Ges. **68**, 2367 (1935).
Streeb, E.: Diss. Göttingen, 1892.
Stutzer, A.: Ztschr. angew. Chem. **26**, 463 (1913); Collegium **1913**, 471.
Thuau, U. J.: Collegium **1912**, 611.
Tollens, B. u. J. B. Lindsey: Liebigs Ann. **267, 341** (1889).
Tschernow, N.: Collegium **1933**, 41; Westnik **7**, 317 (1931).
Ungenannt: Collegium **1917, 253**; Leder-Ztg. **1916**, 187.
Versuchsanstalt St. Gallen (*1*): Collegium **1924**, 162; (*2*): Ebenda **1925**, 438.
Vié, G. (*1*): Halle aux Cuirs (Suppl. techn.) **1923**, 313; (*2*): Ebenda **1920, 492**; Cuir techn. **1920**, 160.
Vogel, W. (*1*): Collegium **1933**, 449; (*2*): Ebenda **1933**, 524; 44. Jahresber. der Deutschen Gerberschule, 1933; Collegium **1937**, 217.
Vogel, W. u. C. Schüller: Collegium **1923**, 319.
Waerden, H. van der (*1*): Collegium **1924**, 345; (*2*): Ebenda **1926**, 211.
Waisberg, J.: Westnik **7/8**, 413 (1929); Collegium **1931**, 124.
Walker, W. O.: Collegium **1913**, 442; Journ. Soc. chem. Ind. **32**, 389 (1913).
Wallace, E. L., I. R. Kanagy u. C. L. Critchfield: J.A.L.C.A. **28**, 510 (1935).
Wallace, E. L. u. R. C. Bowker (*1*): Technol. Papers of the Bureau of Standards **339**, 309 (1927); (*2*): Collegium **1933**, 526.
W. E. M.: Collegium **1936**, 495.
Wedekind, E.: Forschungsdienst **2**, 148 (1936).
Wilson, J. A.: Die moderne Chemie in der Lederfabrikation. Übersetzt von Dr. H. Loewe. I. deutsche Ausgabe. Leipzig: Paul Schulze, 1925.
Wilson, J. A., F. Stather u. M. Gierth: Die Chemie der Lederfabrikation, 2. Aufl. Wien: Julius Springer, 1930.
Wilpert, S.: Papierfabrikant **24**, 145 (1926).
Wintzell, T.: Ber. Dtsch. chem. Ges. **54**, 2417 (1921).
Wisdom, R. H.: J.A.L.C.A. **8**, 232 (1913); Collegium **1913**, 445.
Yocum, J. H. u. T. A. Faust: J.A.L.C.A. **6**, 537 (1911); Collegium **1912**, 227.
Yocum, J. H. u. E. S. Nelson: Collegium **1919**, 308; J.A.L.C.A. **13**, 204 (1918).
Zwick, K. G.: Collegium **1908**, 281, 285.

Siebentes Kapitel.

Die Kombinationsgerbung.

Von Ing. **K. Helmer Gustavson,** Valdemarsvik.

A. Einleitung.

Die vorbereitende Bearbeitung der Haut in der Wasserwerkstatt, die Durchführung des eigentlichen Gerbprozesses und die verschiedene Behandlung bei der Zurichtung bestimmen in vielen Hinsichten die Eigenschaften des erzeugten Leders, wie Festigkeit, Griff, Fülle, Elastizität, Wasser- und Hitzebeständigkeit. Die verschiedenen Behandlungsmöglichkeiten sind jedoch für jede Lederart spezifisch begrenzt. Durch die Anwendung zweier oder mehrerer Gerbarten, also durch Kombinationsgerbung, ist es möglich, neue Eigenschaften zu erzeugen und andere unerwünschte Eigenschaften abzuschwächen. Eine Hauptaufgabe der Kombinationsgerbung ist es demnach, die besten Eigenschaften verschiedenartig gegerbter Leder in einem Leder zu vereinigen. Es liegen zahlreiche Beispiele vor, wie bei unzweckmäßiger Ausführung solcher Kombinationsprozesse leicht statt dessen die nicht erwünschten Eigenschaften aus den einzelnen Gerbungen sich summieren. Bei richtiger Durchführung ist es jedoch möglich, die vorteilhaften Wirkungen der einzelnen Gerbprozesse bei einem Leder zu vereinigen. In der Zeit vor der großindustriellen Entwicklung der Lederfabrikation waren lediglich diese Forderungen maßgebend. Von diesem Zeitpunkt an traten aber auch andere Gesichtspunkte auf, z. B. die Notwendigkeit, durch einen größeren Umsatz der Fabrikation, durch schnellere Durchführung der Gerbung die Betriebskosten herabzusetzen. Die Kombinationen von Chrom- und lohgarer Gerbung dürfen als entsprechende Beispiele gelten. Nach Vorchromierung der Blöße können hochkonzentrierte Auszüge pflanzlicher Gerbmittel direkt verwendet werden, was die pflanzliche Gerbung bedeutend beschleunigt. Die umgekehrte Methode, Nachgerbung des lohgaren Leders mit Chromsalzen, wird hauptsächlich in der Absicht verwendet, dem lohgaren Leder erhöhte Wasser- und Hitzebeständigkeit zu verleihen.

Als Kombinationsgerbungen werden solche Verfahren bezeichnet, bei denen wesensverschiedene Gerbstoffe zur Anwendung kommen. Die Kombination verschiedener pflanzlicher Gerbextrakte oder Gerbmittel, wie sie bei der Herstellung von Sohlleder üblich ist, stellt demnach keine Kombinationsgerbung dar. In anderen Fällen wird durch die Anwendung der Kombinationsgerbung eine Verlangsamung der Angerbung angestrebt, wobei Gerbstoffe Verwendung finden, die von denselben Proteingruppen gebunden werden. Dies gilt z. B., wenn durch eine Vorgerbung mit Formaldehyd bei der pflanzlichen Gerbung eine gleichmäßigere Angerbung erzielt wird. Gleichartige Gesichtspunkte liegen bei der leichten pflanzlichen Nachgerbung von Chromleder, dem sogenannten Beizen, vor, wodurch die Affinität der Säurefarbstoffe herabgesetzt und so eine Egalisierung der Färbung erreicht wird.

Für die Kombinationsgerbung kommen praktisch die folgenden Gerbverfahren in Frage: Gerbungen mit Chromsalzen, Aluminiumsalzen, pflanzlichen Gerbstoffen, Fettstoffen, synthetischen Gerbstoffen und Formaldehyd. Die Anzahl der theoretisch möglichen Kombinationen von zwei oder mehreren der genannten Verfahren ist dementsprechend recht ansehnlich, wenn man bedenkt, daß auch die Reihenfolge, in der die Gerbverfahren miteinander kombiniert werden, einen maßgebenden Einfluß auf die Eigenschaften des Leders ausübt. So ist z. B. bei der kombinierten Chromlohgerbung scharf zwischen dem Typus der Chromvorgerbung und nachfolgender Ausgerbung mit vegetabilischen Gerbstoffen einerseits und dem Verfahren einer pflanzlichen Vorgerbung mit nachfolgender Chromgerbung andererseits zu unterscheiden. Bei den Kombinationsgerbungen erhält das Leder vorwiegend die besonderen Eigenschaften der zuerst verwendeten Gerbart, vorausgesetzt, daß die Gerbintensität in den beiden Gerbprozessen ungefähr gleich ist; anderenfalls werden die Merkmale der kräftigeren Gerbung stärker zum Vorschein kommen. Die Zahl der praktisch verwertbaren Kombinationen ist natürlich bedeutend geringer als die der theoretisch möglichen, aber, wie insbesondere aus der Patentliteratur hervorgeht, immerhin bedeutend. Die Patentliteratur enthält übrigens zahlreiche Beispiele unzweckmäßiger und aussichtsloser Kombinationen, von denen die meisten, soweit sie vor dem Jahre 1914 bekannt wurden, in dem Buch von J. Jettmar angeführt sind.

Dies ist verständlich, wenn man bedenkt, daß früher die schwierigen Aufgaben der Gerbtechnik nur von Praktikern ohne chemische Schulung bearbeitet wurden und daß auch heute viele der hier auftauchenden Fragen noch nicht zufriedenstellend gelöst sind. Erst in den letzten Jahrzehnten hat die Forschung der Kombinationsgerbung größere Aufmerksamkeit geschenkt. Dies hat seinen Grund darin, daß zunächst die einzelnen Gerbarten selbst theoretisch durchgearbeitet werden mußten, ehe die verwickelten Verhältnisse bei der Reaktion der Hautsubstanz mit mehreren Gerbmitteln theoretisch erklärt werden konnten. Im letzten Jahrzehnt sind viele experimentelle Arbeiten auf gerbtheoretischem Gebiete erschienen, in denen Probleme der Kombinationsgerbung berührt werden, doch sind auch heute wissenschaftliche Untersuchungen über Kombinationsverfahren als solche noch ziemlich selten. Es ist deshalb begreiflich, daß unsere Auffassung über den Verlauf und die Natur der wichtigsten Kombinationsgerbungen vorwiegend aus solchen mehr theoretisch eingestellten Untersuchungen hervorgegangen sind. Im Zusammenhang mit der theoretischen Erörterung der Gerbprobleme, wie z. B. mit der Frage nach einem etwaigen Einfluß der Vorbehandlung der Haut auf ihre Reaktionsfähigkeit, werden Probleme zur Diskussion gestellt, die für die Theorie und Praxis der Kombinationsgerbung unmittelbar von Bedeutung sind. Die Beeinflussung der Aufnahmegeschwindigkeit und der Bindungsfähigkeit der vorgegerbten Haut für die nachfolgende Gerbung und die Möglichkeit einer Verdrängung des erst aufgenommenen Gerbstoffes durch den zweiten sind Fragen, die bei allen theoretischen Betrachtungen auf dem Gebiete der Kombinationsgerbung wiederkehren.

In der folgenden Zusammenstellung soll versucht werden, die Ergebnisse des spärlich vorliegenden experimentellen Materials unter einheitlichen Gesichtspunkten kritisch zu betrachten. Leider fehlt es hierbei sehr stark an sorgfältigen quantitativen Untersuchungen, die auf einem so komplizierten Gebiete im besonderen Maße notwendig wären. Da eine eingehende Diskussion der zahlreichen gegensätzlichen Befunde nur verwirren könnte, sollen im folgenden nur die sichergestellten Angaben der modernen Forschung eingehend behandelt werden. Dabei werden auch unveröffentlichte Arbeiten und praktische Erfahrungen des Verfassers berücksichtigt werden. Es soll versucht werden, durch eine Zusammenstellung und kritische Diskussion der neueren Ergebnisse unsere Kenntnisse auf diesem wichtigen Teilgebiete darzulegen in der Hoffnung, daß dadurch weitere Anregung zur zielbewußten Erforschung gegeben wird.

B. Die Nachgerbung des Chromleders mit pflanzlichen Gerbstoffen.

I. Theoretische Gesichtspunkte.

Für die theoretische Aufklärung der Kombinationsgerbung im allgemeinen ist die Reaktion der chromvorgegerbten Haut gegenüber pflanzlichen Gerbstoffen von besonderer Bedeutung. Noch vor einigen Jahren war die Auffassung vorherrschend, daß durch eine Chromvorgerbung der Haut die Bindungsgeschwindigkeit und Bindungsfähigkeit der Haut für vegetabilische Gerbstoffe vermindert würde, eine Ansicht, die auch in neueren Werken über Gerbereichemie vertreten wird (vgl. z. B. E. Stiasny, S. 531). Diese Meinung scheint a priori entstanden zu sein, da sie keine genügenden experimentellen Grundlagen besitzt. In der älteren Literatur finden sich zwar einige Angaben von J. T. Wood und W. E. Holmes, denen zufolge die Bindungsfähigkeit der Haut für pflanzliche Gerbstoffe durch Vorchromierung vermindert werden soll. Später hat J. T. Wood die Aufnahme pflanzlicher Gerbstoffe durch chromierte Gelatine untersucht und die Gerbstoffbindung unabhängig von der Chromvorbehandlung gefunden. Die erste planmäßige Untersuchung dieses Problems wurde im Zusammenhang mit einer theoretischen Erörterung der Natur der Gerbprozesse 1927 veröffentlicht [K. H. Gustavson (*1*)]. Da die Fragestellungen dieser Arbeit für die Theorie der Kombinationsgerbungen von allgemeiner Bedeutung sind, sollen die Ergebnisse dieser Untersuchung eingehend behandelt werden. Als Ausgangspunkt dienten die damals allgemein vertretenen Auffassungen über die Natur der Chrom- und pflanzlichen Gerbung. Die Arbeiten von J. A. Wilson und von A. W. Thomas und ihren Mitarbeitern waren im Einklang mit der Auffassung, wonach die Bindung der pflanzlichen Gerbstoffe durch die basischen Gruppen der Haut erfolgt. Bei der Chromgerbung waren experimentelle Andeutungen dafür vorhanden, daß die Bindung der kationischen Chromsalze durch saure Gruppen der Haut, vorzugsweise durch Carboxylgruppen, erfolgt. Die anionischen Chromkomplexe sollten nach der damaligen Auffassung mit den CONH-Gruppierungen und den basischen Gruppen der Hautproteine reagieren. Demnach war bei einer Vorbehandlung der Haut mit kationischen Chromkomplexen eine unveränderte Reaktionsfähigkeit gegenüber pflanzlichen Gerbstoffen zu erwarten, während eine Vorgerbung mit anionischen Salztypen eine verminderte Bindungsfähigkeit ergeben sollte.

So einfache Verhältnisse werden aber sicher in der Praxis nicht vorliegen. Es ist zu beachten, daß die Chromgerbung durchgreifende Veränderungen der Haut, z. B. im Hinblick auf die Aktivität verschiedener Proteingruppen, auf den Aggregationsgrad ihrer Bauelemente und das Oberflächenpotential ihrer Elementarbestandteile bewirkt. Die Ergebnisse dieser Arbeit zeigen, daß durch die Vorchromierung der Haut neue Bindungsmöglichkeiten für pflanzliche Gerbstoffe geschaffen werden, wodurch die Verhältnisse kompliziert werden.

Mit verschiedenen Chromsalzen vorgegerbte Hautpulverproben, je 4 g Kollagen entsprechend, wurden in gut gewaschenem Zustand 48 Stunden mit verschiedenen Lösungen filtrierter pflanzlicher Gerbstoffauszüge in 200-ccm-Portionen gegerbt. Unter gleichen Bedingungen wurden Parallelversuche mit unvorbehandelten Hautpulverproben ausgeführt. Nach Beendigung der Gerbung wurde filtriert und die Wasserstoffionenkonzentration der Restbrühen elektrometrisch bestimmt. Die Hautpulver wurden dann gewaschen und nach dem Trocknen analysiert. Die Ergebnisse einiger Versuchsreihen sind in Tabelle **153** zusammengestellt. In der ersten Reihe wurde eine filtrierte Lösung eines Hemlockextrakts mit 45 g Gesamtlöslichem im Liter und einem p_H-Wert von 4,0, für die zweite Versuchsreihe eine Lösung von Tannin mit 80 g Tannin im Liter und einem p_H-Wert von 3,1 verwendet. Die Prozentangaben sind stets auf Kollagen bezogen.

Tabelle **153**. Aufnahme von pflanzlichen Gerbstoffen durch Hautpulver und durch chromiertes Hautpulver [nach K. H. Gustavson (*1*)].

	Hautpulver	Hautpulver, vorgegerbt mit Chromsulfatbrühe. Azidität: 63%. Konz.: 11 g/l Cr_2O_3	Hautpulver, vorgegerbt mit Chromchloridbrühe. Azidität: 70%. Konz.: 10 g/l Cr_2O_3	Hautpulver, vorgegerbt mit anionischer Chromoxalatobrühe von p_H 5,1. Konz.: 12 g/l Cr_2O_3
		I. Hemlockextrakt.		
Gebundener Gerbstoff %	58,4	71,8	74,9	52,3
Cr_2O_3 . . . . %	0	9,2	4,5	3,9
Azidität der Chrom-Kollagen-Verbdg. . %	—	24,4	6,8	—
p_H des Filtrats (Restbrühe)	4,52	2,96	3,71	4,38
		II. Tanninlösung.		
Gebundener Gerbstoff %	94,3	109,8	126,6	89,6
Cr_2O_3 . . . . %	0	8,0	4,6	3,6
Azidität der Chrom-Kollagen-Verbdg. . %	—	22,0	7,1	—
p_H des Filtrats (Restbrühe)	3,28	2,00	2,15	3,04
		Analyse der chromvorgegerbten Hautpulverproben.		
Cr_2O_3 . . . . %		10,6	5,0	6,0
Azidität der Chrom-Kollagen-Verbdg. . %		59	52	—
Azidität der Sulfato-Chrom-Komplexe (Pyridinmethode) . %		29	12	—

Aus der Tabelle **153** geht deutlich hervor, daß durch eine kationische Chromvorgerbung der Haut die Bindung von pflanzlichen Gerbstoffen erhöht wird, während die Vorbehandlung mit anionischen Chromkomplexen eine verminderte Aufnahme von pflanzlichen Gerbstoffen bewirkt. Durch die Nachgerbung mit pflanzlichen Gerbstoffen wird die Azidität des Chromsalzes auf der Faser erniedrigt. Diese Azidität besteht aus der Säure, die an die Hautsubstanz gebunden ist, und den Säureresten, die sich im Chromkomplex vorfinden (Acidogruppen). Ein Vergleich der Aziditätswerte der Chrom-Kollagen-Verbindung der nachgegerbten Proben mit den Aziditätswerten der Acido-Chrom-Komplexe der ursprünglichen Chromhautpulver zeigt, daß die vegetabilischen Gerbstoffe nicht nur die proteingebundene Säure verdrängt haben, sondern daß auch ein Teil der komplexgebundenen Säurereste durch den Gerbstoff verdrängt wird. Alle nachgegerbten Proben zeigen geringere Chromgehalte als die ursprünglichen Chromhautpulver. Es wurde regelmäßig gefunden, daß die durch die vegetabilische Nachgerbung bewirkte Verringerung der Azidität der Chrom-Kollagen-Verbindung einen Chromverlust mit sich brachte. Nachdem die proteingebundene Säure von dem vegetabilischen Gerbstoff verdrängt ist, werden die Acidogruppen des Chromkomplexes je nach den Versuchsbedingungen mehr oder weniger vollständig durch die Reste pflanzlicher Gerbstoffe ersetzt. Die Bindungsfähigkeit des Chromkomplexes hängt von der Natur der Acidogruppen ab. Die Valenzverteilung des veränderten Komplexes wird wahrscheinlich in ähnlicher Weise verschoben wie bei der Entchromierung des Chromleders mit organischen Komplexbildnern, z. B. mit Weinsäure, wodurch eine zunehmende Entchromierung stattfindet. Die Möglichkeit, daß gewisse Gerbstoffe und Nichtgerbstoffe (wie z. B. Glucuronsäure) bei geeigneter Konzentration für eine Komplexbindung mit Chrom in Betracht kommen, ist in vielen Versuchen angedeutet. In den erwähnten Versuchsreihen wurde nur ganz wenig gewaschen und es hat daher, wie eine Analyse der nachgegerbten Leder vor und nach dem Waschen zeigt, kein Verlust von Mineralsäure stattgefunden. — Bemerkenswert sind die p_H-Werte der vegetabilischen Restbrühen in Tabelle **153**, besonders diejenigen aus den Tanninversuchen. Die ursprüngliche Lösung des gereinigten Tannins hat einen natürlichen p_H-Wert von 3,10. Erwartungsgemäß zeigte die Restbrühe aus dem Versuch mit unvorbehandeltem Hautpulver einen höheren p_H-Wert, nämlich p_H 3,28. Die mit Chromsulfat vorgegerbte Hautpulverprobe dagegen ergab eine Restbrühe vom p_H-Wert 2,0 und das mit Chromchlorid gegerbte Hautpulver den p_H-Wert der Restbrühe von 2,15. Es sei erwähnt, daß eine entsprechende Probe eines mit Chromsulfat gegerbten Hautpulvers, 48 Stunden lang mit 200 ccm Wasser geschüttelt, einen p_H-Wert von 4,0 ergab. Die Erniedrigung des p_H-Werts der Tanninlösung von 3,1 auf 2,0 kann also in der Hauptsache nicht aus einer Hydrolyse der Schwefelsäureproteinverbindung herrühren, sondern sie muß hauptsächlich durch eine Verdrängung der proteingebundenen Säure zustande kommen, wahrscheinlich im Zusammenhang mit der Bindung der Tannine an die basischen Hautgruppen. Die Menge des durch das Tannin herausgelösten Sulfats zeigt gute Übereinstimmung mit derjenigen Menge, die sich aus der Analyse des nachgegerbten Hautpulvers und aus der potentiometrischen Messung ergibt. Diese Ergebnisse lassen sich nicht mit der Auffassung einer Bindung dieser pflanzlichen Gerbstoffe durch die Peptidgruppen der Haut vereinigen. Vielmehr ist die ansehnliche Säurezunahme der Restbrühen nur verständlich durch die Annahme, daß die pflanzlichen Gerbstoffe durch die basischen Proteingruppen gebunden werden.

In einigen Versuchsreihen wurden mit Chromsulfat gegerbte Hautpulverproben verwendet, die eine niedrige Azidität der Chrom-Kollagen-Verbindung hatten. Das mit einer 55% basischen Chromsulfatbrühe gegerbte Hautpulver

Tabelle **154**. Nachgerbung hochchromierten Hautpulvers mit pflanzlichen Gerbstoffen [K. H. Gustavson (*1*)].

	Tanninlösung. Gesamtlösliches 7,5%. p_H 3,5		Hemlockbrühe. Gesamtlösliches 4,4%. p_H 4,0		Sulfitierte Quebrachoextraktbrühe. Gesamtlösliches 5,0%. p_H 4,7	
	Hautpulver	Chrom-Hautpulver	Hautpulver	Chrom-Hautpulver	Hautpulver	Chrom-Hautpulver
Gebundener Gerbstoff (Gerbungsgrad) . . %	96	114	54	85	48	77
Cr_2O_3 . . . . %	0	17,9	0	18,5	0	18,2
Azidität der Chrom-Kollagen-Verbdg. . %	—	15	—	23	—	23

zeigte nach 48stündiger Gerbung einen Chromgehalt von 18,6% Cr_2O_3 (auf Kollagen bezogen) und eine Azidität des Chromsalzes auf der Faser von 40%. Die Azidität des Sulfatochromkomplexes betrug nach der Pyridinmethode bestimmt etwa 20% (Tabelle 154). Die Einzelheiten bei der Ausgerbung waren dieselben wie in Tabelle 153.

In allen Versuchen ist also deutlich eine größere Gerbstoffixierung durch chromgegerbtes Hautpulver als durch gewöhnliches Hautpulver vorhanden. Nur in dem Versuch mit Tannin ergibt sich eine kleine Verringerung des Chromgehalts; die Azidität des an die Faser gebundenen Chromsalzes zeigt, daß eine Verdrängung von Sulfatogruppen stattgefunden hat. Die anderen Versuche ergeben normalen Chromgehalt und die Aziditätszahlen für die an die Faser gebundenen Chromsalze zeigen, daß nur die proteingebundene Schwefelsäure verdrängt wurde. Die prozentuelle Zunahme der Gerbstoffbindung durch die Vorchromierung ist am größten beim Hemlockgerbstoff und Quebrachoextrakt und am kleinsten bei Tannin.

Im Hinblick auf die p_H-Abhängigkeit der Gerbstoffixierung durch Hautpulver könnte der Einwand berechtigt erscheinen, daß die gefundene Zunahme der Bindung des pflanzlichen Gerbstoffs durch die chromgegerbte Haut durch eine Erhöhung der Wasserstoffionenkonzentration der Brühe infolge der allmählich eintretenden Hydrolyse der Protein-Schwefelsäure-Verbindung zustande gekommen wäre. Die in Tabelle 155 angeführten Ergebnisse stammen aus einer Versuchsreihe mit chromiertem Hautpulver, das mit Pyridin neutralisiert und daher frei von an die Hautsubstanz gebundener Schwefelsäure war. Es wurde Hemlockbrühe wie in Tabelle 154 verwendet.

Tabelle 155.

	Hautpulver	Chromiertes Hautpulver, 6,2% Cr_2O_3; Azidität 26%
Gebundener Gerbstoff . . . . . %	52	67
Cr_2O_3 . . . . %	0	6,2
Azidität des Chromsalzes auf der Faser . . . . %	—	27
p_H-Wert der Restbrühe	4,46	4,50

Ferner wurde ein Hautpulver chromgegerbt und dann alles hydrolysierbare Sulfat mit Borax neutralisiert. Diese Probe enthielt 10,9% Cr_2O_3 und hatte eine Azidität von 0. Die pflanzliche Nachgerbung erfolgte wie vorher beschrieben.

Tabelle 156. Bindung von pflanzlichen Gerbstoffen durch vollständig neutralisiertes vorchromiertes Hautpulver.

	Tanninlösung. Gesamtlösliches 10%, p_H 3,05		Lösung aus Hemlockextrakt. Gesamtlösliches 25%, p_H 4,0	
	Hautpulver	Chromiertes Hautpulver	Hautpulver	Chromiertes Hautpulver
Gebundener Gerbstoff . . . %	103	108	39	52,
Cr_2O_3 . . . . %	0	11,0	0	10,8

Aus den Tabellen 155 und 156 geht hervor, daß die Verdrängung der Schwefelsäure durch pflanzliche Gerbstoffe aus den chromgegerbten Hautpulverproben nicht für die erhöhte Bindungsfähigkeit der chromierten Hautpulver verantwortlich sein kann. Die Bindung der vegetabilischen Gerbstoffe durch chromgegerbtes

Hautpulver ist im großen und ganzen von der Wasserstoffionenkonzentration der Gerblösung unabhängig, wie die in Tabelle **157** mitgeteilten Ergebnisse zeigen.

Das in diesem Versuch verwendete, mit basischem Chromsulfat vorgegerbte Hautpulver enthielt 11,2% Cr_2O_3, auf Kollagen bezogen, und die Azidität der Chrom-Kollagen-Verbindung war 45%. Für die pflanzliche Gerbung wurde 5%ige Tanninlösung verwendet, die mit Phosphorsäure und Natriumhydroxyd auf die verschiedenen p_H-Werte eingestellt war. Gerbdauer 48 Stunden.

Tabelle 157. Einfluß der p_H-Werte der Tanninlösung auf die Gerbstoffbindung.

I. Chromgegerbtes Hautpulver.								
p_H-Wert der Restbrühe . .	1,47	1,86	3,16	3,77	4,21	5,60	6,62	7,73
Gebundener Gerbstoff, auf Kollagen bezogen . . . %	103	105	115	127	125	104	117	108
II. Gewöhnliches Hautpulver.								
p_H-Wert der Restbrühe . .	1,2	2,2	3,4	4,5	5,7	6,8	7,5	8,2
Gebundener Gerbstoff, auf Kollagen bezogen . . . %	98	78	66	47	54	56	69	53

Die abnehmende Gerbstoffaufnahme des chromierten Hautpulvers aus Lösungen mit niedrigen p_H-Werten hängt wahrscheinlich mit der entchromierenden Wirkung der zugesetzten Phosphorsäure zusammen. In diesen sehr sauren Gerbbrühen, ebenso aber auch in einer Vergleichsreihe mit chromiertem Hautpulver und Phosphorsäure wurde eine große Abnahme der gebundenen Chrommenge gefunden. Aus den Kurven in Abb. **106** geht deutlich hervor, daß die prozentuelle Erhöhung der Bindung vegetabilischer Gerbstoffe durch Chromhautpulver, verglichen mit den entsprechenden Werten an gewöhnlichem Hautpulver, am größten im isoelektrischen Bereiche ist. Dies ist nach unseren Kenntnissen der p_H-Abhängigkeit der Gerbstoffbindung durch Hautpulver zu erwarten, da im p_H-Bereich von 2 bis 8 die Bindung pflanzlicher Gerbstoffe durch chromgegerbtes Hautpulver im großen und ganzen nicht von der Wasserstoffionenkonzentration der Gerbbrühe abhängig ist.

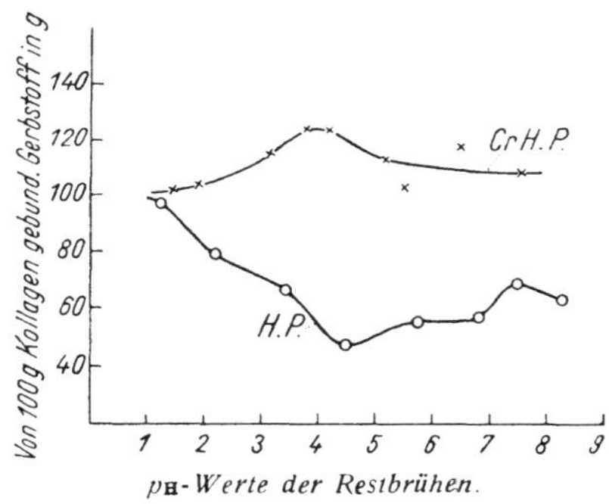

Abb. 106. Die Aufnahme von Tannin durch chromgegerbtes Hautpulver (= *CrH. P.*) und unbehandeltes Hautpulver (= *H. P.*) als Funktion der p_H-Werte der Restbrühen. [Nach K. H. Gustavson (*1*)].

Bei kräftiger Nachgerbung des Chromhautpulvers mit pflanzlichen Gerbstoffen wurde, wie oben erwähnt, manchmal ein verminderter Chromgehalt beobachtet. Das war besonders bei Nachgerbung frisch chromierten Hautpulvers auffällig, während gealterte chromgegerbte Hautpulver eine größere Widerstandsfähigkeit gegen die entchromierende Wirkung der Gerbstoffe zeigten. Vielleicht stehen diese Alterungsveränderungen der Chrom-Kollagen-Verbindung damit in Zusammenhang, daß eine Verstärkung der inneren Komplexsalze und eine Vernähung der Chromkomplexe an die Hautproteine durch die Betätigung koordinativer Valenzkräfte erfolgt. In der Praxis wird die pflanzliche Nachgerbung nicht so weit geführt und es wird daher nur ausnahmsweise eine Verdrängung des gebundenen Chroms gefunden. Für die Theorie dieser Gerbung wäre es wichtig zu wissen, wie sich der Chromgehalt der Haut auf die pflanzliche Gerbung auswirkt. Dabei muß auch die Möglichkeit einer Bindung der Tannine im Chromkomplex berücksichtigt werden. Für diesen

Versuch wurden entkälkte Blößenstücke in einer 37% basischen Chromsulfatbrühe mit einem Chromgehalt von 2% Cr_2O_3 verschieden lang behandelt. Die Leder wurden nach dem Waschen zur Neutralisierung der proteingebundenen Schwefelsäure mit Boraxlösung behandelt. Zur Nachgerbung wurde eine 25° Barkometer starke Mimosabrühe vom p_H 5,2 verwendet. Gerbdauer 48 Stunden. Die Ergebnisse sind in Tabelle 158 wiedergegeben.

Tabelle 158. Einfluß des Chromgehalts des Chromleders auf die Bindung vom Mimosagerbstoff [nach K. H. Gustavson (2)].

Cr_2O_3, auf Kollagen bezogen . . . . . %	0	3,5	7,2	9,8	11,4	16,7
Gebundener Gerbstoff, auf Kollagen bezogen . . . . %	40	61	79	87	89	86

Aus den Zahlen der Tabelle 158 ist zu entnehmen, daß durch eine ganz schwache Chromgerbung der Gerbungsgrad der folgenden pflanzlichen Gerbung um ca. 50% vergrößert wird. Durch eine weitere Steigerung des Chromgehalts wird nur eine geringe Erhöhung der Bindung des Mimosagerbstoffs bewirkt und schließlich ein Maximum erreicht. Das Maximum liegt bei verschiedenem Chromgehalt der Haut je nach der Art der Chromgerbung und der Natur der pflanzlichen Gerbstoffe. Diese Befunde deuten darauf hin, daß die vermehrte Bindung pflanzlicher Gerbstoffe nicht ausschließlich durch eine Einlagerung pflanzlicher Gerbstoffe oder Nichtgerbstoffe in die Chromkomplexe zustande kommt. Es ergibt sich, daß die pflanzlichen Gerbstoffe nicht nur kovalentig durch Verdrängung der Acidogruppen gebunden werden, sondern daß auch eine koordinative Einlagerung durch Verdrängung von Aquogruppen möglich zu sein scheint. Im letzteren Falle ist keine Veränderung der Azidität des Acidokomplexes zu erwarten. Der ausgesprochene Einfluß, den der Chromgehalt der Haut auf die Fixierung der pflanzlichen Gerbstoffe in einem begrenzten Bereich ganz niedrigen Chromgehalts ausübt, muß auf andere Weise als durch eine direkte Bindung der Gerbstoffe im Chromkomplex erklärt werden. Wie oben erwähnt wurde, ist es schwierig, die p_H-Erniedrigung der pflanzlichen Gerbbrühe bei der Nachgerbung vorchromierter Hautsubstanz zu erklären, wenn man die Peptidgruppen der Hautproteine als Bindungsstelle des Gerbstoffs annimmt. Die p_H-Abhängigkeit der Bindung pflanzlicher Gerbstoffe durch die Haut läßt sich nicht auf Grund einer solchen Auffassung über die Natur der pflanzlichen Gerbung erklären, da die koordinationsvalentige Affinität der Peptidgruppen nicht von der Wasserstoffionenkonzentration des Mediums abhängen sollte. Diese Befunde, wie auch eine Reihe anderer Erscheinungen, die im Abschnitt über die allgemeine Theorie des Gerbvorgangs erörtert worden sind, stützen die Auffassung, daß die adstringenten Typen der pflanzlichen Gerbstoffe hauptsächlich durch die basischen Proteingruppen gebunden werden. Das Wesen der kationischen Chromgerbung ist bei der jetzigen Kenntnis des Vorganges am besten so zu deuten, daß die ionisierten Carboxylgruppen der Hautsubstanz elektrovalentig mit den kationischen Chromkomplexen reagieren. Durch eine nachfolgende Depolarisation nimmt dann die Bindung kovalentige Natur an. Weiterhin wird durch die Chromkomplexe eine Brückenbindung zwischen verschiedenen Polypeptiden gebildet, wobei Koordinationsvalenzen zu den Aminogruppen der Haut betätigt werden (inneres Komplexsalz). Die experimentellen Befunde, welche diese Auffassung stützen, sind im ersten Kapitel dieses Bandes erwähnt. Hier soll zunächst nur hervorgehoben werden, daß eine Bindung sowohl der Chromsalze als auch der pflanzlichen Gerbstoffe durch die Peptidgruppen der Haut, wie sie von E. Stiasny angenommen wird (S. 534), keine Erklärung für die bedeutende

Zunahme der Gerbstoffaufnahme durch eine vorhergehende Chromgerbung der Haut zu bieten vermag.

Die folgenden Ausführungen scheinen die zurzeit bekannten Tatsachen weitgehend erklären zu können. Die Bindung der pflanzlichen Gerbstoffe durch die Hautproteine wird durch die Anzahl der freigesetzten geladenen Aminogruppen der Proteine bestimmt. Ihr Aktivitätsgrad ist von der Wasserstoffionenkonzentration des Mediums abhängig. Bei kurz dauernder Gerbung ist eine deutliche Parallelität zwischen dem Aktivitätsgrad der NH_3^+-Gruppen und der Gerbstofffixierung vorhanden. Eine erhebliche Verlängerung der Gerbdauer bewirkt weiterhin eine sehr langsam fortschreitende Lockerung der in den Hautproteinen vorkommenden salzartigen Bindungen zwischen inneren Ionenpaaren vom Typus COO^-—NH_3^+, wodurch der Einfluß des p_H-Werts der Gerblösung weniger ausgeprägt erscheint. Beispielsweise sind bei einem p_H-Wert von 4 nur etwa 25% der NH_3^+-Gruppen infolge der Entionisierung der zugehörigen Carboxylionen durch die H-Ionen der Lösung in freier Form vorhanden. Bei weiterer p_H-Erniedrigung wächst die Anzahl der freien NH_3^+-Gruppen, bis bei einem p_H-Wert 1 bis 1,5 alle im Kollagen vorhandenen Aminogruppen in ionisierter und freier Form vorliegen, da alle COO^--Gruppen entionisiert sind. In diesem p_H-Bereich hat das Kollagen eine maximale Bindungsfähigkeit für vegetabilische Gerbstoffe. Eine vollständige Inaktivierung der aus der inneren salzartigen Bindung freigelegten Aminogruppen kommt bei mäßiger Wasserstoffionenkonzentration, z. B. bei einem p_H-Wert der Gerbbrühe von 4, erst nach sehr lang dauernder Gerbung (nach vielen Jahren) zustande. Eine Verschiebung des Gleichgewichts zwischen den COO^-- und NH_3^+-Gruppen über den Wert der aus der Titrationskurve von Kollagen mit einer starken Säure erhaltenen Konstante ist in diesen stark puffernden Systemen von Gerbbrühen wahrscheinlich. Gleichartige Gleichgewichtsverbindungen sind von G. Otto (*1*) bei der Reaktion der Gerbsulfosäure von Kollagen experimentell festgestellt worden. Wenn man die Fixierung der kationischen Chromsalze durch die Hautproteine als eine Inaktivierung der Carboxylionen des Kollagens durch die Chromkomplexkationen auffaßt, dann ist zu erwarten, daß die H-Ionen und diese Chromkomplexe in gleicher Weise eine Entionisierung der Carboxylionen unter gleichzeitiger Freilegung der vorher gebundenen NH_3-Ionen des Kollagens ausüben. Durch eine möglichst geringe Wasserstoffionenkonzentration der Chrombrühe wird ein Reagieren der COO^--Gruppe mit den Chromkomplexen begünstigt. Die obere Grenze der p_H-Werte, die meist bei etwa p_H 4 liegt, ist durch die Alkalibeständigkeit des in Frage kommenden Chromsalzes bestimmt. Die für eine erschöpfende Entladung der Carboxylionen nötige Chrommenge hängt von vielen Faktoren ab, wie z. B. Anzahl der Ladungen pro Komplex, Aktivität des Komplexes und H-Ionenaktivität der Lösung. Daraus folgt, daß eine vollständige Aktivierung der Aminogruppen durch recht verschiedene Chrommengen bewirkt werden kann. Eine vollständige Sättigung der Elektrovalenzen der COO-Ionen durch die Chromkomplexe bietet den pflanzlichen Gerbstoffen bei der Chromkollagenverbindung die Möglichkeit, im ganzen Bereich zwischen p_H 2 und p_H 8 mit der Gesamtmenge der geladenen Aminogruppen in Reaktion zu treten. Diese Möglichkeit liegt bei der unvorbehandelten Haut für die pflanzlichen Gerbstoffe nur im Bereich der maximalen H-Ionenbindung, d. h. bei einem p_H von etwa 1 bis 1,5 vor. Die Voraussetzungen für die Bindung der pflanzlichen Gerbstoffe sind aber sogar bei der chromgegerbten Haut im mittleren p_H-Bereich günstiger als bei der Blöße im p_H-Bereich von 1 bis 1,5, da im letzteren Falle durch die Quellung der Haut die Diffusion der Gerbstoffe in die Haut verzögert und außerdem in vielen Fällen eine weitgehende Dispersitätserniedrigung der Gerbstoffe bewirkt wird. Die maximale Bindung pflanzlicher Gerbstoffe ist bei der Nachgerbung des Chromleders nach einer mäßigen Gerbdauer, z. B. von einigen Wochen, erreicht, während der entsprechende Gerbungsgrad bei Blößen in mäßigem p_H-Bereich eine 10- bis 15jährige Gerbdauer verlangt [R. O. Page (*1*)]. Aus dieser Überlegung ergibt sich, daß eigentlich nicht die maximale Menge gebundener Gerbstoffe durch eine Chromvorbehandlung der Haut erhöht wird, sondern nur ihre Aufnahmegeschwindigkeit. Die Blöße bindet maximal dieselbe Menge von Gerbstoffen wie nach der Chromgerbung, aber im letzteren Falle wird das Maximum bei verhältnismäßig niedriger Wasserstoffionenkonzentration in ganz kurzer, den praktischen Verhältnissen entsprechender Zeit erreicht. Die praktische Bedeutung dieser ganz verschiedenen Reaktionsgeschwindigkeit der beiden Systeme soll später an einigen Versuchsergebnissen belegt werden. Die oben vertretene Ansicht wurde zuerst von R. O. Page und H. C. Holland entwickelt und dann durch Versuche des Verfassers (*3*) unter Anwendung der Zwitterionentheorie über die Konstitution der Hautproteine kritisch unterbaut. Offenbar wird durch die Chromgerbung nicht die Gesamtzahl der verfügbaren basischen Gruppen der Haut vermehrt, sondern nur ihre Reaktionsfähigkeit erhöht, während bei der pflanzlichen Gerbung jeweils nur wenig reaktionsfähige Gruppen vorhanden sind, da die restlichen Aminogruppen bei mäßigen p_H-Werten der Gerbbrühen durch die entsprechende Anzahl der Carboxylgruppen inaktiviert sind. Diese latenten Gruppen werden vermutlich erst in dem Maße, wie die Gerbung fortschreitet, durch ständige Gleichgewichtsverschiebungen nachgeliefert, eine Auffassung, die auch H. Herfeld in seinem Forschungsbericht über Kombinationsgerbung bei der Diskussion dieser Frage vertritt.

In diesem Zusammenhang ist auch die Frage der Einbeziehung basischer Proteingruppen, besonders der Aminogruppen, in den Chromkomplex zu berühren. Bei der Auffassung der Kombinationsgerbung als innere Salzbildung wird angenommen, daß eine Vernähung der Peptidketten durch eine sekundäre Valenzwirkung der Chromatome mit den ungeladenen Aminogruppen der Haut zustande kommt. Die Chromgerbung braucht entionisierte Aminogruppen, während die pflanzliche Gerbung diese Gruppen in geladener Form benötigt. Dieses gegensätzliche Verhalten der beiden Gerbungen gab früher Veranlassung zu der Auffassung, daß die Koordinationsvalenzen an die Peptidgruppen der Haut gebunden wären [K. H. Gustavson (*4*)]. Nachdem durch spätere Befunde gezeigt worden war, daß ein verzögernder Einfluß einer pflanzlichen Vorgerbung auf die nachfolgende Chromgerbung nicht existiert, was sich z. B. auf Grund der Heißwasserbeständigkeit des Leders nachweisen läßt, scheint es, als ob die Aminogruppen der Haut durch die Absättigung von Koordinationsvalenzen aus dem Chromkomplex nicht in ihrer Reaktion mit pflanzlichen Gerbstoffen beeinflußt werden [K. H. Gustavson (*5*)]. Dieses Problem ist jedoch nicht zufriedenstellend geklärt. Bei der Diskussion des Einflusses, den eine pflanzliche Nachgerbung auf die Kochbeständigkeit des Chromleders ausübt, werden weitere Beiträge zu dieser Frage gegeben werden.

Bei Vorgerbung der Haut mit anionischen Chromkomplexen, wie Oxalato- und Sulfitoverbindungen, wurde in den meisten Fällen eine verminderte Aufnahme von vegetabilischen Gerbstoffen gefunden. In einigen Versuchen wurde die Bindungsfähigkeit praktisch nicht von der Vorgerbung beeinflußt. Diese Ergebnisse stehen im Einklang mit der Auffassung, daß die negativ geladenen Chromkomplexe an die basischen Proteingruppen und als Molekülverbindungen an die Peptidgruppen der Haut gebunden sind. Dadurch würden die für die pflanzlichen Gerbstoffe verfügbaren Bindungsstellen vermindert werden. Eine Verdrängung anionischer Chromkomplexe durch die pflanzlichen Gerbstoffe wurde fast immer gefunden. Diese Art der Kombinationsgerbung besitzt aber vorwiegend nur theoretisches Interesse.

Die Erhöhung der Aufnahme pflanzlicher Gerbstoffe durch in üblicher Weise gegerbte Haut wurde später von verschiedenen Forschern bestätigt [R. O. Page und H. C. Holland, R. O. Page (*2*), G. Powarnin und W. Tokarew, P. F. Schipkow und C. Otin und G. Alexa]. Besonders bedeutungsvoll und aufklärend sind die Arbeiten von Page und seinen Mitarbeitern. Dieser Forscher hat, wie im ersten Kapitel dieses Bandes erwähnt wurde, in einer Reihe von Arbeiten interessante Anschauungen über die Bindungsart der Bestandteile pflanzlicher Gerbbrühen ausgeführt. In diesen Untersuchungen wurden vorwiegend Mimosarindenauszüge untersucht, da dieses Gerbmittel hochdisperse Systeme liefert und auch eine ausgezeichnete Säurestabilität aufweist. Die Ergebnisse zeigen, daß im mimosagegerbten Leder mindestens zwei verschiedene Bindungsformen der aufgenommenen Bestandteile des Gerbmittels vorliegen. Ein Teil ist sehr fest irreversibel gebunden (gebundener Gerbstoff) und ein anderer Teil, das gebundene Wasserlösliche, ist in einer viel lockeren Bindung vorhanden. Page nimmt an, daß die irreversible Fraktion der Gerbstoffe durch die basischen Gruppen der Haut, insbesondere durch die Aminogruppen, gebunden wird, während für das gebundene Wasserlösliche eine Anlagerung an die Peptidgruppen nach Art einer Molekülverbindung als wahrscheinlich angenommen wird. Die schwerwiegenden Argumente, die von Page (*1*) für diese Bindungsweise angeführt wurden, sind im ersten Kapitel dieses Bandes besprochen worden. Es sei bemerkt, daß bei der analytischen Methodik von Page das Waschen der Lederprobe viel gründlicher ausgeführt wird als bei der gewöhnlichen Wilson-Kern-Methode: da aber in der ersterwähnten Arbeit die Dauer des Waschens viel kürzer war als bei dieser Methode, sind die Arbeiten nicht direkt vergleichbar, da in den Zahlen des Verfassers auch ein Teil des gebundenen Wasserlöslichen als irreversibel gebundener Gerbstoff inbegriffen ist. In den Untersuchungen von Page kommen Hautpulver sowie Blöße zur Verwendung. In der ersten Mitteilung (*2*) sind die Ergebnisse von Versuchen mit Blößenstückchen, die mit einer **36%** basischen Chromsulfatbrühe vorgegerbt waren, angegeben. Das gewaschene Chromleder wurde mit einer Lösung vom p_H 5 ins Gleichgewicht gebracht und mit Mimosabrühen, wie sie in der Sohllederherstellung gebräuchlich sind, sechs Wochen gegerbt. Ebenso wurden topographisch gleichwertige Stellen der Haut ohne Chromvorbehandlung in denselben Brühen gegerbt. Das rein pflanzlich gegerbte Leder enthielt 35% irreversibel gebundenen Gerbstoff und 45% gebundenes Wasserlösliches. Beim nachgegerbten Chromleder waren die entsprechenden Werte 61 und 27%. In der ausführlichen Untersuchung von R. O. Page und H. C. Holland wurden Blößen-

Tabelle 159. Einfluß des Chromgehalts der Blöße und des Hautpulvers auf die Bindung von Mimosagerbstoff (nach R. O. Page und H. C. Holland). Alle Zahlen sind auf Kollagen bezogen.

Blöße			Hautpulver		
Chromgehalt (Cr_2O_3)	Irreversibel gebundene Gerbstoffe	Gebundenes Wasserlösliches	Chromgehalt (Cr_2O_3)	Irreversibel gebundene Gerbstoffe	Gebundenes Wasserlösliches
0	33	45	0	40	71
3,9	49	42	4,3	59	61
4,5	48	35	7,8	88	44
6,3	60	32	10,2	88	36
6,7	61	29	10,7	108	38
7,3	70	26			

stückchen und Hautpulver mit einer durch SO_2 reduzierten Brühe verschieden stark chromgegerbt. Nach der Gerbung wurden die Proben bis zur Erreichung negativer Sulfatreaktion gewaschen. Die Ergebnisse sind in Tabelle 159 wiedergegeben.

Die Menge irreversibel gebundener Gerbstoffe nimmt mit steigendem Chromgehalt der Blöße und des Hautpulvers stetig zu. Bei Hautpulver wird die größte prozentuelle Steigerung der Gerbstoffbindung beobachtet, wobei durch eine mäßige Chromvorgerbung eine Zunahme von 170% über den Wert der Gerbstoffbindung bei unvorbehandeltem Hautpulver gefunden wurde. Chromleder zeigt eine entsprechende Erhöhung um 112%. Der Gehalt an gebundenem Wasserlöslichen ist durch die Chromvorgerbung vermindert. Erwähnenswert ist der Unterschied im gebundenen Wasserlöslichen zwischen Blöße und Hautpulver von vergleichbarem Chromgehalt. Wahrscheinlich ist die große Oberflächenentwicklung der Faser im Hautpulver für diesen Unterschied verantwortlich zu machen. Page gelangt durch Interpolation seiner Zahlen zu der interessanten Schlußfolgerung, daß bei 0% Chromgehalt, d. h. mit unvorbehandelter Haut, die Durchgerbungszahl 30 sein soll, und daß bei einem Chromgehalt von 13,5% Cr_2O_3, auf Kollagen bezogen, die entsprechende Zahl 125 wäre, also ungefähr viermal die für eine genügende Gerbung erforderliche Menge. Bei 15jähriger Gerbung von Blößen wurde ein Maximalwert der gebundenen Gerbstoffe von 120 erhalten. Page zieht daraus die Schlußfolgerung, daß die kationische Chromvorgerbung der Haut nicht notwendigerweise die Menge der gebundenen Gerbstoffe erhöht, sondern daß nur die Bindungsgeschwindigkeit bedeutend vergrößert wird. Durch das sehr durchgreifende Waschen der nachgegerbten Proben bei der Methode von Page wurde das gebundene Sulfat fast vollständig entfernt. Der Sulfatgehalt war daher vor der Durchführung des Waschens bestimmt worden. Die Azidität der pflanzlich nachgegerbten Proben war etwas geringer als die entsprechenden Werte der neutralisierten Chromhautverbindung vor der pflanzlichen Gerbung. In Pages Untersuchungen wurden keine Chromverluste durch die Nachgerbung nachgewiesen.

In den Arbeiten von C. Otin und G. Alexa wurde die Analyse der gegerbten Hautpulver nach der offiziellen I. S. L. T. C.-Methode vorgenommen. Deshalb geben ihre Werte nur die Gesamtaufnahme der verschiedenen Bestandteile der Gerbmittel an und sind nicht mit den bereits angeführten Zahlen direkt vergleichbar. Untersucht wurden Brühen aus Extrakten von Quebracho, Mimosa, Kastanien und Sumach. In allen Versuchen wurde als Folge der Chrombehandlung eine stark vergrößerte Bindung der pflanzlichen Gerbstoffe gefunden. Bei rein quebrachogegerbtem Hautpulver wurde ein maximaler Durchgerbungsgrad von 43 nach 48 Stunden erreicht, während das kombinationsgegerbte Hautpulver sein Maximum von 82% erst nach 98stündiger Gerbung zeigte. In Gerbbrühen von 5^0 Bé Stärke war die prozentuelle Zunahme im Gerbungsgrad bei der chromgegerbten Probe über die Werte der rein pflanzlich gegerbten Leder nach 24-stündiger Gerbung folgende: Kastanien 23, Sumach 59, Mimosa 73, Quebracho 137. Diese Autoren haben die erwähnten sehr umfangreichen Arbeiten nicht berücksichtigt, vielmehr stützt sich ihre theoretische Behandlung auf eine überholte Auffassung von L. Meunier (*1*), statt die zwitterionentheoretischen Ausführungen dieser Fragen zugrunde zu legen.

In einer Arbeit des Verfassers wurden die Probleme der pflanzlichen Nachgerbung des Chromleders weiter untersucht (*2*). Von topographisch gleichwertigen Blößenstückchen wurde ein Teil nach der vollständigen Entkälkung als neutrale Blöße verwendet, während die übrigen mit basischen Chromsulfatbrühen vorgegerbt wurden. Die pflanzliche Gerbung wurde gleichzeitig nach einer Standardmethode ausgeführt. Erst kamen sie in einen Farbengang, bestehend aus sechs

Farben. Verwendet wurde eine Extraktmischung aus gleichen Teilen von Mimosa und schwach sulfitiertem Quebrachoextrakt. Die erste Farbe zeigte eine Stärke von 5^0 Barkometer bei einem p_H-Wert von 5,4. Die letzte, d. h. sechste Grube, in welche die Proben nach 5 Tagen gelangten, war 20^0 Barkometer stark bei einem p_H 4,0. Zwischen der ersten und der letzten Grube nahm die Gerbstoffkonzentration stetig zu und ihre p_H-Werte allmählich ab. Nach Entfernung von Fleischresten wurden die Lederstückchen 7 Tage in einer reinen Mimosabrühe von 25^0 Barkometer und einem p_H-Wert von 5 nachgegerbt. Nach 12stündigem Waschen im fließenden Wasser wurden die Proben getrocknet und dann nach der Wilson-Kern-Methode analysiert. In den in der Tabelle 160 wiedergegebenen Versuchen wurden zwei verschiedene Chromleder mit Cr_2O_3-Gehalten von 3,6 und 7,4, auf Kollagen bezogen, benutzt.

Tabelle 160. Einfluß der Angerbung mit Chromsulfatbrühe auf die Bindung von pflanzlichen Gerbstoffen durch die Haut bei einem den praktischen Verhältnissen angepaßtem Gerbversuch.

Probe I: Mit 12stündiger Chromgerbung. Azidität: 28%; Cr_2O_3: 3,6%.
„ II: „ 48 „ „ . „ : 30%; Cr_2O_3: 7,4%.

		Blöße	Chromleder I	Chromleder II
Cr_2O_3	%	0	(2,0)	(3,7)
Asche	%	0,2	2,1	3,9
Kollagen	%	63,0	55,0	50,1
Wasserlösliches (Wilson-Kern)	%	9,2	6,8	5,2
Gesamtsulfat (SO_4)	%	0	0	0
Pflanzlicher Gerbstoff	%	27,6	36,1	40,8
		100,0	100,0	100,0
Auf Kollagen bezogen:				
Gebundener Gerbstoff	%	43,8	65,6	81,4
Cr_2O_3	%	0	3,6	7,4

In einer folgenden Versuchsreihe wurde ein Chromspalt mit 11,2% Cr_2O_3, auf Kollagen bezogen, zusammen mit Blößenstückchen aus derselben gespaltenen Blöße nach derselben Farbenvorgerbung wie im vorigen Versuch in einer Mimosabrühe von 15% Gerbstoffgehalt eine Woche nachgegerbt. Die Hälften dieser Proben wurden weitere zwei Monate in einer Mimosabrühe von 28% Gerbstoffgehalt belassen. Die Resultate sind in Tabelle 161 wiedergegeben.

Tabelle 161. Analyse von Chromleder [K. H. Gustavson (*2*)]. Cr_2O_3 11,2%, auf Kollagen bezogen; Azidität 31%.

		7 Tage Nachgerbung		2 Monate Nachgerbung	
		Blöße	Chromleder	Blöße	Chromleder
Wasser	%	12,4	12,5	9,4	10,4
Asche	%	0,4	4,4	8,7	4,2
Cr_2O_3	%	0	(4,1)	0	(3,7)
Gesamtsulfat (SO_4)	%	0	0,2	0	0
Kollagen	%	48,9	37,3	49,3	36,9
Wasserlösliches (Wilson-Kern)	%	7,7	6,5	3,9	2,7
Gebundener Gerbstoff	%	30,6	39,1	36,7	45,8
		100,0	100,0	100,0	100,0
Auf Kollagen bezogen:					
Gebundener Gerbstoff	%	62,6	104,9	74,4	124,2
Cr_2O_3	%	0	11,0	0	10,1

Bei einer Temperatur von 35° C bei der letzten Nachgerbung wurde nach vierwöchiger Gerbdauer für das chromvorgegerbte Leder eine irreversible Gerbstoffixierung von 121% erhalten, gegen 62 für die entsprechenden rein lohgaren Proben. Von besonderem Interesse ist der Befund, daß nach der verhältnismäßig kurzen Gerbdauer von 6 Wochen bei Mimosagerbung der als maximal zu betrachtende Gerbungsgrad von über 120 erreicht wird. Nach Page sollte bei rein mimosagegerbtem Leder eine 15jährige Gerbdauer für die Erreichung dieses maximalen Gerbungsgrades erforderlich sein. In diesen Versuchen waren alle Sulfatgruppen des ursprünglichen Chromleders aus dem kombinationsgegerbten Leder entfernt, was eine Fixierung von Gerbstoff im Chromkomplex wahrscheinlich macht. In dem Leder mit lang dauernder Nachgerbung ist auch ein Chromverlust zu bemerken. Die Verdrängung von gerbendem Chromsalz wie auch die mit diesem Vorgang innig zusammenhängende Entfernung von gebundenen Sulfatgruppen aus den Chromkomplexen in diesen in technischem Maßstabe ausgeführten Versuchen hängt wahrscheinlich mit der Anreicherung von Nichtgerbstoffen und Salzen (wie Lactaten aus der für die p_H-Kontrolle der Gruben zugesetzten Milchsäure) mit starker Neigung zur Komplexbildung in den Angerbungsbrühen zusammen. Bei der pflanzlichen Nachgerbung von Chromleder zeigen die einzelnen pflanzlichen Gerbstoffe eine verschiedenartige Wirkung auf die Kochbeständigkeit des Leders. Systematische Untersuchungen dieses Problems sind noch nicht ausgeführt, sondern es liegen nur vereinzelte Angaben vor. In Tabelle 162 finden sich die Ergebnisse eines Versuches über den Einfluß des Durchgerbungsgrades von Chromleder auf seine Kochbeständigkeit. Das Chromleder war mit einer 37% basischen Chromsulfatbrühe in einer Konzentration von 20g Cr_2O_3 im Liter gegerbt worden. Das gewaschene Chromkalbleder enthielt 4,0% Cr_2O_3, auf Kollagen bezogen; die Azidität des Chromsalzes auf der Faser war 55%. Für die Nachgerbung wurde eine vegetabilische Brühe aus Mimosaextrakt und Hemlockextrakt vom p_H 4,5 in einer Konzentration von 5% Gesamtlöslichem verwendet, wobei die Gerbdauer variiert wurde, um verschiedene Gerbungsgrade zu erhalten. Die in der Tabelle angegebenen Schrumpfungszahlen sind Mittelwerte aus Versuchen mit je 4 Lederproben bei 3 Minuten Kochdauer. Wie gewöhnlich wurden topographisch gleichwerte Proben verglichen.

Tabelle 162. Einfluß der pflanzlichen Nachgerbung auf die Kochbeständigkeit von Chromleder (Drei-Minuten-Kochprobe) [nach K. H. Gustavson (*10*)].

Durchgerbungsgrad (irreversibel gebundene Gerbstoffe)	Azidität des Chromsalzes auf der Faser in %	Flächenverminderung des Leders in %
0[1]	30	2
0[2]	55	18
12	39	12
19	32	4
38	28	0
52	28	0
76	24	9

Ein nicht kochbeständiges Chromleder erhält also durch die pflanzliche Nachgerbung eine bessere Hitzebeständigkeit. Diese erhöhte Kochbeständigkeit des nachgegerbten Leders ist wahrscheinlich durch die neutralisierende Wirkung der pflanzlichen Gerbstoffe bedingt, da die proteingebundene Schwefelsäure durch die Gerbstoffe verdrängt wird. Das mit 2% Borax neutralisierte Leder war bei-

[1] Mit 2% Borax neutralisiert.
[2] Originalleder.

nahe kochbeständig. Durch zu weitgehende pflanzliche Nachgerbung geht die Kochbeständigkeit fast wieder verloren.

Auch die Natur der bei der Chromgerbung verwendeten Chrombrühe spielt für die Heißwasserbeständigkeit des nachgegerbten Leders eine Rolle. Es wurde gefunden, daß ein Chromleder, das mit einem trockenen Handelsextrakt gegerbt war, bei weitgehender pflanzlicher Nachgerbung mit Quebrachoextraktbrühe seine Kochbeständigkeit verloren hatte, während das Leder mit einer entsprechenden zuckerreduzierten Brühe gleichartig gegerbt bei einer solchen Nachgerbung seine Heißwasserbeständigkeit nicht einbüßte. Bei der Pyridinextraktion dieser beiden Leder zeigte sich, daß das erste Leder seine Sulfatogruppen in lockerer Bindung als das zweite Leder enthielt [K. H. Gustavson (*4*)]. In demselben Zusammenhang wurde auf das verschiedene Verhalten von sulfitierten und unsulfitierten Quebrachoextrakten hingewiesen. In manchen Fällen erhält ein chromchloridgegerbtes Leder von großem Schrumpfungsindex durch eine pflanzliche Nachgerbung besonders mit sulfitierten Extrakten größere Heißwasserbeständigkeit. In diesen Fällen liegen wahrscheinlich Veränderungen im Chromkomplex unter Beteiligung der Pflanzengerbstoffe vor.

Von großem praktischen Interesse sind die Flächenveränderungen des fertigen Leders, die durch eine pflanzliche Nachgerbung erzielt werden. Diese wichtige Frage ist in der Fachliteratur nicht behandelt; es sollen daher einige Zahlen aus den Erfahrungen des Verfassers angeführt werden. Bei mäßiger pflanzlicher Nachgerbung (Durchgerbungsgrad von 15 bis 25% für leichtes Chromkalbleder und von 20 bis 35% für Rindleder) zeigte sich nach dem Fetten und nassem Aufnageln des Leders eine Flächenvergrößerung von 4 bis 8% für das Kombinationsleder verglichen mit den entsprechenden rein chromgegerbten Ledern. Im nassen Zustand wurde nur eine Flächenvermehrung von 1 bis 2% für die Kombinationsleder gefunden. Beim Trocknungsprozeß, der in diesem Falle bei 50° durchgeführt wurde, zieht sich also das rein chromgare Leder stärker zusammen als das pflanzlich nachgegerbte. Dieser Effekt ist wahrscheinlich durch ganz andere Faktoren bedingt als der Maßgewinn, der bei der pflanzlichen Gerbung verglichen mit der Chromgerbung erhalten wird. In diesem letzteren Falle spielt der Zustand der Blöße bei der Gerbung die ausschlaggebende Rolle, während bei der Kombinationsgerbung die strukturellen Eigenschaften des Leders vorwiegend durch die Chromgerbung bestimmt sind und in der Hauptsache nur der verschiedenartige Trockenvorgang für das Flächenrendement entscheidend ist. Chromleder, das sehr stark nachgegerbt ist, zeigt meistens einen kleinen Maßverlust im nassen Zustand und auch im fertigen Leder bleibt ein geringeres Rendement, verglichen mit dem entsprechenden Chromleder, bestehen. Bei Überneutralisierung des Chromleders ist auch eine Art Schrumpfung des Leders bemerkbar.

II. Die praktische Ausführung der pflanzlichen Nachgerbung des Chromleders.

Bei der Herstellung vieler Arten von Ledern hat man versucht, durch eine Kombination der Chrom- und Lohgerbung die Vorteile dieser beiden Gerbarten zu vereinigen. Außerdem ist der Zeitgewinn, der bei einer solchen Kombinationsgerbung erzielt wird, nicht zu vernachlässigen. Während des Weltkrieges war besonders in USA. eine hinreichende Produktion lohgarer Oberleder für Armeeschuhe brennend und es war unmöglich, der unvorgesehenen vergrößerten Nachfrage bei der bestehenden Fabrikationskapazität mit der üblichen pflanzlichen Gerbung zu genügen. In den Lieferungsbedingungen der Armee war lohgares

Oberleder vorgeschrieben, doch wurde durch die vegetabilische Nachgerbung des Chromleders ein für diese Zwecke vollwertiges Leder erhalten. Es zeigte sich, daß das so erhaltene Leder neben den guten Eigenschaften des Lohleders auch andere Vorzüge besaß, besonders eine ausgezeichnete Heißwasserbeständigkeit, was für das rasche Trocknen der Schuhe von erheblicher Bedeutung ist. Durch die direkte Verwendung starker pflanzlicher Brühen bei der Nachgerbung des Chromleders konnten die angeforderten großen Mengen ohne Schwierigkeit beschafft werden. So nachgegerbtes chromgares Armeeleder wurde in bedeutender Menge in den Vereinigten Staaten hergestellt und es hat sich auch nach dem Kriege besonders für Arbeits- und Sportschuhe sehr bewährt (sog. Waterproof). Die Narbenfestigkeit des Chromleders wird durch eine zweckmäßige Nachgerbung verbessert und die Flämen und andere lose Teile der Haut werden voller. Im allgemeinen wird eine solche Nachbehandlung nur ganz leicht ausgeführt, so daß ungefähr die Hälfte des Lederschnittes die charakteristische blaugrüne Chromfarbe behält. Abgesehen von Waterproofleder werden auch zunehmende Mengen solcher Kombinationsleder auf nachgegerbtes Sohlleder in Nordamerika verarbeitet, sogenanntes Retan-Sohlleder. Auch Schaffelle, Kipse, Lackrindleder und viele andere Ledersorten werden nach der Chromgerbung pflanzlich nachgegerbt. Es sei bemerkt, daß auch verschiedene Spezialleder durch diese Kombination hergestellt werden. Im folgenden Abschnitt soll die praktische Ausführung dieser wichtigsten Kombinationsgerbungen in großen Zügen behandelt werden.

Es soll nicht unerwähnt bleiben, daß früher häufig eine zu optimistische Auffassung über diese Kombinationsgerbung bestand. Man glaubte, daß jedes schlechte Chromleder durch eine pflanzliche Nachgerbung verbessert werden könnte. Die Erfahrung hat aber gezeigt, daß die vegetabilische Nachgerbung neben ihren Vorteilen auch Nachteile hat und daß die letzteren bisweilen stark zum Vorschein kommen. Bei unzweckmäßiger Durchführung der Nachgerbung und fehlerhafter Chromvorgerbung wird die größere Fülle und Weichheit des Leders auf Kosten anderer Eigenschaften erreicht. Das Leder wird dann häufig loser und schwammiger und es verliert sein Widerstandsvermögen gegen Wasser. Bei mangelhafter Nachgerbung kann auch ein rissiges Leder mit brüchigem Narben erhalten werden.

1. Kombiniert gegerbtes Waterproofleder.

Unter Waterproofleder versteht man stark gefettete Schuhoberleder, die entweder rein chromgar oder in Kombinationsgerbung hergestellt werden. Sie weisen, wie der Name ausdrücken soll, eine gute Wasserbeständigkeit auf. Durch die pflanzliche Nachgerbung wird die Aufnahmefähigkeit des Chromleders für Fett wesentlich verbessert. Festere Narbenbeschaffenheit und bessere Ausnutzungsmöglichkeit leichter Häute durch die füllende Wirkung der Lohgerbung sind weitere Vorteile.

Im allgemeinen werden für die Herstellung dieses Leders schwere Häute verwendet. Die Äscherung ist meistens dieselbe wie beim Chromoberleder. In der Literatur, insbesondere in den russischen Arbeiten über diese Kombinationsgerbung, findet man häufig die Ansicht vertreten, daß die bei Chromleder übliche kurze Behandlung in der Wasserwerkstatt für diese Gerbung nicht genügt, da so geäscherte Häute keine hinlängliche Aufnahmefähigkeit für vegetabilische Gerbstoffe besitzen. Es wird deshalb empfohlen, die Äscherung wesentlich stärker als bei der Chromgerbung vorzunehmen. Die praktische Erfahrung scheint aber nicht durchwegs im Einklang mit dieser Auffassung zu stehen, die sich wohl im wesentlichen auf Leder bezieht, die eine sehr starke Nachgerbung bekommen. Das trifft aber im allgemeinen für Waterproofleder nicht zu. Bei der Arbeit in der Wasserwerkstatt muß besonders darauf geachtet werden, daß die Blößen nicht zu stark geschwellt werden, da das Leder meistens glattnarbig zugerichtet werden soll. In Europa werden die Häute meistens 1 bis 2 Tage in stark schwefelnatriumhaltigen Kalkbrühen geäschert, wobei Kochsalz zugefügt wird, um eine Schwellung zu vermeiden. In Amerika verwendet man entweder Schnelläscher oder drei- bis fünftägige Äscher. Im ersten Fall werden die Häute 12 bis 18 Stunden in Haspeln mit 0,5- bis 1%igen Schwefelnatriumlösungen enthaart und nach dem Spülen einen Tag in einer frischen Kalkbrühe nachgeäschert. Bei dem zweiten Verfahren werden Kalkbrühen mit mäßigem Gehalt an Schwefelnatrium verwendet. Die weiteren Arbeiten der Wasserwerkstatt, wie Beize und Pickel, sind die bei der Chromgerbung üblichen. Es ist vorteilhaft, die Chromgerbung bis zur Kochbeständigkeit des Leders durchzuführen. Die Bedingungen der Chromgerbung und besonders die Natur der Chrombrühe sind dabei von maßgeblicher Bedeutung für die Herstellung eines guten Waterproofleders, was im folgenden näher erläutert werden soll.

Nach dem Falzen wird das Leder gut gespült und dann mit pflanzlichem Gerbstoff nachgegerbt. Es ist auch üblich, die Nachgerbung nach einem leichten Fetten des Leders vorzunehmen. Sie kann in Haspel, Gerbfaß oder Hängefarben ausgeführt werden. Um den Narben zu schonen, müssen mild wirkende Gerbstoffmischungen angewendet werden, da bei der Verwendung zu starker oder zu adstringenter Brühen leicht narbenbrüchiges Leder erhalten wird. In der Praxis haben sich Mischungen aus Mimosa, sulfitierten Quebracho-, Eichen- und Fichtenextrakten gut bewährt. In besonderen Fällen sind auch Gambir und Sumachextrakt empfohlen worden. Werden Mischungen stark adstringenter Gerbstoffextrakte verwendet, dann müssen sowohl die anfängliche Konzentration als auch die Anteilzahl der Brühe ganz niedrig sein (z. B. 2 bis 3% Gesamtlösliches mit einer Anteilzahl von 20 bis 25 für die Angerbung). Dann wird allmählich die Brühe mit reinen Extrakten verstärkt, wobei am Ende der Gerbung ein Gehalt von 4 bis 5% Gesamtlöslichem mit einer Anteilzahl von 40 bis 50 erreicht wird. Die p_H-Werte liegen zu Beginn der Nachgerbung in der Nähe von 5 und bei Beendigung des Prozesses bei etwa 4. Bei mild gerbenden Extrakten können höhere Konzentrationen und Anteilzahlen verwandt werden. Die Gerbung wird meistens unterbrochen, wenn ungefähr ein Drittel bis die Hälfte des Leders vom pflanzlichen Gerbextrakt durchdrungen ist. Während der Lagerung und bei der folgenden Behandlung des nassen Leders dringen die Gerbstoffbestandteile weiter in das Innere der Haut vor, so daß im fertigen Leder die Hälfte bzw. ein Drittel der Schnittfläche rein chromgar erscheint. Nach einer kurzen Lagerung wird das Leder gespült, gefärbt und gelickert. Für diese leichte Fettung haben sich sulfonierte Öle, z. B. aus Klauen-, Sperm- und Dorschöl, gut bewährt. Es folgt ein sorgfältiges Ausrecken, worauf das Leder im luftgeheizten Faß bei ca. 60° geschmiert wird. Hierzu werden im allgemeinen Mischungen aus Talg, Degras, Mineralöl, Vaselin und Wachs verwendet, denen man eine kleine Menge Birkenteeröl zusetzen kann, um einen Juchtengeruch zu erhalten. Dann werden die Leder auf der Maschine nochmals ausgereckt und mit einer Mischung aus Mineralöl und tierischen Ölen abgeölt. Nach der Trocknung wird das Leder in der für schwere Chromleder üblichen Weise weiter zugerichtet.

Im theoretischen Teil wurde bemerkt, daß die Natur der Chrombrühe bei der Chromvorgerbung die Eigenschaften des fertigen Leders in vieler Hinsicht bestimmt. Die Verwendung fertiggestellter Chromgerbsalze hat sich nicht als empfehlenswert erwiesen. Wie oben gezeigt wurde, enthält das mit solchen Extrakten gegerbte Leder Sulfatogruppen von geringer Stabilität [K. H. Gustavson (*4*)]. Auch bei zweckmäßig ausgeführter Nachgerbung ist dann die Verdrängung des chromgebundenen Sulfats nicht ungewöhnlich. Es muß jedoch betont werden, daß damit nicht in jedem Falle eine Qualitätsverschlechterung verbunden sein muß, wie nachfolgende Ausführungen zeigen. Als besonders vorteilhaft haben sich selbstreduzierte Extrakte erwiesen, vorwiegend solche durch Reduktion von Natriumbichromat-Schwefelsäure-Mischungen mit organischen Stoffen, z. B. Zucker, hergestellte 25 bis 35% basische Chromsulfatbrühen, die frei von organischen Säuren sind. Auch basisch gestellte Chromalaunbrühen oder schwefeldioxydreduzierte Extrakte sind gut verwendbar. Bewährt hat sich auch eine Angerbung mit basischem Chromchlorid. Die verhältnismäßig leere Chromchloridgerbung, die einen sehr glatten Narben ergibt, wird durch eine nachfolgende pflanzliche Gerbung nicht nur voller und satter, sondern auch hitzebeständiger. Die Angerbung mit anionischen Chromsalzen oder maskierten Brühen, z. B. mit Oxalato-, Formiato- und Sulfitobrühen, hat sich für diese Lederart nicht bewährt.

Wie im theoretischen Teil erwähnt wurde, ist bei einer starken pflanzlichen Nachgerbung eines vollgaren Chromhautpulvers die Bindung der Pflanzengerbstoffe von der Wasserstoffionenkonzentration der Extraktbrühe im p_H-Bereich von 2 bis 8 unabhängig. Ein solches Verhalten ist auch bei entsprechender Nachgerbung von Chromleder zu erwarten. Durch diese Nachbehandlung des Chromleders wird auch bei mäßigen p_H-Werten eine Verdrängung der proteingebundenen Säure bewirkt. Deshalb sollte eine Neutralisierung des pflanzlich nachgegerbten Chromleders nicht erforderlich sein. Vielmehr sollte gründliches Spülen durch Entfernung der ungebundenen Salze genügen. Nach den Erfahrungen des Verfassers ist tatsächlich ein solches Verfahren praktisch ausführbar und es wird dabei eine genügende Entsäuerung des Chromleders erzielt. In manchen Fällen hat es sich als besser erwiesen, eine leichte Entsäuerung vorzunehmen. Dabei läßt sich besonders das nachgegerbte Leder viel besser ausrecken und man erhält auch einen glatteren Narben als bei nicht neutralisiertem Leder.

Die vorliegenden Angaben über die zweckmäßige Zusammensetzung der Nachgerbbrühen stammen ausschließlich aus der praktischen Erfahrung, da darüber keine wissenschaftlichen Angaben vorliegen. Es ist anzunehmen, daß dabei neben Stärke und Anteilzahl der Brühe und den spezifischen Eigenschaften der Gerbstoffmischung die Natur der Nichtgerbstoffe sich im Leder bemerkbar macht. In vielen Holzextrakten, wie im Kastanienextrakt, kommen nach der Untersuchung von H. Phillips Glucuronsäure und ähnliche Stoffe vor, die aus konstitutionschemischen Gründen erwartungsgemäß eine besonders ausgeprägte Komplexaffinität besitzen werden. Eine weitgehende Verdrängung der Acidogruppen ist nicht erwünscht. Auch das Vorkommen größerer Mengen von Gallussäure in vielen Extrakten (D. H. Cameron und G. D. McLaughlin) muß bei der Auswahl der für die Nachgerbung geeignetsten Extrakte beachtet werden. Unbekannt ist auch die etwaige Wirkung anderer Nichtgerbstoffe, wie der Flavone und der Catechine bei der pflanzlichen Nachgerbung des Chromleders. Bei der Verwendung sehr adstringenter Gerbbrühen kommt leicht eine Übergerbung der Narbenschicht und damit Narbenbrüchigkeit des festen Leders zustande. Durch die Anreicherung von Nichtgerbstoffen, z. B. von Calciumverbindungen schwacher organischer Säuren, wie Milchsäure, können auch bei ganz mäßigem Nachgerbungsgrad praktisch alle Säurereste aus dem Leder verdrängt werden. Nach der Erfahrung des Verfassers ist dabei in der Regel keine merkliche Qualitätsverschlechterung des Leders zu befürchten. Es scheint demnach eine Verdrängung der Sulfatogruppen an und für sich nicht schädlich für das Leder zu sein. Nach den vorliegenden ganz unvollständigen Versuchsergebnissen scheint die Natur der in den Komplex hineintretenden Gruppen zu bestimmen, ob durch den Austausch irgendwelche ungünstige Eigenschaften entstehen. Für die technische Kontrolle der Kombinationsgerbung hat sich die chemische Analyse der verschiedenen Schichten des Leders als wertvoll erwiesen. Ein fertiges kombinationsgegerbtes Waterproofleder wurde so gleichmäßig wie möglich in fünf Schichten gespalten. Jeder Spalt wurde analysiert, nachdem sein prozentueller Anteil am Gesamtgewicht der ursprünglichen Lederprobe ermittelt war. Die Ergebnisse sind in Tabelle 163 zusammengefaßt.

Tabelle 163. Die analytische Zusammensetzung eines typischen kombinationsgegerbten Waterproofleders in fünf verschiedenen Schichten [K. H. Gustavson (*10*)]. (Durchschnittliche Dicke: 2,9 mm.)

Bezeichnung des Schnittes	Prozentuales Gewicht	Cr_2O_3	Gebundene Gerbstoffe	Azidität des Chromsalzes auf der Faser in %	Fett auf Leder mit 14% Feuchtigkeit in %
		in % (auf Kollagen bezogen)			
Narbenspalt	20	7,8	37	0	30,9
2. Spalt	16	7,3	19	5	27,0
Mittelspalt	28	6,8	4	18	17,5
2. Fleischspalt	22	6,5	12	7	20,4
Fleischspalt	14	6,1	21	0	36,2

Durch Änderungen in der Zusammensetzung und Konsistenz der zum Einbrennen verwendeten Fettmischung gelingt es, die Eigenschaften des Leders in gewissen Grenzen zu verändern. Wie oben erwähnt, wird durch die pflanzliche Nachgerbung des Chromleders ein Flächengewinn erzielt. Das kombinierte Leder nimmt hinsichtlich des Flächenrendements eine Zwischenstellung zwischen dem reinen Chrom- und dem Sohlleder ein. Die Wasseraufnahme ist bei vergleichbarem Fettungsgrade beim pflanzlich nachgegerbten Chromleder etwas höher als bei rein chromgarem Leder. Da jedoch durch die pflanzliche Nachgerbung die Fettaufnahme des Leders erheblich verbessert wird, kann es stärker als reines Chromleder gefettet werden, so daß mindestens dasselbe Widerstandsvermögen gegen Wasser erzielt wird. Beim Tragen sind keine merklichen Verschiedenheiten in der Wasseraufnahme dieser Ledertypen vorhanden. In einer umfassenden Untersuchung stark gefetteter Oberleder für Armeeschuhe, die rein chromgar, rein lohgar und kombiniert gegerbt waren, hat E. Norlin in einer Periode von zehn Jahren die Zweckmäßigkeit dieser drei Gerbstofftypen beim schwedischen Heer eingehend untersucht. Die Tragversuche wurden mit den Ergebnissen der analytischen und physikalischen Prüfung der Leder verglichen. In diesem Zusammenhang ist es von Interesse nachzuprüfen, ob die verbreitete Auffassung von der schlechten Wärmeisolierung des stark gefetteten Chromleders oder des damit vergleichbaren Kombinationsleders gegenüber lohgarem Leder entsprechenden Fettgehalts durch zahlenmäßige Untersuchungen des Wärmeleitvermögens, wie sie Norlin ausgeführt hat, bestätigt wird. Es wurden folgende Werte des Wärmeleitvermögens, in $\frac{\text{Kalorie}}{\text{Zentimeter} \times \text{Sekunde} \times \text{Grad}}$ ausgedrückt, gefunden:

lohgare Leder von 0,0005 bis 0,0006;

chromgare und kombinationsgegerbte Leder, deren Fettgehalt niedriger als derjenige der lohgaren Leder war, zeigen fast übereinstimmende Werte von 0,0003 bis 0,0004.

Die Luftdurchlässigkeit war am kleinsten bei den lohgaren und am größten bei den chromgaren Ledern, während die kombinierten Leder eine Mittelstellung einnahmen. Besonders für den Gebrauch im strengen Winter scheinen die chrom- und kombinationsgegerbten Leder die günstigsten Eigenschaften zu besitzen, welche Auffassung durch den allgemeinen Gebrauch dieser Lederarten für Wintersportschuhe bestätigt wird. Als besonders vorteilhafte Veränderung der Eigenschaften des Chromleders, die durch eine mäßige pflanzliche Nachgerbung erzielt werden, sind hervorzuheben: Besserer Griff, größere Weichheit und Vollheit. Vom pflanzlich gegerbten Leder unterschieden sich die Kombinationsleder vorteilhaft durch ihre kürzere Herstellungsdauer, größere Fülle, Hitzebeständigkeit und Dehnbarkeit. Als einzige Nachteile dieser Gerbart gegenüber Chromleder dürfen in gewissen Fällen angesehen werden die verminderte Elastizität und, besonders bei zu starker oder unzweckmäßig durchgeführter Nachgerbung, eine grobe Narbenbildung und Narbensprödigkeit. Hinsichtlich der Reißfestigkeit gehen die Angaben auseinander. Als zuverlässig dürfen die Werte von R. W. Frey und I. D. Clarke (*1*) gelten, die topographisch vergleichbare Proben aus Hälften derselben Häute untersucht haben. Die nachgegerbten Chromleder zeigten durchwegs geringere Reißfestigkeit als die Chromleder, doch wird bei sorgfältiger Herstellung dieses Leders die Reißfestigkeit und die Narbenfestigkeit des Chromleders durch die pflanzliche Nachgerbung nicht wesentlich verschlechtert. Das „Chrome retanned army-uper-leather" hat ungefähr die gleiche Zusammensetzung wie Waterproofleder, wie die Zusammenstellung nach Angaben von J. A. Wilson in Tabelle 164 zeigt.

Tabelle 164. Analysenergebnis von kombinationsgegerbtem Armeeoberleder („Chrome retanned army-upper-leather") (nach J. A. Wilson).

	I	II	III	IV
Wasser . . . . %	14,0	14,2	14,8	15,1
Fett . . . . %	11,2	13,8	21,4	20,4
Asche . . . . %	5,2	4,0	3,2	3,6
Cr_2O_3 . . . . %	4,0	2,9	1,6	2,4
Gebundenes Sulfat . . . %	2,8	1,9	0,6	1,1
Organ. Auswaschverlust . %	2,2	3,8	4,9	—
Kollagen . . . . %	48,3	46,3	34,2	44,6
Gebundene Gerbstoffe . . %	10,2	13,8	17,8	15,2
Auf Kollagen bezogen:				
Cr_2O_3 . . . . %	8,3	6,3	4,1	5,4
Gebundene Gerbstoffe . %	23	29	52	34
Azidität des Chromsalzes auf der Faser . . . . . %	35	30	19	23

Unter den zahlreichen patentierten Verfahren für diese Gerbung ist die kürzlich patentierte Methode des D.R.P. 630661 zu erwähnen, welche die Narbenseite des Chromleders vor der Wirkung der pflanzlichen Gerbbrühe durch eine Schutzdecke aus filmbildenden Stoffen auf der Narbenseite zu schützen sucht, so daß die Gerbbrühe nur von der Fleischseite aus in das Innere des Leders eindringen kann. Vorgeschlagen werden Deckschichten aus Kollodium und Kautschukdispersion. Nach Beendigung der Nachgerbung wird die Narbenseite von diesem Film befreit. Nach den Angaben des Erfinders soll nach dieser Methode ein Produkt mit dem Narbencharakter des Chromleders und der Fülle des lohgaren Leders sowie ein Flächengewinn von etwa 8 bis 10% erhalten werden. Bei diesem und gleichartigen anderen Verfahren muß man jedoch die verschiedene Raumbeanspruchung der chromgegerbten und der vegetabilisch gegerbten Faser beachten. Bei dem vorgeschlagenen Verfahren würde offenbar eine dünne rein chromgare Narbenschicht auf einem größervolumigen pflanzlich gegerbten Fasergeflecht verankert sein, woraus allerlei Komplikationen resultieren könnten.

2. Andere leichte Chromleder mit pflanzlicher Nachgerbung.

Chagrinierte Leder. In der Praxis ist auch eine satte pflanzliche Nachgerbung von Chromfellen, die mit Rücksicht auf die Qualität der Rohware mit künstlichem Narben versehen werden müssen, bekannt. Die Hitzebeständigkeit solcher Leder ermöglicht die Verwendung höherer Temperaturen bei der Narbenpressung des feuchten Leders als bei lohgarem Leder, während zugleich ein tieferer und schärferer Narbenabdruck erreicht wird. Infolge der gegenüber dem reinen Chromleder verminderten Elastizität der Narbenschicht kann das eingepreßte Narbenmuster nicht so leicht wieder sich strecken. Für solche Leder ist es zweckmäßig, satt nachzugerben. Das Leder nimmt dadurch mehr den Charakter eines lohgaren Leders an, besitzt aber größere Hitzebeständigkeit als dieses. Gegenüber Chromleder ist die verminderte Dehnbarkeit des kombinationsgegerbten Leders in diesem Fall ein Vorteil, ebenso auch die bessere Füllung, durch die eine vollständige Ausnutzung der abfälligen Teile der Haut ermöglicht wird.

Lackleder. Eine leichte bis mäßige pflanzliche Nachgerbung ist auch für die Herstellung billiger Lackleder in Gebrauch. Es wird dabei, bei einer Durchgerbungszahl von 15 bis 25, ein Flächengewinn von 5 bis 10% gegenüber der reinen Chromgerbung erhalten. Nach dem Spülen und einer leichten Entsäuerung werden die vollkommen chromgaren Häute mit einer Brühe aus Hemlock, sulfitiertem Quebrachoextrakt oder Mimosa- und anderen gleichartigen Gerbstoffen im Walkfaß nachbehandelt. Vielfach wird auch eine teilweise Nachgerbung nach dem Fetten vorgenommen. Diese Nachgerbung gibt ein Leder mit geschlossenem Narben und die abfälligen Teile der Haut können besser als bei der reinen Chromgerbung ausgenutzt werden. In der Praxis hat sich für die Nachgerbung dieser Ledersorte vor allem eine Mischung aus pflanzlichen Gerbstoffen und synthetischen Gerbstoffen bewährt. In diesem Falle wie auch bei den üblichen Verfahren ist es besser, das Leder nach der Chromgerbung nur gut zu waschen und nicht zu neutralisieren. Wenn das erste Trocknen des gefetteten Leders durch Aufnageln auf einem Nagelbrett erfolgt, bewährt es sich, Gerbsulfosäuren oder Ligninsulfosäuren zuzusetzen.

Bekleidungsleder. Eine vegetabilische Nachgerbung der chromgegerbten Rohware kommt auch bei der Herstellung von Bekleidungsleder mit weichem und vollem Griff in Frage. Dabei wird meistens die Chromvorgerbung nicht bis zur Kochgare geführt, sondern man verwendet nur ungefähr 1 bis $1^1/_2$% Cr_2O_3 auf das Pickelgewicht für die mineralische Angerbung. Es wird angegeben, daß in den letzten Stadien der Chromgerbung, also unmittelbar vor Erreichung der Kochbeständigkeit, eine starke Zusammenziehung des Ledergeflechtes stattfindet, wodurch Flächenverluste von 10 bis 15% entstehen sollen. Nach gründlichem Spülen wird das notgare Leder direkt ohne vorhergehende Entsäuerung mit frischen, mild gerbenden pflanzlichen Gerbbrühen vorzugsweise aus Gambir nachgegerbt. Um eine Schwellung des notgaren Leders bei der pflanzlichen Nachgerbung zu verhindern, wodurch narbenbrüchiges Leder erhalten würde, und um die Aufnahmegeschwindigkeit der Gerbstoffe herabzusetzen, wird der Brühe häufig Kochsalz (etwa 2 Vol.-%) zugefügt. Da die Dehnbarkeit des Chromleders durch eine pflanzliche Nachgerbung verringert wird, muß man durch entsprechende Äscherung und Beize eine möglichst große Elastizität der Blöße zu erreichen suchen.

3. Pflanzlich nachgegerbtes Chromsohlleder (Retan Sole Leather).

Eine ganz hervorragende Stellung hat in den letzten Jahren die Erzeugung pflanzlich nachgegerbten Chromsohlleders erlangt, das nach den umfassenden Untersuchungen von R. W. Frey und Mitarbeitern im amerikanischen Bureau of Chemistry in Washington und von R. C. Bowker und seinen Mitarbeitern beim Bureau of Standards in Washington eine erheblich größere Haltbarkeit als pflanzlich gegerbtes Unterleder besitzen soll. Besonders in den Vereinigten Staaten werden für Sport- und Kinderschuhe große Mengen dieses Leders als Volleder wie auch in Spalten hergestellt. Diese Entwicklung bedeutet nicht nur eine wesentliche Zeitersparnis und damit eine Herabsetzung der Betriebskosten, sondern es ergibt sich auch die Möglichkeit, ein Leder von größerem Abnutzungswiderstand als bei rein lohgarem Leder zu erzeugen. Die ersten Chromsohlleder, wie auch im geringeren Grade die nachgegerbten Sohlleder, hatten zunächst einige Nachteile, die hingenommen werden mußten. Die Sohlen sind im nassen Zustand schlüpfrig, die Wasserdurchlässigkeit ist groß und beim Tragen verlieren die Sohlen leicht ihre Form. Diese Mängel sind aber jetzt durch eine geeignete Imprägnierung und Füllung größtenteils behoben.

Der Arbeitsgang bei der Herstellung dieses Ledertypus ist in großen Zügen folgender:

Verwendet werden hauptsächlich Stirnhäute und Roßschilde. Nach einer kurzen, meist etwa zwei Tage dauernden Äscherung mit ca. 8% Kalk und 2% konz. Schwefelnatrium wird entkälkt, aber nicht gebeizt. Unmittelbar nach dem Waschen der Blöße erfolgt das Pickeln, gleichfalls ohne daß eine besondere Entkälkung dazwischen vorgenommen wird. Die Chromgerbung wird mit schwach basischen Chromsulfatbrühen ausgeführt. Mit Schwefeldioxyd oder mit Bisulfit reduzierte Brühen haben sich für mäßig bis stark gepickelte Blößen gut bewährt. Die Gerbung braucht nicht bis zur Kochbeständigkeit getrieben zu werden. Nach vollendeter Chromgerbung und gründlichem Waschen des Leders schließt sich eine pflanzliche Nachgerbung im Faß oder in Farbengängen an, wobei Mischungen von sulfitiertem Quebracho, Kastanie, Mangrove, Hemlock und Eichenholz verwendet werden. Der Nachgerbungsgrad richtet sich nach dem gewünschten Ledertypus und die Durchgerbungszahlen variieren in breiten Grenzen, z. B. von 20 bis 90%, doch wird in den meisten Fällen eine leichte Nachgerbung vorgezogen. Nach der Fettung und dem Trocknen erfolgt eine Imprägnierung, um die eben erwähnten ungünstigen Eigenschaften dieser Ledersorte möglichst weitgehend auszuschalten. Die Imprägnierungsmasse besteht aus einer geschmolzenen Mischung von Wachsen, Hartfetten, Paraffin und besonders einem bedeutenden

Tabelle 165. Zusammensetzung und Eigenschaften einiger typischer nachgegerbter Chromsohlleder (nach R. C. Bowker und W. E. Emley).

		Leicht nachgegerbt		Mittel nachgegerbt		Stark nachgegerbt	
Auswaschbare Stoffe	%	7,5	21,2	4,0	22,1	23,1	4,9
Kollagen	%	47,1	40,5	35,4	39,9	41,7	40,6
Fett	%	30,2	8,0	37,2	9,0	5,3	15,8
Unlösliche Asche	%	2,7	20,8	2,0	15,1	1,5	3,3
Gebundene Gerbstoffe	%	12,6	9,5	21,4	13,9	28,3	35,4
Cr_2O_3	%	2,5	4,2	1,9	2,8	1,5	2,8
Durchgerbungszahl (pflanzliche)	%	26,6	23,4	60,7	34,6	68,1	87,2
Cr_2O_3, auf Kollagen bezogen	%	5,3	10,4	5,4	7,0	3,6	6,9
Durchschnittliche längere Haltbarkeit pro Einheitsdicke, verglichen mit rein lohgarem Sohlleder	%	67	12	48	—	27	4

Prozentsatz an Harzen, wie Kolophonium. Zweckmäßig zugerichtete Leder dieser Art zeigen die hervorragende Dauerhaftigkeit des reinen Chromleders und die guten Eigenschaften des rein lohgaren Leders. Die chemische Zusammensetzung einiger typischer Vertreter dieser Chromunterleder ist in Tabelle **165** wiedergegeben, die einer Untersuchung solcher Handelsware von R. C. Bowker und W. E. Emley entnommen wurde. Die hohe Tragfähigkeit solcher Leder ergibt sich aus folgenden Durchschnittswerten, die mit einer großen Anzahl verschiedener Typen von Sohlleder erhalten wurden.

Wenn die Haltbarkeit des rein pflanzlich gegerbten Leders gleich 1 gesetzt wird, so zeigen Chromsohlen 1,77, leicht nachgegerbtes Chromleder 1,75, mäßig nachgegerbtes 1,48 und stark pflanzlich ausgegerbte Leder 1,22. Die untersuchten Leder waren nicht imprägniert und deshalb ist das in diesen Ledern gemessene Wasseraufnahmevermögen nur von theoretischem Interesse, da die imprägnierten Leder praktisch wasserundurchlässig sind. Mit zunehmender pflanzlicher Nachgerbung wird der Abnutzungswiderstand des Leders verschlechtert, gleichzeitig aber das Leder in bezug auf sein Verhalten gegen Wasser, seine Deformationsneigung und Schlüpfrigkeit wesentlich verbessert.

Der Gehalt an auswaschbaren Stoffen ist im allgemeinen bei den nachgegerbten Chromledern niedriger als bei lohgarem Leder vergleichbarer Gerbung und Nachbehandlung, was auf eine stabilere Bindung der von der Haut aufgenommenen Gerbstoffe und Nichtgerbstoffe durch diese Vorchromierung hinweist. A. C. Orthmann hat die Tragfähigkeit verschiedener nachgegerbter Sohlleder durch praktische Tragversuche auf nassem Boden untersucht. Verwendet wurde das Retan-Sohlleder, d. h. ein mit Chrom satt gegerbtes und mit pflanzlichen Gerbmitteln leicht nachgegerbtes Leder, bei dem noch ungefähr zwei Drittel des Lederschnittes die natürliche Chromfarbe zeigen. Bei den Tragversuchen zeigten diese leicht nachgegerbten Leder ein zufriedenstellendes Widerstandsvermögen gegen Wasser. Ein direkter Zusammenhang zwischen der Wasserdurchlässigkeit des Leders bei den praktischen Versuchen und den Wasserabsorptionsmessungen an eingetauchten Lederstücken war nicht vorhanden. R. W. Frey, I. D. Clarke und L. R. Leinbach, sowie R. W. Frey und I. D. Clarke (*1*) haben systematische Prüfungen solcher kombiniert gegerbter Leder durchgeführt, wobei die von der Beschaffenheit der Rohhaut herrührenden Fehler durch statistische Auswertung der sehr umfangreichen Versuchsreihen weitgehend eliminiert wurden. In den Arbeiten des Bureau of Chemistry wurden jeweils topographisch gleichwertige Proben der rechten und linken Hälfte einer Haut untersucht, wodurch an einer verhältnismäßig geringen Anzahl von Häuten und Proben einwandfreie Zahlen erhalten werden können. Von jeder Haut wurde eine Hälfte betriebsmäßig unter Verwendung von Kastanienholz, sulfitiertem Quebracho und Eichenrinde rein lohgar gegerbt. Die für die Kombinationsgerbung bestimmte andere Hälfte wurde mit einem Extrakt von basischem Chromsulfat, dessen Menge 2,5% Cr_2O_3 auf Blößengewicht entsprach, kochgar gegerbt. Nach Spülen und Entsäuerung wurden die Seiten mit einer Mischung von 3 Teilen Kastanienholzextrakt von 25% Gerbstoffgehalt und 1 Teil sulfitiertem Quebrachoextrakt von 35% Gerbstoffgehalt nachgegerbt. Für die leichte Nachgerbung wurden 10% dieser Mischung auf das Falzgewicht des Leders verwendet, für die mäßige 15% und für die satte 20%. Nach dem Abölen wurde das Leder getrocknet und gewalzt, aber nicht weiter zugerichtet. Aus den interessanten Schlußfolgerungen dieser Arbeit sind einige in diesem Zusammenhang von besonderem Interesse. Aus 45,4 kg Rohhaut wurden durchschnittlich 104 Quadratfuß rein pflanzlich gegerbtes Leder erhalten, während das pflanzlich nachgegerbte Chromleder nur 94 Quadratfuß ergab. Das letztere Leder war ca. 10% dünner als das lohgare, erreichte aber mit zunehmendem Grade der vegetabilischen Nachgerbung größere Dicke, so daß die pflanzlich voll nachgegerbte Hälfte ebenso dick war wie die entsprechend rein lohgare. Die Reißfestigkeit des rein lohgaren Leders war wesentlich größer als die dieses Kombinationsleders. Mit wachsender Nachgerbung nimmt die Festigkeit ab. Einige analytische Ergebnisse an den von Frey, Clarke und Leinbach untersuchten Ledern sind in Tabelle 166 zusammengestellt.

Tabelle 166. Analysen einiger pflanzlich nachgegerbter Chromsohlleder und lohgarer Sohlleder (nach R. W. Frey, I. D. Clarke und L. R. Leinbach).

	Lohgar	Leicht nachgegerbt	Mäßig nachgegerbt	Stark nachgegerbt
Unlösliche Asche . . . . . %	0,2	3,6	3,4	2,0
Fett . . . . %	4,9	2,5	1,7	2,1
Kollagen . . . . %	37,0	62,7	63,2	46,0
Gebundene Gerbstoffe . . %	24,1	22,1	20,1	32,2
Auswaschbare Stoffe . . . %	26,6	1,4	3,7	9,8
Cr_2O_3 . . . . %	0	3,0	3,2	2,0
Gebundenes Sulfat (als SO_3) . . . . %	0	1,7	1,5	0,2
Auf Kollagen bezogen:				
Cr_2O_3 . . . . %	0	4,7	5,1	4,3
Gebundene Gerbstoffe . %	65	35	32	70
p_H-Wert des Leders (nach der Methode von Kohn und Crede)	3,4	2,7	2,7	2,7
Azidität des Chromsalzes auf der Faser . . . . . %	—	36	30	6

Der durchschnittliche Wert der Reißfestigkeit entsprach 324 kg pro Quadratzentimeter bei den lohgaren Seiten, 236 kg pro Quadratzentimeter bei den kombiniert gegerbten. Die Bruchdehnung war 19 bzw. 26%. Aus den Analysendaten seien folgende Punkte hervorgehoben: In den leicht und mäßig nachgegerbten Hälften ist die Azidität der Chromsalze auf der Faser von derselben Größenordnung wie bei neutralisiertem Chromleder. Eine Verdrängung des komplexgebundenen Sulfats hat also nicht stattgefunden. Die satt pflanzlich ausgegerbten Leder enthalten weniger an Kollagen gebundenes Chrom als die leicht nachgegerbten. Im Zusammenhang damit ist auch deutlich eine Entfernung der Sulfatogruppen im Chromkomplex ersichtlich. Diese enge Verbindung zwischen der Verdrängung der komplexgebundenen Säurereste und der davon herrührenden Entchromierung wurde im theoretischen Teil besonders betont. Trotz der kurzen Gerbdauer ist bei starker pflanzlicher Ausgerbung eine hohe Durchgerbungszahl erreicht worden. Auch in diesen Versuchen ist der geringe Gehalt an auswaschbaren Stoffen bei den pflanzlich nachgegerbten Chromledern deutlich, was wahrscheinlich mit einer Fixierungswirkung des im Leder gebundenen Chromsalzes zusammenhängt.

Als wichtigstes Ergebnis der Arbeiten von Bowker und Mitarbeitern, in welchen die Dauerhaftigkeit beim Tragen von Chromleder und von pflanzlich nachgegerbtem Chromleder verglichen wurde, zeigte sich ein erhöhter Abnutzungswiderstand, sobald die Chromgerbung vorherrschte. In der oben erwähnten Untersuchung von Frey und Clarke war schon bewiesen worden, daß der Abnutzungswiderstand bei Chromleder bedeutend größer als bei lohgarem Sohlleder ist. Andererseits wurde auch festgestellt, daß die lohgaren Leder in vieler Hinsicht gewisse Vorzüge vor dem chromgegerbten Sohlleder besitzen. Deshalb meinen diese Forscher, daß eine Vereinigung der wünschenswerten Effekte beider

Gerbarten in einem kombinationsgegerbten Leder viele Vorteile in bezug auf Herstellung, Kosten und Eigenschaften bieten würde, eine Frage, um die sich die Lederindustrie gemeinsam bemühen sollte. In den letzten Jahren wurde mit der verbesserten Erzeugung von pflanzlich nachgegerbtem Chromsohlleder das erstrebenswerte Ziel wenigstens zum Teil verwirklicht.

Für technische Zwecke, etwa für Schlagriemen, wird das chromgare Leder mit Gambir nachgegerbt und stark gefettet.

III. Das Beizen von Chromleder.

Bei der Herstellung von Chromoberleder ist es üblich, vor dem eigentlichen Färbeprozeß eine Beizung mit pflanzlichen Gerbauszügen oder mit Auszügen aus Farbhölzern vorzunehmen. Eine solche Vorbehandlung beim Färben ist eigentlich als leichte pflanzliche Nachgerbung zu bezeichnen, wenn sie auch praktisch nicht als wahre Nachgerbung betrachtet wird. Die Wirkung der gerbstoffhaltigen Extrakte äußert sich auf verschiedene Weise. Die Aufnahme der zur Chromlederfärbung hauptsächlich benutzten Säurefarbstoffe wird durch eine vorhergehende Beize verringert und die Bindungsgeschwindigkeit erniedrigt. Dadurch wird das Färben egalisiert. Andererseits ist bei der Verwendung basischer Farbstoffe eine Beizung mit pflanzlichen Gerbstoffen notwendig, um diese Farbstoffe an das Leder zu verankern. Durch diese leichte Kombinationsgerbung der Narbenschicht erhält das Leder auch eine bessere Reibfähigkeit beim nachfolgenden Glanzstoßen. Natürlich dürfen von gerbstoffreichen Extrakten nur ganz kleine Mengen verwendet werden, da sonst die Gefahr des Aufrauhens der glatten Narbenschicht des Chromleders naheliegt. Für diese Behandlung des Chromleders kommen bei hellen Nuancen vorwiegend Sumach- und Gambirextrakte in Frage, letztere sind infolge der milden Wirkung, welche die für Chromleder charakteristische glatte Narbenbildung nicht beeinträchtigt, besonders für Feinleder sehr gut geeignet. In Amerika ist seit dem Weltkriege für blasse Färbungen der Gebrauch eines einheimischen gelben Farbholzes, Asage Orange, verbreitet. Gelbholz- und Rotholzextrakte finden in der jetzigen Produktion keine so große Verwendung mehr wie früher. Dagegen werden gewöhnliche Gerbextrakte, wie Hemlock, sulfitierte Quebracho- und Eichenholzextrakte, zur Erzeugung dunkler Nuancen von Rind- und ähnlichem Leder noch ganz allgemein verwendet. Bei der Schwärzung von Chromleder steht der Blauholzextrakt (Hämatin) an führender Stelle.

Die Auffassung, daß die Farbholzextrakte eine von den eigentlichen Gerbextrakten verschiedene Wirkung haben sollen, hat sich allgemein durchgesetzt. Aber es ist sicher nicht möglich, eine scharfe Grenze zwischen diesen beiden Gruppen zu ziehen. Die Farbholzextrakte enthalten in der Regel Flavonol oder gleichartige kondensierte Stoffe, die dem Catechin und den Catechingerbstoffen nahestehen. Auch im chemischen Verhalten der Gerbstoff- und Farbholzextrakte bestehen weitgehende Analogien, worauf besonders H. A. Brecht hingewiesen hat. In den Farbholzextrakten liegen die Flavonole wahrscheinlich in kondensierter wie auch in nicht kondensierter Form vor. Brecht berichtet über einen Gerbstoffgehalt von 46% in flüssigem Gelbholzextrakt von 26^0 Bé, während ein unoxydierter getrockneter Blauholzextrakt 55% gerbende Stoffe aufwies. Ferner sind wahrscheinlich bei der Einwirkung solcher Farbholzextrakte auf Chromleder die ausgeprägt komplexbildenden Eigenschaften der nicht kondensierten Flavonole und Catechine zu beachten, da durch die Einbeziehung solcher Polyphenole Veränderungen im Chromkomplex stattfinden können. Solche Möglichkeiten sind aber auch beim Beizen mit vielen Gerbstoffextrakten, wie z. B. mit Gambir, der ansehnliche Mengen Catechin enthält, vorhanden. Diese Seite des Problems der Nachbehandlung von Chromleder mit Gerb- und Farbholzextrakten ist noch nicht untersucht. Wie schon früher erwähnt, sind wahrscheinlich die Auswirkungen der Nachgerbung des Chromleders durch verschiedene Gerbstoffe von deren Menge sowie von der Art der vorhandenen Nichtgerbstoffe abhängig.

Von besonderem Interesse ist in diesem Zusammenhang eine Arbeit von D. Burton über die Aziditätsveränderungen von Chromleder beim Beizprozeß. Bestimmt wurden die p_H-Veränderungen im Leder und in den zum Beizen verwendeten Lösungen, wobei entsäuertes und nicht neutralisiertes Chromleder für die Versuche benutzt wurde. Die p_H-Werte des nachbehandelten Leders wurden nach der Atkin-Thompson-Methode ermittelt. Bei einer leichten Nachgerbung (wie sie als Beizen üblich ist) des entsäuerten Leders mit Mimosaextrakt wurde sowohl im Leder als auch in der Restbrühe eine p_H-Senkung beobachtet. Bei Behandlung mit Gambir- und Sumachextrakten zeigte sich eine Aziditätserhöhung der Restbrühe. Bei der Nachgerbung des nicht entsäuerten Leders mit Brühen aus Sumach und Gambir wurde eine Zunahme des Säuregrades sowohl im Leder als auch in der Restbrühe gefunden. Wahrscheinlich ist in allen diesen Fällen eine Hydrolyse der proteingebundenen Säure, welche durch die vom Leder aufgenommenen Gerbstoffe verdrängt wird, für die p_H-Senkung in den Restbrühen verantwortlich zu machen. Durch die Bindung der Gerbstoffe wird demnach der Hydrolysegrad des Chromsalzes auf der Faser weiter erhöht, obgleich sich die Gesamtmenge der im Leder vorhandenen Säure vermindert. Nach diesem Befund wird durch die Gerbstoffbindung das Gleichgewicht im Sinne einer teilweisen Verdrängung der an die basischen Gruppen der Hautsubstanz gebundenen Säure sowie der Sulfatgruppen des Chromkomplexes verursacht. In einigen Versuchen zeigte sich bei einer achtstündigen Nachgerbung eines entsäuerten Chromleders mit 100° Barkometer starken Lösungen von Mimosaextrakt und einem Extraktgemisch eine p_H-Senkung, und zwar sowohl im Leder als auch in der Restbrühe.

IV. Die Nachbehandlung des Chromleders mit Sulfitcellulose, Formaldehyd und anderen Stoffen.

Die synthetischen Gerbstoffe haben in den letzten Jahren eine vielfache Verwendung gefunden, so beim Bleichen des Chromleders für weißzugerichtetes Leder, bei der Entsäuerung des Chromleders, in Form ihrer Neutralsalze als Egalisierungsmittel und ferner um dem Leder spezielle Eigenschaften zu verleihen. Diese Kombinationsformen sind in dem Kapitel „Künstliche Gerbstoffe“ (S. 430) beschrieben. Beim gerbenden Bestandteil der Sulfitcellulose, den Ligninsulfosäuren, scheint die Art der Bindung dieselbe wie die der Gerbsulfosäuren zu sein. Daß die irreversible Bindung der Gerbsulfosäuren vorwiegend durch die basischen Gruppen der Haut zustande kommt, wurde besonders in den Arbeiten von C. Felzmann und G. Otto bewiesen. Die Ligninsulfosäuren sollen demnach auf das Chromleder eine gleichartige Wirkung wie die Gerbsulfosäuren ausüben; doch haben sie keine ausgedehntere praktische Verwendung für die Nachgerbung von Chromleder gefunden, was wahrscheinlich mit dem völligen Fehlen einer standardisierten Zusammensetzung dieser Produkte zusammenhängt.

In den Untersuchungen von E. Elöd und A. Köhnlein über die Theorie der Lederfärbung wird der Mechanismus der Fixierung von Säure- und substantiven Farbstoffen durch Chromleder eingehend behandelt. Es wurde gefunden, daß Farbstoffe dieser zwei Klassen eine viel größere Bindungsfähigkeit an Chromleder als an die Haut zeigen. Da die Fragestellungen der Elödschen Untersuchung in vieler Hinsicht mit den Aufgaben der pflanzlichen Nachgerbung des Chromleders vergleichbar und die beiden Reaktionen wahrscheinlich auch verwandter Natur sind, sollen die Hauptpunkte seiner Arbeit in diesem Abschnitt erwähnt werden. Aus einer vergleichenden Untersuchung des Bindevermögens von Farbstoffsäuren durch 1. Hautpulver, 2. chromgares Hautpulver und 3. eine Quantität Chromoxydhydrat, entsprechend der im Chromhautpulver enthaltenen Menge, wird geschlossen, daß die Bindungskapazität des Chromleders für Farbstoffsäuren bei einem bestimmten p_H-Wert durch die Summe der Säurebindung der Hautsubstanz und des Chromoxydhydrats gegeben ist. In diesem Zusammenhang kann nicht darauf eingegangen werden, inwieweit die Versuchsmethodik und gewisse scheinbar nicht einwandfreie Annahmen diese Schlußfolgerung beeinträchtigen. Die Kritik von A. Küntzel und Mitarbeitern an einer früheren gleichartigen Arbeit von E. Elöd und W. Siegmund über die Methodik der Bestimmung der Mineralsäureaufnahme durch chromiertes Hautpulver scheint auch in diesem Falle berechtigt zu sein.

Die Annahme einer aktivierenden Wirkung der gebundenen Chromsalze auf die in der Haut befindlichen kompensierten basischen Gruppen, eine Theorie, die schon im theoretischen Teil dieses Kapitels angeführt wurde, gibt auch für die Untersuchungsergebnisse von Elöd und Köhnlein eine ausreichende Erklärung. So wie bei der pflanzlichen Nachgerbung des Chromleders die Gerbstoffe oft direkt in den Chromkomplex eingelagert werden, kommt aber auch hier ein Faktor hinzu, der berücksichtigt werden muß, nämlich komplexgebundene Farbstoffsäuren.

Die Fixierung der sulfonierten Öle durch das Chromleder gehört auch zu diesem Fragenkomplex, doch wird sie ihrem Wesen entsprechend im Abschnitt über das Fetten behandelt.

An dieser Stelle soll auch die Wirkung von Formaldehyd auf Chromleder behandelt werden; dieses Problem liegt ähnlich, da auch Formaldehyd wie pflanzliche und synthetische Gerbstoffe durch die basischen Gruppen der Hautsubstanz aufgenommen wird. In einem Patent (D.R.P. 352285) wird behauptet, daß durch Formaldehydbehandlung von Chromleder eine Entsäuerung des Leders erreicht wird. Da für das Zustandekommen der primären Reaktion zwischen Formaldehyd und Haut das Vorhandensein entionisierter Aminogruppen erforderlich ist, scheint diese Behauptung auf den ersten Blick einer theoretischen Grundlage zu entbehren. In Chromleder mit einem p_H-Wert von ca. 4 und höher ist allerdings schon eine geringe Anzahl entionisierter Aminogruppen vorhanden. Möglicherweise wird durch die Inaktivierung dieser NH_2-Gruppen das Gleichgewicht zwischen den ionisierten und entionisierten Gruppen der Hautproteine verschoben, wodurch eine weitere Bindung von Formaldehyd zustande kommt. Dies würde eine fortschreitende Hydrolyse der Kollagensäureverbindung verursachen, so daß also die Wirkung tatsächlich einer Entsäuerung des Leders gleichzusetzen wäre. Diese interessante Frage wird später in Zusammenhang mit der Formaldehydkombinationsgerbung näher erörtert werden.

Es sei auch erwähnt, daß vielen sauren und substantiven Farbstoffen zweifelsfrei eine gerbende Wirkung zukommt, die besonders bei der Einwirkung größerer Farbstoffmengen auf Leder wahrnehmbar ist. Durch mäßige Anwendung mancher Farbstoffe wird eine Verbesserung der Kochbeständigkeit des damit gefärbten Leders erzielt. In anderen Fällen tritt aber auch bei vielen Farbstoffen eine entgerbende Wirkung deutlich hervor. Diese entgegengesetzten Einflüsse verschiedenartiger Farbstoffe sind wahrscheinlich konstitutionschemisch bedingt. In einer Untersuchung über die Einwirkung von substantiven Farbstoffen auf die Haut hat G. Otto (*2*) bei kompliziert aufgebauten Farbstoffsäuren, wie Diamin echtbraun GB, eine deutlich gerbende Wirkung konstatiert, was aus der Hydrolysebeständigkeit des erzeugten Produkts wie auch aus dessen Widerstandsfähigkeit gegen Fäulnisbakterien hervorging. Otto bemerkt dazu, daß dieses Ergebnis im Zusammenhang mit der öfters gemachten Beobachtung, daß die Narbenbeschaffenheit des Leders durch die Färbung mit substantiven Farbstoffen beeinflußt werde, nicht ohne praktisches Interesse sei.

C. Die Nachgerbung des pflanzlich gegerbten Leders mit Chromsalzen.

Das lohgare Leder erhält in der Praxis oft eine mehr oder minder ausgeprägte Nachgerbung mit Chromsalzen. Die typischen Eigenschaften des Lohleders in bezug auf Griff und Stand werden durch eine mäßige Nachchromierung nicht wesentlich verändert. In den meisten Fällen kommt es darauf an, ein Leder mit erhöhter Heißwasserbeständigkeit zu erzeugen. Eine große Anzahl solcher Chromnachgerbverfahren werden industriell verwertet und in der Praxis gibt es fast unendlich viele Methoden, die sich scheinbar alle voneinander unterscheiden, aber letzten Endes doch sehr ähnlich sind.

I. Theoretische Gesichtspunkte.

Auf diesem Gebiet wurden erst verhältnismäßig spät systematische Forschungen durchgeführt. Die grundlegenden Arbeiten über die Theorie der Chromaufnahme durch pflanzlich und chinongegerbte Haut verdanken wir den amerikanischen Gerbereichemikern A. W. Thomas und M. W. Kelly (*1*), welche diese Untersuchungen in Zusammenhang mit ihrer systematischen Erforschung der Gerbtheorien anstellten. Ihre Ergebnisse zeigen, daß eine pflanzliche Vorgerbung der Hautsubstanz die Aufnahme kationischer Chromsalze vermindert. In Abb. 107 sind die Chrommengen graphisch zusammengestellt, die von zwei verschiedenen pflanzlich gegerbten Hautpulvern und von nicht vorbehandeltem Hautpulver aus einer basischen Chromsulfatbrühe (Azidität = 67%) bei verschiedenen Chromkonzentrationen aufgenommen wurden. Die V_2 bezeichnete Probe wurde 24 Stunden lang mit einer 6%igen Mimosabrühe von einem Anfangs-p_H = 2 gegerbt. Die zweite Probe, mit V_1 bezeichnet, erhielt dieselbe Gerbung bei einem p_H-Wert der Brühe = 4,9. Die irreversibel gebundenen Gerbstoffmengen waren, bezogen auf Kollagen, 61 bzw. 22. Die gründlich gewaschenen Hautpulverproben, von denen jede 3,15 g Kollagen entsprach, wurden dann 48 Stunden lang mit 150 ccm basischer Chromsulfatbrühe von verschiedener Konzentration geschüttelt. Wie Abb. 107 zeigt, ist eine Herabsetzung der Chromaufnahme durch die pflanzliche Vorgerbung des Hautpulvers in allen Konzentrationen deutlich vorhanden. Bemerkenswert ist, daß das Maximum der Chromfixierung durch die Hautproteine bei den vorgegerbten Hautproben im Vergleich zu den natürlichen Hautpulvern gegen eine höhere Konzentration hin verschoben erscheint, d. h. von einer Konzentration von 15 g Cr_2O_3 im Liter in der unbehandelten Hautpulverreihe zu einer Konzentration von ca. 30 g Cr_2O_3 pro Liter in der Reihe der pflanzlich vorgegerbten Proben. Aus den Kurven für die lang dauernde Einwirkung von Chromsalzen auf das vorgegerbte Hautpulver ist ersichtlich, daß bei einer weit über 48 Stunden ausgedehnten Gerbdauer die zustande kommende Chromfixierung für die vorgegerbten und unbehandelten Proben praktisch die gleichen Werte zeigt.

In der erwähnten Arbeit von Thomas und Kelly wurde auch die Chromaufnahme durch zwei pflanzlich vorgegerbte Hautpulver bei verschiedener Dauer der Chromgerbung mit der entsprechenden Chromaufnahme durch gewöhnliches Hautpulver verglichen. Die Verminderung der Chromfixierung durch die vegetabilische Vorgerbung ist bei kurzer Gerbdauer viel stärker als bei lang dauernder Gerbung. Aus den Versuchen ist ferner ersichtlich, daß bei einer Konzentration der Chrombrühe von 15 g Cr_2O_3 im Liter und bei 48stündiger Gerbung die Chromaufnahme durch das Pulver V_1 im Vergleich zu gewöhnlichem Hautpulver um 52% verringert ist. Für die vorgegerbte Probe V_2 beträgt der entsprechende Wert 69%. Wenn man die Chromaufnahme durch Hautpulver und vorgegerbtes Hautpulver über eine längere Gerbdauer verfolgt, findet man, daß in dem Zeitabschnitt zwischen 48 Stunden und 16 Wochen durch das gewöhnliche Hautpulver eine weitere Menge von 9,4% Cr_2O_3 (auf Kollagen bezogen) fixiert wird, während das vorgegerbte Hautpulver V_1 noch 8,3% Cr_2O_3 aufnimmt. Die prozentuelle Erniedrigung durch die Vorgerbung ist hier nur 11%, gegen 52% in der ersten 48stündigen Periode. Für V_2 sind die entsprechenden Werte 10 und 69%. Diese Ergebnisse stehen im Einklang mit der schon im Kapitel Gerbtheorie vertretenen Auffassung, daß die Chromgerbung und viele andere Gerbprozesse, wie die Chinon-, Formaldehyd- und pflanzliche Gerbung, aus mindestens zwei verschiedenartigen Reaktionen bestehen. Bei der Chromgerbung liegen wahrscheinlich vor: 1. Ein primärer Vorgang, bei dem die kationischen Chromkomplexe durch die freien Ladungen der Carboxylionen der Haut kompensiert werden, wobei die Koordinationsvalenzen des Chromkomplexes gleichzeitig und nachfolgend auf die Aminogruppen der Hautproteine einwirken. 2. Ein sekundärer Vorgang, da der Kationkomplex des Chromsalzes mit allmählich freigesetzten COO-Ionen weiter reagiert, die in kompensierter Form als salzartige Bindungen zwischen nahe liegenden Polypeptidketten vorhanden sind. Weiter ist zu berücksichtigen, daß bei dieser Reaktion eine direkte Anlagerung von Chromsalzen an die Peptidgruppen der Haut unter Bildung von Molekülverbindungen zwischen Hautprotein und Chromsalz möglich ist (vgl. S. 184).

Durch die pflanzliche Gerbung werden primär die reaktionsfähigen freien Aminogruppen der Haut inaktiviert. Dadurch wird die Aufnahme der hydrolytisch erzeugten Säure des Chromsalzes vermindert, was ein Zurückdrängen der Hydrolyse des basischen Chromsalzes bedeutet. Dadurch würde indirekt die primäre Chromaufnahme, die in einer bestimmten Wechselwirkung mit der eigenen Hydrolyse fortläuft, gesenkt werden. Durch die stattfindende Inaktivierung der basischen Proteingruppen wird die verhältnismäßig große Erniedrigung der Chromaufnahme bei kurzer Gerbdauer, die durch die Vorgerbung bewirkt wird, zufriedenstellend erklärt. Bei lang dauernder Nachgerbung sind in beiden Substanzen, der unvorbehandelten sowohl als der vorgegerbten Haut, beinahe die gleiche Anzahl und die gleiche Aktivität (Ionisierungsgrad) von salzartigen Gruppen vorhanden, wenn die erste Periode der Chromgerbung vollendet ist. Deshalb wird in dem zweiten Abschnitt des Gerbprozesses die Chromaufnahme praktisch unabhängig von der Art der Vorbehandlung sein.

In diesem Zusammenhange ist auch die Frage von Interesse, wie sich die verschiedenen Flottenverhältnisse, d. h. das Volumen der Chromlösung bezogen auf das Trockensubstanzgewicht der Blöße, bei vergleichender Gerbung von Blöße und pflanzlich vorgegerbter Blöße auf die Aufnahme von Chromsalzen auswirkt.

Für diese Versuche wurde eine mit Mimosaextrakt vorgegerbte Blöße verwendet, die eine Durchgerbungszahl von 46 zeigte. Natürliche und vorgegerbte Blößenproben, je 4 g Kollagen entsprechend, wurden 18 Stunden lang mit einer basischen Chromsulfatbrühe von 60% Azidität und einer Konzentration von 9 g Cr_2O_3 im Liter gegerbt. Die Volumina betrugen 50, 100, 500 und 1000 ccm, die Flottenverhältnisse waren also 12,5:1, 25:1, 125:1 und 250:1. Für den Wassergehalt der Proben wurde eine Korrektur angebracht. In allen Proben war ein Chromüberschuß vorhanden. In Tabelle 167 sind die auf Kollagen bezogenen Mengen gebundenen Chroms, als Cr_2O_3 ausgedrückt, wiedergegeben.

Tabelle 167. Einfluß der Flottenverhältnisse auf die Chromaufnahme durch natürliche und pflanzlich vorgegerbte Hautblöße bei der Chromgerbung [nach K. H. Gustavson (*10*)].

Flottenverhältnisse	12,5:1	25:1	125:1	250:1
Von der Haut gebundene Menge Chromsalz in % Cr_2O_3 bei der Hautblöße.	7,1	7,1	7,1	7,0
Schrumpfung bei der Kochprobe in % . . .	2	4	15	17
Von der Haut gebundene Menge Chromsalz in % Cr_2O_3 bei der pflanzlich vorgegerbten Hautblöße	6,0	5,8	4,7	4,7
Schrumpfung bei der Kochprobe in % . . .	0	0	0	0

Die Chromaufnahme durch die gewöhnliche Blöße erweist sich als unabhängig von dem Flottenverhältnis. Bei der Chromgerbung von pflanzlich vorgegerbter Blöße wird mit zunehmenden Flottenverhältnissen die Fixierung von Chromsalzen vermindert. Den gleichen Reaktionsverlauf bei der Nachgerbung mit Chromsalzen zeigt auch die mit Formaldehyd und synthetischen Gerbstoffen vorbehandelte Blöße. Die prozentuale Schrumpfung der nicht neutralisierten Proben wächst bei der rein chromgaren Blöße mit zunehmendem Flottenverhältnis, während die chromnachgegerbte, pflanzlich vorgegerbte Blöße in der ganzen Versuchsreihe kochbeständig ist. Die Heißwasserbeständigkeit der pflanzlichchromgegerbten Leder wird in einem späteren Abschnitt behandelt werden.

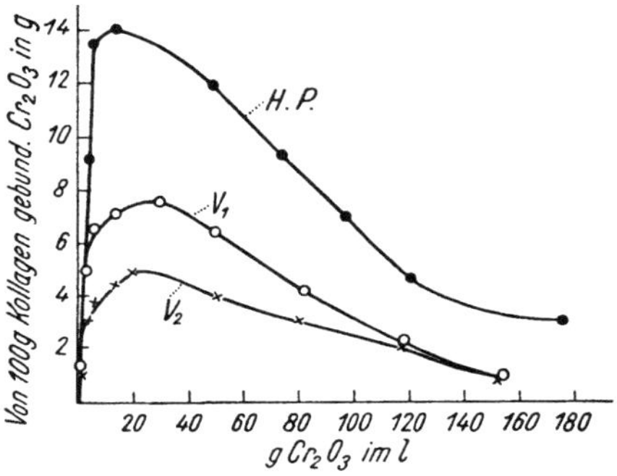

Abb. 107. Chromaufnahme durch unbehandeltes und pflanzlich gegerbtes Hautpulver als Funktion der Konzentration der Chrombrühe. Gerbdauer 48 Stunden [nach A. W. Thomas und M. W. Kelly (*1*)].
V_1 pflanzlich vorgegerbtes Hautpulver vom Gerbungsgrad 22; Gerbungsgrad von $V_2 = 61$.

Nach der Ansicht von Thomas und Kelly deuten ihre Befunde — wie auch ihre in derselben Abhandlung veröffentlichten Ergebnisse über die Chromaufnahme durch desaminiertes Hautpulver, in der eine Herabsetzung der Chromaufnahme bis auf den halben Wert des gewöhnlichen Hautpulvers gefunden wurde — darauf hin, daß die stickstoffhaltigen Gruppen, vorwiegend die Aminogruppen, der Haut einen ausschlaggebenden Faktor für das Chromaufnahmevermögen der Hautsubstanz bilden. Gegen diese vorsichtige Formulierung ist nichts einzuwenden (Abb. 107).

K. H. Gustavson (*6*) hat in einem Beitrag zur Theorie der Chromierung von pflanzlich vorgegerbter Hautsubstanz Hautpulver und Blöße behandelt und folgendes als Hauptergebnis erhalten. Hautpulverproben, die mit Sumach, Tannin und sulfitiertem Quebrachoextrakt in verschiedenem Grade vorgegerbt waren, wurden nach Entfernen der vom Hautpulver aufgenommenen wasserlöslichen Bestandteile der Gerbmittel 48 Stunden lang mit verschiedenen Chromsalzlösungen geschüttelt. Auf je 200 ccm Chromlösung wurde 10 g Kollagen verwendet. Bei allen Versuchen wurde eine mehr oder minder weitgehende Verringerung der Chromaufnahme durch eine vorhergehende Behandlung der Hautpulver mit vegetabilischen Gerbstoffen beobachtet. In stark pflanzlich gegerbtem

Hautpulver betrug die Chromfixierung aus Lösungen mäßig basischer Chromsulfate nur etwa die Hälfte der entsprechenden Werte von gewöhnlichem Hautpulver. Bei gleicher Durchgerbungszahl des vorgegerbten Hautpulvers tritt in mittelstarken Lösungen basischer Chromsulfate die verminderte Chromaufnahme infolge der erhöhten Basizität des Chromsalzes stärker hervor. Diese Verminderung der gebundenen Chrommenge ist in konzentrierten Chromsulfatlösungen weniger stark als in verdünnten ausgeprägt. Die Chromchloride werden in der Regel viel mehr beeinflußt als die Chromsulfate. Die Azidität des auf der Hautfaser gebundenen Chromsalzes ist in dem kombinationsgegerbten Produkt niedriger als in nicht vorbehandeltem Hautpulver. In Tabelle 168 sind einige Zahlen aus diesen umfassenden Untersuchungen zusammengestellt. Die Werte des gebundenen Gerbstoffs und des Chromgehalts beziehen sich auf Kollagen. In der Tabelle wird das natürliche Hautpulver mit H und das pflanzlich vorgegerbte Hautpulver mit T bezeichnet.

Tabelle 168. Einfluß einer pflanzlichen Vorgerbung von Hautpulver auf dessen Chromaufnahme aus Lösungen basischer Chromchloride und Chromsulfate [nach K. H. Gustavson (*10*)].

Bezeichnung der Probe	H	T	H	T	H	T
Mit Tannin gegerbtes Hautpulver (geb. Tannin = 83), mit basischem Chromchlorid von 45% Azidität nachgegerbt.						
Konzentration der Chrombrühe in Gramm Cr_2O_3 im Liter	12	12	49	49	72	72
Von der Haut gebundenes Cr_2O_3 in %	8,0	4,7	12,1	7,3	14,0	9,2
Azidität des Chromsalzes auf der Faser in %	35	31	40	36	39	37
Mit sulfitiertem Quebrachoextrakt gegerbtes Hautpulver (geb. Gerbstoff = 36), Nachgerbung siehe oben.						
Konzentration der Chrombrühe in Gramm Cr_2O_3 im Liter	12	12	49	49	72	72
Von der Haut gebundenes Cr_2O_3 in %	8,0	5,1	12,1	8,5	14,0	9,8
Azidität des Chromsalzes auf der Faser in %	35	32	40	38	39	38
Mit Sumach gegerbtes Hautpulver (geb. Gerbstoff = 31), mit basischem Chromsulfat von 63% Azidität nachgegerbt.						
Konzentration der Chrombrühe in Gramm Cr_2O_3 im Liter	16	16	44	44	83	83
Von der Haut gebundenes Cr_2O_3 in %	9,9	6,0	11,5	7,6	10,5	7,3
Azidität des Chromsalzes auf der Faser in %	60	52	61	55	65	62

In hochkonzentrierten Chrombrühen wurde ein Teil der an das Leder gebundenen Gerbstoffe durch die Chromgerbstoffe verdrängt. Gleichzeitig mit der Chromaufnahme findet auch eine irreversible Fixierung von im Leder vorhandenen wasserlöslichen Stoffen statt, wie in anderem Zusammenhange gezeigt werden soll. Bei der Gerbung mit anionischen Chromverbindungen war die prozentuale Verminderung der Chromaufnahme durch die pflanzliche Vorgerbung kleiner als bei der Gerbung mit den üblichen kationischen Chromsulfaten und Chromchloriden. Auch bei der anionischen Chromgerbung wurde häufig ein Verlust an gebundenen pflanzlichen Gerbstoffen festgestellt.

Bei den beschriebenen Versuchen enthielten die vorgegerbten Hautpulverproben nur irreversibel gebundene Gerbstoffe. Wie Blöße und pflanzlich vorgegerbte Blöße, die auch locker gebundene Gerbstoffe und Nichtgerbstoffe enthält, bei einer Chromnachgerbung reagiert, ist besonders für die praktische Durchführung dieser Kombinationsgerbung sowie auch aus theoretischen Gründen wissenswert. Deshalb sollen einige solche Versuchsreihen angeführt werden. Im voraus seien einige Zahlen erwähnt, welche R. O. Page (*1*) bei der Chromgerbung von natürlichem und pflanzlich vorgegerbtem Hautpulver, das teils nur unauswaschbar gebundene Gerbstoffe, teils aber auch wasserlösliche Stoffe enthielt, ermittelt hat.

Es wurden 2 Portionen Hautpulver 48 Stunden lang mit einer Lösung aus Mimosaextrakt vom $p_H = 5$ gegerbt. Eine Portion des gegerbten Hautpulvers wurde nur 2 Stunden lang gewaschen, um lediglich die locker festgehaltenen Substanzen zu entfernen. Die andere Portion wurde gründlich gewaschen, bis alles Wasserlösliche entfernt war, und zeigte auf Kollagen bezogen 40% gebundenen Gerbstoff. Diese zwei vorgegerbten Hautpulver und eine äquivalente Menge gewöhnlichen Hautpulvers wurden 48 Stunden lang mit einer basischen Chromsulfatbrühe von 67% Azidität und 18 g Cr_2O_3 im Liter geschüttelt. Das rein chromgare Hautpulver enthielt 6,8% Cr_2O_3, alle Zahlen auf Kollagen bezogen. Von den chromierten, pflanzlich vorgegerbten Hautpulvern zeigte das Hautpulver, das keine wasserlöslichen Stoffe enthielt, eine Aufnahme von 4,2% Cr_2O_3, während die Probe mit einem Gehalt an gebundenem Wasserlöslichen nur 2,4% Cr_2O_3 aufwies. Die Azidität der Chromsalze auf der Hautfaser betrug 68 bzw. 74 und 85.

R. O. Page bemerkt dazu, daß in dem nur irreversibel gebundenen Gerbstoff enthaltenden Hautpulver die verminderte Chromaufnahme annähernd direkt proportional der Erniedrigung der Säureaufnahme, die durch die pflanzliche Vorgerbung zustande kommt, ist. Und ferner, daß in der Probe mit einem Gehalt an wasserunlöslichen Stoffen eine weitere sehr bedeutende Abnahme der Chromfixierung hervorgerufen ist. Im letzteren Fall ist wahrscheinlich die Blockierung der Peptidgruppen der Haut durch das gebundene Wasserlösliche für die verringerte Chromaufnahme verantwortlich. Es sei bemerkt, daß bei den Untersuchungen des Verfassers auf Grund der Vorgerbung immer eine deutliche Verminderung der Azidität der an die Hautfaser gebundenen Chromsalze beobachtet wurde und nicht eine Erhöhung, wie in den Versuchen von R. O. Page.

Einige aus unveröffentlichten Arbeiten des Verfassers ausgewählte Versuchsreihen über Blöße und pflanzlich vorgegerbte Blöße werden in Tabelle 169 angegeben.

Bei diesen Versuchen wurden wie üblich topographisch gleichwertige Proben von den entsprechenden Hälften einer Haut verwendet. Die Blöße wurde nach einer Standardmethode mit einer Mischung aus Mimosa- und sulfitiertem Quebracho-

Tabelle 169. Verhalten von Blöße und von pflanzlich gegerbter Blöße, welche sowohl irreversibel gebundene Gerbstoffe als auch gebundenes Wasserlösliches enthalten, gegen basisches Chromsulfat und Chromchlorid [nach K. H. Gustavson (*10*)].

Bezeichnung der Probe	Blöße	I	II	III
I. Basische Chromsulfatbrühe.				
Durchgerbungszahl der vorgegerbten Blöße	0,0	45	62	86
Cr_2O_3-Gehalt der Haut in %	8,4	5,8	5,0	4,7
Azidität des Chromsalzes auf der Faser in %	62	58	56	56
Schrumpfung bei 3minutiger Kochprobe in %	0	0	0	6
II. Basische Chromchloridbrühe.				
Durchgerbungszahl der vorgegerbten Blöße	0	45	62	86
Cr_2O_3-Gehalt der Haut in %	7,2	4,2	3,8	3,2
Azidität des Chromsalzes auf der Faser in %	42	39	37	36
Schrumpfung bei 3minutiger Kochprobe in %	38	23	20	29

extrakt gegerbt, wie im Abschnitt über die pflanzliche Nachgerbung von Chromleder angegeben wurde. Einige Proben wurden nur im Farbgang leicht pflanzlich vorgegerbt, während andere in verschiedenen Graden stärker pflanzlich durchgegerbt wurden. Nach vollendeter Gerbung wurde nur leicht gespült, um im Leder locker verankerte Substanzen zu entfernen. Die Durchgerbungszahlen der pflanzlich vorgegerbten Proben betrugen 45, 62 und 86. Diese Proben wurden zusammen mit Blößenproben aus derselben Haut in einem gemeinsamen Bad aus basischer Chromsulfatbrühe von 63% Azidität und 25 g Cr_2O_3 im Liter 48 Stunden lang geschüttelt. Bei einer anderen Reihe wurde die Chromgerbung mit einem basischen Chromchlorid von 51% Azidität und 36 g Cr_2O_3 im Liter ausgeführt. Die Zahlen beziehen sich auf Kollagen. Gleichzeitig wurde die Heißwasserbeständigkeit des erzeugten Leders durch die Kochprobe quantitativ bestimmt.

In der vorgegerbten Probe Nr. II wurden 42% irreversibel gebundener Gerbstoff (auf Kollagen bezogen) festgestellt. Nach der Gerbung mit basischem Chromsulfat wurden 56% unauswaschbarer Gerbstoff gefunden. Demnach wird durch die Einwirkung von Chromsalzen auf lohgares Leder mit einem Gehalt an auswaschbaren Stoffen ein Teil der letzteren in irreversibel gebundenen Gerbstoff übergeführt. Die Folge der Nachchromierung ist eine deutliche Verminderung der im Leder vorhandenen wasserlöslichen Substanzen. Im genannten Beispiel wurde die Gsamtsumme an auswaschbaren Stoffen von 20 auf 4%, bezogen auf Kollagen, heruntergedrückt. Die Ergebnisse zeigen auch hier, daß die Chromaufnahme der Haut durch pflanzliche Vorgerbung vermindert wird. Diese Verminderung ist, wie zu erwarten war, bei den niedrigen Durchgerbungszahlen verhältnismäßig größer als bei den höheren. Die Azidität des von der Haut gebundenen Chromsalzes wird ebenfalls verringert. Bemerkenswert ist, daß die kombinationsgegerbten Leder trotz der ganz geringen Chromaufnahme der pflanzlich vorgegerbten Haut fast völlig kochbeständig sind. Wenn man die Heißwasserbeständigkeit des Leders auf eine Vernähung durch die Chromsalze zurückführt, kann dieses Verhalten vielleicht so erklärt werden, daß infolge der Fixierung von pflanzlichen Gerbstoffen durch die Hautproteine die koordinativen Valenzkräfte, die an die Aminogruppen lokalisiert zu sein scheinen, bei dieser Gerbung nicht in Aktion treten.

Einige Beispiele über das chemische Verhalten von Blöße und pflanzlich vorgegerbter Blöße bei Chromgerbung in gemeinsamem Bad sind in Tabelle 170 zusammengestellt.

Besonders auffallend ist die Kochbeständigkeit der mit basischem Chromchlorid nachgegerbten lohgaren Leder. Dies ist möglicherweise damit zu erklären, daß eine Veränderung des Komplexes der im Leder gebundenen Chromsalze durch den sulfitierten Quebracho verursacht wird. Auch bei der Nachgerbung von mit Chromchlorid vorgegerbter Haut mit pflanzlichen Gerbstoffen wurde, wie schon erwähnt, eine verbesserte Heißwasserbeständigkeit beobachtet. Das Chromchloridleder wird durch Behandlung mit äußerst schwachen Lösungen gewisser komplexbildender Stoffe in seinen thermischen Eigenschaften völlig verändert (vgl. S. 36).

R. W. Frey und seine Mitarbeiter im amerikanischen Bureau of Chemistry, die systematische Untersuchungen über Verfahren, um lohgares Leder gegen die zerstörende Wirkung von Säuren widerstandsfähig zu machen, anstellten, prüften dabei auch chromnachgegerbtes Lohleder nach der Gaskammermethode von R. W. Frey und C. W. Beebe (*2*).

Zwei Häute wurden nach zwei in der Praxis bewährten Methoden pflanzlich gegerbt und dann in Hälften geschnitten. Die eine Hälfte jeder Haut wurde gefettet, getrocknet und die Proben nicht weiter zugerichtet. Die anderen Hälften wurden mit einer Chromsulfatbrühe nachchromiert, dann gefettet, getrocknet und nicht weiter zugerichtet. Bei der folgenden Untersuchung der physikalischen und chemischen Eigenschaften der zwei Ledertypen wurden also Proben von symmetrischer Lage verglichen. Die Ergebnisse sind aus Tabelle 171 zu ersehen.

Tabelle 170. Schrumpfung von rein chromgaren und von pflanzlich vorgegerbten Chromledern [K. H. Gustavson (*10*)].

Vorgegerbte Blöße: Durchgerbungszahl = 32, Vorgerbung mit sulfitiertem Quebracho- und Mimosaextrakt. Chromgerbung: Chromsulfatbrühe von 67% Azidität und 18 g Cr_2O_3 im Liter.

Probe	Gerbdauer $1^1/_2$ Stunden		Gerbdauer 3 Stunden	
	Blöße	Vorgegerbte Blöße	Blöße	Vorgegerbte Blöße
Cr_2O_3-Gehalt der Haut in %, bezogen auf Kollagen	4,9	3,0	5,8	3,7
Schrumpfung bei 3minutiger Kochprobe in %	44	0	29	0

Vorgegerbte Blöße: Durchgerbungszahl = 32, Vorgerbung mit sulfitiertem Quebracho- und Mimosaextrakt. Chromgerbung: Chromchloridbrühe von 60% Azidität und 32 g Cr_2O_3 im Liter, Temperatur = 40° C, in molarer NaCl-Lösung.

Probe	Gerbdauer 2 Stunden		Gerbdauer 8 Stunden		Gerbdauer 24 Stunden	
	Blöße	Vorgegerbte Blöße	Blöße	Vorgegerbte Blöße	Blöße	Vorgegerbte Blöße
Cr_2O_3-Gehalt der Haut in %, bezogen auf Kollagen	4,8	3,2	9,8	7,9	11,7	10,2
Schrumpfungstemp. in °C	83	91	90	100	98	100
Schrumpfung bei 3minutiger Kochprobe in %	Nicht bestimmt	Nicht bestimmt	52	6	37	0

Tabelle 171. Vergleichende Untersuchung von pflanzlich gegerbtem und chromnachgegerbtem Leder aus Hälften derselben Haut [nach R. W. Frey und C. W. Beebe (*2*)].

Die Prozentzahlen beziehen sich auf wasserfreies Leder.

	Haut A		Haut B	
	pflanzlich gegerbt	chromnachgegerbt	pflanzlich gegerbt	chromnachgegerbt
Fett in %	8,7	11,6	5,7	4,2
Unlösliche Asche in %	0,4	1,5	0,3	2,3
Wasserlösliches in %	12,9	8,9	12,5	3,1
Kollagen in %	49,2	44,2	53,7	56,7
Gebundener Gerbstoff in %	28,8	33,8	27,8	33,7
Cr_2O_3, bezogen auf Kollagen in %	0	2,5	0	2,5
Gebundener Gerbstoff, bezogen auf Kollagen in %	58,5	76,4	51,8	59,4
Wasserlösliches, bezogen auf Kollagen in %	26,2	20,1	23,3	5,5
p_H-Wert des Leders	4,9	4,4	5,4	4,1

Auch in diesem Fall erhöht eine ganz leichte Nachchromierung des pflanzlich gegerbten Leders die Durchgerbungszahl deutlich und gleichzeitig damit wird die Menge der von der Hautsubstanz gebundenen wasserlöslichen Stoffe verringert. Diese Verwandlung der auswaschbaren Substanzen in gebundene Gerbstoffe hängt wahrscheinlich mit der Bildung schwerlöslicher Komplexverbindungen zwischen den im Leder locker eingelagerten Stoffen und den Chromsalzen zusammen. Die Natur der bei der Lohgerbung verwendeten Gerbmittel spielt dabei sicherlich eine ausschlaggebende Rolle für die Größenordnung solcher sekundärer Umsetzungen. Die Reißfestigkeit des pflanzlich gegerbten Leders wird durch diese Nachgerbung mit Chromsalzen etwas verschlechtert. In der Tabelle sind die Zahlen für gebundenes Sulfat mitangegeben, da diese Analysendaten manchmal für die praktische Beurteilung solcher Leder wichtig sind.

In der Praxis ist häufig die Frage zu entscheiden, ob ein Kombinationsleder erst chromgar und dann lohgar gemacht worden oder ob die umgekehrte Reihenfolge der Gerbungen benutzt worden war. Bei mäßiger pflanzlicher Nachgerbung von Chromleder zeigt die Schnittfläche des erzeugten Leders in den inneren Schichten die natürliche Chromlederfarbe, während die nachchromierten pflanzlich vorgegerbten Leder im allgemeinen die typische Schnittfläche des lohgaren Leders aufweisen. Es gibt aber sowohl chrompflanzliche Leder mit starker pflanzlicher Ausgerbung als auch lohchromgare Kombinationsleder mit so schwacher pflanzlicher Vorgerbung, daß die pflanzliche Gerbbrühe die Haut nur unvollständig durchsetzt hat; dadurch wird die visuelle Bestimmung des Kombinationstyps unsicher. Die mikroskopische Untersuchung liefert gewisse Anhaltspunkte, jedoch die zuverlässigste Entscheidung über die verschiedenen Kombinationstypen gibt die chemische Analyse. Als sicherstes Kennzeichen der beiden Kombinationsarten ist nach der praktischen Erfahrung des Verfassers der Aziditätswert des Chromsalzes auf der Hautfaser zu betrachten. Ein satt nachgegerbtes Chromleder zeigt in der Regel eine sehr kleine Azidität des gebundenen Chromsalzes. Das nachchromierte pflanzliche Leder hingegen hat viel höhere Aziditätswerte (20 bis 40), da es meistens nur schwach oder gar nicht entsäuert ist. In vielen Fällen erhält man auch wertvolle Anhaltspunkte, wenn man das Leder in Schichten spaltet und analysiert. Es hat sich auch erwiesen, daß bei einer Behandlung der Lederproben mit einer 4%igen Pyridinlösung das chromnachgegerbte Lohleder dem Herauslösen von Sulfatgruppen viel größeren Widerstand entgegensetzt als lohnachgegerbte Chromleder. Da schwefelhaltige Substanzen, wie synthetische Gerbstoffe der Gerbsulfosäureklasse und Ligninsulfosäuren, als Entsäuerungsmittel für nachchromiertes Leder verwendet werden, soll die Bestimmung der gebundenen Schwefelsäure — in der Praxis kommen überwiegend die Chromsulfatbrühen als Gerbmittel in Betracht — nicht nach Oxydationsmethoden, sondern nach einem direkten Verfahren zur Sulfatbestimmung, z. B. dem von A. W. Thomas, ausgeführt werden. Eine Bestimmung der infolge Hydrolyse des Chromsalzes auf der Faser durch kochendes Wasser herausgelösten Säure gibt ebenfalls einen Hinweis auf die Natur der Gerbung, da pflanzlich nachgegerbtes Chromleder bei dieser Behandlungsweise meist keine Säurehydrolyse zeigt.

Die theoretische Deutung der vorliegenden experimentellen Untersuchungen über das Verhalten von lohgarer Haut zu Chromsalzen muß von den bestehenden Auffassungen über die Natur der in dieser Kombination auftretenden Gerbungsarten ausgehen. Das Problem ist also von verschiedenen Gesichtspunkten aus kritisch zu betrachten. Wenn man die pflanzliche Gerbung als eine Bindung der Gerbstoffe an die Peptidgruppen der Haut mittels Koordinationsvalenzen ansieht und weiters die Fixierung der Chromsalze durch dieselben Gruppen der

Hautproteine postuliert, wird dadurch wohl die verminderte Chromaufnahme logisch erklärt, aber ein Grund für die beobachtete, sehr deutliche Herabsetzung der Azidität des von der Haut aufgenommenen Chromsalzes ist nach dieser Auffassung nicht ersichtlich. Ferner kann man, was viel mehr ins Gewicht fällt, auf diese Weise nicht recht verstehen, wie die früher erwähnte vermehrte Aufnahme von Pflanzengerbstoffen durch vorchromierte Haut zustande käme, da infolge der Besetzung der Peptidgruppen mit Chromsalzen eine geringere Bindung von pflanzlichen Gerbstoffen erwartet werden sollte. Die Hilfshypothese einer Bindung der pflanzlichen Gerbstoffe im Chromkomplex des Leders wäre in der Lage, die Theorie mit den vorliegenden Daten besser in Einklang zu bringen.

Wenn aber die Chromgerbung als eine innere Komplexsalzbildung durch Vernähung naheliegender Peptidketten an die Chromkomplexe mittels ihrer COO^-- und NH_2-Gruppen aufgefaßt wird, so läßt sich Theorie und Erfahrung ohne Zuhilfenahme spekulativer Momente zufriedenstellend vereinen. Bei der pflanzlichen Gerbung muß man mit Reaktionen der basischen und peptidartigen Gruppen der Haut rechnen, wobei das Verhältnis der verschiedenen Gerbstoffaufnahme durch diese ungleichen Gruppen von der Natur der Gerbstoffe und der Haut sowie von den üblichen, die Gerbwirkung beeinflussenden Faktoren bestimmt wird. Damit ergeben sich aber, wie oben schon gezeigt wurde, die bei der pflanzlichen Nachgerbung der chromgaren Haut gegebenen Verhältnisse zwangsläufig. Für die verminderte Aufnahme von Chromsalzen durch die Haut nach einer pflanzlichen Gerbung gibt diese Auffassung offenbar auch eine genügende Erklärung. Die Inaktivierung der basischen Proteingruppen durch irreversible Bindung von vegetabilischen Gerbstoffen setzt die Säureaufnahmefähigkeit der Haut herab. Die H-Ionen der Chromsalzlösung werden bei der Chromnachgerbung der lohgaren Haut nicht so weitgehend aus der Lösung entfernt wie bei der Gerbung von Blöße und dadurch wird die Hydrolyse des Chromsalzes zurückgedrängt. Zwischen der Aufnahme von Chromkomplexkationen und der fortschreitenden Hydrolyse des Chromsalzes scheint ein Zusammenhang vorzuliegen. Verminderte Hydrolyse ist mit abnehmender Gerbgeschwindigkeit und Gerbkapazität gleichzusetzen. Ein einfaches Beispiel für dieselbe Wirkung wird in der Untersuchung von A. W. Thomas und M. W. Kelly (*1*) über die verminderte Chromaufnahme des desaminierten Hautpulvers im Vergleich zu nicht vorbehandeltem Hautpulver gegeben. Bei dem jetzigen Stand unserer gerbtheoretischen Vorstellungen scheint diese Betrachtungsweise die richtigste zu sein. Weiter müssen bei der Chromnachgerbung des lohgaren Leders sekundäre Reaktionen zwischen den pflanzlichen Gerbstoffbestandteilen und dem Chromsalz berücksichtigt werden, die zu einer Neuverteilung der Gerbstoff- und Nichtgerbstofffraktionen im Leder führen.

II. Die praktische Ausführung der Chromgerbung von pflanzlich vorgegerbtem Leder.

In der Praxis spielen natürlich viele Faktoren, wie die Natur der Haut- und Fellarten, die Durchführung der pflanzlichen Vorgerbung und der vorhergehenden Prozesse eine große Rolle für die zweckmäßige Durchführung der Chromnachgerbung. Selbstverständlich muß diese den erwünschten Eigenschaften des fertigen Leders angepaßt werden. Die typischen Eigenschaften des lohgaren Leders werden bei den im praktischen Betrieb üblichen Graden der Vorgerbung mit pflanzlichen Gerbstoffen durch die Nachchromierung nur unwesentlich verändert. Als neue Merkmale kommen im Kombinationsverfahren bessere Heißwasserbeständigkeit und größere Weichheit hinzu; das Flächenrendement bleibt praktisch unverändert, nur bei starker Ausgerbung mit stark basischen Chrombrühen ist ein Flächenverlust zu befürchten. Eine leichte Entgerbung des lohgaren Leders vor der nachfolgenden Chrombehandlung hat sich hinsichtlich der Eigenschaften des erzeugten Leders gut bewährt, besonders bei stark vegetabilisch vorgegerbtem Leder, bei dem es sonst leicht zu Narbenbrüchigkeit kommt. Ganz allgemein hat sich eine alkalische Vorbehandlung des lohgaren Leders eingeführt, um das Leder, besonders die Narbenschichten, weitgehend von eingelagerten auswaschbaren Stoffen zu befreien und zu reinigen. Es gelingt auf diese Weise, auch ein ganz satt lohgegerbtes Leder fast zu entgerben. Je geringer die Vorgerbung mit pflanzlichen Gerbmitteln und je stärker die folgende Chromgerbung gewählt war, desto mehr wird das erzeugte Leder Chromledercharakter annehmen. Bei solchen Verfahren ist es ratsam, zu Beginn der Chromgerbung Brühen mit Kochsalzzusatz zu verwenden, da andernfalls ein sehr mangelhaftes Leder mit schlechter Narben- und Faserfestigkeit erhalten wird. Auch sind kleine Zusätze von Formaldehyd zu empfehlen, um die Durchgerbung des Hautgeflechts mit den Chromsalzen zu erleichtern. Die Verhinderung einer übermäßigen Quellung durch die fixierende Wirkung von Formalin ist somit der quellungsverhindernden Wirkung von Neutralsalzen gleichzusetzen, doch werden in der Praxis diese Salze bevorzugt. Als allgemeine Regel soll gesagt werden, daß eine zu weitgehende Entgerbung des lohgaren Leders nicht ratsam ist. Bei den üblichen Verfahren der Praxis werden bei dieser Nachgerbung geringere Chrommengen verwendet, als bei dem einfachen Chromgerbverfahren gebräuchlich ist. Von den verschiedenen Ledermaterialien und Ledersorten, die besonders häufig in dieser Weise gegerbt werden, sind die folgenden besonders zu nennen: 1. Die ostindischen Kipse, Schaf- und Ziegenfelle; 2. Bekleidungsleder; 3. chagriniertes und Möbelleder; 4. Sport- und Spezialleder.

1. Ostindische Kipse und Felle.

Die Häute der ostindischen Rinderrassen, der Zebus oder Buckelochsen, werden im getrockneten Zustand als rohe Kipse („East India Kips") oder als pflanzlich meist nur halbgar gegerbte Kipse („Indian Tanned Kips") versandt. Die ostindischen Schaf- und Ziegenfelle („Persians") werden ebenfalls in großem Umfang als halbgare vegetabilisch gegerbte Ware verkauft. Diese Persians werden in kleinen Dorfgerbereien mit Turvar- oder Awaramrinden gegerbt, die einen Pyrocatechingerbstoff enthalten. Zum Gerben der Kipse werden Mischungen verwendet, die als Hauptbestandteil Babul oder Bablah, die Schoten und Rinde einer Akazienart, enthalten, welche ebenfalls zu den Pyrocatechingerbstoffen gehören. Das mit Babulrinde gegerbte Leder ist sehr fest und dauerhaft, hat aber doch gewisse Nachteile, wie rauhe Narbenbildung und Neigung zum Nachdunkeln.

Ein wichtiger Artikel sind chromnachgegerbte Kipse, die besonders zu billigem Boxleder verarbeitet werden. Aber auch als Feinleder mit Preßnarben hat sich dieses chromierte Leder, besonders das aus Persians, den Markt erobert.

Aus der halbgaren Rohware wird zuerst der größte Teil der auswaschbaren Stoffe entfernt. Nach gründlichem Spülen mit lauwarmem Wasser werden die Kipse und Felle in der üblichen Weise in einem schwach alkalischen Bad gewalkt. Als Anschärfungsmittel werden meist Borax, Natriumbikarbonat und Soda verwendet. Die Menge dieser Stoffe richtet sich nach dem gewünschten Entgerbungsgrad und der Natur der Rohware. $2^1/_2\%$ Borax oder $^1/_2$ bis 1% Soda genügt in den meisten Fällen, am sichersten ist es, ganz schwache Alkalien oder alkalische Puffer zu verwenden. Der p_H-Wert des alkalischen Bades soll am besten 8 bis 9 nicht überschreiten. Es ist gebräuchlich, das leicht entgerbte Leder nach sorgfältigem Auswaschen in einem Bad aus schwachen organischen Säuren, wie Milch-, Essig- oder Ameisensäure, zu behandeln. Auch starke Mineralsäuren, wie Salzsäure, werden benutzt, aber die Zusätze müssen in diesem Falle sorgfältig dosiert werden, um plötzliche Schwankungen im Säuregrad des Bades zu vermeiden. Vom chemischen Standpunkt aus sind die organischen Säuren vorzuziehen, nicht nur wegen ihrer schwach sauren Natur, sondern auch zufolge ihrer ausgeprägten Neigung zur Komplexbildung mit den Chromsalzen. Dies ist besonders dort der Fall, wo kein Zusatz von Kochsalz und anderen Neutralsalzen zum Chrombad gegeben wird. Die Angerbwirkung der Chromsalze wird durch die im Leder vorhandenen Komplexbildner verlangsamt und diese mildere Angerbung verhindert die Gefahr des Entstehens von narbenbrüchigem Leder, eine Schwierigkeit, die bei diesem Ledertypus häufig zu überwinden ist.

Wie früher erwähnt, ist eine vorangehende leichte Entgerbung und Reinigung der Narbenschicht des halbgaren Leders unentbehrlich, um ein einwandfreies Leder zu erhalten. Im theoretischen Teil wurde ausgeführt, daß durch die Einwirkung der Chromsalze eine Fixierung der im Leder vorhandenen wasserlöslichen Stoffe stattfindet. In einem Leder mit großem Gehalt an solchen eingelagerten Substanzen tritt wahrscheinlich eine Ausflockung dieser Stoffe ein, was sich häufig in Brüchigkeit des Narbens äußert.

Die auf diese Weise schwach oberflächlich entgerbte und gereinigte Haut wird darauf entweder voll chromgar gemacht oder nur leicht nachchromiert. Vorwiegend kommt eine leichte Chromnachgerbung zur Verwendung. Mengen von 0,2 bis 1% Cr_2O_3, auf das geweichte abgepreßte Falzgewicht des Leders gerechnet, gelten für Feinleder als genügend. Für Boxcalfimitationen kommt eine etwas größere Chrommenge in Frage, da diese als Schuhoberleder Verwendung finden sollen. Für die Persians, die auf Fein- oder Luxusleder verarbeitet werden, hat sich milde Chromierung eingeführt, da bei diesen Ledersorten nur eine mäßige Heißwasserbeständigkeit verlangt wird. Aus theoretischen Gründen sollten die zur Nachgerbung verwendeten Chrombrühen etwas schwächer basisch eingestellt werden als bei der gewöhnlichen Chromgerbung, da von der lohgaren Haut ein Chromsalz mit niedrigerer Azidität als bei der Gerbung von Blöße aufgenommen wird. Bei der Chromgerbung eines Leders mit festem Narbencharakter, wie des lohgaren Leders, ist ein Loslösen der Narbenschicht, wie sie bei der Chromgerbung von Blöße mit stark basischen Chrombrühen vorliegt, nicht zu befürchten. Die Narbenelastizität wird bei diesem Kombinationsverfahren mit wachsender Basizität der Chrombrühe auch nicht so stark verschlechtert, als dies bei reiner Chromgerbung der Fall ist. Für viele Ledersorten jedoch ist es vorteilhaft, die Basizität der Brühen etwas höher einzustellen, als es bei der Chromgerbung gebräuchlich ist, aber die Konzentration der Brühe soll dabei sehr groß sein, d. h. die Gerbung wird in kleinem Volumen vorgenommen. Dadurch werden auch die von der Haut aufgenommenen Chromverbindungen weniger basisch als im verdünnten Chrombad, die Adstringenz also vermindert sein. Diese Art der satten Nachgerbung mit hochkonzentrierten, stark basischen Chrombrühen ist besonders bei der Erzeugung von Bekleidungsleder vorzuziehen.

Im theoretischen Teil wurde die Kochbeständigkeit der kombinationsgegerbten Leder besprochen und gezeigt, daß ganz geringe Chrommengen kochbeständiges Leder geben. Nach den Analysenbefunden des Verfassers finden sich marktfähige Leder, die bei einem Chromgehalt von nur 1 bis 1,5%, bezogen auf Kollagen, einer Behandlung mit Wasser bei 95 bis 97° C ohne Schrumpfung widerstehen. Ein Wert von 2,5 bis 3% gebundenem Chromoxyd, bezogen auf Kollagen, sichert in nachgegerbten Indias und Persians häufig völlige Kochbeständigkeit.

Nach vollendeter Gerbung wird das Leder Narben auf Narben über Böcke geschlagen und mindestens 24 Stunden liegengelassen, wodurch eine weitere Fixierung der Chromsalze erfolgt. Besonders beim Gerben mit starken Brühen ist es vorteilhaft, nur kurz im Faß zu walken und dann etwas längere Zeit auf Böcken lagern zu lassen. Die hochkonzentrierte Brühe wird nämlich sehr schnell erschöpft, auch wird das Leder durch diese Behandlungsweise nicht so stark mechanisch beansprucht.

Nach dem Abliegen auf dem Bock wird das Leder sorgfältig gewaschen, um ungebundene Chromsalze und Säure zu entfernen. Bei vielen Verfahren wird keine besondere Entsäuerung vorgenommen. Maßgebend sind dabei die jeweiligen Betriebsverhältnisse, besonders die Beschaffenheit des Wassers und die Art der nachfolgenden Fettungsprozesse. Mit mittelhartem Wasser wird eine genügende Entsäuerung des Leders schon beim Waschen erreicht. Nach anderen Arbeitsweisen wird das Leder mit schwachen Alkalien neutralisiert. Diese Behandlung muß sehr vorsichtig ausgeführt werden. Dazu hat sich Natriumthiosulfat gut bewährt. Seine Wirkung besteht in einer Verdrängung der im Leder vorhandenen starken Säure durch das Thiosulfat, wobei Schwefeldioxyd und Schwefel entstehen. Eine ebenso schonende

Entfernung der starken Säure wird durch Behandlung mit Alkalisalzen schwacher organischer Säuren, wie Acetaten und Phthalaten, erreicht. Der Gebrauch solcher Salze ist manchmal vorzuziehen, besonders wenn Anwesenheit von Sulfiten und Schwefelabscheidung im Leder nicht erwünscht sind. Eine Nachbehandlung des Leders mit synthetischen Gerbstoffen, die durch Alkalizugabe auf einen p_H-Wert von 5 bis 7 eingestellt werden, oder mit im Handel befindlichen gleichartigen Salzen stellt ebenfalls eine sichere Entsäuerungsmethode dar. Das Färben, Lickern und das weitere Fertigstellen des Leders wird in anderem Zusammenhang besprochen.

Die nachchromierten Kipse kommen unter dem Namen „Semichrom" in den Handel, und die Schaf- und Ziegenfelle sind als Maroquinleder (englisch: Morocco) bekannt.

2. Bekleidungsleder.

Bei der Fabrikation von Bekleidungsleder aus pflanzlich vorgegerbten Fellen wird gewöhnlich eine satte Ausgerbung mit hochbasischen Chrombrühen durchgeführt. Durch schwache Maskierung der basischen Chromsulfate mit komplexbildenden Salzen oder durch Verwendung organisch reduzierter Chrombrühen, die in schwach saurem Medium reduziert sind, erhält man besonders volles Leder von großer Zügigkeit. Solche Kombinationsleder sind für Besätze gut geeignet und zeigen schönen samtartigen Veloureffekt. Die Fettaufnahme ist viel besser als bei allein pflanzlich oder mit Chrom gegerbten Ledern. Auch in Weichheit und Fülle sind diese Semichromleder bei entsprechender Herstellung und Zurichtung den ohne Kombinationsgerbung erzeugten Ledern überlegen. Geringe Dehnbarkeit ist eine typische Eigenschaft des lohgaren Leders. Schon durch eine gründliche Wasserwerkstattsarbeit kann dieser Nachteil korrigiert und die bei Bekleidungsleder erwünschte Zügigkeit annähernd erreicht werden; durch eine zweckmäßige, nicht zu starke pflanzliche Vorgerbung mit nachfolgender stark basischer Chromgerbung und weiterhin durch entsprechende Variationen in der Zurichtung kann schließlich ein Leder mit dem erstrebten Grade von Zügigkeit erhalten werden.

3. Chagriniertes Leder.

Bei der Erzeugung von Chagrinleder findet ebenfalls eine leichte Nachchromierung des lohgaren Leders statt, wodurch dessen Heißwasserbeständigkeit erhöht wird. Dadurch wird es möglich, beim Chagrinieren den Narben feucht und bei ganz hohen Temperaturen zu pressen. Der Narben sitzt bei solchen Ledern besser als bei trocken gepreßten, was besonders bei starker Beanspruchung des Leders während seiner Bearbeitung von großer Bedeutung ist. Um die Zügigkeit des Leders gering zu halten, dürfen nicht zu stark basische Chrombrühen zur Nachgerbung verwendet werden. Die pflanzliche Gerbung soll ganz satt sein. Auch der Gerbeffekt ist — beurteilt nach Schrumpfungstemperatur und Kochbeständigkeit — bei dieser Kombinationsgerbung in vielen Fällen größer bei Ausgerbung mit mäßig basischen Chromsulfatbrühen als bei Verwendung hochbasischer Salze. Solche Leder werden viel für Taschenleder, aber auch für Möbelleder verbraucht. Wegen seiner Dauerhaftigkeit eignet sich Leder dieser Gerbart für Möbel-, Geschirr-, Auto-, Portefeuille- und besonders für Buchbinderleder.

In den theoretisch und praktisch bedeutsamen Arbeiten von R. W. Frey und Mitarbeitern wurde festgestellt, daß Chromleder in besonderen Fällen dem lohgaren Leder in bezug auf Dauerhaftigkeit deutlich überlegen ist. Dies gilt besonders für die Einwirkung atmosphärischer Verunreinigungen, wie schwefelhaltiger Gase, auf das Leder; diese vom Leder aufgenommenen Stoffe werden allmählich zu Schwefelsäure oxydiert. Frey hat die zerstörende Wirkung der Schwefelverbindungen in systematischer und vorbildlicher Weise mittels seiner Gaskammermethode untersucht (vgl. S. 615). R. W. Frey und C. W. Beebe (2) haben in der oben erwähnten Arbeit das Widerstandsvermögen vieler Ledersorten zahlenmäßig in Form der prozentualen Erniedrigung der Reißfestigkeit, bezogen auf die ursprüngliche Stärke des Leders vor der Behandlung, angegeben. Es wurden die in Tabelle 171 aufgeführten lohgaren und pflanzlich nachchromierten Leder mittels einer neunwöchigen Behandlung in der Gaskammer untersucht. Die lohgare Hälfte der Haut A zeigte nach der Gaskammerbehandlung einen durchschnittlichen Reißfestigkeitsverlust von 36%, während die entsprechende nachchromierte Hälfte derselben Haut im Durchschnitt nur eine 7%ige Herabsetzung ihrer Reißfestigkeit aufwies. Für die Haut B waren die entsprechenden Zahlen 40 bzw. 7. Nach dieser Behandlung zeigten die lohgaren Leder eine viel größere p_H-Abnahme als die kombinationsgegerbten Proben. Nach der Gaskammerprobe wurden in den lohgaren Ledern bedeutend mehr lösliche Stickstoffverbindungen gefunden als in den nachchromierten. Die analytischen Ergebnisse laufen parallel mit den Zahlen aus der Festigkeitsprüfung der Leder vor und nach der Gaskammerbehandlung.

Wie die umfassenden Untersuchungen von R. W. Frey und Mitarbeitern (*3*) und von R. F. Innes gezeigt haben, wird die Säurebeständigkeit des lohgaren Leders weitgehendst durch Anwesenheit von puffernden Salzen im Leder verbessert. Da die basischen Chromsalze besonders im Moment der Fixierung im Leder gut puffernde Systeme bilden, stehen die Ergebnisse von R. W. Frey und C. W. Beebe (*2*) mit den genannten Untersuchungen in bestem Einklang. Ein noch wirksamerer Säureschutz wird erwartungsgemäß durch eine Nachgerbung des Leders unter Zugabe von maskierten Chromsalzen, die stark puffernde Anionen, wie Sulfit, Formiat, Oxalat und Phthalat enthalten, zur basischen Chromsulfatbrühe erreicht. Einige technische Schwierigkeiten, die besonders beim Vergolden und Kleistern von Chromleder auftreten sollen, sind bei Benutzung dieser kombinierten Leder in der Buchbinderei nicht zu befürchten. Aus theoretischen Gründen muß erwartet werden, daß durch eine Nachgerbung des lohgaren Leders mit solchen Chromkomplexverbindungen die Widerstandsfähigkeit des Leders gegen zerstörende Einflüsse erhöht wird, ein Vorteil, der besonders bei der Herstellung von Gebrauchsledern, wie Auto-, Geschirr- und Buchbindereiledern, nicht außer acht gelassen werden sollte.

4. Semichromsohlleder.

In der Praxis werden auch Kombinationssohlleder durch eine leichte Chromnachgerbung von pflanzlich gegerbtem Sohlleder erzeugt. Besonders in den Vereinigten Staaten hat man viel Arbeit darauf verwendet, die vorzüglichen Eigenschaften von Chromsohlleder, das die 2- bis 3fache Dauerhaftigkeit von lohgarem Sohlleder besitzt, mit den unbestrittenen Vorzügen des lohgaren Sohlleders in bezug auf Wasserbeständigkeit sowie geringe Neigung zu Deformierung und Schlüpfrigkeit der Sohlen in einem kombinationsgegerbten Leder zu vereinen. Durch das Nachchromieren des Leders ist das Rendement flächen- und gewichtsmäßig höher als bei nachgegerbtem Chromleder und häufig beinahe oder gerade so gut wie bei dem üblichen Sohlleder. Wegen der bedeutenden Dicke des Materials und wegen des verlangten hohen Grades von Stand und Festigkeit im Fertigleder sind für diese Nachgerbung nur stark saure Brühen (mit einer Azidität von etwa 85 bis 90%) geeignet. Solche Leder brauchen nicht kochgar zu sein. Die Nachgerbung wird, wie bei großen Häuten üblich, am besten in Hängefarben ausgeführt, in denen Stärke und Azidität der Brühen mit dem Fortschreiten der Chromgerbung variiert. Die Regel des Lohgerbers, mit schwachen milden Brühen anzugerben und mit starken adstringenten Brühen auszugerben, wurde auch für diese neue Gerbart beibehalten. Deshalb wird in der Praxis die Chromgerbung schwerer Häute noch vorherrschend unter denselben Gesichtspunkten wie bei der Lohgerbung ausgeführt. Diese Ansicht ist vom theoretischen Standpunkt aus irrig, wie besonders E. Stiasny (S. 447) betont hat, da die Abhängigkeit der Adstringenz von der Konzentration der Gerbbrühe bei den beiden Gerbarten gerade entgegengesetzt ist. Bei der pflanzlichen Gerbbrühe wächst die Adstringenz mit der Konzentration, während bei den üblichen Formen der Chromgerbung die verdünnte Lösung adstringenter als die starke ist. In der Praxis hat man jedoch die Verwendung schwacher Chromlösungen bei der Angerbung der Haut und eine allmähliche Verstärkung der Brühen mit fortschreitendem Gerbvorgang beibehalten. Wie früher bei der Kombinationsgerbung von Oberleder bemerkt wurde, haben sich jedoch diese wissenschaftlich irrationalen Verfahren der Chromgerbung, wenigstens bei der Kombinationsgerbung, der theoretischen Ausführungsform überlegen gezeigt. Als Erklärung darf vielleicht die Möglichkeit herangezogen werden, daß starke Chrombrühen auf die im Leder, besonders in der Narbenschicht, vorhandenen Bestandteile der pflanzlichen Brühe ausflockend wirken. In den Angerbungsfarben werden meist Chrombrühen mit ganz hoher Azidität, über 100%, verwendet. Diese Farben bestehen aus Chromalaun mit Schwefelsäure- und Kochsalzzusatz. Im Gange der Gerbung wird dann die Chrombrühe allmählich basisch gemacht, bis der erwünschte Grad der Chromgerbung erreicht wird. Die Azidität der Ausgangsbrühen wird auf 60 bis 70% gehalten. Die analytische Zusammensetzung eines typischen „Semichrom"-Sohlleders geht aus den Angaben der Tabelle 172 hervor.

Tabelle 172. Zusammensetzung einiger typischer chromnachgegerbter lohgarer Sohlleder (nach R. C. Bowker und W. E. Emley).

	Leder I	Leder II
Angabe in %, bezogen auf Trockengewicht:		
Wasserlösliche Stoffe	21,8	8,9
Kollagen	40,7	43,3
Fett	5,5	13,7
Unlösliche Asche	2,9	3,7
Gebundene Gerbstoffe	29,1	30,4
Angabe in %, bezogen auf Kollagen:		
Gebundene Gerbstoffe	71,5	70,2
Cr_2O_3	6,0	5,4
Dauerhaftigkeit, wenn die des entsprechenden lohgaren Leders = 1,00 ist	1,22	1,35

Bemerkenswert ist, daß auch bei diesen Ledern der Gehalt an wasserlöslichen Stoffen im Leder durch die Chromnachgerbung bedeutend vermindert wird. Die relative Widerstandsfähigkeit gegen Abnutzung beim Tragen war bei dem nachchromierten pflanzlichen Leder 1,29 und für rein chromgares Sohlleder 1,77, wenn die Dauerhaftigkeit des lohgaren Sohlleders mit 1,02 bezeichnet wird. U. J. Thuau hat über ein solches Leder amerikanischer Herkunft berichtet. Aus der Analyse ging hervor, daß es nur leicht nachchromiert war und keine wasserlöslichen Stoffe enthielt. Dieses Leder zeigte bei der Laboratoriumsprüfung besseren Abnutzungswiderstand als die untersuchten lohgaren Sohlleder und war auch, besonders im nassen Zustand, den besten Ersatzsohlen aus Kautschuk überlegen. Die Verwendung nachchromierter lohgarer Sohlleder hat besonders für Sohlen von Sportschuhen große Verbreitung gefunden.

D. Die Kombination der Chromgerbung und der pflanzlichen Gerbung im gemeinsamen Bade.

Der dritten Ausführungsform der chrom-pflanzlichen Kombinationsgerbung, der gleichzeitigen Gerbung im gemeinsamen Bade, kommt wahrscheinlich infolge der Schwierigkeit, solche Mischungen betriebsmäßig zu überwachen, keine größere praktische Bedeutung zu. Eine direkte chemische Einwirkung der verschiedenartigen Bestandteile dieser Systeme aufeinander ist immer vorhanden, in manchen Extraktlösungen kommt es sogar zur Ausflockung. Besonders bei Eiche- und Quebrachoauszügen tritt eine Bildung sogenannter „Chromtannate" sowie eine Dispersitätserniedrigung zufolge Aussalzung der Gerbstoffe ein. Bei vielen Gerbstoffen kommt die Ausflockungswirkung der H-Ionen der Chrombrühe hinzu, auch zeigt die Säurebeständigkeit der verschiedenen pflanzlichen Gerbstoffe große Unterschiede. Bei vielen Gerbstoffen tritt bei Mischung mit 3wertigen hydrolysierbaren Metallsalzen der Effekt der „unregelmäßigen Reihe" auf, d. h. die Systeme bilden je nach der Konzentration des Metallsalzes „Nichtflockungszonen", abwechselnd mit „Flockungszonen" (J. A. Wilson, Teil I, S. 417). Deshalb ist eine genaue Betriebskontrolle solcher komplizierter Mischungen nicht möglich. Catechu-, Mimosa- und Fichteauszüge besitzen in solchen Gemischen eine relativ große Beständigkeit gegen die Einwirkung von Chromsalzen. In solchen gemeinsamen Gerbbädern stellen sich erwartungsgemäß verschiedene Reaktionen zwischen der Haut und den Bestandteilen der chrom-pflanzlichen Gerbbrühe gleichzeitig ein. Neben der Fixierung unveränderter Chromkomplexe und hydrolytisch gebildeter Säure durch die Haut muß man eine Aufnahme von Mischkomplexen aus Chromsalz und pflanzlichem Gerbstoff sowie von Bestandteilen der pflanzlichen Gerbbrühe annehmen. Diese Reaktionen werden gegenseitig voneinander beeinflußt und lassen zahllose Möglichkeiten für Art und Kinetik der Gesamtreaktion zu. Die Bildung beständiger Komplexverbindungen zwischen Tannin und vielen Metallsalzen ist in analytischer Hinsicht von L. Moser untersucht worden.

D. Burton hat gezeigt, daß beim Gerben mit basischem Chromsulfat und Sumachextrakt im gemeinsamen Bad eine im Vergleich zu der entsprechenden reinen Chromgerbung bedeutend verminderte Chromaufnahme durch die Haut stattfindet. P. F. Schipkow hat die Kombination Chrom-Fichteextrakt untersucht; der pflanzliche Gerbstoff wurde von gewöhnlichem Hautpulver in ungefähr gleichem Maße wie reiner Fichtengerbstoff aufgenommen. In einer Arbeit über die Einwirkung von Zusätzen aus sulfitiertem Quebrachoextrakt und Tannin auf den Basenaustausch zwischen Chromsalzen und Permutit wurde eine bedeutend verminderte Chromaufnahme durch Permutit gefunden, was wahrscheinlich bei dieser vereinfachten Reaktion mit Komplexveränderungen und Aktivitätsminderung des Chromsalzes in Zusammenhang zu bringen ist. Durch die Anwesenheit der pflanzlichen Gerbstoffe wurde die Azidität der vom Permutit gebundenen Chromkomplexe vermindert, ein Verhalten, das als Verdrängung von Sulfatgruppen aus dem Komplex gedeutet wurde [K. H. Gustavson (7)]. Wie die Untersuchungen von L. Moser ergeben haben, bilden Polyphenole und pflanzliche Gerbstoffe sehr leicht mit den am Chromatom direkt angelagerten Phenolgruppen beständige Komplexsalze. Zu dieser maskierenden Wirkung der pflanzlichen Gerbstoffbestandteile auf das Chromsalz tritt als weitere Ursache für die verzögerte Chromaufnahme die Konkurrenz der beiden Gerbstoffgruppen um die aktiven Proteingruppen. Nach den Angaben von P. F. Schipkow sollen in Anwesenheit pflanzlicher Gerbstoffe die anionischen Chromsalze eine bessere Chromfixierung durch die Haut als die gewöhnlichen Chromsalze zeigen, was wahrscheinlich zum Teil von der p_H-Änderung herrührt.

Von den auf diesem gerbereitechnisch ganz aussichtslosem Gebiet patentierten Verfahren soll nur eines (E.P. 181067) erwähnt werden. Als zweckmäßige Zusammensetzung eines gemeinsamen Chrom-Lohe-Gerbbades wird dort nämlich ein Gemisch aus gleichen Teilen Chromacetatlösung von 13° Bé und einem pflanzlichen Gerbauszug von 19 bis 24° Bé genannt. Das Gemisch ist bemerkenswert, da dem Chromacetat überhaupt keine Gerbwirkung zukommt.

Größere Möglichkeiten als die Kombination Chrom—pflanzlicher Gerbstoff hat unzweifelhaft die gleichzeitige Gerbung mit Chromsalzen und synthetischen Gerbstoffen, besonders aus der Gerbsulfosäureklasse, die auch eine beschränkte praktische Verwendung findet. Viele solche Produkte waren früher im Handel, haben aber keine große Bedeutung erlangt. Auch die Verwendung von Sulfitcellulose wurde für solche Kombinationen vorgeschlagen und versucht, konnte sich im Betrieb aber nicht durchsetzen. Da die synthetischen Gerbstoffe besser als die bisherigen Lignosulfonsäureprodukte standardisiert werden können und bei der Gerbung eine spezifische Wirkung ausüben, liegen für ihren Gebrauch in solchen Kombinationen immerhin Möglichkeiten vor. Diese Gerbverfahren werden im Kapitel „Künstliche Gerbstoffe" behandelt (vgl. S. 475). V. Casaburi beschreibt ein Gerbverfahren für Handschuhleder, in dem nach einer Vorgerbung der Felle mit Alaun die Ausgerbung mit einem organischen Chromgerbstoff empfohlen wird. Dieser organische Chromgerbstoff ist aber ein synthetischer Gerbstoff mit komplexgebundenem („maskiertem") Chrom.

E. Die Kombination: Pflanzliche Gerbung—Alaungerbung.

Die am längsten angewandten Gerbverfahren sind wahrscheinlich die Gerbung mit Fettstoffen und die mit pflanzlichen Gerbstoffen. So hat man z. B. in altägyptischen Königsgräbern Schuhe aus lohgarem Leder gefunden. Auch die Alaungerbung hat eine sehr alte Geschichte und ihr Ursprung verliert sich in prähistorischer Zeit. Erst im Mittelalter wurde diese Mineralgerbung von den Sarazenen nach Spanien gebracht und verbreitete sich dann von dort aus in Europa. Die Kombination dieser Gerbarten mit der pflanzlichen Gerbung war ebenfalls schon im Mittelalter bekannt und verwendet. Dieses Leder wurde später als „Dänisches" und „Schwedisches" bekannt und bildete eine wichtige Handelsware. Diese Lederarten waren noch vor einigen Jahrzehnten von großer wirtschaftlicher Bedeutung, aber mit dem Fortschritt der Chromgerbung wurden die dänischen und schwedischen Leder allmählich vom Chromleder verdrängt. Das schwedische Leder lebt jetzt noch in der Bezeichnung „Schwedenleder" („Suede leather") für das auf der Fleischseite zugerichtete Chromleder fort. Die dänischen und schwedischen Leder sind als direkte Abkömmlinge der ältesten Kombinationsgerbung, der Gerbung mit Alaun und vegetabilischen Gerbstoffen, zu betrachten.

Die modernen Kombinationen der Alaun- und der pflanzlichen Gerbung wurden in den Vereinigten Staaten zur Zeit des Aufkommens der Chromgerbung, also Ende der Siebzigerjahre des vorigen Jahrhunderts, entwickelt als Versuch, dem neuaufgetretenen Gerbverfahren eine gleichwertige Gerbung für Schuhoberleder auf der Grundlage der alten Gerbverfahren entgegenzusetzen. Die Lebensdauer dieser Kombination war aber verhältnismäßig kurz, da schon dreißig Jahre später die chromgegerbten Oberleder eine beherrschende Stellung eingenommen hatten. Von James Kent wurde nach der später so wohlbekannten Dongola-Methode eine Glanzkidimitation hergestellt; dieses Verfahren ist als Ausgangspunkt für die Erzeugung verschiedenartiger solcher Kombinationsleder zu betrachten.

Die Alaungerbung gibt wie die Glacégerbung ein Leder von großer Zähigkeit und Festigkeit, aber mit ganz geringer Wasserbeständigkeit und Fülle. Das lohgare Leder andererseits besitzt nur geringe Zähigkeit, hat aber größere Fülle und besseres Widerstandsvermögen gegen Feuchtigkeit als das weißgare Leder. Die Kombination dieser Gerbarten muß damit eine Vereinigung von Gegensätzen in sich schließen. Von alters her hat man angestrebt, durch eine solche Kombination ein nicht allzu zügiges Leder mit gutem Griff, Vollheit, Tragbarkeit sowie relativ guter Wasserbeständigkeit zu erzeugen. Bei diesen Kombinationsgerbungen sind drei Formen zu unterscheiden:

Bei dem ursprünglichen alten Dongola-Verfahren wurden die Felle mit Alaun vorgegerbt und lohgar durchgegerbt. Als Beispiel für die zweite Methode sind die pflanzlich halbgaren ostindischen Kipse und Felle, die eine Nachgerbung mit Aluminiumsalzen erhalten, zu nennen. Bei gewissen Ledern wurde die Gerbung auch in gemeinsamem Bade vorgenommen. Bei diesen verschiedenen Durchführungsarten wurden je nach der Reihenfolge der einzelnen Gerbungen Leder mit ganz verschiedenen Eigenschaften erhalten. Es ist, wie schon früher erwähnt, eine alte Erfahrungstatsache, daß bei vergleichbarem Gerbungsgrad der Einzelgerbung die erste Gerbung den Charakter des erzeugten Produkts vorwiegend bestimmt.

Die ersten Dänischleder wurden alaungegerbt und längere Zeit gelagert, um die Alaungare zu festigen. Dann wurden die Felle gut gewaschen oder leicht broschiert, d. h. mit einer schwachen Alkalilösung behandelt, worauf die Nachgerbung mit vegetabilischen Gerbmitteln, vorwiegend Weidenrinde, folgte. Nach dem Spülen und Trocknen wurden die Felle auf der Fleischseite zugerichtet. War ein volles Leder erwünscht, so kamen die Felle aus der Alaungare direkt in die Lohbrühe. Das ursprüngliche Dänischleder wurde mit Tran gefettet. Die später allgemein benutzte Eiergare wurde zuerst in Frankreich verwendet, von wo aus sie sich in andere Länder verbreitete. Als Beispiele für die Einführung dieser Behandlungsweise bei anderen Ledern sind das sogenannte Dogskin- und Chairleder zu nennen. Bei der Nachgerbung mußte man besonders darauf achten, mit schwachen und milden Brühen zu beginnen, da bei Verwendung starker Brühen infolge der Bildung schwer löslicher Verbindungen aus Alaun, Salz und den Bestandteilen der pflanzlichen Gerbstoffbrühe leicht eine Totgerbung verursacht werden kann. Bei den veränderten neueren Verfahren wurden statt Weidenrinde andere Gerbstoffauszüge, wie Sumach, Gambir, Eichenrinde u. a., verwendet. Dieses Leder zeigt beim Schleifen einen samtartigen Veloureffekt, eine Eigenschaft, welche die mineral-pflanzlich gegerbten Kombinationsleder auszeichnet. Das Schwedenleder (Cuir suède) erhielt erst eine Glacégare und dann eine Nachgerbung in Rindenauszügen einer Weidenart, Salix arenaria. Um Leder mit einem hohen Grade von Weichheit und Fülle zu bekommen, soll dasselbe durchgefroren werden. Das Schwedenleder hatte eine schöne samtartige Fleischseite und das Leder wurde hauptsächlich als Handschuhleder mit der geschliffenen Fleischseite nach außen verwendet; es war weich und voll im Griff und recht zügig.

Von diesen Lederarten erlangte das Dongolaleder die größte kommerzielle Bedeutung. Nach dieser Methode wurden Ziegen- und Kalbleder für Schuhzwecke sowie auch Schafleder als Chagrin für Galanterieartikel in großer Menge zugerichtet. Auch das einst bedeutende amerikanische Juchtenleder, das sog. „Russia Leather", wurde durch Angerbung mit Hemlockbrühen und Durchgerbung mit Alaunbrühen erzeugt. Bei diesen Dongolaledern wurden alle Kombinationsarten praktisch angewandt. Für Kalbfelle und größere Häute wurde allgemein die Reihenfolge Alaun-Lohe-Gerbung als zweckmäßigste angesehen, während man bei der

Gerbung von Kipsen-, Ziegen- und Schaffellen die besten Ergebnisse nach der umgekehrten Reihenfolge erhielt. Für die verschiedenen Ledertypen waren auch die relativen Gerbgrade ganz verschieden. Bei der Herstellung von matt zugerichtetem Dongolaleder herrschte die Alaungerbung vor, während bei geglänzten Sorten die pflanzliche Gerbung stärker durchgeführt wurde. Das Dongolaleder war vollkommen wasserbeständig, die Gerbstoffe konnten fast nicht ausgewaschen werden, auch war es bis zu gewissem Grade widerstandsfähig gegen heißes Wasser. Das Dongolaleder besaß einen glatten Narben, vollen Griff und vorzügliche Weichheit.

Als Beispiel für die üblichen Gerbverfahren der Dongolaleder soll die Erzeugung von Farbleder für Schuhzwecke besprochen werden. Für je 100 kg Blöße wird eine Vorgare aus 8 kg Alaun oder 5,5 kg Aluminiumsulfat, 2,5 bis 3 kg Kochsalz und 4 bis 5 kg Weizenmehl verwendet. Bei der Herstellung weicher Ledersorten ist eine Zugabe von Eidotter üblich. Nach etwa 2stündigem Walken im Faß ist die Vorgare von den Fellen völlig aufgenommen, das Leder wird auf Böcke geschlagen, einige Tage lang gelagert und dann getrocknet. Nach einer Lagerung von einigen Wochen wird es angefeuchtet, gestollt und ausgereckt. Nach dem Falzen erfolgt die Nachgerbung mit vegetabilischen Gerbmitteln, wie Gambir, Catechu und gleichartigen milden Gerbstoffen. Vor dieser Nachgerbung wird das Leder mit lauwarmem Wasser gespült, um die ungebundenen Stoffe aus dem Leder zu entfernen. Die Durchgerbung beginnt in ganz schwachen Brühen, die allmählich verstärkt werden, bis eine Gesamtmenge von etwa 5 kg auf 100 Kalbfelle mittlerer Größe zugesetzt sind. Die Nachgerbung wird im Faß in 8 bis 12 Stunden vollendet, beim Durchgerben in Farbengängen dauert der Prozeß ca. 8 bis 10 Tage. Die Erfahrung zeigt, daß die Nachgerbung mit Catechu oder anderen pflanzlichen Gerbstoffen nur ganz schwach durchgeführt werden darf, da ein alaungegerbtes Leder sehr leicht zu viel Gerbstoff aufnimmt. Infolge der Ausflockung der Gerbstoffe an der Außenseite ergibt sich dann ein brüchiger Narben. Die nach dieser Gerbmethode hergestellten Leder wurden vorwiegend auf die Fleischseite zugerichtet. Das Dongolaleder gab ein für die damaligen Verhältnisse vorzügliches Leder, in den Handel kam es unter den Namen Samt-, Velvet- und Oozeleder; durch Zurichtung auf der Narbenseite wurde auch ein kidartig glattes Leder erhalten.

Vor endgültiger Ausarbeitung des Chromverfahrens nahm das Dongolaleder eine wichtige Stellung unter den leichten Ledern ein. Viele durch das Dongolaverfahren geschaffene technische Fortschritte wurden von ausschlaggebender Bedeutung für die Weiterentwicklung der Chromgerbung, vor allem das Fettlickerverfahren. Durch diese neue Fettungsmethode mit Emulsionen aus Seifen und Ölen war es erstmalig möglich, buntfarbige Oberleder vom Dongolatypus zu erzeugen.

Eine große Rolle spielten auch zu dieser Zeit, d. h. vor etwa 50 Jahren, die dongolagegerbten Indias und Persians. Auf eine leichte Entgerbung in schwach alkalischer Lösung folgte eine Nachgerbung mit ca. 10% Alaun und 5% Salz, bezogen auf das Gewicht der nassen gepreßten Haut. Diese Leder wurden sowohl auf der Narben- als auch auf der Fleischseite fertiggestellt. In der Gerberstadt Peabody in Massachusetts z. B. waren damals diese Kombinationskipse und -persians die bei der Erzeugung von Maroquinleder vorherrschenden Ledersorten. Diese bedeutende Industrie wurde aber allmählich durch die Chromgerbung überflügelt.

Sehr verbreitet war auch die gleichzeitige Gerbung mit Alaun und pflanzlichen Gerbmitteln im gemeinsamen Bade. Hauptsächlich wurden Hemlock-, Sumach-, Gambir-, Catechu- und Fichtenauszüge verwendet, deren Kombination mit Alaun keine Schwierigkeiten macht. Nicht geeignet waren Myrobalanen, Dividivi und Algarobilla, da diese Gerbmittel leicht ein narbenbrüchiges Produkt ergaben.

Gegenwärtig hat das sog. Nappaleder, das ein mit Gambirextrakt nachgegerbtes Glacéleder ist, in der Lederindustrie eine gewisse Bedeutung erlangt.

Diese Ledersorte ist als ein Ableger der Dongolagerbung zu betrachten und wird vorwiegend als Handschuhleder verwendet. Man kann das Nappaleder aber ebensogut als Dänischleder betrachten, welches auf der Narben- statt auf der Fleischseite zugerichtet wurde. Es hat einen schönen vollen Griff, ist zäh und dauerhaft und verträgt Wasser recht gut. Bei der Herstellung des Nappaleders werden die Blößen zuerst mit Alaun sattgegerbt. (Das fertiggare Leder besitzt auch die besonderen Eigenschaften des weißgaren Leders in hohem Grade, vor allem seine Zügigkeit und milden Griff.) Nach der Broschierung erhält das Leder eine Eiergare und wird dann mit Kaliumbichromat grundiert. Besondere Bedeutung wird der Durchführung der darauffolgenden Nachgerbung beigelegt, bei der hauptsächlich Gambir verwendet wird. Auch das echte Nappaleder wurde teilweise von den Chromkombinationsledern verdrängt.

Praktisch verwendet wird noch die Kombination von Alaun- und Sumachgerbung. Diese Kombinationsart hat sich bei der Herstellung von Membranleder für Musikinstrumente bewährt, da das dabei erzeugte Leder neben großer Festigkeit bei jeder Witterung genügende Weichheit besitzen soll.

Von besonderem Interesse sind für gewisse Spezialleder neuzeitliche Verfahren, die mit gleichen Prinzipien, aber synthetischen statt pflanzlichen Gerbstoffen arbeiten. Ferner werden auch solche Kombinationen mit Formaldehyd als dritter Komponente praktisch verwertet, wie im folgenden Abschnitt über die Formaldehydkombinationen beschrieben wird.

Die Blütezeit der Dongolakombinationen fiel in eine Zeit, in der chemische Kenntnisse über Gerbprozesse kaum vorhanden waren. Die neue Mineralgerbung bot den auf dem Gerbgebiet schaffenden Chemikern ein riesiges Arbeitsfeld und es ist daher erklärlich, daß in der gerbereichemischen Literatur keine systematischen Untersuchungen über die Kombination der pflanzlichen und der Alaungerbung zu finden sind.

F. Mit anderen Verfahren kombinierte Formaldehyd- und Chinongerbungen.

I. Die Vorgerbung mit Formaldehyd.

Eine Vorgerbung mit Aldehyden — meist kommt Formaldehyd in Frage — wird in der Praxis häufig bei der Herstellung von Spezialledern verwendet, um dem Leder besondere Eigenschaften zu verleihen, auch wird Formaldehyd zur Herabsetzung der Gerbdauer benutzt. Besonders bei der Erzeugung weißer Leder sind Kombinationsgerbungen mit Formalin als einem Hauptbestandteil sehr verbreitet. Vorausgeschickt sei, daß die Vorgerbung mit Formaldehyd ganz allgemein eine Erniedrigung der Bindungsgeschwindigkeit und Aufnahmefähigkeit der Blöße für andere Gerbstoffe bewirkt. Dadurch ist es möglich, bei der folgenden Durchgerbung stärkere Brühen als beim gewöhnlichen Gerben zu verwenden. Auch für die Narbenbildung, Narbenfestigkeit und manche andere Eigenschaften des Leders spielt diese verlangsamende Wirkung einer solchen Vorgerbung eine Rolle.

1. Theoretische Gesichtspunkte.

Die Formaldehydgerbung wird übereinstimmend als rein chemische Gerbart aufgefaßt. Der primäre Vorgang ist wahrscheinlich eine Inaktivierung basischer Proteingruppen, vorwiegend der Aminogruppen, bei längerer Gerbdauer scheint dann auch eine Reaktion zwischen Formaldehyd und anderen Gruppen der Hautproteine, wie den Peptidgruppen, stattzufinden. Die p_H-Abhängigkeit dieser Gerbung, welche ein Maximum im p_H-Bereich über 8 aufweist, ist bei Anwendung der Zwitterionentheorie auf Struktur und Reaktionskinetik der Proteine verständlich. Diese Überlegungen ergeben, daß die primäre Reaktion nur mit entionisierten Proteingruppen vor sich geht und daß in die sekundäre Reaktion nur Proteingruppen, die von der Wasserstoffionenkonzentration nicht wesentlich beeinflußt werden, einbezogen werden. Deshalb werden die sekundären Reaktionen, zu denen die Fixierung säuregequollener Haut wahrscheinlich gehört, vom p_H-Wert der Lösung bei der Gerbung unabhängig sein.

Die Formalingerbung wird durch Anwesenheit gewisser Neutralsalze im Gerbbad begünstigt. Solche Neutralsalze sind Sulfate, Hyposulfite und Acetate, deren Wirkung schon vor 25 Jahren von L. Meunier (*2*) beobachtet wurde. In vielen Fällen, wie bei den Neutralsalzen schwacher organischer Säuren, handelt es sich um eine Pufferwirkung, aber bei den Sulfaten und Hyposulfiten sind vermutlich spezifische Ionenwirkungen und Dehydrationserscheinungen dieser Salze im Spiele.

Da das formaldehydgegerbte Leder eine kleinere Zahl reaktionsfähiger Aminogruppen als die Blöße besitzt, ist eine verminderte Reaktionsfähigkeit der so vorbehandelten Blöße gegenüber Gerbstoffen, die von den basischen Gruppen der Haut gebunden werden, zu erwarten. Die experimentellen Ergebnisse bekräftigen diese Auffassung. O. Gerngroß und H. Roser erhielten in einer Untersuchung bei Formalinvorbehandlung des Hautpulvers eine verminderte Aufnahme von vegetabilischen Gerbstoffen (vgl. S. 363). Dazu ist zu bemerken, daß bei dieser Untersuchung die Gesamtmenge der von dem Hautpulver aufgenommenen Bestandteile der Gerbbrühe und nicht die unauswaschbaren Gerbstoffe bestimmt worden waren. In einer anderen Untersuchung [Gustavson (*8*)] wurde eine verminderte Fixierung der irreversibel gebundenen pflanzlichen Gerbstoffe infolge einer Formaldehydvorbehandlung des Hautpulvers und der Blöße festgestellt. Das für die Hautpulverreihen verwendete Hautpulver wurde 24 Stunden lang in 1%iger Formaldehydlösung gegerbt. In der ersten Reihe wurde ein p_H-Wert von 7 eingehalten, in der zweiten Reihe war das $p_H = 12$; die p_H-Werte wurden mit Pufferlösungen aus KH_2PO_4 und KOH eingestellt. In gleicher Weise wurden Hautpulverproben mit denselben Lösungen ohne Formalinzugabe behandelt, nachher wurden sämtliche Proben auf p_H 5 gebracht und gründlich gewaschen. Diese Proben sowie ein geweichtes, nicht vorbehandeltes Hautpulver wurden 48 Stunden in einem filtrierten Hemlockauszug von p_H 4,2, der 30 g Gesamtlösliches pro Liter enthielt, behandelt. Die Ergebnisse dieser Versuche sind in Tabelle **173** ersichtlich.

Tabelle 173. Einfluß einer Vorgerbung mit Formaldehyd auf die Aufnahmefähigkeit des Hautpulvers für pflanzliche Gerbstoffe [nach K. H. Gustavson (*8*)].

	Gewöhnliches Hautpulver	In Pufferlösung von $p_H = 7$ vorbehandeltes Hautpulver	In Pufferlösung von $p_H = 12$ vorbehandeltes Hautpulver	In Pufferlösung von $p_H = 7$ mit Formaldehyd gegerbtes Hautpulver	In Pufferlösung von $p_H = 12$ mit Formaldehyd gegerbtes Hautpulver
Gebundener Gerbstoff in %, bezogen auf Kollagen	45	52	69	40	48

Diese Ergebnisse zeigen, daß die Aufnahme von Gerbstoffen durch Vorbehandlung des Hautpulvers mit Pufferlösungen von verschiedenem p_H erhöht wird. Deshalb ist es nicht richtig, die Ergebnisse aus Reihen von unbehandeltem Hautpulver mit den Werten für die Gerbstoffixierung von Formalingerbungen, die in gepufferten Lösungen ausgeführt sind, zu vergleichen. Denn dann würde z. B. für eine Formalingerbung bei p_H 12 eine verstärkte Gerbstoffaufnahme im Vergleich zu gewöhnlichem Hautpulver durch die Vorgerbung vorgetäuscht werden. Wenn man aber pflanzlich gegerbte Hautpulverproben mit gleichartiger Puffervorbehandlung vergleicht, so ist eine deutliche Herabsetzung der Bindung pflanzlicher Gerbstoffe durch eine Formaldehydgerbung zu sehen. Die gepufferten Lösungen verursachen, nebenbei bemerkt, mindestens zwei verschiedenartige Veränderungen in den Hautpulvern, und zwar teils eine Aktivierung der basischen Gruppen, teils eine Peptisierung des Proteinsystems.

Über die Reaktionsverhältnisse zwischen Formaldehydhautpulver und Chromsalzen liegen einige Versuche vor. In der oben erwähnten Arbeit von O. Gerngroß und H. Roser wurde in halbquantitativen Versuchen eine im Vergleich zu gewöhnlichem Hautpulver erniedrigte Chromaufnahme des formalinvorgegerbten Hautpulvers festgestellt. Dieses Problem wurde in einer späteren Arbeit im Zusammenhang mit einigen Versuchen über den Bindungsmechanismus von Chromsalzen eingehender mittels vergleichender Untersuchungen verschiedenartig vorbehandelter Hautpulver geklärt [K. H. Gustavson (*8*)]. Da die Ergebnisse dieser Arbeit für das Verständnis der Einwirkung von Formaldehyd auf die Haut und für die Theorie der Chromnachgerbung von formaldehydgegerbter Hautblöße wohl von allgemeinem Interesse sind, sollen hier die wichtigsten Ergebnisse dieser Veröffentlichung kurz wiedergegeben werden. Abb. 108 zeigt den Einfluß des Formaldehydgerbungsgrades auf die Aufnahmefähigkeit des Hautpulvers für basische Chromsulfate verschiedener Azidität und Konzentration.

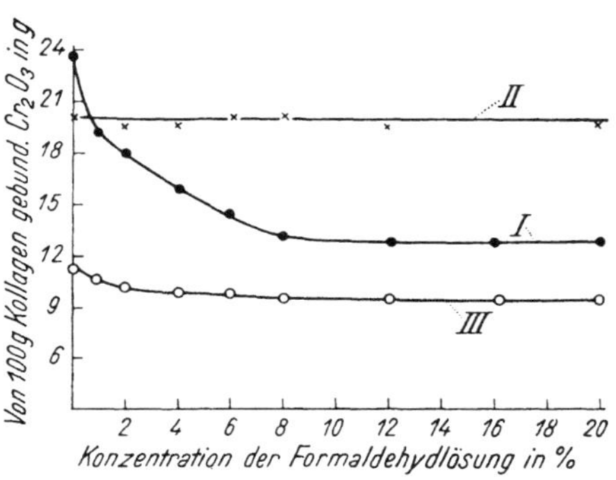

Abb. 108. Einfluß des Vorgerbungsgrades mit Formaldehyd auf die Aufnahmefähigkeit des Hautpulvers für basische Chromsulfate [nach K. H. Gustavson (*8*)].
Das Hautpulver wurde mit gepufferten Formaldehydlösungen verschiedener Konzentration von p_H 8 48 Stunden vorgegerbt. Die nachfolgende Chromgerbung dauerte 48 Stunden. Folgende Chrombrühen wurden bei der Gerbung verwendet: *I* Chromsulfatbrühe. Azidität 40%; 10 g/l Cr_2O_3. *II* Chromsulfatbrühe. Azidität 40%; 100 g/l Cr_2O_3. *III* Chromsulfatbrühe. Azidität 63%; 14 g/l Cr_2O_3.

In der Versuchsreihe der Tabelle 174 wurde das Hautpulver in ungepufferter 1%iger Formaldehydlösung von p_H 7 48 Stunden lang geschüttelt, worauf eine 48 Stunden dauernde Chromgerbung folgte.

Die Ergebnisse dieser Versuchsreihe und eine große Zahl weiterer Versuche haben gezeigt, daß die Formalinvorbehandlung des Hautpulvers eine Verminderung der Chromaufnahme aus mäßig konzentrierten basischen Chromsulfat- und Chromchloridlösungen verursacht. In hochkonzentrierten basischen Chromsulfatlösungen sind die von den beiden Hautpulvern fixierten Chrommengen praktisch gleich. Des weiteren wurde festgestellt, daß die prozentuale Verminderung der Chromaufnahme bei Formalinvorgerbung des Hautpulvers mit abnehmender Azidität der Sulfatbrühen zunimmt. Dieselbe Regelmäßigkeit zwischen Bindung und Azidität der Chromsalze war auch bei der pflanzlich vorgegerbten Haut nachgewiesen worden. Auch die anionischen Chromsalze, wie z. B. die Sulfit-

Tabelle 174. Aufnahme von Chromsalzen durch Hautpulver und formaldehydvorgegerbtes Hautpulver [nach K. H. Gustavson (8)].

Nr.	Konzentration der Chromlösung in Gramm Cr_2O_3 im Liter	Hautpulver: Cr_2O_3 in %	Hautpulver: Azidität des Cr-Salzes auf der Faser in %	Formaldehyd-Hautpulver: Cr_2O_3 in %	Formaldehyd-Hautpulver: Azidität des Cr-Salzes auf der Faser in %
		a) Chromchloridbrühe von 44% Azidität.			
1	7	8,3	36	6,8	32
2	15	10,1	36	8,3	33
3	28	12,3	38	10,3	33
4	37	12,6	38	11,1	34
5	74	13,4	37	12,3	33
		b) Chromsulfatbrühe von 63% Azidität.			
1	6	10,4	57	9,9	53
2	12	12,2	58	11,2	54
3	19	12,8	59	11,9	53
4	25	13,2	59	12,4	55
5	37	13,6	59	12,7	55
6	62	13,1	61	12,5	55
7	94	12,1	63	12,2	57
8	156	10,8	67	11,4	58

verbindungen, zeigten ein herabgesetztes Bindungsvermögen an formaldehydgares Hautpulver, aber unerwarteterweise war die Verminderung der Chromaufnahme verhältnismäßig geringer als bei den gewöhnlichen kationischen Chromsalzen. Daß eine Vorgerbung der Haut mit Formalin die Kochbeständigkeit der so vorgegerbten Chromleder nicht vermindert, sondern daß dieses Kombinationsleder trotz seines niedrigeren Chromgehalts der Kochprobe ohne Schrumpfung widersteht, ist besonders interessant und bedeutungsvoll.

In den unveröffentlichten Versuchen der Tabelle 175 wurde die entkälkte Hautblöße in einer 1,6%igen Formaldehydlösung von p_H 8, das durch stufenweise Zugabe von Sodalösung konstant erhalten wurde, 48 Stunden lang gegerbt. Zusammen mit den formalingegerbten Blößeproben wurden topographisch vergleichbare Proben von Blöße desselben Kalbfells in einer basischen Chromsulfatbrühe von 60% Azidität und 35 g Cr_2O_3 im Liter bei Zimmertemperatur geschüttelt. Nach verschiedener Einwirkungsdauer wurden Proben entnommen, in denen nach der Entfernung des löslichen Chromsalzes und nach dem Trocknen der Chrom- und Kollagengehalt bestimmt wurde. Die Prozentzahlen des Chromgehalts sind auf Kollagen bezogen.

Tabelle 175. Einfluß einer Vorgerbung mit Formaldehyd auf die Kochbeständigkeit von Blöße bei nachfolgender Chromgerbung [K. H. Gustavson (10)].

Schrumpfungstemperatur der Blöße: 63° C, Schrumpfungstemperatur der Formalinblöße: 80° C.

	Blöße	Formalinblöße	Blöße	Formalinblöße	Blöße	Formalinblöße	Blöße	Formalinblöße
Gerbdauer in Stunden . . .	2	2	3	3	4	4	8	8
Cr_2O_3-Gehalt der Haut in %, bezogen auf Kollagen .	4,6	2,0	5,3	3,9	5,8	4,7	6,4	5,6
Azidität des Chromsalzes auf der Faser in %	58	53	59	53	58	52	59	53
Schrumpfung bei der Kochprobe in %.	29	4	17	0	8	0	0	0
Schrumpfungstemp. in ° C . .	98	> 100	100	> 100	> 100	> 100	> 100	> 100

Die gewaschenen Proben wurden einer Kochprobe von 2 Minuten Dauer unterworfen und die Schrumpfung von je 4 Stückchen jeder Hautprobe sowie die Schrumpfungstemperatur bestimmt.

Tabelle 175 enthält die Ergebnisse dieser Reihe.

Wie bei der Besprechung des Nachchromierens von lohgarem Leder hervorgehoben wurde, führt nach einer Vorgerbung mit pflanzlichen Gerbstoffen und Formaldehyd die nachfolgende Chromgerbung leichter als bei gewöhnlicher Blöße zu einer Kochbeständigkeit des Leders. Diese Ergebnisse werden nicht durch eine etwaige Alkalität der Formalinblöße vorgetäuscht, da diese nach der Formalinbehandlung von überschüssigem Alkali befreit worden war. Durch diese Vorgerbung wird manchmal volle Kochfestigkeit des Leders bei einem Chromgehalt von nur 2,8 bis 3% Cr_2O_3, bezogen auf Kollagen, erhalten. Zu beachten ist dabei, daß die Kochprobe bei den Kombinationsledern möglicherweise durch eine niedrigere Azidität des Chromsalzes auf der Faser beeinflußt werden könnte. Dagegen spricht aber, daß auch bei Proben von entsäuerten Ledern festgestellt wurde, daß die vorgegerbten Proben eine bessere Heißwasserbeständigkeit als die auf gleiche Weise, aber rein chromgegerbten Leder zeigten.

Faßt man die Chromgerbung — wie in Kapitel I ,,Die allgemeine Theorie des Gerbvorganges" beschrieben wurde — als eine Vernähung verschiedener räumlich naheliegender Polypeptidketten durch die Chromkomplexe auf, so kann man diese Beobachtungen dahin deuten, daß die Anlagerung von ,,Koordinationsvalenzkräften" an die basischen Gruppen der Haut vom Chromkomplex aus durch die Verbindung von pflanzlichen Gerbstoffen und Formaldehyd mit den Hautproteinen nicht verhindert oder gemindert wird. Die Hypothese, daß bei der Chromgerbung ein inneres Salz gebildet wird, ist auf der Annahme einer Inaktivierung der Valenz der Carboxyl- und entionisierten Aminogruppen der Hautproteine aufgebaut. Auch für die primäre Bindung des Formaldehyds sind entladene Aminogruppen unentbehrlich. Weiterhin wurde im Zusammenhang mit diesen Versuchen über die Einwirkung verschiedener Vorbehandlungsarten der Haut beim Chromgerben auf ihre Heißwasserbeständigkeit gefunden, daß in Gerbungen, die wahrscheinlich an die Anwesenheit von geladenen basischen Proteingruppen in der Haut gebunden sind, ein kochbeständiges Leder nicht oder nur schwierig zu erhalten ist. Die Vorgerbung mit gewissen synthetischen Gerbstoffen der Gerbsulfonsäureklasse verhindert praktisch die Erzielung von kochfestem Leder bei der nachfolgenden Chromgerbung, doch rührt dieses Verhalten nicht von der etwaigen Wirkung der gebundenen Sulfonsäuren als H-Ionenquelle her.

Die Verminderung des Aufnahmevermögens der Haut für kationische Chromsalze, die ja in der Praxis hauptsächlich verwendet werden, durch Formalinvorgerbung hängt wahrscheinlich damit zusammen, daß durch die Formalingerbung die Säurebindungsfähigkeit der Haut herabgesetzt wird. Bei fortschreitender Bindung von Chromsalzen an die Haut kommt es zu einer Verschiebung des hydrolytischen Gleichgewichts zwischen basischem Salz und freier Säure, die hauptsächlich von der H-Ionenaufnahme durch die basischen Proteingruppen reguliert wird. Durch teilweise Blockierung dieser säurebindenden Gruppen wird die Säureaufnahme verzögert und vermindert und infolgedessen die Hydrolyse der Chromsalze zurückgedrängt. Es scheint eine direkte Abhängigkeit zwischen der Aufnahme der H-Ionen und der komplexen Chromkationen durch die Haut vorzuliegen. Die Herabsetzung der Säurebindungsfähigkeit der Haut führt so indirekt zu einer Verminderung der Chromaufnahmegeschwindigkeit bei formalinvorgegerbter Haut.

Die absolute Verringerung der Chromaufnahme durch Formaldehydhaut (in

Prozenten auf die von nicht formaldehydgarer Haut aufgenommene Chrommenge bezogen) wächst mit abnehmender Azidität der Chrombrühen. In einer Brühe von ca. 90% Azidität ist die Chromaufnahme infolge der Vorgerbung um 10 bis 15% vermindert, während in einer gleichartigen Chrombrühe von 50% Azidität die entsprechende Chromfixierung um ca. 40 bis 55% herabgesetzt ist. Die Zahlen stellen die Werte von Gerbungen mit schwach bis mäßig konzentrierten Chrombrühen dar. Nach dem oben angeführten Erklärungsversuch waren die beobachteten Erscheinungen zu erwarten. Aus komplexchemischen Untersuchungen ist bekannt, daß eine verminderte Azidität des Chromsalzes mit einer Bildung von mehrkernigen Chromkomplexen verbunden ist. Diese besitzen pro Ladungseinheit eine größere Anzahl von Chromatomen als die einfacheren Chromsalze von höherer Azidität. In den mehrkernigen Salzen kommen also auf eine ionogene Sulfatgruppe mehr Chromatome als in den Chromsalzen niedriger Komplexität. Deshalb muß im ersteren Falle, also bei geringer Azidität, eine Herabsetzung der Säurebindungsfähigkeit (d. h. der Bindung von H- und SO_4-Ionen) der Haut die Chromaufnahme viel stärker beeinflussen als in einer Chromsulfatlösung von höherer Azidität.

Bei hochkonzentrierten basischen Chromsulfatlösungen ist diese Abnahme der Chromfixierung durch Formaldehydvorgerbung der Haut teils wenig, in vielen Fällen praktisch überhaupt nicht bemerkbar. Wahrscheinlich ist dies so zu erklären, daß bei der Chromgerbung in konzentrierten Lösungen sekundär eine Fixierung von Chromkomplexen durch die Haut erfolgt, eine Reaktion, die nicht von der H-Ionenkonzentration der Lösung reguliert wird und also unabhängig vom Aktivierungsgrad der basischen Proteingruppen verlaufen wird. Wahrscheinlich erfolgt dabei eine Bindung der Chromkomplexe an die —CO—NH-Gruppierungen der Haut nach Art der Molekülverbindungen.

Es darf nicht unerwähnt bleiben, daß bei vergleichender Gerbung von Haut und vorgegerbter Haut die Flottenverhältnisse eine große Rolle spielen. Bei den oben besprochenen Versuchen wurde mit einem relativ großen Verhältnis von Lösung zu Haut gearbeitet. Bei gleichzeitiger Gerbung von Blößenstückchen und mäßig formaldehydgaren Blößenproben mit einer Chromsulfatbrühe von 66% Azidität und 10 g Cr_2O_3 im Liter unter wechselnden Flottenverhältnissen wurde folgende allgemeine Regelmäßigkeit gefunden: Bei einem Flottenverhältnis 50 : 5 (Trockensubstanz der Blöße) waren die aufgenommenen Chrommengen in beiden Fällen gleich, eine herabsetzende Wirkung der Formalinvorgerbung auf die Chromaufnahme konnte nicht nachgewiesen werden. Bei Versuchen mit Flotten von 500 : 5 und 1000 : 5 wurden von der formaldehydgaren Haut nur ca. 75 bis 80% der von der rein chromgegerbten Haut gebundenen Chrommenge aufgenommen. Bei der nicht vorgegerbten Hautblöße war die Chromaufnahme unabhängig von den Flottenverhältnissen, aber bei der mit Formaldehyd, pflanzlichen Gerbstoffen und Gerbsulfosäuren vorbehandelten Blöße verminderte sich die aufgenommene Chrommenge mit steigenden Flottenverhältnissen allmählich.

Zusammenfassend kann gesagt werden, daß die Affinität der Haut zu den Chromsalzen durch Vorbehandlung mit Formaldehyd vermindert wird und daß die von der Haut aufgenommenen Chromsalze stärker basisch sind als bei der üblichen Gerbung mit denselben Chromsalzen. Die Gerbwirkung der Chromsalze wird durch diese Vorbehandlung nicht verschlechtert, sondern, besonders was die Heißwasserbeständigkeit betrifft, häufig etwas verbessert.

2. Praxis der Formaldehydvorgerbung.

Die Formaldehydgerbung wird in der Praxis mit den meisten anderen Gerbverfahren kombiniert, wobei ihre verschiedenen Möglichkeiten verwertet werden.

Sie hat sich als Vorgerbung der Haut für eine nachfolgende pflanzliche Gerbung in vieler Hinsicht gut bewährt. Die praktische Erfahrung hat deutlich gezeigt, daß für einen guten Erfolg solcher Kombinationen viele Einzelheiten des Vorgerbungsprozesses genau kontrolliert werden müssen. Wie früher bemerkt wurde, muß der H-Ionenkonzentration des Formalingerbbades besondere Bedeutung zugemessen werden. Bei der Gerbung in Wasser ohne besonderen Zusatz quellungshemmender Stoffe ist es empfehlenswert, einen p_H-Wert um 7, auf jeden Fall aber nicht über 8, einzuhalten. Die verhältnismäßig geringe Formalinfixierung in diesem p_H-Bereich wird durch verlängerte Gerbdauer oder erhöhte Formaldehydkonzentration ausgeglichen. Bei größerer Alkalität des Formalinbades bietet die Zugabe von Neutralsalzen, wie Glaubersalz, Natriumthiosulfat und Natriumacetat, einen Sicherheitsfaktor. Eine alkalische Vorgerbung bei einem p_H-Wert über 8 gibt ohne Salz ein schlechtes Leder mit brüchigem Narben und geringer Reißfestigkeit. Diese Fehler werden wahrscheinlich durch eine Fixierung der alkalischen Quellung verursacht. Von praktischer Seite her wird auch behauptet, daß solche Lederschäden auf die Anwesenheit von freiem Formaldehyd im Leder zurückzuführen sind, weshalb schon immer eine Nachbehandlung des Formalinleders mit formaldehydbindenden Stoffen, wie Ammoniumsalzen und Bisulfiten, allgemein vorgenommen wurde. Diese Kombinationsgerbung liefert bei zweckmäßiger Ausführung und Beachtung solcher Einzelheiten zufriedenstellende Resultate.

Die Verzögerung der Aufnahme vegetabilischer Gerbstoffe durch die Vorgerbung hat bei den in der Praxis verwendeten Formalinverfahren keine nennenswerte Verminderung des Rendements zur Folge, da die Struktur- und Quellbarkeitsveränderungen der Hautblöße, die eine vergrößerte Bindungsfähigkeit für Gerbstoffe bewirken, bei diesen praktischen Ausführungsformen der Vorgerbung die inaktivierende Wirkung der Formalinbehandlung weitgehend übertreffen. Deshalb ist die ablehnende Einstellung von O. Gerngroß und H. Roser gegen den Gebrauch von Formalin als Vorgerbmittel bei der Erzeugung von lohgaren Sohlledern wohl akademisch begründet, aber vom praktischen Standpunkt aus nicht berechtigt, was auch H. Herfeld bei Besprechung dieser Gerbung mit Recht hervorhebt. Andererseits wird bei vielen Verfahren die Verminderung der Angerbgeschwindigkeit durch diese Vorgerbung verwertet. Dadurch soll bei der pflanzlichen Gerbung nicht so leicht eine Übergerbung der Narbenschicht stattfinden, auch ist es möglich, bei der pflanzlichen Nachgerbung sogleich stärkere Angerbbrühen zu verwenden, was einen großen Zeitgewinn bedeutet.

Eine andere Art der Vorgerbung besteht in der Verwendung von Formaldehyd zur Fixierung des Quellungszustandes, wodurch bei der nachfolgenden pflanzlichen Gerbung eine größere Gerbstoffaufnahme ermöglicht wird. Dabei hat sich eine Säurequellung besser bewährt als eine alkalische Quellung, da bei letzterer der Narben des fertigen Leders häufig mürbe wird. Wie E. Stiasny und L. Vogl gezeigt haben, wird die Bindungsfähigkeit der Haut für pflanzliche Gerbstoffe weitgehend von dem Schwellungsgrad der gerbfertigen Blöße bestimmt. Eine Säurequellung wird bereits bei p_H-Werten von nur 2,5 bis 3 durch Formalin fixiert. Da nach dem Heißwasserbeständigkeitsverfahren von O. Gerngroß und R. Gorges eine Gerbwirkung des Formaldehyds nur bis zu einem p_H-Wert von ca. 4 feststellbar ist, muß man die fixierende Wirkung des Formaldehyds bei diesen viel niedrigeren p_H-Werten vielleicht der bei der Formaldehydgerbung auftretenden sekundären Reaktion zuschreiben. Im Abschnitt über die Nachgerbung mit Formalin wird über eine gleichartige Wirkung von Formaldehyd auf Chromleder berichtet. Da die praktischen Befunde darauf hindeuten, daß bei Fixierung von Hautblöße, die in sauren und alkalischen Bädern vergleichbar gequollen wurde, die erste Behandlungsmethode ein narbenfesteres Leder als das alkalische Verfahren liefert, ist neben den früher erwähnten Erklärungsmöglichkeiten auch das Zustandekommen einer Formaldehydübergerbung der Narbenschicht im alkalischen p_H-Bereich zu berücksichtigen. Von L. Houben wurde vorgeschlagen, die Formalingerbung im Entkälkungsbade, das dabei natürlich keine Formaldehyd inaktivierenden Substanzen, wie Ammoniumsalze und Bisulfite, enthalten darf, vorzunehmen. Zum Schluß soll noch erwähnt werden, daß die Kombination Formaldehyd—pflanzliche Gerbung ein Leder mit größerer Wärmebeständigkeit als das übliche Sohlleder ergibt.

Auch bei der Herstellung pflanzlich gegerbter Oberleder hat sich die Formaldehydvorgerbung einen Platz errungen, da damit ein sehr fester Narben erzielt wird. Dieses Verfahren wird bei der Erzeugung von lohgarem Schafleder verwendet. Die Vorbehandlung der entkälkten Blößen mit Formalinlösung im p_H-Bereich um 7 ergibt ein festnarbiges Leder, jedoch ist die Zügigkeit solcher kombinationsgegerbter Leder geringer als die lohgarer Leder, weshalb diese Methode für zügige Leder nicht zu empfehlen ist. Andererseits sind diese Leder für chagrinierte Leder sehr gut geeignet. Die Formalinvorgerbung gibt dem lohnachgegerbten Leder auch andere Merkmale, wie Vollheit und wolligen Griff, ferner wird die Heißwasserbeständigkeit verbessert. Wenn besonders volles Leder erwünscht ist, wird die Formalinvorgerbung in mäßig starker, etwas alkalisch eingestellter Neutralsalzlösung durchgeführt.

Formaldehydvorgerbungen bei der Gerbung mit Chromsalzen haben sich in der Praxis nicht besonders eingeführt. Aber in vielen organisch reduzierten Brühen treten, besonders bei Verwendung kleiner Säuremengen, niedriger Temperaturen und verdünnter Lösungen, Formaldehyd und andere Aldehyde als Nebenprodukte auf und die besonderen Eigenschaften solcher Brühen werden manchmal der Wirkung solcher aldehydartiger Stoffe zugeschrieben, wofür allerdings eine experimentelle Bestätigung nicht beigebracht wird. Wahrscheinlich sind jedoch die gleichzeitig gebildeten organischen Säuren, wie Oxal-, Essig- und Ameisensäure, die in den Chromkomplex eintreten und eine maskierende Wirkung auf die Chromsalze ausüben, für die milde Gerbwirkung solcher Chrombrühen verantwortlich. Durch eine vorangehende Formalinbehandlung wird der Narben verfestigt und die Dehnbarkeit des Chromleders vermindert, was für gewisse Ledersorten von Bedeutung ist. Die Natur und Ausführung der Chromgerbung ist offenbar für eine Kombination mit Formaldehyd als Vorgerbungsmittel nicht geeignet. Für diese Leder wird die Vorgerbung am besten in schwach alkalischem Bade vorgenommen. Eine direkte Nachchromierung ist wegen der Gefahr einer Chromsalzausflockung nicht durchführbar, sondern die vorgegerbten Blößen müssen zuerst gepickelt werden, wodurch die bei der Formalinvorgerbung erzeugten Eigenschaften wieder teilweise verlorengehen. Für die Herstellung eines Spezialleders mit vollem wolligem Griff und geringer Dehnbarkeit dürfte ein zweckmäßiges Kombinationsverfahren sicher von praktischem Interesse sein. Dabei muß man von den üblichen kationischen Chromsalzen absehen und statt dessen den anionischen und maskierten Chromsalzen seine Aufmerksamkeit schenken. Solche Brühen, wie z. B. mit Natriumoxalat und Natriumformiat maskierte Chromsulfate, können direkt mit der formalinvorgegerbten Blöße zusammengebracht werden, ohne daß man befürchten muß, ein Leder mit platzendem Narben, wie bei der direkten Gerbung mit den üblichen Chrombrühen, zu erhalten.

Die praktische Ausnützung von Formaldehydvorgerbungen bei der satten Chromgerbung spielt, wie gesagt, nur eine untergeordnete Rolle. Am meisten werden die Formaldehydkombinationen bei der Fabrikation von weißen Oberledern verwendet. In großem Maßstab werden solche Formalinverfahren in Kombination mit Chrom- und Aluminiumsalzen sowie mit synthetischen Gerbstoffen besonders in den Vereinigten Staaten bei der Herstellung weißer leichter Oberleder verwendet. Für die zweckmäßige Durchführung der Formalinvorgerbung als ersten Teilprozeß solcher Kombinationen hat die praktische Erfahrung einige Richtlinien festgelegt, die in aller Kürze aufgeführt werden sollen[1]. Im folgenden wird vorwiegend die Gerbkombination Formaldehyd—Aluminium behandelt.

Eine Vorgerbung mit 2- bis 5%iger Formalinlösung von p_H 5 bis 7 hat sich gut bewährt. Zugabe von Kochsalz oder anderen neutralen Chloriden ist nicht erwünscht, nicht wegen der verzögernden Wirkung solcher Salze auf die Gerbgeschwindigkeit, was eher vorteilhaft ist, sondern weil dadurch ein Leder erzielt würde, das nicht narbenfest ist. Fixiersalz und Natriumsulfat beschleunigen die Formaldehydfixierung durch die Haut in neutraler Lösung, aber bei der folgenden Nachgerbung mit Aluminiumsalzen wird im ersten Falle Schwefel abgeschieden, was ein Nachteil ist, auch wird manchmal, besonders in neutraler Lösung, dabei ein allzu festes und etwas steifes Leder erzeugt. Besonders gut hat sich die Gerbung im natriumacetathaltigen Bade eingeführt. Diese Gerbungen werden auch häufig mit Formalin und Aluminiumsalzen gleichzeitig im gemeinsamen Bade vorgenommen, da viele Neutralsalze einen vorteilhaften Einfluß auf die Gerbwirkung des Aluminiumsulfates ausüben sollen. Bei Anwesenheit von Acetaten muß jedoch die Formalingerbung getrennt durchgeführt werden, da Natriumacetat die Aluminiumsulfatlösung ausflockt. Um bei der nachfolgenden Zugabe von basischem Aluminiumsulfat eine Ausflockung zu verhindern ist es rätlich, dieser Lösung mit Essigsäure angesäuertes Natriumacetat sehr vorsichtig zuzusetzen. Auch etwas Kochsalz wird der Aluminiumsulfatlösung zugegeben, die am besten in basischer Form vorliegen soll. Eine praktisch erprobte Methode, die im gemeinsamen Bade ausgeführt wird, ist folgende: Eine Lösung aus gleichen Teilen Aluminiumsulfat und Kochsalz wird mit Natriumbicarbonat so stark basisch wie möglich eingestellt, der erzielte p_H-Wert einer 1%igen Lösung soll nicht unter 2,8 liegen. Dann werden 3% Formalin zugegeben und die Felle in dieser Lösung so lange gewalkt, bis eine Schrumpfungstemperatur des Leders von mindestens 80° C erreicht ist.

Vor allem bei der Erzeugung von weißem Schuhoberleder, das sich in den letzten Jahren besonders in den Vereinigten Staaten als wichtiger Artikel von stetig wachsender Bedeutung erwiesen hat, sind viele verschiedenartige Formalinkombinationen im Gebrauch. Die meisten weißzugerichteten Leder sind aber wohl noch aus chromgarem Material hergestellt, das nach einer Behandlung mit entgerbenden Säuren, wie Oxalsäure, mit gewissen lichtbeständigen hellfärbenden synthetischen Gerbstoffen nachgegerbt ist. Den gesteigerten Anforderungen des Handels für weißes Leder von rein weißem Ansehen wird jedoch mit der gebleichten Chromware nicht genügt. Es liegt auch im eigenen Interesse der Lederindustrie, weiße Leder mit rein weißem Aussehen und Schnitt zu erzeugen, da die Kosten für die Appretur bei der alten Erzeugungsweise sehr hoch sind. Der nicht rein weiße Grund braucht eine ganz dicke Deckschicht aus Pigmenten, was die Gefahr des Abschälens der Appretur mit sich bringt, ein Übel, welches durch die nicht rein weiße Grundfarbe dieser Leder verschlimmert wird. Dieses Problem haben viele neue Gerbverfahren zu lösen versucht; rein weiße Mineralgerbungen mit Salzen von Zirkonium, Titan, Wolfram und

[1] Der Verfasser verdankt diese praktischen Erfahrungsergebnisse seinem Kollegen, Mr. R. E. Porter, Newark, N.J., U. S. A.

Aluminium im maskierten Zustand, wie auch die Verwendung von Aluminiumoxydhydrosolen, die nach Angabe des Erfinders ein heißwasserbeständiges weißes Leder ergeben sollen, sind patentiert. Es scheint jedoch, als ob bis jetzt nach keinem dieser Verfahren ein Leder mit dem erstrebten Narben und Griff erzeugt worden wäre. Da auch die Wasserbeständigkeit dieser Leder nicht zufriedenstellend ist, wird bei vielen weißen Kombinationsgerbungen eine kleine Zugabe von Chromgerbmittel verwendet. Ein derartiges Verfahren, das in der Praxis verwendet wird, arbeitet nach folgenden Richtlinien:

Die gut gekälkten und gebeizten Felle werden wie üblich gepickelt und, wenn erforderlich, mit Kaliumpermanganat-Natriumbisulfit gebleicht. Nach einem nochmaligen leichten Pickeln kommen die Felle in ein Bad aus Natriumacetat und Glaubersalz. Der Picklungsgrad der Felle und der Natriumacetatgehalt des Bades sollen so reguliert werden, daß ein p_H von ca. 4 erhalten wird. Die Angerbung wird mit Formaldehyd vorgenommen, dann folgt im selben Bad eine leichte Chromierung. Nachdem die Felle auf Böcke geschlagen wurden, erhalten sie eine leichte Nachgerbung mit synthetischen Gerbstoffen.

Statt Chromsalzen werden auch basische Aluminiumsulfate verwendet; ein derartiges Verfahren ist in A. P. 2029088 beschrieben. Nach diesem Verfahren wird die gepickelte Blöße entsäuert, bis ein p_H-Wert von 4,5 erreicht ist, dann werden 10% Formalin, bezogen auf das Gewicht der gepickelten Felle, zugegeben. Nach fünfstündigem Walken bleiben die Felle über Nacht im Faß, darauf folgt die Aluminiumgerbung, bei der Aluminiumsulfat, das mit Natriumbicarbonat auf 60% Azidität eingestellt worden war, in einer Konzentration von 1,25 bis 2,25% Al_2O_3 verwendet wird. Das gespülte Leder wird dann mit geeigneten Gerbsulfosäuren nachbehandelt. Nach diesem Verfahren soll ein weißes Leder mit rein weißer Schnittfläche, gutem Griff, Vollheit und hoher Wasserbeständigkeit erzeugt werden. Nach Befeuchten mit heißem Wasser trocknet es weich aus.

Neben Formaldehyd wird Crotonaldehyd als geeignetes Vorgerbmittel vorgeschlagen. In der Praxis hat sich die Verwendung dieser Kombination mit synthetischen Gerbstoffen für rein weißes Leder noch nicht in größerem Maßstabe eingeführt, da sich bei diesen Ledern häufig allmählich ein gelblicher Farbton einstellt.

II. Die Nachgerbung mit Formaldehyd.

Glacé- und Sämischleder erhalten häufig eine leichte Nachgerbung mit Formalin, welche in dem folgenden Abschnitt über diese Gerbarten behandelt werden soll. Bei den anderen Gerbarten kommt einer solchen Nachgerbung keine oder nur geringe Bedeutung zu, wenn auch eine Nachbehandlung von vollgarem Chromleder mit Formalin vorgeschlagen wurde. So wird in D.R.P. 352285 ein Verfahren zur Entsäuerung des Chromleders beschrieben, wobei Formalin mit Soda oder anderen Alkalien vermischt benutzt wird. In der Beschreibung wird angeführt, daß Formaldehyd anscheinend die Eigenschaft hat, sich mit gewissen Gruppen der Hautsubstanz zu verbinden, die von den Chromsalzen nicht besetzt werden. Es verhindert damit nach Angabe des Erfinders eine zu starke Ablagerung von basischen Chromsalzen an den Narben (dieser Fehler verursacht die bekannten Übel der Narbensprödigkeit und des Narbenziehens). In einem Ausführungsbeispiel werden auf 100 kg nasses Chromleder folgende Mengen angegeben: Das Leder wird in 300 l Wasser mit 0,5 kg Formaldehyd und 1 kg Soda neutralisiert.

Nach unveröffentlichten Untersuchungen des Verfassers hat eine Nachbehandlung von nicht entsäuertem Chromleder mit Formalin in wässeriger Lösung merkbare Veränderungen gewisser Eigenschaften des so behandelten Leders zur Folge. So wird seine Heißwasserbeständigkeit weitgehend erhöht, obgleich der p_H-Endwert der Lösung nur 3 bis 3,5 beträgt. Bei vergleichenden Versuchen mit 4%iger Formalinlösung und Wasser ist die säureverdrängende Wirkung des Formaldehyds deutlich wahrnehmbar. Da Schrumpfungstemperatur und Kochbeständigkeit erheblich verbessert werden, ist es möglich, ein nicht kochgares Leder durch eine solche Nachbehandlung kochfest zu machen. Vergleichende Untersuchungen an mit basischem Chromchlorid gegerbtem Leder, bei denen eine gleichartige Verdrängung der proteingebundenen Säure durch eine Nachbehandlung mit schwach alkalischer Pyridinlösung erreicht wurde, haben gezeigt, daß die Wirkung des Formaldehyds nicht nur in einer Entsäuerung besteht, sondern daß in dem Leder auch andere Veränderungen hervorgerufen werden. Die üblichen Entsäuerungsmittel, wie Alkalicarbonate und Borax, erhöhen die Heißwasserbeständigkeit des so behandelten Leders nicht nur infolge der stattfindenden Entsäuerung, sondern auch auf Grund der gleichzeitig verlaufenden Komplexveränderungen (Bildung von Carbonat- und Boratverbindungen). Durch eine allmähliche Neutralisierung mit sehr schwacher NaOH-Lösung oder alkalischen Stoffen, die keine komplexbildenden Anionen enthalten, kann die neutralisierende Einwirkung des Formaldehyds einerseits und etwaiger anderer Einflüsse andererseits festgestellt werden. Ein mit Chromchlorid gegerbtes Leder, das nicht entsäuert worden war (Chromgehalt = 8,3% Cr_2O_3, Azidität des Chromsalzes auf der Faser = 46%), wurde 16 Stunden lang mit verschiedenen Lösungen behandelt. Das ursprüngliche Leder hatte eine Schrumpfungstemperatur von 95° C, bei einer Kochprobe von 3 Minuten betrug die Flächenschrumpfung 44%. Tabelle 176 zeigt die Ergebnisse dieser Versuchsreihe.

Tabelle 176. Vergleichende Analysendaten von mit Pyridin-, Borax- und Formaldehydlösungen nachbehandeltem Leder [nach K. H. Gustavson (*10*)].

Lösung für die Nachbehandlung	Schrumpfungstemp. in ° C	Schrumpfung der Fläche bei 3 Minuten Kochprobe	Gehalt in %, bezogen auf Kollagen		Azidität des Chromchlorids auf der Faser in %
			Cr_2O_3	Cl	
Wasser	95	46	8,3	5,2	44
2%ige Formalinlösung .	> 100	24	8,3	3,6	31
4%ige " .	> 100	11	8,3	3,3	28
4%ige Pyridinlösung . .	> 100	19	8,3	2,4	21
1%ige Boraxlösung . .	> 100	0	8,3	3,0	26

Der p_H-Endwert des Wassers betrug 3,8.

Diese Ergebnisse zeigen, daß sich Formaldehyd in saurer Lösung mit der Hautsubstanz unter Verdrängung der proteingebundenen Säure verbindet. Ein Vergleich mit der rein entsäuernden Wirkung der Pyridinlösung weist darauf hin, daß bei Formaldehyd eine sekundäre Wirkung stattfindet. Meist genügt eine kurze Nachbehandlung mit Formaldehyd. So wurde die Schrumpfungstemperatur eines anderen mit Chromchlorid gegerbten Leders nach einer zweistündigen Behandlung in 4%iger Formaldehydlösung von 86° C auf 98° C erhöht. Durch vergleichende Versuche wurde festgestellt, daß die kleinen Mengen Ameisensäure, die auch in chemisch reinem Formaldehyd vorkommen, für die besprochenen Wirkungen nicht verantwortlich sein können. Dies wurde weiter in Versuchen mit auf übliche Weise mit Chromsulfat gegerbten Lederproben bestätigt, also einer Gerbung, bei der etwaige Komplexveränderungen im Leder durch Anionenaustausch keine größere Rolle spielen. Bei schwach gegerbten Sulfatledern, die auch durch optimale Neutralisation nicht kochgar zu machen sind, wird der kochgare Zustand durch eine Nachbehandlung mit Formalin erzielt. So zeigte ein Chromsulfatleder mit 5,3% Cr_2O_3 und einer Azidität des Chromsalzes auf der Faser von 69% nach einer Nachbehandlung in 4%iger Formaldehydlösung nur mehr eine Azidität von 40%. Die Schrumpfung des ursprünglichen Leders betrug 21%, während die formalinbehandelte Probe kochbeständig war. Diese interessante Frage wird für das Verständnis der Gerbwirkung sicher von Bedeutung werden.

Als kombinierte Formalingerbung kann auch ein Verfahren mit Formalin und Natriummetaphosphat als Gerbmittel bezeichnet werden, das von J. A. Wilson ausgearbeitet wurde[1]; die Methode wird für die Gerbung weißen Leders vorgeschlagen.

Die gebeizte Blöße wurde mit Kaliumpermanganat und Natriumbisulfit gebleicht, wobei die für die Bleichwirkung nötige Säure den p_H-Wert auf 2,6 erniedrigte. Nach dem Spülen wurde die Blöße mit 2% Natriumbicarbonat in 30% Wasser behandelt, was einen p_H-Wert von 6,8 ergab. Darauf folgte die Formalingerbung, zu der 5% Formalin benutzt und die bei einem p_H von 8,4 20 Stunden lang durchgeführt wurde. Nach dem Waschen wurde einige Stunden mit 9% Natriummetaphosphat, $Na_2[Na_4(PO_3)_6]$, und 5% Spezialöl („phosphatisiertes Öl") im Faß gewalkt und darauf Schwefelsäure zugegeben, bis ein p_H-Wert der Restbrühe von 3,0 erreicht war.

III. Die Chinongerbung in Kombination mit anderen Gerbarten.

In theoretischer Hinsicht stehen Kombinationsgerbungen mit Chinon in nahem Zusammenhang mit den Formaldehydgerbungen. Trotzdem Chinon als Gerbmittel viele vorzügliche Eigenschaften besitzt, hat es in der Praxis doch keine allgemeine Verwendung gefunden, was wahrscheinlich mit seinem hohen Preis zusammenhängt.

Bei der Chinongerbung handelt es sich — wenigstens was den schnell verlaufenden primären Vorgang betrifft — wahrscheinlich wie bei der Formaldehydgerbung um eine kovalentige Reaktion zwischen dem Gerbstoff und den basischen Gruppen der Haut, was zu einer Inaktivierung dieser letzteren führt (S. Hilpert und F. Brauns). Die Reaktionsgeschwindigkeit und Bindungsfähigkeit für Gerbstoffe sind bei chinonvorgegerbter Haut, genau wie bei der formalinvorgegerbten, bei der nachfolgenden Gerbung mit pflanzlichen Gerbstoffen und Chromsalzen verringert. A. W. Thomas und M. W. Kelly (2) haben die pflanzliche Nachgerbung von chinonvorgegerbten Hautproben untersucht und erhielten bei starker Chinonvorgerbung fast gar keine Aufnahme von pflanzlichen Gerbstoffen. Dieses Verhalten wurde als Beweis für eine Fixierung der pflanzlichen Gerbstoffe an die basischen Proteingruppen, vorwiegend an die Aminogruppen, aufgefaßt. In derselben Arbeit wurde auch die Aufnahme von basischem Chromsulfat unter-

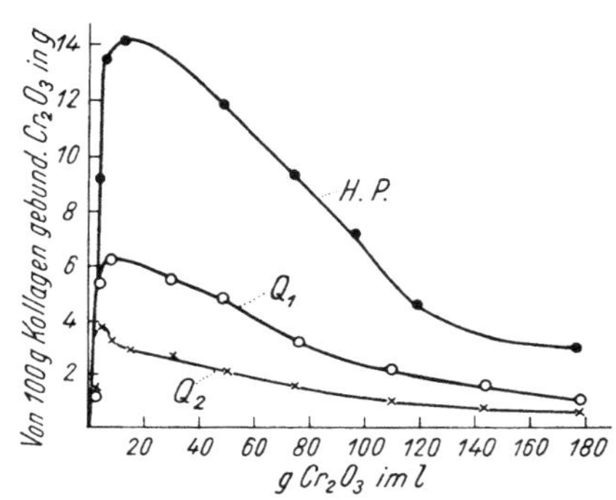

Abb. 109. Chromaufnahme durch unbehandeltes Hautpulver und chinonvorgegerbtes Hautpulver als eine Funktion der Konzentration der Chrombrühe. Gerbdauer: 48 Stunden [nach A. W. Thomas und M. W. Kelly (1)].

Q_1 leicht chinonvorgegerbtes Hautpulver vom Gerbungsgrad 27. Q_2 stark chinonvorgegerbtes Hautpulver vom Gerbungsgrad 77.

[1] Persönliche Mitteilung an den Verfasser.

sucht. An zwei chinonvorgegerbten Hautpulverproben mit 27 bzw. 77% gebundenem Chinon (bezogen auf Kollagen) wurden aus einer basischen Chromsulfatbrühe maximal 10,2 bzw. 8,4% Cr_2O_3 gebunden, während bei nicht vorgegerbtem Hautpulver 16% Cr_2O_3 gefunden wurden. Für die theoretische Behandlung dieser Kombinationsgerbungen läßt man zweckmäßig dieselben Richtlinien wie für die entsprechenden Formaldehydgerbarten gelten. Der Einfluß einer Chinonvorgerbung auf das Bindungsvermögen des Hautpulvers für basische Chromsulfatbrühe ist in Abb. 109 dargestellt.

L. Meunier hat besonders die Verwendungsmöglichkeiten des Chinons bei Kombinationsgerbungen hervorgehoben. Er betont (*1*), daß bereits sehr kleine Chinonmengen ausreichen, um das Quellungsvermögen der Hautblöße bedeutend zu vermindern, so hat sich 0,1% Chinon, bezogen auf das Blößengewicht, als genügend erwiesen. Nach Angaben in dem Buch „La Tannerie" von L. Meunier und C. Vaney (S. 716) sind bei Vorgerbung von Blöße im p_H-Bereich 5 bis 6 150 g Chinon auf 100 kg Blöße hinreichend und die Wirkung soll durch diese kleine Menge nicht leiden. Nach diesen Angaben soll durch die Chinonvorgerbung eine Dehydratation und Auflockerung des Hautfasergewebes bewirkt werden. Der Narben wird dadurch so fixiert, daß seine natürliche Feinheit und Schönheit im Leder gewahrt bleibt. Meunier empfiehlt die schwache Chinonvorgerbung bei der Herstellung von Sohlleder mit pflanzlichen Gerbextrakten, besonders soll dadurch bei Verwendung von natürlichen Quebrachoextrakten ein schweres, kompaktes Leder mit gutem Rendement erzeugt werden. Ferner wird von den genannten Verfassern eine Chinonvorgerbung mit nachfolgender Chromgerbung vorgeschlagen, eine Kombination, die sich besonders bei der Erzeugung von Velourleder bewährt hat. Bei einem solchen kombinierten Leder soll leichter als bei reinem Chromleder ein volles Schwarz ohne Reflexe erzielt werden. Eine Chinonvorgerbung von Glacéleder soll ein weiches, volles Leder ergeben.

G. Kombinationen mit Fett- und Sämischgerbung.

Kombinationen mit der Fettgerbung kommen in der Praxis viel häufiger vor als zumeist angenommen wird. Zwar ist bei vielen Verfahren, die als Fettgerbungskombinationen bezeichnet sind, der Verwendung von Fettstoffen zur Nachbehandlung des Leders gar keine oder nur sehr beschränkte Gerbwirkung zuzuschreiben. Andererseits ist bei vielen Prozessen, die nur als Fettungsverfahren betrachtet werden, eine Gerbwirkung deutlich zu merken. Der Begriff „Fettgerbung" wird nämlich in der Fachliteratur sehr willkürlich gehandhabt. Im allgemeinen ist ja in solchen Kombinationsledern die zahlenmäßige Bestimmung einer etwaigen Gerbwirkung nicht durchführbar und so bleibt nur übrig, als Kriterium dieser Gerbwirkung eine irreversible Bindung von Fettstoffen durch die Haut anzusehen. Wenn also die im Leder vorhandenen Fettstoffe so fest gebunden sind, daß sie durch Extraktion mit den üblichen Fettlösungsmitteln aus dem Leder nicht entfernt werden können, so ist mit einer Gerbwirkung dieser Fettstoffe zu rechnen. Nach dieser Definition sind auch viele Fettlickerverfahren als eine Nachgerbung des fertigen Leders zu bezeichnen. So wurde eine irreversible Bindung von Fettstoffen bei der Verwendung von sulfonierten Ölen und ungesättigten Fetten, wie z. B. Tran, nachgewiesen (W. Schindler und K. Klanfer). Die bei diesen Fettungsverfahren vor sich gehende Nachgerbung wird jedoch in dieser Übersicht nicht als Kombinationsgerbung aufgeführt. In diesem Zusammenhang soll nur auf den interessanten Befund von C. Felzmann hingewiesen werden, daß die Haut aus einer Lösung der freien Sulfonate des Ricinusöls so viel von diesen aufnimmt, als dem Säureäquivalent der Hautsubstanz entspricht.

Dagegen ist die Sämischgerbung einwandfrei als echte Fettgerbung zu bezeichnen, da bei dieser die üblichen Kriterien für eine Gerbwirkung und auch die irreversible Fixierung der Fettstoffe erfüllt sind. Von den Kombinationsgerbungen bei Sämischleder sind die Vorgerbung mit Formaldehyd und die schwache Nachgerbung mit Chromsalzen von praktischer Bedeutung. Bei der sogenannten „Neusämischgerbung", die in einer wässerigen Formalinvorgerbung besteht, ist es dadurch möglich, die Sämischgerbung abzukürzen, wodurch das Leder von allzu lang dauerndem Walken verschont bleibt. Von den durch eine solche Vorgerbung verbesserten Eigenschaften dieses Leders ist besonders die erhöhte Alkalistabilität zu erwähnen. Diese Alkalibeständigkeit ist besonders für die Verwendung des Sämischleders als Fensterleder bedeutungsvoll, da das Leder dabei mit Seifenlösungen und alkalischen Waschmitteln behandelt wird. Auch das Färben des Sämischleders mit Schwefelfarbstoffen wird durch die Formaldehydgerbung erleichtert, die Dehnbarkeit hingegen verringert. Deshalb darf diese Vorbehandlung nur ganz leicht sein, da eine satte Vorgerbung zu unelastisches Material ergeben würde. Die nachfolgende Sämischgerbung muß dann etwas satter als üblich vorgenommen werden.

Durch eine leichte Nachchromierung läßt sich das Sämischleder in hellen und vollen Nuancen färben. Da die Schwefelfarbstoffe nur matte und leblose Farbtöne ergeben, hat sich bei der neuzeitlichen Nachfrage nach hellen Modefarben eine leichte Behandlung mit Chromsalzen eingeführt. Die benutzten Spezialfarbstoffe bestehen vorwiegend aus Metallkomplexfarbsäuren; bei dieser Nachchromierung sind die üblichen Chromgerbsalze gut verwendbar. G. Powarnin und K. Syrin haben die Chrom-Sämisch-Kombinationen, besonder sin bezug auf die Elastizität des Leders, untersucht. Das Chrom-Sämisch-Leder liefert bei der Fettextraktion auffallend niedrige Werte, was von den Verfassern so erklärt wird, daß die Hydroxylgruppen des mit der Hautsubstanz verbundenen basischen Chromsalzes bei der nachfolgenden Sämischgerbung mit den Fettsäuren des Trans reagieren. Diese Chromseife wird bei der Entfettung nicht entfernt. Die Chrom-Sämisch-Gerbung soll ein elastisches Leder mit bedeutender Reißfestigkeit liefern. Die Daten, die bei der Nachgerbung von Sämischleder mit Chrombrühen erhalten werden, weisen darauf hin, daß die Fettsäuren mit dem basischen Chromsalz wahrscheinlich infolge der relativ hohen H-Ionenkonzentration des Chrombades nicht reagieren können. Das erhaltene Leder ist hart und besitzt nur geringe Reißfestigkeit, es soll um so härter werden, je weiter die Sämischgerbung getrieben worden war. Bei dieser Untersuchung war die Nachchromierung viel weiter geführt worden als in der Praxis üblich, woraus die scheinbar unvereinbaren Urteile der Theorie und Praxis über den Einfluß einer Nachchromierung von Sämischleder zu erklären sind.

Wie früher bemerkt wurde, werden viele Leder mit einem hohen Fettgehalt im Handel als fettgar oder fettkombinationsgar bezeichnet, die gar keine Fettstoffe in an die Hautsubstanz gebundener Form enthalten, sondern die unter die fettimprägnierten Leder einzureihen sind. Dies gilt besonders für viele technische Leder, z. B. Riemen- und Ventilleder, die nach einer satten Ausgerbung durch Chrom- oder Aluminiumsalze mit festen Fettgemischen imprägniert werden. Eine Beschreibung dieser Arten fällt aus dem Rahmen dieses Kapitels.

Von vielen Seiten wird auch bezweifelt, daß die Glacégerbung als eine Kombinationsgerbung zwischen Alaun oder anderen Aluminiumsalzen und Fett anzusehen sei. Es wird die Meinung vertreten, daß das Eigelb vom Leder nicht gebunden wird, sondern daß es hauptsächlich als Fettungs- und Emulgiermittel dienen soll. Die relativ große Alaun- und Säurebeständigkeit des Eigelbs soll seinen erfahrungsmäßig festgestellten Wert bedingen. Zur Stützung dieser Auffassung wurde auf die Tatsache verwiesen, daß Eigelb vom Chromleder nicht unextrahierbar aufgenommen wird. Eine solche Übertragung der Befunde von der Einwirkung des Eigelbs auf Chromleder auf das Verhalten von Eigelb bei der Glacégerbung scheint jedoch nicht erlaubt. In einem Gemisch von Aluminiumsulfat und Eigelb liegen doch ganz andere Reaktionsbedingungen vor als bei der Einwirkung von Eigelb auf Chromleder, da im ersten Falle mit Sicherheit Umsetzungen zwischen den Bestandteilen des Eigelbs, besonders den Lecithinen, und dem Aluminiumsalz zu erwarten sind. Eine direkte Reaktion der Phosphatide mit der Hautsubstanz ist besonders beim Altern des Leders nicht von der Hand zu weisen (B. Rewald). Auf diesem Gebiete wurden noch keine experimentellen Arbeiten ausgeführt, doch scheint man nach den vorliegenden Kenntnissen die Glacégerbung als eine Kombinationsgerbung ansehen zu können. Da die Einzelheiten dieser Gerbart und die Eigenschaften des erzeugten Leders im Kapitel „Aluminiumgerbung" ausführlich beschrieben sind, sollen in diesem Zusammenhang nur einige praktisch wichtige Kombinationen mit der Glacégerbung erwähnt werden. Oben wurde das Nappaleder behandelt, das ein mit pflanzlichen Gerbstoffen, vorwiegend mit Gambir, nachgegerbtes Glacéleder darstellt.

Als Nachgerbmittel für Glacéleder wird auch Formalin benutzt, und zwar zur Erzeugung eines weißen waschbaren Leders, da das Leder dadurch ein gutes Widerstandsvermögen gegen alkalische Lösungen, wie auch bessere Heißwasser- und Wasserbeständigkeit erhält. Früher spielte die Formaldehydnachgerbung eine große Rolle bei der Herstellung von buntfarbigem Glacéleder, da das gewöhnliche Glacéleder nur mit Holzfarbstoffen gefärbt werden konnte. Das mit Formalin nachgegerbte Produkt konnte infolge seiner Alkalistabilität mit Schwefelfarbstoffen gefärbt werden, was einen großen Fortschritt in der Fabrikation solcher Leder bedeutete. In der modernen Praxis ist für farbiges Glacéleder eine leichte Nachgerbung mit einem basischen Chromsalz üblich, die Formalinkombination kommt jetzt hauptsächlich nur mehr für weißes Leder in Betracht. Diese Nachchromierung ist nicht nur für die gute Färbbarkeit des Glacéleders, die eine Fixierung von verschiedenen Säurefarbstoffen, Alizarin- und besonders Chromkomplexfarbstoffen durch das Leder ermöglicht, von Bedeutung und Wert, sondern auch für die sonstigen, durch die Chromnachgerbung erzielten Eigenschaften des Leders. Wasser- und Hitzebeständigkeit sind beträchtlich verbessert und man erhält ein viel volleres und griffigeres Leder als das Glacéleder. Bei der Nachgerbung werden mittel- bis ganz stark basische Chrombrühen verwendet, die Behandlung wird in der Regel ganz leicht ausgeführt. Zum Einfärben in hellen Farbtönen wird die Verwendung der hellen und violetten Chromacetate empfohlen, da die starke Eigenfarbe der üblichen basischen Chrombrühen mit den Pastellnuancen des Leders nicht gut überdeckt werden kann. Besser als die Chromacetate, denen nur eine sehr beschränkte oder gar keine Gerbwirkung zukommt, scheinen die hellfarbigen komplexen Chromformiate und Chromoxalate geeignet zu sein. Solche Mischkomplexsalze werden durch Kochen einer Lösung der üblichen Chromsulfate mit dem entsprechenden Natriumsalz bereitet. In diesem Falle braucht das Leder nicht entsäuert zu werden, sondern es wird nur als Vorbereitung für das Färben sorgfältig gewaschen.

H. Kombinationen der Mineralgerbungen untereinander.

Kombinationen der Mineralgerbungen untereinander haben keine weitgehende praktische Verwendung gefunden. Von größtem Interesse ist die Kombination der Chrom- und Alaungerbarten, von denen nur die Vorgerbung mit Aluminiumsalzen und Ausgerbung mit Chrombrühen praktisch verwertbar ist. Die Aluminiumsalze besitzen eine im Vergleich mit Chromsalzen nur ganz schwache Affinität zur Hautsubstanz und deshalb kann nur die angegebene Reihenfolge in Frage kommen. Durch diese Kombination wird beabsichtigt, die weichen und zügigen Eigenschaften des weißgaren Leders mit dem ausgezeichneten Charakter des Chromleders in bezug auf Wasser- und Hitzebeständigkeit, große Reißfestigkeit und Haltbarkeit zu vereinen.

Häufig wird eine schwache Alaungerbung in Form eines Pickels gegeben. Neben der eigentlichen Pickelwirkung durch die von der Haut gebundene, aus dem Aluminiumsulfat hydrolytisch abgespaltene Schwefelsäure kommt wahrscheinlich durch die sich bei der Hydrolyse bildenden basischen Aluminiumsulfate eine schwache Alaungerbung zustande. Bei der nachfolgenden Chromgerbung wird das aufgenommene Aluminiumsalz größtenteils von den Chromsalzen verdrängt und im fertigen Leder können keine oder nur winzige Mengen von Aluminiumsalzen nachgewiesen werden. Möglicherweise liegt die Bedeutung einer solchen gelinden Alaunvorgerbung nicht in der irreversiblen Aufnahme von Aluminiumsalz, sondern es machen sich die Veränderungen des physikalischen Zustandes der so behandelten Haut im Anfangsstadium der Chromfixierung geltend und beeinflussen den Charakter des Leders. Auch beim Nachchromieren des Glacéleders liegt eine Alaun—Chrom-Kombination vor. Dabei ist durch das Lagern des Leders teilweise eine irreversible Bindung von Aluminiumsalzen durch die Hautsubstanz eingetreten und das fertige Leder zeigt Eigenschaften beider Einzelgerbungen. Bei dieser Kombination wird auch nicht eine Nachgerbung mit Chrombrühen, sondern nur eine leichte Nachchromierung des voll alaungegerbten Leders vorgenommen. Es handelt sich also um die umgekehrte Arbeitsweise wie beim üblichen Aluminium-Chrom-Verfahren, wo eine leichte Alaungerbung mit einer vollen Chromausgerbung angestrebt wird.

Sehr verbreitet ist die Verwendung von Aluminium- und Chromsalzen im gleichen Bad; dieses Verfahren hat sich bei der Erzeugung von weichem, vollem Rindleder, wie dem sog. „Elkleder", gut bewährt. Bei diesen Gerbverfahren, die meist in Haspeln durchgeführt werden, setzt man der Chrombrühe basisches Aluminiumsulfat zu, das mit Natriumbicarbonat meist auf eine Azidität von 60 bis 70% eingestellt wird. Bei dieser Gerbart wird durch die Haut etwas Aluminiumsalz aufgenommen, da gewöhnlich im fertigen Leder auf ca. 6% Cr_2O_3 eine Menge von 0,5 bis 1% Al_2O_3 anwesend ist. Aber die Hauptrolle spielt bei diesem Zusatz von basischem Aluminiumsulfat wohl seine puffernde Wirkung. Bei solchen Kombinationsgerbungen ist es möglich, die Chrombrühe viel stärker basisch zu halten, ohne daß die Nachteile der hochbasischen Gerbart so ausgesprochen in Erscheinung treten wie bei der einfachen Chromgerbung. Bei der Herstellung von glattem Kalb- und Rindleder, die für die Zurichtung in nassem ausgerecktem Zustande mit den Narben auf Platten geklebt werden, wirkt eine Zugabe von Aluminiumsulfat oder meist von basischem Aluminiumsulfat bei der Chromgerbung der Beanspruchung des Leders im Klebprozeß entgegen. Bei gewöhnlicher Ausführung des Chromverfahrens entsteht nach dieser Arbeitsmethode ein dünnes und steifes Leder.

Eine gemischte Aluminium-Chrom-Gerbung im gemeinsamen Bad verwertet die puffernde und komplexverändernde Wirkung von Aluminiumsulfat auf die basischen Chromchloride, indem die Sulfatgruppen leicht in die Komplexe der basischen Chromchloride eintreten. Nach diesem Verfahren werden die mit Salzsäure leicht gepickelten Felle in einer basischen Chromchloridbrühe von ca. 50% Azidität einige Stunden vorgegerbt. Dann wird die hydrolysierbare Säure des Bades bestimmt und höchstens die äquivalente Menge eines basischen Aluminiumsulfats mit ca. 60% Azidität allmählich zugesetzt. Bei der Erzeugung vieler Ledersorten hat sich die Zugabe einer ungefähr halbmolaren Menge Aluminiumsulfat als zweckmäßig bewährt. Durch diese Zugabe von Sulfaten werden die in der Brühe vorhandenen basischen Chromchloride in basische Chromsulfate verwandelt, was eine schnellere und vollere Ausgerbung bedingt. Bei der Verwendung von Aluminiumsalzen ist es auch gleichzeitig möglich, die Anfangsazidität der Chromchloridbrühe etwas niedriger zu halten als beim Gebrauch von Alkalisulfaten, wie Glaubersalz, ohne Gefahr zu laufen, daß die Ausgerbung in allzu basischen Brühen durchgeführt wird, da das basische Aluminiumsulfat als Puffer wirkt [K. H. Gustavson (*9*)].

Für die Herstellung des sog. weißen „Nubuks", eines auf dem Narben velourzugerichteten Rindleders, wird eine Kombination aus Aluminium- und Chromsalzen, zusammen mit Mehl und Eigelb verwendet. Brühen aus fertigen Trockenextrakten, mit Schwefeldioxyd reduzierte Brühen und abgestumpfte Chromalaunbrühen geben eine eigene Chromfarbe, die sich für diese weiße Gerbung gut eignet. Häufig wird auch eine Vorgerbung mit Formalin oder ein Zusatz von Formalin zu der Mineralgerbbrühe angewendet.

In der Patentliteratur haben auch die Kombinationsmöglichkeiten zwischen Eisen- und Chromgerbung volle Beachtung gefunden, doch sind solche Kombinationen bei normalen wirtschaftlichen Verhältnissen nur von theoretischem Interesse. R. W. Frey hat für eine solche Kombinationsgerbung ein sehr interessantes und technisch neuartiges Verfahren ausgearbeitet, das in A. P. 1757040 niedergelegt ist. Das Rohmaterial besteht aus einer billigen Ferro-Chrom-Legierung mit einer durchschnittlichen Zusammensetzung von 60 bis 70% Cr, 20 bis 30% Fe und 4 bis 6% C. Das Ferrochrom wird in Salzsäure gelöst und mit Alkali auf den gewünschten Aziditätsgrad gebracht. In der erzeugten Lösung ist das Eisen als Ferrosalz vorhanden, dem keine Gerbwirkung zukommt, und bei der Gerbung mit diesem Salzgemisch wird ein rein chromgares Leder erhalten. Dieses soll jedoch voller als das gewöhnliche Chromleder sein und besonders die lockeren Hautteile werden besser ausgenutzt. Trotzdem das Ferrosalz bei der Gerbung nicht direkt mitwirkt, soll doch nach der Ansicht von R. W. Frey seine Anwesenheit in der Gerbbrühe für die verbesserten Eigenschaften des nach dieser Methode erzeugten Leders verantwortlich sein. Eine Kombinationsgerbung kann erst nach der Oxydation des Ferrosalzes zu Ferrisalz zustande kommen. Entweder wird die Ferro-Chrom-Salzlösung nach einer stattgehabten Chromvorgerbung im Gerbbad mit einem Oxydationsmittel behandelt, wodurch ein Ferri-Chrom-Salzbad entsteht, oder die Mischbrühe wird vor der Verwendung oxydiert, wodurch von Anfang an eine Ferri—Chrom-Kombination zur Wirkung kommt. Als zweckmäßiges Oxydationsmittel wird Natriumbichromat genannt. Bei diesem Verfahren wird auch Schwefelsäure als Aufschlußmittel für das Ferrochrom verwendet, besonders dann, wenn ein volles Leder erwünscht ist. Die Oxydation mit Natriumbichromat bietet noch den Vorteil, daß das Bichromat zu dreiwertigem Chromsalz reduziert wird, wodurch der Lösung weiteres Gerbmittel zugeführt wird. Da bei diesem Prozeß Säure verbraucht wird, nimmt die Basizität der Lösung allmählich zu, was für eine sattere Ausgerbung von großem Wert ist, da die übliche Zugabe von Alkalien als Neutralisationsmittel wegfällt.

Dieses Gerbverfahren soll ein volles weiches Leder mit guter Narbenbildung sowie festen Fasern und Narben ergeben.

Im Zusammenhang mit der Besprechung der Eisen—Chrom-Gerbkombination im gemeinsamen Bad ist zu erwähnen, daß nach einer Arbeit von A. S. Kostenko und S. B. Shimanovich die Haut aus einem Lösungsgemisch von Ferri- und Chromsalzen vorwiegend das Eisensalz aufnehmen soll. Dies wird mit dem im Vergleich zu den entsprechenden Chromsalzen größeren Hydrolysengrad der Eisensalze erklärt, da dadurch die Ferrisalze eine geringere Stabilität als die Chromsalze erhalten. Bei dieser Kombination zeigte sich auch bei getrennter Gerbung, daß der Einfluß der als letzter verwendeten Gerbart um so geringer war, je weiter die Vorgerbung getrieben worden war.

I. Andere Kombinationsverfahren.

Verfahren, bei denen in der Haut Schwefel ausgeschieden oder gebildet wird, werden von vielen Seiten als Kombinationsgerbverfahren mit Schwefel als gerbender Komponente aufgefaßt. Der Begriff einer Schwefelgerbung scheint jedoch noch durchaus problematisch zu sein, wie auch H. Herfeld besonders betont hat. Nach der Ansicht des Verfassers kommt vielmehr dem ausgeschiedenen Schwefel eine füllende Wirkung zu. Die in der Gerbliteratur vielfach und in großer Anzahl beschriebenen Schwefelkombinationen werden hier deshalb nicht berücksichtigt. Erwähnt sei nur, daß solche Verfahren für die Erzeugung gewisser technischer Leder, wie Näh-, Binde- und Schlagriemen, vorwiegend in Kombination mit Alaun und pflanzlichen Gerbmitteln als hervorragend geeignet angesehen werden.

Eine Unzahl von Gerbverfahren mit allen denkbaren Kombinationsmöglichkeiten ist, obwohl patentiert, wahrscheinlich meistens praktisch nie verwertet worden. Ein Verfahren von besonderem Interesse, bei dem auch die Aussicht auf praktische Bedeutung besteht, liegt bei der sog. Telaonmethode für Sohlleder vor (O. Röhm), das eine Kombination aus gereinigter Sulfitcelluloseablauge und Kieselsäure verwendet; Einzelheiten über die Ausführung dieses Verfahrens sind noch nicht bekanntgegeben, doch soll es nachfolgend in großen Zügen angedeutet werden: Die wie üblich geäscherten und gebeizten Häute werden nach dem Pickeln zwei Tage im Faß mit Telaonextrakt gegerbt, zwei Tage auf die Böcke geschlagen und mit einer frischen Telaonbrühe zwei Tage lang nachgegerbt. Die Herstellung von Telaon-Bodenleder soll in 10 Tagen durchgeführt werden. Das Rendement soll ungefähr das gleiche wie bei den gewöhnlichen lohgaren Ledern sein und die Herstellungskosten halten sich in den für Unterleder üblichen Grenzen. Das Leder enthält, berechnet auf einen Wassergehalt von 17%, 44% Kollagen, 29% gebundene Gerbstoffe und 10% auswaschbare Stoffe. Die gebundenen Gerbstoffe bestehen zu einem Viertel aus Mineralstoffen und zu drei Vierteln aus organischen Substanzen. Der Abnutzungswiderstand und die Reißfestigkeit des Telaonleders sollen denen des besten lohgaren Leders gleichwertig, seine Wasserbeständigkeit ganz normal sein.

Literaturübersicht.

Bowker, R. C. u. W. E. Emley: J.A.L.C.A. **30**, 572 (1935).
Brecht, H. A.: Collegium **1929**, 186.
Burton, D.: J.I.S.L.T.C. **20**, 451 (1936).
Burton, D., R. P. Wood u. A. Glover: J.A.L.C.A. **18**, 372 (1923).
Cameron, D. H. u. G. D. McLaughlin: J.A.L.C.A. **25**, 325 (1930).
Casaburi, V.: Ledertechn. Rdsch. **1924**, 57.

Elöd, E. u. A. Köhnlein: Collegium **1933**, 754, 763.
Elöd, E. u. W. Siegmund: Collegium **1932**, 135.
Felzmann, C.: Collegium **1933**, 373.
Frey, R. W. u. I. D. Clarke (*1*): Techn. Bulletin No. 169. U. S. Dept. Agriculture, Washington, D. C., U. S. A. (1930); J.A.L.C.A. **25**, 133 (1930); (*2*): Ebenda **26**, 461 (1931).
Frey, R. W., I. D. Clarke u. L. R. Leinbach: J.A.L.C.A. **23**, 430 (1928).
Frey, R. W. u. C. W. Beebe (*1*): J.A.L.C.A. **29**, 489 (1934); (*2*): Ebenda **30**, 459 (1935); (*3*): Ebenda **29**, 528 (1934).
Frey, R. W., F. P. Veitch u. L. R. Leinbach: J.A.L.C.A. **21**, 156 (1926).
Gerngroß, O. u. R. Gorges: Collegium **1926**, 391.
Gerngroß, O. u. H. Roser: Collegium **1922**, 1, 25.
Gustavson, K. H. (*1*): J.A.L.C.A. **22**, 125 (1927); (*2*): Abhandlung, vorgetragen bei der Amsterdamer Versammlung des IVLIC, 1933; Zusammenfassung in: Cuir techn. **22**, 267 (1933); (*3*): Collegium **1932**, 775; (*4*): J.A.L.C.A. **26**, 635 (1931); (*5*): J.I.S.L.T.C. **21**, 4 (1937); (*6*): J.A.L.C.A. **21**, 22 (1926); (*7*): Ebenda **19**, 446 (1924); (*8*): Journ. Ind. engin. Chem. **19**, 243 (1927); (*9*): Collegium **1926**, 97; (*10*): Unveröffentlichte Arbeit.
Herfeld, H.: Collegium **1936**, 588.
Hilpert, S. u. F. Brauns: Collegium **1925**, 64.
Houben, L.: J.I.S.L.T.C. **18**, 509 (1934).
Innes, R. F.: J.I.S.L.T.C. **14**, 624 (1930); **15**, 480 (1931); **17**, 725 (1933); **19**, 12, 109 (1935).
Jettmar, J.: Kombinationsgerbungen der Lohe-Weiß- und Sämischgerberei. Berlin: Julius Springer, 1914.
Kostenko, A. S. u. S. B. Shimanovich: J.A.L.C.A. **31**, 12 (1936).
Küntzel, A., C. Rieß, A. Papayannis u. H. Vogl: Collegium **1934**, 261.
Meunier, L. (*1*): Cuir techn. **19**, 60 (1930); (*2*): Collegium **1912**, 420.
Meunier, L. u. A. Seyewetz: Compt. rend. Acad. Sciences **146**, 987 (1908); Collegium **1909**, 59, 319; **1908**, 195, 202; **1914**, 523.
Meunier, L. u. C. Vaney: La Tannerie, I. Paris: Gauthier-Villars, 1936.
Moser, L.: Monatsh. Chem. **51**, 181 (1929).
Norlin, E.: Tekn. Tidskrift, Kemi **1936**, 65, 75, 85.
Orthmann, A. C.: J.A.L.C.A. **23**, 184 (1928).
Otin, C. u. G. Alexa: J.I.S.L.T.C. **18**, 418 (1934); **19**, 389 (1935).
Otto, G. (*1*): Collegium **1933**, 586; (*2*): Ebenda **1935**, 371.
Page, R. O. (*1*): J.A.L.C.A. **28**, 93 (1933); (*2*): Ebenda **23**, 495 (1928).
Page, R. O. u. H. C. Holland: J.A.L.C.A. **27**, 432 (1932).
Phillips, H.: J.I.S.L.T.C. **15**, 465 (1931).
Powarnin, G. u. W. Tokarew: Collegium **1930**, 437.
Powarnin, G. u. K. Syrin: Collegium **1932**, 122.
Rewald, B.: J.I.S.L.T.C. **19**, 220 (1935).
Röhm, O.: Ledertechn. Rdsch. **1936**, 69.
Schindler, W. u. K. Klanfer: Collegium **1928**, 286.
Schipkow, P. F.: Chem. Ztrbl. **1936**, I, 3953.
Stiasny, E.: Gerbereichemie (Chromgerbung). Dresden: Th. Steinkopff, 1931.
Thomas, A. W. u. M. W. Kelly (*1*): Journ. Amer. chem. Soc. **48**, 1312 (1926); (*2*): Journ. Ind. engin. Chem. **18**, 625 (1926).
Thuau, U. J.: Collegium **1931**, 79.
Vogl, L.: Diss. Darmstadt, **1926**.
Wilson, J. A.: Die Chemie der Lederfabrikation, 2. Aufl., Bd. II. Wien: Julius Springer, 1931.
Wood, J. T.: Journ. Soc. chem. Ind. **27**, 384 (1908).
Wood, J. T. u. W. E. Holmes: Collegium **1906**, 301.

Auszug aus der Patentliteratur.

Von Dr. **Arthur Miekeley**, Dresden, und Dr. **Gertrud Schuck**, Dresden.

Erklärung der Abkürzungen.

A.P.	Amerikanisches Patent.	Jap.P.	Japanisches Patent.
Aust.P.	Australisches Patent.	Jugosl.P.	Jugoslawisches Patent.
Belg.P.	Belgisches Patent.	Norw.P.	Norwegisches Patent.
Can.P.	Canadisches Patent.	Ö.P.	Österreichisches Patent.
Dän.P.	Dänisches Patent.	Pol.P.	Polnisches Patent.
D.R.P.	Deutsches Reichspatent.	R.P.	Russisches Patent.
E.P.	Englisches Patent.	Schwed.P.	Schwedisches Patent.
F.P.	Französisches Patent.	Schwz.P.	Schweizer Patent.
Finn.P.	Finnisches Patent.	Tschechosl.P.	Tschechoslowakisches Pat.
Holl.P.	Holländisches Patent.	Ung.P.	Ungarisches Patent.
It.P.	Italienisches Patent.	Zus.P.	Zusatzpatent.

Die Gerbung mit Mineralsalzen.

A. Die Gerbung mit Chromverbindungen.

I. Herstellung von Chromgerbstoffen.

A.P. 511411 vom 26. 12. 1893.

Martin Dennis, Brooklyn, N.Y., V. St. A.

Gerbbrühe. Chromhydroxyd wird in verdünnter Salzsäure gelöst und mit Alkali oder Soda bis zum Auftreten eines bleibenden Niederschlages versetzt. Der Gerblösung wird Kochsalz zugefügt.

A.P. 573631 vom 22. 12. 1896.
E.P. 14293 vom 27. 6. 1896.

George W. Adler, Philadelphia, V. St. A.

Mineralgerbverfahren. Eine mit verdünnter Schwefelsäure angesäuerte Lösung von Kaliumbichromat wird mit einer organischen Verbindung, wie Zucker oder Alkohol, in Gegenwart von Ameisen- oder Essigsäure reduziert und alsdann mit Soda versetzt, bis sich ein Niederschlag von Chromhydroxyd bildet, der mit Salzsäure wieder in Lösung gebracht wird.

D.R.P. 104279 vom 5. 5. 1897. — C. 1899, II, 813.
George Benda & Frères, Paris.

Verfahren zur Darstellung eines Gerbmaterials für chromgares Leder. Salze der Chromsäure werden in Gegenwart von Salzsäure mittels Glucose, Stärke oder dgl. reduziert.

1. **D.R.P. 119042**/Kl. 12o vom 25. 12. 1898. — C. 1901, I, 865.
2. **Zus. P. 130678**/Kl. 12o vom 19. 2. 1899. — C. 1902, I, 1137.

Gustav Eberle, Stuttgart.

Verfahren zur Darstellung komplexer organischer Chromoxydverbindungen.
1. Chromsäure wird mit einem großen Überschuß von Glycerin reduziert, wobei ca. $^1/_8$ der zur Überführung des Chromoxyds in Chromsulfat erforderlichen Menge Schwefelsäure zugesetzt werden kann.
2. Statt Glycerin werden Kohlenhydrate, wie Stärke, Traubenzucker, verwendet. Die erhaltenen Chromverbindungen werden zum Gerben verwendet.

D.R.P. 123556 vom 7. 2. 1900.
Valentiner & Schwarz, Leipzig-Plagwitz.

Verfahren zum Gerben von Häuten und Fellen mittels einer Fluorverbindung des Chroms, die aus Natriumbichromat durch Reduktion mit Formaldehyd in Gegenwart von Flußsäure hergestellt wird (vgl. S. 80).

1. **D.R.P. 244320**/Kl. 12o vom 15. 11. 1910. — C. 1912, I, 959.
2. **Zus.P. 252039**/Kl. 12o vom 12. 12. 1911. — C. 1912, II, 1588.
3. **Zus.P. 252833**/Kl. 12o vom 24. 5. 1911. — C. 1912, II, 1756.
4. **Zus.P. 262049**/Kl. 12o vom 20. 11. 1912. — C. 1913, II, 464; Coll. 1913, 390.

Albert Wolff, Köln und Hamburg.

1—3. **Verfahren zur Darstellung von Lösungen der Formiate des Chroms oder Aluminiums.** Umsetzung von Natriumformiat mit möglichst konzentrierten Lösungen von Sulfaten des Chroms oder Aluminiums.

4. **Verfahren zur Gewinnung von basischen Chromformiatlösungen.** Chromchloridlösungen, die $^1/_3$ bis $^1/_2$ basisch gestellt sind, werden mit der für $^2/_3$ basisches Chromformiat berechneten Menge Natriumformiat vermischt und die überschüssige Säure durch Soda abgestumpft.

D.R.P. 295518/Kl. 28a vom 17. 6. 1914. — C. 1917, I, 151; Coll. 1917, 88.
Paul Kauschke, Dresden.

Verfahren zur Herstellung von insbesondere für Gerb- und Färbereizwecke geeigneten konzentrierten Lösungen komplexer organischer Chromoxydsalze unter Verwendung proteinhaltiger Abfallstoffe als Reduktionsmittel. Lösungen von Natriumbichromat in konzentrierter Salzsäure werden z. B. mit Chromfalzspänen oder anderen Lederabfällen, Hornspänen oder dgl. reduziert, wobei zur Einleitung der Reduktion durch Einwerfen einiger Stücke Zink oder Eisen naszierender Wasserstoff erzeugt wird oder auch leicht oxydierbare Substanzen, wie Stärke, oder auch wasserentziehende Mittel (konzentrierte Schwefelsäure) zugefügt werden.

E.P. 131772 vom 28. 9. 1918. — J.A.L.C.A. **15**, 217 (1920).
J. R. Blockey und *Walker & Sons*, Bolton, Lancashire.

Herstellung von Chromgerbstoffen. Mit Salz- oder Schwefelsäure angesäuerte Bichromatlösungen werden mit Gerbereiabfallprodukten, wie ausgelaugter Lohe, chrom- bzw. pflanzlich gegerbten Lederabfällen, Grubenschlamm usw., reduziert.

D.R.P. 326268/Kl. 12m vom 17. 11. 1918. — C. 1920, IV, 674; Coll. 1921, 159.
Chemische Fabriken vorm. Weiler-ter Meer, Uerdingen.

Verfahren zur Herstellung von Verbindungen des dreiwertigen Chroms. Schwefeldioxydhaltige Gase, die bei der Schwefelsäureerzeugung entstehen, werden durch eine Lösung von Chromsäure oder eine angesäuerte Lösung ihrer Salze geleitet.

E.P. 120049 vom 19. 12. 1918. — J.I.S.L.T.C. 1919, 161.
Charles Blanc, Paris.

Herstellung von Chromgerbbrühen. Alkalibichromate werden in saurer Lösung mittels fein zerteilter cellulosehaltiger Materialien, wie Sägespäne, Baumwollabfälle u. dgl., reduziert.

E. P. 123785 vom 13. 3. 1919. — J. I. S. L. T. C. 1919, 161.

E. Meyzonnier, Annoney, Frankreich.

Verfahren zur Herstellung von basischen Chrombrühen. Zur Reduktion des Bichromats und zur Einstellung der erforderlichen Basizität wird Natriumsulfit verwendet.

E. P. 148615 vom 22. 4. 1919. — J. A. L. C. A. **16,** 103 (1921).

J. Morel, Grenoble, Frankreich.

Herstellung von basischem Chromsulfat. Behandlung von Alkalibichromaten oder -chromaten mit gasförmiger schwefliger Säure ohne Zusatz von Schwefelsäure oder einem anderen Reagens.

A. P. 1622127 vom 16. 8. 1919. — C. 1927, II, 2256; Coll. 1929, 276.

Frederick C. Atkinson, Indianopolis, V. St. A.

Herstellung eines Gerb- und Lederfüllmittels. Chromate oder Bichromate werden mit einem aus Maiskolben durch Hydrolyse mit wenig Säure unter Druck bei 140 bis 200° gewonnenen Produkt, das auch als Lederfüllmittel Verwendung finden kann, reduziert.

Ö. P. 93833 vom 8. 11. 1919. — C. 1924, II, 1546.

Österreichische Chemische Werke, G. m. b. H., Wien.

Verfahren der Chromgerbung. Es werden basische Chromlösungen verwendet, die zweckmäßig durch chemisches oder elektrolytisches Auflösen von Ferrochrom in Säuren gewonnen werden.

E. P. 182289 vom 26. 5. 1921. — C. 1923, IV, 690.

Arthur Glover und *Geoffrey Martin*, Manchester.

Chromhaltiges Gerbmittel. Alkalibichromate werden in Gegenwart von Schwefel- oder Salzsäure und Wasser mit Molkenpulver reduziert.

E. P. 184360 vom 26. 7. 1921. — C. 1923, IV, 690.

Donald Burton und *Arthur Glover*, Manchester.

Chromhaltiges Gerbmittel. Alkalibichromate werden in Gegenwart von Mineralsäure und Wasser mit coffeinhaltigem oder coffeinfreiem Teestaub reduziert.

D. R. P. 423138/Kl. 28a vom 2. 4. 1922. — C. 1926, II, 3643; Coll. 1926, 137.

Farbwerke vorm. Meister Lucius & Brüning, Höchst a. Main.

Verfahren zur Herstellung von Chromoxydverbindungen. Chromsäure oder deren Salze werden unter Verwendung von Ligninsäure (Natronzellstoffablauge) reduziert.

D. R. P. 467789/Kl. 12m vom 9. 11. 1924. — C. 1929, I, 281; Coll. 1929, 162.

I. G. Farbenindustrie A. G., Frankfurt a. Main.

Verfahren zur Gewinnung von leichtlöslichen, insbesondere basischen Chromsalzen. Die Lösungen oder Suspensionen der Salze werden in fein verteilter Form einem warmen Gasstrom ausgesetzt und dadurch zur Trocknung gebracht.

1.	**D. R. P. 450980**/Kl. 12m	vom 25. 4. 1925. — C. 1928, I, 107; Coll. 1927, 581.
	F. P. 614535	vom 14. 4. 1926. — C. 1927, I, 2262; Coll. 1929, 271.
	E. P. 251267	vom 15. 4. 1926. — C. 1927, II, 662.
2.	**E. P. 255087**	vom 8. 7. 1926. — C. 1927, II, 662; Coll. 1929, 270.

(Zus. P. zu E. P. 251267.)

I. G. Farbenindustrie A. G., Frankfurt a. Main.

1. **Verfahren zur Darstellung leicht wasserlöslicher basischer Chromsalze.** Auf in Wasser gelöste, basische Salze des Chroms (Aluminiums oder Eisens) werden vorzugsweise während ihrer Herstellung aus den Hydroxyden oder neutralen Salzen die Oxyde, Hydroxyde oder Salze von Erdalkalien oder verwandten Metallen (Zink,

Magnesium) zur Einwirkung gebracht, wobei, gegebenenfalls unter Zugabe der für die Basizität notwendigen Säuremenge, in Wasser klar lösliche Produkte erhalten werden.

2. **Herstellung basischer, als Gerbmittel verwendbarer Chrommagnesiumdoppelsalze.** Magnesiumbichromat wird in Gegenwart oder Abwesenheit einer Säure mit einem Reduktionsmittel (SO_2, $CH_3 \cdot OH$, $CH_3 \cdot CHO$) behandelt.

1. **A.P. 1723568** vom 13. 8. 1925. — C. 1930, II, 1180; Coll. 1932, 299.
Frank S. Low, Niagara Falls, N. Y., V. St. A.

2. **A.P. 1764516**/17 vom 9. 8. 1928. — C. 1930, II, 2218; Coll. 1932, 301.
Frank S. Low, Niagara Falls, N. Y. und *A. W. Berresford*, Detroit, V. St. A.

1. **Chromgerbverfahren.** Verwendung von $CrCl_2$ und $CrCl_3$ enthaltenden Chrombrühen, die durch Zusatz von wenig Zink oder fein gepulvertem Ferrochrom zu in Wasser aufgeschlämmtem Chromchlorid ($CrCl_3$) erhalten werden.

Vgl. **E.P. 256979** vom 12. 8. 1926. — C. 1927, II, 663; Coll. 1929, 270.
Mathieson Alkali Works, New York, V. St. A.

2. **Herstellung teigförmiger Chromgerbstoffe,** z. B. aus sechs Teilen $CrCl_3$ und einem Teil Ferrochrom oder 100 Teilen $CrCl_3$, 1,3 Teilen Aluminiumpulver und 35,4 Teilen Natriumcarbonat.

A.P. 1698505 vom 15. 4. 1926. — C. 1930, II, 1327; Coll. 1932, 298.
Industrial Waste Products Corp., New York, V. St. A.

Verfahren zur Herstellung von Chromgerbstoff. Eine mit Reduktionsmitteln versetzte und auf 114,5° C erhitzte Lösung von Natriumbichromat wird in einem erhitzten, gasförmigen Medium versprüht, wobei ein trockenes, einheitliches, in Wasser lösliches Produkt erhalten wird.

Tschechosl. P. 30499 vom 20. 2. 1928. — C. 1932, I, 170; Coll. 1933, 248.
Karel Brunhofer, Prag.

Gerbflüssigkeit. Chromsalze, z. B. Chromsulfat, werden unter Zusatz von 10% Cr_2O_3 einige Zeit auf 100° erhitzt, Magnesiumsulfat zugefügt und auf 30° abgekühlt.

A.P. 1723556 vom 8. 3. 1928. — C. 1930, I, 1352.
General Aniline Works, Inc. New York, V. St. A.

Herstellung von grünem hydratischen Chromoxyd. Verbindungen des sechswertigen Chroms werden mit Wasser und Reduktionsmitteln, wie Wasserstoff, Kohlenwasserstoffe, CO, Formiate, Glycerin, Natriumthiosulfat u. a., bei über 1 und unter 150 Atm. liegenden Drucken erhitzt.

F.P. 660109 vom 8. 9. 1928. — C. 1930, II, 1180; Coll. 1932, 290.
Binders International Co. Ltd., England.

Gerbverfahren. Als Gerbbrühe wird eine mit Sulfitcelluloseextrakten reduzierte Kaliumbichromatlösung verwendet (vgl. auch S. 761).

R.P. 28210 vom 4. 3. 1930. — C. 1933, II, 3650; Coll. 1935, 147.
E. S. Wasserman, USSR.

Herstellung eines in organischen Säuren löslichen, pulverförmigen Chromhydroxyds für Gerbereizwecke. Frisch gefälltes Chromhydroxyd wird vor dem Trocknen mit Glycerin oder Zucker versetzt.

R.P. 24074 vom 2. 9. 1930. — C. 1932, II, 2004; Coll. 1933, 175.
W. N. Fisseiski, *S. G. Gertschikow* und *A. S. Kostenko*, USSR.

Verfahren zur Darstellung von Chrombrühen für die Gerberei. Alkalibichromatlösungen werden in schwefelsaurer Lösung mit Senfmehl, Senfkleie oder anderen Abfällen der Senfölgewinnung reduziert.

D.R.P. 587724/Kl. 28a vom 25. 9. 1931. — C. 1934, I, 328; Coll. 1933, 784.
Chemische Werke vorm. H. & E. Albert, Amöneburg b. Wiesbaden-Biebrich.

Verfahren zur Herstellung von Chromgerbstoffen. Organische Stoffe, insbesondere Blätter, werden durch stufenweisen Zusatz von Mineralsäuren und Chromaten bzw.

Bichromaten sowie durch wiederholtes Erwärmen und Abkühlen in Lösung gebracht. Dabei werden stark gepufferte Chrombrühen erhalten, die auch eine vegetabilische Gerbwirkung erkennen lassen.

R.P. 37248 vom 6. 11. 1931. — C. 1935, II, 3622.

L. S. Schulkin, USSR.

Chromgerbbrühe, bestehend aus einer Lösung von Natriumbichromat und Chromalaun in Mischung mit Bisulfit und Glucose.

R.P. 40968 vom 2. 10. 1932. — C. 1935, II, 3739.

W. G. Leites, USSR.

Reduktion von Chromsäure für Gerbereizwecke mit pentosanhaltigen Lösungen, die bei der Hydrolyse von cellulosehaltigen Stoffen mit schwachen Säuren erhalten werden.

A.P. 1983733 vom 14. 11. 1932. — C. 1935, II, 571.

Virginia Smelting Co., Portland, V. St. A.

Herstellung von Chromsalzlösungen. Zur Herstellung von basischen Chromsalzen wird flüssige schweflige Säure in eine wäßrige Lösung von Natriumbichromat geleitet.

Ung.P. 110195 vom 8. 7. 1933. — C. 1935, II, 1647; Coll. 1937, 256.

Paul Sors, Budapest.

Chromgerbbrühe. Wäßrige Natriumbichromatlösungen werden mit Pyritröstgasen reduziert. Die Gase werden nach Beendigung der Reaktion durch Dampf entfernt.

D.R.P. 618921/Kl. 28a vom 21. 12. 1933. — C. 1936, I, 265.

Dr. Arthur Weinschenk, Goslar.

Verfahren zur Herstellung komplexer Chromgerbstoffe. Umsetzung von Kupfer- oder Zinkboraten bzw. Hydroxyden oder Carbonaten des Zinks und Kupfers in Gegenwart von Borsäure mit Chromsalzen (Chromalaun, Chromsulfat). Die Gerbstoffe liefern Leder mit hohem Chromgehalt.

D.R.P. 664086/Kl. 28a vom 1. 5. 1935. — C. 1938, II, 4349; Coll. 1938, 525.

Chemische Werke vorm. H. & E. Albert A.-G., Amöneburg b. Wiesbaden-Biebrich.

Verfahren zur Herstellung von Chromgerbstoffen. Chromate oder Bichromate werden mit solchen Mengen von Sulfitablauge in Gegenwart von anorganischen Säuren stufenweise und bei allmählicher Temperaturerhöhung derartig reduziert, daß die gerbwirksamen Bestandteile der Sulfitcelluloseablauge erhalten bleiben.

Zu diesem Abschnitt vgl. weiter:

Künstliche Gerbstoffe, Abschn. IX, S. 735ff.
Die Gerbung mit Celluloseextrakten, Abschn. I, 3, S. 746ff.

II. Chromgerbeverfahren.

1. Einbadgerbung.

1. **D.R.P. 5298**/Kl. 28 vom 3. 11. 1878.
2. **Zus.P. 10665**/Kl. 28 vom 24. 12. 1879.
   A.P. 237797 vom 31. 8. 1880.
3. **Zus.P. 14769**/Kl. 28 vom 9. 11. 1880.

Dr. Christian Heinzerling, Biedenkopf.

Verfahren der Schnellgerberei bei Anwendung von Alaun und Zink, chromsauren Salzen, Ferrocyankalium, Chlorbarium und anderen Ingredienzien.

1. Die Blößen, die gegebenenfalls mit einer Zinkstaub oder Zinkblech enthaltenden Alaunlösung vorbehandelt sind, werden einige Tage in eine Lösung von saurem chromsaurem Kalium, Natrium oder Magnesium und Alaun oder Aluminiumsulfat und Chlornatrium eingelegt. Gleichzeitig oder anschließend wird Ferro- oder Ferricyankalium zugesetzt. Die gegerbten Leder werden mit Chlorbarium, essigsaurem Blei oder mit Seife behandelt und mit Fettstoffen, wie Paraffin, oder anderen Kohlenwasserstoffen imprägniert.

2. Anwendung von Chromsulfat oder Chromchlorid an Stelle oder im Gemisch mit den unter 1 genannten Chromsalzen. Statt Alaun wird auch Aluminiumchlorid verwendet. Zum Schmieren werden Wachs, Walrat, Colophonium und die Einwirkungsprodukte von Chlorschwefel auf Fette (Leinöl oder dgl.) vorgeschlagen.

3. Verfahren im wesentlichen nach 1 und 2, wobei die Gerblösungen nach und nach konzentriert werden oder die Häute Lösungen steigender Konzentrationsgrade passieren. Die Leder können auch mit vegetabilischen Gerbstoffen nachbehandelt werden.

A.P. 495028 vom 11. 4. 1893.

Martin Dennis, Brooklyn, N. Y., V. St. A.

Ledergerbung mit einer nach A.P. 511411 (vgl. S. 647) hergestellten Chrombrühe. Vgl. auch **E.P. 7732** vom 15. 4. 1893.

J. D. Gallagher, Newark, N. Y., V. St. A.

A.P. 528162 vom 30. 10. 1894.
E.P. 12849 vom 30. 6. 1893.

Christian Heinzerling, Frankfurt a. Main.

Mineralgerbverfahren. Gerbung mit Verbindungen, wie sie durch Umsetzung von Chromsalzen mit Chromsäure und gegebenenfalls anderen Säuren oder durch Auflösen von Chromoxydhydrat in Chromsäure, z. B. von 1 Mol. Chromoxydhydrat in 2 Mol. Chromsäure und 1 Mol. Schwefelsäure oder von 1 Mol. Chromoxydhydrat in einer Mischung von 1 Mol. Chromsäure und 1 Mol. Schwefelsäure, erhalten werden. Ferner können chromsaures Alumimium, andere Chromsalze, wie Chromsulfit, -rhodanid, -chlorid und -sulfat, weiterhin die Thiosulfate oder Hydrosulfite von Cr, Fe, Al, Zn, Mn u. a. zur Anwendung gelangen (vgl. S. 80).

1. A.P. 504012 vom 29. 8. 1893.
2. A.P. 504014 vom 29. 8. 1893.
3. A.P. 511007 vom 19. 12. 1893.
E.P. 24463 vom 19. 12. 1893.

William Zahn, Newark, N. Y., V. St. A.

Gerbverfahren für Felle und Häute.

1. Die Blößen werden bei 30° mit einer wäßrigen Lösung von Chromalaun, Zinksulfat und Kochsalz behandelt. Alsdann wird eine konzentrierte Lösung von Alkalisulfid zugefügt, wodurch Chromhydroxyd und Zinksulfid in der Haut abgeschieden werden.

2. Verfahren nach 1 unter Mitverwendung von Mangansulfat.

3. Die Blößen werden mit einer $^1/_2$%igen Chromsäurelösung vorbehandelt und dann nach 1 weiterbehandelt.

1. D.R.P. 91822 vom 23. 6. 1896. — C. 1898, I, 160.
2. Zus.P. 94291 vom 30. 3. 1897. — C. 1898, I, 160.

C. H. Boehringer Sohn, Nieder-Ingelheim a. Rh.

Verfahren zum Gerben von Häuten und Fellen.

1. Anwendung von Chromsäure oder deren Salzen, Milchsäure oder milchsauren Salzen und Schwefelsäure in einem Bad.

2. Vgl. S. 656.

A.P. 574014 vom 29. 12. 1896.

Robert Wagner und *John J. Maier*, Philadelphia, V. St. A.

Gerben von Häuten und Fellen mit einer Mischung von Chromalaun, Salpeter, Salzsäure, Kochsalz und Bleiweiß.

D.R.P. 164243/Kl. 28a vom 21. 6. 1901. — C. 1906, I, 111.

Emile Maertens, Providence, V. St. A.

Chromgerbeverfahren. Die Blößen werden sowohl bei dem Ein- als auch Zweibadverfahren während oder nach der Gerbung der Einwirkung von Alkalinitritlösungen ausgesetzt.

1. **Ö.P. 36677** vom 16. 6. 1906. — Gerber 1920, 3.
Carl Heintz, Freiberg i. Sa.
D.R.P. 201206/Kl. 28a vom 14. 9. 1905. — Coll. 1909, 44.
2. **Zus.P. 229030**/Kl. 28a vom 22. 7. 1906. — C. 1911, I, 108.
Lederfabrik Hirschberg vorm. Heinrich Knoch & Co., Hirschberg i. Sa.
Chromgerbeverfahren.
1. Verwendung von Chrom-Natrium-Pyrophosphat.
2. Zusatz von Calciumcarbonat zu den Lösungen der pyrophosphorsauren Salze.

D.R.P. 187216/Kl. 28a vom 2. 2. 1906. — C. 1907, II, 1767.
C. H. Boehringer Sohn, Nieder-Ingelheim a. Rh.
Verfahren zum Gerben von Häuten und Fellen mittels Chromsalzen. Verwendung von basischen milchsauren Chromsalzen (vgl. S. 80).

1. **D.R.P. 255110**/Kl. 28a vom 25. 4. 1911. — C. 1913, I, 359; Coll. 1913, 338.
A.P. 1023451. — J.A.L.C.A. 7, 284 (1912).
E.P. 27900. — J.A.L.C.A. 8, 230 (1913).
Ö.P. 56073 vom 1. 7. 1912.
2. **D.R.P. 259922**/Kl. 28a vom 4. 9. 1912. — C. 1913, I, 1944; Coll. 1913, 329.
(Zus.P. zu D.R.P. 255110.)
3. **D.R.P. 291884**/Kl. 28a vom 10. 7. 1914. — C. 1916, I, 1288; Coll. 1916, 338.
(Zus.P. zu D.R.P. 255110.)
Albert Wolff, Köln.
Verfahren zur Herstellung von Chromleder.
1. Gerbung mit Lösungen von Chromformiat, das gegebenenfalls durch Umsetzung von Natriumformiat mit Chromsulfat im Gerbbad erzeugt wird (vgl. S. 80).
2. Anwendung zwei Drittel basischer Chromformiatbrühen (vgl. S. 80).
3. Imprägnieren und Einfetten von nach 1 und 2 gegerbten Ledern.
Vgl. auch **D.R.P. 244320ff.**, S. 648.

A.P. 1415671 vom 11. 2. 1919. — C. 1923, II, 1048; J.A.L.C.A. **18**, 46 (1923).
Pyrotan Leather Corp., Wilmington, Del, V. St. A.
Verfahren zum Gerben von Häuten und Fellen mit Lösungen von Pyrophosphaten und Chromsalzen.
Vgl. auch **D.R.P. 330858ff.**, Die Gerbung mit Aluminiumsalzen, S. 661.

1. **D.R.P. 414867**/Kl. 28a vom 2. 8. 1921. — C. 1925, II, 792; Coll. 1925, 428.
A.P. 1587019 vom 18. 7. 1922. — J.A.L.C.A. **21**, 422 (1926),
2. **D.R.P. 417865**/Kl. 28a vom 13. 1. 1922. — C. 1926, I, 290; Coll. 1925, 530.
(Zus.P. zu D.R.P. 414867.)
Chemische Fabrik Griesheim-Elektron, Frankfurt a. M.
Verfahren zum Schnellgerben mit Chromisalzen im Einbadverfahren.
1. Um die Möglichkeit der Ionenspaltung zurückzudrängen, werden 25 bis 50° Bé starke Chromsalzlösungen in kurzer Flotte (ein Drittel des Blößengewichts) verwendet.
2. Vgl. Die Gerbung mit Aluminiumsalzen, S. 662.

F.P. 579207 vom 2. 6. 1923. — C. 1927, I, 1400.
Albert Santot, Paris.
Chromgerbeverfahren. Verwendung einer aus Wasser, Kaliumbichromat, Chromalaun, Schwefelsäure und Natriumbisulfit bereiteten Lösung im Einbadverfahren.

D.R.P. 466108/Kl. 28a vom 27. 2. 1926. — C. 1929, I, 2852; Coll. 1929, 158.
I. G. Farbenindustrie A. G., Frankfurt a. M.
Verfahren zur Chromgerbung tierischer Häute im Einbadverfahren. Zur besseren Durchgerbung und Aufrechterhaltung der Basizität während der Gerbung werden den Chromgerbbrühen Verbindungen von Aldehyden mit Ammoniak oder dessen Alkyl- oder Arylderivate, z. B. Hexamethylentetramin, Benzylidenanilin, Trimethyltrimethylenamin usw., zugesetzt.

A.P. 1742514 vom 20. 5. 1927. — C. 1930, II, 345; Coll. 1932, 299.

David L. Levy, Lynn, Mass., V. St. A.

Verfahren zum Gerben von Häuten und Fellen. Die Blößen werden mit Lösungen von Chrom- oder Aluminiumsalzen unter Zusatz von Kochsalz und Säure vorgegerbt, aufgenagelt und getrocknet. Hierauf werden sie wieder angefeuchtet und nachgegerbt. Es wird eine größere Flächenausbeute erzielt.

Vgl. auch **D.R.P. 532328**/Kl. 28a vom 8. 6. 1929. — Coll. 1931, 796.

F.P. 700727 vom 18. 8. 1930. — C. 1931, II, 181; Coll. 1932, 296.

Gerb- und Farbstoffwerte Carl Flesch jr., Deutschland.

Verfahren zur Herstellung von Chromleder. Man setzt den Chrombrühen bei der Ein- und Zweibadgerbung sulfonierte Öle mit einem Gehalt von 16% SO_3 und mehr zu (vgl. Bd. III, 1. Teil, S. 963, „Gerböle").

D.R.P. 627110/Kl. 28a vom 21. 5. 1931. — Coll. 1936, 233.
A.P. 1999316 vom 7. 5. 1932. — C. 1935, II, 2165; Coll. 1937, 243.

Studiengesellschaft der Deutschen Lederindustrie G. m. b. H., Dresden.

Verfahren zum Gerben von tierischen Hautblößen. Zur Gerbung werden Chromsalze nicht kondensierter, nicht gerbender, ein- oder mehrkerniger aromatischer Sulfosäuren oder ihre Substitutionsprodukte verwendet. Ungepickelte und (oder) ungebeizte Blößen werden gegebenenfalls vor der Gerbung mit einer entsprechenden Sulfosäure behandelt.

A.P. 1998567 vom 12. 1. 1932. — C. 1935, II, 3192; Coll. 1937, 242.

Frank Wayland, Salem, Mass., V. St. A.

Chromgerbverfahren. Die gepickelten, in einen Streckrahmen gespannten Blößen werden in starke, auf 38° erwärmte Chromgerbebrühen eingehängt oder sie werden durch Bestreichen mit einer Paste eines Chromgerbstoffes oder durch Bestreuen mit pulverförmigem Chromgerbstoff gegerbt.

A.P. 2016559 vom 2. 5. 1932. — C. 1936, I, 1559; Coll. 1937, 300.

Clarence K. Reiman, Newton, und *Frank Wayland*, Salem, Mass., V. St. A.

Gerbverfahren. Die entkälkten, gebeizten und gegebenenfalls gepickelten Blößen werden mit einer auf $p_H = 1$ bis 3 eingestellten, angewärmten, konzentrierten Chrombrühe kurze Zeit angegerbt und mit einer auf $p_H = 3$ eingestellten Chrombrühe normaler Basizität ausgegerbt. Bei Sohlleder werden die Häute auf Unterlagen ausgebreitet und in gestrecktem Zustand mit konzentrierten Brühen angegerbt und mit vegetabilischen Gerbstoffen ausgegerbt.

D.R.P. 602273/Kl. 28a vom 24. 7. 1932. — C. 1934, II, 3890; Coll. 1934, 585.

Johann Urbanowitz, Weida/Thür.

Verfahren zum Gerben von gepickelten Hautblößen mit Chromsalzen. Die gepickelten Blößen werden von beiden Seiten mit trockenen, basischen, pulverisierten Chromsalzen bestreut, aufeinandergelegt und nach eintägigem Lagern in bekannter Weise neutralisiert. Dem Pulver kann Mehl oder Kleie zugemischt werden.

A.P. 1977226 vom 29. 3. 1933. — C. 1935, I, 1490; Coll. 1937, 191.

A. C. Lawrence Leather Co., Boston, Mass., V. St. A.

Gerben von tierischen Häuten und Fellen mit Chromgerbstoffen. Die wie üblich vorbereiteten Blößen werden mit Chromgerbstoffen von 34% Basizität gegerbt, ausgereckt, mit der Narbenseite nach unten auf Unterlagen glatt ausgestrichen, mit einer 0,5- bis 1%igen Natriumbicarbonatlösung bestrichen, gefalzt, gefärbt, gefettet und nach dem Trocknen zugerichtet.

1. **D.R.P. 643088**/Kl. 28a vom 20. 1. 1935. — Coll. 1937, 187.
A.P. 2091683 vom 3. 1. 1936.
Belg.P. 412752.
E.P. 451087 vom 17. 1. 1936.
F.P. 799017 vom 11. 12. 1935. — C. 1936, II, 1663; Coll. 1938, 95.

2. **D.R.P. 653791**/Kl. 28a vom 14. 12. 1935. — Coll. 1937, 639.
(Zus.P. zu D.R.P. 643088.)
Belg.P. 418648 vom 28. 11. 1936. — C. 1937, II, 2630.
(Zus.P. zu Belg.P. 412752.)
F.P. 47843 vom 26. 11. 1936.
(Zus.P. zu F.P. 799017.)

I. G. Farbenindustrie A. G., Frankfurt a. M.

Verfahren zur Chromgerbung.

1. Verwendung von Chromsalzen mehrbasischer, nichtgerbender, aromatischer Säuren, wie Phthalsäuren oder Naphthalindisulfosäuren u. dgl. (vgl. S. 80).
2. Die Chromsalze werden zusammen mit anderen Gerbstoffen gleichzeitig oder in beliebiger Reihenfolge nacheinander verwendet (vgl. S. 80).

A.P. 2125944 vom 21. 6. 1935. — C. 1938, II, 4349.

Tanning Process Co., Boston, Mass., V. St. A.

Chromgerbung. Die aus der Gerbung kommenden abgepreßten Leder werden in luftdicht verschlossenen Behältern in der Weise ca. 24 bis 48 Stunden aufgehängt, daß sie sich gegenseitig überlappen. Man erzielt eine raschere und gleichmäßigere Durchgerbung.

It.P. 335234 vom 20. 8. 1935. — C. 1937, I, 3909; Coll. 1939, 116.

Vittorio Casaburi, Neapel.

Chromgerbverfahren. Verwendung einer Gerbbrühe bestehend aus 1000 kg Chromalaun, 140 kg Citronensäure und 200 kg Natronlauge.

R.P. 50685 vom 13. 3. 1936. — C. 1938, II, 639.

K. A. Krassnow und *G. G. Powarnin*, USSR.

Gerben von Häuten und Fellen. Die in üblicher Weise vorbearbeiteten Häute und Felle werden mit Dämpfen flüchtiger Schwermetallsalze, z. B. CrO_2Cl_2, CrF_6, WF_6, behandelt und in üblicher Weise weiterbearbeitet.

Zu diesem Abschnitt vgl. weiter:

Allgemeine Mineralgerbverfahren, S. 678ff.

2. Zweibadgerbung.

A.P. 291784 vom 8. 1. 1884.
A.P. 291785 vom 8. 1. 1884.

Augustus Schultz, New York.

Mineralgerbverfahren für Häute und Felle. Die Blößen werden in einem ersten Bade mit Metallsalzen, vorzugsweise Bichromat, evtl. in Gegenwart von Salzsäure und anschließend in einem zweiten Bad mit aus Natriumthiosulfat und Mineralsäure entwickelter schwefliger Säure behandelt. Man kann aus dem zweiten Bad nochmals in das erstere gehen. Die Reihenfolge der Bäder kann auch umgekehrt werden (vgl. S. 177 und 257).

A.P. 472701 vom 12. 4. 1892.

Hermann Endemann, Brooklyn, N. Y., V. St. A.

Mineralgerbverfahren. Herstellung von Kidleder in zwei aufeinanderfolgenden Bädern von Bichromat und Kupferchlorür.

A.P. 498067 vom 23. 5. 1893.

A. D. Little, Princeton, N. Y., und *Henry Burk*, Philadelphia, V. St. A.

Mineralgerbverfahren. Zweibadverfahren, wobei aus löslichen Sulfiden (Alkalisulfiden) mit Säure entwickelter Schwefelwasserstoff als Reduktionsmittel verwendet wird. Es können auch die geäscherten, sulfidhaltigen Blößen ohne Entkälkung direkt in das Chromsäurebad gebracht werden.

Vgl. auch **A.P. 498077** vom 23. 5. 1893 und **A.P. 498214** vom 23. 5. 1893.

William Norris, Princeton, N. Y., V. St. A.

A. P. 504013 vom 29. 8. 1893.

William Zahn, Newark, N. Y., V. St. A.

Gerbverfahren für Häute und Felle. Zweibadverfahren, bei dem die Blößen im ersten Bad mit einer Lösung von Kaliumbichromat, Kochsalz und Salzsäure, im zweiten mit einer Lösung von Salpeter, Salzsäure oder einer anderen Mineralsäure und arsenigsaurem Kalium oder Natrium behandelt werden.

A. P. 518467 vom 17. 4. 1894.

William M. Norris, Princeton, N. Y., und *Henry Burk*, Philadelphia, V. St. A.

Verfahren zur Darstellung mineralgarer Häute. Zweibadverfahren, bei dem die mit einer Lösung von Bichromat und Salzsäure imprägnierten Häute in einem schweflige Säure, Schwefelwasserstoff, Weinsäure, Oxalsäure oder ähnliche Säuren, Ferro- oder Cuprosalz u. dgl., naszierenden Wasserstoff oder andere geeignete Reduktionsmittel enthaltenden Bad behandelt werden. Anschließend werden die Häute, ohne ausgewaschen zu werden, der Einwirkung einer Lösung von Aluminiumsulfat und Kochsalz ausgesetzt und getrocknet. Zur Vollendung der Reduktion bleiben die Häute ca. 2 Wochen sich selbst überlassen. Die Behandlung mit Aluminiumsulfat unterstützt die Gerbwirkung und erleichtert das Wiederaufweichen vor der Zurichtung.

A. P. 542971 vom 16. 7. 1895.

Otto P. Amend, New York, V. St. A.

Mineralgerbverfahren. Die mit Chromsäure behandelten Häute, Felle oder Pelze werden im zweiten Bad der Einwirkung eines aromatischen Amins, wie Anilinchlorhydrat, -lactat, -sulfat, -acetat, -formiat, ausgesetzt, wobei Haut und Haare gegerbt und gefärbt werden.

A. P. 556325 vom 10. 3. 1896.

Samuel P. Sadtler, Philadelphia, V. St. A.

Herstellung von Leder. Zweibadverfahren, bei dem die mit Chromsäure imprägnierten Häute im zweiten Bad mit einer schwach sauren Wasserstoffsuperoxydlösung behandelt werden.

A. P. 561044 vom 26. 5. 1896.

Sager Chadwick, Philadelphia, V. St. A.

Mineralgerbverfahren. Nach einer Vorbehandlung mit Chromsäure oder deren Salzen kommen die Blößen in eine Essigsäure enthaltende Ferrosulfatlösung (vgl. S. 312 und 670).

A. P. 564086 vom 14. 7. 1896.

Chr. Knees, Oshawa, Kanada.

Gerbverfahren. Die Blößen werden in einem ersten Bad mit Bichromat, Schwefelsäure und Klauenöl, im zweiten mit Hyposulfit, Schwefelsäure und Klauenöl behandelt.

A. P. 573362 vom 15. 12. 1896.

Hugo Schweitzer, Englewood, N. Y., V. St. A.

Gerbverfahren. Die mit einer Lösung von Bichromat und Mineralsäure durchtränkten Blößen werden in einem Reduktionsbad behandelt, das Hydroxylamin, dessen Salze, Hydroxylaminsulfosäure, Hydroxylamindisulfosäure oder deren Salze enthält.

D. R. P. 94291 vom 30. 3. 1897. — C. 1898, I, 160.
(Zus. P. zu D. R. P. 91822; vgl. S. 652.)

C. H. Boehringer Sohn, Nieder-Ingelheim a. Rh.

Verfahren zum Gerben von Häuten und Fellen. Die Häute werden zunächst mit einer Lösung von Chromsäure bzw. Bichromat und Salz- oder Schwefelsäure durchtränkt, abgepreßt und anschließend mit einer ca. 2%igen Lösung eines milchsauren Salzes bei 35^0 behandelt.

A.P. 588874 vom 24. 8. 1897.

William Norris, Princeton, N. Y., V. St. A.

Mineralgerbverfahren für Häute und Felle. Zweibadverfahren, bei dem die mit einer Lösung von Bichromat und Salzsäure durchtränkten Häute in einem Reduktionsbad behandelt werden, das Thiosulfat oder Bisulfit, Salzsäure und Zink enthält. Der durch den Zusatz von Zink entwickelte Wasserstoff reduziert die in der Lösung vorhandene schweflige Säure zu hydroschwefliger Säure, wodurch Schwefelabscheidung weitgehend vermieden wird.

A.P. 613898 vom 8. 11. 1898.

Hermann Dannenbaum, Philadelphia, V. St. A.

Chromgerbverfahren. Mit Kaliumbichromat durchtränkte Blößen werden mit einer Natriumnitrit und Schwefelsäure enthaltenden Lösung behandelt.

D.R.P. 193842/Kl. 28a vom 25. 12. 1906. — C. 1908, I, 1118.
Ö.P. 33977 vom 15. 3. 1908. — Gerber 1920, 3.

William G. Roach, Cincinnati, und *Albert C. Roach*, New Port, V. St. A.

Verfahren zum Gerben von Häuten und Fellen mit Chromsäure und einem in der Kälte nicht wirkenden Reduktionsmittel. Die mit Chromsäure behandelten Häute werden mit einer Lösung von Glucose, Glycerin u. dgl. behandelt (bestrichen) und zur Reduktion in einer Dampfkammer, einem heißen Fettbad oder durch Lagern in Haufen erwärmt.

1. **D.R.P. 271585**/Kl. 28a vom 13. 3. 1913. — C. 1914, I, 1320; Coll. 1914, 240.
Ö.P. 64916 vom 8. 3. 1913. — Gerber 1920, 3.
2. **D.R.P. 274549**/Kl. 28a vom 18. 10. 1913. — C. 1914, I, 2127; Coll. 1914, 434.
(Zus. P. zu D. R. P. 271585.)
A.P. 1404957 vom 5. 3. 1914. — C. 1923, II, 1048.
Ö.P. 66489 vom 14. 10. 1913. — Gerber 1920, 3.
(Zus. P. zu Ö. P. 64916.)

Dr. Friedrich Hirsch, Wien.

Verfahren der Chromgerbung.
1. Als Reduktionsbad werden bei der Zweibadgerbung Lösungen von Aluminium- oder Zinkbisulfit oder Gemische von beiden evtl. unter Säurezusatz verwendet.
2. Es wird ein stöchiometrisches Gemenge von Natriumsulfit oder -bisulfit und einem Aluminiumsalz (Aluminiumsulfat) ohne Säurezusatz benutzt.

D.R.P. 408135/Kl. 28a vom 30. 7. 1921. — C. 1925, I, 2136; Coll. 1925, 215.

William C. Blatz, Wilmington, V. St. A.

Verfahren zur Herstellung eines weißen Chromleders. Bei der Zweibadgerbung wird dem Reduktionsbad (Hyposulfitbad) ein lösliches Alkalisalz (Na_2SO_4) zugesetzt, das befähigt ist, mit einem wasserlöslichen Erdalkalisalz ($BaCl_2$), mit dem die Leder nachbehandelt werden, ein unlösliches, weißes Erdalkalisalz ($BaSO_4$) zu bilden.
Vgl. auch **E.P. 111304.** — J. A. L. C. A. **13,** 228 (1918).
F.P. 489011. — J. I. S. L. T. C. 1923, 337.

D.R.P. 457818/Kl. 28a vom 30. 5. 1926. — C. 1928, I, 2480; Coll. 1928, 313.

Carl Höper in Oyten, Achim, Bremen.

Verfahren zur Herstellung von Leder. Die Blößen werden zunächst mit einer Natriumthiosulfatlösung und darauf mit einer Brühe aus Natriumbichromat, Eisen-, Zinkvitriol und Salzsäure behandelt, worauf eine Nachbehandlung mit Soda und Ammoniak erfolgt.

R.P. 23528 vom 27. 3. 1929. — C. 1932, II, 1263; Coll. 1933, 174.

A. F. Sheltow und *A. S. Kostenko*, USSR.

Gerbverfahren. Die in üblicher Weise vorbereiteten Blößen werden mit einer Chromalaunlösung unter Zusatz von Kaliumbichromat und dann mit einer Hydrosulfitlösung gegerbt.

1. **A.P. 1852996** vom 12. 1. 1931.

Tanning Process Company, Boston, Mass., V. St. A.

D.R.P. 610263/Kl. 28a vom 6. 3. 1931. — Coll. 1935, 213.
E.P. 379300 vom 25. 4. 1931.
F.P. 717397 vom 20. 5. 1931. — C. 1932, I, 2670; Coll. 1933, 168.

United Shoe Machinery Corporation, Paterson und Boston, V. St. A.

2. **A.P. 1993298** vom 12. 4. 1934. — C. 1935, II, 958; Coll. 1937, 242.

Tanning Process Company, Boston, Mass., V. St. A.

Verfahren zum Gerben von tierischen Hautblößen nach dem Chromzweibadverfahren.

1. Die Blößen werden zunächst mit einer Lösung von Bichromat und Salzsäure durch Walken im Faß durchtränkt, nach dem Abwelken auf einer Unterlage mit der Narbenseite nach unten ausgebreitet und im gestreckten Zustand von der Fleischseite mit dem Reduktionsmittel (angesäuerte Natriumthiosulfatlösung) bestrichen.

2. Die nach 1 behandelten Leder werden nach 2stündigem Lagern zur besseren Durchgerbung im trockenen Walkfaß 1 Stunde gewalkt. Als erstes Bad dient eine Lösung bestehend aus basischem Chromsulfat, Kaliumbichromat und Schwefelsäure.

F.P. 730360 vom 23. 1. 1932. — C. 1932, II, 3346; Coll. 1933, 172.

United Shoe Machinery Corporation, Paterson und Boston, V. St. A.

Chromgerbeverfahren. Die gepickelten Blößen werden im Faß mit Wasser bewegt und gleichzeitig gegerbt und gefärbt, indem in das Faß ein aus Wachspapier hergestellter Beutel mit einem Gemisch gleicher Mengen Natriumbichromat und Schwefelsäure sowie ein Beutel mit sauren Farbstoffen gegeben wird. Sobald die Blößen durchtränkt sind, wird Natriumthiosulfat zur Reduktion nachgesetzt. Die durchgerbten Felle werden auf einer Unterlage ausgestrichen und getrocknet. Basische Anilinfarben werden erst nach der Reduktion zugesetzt.

E.P. 444690 vom 2. 10. 1933.
F.P. 779134 vom 1. 10. 1934. — C. 1935, II, 1299; Coll. 1937, 251.
A.P. 2110961 vom 10. 4. 1936.

The Tanning Process Company, Boston.

Verfahren zum Gerben von Häuten und Fellen. Die Häute und Felle werden in einem ein basisches oder normales Chromsalz (Chromsulfat), ein nichtgerbendes Chromsalz (Natriumbichromat) und Mineralsäure bzw. Natriumsulfat enthaltendes Bad, dem nach der Durchdringung der Häute ein reduzierendes Mittel, z. B. Natriumthiosulfat, zugesetzt wird, behandelt. Die verwendeten Gerbmittel, die in Wachspapier eingewickelt und in einem Leinenbeutel eingeschlossen in das Gerbfaß gegeben werden können, besitzen ein besonders gutes Eindringungsvermögen in die Hautsubstanz.

Zur Ein- und Zweibadgerbung vgl. weiter:

Die Kombinationsgerbung, S. 752ff.

III. Neutralisieren und andere Nachbehandlungen.

1. **D.R.P. 352285**/Kl. 28a vom 18. 11. 1916. — C. 1922, IV, 201; Coll. 1922, 110.
E.P. 132807.
Ö.P. 85688 vom 27. 6. 1918. — C. 1922, II, 660.
2. **D.R.P. 353130**/Kl. 28a vom 2. 12. 1919. — C. 1922, IV, 397; Coll. 1922, 114.
(Zus.P. zu D.R.P. 352285.)
3. **D.R.P. 353131**/Kl. 28a vom 2. 12. 1919. — C. 1922, IV, 397; Coll. 1922, 115.
(Zus.P. zu D.R.P. 352285.)

Dr. Otto Röhm, Darmstadt.

Verfahren zum Neutralisieren von Chromleder.

1. Verwendung von Alkali- oder Erdalkalicarbonaten und Formaldehyd oder von niederen fettsauren oder oxyfettsauren Salzen der Alkalien oder alkalischen Erden, wie Natriumformiat, Natriumlactat usw. (vgl. S. 274).

2. Statt der fettsauren Salze können auch Alkali- oder Erdalkalisalze anderer schwacher anorganischer Säuren als der Kohlensäure, wie Sulfite, Thiosulfate, Phosphite, Arsenite usw., benutzt werden.

3. Vgl. Die Gerbung mit Aluminiumsalzen, S. 662 und Die Gerbung mit Eisensalzen, S. 673.

1. **D.R.P. 442233**/Kl. 28a vom 5. 9. 1922. — C. 1927, II, 536; Coll. 1927, 256.
2. **D.R.P. 533803**/Kl. 28a vom 27. 10. 1927. — C. 1931, II, 3710; Coll. 1931, 801.

Dr. Ludwig Jablonski, Berlin.

Verfahren zum Neutralisieren von Leder aller Art.

1. Anwendung von Hydrazinverbindungen oder organischen Basen oder deren Salzen.
2. Anwendung von organischen Basen oder deren Salzen, die negative Substituenten enthalten (Chlorpyridin).

Ö.P. 99929 vom 29. 3. 1924. — C. 1926, I, 555; Coll. 1927, 123.

Richard Hitschmann, Wien.

Verfahren zur Entsäuerung von Leder, insbesondere Chromleder. Die gegerbten Leder werden in einem gegebenenfalls Leitsalze, wie Na_2SO_4, enthaltenden Bad elektrodialysiert, wobei die an den Stirnseiten des Bades angebrachten Elektroden durch Diaphragmen vom übrigen Badraum getrennt werden können und zweckmäßig für eine stete Erneuerung der Badflüssigkeit Sorge getragen wird.

Schwz.P. 134586 vom 28. 7. 1937. — C. 1931, I, 3268; Coll. 1931, 319.

Gesellschaft für chemische Industrie in Basel, Basel.

Veredelungsverfahren für Leder- und Strohgeflechte. Man läßt auf die erwähnten Stoffe einseitig acylierte Diamine einwirken. Chromgegerbte Häute, die z. B. mit der Lösung des Acetats bzw. Hydrochlorids des Oleyl-diäthyl-äthylendiamins behandelt wurden, können nach dem Auftrocknen durch Walken in Wasser bei 40 bis 50^0 wieder eingenetzt werden.

D.R.P. 578785/Kl. 28a vom 24. 8. 1928. — Coll. 1933, 595.
E.P. 317834 vom 23. 8. 1929. — C. 1929, II, 3203; Coll. 1931, 272.
Ö.P. 124698 vom 19. 8. 1929.

Chemische Fabrik Pott & Co., Pirna.

Verfahren zur Erhöhung der Lagerbeständigkeit mineralgarer Leder. Mit Aluminium- oder Chromsalzen gegerbte Leder werden mit Alkalisalzen von einfachen oder kondensierten aromatischen Sulfosäuren, wie α-naphthalinsulfosaures Natrium, gegebenenfalls unter Zusatz von Kohlenhydraten und Fettstoffen, wie Seifen, sulfonierten Ölen, Türkischrotöl u. dgl., behandelt, um eine Veränderung der im Leder enthaltenen Metallverbindungen zu verhindern.

D.R.P. 658413/Kl. 28a vom 30. 8. 1935. — C. 1938, II, 245; Coll. 1938, 112.

Firma *Carl Freudenberg*, Weinheim (Baden).

Verfahren zur Herstellung von schweißechtem Chromoberleder. Die neutralisierten Chromleder werden in feuchtem Zustand bis zur Entfernung der Sulfatreste mit Lösungen solcher Alkalisalze behandelt, die wie Natrium- oder Calciumchlorid wasserlöslich und befähigt sind, Sulfatreste aus dem Leder zu entfernen (vgl. S. 276).

A.P. 2144647 vom 21. 10. 1936.
E.P. 465048 vom 26. 10. 1935. — C. 1937, II, 1931.
F.P. 812551 vom 26. 10. 1936. — Coll. 1939, 115.

Imperial Chemical Industries Ltd., England.

Lagerfähigmachen von ungefärbtem Chromleder. Behandlung mit wässerigen Lösungen von neutralen Polyhydroxyverbindungen (Kondensationsprodukte von Kohlenhydraten mit Äthylenoxyd, Polyglyceriden oder dgl.).

D.R.P. 663827/Kl. 28a vom 1. 11. 1936. — Coll. 1938, 524.
E.P. 485254 vom 10. 8. 1937.
F.P. 826481 vom 9. 9. 1937. — C. 1938, II, 476.
Schwz.P. 199791 vom 26. 8. 1937.

I. G. Farbenindustrie A. G., Frankfurt a. M.

Neutralisieren von Chromleder mit Alkali-, Erdalkali- oder quaternären Ammoniumsalzen schwacher organischer Säuren, wie z. B. Phthalsäure, Salicylsäure, oder die bei der Sulfierung von Naphthalin und Kondensation mit Formaldehyd entstehende Sulfosäure, welche die Fähigkeit haben, elektrolytfreies Chromhydroxyd so zu verändern, daß sich bei nachfolgendem Färben keine schwer löslichen Verbindungen mit den Farbstoffen bilden.

Zu diesem Abschnitt vgl. weiter:

A.P. 1985439, Die Kombinationsgerbung, S. 762.
A.P. 2105446, Die Kombinationsgerbung, S. 765.

Ferner:

Die Kombinationsgerbung, Abschn. VI, S. 768ff.

IV. Aufarbeitung von Chromrestbrühen.

D.R.P. 333703/Kl. 85c vom 14. 3. 1919. — C. 1921, II, 695; Coll. 1925, 382.

Dr. Karl Bozenhardt, Backnang.

Verfahren zum Unschädlichmachen von Abwässern der Gaswerke und Chromlederfabriken. Das Ammoniak enthaltende Abwasser von Gaswerken wird mit den Chromsalze enthaltenden Abwässern der Chromlederfabriken zur Wiedergewinnung von Chromoxydhydrat vermischt.

D.R.P. 426081/Kl. 12m vom 19. 10. 1922. — C. 1926, I, 2835; Coll. 1926, 233.
F.P. 551624 vom 6. 9. 1921. — C. 1923, IV, 416.

Georges Croulard und *Henry Braidy*, Paris.

Verfahren zur Wiedergewinnung des Chroms aus chromat- oder bichromathaltigen Abwässern und Laugen durch Versetzen mit Alkalisulfit- oder -bisulfitlösungen, wobei ein Niederschlag von basischem Chromsulfit entsteht, der durch Behandlung mit einer Chromat- oder Bichromatlösung oder mit einer weiteren Menge von Ablauge in Chromhydroxyd übergeführt wird.

D.R.P. 425181/Kl. 28a vom 17. 6. 1924. — C. 1926, II, 855; Coll. 1926, 324.
E.P. 235548 vom 26. 5. 1925. — C. 1925, II, 2119.
F.P. 601579 vom 7. 7. 1925. — C. 1926, I, 2994.

J. Mayer & Sohn, Offenbach a. Main.

Verfahren zum Wiedergewinnen von Chrom als Chromat aus chromhaltigen Abfällen. Die in den Restbrühen vorhandenen Chromsalze, die, sofern sie nicht schon als Chromate vorliegen, durch Oxydation in solche übergeführt werden müssen, werden z. B. mit Baryt oder Bariumchlorid als schwerlösliches Bariumchromat gefällt, worauf der Niederschlag mit Natriumsulfat oder -bisulfat und Schwefelsäure umgesetzt und die überstehende Alkalichromatlösung von den unlöslichen Verunreinigungen abgetrennt wird.

A.P. 2110187 vom 23. 8. 1933. — C. 1938, II, 1292.

Dudley A. Williams, Providence, R. J., V. St. A.

Verfahren zur Wiedergewinnung von Chromverbindungen aus Chromgerbbrühen. Die in der Gerbbrühe enthaltenen Chromverbindungen werden nach Überführung in die 3wertige Form mit Carbonaten, Hydroxyden oder Sulfiden des Ca, Ba oder Sr als Chromhydroxyd gefällt und der erhaltene Niederschlag mit Schwefelsäure, Salzsäure oder Alkali behandelt.

Ung.P. 113660 vom 23. 5. 1934. — C. 1936, I, 3624; Coll. 1937, 316.

Julius Wolfner & Co., Ujpest, Ungarn.

Verarbeitung von chromhaltigen Gerbereiabfallaugen. Zur Überführung ihres Gehaltes an 3wertigem Chrom in 6wertiges Chrom scheidet man die 3wertigen Chromverbindungen mit Kalk als Chromhydroxyd ab, löst den abgetrennten Niederschlag in Schwefelsäure, kocht diese Lösung unter Zusatz einer 6wertigen Chromverbindung (Natriumbichromat) und elektrolysiert sie darauf, wobei sie erst als Katholyt, dann als Anolyt dient.

B. Die Gerbung mit Aluminiumsalzen.

I. Gewöhnliche Weißgerbung.

D.R.P. 4389 vom 7. 6. 1878.
Heinrich Putz, Passau.
Gerbverfahren mit Keratinverbindungen. Haare, Wolle, Horn u. dgl. werden in Kalilauge gelöst und bei der Weißgerbung verwendet.

D.R.P. 13920 vom 24. 8. 1880.
C. Ziegel, Neuwedel.
Verfahren zum Gerben tierischer Häute mit Tonerdesalzen und Borax unter Zusatz von Chlornatrium und Glycerin (vgl. S. 297).

D.R.P. 16022/Kl. 28 vom 2. 12. 1880.
E. Harcke, Königslutter b. Braunschweig.
Weißgerbung unter Verwendung von Kreosot und Carbolsäure.

D.R.P. 101070/Kl. 28 vom 18. 9. 1897. — C. 1899, I, 653.
Heinrich Schaaf, Kalk b. Köln.
Schnellgerbverfahren mittels Alauns. Die wie üblich vorbereitete Haut wird von der Fleischseite mit einer nicht unter 110° schmelzenden Alaun- oder Alaunkochsalzschmelze behandelt (vgl. S. 298).

D.R.P. 106235/Kl. 28 vom 11. 3. 1898. — C. 1900, I, 640.
Ury v. Günzburg, Vitry, Frankreich.
Verfahren zum Gerben mittels Aluminiumsulfits. Die Häute werden in einem angesäuerten Aluminiumsulfitbad vorbehandelt und anschließend in ein Ammoniakbad gebracht, wobei sich das aufgenommene Aluminiumsalz als Hydroxyd auf der Faser niederschlägt (vgl. S. 298).

D.R.P. 165238/Kl. 28a vom 31. 7. 1902.
Louise Ziegel, geb. Ruth, Neuwedel.
Verfahren zum Gerben von Häuten und Fellen. Die Häute werden mit Aluminiumphosphat in schwefelsaurer Lösung und anschließend mit einem Seifenbad behandelt (vgl. S. 298).

D.R.P. 341832/Kl. 28a vom 28. 10. 1916. — C. 1921, IV, 1372; Coll. 1921, 480.
A.P. 1421723 vom 6. 12. 1917. — C. 1922, IV, 778.
E.P. 110750 vom 13. 10. 1917. — Coll. 1919, 151.
Schwz.P. 77935. — J. A. L. C. A. **14,** 126 (1919).
Dr. Otto Röhm, Darmstadt (*The Chemical Foundation Inc.,* Del, V. St. A.).
Verfahren zum Gerben mit Aluminiumsalzen. Der Gerbbrühe werden Salze der niederen Fettsäuren, insbesondere Formiate oder Acetate der Alkalien oder Erdalkalien, zugesetzt, um das Auswaschen von Gerbstoff zu verhindern. Gegebenenfalls können auch die frischen, mit Alaun gegerbten Leder mit einer Lösung der genannten Salze nachbehandelt oder brochiert werden (vgl. S. 298).

D.R.P. 330858/Kl. 28a vom 18. 11. 1916. — C. 1921, II, 679; Coll. 1921, 46.
E.P. 17350 vom 10. 12. 1915. — J. I. S. L. T. C. 1917, 93.
Dr. Ernest Wyndham Merry, Bramall Lane, Sheffield, England.
A.P. 1191527. — J. A. L. C. A. **11,** 544 (1916).
Pyrotan Leather Corp., Wilmington, Del., V. St. A.
Ö.P. 93751 vom 24. 11. 1916. — C. 1923, IV, 904.
The Niger Company Ltd., London.

Verfahren zum Gerben von Häuten und Fellen. Verwendung von Alaun und Natriumpyrophosphat in bestimmten Mengenverhältnissen (vgl. S. 295).

Vgl. auch **A. P. 1427221** vom 11. 2. 1919. — C. 1924, I, 2659; J. A. L. C. A. **18**, 47 (1923). **A. P. 1415671**; vgl. Die Gerbung mit Chromverbindungen, S. 653.

D. R. P. 353131/Kl. 28a vom 2. 12. 1919. — C. 1922, IV, 397; Coll. 1922, 115.
(Zus. P. zu D. R. P. 352285; vgl. Die Gerbung mit Chromverbindungen, S. 658.)
Dr. Otto Röhm, Darmstadt.

Verfahren zum Neutralisieren von mineralisch gegerbten Ledern. Alaun- oder Eisenleder werden mit Alkali- oder Erdalkalicarbonaten und Formaldehyd oder mit niederen Fettsäuren oder oxyfettsauren Salzen der Alkalien oder Erdalkalien (Formiate, Lactate) oder solchen anderer schwacher anorganischer Säuren als der Kohlensäure (Sulfite, Thiosulfate, Phosphite, Arsenite usw.) neutralisiert (vgl. S. 299).

E. P. 117941. — J. A. L. C. A. **14**, 125 (1919).
B. Levin.

Gerbverfahren. Die Blößen werden mit Lösungen von Aluminiumsalzen und anschließend mit Pyrophosphaten oder in umgekehrter Reihenfolge behandelt.

A. P. 1621528 vom 21. 9. 1921. — C. 1927, II, 2256; Coll. 1929, 276.
Carleton Ellis, Montclair, N. J., V. St. A.

Gerbmittel, bestehend aus einer Lösung von Aluminiumchlorid in einem indifferenten, flüchtigen, organischen Lösungsmittel, z. B. Alkohol.

D. R. P. 417865/Kl. 28a vom 13. 1. 1922. — C. 1926, I, 290; Coll. 1925, 530.
(Zus. P. zu D. R. P. 414867; vgl. Die Gerbung mit Chromverbindungen, S. 653.)
Chemische Fabrik Griesheim Elektron, Frankfurt a. M.

Verfahren zum Schnellgerben mit Aluminiumsalzen oder mit einem Gemisch von Chrom- und Aluminiumsalzen in kurzer Flotte gemäß Hauptpatent.

D. R. P. 566671/Kl. 28a vom 12. 10. 1928. — Coll. 1933, 162.
F. P. 681283 vom 4. 9. 1929. — C. 1930, II, 1326; Coll. 1932, 292.
I. G. Farbenindustrie A. G., Frankfurt a. M.
E. P. 333221 vom 28. 1. 1929. — C. 1930, II, 3495.
Dr. Edmund Stiasny, Darmstadt.

Verfahren zur Herstellung von alaungarem Leder mit komplexen Aluminiumverbindungen, in denen an das Aluminiumatom organische und anorganische Reste (Milchsäure, Essigsäure, synthetische Gerbsulfosäuren usw.) koordinativ (vgl. D. R. P. 540326) gebunden sind (vgl. S. 477).

A. P. 1941485 vom 29. 7. 1931. — C. 1934, I, 2382; Coll. 1936, 116.
Charles Pfizer & Co., Brooklyn, N. Y., V. St. A.

Gerbverfahren. Gegebenenfalls mit Formaldehyd vorgegerbte Hautblößen werden mit Aluminiumsalzen der Gluconsäure gegerbt (vgl. S. 378).

E. P. 440400 vom 16. 3. 1934. — C. 1936, I, 3560.
Howard Spence, George Henry Riley und *Peter Spence & Sons*, Manchester.

Herstellung einer Aluminiumverbindung. Als Gerbmittel dient eine wässerige Lösung von Aluminiumverbindungen, die mehr als 1 Mol. Aluminiumphosphat je 2 Mol. Aluminiumsulfat enthält und beispielsweise aus Aluminiumoxyd, Schwefelsäure und Phosphorsäure bei geeigneter Temperatur und Konzentration erhalten wird.

1. **D. R. P. 679485** vom 29. 2. 1936. — Coll. 1939, 550.
It. P. 338146 vom 22. 1. 1936. — C. 1937, I, 4589; Coll. 1939, 117.
2. **It. P. 352857** vom 27. 3. 1937. — C. 1938, I, 2824.
(Zus. P. zu It. P. 338146).
Vittorio Casaburi, Neapel.

Gerben von tierischen Häuten und Fellen mit Aluminiumsalzen.

1. Die mit Aluminium- und Natriumsulfat in Gegenwart von Citronensäure oder deren Salzen gegerbten Häute werden während der Gerbung mit Natronlauge stufenweise neutralisiert, bis sie kochbeständig sind (vgl. S. 294).
2. Vgl. Die Kombinationsgerbung, S. 760.

1. **F.P. 832311** vom 20. 1. 1938. — C. 1938, II, 4350.
   E.P. 508716 vom 21. 1. 1938.
2. **F.P. 837861** vom 18. 11. 1938. — C. 1939, I, 4158.
   E.P. 505723 vom 13. 5. 1938.

Zu 1 und 2 **Schwz.P. 202865** vom 17. 1. 1938.

I. G. Farbenindustrie A. G., Frankfurt a. M.

Gerbung mit Aluminiumsalzen.

1. Die Blößen werden mit basischen Aluminiumsalzen unter Mitverwendung von in Wasser löslichen, nicht gerbenden organischen Säuren, wie Essigsäure, Ameisensäure, Phthalsäure, Naphthalindisulfosäure, Citronensäure, Glykolsäure u. dgl., oder deren Salzen behandelt (vgl. S. 294).

2. Gerbung mit Lösungen von Aluminiumchlorid, deren Basizität zwischen $33^1/_2$ und $66^2/_3$% (Schorlemmer) eingestellt ist.

Zu diesem Abschnitt vgl. weiter:

A.P. 1742514, Die Gerbung mit Chromverbindungen, S. 654.

Ferner:

Allgemeine Mineralgerbverfahren, S. 678ff.
Künstliche Gerbstoffe, Abschn. IX, S. 735ff.
Die Gerbung mit Celluloseextrakten, Abschn. I, 3, S. 746ff.
Die Kombinationsgerbung, S. 752ff.

II. Glacégerbung.

E.P. 8369 vom 7. 7. 1888.

El. Gerson, Sydney.

Gerbverfahren. Die Blößen werden mit einer Lösung von Kochsalz, Alaun, Bichromat und Essigsäure in Wasser und anschließend mit einer Nahrung, bestehend aus Kleie, Malz und Wasser, behandelt.

D.R.P. 106041/Kl. 28a vom 26. 7. 1898. — C. 1900, I, 639.

Albert Gabriel und *J. L. Durand*, Vendôme, Frankreich.

Gerbverfahren. Die Häute werden mit einer Mischung von Alaun, Kochsalz, Lederleim, Weizenmehl und Eigelb behandelt.

D.R.P. 286437/Kl. 28a vom 9. 4. 1913. — C. 1915, II, 570; Coll. 1915, 340.
E.P. 8877. — J.A.L.C.A. **10,** 584 (1915).
Ö.P. 71476 vom 15. 10. 1915. — Gerber 1918, 112 u. 1920, 18.

Dr. Otto Röhm, Darmstadt.

Verfahren zum Ersatz des Eigelbs bei der Herstellung von Glacéleder sowie zum Fetten anderer Ledersorten, insbesondere vegetabilischen Leders. Als Ersatz für Eigelb dienen sulfonierte Öle, die frei von Seifen sind. Die sulfonierten Öle und Alaun kommen zweckmäßig nacheinander auf die Blößen zur Einwirkung (vgl. S. 303 und Bd. III, 1, S. 958).

D.R.P. 308386/Kl. 28a vom 16. 2. 1916. — C. 1918, II, 882.

Dr. Otto Röhm, Darmstadt.

Verfahren zum Gerben. Man läßt auf die Blößen eine zuerst mit Mehl, dann mit Aluminiumsalzlösung versetzte Öllösung einwirken.

1. **D.R.P. 383477**/Kl. 28a vom 15. 9. 1922. — C. 1924, I, 2488; Coll. 1923, 359.
2. **Zus.P. 389028**/Kl. 28a vom 11. 4. 1923. — C. 1924, I, 2488; Coll. 1924, 140.

Edmund Simon sen., Dresden.

Verfahren zur Herstellung von Handschuhleder ohne Eigelb.

1. Als Eigelbersatz dient eine glycerinfreie, alkoholische Lösung von fettsaurem Ammonium, die durch Verseifung einer alkoholischen Fettlösung mit Ammoniak erhalten wird.

2. Zur Verseifung werden statt Ammoniak ammoniakalische Lösungen von tierischem und pflanzlichem Eiweiß, wie Casein, Milchprodukte oder dgl., verwendet (vgl. S. 304).

D.R.P. 517353/Kl. 28a vom 8. 12. 1927. — C. 1931, II, 1665; Coll. 1931, 225.
D.R.P. 517354/Kl. 28a vom 24. 2. 1928. — C. 1931, II, 1665; Coll. 1931, 226.

Hermann Bollmann und *Dr. Bruno Rewald*, Hamburg.

Fettprodukt für die Glacégerbung (vgl. Bd. III, 1, S. 960).

D.R.P. 560054/Kl. 28a vom 7. 12. 1928. — C. 1932, II, 3347; Coll. 1933, 29.
A.P. 1891363 vom 4. 11. 1929. — J. A. L. C. A. **28**, 327 (1933).
E.P. 337524 vom 5. 9. 1929. — C. 1931, I, 1224; Coll. 1932, 287.

Dr. Otto Röhm, Darmstadt.

Fettprodukt für die Glacélederherstellung. Der aus Alaun, Kochsalz und Mehl bestehenden Gare wird statt Eigelb eine Ölemulsion zugesetzt, die Phosphorsäureester bzw. deren Salze von zwei- oder mehrwertigen Alkoholen (Glycerinphosphorsäure oder deren Salze) enthält. Als Öle für die Ölemulsion dienen Klauenöl, Olivenöl, Tran, als Emulgatoren Gummi arabicum, Tragant, Leim, Methylcellulose (vgl. Bd. III, 1, S. 960).

D.R.P. 596061/Kl. 28a vom 26. 2. 1931. — C. 1934, II, 388; Coll. 1934, 298.

Aktiengesellschaft für medizinische Produkte, Berlin.

Eigelbersatz, insbesondere für die Herstellung von Glacéleder. Es werden lecithinfreie, aus Sterin bzw. Sterinabkömmlingen und Ölen oder Fetten bestehende Gemische verwendet.

D.R.P. 682544 vom 5. 7. 1938.

Studiengesellschaft der Deutschen Lederindustrie G. m. b. H., Dresden.

Emulgator und Eigelbersatz bei der Glacégerbung. Für den genannten Zweck wird Fischmilch, insbesondere Heringsmilch verwendet.

III. Pelzgerbung.

1. **D.R.P. 142969**/Kl. 28a vom 9. 7. 1902.
2. **D.R.P. 143634**/Kl. 28a vom 28. 9. 1909.

A. Heim.

Vorbereitung von Fellen für die Sämischgerbung.

1. Die mit Alaun vorbehandelten Felle werden mit einer Lösung von Kupfervitriol behandelt, um das Eindringen des Fetts durch die Haare und die unteren Haarschichten zu ermöglichen.

2. Statt der Behandlung in verschiedenen Bädern erfolgt diese gleichzeitig.

D.R.P. 324274/Kl. 28a vom 23. 11. 1918. — C. 1920, IV, 490.

Alfred Endler, Weißwasser.

Gerbverfahren für Rauchwaren. Die Felle werden in einem Alaunbad behandelt, dem ein gegen Mottenfraß schützendes Mittel, insbesondere Weinstein, zugesetzt ist (vgl. S. 298).

D.R.P. 461194/Kl. 28a vom 8. 1. 1925. — C. 1928, II, 1851; Coll. 1928, 507.

Georg Köhn, Brandenburg.

Verfahren zur Herstellung von Gerbsteinen. Die Felle, insbesondere Kleintierfelle, werden mit einem Gerbstein eingerieben, der aus einem in Formen gegossenen Gemenge von Alaun, Glycerin, Tannin, Weizenmehl, Weizenkleie, Kochsalz und Kupfervitriol besteht.

Zu diesem Abschnitt vgl. weiter:
Ö.P. 99202, Die Kombinationsgerbung, S. 759.

C. Die Gerbung mit Eisensalzen.

I. Gerbung mit Eisen(II)-Salzen und nachträgliche Oxydation.

D.R.P. 39758/Kl. 28 vom 8. 6. 1886.
A.P. 343166.

J. W. Fries, Salem, Prov. Forsyth, North-Carolina, V. St. A.

Gerbverfahren. Die Blößen werden 2 bis 3 Tage mit einer Lösung von Eisenvitriol und Natriumbicarbonat in kohlensäurehaltigem Wasser vorbehandelt, weitere 2 bis 3 Tage mit einer konz. Lösung von Eisenvitriol und Kochsalz behandelt, schließlich an der Luft aufgehängt, um das Eisensalz zu oxydieren, und gefettet.

1. **D.R.P. 255324**/Kl. 28a vom 23. 3. 1910. — C. 1913, I, 360.
2. **Zus.P. 255325**/Kl. 28a vom 30. 11. 1910. — C. 1913, I, 360.
3. **Zus.P. 255326**/Kl. 28a vom 6. 10. 1911. — C. 1913, I, 360.

Dr. Josef Bystron, Teschen, und *Dr. Karl von Vietinghoff*, Berlin.

Verfahren zum Gerben von Häuten mit Eisensalzen.

1. In der mit Ferrosulfat getränkten Blöße wird durch Behandlung mit Ferrinitrat ein stark basisches Ferrisalz erzeugt und von der Blöße gebunden. (Dieses und die folgenden Zus. P. vgl. S. 312.)

2. Statt Ferrinitrat werden Ferribichromat oder Ferrichlorat zur Oxydation des Ferrosalzes innerhalb der Blöße verwendet.

3. Die Blößen werden zuerst mit dem eisenoxydhaltigen Oxydationsmittel gemeinsam mit einem neutralen Alkalisalz und anschließend mit Ferrosalz behandelt.

1. **D.R.P. 255320**/Kl. 28a vom 8. 2. 1911. — C. 1913, I, 359.
2. **Zus.P. 255321**/Kl. 28a vom 6. 10. 1911. — C. 1913, I, 360.
3. **Zus.P. 255322**/Kl. 28a vom 6. 10. 1911. — C. 1913, I, 360.
4. **Zus.P. 255323**/Kl. 28a vom 6. 11. 1911. — C. 1913, I, 360.

1 bis 4 **E.P. 13952.** — J. A. L. C. A. 8, 488 (1913).

Dr. Josef Bystron, Teschen, und *Dr. Karl von Vietinghoff*, Berlin.

Eisengerbverfahren.

1. Die Blößen werden mit Ferrosalzlösungen behandelt, in die Stickstoffdioxyd oder ein Gemisch von Monoxyd und Dioxyd eingeleitet wird, um ein basisches Ferrisalz auf der Faser zu erzeugen; die Stickoxyde können regeneriert werden. (Dieses und die folgenden Zus. P. vgl. S. 312.)

2. Zur Oxydation der Ferrosalzlösung wird salpetrige Säure verwendet, die in dem Gerbbad selbst durch Zersetzen von Nitriten erzeugt wird.

3. Zwecks besserer Ausnutzung der Gerbbrühen wird die Ferrosalzlösung vor dem Einbringen der Blößen oxydiert.

4. Die Regenerierung der Stickoxyde mit Luft erfolgt bereits in dem Gefäß, in dem die Oxydation vorgenommen wird.

1. **D.R.P. 479620**/Kl. 28a vom 19. 2. 1928. — C. 1930, I, 2674; Coll. 1929, 600.
   E.P. 306400 vom 16. 2. 1929. — C. 1930, I, 2674; Coll. 1931, 270.
   F.P. 669798 vom 18. 2. 1929. — C. 1930, I, 2674.

Reischach u. Co. G. m. b. H., Berlin.

A.P. 1763596 vom 12. 2. 1929. — C. 1930, II, 1938.

Curt Stürmer, Prühlitz.

2. **Schwz.P. 147803** vom 20. 1. 1930. — C. 1932, II, 814; Coll. 1933, 176.
   Ö.P. 124259 vom 20. 1. 1930. — C. 1931, II, 2547; Coll. 1932, 298.

Curt Stürmer, Prühlitz.

3. **D.R.P. 594981**/Kl. 28a vom 4. 12. 1930. — C. 1938, II, 1716.
   (Zus.P. zu D.R.P. 479620.)

Reischach u. Co. G. m. b. H., Berlin.

Verfahren zum Gerben tierischer Häute.

1. Die Blößen werden mit Ferrosalzlösungen gegerbt, in die vor oder einige Zeit nach dem Einlegen der Blößen Stickstoffmonoxyd, das frei von allen höheren Stickoxyden ist, unter Ausschluß von Sauerstoff eingeleitet wird. Erst nach vollständiger Durchdringung mit dem Eisensalz werden die Blößen der Einwirkung von Luft oder Sauerstoff ausgesetzt (vgl. S. 313).

2. Das nach 1 erhaltene Eisenleder wird zur Füllung mit Schwefel mit einer Lösung von Schwefel in Acetylentetrachlorid oder Diphenylmethan behandelt und das Lösungsmittel in einer Wärmekammer unter vermindertem Druck abgesaugt.

3. Die Blößen werden zuerst mit der Ferrosalzlösung getränkt und anschließend in Gaskammern mit Stickstoffmonoxyd, das durch Verbrennen von Ammoniak mit Luft am gekühlten Kontakt erzeugt wird, behandelt. Die Gaskammern werden zweckmäßig vor dem Einleiten und vor dem Herausnehmen der Leder mit indifferenten Gasen ausgespült, um Luftzutritt zu vermeiden (vgl. S. 314).

II. Gerbung mit Eisen(III)-Salzen.

1. D.R.P. 444/Kl. 28 vom 21. 7. 1877.
2. Zus.P. 10518/Kl. 28 vom 28. 12. 1879.

Dr. Friedrich Knapp, Braunschweig.

1. **Darstellung von Eisensalzen für die Zwecke eines neuen Gerbverfahrens, die Ausführung dieses Verfahrens und die bei demselben zur Anwendung kommenden Apparate.** Gerben der Blößen mit der Lösung eines basischen Eisensalzes, das hergestellt wird durch Kochen von Eisenvitriol mit Salpetersäure bis zur vollständigen Oxydation, Zugabe von weiterem Eisenvitriol und Nachbehandeln mit Fetten und einer Eisenseife (vgl. S. 311).

2. **Verfahren zur Darstellung von Eisensalzen für Zwecke der Gerberei, das Verfahren beim Gerben und die Anwendung des Niederschlages, welchen Eiweißkörper mit diesen Eisensalzen hervorbringen, zum Gerben.** Statt mit Salpetersäure wird Eisenvitriol mit äquivalenten Mengen Schwefelsäure und Natronsalpeter oxydiert. Zur Gerbung wird einerseits dieses oxydierte Eisensalz, andererseits ein Niederschlag, der durch Behandeln beliebiger Eiweißkörper, z. B. Blut, mit diesen Salzen erhalten wird, verwendet (vgl. S. 312).

1. D.R.P. 70226/Kl. 28 vom 29. 7. 1892.
2. D.R.P. 265914/Kl. 28a vom 17. 3. 1912. — C. 1913, II, 1636; Coll. 1913, 323 und 608.

Paul F. Reinsch, Erlangen.

Gerbmittel.

1. Durch Umsetzung von Eisenchlorid mit Natriumcarbonat hergestellte, Eisenoxychlorid und Chlornatrium enthaltende Gerblösung, der noch Aluminiumchloridlösung zugesetzt werden kann (vgl. S. 312).

2. Verwendung von Magnesiumcarbonat an Stelle von Natriumcarbonat.

Ö.P. 6899 vom 1. 5. 1901. — Gerber 1920, 3.

Pedro Victor San Martin Gregorio Soldani und *Lorenzo Beverley Trant*, Buenos Aires, Argentinien.

Gerbverfahren. Behandeln der Blößen mit einer Lösung von Eisennitrat, Salpetersäure, Salmiak und Zucker.

1. D.R.P. 314487/Kl. 28a vom 28. 11. 1915. — C. 1919, IV, 945; Coll. 1919, 398.
2. Zus.P. 314885/Kl. 28a vom 2. 2. 1916. — C. 1919, IV, 1129; Coll. 1919, 400.

K. Wilhelm Mensing, Freiberg i. Sa.

3. Zus.P. 319705/Kl. 28a vom 11. 1. 1916. — C. 1920, II, 786; Coll. 1920, 174.
4. Zus.P. 319859/Kl. 28a vom 11. 10. 1917. — C. 1920, II, 786; Coll. 1920, 175.

Max Stecher, *Emil Stecher* und *Richard Stecher*, Freiberg i. Sa.

1. bis **3. A.P. 1371803** vom 23. 1. 1917. — C. 1921, IV, 76.
Ö.P. 80063
Schwz.P. 75775 vom 2. 1. 1917.

K. Wilhelm Mensing, Freiberg i. Sa.

Verfahren zur Herstellung zäher und lagerbeständiger Eisenleder jeder Art.

1. Gerben mit konzentrierten, bei mäßiger Wärme hergestellten Lösungen eines Ferrisalzes in Gegenwart eines Überschusses an Oxydationsmitteln, z. B. Chromsäure, Salpetersäure. (Dieses und die folgenden Zus.P. vgl. S. 312.)

2. Die eisengaren Leder werden erst nach dem Abölen, Trocknen und gegebenenfalls Imprägnieren gewaschen und neutralisiert; durch Behandeln des Leders mit Bleichmitteln kann der Eisengerbstoff aus den Außenschichten teilweise entfernt

und damit eine Bleichwirkung auf das Leder erzielt werden. Die Leder können mit pflanzlichen Gerbstoffen oder Sulfitcelluloseextrakten nachgegerbt werden.

3. Als Oxydationsmittel werden oxydierend wirkende eisenfreie Chlorverbindungen, insbesondere Chlorate oder Chlorsäure, verwendet.

4. Vgl. S. 671.

1. **D.R.P. 334004**/Kl. 28a vom 27. 2. 1916. — C. 1921, II, 767; Coll. 1921, 199.
2. **Zus.P. 349363**/Kl. 28a vom 30. 9. 1917. — C. 1922, IV, 89; Coll. 1922, 38.
3. **D.R.P. 339418**/Kl. 28a vom 9. 7. 1918. — C. 1921, IV, 838; Coll. 1921, 374.

Chemische Fabriken vorm. Weiler-ter Meer, Uerdingen, Niederrhein.

Gerbverfahren.

1. Gerbung mit Ferrisalzen, wobei die Angerbung mit solchen Lösungen erfolgt, die möglichst wenig kolloidal gelöstes Eisenhydroxyd und basische Eisensalze enthalten und erst allmählich mit alkalisch wirkenden Stoffen abgestumpft werden. Es kann auch mit Gemischen von Eisen- und Chromsalzen gegerbt werden, wobei vorteilhaft noch Oxydations- und Zersetzungsprodukte von Glucose oder anderen Zuckerarten, wie sie z. B. bei der Oxydation der Zucker mittels Chromsäure oder Chromaten entstehen, zugesetzt werden (vgl. S. 313).

2. Die Gerbung wird in ameisensaurer Lösung durchgeführt, mit oder ohne Zusatz anderer gerbender oder die Gerbung befördernder Stoffe (Formaldehyd, Formaldehyd-Kondensationsprodukte, Sulfitcelluloseextrakt).

3. Zum Zwecke einer allmählichen Abstumpfung werden den sauren Gerbbrühen an Stelle von Alkalien basische, in Wasser unlösliche oder schwer lösliche Magnesiumverbindungen zugesetzt.

1. **D.R.P. 349036**/Kl. 28a vom 26. 10. 1916. — C. 1922, II, 909; Coll. 1922, 36.
   Ö.P. 80067 vom 30. 3. 1918.
   E.P. 136193. — J. A.L.C.A. **15**, 338 (1920).
   F.P. 516421.
2. **D.R.P. 350326**/Kl. 28a vom 13. 11. 1918. — C. 1922, II, 1237; Coll. 1922, 66.
   (Zus.P. zu D.R.P. 349036.)
   Ö.P. 87320 vom 14. 9. 1920. — C. 1922, IV, 778.
   (Zus.P. zu Ö.P. 80067.)
   E.P. 173853 vom 5. 10. 1920. — C. 1922, II, 909.
   (Zus.P. zu E.P. 136193.)
   F.P. 23747 vom 3. 11. 1920. — C. 1922, II, 909.
   (Zus.P. zu F.P. 516421.)
   Schwz.P. 91571 vom 16. 9. 1920. — C. 1922, II, 909.

Chemische Fabriken Worms A.-G., Frankfurt a. M.

Verfahren zum Gerben tierischer Häute.

1. Verwendung neutraler oder basischer Formiate der Schwermetalle (mit Ausnahme des Chroms und Aluminiums), insbesondere des Eisens, allein oder in Verbindung mit anderen gerbenden Substanzen, z. B. Sulfitcelluloseextrakten (vgl. S. 313).

2. An Stelle der reinen Formiate werden gemischte Salze der Schwermetalle (mit Ausnahme des Chroms und Aluminiums), deren Säurerest nur teilweise aus Ameisensäure besteht, verwendet (vgl. S. 313).

A.P. 1426322 vom 13. 6. 1917. — C. 1923, IV, 758.

Dr. Otto Röhm, Darmstadt (*The Chemical Foundation Inc.*, Del., V. St. A.).

Eisenleder. Die Blößen werden mit organischen Eisensalzen (Eisenformiat) allein oder zusammen mit den üblichen anorganischen Eisensalzen in saurer oder alkalischer Lösung behandelt. Das so gewonnene Leder kann unmittelbar mit Wasser ausgewaschen werden, ohne daß der Gerbstoff ausblutet; letzteres kann ferner vermieden werden, wenn das noch feuchte Leder mit Lösungen von Salzen niederer Fettsäuren (z. B. Calciumformiat oder -acetat) nachbehandelt wird.

1. **D.R.P. 341789**/Kl. 12n vom 28. 12. 1918. — C. 1921, IV, 1207; Coll. 1922, 321.
   E.P. 146214 vom 26. 6. 1920. — C. 1921, IV, 694.
2. **D.R.P. 363268**/Kl. 12n vom 12. 4. 1919. — C. 1923, II, 208; Coll. 1922, 328.
   (Zus.P. zu D.R.P. 341789.)
   E.P. 146218 vom 26. 6. 1920. — C. 1921, IV, 694.

1. u. 2. **Ö.P. 86591** vom 26. 1. 1920. — C. 1922, II, 971.
Schwz.P. 92112 vom 28. 6. 1920. — C. 1922, II, 971.
F.P. 521850 vom 28. 6. 1920. — C. 1921, IV, 791.
A.P. 1383264 vom 16. 7. 1920. — C. 1921, IV, 791.

Dr. Otto Röhm, Darmstadt.

Verfahren zur Herstellung eines nicht hygroskopischen, insbesondere für Gerbzwecke geeigneten Eisensalzes.

1. Ein nicht hygroskopisches Eisensalz von der Zusammensetzung $FeSO_4Cl$ (Ferrisulfatchlorid) wird erhalten durch Einwirkung von Chlor auf Eisenvitriol in gelöstem, kristallwasserhaltigem oder wasserfreiem Zustand (vgl. S. 313).

2. Darstellung des Ferrisulfatchlorids durch Eindampfen einer wässerigen Lösung, die Eisen, Chlor und Schwefelsäure in dem der Formel entsprechenden Gewichtsverhältnis enthält, im Vacuum oder durch Zusammenbringen von beispielsweise 1 Mol Ferrichlorid, 1 Mol Ferrisulfat und 18 Mol Wasser (vgl. S. 313).

F.P. 533850 vom 6. 4. 1921. — C. 1922, IV, 910.

Charles Schmidt, Schweiz.

Verfahren zum Gerben tierischer Häute. Die Blößen werden gleichzeitig mit Borsäure oder Boraten und dreiwertigen Eisensalzen behandelt. Die Blöße nimmt aus diesen Lösungen beträchtlich mehr Eisen auf als aus anderen Eisensalzlösungen.

A.P. 1541819 vom 2. 9. 1921. — C. 1925, II, 1917.

Daniel Dana Jackson, *Allen Rogers*, Brooklyn, und *Te-Pang Hou*, New York, V. St. A.

Herstellung von Eisenleder. Ferrosalz wird oxydiert (z. B. mit Chlor) zu Ferrisalz, die Brühe basisch gemacht und Hautblößen damit gegerbt; gegen Ende der Gerbung wird nochmals ein Oxydationsmittel, z. B. Hypochlorit oder Bichromat, zugegeben.

A.P. 1722594 vom 18. 4. 1927. — C. 1930, II, 1179; Coll. 1932, 299.

Allen Rogers und *Robert Yun Hua Lee*, Brooklyn, N. Y., V. St. A.

Gerbverfahren. Die Blößen werden mit Gerbbrühen behandelt, die nichtkondensierte Naphthole oder Naphtholderivate und labile Metallsalze, z. B. Ferrichlorid, enthalten.

R.P. 48994 vom 27. 4. 1934. — C. 1937, II, 334; Coll. 1939, 119.

S. W. Sagrinowski, USSR.

Gerben von Blößen. Verwendung einer Gerblösung, die Eisensalze, wie Eisenchlorid oder -alaun, in Mischung mit Natriumacetat, Essigsäure und Kochsalz enthält, wobei die Menge des Natriumacetats mindestens 440% der Eisensalze, berechnet auf Fe_2O_3, beträgt.

D.R.P. 679484/Kl. 28a vom 29. 2. 1936. — Coll. 1939, 550.
It.P. 339954 vom 22. 1. 1936. — C. 1937, II, 712; Coll. 1939, 117.

Vittorio Casaburi, Neapel.

Verfahren zum Gerben von Häuten mit 3wertigen basischen Eisensalzlösungen in Gegenwart von Zitronensäure oder deren Salzen, wobei die Gerbbrühe auf 7 Teile Ferrioxyd höchstens 6,5 Teile Zitronensäure und etwa 9 Teile Ätznatron enthält.

III. Gerbung mit komplexen Eisenverbindungen.

D.R.P. 499458/Kl. 28a vom 1. 12. 1925. — C. 1930, II, 860; Coll. 1930, 540.
F.P. 631647 vom 29. 11. 1926. — C. 1930, I, 3512.
E.P. 287221 vom 14. 12. 1926. — C. 1930, I, 3512.
A.P. 1749724 vom 3. 1. 1927. — C. 1930, I, 3512; Coll. 1931. 322.

Dr. Edmund Stiasny und *Dipl.-Ing. Benzion Jalowzer*, Darmstadt.

Verfahren zum Gerben von Häuten und Fellen mit Hilfe von Eisenverbindungen. Gerben mit komplexen Sulfitoeisenverbindungen oder Stoffen, die solche zu bilden vermögen, für sich oder in Gegenwart der Komplexverbindungen des Eisens mit organischen Säuren, mit oder ohne Zusatz anderer gerbender Stoffe (vgl. S. 314).

D.R.P. 487670/Kl. 28a vom 11. 12. 1927. — C. 1930, I, 2674; Coll. 1930, 39.
E.P. 305562 vom 7. 11. 1927. — C. 1930, I, 2674; Coll. 1931, 269.
Dr. Edmund Stiasny, Darmstadt, und *Dipl.-Ing. Benzion Jalowzer*, Paris.

Verfahren zum Gerben von Häuten und Fellen mit Hilfe von Eisenverbindungen. Gerben mit Komplexverbindungen des Eisens mit organischen Säuren, die mehr als 1 C-Atom enthalten, z. B. Essigsäure, Milchsäure, Oxalsäure, Salicylsäure u. a., oder Stoffen, die solche zu bilden vermögen, allein oder in Gegenwart anderer organischer Komponenten, insbesondere Kohlenhydrate (Glucose, Melasse) oder anderer gerbend wirkender Stoffe (vgl. S. 314).

1. **D.R.P. 529419**/Kl. 28a vom 21. 7. 1929. — C. 1931, II, 2101; Coll. 1931, 659.
2. **Zus.P. 532327**/Kl. 28a vom 21. 12. 1929. — C. 1931, II, 2688; Coll. 1932, 796.
Dr. Max Bergmann, Dresden.

Verfahren zur Herstellung eines eisenhaltigen Gerbmittels.
1. Eiweißstoffe, z. B. Falzspäne, Leimleder, werden in Gegenwart von Eisensalzen, z. B. Ferrichlorid, mit Salpetersäure oder Stickoxyden behandelt (vgl. S. 314).
2. An Stelle von Salpetersäure bzw. Stickoxyden werden stickstofffreie, oxydierend wirkende Stoffe, z. B. Kaliumchlorat, Kaliumpermanganat, Chlor u. a., verwendet (vgl. S. 315).

D.R.P. 642728/Kl. 28a vom 27. 6. 1935. — C. 1937, I, 3909; Coll. 1937, 185.
A.P. 2127297 vom 18. 6. 1936. — J.A.L.C.A. **34**, 118 (1939).
F.P. 807986 vom 25. 6. 1936. — J.A.L.C.A. **33**, 333 (1938).
E.P. 461685 vom 26. 8. 1935. — J.A.L.C.A. **33**, 187 (1938).
I. G. Farbenindustrie A. G., Frankfurt a. M.

Verfahren zum Gerben von Häuten und Fellen mittels Eisenverbindungen. Gerben mit Gemischen oder Umsetzungsprodukten aus Eisenverbindungen und solchen Polycarbonsäuren, die mindestens eine Doppelbindung im Molekül enthalten (Maleinsäure, Phthalsäure, Mellitsäure), bzw. deren Salzen; Eisenverbindungen und Polycarbonsäuren können auch nacheinander in beliebiger Reihenfolge auf die Häute zur Einwirkung gelangen (vgl. S. 315).

1. **D.R.P. 663825**/Kl. 28a vom 3. 11. 1935. — Coll. 1938, 523.
2. **D.R.P. 669566**/Kl. 28a vom 27. 6. 1935. — Coll. 1939, 45.
A.P. 2141276 vom 18. 6. 1936.
3. **D.R.P. 670537**/Kl. 28a vom 27. 6. 1935.
A.P. 2141276 vom 18. 6. 1936. — J.A.L.C.A. **34**, 232 (1939).
1. bis 3. **F.P. 807985** vom 25. 6. 1936. — C. 1937, I, 4055; Coll. 1939, 112.
E.P. 462026 vom 26. 8. 1935. — J.A.L.C.A. **33**, 187 (1938).
I. G. Farbenindustrie A. G., Frankfurt a. M.

Verfahren zur Herstellung eisenhaltiger Gerbmittel.
1. Ferrisalze, Eiweißstoffe, deren Derivate oder Abbauprodukte und freie Säure enthaltende Lösungen werden völlig oder weitgehend neutralisiert, zur Trockne eingedampft und die trockenen Produkte mit trockenen, sauer reagierenden Stoffen (Oxalsäure, Alkalibisulfat) versetzt.
2. Gerbend wirkende, wasserlösliche Ferrisalze werden mit wasserlöslichen Eiweißstoffen bzw. deren Derivaten und Abbauprodukten, die mit Hilfe nicht oxydierender proteolytisch wirkender Mittel erhalten wurden, vereinigt (vgl. S. 315).
3. In Abwesenheit von Ferrisalzen unter milden Bedingungen mit Hilfe oxydierend wirkender Mittel gewonnene wasserlösliche Abbauprodukte von Eiweißstoffen werden mit gerbend wirkenden Ferriverbindungen gegebenenfalls unter vorherigem Trocknen der Eiweißabbauprodukte vereinigt (vgl. S. 315).

1. **D.R.P. 639787**/Kl. 28a vom 25. 7. 1935. — C. 1937, I, 2077; Coll. 1937, 39.
A.P. 2122133 vom 16. 7. 1936. — J.A.L.C.A. **33**, 493 (1938).
F.P. 810386 vom 23. 7. 1936.
E.P. 470530 vom 24. 7. 1936. — J.A.L.C.A. **33**, 241 (1938).
2. **D.R.P. 645389**/Kl. 28a vom 14. 12. 1935. — C. 1937, II, 1120; Coll. 1937, 296.
(Zus.P. zu D.R.P. 639787.)
3. **D.R.P. 677897**/Kl. 12o vom 23. 1. 1936.
E.P. 468157 vom 24. 7. 1936. — C. 1937, II, 2944; Coll. 1939, 107.
4. **E.P. 495638** vom 6. 4. 1937. — C. 1939, I, 1498.
F.P. 835115 vom 11. 3. 1938.
I. G. Farbenindustrie A. G., Frankfurt a. M.

Verfahren zur Herstellung von Eisenleder.

1. Gerben mit Lösungen von komplexen Eisenverbindungen, die im Komplex organische Substitutionsprodukte des Ammoniaks (Harnstoff, Säureamide, Hexamethylentetramin u. a.) enthalten; die komplex gebundenen stickstoffhaltigen Verbindungen können zum Teil durch andere Verbindungen, z. B. schwache organische Säuren, ersetzt werden. Die so erhaltenen Eisenleder können mit synthetischen Gerbstoffen nachgegerbt oder die Außenvalenzen der stickstoffhaltigen Eisenkomplexverbindungen ganz oder teilweise durch solche Säuren abgesättigt werden, die Affinität zur Haut haben (vgl. S. 315).

2. Die unter 1 genannten komplexen Eisenverbindungen entstehen erst in der Gerbflotte.

3. **Verfahren zur Herstellung von Salzen der Hexaacetatodioxycarbamidotriferribase.** Wasserlösliche Ferrisalze, Alkali- bzw. Erdalkaliacetate und Harnstoff — letzterer zweckmäßig in einem Überschuß von etwa 35 bis 50% über die theoretisch erforderliche Menge — werden bei Temperaturen unterhalb etwa 40° umgesetzt, wobei vor, während oder nach der Umsetzung alkalisch wirkende Stoffe (Natriumhydroxyd) zugesetzt werden. Es wird in so stark konzentrierter Lösung gearbeitet, daß das Reaktionsprodukt ausfällt. Die erhaltenen Komplexsalze können als Gerbstoffe verwendet werden.

4. Gerben in Gegenwart von Säuren oder deren wasserlöslichen Salzen mit einkernigen oder vorzugsweise mehrkernigen Eisenkomplexverbindungen, die fähig sind, die Radikale dieser Säuren in ihrer zweiten Komplexsphäre einzulagern, z. B. die nach 3 dargestellten Komplexsalze mit Schwefelsäure und Natriumsulfat.

Zu den Abschnitten I bis III vgl. weiter:

Allgemeine Mineralgerbung, S. 678ff.

IV. Gerbung mit Eisenverbindungen in Kombination mit anderen Gerbstoffen.

D.R.P. 19633/Kl. 28 vom 7. 12. 1881.

E. Harcke, Königslutter b. Braunschweig.

Gerbverfahren. Die Blößen werden mit einer Lösung von Colophonium in Kreosot oder Phenol und Ätzalkalien bis zur Sättigung behandelt, anschließend mit Aluminium- und zum Schluß mit Eisensalzen gegerbt (vgl. S. 312).

A.P. 561044 vom 26. 5. 1896.

Sager Chadwick, Philadelphia, Pa., V. St. A.

Gerbverfahren. Die Blößen werden zunächst mit einer Chromsäurelösung und dann mit einer Eisenvitriollösung behandelt; beide Bäder enthalten etwa 60% Essigsäure (vgl. S. 312 und 656).

Ö.P. 38833 vom 15. 4. 1909. — Gerber 1920, 3.
A.P. 877341. — J.A.L.C.A. **3**, 98 (1908).

Jihashi Inouye, Namba, und *Tsurumatsu Dogura*, Kawakami, Japan.

Verfahren zum Gerben von Häuten mit wässerigen Lösungen von Ferrosulfat, Kaliumnitrat und Kaliumbichromat.

A.P. 1167951. — J. A. L. C. A. **11**, 170 (1916).

G. J. A. Trostel, Milwaukee, V. St. A.

Gerbverfahren. Die mit Chromsalzen vorgegerbten Häute werden in einem Bad ausgegerbt, das sowohl basische Eisen- wie auch Chromverbindungen enthält.

1. **D.R.P. 338477**/Kl. 28a vom 29. 1. 1916. — C. 1921, IV, 616; Coll. 1921, 333.
   Ö.P. 85686 vom 10. 8. 1916. — Gerber 1922, 5.
2. **D.R.P. 342096**/Kl. 28a vom 22. 2. 1916. — C. 1922, II, 54; Coll. 1921, 481.
   (Zus. P. zu D. R. P. 338477.)
   Ö.P. 85687 vom 15. 2. 1921. — Gerber 1922, 13.
   (Zus. P. zu Ö. P. 85686.)

1. u. **2. A.P. 1364316** vom 10. 3. 1917. — C. 1921, II, 467.
A.P. 1364317 vom 10. 3. 1917. — C. 1921, II, 467.
E.P. 103827 vom 15. 11. 1917. — J. I. S. L. T. C. 1918, 29.
Zus.P. 104338. — J. I. S. L. T. C. 1918, 157 und 197.
Schwz.P. 74849 vom 16. 12. 1916.
Schwz.P. 75618 vom 19. 12. 1916.
F.P. 514586.
3. D.R.P. 349335/Kl. 28a vom 29. 8. 1917. — C. 1922, II, 834; Coll. 1922, 37.
Ö.P. 85689 vom 3. 8. 1918. — Gerber 1922, 14.
(Zus. P. zu Ö. P. 85686.)
F.P. 22474 vom 31. 8. 1918. — C. 1921, IV, 838.
(Zus. P. zu F. P. 514586.)

Dr. Otto Röhm, Darmstadt.

Verfahren zur Herstellung von Eisenleder.

1. Gerben mit basischen Eisensalzen und vorher oder gleichzeitig mit Aldehyden (Formaldehyd). Kombination mit anderen Gerbstoffen (vegetabilische Gerbstoffe, Phenole, Naphthole u. a.) oder anderen eisenfällenden Stoffen (Ammoniak, Alkalien, Sulfide, Polysulfide, Seifen u. a.). (Dieses und die folgenden Zus. P. vgl. S. **313** und **378**.)

2. Die Aldehydgerbung findet erst nach der Metallsalzgerbung (außer Eisen- können noch andere Metallsalze verwendet werden), und zwar entweder gleichzeitig oder nach der Behandlung des Leders mit neutralisierenden Stoffen statt.

3. Das mit Aldehyd und Eisensalzen gegerbte und mit Sulfiden oder Polysulfiden nachbehandelte Leder wird noch einer Behandlung mit Oxydationsmitteln (Wasserstoffsuperoxyd, Ozon, Persalze u. a.) unterworfen.

D.R.P. 319859/Kl. 28a vom 11. 10. 1917. — C. 1920, II, 786; Coll. 1920, 175.
(Zus. P. zu D. R. P. 314487; vgl. S. 666.)

Max Stecher, *Emil Stecher* und *Richard Stecher*, Freiberg i. Sa.

Verfahren zur Herstellung zäher und lagerbeständiger Eisenleder jeder Art. Verwendung der nach D. R. P. 314487 hergestellten Eisengerblösungen im Gemisch mit pflanzlichen Gerbstoffen, Sulfitcelluloseextrakten oder synthetischen Gerbstoffen (vgl. S. 312).

D.R.P. 339028/Kl. 28a vom 30. 11. 1917. — C. 1921, IV, 678; Coll. 1921, 373.
Ö.P. 84653 vom 31. 10. 1918. — C. 1921, IV, 678.
Schwz.P. 81781 vom 31. 10. 1918.

Walter Moos, Stuttgart, und *Demetrius Kutsis*, Elmshorn, Holstein.

Verfahren zur Herstellung von biegsamem, lagerbeständigem Eisenleder. Gerbung mit normalen Ferrosalzen unter Zusatz von Celluloseextrakt und Alkalinitrit (vgl. S. 312).

Ö.P. 77867 vom 9. 7. 1917. — Gerber 1919, 298.

Dr. Otto Röhm, Darmstadt.

Nachgerbung von Glacéleder mit basischen Eisensalzen.

D.R.P. 393892/Kl. 28a vom 15. 12. 1917. — C. 1924, II, 1546; Coll. 1924, 232.
Holl.P. 9265 vom 2. 2. 1920. — C. 1924, I, 607.
Ö.P. 91349 vom 15. 6. 1920. — C. 1923, IV, 624.
Schwz.P. 93292 vom 17. 6. 1920. — C. 1922, IV, 812.
E.P. 145742 vom 2. 7. 1920. — C. 1922, II, 493.
F.P. 519789 vom 8. 7. 1920. — C. 1921, IV, 547.

Heinrich Breuer, Bonn a. Rh.

Verfahren zur Herstellung von Leder. Gerbung mit Eisensalzen in Gegenwart der durch Aufschließen von Holz, Stroh oder anderen pflanzlichen Stoffen mit alkalischen Flüssigkeiten erhaltenen Lösungen, z. B. Natronzellstoffablauge. Statt Eisensalze können auch Chromsalze oder Formaldehyd verwendet werden.

1. D.R.P. 378450/Kl. 28a vom 3. 5. 1918. — C. 1923, IV, 624; Coll. 1923, 266.
Ö.P. 91345 vom 22. 11. 1919. — C. 1923, IV, 624.
Holl.P. 7434 vom 8. 6. 1920. — C. 1923, II, 546.

Schwz.P. 91570 vom 28. 6. 1920. — C. 1922, II, 970.
E.P. 147797 vom 9. 7. 1920. — C. 1922, II, 970.
A.P. 1397387 vom 9. 7. 1920. — C. 1922, IV, 779.
F.P. 538403 vom 10. 7. 1920. — C. 1923, II, 208.
2. **D.R.P. 379698**/Kl. 28a vom 2. 12. 1919. — C. 1924, I, 1612; Coll. 1925, 295.
(Zus.P. zu D.R.P. 378450.)
3. **D.R.P. 419778**/Kl. 28a vom 10. 3. 1923. — C. 1926, I, 1349; Coll. 1925, 634.
(Zus.P. zu D.R.P. 378450.)
A.P. 1569578 vom 5. 3. 1924. — J. A. L. C. A. **21**, 417 (1926).

Dr. Otto Röhm, Darmstadt.

Verfahren zur Herstellung von Eisenleder.

1. Gerbung mit Eisensalzen unter Mitverwendung von kieselsauren Salzen (Wasserglas) und gegebenenfalls Formaldehyd (vgl. S. 313, 337, 378 und 379).

2. Vgl. Die Kombinationsgerbung, S. 764.

3. Mitverwendung von Sulfitcelluloseablauge neben Eisensalzen und kieselsauren Salzen (vgl. S. 313).

D.R.P. 337330/Kl. 28a vom 30. 3. 1919. — C. 1921, IV, 307; Coll. 1921, 297.

Chemische Fabriken Worms A.-G., Frankfurt a. M.

Verfahren zum Gerben tierischer Häute. Behandeln mit Gerbbrühen, die durch Umsetzung von ligninsulfosauren Salzen oder Sulfitcelluloseablaugen mit Ferrosalzen erhalten werden; die Blößen können auch nacheinander mit Ferrosalzlösungen und Sulfitcelluloseablaugen behandelt werden.

A.P. 1892410 vom 25. 4. 1927. — J. A. L. C. A. **28**, 327 (1933).

Otto Röhm, Herbert Fischer und *Heinrich Hess*, Darmstadt.

Gerbverfahren. Verwendung einer Mischung von Eisensalzen, Silikaten (Wasserglas) und Phosphorsäure.

Vgl. **D.R.P. 492847**, Die Kombinationsgerbung, S. 764.

A.P. 1757040 vom 28. 4. 1927. — C. 1930, II, 1325; Coll. 1932, 300.

Ralph W. Frey, Mount Rainier, Md., V. St. A.

Mineralgerbverfahren. Kombinierte Eisen-Chrom-Gerbung; z. B. wird Ferrochrom in Salzsäure gelöst und die Lösung mit Soda basisch gestellt. Gegebenenfalls kann Natriumbichromat zur Oxydation des Ferrosalzes zugesetzt werden (vgl. S. 644).

1. **D.R.P. 601912**/Kl. 28a vom 2. 8. 1932. — C. 1934, II, 3889; Coll. 1934, 537.
Dr. Max Bergmann, Dresden.

2. **D.R.P. 668181**/Kl. 28a vom 15. 9. 1934. — C. 1939, I, 1307; Coll. 1939, 40.
Studiengesellschaft der Deutschen Lederindustrie G. m. b. H., Dresden.

1. **Verfahren zur Herstellung von mineralgaren Ledern mit eisenhaltigen Gerbstoffen.** Gerbung mit den gemäß D.R.P. 529419 und 532327 (vgl. S. 669) hergestellten eisenhaltigen Gerbstoffen und Nachgerbung mit Chrom- oder anderen Mineralgerbstoffen (vgl. S. 315).

2. **Verfahren zur Herstellung von Unterleder.** Gerbung mit den gemäß D.R.P. 529419 und 532327 (vgl. S. 669) hergestellten eisenhaltigen Gerbstoffen und Nachgerbung mit Kieselsäurelösung.

Zu diesem Abschnitt vgl. weiter:

D.R.P. 334004 ff., Abschn. II., S. 667.
D.R.P. 349036 ff., Abschn. II., S. 667.
D.R.P. 639787, Abschn. III., S. 669.
D.R.P. 457818, Die Gerbung mit Chromverbindungen, S. 657.
D.R.P. 105669, Die Kombinationsgerbung, S. 671.
D.R.P. 514874, Die Kombinationsgerbung, S. 672.
E.P. 255313, Die Kombinationsgerbung, S. 767.

Ferner:

Künstliche Gerbstoffe, Abschn. IX, S. 735ff.
Die Gerbung mit Celluloseextrakten, Abschn. I, 3, S. 739.

V. Nachbehandlung von Eisenleder.

D.R.P. 256350/Kl. 28a vom 1. 9. 1911. — C. 1913, I, 760.
Ö.P. 63555 vom 18. 10. 1912. — Gerber 1920, 3.
E.P. 21175. — J. A. L. C. A. **9**, 127 (1914).

Dr. Josef Bystron, Teschen, und *Dr. Karl von Vietinghoff*, Berlin.

Verfahren zur Herstellung von lagerbeständigem, nicht narbenbrüchigem Eisenleder. Zur Entfernung nichtgebundener saurer Eisensalze, welche die Lagerbeständigkeit des Eisenleders beeinträchtigen, werden die Leder nach der Gerbung mit Lösungen neutraler Alkalisalze behandelt.

D.R.P. 353131/Kl. 28a vom 2. 12. 1919. — C. 1922, IV, 397; Coll. 1922, 115.
(Zus. P. zu D.R.P. 352285; vgl. Die Gerbung mit Chromverbindungen, S. 658.)

Dr. Otto Röhm, Darmstadt.

Verfahren zum Neutralisieren von mineralisch gegerbten Ledern. Eisen- oder Alaunleder werden mit Alkali- oder Erdalkalicarbonaten und Formaldehyd oder mit niederen fettsauren oder oxyfettsauren Salzen der Alkalien oder Erdalkalien (Formiate, Lactate) oder solchen anderer schwacher anorganischer Säuren als der Kohlensäure (Sulfite, Thiosulfate, Phosphite, Arsenite usw.) neutralisiert.

D.R.P. 508502/Kl. 28a vom 11. 6. 1927. — C. 1931, I, 404; Coll. 1930, 544.

Dr. Otto Röhm, Darmstadt.

Verfahren zum Neutralisieren von Eisenleder. Eisenleder werden mit Phosphaten allein oder in Mischung mit anderen Neutralisierungsmitteln (calc. Soda, Ammoniak) neutralisiert (vgl. S. 313).

D.R.P. 524212/Kl. 28a vom 18. 12. 1927. — Coll. 1931, 409.
Ung.P. 97612 vom 15. 9. 1928. — C. 1930, I, 2346; Coll. 1931, 318.

Röhm & Haas A.-G., Darmstadt.

Verfahren zur Behebung des Glitschens von Eisenleder. Die Leder werden in an sich bekannter Weise mit trocknenden Ölen (Leinöl, Holzöl) oder Mischungen davon, die unter Zusatz von Sikkativen gekocht sein können, imprägniert und getrocknet (vgl. S. 313).

E.P. 490006 vom 3. 2. 1937. — C. 1939, I, 312.

I. G. Farbenindustrie A. G., Frankfurt a. M.

Herstellung lagerbeständiger Leder. Eisengegerbten Ledern werden in einem beliebigen Stadium ihrer Herstellung organische Verbindungen einverleibt, die mindestens einen aromatischen Kern und mindestens eine direkt an diesen gebundene Oxygruppe und / oder ein basisches Stickstoffatom im Molekül enthalten, z. B. Phenyl-α-naphthylamin, Mercaptobenzimidazol u. a. Dadurch wird die Lagerbeständigkeit verbessert.

D. Die Gerbung mit anderen Mineralstoffen.

I. Basische Metallverbindungen.

D.R.P. 144093/Kl. 28a vom 4. 10. 1901. — C. 1903, II, 536.
Ö.P. 22795 vom 1. 8. 1905.

P. D. Zacharias, Athen.

Verfahren zur Erzeugung von Leder mittels Zinnverbindungen. Als Zinnverbindungen werden z. B. Zinnchlorid, Zinnoxalat oder auch fettsaure Salze des Zinns verwendet.

1. **F.P. 526574** vom 10. 5. 1920. — C. 1922, IV, 812.
2. **F.P. 552161** vom 15. 10. 1921. — C. 1924, II, 1652.
   E.P. 187239 vom 14. 10. 1922. — C. 1924, II, 1652.

Henri Morin, Paris und St. Denis.

Verfahren zum Gerben tierischer Häute.

1. Verwendung von Zinnsalzen oder -oxyden, vorzugsweise $SnCl_2$ oder Zinnsäure in salzsaurer Lösung.

2. Es werden die Doppelsalze des Stannochlorids mit Alkali- oder Erdalkalichloriden oder die entsprechenden Doppelsalze der Bromide und Jodide verwendet.

F.P. 587202 vom 19. 12. 1923. — C. 1927, I, 1401; Coll. 1928, 329.
F.P. 587203 vom 19. 12. 1923. — C. 1927, I, 1401; Coll. 1928, 329.

Edmond Chicoineau, Paris.

Verfahren zum Gerben tierischer Häute mit Metallsalzen. Die Blößen werden in neutraler, saurer oder alkalischer Lösung mit Salzen des Zinns oder Zinks und nach erfolgter Durchgerbung mit einer stark verdünnten Wasserstoffsuperoxyd- und Alkalilösung (Soda) behandelt.

1. **D.R.P. 529016**/Kl. 28a vom 15. 3. 1925. — Coll. 1931, 658.

Friedrich W. Weber, Hackensack, N. Y., V. St. A.

A.P. 1621965 vom 4. 4. 1924. — C. 1927, II, 2140; Coll. 1929, 275.

Maywood Chemical Works, Maywood, N. Y., V. St. A.

2. **A.P. 1616400** vom 19. 3. 1925. — C. 1927, II, 2256; Coll. 1929, 275.
3. **A.P. 1642054** vom 19. 3. 1925. — C. 1928, II, 2768; Coll. 1929, 319.

Friedrich W. Weber, Hackensack, N. Y., V. St. A.

Verfahren zur Herstellung von Leder.

1. Die wie üblich vorbereiteten Häute und Felle werden mit einer gegebenenfalls NaCl oder Na_2SO_4 enthaltenden Lösung eines oder mehrerer basischer Acetate der seltenen Erden behandelt; der Gerblösung können auch Eigelb und Weizenmehl zugesetzt werden (vgl. S. 330).

2. Die mit einer Lösung von Kochsalz und einem basischen Salz der seltenen Erden (mit Ausnahme des Ceriums), z. B. basisches Lanthan- oder Thoriumacetat, behandelten Blößen werden nach dem Trocknen der Einwirkung einer Lösung ausgesetzt, die ein Salz des Aluminiums, Eisens, Chroms oder Mangans, sowie eine basische Verbindung (Carbonat) eines seltenen Erdmetalls enthält.

Vgl. auch **F.P. 629323** vom 5. 1. 1927. — C. 1928, II, 1962; Coll. 1929, 318 und Coll. 1930, 129.

3. Kochsalz kann bei dem unter 2 beschriebenen Verfahren durch Zinksulfat ersetzt werden. Die Leder werden zweckmäßig mit primärem Natriumphosphat nachbehandelt.

Tschechosl.P. 32564 vom 24. 11. 1926. — C. 1932, II, 1263.

Titan Co. A. S., Frederikstad.

Gerben und Färben von Leder mit Titandoppelsalzen von Alkalimetallen, wie das Titannatriumsalz der Weinsäure, Milchsäure, Oxalsäure u. dgl.

1. **D.R.P. 517446**/Kl. 28a vom 3. 1. 1929. — C. 1931, I, 3426; Coll. 1931, 403.
   A.P. 1941285 vom 27. 12. 1929.
   E.P. 346009 vom 1. 1. 1930. — C. 1931, II, 2259.
   F.P. 687411 vom 30. 12. 1929. — C. 1930, II, 3888; Coll. 1932, 293.
2. **D.R.P. 537606**/Kl. 12i vom 16. 1. 1930.
   (Zus. P. zu D. R. P. 517446.)
   E.P. 348724 vom 21. 2. 1930. — C. 1931, II, 2259.
   (Zus. P. zu E. P. 346009.)

I. G. Farbenindustrie A. G., Frankfurt a. M.

Verfahren zur Herstellung von festen Gerbstoffen aus Titanschwefelsäurelösung.

1. Durch Abstumpfen eines Teiles der an Titan gebundenen Schwefelsäure mittels Alkalis (Soda) unter solchen Bedingungen, daß weder Titandioxyd ausflockt noch Natriumsulfat auskristallisiert, werden basische Lösungen von guter Gerbwirkung erhalten, die sich durch rasches Verdampfen auf Walzentrocknern oder im Vakuum in feste, wasserlösliche Form überführen lassen (vgl. S. 330).

2. Die Titanschwefelsäurelösungen werden mit Calciumcarbonat abgestumpft und

nach Abtrennung des dabei ausgefällten schwer löslichen Calciumsulfats nach 1 in trockne Form übergeführt.

A.P. 1997658 vom 30. 8. 1932. — C. 1935, II, 1299; Coll. 1937, 242.

Adolf Schubert, Milburn, N. Y., V. St. A.

Gerbverfahren. Gerbfertige Blößen werden mit Titanschwefelsäurelösungen mit einem Gehalt an $NaHSO_3$ und $NaHSO_4$ zunächst bei p_H 3,5 mehrere Stunden angegerbt und alsdann unter Zusatz von Borax oder Soda bei p_H 5,4 ausgegerbt.

A.P. 1940610 vom 20. 1. 1933. — C. 1934, I, 1756; Coll. 1935, 137.

Röhm & Haas Co., Philadelphia, V. St. A.

Mineralgerbung. Gepickelte, auf p_H 2 eingestellte Blößen werden mit Lösungen von Zirkonsalzen und Kochsalz gegerbt. Die Gerbung kann auch in Verbindung mit anderen pflanzlichen, mineralischen oder synthetischen Gerbstoffen sowie Formaldehyd durchgeführt werden (vgl. S. 330).

1.	**D.R.P.**	**642485**/Kl. 28a	vom 29. 11. 1934.	— Coll. 1937, 183.
	A.P.	**2129854**	vom 21. 11. 1935.	— J. A. L. C. A. **34**, 119 (1939),
	E.P.	**449027**	vom 18. 12. 1934.	
2.	**D.R.P.**	**643087**/Kl. 28a	vom 25. 11. 1934.	— C. 1937, I, 4589; Coll. 1937, 186.
	A.P.	**2117811**	vom 21. 11. 1935.	
	E.P.	**449249**	vom 15. 12. 1934.	— J. I. S. L. T. C. **20**, 527 (1936).
	Tschechosl. P.	**60794**	vom 22. 11. 1935.	
1. u. **2.**	**F.P.**	**798137**	vom 23. 11. 1935.	— C. 1936, II, 918; Coll. 1938, 94.
3.	**D.R.P.**	**649047**/Kl. 28a	vom 10. 11. 1935.	— Coll. 1937, 481.
	A.P.	**2127304**	vom 7. 11. 1936.	— J. A. L. C. A. **34**, 118 (1939).
	E.P.	**466135**	vom 22. 11. 1935.	
	F.P.	**812916**	vom 4. 11. 1936.	— C. 1937, II, 1120; Coll. 1939, 115.

I. G. Farbenindustrie A. G., Frankfurt a. M.

Verfahren zur Herstellung mineralgegerbter Leder.

1. Gerbung mit wasserlöslichen Zirkoniumsalzen, wobei während oder nach der Gerbung wasserlösliche, nichtgerbende aromatische Carbon- oder Sulfosäuren oder deren Salze, z. B. naphthalin-1,5-disulfosaures Natrium, ligninsulfosaures Natrium, verwendet werden.

2. Anwendung von Zirkoniumsalzen (Chlorid), wobei die Gerbung unter Zusatz von Sulfationen liefernden Neutralsalzen durchgeführt wird (vgl. S. 331).

3. Verwendung wasserlöslicher Zirkoniumsalze und wasserlöslicher Kieselsäureverbindungen.

F.P. 807353 vom 16. 6. 1936. — C. 1937, I, 3444; Coll. 1939, 111.

Paul H. Dapsence, Frankreich.

Gerbverfahren. Die Blößen werden zunächst in einem Alkalibad (KOH, NaOH, Na_2CO_3 oder $Ca(OH)_2$), dann mit einer Kobalt-, Nickel- oder Mangansalze enthaltenden Lösung und schließlich mit Lösungen von Oxydationsmitteln, wie Hypochlorid, Persulfat, Perborat usw., behandelt.

F.P. 840907 vom 21. 7. 1938. — C. 1939, II, 780.

Titan Co., Inc., V. St. A.

Titangluconat, das aus Alkali- oder Erdalkaligluconat durch Umsetzung mit Titansulfat hergestellt wird, dient als Gerbmittel.

Zu diesem Abschnitt vgl. weiter:

F.P. 676272, Allgemeine Mineralgerbverfahren, S. 679.
D.R.P. 386469 ff., Künstliche Gerbstoffe, S. 735.

II. Polysäuren.

E.P. 17137 vom 6. 12. 1915. — J. I. S. L. T. C. 1917, 94.

A. T. Hough, London.

D.R.P. 322166/Kl. 28a vom 17. 8. 1918. — C. 1920, IV, 451; Coll. 1920, 290.
A.P. 1404633 vom 6. 12. 1916. — C. 1923, II, 1048.

Société Genty, Hough & Cie., Paris.

E.P. 100163. — J.A.L.C.A. **11**, 460 (1916).
H. Morin, St. Denis, Frankreich.

Verfahren zum Gerben von Häuten und Fellen. Die Blößen werden mit einer Silikatlösung getränkt und die Kieselsäure durch geeignete Fällungsmittel (Essigsäure) auf der Faser abgeschieden. Anschließend behandelt man die Leder mit einer Nahrung, z. B. aus Seife, Öl und Eigelb, oder mit Salzwasser.

F.P. 519598 vom 9. 12. 1919. — C. 1921, IV, 616.
Eugène Désiré Schweitzer, Frankreich.

Gerbverfahren. Die Blößen werden mit einer 10%igen Kieselfluorwasserstoffsäure behandelt und gegebenenfalls mit Sodalösung neutralisiert (vgl. S. **463**).

E.P. 171693 vom 15. 11. 1921. — C. 1922, II, 769.
F.P. 543584 vom 15. 11. 1921. — C. 1923, II, 1048.
Gerb- und Farbstoffwerke H. Renner & Co. A. G., Hamburg.

Verfahren zum Gerben tierischer Häute mittels Arsenverbindungen, die, soweit sie unlöslich in Wasser sind, in den löslichen oder kolloidalen Zustand übergeführt werden.

F.P. 615126 vom 10. 9. 1925. — C. 1927, II, 535; Coll. 1929, 272.
Henri Morin, Paris.

Weißgerbverfahren. Die mit einer aus gleichen Teilen Natriumbisulfit und Kochsalz bestehenden Lösung behandelten Blößen werden getrocknet und mit einer Lösung von Alkali, vorzugsweise Natriumsilikat und NaCl, nachbehandelt. Es werden weiße Leder erhalten.

A.P. 2017453 vom 17. 6. 1933. — C. 1936, I, 1559; Coll. 1937, 300.
E.P. 439548 vom 2. 3. 1934.
F.P. 769458 vom 28. 2. 1934. — C. 1935, I, 1490; Coll. 1937, 248.
A. C. Lawrence, Leather-Co., Boston, V. St. A.

Herstellung von weißem Leder. Mit 2,25% Schwefelsäure und 6% Kochsalz gepickelte Blößen werden mit einer 5%igen Kochsalzlösung gewaschen und mit 10% einer Wolframverbindung (Natriumwolframat), die in einer 5%igen Kochsalzlösung gelöst und mit Essigsäure gegen Lakmus sauer gestellt ist, im Faß gegerbt. Nach 3 Stunden werden 10% Aluminiumsulfat gelöst in 5%iger Kochsalzlösung, nachgesetzt und damit ausgegerbt. Die Leder werden in fließendem Wasser gewaschen, gefettet und fertig zugerichtet (vgl. S. 335).

1. **D.R.P. 671712**/Kl. 28a vom 1. 4. 1936. — Coll. 1939, 203.
E.P. 478443 vom 5. 8. 1936. — J.A.L.C.A. **33**, 395 (1938).
F.P. 808119 vom 15. 7. 1936. — C. 1937, I, 3909; Coll. 1939, 112.
Ö.P. 150997.
Schwz.P. 195334 vom 8. 6. 1936.
2. **E.P. 481635** vom 28. 1. 1937. — J.A.L.C.A. **33**, 495 (1938).
F.P. 47997 vom 11. 1. 1937. — C. 1938, I, 241.
(Zus.P. zu F.P. 808119.)
Ö.P. 152814.
3. **D.R.P. 672747**/Kl. 28a vom 30. 10. 1936. — Coll. 1939, 348.
(Zus.P. zu D.R.P. 671712.)
F.P. 47998 vom 12. 1. 1937. — C. 1938, I, 241.
(Zus.P. zu F.P. 808119.)
E.P. 478773 vom 28. 1. 1939. — J.A.L.C.A. **33**, 395 (1938).
E.P. 484781 vom 28. 1. 1939. — J.A.L.C.A. **34**, 171 (1939).
4. **D.R.P. 671019**/Kl. 28a vom 21. 7. 1937. — C. 1939, I, 3299; Coll. 1939, 94.
E.P. 505468 vom 20. 7. 1938.
(Zus.P. zu E.P. 478443.
F.P. 49638 vom 1. 2. 1939.
(Zus.P. zu F.P. 808119.)

Chemische Fabrik Johann A. Benckiser G. m. b. H., Ludwigshafen.

Gerben von Häuten und Fellen.

1. Als gerbende Stoffe werden polymere Metaphosphorsäuren oder ihre in Wasser löslichen Salze mit ein- oder mehrwertigen Metallen (Cr, Fe, Al), NH_3 oder organischen

Basen allein oder zusammen mit anderen mineralischen oder pflanzlichen Gerbstoffen verwendet (vgl. S. 337).

2. Verwendung von Polyphosphorsäuren oder ihren Salzen mit ein- oder mehrwertigen Metallen (Cr, Fe, Al), NH_3 oder organischen Basen, evtl. in Kombination mit den unter 1 genannten Gerbstoffen.

3. Bei der Gerbung mit den unter 1 und 2 beschriebenen Verbindungen werden wasserlösliche Silikate getrennt oder in Gemisch oder in Kombination mit anderen Gerbmitteln verwendet.

4. Als gerbende Stoffe werden die Umsetzungsprodukte polymerer Metaphosphorsäuren oder solche enthaltender Schmelzgemische mit Hydroxylgruppen enthaltenden organischen Verbindungen (niedere und höhere Alkohole, Phenole, Zucker, Stärke usw.) oder deren lösliche Salze mit ein- oder mehrwertigen Metallen (Cr, Fe, Al), NH_3 oder organischen Basen allein oder in Kombination mit anderen Gerbmitteln verwendet.

A.P. 2140041 vom 17. 5. 1937. — C. 1939. I, 2121.

Hall Laboratories Inc., Pittsburgh, V. St. A.

Gerbverfahren. Die Blößen werden mit der Lösung von Gerbstoffen der Formel: $(M_2O)\,x\,.\,(P_2O_5)\,y$, in welcher M=H, NH_3 oder ein Alkalimetall bedeutet und in welcher das Verhältnis $M_2O : P_2O_5$ geringer als 2 : 1 ist, allein oder zusammen mit Formaldehyd oder anderen Aldehyden behandelt.

Zu diesem Abschnitt vgl. weiter:

D.R.P. 647823 ff., Künstliche Gerbstoffe, Abschn. IX, S. 736.
D.R.P. 515664 ff., Künstliche Gerbstoffe, Abschn. IX, S. 736.

III. Einlagerung von Mineralstoffen.

D.R.P. 297878/Kl. 28a vom 5. 2. 1906. — C. 1917, II, 147; Coll. 1917, 244.

Georg Zingraf, Lorsbach i. Ts.

Gerbverfahren. Als Gerbmittel wird Bolus (Tonerde-Eisensilikat) für sich allein oder in Verbindung mit anderen Gerbstoffen verwendet.

1.	**D.R.P.**	**377536**/Kl. 28a	vom 15. 7. 1919.	— C. 1923, IV, 624; Coll. 1923, 264.
	A.P.	**1567644**	vom 29. 8. 1921.	
	Can.P.	**232786**	vom 11. 11. 1921.	— C. 1924, I, 1731.
	E.P.	**180758**	vom 1. 3. 1921.	— C. 1923, IV, 624.
	Schwz.P.	**97641**	vom 9. 6. 1921.	— C. 1923, IV, 624.
2.	**E.P.**	**203103**	vom 23. 6. 1922.	— C. 1926, II, 1917.

(Zus.P. zu E.P. 180758.)

Johannes Hell, Eßlingen, Württemberg.

Verfahren zum Gerben von Häuten und Fellen.

1. Die Blößen werden mit wässerigen Lösungen von Magnesiumverbindungen ($MgSO_4$, $MgCl_2$) und kohlensauren Salzen (Soda, Bicarbonat) behandelt, wobei kohlensaure Magnesiumverbindungen in der Haut abgeschieden werden. Vor, während oder nach der Einwirkung der Magnesiumverbindungen kann noch mit Formaldehyd, pflanzlichen, mineralischen oder synthetischen Gerbstoffen sowie Sulfitcelluloseextrakten behandelt werden (vgl. S. 340 und 417).

2. Die nach 1 benutzten Magnesiumverbindungen können durch wasserlösliche Salze der Erdalkalien, des Zinks, Bleies oder Kupfers oder Mischungen davon ganz oder teilweise ersetzt werden.

D.R.P. 451988/Kl. 28a vom 13. 4. 1924. — C. 1928, I, 459; Coll. 1928, 31.

Johannes Hell, Eßlingen, Württemberg.

Verfahren zum Gerben von Häuten und Fellen. Die Blößen werden mit Aufschlämmungen von unlöslichen Carbonaten, auch solchen natürlichen Vorkommens (Kreide, Kalkstein, Magnesit u. dgl.) in Lösungen von geeigneten Salzen, wie Calciumchlorid, Magnesiumsulfat, evtl. unter Zusatz von Formaldehyd, Chinon oder dgl. behandelt (vgl. S. 340).

1. **R.P. 35320** vom 10. 2., 30. 3. und 27. 4. 1931. — C. 1935, I, 2304.
N. W. Below, A. K. Gritzai und *B. M. Schitkau*, USSR.
2. **Zus.P. 37243** vom 26. 5. 1931. — C. 1935, II, 3047.
N. W. Below, A. K. Gritzai, S. N. Ramm und *B. M. Schitkau*, USSR.

Gerbverfahren.
1. Anwendung einer Lösung von Nephelin oder Urtit in Mineralsäuren unter Zusatz von NaCl.
2. Zum Abstumpfen der Säure während der Gerbung dient gepulverter Dolomit.

D.R.P. 660678/Kl. 28a vom 21. 4. 1936. — C. 1938, II, 1716; Coll. 1938, 217.
Dr. Walter Gellendien, Berlin-Charlottenburg.

Verfahren zur Herstellung von schwerem Leder. In mit Formaldehyd, synthetischen oder mineralischen Gerbstoffen oder Ligninextrakt vorbehandelte Leder werden unauswaschbare Metallsalze, z. B. Bariumsulfat, eingelagert, indem die Leder mit den mit Wasser, gegebenenfalls unter Zusatz von Sulfitcelluloseextrakt angeteigten Beschwerungssalzen, gewalkt oder nacheinander mit verschiedenen zur Bildung unlöslicher Verbindungen im Leder befähigten Salzlösungen behandelt werden.

Zu diesem Abschnitt vgl. auch:
D.R.P. 408135, Die Gerbung mit Chromverbindungen, S. 657.

Zur Gerbung mit anderen Mineralstoffen vgl. auch:
Die Kombinationsgerbung, S. 752ff.

E. Allgemeine Mineralgerbverfahren.

E.P. 2716 vom 29. 10. 1861.
Dr. F. Knapp, München.

Bearbeiten von Häuten und Fellen. Gerbung mit fettsauren Salzen der Metalloxyde oder nacheinander mit Fetten, Ölen oder löslichen Alkaliseifen und löslichen Schwermetallsalzen (Cr, Fe, Al) oder mit kieselsauren Salzen der Schwermetalle oder mit löslichen Silikaten und löslichen Salzen der alkalischen Erden oder der Schwermetalle.

D.R.P. 28881 vom 1. 11. 1883.
Ludwig Starck, Mainz.

Verfahren zur Herstellung eines faserigen Gerbmaterials. Moostorf wird mit mineralischen Gerbstofflösungen getränkt. Die Gerbung mit diesem Material erfolgt durch Versetzen.

E.P. 5491 vom 20. 4. 1886.
Nils Alexander Alexanderson und *Leonhard Hvass*, Stockholm.

Mineralgerbverfahren für Felle und Häute. Die Blößen werden mit stark basisch gestellten Lösungen von Chrom-, Aluminium- oder Eisensalzen behandelt oder die Häute werden zunächst mit den neutralen oder sauren Salzen imprägniert und anschließend mit alkalischen Flüssigkeiten behandelt, wobei die normalen Salze in basische überführt und auf der Haut fixiert werden.

D.R.P. 116725 vom 27. 8. 1899.
Emile Maertens, Providence, V. St. A.

Verfahren zum Gerben von Häuten und Fellen. Es werden die Carbonate bzw. die durch Einwirkung von Kohlensäure, gegebenenfalls unter Druck, erhältlichen löslichen Bicarbonate von gerbend wirkenden Schwermetallen, wie Chrom, Eisen, Mangan usw., verwendet.

D.R.P. 306015/Kl. 28a vom 16. 10. 1915. — Coll. 1919, 23.
Emil Kanet, Agram.

Verfahren zum Gerben von Häuten mit hydrolytisch gespaltenen Gerblösungen, die in der Wärme basische Salze, Hydroxyde oder Oxyde ausscheiden. Man behandelt die Blößen mit basischen, bei gewöhnlicher Temperatur veränderlichen Lösungen von Salzen des Chroms, Aluminiums oder Eisens bei niedriger Temperatur und erwärmt darnach die durchtränkten Blößen durch Einlegen in 45 bis 60° C warme Salze oder Aufhängen in einem erwärmten Raum, wobei die Gerbung erfolgt.

A.P. 1323878 vom 28. 5. 1918. — J. A. L. C. A. **15,** 218 (1920).
Can.P. 226670 vom 28. 11. 1922. — J. I. S. L. T. C. 1923, 271.
E.P. 117693 — J. A. L. C. A. **14,** 125 (1919).

Bertram Levin, Hale, England.

Gerbstoff. Als Gerbstoff wird eine Metallkomplexverbindung der Pyrophosphorsäure und Borsäure verwendet (vgl. S. 80).

D.R.P. 339418/Kl. 28a vom 9. 7. 1918. — C. 1921, IV, 838; Coll. 1921, 374.

Chemische Fabriken vorm. Weiler-ter Meer, Uerdingen, Niederrhein.

Verfahren zum Gerben mit mineralischen Gerbstoffen. Den sauer reagierenden mineralischen Gerbbrühen werden sogleich oder im Verlauf der Gerbung zur Abstumpfung der Säure basische, in Wasser unlösliche oder schwer lösliche Magnesiumverbindungen zugesetzt.

D.R.P. 520091/Kl. 28a vom 21. 6. 1927. — C. 1931, I, 3425; Coll. 1931, 405.
A.P. 1930910 vom 15. 5. 1928. — J. A. L. C. A. **31,** 156 (1936).
E.P. 292501 vom 6. 6. 1928. — C. 1930, I, 3631; Coll. 1931, 267.
F.P. 654831 vom 25. 5. 1928. — C. 1930, I, 3631.

Dr. Otto Röhm, Darmstadt.

R.P. 7353 vom 9. 5. 1927. — C. 1931, I, 3425.

Röhm & Haas A. G., Darmstadt.

Mineraleinbadgerbverfahren. Den Mineralgerbstofflösungen werden Orthophosphorsäuren oder Arsensäure oder deren Salze oder Ester (Glycerinphosphorsäure) bzw. Salze der Ester zugesetzt (vgl. S. 313).

1. **D.R.P. 560018**/Kl. 28a vom 8. 6. 1928. — C. 1932, II, 3346; Coll. 1933, 28.
2. **F.P. 676272** vom 6. 6. 1929. — C. 1930, II, 1180; Coll. 1932, 291.

Dr. Robert Wintgen, Köln-Bayenthal und *Dr. Egon Vogt,* Köln-Lindenthal.

Verfahren zum Gerben von Häuten und Fellen.

1. Die Häute werden mit Chrom-, Aluminium- oder Ferrisalzlösungen durchtränkt, in einer hermetisch abgeschlossenen Kammer aufgehängt und dort mit gerbstofffällenden Gasen (Ammoniak, Schwefelwasserstoff) zur Fixierung des Gerbstoffs behandelt.

2. Es können auch As-, Sb-, Zn-, Hg-, Pb-, Cu-, Bi- und Cd-Salze Verwendung finden.

D.R.P. 582253/Kl. 28a vom 2. 12. 1930. — C. 1933, II, 2222; Coll. 1933, 639.
F.P. 723718 vom 1. 10. 1931. — C. 1933, II, 1064; Coll. 1934, 39.

Farb- und Gerbstoffwerke Carl Flesch jun., Frankfurt a. M.

Verfahren zum Behandeln von Blößen und Ledern. Die Schwermetallsalze (Cr, Al, Fe) sulfitierter oder phosphatierter Kohlenhydrate (Cellulose, Stärke u. dgl.) werden zum Gerben oder Nachbehandeln von Leder verwendet.

D.R.P. 600727/Kl. 28a vom 2. 2. 1932. — C. 1934, II, 2346; Coll. 1934, 464.

Dr. Egon Elöd, Karlsruhe.

Verfahren zur Herstellung mineralisch gegerbter Leder. Gerbfertige Blößen werden mit organischen, in Wasser mischbaren Lösungsmitteln (Aceton) entwässert, hierauf mit in organischen Lösungsmitteln gelösten, gerbend wirkenden Metallverbindungen, wie z. B. Chrom- oder Eisenmethylat, durchtränkt und alsdann durch Einwirkung von warmem Wasser oder alkalisch wirkenden Mitteln, wie in Alkohol gelöstem Ammoniak, die Gerbung bewirkt (vgl. S. 315).

F.P. 775821 vom 13. 7. 1934. — C. 1935, II, 1411.
E.P. 441384 vom 16. 7. 1934.
I. G. Farbenindustrie A. G., Frankfurt a. M.

Herstellung von in Wasser kolloidal löslichen Oxyden und Hydroxyden. Salze der 3wertigen Metalle (Cr, Al, Fe) werden mit Fällungsmitteln, wie Ammoniak, gefällt, die Hydroxyde gewaschen und mit Säuren, wie Salzsäure, Essigsäure oder dgl., peptisiert. Die Produkte sind zum Gerben geeignet.

D.R.P. 656946/Kl. 28a vom 11. 6. 1936. — C. 1938, I, 3573; Coll. 1938, 80.
I. G. Farbenindustrie A. G., Frankfurt a. M.

Verfahren zum Gerben von tierischen Hautblößen. Als Gerbstoffe werden die Umsetzungsprodukte von Alkylenoxyd (Propylenoxyd) mit Verbindungen von Metallen, die zur Alaunbildung befähigt sind (Al, Fe, Cr), verwendet. Die erhaltenen Leder können mit neutralen oder sauren Gerbstoffen nachbehandelt werden.

D.R.P. 660770/Kl. 28a vom 25. 10. 1936. — Coll. 1938, 414.
A.P. 2115880 vom 8. 10. 1937.
F.P. 825842 vom 23. 8. 1937.
E.P. 503551 vom 11. 10. 1937.
Norw.P. 59278 vom 19. 7. 1937. — C. 1938, II, 476.
Schwz.P. 199790 vom 25. 8. 1937.
Dr. Otto Röhm, Darmstadt.

Verfahren zum Gerben von tierischen Hautblößen. Die Blößen werden mit in Oxalsäure gelösten, wasserunlöslichen Chrom-, Eisen-, Aluminiumphosphaten ohne Mitverwendung von Kieselsäure oder Silikaten allein oder zusammen mit anderen Gerbstoffen behandelt.

A.P. 2165870 vom 7. 4. 1938. — C. 1939, II, 2604.
E. J. du Pont de Nemours & Co., Wilmington, Del., V. St. A.

Mineralgerbung. Die Blössen werden mit Chrom-, Aluminium- oder Titansulfamaten gegerbt.

Zur allgemeinen Mineralgerbung vgl. weiter:

D.R.P. 671712 ff., Die Gerbung mit anderen Mineralstoffen, S. 676.

Ferner:

Künstliche Gerbstoffe, Abschn. IX, S. 735ff.
Die Gerbung mit Celluloseextrakten, Abschn. I, 3, S. 746ff.

Die Aldehyd- und Chinongerbung.

A. Die Aldehydgerbung.

D.R.P. 111408/Kl. 28 vom 24. 3. 1898. — C. 1900, II, 609.
A.P. 618722.
E.P. 2872.
John Pullmann und *Edward England Pullmann*, London.

Neuerung in der Fabrikation von Leder. Die Häute werden im Faß mit einer wässerigen Lösung von Formaldehyd und einem alkalischen Salz (Soda) gegerbt (vgl. S. 344 und 373).

D.R.P. 112183/Kl. 28 vom 14. 3. 1899.
Ö.P. 999 vom 1. 12. 1899. — Gerber 1920, 3.
Dr. Raymond Combret, Paris.

Gerbverfahren. Anwendung von Formaldehyd in saurer Lösung (vgl. S 344 und 373).

D.R.P. 480228/Kl. 28a vom 25. 8. 1925. — C. 1930, I, 788; Coll. 1929, 604.
E.P. 243089 vom 27. 8. 1924. — C. 1927, I, 2261; Coll. 1929, 266.
F.P. 604015 vom 27. 8. 1925. — C. 1927, I, 2261.
A.P. 1715622.

Robert Howson Pickard, Dorothy Jordan Lloyd und *Albert Edward Caunce*, London.

Herstellung von Leder. Mit Aceton entwässerte und dann getrocknete Blößen werden einem Formaldehyd enthaltenden Luftstrom ausgesetzt. Statt Formaldehyd kann auch Acetaldehyd, Brom oder Chlor Verwendung finden (vgl. S. 372 und 376).

R.P. 3364 vom 15. 9. 1924. — C. 1928, I, 1132; Coll. 1929, 95.

G. Powarnin, USSR.

Gerben von Häuten. Die rohen oder wie üblich vorbereiteten Häute werden mit Furfurol oder Diacetyl gegerbt.

1. **A.P. 1690969** vom 28. 11. 1927. — C. 1929, I, 2502.
2. **A.P. 1663401** vom 8. 7. 1927. — C. 1929, I, 2502.

Harry Dodge, Danvers, Mass., V. St. A.

Behandlung von Häuten und Fellen
1. mit einer wässerigen Lösung von Salpeter, Natriumbicarbonat und Formaldehyd;
2. nach 1 unter Mitverwendung von Kochsalz.

Vgl. auch **A.P. 1659520**, Die Kombinationsgerbung, S. 759.

F.P. 670007 vom 4. 6. 1928. — C. 1930, II, 1180; Coll. 1932, 290.

Paul François Joseph Destailleur, Frankreich.

Herstellung formaldehydgarer Reiber für Spinnereien und Färbereien. Nach einem starken NaCl, $NaHSO_3$ und HCl enthaltenden Pickel werden die Blößen in einem Gerbbad behandelt, das 200 l Wasser, 5 kg NaCl und 3 kg Formaldehyd (40%ig) enthält (vgl. S. 378).

F.P. 696254/55 vom 10. 9. 1929. — C. 1931, I, 2428; Coll. 1932, 458.

Charles Léopold Mayer, Frankreich.

Gerbverfahren. Gerbung mit Lösungen von Acrolein in Ölen oder anderen Lösungsmitteln. Acrolein kann auch gasförmig zur Einwirkung gelangen. Die Häute können gegebenenfalls auch mit Lösungen von Phenol oder Kresol in Wasser oder Öl vorbehandelt und nach dem Auswaschen mit Formaldehyd, Acetaldehyd oder Acrolein nachbehandelt werden.

D.R.P. 641635/Kl. 28a vom 28. 11. 1930. — Coll. 1937, 98.
E.P. 377068 vom 27. 11. 1931. — C. 1932, II, 2270; Coll. 1933, 123.

Oranienburger Chemische Fabrik A. G., Berlin-Charlottenburg.

Verfahren zum Gerben von tierischen Blößen. Als Gerbstoffe werden wässerige Aldehyd-, insbesondere Formaldehydlösungen verwendet, die höchstens bis zur Hälfte des Aldehydgehaltes mit anorganischen Basen (Ammoniak) kondensiert sind.

A.P. 2004472 vom 29. 5. 1931.

George R. Pensel, Amsterdam, N. Y., V. St. A.

Can.P. 327675 vom 24. 7. 1931. — C. 1935, I, 1161; Coll. 1937, 245.

Ritter Chemical Co., Amsterdam, N. Y., V. St. A.

Gerbverfahren. Mit Salz und starken Säuren gepickelte Häute werden mit schwachen organischen Säuren, wie Essigsäure, Milchsäure oder dgl. oder Salzen davon, entpickelt, auf p_H 5,2 bis 6 eingestellt und mit einer wässerigen Lösung von Formaldehyd, Natriumsulfat, Borax, Seife oder einem Emulgierungsmittel gegerbt. Statt Formaldehyd können auch andere Aldehyde (Acrolein) verwendet werden.

A.P. 2009255 vom 14. 9. 1934. — C. 1935, II, 3343; Coll. 1937, 244.

Sven. H. Friestedt, Roselle Park, N. Y., V. St. A.

Gerbverfahren. Die gerbfertigen Blößen werden mit einer wässerigen Lösung von Crotonaldehyd oder dessen Derivaten behandelt; gegebenenfalls kann mit pflanzlichen, mineralischen Gerbstoffen oder Fetten nachgegerbt werden (vgl. S. 415).

1. **Aust.P. 23226/35** vom 25. 6. 1935. — C. 1937, I, 4455; Coll. 1939, 102.
A.P. 2109572 vom 23. 6. 1936.
„Zetta" Proprietary Ltd., South-Melbourne.
E.P. 482286 vom 23. 9. 1936. — J. A. L. C. A. **33**, 495 (1938).
2. **F.P. 811306** vom 26. 9. 1936. — C. 1937, II, 911; Coll. 1939, 114.
George F. Lloyd, Australien.

Gerbverfahren.
1. Gepickelte Blößen werden mit einer aus gleichen Teilen Wasser und Alkohol bestehenden Mischung, die noch Formaldehyd und gegebenenfalls sulfoniertes oder unsulfoniertes Öl enthält, gewalkt und anschließend mit Soda behandelt. Es können auch pflanzliche Gerbstoffe mitverwendet werden.
2. Der unter 1 angeführten Mischung kann noch Steatit zugesetzt werden.

A.P. 2129748 vom 20. 6. 1936. — C. 1938, II, 4350.
Röhm & Haas Co., Philadelphia, V. St. A.

Aldehydgerbung. Die gepickelten Blößen werden mit Formaldehyd oder einem anderen geeigneten Aldehyd in Gegenwart von Salzen schwacher organischer oder anorganischer Säuren, wie Essigsäure, Citronensäure, Phosphorsäure oder dgl., bei einem p_H von 4 bis 5 gegerbt.

It.P. 361474 vom 15. 4. 1938. — C. 1939, II, 780.
Antonio Ferretti, Mailand.

Gerbverfahren. Die Blößen werden mit Formaldehydlösungen allein oder zusammen mit anderen pflanzlichen, mineralischen, synthetischen oder Fettgerbstoffen bei Temperaturen oberhalb 40°, insbesondere bei 70°, behandelt.

Aldehydgerbung in Verbindung mit anderen Stoffen.

1. **D.R.P. 184449**/Kl. 28a vom 20. 6. 1905. — C. 1907, II, 960.
2. **Zus.P. 185050**/Kl. 28a vom 8. 5. 1906. — C. 1907, II, 960.
E.P. 4605. — J. A. L. C. A. **3**, 31 (1908).
Arthur Weinschenk, Mainz.

Verfahren zum Gerben von Häuten und Fellen.
1. Verwendung von Formaldehyd und α- oder β-Naphthol im Gemisch oder nacheinander (vgl. S. 379 und 439).
2. An Stelle von Formaldehyd können auch andere aliphatische oder aromatische Aldehyde, wie Acetaldehyd, Resorcylaldehyd u. dgl., verwendet werden.

D.R.P. 305516/Kl. 28a vom 25. 12. 1915. — C. 1920, II, 53; Coll. 1919, 368.
Deutsch-Koloniale Gerb- und Farbstoff-Gesellschaft m. b. H., Karlsruhe.
A.P. 1395733 vom 23. 12. 1916. — C. 1922, IV, 777.
The Chemical Foundation Inc., Del., V. St. A.

Verfahren zum Gerben tierischer Häute. Die Häute werden abwechselnd in Bädern mit Formaldehyd und mit in Wasser löslichen, aromatischen Verbindungen, die bei der Kondensation mit Formaldehyd wasserunlösliche Verbindungen ergeben (α-Naphthylamin, Resorcin), behandelt.
Vgl. auch **D.R.P. 335122** und **337588**, Künstliche Gerbstoffe, S. 690.

D.R.P. 346197/Kl. 28a vom 11. 10. 1919. — C. 1922, II, 721; Coll. 1922, 19.
Julius Ruppert Zink, Königsberg i. Pr.

Verfahren zum Gerben tierischer Häute mit Formaldehyd und Resorcin oder mit Formaldehyd und in Wasser löslichen, niedrigmolekularen Kondensationsprodukten des Resorcins mit Formaldehyd.

Zur Aldehydgerbung vgl. weiter:

Die Fettgerbung, Abschn. II, S. 685ff.
Die Kombinationsgerbung, S. 752ff., insbesondere die Abschn. II; III, 1 und V.

B. Die Chinongerbung.

D.R.P. 206957/Kl. 28a vom 30. 4. 1907. — C. 1909, I, 1212; Coll. 1909, 59 und 319.
A.P. 987750. — J.A.L.C.A. **6**, 266 (1911).
F.P. 385057 vom 25. 2. 1907.

L. Meunier und *A. Seyewetz*, Lyon, Frankreich.

Verfahren zum Gerben von Häuten. Für die Gerbung werden Lösungen von Chinonen, Chinhydronen, Chinonchlorimiden verwendet oder man läßt alkalische Lösungen mehrwertiger Phenole (Hydrochinon, Pyrogallol) bei Luftzutritt bzw. unter geeigneten Oxydationsbedingungen auf die Haut einwirken (vgl. S. 385).

1. D.R.P. 353076/Kl. 28a vom 23. 8. 1916. — C. 1922, IV, 201; Coll. 1922, 112.
2. Zus.P. 361055/Kl. 28a vom 7. 9. 1916. — C. 1923, II, 373; Coll. 1922, 323.

Gerb- und Farbstoffwerke H. Renner & Co. A. G., Hamburg.

Verfahren zum Gerben von Häuten.

1. Anwendung kolloidaler Lösungen von Chloranilen, die mittels organischer oder anorganischer Dispergierungsmittel (Phenole, Alkalien oder Erdalkalien) hergestellt werden. Statt der fertigen Chloranile können auch die Zwischenprodukte, z. B. Trichlorphenol und Bichromate, Verwendung finden (vgl. S. 464).

2. Statt der Phenole können deren Sulfosäuren oder die sulfierten Kondensationsprodukte mit Formaldehyd als Dispergierungsmittel verwendet werden.

Zur Chinongerbung vgl. weiter:

D.R.P. 451988, Die Gerbung mit anderen Mineralstoffen, S. 677.
D.R.P. 439521, Die Kombinationsgerbung, S. 758.
F.P. 740347, Die Kombinationsgerbung, S. 759.

Die Fettgerbung.

I. Reine Fettgerbung (Sämischgerbung).

D.R.P. 252178/Kl. 28a vom 6. 8. 1911. — C. 1912, II, 1592; Coll. 1913, 165.

Dr. Wilhelm Fahrion, Höchst a. M.

Verfahren der Sämischgerbung. In den zur Gerbung benötigten Fettstoffen, wie Tran usw., werden 3 bis 5% Metallsikkativ (Blei, Kobalt, Mangan) gelöst, wodurch der Gerbprozeß katalytisch beschleunigt wird (vgl. S. 408).

E.P. 13126. — J.A.L.C.A. **7**, 694 (1912).

J. Lewkowitsch und *J. T. Wood.*

Sämischgerbung. Verwendung von Fettsäuren, die durch Verseifung von tierischen Ölen gewonnen werden (vgl. S. 408).

E.P. 13168. — J.A.L.C.A. **8**, 488 (1913).

S. R. Holder, Mitcham, Surrey.

Sämischgerbung. Die mit einer sauren Kleienbeize gebeizten Blössen werden abgepreßt, in üblicher Weise getrant und in Stapel gesetzt, wobei sie sich nicht über 60° erhitzen sollen. Das überschüssige Öl wird abgepreßt und die Leder wie üblich zugerichtet.

D.R.P. 338476/Kl. 28a vom 5. 11. 1914. — C. 1921, IV, 615; Coll. 1921, 331.

Dr. Wilhelm Fahrion, Feuerbach b. Stuttgart.

Verfahren zum Gerben mittels ungesättigter Fettsäuren. Die Blößen werden mit aus Tranen oder pflanzlichen Ölen durch Verseifung hergestellten freien, ungesättigten

Fettsäuren, die beim längeren Stehenlassen in alkoholischer oder dgl. Lösungen in der Kälte keine Ausscheidungen von festen, kristallisierten Fettsäuren ergeben, für sich oder in alkoholischer Lösung mit einer solchen Menge behandelt, daß eine Entfernung von überschüssigem Fett nach der Gerbung vermieden wird.

D.R.P. 313803/Kl. 28a vom 1. 6. 1917. — C. 1919, IV, 699; Coll. 1919, 261.

Dr. Otto Röhm, Darmstadt.

Verfahren zur Herstellung von Fettemulsionen zum Fetten von Leder aller Art und zur Fettgerbung. Anwendung einer aus Öl oder Fett durch Verreiben mit hochkolloidalem Ton oder ähnlichen Mineralien, gegebenenfalls unter Zusatz eines flüchtigen Fettlösungsmittels hergestellten Emulsion (vgl. S. 408 und Bd. III, 1, S. 955).

D.R.P. 344016/Kl. 28a vom 17. 6. 1915. — C. 1922, II, 659; Coll. 1921, 505.
Ö.P. 85685 vom 10. 6. 1916. — C. 1922, II, 659.
A.P. 1414044 vom 13. 6. 1917. — C. 1923, II, 1048.

Dr. Otto Röhm. Darmstadt.

Verfahren zur Herstellung eines Mittels zum Fetten von Leder aller Art und zur Fettgerbung. Anwendung schwach sulfonierter Öle (vgl. S. 408 und Bd. III, 1, S. 958).

F.P. 533465 vom 1. 4. 1920. — C. 1922, IV, 911.

George Lengrand, Paris.

Verfahren zur Verwendung beständiger, hochkolloidaler Ölemulsionen in der Sämischgerberei. Unter Anwendung von Casein, Albumin oder dgl. hergestellte grobemulgierte Öle und Fette werden unter hohem Druck (100 bis 200 Atm.) durch Kapillarröhren gepreßt. Die erhaltenen hochkolloidalen Emulsionen dienen zum Gerben und Fetten von Leder.

D.R.P. 410261/Kl. 28a vom 22. 6. 1923. — C. 1925, I, 2136; Coll. 1925, 328.

Richard Dobschall, Mülheim, Ruhr.

Verfahren zum Gerben von Sämischleder. Durch Abpressen bei einem Druck von 150 Atm. entwässerte Blößen werden in einem geschlossenen Raum Luftströmen von -8 bis -10^0 ausgesetzt und dann unter Zuführung von komprimierter Luft, deren Temperatur auf $+30^0$ ansteigt, getrant (vgl. S. 408).

E.P. 247977 vom 20. 11. 1924. — C. 1927, II, 662; Coll. 1928, 474.

Maurice Kahn, Paris, *Eliane Le Breton* und *Georges Schaeffer*, Straßburg, Elsaß.

Schwz.P. 116159 vom 13. 11. 1924. — C. 1928, I, 1352.

Société Française des Produits Alimentaires Azotés, Paris.

Herstellung von Gerbmitteln. Bei der Autolyse von Hefe erhaltene cellulosehaltige Rückstände werden mit Fetten, Ölen oder Seifen gemischt, mit Wasser emulgiert und zum Walken von Blößen verwendet.

1. **F.P. 595954** vom 31. 3. 1925. — C. 1927, I, 1402; Coll. 1928, 329.
2. **Zus.P. 31603** vom 17. 11. 1925. — C. 1927, II, 536.

Alfred Joseph Clermontel, Limoges, Frankreich.

Herstellung von Sämischleder.

1. Nach Behandlung mit einer 15%igen Sodalösung werden die Blößen gewaschen, mit Gipsmehl und Sägespänen gewalkt und hierauf ein- oder mehrmals mit Leinöl geölt. Die Häute werden an der Luft im Sonnenlicht ausgebreitet oder bei 40^0 C gedämpft (vgl. S. 409).

2. Die nach 1 benutzte Sodabeize kann durch andere Alkalien, wie NaOH, $Mg(OH)_2$, oder durch Sulfate, Nitrate, Chloride, neutrale oder saure Sulfite der Alkalimetalle, Natriumhypochlorit u. dgl. ersetzt werden.

A.P. 1595872 vom 31. 8. 1925. — C. 1926, II, 1918.

Allen Rogers und *Bishan Narian Mathur*, Brooklyn, N. Y., V. St. A.

Verfahren zur Fettgerbung von Häuten und Pelzen mit Pasten teilweise verseifter Trane (vgl. S. 409).

F.P. 642682 vom 22. 3. 1927. — C. 1928, II, 2768; Coll. 1930, 131.

Ferdinand Jean, Frankreich.

Spezialöle für die Sämischgerbung von Häuten. Tierische oder pflanzliche Öle erhalten einen Zusatz von tierischen Lipoiden (Rohlecithin). Das lecithinhaltige Öl wird mittels heißer Luftströme oxydiert.

1. **R.P. 51504** vom 27. 7. 1936. — C. 1938, II, 818.
2. **Zus.P. 51451** vom 29. 12. 1936. — C. 1938, II, 818.

B. L. Weinberg, USSR.

Gerbverfahren.

1. Die Häute werden nach dem Äschern mit einer Mischung aus Degras, einem tierischen Fett und Tran, dessen Jodzahl unter 100 liegt, gefettet, getrocknet und gegerbt.

2. Die Häute werden vor dem Behandeln mit den Fettstoffen auf einen Feuchtigkeitsgehalt von 22% gebracht und nach 1 behandelt.

II. Fettgerbung in Kombination mit Formaldehydgerbung (Neusämischgerbung).

D.R.P. 325884/Kl. 28a vom 21. 2. 1919. — C. 1920, IV, 575.

Dr. Otto Röhm, Darmstadt.

Verfahren zur Herstellung eines Sämischledderersatzes. Die Gerbung erfolgt mit einer Emulsion von Fettsäure und Seife in Mischung mit Aldehyden, insbesondere Formaldehyd.

D.R.P. 457443/Kl. 28a vom 30. 8. 1924. – C. 1928, I, 2338; Coll. 1928, 218.
E.P. 266622 vom 13. 9. 1926. – C. 1927, II, 536; Coll. 1928, 472 und 1929, 270.

Albert Kemmler, Eßlingen.

Verfahren zur Herstellung von sämischgegerbtem Leder. Die fettgaren Leder werden in der Walke mit Eieröl, dem $1/_2$ bis 2% 40%iger Formaldehyd zugesetzt sind, behandelt (vgl. S. 415).

1. **A.P. 1771490** vom 8. 5. 1928. — C. 1930, II, 2218; Coll. 1932, 302.
2. **A.P. 1784828** vom 27. 3. 1930. — C. 1931, I, 1558; Coll. 1932, 302.

August Ernst, Johnstown, N. Y., V. St. A.

Verfahren zur Herstellung von Sämischleder.

1. Vorbehandlung mit Formaldehyd und Ausgerbung im gleichen Bade nach Zusatz einer Lösung von Degras in Seife und Soda (vgl. S. 415).

2. Vorbehandlung mit einer wässerigen Lösung von Holzgeist und Formaldehyd und Ausgerbung im gleichen Bad nach Zusatz einer Mischung von 0,5 Teilen Seife, 2,25 Teilen Degras, 2,5 Teilen oxydiertem Öl, 2 Teilen Natriumsulfat, 2,75 Teilen Natriumbicarbonat und 4,5 Teilen Magnesiumsulfat (vgl. S. 415).

A.P. 1841633 vom 16. 3. 1929. — C. 1932, I, 2919; Coll. 1933, 113.

Allen Rogers, N. Y., V. St. A.

Fettgerbung. Zur Beschleunigung der Gerbung wird verseiften Ölen Hexamethylentetramin oder eine Mischung von Ammoniak und Formaldehyd zugesetzt (vgl. S. 409).

A.P. 1908116 vom 7. 3. 1932. — C. 1933, II, 649; Coll. 1934, 30.

National Oil Products Co., Harrison, New York, V. St. A.

Fettgerbung. Anwendung einer Mischung von Tran, sulfoniertem Tran, Oxydationsmitteln (Bichromat, Natriumsuperoxyd, Natriumperborat u. dgl.), Oxydationsbeschleunigern (Terpentinöl, Mineralöl) und Formaldehyd (vgl. S. 409).

Zur Fettgerbung vergleiche weiter:

Fettung, Bd. III, 1, S. 955—964.
Die Kombinationsgerbung, S. 752 ff., insbesondere Abschn. III, 4.

Künstliche Gerbstoffe.

I. Einfache, nichtkondensierte Verbindungen.

E.P. 16647 vom 18. 12. 1896.

A. Bedu, Paris.

Verfahren zur Herstellung neuer Gerbstoffe. Phenolsulfosäuren werden mit Oxydationsmitteln, wie MnO_2 oder H_2O_2, oxydiert und die dabei entstehenden Verbindungen (Dioxybenzolsulfosäuren) direkt oder in Form ihrer Salze zum Gerben verwendet.

1. **E.P. 116935.**
Schwz.P. 85395.
2. **Schwz.P. 85394.**
Badische Anilin- & Soda-Fabrik, Ludwigshafen a. Rh.
Gerbverfahren.
1. Zum Gerben werden wässerige Lösungen einer Sulfosäure von Anthracen, Phenanthren oder Fluoren oder eines Derivats oder Substitutionsproduktes davon oder von Carbazol oder Mischungen zweier oder mehrerer solcher Sulfosäuren verwendet.
Vgl. auch **D.R.P. 306341**, S. 700.
2. Man behandelt die Blößen mit wässerigen Lösungen kristallisierter, organischer Sulfosäuren, welche Leimlösung zu fällen vermögen, z. B. mit 1,4-Naphtholsulfosäure, Naphthylamindisulfosäuren usw.

D.R.P. 433292/Kl. 28a vom 20. 2. 1919. — C. 1926, II, 2372; Coll. 1926, 523.
I. G. Farbenindustrie A. G., Frankfurt a. M.
Verfahren zur Herstellung von Gerbstoffen. Zum Gerben werden die Sufonierungsprodukte des Carbazols und Anthracens verwendet (vgl. S. 440 und S. 717).
Vgl. auch **A.P. 1289280.** — J. A. L. C. A. **14,** 125 (1919).
E. Schwarz.

1. **D.R.P. 377227**/Kl. 28a vom 18. 1. 1921. — C. 1924, I, 1729; Coll. 1923, 231.
2. **D.R.P. 379026**/Kl. 28a vom 12. 2. 1921. — C. 1924, I, 1729; Coll. 1923, 268.
Elektrochemische Werke G. m. b. H., *Dr. Heinrich Boßhard* und *David Strauß*, Bitterfeld.
Gerbverfahren.
1. Die Blößen werden mit Lösungen von chlorierter β-Naphthalinsulfosäure behandelt, die durch Einwirkung von Chlor auf β-Naphthalinsulfosäure bei höherer Temperatur im Schmelzfluß gewonnen wird.
2. Die Blößen werden mit wässerigen Lösungen der Einwirkungsprodukte von Chlor auf Tetrahydronaphthalinsulfosäuren behandelt.

R.P. 7770 vom 31. 10. 1927. — C. 1930, II, 3686.
N. N. Murawiew, USSR.
Gerbverfahren. Die Blößen werden mit wässerigen Lösungen von Diazoniumsalzen organischer oder anorganischer Säuren, wie Diazoniumsalzen des Anilins, Benzidins, Naphthylamins usw., behandelt und gegebenenfalls mit vegetabilischen Gerbstoffen nachgegerbt.

II. Sulfosäuren von kondensierten aromatischen Kohlenwasserstoffen, die Kohlenstoff-Brücken enthalten.

1. Kohlenwasserstoffe, die außer Alkylgruppen keine anderen Substituenten enthalten.

1. **D.R.P. 290965**/Kl. 28a vom 23. 2. 1913. — C. 1917, I, 612; Coll. 1917, 144.
Ö.P. 69194 vom 19. 5. 1913. — Gerber 1917, 364.
E.P. 7138. — J. A. L. C. A. **9,** 447 (1914).
2. **D.R.P. 305777**/Kl. 28a vom 9. 2. 1915. — C. 1918, II, 84.
(Zus.P. zu D.R.P. 290965).
Badische Anilin- & Soda-Fabrik, Ludwigshafen a. Rh.
Verfahren zum Gerben tierischer Häute.
1. Verwendung von wasserlöslichen aromatischen Sulfosäuren amorphen Charakters, die kein phenolisches Hydroxyl enthalten und leimfällend wirken, wie z. B. hochmolekulare Verbindungen, die im Molekül mehrere, gegebenenfalls durch Zwischenkohlenstoffatome verbundene Benzol- bzw. Naphthalinkerne enthalten, z. B. Kondensationsprodukte von Naphthalinsulfosäure mit Formaldehyd (vgl. S. 459).
2. Verwendung von solchen unter 1 beschriebenen Produkten, die im Molekül zwei oder mehr aromatische Kerne enthalten, die alle bzw. zum Teil voneinander verschieden sind, z. B. das Kondensationsprodukt von Naphthalinsulfosäure mit Benzylalkohol.
Vgl. auch **R.P. 9842** vom 10. 2. 1927. — C. 1931, I, 3425.
R.P. 10099 vom 10. 2. 1927. — C. 1931, I, 3643.

D.R.P. 441399/Kl. 12o vom 22. 8. 1920. — C. 1927, I, 2263; Coll. 1927, 209.

A. Riebecksche Montanwerke A. G., Halle a. S.

Verfahren zur Herstellung künstlicher Gerbstoffe. Man läßt Acetylen in Gegenwart eines Katalysators (Quecksilberoxyd) und Schwefelsäure auf Naphthalin oder auf α- oder β-Naphthalinsulfosäure einwirken; es bildet sich dabei Acetaldehyd, der sich mit den Naphthalinsulfosäuren kondensiert (vgl. S. 458).

Vgl. auch **Schwz.P. 94459** (Meilach Melamid) und andere Auslandspatente S. 693.

F.P. 540302 vom 13. 11. 1920. — C. 1923, IV, 691.

Alexander Thomas Hough, Paris.

Gerbmittel. Sulfosäuren aromatischer Kohlenwasserstoffe oder von Phenolen werden mit Acetaldehyd, Paraldehyd oder Gemischen aus Acetaldehyd und Formaldehyd kondensiert; der Acetaldehyd kann auch gleichzeitig mit der Kondensation durch Einleiten von Acetylen in die Quecksilbersalze enthaltende Lösung der Sulfosäuren erzeugt werden.

Vgl. auch **D.R.P. 422904**, S. 693.

D.R.P. 372899/Kl. 28a vom 28. 12. 1920. — C. 1923, IV, 758; Coll. 1923, 138.

Badische Anilin- & Soda-Fabrik, Ludwigshafen a. Rh.

Verfahren zum Gerben tierischer Häute. Verwendung der Kondensationsprodukte von Sulfogruppen enthaltenden, teilweise hydrierten Naphthalinen (z. B. Tetrahydronaphthalinsulfosäure) oder deren Derivaten mit Verbindungen, die bewegliche Sauerstoff- oder Halogenatome enthalten (z. B. Formaldehyd, Benzylchlorid); man kann auch die unsulfonierten Naphthalinderivate kondensieren und das Produkt anschließend sulfonieren (vgl. S. 494).

D.R.P. 397405/Kl. 12o vom 14. 4. 1921. — C. 1924, II, 1547; Coll. 1924, 264. (Zus.P. zu D.R.P. 383189, vgl. S. 693.)

Chemische Fabriken vorm. Weiler-ter Meer, Uerdingen, Niederrhein.

Verfahren zur Herstellung von künstlichen Gerbstoffen. Kondensation von aromatischen Kohlenwasserstoffen, z. B. Naphthalin, mit Acetaldehyddisulfosäure (erhalten durch Sättigung rauchender Schwefelsäure mit Acetylen). Die mit Kalk neutralisierte, vom Gips befreite und eingeengte Lösung dient zum Gerben.

D.R.P. 423033/Kl. 12q vom 4. 6. 1922. — C. 1926, I, 3376.

Farbwerke vorm. Meister Lucius und Brüning, Höchst a. M.

Verfahren zur Herstellung von in Wasser leicht löslichen, sulfonierten Kondensationsprodukten aus Aldehyden und aromatischen Kohlenwasserstoffen oder deren Derivaten, indem aromatische Kohlenwasserstoffe, deren Derivate (Phenole) oder Substitutionsprodukte mit Sulfosäuren aromatischer Aldehyde (Benzaldehyd) in Gegenwart von konzentrierten Säuren kondensiert werden.

D.R.P. 436881/Kl. 12o vom 13. 8. 1922. — C. 1927, II, 2117.
E.P. 240318 vom 3. 11. 1924. — C. 1927, I, 807.
F.P. 588933 vom 17. 11. 1924. — C. 1927, I, 807.

Farbwerke vorm. Meister Lucius und Brüning, Höchst a. M.

Verfahren zur Herstellung wasserlöslicher Kondensationsprodukte. Aralkylhalogenide, z. B. Benzylchlorid, oder Arylhalogenide mit reaktionsfähigem Halogenatom, z. B. Dichlordihydronaphthalin, werden unter Erwärmen in Gegenwart von Schwefelsäure auf Sulfosäuren polynuclearer Kohlenwasserstoffe der aromatischen Reihe einwirken gelassen; man kann auch die unsulfonierten Kohlenwasserstoffe kondensieren und das Kondensationsprodukt sulfonieren.

F.P. 573416 vom 1. 2. 1923. — C. 1927, II, 662.

Société Chimique pour l'Industrie du Cuir, Frankreich.

Herstellung synthetischer Gerbstoffe. Sulfonsäuren der aromatischen Reihe, z. B. Naphthalinsulfonsäure, werden mit 15 bis 40% ihres Gewichtes an Aceton, Mesityloxyd oder Phoron kondensiert und die entstandenen Produkte mit aliphatischen oder aromatischen Basen neutralisiert. Sie besitzen neben starkem Gerbvermögen die Fähigkeit zum Löslichmachen unlöslicher natürlicher Gerbstoffe.

Vgl. auch **F.P. 573417**, S. 712.

1. A.P. 1722904 vom 18. 1. 1928. — C. 1929, II, 2002; Coll. 1931, 321.
2. A.P. 1770635 vom 7. 4. 1928. — C. 1930, II, 1813.

Röhm & Haas Co., Del., V. St. A.

1. **Verfahren zur Herstellung von Kondensationsprodukten aus Formaldehyd und substituierten Naphthalinsulfonsäuren,** z. B. Isopropylnaphthalin (erhalten aus Naphthalin, Isopropylalkohol und Schwefelsäure); die Produkte dienen u. a. als Gerbstoffe (vgl. S. 460).

2. **Verfahren zur Darstellung von Kondensationsprodukten aus Sulfonsäuren der Naphthalinreihe und Furfurol.** Furfurol wird unter milden Bedingungen mit Sulfonsäuren des Naphthalins oder seiner Alkylsubstitutionsprodukte (Isopropylnaphthalin) kondensiert; die Produkte finden zum Gerben Verwendung (vgl. S. 458).

A.P. 1897773 vom 12. 7. 1930. — C. 1933, I, 3663; Coll. 1934, 30.

Röhm & Haas Co., Philadelphia, Pa., V. St. A.

Gerbverfahren. Gerben mit einer kolloidalen Suspension harzartiger Produkte, die durch Kondensation von Sulfosäuren des Naphthalins oder dessen Derivaten und wasserunlöslichen Kohlenwasserstoffen der Naphthalinreihe, insbesondere Dibenzylnaphthalin, mit Formaldehyd hergestellt sind. Die Produkte werden in Kombination mit anderen Gerbmitteln verwendet.

Vgl. auch Die Kombinationsgerbung, S. 758.

Tschechosl. P. 49966 vom 15. 3. 1932. — C. 1936, I, 2275.

Pavel Tausig, Prag.

Herstellung hochmolekularer Gerbstoffe. Man läßt auf Sulfoverbindungen mehrkerniger aromatischer Kohlenwasserstoffe Formaldehyd oder Verbindungen, die bei 110 bis 120° C Formaldehyd abspalten, in Abwesenheit von Wasser einwirken.

A.P. 2051607 vom 12. 3. 1934. — C. 1936, II, 3504.

Cyanamid & Chemical Corp., New York, V. St. A.

Verfahren zur Herstellung von künstlichen Gerbstoffen. Das durch Kondensation von Naphthalinsulfosäure mit Formaldehyd erhaltene Disulfodinaphthylmethan wird zunächst mit Ätznatron oder Ammoniak neutralisiert und dann mittels Ameisensäure auf $p_H = 1{,}3$ eingestellt.

F.P. 818188 vom 22. 2. 1937. — C. 1938, I, 728.
E.P. 490764 vom 22. 2. 1937.

I. G. Farbenindustrie A. G., Frankfurt a. M.

Verfahren zur Herstellung kondensierter aromatischer Sulfonsäuren. Kondensation von aromatischen Kohlenwasserstoffen, die mehrere Halogenmethylgruppen aufweisen, mit aromatischen Kohlenwasserstoffen oder ihren Derivaten in Gegenwart von Schwefelsäure unter gleichzeitiger oder darauffolgender Sulfonierung.

2. Kohlenwasserstoffe, die noch andere Substituenten enthalten.

1. D.R.P. 293041/Kl. 12q vom 20. 6. 1913. — C. 1916, II, 289; Coll. 1916, 428.
2. D.R.P. 293640/Kl. 12q vom 14. 8. 1913. — C. 1916, II, 532; Coll. 1916, 394.
3. Zus.P. 294825/Kl. 12q vom 26. 8. 1913. — C. 1916, II, 1096.

Deutsch-Koloniale Gerb- und Farbstoff-Gesellschaft m. b. H., Karlsruhe.

Verfahren zur Herstellung von Kondensationsprodukten aus 1- oder 2-Aminonaphthalinsulfosäuren und Formaldehyd.

1. 1- oder 2-Aminonaphthalinmono- oder -disulfosäuren oder deren Salze oder Gemische dieser Säuren oder ihrer Salze werden in Gegenwart der 3 bis 5fachen Gewichtsmenge konz. Schwefelsäure mit Formaldehyd bei gewöhnlicher Temperatur kondensiert. Die Produkte finden als Gerbstoffe Verwendung.

2. 1 Mol Formaldehyd oder die entsprechende Menge eines Formaldehyd abgebenden Stoffes wird mit 2 Mol einer heteronuclearen 1- oder 2-Aminonaphthalinsulfosäure oder deren Salzen bei gewöhnlicher Temperatur kondensiert.

3. Auf die nach 2 hergestellten Kondensationsprodukte läßt man unter sonst gleichen Bedingungen ein weiteres Mol Formaldehyd einwirken.

1. **D.R.P. 335122**/Kl. 28a vom 13. 8. 1915. — C. 1921, II, 946; Coll. 1921, 205.
2. **Zus.P. 337588**/Kl. 28a vom 25. 9. 1915. — C. 1921, IV, 307; Coll. 1921, 299.

Deutsch-Koloniale Gerb- und Farbstoff-Gesellschaft m. b. H., Karlsruhe.

Verfahren zum Gerben tierischer Häute.

1. Behandeln der Häute in einem Bade, bestehend aus der Lösung einer Sulfosäure des α- oder β-Naphthylamins, der Dioxynaphthaline oder Aminooxynaphthaline oder deren Salzen und Formaldehyd, dem eine Säure zugesetzt sein kann; es wird hier die Kondensation der Ausgangsstoffe zum Gerbstoff mit der Gerbung in einem Arbeitsgang vereinigt. Gegebenenfalls können die Häute gleichzeitig, vor- oder nachher mit pflanzlichen Gerbstoffen behandelt werden.

2. Formaldehyd und Sulfosäure werden getrennt, gegebenenfalls wechselweise, auf die Häute zur Einwirkung gebracht.

Vgl. hierzu **D.R.P. 305516**, Die Aldehydgerbung, S. 682.

A.P. 1344952 vom 29. 6. 1919. — Coll. 1921, 158.

A. Koetzle.

Gerbmittel. Naphthalin wird chloriert, sulfoniert, mit Formaldehyd kondensiert und das entstandene Produkt mit Natriumhydroxyd neutralisiert.

Zu diesem Abschnitt vgl. weiter:

D.R.P. 409984, Abschn. III, 1, a, S. 692.
D.R.P. 453431, Abschn. III, 1, a, S. 693.
A.P. 1801461, Abschn. III, 1, a, S. 694.
D.R.P. 604017, Abschn. III, 1, a, S. 694.
A.P. 2029322 ff., Abschn. III, 1, a, S. 695.
F.P. 785792, Abschn. III, 1, a, S. 695.

III. Sulfosäuren von kondensierten aromatischen Oxyverbindungen (Oxyarylen), die Kohlenstoff-Brücken enthalten.

1. Oxyaryle, die außer Oxy- und Alkylgruppen keine anderen Substituenten enthalten.

a) Einführung der Sulfogruppen durch Schwefelsäure oder ähnliche Sulfonierungsmittel.

1. **D.R.P. 262558**/Kl. 28a vom 12. 9. 1911. — C. 1913, II, 634; Coll. 1913, 429 und 320.
   Ö.P. 58405 vom 7. 9. 1911. — Gerber 1920, 3.
   A.P. 1237405 vom 20. 8. 1912. — J. A. L. C. A. **12**, 571 (1917).
   A.P. 1232620 vom 13. 12. 1912. — J. A. L. C. A. **12**, 433 (1917).

Edmund Stiasny, Leeds.

2. **D.R.P. 291457**/Kl. 12q vom 22. 8. 1913. — C. 1916, I, 865; Coll. 1916, 334. (Zus.P. zu D.R.P. 262558.)

Badische Anilin- & Soda-Fabrik, Ludwigshafen a. Rh.

Verfahren zur Darstellung gerbender Stoffe.

1. Phenole oder Phenolsulfosäuren oder Gemische beider werden mit Formaldehyd bzw. formaldehydentwickelnden Stoffen und Schwefelsäure oder substituierten Schwefelsäuren in solchen Mengen, so lange und unter derartig milden Bedingungen, insbesondere unter Vermeidung allzu lebhafter Wärmeentwicklung, zur Reaktion gebracht, daß ganz oder doch im wesentlichen in Wasser lösliche Produkte erhalten werden.

2. Statt der freien Sulfosäuren werden Salze von Oxysulfosäuren der Benzol- oder Naphthalinreihe mit Formaldehyd oder formaldehydabspaltenden Stoffen zweckmäßig unter Druck in der Wärme behandelt.

1. **D.R.P. 280233**/Kl. 28a vom 27. 1. 1912. — C. 1915, I, 182; Coll. 1915, 133.
   Ö.P. 61057.
   Zus.P. 71474 vom 17. 7. 1913. — Gerber 1918, 100 und 1920, 18.
   E.P. 8512. — J. A. L. C. A. 8, 421 (1913).
2. **D.R.P. 288129**/Kl. 28a vom 15. 2. 1913. — C. 1915, II, 1038; Coll. 1915, 463. (Zus.P. zu D.R.P. 280233.)

Badische Anilin- & Soda-Fabrik, Ludwigshafen a. Rh.

Verfahren zum Gerben tierischer Häute.

1. Verwendung wasserlöslicher Verbindungen, die durch Kondensation von Formaldehyd oder diesen abgebenden Stoffen und aromatischen Oxyverbindungen, die pro Kern höchstens eine Hydroxylgruppe enthalten, entstehen und die außer Hydroxylgruppen eine oder mehrere salzbildende saure Gruppen enthalten (Sulfo-, Carboxylgruppe). Die Gerbung kann mit diesen Stoffen allein oder in Mischung mit anderen Gerbstoffen durchgeführt werden.

2. Anstatt mit den fertigen Kondensationsprodukten wird mit den Lösungen der einzelnen Komponenten gleichzeitig oder nacheinander gegerbt.

1. D.R.P. 281484/Kl. 28a vom 18. 5. 1913. — C. 1915, I, 236; Coll. 1915, 183.
E.P. 18258. — J.A.L.C.A. **10**, 203 (1915).
2. D.R.P. 305855/Kl. 28a vom 11. 2. 1915. — C. 1918, II, 239; Coll. 1919, 330.
(Zus.P. zu D.R.P, 281484.)
3. D.R.P. 304859/Kl. 28a vom 14. 3. 1915. — C. 1918, I, 791.
(Zus.P. zu D.R.P. 281484.)

Badische Anilin- & Soda-Fabrik, Ludwigshafen a. Rh.

Verfahren zum Gerben tierischer Häute.

1. Verwendung solcher wasserlöslicher nichtkristalliner Verbindungen, in deren Molekül zwei oder mehr aromatische Kerne, die pro Kern höchstens eine Hydroxylgruppe enthalten, durch eine oder mehrere Atomgruppen oder mehrwertige Atome miteinander verbunden sind und die außer Hydroxyl eine oder mehrere salzbildende Gruppen (Sulfogruppe) enthalten.

2. Verwendung solcher unter 1 beschriebener Produkte, die im Molekül zwei oder mehr aromatische Kerne enthalten, die alle bzw. zum Teil voneinander verschieden sind.

3. Vgl. S. 716.

1. D.R.P. 300567/Kl. 12q vom 6. 2. 1914. — C. 1917, II, 578.
2. Zus.P. 301451/Kl. 12q vom 22. 1. 1916. — C. 1917, II, 787.

Badische Anilin- & Soda-Fabrik, Ludwigshafen a. Rh.

Verfahren zur Darstellung von Kondensationsprodukten aus aromatischen Oxysulfonsäuren.

1. Sulfonsäuren von Phenolen oder Naphtholen werden mit Phenoldialkoholen umgesetzt; es entstehen dabei je nach der Menge der angewandten Ausgangsstoffe Verbindungen vom Typ der Sulfosäuren des Dioxydiphenylmethans oder des Trioxydibenzylbenzols. Die Verbindungen haben gerbende Wirkungen.

2. An Stelle von Phenoldialkoholen werden Phenolmonoalkohole mit Sulfosäuren von aromatischen Oxyverbindungen kondensiert oder Phenolmono- oder -polyalkohole mit unsulfonierten aromatischen Oxyverbindungen kondensiert und nachträglich sulfoniert.

1. **D.R.P. 305795**/Kl. 12q vom 22. 6. 1916. — C. 1918, II, 237; Coll. 1920, 91.
A.P. 1186500. — J.A.L.C.A. **11**, 397 (1916).
Ö.P. 70162 vom 4. 4. 1914. — Gerber 1920, 18.
Zus.P. 75458 vom 9. 12. 1915. — Gerber 1919, 106 und 1920, 35.
2. **D.R.P. 306132**/Kl. 12q vom 22. 12. 1916. — C. 1918, II, 325; Coll. 1920, 92.
(Zus.P. zu D.R.P. 305795.)
Ö.P. 88646 vom 19. 6. 1917. — C. 1923, II, 1266.
(Zus.P. zu Ö.P. 70162.)
1. u. 2. Holl.P. 6720 vom 12. 7. 1920. — C. 1922, II, 1219.
Schwz.P. 87971 vom 12. 5. 1920. — C. 1921, IV, 308.
3. **D.R.P. 303640**/Kl. 12q vom 10. 8. 1915. — C. 1918, I, 500.

Deutsch-Koloniale Gerb- und Farbstoff-Gesellschaft m. b. H., Karlsruhe i. B.

Verfahren zur Herstellung von Kondensationsprodukten aus 1- oder 2-Oxynaphthalinmonosulfosäuren und Formaldehyd.

1. 2 Mol einer 1- oder 2-Oxynaphthalinmonosulfosäure werden in wässeriger, schwach saurer Lösung entweder mit 1 Mol Formaldehyd oder der entsprechenden Menge eines formaldehydabspaltenden Stoffes bei gewöhnlicher Temperatur oder mit mehr als 1, vorzugsweise 2 Mol Formaldehyd bei erhöhter Temperatur kondensiert. Die Produkte werden als Gerbstoffe verwendet.

2. Die Kondensation wird in stark saurer Lösung unter Ausschluß von konz. Schwefelsäure durchgeführt.

3. Auf die nach 1 erhaltenen Kondensationsprodukte läßt man ein weiteres Mol Formaldehyd oder eines formaldehydabgebenden Stoffs einwirken.
Vgl. auch **D.R.P. 335122**/Kl. 28a und **337588**/Kl. 28a, S. 690.

D.R.P. 409984/Kl. 28a vom 16. 4. 1915. — C. 1925, I, 2136; Coll. 1925, 279.
E.P. 111141 vom 11. 11. 1916. — J.I.S.L.T.C. 1918, 67.
Badische Anilin- & Soda-Fabrik, Ludwigshafen a. Rh.

Verfahren zum Gerben tierischer Häute. Verwendung von wasserlöslichen, organischen, Sulfo- oder Carboxylgruppen oder beide enthaltenden kristallinischen — im Gegensatz zu den bisher meist amorphen — Verbindungen, z. B. sulfoniertes Dioxydiphenylmethan, Dinaphthylmethan, für sich oder in Mischung mit anderen gerbenden oder nichtgerbenden Stoffen (vgl. S. 437 und 440).
Hierzu vgl. folgende Auslandspatente:

Ö.P. 87715 vom 11. 4. 1916. — C. 1922, IV, 778.
Schwz.P. 92891 vom 5. 3. 1919. — C. 1922, IV, 778.
Schwz.P. 93495 vom 5. 3. 1919. — C. 1922, IV, 778.
(Zus.P. zu Schwz.P. 91876.)
Schwed.P. 56116 vom 7. 6. 1920. — C. 1925, I, 2751.
Badische Anilin- & Soda-Fabrik, Ludwigshafen a. Rh.

A.P. 1414045 vom 2. 9. 1916. — C. 1923, II, 1165.
A.P. 1421722 vom 27. 4. 1917. — C. 1923, IV, 689.
The Chemical Foundation Inc., Del., V. St. A.

R.P. 10413 bis **10415** vom 6. 9. 1926. — C. 1931, I, 3080.
I. G. Farbenindustrie A. G., Frankfurt a. M.

Siehe auch: **F.P. 523266** und folgende Auslandspatente, S. 717.

E.P. 108262 vom 2. 8. 1917. — J.I.S.L.T.C. 1917, 162 und 1918, 68.
G. Calvert, London.

Herstellung von Gerbstoffen. Phenole werden mit Formaldehyd in Gegenwart von Schwefelsäure unter Zusatz von Seife kondensiert; je nach Farbe und Qualität des mit dem gebildeten Gerbstoff herzustellenden Leders wird z. B. weiße oder gelbe Seife verwendet.

E.P. 116936. — J.A.L.C.A. **13**, 563 (1918).
Badische Anilin- & Soda-Fabrik, Ludwigshafen a. Rh.

Synthetische Gerbmittel. 2 Mol Naphtholmonosulfosäure oder deren Salze werden mit 1 Mol Formaldehyd oder diesen abgebenden Stoffen in stark saurer Lösung, die nicht weniger als 25% Wasser enthält, kondensiert.

1. **E.P. 148126** vom 9. 7. 1920. — C. 1922, IV, 978.
2. **E.P. 148897** vom 10. 7. 1920. — C. 1922, IV, 978.
Schwz.P. 93586 vom 24. 1. 1921. — C. 1922, IV, 978.
3. **E.P. 148898** vom 10. 7. 1920. — C. 1922, IV, 978.
(Zus.P. zu E.P. 148126.)
1. bis **3. Schwz.P. 93295** vom 25. 1. 1921. — C. 1922, IV, 978.
F.P. 528803 vom 18. 12. 1920. — C. 1922, IV, 978.

Chemische Fabriken Worms A. G., Frankfurt a. M.

Verfahren zum Gerben tierischer Häute und zur Herstellung von Gerbstoffen.
1. Zwei verschiedene aromatische Verbindungen, von denen die eine mit Diazoverbindungen kupplungsfähig ist, z. B. Phenol- oder Kresolsulfosäure und Naphthalin- oder Anthracensulfosäure, werden mittels oder ohne eine geeignete verbindende Gruppe (CH_2-Gruppe durch Zufügen von Formaldehyd oder andere) verkettet.
2. Aromatische Verbindungen, die saure Gruppen enthalten, z. B. Phenolsulfosäure oder wasserlösliche aliphatische Verbindungen (Glucose), werden — vorzugsweise mit Hilfe von Formaldehyd — mit vegetabilischen Gerbstoffen verknüpft, z. B. Tannin, Quebracho.
3. Vgl. S. 710.

Schwz.P. 94459 vom 2. 11. 1920. — C. 1923, II, 1166.
Zus.P. 95940 vom 2. 11. 1920. — C. 1923, II, 1166.
E.P. 163679 vom 26. 11. 1920. — C. 1921, IV, 838.
Zus.P. 180353 vom 26. 11. 1920. — C. 1922, IV, 812.
F.P. 527112 vom 10. 11. 1920. — C. 1922, II, 660.

Meilach Melamid, Freiburg, Breisgau.

A.P. 1710266 vom 26. 1. 1921. — C. 1929, II, 2112.

Canadian Electro Products Co., Ltd., Montreal, Canada.

Verfahren zur Herstellung von harzartigen Kondensationsprodukten und von Gerbstoffen. Kresole werden mit einer Säure, z. B. Schwefelsäure, und einem Katalysator, z. B. Quecksilber- oder Eisensalzen, vermischt und in das Gemisch Acetylen eingeleitet; es bildet sich Acetaldehyd, der sich mit den Kresolen kondensiert. Statt Kresolen können auch hochmolekulare Phenole aus Anthracenöl verwendet werden. Bei Zusatz einer den Phenolen äquivalenten Menge Schwefelsäure oder bei Verwendung der Phenolsulfosäuren als Ausgangsmaterial erhält man lösliche Gerbstoffe.

Vgl. auch **D.R.P. 441399**, S. 688.

1. **D.R.P. 383189**/Kl. 12q vom 27. 3. 1921. — C. 1924, I, 2054; Coll. 1923, 357.
2. **Zus.P. 397405**/Kl. 12o vom 14. 4. 1921. — C. 1924, II, 1547; Coll. 1924, 264.

Chemische Fabriken vorm. Weiler-ter Meer, Uerdingen, Niederrhein.

Verfahren zur Herstellung von in Wasser leicht löslichen sulfonierten Phenol-Aldehyd-Kondensationsprodukten.

1. Kondensation von Phenolen mit Acetaldehyddisulfosäure (erhalten durch Sättigung von Schwefelsäure mit Acetylen). Die neutralisierte und eingeengte Lösung dient zum Gerben (vgl. S. 458).

2. Vgl. S. 688.

D.R.P. 422904/Kl. 12q vom 21. 2. 1924. — C. 1926, I, 2853; Coll. 1926, 133.

Chemische Fabrik Güstrow Dr. Hillringhaus und *Dr. Heilmann*, Güstrow i. M.

Verfahren zur Darstellung von Kondensationsprodukten aus Phenolen oder Phenolderivaten und Acetaldehyd. Durch Einwirkung von Acetylen auf Phenol oder Phenolderivate (Sulfosäuren) in Gegenwart von Quecksilbersalzlösungen wird die Bildung des Acetaldehyds mit derjenigen der Phenol-Acetaldehyd-Kondensationsprodukte verbunden. Die Produkte dienen u. a. als Gerbstoffe (vgl. S. 458).

Vgl. auch **F.P. 540302**, S. 688.

D.R.P. 453477/Kl. 28a vom 11. 3. 1925. — C. 1928, II, 314; Coll. 1928, 109.

I. G. Farbenindustrie A. G., Frankfurt a. M.

Verfahren zum Gerben tierischer Häute. Verwendung der aus einfachen oder gemischten halogenierten Ketonen (Monochloraceton, Chloräthylmethylketon) oder Äthern oder halogenierten Aldehyden oder deren Derivaten mit aromatischen Oxyverbindungen erhaltenen sulfonierten oder auf andere Weise wasserlöslich gemachten Kondensationsprodukten mit oder ohne Zusatz anderer synthetischer oder natürlicher Gerbstoffe.

D.R.P. 453431/Kl. 12q vom 24. 4. 1925. — C. 1928, I, 2562.
F.P. 614661 vom 17. 4. 1926. — C. 1928, I, 2562.
E.P. 251294 vom 23. 4. 1926. — C. 1928, I, 2652.
A.P. 1912260 vom 15. 4. 1926.

I. G. Farbenindustrie A. G., Frankfurt a. M.

Verfahren zur Herstellung von wasserlöslichen Kondensationsprodukten aus aromatischen Oxyalkoholen. Man kondensiert aromatische Sulfonsäuren (mit Ausnahme der aromatischen Oxysulfonsäuren), deren Derivate oder höhermolekulare Kondensationsprodukte oder Kohlenwasserstoffe oder deren Kondensationsprodukte mit aromatischen Oxyalkoholen (Oxybenzylalkohol). Die aromatischen Oxyalkohole können teilweise durch andere zur Kondensation befähigte Verbindungen, wie aliphatische, aromatische oder hydroaromatische Alkohole, Phenole oder Verbindungen mit beweglichem Halogenatom (Benzylchlorid, Dichlorhydronaphthalin), ersetzt werden.

A.P. 1695655 vom 7. 3. 1928. — C. 1929, I, 2383.

Niacet Chemicals Corp., New York, V. St. A.

Verfahren zur Herstellung von Gerbstoffen. Phenole werden mit Paraldehyd oder anderen Aldehyden mittels Schwefelsäure kondensiert und sulfoniert; gegebenenfalls werden zur Aufhellung der Farbe während der Kondensation oder Sulfonierung reduzierende Mittel (Zink, Amalgam) zugesetzt (vgl. S. 446).

A.P. 1801461 vom 10. 8. 1929. — C. 1931, II, 1805; Coll. 1932, 455.

Röhm & Haas Co., Del., V. St. A.

Verfahren zur Herstellung von Gerbstoffen. Phenole oder aromatische Kohlenwasserstoffe werden mit Ketonen (Aceton, Dibenzylketon, Cyclohexanon u. a.) kondensiert und sulfoniert.

D.R.P. 604017/Kl. 12q vom 10. 7. 1932. — Coll. 1934, 650.
A.P. 1951564 vom 14. 7. 1931.
E.P. 388989 vom 7. 7. 1932. — C. 1933, II, 2088; Coll. 1935, 139.

Röhm & Haas Co., Philadelphia, Pa., V. St. A.

Verfahren zur Herstellung von gerbend wirkenden Kondensationsprodukten. Aromatische Sulfosäuren, insbesondere einen Phenolkern oder phenolartigen Kern enthaltende Sulfosäuren, werden mit einem Aldehyd, insbesondere Formaldehyd, in Gegenwart von geringen Mengen die Kondensation verzögernder Mittel, wie Thioharnstoff oder diesen liefernden Stoffen, z. B. Ammoniumrhodanid, in bestimmten Mengenverhältnissen kondensiert.

Vgl. auch **A.P. 1919756** vom 25. 7. 1932. — C. 1933, II, 3080; Coll. 1934, 31.

1. **D.R.P. 586974**/Kl. 12q vom 24. 9. 1931.

Franz Haßler, Hamburg-Volksdorf.

2. **D.R.P. 648466**/Kl. 12q vom 1. 12. 1933. — Coll. 1937, 478.
E.P. 411390 vom 19. 12. 1934. — C. 1934, II, 1885; Coll. 1936, 121.
F.P. 781835 vom 2. 11. 1934. — C. 1935, II, 3472; Coll. 1937, 251.
Schwz.P. 179459.
A.P. 2012928.

3. **D.R.P. 663996**/Kl. 12q vom 6. 1. 1935.
(Zus.P. zu Zus.P. 648466.)
E.P. 460772 vom 30. 7. 1935. — C. 1937, I, 5096; Coll. 1939, 106.
(ZusP. zu E.P. 411390.)
F.P. 47372 vom 30. 4. 1936. — C. 1937, I, 5096.
(Zus.P. zu F.P. 781835.)
Schwz.P. 190907.
A.P. 2112361 vom 4. 6. 1936. — J. A. L. C. A. **33**, 285 (1938).

I. G. Farbenindustrie A. G., Frankfurt a. M.

Verfahren zur Herstellung von gerbend wirkenden Kondensationsprodukten.

1. Sulfosäuren von Phenol, seinen Homologen oder deren Derivaten werden in ammoniakalischer Lösung mit Formaldehyd kondensiert.

2. Außer Ammoniak können auch organische Amine (Methylamin, Äthylamin usw., Cyclohexylamin u. a.) verwendet werden; die Kondensation findet außerdem statt in Gegenwart von Alkali- oder Erdalkalihydroxyden oder daraus erhältlichen basischen Salzen. An Stelle von Formaldehyd und Ammoniak kann auch Hexamethylentetramin verwendet werden.

3. Es werden solche Oxyarylsulfosäuren verwendet, die eine Hydroxylgruppe im Kern und die Sulfogruppe in einem aliphatischen Rest enthalten, z. B. Dioxydiphenylsulfon-ω-methylsulfonsäure.

D.R.P. 631017/Kl. 12q vom 22. 12. 1933. — C. 1936, II, 1663; Coll. 1936, 425.

I. G. Farbenindustrie A. G., Frankfurt a. M.

Verfahren zur Herstellung von wasserlöslichen Kondensationsprodukten. Kondensierte Sulfonsäuren aromatischer Oxyverbindungen, z. B. Kresolsulfonsäure + Formaldehyd, mit oder ohne Zusatz an sich unlöslicher, aber durch die Sulfonsäuren peptisierter Körper werden mit Alkylenoxyden behandelt; die Produkte unterscheiden sich von den nach D.R.P. 618034 (vgl. S. 722) hergestellten dadurch, daß im vorliegenden Fall Kernsulfonsäuren von oxyalkylierten Phenolen, im anderen Fall Schwefelsäureester oxyalkylierter Phenole vorliegen. Die Produkte dienen u. a. als Gerbstoffe.

1. A.P. 2029322 vom 12. 3. 1934. — C. 1936, I, 4243; Coll. 1937, 302.
2. A.P. 2017863 vom 12. 3. 1934. — C. 1936, I, 941; Coll. 1937, 300.

American Cyanamid und *Chemical Corp.*, New York, V. St. A.

1. **Verfahren zur Herstellung künstlicher Gerbstoffe.** Aromatische Sulfosäuren (Naphthalin-, Phenolsulfosäuren) werden in Gegenwart von Entfärbungsmitteln, insbesondere von aktiver Kohle, mit Formaldehyd kondensiert, das Kondensationsprodukt zur Entfernung der Eisensalze mit Schwefelnatrium in ammoniakalischer Lösung behandelt und die mit organischen Säuren neutralisierte Lösung mit löslichen Kohlehydraten, insbesondere Zucker, vermischt.

2. **Gerbverfahren.** Die nach 1 hergestellten Gerbstoffe werden, gegebenenfalls in Mischung mit Sumachextrakt, zum Gerben verwendet.

F.P. 785792 vom 18. 2. 1935. — C. 1936, I, 703; Coll. 1937, 308.
E.P. 457185 vom 18. 2. 1935. — C. 1937, I, 4589; Coll. 1939, 105.
Schwz.P. 184618 vom 11. 2. 1935.

I. G. Farbenindustrie A. G., Frankfurt a. M.

Gerbstoffe. Diaryle oder deren Hydroxylderivate, z. B. Oxydiphenyl, werden sulfoniert und gegebenenfalls vorher, gleichzeitig oder nachher mit Carbonylderivaten (Aldehyden, Ketonen) kondensiert.

D.R.P. 653884/Kl. 12q vom 7. 4. 1935. — Coll. 1937, 726.
E.P. 458821 vom 22. 6. 1935. — C. 1937, I, 4455; Coll. 1939, 106.
F.P. 804104 vom 18. 3. 1936. — C. 1937, I, 4455.
A.P. 2082477 vom 27. 3. 1936.

I. G. Farbenindustrie A. G., Frankfurt a. M.

Verfahren zur Herstellung von gerbend wirkenden Kondensationsprodukten. Kondensationsprodukte aus aromatischen, Hydroxylgruppen enthaltenden Verbindungen, die Sulfogruppen entweder im aromatischen Kern oder in aliphatischen Seitenketten gebunden enthalten, und niedrigmolekularen Aldehyden oder Ketonen werden mit gesättigten aliphatischen oder aromatischen Carbonsäuren (Essig-, Benzoe-, Phthalsäure u. a.) oder Sulfonsäuren (p-Toluolsulfonsäure) oder Derivaten solcher acyliert.

E.P. 478280 vom 20. 7. 1936. — C. 1938, I, 3293.
It.P. 352136 vom 28. 6. 1937. — J. A. L. C. A. **34**, 175 (1939).

I. G. Farbenindustrie A. G., Frankfurt a. M.

Gerbstoffe. Phenol-Formaldehydsulfonsäuren (z. B. aus sulfoniertem Kresol und Formaldehyd hergestellt) werden neutralisiert und weiter mit Phenolen (Kresol, Xylenol) und Formaldehyd kondensiert. In der zweiten Verfahrensstufe kann noch mit Harnstoff und Formaldehyd weiter kondensiert werden.

E.P. 490665 vom 18. 12. 1936.
F.P. 830266 vom 2. 12. 1937. — C. 1938, II, 3500.

I. G. Farbenindustrie A. G., Frankfurt a. M.

Gerbstoffe. Kombination von gerbenden Sulfonsäuren mit teilweise sulfonierten Kondensationsprodukten aus Phenolen und Aldehyden, wobei letztere für sich allein in Wasser so schwer löslich sind, daß sie sich für Gerbzwecke nicht eignen.

Zu diesem Abschnitt vgl. weiter:

D.R.P. 423033, Abschn. II, 1, S. 688.

Ferner:

Künstliche Gerbstoffe, Abschn. VIII, 2, b, S. 721ff.

b) Einführung der Sulfogruppen durch Sulfite.

D.R.P. 265915/Kl. 28a vom 29. 1. 1913. — C. **1913, II,** 1636; Coll. **1913,** 608 und 324.

Röhm & Haas, Darmstadt.

Verfahren zur Herstellung gerbend wirkender Stoffe. Alkalilösliche Kondensationsprodukte aus Phenolen oder deren Substitutionsprodukten mit Formaldehyd bzw.

dessen Äquivalenten werden in Gegenwart von neutralen Sulfiten mit Formaldehyd behandelt oder die alkalische Lösung der Kondensationsprodukte mit Formaldehydbisulfit umgesetzt (vgl. S. 437 und 438).

D.R.P. 265855/Kl. 28a vom 6. 3. 1913. — C. 1913, II, 1635; Coll. 1913, 605.

Röhm & Haas, Darmstadt.

Verfahren zum Gerben von Häuten und Fellen. Verwendung der Produkte, die nach D.R.P. 87335 (vgl. S. 437 und 438) aus Phenolen durch Einwirkung von neutralen Sulfiten und Formaldehyd entstehen, für sich allein oder in Verbindung mit anderen Gerbmitteln als Gerbstoffe (vgl. S. 437).

D.R.P. 282850/Kl. 12q vom 27. 6. 1913. — C. 1915, I, 717.
E.P. 3382. — J.A.L.C.A. **10**, 648 (1915).

Badische Anilin- & Soda-Fabrik, Ludwigshafen a. Rh.

Verfahren zur Darstellung von Kondensationsprodukten aus Phenolen und Formaldehyd. Aromatische Oxyverbindungen oder deren Derivate, bzw. die Salze dieser Körper werden mit schwefligsauren Salzen und Formaldehyd oder Formaldehyd entwickelnden Mitteln unter Druck bei Temperaturen über 100°, zweckmäßig unter Innehaltung einer alkalischen Reaktion, bis zur Beendigung der Kondensation behandelt (vgl. S. 437).

D.R.P. 285772/Kl. 12q vom 2. 9. 1913. — C. 1915, II, 511.

Gesellschaft für chemische Industrie in Basel, Basel, Schweiz.

Verfahren zur Darstellung von Kondensationsprodukten aus Dioxydiaryläthanen. Die durch Einwirkung von Acetaldehyd auf Phenole in Gegenwart saurer Kondensationsmittel erhältlichen Dioxydiaryläthane werden mit Formaldehyd und neutralen Sulfiten behandelt. Die entstehenden wasserlöslichen Produkte dienen als Gerbstoffe (vgl. S. 437).

1. **D.R.P. 368521**/Kl. 12q vom 21. 8. 1917. — C. 1923, II, 1070; Coll. 1923, 26.
Holl.P. 7583 vom 6. 11. 1920. — C. 1923, II, 373.
Schwz.P. 94460 vom 8. 11. 1920. — C. 1923, II, 373.
E.P. 154162 vom 18. 11. 1920. — C. 1921, II, 680.
F.P. 530751 vom 30. 11. 1920. — C. 1922, IV, 397.
2. **D.R.P. 392461**/Kl. 12q vom 19. 11. 1919. — C. 1924, I, 266; Coll. 1924, 185.
(Zus.P. zu D.R.P. 368521.)
Holl.P. 8738 vom 6. 11. 1920. — C. 1923, IV, 758.
Schwz.P. 94461 vom 8. 11. 1920. — C. 1923, II, 1166.
E.P. 154153 vom 17. 11. 1920. — C. 1921, II, 680.
F.P. 530752 vom 30. 11. 1920. — C. 1922, IV, 397.

Chemische Fabriken Worms A. G., Frankfurt a. M.

Verfahren zur Herstellung gerbender Stoffe.

1. Aromatische Oxyverbindungen oder deren Alkalisalze, mit Ausnahme der Verbindungen der Diarylmethanreihe und deren Homologen, werden unter gewöhnlichem Druck und bei Temperaturen unterhalb 100° mit sauren Sulfiten und Formaldehyd oder ähnlich wirkenden Stoffen umgesetzt (vgl. S. 437).

2. An Stelle von Formaldehyd werden andere Aldehyde der aliphatischen Reihe (Acetaldehyd, Propionaldehyd u. a.) verwendet.

D.R.P. 417972/Kl. 12q vom 11. 7. 1920. — C. 1926, I, 291; Coll. 1925, 589.

Chemische Fabriken Worms A. G., Frankfurt a. M.

Verfahren zur Herstellung gerbender Stoffe. 2 Mol Acetaldehyd werden auf 1 Mol eines Phenols in Gegenwart neutraler Sulfite oder auf 1 Mol eines Alkaliphenolats in Gegenwart der entsprechenden Menge Bisulfit zur Einwirkung gebracht und die so erhaltenen Produkte angesäuert oder mit Metallsalzen bis zur kongosauren Reaktion umgesetzt, wobei die vor oder nach dem Ansäuern erhaltenen Produkte mit natürlichen Gerbstoffen oder mit Glucose weiter verkettet werden können (vgl. S. 449 und 463).

1. **A.P. 2122125** vom 3. 2. 1937. — C. 1938, II, 2221.
Belg.P. 425859 vom 19. 1. 1938. — C. 1939, I, 2350.
Schwz.P. 206183 vom 13. 1. 1938.
Schwed.P 91127.

2. **F.P. 832224** vom 18. 1. 1938. — C. 1938, II, 4349.
Schwed.P. 92259 vom 25. 9. 1937. — C. 1938, II, 4349.
(Zus.P. zu Schwed.P. 91127.)
3. **E.P. 471968** vom 8. 2. und 23.11.1936, 1.2. und 5.2.1937. — C. 1938, I, 1524.

I. G. Farbenindustrie A. G., Frankfurt a. M.

Gerbend wirkende Kondensationsprodukte.

1. Cyclische Oxysulfonsäuren — mit Ausnahme der Ligninsulfosäure (vgl. A.P. **2122124**, S. 728) — werden zusammen mit aromatischen Hydroxylverbindungen, wie Phenole, halogenierte und substituierte Phenole, in Gegenwart von Natriumbisulfit mit Aldehyden oder Ketonen in alkalischem Medium kondensiert.

2. Verfahren nach 1, wobei die Produkte noch mit Ligninsulfosäure weiter kondensiert werden können.

3. Als cyclische Oxysulfonsäuren können außer den unter 1 genannten auch Ligninsulfonsäuren verwendet werden.

Zu diesem Abschnitt vgl. weiter:

D.R.P. 636310 ff., Abschn. IV, 1, S. 702.
D.R.P. 677126, Abschn. IV, 1, S. 703.
D.R.P. 406675 ff., Abschn. IV, 4, S. 707.
D.R.P. 491064 ff., Abschn. IV, 4, S. 707.
D.R.P. 475827, Abschn. IV, 4, S. 708.
D.R.P. 495338 ff., Abschn. IV, 4, S. 708.

2. Oxyaryle, die noch andere Substituenten enthalten.

1. **D.R.P. 313523**/Kl. 12q vom 14. 12. 1913. — C. 1919, IV, 619; Coll. 1920, 93.
Ö.P. 75458.
2. **D.R.P. 315871**/Kl. 12q vom 11. 6. 1914. — C. 1920, II, 189; Coll. 1920, 94.
(Zus.P. zu D.R.P. 313523.)

Deutsch-Koloniale Gerb- und Farbstoff-Gesellschaft m. b. H., Karlsruhe.

Verfahren zur Darstellung von Kondensationsprodukten aus Aminooxynaphthalinsulfosäuren und Formaldehyd.

1. 2 Mol eines Salzes einer Aminoxynaphthalinmono- oder -disulfosäure werden mit etwa 1 Mol Formaldehyd in wässeriger Lösung bei gewöhnlicher Temperatur, gegebenenfalls unter Zusatz von Säure, kondensiert.

2. Die Kondensation wird statt bei gewöhnlicher Temperatur unter Erwärmen bis zur Siedetemperatur durchgeführt.

Zu 1 und 2 vgl. auch **E.P. 18174**. — J.A.L.C.A. **12**, 292 (1917).

Vgl. weiterhin **D.R.P. 335122**/Kl. 28a und **337588**/Kl. 28a, S. 690.

E.P. 341744 vom 12. 4. 1919. — Coll. 1921, 159.

Röhm & Haas.

Synthetische Gerbstoffe. p-Sulfosalicylsäure wird in starker Schwefelsäure gelöst, mit Formaldehyd kondensiert und neutralisiert.

Holl.P. 6000 vom 13. 5. 1919. — C. 1921, IV, 1373.

Durand & Huguenin, S. A., Basel, Schweiz.

E.P. 138796 vom 26. 5. 1919. — J.A.L.C.A. **15**, 447 (1920).

A. G. Bloxam, London.

Ö.P. 93844 vom 25. 3. 1921. — C. 1924, I, 2054.
Schwz.P. 85162 bis **85165**.

Jucker & Co., Chem. Fabrik, Haltingen, Baden.

Verfahren zur Herstellung gerbend wirkender Kondensationsprodukte aus aromatischen Amino- und Oxyverbindungen mit Formaldehyd. Auf Mischungen von 1- oder 2-Aminonaphthalinmono- oder -disulfosäuren und aromatischen Oxyverbindungen, die höchstens eine Hydroxylgruppe im Kern, außerdem aber noch eine oder mehrere salzbildende saure Gruppen enthalten (Kresolsulfosäure, Oxynaphthalinsulfosäure), werden Formaldehyd oder diesen abspaltende oder wie dieser wirkende Stoffe zur Einwirkung gebracht und die entstandenen Kondensationsprodukte gegebenenfalls noch mit den Hydroxyden gerbend wirkender Metallsalze, z. B. des Chroms, umgesetzt.

Vgl. **Schwz.P. 83882**, S. 735.

E.P. 141714 vom 13. 4. 1920. — C. 1922, II, 1237.
E.P. 144617 vom 20. 4. 1920. — C. 1922, II, 1237.
A.P. 1344950 vom 13. 4. 1919. — J. A. L. C. A. **15**, 550 (1920).
A.P. 1344951 vom 29. 6. 1919. — Coll. 1921, 158; J. A. L. C. A. **15**, 550 (1920).
Arthur Koetzle, New York, V. St. A. (*Röhm & Haas Co.*).

Verfahren zur Darstellung von gerbend wirkenden Kondensationsprodukten aus aromatischen Oxysulfocarbonsäuren und Formaldehyd. Salicylsäure oder m-Kresotinsäure wird sulfoniert, in schwefelsaurer Lösung mit Formaldehyd kondensiert und die entstandenen Produkte werden neutralisiert.

1. **E.P. 320056** vom 28. 6. 1928. — C. 1930, I, 591.
2. **Zus.P. 332960** vom 1. 5. 1929. — C. 1931, II, 1806; Coll. 1932, 456.
I. G. Farbenindustrie A. G., Frankfurt a. M.

Verfahren zur Herstellung von Kondensationsprodukten.

1. Kondensation von Hydroxylgruppen enthaltenden aromatischen Sulfonsäuren mit halogenierten Aralkylhalogeniden, z. B. o-Chlorbenzylchlorid, in schwefelsaurer Lösung. Die Produkte dienen u. a. als Gerbstoffe.

2. Kondensation von aromatischen Oxyverbindungen und halogenierten Aralkylhalogeniden in Gegenwart von Metallchloriden (Zinkchlorid) und anschließendes Sulfonieren.

Schwz.P. 138884 vom 30. 7. 1928. — C. 1931, I, 2152; Coll. 1932, 462.
Zus.P. 141788 vom 30. 7. 1928. — C. 1931, I, 2152.
Zus.P. 141789 vom 30. 7. 1928. — C. 1931, I, 2152.
J. R. Geigy A. G., Basel, Schweiz.

Verfahren zur Darstellung gerbend wirkender Kondensationsprodukte. Sulfonsäuren aromatischer Kohlenwasserstoffe oder von Phenolen werden mit ω-Chlormethylsalicylsäure in verdünnter essigsaurer Lösung kondensiert.

D.R.P. 644339/Kl. 12q vom 30. 11. 1933. — Coll. 1937, 294.
E.P. 430343 vom 7. 12. 1933. — C. 1936, I, 942; Coll. 1937, 305.
F.P. 765867 vom 21. 12. 1931. — C. 1934, II, 2643; Coll. 1936, 125.
I. G. Farbenindustrie A. G., Frankfurt a. M.

Verfahren zur Herstellung von gerbend wirkenden Kondensationsprodukten. Kondensation aromatischer Sulfosäuren von Kohlenwasserstoffen oder Phenolen mit aliphatischen oder aromatischen Aldehyden oder Aldehyde liefernden Stoffen und aromatischen Oxycarbonsäuren, z. B. Salicylsäure.

A.P. 1989802 vom 10. 10. 1932. — C. 1935, II, 1484.
Röhm & Haas Co., Philadelphia, Pa., V. St. A.

Verfahren zur Herstellung von wasserlöslichen synthetischen harzartigen Gerbmitteln. Sulfonierte aromatische Kohlenwasserstoffe oder alkylierte Phenole werden mit Formaldehyd und Salicylsäure kondensiert.

E.P. 464766 vom 18. 10. 1935. — C. 1937, II, 911; Coll. 1939, 106.
Monsanto Chemicals Ltd., London, und *George William Gladden, Llangollen*, England.

Gerbstoffe. Sulfoniertes o-Chlorphenol oder Chlorkresol wird mit Formaldehyd kondensiert.

Zu diesem Abschnitt vgl. weiter:

A.P. 2122125, Abschn. III, 1, b, S. 696.
D.R.P. 416389 ff., Abschn. IV, 1, S. 701.
D.R.P. 648717, Abschn. IV, 1, S. 702.
D.R.P. 386012, Abschn. V, 2, S. 711.
D.R.P. 380593, Abschn. V, 2, S. 711.
D.R.P. 539474, Abschn. VI, S. 712.

3. Oxyaryle, die noch sauerstoffhaltige (ätherartige) Brücken enthalten.

1. **D.R.P. 408871**/Kl. 12q vom 8. 2. 1923. — C. 1925, I, 1672.
Schwz.P. 107632 vom 1. 2. 1924. — C. 1925, I, 1672.
Zus.P. 108000 bis **108004** vom 1. 2. 1924. — C. 1925, I, 1672.
E.P. 211145 vom 7. 2. 1924. — J. A. L. C. A. **19**, 486 (1924).
A.P. 1825802 vom 7. 2. 1924. — J. A. L. C. A. **27**, 423 (1932).
A.P. 1948667 vom 7. 2. 1924.

2. **D.R.P. 423081**/Kl. 12q vom 2. 5. 1923. — C. 1926, I, 1723.
(Zus.P. zu D.R.P. 408871.)
E.P. 240003 vom 23. 9. 1924. — J.A.L.C.A. **21**, 236 (1926).
3. **D.R.P. 456931**/Kl. 12q vom 19. 7. 1923. — C. 1928, I, 2226.
(Zus.P. zu D.R.P. 408871.)
1. bis 3. **F.P. 576758** vom 6. 2. 1924. — C. 1925, I, 1672.

Vgl. auch **Schwz.P. 112323** bis **112329**.

4. **D.R.P. 426424**/Kl. 12q vom 20. 12. 1923. — C. 1926, II, 1228.
F.P. 30350 vom 22. 4. 1925. — C. 1926, II, 1228.
(Zus.P. zu F.P. 576758.)
E.P. 250398 vom 24. 4. 1925. — C. 1926, II, 1228.
(Zus.P. zu E.P. 211145.)

Farbwerke Meister Lucius & Brüning, Höchst a. M.

Verfahren zur Darstellung von wasserlöslichen Kondensationsprodukten.

1. Die durch Umsetzung von Phenolen mit Aldehyden sich bildenden Kondensationsprodukte werden mit Aralkylhalogenidsulfosäuren (Benzylchloridsulfosäure) in alkalischer Lösung kondensiert; nach einer besonderen Ausführungsform des Verfahrens werden Aralkylhalogenidsulfosäuren in alkalischer Lösung mit Phenolen umgesetzt und die so entstandenen Sulfobenzyläther der Phenole nachträglich mit Aldehyden behandelt.

2. Statt der Aralkylhalogenidsulfosäuren werden aliphatische oder aromatische Sulfosäuren, die austauschfähiges Halogen im Molekül enthalten (3-Nitro-6-chlorbenzol-1-sulfosäure), umgesetzt.

3. Aralkylhalogenidsulfosäuren, deren Salze oder Chloride werden mit Phenolen oder von Phenolen sich ableitenden Kondensationsprodukten in Anwesenheit säurebindender Mittel, wie wässeriger Alkalien, gegebenenfalls unter Zusatz von Katalysatoren, wie Chlorzink, kondensiert.

4. ω-Sulfomethylverbindungen der aromatischen Reihe, z. B. die durch Umsetzung von Phenol mit Formaldehyd und Sulfit erhältliche 1-Oxybenzol-2,ω-Methylsulfonsäure, werden in alkalischer Lösung mit aromatischen Oxyverbindungen oder Kondensationsprodukten von diesen mit Aldehyden umgesetzt. Dabei wird der Sulfosäurerest gegen den Rest -0-Aryl ausgetauscht; die durch Einführung von Sulfogruppen wasserlöslich gemachten Produkte dienen als Gerbstoffe (vgl. S. 443).

D.R.P. 445569/Kl. 12q vom 6. 5. 1923. — C. 1927, II, 1000; Coll. 1927, 352.

I. G. Farbenindustrie A. G., Frankfurt a. M.

Verfahren zur Herstellung gerbend wirkender Kondensationsprodukte. Diarylmethylenäther aus einkernigen Phenolen werden mit sulfonierenden Mitteln behandelt.

4. Oxyaryle, die hochmolekulare, aliphatische Ketten enthalten.

D.R.P. 344878/Kl. 12q vom 26. 5. 1918. — C. 1922, II, 835.

Elektrochemische Werke G.m.b.H., *Heinrich Boßhard* und *David Strauß*, Bitterfeld.

Verfahren zur Darstellung von in Wasser leicht löslichen Derivaten der Aryläther hochmolekularer aliphatischer Alkohole. Die durch Einwirkung von halogensubstituierten, hochmolekularen, mindestens 16 C-Atome enthaltenden Kohlenwasserstoffen (Chlorparaffin) auf Phenole oder Naphthole in Gegenwart von Alkali und Katalysatoren gewonnenen Arylalkyläther werden sulfoniert und zum Gerben verwendet.

1. **D.R.P. 569344**/Kl. 12o vom 9. 6. 1927. — C. 1933, II, 815; Coll. 1933, 234.
2. **Zus.P. 633421**/Kl. 12q vom 6. 9. 1931. — C. 1936, II, 2660.

Oranienburger Chemische Fabrik A. G., Berlin-Charlottenburg.

Verfahren zur Herstellung von hochmolekularen Gerbstoffen.

1. Aromatische oder hydroaromatische Kohlenwasserstoffe, Phenole oder Alkohole bzw. deren Derivate werden mit Fett- oder Wachsalkoholen, Fetten, Fettsäuren, deren Derivaten oder Verbindungen, die mindestens 10 C-Atome enthalten, kondensiert, hierauf sulfoniert und durch Umsetzung mit kernbindenden Mitteln, z. B. Formaldehyd, in üblicher Weise in Gerbstoffe verwandelt (vgl. S. 460).

2. Die als Grundstoffe dienenden Phenole werden vor der Kondensation mit hochmolekularen Fett- und Wachsalkoholen usw. nach 1 mit wasserfreien Polymerisationsprodukten von Aldehyden, wie Paraformaldehyd, vorkondensiert.

D.R.P. 543431/Kl. 12q vom 31. 5. 1930. — Coll. 1932, 445.
E.P. 356105 vom 20. 5. 1939.
F.P. 696327 vom 30. 5. 1930. — C. 1931, II, 1240; Coll. 1932, 458.

Röhm & Haas Comp., Philadelphia, Pa., V. St. A.

Verfahren zur Herstellung wasserlöslicher Kondensationsprodukte. Durch Kondensation eines Phenols mit einem Aldehyd (Formaldehyd) entstehende Produkte werden bei hohen Temperaturen mit ungesättigten Fettsäuren (Ölsäure, Ricinolsäure) kondensiert und durch anschließende Sulfonierung in wasserlösliche Gerbstoffe verwandelt (vgl. S. 460 und 722).

A.P. 1927910 vom 30. 9. 1932.
E.P. 401418 vom 3. 10. 1932. — Coll. 1938, 84.
F.P. 743517 vom 3. 10. 1932. — C. 1933, II, 650; Coll. 1934, 46.

I. G. Farbenindustrie A. G., Frankfurt a. M.

Verfahren zum Gerben und Nachgerben von Häuten. Verwendung von Sulfosäuren der allgemeinen Formel $R \cdot X \cdot R_1 \cdot SO_3H$, wobei R für einen gesättigten oder ungesättigten Rest mit mehr als 8 C-Atomen, R_1 für einen aliphatischen Rest und X für O, S, —O·CO·O—, —CO·O—, NY, CO·NY, O·CO·NY (Y = Wasserstoff, Alkyl oder Aryl) stehen kann, wie z. B. Palmityloxyäthansulfosäure, Oleyl-methyl-aminoäthansulfosäure usw. Die Produkte besitzen gerbende und fettende Eigenschaften und können für sich allein oder zur Beschleunigung der Gerbung zusammen mit anderen Gerbstoffen Verwendung finden.

E.P. 455491 vom 21. 2. 1935. — C. 1937, I, 4589.

I. G. Farbenindustrie A. G., Frankfurt a. M.

F.P. 790447 vom 25. 3. 1935. — C. 1936, I, 2835; Coll. 1937, 309.

National Aniline & Chemical Comp., Inc., V. St. A.

Gerbstoffe. Alkylphenole, deren Alkylrest mehr als 4 C-Atome enthält, z. B. p-Dodecylphenol, werden sulfoniert und mit Aldehyden kondensiert.

A.P. 2131249 vom 20. 4. 1936. — C. 1939, I, 539.

I. G. Farbenindustrie A. G., Frankfurt a. M.

Kondensationsprodukte. Aliphatische Aldehyde mit mehr als 6 C-Atomen, z. B. Dodecylaldehyd, werden in Gegenwart von kondensierend wirkenden Mitteln mit Phenolen kondensiert und gegebenenfalls sulfoniert. Die erhaltenen Produkte sind als Gerbmittel, Netz-, Reinigungs- und Schaummittel geeignet.

IV. Künstliche Gerbstoffe, die Schwefel zum Teil nicht als Sulfogruppe gebunden enthalten.

1. Verbindungen, die $—SO_2—$Brücken enthalten (Sulfone).

D.R.P. 306341/Kl. 28a vom 9. 12. 1913. — C. 1921, II, 679.

Franz Haßler, Hamburg-Volksdorf.

Ö.P. 88645 vom 16. 6. 1917. — C. 1923, II, 372.
A.P. 1501336 vom 24. 9. 1917. — J. A. L. C. A. 20, 39 (1925).
Holl.P. 7629 vom 19. 11. 1920. — C. 1923, II, 372.

Badische Anilin- & Soda-Fabrik, Ludwigshafen a. Rh.

Verfahren zum Gerben tierischer Häute. Verwendung der kristallinen Sulfosäuren nicht substituierter, mindestens tricyclischer, aromatischer Kohlenwasserstoffe oder der aus diesen Sulfosäuren oder denjenigen ein- oder zweikerniger aromatischer Kohlenwasserstoffe durch Erhitzen zu erhaltenden Kondensationsprodukte allein oder in Mischung mit anderen Gerbstoffen, oder vor oder nach der Anwendung anderer Gerbstoffe; die Produkte erhöhen die Löslichkeit vegetabilischer Gerbstoffe (vgl. S. 440).

Vgl. auch weitere Auslandspatente unter **D.R.P. 433292,** S. 717.

1. **D.R.P. 349727**/Kl. 12o vom 9. 12. 1913. — C. 1922, II, 970; Coll. 1922, 64.
Schwz.P. 85396.
Zus.P. 87895 vom 21. 6. 1917. — C. 1921, II, 768.
Zus.P. 87896 vom 21. 6. 1917. — C. 1921, IV, 308.

2. **D.R.P. 402942**/Kl. 12o vom 29. 1. 1914. — C. 1925, I, 303.
(Zus.P. zu D.R.P. 349727).

Badische Anilin- & Soda-Fabrik, Ludwigshafen a. Rh.

Verfahren zur Darstellung von Kondensationsprodukten aus aromatischen Sulfosäuren.

1. Sulfosäuren aromatischer Kohlenwasserstoffe (Toluol, Naphthalin, Anthracen) werden so lange erhitzt, bis die anfangs gebildeten unlöslichen Produkte wieder verschwunden und die löslichen, zum Gerben oder Löslichmachen schwer löslicher natürlicher Gerbstoffe geeigneten Produkte entstanden sind (vgl. S. 434 und 440).

2. Verwendung der hydroxylfreien Derivate der Sulfosäuren aromatischer Kohlenwasserstoffe (α-Chlornaphthalin) zur Kondensation (vgl. S. 440).

A.P. 1375976 vom 9. 5. 1917. — C. 1921, IV, 308.

Adolf Kuttroff, New York.

Verfahren zur Herstellung von Kondensationsprodukten aus aromatischen Sulfosäuren. Dinaphthylsulfone werden mit sulfonierenden Mitteln behandelt und die entstandenen Sulfosäuren mit Formaldehyd kondensiert; die Produkte finden als Gerbmittel Verwendung.

E.P. 116933.

Badische Anilin- & Soda-Fabrik, Ludwigshafen a. Rh.

Synthetische Gerbstoffe. Dinaphthylsulfone oder deren Oxyderivate werden sulfoniert; gegebenenfalls können die so erhaltenen Gerbstoffe noch mit Formaldehyd kondensiert werden.

E.P. 194815 vom 21. 12. 1921. — C. 1924, I, 2662.
F.P. 545074 vom 24. 12. 1921. — C. 1924, I, 2662.

Willy Moeller, Hamburg.

Herstellung von Gerbmitteln und Gerbverfahren. Thioaldehyde (Trithioformaldehyd) oder die entsprechenden durch Oxydation entstehenden Sulfone werden mit Phenolen oder aromatischen Kohlenwasserstoffen kondensiert und die gebildeten Kondensationsprodukte mit sulfonierenden Mitteln behandelt.

1. **D.R.P. 416389**/Kl. 12q vom 30. 6. 1923. — C. 1926, I, 492.
F.P. 583052 vom 23. 6. 1924. — C. 1925, II, 1119.
E.P. 218316 vom 27. 6. 1924. — C. 1925, II, 1119.
A.P. 1550589 vom 3. 7. 1924. — C. 1926, I, 290.
2. **D.R.P. 451735**/Kl. 12q vom 29. 5. 1925. — C. 1928, I, 460.
(Zus.P. zu D.R.P. 416389.)
F.P. 31803 vom 9. 4. 1926. — C. 1928, I, 460.
(Zus.P. zu F.P. 583052.)
E.P. 252694 vom 27. 4. 1926. — C. 1928, I, 460.
(Zus.P. zu E.P. 218316.)
A.P. 1682434.
3. **D.R.P. 464723**/Kl. 12q vom 24. 2. 1926. — C. 1930, I, 2346; Coll. 1929, 596.
F.P. 627336 vom 10. 1. 1927. — C. 1929, I, 3166.
E.P. 266697 vom 10. 2. 1927. — C. 1929, I, 3166; Coll. 1931, 264.
A.P. 1698659 vom 25. 2. 1927. — C. 1929, I, 3166.

I. G. Farbenindustrie A. G., Frankfurt a. M. (*Aktiengesellschaft für Anilin-Fabrikation*, Berlin-Treptow).

Verfahren zur Darstellung von schwefelhaltigen Kondensationsprodukten der aromatischen Reihe.

1. Sulfochloride von Oxyarylcarbonsäuren (Salicylsäuresulfochlorid) werden mit aromatischen Oxyverbindungen oder deren Carbonsäuren erhitzt; es entstehen Gemische von Arylsulfosäurearylestern und Diarylsulfonen, die als Gerbstoffe dienen.

2. An Stelle von aromatischen Oxyverbindungen werden deren Ester, z. B. 1,3-Dioxybenzoldiacetat, verwendet (vgl. S. 449).

3. Ester von o-Oxyarylcarbonsäuren (Salicylsäurephenylester) oder die nach 1 und 2 hergestellten Kondensationsprodukte werden in der Weise sulfoniert, daß man sie mit so viel eines Sulfonierungsgemisches behandelt, daß gerade der gewünschte Grad der Wasserlöslichkeit erreicht wird, und solche Sulfonierungsmittel verwendet, die das entstehende Reaktionswasser chemisch binden.

1. **D.R.P. 611671**/Kl. 12q vom 11. 11. 1930. — Coll. 1935, 217.
F.P. 723883 vom 6. 10. 1931. — C. 1932, II, 1263; Coll. 1933, 171.
E.P. 375160 vom 7. 10. 1931.
Schwz.P. 156126.
2. **D.R.P. 617015**/Kl. 12q vom 30. 9. 1932. — Coll. 1935, 506.
(Zus.P. zu D.R.P. 611671.)
F.P. 43914.
(Zus.P. zu F.P. 723883.)
E.P. 416191 vom 29. 9. 1933. — C. 1935, I, 1162; Coll. 1938, 88.
(Zus.P. zu E.P. 375160.)
A.P. 1972754 vom 18. 9. 1933. — C. 1935, I, 1162; Coll. 1937, 189.
3. **D.R.P. 617469**/Kl. 12q vom 17. 9. 1933. — Coll. 1935, 507.
(Zus.P. zu D.R.P. 611671.)
F.P. 45250.
(Zus.P. zu F.P. 723883.)
E.P. 475436 vom 4. 8. 1936. — C. 1938, I, 2824.
Schwz.P. 201191 vom 29. 7. 1936.
A.P. 1988985 vom 24. 8. 1934. — C. 1935, I, 3236; Coll. 1937, 241.
4. **F.P. 741347** vom 18. 8. 1932. — C. 1933, II, 1823; Coll. 1935, 143.
E.P. 397672 vom 24. 8. 1932. — C. 1933, II, 3649.
A.P. 1972797 vom 5. 9. 1931. — J. A. L. C. A. **31**, 473 (1936).
A.P. 1972798 vom 13. 7. 1933. — J. A. L. C. A. **31**, 473 (1936).

J. R. Geigy A. G., Basel, Schweiz.

Verfahren zur Darstellung von gerbend wirkenden Kondensationsprodukten aus Dioxydiphenylsulfonen.

1. Unsulfonierte Dioxydiphenylsulfone werden mit Formaldehyd in Gegenwart von aromatischen Sulfonsäuren bzw. ihren Formaldehyd- oder Chlorschwefelkondensationsprodukten in saurer Lösung erhitzt.

2. Bei Verwendung reaktionsträger Dioxydiphenylsulfone (z. B. hoch methylierte Produkte) oder weniger reaktionsfähiger Sulfosäuren (z. B. Phenoläthersulfosäuren) als Ausgangsstoffe werden die in bekannter Weise durch alkalische Reaktion erhältlichen Kondensationsprodukte aus Formaldehyd oder diesen abgebenden Stoffen und unsulfonierten Dioxydiphenylsulfonen mit aromatischen Sulfosäuren in saurer Lösung erhitzt.

3. Unsulfonierte Dioxydiphenylsulfone werden mit Formaldehyd und den Sulfosäuren von Phenolen in alkalischer Lösung erhitzt.

4. **Verfahren zum Gerben tierischer Häute.** Behandeln von Hautblößen mit Lösungen der Kondensationsprodukte aus Dioxydiphenylsulfonen, Sulfonsäuren von aromatischen Kohlenwasserstoffen bzw. von Phenoläthern und Aldehyden, insbesondere Formaldehyd, oder Chlorschwefel.

1. **D.R.P. 636310**/Kl. 12q vom 9. 8. 1933. — Coll. 1936, 710.
Holl.P. 37539 vom 7. 7. 1934. — C. 1936, I, 4386; Coll. 1937, 312.
F.P. 776027 vom 16. 7. 1934. — C. 1935, II, 1484.
A.P. 2036161 vom 27. 7. 1934.
Aust.P. 18692/1934 vom 31. 7. 1934. — C. 1935, II, 1484.
E.P. 426006.
Tschechosl.P. 55469.
2. **E.P. 481308** vom 19. 11. 1936. — C. 1938, II, 638.
(Zus.P. zu E.P. 426006.)
F.P. 48870 vom 29. 9. 1937.
(Zus.P. zu F.P. 776027.)
3. **D.R.P. 648717**/Kl. 12q vom 7. 2. 1935. — Coll. 1937, 480.
E.P. 458028 vom 5. 6. 1935. — C. 1937, I, 4590; Coll. 1939, 105.

I. G. Farbenindustrie A. G., Frankfurt a. M.

Verfahren zur Herstellung von gerbend wirkenden Kondensationsprodukten.

1. Dioxydiphenylsulfone werden mit Salzen der schwefligen Säure und Formaldehyd oder formaldehydabspaltenden Stoffen unter erhöhtem Druck und bei Temperaturen oberhalb 100° C umgesetzt.

2. Die nach 1 hergestellten Verbindungen werden kombiniert mit Kondensationsprodukten aus Phenolen und Ketonen mit Salzen der schwefligen Säure und Formaldehyd oder formaldehydabgebenden Stoffen.

3. Die nach 1 hergestellten Verbindungen werden mit Carbonsäuren (o-Oxybenzoesäure, Phthalsäure) oder Sulfonsäuren (Kresol-, Naphthalinsulfonsäure) der

aromatischen Reihe und Formaldehyd bzw. diesen liefernden Stoffen in alkalischer Lösung bei erhöhter Temperatur behandelt; auf die erhaltenen Kondensationsprodukte läßt man gegebenenfalls noch Harnstoff und Formaldehyd einwirken.

1. **D.R.P. 660579**/Kl. 12q vom 15. 8. 1935.
2. **D.R.P. 676116**/Kl. 12q vom 15. 8. 1935. — Coll. 1939, 355.
1. u. 2. **F.P. 810090** vom 10. 8. 1936. — C. 1937, II, 911; Coll. 1939, 114.
E.P. 471010 vom 14. 8. 1936.

J. R. Geigy A. G., Basel, Schweiz.

1. **Verfahren zur Herstellung von sulfonierten und unsulfonierten aromatischen Sulfonen,** die mindestens eine Hydroxylgruppe und mindestens eine Sulfonbrücke enthalten, durch Erhitzen der Sulfonsäuren von aromatischen Kohlenwasserstoffen oder Phenolen bzw. deren Äthern mit Phenolen oder deren Derivaten, insbesondere deren Sulfonen, im Vakuum. Die erhaltenen Produkte dienen u. a. als Gerbstoffzwischenprodukte.

2. **Verfahren zur Darstellung von gerbend wirkenden Kondensationsprodukten aus aromatischen Sulfonen.** Das nach 1 erhältliche Gemisch von Rohkresolsulfonen wird mit Formaldehyd in Gegenwart von Phenolsulfonsäuren nach den Verfahren der D.R.P. 611671, 617015 oder 617469 (vgl. S. 702) erhitzt.

D.R.P. 677126/Kl. 12q vom 26. 6. 1936. — Coll. 1939, 546.
F.P. 823194 vom 17. 6. 1937. — C. 1938, I, 3294.

J. R. Geigy A. G., Basel, Schweiz.

Verfahren zur Darstellung wasserlöslicher Kondensationsprodukte. Dioxydiarylsulfone werden mit Formaldehyd bzw. Formaldehyd und aromatischen Oxysulfonsäuren schwach alkalisch vorkondensiert und die Reaktionsprodukte mit Formaldehyd und einem Sulfit bei Temperaturen bis 100° und gewöhnlichem Druck umgesetzt. Die Produkte finden u. a. als lichtechte Gerbstoffe Verwendung.

1. **Schwz.P. 200376** vom 10. 2. 1937.
E.P. 493997 vom 9. 2. 1938. — C. 1939, I, 1307.
F.P. 833407 vom 9. 2. 1938. — C. 1939, I, 1120.
2. **E.P. 504994** vom 18. 8. 1938. — C. 1939, II, 1222.
(Zus.P. zu E.P. 493997.)

J. R. Geigy A. G., Basel, Schweiz.

Gerbstoffe.

1. Mischungen von Phenolsulfonsäuren oder ihren Homologen und unsulfonierten Dioxydiarylsulfonen werden mit Harnstoff und Formaldehyd oder ihren Kondensationsprodukten unter Zusatz von Wasser oder organischen hydrophilen Lösungsmitteln, gegebenenfalls in Gegenwart von Naphthalinsulfosäure oder deren Kondensationsprodukten als Dispergierungsmittel umgesetzt.

2. Die Mischungen von Phenolsulfonsäuren und Dioxydiarylsulfonen werden vor der Umsetzung mit Harnstoff und Formaldehyd ansulfoniert.

F.P. 819465 vom 20. 3. 1937. — C. 1938, I, 1525.

J. R. Geigy A. G., Basel, Schweiz.

Phosphorhaltige Oxysulfonsäuren. Durch Kondensation von aromatischen Oxysulfonsäuren (Kresolsulfonsäure, p-Chlorphenolsulfonsäure, Dioxyditolylsulfonsulfonsäure) mit Phosphoroxychlorid oberhalb 120° werden Gerbstoffe gewonnen.

D.R.P. 676855/Kl. 12q vom 18. 7. 1937. — Coll. 1939, 545.
E.P. 494042 vom 22. 7. 1937. — C. 1939, I, 1120.
F.P. 840520 vom 9. 7. 1938.

I. G. Farbenindustrie A. G., Frankfurt a. M.

Gerbstoffe. Dioxydiarylsulfone werden in Gegenwart sulfonierender Mittel mit Glykolsäure kondensiert.

1. **A.P. 2129553** vom 30. 10. 1937. — C. 1938, II, 3648.
2. **A.P. 2129554** vom 30. 10. 1937. — C. 1938, II, 3648.

Röhm & Haas Co., Philadelphia, Pa., V. St. A.

Gerbstoffe.

1. Sulfonierte Dioxydiarylsulfone werden mit Harnstoff und Formaldehyd kondensiert.

2. Unsulfonierte Dioxydiarylsulfone werden mit Harnstoff und Formaldehyd in stark saurer Lösung kondensiert und das wasserunlösliche Reaktionsprodukt in wässerigen Lösungen aromatischer Sulfonsäuren (Naphthalinsulfonsäure) suspendiert.

F.P. 842610 vom 26. 8. 1938. — C.* 1939, I, 1307.

I. G. Farbenindustrie A. G., Frankfurt a. M.

Verfahren zur Herstellung künstlicher Gerbstoffe. Dioxydiarylsulfone, insbesondere Dioxydiphenylsulfon, werden unter energischen Bedingungen mit sulfonierenden Mitteln behandelt und die erhaltenen wasserlöslichen Produkte mit Aldehyden, insbesondere Formaldehyd, kondensiert.

2. Verbindungen, die —$SO_2 \cdot O$—Brücken enthalten (Depsidartige Verbindungen).

D.R.P. 266139/Kl. 28a vom 4. 2. 1912. — C. 1913, II, 1636; Coll. 1913, 321.
Ö.P. 66895.

Badische Anilin- & Soda-Fabrik, Ludwigshafen a. Rh.

Verfahren zum Gerben tierischer Häute mit Kondensationsprodukten von Kresolsulfosäuren oder deren Salzen, die aus diesen durch Erhitzen unter Wasserabspaltung bei Gegenwart oder Abwesenheit von die Kondensation befördernden Mitteln (Phosphoroxychlorid, Phosphortrichlorid usw.) erhalten werden (vgl. S. 434).

1. **D.R.P. 265415**/Kl. 12q vom 17. 3. 1912. — C. 1913, II, 1530; Coll. 1913, 605.
A.P. 1089797. — J. A. L. C. A. 9, 202 (1914).
E.P. 24216. — J. A. L. C. A. 9, 201 (1914).
F.P. 451875.
2. **D.R.P. 260379**/Kl. 12q vom 17. 3. 1912. — C. 1913, II, 106.
F.P. 451876.
3. **D.R.P. 266124**/Kl. 12q vom 6. 11. 1912. — C. 1913, II, 1633; Coll. 1913, 608.
(Zus. P. zu D. R. P. 260379.)
F.P. 451877.

Badische Anilin- & Soda-Fabrik, Ludwigshafen a. Rh.

1. **Verfahren zur Darstellung von Kondensationsprodukten aus Kresolsulfosäuren** durch Erhitzen im Vakuum für sich oder unter Zusatz von kondensierenden Mitteln. Die erhaltenen gerbend wirkenden Produkte können gegebenenfalls noch mit kondensierenden Mitteln bei gewöhnlichem Druck nachbehandelt werden (vgl. S. 434).

2. **Verfahren zur Darstellung von Kondensationsprodukten aus Phenolsulfosäuren** durch Erhitzen unter vermindertem Druck für sich oder mit kondensierenden Mitteln (Phosphortrichlorid, Thionylchlorid). Die erhaltenen gerbend wirkenden Produkte können mit kondensierenden Mitteln bei gewöhnlichem Druck nachbehandelt werden (vgl. S. 434).

3. Die Kondensation wird durch Erhitzen unter milden Bedingungen bei gewöhnlichem Druck vorgenommen (vgl. S. 434).

1. **D.R.P. 293042**/Kl. 12q vom 22. 6. 1913. — C. 1916, II, 290; Coll. 1916, 431.
Deutsch-Koloniale Gerb- und Farbstoff-Gesellschaft m. b. H., Karlsruhe.
A.P. 1375975 vom 28. 11. 1914. — C. 1921, IV, 192.
Adolf Kuttroff, New York.
2. **D.R.P. 293693**/Kl. 12q vom 1. 10. 1913. — C. 1916, II, 532; Coll. 1916, 433.
(Zus. P. zu D. R. P. 293042.)
Ö.P. 88637 vom 28. 8. 1914. — C. 1923, II, 1266.

Deutsch-Koloniale Gerb- und Farbstoff-Gesellschaft m. b. H., Karlsruhe.

Verfahren zur Herstellung von Kondensationsprodukten aus Naphthol bzw. deren Sulfosäuren.

1. Gerbende, leimfällende Produkte werden erhalten, wenn Naphthole oder deren Sulfosäuren in Gegenwart verhältnismäßig geringer Mengen Schwefelsäure oder anderer kondensierender Mittel längere Zeit auf 100° erhitzt werden (vgl. S. 434).

2. Oxynaphthalinsulfosäuren werden unter Anwendung eines Überschusses von Phosphoroxychlorid auf 115 bis 120° erhitzt (vgl. S. 434).

D.R.P. 328340/Kl. 12q vom 9. 12. 1913. — C. 1921, II, 240.
F.P. 514954.
Franz Haßler, Hamburg-Volksdorf.
E.P. 116934. — J.A.L.C.A. **13**, 563 (1918).
Badische Anilin- & Soda-Fabrik, Ludwigshafen a. Rh.

Verfahren zur Darstellung von Phenolsulfosäuren. Phenolsulfosäuren werden mit Sulfosäuren aromatischer Kohlenwasserstoffe oder den Sulfierungsprodukten ungesättigter Kohlenwasserstoffe der aliphatischen Reihe (Petroleum), gegebenenfalls unter Zusatz von Kondensationsmitteln erhitzt.

Tschechosl.P. 49965 vom 15. 3. 1932. — C. 1936, I, 2275; Coll. 1937, 316.
Pavel Tausig, Prag.

Gerbstoffe. Kondensationsprodukte aus Depsiden, die nach bekanntem Verfahren aus Phenol- oder Kresolsulfosäuren in Gegenwart eines Kondensationsmittels erhalten sind, werden mit Aldehyden oder Ketonen weiter kondensiert.

Zu diesem Abschnitt vgl. weiter:

D.R.P. 416389ff., Abschn. IV, 1, S. 701.
D.R.P. 297187, Abschn. IV, 3, S. 705.
D.R.P. 320613ff., Abschn. IV, 3, S. 705.

3. Verbindungen, die $—SO_2 \cdot NH—$Brücken enthalten (Sulfamide).

1. **D.R.P. 297187**/Kl. 28a vom 24. 4. 1915. — C. 1917, I, 836; Coll. 1917, 239.
2. **D.R.P. 297188**/Kl. 28a vom 24. 4. 1915. — C. 1917, I, 836; Coll. 1917, 188.
3. **D.R.P. 319713**/Kl. 12q vom 12. 2. 1915. — C. 1920, II, 777; Coll. 1920, 433.
Schwz.P. 90094 vom 16. 2. 1915. — C. 1922, II, 169.
Zus.P. 90871 vom 16. 2. 1915. — C. 1922, II, 660.
4. **D.R.P. 320613**/Kl. 12q vom 20. 5. 1916. — C. 1920, IV, 311; Coll. 1920, 434.
(Zus.P. zu D.R.P. 319713.)
Schwz.P. 90872 vom 18. 5. 1916. — C. 1922, II, 493.
Schwz.P. 90873 vom 18. 5. 1916. — C. 1922, II, 493.
(Zus.PP. zu Schw.P. 90094.)
Gesellschaft für chemische Industrie in Basel, Basel, Schweiz.

1. **Verfahren zum Gerben tierischer Häute** mit solchen wasserlöslichen aromatischen Verbindungen ohne Hydroxyl- oder freie Aminogruppen, welche die Sulfaminogruppe zwei- oder mehrmals neben einer Sulfogruppe enthalten, wobei eine Sulfaminogruppe auch durch die Sulfoxygruppe vertreten sein kann.
2. **Verfahren zum Gerben tierischer Häute** mit einer angesäuerten Lösung von Arylsulfaminobenzylsulfosäuren; der Benzylrest ist ein wesentlicher Bestandteil der Gerbstoffe, da einfache Benzolverbindungen zwar Leim- oder Gelatinelösungen ausflocken, aber keine gerbenden Eigenschaften haben.
3. **Verfahren zur Darstellung von Kondensationsprodukten aus N-Arylsulfoderivaten aromatischer Aminosulfosäuren** der Benzol- oder Naphthalinreihe, indem diese mit Formaldehyd umgesetzt werden; die Produkte dienen als Gerbstoffe.
4. **Verfahren zur Darstellung von Kondensationsprodukten aus N- und O-Arylsulfoderivaten aromatischer Amino- und Oxysulfosäuren.** Die nach 1 hergestellten Produkte werden mit Formaldehyd umgesetzt.

E.P. 293781 vom 12. 4. 1927. — C. 1929, I, 1652.
British Dyestuffs Corp., Ltd., und *Anthony James Hailwood*, Blackley, Manchester.

Herstellung von N-Diarylsulfaminoarylsulfonsäuren durch Umsetzung von Sulfonsäuren primärer aromatischer Amine (Sulfanilsäure) mit Arylsulfohalogeniden (p-Toluolsulfochlorid) (vgl. S. 442).

D.R.P. 593053/Kl. 28a vom 28. 2. 1930. — Coll. 1934, 186.
E.P. 353046 vom 9. 4. 1930. — C. 1931, II, 3710; Coll. 1932, 457.
Schwz.P. 154518 vom 19. 2. 1931. — C. 1933, I, 171.
F.P. 712204 vom 26. 2. 1931.
Ö.P. 130624 vom 10. 12. 1932.
I. G. Farbenindustrie A. G., Frankfurt a. M.

Verfahren zum Gerben. Die Hautblößen, bzw. vegetabilisch oder mineralgegerbten Leder werden mit solchen wasserlöslichen, von Diaminen der Benzol-, Naphthalin-, Diphenyl- oder Stilbenreihe abgeleiteten, durch die Sulfonimidgruppe verketteten Arylsulfaminoarylmono- oder -disulfosäuren behandelt, die in der Kette mindestens 5 oder 6 aromatische Kerne und mindestens 4 Sulfonimidgruppen oder mindestens 2 Sulfonimidgruppen und 2 oder mehrere Acidylaminogruppen (—CO—NH—) enthalten; die aromatischen Kerne können noch durch andere Gruppen substituiert sein, dürfen aber keine freien oder durch einen Kohlenwasserstoffrest substituierten Aminogruppen enthalten (vgl. S. 450).

A.P. 1938022 vom 7. 2. 1931. — C. 1934, I, 1432.
I. G. Farbenindustrie A. G., Frankfurt a. M.

Gerbstoffe. Die nach E.P. 333559 (C. 1931, I, 3059) aus 1 Mol eines aromatischen Diamins und 2 Mol eines aromatischen Sulfonsäure- oder Carbonsäurechlorids hergestellten wasserlöslichen Verbindungen, die eine oder mehrere Sulfogruppen, aber keine Nitrogruppen oder freien Amino- oder Hydroxylgruppen enthalten, werden zum Gerben verwendet (vgl. S. 450).

1. **D.R.P. 665476**/Kl. 12o vom 6. 10. 1935. — Coll. 1938, 683.
2. **Zus.P. 668577**/Kl. 12o vom 13. 10. 1935. — Coll. 1939, 41.
1. u. 2. **F.P. 811738** vom 3. 10. 1936. — C. 1937, II, 1447.
I. G. Farbenindustrie A. G., Frankfurt a. M.

Verfahren zur Herstellung amidartiger Kondensationsprodukte aromatischer Sulfonsäuren.

1. Aromatische Disulfon- bzw. Dicarbonsäurechloride, aliphatische Dicarbonsäurechloride oder Phosgen werden beidseitig in wässeriger Lösung mit neutralisierten sulfonsäuregruppenhaltigen Aminoaryl-acidylamidoarylverbindungen (Acidyl = $—SO_2—$ und bzw. oder —CO—), die noch eine acidylierbare Aminogruppe besitzen, z. B.

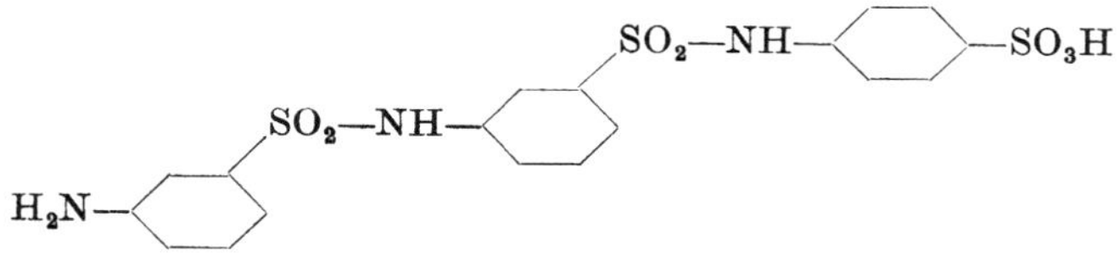

umgesetzt, in den Reaktionsprodukten etwa vorhandene Nitrogruppen oder nicht aromatisch acylierte Aminogruppen reduziert bzw. freigelegt und die so entstandenen freien Aminogruppen in wässeriger Lösung mit neutralisierten Arylsulfon- oder -carbonsäurechloriden acyliert; die entstehenden Produkte sollen mindestens vier Sulfimidogruppen und mindestens zwei Sulfonsäuregruppen enthalten.

2. Aromatische Disulfonsäurechloride werden mit einem Überschuß neutralisierter aromatischer sulfogruppenhaltiger Diaminoverbindungen in wässeriger Lösung umgesetzt und die frei bleibenden Aminogruppen mit Chloriden von aromatischen Sulfon- oder Carbonsäuren acyliert, wobei etwa im Molekül vorhandene Nitrogruppen ebenfalls zu Aminogruppen reduziert und in der gleichen Weise acyliert werden (vgl. S. 450).

F.P. 823891 vom 3. 7. 1937. — C. 1938, I, 3978.
It.P. 352346 vom 2. 7. 1937. — C. 1938, I, 3978.
I. G. Farbenindustrie A. G., Frankfurt a. M.

Stickstoffhaltige Kondensationsprodukte. Sulfamide oder ihre am Stickstoff substituierten Derivate, Formaldehyd und Phenole, Amine oder deren Derivate werden mit oder ohne Kondensationsmittel kondensiert. Die sulfonierten Produkte dienen u. a. als Gerbmittel.

4. Verbindungen, die sonstige schwefelhaltige Brücken enthalten.

1. **D.R.P. 399063**/Kl. 28a vom 22. 8. 1918. — C. 1924, II, 1546; Coll. 1924, 294.
2. **D.R.P. 407994**/Kl. 12o vom 22. 8. 1918. — C. 1925, I, 2138; Coll. 1925, 213.
   A.P. 1533594.
3. **D.R.P. 466269**/Kl. 12o vom 18. 3. 1926. — C. 1929, II, 120.
4. **D.R.P. 410973**/Kl. 12q vom 9. 8. 1922. — C. 1925, I, 2599; Coll. 1925, 330.

Franz Haßler, Hamburg-Volksdorf.

Verfahren zur Darstellung von schwefelhaltigen Kondensationsprodukten aus Kohlenwasserstoffen.

1. Aromatische Kohlenwasserstoffe werden mit Schwefelsäure und Schwefel (oder die Sulfosäuren aromatischer Kohlenwasserstoffe mit Schwefel) erhitzt und die Kondensationsprodukte unmittelbar oder nach Behandlung mit Alkali für sich allein oder in Mischung mit anderen Gerbmitteln zum Gerben verwendet. Die Produkte besitzen außerdem die Fähigkeit, die schwer löslichen Anteile natürlicher Gerbstoffe zu lösen (vgl. S. 449).

2. Statt Schwefel können auch Sulfide, z. B. Pyrit, zur Kondensation verwendet werden; die Produkte können weiterhin als Imprägniermittel, zur Herstellung von Farblacken und als Ausgangsstoffe für andere Gerbstoffe dienen (vgl. S. 449).

3. Die nach 2 erhältlichen Kondensationsprodukte werden mit aromatischen Kohlenwasserstoffen oder deren Hydroxyl-, Amino- oder Iminogruppen enthaltenden Derivaten erhitzt. Die Produkte dienen als Beiz- und Gerbmittel.

4. **Verfahren zur Darstellung von schwefelhaltigen Kondensationsprodukten aus aromatischen Oxysulfonsäuren.** Aromatische Oxysulfonsäuren werden mit Schwefel, gegebenenfalls unter Zusatz von überschüssiger Schwefelsäure, auf höhere Temperatur erhitzt. Die Kondensationsprodukte dienen als Gerbmittel, Imprägnierungsmittel usw. (vgl. S. 449).

1. **D.R.P. 400242**/Kl. 12q vom 19. 9. 1920. — C. 1925, I, 1261.
   Holl.P. 7538 vom 1. 10. 1920. — C. 1923, II, 337.
2. **D.R.P. 406675**/Kl. 12q vom 10. 2. 1923. — C. 1925, I, 1671.
   E.P. 230872 vom 2. 1. 1924. — J.A.L.C.A. **20**, 443 (1925).

Farbenfabriken vorm. Friedrich Bayer & Co., Leverkusen a. Rh.

A.P. 1600525 vom 27. 12. 1923. — C. 1927, I, 357.

Grasselli Dyestuff Corp., New York, V. St. A.

3. **D.R.P. 395920**/Kl. 28a vom 19. 2. 1921. — C. 1924, II, 788; Coll. 1924, 234.

Farbenfabriken vorm. Friedrich Bayer & Co., Leverkusen a. Rh.

Verfahren zur Herstellung nichtfärbender Thioderivate der Phenole.

1. Phenol, dessen Homologe (Kresol) oder Substitutionsprodukte (Chlorphenole) werden in Gegenwart von wässerigem Alkali mit Schwefel gekocht; die Produkte finden u. a. als Gerbstoffe Verwendung (vgl. S. 449).

2. Die nach 1 oder durch Einwirkung von Chlorschwefel auf Phenole erhältlichen Thioderivate von Phenolen werden, zweckmäßig unter gleichzeitiger Anwendung von Oxydationsmitteln, mit Alkalisulfiten behandelt (vgl. S. 449).

3. **Verfahren zum Gerben tierischer Häute.** Verwendung der durch Einwirkung von Sulfiten auf nichtfärbende Thioderivate der Phenole hergestellten Produkte zum Gerben.

1. **D.R.P. 388628**/Kl. 28a vom 7. 5. 1921. — C. 1924, II, 1424; Coll. 1924, 70.
2. **Zus.P. 389579**/Kl. 28a vom 13. 5. 1921. — C. 1924, II, 1424; Coll. 1924, 143.
3. **D.R.P. 389360**/Kl. 12q vom 4. 10. 1921. — C. 1924, II, 763.

Farbwerke vorm. Meister Lucius & Brüning, Höchst a. M.

Verfahren zum Gerben tierischer Häute.

1. Verwendung der durch Einwirkung von Chlorschwefel auf Phenole oder bei der Schwefelschmelze von Phenolen erhältlichen hochmolekularen schwefelhaltigen Produkte, die mit Oxydationsmitteln nachbehandelt wurden, zum Gerben von Häuten und Fellen (vgl. S. 449).

2. Verwendung der nicht mit Oxydationsmitteln nachbehandelten in Wasser völlig unlöslichen Produkte, die aus den löslichen Natriumsalzen durch Ansäuern in fein disperser Zerteilung abgeschieden werden oder in Gegenwart von Schutzkolloiden (Stärke, Dextrin, Gummi arabicum) kolloidal gelöst bleiben (vgl. S. 449).

3. **Verfahren zur Herstellung von schwefelhaltigen Kondensationsprodukten aus aromatischen Oxyverbindungen.** Einwirkung von Schwefelchlorür auf Phenole und ihre Derivate in Gegenwart von Wasser, wässerigen Alkalien oder wässerigen Säuren zweckmäßig bei niedriger Temperatur (vgl. S. 449).

1. **D.R.P. 491064**/Kl. 12q vom 2. 3. 1926. — C. 1930, I, 3105.
2. **D.R.P. 535048**/Kl. 12q vom 2. 3. 1926. — C. 1932, I, 2095; Coll. 1932, 88.

Zu 1 und 2:

Holl. P.	**19063**	vom 5. 8. 1925. — C. 1929, I, 2584.
E. P.	**269970**	vom 26. 1. 1926. — C. 1929, I, 2584.
E. P.	**269971**	vom 26. 1. 1926. — C. 1929, I, 2584.
A. P.	**1690640**	vom 16. 2. 1926. — C. 1929, I, 2584.
A. P.	**1690641**	vom 16. 2. 1926. — C. 1929, I, 2584.
F. P.	**615786**	vom 7. 5. 1926. — C. 1929, I, 2584.

Fabriek van Chemische Producten, Schiedam, Niederlande.

Verfahren zur Herstellung von wasserlöslichen Derivaten sulfidierter Phenole. 1. α- oder β-Naphthol wird für sich oder in Mischung mit Phenolen oder deren Derivaten unter Zusatz von Wasser ganz oder teilweise mit Alkali neutralisiert, längere Zeit mit Schwefel gekocht; die erhaltenen Produkte werden durch Einwirkung von Sulfiten und Formaldehyd oder Acetaldehyd in wasserlösliche Produkte übergeführt, die als Gerbstoffe Verwendung finden (vgl. S. 449).

2. Alkalisalze von Phenolen der Benzol- oder Naphthalinreihe, die in Abwesenheit von Wasser in Phenolen oder einem anderen nichtwässerigen Medium gelöst oder suspendiert sind, werden mit Schwefel erhitzt und die erhaltenen Produkte, in Wasser suspendiert, mit Formaldehyd oder Acetaldehyd und Sulfiten unter solchen Bedingungen behandelt, daß wasserlösliche, durch Säure nicht fällbare Produkte entstehen; sie finden u. a. als Gerbstoffe Verwendung (vgl. S. 449).

D. R. P. 475827/Kl. 12q vom 7. 9. 1926. — C. 1929, II, 1122.
E. P. 291245 vom 18. 6. 1927. — C. 1929, II, 1121; Coll. 1931, 267.
F. P. 640224 vom 29. 8. 1927. — C. 1929, II, 1121.

I. G. Farbenindustrie A. G., Frankfurt a. M.

Verfahren zur Herstellung von in Wasser löslichen, geschwefelten Kondensationsprodukten aus aromatischen Oxyverbindungen. Die aus Phenolen und Formaldehydbisulfit hergestellten Kondensationsprodukte werden in Gegenwart von Alkali mit Schwefel gekocht. Die erhaltenen Produkte dienen für sich allein oder in Mischung mit anderen gerbenden Mitteln als Gerbstoffe (vgl. S. 437).

1. **D. R. P. 495338**/Kl. 12q vom 1. 10. 1927. — C. 1930, II, 1027; Coll. 1930, 241.
F. P. 658874 vom 10. 8. 1928. — C. 1930, I, 2346.
E. P. 297830 vom 19. 9. 1928. — C. 1930, I, 2346; Coll. 1931, 267.
2. **D. R. P. 502047**/Kl. 12q vom 23. 12. 1928. — C. 1930, II, 3887; Coll. 1930, 433.
(Zus. P. zu D. R. P. 495338.)

I. G. Farbenindustrie A. G., Frankfurt a. M.

Verfahren zur Gewinnung von synthetischen Gerbstoffen aus ihren Lösungen in fester Form.

1. Die festen Alkalisalze solcher schwefelhaltiger Phenol-Kondensationsprodukte, die aus ihren wässerigen Lösungen durch verdünnte Säure nicht gefällt werden — insbesondere durch Einwirkung von Formaldehyd und Natriumbisulfit auf wasserunlösliche schwefelhaltige Phenolkondensationsprodukte erhaltene Produkte —, werden in einem solchen Verhältnis mit festen organischen oder anorganischen Säuren oder festen säureabgebenden Stoffen (Oxalsäure, Kaliumbisulfat) gemischt, daß ihre wässerigen Lösungen die für die Gerbung notwendige Azidität besitzen (vgl. S. 437 und 449).

2. An Stelle von festen Säuren oder säureabgebenden Stoffen mischt man mit festen organischen Stoffen, die beim Lösen in Wasser in Säuren übergehen (Bernsteinsäure-, Phthalsäureanhydrid, Lactid).

F. P. 650614 vom 9. 3. 1928. — C. 1929, I, 2852; Coll. 1931, 317.

Soc. Anon. pour l'Industrie Chimique à Saint-Denis, Frankreich.

Verfahren zur Herstellung eines geschwefelten Produkts. Phenole werden in Methylalkohol gelöst, mit Natriumsulfid und Schwefel in Gegenwart von Antimontrioxyd oder eines anderen Katalysators und Fluorwasserstoff unter Durchleiten eines Luft- oder Chlorwasserstoffstroms erhitzt und nach Abdestillieren des Methylalkohols der Rückstand mit einer Kaliumcarbonatlösung erhitzt. Die erhaltenen Produkte dienen u. a. als Gerbstoffe.

1. **D.R.P. 562502**/Kl. 12q vom 20. 10. 1929.
E.P. 365534 vom 15. 10. 1930. — C. 1932, I, 2383.
F.P. 704635 vom 16. 10. 1930. — C. 1932, I, 2383.
Schwz.P. 155450.
2. **D.R.P. 564213**/Kl. 12q vom 16. 3. 1930.
(Zus.P. zu D.R.P. 562502.)
E.P. 374928.
(Zus.P. zu E.P. 365534.)
F.P. 39838 vom 4. 3. 1931. — C. 1932, II, 780.
(Zus.P. zu F.P. 704635.)
Schwz.P. 157520.
3. **D.R.P. 564214**/Kl. 12q vom 9. 4. 1930.
(Zus.P. zu D.R.P. 562502.)
E.P. 375885.
(Zus.P. zu E.P. 365534.)
F.P. 40088 vom 30. 3. 1931. — C. 1932, II, 780.
(Zus.P. zu F.P. 704635.)
Schwz.P. 157519.
4. **D.R.P. 564215**/Kl. 12q vom 3. 8. 1930. — C. 1933, I, 1523.
(Zus.P. zu D.R.P. 562502.)
E.P. 382333 vom 31. 7. 1931. — C. 1933, I, 1523.
(Zus.P. zu E.P. 365534.)
F.P. 40616 vom 27. 7. 1931. — C. 1933, I, 1523.
(Zus.P. zu F.P. 704635.)
Schwz.P. 155778 vom 1. 8. 1931. — C. 1933, I, 1523.

Chemische Fabrik vorm. Sandoz, Basel, Schweiz.

Verfahren zur Darstellung von Thioderivaten der Phenole.

1. Phenole werden mit Schwefel, den Carbonaten, Hydroxyden oder Sulfiden der Alkalien bzw. Erdalkalien und Metallen der analytischen Schwefelwasserstoff- oder Ammonsulfidgruppe (Zinn, Antimon, Arsen bzw. Chrom, Aluminium, Zink) oder deren Verbindungen erhitzt. Die erhaltenen Produkte dienen u. a. als Gerbstoffe (vgl. S. 449).

2. An Stelle von Alkali- oder Erdalkaliverbindungen und den unter 1 genannten Metallen oder ihren Verbindungen werden die Alkalisalze solcher Säuren verwendet, die ein oder zwei der unter 1 genannten Metalle im Anion enthalten, z. B. Stannat, Sulfantimoniat, Chromat u. a.

3. Die Sulfidierung der Phenole erfolgt in Gegenwart von Verbindungen der unter 1 genannten Metalle und von Salzen organischer oder schwacher anorganischer Säuren oder von Jod.

4. An Stelle von Phenolen werden als Ausgangsstoffe solche Verbindungen, bei denen zwei Phenolkerne durch eine Brücke von einer oder mehreren CH_2-Gruppen oder S-Molekülen verbunden sind, bzw. deren Homologe und Substitutionsprodukte verwendet (vgl. S. 449).

1. **R.P. 36569** vom 5. 2. 1933. — C. 1935, II, 958.
(Zus.P. zu R.P. 11157; vgl. S. 719).
2. **R.P. 51798** vom 5. 2. 1933. — C. 1938, II, 819.

S. S. Wasserman und *N. W. Stmennikow.*

Herstellung von Gerbstoffen.

1. Sulfonierungsprodukte von Anthrazen und Naphthalin werden mit Hilfe von Schwefel oder einer Mischung aus Natriumsulfid und -sulfit kondensiert.

2. Die nach 1 erhaltenen Produkte werden gegebenenfalls mit Natriumbichromat oxydiert.

It.P. 315687 vom 14. 7. 1933. — C. 1936, I, 942; Coll. 1937, 313.

Soc. An. Industrie Chimiche Barzaghi, Mailand.

Herstellung von geschwefelten Phenolen. Phenol (Kresol) wird mit Ätznatron und Schwefel erhitzt und allmählich Chlorkalk (Natriumhypochlorit) zugegeben; die Produkte dienen als Gerbstoffe.

D.R.P. 631018/Kl. 12q vom 2. 9. 1934. — C. 1936, II, 1663; Coll. 1936, 426.

I. G. Farbenindustrie A. G., Frankfurt a. M.

Verfahren zur Herstellung von wasserlöslichen Kondensationsprodukten. Umsetzung von aromatischen Sulfonsäuren (Naphthalin-, Phenol-, Naphtholsulfonsäuren) mit Äthern geschwefelter Derivate von aromatischen Oxyverbindungen, z. B. dem Glykoläther des durch alkalische Schwefelschmelze von Chlorphenol erhaltenen Harzes in Gegenwart von Formaldehyd oder Formaldehyd abgebenden Stoffen (Hexamethylentetramin); die entstandenen wasserlöslichen Produkte dienen als Gerbstoffe.

Zu diesem Abschnitt vgl. weiter:

E.P. 193722, Abschn. VIII, 1, S. 717.

V. Künstliche Gerbstoffe, die Kohlenhydrate oder aliphatische Oxysäuren enthalten.

1. Kohlenhydrate enthaltende künstliche Gerbstoff.

D.R.P. 360426/Kl. 12q vom 9. 6. 1914. — C. 1923, II, 546.
A.P. 1107107. — J. A. L. C. A. 9, 448 (1914).
Ö.P. 69375 vom 13. 6. 1913. — Gerber 1917, 379.
Zus.P. 69376 vom 7. 11. 1913. — Gerber 1917, 379.
Zus.P. 69377 vom 3. 4. 1914. — Gerber 1917, 380.

Badische Anilin- & Soda-Fabrik, Ludwigshafen.

Verfahren zur Herstellung von Kondensationsprodukten aus Sulfosäuren aromatischer Oxyverbindungen mit Kohlenhydraten oder diese enthaltenden Stoffen. Mono- oder Polyoxybenzole oder -naphthaline bzw. deren alkylierte Homologe oder deren Sulfosäuren werden mit Kohlenhydraten oder diese enthaltenden Stoffen, wie Zucker, Stärke, Cellulose, Dextrin, bei An- oder Abwesenheit von Kondensationsmitteln kondensiert und in die entstandenen Produkte gegebenenfalls während oder nach der Kondensation Sulfogruppen eingeführt (vgl. S. 449).

1.	**D.R.P.**	**358126**/Kl. 12o	vom 28. 11. 1919. — C. 1922, IV, 912.
	A.P.	**1412949**	vom 8. 11. 1920. — C. 1923, II, 1166.
	E.P.	**173881**	vom 11. 10. 1920. — C. 1922, II, 971.
	Schwz.P.	**90477**	vom 22. 10. 1920. — C. 1922, II, 228.
2.	**D.R.P.**	**391315**/Kl. 28a	vom 30. 11. 1919. — C. 1924, I, 2053; Coll. 1924, 181.
	A.P.	**1469044**	vom 8. 11. 1920. — C. 1924, I, 2053.
	E.P.	**174700**	vom 20. 6. 1920. — C. 1922, IV, 812.
	Schwz.P.	**91572**	vom 5. 11. 1920. — C. 1922, II, 909.
1. u. 2.	**F.P.**	**522627**	vom 18. 8. 1920. — C. 1921, IV, 1028.

Badische Anilin- & Soda-Fabrik, Ludwigshafen.

1. **Verfahren zur Darstellung wasserlöslicher Kondensationsprodukte.** Aromatische, vorzugsweise di- und polyzyklische Kohlenwasserstoffe (Naphthalin) oder ihre hydroxylfreien Derivate werden in Gegenwart sulfierend wirkender oder die Sulfosäuren der genannten Verbindungen direkt mit Kohlenhydraten, wie Cellulose, Stärke, Zucker oder dgl., behandelt (vgl. S. 449).
2. **Verfahren zum Gerben von tierischen Häuten** mit wässerigen Lösungen von nach 1 hergestellten Kondensationsprodukten, gegebenenfalls im Gemisch mit pflanzlichen Gerbstoffen.

E.P. 148898 vom 10. 7. 1920. — C. 1922, IV, 978.
(Zus.P. zu E.P. 148126; vgl. S. 692.)

Chem. Fabriken Worms A. G., Frankfurt a. M.

Verfahren zum Gerben tierischer Häute und zur Herstellung von Gerbstoffen. Hydroxylhaltige oder -freie aromatische Verbindungen (Sulfonsäuren) oder deren Metallsalze werden mit Hilfe von Atomen oder Atomgruppen (CH_2-Gruppe) mit aliphatischen hydroxylhaltigen Verbindungen (Glycerin, Glucose) verkettet; z. B. werden Naphthalin-2-sulfonsäure, Glucose und Formaldehyd miteinander kondensiert.

F.P. 544253 vom 6. 12. 1921. — C. 1924, II, 1653.

Société Anonyme des Matières Colorantes et Produits Chimique de Saint-Denis und *André Wahl*, Paris.

Herstellung von Gerbmitteln. Einwirkung von Schwefelsäure oder Chlorsulfonsäure auf mehrwertige Alkohole (Mannit) oder Kohlenhydrate (Cellulose, Stärke) und gegebenenfalls Nachbehandlung mit Formaldehyd oder konzentrierter Salpetersäure (vgl. S. 461).

A.P. 1460422 vom 30. 1. 1922. — C. 1925, II, 1327.
Röhm & Haas Comp., Del., V. St. A.
Herstellung von Gerbmitteln. Aromatische Oxyverbindungen, wie Phenol, Kresol, Salicylsäure, und Glucose, Stärke oder Cellulose werden mit Schwefelsäure im Überschuß bei etwa 40° behandelt. Bei Anwendung von Phenol soll sich z. B. Penta-p-phenolsulfonylglucose bilden, die sich besonders gut zum Gerben eignet (vgl. S. 449).

1. **A.P. 1938966** vom 31. 1. 1931. — C. 1934, II, 3344; Coll. 1936, 115.
2. **A.P. 1961151** vom 25. 2. 1931. — C. 1934, II, 1884; Coll. 1936, 119.
3. **A.P. 1941475** vom 25. 2. 1931. — C. 1934, I, 2537; Coll. 1936, 116.
4. **A.P. 1938388** vom 27. 2. 1931. — C. 1934, I, 1431; Coll. 1935, 136.
5. **A.P. 1938389** vom 27. 2. 1931. — C. 1934, I, 1431; Coll. 1935, 136.
6. **A.P. 1938390** vom 28. 2. 1931. — C. 1934, I, 1432; Coll. 1935, 137.
7. **A.P. 1938391** vom 5. 3. 1931. — C. 1934, I, 2383; Coll. 1936, 114.

The Selden Company, Pittsburgh, V. St. A.
Künstliche Gerbstoffe.
1. Kohlenhydrate (Sägemehl, Holzzellstoff, Altpapier, Stärke usw.) und aromatische Kohlenwasserstoffe, z. B. Rückstände der Anthracenreinigung, werden mit Phthalsäureanhydrid in Gegenwart von Schwefelsäure kondensiert.
2. Kohlenhydrate (Linters, Holzmehl usw.), aromatische Kohlenwasserstoffe (Rohanthracen, Anthracenöl) und Aldehyde (Formaldehyd, Furfurol) werden gleichzeitig kondensiert und sulfoniert. Die Alkalisalze besitzen gute Gerbwirkung.
3. Die nach 1 erhaltenen Gerbstoffe werden mit Bleichmitteln, wie Natriumhypochlorid, Permanganat oder Chromsäure, behandelt.
4. Zum Gerben, gegebenenfalls in Kombination mit pflanzlichen Gerbstoffen, werden die Alkalisalze von Kondensationsprodukten aus Kohlenhydraten, Schwefelsäure und Harzen, die bei der Destillation von aromatischen Kohlenwasserstoffen, insbesondere bei der Rohanthracendestillation anfallen, verwendet.
5. Gerbverfahren mit den nach 1 hergestellten Produkten.
6. Gerbverfahren mit den nach 1 und 2 hergestellten, nach 3 mit Natriumhypochlorid oder anderen Mitteln gebleichten synthetischen Gerbstoffen.
7. Die unter 4 und 5 verwendeten Gerbstoffe werden mit Formaldehyd und Schwefelsäure weiterkondensiert, mit CaO und $CaCO_3$ neutralisiert und mit Soda in die Natriumsalze überführt.

Zu diesem Abschnitt vgl. weiter:
D.R.P. 417972, Abschn. III, 1, b, S. 696.
D.R.P. 388680 ff., Abschn. VII, S. 715.
E.P. 171729, Abschn. VIII, 2, b, S. 721.
D.R.P. 532893, Abschn. VIII, 3, S. 725.
A.P. 2161288, Abschn. VIII, 4, a, S. 729.

2. Aliphatische Oxysäuren enthaltende künstliche Gerbstoffe.

1. **D.R.P. 386930**/Kl. 12o vom 10. 8. 1918. — C. 1924, I, 1730; Coll. 1924, 64.
   E.P. 158512 vom 10. 1. 1921. — C. 1921, II, 1004.
2. **D.R.P. 386012**/Kl. 12o vom 24. 11. 1918. — C. 1924, I, 1731; Coll. 1924, 28.
3. **D.R.P. 354864**/Kl. 12o vom 5. 7. 1919. — C. 1922, IV, 397; Coll. 1922, 157.
   E.P. 171956 vom 10. 1. 1921. — C. 1922, II, 769.
4. **D.R.P. 380593**/Kl. 28a vom 5. 12. 1920. — C. 1924, I, 1730; Coll. 1923, 298.

Elektrochemische Werke G. m. b. H., *Heinrich Boßhard* und *David Strauß*, Bitterfeld.
Verfahren zur Darstellung von Gerbmitteln.
1. Aromatische Kohlenwasserstoffe (Naphthalin, Carbazol usw.) oder deren Sulfosäuren werden in Gegenwart von Schwefelsäure mit Glykolsäure oder Glykolid in der Wärme mit oder ohne Anwendung von Vakuum kondensiert.
2. Aliphatische oder aromatische Oxysäuren oder Polymerisationsprodukte davon und Anhydride der Oxysäuren (Milchsäure, Salicylsäure, Lactid usw.) werden mit

Kohlenwasserstoffen, Phenolen und Phenolalkoholen, deren Äthern oder Sulfosäuren in Gegenwart saurer Kondensationsmittel kondensiert.

3. Naphthalin wird mit Glykolsäure oder Glykolid und einem sauren Kondensationsmittel (P_2O_5), ausgenommen Schwefelsäure, unter Druck bei 130 bis 170° erhitzt. Das harzartige Kondensationsprodukt kann durch Sulfonierung in Gerbstoff überführt werden (vgl. S. 440).

4. **Gerbverfahren.** Die Blößen werden mit Lösungen wasserlöslicher, Sulfogruppen enthaltender Kondensationsprodukte aus hydroaromatischen Verbindungen (Tetrahydronaphthalin, Cyclohexan) und aliphatischen oder aromatischen Oxycarbonsäuren oder deren Anhydriden (Milchsäure, Salicylsäure, Lactid usw.) behandelt.

F.P. 573417 vom 1. 2. 1923. — C. 1927, II, 663.

Société Chimique pour l'Industrie du Cuir, Frankreich.

Herstellung synthetischer Gerbstoffe. Aromatische Sulfosäuren werden mit 20 bis 40% ihres Gewichtes an Milchsäure bei Gegenwart wasserentziehender Mittel kondensiert und die entstandenen Produkte mit aliphatischen oder aromatischen Basen, wie Anilin, Chinolin, Trimethylamin u. dgl., neutralisiert. Die Produkte eignen sich auch zum Lösen von unlöslichen natürlichen Gerbstoffen.

Vgl. auch **F.P. 573416**, S. 688.

Zu diesem Abschnitt vgl. weiter:

D.R.P. 676855, Abschn. IV, 1, S. 703.

VI. Künstliche Gerbstoffe, die unter Mitverwendung von Harnstoff hergestellt werden.

1. **D.R.P. 493795**/Kl. 12o vom 29. 1. 1928. — C. 1930, I, 2834; Coll. 1930, 124.
E.P. 305013 vom 12. 9. 1928. — C. 1929, II, 1122; Coll. 1931, 269.
A.P. 1841840 vom 11. 1. 1929. — J. A. L. C. A. **27**, 424 (1932).
F.P. 660008.
Schwz.P. 138885.

2. **D.R.P. 539474**/Kl. 12o vom 11. 3. 1930. — C. 1932, II, 815; Coll. 1932, 177.
(Zus.P. zu D.R.P. 493795.)
E.P. 362797 vom 10. 3. 1931. — C. 1932, II, 815; Coll. 1933, 119.
(Zus.P. zu E.P. 305013.)

3. **E.P. 456741** vom 13. 5. 1935. — C. 1937, I, 3444.
Schwz.P. 184317 vom 2. 5. 1935. — C. 1937, I, 267; Coll. 1939, 120.
Zus.P. 188791 vom 2. 5. 1935.
F.P. 46179 vom 9. 5. 1935. — C. 1936, II, 1104.
(Zus.P. zu F.P. 660008.
A.P. 2127068 vom 25. 4. 1935. — J. A. L. C. A. **34**, 118 (1939).

J. R. Geigy A. G., Basel, Schweiz.

Verfahren zur Darstellung gerbender Stoffe.

1. Die löslichen Einwirkungsprodukte von konz. Schwefelsäure auf Phenole oder ihre Derivate werden in Gegenwart von Harnstoff oder harnstoffabgebenden Stoffen, z. B. Metallcyanamide (Kalkstickstoff), oder von Kondensationsprodukten aus Harnstoff und Formaldehyd bei erhöhter Temperatur in stark saurer Lösung mit Formaldehyd oder Formaldehyd entwickelnden Mitteln kondensiert und die Lösungen in üblicher Weise neutralisiert (vgl. S. 451 und 513).

2. Außer den unter 1 genannten Stoffen werden noch Oxycarbonsäuren (Salicylsäure, Gallussäure) oder Gemische solcher Säuren mitkondensiert.

3. Die unter 1 beschriebene Umsetzung wird entweder bei geringer Azidität und erhöhten Temperaturen oder in stark sauren Lösungen bei niederen Temperaturen durchgeführt.

D.R.P. 570473/Kl. 12o vom 23. 10. 1928. — C. 1933, I, 2752; Coll. 1933, 236.

Friedrich Wilhelm Spieker, Bomlitz-Walsrode, Hannover.

Verfahren zur Herstellung von Harnstoff-Formaldehydkondensationsprodukten. 1 Mol Harnstoff wird mit 1 Mol oder weniger Formaldehyd oder der äquivalenten Menge eines Formaldehydderivats in ammoniakalischer Lösung zur Reaktion gebracht und die entstandene Lösung durch Eindampfen, gegebenenfalls unter vermindertem Druck, konzentriert; die entstehenden Produkte haben gerbende Eigenschaften.

D.R.P. 537451/Kl. 12q vom 16. 4. 1930. — Coll. 1932, 92.
A.P. 1912593 vom 21. 4. 1930.
F.P. 694257 vom 22. 4. 1930. — C. 1931, II, 1805; Coll. 1932, 458.
E.P. 353872.

I. G. Farbenindustrie A. G., Frankfurt a. M.

Verfahren zur Herstellung wasserlöslicher stickstoffhaltiger Kondensationsprodukte. Auf Di- oder Polyoxybenzole, deren Homologen oder Substitutionsprodukte, die zum Teil durch pflanzliche Gerbstoffe ersetzt werden können, läßt man Harnstoff, seine Homologen oder Substitutionsprodukte und aliphatische Aldehyde, zweckmäßig in Gegenwart sauer wirkender Kondensationsmittel, einwirken (vgl. S. 447 und 451).

1. **D.R.P. 587496**/Kl. 12o vom 28. 10. 1930. — Coll. 1933, 783.
F.P. 720712 vom 17. 10. 1930. — C. 1932, II, 815; Coll. 1933, 169.
E.P. 388475 vom 16. 10. 1931.
2. **D.R.P. 562826**/Kl. 12o vom 28. 10. 1930. — Coll. 1933, 31.
F.P. 723318 vom 17. 10. 1930. — C. 1932, II, 1737; Coll. 1933, 171.
E.P. 383381 vom 16. 10. 1931.

Progil Soc. An., Lyon, Frankreich.

Verfahren zur Herstellung künstlicher Gerbstoffe.

1. Sulfonierungsprodukte aromatischer Kohlenwasserstoffe oder deren Hydroxylverbindungen, wie Phenole oder Naphthole, werden auf solche Harnstoff-Formaldehydkondensationsprodukte einwirken lassen, die durch Kondensation von mehr als 1 bis zu 2 Mol Formaldehyd auf 1 Mol Harnstoff in alkalischer Lösung erhalten wurden; zur Neutralisation der erhaltenen Produkte können mit Vorteil Ammoniak oder Oxyde, Hydroxyde oder Salze von Metallen (Magnesium, Aluminium, Mangan, Chrom) verwendet werden (vgl. S. 451).

2. Sulfonierungsprodukte aromatischer Kohlenwasserstoffe oder deren Derivate (Phenole, Kresole, Naphthole) werden mit schwefelhaltigen Produkten, die durch Einwirkung von Formaldehyd auf Harnstoff und schwefelhaltige Stoffe, wie Schwefelammonium, Ammoniumpolysulfiden, Sulfhydraten, Calcium- oder Ammoniumrhodanid, erhalten werden, kondensiert und teilweise, gegebenenfalls in der unter 1 beschriebenen Weise, neutralisiert (vgl. S. 451).

A.P. 1975616 vom 28. 10. 1932. — C. 1935, I, 1161; Coll. 1937, 190.

National Oil Products Comp., Harrison, N. J., V. St. A.

Verfahren zur Herstellung weißer Leder. Gerben mit einer wässerigen Lösung eines Harnstoff-Formaldehydkondensationsproduktes unter Zusatz von Reaktionsverzögerungsmitteln (Natriumbisulfit, Natriumsulfit, Natriumthiosulfat) im ersten Stadium und Reaktionsbeschleunigern (Säuren, saure Salze) im letzten Stadium der Gerbung.

D.R.P. 637732/Kl. 12q vom 4. 6. 1933. — Coll. 1936, 713.
A.P. 2038529 vom 28. 5. 1934.
F.P. 774011 vom 1. 6. 1934. — C. 1935, I, 3236; Coll. 1937, 250.
Belg.P. 403457 vom 1. 6. 1934. — C. 1936, II, 2487.

I. G. Farbenindustrie A. G., Frankfurt a. M.

Verfahren zur Herstellung von Gerbstoffen. Sulfonsäuregruppen enthaltende, wasserlösliche, leimfällende Kondensationsprodukte aus Ketonen und Phenolen oder deren in p-Stellung zur Hydroxylgruppe nichtsubstituierten Derivate werden mit Kondensationsprodukten aus Formaldehyd und Harnstoff (nach Belg. P. 403457 auch Thioharnstoff) in saurer Lösung kondensiert (vgl. S. 446 und 451).

E.P. 478839 vom 15. 10. 1936. — C. 1938, I, 3871.

Monsanto Chemicals Ltd., London, und *Fini Georges Alexander Enna*, Llangollen, North Wales.

Verfahren zur Herstellung von Gerbstoffen. Formaldehyd wird mit Phenolsulfonsäuren und Harnstoff kondensiert.

Schwz.P. 197594.
Zus.P. 202174 vom 30. 10. 1936.
A.P. 2147000 vom 13. 11. 1936. — J. A. L. C. A. **34**, 278 (1939).
F.P. 813521 vom 14. 11. 1936.

E.P. 478537 vom 17. 11. 1936. — C. 1938, II, 639.
It.P. 346364 vom 19. 11. 1936. — C. 1937, II, 3851; Coll. 1939, 117.
Belg.P. 418561 vom 23. 11. 1936. — C. 1937, II, 1295.

I. G. Farbenindustrie A. G., Frankfurt a. M.

Verfahren zur Herstellung von gerbend wirkenden Kondensationsprodukten. Reaktionsprodukte des Acetons einerseits und Formaldehyd (Methylolaceton) oder Ammoniak (Di- oder Triacetonammoniak) oder Harnstoff (Triacetondiharnstoff) andererseits werden mit aromatischen Sulfosäuren (Naphthalinsulfosäure) oder ihren Hydroxylderivaten (Kresolsulfonsäure und Formaldehyd) kondensiert.

F.P. 831060 vom 20. 12. 1937. — C. 1938, II, 4349.
E.P. 494871 vom 21. 1. 1938. — C. 1939, I, 1499.

I. G. Farbenindustrie A. G., Frankfurt a. M.

Gerbmittel. Sulfonsäuren mehrkerniger aromatischer Kohlenwasserstoffe (Naphthalinsulfonsäure) werden, gegebenenfalls im Gemisch mit anderen Sulfosäuren (Phenolsulfonsäure), mit Formaldehyd und Harnstoff behandelt und, falls erforderlich, durch Umsetzung mit Phenolsulfosäuren und Formaldehyd oder ihren Kondensationsprodukten wasserlöslich gemacht.

F.P. 841847 vom 31. 1. 1938. — C. 1939, II, 2199.

Progil Soc. An., Lyon, Frankreich.

Verfahren zur Herstellung künstlicher Gerbstoffe. Phenole werden in Gegenwart eines Dispergierungsmittels, wie Fettalkohole (Laurin-, Cetylalkohol) oder deren Ester, in der Kälte sulfoniert, mit Formaldehyd, Formaldehyd + Harnstoff oder deren Kondensationsprodukten umgesetzt und die entstehenden Produkte mit Alkali oder Schwermetallhydroxyden neutralisiert.

Zu diesem Abschnitt vgl. weiter:

E.P.	**478280**,	Abschn. III, 1, a,	S. 695.
D.R.P.	**648717**,	Abschn. IV, 1,	S. 702.
Schwz.P.	**200376** ff.,	Abschn. IV, 1,	S. 703.
A.P.	**2129553** ff.,	Abschn. IV, 1,	S. 703.
D.R.P.	**596716**,	Abschn. VIII, 2, b,	S. 722.
D.R.P.	**459700**,	Abschn. VIII, 4, a,	S. 726.
D.R.P.	**671663**,	Abschn. VIII, 4, a,	S. 728.

VII. Künstliche Gerbstoffe, die keine Sulfogruppen enthalten.

Ö.P. 73930.

Oskar Pick, Teplitz.

Verfahren zur Herstellung künstlicher Gerbstoffe. Naphthalin wird in geeigneten Lösungsmitteln (Grenzkohlenwasserstoffe, aromatische Kohlenwasserstoffe oder Fettsäuren) mit Formaldehyd oder formaldehydabspaltenden Stoffen, gegebenenfalls unter Zusatz von Alkali, behandelt. Die Kondensation kann auch in starker Alkalilösung vorgenommen werden. Die Produkte sind ohne nachträgliches Sulfieren zum Gerben geeignet.

D.R.P. 293866/Kl. 12q vom 16. 5. 1913. — C. 1916, II, 620.

Deutsch-Koloniale Gerb- und Farbstoff-Gesellschaft m. b. H., Karlsruhe.

Verfahren zur Darstellung von Kondensationsprodukten aus Salicylsäure oder deren Kernhomologen und Formaldehyd. Die Kondensation wird in Gegenwart von konz. Schwefelsäure unter Kühlung und Anwendung solcher Mengen vorgenommen, daß die Schwefelsäure kondensierend, nicht aber substituierend wirkt.

D.R.P. 282313/Kl. 12q vom 19. 11. 1913. — C. 1915, I, 584.

Farbenfabriken vorm. Friedr. Bayer & Co., Leverkusen a. Rh.

Verfahren zur Darstellung von wasserlöslichen Kondensationsprodukten aus Di- und Polyoxybenzolen. Di- und Polyoxybenzole (Resorcin, Orcin), ihre Homologen oder Halogensubstitutionsprodukte mit zur Hydroxylgruppe freier Parastellung werden in Wasser oder Lösungsmitteln (Alkohol) gelöst und bei niedriger Temperatur mit Acetaldehyd oder dessen Derivaten in Gegenwart von sauren oder basischen Kondensationsmitteln (H_2SO_4, NaOH, organischen Basen usw.) kondensiert.

D.R.P. 344033/Kl. 12q vom 11. 10. 1919. — C. 1922, II, 834; Coll. 1921, 506.

Julius Ruppert Zink, Königsberg i. Pr.

Verfahren zur Darstellung von wasserlöslichen Kondensationsprodukten aus aliphatischen Aldehyden und Di- oder Polyoxybenzolen. Di- oder Polyoxybenzole, die mindestens zu einer Hydroxylgruppe eine freie Parastellung besitzen, werden mit $^1/_2$ bis 1 Mol Formaldehyd, Acetaldehyd oder deren Polymerisationsprodukten durch Erhitzen auf 100° kondensiert. Bei Verwendung von Formaldehyd können auch geringe Mengen von sauren Kondensationsprodukten zugesetzt werden (vgl. S. 435, 443, 444 und 447).

Vgl. auch **D.R.P. 346197**, S. 682.

D.R.P. 354165/Kl. 28a vom 26. 8. 1919. — C. 1922, IV, 467; Coll. 1922, 156.

Gerb- und Farbstoffwerke H. Renner & Co. A.-G., Hamburg.

Herstellung eines Gerb- und Lederschmiermittels aus Oxyfettsäuren und Phenol. Die aus Oxyfettsäuren (Glykolsäure, Milchsäure, Ricinolsäure, Glyceride usw.) nach der Destillation bei gwöhnlichem oder vermindertem Druck entstehenden Harze werden mit ein- oder mehrwertigen Phenolen und gegebenenfalls mit Mineralöl oder beliebigen Kohlenwasserstoffen vermischt.

1.	**D.R.P.**	**388680**/Kl. 28a	vom 21. 5. 1920.	— C. 1924, I, 2661; Coll. 1924, 73.
2.	**Zus.P.**	**406110**/Kl. 28a	vom 21. 5. 1920.	— C. 1925, I, 1670; Coll. 1925, 43.
3.	**D.R.P.**	**413157**/Kl. 28a	vom 22. 5. 1920.	— C. 1925, II, 507; Coll. 1925, 384.
4.	**D.R.P.**	**382217**/Kl. 12q	vom 12. 10. 1920.	— C. 1924, I, 2660; Coll. 1923, 301.
1. bis 4.	**A.P.**	**1539517**	vom 27. 8. 1921.	— C. 1925, II, 1326.
	E.P.	**189190**	vom 18. 8. 1921.	— C. 1924, I, 2661.
	F.P.	**540495**	vom 16. 8. 1921.	— C. 1924, I, 2661.

Badische Anilin- & Soda-Fabrik, Ludwigshafen a. Rh.

Verfahren zum Gerben tierischer Häute.

1. Verwendung von in Wasser oder wässerigen Lösungen von einfachen organischen Sulfosäuren oder deren Salzen löslichen Kondensationsprodukten, die durch Kondensation von Oxyaldehyden oder Oxyketonen (Aldol, Salicylaldehyd, Zucker) mit mehrwertigen nichtsulfonierten aromatischen Oxyverbindungen (Resorcin) in Gegenwart kondensierender Mittel erhalten werden.

2. Zur Kondensation mit nichtsulfonierten aromatischen Oxyverbindungen eignen sich auch Sulfitcellulose-Extrakt oder andere Umwandlungsprodukte des Holzes, die Oxyaldehyde oder Oxyketone enthalten.

3. Die durch Kondensation von Aldehyden oder Ketonen mit nichtsulfonierten aromatischen Oxyverbindungen erhaltenen Produkte werden in Kombination mit synthetischen, insbesondere Sulfogruppen enthaltenen Gerbstoffen verwendet.

4. Darstellung von in Wasser oder wässerigen Lösungen von Sulfosäuren oder deren Salzen löslichen Kondensationsprodukten aus Ketonen (Aceton, Lävulinsäure) und aromatischen, nichtsulfonierten Oxyverbindungen (Pyrogallol) (vgl. S. 457).

D.R.P. 432051/Kl. 28a vom 25. 5. 1934. — C. 1926, II, 1719; Coll. 1926, 446.

Chemische Fabriken Dr. Kurt Albert G. m. b. H., Amöneburg.

Verfahren zum Gerben tierischer Häute. Die Blößen werden in Lösungen von Kondensationsprodukten aus Phenolen und Aldehyden oder Ketonen in organischen Lösungsmitteln (Alkohol) eingelegt und anschließend mit Wasser behandelt (vgl. S. 439).

1.	**D.R.P.**	**510445**/Kl. 12q	vom 24. 8. 1927.	— C. 1931, I, 202; Coll. 1930, 545.
	A.P.	**1851021.**		
2.	**D.R.P.**	**512405**/Kl. 12q	vom 1. 4. 1928.	— C. 1931, I, 2152; Coll. 1931, 30.
	(Zus.P. zu D.R.P. 510445.)			
	A.P.	**1826094**	vom 14. 3. 1929.	— J.A.L.C.A. **27**, 423 (1932).
1. u. 2.	**E.P.**	**304454**	vom 9. 1. 1928.	— C. 1929, II, 1122; Coll. 1931, 269.
	F.P.	**668139**	vom 18. 8. 1928.	— C. 1930, II, 1028.

I. G. Farbenindustrie A. G., Frankfurt a. M.

Verfahren zur Darstellung von gerbend wirkenden Kondensationsprodukten.

1. Durch Kondensation von Phenolen mit Formaldehyd in alkalischer Lösung (vgl. D.R.P. 85588) gewonnene Phenolmono- oder -polyalkohole werden mit Resorcin oder dessen Homologen in Wasser in Gegenwart geringer Mengen von Säure, z. B.

Salzsäure, unter solchen Bedingungen (Temperatur nicht über 60°) kondensiert, daß die erhaltenen Produkte in Wasser noch im wesentlichen löslich sind (vgl. S. 444).

2. An Stelle der Phenolalkohole werden die durch Einwirkung von Formaldehyd oder von Formaldehyd abspaltenden Mitteln auf aromatischen Oxycarbonsäuren (Salicylsäure) in Gegenwart basischer Mittel gewonnenen Methylolverbindungen für die Kondensation mit Resorcin verwendet (vgl. S. 444).

D.R.P. 555005/Kl. 12q vom 22. 2. 1929. — C. 1932, II, 1737; Coll. 1932, 733.
A.P. 1910464 vom 11. 2. 1930. — J. A. L. C. A. **31**, 116 (1936).
E.P. 331216 vom 25. 3. 1929. — C. 1930, II, 3888.
Ö.P. 122954 vom 6. 2. 1930.
Schwz.P. 148124 vom 6. 2. 1930.

I. G. Farbenindustrie A. G., Frankfurt a. M.

Verfahren zur Darstellung gerbend wirkender wasserlöslicher Kondensationsprodukte. Resorcin oder Pyrogallol werden mit aromatischen Aldehyden, z. B. Benzaldehyd oder dessen Substitutionsprodukten (Salicylaldehyd), in wässerigem Medium in Gegenwart geringer Mengen Säure (HCl) kondensiert.

A.P. 2167073 vom 12. 2. 1937. — C. 1939, II, 3008.

Skol Co. Inc., New York, V. St. A.

Herstellung von Gerbstoffen durch Einwirkung von Alkylenoxyd (Äthylenoxyd) auf eine wäßrige Tanninlösung bei 0 bis 10° in Gegenwart von Alkali (NaOH, NH_4OH, Äthanolamin).

Zu diesem Abschnitt vgl. weiter:

D.R.P. 537451 ff., Abschn. VI, S. 713.
D.R.P. 412228 ff., Abschn. VIII, 1, S. 718.

VIII. Künstliche Gerbstoffe aus chemisch undefinierten Rohstoffen.

1. Gerbstoffe aus Teer oder Teerölfraktionen.

D.R.P. 135844/Kl. 28 vom 24. 10. 1900.

W. H. Philippi, Offenbach a. Main-Bürgel.

Verfahren zum Gerben von Häuten und Fellen. Behandlung der Häute mit einer Lösung von Holz-, Braunkohlen- oder Steinkohlenteer in Terpentinöl, Kienöl oder Phenol oder dessen Homologen, wobei diese Substanzen bzw. Verdünnungsmittel für sich oder in Mischungen Verwendung finden können.

D.R.P. 304859/Kl. 28a vom 14. 3. 1915. — C. 1918, I, 791.
(Zus.P. zu D.R.P. 281484; vgl. S. 691.)

Badische Anilin- & Soda-Fabrik, Ludwigshafen a. Rh.

Verfahren zum Gerben tierischer Häute. An Stelle der im D.R.P. 281484 genannten Verbindungen werden die wasserlöslichen, durch Einführung von Sulfogruppen in Naphtholpech erhältlichen Produkte verwendet.

1. **D.R.P. 386297**/Kl. 12q vom 25. 12. 1918. — C. 1924, I, 2661; Coll. 1924, 31.
E.P. 137323 vom 2. 1. 1920. — C. 1921, IV, 548.
Zus.P. 147534 vom 25. 2. 1920. — C. 1921, IV, 1076.
2. **D.R.P. 388546**/Kl. 12q vom 20. 7. 1919. — C. 1924, I, 2661; Coll. 1924, 70.
(Zus.P. zu D.R.P. 386297.)
E.P. 148268 vom 23. 2. 1920. — C. 1921, IV, 548.

Dr. Meilach Melamid, Freiburg i. Br.

3. **D.R.P. 458250**/Kl. 12q vom 22. 7. 1919. — C. 1928, I, 2480.
(Zus.P. zu D.R.P. 386297.)

A. Riebecksche Montanwerke A. G., Halle a. S.

E.P. 148738 vom 25. 2. 1920. — C. 1921, IV, 548.
1. u. 2. **Holl.P. 9078** vom 24. 12. 1919. — C. 1923, IV, 904.
2. u. 3. **Schwz.P. 92141** vom 19. 12. 1919. — C. 1922, II, 971.

1. bis **3. Schwz.P. 91569** vom 19. 12. 1919. — C. 1922, II, 770.
Ö.P. 85469 vom 22. 12. 1919. — C. 1921, IV, 1356.
F.P. 526967 vom 24. 12. 1919. — C. 1922, II, 169.

Dr. Meilach Melamid, Freiburg, i. Br.

Verfahren zur Herstellung von Sulfonsäuren schwefelhaltiger Derivate hochmolekularer aromatischer Kohlenwasserstoffe.

1. Die aus den sauren Bestandteilen des Anthracenöls oder Weichpechs durch Behandeln mit aromatischen Sulfochloriden erhältlichen Ester werden in üblicher Weise mit sulfonierenden Mitteln behandelt; es entstehen Gerbstoffe (vgl. S. **449**).

2. Die sauren Bestandteile des Anthracenöls oder Weichpechs werden zuerst sulfoniert und dann die entstandenen Sulfonsäuren in alkalischer Lösung mit aromatischen Sulfochloriden verestert (vgl. S. **449**).

3. Die sauren Bestandteile des Anthracenöls oder Weichpechs werden ohne vorhergehende Veresterung der in ihnen enthaltenen Hydroxylgruppen sulfoniert.

D.R.P. 433292/Kl. 28a vom 20. 2. 1919. — C. 1926, II, 2372; Coll. 1926, 523.
Ö.P. 94833 vom 21. 3. 1919. — C. 1924, I, 2663.
Holl.P. 6713 vom 8. 4. 1919. — C. 1922, IV, 201.
E.P. 146427 vom 3. 7. 1920. — C. 1922, II, 970.

I. G. Farbenindustrie A. G., Frankfurt a. M. (*Badische Anilin- & Soda-Fabrik,* Ludwigshafen a. Rh.).

Verfahren zur Herstellung von Gerbmitteln. Gemische von Carbazol und Anthracen, insbesondere Rohanthracen oder Anthracenrückstände werden zweckmäßig bei nicht zu hoher Temperatur und in Gegenwart indifferenter Verdünnungsmittel sulfoniert und die dunkel gefärbten Sulfosäuren gegebenenfalls mit aufhellenden Mitteln nachbehandelt (vgl. S. 440 und 462, ferner S. 687).

Hierzu vgl. noch folgende Auslandspatente:

F.P. 523266 vom 5. 3. 1919. — C. 1921, IV, 1028 (vgl. S. 437).
Schwz.P. 91876 vom 5. 3. 1919. — C. 1922, II, 971.
Holl.P. 6659 vom 25. 5. 1920. — C. 1922, II, 909.
E.P. 169943 vom 3. 7. 1920. — C. 1922, II, 971.
A.P. 1557844 vom 9. 7. 1920. — C. 1926, I, 1349.

Zu diesen Auslandspatenten siehe auch **D.R.P. 306341**/Kl. 28a *(Franz Haßler),* S. 700.

1. **E.P. 157852** vom 10. 1. 1921. — C. 1921, II, 1003.
Schwz.P. 78282 — J. A. L. C. A. **14,** 126 (1919).
2. **E.P. 157855** vom 20. 1. 1921. — C. 1921, II, 947.
Schwz.P. 79015.
Schwz.P. 79130.
(Zus.PP. zu Schwz.P. 78282.)
3. **E.P. 157856** vom 20. 1. 1921. — C. 1921, II, 947.
Schwz.P. 78797.
1. bis **3. F.P. 530371** vom 29. 1. 1921. — C. 1922, IV, 812.

Chemische Fabriken Worms A. G., Frankfurt a. M. (*Chemische Fabriken und Asphaltwerke A. G.,* Griesheim a. M.).

Verfahren zur Herstellung von gerbend wirkenden Sulfosäuren.

1. Die in Teeren oder Teerölen enthaltenen Bestandteile werden ohne vorherige Abscheidung durch geeignete Atome oder Atomgruppen verknüpft und vor- oder nachher durch Einführung saurer Gruppen (Sulfogruppe) wasserlöslich gemacht.

2. Die Teeröle werden sulfoniert, die entstandenen Säuren in Salze (Alkali-, Erdalkalisalze) übergeführt und diese durch geeignete Atome oder Atomgruppen verknüpft.

3. In Teeröle werden weitere Oxygruppen in der Weise eingeführt, daß sulfoniert und die Natriumsalze der entstandenen Sulfosäuren mit Alkali verschmolzen werden. Die so erhaltenen Produkte werden sulfoniert und z. B. mit Formaldehyd kondensiert.

E.P. 193722 vom 25. 3. 1922. — C. 1924, I, 2659.

Willy Moeller, Hamburg.

In Wasser lösliche, hochmolekulare Kondensationsprodukte aus Steinkohlenschwerölen. Hochsiedende Steinkohlenteeröle, z. B. Anthracenöl, werden mit gepulvertem Schwefel oder Schwefelblüte auf Temperaturen bis zu 100° bis zur Beendigung der Schwefelwasserstoffentwicklung erhitzt und bis zur Wasserlöslichkeit sulfoniert. Die Produkte dienen als Gerbmittel.

D.R.P. 451534/Kl. 12o vom 26. 3. 1922. — C. 1928, I, 461; Coll. 1927, 582.

Dr. Meilach Melamid, Freiburg i. Br.

Verfahren zur Herstellung gerbend wirkender Sulfosäuren. Das in beliebiger Weise durch Oxydation von Anthracenöl oder Weichpech erhaltene Produkt wird, zweckmäßig nach Beseitigung der verpechten Anteile durch Lösen in geeigneten Lösungsmitteln und Abdestillieren, sulfoniert und hierauf mit aromatischen Sulfochloriden verestert oder mit Aldehyden, wie Formaldehyd, Acetaldehyd u. a., kondensiert (vgl. S. 448 und 450).

1. **D.R.P. 412228**/Kl. 28a vom 11. 11. 1922. — C. 1925, II, 506; Coll. 1925, 384.
2. **Zus.P. 413256**/Kl. 28a vom 14. 11. 1922. — C. 1925, II, 507; Coll. 1925, 386.

Farbwerke vorm. Meister Lucius & Brüning, Höchst a. M.

Verfahren zum Gerben tierischer Häute.

1. Verwendung der wasserlöslichen, bei der Darstellung von Phenolen, insbesondere Phenol, Kresol, Resorcin, anfallenden Destillationsrückstände für sich allein oder im Gemisch mit anderen natürlichen oder synthetischen Gerbstoffen zum Gerben.

2. An Stelle der Destillationsrückstände der Phenole werden komplexe wasserlösliche Kondensationsprodukte von mehrfach hydroxylierten aromatischen Verbindungen der Benzolreihe verwendet, die vermutlich ähnliche Verbindungen darstellen wie die unter 1 genannten Stoffe; es werden die mehrfach hydroxylierten aromatischen Verbindungen, z. B. Resorcin, Hydrochinon, Brenzcatechin mit kondensierend wirkenden Verbindungen (Aluminiumchlorid, Chlorschwefel u. a.), unter Erwärmen behandelt.

D.R.P. 410419/Kl. 12q vom 1. 3. 1923. — C. 1925, I, 2133.

Farbwerke vorm. Meister Lucius & Brüning, Höchst a. M.

Herstellung nicht verharzender Produkte aus Urteer. Urteer wird als solcher oder nach Abtrennung der nicht sauren Bestandteile in Lösung oder wässeriger Suspension in Gegenwart von säurebindenden Mitteln mit Alkylhalogeniden, z. B. Methylchlorid, oder deren Derivaten gegebenenfalls unter Druck und bei erhöhter Temperatur erhitzt. Die entstandenen Phenoläther können durch Sulfonierung in wertvolle Gerbmittel übergeführt werden.

D.R.P. 441769/Kl. 28a vom 15. 11. 1923. — C. 1927, I, 2964; Coll. 1927, 210.
(Zus. P. zu D. R. P. 420646; vgl. S. 724).
A.P. 1678998 vom 27. 10. 1924. — J. A. L. C. A. **24, 391** (1929).

I. G. Farbenindustrie A. G., Frankfurt a. M.

Verfahren zum Gerben tierischer Häute. An Stelle des im D. R. P. 420646 genannten Mineralöls oder dessen Fraktionen werden Braunkohlenteer oder Urteer oder deren Fraktionen sulfoniert und die Produkte zum Gerben verwendet.

A.P. 1848883 vom 8. 10. 1924. — C. 1932, II, 322; Coll. 1933, 114.

Barrett Co., N. J., V. St. A.

Verfahren zur Herstellung von synthetischen Gerbstoffen. Aromatische Kohlenwasserstoffe oder deren Derivate (Naphthalin, Anthracen, Carbazol, Phenole) werden mit so viel Schwefelsäure sulfoniert, daß ein Teil, z. B. 5%, der Schwefelsäure unverändert bleibt, die dann mit leichter sulfonierbaren Verbindungen der aromatischen Reihe, z. B. Steinkohlenteernaphtha, umgesetzt wird.

D.R.P. 480701/Kl. 28a vom 13. 8. 1925. — C. 1930, I, 2833; Coll. 1930, 80.

Dr. Herbert Wittek, Beuthen, O.-S.

Verfahren zur Darstellung von Gerbstoffen. Schwelwasserextrakte des Urteers werden mit sulfonierenden Mitteln behandelt, die in Wasser löslichen Bestandteile isoliert und der Überschuß an Sulfonierungsmitteln entfernt. Die so erhaltenen Lösungen können sofort zum Gerben verwendet oder durch Eindampfen im Vakuum in ein festes Gerbmittel übergeführt werden.

1. **R.P. 11157** vom 6. 4. 1927. — C. 1931, I, 2964; Coll. 1932, 460.
A. I. Kiprianow und *J. P. Bergman*, USSR.
2. **Zus.P. 36569** vom 5. 2. 1933. — C. 1935, II, 958.
S. S. Wasserman und *N. W. Stmennikow*, USSR.

Herstellung von Gerbstoffen.
1. Anthracenöl in Mischung mit Naphthalin wird sulfoniert.
2. Sulfonierungsprodukte von Anthracen, gegebenenfalls in Mischung mit den Sulfonierungsprodukten des Naphthalins, werden mit Hilfe von Schwefel, Natriumsulfid oder Natriumsulfit kondensiert (vgl. S. 709).

R.P. 39766 vom 7. 10. 1933. — C. 1935, II, 3192; Coll. 1937, 256.
P. S. Konowalenka, O. J. Borodina und *A. F. Pischtschulina.*

Darstellung synthetischer Gerbstoffe. Die teerartigen Produkte der trockenen Torf- oder Ölschieferdestillation werden mit konz. Schwefelsäure behandelt.

Zu diesem Abschnitt vgl. weiter:

A.P. 1938966ff., Abschn. V, 1, S. 711.

2. Gerbstoffe aus Harzen.

a) Natürliche Harze.

D.R.P. 468266/Kl. 12o vom 26. 7. 1922. — C. 1929, I, 3165; Coll. 1929, 219.
Eduard Jena, Berlin.

Verfahren zur Darstellung von Gerbstoffen. Harze (Colophonium, Balsame) oder Wachse (Montan-, Karnauba-, Bienenwachs) werden mit einem großen Überschuß an rauchender Schwefelsäure behandelt, durch den sie über die Sulfonierung hinaus in wasserlösliche Oxydationsprodukte verwandelt werden (vgl. S. 461).

D.R.P. 436446/Kl. 12q vom 21. 6. 1923. — C. 1927, I, 220; Coll. 1927, 56.
Dr.-Ing. Adolf Kämpf, Premnitz bei Rathenow.

Verfahren zur Herstellung von wasserlöslichen, gerbend wirkenden Kondensationsprodukten aus aromatischen Oxyverbindungen. Die in Gegenwart von sauren Katalysatoren aus Phenolen oder Naphtholen und natürlichen Harzen (Colophonium, Terpentin, Pinen) oder deren Bestandteilen (Abietinsäure) erhältlichen Kondensationsprodukte werden mit sulfonierenden Mitteln behandelt oder es werden aromatische Oxysulfonsäuren auf natürliche Harze oder deren Bestandteile einwirken gelassen (vgl. S. 461).

A.P. 1523390 vom 23. 2. 1924. — C. 1925, I, 2599.
Röhm & Haas Co., Del., V. St. A.

Verfahren zur Herstellung von Gerbmitteln aus natürlichen Harzen. Die Harze, z. B. Colophonium, Marrikino- oder Yaka-Gummi, werden als solche oder in Phenolen oder in Alkohol gelöst bei mäßig erhöhter Temperatur mit sulfonierenden Mitteln behandelt (vgl. S. 461).

A.P. 1788371 vom 28. 1. 1928. — C. 1931, I, 2153; Coll. 1932, 455.
A.P. 1788372 vom 28. 1. 1928. — C. 1931, I, 2153; Coll. 1932, 455.
I. G. Farbenindustrie A. G., Frankfurt a. M.

Verfahren zur Darstellung von gerbend wirkenden Phenolharzsulfonsäuren. Phenole und Naturharze (Colophonium) werden mit verdünnten wässerigen Mineralsäuren erhitzt und die entstandenen Kondensationsprodukte mit sulfonierenden Mitteln behandelt.

E.P. 321190 vom 28. 6. 1928. — C. 1930, I, 1259; Coll. 1931, 273.
I. G. Farbenindustrie A. G., Frankfurt a. M.

Verfahren zur Herstellung eines Färberei- und Gerbmittels. Gemische aus aromatischen Kohlenwasserstoffen (Naphthalin) oder deren Oxyderivaten (Phenol,

Rohkresol) und natürlichen Harzen, z. B. Colophonium, werden sulfoniert und mit einem Aralkylhalogenid, z. B. Benzylchlorid, kondensiert (vgl. S. 461).

Vgl. auch **A.P. 1828033** vom 20. 3. 1928. — C. 1932, II, 2004; Coll. 1933, 112.

Generale Aniline Works Inc., New York, V. St. A.

E.P. 486878 vom 10. 12. 1936. — C. 1938, II, 3021.

I. G. Farbenindustrie A. G., Frankfurt a. M.

Herstellung von Kautschukumwandlungsprodukten. Wäßrige Kautschukdispersionen werden in Gegenwart von Schutzkolloiden und soviel Säure, daß keine Isomerisation des Kautschuks erfolgt, mit Aldehyden (Formaldehyd, Acetaldehyd) kondensiert; durch Behandeln der entstandenen Kondensationsprodukte mit Oxydationsmitteln, z. B. Salpetersäure, werden wasserlösliche Stoffe mit Gerbstoffeigenschaften erhalten.

1.	**D.R.P.**	**683802**/Kl. 12 q	vom 9. 2. 1936.
	F.P.	**817477**	vom 8. 2. 1937. — C. 1938, I, 1524.
	E.P.	**489967**	vom 8. 2. 1937. — J. A. L. C. A. **34**, 175 (1939).
	Schwz.P.	**198153**	vom 28. 1. 1937.
2.	**F.P.**	**817847**	vom 15. 2. 1937. — C. 1938, I, 1525.
	E.P.	**490296**	vom 15. 2. 1937. — J. A. L. C. A. **34**, 425 (1939).
	Schwz.P.	**201010**	vom 6. 2. 1937.
	It.P.	**348113**	vom 13. 2. 1937. — C. 1938, I, 1525.
	A.P.	**2136997**	vom 10. 2. 1937. — J. A. L. C. A. **34**. 122 (1939).

I. G. Farbenindustrie A. G., Frankfurt a. M.

Verfahren zur Herstellung von Gerbstoffen.

1. Gemische oder Veresterungsprodukte von natürlichen Harzen (z. B. Kiefernharz, Colophonium, Tallöl) und Phenolen werden sulfoniert und durch Waschen von Elektrolyten befreit.

2. Die nach 1 hergestellten Produkte werden mit synthetischen Gerbstoffen, z. B. Sulfonsäuren von Phenol-Formaldehydkondensationsprodukten, vereinigt.

E.P. 483481 vom 12. 10. 1936. — C. 1938, II, 1353.
F.P. 811911 vom 19. 10. 1936. — C. 1937, II, 1295; Coll. 1939, 115.

I. G. Farbenindustrie A. G., Frankfurt a. M.

Verfahren zur Darstellung wasserlöslicher Kondensationsprodukte. Naturharze (Colophonium usw.) werden mit aromatischen, eine phenolische Hydroxylgruppe enthaltenden Verbindungen (Phenol, Naphthol, Salicylsäure u. a.) in Gegenwart von Katalysatoren (Schwefelsäure, Phosphorsäure) und gegebenenfalls unter Zusatz von Hydroxyl- oder Aminogruppen enthaltenden Stoffen (Harnstoff, Anilin, Phenolharze, Lignin) kondensiert. In die erhaltenen Produkte werden durch Behandlung mit Formaldehyd und schwefliger Säure oder Alkalisulfiten bzw. -bisulfiten Sulfomethylgruppen eingeführt und sie dadurch wasserlöslich gemacht; sie dienen u. a. als Gerbstoffe.

F.P. 817730 vom 11. 2. 1937. — C. 1938, I, 241.

I. G. Farbenindustrie A. G., Frankfurt a. M.

Verfahren zur Sulfonierung von Harzveredelungsprodukten. Natürliche Harze, z. B. Colophonium, werden aryliert oder aralkyliert, z. B. mit Benzylchlorid, ω-Chlormethylnaphthalin u. a., und sulfoniert. Die so erhältlichen Produkte dienen als Gerbstoffe.

E.P. 491072 vom 20. 2. 1937. — C. 1939, I, 312.
F.P. 833341 vom 7. 2. 1938.

I. G. Farbenindustrie A. G., Frankfurt a. M.

Verfahren zur Herstellung von Gerbmitteln. In natürliche Harze werden aktive Gruppen (Halogen, Carboxylgruppen) eingeführt, die entstandenen Verbindungen mit Phenolen umgesetzt und durch Sulfonieren wasserlöslich gemacht. Durch die Einführung der aktiven Gruppen können größere Mengen Phenol von dem Harz gebunden werden.

b) Synthetische Harze.

1. E.P. 171729 vom 24. 6. 1920. — C. 1922, IV, 568.
2. E.P. 172048 vom 25. 6. 1920. — C. 1922, IV, 911.
Gerb- und Farbstoffwerke H. Renner & Co. A. G., Hamburg.
Ö.P. 94211 vom 19. 5. 1920. — C. 1924, I, 2662.
3. E.P. 148750 vom 26. 6. 1920. — C. 1922, IV, 912.
Ö.P. 94210 vom 19. 5. 1920. — C. 1924, I, 2662.
Hermann Renner und *Willy Moeller*, Hamburg.

Verfahren zur Herstellung von Gerbmitteln.

1. Die durch Einwirkung von Formaldehyd oder diesen entwickelnden Mitteln auf ein- oder mehrwertige Phenole oder deren Homologen in Gegenwart von anorganischen oder organischen Basen erhältlichen harzartigen Kondensationsprodukte werden, gegebenenfalls nach Vermischen mit Zucker, Stärke oder zuckerhaltigen Massen, wie Melasse, Schlempe, Sulfitcelluloseablauge, sulfoniert.

2. Cumaronharze werden sulfoniert oder Solventnaphtha oder Schwerbenzol mit mehr konzentrierter oder rauchender Schwefelsäure behandelt als für die Polymerisation zu Cumaronharz benötigt wird; die entstandenen Cumaronharzsulfonsäuren werden mit Natronlauge oder Natriumcarbonat neutralisiert und von auskristallisiertem Natriumsulfat getrennt (vgl. S. 460).

Vgl. auch **E.P. 173757**, S. 736.

3. Gemische aus Cumaronharzen und Phenolen werden mit Formaldehyd kondensiert oder es werden die nach 2 erhältlichen Cumaronharzsulfosäuren mit Phenol-Formaldehydkondensationsprodukten, bzw. die nach 1 hergestellten Sulfosäuren mit Cumaronharzen in Gegenwart von rauchender Schwefelsäure kondensiert (vgl. S. 460).

1. E.P. 182823 vom 3. 1. 1921. — C. 1923, IV, 930.
A.P. 1437726 vom 24. 3. 1922. — C. 1923, IV, 930.
F.P. 549869 vom 7. 4. 1922. — C. 1923, IV, 930.
Robin Bruce Croad, Georges Edward Knowles und *Harold M. McArthur & Co. Ltd.*, Liverpool.
2. E.P. 182824 vom 3. 1. 1921. — C. 1923, IV, 931.
A.P. 1443697 vom 24. 3. 1922. — C. 1923, IV, 931.
F.P. 549870 vom 7. 4. 1922. — C. 1923, IV, 931.
Robin Bruce Croad und *Harold M. McArthur & Co. Ltd.*, Liverpool.

Gerbmittel.

1. Mindestens 2 Mol einer aromatischen Oxyverbindung werden mit 1 Mol Formaldehyd oder eines Formaldhyd abspaltenden Stoffes in Gegenwart eines basischen Kondensationsmittels behandelt und das entstandene unlösliche harzartige Produkt durch Einwirkung von 1 bis 2 Mol eines sulfonierenden Mittels in wasserlösliche, zum Gerben geeignete Form übergeführt (vgl. S. 426, 439 und 513).

2. Die nach 1 erhältlichen Kondensationsprodukte werden mit einer aromatischen Sulfosäure und einem Aldehyd weiterkondensiert (vgl. S. 439 und 513).

E.P. 199528 vom 7. 4. 1922. — C. 1924, I, 2662.
Willy Moeller, Hamburg.

Herstellung gerbend wirkender Kondensationsprodukte. Die durch Einwirkung von Aceton auf Phenole in Gegenwart von Alkalien oder Säuren erhältlichen Dioxydiaryldimethylmethane werden mit Formaldehyd in Gegenwart von Ammoniak, basischen oder sauren Salzen oder Aminen kondensiert und die hochmolekularen Kondensationsprodukte mit sulfonierenden Mitteln behandelt. Man kann auch von den durch Einwirkung von Formaldehyd auf Phenole erhältlichen Harzen (Resole, Novolake) ausgehen, diese mit Aceton weiterkondensieren und sulfonieren.

D.R.P. 503923/Kl. 12q vom 17. 2. 1928. — C. 1930, II, 2094; Coll. 1930, 433.
I. G. Farbenindustrie A. G., Frankfurt a. M.

Verfahren zur Darstellung von hochmolekularen Sulfonsäuren. Ätherartige Phenol-Aldehydkondensationsprodukte (z. B. aus Anisol und Formaldehyd hergestellt) werden mit Sulfonierungsmitteln bis zur Wasserlöslichkeit behandelt. Die verätherten Produkte lassen sich glatter sulfonieren als die reinen Phenolharze. Die mit den verätherten Produkten hergestellten Gerbstoffe sind lichtechter.

D.R.P. 543431/Kl. 12q vom 31. 5. 1930. — Coll. 1932, 445.
E.P. 356105 vom 20. 5. 1930.
F.P. 696327 vom 30. 5. 1930. — C. 1931, II, 1240; Coll. 1932, 458.

Röhm & Haas Comp., Philadelphia, Pa., V. St. A.

Verfahren zur Herstellung wasserlöslicher Kondensationsprodukte. Das durch Kondensation eines Phenols mit einem Aldehyd und einer ungesättigten Fettsäure erhaltene wasserunlösliche, harzartige Produkt wird durch Sulfonieren wasserlöslich gemacht (vgl. S. 460 und 700).

E.P. 376416 vom 13. 11. 1930. — C. 1932, I, 2999.

I. G. Farbenindustrie A. G., Frankfurt a. M.

Gerbmittel. Polystyrol oder seine Alkylderivate werden durch Behandeln mit konz. Schwefelsäure oder Chlorsulfonsäure, eventuell in Gegenwart von Lösungsmitteln, in die entsprechenden Sulfonsäuren übergeführt. Ihre Alkalisalze werden u. a. zum Gerben verwendet.

D.R.P. 596716/Kl. 12q vom 17. 3. 1931. — Coll. 1934, 433.
F.P. 732931 vom 10. 3. 1932. — C. 1933, II, 2197; Coll. 1935, 141.
E.P. 388936 vom 16. 3. 1932. — C. 1933, II, 2197.
Schwz.P. 158243 vom 16. 3. 1932. — C. 1933, II, 2197.
Zus.P. 160649 bis **160669** vom 12. 5. 1932. — C. 1933, II, 2197.

J. R. Geigy, A. G., Basel, Schweiz.

Verfahren zur Herstellung von wasserlöslichen, hochmolekularen Kondensationsprodukten. Sauer kondensierte, in der Kälte feste Phenol-Formaldehyd-Harnstoffharze oder deren Gemische mit Naturharzen werden in der Wärme mit Phenol, seinen Homologen oder Substitutionsprodukten bis zur Bildung einer homogenen Flüssigkeit behandelt. Sie werden dann der Einwirkung von sulfonierenden Mitteln, zweckmäßig bei erhöhter Temperatur, bis zur Löslichkeit in Wasser unterworfen, wobei die sulfonierenden Mittel teilweise durch eine oder mehrere freie aromatische Sulfosäuren ersetzt werden können. Als Ausgangsprodukte können auch Harze verwendet werden, zu deren Aufbau an Stelle des Phenols dessen Homologen oder Substitutionsprodukte und an Stelle des Harnstoffs Anilin, Thioharnstoff oder aromatische Sulfonsäureamide verwendet wurden. Die Produkte dienen u. a. als Gerbstoffe.

D.R.P. 609477/Kl. 12q vom 12. 8. 1933. — C. 1935, II, 1484.

I. G. Farbenindustrie A. G., Frankfurt a. M.

Verfahren zur Herstellung von Kondensationsprodukten. Aromatische Oxyverbindungen (Phenole, Naphthole, Oxyanthracene) oder deren Derivate (chlorierte, sulfonierte Phenole usw.) werden mit Kohlenwasserstoffen der Butadienreihe oder deren Derivaten kondensiert; die entstehenden wasserunlöslichen Harze können durch Sulfonieren wasserlöslich gemacht werden und dienen dann als Gerbstoffe.

1. **D.R.P. 618034**/Kl. 12q vom 19. 11. 1933. — C. 1936, I, 902.
E.P. 447417 vom 16. 11. 1934. — J. I. S. L. T. C. **20**, 450 (1936).
F.P. 781350 vom 17. 11. 1934. — C. 1936, I, 902.
2. **D.R.P. 638838**/Kl. 28a vom 21. 11. 1933. — C. 1937, I, 1626; Coll. 1936, 718.

I. G. Farbenindustrie A. G., Frankfurt a. M.

1. **Verfahren zur Herstellung von wasserlöslichen Phenolkondensationsprodukten.** Alkalilösliche, phenolische Hydroxylgruppen enthaltende höhermolekulare Stoffe, z. B. Kondensationsprodukte aus Phenolen mit Aldehyden, Schwefel, ungesättigten höhermolekularen Fettsäuren oder Kohlenwasserstoffen, oder andere harzartige Produkte werden mit Alkylenoxyden oder den entsprechenden Estern mehrwertiger Alkohole (Äthylen-, Propylen-, Butylenoxyd, Glycid, Alkylen- und Epihalogenhydrine) kondensiert; durch Sulfonieren werden die Produkte wasserlöslich gemacht und dienen u. a. als Gerbstoffe.

2. **Verfahren zur Herstellung von Leder.** Gerben mit den unter 1 beschriebenen Kondensationsprodukten für sich allein oder zusammen mit anderen synthetischen oder natürlichen Gerbstoffen.

Vgl. auch **D.R.P. 631017**, S. 694.

D.R.P. 643650/Kl. 39b vom 9. 12. 1933. — C. 1937, II, 480; Coll. 1937, 292.

I. G. Farbenindustrie A. G., Frankfurt a. M.

Verfahren zur Herstellung von Kondensationsprodukten aus Polyvinylalkoholen. Polyvinylalkohole werden mit aliphatischen oder aromatischen Aldehydsulfonsäuren in Gegenwart von Kondensationsmitteln umgesetzt; das Kondensationsprodukt ist eine zähe, wasserlösliche Gallerte, die u. a. als Gerbstoff dient.

E.P. 467998 vom 28. 12. 1935. — C. 1937, II, 2780; Coll. 1939, 107.
F.P. 814122 vom 27. 11. 1936. — C. 1937, II, 2780.

I. G. Farbenindustrie A. G., Frankfurt a. M.

Wasserlösliche Phenolaldehyd-Kondensationsprodukte. Kondensationsprodukte aus Phenolen und Aldehyden werden so schwach sulfoniert, daß die Produkte noch nicht wasserlöslich sind und erst durch weitere Behandlung mit Aldehyden wasserlöslich gemacht werden.

R.P. 54203 vom 22. 4. 1938. — C. 1939, I, 4712.

J. P. Berkman und *D. W. Tolkatschew*, USSR.

Synthetische Gerbmittel. Phenolformaldehydharze werden mit Schwefelsäure sulfoniert und das erhaltene Sulfonierungsprodukt mit einer weiteren Menge von Phenolformaldehydharzen bis zur Bildung eines löslichen Produkts gekocht. Hierauf kann nochmals mit Formaldehyd kondensiert werden.

Zu diesem Abschnitt vgl. weiter:

D.R.P. 354165, Abschn. VII, S. 715.
D.R.P. 403647, Abschn. VIII, 3, S. 724.

Ferner:

Künstliche Gerbstoffe, Abschn. III, 1, a, S. 690 ff.

3. Gerbstoffe aus Mineralölprodukten, Säureharzen, Naphtha usw.

1. **D.R.P. 262333**/Kl. 28a vom 31. 7. 1912. — C. 1913, II, 555; Coll. 1913, 229 u. 390.
2. **Zus.P. 333403**/Kl. 28a vom 12. 12. 1918. — C. 1921, II, 712; Coll. 1921, 156.

Hermann Renner und Dr. Willy Moeller, Hamburg.

Verfahren zur Herstellung eines Gerbmittels.

1. Die bei der Mineralölraffination mittels Schwefelsäure abfallenden Säureharze oder Säureteere werden durch Behandeln mit Alkali- oder Erdalkalihydroxyden, bzw. deren Carbonaten von freier Schwefelsäure befreit.

2. An Stelle der Hydroxyde oder Carbonate werden Sulfide, Polysulfide oder Sulfhydrate der Alkalien oder Erdalkalien verwendet.

Vgl. auch **E.P. 146181,** S. 735.

1. **D.R.P. 387890**/Kl. 12o vom 17. 2. 1914. — C. 1924, I, 2634; Coll. 1924, 67.

Dr. Willy Moeller, Hamburg.

E.P. 146166 vom 25. 6. 1920. — C. 1922, IV, 977.

Hermann Renner und *Dr. Willy Moeller*, Hamburg.

2. **D.R.P. 406780**/Kl. 12o vom 1. 3. 1914. — C. 1925, I, 1671; Coll. 1925, 209. (Zus.P. zu D.R.P. 387890.)

Dr. Willy Moeller, Hamburg.

E.P. 146180 vom 25. 6. 1920. — C. 1922, IV, 977. (Zus.P. zu E.P. 146166.)

Hermann Renner und *Dr. Willy Moeller*, Hamburg.

1. u. 2. **F.P. 515713** vom 18. 5. 1920.

Hermann Renner und *Dr. Willy Moeller*, Hamburg.

A.P. 1448278 vom 9. 2. 1915. — C. 1923, IV, 841.

The Chemical Foundation, Inc., Del., V. St. A.

Verfahren zur Herstellung von Kondensationsprodukten.

1. Ganz oder teilweise gereinigte Kohlenwasserstoffe gesättigten oder ungesättigten Charakters der aliphatischen oder alicyclischen Reihe werden bei gelinder Erwärmung

mit einem Überschuß von Schwefelsäure in Gegenwart eines Kondensationsmittels so lange behandelt, bis ein säureharzartiges Erzeugnis entsteht und dieses gegebenenfalls mit Alkali neutralisiert. Die erhaltenen Produkte können als Gerbstoffe für sich allein oder auch in Mischung mit vegetabilischen Gerbmitteln verwendet werden, denen dadurch eine erhöhte Löslichkeit verliehen wird.

2. Die Säureharze der Mineralölreinigung werden mit einer dem Schwefelsäureüberschuß entsprechenden Menge von Kohlenwasserstoffen bis zur vollkommenen Kondensation und Wasserlöslichkeit, gegebenenfalls unter Zusatz von Kondensationsmitteln, erhitzt.

A.P. 1399510 vom 14. 3. 1916. — C. 1923, II, 208.

The Chemical Foundation, Inc., Del., V. St. A.

E.P. 146167 vom 25. 6. 1920. — C. 1922, IV, 976.
Zus.P. 146182 vom 25. 6. 1920. — C. 1922, IV, 976.

Gerb- und Farbstoffwerke H. Renner & Co., A. G., Hamburg.

Verfahren zur Herstellung von Gerbmitteln. Die durch Neutralisation der bei der Mineralölreinigung mit Schwefelsäure abfallenden Säureharze mit Alkalien oder Erdalkalien oder durch Kondensation von cyclischen Kohlenwasserstoffen oder Phenolen und nachfolgende Sulfonierung erhältlichen, in Wasser löslichen synthetischen Gerbstoffe werden so lange mit Oxydationsmitteln (Sauerstoff, Ozon, Wasserstoffsuperoxyd, Kaliumpermanganat, Persalze, Chlor, Salpetersäure, Bichromate u. a.) behandelt, bis sie nur noch wenig löslich in Wasser sind, jedoch mit den in Wasser löslichen Ausgangsstoffen gemischt gelöst werden und keine Farbreaktion mit Eisensalzen mehr geben.

D.R.P. 403647/Kl. 12o vom 22. 2. 1921. — C. 1925, I, 1261.

Koholyt-Aktiengesellschaft, Berlin.

Herstellung wasserlöslicher Produkte aus Säureharzen. Das aus der Reinigungsschwefelsäure z. B. von der Benzolreinigung abgeschiedene Säureharz wird mit naszierendem Chlor behandelt. Die wässerige Lösung der Produkte findet zur Herstellung von Gerbstoffen Verwendung (vgl. S. 460).

D.R.P. 458338/Kl. 28a vom 9. 3. 1923. — C. 1928, I, 3023; Coll. 1928, 314.

Dr. Wladislaw Hildt und *Dr.-Ing. Roman Malachowski*, Warschau.

Verfahren zum Gerben tierischer Häute. Die bei der alkalischen Raffination der Erdöle abfallenden, Alkalisalze der sog. Naphthensäuren enthaltenden Rückstände werden neutralisiert, sulfoniert und für sich allein oder gemischt mit Säureharzen oder anderen Gerbstoffen zum Gerben verwendet.

1. **D.R.P. 420646**/Kl. 28a vom 12. 5. 1923. — C. 1926, I, 2278; Coll. 1926, 85.

Badische Anilin- & Soda-Fabrik, Ludwigshafen a. Rh.

2. **Zus.P. 441769**/Kl. 28a vom 15. 11. 1923. — C. 1927, I, 2964; Coll. 1927, 210.
A.P. 1678998 vom 27. 10. 1924. — J. A. L. C. A. **24**, 391 (1929).

I. G. Farbenindustrie A. G., Frankfurt a. M.

Verfahren zum Gerben tierischer Häute.

1. Behandeln der Blößen mit den aus rohem oder gereinigtem Mineralöl oder aus den durch Raffination des Mineralöls erhältlichen Fraktionen durch Einwirkung von stark konzentrierter Schwefelsäure entstehenden, in Wasser löslichen Produkten.

2. Vgl. S. 718.

Ö.P. 93253 vom 17. 5. 1923. — C. 1924, II, 1548.

„Schodnica“ Mineralölprodukte Verkaufsgesellschaft m. b. H. und *Bernhard Kohnstein*, Wien.

Herstellung von künstlichen Gerbstoffen. Die bei der Schwefelsäurebehandlung von Mineralölen entstehenden asphaltartigen Produkte werden mit Aldehyden oder Ketonen oder ähnlichen Stoffen in Gegenwart von Alkalien oder Erdalkalien, Ammoniak, Ammoniumverbindungen, Schwermetall- oder organischen Basen bei Temperaturen über 140^{0} und unter erhöhtem Druck so lange kondensiert, bis in Wasser lösliche Produkte erhalten werden.

Vgl. auch **Ö.P. 92473**, S. 735.

D.R.P. 504079/Kl. 28a vom 24. 6. 1926. — C. 1930, II, 2218; Coll. 1930, 435.

Joseph Bunimowics, Taganrog.

Verfahren zum Behandeln tierischer Häute mit Naphthensäuren, die durch Zerlegung von Naphthenseifen erhalten werden oder mit Naphthensäuren und Aldehyden (Formaldehyd) allein oder in Verbindung mit pflanzlichen Gerbstoffen.

D.R.P. 532893/Kl. 28a vom 20. 7. 1928. — C. 1931, II, 2688; Coll. 1931, 800.
R.P. 12234 vom 28. 6. 1927. — C. 1931, I, 3426; Coll. 1932, 461.
R.P. 9804 vom 27. 6. 1928. — C. 1931, I, 2428; Coll. 1932, 460.
A.P. 1806910.

Alexander M. Nastukoff, Moskau.

Verfahren zur Herstellung von Gerbstoffen. Die durch Einwirkung von Erdölen auf Formaldehyd oder Kohlenhydrate, wie Cellulose, Glucose usw., in schwefelsaurer Lösung erhaltenen Formolite bzw. Desoxyne werden mit Benzin ausgelaugt und einer Oxydation, beispielsweise mit Salpetersäure, gegebenenfalls unter erhöhtem Druck, unterworfen (vgl. S. 448).

A.P. 1830320 vom 31. 5. 1928. — C. 1932, I, 3531.

Eric T. Hessle, Lemont und *Edgar H. Woelfel*, Morris, V. St. A.

Herstellung von Gerbstoffen. Von niedrig siedenden Anteilen und Asphalt befreite Mineralöle mit einem Gehalt von 50% an ungesättigten Kohlenwasserstoffen werden sulfoniert, die nach Entfernung der überschüssigen Schwefelsäure zurückbleibende schwarze gummiartige Masse wird neutralisiert, von riechenden Bestandteilen befreit und kolloidal gelöst zum Gerben verwendet.

Pol.P. 11030 vom 6. 2. 1929. — C. 1931, I, 404.

Józef Klipper, Stefan Suknarowski und *Filip Chierer*, Polen.

Gerbstoffe aus den Abfällen der Säureraffination von Erdölprodukten, Bitumen, Teer, Braunkohle u. dgl. Die Ausgangsstoffe werden in mit Wasser mischbaren Lösungsmitteln (Alkohole, Ketone u. a.) bzw. in Gemischen dieser mit Bitumenlösungsmitteln (Benzol, Chloroform u. a.) gelöst, von freier Schwefelsäure sowie unveränderten Kohlenwasserstoffen befreit und die Lösungsmittel abdestilliert; in dem zurückbleibenden Gemisch von Gerbstoffen und Nichtgerbstoffen können durch Behandeln mit geeigneten Lösungsmitteln die Gerbstoffe angereichert werden (vgl. S. 460).

1. **D.R.P. 545968**/Kl. 12o vom 12. 9. 1929. — C. 1932, I, 2799.
2. **Zus.P. 546943**/Kl. 12o vom 20. 10. 1929. — C. 1932, II, 155.
3. **Zus.P. 557651**/Kl. 12o vom 24. 11. 1929. — C. 1932, II, 2914; Coll. 1932, 868.

Chemische Fabrik Pott & Co., Pirna-Copitz.

Verfahren zur Darstellung von Sulfonierungsprodukten aus den bei der Raffination von Mineralölen mittels flüssigen Schwefeldioxyds anfallenden Abfallölen.

1. Schrittweise Sulfonierung mittels Schwefelsäure von steigender Konzentration (vgl. S. 448).

2. Verfahren wie 1 in Gegenwart von Überträgern, wie z. B. organische bzw. anorganische hochkonzentrierte Säuren, deren Anhydride oder Chloride.

3. **Verfahren zur Herstellung von Gerbstoffen.** Die nach 1 und 2 gewonnenen Sulfonierungsprodukte werden mit Formaldehyd kondensiert. Die so hergestellten Produkte dienen in Wasser gelöst und mit Natriumhydroxyd neutralisiert als Gerbstoffe.

4. Gerbstoffe, die unter Mitverwendung von Sulfitcellulose-, anderen Zellstoffablaugen und sonstigem pflanzlichem Ausgangsmaterial mit Ausnahme der huminhaltigen und fossilen Stoffe hergestellt sind.

a) Sulfitcellulose und andere Zellstoffablaugen,

E.P. 24196/1914. — J.A.L.C.A. **11**, 322 (1916).

J. G. Byrom, Heaton, Chapel.

Gerbstoff. Sulfitablauge wird mit Hydroxylverbindungen aromatischer Kohlenwasserstoffe, z. B. Phenol, Kresol oder Teerölen, oder mit Aminoverbindungen (Anilin) oder mit Naphthalindisulfosäuren u. a. gegebenenfalls unter Zusatz von konz. Schwefelsäure erhitzt.

1. **D.R.P. 423096**/Kl. 28a vom 12. 3. 1922. — C. 1926, I, 3642; Coll. 1926, 135.
Firma Hugo Stinnes — Riebeck Montan- und Ölwerke A. G., Halle a. S.
2. **Zus.P. 448910**/Kl. 28a vom 21. 3. 1922. — C. 1927, II, 1923; Coll. 1927, 536.
3. **Zus.P. 454384**/Kl. 28a vom 8. 4. 1922. — C. 1928, I, 1132; Coll. 1928, 158.
4. **Zus.P. 448911**/Kl. 28a vom 3. 10. 1922. — C. 1927, II, 1923; Coll. 1927, 536.
5. **D.R.P. 456352**/Kl. 12o vom 28. 4. 1922. — C. 1928, I, 1829; Coll. 1928, 216.
A. Riebeck'sche Montanwerke A. G., Halle a. S.

Zu 1. **E.P. 194723** vom 12. 3. 1923. — C. 1926, I, 3643; Coll. 1927, 462.
Zu 5. **Zus.P. 220025** vom 27. 4. 1923. — C. 1926, I, 3643; Coll. 1927, 462.
Zu 1., 2., u. 4. **Ö.P. 105787** vom 10. 3. 1923. — C. 1928, I, 1351.
Zu 2., 3., 4. u. 5. **F.P. 564009** vom 17. 3. 1923. — C. 1926, I, 3643.
Zu 1. bis 5. **Schwz.P. 106559** vom 10. 3. 1923. — C. 1926, I, 3643.
Meilach Melamid, Freiburg i. Br.

Verfahren zum Gerben von tierischen Häuten.

1. Gerben mit den durch Veresterung von Sulfitcelluloseablauge mit aromatischen Sulfochloriden (p-Toluolsulfochlorid) erhältlichen Produkten, gegebenenfalls in Mischung mit anderen synthetischen oder natürlichen Gerbstoffen (vgl. S. 450).

2. Gerben mit Produkten, die durch Veresterung nur eines Teiles der Hydroxylgruppen der in der Sulfitcelluloseablauge enthaltenen Ligninsulfosäure mit aromatischen Sulfosäuren erhalten werden oder bei denen ein Teil der Hydroxylgruppen der Ligninsulfosäure mit aromatischen Sulfosäuren verestert, der andere Teil acetyliert ist.

3. Verfahren nach 1 oder 2 unter Verwendung vergorener an Stelle gewöhnlicher Sulfitcelluloseablauge.

4. Gerben mit Produkten, die durch Veresterung der aus der Sulfitcelluloseablauge abgeschiedenen Ligninsulfosäuren mit aromatischen Sulfosäuren erhalten werden.

5. Zweckmäßig aus Stroh durch Kochen mit Natronlauge und anschließend mit Natriumbisulfit unter Druck hergestelltes Lignin wird mit Toluolsulfochlorid verestert und das entstehende Produkt sulfoniert.

D.R.P. 459617/Kl. 28a vom 5. 4. 1923. — C. 1928, I, 2023; Coll. 1928, 504.
Hein & Co., Freiburg, Schweiz.

Verfahren zum Gerben tierischer Häute. Gerben mit Produkten, die erhalten werden durch Chlorierung von Sulfitcelluloseablauge oder Ligninsulfosäure und nachfolgende Veresterung der in diesen Stoffen enthaltenen freien Hydroxylgruppen durch aromatische Sulfosäuren (vgl. S. 450).

D.R.P. 500006/Kl. 28a vom 15. 6. 1923. — C. 1930, II, 1327; Coll. 1930, 543.
Richard Roll, Berlin.

Verfahren zur Herstellung eines Gerbmittels. Sulfitablauge wird in Gegenwart von Alkali mit Formaldehyd unter Erwärmen behandelt. Es entstehen wasserlösliche Kondensationsprodukte.

1. **D.R.P. 423095**/Kl. 28a vom 11. 3. 1924. — C. 1926, II, 136; Coll. 1926, 135.
Aktien-Gesellschaft für Anilin-Fabrikation, Berlin-Treptow.
2. **D.R.P. 480898**/Kl. 28a vom 1. 1. 1925. — C. 1930, I, 2034; Coll. 1929, 654.
(Zus.P. zu D.R.P. 419224; vgl. Die Gerbung mit Celluloseextrakten, S. 743).
I. G. Farbenindustrie A. G., Hans Wesche und *Karl Brodersen*, Frankfurt a. M.
3. **D.R.P. 459700**/Kl. 12q vom 9. 4. 1925. — C. 1929, I, 3160; Coll. 1929, 217.
I. G. Farbenindustrie A. G., Frankfurt a. M.

Verfahren zur Herstellung von festen, nicht zerfließlichen Produkten aus Sulfitcelluloseablauge.

1. Die Ablauge wird zusammen mit nichthygroskopischen Sulfosäuren, insbesondere solchen von Pechen und Harzen, eingedampft.

2. Anstatt der nach D.R.P. 419224 durchgeführten Alkalibehandlung werden die die Hygroskopizität bedingenden Bestandteile durch Kondensation mit organischen Verbindungen, wie Phenolen, Aminen, aromatischen Sulfosäuren oder Aldehyden, in nichthygroskopische Produkte übergeführt; die Kondensation erfolgt in Gegenwart geringer Säuremengen oder ohne diese, zweckmäßig unter Vermeidung der Bildung in Wasser unlöslicher Reaktionsprodukte.

3. Auf die in der Lauge enthaltenen Ligninsulfosäuren läßt man einerseits Phenole der Benzolreihe, aromatische Amine oder Harnstoff und andererseits Aldehyde, mit Ausnahme des Acetaldehyds, oder Ketone mit oder ohne Kondensationsmittel einwirken.

D. R. P. 472680/Kl. 12q vom 12. 2. 1925. — C. 1929, I, 3166; Coll. 1929, 358.

Dr. Vittorio Casaburi und *Dr. Enrico Simoncini*, Neapel.

Verfahren zur Darstellung gerbend wirkender Kondensationsprodukte aus Natronzellstoffablauge sowie deren Metallsalzen. Die Ablauge wird mit aromatischen Sulfosäuren, Oxysulfosäuren oder Aminoxysulfosäuren, gegebenenfalls in Gegenwart von Formaldehyd oder dessen Äquivalenten, behandelt und gegebenenfalls die so erhaltenen Kondensationsprodukte mit den Hydroxyden von Metallen, z. B. Chrom oder Aluminium, zu Salzen vereinigt (vgl. S. 450, 460, 463 und 514).

D. R. P. 479162/Kl. 12q vom 4. 3. 1925. — C. 1929, II, 1499; Coll. 1929, 598.

Dr. Leopold Pollak, Aussig a. d. E., Tschechoslowakei.

Verfahren zur Herstellung von gerbend wirkenden Kondensationsprodukten aus den Sulfitablaugen der Celluloseindustrie. Sulfitablauge, bzw. die darin enthaltenen Ligninderivate und Kohlenhydrate werden mit Oxyderivaten oder Sulfosäuren cyclischer oder kondensierter Kerne mittels geeigneter Kondensationsmittel, wie Schwefelsäure, Salzsäure, Chlorsulfonsäure, Chlorschwefel u. a., mit oder ohne Verwendung katalytisch wirkender Stoffe in Gegenwart von möglichst wenig oder in Abwesenheit von Wasser so kondensiert, daß im wesentlichen kein freies Oxyderivat mehr vorhanden ist. Gegebenenfalls werden die so erhaltenen Produkte noch mit Zinkstaub, Aluminiumstaub, Magnesiumpulver, Eisenpulver oder diesen Metallen in gröberer Form behandelt (vgl. S. 450).

D. R. P. 441770/Kl. 28a vom 4. 4. 1925. — C. 1927, I, 2964; Coll. 1927, 211.

I. G. Farbenindustrie A. G., Frankfurt a. M.

Verfahren zur Darstellung von Gerbmitteln aus Sulfitcelluloseablauge. Die zweckmäßig eingedickte oder zur Trockne eingedampfte Ablauge wird in alkalischer Lösung unter derart milden Bedingungen mit Schwefel kondensiert, daß nur oder vorwiegend wasserlösliche Produkte entstehen (vgl. S. 450).

D. R. P. 466440/Kl. 12o vom 11. 7. 1925. — C. 1929, I, 3166; Coll. 1929, 159.

I. G. Farbenindustrie A. G., Frankfurt a. M.

Verfahren zur Darstellung gerbender Stoffe. Sulfitcelluloseablauge wird in Gegenwart von Schwefelsäure mit aromatischen Kohlenwasserstoffen, Carbazol oder deren Sulfosäuren ohne oder mit geringen Mengen Wasser so kondensiert, daß praktisch kein aromatischer Kohlenwasserstoff und keine Sulfosäure eines solchen mehr vorhanden ist (vgl. S. 450).

D. R. P. 578421/Kl. 28a vom 8. 7. 1928. — C. 1933, II, 1125; Coll. 1933, 504.

Oskar Franke, Mülheim/Ruhr.

Verfahren zur Herstellung eines Gerbstoffes aus Sulfitcelluloseablauge. Die Ablauge wird, gegebenenfalls nach Vorbehandlung mit Natriumbisulfit, bei gewöhnlicher Temperatur zunächst mit Formaldehyd, dann mit Natriumsuperoxyd und gegebenenfalls noch mit Schwefelsäure behandelt.

Belg. P. 376885 vom 28. 1. 1931. — C. 1935, I, 1490; Coll. 1937, 245.

Plantation et Traitement Chimique du Bois, Antwerpen.

Synthetischer Gerbstoff. Ligninsulfosäure wird mit dem Natriumsalz der β-Naphthalinsulfosäure unter ständiger Zugabe von Formaldehyd oder Acetaldehyd umgesetzt.

1. **D. R. P. 675775**/Kl. 12q vom 23. 8. 1934. — Coll. 1939, 354.
E. P. 443967 vom 4. 9. 1934. — C. 1936, II, 1104; Coll. 1938, 91.
A. P. 2045049 vom 7. 8. 1935.
It. P. 336744 vom 21. 8. 1935. — C. 1937, I, 5096; Coll. 1939, 116.
Norw. P. 56975.

2. D.R.P. 676854/Kl. 12q vom 13. 9. 1934.
E.P. 444591 vom 22. 9. 1934. — J.I.S.L.T.C. **20**, 448 (1936).
3. E.P. 465803 vom 12. 11. 1935. — J.A.L.C.A. **33**, 240 (1938).
(Zus.P. zu E.P. 444591.)
2. u. 3. A.P. 2144297 vom 10. 9. 1935. — J.A.L.C.A. **34**, 233 (1939).
1. bis 3. F.P. 794078 vom 21. 8. 1935. — C. 1936, I, 4387; Coll. 1937, 311.
4. E.P. 483560 vom 16. 10. 1936. — C. 1938, II, 1716.
(Zus.P. zu E.P. 444591.)

I. G. Farbenindustrie A. G., Frankfurt a. M.

Herstellung gerbend wirkender Kondensationsprodukte.

1. Ligninsulfosäure, insbesondere Sulfitablauge, wird mit in alkalischer Lösung hergestellten Kondensationsprodukten aus Dioxydiphenylsulfonen und aliphatischen Aldehyden umgesetzt.

2. Umsetzung von Sulfitablauge mit harzartigen Kondensationsprodukten aus aromatischen Oxyverbindungen und Schwefel und/oder Schwefelchlorür; die so erhaltenen Umsetzungsprodukte können noch mit kernverbindenden Mitteln, z. B. Formaldehyd oder Formaldehyd abgebenden Stoffen, behandelt werden (vgl. S. 440).

3. An Stelle der unter 2 genannten, mittels Schwefel und/oder Schwefelchlorür erhaltenen Kondensationsprodukte werden solche mit Sulfitablauge umgesetzt, die hergestellt werden durch unter verhältnismäßig milden Bedingungen durchgeführte Kondensation von unsulfonierten aromatischen Oxyverbindungen und organischen kernverbindenden Mitteln, wie Formaldehyd, Acetaldehyd, Aceton, Glyoxal u. a.

4. Umsetzung von Sulfitablauge mit Kondensationsprodukten aus einbasischen aromatischen Oxyverbindungen und einem Kohlenhydrat mit mindestens 5 Kohlenstoffatomen in saurer Lösung.

D.R.P. 671663/Kl. 12q vom 22. 9. 1934. — C. 1939, I, 3300; Coll. 1939, 202.

I. G. Farbenindustrie A. G., Frankfurt a. M.

Verfahren zur Herstellung wasserlöslicher Kondensationsprodukte. Sulfitcelluloseablauge wird mit Aminen oder Harnstoff und außerdem mit organischen Sulfonsäuren, die einen aromatischen Rest enthalten, oder ihren Kondensationsprodukten mit niedrigmolekularen Aldehyden oder Ketonen in alkalischem Medium mit Formaldehyd kondensiert.

Schwed.P. 88823 vom 18. 10. 1935. — C. 1937, II, 713.

I. G. Farbenindustrie A. G., Frankfurt a. M.

Wasserlösliche Kondensationsprodukte mit Gerbwirkung. Sulfitcelluloseablauge wird mit Phenolen der Benzolreihe, organischen Sulfonsäuren und niedrigmolekularen Aldehyden oder Ketonen behandelt.

E.P. 481572 vom 14. 9. 1936. — C. 1938, II, 639.
F.P. 825803 vom 20. 8. 1937.
A.P. 2148893 vom 13. 8. 1937. — J.A.L.C.A. **34**, 424 (1939).

I. G. Farbenindustrie A. G., Frankfurt a. M.

Verfahren zur Darstellung gerbend wirkender Produkte. Ligninsulfosäure bzw. ihre Salze, insbesondere Sulfitcelluloseablauge, werden mit aromatischen Oxyverbindungen und Aldehyden bei p_H über 9 so lange kondensiert, bis alle aromatische Oxyverbindung verbraucht ist, doch nicht so lange, daß sich unlösliche Verbindungen bilden.

A.P. 2122124 vom 22. 1. 1937. — C. 1938, II, 2221.

I. G. Farbenindustrie A. G., Frankfurt a. M.

Wasserlösliche Kondensationsprodukte. Ligninsulfosäure (Sulfitablauge) und aromatische Hydroxylverbindungen, wie Phenole, halogenierte und substituierte Phenole, werden in alkalischem Medium mit Aldehyden oder Ketonen, wie Formaldehyd, Aceton, Fruchtzucker, Benzaldehyd usw., in Gegenwart von Natriumbisulfit kondensiert; die Produkte dienen als Gerbmittel.

Vgl. auch **F.P. 832222** und **E.P. 471968**, S. 697.

E.P. 491817 vom 20. 4. 1937. — C. 1938, II, 4349.
F.P. 823565 vom 25. 6. 1937.
Schwz.P. 201011 vom 15. 6. 1937.

Zus.P. 204454 bis **204458** vom 15. 6. 1937.
It.P. 352136 vom 28. 6. 1937. — C. 1938, I, 3293.
I. G. Farbenindustrie A. G., Frankfurt a. M.

Verfahren zur Herstellung synthetischer Gerbstoffe. Die durch Nachbehandlung von Phenol-Formaldehyd-Sulfonsäuren mit Phenolen und Formaldehyd, gegebenenfalls auch noch mit Harnstoff und Formaldehyd hergestellten Gerbstoffe (vgl. E.P. 478280, S. 695), werden während einer beliebigen Phase der Herstellung noch mit Sulfitcelluloseablauge umgesetzt.

A.P. 2161288 vom 27. 9. 1937.
I. G. Farbenindustrie A. G., Frankfurt a. M.

Gerbstoffe. In Lösungen von Ligninsulfosäure, bzw. deren Salzen (Sulfitcelluloseablauge) werden Kondensationsprodukte aus Phenolen oder Naphtholen und Kohlehydraten (Glucose, Rohrzucker, Stärke, Cellulose, Holz, Stroh) dispergiert und die Produkte anschließend gegebenenfalls mit Aldehyden (Formaldehyd) kondensiert.

F.P. 837816 vom 11. 5. 1938.
E.P. 496898 vom 10. 6. 1938. — C. 1939, I, 3300.
I. G. Farbenindustrie A. G., Frankfurt a. M.

Herstellung synthetischer Gerbstoffe. Kondensation von Ligninsulfosäureprodukten (Sulfitcelluloseablauge) mit darin löslichen oder dispergierbaren Kondensationsprodukten aus aromatischen Oxyverbindungen und kernverbindenden Mitteln (Formaldehyd, Chloraceton), indem in einem beliebigen Stadium des Prozesses ein wesentlicher Teil der schwefeligen Säure aus der Ligninsulfonsäureverbindung durch Behandlung mit wässerigem Alkali bei erhöhter Temperatur und gegebenenfalls erhöhtem Druck abgespalten wird, ohne daß unlösliche Produkte entstehen.

Zu diesem Abschnitt vgl. weiter:
D.R.P. 406110, Abschn. VII, S. 715.
E.P. 171729, Abschn. VIII, 2, b, S. 721.
D.R.P. 317462, Abschn. VIII, 4, b, S. 729.
D.R.P. 335869, Abschn. VIII, 4, b, S. 729.
D.R.P. 414270, Abschn. VIII, 5, S. 732.

b) Sonstige pflanzliche Ausgangsmaterialien.

D.R.P. 99341 vom 7. 7. 1896. — C. 1898, II, 1229.
Fred Elisha Burlingame, Central Falls, R. I., V. St. A.

Gerbverfahren. Gerben mit einer Lösung, welche die flüssigen Produkte der trockenen Destillation des Holzes oder holziger Körper und Kochsalz enthält.

D.R.P. 336895/Kl. 28a vom 6. 2. 1916. — C. 1921, IV, 307; Coll. 1921, 296.
Holzverkohlungs-Industrie A. G., Konstanz i. B.

Verfahren zum Gerben tierischer Häute. Teer, insbesondere Buchenholzteer, wird mit wässerigen Alkalien behandelt, die Lösung zur schwach alkalischen bis schwach sauren Reaktion abgestumpft und mit Formaldehyd versetzt. Die Häute werden entweder mit dieser Lösung gegerbt oder Teerauszug und Formaldehydlösung werden nacheinander auf die Haut einwirken gelassen (vgl. S. 460).

1. **D.R.P. 322387**/Kl. 28a vom 4. 3. 1916. — C. 1920, IV, 451; Coll. 1920, 293.
Ö.P. 88639 vom 2. 11. 1916. — C. 1923, II, 1266.
Holl.P. 5679 vom 2. 1. 1919. — C. 1921, IV, 163.
2. **D.R.P. 317462**/Kl. 28a vom 31. 10. 1916. — C. 1920, II, 352.
Ö.P. 88644 vom 28. 11. 1916. — C. 1923, II, 1266.
3. **D.R.P. 335869**/Kl. 28a vom 13. 7. 1917. — C. 1921, IV, 163; Coll. 1921, 257.
(Zus.P. zu D.R.P. 322387.)
Carl Graf, Köln-Rodenkirchen.

1. u. 3. **A.P. 1376805** vom 11. 3. 1916. — C. 1921, IV, 308.
The Chemical Foundation Inc., Del., V. St. A.

Verfahren zur Herstellung eines Gerbstoffersatzes.
1. Pflanzenteer (Buchenholzteer) wird mit einer wässerigen Lösung von Salzen der schwefligen Säure bei gewöhnlicher oder erhöhter Temperatur ausgelaugt, wobei

die Phenole nicht gelöst werden. Durch Zusatz von Aluminium-, Chrom-, Kupfersalzen u. a. kann der Gerbextrakt noch verbessert werden.

2. Pflanzenteer wird mit Wasser ausgelaugt und der so erhaltenen Brühe Sulfitcelluloseablauge beliebiger Konzentration und gegebenenfalls Glaubersalz, Bittersalz oder Kochsalz zugesetzt.

3. Pflanzenteer wird mit Sulfitablauge ausgelaugt und die Brühe gegebenenfalls mit Glaubersalz, Bittersalz und Kochsalz versetzt.

D. R. P. 519267/Kl. 28a vom 10. 2. 1919. — C. 1931, II, 2101; Coll. 1931, 404.
F. P. 689624 vom 8. 2. 1930. — C. 1931, I, 386.
Dr. Oskar A. Müller, Zürich.

Verfahren zur Herstellung von Gerbstoff. Holz und andere ligninhaltige Materialien (z. B. Fichtenholz, Hackschnitzel) werden chloriert und die Chlorierungsprodukte in Gegenwart einer starken Mineralsäure mit einem mit Wasser mischbaren Lösungsmittel extrahiert. Aus der vom Chlorlignin und dem Lösungsmittel befreiten Gerbstofflösung wird der Gerbstoff durch Extraktion, z. B. mit Essigester, oder durch Fällungsmittel (Calciumhydroxyd, Bleiacetat) isoliert.

A. P. 1538504 vom 26. 6. 1919. — C. 1925, II, 792.
Frederick C. Atkinson, Indianopolis, Ind., V. St. A.

Verfahren zum Gerben tierischer Häute. Die bei der trockenen Destillation von cellulosehaltigen Abfallstoffen (Maiskolben, Baumwollsamen, Hafer- und Reishülsen, Eichen- und Buchenholz) erhältliche saure Flüssigkeit wird von öligen Bestandteilen befreit, so daß sie neben Essigsäure im wesentlichen noch gerbende Verbindungen, wie Depside und Brenzcatechinderivate, enthält. Um eine zu starke Schwellung bei der Gerbung zu verhindern, wird die Brühe mit größeren Mengen gesättigter Kochsalzlösung (ca. 30%) versetzt.

D. R. P. 365287/Kl. 12q vom 21. 9. 1920. — C. 1923, II, 933.
Dr. Ludwig Kalb und *Dr. Victor Schoeller*, München.

Verfahren zur Überführung von Lignin und Ligninrückstand der Holzverzuckerung in lösliche Form. Holzverzuckerungsrückstände oder Holz, z. B. Fichtenholzsägemehl, werden mit Phenol oder seinen Homologen erhitzt, bei Verwendung von Holz in Gegenwart starker Säuren oder solche entwickelnder Mittel, wobei im letzteren Fall Temperatur und Säuremenge so gewählt werden müssen, daß nur das Lignin, nicht aber die Cellulose, die in reiner Form als Nebenprodukt gewonnen wird, mit den Phenolen in Reaktion tritt. Die Produkte dienen u. a. zur Herstellung von Gerbstoffen.

R. P. 23539 vom 3. 8. 1929. — C. 1932, II, 1263; Coll. 1933, 175.
F. N. Blistanow, USSR.

Verfahren zur Herstellung von Gerbstoffen. Holzmehl, Rinde, Stroh, Torf oder dgl. werden in der Wärme mit 25 bis 40% Salzsäure oder Schwefelsäure in Gegenwart von Kochsalz oder Natriumsulfat evtl. unter gleichzeitigem Zusatz von Schwefel und Phenol oder Naphthalin behandelt, filtriert und die Säure mit Soda abgestumpft.

D. R. P. 638823/Kl. 12q vom 14. 4. 1935. — Coll. 1937, 637.
A. P. 2092622 vom 23. 7. 1936. — C. 1937, II, 3998; Coll. 1939, 101.
I. G. Farbenindustrie A. G., Frankfurt a. M.

Verfahren zur Herstellung von künstlichen Gerbstoffen. Cellulose-, lignin- oder huminhaltige Stoffe (Holz, Rinde, Stroh, Rückstände von der Holz- oder Torfverzuckerung, Torf, Braunkohle u. a.) werden in Gegenwart oder Abwesenheit von Lösungs- oder Verdünnungsmitteln und unter Zusatz von Kondensationsmitteln mit Oxyarylverbindungen (Phenol, Kresole, Salicylsäure u. a.) umgesetzt und die erhaltenen Produkte durch Einführung von Sulfonsäuremethylgruppen wasserlöslich gemacht.

D. R. P. 682591/Kl. 12o vom 4. 10. 1935.
A. P. 2130550 vom 28. 12. 1936. — C. 1939, I, 1307.
I. G. Farbenindustrie A. G., Frankfurt a. M.

Künstlicher Gerbstoff. Chlorlignin (erhalten durch Einwirkung von Chlor auf Holz, Rinde, Rückstände der Holzverzuckerung u. a.) wird, gegebenenfalls in Gegenwart von niederen aliphatischen Aldehyden (Formaldehyd), mit in Wasser löslichen Salzen der schwefeligen Säure behandelt.

5. Gerbstoffe aus Huminstoffen (Kohle, Torf usw.).

1. **D.R.P. 37022**/Kl. 28 vom 14. 11. 1885.
2. **Zus.P. 40378**/Kl. 28 vom 10. 11. 1886.

P. F. Reinsch, Erlangen.

Verfahren zur Gerbung und Färbung von Leder.

1. Gerben mit einem durch Kochen von Stein- oder Braunkohle mit Alkalilösung erhaltenen und neutralisierten Extrakt (vgl. S. 432).

2. Vgl. Die Kombinationsgerbung, S. 762.

D.R.P. 200539/Kl. 28a vom 22. 9. 1904. — C. 1908, II, 554.

E. E. M. Payne, Aylesbury, W. H. Staynes, John H. Smith und *Walter H. Sturges*, Leicester, England.

Verfahren des Gerbens mit einem Extrakt aus Torf. Gerben der Häute mit einem in bekannter Weise durch Behandeln von Torf mit wässerigen Alkalien erhaltenen, von den festen Bestandteilen befreiten und neutralisierten Extrakt und Nachbehandeln der Häute mit Säuren. Ein fester Gerbextrakt läßt sich durch Ausfällen mit überschüssiger Säure aus der alkalischen Lösung gewinnen, der dann zum Gerben in Natriumacetatlösung gelöst wird (vgl. S. 431).

D.R.P. 407727/Kl. 28a vom 15. 7. 1920. — C. 1925, I, 1669; Coll. 1925, 212.
E.P. 212144 vom 18. 4. 1923. — C. 1924, II, 1652.
A.P. 1498403 vom 5. 5. 1923. — C. 1924, II, 1652.

Badische Anilin- & Soda-Fabrik, Ludwigshafen a. Rh.

Verfahren zur Darstellung gerbender Stoffe. Man läßt Stickoxyde auf Braunkohle in Gegenwart von Wasser und bei An- oder Abwesenheit von Katalysatoren einwirken.

D.R.P. 441432/Kl. 12o vom 14. 9. 1920. — C. 1927, I, 2151.

I. G. Farbenindustrie A. G., Frankfurt a. M.

Verfahren zur Darstellung organischer Säuren. Bitumenfreie oder bitumenhaltige fossile Materialien pflanzlicher Herkunft oder daraus abgeschiedene Bitumina, soweit sie nicht Kohlenwasserstoffe sind, werden mit Luft oder Sauerstoff in Gegenwart von Salpetersäure oxydiert. Die Produkte finden in der Gerberei Verwendung (vgl. S. 464).

D.R.P. 378213/Kl. 12o vom 15. 3. 1921. — C. 1924, I, 1132.

Farbwerke vorm. Meister Lucius & Brüning, Höchst a. M.

Herstellung von organischen Säuren. Fossile oder rezente Stoffe pflanzlicher Herkunft (Stein-, Braunkohle, Torf) werden mit Salpetersäure in Konzentrationen zwischen 30 und 70% und in Mengen von mindestens ebensoviel absoluter Salpetersäure, als das verwendete Material Trockensubstanz enthält, bei 80° behandelt; die beiden Komponenten werden portionsweise oder kontinuierlich im Laufe längerer Zeit zusammengegeben. Die Produkte finden u. a. in der Gerberei Verwendung.

1. **D.R.P. 405799**/Kl. 28a vom 3. 5. 1921. — C. 1925, I, 2137; Coll. 1925, 40.
2. **Zus.P. 406364**/Kl. 12o vom 19. 8. 1921. — C. 1925, I, 2138; Coll. 1925, 45.
3. **Zus.P. 410878**/Kl. 28a vom 27. 5. 1921. — C. 1925, I, 2752; Coll. 1925, 328.

Farbwerke vorm. Meister Lucius & Brüning, Höchst a. M.

Verfahren zur Herstellung von Gerbmitteln.

1. Die durch Einwirkung von Salpetersäure auf Braunkohle, Torf und ähnliche Stoffe erhaltenen Produkte werden durch säureabstumpfende Mittel (Alkali-, Erdalkalihydroxyde oder -carbonate, Ammoniak, Ammoniumcarbonat, Alkalibisulfit, organische Basen, auch Chrom-, Eisen-, Aluminiumhydroxyde) teilweise entsäuert (vgl. S. 464).

2. Braunkohle, Torf und ähnliche Materialien werden mit Chromaten oder Chromsäure unter gleichzeitiger Anwendung von anorganischen oder organischen Säuren behandelt, insbesondere mit den bei der Oxydation von Braunkohle usw. mit Salpetersäure entstehenden Säuren (vgl. S. 461).

3. Die Einwirkungsprodukte von Salpetersäure auf Braunkohle, Torf u. a. werden ohne vorherige Abtrennung der wasserunlöslichen Bestandteile bis zur Lösung der

letzteren mit Alkali behandelt und die Lösung dann wieder angesäuert; oder es werden die wasserunlöslichen Bestandteile nach Abtrennung in Alkali gelöst und dem wasserlöslichen Produkt wieder zugefügt, gegebenenfalls unter Zusatz von fettenden, füllenden, aufhellenden oder auch gelatinefällenden Mitteln.

D.R.P. 406204/Kl. 12o vom 16. 7. 1921. — C. 1925, I, 2138; Coll. 1925, 44.
Farbwerke vorm. Meister Lucius & Brüning, Höchst a. M.

Verfahren zur Herstellung gerbend wirkender Oxydationsprodukte von fossilem Material, insbesondere von Braunkohle mit Hilfe von Salpetersäure, nitrosen Gasen oder sonstigen Oxydationsmitteln, wobei nur solche fossilen Materialien verwendet werden, deren Eisengehalt unter 1% liegt (vgl. S. 461).

D.R.P. 388629/Kl. 28a vom 17. 7. 1921. — C. 1924, II, 789; Coll. 1924, 71.
Farbwerke vorm. Meister Lucius & Brüning, Höchst a. M.

Verfahren zur Herstellung von Gerbmitteln. Die bei der Oxydation von rezenten oder fossilen Stoffen pflanzlicher Herkunft entstehenden, in Wasser unlöslichen, in Alkalien löslichen Bestandteile läßt man den in Wasser löslichen gerbenden Produkten aus denselben Stoffen einverleibt oder verleibt sie ihnen ein; man erhält so dickliche, klare, kolloidale Sirupe, aus denen die unlöslichen Stoffe beim Verdünnen nicht oder nur teilweise, und zwar in so feiner Form ausfallen, daß sie in die Haut eindringen können.

D.R.P. 420645/Kl. 28a vom 4. 12. 1921. — C. 1926, I, 2278; Coll. 1926, 84.
Badische Anilin- & Soda-Fabrik, Ludwigshafen a. Rh.

Verfahren zum Gerben tierischer Häute. Behandeln der Blößen mit Lösungen von wasserlöslichen Einwirkungsprodukten von Salpetersäure auf Humussäure oder solche in reichlicher Menge enthaltenden Stoffen, z. B. von Bitumen und Eisen befreite Humuskohle, für sich allein oder in Gegenwart anderer Gerbstoffe oder sonstiger Zusätze (vgl. S. 461).

D.R.P. 414270/Kl. 28a vom 18. 5. 1922. — C. 1925, II, 508; Coll. 1925, 427.
Farbwerke vorm. Meister Lucius & Brüning, Höchst a. M.

Verfahren zur Herstellung von Gerbmitteln. Die durch Einwirkung von Salpetersäure auf Braunkohle erhältlichen Abbauprodukte werden mit ligninsulfosauren Salzen bzw. Sulfitcelluloseablauge vermischt oder zur Umsetzung gebracht.

D.R.P. 443339/Kl. 12o vom 29. 3. 1923. — C. 1927, II, 744.
Oscar Löw Beer, Frankfurt a. M.

Herstellung wasserlöslicher Huminsäurederivate. Huminsäuren oder ihre Alkalisalze werden in Gegenwart oder Abwesenheit von Aldehyden unter gewöhnlichem oder erhöhtem Druck mit Schwefeldioxyd, neutralen oder sauren Sulfiten und gegebenenfalls mit Chlor oder Chlor entwickelnden Mitteln behandelt; die erhaltenen Produkte sind Gerbstoffe (vgl. S. 461).

D.R.P. 478272/Kl. 12o vom 17. 6. 1923. — C. 1929, II, 1498.
F.P. 648140 vom 3. 2. 1928. — C. 1929, I, 2238.
Michael Melamid, Berlin-Zehlendorf.

Verfahren zur Herstellung von Sulfonsäuren. Humussäure oder humussäurehaltige Stoffe werden vor der Sulfonierung mit wasserhaltiger Schwefelsäure oder Salzsäure erhitzt; es entsteht eine in Wasser lösliche Substanz, die sich verestern oder chlorieren läßt und als Gerbstoff verwendet wird (vgl. S. 461).

1. **D.R.P. 420647**/Kl. 28a vom 5. 2. 1924. — C. 1926, I, 2279; Coll. 1926, 86.
Badische Anilin- & Soda-Fabrik, Ludwigshafen a. Rh.
2. **Zus.P. 433163**/Kl. 28a vom 26. 8. 1924. — C. 1926, II, 2652; Coll. 1926, 522.
I. G. Farbenindustrie A. G., Frankfurt a. M.

Gerbmittel.

1. Gemische der aus fossilen Stoffen pflanzlicher Herkunft, wie Steinkohle, Braunkohle, Torf, durch Behandeln mit oxydierenden Mitteln, wie Salpetersäure oder nitrose Gase, erhältlichen Produkte mit den Formaldehydkondensationsprodukten von Naphthalinsulfosäuren oder deren Salzen.

2. An Stelle der fossilen pflanzlichen Stoffe können verkohlte, rezente pflanzliche Stoffe, wie Holzkohle, an Stelle der genannten Kondensationsprodukte andere synthetische Gerbstoffe mit einer oder mehreren Sulfogruppen im Molekül oder deren Salze verwendet werden.

D.R.P. 420593/Kl. 28a vom 8. 2. 1924. — C. 1926, I, 2279; Coll. 1926, 83.
Badische Anilin- & Soda-Fabrik, Ludwigshafen a. Rh.
Verfahren zur Darstellung gerbender Stoffe durch Behandeln kohliger Stoffe fossilen oder rezenten Ursprungs (Braunkohle, Holzkohle) mit verdünnter Salpetersäure, gegebenenfalls Filtrieren und anschließend Behandeln mit Salpetersäure steigender Konzentration.

D.R.P. 429179/Kl. 28a vom 12. 2. 1924. — C. 1926, II, 1230; Coll. 1926, 326.
I. G. Farbenindustrie A. G., Frankfurt a. M.
Verfahren zur Herstellung von Gerbmitteln. Aus den durch Einwirkung von Salpetersäure, nitrosen Gasen oder sonstigen Oxydationsmitteln erhältlichen Oxydationsprodukten fossiler Stoffe pflanzlicher Herkunft wird das Eisen sowie dunkel färbende Bestandteile organischer Natur durch geeignete Fällungsmittel (Alkali, Phosphate) entfernt; die so behandelten Gerbmittel ergeben ein helleres Leder (vgl. S. 461).

1. **D.R.P. 420648**/Kl. 28a vom 14. 5. 1924. — C. 1926, I, 2279; Coll. 1926, 87.
Badische Anilin- & Soda-Fabrik, Ludwigshafen a. Rh.
2. **Zus.P. 432687**/Kl. 28a vom 18. 9. 1924. — C. 1926, II, 1720; Coll. 1926, 450.
I. G. Farbenindustrie A. G., Frankfurt a. M.
Verfahren zum Gerben tierischer Häute.
1. Gerben der Blößen gleichzeitig oder nacheinander mit Lösungen der durch Behandlung von fossilen Stoffen pflanzlicher Herkunft, wie Braunkohle, Torf oder Steinkohle, mit Oxydationsmitteln (Salpetersäure, nitrose Gase) erhältlichen Gerbmitteln und Quebrachoextrakt oder anderen Brenzcatechingerbstoffen; dadurch wird die dunkle Lederfarbe, wie sie bei Verwendung der erwähnten Oxydationsprodukte allein oder in Verbindung mit gewissen pflanzlichen Gerbstoffen erzielt wird, vermieden.
2. Werden an Stelle der fossilen Stoffe pflanzlicher Herkunft nichtfossile verkohlte pflanzliche Stoffe, z. B. Holzkohle, verwendet, so kann man die auf die beschriebene Weise aus ihnen gewonnenen Oxydationsprodukte mit beliebigen pflanzlichen Gerbstoffen kombinieren.

D.R.P. 486830/Kl. 12o vom 25. 6. 1924. — C. 1930, II, 1028; Coll. 1930, 36.
Aktiengesellschaft für Chemiewerte, Mainz.
Verfahren zur Herstellung gerbend wirkender Oxydationsprodukte von rezenten (?) Stoffen pflanzlicher Herkunft, wie Steinkohle, Braunkohle, Torf u. dgl., durch Oxydation mit Salpetersäure in Gegenwart eines saugfähigen Stoffs, wie Kieselgur, Fullererde, Knochenkohle u. dgl.

D.R.P. 433162/Kl. 28a vom 29. 6. 1924. — C. 1926, II, 2652; Coll. 1926, 521.
I. G. Farbenindustrie A. G., Frankfurt a. M.
Verfahren zur Herstellung gerbender Stoffe aus fossilen und rezenten Stoffen pflanzlicher Herkunft (Steinkohle, Braunkohle, Torf u. a.) und Oxydationsmitteln, insbesondere Salpetersäure oder nitrose Gase, wobei die kohlehaltigen Rohstoffe vor der Oxydation von ihrem Eisengehalt durch Behandlung mit verdünnten Säuren und Filtrieren ganz oder weitgehend befreit werden (vgl. S. 461).

1. **D.R.P. 438199**/Kl. 28a vom 24. 7. 1924. — C. 1927, I, 1402; Coll. 1927, 109.
2. **D.R.P. 438200**/Kl. 28a vom 7. 9. 1924. — C. 1927, I, 1402; Coll. 1927, 109.
1. u. 2. **F.P. 601062** vom 21. 7. 1925. — C. 1927, I, 1402.
A.P. 1583801 vom 24. 8. 1925. — C. 1927, I, 1402.
I. G. Farbenindustrie A. G., Frankfurt a. M.
Verfahren zur Darstellung von Gerbmitteln.
1. Einwirkung von Salpetersäure oder Stickoxyden auf Holzkohle, deren Sauerstoffgehalt, bezogen auf wasser- und aschefreie Holzkohle, 9% oder mehr beträgt (vgl. S. 461).
2. Die Einwirkungsprodukte von Oxydationsmitteln (Salpetersäure, nitrose Gase) auf verkohlte pflanzliche Stoffe (Holzkohle) werden bis zur schwach sauren Reaktion

abgestumpft und gegebenenfalls vor oder nach der Entsäuerung mit synthetischen oder vegetabilischen Gerbstoffen vermischt.

D.R.P. 453435/Kl. 28a vom 13. 2. 1926. — C. 1928, I, 2480; Coll. 1928, 108.
Dr. Heinrich Rheinboldt und *Heinrich Breuer*, Bonn a. Rh.

Verfahren zum Gerben tierischer Häute. Die Blößen werden entweder gleichzeitig oder nacheinander mit eiweißfällenden Stoffen (Quecksilber-, Kupfer-, Chromsalze, Formaldehyd, Phenole, Essigsäure, natürliche und synthetische Gerbstoffe u. a.) und schwach alkalischen oder neutralen, wässerigen Lösungen natürlicher oder synthetischer Humusstoffe behandelt und diese durch Nachbehandeln mit Säuren oder Salzen in der Hautfaser fixiert.

1. **D.R.P. 530048**/Kl. 12o vom 4. 2. 1927. — Coll. 1931, 660.
E.P. 284670 vom 2. 2. 1928. — C. 1931, I, 880.
Pol.P. 9892 vom 3. 2. 1928. — C. 1930, I, 1255.
2. **D.R.P. 531800**/Kl. 12o vom 3. 6. 1928. — Coll. 1931, 665.
(Zus.P. zu D.R.P. 530048.)
E.P. 323781 vom 10. 10. 1928. — C. 1930, I, 2834; Coll. 1931, 273.
3. **D.R.P. 547743**/Kl. 28a vom 22. 2. 1929. — Coll. 1932, 632.
E.P. 332204 vom 15. 4. 1929. — C. 1931, II, 1239; Coll. 1932, 456.
4. **D.R.P. 547744**/Kl. 28a vom 23. 10. 1929. — Coll. 1932, 634.
E.P. 344015 vom 26. 11. 1929. — C. 1931, I, 3425; Coll. 1932, 287.
5. **E.P. 332270** vom 15. 4. 1929. — C. 1931, II, 1240; Coll. 1932, 456.
I. G. Farbenindustrie A. G., Frankfurt a. M.

Verfahren zur Herstellung von Gerbmitteln.

1. Die z. B. mit Hilfe von Alkalisulfiten oder auf andere Weise aufgeschlossene Braunkohle oder ähnliche Stoffe werden mit Chlor behandelt in Gegenwart von so viel Alkali, daß das Medium längere Zeit neutral oder schwach alkalisch bleibt und erst zum Schluß sauer wird.

2. Während der Chlorierung wird die Lösung durch Alkalizusatz dauernd schwach sauer (lackmussauer) gehalten und erst zum Schluß durch weiteres Einleiten von Chlor oder durch Säurezugabe stärker sauer (kongosauer) eingestellt (vgl. S. 451).

3. Die nach 1 und 2 erhältlichen getrockneten Produkte werden mit organischen Lösungsmitteln (Aceton oder niedrige aliphatische Alkohole oder Gemische derselben) extrahiert und die erhaltenen Lösungen verdampft oder durch Salze schwacher Säuren, durch Basen oder durch organische Lösungsmittel, in denen die Produkte unlöslich sind, gefällt.

4. Die nach 1 und 2 hergestellten Produkte werden nach vollständiger oder nahezu vollständiger Entwässerung (z. B. durch Behandlung mit Luft bei Temperaturen unter 100° C) bei den gleichen Temperaturen mit Wasser oder verdünnten Säuren ausgelaugt; dadurch werden die Gerbmittel von überflüssigen Neutralsalzen befreit (vgl. S. 451).

5. Die nach 1 bis 3 hergestellten Produkte werden mit den Kondensationsprodukten aus Resorcin oder Pyrogallol und Formaldehyd, Acetaldehyd oder Benzaldehyd (vgl. E.P. 331216, S. 716) zweckmäßig im Verhältnis 8 : 1 gemischt.

F.P. 648140 vom 3. 2. 1928. — C. 1929, I, 2238.
Michael Melamid, Deutschland.

Verfahren zur Herstellung von sulfonierten Huminsäuren. Huminsäuren werden zuerst mit 66%iger Schwefelsäure bei 180° C und anschließend mit rauchender Schwefelsäure bei 110° C behandelt. Die nach dem Entfernen der überschüssigen Schwefelsäure eingedampfte Lösung ist als Gerbmittel verwendbar.

A.P. 1908916 vom 18. 2. 1930. — C. 1933, II, 815; Coll. 1934, 31.
I. G. Farbenindustrie A. G., Frankfurt a. M.

Gerbverfahren. Wasserlösliche, gelatinefällende saure Derivate von Huminsäuren, z. B. Braunkohlengerbstoffe, werden mit weniglöslichen Kondensationsprodukten aus Dioxy- und Oxybenzolen, die eine Hydroxylgruppe in Parastellung aufweisen, mit aliphatischen und aromatischen Aldehyden bei niederer Temperatur verknetet. Die entstehende feste Masse ergibt in Wasser gelöst einen Gerbstoff, der für sich allein oder in Verbindung, z. B. mit Quebrachogerbstoff, verwendet werden kann.

Zu diesem Abschnitt vgl. weiter:

F.P. 544253, Abschn. V, 1, S. 710.
D.R.P. 638823, Abschn. VIII, 4, b, S. 730.

IX. Chrom, Aluminium, Eisen oder andere mineralische Stoffe enthaltende künstliche Gerbstoffe.

1.	**D.R.P.**	**382905**/Kl. 12q	vom 2. 9. 1916.	— C. 1924, I, 2661; Coll. 1923, 355.
	E.P.	**156254**	vom 4. 1. 1921.	— C. 1921, II, 833.
2.	**D.R.P.**	**386469**/Kl. 12q	vom 21. 9. 1916.	— C. 1924, I, 2661; Coll. 1924, 33.
	(Zus.P. zu D.R.P. 382905.)			
	E.P.	**156669/70**	vom 6. 1. 1921.	— C. 1921, II, 833.
3.	**D.R.P.**	**386470**/Kl. 12q	vom 26. 10. 1916.	— C. 1924, I, 2661; Coll. 1924, 34.
	(Zus.P. zu D.R.P. 382905.)			
	E.P.	**156749**	vom 7. 1. 1921.	— C. 1922, IV, 813.
	Schwz.P.	**93294**	vom 24. 1. 1921.	— C. 1922, IV, 813.
4.	**E.P.**	**157851**	vom 10. 1. 1921.	— C. 1921, IV, 162.
1. bis 4.	**F.P.**	**527928**	vom 6. 12. 1920.	— C. 1922, IV, 813.
	Ö.P.	**99903**	vom 18. 4. 1918.	— C. 1926, I, 290.
	Schwz.P.	**91878**	vom 24. 1. 1921.	— C. 1922, IV, 813.
	A.P.	**1526354**	vom 30. 3. 1921.	— C. 1925, I, 2751.

Chemische Fabriken Worms A. G., Worms a. Rh. (bzw. *Chemische Fabriken und Asphaltwerke A. G.*, Griesheim a. M.).

Verfahren zur Herstellung von Metallsalzen synthetischer Gerbstoffe.

1. Wasserlösliche, synthetische Gerbstoffe, die aus aromatischen oder aliphatischen Verbindungen durch Verkettung und Sulfonierung erhalten sind und freie Sulfogruppen im Molekül enthalten, werden, gegebenenfalls nach Abstumpfen der freien Schwefelsäure mit Hydroxyden oder Carbonaten der Alkali- oder Erdalkalimetalle, mit Aluminium- oder 3wertigen Chromverbindungen zu Salzen umgesetzt (vgl. S. 463 und 464).

Vgl. auch **A.P. 1421701** vom 2. 8. 1918. — C. 1922, IV, 779.

The Chemical Foundation, Inc., V. St. A.

2. An Stelle der Aluminium- oder Chromsalze werden Salze der Erdalkalien (Magnesium), seltenen Erden oder anderer schwerer Metalle (Fe) hergestellt (vgl. S. 463).

3. Die unter 1 genannten Metallsalze synthetischer Gerbstoffe werden durch Zusatz von Soda in basische Schwermetallsalze überführt (vgl. S. 463).

4. **Gerbverfahren.** Verwendung der nach 1 und 2 hergestellten Produkte für sich allein oder im Gemisch mit anderen Gerbstoffen zum Gerben.

Schwz.P. 83882.

Durand und Huguenin, Basel.

Verfahren zur Herstellung eines Gerbmittels. 2,6-Naphtholsulfosäure und 2,6,8-Naphthylaminsulfosäure werden in hinlänglicher Verdünnung in Gegenwart von wenig Schwefelsäure bei 60 bis 70° kondensiert und die erhaltenen Kondensationsprodukte mindestens teilweise mit einem Hydroxyd eines Metalls, dessen Salze gerbende Eigenschaften besitzen (Cr, Al, Fe usw.), neutralisiert.

E.P. 155887 vom 16. 9. 1919. — C. 1921, II, 680.

C. F. L. Barber und P. R. Parker, Otley, Yorkshire.

Verfahren zur Herstellung von Gerbmitteln. Synthetische Gerbstoffe (Kondensationsprodukte von Phenolsulfosäuren und Formaldehyd) werden mit Chromsäure oder Bichromat und Säure behandelt. Im Chromzweibadverfahren werden die Blößen mit Bichromat vorbehandelt und anschließend mit konzentrierten Lösungen eines synthetischen Gerbstoffs ausgegerbt.

Ö.P. 92473 vom 17. 9. 1919. — C. 1924, II, 1547.

„Schodnica" Mineralölprodukte Verkaufsges. m. b. H. und *Bernhard Kohnstein*, Wien.

Herstellung eines gebrauchsfertigen, kombinierten Chromextrakts. Der bei der Raffination von Mineralölen mit rauchender Schwefelsäure entstehende Säureteer wird mit Alkalibichromaten in etwa der 4fachen Menge Wasser erhitzt.

E.P. 146181 vom 25. 6. 1920. — C. 1922, IV, 976.

Gerb- und Farbstoffwerke H. Renner & Co., A. G., Hamburg.

Verfahren zur Herstellung von Gerbmitteln. Die bei der Reinigung von Mineralölen anfallenden, Schwefelsäure enthaltenden Säureharze werden mit Wasser verdünnt und zur Neutralisation mit Hydroxyden oder Carbonaten des Chroms, Aluminiums oder Eisens versetzt.

Vgl. auch **E.P. 146167**, S. 724.

1. **D.R.P. 416277**/Kl. 12o vom 27. 11. 1920. — C. 1925, II, 1918; Coll. 1925, 483.
2. **Zus.P. 427999**/Kl. 12o vom 27. 11. 1920. — C. 1926, II, 1226; Coll. 1926, 281.

Aktiengesellschaft für Anilinfabrikation, Berlin-Treptow.

Verfahren zur Herstellung gerbender Stoffe.

1. Die bei der gleichzeitigen oder aufeinanderfolgenden Einwirkung von aliphatischen Aldehyden und Bisulfit (bei An- oder Abwesenheit von neutralen Sulfiten) auf aromatische Nitrokohlenwasserstoffe (Nitrobenzol) erhaltenen Produkte werden in die Chrom- oder Aluminiumsalze überführt (vgl. S. 437).

2. Bei Anwendung von Nitronaphthalinen können die Chrom- oder Aluminiumverbindungen ohne Mitverwendung von Aldehyden gewonnen werden (vgl. S. 463).

E.P. 173757 vom 30. 12. 1921. — C. 1922, II, 835.
F.P. 545423.

Gerb- und Farbstoffwerke H. Renner & Co., A. G., Hamburg.

Verfahren zur Herstellung von Gerbmitteln und von Beizen. Cumaronharze werden sulfoniert und die entstandenen Sulfosäuren mit Salzen, Oxyden, Hydroxyden oder Carbonaten des Fe, Cr oder Al behandelt.

D.R.P.	**515664**/Kl. 28a	vom 17. 8. 1926. — C. 1931, I, 1558; Coll. 1931, 34.
A.P.	**1706325**	vom 8. 8. 1927. — C. 1930, I, 2834; Coll. 1931, 321.
E.P.	**276014**	vom 12. 8. 1927. — C. 1930, I, 2834.
F.P.	**639097**	vom 5. 8. 1927. — C. 1930, I, 2834.
Schwz.P.	**130434**	vom 13. 8. 1927. — C. 1930, I, 2834.

J. R. Geigy A. G., Basel.

Verfahren zur Darstellung mineralsäurefreier, synthetischer Gerbstoffe. Neutrale, wasserlösliche Salze synthetischer Gerbstoffe, die aus aromatischen Oxysulfonsäuren und Formaldehyd bereitet sind, werden mit kieselfluorwasserstoffsauren Salzen vermischt und zum Gerben verwendet (vgl. S. 463 und 513).

Vgl. auch **D.R.P. 514240**, Die Kombinationsgerbung, S. 766.

R.P. 12219 vom 6. 4. 1927. — C. 1931, I, 3426; Coll. 1932, 461.

J. P. Berkmann und *A. J. Kiprianow*, USSR.

Verfahren zum Gerben von Häuten mit synthetischen Gerbstoffen. Es werden sulfonierte aromatische Kohlenwasserstoffe verwendet, denen Natriumchromat zugesetzt ist.

D.R.P.	**647823**/Kl. 28a	vom 13. 1. 1935. — Coll. 1937, 476.
A.P.	**2119173**	vom 23. 12. 1935. — J. A. L. C. A. **33**, 492 (1938).
E.P.	**465674**	vom 4. 1. 1936. — J. A. L. C. A. **33**, 188, (1938).
F.P.	**800356**	vom 4. 1. 1936. — C. 1936, II, 3872; Coll. 1938, 95.
Schwz.P.	**185426**	vom 21. 12. 1935.

J. R. Geigy, A. G., Basel.

Verfahren zur Herstellung von Gerbstoffmischungen. An sich bekannte synthetische Gerbstoffe werden mit anorganischen Kolloiden, wie Kieselsäure, Zinnsäure oder deren Salze, oder schwer löslichen, kolloiden Metallsalzen (Cr, Fe, Al) umgesetzt. Der Zusatz der mineralischen Bestandteile kann gegebenenfalls während der Herstellung der synthetischen Gerbstoffe erfolgen (vgl. S. 456).

Zu diesem Abschnitt vgl. weiter:

D.R.P. 417972,	Abschn. III, 1, b,	S. 696.
Holl.P. 6000 ff.,	Abschn. III, 2,	S. 697.
D.R.P. 562502 ff.,	Abschn. IV, 4,	S. 709.
D.R.P. 587496 ff.,	Abschn. VI,	S. 713.
F.P. 841847,	Abschn. VI,	S. 714.
Ö.P. 93253,	Abschn. VIII, 3,	S. 724.
D.R.P. 472680,	Abschn. VIII, 4, a,	S. 727.
D.R.P. 322387,	Abschn. VIII, 4, b,	S. 729.
D.R.P. 405799 ff.,	Abschn. VIII, 5,	S. 731.
D.R.P. 566671,	Die Gerbung mit Aluminiumsalzen,	S. 662.

Ferner: Die Kombinationsgerbung, S. 752 ff., insbesondere Abschn. III, 3.

X. Löseextrakte.

1. **D.R.P. 284119**/Kl. 28a vom 17. 10. 1912. — C. 1915, I, 1389; Coll. 1915, 268.
F.P. 461746.
Ö.P. 68796. — Gerber 1917, 316.
E.P. 24982. — J.A.L.C.A. 9, 202 (1914).
Vgl. auch **A.P. 1133108.** — J.A.L.C.A. **10**, 442 (1915).
2. **D.R.P. 299857**/Kl. 28a vom 6. 7. 1913. — C. 1917, II, 512.
(Zus.P. zu D.R.P. 284119.)
E.P. 18259. — J.A.L.C.A. **10**, 203 (1915).
3. **D.R.P. 299988**/Kl. 28a vom 30. 1. 1914. — C. 1917, II, 513.
(Zus.P. zu D.R.P. 284119.)
F.P. 23009 vom 27. 4. 1920. — C. 1921, IV, 1356.
(Zus.P. zu F.P. 461746.)
E.P. 144657 vom 8. 6. 1920. — C. 1922, II, 169.
4. **D.R.P. 393697**/Kl. 28a vom 15. 1. 1921. — C. 1924, II, 1424; Coll. 1924, 231.
(Zus.P. zu D.R.P. 284119.)
5. **D.R.P. 437054**/Kl. 28a vom 1. 2. 1920. — C. 1927, I, 553; Coll. 1927, 57.

Badische Anilin- & Soda-Fabrik, Ludwigshafen a. Rh.

Verfahren zur Herstellung von in kaltem Wasser leicht löslichen Gerbstoffpräparaten aus Gerbstoffextrakten, welche unlösliche bzw. schwer lösliche Bestandteile enthalten.

1. Die eingedickten Gerbextrakte bzw. deren unlösliche oder schwer lösliche Bestandteile oder die zwecks Herstellung der Extrakte einzudickenden dünnen Gerbstoffbrühen werden mit solchen wasserlöslichen Verbindungen behandelt, die durch Kondensation von aromatischen Oxyverbindungen, z. B. Phenolen, oder deren Sulfosäuren mit Formaldehyd oder Formaldehyd entwickelnden oder wie dieser reagierenden Stoffen erhalten werden und die außer der Hydroxylgruppe noch eine oder mehrere salzbildende saure Gruppen im Molekül enthalten; man kann auch die durch Kondensation von Phenolsulfosäuren oder deren Homologen für sich erhältlichen Produkte, wie sie z. B. nach den D.R.P. 260379 (vgl. S. 704) und 265415 (vgl. S. 704) dargestellt werden, verwenden (vgl. S. 478).

2. An Stelle der unter 1 genannten Stoffe werden andere synthetische, gerbende Eigenschaften besitzende Verbindungen verwendet, insbesondere diejenigen, deren Verwendung als Gerbstoffe in den D.R.P. 281484 (vgl. S. 691) und 290965 (vgl. S. 687) beansprucht ist, wobei die in D.R.P. 292531 (vgl. S. 737) beschriebenen Produkte ausgenommen sein sollen (vgl. S. 478).

3. Die Gerbmaterialien (Hölzer, Rinden) werden unmittelbar, oder nach vorheriger Extraktion mit anderen extrahierenden Mitteln, mit den Lösungen der unter 1 und 2 genannten Stoffe extrahiert (vgl. S. 478).

4. An Stelle der unter 1 und 2 genannten Stoffe, die sämtlich gerbende Eigenschaften besitzen, werden die Sulfosäuren oder sulfosauren Salze von im Kern durch die Propyl- oder Isopropylgruppe substituierten aromatischen Kohlenwasserstoffen, insbesondere des Naphthalins bzw. anderer mehrkerniger Kohlenwasserstoffe, verwendet, von denen gerbende Eigenschaften nicht bekannt sind (vgl. S. 459 und 478).

5. Verwendung wasserlöslicher organischer Sulfo- oder Carbonsäuren von kristallinischem Charakter, die Leim- oder Gelatinelösung zu fällen vermögen, insbesondere auch Sulfosäuren von nichtsubstituierten, mindestens tricyclischen, aromatischen Kohlenwasserstoffen, z. B. Anthracen, Phenanthren, Fluoren u. a. oder des Carbazols, deren Gemischen oder Rohprodukten; z. B. können die im D.R.P. 306341 (vgl. S. 700) als Gerbstoffe beschriebenen Sulfosäuren verwendet werden (vgl. S. 478).

1. **D.R.P. 292531**/Kl. 12o vom 23. 2. 1913. — C. 1916, II, 207.
Ö.P. 70369 vom 16. 8. 1913. — Gerber 1918, 40 u. 1920, 18.
2. **D.R.P. 318948**/Kl. 12o vom 23. 1. 1915. — C. 1920, IV, 16; Coll. 1920, 173.
(Zus.P. zu D.R.P. 292531.)

Badische Anilin- & Soda-Fabrik, Ludwigshafen a. Rh.

Verfahren zur Darstellung wasserlöslicher Kondensationsprodukte.

1. Naphthalinsulfosäuren oder deren Homologen werden in An- oder Abwesenheit von kondensierend wirkenden Mitteln unter solchen Bedingungen mit Formaldehyd bzw. Formaldehyd entwickelnden Stoffen kondensiert, daß im wesentlichen wasserlösliche Verbindungen erhalten werden; man kann auch die durch Kondensation von Naphthalin oder seinen Homologen mit Formaldehyd erhältlichen wasser-

unlöslichen Körper sulfonieren. Die Produkte vermögen die schwer löslichen Bestandteile natürlicher Gerbstoffe zu lösen (vgl. S. 478 und 512).

2. Bei der Kondensation von Formaldehyd bzw. von Formaldehyd entwickelnden Mitteln mit Sulfosäuren des Naphthalins oder seiner Homologen wird ein Teil dieser Sulfosäuren durch Naphthalin oder seine Homologen oder deren in Wasser schwer bzw. unlöslichen Kondensationsprodukte ersetzt; die entstehenden Körper werden gegebenenfalls noch nachträglich mit sulfonierenden Mitteln behandelt (vgl. S. 478).

D.R.P. 381414/Kl. 28a vom 30. 12. 1913. — C. 1923, IV, 904; Coll. 1923, 301.
E.P. 144677 vom 9. 6. 1920. — C. 1922, II, 169.

Franz Haßler, Hamburg-Volksdorf.

Ö.P. 92956 vom 14. 4. 1920. — C. 1923, IV, 691.
Holl.P. 6681 vom 23. 4. 1920. — C. 1922, II, 971.
Schwz.P. 87972 vom 1. 6. 1920. — C. 1921, IV, 308.

Badische Anilin- & Soda-Fabrik, Ludwigshafen a. Rh.

A.P. 1513995 vom 9. 7. 1920. — C. 1925, I, 2138.

Röhm & Haas Co., Philadelphia, Pa., V. St. A.

Verfahren, um schwer oder nicht lösliche Gerbstoffe in kaltem Wasser leicht löslich zu machen. Den Gerbextrakten oder Gerbbrühen werden die durch Erhitzen der Sulfosäuren aromatischer Kohlenwasserstoffe erhaltenen Kondensationsprodukte oder deren Salze zugesetzt (vgl. S. 478).

D.R.P. 392387/Kl. 28a vom 11. 2. 1914. — C. 1924, I, 2660; Coll. 1924, 184.

Willy Moeller, Hamburg.

E.P. 146165 vom 25. 6. 1920. — C. 1921, IV, 1049.

Hermann Renner und *Willy Moeller*, Hamburg.

Verfahren zur Überführung der schwer löslichen Bestandteile von vegetabilischen Gerbstoffen in eine in Wasser leicht lösliche Form. Vegetabilische Gerbextrakte, z. B. Quebracho- oder Mangroveextrakt, werden mit den Säureharzen, die bei der Mineral- oder Teerölreinigung entstehen, sowie solchen, die durch Kondensation von sulfonierten natürlichen Kohlenwasserstoffen, wie Asphalt, Erdwachs, Ceresin oder Paraffin, hergestellt werden, behandelt; neben der Lösung der schwer löslichen Bestandteile wird auch Aufhellung der Gerbextrakte bewirkt (vgl. S. 479).

Vgl. **D.R.P. 262333** und **387890ff.**, S. 723.

Ö.P. 78395 vom 13. 8. 1915.

Gerb- und Farbstoffwerke H. Renner & Co., A. G., Hamburg.

Gerbstoffe, Verfahren zur Herstellung derselben und Verfahren zum Gerben. In Wasser schwer lösliche natürliche Gerbextrakte (z. B. Quebracho) und synthetische Gerbstoffe (z. B. harzartige Kondensationsprodukte aus Phenolen, Aldehyden und Kohlenwasserstoffen, natürliche Harze, Wachse, Asphalte und andere) werden durch Zusatz wasserlöslicher Dispersionsmittel in kolloidale Lösung gebracht; als Dispersionsmittel dienen die freien Phenole oder deren Sulfosäuren sowie wasserlösliche Kondensationsprodukte aus Phenol und Formaldehyd und Kohlenwasserstoffen bzw. deren Sulfosäuren. Als unlösliche Gerbstoffe werden ferner noch sulfonierte und kondensierte Derivate von Kohlenwasserstoffen und Phenolen aller Art verwendet, die durch Oxydation in ihrer gerbenden Wirkung verbessert wurden

D.R.P. 426842/Kl. 28a vom 27. 7. 1923. — C. 1926, II, 1228; Coll. 1926, 279.

Gerb- und Farbstoffwerke H. Renner & Co., A. G., Hamburg.

Verfahren zur Herstellung von in kaltem Wasser leicht löslichen Gerbstoffauszügen. Die Gerbstoffrohextrakte werden mit Sulfosäuren oder deren Salzen, und zwar mit einem Bruchteil der bisher üblichen Menge, im Autoklaven so lange über 100° erhitzt, bis eine Probe im kalten Wasser löslich ist; die Behandlung mit sulfosauren Salzen kann auch in zwei Stufen zerlegt werden, indem man zuerst die Basen und darnach die Sulfosäuren einwirken läßt oder umgekehrt (vgl. S. 479).

Vgl. hierzu auch **E.P. 213493** vom 27. 7. 1923. — C. 1925, II, 1918.
Can.P. 240595 vom 27. 8. 1923. — C. 1925, II, 1918.
F.P. 567814 vom 25. 6. 1923. — C. 1925, II, 1918.

Zu diesem Abschnitt vgl. weiter:

F.P. 573416, Abschn. II, 1, S. 688.
D.R.P. 306341, Abschn. IV, 1, S. 700.
D.R.P. 349727, Abschn. IV, 1, S. 700.
D.R.P. 399063, Abschn. IV, 4, S. 706.
F.P. 573417, Abschn. V, 2, S. 712.
D.R.P. 387890ff., Abschn. VIII, 3, S. 723.

E.P. 200262 vom 27. 4. 1922. — C. 1926, II, 1917.

Willy Moeller, Hamburg.

Verfahren zum Neutralisieren von Gerbstoffen und von vegetabilisch, mineralisch oder mit synthetischen Gerbstoffen gegerbten Häuten. Die in den Gerbstoffen (vegetabilische Gerbstoffe, wie Quebracho u. a., synthetische Gerbstoffe, wie sulfonierte Phenol-Formaldehydkondensationsprodukte, Kondensationsprodukte aus Säureharzen u. a.) oder im Leder enthaltenen Säuren, insbesondere Schwefelsäure, werden durch Zusatz von organischen Basen (Anilin, Pyridin, Naphthylamin, Chinolin), Aminosäuren (Glykokoll, Asparagin, Hydrolysate von Proteinen, wie Haut- und Lederabfälle), Ammoniak oder neutralen Ammoniumsalzen neutralisiert.

Die Gerbung mit Celluloseextrakten.

I. Aufarbeitung der Zellstoffablaugen zu Gerbextrakten.

1. Behandlung mit Basen, Säuren oder nichtgerbenden Salzen.

D.R.P. 4178/Kl. 28a vom 23. 1. 1878.
Zus. P. 4179/Kl. 28a vom 23. 1. 1878.

Alexander Mitscherlich, Münden.

Behandlung von Holz zur Gewinnung von Gerbsäure, Cellulose, Gummi, Essigsäure usw. Eichenholz wird mit Calciumbisulfitlösung gekocht und die Eichengerbstoffe und ligninsulfosaure Salze enthaltende Ablauge, gegebenenfalls nach Konzentration und Ansäuern mit Schwefelsäure, zum Gerben verwendet (vgl. S. 522).

D.R.P. 67889/Kl. 55b/1891.

V. B. Drewsen.

Aufbereitung von Sulfitstoff-Kochlauge. Die Ablauge wird mit Kalk oder anderen Erdalkalihydroxyden im geschlossenen Behälter auf Temperaturen über 100° C erhitzt (vgl. S. 523).

D.R.P. 74030/Kl. 12/1893.

J. Novák.

Aufbereiten von Sulfitcelluloselaugen. Versetzen mit Kalk im Überschuß, Saturieren mit Kohlensäure und Entfernen des Niederschlags (vgl. S. 523).

D.R.P. 132224/Kl. 28a vom 29. 6. 1901. — C. 1902, II, 174.
Ö.P. 7325/1901.
Zus.P. 31862/1906 vom 25. 8. 1906. — Gerber 1919, 223.

Max Hönig, Brünn.

Verfahren zur Gewinnung von Gerbstoffextrakten aus Sulfitcelluloselaugen. Durch Zusatz von Zinkstaub zur Sulfitcelluloselauge und nachfolgendes Ansäuern mit Schwefelsäure, Phosphorsäure oder Oxalsäure wird hydroschweflige Säure gebildet, welche die Lauge entfärbt. Die von Gips befreite Lauge wird sodann im Vakuum eingeengt (vgl. S. 522).

1. **D.R.P. 195643**/Kl. 28a vom 17. 8. 1904. — C. 1908, I, 1232; Coll. 1909, 43.
2. **Zus.P. 211348**/Kl. 28a vom 9. 5. 1905. — C. 1909, II, 400.

Wilhelm Heinrich Philippi, Offenbach a. M.-Bürgel.

Verwendung von Sulfitcelluloseablauge zum Gerben.

1. Die Ablauge wird mit Soda behandelt und dient für sich allein oder durch Zusatz von Alaun verbessert, als Gerbmittel.

2. Durch Zusatz von Salzsäure oder Kochsalz + Schwefelsäure während oder nach der Gerbung wird die dunkle Farbe der mit der unter 1 beschriebenen Lauge gegerbten Leder, die durch bei der Gerbung freiwerdendes Alkali bedingt ist, aufgehellt.

1. **D.R.P. 183415**/Kl. 28a vom 11. 5. 1905. — C. 1907, II, 960.
2. **Zus.P. 194872**/Kl. 28a vom 1. 8. 1906. — C. 1908, I, 1118.

Alexander Kumpfmiller, Hemer, Westf.

Verfahren zur Reinigung von Sulfitablauge.

1. Die Ablauge wird ohne Zusatz eines basischen Salzes durch Erhitzen von der schwefligen Säure befreit, wobei das Calciummonosulfit ausfällt, worauf der Rest von gebundenem Kalk durch Zusatz einer ein unlösliches Kalksalz bildenden Säure, z. B. Oxalsäure, entfernt wird (vgl. S. 524).

2. Statt Oxalsäure wird Milchsäure verwendet, deren Kalksalze zwar löslich, aber für den Verwendungszweck der Sulfitablauge als Gerb- und Füllmittel unschädlich sind (vgl. S. 524).

1. **Ö.P. 43742** vom 19. 4. 1909. — Gerber 1919, 235 und 1910, 125.
2. **D.R.P. 281453**/Kl. 28a vom 24. 2. 1912. — C. 1915, I, 236.
Ö.P. 57729 vom 21. 2. 1912. — Gerber 1919, 235 und 1920, 3. (Zus. P. zu Ö. P. 43742).

Dr. Max Hönig, Brünn.

Verfahren zur Herstellung von Gerbextrakt aus Sulfitcelluloseablauge.

1. Die Ablaugen werden mit einer unlösliche Kalksalze bildenden Säure (Schwefelsäure) oder mit Salzen derartiger Säuren in solchen Mengen versetzt, die zum Freimachen eines Teiles der Ligninsulfonsäure und zur Umsetzung ihrer restlichen Kalksalze in andere leicht lösliche Salze erforderlich erscheint, worauf das erhaltene Produkt gegebenenfalls über ein mit Eisen unlösliche Verbindungen lieferndes Gerbmaterial filtriert wird (vgl. S. 525).

2. Der Ablauge wird so viel einer mit Kalk unlösliche Salze bildenden Säure (Schwefelsäure, Oxalsäure) zugesetzt, daß die Gesamtmenge der in der Ablauge enthaltenen Ligninsulfosäure und der flüchtigen Säuren freigemacht und der gesamte an diese Säuren gebundene Kalk ausgefällt wird.

D.R.P. 236035/Kl. 22i vom 8. 12. 1909. — C. 1911, II, 246.

Albert Stutzer, Königsberg.

Verfahren, um aus der Ablauge von Sulfitcellulosefabriken die schweflige Säure zu beseitigen. Die heiße Ablauge wird bis zur alkalischen Reaktion mit Ammoniak oder Ammoniumcarbonat versetzt, nach einiger Zeit filtriert oder in anderer Weise geklärt, durch Eindampfen konzentriert, nochmals filtriert und weiter eingedunstet (vgl. S. 523).

D.R.P. 246658/Kl. 8k vom 1. 1. 1911. — C. 1912, I, 1741.

Albert Stutzer, Königsberg.

Verfahren, um aus der Ablauge von Sulfitcellulosefabriken einen Teil der Farbstoffe zu entfernen. Durch Zusatz von Erdalkalicarbonaten zur Ablauge werden zunächst die starken Säuren abgesättigt, der entstandene Niederschlag abfiltriert und zu dem noch sauer reagierenden, im wesentlichen schweflige Säure enthaltenden Filtrat geringe Mengen Phosphorsäure zugesetzt; hierauf wird die Flüssigkeit durch Eindampfen konzentriert, von dem ausgeschiedenen Farbstoff getrennt und nach weiterem Eindampfen durch Zusatz von Calciumcarbonat von dem etwa vorhandenen Rest der Phosphorsäure befreit (vgl. S. 523).

A.P. 1043303. — J.A.L.C.A. 8, 58 (1913).
Walter H. Dickerson, Muskegon, Mich., V. St. A.

Behandlung von Sulfitablauge zum Gerben. Der auf 25° Bé konzentrierten Ablauge werden bis 25% ihres Gewichtes Kochsalz zugesetzt, worauf sie gelatiniert, aber nach 24- bis 48stündigem Stehen wieder flüssig wird und eine helle Farbe annimmt, die sie für die Herstellung heller Leder geeignet macht.

D.R.P. 313150/Kl. 28a vom 31. 1. 1913. — C. 1919, IV, 516; Coll. 1919, 218.
E.P. 11509/1915.
Jacob Shotwell Robeson, Pennington, N. Y., V. St. A.

Verfahren zur Herstellung einer freie Lignosulfosäure neben lignosulfosauren Salzen enthaltenden Gerbflüssigkeit aus Sulfitzellstoffablauge. Die durch Neutralisation mit Kalk von den Schwefligsäureverbindungen befreite und konzentrierte Ablauge wird mit so viel Schwefelsäure und Alkalisulfat oder -bisulfat versetzt, daß aller Kalk in Sulfat übergeführt wird, ohne daß die Flüssigkeit mineralsauer wird, und darauf der als Sulfat in Lösung gebliebene Kalk und andere Basen, insbesondere Eisen, durch Zusatz eines beträchtlichen Überschusses an Oxalsäure gefällt.

A.P. 1147245. — J.A.L.C.A. **10**, 481 (1915).
E.P. 11509. — J.A.L.C.A. **12**, 33 (1917).
Robeson Process Comp., New York, V. St. A.

Herstellung eines Gerbmittels aus Sulfitcelluloseablauge. Die Ablauge wird zuerst konzentriert, dann mit einer zur Fällung des vorhandenen Kalks ungenügenden Menge Schwefelsäure und anschließend mit so viel eines löslichen Bisulfats versetzt, daß aller Kalk ausgefällt wird. Der so erhaltene Gerbextrakt soll gegen Lackmus und Phenolphthalein, nicht aber gegen Kongorot sauer reagieren.

A.P. 1394151 vom 28. 3. 1914. — C. 1922, IV, 978.
Edward J. Koehler, Muskegon, Mich., V. St. A.

Verfahren zur Herstellung von Gerbmitteln aus Sulfitcelluloseablauge. Die rohe Ablauge wird unmittelbar oder nach der Neutralisation und nach Entfernung der freien schwefligen Säure bis zur Abscheidung von Schwefel mit Schwefelwasserstoff behandelt. Hierauf wird vom Schwefel abfiltriert und Oxalsäure, Ammonium-, Aluminiumsulfat oder andere den Kalk fällende Sulfate zugegeben; man kann auch Milchsäure, Essigsäure u. a. schwache organische Säuren zugeben, die zwar den Kalk nicht fällen, aber die gerbende Wirkung des Produktes erhöhen.

Vgl. auch **A.P. 1497672** vom 28. 3. 1914. — C. 1924, II, 1534.
Industrial Waste Products Corp., Del., V. St. A.

Ö.P. 75065 vom 13. 4. 1915. — Gerber 1920, 35.
A.P. 1327105 vom 6. 1. 1920. — Coll. 1921, 158.
E.P. 7090/1915.
Hans Brun Landmark, Drammen, Norwegen.

Gerbmaterial aus Sulfitcelluloseablauge. Die Abfallauge wird auf 16 bis 18° Bé eingedampft, der Kalk mit Soda gefällt, filtriert und im Filtrat der Rest des Kalks mit Oxalsäure entfernt; hierauf wird die geklärte Flüssigkeit zur Zerlegung von Saccharaten mit Ameisensäure versetzt und auf 27,5° Bé eingedickt.

1.	**D.R.P.**	**389549**/Kl. 28a	vom 25. 12. 1915.	— C. 1924, I, 1731; Coll. 1924, 143.
	Ö.P.	**90340**	vom 27. 1. 1919.	— C. 1923, II, 1266.
	Schwed.P.	**53339**	vom 31. 1. 1919.	— C. 1923, IV, 758.
	Norw.P.	**33656**	vom 11. 2. 1919.	
	Schwz.P.	**91887**	vom 5. 7. 1920.	— C. 1922, IV, 468.
	A.P.	**1441243**	vom 9. 4. 1921.	— C. 1923, IV, 758.
2.	**Ö.P.**	**88351**	vom 1. 6. 1918.	— C. 1922, IV, 779; Gerber 1922, 123.
3.	**E.P.**	**171136**	vom 7. 7. 1920.	— C. 1922, IV, 468.

Deutsch-Koloniale Gerb- und Farbstoffgesellschaft m. b. H., Karlsruhe (*Adolf Römer*, Stuttgart).

Verfahren zur Gewinnung von Gerbstoffen aus Sulfitcelluloseablauge.
1. Die in den Ablaugen vorhandenen Säuren werden durch Übersättigen mit Kalkmilch neutralisiert, die ausgeschiedenen Stoffe abfiltriert, im Filtrat die an Kalk gebundenen Ligninsulfosäuren zunächst mit Alkalicarbonat oder dgl. zu Alkalisalzen umgesetzt und diese dann mit Säuren, vorzugsweise Salzsäure, in solchen Mengen behandelt, daß die zugesetzte Säuremenge nicht wesentlich weniger als die halbe und nicht wesentlich mehr als die gesamte, theoretisch zur Umsetzung mit den Ligninalkalisalzen erforderliche Menge beträgt.
2. Nach Zusatz von Kalkmilch oder kohlensaurem Kalk zur Ablauge werden die darin vorhandenen Zucker vergoren, die entzuckerte Lösung mit Soda oder Alkalisilikat versetzt, vom ausgefallenen Kalksalz abfiltriert, worauf mit Salzsäure die Ligninsulfosäure in Freiheit gesetzt wird.
3. Vgl. S. 747.

A.P. 1303176.
Viggo Drewsen, Brooklyn.
Verfahren zur Herstellung eines Gerbmittels aus Lignin. Sulfitablauge wird mit Alkalihydroxyd unter Druck mehrere Stunden erhitzt, gegebenenfalls anschließend mit Kohlensäure unter Druck nachbehandelt, das ausgefällte Lignin in Natriumsulfit wieder gelöst und mit Schwefelsäure gefällt. Man erhält ein braungelbes, in warmem Wasser lösliches Pulver, das als Gerbstoff dient.

Ö.P. 78813.
O. Lührs, Hamburg.
Verfahren zur Herstellung eines entfärbten, technisch kalkfreien Gerbstoffextrakts aus Sulfitablauge. Fällung des Kalks mit Alkalibicarbonat, gegebenenfalls in Verbindung mit Phosphorsäure oder Ammoniak und Phosphorsäure.

A.P. 1629448 vom 14. 2. 1919. — J.A.L.C.A. **23**, 35 (1928).
West Virginia Pulp & Paper Company, New York, V. St. A.
Verfahren zur Herstellung von Lignogerbstoffen aus Sulfitablauge. Nach Behandeln der Ablauge mit Kalk bei erhöhter Temperatur bis zur teilweisen Entschwefelung der Ligninsulfosäure wird Kohlendioxyd eingeleitet, vom ausgefallenen Calciumcarbonat und Calciumsulfit abfiltriert und das eingeengte Filtrat mit einer dem noch vorhandenen Calcium äquivalenten Menge Schwefelsäure behandelt, wobei man nach Abfiltrieren vom unlöslichen Calciumsulfat eine gerbende Lösung erhält, die neben Ligninsulfosäure organische Säuren enthält.

1. **D.R.P. 360337**/Kl. 28a vom 1. 1. 1920. — C. 1923, II, 373; Coll. 1922, 322.
2. **A.P. 1414312** vom 25. 6. 1921. — C. 1923, II, 700.

Dr. Carl Sorger, Franfurt a. M.
Verfahren zur Darstellung eines Gerbmittels aus Sulfitcelluloseablauge.
1. Die kalkfreie eingedickte Ablauge wird mit so viel Chlornatrium und Salzsäure oder Alkalibisulfat versetzt, daß die gesamte, in der Ablauge enthaltene Ligninsulfosäure (in Form der Alkalisalze) ausfällt, der entstandene Niederschlag von der Mutterlauge abgetrennt, in wenig Wasser gelöst, die Lösung zwecks Beseitigung geringer Mengen kristalloider Salze der Dialyse unterworfen und die dialysierte Lösung durch Eindampfen konzentriert oder zur Trockne gebracht.
2. Dem unter 1 beschriebenen Verfahren schließt sich noch eine Aufarbeitung der nach Ausfällung der ligninsulfosauren Alkalisalze zurückbleibenden sauren Mutterlauge zur Herstellung eines Klebmittels an.

D.R.P. 420802/Kl. 28a vom 17. 8. 1921. — C. 1926, I, 2280; Coll. 1926, 87.
Ö.P. 88650 vom 10. 4. 1920. — C. 1923, II, 883; Coll. 1927, 166.
Dr. Max Hönig und *Dr. Walter Fuchs*, Brünn.
Verfahren zur Herstellung von Gerbstoffen aus Sulfitcelluloseablauge. Die Ablaugen werden zur Neutralisierung der Ligninsulfosäuren mit Erdalkalihydroxyden, vorzugsweise Calciumhydroxyd, in einer größeren als zur Neutralisierung der Säuren notwendigen Menge bis zur Erzeugung von Umwandlungsprodukten unter gewöhnlichem Druck erhitzt und gegebenenfalls die so erhaltenen Umwandlungsprodukte mit Chrom- oder Aluminiumsalzen umgesetzt (vgl. S. 525 und 534).

1. **A.P. 1592062** vom 25. 2. 1922. — C. 1926, II, 1721.
2. **A.P. 1685800** vom 25. 2. 1922. — C. 1929, I, 708.

Webster E. Byron Baker, York Haven, Pa., V. St. A.

1. **Herstellung eines Gerbmittels aus Sulfitcelluloseablauge.** Die nahezu siedende rohe Ablauge wird filtriert und sofort durch eine Düse in Luft zerstäubt, alsdann die zerstäubte Flüssigkeit mit Erdalkalihydroxyd bis zu einem p_H-Wert = 9 versetzt, die basische Lösung filtriert, konzentriert, mit Schwefelsäure auf schwach saure Reaktion gebracht und wieder filtriert. Die Ablauge kann nach dem Vernebeln und vor der Neutralisation mit Erdalkalihydroxyd einer teilweisen Gärung unterworfen werden, um die vergärbaren Zucker in Alkohol überzuführen (vgl. S. 525).

2. **Wiedergewinnung von schwefliger Säure aus Zellstoffablaugen.** Der Ablauge werden nach dem Filtrieren bei 80 bis 85° Erdalkalioxyde oder -hydroxyde bis zu p_H = 9 und mehr zugesetzt. Der dabei entstehende Niederschlag wird abfiltriert und frischer Kochlauge zugesetzt, die abfiltrierte Flüssigkeit eingedickt und als Gerbmittel u. a. verwendet.

A.P. 1555782 vom 26. 4. 1922. — C. 1926, I, 2280.

Robeson Process Comp., New York, V. St. A.

Herstellung von Gerbmitteln. Rohe, kalkhaltige Sulfitcelluloseablauge wird bis zu ca. 30° Bé konzentriert und in der Kälte vorsichtig mit der dem Calciumgehalt entsprechenden Menge Schwefelsäure versetzt, bis die Lösung gegen Methylviolett sauer reagiert, worauf vom entstandenen Calciumsulfat abfiltriert wird (vgl. S. 531).

D.R.P. 401418/Kl. 55b vom 4. 8. 1923. — C. 1924, II, 2217.
E.P. 202016 vom 8. 5. 1922. — C. 1925, II, 2033.
F.P. 570022 vom 22. 8. 1923. — C. 1925, II, 2055.

Charles Frederick Cross, London, und *Alf Engelstad*, Christiania, Norwegen.

Verfahren zur Gewinnung von Zellstoff und Lignonkörpern aus Holz und holzhaltigen Rohstoffen. Aus der durch Kochen von Holz mit einer starken Schwefligsäurelösung erhaltenen Ablauge wird die schweflige Säure abgeblasen und die gebildete Schwefelsäure mit Bariumsulfit gefällt; die so gereinigte, konzentrierte oder zur Trockne eingedampfte Ablauge findet als Gerbmittel Verwendung (vgl. S. 533).

1. **D.R.P. 419224**/Kl. 22i vom 16. 2. 1923. — C. 1926, I, 1330; Coll. 1925, 630.

Aktiengesellschaft für Anilinfabrikation, Berlin-Treptow.

2. **Zus.P. 480898**/Kl. 28a vom 1. 1. 1925. — C. 1930, I, 2034; Coll. 1929, 654.

I. G. Farbenindustrie A. G., *Hans Wesche* und *Karl Brodersen*, Frankfurt a. M.

Verfahren zur Darstellung von pulverförmigen, nicht zerfließlichen Produkten aus Sulfitcelluloseablauge.

1. Kalk- und eisenfreie Sulfitcelluloseablauge wird mit stark alkalisch wirkenden Mitteln in der Wärme im Überschuß behandelt und nach Abstumpfen mittels Säuren werden die festen Bestandteile zur Abscheidung gebracht. Die erhaltenen Produkte können als Gerb-, Kleb-, Faserschutzmittel usw. Verwendung finden.
2. Vgl. Künstliche Gerbstoffe, S. 726.

1. **A.P. 1764600** vom 7. 4. 1923. — C. 1930, II, 2219; Coll. 1932, 301.
2. **A.P. 1847709** vom 7. 4. 1923. — C. 1932, I, 3531.

Webster E. Byron Baker, York Haven, Pa., V. St. A.

1. **Verfahren zur Herstellung eines Gerbstoffs aus Sulfitcelluloseablauge.** Die Ablauge wird mit Calciumhydroxyd neutralisiert, eingedickt und der Kalk mit natürlichem oder künstlichem Zeolith gefällt; hierauf wird der konzentrierte Extrakt filtriert, mit Essigsäure angesäuert und im Vakuum zerstäubt.

2. **Herstellung von Natriumligninsulfonat.** Sulfitcelluloseablauge wird mit Erdalkalihydroxyd neutralisiert und dann mit Alkalicarbonat behandelt. Die vom ausgefallenen Erdalkalicarbonat abfiltrierte Lösung wird bis auf einen Gehalt von 50% Trockensubstanz eingedampft und zum Gebrauch als Gerbmittel mit Essigsäure angesäuert.

A.P. 1571873 vom 10. 6. 1924. — C. 1926, I, 2644.

Robeson Process Company, New York, V. St. A.

Herstellung von Gerbmitteln. Rohe, Calcium- und Magnesiumverbindungen enthaltende Sulfitcelluloseablauge wird mit mehr Calciumhydroxyd als zur Neutralisation der Ablauge erforderlich ist, zweckmäßig bei mäßig erhöhter Temperatur versetzt, der ausgefallene Niederschlag entfernt und das Filtrat mit der für die Ausfällung des gelösten Calciumhydroxyds berechneten Menge Schwefelsäure oder Oxalsäure behandelt.

D.R.P. 451913/Kl. 28a vom 12. 4. 1925. — C. 1928, I, 459; Coll. 1928, 29.

Dr. Carl Hüttenes und *Carl Peter Hüttenes*, Düsseldorf.

Verfahren zur Gewinnung von Gerbmitteln aus Sulfitcelluloseablauge. Die Ablauge wird mit einer ein Vielfaches der zum Ausfällen eines in der Ablauge etwa vorhandenen Schwermetalls, wie Eisen, betragenden Menge von Alkali- oder Erdalkalisulfiden oder von einem Gemisch von Sulfiden und Hydroxyden erhitzt, vom Niederschlag abfiltriert und vor oder nach dem Eindicken der Lauge in bekannter Weise vom Kalk befreit; die Ablauge kann vor dem Zusatz der Sulfide einer Gärung unterworfen werden (vgl. S. 530).

F.P. 620394 vom 16. 7. 1926. — C. 1927, II, 663; Coll. 1929, 274.

Elias Jacques Rosenzweig, Paris.

Herstellung von Gerbmitteln aus Sulfitcelluloseablauge. Eisenfreie Sulfitcelluloseablauge wird mit Alkalihydroxyden oder -carbonaten kurze Zeit auf nicht zu hohe Temperaturen erhitzt, wobei kein Niederschlag entstehen darf. Das angesäuerte Produkt kann unmittelbar oder gegebenenfalls nach Vermischen mit einem synthetischen Gerbstoff zum Gerben Verwendung finden.

D.R.P. 525068/Kl. 12o vom 22. 10. 1927.
E.P. 286808 vom 21. 12. 1926. — C. 1929, II, 1364.
F.P. 648728 vom 28. 9. 1927. — C. 1929, I, 2258; Coll. 1929, 416.
Schwz.P. 131111 vom 3. 10. 1927. — C. 1929, II, 1364.
Can.P. 282677.

British Dyestuffs Corp. Ltd. und *Anthony James Hailwood*, Blackley b. Manchester, England.

Verfahren zur Herstellung von Umwandlungsprodukten aus Sulfitcellulosepech. Sulfitcellulosepech wird in Wasser gelöst, 12 Stunden im Autoklaven mit Ammoniak oder mit Alkalihydroxyd oder -carbonat auf 110 bis 120° erhitzt; nach dem Abtreiben des Ammoniaks wird entweder sofort zur Trockne eingedampft oder angesäuert, der entstehende Niederschlag abfiltriert, in Ammoniak oder Alkali gelöst und eingedampft. Die entstehenden Produkte können als Gerbstoffe, Dispersionsmittel u. a. Verwendung finden.

Ö.P. 125675 vom 14. 5. 1930. — C. 1932, II, 1263; Coll. 1933, 173.

Max Hönig, Brünn und *Walter Fuchs*, Mülheim/Ruhr.

Herstellung von Gerbextrakten aus Sulfitcelluloseablauge. Die durch Zusatz von Alkali oder Erdalkali auf $p_H = 9$ gebrachte Ablauge wird ca. 1 Stunde gekocht — der p_H-Wert muß während dieser Zeit auf der gleichen Höhe gehalten werden —, um nicht nur das an Kalk, sondern auch das an organische Stoffe gebundene Schwefeldioxyd als unlösliches Calciumsulfit abzuscheiden (vgl. S. 530).

D.R.P. 605036/Kl. 28a vom 28. 6. 1932. — Coll. 1935, 652.
Norw.P. 53969 vom 4. 7. 1932. — C. 1934, II, 2320.

Guy C. Howard und *Carlyle Harmon*, Rothschild, Wisc., V. St. A.

Verfahren zur Herstellung von insbesondere zum Gerben geeigneten wässerigen Lignindispersionen. Eine beispielsweise aus Sulfitcelluloseablauge durch Fällung mit Calciumhydroxyd erhaltene, im wesentlichen von nichtligninartigen organischen Substanzen freie Ligninsulfosäureverbindung wird mit einem sauren Salz der schwefligen Säure, insbesondere Calciumbisulfit, in Gegenwart von Wasser bis zur völligen Dispergierung behandelt. Vorteilhaft wird das die Dispergierung bewirkende Calciumbisulfit durch Behandeln eines feuchten Ligninsulfosäure-Calcium-Niederschlags mit Schwefeldioxyd erzeugt und die Dispergierung in wässeriger Lösung bei einem p_H-Wert unter 6 und vorzugsweise in der Wärme vorgenommen.

1. **R.P. 37796** vom 30. 8. 1932. — C. 1935, II, 3047; Coll. 1937, 255.
L. J. Resnik und *M. I. Chadik*, USSR.
2. **R.P. 37797** vom 30. 8. 1932. — C. 1935, II, 3047; Coll. 1937, 255.
3. **Zus.P. 46672** vom 21. 11. 1935. — C. 1936, II, 3045.
L. J. Resnik, USSR.

Herstellung von Gerbmitteln aus Sulfitcelluloseablaugen.
1. Die heißen Sulfitablaugen werden nach Zusatz von Natriumsulfat mit Ammoniak behandelt und bis zur Bildung einer trockenen Masse eingedampft.
2. Zusatz von Ammoniumsulfat oder -bisulfat an Stelle des unter 1 verwendeten Natriumsulfats.
3. Die Ablaugen werden vor dem Ammoniakzusatz — das Ammoniak kann auch durch andere Alkalien ersetzt werden — der Gärung unterworfen.

2. Behandlung mit oxydierenden Mitteln.

D.R.P. 207776/Kl. 28a vom 1. 8. 1906. — C. 1909, I, 1292.
Alexander Kumpfmiller, Höcklingsen b. Hemer i. W.

Verfahren zum Reinigen von Sulfitcelluloseablauge zum Zweck der Erzielung eines für die Gerberei geeigneten Präparats. Die gegebenenfalls durch Erhitzen oder Behandlung im Vakuum von der Hauptmenge der schwefligen Säure und des Calciumsulfits befreite Lauge wird zunächst mit Ozon zwecks Überführung der noch vorhandenen schwefligen Säure in Schwefelsäure und dann zur Ausfällung der Schwefelsäure mit gefälltem Bariumcarbonat behandelt (vgl. S. 524).

D.R.P. 304349/Kl. 28a vom 15. 2. 1916. — C. 1920, II, 52; Coll. 1919, 367.
Wilhelm Mensing, Freiberg i. S.

Gerbmittel. Sulfitablauge wird mit festen oder flüssigen Oxydationsmitteln, wie Nitraten, Permanganaten, Chromaten, vorzugsweise jedoch Chloraten, erhitzt.

E.P. 140359. — J. A. L. C. A. **15**, 549 (1920).
Papeteries Berges, Soc. Anon., Lancey, Isère, Frankreich.

Herstellung von Gerbstoffen. Ligninhaltige Substanzen, z. B. Sulfitcelluloseablauge, andere Zellstoffablaugen u. a., werden mit Halogen oder halogenierenden Mitteln, insbesondere Clor, behandelt; Sulfitablaugen werden zweckmäßig vorher mit Alkali oder Erdalkali vorbehandelt.

1. **D.R.P. 401871**/Kl. 12o vom 16. 11. 1919. — C. 1925, I, 318; Coll. 1924, 437.
2. **D.R.P. 402997**/Kl. 12o vom 14. 4. 1922. — C. 1925, I, 319; Coll. 1924, 440.
Koholyt Akt.-Ges., Berlin.
3. **D.R.P. 419815**/Kl. 12o vom 11. 5. 1922. — C. 1926, I, 1741; Coll. 1925, 635.
Königsberger Zellstoff-Fabriken und *Chemische Werke Koholyt-Akt.-Ges.*, Berlin.

Verfahren zur Herstellung chlorreicher Produkte aus Pflanzenauszügen, insbesondere Sulfitzellstoffablauge.
1. Sulfitzellstoffablauge oder daraus hergestellte Celluloseextrakte werden mit freiem Chlor behandelt; die erhaltenen Extrakte können als Alleingerbstoffe Verwendung finden.
2. Die Pflanzenauszüge werden erst ganz oder größtenteils von Wasser befreit, ehe die Chlorierung vorgenommen wird; hierdurch kann der nebenbei entstehende Chlorwasserstoff gasförmig in reinem Zustand gewonnen werden. Um eine gleichmäßige Chlorierung zu erreichen, wird die Oberfläche des pulverförmigen Ausgangsmaterials durch eine bewegliche Vorrichtung ständig verändert.
3. Die Zellstoffablaugen werden mit Chlor im Zustand der elektrolytischen Abscheidung in einer Zelle an Anoden aus solchem Material behandelt, die gegenüber Chlor bzw. Sauerstoff wechselnde Überspannung ermöglichen; dadurch besteht die Möglichkeit, die Wirkung des naszierenden Chlors mit einer Oxydation zu verbinden.

1. **D.R.P. 389470**/Kl. 12o vom 3. 12. 1920. — C. 1924, II, 133; Coll. 1924, 142.
Firma Hugo Stinnes, Mülheim-Ruhr.
F.P. 533884 vom 7. 4. 1921. — C. 1922, IV, 978.
E.P. 178104 vom 31. 3. 1922. — C. 1922, IV, 1072.
Charles Schmidt, Paris.

A.P. 1567395 vom 30. 3. 1922. — C. 1926, I, 2644.
Albert Schmidt, Paris.

2. **D.R.P. 397604**/Kl. 12o vom 25. 9. 1921. — C. 1924, II, 1547; Coll. 1924, 293.
3. **Zus.P. 400255**/Kl. 12o vom 4. 10. 1921. — C. 1925, I, 319; Coll. 1924, 374.

Firma Hugo Stinnes, Mülheim-Ruhr.

Verfahren zur Darstellung von chlorhaltigen Produkten aus Zellstoffablaugen.

1. Die Sulfitcelluloseablauge wird mit Chlorat und Salzsäure unter Vermeidung eines ausschließlich zu chlorfreien Produkten führenden Abbaues solange behandelt, bis der Chlorgehalt des getrockneten Reaktionsproduktes 8% übersteigt; zweckmäßig wird die Ablauge zuerst in bekannter Weise mit gasförmigem Chlor behandelt, der Niederschlag abfiltriert und in der Wärme weiter mit naszierendem Chlor (Kaliumchlorat und Salzsäure) behandelt. Statt Sulfitcelluloseablauge können auch alkalische Holzauszüge nach vorhergegangener Neutralisation in der gleichen Weise verarbeitet werden. Die chlorhaltigen Produkte finden als Gerbstoffe, Ersatz für natürliche Harze usw. Verwendung.

2. Die durch Behandlung mit gasförmigem Chlor entstandenen Produkte werden mit anderen oxydierend wirkenden Mitteln als Chlorat und Salzsäure (z. B. Chlorkalk und Salzsäure, Salpetersäure, Wasserstoffsuperoxyd, Ozon, Kaliumpermanganat u. a.) behandelt; hierdurch wird die Neigung der chlorierten Produkte zur Salzsäureabspaltung, die z. B. zur Schädigung der damit gegerbten Leder führte, unterbunden.

3. Die chlorierten Produkte werden mit oder ohne Gegenwart von Wasser oder Chlorwasserstoff bindenden Mitteln (verdünnte Alkalien, schwach alkalisch reagierende Mittel) bis zur Beendigung der Chlorwasserstoffabspaltung erhitzt.

Zu 2 und 3 siehe auch:

F.P. 542027 vom 6. 10. 1921. — C. 1924, I, 2660.
Charles Schmidt, Paris.

F.P. 547359 vom 16. 2. 1922. — C. 1924, I, 2660.
Albert Schmidt, Paris.

Vgl. auch **D.R.P. 406043**/Kl. 28a vom 27. 8. 1921. — C. 1925, I, 1669; Coll. 1925, 42.
Kläre Stinnes geb. Wagenknecht, Mülheim-Ruhr.

Verfahren zum Gerben von tierischen Häuten. Gerben mit chlorierten Pflanzenauszügen (Sulfitcelluloseablauge, Quebracho u. a.), die während oder nach der Chlorierung mit Oxydationsmitteln behandelt worden sind. Die Blößen werden zuerst in einer schwachen Gerblösung geschwellt und dann durch Einhängen in stärkere Gerblösung ausgegerbt.

1. **D.R.P. 581255**/Kl. 28a vom 8. 4. 1928. — C. 1933, II, 1824; Coll. 1933, 636.
2. **D.R.P. 581256**/Kl. 28a vom 21. 3. 1930. — C. 1933, II, 1824; Coll. 1933, 637.

The Mead Research Engineering Company, Dayton, O., V. St. A.

E.P. 336984 vom 18. 4. 1929. — C. 1931, II, 1239; Coll. 1932, 456.
Wilhelm Sailer, Schwaan, Meckl.

Verfahren zur Herstellung von Gerbstoffen.

1. Gereinigte Sulfitcelluloseablauge oder Gemische dieser Ablauge mit Phenolen, Kresolen oder deren Derivaten werden mit Sauerstoff abspaltenden Verbindungen, z. B. Wasserstoffsuperoxyd, und Fermenten der Desmolasen-Gruppe (Peroxydasen u. a.) behandelt.

2. Auf die nach 1 dargestellten Gerbstoffe läßt man noch Halogen einwirken.

Vgl. auch **D.R.P. 593573, A.P. 1844019, E.P. 337377,** Die Kombinationsgerbung, S. 758.

3. Behandlung mit gerbenden Metallsalzen.

D.R.P. 75351/Kl. 28 vom 19. 5. 1893.
Carl Opl, Hruschau.

Verfahren der Verwendung von Sulfitzellstofflaugen zum Gerben. Verwendung der durch Umsetzen mit Metallsulfatlösungen (Aluminium-, Eisen-, Kalium-, Natriumsulfat) aus Sulfitablaugen gewonnenen Lösungen gerbsaurer Metallsalze zum Gerben von Häuten (vgl. S. 522).

D.R.P. 216284/Kl. 28a vom 14. 9. 1907. — C. 1909, II, 2108.

Alexander Kumpfmiller, Höcklingsen b. Hemer i. W.

Verfahren zur Reinigung von Sulfitcelluloseablauge. Die durch Eindampfen im Vakuum von freier schwefliger Säure und Calciumsulfit befreite Lauge wird mit Alaun behandelt und der entstehende Niederschlag von der Flüssigkeit in geeigneter Weise getrennt.

D.R.P. 254866/Kl. 28a vom 13. 8. 1910. — C. 1913, I, 359; Coll. 1913, 337.
F.P. 448064. — J.A.L.C.A. 8, 306 (1913).
Ö.P. 60041 vom 7. 11. 1912. — Gerber 1919, 235.

Wilhelm Heinrich Philippi, Offenbach a. M.-Bürgel.

Verfahren zur Herstellung eines Gerbextrakts aus gereinigter Sulfitzellstoffablauge und Chromsalzen. Dem durch Mischen von gereinigter Sulfitablauge mit Chromsalzen hergestellten Gerbextrakt wird Chromoxydhydrat zugesetzt, um die bei der Umsetzung in Freiheit gesetzte Säure zu binden.

A.P. 1075916.

H. H. Hurt, Covington, Va., V. St. A.

Gerb- und Beizmittel aus Sulfitablauge. Die warme konzentrierte Lauge wird mit Aluminium-, Chrom- oder Eisensulfat behandelt; der entstehende Niederschlag wird getrocknet und als Gerb- oder Farbbeizmittel verwendet.

A.P. 1154762. — J.A.L.C.A. **10**, 584 (1915).

J. J. Groß, Hamburg.

Gerbmittel aus Sulfitablauge. Die durch Zusatz von Salz- und Schwefelsäure von der Hauptmenge des Kalks befreite Ablauge wird mit Kaliumchromatlösung behandelt, eingeengt, filtriert und weiter eingeengt.

E.P. 171136 vom 7. 7. 1920. — C. 1922, IV, 468.

Adolf Römer und *Deutsch-Koloniale Gerb- und Farbstoffgesellschaft m. b. H.*, Karlsruhe-Rheinhafen i. B.

Verfahren zur Gewinnung eines Gerbmittels aus Sulfitcelluloseablauge. Außer den nach D. R. P. 389549 (vgl. S. 741) hergestellten Gerbstoffen können weitere wertvolle Gerbstoffe erhalten werden, wenn die Alkalisalze der Ligninsulfosäure statt mit Säuren (Salz- oder Schwefelsäure) mit sauer reagierenden Metallsalzen, wie Aluminium-, Chrom- oder Eisenchlorid, umgesetzt werden.

Schwz.P. 93293 vom 1. 12. 1920. — C. 1922, IV, 911.
F.P. 528861 vom 21. 12. 1920. — C. 1922, II, 493.
E.P. 156186 vom 3. 1. 1921. — C. 1921, II, 712.

Chemische Fabriken Worms A.-G., Frankfurt a. M.

Verfahren zum Gerben tierischer Häute. Verwendung der Schwermetallsalze der Ligninsulfosäure (Sulfitablauge) in Mischung mit Salzen anderer organischer oder anorganischer Säuren (Schwefelsäure, Ameisensäure, Milchsäure) mit oder ohne Zusatz anderer gerbender oder nichtgerbender Stoffe.

A.P. 1523982 vom 26. 4. 1922. — C. 1925, I, 2598.

Robeson Process Company, New York, V. St. A.

Verfahren zum Gerben tierischer Häute. Zu der in üblicher Weise vom Kalk befreiten und konzentrierten Sulfitcelluloseablauge wird eisenfreies Aluminiumsulfat und gegebenenfalls etwas Zucker und Magnesiumsulfat zugefügt. Anstatt in der so hergestellten Gerbbrühe können die Blößen auch in getrennten Bädern — zuerst in Sulfitcelluloseablauge und anschließend in Aluminiumsulfatlösung oder umgekehrt — behandelt werden.

R.P. 37798 vom 2. 10. 1932. — C. 1935, II, 3047; Coll. 1937, 255.

L. J. Resnik, USSR.

Herstellung von Gerbmitteln aus Sulfitcelluloseablaugen. Die Sulfitablaugen werden mit Ammoniak unter Zusatz von Ammoniumdoppelsalzen des Chroms, Aluminiums oder Eisens behandelt und darauf bis zur Bildung einer trockenen Masse eingedampft.

F.P. 844254 vom 3. 10. 1938. — C. 1939, II. 2870.

I. G. Farbenindustrie A. G., Frankfurt a. Main.

Reinigen von Sulfitablauge. Die durch eine Vorreinigung von freier schwefliger Säure, Eisen- und Kalkverbindungen gereinigte Sulfitablauge wird mit kolloidallöslichen Oxyden oder Hydroxyden mehrwertiger Metalle, insbesondere des Zirkons und Aluminiums, versetzt und von dem entstandenen Niederschlag abfiltriert. Aus der gereinigten Sulfitablauge läßt sich durch Verdampfen ein hellgelbes, nichthygroskopisches Pulver gewinnen, das sich u. a. als Gerbstoff verwenden läßt.

Zu diesem Abschnitt vgl. weiter:

D.R.P. 195643, Abschn. I, 1, S. 740.
D.R.P. 420802, Abschn. I, 1, S. 742.
D.R.P. 304349, Abschn. I, 2, S. 745.
D.R.P. 423138, Die Gerbung mit Chromverbindungen, S. 649.
F.P. 660109, Die Gerbung mit Chromverbindungen, S. 650.
D.R.P. 664086, Die Gerbung mit Chromverbindungen, S. 651.
D.R.P. 319859, Die Gerbung mit Eisensalzen, S. 671.
D.R.P. 393892, Die Gerbung mit Eisensalzen, S. 671.
D.R.P. 337330, Die Gerbung mit Eisensalzen, S. 672.
D.R.P. 419778, Die Gerbung mit Eisensalzen, S. 672.

Ferner:

Die Kombinationsgerbung, S. 752ff., insbesondere Abschn. III, 2.

4. Verschiedene chemische und mechanische Behandlungen.

D.R.P. 72161/Kl. 28a vom 7. 8. 1891.

Alexander Mitscherlich, Münden.

Erzeugung von Gerbmitteln, Klebstoff und anderen Stoffen durch Osmose der Sulfitzellstoffablaugen. Osmotische Trennung der durch eine Membrane diffundierenden Bestandteile der Ablauge (anorganische Salze, Säuren, Zuckerstoffe u. a.) von den die Membrane nicht durchdringenden kolloidalen Anteilen, die als Gerbstoffe Verwendung finden (vgl. S. 522).

A.P. 909343/1903.
Ö.P. 40528 vom 20. 3. 1907. — Gerber 1919, 234.

D. Stewart, Inverness.

Reinigen von Sulfitcelluloseablaugen. Sulfitablaugen, deren Asche nicht mehr als 6% Eisen enthalten soll, werden mit gerbstoffhaltigem Material behandelt und dadurch eisenfrei gemacht (vgl. S. 523 u. 525).

D.R.P. 203648/Kl. 28a vom 6. 3. 1906. — C. 1908, II, 1834.
Ö.P. 40657.

Alexander Kumpfmiller, Hemer i. W.

Verfahren zur Entfernung der schwefligen Säure und Ausscheidung des Calciumsulfits aus Sulfitcelluloseablaugen im Vakuum. Die schwach erhitzte Ablauge wird kontinuierlich oder intermittierend in einen Raum von hohem Vakuum eingespritzt, wodurch sie von schwefliger Säure befreit wird und das Calciumsulfit sich abscheidet (vgl. S. 524).

D.R.P. 241282/Kl. 53g vom 14. 6. 1910. — C. 1912, I, 103.
Ö.P. 64543.

Max Müller, Finkenwalde b. Stettin.

Verfahren zur Reinigung und Eindampfung von zur Herstellung von Futter- oder Düngemitteln dienenden Sulfitzellstoffablaugen. Vakuumverdampfung unter Rückgewinnung der schwefligen Säure (vgl. S. 525).

D.R.P. 252412/Kl. 55b vom 21. 7. 1911. — C. 1912, II, 1711.
Ö.P. 64335.

Heinrich Achenbach, Hausen-Handelsbach, Hohenzollern.

Verfahren und Vorrichtung zum Wiedergewinnen der schwefligen Säure aus Sulfitcelluloseablaugen. Zerstäuben in geschlossenem Behälter (vgl. S. 525).

D.R.P. 280330/Kl. 28a vom 17. 2. 1914. — C. 1914, II, 1371; Coll. 1915, 135.

Anna Grothe geb. Sodendorf, Jersey City, N. Y., V. St. A.

Verfahren zur Herstellung eines Gerbmittels aus Sulfitcelluloseablauge. Die in bekannter Weise von schwefliger Säure befreite Lauge wird mit Cyanverbindungen, wie Cyaniden, Sulfocyaniden, Cyanamidverbindungen u. a., unter Druck auf höhere Temperatur (ca. 150° C) erhitzt. Die von dem entstandenen Niederschlag getrennte Flüssigkeit wird mit Säuren behandelt und der dabei erhaltene Niederschlag bei möglichst niederer Temperatur getrocknet. Die wässerige Lösung dieses Niederschlags wird als Gerbmittel verwendet.

D.R.P. 321331/Kl. 28a vom 29. 9. 1915. — C. 1920, IV, 311; Coll. 1920, 342.

Wilhelm Heinrich Philippi, Offenbach a. M.

Verfahren zur Gewinnung von für Gerbereizwecke besonders geeigneten Lösungen aus den Ablaugen der Cellulosefabrikation. Die Laugen werden, gegebenenfalls nach vorangegangener Konzentration, während, vor oder nach dem Zusatz der für die Verarbeitung notwendigen Chemikalien einen langen, mit Widerständen versehenen Weg geführt. Die Zusätze der Chemikalien zur Lauge erfolgen an verschiedenen Stellen dieses Weges (vgl. S. 524).

D.R.P. 347201/Kl. 28a vom 23. 8. 1917. — C. 1922, II, 722; Coll. 1922, 33.
Norw.P. 31955 vom 23. 8. 1917.
Ö.P. 88352 vom 1. 6. 1918. — C. 1922, IV, 779.

Deutsch-Koloniale Gerb- und Farbstoffgesellschaft m. b. H., Karlsruhe.

Verfahren zur Gewinnung von Gerbstoffen aus Sulfitcelluloseablauge. Die in bekannter Weise, z. B. durch Behandeln mit Calciumhydroxydlösung oder Calciumcarbonat, neutralisierte Lauge, aus der die vorhandenen Zuckerstoffe unter Gewinnung von Alkohol durch Gärung in an sich bekannter Weise entfernt wurden, wird elektrolysiert, wobei am positiven Pol freie Ligninsulfosäure enthaltende Gerblösung erhalten und am negativen Pol Calciumhydroxyd abgeschieden wird (vgl. S. 527).

Ö.P. 84286 vom 20. 2. 1918. — C. 1921, IV, 838.

Karl Gustav Karlson, Sköfde, Schweden.

Verfahren zur Herstellung von Gerbstoffextrakt aus Sulfitcelluloseablauge. Dem in bekannter Weise hergestellten Gerbextrakt werden Seife und gegebenenfalls eine oder mehrere Säuren zugesetzt in solchen Mengen, daß sich keine freie Fettsäure abscheidet.

D.R.P. 343954/Kl. 22i vom 19. 9. 1919. — C. 1922, II, 228; Coll. 1921, 504.
E.P. 156546 vom 5. 1. 1921. — C. 1921, II, 833.
F.P. 532874 vom 29. 3. 1921. — C. 1922, II, 899.

Leo Stein, Fulda.

Nutzbarmachung eingedickter Sulfitablauge als Appretur-, Kleb- oder Gerbmittel. Lösungen von Ölen, Harzen oder anderen in Wasser unlöslichen Stoffen in Benzin, Benzol oder Tetrachlorkohlenstoff werden mit einem Überschuß von Sulfitcelluloseablauge emulgiert.

D.R.P. 392386/Kl. 28a vom 15. 5. 1920. — C. 1924, I, 2661; Coll. 1924, 183.
E.P. 143874 vom 26. 5. 1920. — C. 1922, IV, 468.

Atomized Products Corp., New York, V. St. A.

F.P. 515242.
Schwed.P. 53492 vom 31. 12. 1919. — C. 1923, IV, 863.

Walter H. Dickerson, New York, V. St. A.

Verfahren zur Herstellung eines festen, nicht hygroskopischen Produkts aus Sulfitcelluloseablauge. Die in bekannter Weise von Calcium- und Magnesiumverbindungen befreite Ablauge wird durch in zwei Stufen durchgeführtes Zerstäuben in geschlossenen Kammern unter Durchleiten heißer Gase in trockene Form übergeführt. Das erhaltene Produkt ist in Wasser löslich, kann aber auch trocken in die angegerbten Hautblößen eingewalkt werden (vgl. S. 525).

A.P. 1445603 vom 24. 9. 1920. — C. 1923, IV, 125.

S. Robeson Inc., Wilmington, Del., V. St. A.

Behandeln von Sulfitcelluloseablauge. Oxydieren und Konzentrieren von Sulfitcelluloseablauge unter Entweichenlassen flüchtiger Säuren durch Zerstäuben.

D.R.P. 345774/Kl. 22i vom 10. 11. 1920. — C. 1922, II, 408.

Zellstoff-Fabrik Waldhof und *Hans Clemm*, Mannheim-Waldhof.

Verfahren zur Vorbereitung von Sulfitzellstoffablauge für die Weiterverarbeitung auf Gerbleim, Klebstoff, Futtermittel usw. Der Ablauge wird die schweflige Säure entzogen, indem man sie vor bzw. an Stelle der Neutralisation durch zerkleinertes Holz, zweckmäßig solches, das auf Zellstoff verarbeitet werden soll, oder anderes cellulosehaltiges Material hindurchtreten, bzw. längere Zeit damit in Berührung läßt (vgl. S. 524).

D.R.P. 479909/Kl. 28a vom 21. 1. 1925. — C. 1930, I, 1420; Coll. 1929, 601.

Dr. Andrea Caminneci, Bonn a. Rh.

Verfahren zur Gewinnung von festen Gerbmitteln aus Sulfitcelluloseablauge. Die ungereinigte Ablauge wird mit vegetabilischen Gerbstoffen (Quebracho-, Mimosa-, Eichenrindenextrakt) versetzt und die gerbenden Bestandteile durch Zusatz geeigneter Salze (Natrium-, Magnesium-, Calcium-, Aluminiumsalze) oder Säuren (Salzsäure) zur Abscheidung gebracht. Die Ablauge kann vor oder nach dem Zusatz der vegetabilischen Gerbstoffe und vor der Abscheidung der Gerbstoffe mit Halogen oder Halogen entwickelten Stoffen behandelt werden.

E.P. 251019 vom 22. 1. 1925. — J. A. L. C. A. **21**, 599 (1926).
F.P. 592119 vom 24. 1. 1925. — C. 1926, I, 795.

Aktiengesellschaft für Anilinfabrikation, Berlin-Treptow.

Gewinnung eines festen, nicht zerfließlichen Stoffes aus Sulfitcelluloseablauge. Entfernen der hygroskopischen Stoffe durch Dialyse oder Zerstörung oder Überführung durch Neutralisation in nichthygroskopische Stoffe; es können auch die Ligninsulfonate so gefällt werden, daß die hygroskopischen Stoffe in der Lauge zurückbleiben.

D.R.P. 527800/Kl. 28a vom 16. 4. 1925. — C. 1931, II, 1516; Coll. 1931, 657.
F.P. 614483 vom 13. 4. 1926. — C. 1927, I, 1250; Coll. 1928, 327.
E.P. 250956 vom 15. 4. 1926. — C. 1926, II, 1354.

I. G. Farbenindustrie A. G., Frankfurt a. M.

Verfahren zur Darstellung eines luftbeständigen pulverförmigen Erzeugnisses aus Sulfitcelluloseablauge. Die Ablauge wird entweder bei Temperaturen oberhalb 150° eingedampft oder vor dem Eindampfen längere Zeit auf Temperaturen oberhalb 150° erhitzt oder es werden die aus Sulfitcelluloseablauge in üblicher Weise erhältlichen festen Produkte auf Temperaturen oberhalb 150° erhitzt.

D.R.P. 451609/Kl. 28a vom 17. 11. 1925. — C. 1928, I, 461; Coll. 1928, 28.

I. G. Farbenindustrie A. G., Frankfurt a. M.

Gerbmittel, bestehend aus einem Gemisch von Sulfitcelluloseablauge und alkalischen Ablaugen anderer Zellstoffherstellung (Ätznatron-, Sulfat-, Chlorverfahren), dem gegebenenfalls noch andere gerbende oder nichtgerbende Stoffe zugesetzt sein können. Die stark säureempfindlichen alkalischen Ablaugen werden durch den Zusatz der Sulfitablauge in eine Form übergeführt, daß die darin enthaltenen wertvollen Stoffe auch nach dem Ansäuern von der Haut aufgenommen werden können (vgl. S. 450).

Tschechosl. P. 24164.

Dr. Max Hönig und *Dr. Walter Fuchs*, Brünn.

Verfahren zur Verarbeitung von Sulfitablauge. Entfernung der für die Aufarbeitung der Ablauge auf Gerbstoffe schädlichen schwefligen Säure und flüchtigen organischen Säuren unter Gewinnung derselben durch Behandlung mit Wasserdampf oder überhitztem Wasserdampf bis zur Zerlegung und Abtreibung der an organische Komplexe gebundenen schwefligen Säure.

D.R.P. 664428/Kl. 28a vom 6. 9. 1933.
A.P. 1952642 vom 7. 9. 1932. — J. A. L. C. A. **31,** 206 (1936).
A.P. 1952643 vom 7. 9. 1932. — J. A. L. C. A. **31,** 206 (1931).
E.P. 412790 vom 19. 8. 1933. — Coll. 1938, 87.
F.P. 760828 vom 1. 9. 1933. — C. 1934, I, 3956; Coll. 1936, 124.

Robeson Process Company, New York, V. St. A.

Herstellung eines Gerbstoffes aus Sulfitablauge. Mit Kalk neutralisierte Sulfitablauge wird der Einwirkung von Bakterien, welche die zuckerartigen Stoffe, insbesondere die Hexosen, Pentosen und Pentosane, spalten, unterworfen. Je nach der Auswahl der Bakterien, die zweckmäßig durch Züchtung in Sulfitablauge unter Hinzufügen von Nährböden und Calciumcarbonat akklimatisiert wurden, werden die Kohlenhydrate in Milchsäure, die bei dem Gerbprozeß nützlich ist, oder in flüchtige Verbindungen (Äthylalkohol, Butylalkohol, Aceton) übergeführt, die abdestilliert werden können; außerdem entsteht Essigsäure in kleinen Mengen. Die in dem Endprodukt verbleibenden Kalksalze werden durch Schwefelsäure entfernt.

Norw. P. 57585 vom 1. 5. 1936. — C. 1937, I, 4055; Coll. 1939, 118.

Leif Jantzen, Oslo, Norwegen.

Herstellung von Gerbextrakten. Die beim Kochen von Holz oder dgl. mit Ammoniumsulfit erhaltene Lauge wird vergoren und eingedampft; der Ammoniakgehalt der Lauge soll weniger als 4% des Gesamttrockenrückstandes der Ablauge betragen.

A.P. 2142739 vom 26. 9. 1936. — C. 1939, I, 2320.

Robeson Process Company, New York, V. St. A.

Gleichzeitige Gewinnung von Citronensäure und Gerbstoffen aus Sulfitablauge. Die Kohlenhydrate der Sulfitablauge werden zu Citronensäure vergoren, wobei zweckmäßig mit Sauerstoff angereicherte Luft eingeblasen wird; die zurückbleibende Sulfitablauge ist wegen ihres erhöhten Gehaltes an ligninsulfonsauren Salzen als Gerbstoff besonders geeignet.

II. Verwendung der Zellstoffablaugen als Gerbmittel, Gerbhilfsmittel, Lösungsmittel für schwerlösliche Gerbstoffe usw.

E.P. 5438. — J. A. L. C. A. **3,** 72 (1908).

Donald Stewart, Inverness, Großbritannien.

Verfahren zur Herstellung von Gerbextrakten mit Sulfitcelluloseablauge. Gerbmaterialien werden mit Sulfitcelluloseablauge extrahiert; die aufhellende Wirkung der Sulfitcelluloseablauge auf die Gerbbrühen kann noch durch Oxalsäure oder andere geeignete Säuren vergrößert werden.

Vgl. auch **A.P. 909343,** 1903, S. 748.

D.R.P. 328240/Kl. 28a vom 26. 9. 1918. — C. 1921, II, 149; Coll. 1920, 488.

Jean Reerink, Homburg v. d. Höhe-Gonzenheim.

Verfahren zur Herstellung von Leder für technische Zwecke. Die Blößen werden mit einer Lösung von Natriumthiosulfat und Sulfitzelluloseablauge gewalkt oder mit Natriumthiosulfat vor- und mit Sulfitcelluloseablauge, der gegebenenfalls wasserlösliches Gerböl zugegeben wird, nachbehandelt.

D.R.P. 320301/Kl. 28a vom 9. 10. 1918. — C. 1920, IV, 102; Coll. 1920, 176.

Chemische Fabrik Rosenberg & Co., Karlsruhe i. B.

Verfahren zum Entkälken und Gerben von Blößen. Geäscherte bzw. entkälkte Blößen werden mit einer verdünnten Auflösung von kalkfreier, gereinigter und eingedickter, neutraler bzw. saurer Sulfitcelluloseablauge in salbenförmigem Glycerinabfallpech behandelt.

E.P. 307000 vom 1. 12. 1927. — C. 1929, II, 1499.

J. R. Geigy A. G., Basel, Schweiz.

Verfahren zur Herstellung von Emulsionen. Tran, Asphalt, schwere Petroleumöle, Steinkohlen- oder Braunkohlenteerdestillate werden unter Verwendung von Sulfitcelluloseablauge und kolloidaler Kieselsäure als Emulgierungsmittel emulgiert; die Emulsionen dienen u. a. zum Behandeln von Leder.

D.R.P. 152236/Kl. 28a vom 4. 4. 1903.
Ö.P. 12970 vom 13. 11. 1902. — Gerber 1919, 222.
Max Hönig, Brünn.

Verfahren zur Extraktion von pflanzlichen Gerbmaterialien. Zur Extraktion von pflanzlichen Gerbmaterialien (Quebrachoholz, Mimosarinde u. a.) werden die von der Zellstoffgewinnung herrührenden noch heißen Sulfitablaugen in die Auslaugebatterien geleitet (vgl. S. 522).

A.P. 1063428. — J. A. L. C. A. 8, 306 (1913).
Lepetit, Dollfuß und Gansser, Mailand.

Herstellung von Gerbextrakten. Pflanzliche Gerbextrakte, z. B. Quebrachoextrakt, werden mit Sulfitablauge 4 bis 5 Stunden auf 95 bis 100° C oder unter Druck auf mindestens 115° C erhitzt, bis eine Probe in kaltem Wasser klar löslich ist.

A.P. 1430477 vom 25. 3. 1920. — C. 1924, II, 1546.
Fulcra Tan Company, Irvington, N. J., V. St. A.
Aust. P. 9519 vom 19. 10. 1922. — C. 1925, I, 2139.
John Kiel Tullis, New York, V. St. A.

Gerbmittel. Man löst Quebrachoextrakt oder andere vegetabilische Gerbextrakte, wie Mangrove, Mimosa, Valonea oder Catechu, in mit einer aromatischen Sulfosäure (Kresol-, Naphthalin-, Naphtholsulfosäure) angesäuerten Sulfitcelluloseablauge.

Schwed. P. 54922.
A/S. Garvestof-Extracter, Drammen, Norwegen.

In kaltem Wasser leicht lösliche Gerbstoffpräparate. Vegetabilische, stark phlobaphenhaltige Gerbextrakte werden mit von Kalk und Eisen befreiter, stark konzentrierter Sulfitablauge in solchen Mengen versetzt, daß die in kaltem Wasser unlöslichen Bestandteile löslich gemacht werden.

A.P. 1563010 vom 23. 2. 1924. — C. 1926, I, 2644.
Röhm & Haas Co., Del., V. St. A.

Herstellung von in kaltem Wasser leicht löslichen Gerbstoffpräparaten. In Wasser wenig lösliche oder unlösliche vegetabilische Gerbstoffe werden in Gegenwart von Alkali mit Sulfitcelluloseablauge behandelt und das Reaktionsprodukt angesäuert.

D.R.P. 514723/Kl. 28a vom 23. 7. 1927. — C. 1931, I, 1224; Coll. 1931, 35.
A.P. 1750732 vom 30. 6. 1928. — C. 1930, II, 1181; Coll. 1932, 300.
Otto Ludwig Steven, Berlin-Charlottenburg.

Verfahren zur Nachgerbung von Leder. Fixierung von Sulfitablauge im Leder durch Behandeln mit wasserlöslichen Salzen carbocyclischer Basen (Anilinchlorhydrat, β-Naphthylaminchlorhydrat) (vgl. S. 560).
Vgl. auch Bd. III, 1, S. 937.

Die Kombinationsgerbung.

I. Kombination: Mineralgerbung mit pflanzlicher Gerbung.

1. Nachgerbung von mineralisch gegerbtem Leder mit pflanzlichen Gerbstoffen.

D.R.P. 32282 vom 20. 12. 1884.
Cäsar Kästner, Magdeburg.

Gerbverfahren. Die Häute werden zunächst mit Alaun und nach dem Trocknen mit alkoholischen Gerbstofflösungen gegerbt.

D.R.P. 36015 vom 8. 12. 1885.
I. S. Billwiller, St. Gallen.

Gerbverfahren. Die Häute werden vor dem Durchgerben mit pflanzlichen Gerbstoffen mit wässerigen Lösungen von Aluminiumsulfat und Natriumbicarbonat behandelt (vgl. S. 297).

A.P. 385222 vom 16. 6. 1888.
E.P. 2353 vom 16. 2. 1888.
William Zahn, Newark, N. Y., V. St. A.

Verbessertes Gerbverfahren. Zur Herstellung von Kidledern werden die Blößen zunächst in einem aus Bichromat und Salzsäure bestehenden Bad und dann in einem Hyposulfit und Mineralsäure enthaltenden Reduktionsbad behandelt; anschließend werden sie mit einer aus verseiftem Klauenfett und vegetabilischem Gerbextrakt bestehenden Mischung nachgegerbt.

1. **D.R.P. 86565**/Kl. 28 vom 5. 7. 1894. — C. 1896, II, 568.
2. **Zus.P. 95759**/Kl. 28 vom 14. 9. 1894. — C. 1898, I, 694.

F. Kornacher, Frankfurt a. M., und *Diesel & Weise*, Pößneck.

Schnellgerbverfahren.
1. Die mit schwachen Lohbrühen gefärbten Häute werden in bekannter Weise mineral- oder fettgar gemacht, ausgereckt und in starken Lohbrühen (3 bis 5^0 Bé) ausgegerbt.
2. Gerbung nach 1, wobei der Narben vor der vegetabilischen Nachgerbung mit Fett eingerieben wird.

D.R.P. 107959/Kl. 28 vom 16. 9. 1897. — C. 1900, I, 1004.
Lederfabrik Weilderstadt, L. Koch, Weilderstadt, Württemberg.

Schnellgerbung von Haut mittels kombinierter Chrom- und vegetabilischer Gerbung. Die Blößen werden nacheinander mit basischen Lösungen von Chromalaun oder Chromchlorid und mit vegetabilischem Gerbstoff behandelt.

D.R.P. 261323/Kl. 28a vom 9. 2. 1912. — Coll. 1913, 146 u. 389.
A.P. 1067796. — J.A.L.C.A. 8, 368 (1913).
F.P. 440736 vom 28. 2. 1912. — Coll. 1913, 517.
Ö.P. 87014 vom 13. 1. 1913. — Gerber 1922, 37.
Pierre Castiau, Renaix, Belgien.

Verfahren zur Herstellung festen, fast vollkommen wasserdichten, gleitfreien Leders, insbesondere Sohlleders. Die Blößen werden zunächst einer mineralischen (Chromgerbung), dann einer vegetabilischen Gerbung unterworfen, ausgewaschen und imprägniert (vgl. Bd. III, 1, S. 963).

Vgl. auch **D.R.P. 244066**/Kl. 28a vom 31. 1. 1911, Bd. III, 1, S. 962.

Fritz Kornacher, Auerbach, Hessen.

A.P. 1039150. — J. A. L. C. A. **7**, 694 (1912).

Gustav Hjalmer Lindstrom.

Gerbverfahren. Die Blößen werden nach einer Behandlung mit einer Lösung von Alaun, Kochsalz und Natriumpyrophosphat mit einer Mischung gegerbt, die aus der oben genannten Lösung, Gambir und Quebracho, besteht.

D.R.P. 365310/Kl. 28a vom 23. 12. 1920. — C. 1923, II, 372; Coll. 1922, 368.
E.P. 173508 vom 22. 12. 1921. — C. 1922, II, 834.
F.P. 544767 vom 21. 12. 1921. — C. 1923, II, 372.
Ö.P. 92475 vom 19. 12. 1921. — C. 1923, IV, 690.

Dr. Josef Bystron, Elmshorn, und *Dr. Karl Baron von Vietinghoff*, Berlin.

Gerbverfahren. Nachbehandlung mineralisch gegerbter Leder mit organischen Gerbstoffen in drei Stufen, wobei 1. die mineralgaren Leder mit Brühen von organischen Gerbstoffen nachbehandelt und die hierbei frei werdende Säure bis zur Neutralisation abgestumpft wird, 2. die Leder mit Lösungen von Salzen der organischen Gerbstoffe gefüllt werden und 3. die von dem Leder aufgenommenen Stoffe mit mineralischen Gerbstoffen umgesetzt werden.

D.R.P. 394948/Kl. 28a vom 24. 5. 1922. — C. 1924, II, 1424; Coll. 1924, 233.
A.P. 1516641 vom 21. 1. 1922. — J. A. L. C. A. **20**, 139 (1925).
E.P. 181067 vom 24. 2. 1921. — C. 1923, IV, 863.
F.P. 547726 vom 22. 2. 1922. — C. 1923, IV, 863.

Thomas Burnell Carmichael, Waterloo b. Liverpool, und *William Henry Ockleston*, Bourn Hall Bourn, England.

Verfahren zum Gerben. Kombinierte Chrom- und vegetabilische Gerbung, wobei die Häute vor der pflanzlichen Gerbung in einer sauren Chromsalzlösung vorbehandelt oder in ein aus gleichen Teilen des chromhaltigen Gerbmittels von 20° Bark. und eines vegetabilischen Extrakts von 30 bis 40° Bark. bestehendes Bad eingebracht und gegebenenfalls mit pflanzlichen Extrakten nachbehandelt werden (vgl. S. 625).

E.P. 171098 vom 2. 11. 1921. — C. 1922, II, 769.
F.P. 548748 vom 2. 11. 1921. — C. 1923, IV, 624.

C. R. Reubig, Laasphe, Westfalen.

Gerbverfahren. Nach dem Behandeln mit Kaliumbichromat, Kochsalz und Sulfitablauge werden die Blößen mit Chromalaun und anschließend mit pflanzlichen oder synthetischen Gerbstoffen gegerbt.

D.R.P. 549076/Kl. 28a vom 23. 7. 1926. — Coll. 1932, 638.
E.P. 332262 vom 10. 1. 1929. — C. 1930, II, 3495; Coll. 1931, 820.
A.P. 1823467 vom 25. 1. 1929.

Bernhard Quendt, Essen.

Vorbehandlung von Häuten vor der Gerbung unter Verwendung von Alaun und Kochsalz. Zur Beschleunigung der vegetabilischen Gerbung werden die Blößen mit einer Mischung von Alaun, einem oder mehreren Neutralsalzen und einem Kondensationsprodukt eines aromatischen Amins (z. B. Dimethylanilin) mit Formaldehyd vorbehandelt.

F.P. 675396 vom 18. 5. 1929. — C. 1930, II, 1179; Coll. 1932, 291.

Soc. des Produits Tanaldols „Soprotan“, Frankreich.

Gerbverfahren. Vor oder während der Gerbung mit vegetabilischen Gerbstoffen oder Sulfitablauge werden die Blößen mit einer Lösung von $Al_2(SiF_6)_3$ oder einer Mischung von $Al_2(SO_4)_3$ und SiF_4 behandelt.

A.P. 1789629 vom 4. 4. 1928. — C. 1931, I, 3081; Coll. 1932, 303.

Charles Kannel, Brooklyn, N. Y., V. St. A.

Verfahren zum Gerben von Sohlleder. Die in einem Kaliumbichromat, Borsäure, Schwefelsäure oder eine organische Säure (Buttersäure, Essigsäure) und Glycerin enthaltenden Bad vorbehandelten Blößen werden im Faß unter Vakuum mit einer 12 bis 14° Bé starken Gerbbrühe ausgegerbt.

F.P. 692347 vom 20. 3. 1930. — C. 1931, I, 884; Coll. 1932, 294 u. 318.

Maxime Joly und *Louis Maingueneau*, Frankreich.

Verfahren zum Gerben von Häuten und Fellen. Die mit einer Lösung von 3% Aluminiumsulfat, 0,5% Cadmiumsulfat und 0,93% Kupfersulfat vorbehandelten Blößen werden mit vegetabilischen Gerbstofflösungen steigender Konzentration (5 bis 18° Bé) nachgegerbt.

E.P. 377284 vom 24. 4. 1931.
F.P. 717396 vom 20. 5. 1931. — C. 1932, I, 2670; Coll. 1933, 168.
Schwz.P. 159946 vom 5. 1. 1932.

United Shoe Machinery Corporation, Paterson, N. Y., V. St. A.

A.P. 1953968 vom 12. 1. 1931.
Can.P. 343220 vom 22. 12. 1931. — C. 1936, I, 1559; Coll. 1937, 304.

Tanning Process Co., Boston, V. St. A.

Verfahren zum Gerben von Häuten und Fellen. Die Blößen werden nach dem Ausbreiten auf einer Unterlage in gestrecktem Zustand von der Narbenseite mit konzentrierten Chrombrühen bestrichen und nach der Verfestigung der Faser mit pflanzlichen Gerbstoffen im Faß ausgegerbt.

D.R.P. 630661/Kl. 28a vom 15. 6. 1934. — C. 1936, II, 1663; Coll. 1936, 423.
F.P. 791281 vom 14. 6. 1935. — C. 1936, I, 3067; Coll. 1937, 310.

Herbert Krull, Frankfurt a. M.

Verfahren zur Herstellung kombiniert gegerbter Leder. Vor der vegetabilischen Nachgerbung von mit Chromsalzen, Aluminiumsalzen, Formaldehyd oder synthetischen Gerbstoffen gegerbten Ledern wird die Narbenseite mit einem filmbildenden Überzug versehen (Acetylcellulose und harzartige Celluloseester und -äther oder Kautschukdispersionen), der vor dem Färben und Zurichten wieder entfernt wird (vgl. S. 602).

Vgl. auch **D.R.P. 636544**/Kl. 28a vom 26. 5. 1935. — C. 1937, I, 499; Coll. 1936, 712 (vgl. S. 377).

R.P. 46015 vom 7. 5. 1935. — C. 1936, II, 734; Coll. 1938, 115.

I. B. Bass, USSR.

Gerben von Häuten. Die Häute werden zunächst mit einer Chrombrühe, dann mit einer Mischung aus etwa 33% Sulfitcelluloseablauge und Eichenlohe bei p_H 4,5 und schließlich nur mit Eichenlohe gegerbt.

Zu diesem Abschnitt vgl. weiter:

D.R.P. 14769, Die Gerbung mit Chromverbindungen, S. 651.
A.P. 2016559, Die Gerbung mit Chromverbindungen, S. 654.

2. Nachgerbung von pflanzlich gegerbtem Leder mit mineralischen Gerbstoffen.

A.P. 409336 vom 20. 8. 1889.

Leon Rappe, Newark, N. Y., V. St. A.

Chromgerbeverfahren. Lohgares Leder wird mit wiederholt umgefälltem Chromhydroxyd, das zum Teil in Schwefelsäure gelöst wird, nachgegerbt.

D.R.P. 103194 vom 28. 4. 1897. — C. 1899, II, 499.

Reinhold Bach, Glückstadt.

Behandlung sattgegerbten Leders mit Alaun, Bolus oder anderen mineralischen, nichtfärbenden Stoffen. Vegetabilisch gegerbte und gefettete Leder werden der Einwirkung der genannten Stoffe ausgesetzt.

A.P. 1523365 vom 13. 3. 1924. — C. 1925, I, 2137.

Oskar Löw Beer, Frankfurt a. M.

Herstellung von hellfarbigem Leder. Vegetabilisch gegerbte Häute werden mit Chrom- oder Aluminiumsalzen synthetischer Gerbstoffe nachbehandelt.

A.P. 1800131 vom 16. 11. 1929. — C. 1931, II, 180; Coll. 1932, 303.

Joseph M. Brown, Cabot, Ark., V. St. A.

Gerbverfahren. Die Häute werden mit Catechu vorgegerbt und in einer Catechu und Alaun enthaltenden Brühe durchgegerbt.

F.P. 742040 vom 23. 11. 1931. — C. 1933, I, 3663; Coll. 1934, 46.

Alfred Tessier und *Pierre Tessier*, Frankreich.

Kombinationsgerbverfahren. Vegetabilisch gegerbte Häute werden nach dem Trocknen oder Abpressen in eine 12^0 Bé starke Chromsäurelösung getaucht und mit einer 4%igen Natriumthiosulfatlösung nachbehandelt.

F.P. 788387 vom 10. 7. 1934. — C. 1936, I, 1560; Coll. 1937, 308.

M. Georges André Favre, Frankreich.

Nachbehandeln von Leder. Vegetabilisch gegerbte Leder werden mit wässerigen Lösungen von reduzierenden und hydrolysierbaren Metallsalzen, insbesondere mit Titan- ($TiCl_3$ und $TiCl_2$), Antimon-, Zinn-, Cer- und Thorsalzen nachbehandelt, um das Altern des Leders zu verhindern.

R.P. 51373 vom 7. 5. 1935. — C. 1938, II, 476.

J. B. Bass, USSR.

Gerbverfahren. Die Blößen werden hintereinander mit mehreren Gerbstofflösungen gegerbt, wobei jede Lösung nur eine Art des Gerbstoffs enthält. Es können pflanzliche oder/und mineralische Gerbstoffe Verwendung finden.

3. Gerbung in gemeinsamem Bad.

D.R.P. 9919 vom 12. 9. 1879.

Simon Ullmo, Lyon.

Beschleunigtes Gerbverfahren. Gerbung mit einer Mischung von vegetabilischem Gerbstoff, Alaun und Kupfervitriol.

A.P. 401715 vom 16. 4. 1888.

Erik Ollestadt und *Andrew Jenson*, St. Paul, Min., V. St. A.

Gerbverfahren. Es wird eine vegetabilische Gerbstoffe, Kalialaun, Kupfervitriol, Kaliumbichromat und Salz- oder Schwefelsäure enthaltende Brühe verwendet.

Ö.P. 71274 vom 30. 6. 1913. — Gerber 1918, 84.
E.P. 16844. — J. A. L. C. A. **10,** 280 (1915).

William August Klipstein, New York.

Verfahren zur Herstellung eines Gerbmittels. Alkali- oder Erdalkalitannate, die durch Behandlung von Quebrachoextrakt oder anderen vegetabilischen Gerbstoffen mit Alkali- oder Erdalkalihydroxyd erhalten sind, werden in einer Lösung eines Chromsalzes (Chromsulfat) aufgelöst.

E.P. 121325 vom 7. 12. 1917. — J.A.L.C.A. **14,** 368 (1919).

R. B. Cock und *W. W. Williams*, England.

Gerbverfahren. Die Blößen werden mit einer Lösung behandelt, die Natriumthiosulfat, Aluminiumsulfat, Vaselin oder ein ähnliches Produkt, Glycerin und ein Gemisch von pflanzlichen Gerbextrakten enthält.

A.P. 1551000 vom 6. 11. 1923. — C. 1926, I, 290.

Hugh Young, Christine, Tex., V. St. A.

Gerbverfahren. Gerben mit einem Gemisch von gepulvertem Aluminiumsulfat, Catechu und Wasser.

D.R.P. 430037/Kl. 28a vom 31. 1. 1924. — C. 1927, I, 1650; Coll. 1927, 160.

Plauson's Forschungsinstitut G. m. b. H., Hamburg.

Verfahren zum Gerben. Vegetabilische Gerbmaterialien, z. B. Quebrachoholz, werden mit Wasser, gegebenenfalls unter Zusatz von Chrom- oder von Kieselsäureverbindungen oder auch von Fetten und Ölen, in Kolloidmühlen dispergiert und direkt zum Gerben verwendet.

D.R.P. 550245/Kl. 28a vom 13. 7. 1927. — Coll. 1932, 639.
E.P. 281292 vom 23. 11. 1927. — C. 1929, I, 2503; Coll. 1931, 265.
F.P. 628139 vom 27. 1. 1927. — C. 1929, I, 2503; Coll. 1929, 418.

Raphael Alcalai, Brüssel.

Verfahren zum Gerben von Häuten und Fellen. Als Gerbstoff wird ein Gemisch eines pflanzlichen Gerbstoffes mit einem Chrom- sowie Aluminiumsalz verwendet, wobei die Menge der Mineralgerbstoffe so bemessen ist, daß dieselben allein keine ausreichende Gerbwirkung ausüben.

E.P. 445612 vom 8. 8. 1934. — C. 1936, II, 1290; Coll. 1928, 91.
A.P. 2140008 vom 18. 6. 1936. — C. 1939, I, 2121.

Hall Laboratories Inc., Pittsburgh, V. St. A.

Gerben von tierischen Häuten und Fellen. Verwendung von Alkali- oder Ammoniumhexametaphosphaten als Zusatz zu Gerbbrühen aus pflanzlichen Gerbstoffen oder Sulfitablauge. Durch den Zusatz werden Verfärbungen des Leders bei Anwesenheit von Eisensalzen vermieden.

Vgl. auch **F.P. 777180** vom 14. 8. 1934. — C. 1935, II, 316 und **Ö.P. 143628.**

Chemische Fabrik Joh. A. Benckiser G. m. b. H., Ludwigshafen.

A.P. 2087849 vom 10. 5. 1935. — C. 1937, II, 3706; Coll. 1939, 100.

Monsanto Chemical Company, Del., V. St. A.

E.P. 471811 vom 10. 3. 1936. — C. 1938, I, 241.

Hall Laboratories Inc., Pittsburgh, V. St. A.

Gerbverfahren. Zusatz einer Mischung von 75 bis 85% Natriummetaphosphat und 15 bis 25% Natriumpyrophosphat zu vegetabilischen Gerbbrühen. Durch den Zusatz von 0,5 g/l Gerbbrühe wird die Gerbdauer wesentlich herabgesetzt.

Zu diesem Abschnitt vgl. weiter:

D.R.P. 394948ff., Abschn. I, 1, S. 754.
F.P. 675396, Abschn. I, 1, S. 754.

II. Kombination: Pflanzliche Gerbung mit anderen Gerbarten mit Ausnahme der Mineralgerbung.

Ö.P. 1717 vom 18. 7. 1899. — Gerber 1920, 3.

Charles Summer Dolley und *Albert Filmore Crank*, Philadelphia, V. St. A.

Gerbverfahren. Die Häute werden nach der Einwirkung der Gerbstoffe mit Formaldehyd in Lösung oder Gasform behandelt.

F.P. 396025. — J. A. L. C. A. 4, 256 (1909).

Soc. Anon. des Mat. Tannantes et Colorantes.

Herstellung von Sohlenleder. Die Blößen werden mit einer schwachen Formaldehydlösung vor und im Faß mit Extrakt ausgegerbt.

F.P. 404318. — J. A. L. C. A. **5**, 338 (1910).

Henri Morin.

Gerbverfahren. Formaldehydgerbung wird mit gewöhnlicher pflanzlicher Gerbung kombiniert.

E.P. 114358 vom 4. 5. 1917. — J.I.S.L.T.C. 1918, 197.

A. Barclay, Prahran, Vict. Austr.

Gerbverfahren. Die Häute werden mit einer Magnesiumsulfat und Formaldehyd enthaltenden Lösung behandelt und mit starken pflanzlichen Gerbextrakten ausgegerbt.

D.R.P. 341161/Kl. 28a vom 30. 4. 1918. — C. 1922, II, 53; Coll. 1921, 437.
Felix M. Thompson, Nowawes-Potsdam.

Verfahren zur Herstellung eines Sämischledererersatzes. Die rein pflanzlich fertig gegerbten Häute (namentlich Kleintierfelle) werden mit Tran und Fett eingerieben, geschliffen, weich gemacht und in Wasser unter Zusatz von Sumach gewalkt.

E.P. 175329 vom 1. 10. 1920. — C. 1923, II, 978.
Thomas Burnell Carmichael, Waterloo b. Liverpool, und *William Henry Ockleston*, Kelsall, Chester.

Verfahren zum Gerben tierischer Häute. Die Häute werden in einem Formaldehyd und Natriumbisulfit enthaltenden Bad vorbehandelt und mit vegetabilischen Gerbstoffen ausgegerbt.

A.P. 1909790 vom 10. 6. 1924. — C. 1933, II, 815; Coll. 1934, 31.
Edwin B. H. Tower jr., Milwaukee, Wisc., V. St. A.

Gerbverfahren. Die geäscherten und entkälkten Häute werden vor der eigentlichen Gerbung mit Formaldehyd und Sulfitcelluloseablauge behandelt.

D.R.P. 439521/Kl. 28a vom 16. 7. 1925. — C. 1927, I, 1651; Coll. 1927, 157.
Dr. Sigismund Schapringer, Osijek, Jugoslawien.

Verfahren zum Gerben tierischer Häute. Vor der Gerbung mit starken vegetabilischen Gerbextrakten werden die Blößen mit Lösungen von organischen Nichtgerbstoffen, wie mehrwertige Phenole, z. B. Chinone, Hydrochinone, Pyrogallol, Phloroglucin, Naphthol u. dgl., oder schwachen Gerbstoffen, wie Gallussäure oder Tannin, kurze Zeit behandelt.

D.R.P. 593573/Kl. 28a vom 26. 4. 1929. — Coll. 1934, 250.
A.P. 1844019 vom 12. 12. 1929.
The Mead Research Engineering Company, Dayton, O., V. St. A.
E.P. 337377 vom 30. 4. 1929. — C. 1931, I, 1223; Coll. 1932, 320.
Wilhelm Sailer, Schwaan, Mecklenburg.

Verfahren zur Vorbehandlung gerbfertiger tierischer Hautblößen für die Gerbung. Die Blößen werden mit Sulfitcelluloseablauge, die mit Sauerstoff abspaltenden Mitteln (Perborate, -sulfate, Wasserstoffsuperoxyd) und Chlor oder Brom behandelt wurde, vorgegerbt und mit pflanzlichen oder Chromgerbstoffen ausgegerbt.

A.P. 1897773 vom 12. 7. 1930. — C. 1933, I, 3663; Coll. 1934, 30.
Röhm & Haas Co., Philadelphia, Pa., V. St. A.

Kombinationsgerbverfahren. Die Kondensationsprodukte von Sulfonsäuren des Naphthalins oder dessen Derivaten (Naphthalinsulfosäure) und wasserunlöslichen Kohlenwasserstoffen (Dibenzylnaphthalin) mit Formaldehyd werden zum Nachgerben von loh- oder chromgegerbtem Leder oder in Mischung mit vegetabilischen oder Chromgerbstoffen verwendet.

A.P. 1897124 vom 25. 5. 1931. — C. 1933, I, 3399; Coll. 1934, 30.
E. I. du Pont de Nemours & Co., Del., V. St. A.

Gerbverfahren. Anwendung von vegetabilischen Gerbbrühen, denen bis zu 50% (berechnet auf Gerbstoffgehalt) an Sulfonierungsprodukten der Abietinsäure, ihrer Salze oder Aldehydkondensationsprodukte zugesetzt sind.

A.P. 1957020 vom 5. 8. 1931. — C. 1934, II. 1249; Coll. 1936, 118.
Niacet Chemicals Corp., New York, V. St. A.

Vorbehandlung tierischer Hautblößen für die Gerbung. Die gebeizten Blößen werden mit Paraldehyd oder Paraldol behandelt (vgl. S. 378).

A.P. 2049547 vom 13. 6. 1932. — C. 1936, II, 3387; Coll. 1938, 46.
Harold S. Shaw, Grand Rapids, Mich., V. St. A.

Herstellung von pflanzlich gegerbtem Leder. Die geäscherten und entkälkten Häute werden zunächst in eine 2- bis 10%ige Natriumbisulfitlösung, dann in eine 0,25- bis 1%ige Formaldehydlösung eingehängt und anschließend in starken Gerbbrühen von 8^0 Bé ausgegerbt.

F.P. 740347 vom 21. 7. 1932. — C. 1933, I, 2498; Coll. 1934, 45.

Charles Kannel, V. St. A.

Verfahren und Vorrichtung zur Herstellung von Leder, insbesondere von Sohlen- und Riemenleder. Mit einer Lösung von Natriumbisulfit, Borsäure und Glucose entkälkte Blößen werden mit einer Lösung, die Benzolsulfosäure, Chinon, Hydrochinon und gegebenenfalls Formaldehyd enthält, vorgegerbt und mit konzentrierten Gerbbrühen ausgegerbt.

1. **F.P. 781037** vom 12. 11. 1934. — C. 1935, II, 2165; Coll. 1937, 251.
2. **Zus.P. 46471** vom 2. 8. 1935. — C. 1936, II, 1663; Coll. 1938, 92.

Lucien Poujade, Frankreich.

Gerbverfahren.

1. Der vegetabilischen Gerbung geht eine Vorbehandlung mit einer Mischung von 46 Teilen Formaldehyd (40%ig), 8 Teilen Glycerin und 16 Teilen Chlorbarium voraus.

2. Vgl. S. 769.

Zu diesem Abschnitt vgl. weiter:

D.R.P. 630661, Abschn. I, 1, S. 755.

III. Kombination: Mineralgerbung mit anderen Gerbarten mit Ausnahme der pflanzlichen Gerbung*.

1. Mineralgerbung und Gerbung mit Formaldehyd.

D.R.P. 352285/Kl. 28a vom 18. 11. 1916. — C. 1922, IV, 201; Coll. 1922, 110.
Ö.P. 85688 vom 27. 6. 1918. — C. 1922, II, 660.
E.P. 132807.

Dr. Otto Röhm, Darmstadt.

Verfahren zum Neutralisieren von Chromleder. Anwendung von Formaldehyd (vgl. S. 609 und 658).

Can.P. 230859 vom 16. 11. 1922. — C. 1924, I, 1612.
E.P. 198288 vom 26. 10. 1922. — C. 1924, I, 1612.

Joseph Lawrence Robinson, Wilkes Barre, Pa., V. St. A.

Verdicken von Chromleder. In üblicher Weise mit Chrom gegerbtes Leder wird mit Formaldehyd nachbehandelt.

Ö.P. 99202 vom 3. 9. 1924. — C. 1926, II, 1720.

Ludwig Fischel, Wien.

Verfahren zum Gerben von Häuten und Fellen bzw. Pelzen. Gerbung mit Alaun und Kochsalz in üblicher Weise, wobei vor, während oder nach der Gerbung mit mindestens 10% (ber. auf mineral. Gerbstoff) Formaldehyd behandelt wird (vgl. S. 378).

A.P. 1982586 vom 5. 3. 1927. — C. 1935, I, 3087; Coll. 1937, 192.

Edwin B. H. Tower jr., Milwaukee, V. St. A.

Chromgerbverfahren. Die entkälkten und gepickelten Blößen werden vor der eigentlichen Chromgerbung in einem Formaldehyd, Schwefelsäure, Neutralsalz und Chromsalze enthaltenden Bad behandelt.

A.P. 1659520 vom 14. 5. 1927. — C. 1929, I, 2502; Coll. 1929, 418.

Harry Dodge, Danvers, Mass., V. St. A.

Behandlung von Häuten und Fellen. Die Häute werden mit einer Lösung behandelt, die 1 bis 10% Alaun und ebensoviel Kochsalz, 0,25 bis 5% Formaldehyd und 0,5 bis 5% Salpeter enthält. Das Verfahren eignet sich zur Vorbehandlung für die Gerbung sowie zur Konservierung von Blößen zum Versand in nassem Zustand.

---

* Patente, betreffend die Kombination der Eisengerbung mit anderen Gerbarten sind unter „Die Gerbung mit Eisensalzen“ abgehandelt.

D.R.P. 630124/Kl. 28a vom 6. 4. 1933. — Coll. 1936, 352.
E.P. 427951 vom 26. 11. 1934. — C. 1935, II, 2483; Coll. 1937, 247.
Schwz.P. 181255 vom 23. 11. 1934.

Sebastiano Bocciardo & Co., Genua.

Verfahren zur Herstellung von weißem Leder. Die Blößen werden mit einer Formaldehydlösung, die gegebenenfalls mit Soda im Laufe der Gerbung auf p_H 7 bis 9,8 eingestellt wird, vorgegerbt, nach dem Auswaschen mit Wasser mit einer angesäuerten Wasserglaslösung nachgegerbt und gegebenenfalls mit einer wässerigen Natriumsulfitlösung behandelt (vgl. S. 379).

1. **A.P. 2004473** vom 21. 4. 1933. — C. 1935, II, 3472; Coll. 1937, 243.
2. **E.P. 473200** vom 7. 4. 1936.
F.P. 807577 vom 10. 4. 1936. — C. 1937, I, 3909; Coll. 1939, 112.

George R. Pensel, Amsterdam, N. Y., V. St. A.

1. **Herstellung chromgarer Leder.** Gepickelte, auf ca. p_H 5 eingestellte Blößen werden mit Formaldehyd vorgegerbt und mit basischen Chromsalzen ausgegerbt.

2. **Herstellung von Leder.** Die gepickelten Blößen werden im Einbadverfahren mit der Lösung eines gerbenden Metallsalzes, z. B. Chrom- oder Aluminiumsalz, Natriumacetat und Formaldehyd gegerbt, wobei die einzelnen Bestandteile nacheinander zugesetzt und bestimmte p_H-Werte eingehalten werden.

A.P. 2029088 vom 12. 5. 1934. — C. 1936, I, 4243; Coll. 1937, 302.

Röhm & Haas Co., Philadelphia, V. St. A.

Herstellung weißer Leder. Gepickelte und mit Kochsalz entpickelte, auf p_H 4,5 eingestellte Blößen werden mit Formaldehyd vorgegerbt und nach der Durchgerbung mit Aluminiumsulfat (Basizität = 40%) mit einem synthetischen Gerbstoff nachgegerbt (vgl. S. 637).

D.R.P. 638088/Kl. 28a vom 18. 5. 1934. — C. 1937, 1354; Coll. 1936, 715.

Dr. Otto Röhm, Darmstadt.

Verfahren zur Herstellung von Leder mit einem hohen Schwefelgehalt. Mit alkalischer Formaldehydlösung vorgegerbtes Leder wird mit einer ca. 10%igen Polysulfidlösung (20% Schwefelgehalt) und anschließend mit zur Sulfidbildung befähigten Metallsalzlösungen (Fe, Zn, Cr) behandelt. Gegebenenfalls (Fe-, Zn-Gerbung) wird das Leder mit oxydierend wirkenden Mitteln (Wasserstoffsuperoxyd, Natriumnitrit) nachbehandelt.

E.P. 483598 vom 16. 2. 1937.
F.P. 824233 vom 12. 7. 1937.
Norw.P. 58912 vom 23. 6. 1937. — C. 1938, I, 3156; Coll. 1939, 118.
Schwz.P. 199474 vom 26. 7. 1937.

Röhm & Haas A. G., Darmstadt.

Herstellung eines vollen und reibfesten Leders. Gerbfertige Blößen werden mit Formaldehyd und komplexen, aus Aluminiumsalzen und Oxalsäure bzw. Oxalaten gebildeten Verbindungen gegerbt; gegebenenfalls kann noch eine Nachbehandlung mit anderen Gerbstoffen, wie Chrom-, Eisensalze, Kieselsäure, Sulfitcelluloseextrakt usw., oder Füllstoffen vorgenommen werden.

It.P. 352857 vom 27. 3. 1937. — C. 1938, I, 2824.
(Zus. P. zu It. P. 338146; vgl. Die Gerbung mit Aluminiumsalzen, S. 662.)

Vittorio Casaburi, Neapel.

Gerben von tierischen Häuten und Fellen mit Aluminiumsalzen. Die Blößen werden nach einer Vorgerbung mit 2% Formaldehyd mit Aluminiumsalzen nach dem Verfahren des Hauptpatents ausgegerbt.

A.P. 2172233 vom 9. 11. 1938.

Hall Laboratories, Inc., Pittsburgh, V. St. A.

Herstellung von weißem Leder. Mit Kaliumpermanganat und Natriumbisulfit in saurer Lösung gebleichte Blößen werden mit alkalischer Formaldehydlösung und anschließend bei p_H 2 bis 2,4 mit Metaphosphatlösungen nachbehandelt. Die Leder können mit Aluminiumsulzen nachgegerbt werden (vglS. 639).

Zu diesem Abschnitt vgl. weiter:

D.R.P. 379698, Abschn. IV, S. 764.
A.P. 1941485, Die Gerbung mit Aluminiumsalzen, S. 662.
A.P. 2140041, Die Gerbung mit anderen Mineralstoffen, S. 677.

2. Mineralgerbung und Gerbung mit Sulfitablauge.

D.R.P. 105669/Kl. 28a vom 9. 6. 1897. — C. 1900, I, 159.

Alfred Ziegler, Pilsen.

Verfahren zur Gerbung tierischer Haut durch wechselnde Anwendung von Sulfitcelluloseablauge und Metallösungen in getrennten Bädern. Als Metallsalze werden Alkalibichromate oder wasserlösliche Salze des Chroms, Aluminiums, Eisens oder Kupfers verwendet (vgl. S. 522).

D.R.P. 248055/Kl. 28a vom 30. 8. 1910. — C. 1912, II, 218.

Chemische Industrie und Handelsgesellschaft m. b. H., Dresden.

Gerbverfahren. Anwendung von Sulfitablauge, Chromsalzen und Glycerin.

E.P. 117922. — J.A.L.C.A. **14,** 125 (1919).

J.K. Tullis, Paris.

Gerbverfahren. Vorgerbung mit Chromsalzen, Nachgerbung mit Sulfitcelluloseextrakt.

Vgl. auch **A.P. 1390735** vom 24. 9. 1918, Abschn. IV, S. 764.

A.P. 1523982 vom 26. 4. 1922. — C. 1925, I, 2598.

Robeson Process Company, New York, V. St. A.

Verfahren zum Gerben von tierischen Häuten, mit Sulfitablauge und Aluminiumsulfat (vgl. auch S. 747).

F.P. 660109 vom 8. 9. 1928. — C. 1930, II, 1180; Coll. 1932, 290.

Binders International Co., Ltd., England.

Gerbverfahren. Für die Gerbung wird eine Mischung von Chromsalzen mit auf p_H 1 eingestelltem Celluloseextrakt verwendet. Zur Herstellung der Gerbbrühe kann auch Kaliumbichromat mit Celluloseextrakten reduziert werden.

1. **D.R.P. 651992**/Kl. 28a vom 3. 7. 1935. — Coll. 1937, 603.
A.P. 2101511 vom 29. 6. 1936.
E.P. 477536 vom 1. 7. 1936.
F.P. 817102 vom 29. 6. 1936.
Norw.P. 57668 vom 12. 6. 1936. — C. 1937, I, 4724; Coll. 1939, 118.
2. **D.R.P. 655735**/Kl. 28a vom 17. 9. 1935. — Coll. 1938, 42.
(Zus.P. zu D.R.P. 651992.)
It.P. 343908 vom 2. 6. 1936. — C. 1938, I, 519.
Schwz.P. 196978 vom 16. 9. 1936.

Dr. Otto Röhm, Darmstadt.

Verfahren zur Herstellung von Unterleder.

1. Gegebenenfalls gepickelte Blößen werden mit einem geringe Menge Oxydationsmittel (Kaliumbichromat) enthaltenden Sulfitcelluloseextrakt vor- und mit Kieselsäurelösungen nachgegerbt.

2. Die Häute werden mit einer Mischung von Sulfitcelluloseextrakt und Kieselsäurelösung, der noch pflanzliche, mineralische oder künstliche Gerbstoffe zugesetzt werden können, gegerbt (vgl. S. 645).

R.P. 48996 vom 8. 8. 1935. — C. 1937, II, 334; Coll. 1939, 119.

S. M. Wanatowski, USSR.

Gerben von Schafsblößen mit Mischungen von Sulfitcelluloseextrakt und Chromlaugen, wobei der p_H-Wert zuerst auf 3 bis 4, später auf 4 bis 5 gehalten wird.

Zu diesem Abschnitt vgl. weiter:

F.P. 675396, Abschn. I, 1, S. 754.
E.P. 445612, Abschn. I, 3, S. 757.
D.R.P. 593573, Abschn. II, S. 758.
E.P. 483598, Abschn. III, 1, S. 760.

Ferner:

Die Gerbung mit Celluloseextrakten, Abschn. I, 3, S. 746ff.

3. Mineralgerbung und Gerbung mit synthetischen Gerbstoffen.

D.R.P. 40378 vom 10. 11. 1886.
(Zus. P. zu D. R. P. 37022; vgl. Künstliche Gerbstoffe, S. 731.)
P. F. Reinsch, Erlangen.

Verfahren zur Gerbung von Leder. Nach Vorgerbung mit einer Mischung von Chromalaun, Chromsäure, Magnesiumchlorid und Kochsalz werden die Häute nach dem Verfahren des Hauptpatents gegerbt.

D.R.P. 514874/Kl. 28a vom 7. 7. 1925. — C. 1931, II, 1664; Coll. 1931, 37.
J. R. Geigy A. G., Basel.

Verfahren zum Gerben tierischer Häute. Mit sauren, neutralen oder basischen Chrom-, Aluminium- oder Eisensalzlösungen vorbehandelte Häute werden im gleichen Bade oder in frischen Lösungen mit neutralen synthetischen Gerbstoffen, deren Wasserlöslichkeit auf die Anwesenheit von Sulfogruppen beruht, gegebenenfalls unter Zusatz von Sulfitcelluloseablauge gegerbt.

F.P. 723319 vom 17. 10. 1930. — C. 1932, II, 1572; Coll. 1933, 171.
Société Anonyme Progil, Frankreich.

Gerbverfahren. Vor der Gerbung mit synthetischen Gerbstoffen werden die Blößen mit neutralen Mineralsalzen, z. B. Kalialaun und NaCl, behandelt.

A.P. 1945461 vom 10. 12. 1930. — C. 1934, I, 3298; Coll. 1936, 116.
Röhm & Haas Co., Philadelphia, V. St. A.

Nachgerben von Chromleder. Mit Wasser ausgewaschene und auf p_H 2,5 bis 5 eingestellte Chromleder werden mit synthetischen Gerbstoffen aus Kondensationsprodukten von aromatischen Sulfosäuren oder aromatischen Sulfosäuren von hohem Molekulargewicht nachgegerbt.

A.P. 1985439 vom 4. 10. 1932. — C. 1935, I, 3087; Coll. 1937, 240.
Röhm & Haas Co., Philadelphia, V. St. A.

Herstellung von Chromleder. Mit basischen Chromsalzlösungen durchgegerbte Blößen werden im gleichen Bad mit Alkali- oder Erdalkalisalzen von kondensierten, gerbend wirkenden aromatischen Sulfosäuren, insbesondere von Dinaphthylmethandisulfosäure nachbehandelt. Hierdurch wird eine stärkere Fixierung des Chroms und eine Neutralisation des Leders erzielt.

A.P. 2115562 vom 20. 3. 1936. — C. 1938, II, 476.
August C. Orthmann, Milwaukee, Wisc., V. St. A.

Gerbverfahren. Zur Vermeidung eines gezogenen oder faltigen Narbens bei der Aluminiumgerbung wird vor oder nach dem Neutralisieren mit synthetischen Gerbstoffen behandelt.

Zu diesem Abschnitt vgl. weiter:

E.P. 171098, Abschn. I, 1, S. 754.
A.P. 1897773, Abschn. II, S. 758.
A.P. 2029088, Abschn. III, 1, S. 760.
D.R.P. 335907, Bd. III, 1, S. 926.

Ferner:

Künstliche Gerbstoffe, Abschn. IX, S. 735ff.

4. Mineralgerbung und Gerbung mit anderen Gerbmitteln.

D.R.P. 383369/Kl. 28a vom 4. 6. 1921. — C. 1924, I, 1731; Coll. 1923, 358.
A.P. 1453800 vom 26. 7. 1921. — C. 1924, I, 1731.
E.P. 184955 vom 30. 6. 1921. — C. 1923, IV, 972.
F.P. 547532 vom 23. 5. 1921. — C. 1923, IV, 972.

Pierre Julien Clément Margotton, Niort, Deux-Sèvres, Frankreich.

Verfahren und Vorrichtung zum Gerben von Fellen, insbesondere für die Handschuhfabrikation. Kombinationsgerbung, bei der die Häute zunächst mit Chrom und anschließend mit Öl leicht nachgegerbt werden, z. B. werden die Blößen zunächst mit Chromsäurelösung behandelt und alsdann zur Reduktion der Chromsäure aufgespannt in einer Kammer der Einwirkung von SO_2 ausgesetzt. Nach dem Einleiten von ammoniakhaltiger Luft, Auswaschen und Abpressen werden die Häute mit heißen Alkoholdämpfen behandelt, in heißes Öl getaucht und in der Wärme getrocknet. Dabei wird das von der Haut aufgenommene Öl oxydiert und bewirkt eine Gerbung.

Belg.P. 364535 vom 17. 10. 1929. — C. 1933, I, 1558; Coll. 1934, 32.

R. Botson und *A. Dohogne*, Anderghem, Brüssel.

Gerbverfahren. Die Blößen werden mit einer alkalischen Natriumbichromatlösung getränkt, die anschließend mit Ölen oder Fetten reduziert wird. Man erhält auf diese Weise ein chrom- und fettgares Leder.

F.P. 756550 vom 10. 9. 1932. — C. 1934, I, 2382; Coll. 1936, 123.

Société Albatan, Frankreich.

Gerbverfahren. Für Schaffelle, Schweine- und Schlangenhäute eignet sich eine Gerbbrühe, die pro Kilogramm Hautblöße 280 g Aluminiumsulfat, 210 g Bisulfit, 70 g Kochsalz, 5 g Hydrochinon und 3 l Wasser enthält.

Belg.P. 399526 vom 4. 11. 1933. — C. 1936, II, 417.

A. Dohogne und *G. Rezabek*, Lüttich, Belgien.

Gerbverfahren. Die Blößen werden mit einer sauren Lösung von Alkalibichromaten und anschließend mit einem trocknenden Öl (Fischöl) behandelt.

F.P. 782493 vom 1. 3. 1934. — C. 1935, II, 3046; Coll. 1937, 252.

Charles Daboust, Frankreich.

Gerbverfahren. Zur Verbesserung sämischgarer Leder werden gebeizte Hautblößen zunächst einem Chromeinbad- oder Zweibad-Gerbverfahren unterworfen, mit Kohlenwasserstoffen entfettet und dann mit Fetten nachgegerbt.

A.P. 2136433 vom 12. 12. 1936. — C. 1939, I, 1307.

Jacques Wolf & Co., Passaic, N. Y, V. St. A.

Sämischleder. Gerbfertige Blößen werden mit einer sauren Alkalichromatlösung vor- und die noch feuchten Blößen mit Tran, der mittels eines Emulgierungsmittels (Fettalkoholsulfonat, Lecithin, Triäthanolamin) emulgiert ist, nachbehandelt. Die Reduktion des Chromats erfolgt durch die Tranbehandlung, gegebenenfalls werden noch Reduktionsmittel (Natriumthiosulfat) verwendet. Man erhält kochbeständige Leder.

IV. Kombination der Mineralgerbungen untereinander*.

D.R.P. 16306 vom 13. 2. 1881.

Werner Jungschläger sen., Kirchen a. d. Sieg.

Gerbverfahren. Die unter Anwendung einer Wasserglaslösung enthaarten Häute werden mittels Alaun, Kochsalz, Kupfer- und Zinksalzen gegerbt.

---

* Patente betreffend die Kombination der Eisengerbung mit anderen Mineralgerbungen sind unter „Die Gerbung mit Eisensalzen“ abgehandelt.

A.P. 243923 vom 5. 7. 1881.

Robert Koenitzer, St. Louis, V. St. A.

Gerbverfahren. Die Blößen werden zunächst mit einer aus Kupfervitriol, Bichromat und Alaun bestehenden Lösung behandelt, dann wird Natriumchlorid und Zinnsalz zugesetzt und die Gerbung nach weiterer Zugabe von Kupfervitriol, Bichromat, Alaun und Salpeter beendet. Nach dem Trocknen werden die Leder mit Bleiacetat und Glycerin nachbehandelt.

A.P. 381734 vom 24. 4. 1888.

A. Warter und *C. H. Kögel,* Newark, V. St. A.

Herstellung von Alaunleder. Nach der Alaungare wird mit einer aus Chromhydroxyd und Schwefelsäure bereiteten Chromlösung gegerbt, die evtl. durch Soda basisch gestellt ist.

E.P. 9713 vom 16. 5. 1895.

M. J. Völcker und *M. W. Bergmann,* Eisenberg.

Mineralgerbverfahren. Nach einer Vorbehandlung mit Ammoniakgas, wodurch die Entfernung des Kalks erleichtert wird, werden die Blößen mit einer 10%igen Alaun- und 5%igen Kochsalzlösung und anschließend mit einer 5%igen Lösung eines Chromats oder von Chromsäure behandelt. Nach dem Auswaschen erfolgt eine Behandlung mit Schwefelwasserstoff.

D.R.P. 199569/Kl. 28a vom 11. 12. 1906. — C. 1908, II, 465; Coll. 1909, 44.

C. H. Boehringer Sohn, Niederingelheim a. Rh.

Verfahren zum Gerben mittels Metallsalzen. Die Blößen werden mit der basischen Lösung eines Sesquioxyds, z. B. basischem Chromchlorid, imprägniert und mit der alkalischen Lösung eines Sesquioxyds, z. B. Zinkoxydnatrium, Tonerdenatron, Kupferoxydammoniak, nachbehandelt.

A.P. 1390735 vom 24. 9. 1918. — C. 1922, II, 168.

Fulcra Tan Company, New York, V. St. A.

Gerbverfahren. Die mit einer Lösung von Aluminiumsulfat, Magnesiumsulfat und Kaliumbichromat behandelten Häute werden zur Reduktion der Chromverbindungen mit Sulfitablauge nachbehandelt.

D.R.P. 379698/Kl. 28a vom 2. 12. 1919. — C. 1924, I, 1612; Coll. 1923, 295.
(Zus.P. zu D.R.P. 378450; vgl. Die Gerbung mit Eisensalzen, S. 672.)

Dr. Otto Röhm, Darmstadt.

Verfahren zur Herstellung von mineralisch gegerbtem Leder. Zur Gerbung werden Lösungen von Metallsalzen (Chrom, Aluminium) und kieselsauren Salzen (Wasserglas) zugleich verwendet. Zweckmäßig wird die angesäuerte Wasserglaslösung unmittelbar mit den Metallsalzen vermischt. Aldehyde, wie z. B. Formaldehyd, können vor, während oder nach der Mineralgerbung mitverwendet werden (vgl. S. 80, 299 und 379).

A.P. 1603169 vom 17. 3. 1922. — C. 1927, I, 1779; Coll. 1929, 275.

John K. Tullis, New York, V. St. A.

Gerbverfahren. Die Blößen werden mit einer Kalium- oder Natriumbichromat-, Magnesiumsulfat- und Aluminiumsulfat- im Verhältnis 2:5:4 enthaltenden Lösung gegerbt. Bei Unterleder erfolgt eine Nachbehandlung mit Sulfitcelluloseablauge, pflanzlichen oder synthetischen Gerbstoffen.

D.R.P. 492847/Kl. 28a	vom 1. 5. 1926.	— C. 1930, I, 3631; Coll. 1930, 123.
Can.P. 275164	vom 25. 4. 1927.	— C. 1930, II, 3228.
E.P. 270267	vom 7. 4. 1927.	— Coll. 1931, 264.
F.P. 631109	vom 18. 3. 1927.	— C. 1930, I, 3631.
Holl.P. 20652	vom 14. 3. 1927.	— C. 1930, I, 3631.
Ö.P. 112118	vom 18. 3. 1927.	— C. 1930, I, 3631.
Schwz.P. 128235	vom 19. 3. 1927.	— C. 1930, I, 3631.
Zus.P.P. 135152/3	vom 19. 3. 1927.	— C. 1930, I, 3631.

Röhm & Haas A. G., Darmstadt.

Gerbverfahren mit Metallsalzen und Kieselsäure. Den Gerblösungen werden mehr als 2wertige Säuren oder deren Salze, wie Borsäuren, Borate, Phosphorsäuren, Phosphate, Arseniate, Antimoniate, Zinnsalze usw., oder 1- oder 2wertige organische Säuren (Milchsäure, Essigsäure, Oxalsäure) für sich allein oder in Mischung miteinander in solchen Mengen zugesetzt, daß keine Fällung eintritt. Der kolloidale Zustand der Gerblösungen wird durch diese Zusätze stabilisiert (vgl. S. 299 und 337).

Vgl. auch **Aust. P. 7150**/27 vom 4. 5. 1927. — C. 1929, II, 1121; Coll. 1931, 323.

Cecil Woods Le Plastrier, Melbourne.

Ö.P. 121993 vom 3. 3. 1930. — C. 1931, II, 181; Coll. 1932, 298.

Paul Raksanyi, Wien.

Verfahren zur Herstellung von Chromleder. Mit Essigsäure entkälkte Blößen werden zunächst mit 25% Wasserglas und 2% Leinöl, dann mit einer Lösung, die 10% Calciumchlorid und 1% Kaliumpermanganat enthält, und schließlich mit 20% Chromalaun und 2% Ferrosulfat gegerbt.

A.P. 2105446 vom 1. 4. 1935. — C. 1938, I, 2824.

Monsanto Chemical Co., Del., V. St. A.

E.P. 472164 vom 9. 3. 1936. — C. 1938, I, 519.

Hall Laboratories Inc., Pittsburgh, Pa., V. St. A.

Mineralgerbung. Mit Chromsalzen gegerbte Leder werden mit wässerigen Lösungen eines Alkalimetallpolyphosphats, z. B. Natriummetaphosphat behandelt, wobei die Leder neutralisiert werden.

Zu diesem Abschnitt vgl. weiter:

D.R.P. 5298 ff., Die Gerbung mit Chromverbindungen, S. 651.
A.P. 528162, Die Gerbung mit Chromverbindungen, S. 652.
A.P. 518467, Die Gerbung mit Chromverbindungen, S. 656.
D.R.P. 271585, Die Gerbung mit Chromverbindungen, S. 657.
D.R.P. 457818, Die Gerbung mit Chromverbindungen, S. 657.
D.R.P. 417865, Die Gerbung mit Aluminiumsalzen, S. 662.
A.P. 1616400, Die Gerbung mit anderen Mineralstoffen, S. 674.
D.R.P. 649047, Die Gerbung mit anderen Mineralstoffen, S. 675.
A.P. 2017453, Die Gerbung mit anderen Mineralstoffen, S. 676.
D.R.P. 672747, Die Gerbung mit anderen Mineralstoffen, S. 676.
E.P. 2716, Allgemeine Mineralgerbverfahren, S. 678.
E.P. 416016, Bd. III, 1, S. 925.

V. Verschiedene Kombinationen.

D.R.P. 11031 vom 10. 1. 1880.
Zus.P. 13122 vom 21. 4. 1880.
A.P. 236280 vom 4. 1. 1884.

Jean & Constantin Ballatschano & Heinrich Trenk, Berlin.

Verfahren zum Gerben von Häuten 1. mit Lösungen von chromsaurer Tonerde oder Chromalaun in verdünntem Holzessig; 2. mit Weinstein unter Zusatz einer Lösung eines Doppelsalzes aus Zinn, Zink, Eisen, Chrom, Mangan, Magnesium mit alkalischen Erden, Alkalien oder Ammoniak, letztere können auch in essigsaurer Lösung Verwendung finden; 3. mit Tannin in mit Wasser verdünntem Holzessig; 4. mit Leimlösungen, denen Oxalsäure oder andere Leim nicht fällende Säuren, Glycerin und essigsaure Tonerde zugesetzt sind.

Die Lösungen können einzeln oder in beliebiger Kombination Verwendung finden.

E.P. 12435 vom 15. 9. 1884.

Emanuel Herrmann, Wien.

Gerbverfahren für Häute. Für die Gerbung wird eine Mischung, bestehend aus Harz, Wachs, Fett, Öl, Zucker, Dextrin und Leim, verwendet, der die 5- bis 30fache Menge an gerbenden in Wasser gelösten Mineralsalzen (Al, Zn, Mg, Cu, Fe, Cr) zugesetzt wird.

1. **D.R.P. 107109** vom 27. 9. 1898. — C. 1901, 839.
Ö.P. 4724 vom 12. 7. 1899. — Gerber 1920, 3.
2. **D.R.P. 117666**/Kl. 30i vom 30. 12. 1899. — C. 1901, I, 351.
(Zus.P. zu D.R.P. 107109.)

Franz W. Wartenberger.

Verfahren zum Nachbehandeln von mit Pikrinsäure gegerbten Häuten.
1. Mittels unterschwefeligsaurem Natrium.
2. An Stelle von Natriumhyposulfit werden pflanzliche Gerbextrakte zur Nachbehandlung verwendet.
Vgl. auch **Ö.P. 5642** vom 29. 3. 1901. — Gerber 1920, 3.

Karl Brandt, Villach.

D.R.P. 272678/Kl. 28a vom 11. 10. 1912. — C. 1914, I, 1617; Coll. 1914, 342.

Dr. Karl Evler, Berlin-Friedenau.

Verfahren zur Herstellung von Formaldehydleder. Anwendung einer Formaldehyd, Fett oder Öl und Magnesiumsilikat enthaltenden Emulsion (vgl. S. 379).

1. **D.R.P. 302992**/Kl. 28a vom 29. 4. 1916. — C. 1918, I, 502.
2. **Zus.P. 303601**/Kl. 28a vom 31. 1. 1917.

Ewald Hupertz, Rodenkirchen a. Rh.

Verfahren zum Gerben von Häuten und Fellen.
1. Die an sich bekannte Gerbung mit Phenolen oder ihren Derivaten oder mit Formaldehyd, seinen Polymeren oder ähnlichen Gerbstoffen wird in Gegenwart von Chinolin oder sulfocyanwasserstoffsaurem Chinolin oder Doppelverbindungen von Chinolin und Rhodankalium oder Gemischen davon vorgenommen. Es können auch Formiate des Magnesiums, Aluminiums, Kaliums oder Natriums sowie pflanzliche Gerbextrakte oder Sulfitcelluloseablauge zugesetzt werden.
2. Den nach 1 benutzten Gerbbrühen werden noch rohe Holzessigsäure oder die Mg-, Al-, K- oder Na-Salze davon zugesetzt.

E.P. 110470 vom 24. 2. 1917. — Coll. 1919, 373.
A.P. 1288458. — J. A. L. C. A. **14,** 125 (1919).

A. Turnbull und *T. B. Carmichael,* Liverpool, England.

Gerbverfahren. Mineralische (Cr, Al) Gerbbrühen werden mit Stärke oder Stärke enthaltenden Produkten erhitzt und zum Gerben verwendet. Statt mineralischer Gerbbrühen können auch vegetabilische oder beide in Kombination verwendet werden.
Vgl. auch **E.P. 167538** vom 2. 8. 1921. — J. I. S. L. T. C. 1922. 27.

D.R.P. 328240/Kl. 28a vom 26. 9. 1918. — C. 1921, II, 149; Coll. 1920, 488.

Jean Reerink, Homburg v. d. Höhe.

Verfahren zur Herstellung von Leder für technische Zwecke. Die Blößen werden mit Thiosulfat gewalkt und dabei Sulfitcelluloseablauge zugesetzt.

D.R.P. 439551/Kl. 28a vom 5. 9. 1922. — C. 1927, I, 1650; Coll. 1927, 159.

Chemische Werke „Herkules“ G. m. b. H., Staufen i. Br.

Verfahren zum Gerben von tierischen Häuten mit alkalischen oder sauren wässerigen Lösungen von Formaldehyd und lohgaren Lederabfällen, oder Vorgerbung mit Formaldehyd und Nachgerbung mit Lösungen von lohgaren Lederabfällen, denen konservierende Stoffe, wie Phenol, Anilin u. dgl., zugesetzt werden können.

D.R.P. 416508/Kl. 28a vom 26. 7. 1922. — C. 1925, II, 1917.

Hans Friedenthal, Charlottenburg.

Verfahren zum Gerben. Anwendung von Gerbsalben, die aus Gerbextrakten pflanzlicher oder mineralischer Herkunft und einer damit nicht mischbaren Fettsubstanz oder einem Kohlenwasserstoff hergestellt werden.

D.R.P. 514240/Kl. 28a vom 6. 8. 1925. — C. 1931, I, 1054; Coll. 1931, 32.
A.P. 1650541 vom 1. 9. 1926. — C. 1928, I, 1352.
E.P. 256628 vom 5. 8. 1926. — C. 1927, I, 552; Coll. 1929, 268.
F.P. 620732.

J. R. Geigy A. G., Basel.

Verfahren zum Gerben tierischer Häute. Die Häute werden vor oder während des Gerbens mit vegetabilischen, mineralischen oder synthetischen Gerbstoffen oder Sulfitablauge, mit Kieselfluorwasserstoffsäure oder deren Salzen behandelt (vgl. S. 337, 463 und 513).

Vgl. auch **D.R.P. 515664,** Künstliche Gerbstoffe, S. 736.

E.P. 255313 vom 19. 12. 1925. — J. A. L. C. A. **22**, 253 (1927).

F. B. Dehn, London.

Gerbverfahren. Zum Gerben werden Lösungen verwendet, die Salze von Schwermetallen (Chromalaun, Eisenchlorid), Alkalien (Wasserglas), Seife und andere Kolloide, wie Sulfitcelluloseextrakt, enthalten.

D.R.P. 557203/Kl. 28a vom 28. 12. 1926. — C. 1932, II, 2277; Coll. 1932, 866.

Farb- und Gerbstoffwerke Carl Flesch jun., Frankfurt a. M.

Verfahren zum Vorbehandeln und zum Gerben von tierischen Häuten. Den mineralischen oder vegetabilischen Gerbstofflösungen werden gerbend wirkende Schwefelsäureester von Ölen und Fetten mit einem Gehalt von 6% und mehr organisch gebundener Schwefelsäure, bezogen auf den handelsüblichen Fettgehalt von 38%, zugesetzt.

Weitere Patente vgl. Bd. III, 1. Teil, S. 963 (Gerböle).

A.P. 1649502 vom 13. 1. 1927. — C. 1928, I, 624.

Vincenz Zettlitz und *Annie Pfeifer*, Rumhurg.

Gerben und Färben von Häuten. Die Blößen werden nacheinander 1. mit Lehm (?) und Salz, 2. mit Alaun und Salz, 3. mit Chromalaun und 4. mit Wasser bei 80—90° behandelt.

D.R.P. 633687/Kl. 28a vom 28. 9. 1930. — C. 1936, II, 3246; Coll. 1936, 619.

Ernst Schmidt, Berlin.

Kombinationsgerbung. Gerben in getrennten Arbeitsgängen, einerseits mit Lösungen von Hexamethylentetramin oder solches liefernden Stoffen und andererseits mit bekannten pflanzlichen, mineralischen oder künstlichen Gerbstoffen.

E.P. 366337 vom 30. 3. 1931. — C. 1932, I, 2920; Coll. 1933, 119.

George B. Stoole, Port Elisabeth, Südafrika.

Verfahren zum Gerben tierischer Hautblößen. Die Blößen werden nach einer Vorbehandlung mit einer aus 3% Acetylensulfosäure und 10% Kochsalz bestehenden Lösung mit 3% Hexamethylentetramin nachbehandelt. Die Gerbung kann auch mit einer Behandlung mit Zinksulfat und Soda oder mit pflanzlichen Gerbstoffen kombiniert werden.

F.P. 46471 vom 2. 8. 1935. — C. 1936, II, 1663; Coll. 1938, 32.
(Zus.P. zu F. P. 781037; vgl. S. 759.)

Lucien Poujade, Frankreich.

Gerbverfahren. Die Blößen werden mit einer Mischung von Formaldehyd, Glycerin, Chlorbarium, Natriumthiosulfat, Talkum und Wasser vorgegerbt und nach Zusatz von Aluminiumsulfat und Natriumbisulfit ausgegerbt.

1. It.P. 343165 vom 23. 12. 1935. — C. 1937, II, 2110; Coll. 1939, 117.
2. It.P. 347057 vom 12. 12. 1936. — C. 1938, I, 3156.
F.P. 830470 vom 7. 12. 1937.

Giacomo Bosio, *Felice Bosio* und *Gesualdo Baggini*, Turin.

Gerbstoff.

1. Als Ersatz für Quebracho wird eine Mischung von synthetischen Gerbstoffen, Sulfitcelluloseextrakt, Kastanienholzextrakt, Fichtenrindenextrakt, Alaun, Schwefelsäure und Natriumbisulfit verwendet.

2. Anwendung einer Mischung von gereinigter Sulfitcelluloseablauge, synthetischen Gerbstoffen (Dinaphthylmethansulfosäure) und pflanzlichen Gerbstoffen.

R.P. 52200 vom 13. 3. 1936. — C. 1938, II, 1894.

K. A. Krasnow und *G. G. Powarnin*, USSR.

Kombiniertes Gerben. Die nach den Verfahren der R.PP. 50685 (vgl. S. 655) und 50804 (C. 1938, II, 639) mit Dämpfen flüchtiger Schwermetallsalze oder mit Alkoholen, denen Natronlauge, Natriumsulfid, Amine oder Thioverbindungen zugesetzt sein können, vorbehandelten Häute werden mit Chrombrühen und anschließend mit alkoholischen Extrakten gegerbt. Nach der Entfernung des Alkohols erfolgt Nachbehandlung mit Soda, Wasserglas und Aluminiumsulfat.

A.P. 2140042 vom 17. 6. 1937. — C. 1939, I, 2121.

Hall Laboratories Inc., Pittsburgh, V. St. A.

Gerbverfahren, bei dem die Häute mit Gerbstoffen der Formel $(M_2O)\, x\, .\, (P_2O_5)\, y$, in welcher M = H, NH_3 oder Alkalimetall bedeutet und in welcher das Verhältnis von M_2O zu P_2O_5 geringer als 2 : 1 ist, vorgegerbt und mit der Lösung eines anderen Gerbstoffs nachgegerbt werden (vgl. auch **A.P. 2140041,** Gerbung mit anderen Mineralstoffen, S. 677).

Zu diesem Abschnitt vgl. weiter:

D.R.P. 653791, Die Gerbung mit Chromverbindungen, S. 655.
A.P. 1940610, Die Gerbung mit anderen Mineralstoffen, S. 675.
D.R.P. 377536, Die Gerbung mit anderen Mineralstoffen, S. 677.
D.R.P. 660678, Die Gerbung mit anderen Mineralstoffen, S. 678.
D.R.P. 671712, Die Gerbung mit anderen Mineralstoffen, S. 676.
D.R.P. 6607·0, ff., Allgemeine Mineralgerbung, S. 680.
A.P. 2009255, Die Aldehydgerbung, S. 681.
Ital.P. 361477, Die Aldehydgerbung, S. 682.
D.R.P. 453435, Künstliche Gerbstoffe, Abschn. VIII, 5, S. 734.

VI. Verfahren, bei denen vor, während oder nach der Gerbung Stoffe verwendet werden, die an sich keine Gerbwirkung aufweisen.

D.R.P. 634404/Kl. 28a vom 7. 5. 1927. — C. 1936, II, 3387; Coll. 1936, 669.

Oranienburger Chemische Fabrik A. G., Oranienburg.

Verfahren zum Gerben tierischer Häute. Den Gerbbrühen (pflanzliche oder mineralische) werden nichtgerbende hochmolekulare, kondensierte, halogenhaltige Sulfonierungsprodukte zugesetzt, die aus Gemischen von halogenierten Wachsen mit halogenhaltigen oder halogenfreien, aromatischen Kohlenwasserstoffen, sowie Alkoholen, Ketonen, Carbonsäureanhydriden oder -chloriden durch Kondensation und Sulfonierung erhalten werden.

A.P. 1763368 vom 28. 8. 1927. — C. 1930, II, 1326; Coll. 1932, 301.

Chemische Fabrik Pott & Co., Dresden.

Verfahren zur Beschleunigung und Verbesserung der vegetabilischen Gerbung. Man setzt den vegetabilischen Gerbbrühen Kondensationsprodukte zu, die aus Naphthalinsulfosäure und aliphatischen Alkoholen mit mehr als zwei C-Atomen, z. B. Isopropylalkohol, in Gegenwart von Kondensationsmitteln (H_2SO_4) erhalten werden. Statt Naphthalin können auch mehrkernige aromatische Kohlenwasserstoffe oder deren Substitutionsprodukte, statt Isopropylalkohol höhere Alkohole Verwendung finden.

Vgl. auch **D.R.P. 490294** (C. 1930, I, 2168) und **479927** (C. 1930, I, 2673).

D.R.P. 617956/Kl. 28a vom 1. 1. 1931. — Coll. 1935, 562.
F.P. 704707 vom 27. 10. 1930. — C. 1931, II, 1938.

René Botson und *Julien Kamp*, Belgien.

Verfahren zum Gerben von tierischen Hautblößen. Bei der Gerbung mit pflanzlichen, mineralischen oder synthetischen Gerbstoffen wird den Brühen die bei 70 bis 250° C siedende Fraktion der bei der Destillation von Altkautschuk anfallenden Flüssigkeit mit einem Gehalt von 5 Volumenprozent Kautschuk zugesetzt.

D.R.P. 622213/Kl. 28a vom 12. 5. 1933. — Coll. 1935, 605.
A.P. 1974861 vom 27. 4. 1934. — C. 1935, I, 840; Coll. 1937, 190.
E.P. 433815 vom 11. 5. 1934.
F.P. 772976 vom 8. 5. 1934.

J. R. Geigy A. G., Basel.

Verfahren zur Verbesserung der Weichheit und Geschmeidigkeit von Leder. Behandeln der Blößen mit einem Wasch- und Emulgierungsmittel, bestehend aus pyrophosphorsauren Salzen und tierischen oder pflanzlichen Eiweißstoffen.

R.P. 41625 vom 11. 8. 1934. — C. 1935, II, 3622.

W. N. Mischejew, USSR.

Gerben von Schafshäuten und -fellen. Vor der üblichen Gerbung werden die Blößen mit einer wässerigen Lösung der bei der Alkoholgärung anfallenden Schlempe behandelt.

D.R.P. 679298/Kl. 28a vom 22. 9. 1934. — C. 1939, II, 3008; Coll. 1939, 549.

Chemische Fabrik Grünau A.-G., Berlin, Grünau.

Verfahren zur Behandlung von vegetabilisch gegerbtem Leder mit schwach sauren Lösungen von Kondensationsprodukten aus hochmolekularen Eiweißstoffen, insbesondere vom Typ der Protalbin- und Lysalbinsäure und höheren Fettsäuren bzw. Derivaten davon.

D.R.P. 672748/Kl. 28a vom 23. 12. 1934. — Coll. 1939, 349.
E.P. 455603 vom 21. 1. 1935. — C. 1937, I, 1626; Coll. 1939, 104.
E.P. 455695 vom 21. 1. 1935. — C. 1937, I, 1626; Coll. 1939, 104.
E.P. 455696 vom 21. 1. 1935. — C. 1937, I, 1626; Coll. 1939, 104.
E.P. 455697 vom 21. 1. 1935. — C. 1937, I, 1626; Coll. 1939, 104.

I. G. Farbenindustrie A. G., Frankfurt a. M.

Verfahren zur Herstellung von mit vegetabilischen, mineralischen, synthetischen oder anderen Gerbstoffen gegerbten Ledern. Die Blößen werden vor oder während der Gerbung mit basischen Stickstoffverbindungen oder Salzen davon behandelt, die eine Kohlenstoffkette von mindestens fünf C-Atomen oder einen hydroaromatischen, mindestens 5gliedrigen Ring enthalten, wie z. B. Stearylamin, Abietylamin, Dodecylfurfurylamin, ferner die Esteramide oder Diamide der Kohlensäure, Thiokohlensäure und Imidokohlensäure, wie z. B. Stearyldiäthylamidinchlorhydrat, Monostearylharnstoff u. dgl.

A.P. 2061063 vom 12. 4. 1935. — C. 1937, I, 2076; Coll. 1939, 98.

E. I. du Pont de Nemours & Co., Wilmington, Del., V. St. A.

Gerbverfahren. Die Blößen werden vor oder nach der Gerbung mit Fettsäureamiden, wie z. B. Formamid, behandelt.

A.P. 2128092 vom 13. 6. 1936. — J. A. L. C. A. **34**, 118 (1939).
F.P. 805552 vom 29. 4. 1936. — C. 1937, I, 1625; Coll. 1939, 110.
E.P. 475666 vom 3. 6. 1936.

Chem. Fabrik Grünau, Landshoff & Meyer A. G., Berlin-Grünau.

Gerben von tierischen Häuten und Pelzfellen. Den mineralischen (Cr, Fe) Gerbstofflösungen werden hochmolekulare Eiweißstoffe, insbesondere vom Typ der Lysalbin- und Protalbinsäure zugesetzt.

A.P. 2123832 vom 10. 8. 1936. — C. 1938, II, 4016.

American Cyanamid & Chemical Corp., New York, V. St. A.

Herstellung von Leder. Die Mineralgerbung wird in Gegenwart von Phthal-, Malein-, Fumar- oder Succinsäure bzw. deren Salzen durchgeführt; bei der Einbadchromgerbung wird z. B. in Gegenwart von 3% Natriumphthalat gearbeitet.

Namenverzeichnis.

Sachverzeichnis.

Patentnummern-Verzeichnis.

Die an erster Stelle genannte Ziffer ist die Nummer des Patentes, die nach dem Doppelpunkt angeführte Zahl bezeichnet die Seite.

Deutsche Reichspatente.

Amerikanische Patente.

Australische Patente.

Belgische Patente.

Canadische Patente.

Englische Patente.

Französische Patente.

Holländische Patente.

Italienische Patente.

Norwegische Patente.

Österreichische Patente.

Polnische Patente.

Russische Patente.

Schwedische Patente.

Schweizerische Patente.

Tschechoslowakische Patente.

Ungarische Patente.

Manzsche Buchdruckerei, Wien IX.

GPSR Compliance

The European Union's (EU) General Product Safety Regulation (GPSR) is a set of rules that requires consumer products to be safe and our obligations to ensure this.

If you have any concerns about our products, you can contact us on ProductSafety@springernature.com

In case Publisher is established outside the EU, the EU authorized representative is:

Springer Nature Customer Service Center GmbH
Europaplatz 3
69115 Heidelberg, Germany

Batch number: 10577971

Printed by Printforce, the Netherlands